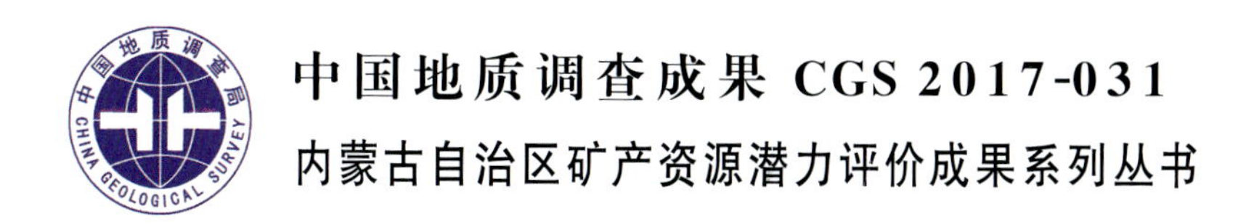


# 内蒙古自治区
# 成矿地质背景研究

NEI MENGGU ZIZHIQU CHENGKUANG DIZHI BEIJING YANJIU

吴之理　方　曙　曹生儒　李文国
朱绅玉　于海洋　吴宏乾　著

**图书在版编目(CIP)数据**

内蒙古自治区成矿地质背景研究/吴之理,方曙等著.—武汉:中国地质大学出版社,2019.12
(内蒙古自治区矿产资源潜力评价成果系列丛书)
ISBN 978-7-5625-4723-5

Ⅰ.①内…
Ⅱ.①吴… ②方…
Ⅲ.①成矿带-成矿地质-研究-内蒙古
Ⅳ.①P617.226

中国版本图书馆 CIP 数据核字(2019)第 285401 号

**内蒙古自治区成矿地质背景研究** 吴之理 方 曙 等著

责任编辑:马 严 选题策划:毕克成 刘桂涛 责任校对:韦有福 彭 琳

出版发行:中国地质大学出版社(武汉市洪山区鲁磨路 388 号) 邮编:430074
电 话:(027)67883511 传 真:(027)67883580 E-mail:cbb@cug.edu.cn
经 销:全国新华书店 http://cugp.cug.edu.cn

开本:880 毫米×1230 毫米 1/16 字数:1300 千字 印张:40.75 插页:4
版次:2019 年 12 月第 1 版 印次:2019 年 12 月第 1 次印刷
印刷:武汉市籍缘印刷厂 印数:1—900 册

ISBN 978-7-5625-4723-5 定价:498.00 元

## 《内蒙古自治区矿产资源潜力评价成果》
## 出版编撰委员会

# 序

2006年，国土资源部为贯彻落实《国务院关于加强地质工作决定》中提出的"积极开展矿产远景调查评价和综合研究，科学评估区域矿产资源潜力，为科学部署矿产资源勘查提供依据"的精神要求，在全国统一部署了"全国矿产资源潜力评价"项目，"内蒙古自治区矿产资源潜力评价"项目是其子项目之一。

"内蒙古自治区矿产资源潜力评价"项目2006年启动，2013年结束，历时8年，由中国地质调查局和内蒙古自治区人民政府共同出资完成。为此，内蒙古自治区国土资源厅专门成立了以厅长为组长的项目领导小组和技术委员会，指导监督内蒙古自治区地质调查院、内蒙古自治区地质矿产勘查开发局、内蒙古自治区煤田地质局以及中化地质矿山总局内蒙古自治区地质勘查院等7家地勘单位的各项工作。我作为自治区聘请的国土资源顾问，全程参与了该项目的实施，亲历了内蒙古自治区新老地质工作者对内蒙古自治区地质工作的认真与执着。他们对内蒙古自治区地质的那种探索和不懈追求精神，给我留下了深刻的印象。

为了完成"内蒙古自治区矿产资源潜力评价"项目，先后有270多名地质工作者参与了这项工作，这是继20世纪80年代完成的《内蒙古自治区地质志》《内蒙古自治区矿产总结》之后集区域地质背景、区域成矿规律研究，物探、化探、自然重砂、遥感综合信息研究以及全区矿产预测、数据库建设之大成的又一巨型重大成果。这是内蒙古自治区国土资源厅高度重视、完整的组织保障和坚实的资金支撑的结果，更是内蒙古自治区地质工作者8年辛勤汗水的结晶。

"内蒙古自治区矿产资源潜力评价"项目共完成各类图件万余幅，建立成果数据库数千个，提交结题报告百余份。以板块构造和大陆动力学理论为指导，建立了内蒙古自治区大地构造构架，研究和探讨了内蒙古自治区大地构造演化及其特征，为全区成矿规律的总结和矿产预测奠定了坚实的地质基础。其中提出了"阿拉善地块"归属华北陆块，乌拉山岩群、集宁岩群的时代以及对孔兹岩系归属的认识、索伦山-西拉木伦河断裂厘定为华北板块与西伯利亚板块的界线等，体现了内蒙古自治区地质工作者对内蒙古自治区大地构造演化和地质背景的新认识。项目工作者对内蒙古自治区煤、铁、铝土矿、铜、铅锌、金、钨、锑、稀土、钼、银、锰、镍、磷、硫、萤石、重晶石、菱镁矿等矿种，划分了矿产预测类型；结合全区重力、磁测、化探、遥感、自然重砂资料的研究应用，分别对其资源潜力进行了科学的潜力评价，预测的资源潜力可信度高。这些数据有力地说明了内蒙古自治区地质找矿潜力巨大，寻找国家急需矿产资源，内蒙古自治区大有可为，成为国家矿产资源的后备基地已具备了坚实的地质基础。同时，也极大地增强了内蒙古自治区地质找矿的信心。

“内蒙古自治区矿产资源潜力评价”是内蒙古自治区第一次大规模对全区重要矿产资源现状及潜力进行摸底评价，不仅汇总整理了原1∶20万相关地质资料，还系统整理补充了近年来1∶5万区域地质调查资料和最新获得的矿产、物探、化探、遥感等资料。期待着“内蒙古自治区矿产资源潜力评价”项目形成的系统的成果资料在今后的基础地质研究、找矿预测研究、矿产勘查部署、农业土壤污染治理、地质环境治理等诸多方面得到广泛应用。

2017年3月

# 目 录

# 第一章　绪　论

## 第一节　研究目的及主要任务

### 一、总体目标

“全国矿产资源潜力评价”是贯彻落实《国务院关于加强地质工作的决定》中提出的“积极开展矿产资源远景调查和综合研究，科学评估区域矿产资源潜力，为科学部署矿产资源勘查提供依据”的要求和精神而部署的重大技术工程。中国地质调查局根据全国矿产资源潜力评价统一部署并下达内蒙古自治区矿产资源潜力评价的总体目标任务。

全面开展内蒙古自治区矿产资源潜力预测评价，在现有地质构造基础上基本摸清本自治区主要矿产资源“家底”，为矿产资源保障能力和勘查部署决策提供依据。

(1)在现有地质工作程度基础上，全面总结本自治区基础地质调查及矿产勘查工作成果和资源，充分应用现代矿产资源预测评价的理论方法和GIS技术，开展本自治区非油气重要矿产：煤炭、铀、铁、铜、铝、铅、锌、锰、钨、锡、钾、镍、金、铬、钼、锑、稀土、银、锂、硼、磷、硫、萤石、菱镁矿、重晶石等的资源潜力预测评价，估算本自治区矿产资源潜力及其空间分布。为研究制定国家矿产资源战略与国民经济中长期规划提供依据。

(2)以成矿地质理论为指导，深入开展本自治区范围的区域成矿规律研究；充分利用地质、物探、化探、遥感和矿产勘查等综合成矿信息，圈定成矿远景区和找矿靶区，逐步评价其成矿远景区资源潜力，并进行分类排序；编制本自治区成矿规律与预测图，为科学合理地规划和部署矿产勘查工作提供依据。

(3)建立并不断完善内蒙古自治区重要矿产资源潜力预测相关数据库，特别是成矿远景区的地学空间数据库，为今后开展矿产勘查的规划部署、研究奠定扎实的信息基础。

内蒙古自治区国土资源厅(现内蒙古自治区自然资源厅)根据本自治区经济的发展需要，在国家统一部署评价的25个矿种内，主要对煤炭、铀、铁、铜、铝、铅、锌、锰、钨、锡、镍、金、铬、钼、锑、稀土、银、硼、磷、硫、萤石、菱镁矿、重晶石23个矿种进行资源潜力预测评价，并依据项目的总体要求结合内蒙古自治区的实际，将本项目进一步细分为如下7个课题并分别进行预测评价、研究，即：①煤炭资源潜力评价及预测；②化工矿产资源潜力评价及预测；③基础数据库的更新与维护；④成矿地质背景研究；⑤物探、化探、自然重砂、遥感综合信息研究；⑥区域成矿规律研究；⑦成矿预测。

## 二、成矿地质背景研究课题的具体任务

根据项目的总体目标，成矿地质背景研究课题的具体任务：一是编制1∶25万实际材料图和建造构造图；二是编制大地构造图；三是编制预测工作区成矿地质构造专题底图。其中，1∶25万实际材料图是各子课题集中将原1∶5万、1∶10万或1∶25万区域地质调查实际材料图，经扫描按国际分幅转换为成矿地质背景研究用的图件，然后在其基础上编制1∶25万建造构造图。而大地构造图包括：①建造构造图（国际分幅1∶50万）；②沉积岩岩石构造组合图（1∶50万）；③侵入岩岩石构造组合图（1∶50万）；④火山岩岩石构造组合图（1∶50万）；⑤变质岩岩石构造组合图；⑥大型变形构造图；⑦大地构造图（1∶50万）。预测工作区成矿地质构造专题底图包括：①构造岩相古地理图；②沉积岩建造构造图；③侵入岩浆构造图；④变质岩建造构造图；⑤火山岩岩性岩相构造图；⑥建造构造图（其比例尺均大于或等于1∶25万）。

# 第二节　自然地理概况

内蒙古自治区地处我国北部边疆，位于北纬37°24′—53°23′，东经97°12′—126°04′之间，由东北向西南斜伸，呈狭长形，东西直线距离为2400km，南北跨度约1700km，横跨东北、华北、西北三大区。东南西与八省区毗邻，北与蒙古国、俄罗斯接壤。土地总面积约118万$km^2$，约占全国总面积的12.3%，居全国第三位。

（1）地貌。内蒙古自治区基本上是一个高原型地貌区，大部分地区海拔1000m以上，内蒙古高原是中国四大高原之一。除高原以外，还有山地、丘陵、平原、沙漠、河流、湖泊等。

（2）自然状况。受地理位置和地形影响，内蒙古自治区形成了以温带大陆性季风气候为主的复杂多样的气候：春季气温骤升，多大风天气；夏季短促温热，降水集中；秋季气温剧降；秋霜冻往往过早来临；冬季漫长严寒，多寒潮天气。大兴安岭和阴山是全区气候差异的重要自然分界线，大兴安岭以西和阴山以北地区的气温和降水量明显低于大兴安岭以东和阴山以南地区。

内蒙古是土地资源富集区，草原面积、森林面积和人均耕地面积位居全国第一，可利用草场面积占自治区总土地面积的近60%。

现有水资源总蓄量$583.2\times10^8m^3$，其中地表水为$377.7\times10^8m^3$。境内有大小河流近千条，其中流域面积在1000$km^2$以上的有107条；大小湖泊千余个，其中水域面积大于100$km^2$的有8个。

（3）矿产资源。内蒙古自治区矿床类型比较齐全。在已发现的135种矿产中，有67种矿产保有储量居全国前十位。其中，稀土储量居世界第一；煤炭保有储量超过2200多亿吨；黑色金属、有色金属、贵金属等金属矿产以及化工原料、工业辅料等非金属矿产种类繁多，储量丰富；石油、天然气储量十分可观，已探明13个大型油气田，预测石油资源总量为$(20\sim30)\times10^8t$，天然气总量超过$10\,000\times10^8m^3$，世界级大气田苏里格气田探明储量超过7000多亿立方米。矿产资源储量（不含石油、天然气）潜在价值达13万亿元，占全国的10%以上，居第三位。

## 第三节　以往研究工作程度

### 一、区域地质调查

内蒙古自治区地域辽阔，但地质调查工作在解放前几乎是空白。解放后，仅有部分地质工作者随其不同目的进行过极少范围的工作。20世纪50年代初期，依据国家的总体规划，先后由呼和浩特市大青山地质队和内蒙古巴彦淖尔盟第二地质队等陆续开始1∶100万区域地质调查工作，到1962年该项工作全部结束，其覆盖率为100%。随后陆续开展1∶20万、1∶5万和1∶25万区域地质调查，但其覆盖面积、调查程度各有不同，现就不同比例尺的区域地质调查工作程度简述如下。

#### （一）1∶20万区域地质调查

1962年，全自治区1∶100万区域地质调查工作结束，便由原呼和浩特市大青山地质队等改编为内蒙古自治区第一区域地质测量队，从此正式开展内蒙古自治区的1∶20万区域地质调查工作，截至1988年底，该队先后沿着内蒙古巴彦淖尔盟临河县至内蒙古自治区大兴安岭西坡共完成95个1∶20万区域地质调查图幅，占全自治区总图幅(265幅)的35.84%。在此期间，随着这项工作的进展，在内蒙古自治区赤峰地区成立了内蒙古自治区第二区域地质调查队，主要在内蒙古东部一带完成31幅1∶20万区域矿产地质调查，约占自治区总图幅的11.70%。即从1962年到1988年底(1989年开始1∶5万区域地质调查)，内蒙古自治区第一、第二区域地质调查队共完成126幅1∶20万区域矿产地质调查，占全自治区总图幅的47.55%。剩余图幅由于历史的原因分别由邻省地质调查队完成，即：内蒙古西部(106°线以西)地区，从20世纪70年代中期开始，宁夏回族自治区地质局区域地质调查队完成19幅，甘肃省地质局地质力学区域测量队完成37幅，共占内蒙古自治区总图幅的21.13%。内蒙古自治区大兴安岭北部则由黑龙江省第二区域地质调查队完成30幅，占全区总面积的11.32%。此外还有陕西省、山西省、河北省、辽宁省、吉林省区域地质测量队于内蒙古自治区接壤处进行了1∶20万区域地质调查，总计完成图幅23幅，占全自治区总图幅的8.68%。截至2006年底，内蒙古自治区共完成235幅1∶20万图幅的区域矿产地质调查，其覆盖率占全自治区总图幅比例的88.68%。科尔沁沙地和大兴安岭林区部分图幅未进行1∶20万区域地质调查。

#### （二）1∶25万区域地质调查

1998年，内蒙古自治区国土资源厅成立，随之有内蒙古自治区地质调查院成立。原内蒙古自治区地质矿产勘查局第一、第二区域地质调查队改编后，内蒙古1∶25万区域地质调查工作主要由内蒙古自治区地质调查院承担，并先后有黑龙江省地质调查院、吉林大学、中国地质大学(北京)、中国地质大学(武汉)和沈阳地质矿产研究所及地质科学院地质所，分别在大兴安岭北部，锡林浩特市以及满都拉—白云鄂博—包头地区南部走廊先后完成29幅1∶25万区域地质调查工作。其覆盖比例为12.67%。

#### （三）1∶5万区域地质调查

自1980年起，内蒙古地质矿产局下属部分地质勘查队和第一、第二区域地质调查队，在1∶20万区域矿产地质调查资料的基础上，选择成矿有利地段进行少量1∶5万矿产地质调查。1989年随着我国1∶5万区域填图新方法的实施，内蒙古自治区1∶5万区域地质调查正式启动，截至2006年底共完成276幅1∶5万区域矿产地质调查项目。占全区覆盖比例8.68%，其中内蒙古地质矿产局第一区域地质调查队完成72幅，第二区域地质调查队完成47幅。内蒙古自治区地质调查院完成15幅，其他图幅分别有内蒙古第八地质矿产勘查开发院、第一地质矿产勘查开发院、第三地质矿产勘查开发院、中国地质大学(北京)、中国地质大学(武汉)、北京大学、天津地质矿产研究所、石家庄经济学院、中国地质科学院五六二队、中国地质科学院地质力学研究所、吉林大学、甘肃地质局、宁夏地质局、西北大学、西安地质矿产研究所等单位先后完成。

最近几年由中国地质调查局和内蒙古自治区地质矿产勘查基金管理中心安排部分1∶25万区域地质调查图幅和1∶5万矿产地质调查，因工作尚在进行中，本次研究工作未加统计。

#### (四)1∶5万区域地质调查片区总结

该项目在内蒙古自治区中部满都拉和东部林西地区分别由内蒙古自治区地质矿产勘查局第一区域地质调查院和第二区域地质调查院在20世纪90年代后期完成，随后因内蒙古地区1∶25万区域地质调查开始，该项工作终止。

## 二、区域性研究与总结工作

20世纪80年代以来陆续开展了关于区域地质调查和矿产勘查以及物探、化探、遥感成果系统总结性的研究工作，主要有以下几项。

(1)20世纪80年代初期开展的“内蒙古自治区区域变质作用及有关矿产研究”工作，该项工作全面系统地研究了区域变质岩的变质作用特征以及与区域变质作用有关的成矿作用特征。

(2)20世纪80年代中期开展的“内蒙古自治区区域地质志”，该项工作全面系统地总结了全区区域地质构造特征。

(3)20世纪90年代前期开展的“内蒙古自治区1∶20万矿产总结”，该项工作宗旨是将全区已发现并勘查过的小型以上矿床成矿特征以及区域成矿规律进行总结，并结合物探、化探、遥感成果提出了找矿方向。

(4)20世纪90年代前期开展的“内蒙古自治区岩石地层”工作，全面系统清理了历年来所使用过的岩石地层单位，建立了新的地层序列，介绍了生物地层和年代地层单位，并建立了岩石地层数据库。

(5)20世纪80年代以来陆续开展的物探、化探、遥感的区域性解释成果，为矿产普查、勘探以及深部地质构造的推断提供了丰富的资料依据。

(6)2001年编制的《内蒙古自治区成矿区带系列图件》，对已发现的小型以上的矿床成矿特征和区域成矿规律给予充分研究，并划分了成矿区(带)，进行了成矿预测。

(7)内蒙古自治区以外的一些科研单位和地质院校，以不同目的在内蒙古自治区各地作了大量的基础地质专题研究工作，并著有专题论文。如沈其韩等1990年编著的《内蒙古中南部太古宙变质岩》、聂凤军等1992年编著的《内蒙古中南部古陆边缘花岗岩类及其演化》等。

## 三、关于内古蒙大地构造特征方面的研究

关于内蒙古大地构造特征方面的研究，始于20世纪30—40年代。李四光在《中国地质学》(1939)

中、黄汲清在《中国主要地质构造单位》(1945)中和中国科学院地质研究所出版的《中国大地构造纲要》(1959)及马杏垣的《中国大地构造的几个基本问题》中等对内蒙古大地构造特征均有重要论述,且极有参考价值。

20世纪70—80年代,随着地质力学理论在地质调查中的应用,先后有内蒙古地质研究队和甘肃省第二区域地质调查队分别编制了内蒙古中部和内蒙古西部构造体系图及说明书。

20世纪70年代初,板块构造理论引入我国,使内蒙古大地构造研究进入了一个新阶段。20世纪80年代以后,谢同伦、李春昱、黄汲清等以及中国科学院地质研究所、北京大学、沈阳地质研究所等科研院校和个人先后应用板块理论对内蒙古局部地区的大地构造特征作了大量的研究和论述,均具有重要参考价值。但应用板块理论全面系统涵盖整个内蒙古自治区的关于内蒙古大地构造特征的研究成果则甚少。

## 第四节 工作过程与完成的主要实物工作量

### 一、工作过程

#### (一)工作流程

根据《成矿地质背景研究技术要求》,本项目研究工作的总体基本流程如图1-1所示。

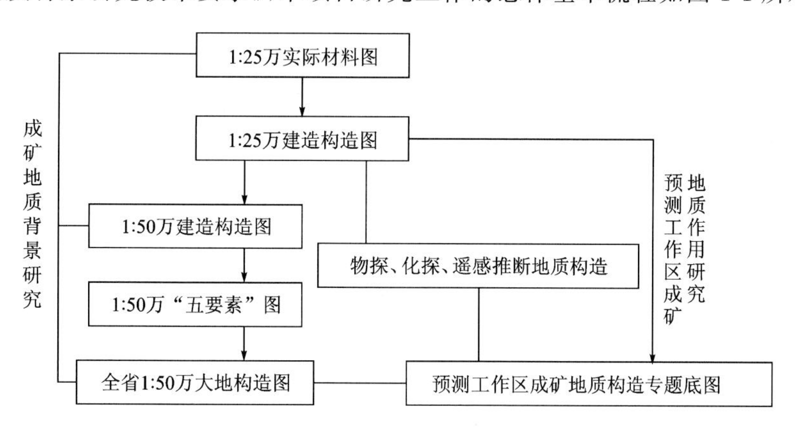


图1-1 研究工作总体基本流程图

#### (二)工作阶段

全国矿产资源潜力评价项目之成矿地质背景研究课题的研究工作自始至终均在“全国项目办”的统一组织安排下实施。依据研究工作先后顺序和研究工作内容,其工作过程大致分为如下几个阶段。

**1.组织、技术培训与总体设计书编写阶段(2007.6—2007.12)**

该阶段主要任务是组织准备和技术准备。接到内蒙古矿产资源潜力评价及预测项目之成矿地质背景研究课题任务后,内蒙古地质矿产勘查院领导及时组织了课题领导班子和课题主要工作人员。同时按“全国项目办”的要求,选派有关人员分别参加了沉积岩、侵入岩、火山岩、变质岩及构造等专业技术培训。

在上述组织准备和技术准备之后，研究人员对自治区区域地质调查历史、区域地质调查程度，区域地质构造基本特征以及矿产区域分布规律等进行了全面、系统、概括性的分析研究，按《成矿地质背景研究技术要求》编写了总体设计书。明确了课题研究工作任务与内容，明确了研究工作技术要求与工作流程，明确了研究工作总体部署。

**2. 实际材料图与建造构造图及数据库建设阶段(2008.1—2011.8)**

本阶段主要任务是全面系统收集1∶25万、1∶20万、1∶5万区域地质调查原始资料(野外记录本、实测剖面、钻孔剖面，各项岩矿鉴定测试资料，实际材料图等)及成果资料(地质图、地质报告、矿产图、矿产报告等)、区域地质研究成果、专著和重要文献等资料。在分析、整理、研究上述原始资料和成果资料的基础上，按照全国矿产资源潜力评价项目之成矿地质背景研究技术要求和1∶25万标准国际图幅编制实际材料图，并编写编图说明书。

在1∶25万分幅编制实际材料图的基础上，通过对沉积岩建造、火山岩岩性岩相、侵入岩建造、变质岩建造，侵入岩浆构造带、火山构造、大型变形构造、地质界线、断裂、褶皱、产状、同位素年龄、化石以及物探、化探、遥感解释资料等深入综合分析研究后，按照全国矿产资源潜力评价项目之成矿地质背景研究技术要求，分幅编制1∶25万建造构造图，并编写编图说明书。

上述两类图件均在经初评、评审、修改复核定稿后由微机人员和专业人员共同采用GIS技术，按照成矿地质背景研究“数据模型”要求和“一图一库”的原则进行数据库建设。

**3. 矿产预测专题工作底图的编制与数据库建设阶段(2009.7—2012.7)**

该阶段主要任务是依据矿产预测组提供的预测矿种、预测区范围、预测方法类型全面收集区域地质调查、矿产勘查和科研资料以及有关的物探、化探、遥感成果等资料，深入研究预测区内的地质构造时间、空间与物质组成及大地构造环境和成矿作用特征，综合分析成矿地质构造要素，确定要表达的与成矿有关的地质构造内容(即“目的层”、有关的构造和蚀变等)。在1∶25万建造构造图的基础上按《成矿地质背景研究技术要求》(以下简称“技术要求”)，依据预测方法类型的不同分别编制不同比例尺的沉积岩建造构造图、构造岩相古地理图、火山岩岩性岩相构造图、侵入岩浆构造图、变质岩建造构造图和建造构造图，并编写编图说明书。

根据“全国项目办”的统一安排，成矿预测工作先后共分三批进行，即：①第一批为铁、铝两个矿种的预测专题底图，时间为2009.7—2010.3；②第二批为铜、铅、锌、金、钨、锑、稀土和磷8个矿种的预测专题底图，时间为2010.7—2011.8；③第三批为锰、铬、镍、银、钼、锡、硫、菱镁矿、重晶石和萤石10个矿种的预测专题底图，时间为2011.8—2012.7。

同样，上述各类预测专题底图数据库建设也是按照《成矿地质背景研究数据模型》要求和“一图一库”的原则分期分批经初审、评审、修改复核定稿后完成的。

**4. “五要素图”编制阶段(2011.7—2012.7)**

“五要素图”是指沉积岩岩石构造组合图、火山岩岩石构造组合图、侵入岩岩石构造组合图、变质岩岩石构造组合图和大型变形构造图。它们是编制1∶50万大地构造图的专题工作底图，是在1∶25万实际材料图和建造构造的基础上编制的。“五要素图”工作底图为1∶25万建造构造缩编的1∶50万建造构造图。

*1)沉积岩岩石构造组合图*

主要研究内容和方法：按照《省级1∶50万大地构造专题底图(沉积岩)编图技术要求》，首先在研究区构造-地层区划和沉积岩多重地层划分对比的基础上完成岩石地层格架图的编制，然后对各岩石地层单位的岩性及其组合在沉积相分析的基础上划分沉积岩建造组合类型，在沉积岩建造组合类型划分的基础上进行各建造组合类型的原型盆地分析，从而确定建造组合赋存的构造古地理单元和大地构造相归属以及含矿性，并编制沉积岩建造组合类型与构造古地理单元划分综合柱状图和沉积岩建造组合与构造古地理时空演化图；最后借助于电脑将上述成果按“技术要求”规定的图式图例以及所要表达的内容编辑成1：50万沉积岩岩石构造组合图，并编写说明书。

2)侵入岩岩石构造组合图

主要研究内容和方法：首先，在1：25万建造构造图上提取侵入岩建造时空分布图和侵入岩建造综合柱状图，进而从全区的时空角度对上述侵入岩建造依据岩石组合特征、岩石学特征和矿物学特征进行初步概括的分析对比，提出全区范围内侵入岩建造的时空分布框架和侵入岩岩石构造组合(包括其大地构造属性)的时空分布框架，并缩编为1：50万侵入岩浆构造图作为侵入岩岩石构造组合图的工作底图。然后，根据《省级1：50万大地构造图专题工作底图(侵入岩)研究内容和图面表达》的要求，对上述初步划分的岩石构造组合分类中的岩石组合，岩石学、矿物学特征以及各类相关化学参数特征等经反复的综合研究分析对比，最终确定各岩石构造组合类型及其大地构造环境，进而进行大地构造相的归属以及含矿性研究。并根据已确定的不同的侵入岩岩石构造组合的时空分布规律划分侵入岩浆构造带和侵入岩构造岩浆旋回。同时编制侵入岩岩石构造组合综合柱状图和侵入岩岩石构造组合时空演化结构图(表)。最后，将上述研究成果按规定的图式图例以及所要表达的内容编辑成1：50万侵入岩岩石构造组合图，并编写说明书。

3)火山岩岩石构造组合图

主要内容和方法：根据《编制省级大地构造图专题工作底图(火山岩)的技术要求》，首先在1：50万建造构造图(由1：25万建造构造图缩编而成)上依据火山岩建造的岩石组合特征、岩石学特征、矿物学特征、各类化学参数特征并结合同一演化阶段(或同时代的)其他岩石建造(侵入岩、沉积岩、变质岩等)划分出火山岩岩石构造组合类型，同时进行大地构造环境的归属和含矿性研究。然后在火山岩岩石构造组合类型确定的基础上进行大地构造相和亚相的划分。并结合大地构造演化阶段以及大地构造格局进行火山岩构造岩浆旋回(旋回、亚旋回、期、次)和构造岩浆岩带(岩浆岩省、带、亚带、段、火山岩岩石构造组合)的划分。同时编制火山岩建造综合柱状图和火山岩岩石构造组合时空结构表。最后将上述研究成果按“技术要求”规定的图式图例以及所要表达的内容编辑成为1：50万火山岩岩石构造组合图，并编写说明书。

4)变质岩岩石构造组合图

根据《编制省级1：50万大地构造专题工作底图(变质岩区)的技术要求》编制变质岩岩石构造组合图的主要内容和方法是：首先将1：25万建造构造图接图后缩编为1：50万建造构造图作为变质岩岩石构造组合图的工作底图。然后，根据原变质岩建造的原岩恢复、形成时代、变质时代和形成的大地构造环境经综合分析研究后将相同形成时代、相同变质时代、相同构造环境下形成的一组变质岩建造归并为变质岩岩石构造组合，并研究其含矿性。进而依据原1：25万建造构造图资料及科研文献等资料确定不同变质岩岩石构造组合类型的变质相(系)特征，结合全国大地构造分区方案划分变质地质单元，根据变质岩岩石构造组合形成的大地构造环境，参考“技术要求”中关于大地构造相的类型特征和判别标志，判别并确定其所属大地构造相类型，在全国大地构造相单元划分的总体框架下划分变质岩区的大地构造相单元，按变质地质单元研究变质地质事件演化序列，并编制变质地质事件演化综合柱状图。最后，按“技术要求”中规定的图式图例以及所要表达的内容由微机编辑形成1：50万变质岩岩石构造组合图，并编写说明书。

5)大型变形构造图

按照《大型变形构造研究工作要求》编制大型变形构造图的主要研究内容和方法如下：首先要全面收集各种比例尺的区域地质矿产调查报告中的构造资料，已经出版的与构造变形有关的学术论文和专著、其他各种地质矿产专题研究报告中的构造内容、航空照片和卫星照片等遥感资料、航空磁法获得的航磁异常资料、重力地震大地电磁等资料。然后对收集的资料进行综合研究，确定编图区的大型变形构造的类型、规模、产状、组合形式、物质组成、构造层次、运动方式、力学性质、形成时代、变形期次、大地构造背景和含矿性特征，并填制大型变形构造特征数据表格和必要的资料目录等。最后，按"技术要求"和规定的图式图例以及所要表达的所有内容由微机编辑形成1∶50万大型变形构造图，并编写说明书。

**5. 大地构造图的编制与数据库建设阶段（2010.8—2012.12）**

1∶50万大地构造图是以1∶50万建造构造图为工作底图（最基础的实际材料图是1∶25万建造构造图），以1∶50万"五要素图"为编图的重要依据。大地构造图是以大地构造相分析方法，精细厘定在不同演化阶段、特定的大地构造环境中形成的岩石构造组合，划分大地构造相单元而编成大地构造图。

主要研究内容和程序：①在"五要素图"的基础上研究各类建造构造类型，厘定岩石构造组合，确定岩石构造组合分布范围、形成时代，以及相互关系。同时对区域断裂带、构造单元界线、构造混杂岩/蛇绿混杂岩带、区域性浅变质强变形构造岩带等大型变形构造进行详细研究，鉴别其是构造相单元界线还是构造相单元本身；②依据岩石构造组合及其形成大地构造环境厘定大地构造相（亚相），并在全国大地构造相划分方案框架下厘定相、大相和相系。同时将在特定构造部位和构造时期所发生的主要地质事件中形成的特定的岩石构造组合厘定为优势大地构造相，并分析其与相邻构造部位优势大地构造相之间的时空联系和动力学背景，再结合物探、化探、遥感等信息，在全国大地构造划分方案基本框架下厘定各级（四级、五级）大地构造单元和大地构造分区研究；③进行大地构造相时空演化分析，并编制大地构造相时空结构图、大地构造相时空演化模式图和大地构造分区图；④最后按"技术要求"中规定的图式、图例以及所要表达的内容由微机编辑形成1∶50万大地构造图，并编写说明书。经初审、评审、修改定稿后建立空间数据库。

**6. 成矿地质背景研究汇总报告编写阶段（2012.10—2012.12）**

该项工作要点是依据《成矿地质背景研究技术要求》和《省级成矿地质背景研究汇总技术要求》中规定的研究工作内容、工作程序与方法、采用的技术标准等要求开展各项汇总研究工作提交研究成果。图件成果主要包括1∶25万实际材料图和建造构造图、各类预测工作区地质构造专题底图、大地构造五要素专题图、大地构造图等。研究工作主要包括进行大地构造相综合研究，分析总结大地构造基本特征、演化规律及其与成矿的关系。此项工作中强调与成矿的关系研究和加强物探、化探、遥感综合信息的应用以及对内蒙古自治区区域地质研究近年来所获得的新资料、新成果的补充，以提高综合研究水平。

提交主要成果包括省级成果图件（1∶50万大地构造图、1∶50万五要素图、1∶25万拼接连图后的建造构造图）及说明书，省级研究汇总报告、空间数据库及图册等。

## 二、完成的主要实物工作量

（1）编制1∶25万实际材料图103幅，1∶25万建造构造图134幅。其中西部地区31幅因无原始资料而未编实际材料图。上述所有实际材料图及建造构造图，均已编写编图说明书，并建立空间数据库。

（2）编制各类矿产预测专题底图179幅。涉及预测矿种为铁、铝、锰、铬、镍、铜、铅、锌、银、金、钨、锑、稀土、钼、锡、磷、萤石、重晶石、硫、菱镁矿共20种。其中铁30张，铝土1张，铜19张，铅锌14张，金22张，钨4张，稀土4张，铬6张，菱镁矿1张，锑1张，镍10张，锡7张，锰5张，钼15张，银8张，磷6张，萤石17张，硫8张，重晶石1张。上述各专题底图均已编写说明书，并建立空间数据库。

（3）编制1∶50万内蒙古自治区沉积岩岩石构造组合图，1∶50万内蒙古自治区侵入岩岩石构造组合图，1∶50万内蒙古自治区火山岩岩石构造组合图，1∶50万内蒙古自治区变质岩岩石构造组合图和1∶50万内蒙古自治区大型变形构造图各1幅，并编有说明书。

（4）编制1∶50万内蒙古自治区大地构造图及其说明书，并建有空间数据库。

## 第五节 取得的主要成果

本次“成矿地质背景研究”课题是以大陆动力学为指导，以大地构造相分析为基本方法，以成矿地质构造要素为核心内容，以编制各类专题图件为主要途径。在新的研究途径、新的研究内容、新的研究方法和新的理论指导下，历经五年多的工作，取得了前所未有的丰硕成果。

(1)首次按同一个技术要求编制了覆盖自治区中-东部地区的1∶25万国际分幅的实际材料图，为今后各项地质工作打下了坚实的基础。

(2)第一次以建造构造为核心内容，编制了覆盖全自治区的1∶25万国际分幅的建造构造图，为今后各项地质工作提供了丰富的综合研究资料。

(3)编制了涉及20个矿种的以表达成矿地质构造要素为核心内容的、遍布全区的、不同比例尺和不同类别的专题底图，为矿产预测提供了成矿地质背景资料。

(4)以岩石构造组合为核心内容，以大地构造相分析为方法编制了覆盖全区的1∶50万大地构造图，该图充分反映了全区总体大地构造环境及其时空演化特征。

(5)上述所有图件均采用GIS技术，按照《成矿地质背景研究数据模型》建立了空间数据库，为以后的资料管理和使用提供了极大的方便。

## 第六节 人员组织

因内蒙古自治区幅员辽阔，本“成矿地质背景研究”课题由内蒙古地质矿产勘查院和内蒙古第十地质矿产勘查开发院共同完成。前者负责内蒙古自治区中、西部地区，后者负责内蒙古自治区东部地区。

### 一、内蒙古地质矿产勘查院相关人员组织

#### (一)领导机构

项目技术负责：吴之理
总工程师：王新亮、高荣宽(后期调离)
责任副院长：黄建勋
院长：于跃生

#### (二)研究及工作人员

##### 1.沉积岩组

组长：李文国
组员：申长福。另外李裕崇、孙敏、史学贞、刘秀荃均参加过该组阶段性工作。

**2. 侵入岩组**

组长:牛建华。段秀和、董瑞祥前期曾先后担任过该组组长,武树铭和封书凯、胡宝全曾参加过该组阶段性工作。

**3. 火山岩组**

组长:刘永生
组员:张宝德。另外张志华、邸金花曾参加过本组阶段性工作。

**4. 变质岩组**

组长:曹生儒

**5. 构造组**

组长:朱绅玉
组员:周盛德、杨增亮

**6. 汇总组**

组长:王渊
组员:侯世林、徐一恭

**7. 微机组**

组长:周海英
组员:陈永红、黄蒙辉、马茜、佟慧玲、刘亚男、段蒙、张丽清、王新燕、赵晓燕、薛美娜

## 二、内蒙古第十地质矿产勘查开发院相关人员组织

### (一)领导机构

项目负责人:方曙
总工程师:张忠
主管副院长:王友
院长:王文龙

### (二)研究及工作人员

**1. 编图人员**

方曙、李同根、吴宏乾、林裕、韩继成、颜文瑞、于海洋

**2. 微机人员**

程超英、范文艳、刘辉、杨浩宇

# 第二章 沉积岩建造组合与构造古地理

## 第一节 构造-地层分区和岩石地层格架

### 一、地层区划及其原则

在编制1∶25万沉积建造构造图、1∶50万沉积岩岩石构造组合图以及不同比例尺沉积型、不同矿种预测工作区地质构造专题底图等的预研究阶段，对于在岩石地层清理项目中编制的“内蒙古地层区划图”做了适当的修改，主要是源于编者在工作过程中对于内蒙古地区地质构造格局和区域地质发展史特点的进一步认识。

本研究是以大陆动力学的观点为基础的，并结合了板块构造学说的理论。在确定内蒙古地层区划的原则时，更多地考虑了内蒙古地理、地质构造以及区域岩石地层和生物地层的特殊性和复杂性，尤其注重岩石构造组合总体性的变化。本研究要求地层区划应分为地层大区、地层区、地层分区、地层小区4个不同等级的地层区划单位。

一级为地层大区。该区基本以大陆板块为单位，包括了陆块区及其边缘两部分，其分界线即为两个板块构造缝合线(结合带)。

二级地层区的划分原则主要是根据构造古地理环境的差异，即分为稳定的陆块区和被动陆缘或主动陆缘，称为地层区。

三级地层区的划分是在地层区的范围内，主要是根据沉积物类型的相似性，沉积地层的发育特征、岩石地层序列及古生物群性质等诸多因素来确定，称为地层分区。

四级地层小区主要是岩石地层单位和生物地层单位的区域分布特征的一致性、相似性。基本地层单位区域变化应不超出组的含义范围(图2-1)。

### 二、岩石地层格架

岩石地层格架，顾名思义，当理解为岩石地层在时间和空间上发育的特点及其区域变化。内蒙古自治区地域辽阔，跨越很多不同性质和规模不等的地质构造单元。就地层区划而言，仅地层大区就包含华北、西伯利亚、塔里木以及属于秦祁昆地层大区伸入到内蒙古的贺兰山地层小区。它们各自发育了不同的地层序列和特征各异的岩石地层单位。

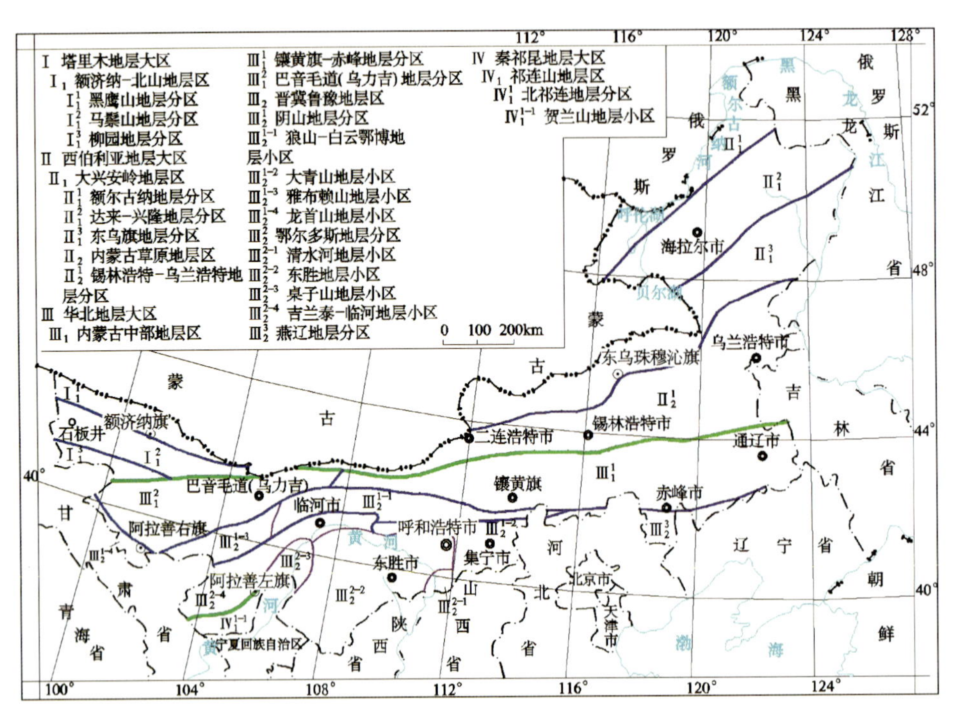


图 2-1　内蒙古自治区地层区划示意图

前晚三叠世岩石地层出露位置及岩石地层单位见表 2-1。

中—新元古代西部北山地区的古硐井群、敦子沟组以及桌子山和贺兰山地区的西勒图组都是稳定型的陆源碎屑岩石；同一地区圆藻山群、王全口组则是以碳酸盐岩为主的岩石地层单位；中部的渣尔泰山群和白云鄂博群则是以陆源碎屑的石英砂岩、长石石英砂岩以及泥页岩、碳酸盐岩和少量火山岩为特征的裂谷环境的沉积。在华北陆块区打虎石村一带出露的长城系(Ch)，呈东西向以断层为边界的“地堑”断续分布，从老到新划分 4 个组，分别为常州沟组(Ch*c*)、串岭沟组(Ch*cl*)、大红峪组(Ch*d*)和高于庄组(Ch*g*)，恢复原岩分别为碎屑岩沉积建造、砂泥质-铁质沉积建造、砂泥质-碳酸盐岩沉积建造和砂泥质-铁锰碳泥质-镁质碳酸盐岩沉积建造。南华系佳疙瘩组(Nh*j*)主要出露在贺根山-扎兰屯俯冲带以北，为弧背盆地海相碎屑岩-碳酸盐岩夹中基性火山岩建造。

震旦纪，北山地区的洗肠井组，贺兰山地区的正目观组，均为以冰碛砾岩为主的冰川堆积和冰湖沉积。而中部什那干组和腮林忽洞组的白云岩、白云质灰岩等则是陆棚碳酸盐岩台地，另外在内蒙古东部出露在贺根山—扎兰屯俯冲带以北，包括额尔古纳河组(Z*e*)浅海相砂泥岩-碳酸盐岩建造以及倭勒根群(ZW*l*)的吉祥沟组(Z*j*)浅海相陆源碎屑岩-碳酸盐岩建造和大网子组(Z*d*)浅海相陆源碎屑-火山沉积建造。

寒武纪—奥陶纪时期，构造古地理环境比较复杂，各地沉积岩组合特征的变化较大。华北陆块此时期均为稳定陆表海环境，海侵初期陆源碎屑岩尚较发育，下部的馒头组多由砂岩、粉砂岩和页岩组成，灰岩较少，局部还有砾岩出现。张夏组以上均由灰岩、白云质灰岩和白云岩组成，为陆棚碳酸盐岩台地，同时亦有滨海和潟湖相的蒸发岩形成。

北山额济纳旗地区，寒武纪—奥陶纪地层比较发育，初期为较稳定的被动陆缘环境，多形成陆棚碎屑岩建造和碳酸盐岩建造，罗雅楚山组和西双鹰山组即是如此。稍晚由于受到洋壳俯冲的影响，被动陆缘转换为活动陆缘，岛弧火山岩(咸水湖组)以及弧后盆地沉积(白云山组)等都很发育。

东乌珠穆沁旗地层小区很有特色，下部的苏中组为局限台地碳酸盐岩建造，其中夹少量页岩。铜山组(哈拉哈河组)滨浅海砂岩、粉砂岩及泥岩建造，黄斑脊山组($O_1h$)滨海相杂砂岩建造，大伊希康河组

表 2-1 内蒙古自治区岩石地层单位序列表

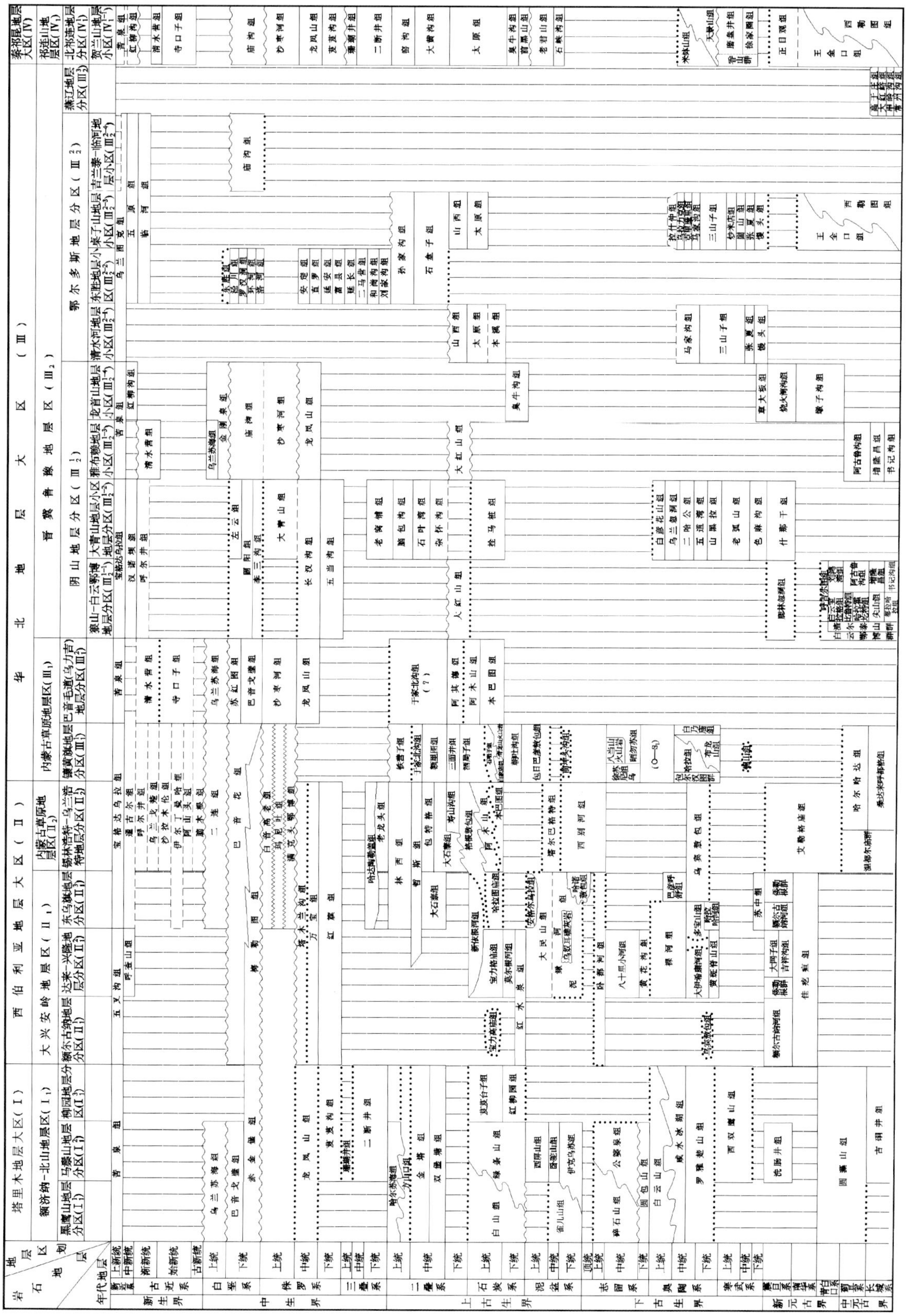

| 年代地层 | 黑鹰山地层分区 | 马鬃山地层分区 | 柳园地层分区 | 额尔古纳地层分区 | 达来-兴隆地层分区 | 东乌旗地层分区 | 锡林浩特-乌兰浩特地层分区 | 镶黄旗地层分区 | 巴音毛道(乌力吉)地层分区 | 狼山-白云鄂博地层分区 | 大青山地层小区 | 雅布赖地层小区 | 龙首山地层小区 | 清水河地层小区 | 东胜地层小区 | 桌子山地层小区 | 吉兰泰-临河地层小区 | 燕辽地层分区 | 贺兰山地层小区 |
|---|---|---|---|---|---|---|---|---|---|---|---|---|---|---|---|---|---|---|---|
| 新近系 上新统 | 苦泉组 | | | 五叉沟组 | | | 宝格达乌拉组 | | 苦泉组 | 宝格达乌拉组 | | 苦泉组 | | | 乌兰图克组 | | | | 苦泉组 |
| 新近系 中新统 | | | | | 呼查山组 | | 通古尔组 | | | 汉诺坝组 | | | 红柳沟组 | | 五原组 | | | | 红柳沟组 |
| 古近系 渐新统 | | | | | | | 呼尔井组、乌兰戈楚组 | | 清水营组 | 呼尔井组 | | 清水营组 | | | 临河组 | | | | 清水营组 |
| 古近系 始新统 | | | | | | | 沙拉木伦组、伊尔丁曼哈组、阿山头组 | | 寺口子组 | | | | | | | | | | 寺口子组 |
| 古近系 古新统 | | | | | | | 脑木根组 | | | | | | | | | | | | |
| 白垩系 上统 | 乌兰苏海组 | | | | | | 二连组 | | 乌兰苏海组 | | | 乌兰苏海组 | | | | | | | |
| 白垩系 下统 | 巴音戈壁组、赤金堡组 | | | 梅勒图组 | | | 巴音花组 | | 苏红图组、巴音戈壁组 | 固阳组、李三沟组 | 左云组 | 金刚泉组、庙沟组 | | | 东胜组、罗汉洞组、环河组、洛河组 | | 庙沟组 | | 庙沟组 |
| 侏罗系 上统 | | | | | | 白音高老组、玛尼吐组、满克头鄂博组 | | | 沙枣河组 | | 大青山组 | 沙枣河组 | | | | | | | 沙枣河组 |
| 侏罗系 中统 | 龙凤山组 | | | 塔木兰沟组、万宝组 | | | | | 龙凤山组 | 长汉沟组 | | 龙凤山组 | | | 安定组、直罗组、延安组 | | | | 龙凤山组 |
| 侏罗系 下统 | | 芨芨沟组 | | 红旗组 | | | | | | 五当沟组 | | | | | 富县组 | | | | 芨芨沟组 |
| 三叠系 上统 | | 珊瑚井组 | | | | | | | | | | | | | 延长组 | | | | 珊瑚井组 |
| 三叠系 中统 | | | | | | | | | | | | | | | 二马营组 | | | | |
| 三叠系 下统 | | 二断井组 | | | | | | | | | | | | | 和尚沟组、刘家沟组 | | | | 二断井组 |
| 二叠系 上统 | 哈尔苏海组、方山口组 | | | | | 哈达陶勒盖组、老龙头组、林西组 | | 铁营子组、于家北沟组 | 于家北沟组(?) | | 老窝铺组 | | | | 孙家沟组 | | | | 窑沟组 |
| 二叠系 中统 | 金塔组、双堡塘组 | | | | | 哲斯组 | 包特格组 | 额里图组 | | | 脑包沟组、石叶湾组 | | | | 石盒子组 | | | | 大黄沟组 |
| 二叠系 下统 | | | | | 大石寨组 | 大石寨组 | 寿山沟组 | 三面井组、酒局子组 | 阿其德组 | 大红山组 | 杂怀沟组 | 大红山组 | | 山西组 | | 山西组 | | | |
| 石炭系 上统 | 白山组 | 绿条山组 | 芨芨台子组 | 宝力高庙组 | 新依根河组、宝力格庙组 | 哈拉图庙组 | 格根敖包组、阿木山组、本巴图组 | | 阿木山组、本巴图组 | | 拴马桩组 | | | 太原组、本溪组 | | 太原组 | | | 太原组 |
| 石炭系 下统 | | | 红柳园组 | | 莫尔根河组、红水泉组 | | | 朝吐沟组 | | | | | 臭牛沟组 | | | | | | 臭牛沟组 |
| 泥盆系 上统 | | 西屏山组 | | | 安格尔音乌拉组 | 大民山组 | | 色日巴彦敖包组 | | | | | | | | | | | 前黑山组 |
| 泥盆系 中统 | 雀儿山组 | 卧驼山组 | | | 泥鳅河组 | | 塔尔巴格特组 | | | | | | | | | | | | 老君山组 |
| 泥盆系 下统 | | 伊克乌苏组 | | | | 乌奴耳礁灰岩、哈诺敖包组 | 西别河组 | 前坤头沟组 | | | | | | | | | | | 石峡沟组 |
| 志留系 顶统、上统 | | | | 卧都河组 | | | | | | | | | | | | | | | |
| 志留系 中统 | 碎石山组 | 公婆泉组 | | | 八十里小河组 | | | 徐尼乌苏组、八当山火山岩、晒勿苏组 | | | | | | | | | | | |
| 志留系 下统 | 圆包山组 | | | | 黄花沟组 | | | | | | | | | | | | | | |
| 奥陶系 上统 | 白云山组 | | | | 裸河组 | 巴彦呼舒组 | | (O—S₁) | | | 白彦花山组 | | | | | | | | |
| 奥陶系 中统 | 咸水湖组 | | | | 大伊希康河组 | 多宝山组 | 乌宾敖包组 | 包尔汉图群、哈拉组、布龙山组、白乃庙组 | | | 乌兰胡洞组、二哈公组、五道湾组、山黑拉组 | | | 马家沟组 | | 拉什仲组、乌拉力克组、克里摩里组、马家沟组 | | | 米钵山组、天景山组 |
| 奥陶系 下统 | 罗雅楚山组 | | | 乌宾敖包组 | 黄斑脊山组 | 哈拉哈河组 | | | | | | | | | | | | | |
| 寒武系 上统 | | 西双鹰山组 | | | | | | 锦山组 | | | 老孤山组 | | | 三山子组 | | 三山子组 | | | 香山群 磨盘井组 |
| 寒武系 中统 | | | | | | | | | | | | | | 张夏组 | | 炒米店组、崮山组、张夏组 | | | 徐家圃组 |
| 寒武系 下统 | | | | | | 苏中组 | | | | | 色麻沟组 | | 草大坂组 | 馒头组 | | 馒头组 | | | |
| 新元古界 震旦系、南华系 | | 洗肠井组 | | 额尔古纳河组、佳疙瘩组 | 倭勒根群、大网子组、吉祥沟组 | 额尔古纳河组、倭勒根群 | 艾勒格庙组 | | | 腮林忽洞组 | 什那干组 | | 烧火筒沟组、墩子沟组 | | | | | | 正目观组 |
| 新元古界 青白口系 | | | | | | | | | | 白云鄂博群 | | | | | | 王全口组、西勒图组 | | | 王全口组、西勒图组 |
| 中元古界 蓟县系、长城系 | 圆藻山组、古硐井组 | | | | | | 哈尔哈达组、温都尔庙群、桑达来呼都格组 | | | 呼吉尔图组、比鲁特组、哈拉霍疙特组、尖山组、都拉哈拉组、阿古鲁沟组、增隆昌组、书记沟组 | | 阿古鲁沟组、增隆昌组、书记沟组 | | | | | | 高于庄组、大红峪组、串岭沟组、常州沟组 | |

($O_{1-2}dy$)浅海相韵律型浊积岩-滑混岩建造，属于相对稳定的被动陆缘陆棚碳酸盐岩台地和碎屑岩盆地沉积。中晚奥陶世，被动陆缘逐渐转换为活动陆缘，多宝山组是由岛弧火山岩组成，而其上的裸河组为弧后盆地沉积的砂、泥岩建造。中部草原地区未见可靠寒武纪沉积地层，只有早中奥陶世的包尔汉图群以及白乃庙组，它们以火山岛弧火山岩为主，部分为含蛇绿岩或不含蛇绿岩的浊积扇堆积。

志留纪—泥盆纪地层的发育程度及岩石组合特征各地差异较大。

大兴安岭地区志留系—上泥盆统($S—D_3$)广泛分布于贺根山-扎兰屯俯冲带以北，岩石地层包括下志留统黄花沟组($S_1h$)滨-浅海碎屑岩建造、中志留统八十里小河组($S_2b$)滨海相碎屑岩建造、上志留统卧都河组($S_3w$)滨浅海相碎屑岩建造；下中泥盆统泥鳅河组($D_{1-2}n$)海进系列滨浅海环境碎屑岩夹碳酸盐岩建造，同期的乌奴耳礁灰岩($wrl$)浅海相生物礁灰岩建造，中上泥盆统大民山组($D_{2-3}d$)为弧背和弧后盆地海相玄武岩-安山岩-流纹岩组合夹碎屑岩、硅质岩建造。额济纳旗发育较全，志留纪早期为笔石页岩相的圆包山组，中晚志留世为活动陆缘的火山岛弧(公婆泉组)和弧后盆地的碎石山组。泥盆纪在珠斯楞地区的被动陆缘陆棚碎屑岩盆地沉积，极少见灰岩夹层，底栖的腕足类极为发育，并伴生有大量的珊瑚，尤其是 *Calceola sandalina sinensis* 的发现，证实该生物群具有中国南方的特点，它与中部草原和大兴安岭地区具有显著地不同。出露于额济纳旗西部与甘肃交界处的雀儿山组为中基性火山岩与砂砾岩互层的建造组合，应当是属于弧背盆地海陆交互相堆积。

中部草原地区缺失早志留世的沉积。中志留统晒勿苏组($S_2s$)为滨浅海相生物礁灰岩夹碎屑岩建造、八当山火山岩($bv$)大陆裂谷流纹岩组合，而将有化石依据的徐尼乌苏组的时代归于中志留世仅是“权宜之计”。这套深水、半深水复理石建造在区内独树一帜，很难展开岩石组合的区域对比工作。本区晚志留世到早泥盆世著名的岩石地层单位是西别河组，它的层型剖面位于达茂旗巴特敖包地区，底部砾岩以角度不整合与非整合的形态覆于早中奥陶世的包尔汉图群和同期的花岗闪长岩、闪长岩体之上。西别河组在区内分布比较广泛，总体上，下部以粗碎屑岩、长石石英砂岩及少量泥页岩为主，上部多处发育了生物礁和灰泥丘，生物化石有腕足类、珊瑚、层孔虫、苔藓虫、三叶虫等10余个门类，属、种的分异度及种群的丰度都很高。东北部地区的卧都河组是本区出露的志留纪唯一的岩石地层单位，属于滨海相碎屑岩建造，含有特殊的图瓦贝(*Tuvaella*)动物群。区内泥盆纪早期岩石地层只有前坤头沟组($D_1q$)陆源碎屑浊积岩建造，从早泥盆世中期至晚泥盆世，均为陆棚碎屑盆地环境形成的泥质、硅质粉砂岩、砂岩建造，早、中泥盆世的泥鳅河组，中晚泥盆世的塔尔巴格特组，均含有典型北方生物地理区的腕足类；晚泥盆世的安格尔音乌拉组主要岩性为滨海或海陆交互相的泥质粉砂岩，含植物化石。

鄂尔多斯陆块区缺失志留系和泥盆系。

石炭纪至中二叠世是内蒙古地区洋陆转换的关键时期，各地岩石地层特征差异很大。额济纳北山地区的石炭系为活动陆缘，发育有火山岛弧型安山岩等，另外则是弧前盆地绿条山组的半深水的砂板岩建造组合，含有腕足类、珊瑚等海相生物化石；二叠系则为裂谷环境下的沉积，金塔组的基性火山岩和方山口组的酸性火山岩，可以视为“双峰式”火山岩组合；而双堡塘组则是裂谷中央带的海相泥岩、砂岩建造组合，而哈尔苏海组则是裂谷边缘带海陆交互相至湖相的砂岩、泥岩建造组合，含植物化石。

内蒙古中东部地区石炭纪至早二叠世，构造古地理环境相当复杂，因此沉积岩建造组合(岩石地层单位)的特点随之而多样化，这样岩石地层单位的建立必然繁多，给区域地层的对比和岩石地层格架建立造成一定的困难。

下石炭统($C_1$)裂谷海盆沉积地层出露在额尔古纳地层分区、达赖-兴隆地层分区和镶黄旗-赤峰地层分区中。北部为红水泉组($C_1h$)滨海相成熟度较高的碎屑岩夹碳酸盐岩建造、莫尔根河组($C_1m$)中深海相玄武岩-英安岩-粗面岩-流纹岩组合夹硅质岩建造；南部为朝吐沟组($C_1c$)浅海相双峰式火山岩夹碎屑岩、碳酸盐岩建造。

上石炭统($C_2$)为大洋俯冲-陆陆碰撞环境沉积地层。以贺根山-扎兰屯俯冲带为界，向北西依次为前陆周缘盆地楔顶、海陆交互陆表海；向南东依次为前陆周缘盆地前渊、前隆和隆后盆地。海陆交互陆表海以及周缘前陆盆地楔顶和前渊由宝力高庙组($C_2bl$)成熟岛弧火山岩夹石英片岩和黄铁矿层建造，以及上部新伊根河组($C_2x$)海陆交互-三角洲平原相碎屑岩、火山碎屑岩夹碳酸盐岩建造构成。其中周缘前陆盆地楔顶出露有格根敖包组($C_2g$)陆源碎屑滨海潮汐通道相砂岩、细砂岩夹砾岩组合。周缘前陆隆起由滨浅海相本巴图组($C_2b$)碳酸盐岩夹碎屑岩和阿木山组($C_2a$)碳酸盐岩建造构成。周缘前陆盆地隆后盆地由青龙山($aq$)陆缘弧火山岩、石咀子组($C_2s$)潮汐通道-后滨相碎屑岩夹碳酸盐岩建造、白家店组($C_2bj$)滨浅海相碳酸盐岩建造和酒局子组($C_2jj$)三角洲平原相碎屑岩建造构成。下二叠统($P_1$)为陆表海-陆缘裂谷环境沉积地层。在毡铺和香山镇一带由寿山沟组($P_1ss$)陆表海临滨-远滨相碎屑岩夹碳酸盐岩建造构成；在赤峰一带由三面井组($P_1sm$)陆缘裂谷河口湾相碎屑岩建造构成。

中二叠统—下三叠统($P_2$—$T_1$)为俯冲碰撞之后的弧背盆地-残余盆地环境沉积地层。以达青牧场—布敦花俯冲带和西拉木伦俯冲带为界，两侧岩石地层发育程度、沉积岩建造组合特征以及生物群性质都有显著的差异，以北和以南皆为弧背盆地，二者之间为残余海盆-残余盆地。

(1)南部地层发育相对比较简单，基本都是被动陆缘环境的产物，下部三面井组为陆棚盆地的陆源碎屑岩夹灰岩沉积建造，以 *Misellina*、*Parafusulina* 为代表的南方型䗴类化石组合，显示了中二叠世早期的时代特征。与其层位相当或略高层位额里图组则是火山-沉积断陷盆地沉积的湖泊砂岩、粉砂岩夹安山岩及其凝灰岩建造组合，含华夏型植物群。西拉木伦河南岸的于家北沟组是位于额里图组和中生代火山岩之间的一套海陆交互相或近岸环境的碎屑岩夹火山碎屑岩的沉积建造组合，含海相动物化石和植物化石，其时代为中晚二叠世，局部出露小面积的铁营子组($P_3t$)曲流河相碎屑岩建造。

(2)残余海盆之中自下而上由中二叠统大石寨组($P_2d$)残余海盆环境火山岩夹碎屑岩建造、哲斯组($P_2zs$)潮汐通道-后滨-潮间带相碎屑岩-碳酸盐岩建造构成，晚二叠世及之后为残余盆地环境，由林西组($P_3l$)水下冲积扇-湖泊三角洲-淡水湖相碎屑岩建造构成。

(3)北面的弧背盆地自下而上由中二叠统大石寨组($P_2d$)岛弧火山岩夹碎屑岩建造、哲斯组($P_2zs$)弧背盆地环境碎屑岩夹碳酸盐岩建造、上二叠统林西组($P_3l$)海陆交互相-淡水湖盆相碎屑岩建造、下三叠统老龙头组($T_1ll$)淡水湖相碎屑岩建造、哈达陶勒盖组($T_1hd$)高钾-钾玄质火山岩夹淡水湖相碎屑岩建造构成。

内蒙古南部陆块区缺失早石炭世的沉积，海侵从晚石炭世开始，稳定陆表海环境至二叠纪末，连续沉积了一套海陆交互相的陆源碎屑岩夹煤层的沉积岩建造组合，其岩石地层单位序列与华北各省一致。

古生代时，现属内蒙古中部的古亚洲洋，多次扩张和收缩。不同时段，在华北板块的北缘，西伯利亚板块的南缘被动陆缘和活动陆缘上，陆源碎屑，碳酸盐岩，各种火山岩、火山碎屑岩等大量发育，甚至镶嵌有来自洋壳的蛇绿岩残块和古老地块。复杂的沉积环境形成了形形色色的沉积岩建造组合，并据此划分了大量的岩石地层单位。

古生代末由于华北板块与西伯利亚板块相向运动，发生陆陆碰撞，古亚洲洋封闭，海水退出形成统一的陆地。所以，本区的中—新生代，均为陆内的河流、湖泊相沉积的陆源碎屑和陆相的火山岩及火山碎屑岩沉积，是石油、煤炭及天然气等能源矿产的主要产出层位。

## 三、内蒙古东部晚三叠世以来地层区划及岩石地层格架

### (一)晚三叠世以来地层区划

晚三叠世以来内蒙古东部属滨太平洋地层区(5),包括大兴安岭-燕山地层分区($5_1$)和松辽地层分区($5_2$)(图 2-2)。

大兴安岭-燕山地层分区($5_1$)包括二连浩特-博克图地层小区($5_1^2$)、克什克腾旗-乌兰浩特地层小区($5_1^3$)和赤峰-敖汉地层小区($5_1^4$)。

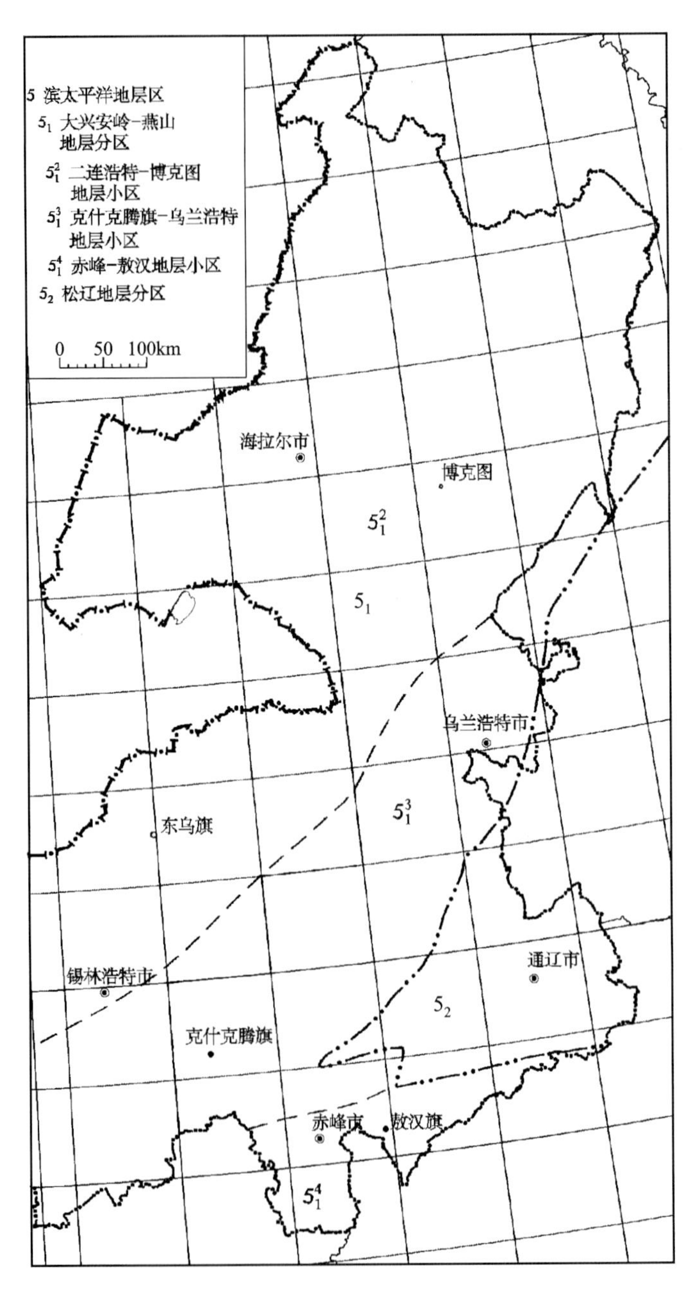


图 2-2　内蒙古东部晚三叠世以来地层区划图

### (二)晚三叠世以来岩石地层格架

晚三叠世以来为内蒙古东部造山-裂谷系演化阶段。区内缺失上三叠统,早、中侏罗世发育受近东西向和北东走向断裂控制的断陷含煤盆地,晚侏罗世由于剧烈地火山爆发而造成单一的沉积盆地很少;早白垩世火山岩喷发仍然强烈,出现若干受近东西向和北东走向断裂控制的含煤断陷盆地;晚白垩世发生受北东东向和北北东走向共轭断裂控制的叠加断陷活动,局部有火山喷发活动;新近纪—第四纪多为河湖相沉积,为大陆裂谷碱性玄武岩溢流活动。

晚三叠世以来岩石地层出露位置及岩石地层单位见表 2-2。

**1. 下侏罗统($J_1$)**

下侏罗统红旗组($J_1h$)主要分布在柴河镇—突泉县一带。红旗组($J_1h$)为河湖相含煤碎屑岩建造。

**2. 中侏罗统($J_2$)**

中侏罗统零星遍布全区,地层为万宝组($J_2wb$)和新民组($J_2x$)。新民组($J_2x$)主要为河湖相含煤碎屑岩建造,其次为河流砂砾岩-粉砂岩-泥岩建造和火山碎屑岩建造;万宝组($J_2wb$)包括河湖相含煤碎屑岩建造、湖泊三角洲砂砾岩夹火山岩建造、河流砂砾岩-粉砂岩-泥岩建造、河流砂砾岩-粉砂岩-泥岩夹火山岩建造等。

表 2-2 内蒙古东部晚三叠世以来岩石地层单位序列表

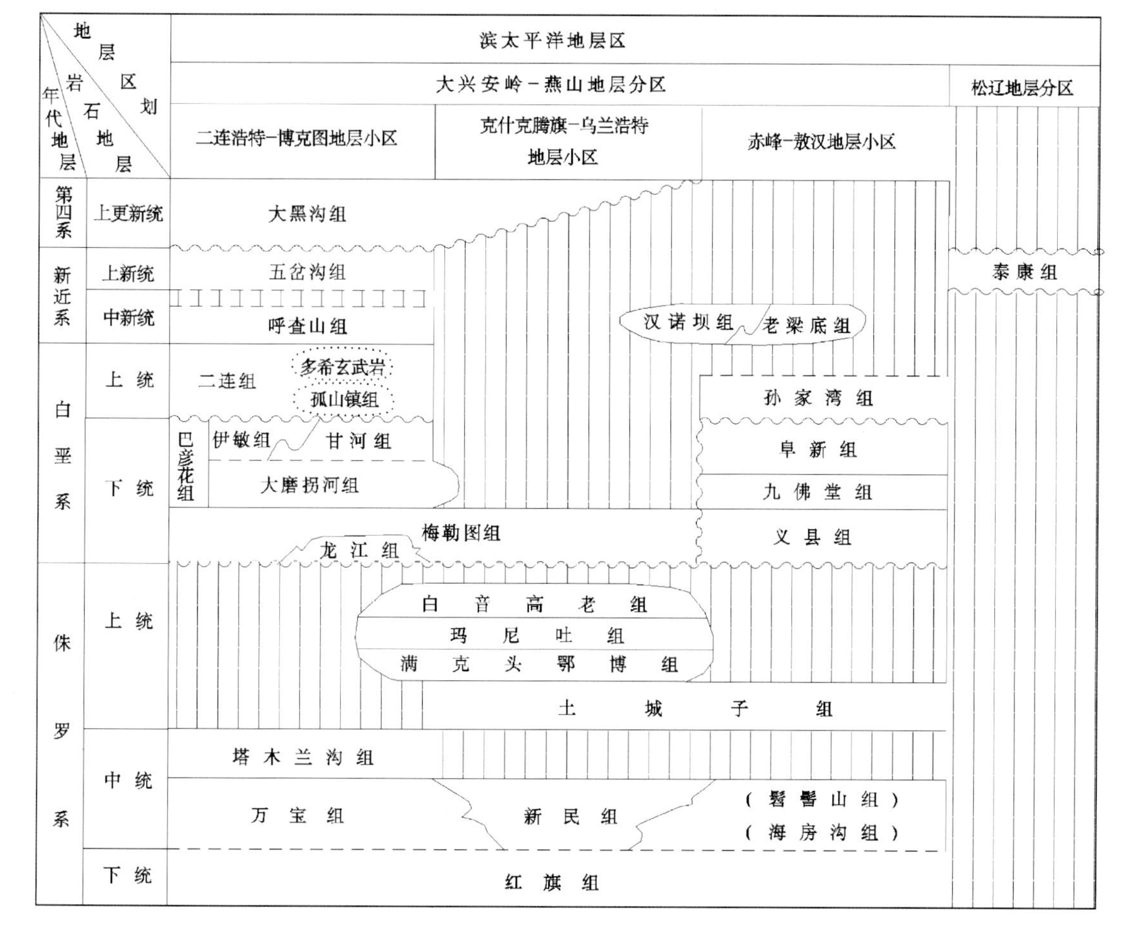


### 3. 上侏罗统($J_3$)

上侏罗统包括土城子组($J_3t$)、满克头鄂博组($J_3mk$)、玛尼吐组($J_3mn$)和白音高老组($J_3b$)。土城子组($J_3t$)包括冲积扇砾岩建造、湖泊砂岩-粉砂岩建造、河流砂砾岩-粉砂岩-泥岩建造、河流砂砾岩-粉砂岩-泥岩夹火山岩建造等;满克头鄂博组($J_3mk$)为陆相酸性火山岩建造;玛尼吐组($J_3mn$)为陆相中性火山岩夹碎屑岩建造;白音高老组($J_3b$)为陆相酸性火山岩-沉火山碎屑岩建造。

### 4. 上侏罗统($J_3$)

上侏罗统包括土城子组($J_3t$)、满克头鄂博组($J_3mk$)、玛尼吐组($J_3mn$)和白音高老组($J_3b$)。土城子组($J_3t$)包括冲积扇砾岩建造、湖泊砂岩-粉砂岩建造、河流砂砾岩-粉砂岩-泥岩建造、河流砂砾岩-粉砂岩-泥岩夹火山岩建造等;满克头鄂博组($J_3mk$)为陆相酸性火山岩建造;玛尼吐组($J_3mn$)为陆相中性火山岩夹碎屑岩建造;白音高老组($J_3b$)为陆相酸性火山岩-沉火山碎屑岩建造。

### 5. 下白垩统($K_1$)

下白垩统包括赤峰—敖汉一带出露的义县组($K_1y$)、九佛堂组($K_1jf$)和阜新组($K_1f$),西拉木伦河以北出露的龙江组($K_1l$)、梅勒图组($K_1m$)、甘河组($K_1g$)、大磨拐河组($K_1d$)和伊敏组($K_1ym$)。其中义县组($K_1y$)、梅勒图组($K_1m$)和甘河组($K_1g$)为大陆裂谷中基性火山岩;龙江组($K_1l$)为俯冲型酸性火山岩;九佛堂组($K_1jf$)为湖泊砂岩-粉砂岩-泥岩夹火山岩建造和河流砂砾岩-粉砂岩-泥岩建造;阜新组($K_1f$)为河湖相含煤碎屑岩建造;大磨拐河组($K_1d$)为水下扇砂砾岩建造和河湖相含煤碎屑岩建造;伊敏组($K_1ym$)为河湖三角洲砂砾岩建造和河湖相含煤碎屑岩建造。

**6. 上白垩统($K_2$)**

上白垩统包括孤山镇组($K_2g$)、多希玄武岩($K_2d$)、二连组($K_2e$)和孙家湾组($K_2sj$)。孤山镇组($K_2g$)和多希玄武岩($K_2d$)为双峰式火山岩;二连组($K_2e$)为河流砂砾岩-粉砂岩-泥岩组合;孙家湾组($K_2sj$)为河湖砂砾岩-粉砂岩-泥岩组合,角度不整合于阜新组($K_1f$)之上。

**7. 新近系—第四系**

北部克尔伦苏木一带和欧肯河镇一带出露中新统呼查山组($N_1hc$)河流砂砾岩-粉砂岩-泥岩组合;南部牛家营子乡老梁底一带出露中新统老梁底组($N_1l$)河流砂砾岩-粉砂岩-泥岩组合;中部扎赉特旗一带出露上新统泰康组($N_2tk$)河流砂砾岩-粉砂岩-泥岩组合;巴彦诺尔—宝格达山林场一带出露五岔沟组($N_2wc$)大陆裂谷橄榄玄武岩;柴河镇一带和诺敏镇一带出露大黑沟组($Qp_3d$)橄榄玄武岩;在赤峰一带出露汉诺坝组($N_1h$)大陆裂谷碱性橄榄玄武岩。

## 第二节 沉积岩建造组合划分及其特征

根据“全国矿产资源潜力评价项目办”提出的,沉积岩建造组合定义为同一时代同一沉积相或同一沉积体系内几类沉积岩建造的自然组合。在实际工作中,在沉积岩建造组合划分时,应当有明确的沉积相和沉积体系归属,也就是在沉积相分析的基础上划分沉积岩建造组合类型。因此可以简单地表达为“沉积相(或沉积体系)加岩石组合,等于沉积岩建造组合”,例如:湖泊相粉砂岩、泥岩建造组合,河流相砂砾岩建造组合等。

按着上述沉积岩建造组合的定义,在实际划分时,一般应遵循如下原则:首先应用“基本层序”(Basic Squence)的概念来划分沉积岩建造组合,因为地层柱中一个基本层序就等同于“同一沉积作用下形成的一种或几种岩石的自然组合”,它与沉积岩建造组合的定义基本一致。

对沉积韵律或者沉积旋回发育的地层剖面,在正确建立地层层序的基础上,可充分利用沉积韵律和沉积旋回,结合沉积相分析的结果进行适当归并,来划分沉积岩建造组合。

根据上述原则和划分方法,可以明显地得出:一般情况下,每个沉积岩建造组合都包含在一个“组”级的岩石地层单位内,只能小于或等于“组”。因此,可以理解为划分沉积岩建造组合是对“组”级岩石地层单位的再划分,但是,在稳定的构造古地理环境下,陆内的湖泊沉积体系内沉积作用连续时间较长,地层厚度较大,但碎屑粒度变化不明显,多为泥岩、粉砂岩。然而生物群的面貌在垂直剖面中却有明显的分带现象,历史上出现了一些按生物地层概念划分的“组”。本次沉积建造组合的划分过程中将生物地层概念“组”作了适当的合并。因此,本节亦有建造组合含有 2 个或 3 个“组”的现象出现。沉积岩建造组合是本项目沉积岩研究和编图的基础。在充分研究 1∶25 万分幅沉积岩建造构造图、实际材料图前提下归纳出 284 个沉积岩建造组合,其名称采用文字表述。

在编制大地构造相图的沉积岩工作底图时,以上述工作为依据,在综合研究的基础上,进行原型盆地分析,划分出沉积建造组合赋存的构造古地理单元,分别用统一规定的代号表示不同的构造古地理单元和级别,因此,不同性质和级别的构造古地理环境所形成的沉积岩建造组合综合起来便是沉积岩岩石构造组合。也可以理解为“沉积岩建造组合加构造古地理单元的综合,便是沉积岩岩石构造组合”。用构造古地理单元代号加沉积建造组合所在的地层单位代号来表示,例如,ce($Pt_2y$)意为碳酸盐岩陆表海形成的中元古代圆藻山群的碳酸盐岩建造组合。

本节按时段和地层分区,从老到新分别叙述沉积岩建造组合和沉积岩岩石构造组合的划分及其特征。

## 一、前南华纪

### (一)黑鹰山地层分区

台地潮坪碳酸盐岩建造组合 ce($Pt_2y$):土黄色、灰色微粒大理岩夹灰色硅泥质岩。

属陆表海(ES),碳酸盐岩陆表海(ce)环境,与其相对应的大地构造相为:陆表海相,碳酸盐岩台地亚相。

### (二)马鬃山地层分区

(1)陆表海砂岩-粉砂岩建造组合 oe($Pt_2g$):灰色、浅灰色变质石英细砂岩、变质长石石英细砂岩,下部灰色、灰褐色变质粉砂岩、粉砂质板岩,厚度 3638m。

(2)陆表海灰岩-白云岩建造组合 ce($Pt_2y$):灰白色大理岩、硅质白云岩、灰色含燧石灰岩、结晶灰岩、白云质灰岩、薄层灰岩,厚度 3006m。

二者同为陆表海(ES)环境,前者 oe($Pt_2g$)为陆缘碎屑无障壁陆表海(oe)属陆表海相,碎屑岩陆表海亚相;后者 ce($Pt_2y$)为碳酸盐岩陆表海(ce)属陆表海相,碳酸盐岩台地亚相。

### (三)柳园地层分区

(1)陆表海砂泥岩建造组合 oe($Pt_2g$):灰色薄层变质细粒石英砂岩、灰色变质细粒长石石英砂岩、灰黑色变质粉砂岩、灰色绢云母粉砂质板岩,厚度 3688m。

(2)陆表海灰岩建造组合 ce($Pt_2y$):灰色厚层状含黑色燧石条带白云质碎屑灰岩、白云石大理岩、白云变质岩,厚度 4854m。

二者同属陆表海(ES)环境,前者 oe($Pt_2g$)为陆缘碎屑无障壁陆表海(oe),后者 ce($Pt_2y$)为碳酸盐岩陆表海(ce)。与其相对应的大地构造相为陆表海相、碎屑岩陆表海亚相、碳酸盐岩陆表海亚相。

### (四)锡林浩特-乌兰浩特地层分区

(1)洋岛拉斑玄武岩建造组合 im($Pt_2s$):灰绿色片理化拉斑玄武岩,夹硅质岩及硅质碳酸盐岩透镜体,下部为辉长岩、辉橄岩透镜体等,含铁,厚度 401m。

(2)含蛇绿岩浊积岩建造组合 of($Pt_2h$):灰绿色绿泥绢云石英片岩、浅灰色绢云石英片岩夹含磁铁石英岩、绢云片岩含铁,厚度 1094m。

im($Pt_2s$)与 of($Pt_2h$)同为俯冲增生杂岩楔(sa)环境,为弧前盆地相。前者为洋岛海山(im),属弧前构造高地亚相;后者为含蛇绿岩浊积扇(of),属弧前增生楔亚相。

(3)滨浅海灰岩-砂泥岩-火山碎屑岩建造组合 Bb($Pt_3a$):白色、灰色大理岩、结晶灰岩,灰褐色、灰黑色变质石英粉砂岩、片理化石英岩,灰褐色—黑色绢云母板岩,灰色、灰白色糜棱岩化凝灰岩,灰色变质晶屑凝灰岩夹流纹岩及流纹斑岩,厚度 1354m。为弧后盆地(Bb)远弧带(fa)环境,大地构造相为弧后盆地相。

## （五）镶黄旗地层分区

(1)洋岛拉斑玄武岩建造组合 im($Pt_2s$)：灰绿色片理化枕状拉斑玄武岩、变余杏仁枕状构造夹硅质岩及硅质碳酸盐岩透镜体，下部为灰绿色辉绿玢岩、辉长岩、含辉橄岩透镜体，含铁，厚度401m。

(2)含蛇绿岩浊积岩建造组合 of($Pt_2h$)：浅灰绿色、砖红色绿泥石英片岩夹蓝闪石英岩、绢云石英片岩、细碧岩化拉斑玄武岩岩块及含铁石英岩与含铁大理岩透镜体，厚度1094m。

二者为俯冲增生杂岩楔(sa)环境，弧前盆地相。im($Pt_2s$)为洋岛海山，属弧前构造高地亚相。of($Pt_2h$)为含蛇绿岩浊积扇(of)，属弧前增生楔亚相。

## （六）狼山-白云鄂博地层小区

(1)河流砂砾岩-石英砂岩建造组合 mrm($Pt_2s$)：灰白色变质砾岩、石英岩夹板岩，厚度133m。

(2)河流砂砾岩-石英砂岩建造组合 mrm(Ch$d$)：灰白色中粗粒砂砾岩、变质石英砂岩、灰色变质中粗粒长石石英砂岩夹粉砂质板岩，厚度594m。

二者为陆缘裂谷(Mr)，陆缘裂谷边缘(mrm)环境。其对应的大地构造相是陆缘裂谷相，裂谷边缘亚相。

(3)滨浅海砂岩-粉砂岩-泥岩建造组合 mrc($Pt_2z^1$)：杂色粉砂质板岩、灰绿色绢云母板岩夹粉晶灰岩，厚度124m。

(4)滨浅海碳酸盐岩建造组合 mrc($Pt_2z^2$)：青灰色内碎屑结晶灰岩、含燧石条带内屑结晶灰岩，厚度220m。

(5)滨浅海砂岩-粉砂岩-泥岩建造组合 mrc(Ch$j$)：深灰色含碳质泥板岩、深灰色粉砂质泥板岩夹变质中粒石英砂岩，厚度大于1201m。

(6)滨浅海砂岩-粉砂岩-泥岩建造组合 mrc($Pt_2a^1$)：灰黑色硅质板岩、灰色变质长石石英砂岩、绢云母板岩夹内碎屑硅质灰岩，厚度230m。

(7)滨浅海碳酸盐岩建造组合 mrc($Pt_2a^2$)：灰白色厚层状内碎屑灰岩、白云质灰岩角砾岩、灰黄色叠层石灰岩，厚度大于256m。

(8)滨浅海砂岩-粉砂岩-泥岩建造组合 mrc($Pt_2a^3$)：灰黑色含碳质粉砂质板岩、碳质板岩，厚度大于473m。

(9)滨浅海砂岩-粉砂岩-泥岩建造组合 mrc(Jx$h^1$)：灰色变质钙质中粒—中粗粒石英砂岩夹粉砂泥晶灰岩、砂砾岩，厚度大于500m。

(10)滨浅海碳酸盐岩建造组合 mrc(Jx$h^{2+3}$)：深灰色藻礁灰岩、泥晶灰岩夹钙质泥岩，灰色变质中细粒钙质石英砂岩与灰色粉砂岩、泥晶灰岩互层，厚度大于755m。

(11)滨浅海砂岩-粉砂岩-泥岩建造组合 mrc(Jx$b$)：暗灰色变质石英砂岩、暗灰色含碳质粉砂岩、绢云母板岩、变质细砂岩夹灰色变质粉砂岩，厚度2136m。

上述各沉积岩建造组合均属陆缘裂谷(Mr)与陆缘裂谷中央(mrc)环境。对应的大地构造相为陆缘裂谷相，裂谷中心亚相。

(12)滨浅海砂岩-粉砂岩-泥岩建造组合 mrm(Q$bb^{1-4}$)：浅灰色变质中细粒长石石英砂岩、灰白色中细粒石英砂岩、粉砂质绢云母板岩，厚度1760m。

(13)滨浅海砂岩-粉砂岩-泥岩建造组合 mrm($Pt_2l$)：变质长石石英砂岩夹砂砾岩及大理岩透镜体含砾石英砂岩、石英片岩、云英片岩，厚度429m。

(14)滨浅海碳酸盐岩建造组合 mrm(Q$bh^{1+2}$)：灰白色厚层状结晶灰岩、青灰色硅灰石大理岩，厚度大于 265m。

(15)滨浅海砂岩-粉砂岩-泥岩建造组合 mrm($Qbh^{3+4}$):紫灰色钙质粉砂岩、暗灰色钙质泥岩、深灰色绢云母泥质板岩,厚度 945.6m。

以上各沉积岩建造组合均属陆缘裂谷(Mr),陆缘裂谷边缘(mrm)环境。大地构造相为陆缘裂谷相与裂谷边缘亚相。

### (七)雅布赖山地层小区

(1)滨浅海含砾砂岩-粉砂岩-泥岩建造组合 mrm($Pt_2\hat{s}$):浅灰色砂砾岩、灰色石英岩、黑云石英片岩、绢云石英红柱片岩,厚度 876.4m。属陆缘裂谷(Mr),陆缘裂谷边缘(mrm)环境。其大地构造相为陆缘裂谷相,裂谷边缘亚相。

(2)滨浅海砂岩-粉砂岩-泥岩建造组合 mrc($Pt_2z^1$):灰色、深灰色变质石英砂岩、砂质板岩夹结晶灰岩,厚度 548.3m。

(3)滨浅海碳酸盐岩建造组合 mrc($Pt_2z^2$):灰色、深灰色条带状微粒灰岩、含砂屑微粒灰岩,厚度 1 145.1m。

(4)滨浅海砂岩-粉砂岩-泥岩建造组合 mrc($Pt_2a$):深灰色、灰黑色变质含碳质石英砂岩、碳质及砂质板岩夹结晶灰岩,厚度 2 256.3m。

上述各沉积岩建造组合均属于陆缘裂谷(Mr)和陆缘裂谷中(mrc)环境。大地构造相为陆缘裂谷相与裂谷中央亚相。

### (八)龙首山地层小区

(1)陆表海砂岩建造组合 oe($Pt_2d^1$):长石石英砂岩、砾岩夹赤铁矿透镜体,厚度大于 184m。

(2)陆表海灰岩建造组合 ce($Pt_2d^2$):硅质条带灰岩,厚度大于 372m。

二者为陆表海(ES)环境,其中 oe($Pt_2d^1$)为陆源碎屑无障壁陆表海(oe),ce($Pt_2d^2$)为碳酸盐岩陆表海(ce),其对应的大地构造相为陆表海盆地相与陆缘碎屑岩亚相、陆棚碳酸盐岩亚相。

### (九)桌子山地层小区

(1)陆表海砂岩建造组合 fce($Pt_{2-3}x$):灰色白云质灰岩夹灰色砂岩,厚度 264m。

(2)陆表海灰岩建造组合 fce($Pt_{2-3}w$):灰白色石英砂岩夹紫色页岩,厚度 50.7m。

上述二者沉积岩建造组合同属陆表海(ES)陆源碎屑-碳酸盐岩陆表海(fce)环境,其大地构造相为陆表海盆地相、碎屑岩陆表海亚相。

### (十)贺兰山地层小区

(1)陆表海砂岩建造组合 oe($Pt_{2-3}x$):紫红色石英岩夹石英砂岩,厚度 161.2m。

(2)陆表海白云岩建造组合 ce($Pt_{2-3}w$):灰色硅质白云岩、硅质条带含灰质白云岩及白云质灰岩,含 *Conophytan* sp.,厚度 904.2m。

二者为陆表海(ES)环境,其中 oe($Pt_{2-3}x$)为陆源碎屑无障壁陆表海(oe),ce($Pt_{2-3}w$)为碳酸盐岩陆表海(ce),大地构造相为陆表海盆地相,碎屑陆表海亚相。

### (十一)燕辽地层分区

常州沟组(Ch*c*)蓝线石石英岩-绢云片岩建造、串岭沟组(Ch*cl*)板岩-石英岩-赤铁矿(变为磁铁矿)层构造组合,大红峪组(Ch*d*)板岩-钙质板岩-结晶灰岩建造和高于庄组(Ch*g*)变质砂岩-硅质板岩-白云质大理岩建造。恢复原岩分别为碎屑岩沉积建造、砂泥质-铁质沉积建造、砂泥质-碳酸盐岩沉积建造和砂泥质-铁锰碳泥质-镁质碳酸盐岩沉积建造。

## 二、南华纪—中三叠世

### (一)黑鹰山地层分区

(1)远滨泥岩-粉砂岩夹砂岩建造组合 sdn($O_{1-2}l$):灰褐色、灰黑色粉砂泥质板岩、泥质板岩夹长石质杂砂岩及少量硅质板岩、灰岩,含笔石:*Trigonograptus* sp. ,*Didymograptus* sp. ,厚度 2 751.4m。为陆棚碎屑岩盆地(SD),陆棚碎屑浅海(sdn)环境。大地构造相为被动陆缘相,碎屑岩陆棚亚相。

(2)火山岩-火山碎屑浊积岩建造组合 ibm($O_{2-3}x$):浅黄褐色安山玢岩、灰绿色辉绿岩、凝灰岩且沿走向相变为泥灰岩或砂岩、底部凝灰质千枚岩。含腕足:*Apatorthis* cf. *tenuicostata*,*Orthidiella* sp. ,*Dalmanella* sp. ,*Ancistrorhyncha* (?) sp. ,*Dinorthis* sp. ,*Parmorthis* sp. ;三叶虫:*Pliomerid*,*Encrinuroides* sp. ,*Cybelid*,*Asaphidae*,厚度大于 4992m。属弧间盆地(Ib),弧间盆地边缘带(ibn),大地构造相为岩浆弧相,火山弧亚相。

(3)滨海粉砂岩建造组合 fa($O_3by_1$):紫红色粉砂岩、泥质粉砂岩夹紫红色杂砾岩,厚度 678m。

(4)滨浅海碳酸盐岩建造组合 fa($O_3by^2$):深灰色砾状灰岩、紫红色泥质粉砂岩夹少量安山岩。含珊瑚:*Plasmoporella* sp. ,*Brachylasma* (?) sp. ,*Heliolites* sp. ,*Favosites* sp. ,*Parastriatopora* sp. ,*Halysites* sp. ,*Orthophyllum* (?) sp. ;腕足:*Rostricellula* sp. ,*Sowerbyella* sp. ,*Zygospira* sp. ,*Skenidioides* sp. ,厚度 423m。

上述两种沉积岩建造组合同属弧后盆地(Bb),弧后盆地远弧带(fa)环境。所属大地构造相为弧后盆地相。

(5)远滨泥岩-粉砂岩夹砂岩建造组合 sdn($S_1y$):黄绿色粉砂岩夹灰绿色杂砂岩。含笔石:*Monoclimacis* cf. *griestonensis*,*Streptograptus* sp. ,*Monograptus* sp. ,*Pristiograptus* sp. ,*Petaollithus* sp. ,厚度 1 563.1m。为陆棚碎屑岩盆地(SD),陆棚碎屑浅海(sdn)环境。属被动陆缘相,碎屑岩陆棚亚相。

(6)海相火山岩建造组合 Va($S_{2-3}g$):海相安山岩、安山玄武岩为主夹流纹岩及酸性凝灰岩,局部夹少量大理岩,厚度 1063m。

(7)滨海相含砾砂岩-粉砂质泥岩-硅质岩建造组合 Fab($S_{2-3}ss$):浅灰色含砾变质砂岩、变质砂岩、褐黄色粉砂泥质板岩及硅质岩互层,夹灰岩透镜体。含珊瑚:*Favositescoreanicus*,*Holophragmacolceoloides*,*Phaulactis* sp. ,*Squameofavosites* sp. ,厚度 381.7m。

上述两种沉积岩建造组合,前者 Va($S_{2-3}g$)为火山岛弧(va)环境,后者 Fab($S_{2-3}$ss)为弧前盆地(Fab)环境,二者同为弧前盆地相。

(8)远滨粉砂岩-砾岩建造组合 fa($D_{1-2}y$):黄绿色粉砂岩、泥质粉砂岩夹砾岩及灰岩。含珊瑚:*Barrandeophyllum*,*Perplexum pocta*,*Schlotheimophyllupatellatum Acervularia rhopaloseptata*;腕足:*Atrypawaterllooensis*,*Borealirhynchia* sp. ;苔藓:*Fenestella* sp. ,厚度 1013m。

(9)火山岩-砂砾岩建造组合 rabm($D_{1-2}q$):黄绿色安山岩、英安岩、玄武岩及灰白色流纹岩与砂、砾岩互层。含珊瑚：*Thamnopora wangi*，*T. dunbeiensis*，*T. alta Parastriatopora* sp.；植物：*Artisia* sp.，厚度1399m。前者fa($D_{1-2}y$)为弧后盆地(Bb)，弧后盆地远弧带(fa)环境，后者rabm($D_{1-2}q$)为弧背盆地(Rab)，弧背盆地边缘带(rabm)环境，所属大地构造相为岩浆弧相，弧背盆地亚相。

(10)半深水砂板岩建造组合ffa($C_1l$)：浅海相长石石英砂岩、粉砂岩、粉砂质板岩、硅质岩、含铁硅质岩及结晶灰岩等。含腕足：*Syringothyris* sp.，*Athyris sulcata*；珊瑚：*Caninia* sp.，*Caninophyllum* sp.，腹足：*Bellerophon* sp.，苔藓：*Fenestella* sp.，厚度1125m。

(11)火山岩-火山碎屑岩建造组合nfa($C_1b$)：流纹岩、英安岩、安山质流纹岩、英安质凝灰岩夹少量陆源碎屑岩，厚度799m。

上述两种建造组合同属弧前盆地(Fab)环境，前者为弧前盆地远弧带(ffa)，后者为弧前盆地近弧带(nfa)。二者同属弧前盆地相，弧背盆地亚相。

(12)远滨泥岩-粉砂岩建造组合mrc($P_2sb$)：灰黑色、灰绿色细砂岩、粉砂岩、页岩互层，夹杂砂岩、砾岩。含菊石：*Paragastrioceras* sp.；锥石：*Conularia* sp.；珊瑚：*Tachylasma* sp.；植物：*Cordaites* sp.，厚度1713m。

(13)海相基性火山岩-火山碎屑沉积岩建造组合mrc($P_2j$)：灰绿色、灰紫色玄武岩与黄绿色砂岩、页岩互层。含腕足：*Orbiculoidea* sp.，厚度1414m。

(14)陆相中酸性火山岩及碎屑岩建造组合mrm($P_3f$)：中酸性熔岩及英安质凝灰岩，部分地区夹砂岩及砂砾岩，厚度123.6m。

(15)湖泊砂岩-粉砂岩建造组合mrm($P_3h$)：黄褐色杂砂岩、粉砂质泥岩及底部砾岩，含植物：*Sphenopteris* (?) sp.，*Callipteris* sp.，厚度120m。

上述建造组合都属于陆缘裂谷(Mr)环境，其中mrm($P_2sb$)为陆缘裂谷边缘(mrm)，mrc($P_2j$)为陆缘裂谷中央(mrc)，mrm($P_3f$)与mrm($P_3h$)为陆缘裂谷边缘(mrm)。所对应的大地构造相为陆缘裂谷相，裂谷中央亚相和裂谷边缘亚相。

### (二)马鬃山地层分区

(1)冰碛砾岩-冰碛泥砾岩-泥岩建造组合SB($Zx$)：浅灰色冰碛砾岩、冰碛泥砾岩、杂色含砾砂质板岩及灰色厚层白云质灰岩，厚度大于378m。为坳陷盆地(SB)环境，大地构造相属陆内盆地相。

(2)浅海碳酸盐岩建造组合cp($\in_{2-3}x$)：深灰色厚层砾状碎屑灰岩、底部含铁质硅质岩。含三叶虫：*Amphoton* sp.，*Kootenia* sp.，*Dorypyge* sp.，*Ptychopariidae*，*Dolichometopidae*；腹足：*Helcionella* sp.，厚度691m。属陆棚碳酸盐岩台地(sp)，碳酸盐岩台地(cp)环境，大地构造相为被动陆缘相，碳酸盐岩陆棚亚相。

(3)远滨泥岩-粉砂岩-砂岩建造组合sdn($O_{1-2}l$)：灰绿色杂砂岩、深灰色长石石英砂岩、粉砂岩夹页岩。含腕足：*Aporthophyla* sp.，厚度1847m。属陆棚碎屑岩盆地(SD)，陆棚碎屑浅海(sdn)环境，大地构造相属被动陆缘相，碎屑岩陆棚亚相。

(4)火山岩-火山碎屑浊积岩建造组合ibm($O_{2-3}x$)：浅黄褐色安山玢岩、灰绿色辉绿岩、凝灰岩，且沿走向相变为泥灰岩或砂岩，底部凝灰质千枚岩。含腕足：*Apatorthis* cf. *tenuicostata*，*Orthidiella* sp.，*Dalmanella* sp.，*Ancistrorhyncha* (?) sp.，*Dinorthis* sp.，*Parmorthis* sp.；三叶虫：*Pliomerid*，*Encrinuroides* sp.，*Cybelid*，*Asaphidae*，厚度大于4992m。为弧间盆地(Ib)，弧间盆地边缘带(ibn)环境，所属大地构造相为岩浆弧相，火山弧亚相。

(5)滨海砂岩-碳酸盐岩硅质岩建造组合fa($O_3by$)：灰色、灰绿色、灰紫色杂砂岩、杂砂质石英砂岩、变质长石石英砂岩，深灰色结晶灰岩、白云岩及大理岩夹硅质岩。含腹足：*Maclurites* sp.，*Lesueurilla* sp.；珊瑚：*Heliolites* sp.，*Plasmoporella convexotabulata* var. *maxima*，厚度1517m。为弧后盆地(Bb)环境，所处大地构造相为陆缘弧相，弧前盆地亚相。

(6)远滨泥岩-粉砂岩建造组合 s

*Monograptus* cf. *priodon* (Bronn),*M*

前盆地(Fab),弧前陆坡(sfa)环境。为

(7)滨海相含砾砂岩-粉砂质泥岩

黄色粉砂泥质板岩及硅质岩互层夹

*ceoloides Phaulactis* sp.,*Squameofa*

(8)海相火山岩建造组合 Va($S_{2-3}$

岩,局部夹少量大理岩,厚度 381.7m。

上述两个岩石建造组合,分属两个

地(Fab)。二者同属陆缘弧相,弧背盆

(9)远滨泥岩-粉砂岩夹砂岩建造

岩夹钙质页岩,灰色、灰褐色含云母钙

*schizoloma*;珊瑚:*Cyathophyllum* cf.

*lophyllum* sp.;腕足:*Cymostrophia*

*trypina* sp.,*Brachyspirifer orthoro*

sp.,*Fistulipora* sp.;牙形刺:*Spatho*

(10)海陆交互相砂泥岩夹砾岩建

质砂岩、钙质砂岩及杂色长石石英砂

*heterosinus*,*Tenticospirifer* cf. *trip*

sp.,*Neosquameofavosites* sp.;腹足

sp.,厚度大于 1 558.96m。上述沉积

棚碎屑浅海(sdn),sdl($D_2w+D_3x$)属

亚相。

(11)半深水砂板岩建造组合 ffa(

硅质及结晶灰岩等。含腕足:*Syring*

sp.,腹足:*Bellerophon* sp.;苔藓:*Fe*

(12)火山岩-火山碎屑岩建造组

量陆源碎屑岩,厚度 799m。属弧前盆

前盆地近弧带(nfa),为弧前盆地相。

(13)远滨泥岩-粉砂岩建造组合

夹砂质灰岩。含菊石:*Paragastrioc*

sp.;腕足:*Yakovlevia mammatiform*

(14)海相基性火山岩-火山碎屑

灰质砂岩、杂砂质长石石英砂岩夹粉

(15)湖相砂岩建造组合 mrm(P

物:*Pecopteris* sp.,*Callipteris* sp.,

(16)陆相中酸性火山岩夹碎屑岩

岩、砾岩,黄绿色流纹质安山岩、流纹

*Gondwanidium* sp.,厚度 620m。

上述 4 个岩石建造组合同属陆缘

陆缘裂谷边缘(mrm)。与其对应的

(17)河流砂砾岩-粉砂岩泥岩建

岩与紫红色钙质细砂岩互层,粉砂岩



砂岩、变质粉砂岩、变安山岩、安山玄武岩、杏仁状玄武岩、结晶灰岩。其中安山岩、结晶灰岩、碳质板岩主要集中于上部层位。砂板岩中具冲刷层理、透镜状层理、脉状层理、变余水平层理、纹层状构造等,反映了滨浅海沉积环境,并伴随有火山喷发。在碳质板岩、灰岩中含凝源类微古植物化石,以表面纹饰复杂的瘤面球形藻 *Lophosphaeridium* 和 *Lophominuscula* 层为主,刺球藻群 *Micrhystridium* 次之。在变质安山岩中颗粒锆石 U-Pb 蒸发法年龄为 723±42Ma。为弧背盆地(Rab),弧背盆地中央带(rabc)环境,大地构造相为弧背盆地亚相。

(2)碳酸盐岩浊积岩组合 hbpd(*Ze*):分布于额尔古纳河东岸乌兰山以南一带,呈北东—北东东向围绕佳疙瘩组的外围分布,上部灰色、灰黄色、紫灰色大理岩、白云质大理岩、结晶灰岩、碳质板岩夹千枚状绢云板岩、绢云绿泥片岩等,层理发育,厚度大于 1018m;中部为浅灰色、灰黄色、灰黑色板岩、碳质粉砂质板岩、变质细粉砂岩夹结晶灰岩,水平及平行层理为主,多呈薄层、互层状出现,厚度大于 464m;下部为灰白色、灰黄色块状大理岩、白云石大理岩为主,其上部出现层状大理岩,层理发育的结晶灰岩夹变质砂岩,厚度大于 708m,与下伏佳疙瘩组呈断裂接触。属滨浅海相沉积。在上部产微体化石 *Leiosphaeridia* sp.,*Synsphaeridium switjasium* Kirjanov。为弧背盆地(Rab),弧背盆地中央带(rabc)环境,大地构造相为弧背盆地亚相。

(3)陆表海砂泥(板)岩夹砾岩组合 lbh($O_{1-2}w$):分布于额尔古纳市台吉沟一带,呈北北西—北西向分布。岩性组合为灰色、灰绿色、灰色绢云千枚岩,绢云千枚状板岩(钙质含碳)千枚状板岩夹变质砾岩、粉砂岩及灰岩透镜体,厚度大于 1363m。该组横相变化不大,由厚度较大的单调泥岩、砂岩互层组成,以水平层理为主,偶见平行层理及斜层理。韵律清晰。产 *Sphaerochitina* sp.,*Conoehitina* sp.,*Leiosphaeridia* sp.,*Trachusphaeridium* sp.等化石,被红水泉组($C_1h$)不整合覆盖。为潟湖相碎屑岩陆表海沉积。

(4)滨海相砂岩-粉砂岩-泥岩组合 lnlg($S_3w$):分布于额尔古纳河市五卡沟一带,呈近南北走向的条带状,以角度不整合覆于额尔古纳河组(*Ze*)之上,面积约 30km²。岩性为浅灰色、青灰色、灰黄色、灰绿色变质砾岩、细粒长石砂岩、细砂岩、粉砂岩、粉砂质板岩、板岩组合,厚 394m。为向上变细变厚型及向上变细变薄型的旋回性基本层序,粗碎屑岩具正粒序层理,细碎屑岩则发育平行、水平层理,可见斜层理。为一套连续海进层序。含丰富的腕足,与珊瑚、三叶虫共生,以 *Tuvaella gigantean* 大量出现为特征,属滨浅海相沉积。

(5)滨浅海砂岩-粉砂岩-泥岩组合 lnlg($C_1h$):分布于额尔古纳右旗红水泉一带,地层走向由北东转向北西向。岩性为灰黄色、灰绿色砂砾岩、石英砂岩、长石石英砂岩、细粉砂岩、粉砂质板岩、生物碎屑灰岩等,厚度大于 2803m。自下而上由 3 个由粗变细的沉积旋回组成,可见水平层理、平行层理、交错层理及斜层理,基本层序一是向上变细再变粗的混合型,二是向上变细变薄的旋回性基本层序,底部可见明显的冲刷构造。产 *Chonetos Praeuralieus*,*Syringothyris halli*,*Winchell*,*Fusella taidonensis*(TO₁M)等化石,不整合于额尔古纳河组(*Ze*)及乌宾敖包组($O_{1-2}w$)之上,属滨浅相沉积。

(6)宝力高庙组($C_2bl$)以火山岩为主,未进行沉积岩建造组合归属划分。

该组分布于哈达图—七一牧场一带,呈北向分布,属陆缘火山弧亚相。上部为灰绿色片理化流纹岩、英安岩夹岩屑晶屑凝灰岩;中部为灰白色石英片岩夹黄铁矿层;下部为灰绿色、暗绿色片理化流纹岩。厚度大于 1725m。在新巴尔虎右旗也有少量出露。

### (五)达来-兴隆地层分区

(1)碳酸盐岩浊积岩组合 hbpd(*Ze*):分布于满州里市南头道井子,该组岩石类型主要为大理岩,微晶白云岩、结晶白云质灰岩,下部夹强变质中粗粒石英砂岩、绢云母板岩、角岩等。地层走向约 30°,倾角约 45°。多呈单斜层产出,控制厚度大于 856m。为弧背盆地(Rab),弧背盆地中央带(rabc)环境,大地构造相为弧背盆地亚相。

(2)倭勒根群($ZW$)包括吉祥沟组($Zj$)及大网子组($Zd$),主要分布于鄂伦春自治旗一带。

较深水海盆砂泥岩组合 hbpd($Zj$):由含砾粗砂岩、砂岩、板岩、大理岩、微晶片岩、云母片岩等组成,厚度大于 3000m,含大量球藻类化石。为弧背盆地(Rab),弧背盆地边缘带(rabm)环境,大地构造相为弧背盆地亚相。

火山碎屑浊积岩组合 hbpd($Zd$):由英安岩、安山质熔结凝灰岩、晶屑凝灰岩、砂岩、板岩等组成,厚度大于 1600m。产藻类化石。在变酸性火山岩 Sm-Nd 模式年龄为 1300±55Ma(区域地质调查报告中分析可能为物源年龄),为弧背盆地(Rab),弧背盆地中央带(rabc)环境,大地构造相为弧背盆地亚相。前人有将大网子组对比为佳疙瘩组(Nh$j$)。

(3)浊积岩(砂板岩)-滑混岩组合 hbpd($O_1h$):分布于鄂伦春自治旗南阳河中游两岸,呈北东向分布。上部为灰褐色钙质粉砂岩夹绢云板岩;下部为含砾长石砂岩、硬(杂)质石英砂岩;底部为含砾硬(杂)砂岩,厚 589m,与上覆的大伊希康河组($O_{2-3}dy$)为整合关系,为滨海相沉积,大地构造相为弧后盆地亚相。

(4)浊积岩(砂板岩)-滑混岩组合 hbpd($O_{1-2}dy$):呈北东向分布于鄂伦春自治旗南阳河上游。由黄褐色细砂岩、长石砂岩、粉砂岩、绿泥板岩夹含砾硬(杂)杂砂岩交替出现,韵律清楚。沿走向地层岩性变化较大,厚度大于 715m,整合于黄斑脊山组之上,为浅海相沉积,大地构造相为弧后盆地亚相。

(5)火山碎屑浊积岩组合及半深海放射虫-硅质骨针岩组合 hbpd($O_{1-2}d$):主要断续分布于科右前旗苏呼河(十七大桥)、塔尔其镇、敖尼尔河北岸、鄂温克旗红花尔基高勒与伊敏河汇合口及扎兰屯市忠工屯一带,整合于哈拉哈河组($O_1hl$)之上、裸河组($O_{2-3}lh$)之下的一套基性—中酸性火山岩夹砂岩、板岩、灰岩组合。本组纵向、横向变化大。于十七大桥(苏呼河)一带下部为板岩、砂岩、灰岩夹少量凝灰岩,上部则以细碧角斑岩为主夹凝灰岩、板岩、灰岩,厚度大于 1800m(巴日图林场一带则为一套绢云板岩、变质凝灰砂岩夹蚀变安山岩、玄武岩,厚度大于 2000m);五一林场东南为一套变质安山岩、安山质火山角砾岩及砂板岩,厚度大于 1700m;红花尔基高勒与伊敏河汇合则为浅灰色石英角斑岩质晶屑凝灰岩、黄绿色石英角斑岩质凝灰熔岩、含角砾酸性岩屑晶屑凝灰熔岩、硅质岩及泥质粉砂岩、粉砂质泥岩,厚度大于 356m;敖尼尔河北山下部为灰色、灰绿色、灰紫色中酸性玻屑熔结凝灰岩、流纹质熔岩夹千枚岩、板岩、杂砂岩薄层,上部则为玄武岩、玄武安山岩、安山岩,厚度大于 397m;在海拉尔弧后盆地之中(鄂温克旗及海拉尔市北)下部为结晶灰岩、变质粉砂岩、粉砂质板岩,中部为蚀变安山岩、玄武岩,上部为安山质角砾熔岩、英安岩、凝灰岩、火山角砾岩,厚度约 447m,属火山碎屑浊积岩组合。扎兰屯市幅北部忠工屯则为安山岩、安山质火山角砾岩、少量玄武安山岩、变质长石砂岩、含放射虫硅质岩、粗砂岩、泥质板岩,厚度大于 639m。综上所述,该组为弧盆系沉积。属半深海放射虫-硅质骨针岩组合。属半深海放射虫-硅质骨针岩组合。

(6)浊积岩(砂板岩)-滑混岩组合 hbpd($O_{2-3}lh$):在鄂伦春自治旗南阳河上游一带断续分布,岩性为黄绿色、灰黑色细砂—粉砂岩、绢云母板岩夹灰岩;而于陈巴尔虎旗赤云山一带为灰色、灰绿色绢云母板岩、变粉砂岩互层夹灰岩透镜体,为滨浅海沉积。该组大面积分布于东乌珠穆沁旗地层分区内。

(7)滨浅海砂岩-粉砂岩-泥岩组合 lnlg($S_1h$):分布于鄂伦春自治旗十站河桥一带,面积约 $40km^2$。主要岩性为灰绿色、灰白色含粉砂绿泥绢云板岩、粉砂质板岩、细砂-粉砂岩夹含砾砂岩,厚 717m,未见化石,为滨-浅海沉积,大地构造相为陆内裂谷亚相。

(8)滨浅海砂岩-粉砂岩-泥岩组合 lnlg($S_2b$):分布于鄂伦春自治旗罕诺河以南一带,面积约 $40km^2$。以粗粒、中细粒岩屑砂岩为主夹板岩、石英砂岩,厚度大于 985m,属滨海相沉积,大地构造相为陆内裂谷亚相。

(9)滨浅海砂岩-粉砂岩-泥岩组合 lnlg($S_3w$):断续分布在风云山—李增碰山一线,在十站河桥一带以灰色、灰白色中粗粒、中细粒石英砂岩为主,夹长石岩屑石英砂岩。厚度大于 796m。属滨海沉积。在鄂伦春自治旗胡地气河、郭恩屯一带为板岩、长石岩屑砂岩、岩屑石英砂岩、复成分砾岩。产腕足 *Clontonella* sp. ,*Skenidioides* sp. ,*Styliolinids* sp. ,及海百合茎。为陆内裂谷中央(irc)环境,大地构造相为陆内裂谷亚相。

(10)滨浅海砂岩-粉砂岩-泥岩组合 lnlg($D_{1-2}n$):岩性为粗砂岩、砂岩、粉砂岩、板岩夹灰岩为主,下粗上细,初期为海退系列的加积型沉积,后期为海退系列的退积型沉积。厚度大于 1100m。为滨-浅海沉积,产 *Isofthis* sp.,*Atrypa* sp. 等。在喜桂图旗(牙克石市)乌尔其汗北一带,为滨浅海砂岩-粉砂岩-泥岩组合。岩性为石英砂岩、粉砂岩、中粗粒长石石英砂岩与含砂绢云母板岩互层夹灰岩、石英角斑岩等。产腕足:*Leptaenopyxis* sp.;珊瑚:*Cladopora* sp.,*Sfriatopora* sp. 化石。可见厚度 1600m。为临滨相沉积,大地构造相为陆内裂谷亚相。

(11)半深海放射虫-硅质骨针岩组合、火山碎屑浊积岩组合 hbpd($D_{2-3}d$):主要分布于罕乌拉—李增碰山一带。

在鄂温克旗红花尔基哈斯罕一带,大民山组($D_{2-3}d$)为一套半深海放射虫-硅质骨针岩组合,岩性为中基性火山岩、酸性火山岩、杂砂岩、细粉砂岩、泥岩、灰岩、细碧岩及含铁硅质岩、含放射虫硅质岩等。厚度大于 1000m,产 *Cymenia* sp.,*Trochophyllum* sp. 等化石。

于济沁河林场—库林沟林场一带大民山组($D_{2-3}d$)为安山岩、英安岩、中酸性火山角砾岩、砂岩粉砂质板岩、放射虫硅质岩。控制厚度 825m。为半深海放射虫-硅质骨针岩组合。在鄂伦春自治旗罕诺河北岸(李增碰山)一带,为一套半深海放射虫-硅质骨针岩组合,岩性下部为黄褐色、灰绿色砂岩夹板岩、片理化中基性火山岩,下部为板岩夹硅质岩(薄片认为可能含放射虫),岩相变化大,厚 2000m 以上。在弧后盆地(根河市吉峰林场一带)为一套火山碎屑浊积岩组合,岩性为含砾粗砂岩、凝灰砂岩、泥岩、沉凝灰岩、流纹质晶屑凝灰岩等,最大厚度 293m。含微体化石 *Leiosphaeridia* sp.,*Cymaitiogalea* sp.,*Prototracheites* sp.,*Hindeodella* sp.。大民山组为弧背盆地(Bb),弧背盆地远弧带(fa)环境。

(12)滨浅海砂岩-粉砂岩-泥岩组合 lnlg($C_1h$):在额尔古纳右旗上库力东南石灰窑一带,岩性为泥质粉砂岩、粉砂岩、斑点板岩、结晶灰岩组合,厚达 1355m。在喜桂图旗岭北车站附近,岩性为粉砂质泥岩、生物碎屑泥灰岩、生物灰岩,厚度大于 325m,产 *Syringothyris* sp.,*Troynifer* sp.,*Chontes* sp. 等。在陈巴尔虎旗哈拉享陶勒盖—木板山一带,呈北东向条状分布。岩性为黑灰色—黄绿色细砂岩、凝灰砂岩、粉砂质泥岩、生物碎屑灰岩等,产 *Zaphrentites* spp.,*Brachythyris oualis*,*Chonetes dalmanianus* 等。在鄂温克旗维纳河西北岸一带,岩性由泥质粉砂岩、长石砂岩、杂砂岩、粉砂质板岩夹生物碎屑灰岩组成,产 *Choristites* sp.,*Soshkineophyllum* sp. 等化石。为远滨相沉积,大地构造相为陆内裂谷亚相。

(13)莫尔根河组($C_1m$):以火山岩为主,未进行沉积岩建造组合归属划分。该组主要分布罕乌拉—根河市一带,呈北东向展布。在陈巴尔虎旗莫勒格尔河(莫尔根河)两岸及七一牧场西主要岩性为粗安岩、钠长粗面岩、安山岩、安山质岩屑晶屑凝灰岩,厚达 1731m。在喜桂图旗绕林经营所北为灰绿色石英角斑岩质岩屑玻屑凝灰岩、凝灰熔岩、石英角斑岩及硅质岩,厚度大于 100m。在额尔古纳左旗好里堡镇西十六千米林场附近,该组则为灰绿色、黄色角斑岩、石英角斑岩及其凝灰岩、硅质岩夹砂页岩薄层,厚大于 396m。产植物:*Cordaites principalis*,*Cordaianthus* sp.。在鄂温克旗雅尔盖音温多尔(角高山北)则为以绿色为主的石英角斑质凝灰熔岩、石英角斑岩、玻屑火山灰凝灰岩为主,厚度大于 1255m。而哈拉托海东则以钠长粗面岩为主夹含砾凝灰岩、火山灰凝灰岩、凝灰砂岩,厚度大于 1900m。含植物:*Noeggerathiopsis* (?) sp.,*Covdaites* sp.,*Asterophyllites* (?) sp.。

(14)宝力高庙组($C_2bl$):以火山岩为主,未进行沉积岩建造组合归属划分。上部为灰绿色片理化流纹岩、英安岩夹岩屑晶屑凝灰岩;中部为灰白色石英片岩夹黄铁矿层;下部为灰绿色、暗绿色片理化流纹岩。厚度大于 1725m。

(15)新伊根河组($C_2x$):主要出露于哈达图苏木伊力根牧场、吉峰林场一带。在额尔古纳右旗伊力根牧场一带由杂色细中粒砾岩与粉砂岩互层,夹黑色泥质岩。厚度大于 389m。产 *Angaropteridium cardiopteroides*,*Paracalamites* sp.,*Tingia* (?) *geradi* 等植物化石。为河口湾相海陆交互砂泥岩夹砾岩组合。在陈巴尔虎旗哈达图—七一牧场一带呈北东向展布,为黄绿色、灰绿色泥铁质结核粉砂质板岩与板岩互层夹灰岩透镜体,具波状层理,厚达 3122m。产苔藓虫:*Fenestella* sp.;海百合茎:*Cyclocyxli-*

cus sp.,植物:*Noeggerathiopsis* sp.。为海陆交互之前三角洲相砂泥岩夹砾岩组合。在鄂伦春自治旗吉峰林场则为黑色碳质板岩夹薄层状黄褐色砂岩,未见顶底,可见厚度640m。产 *Noeggerathiopsis* sp.,*Angaridium submongolicum*,*A. Potaninii* 等。为前三角洲相。

(16)水下扇砾岩夹砂岩组合 hbpd($P_2zs$):分布在新天镇东那都里河一带,下部以砾岩含砾杂砂岩为主夹粉砂岩,中部为粉砂岩、粉砂质黏土(板)岩夹大理岩,上部以粉砂岩、长石石英砂岩为主。反映出由粗—细—粗过渡、海侵-海退沉积序列,为较完整的沉积正韵律,厚度大于2700m。产 *Fenesteua* sp.。成分在横向上变化亦较大,自西向东由成分复杂的较粗碎屑→成分单一粒质细,且碳酸盐岩相应增多的变化。为潮汐通道相。

### (六)东乌珠穆沁旗地层分区

(1)碳酸盐岩浊积岩组合 hbpd(*Ze*):分布于喜桂图旗塔尔其一带,为灰色、灰黑色绢云石英片岩、白色条带状大理岩夹各种角砾岩和硅质大理岩透镜体。厚度为1873m。为弧背盆地(Rab),弧背盆地中央带(rabc)环境,大地构造相为弧背盆地亚相。

(2)倭勒根群(*Zw*)包括吉祥沟组(*Zj*)及大网子组(*Zd*):主要分布于西瓦尔图镇一带。沉积环境同达来-兴隆地层分区部分,在此不再赘述。

(3)台地潮坪-局限台地碳酸盐岩建造组合 cp($\in_1 sz$):青灰色、深灰色结晶灰岩,灰白色、灰色蜂窝状结晶灰岩,局部夹黑色页岩。含古杯:*Ajacicyathus* sp.,*Robustocyathus yavorskii*,*Ethmophyllum hinganense* Syringocnema 等,厚度157m。为陆棚碳酸盐岩台地(sp),碳酸盐岩台地(cp)环境。大地构造相为被动陆缘相,碳酸盐岩陆棚亚相。

(4)滨浅海砂岩-粉砂岩-泥岩建造组合 sdl($O_1t$):灰色杂砂质长石砂岩、灰黄色细砂岩、深灰色粉砂质板岩、灰黄色变质长石杂砂岩、灰色中细粒砂岩夹硅泥岩,厚度951.7m。为陆棚碎屑岩盆地(SD),陆棚碎屑岩滨海(sdl)环境。大地构造相为被动陆缘相,碎屑岩陆棚亚相。

(5)浊积岩(砂板岩)-滑混岩组合 hbpd($O_1hl$):主要分布于科右前旗伊尔施哈拉哈河—苏呼河—马圈一带,总体呈西南宽、北东窄的北东向狭长断续展布。在十七大桥北,该组从下向上由灰色、灰绿色、黄褐色粉细砂岩-粉砂岩-凝灰质板岩-细砂岩-粉砂质板岩组成,厚度大于684m。粗细相间,为一套韵律明显的复理式建造,反映了海槽下降过程中动荡不安的临滨—远滨沉积环境。在哈拉哈河南主要为粉砂质板岩、变质石英砂岩、千枚状板岩夹结晶灰岩。哈达盖牧场东则为一套灰色、灰绿色斑点板岩夹变质长石石英粉砂岩,出露厚度大于960m,在马圈一带未见下限,与上覆多宝山组($O_{1-2}d$)呈断层接触。在砂板中产腕足:*Orthambonites* cf. *trausuersa* Panden;珊瑚:*Kenophyllum* sp. indet,三叶虫:*Illaenus* (?) sp.;苔藓:*Hallopora tolli* Bassler 等化石。

(6)滨浅海中酸性火山熔岩-火山碎屑沉积岩-正常沉积碎屑岩建造组合 Va($O_{1-2}d$):深灰色英安岩、白色流纹岩、灰绿色晶屑凝灰岩,紫色、灰白色、蛋青色凝灰质细砂岩、灰色变质细砂岩夹凝灰质砂岩。含腕足:*Christiama auriculata*,*Strophomenidae*;海绵:*Archoeoscyphia profundum*;苔藓:*Monotrypa* sp.,厚度大于1136m。为火山岛弧(va)环境。为岩浆弧相,火山弧亚相。

(7)远滨砂、泥岩建造组合 fa($O_{1-2}w+O_2b+O_{2-3}lh$):黄绿色凝灰质板岩、灰色石英细砂岩、生物碎屑灰岩,灰绿黄色变质细粒长石石英砂岩,灰色、灰绿色含粉砂变泥岩、变质泥质粉砂岩夹变质泥岩及灰岩透镜体,灰绿色浅紫色绢云板岩、浅灰紫色粉砂质板岩。含腕足:*Christiama auriculata*,*Strophomenidae Orthidae*;海绵:*Archoescyphia profundeum*;苔藓:*Stellipora* sp.;笔石:*Dicellograptus divaricatus*,*D. exilis Jiangxigraptus wuningensis*,*Pseudoclimacograptus* sp.,厚度1 861.9m。属弧后盆地(Bb),弧后盆地远弧带(fa)环境。为弧后盆地相,碎屑岩陆棚亚相。

裸河组($O_{2-3}lh$)在内蒙古东北部科右前旗伊尔施(苏呼河)—乌奴耳尔(扎敦河林场)一带表现为下部灰色、灰绿色粉砂质、泥质板岩与黄褐色长石石英砂岩互层,厚度大于1573m。含腕足:*Sowerbyella* sp.,*Boreadorthis* sp.,介形虫:*Ceratobolbian* cf. *moieroensis* 等。上部为灰色、灰白色微晶灰岩夹板岩、石英砂岩,厚度大于470m。在乌奴耳、扎敦河林场一带则为泥质粉砂岩、粉砂岩、粉砂质板岩、绢云母板岩、生物碎屑灰岩组成地层韵律明显,构成多旋回层,每个旋回层粗粒级较薄,细粒级较厚,纵向、横向变化不大。底栖动物繁盛,门类较多,有珊瑚、腕足、三叶虫、层孔虫、苔藓虫等,以珊瑚(*Sibiriolites* sp.)为主,整合于多宝山组($O_{1-2}d$)之上,泥鳅河组($D_{1-2}n$)不整合覆盖,为滨浅海沉积,被厘定为浊积岩(砂板岩)-滑混岩组合。

(8)前滨-临滨砂泥岩建造组合 sdl($S_3w$):灰色、灰绿色、黄绿色板岩,黄绿色、灰绿色变质砂岩,黄绿色、灰绿色、灰黄色泥质粉砂岩,灰黄色、灰黑色板岩,棕灰色泥质板岩、灰黄绿色变质细砂岩、灰绿色变质硬砂岩、灰白色变质硬砂质石英砂岩夹结晶灰岩。含腕足:*Rhynchonellidae*,*Dicoelosia* sp.,*Tuvaella gigantea*,*T. rackovskii*,*Protocortezorhis* sp.,*Schellwienella* cf. *praeumbraculum*,*Leptostrophia* sp.,厚度2170m。为陆棚碎屑岩盆地(SD),陆棚碎屑滨海(sdl)环境。属被动陆缘相,碎屑岩陆棚亚相。

卧都河组($S_3w$)在苏呼河一带表现为滨浅海砂岩-粉砂岩-泥岩组合,呈北东向展布。上部为紫色含砾岩屑砂岩夹粉砂岩;下部为灰黄褐色长石石英砂岩夹粉砂岩、粉砂质板岩,韵律明显。具波痕构造。产丰富的腕足化石,以 *Tuvaella gigantea* 为主,厚度大于851m,属滨海相沉积。在阿荣旗阿力格林场一带为台盆含放射虫硅泥质岩组合,该组呈北东向断块产出。主要岩性为灰色、灰绿色粉砂岩、细砂岩、板岩、钙质石英砂岩、灰岩、泥灰岩、碎裂硅质板岩及放射虫硅质岩等。厚度2374m。按由粗到细原则可分为11个韵律,4个旋回。纵向变化大,由浅水-深水较为动荡的陆源碎屑浅海陆架泥相沉积组成。

(9)后滨(潮上)粉砂岩-泥岩建造组合 sdl($D_{1-2}h$):黄绿色泥板岩、凝灰质粉砂岩。含植物化石:*Hestimella* sp.,*Drepanophycus* sp.,*Lepidodendropsis* sp.,厚度16.5m。

(10)前滨-临滨砂泥岩建造组合 sdl($D_{1-2}n$):浅灰色硅钙质粉砂岩、浅灰色泥质粉砂岩、绿灰色凝灰质细粉砂岩,白色、黄绿色含生物碎屑凝灰质泥岩,浅灰色、绿灰色含生物碎屑粉砂质硅泥岩,夹灰白色生物碎屑灰岩。含腕足类:*Howellella delerensis*,*Acrospirifer dubius*,*Fallaxispirifer* sp.,*Megastrophia pseudointerstrialis*,*Leptocoelia sinica*,*Spinatrypa bachatica*;三叶虫:*Phacops delunhudugeensis*,厚度2100m。

泥鳅河组($D_{1-2}n$)在伊尔施一带表现出上部为灰色、灰绿色钙质粉砂质板岩夹结晶灰岩、放射虫硅泥质岩,含 *Pleetodonta* sp.,厚度大于1187m,属台盆含放射虫硅泥质岩组合。下部为灰褐色砾岩、含砾长石砂岩夹粉砂质板岩及灰岩透镜体,产 *Fauosites* sp.,*Thamnopora* sp.,*Leptaena* sp.等化石,厚度大于2208m。岩性横向变化较大,不整合于下寒武统苏中组($\in_1 sz$)之上。为一套由粗变细的海进系列滨海-浅海沉积。属河流砂砾岩-粉砂岩-泥岩组合。鄂温克旗红花尔基高勒至头道桥北一带,为一套台盆含放射虫硅泥质岩组合。地层呈北东向分布,岩性为砂岩、板岩、灰岩及硅质岩等,厚度大于1000m。产 *Elythyna* sp.,*Rotundostrophia magna* 等化石,为浅海沉积。在乌奴耳扎敦河林场一带,为一套台盆含放射虫硅质岩组合。岩性为钙质细粉砂岩、长石石英砂岩、粉质板岩、微晶灰岩夹放射虫硅质岩等,厚度大于690m。生物碎屑灰岩成礁,形成乌奴耳礁灰岩,盛产腕足、珊瑚、苔藓、三叶虫等门类,化石为 *Thamnophyllum ornatum Leptostrophia* sp.等,属滨浅海碳酸盐岩组合,不整合于裸河组($O_{2-3}lh$)之上。阿荣旗那克塔镇周围为砾岩、砂岩、板岩、大理岩、火山灰凝灰岩、变酸性—基性熔岩等,产腕足、三叶虫等化石,属陆源碎屑浊积岩组合。莫力达瓦镇哈图列河北为砾岩、粗砂岩、长石石英砂岩、绢云母板岩夹流纹质角砾凝灰岩,产腕足化石,属河流砂砾岩-砂岩-泥岩组合。

(11)半深海放射虫-硅质骨针岩组合 hbpd($D_{2-3}d$):分布在扎敦河两岸,岩性下部以灰褐色—灰绿色石英角斑岩质砾岩为主夹凝灰砂岩、生物碎屑灰岩;中部为灰色—紫褐色钙硅质砂岩、砂质灰岩、生物碎屑灰岩;上部以灰绿色细碧角斑岩夹砂岩、灰岩、含铁硅质岩、含放射虫凝灰岩及中酸性火山岩为主。厚度大于850m。产 *Cyrtospirifer* sp.,*Naliukinella* sp.,*Cheileceras subpartitum* 等,为弧背盆地(Bb)远弧带(fa)环境。

(12)远滨泥岩-粉砂岩建造组合 sdn($D_{2-3}t$)：黄色、褐灰色硅质粉砂岩，暗紫色、黄褐色、黑色泥板岩，灰色、褐灰色、砖灰色泥质粉砂岩，砖灰色、浅褐灰色含粉砂泥岩，黄绿色粉砂岩，灰色—暗灰色硅泥质板岩，灰褐色凝灰岩及灰色硅质泥岩。含腕足：*Mucrospiriferparadoxiformis*，*M. mucronatus*，*Eleuthrokomma gebiginensis*，*Elytha fimbriata Acrospirifer pseudochieecheil*；珊瑚：*Heliophyllum incrassatum*，厚度1501m。

(13)前滨-后滨砂岩-泥岩夹砾岩建造组合 sdl($D_3a$)：黄色、黄绿色泥质粉砂岩、黄绿色泥质板岩、深绿色粉砂质板岩、绿黑色斑点板岩，夹灰色—灰白色泥质粉砂岩及灰岩与砾岩透镜体。含植物：*Lepidodendropsis* sp.，厚度2209m。

上述沉积岩建造组合，属陆棚碎屑岩盆地(SD)环境，其中 sdl($D_{1-2}h$)、sdl($D_{1-2}n$)、sdl($D_3a$)为陆棚碎屑滨海(sdl)，sdn($D_{2-3}t$)为陆棚碎屑浅海(sdn)。属被动陆缘相，碎屑岩陆棚亚相。

(14)潟湖砂岩-泥岩建造组合 sdl($C_2h$)：灰黑色砂质板岩、含粉砂质泥质板岩、灰白色硅质板岩、灰黑色—黑色碳质板岩，灰黄色、黄绿色凝灰质板岩。含腕足：*Spirifer* sp.，*Neospirifer* sp.，*Produotus* sp.，*Waagenoconcha* sp.，珊瑚：*Thamnopora* sp.，苔藓：*Fenestella* sp.，*Polypora* sp.，厚度3494m。为陆棚碎屑岩盆地(SD)，陆棚碎屑滨海(sdl)环境。属被动陆缘相，碎屑岩陆棚亚相。

(15)火山洼地河湖相中酸性火山熔岩-火山碎屑岩-正常沉积碎屑岩建造组合 vbc($C_2P_1bl$)(内蒙古东部区宝力高庙组表示为 $C_2b_1$)：暗灰色安山岩、灰黑色英安质流纹岩、深灰色英安岩、灰色—灰黄色英安质晶屑凝灰岩、岩屑晶屑凝灰岩、灰黑色硅质粉砂质板岩、碳质粉砂质板岩、粉细砂硅泥岩。含植物：*Paracalamites* sp.，*Noeggerathiopsis derzavinii*，*N. angustifolia*，*N. latifolia* sp.，*Angaropteridium* sp.，厚度1 384.4m。为火山-沉积断陷盆地(VB)，火山-沉积断陷盆地中央带(vbc)环境。属陆内盆地相，断陷盆地亚相。

(16)火山碎屑浊积岩组合 xd($C_2g$)出露在周缘前陆盆地楔顶，岩性为火山岩屑砂岩、细砂岩夹砾岩。厚度大于139m。产腕足：*Chonetes mesoplicus* (?)，*Neospirfer* sp.，*Phillipsia* sp.，为陆源碎屑滨海潮汐通道相。

(17)大石寨组($P_2ds$)分布于西拉木伦俯冲带以北，巴彦查干—红彦镇一带，以火山岩为主，未进行沉积岩建造组合归属划分，为一套千枚岩、千枚状板岩、安山岩、英安岩、流纹岩、中酸性凝灰岩夹生物碎屑灰岩建造，厚度大于1200m。产腕足：*Anidanthus* sp.，*Spiriferella* sp.等，属岛弧亚相。

(18)哈达陶勒盖组($T_1hd$)以火山岩为主，未进行沉积岩建造组合归属划分。分布于明水镇—红彦镇一带，上段以安山岩为主夹酸性凝灰岩，厚度大于1600m；中部为凝灰质粉砂岩、粉砂质板岩、沉凝灰岩，控制厚度可达204m；下部为玄武安山岩、安山岩、中酸性—酸性晶屑玻屑熔结凝灰岩，控制厚度304m。在粉砂岩中产叶肢介化石。从本区来看，从西向东上段增厚，下段变薄，而中段含化石的砂板岩则自东向西逐渐尖灭，反映出喷溢→间歇→喷溢爆发的过程。

### (七)锡林浩特-乌兰浩特地层分区

(1)临滨砂泥岩夹页岩建造组合 fa($O_{1-2}w$)：灰色、深灰色变质砂岩、石英岩(石英砂岩)夹板岩(泥岩)及结晶灰岩，厚度803.5m。属弧后盆地(Bb)，远弧带(fa)环境。属弧后盆地相。

(2)台地生物礁建造组合 cp($S_3D_1x$)：灰色，灰黑色中厚层状细晶灰岩，灰白色中厚层状结晶灰岩夹砂质泥岩及长石砂岩。含 *Favositesfungites*，*Squameofavosites*，*bohemicus*，*Spongophyllumbaterobaoensis*，*Ptychophyllumorientalis*，*Triplasmahedstroemi*，*Altaja* (?) sp.，*Eospirifer* sp.，*Conchidium* sp.，*Kirkidium(Pinguaella)enticlivatus*，*Clathrodict yon microstriatellum*，*Actinostromella slitensis*，厚度670m。为陆棚碳酸盐岩台地(sp)，碳酸盐岩台地(cp)环境。大地构造相为被动陆缘相，碳酸盐岩陆棚亚相。

另外,上志留统—下泥盆统西别河组($S_3D_1x$)在西拉木伦俯冲增生杂岩带亦有出露,主要分布于林西县东南与巴林右旗西南二旗县交会处的杏树洼一带,呈北东东向展布。主要岩性为粉砂质板岩、硅质板岩、变质砂岩、细砂岩、蚀变安山岩、英安岩夹大理岩。厚度大于 676m。产珊瑚:*Tvyplasma* sp.,*Favosites* sp.,层孔虫:*Sfromatopsra* sp.,与其呈断层接触的为蚀变橄榄岩、方辉橄榄岩、辉石岩、辉长岩、辉绿岩、含放射虫硅质岩(*Hegleria* sp.,*Latantifi-stullids*),蚀变玄武岩锆石 U-Pb 年龄 344.6Ma,属结合带俯冲增生杂岩相含蛇绿岩碎片的沉积亚相。除此之外,分布于克什克腾旗柯单山一带的蛇绿构造混杂岩,主要岩性为变质中—细粒砂岩、粉砂岩、玄武岩、安山岩夹硅质岩、大理岩透镜体,厚 400m。呈混杂堆积岩形式展现,于地表周围有堆积杂岩(辉长岩、辉橄岩、辉石岩)出露。在硅质岩中产介形虫(*Ecfprimitia* sp.),为含蛇绿岩浊积岩组合。何国琦、邵济安(1983)*Ecfoprimitia* sp. 的地层划为中奥陶世。但从其岩性组合等与小苇塘以西别河组极为相似可比。因此将其划为西别河组($S_3D_1x$)似更为合适。

(3)前滨-临滨砂泥岩夹凝灰岩建造组合 sdl($D_{2-3}t$):灰绿色粉砂质板岩(泥岩)、灰绿色片理化中细粒岩屑砂岩、长石砂岩、灰绿色英安质晶屑岩屑凝灰岩夹绿泥黝帘岩、凝灰质板岩,含 *Thamnopora beliakovi*,*Pachypora* sp.,*Whidbomella* sp.,*Acrospirifer* sp.,厚度 2 652.7m。属陆棚碎屑岩盆地(SD),陆棚碎屑岩滨海(sdl)环境;属被动陆缘相,碎屑岩陆棚亚相。

(4)前滨-临滨砂泥岩建造组合 sdl($C_2bb$):黄褐色、暗绿色细粒长石砂岩、粉砂岩,黄绿色暗紫色杂砂质长石砂岩、灰色不等粒含砾长石杂砂岩夹石英安山岩、安山质晶屑凝灰岩及砾岩、粉细砂岩与灰岩透镜体。含 *Amygdalophllum* sp.,*Fusulinella* sp.,*Eostaffella* sp.,*Profusulinella* sp.,*Koninckophyllum* sp.,厚度大于 2488m。为陆棚碎屑岩盆地(SD)陆棚碎屑浅海(sdn)环境;属被动陆缘相,碎屑岩陆棚亚相。

(5)陆源碎屑浊积岩组合 ZYQL($C_2x$):分布在在南兴安一带,岩性为灰黑色、黄绿色粉砂质板岩、泥岩、粉砂岩夹酸性熔岩凝灰岩等。厚度大于 496m。产 *Angarapteridium* sp.,*Neuropteris* sp.,*Paracalamites* sp. 植物化石。为前三角洲相。

(6)台地碳酸盐岩建造组合 cp($C_2P_1a$)(内蒙古东部阿木山组表示为 $C_2a$):灰色、浅灰色、暗灰色、深灰色厚层状—块状生物碎屑灰岩、灰白色中层状灰岩,夹深灰色厚层块状灰岩及深灰色粉砂岩、泥质粉砂岩、含砾粗砂岩,含 *Streptorhynchus* sp.,*Amygdalo phylloides sinensis*,*Quasifusulina spatiosa*,*Triticites amushanensis Pseudos chwagerina alpine*,*Rugosofusulina jinheensis*,厚度 443.9m。属陆棚碳酸盐岩台地(sp),碳酸盐岩台地(cp)环境。大地构造相为被动陆缘相,碳酸盐岩陆棚亚相。

(7)滨浅海碎屑岩-火山碎屑岩夹生物碎屑灰岩建造组合 rabm($C_2P_1g$):黑色凝灰质粉砂岩、暗绿色岩屑晶屑凝灰岩、深灰色杂砂质粉砂岩、砂砾岩、安山岩、火山角砾岩夹生物碎屑灰岩,含 *Brachythyrina* aff. *Strangwaysi*,*Camerophoria purdoni*,*Spiriferina* cf. *mongolica*,*Neopirifer tegulatus*,*Meekella timanica*,*Bellerophon* sp.,*Fenestella* sp.,*Noeeggerathiopsis* sp.,厚度 1943m。属弧背盆地(Rab),弧背盆地边缘带(rabm)环境。大地构造相为岩浆弧相,弧背盆地亚相。

(8)洋岛拉斑玄武岩建造组合 smb($P_1\beta$):深灰色、深灰黑色、深灰绿色玄武岩、杏仁状玄武岩、枕状玄武岩,灰绿色、灰紫色杏仁状细碧岩、枕状细碧岩夹浅灰绿色硅质岩,厚度 2130m。属海山(sm)、海山玄武岩(smb)环境。大地构造相为洋壳残片相,洋岛海山亚相。

(9)深海硅-泥质岩建造组合 dps($P_1sv+P_1sm$):暗灰色、灰白色硅质岩、泥质硅质岩、硅质泥岩,灰色—浅灰色、紫红色粉砂质板岩(泥岩)、浅灰色泥质板岩(页岩)、灰色凝灰质硅质岩,夹浅灰色沉凝灰岩、钙质泥岩,含 *Pseudoalbaillella* cf. *lomentaria*,*P.* cf. *rhombothoracata*,*P.* cf. *scalprata*,*P.* cf. *longicornis*,*Latentifistula* cf. *patagilaterala*,*Ruzhencevispongus* cf. *uralicus*,*Cenophiera* sp.,厚度 2668m。属深海平原(Dp),深海平原硅泥质区(dps)环境。大地构造相为洋壳残片相,深海平原亚相。

(10)酸性火山碎屑岩夹酸性熔岩及砂泥岩建造组合 Va($P_{1-2}ds$):深灰色、灰白色、褐红色流纹质晶屑凝灰岩,青灰色、粉红色、灰白色流纹质熔结凝灰岩夹流纹岩及杂砂质砂岩、钙质泥岩、凝灰质粉砂岩等,厚度2 457.2m,为火山岛弧(va)环境。属岩浆弧相,火山弧亚相。大石寨组内蒙古东部区表示为$P_2ds$,主要分布在黄岗梁林场—扎鲁特旗一带,属残余海盆火山岩亚相,为一套千枚岩、千枚状板岩、玄武岩、安山岩、英安岩、中酸性凝灰岩、细碧岩、角斑岩夹生物碎屑灰岩建造。厚度达3km。产*Neospirifer ravana*,*Pseudofavosites jilinensis*,*Fenestalla* sp.。

(11)前滨-临滨砂泥岩建造组合sdl($P_1ss$):灰色、灰黑色泥质粉砂岩,灰黑色板岩(泥岩)、黄灰色泥质板岩(页岩),灰色杂砂岩、千枚状板岩(页岩),夹砾岩、长石石英砂岩及灰岩透镜体。含*Fenestella* sp.,*Spiroraphella* sp.,*Stenopora* sp.,*Camarotoechia* sp.,*Rhipidomella* sp.,厚度4391m。

(12)前滨砂泥岩建造组合sdl($P_2b$):青灰色、紫红色泥板岩(泥岩),灰色、灰绿色钙质长石石英砂岩,灰褐色、浅棕红色长石砂岩、砂砾岩、含粉砂质泥岩、棕黄色杂砂岩、浅棕红色砂砾岩,夹粉砂质板岩(泥岩)、杂砂岩及生物碎屑灰岩、粉砂岩。含*Waagenoconcha* sp.,*Richthofenia* sp.,*Paramarginifera* sp.,*Yakovlevia* cf. *unsinuata*,*Waagenoconcha* cf. *purdoni*,*Echinoconchus* sp.,*Squamularis* sp.,*Liosotella* cf. *spitzbergiana*,*Yakovlevia* cf. *baiyinensis*,*Streptorhynchus* sp.,*Parafusulina* cf. *Sanmianjingensis*,*Monodiesodina sutschanica*,*Pseudob atostomella* sp.,*Tainoceras* cf. *orientale*,厚度975m。

上述两种沉积岩建造组合为陆棚碎屑岩盆地(SD)、陆棚碎屑滨海(sdl)环境。大地构造相属被动陆缘相,碎屑岩陆棚亚相。

(13)哲斯组($P_2zs$)在内蒙古中西部表现为台地生物礁建造组合cp($P_2zs_1$):产*Richthofenia* sp.,*Leptodus* sp.,*Dunbarula* sp.,*Yakovlevia mammatiformis*,*Gypospirifer volatilis*,*Spiriferella magna*,*Tachylasma zhesiensis*等化石,厚度355m。前滨砂泥岩夹生物碎屑灰岩建造组合sdl($P_2zs_2$):灰黄色薄层细粒长石砂岩、灰色页岩、钙质砂岩、灰黄色含砾长石粗砂岩,紫色、灰色页岩,夹生物碎屑灰岩及黑色泥岩及灰绿色细砂岩,含*Enteletes andrewsi*,*Richthofenia*,*cornufenia Waagemophyllum stereosptum*,*Wentzelella damuqiensis*,*Codonofusiella schubertelloides*,*Schwagerina quasiregularis*,厚度大于720.3m。前者cp($P_2zs_1$)为陆棚碳酸盐岩台地(sp)、碳酸盐岩台地(cp)环境。后者sdl($P_2zs_2$)为陆棚碎屑岩盆地(SD),陆棚碎屑滨海(sdl)环境。二者同属被动陆缘相,所对应的亚相为碳酸盐岩陆棚亚相和碎屑岩陆棚亚相。

哲斯组($P_2zs$)在内蒙古中东部黄岗梁—蘑菇气一带较为发育,在乌兰浩特一带本组为较深水海盆砂泥岩组合,岩性为长石砂岩、杂砂岩、砾岩夹板岩等。产腕足:*Spiriferella saranae*,*Marginifera* aff. *morrisi*,厚达1200m;在神山地区则为滨浅海生物碎屑灰岩组合,岩性为结晶灰岩、大理岩,厚度大于500m,盛产腕足S-K-Y组合、珊瑚L-T-T组合等,分别为临滨相和潮间带相。在科右中旗呼和哈德一带为较深水海盆砂泥岩组合,下部为泥质粉砂岩、长石石英砂岩、砂质板岩夹结晶灰岩、大理岩。厚度大于2000m。产海百合茎,于巴林左旗洪浩尔坝一带为一套黄绿色、灰黄色砾岩、砂砾岩、杂砂岩、细粉砂岩、砂质板岩夹灰岩透镜体。厚达1600m,产丰富的腕足,含珊瑚、苔藓等化石,为滨浅海沉积。

另外分布于达青牧场-扎赉特旗俯冲带以南残余盆地内的哲斯组($P_2zs$)特征如下。

在林西县赵家湾一带哲斯组($P_2zs$)为半深海浊积岩(砂砾岩)组合,其下部为杂砂岩夹砂砾岩、板岩,为向上变细变薄型,发育水平层理、平行层理,可见小型斜层理、波痕,厚度大于886m;中部为粉砂岩、粉砂质板岩、长石岩屑砂岩,为向上变细、变薄型旋回性基本层序,厚达1383m;上部则为砾岩、砂砾岩、含砾长石岩屑砂岩夹板岩、细粉砂岩,厚983m,宏观上粒度有略粗→细→粗变化无规律,反映由滨浅海向上过渡为海陆交互至河流相沉积。

在克什克腾旗二零四西山—阿鲁科尔沁旗敖脑达坝一带为台地陆源碎屑-碳酸盐岩组合和海岸沙丘-后滨砂岩组合,其中克什克腾旗—巴林左旗—扎鲁特旗一带以长石砂岩、长石杂砂岩、粉砂质板岩为主,厚1123m,产腕足、双壳类等化石,为滨海相沉积。在克什克腾旗二零四西山—下窝铺以及白音诺尔一带由一套大理岩、粉砂质板岩、细粉砂岩、砾岩组成,为浅海-滨海相沉积碎屑建造。

(14)湖泊泥岩-粉砂岩建造组合sbc($P_3l$):灰色—灰黑色、浅黄色、灰绿色粉砂质板岩(泥岩)、黑色泥质页岩、浅黄色细砂岩、粉砂岩,夹灰黑色细粒杂砂岩、紫色砂质板岩(泥岩)及中细粒砂岩和泥灰岩透镜体。含 *Paracalamites* sp.，*Noeggerathiopsis* sp.，*Palaeomutela soronensis*，*P.* cf. *trigonalis*，*Palaeonodonta* sp.，*Palaeomutela khinganenensis*，厚度大于 3 107.3m。为坳陷盆地(SB)，坳陷盆地中央带(sbc)环境。大地构造相为陆内盆地相，坳陷盆地亚相。

上二叠统林西组($P_3l$)在内蒙古中东部特别发育，在罕山林场—红彦镇一带出露林西组($P_3l$)为湖泊泥岩-粉砂岩组合，其中在科右前旗乌兰昭一带，本组下部以黑色板岩、粉砂岩为主，含丰富的淡水双壳及植物化石，厚 840m。上部以黄绿色粉砂岩、砂岩为主夹砂质砾岩板岩。植物化石单调，厚 610m，为淡水湖盆相沉积。于阿鲁科尔沁旗高老奔护林站一带，呈北东向展布。以细砂岩、长石砂岩、粉砂质板岩夹杂砂岩。厚度大于 900m。产丰富的植物化石 *Comia* sp.，*Callipteris* sp. 及双壳类 *Nucullana* sp.，*Schizodus* sp. 等动物化石。为陆相湖盆沉积。

在林西残余盆地之中出露的林西组($P_3l$)由水下扇砂砾岩组合、湖泊三角洲砂砾岩组合、湖泊泥岩-粉砂岩组合、湖泊砂岩-粉砂岩组合构成。在林西县一带层序较为齐全。可分为 4 个岩段，自下而上：(a)复成分砂砾岩夹长石砂岩粉砂岩，厚度大于 340m，属水下扇相；(b)长石砂岩、粉砂岩、板岩夹砾岩，厚度达 1593m，属湖泊三角洲相；(c)长石砂岩、粉砂岩、粉砂质板岩，厚度大于 950m，属淡水浅湖相整体；(d)粉砂质板岩、板岩，厚度大于 800m，属淡水(深)湖相。整体反映出环境演化特征具河流—三角洲(滨湖)—浅湖—深湖的特点，展示了林西盆地从生成—发展—萎缩—消失的完整演化历史。本盆地产丰富的淡水双壳类化石，亦有少量咸水双壳出现及植物化石。而此盆地向北东向延伸至巴林左旗白音乌拉—碧流台一带，属林西组底部，(a)段的砂砾岩虽有出露，但厚度较小，而以相当于(b)(c)段的杂砂岩、长石砂岩粉砂岩夹板岩为主；而扎鲁特旗陶海营子一带下部以页岩为主夹凝灰细砂岩，上部为细砂岩与板岩互层，厚度大于 2000m，产丰富的双壳类动物化石，还有叶肢介、植物化石。被红旗组($J_1h$)不整合覆盖。

(15)湖泊砂岩-粉砂岩夹火山岩组合 hgc($T_1ll$)：分布于布特哈旗蘑菇气一带，该组主要为紫灰色含绿泥结核泥质铁质粉砂岩、含砾复矿细砂岩、长石砂岩、粉砂质泥(板)岩夹凝灰熔岩，厚度大于 560m。横向不稳定，厚度变化大。产古米台蚌 *Palaeomutela* sp.，古无齿蚌 *Palaeano-donta* sp.，克麦洛夫介 *Kenerouiana*? sp.。整合于林西组($P_3l$)之上，为淡水湖相。

### (八)巴音毛道地层分区

(1)海相中酸性火山岩与碎屑岩建造组合 mrm($C_2bb$)：灰绿色英安质晶屑玻屑凝灰岩、英安质凝灰火山角砾岩及安山质玻屑晶屑凝灰岩、长石砂岩夹灰岩透镜体。含腕足：*Orthotichia* sp.，*Wiekingia* sp.，*Pseudomonotis* sp.，*Krotovia* sp.，*Wellerella* sp.，*Athyris* sp.，蜓：*Triticites* sp.，*Schwagerina* sp.，珊瑚：*Lonsdeiastrae* sp.，植物：*Neuropteris* sp.，*Linopteris* sp.，厚度 3 055.5m。

(2)滨浅海生物碎屑灰岩建造组合 mrc($C_2a$)：青灰色、浅灰色生物灰岩、白云质灰岩，夹大理岩及钙质砂岩。含蜓：*Triticites* sp.，*Pseudosch wagerina* sp.，珊瑚：*Lophophyllum* sp.，*Dibunophyllum* sp.，*Lonsdaleia*，腕足：*Stenoscisma* sp.，*Choristites* sp.，*Neospirifer* sp.，*Echinoconchus* sp.，厚度929.82m。

二者同为陆缘裂谷(Mr)环境，前者为陆缘裂谷边缘(mrm)，后者为陆缘裂谷中央(mrc)。大地构造相为裂谷相，陆缘裂谷亚相。

(3)海相火山岩与砂岩-粉砂岩建造组合 mrc($P_2a$)：灰绿色安山岩、英安岩、英安质玄武岩、钙质-凝灰质砂岩、长石质杂砂岩及粉砂岩、薄层灰岩等，厚度 1800m。

(4)海陆交互砂泥岩夹砾岩建造组合 mrm($P_{2-3}y$)：灰绿色、灰黑色长石质杂砂岩、钙质粉砂岩、泥板岩，夹生物碎屑灰岩和砾岩。含植物：*Codaites* (? *Noeggethiopsis*) sp.，*Paracalamites* sp.，腕足：*Spiriferella saranae*，*Muir-woodia mammatus*，*Linoproductus cora*，*Lophophyllidum multiseptatum* 等，厚度 3 942.9m。

上述建造组合为陆缘裂谷(Mr)环境，前者为陆缘裂谷中央(mrc)，后者为陆缘裂谷边缘(mrm)。大地构造相属裂谷相，陆缘裂谷亚相。

### （九）镶黄旗-赤峰地层分区

(1)含蛇绿岩浊积岩建造组合 Sa($Pz_1$)：基质为绢云母石英片岩（细碎屑岩）、岩屑砂岩岩块为石英岩、白云岩、超基性岩，超基性岩块 Sm-Nd 全岩等时线年龄为 409Ma。属俯冲增生杂岩楔(Sa)环境，为弧前盆地相，弧前增生楔亚相。

(2)陆表海陆源碎屑-灰岩组合 tslb($\in_3 j$)：仅分布于锦山镇西北小牛群乡萝卜起沟一带，属萝卜起沟碳酸盐岩陆表海亚相，出露面积约 3km²。岩层宏观倾向为南西西向，与中侏罗统新民组($J_2 x$)呈断层接触，被晚二叠世、中三叠世侵入岩侵入。为灰色、深灰色含粉砂绢云板岩、钙质板岩、变质细砂岩夹变质粉砂岩，含陆屑结晶灰岩、钙质长石石英砂岩、大理岩等。砂板岩中水平层理、脉状层理、透镜状层理发育，交错层理少量，厚度大于 211m，为不稳定的陆源-滨浅海相沉积。在钙质石英长石砂岩中产腕足：*Billingsella* cf. *liaoningensis*, *Su Huenella* sp., *Eoorthis* aff. *Innarsoni*(Kayser)。

注：建组地点为萝卜起沟，距锦山甚远且锦山一带出露的厚层大理岩无化石依据，无法与之对比。因此改称萝卜起沟组而不用锦山组更加符合客观实际。

(3)白乃庙火山岛弧 Va ($O_{1-2} b$)：中基性火山碎屑岩、中基性火山岩、粉砂岩、长石石英砂岩夹玢岩及页岩透镜体，厚度 2457m。为火山岛弧(Va)环境，属弧前盆地相，弧前构造高地亚相。

(4)无蛇绿岩浊积岩建造组合 nof($O_{1-2} bl$)：暗灰色、灰黑色、灰绿色、淡紫色硅质板岩（泥岩），灰色、绿灰色硅质板岩（中基性凝灰岩），灰绿色暗灰色安山岩，绿灰色含粉砂质硅质板岩（泥岩）夹大理岩（灰岩）透镜体及粉砂质板岩（泥岩），厚度 1362m。

(5)含蛇绿岩浊积岩建造组合 of($O_{1-2} h$)：粉紫色英安质晶屑玻屑岩屑凝灰岩、英安质火山角砾岩屑晶屑凝灰岩夹紫红色沉凝灰岩、灰岩透镜体及玄武岩安山岩等，含 *Callograptus* sp., *Desmograptus* sp., *Dictyonema* sp.，厚度 2659m。

上述两种建造组合同为俯冲增生杂岩楔(sa)环境。前者为无蛇绿岩浊积扇(nof)环境，后者为含蛇绿岩浊积扇(of)环境。二者同为弧前盆地相，前者为弧前构造高地亚相，后者为弧前陆坡亚相。

(6)碳酸盐岩浊积岩组合 hbpd($O—S_1$)：分布于翁牛特旗解放营子乡歪脖井子一带，面积约 10km²。岩层呈北东东向展布，岩性为灰色大理岩与石英片岩互层，夹角闪片岩，厚约 258m，为弧背盆地中央带环境，大地构造相为弧背盆地亚相。

(7)半深海浊积岩（砂、泥岩）建造组合 sf($S_2 xn$)：黄灰色薄层状泥质白云质灰岩、灰色—灰黑色、土黄色千枚岩（页岩）、灰褐色砂质板岩（泥岩）、灰黑色板岩（泥岩）、碳质板岩（泥岩）、红褐色粗粒石英长石砂岩、中细粒岩屑长石杂砂岩、灰色中细粒长石石英杂砂岩夹凝灰岩，含 *Favosites*, sp., *Heliolites*, sp., *Halysites*, sp., *Mesofavosites* sp., *Catenipora* sp.，厚度为 1703m。属陆坡-陆隆(cl-cr)斜坡扇(sf)环境。为被动陆缘相，陆缘斜坡亚相。

(8)滨浅海碳酸盐岩组合 lnlg($S_2 s$)：仅分布于翁牛特旗解放营子乡晒勿苏一带，呈北东东向展布，面积约 10km²。岩性为灰色、灰黄色、灰黑色结晶灰岩、礁灰岩、砂质板岩。厚度大于 372m。产珊瑚：*Thamnoporidae* sp., *syringopora* sp., *Halysitis* sp.，及腕足：*Naliukinia* sp. 等。为碳酸盐岩滨浅海相生物礁沉积，大地构造相为陆内裂谷亚相。

(9)前滨-临滨砂泥岩、砾岩建造组合 sdl($S_3 D_1 x^1$)：灰黄色、灰绿色粗粒长石石英砂岩，黄绿色、豆绿色粉砂质板岩（泥岩），生物碎屑细晶灰岩，夹钙质粉砂岩，粉砂质页岩，含 *Encrinuroides* sp., *Graftonoceras* cf. *graftonense*, *Ozarkodina excavate*，厚度为 765m。

(10)台地生物礁建造组合 cp($S_3 D_1 x^2$)：灰色、灰黑色中厚层状细晶灰岩，灰白色、灰色中厚层状结晶灰岩夹紫红色、土黄色砂质泥岩及长石砂岩，含 *Favosites fungites*, *Squameofavosites bohemicus*,

*Spongophyllum batero baoensis*, *Ptychophyllum orientalis*, *Triplasma hedstroemi*, *Altaja* sp., *Eospirifer* sp., *Conchidium* sp., *Kirhidium*(*Pinguaella*) *enticlivatus*, *Clathrodictyon microstriatellum*, *Actinostromella slitensis*, 厚度 670m。

前者为陆棚碎屑盆地(SD), 陆棚碎屑滨海(sdl)环境, 后者为陆棚碳酸盐岩台地(sp), 碳酸盐岩台地(cp)环境。二者同为被动陆缘相, 相对应的亚相为碎屑岩陆棚亚相与碳酸盐岩陆棚亚相。

(11)陆源碎屑浊积岩组合 lnlg($D_1q$): 主要出露于敖汉旗前坤头沟一带, 呈近北西—南东向断块状产出, 未见顶底。上部为褐灰色硬(杂)砂岩夹板岩、灰岩、基性火山岩; 中部为砂质板岩、千枚状板岩夹砂岩、灰岩; 下部为灰褐黄色硬(杂)砂岩夹板岩。厚约 1438m。产珊瑚及腕足化石 *Amplexiphyllum* sp., *Favosites* sp., *Coelospira siniea* 等, 为陆内裂谷中央环境, 大地构造相为陆内裂谷亚相。

(12)前滨-临滨砂泥岩建造组合 sdl($D_3C_1s$): 灰紫色、粉灰色石英砂岩, 紫红色铁、钙质石英砂岩, 黄褐色钙质长石石英砂岩、紫灰色杂砂岩、粉砂质泥岩夹紫色安山质岩屑晶屑凝灰岩及鲕状灰岩等。含 *Sugiyamaella carbonarium Lithostrotion*(*Siphonodendron*) *stanvellense*, *Syringotyhris* cf. *ouspidata*, *Dityoclostus* sp., *Cyrtospirifer sulcifer*, *Kueichowpora devonica*, *Nalivkinella prafunda*, 厚度 1725m。属陆棚碎屑岩盆地(SD), 陆棚碎屑滨海(sdl)环境, 为被动陆缘相, 碎屑岩陆棚亚相。

(13)朝吐沟组($C_1c$): 出露于敖汉旗敖吉乡一带, 为一套双峰式火山岩组合。主要岩性为灰白色绢云片岩、中基性熔岩及酸性凝灰岩夹结晶灰岩透镜体, 可见厚度达 2000m。产 *Dictyoclostus* sp. *Punctsopirifer* sp., *Buxlonia Liaoning* Lee et Gn 等化石。

(14)滨浅海碳酸盐岩组合 ZYQL($C_2bj$): 分布于敖汉旗杨家杖子—库伦旗白音花一线, 以灰色、灰白色条带状大理岩、结晶灰岩、泥晶灰岩为主, 夹细粉砂岩、板岩, 厚度达 2120m。含腕足: *Gigantoproductus edelburgensis*, 珊瑚: *Yuanophyllum Kansuense*, 植物: *Neuropteris* sp. 等化石, 为开阔台地相。该组与石咀子组砂板岩部分层段呈犬齿相变关系。

(15)海岸沙丘-后滨砂岩组合 ZYQL($C_2s$): 主要分布于敖汉旗大甸子乡—库伦旗白音花一带, 岩性主要为砾岩、砂砾岩、砂岩、细粉砂岩、板岩夹结晶灰岩等, 厚度达 2152m。具正粒序层理、水平层理, 为上向变细型旋回的基本层序, 产腕足 *Echinoconchus subelegans*(Thomsa)、珊瑚 *Kueixhouphyllum* 及植物 *Neuropteris* sp. 等化石, 为周缘前陆盆地隆后环境, 大地构造相为隆后盆地亚相。

(16)海陆交互砂泥岩夹砾岩建造组合 sdl($C_2bb+C_2jj$): 灰黄色、褐黄色沉凝灰岩, 灰色、灰绿色绢云母板岩(泥质岩), 灰绿色、灰黄色长石杂砂岩, 灰红色石英岩(石英砂岩或硅质岩), 夹粉、细砂岩, 底部灰黄色、深灰色生物碎屑粉晶灰岩夹长石岩屑砂岩, 紫褐色泥质粉砂岩、褐灰色粉砂岩、钙质泥岩、含碳质粉砂岩。含 *Amygdalo phylloides*, *Multithecopora cateniformis*, *Schwagerina tschernyschewi*, *Schubertella* sp., *Pseudofusulina kraffti*, *Calamites* sp., *Sphenophyllum obiongifolium*。厚度2 693.3m。

(17)局限台地碳酸盐岩建造组合 cp($C_2P_1a$): 浅灰色、深灰色生物碎屑灰岩, 深灰色、灰黄色含燧石灰岩及浅灰色灰岩, 底部夹长石砂岩、砂砾岩。含 *Pseuoschwagerina*, *Eoparafusulin* sp., *Rugosofusulina* sp., *Triticites ohioensis*, *Schwagerina gueonbeli*, *Plicatifera* sp., *Linoproductus* sp., *Waagenoconcha* sp., *Neospirifer* sp.。厚度 973m。

上述建造组合同属陆棚碎屑岩盆地(SD)环境, 前者为陆棚碎屑滨海(sdl), 后者为碳酸盐岩台地(cp)。二者同属被动陆缘相, 所对应的亚相为碎屑岩陆棚亚相与碳酸盐岩陆棚亚相。

(18)前滨-临滨砂泥岩夹灰岩建造组合 sdl($P_1sm$): 灰黄色砂砾岩、灰绿色含砾不等粒杂砂岩、长石细砂岩、灰色—深灰色燧石灰岩及生物碎屑灰岩夹粉砂质板岩(泥岩)页岩, 含 *Parafusulina bosei*, *Misellinaminor*, *Schubertella* sp., *Nankinella* cf. *hunanensis*, *Schwagerina* aff. *Tschernyshewi* var. *fusiforma*, *Parafusuina splendens*, *Chusenella* aff. *schwagerinaeformis Orthotichia morgana*, *Marginifera* sp., 厚度大于 269.2m。为陆棚碎屑岩盆地(SD), 陆棚碎屑滨海(sdl)环境。属被动陆缘相, 碎屑岩陆棚亚相。

在赤峰水盆山一带三面井组($P_1sm$)表现为河流砂砾岩-粉砂岩泥岩组合, 下部以灰黄色、灰紫色变质砾岩、砂砾岩、长石砂岩、石英砂岩、粉砂岩为主，夹板岩、鲕状灰岩。上部则以粉砂岩、板岩为主夹砂砾岩，厚度大于763m。产植物：*Calamites* sp.，*Annulavia ovientalis kaw* 等。在敖汉旗春玉河一带则为杂砂岩、石英砂岩、板岩夹灰岩。为河口湾相沉积。

(19)湖泊砂岩-粉砂岩夹火山岩建造组合 vbc($P_2e$)：黑色角砾状安山玢岩、褐灰色凝灰角砾岩、黄白色含砾长石石英砂岩、黄绿色粉砂质页岩，灰绿色、黄绿色岩屑晶屑凝灰岩含砾不等粒砂岩。含 *Pecopteris tenuicostata*，*P. muchangensis*，*Sphenopteris grabaui*，*Danaeites mirabilis*，*Emplectopteris minima*，*Taeniopteris norinii*，*Asterophyllites elituense*，*Calamites* sp.。厚度1 544.7m。属火山-沉积断陷盆地(VB)，火山-沉积断陷盆地中央带(vbc)环境。为陆内盆地相，断陷盆地亚相。

(20)于家北沟组($P_2y$)：在克什克腾旗广兴源一带，本组为水下扇砾岩夹砂岩组合，其下部为凝灰质砂砾岩、凝灰质含砾岩屑砂岩、凝灰质中细粒岩屑砂岩、粉砂岩，厚度大于801m；中部为凝灰粉砂质板岩、凝灰质杂砂岩、粉砂岩，厚度大于3000m；上部为钙质细粉砂岩、中细粒砂岩及粉砂质板岩，厚382m。本组平行层理、水平层理、波状交错层理皆有。盛产双壳、腹足、腕足化石，并有蜓及植物化石。主要为向上变细型韵律性基本层序，为河口湾相；在中部翁牛特旗一带，岩性为砾岩、砂砾岩、杂砂岩、粉砂岩夹粉砂质板岩，含腕足：*Sfeorhynchus* sp.，双壳类：*Auiculopecfen* sp.，植物：*Annularis* sp.，*Sphenophyllum* sp.，为河口湾沉积；在南部敖汉旗一带，本组为水下扇砾岩夹砂岩组合，岩性为砾岩、砂砾岩、杂砂岩、粉砂岩、粉砂质板岩、流纹质晶屑凝灰岩，产植物化石，厚908m，为河口湾相。

(21)湖泊三角洲砂砾岩夹火山岩组合 lyh($P_3l$)：分布在西拉木伦俯冲带南侧天盛号一带，其下部为灰紫色巨砾岩、砂砾岩、粗砂岩、细沉凝灰岩，控制厚度361m，属近源河流沉积；上部则为凝灰砂砾岩、细砂岩、沉凝灰岩夹粉砂岩。具粒序层理、平行层理、小型交错层理，为向上变细型旋回性基本层序，产华夏植物群化石，属湖泊相沉积。不整合于于家北沟组($P_2y$)之上。

### (十)狼山-白云鄂博地层小区

(1)陆表海白云岩建造组合 ce(*Zs*)：灰色中厚层状粉晶灰质白云岩、灰色中厚层状含硅质条带白云岩，厚度1 041.4m。属陆表海(Es)，碳酸盐岩陆表海(ce)环境；为陆表海盆地相，碳酸盐岩陆表海亚相。

(2)湖泊三角洲砂砾岩建造组合 vbsl($P_1d^1$)：变质砾岩、碳质页岩、中粒长石石英砂岩，含植物化石 *Emplectopteris* sp.，*Sphnophyllum oblongifoltum*，厚度383m。

(3)河湖相含煤碎屑岩建造组合 vbc($P_1d^{2+3}$)：灰褐色变质砾岩、变质石英砂岩、安山玢岩、晶屑凝灰岩夹泥灰岩、碳质板岩夹煤层，含栉羊齿：*Pecopteris* sp.，真羊齿：*Alethopteris* sp.，*Lepidodendron* sp.，厚度1096m。

(4)湖泊三角洲砂砾岩建造组合 vbs($P_1d^4$)：灰褐色变质砾岩与变质长石石英砂岩互层夹泥灰岩，含植物化石：*Sphenophyllum* sp.。厚度688m。

上述3种建造组合为火山-沉积断陷盆地(VB)环境，其中 vbsl($P_1d^1$)为火山-沉积断陷盆地缓坡带(vbsl)，vbc($P_1d^{2-3}$)为火山-沉积断陷盆地中央带(vbc)，vbs($P_1d^4$)为火山-沉积断陷盆地陡坡带(vbs)。属陆内盆地相，断陷盆地亚相。

### (十一)大青山地层小区

(1)陆表海灰岩建造组合 ce(*Zs*)：灰色薄层状硅质条带结晶灰岩，厚度845m。属陆表海(ES)，碳酸盐岩陆表海(ce)环境，为陆表海盆地相，碳酸盐岩陆表海亚相。

(2)陆表海砂岩建造组合 be($\in_{1-2}sm^1$)：紫红色含砾石英砂岩、粉砂岩，厚度15.6m。

(3)陆表海灰岩建造组合 ce($\in_{1-2}sm^2$)：灰色、灰褐色含燧石条带白云质灰岩，厚度234.7m。

(4)陆表海白云岩建造组合 ce($\in_{2-3}l$)：浅黄色含燧石条带状白云质结晶灰岩、灰色含虫孔鲕状灰岩、灰白色白云质灰岩。含腕足：*Obolus* sp.，*Lingulella* sp.，三叶虫：*Manchuriella macar*，厚度134.50m。

上述4种建造组合同为陆表海(ES)环境，其中 be($\in_{1-2}sm^1$)为陆源碎屑障壁陆表海(be)，ce($\in_{1-2}sm^2$)与 ce($\in_{2-3}l$)为碳酸盐岩陆表海(ce)。与其对应的大地构造相为陆表海盆地相，碎屑岩陆表海亚相与碳酸盐岩陆表海亚相。

(5)陆表海灰岩建造组合 ce($O_{1-2}w+O_1s$)：深灰色结晶灰岩夹灰白色大理岩、厚层状灰岩、中薄层泥质灰岩，局部为泥质灰岩夹粉砂岩，含笔石：*Dictyonema* sp.，厚度164.6m。

(6)陆表海白云质灰岩建造组合 ce($O_2e$)：灰黄色白云质灰岩、含泥质白云质灰岩夹白云岩，含头足：*Amenoceras tianlinbctensis*，*Cycloceras* sp.，*Ormoceras submarginle*，腕足：*Maclurites* sp.。厚度106.03m。

(7)陆表海灰岩建造组合 ce($O_{2-3}wh+O_3b$)：灰色珊瑚礁泥质团块、泥质条带状生物碎屑灰岩、深灰色—黑灰色厚层状灰岩、瘤状灰岩夹少量泥质、砂质灰岩。含丰富的头足类、珊瑚和牙形石化石，珊瑚：*Agetolites multi bulatum*，*Subagetolites sinicus*，*Sarcinula compacta*，*Reuschia* aff. *sokolovi*，头足：*Sactoceras* sp.，牙形石：*Belodino compressa*，*Erismodus typos*，腕足：*pogodai*。厚度315.8m。

上述建造组合同为陆表海(ES)，碳酸盐岩陆表海(ce)环境，所处的构造相为陆表海盆地相，碳酸盐岩陆表海亚相。

(8)河流砂砾岩建造组合 nvbsl($C_2sm^1$)：灰黑色厚层状长石石英粗砂岩、含砾中粗粒长石砂岩，含 *Pecopteris* sp.，*Calamites* sp.，厚度大于672m。

(9)河湖含煤碎屑岩建造组合 nvbc($C_2sm^2$)：灰褐色厚层状粉砂岩、灰绿色砂质碳质页岩。含煤，含植物：*Pecopteris* (*Asterotheca*)*cyathea*，*Neuropteris pseudovata*。厚度大于1826m。

上述建造组合为无火山岩断陷盆地(NVB)环境。前者为无火山岩断陷盆地陡坡带(nvbs)，后者为无火山岩断陷盆地中央带(nvbc)。所属大地构造相为陆内盆地相，断陷盆地亚相。

(10)河湖含煤碎屑岩建造组合 nvbc($P_2z$)：紫色、灰褐色粉砂岩，黄灰色长石石英砂岩夹复成分砾岩及煤线、黄灰色砾岩，含植物：*Alethopteris norinii*，*Samaropsis sinensis*，*Sphenopteris tenuis*，*Plaginzamites* cf. *tungweiensis*，*Cordaites* sp.，*Pecopteris taiyuanensis*，厚度126.3m。

(11)湖泊砂岩-粉砂岩建造组合 nvbc($P_2sy$)：黄灰色含砾长石砂岩、长石砂岩、绿灰色泥质粉砂岩、黄灰色石英质砾岩，厚度102m。

(12)湖泊泥岩-粉砂岩建造组合 nvbc($P_3n$)：暗紫色粉砂质泥岩、紫红色长石砂岩、紫红色泥质粉砂岩，厚度1084m。为无火山岩断陷盆地(NVB)，无火山岩断陷盆地中央带(nvbc)环境。属陆内盆地相，断陷盆地亚相。

(13)河流砂砾岩-粉砂岩建造组合 nvbs($P_3T_1lw$)：紫色含砾长石粗砂岩、暗紫红色粉砂岩与细砂岩、长石砂岩，厚度731m。属无火山岩断陷盆地(NVB)，无火山岩断陷盆地陡坡带(nvbs)环境。为陆内盆地相，断陷盆地亚相。

### (十二)雅布赖山地层小区

湖泊砂岩、粉砂岩夹火山岩建造组合 VB($P_1d$)：暗灰色含角闪安山岩、安山岩、褐色深灰色流纹质晶屑岩屑熔岩角砾岩、流纹质晶屑角砾熔岩砂岩、板岩夹煤线，厚度1 195.1m。为火山-沉积断陷盆地(VB)环境。属陆内盆地相，火山-沉积断陷盆地亚相。

### (十三)龙首山地层小区

(1)近海大陆冰川砾岩-砂砾岩-泥岩建造组合 ES($Zs$)：灰色冰碛砾岩、灰黑色板状薄层灰岩夹灰色绢云母千枚岩，厚度 1 328.2m。属陆表海(ES)，陆源碎屑无障壁陆表海(oe)环境。为陆表海盆地相，海陆交互碎屑岩陆表海亚相。

(2)陆表海灰岩建造组合 oe($\in_1 c$)：灰色薄层灰岩、灰色竹叶状灰岩、灰黑色结晶灰岩及磷灰岩，厚度大于 873m。为陆表海(ES)，陆源碎屑无障壁陆表海(oe)环境。属陆表海盆地相，碳酸盐岩陆表海亚相。

(3)前滨-临滨含砾砂岩-泥岩夹灰岩建造组合 sdl($C_1 c$)：灰白色粗粒石英砂岩、含砾石英砂岩夹灰黑色厚层灰岩，含化石，厚度 66.4m。属陆棚碎屑岩盆地(SD)，陆棚碎屑滨海(sdl)环境。为陆表海盆地相，碎屑岩陆表海亚相。

### (十四)清水河地层小区

(1)陆表海砂泥岩夹砾岩建造组合 oe($\in_{1-2} m$)：暗紫色、灰绿色页岩夹粉砂岩，灰白色、紫红色石英砂岩、暗紫色巨砾岩，含 *Eoptychoparia* sp.，*Ptychopariidae*。厚度 64.51m。

(2)陆表海灰岩建造组合 ce($\in_2 z$)：浅灰色、青灰色薄层灰岩夹鲕状灰岩、竹叶状灰岩、结晶灰岩，含 *Damesella* sp.，*Anomocarelle* sp.，*Amphoton* sp.，*Dorypyge* sp.，*Peishania* sp.。厚度 192.16m。

以上两种建造组合同为陆表海(ES)环境。前者为陆源碎屑无障壁陆表海(oe)，后者为碳酸盐岩陆表海(ce)。大地构造相为陆表海盆地相，所对应的构造亚相为碎屑岩陆表海亚相，碳酸盐岩陆表海亚相。

(3)陆表海白云岩建造组合 ce($\in_3 O_1 s$)：浅灰色、灰白色白云质灰岩，青灰色、黄灰色白云岩，含 *Ellesmeroceras* sp.，*Dongbeiiceras* sp.，*Linchengoceras* sp.，*Quadraticephalus* sp.，*Tellerina* sp.，厚度 226.54m。属陆表海(ES)，碳酸盐岩陆表海(ce)环境，大地构造相为陆表海盆地相，碳酸盐岩陆表海亚相。

(4)陆表海灰岩建造组合 ce($O_2 m$)：灰褐色、黄白色厚层灰岩、生物碎屑灰岩、泥灰岩夹白云岩，含 *Armenoce* sp.，厚度 183.4m。属陆表海(ES)，碳酸盐岩陆表海(ce)环境。为陆表海盆地相，碳酸盐岩陆表海亚相。

(5)陆表海陆源碎屑-灰岩建造组合 fce($C_2 b$)：灰色、灰褐色碳质、砂质页岩、铝土页岩夹一层海相灰岩及褐铁矿铝土褐铁矿高岭石黏土岩，含 *Fusulina* sp.，*Fuslinella* sp.，*Cancrinella* sp.，*Choristites* sp.，*Bradyphyllum* sp.，厚度 52.86m。为陆表海(ES)，陆源碎屑-碳酸盐岩陆表海(fce)环境。属陆表海盆地相，海陆交互陆表海亚相。

(6)陆表海沼泽含煤碎屑岩建造组合 tbe($C_2 t+P_1 s$)：灰白色砂砾岩、灰白色黏土质粉砂岩、灰白色粉砂质泥质页岩，产植物化石，灰色、灰黑色砂质页岩、碳质页岩夹砂岩煤线及铝土矿，灰白色中粗粒石英砂岩夹一层海相灰岩，含 *Naticopsis deformis*，*Annulaia* cf. *stellata*，*Lapidodendron oculusfelis*，*Calamitescistii*，*Choristites jegulensis*，*Zygopleura* sp.，厚度 281.6m。属陆表海(ES)，陆源碎屑岩-碳酸盐岩陆表海(fce)环境。为陆表海盆地相，海陆交互陆表海亚相。

### (十五)东胜地层小区

(1)湖泊泥岩-粉砂岩建造组合 sbsl($P_{1-2} sh$)：含砾粗砂岩及中细粒砂岩夹粉砂质泥岩及页岩，含 *Pecopteris* sp.，*Callipteridium* sp.，*Sphenophyllum* sp.，*Protobrechnum* sp.，*Odontopteris* sp.，*Sphenopteris* sp.，厚度 409.7m。为坳陷盆地(SB)，坳陷盆地缓坡带(sbsl)环境。属陆内盆地相，坳陷盆地亚相。

(2)河流砂砾岩-粉砂岩-泥岩建造组合 sbsl($T_1 l+P_3 sj$)：蓝灰色、紫灰色中粗粒不等粒长石质硬砂岩夹泥质粉砂岩，厚度755.8m。为坳陷盆地(SB)，坳陷盆地缓坡带(sbsl)环境。属陆内盆地相，坳陷盆地亚相。

(3)湖泊泥岩-粉砂岩建造组合sbc($T_1h$)：棕红色泥质粉砂岩、粉砂质泥岩夹灰色长石石英砂岩及含砾中细粒砂岩，砂岩中产化石 *Glyptoasmusia quodrata*，*Cornia guchengensis*，*Daruinula fragills*，*D. triassiana*，厚度161.8m。属坳陷盆地(SB)，坳陷盆地中央带(sbc)环境。为陆内盆地相，坳陷盆地亚相。

(4)河湖相含煤碎屑岩建造组合sbsl($T_3yc+T_2e$)：含砾中粗粒石英砂岩、长石石英砂岩为主夹泥岩、粉砂质泥岩，顶部为灰绿色、灰黑色碳质泥岩、页岩、粉砂岩夹煤，含植物化石 *Cladophlebis*，厚度大于1005m。为坳陷盆地(SB)，坳陷盆地缓坡带(sbsl)环境。属陆内盆地相，坳陷盆地亚相。

## (十六)桌子山地层小区

(1)陆表海陆源碎屑灰岩建造组合fce($\in_{1-2}m$)：灰绿色页岩夹薄层灰岩、灰白色结晶灰岩夹砂岩、页岩，含三叶虫：*Plesiagraulos* sp.，*Hejinaspis* sp.，厚度255m。为陆表海(ES)，陆源碎屑岩-碳酸盐岩陆表海(fce)环境。属陆表海盆地相，碎屑岩陆表海亚相。

(2)陆表海灰岩建造组合ce($\in_2z+\in_3g+\in_3c$)：厚层白云岩、竹叶状灰岩夹薄层灰岩、灰色竹叶状灰岩、薄层灰岩、泥质条带及白云质灰岩互层夹紫红色页岩，含三叶虫：*Chuangia* sp.，*Blackwelderia* sp.，*Damesella* sp.，*Solenoparidae*，腕足：*Lingulepis* sp.，厚度773.1m。属陆表海(ES)，碳酸盐岩陆表海(ce)环境。为陆表海盆地相，碳酸盐岩陆表海亚相。

(3)陆表海白云岩建造组合ce($\in_3O_1s$)：灰色白云岩、白云质灰岩夹泥灰岩、泥质条带灰岩，含三叶虫：*Paracalvinella cylindrica*，*Tsinania* sp.，厚度121.07m。属陆表海(ES)，碳酸盐岩陆表海(ce)环境。为陆表海盆地相，碳酸盐岩陆表海亚相。

(4)陆表海灰岩建造组合ce($O_{1-2}m$)：青灰色厚层块状灰岩夹灰色中厚层燧石条带灰岩，含头足类：*Armenoceras* sp.，*Parakogenoceras* sp.，*Pseudowutinoceras* sp.，腕足：*Hesperinia* sp.，厚度443.4m。为陆表海(ES)，碳酸盐岩陆表海(ce)环境。属陆表海盆地相，碳酸盐岩陆表海亚相。

(5)远滨泥岩-粉砂岩夹泥岩建造组合fce($O_2k+O_2w+O_2l$)：灰绿色砂岩、页岩夹灰黄色砂砾岩、灰色薄层灰岩、泥灰岩、灰黑色页岩互层，含三叶虫：*Birmanites* sp.，*Sttapazallus* sp.，*Sowerbyella* sp.，双壳类：*Cterodonta* sp.，笔石：*Glyptograptus* sp.，*Didymograptus* sp.，*Dichograptus* sp.，厚度261.5m。属陆表海(ES)，陆源碎屑岩-碳酸盐岩陆表海(fce)环境。为陆表海盆地相，碎屑岩陆表海亚相。

(6)陆表海沼泽含煤碎屑岩建造组合sdl($C_2P_1t+P_{1-2}s$)：灰白色长石石英砂岩夹黑色页岩、煤层，灰白色长石石英砂岩夹黑色页岩、煤，黑色粉砂质页岩夹砂岩、煤、铁质岩，浅褐色中细粒长石石英砂岩、粉砂质页岩、页岩互层夹碳质页岩，含植物：*Plagiozamites* sp.，*Taeniopteris* sp.，*Lepldostrobophyllum* sp.，腕足：*Dictyoclostus* sp.，*Schuchertella* sp.，双壳类：*Edmondia* sp.，*Ounborella* sp.，厚度1 570.2m。为陆棚碎屑岩盆地(SD)，陆棚碎屑滨海(sdl)环境。属陆表海盆地相，碎屑岩陆棚亚相。

(7)河流砂砾岩-粉砂岩-泥岩建造组合sbsl($P_2sh+P_3sj$)：紫色、黄灰色砂砾岩、厚层状砂岩、粉砂岩及泥岩，含植物：*Taenioptesis* sp.，*Plagiozamites* cf. *oblongifolius*，厚度788.5m。属坳陷盆地(SB)，坳陷盆地缓坡带(sbsl)环境。为陆内盆地相，坳陷盆地亚相。

## (十七)贺兰山地层小区

(1)板岩和冰碛砾岩建造组合SB($Zz$)：灰褐色、深灰色砂质板岩、粉砂质板岩、浅褐黄色冰碛砾岩，含 *Sirmplssophaeridium* sp.，*Gloeocapsomorpha* sp.，*Lominarites* sp.，厚度125.1m。属坳陷盆地

(SB)环境。为陆表海盆地相,碎屑陆表海亚相。

(2)陆源碎屑浊积岩碳酸盐岩建造组合 frc($\in_{2-3}x$):褐黄色硅质白云岩、硅质灰岩及灰黑色硅质岩,灰绿色绢云千枚岩、灰绿色千枚状板岩、灰色灰岩、结晶灰岩夹变质长石石英砂岩,含 *Micrhystridium* sp.,*Ptychoparia* sp.,*Obolella* sp.,厚度 1 647.6m。

(3)滨浅海砂岩-粉砂岩-泥岩建造组合 frc($\in_3O_1m$):灰绿色、灰褐色变质长石砂岩、褐红色变质长石石英砂岩夹板岩及灰岩透镜体,含化石:*Oistodiform element*,*Tangshanodus tangshanensis*,厚度 872.3m。

以上二者为夭折裂谷(Fr),夭折裂谷中央带(frc)环境。属裂谷相,夭折裂谷亚相。

(4)滨浅海碳酸盐岩建造组合 frm($O_{1-2}tj$):浅灰色厚层块状含燧石结核、泥砂质网纹灰岩、白云质灰岩、结晶灰岩,含三叶虫:*Ampyx* sp.,*Endymionia* sp.,头足类:*Wutinoceras* sp.,*Kaipingoceras* sp.,腹足类:*Maclurites* sp.,*Helicotoma* sp.,腕足:*Aporthophyla* sp.,*Westonia* sp.,厚度 1 011.6m。

(5)滨浅海砂岩-粉砂岩-泥岩建造组合 frm($O_{1-2}mb$):灰色、灰绿色石英砂岩、长石石英砂岩、黄绿色板岩、泥板岩,含笔石:*Climacograptus* cf. *shihuigoensis*,*Amplexograptus* sp.,*Pseudoclimacograptus* sp.,厚度 1 675.5m。

上述两种建造组合为夭折裂谷(Fr),夭折裂谷边缘(frm)环境。属裂谷相,夭折裂谷亚相。

(6)湖泊砂岩-粉砂岩建造组合 sbsl($D_2s$):灰白色石英砂岩、紫红色粉砂岩夹长石石英砂岩,含鱼类化石:*Antiarchi* sp.,*Bothriolepis neushanensis*,*Actionlepidae*,厚度 21.3m。属坳陷盆地(SB),坳陷盆地缓坡带(sbsl)环境。为陆内盆地相,坳陷盆地亚相。

(7)水下扇砂砾岩建造组合 sbs($D_3l$):紫红色砾岩、砂砾岩、石英粗砂岩及砂岩,含 *Leptophloeum rhombicum*,厚度 788.7m。为坳陷盆地(SB),坳陷盆地陡坡带(sbs)环境。属陆内盆地相,坳陷盆地亚相。

(8)台地潮坪-局限台地碳酸盐岩建造组合 toe($C_1q$):灰色灰岩、生物灰岩夹白云质灰岩、粉细砂岩,含 *Schuchertella* cf. *gueizhouensis*,*Eochoristites* cf. *chui*,*E. jingtaiensis* sp.,厚度 99.6m。

(9)泥岩-粉砂岩建造组合 toe($C_1c$):灰褐色结晶灰岩、浅灰色石英砂岩夹绢云母板岩,含 *Chonetes extensa*,*Linoproductus* sp.,*Triphyllopteris collombiana*,*Rhodea hsianghsiangensis*,*Yuanophyllum ransuensu*,厚度 307.4m。

(10)海陆交互相含煤碎屑岩建造组合 toe($C_2P_1t$):灰黑色碳质页岩夹中细粒长石石英砂岩、砾岩、灰岩及煤、铁矿层,含 *Schwagerina* sp.,*Phricodothyris* sp.,*Sphenopteris* sp.,*Gastrioceras* sp.,厚度 949.1m。

上述三者建造组合为陆表海(ES),海陆交互无障壁陆表海(toe)环境。属陆表海盆地相,海陆交互陆表海亚相。

(11)湖泊三角洲砂砾岩建造组合 sbsl($P_2dh$):灰绿色含砾石英砂岩、石英砂岩、粉砂岩、泥岩夹砾岩、砂砾岩,含 *Lobatannularia ligulata*,*Chiropteris* sp.,厚度 148.8m。

(12)河流砂砾岩-粉砂岩、泥岩建造组合 sbs($P_3yg$):暗紫色含砾长石石英砂岩、灰绿色石英砂岩夹粉砂岩、泥岩,厚度 113.2m。

上述二者均为坳陷盆地(SB)环境,前者为坳陷盆地缓坡带(sbsl),后者为坳陷盆地陡坡带(sbs)。属陆内盆地相,坳陷盆地亚相。

(13)河流相砂砾岩-砂岩建造组合 nvbsl($T_{1-2}ed$):浅黄色、浅紫红色长石石英砂岩,局部夹砂砾岩透镜体,厚度 1 311.3m。

(14)湖泊三角洲砂砾岩、泥岩建造组合 nvbsl($T_3sh$):灰黄色中细粒长石石英砂岩、灰黑色页岩夹薄—中厚层石英砂岩、灰黄色厚层砾岩夹砂砾岩,含 *Cladophlebis* sp.,*Taeniopteris* sp.,*Bemoullia zeilleris*,厚度 2 948.2m。为无火山岩断陷盆地(NVB),无火山岩断陷盆地陡坡带(nvbsl)环境。属陆内盆地相,断陷盆地亚相。

## 三、侏罗纪—新近纪

内蒙古中西部地区中生代地层分区包括黑鹰山地层分区、马鬃山地层分区、柳园地层分区、东乌珠穆沁旗地层分区、锡林浩特-乌兰浩特地层分区、巴音毛道地层分区、镶黄旗地层分区、狼山-白云鄂博地层小区、大青山地层小区、雅布赖地层小区、龙首山地层小区、清水河地层小区、东胜地层小区、桌子山地层小区、吉兰泰-临河地层小区、贺兰山地层小区。内蒙古东部中生代地层分区包括二连-博克图地层小区、克什克腾旗-乌兰浩特地层小区、赤峰-敖汉地层小区、松辽地层分区。

### (一)黑鹰山地层分区

(1)湖泊相含煤碎屑岩建造组合 sbc($J_2l$):灰绿色、黄褐色砾岩、含砾砂岩夹灰黑色碳质页岩和煤线及赤铁矿,含煤,含植物:*Cladophlebis* sp.,*Coniopteris hymenophylloides*,*Clathropteris meniscioides*,*Sphenobaiera longifolia*,厚度381m。属坳陷盆地(SB),坳陷盆地中央带(sbc)环境。为陆内盆地相,坳陷盆地亚相。

(2)湖泊泥岩-粉砂岩建造组合 sbc($K_1c$):灰色钙质页岩、灰黄色粉砂质泥岩夹含铁灰岩、微晶-隐晶灰岩,含腹足:*Viviparus* sp.,*Valvata* sp.,*Bithynia* sp.,介形虫:*Cypridea* (*Pseudocypridina*) *globra*,轮藻:*Euaelistochara* sp.,厚度1 307.4m。为坳陷盆地(SB),坳陷盆地中央带(sbc)环境。属陆内盆地相,坳陷盆地亚相。

(3)河流砂砾岩-粉砂岩-泥岩建造组合 sbsl($K_1by$):灰色钙质泥岩、粉砂质泥岩夹薄层细砂岩,灰黄色巨砾岩、粗砾岩夹长石细砂岩,含磷铀,含植物:*Ginkgoites sibiricus*,*Podozamites lanceolatus*,昆虫:*Ephemeropsis trisetalis*,植物:*Phoenicopsis* sp.,厚度2419m。属坳陷盆地(SB),坳陷盆地缓坡带(sbcl)环境。为陆内盆地相,坳陷盆地亚相。

(4)水下扇砂砾岩建造组合 sbsl($K_2w^1$):长石砂岩、砂、砾岩含石膏,厚度40m。

(5)湖泊泥岩建造组合 sbsl($K_2w^2$):砖红色、棕红色粉砂泥岩、灰黄色粗砂岩、细砂岩,厚度64m。为坳陷盆地(SB)环境。

上述两种建造组合中,前者为坳陷盆地缓坡带(sbcl),后者为坳陷盆地中央带(sbc)。所属大地构造相为陆内盆地相,坳陷盆地亚相。

(6)湖泊砂-泥岩建造组合 sbsl($N_2k$):砖红色、棕红色粉砂泥岩、灰黄色粗砂岩、细砂岩,厚度66m。属坳陷盆地(SB),坳陷盆地缓坡带(sbcl)环境。为陆内盆地相,坳陷盆地亚相。

### (二)马鬃山地层分区

(1)河湖相含煤碎屑岩建造组合 nvbc($J_1j+J_2l$):灰黑色页岩、灰紫色长石石英砂岩、粉砂质泥岩、灰绿色杂砂质石英砂岩、含砾石英粗砂岩夹砾岩、板岩、千枚岩及碳质页岩、煤线,含煤,含叶肢介:*Eosestheria*(?),介形虫:*Metacypris* sp.,植物:*Desmiophyllum* sp.,*Czekanowskia* sp.,*Coniopteris* sp.,*Brachyphyllum* sp.,*Podozamites* sp.,双壳类:*Tutuella* cf. *altitudeformis*,*T.* cf. *elongate*,*Sphaerim* sp.,*Utschamiella* sp.,厚度2 899.1m。属无火山岩断陷盆地(NVB),无火山岩断陷盆地中央带(nvbc)环境。为陆内盆地相,断陷盆地亚相。

(2)湖泊粉砂岩-泥岩建造组合 sbc($K_1c$):灰色、黄色钙质粉砂岩、粉砂岩、粉砂质泥岩、泥岩夹石膏,含介形虫:*Eucypris* sp.,*Mongolianella* sp.,昆虫:*Ephemeropsis* cf. *trisetalis*,植物:*Pityospermum*

(*Pityolepis*) sp.,双壳类:*Sphaerium extumidum*,腹足:*Probaicalia* sp.,厚度1224m。

(3)河流砂砾岩-粉砂岩-泥岩建造组合sbsl($K_1by$):灰色钙质泥岩、粉砂质泥岩夹薄层细砂岩、灰黄色巨砾岩、粗砾岩夹长石细砂岩,含磷、铀,含植物:*Ginkgoites sibiricus*,*Podozamites lanceolatus*,昆虫:*Ephemeropsis trisetalis*,植物:*Phoenicopsis* sp.,厚度2 746.9m。

上述两种建造组合均为坳陷盆地(SB)环境,前者为坳陷盆地中央带(sbc),后者为坳陷盆地缓坡带(sbcl)。所属大地构造相为陆内盆地相,坳陷盆地亚相。

(4)水下扇砂砾岩建造组合sbsl($K_2w^1$):砂岩、砂砾岩含石膏,厚度40m。

(5)湖泊泥岩-粉砂岩建造组合sbc($K_2w^2$):砖红色、黄绿色长石砂岩,石英长石砂岩,厚度64m。

上述两种建造组合均为坳陷盆地(SB)环境,前者为坳陷盆地缓坡带(sbcl),后者为坳陷盆地中央带(sbc),所属大地构造相为陆内盆地相,坳陷盆地亚相。

(6)河流砂砾岩-粉砂岩-泥岩建造组合sbsl($N_2k$):灰色含砾细砂岩及粉砂质泥岩含石膏,厚度1333m。属坳陷盆地(SB),坳陷盆地缓坡带(sbcl)环境。为陆内盆地相,坳陷盆地亚相。

### (三)柳园地层分区

(1)河湖相含煤碎屑岩建造组合nvbc($J_1j+J_2l$):灰黑色页岩、灰紫色长石砂岩、粉砂质泥岩、灰绿色杂砂质石英砂岩、含砾石英粗砂岩夹砾岩、板岩、碳质页岩、煤线,含叶肢介:*Eosestheria*,介形虫:*Metacypris* sp.,植物:*Desmiophyllum* sp.,*Czekanowskia* sp.,*Coniopteris* sp.,*Brachyphyllum* sp.,*Podozamites* sp.,双壳类:*Tutuella* cf. *altitudeformis*,*T.* cf. *elongata*,*Sphaerium* sp.,*Utschamiella* sp.,厚度2 899.1m。为无火山岩断陷盆地(NVB),无火山岩断陷盆地中央带(nvbc)环境。属陆内盆地相,断陷盆地亚相。

(2)湖泊泥岩-粉砂岩建造组合sbc($K_1c$):灰色、灰黄色粉砂岩、钙质粉砂岩、粉砂质泥岩、泥岩夹含砾长石砂岩及石膏,含介形虫:Eucypris sp.,Mongolianella sp.,昆虫:*Ephemeropsis* cf. *trisetalis*,植物:*Pityospermum*(*Pityolepis*) sp.,双壳类:*Sphaerium extumidum*,腹足:*Probaicalia* sp.,厚度1224m。属坳陷盆地(SB),坳陷盆地中央带(sbc)环境。为陆内盆地相,坳陷盆地亚相。

(3)河流砂砾岩-粉砂岩-泥岩建造组合sbsl($N_2k$):灰色含砾细砂岩及粉砂质泥岩含石膏,厚度1333m。为坳陷盆地(SB),坳陷盆地缓坡带(sbcl)环境。属陆内盆地相,坳陷盆地亚相。

### (四)东乌珠穆沁旗地层分区

(1)湖泊含煤碎屑岩建造组合nvbsl($J_{1-2}h$):灰色—灰黑色、灰绿色泥岩、灰色—深灰色泥质粉砂岩、不等粒杂砂质长石砂岩、泥质粉砂岩、灰色—灰紫色中细粒长石砂岩、石英砂岩夹煤层煤线,含植物:*Cladoplebis* cf. *compolcatis*,*Podozamites lanceolatus*,*Pityophyllum* sp.,厚度1047m。为无火山岩断陷盆地(NVB),无火山岩断陷盆地缓坡带(nvbsl)环境。属陆内盆地相,断陷盆地亚相。

(2)曲流河砂砾岩-粉砂岩-泥岩建造组合nvbsl($J_2wb^1$):灰色、灰白色、黄褐色砂岩、砾岩、含砾砂岩,灰黄色、灰色中粒杂砂质长石砂岩夹泥岩、凝灰质粉砂岩,厚度1795m。

(3)湖泊含煤碎屑岩建造组合nvbc($J_2wb^2$):黄褐色、黄绿色长石硬砂岩、灰绿色泥岩、灰黄色含砾长石砂岩,夹粉砂质泥灰岩及煤线,厚度1305m。

上述两者属无火山岩断陷盆地(NVB)环境,前者为无火山岩断陷盆地缓坡带(nvbsl),后者为无火山岩断陷盆地中央带(nvbc)。为陆内盆地相,断陷盆地亚相。

(4)火山洼地河湖相砂砾岩-火山碎屑沉积岩建造组合VB($J_3mk^1$):灰褐色砾岩、黄褐色凝灰质砾岩、紫色细砂岩夹粉砂岩、泥岩及凝灰质粉砂岩,厚度292m。

(5)火山洼地河湖相火山碎屑沉积岩建造组合 VB($J_3mk^2$):紫灰色、绿色安山质凝灰角砾岩夹凝灰细砂岩及含砾安山质晶屑岩屑凝灰岩,含植物:*Czekanowskia* sp.,*Phoenicopsis* sp.,厚度 222.5m。

(6)中性碱性火山碎屑岩建造组合 VB($J_3mn$):灰色、灰白色英安质含角砾岩屑晶屑凝灰岩,紫灰色、红紫色粗面质晶屑凝灰岩,灰色安山质晶屑凝灰岩,厚度 1 607.9m。

(7)火山盆地火山碎屑岩建造组合 VB($J_3b$):黄白色、紫色流纹质含角砾岩屑晶屑凝灰岩、紫色流纹质熔岩凝灰岩、灰黄色含火山角砾岩屑凝灰岩夹灰褐色砾岩,厚度 918.6m。为火山-沉积断陷盆地(VB)环境。属陆内盆地相,断陷盆地亚相。

(8)湖泊三角洲砂砾岩建造组合 nvbsl($K_1bl$):灰色、灰白色含砾不等粒砂岩、不等粒砂岩、灰色—紫色砾岩夹灰色不等粒岩屑砂岩。厚度大于 960m。为无火山岩断陷盆地(NVB),无火山岩断陷盆地缓坡带(nvbsl)环境。为陆内盆地相,断陷盆地亚相。

(9)湖泊泥质砂岩-砂砾岩建造组合 nvbsl($K_2e^1$):浅灰绿色泥质不等粒砂岩、含砾砂岩、底部黄褐色砂砾岩,夹泥岩及泥灰岩透镜体,含恐龙化石:*Ornithomimus asiaticus*,*Mandschurosaurus mongoliensis*,*Bactrosaurus johnsoni*,厚度 57m。

(10)湖泊泥岩建造组合 nvbc($K_2e^2$):绿色、灰黄色、砖红色泥岩夹砂质泥岩及钙质结核,厚度 57m。

上述两者属无火山岩断陷盆地(NVB)环境,前者为无火山岩断陷盆地缓坡带(nvbs),后者为无火山岩断陷盆地中央带(nvbc)。为陆内盆地相,断陷盆地亚相。

(11)湖泊泥岩-粉砂岩建造组合 sbc($E_2y$):棕红色泥岩、灰白色中粒长石石英砂岩、杂色砂质泥岩,含脊椎动物:*Gobiatherium* sp.,*Teleolophus* sp.,*Eudinoceras* sp.,厚度 41.1m。为坳陷盆地(SB),坳陷盆地中央带(sbc)环境。属陆内盆地相,坳陷盆地亚相。

(12)湖泊三角洲砂砾岩建造组合 sbsl($N_1t$):褐色、砖红色泥岩,灰白色细砂岩、粉砂岩夹含砾砂岩,含脊椎动物化石:*Anchitherum*,*gobiense Lamprotula* cf. *mongolica*,*Platybelodon* sp.,厚度 75.03m。属坳陷盆地(SB),坳陷盆地缓坡带(sbsl)环境。为陆内盆地相,坳陷盆地亚相。

(13)湖泊含砾粗砂岩-砂质泥岩建造组合 sbsl($N_2b^1$):黄褐色砂质泥岩与黄褐色含砾粗砂岩互层,含脊椎动物化石:*Hipparion* sp.,*Dipoides* sp.,厚度大于 25.1m。

(14)湖泊砂质泥岩建造组合 sbc($N_2b^2$):砖红色、棕红色砂质泥岩,含脊椎动物化石:*Chilotherium* sp.,*Hipparion* sp.,*Gazella* sp.,厚度大于 63.5m。为坳陷盆地(SB)环境,前者属坳陷盆地缓坡带(sbsl),后者为坳陷盆地中央带(sbc)。属陆内盆地相,坳陷盆地亚相。

### (五)锡林浩特-乌兰浩特地层分区

(1)湖泊含煤碎屑岩建造组合 nvbsl($J_{1-2}h$):黑色含碳质泥岩、碳质页岩、泥质页岩、灰色杂砂岩、灰白色含砾粉砂质泥岩、灰白色砂砾岩夹粉砂岩及煤层,厚度大于 333m。为无火山岩断陷盆地(NVB),无火山岩断陷盆地中央带(nvbc)环境。属陆内盆地相,断陷盆地亚相。

(2)曲流河砂砾岩建造组合 nvbsl($J_2wb^1$):灰色厚层状复成分砾岩、灰黄色砾岩,厚度 100m。

(3)湖泊含煤碎屑岩建造组合 nvbc($J_2wb^2$):灰黑色—黑色黏土岩、含砂黏土岩、深灰色—灰黑色粉砂岩夹砂岩、碳质页岩及煤层、煤线,厚度 179m。

上述两者为无火山岩断陷盆地(NVB)环境,前者属无火山岩断陷盆地缓坡带(nvbsl),后者为无火山岩断陷盆地中央带(nvbc)。大地构造相为陆内盆地相,断陷盆地亚相。

(4)火山洼地河湖玄武岩夹砂泥岩建造组合 VB($J_2tm$):深灰色致密状、气孔状玄武岩夹灰白色凝灰质砂岩、砖红色泥质粉砂岩,厚度 1 085.6m。

(5)火山洼地河湖相砂砾岩-火山碎屑沉积岩建造组合 VB($J_3mk^1$):灰褐色砾岩、黄褐色凝灰质砾岩,紫色细砂岩夹粉砂岩、泥岩及凝灰质粉砂岩,含 *Czekanowskia*,*Phoenicopsis* sp.,厚度 292m。

(6)火山碎屑沉积岩建造组合 VB($J_3mk^2$):紫色、灰绿色安山质凝灰角砾岩夹凝灰质细砂岩及含砾安山质晶屑岩屑凝灰岩,厚度 222.5m。

(7)中性—碱性火山碎屑岩建造组合 VB($J_3mn$):灰色、灰白色英安质含角砾岩屑晶屑凝灰岩、紫灰色—红紫色粗面质晶屑凝灰岩、灰色安山质晶屑凝灰岩,厚度 1 607.9m。

(8)火山洼地河湖火山碎屑岩建造组合 VB($J_3b$):黄白色、紫色流纹质含火山角砾晶屑玻屑凝灰岩、紫色流纹质熔结凝灰岩、灰黄色含火山角砾岩屑凝灰岩,夹灰褐色砾岩,含 *Czekanowskia* sp.,厚度 918.6m。

上述建造组合为火山-沉积断陷盆地(VB)环境。属陆内盆地相,断陷盆地亚相。

(9)湖泊三角洲砂砾岩建造组合 nvbsl($K_1b^1$):灰色砂砾岩、灰色砾岩夹粉砂岩,厚度 280.75m。

(10)湖泊含煤碎屑岩建造组合 nvbc($K_1b^2$):灰白色含砾粗砂岩、灰黄色砂砾岩、灰色粉砂岩、细砂岩、灰色—灰黑色泥岩夹煤层,含 *Czekanowskia rigida*,*Coniopteris burejensis*,*Cladophlebis* sp.,厚度 194.18m。

上述建造组合为无火山岩断陷盆地(NVB)环境,前者为无火山岩断陷盆地缓坡带(nvbsl),后者为无火山岩断陷盆地中央带(nvbc)。为陆内盆地相,断陷盆地亚相。

(11)湖泊泥质砂岩-砂砾岩建造组合 nvbsl($K_2e^1$):浅灰绿色泥质不等粒砂岩、含砾砂岩,底部褐黄色砂砾岩,夹泥岩及泥灰岩透镜体,含 *Ornithomimus asiaticus*,*Mandschurosaurus mongoliensis*,*Bactrosaurus johnsoni*,厚度 57m。

(12)湖泊泥岩建造组合 nvbc($K_2e^2$):绿色、灰黄色、砖红色泥岩夹砂质泥岩及钙质结核,厚度 57m。

上述建造组合属无火山岩断陷盆地(NVB)环境,前者为无火山岩断陷盆地缓坡带(nvbsl),后者为无火山岩断陷盆地中央带(nvbc)。为陆内盆地相,断陷盆地亚相。

(13)湖泊泥岩-粉砂岩建造组合 sbsl($E_1n + E_2a + E_2y + E_2sl$):灰白色、灰绿色泥岩、粉砂质泥岩,含大量钙、锰质结核,棕红色泥岩、灰白色中粒长石石英砂岩、杂色砂质泥岩、棕红色泥岩夹灰绿色粉砂岩及粉砂质泥岩,棕红色粉砂质泥岩夹含砾粉砂质泥岩,含 *Eoentelodon* sp.,*Groftiella lauta*,*Grovesichara keilani*,*Cypris dercaryi*,*Gobiatherium* sp.,*Teleolophus* sp.,*Eudinoceras* sp.,*Gobiatherium monolobotum*,*Breviodon minitus*,*Rhodopagus pygmaeus*,*Prionessus Lucifer*,*Pseudictops lophiodon*,*Pastoralodon lacustris*,厚度 144.9m。为坳陷盆地(SB),坳陷盆地中央带(sbc)环境。属陆内盆地相,坳陷盆地亚相。

(14)湖泊三角洲砂砾岩建造组合 sbcl ($E_3wl + E_3h + N_1t$):褐色、砖红色泥岩,灰白色细砂岩、粉砂岩夹含砾砂岩,灰白色、黄色粗砂岩、砂砾岩夹泥岩,深红色、砖红色泥岩,灰白色含砾中粗粒长石石英砂岩、细砂岩,含 *Anchitherium gobiense*,*Lamprotula* cf. *mongolica*,*Platybelodon* sp.,*Indricotheium* sp.,*Schizotherium* sp.,*Embolotherium andrewsi*,*Urtinotherium inceser*,*Metatitan relictus*,厚度 145.16m。为坳陷盆地(SB),坳陷盆地缓坡带(sbsl)环境。属陆内盆地相,坳陷盆地亚相。

(15)湖泊含砾粗砂岩-砂质泥岩建造组合 sbsl($N_2b^1$):黄褐色砂质泥岩与黄褐色含砾粗砂岩互层,含 *Hipparion* sp.,*Dipoides* sp.,厚度大于 25.1m。

(16)湖泊砂质泥岩建造组合 sbc($N_2b^2$):砖红色、棕红色砂质泥岩,含 *Chilotherium* sp.,*Hipparion* sp.,*Gazella* sp.,厚度大于 63.5m。

上述建造组合属坳陷盆地(SB)环境,前者为坳陷盆地缓坡带(sbsl),后者为坳陷盆地中央带(sbc)。所属大地构造相为陆内盆地相,坳陷盆地亚相。

### (六)巴音毛道地层分区

(1)河湖相含煤碎屑岩建造组合 nvbsl($J_2l$):黄绿色、灰绿色中粗砾岩、砂岩、页岩和煤层,底部砂岩，含植物：*Ginkgo huttoni*，*Neocalamites* sp.，*Podozamites* sp.，*Czekanowskia setacea*，厚度 108m。

(2)湖泊三角洲砂砾岩建造组合 nvbsl($J_3s$)：黄绿色砾岩、砂砾岩、砂岩、粉砂岩以及紫色泥岩，含腹足：*Bulinus mengyinensis*，植物：*Coniopteris hymenophylloides*，厚度 437m。

上述建造组合为无火山岩断陷盆地(NVB)，无火山岩断陷盆地缓坡带(nvbsl)环境，属陆内盆地相，断陷盆地亚相。

(3)水下扇砂砾岩建造组合 nvbs($K_1by$)：灰色巨厚层复成分砾岩、浅褐黄色砂砾岩、长石砂岩、粉砂质页岩，含植物：*Phoenicopsis* sp.，*Podozamites* sp.，*Czekanowskia* sp.，*Carpolithus* sp.，*Taeniopteris* sp.，厚度 1 192.2m。属无火山岩断陷盆地(NVB)，无火山岩断陷盆地陡坡带(nvbs)环境。为陆内盆地相，断陷盆地亚相。

(4)湖泊砂岩-粉砂岩夹火山岩建造组合 vbc($K_1s$)：浅灰色粉细长石砂岩、砖红色粉砂岩，夹灰黑色玄武粗安岩及杏仁状安山岩，植物：*Podozamites* sp.，*Pityophyllum* sp.，厚度 694.2m。为火山-沉积断陷盆地(VB)，火山-沉积断陷盆地中央带(vbc)环境。属陆内盆地相，断陷盆地亚相。

(5)水下扇砂砾岩建造组合 sbsl($K_2w^1$)：长石砂岩、砂砾岩含石膏，厚度 92.5m。

(6)湖泊泥岩-粉砂岩建造组合 sbc($K_2w^2$)：褐红色水云母黏土岩夹灰岩、长石砂岩、底部砾岩，含脊椎动物：*Protoceralops* sp.，厚度 328.1m

上述建造组合属坳陷盆地(SB)环境，前者为坳陷盆地缓坡带(sbsl)，后者为坳陷盆地中央带(sbc)。为陆内盆地相，坳陷盆地亚相。

(7)湖泊泥岩-粉砂岩建造组合 sbc($E_2s+E_3q+N_2k$)：灰绿色泥质粉砂岩、粉砂岩，棕红色泥质粉砂岩、粉砂质泥岩，砖红色粉砂质泥岩、灰白色长石砂岩，含古脊椎动物：*Tataromys* cf. *Plicidens*，*Aceratheriinae*，*Indricotheriinae*，*Gnithotitan* cf. *berkeyi*，*Brontotheriidae*，*Chelonia* sp.，*Mammalia*，*Caenolophus promssus*，厚度 56.2m。为坳陷盆地(SB)，坳陷盆地中央带(sbc)环境。属陆内盆地相，坳陷盆地亚相。

### (七)镶黄旗地层分区

(1)火山碎屑岩夹熔岩建造组合 VB($J_3mk$)：肉红色流纹质晶屑凝灰岩、灰黄色流纹质含角砾岩屑晶屑凝灰岩、灰紫色流纹质岩屑晶屑凝灰岩夹安山玢岩、安山岩等，厚度 3321m。

(2)酸碱性火山熔岩-火山碎屑岩建造组合 VB($J_3b$)：灰色流纹斑岩、紫色粗面岩、石英粗面斑岩、灰色晶屑凝灰熔岩、紫色晶屑凝灰岩，夹灰色霏细石英斑岩、含角砾岩屑晶屑凝灰岩，厚度 174.2m。

上述建造组合为火山-沉积断陷盆地(VB)环境。属陆内盆地相，断陷盆地亚相。

(3)湖泊三角洲砂砾岩建造组合 nvbsl($K_1b^1$)：紫红色、紫灰色、黄绿色砾岩夹钙质含砾岩屑砂岩及生物碎屑泥晶灰岩，含 *Ferganoconcha* sp.，厚度 880m。

(4)湖泊含煤碎屑岩建造组合 nvbc($K_1b^2$)：灰色、深灰色、灰黑色泥岩、页岩夹黑色碳质页岩及褐黑色褐煤，上部夹有含砾砂岩含煤，含叶肢介化石，厚度 543m。

上述建造组合属无火山岩断陷盆地(NVB)环境，前者为无火山岩断陷盆地缓坡带(nvbsl)，后者为无火山岩断陷盆地中央带(nvbc)。为陆内盆地相，断陷盆地亚相。

(5)湖泊泥质砂岩-砂砾岩建造组合 nvbsl($K_2e^1$)：浅灰绿色泥质不等粒砂岩、含砾砂岩，底部褐黄色砂砾岩，夹泥岩及泥灰岩透镜体，含 *Ornithomimus asiaticus*，*Mandschurosaurus mongoliensis*，*Bactrosaurus johnsoni*，厚度 57m。

(6)湖泊泥岩建造组合 nvbc($K_2e^2$)：绿色、灰黄色、砖红色泥岩夹砂质泥岩及钙质结核，厚度 57m。

上述建造组合属无火山岩断陷盆地(NVB)环境，前者为无火山岩断陷盆地缓坡带(nvbsl)，后者为无火山岩断陷盆地中央带(nvbc)。属陆内盆地相，断陷盆地亚相。

(7)湖泊泥岩-粉砂岩建造组合 sbc($E_1n$+ $E_2a$ + $E_2y$ + $E_2sl$):灰白色、灰绿色泥岩、粉砂质泥岩,含大量钙、锰质结核及棕红色泥岩、灰白色中粒长石石英砂岩、杂色砂质泥岩,棕红色泥岩夹灰绿色粉砂岩及粉砂质泥岩,棕红色粉砂质泥岩夹含砾粉砂质泥岩,含 *Eoentelodon* sp.,*Groftiella lauta*,*Grovesichara keilani*,*Cypris dercaryi*,*Gobiatherium* sp.,*Teleolophus* sp.,*Eudinoceras* sp.,*Gobiatherium monolobotum*,*Breviodon minitus*,*Rhodopagus pygmaeus*,*Prionessus lucifer*,*Pseudictops lophiodon*,*Pastoralodon lacustris*,厚度 144.9m。为坳陷盆地(SB),坳陷盆地中央带(sbc)环境。属陆内盆地相,坳陷盆地亚相。

(8)湖泊三角洲砂砾岩建造组合 sbsl($E_3wl$ +$E_3h$ +$N_1t$):褐色、砖红色泥岩、灰白色细砂岩、粉砂岩夹含砾砂岩,灰白色、黄色粗砂岩、砂砾岩夹泥岩,深红色、砖红色泥岩,灰白色含砾中粗粒长石石英砂岩、细砂岩,含 *Anchitherium gobiense*,*Lamprotula* cf. *mongolica*,*Platybelodon* sp.,*Indricotheium* sp.,*Schizotherium* sp.,*Embolotherium andrewsi*,*Urtinotherium inceser*,*Metatitan relictus*,厚度145.16m。属坳陷盆地(SB),坳陷盆地缓坡带(sbsl)环境。属陆内盆地相,坳陷盆地亚相。

(9)湖泊含砾粗砂岩-砂质泥岩建造组合 sbsl($N_2b^1$):黄褐色砂质泥岩与黄褐色含砾粗砂岩互层,含 *Hipparion* sp.,*Dipoides* sp.,厚度大于 25.1m。

(10)湖泊砂质泥岩建造组合 sbc($N_2b^2$):砖红色、棕红色砂质泥岩,含 *Chilotherium* sp.,*Hipparion* sp.,*Gazella* sp.,厚度大于 63.5m。

上述建造组合为坳陷盆地(SB)环境,前者为坳陷盆地缓坡带(sbsl),后者为坳陷盆地中央带(sbc)。属陆内盆地相,坳陷盆地亚相。

### (八)狼山-白云鄂博地层小区

(1)河湖含煤碎屑岩建造组合 nvbc($J_{1-2}w$):灰黑色、灰绿色砂岩、砂质页岩、碳质页岩、棕灰色含油页岩及煤层,厚度 1504m。

(2)河流砂砾岩-粉砂岩-泥岩建造组合 nvbs($J_2c$):灰黄色、灰绿色砂砾岩、砂岩、砂质页岩,厚度 181m。

上述建造组合属无火山岩断陷盆地(NVB)环境,前者为无火山岩断陷盆地中央带(nvbc),后者为无火山岩断陷盆地陡坡带(nvbs)。大地构造相为陆内盆地相,断陷盆地亚相。

(3)河流砂砾岩-砂岩建造组合 nvbs($K_1ls$):红褐色、灰白色砂砾岩、砂岩、砂质泥岩、砾岩,含双壳类:*Ferganoconcha* cf. *subcentralis*,腹足类:*Zaptychius delicates*,*Probaicalia* sp.,介形虫:*Cypridea unicostata*,爬行类:*Psittacosaurus guyangensis*,厚度 425m。

(4)河湖相含煤碎屑岩建造组合 nvbc($K_1g$):黑色泥岩、页岩与黄灰色砂岩、粉砂岩互层夹泥灰岩、石膏和可采煤,含植物:*Acanthopteris gothani*,双壳类:*sphaerium jeholense*,叶肢介:*Eosestheria* sp.,厚度 453m。

上述建造组合属无火山岩断陷盆地(NVB)环境,前者属无火山岩断陷盆地陡坡带(nvbs),后者为无火山岩断陷盆地中央带(nvbc)。大地构造相为陆内盆地相,断陷盆地亚相。

(5)湖泊泥岩-粉砂岩建造组合 sbc($E_3h$):砂岩、砂砾岩夹泥岩、褐煤及油页岩,厚度大于 109m。属坳陷盆地(SB),坳陷盆地中央带(sbc)环境。属陆内盆地相,坳陷盆地亚相。

(6)湖泊泥岩-粉砂岩夹火山岩建造组合 vbc($N_1h$):灰黑色玄武岩夹油页岩、泥灰岩,厚度大于 90m。为火山-沉积断陷盆地(VB),火山沉积断陷盆地中央带(vbc)环境。属陆内盆地相,断陷盆地亚相。

(7)湖泊含砾粗砂岩-砂质泥岩建造组合 sbsl($N_2b^1$):黄褐色砂质泥岩与黄褐色含砾粗砂岩互层,含 *Egicus* sp.,孢粉:*Fraxinoipollenies* sp.,*Ouercoidites asper*,*Rhoipites* sp.,*Rutaceoipollis* sp.,厚度 109m。

(8)湖泊砂质泥岩建造组合 sbc($N_2b^2$):砖红色、棕红色砂质泥岩,厚度 170m。

上述建造组合属坳陷盆地(SB)环境,前者为坳陷盆地缓坡带(sbsl),后者为坳陷盆地中央带(sbc)。属陆内盆地相,坳陷盆地亚相。

### (九)大青山地层小区

(1)河湖相含煤碎屑岩建造组合 nvbc($J_{1-2}w$):中粗—中细粒长石石英砂岩、含砾砂岩、砂岩、碳质页岩、油页岩,含煤层,含化石:*Coniopteris bureiensis*,*C. gindanensis*,*Neocalamies carrerea*,*N. hoerensis*,厚度 1368m。

(2)湖泊泥岩-粉砂岩建造组合 nvbsl($J_2c$):青灰色薄层细粒长石石英砂岩夹含砾粗砂岩、粉砂岩、页岩,含化石:*Palygrata* sp.,*Paracnoiscoidei* sp.,厚度 398m。

(3)湖泊砂岩-粉砂岩-泥岩建造组合 nvbs($J_3d$):灰白色砾岩、紫红色粉砂岩、含砾不等粒杂砂质砂岩夹砂岩、煤线,含植物:*Elatides manchurensis*,*Pagiophyllum* sp.,*Equisetites* sp.,*Cyparissidium gracile*,厚度 939m。

上述 3 种建造组合,同属无火山岩断陷盆地(NVB)环境,分别为无火山岩断陷盆地中央带(nvbc)、缓坡带(nvbsl)、陡坡带(nvbs)。所属构造相为陆内盆地相,断陷盆地亚相。

(4)河流砂砾岩-粉砂岩-泥岩建造组合 vbs($K_1ls$):红色厚层砾岩、砂砾岩夹灰白色粗砂岩、粉砂岩及泥岩夹层,含双壳类:*Ferganoconcha* cf. *subcentralis*,腹足类:*Zaptychius delicates*,*Probaicalia* sp.,介形虫:*Cypridea unicostata*,爬行类:*Psittacosaurus guyangensis*,厚度 194m。

(5)河湖相含煤碎屑岩建造组合 vbc($K_1g$):含碳质泥岩、碳质页岩及煤线,局部为砾岩夹砂岩,部分地区夹中基性火山岩含煤,含 *Sphaerium yanjiense*,*Probaicalia gerassimovi*,*Galba* cf. *pseudopalustris*,*Cypridea* sp.,*Lycopterocypris* sp.,厚度大于 114m。

上述建造组合为火山-沉积断陷盆地(VB)环境,前者属火山-沉积断陷盆地陡坡带(vbs),后者为火山-沉积断陷盆地中央带(vbc)。大地构造相为陆内盆地相,断陷盆地亚相。

(6)湖泊泥岩-粉砂岩建造组合 sbc($K_1z$):浅黄色中细粒砂岩,砖红色、紫红色泥岩夹薄层细砂岩及含碳质泥岩,产植物化石及孢粉,含 *Pseudohyia* aff. *Gobiensis*,*Lophotrileyes soskatchewanensis*,*Hsisporitesrugatus Cyathididtes australis*,厚度 551.1m。属坳陷盆地(SB),坳陷盆地中央带(sbc)环境。属陆内盆地相,坳陷盆地亚相。

(7)河湖含煤碎屑岩建造组合 sbc($E_3h$):白色砂岩、砂砾岩夹泥岩及褐煤,厚度大于 95m。为坳陷盆地(SB),坳陷盆地中央带(sbc)环境。属陆内盆地相,坳陷盆地亚相。

(8)湖泊泥岩-粉砂岩夹火山岩建造组合 vbc($N_1h$):灰黑色橄榄玄武岩、伊丁玄武岩、红色泥岩、砂岩夹泥煤,含双壳类:*Acanthlnula* cf. *aculeate* Graulus aff. Heudei,Galba Pervia。厚度大于 245m。属火山-沉积断陷盆地(VB),火山-沉积断陷盆地中央带(vbc)环境。为陆内盆地相,含火山岩陆内断陷盆地亚相。

(9)湖泊含砾粗砂岩-砂质泥岩建造组合 sbsl($N_2b^1$):黄褐色砂质泥岩与黄褐色含砾粗砂岩互层,含 *Hipparion* sp.,*Dipoides* sp.,厚度大于 24.1m。

(10)湖泊砂质泥岩建造组合 sbc($N_2b^2$):砖红色、棕红色砂质泥岩,含 *Chilotherium* sp.,*Hipparion* sp.,*Gazella* sp.,厚度大于 63.5m。

上述建造组合为坳陷盆地(SB)环境,前者为坳陷盆地缓坡带(sbsl),后者为坳陷盆地中央带(sbc)。属陆内盆地相,坳陷盆地亚相。

### (十)雅布赖地层小区

(1)湖泊砂岩-粉砂岩建造组合 nvbc($J_2l$):灰绿色粉砂岩、粉砂质泥岩与砾岩砂岩互层,偶夹不稳定煤线，灰褐色砾岩、含砾不等粒长石砂岩夹粉砂岩、泥岩，产巨大树干化石，厚度914m。属无火山岩断陷盆地(NVB)，无火山岩断陷盆地中央带(nvbc)环境。属陆内盆地相，断陷盆地亚相。

(2)湖泊泥岩-粉砂岩建造组合 nvbc($K_1mg^1+J_3s$)：灰紫色—砖红色粉砂质泥岩、含砾不等粒长石砂岩，灰绿色、浅绿色砂岩、泥岩夹少量砾石、石膏，产化石。灰黄色、浅砖红色厚层、巨厚层状砾岩夹砂砾岩和砂岩，厚度1043m。属无火山岩断陷盆地(NVB)，无火山岩断陷盆地中央带(nvbc)环境。属陆内盆地相，断陷盆地亚相。

(3)河流砂砾岩-粉砂岩-泥岩建造组合 nvbsl($K_2j+K_1mg^2$)：含砾砂岩、粉砂质泥岩、砾岩砂砾岩、含砾粗砂岩及紫红色、灰红色砾岩、不等粒长石砂岩，含砂金，厚度大于1713m。

(4)湖泊三角洲砂砾岩建造组合 nvbsl($K_2w$)：褐灰色、杂色砂岩、砂砾岩、砾岩夹泥岩透镜体，含 *Hadrosauridae Carnosauria* sp.，*Omithopods* sp.，*Dinosaurus*，厚度大于74m。属无火山岩断陷盆地(NVB)，无火山岩断陷盆地缓坡带(nvbsl)环境。属陆内盆地相，断陷盆地亚相。

(5)湖泊砂岩-粉砂岩建造组合 sbsl($E_3q$)：棕红色、褐红色砂质泥岩、细砂岩、砾岩夹粗砂岩、泥灰岩，含石膏层。产动物化石，含 *Anpheohinus rectus*，*Tsaganomys* sp.，*Tataromys* sp.，*Didymoconus progresus*，厚度398m。为坳陷盆地(SB)，坳陷盆地缓坡带(sbsl)环境。属陆内盆地相，坳陷盆地亚相。

(6)湖泊砂岩-粉砂岩-泥岩建造组合 sbsl($N_2k$)：橘红色、橘黄色泥质及钙质砂岩、砂砾岩夹砂质泥岩、粉砂岩，产脊椎动物化石(*Ochotona* sp.)，厚度35.2m。属坳陷盆地(SB)，坳陷盆地缓坡带(sbsl)环境。属陆内盆地相，坳陷盆地亚相。

### (十一)龙首山地层小区

(1)河湖相含煤碎屑岩建造组合 nvbc($J_2l$)：杂色砾岩、含砾砂岩、砂岩夹砂质页岩及薄煤层，含 *Cladophlebi* sp.，*Podozamites* sp.，*Goniopteris* sp.，*Neocalamites* sp.，*Eguisitites* sp.，*Phoenicopsis* sp.，厚度242.7m。

(2)河流砂砾岩-粉砂岩-泥岩建造组合 nvbsl($J_2s$)：淡灰黄色砂砾岩夹砂岩、砾岩透镜体、泥质条带，厚度376m。

上述建造组合属无火山岩断陷盆地(NVB)环境，前者为无火山岩断陷盆地中央带(nvbc)，后者为无火山岩断陷盆地缓坡带(nvbsl)。属陆内盆地相，断陷盆地亚相。

(3)河流砂砾岩-砂岩-泥岩建造组合 nvbsl($K_1mg$)：紫灰色、灰绿色黏土质页岩、砂岩、砾岩、含砾砂岩，底部夹钙质层，含 *Pessidella* sp.，*Sphaerium* sp.，*Physa* sp.，厚度563.6m。

(4)湖泊三角洲砂砾岩建造组合 nvbsl($K_2j$)：灰白色、浅红色砾岩、砂砾岩、含砾粗砂岩为主夹细砂岩、泥岩，产化石：*Candoniella* sp.，*Clinocypris* sp.，厚度569m。

上述建造组合为无火山岩断陷盆地(NVB)，无火山岩断陷盆地缓坡带(nvbsl)环境。属陆内盆地相，断陷盆地亚相。

(5)湖泊砂岩-粉砂岩-泥岩建造组合 sbc($N_1hl+N_2k$)：橘红色、姜黄色黏土质砂砾岩夹黏土质团块及石膏层，粉砂质泥岩夹砂岩、杂色砂质泥岩、橘红色砾岩、含砾砂岩，产石膏，厚度50m。属坳陷盆地(SB)，坳陷盆地中央带(sbc)环境。属陆内盆地相，坳陷盆地亚相。

### (十二)清水河地层小区

湖泊泥岩-粉砂岩建造组合 sbc($N_2wl$)：红色粉砂质泥岩夹钙质结核，底部砂砾岩、砾岩，含化石：*Hipparion* sp.，*Gazela* sp.，*Ceruus* sp.，*Elephas* sp.，*Mastodon* sp.，*Rhinoceros* sp.，厚度96m。为坳陷盆地(SB)，坳陷盆地中央带(sbc)环境。属陆内盆地相，坳陷盆地亚相。

### (十三)东胜地层小区

(1)湖泊泥岩-粉砂岩建造组合 sbc($J_1f$):黄绿色砂岩与杂色泥岩互层夹黑色页岩、油页岩,厚度129.61m。

(2)河湖相含煤碎屑岩建造组合 sb($J_1ya$):灰绿色、砖红色泥岩、粉砂质泥岩、长石砂岩夹碳质泥岩及煤,厚度239.3m。

(3)河流砂砾岩-粉砂岩-泥岩建造组合 sbsl($J_2z$):橘黄色、灰绿色中粒与中粗粒砂岩夹钙质砂岩,厚度大于51.8m。

(4)湖泊泥岩-粉砂岩建造组合 sbc($J_2a$):砖红色、棕红色泥岩夹灰绿色粉细砂岩及泥灰岩透镜体,厚度大于26.5m。

上述建造组合同为坳陷盆地(SB)环境,除sbsl($J_2z$)为坳陷盆地缓坡带(sbsl)外,其余均为坳陷盆地中央带(sbc)。属陆内盆地相,坳陷盆地亚相。

(5)冲积扇砾岩建造组合 sbs($K_1l$):黄绿色砾岩、砂砾岩、紫灰色含砾中粒长石石英砂岩,具大型斜层理,厚度126.88m。属坳陷盆地(SB),坳陷盆地缓坡带(sbsl)环境。为陆内盆地相,坳陷盆地亚相。

(6)湖泊砂岩-粉砂岩建造组合 sbs($K_1h$):黄绿色中细粒砂岩、钙质长石砂岩夹泥质砂岩,厚度93.61m。为坳陷盆地(SB)环境,坳陷盆地中央带(sbc)环境。属陆内盆地相,坳陷盆地亚相。

(7)河流砂砾岩-粉砂岩-泥岩建造组合 sbsl($K_1lh$):灰白色、紫红色长石石英砂岩夹粉砂质泥岩、砾岩及砂砾岩透镜体,厚度33.4m。为坳陷盆地(SB),坳陷盆地缓坡带(sbsl)环境。属陆内盆地相,坳陷盆地亚相。

(8)湖泊泥岩-粉砂岩建造组合 sbc($K_1jc$):粉细砂岩与砂质泥岩、泥岩不等厚互层,含 *Cypridea unicostata*,*C.* (Ulwellia) *koslulensis*,*Lycoptera kansuensis*,厚度385m。

(9)河流砂砾岩-粉砂岩-泥岩建造组合 sbsl($K_1ds$):紫红色泥质细砂岩与含砾砂岩互层,普遍富含钙质结核,黄绿色砾岩夹土红色含砾砂岩,厚度137.3m。为坳陷盆地(SB),坳陷盆地缓坡带(sbsl)环境。属陆内盆地相,坳陷盆地亚相。

(10)湖泊泥岩-粉砂岩建造组合 sbc($N_2wl$+$N_1w$+$E_3l$):红色粉砂质泥岩、含砾砂岩,底部砂砾岩、砾岩,含化石:*Hipparion* sp.,*Gazela* sp.,*Ceruus* sp.,*Elephas* sp.,*Mastodon* sp.,*Rhinoceros* sp.,*Tsaganomys* sp.,*Desmatolagus gobiensis*,厚度大于378m。属坳陷盆地(SB),坳陷盆地中央带(sbc)环境。属陆内盆地相,坳陷盆地亚相。

### (十四)桌子山地层小区

(1)湖泊泥岩-粉砂岩建造组合 sbc($E_3l$+$N_1w$):橘黄色粉砂质泥岩、含砾砂岩、砖红色泥岩、棕红色细砂岩,厚度大于740.2m。

(2)湖泊三角洲砂砾岩建造组合 sbsl($N_2wl$):灰绿色、灰白色泥质细砂岩、砂质泥岩夹橘黄色泥质砂砾岩及砾岩,厚度251.6m。

上述建造组合属坳陷盆地(SB)环境,前者为坳陷盆地中央带(sbc),后者为坳陷盆地缓坡带(sbsl)。属陆内盆地相,坳陷盆地亚相。

### (十五)吉兰泰-临河地层小区

(1)湖泊三角洲砂砾岩建造组合 nvbsl($K_1mg$):紫红色中粗粒砂岩与褐灰色砾岩互层,厚度大于

149m。为无火山岩断陷盆地(NVB),无火山岩断陷盆地缓坡带(nvbsl)环境。属陆内盆地相,断陷盆地亚相。

(2)湖泊三角洲砂砾岩建造组合 nvbsl($E_2s$):深棕红色砂质泥岩、砂岩、含砾砂岩与砂砾岩互层,厚度 356.4m。

(3)湖泊泥岩-粉砂岩建造组合 nvbc($E_3l+E_3q$):棕红色、橘黄色泥岩、泥质粉砂岩、砂岩、泥灰岩,褐红色、砖红色泥岩、粉砂岩、石膏层,含脊椎动物化石:*Tsaganomys altaicus*,*Desmatolagus gobiensis*,*Candoniella albicans*,*Tachyoryctoides abnutschewi*,*Ampheohinus rectus*,*Tataromys* sp.,*Didynoconus progresus* 等,厚度 1043m。

上述建造组合属无火山岩断陷盆地(NVB)环境,前者为无火山岩断陷盆地缓坡带(nvbsl),后者为无火山岩断陷盆地中央带(nvbc)。属陆内盆地相,断陷盆地亚相。

(4)河流砂砾岩-粉砂岩-泥岩建造组合 nvbsl($N_2k+N_2wl+N_1w$):橘红色、橘黄色泥质钙质砂岩、砂砾岩夹砂质泥岩、粉砂岩,棕红色泥岩与灰黄色粉细砂岩互层夹砾岩等杂色泥岩、粉细砂岩,偶夹砾岩,含脊椎动物化石:*Ochotona* sp.,*Cervidae Crictidae*,鱼化石:*Holotei*,腹足类化石:*Zonifidae* sp.,介形虫:*Candoniella albicans*,厚度 148.2m。为无火山岩断陷盆地(NVB),无火山岩断陷盆地缓坡带(nvbsl)环境。属陆内盆地相,断陷盆地亚相。

### (十六)贺兰山地层小区

(1)湖泊泥岩-粉砂岩建造组合 nvbc($J_1j$):灰绿色长石石英砂岩、泥岩及煤,含化石:*Coniopteris burejensis*,*Podozamites* (?) sp.,*Phoenicopsis* sp.,厚度 676m。

(2)河流砂砾岩-粉砂岩-泥岩建造组合 nvbsl($J_2l+J_3s$):紫红色硬砂质石英砂岩夹砂砾岩、粗中细粒砂岩、泥质粉砂岩,含植物化石,灰绿色长石砂岩、叶片状粉砂岩、灰白色砾岩,含 *Onychiopsis* sp.,*Gleicheniles* sp.,*Cladophlebis* sp. 厚度大于 2 399.8m。

上述建造组合属无火山岩断陷盆地(NVB)环境,前者为无火山岩断陷盆地中央带(nvbc),后者为无火山岩断陷盆地缓坡带(nvbsl)。为陆内盆地相,断陷盆地亚相。

(3)湖泊泥岩-粉砂岩建造组合 nvbc($K_1mg$):灰白色砂质泥岩夹泥质砂岩,下部砾岩夹含砂砾岩,含 *Bellamia* cf. *clavilithifomis*,*Viviparus* sp.,*Feabellochara* sp.,*Cyprides* sp.,*Sphaerium* sp.,厚度大于 1 187.6m。属无火山岩断陷盆地(NVB),无火山岩断陷盆地中央带(nvbc)环境。为陆内盆地相,断陷盆地亚相。

(4)河流砂砾岩-粉砂岩-泥岩建造组合 sbsl($E_2s$):褐红色砾岩、泥质砂岩、粉砂质泥岩,厚度大于 711.3m。

(5)湖泊砂岩-粉砂岩建造组合 sbc($E_3q$):红棕色含砾泥质砂岩、砂质泥岩、粉砂岩等,产石膏层,含脊椎动物化石:*Ampheohinus rectus*,*Tsaganomys* sp.,*Didymoconus progrcssus*,*Tataromys* sp.,厚度大于 707m。

上述建造组合为坳陷盆地(SB)环境,前者属坳陷盆地缓坡带(sbsl),后者为坳陷盆地中央带(sbc)。属陆内盆地相,坳陷盆地亚相。

(6)河流砂砾岩-粉砂岩-泥岩建造组合 sbsl($N_1hl+N_2k$):灰色砾岩、灰黄色含砾砂土、橘黄色、橘红色中—厚层砾岩夹砂岩、粉砂岩、粉砂质泥岩透镜体,砂岩中含大量钙质结核,厚度 281.9m。属坳陷盆地(SB),坳陷盆地缓坡带(sbsl)环境。为陆内盆地相,坳陷盆地亚相。

## 四、内蒙古东部晚三叠世以来沉积岩建造组合

研究区在晚三叠世以来叠加了内蒙古东部造山-裂谷系。区内缺失上三叠统,早侏罗世尚未见火山

活动，而中侏罗世—白垩纪火山岩浆活动规模大且强烈。在火山岩侵入岩带内，星罗棋布地分布规模大小不等的断陷沉积盆地；而新近纪—第四纪仍有碎屑沉积及火山活动。

### （一）二连浩特-博克图地层小区

（1）河流砂砾岩-粉砂岩-泥岩组合 nvbsl($J_1h$)：出露在柴河镇附近，呈北东向展布，面积不足 $8km^2$。岩性为灰白色-灰绿色凝灰质含砾砂岩，中粒长石杂砂岩、含砾粗杂砂岩、粉砂岩夹板岩。控制厚度大于400m，产 *Comiopteris-Phoenicopsis* 植物群化石。为湖泊三角洲相。

（2）中侏罗统万宝组($J_2wb$)：出露在蘑菇气—乌奴耳镇—莫尔道嘎镇—恩和哈达镇以西的广大区域，为总体呈弧形展布的断陷盆地群，各地区岩石组合或岩石类型有所差异，其特征如下。

在恩和哈达镇附近出露的万宝组($J_2wb$)为一套河流砂砾岩-粉砂岩-泥岩组合，面积约 $1000km^2$。岩性为卵石粗砾石、长石砂岩夹粗砂岩透镜体，厚683m。产植物化石。为周缘前陆楔顶盆地冲积扇-辫状河相。

新巴尔虎右旗坎子井—甲乌拉一带出露的万宝组($J_2wb$)为一套河流砂砾岩-粉砂岩-泥岩组合，面积约 $25m^2$，岩性为砾岩、杂砂岩偶见含碳质页岩、泥灰岩透镜体，为曲流河相。

陈巴尔虎旗西乌珠尔苏木一带出露的万宝组($J_2wb$)为一套河流砂砾岩-粉砂岩-泥岩组合，呈北东向条带状展布，面积约 $80km^2$，岩性为长石岩屑砂岩、含砾凝灰砂岩、砾岩夹粉砂质板岩。厚达1116m。含植物化石，为辫状河相。

喜桂图旗乌奴耳镇北头河车站一带出露的万宝组($J_2wb$)为一套河流砂砾岩-粉砂岩-泥岩夹火山岩组合，呈近南北向展布，面积约 $80km^2$。岩性为砾岩、砂砾岩、长石砂岩、细砂岩、泥岩。顶部见流纹质凝灰岩（未见顶）厚520m，产植物化石，为火山洼地河湖相，不整合于大民山组($D_{2-3}d$)之上。

苏格河一带出露的万宝组($J_2wb$)为一套河湖相含煤碎屑岩组合，呈向南的马蹄形，面积约 $3km^2$。岩性为花岗质砾岩、杂砂质砾岩、杂砂岩、细粉砂岩夹泥岩及煤，可见厚185m，含植物化石，不整合于多宝山组($O_{1-2}d$)之上，为辫状河相。

扎兰屯市卧牛河镇西北一带出露的万宝组($J_2wb$)为一套河流砂砾岩-粉砂岩-泥岩组合，面积约 $20km^2$，岩性为砾岩、含砾粗砂岩、长石砂岩、泥质粉砂岩组合，厚约805m。含孢粉，为曲流河相沉积。

布特哈旗太平川乡出露的中侏罗统万宝组($J_2wb$)为河湖相含煤碎屑岩组合，呈北东向展布，面积约 $120km^2$。为一套黄灰色、灰黑色砾岩、砂砾岩、泥质细砂岩、粉砂岩、凝灰质泥岩夹流纹质凝灰岩及薄煤层，厚度大于1000m。含植物化石。为火山洼地河湖相。

（3）下白垩统大磨拐河组($K_1d$)：共划分两种岩石构造组合，分别为水下扇砂砾岩组合和河湖相含煤碎屑岩组合，其中水下扇砂砾岩组合仅出露在八道卡一带，其他地区均划分为河湖相含煤碎屑岩组合。

在额尔古纳市八道卡一带出露的大磨拐河组($K_1d$)为水下扇砂砾岩组合，叠加于中侏罗世前陆盆地之上，面积约 $300km^2$，向东延伸至黑龙江省。下部为灰黄色、灰褐色中—厚层状中—细砾岩，长石岩屑砂岩、凝灰质细粉砂岩及泥岩，上部为一套巨厚层状卵石中粗砾岩夹粗粒岩屑砂岩组成。厚达千余米。为河流-湖泊三角洲相沉积。

满州里市西部出露的大磨拐河组($K_1d$)下部为灰绿色砂砾岩段，厚43.7m，中部含煤砂岩泥岩段，以碳质泥岩、含碳质粉砂岩、细砂岩及煤层为主，厚达376m，上部为黄褐色砂砾岩夹粉砂质泥岩，厚159m。含植物及淡水双壳类及叶肢介等化石。为淡水湖相。该组除含煤层外还有含褐铁矿、菱铁矿及放射性铀矿层。

满州里市东扎赉诺尔—新巴尔虎右旗布拉格台音花一带（包括克鲁伦河两岸）出露的大磨拐河组($K_1d$)呈北东向串珠状狭长条带展布。其岩性组合与满州里市西部盆地群类似，除植物化石外还产狼鲭鱼、东方叶肢介等化石。

喜桂图旗乌尔其汗南大磨拐河两岸出露的大磨拐河组($K_1d$)呈北东向展布,面积约 220km²。中—上部以灰色、灰白色砂岩、粉砂岩为主,与砾岩、泥页岩互层夹亮煤层;中—下部则为砂砾岩、砂岩、泥岩及凝灰砾岩、凝灰砂岩互层夹薄层劣质煤,厚度大于 784m。产植物及叶肢介化石,为淡水湖相。

喜桂图旗(牙克石)东南扎兰炮台一带出露的大磨拐河组($K_1d$)呈北东向展布。地表出露差,据钻孔资料,主要由砾岩、粗砂岩、细砂岩、粉砂岩、泥岩夹煤层组成。厚 555m。产植物化石,为淡水湖相。

陈巴尔虎旗宝日希勒镇一带出露的大磨拐河组($K_1d$)据露头及钻孔控制面积约 200km²。岩性为砂砾岩、粗砂岩、细粉砂岩、泥岩夹煤层。钻孔控制最大厚度 784.7m。为淡水湖相。

陈巴尔虎旗特兰图一带出露的大磨拐河组($K_1d$)呈北东向展布,据露头及钻孔控制面积约 270km²。岩性为泥岩、粉砂岩、砂砾岩夹多层褐煤及菱铁砂层。钻孔控制最大厚度 513.53m。含植物、叶肢介化石,并见大量鱼化石碎片。为淡水湖相。

达金林场出露大磨拐河组($K_1d$),岩性为砾岩、砂岩、粉砂岩、泥岩夹中酸性火山岩、油页岩及煤层。产植物化石,厚 427m。为火山洼地河湖相。

(4)下白垩统伊敏组($K_1ym$):河湖相含煤碎屑岩组合,出露在伊敏河镇一带,主要为灰色、灰白色粉砂岩、细砂岩、泥岩及砾岩互层,含 17 个煤层,钻孔控制厚度为 418m。含植物、孢粉化石。不整合于大磨拐河组($K_1d$)之上。为湖泊淡水湖相。据钻孔资料,在伊敏组之下还有厚达 900m 以上含煤的大磨拐河组($K_1d$)。莫力达瓦旗(鄂伦春自治旗)红彦镇一带,出露伊敏组($K_1ym$)湖泊三角洲砂砾岩组合,呈北北东向狭长条带状断续展布,由 4 个小盆地组成。该盆地地表出露差,产状平缓,仅有灰白色泥质砂砾岩、泥质细粉砂岩及泥页岩,厚度不详,为湖泊三角洲相。

(5)上白垩统二连组($K_2e$):河流砂砾岩-粉砂岩-泥岩组合,发育在伊敏河镇西侧,上部为砖红色泥岩、泥质粉砂岩含粉砂质泥灰岩;下部为砾岩、砂岩、中粒岩屑砂岩。厚度大于 205m。含孢粉化石,平行不整合于伊敏组($K_1ym$)之上。为曲流河相。

(6)中新统呼查山组($N_1hc$):河流砂砾岩-粉砂岩-泥岩组合,出露在克尔伦苏木、新巴尔虎左旗和欧肯河镇附近。岩性为灰白色、浅黄色砾岩、砂岩、粉砂岩、泥岩,泥岩中含铁锰质结核,具水平、平行等层理,水平近于产状,成岩程度低,呈半(微)胶结的疏松状态。厚度大于 150m。含孢粉及植物碎片。属曲流河相。

### (二)克什克腾旗-乌兰浩特地层小区

(1)下侏罗统红旗组($J_1h$):河湖相含煤碎屑岩组合,出露在扎鲁特旗西沙拉村—联合村一带,呈北东向断续展布,面积约 80km²。下部为砂砾岩、砂岩、粉砂岩、泥岩夹多层煤,厚 540m;中部为粉砂岩、页岩互层,厚度大于 400m;上部为长石砂岩、粉砂岩、页岩、碳质页岩含多层煤,厚度大于 300m。含丰富的植物化石。属湖泊三角洲相。不整合于上二叠统林西组($P_3l$)之上。被万宝组($J_2wb$)不整合覆盖。另外在葛家屯、布敦花一带零星出露,分布面积约 16km²。上部为灰白色石英长石细砂岩夹砾岩;下部为灰绿色、灰褐色砾岩夹砂岩及煤线,厚 731m。产淡水双壳类及植物化石,属网状河相。

(2)中侏罗统万宝组($J_2wb$)、新民组($J_2x$):分布于天盛号乡—新民乡—蘑菇气镇一线。宏观上呈北东向展布,各地区岩石组合及岩性特征如下。

克什克腾旗同兴乡黄岗梁林场一带出露的新民组($J_2x$)为河流砂砾岩-粉砂岩-泥岩夹火山岩组合,呈北东向展布,面积约 500km²。上部为灰色、深灰色杂砂岩、砾岩、长石砂岩夹细砂岩及少量中酸性凝灰熔岩,厚达 800m;下部为灰色、杂色砂岩、长石砂岩,厚 586m,不整合于中二叠统哲斯组($P_2zs$)之上,产植物及淡水双壳类化石。下部为辫状河相,上部为淡水湖相。

林西县下场乡—巴林右旗雅哈日那都一带出露的新民组($J_2x$)为河湖相含煤碎屑岩组合,呈东西向断块分布，面积约 10km$^2$。为一套灰黄色、绿灰色砾岩、中细粒长石岩屑砂岩夹灰质板岩及煤线，含植物化石，厚度大于 900m，基本为向上变细变薄的旋回层序，具粒序，平行斜层理，为辫状河-网状河相。

巴林右旗白音查干下召一带出露的新民组($J_2x$)为河湖相含煤碎屑岩组合，面积约 110km$^2$。该盆地特征与半拉石槽盆地相似，由于覆盖广厚，尚没发现煤层。另外巴林左旗富山屯、三山屯，阿鲁科尔沁旗罕庙乡北等地亦有零星出露，为火山洼地河湖相。

巴林左旗白音乌拉苏木石棚沟一带出露的新民组($J_2x$)为河流砂砾岩-粉砂岩-泥岩夹火山岩组合，面积约 60km$^2$。为一套深灰色、灰白色、灰黄色砂砾岩、凝灰质砂砾岩、杂砂岩、粉砂岩、沉凝灰岩、流纹质含角砾凝灰岩夹泥质灰岩透镜体组成，厚度大于 1900m。火山碎屑岩与正常沉积岩频繁交替出现。细碎屑岩水平层理发育，在纵向上颜色由下深灰带紫色向上变为灰色、灰黄色。而碎屑粒度则有由粗—细—粗的变化。产植物化石，属火山洼地河湖相。

巴林左旗乌兰套海乡南半拉石槽一带出露的新民组($J_2x$)为河湖相含煤碎屑岩组合，呈北东向展布，面积约 330km$^2$。岩性主要为紫色凝灰砂砾岩、砂岩、浅色酸性熔岩、角砾熔岩、岩屑晶屑凝灰岩、凝灰角砾岩夹碳质页岩及煤层。产植物、双壳类、叶肢介化石，为火山洼地河湖相。

新民乡—白音花乡一带出露的新民组($J_2x$)为河湖相含煤碎屑岩组合，分布面积约 100km$^2$。下部为酸性凝灰熔岩、酸性凝灰岩、凝灰砂岩夹煤层，厚度大于 200m；中部为粉砂岩、页岩、泥灰岩、酸性玻屑凝灰岩夹煤层，厚度大于 70m；上部为含角砾酸性凝灰岩、玻屑凝灰岩夹凝灰砂岩及煤线，厚度大于 230m。含植物、双壳类、叶肢介等化石。为火山洼地河湖相。

扎赉特旗新林乡出露的中侏罗统万宝组($J_2wb$)为湖泊三角洲砂砾岩夹火山岩组合，呈北东向展布，面积约 200km$^2$。下部为灰黄色、黄褐色杂砂岩、粗砂岩、细砂岩，厚度大于 390m；上部为砾岩、砂砾岩、杂砂岩夹流纹质凝灰熔岩，厚度大于 1000m。为火山洼地河湖相。

扎赉特旗伊力特南西德发屯出露的万宝组($J_2wb$)为河流砂砾岩-粉砂岩-泥岩组合，呈北东向分布，面积约 140km$^2$。为一套砾岩、砂砾岩、杂砂岩、细粉砂岩，厚度大于 1100m。为网状河相。

长春岭一带出露的万宝组($J_2wb$)为河湖相含煤碎屑岩组合，呈北西-南东向展布，面积约 80km$^2$。上部为灰色酸性含角砾岩屑玻屑凝灰岩、酸性玻屑凝灰岩夹凝灰砂岩及煤线；中部为杂砂岩、砂砾岩；下部为细砂岩、粉砂岩、泥岩夹煤线。厚度大于 718m，产植物及淡水双壳类化石。为火山洼地河湖相。

天盛号一带出露的万宝组($J_2wb$)为河流砂砾岩-粉砂岩-泥岩组合。岩性为凝灰质砾岩、细砂岩、粉砂岩、细粒岩性砂岩、含砾沉凝灰岩，含大量植物根系、茎干化石。

(3)上侏罗统土城子组($J_3t$)：主要分布在天盛号乡—林西县一带，共划分 3 种岩石构造组合，分别为水下扇砾砂岩组合、湖泊砂岩-粉砂岩组合和河流砂砾岩-粉砂岩-泥岩组合。

林西县统部乡西南海拉勿苏一带出露的土城子组($J_3t$)为水下扇砾砂岩组合，呈北东向展布，面积约 120km$^2$，岩性为暗紫色、浅黄色复成分角砾岩、砂砾岩夹粉砂质泥岩，成层性差。厚度大于 500m，为曲流相沉积。

克什克腾旗黄岗梁林场东大麻沟一带出露的土城子组($J_3t$)为湖泊砂岩-粉砂岩组合，呈北东向狭长展布，面积约 80km$^2$。岩性为灰紫色铁质粉砂岩、凝灰质粉砂岩、细砂岩、角砾岩组成。可见厚度大于 390m，为辫状河相沉积。

克什克腾旗新庙乡司明义东出露的土城子组($J_3t$)为河流砂砾岩-粉砂岩-泥岩组合，呈北东向条带展布，面积约 30km$^2$。岩性为紫色、灰黄色砾岩、中细粒岩屑砂岩、粉砂岩及砂质泥(板)岩组成。控制厚度 327m，以平行层理为主，产植物化石，不整合于哲斯组之上。为辫状河相。

克什克腾旗天盛号乡出露的土城子组($J_3t$)为河流砂砾岩-粉砂岩-泥岩夹火山岩组合，呈东西向近方形展布，面积约 60km$^2$，岩性为灰紫色、砖红色凝灰砾岩、砂岩夹泥质粉砂岩、泥岩夹酸性凝灰岩组合，厚达千米，含植物化石碎片，为含火山碎屑岩的辫状河相。

(4)下白垩统大磨拐河组($K_1d$)：河湖相含煤碎屑岩组合，出露在白音昆地附近，地表出露不足

$0.1km^2$，其外围进行了煤田地质调查钻探施工，计8个钻孔，控制面积约$60km^2$。据钻孔资料，下部为灰色砂岩砾岩夹泥岩，上部为灰色砂岩、粉砂岩、泥岩，含20余层薄煤层，产丰富的植物化石。厚达千米。为淡水湖相（本组在西乌旗一带称巴彦花组）。

### （三）赤峰-敖汉地层小区

（1）下侏罗统北票组（$J_1b$）：砂页岩夹砾岩组合，呈断块状零星分布于敖汉旗林家地乡之大朝阳沟及石门沟一带，面积不足$1km^2$，属淡水湖相沉积。

（2）中侏罗统新民组（$J_2x$）：河湖相含煤碎屑岩组合，分布于喀喇沁旗龙山乡、小牛群乡及松山区碾房乡三地，呈北西-南东向展布。碾房乡盆地呈北东-南西向展布，面积约$30km^2$，为一套砾岩、砂岩、页岩夹酸性凝灰岩、无烟煤层，可见厚度360m。产丰富的植物化石和少量双壳类化石，为湖泊相；小牛群火山-沉积断陷盆地呈东西向展布，面积约$18km^2$，为灰黄色、紫灰色流纹质玻屑岩屑凝灰岩、流纹质角砾凝灰岩、沉火山角砾岩、长石砂岩、凝灰质细粉砂岩、砾岩夹碳质泥岩、灰岩及煤层，厚度大于1000m。含植物化石，为火山洼地河湖相。龙山乡火山-沉积断陷盆地面积约$40km^2$。下部为灰色、深灰色酸-中酸性熔结凝灰岩、晶屑凝灰岩夹安山岩、英安岩凝灰砂砾岩透镜体，厚度大于125m。上部则为灰色、黄褐色砂砾岩、砂岩、泥质粉砂岩夹酸性熔结凝灰岩、安山岩及可采煤层。厚度大于1100m，含植物化石。属火山洼地河湖相。

（3）上侏罗统土城子组（$J_3t$）：主要分布在喀喇沁旗—水泉镇一带。喀喇沁旗南台子乡南一带出露的土城子组（$J_3t$）为河流砂砾岩-粉砂岩-泥岩组合，呈北东向展布，面积约$30km^2$。岩性为紫灰色凝灰角砾岩、凝灰质钙质岩屑砂岩、细砂岩夹含砾粗砂岩、泥灰岩透镜体组合。厚度大于260m。为辫状河相。

喀喇沁旗楼子店乡北朝阳沟一带出露的土城子组（$J_3t$）为河流砂砾岩-粉砂岩-泥岩组合，呈北东向展布，面积约$110km^2$，岩性为灰紫色中厚层状复成分砂砾岩、岩屑长石杂砂岩、粉砂岩和泥质粉砂岩组合。为向上变细型的基本层序。厚达1400m。产植物化石。为辫状河相。

库伦旗水泉乡（镇）柳树底西一带出露的土城子组（$J_3t$）为河流砂砾岩-粉砂岩-泥岩组合，呈北东向狭长带状断续展布。面积约$2km^2$。下部为紫灰色流纹质晶屑凝灰岩夹凝灰砂砾岩、砂岩；上部为灰褐色、灰紫色凝灰质砾岩夹凝灰质粗砾岩、细砂岩。控制厚度463m。主要为辫状河相。

（4）下白垩统九佛堂组（$K_1jf$）、阜新组（$K_1f$）：出露在赤峰市—大黑山林场一带，大庙一带出露的九佛堂组（$K_1jf$）为湖泊砂岩-粉砂岩夹火山岩组合，呈近东西向展布出露，岩性为灰白色—灰绿色凝灰质砂岩、页岩夹凝灰砾岩含油页岩石膏及薄层凝灰岩，厚680m。含鱼、叶肢介、拟蜉蝣、介形虫、植物等化石。为咸-淡水湖相。

双河南山出露的九佛堂组（$K_1jf$）为湖泊砂岩-粉砂岩夹火山岩组合，岩性为灰绿色、灰黄色凝灰砂岩、粉砂岩、页岩为主夹粗砂岩、砾岩及酸性岩屑晶屑凝灰岩薄层，可见厚度258m。为淡水河相。

三座店东出露的九佛堂组（$K_1jf$）为河流砂砾岩-粉砂岩-泥岩组合，岩性为黄色、灰白色、灰紫色砂砾岩、岩屑长石砂岩、细砂岩、粉砂岩、泥岩等互层。发育平行、水平、交错层理。厚度大于367m。为淡水河湖相。

赤峰市红山区三眼井—元宝山区风水沟一线出露的九佛堂组（$K_1jf$）为湖泊砂岩-粉砂岩组合，下部为灰白色砾岩、砂砾岩、泥岩为主夹细砂岩、沉凝灰岩；上部为灰色、灰黄色页岩、灰白色岩屑长石杂砂岩、钙质粉砂质泥岩夹砂砾岩，厚216m，含丰富爬行类、龟类、鱼类、叶肢介、双壳类、腹足类、昆虫类及植物化石，为淡水湖相。阜新组（$K_1f$）为河湖相含煤碎屑岩组合，岩性为灰白色长石砂岩、石英砂岩、细粉砂岩、泥岩、碳质泥岩、页岩，含数层可采煤，厚487m，产介形虫、双壳类及植物化石，为淡水湖相。

松山区当铺地乡白脸子山出露的九佛堂组（$K_1jf$）为河湖砂岩-粉砂岩夹火山岩组合，地表掩盖严重，岩性为含沸石化的灰白色、灰黄色、黄绿色凝灰砂岩、砂砾岩、粉砂岩、沉凝灰岩、酸性凝灰岩，厚

900m,产叶肢介、植物化石,为淡水湖相。在本盆地边缘有少量阜新组($K_1f$)的含煤地层出露。

平庄镇—大黑山林场一带出露的阜新组($K_1f$)为河湖相含煤碎屑岩组合,岩性为灰色、黄褐色复成分砾岩、岩屑长石砂岩、粉砂质泥岩夹多层可采煤层,厚度大于346m,产植物化石,为河流相。

(5)上白垩统孙家湾组($K_2sj$):出露在八里罕镇—平庄镇—宝国吐乡一带,在宝国吐乡表现为河流砂砾岩-粉砂岩-泥岩组合,为紫红色砾岩、砂砾岩、局部夹泥岩,为冲积扇相的冲积扇砾岩组合;八里罕—平庄镇出露孙家湾组($K_2sj$)为河流砂砾岩-粉砂岩-泥岩组合,下部为紫红色厚层状复成分砾岩夹中厚层岩屑杂砂岩、泥质粉砂岩;中部为紫红色复成分砾岩夹中厚层泥质粉砂岩;上部为紫红色中厚层泥质粉砂岩、泥岩夹岩屑长石杂砂岩。厚度大于145m。为河流-湖泊相,角度不整合于阜新组($K_1f$)之上。

(6)中新统老梁底组($N_1l$):河流砂砾岩-粉砂岩-泥岩组合,岩性为灰黄色、暗灰色砂岩夹砾岩,泥砂质页岩,含碳质。岩石质地疏松,半胶结,层理发育,含植物化石,可见厚度不足百米。为曲流河相沉积。

#### (四)松辽地层分区

上新统泰康组($N_2tk$):河流砂砾岩-粉砂岩-泥岩组合,出露在扎赉特旗东南一带(松辽断陷盆地边部),岩性为胶结疏松、产状平缓的砂砾岩夹泥质粉砂岩、泥岩。厚约60m。为冲积扇相。

## 第三节　构造古地理单元划分及其特征

由于构造古地理单元的划分与大地构造环境有其一致的对应性。根据内蒙古地区地质历史和大地构造发展过程中不同演化阶段特定构造部位所形成的构造古地理环境,可分成稳定、离散、汇聚、碰撞、走滑5种类型,并据此将构造古地理单元分别划为一、二、三、四等不同的级别。根据上述原则内蒙古构造古地理单元一般划分到四级,个别划分到三级。由于内蒙古地区地处华北板块、西伯利亚板块和塔里木板块的交会部位,形成复杂而繁多地构造古地理单元,其中形成的沉积岩建造组合特点在第二节中描述比较详细,本节为避免描述上的重复,将用岩石地层单位的名称予以概括。为阅读方便和醒目,内蒙古自治区构造古地理单元划分及特征见表2-3~表2-20,中国东部晚三叠世以来构造古地理单元划分及其特征见表2-21~表2-24。

**表2-3　黑鹰山地层分区构造古地理单元划分**

| 构造古地理单元 | | | | 岩石地层单位 |
|---|---|---|---|---|
| 一级 | 二级 | 三级 | 四级 | |
| 陆块<br>C | 陆内<br>IC | 准扎海乌苏坳陷盆地<br>SB | 坳陷盆地缓坡带 sbsl | 苦泉组($N_2k$) |
| | | | 坳陷盆地中央带 sbc<br>坳陷盆地缓坡带 sbsl | 乌兰苏海组($K_2w$)<br>巴音戈壁组($K_1by$) |
| | | | 坳陷盆地中央带 sbc | 赤金堡组(($K_1c$)<br>龙凤山组($J_2l$) |
| | 裂谷<br>RF | 陆缘裂谷<br>Mr | 陆缘裂谷边缘 mrm | 哈尔苏海组($P_3h$)<br>方山口组($P_3f$) |
| | | | 陆缘裂谷中央 mrc | 金塔组($P_2j$) |
| | | | 陆缘裂谷边缘 mrm | 双堡塘组($P_2sb$) |

**续表2-3**

<table>
<tr><th colspan="6">构造古地理单元</th><th colspan="2" rowspan="2">岩石地层单位</th></tr>
<tr><th>一级</th><th>二级</th><th colspan="2">三级</th><th colspan="2">四级</th></tr>
<tr><td rowspan="3">多岛洋<br>A</td><td rowspan="3">活动<br>陆缘<br>AM</td><td colspan="2">跃进山弧前盆地<br>Fab</td><td>弧前盆地<br>近弧带 mfa</td><td>弧前盆地<br>远弧带 ffa</td><td>白山组<br>$(C_1b)$</td><td>绿条山组<br>$(C_1l)$</td></tr>
<tr><td>芦草井弧背<br>盆地 Rab</td><td>黄石场弧后<br>盆地 Bb</td><td>弧背盆地<br>边缘 rabm</td><td>弧后盆地<br>远弧带 fa</td><td>雀儿山组<br>$(D_{1-2}q)$</td><td>伊克乌苏组<br>$(D_{1-2}y)$</td></tr>
<tr><td>清河沟弧前<br>盆地 Fab</td><td>英安山火山<br>岛弧 Va</td><td colspan="2"></td><td>碎石山组<br>$(S_{2-3}ss)$</td><td>公婆泉组<br>$(S_{2-3}g)$</td></tr>
<tr><td>陆块<br>C</td><td>被动<br>陆缘<br>PM</td><td colspan="2">圆包山陆棚碎屑岩盆地 SD</td><td colspan="2">陆棚碎屑浅海 sdn</td><td colspan="2">圆包山组$(S_1y)$</td></tr>
<tr><td rowspan="2">多岛洋<br>A</td><td rowspan="2">活动<br>陆缘<br>AM</td><td colspan="2">黑石山弧后盆地 Bb</td><td colspan="2">弧后盆地远弧带 fa</td><td colspan="2">白云山组$(O_3by)$</td></tr>
<tr><td colspan="2">乌兰布拉格弧间盆地 Ib</td><td colspan="2">弧间盆地边缘带 ibm</td><td colspan="2">咸水湖组$(O_{2-3}x)$</td></tr>
<tr><td rowspan="2">陆块<br>C</td><td>被动<br>陆缘<br>PM</td><td colspan="2">小土包陆棚碎屑岩盆地 SD</td><td colspan="2">陆棚碎屑浅海 sdm</td><td colspan="2">罗雅楚山组$(O_{1-2}l)$</td></tr>
<tr><td>陆内<br>IC</td><td colspan="2">木好日吉格特陆表海 ES</td><td colspan="2">碳酸盐岩陆表海 ce</td><td colspan="2">圆藻山群$(Pt_2y)$</td></tr>
</table>

**表 2-4　马鬃山地层分区构造古地理单元划分**

<table>
<tr><th colspan="5">构造古地理单元</th><th colspan="2" rowspan="2">岩石地层单位</th></tr>
<tr><th>一级</th><th>二级</th><th>三级</th><th colspan="2">四级</th></tr>
<tr><td rowspan="6">陆块<br>C</td><td rowspan="6">陆内<br>IC</td><td rowspan="4">珠斯楞坳陷盆地<br>SB</td><td colspan="2">坳陷盆地缓坡带 sbsl</td><td colspan="2">苦泉组$(N_2k)$</td></tr>
<tr><td colspan="2">坳陷盆地中央带 sbc</td><td colspan="2" rowspan="2">乌兰苏海组$(K_2w)$</td></tr>
<tr><td colspan="2" rowspan="2">坳陷盆地缓坡带 sbsl</td></tr>
<tr><td colspan="2">巴音戈壁组$(K_1by)$<br>赤金堡组($(K_1c)$</td></tr>
<tr><td rowspan="2">古尔班呼都格无火山岩<br>断陷盆地 NVB</td><td colspan="2">无火山岩断陷盆地中央带<br>nvbc</td><td colspan="2">龙凤山组$(J_2l)$<br>芨芨沟组$(J_1j)$</td></tr>
<tr><td colspan="2">无火山岩断陷盆地缓坡带<br>nvbsl</td><td colspan="2">珊瑚井组$(T_3sh)$<br>二断井组$(T_{1-2}ed)$</td></tr>
<tr><td rowspan="2"></td><td rowspan="2">裂谷<br>RF</td><td rowspan="2">陆缘裂谷<br>Mr</td><td colspan="2">陆缘裂谷边缘 mrm</td><td colspan="2">哈尔苏海组$(P_3h)$<br>方山口组$(P_3f)$</td></tr>
<tr><td colspan="2">陆缘裂谷中央 mrc</td><td colspan="2">金塔组$(P_2j)$<br>双堡塘组$(P_2sb)$</td></tr>
<tr><td>多岛洋<br>A</td><td>活动<br>陆缘<br>AM</td><td>金巴山-浅水井<br>弧前盆地<br>Fab</td><td>弧前盆地<br>近弧带<br>nfa</td><td>弧前盆地<br>远弧带<br>ffa</td><td>白山组<br>$(C_1b)$</td><td>绿条山组<br>$(C_1l)$</td></tr>
<tr><td rowspan="2">陆块<br>C</td><td rowspan="2">被动<br>陆缘<br>PM</td><td rowspan="2">呼伦西白-西屏山陆棚碎<br>屑岩盆地<br>SD</td><td colspan="2">陆棚碎屑滨海<br>sdl</td><td colspan="2">西屏山组$(D_3x)$<br>卧驼山组$(D_2w)$</td></tr>
<tr><td colspan="2">陆棚碎屑浅海 sdn</td><td colspan="2">伊克乌苏组$(D_{1-2}y)$</td></tr>
</table>

**续表 2-4**

<table>
<tr><th colspan="5">构造古地理单元</th><th colspan="2" rowspan="2">岩石地层单位</th></tr>
<tr><th>一级</th><th>二级</th><th colspan="2">三级</th><th>四级</th></tr>
<tr><td rowspan="4">多岛洋<br>A</td><td rowspan="4">活动<br>陆缘<br>AM</td><td>清河沟弧前<br>盆地 Fab</td><td>英安山火山<br>岛弧 Va</td><td></td><td>碎石山组($S_{2-3}ss$)</td><td>公婆泉组<br>($S_{2-3}g$)</td></tr>
<tr><td colspan="2">斜山弧前盆地 Fab</td><td>弧前陆坡 sfa</td><td colspan="2">圆包山组($S_{1-2}y$)</td></tr>
<tr><td colspan="2">小黄山弧后盆地 Bb</td><td></td><td colspan="2">白云山组($O_{2-3}by$)</td></tr>
<tr><td colspan="2">横峦山弧间盆地 Ib</td><td>弧间盆地边 ibm</td><td colspan="2">咸水湖组($O_{2-3}x$)</td></tr>
<tr><td rowspan="5">陆块<br>C</td><td rowspan="2">被动<br>陆缘<br>PM</td><td colspan="2">洗肠井陆棚碎屑岩盆地 SD</td><td>陆棚碎屑浅海 sdn</td><td colspan="2">罗雅楚山组($O_{1-2}l$)</td></tr>
<tr><td colspan="2">麻黄沟陆棚碳酸盐岩台地 SP</td><td>碳酸盐岩台地 cp</td><td colspan="2">西双鹰山组($\in_{2-3}x$)</td></tr>
<tr><td rowspan="3">陆内<br>IC</td><td colspan="2">黑大山坳陷盆地 SB</td><td></td><td colspan="2">洗肠井组($Zx$)</td></tr>
<tr><td colspan="2" rowspan="2">陆表海 ES</td><td>碳酸盐岩陆表海 ce</td><td colspan="2">圆藻山群($Pt_2y$)</td></tr>
<tr><td>陆源碎屑无障壁<br>陆表海 oe</td><td colspan="2">古硐井群($Pt_2g$)</td></tr>
</table>

**表 2-5　柳园地层分区构造古地理单元划分**

<table>
<tr><th colspan="4">构造古地理单元</th><th rowspan="2">岩石地层单位</th></tr>
<tr><th>一级</th><th>二级</th><th>三级</th><th>四级</th></tr>
<tr><td rowspan="9">陆块<br>C</td><td rowspan="4">陆内<br>IC</td><td rowspan="3">阿木乌苏坳陷盆地<br>SB</td><td>坳陷盆地缓坡带 sbsl</td><td>苦泉组($N_2k$)</td></tr>
<tr><td>坳陷盆地中央带 sbc</td><td>赤金堡组(($K_1c$)</td></tr>
<tr><td>无火山岩断陷<br>盆地中央带 nvbc</td><td>龙凤山组($J_2l$)<br>芨芨沟组($J_1j$)</td></tr>
<tr><td>沙婆泉无火山岩<br>断陷盆地 NVB</td><td>无火山岩断陷<br>盆地缓坡带 nvbsl</td><td>二断井组($T_{1-2}ed$)</td></tr>
<tr><td rowspan="3">裂谷<br>RF</td><td rowspan="3">陆缘裂谷<br>Mr</td><td>陆缘裂谷边缘 mrm</td><td>方山口组($P_3f$)</td></tr>
<tr><td>陆缘裂谷中央 mrc</td><td>金塔组($P_2j$)</td></tr>
<tr><td>陆缘裂谷边缘 mrm</td><td>双堡塘组($P_2sb$)</td></tr>
<tr><td rowspan="2">被动<br>陆缘<br>PM</td><td>老君庙陆棚碳酸盐岩台地 SP</td><td>碳酸盐岩台地 cp</td><td>芨芨台子组($C_2j$)</td></tr>
<tr><td>野马井<br>陆棚碎屑岩盆地 SD</td><td>陆棚碎屑岩滨海 sdl</td><td>红柳园组($C_1hl$)</td></tr>
<tr><td rowspan="2">多岛洋<br>A</td><td rowspan="2">活动<br>陆缘<br>AM</td><td>月牙山弧后盆地 Bb</td><td>弧后盆地远弧带 fa</td><td>白云山组($O_{2-3}by$)</td></tr>
<tr><td>希热哈达弧间盆地 Ib</td><td>弧间盆地边缘带 ibm</td><td>咸水湖组($O_{2-3}x$)</td></tr>
<tr><td rowspan="3">陆块<br>C</td><td>被动<br>陆缘<br>PM</td><td>杭乌拉陆棚<br>碎屑岩盆地 SD</td><td>陆棚碎屑浅海<br>sdn</td><td>罗雅楚山组($O_{1-2}l$)<br>西双鹰山组($\in_{2-3}x$)</td></tr>
<tr><td rowspan="2">陆内<br>IC</td><td rowspan="2">古硐井陆表海<br>ES</td><td>碳酸盐岩陆表海 ce</td><td>圆藻山群($Pt_2y$)</td></tr>
<tr><td>陆源碎屑无障壁<br>陆表海 oe</td><td>古硐井群($Pt_2g$)</td></tr>
</table>

表 2-6 额尔古纳地层分区构造古地理单元划分

| 构造古地理单元 | | | | 岩石地层单位 |
|---|---|---|---|---|
| 一级 | 二级 | 三级 | 四级 | |
| 陆块 C | 裂谷 RF | 陆内裂谷 Ir | 陆内裂谷中央 irc | 红水泉组($C_1h$) |
| | | | | 卧都河组($S_3w$) |
| | 陆内 IC | 陆表海 ES | 陆源碎屑障壁陆表海 be | 乌宾敖包组($O_{1-2}w$) |
| 多岛洋 A | 活动陆缘 AM | 弧背盆地 Rab | 弧背盆地中央带 rabc | 额尔古纳河组($Ze$) |
| | | | | 佳疙瘩组($Nhj$) |

表 2-7 达来-兴隆地层分区构造古地理单元划分

| 构造古地理单元 | | | | 岩石地层单位 |
|---|---|---|---|---|
| 一级 | 二级 | 三级 | 四级 | |
| 多岛洋 A | 活动陆缘 AM | 弧背盆地 Rab | 弧背盆地边缘带 rabm | 哲斯组($P_2zs$) |
| 陆块 C | 陆内 IC | 陆表海 ES | 海陆交互障壁陆表海 tbe | 新依根河组($C_2x$) |
| | 裂谷 RF | 陆内裂谷 Ir | 陆内裂谷中央 irc | 红水泉组($C_1h$) |
| 多岛洋 A | 活动陆缘 AM | 弧后盆地 Bb | 弧后盆地远弧带 fa | 大民山组($D_{2-3}d$) |
| 陆块 C | 裂谷 RF | 陆内裂谷 Ir | 陆内裂谷中央 irc | 泥鳅河组($D_{1-2}n$) |
| | | | | 卧都河组($S_3w$) |
| | | | | 八十里小河组($S_2w$) |
| | | | | 黄花沟组($S_1h$) |
| 多岛洋 A | 活动陆缘 AM | 弧后盆地 Bb | 弧后盆地近弧带 na | 裸河组($O_{2-3}lh$) |
| | | | | 多宝山组($O_{1-2}d$) |
| | | | 弧后盆地远弧带 fa | 大伊希康河组($O_{1-2}dy$) |
| | | | | 黄斑脊山组($O_1h$) |
| | | 弧背盆地 Rab | 弧背盆地中央带 rabc | 额尔古纳河组($Ze$) |
| | | | 弧背盆地边缘带 rabm | 大网子组($Zd$) |
| | | | 弧背盆地中央带 rabc | 吉祥沟组($Zj$) |
| | | | | 佳疙瘩组($Nhj$) |

表 2-8　东乌珠穆沁旗地层分区构造古地理单元划分

| 构造古地理单元 | | | | 岩石地层单位 |
|---|---|---|---|---|
| 一级 | 二级 | 三级 | 四级 | |
| 陆块 C | 陆内 IC | 呼格吉勒图嘎查坳陷盆地 SB | 坳陷盆地中央带 sbc | 宝格乌拉组（$N_2b$）<br>通古尔组（$N_1t$） |
| | | | 坳陷盆地缓坡带 sbsl | |
| | | | 坳陷盆地中央带 sbc | 伊尔丁曼哈组（$E_2y$） |
| | | 宝拉根敖包嘎查无火山岩断陷盆地 NVB | 无火山岩断陷盆地中央带 nvbc | 二连组（$K_2e$） |
| | | | 无火山岩断陷盆地缓坡带 nvbsl | 巴彦花组（$K_1b$） |
| | | 贺斯乌拉牧场火山-沉积断陷盆地 VB | | 白音高老组（$J_3b$） |
| | | | | 玛尼吐组（$J_3mn$） |
| | | | | 满克头鄂博组（$J_3mk$） |
| | | 无火山岩断陷盆地 NVB | 无火山岩断陷盆地中央带 nvbc | 万宝组（$J_2wb$） |
| | | | 无火山岩断陷盆地缓坡带 nvbsl | 红旗组（$J_1h$） |
| | | 火山-沉积断陷盆地 VB | 火山-沉积断陷盆地中央带 vbc | 哈达陶勒盖组（$T_1hd$） |
| | | 坳陷盆地 SB | 坳陷盆地中央带 sbc | 林西组（$P_3l$） |
| 多岛洋 A | 活动陆缘 AM | 弧背盆地 Rab | 弧背盆地中央带 rabc | 哲斯组（$P_2zs$） |
| 陆块 C | 陆内 IC | 巴彦图呼木嘎查火山-沉积断陷盆地 VB | 火山-沉积断陷盆地中央带 vbc | 宝力高庙组（$C_2P_1bl$） |
| | 前陆盆地 FB | 周缘前陆盆地 Pfb | 周缘前陆盆地楔顶 pwt | 格根敖包组（$C_2g$） |
| | 被动陆缘 PM | 呼布钦高毕苏木陆棚碎屑岩盆地 SD | 陆棚碎屑滨海 sdl | 哈拉图庙组（$C_2h$） |
| | | | | 安格音乌拉组（$D_3a$） |
| | | | 陆棚碎屑浅海 sdn | 塔尔巴格特组（$D_{2-3}t$） |
| 多岛洋 A | 活动陆缘 AM | 弧背盆地 Rab | 弧背盆地边缘带 rabm | 大民山组（$D_{2-3}d$） |
| 陆块 C | 裂谷 RF | 陆内裂谷 Ir | 陆内裂谷中央 irc | 乌奴耳礁灰岩（$wrl$） |
| | 被动陆缘 PM | 陆棚碎屑岩盆地 SD | 陆棚碎屑滨海 sdl | 泥鳅河组（$D_{1-2}n$） |
| | | | | 哈诺敖包组（$D_{1-2}h$） |
| | | | | 卧都河组（$S_3w$） |
| 多岛洋 A | 活动陆缘 AM | 准木日格其格弧后盆地 Bb | 弧后盆地远弧带 fa | 裸河组（$O_{2-3}lh$） |
| | | | | 巴彦呼舒组（$O_2b$） |
| | | | | 乌宾敖包组（$O_{1-2}w$） |
| | | 滚呼都格火山岛弧 VB | | 多宝山组（$O_{1-2}d$） |
| | | 弧背盆地 Rab | 弧背盆地中央带 rabc | 哈拉哈河组（$O_1hl$） |
| 陆块 C | 被动陆缘 PM | 瓦窑陆棚碎屑岩盆地 SD | 陆棚碎屑滨海 sdl | 铜山组（$O_1t$） |
| | | 苏呼河陆棚碳酸盐岩台地 SP | 碳酸盐岩台地 cp | 苏中组（$\in_1sz$） |
| 多岛洋 A | 活动陆缘 AM | 弧背盆地 Rab | 弧背盆地中央带 rabc | 额尔古纳河组（$Ze$） |
| | | | 弧背盆地边缘带 rabm | 倭勒根群（$ZWr$） |
| | | | 弧背盆地中央带 rabc | 佳疙瘩组（$Nhj$） |

表 2-9 锡林浩特-乌兰浩特地层分区构造古地理单元划分

| 构造古地理单元 | | | | 岩石地层单位 |
|---|---|---|---|---|
| 一级 | 二级 | 三级 | 四级 | |
| 陆块 C | 陆内 IC | 巴彦敖包嘎查坳陷盆地 SB | 坳陷盆地中央带 sbc | 宝格达乌拉组($N_2b$) |
| | | | 坳陷盆地缓坡带 sbsl | |
| | | | | 通古尔组($N_1t$) |
| | | | | 呼尔井组($E_3h$) |
| | | | | 乌兰戈楚组($E_3wl$) |
| | | | 坳陷盆地中央带 sbc | 沙拉木伦组($E_2sl$) |
| | | | | 伊尔丁曼哈组($E_2y$) |
| | | | | 阿山头组($E_2a$) |
| | | | | 脑木根组($E_1n$) |
| | | 桑根达来苏木无火山岩断陷盆地 NVB | 无火山岩断陷盆地中央带 nvbc | 二连组($K_2e$) |
| | | | 无火山岩断陷盆地缓坡带 nvbsl | |
| | | | 无火山岩断陷盆地中央带 nvbc | 巴彦花组($K_1b$) |
| | | | 无火山岩断陷盆地缓坡带 nvbsl | |
| | | 生格林阿钦火山-沉积断陷盆地 VB | | 白音高老组($J_3b$) |
| | | | | 玛尼吐组($J_3mn$) |
| | | | | 满克头鄂博组($J_3mk$) |
| | | | | 塔木兰沟组($J_2tm$) |
| 陆块 C | 陆内 IC | 温都来嘎查无火山岩断陷盆地 NVB | 无火山岩断陷盆地中央带 nvbc | 万宝组($J_3wb$) |
| | | | 无火山岩断陷盆地缓坡带 nvbsl | |
| | | | | 红旗组($J_{1-2}h$) |
| | | 坳陷盆地 SB | 坳陷盆地中央带 sbc | 老龙头组($T_1ll$) |
| | | | | 林西组($P_3l$) |
| | 被动陆缘 PM | 哲斯敖包陆棚碎屑岩盆地 SD | 陆棚碎屑滨海 sdl | 哲斯组($P_2zs$) |
| | | 哲斯敖包陆棚碳酸盐岩台地 SP | 碳酸盐岩台地 cp | |
| | | 新高勒嘎查陆棚碎屑岩盆地 SD | 陆棚碎屑滨海 sdl | 包特格组($P_2b$) |
| | | | | 寿山沟组($P_1ss$) |
| 多岛洋 A | 活动陆缘 AM | 大石寨火山岛弧 Va | | 大石寨组($P_{1-2}ds$) |
| | 洋盆 OB | 阿拉坦敖包深海平原 DP | 深海平原硅泥质区 dps | 硅质岩残块($P_1sy$) |
| | | | | 硅泥质岩残块($P_1sm$) |
| | | 胡吉尔特海山 sm | 海山玄武岩 smb | 基性熔岩残块($P_1\beta$) |
| | 活动陆缘 AM | 额日和图敖包嘎查弧背盆地 Rab | 边缘带 rabm | 格根敖包组($C_2P_1g$) |

续表 2-9

| 构造古地理单元 | | | | 岩石地层单位 |
|---|---|---|---|---|
| 一级 | 二级 | 三级 | 四级 | |
| 陆块<br>C | 前陆盆地<br>FB | 周缘前陆盆地 Pfb | 周缘前陆盆地前渊 pfd | 新依根河组($C_2x$) |
| | 被动陆缘<br>PM | 扎嘎日格陆棚碳酸盐岩台地 SP | 碳酸盐岩台地 cp | 阿木山组($C_2P_1a$) |
| | | 敦图陆棚碎屑岩盆地 SD | 陆棚碎屑滨海 sdl | 本巴图组($C_2bb$) |
| | | | 陆棚碎屑浅海 sdn | 塔尔巴格特组($D_{2-3}t$) |
| | | 巴特尔敖包陆棚碳酸盐岩台地 SP | 碳酸盐岩台地 cp | 西别河组($S_3D_1x$) |
| 多岛洋<br>A | 活动陆缘<br>AM | 查干哈达弧后盆地 Bb | 远弧带 fa | 乌宾敖包组($O_{1-2}w$) |
| | | | | 艾勒格庙组($Pt_3a$) |
| | | 陶高图俯冲增生杂岩楔 Sa | 含蛇绿岩浊积扇 of | 哈尔哈达组($Pt_2h$) |
| | | | 洋岛海山 im | 桑达来呼都格组($Pt_2s$) |

**表 2-10　巴音毛道地层分区构造古地理单元划分**

| 构造古地理单元 | | | | 岩石地层单位 |
|---|---|---|---|---|
| 一级 | 二级 | 三级 | 四级 | |
| 陆块<br>C | 陆内<br>IC | 阿得哈拉<br>坳陷盆地<br>SB | 坳陷盆地缓坡带 sbsl | 苦婆泉组($N_2k$) |
| | | | 坳陷盆地中央带<br>sbc | 清水营组($E_3q$)<br>寺口子组($E_2s$) |
| | | | 坳陷盆地缓坡带<br>sbsl | 乌兰苏海组($K_2w$) |
| | | 哈布乌吉尔火山-沉积<br>断陷盆地 VB | 火山-沉积断陷盆地中央带 vbc | 苏红图组($K_1s$) |
| | | 浩勒呼都格<br>无火山岩断陷盆地 NVB | 无火山岩断陷<br>盆地陡坡带 nvbs | 巴音戈壁组($K_1by$) |
| | | | 无火山岩断陷<br>盆地缓坡带 nvbsl | 沙枣河组($J_3s$)<br>龙凤山组($J_2l$) |
| | 裂谷<br>RF | 陆缘裂谷<br>Mr | 陆缘裂谷边缘 mrm | 于家北沟组($P_{2-3}y$) |
| | | | 陆缘裂谷中央 mrc | 阿其德组($P_1a$)<br>阿木山组($C_2a$) |
| | | | 陆缘裂谷边缘 mrm | 本巴图组($C_2bb$) |

表 2-11 镶黄旗-赤峰地层分区构造古地理单元划分

<table>
<tr><th colspan="4">构造古地理单元</th><th rowspan="2">岩石地层单位</th></tr>
<tr><th>一级</th><th>二级</th><th>三级</th><th>四级</th></tr>
<tr><td rowspan="17">陆块<br>C</td><td rowspan="17">陆内 IC</td><td rowspan="9">乌兰呼都格坳陷盆地 SB</td><td>坳陷盆地中央带 sbc</td><td rowspan="2">宝格乌拉组($N_2b$)</td></tr>
<tr><td rowspan="4">坳陷盆地缓坡带 sbsl</td></tr>
<tr><td>通古尔组($N_1t$)</td></tr>
<tr><td>呼尔井组($E_3h$)</td></tr>
<tr><td>乌兰戈楚组($E_3wl$)</td></tr>
<tr><td rowspan="4">坳陷盆地中央带 sbc</td><td>沙拉木伦组($E_2sl$)</td></tr>
<tr><td>伊尔丁曼哈组($E_2y$)</td></tr>
<tr><td>阿山头组($E_2a$)</td></tr>
<tr><td>脑木根组($E_1n$)</td></tr>
<tr><td rowspan="4">图格木无火山岩断陷盆地 NVB</td><td>无火山岩断陷盆地中央带 nvbc</td><td rowspan="2">二连组($K_2e$)</td></tr>
<tr><td>无火山岩断陷盆地缓坡带 nvbsl</td></tr>
<tr><td>无火山岩断陷盆地中央带 nvbc</td><td rowspan="2">巴彦花组($K_1b$)</td></tr>
<tr><td>无火山岩断陷盆地缓坡带 nvbsl</td></tr>
<tr><td rowspan="4">牧图村火山-沉积断陷盆地 VB</td><td rowspan="2"></td><td>白音高老组($J_3b$)</td></tr>
<tr><td>满克头鄂博组($J_3mk$)</td></tr>
<tr><td>火山-沉积断陷盆地陡坡带 vbs</td><td>铁营子组($P_3t$)</td></tr>
<tr><td>火山-沉积断陷盆地中央带 vbc</td><td>额里图组($P_2e$)</td></tr>
<tr><td>多岛洋<br>A</td><td>活动<br>陆缘<br>AM</td><td>弧背盆地 Rab</td><td>弧背盆地边缘带 rabm</td><td>于家北沟组($P_2y$)</td></tr>
<tr><td rowspan="13">陆块 C</td><td rowspan="4">被动<br>陆缘<br>PM</td><td rowspan="4">小河村陆棚碎屑岩盆地 SD</td><td>陆棚碎屑滨海 sdl</td><td>三面井组($P_1sm$)</td></tr>
<tr><td>碳酸盐岩台地 cp</td><td>阿木山组($C_2P_1a$)</td></tr>
<tr><td rowspan="2">陆棚碎屑滨海 sdl</td><td>本巴图组($C_2bb$)</td></tr>
<tr><td>酒局子组($C_2j$)</td></tr>
<tr><td rowspan="2">前陆<br>盆地<br>FB</td><td rowspan="2">周缘前陆盆地 Pfb</td><td rowspan="2">周缘前陆盆地隆后 pbb</td><td>石咀子组($C_2s$)</td></tr>
<tr><td>白家店组($C_2bj$)</td></tr>
<tr><td>裂谷 RF</td><td>陆缘裂谷 Mr</td><td>陆缘裂谷中央 mrc</td><td>朝吐沟组($C_1c$)</td></tr>
<tr><td>被动<br>陆缘<br>PM</td><td>陆棚碎屑岩盆地 SD</td><td>陆棚碎屑滨海 sdl</td><td>色日巴彦敖包组($D_3C_1s$)</td></tr>
<tr><td>裂谷 RF</td><td>陆内裂谷 Ir</td><td>陆内裂谷中央 irc</td><td>前坤头沟组($D_1q$)</td></tr>
<tr><td rowspan="3">被动<br>陆缘<br>PM</td><td>西别河陆棚碳酸盐岩台地 SP</td><td>碳酸盐岩台地 cp</td><td rowspan="2">西别河组($S_3D_1x$)</td></tr>
<tr><td>毛盖图陆棚碎屑岩盆地 SD</td><td>陆棚碎屑滨海 sdl</td></tr>
<tr><td>古尔班巴彦陆棚-陆隆 Cl-Cr</td><td>斜坡扇 sf</td><td>徐尼乌苏组($S_2xn$)</td></tr>
<tr><td>裂谷 RF</td><td>陆内裂谷 Ir</td><td>陆内裂谷中央 irc</td><td>晒勿苏组($S_2s$)</td></tr>
</table>

续表 2-11

<table>
<tr><th colspan="5">构造古地理单元</th><th colspan="3" rowspan="2">岩石地层单位</th></tr>
<tr><th>一级</th><th>二级</th><th colspan="2">三级</th><th>四级</th></tr>
<tr><td>多岛洋<br>A</td><td>活动陆<br>缘 AM</td><td colspan="2">弧背盆地 Rab</td><td>弧背盆地中央带 rabc</td><td colspan="3">O—$S_1$</td></tr>
<tr><td rowspan="2">多岛洋<br>A</td><td rowspan="2">活动<br>陆缘<br>AM</td><td rowspan="2">布龙山俯冲增<br>生杂岩楔 Sa</td><td rowspan="2">白音朝克图苏木<br>火山岛弧 Va</td><td>含蛇绿岩浊积扇 of</td><td rowspan="2">包<br>尔<br>汉<br>图<br>群</td><td>哈拉组<br>($O_{1-2}h$)</td><td rowspan="2">白乃庙组<br>($O_{1-2}b$)</td></tr>
<tr><td>无蛇绿岩浊积扇 nof</td><td>布龙山组<br>($O_{1-2}bl$)</td></tr>
<tr><td>陆块 C</td><td>陆内 IC</td><td colspan="2">陆表海 ES</td><td>陆源碎屑-碳酸盐岩陆表海 fce</td><td colspan="3">锦山组($∈_3j$)</td></tr>
<tr><td rowspan="3">多岛洋<br>A</td><td rowspan="3">活动<br>陆缘<br>AM</td><td colspan="2" rowspan="3">巴彦布拉格嘎查俯冲<br>增生杂岩楔 Sa</td><td></td><td colspan="3">构造混杂岩($Pz_1$)</td></tr>
<tr><td>含蛇绿岩浊积扇 of</td><td rowspan="2">温都尔<br>庙群</td><td colspan="2">哈尔哈达组($Pt_2h$)</td></tr>
<tr><td>洋岛海山 im</td><td colspan="2">桑达来呼都格组($Pt_2s$)</td></tr>
</table>

表 2-12 狼山-白云鄂博地层小区构造古地理单元划分

<table>
<tr><th colspan="4">构造古地理单元</th><th colspan="4" rowspan="2">岩石地层单位</th></tr>
<tr><th>一级</th><th>二级</th><th>三级</th><th>四级</th></tr>
<tr><td rowspan="11">陆块<br>C</td><td rowspan="11">陆内<br>IC</td><td rowspan="2">红泥井乡<br>坳陷盆地 SB</td><td>坳陷盆地中央带 sbc</td><td colspan="4" rowspan="2">宝格达乌拉组($N_2b$)</td></tr>
<tr><td>坳陷盆地缓坡带 sbsl</td></tr>
<tr><td>汉诺坝火山-沉积断陷盆地 VB</td><td>火山-沉积断陷盆地中央带 vbc</td><td colspan="4">汉诺坝组($N_1h$)</td></tr>
<tr><td>乌兰苏木坳陷盆地 SB</td><td>坳陷盆地中央带 sbc</td><td colspan="4">呼尔井组($E_3h$)</td></tr>
<tr><td rowspan="3">哈乐乡<br>无火山岩断陷盆地<br>NVB</td><td>无火山岩断陷<br>盆地中央带 nvbc</td><td colspan="4">固阳组($K_1g$)</td></tr>
<tr><td>无火山岩断陷<br>盆地陡坡带 nvbs</td><td colspan="4">李三沟组($K_1ls$)<br>长汉沟组($J_2c$)</td></tr>
<tr><td>无火山岩断陷<br>盆地中央带 nvbc</td><td colspan="4">五当沟组($J_{1-2}w$)</td></tr>
<tr><td rowspan="3">大红山火山-沉积断陷盆地 VB</td><td>火山-沉积断陷盆地陡坡带 vbs</td><td colspan="4" rowspan="3">大红山组($P_1d$)</td></tr>
<tr><td>火山-沉积<br>断陷盆地中央带 vbc</td></tr>
<tr><td>火山-沉积<br>断陷盆地缓坡带 vbsl</td></tr>
<tr><td>呼和艾力更陆表海 ES</td><td>碳酸盐岩陆表海 cp</td><td colspan="4">腮林忽洞组(Zs)</td></tr>
<tr><td rowspan="4">陆块 C</td><td rowspan="4">裂谷<br>RF</td><td rowspan="4">狼山-白云鄂博<br>陆缘裂谷 Mr</td><td rowspan="2">陆缘裂谷边缘<br>mrm</td><td rowspan="4">白<br>云<br>鄂<br>博<br>群</td><td colspan="3">呼吉尔图组(Qbh)</td></tr>
<tr><td rowspan="3">渣<br>尔<br>泰<br>山<br>群</td><td>白音宝<br>拉格组<br>(Qbh)</td><td>刘鸿湾组<br>($Pt_2l$)</td></tr>
<tr><td>陆缘裂谷中央<br>mrc</td><td>比鲁特组<br>(Jxb)<br>哈拉霍<br>圪特组<br>(Jxh)<br>尖山组<br>(Chj)</td><td>阿古鲁沟组<br>($Pt_2a$)<br>增隆昌组<br>($Pt_2z$)</td></tr>
<tr><td>陆缘裂谷边缘<br>mrm</td><td>都拉哈拉组<br>(Chd)</td><td>书记沟组<br>($Pt_2s$)</td></tr>
</table>

**表 2-13　大青山地层小区构造古地理单元划分**

| 构造古地理单元 | | | | 岩石地层单位 |
|---|---|---|---|---|
| 一级 | 二级 | 三级 | 四级 | |
| 陆块 C | 陆内 IC | 东湖村坳陷盆地 SB | 坳陷盆地中央带 sbc | 宝格达乌拉组($N_2b$) |
| | | | 坳陷盆地缓坡带 sbsl | |
| | | 西水泉火山-沉积断陷盆地 VB | 火山-沉积断陷盆地中央带 vbc | 汉诺坝组($N_1h$) |
| | | 新菜子坳陷盆地 SB | 坳陷盆地中央带 sbc | 呼尔井组($E_3h$)<br>左云组($K_1z$) |
| | | 福生庄火山-沉积断陷盆地 VB | 火山-沉积断陷盆地中央带 vbc | 固阳组($K_1g$) |
| | | | 火山-沉积断陷盆地陡坡带 vbs | 李三沟组($K_1ls$) |
| | | 前五当沟无火山岩断陷盆地 NVB | 无火山岩断陷盆地陡坡带 nvbs | 大青山组($J_3d$) |
| | | | 无火山岩断陷盆地缓坡带 nvbsl | 长汉沟组($J_2c$) |
| | | | 无火山岩断陷盆地中央带 nvbc | 五当沟组($J_{1-2}w$) |
| | | | 无火山岩断陷盆地陡坡带 nvbs | 老窝铺组($P_3T_1lw$) |
| | | | 无火山岩断陷盆地中央带 nvbc | 脑包沟组($P_3n$)<br>石叶湾组($P_2sy$)<br>杂怀沟组($P_2z$) |
| | | | 无火山岩断陷盆地陡坡带 nvbs | 拴马桩组($C_2sm$) |
| | | 黑牛沟陆表海 E | 碳酸盐岩陆表海 ce | 白彦花组($O_3b$)<br>乌兰忽洞组($O_{2-3}wh$)<br>二哈公组($O_2e$)<br>五道湾组($O_{1-2}w$)<br>山黑拉组($O_1s$)<br>老弧山组($\in_{2-3}l$) |
| | | | | 色麻沟组($\in_{2-3}sm$) |
| | | | 陆源碎屑障壁陆表海 be | |
| | | | 碳酸盐岩陆表海 ce | 什那干组($Zs$) |

表 2-14　雅布赖山地层小区构造古地理单元划分

| 构造古地理单元 | | | | 岩石地层单位 |
|---|---|---|---|---|
| 一级 | 二级 | 三级 | 四级 | |
| 陆块<br>C | 陆内 IC | 清水营坳陷盆地 SB | 坳陷盆地缓坡带 sbsl | 苦泉组($N_2k$)<br>清水营组($E_3g$) |
| | | 大狭河无火山岩<br>断陷盆地 NVB | 无火山岩断陷盆地缓坡带<br>nvbsl | 乌兰苏海组($K_2w$)<br>金刚泉组($K_2j$) |
| | | | | 庙沟组($K_1mg$) |
| | | | 无火山岩断陷盆地中央带<br>nvbc | 沙枣河组($J_3s$)<br>龙凤山组($J_2l$) |
| | | 巴音呼都格火山-<br>沉积断陷盆地 VB | | 大红山组($P_1d$) |
| | | 巴勒子格拉陆缘裂谷 Mr | 陆缘裂谷中央 mrc | 阿古鲁沟组($Pt_2a$)<br>增隆昌组($Ptz$) |
| | | | 陆缘裂谷边缘 mrm | 书记沟组($Pt_2s$) |

表 2-15　龙首山地层小区构造古地理单元划分

| 构造古地理单元 | | | | 岩石地层单位 |
|---|---|---|---|---|
| 一级 | 二级 | 三级 | 四级 | |
| 陆块<br>C | 陆内<br>IC | 查干德日斯嘎查<br>坳陷盆地 SB | 坳陷盆地中央带 sbc | 苦泉组($N_2k$)<br>红柳沟组($N_1hl$) |
| | | 额日布盖苏木<br>无火山岩<br>断陷盆地<br>NVB | 无火山岩断陷盆地缓坡带<br>nvbsl | 金刚泉组($K_2j$)<br>庙沟组($K_1mg$)<br>沙枣河组($J_3s$) |
| | | | 无火山岩断陷盆地中央带 nvbc | 龙凤山组($J_2l$) |
| | 被动陆<br>缘 PM | 宽湾井陆棚碎屑岩盆地<br>SD | 陆棚碎屑滨海 sdl | 臭牛沟组($C_1c$) |
| | 陆内<br>IC | 大沟井陆表海<br>ES | 陆源碎屑无障壁陆表海 oe | 草大坂组($\in_1c$)<br>烧火筒沟组($Zs$) |
| | | | 碳酸盐岩陆表海 ce | 墩子沟组($Pt_2d$) |
| | | | 陆源碎屑无障壁陆表海 oe | |

表 2-16　清水河地层小区构造古地理单元划分

| 构造古地理单元 | | | | 岩石地层单位 |
|---|---|---|---|---|
| 一级 | 二级 | 三级 | 四级 | |
| 陆块<br>C | 陆内<br>IC | 窑沟-魏家峁<br>坳陷盆地 SB | 坳陷盆地中央带 sbc | 乌兰图克组($N_2wl$) |
| | | 清水河<br>陆表海<br>ES | 陆源碎屑-碳酸盐岩陆表海 fce | 山西组($P_1s$)<br>太原组($C_2t$)<br>本溪组($C_2b$) |
| | | | 碳酸盐岩陆表海 ce | 马家沟组($O_2m$)<br>三山子组($\in_3O_1s$)<br>张夏组($\in_2z$) |
| | | | 陆源碎屑无障壁陆表海 oe | 馒头组($\in_{1-2}m$) |

**表 2-17　东胜地层小区构造古地理单元划分**

| 构造古地理单元 | | | | 岩石地层单位 |
|---|---|---|---|---|
| 一级 | 二级 | 三级 | 四级 | |
| 陆块 C | 陆内 IC | 东胜坳陷盆地 SB | 坳陷盆地中央带 sbc | 乌兰图克组($N_2wl$)<br>五原组($N_1w$)<br>临河组(($E_3l$) |
| | | | 坳陷盆地缓坡带 sbsl | 东胜组($K_1ds$) |
| | | | 坳陷盆地中央带 sbc | 泾川组($K_1jc$) |
| | | | 坳陷盆地缓坡带 sbsl | 罗汉洞组($K_1lh$)<br>环河组($K_1h$)<br>洛河组($K_1l$) |
| | | | 坳陷盆地中央带 sbc | 安定组($J_2a$) |
| | | | 坳陷盆地缓坡带 sbsl | 直罗组($J_2z$)<br>延安组($J_1ya$)<br>富县组($J_1f$)<br>延长组($T_3yc$)<br>二马营组($T_2e$) |
| | | | 坳陷盆地中央带 sbc | 和尚沟组($T_1h$) |
| | | | 坳陷盆地缓坡带 sbsl | 刘家沟组($T_1l$)<br>孙家沟组($P_3sj$)<br>石盒子组($P_{1-2}sh$) |

**表 2-18　桌子山地层小区构造古地理单元划分**

| 构造古地理单元 | | | | 岩石地层单位 |
|---|---|---|---|---|
| 一级 | 二级 | 三级 | 四级 | |
| 陆块 C | 陆内 IC | 乌丘都喜坳陷盆地 SB | 坳陷盆地缓坡带 sbsl | 乌兰图克组($N_2wl$) |
| | | | 坳陷盆地中央带 sbc | 五原组($N_1w$)<br>临河组(($E_3l$) |
| | | | 坳陷盆地缓坡带 sbsl | 孙家沟组($P_3sj$)<br>石盒子组($P_{1-2}sh$) |
| | 被动陆缘 PM | 巴彦敖包嘎查陆棚碎屑岩盆地 SD | 陆棚碎屑滨海 sdl | 山西组($P_1s$)<br>太原组($C_2t$) |
| | 陆内 IC | 棋盘井陆表海 ES | 陆源碎屑-碳酸盐岩陆表海 fce | 拉什仲组($O_2l$)<br>乌拉力克组($O_2w$)<br>克里摩里组($O_2k$) |
| | | | 碳酸盐岩陆表海 ce | 马家沟组($O_{1-2}m$)<br>三山子组($\in_3O_1s$)<br>炒米店组($\in_3c$)<br>崮山组($\in_3g$)<br>张夏组($\in_2z$) |
| | | | 陆源碎屑-碳酸盐岩陆表海 fce | 馒头组($\in_{1-2}m$)<br>王全口组($Pt_{2-3}w$)<br>西勒图组($Pt_{2-3}x$) |

**表 2-19　吉兰泰-临河地层小区构造古地理单元划分**

| 构造古地理单元 | | | | 岩石地层单位 |
|---|---|---|---|---|
| 一级 | 二级 | 三级 | 四级 | |
| 陆块<br>C | 陆内<br>IC | 临河无火山岩断陷盆地<br>NVB | 无火山岩断陷盆地缓坡带<br>nvbsl | 苦泉组($N_2k$)<br>乌兰图克组($N_2wl$)<br>五原组($N_1w$) |
| | | | 无火山岩断陷盆地中央带<br>nvbc | 临河组(($E_3l$)<br>清水营组($E_3q$) |
| | | | 无火山岩断陷盆地缓坡带<br>nvbsl | 寺口子组($E_2s$)<br>庙沟组($K_1mg$) |

**表 2-20　贺兰山地层小区构造古地理单元划分**

| 构造古地理单元 | | | | 岩石地层单位 |
|---|---|---|---|---|
| 一级 | 二级 | 三级 | 四级 | |
| 陆块<br>C | 陆内<br>IC | 杜特花坳陷盆地<br>SB | 坳陷盆地缓坡带 sbsl | 苦泉组($N_2k$)<br>红柳沟组($N_1hl$) |
| | | | 坳陷盆地中央带 sbc | 清水营组(($E_3q$) |
| | | | 坳陷盆地缓坡带 sbsl | 寺口子组($E_2s$) |
| | | 香池子沟无火山岩断陷盆地<br>NVB | 无火山岩断陷盆地中央带<br>nvbc | 庙沟组($K_1mg$) |
| | | | 无火山岩断陷盆地缓坡带<br>nvbsl | 沙枣河组($J_3s$) |
| | | | 无火山岩断陷盆地中央带<br>nvbc | 龙凤山组($J_2l$)<br>芨芨沟组($J_1j$) |
| | | | 无火山岩断陷盆地陡坡带<br>nvbs | 珊瑚井组($T_3sh$)<br>二断井组($T_{1-2}ed$) |
| | | 呼鲁斯太坳陷盆地<br>SB | 坳陷盆地陡坡带<br>sbs | 窑沟组($P_3yg$) |
| | | | 坳陷盆地缓坡带<br>sbsl | 大黄沟组($P_2dh$) |
| | | 石人圈陆表海<br>ES | 海陆交互无障壁陆表海<br>toe | 太原组($C_2p_1t$)<br>臭牛沟组($C_1c$)<br>前黑山组($C_1q$) |
| | | 红砭圈坳陷盆地<br>SB | 坳陷盆地陡坡带 sbs | 老君山组($D_3l$) |
| | | | 坳陷盆地缓坡带 sbsl | 石峡沟组($D_2s$) |
| | 裂谷<br>RF | 新井村夭折裂谷<br>Fr | 夭折裂谷边缘 frm | 米钵山组($O_{1-2}mb$)<br>天景山组($O_{1-2}tj$) |
| | | | 夭折裂谷中央<br>frc | 香山群：磨盘井组($\in_3O_1m$)<br>徐家圈组($\in_{2-3}x$) |
| | 陆内<br>IC | 贺兰山坳陷盆地 SB | | 正目观组(Zz) |
| | | 柳门子沟陆表海<br>ES | 碳酸盐岩陆表海 ce | 王全口组($Pt_{2-3}w$) |
| | | | 陆源碎屑无障壁陆表海 oe | 西勒图组($Pt_{2-3}x$) |

表 2-21　二连浩特-博克图地层小区构造古地理单元划分

| 构造古地理单元 | | | | 岩石地层单位 |
|---|---|---|---|---|
| 一级 | 二级 | 三级 | 四级 | |
| 陆块 C | 陆内 IC | 坳陷盆地 SB | 坳陷盆地缓坡带 sbsl | 呼查山组($N_1hc$) |
| | | 压陷盆地 DB | 压陷盆地缓坡带 dbsl | 二连组($K_2e$) |
| | | 坳陷盆地 SB | 坳陷盆地缓坡带 sbsl | 伊敏组($K_1y$) |
| | | 压陷盆地 DB | 压陷盆地陡坡带 dbs | 大磨拐河组($K_1d$) |
| | | 无火山岩断陷盆地 NVB | 无火山岩断陷盆地中央带 nvbc | |
| | | | 无火山岩断陷盆地缓坡带 nvbsl | 万宝组($J_2wb$) |
| | | 压陷盆地 DB | 压陷盆地陡坡带 dbs | |
| | | 无火山岩断陷盆地 NVB | 无火山岩断陷盆地中央带 nvbc | 红旗组($J_1h$) |

表 2-22　克什克腾旗-乌兰浩特地层小区构造古地理单元划分

| 构造古地理单元 | | | | 岩石地层单位 |
|---|---|---|---|---|
| 一级 | 二级 | 三级 | 四级 | |
| 陆块 C | 陆内 IC | 无火山岩断陷盆地 NVB | 无火山岩断陷盆地中央带 nvbc | 大磨拐河组($K_1d$) |
| | | | 无火山岩断陷盆地陡坡带 nvbs | 土城子组($J_3t$) |
| | | | 无火山岩断陷盆地中央带 nvbc | |
| | | 火山-沉积断陷盆地 VB | 火山-沉积断陷盆地缓坡带 vbsl | 新民组($J_2x$) |
| | | 无火山岩断陷盆地 NVB | 无火山岩断陷盆地缓坡带 nvbsl | |
| | | | | 万宝组($J_2wb$) |
| | | | | 红旗组($J_1h$) |

表 2-23　赤峰-敖汉地层小区构造古地理单元划分

| 构造古地理单元 | | | | 岩石地层单位 |
|---|---|---|---|---|
| 一级 | 二级 | 三级 | 四级 | |
| 陆块 C | 陆内 IC | 压陷盆地 DB | 压陷盆地缓坡带 dbsl | 老梁底组($N_1l$) |
| | | 无火山岩断陷盆地 NVB | 无火山岩断陷盆地陡坡带 nvbs | 孙家湾组($K_2sj$) |
| | | | 无火山岩断陷盆地缓坡带 nvbsl | 阜新组($K_1f$) |
| | | | 无火山岩断陷盆地中央带 nvbc | |
| | | | | 九佛堂组($K_1jf$) |
| | | | 无火山岩断陷盆地陡坡带 nvbs | 土城子组($J_3t$) |
| | | 火山-沉积断陷盆地 VB | 火山-沉积断陷盆地缓坡带 vbsl | 新民组($J_2x$) |

表 2-24　松辽地层分区构造古地理单元划分

| 构造古地理单元 | | | | 岩石地层单位 |
|---|---|---|---|---|
| 一级 | 二级 | 三级 | 四级 | |
| 陆块 C | 陆内 IC | 无火山岩断陷盆地 NVB | 无火山岩断陷盆地缓坡带 nvbsl | 泰康组($N_2tk$) |

## 第四节　构造古地理演化

内蒙古地域辽阔，不同性质和不同特征的构造古地理单元相当复杂。以索伦山-西拉木伦河结合带为界，南部是华北板块的陆块和被动陆缘，北部则是西伯利亚板块东南活动陆缘；西部则以阿尔金断裂带（恩格尔乌苏断裂带）为界，西侧是塔里木板块的东北部活动陆缘。两条界线大致相交于中蒙国境线附近的巴音查干地区，这里便是西伯利亚板块、华北板块和塔里木板块交会的"三联点"。上述三大板块，经历了长期的时空演化，在不同的地质历史时期和特定的构造古地理环境中，形成各具特色的沉积岩建造组合以及赋存这些岩石地层体的沉积盆地，它们不同时期的空间变化是相当复杂的，本书只对构造古地理单元的时空演化作概略的介绍。

### 一、华北板块之鄂尔多斯陆块及其边缘

鄂尔多斯陆块总体上是处于陆表海和坳陷盆地的稳定环境，它的北部、西部边缘为被动陆缘、陆内裂谷的离散环境。

中新元古代陆块本部未见地层出露，推测为剥蚀阶段。北部阴山地区则是狼山-白云鄂博裂谷发育时期陆块北缘裂解的产物，裂谷内发育了两套地层系统，即西南部的渣尔泰山群和东北部的白云鄂博群，就沉积岩组合特征而言，两者有很多相似之处，均以陆源碎屑岩、泥页岩和碳酸盐岩为主，并存在少量火山岩的夹层，其沉积时限，据大量同位素年龄样品测定，得出的结论为1950～1600Ma，可与蓟县地区的长城系相对比。由于渣尔泰山群处于裂谷边缘的构造古地理环境，构造活动频繁而又强烈，与特殊的沉积环境结合，形成内蒙古狼山多金属成矿带，以层控多金属、硫化物矿床为主要特征，并集中产于阿古鲁沟组的中段层位之中，它与白云鄂博群尖山组中的铁矿、稀土矿等构成了内蒙古矿产资源的重要基地。

鄂尔多斯陆块西部边缘的桌子山、贺兰山地区新元古代时期为稳定环境的陆表海沉积，由成分成熟度较高的海滩石英砂岩及台地碳酸盐岩组成，分别由以陆源碎屑岩为主的西勒图组和以碳酸盐岩为主的王全口组构成。

特别应当指出的是，本区震旦纪的正目观组是一套冰川砾岩和冰湖沉积粉砂岩、泥岩组合，而在阴山北部狼山至白云鄂博一带则是由稳定型什那干组、腮林忽洞组构成的结晶灰岩、白云质灰岩、白云岩组成的碳酸盐岩台地。

寒武纪至奥陶纪主要为两种构造古地理环境，鄂尔多斯陆块东部处于稳定的陆表海演化阶段，形成陆源碎屑砂岩、粉砂岩、泥页岩及碳酸盐岩建造，其岩层的结构构造和组合特征表现为典型的稳定盖层特征，它所包含的岩石地层单位及岩石地层单位之间的界线仍然可以反映出它们的不等时特点。许多门类的古生物化石组合特点，同一个岩石地层单位在不同地点所反映出的时代差异就能很有力地说明。西部边缘的贺兰山区情况则截然不同，作为早古生代秦祁贺三叉裂谷系（赵重远，1990），伸入陆块的贺兰山坳拉谷（Aulacogen）有它独特的时空演化历史。首先它的发育历史相当短促，它与祁连裂谷和秦岭裂谷都从寒武纪开始发育，均沉积了一套活动型的较深水的复理石砂岩、板岩、千枚岩以及灰岩等深水浊积岩，同时在贺兰山地区元山子钻孔中于徐家圈组见有玄武岩，据此可见，它们均已发展成为大洋盆地，这也是贺兰山坳拉谷发育的顶峰时期，之后贺兰山坳拉谷则迅速萎缩，至中奥陶世末而被祁连裂谷和秦岭裂谷遗弃，裂谷生命结束，形成坳拉谷（图2-2）。

中奥陶世末，华北克拉通受到南部秦岭海槽（洋壳）向北俯冲和中亚-蒙古海槽（洋壳）向南俯冲的影

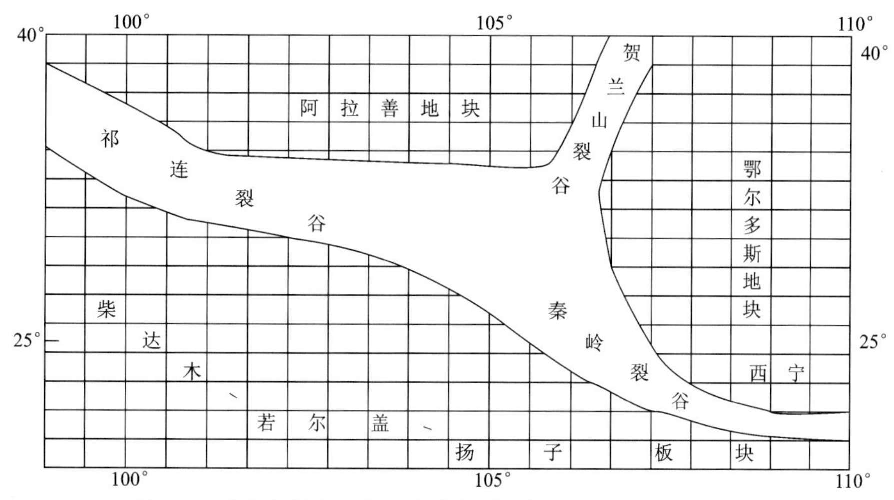

图 2-2 早古生代秦祁贺三叉裂谷系示意图(据赵重远,1990 简化)

响,在南北相对挤压应力的作用下,鄂尔多斯陆块随华北克拉通一起拱曲抬升,海水退出,遭受从晚奥陶世至早石炭世长达 120Ma 的剥蚀而无沉积。但西部边缘是个例外,早古生代裂谷被遗弃后,从晚奥陶世至早泥盆世抬升而遭剥蚀,而中晚泥盆世时在相对稳定的环境中发生了局部的坳陷,形成石峡沟组和老君山组的砂砾岩和湖相的砂岩与泥岩沉积,随后在早石炭世时,海水经过南方进入本区形成陆表海,但环境并不十分稳定,遂形成前黑山组、臭牛沟组和太原组等海陆交互相的砂、页岩、砂砾岩和碳酸盐岩等海陆交互相的沉积。

从晚石炭世开始,秦岭海槽和中亚-蒙古海槽又开始向相反的方向拉开,位于它们之间的华北克拉通发生沉降,遂形成晚石炭世至早三叠世的海陆交互相沉积。早期,晚石炭世的本溪组、太原组及早二叠世的山西组为海陆交互相的含煤碎屑岩建造,而后则是河湖相的沉积。

二叠纪末,由于华北板块与西伯利亚板块相向运动陆陆碰撞对接,蒙古古大洋消失,结束了洋陆转换演化阶段,形成统一的大陆体制,整体进入陆内盆山演化阶段。但鄂尔多斯陆块始终处于相对稳定环境。然而,由于其周边造山带的构造运动强烈而频繁,在内蒙古陆(阴山分区)以南的鄂尔多斯陆块的沉积盆地演化历史,与早古生代的陆表海稳定环境相比已截然不同。从晚石炭世至三叠纪虽然是一个稳定的连续沉积时期,但已从海陆交互相转换为陆相沉积,三叠纪末侏罗纪初普遍抬升,尤其是东部的清水河准格尔一带一直到白垩纪都未接受沉积,呈现出东部抬升、西部坳陷的格局。目前所称的鄂尔多斯盆地的内蒙古部分是指桌子山以东的东胜,鄂托克前旗一带的侏罗纪、白垩纪坳陷盆地,其中可能还发育一些次一级的小型坳陷。

新生代时期,由于内蒙古陆不断上升,两侧的正断层呈阶梯状沉降,在鄂尔多斯陆块的北部发育了巨厚沉积的土默特川断陷盆地、临河断陷盆地以及吉兰泰断陷盆地等,它们均是寻找油气的有利地区。

## 二、塔里木板块和东北部陆缘区

内蒙古西部与甘肃接壤的额济纳旗,构造上属于塔里木板块东北缘的造山带。

中新元古代时期,本区为稳定的陆表海阶段,早期为海滩砂,多为成分成熟度比较高的石英砂岩、长石石英砂岩等陆源碎屑岩,为古硐井群的岩石内容。另外发育以碳酸盐岩为主的圆藻山群。震旦纪晚期气候转为寒冷,本区形成了广阔的大陆冰川,分布于北山地区的冰碛砾岩和冰水沉积的砂泥岩,称为洗肠井组。至此以后,从寒武纪—奥陶纪开始,本区转入古生代频繁的洋陆转换阶段。寒武纪中期开始,为离散环境的被动陆缘,分别形成陆棚碎屑岩盆地相和陆棚碳酸盐岩台地相的罗雅楚山组与西双鹰山组。从中奥陶世开始至晚石炭世，本区开始进入强烈的活动阶段。由于大陆裂解、洋壳俯冲、火山岛弧发育、陆壳增生等的构造活动，从相对稳定地陆棚碎屑岩盆地到弧前、弧后等火山岩发育的各种构造古地理环境，这是本区洋陆转换的主要阶段，随着洋壳不断地拼贴，大陆逐渐增生扩大，本区于石炭纪—二叠纪则从汇聚的环境转入离散的裂谷环境。二叠纪末，海水退出，本区进入陆内盆山转换阶段。从中生代至新生代区内发育了许多大小不等的坳陷盆地和断陷盆地，在沉积了河湖相碎屑岩的同时还发育了大量的中基性火山岩。

### 三、华北板块北部陆缘区和西伯利亚板块南部陆缘区

古元古代超大陆裂解后，古亚洲洋(古蒙古洋)形成，并进入扩张时期。古生代时期南、北两个陆缘区都是受控于古亚洲洋、华北板块和西伯利亚板块三者的变迁和它们之间相互消长影响的结果，此间，由于古蒙古洋多次的扩张、俯冲，两陆缘区不断地增生扩展，形成许多规模不等、样式不同、构造古地理环境差异很大的沉积盆地，它们的时空演化相当复杂，即使如此，南、北两大陆缘虽然各自独立发展，它们之间仍然有关联性，所以，本节同时叙述它们的时空演化特征也就顺理成章了。

古蒙古洋形成后，于中新元古代发生扩张，南、北两侧分别向华北板块和西伯利亚板块俯冲产生中元古代温都尔庙群的蛇绿混杂岩和构造混杂岩带，由许多深海沉积硅质岩组成的洋壳残片，赋存一定工业价值的磁铁矿，温都尔庙铁矿、洪格尔庙铁矿都是这个时期形成的矿床。

由于洋壳的俯冲在华北板块的北缘和西伯利亚板块的南缘分别形成同时代的火山岛弧、弧前盆地、弧后盆地等，如白乃庙岛弧、包尔汉图岛弧都是造成奥陶纪时期华北板块北缘增生的原因。同样，在西伯利亚板块东南缘多宝山岛弧亦是如此。

志留纪—泥盆纪时期，华北板块北缘进入被动陆缘阶段，著名的 *Tuvaella*(图瓦贝)动物群的大量发育是它的特征之一。而泥盆纪时期在贺根山一带则发生局部的洋壳俯冲，造成的汇聚环境亦有限。

石炭纪—二叠纪是南、北两侧陆缘增生，古蒙古洋消减的演化时期。初期为洋壳向南、北两侧俯冲，陆缘增生，继之，早、中二叠世南北陆缘逐渐相向增生，陆块汇聚扩大，西伯利亚板块南缘大石寨、宝力格庙等地产生陆缘或者陆内裂谷，形成具有一定规模的近似于“双峰式”的火山岩构造带，加速了两个大陆块陆陆碰撞的进程，从晚二叠世开始进入陆内演化阶段。中生代以后，由于受到太平洋板块向西俯冲的影响，在东部大兴安岭地区形成北东-南西向的侏罗纪—白垩纪火山岩构造带，呈典型的陆内盆山演化发展阶段，发育一些火山-沉积断陷盆地，部分盆地有煤层或煤线的沉积，许多金属矿产与此期的火山活动有成因上的联系。

## 第五节　沉积建造组合与成矿的关系

沉积建造是一定大地构造环境和古气候背景下特定时段内形成的岩石自然共生组合。沉积建造分析是研究沉积相和构造古地理环境的基本方法，它对沉积矿床和层控矿床的寻找和预测具有重要的指导作用。

成矿地质背景研究，就沉积岩研究来说，必须明确地认识到沉积矿床和层控矿床本身就是构成沉积建造的重要组成部分。它们在沉积建造中所处的层位以及与岩石共生组合比例关系对于寻找和预测沉积矿床和层控矿床具有指示意义。同时根据沉积建造体的时空发育特征可以推断隐伏的沉积矿床和层控矿床存在的可能性以及它们延展的趋向。如此，才能真正体现沉积建造研究工作的实际意义所在。

通过全区 1∶25 万建造构造图的编制和全面的综合研究，对内蒙古自治区已知的沉积矿床和层控

矿床均编制了相应的预测工作区含矿的建造构造图，并分别编制说明书。本节仅对区内重要的沉积矿床作简要的总结，指出沉积建造或沉积建造组合与沉积矿床的成矿关系。

## 一、中—新元古代沉积岩建造组合与成矿关系

沉积矿床的形成过程与沉积作用、构造古地理环境和沉积相的关系极为密切。本区构造古地理环境比较复杂，根据现有资料，能够识别出的有稳定型的陆表海环境、相对稳定的陆缘裂谷环境，亦有洋、陆转换的过渡环境。复杂的构造古地理环境，形成了多种多样的沉积岩建造组合以及与它们关系密切的沉积型矿床和层控矿床。由此我们认识到研究沉积矿床和层控矿床在沉积岩建造组合中的形成机制，控制层控矿床的层位因素以及它们的后生变化对于寻找和发现沉积矿床和层控矿床是十分必要的。根据矿床与沉积岩建造组合类型的成生关系，分别叙述如下。

### 1. 层控型多金属矿床

层控型多金属矿床是渣尔泰山群的主要矿床类型，它们集中赋存于阿古鲁沟组（$Pt_2a$）的滨浅海砂岩、粉砂岩、泥岩建造组合中，一般位于阿古鲁沟组中—上部层段，主要是由黑色、深灰色、灰黑色碳质板岩、碳质粉砂岩、粉砂质板岩组成的“黑色岩系”。它是层控型铜、铅、锌、金等有色多金属矿床的重要含矿建造之一，同时伴生有铁、锰、硫等矿床。

阿古鲁沟组含矿的沉积岩建造组合，处于陆缘裂谷中央带的沉积环境中，黑色、深灰色、灰黑色碳质板岩的大量发育，清晰地反映强还原环境的沉积岩建造组合的特点，由于“炭”的吸附能力很强，因此，铜、铅、锌、金等矿床多发育于深色碳质板岩极为发育的建造组合中，明显受岩性和层位的控制。在建造中一些含矿层位受到海底火山喷流作用的影响，使得一些有用组分的混成和岩浆一致形成渣尔泰山地区多个有色金属矿床的层控型复合矿床，其中已经查明的有乌拉特后旗霍各乞铜铁多金属矿床，共生有铅、锌等；乌拉特后旗炭窑口多金属矿床主要为锌矿，伴生有铅、锌等；乌拉特后旗东升庙多金属矿床，主要为锌矿，共生的有铅、铜等；乌拉特中旗甲生盘铅、锌、硫矿床，乌拉特中旗对门山硫、锌矿床以及阿拉善左旗的朱拉扎嘎金矿和乌拉特中旗的浩尧尔忽洞金矿等均可归入裂谷环境中的层控矿床。

### 2. 沉积型矿床

沉积型矿床主要有磷、铁等，它们多与白云鄂博群和渣尔泰山群的沉积岩建造组合关系密切。典型的沉积型磷矿床，赋存于白云鄂博群尖山组的滨浅海砂岩，粉砂岩，碳质、泥质板岩建造组合的上部层位中，岩石的组成主要有灰黑色、深灰色碳质泥板岩、变质中粒石英砂岩，长石石英砂岩等，布龙图磷矿床赋存于本建造组合的上部层位。矿石类型主要是榴石铁闪磷灰岩、砂质磷灰岩和含磷砂质板岩等，含磷层总厚约250m。虽然矿石品位较低，但其规模可观，是区内唯一的大型磷矿床，储量为$1.87\times10^8$t。前人的资料已经证实，形成磷矿的物质是多源的，除此之外，还要受到构造古地理环境和古气候条件的影响，特别是与沉积岩建造组合的形成与发育过程紧密相关。陆缘裂谷中央带发育后期浅水环境形成的碎屑岩建造非常适于磷质聚集与赋存。

特别值得关注的是白云鄂博特大型铁、稀土等矿的母岩——“菠萝图白云岩”的成因问题。虽然目前没有取得统一的认识，但本书认为白云鄂博群哈拉霍圪特组上部属于裂谷中央带的浅海相礁碳酸盐岩、泥晶灰岩建造组合是沉积形成的实际资料较充分。含铁矿、稀土矿的“菠萝图白云岩”是构成这个建造的主要岩石内容，它的沉积成因依据如下。

（1）白云岩中夹正常沉积的薄层状、透镜状石英岩，白云岩中发育有递变层理和平行层理，并含有石英碎屑。

（2）白云岩中夹有薄层碎屑灰岩。

(3)在含矿的白云岩中发现泥晶、孢子藻灰结核(核形石)藻鲕、拟串珠环状体、复鲕及内碎屑等。

(4)经测试白云石的平衡温度 13～18℃,平衡压力由常压至 1.5kPa,稳定同位素 $\delta^{18}O$ 为 6.5‰～16.4‰,$\delta^{18}$ 为 0～4.7‰。

以上特点及数据均表示白云鄂博含矿的白云岩为沉积成因,自然白云鄂博铁矿、稀土矿及其伴生的其他矿产亦为沉积型矿产当是可信的。

另一个单一沉积型铁矿是五原县北部的西德岭山铁矿,它赋存于书记沟组的含铁石英岩、长石石英砂岩建造组合中,除含铁石英岩外,在长石石英砂岩层位夹有紫红色鲕状肾状赤铁矿或磁铁矿的层状或透镜状矿体,矿石品位一般较高,但规模不大,作为一种成矿类型和找矿标志是很有意义的。关于含矿建造所处的构造古地理环境和层位,目前存在一些不同的认识。《内蒙古矿产志》(1999)认为西德岭山铁矿是地台型浅海相沉积铁矿,即宣龙式铁矿。而"成矿地质背景研究项目"则将这个含矿建造归入裂谷环境的渣尔泰山群阿古鲁沟组,并且将矿区的阿古鲁沟组划分了 2 个沉积岩建造组合,其中下部的含铁石英岩、长石石英砂岩建造是主要的含矿建造。但这个沉积岩建造中,除铁矿层外,其石英岩、长石石英岩的自然组合内容则应当是书记沟组沉积建造的组成特点,因此,本书将其归属为书记沟组,属裂谷边缘环境滨浅海石英岩、长石石英砂岩建造组合。

### 3. 与火山作用有关的沉积型矿床

中新元古代火山沉积铁矿床,在内蒙古自治区亦称为"温都尔庙式铁矿",赋存于温都尔庙群中级变质岩石组合中。该岩石组合由绢云石英片岩、绿泥石英片岩,含铁石英岩,硅质岩,拉斑玄武岩、辉绿岩等组成。基本上具备了洋壳蛇绿岩的岩石组合特征,只是缺少底部层位的超镁铁质层。依据温都尔庙群的层序组成和岩石组合特征,划分为两个组,即下部的桑达来呼都格组和上部的哈尔哈达组,两个组都含有规模不等的铁矿床。沉积岩建造组合与成矿的关系,两者差异非常明显,其建造组合划分如下。

哈尔哈达组为深海平原硅泥质岩建造组合,主要由硅质岩、石英片岩、绿泥片岩,含铁石英岩及磁铁矿透镜体组成,著名的温都尔庙铁矿床即赋存于本建造中,应当说明的是在洋壳俯冲消减的过程中,本建造被强烈地剪切破碎,成为蛇绿混杂岩带的重要组成部分。据此属于哈尔哈达组的硅泥质岩建造组合的分布区,常可见到细碧岩化的拉斑玄武岩岩块,而构成蛇绿混杂岩带,因此,亦可称为含蛇绿岩浊积岩建造组合。

桑达来呼都格组则是洋岛拉斑玄武岩组合。温都尔庙式铁矿在本建造组合中均呈透镜体出现,它很可能是由于构造剪切所造成的零星分布状态。

温都尔庙式铁矿床赋存于与蛇绿岩套有关的建造组合中,分布于集二铁路线附近及其以东地区,主要矿床有白云敖包(大脑包)铁矿、哈尔哈达铁矿、包尔汉喇嘛庙铁矿以及红格庙铁矿等 10 多处,温都尔庙式铁矿含硫、磷较高,影响了铁矿的利用。

## 二、早古生代沉积岩建造组合与成矿的关系

这个时段单一的沉积矿床主要有磷、铁和镍、钼等矿床,形成规模者,只有磷和镍、钼等。

根据沉积岩建造组合和沉积岩相特征,可以判断出磷矿形成的构造环境为稳定的陆表海,而镍、钼则形成于贺兰山坳拉谷。

寒武纪的陆表海只见于鄂尔多斯陆块西部边缘的桌子山南部边缘的清水河以及龙首山基底杂岩带边缘的哈马胡洞沟一带。本区的含磷沉积岩建造,应当是华北早寒武世单陆属建造(孟祥化,1979)的边缘部分,建造的组成内容与建造的主体不尽相同,不同部位的岩石构成变化亦非常明显。龙首山地区哈马胡洞沟早寒武世的草大坂组划分为两个沉积岩建造组合:上部为陆表海灰岩建造组合,构造古地理环境为无障壁的碳酸盐局限台地。这个建造未见磷矿化;下部是滨浅海石英砂岩、长石石英粉砂岩、砂质

磷灰岩建造组合,是本区主要的含磷建造,哈马胡洞沟磷矿区由大沟井、青井子两个磷矿组成。另一个磷矿位于桌子山南段的镇木关一带,是早寒武世馒头组的陆表海碎屑岩建造组合。桌子山地区馒头组的岩石组合区域上相变明显,难以作层位上的岩性对比,总体上可以称为陆表海陆源碎屑及灰岩建造组合,磷矿主要产于碎屑岩层段中,一般磷矿层均在建造下部层位,镇木关磷矿即属于含磷砂岩型。

哈马胡洞沟磷矿、镇木关磷矿都是华北陆块早寒武世磷矿成矿期形成的。它们总的特征是构造古地理稳定,均形成于海侵初、早期,为开阔的滨浅海浅滩相陆源碎屑建造,温暖和干燥的气候条件便是磷矿形成的重要因素。应当提及的是出露于清水河地区的馒头组没有发育上部的碳酸盐岩建造,下部的碎屑岩建造可以分为两部分:底部为仅 2m 厚的水下扇砾岩、砂砾岩建造,其上为滨浅海石英砂岩、砂页岩建造组合,为含磷建造,目前尚未发现具有工业价值的磷矿床,但它是今后寻找沉积型磷矿的重要远景区。

这个时段除陆块边缘稳定型的沉积磷矿外,在贺兰山中南段,存在一个寒武纪至奥陶纪的坳拉谷环境,它是秦祁三叉裂谷伸向陆内的一支,从早寒武世开始至中奥陶世夭折。在贺兰山坳拉谷内发育的香山群,由一套浅变质的岩石组合构成,划分为上部的磨盘井组和下部的徐家圈组,后者是沉积型镍、钼矿赋存的岩石地层单位。根据岩石自然组合特征,划分了一个陆源碎屑浊积碳酸盐岩建造组合,主要岩性为深灰色、灰绿色千枚岩、千枚状板岩夹长石石英砂岩、灰岩,在上部层段发育有硅质岩、硅质灰岩和白云岩,镍、钼矿层位于千枚岩层段中,已经详查的元山子镍钼矿即属于此种类型。它形成的构造古地理环境是夭折裂谷的中央带,较深水至深水环境,其在弱还原至还原条件下形成沉积矿床,在内蒙古地区尚属首次发现。

## 三、晚古生代沉积岩建造组合与成矿关系

内蒙古南部的鄂尔多斯陆块缺失志留系、泥盆系的沉积,而北部造山带中的志留系、泥盆系尚未发现可利用的矿床,因此,本书所称的晚古生代指含矿的晚石炭世至早二叠世。由于含矿建造所处的构造古地理环境不同,受物源和沉积相的控制形成了许多不同的沉积岩建造组合和矿床。总体上可以分出两大类,即属于陆内稳定型的沉积岩建造组合与沉积矿床,另一为造山带与火山岩有关的活动型沉积岩建造组合与沉积矿床,分别简述如下。

鄂尔多斯陆块区是典型的稳定环境,以陆源碎屑沉积序列为特征的沉积岩建造组合,表现出海陆交互障壁陆表海三角洲沉积体系为特征,由此认为中奥陶世马家沟灰岩沉积以后,华北陆块整体抬升,长期遭受风化剥蚀,在总体夷平的同时形成一些岩溶地貌,在潮湿温暖气候条件下,红土化作用强烈。自晚石炭世始,海水自南而北侵入本区,在奥陶纪台地的侵蚀面上形成了大面积的浅海、滨海浅滩和近岸湿地沼泽。由于海侵的继续发展,滨海的沙脊和碳酸盐岩台地逐渐形成了障壁环境,由于海流不畅,遂形成氧化还原环境的潟湖。此时期陆表海的不同部位已形成了各具特色的沉积岩建造和沉积矿床。清水河地区的本溪组和太原组的沉积岩建造组合从上到下划分如下。

沼泽相碳质粉砂岩、页岩含煤建造组合:主要岩石为灰黑色碳质粉砂岩、碳质页岩及煤层,是潟湖相转化为沼泽相的沉积,含动、植物化石。此为主要的含煤建造。鄂尔多斯准格尔煤田即为此种类型。再者分布于大青山地区栓马庄组上部的湖相含煤碎屑岩建造亦是这个时期的产物。由于规模不大,仅为地方所利用。

陆表海灰岩建造组合:为灰色、灰黑色中厚层状灰岩、含海相动物化石。

沼泽潟湖相含铁、铝质页岩建造组合:由灰色、紫红色含铁、铝土质页岩、灰白色高岭石页岩组成。此建造组合的下部层段是山西式铁矿、硫铁矿以及 G 层铝土矿赋存的主要层位。

在鄂尔多斯陆块的西部边缘桌子山西侧是受断裂控制的陆表海三角洲环境,沉积了一套海陆交互相的沉积岩建造组合。石炭纪后期,随着盆地边缘同生断裂的逐步发育,太原组的沉积岩建造组合的组

成和层位亦有所变化，由南而北，厚度逐渐加大，层位依次升高，在沉积中心乌达西的乌胡子山一带，太原组的总厚度达到1269m。根据自然岩石组合的纵向变化，共划分了4个沉积岩建造组合，从上到下的层序如下。

陆表海潟湖沼泽含煤碎屑岩建造组合，灰黑色碳质页岩、砂岩及煤层，含 *Dictyoclostus*，sp. 及 *Lobatanoularia* sp. 等动、植物化石。厚241m。

陆表海潟湖相粉砂质页岩、砂岩建造组合，不含矿。厚184m。

陆表海沼泽相粉砂质页岩、砂岩及铁质岩建造组合，灰黑色粉砂质页岩、砂岩及铁质岩，是本区的主要含铁矿层位，含植物化石。厚639m。

陆表海三角洲平原长石石英砂岩、粉砂岩、页岩建造组合，浅褐色中粒长石石英砂岩、粉砂质页岩和碳质页岩，含植物化石。厚565m。

从上述沉积岩建造组合序列可以看出，它与鄂尔多斯陆块区核心部位的沉积建造、赋矿层位、沉积相和沉积厚度等，存在明显的差异。核心区的铁矿、硫铁矿、铝土矿，都赋存于石炭系底部的沼泽相或潟湖相的沉积建造中，而且多见于奥陶纪灰岩台地古剥蚀面的喀斯特溶坑及洼地中，呈窝状和似层状产出。而本区底部厚565m的沉积岩建造组合未见任何矿床，沉积铁矿则见于第2建造中，层位高许多，这可能是受“穿时”（时侵）作用的影响所致。而清水河地区和乌达地区的煤层均位于太原组上部的湖泊沼泽相陆源碎屑含煤建造中。由此可以看出，两地的含矿建造的特征和赋矿的层位是不同的，它们明显地受构造古地理格局和沉积相的控制，其代表性的煤田有鄂尔多斯市准格尔旗薛家湾煤田、乌海市乌达煤田等。

在造山带中，这个时段与火山作用有关的具有工业价值的沉积矿产只发现额济纳旗黑鹰山铁矿和四子王旗东查干哈达铜矿，确切的描述应当称之为与火山热液或火山碎屑关系密切的层控矿床，它们都受层位和岩性的控制。

黑鹰山铁矿产于石炭纪白山组（C*b*）的火山岩建造中，根据火山地层的层序和岩石组合特征，白山组划分出两个火山岩建造，从上到下层序如下。

中酸性火山岩建造，主要岩性为紫色流纹岩、安山岩、安山质凝灰熔岩、英安山。黑鹰山式磁铁矿，赋存于建造的上部，受中酸性火山岩岩性控制，多见于流纹质凝灰熔岩和凝灰岩的层位中，是与沉积作用有关的火山沉积热液型铁矿。

下部的酸性火山岩段未见铁矿。白山组所处的构造古地理环境应当是弧前盆地的近弧带，发育的火山岩建造可以佐证这一点。

黑鹰山式铁矿在额济纳旗西部广泛分布，除黑鹰山中型铁矿以外，尚有甜水井、百合山等小型铁矿10余处。此外，四子王旗东查干哈达庙的铜矿亦属火山沉积热液层控型矿床。

苏尼特右旗别鲁乌图庙铜矿是与层位和岩性关系密切的中低温热液层控型铜矿，它基本属于石炭纪本巴图组的陆源碎屑岩。本巴图组共划分3个沉积岩建造，从上到下描述如下。

变质粉砂岩粉砂质板岩建造：主要岩性为灰黄色变质粉砂岩、粉砂质板岩和绢云母板岩等，含铜、硫铁矿，是主要含矿层之一。

变质砂岩、变质粉砂岩建造：由变质细砂岩、变质粉砂岩组成，含铜、硫铁矿。

杂砂岩、粉砂泥质板岩建造：不含矿。

上述下部两个建造均含铜和硫铁矿，受变质粉砂岩岩性的控制，Cu元素除了在陆源碎屑中存在以外，后期的角闪闪长岩脉和小岩株携带的矿液中也存在，并且起到了富集作用，遂形成受变质粉砂岩岩性控制的层控矿床。

## 四、中—新生代沉积岩建造组合与成矿关系

自中晚二叠世以后，华北板块与西伯利亚板块对接，内蒙古地区结束了洋陆转换演化阶段，开始了中新生代陆内盆山演化的地质历史进程，在这种构造古地理格局下，形成许多大小不一、性质不同的陆内含煤盆地，使得内蒙古自治区的煤蕴藏量居于全国前列。下面按从老到新的顺序，简述不同地质时段、不同构造古地理环境中形成的一系列含煤沉积岩建造组合。

从晚二叠世到早侏罗世，南部稳定的鄂尔多斯陆内坳陷盆地河湖发育，气候温暖湿润，形成了规模不等的暗色含煤建造。早侏罗世延安组($J_1ya$)湖沼相含煤碎屑岩建造的岩石组合为灰色、灰黑色粉砂岩、砂质页岩、碳质页岩，夹砂岩和煤层，分布稳定。区内的东胜煤田与陕西神木、府谷一带的煤田构成了我国最大的精煤产区，具有十分重要的工业意义。

应当提及的是，鄂尔多斯早中侏罗世的含煤盆地是在三叠纪坳陷盆地之上继承性地发展起来的，应当看作是鄂尔多斯坳陷盆地发育的鼎盛时期，因此，早中侏罗世必然形成含煤的沉积岩建造组合，成为鄂尔多斯地区重要的成煤期。鄂尔多斯北部的阴山地区，活动性较强，形成了一些山间断陷盆地，它的沉积岩组合特点是含煤碎屑岩建造厚度大，石拐地区的五当沟组含煤地层可达1368m。它与长汉沟组(398m)构成了早中侏罗世的石拐群。前者五当沟组湖沼相的碎屑岩含煤建造主要岩性为灰色、灰黑色中细粒长石石英砂岩、碳质页岩、油页岩及煤层，含大量植物化石，是石拐煤田主要含煤建造，其上的长汉沟组主要为河流相的黄褐色砂砾岩、砂岩夹少量页岩，不含煤。石拐煤田、大青山区的营盘湾煤田、锡林郭勒盟胜利煤田和马尼特庙煤田等均属于断陷盆地湖沼相碎屑岩含煤建造组合构成的煤田。

总观早中侏罗世的沉积岩建造，明显具有如下特点：一是侏罗纪的坳陷盆地多是继承二叠纪—三叠纪盆地而来，并且发育到极盛时期，不论是南部稳定的坳陷盆地，还是北部的断陷盆地，湖沼相的碎屑岩含煤建造组合比比皆是，形成大小不等的许多煤田。而晚侏罗世则发生很大的变化。南部鄂尔多斯盆地东部继续抬起、西部下沉接受沉积，而气候的变化使该盆地变得燥热，季节性的河流发育显示了氧化环境的特点，这种情况一直延续到白垩纪，所以这是晚侏罗世以后没有沉积含煤建造的原因。在阴山及其以北地区，由于受到西太平洋板块俯冲的影响，区域构造古地理环境与南部鄂尔多斯地区有了明显的不同，中生代形成许多断陷盆地环境，晚侏罗世气候干旱，季节性的河流往往沉积了以紫红色砂砾岩为主的河流相岩石组合，阴山地区的大青山组及东北部地区的土城子组是这个时期的代表性岩石地层单位。另一个特点是火山岩发育，所以没有形成含煤地层。早白垩世始，又转变成温暖潮湿的构造古地理环境，各盆地普遍形成一套含煤沉积建造，个别盆地还发育了中基性火山岩及火山碎屑夹层。固阳盆地湖沼相含煤碎屑岩建造组合属于早白垩世固阳组，其岩石组合主要是灰黑色碳质页岩、泥岩，局部夹长石石英岩。个别剖面夹有中基性火山岩。煤层顶、底板含有大量的植物及淡水动物化石。这是大青山早白垩世煤田的主要特征，而在北部二连盆地群，则多是无火山岩断陷盆地。早白垩世沉积岩建造组合的规模及其组成内容均受盆地演化阶段以及它们在盆地中所处的具体位置的影响，特定的古地理构造部位决定了含煤碎屑岩建造组合的构成及形态和规模，尤其是在盆地的中央部位常形成规模巨大的煤矿，亦显示了它们的价值所在。

二连盆地在早白垩世时存在一段相对稳定的构造古地理环境时期，尤其是盆地中央部分，保持较长时段的还原环境，巨厚的含煤碎屑岩建造组合就是有力的物质证明。

由于二连盆地多被剥蚀成平缓的丘陵地貌，加之后期堆积物覆盖，地表自然露头较少，早白垩世巴彦花组的地层层序是根据不同地区的钻孔柱状资料对比建立起来的。总体上，巴彦花组可以建立3个沉积岩建造组合，其中，中、上两个是含矿建造，从上至下描述如下。

湖沼相粉砂岩、碳质泥岩含煤建造组合：此建造是巴彦花组主要的含煤层段，其顶、底板均为较粗碎屑的砂岩及砂砾岩。

湖泊相泥岩、粉砂岩建造组合：以灰色、深灰色厚层状泥岩、粉砂岩为主，夹油页岩、泥灰岩、钙质砂岩等。此建造有机质丰富，是较好的生油岩系，二连盆地的工业油流多出自本建造组合。

河流相砂砾岩建造组合：主要为灰色砂岩夹粉砂岩，不含矿。

从上述的建造组合序列来看，盆地发育初期的河流相粗碎屑岩形成时的构造古地理环境不具备沉积矿产的形成条件；中、晚期，湖泊、湖沼相的暗色泥岩、粉砂岩建造组合，具有了成油、成煤的条件，因此在二连盆地巴彦花组分布的地段发现了许多大型的煤田，如西乌珠穆沁旗的巴彦花大型煤田，分布面积约 510km$^2$，建造中含有 10 个可采煤层，煤层总厚达 342m。锡林浩特附近的胜利煤田规模更大，含煤建造组合的分布面积虽然不及巴彦花煤田大，但它赋存有 16 个含煤组，探明储量 $200\times10^8$t。此外，位于哲里木盟扎鲁特旗北部的霍林河煤田是巴彦花组湖相含煤建造向盆地东部延续的边缘部位，建造内共赋存有 24 层煤，有 8～13 层可采或局部可采，总储量达 $131\times10^8$t，是内蒙古大型煤田之一。

在二连盆地的西部位于乌兰察布市与巴彦淖尔市交界处西的白音花煤田，是早白垩世巴彦花组另一个大型煤田，煤层赋存于湖泊相的含煤碎屑岩建造组合中，岩石组合特征为灰色、深灰色至灰黑色泥岩、页岩及碳质页岩。含煤建造中的煤层自煤田的边缘向中心部位由薄逐渐变厚，一般是从 0.95m 增厚至 28m，煤田面积达 1200km$^2$，探明储量 $86\times10^8$t，是内蒙古西部地区开发的重要煤炭基地之一。

新生代的沉积矿产主要受干旱寒冷的气候影响，在近代及现代的咸水湖泊中分别形成或共生的固体、液体的石膏、芒硝、钠盐、钾盐、天然碱等化学沉积盐碱矿床，它们在内蒙古自治区的经济建设及国民生活中占有重要的位置。

# 第三章 火山岩岩石构造组合

## 第一节 火山岩时空分布

内蒙古自治区内各个地质时期均有火山岩分布。前寒武纪的火山岩由于遭受了不同程度的区域变形变质作用，由低绿片岩相到麻粒岩相组成，多属于海相火山岩。主要分布在中部地区和西部，东部区也有一定的出露。

古生代的火山岩大部分为海相火山岩，少部分为陆相火山岩。由于遭受了不同程度的热液活动的影响，往往以蚀变岩的面貌出现，主要分布在西部和东部。

中生代火山岩主要形成时代为侏罗纪和白垩纪，但多以侏罗纪火山活动为主，集中分布在研究区的中东部大兴安岭山地及两侧的盆地之中，呈北东向展布，构成了大兴安岭-燕山火山活动带，是我国东部地区三大火山活动带之一。

新生代火山活动在研究区整体表现较弱，但在局部地区又表现得十分活跃，而且从中新世—晚更新世均有火山喷发活动。

海相火山岩在研究区的时空分布见图 3-1。

### 一、太古宙—中元古代海相变质火山岩时空分布

太古宙和中元古代海相变质火山岩在研究区分布较广，从西部区一直到东部区都有分布。其中以西部区和中部区为主，东部区仅有少量的出露。

#### （一）太古宙海相变质火山岩的时空分布

太古宙海相变质火山岩在研究区分布广，以阴山地区出露的太古宙海相变质火山岩最具有代表性，故太古宙海相变质火山岩就以阴山地区出露的变质火山岩为重点来叙述。

**1. 古太古代兴和岩群变质火山岩**

该套变质火山岩为研究区最古老的岩石，主要分布在兴和县南部的葛胡窑—黄土窑地区。原岩为拉斑玄武岩、钙碱性火山岩及火山碎屑岩（夹硅铁质岩）。

**2. 中太古代集宁岩群变质火山岩**

该套变质火山岩主要分布在集宁—凉城一带。原岩为含碳富铝半黏土质岩、泥质、凝灰质砂岩，并夹有火山岩及碳酸盐岩。其西延部分在桌子山地区称为贺兰山岩群。

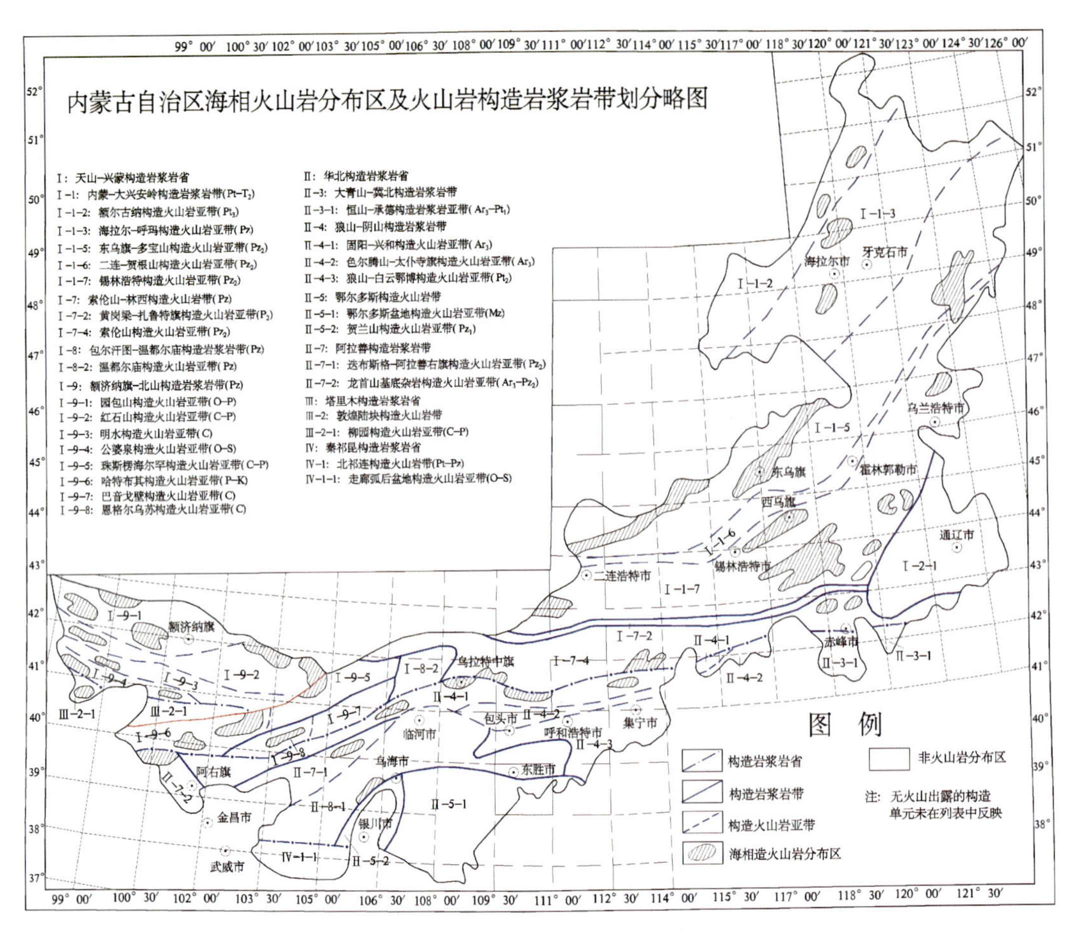


图 3-1　海相火山岩时空分布示意图

**3. 中太古代乌拉山岩群变质火山岩**

该套变质火山岩主要分布在乌拉山—大青山及西部区的狼山—千里山—阿拉善地区南部的雅布赖山一带。原岩多数为钙碱性基性火山岩，部分相当于拉斑玄武岩及正常沉积碎屑岩；在西部地区的阿拉善南部的雅布赖山一带称为雅布赖山岩群，而在桌子山地区则称为千里山岩群。在东部的赤峰地区称为建平岩群。

**4. 新太古代色尔腾山岩群变质火山岩**

该套变质火山岩主要分布在乌拉山—大青山一线色尔腾山脉一带。下部由陈三沟岩组、东五分子岩组组成，原岩分别为拉斑玄武岩、玄武安山岩、中酸性火山岩及泥质粉砂岩和泥灰岩；中部由柳树沟岩组和北召沟岩组组成，原岩以石英砂岩、长石石英砂岩、粉砂岩为主，间夹有碳酸盐岩、安山岩、英安岩及英安质流纹岩；上部由点力泰岩组组成，原岩为碎屑岩和碳酸盐岩。在西部的阿拉善岩群，变质岩子课题组将其时代置于新太古代。大青山地区的二道凹岩群是同时代的地层，其内也有变质火山岩存在。

## （二）古元古代海相变质火山岩的时空分布

**1. 古元古代宝音图岩群变质火山岩**

古元古代宝音图岩群变质火山岩主要分布在狼山以北宝音图—锡林浩特一带，其原岩恢复为一套海相碎屑岩沉积夹少量中基性火山岩组合。经岩相学、岩石化学和地球化学特征恢复其原岩为透辉石岩-角闪石岩，属基性—超基性火山岩；而角闪片岩、阳起片岩及斜长变粒岩原岩为玄武安山岩。这表明了宝音图岩群早期火山活动是以基性—超基性火山岩浆的喷溢为主，晚期则以中基性、中酸性火山岩浆的喷溢为主，是海底火山喷发的产物。在阴山地区马家店组原岩以碎屑岩为主夹有安山质火山岩。变质岩子课题组将其时代置于古元古代。

#### 2. 古元古代北山岩群变质火山岩

古元古代北山岩群变质火山岩主要分布在西部的阿拉善盟的北山地区。原岩为上部正常的海相碎屑岩沉积，中下部碎屑岩-中酸性火山岩夹中基性火山岩及碳酸盐岩。这表明了北山岩群的火山活动是以中酸性火山岩浆的喷溢为主，间有中基性火山岩浆的喷溢。

#### 3. 古元古代兴华渡口岩群变质火山岩

古元古代兴华渡口岩群变质火山岩主要分布在研究区东部鄂伦春自治旗的松岭及加格达一带。其原岩为泥质、泥砂质碎屑岩夹有中基性火山岩和少量的碳酸盐岩。

### (三)中元古代海相变质火山岩的时空分布

#### 1. 中元古代渣尔泰山群变质火山岩

中元古代渣尔泰山群变质火山岩主要分布在炭窑口—渣尔泰山—固阳县一带。原岩组合为砂岩、泥岩、砂砾岩、灰岩夹基性火山岩。该群的岩石组合主要以正常沉积的碎屑岩为主，间有基性火山岩浆的喷溢活动。

#### 2. 中元古代白云鄂博群变质火山岩

白云鄂博群中的变质火山岩以分布在达茂旗白云鄂博铁-铌稀土矿区附近的尖山组为代表。其岩性组合极为复杂，有变辉绿岩、粗面岩、流纹质英安岩、流纹岩、白云岩、黑云母岩、钠闪岩-长石岩、钠辉岩-长石岩、红柱石-黑云母角闪片岩及碳质绢云母板岩。火山活动特征是早期为基性岩浆的喷溢，中期为偏碱性火山岩浆的喷溢，晚期以酸性岩浆喷溢为主。其中碱性粗面岩分布较广，与矿化关系密切。白云鄂博铁矿的主矿和东矿区附近的铌、稀土、铁矿含量最高，粗面岩出露的厚度最大，而矿区矿体相对较贫，粗面岩出露的厚度相对也较小。

#### 3. 中元古代温都尔庙群变质火山岩

温都尔庙群包括了哈尔哈达组和桑达来呼都格组，主要分布在索伦山—温都尔庙—锡林浩特一带。桑达来呼都格组的变质火山岩较为有代表性，故以桑达来呼都格组为例进行描述。其原岩恢复为一套细碧角斑岩与超基性岩及硅质岩组成的 MORS 型蛇绿岩组合。

## 二、南华纪—中三叠世火山岩

### (一)南华纪火山岩分布

南华纪佳疙瘩组岛弧环境的变质砂岩-千枚岩夹镁铁质火山岩组合，仅见于北部额尔古纳岛弧、海拉尔-呼玛弧后盆地和东乌珠穆沁旗-多宝山岛弧。其火山岩组合为变质安山岩、安山玄武岩及少量流纹质火山碎屑岩(火山岩时空分布见图 3-2)。

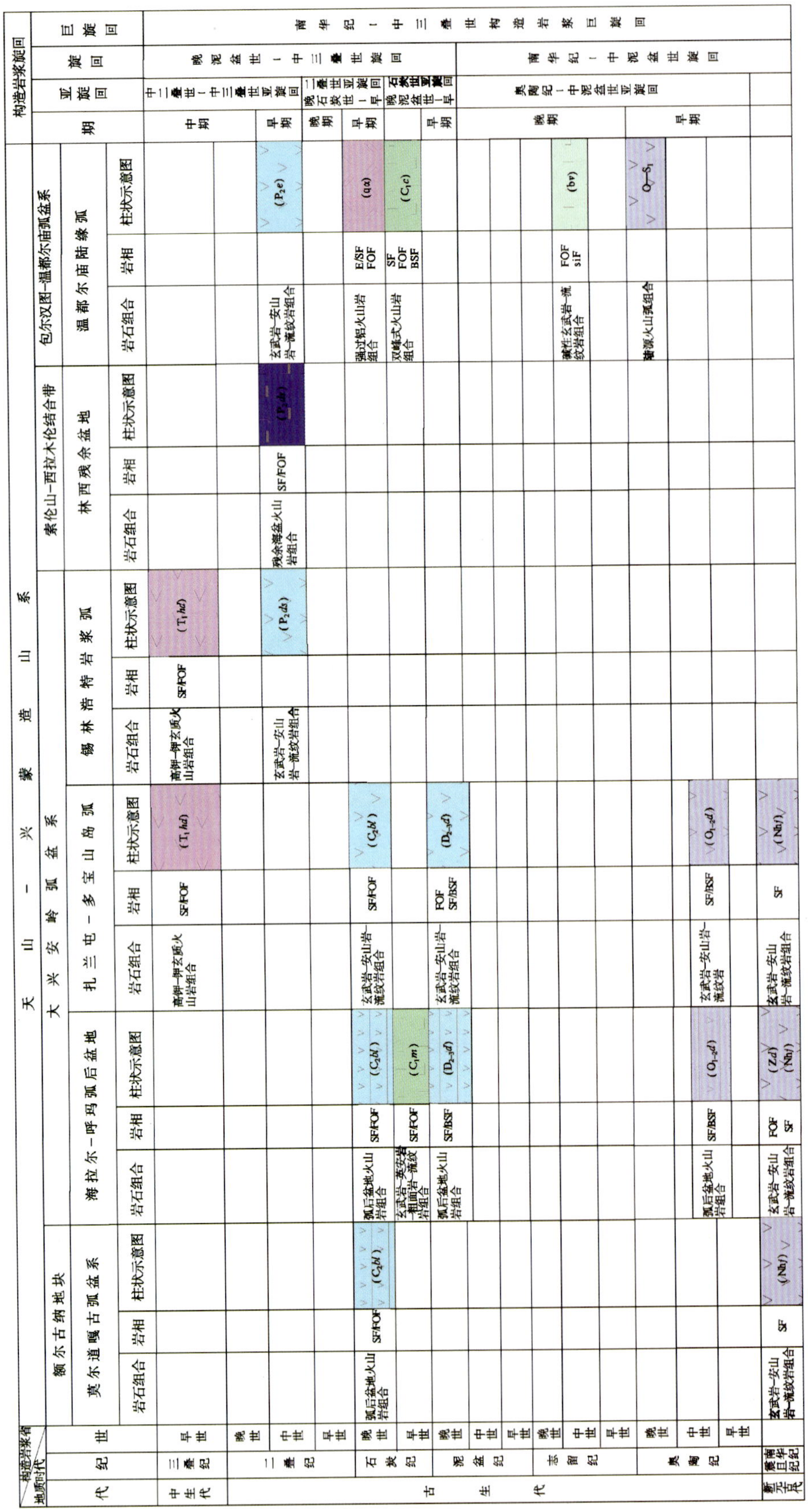

| 地质时代（代） | 纪 | 世 | 天山—兴蒙造山系：额尔古纳地块：莫尔道嘎古弧盆系 岩石组合 | 岩相 | 柱状示意图 | 大兴安岭弧盆系：海拉尔—呼玛弧后盆地 岩石组合 | 岩相 | 柱状示意图 | 大兴安岭弧盆系：扎兰屯—多宝山岛弧 岩石组合 | 岩相 | 柱状示意图 | 大兴安岭弧盆系：锡林浩特岩浆弧 岩石组合 | 岩相 | 柱状示意图 | 索伦山—西拉木伦结合带：林西残余盆地 岩石组合 | 岩相 | 柱状示意图 | 包尔汉图—温都尔庙弧盆系：温都尔庙陆缘弧 岩石组合 | 岩相 | 柱状示意图 | 构造岩浆旋回：期 | 亚旋回 | 旋回 | 巨旋回 |
|---|---|---|---|---|---|---|---|---|---|---|---|---|---|---|---|---|---|---|---|---|---|---|---|---|
| 中生代 | 三叠纪 | 早世 | | | | | | | 高钾—钾玄质火山岩组合 | SF/FOF | $(T_1hd)$ | 高钾—钾玄质火山岩组合 | SF/FOF | $(T_1hd)$ | | | | | | | 中期 | 中二叠世—中三叠世亚旋回 | 晚泥盆世—中三叠世旋回 | 南华纪—中三叠世构造岩浆巨旋回 |
| 古生代 | 二叠纪 | 晚世 | | | | | | | | | | | | | | | | | | | | | | |
| | | 中世 | | | | | | | | | | 玄武岩—安山岩—流纹岩组合 | | $(P_2ds)$ | 残余海盆火山岩组合 | SF/FOF | $(P_2ds)$ | 玄武岩—安山岩—流纹岩组合 | | $(P_2e)$ | 早期 | | | |
| | | 早世 | | | | | | | | | | | | | | | | | | | 晚期 | 晚石炭世—早二叠世亚旋回 | | |
| | 石炭纪 | 晚世 | 弧后盆地火山岩组合 | SF/FOF | $(C_2bl)$ | 弧后盆地火山岩组合 | SF/FOF | $(C_2bl)$ | 玄武岩—安山岩—流纹岩组合 | SF/FOF | $(C_2bl)$ | | | | | | | 强过铝火山岩组合 | E/SF FOF | $(q\alpha)$ | 早期 | | | |
| | | 早世 | | | | 玄武岩—英安岩—粗面岩—流纹岩组合 | SF/FOF | $(C_1m)$ | | | | | | | | | | 双峰式火山岩组合 | SF FOF BSF | $(C_1c)$ | | 晚泥盆世—早石炭世亚旋回 | | |
| | 泥盆纪 | 晚世 | | | | 弧后盆地火山岩组合 | SF/BSF | $(D_{2-3}d)$ | 玄武岩—安山岩—流纹岩组合 | FOF SF/BSF | $(D_{2-3}d)$ | | | | | | | | | | 早期 | | | |
| | | 中世 | | | | | | | | | | | | | | | | | | | 晚期 | 奥陶纪—中泥盆世亚旋回 | 南华纪—中泥盆世旋回 | |
| | | 早世 | | | | | | | | | | | | | | | | | | | | | | |
| | 志留纪 | 晚世 | | | | | | | | | | | | | | | | | | | | | | |
| | | 中世 | | | | | | | | | | | | | | | | 碱性玄武岩—流纹岩组合 | FOF siF | $(b\nu)$ | | | | |
| | | 早世 | | | | | | | | | | | | | | | | | | | | | | |
| | 奥陶纪 | 晚世 | | | | | | | | | | | | | | | | 陆源火山弧组合 | | $O—S_1$ | 早期 | | | |
| | | 中世 | | | | 弧后盆地火山岩组合 | SF/BSF | $(O_{1-2}d)$ | 玄武岩—安山岩—流纹岩 | SF/BSF | $(O_{1-2}d)$ | | | | | | | | | | | | | |
| | | 早世 | | | | | | | | | | | | | | | | | | | | | | |
| 新元古代 | 震旦纪 南华纪 | | 玄武岩—安山岩—流纹岩组合 | SF | $(Nhj)$ | 玄武岩—安山岩—流纹岩组合 | FOF SF | $(Zd)$ $(Nhj)$ | 玄武岩—安山岩—流纹岩组合 | SF | $(Nhj)$ | | | | | | | | | | | | | |

图 3-2　内蒙古东部晚三叠世以前火山岩时空分布图

## （二）奥陶纪火山岩时空分布

### 1. 早—中奥陶世多宝山组（$O_{1-2}d$）玄武岩-安山岩-英安岩组合

该套火山岩岩性为玄武岩、安山玄武岩、变质安山岩、变质安山质凝灰角砾岩，分布于北部东乌珠穆沁旗-多宝山岛弧和海拉尔弧后盆地。

### 2. 早—中奥陶世乌宾敖包组（$O_{1-2}w$）火山岩

该套火山岩主要分布于锡林郭勒盟北部红格尔一带，岩石组合以海相沉积碎屑岩为主，仅在局部乌日尼图巴嘎一带可见有安山岩，火山活动以中性岩浆的喷溢和溢流为主。

### 3. 早—中奥陶世巴彦呼舒组（$O_{1-2}b$）火山岩

该套火山岩主要分布在锡林郭勒盟苏尼特左旗乌宾敖包、巴彦呼舒等地。岩石组合为砂岩、粉砂岩、泥岩、玄武岩、安山岩、玄武安山岩夹凝灰岩、泥灰岩、灰岩。火山活动以中基性火山熔岩的喷溢和火山碎屑岩的爆发为主。

### 4. 早—中奥陶世布龙山组（$O_{1-2}bl$）火山岩

该套火山岩主要分布在达茂旗布龙山地区，岩石组合为安山质凝灰岩-砂岩-砂质泥岩夹安山岩。其火山活动的特点是中性火山岩浆的爆发-溢流-火山喷发沉积。

### 5. 早—中奥陶世哈拉组（$O_{1-2}h$）火山岩

该套火山岩主要分布在达茂旗布龙山、包尔汉图、西格等地。岩石组合为玄武岩-细碧岩-安山岩夹粉砂岩、泥岩、灰岩。火山活动早期以基性岩浆溢流为主，晚期以中性火山岩浆的喷溢为主。

### 6. 早—中奥陶世白乃庙组（$O_{1-2}bn$）火山岩

该套火山岩主要分布在白乃庙铜矿区和谷那乌苏等地。岩石组合：下部为中基性火山岩及中基性火山碎屑岩；上部为变质砂岩、千枚岩及绢云母绿泥千枚岩夹结晶灰岩透镜体。火山活动以中基性火山岩浆的喷溢-爆发为主。

### 7. 中—晚奥陶世咸水湖组（$O_{2-3}x$）火山岩

该套火山岩主要分布在额济纳旗的额勒根乌兰乌拉、乌兰布拉格东南、小狐狸山、洗肠井、巴古红古尔、洪果尔吉乌拉、希热哈达、湖仍巴期克、月牙山、白云山等地。火山活动以中性、中基性岩浆的溢流为主，局部为酸性溢流火山岩。

### 8. 奥陶纪—早志留世火山岩

在华北陆块区北缘温都尔庙陆缘弧内奥陶纪—早志留世弧背盆地，碳酸盐岩、浊积岩内夹角闪片岩，可能是中基性岩变质的产物。

## （三）志留纪火山岩的时空分布

### 1. 中—晚志留世公婆泉组（$S_{2-3}g$）火山岩

该套火山岩主要分布在额济纳旗西部地区。岩石组合为海相以安山岩为主的玄武岩-英安岩夹碎屑岩。火山活动以中基性—中酸性火山岩浆的喷溢-溢流为主。

**2. 中志留世八当山火山岩**

八当山火山岩为变质流纹岩、凝灰岩、流纹岩，仅见于赤峰北部八当山，可能为后造山环境的火山岩组合。

### （四）泥盆纪火山岩的时空分布

**1. 早—中泥盆世雀儿山组($D_{1-2}q$)火山岩**

该套火山岩主要分布在额济纳旗西部地区，岩石组合为海相安山玄武岩-安山岩-流纹岩-安山质凝灰熔岩。火山活动早期为中基性火山岩浆的喷溢、晚期为酸性火山岩的喷发。

**2. 早—中泥盆世泥鳅河组($D_{1-2}n$)火山岩**

该套火山岩主要分布在二连浩特—东乌珠穆沁旗一带，岩石组合为粉砂岩-泥岩-砂岩夹玄武岩、安山岩。火山岩仅作为夹层仅出露在泥鳅河组二段。火山活动为中基性火山岩的喷溢。

**3. 中—晚泥盆世塔尔巴格特组($D_{2-3}t$)火山岩**

该套火山岩主要分布在达莱至额仁戈壁一带，岩石组合为海相细砂岩-粉砂岩-硅质泥岩夹安山质火山碎屑岩。火山活动主要为中性火山碎屑的爆发。

**4. 中—晚泥盆世火山岩**

该火山岩为玄武岩-安山岩-英安岩组合，见于东乌珠穆沁旗-多宝山岛弧，岩性为大民山组的细碧岩、石英角斑岩、放射虫、硅质岩和中酸性火山岩，为岛弧环境火山岩组合。分布于海拉尔-呼玛弧后盆地的大民山组中的火山岩为流纹质晶屑凝灰岩、熔结凝灰岩，不见细碧-角斑岩和硅质岩，为弧后盆地环境的产物。

**5. 晚泥盆世安格尔音乌拉组($D_3a$)火山岩**

该套火山岩主要分布在东乌珠穆沁旗的北部地区，岩石组合为砂岩-粉砂岩，局部夹有火山碎屑岩及浊积岩。火山活动较弱，仅有火山碎屑物的爆发。

### （五）石炭纪火山岩的时空分布

**1. 石炭纪白山组($C_1b$)火山岩**

该套火山岩主要分布在内蒙古西部的绿条山、哈珠及路井一带，岩石组合为海相流纹岩-英安岩-安山岩-流纹质、英安质凝灰岩。火山活动以早期的酸性岩浆喷溢开始，到中期的中酸性火山岩浆的喷溢结束，晚期则以中酸性火山碎屑物的爆发为主。

**2. 内蒙古东部早石炭世火山岩**

该套火山岩分布于南、北两端，北部海拉尔-呼玛弧后盆地称莫尔根河组($C_1m$)，岩性为安山岩、石英角斑岩、钠长粗面岩、角斑质凝灰岩。据TAS分类为玄武岩-英安岩-粗面岩-流纹岩组合，为伸展环境的大陆裂谷火山岩组合。南部温都尔庙陆缘弧上称朝土沟组($C_1c$)，为以玄武岩-流纹岩为主的双峰式火山岩组合。

**3. 晚石炭世本巴图组($C_2bb$)火山岩**

该套火山岩分布范围西起阿拉善左旗高家窑，东到霍林河，南至额布尔桃来图断裂，北达阿尔山断裂；中蒙边境—二连-贺根山对接带。由于本巴图组火山岩分布面积广泛，在不同的构造单元内出露的本巴图组在岩石组合上存在着差异性，分别叙述如下。

(1)二连-贺根山蛇绿混杂岩带中本巴图组($C_2bb$)的岩石组合为海相碳质凝灰质板岩-凝灰岩-杂砂岩。

(2)锡林浩特岩浆弧内出露的本巴图组($C_2bb$)的岩石组合为含蛇绿岩碎片的砂岩-粉砂岩-板岩-凝灰岩等浊积岩(SSZ 型蛇绿岩组合)。

(3)索伦山蛇绿混杂岩带内的本巴图组($C_2bb$)的岩石组合为海相砂岩-粉砂岩-泥岩-火山碎屑岩-硅质岩-碳酸盐岩等浊积岩。

(4)温都尔庙俯冲增生杂岩带的本巴图组($C_2bb$)的岩石组合为浅海相凝灰质长石石英砂岩-粉砂岩-铁质板岩-玄武岩。

(5)恩格尔乌苏蛇绿混杂岩带(结合带)内的本巴图组($C_2bb$)岩石组合为海相英安质、流纹质凝灰岩-英安岩-长石杂砂岩-粉砂岩-泥岩-碳酸盐岩(MORS 型蛇绿岩组合)。

**4. 晚石炭世的青龙山火山岩($C_2Q$)**

该套火山岩分布于温都尔庙陆缘弧东南缘，其岩性为安山岩、安山质火山碎屑岩，为陆缘弧火山岩组合。

## (六)晚石炭世—早二叠世火山岩的时空分布

**1. 晚石炭世—早二叠世格根敖包组($C_2$—$P_1g$)火山岩**

该套火山岩主要分布在东乌珠穆沁旗地区的格根敖包、盐池北山等地。由于分布在不同的构造单元内，出露厚度和岩性上都存在差异性，分述如下。

(1)东乌珠穆沁旗-多宝山岛弧内的格根敖包组火山岩的岩石组合为碱性安山岩-英安岩-流纹岩及碎屑岩，出露厚度大于 1943m。火山活动特征为早期以中性岩浆溢流为主，局部为火山岩浆的爆发，晚期为中酸性—酸性火山岩浆的喷溢和火山喷发沉积。

(2)二连-贺根山蛇绿混杂岩带内的格根敖包组火山岩的岩石组合为海相钙碱性安山岩-英安岩-流纹岩和碎屑岩，厚度大于 1104m。

**2. 晚石炭世—早二叠世宝力高庙组火山岩的时空分布**

该套火山岩主要分布在宝力高庙、小坝梁、达布苏诺尔一带。岩石组合为陆相钙碱性安山岩-英安岩-流纹岩夹陆源碎屑岩。火山活动特征为早期以中酸性火山岩浆的喷溢为主，晚期以酸性火山岩浆的喷溢为主，后火山活动的减弱接受了陆源碎屑岩的沉积。该组火山岩为陆相火山岩。

## (七)二叠纪火山岩的时空分布

**1. 早二叠世大红山组($P_1d$)火山岩**

该套火山岩主要分布在狼山、大青山一带。由于出露在不同的构造单元内，其岩石组合和厚度各有不同，分述如下。

(1)狼山-白云鄂博裂谷内的大红山组的岩石组合为石英砂岩-安山玢岩-晶屑凝灰岩-含煤碳质泥

岩-长石石英砂砾岩，厚度大于 2167m。

(2)迭布斯格-阿拉善右旗岩浆弧内的大红山组岩石组合为流纹斑岩-英安斑岩夹英安质凝灰岩，厚度大于 1307m。

**2. 早二叠世苏吉组($P_1s$)火山岩**

该套火山岩主要分布在狼山-白云鄂博裂谷内，岩石组合为安山岩-流纹岩-英安岩-流纹质晶屑凝灰岩。早期为中性火山岩浆的溢流，中期为中酸性—酸性火山岩浆喷溢，晚期酸性以岩浆的爆发为主。

**3. 内蒙古东部中二叠世火山岩**

中二叠世是古生代火山活动最强烈的时代，中部锡林浩特岩浆弧内称大石寨组($P_2ds$)，为成熟岛弧安山岩-流纹岩组合，为一套中酸性熔岩和火山碎屑岩。林西残余洋盆内大石寨组下部为玄武岩、细碧岩、角斑岩，构成拉斑玄武岩组合；上部为中酸性火山碎屑岩组成的英安岩-流纹岩组合。南部温都尔庙陆缘弧内称额里图组($P_2e$)，岩性为碱性橄榄玄武岩、安山玄武岩、安山岩、英安质碎屑岩，构成陆缘弧玄武岩-安山岩-英安岩组合。

**4. 中二叠世金塔组($P_2j$)火山岩**

该套火山岩主要分布在内蒙古自治区的西部北山地区。岩石组合及厚度在各个构造单元中有差异性，分述如下。

(1)圆包山岩浆弧内的金塔组火山岩岩石组合为流纹质凝灰熔岩-英安质凝灰岩-流纹岩。

(2)红石山裂谷内的金塔组火山岩岩石组合为玄武岩-安山岩-英安质凝灰岩-凝灰质砂岩夹砂岩。

(3)哈特布其岩浆弧内的金塔组岩石组合为流纹质熔结凝灰角砾岩-流纹质角砾熔岩。

(4)柳园裂谷内的金塔组火山岩岩石组合为蚀变玄武岩-杏仁状安山岩夹泥质粉砂岩。

**5. 晚二叠世方山口组($P_3f$)火山岩**

该套火山岩主要分布在额济纳旗的芦草井，八道桥和阿拉善右旗阿尔其德海尔罕、阿拉善右旗的乌力吉苏木杭乌拉、乌拉特后旗那仁宝力格苏木等地。岩石组合为陆相的玄武岩-安山岩-碎屑岩。

### (八)早三叠世火山岩

早三叠世后碰撞高钾和钾玄岩质火山岩组合分布于东乌珠穆沁旗-多宝山岛弧和锡林浩特岩浆弧。为早三叠世哈达陶勒盖($T_1hd$)湖泊泥岩-粉砂岩夹火山岩组合，火山岩为安山岩、安山质熔结凝灰岩、安山质角砾碎屑凝灰岩，为后碰撞高钾和钾玄质火山岩组合。

## 三、晚三叠世以来陆相火山岩的时空分布

晚三叠世—早侏罗世全区未见火山岩的记录。从中侏罗世开始，在内蒙古中东部出现了大规模的火山活动，尤以东部大兴安岭最为发育。其中侏罗纪火山岩最多，白垩纪火山岩相对较少，新生代火山岩在局部地区也较发育(图 3-3)。

### (一)侏罗纪白垩纪火山岩的分布

(1)在额尔古纳、海拉尔-呼玛、东乌珠穆沁旗-多宝山俯冲-碰撞型火山岩带广泛分布中侏罗统塔木

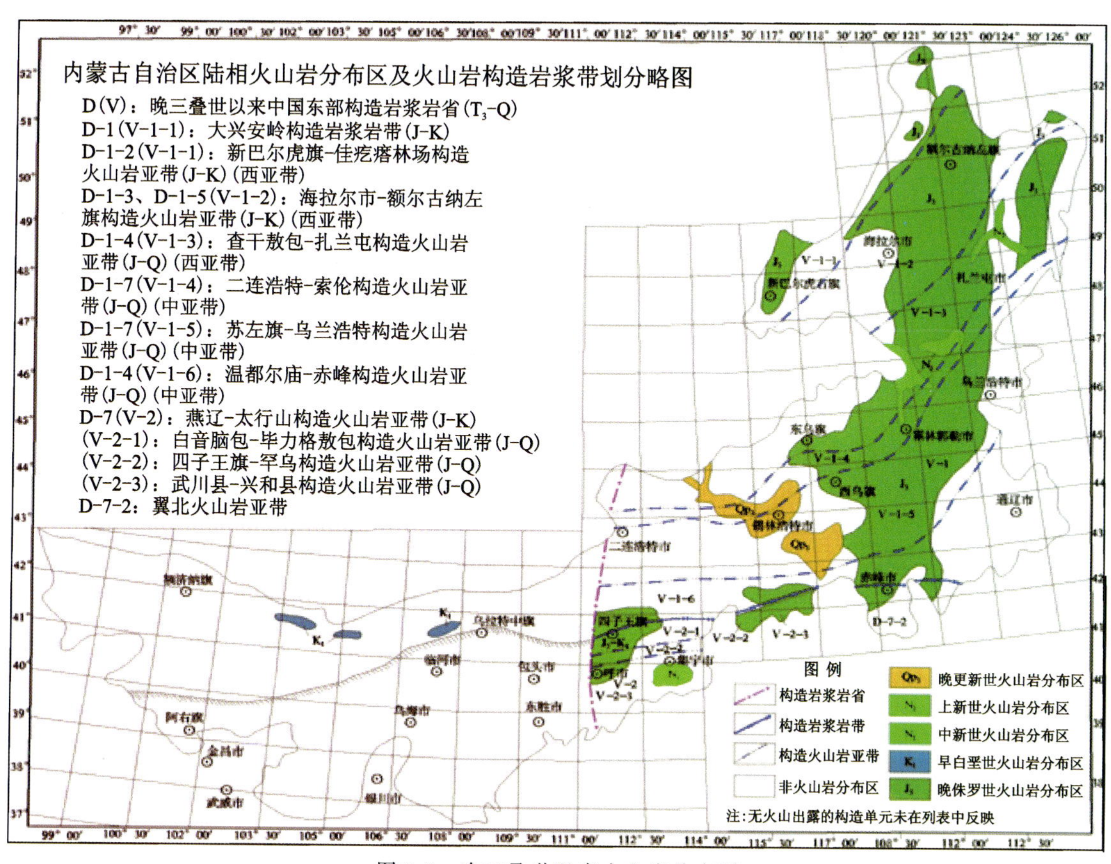


图 3-3 晚三叠世以来火山岩分布图

兰沟组($J_2tm$)中基性火山岩，岩性为玄武岩、安山岩、英安岩、粗面岩、安山质集块岩、角砾凝灰岩，为陆源弧火山岩组合。在南部、华北陆块北部边缘喀喇沁旗有中侏罗统新民组($J_2x$)河流砂砾岩-粉砂岩-泥岩夹中酸性火山岩组合，火山岩显示为铜碰撞强过铝火山岩组合。火山岩时空分布见图 3-4(内蒙古东部)。

(2)内蒙古东部广泛分布侵位于上侏罗统满克头鄂博组($J_3mk$)、玛尼吐组($J_3mn$)和白音高老组($J_3b$)中的火山岩。其中海拉尔—呼玛、锡林浩特—乌兰浩特、赤峰最发育，明显构成 3 个火山岩带。满克头鄂博组以酸性火山岩为主，玛尼吐组为中性和中酸性火山岩，白音高老组为酸性火山岩。晚侏罗世火山岩为陆缘弧火山岩组合。

(3)白垩纪火山岩也较发育，遍布全区，以早白垩世火山岩为主，晚白垩世火山岩较少。西部区有早白垩世苏红图组($K_1s$)，主要分布在苏红图和库奶头喇嘛庙一带的盆地中，呈近东西向展布，面积约 150km$^2$，以基性岩浆的溢流为主。乌拉特前旗—呼和浩特一带出露的早白垩世白女羊盘组($K_1bn$)和金家窑子组($K_1jj$)，以中基性火山熔岩为主。

内蒙古东部早白垩世酸性火山岩系发育于北部的龙江组($K_1l$)，岩性为英安质角砾熔结凝灰岩、酸性凝灰岩、粗面岩，为英安岩-粗面岩-流纹岩组合。早白垩世中基性火山岩分布广，北部称甘河组($K_1g$)、梅勒图组($K_1m$)，为玄武岩-英安岩-粗面岩-流纹岩组合和碱性玄武岩-粗面岩组合；南部义县组($K_1y$)为碱性玄武岩-流纹岩组合(以上组合据 TAS 分类)。早白垩世中基性火山岩为大陆伸展(或陆内裂谷)构造环境的火山岩。

晚白垩世火山岩只出露在北部，为孤山镇组($K_2g$)的粗面岩、英安岩、流纹质晶屑凝灰岩、流纹岩和多希玄武岩组($K_2d$)的伊丁玄武岩、玄武安山岩，为大陆伸展环境下的陆内裂谷碱性玄武岩-流纹岩组合(双峰式火山岩)。

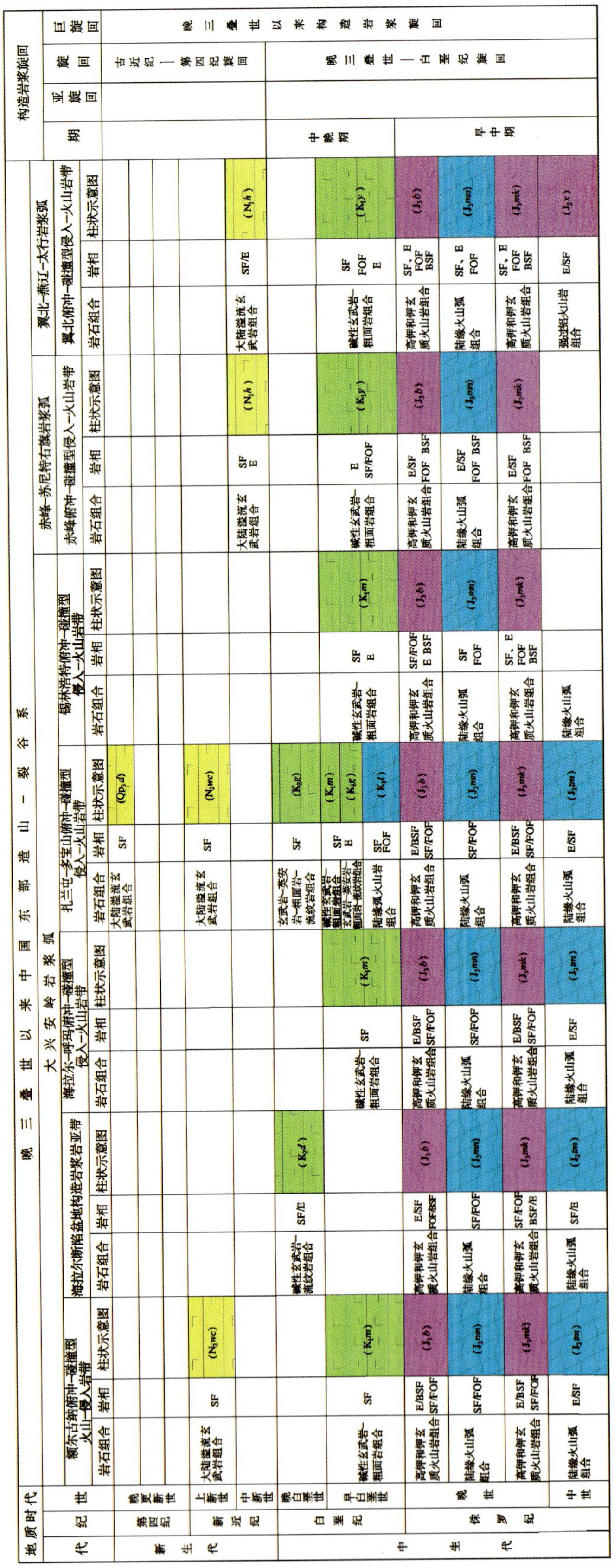

| 地质时代 | | | 晚三叠世以来中国东部造山－裂谷系 | | | | | | | | | | | | | | | | | | 构造岩浆旋回 | | | |
|---|---|---|---|---|---|---|---|---|---|---|---|---|---|---|---|---|---|---|---|---|---|---|---|---|
| 代 | 纪 | 世 | 大兴安岭岩浆弧 | | | | | | | | | | | | | | | 赤峰—苏尼特右旗岩浆弧 | | | 翼北—燕辽—太行岩浆弧 | | | 期 |
| | | | 额尔古纳俯冲—碰撞型火山—侵入岩带 | | | 海拉尔断陷盆地构造岩浆岩亚带 | | | 海拉尔—呼玛俯冲—碰撞型侵入—火山岩带 | | | 扎兰屯—多宝山俯冲—碰撞型侵入—火山岩带 | | | 锡林浩特俯冲—碰撞型侵入—火山岩带 | | | 赤峰俯冲—碰撞型侵入—火山岩带 | | | 翼北俯冲—碰撞型侵入—火山岩带 | | | |
| | | | 岩石组合 | 岩相 | 柱状示意图 | 岩石组合 | 岩相 | 柱状示意图 | 岩石组合 | 岩相 | 柱状示意图 | 岩石组合 | 岩相 | 柱状示意图 | 岩石组合 | 岩相 | 柱状示意图 | 岩石组合 | 岩相 | 柱状示意图 | 岩石组合 | 岩相 | 柱状示意图 | 期 | 亚旋回 | 旋回 | 巨旋回 |
| 新生代 | 第四纪 | 晚更新世 | | | | | | | | | | 大陆溢流玄武岩组合 | SF | $(Qp_3d)$ | | | | | | | | | | | | 古近纪—第四纪旋回 | 晚三叠世以来构造岩浆旋回 |
| | | | | | | | | | | | | | | | | | | | | | | | | | | | |
| | | | | | | | | | | | | | | | | | | | | | | | | | | | |
| | 新近纪 | 上新世 | 大陆溢流玄武岩组合 | SF | $(N_2wc)$ | | | | | | | 大陆溢流玄武岩组合 | SF | $(N_2wc)$ | | | | | | | | | | | | | |
| | | 中新世 | | | | | | | | | | | | | | | | 大陆溢流玄武岩组合 | SF E | $(N_1h)$ | 大陆溢流玄武岩组合 | SF/E | $(N_1h)$ | | | | |
| 中生代 | 白垩纪 | 晚白垩世 | | | | 碱性玄武岩—流纹岩组合 | SF/E | $(K_2d)$ | | | | 玄武岩—英安岩—粗面岩—流纹岩组合 | SF | $(K_2g)$ | | | | | | | | | | 中晚期 | | 晚三叠世—白垩纪旋回 | |
| | | 早白垩世 | 碱性玄武岩—粗面岩组合 | SF | $(K_1m)$ | | | | 碱性玄武岩—粗面岩组合 | SF | $(K_1m)$ | 碱性玄武岩—粗面岩组合<br>玄武岩—英安岩—粗面岩—流纹岩组合<br>陆缘弧火山岩组合 | SF E<br>SF FOF | $(K_1m)$<br>$(K_1g)$<br>$(K_1l)$ | 碱性玄武岩—粗面岩组合 | SF E | $(K_1m)$ | 碱性玄武岩—粗面岩组合 | E SF/FOF | $(K_1y)$ | 碱性玄武岩—粗面岩组合 | SF FOF E | $(K_1y)$ | | | | |
| | 侏罗纪 | 晚世 | 高钾和钾玄质火山岩组合 | E/BSF SF/FOF | $(J_3b)$ | 高钾和钾玄质火山岩组合 | E/SF FOF/BSF | $(J_3b)$ | 高钾和钾玄质火山岩组合 | E/BSF SF/FOF | $(J_3b)$ | 高钾和钾玄质火山岩组合 | E/BSF SF/FOF | $(J_3b)$ | 高钾和钾玄质火山岩组合 | SF/FOF E BSF | $(J_3b)$ | 高钾和钾玄质火山岩组合 | E/SF FOF BSF | $(J_3b)$ | 高钾和钾玄质火山岩组合 | SF、E FOF BSF | $(J_3b)$ | 早中期 | | | |
| | | | 陆缘火山弧组合 | SF/FOF | $(J_3mn)$ | 陆缘火山弧组合 | SF/FOF | $(J_3mn)$ | 陆缘火山弧组合 | SF/FOF | $(J_3mn)$ | 陆缘火山弧组合 | SF/FOF | $(J_3mn)$ | 陆缘火山弧组合 | SF FOF | $(J_3mn)$ | 陆缘火山弧组合 | E/SF FOF BSF | $(J_3mn)$ | 陆缘火山弧组合 | SF、E FOF | $(J_3mn)$ | | | | |
| | | | 高钾和钾玄质火山岩组合 | E/BSF SF/FOF | $(J_3mk)$ | 高钾和钾玄质火山岩组合 | SF/FOF BSF/E | $(J_3mk)$ | 高钾和钾玄质火山岩组合 | E/BSF SF/FOF | $(J_3mk)$ | 高钾和钾玄质火山岩组合 | E/BSF SF/FOF | $(J_3mk)$ | 高钾和钾玄质火山岩组合 | SF、E FOF BSF | $(J_3mk)$ | 高钾和钾玄质火山岩组合 | E/SF FOF BSF | $(J_3mk)$ | 高钾和钾玄质火山岩组合 | SF、E FOF BSF | $(J_3mk)$ | | | | |
| | | 中世 | 陆缘火山弧组合 | E/SF | $(J_2m)$ | 陆缘火山弧组合 | SF/E | $(J_2m)$ | 陆缘火山弧组合 | E/SF | $(J_2m)$ | 陆缘火山弧组合 | E/SF | $(J_2m)$ | 陆缘火山弧组合 | | | | | | 强过铝火山岩组合 | E/SF | $(J_2x)$ | | | | |

图 3-4　内蒙古东部晚三叠世以来火山岩时空分布图

### (二)古近纪—第四纪火山岩

古近纪—第四纪火山岩在内蒙古东部分布也较广,包括中新世汉诺坝组($N_1h$)玄武岩、橄榄玄武岩,上新世五岔沟组($N_2wc$)橄榄玄武岩和更新世大黑沟组($Qp_3d$)橄榄玄武岩,均为稳定陆块环境的大陆溢流玄武岩。

# 第二节 火山岩岩相与火山构造

## 一、火山岩岩相

纵观研究区各时代火山岩中的火山岩岩相,归纳起来主要有如下几个类型(表 3-1)。

表 3-1 火山岩岩性、岩相划分及特征一览表

<table>
<tr><th colspan="2">岩相类型</th><th>出露位置</th><th>形态及特征</th><th>主要岩性</th><th>成岩环境</th><th>岩浆作用方式</th></tr>
<tr><td rowspan="4">爆发相</td><td>弹道坠落堆积</td><td>火山通道附近</td><td>呈环状、半球状,围绕中心式火山通道分布;特征是厚度大、变化快、不稳定、无分选性,角砾、集块大小混杂</td><td>集块岩、含集块角砾岩、火山角砾岩</td><td>地表开放环境</td><td>爆发式</td></tr>
<tr><td>空落堆积</td><td>主要分布在喷发中心式火山通道附近,比重较轻的火山碎屑相对离火山通道距离较远</td><td>环形、半环形、不规则带状;特征是多数呈层状产出,厚度稳定,与熔岩界线明显</td><td>流纹质、英安质、安山质、玄武质等不同成分的角砾凝灰岩,凝灰岩、火山灰凝灰岩</td><td rowspan="5">地表开放环境</td><td rowspan="3">爆发式</td></tr>
<tr><td>溅落堆积</td><td>分布在喷发中心周围</td><td>呈层状、似层状,具假流动构造;特征是厚度大,延伸远相对稳定,熔结结构</td><td>流纹质、英安质熔结角砾岩、熔结角砾凝灰岩</td></tr>
<tr><td>火山碎屑流堆积</td><td>分布在喷发中心周围的洼地(或斜坡上)</td><td>特征具假流动构造,产状平缓、厚度大、重结晶程度高、分造型差、柱状节理发育</td><td>流纹质、英安质熔结凝灰岩</td></tr>
<tr><td rowspan="2">喷溢相(溢流相)</td><td>宁静溢流堆积</td><td rowspan="2">多沿火山通道附近分布</td><td>特点是中酸性—酸性熔岩、多以中心式喷发为主,中性—基性熔岩多为裂隙式喷发,构成大小不同、薄厚不一的熔岩被</td><td>玄武岩、安山岩、英安岩、流纹岩、细碧岩(细碧玄武岩)</td><td rowspan="2">喷溢式</td></tr>
<tr><td>喷溢流堆积</td><td>火山爆发夹带熔浆流堆积</td><td>主要由中性—中酸性集块或角砾状岩石组成</td></tr>
</table>

续表 3-1

| 岩相类型 | 出露位置 | 形态及特征 | 主要岩性 | 成岩环境 | 岩浆作用方式 |
|---|---|---|---|---|---|
| 侵出相 | 多见于火山通道的内侧 | 各种形态的地质体 | 英安玢岩、安山玢岩、流纹斑岩、石英二长斑岩、石英斑岩、花岗斑岩 | 半封闭、半开放环境 | 侵出式 |
| 火口火山颈相 | 火山通道内侧 | 常呈管状、筒状,常见于裂隙式喷发。而中心式喷发平面上呈不规则等轴状,规模大小不等 | 流纹斑岩、安山玢岩、流纹质熔岩及角砾岩 | | 侵出式 |
| 潜火山岩相 | 火山通道内侧及火山断裂内 | 多呈椭圆状、不规则状或脉状 | 潜流纹斑岩、潜安山岩、潜英安岩、潜花岗斑岩、潜石英斑岩 | 封闭环境 | 侵入式 |
| 火山喷发-沉积相 | 形成于破火山口中央部位及火山机构内 | 分布局限、厚度变化大,火山碎屑物多为棱角-次圆状、大小混杂,分选性差,填隙物为火山灰,横向延伸较稳定,层理发育 | 凝灰质砂岩、凝灰质砂砾岩、凝灰质粉砂岩、沉凝灰岩等 | 地表开放环境 | 喷发-沉积式 |

## (一)爆发相

爆发相是指岩浆喷出地表时,因强烈爆炸作用而形成的各种粒级的火山碎屑物堆积成的地质体,包括以下几种堆积方式。

### 1. 弹道坠落堆积

弹道坠落堆积多见于大石寨组和满克头鄂博组,空间上多以不规则状、层状或透镜状分布于火山通道附近,呈环状、半环状围绕中心式火山通道分布。其堆积特点是厚度大、变化快、不稳定、无分选性、集块、角砾大小混杂,多呈棱角状或次棱角状。堆积物主要为安山质、英安质、流纹质等不同成分的集块岩、集块角砾岩、火山角砾岩等。有时见少量基底岩石的碎块,其中以中酸性—酸性成分集块岩和角砾岩为主。

### 2. 空落堆积

空落堆积主要由流纹质、英安质、安山质、玄武质等不同成分的角砾凝灰岩、凝灰岩组成。其中以中酸性—酸性角砾凝灰岩、凝灰岩最常见。由于火山碎屑物降落主要受大气和自身重力作用的控制,相对密度较轻的在空间分布上往往远离喷发中心或火山通道,呈环形、半环形或不规则带状分布。其堆积特点是多数呈层状产出,厚度稳定,与熔岩界线明显。

### 3. 溅落堆积

溅落堆积以塑性、半塑性熔岩饼和浮岩屑组成的岩石并具有焊结结构为特征。大石寨组的二段和满克头鄂博组内有分布,属于爆发火山碎屑物快速降落,迅速堆积的产物。碎屑物堆积后仍保持较高的温度,使火山碎屑物发生塑变,形成熔结结构。溅落堆积熔结火山凝灰岩可以指示火山口的位置。其特点是厚度大,延伸相对稳定,呈层状、似层状产出。具假流动构造,属于黏度较大的中酸性—酸性偏碱性熔浆经中心式火山喷发而成。组成溅落堆积物为流纹质、英安质等不同成分的熔结角砾岩和熔结角砾凝灰岩及熔结凝灰岩。

**4. 火山碎屑流堆积**

火山碎屑流堆积是指火山爆发产出的炽热火山碎屑物和高温气体组成的高密度碎屑物沿火山斜坡或低洼地带流动移迁定位的地质体。其特点是可以见假流动构造,产状平缓,熔结凝灰岩体内部均一,厚度大,重结晶程度高,分选性差,柱状节理发育,反映其堆积速度快,内部热结构成分均匀。

(二)喷溢相(溢流相)

喷溢相(溢流相)是火山岩中比较发育的一个相,包括宁静溢流堆积和喷溢流堆积。

**1. 宁静溢流堆积**

该堆积主要由基性—酸性熔岩组成,岩石类型主要由玄武岩、安山岩、英安岩、流纹岩组成。其中大石寨组以细碧岩(细碧角斑岩)为主,流纹岩次之。玛尼吐组以安山岩为主,而白音高老组则以流纹岩为主,梅勒图组则以玄武岩为主。熔岩产出的特征是岩浆成分和喷发方式有密切的关系,组成喷溢相的中酸性—酸性熔岩,多以中心式喷发为主,其熔岩流覆盖面积小,厚度相对较大,结晶程度反映酸黏岩浆黏稠度高,流动速度慢,运动距离短,快速冷凝。而中性—基性熔岩,其熔岩覆盖面积大,分布相对较广,构成大小不同、薄厚不一的熔岩被。其喷发形式上以裂隙式面型喷发为主。

**2. 喷溢流堆积**

该堆积主要由中性—中酸性集块或角砾熔岩组成,表现为火山爆发夹带熔岩流堆积,空间上多沿火山通道附近分布,多见于满克头鄂博组内。

(三)侵出相

岩浆沿火山通道上升,缓慢挤出地表冷凝堆积而成的各种形态地质体。该火山岩相多见于满克头鄂博组(大水菠萝一带)。岩石类型主要为安山玢岩、英安玢岩、流纹斑岩、花岗斑岩、石英二长斑岩等。

(四)火口火山颈相

沿火山通道贯入的熔岩或碎屑熔岩称为火山颈相,可以指出火山口的位置。以未出露地表而与侵出相有区别,但又与地表相通,处于半开放环境下成岩,这也是与潜火山岩相的区别所在,是一种过渡型岩相,常呈管状、筒状产出。根据其形态和喷发形式分为中心式和裂隙式两种。但野外常见的多为裂隙式。中心式在平面上呈不规则的等轴状,规模大小不等。而裂隙式常呈不规则状分布,一般长数百米到数千米。这种火山岩在满克头鄂博组内可见到。组成的岩石类型有流纹斑岩、安山玢岩、流纹质熔岩及角砾岩。与围岩往往呈侵入接触。

(五)火山喷发-沉积相

火山喷发-沉积相是比较发育的岩相之一。火山喷发物质落到水体中,或火山喷出物经剥蚀、搬运在水体中形成火山沉积岩,包括洪积、冰川-冰水沉积、火山泥石流沉积、火山口-破火山口沉积、火山洼地沉积、火山地堑沉积、弧盆及海盆火山沉积类型,形成各种类型的火山沉积岩。研究区火山岩的喷发-

沉积相主要为破火山口湖盆喷发沉积类型和火山泥石流沉积类型。形成的火山喷发沉积岩往往分布局限，厚度变化较大，各粒级的碎屑多为次棱角状—次圆状，大小混杂、分选性差，填隙物为火山灰。横向上延伸较稳定，层理发育。火山碎屑与陆源碎屑同沉积，主要形成凝灰质砂岩、凝灰质砂砾岩及粉砂岩等，有时可见沉凝灰岩、沉凝灰角砾岩。含有大量陆源碎屑物的岩石，成层性好，层理清晰，延伸稳定，常见有古生物化石，如格根敖包组和大石寨组的凝灰质砂岩，白音高老组和满克头鄂博组的凝灰质砂岩及凝灰质砂砾岩。

### （六）潜火山岩相

潜火山岩相形成于火山活动的中、晚期，空间上受同期火山机构的制约，形态上受火山基底断裂与次级构造控制，多呈椭圆状、不规则状，较集中分布于火山活动强烈地区，常见于火山通道的内侧及放射状、环状断裂内。主要岩石类型有潜安山岩、潜英安岩、潜流纹岩、潜流纹斑岩、潜花岗斑岩、潜石英斑岩等。

## 二、火山构造

### （一）火山构造的概念

火山构造是火山作用产物及其构造形迹的总称。既包括单一的火山机构，也包括火山作用与区域构造作用（断裂、隆起、凹陷）双重控制的、具有不同构造属性的火山机构组合的群体《全国矿产资源潜力评价技术要求》(2010)。

### （二）火山构造的分类

火山构造分类的原则是最低级的火山构造为基本的火山机构类型，较高级的火山构造为不同类型的较低级火山构造组合体（表 3-2）。

**表 3-2　火山构造分类表**（据陶奎元，1994）

<table>
<tr><th>级别</th><th>类型</th><th colspan="3">分类命名</th><th>构造-岩浆作用</th></tr>
<tr><td rowspan="2">Ⅰ</td><td rowspan="2">火山机构组合群体</td><td colspan="3">火山喷发带（线型）</td><td rowspan="2">区域构造作用与岩浆作用复合</td></tr>
<tr><td colspan="3">火山喷发区（面型）可以表现为巨型环形火山构造</td></tr>
<tr><td rowspan="3">Ⅱ</td><td rowspan="3">火山构造组合体类型</td><td colspan="3">火山构造隆起（正向）</td><td rowspan="3">岩浆作用与构造作用复合</td></tr>
<tr><td rowspan="2">火山构造洼地（负向）</td><td colspan="2">“V”形火山构造洼地</td></tr>
<tr><td colspan="2">“S”形火山构造洼地</td></tr>
<tr><td rowspan="6">Ⅲ</td><td rowspan="6">火山机构类型<br>（火山构造基本类型）</td><td rowspan="3">破火山</td><td rowspan="2">简单型</td><td>塌陷型</td><td rowspan="6">岩浆作用为主</td></tr>
<tr><td>沉陷型</td></tr>
<tr><td colspan="2">复活型</td></tr>
<tr><td rowspan="2">火山穹隆</td><td colspan="2">喷发-侵出穹隆</td></tr>
<tr><td colspan="2">喷发-侵入穹隆</td></tr>
<tr><td colspan="3">锥火山、盾火山（夏威夷型、冰岛型）溢流玄武岩、层火山、火山渣堆、低平火口（凝灰岩环、凝灰岩锥）</td></tr>
</table>

## （三）内蒙古火山构造类型及其划分

火山构造在内蒙古自治区是指中—新生代以来的环太平洋构造域的火山构造。古生代以前的火山构造属于环太平洋构造域形成之前的基底部分，而且由于遭受后期构造的影响多发生轻微变质和蚀变，原始火山构造已遭到破坏，保存很少，野外很难恢复火山构造。中—新生代的火山岩多分布于内蒙古东部，分布广，面积大，对研究火山构造提供了便利条件。因此，下面只对内蒙古东部中—新生代火山构造进行研究、划分（内蒙古东部中—新生代火山构造划分表，表3-3）。

**表3-3　内蒙古东部中—新生代火山构造类型及其划分一览表**

<table>
<tr><th>Ⅰ级</th><th>Ⅱ级</th><th>Ⅲ级</th><th>Ⅳ级</th><th>Ⅴ级</th></tr>
<tr><td rowspan="14">大兴安岭-燕山火山喷发带</td><td rowspan="4">根河-二连浩特火山活动亚带（西亚带）</td><td>苏吉南山火山喷发隆起带</td><td></td><td rowspan="4"></td></tr>
<tr><td rowspan="2">查干敖包-红格尔晚侏罗世火山喷发-断陷沉积盆地（负向）</td><td>阿尔布拉格火山喷发中心</td></tr>
<tr><td>巴彦乌拉火山喷发中心</td></tr>
<tr><td>扎博其仁火山喷发隆起带</td><td></td></tr>
<tr><td rowspan="10">布特哈旗-多伦火山活动亚带（中亚带）</td><td rowspan="2">新林镇-大石寨火山基底喷发隆起带</td><td>敖包梁塌陷型破火山</td><td>石猴子山寄生火山口、火山通道</td></tr>
<tr><td rowspan="3">小罕山塌陷型破火山</td><td>乌兰哈达寄生火山口</td></tr>
<tr><td rowspan="3">黄岗梁-察尔森火山基底喷发隆起带</td><td>敖瑞温都尔寄生火山口</td></tr>
<tr><td>哈布特盖寄生火山口</td></tr>
<tr><td>乌兰陶勒盖塌陷型破火山</td><td></td></tr>
<tr><td rowspan="5">五分地-布敦花火山基底喷发隆起带</td><td rowspan="5">雷家屯地区火山群</td><td>雷家屯破火山机构</td></tr>
<tr><td>洞山破火山机构</td></tr>
<tr><td>绪退沟破火山机构</td></tr>
<tr><td>谭家湾火山喷发中心</td></tr>
<tr><td>北家营子火山通道</td></tr>
</table>

各级火山构造特征分述如下。

大兴安岭-燕山火山喷发带（Ⅰ级）。

《内蒙古自治区地质志》（1980）将大兴安岭-燕山火山喷发带划分为3个亚带。大兴安岭-燕山火山活动带，东跨松辽盆地，西至二连浩特一带，南起燕山南麓，北到大兴安岭北端，为自治区内一级火山构造单元。带内火山及火山盆地主要呈北东向排列，而火山活动则明显地呈北西-南东向分异。据此，又划分出3个火山活动亚带，即根河-二连浩特火山活动亚带（简称西亚带）、布特哈旗-多伦火山活动亚带（简称中亚带）和松辽盆地-辽西火山活动亚带（简称东亚带）。西亚带与中亚带的分界线大致在博克图—五岔沟—西乌珠穆沁旗—集宁一带；中亚带与东亚带的分界线则以嫩江-八里罕深断裂为界。

### 1. 根河-二连浩特火山活动亚带（西亚带Ⅱ级）

火山活动开始于中侏罗世，到晚侏罗世的晚期达到高峰，而后是一个短暂的间歇，在早白垩世时又开始了新一轮的火山活动，但火山活动的强度有所减弱。从早到晚可以分为塔木兰沟旋回、满克头鄂博旋回、玛尼吐旋回、白音高老旋回、梅勒图旋回。另外在该亚带中又进一步划分出3个Ⅲ级火山构造和2个Ⅳ级火山构造。各旋回的火山活动特征及Ⅲ、Ⅳ级火山构造特征如下。

1)火山构造旋回特征

(1)塔木兰沟旋回。

火山活动开始于中侏罗世,以中基性、中性火山岩浆溢流为主,交替出现少量酸性火山岩浆的溢流和爆发。分布在根河、呼伦湖及二连盆地等地。多见于地堑盆地的边部,以镶边形式围绕在其他地质体四周,于平缓山坡地带或低洼处出露。该旋回的特征是流纹岩与玄武岩或粗安岩间互出现。

(2)晚侏罗世火山旋回。

晚侏罗世火山旋回内包含了满克头鄂博旋回、玛尼吐旋回、白音高老旋回。

火山活动发生于晚侏罗世的中晚期,火山活动强烈,岩浆分异明显,以酸性火山岩浆喷溢为主,少量为中碱性火山岩浆的溢流。主要分布在根河、呼伦湖及二连盆地等地。多见于地堑盆地中,构成了北北东及北东向的火山喷发岩带。

该旋回的特征是火山活动是从酸性火山岩浆的爆发、喷溢开始,经历了中碱性火山岩浆的溢流,结束于酸性火岩浆的喷溢和爆发。

(3)梅勒图旋回。

火山活动开始于白垩世,火山活动以中基性火山岩浆宁静溢流为主。在根河地区的火山活动先是短暂的爆发,然后转入宁静溢流,火山岩浆经历了由基性向中性演化的过程;而在呼伦湖地区的火山活动则以溢流为主,火山活动较弱,中间有一个较长时间的间歇。出露在地堑盆地两侧或底部的火山岩厚度比较稳定,岩石组合比较简单,而呈孤立的小面积出现的火山岩则厚度变化大,岩石组合也比较复杂。

2)火山构造特征

(1)查干敖包庙-红格尔晚侏罗世火山喷发-断陷沉积盆地(Ⅲ级)。

该喷发盆地长轴方向为北东,长大于100km,宽大于50km,分布于查干敖包庙—红格尔一带。主要由晚侏罗世玛尼吐组安山岩、粗安岩和白音高老组流纹质熔结凝灰岩、凝灰岩、流纹岩组成,而更新世阿巴嘎组玄武岩、玄武安山岩覆盖于其上。其内又包含了2个Ⅳ级火山构造,即阿尔布拉格火山喷发中心和巴彦乌拉火山喷发中心,但是由于北东向区域性大断裂的破坏,两个喷发中心均不完整,多处出现不完整或重叠现象,下面仅对出露较完整的阿尔布拉格火山喷发中心进行简略的描述,而巴彦乌拉火山喷发中心则不再描述。

阿尔布拉格火山喷发中心(Ⅳ)位于阿尔布拉格四周,平面上呈近椭圆状,长轴方向为北东向,直径约40km。从北东向南东的横截面上可以看出玛尼吐组和白音高老组重复出现,组成一个规则的火山喷发中心。由两个阶段形成,早期玛尼吐组火山活动较弱,火山喷发以溢流为主,形成了大面积的层状熔岩。晚期白音高老组火山活动强度较玛尼吐组有所增强,基本上是以爆发为主,爆发指数为0.6。

(2)扎博其仁火山喷发隆起带(Ⅲ)。

该火山岩构造带分布在扎博其仁一带,呈北东向展布。基底主要由早—中泥盆世泥鳅河组海相变质火山-沉积岩和晚石炭世—早二叠世宝力高庙组陆相火山岩、火山碎屑岩及二叠纪花岗岩组成。

该喷发隆起带的形成环境及构造背景与查干敖包-红格尔晚侏罗世火山喷发-断陷沉积盆地及苏吉哈日火山喷发隆起带是一致的。

**2.布特哈旗-多伦火山活动亚带(中亚带Ⅱ级)**

该亚带的火山活动强烈,它开始于中侏罗世中晚期,于晚侏罗世早期达到高峰,到晚侏罗世中晚期出现第二个高峰,然后逐渐减弱。岩石组合以安山岩-英安岩-流纹岩为主,并有少量的粗安岩、粗面岩。到了早白垩世火山又开始新一轮的活动,但火山活动的强度较弱。中亚带是中基性火山岩含量最少的一个亚带,火山岩浆具逆向演化特征。可划分出5个火山活动旋回,从早到晚为新民旋回、满克头鄂博旋回、玛尼吐旋回、白音高老旋回和梅勒图旋回。另外该亚带内还包括了3个Ⅲ级火山构造带和4个Ⅳ

级和一些Ⅴ级火山构造。各火山构造带特征及各火山活动旋回的特征如下。

1)火山活动旋回特征

(1)新民旋回。

该旋回发生于中侏罗世中晚期，火山活动较弱，分布局限，以间歇性酸性火山岩浆爆发为主，是中亚带强烈火山活动的序幕。在赤峰地区和兴安盟地区，该旋回以新民组为主。

(2)满克头鄂博旋回。

该旋回发生在晚侏罗世早期，它以酸性、中酸性火山岩浆喷溢为主，早中期局部有少量中性火山岩浆溢流。该旋回是大兴安岭-燕山火山活动带内最发育的火山旋回之一。火山活动由酸性火山岩浆爆发开始，早中期出现火山岩浆由酸性到中性的逆向演化是满克头鄂博旋回的特征。

(3)玛尼吐旋回。

该旋回发生在晚侏罗世的早中期，是紧接着满克头鄂博旋回之后的一次火山活动旋回，火山活动以间歇性的中性火山岩浆溢流为主，有少量的中酸性、酸性火山岩浆溢流或爆发。在该旋回内分布范围较小，出露零星，火山岩总量不足满克头鄂博旋回的1/5。

(4)白音高老旋回。

该旋回发生在晚侏罗世中晚期，火山活动强烈。早期以酸性火山岩浆喷溢为主，中晚期以中酸性火山岩浆喷溢为主，晚期火山活动减弱，变为间歇式喷发。它常以喷发不整合覆盖在玛尼吐组及以前的地层之上，火山岩浆从酸性向中酸性逆向演化是白音高老旋回的特征。

(5)梅勒图旋回。

该旋回发生在早白垩世早中期，火山活动较弱，以中基性、中性火山岩浆宁静溢流为主，伴有中性、中酸性火山岩浆的爆发。主要分布在兴安地区及多伦—喀喇沁旗地区，主要由梅勒图组组成，岩石组合比较复杂，常以喷发不整合覆盖于白音高老组及其以前的地层之上。

2)各级火山构造带特征

(1)新林镇-大石寨火山基底喷发隆起带(Ⅲ级)。

该带主要分布在赤峰北部地区的沙胡同—新林镇—大冷山林场—罕乌拉，后绕经霍林河西侧—东老头山—大石寨，呈北东向展布(30°～50°)。长度大于440km，宽度变化较大(10～40km)。基底地层主要为二叠系大石寨组火山岩，形成了大石寨组火山基底隆起，在隆起带的中部大部分地区均已被白音高老组火山岩覆盖，仅在局部地段见有零星的二叠系基底出露。在隆起带的边缘北东向及东西向断裂的交会处，形成了多个火山机构，晚期花岗岩体的分布方向与隆起分布方向一致，显然是受基底深断裂控制的结果。

(2)黄岗梁-察尔森火山基底喷发隆起带(Ⅲ级)。

该带从达里诺尔—黄岗梁—碧流台—甘珠尔庙—北雅马吐—察尔森一直向北东方向延伸。本带出露的长度大于520km，宽15～40km。基底地层为二叠系大石寨组火山岩。在该带的北东段，尤其在巴扎嘎东北部，基底地层仅呈零星分布，其余地段多被白音高老组火山岩酸性凝灰岩所覆盖。

该隆起带的断裂构造十分发育，主要分布在中部及边缘地段，以北东向和东西向为主，北西向和南北向断裂次之，它们多次活动、相互切割，在隆起带的边缘上形成多个火山机构。岩浆活动频繁而强烈，尤其是燕山晚期花岗岩侵入体，分布较广，多呈小岩株产出，其分布方向与基底隆起带方向一致。

(3)五分地-布敦花火山基底喷发隆起带(Ⅲ级)。

该带自赤峰地区的红山—五分地—白音沟—陶海营子—布敦花与孟思隆起交会，到莲花一带，沿北东向带状延伸(40°～50°)，长达560km，宽15～25km，其边缘界线多呈“多”字形。带内古生代地层广泛分布，以大石寨组、黄岗梁组为主，局部地段被侏罗纪火山碎屑岩覆盖。断裂发育，主要为北东向和北西向两组，南北向和东西向断裂仅在局部零星分布。北西向的断裂规模较大，多已被河流所占，具等距性。岩浆活动强烈，以小岩株为主，多分布在隆起带的中部和边缘地带。

综上所述，3条隆起带有以下几个共同特点：①隆起带分布具等距性，间距为30km左右，断裂分布同样具等距性，北西向断裂间距 65km，东西向断裂间距 40～60km。②岩浆活动强烈，受基底断裂控制，岩体产状有规律变化。以甘珠尔庙一带为界，在南部赤峰地区的东南段以小岩株为主，向北逐渐变为以岩基为主，北部地区则相反，南东段以岩基为主，北西段则以小岩株为主。③火山基底隆起带中的隆起幅度各有不同，在赤峰地区隆起幅度较大，二叠系基底出露较多，而在通辽地区隆起幅度小，二叠系基底出露较小。④隆起带呈北东向展布，其边缘断裂发育，造成了“多”字形展布特征，它的生成、演化不仅控制了地层的展布，也控制了火山活动和矿产生成。

(4)敖包梁塌陷型破火山(Ⅳ)。

敖包梁塌陷型破火山位于乌丹镇北西 6km 处，呈椭圆形北东向展布，长约 46km，宽达 33km，总面积约 1100km$^2$。在地貌上中部地势较低，四周较高，有大小不等的 9 座寄生火山及 2 个火山坳陷。形成了山峦重叠的环形山。周围环状及放射状断裂十分发育，是一个较完整的破火山机构。

寄生火山构造(Ⅴ)特征见敖包梁破火山机构中各寄生火山特征一览表(表 3-4)。

**表 3-4 敖包梁破火山机构中各寄生火山特征一览表**

| 名称 | 形态 | 面积(km$^2$) | 地质特征 |
| --- | --- | --- | --- |
| 官坟 | 等轴状 | >30 | 外环由爆发相的集块岩组成；内环由喷溢相的酸性熔岩组成；火山口被砾流纹岩堵塞，形成岩钟，产状外倾 |
| 石猴子山 | 椭圆形 | 40 | 火山通道被酸性熔结凝灰岩堵塞，周围由酸性角砾凝灰岩、集块岩组成 |
| 六和庄 | 椭圆形 | 4.5 | 火山通道被流纹岩赌塞，外围由爆发相的火山集块岩组成 |
| 上喇嘛梁 | 等轴状 | 12 | 仅出露火山通道相，由酸性熔结凝灰岩组成 |
| 上边达营子 | 等轴状 | 6 | 仅出露火山通道相，由酸性熔结凝灰岩组成 |
| 少郎山 | 等轴状 | 30 | 火山通道被酸性碎斑熔岩堵塞，周围为爆发相的集块岩、火山角砾岩等组成，产状内倾 |

(5)小罕山塌陷型破火山(Ⅳ)。

小罕山塌陷型破火山位于浩尔吐东北部，呈椭圆形，呈北东 40°～50°方向展布，形成于早期火山活动旋回，北东有乌兰哈达山寄生火山，北面及南面分别有敖瑞温都尔、哈布特盖寄生火山，西面有哈拉盖特火山坳陷，长约 32km，宽约 15km，总面积达 410km$^2$。

乌兰哈达寄生火山(Ⅴ级)：位于小罕山塌陷型破火山机构的北东部，近圆形。火山口被碎斑安山岩堵塞，形成标高 1104m 的正向峰，四周由酸性碎屑岩组成，环状、放射状断裂发育。该寄生火山以强烈爆发为特征。

敖瑞温都尔寄生火山(Ⅴ级)：位于小罕山塌陷型破火山机构的南东侧，呈椭圆形北东向展布。由于强烈剥蚀，仅残存火山通道内的酸性火山碎屑岩，产状内倾，倾角 50°左右。与围岩(二叠系)呈侵入接触。火山通道的周围环状及放射状断裂较发育，较大者分布在北侧，使火山基底与主体火山机体呈断层接触。浅—超浅成侵入体十分发育，呈脉状或小岩株状产出。尤其是花岗斑岩出露较多，主要呈小岩株状，沿环状、放射状断裂充填。如浩尔吐北及东山湾等地均有出露，并形成了钨、锡矿点。

哈布特盖寄生火山(Ⅴ级)：位于小罕山塌陷型破火山机构的西侧，东部被浅—超浅成侵入体吞蚀，西部被断层切割，北部是酸性角砾凝灰岩，并侵入二叠系。将北东向展布的火山通道破坏，形成一个三角地块，残存面积约 28km$^2$。地貌上为正地形，中部地势较高，主峰标高 1366m，为通道的中心部位，四周较低，一般标高在 1000m 左右，火山通道内岩性单一，主要为集块岩或含集块的火山碎屑岩。由于火山多次活动，其岩性及所含角砾的多少也不相同，从而形成了环带状分布。

(6)乌兰陶勒盖塌陷型破火山(Ⅳ级)。

乌兰陶勒盖塌陷型破火山位于黄岗梁-察尔森火山基底隆起带西南端的东南侧，而东南侧又与大板-乌兰浩特火山喷发带相接，断裂十分发育，有北东向、北西向、东西向断裂在此交会，为火山活动提供了良好的通道。

(7)雷家屯地区火山群(Ⅳ级)。

雷家屯地区火山群位于丰水山—北杨家营子一带，它包括了雷家屯、绪垦沟、洞山破火山及谭家湾火山喷发中心和北杨家营子火山通道。这些火山生成时间相同，产在同一地区，喷发类型相似，称为火山群。

雷家屯破火山机构(Ⅴ级)：位于北杨家营子镇东南1km处，呈北西向椭圆形展布，长轴方向310°～320°，长6.5km，宽6km，总面积40km²。该火山机构由晚期火山活动旋回所喷发出的一套酸性夹少量中酸性火山碎屑岩组成，厚度达1 098.3m。晚期有斜长斑岩岩株和流纹岩侵入。从中心到边缘碎屑由粗到细呈周期性变化，至少由5个喷发韵律组成。该火山机构为中心式火山机构。

洞山破火山机构(Ⅴ级)：位于雷家屯破火山机构南西2km处，以洞山为中心，北起南下段，南至新井屯，西到大营子西沟，东到丰水山，呈圆形，面积50km²左右。在地貌上形成环状及放射状山脊和沟谷。中心为负地形，呈马蹄形向东敞开。由酸性火山岩及碎屑岩和中性的安山岩、辉石安山岩组成。

绪垦沟破火山机构(Ⅴ级)：分布于雷家屯破火山机构的东侧，呈椭圆形北东向展布，面积约70km²。地貌上为正地形，最高山峰标高1000余米。中心部位保留有向西开口的马蹄形凹陷，放射状及环状沟谷也很发育，与火山机构中的环状放射状断裂相吻合。

北杨家营子火山通道(Ⅴ级)：位于雷家屯火山群最北部，呈椭圆形北东向展布，长轴走向为50°，长达3km，宽约1.5km，火山通道内被深灰色含集块的酸性角砾凝灰岩、酸性岩屑晶屑凝灰岩及酸性熔岩等充填。形成陡峭的山峰，主峰标高1000余米。四周较低，标高600m，在层位上相当于白音高老组。环状及放射状断裂发育，但多被后期花岗岩脉、流纹岩脉、闪长玢岩脉及含矿石英脉充填。

谭家湾火山喷发中心(Ⅴ级)：位于洞山破火山机构的南侧，谭家湾村南东1km处，喷发中心由集块岩组成，集块大小不等，直径一般为5～20cm，大者2～4m，最大者达10余米。分布杂乱，呈角砾状或次棱角状。胶结物为酸性熔结凝灰岩，局部见流纹岩，走向90°，倾向北。在地貌上为孤立的残丘，两侧为酸性凝灰岩，周围被第四系掩盖。

雷家屯火山群内以中低温热液蚀变为特征。以绿泥石化、硅化、碳酸盐岩化、绢云母化、黄铁矿化、褐铁矿化为主，其次为钠黝帘石化、赤铁矿化、钾化、钠化等。

矿化以多金属为主，多分布在火山机构的边缘，环状或放射状断裂及浅成侵入体中，火山机构内部也有矿化显示。

综上所述，这个地区的火山机构有以下几个特点：①以强烈爆发为其特征，并以早期和晚期旋回为主。其爆发强度因地而异，赤峰地区以早期喷发旋回为最强，通辽地区以晚期喷发旋回为最强。②火山喷发类型主要为中心式，火山喷发并以塌陷型破火山为主，在各火山机构生成和演化的不均匀性及所处构造位置不同，塌陷强度也各有不同。③火山通道中，多数均有浅—超浅成侵入体(潜火山岩)或酸性熔结凝灰岩侵出。④破火山周围，多见有沿环状断裂分布的寄生火山，呈"轴承"状分布在主火山口的周围。⑤各火山机构的演化特征，基本一致，多数破火山都经历过早期强烈喷发-塌陷、侵入阶段，中期宁静的喷溢、侵入阶段和晚期火山喷发、塌陷、侵入阶段。

(8)松辽盆地-辽西火山活动亚带(东亚带Ⅱ级)。

东亚带(松辽盆地-辽西火山活动亚带)在本区没有出露，故不再描述。

纵观内蒙古自治区内的火山构造类型繁多，但有些火山构造的研究甚少，仅对火山构造研究有一定资料的进行了描述，对缺少研究的火山构造就不再一一列举描述。

# 第三节　火山岩岩石构造组合的划分及其特征

火山岩岩石构造组合是指用以表达板块边界或特定板块内部环境特征的岩石组合(《全国矿产资源潜力评价技术要求》2011 年),其划分的依据如下。

(1)依据所收集到的火山岩岩石化学测试结果,分析出岩石化学特征和地球化学特征。

(2)依据在同一构造环境中与火山岩共生(或伴生)的侵入岩、沉积岩及变质岩和大型变形构造的特征,综合分析火山岩的岩石组合所在的大地构造环境,来进一步确定其大地构造相及亚相。

(3)依据全国矿产资源潜力评价项目技术要求上提供的火山岩的六大环境,31 种火山岩岩石构造组合类型。

(4)依据火山岩出露的时空分布演化特点及所在大地构造环境和岩石组合特征。

## 一、前南华纪变质火山岩的岩石构造组合

### 1. 古太古代兴和岩群变质火山岩古陆核组合

该组合主要分布在兴和县南部的葛胡窑—黄土窑地区。原岩为拉斑玄武岩、钙碱性火山岩及火山碎屑岩(夹硅铁质岩)组合。出露总厚度大于 2373m。其大地构造相为基底杂岩相,陆核亚相。

### 2. 中太古代集宁岩群变质火山岩古陆核组合

该组合主要分布在集宁—凉城一带。原岩为含碳质富铝半黏土岩、泥质凝灰质砂岩,并夹有火山岩及碳酸盐岩。总厚度大于 15 000m。其大地构造相为基底杂岩相,陆核亚相。

### 3. 中太古代乌拉山岩群变质火山岩古陆核组合

该组合主要分布在乌拉山—大青山及西部的狼山—千里山—阿拉善南部的雅布赖山一带。原岩多数为钙碱性的基性火山岩,部分相当于拉斑玄武岩及正常碎屑沉积岩。出露厚度大于 4158m。其大地构造相为基底杂岩相,陆核亚相。

### 4. 新太古代色尔腾山岩群变质火山岩岛弧组合

新太古代色尔腾山岩群主要分布在大青山—乌拉山一线,而且主要局限分布在色尔腾山脉一带。近东西向展布,厚度大于 2444m。前人在该岩群内取得安山岩 Sm-Nd 等时代年龄值为 1244Ma。

岩石组合为角闪岩、斜长角闪岩、黑云角闪片岩、阳起片岩、角闪斜长变粒岩、黑云斜长片岩、二云斜长片岩夹硅铁质岩。原岩恢复角闪岩、黑云角闪岩、黑云角闪片岩、阳起片岩为深海相拉斑玄武岩,而硅铁质岩石的出现也表明了是深海沉积的产物。而角闪斜长变粒岩、黑云斜长片岩、二云斜长片岩的原岩恢复为钙碱性火山岩。根据稀土元素配分模式曲线为右倾斜,表明了原岩具有岛弧钙碱性火山岩的特点(图 3-5、图 3-6)。

总体上色尔腾山岩群原岩为一套海相中基性—中酸性火山岩建造＋硅铁质岩建造,大地构造相为古弧盆相,岛弧亚相。

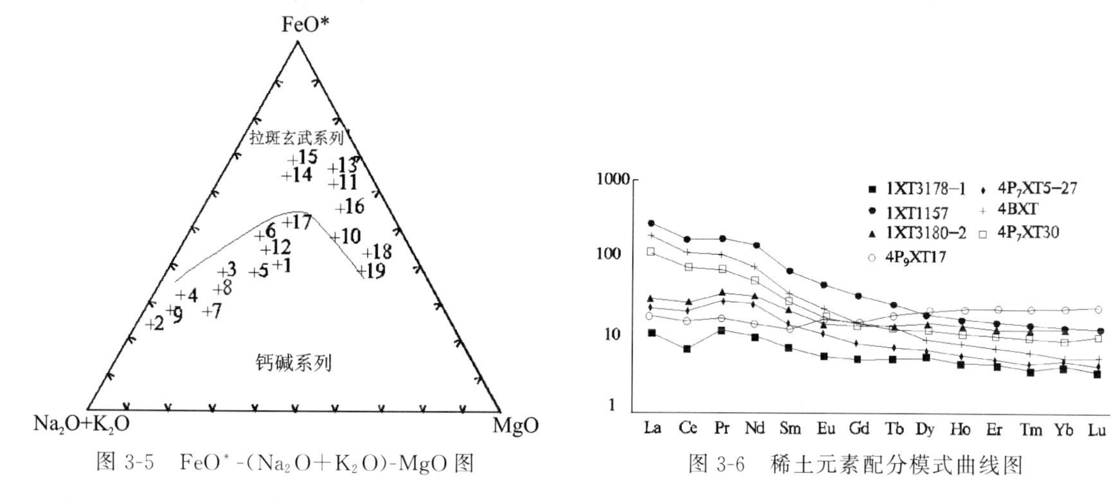


图 3-5　$FeO^*$-($Na_2O+K_2O$)-MgO 图

图 3-6　稀土元素配分模式曲线图

**5. 古元古代宝音图岩群岛弧火山岩组合**

宝音图岩群主要分布在狼山以北宝音图—锡林浩特一线。岩石组合为高绿片岩相的变质火山岩，其原岩为一套沉积岩夹中基性—中酸性火山岩建造。经岩相学、岩石化学及地球化学特点恢复原岩，透辉石岩-角闪石岩为基性、超基性火山岩；而角闪片岩、阳起片岩及斜长变粒岩原岩为玄武安山岩和英安岩。

根据稀土元素配分模式曲线图解可以看出宝音图岩群的变质岩多具有轻稀土富集，而重稀土亏损的特征，铕异常不明显，稀土配分曲线明显向右倾斜，显示了这套变质火山岩具有岛弧火山岩的特征。大地构造相为弧盆相，岛弧亚相。

**6. 古元古代北山岩群变质火山岩古弧盆系组合**

北山岩群变质火山岩主要分布在西部的阿拉善盟北山地区。原岩上部为正常的海相碎屑岩；中下部为碎屑岩-中酸性火山岩夹中基性火山岩及碳酸盐岩组合，出露厚度大于 2205m。其大地构造相为古弧盆系相，弧后盆地亚相。

**7. 古元古代兴华渡口岩群变质火山岩古弧盆系组合**

兴华渡口岩群变质火山岩主要分布在研究区东部的鄂伦春自治旗松岭及加格达奇一带。其原岩为泥质、泥砂质碎屑岩夹有中基性火山岩和少量的碳酸盐岩，出露厚度大于 7200m。其大地构造相为古弧盆系相，弧后盆地亚相。

**8. 中元古代渣尔泰山群变质火山岩陆缘裂谷组合**

渣尔泰山群变质火山岩主要分布在炭窑口—渣尔泰山—固阳一带。出露厚度大于 2831m。原岩组合为砂岩、泥岩、砂砾岩、灰岩夹基性火山岩。其大地构造相为陆缘裂谷相，裂谷中心亚相。

**9. 中元古代白云鄂博群变质火山岩陆缘裂谷组合**

白云鄂博群中的变质火山岩以分布在达茂旗白云鄂博铁-铌-稀土矿区附近的尖山组为代表。其岩性组合极为复杂，有变辉绿岩、粗面岩、流纹质英安岩、流纹岩、白云岩、黑云母岩、钠闪岩-长石岩、钠辉岩-长石岩、红柱石-黑云母角闪片岩及碳质绢云母板岩。但仅前四种为火山岩，其中，粗面岩分布范围较广，与矿化关系密切，白云鄂博铁矿的主矿和东矿区附近的铌、稀土、铁含量最高，粗面岩出露的厚度最大；西矿区矿体相对较贫，粗面岩出露的厚度相对较小(据 1∶25 万白云鄂博幅区域地质调查报告)。其大地构造相为陆缘裂谷相，裂谷中心亚相。

### 10. 中元古代温都尔庙群变质火山岩蛇绿混杂岩组合

温都尔庙群包括了哈尔哈达组和桑根达来呼都格组，主要分布在索伦山—温都尔庙—锡林浩特一带，成近东西向展布，桑根达来呼都格组变质火山岩较具代表性，故以桑根达来呼都格组为例进行描述，厚度大于 2444m。

岩石组合为绿泥绿帘石英片岩-绿泥绿帘阳起片岩-石英岩夹基性火山熔岩、含铁石英岩。原岩恢复为细碧角斑岩组合、拉斑玄武岩系列。赋含铁矿。其大地构造相为蛇绿混杂岩相，洋内弧亚相。

## 二、南华纪—中三叠世火山岩岩石构造组合

南华纪—早三叠世为古亚洲洋构造演化巨旋回，其经历了多个旋回和亚旋回不同大地构造性质的火山岩喷发活动，既有俯冲火山岩，又有大陆裂谷火山岩，还有后碰撞火山岩。

### （一）南华纪—震旦纪俯冲火山岩

南华纪—震旦纪(Nh—Z)俯冲期火山岩广泛分布于贺根山-扎兰屯俯冲增生杂岩带以北，包括满洲里-莫尔道嘎新元古代火山弧、伊敏河-李增碰山新元古代火山弧和罕达盖-西瓦尔图新元古代火山弧。这些火山弧火山喷发受控于贺根山-扎兰屯俯冲增生杂岩带于新元古代早期的俯冲作用。该时期额尔古纳岛弧与东乌珠穆沁旗-多宝山岛弧之间还未出现海拉尔-呼玛弧后盆地，分布范围远没有这么宽，是新元古代之后肢解裂开的。

#### 1. 南华纪(Nh)成熟岛弧安山岩-英安岩-流纹岩组合

南华系(Nh)主要零散分布于额尔古纳岛弧、海拉尔-呼玛弧后盆地和东乌珠穆沁旗-多宝山岛弧之中。

在南华纪佳疙瘩组(Nh*j*)半深海浊积岩组合内夹有变安山岩、安山玄武岩及少量流纹质火山碎屑岩，根据区域地质调查样品岩石化学数据（表 3-5～表 3-7）分析，中基性火山岩 A/CNK<1.1，为壳幔混合源，在 $Al_2O_3$-标准矿物斜长石图解中为拉斑系列-钙碱系列（图 3-7），在 $FeO^*/MgO$-$TiO_2$ 图解中为洋中脊拉斑玄武岩和岛弧拉斑玄武岩（图 3-8），在 $\log\tau$-$\log\sigma$ 图解中位于造山带火山岩区（图 3-9），在 $TiO_2$-$Al_2O_3$-$K_2O$ 图解中主要为岛弧造山带（图 3-10），其构造环境为火山弧。

**表 3-5　新元古代火山岩岩石化学成分含量及主要参数**　　单位：%

| 序号 | 样品号 | $SiO_2$ | $TiO_2$ | $Al_2O_3$ | $Fe_2O_3$ | FeO | MnO | MgO | CaO | $Na_2O$ | $K_2O$ | $P_2O_5$ | LOS | Total | $Mg^{\#}$ | $FeO^*$ | A/CNK | $\sigma$ | A.R | SI | DI |
|---|---|---|---|---|---|---|---|---|---|---|---|---|---|---|---|---|---|---|---|---|---|
| 1 | 2GS9050a | 57.52 | 1.00 | 16.50 | 7.40 | 1.44 | 0.28 | 1.64 | 7.96 | 3.02 | 1.92 | 0.18 | 2.03 | 100.89 | 0.40 | 8.09 | 0.77 | 1.68 | 1.51 | 10.64 | 50.67 |
| 2 | 2P8GS19 | 44.56 | 1.30 | 12.16 | 1.52 | 11.46 | 0.18 | 15.38 | 7.30 | 0.35 | 0.16 | 0.18 | 0.68 | 95.23 | 0.69 | 12.83 | 0.86 | 0.17 | 1.05 | 53.27 | 0.99 |
| 3 | 2P2GS2 | 80.81 | 0.08 | 10.15 | 0.74 | 0.39 | 0.01 | 0.42 | 0.37 | 0.10 | 4.26 | 0.03 | 1.75 | 99.11 | 0.51 | 1.06 | 1.85 | 0.50 | 2.42 | 7.10 | 90.47 |
| 16 | 2P25GS11 | 58.38 | 1.30 | 16.00 | 3.91 | 2.92 | 0.10 | 2.90 | 2.77 | 4.53 | 3.05 | 0.52 | 4.43 | 100.81 | 0.54 | 6.44 | 1.02 | 3.74 | 2.35 | 16.75 | 69.61 |
| 17 | 2P8GS13 | 55.63 | 1.24 | 17.39 | 5.21 | 3.59 | 0.15 | 2.84 | 2.84 | 4.37 | 2.20 | 0.38 | 3.68 | 99.52 | 0.47 | 8.27 | 1.18 | 3.42 | 1.96 | 15.60 | 63.35 |
| 18 | C2APTC69 | 75.76 | 0.23 | 12.35 | 1.76 | 1.00 | 0.01 | 0.68 | 0.49 | 0.13 | 5.67 | 0.06 | 1.88 | 100.02 | 0.42 | 2.58 | 1.70 | 1.03 | 2.65 | 7.36 | 87.18 |
| 19 | 2P2GS10-1 | 47.20 | 4.49 | 13.21 | 8.30 | 8.73 | 0.34 | 4.23 | 7.16 | 0.12 | 0.64 | 1.20 | 4.66 | 100.28 | 0.38 | 16.19 | 0.95 | 0.14 | 1.08 | 19.21 | 26.68 |
| 20 | 2P18GS19-1 | 44.56 | 1.3 | 12.16 | 1.52 | 11.46 | 0.18 | 15.38 | 7.3 | 0.35 | 0.16 | 0.18 | 0.68 | 99.41 | 0.69 | 12.8 | 0.86 | 0.167 | 1.05 | 53.27 | 4.13 |

注：18 号为大网子组(Z*d*)岩石，其他皆为南华系佳疙瘩组(Nh*j*)岩石。

表 3-6 新元古代火山岩稀土元素含量及主要参数 单位：$\times10^{-6}$

| 序号 | 样品号 | La | Ce | Pr | Nd | Sm | Eu | Gd | Tb | Dy | Ho | Er | Tm | Yb | Lu | ΣREE | ΣLREE | ΣHREE | LREE/HREE | δEu |
|---|---|---|---|---|---|---|---|---|---|---|---|---|---|---|---|---|---|---|---|---|
| 1 | 2GS9050a | 14.8 | 29.3 | 3.83 | 17.2 | 3.1 | 0.96 | 3.86 | 0.5 | 2.44 | 0.43 | 1.12 | 8.16 | 1.32 | 0.16 | 101 | 69.2 | 18 | 3.85 | 0.85 |
| 16 | 2P25 GS11 | 53.2 | 83.5 | 12.7 | 65.6 | 12 | 2.65 | 10.3 | 1.61 | 8.1 | 1.53 | 4.31 | 0.63 | 4.31 | 0.55 | 288 | 230 | 31.3 | 7.32 | 0.71 |
| 17 | 2P8 GS13 | 63.1 | 138 | 16.6 | 78.7 | 11.4 | 3.28 | 12 | 1.26 | 8.63 | 1.52 | 4.57 | 0.62 | 4.19 | 0.55 | 362 | 311 | 33.3 | 9.33 | 0.85 |
| 18 | C2AP8 TC69 | 141 | 283 | 34 | 131 | 40.7 | 0.72 | 38.1 | 7.1 | 48.6 | 10.6 | 29.8 | 3.58 | 20.7 | 2.82 | 792 | 630 | 161 | 3.91 | 0.06 |
| 19 | 2P2GS 10-1 | 60.2 | 126 | 16.5 | 85.9 | 22.7 | 4 | 20.3 | 3.05 | 17.1 | 3.08 | 8.66 | 1.2 | 7.84 | 1.06 | 377 | 315 | 62.3 | 5.06 | 0.56 |

注：18 号为大网子组(*Zd*)岩石，其他皆为南华系佳疙瘩组(Nh*j*)岩石。

表 3-7 南华系佳疙瘩组火山岩微量元素含量 单位：$\times10^{-6}$

| 序号 | 样品号 | Sr | Rb | Ba | Th | Nb | Zr | Cr | Ni | Co | V | U | Y | Li |
|---|---|---|---|---|---|---|---|---|---|---|---|---|---|---|
| 1 | 2GS9050a | 580.4 | 85 | 559 | 9.1 | 10 | 157.4 | 48.7 | 45.30 | 23.40 | 138.3 | 1.5 | | |
| 2 | 2P8GS19 | 150.1 | 14.5 | 217 | 6.9 | 12.9 | 80.7 | 849 | 386.90 | 51.60 | 155.3 | 0.5 | | |
| 3 | 2P2GS2 | 14.8 | 270.8 | 116 | 19.8 | 21.4 | 73.2 | 9.5 | 4.90 | 2.20 | 2 | 3.6 | | |
| 4 | 2P8Y9-2 | 180.6 | 10.7 | 189 | 5.3 | 17.7 | 138.6 | 177 | 101.20 | 45.10 | 233.3 | 0.4 | | |
| 5 | 2P8Y12-1 | 577.2 | 13.9 | 272 | 7.6 | 18.4 | 151 | 113 | 100.00 | 57.40 | 226.5 | 0.4 | | |
| 6 | 2P8Y17-1 | 111.7 | 14.5 | 218 | 7.8 | 19.7 | 155 | 59.9 | 58.00 | 36.10 | 185.8 | 0.5 | | |
| 7 | 2P8Y23-1 | 454.1 | 19.1 | 857 | 6 | 16.3 | 131.1 | 121 | 92.70 | 58.90 | 194.9 | 0.4 | | |
| 8 | 2P8Y29-1 | 222.5 | 19 | 235 | 9 | 22.6 | 372.7 | 243 | 93.90 | 52.80 | 188.9 | 0.4 | | |
| 9 | 2P8Y31-1 | 381.3 | 22 | 247 | 5.9 | 20.3 | 217.3 | 140 | 83.50 | 40.10 | 189 | 0.4 | | |
| 10 | 2P8Y33-1 | 241.5 | 19.9 | 865 | 9.6 | 12.9 | 86 | 345 | 267.30 | 92.30 | 143.7 | 2.3 | | |
| 11 | 2P8Tc22Y1 | 616.4 | 78 | 666 | 10.7 | 22.8 | 338.8 | 58.8 | 41.80 | 24.80 | 147.4 | 0.5 | | |
| 12 | 2P8TC23Y2 | 496.7 | 31.4 | 614 | 11.8 | 22.8 | 374.2 | 122 | 34.70 | 37.60 | 187.1 | 0.5 | | |
| 13 | 2P8TC33Y1 | 309.7 | 201.7 | 592 | 15 | 15.3 | 342.9 | 23.7 | 14.10 | 10.00 | 93.9 | 3.3 | | |
| 14 | 2P8Y30-2 | 258.9 | 28.1 | 411 | 9.4 | 23.8 | 247.6 | 109 | 63.60 | 53.40 | 231.4 | 0.5 | | |
| 15 | 2P8Y24-1 | 166.4 | 12.2 | 260 | 4 | 16.7 | 136.7 | 252 | 148.50 | 50.50 | 203.7 | 0.4 | | |
| 16 | 2P25GS11 | 335.8 | 75.6 | 592.8 | 12.7 | 15.5 | 334.5 | 17.5 | 11.90 | 12.80 | 99.2 | | | 20.5 |
| 17 | 2P8GS13 | 589.2 | 64.5 | 600 | 4.6 | 7.6 | 166.1 | 24.7 | 18.70 | 35.00 | 206.3 | | 25.1 | 32.2 |

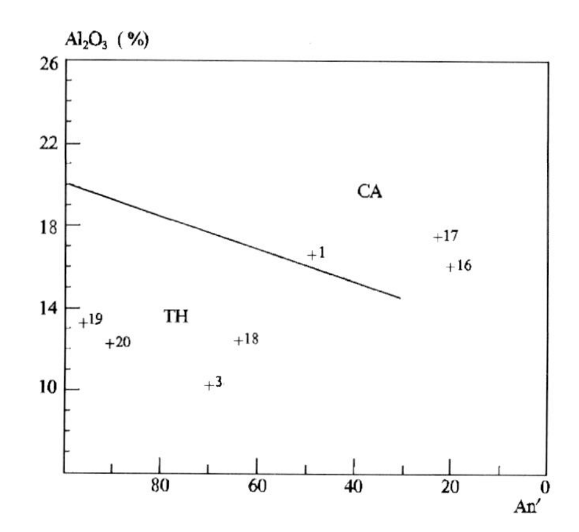


图 3-7 $Al_2O_3$-标准矿物斜长石图解(据 Irvine,1971)
$An'=100\times An/(An+Ab+5/3Ne)$；
TH. 拉斑玄武岩区,CA. 钙-碱性火山岩区

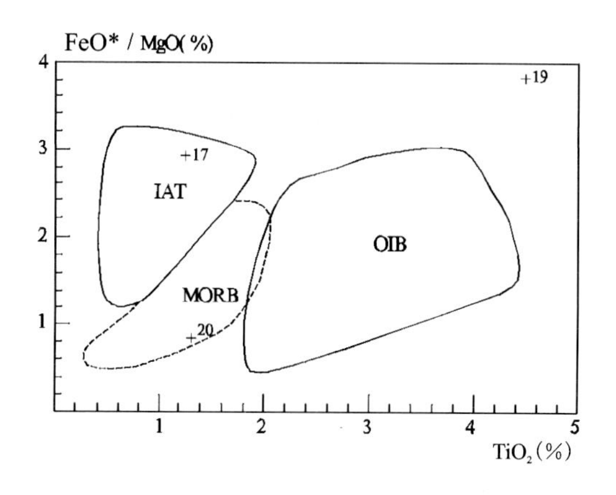


图 3-8 $FeO^*/MgO-TiO_2$ 图解(据 Glassily,1974)
MORB. 洋中脊拉斑玄武岩；OIB. 洋岛拉斑玄武岩；
IAT. 岛弧拉斑玄武岩

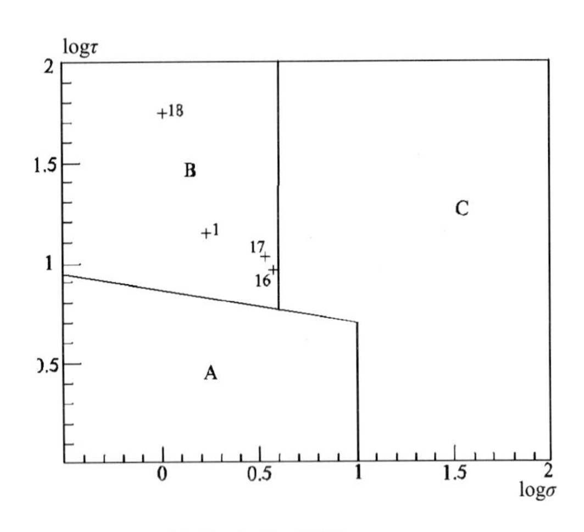


图 3-9 里特曼-戈蒂里图解(据 Rittmann,1973)
A. 非造山带火山岩;B. 造山带火山岩;
C. A、B 区派生的碱性、偏碱性火山岩

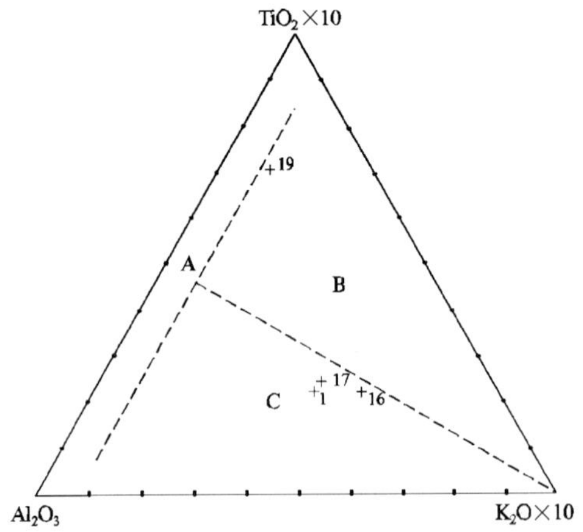

图 3-10 大洋火山岩和大陆火山岩的判别图解(据赵崇贺,1989)
A. 大洋玄武岩区;B. 大陆裂谷型玄武岩、安山岩区;
C. 岛弧造山带玄武岩、安山岩区

**2. 震旦纪英安岩-流纹岩组合(Z)**

在海拉尔-呼玛弧后盆地东部边界附近出露震旦纪大网子组(*Zd*)英安岩-流纹岩组合,其岩性为变质英安质晶屑玻屑凝灰岩,变火山灰凝灰岩、变长石石英砂岩、板岩,变凝灰岩内含藻类化石,Sm-Nd 同位素年龄(1330±55)Ma,该组地层为一套浅海相陆源碎屑-火山沉积建造,只有一个 18 号样品,在硅-碱图中为亚碱性系列,在 logτ-logσ 图解中样点落在造山带火山岩区(图 3-9),在 A-F-M 图解中为钙碱系列(图 3-11),结合建造特征,判断大地构造环境为成熟岛弧。

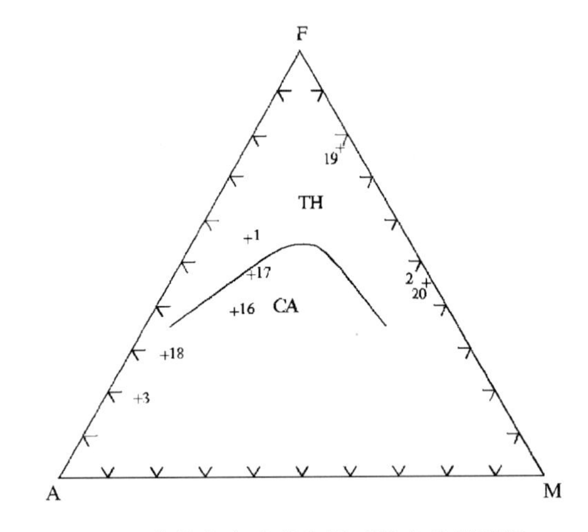


图 3-11 区分拉斑玄武岩和钙碱性玄武岩图解
(据 Irvine,1971)
TH. 拉斑玄武岩套;CA. 钙-碱性岩套

## (二)奥陶纪—早志留世俯冲火山岩

奥陶纪—早志留世(O—$S_1$)俯冲火山岩主要分布在贺根山-扎兰屯俯冲增生杂岩带以北和朝阳地-解放营子俯冲增生杂岩带以南。

**1. 罕达盖-库伦沟早中奥陶世火山弧玄武岩-安山岩-流纹岩组合($O_{1-2}$)**

该组合分布在东乌珠穆沁旗-多宝山岛弧之中,由多宝山组($O_{1-2}d$)玄武岩、安山玄武岩、变质安山岩、变质安山质凝灰角砾岩组成,厚度 1638m,根据区域地质调查样品岩石化学数据(表 3-8～表 3-10)分析,TAS 分类中以玄武岩为主,还有安山岩和英安岩(图 3-12),在硅-碱图上有碱性和亚碱性,以亚碱性居多(图 3-13),在 A-F-M 图解中有拉斑系列和钙碱系列,以拉斑系列为主(图 3-14)。在 $FeO^*$-MgO-$Al_2O_3$图解中为岛弧扩张中心火山岩(图 3-15),岩石成因类型为壳幔混合源。在 $K_2O$-$Na_2O$ 图解中为钠质系列(图 3-16),在 Ol′-Ne′-Q′图解中为拉斑玄武岩系列(图 3-17),在里特曼-戈蒂里图解中为造山带火山岩(图 3-18),$TiO_2\times10$-$Al_2O_3$-$K_2O\times10$ 图解中为岛弧造山带玄武岩(图 3-19),大地构造环境为岛弧。

**表 3-8　多宝山组($O_{1-2}d$)火山岩岩石化学成分含量及主要参数**　单位:%

| 序号 | 样品号 | $SiO_2$ | $TiO_2$ | $Al_2O_3$ | $Fe_2O_3$ | FeO | MnO | MgO | CaO | $Na_2O$ | $K_2O$ | $P_2O_5$ | LOS | Total | $Mg^{\#}$ | $FeO^*$ | A/CNK | σ | A.R | SI | DI |
|---|---|---|---|---|---|---|---|---|---|---|---|---|---|---|---|---|---|---|---|---|---|
| 1 | 2P22 GS1 | 69.83 | 0.50 | 12.25 | 1.73 | 3.05 | 0.19 | 2.30 | 3.17 | 1.47 | 2.50 | 0.17 | 2.07 | 99.23 | 0.52 | 4.61 | 1.11 | 0.59 | 1.69 | 20.81 | 69.37 |
| 3 | GS3145 | 50.06 | 0.80 | 15.92 | 6.14 | 4.88 | 0.11 | 3.80 | 9.30 | 3.10 | 0.54 | 0.12 | 4.92 | 99.69 | 0.48 | 10.40 | 0.70 | 1.88 | 1.34 | 20.59 | 35.95 |
| 4 | 4P5GS 2-8 | 46.82 | 2.08 | 13.82 | 5.21 | 9.35 | 0.22 | 6.68 | 9.02 | 2.70 | 0.25 | 0.25 | 3.98 | 100.38 | 0.51 | 14.03 | 0.65 | 2.28 | 1.30 | 27.61 | 25.81 |
| 5 | 4GS2078 | 60.24 | 1.15 | 15.43 | 5.59 | 2.58 | 0.15 | 2.50 | 2.47 | 4.44 | 1.12 | 0.13 | 2.92 | 98.72 | 0.48 | 7.61 | 1.18 | 1.79 | 1.90 | 15.40 | 66.81 |
| 6 | IP16GS 35a | 45.78 | 0.93 | 17.83 | 2.11 | 7.00 | 0.20 | 2.75 | 9.28 | 3.14 | 0.89 | 0.60 | 9.28 | 99.79 | 0.38 | 8.90 | 0.78 | 5.84 | 1.35 | 17.31 | 35.14 |
| 7 | IP16GS 35b | 46.46 | 0.07 | 17.27 | 1.99 | 6.86 | 0.19 | 2.85 | 8.99 | 3.65 | 1.00 | 0.59 | 9.37 | 99.29 | 0.40 | 8.65 | 0.73 | 6.25 | 1.43 | 17.43 | 40.91 |
| 8 | IP16GS37 | 47.05 | 1.12 | 15.90 | 1.98 | 6.61 | 1.12 | 2.89 | 8.75 | 3.28 | 1.78 | 0.16 | 0.36 | 91.00 | 0.41 | 8.39 | 0.68 | 6.32 | 1.52 | 17.47 | 42.23 |
| 9 | GS3145 | 50.06 | 0.80 | 15.92 | 6.14 | 4.88 | 0.11 | 3.80 | 9.30 | 3.10 | 0.54 | 0.12 | 4.92 | 99.69 | 0.48 | 10.40 | 0.70 | 1.88 | 1.34 | 20.59 | 36.06 |

**表 3-9　多宝山组($O_{1-2}d$)火山岩稀土元素含量及主要参数**　单位:$\times10^{-6}$

| 序号 | 样品号 | La | Ce | Pr | Nd | Sm | Eu | Gd | Tb | Dy | Ho | Er | Tm | Yb | Lu | ΣREE | ΣLREE | ΣHREE | LREE/HREE | δEu |
|---|---|---|---|---|---|---|---|---|---|---|---|---|---|---|---|---|---|---|---|---|
| 1 | 2P22 GS1 | 26.40 | 56.40 | 6.66 | 28.30 | 5.56 | 1.10 | 5.57 | 0.90 | 6.07 | 1.31 | 3.96 | 0.71 | 4.65 | 0.74 | 148.33 | 124.42 | 23.91 | 5.20 | 0.60 |
| 2 | IP16XT35 | 24.95 | 62.47 | 7.59 | 35.79 | 7.59 | 2.13 | 7.37 | 1.06 | 5.68 | 1.19 | 3.10 | 0.42 | 2.68 | 0.26 | 162.28 | 140.52 | 21.76 | 6.46 | 0.86 |

**表 3-10　多宝山组($O_{1-2}d$)火山岩微量元素含量**　单位:$\times10^{-6}$

| 序号 | 样品号 | Sr | Rb | Ba | Th | Ta | Nb | Hf | Zr | Cr | Ni | Co | V | U | Y | Li |
|---|---|---|---|---|---|---|---|---|---|---|---|---|---|---|---|---|
| 1 | 2P22 GS1 | 232 | 153.6 | 734 | 2.8 |  | 13 |  | 281.3 | 29.2 | 19.7 | 28 | 109.9 |  | 35.6 | 47 |
| 2 | IP16XT35 |  |  |  |  |  |  |  |  |  |  |  |  | 27.54 |  |  |

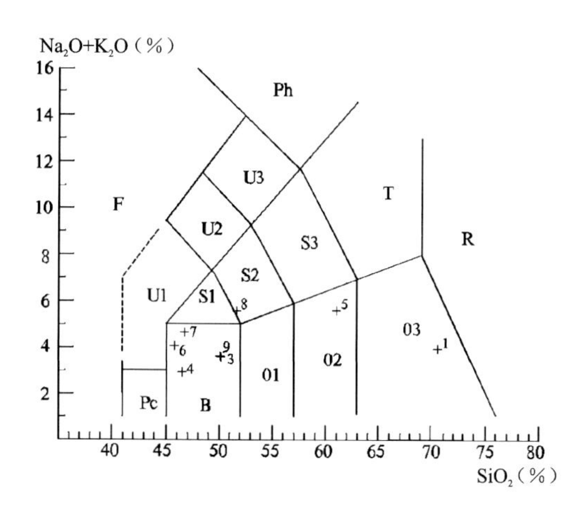


图 3-12　TAS 图解(据 Le Bas,1986)

F. 副长石岩;Pc. 苦橄玄武岩;B. 玄武岩;01. 玄武安山岩;02. 安山岩;03. 英安岩;S1. 粗面玄武岩;S2. 玄武粗安岩;S3. 粗安岩;T. 粗面岩、粗面英安岩;U1. 碧玄岩、碱玄岩;U2. 响岩质碱玄岩;U3. 碱玄质响岩;Ph. 响岩;R. 流纹岩

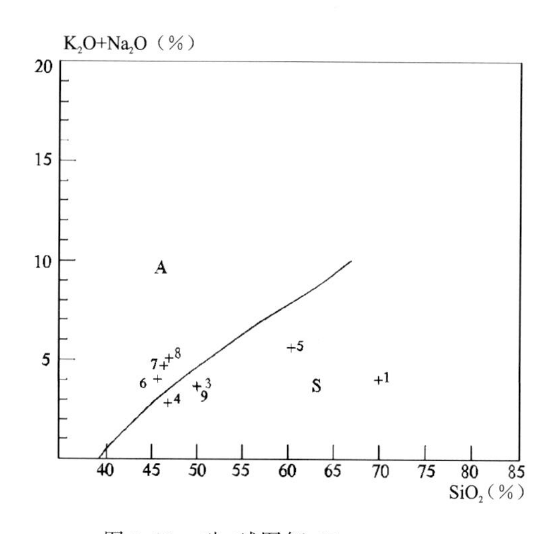


图 3-13　硅-碱图解(据 Irvine,1971)

A. 碱性区;S. 亚碱性区

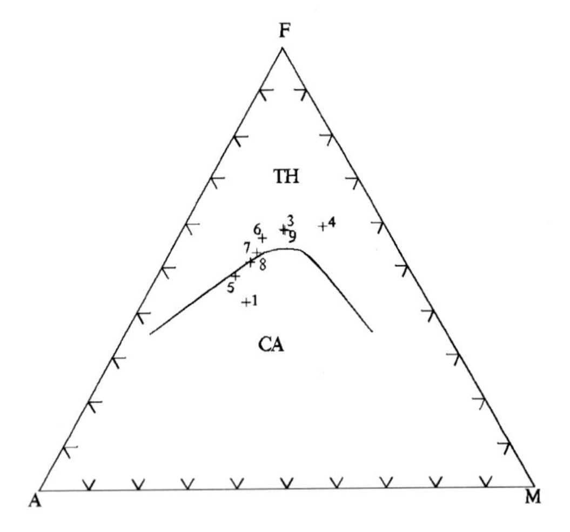


图 3-14　区分拉斑玄武岩和钙碱性玄武岩图解

(据 Irvine,1971)

TH. 拉斑玄武岩套;CA. 钙-碱性岩套

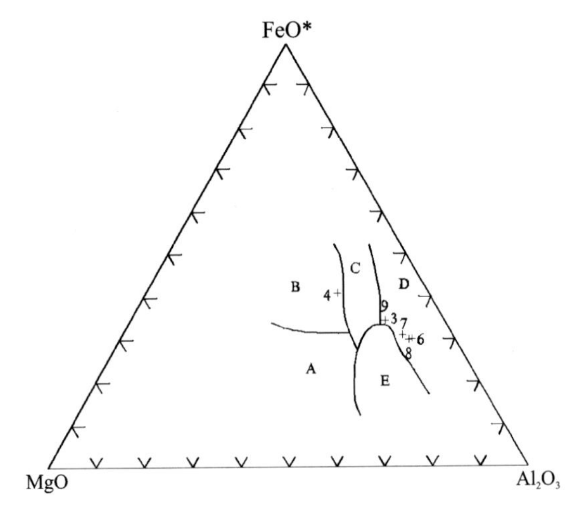


图 3-15　$FeO^*$-MgO-$Al_2O_3$ 图解(据 Pearce,1977)

A. 洋中脊火山岩;B. 洋岛火山岩;C. 大陆火山岩;

D. 岛弧扩张中心火山岩;E. 造山带火山岩

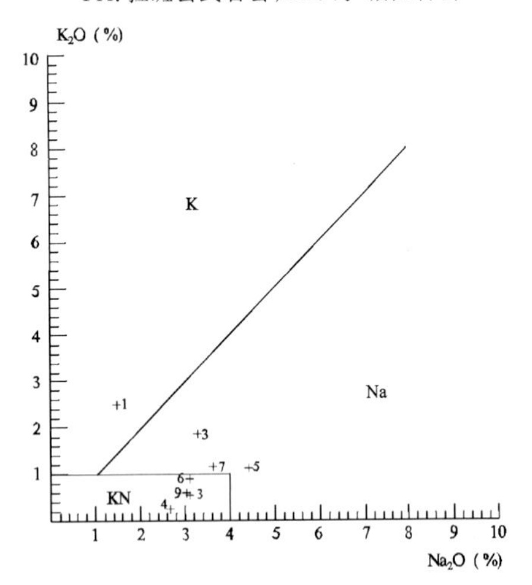


图 3-16　玄武岩钾、钠含量划分图解

K. 富钾玄武岩;Na. 富钠玄武岩;KN. 贫钾富钠玄武岩类

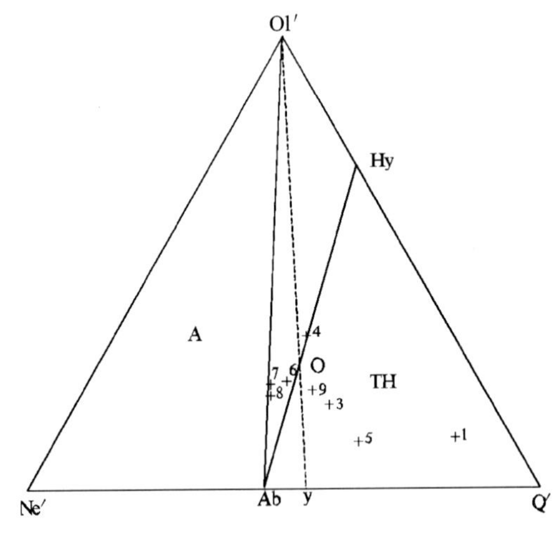


图 3-17　Ol′-Ne′-Q′三角图解(据 Pol derveart,1964)

Ol′—y 左侧为碱性玄武岩系列,右侧为拉斑玄武岩系列

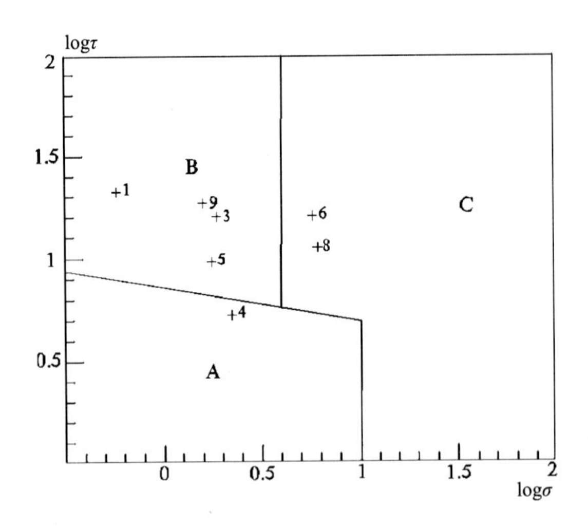


图 3-18　里特曼-戈蒂里图解(据 Rittmann,1973)

A. 非造山带火山岩;B. 造山带火山岩;

C. A、B 区派生的碱性、偏碱性火山岩

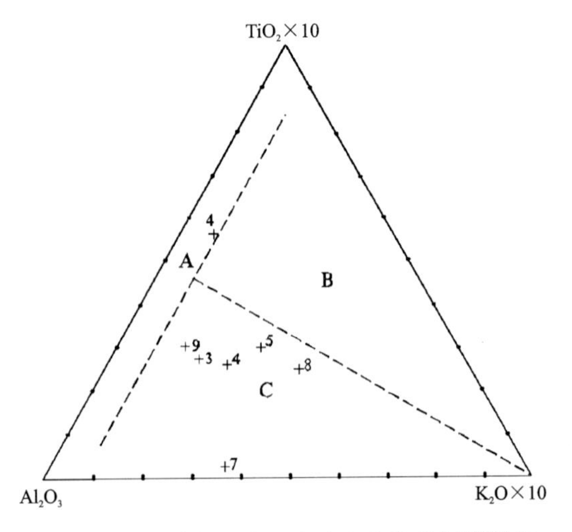


图 3-19　大洋火山岩和大陆火山岩的判别图解

(据赵崇贺,1989)

A. 大洋玄武岩区;B. 大陆裂谷型玄武岩、安山岩区;

C. 岛弧造山带玄武岩、安山岩区

### 2. 海拉尔早中奥陶世俯冲火山岩

海拉尔早中奥陶世俯冲火山岩为多宝山组中基性火山岩，厚度变薄，仅 447m，为弧后盆地火山岩组合。

### 3. 解放营子奥陶纪—早志留世火山弧

解放营子奥陶纪—早志留世火山弧为碳酸盐岩浊积岩内夹角闪片岩，可能是陆缘弧环境下的中基性火山岩变质的产物。

### 4. 内蒙古中部地区奥陶纪火山岩

1）早—中奥陶世多宝山组（$O_{1-2}d$）岛弧火山岩组合

多宝山组火山岩主要分布在嫩江县多宝山、黑河市罕达气等地。出露厚度大于 1 135.9m。岩石组合为一套海相以安山岩为主的玄武岩-英安岩-流纹岩-细碧角斑岩组合。从岩石化学及其指数上看，多宝山组安山岩具有高硅、富钠的特点。从硅-碱图解上分析多宝山组火山岩属于亚碱性序列的拉斑玄武岩系列。在大洋火山岩和大陆火山岩的判别图解中，样品大都投在 C 区——岛弧造山带玄武岩、安山岩区，说明了多宝山组的构造环境为岛弧造山带。其基底为中元古代与新元古代变质杂岩，与其共（伴）生的有岛弧型花岗闪长岩-花岗岩组合。其大地构造相为岛弧相，火山弧亚相（图 3-20～图 3-23）。

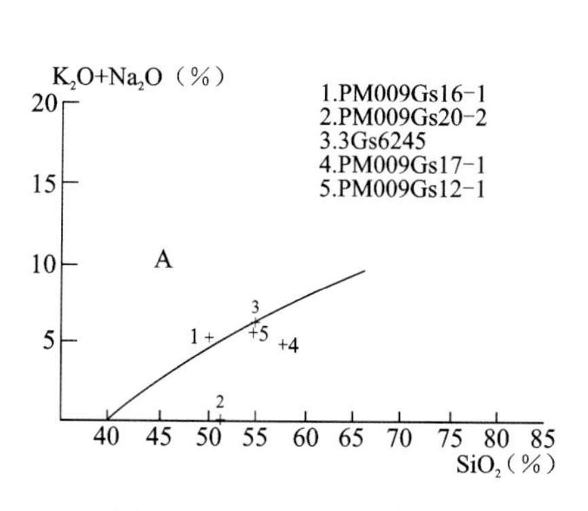


图 3-20　火山岩硅-碱图解

A. 碱性系列；B. 亚碱性系列

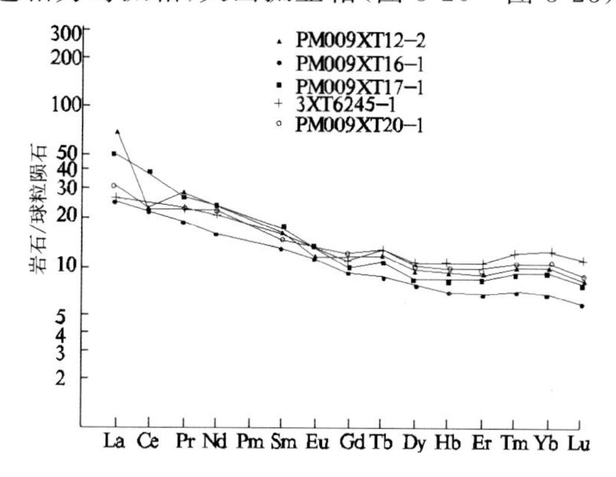


图 3-21　岩石稀土元素/球粒陨石标准化模式图

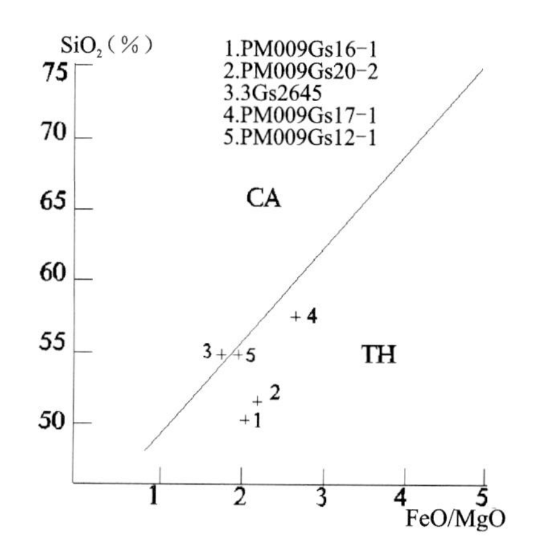


图 3-22　火山岩 $SiO_2$-FeO/MgO 变异图

CA. 拉斑玄武岩系列；TH. 碱性岩石系列

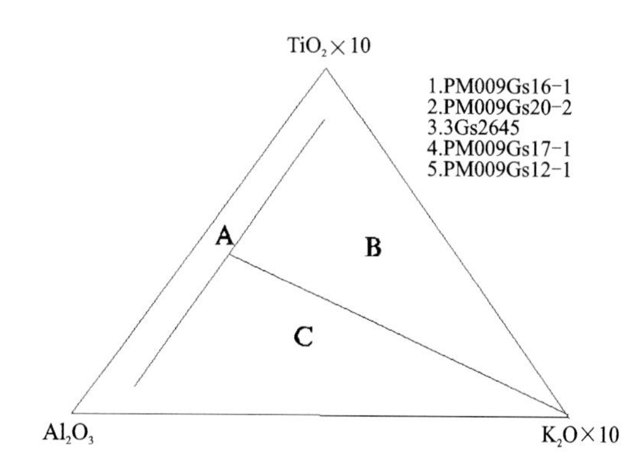


图 3-23　大洋火山岩和大陆火山岩判别图解

A. 大洋玄武岩区；B. 大陆裂谷型玄武岩、安山岩区；C. 岛弧造山带玄武岩、安山岩区

(1)岩石化学特征。

从岩石化学成分和岩石化学指数上看,多宝山组安山岩多具有高硅、富钠的特点。$SiO_2$含量变化较大,介于50.19%～54.76%之间,$Al_2O_3$普遍含量较高,$Na_2O$普遍大于$K_2O$。固有指数SI较低,说明其结晶分异作用强,岩浆成分变化大,标准矿物成分上,出现了石英标准矿物分子,有可能是中基性岩浆演化到后期富硅碱的端元分子。

对典型样品作硅碱图分析,可得知早—中奥陶世多宝山组火山岩属亚碱性序列的拉斑玄武岩系列。从$SiO_2$-$FeO^*$/MgO变异图也说明了这一点。在大洋火山岩与大陆火山岩判别图解中,样品大都投在了C区——岛弧造山带玄武岩、安山岩区,说明了其构造环境为岛弧造山带。在标准矿物成分上,安山岩出现了刚玉标准矿物分子,显示出富铝的特点。

(2)稀土元素特征。

主要特点是稀土总量较低(表3-11),$\Sigma REE=(63.4\sim101.50)\times10^{-6}$,轻稀土元素含量相对较高,$\delta Eu=0.84\sim0.98$,铕异常不明显。轻重稀土比大于12,轻稀土相对富集。稀土配分模式或分布曲线呈左高右低,属富集型,曲线表现为一平坦的折线,斜率较大,表明轻重稀土分馏作用较强,与表中计算参数一致,显示原始岩浆与洋壳玄武岩有成因联系。轻稀土相对富集和岩浆演化过程中的结晶分异作用有关。多宝山组火山岩具有大离子亲石元素(Ba、Rb、Sr、Zr)含量偏低,而过渡元素(Cr、Co、Ni)含量偏高的特点,反映岩浆来源于洋壳岩石的重融,多宝山组微量元素含量见表3-12。

**表3-11　多宝山组火山岩稀土元素含量一览表**

单位:$\times10^{-6}$

| 时代 | 样品编号 | 岩石名称 | La | Ce | Pr | Nd | Sm | Eu | Gd | Tb | Dy | Ho | Er |
|---|---|---|---|---|---|---|---|---|---|---|---|---|---|
| $O_2d$ | PM009XT16-1 | 硅化帘石化辉长岩 | 15.14 | 30.07 | 3.3 | 0.584 | 3.34 | 0.95 | 3.06 | 0.6 | 3.29 | 0.71 | 1.97 |
| | PM009XT17-1 | 蚀变辉绿玢岩 | 7.97 | 19.24 | 2.77 | 12.41 | 3.13 | 0.98 | 2.89 | 0.61 | 3.36 | 0.76 | 2.21 |
| | PM009XT12-2 | 蚀变安山岩 | 9.7 | 17.67 | 2.89 | 13.05 | 2.97 | 0.96 | 2.61 | 0.52 | 2.68 | 0.6 | 1.73 |
| | XT6245-1 | 蚀变玄武岩 | 7.54 | 17.58 | 2.25 | 9.35 | 2.56 | 0.84 | 2.37 | 0.41 | 2.45 | 0.5 | 1.41 |
| | PM009XT20-1 | 黝帘石化玄武岩安山岩 | 20.9 | 19.15 | 3.52 | 14.07 | 3.09 | 0.87 | 2.84 | 0.56 | 3.09 | 0.68 | 1.85 |
| 时代 | 样品编号 | 岩石名称 | Tm | Yb | Lu | Y | ΣREE | ΣLREE | LR/HR | δEu | La/Sm | La/Yb | 备注 |
| $O_2d$ | PM009XT16-1 | 硅化帘石化辉长岩 | 0.33 | 2.16 | 0.28 | 22.3 | 101.5 | 66.8 | 5.39 | 0.89 | 4.54 | 7.02 | |
| | PM009XT17-1 | 蚀变辉绿玢岩 | 0.39 | 2.66 | 0.35 | 21.16 | 80.89 | 46.5 | 3.51 | 0.98 | 2.55 | 3 | |
| | PM009XT12-2 | 蚀变安山岩 | 0.3 | 2.03 | 0.26 | 14.31 | 72.45 | 47.2 | 4.33 | 1.03 | 3.27 | 4.77 | |
| | XT6245-1 | 蚀变玄武岩 | 0.23 | 1.4 | 0.19 | 14.06 | 63.14 | 40.1 | 4.48 | 1.03 | 2.95 | 5.38 | |
| | PM009XT20-1 | 黝帘石化玄武岩安山岩 | 0.32 | 2.09 | 0.27 | 18.61 | 91.9 | 61.6 | 5.27 | 0.88 | 6.76 | 10.01 | |

**表3-12　多宝山组微量元素含量表**

单位:$\times10^{-6}$

| 时代 | 样品号 | 岩石名称 | 元素含量 | | | | | | | | |
|---|---|---|---|---|---|---|---|---|---|---|---|
| | | | Cr | Ba | Nb | Rb | Sr | Th | U | Li | Zr |
| $O_{1-2}d$ | PM009XT16-1 | 硅化帘石化辉长岩 | 54.4 | 256 | 4.2 | 28.2 | 777.8 | 2.6 | 0.9 | 26.4 | 87.2 |
| | PM009XT17-1 | 蚀变辉绿玢岩 | 43.7 | 85 | 5.7 | 17 | 431 | 22 | 0.8 | 17.4 | 85.2 |
| | PM009XT12-2 | 蚀变安山岩 | 107.3 | 247 | 5 | 29.2 | 359.1 | 17.6 | 2.1 | 26.3 | 94 |
| 备注 | 样品位置:阿巴嘎旗幅(L50D004001) | | | | | | | | | | |

2)早—中奥陶世白乃庙组($O_{1-2}b$)弧前盆地火山岩组合

早—中奥陶世白乃庙组($O_{1-2}b$)弧前盆地火山岩组合主要分布在白乃庙铜矿区和谷那乌苏等地,出露厚度大于2457m。岩石组合:下部原岩为中基性火山岩;上部为变质砂岩、千枚岩及绢云绿泥千枚岩夹结晶灰岩透镜体,为火山-沉积岩岩系。著名的白乃庙铜矿即产生在该组之中。其大地构造相为弧前盆地相,弧前陆坡亚相。

3)早—中奥陶世包尔汉图群($O_{1-2}B$)岛弧火山岩组合

早—中奥陶世包尔汉图群($O_{1-2}B$)岛弧火山岩组合主要分布在达茂旗中部地区,出露厚度大于2000m。下部布龙山组岩石组合为硅质板岩夹安山岩、大理岩及变质砂岩。上部为哈拉组岩石组合为安山岩、凝灰岩夹杂砂岩。在哈拉地区中基性火山岩中含黄铁矿型的铜矿。其大地构造相为岛弧相,火山弧亚相。

4)中—晚奥陶世咸水湖组($O_{2-3}x$)洋内弧火山岩组合

中—晚奥陶世咸水湖组洋内弧火山岩组合主要分布在额济纳旗的额勒根乌兰乌拉、乌拉布拉格南东、洗肠井、巴格洪古尔、洪果尔基乌拉、希热哈达、呼乃巴期克、月牙山、白云山等地。出露厚度大于4992m。其岩石组合为流纹质凝灰岩-英安质凝灰岩、安山质火山岩-玄武岩。其大地构造相为洋内弧相,火山弧亚相。

5)早—中奥陶世乌宾敖包组($O_{1-2}w$)岛弧火山岩组合

早—中奥陶世乌宾敖包组火山岩主要分布在东乌珠穆沁旗-多宝山岛弧内,出露厚度大于2000m。其中安山岩的厚度为947m。乌宾敖包组火山岩的岩石组合为绢云板岩、粉砂质板岩夹变质砂岩及灰岩透镜体,在其上部的局部地区为安山岩,又称乌日尼图巴嘎安山岩($O_{1-2}a$)。原岩为砂泥岩建造,中基性火山岩建造。安山岩为壳幔混合型。缺少岩石化学资料。其大地构造相为岛弧相,火山弧亚相。

6)早—中奥陶世巴彦呼舒组($O_{1-2}b$)岛弧火山岩

早—中奥陶世巴彦呼舒组火山岩主要分布在东乌珠穆沁旗-多宝山岛弧内,出露厚度大于4800m,其中层凝灰岩、凝灰质砂岩夹层厚度为4511m。岩石组合为一套粉砂岩+泥岩+凝灰岩(层凝灰岩、凝灰质砂岩)建造。火山碎屑沉积岩属于火山喷发-沉积相。缺少岩石化学资料。其大地构造相为岛弧环境,岛弧相,火山弧亚相。

7)中—晚志留世公婆泉组($S_{2-3}g$)岛弧火山岩组合

公婆泉组火山岩主要分布在额济纳旗白云山西、涌珠泉东西两侧及英安山、沙沟山、圆包山等地。出露厚度655～2688m。岩石组合为海相以安山岩为主的玄武岩-英安岩夹碎屑岩。属于偏铝质中钾钙碱性系列,为壳幔混合源岩浆。其构造环境为岛弧环境,大地构造相为岛弧相,火山弧亚相。

### (三)中志留世大陆裂谷火山岩

解放营子中志留世大陆裂谷火山岩为碱性玄武岩-流纹岩组合,该组合仅见于南部温都尔庙陆缘弧中的解放营子乡八当山一带,由中志留世八当山火山岩($b\nu$)组成,岩石类型为变流纹质凝灰岩、流纹岩,厚度大于1064m。没有岩石化学、地球化学样品等相关资料。推断可能与赤峰红山碱性-钙碱性花岗岩相当,因此推断为大陆裂谷构造环境。

### (四)早—中泥盆纪俯冲火山岩

#### 1.早—中泥盆世泥鳅河组($D_{1-2}n$)弧前盆地火山岩组合

泥鳅河组火山岩仅作为正常沉积碎屑岩的夹层出露在二连浩特—东乌珠穆沁旗一带,出露厚度大于473～3899m。岩石组合为粉砂岩-泥岩-砂岩夹玄武岩、安山岩。火山岩作为夹层仅出露在泥鳅河组二段。从硅碱图解上可以看出样点落入 S 区内，属亚碱性岩石系列，其中有一个样点靠近 A 区表明岩石中碱质成分偏高。从 Rb-Sr 浓度与大陆壳厚度关系图解上样点投在小于 30km 的区域内，说明岩浆来源较深，大致相当于地壳或上地幔的深度。在火山岩样品的构造环境判别图上，投影点落在岛弧造山带玄武岩、安山岩区内。本组火山岩岩石化学特征显示为钙碱性系列岩石，稀土元素特征显示了轻稀土元素富集，说明当时的喷发环境为早—中泥盆世岛弧带上。其大地构造相为弧前盆地相，弧前陆坡盆地亚相(图 3-24～图 3-28)。

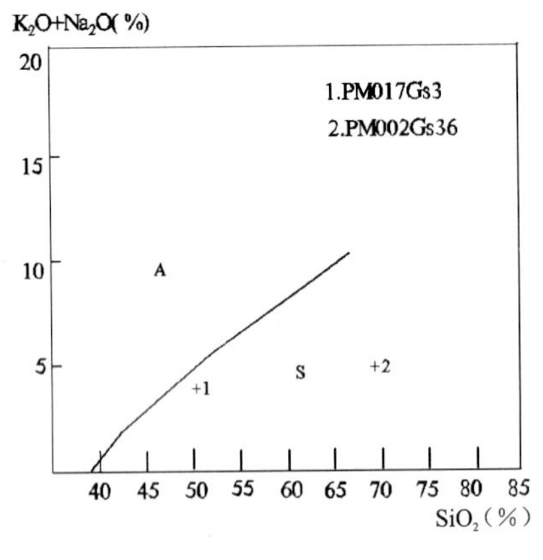


图 3-24　火山岩碱-硅图解

A. 碱性区；S. 亚碱性区

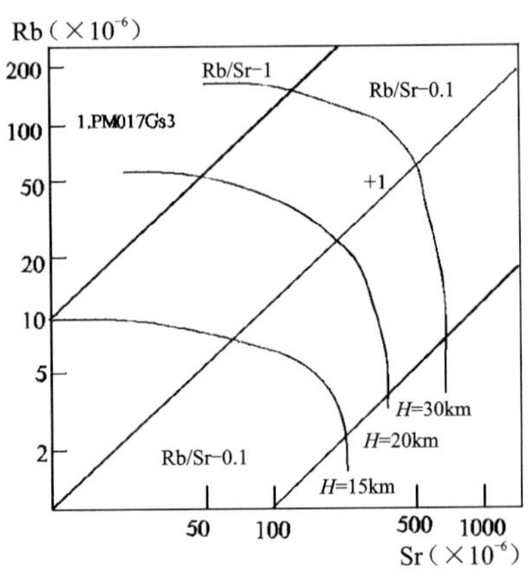


图 3-25　Rb-Sr 浓度与大陆壳的关系

图 3-26　火山岩稀土元素标准化模式图

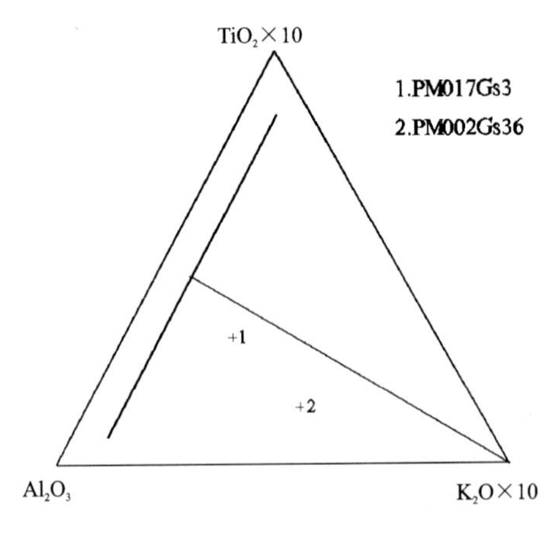


图 3-27　大洋火山岩和大陆火山岩判别图解

A. 大洋玄武岩区；B. 大陆裂谷型玄武岩、安山岩区；C. 岛弧造山带玄武岩、安山岩区

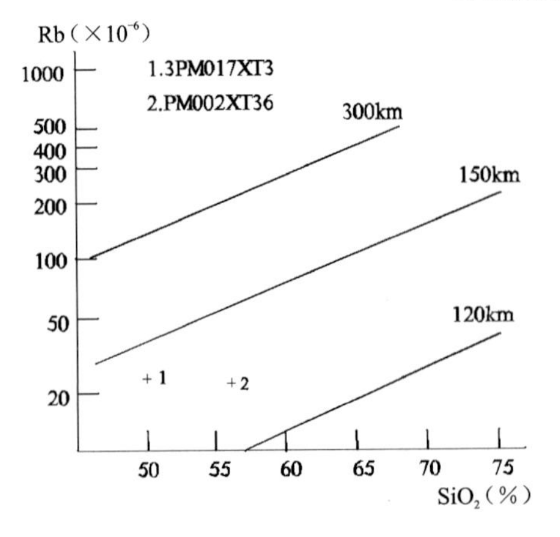


图 3-28　Rb-$SiO_2$ 与消减带距离判别图解

1)岩石化学特征

泥盆纪火山岩样品较少,分别采自蚀变玄武安山岩和碳酸盐化安山岩中,计硅酸盐 2 件,稀土配分 2 件,本研究通过计算、制图,对岩石化学特征及地球化学特征进行了综合分析。

将样品分析结果投到硅-碱图解中,样点落入 S 区内,属亚碱性岩石系列,其中一个样点靠近 A 区,表明岩石中碱质成分偏高。岩石的碱度率为 1.41,数值较高,应属钙碱性系列偏碱性的岩石。此外 DI=37.99～77.29,SI=26.78～27.16,反映出该套火山岩结晶分异程度较低,属于快速结晶的产物。岩石中镁、铁质成分较高,Mg/Fe 值在 0.34～0.97 之间。

2)稀土元素特征

大离子亲石元素:Rb 丰度为 $23.9\times10^{-6}$～$74.7\times10^{-6}$,平均为 $43.05\times10^{-6}$,低于维氏值($100\times10^{-6}$);Sr 丰度为 $362.6\times10^{-6}$～$545.9\times10^{-6}$,平均为 $446.3\times10^{-6}$,高于维氏值($800\times10^{-6}$);Ba 丰度为 $142\times10^{-6}$～$386\times10^{-6}$,平均为 $232.5\times10^{-6}$,低于维低值($650\times10^{-6}$)。这些数据结果表明 Sr 富集,而 Rb、Ba 极为贫化,与斜长石的全部熔融或无斜长石的结晶分离作用有关(表 3-13)。

在 Rb-Sr 浓度与大陆壳厚度关系图上,投影点落在了小于 30km 的区域内,表明岩浆源较深,大致相当于下地壳或上地幔的深(表 3-14)。

**表 3-13　泥鳅河组($D_{1-2}n$)火山岩稀土元素含量**　　单位:$\times10^{-6}$

| 时代代号 | 样品编号 | 稀土元素含量 | | | | | | | | | | |
|---|---|---|---|---|---|---|---|---|---|---|---|---|
| | | 岩石名称 | La | Ce | Pr | Nd | Sm | Eu | Gd | Tb | Dy | Ho | Er |
| $D_{1-2}n$ | PM002XT36 | 蚀变玄武安山岩 | 21.08 | 39.32 | 4.85 | 20.67 | 4.6 | 1.33 | 4.03 | 0.73 | 4.16 | 0.8 | 2.31 |
| | 3PM017XT3 | 碳酸盐化安山岩 | 12.3 | 22.82 | 3.26 | 13.6 | 2.9 | 0.82 | 2.65 | 0.44 | 2.5 | 0.48 | 1.39 |

| 时代代号 | 样品编号 | 稀土元素含量 | | | | | | | | | | |
|---|---|---|---|---|---|---|---|---|---|---|---|---|
| | | 岩石名称 | Tm | Yb | Lu | Y | ΣLREE | ΣLREE | LR/HR | δEu | La/Sm | La/Yb |
| $D_{1-2}n$ | PM002XT36 | 蚀变玄武安山岩 | 0.4 | 2.67 | 0.34 | 130 | 91.85 | 91.85 | 5.91 | 0.92 | 4.58 | 7.91 |
| | 3PM017XT3 | 碳酸盐化安山岩 | 0.22 | 1.24 | 0.21 | 12 | 76.87 | 56.65 | 6.09 | 0.9 | 4.32 | 9.92 |

**表 3-14　泥鳅河组($D_{1-2}n$)微量元素含量**　　单位:$\times10^{-6}$

| 时代代号 | 样品号 | 岩石名称 | 元素含量 | | | | | | | | |
|---|---|---|---|---|---|---|---|---|---|---|---|
| | | | Cr | Ba | Nb | Rb | Sr | Th | U | Li | Zr |
| $D_{1-2}n$ | 3PM002DG15 | 气孔杏仁状蚀变安山岩 | 89.4 | 239 | 10.9 | 74.7 | 362.9 | 12.7 | 1.2 | 67.7 | 125.8 |
| | 3PM002DG18 | 杏仁状蚀变石英安山岩 | 44.2 | 162 | 11.5 | 48.4 | 262.2 | 15.8 | 1 | 62.4 | 139.5 |
| | 3PM002DG36 | 蚀变玄武安山岩 | 31.1 | 386 | 8.4 | 23.9 | 513.9 | 8.6 | 0.8 | 72.3 | 115.2 |
| | 3PM017DG3 | 碳酸盐化安山岩 | 28.2 | 142 | 7.8 | 25.2 | 545.9 | 13.7 | 2.7 | 33 | |
| 备注 | 样品位置:3PM017DG3 为阿巴嘎旗幅(L50D010012),其余为本幅吉尔格郎图(L50D009003) | | | | | | | | | | |

放射性生热元素：U 为 $0.8\times10^{-6}\sim2.7\times10^{-6}$，平均为 $1.43\times10^{-6}$，Th 为 $8.6\times10^{-6}\sim15.8\times10^{-6}$，平均为 $12.7\times10^{-6}$，两者略小于维氏值或接近维氏值（$1.8\times10^{-6}$ 和 $7\times10^{-6}$），表明该套火山岩结晶分异作用较弱，属岩浆快速上升的产物。

非活动性元素：Nb 含量为 $7.8\times10^{-6}\sim11.5\times10^{-6}$，平均为 $9.56\times10^{-6}$，小于维氏值（$20\times10^{-6}$）；Zr 丰度为 $115.2\times10^{-6}\sim139.4\times10^{-6}$，平均为 $126.8\times10^{-6}$，小于维氏值（$260\times10^{-6}$）；$Nb^*$ 小于 1，亏损明显，为具同化混染的玄武质岩石，显示岩浆来自地壳物质的局部熔融。而 Rb/Sr 值为 0.07～0.20，平均为 0.09，$(Rb/Yb)_N$ 为 17.85，具有岩浆熔融程度低的特征。

早—中泥盆世火山活以泥鳅河组火山岩为代表，火山岩石类型较单一，以安山岩为主，其分布较为零星，根据路线资料中安山岩和板岩及变质粉砂岩共生现象判断其火山喷发环境属海相，活动方式为裂隙中基性熔岩溢流为主。从空间上看早—中泥盆世泥鳅河组火山岩位于钙碱性火山弧两侧，其构造位置应属西伯利亚板块的南缘，相当于晚古生代增生带的位置。

早—中泥盆世泥鳅河组火山岩仅为夹层状出现在泥鳅河组二段内，说明了当时是以海相沉积为主，偶有微弱的火山活动，而且为间歇性的喷发。

#### 2. 早—中泥盆世雀儿山组（$D_{1-2}q$）岩浆弧火山岩组合

早—中泥盆世雀儿山组火山岩主要分布在研究区西部的北山地区，出露厚度大于 1283m。缺少岩石化学资料。岩石组合为海相安山玄武岩-安山岩-流纹岩-安山质凝灰熔岩。其大地构造相为岩浆弧相，弧背盆地亚相。

### （五）中晚泥盆世火山岩岩石构造组合

#### 1. 中—晚泥盆世塔尔巴格特组（$D_{2-3}t$）俯冲增生杂岩火山岩组合

中—晚泥盆世塔尔巴格特组火山岩主要分布在达莱—额仁戈壁一带，出露厚度大于 239m。岩石组合为海相细砂岩-粉砂岩-硅质泥岩夹安山质火山碎屑岩。其大地构造相为俯冲增生杂岩带相，有蛇绿岩碎片浊积岩亚相。

#### 2. 中—晚泥盆世（$D_{2-3}$）俯冲火山岩

中—晚泥盆世俯冲火山岩出露在贺根山-扎兰屯俯冲增生杂岩带，位于贺根山-扎兰屯弧弧碰撞带以北巴林镇中—晚泥盆世火山弧和罕乌拉-李增碰山中晚泥盆世俯冲火山岩之中。

巴林镇中晚泥盆世火山弧内火山岩为岛弧玄武岩-安山岩-流纹岩组合，罕乌拉-李增碰山中—晚泥盆世俯冲火山岩为弧后盆地火山岩组合。

中上泥盆统大民山组（$D_{2-3}d$）是由石英角斑岩、细碧岩、放射虫硅质岩、中酸性火山岩夹砂岩、灰岩构成的玄武岩-安山岩-流纹岩组合，厚度大于 1100m，根据区域地质调查样品岩石化学数据（表 3-15～表 3-17）分析，成因类型为壳幔混合源，在 A-F-M 图解中位于拉斑系列和钙碱系列（图 3-29），在 $K_2O$-$SiO_2$ 变异图解中为中钾-高钾系列（图 3-30），在 $Ol'$-$Ne'$-$Q'$ 三角图解中为拉斑系列（图 3-31），An-$Ab'$-Or 图解中为钾质（图 3-32），稀土元素配分曲线显轻稀土略富集，无铕异常（图 3-33），$\log\tau$-$\log\sigma$ 图解中为造山带火山岩（图 3-34），$TiO_2$-$K_2O$-$P_2O_5$ 三角图解中为钙-碱岩群（图 3-35），大洋火山岩和大陆火山岩判别图解中为岛弧造山带玄武岩、安山岩区（图 3-36），判断构造环境为岛弧。

**表 3-15 大民山组($D_{2-3}d$)火山岩岩石化学成分含量及主要参数** 单位:%

| 序号 | 样品号 | $SiO_2$ | $TiO_2$ | $Al_2O_3$ | $Fe_2O_3$ | FeO | MnO | MgO | CaO | $Na_2O$ | $K_2O$ | $P_2O_5$ | LOS | Total | $Mg^{\#}$ | $FeO^*$ | A/CNK | $\sigma$ | A. R | SI | DI |
|---|---|---|---|---|---|---|---|---|---|---|---|---|---|---|---|---|---|---|---|---|---|
| 1 | 2GS0069 | 62.90 | 0.91 | 16.22 | 3.28 | 2.63 | 0.14 | 1.40 | 3.34 | 4.45 | 3.52 | 0.33 | 0.56 | 99.68 | 0.39 | 5.58 | 0.94 | 3.19 | 2.38 | 9.16 | 73.70 |
| 2 | 2GS3241 | 55.01 | 1.11 | 18.04 | 6.13 | 0.96 | 0.13 | 2.97 | 4.90 | 4.27 | 2.97 | 0.40 | 2.46 | 99.35 | 0.61 | 6.47 | 0.94 | 4.36 | 1.92 | 17.17 | 59.54 |
| 3 | 6P5GS39 | 47.78 | 0.67 | 17.74 | 1.97 | 9.30 | 0.20 | 9.62 | 8.80 | 1.94 | 1.08 | 0.16 | 0.49 | 99.75 | 0.63 | 11.07 | 0.87 | 1.91 | 1.26 | 40.23 | 22.96 |

**表 3-16 大民山组($D_{2-3}d$)火山岩稀土元素含量及主要参数** 单位:$\times 10^{-6}$

| 序号 | 样品号 | La | Ce | Pr | Nd | Sm | Eu | Gd | Tb | Dy | Ho | Er | Tm | Yb | Lu | ΣREE | ΣLREE | ΣHREE | LREE/HREE | δEu |
|---|---|---|---|---|---|---|---|---|---|---|---|---|---|---|---|---|---|---|---|---|
| 1 | 2GS0069 | 29.30 | 58.70 | 7.25 | 31.30 | 5.09 | 1.36 | 4.51 | 0.48 | 3.14 | 0.53 | 1.38 | 0.22 | 1.41 | 0.21 | 144.88 | 133.00 | 11.88 | 11.20 | 0.85 |
| 2 | 2GS3241 | 30.60 | 58.70 | 7.04 | 32.30 | 5.64 | 1.64 | 5.11 | 0.58 | 3.59 | 0.66 | 1.77 | 0.26 | 1.77 | 0.24 | 149.90 | 135.92 | 13.98 | 9.72 | 0.92 |
| 3 | 6P5GS39 | 4.30 | 10.77 | 1.18 | 5.59 | 1.81 | 0.68 | 1.92 | 0.31 | 1.93 | 0.40 | 1.19 | 0.19 | 1.11 | 0.17 | 31.55 | 24.33 | 7.22 | 3.37 | 1.11 |

**表 3-17 大民山组($D_{2-3}d$)火山岩微量元素含量及主要参数** 单位:$\times 10^{-6}$

| 序号 | 样品号 | Sr | Rb | Ba | Th | Ta | Nb | Hf | Zr | Cr | Ni | Co | V | U | Y | Li | Rb/Sr |
|---|---|---|---|---|---|---|---|---|---|---|---|---|---|---|---|---|---|
| 1 | 2GS0069 | 875.60 | 82.40 | 883.00 | 10.90 |  | 6.30 |  | 183.50 | 75.90 | 33.50 | 30.00 | 95.00 |  | 14.40 | 13.10 | 0.09 |
| 2 | 2GS3241 | 859.30 | 63.60 | 868.00 | 6.60 |  |  |  | 184.90 | 28.40 | 13.50 |  | 122.50 |  | 16.70 | 19.10 | 0.07 |
| 3 | 6P5GS39 | 25.90 | 464.00 | 5.10 |  | 3.60 | 22.40 | 119.20 |  | 69.10 | 35.90 | 273.30 | 1.12 | 10.03 | 554.40 | 57.70 | 17.92 |

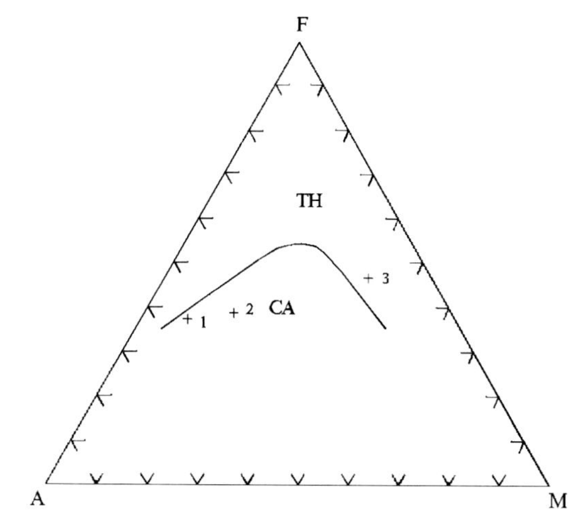


图 3-29 区分拉斑玄武岩和钙碱性玄武岩图解

(据 Irvine,1971)

TH. 拉斑玄武岩套;CA. 钙-碱性岩套

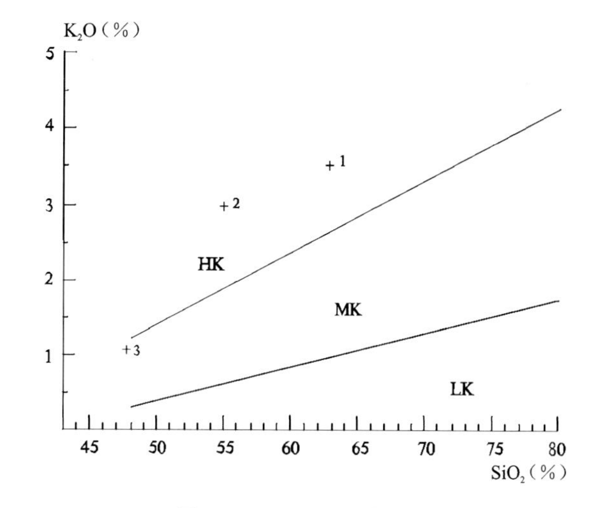


图 3-30 $K_2O$-$SiO_2$ 变异图

(据 Le Maitre,1988)

HK. 高钾系列;MK. 中钾系列;LK. 低钾系列

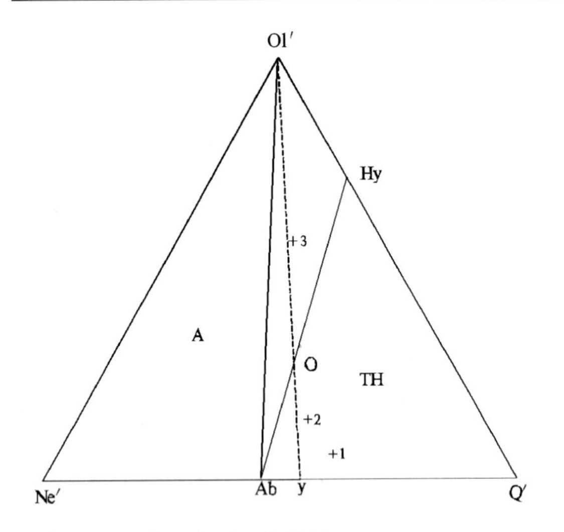


图 3-31　Ol′-Ne′-Q′三角图解(据 Pol derveart,1964)
Ol′—y 左侧为碱性玄武岩系列,右侧为拉斑玄武岩系列

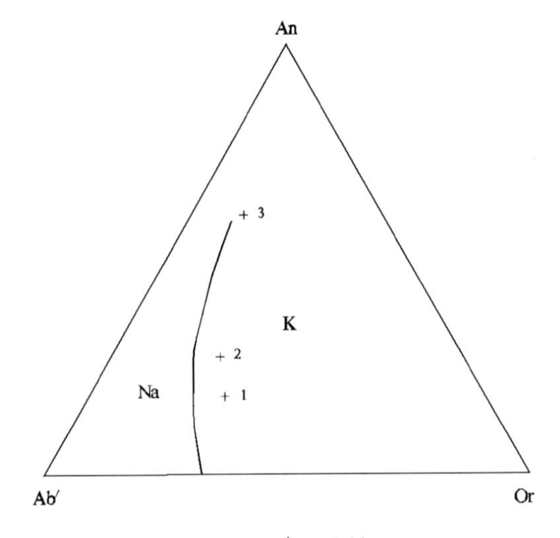


图 3-32　碱性岩 An-Ab′-Or 图解(据 Irvine,1971)
Na. 钠质系列火山岩;K. 钾质系列火山岩

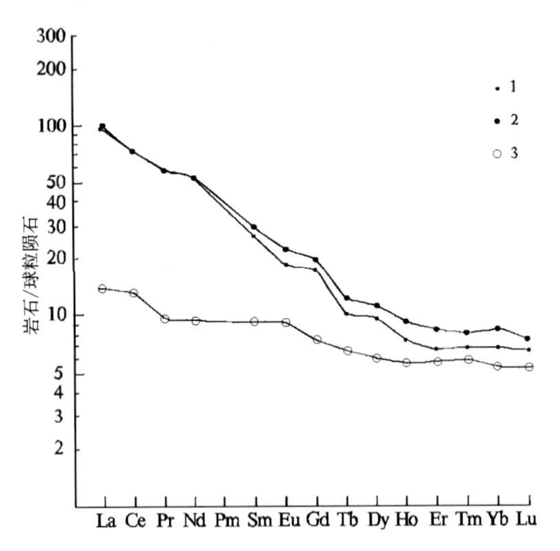


图 3-33　岩石稀土元素/球粒陨石标准化模式图
(据 Coryell 1963)

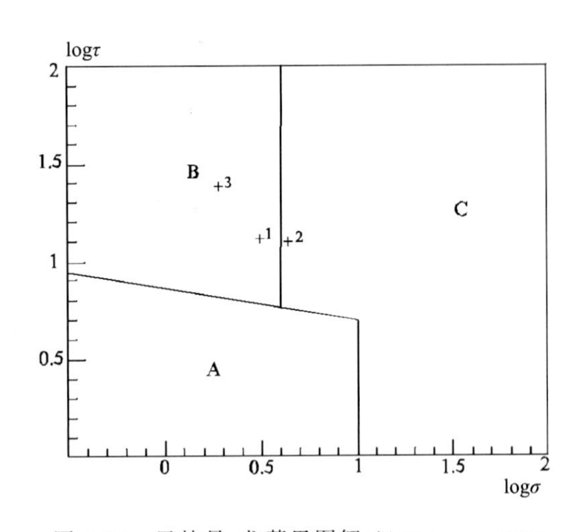


图 3-34　里特曼-戈蒂里图解(据 Rittmann,1973)
A. 非造山带火山岩;B. 造山带火山岩;
C. A、B 区派生的碱性、偏碱性火山岩

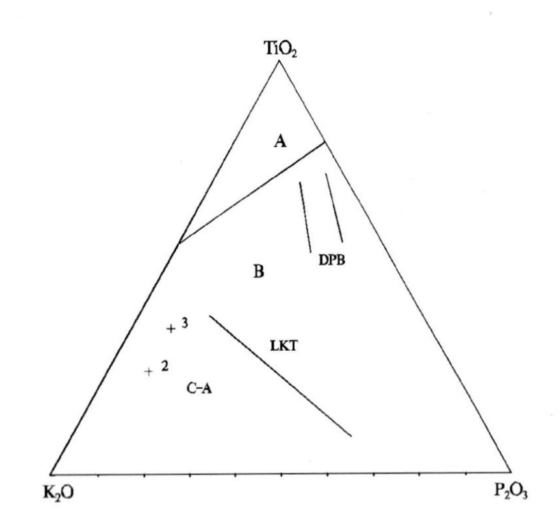


图 3-35　$TiO_2$-$K_2O$-$P_2O_5$ 三角图解(据 Pearce 等,1973)
A. 大洋岩(狭义的);B. 非大洋岩;DPB. 洋底玄武岩;
LKT. 低钾拉斑玄武岩;C-A. 钙-碱岩群

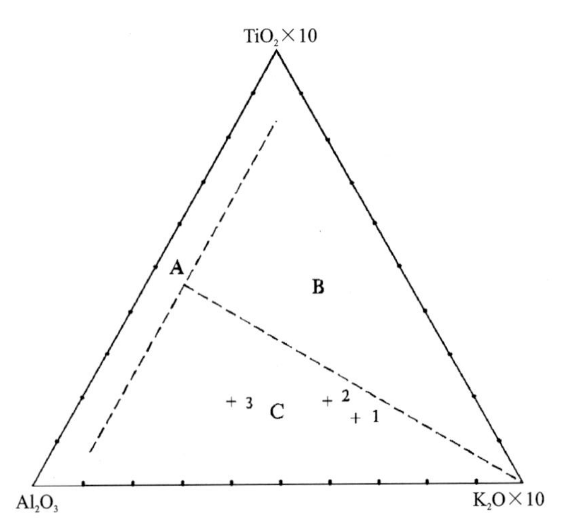


图 3-36　大洋火山岩和大陆火山岩的判别图解(据赵崇贺,1989)
A. 大洋玄武岩区;B. 大陆裂谷型玄武岩、安山岩区;
C. 岛弧造山带玄武岩、安山岩区

### 3. 晚泥盆世安格尔音乌拉组($D_3a$)弧前盆地火山岩组合

晚泥盆世安格尔音乌拉组火山岩主要分布在阿巴嘎旗吉尔格朗图—东乌珠穆沁旗贺斯格乌拉一带。出露厚度 260～3208m。岩石组合为海相、海陆交互相砂岩-粉砂岩,局部夹有火山碎屑岩及浊积岩,并伴有晚泥盆世侵入岩 TTG 组合和花岗岩组合。其大地构造相为弧前盆地相,弧前陆坡盆地亚相。

## (六)早石炭世大陆裂谷火山岩

### 1. 罕乌拉-根河市早石炭世大陆裂谷火山岩玄武岩-英安岩-粗面岩-流纹岩组合($C_1$)

该组合主要分布于海拉尔-呼玛弧后盆地,由莫尔根河组($C_1m$)安山岩、石英角斑岩、钠长粗面岩、角斑岩质凝灰岩夹凝灰砂岩、硅质岩组成,厚度大于 3198m。根据区域地质调查样品岩石化学数据(表 3-18～表 3-20)分析,属壳幔混合源。TAS 分类图解为玄武岩、粗面玄武岩、安山岩、英安岩(没有酸性岩样品)(图 3-37),在碱-二氧化硅图解上为碱性和亚碱性(图 3-38),A-F-M 图上为钙碱和拉斑系列(图 3-39),在碱-硅图解上碱性岩系和高铝岩系均有(图 3-40),在 An-Ab′-Or 图上为钾质、钠质系列各半(图 3-41),在 Y-Ce 图上为碱性系列火山岩(图 3-42)。综合以上特征及岩石构造组合,判断为弧后盆地的大陆裂谷环境。

### 2. 敖吉乡早石炭世大陆裂谷火山岩双峰式火山岩组合($C_1$)

在温都尔庙陆缘弧内出露有下石炭统朝吐沟组($C_1c$),以基性和酸性火山岩为主,夹有少量中性火山岩的岩石组合,厚度 2264m。缺乏岩石化学、地球化学资料,为大陆裂谷环境的双峰式火山岩组合。

**表 3-18　莫尔根河组($C_1m$)火山岩岩石化学组成**　　单位:%

| 序号 | 样品号 | $SiO_2$ | $TiO_2$ | $Al_2O_3$ | $Fe_2O_3$ | FeO | MnO | MgO | CaO | $Na_2O$ | $K_2O$ | $P_2O_5$ | LOS | Total | $Mg^{\#}$ | $FeO^*$ | A/CNK | σ | A.R | SI | DI |
|---|---|---|---|---|---|---|---|---|---|---|---|---|---|---|---|---|---|---|---|---|---|
| 1 | P29Tc50 | 47.7 | 2.26 | 13.86 | 5.71 | 6.4 | 0.11 | 5.8 | 9.96 | 2.66 | 2.45 | 0.43 | 1.68 | 99.02 | 0.33 | 11.53 | 0.92 | 5.56 | 1.55 | 25.2 | 38 |
| 2 | P29Tc22 | 50.18 | 1.46 | 16.79 | 6.16 | 2.9 | 0.13 | 1.74 | 12.4 | 4.17 | 0.56 | 1.45 | 1.54 | 99.5 | 0.17 | 8.44 | 0.98 | 3.12 | 1.39 | 11.2 | 41.7 |
| 3 | 3Gs33 | 57.5 | 1.19 | 15.98 | 3.2 | 5.41 | 0.2 | 2.63 | 6.02 | 4.1 | 1.46 | 0.42 | 1.5 | 99.61 | 0.24 | 8.29 | 1.38 | 2.13 | 1.68 | 15.7 | 55.6 |
| 4 | 3P2Gs1-8 | 62.32 | 0.5 | 17.12 | 2.4 | 2.96 | 0.16 | 3.36 | 1.36 | 3.3 | 2.9 | 0.1 | 0.85 | 97.33 | 1 | 5.12 | 2.26 | 1.99 | 2.01 | 22.5 | 70.6 |

**表 3-19　莫尔根河组($C_1m$)火山岩稀土元素组成**　　单位:$\times10^{-6}$

| 序号 | 样品号 | La | Ce | Pr | Nd | Sm | Eu | Gd | Tb | Dy | Ho | Er | Tm | Yb | Lu | ΣREE | ΣLREE | ΣHREE | LREE/HREE | δEu |
|---|---|---|---|---|---|---|---|---|---|---|---|---|---|---|---|---|---|---|---|---|
| 1 | P29Tc50 | 26.2 | 49 | 6.11 | 28.9 | 6.99 | 2.14 | 5.63 | 0.91 | 5.58 | 0.91 | 2.44 | 0.32 | 1.68 | 0.17 | 137 | 119 | 17.64 | 6.77 | 1.01 |
| 2 | P29Tc22 | 62.7 | 114 | 14.1 | 65.2 | 139 | 3.97 | 10 | 1.59 | 9.19 | 1.7 | 4.45 | 0.66 | 3.24 | 0.42 | 430.2 | 399 | 31.25 | 12.77 | 0.14 |

**表 3-20　莫尔根河组($C_1m$)火山岩微量元素含量**　　单位:$\times10^{-6}$

| 序号 | 样品号 | Sr | Rb | Ba | Th | Ta | Nb | Hf | Zr | Cr | Ni | Co | U | B | V | Y | Cs | Sc | Ga | Li | Rb/Sr | Zr/Hf | U/Th |
|---|---|---|---|---|---|---|---|---|---|---|---|---|---|---|---|---|---|---|---|---|---|---|---|
| 1 | P29Tc50 | 850 | 98.6 | 650 | 15 | 4.1 | 21 | 5.3 | 180 | 134 | 110 | 55.1 | 0.7 | 1.36 | 220 | 18.5 | 13 | 26 | 15 | 38.6 | 0.12 | 34 | 0.05 |
| 2 | P29Tc22 | 1410 | 11 | 650 | 8.6 | 3.3 | 50 | 10 | 430 | 36.5 | 10.6 | 10.3 | 1.4 | 7 | 11 | 34.9 | 2.8 | 7.9 | 42 | 14.4 | 0.01 | 43 | 0.16 |

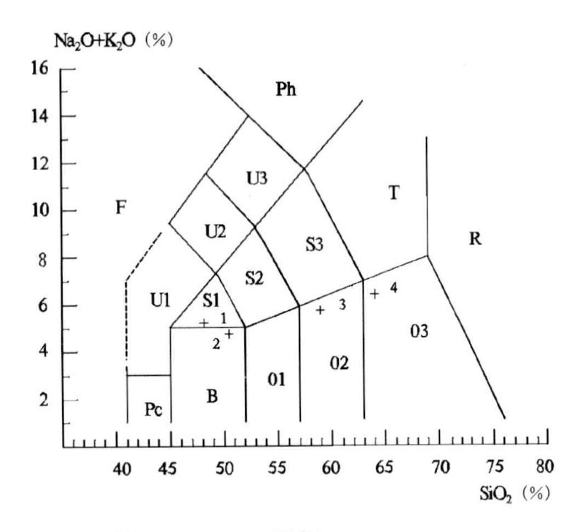


图 3-37　TAS 图解(据 Le Bas,1986)

F. 副长石岩;Pc. 苦橄玄武岩;B. 玄武岩;01. 玄武安山岩;02. 安山岩;03. 英安岩;S1. 粗面玄武岩;S2. 玄武粗安岩;S3. 粗安岩;T. 粗面岩、粗面英安岩;U1. 碧玄岩、碱玄岩;U2. 响岩质碱玄岩;U3. 碱玄质响岩;Ph. 响岩;R. 流纹岩

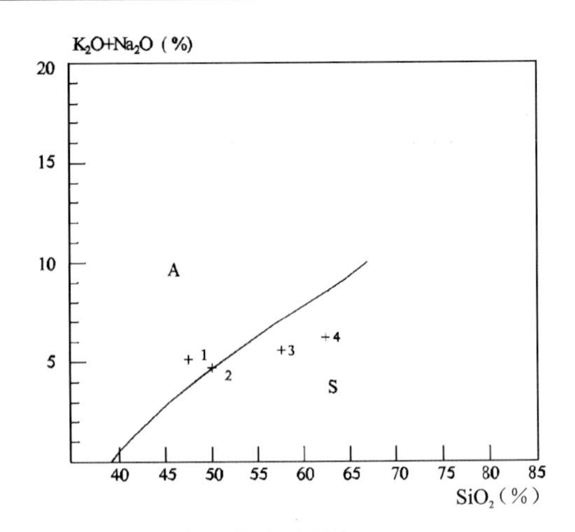


图 3-38　碱-二氧化硅图解(据 Irvine,1971)

A. 碱性区;S. 亚碱性区

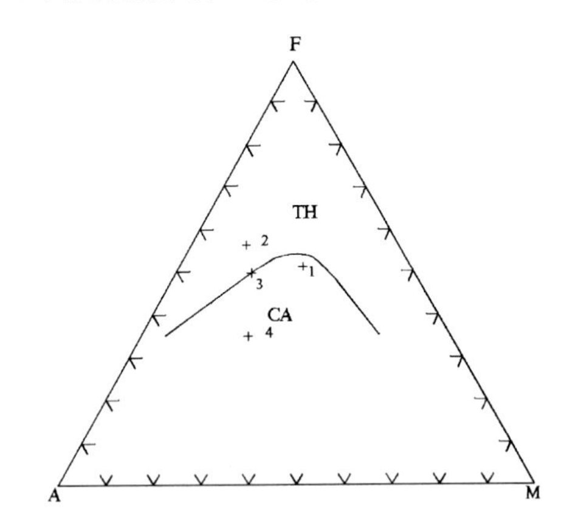


图 3-39　区分拉斑玄武岩和钙碱性玄武岩图解(据 Irvine,1971)

TH. 拉斑玄武岩套;CA. 钙-碱性岩套

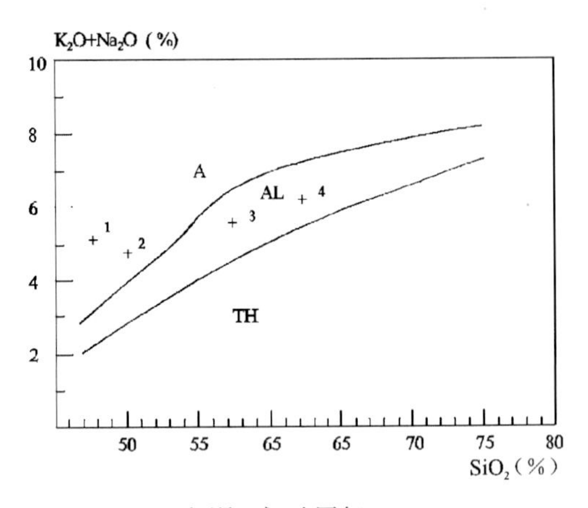


图 3-40　(久野)碱-硅图解(据 Kuno,1966)

A. 碱性岩系;AL. 高铝岩系;TH. 拉斑岩系

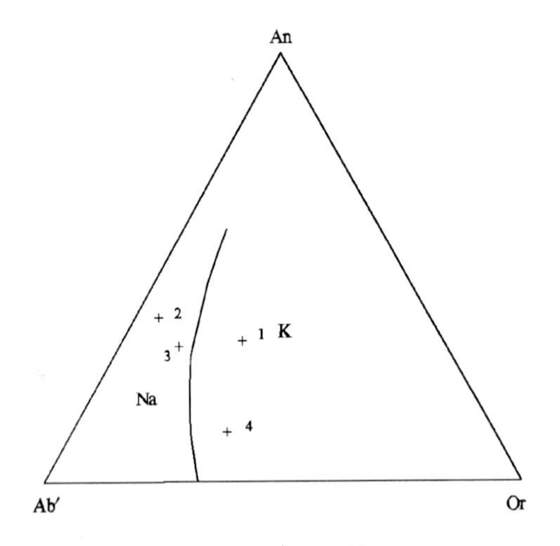


图 3-41　碱性岩 An-Ab′-Or 图解(据 Irvine,1971)

Na. 钠质系列火山岩;K. 钾质系列火山岩

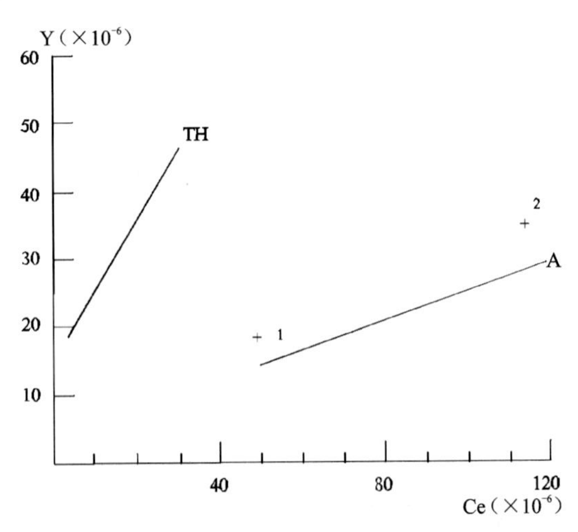


图 3-42　Y-Ce 图解(据莫宣学等,1993)

A. 直线附近为碱性系列火山岩;

TH. 直线附近为拉斑系列火山岩

### 3. 石炭纪白山组($C_1b$)裂谷火山岩组合

石炭纪白山组火山岩主要分布在西部区的绿条山、哈珠及路井一带。出露厚度大于489～1971m。岩石组合为海相流纹岩-英安岩-安山岩-流纹质、英安质凝灰岩(拉斑玄武岩组合),属偏铝质中钾钙碱性系列,火山岩浆来源为壳幔混合源型。其与同时代深海沉积的硅质岩及基性、超基性岩共同组成蛇绿岩组合,其大地构造相为陆内裂谷相(红海式),裂谷岩浆岩亚相(蛇绿岩亚相)。

## (七)晚石炭世俯冲火山岩

### 1. 晚石炭世本巴图组($C_2bb$)大洋俯冲火山岩组合

晚石炭世本巴图组在研究区分布广泛,西起阿拉善右旗高家窑,东到霍林河,南至额布尔陶赖图断裂,北达阿尔山断裂—中蒙边界—二连-贺根山对接带。出露厚度335.6～5493m。在研究区各个构造单元内出露的本巴图组的岩石组合各不相同。

现将本巴图组火山岩在各个构造单元内的组合特征分述如下。

(1)二连-贺根山蛇绿混杂岩带中的晚石炭世本巴图组火山岩的岩石组合为海相碳质凝灰质板岩-凝灰岩-杂砂岩。出露厚度大于5493m。其大地构造相为陆缘弧相,火山弧亚相。

(2)锡林浩特岩浆弧内出露的晚石炭世世本巴图组火山岩的岩石组合为含蛇绿岩碎片的砂岩-粉砂岩-板岩-凝灰岩等浊积岩(SSZ型蛇绿岩组合)。出露厚度大于5493m。其大地构造相为蛇绿混杂岩相,蛇绿岩亚相。

(3)索伦山蛇绿岩杂岩带内的本巴图组火山岩的岩石组合为海相砂岩-粉砂岩-泥岩-火山碎屑岩-硅质岩-碳酸盐岩等浊积岩组合。出露厚度大于3891m。其大地构造相为俯冲增生杂岩相,有蛇绿岩碎片的浊积岩亚相。

(4)温都尔庙俯冲增生杂岩带内的本巴图组火山岩岩石组合为浅海相凝灰质长石石英砂岩-粉砂岩-铁质板岩-玄武岩。出露厚度438～2420m。其大地构造相为陆缘弧相,火山弧亚相。

(5)恩格尔乌苏蛇绿混杂岩带(结合带)内的本巴图组火山岩的岩石组合为海相英安质、流纹质凝灰岩-英安岩-长石质杂砂岩-粉砂岩-泥岩-碳酸盐岩(MORS型蛇绿岩组合),其大地构造相为蛇绿混杂岩相,蛇绿岩亚相(有蛇绿岩碎片的浊积岩亚相)。出露厚度大于1617m。

### 2. 晚石炭世—早二叠世格根敖包组($C_2—P_1g$)陆缘火山弧组合

晚石炭世—早二叠世格根敖包组火山岩主要分布在东乌珠穆沁旗的盐池北山格根敖包一带,为陆缘火山弧组合。但在不同的构造单元内的岩石组合仍存在着一定的差异性。分述如下。

(1)东乌珠穆沁旗-多宝山岛弧内的格根敖包组火山岩的岩石组合为碱性安山岩-英安岩-流纹岩及碎屑岩,出露厚度大于1943m。伴有陆缘弧环境的侵入岩花岗闪长岩-花岗岩组合和晚石炭世大洋俯冲环境的侵入岩组合,其大地构造相为陆缘弧相,火山弧亚相(图3-43～图3-48)。

格根敖包组岩石化学特征:$SiO_2$为67.14%,$K_2O+Na_2O$为7.05%,与中国主要岩浆岩类的平均化学成分相对比,$SiO_2$、$K_2O+Na_2O$较高,其他氧化物含量相接近。标准矿物组合为Or、Ab、An、Di、Hy,且样品中出现Q,岩石化学类型为铝过饱和-$SiO_2$过饱和岩石,但结合本区岩石化学特征总体$SiO_2$应为过饱和。里特曼指数大于或接近于1,在$SiO_2$-($K_2O+Na_2O$)图解中,样品点都投入了亚碱性区,且远离碱性区,据区分拉斑玄武岩和钙碱性玄武岩图解,总体为钙碱性,$FeO/Fe_2O_3$值为0.70,为英安岩。

稀土元素特征(表3-21):该组火山岩稀土总量低,为(101.67～142.17)$\times10^{-6}$,LREE/HREE值为0.71～6.94,分异程度较弱,δEu为0.84～0.89,接近于1,总体铕异常不明显。稀土配分曲线平坦,说明了轻重稀土分溜不明显。

微量元素特征(表 3-22):①大离子亲石元素,$K_2O$ 的含量为0.86%～2.16%,岩石中 K 含量低于地壳维氏值(2.5%),Rb 丰度为(17.5～55.5)×$10^{-6}$,低于维氏值(150×$10^{-6}$),Sr 丰度为(115.6～484)×$10^{-6}$,低于维氏值(340×$10^{-6}$),Ba 为(290～700)×$10^{-6}$,,低于维氏值(650×$10^{-6}$),$Sr^*$ 为 4.72,表明了 Sr 富集,是斜长石的全部熔融或与斜长石的分离结晶有关。②放射性生热元素,Nb 含量(7.3～8.8)×$10^{-6}$,低于维氏值(20×$10^{-6}$),Zr 丰度为(80.1～181)×$10^{-6}$,低于维氏值(170×$10^{-6}$);$Nb^*$ 小于 1,铌亏损,为具同化混染的玄武质岩石,表明岩浆来源于地壳物质的局部熔融。而 Rb/Sr 值为 0.11～0.15,平均为 0.13,$(Rb/Yb)_N$ 为 16.13,反映了熔融程度低的残余熔体特征。从微量元素数据可以看出 Nb、Ce、Zr 为低谷,相对亏损,而 Sr、Sm 等呈峰值,相对富集。将火山岩 Rb、Sr 丰度值数据投入到 Rb-Sr 丰度值与地壳厚度关系图解中,火山岩位于 18km 附近,结合岩石化学特征分析岩浆可能来源较浅。据里特曼-戈蒂里图解,样品投点落入 B 区,为造山带(岛弧或活动大陆边缘)火山岩,在 Ti-Zr 构造环境判别图上,样品投入岛弧拉斑玄武岩区,故该组火山岩为岛弧环境。

(2)二连-贺根山蛇绿混杂岩带内的格根敖包组火山岩的岩石组合为海相钙碱性安山岩-英安岩-流纹岩夹碎屑岩,厚度大于 1104m。其大地构造相陆缘弧相,火山弧亚相。

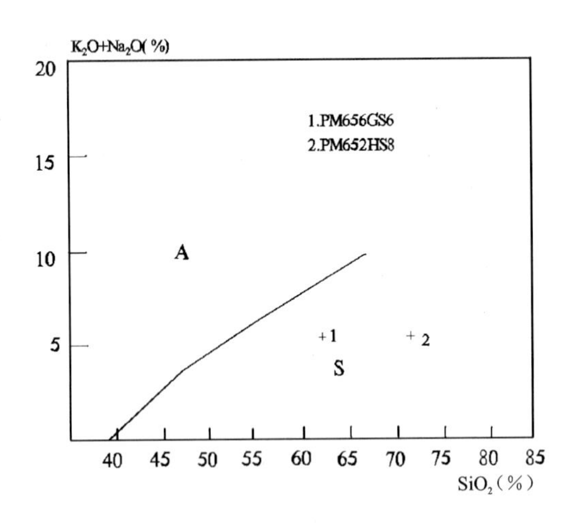


图 3-43　碱-二氧化硅图解

A. 碱性区;S. 亚碱性区

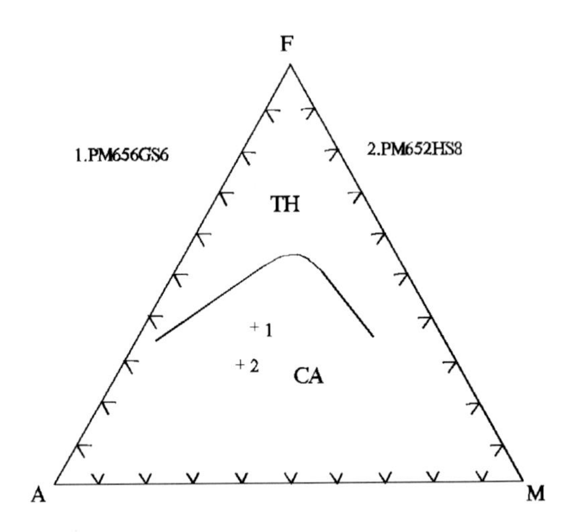


图 3-44　区分拉斑玄武岩和钙碱性玄武岩图解

TH. 拉斑玄武岩套;CA. 钙-碱性岩套

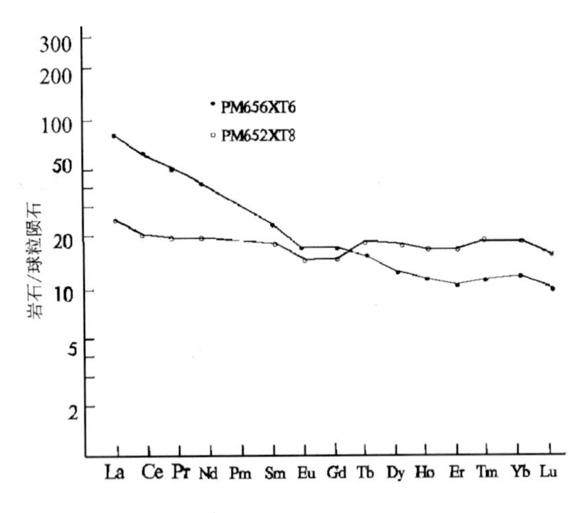


图 3-45　火山岩稀土配分图

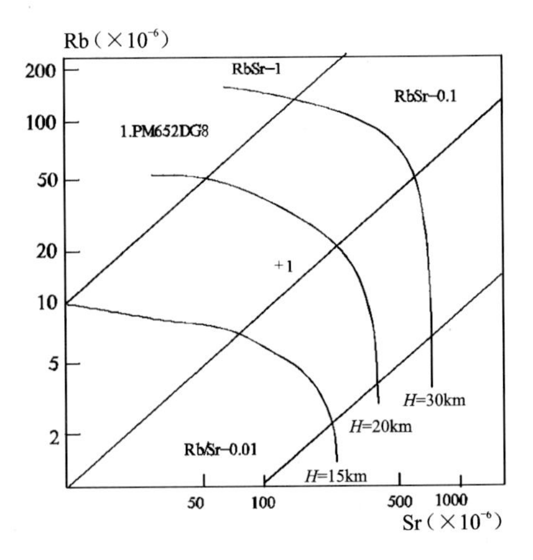


图 3-46　Rb-Sr 浓度与大陆壳的关系

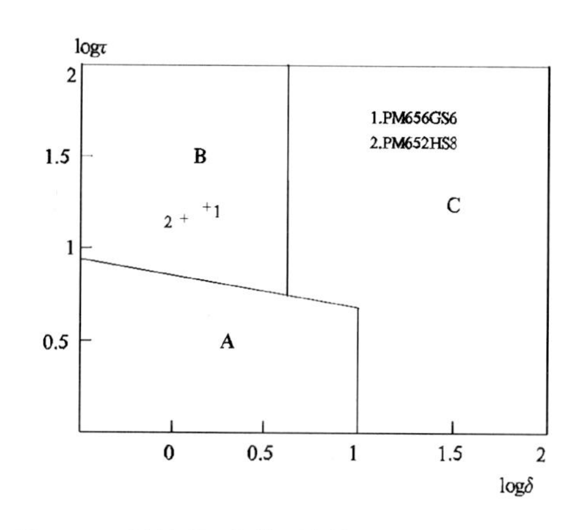


图 3-47　里特曼-戈蒂里图解(据 Rittmann,1973)

A. 非造山带火山岩;B. 造山带火山岩;

C. A、B 区派生的碱性、偏碱性火山岩

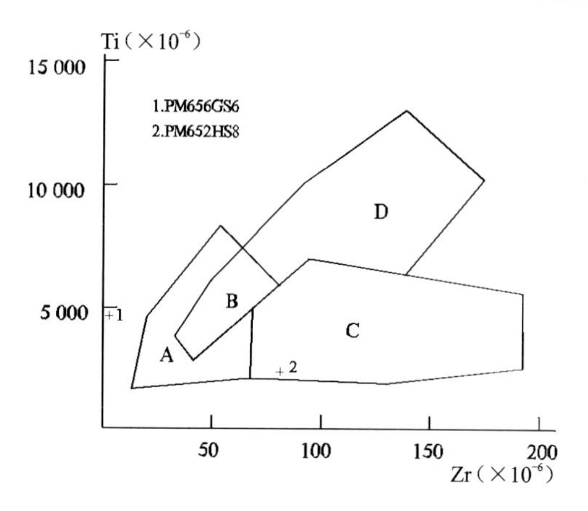


图 3-48　Ti-Zr 图解

A、B. 岛弧拉斑玄武岩;B、C. 碱性玄武岩(岛弧);

B、D. 洋脊拉斑玄武岩

**表 3-21　格根敖包组($C_2—P_1g$)火山岩稀土元素含量一览表**　　单位:$\times10^{-6}$

| 时代 | 样品编号 | 岩石名称 | La | Ce | Pr | Nd | Sm | Eu | Gd | Tb | Dy | Ho | Er |
|---|---|---|---|---|---|---|---|---|---|---|---|---|---|
| $C_2—P_1g$ | PM656XT6 | 安山玢岩 | 23.4 | 46 | 5.8 | 23.1 | 4.45 | 1.21 | 4.3 | 0.71 | 3.88 | 0.78 | 2.12 |
| | PM652XT8 | 片理化英安岩 | 7.8 | 15.7 | 2.4 | 11.6 | 3.6 | 1.1 | 3.9 | 0.88 | 6 | 1.26 | 3.86 |
| 时代 | 样品编号 | 岩石名称 | Tm | Yb | Lu | Y | ΣREE | LREE | HREE | LR/HR | δEu | La/Sm | La/Yb |
| $C_2—P_1g$ | PM656XT6 | 安山玢岩 | 0.37 | 2.5 | 0.3 | 0.33 | 142.2 | 104 | 14.99 | 6.94 | 0.84 | 5.26 | 9.36 |
| | PM652XT8 | 片理化英安岩 | 0.64 | 4.08 | 0.5 | 0.53 | 101.7 | 42.12 | 59.55 | 0.71 | 0.89 | 2.17 | 1.91 |

**表 3-22　格根敖包组($C_2—P_1g$)火山岩微量元素含量表**　　单位:$\times10^{-6}$

| 时代代号 | 样品号 | 岩石名称 | 元素含量 | | | | | | | | |
|---|---|---|---|---|---|---|---|---|---|---|---|
| | | | Cr | Ba | Nb | Rb | Sr | Th | U | Li | Zr |
| $C_2—P_1g$ | PM656DG6 | 安山玢岩 | 95.5 | 700 | 8.8 | 55.5 | 484 | 13.4 | 2.6 | 15.5 | 181 |
| | PM652DG8 | 片理化英安岩 | 15.6 | 290 | 7.3 | 17.5 | 115.6 | 5.6 | 0.8 | 14.9 | 80.1 |
| 中性岩 | 闪长岩 | 维氏值 | 50 | 650 | 20 | 100 | 800 | 7 | 1.8 | 20 | 260 |
| 酸性岩 | 花岗岩 | 维氏值 | 25 | 830 | 20 | 200 | 300 | 18 | 3.5 | 40 | 200 |

| 时代 | 样品号 | 岩石名称 | 元素含量 | | | | | | | |
|---|---|---|---|---|---|---|---|---|---|---|
| | | | $K_2O$ | Cu | Ni | V | Mo | W | Be | Co |
| $C_2—P_1g$ | PM656DG6 | 安山玢岩 | 2.16 | 41.5 | 47.1 | 104 | 2.16 | 1.3 | 1.2 | 14.6 |
| | PM652DG8 | 片理化英安岩 | 0.86 | 6.6 | 5.4 | 60.7 | 0.36 | 0.88 | 1.1 | 4.2 |
| 中性岩 | 闪长岩 | 维氏值 | | 35 | 55 | 100 | 0.9 | 1 | 1.8 | 10 |
| 酸性岩 | 花岗岩 | 维氏值 | | 20 | 8 | 40 | 1 | 1.5 | 5.5 | 5 |

### 3. 晚石炭世—早二叠世宝力高庙组($C_2—P_1bl$)陆缘弧火山岩组合

(1)晚石炭世—早二叠世宝力高庙组火山岩主要分布在东乌珠穆沁旗的宝力高庙、小坝梁、达布苏诺尔一带。厚度大于 10 397m。岩石组合为陆相钙碱性安山岩-英安岩-流纹岩夹陆缘碎屑岩,并伴生

有陆缘弧环境的侵入岩花岗闪长岩-花岗岩组合及晚石炭世大洋俯冲环境侵入岩。其大地构造相为陆缘弧相，火山弧亚相。宝力高庙组岩石化学特征如图 3-49～图 3-52 所示。

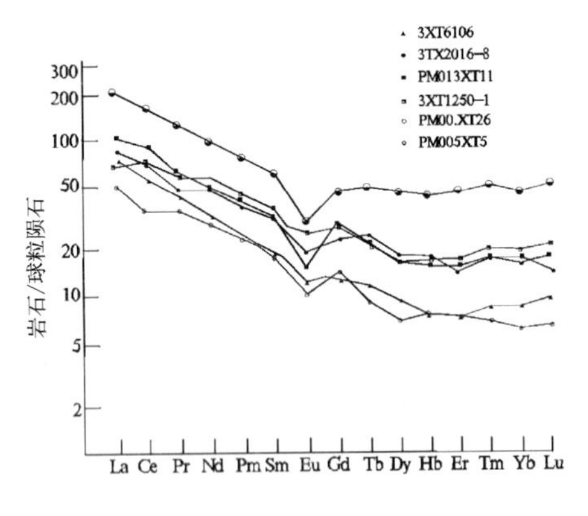


图 3-49　火山岩稀土配分曲线图

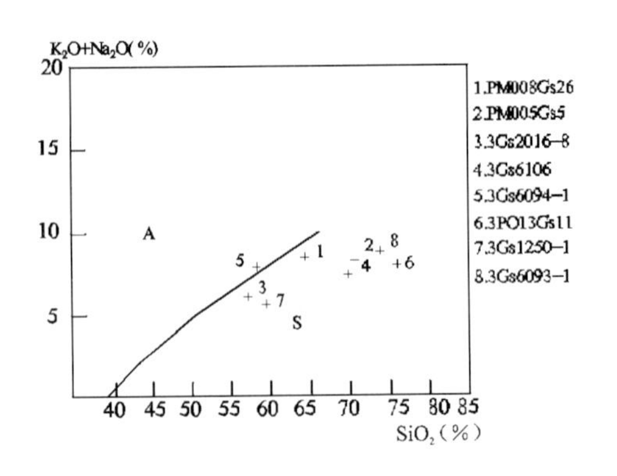


图 3-50　碱-二氧化硅图解

A. 碱性区；S. 亚碱性区

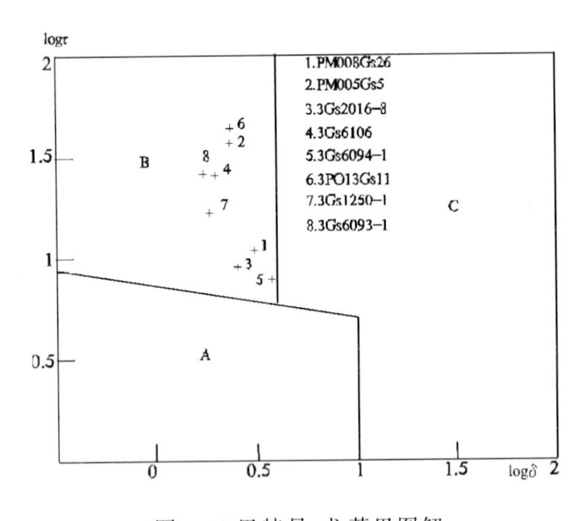


图 3-51 里特曼-戈蒂里图解

A. 非造山带火山岩；B. 造山带火山岩；

C. A、B 区派生的碱性、偏碱性火山岩

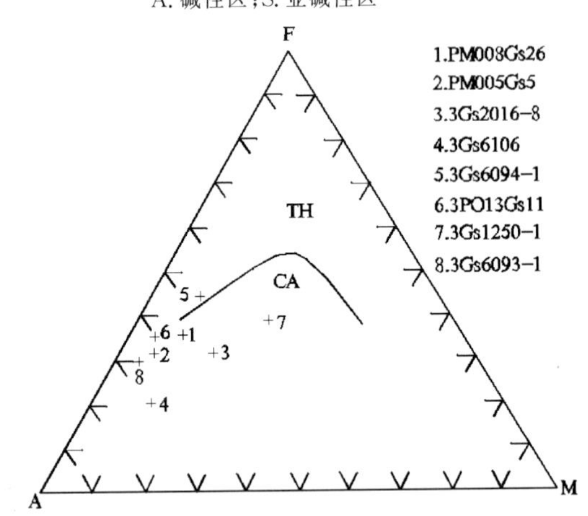


图 3-52　区分拉斑玄武岩和钙碱性玄武岩图解

TH. 拉斑玄武岩套；CA. 钙-碱性岩套

(2)宝力高庙组火山岩岩石化学特征。本次研究在不同层位、不同岩性基本上都采集了化学全分析样，控制性较好，共计硅酸盐样品 8 件。从岩石化学指数上看，宝力高庙组火山岩具有高硅、富钠的特点，且岩石中 $SiO_2$ 含量变化较大，介于57.41%～76.08%之间，$Al_2O_3$ 含量较高，$Na_2O$ 普遍大于 $K_2O$，固结指数 SI 较低，说明其结晶分异作用较强，岩浆的成分变化大。固结指数 SI 变化范围较大，介于 1.10～27.14 之间，说明岩浆成分变化大，不同层位的岩石结晶分异程度差别大，接近于地幔或下地壳局部熔融多次分异的原始岩浆成分。将氧化物含量进行图解分析，投影点分布在 S 区，仅有 1 个样品落在碱性区内，可能与后期钾化等蚀变有关。在 AFMT 图解上投影则全部落入碱性序列区，故应属于钙碱性系列。

(3)宝力高庙组火山岩稀土元素特征。宝力高庙组火山岩中稀土样品采集较多(表 3-23)，控制性较好。从表 3-23 可以看出，该火山岩具有稀土总量丰度值变化大、轻稀土元素相对较富集、分馏作用中等、重稀土含量较贫的特点，岩性从中性至酸性均有，δEu 具有“V”字形深谷，铕异常明显，LREE 有所增加，在标准化型式图上为一左陡右缓的折线，早期中性岩石曲线较为平缓，晚期酸性岩石渐变为“V”字形，表明铕亏损明显，具有从早期到晚期分馏作用增强的特点。也显示了火山活动从早期到晚期经历了较强的结晶分异作用，晚期轻稀土更趋于富集。

表 3-23 宝力高庙组火山岩稀土元素含量一览表

单位：$\times10^{-6}$

| 时代 | 样品编号 | 岩石名称 | La | Ce | Pr | Nd | Sm | Eu | Gd | Tb | Dy | Ho | Er |
|---|---|---|---|---|---|---|---|---|---|---|---|---|---|
| $C_2$—$P_1bl$ | 3XT6106 | 英安岩 | 23.7 | 46.5 | 5.15 | 19.8 | 3.34 | 0.73 | 3.59 | 0.43 | 2.23 | 0.53 | 1.49 |
| | 3XT6099-1 | 流纹质晶屑玻屑强熔结凝灰岩 | 30.7 | 73.1 | 7.36 | 32.4 | 6.68 | 1.04 | 7.41 | 1 | 5.74 | 1.24 | 3.56 |
| | 3XT2016-8 | 安山岩 | 21.2 | 57 | 6.01 | 28.3 | 5.76 | 1.8 | 6.79 | 0.97 | 5.07 | 1.23 | 3 |
| | P013XT11 | 球粒流纹岩 | 61.5 | 128.88 | 14.39 | 56.6 | 12.1 | 2.1 | 11.72 | 2.33 | 14.6 | 2.97 | 9.25 |

| 代号 | 样品编号 | 岩石名称 | Tm | Yb | Lu | Y | ΣREE | ΣLREE | LR/HR | δEu | La/Sm | La/Yb |
|---|---|---|---|---|---|---|---|---|---|---|---|---|
| $C_2$—$P_1bl$ | 3XT6106 | 英安岩 | 0.27 | 1.77 | 0.3 | 12.4 | 122.23 | 99.22 | 9.35 | 0.64 | 7.1 | 13.39 |
| | 3XT6099-1 | 流纹质晶屑玻屑强熔结凝灰岩 | 0.65 | 3.9 | 0.65 | 30.8 | 206.23 | 151.28 | 6.26 | 0.45 | 4.6 | 7.87 |
| | 3XT2016-8 | 安山岩 | 0.57 | 3.18 | 0.55 | 29.2 | 170.64 | 120.07 | 5.62 | 0.88 | 3.86 | 6.67 |
| | P013XT11 | 球粒流纹岩 | 1.6 | 9.55 | 1.59 | 99.19 | 425.37 | 275.27 | 5.14 | 0.53 | 5.08 | 6.44 |

(4)宝力高庙组微量元素特征。宝力高庙火山岩中有样品 4 件(表 3-24)，采于岩石出露较为典型的地区。对表 3-24 中的数据分析可以总结出如下特征：较低的 Rb/Sr 值和较高的过渡元素 Ba 的含量，说明了晚石炭世和晚泥盆世岩浆来源深度相对较小，而且岩浆分离作用较快。放射性生热元素：U 为(0.8～4.7)$\times10^{-6}$，平均为2.43$\times10^{-6}$，Th 为(7.3～16.9)$\times10^{-6}$，平均为 12.4$\times10^{-6}$，两者略大于维氏值或接近维氏值(1.8$\times10^{-6}$和7$\times10^{-6}$)，表明该火山岩结晶分异作用弱，属岩浆快速上升的产物。

表 3-24 宝力高庙组微量元素含量

单位：$\times10^{-6}$

| 时代代号 | 样品号 | 岩石名称 | 元素含量 | | | | | | | | |
|---|---|---|---|---|---|---|---|---|---|---|---|
| | | | Cr | Ba | Nb | Rb | Sr | Th | U | Li | Zr |
| $C_2$—$P_1bl$ | 3PM002DG41 | 沉火山角砾岩 | 36.6 | 148 | 9.6 | 36.1 | 218 | 8.7 | 0.8 | 176 | 118 |
| | 3PM008DG26-1 | 碳酸盐化角闪安山岩 | 21.8 | 663 | 10.6 | 84.6 | 336 | 16.9 | 2.3 | 46.3 | 221 |
| | 3PM013DG11 | 球粒流纹岩 | 13.3 | 1666 | 23.2 | 129 | 36.5 | 16.5 | 4.8 | 8.2 | |
| | 3DG1250-1 | 弱绿帘石化安山岩 | 115 | 3859 | 3.6 | 18.4 | 719 | 7.3 | 1.2 | 34.9 | |
| 中性岩 | 闪长岩 | 维氏值 | 50 | 650 | 20 | 100 | 800 | 7 | 1.8 | 20 | 260 |
| 酸性岩 | 花岗岩 | 维氏值 | 25 | 830 | 20 | 200 | 300 | 18 | 3.5 | 40 | 200 |

### 4. 新巴尔虎右旗-松岭区晚石炭世俯冲火山岩弧后盆地火山岩组合($C_2$)

在额尔古纳岛弧和海拉尔-呼玛弧后盆地出露有晚石炭世宝力高庙组火山岩，额尔古纳岛弧宝力高庙组为片理化安山岩、流纹质晶屑凝灰岩，厚度大于 1070m，海拉尔-呼玛弧后盆地宝力高庙组为片理化流纹岩、英安岩，厚度大于 1725m。没有岩石化学资料。根据发育位置判别为俯冲带环境。

### 5. 伊尔施镇-甸南晚石炭世火山弧玄武岩-安山岩-流纹岩组合($C_2$)

在东乌珠穆沁旗-多宝山岛弧内的伊尔施、甸南等地出露有晚石炭世宝力高庙组($C_2$—$P_2bl$)火山岩。宝力高庙组厚度大于 514m，上部为粗砂岩，下部为安山质熔结凝灰岩、玄武岩，有两个岩石化学样品，根据岩化数据(表 3-25～表 3-27)投图分析，在硅-碱图解上为碱性(图 3-53)，A-F-M 图解上为钙碱系列(图 3-54)，在 $K_2O$-$Na_2O_2$ 图解上为富钠玄武岩(图 3-55)，在 $TiO_2$-$Al_2O_3$-$K_2O$ 图解中为大陆裂谷和岛弧造山带(图 3-56),其他图解有洋岛、板内和钙碱性玄武岩等不同环境,反映出具有大陆性质的火山弧,判别为陆缘火山弧环境。

**表 3-25　宝力高庙组($C_2$—$P_1bl$)火山岩岩石化学组成**

单位:%

| 序号 | 样品号 | $SiO_2$ | $TiO_2$ | $Al_2O_3$ | $Fe_2O_3$ | FeO | MnO | MgO | CaO | $Na_2O$ | $K_2O$ | $P_2O_5$ | LOS | Total | $Mg^{\#}$ | $FeO^*$ | A/CNK | σ | A. R | SI | DI |
|---|---|---|---|---|---|---|---|---|---|---|---|---|---|---|---|---|---|---|---|---|---|
| 1 | 2P4GS2 | 49.30 | 2.13 | 15.17 | 5.84 | 4.20 | 0.20 | 7.31 | 8.16 | 3.94 | 1.14 | 0.61 | 1.30 | 99.30 | 0.66 | 9.45 | 0.67 | 4.10 | 1.56 | 32.59 | 36.04 |
| 2 | 2P2GS99 | 56.41 | 0.88 | 17.49 | 2.73 | 3.58 | 0.11 | 4.10 | 5.33 | 4.50 | 2.78 | 0.33 | 1.01 | 99.25 | 0.61 | 6.03 | 0.87 | 3.95 | 1.94 | 23.18 | 55.57 |

**表 3-26　宝力高庙组($C_2$—$P_1bl$)火山岩稀土元素组成**

单位:$\times10^{-6}$

| 序号 | 样品号 | La | Ce | Pr | Nd | Sm | Eu | Gd | Tb | Dy | Ho | Er | Tm | Yb | Lu | ΣREE | ΣLREE | ΣHREE | LREE/HREE | δEu |
|---|---|---|---|---|---|---|---|---|---|---|---|---|---|---|---|---|---|---|---|---|
| 1 | 2P4GS2 | 35.80 | 82.40 | 11.10 | 54.30 | 10.20 | 3.46 | 9.46 | 1.21 | 6.84 | 1.39 | 3.64 | 0.53 | 3.25 | 0.45 | 251.33 | 197.26 | 26.77 | 7.37 | 1.06 |
| 2 | 2P2GS99 | 24.00 | 49.50 | 6.02 | 24.30 | 4.60 | 1.24 | 3.90 | 0.55 | 3.04 | 0.57 | 1.68 | 0.23 | 1.38 | 0.21 | 138.52 | 109.66 | 11.56 | 9.49 | 0.87 |

**表 3-27　宝力高庙组($C_2$—$P_1bl$)火山岩微量元素含量**

单位:$\times10^{-6}$

| 序号 | 样品号 | Sr | Rb | Ba | Th | Ta | Nb | Hf | Zr | Cr | Ni | Co | V | U | Y | Li | Rb/Sr |
|---|---|---|---|---|---|---|---|---|---|---|---|---|---|---|---|---|---|
| 1 | 2P4GS2 | 721.5 | 28.1 | 400 | 10.1 |  | 10.9 |  | 276.6 | 178.9 | 122 | 35 | 184.6 |  | 37.7 | 26.2 | 0.038 95 |
| 2 | 2P2GS99 | 639.2 | 61.3 | 638 | 6 |  | 8.4 |  | 234.5 | 67.4 | 34.1 | 14.2 | 97.3 |  | 14.9 | 20.5 | 0.095 9 |

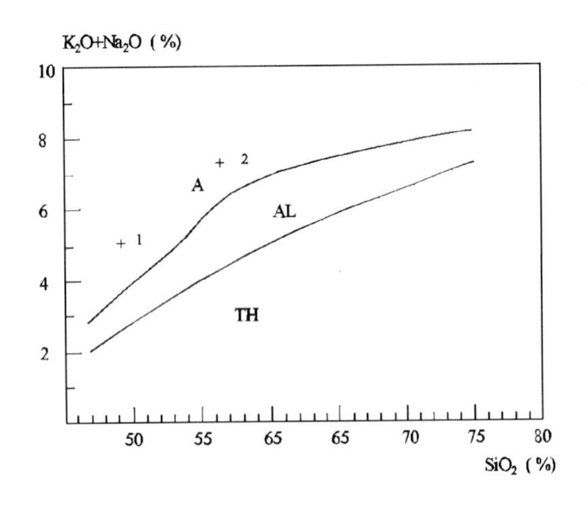


图 3-53　(久野)碱-硅图解(据 Kuno,1966)

A. 碱性岩系;AL. 高铝岩系;TH. 拉斑岩系

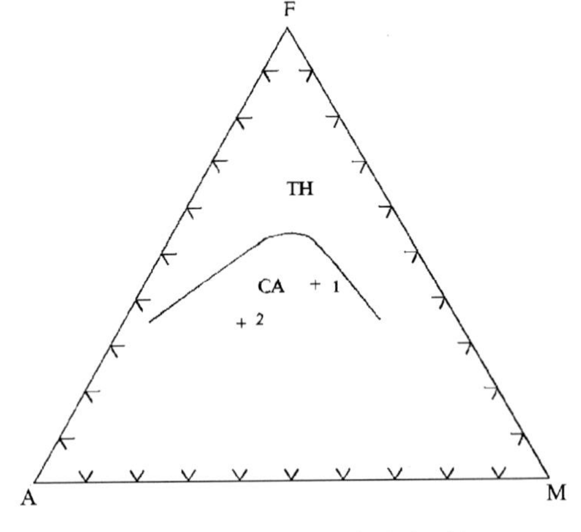


图 3-54　区分拉斑玄武岩和钙碱性玄武岩图解(据 Irvine,1971)

TH. 拉斑玄武岩套;CA. 钙-碱性岩套

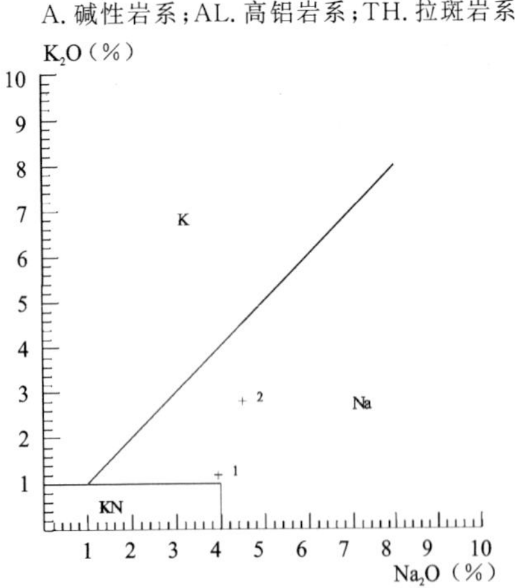


图 3-55　玄武岩钾、钠含量划分图解

K. 富钾玄武岩;Na. 富钠玄武岩;

KN. 贫钾富钠玄武岩类

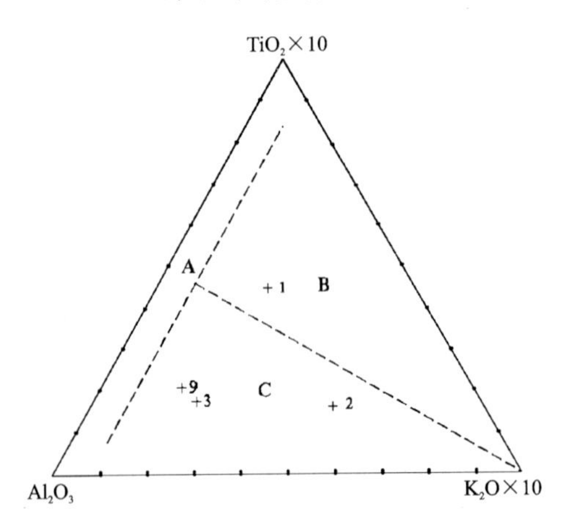


图 3-56　大洋火山岩和大陆火山岩的判别图解(据赵崇贺,1989)

A. 大洋玄武岩区;B. 大陆裂谷型玄武岩、安山岩区;

C. 岛弧造山带玄武岩、安山岩区

### 6. 青龙山晚石炭世火山弧陆缘弧火山岩组合($C_2$)

在温都尔庙陆缘弧南缘出露有晚石炭世青龙山火山岩，其岩性为蚀变安山岩、安山质碎屑凝灰岩，厚度大于 1396m。据 1∶5 万区域地质调查资料，A-F-M 图解上为拉斑系列，$\sigma=2$，为钙碱系列，而 A/CNK大于 1.1，标准矿物出现刚玉，属铝过饱和类型，判断物质来源于下部俯冲洋壳，又有较多陆壳混染的壳幔混合源，其构造环境为陆缘弧。

## (八)二叠纪火山岩岩石构造组合

### 1. 早二叠世大红山组($P_1d$)陆缘弧组合

早二叠世大红山组火山岩主要分布在狼山、大青山一带。各构造单元内的岩石组合和厚度各不相同，现分叙如下。

狼山-白云鄂博裂谷内大红山组火山岩岩石组合为石英砂岩-安山玢岩-晶屑凝灰岩-含煤碳质泥岩-长石石英砂砾岩，厚度大于 2167m。含煤层。该组的建造主要为碎屑岩含煤建造和中性火山岩建造。其大地构造相陆缘弧相，火山弧亚相。

迭布斯格-阿拉善右旗岩浆弧内的大红山组火山岩岩石组合为流纹斑岩-英安斑岩夹英安质凝灰岩，厚度大于 1307m。属钙碱性岩石系列，壳幔混合型岩浆。其大地构造相陆缘弧相，火山弧亚相。大红山组火山岩的岩石化学特征如图 3-57 所示。

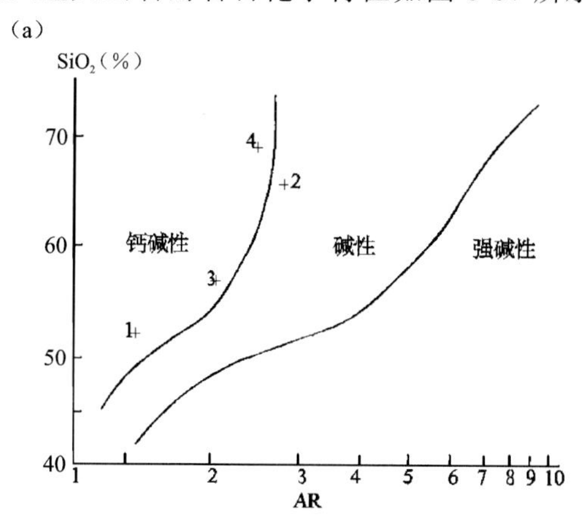


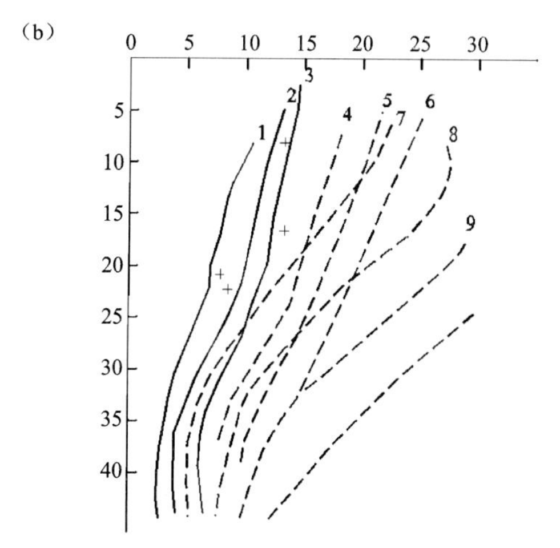


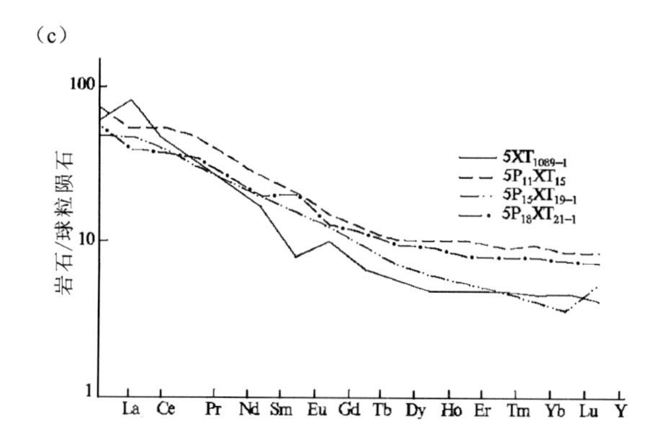


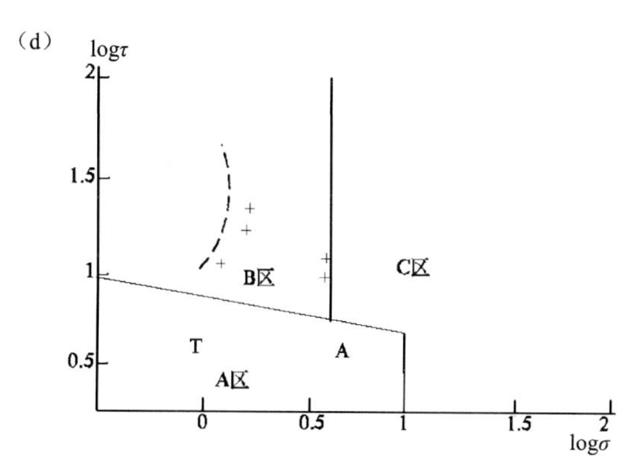

(e)

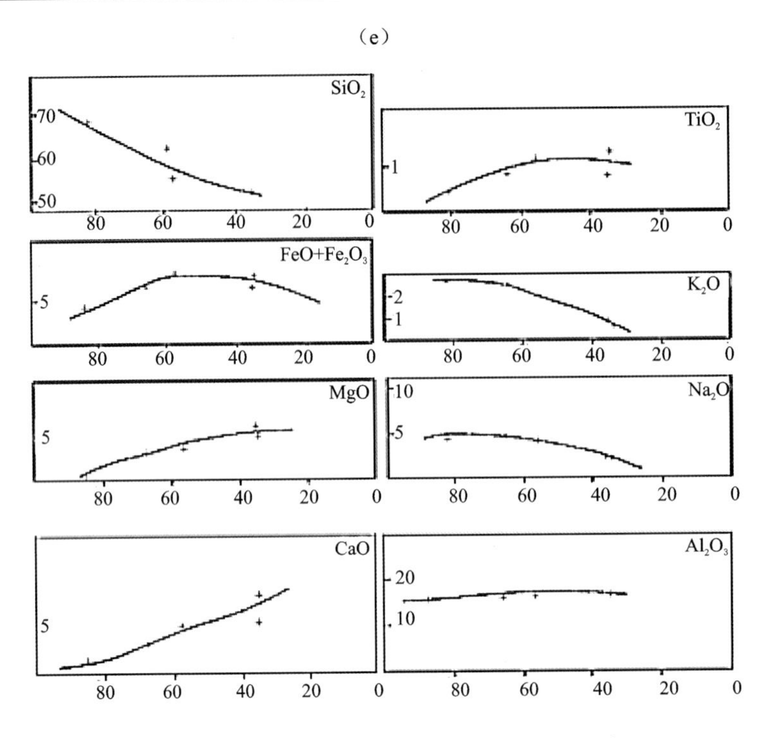


图 3-57　大红山组岩石化学图解(数值单位为%)

1)岩石化学特征

岩石的碱度、系列特征:共有 4 个岩石化学样品分析,其中以中性火山岩为主,酸性次之。在赖特碱度指数 AR-$SiO_2$ 图解中,火山岩投影点都落在赖特的钙碱性区;用皮科克钙指数法求得钙碱指数 CA=56.4,属皮科克所划分的钙碱性系列范围内(相当于赖特的钙碱性岩区)。

查氏自然共生组合:共 4 个样品投入查氏自然组合图解,投影主要分布于第一线(别里-拉森峰型)和第三线(黄石公园型)之间,基本上属于钙碱性岩组合。

岩石化学指数特征:组合指数($\sigma$)在 1.2～3.5 之间,基本上属于钙碱性系列范围。固结指数(SI):大红山组火山岩下部岩石固结指数相对较高,而上部层位的固结指数偏低,表明了岩石早期分离结晶程度较低,分异较差,与原始母岩浆成分接近,晚期形成的岩石分离结晶程度较高,分异性较好。岩浆的结晶分异过程中,由富 MgO 演化为贫 MgO,FeO 和 $Fe_2O_3$亦有类似变化。分异指数(DI)在大红山组二段熔岩样品氧化物-DI 图中可以看出 $SiO_2$、$K_2O$、$Na_2O$ 与 DI 呈正相关,$TiO_2$、MgO、CaO 与 DI 呈负相关,(FeO+0.9$Fe_2O_3$)在 DI 为 20～60 区间呈正相关,60～80 区间呈负相关,$Al_2O_3$变化不大。

稀土、微量元素特征(表 3-28、表 3-29):大红山组二段火山岩稀土含量在(110.341～147.8)$\times10^{-6}$之间。酸性火山岩 δEu 为 0.59,属铕亏损型。在标准模式图中更为直观,中性火山岩 δEu 为 1.01～1.2,略具微弱的正铕异常;Gd/Yb 值在 1.60～3.02 之间,重稀土分馏中等;La/Sm 的值在 2.56～3.65 之间,说明轻稀土分馏程度强于重稀土,曲线右倾斜为轻稀土富集型。将大红山组二段火山岩样点投入里特曼-戈蒂里指数图解中,其样点均落入 B 区,说明该火山岩属(陆内)造山带火山岩。

**表 3-28　大红山组火山岩稀土元素含量及特征数值表**　　单位:$\times10^{-6}$

| 岩石名称(样品号) | 稀土元素含量 | | | | | | | | | |
|---|---|---|---|---|---|---|---|---|---|---|
| | Le | Ce | Pr | Nd | Sm | Eu | Gd | Tb | Dy | Ho | Er |
| 辉石安山岩 | 16.166 | 45.421 | 4.846 | 19.302 | 3.948 | 1.185 | 3.832 | 0.49 | 2.176 | 0.443 | 1.1 |
| 安英岩 | 20.022 | 80.455 | 5.67 | 20.172 | 3.428 | 0.532 | 3.184 | 0.34 | 1.761 | 0.352 | 1 |

续表 3-28

| 岩石名称（样品号） | 稀土元素含量 | | | | | | | | | | |
|---|---|---|---|---|---|---|---|---|---|---|---|
| | Le | Ce | Pr | Nd | Sm | Eu | Gd | Tb | Dy | Ho | Er |
| 安山岩 | 24.148 | 53.298 | 6.383 | 28.181 | 5.128 | 1.656 | 4.603 | 0.61 | 3.019 | 0.728 | 2.1 |
| 安山岩 | 18.47 | 37.572 | 4.63 | 21 | 4 | 1.54 | 4.12 | 0.57 | 2.91 | 0.67 | 1.7 |

| 岩石名称（样品号） | 稀土元素含量 | | | | 特征指数 | | | | | |
|---|---|---|---|---|---|---|---|---|---|---|
| | Tm | Yb | Lu | Y | ΣREE | ΣCe/Σr | Eu | $(La/Yb)_N$ | $(La/Sm)_N$ | $(Gd/Yb)_N$ |
| 辉石安山岩 | 0.159 | 0.777 | 0.113 | 10.368 | 110.341 | 4.67 | 1.01 | 12.35 | 2.56 | 3.02 |
| 安英岩 | 0.158 | 0.882 | 0.149 | 8.212 | 146.372 | 8.13 | 0.59 | 13.48 | 3.65 | 2.21 |
| 安山岩 | 0.298 | 1.759 | 0.263 | 15.693 | 147.803 | 4.08 | 1.06 | 8.15 | 2.94 | 1.6 |
| 安山岩 | 0.26 | 1.48 | 0.23 | 13.524 | 112.706 | 3.42 | 1.27 | 7.41 | 2.89 | 1.71 |

表 3-29 大红山组火山岩稀土元素含量及富集系数表 单位：$\times 10^{-6}$

| 岩石名称（样品号） | | Li | W | Be | Sn | Co | Au | Ba | Nb | V | Zr | Rb | Sr | Cr | Ni | Cu |
|---|---|---|---|---|---|---|---|---|---|---|---|---|---|---|---|---|
| 安山岩 | 含量 | 44 | 13.84 | 0.9 | 1.8 | 19.7 | 4.6 | 506 | 537 | 161.5 | 147.7 | 129 | 1140 | 14.7 | 38.2 | 48.4 |
| | 富集系数 | 2.2 | 13.84 | 0.5 | | 1.97 | | 0.44 | 0.28 | 1.61 | 0.56 | 0.12 | 1.42 | 2.95 | 0.69 | 1.38 |
| 安山质火山角砾熔岩 | 含量 | 21.9 | 4.62 | 1.2 | 2.2 | 17.6 | 2.3 | 710 | 8.1 | 155.8 | 128.8 | 17.4 | 894 | 128.8 | 34.7 | 70.3 |
| | 富集系数 | 1.09 | 4.62 | 0.37 | | 1.76 | | 1.09 | 0.4 | 1.55 | 0.49 | 0.17 | 1.11 | 2.57 | 0.63 | 2 |
| 安山质凝灰熔岩 | 含量 | 13.3 | 8.1 | 0.8 | 2.5 | 14.6 | 1.3 | 626 | 4.1 | 140.5 | 77.3 | 18 | 1 102.9 | 77.3 | 21.3 | 49.6 |
| | 富集系数 | 0.66 | 8.1 | 0.44 | | 1.46 | | 0.96 | 0.2 | 1.4 | 0.29 | 0.18 | 1.37 | 1.54 | 0.38 | 1.41 |
| 安山岩 | 含量 | 25.8 | 10.12 | 0.9 | 2.1 | 17.8 | 4.7 | 839 | 4.3 | 160.2 | 90.2 | 13.2 | 1 000.3 | 90.2 | 24.3 | 39.7 |
| | 富集系数 | 1.29 | 10.12 | 0.5 | | 1.78 | | 1.29 | 0.21 | 1.6 | 0.34 | 0.13 | 1.25 | 1.8 | 0.44 | 1.13 |
| 安山岩 | 含量 | 12 | 16.28 | 1 | 1.9 | 13.4 | 1.2 | 744 | 4.3 | 138.5 | 33.9 | 21.1 | 881.2 | 33.9 | 14.6 | 43.1 |
| | 富集系数 | 0.6 | 16.28 | 0.55 | | 1.34 | | 1.14 | 0.21 | 1.38 | 0.13 | 0.21 | 1.1 | 0.67 | 0.26 | 1.23 |
| 安山岩 | 含量 | 23.6 | 10.6 | 0.9 | 2.6 | 12.9 | 1.4 | 775 | 5.6 | 126 | 62.2 | 27.4 | 516.2 | 62.2 | 15.8 | 39.2 |
| | 富集系数 | 1.18 | 10.6 | 0.5 | | 1.29 | | 1.19 | 0.28 | 1.26 | 0.23 | 0.27 | 1.14 | 0.24 | 0.28 | 1.12 |
| 安山质火山角砾岩 | 含量 | 25.6 | 7.64 | 0.8 | 3 | 19.2 | 1.7 | 684 | 4 | 156.2 | 51.6 | 24.3 | 938.5 | 51.6 | 21.7 | 313 |
| | 富集系数 | 1.28 | 7.64 | 0.44 | | 1.92 | | 1.05 | 0.2 | 1.56 | 0.19 | 0.24 | 1.17 | 1.03 | 0.39 | 0.89 |
| 安山质火山角砾岩 | 含量 | 27.4 | 7.32 | 0.9 | 1.9 | 18.5 | 1.8 | 792 | 3.5 | 153.3 | 55.8 | 27.3 | 1 013.8 | 55.8 | 19.4 | 23.2 |
| | 富集系数 | 1.37 | 7.32 | 0.5 | | 1.85 | | 1.21 | 0.17 | 1.53 | 0.21 | 0.27 | 1.26 | 1.11 | 0.35 | 0.66 |

### 2. 早二叠世苏吉组（$P_1s$）陆缘弧组合

早二叠世苏吉组火山岩主要分布在哥舍-苏尼特花断裂带的南缘呈北西-南东向展布。岩石组合为安山岩-流纹岩-英安岩-流纹质晶屑凝灰岩，厚度大于 5450m。从岩石化学特征上看，苏吉组火山岩以酸性—中酸性为主，根据 $K_2O+Na_2O$ 和 $SiO_2$ 含量图投图，除 12 号样品外其他样品的投点均落入亚碱性岩区，故此可以确定苏吉组火山岩属于钙碱性系列。从 Rb、Sr 浓度与大陆地壳厚度关系图解中可以判断苏吉组火山岩的岩浆来源于下地壳，属壳源型岩浆。在 $\log\sigma$-$\log\tau$ 关系图上所采样品投影点均落在

B 区，即活动大陆边缘区。另外前人在苏吉组内获取 K-Ar 法同位素年龄值为 265.9Ma。其大地构造相为陆缘弧相，火山弧亚相。

苏吉组火山岩的稀土元素含量变化较大（表 3-30）。为(57.56～302.044)$\times10^{-6}$，LREE/HREE 为 5.685～312，$(La/Yb)_N$为 3.991～21.635，$(La/Sm)_N$ 为 2.032～6.151，$(Gd/Yb)_N$ 为 0.712～2.618，δEu 除了个别样品外都小于 1。稀土配分曲线整体向右倾斜，轻稀土斜率较大，重稀土斜率小，铕负异常明显，为轻稀土富集型。

**表 3-30　二叠系苏吉组火山岩稀土元素含量及特征参数表**　　单位：$\times10^{-6}$

| 序号 | 样品号 | 岩性 | 稀土元素含量 | | | | | | | | | | | | | | |
|---|---|---|---|---|---|---|---|---|---|---|---|---|---|---|---|---|---|
| | | | La | Ce | Pr | Nd | Sm | Eu | Gd | Tb | Dy | Ho | Er | Tm | Yb | Lu | Y |
| 1 | 2$P_5$XT14 | 少斑流纹岩 | 9.27 | 18.574 | 2.81 | 11.832 | 2.87 | 0.715 | 2.725 | 0.375 | 1.665 | 0.374 | 0.985 | 0.144 | 0.84 | 0.148 | 4.259 |
| 2 | 2$P_5$XT10 | 英安岩 | 14.442 | 34.601 | 3.61 | 13.77 | 2.47 | 0.2 | 2.449 | 0.35 | 1.701 | 0.4 | 1.094 | 0.168 | 0.901 | 0.144 | 5.037 |
| 3 | 2$P_{15}$XT4-1 | 球粒流纹岩 | 33.152 | 60.611 | 6.876 | 23.088 | 4.106 | 0.63 | 4.231 | 0.625 | 3.21 | 0.701 | 1.831 | 0.259 | 1.484 | 0.24 | 17.503 |
| 4 | 2$P_9$XT23 | 球粒流纹岩 | 63.152 | 110.817 | 12.54 | 38.046 | 6.458 | 0.964 | 6.343 | 0.838 | 4.332 | 0.861 | 2.495 | 0.356 | 1.958 | 0.322 | 27.028 |
| 5 | 2$P_9$XT20 | 球粒流纹岩 | 38.832 | 95.053 | 9.33 | 31.212 | 6.028 | 0.62 | 6.144 | 0.875 | 5.271 | 1.082 | 3.242 | 0.488 | 3.135 | 0.521 | 33.555 |
| 6 | 2$P_9$XT19 | 安山岩 | 53.258 | 106.098 | 13.064 | 47.742 | 8.014 | 2.277 | 8.68 | 1.2 | 6.327 | 1.238 | 3.57 | 0.554 | 3.053 | 0.484 | 40.062 |
| 7 | 2$P_9$XT4 | 英安质角砾熔岩 | 55.094 | 117.652 | 12.9 | 46.17 | 9.058 | 1.667 | 8.342 | 1.088 | 6.366 | 1.251 | 3.545 | 0.515 | 3.067 | 0.521 | 37.808 |
| 8 | 1$P_{20}$XT34 | 霏细状流纹岩 | 51.19 | 103.5 | 12.02 | 43.07 | 9.18 | 0.77 | 7.89 | 1.25 | 7.33 | 1.69 | 4.61 | 0.72 | 4.08 | 0.65 | 42.13 |
| 9 | 1$P_{20}$XT42 | 流纹质角砾熔岩 | 55.09 | 104.3 | 12.91 | 46.09 | 9.48 | 1.63 | 7.7 | 1.22 | 7.09 | 1.59 | 4.19 | 0.67 | 3.88 | 0.64 | 38.68 |
| 10 | 1$P_{20}$XT27 | 安山岩 | 40.01 | 75.38 | 9.61 | 35.53 | 6.87 | 1.73 | 6.12 | 0.88 | 4.78 | 1.04 | 2.79 | 0.41 | 2.33 | 0.35 | 26.13 |
| 11 | 1$P_{29}$XT22 | 蚀变安山岩 | 39.09 | 71.05 | 9.02 | 32.05 | 5.85 | 1.81 | 4.45 | 0.8 | 4.48 | 1 | 2.69 | 0.43 | 2.46 | 0.4 | 24.25 |
| 12 | 1$P_{20}$XT25 | 安山岩 | 27.52 | 50.73 | 6.38 | 24.24 | 5.28 | 1.26 | 4.2 | 0.61 | 3.18 | 0.74 | 1.98 | 0.29 | 1.61 | 0.27 | 17.28 |
| 13 | 1$P_{52}$XT13 | 流纹岩 | 38.3 | 73.9 | 8.53 | 30.5 | 6.56 | 0.61 | 4.67 | 0.84 | 4.7 | 1 | 2.7 | 0.4 | 1.9 | 0.28 | 23.7 |
| 14 | 1$P_{29}$XT21 | 粗安岩 | 27.87 | 6.5 | 6.36 | 22.51 | 4.74 | 0.58 | 3.7 | 0.58 | 3.27 | 0.82 | 2.4 | 0.42 | 2.57 | 0.45 | 19.59 |
| 15 | 1XT0364 | 安山岩 | 52.5 | 107 | 12.7 | 41.7 | 8.68 | 1.54 | 6.82 | 1.02 | 6.74 | 1.52 | 3.92 | 0.6 | 3.57 | 0.49 | 29 |
| 16 | 1$P_{20}$XT8 | 角闪安山岩 | 37.11 | 66.94 | 8.85 | 32.34 | 6.72 | 1.53 | 5.43 | 0.79 | 4.25 | 0.95 | 2.44 | 0.36 | 1.92 | 0.31 | 21.74 |
| 17 | 1$P_{29}$XT4 | 角闪安山岩 | 40.23 | 67.3 | 9.32 | 33.5 | 6.87 | 1.76 | 6.29 | 0.85 | 4.59 | 1.06 | 2.82 | 0.44 | 2.45 | 0.39 | 24.19 |

| 序号 | 样品号 | 岩性 | 有关参数 | | | | | |
|---|---|---|---|---|---|---|---|---|
| | | | ΣREE | LREE/HREE | δEu | $(La/Yb)_N$ | $(La/Sm)_N$ | $(Gd/Yb)_N$ |
| 1 | 2$P_5$XT14 | 少斑流纹岩 | 57.586 | 4.001 | 0.846 | 7.44 | 2.032 | 2.618 |
| 2 | 2$P_5$XT10 | 英安岩 | 81.857 | 5.685 | 1.027 | 10.807 | 3.678 | 2.193 |
| 3 | 2$P_{15}$XT4-1 | 球粒流纹岩 | 157.922 | 4.361 | 0.505 | 15.062 | 5.079 | 2.301 |
| 4 | 2$P_9$XT23 | 球粒流纹岩 | 276.52 | 5.208 | 0.5 | 21.635 | 6.151 | 2.6 |
| 5 | 2$P_9$XT20 | 球粒流纹岩 | 235.406 | 3.333 | 0.344 | 8.351 | 4.052 | 1.581 |
| 6 | 2$P_9$XT19 | 安山岩 | 296.221 | 3.515 | 0.878 | 11.761 | 4.181 | 2.294 |
| 7 | 2$P_9$XT4 | 英安质角砾熔岩 | 302.044 | 3.832 | 0.632 | 12.111 | 3.826 | 2.195 |

续表 3-30

| 序号 | 样品号 | 岩性 | 有关参数 | | | | | |
|---|---|---|---|---|---|---|---|---|
| | | | ΣREE | LREE/HREE | δEu | $(La/Yb)_N$ | $(La/Sm)_N$ | $(Gd/Yb)_N$ |
| 8 | $1P_{20}$XT34 | 霏细状流纹岩 | 290.1 | 3.12 | 0.3 | 5.016 | 2.192 | 0.956 |
| 9 | $1P_{20}$XT42 | 流纹质角砾熔岩 | 295.2 | 3.49 | 0.62 | 5.69 | 2.286 | 0.983 |
| 10 | $1P_{20}$XT27 | 安山岩 | 251.7 | 4.6 | 0.87 | 6.887 | 2.29 | 1.302 |
| 11 | $1P_{29}$XT22 | 蚀变安山岩 | 200.8 | 3.79 | 1.06 | 6.37 | 2.629 | 1.098 |
| 12 | $1P_{20}$XT25 | 安山岩 | 145.6 | 3.82 | 0.87 | 6.836 | 2.043 | 1.315 |
| 13 | $1P_{52}$XT13 | 流纹岩 | 198.6 | 3.94 | 0.3 | 8.93 | 2.229 | 1.588 |
| 14 | $1P_{29}$XT21 | 粗安岩 | 160.4 | 3.75 | 0.44 | 3.991 | 2.124 | 0.712 |
| 15 | 1XT0364 | 安山岩 | 277.8 | 4.17 | 0.15 | 6.553 | 2.249 | 1.236 |
| 16 | $1P_{20}$XT8 | 角闪安山岩 | 92.7 | 4 | 0.6 | 7.734 | 2.173 | 1.398 |
| 17 | $1P_{29}$XT4 | 角闪安山岩 | 202.1 | 3.69 | 0.88 | 6.561 | 2.316 | 1.267 |

苏吉组火山岩的微量元素含量见表 3-31。大离子亲石元素，K 含量为 3.71%～5.18%，平均为 4.56%，高于维氏值(2.5%)；Rb 含量为(113.57～173.10)$\times10^{-6}$，平均为 146.77$\times10^{-6}$，接近维氏值(150$\times10^{-6}$)；Sr 含量为(116.3～284.2)$\times10^{-6}$，平均为 164.25$\times10^{-6}$，低于维氏值(340$\times10^{-6}$)；Ba 含量为(838.5～1988)$\times10^{-6}$，平均为 1 397.54$\times10^{-6}$，高于维氏值(650$\times10^{-6}$)；K/Rb 含量为 263.63～394.84，Rb/Sr 含量为 0.495～1.45。放射性生热元素，U 含量为(2.36～4.85)$\times10^{-6}$，平均为 3.21$\times10^{-6}$，高于维氏值(2.5$\times10^{-6}$)；Th 含量为(14.43～19.33)$\times10^{-6}$，平均为 18.24$\times10^{-6}$，高于维氏值(13$\times10^{-6}$)。非分活动元素：Nb 含量为(11.30～18.23)$\times10^{-6}$，低于维氏值(20$\times10^{-6}$)；Zr 含量为(248.19～426.45)$\times10^{-6}$，高于维氏值(170$\times10^{-6}$)。从上列数据中可以看出，K、Ba、U、Th、Zr 相对富集，反映随着岩浆演化，分离结晶作用的进行，Rb、Zr、Ba、U 含量逐渐升高，Sr 含量逐渐降低，具同源岩浆演化特征。

在 Rb、Sr 浓度与大陆地壳厚度关系图解中，样点集中在大陆地壳厚度 30km 的区内，说明苏吉组火山岩源岩可能来源于下地壳，为花岗质大陆地壳深熔所形成的岩浆。

**表 3-31 二叠系苏吉组火山岩微量元素含量及有关参数特征表**

| 序号 | 岩性 | 微量元素含量($\times10^{-6}$) | | | | | | | | | 有关参数 | |
|---|---|---|---|---|---|---|---|---|---|---|---|---|
| | | K | Rb | Th | Zr | Ba | Sr | Nb | Li | U | K/Rb | Rb/Sr |
| 1 | 安山岩 | 51 200 | 171.25 | 18.4 | 374 | 1536 | 118.4 | 14.9 | 9.6 | 4.85 | 298.89 | 1.45 |
| 2 | | 46 100 | 171.35 | 19.3 | 426.45 | 1 489.5 | 139.1 | 18.05 | 9 | 2.4 | 269.04 | 1.23 |
| 3 | | 49 800 | 173.1 | 19.33 | 416.23 | 1 543.7 | 145.5 | 18.23 | 10.5 | 3.6 | 287.69 | 1.19 |
| 4 | | 50 500 | 127.9 | 19.9 | 377.18 | 1988 | 189.6 | 17.3 | 11.53 | 3.13 | 394.84 | 0.67 |
| 5 | | 4000 | 132.57 | 14.43 | 289.23 | 1 582.7 | 116.3 | 11.3 | 8.5 | 2.93 | 301.73 | 1.14 |
| 6 | | 97 100 | 140.73 | 18.07 | 248.19 | 1 130.6 | 284.2 | 15.82 | 20.41 | 2.36 | 263.63 | 0.495 |
| 7 | | 38 900 | 113.57 | | | 1 070.3 | 173.7 | | 11.97 | | 342.52 | 0.65 |
| 8 | | 51 800 | 159.7 | | | 838.5 | 151.4 | | 10.7 | | 324.36 | 1.05 |

### 3. 中二叠世($P_2$)俯冲火山岩组合

在二连-贺根山弧弧碰撞以南锡林浩特岩浆弧到华北陆块区以北的广大区域，广泛分布中二叠世火山岩(图 2-55)，其中西拉木伦断裂以北称大石寨组($P_2ds$)，以南称额里图组($P_2e$)。东乌珠穆沁旗一带大石寨组岩石组合为钙碱性安山岩-凝灰岩，厚度为 139～1310m。从岩石化学图解中可以看出大石寨组火山岩为钙碱性岩石系列。在里特曼-戈蒂里图解中投点落入 B 区(岛弧或活动大陆边缘)，属造山带火山岩，其大地构造相为陆缘弧相，火山弧亚相。大石寨组火山岩的岩石化学特征如图 3-58～图 3-64 所示。

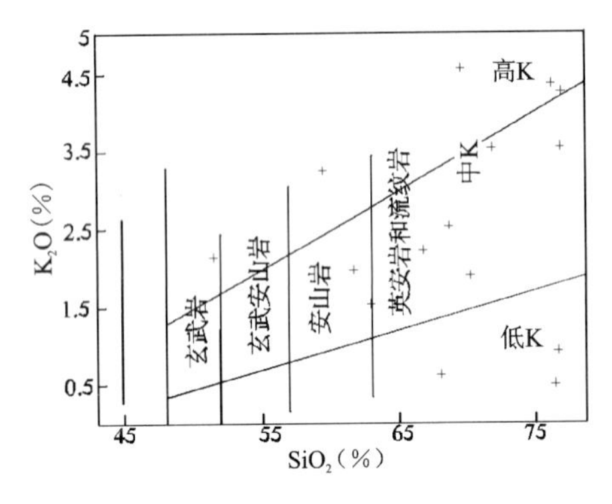


图 3-58　火山岩 $K_2O$-$SiO_2$ 图解

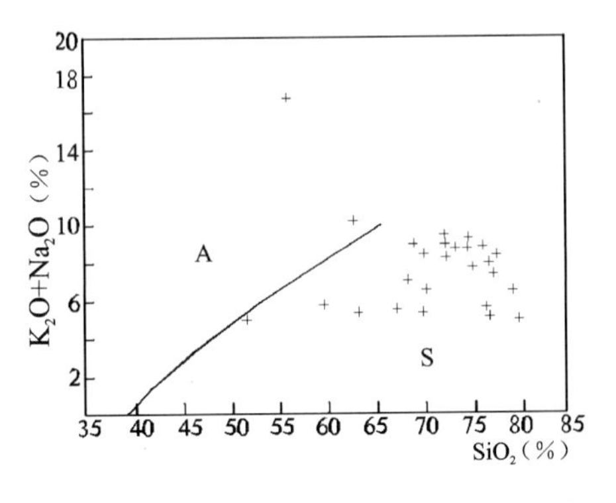


图 3-59　火山岩($Na_2O+K_2O$)-$SiO_2$ 图解

A. 碱性区；S. 亚碱性区

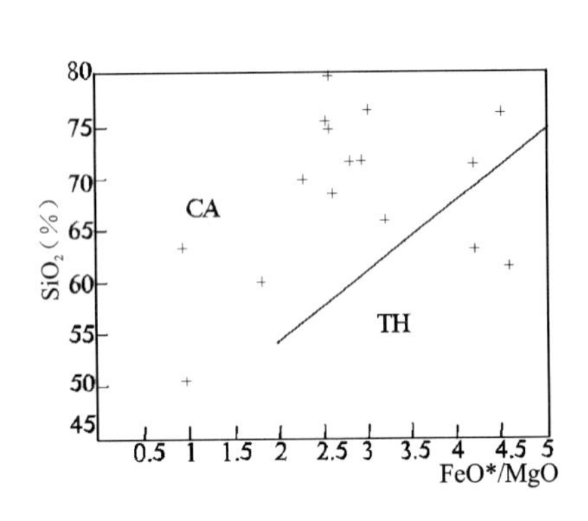


图 3-60　火山岩 $SiO_2$-$FeO^*$/MgO 图解

CA. 钙碱性系列；TH. 拉斑玄武岩系列

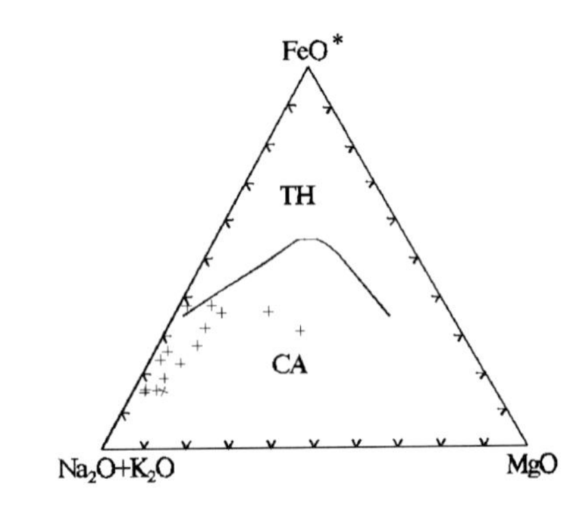


图 3-61　火山岩 $FeO^*$-($Na_2O+K_2O$)-MgO 图解

CA. 钙碱性系列；TH. 拉斑玄武岩系列

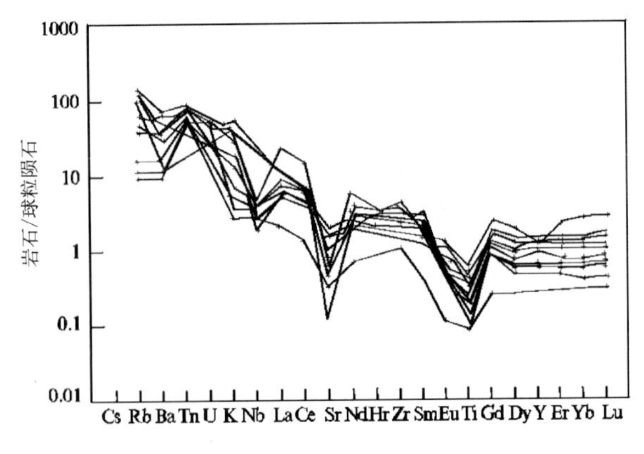


图 3-62　火山岩微量元素 N-MORB 图解

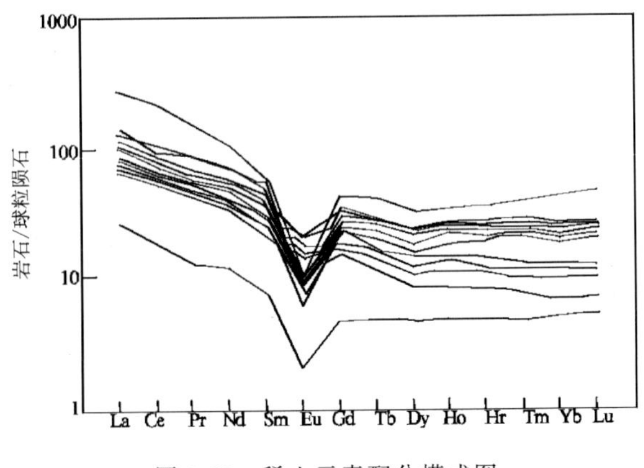


图 3-63　稀土元素配分模式图

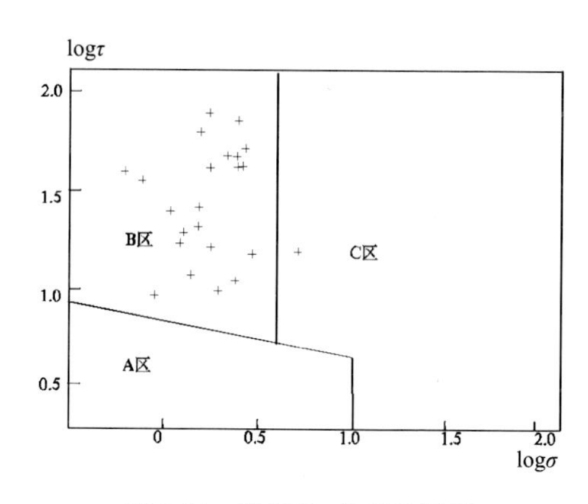


图 3-64　里特曼-戈蒂里图解

A. 非造山带火山岩；B. 造山带火山岩；C. A、B 区派生的碱性、偏碱性火山岩

1）大石寨组火山岩岩石化学特征

在众多样品中只有一个潜火山岩相的潜闪长玢岩的 $SiO_2$ 含量为 51.74%外，其余均为 60.0%～80.23%，$TiO_2$ 为 0.129%～0.92%，仅有一个样品为 1.1%，平均小于 1，$Na_2O$ 为 1.93%～6.47%，$K_2O$ 在 0.27%～6.8%之间，$Na_2O+K_2O$ 为 4.85%～10.14%，一般随 $SiO_2$ 的增加而增加，里特曼指数 $\sigma$ 在 0.97%～2.96%之间，仅有一个样品为 5.13%，总体为钙碱性系列。在 $K_2O$-$SiO_2$ 图解中岩石类型显示为以英安岩、流纹岩及安山岩为主，从低钾到高钾均有，具有陆壳特征。在（$Na_2O+K_2O$）-$SiO_2$ 图解、FeO-（$Na_2O+K_2O$）-MgO 图解及 $SiO_2$-（$FeO^*$/MgO）图解中，除个别样品投在拉斑玄武岩系列外，绝大部分落入钙碱性系列，显示大石寨组火山岩属钙碱性系列。根据火山岩与构造关系，在里特曼-戈蒂里图解中落入 B 区岛弧或活动大陆边缘，属造山带火山岩，仅有 1 个样品落入 C 区（A 区及 B 区演化的碱性火山岩），这与火山作用的过程有关。总体岩石化学反映该组火山岩具钙碱性活动陆缘火山岩特征。

2）大石寨组火山岩微量元素特征

大石寨组火山岩微量元素含量特征见表 3-32。从火山岩微量元素 N-MORB 配分模式图可以看出大离子亲石元素 Rb、Ba、Th、U 富集、高场强元素 Nb、Sr、Ti 具负异常，即具有明显的消减带组分（SZC）特征，Ni 为 7.1～122.4，Cr 为 7.8～67.3，相对较低，具岛弧火山岩相对贫镍和铬的特征。

**表 3-32　中二叠世大石寨组火山岩微量元素含量特征表**

| 序号 | 样品 | 岩性 | 稀土元素含量（$\times10^{-6}$） | | | | | | | | | | | | | | | | Rb/Sr |
|---|---|---|---|---|---|---|---|---|---|---|---|---|---|---|---|---|---|
| | | | Cr | Ni | Co | Sn | W | Rb | Ba | Sr | Li | Nb | Zr | Ti | Th | U | Be | P | |
| 1 | 6DG1001-3 | 安山岩 | 28.6 | 10.8 | | | | 85.3 | | 427.7 | | | | 3038 | | | | | 0.2 |
| 2 | 6DG1001-2 | 安山岩 | 51.7 | 11.7 | | | | 88.9 | | 290.5 | | | | 3994 | | | | | 0.31 |
| 3 | 6DG5433-2 | 安山岩 | | | | | | 50.4 | 382 | 89 | | 15.3 | | 4764 | 10.6 | | | 1092 | 0.57 |
| 4 | 6DG4103-1 | 安山岩 | | | | | | 39.6 | | 190.5 | | 9.3 | | 3401 | 8.8 | | | | 0.21 |
| 5 | $6P_5DG1$-3 | 熔结凝灰岩 | | | | | | 67.5 | | 103.6 | | | | 1223 | | | | | 0.65 |
| 6 | $6P_5DG1$-4 | 安山质火山角砾岩 | | | | | | 21.9 | | 202 | | | | 491 | | | | | 0.11 |
| 7 | $6P_5DG1$-1 | 英安岩 | | | | | | 120 | | 93 | | | | 4437 | | | | | 1.29 |
| 8 | 6DG5430-1 | 英安岩 | | 21.8 | | | | 11.8 | 158 | 241.7 | | 10 | | 3650 | 8.3 | | | 426 | 0.55 |
| 9 | 6DG5431-1 | 英安岩 | | 15.9 | | | | 13 | 141 | 61.6 | | 12 | | 1169 | 10.7 | | | 154 | 0.21 |
| 10 | $3P_{21}DG50$ | 弱绢云母化流纹岩、安山质火山角砾岩 | 14.2 | 8.7 | 4.5 | 2.4 | 3.6 | 17.7 | 216 | 168 | 13.2 | 14.2 | 359.9 | 3091 | 10.5 | 3.6 | 1.8 | 898 | 0.11 |

续表 3-32

| 序号 | 样品 | 岩性 | 稀土元素含量($\times10^{-6}$) | | | | | | | | | | | | | | | | Rb/Sr |
|---|---|---|---|---|---|---|---|---|---|---|---|---|---|---|---|---|---|---|---|
| | | | Cr | Ni | Co | Sn | W | Rb | Ba | Sr | Li | Nb | Zr | Ti | Th | U | Be | P | |
| 11 | $3P_{21}$DG71-1 | 绢云母化流纹岩 | 7.8 | 36.3 | 2.3 | 2.6 | 0.6 | 154.6 | 395 | 55.2 | 17.9 | 16.6 | 190.2 | 830 | 17.7 | 3.3 | 1.6 | 217 | 2.8 |
| 12 | $3P_{21}$DG57-1 | 变质流纹质晶屑玻屑熔结凝灰岩 | 22.9 | 70.9 | 30.5 | 2.6 | 1.4 | 49.6 | 907 | 36.2 | 37.9 | 9.5 | 95.6 | −780 | 8.9 | 4 | 1.6 | 211 | 1.37 |

3)大石寨组火山岩稀土元素特征

稀土元素含量及特征见表 3-33。稀土总量相对较高，除一个样品为 $50.32\times10^{-6}$ 外(取至熔结凝灰岩中)，其余为$(132.995\sim269.141)\times10^{-6}$，$\sum LREE/\sum HREE$ 值为 1.342～4.078。$(La/Yb)_N$ 为3.653～8.447，$(La/Sm)_N$ 为 2.059～4.839，$(Gd/Yb)_N$ 为 0.916～1.709，铕亏损明显，δEu 为 0.218～0.934，安山岩平均值为 0.62，英安岩等酸性岩平均值为 0.34，铕显负异常与斜长石结晶分异作用有关。δCe 为 0.898～1.056，平均值为 1.008，不显异常，所有稀土元素配分模式曲线具相似性，整合性较好，微向右缓倾，表明了该火山岩源于同一源区，轻稀土富集明显，重稀土分异较差，反映了其来源较深，即来源于部分熔融的地幔物质。稀土曲线模式与典型成熟岛弧相似，具壳源特征，说明火山岩为成熟岛弧火山岩系列。

表 3-33　中二叠世大石寨组火山岩稀土元素化学分析及相关指数表　　单位：$\times10^{-6}$

| 序号 | 样品 | 岩性 | 稀土元素含量 | | | | | | | | | | | | | | |
|---|---|---|---|---|---|---|---|---|---|---|---|---|---|---|---|---|---|
| | | | La | Ce | Pr | Nd | Sm | Eu | Gd | Tb | Dy | Ho | Er | Tm | Yb | Lu | Y |
| 1 | 6XT1001-3 | 安山岩 | 31.31 | 60.76 | 7.69 | 29.06 | 5.605 | 1.067 | 5.067 | 0.782 | 4.454 | 1.024 | 2.331 | 0.41 | 2.499 | 0.38 | 26.131 |
| 2 | 6XT1001-2 | 安山岩 | 27.51 | 52.68 | 6.886 | 25.84 | 5.133 | 1.115 | 5.134 | 0.816 | 4.828 | 1.147 | 3.201 | 0.456 | 2.777 | 0.427 | 28.42 |
| 3 | 6XT5433-2 | 安山岩 | 30.984 | 70.7698 | 8.446 | 35.532 | 8.377 | 1.364 | 8.813 | 1.349 | 7.889 | 1.96 | 5.691 | 0.87 | 5.074 | 0.855 | 46.425 |
| 4 | 6XT4103-1 | 安山岩 | 21.813 | 45.03 | 5.159 | 20.487 | 4.261 | 1.074 | 4.528 | 0.689 | 3.529 | 0.848 | 2.376 | 0.362 | 2.138 | 0.352 | 20.349 |
| 5 | 6XT5430-1 | 英安岩 | 21.123 | 49.856 | 5.945 | 24.296 | 6.222 | 0.774 | 6.651 | 1.109 | 6.119 | 1.649 | 4.963 | 0.711 | 3.898 | 0.667 | 44.188 |
| 6 | 6XT5431-1 | 英安岩 | 41.618 | 87.923 | 10.371 | 43.659 | 8.776 | 0.631 | 8.648 | 1.332 | 7.531 | 1.759 | 4.963 | 0.762 | 4.323 | 0.736 | 46.119 |
| 7 | $3P_{21}$XT50 | 弱绢云母化流纹英安岩 | 25.69 | 70.14 | 7.88 | 31.19 | 7.85 | 1.67 | 9.98 | 1.98 | 12.46 | 2.69 | 7.59 | 1.26 | 7.84 | 1.21 | 62.61 |
| 8 | $3P_{21}$XT71-1 | 绢云母化流纹岩 | 86.86 | 183.8 | 19.37 | 63.53 | 11.29 | 0.82 | 11.52 | 1.99 | 11.22 | 2.62 | 7.78 | 1.33 | 9.33 | 1.6 | 42.27 |
| 9 | $3P_{21}$XT87-1 | 变质流纹质晶屑玻屑熔结凝灰岩 | 8.2 | 15.83 | 1.71 | 7.24 | 1.49 | 0.15 | 1.26 | 0.24 | 1.52 | 0.37 | 1.08 | 0.16 | 1.11 | 0.18 | 9.78 |
| 10 | 6XT5433-1 | 蚀变闪长玢岩 | 23.02 | 51.514 | 6.11 | 24.515 | 5.005 | 1.491 | 4.226 | 0.579 | 2.889 | 0.628 | 1.889 | 0.269 | 1.508 | 0.246 | 16.222 |
| 11 | 6XT5435-1 | 英安斑岩 | 24.357 | 56.231 | 7.001 | 31.244 | 7.064 | 0.661 | 8.015 | 1.319 | 7.758 | 2.069 | 6.223 | 1.023 | 5.698 | 0.932 | 46.957 |

### 4. 巴彦查干苏木-哈达阳中二叠世火山弧玄武岩-安山岩-流纹岩组合($P_2$)

巴彦查干苏木-哈达阳中二叠世火山弧主体分布在锡林浩特岩浆弧之中，向北叠加在多宝山岛弧之上，其内大石寨组($P_2ds$)为中酸性熔岩和火山碎屑凝灰岩，岩石类型为蚀变安山岩、英安岩、流纹岩及其凝灰岩，厚度大于900m，根据区域地质调查样品岩石化学数据(表3-34～表3-36)投图分析，在TAS分类中为玄武安山岩、安山岩、玄武粗安岩、粗安岩、流纹岩(图3-65)；A-F-M图解和碱度率图解以钙碱性系列为主(图3-66)；在$K_2O$-$Na_2O$图解中富钾、富钠都存在，以富钠为主(图3-67)；Ol′-Ne′-Q′图解为拉斑玄武岩系列(图3-68)；$FeO^*$/MgO-$TiO_2$图解为岛弧拉斑玄武岩(图3-69)；$\log\tau$-$\log\sigma$为造山带火山岩并向派生偏性火山岩过渡(图3-70)，据岩石类型判断为壳幔混合源；综合分析判断构造环境为一般岛弧向成熟岛弧过渡。

**表3-34　锡林浩特岩浆弧大石寨组($P_2ds$)火山岩岩石化学组成**　单位：%

| 序号 | 样品号 | $SiO_2$ | $TiO_2$ | $Al_2O_3$ | $Fe_2O_3$ | FeO | MnO | MgO | CaO | $Na_2O$ | $K_2O$ | $P_2O_5$ | LOS | Total | $Mg^\#$ | $FeO^*$ | A/CNK | σ | A.R | SI | DI |
|---|---|---|---|---|---|---|---|---|---|---|---|---|---|---|---|---|---|---|---|---|---|
| 1 | IGS3051 | 71.78 | 0.22 | 13.63 | 1.29 | 1.5 | 0.06 | 0.53 | 1.48 | 5.02 | 3.2 | 0.07 | 0.68 | 99.46 | 0.32 | 2.66 | 0.95 | 2.35 | 3.39 | 4.59 | 87.95 |
| 3 | HGS417 | 77.6 | 0.07 | 12.48 | 1.77 | 0.53 | 0.03 | 0.32 | 0.38 | 0.07 | 4.55 | 0.03 | 2.31 | 100.14 | 0.32 | 2.12 | 2.18 | 0.62 | 2.12 | 4.42 | 87.46 |
| 4 | H428 | 63.55 | 0.62 | 14.37 | 1.95 | 4.21 | 0.13 | 7.52 | 4.49 | 5 | 0.04 | 0.31 | 4.45 | 106.64 | 0.73 | 5.96 | 0.88 | 1.24 | 1.73 | 40.17 | 51.88 |
| 5 | ⅡP10 GS19 | 56.63 | 0.97 | 17.04 | 1.04 | 5.23 | 0.11 | 4.21 | 7.1 | 3 | 0.26 | 0.23 | 5.03 | 100.85 | 0.57 | 6.16 | 0.94 | 0.78 | 1.31 | 30.64 | 42.99 |
| 6 | ⅡP1GS5 | 54.6 | 1.16 | 17.01 | 3.39 | 4 | 0.12 | 3.24 | 6.7 | 4.3 | 2.78 | 0.34 | 2.8 | 100.44 | 0.52 | 7.05 | 0.77 | 4.32 | 1.85 | 18.29 | 56.04 |
| 7 | ⅡP1 GS25 | 58.19 | 1.01 | 18.7 | 1.3 | 5.42 | 0.09 | 1.1 | 5.75 | 3.76 | 2.6 | 0.2 | 2.02 | 100.14 | 0.25 | 6.59 | 0.95 | 2.66 | 1.70 | 7.76 | 57.99 |
| 8 | ⅠGS40 14b | 54.77 | 0.99 | 18.1 | 3.21 | 4.1 | 0.13 | 2.17 | 6.29 | 4.08 | 2.84 | 0.3 | 3.38 | 101.28 | 0.42 | 6.99 | 0.86 | 4.07 | 1.79 | 13.23 | 57.10 |
| 9 | ⅡP1-1 GS5 | 55.87 | 0.83 | 16.56 | 2.15 | 5.51 | 0.17 | 4.27 | 8.19 | 3.36 | 1.2 | 0.33 | 2.22 | 101.58 | 0.54 | 7.44 | 0.76 | 1.62 | 1.45 | 25.89 | 44.10 |
| 10 | ⅡP14 GS36 | 53.29 | 1.47 | 17.13 | 3.68 | 5.14 | 0.17 | 5.09 | 6.6 | 4.33 | 1.53 | 0.54 | 1.18 | 101.82 | 0.58 | 8.45 | 0.82 | 3.34 | 1.66 | 25.75 | 47.60 |
| 11 | IGS1802 | 76.42 | 0.24 | 13.49 | 1.09 | 0.99 | 0.02 | 0.72 | 0.21 | 1.79 | 3.56 | 0.05 | 1.61 | 101.02 | 0.47 | 1.97 | 1.86 | 0.86 | 2.28 | 8.83 | 87.96 |
| 12 | IGS1804 | 80.69 | 0.16 | 10.82 | 0.74 | 0.9 | 0.07 | 0.31 | 0.25 | 0.27 | 4.2 | 0.05 | 1.3 | 101.05 | 0.31 | 1.57 | 2.00 | 0.53 | 2.35 | 4.83 | 90.09 |

**表3-35　锡林浩特岩浆弧大石寨组($P_2ds$)火山岩稀土元素组成**　单位：$\times10^{-6}$

| 序号 | 样品号 | La | Ce | Pr | Nd | Sm | Eu | Gd | Tb | Dy | Ho | Er | Tm | Yb | Lu | ΣREE | ΣLREE | ΣHREE | LREE/HREE | δEu |
|---|---|---|---|---|---|---|---|---|---|---|---|---|---|---|---|---|---|---|---|---|
| 1 | IP9V28 | 45.00 | 110.00 |  | 11.00 |  |  |  |  |  |  |  |  |  |  | 180.30 | 166.00 |  |  |  |
| 2 | 612 | 16.08 | 38.99 | 4.04 | 17.21 | 3.75 | 1.00 | 3.64 | 0.81 | 3.13 | 0.62 | 1.65 | 0.24 | 1.59 | 0.26 | 120.31 | 81.07 | 11.94 | 6.79 | 0.82 |

**表3-36　锡林浩特岩浆弧大石寨组($P_2ds$)火山岩微量元素含量**　单位：$\times10^{-6}$

| 序号 | 样品号 | Sr | Rb | Ba | Ta | Nb | Hf | Zr | Cr | Ni | Co | V | Y | Cs | Ga | Li | Rb/Sr | Zr/Hf |
|---|---|---|---|---|---|---|---|---|---|---|---|---|---|---|---|---|---|---|
| 1 | IGS3051 | 108.00 | 118.00 | 235.00 | 0.80 | 12.00 | 3.80 | 142.00 | 7.40 | 7.40 |  | 24.00 | 24.00 | 0.70 | 26.00 | 22.00 | 1.09 | 37.37 |
| 2 | IP9V28 |  |  | 1 200.00 | 0.60 | 11.00 | 6.60 | 245.00 | 6.10 | 0.00 |  | 35.00 | 25.00 | 15.00 | 15.00 | 22.00 |  | 37.12 |
| 11 | 612 | 350.00 | 10.00 |  |  |  | 7.00 | 133.00 | 15.00 | 5.00 | 19.00 |  | 16.96 |  |  | 0.00 | 0.03 | 19.00 |

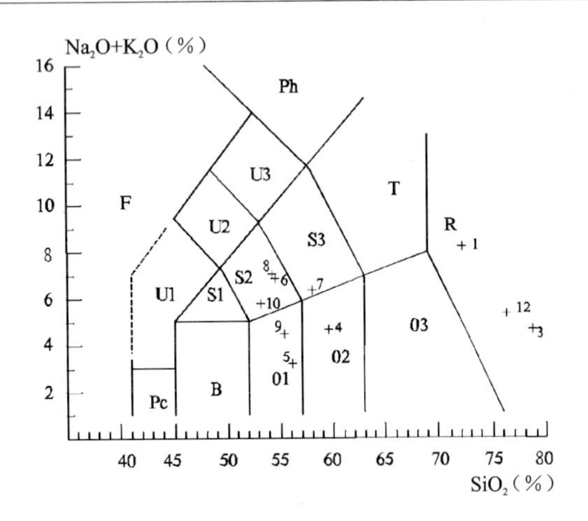


图 3-65　TAS图解（据 Le Bas，1986）

F. 副长石岩；Pc. 苦橄玄武岩；B. 玄武岩；01. 玄武安山岩；02. 安山岩；03. 英安岩；S1. 粗面玄武岩；S2. 玄武粗安岩；S3. 粗安岩；T. 粗面岩、粗面英安岩；U1. 碧玄岩、碱玄岩；U2. 响岩质碱玄岩；U3. 碱玄质响岩；Ph. 响岩；R. 流纹岩

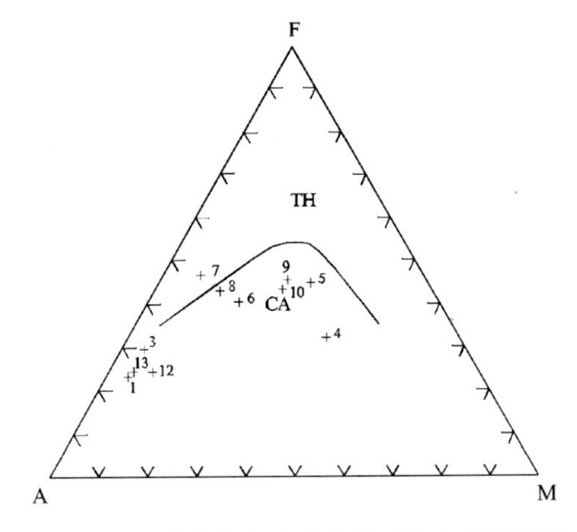


图 3-66　区分拉斑玄武岩和钙碱性玄武岩图解（据 Irvine，1971）

TH. 拉斑玄武岩套；CA. 钙-碱性岩套

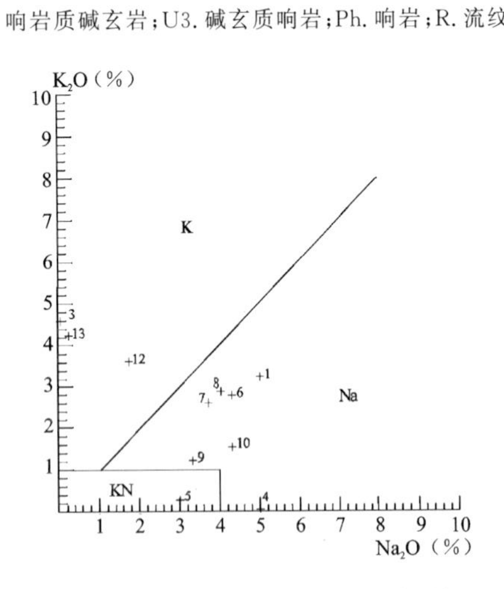


图 3-67　玄武岩钾、钠含量划分图解

K. 富钾玄武岩；Na. 富钠玄武岩；KN. 贫钾富钠玄武岩类

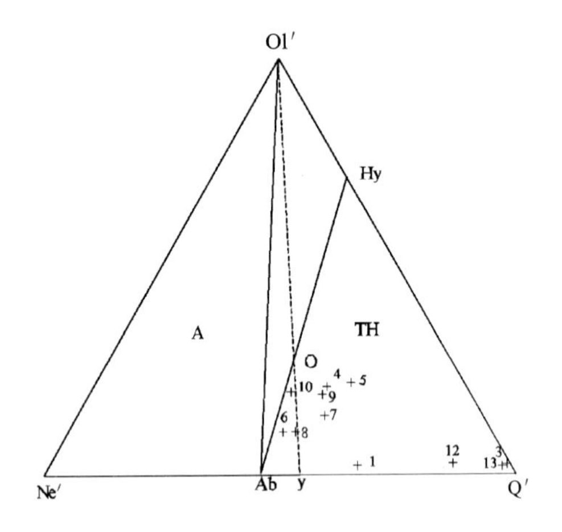


图 3-68　Ol′-Ne′-Q′三角图解（据 Pol derveart，1964）

Ol′—y. 左侧为碱性玄武岩系列，右侧为拉斑玄武岩系列

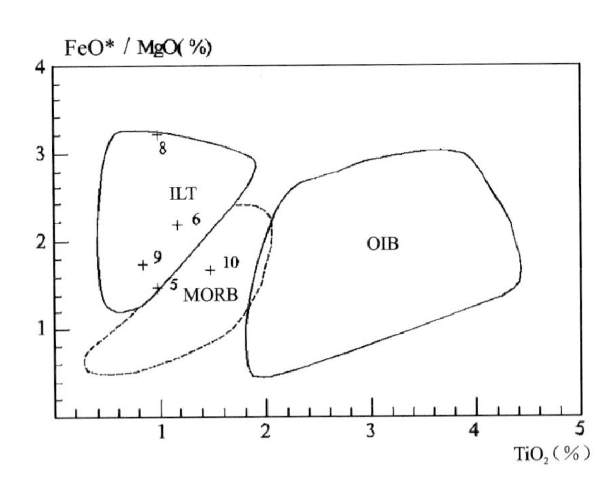


图 3-69　$FeO^*/MgO-TiO_2$图解（据 Glassily，1974）

MORB. 洋中脊拉斑玄武岩；OIB. 洋岛拉斑玄武岩；IAT. 岛弧拉斑玄武岩

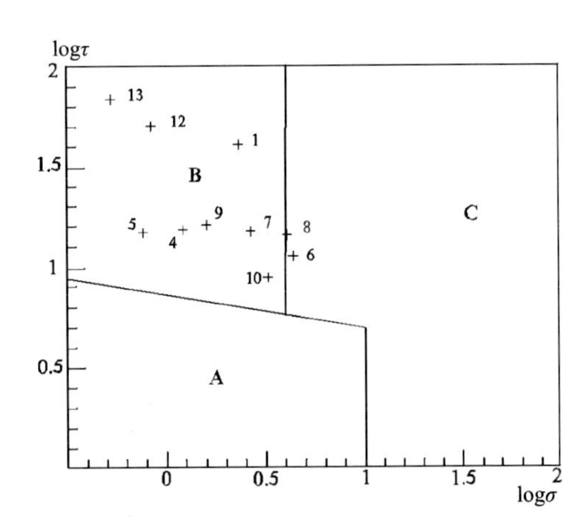


图 3-70　里特曼-戈蒂里图解（据 Rittmann，1973）

A. 非造山带火山岩；B. 造山带火山岩；C. A、B 区派生的碱性、偏碱性火山岩

### 5. 黄岗梁林场—扎鲁特旗中二叠世俯冲火山岩残余海盆火山岩组合($P_2$)

在林西残余盆地内，大石寨组($P_2ds$)下部为细碧-角斑岩建造，其岩性为玄武岩、细碧岩、角斑岩，厚度为1946m；上部为中酸性火山碎屑岩，岩性为安山岩、英安岩、流纹斑岩以及中酸性凝灰岩夹生物碎屑灰岩，厚度为1200m。根据区域地质调查样品岩石化学数据(表3-37)投图分析，在TAS分类中为玄武岩、粗面玄武岩、安山岩、粗安岩、英安岩、流纹岩(图3-71)；在Ol'-Ne'-Q'图解中以亚碱性为主(图3-72)；在A-F-M图解中以钙碱系列为主，少量为拉斑系列(图3-73)；FeO-FeO/MgO变异图以拉斑系列为主，钙碱系列次之(图3-74)；$K_2O$-$Na_2O$图解中以钠质为主，少量为钾质(图3-75)；在$FeO^*$/MgO-$TiO_2$图解中为洋中脊拉斑玄武岩(图3-76)；在$FeO^*$-MgO-$Al_2O_3$图解中主要为洋中脊火山岩(图3-77)；在$Al_2O_3$-$SiO_2$图解中位于铝质区和低铝质区(图3-78)。据此综合分析判断环境为亚洲洋南北两侧俯冲碰撞之后岛弧之间呈现拉张性质的残余海盆，其既有洋中脊性质的火山岩、又有初级陆壳熔融火山岩，在此称其为残余海盆火山岩组合。

表3-37 林西残余盆地大石寨组($P_2ds$)火山岩岩石化学组成　　单位：%

| 序号 | 样品号 | $SiO_2$ | $TiO_2$ | $Al_2O_3$ | $Fe_2O_3$ | FeO | MnO | MgO | CaO | $Na_2O$ | $K_2O$ | $P_2O_5$ | LOS | Total | $Mg^{\#}$ | $FeO^*$ | A/CNK | $\sigma$ | A.R | SI | DI |
|---|---|---|---|---|---|---|---|---|---|---|---|---|---|---|---|---|---|---|---|---|---|
| 1 | ⅣP7GS26 | 50.55 | 0.92 | 12.7 | 2.52 | 7.73 | 0.2 | 8 | 11 | 3.19 | 0.6 | 0.08 | 3.69 | 101.16 | 0.62 | 10.00 | 0.49 | 1.90 | 1.38 | 36.30 | 28.13 |
| 2 | P7GS9 | 45.14 | 0.49 | 9.18 | 1.37 | 8.62 | 0.28 | 20.5 | 8.96 | 0.89 | 0.46 | 0.23 | 3.29 | 99.37 | 0.80 | 9.85 | 0.50 | 0.85 | 1.16 | 64.34 | 5.85 |
| 3 | P7GS22 | 49.35 | 1.58 | 17.81 | 1.23 | 9.13 | 0.2 | 8.69 | 2.59 | 3.16 | 2.02 | 0.26 | 3.46 | 99.48 | 0.62 | 10.24 | 1.48 | 4.23 | 1.68 | 35.86 | 38.22 |
| 4 | ⅢP14E2 | 74.57 | 0.31 | 12.77 | 1.04 | 1.81 | 0.07 | 0.74 | 1.26 | 5.61 | 1.15 | 0.05 | 0.8 | 100.18 | 0.37 | 2.74 | 1.00 | 1.45 | 2.86 | 7.15 | 87.66 |
| 5 | ⅢP14E7 | 62.29 | 0.86 | 15.45 | 2.47 | 2.32 | 0.1 | 1.64 | 4.37 | 4.5 | 3.28 | 0.31 | 3.02 | 100.61 | 0.47 | 4.54 | 0.82 | 3.14 | 2.29 | 11.54 | 72.81 |
| 6 | ⅢP14E9 | 70.49 | 0.45 | 13.62 | 2.08 | 2.43 | 0.15 | 0.58 | 1.56 | 5.3 | 1.78 | 0.11 | 1.48 | 100.03 | 0.23 | 4.30 | 1.01 | 1.82 | 2.75 | 4.77 | 84.42 |
| 7 | ⅢP14E12 | 69.47 | 0.67 | 14.33 | 2.04 | 3.26 | 0.1 | 0.86 | 2.06 | 2.4 | 3.55 | 0.18 | 1.44 | 100.36 | 0.27 | 5.09 | 1.24 | 1.34 | 2.14 | 7.10 | 77.21 |
| 8 | ⅢP14E17 | 59.36 | 0.91 | 15.56 | 3.9 | 4.54 | 0.2 | 2.23 | 3.51 | 5.19 | 0.55 | 0.17 | 3.05 | 99.17 | 0.39 | 8.05 | 1.00 | 2.01 | 1.86 | 13.59 | 64.21 |
| 9 | ⅢP14E2 | 46.27 | 0.91 | 14.72 | 2.43 | 5.2 | 0.33 | 10.6 | 7.8 | 3.74 | 0.62 | 0.07 | 7.93 | 100.59 | 0.75 | 7.38 | 0.70 | 5.81 | 1.48 | 46.85 | 35.92 |
| 10 | ⅢP14E3 | 70.19 | 0.52 | 12.44 | 0.65 | 4.52 | 0.26 | 2.49 | 0.96 | 4.5 | 0.71 | 0.07 | 2.72 | 100.03 | 0.48 | 5.10 | 1.24 | 1.00 | 2.27 | 19.35 | 76.52 |
| 11 | ⅢP14E5 | 61.52 | 0.88 | 14.85 | 3.57 | 3.71 | 0.45 | 1.83 | 0.89 | 2.96 | 5.14 | 0.19 | 3.17 | 99.16 | 0.39 | 6.92 | 1.23 | 3.54 | 3.12 | 10.63 | 77.40 |
| 12 | ⅢP14E33 | 61.18 | 1.37 | 14.95 | 3.54 | 4.42 | 0.23 | 1.92 | 2.81 | 5.83 | 0.45 | 0.52 | 2.42 | 99.64 | 0.37 | 7.60 | 0.99 | 2.17 | 2.09 | 11.88 | 70.50 |
| 13 | ⅢP14E35 | 72.59 | 0.33 | 13.24 | 1.92 | 2.18 | 0.1 | 0.94 | 0.72 | 6.03 | 0.17 | 0.07 | 1.38 | 99.67 | 0.36 | 3.91 | 1.16 | 1.30 | 2.60 | 8.36 | 86.69 |
| 14 | ⅢP14E45 | 81.21 | 0.04 | 9.91 | 0.78 | 1.23 | 0.03 | 0.06 | 0.49 | 4.4 | 0.5 | 0.01 | 0.76 | 99.42 | 0.04 | 1.93 | 1.14 | 0.63 | 2.78 | 0.86 | 93.30 |
| 15 | ⅢP14 E44-1 | 80.52 | 0.04 | 9.77 | 1.17 | 1.44 | 0.06 | 0.64 | 0.22 | 3.9 | 0.55 | 0.02 | 1.42 | 99.75 | 0.38 | 2.49 | 1.32 | 0.53 | 2.61 | 8.31 | 91.36 |
| 16 | ⅤGS3324 | 51.28 | 0.43 | 14.59 | 3.39 | 4.18 | 0.12 | 8.71 | 8.4 | 2.88 | 2.19 | 0.29 | 3.9 | 100.36 | 0.74 | 7.23 | 0.65 | 3.10 | 1.57 | 40.80 | 38.69 |
| 17 | ⅢGS145 | 38.62 | 0.04 | 1.23 | 6.21 | 2.11 | 0.12 | 39.7 | 0.85 | 0.01 | 0.26 | 0.02 | 11.3 | 100.41 | 0.94 | 7.69 | 0.67 | −0.02 | 1.30 | 82.20 | 1.83 |
| 18 | ⅣP5GS23 | 65.09 | 0.72 | 16.38 | 4.31 | 1.47 | 0.08 | 1.36 | 0.48 | 1.94 | 3.83 | 0.31 | 4.11 | 100.08 | 0.43 | 5.34 | 1.99 | 1.51 | 2.04 | 10.53 | 78.28 |
| 19 | ⅣGS3710 | 74.94 | 0.06 | 12.95 | 0.32 | 0.54 | 0.02 | 0.02 | 0.6 | 5.14 | 4.52 | 0.02 | 0.26 | 99.38 | 0.00 | 0.83 | 0.89 | 2.92 | 5.97 | 0.19 | 96.49 |
| 20 | ⅣP8GS1 | 58.94 | 0.81 | 15.14 | 1.6 | 5.39 | 0.22 | 2.41 | 7.96 | 5.22 | 1 | 0.24 | 1.13 | 100.06 | 0.42 | 6.83 | 0.62 | 2.43 | 1.74 | 15.43 | 56.94 |

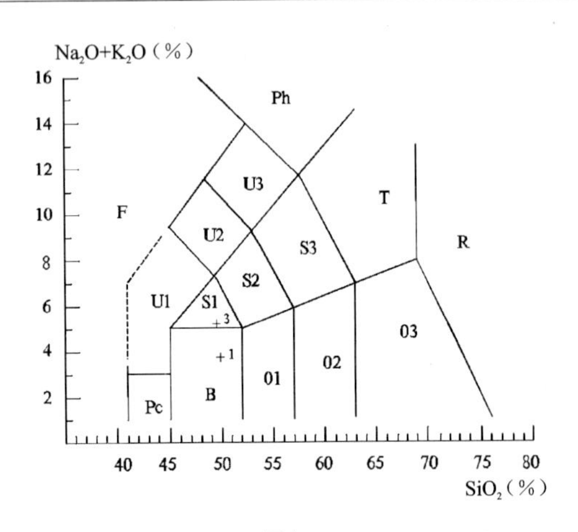

图 3-71　TAS 图解(据 Le Bas,1986)

F.副长石岩;Pc.苦橄玄武岩;B.玄武岩;01.玄武安山岩;02.安山岩;03.英安岩;S1.粗面玄武岩;S2.玄武粗安岩;S3.粗安岩;T.粗面岩、粗面英安岩;U1.碧玄岩、碱玄;U2.响岩质碱玄岩;U3.碱玄质响岩;Ph.响岩

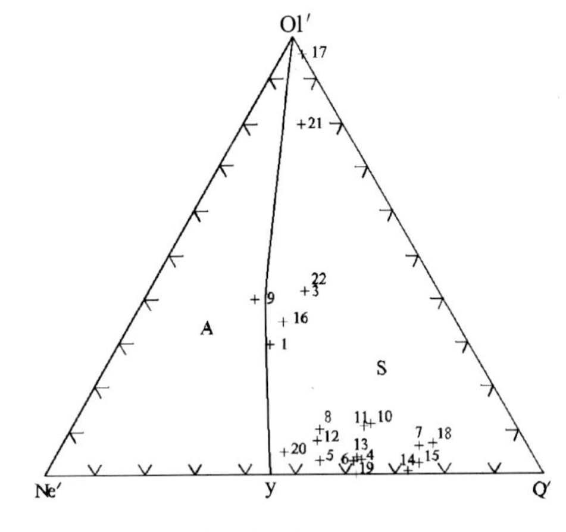

图 3-72　Ol′-Ne′-Q′图解(据 Irvine,1971)

A.碱性区;S.亚碱性区

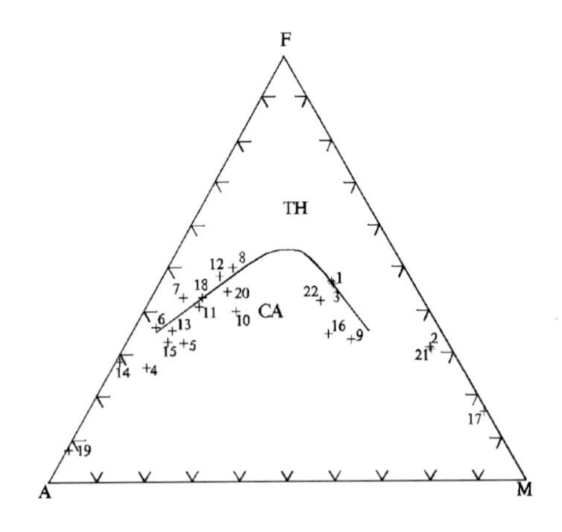

图 3-73　区分拉斑玄武岩和钙碱性玄武岩图解(据 Irvine,1971)

TH.拉斑玄武岩套;CA.钙-碱性岩套

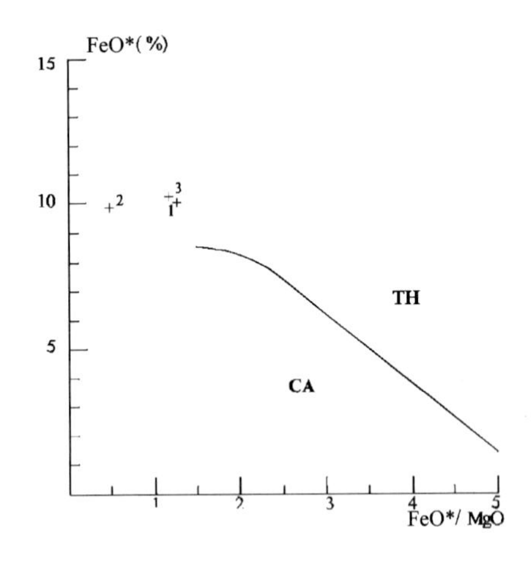

图 3-74　$FeO^*$-$FeO^*/MgO$ 变异图(据 Myashiro,1974)

TH.拉斑玄武岩系;CA.钙碱性玄武岩系列

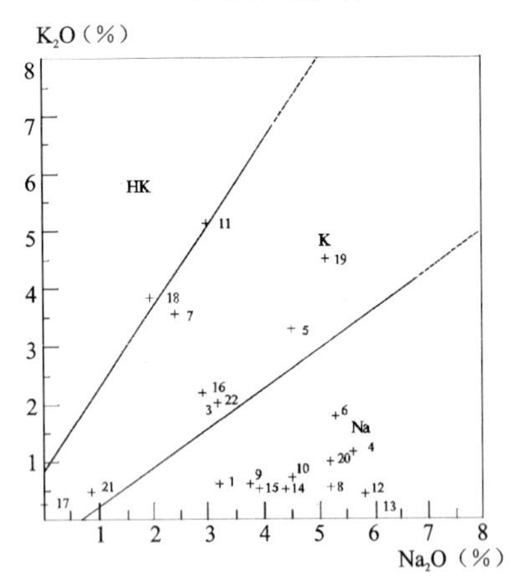

图 3-75　玄武岩钾、钠质系列划分图解

HK.高钾类型;K.钾质类型;Na.钠质类型

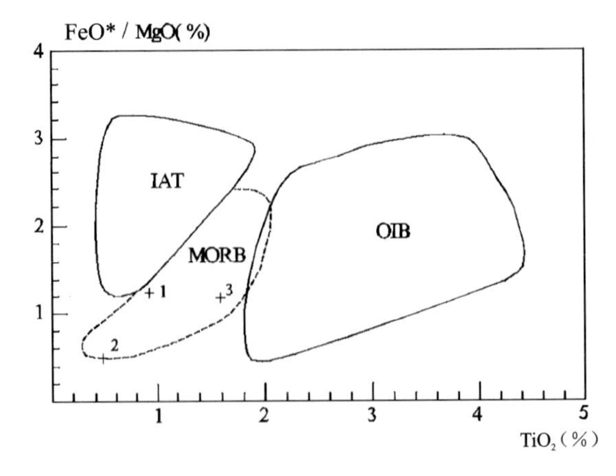

图 3-76　$FeO^*/MgO$-$TiO_2$ 图解(据 Glassily,1974)

MORB.洋中脊拉斑玄武岩;OIB.洋岛拉斑玄武岩;IAT.岛弧拉斑玄武岩

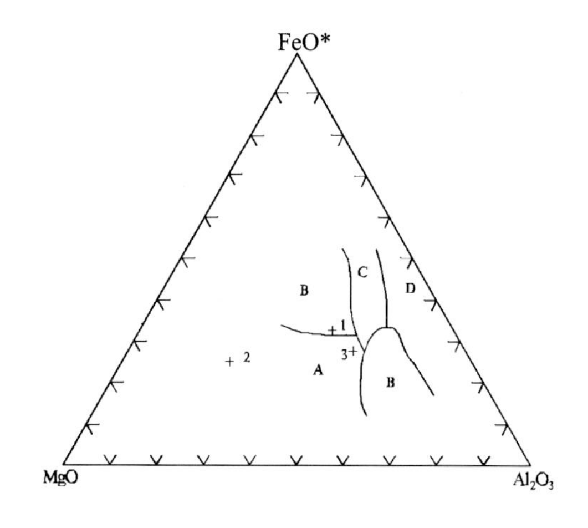


图 3-77　$FeO^*$-MgO-$Al_2O_3$图解(据 Pearce,1977)

A.洋中脊火山岩;B.洋岛火山岩;C.大陆火山岩;

D.岛弧扩张中心火山岩;E.造山带火山岩

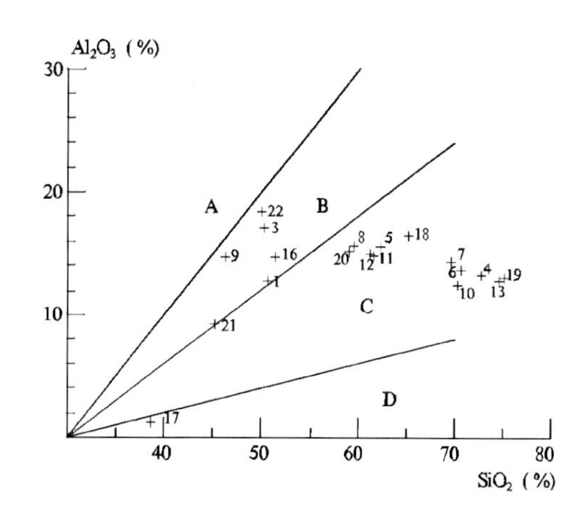


图 3-78　$Al_2O_3$-$SiO_2$变异图(据张雯华等,1976)

A.高铝质区;B.铝质区;C.低铝质区;D.贫铝质区

### 6.广兴源-敖汉旗中二叠世火山弧陆缘弧火山岩组合($P_2$)

在温都尔庙岩浆弧内额里图组($P_2e$)由碱性橄榄玄武岩、安山岩、安山玄武岩和英安质-流纹质碎屑岩组成,厚度为1800m。根据区域地质调查样品岩石化学数据(表3-38)投图分析,在碱-二氧化硅图解上有碱性和亚碱性(图3-79);在A-F-M图解上为拉斑和钙碱(图3-80);$K_2O/Na_2O$平均为0.52,为钠质(图3-81);Ol′-Ne′-Q′三角图解中碱性玄武岩和拉斑玄武岩均有出现(图3-82)。在logτ-logσ图解中为非造山带火山岩、造山带火山岩及其派生的偏碱性、偏碱性火山岩(图3-83),$K_2O$-$TiO_2$-MgO图解位于岛弧过渡型玄武岩(图3-84),大地构造环境为陆缘弧。

**表3-38　温都尔庙岩浆弧额里图组($P_2e$)火山岩岩石化学组成**　单位:%

| 序号 | 样品号 | $SiO_2$ | $TiO_2$ | $Al_2O_3$ | $Fe_2O_3$ | FeO | MnO | MgO | CaO | $Na_2O$ | $K_2O$ | $P_2O_5$ | LOS | Total | $Mg^{\#}$ | $FeO^*$ | A/CNK | σ | A.R | SI | DI |
|---|---|---|---|---|---|---|---|---|---|---|---|---|---|---|---|---|---|---|---|---|---|
| 1 | ⅣP3GS25 | 50.00 | 1.42 | 16.55 | 3.30 | 5.47 | 0.16 | 6.24 | 7.85 | 2.55 | 1.85 | 0.50 | 3.52 | 99.41 | 0.62 | 8.44 | 0.81 | 2.77 | 1.44 | 32.15 | 35.52 |
| 2 | ⅣGS791 | 54.32 | 1.44 | 16.63 | 3.65 | 4.37 | 0.13 | 4.15 | 5.66 | 4.20 | 2.94 | 0.57 | 1.76 | 99.82 | 0.56 | 7.65 | 0.82 | 4.50 | 1.94 | 21.49 | 53.95 |
| 3 | ⅣGS1176 | 49.40 | 1.59 | 16.69 | 3.32 | 6.15 | 0.16 | 7.42 | 7.70 | 3.04 | 0.08 | 0.58 | 4.16 | 100.29 | 0.64 | 9.13 | 0.88 | 1.52 | 1.29 | 37.08 | 28.62 |
| 4 | Xt533 | 48.44 | 2.23 | 13.75 | 6.56 | 0.57 | 0.15 | 8.04 | 8.17 | 3.30 | 1.45 | 0.48 | 0.74 | 93.88 | 0.82 | 6.47 | 1.99 | 4.15 | 1.55 | 40.36 | 39.35 |
| 5 | GS600 | 48.60 | 2.5 | 15.84 | 1.41 | 8.68 | 0.14 | 7.99 | 8.35 | 3.48 | 1.84 | 0.55 | 0.97 | 100.35 | 0.61 | 9.95 | 2.04 | 5.05 | 1.56 | 34.15 | 38.79 |
| 6 | GS604 | 46.36 | 2.06 | 11.68 | 4.12 | 8.53 | 0.20 | 12.27 | 8.46 | 2.92 | 1.69 | 0.52 | 1.3 | 100.11 | 0.68 | 12.23 | 1.77 | 6.33 | 1.59 | 41.55 | 32.77 |
| 7 | GS603 | 46.86 | 2.58 | 13.30 | 4.36 | 8.47 | 0.20 | 9.43 | 8.32 | 3.16 | 1.92 | 0.62 | 0.94 | 100.16 | 0.62 | 12.39 | 1.83 | 6.69 | 1.61 | 34.49 | 36.81 |

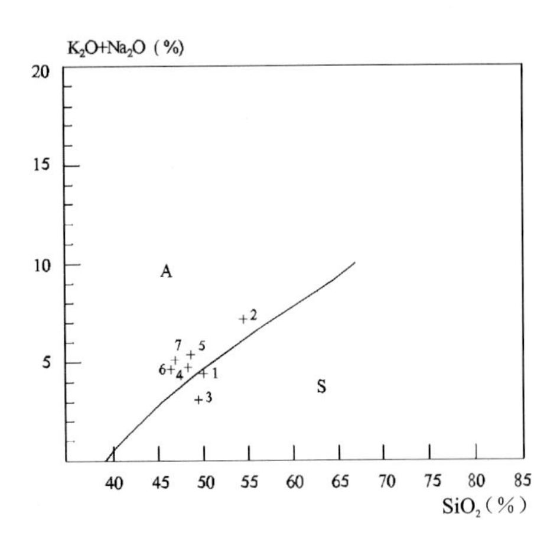


图 3-79 碱-二氧化硅图解(据 Irvine,1971)

A. 碱性区;S. 亚碱性区

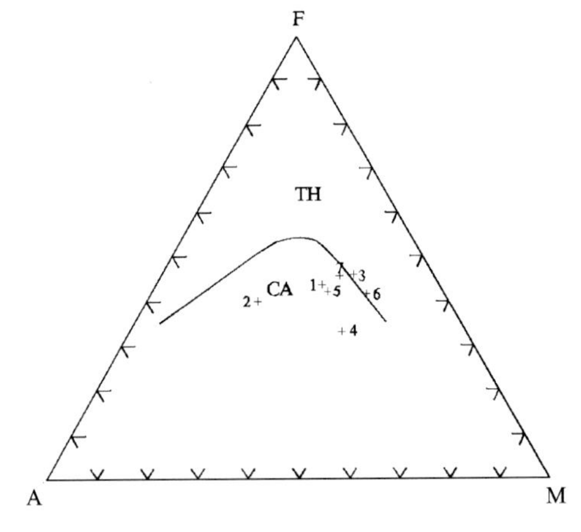


图 3-80 区分拉斑玄武岩和钙碱性玄武岩图解(据 Irvine,1971)

TH. 拉斑玄武岩套;CA. 钙-碱性岩套

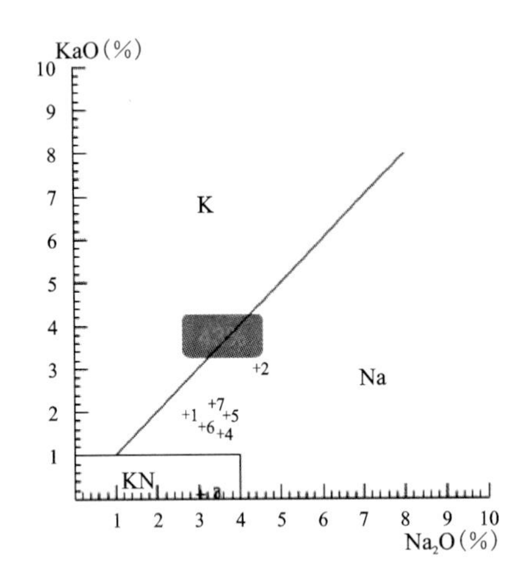


图 3-81 玄武岩钾、钠含量划分图解

K. 富钾玄武岩;Na. 富钠玄武岩;KN. 贫钾富钠玄武岩类

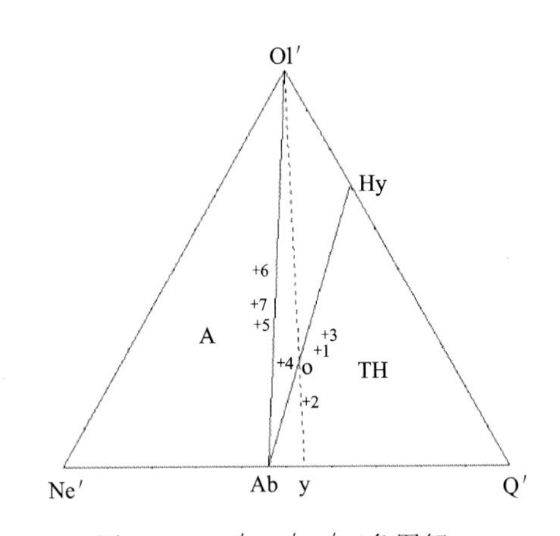


图 3-82 Ol′-Ne′-Q′三角图解(据 Pol derveart,1964)

Ol′—y. 左侧为碱性玄武岩系列,右侧为拉斑玄武岩系列

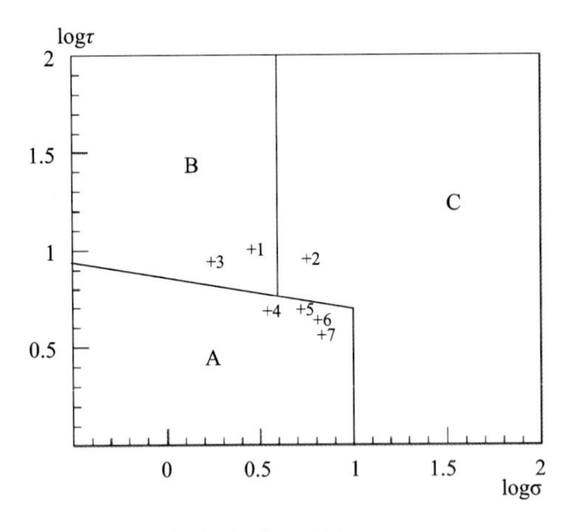


图 3-83 里特曼-戈蒂里图解(据 Rittmann,1973)

A. 非造山带火山岩;B. 造山带火山岩;

C. A、B 区派生的碱性、偏碱性火山岩

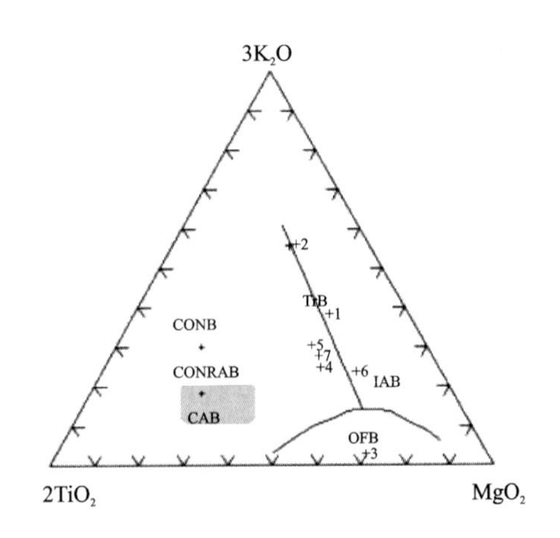


图 3-84 $K_2O$-$TiO_2$-MgO 图解(据莫宣学等,1993)

OFB. 大洋玄武岩;IAB. 岛弧玄武岩;TrB. 过渡型玄武岩;

CAB. 大洋碱性玄武岩;CONB. 大陆玄武岩;

CONRVB. 大陆裂谷玄武岩

#### 7. 中二叠世金塔组($P_2j$)陆缘弧组合

中二叠世金塔组火山岩主要分布在觉罗塔格—黑鹰山和中天山—马鬃山一带。由于各个构造单元内的金塔组无论从岩石组合上，还是在厚度上都有很大差别，现分述如下。

(1)圆包山岩浆弧内的金塔组火山岩岩石组合为流纹质凝灰熔岩-英安质凝灰岩-流纹岩，厚度大于749m。为偏铝质中钾-高钾钙碱性系列，壳幔混合型岩浆。其大地构造相为陆缘弧相，火山弧亚相。

(2)红石山裂谷内的金塔组火山岩岩石组合为玄武岩-安山岩-英安质凝灰岩-凝灰质砂岩夹砂岩，厚度大于2662m。为偏铝质中钾钙碱性岩石系列，壳幔混合型岩浆。其大地构造相为陆缘弧相，火山弧亚相。

(3)哈特布其岩浆弧内的金塔组火山岩岩石组合为流纹质熔结凝灰角砾岩-流纹质角砾熔岩。为钾质碱性岩石系列，壳源型岩浆。其大地构造相为陆缘弧相，火山弧亚相。

(4)柳园裂谷内金塔组火山岩岩石组合为下部蚀变玄武岩-杏仁状安山岩夹泥质粉砂岩，厚度大于1928m；中部细粒杂砂岩-含砾粗粒杂砂岩-硅质岩，厚度大于1638m；上部流纹质凝灰熔岩-流纹质凝灰岩-流纹岩，厚度大于2739m。其大地构造相为陆缘弧相，火山弧亚相。

#### 8. 晚二叠世包尔乌拉火山岩($P_3v$)陆缘弧组合

晚二叠世包尔乌拉火山岩主要分布在包尔乌拉一带。岩石组合为安山岩-玄武岩-安山岩、英安质凝灰岩，厚度大于3 018.06m。属偏铝质中钾钙碱性岩石系列，壳幔混合型岩浆。其大地构造相为陆缘弧相，火山弧亚相。

#### 9. 晚二叠世方山口组($P_3f$)陆缘弧组合

晚二叠世方山口组火山岩主要分布在阿右旗阿尔斯兰、额济纳旗芦草井、八道桥、阿右旗的阿其德海尔罕、阿左旗的乌力吉苏木一带。岩石组合为玄武岩-安山岩-碎屑岩，厚度大于1498m。为拉斑玄武岩系列，壳幔混合型岩浆。赋含玛瑙、铌、钽、钼、钾等矿产。其大地构造相为陆缘弧相，火山弧亚相。

### (九)早三叠世后碰撞火山岩

主要介绍门德沟-红彦镇早三叠世后碰撞火山岩高钾和钾玄岩质火山岩组合($T_1$)。

在东乌珠穆沁旗-多宝山岛弧和锡林浩特岩浆弧内有早三叠世哈达陶勒盖组($T_1hd$)河湖相砂泥岩夹火山岩组合，火山岩为安山岩、安山质熔凝灰岩和安山质角砾碎屑凝灰岩、流纹岩，厚度大于2189m，根据区域地质调查样品岩石化学数据(表3-39～表3-41)投图分析，在碱-二氧化硅图解上为碱性(图3-85)；在A-F-M图解上为钙碱(图3-86)；在$SiO_2$-$K_2O$图解上为钾玄岩系列(图3-87)；A/CNK=0.8，为壳幔混合源；在$Al_2O_3$-$SiO_2$(张雯华等，1976)图解中主要为铝质区(图3-88)，大洋火山岩和大陆火山岩的判别图解为岛弧造山带(图3-89)；稀土元素配分曲线为负斜率，轻稀土富集，无铕异常(图3-90)。从上述资料分析，该火山岩组合似为岛弧环境，但钾质较高，并参考同时期侵入岩特征，判断构造环境为后碰撞。

表3-39 哈达陶勒盖组($T_1hd$)火山岩岩石化学组成 单位：%

| 序号 | 样品号 | $SiO_2$ | $TiO_2$ | $Al_2O_3$ | $Fe_2O_3$ | FeO | MnO | MgO | CaO | $Na_2O$ | $K_2O$ | $P_2O_5$ | LOS | Total | $Mg^{\#}$ | $FeO^*$ | A/CNK | $\sigma$ | A.R | SI | DI |
|---|---|---|---|---|---|---|---|---|---|---|---|---|---|---|---|---|---|---|---|---|---|
| 1 | ZP6GS19 | 54.14 | 1.22 | 16.48 | 4.21 | 2.61 | 0.11 | 3.83 | 5.17 | 4.78 | 3.18 | 0.48 | 3.77 | 99.98 | 0.62 | 6.39 | 0.8 | 5.69 | 2.16 | 20.7 | 61.63 |
| 2 | IP10GS20 | 62.09 | 0.75 | 15.44 | 2.21 | 3.23 | 0.42 | 3.03 | 2.41 | 4.00 | 4.57 | 0.22 | 1.68 | 100.05 | 0.57 | 5.22 | 0.96 | 3.85 | 2.85 | 17.78 | 72.65 |

**续表 3-39**

| 序号 | 样品号 | $SiO_2$ | $TiO_2$ | $Al_2O_3$ | $Fe_2O_3$ | FeO | MnO | MgO | CaO | $Na_2O$ | $K_2O$ | $P_2O_5$ | LOS | Total | $Mg^{\#}$ | $FeO^*$ | A/CNK | σ | A.R | SI | DI |
|---|---|---|---|---|---|---|---|---|---|---|---|---|---|---|---|---|---|---|---|---|---|
| 3 | IP3GS13 | 56.49 | 1 | 17.79 | 3.19 | 3.59 | 0.16 | 2.07 | 4.33 | 7.06 | 0.1 | 0.48 | 2.59 | 98.85 | 0.43 | 6.46 | 0.91 | 3.8 | 1.96 | 12.93 | 65.98 |
| 4 | IP9GS2 | 52 | 1.39 | 17.67 | 4.09 | 5.12 | 0.18 | 3.31 | 5.36 | 5.5 | 1.77 | 0.48 | 2.57 | 99.44 | 0.46 | 8.8 | 0.85 | 5.87 | 1.92 | 16.73 | 58.84 |

**表 3-40　哈达陶勒盖组($T_1hd$)火山岩稀土元素组成**　　单位:$\times10^{-6}$

| 序号 | 样品号 | La | Ce | Pr | Nd | Sm | Eu | Gd | Tb | Dy | Ho | Er | Tm | Yb | ΣLREE | ΣHREE | δEu |
|---|---|---|---|---|---|---|---|---|---|---|---|---|---|---|---|---|---|
| 1 | ZP6GS19 | 46 | 106 | 13.4 | 53.9 | 9.64 | 2.46 | 7.82 | 1 | 4.91 | 0.87 | 2.35 | 0.34 | 2.07 | 231.4 | 19.67 | 0.84 |

**表 3-41　哈达陶勒盖组($T_1hd$)火山岩微量元素含量**　　单位:$\times10^{-6}$

| 序号 | 样品号 | Sr | Rb | Ba | Th | Nb | Zr | Cr | Ni | Co | V | Y | Li | Rb/Sr |
|---|---|---|---|---|---|---|---|---|---|---|---|---|---|---|
| 1 | ZP6GS19 | 1 315.4 | 84.6 | 822 | 16.4 | 7.6 | 306.2 | 71.1 | 62.8 | 23.8 | 132 | 21.6 | 21.8 | 0.064 315 037 |

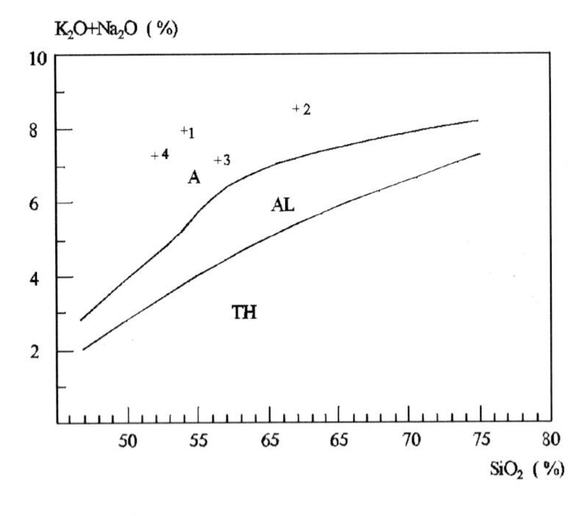


图 3-85　(久野)碱-二氧化硅图解(据 Kuno,1966)

A. 碱性岩系;AL. 高铝岩系;TH. 拉斑岩系

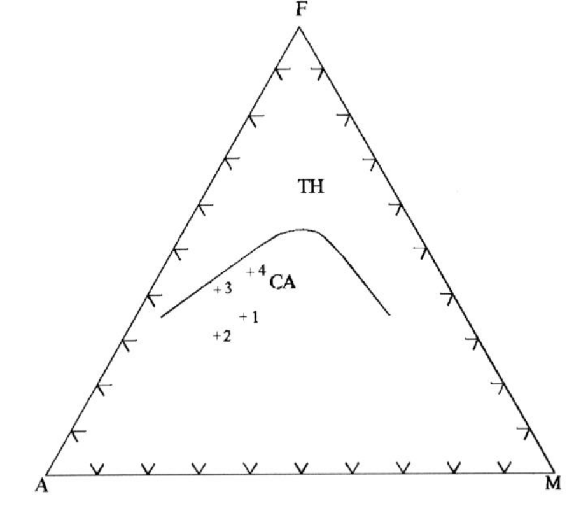


图 3-86　区分拉斑玄武岩和钙碱性玄武岩图解

(据 Irvine,1971)

TH. 拉斑玄武岩套;CA. 钙-碱性岩套

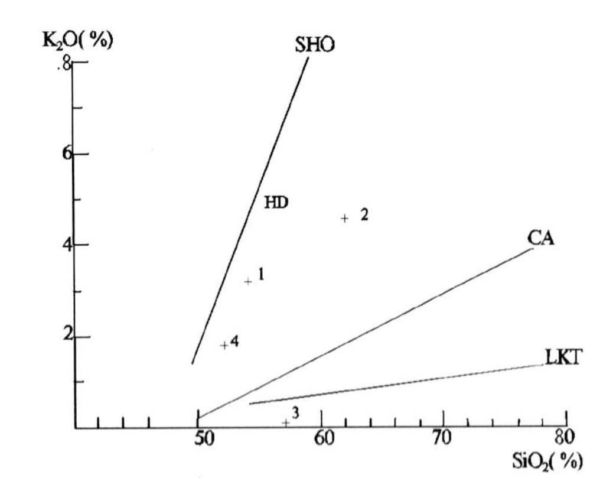


图 3-87　$K_2O$-$SiO_2$ 图解(据莫宣学等,1993)

LKT. 直线附近为低钾拉斑系列;CA. 直线附近为钙碱性系列;

SHO. 直线附近为钾玄岩系列

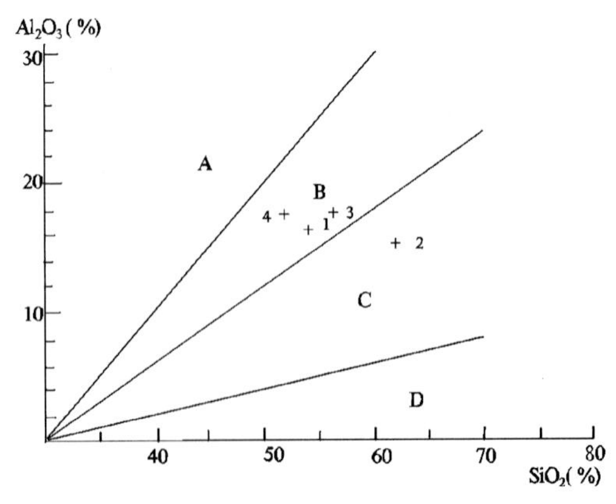


图 3-88　$Al_2O_3$-$SiO_2$ 变异图(据张雯华等,1976)

A. 高铝质区;B. 铝质区;C. 低铝质区;D. 贫铝质区

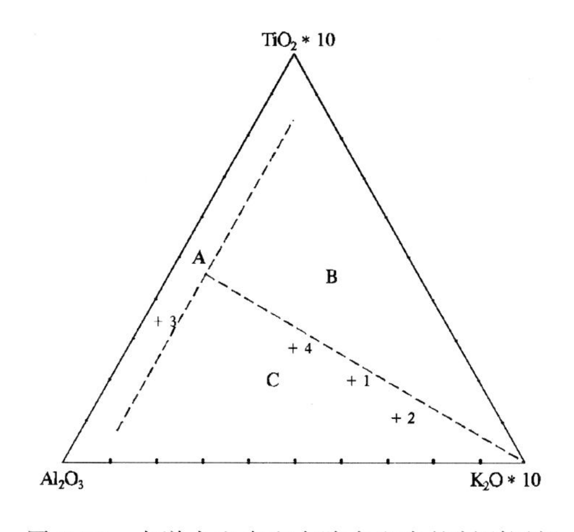


图 3-89 大洋火山岩和大陆火山岩的判别图解
（据赵崇贺，1989）
A. 大洋玄武岩区；B. 大陆裂谷型玄武岩、安山岩区；
C. 岛弧造山带玄武岩、安山岩区

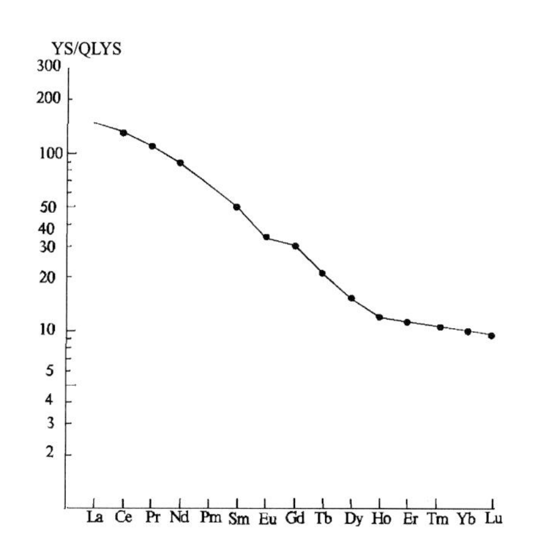


图 3-90 岩石稀土元素/球粒陨石标准化模式图
（据 Coryell，1963）

## 三、晚三叠世以来火山岩岩石构造组合

### （一）中侏罗世俯冲-碰撞型火山岩

#### 1. 克尔伦-满洲里中侏罗世俯冲火山岩陆缘弧火山岩组合（$J_2$）

在额尔古纳俯冲碰撞型火山-侵入岩带内广泛分布中侏罗世塔木兰沟组（$J_2tm$）中基性火山岩，其岩性有玄武岩、玄武安山岩、安山玄武岩、安山岩、安山质晶屑凝灰岩等，在凝灰砂岩夹层内含叶肢介、双壳和植物化石，厚度为758m。根据岩化数据（表 3-42～表 3-44）进行投图分析，TAS 分类以玄武粗安岩、粗安岩为主，少量玄武岩、玄武安山岩、安山岩、粗面岩（图 3-91）；岩石化学特征反映出碱性-亚碱性系列（图 3-92）、拉斑-钙碱性玄武岩系（图 3-93）、岛弧扩张中心-造山带火山岩（图 3-94）、造山带火山岩及其派生的偏碱性、碱性火山岩（图 3-95），Th/Yb-Ta/Yb 图解为陆缘弧（图 3-96），综合判定为陆缘弧火山岩组合。

**表 3-42 塔木兰沟组（$J_2tm$）火山岩岩石化学组成** 单位：%

| 序号 | 样品号 | $SiO_2$ | $TiO_2$ | $Al_2O_3$ | $Fe_2O_3$ | FeO | MnO | MgO | CaO | $Na_2O$ | $K_2O$ | $P_2O_5$ | LOS | Total | Mg[#] | FeO* | A/CNK | σ | A.R | SI | DI |
|---|---|---|---|---|---|---|---|---|---|---|---|---|---|---|---|---|---|---|---|---|---|
| 1 | C2AP22 GSTc7 | 59.58 | 1.25 | 16.22 | 7.17 | 1.56 | 0.05 | 1.79 | 1.66 | 5.07 | 2.27 | 0.61 | 2.56 | 99.79 | 0.41 | 8.01 | 1.17 | 3.25 | 2.39 | 10.02 | 74.27 |
| 2 | C2AP22 GSTc11 | 56.64 | 0.88 | 17.12 | 2.46 | 4.56 | 0.07 | 2.61 | 4.96 | 3.31 | 2.74 | 0.39 | 3.58 | 99.32 | 0.46 | 6.77 | 0.99 | 2.68 | 1.75 | 16.65 | 57.85 |
| 4 | 3GS143 | 52.66 | 1.17 | 18.27 | 1.49 | 5.91 | 0.20 | 4.69 | 9.49 | 3.90 | 0.48 | 0.31 | 0.78 | 99.35 | 0.56 | 7.25 | 0.76 | 1.99 | 1.37 | 28.48 | 37.44 |
| 5 | 3GS246-1 | 58.85 | 1.09 | 18.66 | 3.96 | 2.64 | 0.09 | 2.00 | 2.82 | 3.88 | 2.80 | 0.21 | 2.53 | 99.53 | 0.46 | 6.20 | 1.28 | 2.82 | 1.90 | 13.09 | 67.57 |
| 6 | 3P9GS1-7 | 61.63 | 0.85 | 16.60 | 2.65 | 3.15 | 0.08 | 2.44 | 3.37 | 3.95 | 1.90 | 0.20 | 3.59 | 100.41 | 0.51 | 5.53 | 1.13 | 1.84 | 1.83 | 17.32 | 66.80 |
| 7 | 3P7GS1-13 | 49.59 | 1.77 | 17.99 | 5.69 | 4.79 | 0.19 | 3.34 | 6.74 | 4.06 | 0.53 | 0.35 | 4.52 | 99.56 | 0.46 | 9.91 | 0.92 | 3.20 | 1.46 | 18.14 | 42.90 |
| 8 | ⅠP2GS8 | 71.47 | 0.32 | 14.47 | 1.94 | 0.29 | 0.01 | 0.46 | 1.37 | 3.72 | 4.83 | 0.08 | 1.64 | 100.60 | 0.43 | 2.03 | 1.05 | 2.57 | 3.35 | 4.09 | 88.84 |
| 9 | ⅠP3GS10 | 63.53 | 0.97 | 16.53 | 4.32 | 1.23 | 0.04 | 1.82 | 4.17 | 2.82 | 4.16 | 0.29 | 0.74 | 100.62 | 0.52 | 5.11 | 0.99 | 2.37 | 2.02 | 12.68 | 68.42 |

**续表 3-42**

| 序号 | 样品号 | $SiO_2$ | $TiO_2$ | $Al_2O_3$ | $Fe_2O_3$ | FeO | MnO | MgO | CaO | $Na_2O$ | $K_2O$ | $P_2O_5$ | LOS | Total | $Mg^{\#}$ | $FeO^*$ | A/CNK | σ | A.R | SI | DI |
|---|---|---|---|---|---|---|---|---|---|---|---|---|---|---|---|---|---|---|---|---|---|
| 10 | ⅠP3GS15 | 55.44 | 1.19 | 15.98 | 3.62 | 3.30 | 0.08 | 4.61 | 6.23 | 2.88 | 4.16 | 0.34 | 2.72 | 100.55 | 0.63 | 6.55 | 0.78 | 3.98 | 1.93 | 24.82 | 54.79 |
| 11 | ⅠP6GS6 | 59.31 | 1.29 | 16.48 | 6.22 | 0.63 | 0.05 | 0.72 | 3.78 | 3.88 | 3.28 | 0.48 | 3.28 | 99.40 | 0.29 | 6.22 | 0.98 | 3.14 | 2.09 | 4.89 | 70.79 |
| 12 | ⅠP6GS8 | 57.44 | 1.14 | 16.51 | 5.99 | 0.83 | 0.07 | 0.16 | 4.65 | 4.04 | 3.70 | 0.40 | 3.24 | 98.17 | 0.08 | 6.22 | 0.87 | 4.15 | 2.15 | 1.09 | 70.65 |
| 13 | ⅡP7GS55 | 63.23 | 0.97 | 17.57 | 4.37 | 0.43 | 0.05 | 0.39 | 2.29 | 5.11 | 4.44 | 0.35 | 0.21 | 99.41 | 0.25 | 4.36 | 1.01 | 4.51 | 2.85 | 2.65 | 82.18 |
| 14 | ⅡP7GS73 | 68.05 | 0.59 | 15.04 | 2.70 | 0.29 | 0.06 | 0.35 | 1.40 | 4.90 | 5.50 | 0.16 | 1.23 | 100.27 | 0.32 | 2.72 | 0.91 | 4.32 | 4.44 | 2.55 | 91.03 |
| 15 | ⅡP12GS3 | 59.30 | 1.07 | 15.72 | 5.79 | 0.75 | 0.08 | 1.69 | 4.33 | 4.00 | 4.18 | 0.54 | 3.09 | 100.54 | 0.50 | 5.96 | 0.83 | 4.11 | 2.38 | 10.30 | 70.75 |
| 16 | ⅡP12GS11 | 52.30 | 1.28 | 15.10 | 6.98 | 0.83 | 0.11 | 3.57 | 5.21 | 2.60 | 2.47 | 0.86 | 8.52 | 99.83 | 0.63 | 7.11 | 0.92 | 2.76 | 1.67 | 21.70 | 53.40 |
| 17 | ⅡP12GS15 | 62.73 | 1.43 | 14.07 | 4.63 | 0.90 | 0.11 | 1.31 | 4.26 | 3.65 | 3.60 | 1.11 | 2.27 | 100.07 | 0.46 | 5.06 | 0.80 | 2.66 | 2.31 | 9.30 | 73.96 |
| 18 | ⅡP8GS11 | 57.79 | 1.27 | 16.09 | 6.18 | 0.45 | 0.05 | 0.88 | 4.65 | 4.05 | 4.19 | 0.72 | 4.08 | 100.40 | 0.35 | 6.01 | 0.82 | 4.59 | 2.32 | 5.59 | 71.32 |
| 19 | ⅡP8GS32 | 55.76 | 1.21 | 14.98 | 7.52 | 0.57 | 0.09 | 1.78 | 3.54 | 3.28 | 6.83 | 0.53 | 3.73 | 99.82 | 0.47 | 7.33 | 0.78 | 8.01 | 3.40 | 8.91 | 74.13 |
| 20 | ⅡGS33069 | 63.17 | 0.85 | 16.37 | 4.59 | 0.66 | 0.09 | 0.90 | 3.57 | 3.00 | 4.46 | 0.32 | 1.69 | 99.67 | 0.39 | 4.79 | 1.01 | 2.76 | 2.20 | 6.61 | 73.34 |
| 21 | ⅡGS2373a | 55.77 | 1.15 | 17.24 | 6.70 | 0.75 | 0.09 | 3.47 | 5.29 | 4.05 | 2.94 | 0.56 | 2.03 | 100.04 | 0.64 | 6.77 | 0.89 | 3.83 | 1.90 | 19.37 | 58.35 |
| 22 | C2AP4 GSTC72 | 53.96 | 0.88 | 16.85 | 3.25 | 5.62 | 0.08 | 4.52 | 6.04 | 3.64 | 1.96 | 0.37 | 2.02 | 99.19 | 0.54 | 8.54 | 0.88 | 2.86 | 1.65 | 23.80 | 48.32 |
| 23 | 2GS563-1 | 54.96 | 1.85 | 16.05 | 5.57 | 2.92 | 0.12 | 2.52 | 5.45 | 3.54 | 2.48 | 0.88 | 1.41 | 97.75 | 0.47 | 7.93 | 0.87 | 3.03 | 1.78 | 14.80 | 57.62 |
| 24 | 2GS6193 | 59.80 | 1.12 | 17.32 | 6.78 | 0.43 | 0.07 | 1.24 | 3.68 | 5.24 | 1.96 | 0.34 | 1.78 | 99.76 | 0.41 | 6.53 | 0.99 | 3.09 | 2.04 | 7.92 | 69.65 |
| 25 | 2P1TC7 GS1 | 59.45 | 1.30 | 17.57 | 7.23 | 1.45 | 0.04 | 0.96 | 3.17 | 3.96 | 2.86 | 0.40 | 0.15 | 98.54 | 0.28 | 7.95 | 1.14 | 2.83 | 1.98 | 5.83 | 68.84 |
| 26 | 3GS50 | 54.41 | 1.14 | 18.40 | 3.81 | 3.59 | 0.11 | 3.80 | 6.52 | 3.81 | 0.78 | 0.29 | 2.91 | 99.57 | 0.57 | 7.02 | 0.97 | 1.85 | 1.45 | 24.07 | 47.09 |

**表 3-43　塔木兰沟组($J_2tm$)火山岩稀土元素组成**　　单位：$\times10^{-6}$

| 序号 | 样品号 | La | Ce | Pr | Nd | Sm | Eu | Gd | Tb | Dy | Ho | Er | Tm | Yb | Lu | ΣREE | ΣLREE | ΣHREE | LREE/HREE | δEu |
|---|---|---|---|---|---|---|---|---|---|---|---|---|---|---|---|---|---|---|---|---|
| 1 | C2AP22 GSTC7 | 59.9 | 99.5 | 11.4 | 54.7 | 9.6 | 2.3 | 5.72 | 0.82 | 4.39 | 0.75 | 1.8 | 0.26 | 1.35 | 0.15 | 266.94 | 237.4 | 15.24 | 15.58 | 0.88 |
| 2 | C2AP22 GSTC11 | 65.6 | 108 | 11.2 | 48.3 | 7.65 | 0.73 | 5.1 | 0.86 | 4.92 | 0.87 | 2.34 | 0.33 | 2.08 | 0.23 | 285.51 | 241.48 | 16.73 | 14.43 | 0.34 |
| 3 | P4W. XTTC6 | 29.2 | 55.8 | 5.88 | 30.5 | 5.31 | 1.36 | 4.41 | 0.72 | 4.16 | 0.79 | 2.32 | 0.34 | 1.92 | 0.23 | 160.24 | 128.05 | 14.89 | 8.6 | 0.84 |

**表 3-44　塔木兰沟组($J_2tm$)火山岩微量元素含量**　　单位：$\times10^{-6}$

| 序号 | 样品号 | Sr | Rb | Ba | Th | Ta | Nb | Hf | Zr | Cr | Ni | Co | V | U | Y | Cs | Sc | B | Li | Rb/Sr | U/Th | Zr/Hf |
|---|---|---|---|---|---|---|---|---|---|---|---|---|---|---|---|---|---|---|---|---|---|---|
| 1 | C2AP22 GSTC7 | 740 | 61.5 | 810 | 11 | 1.4 | 15 | 6.6 | 250 | 55.9 | 18 | 16.5 | 150 | 1.3 | 14.4 | 6.38 | 14 | 9 | 60.9 | 0.08 | 0.12 | 37.9 |
| 2 | C2AP22 GSTC11 | 89 | 72 | 250 | 20 | 2.5 | 25 | 15 | 370 | 21.1 | 6.1 | 2.1 | 9.5 | 2.2 | 18.7 | 2.28 | 4.4 | 7.1 | 11.8 | 0.81 | 0.11 | 24.7 |
| 3 | P4W. XTTC6 | 710 | 82.7 | 1050 | 8.9 | 1.7 | 11 | 5.7 | 190 | 47.9 | 5.6 | 34 | 110 | 1.3 | 17.3 | 3.58 | 16 | 8.9 | 17.1 | 0.12 | 0.15 | 33.3 |

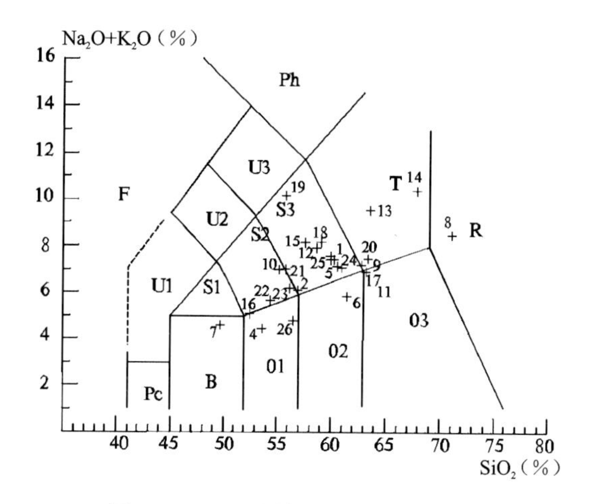


图 3-91 TAS 图解(据 Le Bas,1986)

F. 副长石岩;Pc. 苦橄玄武岩;B. 玄武岩;01. 玄武安山岩;02. 安山岩;03. 英安岩;S1. 粗面玄武岩;S2. 玄武粗安岩;S3. 粗安岩;T. 粗面岩、粗面英安岩;U1. 碧玄岩、碱玄岩;U2. 响岩质碱玄岩;U3. 碱玄质响岩;Ph. 响岩;R. 流纹岩

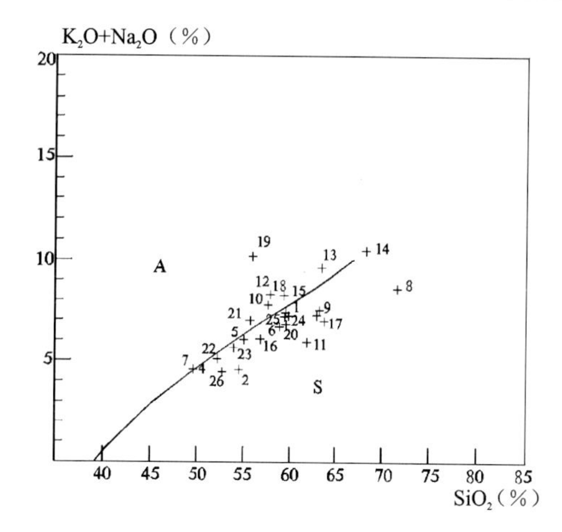


图 3-92 碱-二氧化硅图解(据 Irvine,1971)

MORB. 洋中脊拉斑玄武岩;OIB. 洋岛拉斑玄武岩;A. 碱性区;S. 亚碱性区

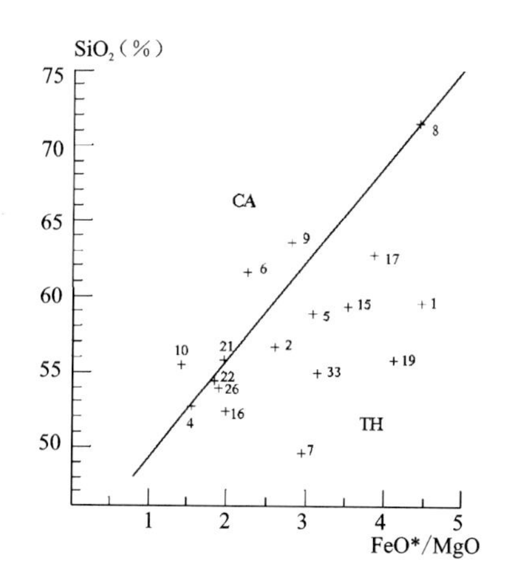


图 3-93 $SiO_2$-$FeO^*$/MgO 变异图(据 Miyashiro,1974)

TH. 拉斑玄武岩系;CA. 钙碱性玄武岩系

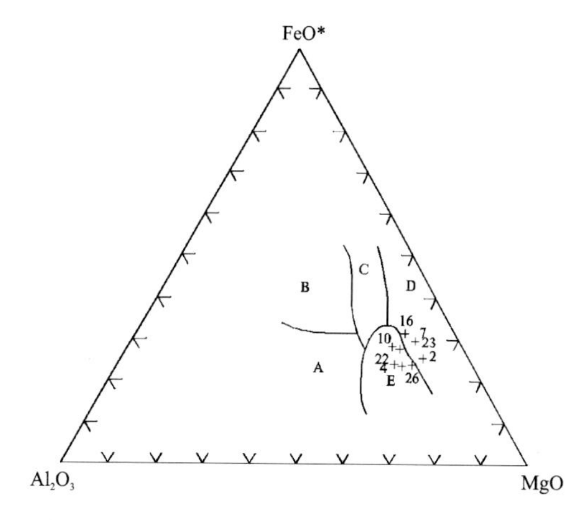


图 3-94 $FeO^*$-MgO-$Al_2O_3$ 图解(据 Pearce,1977)

A. 洋中脊火山岩;B. 洋岛火山岩;C. 大陆火山岩;D. 岛弧扩张中心火山岩;E. 造山带火山岩

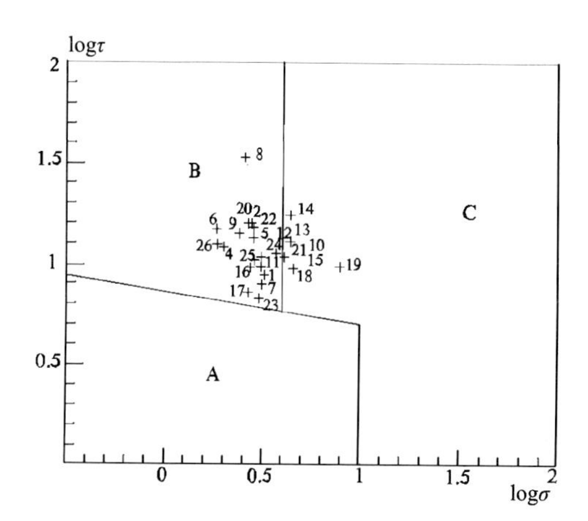


图 3-95 里特曼-戈蒂里图解(据 Rittmann,1973)

A. 非造山带火山岩;B. 造山带火山岩;C. A、B 区派生的碱性、偏碱性火山岩

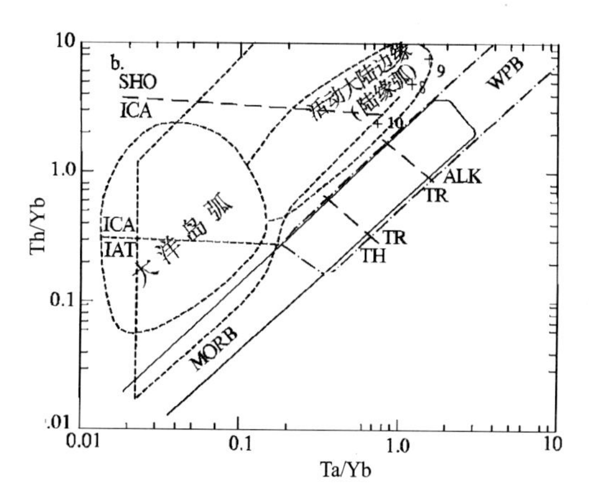


图 3-96 Th/Yb-Ta/Yb 图解

IAT. 岛弧拉斑玄武岩;ICA. 岛弧钙碱性玄武岩;SHO. 岛弧橄榄玄武岩;TH. 拉斑系列;TR. 过渡性系列;ALK. 碱性系列

### 2. 陈巴尔虎-根河中侏罗世俯冲火山岩陆缘弧火山岩组合($J_2$)

在海拉尔-呼玛俯冲-碰撞型火山-侵入岩带内塔木兰沟组($J_2tm$)为中基性火山岩，岩石类型有玄武岩、橄榄玄武岩、安山玄武岩、粗安岩等，沉积岩夹层内含陆相动、植物化石。厚度为238～458m，被晚侏罗世火山岩不整合覆盖。根据岩石化学数据(表3-45～表3-47)进行投图分析，与区域内岩石化学特征完全相似，投图结果不在此表示，综合判定为陆缘弧火山岩组合。

**表3-45　D-1-3-4塔木兰沟组($J_2tm$)火山岩岩石化学组成**

单位：%

| 序号 | 样品号 | $SiO_2$ | $TiO_2$ | $Al_2O_3$ | $Fe_2O_3$ | FeO | MnO | MgO | CaO | $Na_2O$ | $K_2O$ | $P_2O_5$ | LOS | Total | $Mg^{\#}$ | $FeO^*$ | A/CNK | σ | A.R | SI | DI |
|---|---|---|---|---|---|---|---|---|---|---|---|---|---|---|---|---|---|---|---|---|---|
| 1 | C2AP29 GS64 | 53.58 | 1.2 | 15.62 | 5.51 | 4.37 | 0.13 | 3.65 | 6.51 | 4.31 | 2.14 | 0.62 | 1.8 | 99.44 | 0.5 | 9.32 | 0.73 | 3.93 | 1.82 | 18.27 | 53.36 |
| 2 | C2AP13 GS86 | 54 | 1.27 | 16.67 | 4.43 | 3.28 | 0.05 | 2.64 | 4.39 | 3.69 | 2.96 | 0.62 | 5.78 | 99.78 | 0.48 | 7.26 | 0.96 | 4.02 | 1.92 | 15.53 | 60.67 |
| 3 | C2AP27 GS3 | 58.98 | 1.28 | 16.66 | 7.79 | 1.14 | 0.11 | 1.82 | 1.11 | 4.86 | 2.62 | 0.66 | 2.68 | 99.71 | 0.43 | 8.14 | 1.29 | 3.5 | 2.45 | 9.98 | 75.29 |
| 4 | C2AP29 GS76 | 53.26 | 1.1 | 16.62 | 3.97 | 4.8 | 0.1 | 4.05 | 6.65 | 3.82 | 2.35 | 0.55 | 1.98 | 99.25 | 0.53 | 8.37 | 0.79 | 3.71 | 1.72 | 21.33 | 50.66 |
| 5 | 6P1TC20 GS | 56.32 | 1.22 | 16.2 | 3.03 | 3.7 | 0.073 | 3.44 | 5.85 | 4.32 | 3.17 | 0.41 | 1.34 | 99.073 | 1 | 6.42 | 0.76 | 4.21 | 2.03 | 19.48 | 60.47 |
| 6 | C6EVP15 TC77 | 74.76 | 0.2 | 12.91 | 2.75 | 0.66 | 0.04 | 0.25 | 0.23 | 2.99 | 2.93 | 0.02 | 1.02 | 98.76 | 0.2 | 3.13 | 1.53 | 1.1 | 2.64 | 2.61 | 89.48 |
| 8 | C2AP14 GS49 | 65.02 | 0.2 | 15.07 | 2.26 | 2.56 | 0.03 | 1.52 | 2.15 | 4.85 | 4.32 | 0.23 | 1.7 | 99.91 | 0.44 | 4.59 | 0.91 | 3.82 | 3.28 | 9.8 | 81.47 |
| 9 | C2AP14 GS71a | 70 | 0.3 | 12.81 | 1.24 | 2.06 | 0.03 | 1.18 | 1.6 | 3.89 | 4.66 | 0.12 | 1.76 | 99.65 | 0.44 | 3.17 | 0.89 | 2.71 | 3.92 | 9.06 | 86.66 |
| 10 | C2AP14 GS716 | 60.54 | 0.7 | 17.81 | 2.38 | 2.8 | 0.04 | 1.41 | 3.7 | 4.56 | 3.48 | 0.32 | 1.26 | 99 | 0.4 | 4.94 | 0.99 | 3.69 | 2.19 | 9.64 | 71.38 |
| 11 | C2AP29 GS54 | 54.1 | 1 | 16.39 | 6.81 | 3.01 | 0.12 | 3.82 | 6.59 | 4.05 | 2.7 | 0.6 | 1.22 | 100.41 | 0.54 | 9.13 | 0.76 | 4.1 | 1.83 | 18.73 | 52.9 |
| 12 | C2AP29 GS70 | 53.48 | 1.1 | 16.9 | 4.66 | 4.88 | 0.1 | 3.4 | 5.39 | 4.34 | 2.49 | 0.6 | 1.82 | 99.16 | 0.47 | 9.07 | 0.86 | 4.45 | 1.88 | 17.2 | 55.4 |
| 13 | P21 GS132 | 56.52 | 1.6 | 18 | 5.61 | 2.06 | 0.04 | 0.6 | 4.17 | 4.18 | 3.53 | 0.81 | 2.2 | 99.32 | 0.2 | 7.1 | 0.99 | 4.4 | 2.07 | 3.75 | 68.76 |
| 14 | P21GS140 | 55.92 | 1.6 | 16.95 | 7.69 | 1.57 | 0.04 | 0.78 | 4.38 | 3.43 | 3.1 | 0.81 | 3.24 | 99.51 | 0.23 | 8.48 | 1 | 3.3 | 1.88 | 4.71 | 64.39 |
| 15 | GS10291 | 55.66 | 1.8 | 16.8 | 8.29 | 1.34 | 0.08 | 1.86 | 4.66 | 4.15 | 2.25 | 0.9 | 1.68 | 99.47 | 0.41 | 8.79 | 0.95 | 3.24 | 1.85 | 10.4 | 61.26 |
| 16 | GS10291-1 | 57.86 | 1.4 | 17.8 | 7.34 | 0.73 | 0.1 | 1.21 | 4.07 | 4.1 | 2.1 | 0.75 | 2.4 | 99.86 | 0.37 | 7.33 | 1.09 | 2.59 | 1.79 | 7.82 | 65.31 |
| 17 | GS10291-6 | 54.56 | 1.3 | 15.11 | 8.62 | 0.98 | 0.1 | 2.87 | 6.13 | 3.9 | 2.1 | 0.7 | 2.62 | 98.99 | 0.53 | 8.73 | 0.76 | 3.11 | 1.79 | 15.54 | 55.93 |
| 18 | GS10291-7 | 63.31 | 1.45 | 14.78 | 5.3 | 1.28 | 0.1 | 1.03 | 3.36 | 3.8 | 2.8 | 0.7 | 1.4 | 99.31 | 0.35 | 6.04 | 0.96 | 2.14 | 2.14 | 7.25 | 73.54 |
| 19 | C6EB909 | 58.02 | 1.16 | 15.98 | 6.1 | 1.01 | 0.06 | 2.4 | 4.86 | 4.63 | 2.7 | 0.65 | 1.58 | 99.15 | 0.55 | 6.49 | 0.82 | 3.58 | 2.09 | 14.25 | 65.64 |
| 20 | W19GS 6139a | 53.82 | 1.5 | 17.01 | 8.11 | 1.62 | 0.1 | 2.39 | 6.66 | 3.48 | 2.2 | 0.8 | 1.9 | 99.59 | 0.46 | 8.91 | 0.84 | 2.98 | 1.63 | 13.43 | 52.23 |
| 21 | W20GS 2801a | 71 | 0.2 | 14.09 | 0.45 | 3.46 | 0.1 | 0.05 | 0.28 | 4.6 | 5.08 | 0.08 | 0.56 | 99.95 | 0.02 | 3.86 | 1.04 | 3.35 | 5.13 | 0.37 | 91.2 |
| 22 | W26P17 GS6 | 50.06 | 1.35 | 17.21 | 6.95 | 2.85 | 0.1 | 4.28 | 8.55 | 3.95 | 1.1 | 0.5 | 2.64 | 99.54 | 0.57 | 9.1 | 0.74 | 3.61 | 1.49 | 22.37 | 41.34 |

**表3-46　D-1-3-4塔木兰沟组($J_2tm$)火山岩稀土元素组成**

单位：$\times10^{-6}$

| 序号 | 样品号 | Sr | Rb | Ba | Th | Ta | Nb | Hf | Zr | Cr | Ni | Co | U | B | V | Y | Cs | Sc | Ga | Li | Rb/Sr | Zr/Hf | U/Th |
|---|---|---|---|---|---|---|---|---|---|---|---|---|---|---|---|---|---|---|---|---|---|---|---|
| 1 | C2AP29 GS64 | 810 | 44.5 | 770 | 8 | 0.8 | 14 | 6.9 | 280 |  | 36.9 | 26.2 | 1.4 |  | 190 | 18.3 | 2.1 | 17 | 17 | 19.5 | 0.05 | 40.58 | 0.18 |

续表 3-46

| 序号 | 样品号 | Sr | Rb | Ba | Th | Ta | Nb | Hf | Zr | Cr | Ni | Co | U | B | V | Y | Cs | Sc | Ga | Li | Rb/Sr | Zr/Hf | U/Th |
|---|---|---|---|---|---|---|---|---|---|---|---|---|---|---|---|---|---|---|---|---|---|---|---|
| 2 | C2AP13 GS86 | 940 | 117 | 1290 | 8.3 | 0.55 | 15 | 5.5 | 280 | 62.5 | 26.6 | 18.7 | 1.8 | 16 | 230 | 20.6 | 12.5 | 18 | 50 | 49.7 | 0.12 | 50.91 | 0.22 |
| 3 | C2AP27 GS3 | 230 | 80.1 | 300 | 8 | 1 | 11 | 6.1 | 260 |  | 29.5 | 17.6 | 1.4 |  | 140 | 15 | 5.7 | 12 | 20 | 32.4 | 0.35 | 42.62 | 0.18 |
| 4 | C2AP29 GS76 | 775 | 59.6 | 715 | 6.3 | 0.92 | 13 | 6.4 | 270 |  | 31 | 24.4 | 1.7 |  | 170 | 17.4 | 3 | 16 | 14 | 27.1 | 0.08 | 42.19 | 0.27 |
| 5 | 6P1TC 20GS | 270 | 107.5 | 1090 | 16.4 |  | 12.2 |  | 280.2 | 54.6 | 26.5 | 9.9 | 2.1 |  | 112.6 | 15.7 |  |  |  | 25.8 | 0.4 |  | 0.13 |
| 6 | C6EVP15 TC77 | 130 | 126 | 1380 | 16 | 1.4 | 12 | 14 | 525 | 64.6 | 11.4 | 3 | 2.2 | 27 | 0 | 16 | 8 | 5.9 | 42 | 19.9 | 0.97 | 37.5 | 0.14 |
| 7 | B909 | 1080 | 66.2 | 1020 | 7.5 | 3.1 | 13 | 7.7 | 270 | 42.5 | 26.8 | 17.4 | 1.5 | 1.6 | 130 | 11.2 | 3.18 | 10 | 30 | 32.1 | 0.06 | 35.06 | 0.2 |

表 3-47　D-1-3-4 塔木兰沟组($J_2tm$)火山岩微量元素含量　　单位：$\times10^{-6}$

| 序号 | 样品号 | La | Ce | Pr | Nd | Sm | Eu | Gd | Tb | Dy | Ho | Er | Tm | Yb | Lu | ΣREE | ΣLREE | ΣHREE | LREE/HREE | δEu |
|---|---|---|---|---|---|---|---|---|---|---|---|---|---|---|---|---|---|---|---|---|
| 1 | C2AP29 GS64 | 51.9 | 95 | 9.54 | 49.3 | 8.32 | 2.13 | 6.42 | 0.95 | 4.87 | 0.86 | 2.21 | 0.32 | 1.76 | 0.24 | 233.82 | 216.19 | 17.63 | 12.26 | 0.86 |
| 2 | C2AP13 GS86 | 71 | 123 | 16.9 | 67.1 | 13.4 | 2.65 | 8.71 | 1.39 | 5.67 | 1.11 | 2.68 | 0.36 | 2.12 | 0.32 | 316.41 | 294.05 | 22.36 | 13.15 | 0.7 |
| 3 | C2AP27 GS3 | 55.9 | 119 | 10.6 | 46.3 | 8.09 | 1.9 | 5.64 | 0.91 | 4.22 | 0.68 | 1.8 | 0.24 | 1.42 | 0.19 | 256.89 | 241.79 | 15.1 | 16.01 | 0.82 |
| 4 | C2AP29 GS76 | 56.3 | 101 | 10.7 | 51.3 | 8.84 | 2.15 | 6.37 | 0.91 | 4.88 | 0.83 | 2.13 | 0.29 | 1.54 | 0.22 | 247.46 | 230.29 | 17.17 | 13.41 | 0.84 |
| 5 | 6P1TC 20GS | 37.1 | 73.7 | 8.82 | 34.1 | 6.82 | 1.8 | 5.26 | 0.63 | 3.26 | 0.59 | 1.6 | 0.22 | 1.3 | 0.21 | 175.41 | 162.34 | 13.07 | 12.42 | 0.89 |
| 6 | C6EVP15 TC77 | 103 | 160 | 15.4 | 63.4 | 10.6 | 21.4 | 5.86 | 0.94 | 4.35 | 0.79 | 2.15 | 0.33 | 2.05 | 0.29 | 390.56 | 373.8 | 16.76 | 22.3 | 7.56 |
| 7 | B909 | 55.1 | 96.5 | 9.85 | 51.3 | 7.97 | 1.93 | 4.92 | 0.76 | 3.53 | 0.58 | 1.38 | 0.18 | 1.01 | 0.13 | 235.14 | 222.65 | 12.49 | 17.83 | 0.88 |

### 3. 东乌珠穆沁旗塔木兰沟组中侏罗世俯冲火山岩陆缘弧火山岩组合($J_2$)

在东乌珠穆沁旗-多宝山俯冲-碰撞型火山-侵入岩带东部，中侏罗统塔木兰沟组($J_2tm$)主要岩性为玄武岩、玄武安山岩、安山岩、辉绿岩等，厚度为785m。沉积岩夹层内含陆相动、植物化石，被晚侏罗世火山岩不整合覆盖。根据岩石化学数据(表3-48～表3-50)进行投图分析，与区域内岩化特征基本相似，投图结果不在此表示。TAS分类为玄武岩、粗面玄武岩、玄武粗安岩，更偏基性一些。岩石化学特征反映出岩石为碱性—亚碱性系列，以拉斑玄武岩系列为主，壳幔混合源。据岩石类型和构造环境判别图解，该火山岩组合为陆缘弧火山岩组合，碱性岩的大量出现，反映出距离俯冲带较远或者陆壳厚度较大。

表 3-48　D-1-4-5 塔木兰沟组($J_2tm$)火山岩岩石化学组成　　单位：%

| 序号 | 样品号 | $SiO_2$ | $TiO_2$ | $Al_2O_3$ | $Fe_2O_3$ | FeO | MnO | MgO | CaO | $Na_2O$ | $K_2O$ | $P_2O_5$ | LOS | Total | $Mg^{\#}$ | $FeO^*$ | A/CNK | σ | A.R | SI | DI |
|---|---|---|---|---|---|---|---|---|---|---|---|---|---|---|---|---|---|---|---|---|---|
| 1 | 2P26GS5 | 55.89 | 1.26 | 16.35 | 4.66 | 2.69 | 0.10 | 4.19 | 5.76 | 3.64 | 2.67 | 0.35 | 2.03 | 99.59 | 0.62 | 6.88 | 0.84 | 3.09 | 1.80 | 23.47 | 54.88 |
| 2 | 6GS6103 | 55.62 | 1.22 | 15.41 | 6.00 | 1.35 | 0.10 | 1.64 | 7.46 | 3.61 | 2.10 | 0.53 | 5.34 | 100.38 | 0.44 | 6.74 | 0.71 | 2.58 | 1.67 | 11.16 | 57.22 |
| 3 | 6GS3179-1 | 46.48 | 0.10 | 4.37 | 0.54 | 1.40 | 0.02 | 1.41 | 24.54 | 0.40 | 1.20 | 0.18 | 20.00 | 100.64 | 0.62 | 1.89 | 0.09 | 0.74 | 1.12 | 28.48 | 24.26 |
| 4 | 6P13GS35 | 51.36 | 2.40 | 16.39 | 5.80 | 5.76 | 0.28 | 2.38 | 8.52 | 3.65 | 1.56 | 0.68 | 1.00 | 99.78 | 0.34 | 10.97 | 0.71 | 3.25 | 1.53 | 12.43 | 45.59 |
| 5 | 6P13GS16 | 54.68 | 1.40 | 16.53 | 5.42 | 2.95 | 0.10 | 2.80 | 3.86 | 3.75 | 2.23 | 0.47 | 5.96 | 100.15 | 0.49 | 7.82 | 1.05 | 3.06 | 1.83 | 16.33 | 60.14 |
| 6 | 6GS3020 | 46.16 | 1.80 | 15.00 | 6.05 | 3.10 | 0.14 | 3.45 | 8.69 | 2.78 | 2.28 | 1.13 | 9.20 | 99.78 | 0.53 | 8.54 | 0.66 | 8.10 | 1.54 | 19.54 | 42.70 |
| 7 | D1235 | 53.64 | 1.07 | 15.69 | 3.20 | 4.07 | 0.11 | 5.17 | 5.31 | 5.36 | 1.44 | 0.31 | 4.01 | 99.38 | 0.63 | 6.95 | 0.79 | 4.35 | 1.96 | 26.87 | 56.48 |
| 8 | Ⅸ70P13 GS73 | 62.10 | 0.78 | 16.97 | 2.29 | 3.25 | 0.13 | 1.73 | 3.92 | 4.44 | 3.08 | 0.27 | 1.04 | 100.00 | 0.43 | 5.31 | 0.95 | 2.96 | 2.12 | 11.70 | 69.46 |
| 9 | 4P9Gs1-4 | 50.06 | 1.75 | 16.77 | 2.75 | 5.99 | 0.14 | 5.42 | 8.07 | 3.41 | 1.80 | 0.84 | 3.07 | 100.07 | 0.58 | 8.46 | 0.75 | 3.84 | 1.53 | 27.98 | 40.72 |
| 10 | 4P9Gs4-6 | 49.51 | 1.44 | 18.26 | 3.07 | 5.00 | 0.15 | 4.01 | 8.97 | 3.92 | 0.78 | 0.36 | 4.59 | 100.06 | 0.53 | 7.76 | 0.77 | 3.39 | 1.42 | 23.90 | 39.69 |

续表 3-48

| 序号 | 样品号 | $SiO_2$ | $TiO_2$ | $Al_2O_3$ | $Fe_2O_3$ | FeO | MnO | MgO | CaO | $Na_2O$ | $K_2O$ | $P_2O_5$ | LOS | Total | $Mg^{\#}$ | $FeO^*$ | A/CNK | σ | A.R | SI | DI |
|---|---|---|---|---|---|---|---|---|---|---|---|---|---|---|---|---|---|---|---|---|---|
| 11 | WE54238 | 48.53 | 1.92 | 16.98 | 1.52 | 8.26 | 0.20 | 7.35 | 7.79 | 3.48 | 0.67 | 0.59 | 2.53 | 99.82 | 0.59 | 9.63 | 0.83 | 3.11 | 1.40 | 34.54 | 34.34 |
| 12 | WE54257 | 50.24 | 1.84 | 16.64 | 3.55 | 5.95 | 0.16 | 4.75 | 7.64 | 4.18 | 1.34 | 0.64 | 3.61 | 100.54 | 0.53 | 9.14 | 0.75 | 4.21 | 1.59 | 24.03 | 44.66 |

表 3-49　D-1-4-5 塔木兰沟组($J_2tm$)火山岩稀土元素组成　单位:$\times10^{-6}$

| 序号 | 样品号 | Sr | Rb | Ba | Th | Nb | Zr | Cr | Ni | Co | V | Y | Li | Rb/Sr |
|---|---|---|---|---|---|---|---|---|---|---|---|---|---|---|
| 1 | 2P6G44 | 1 137.60 | 43.60 | 734.00 | 5.90 | 6.70 | 183.50 | 110.40 | 74.20 | 25.50 | 133.30 | 16.00 | 32.30 | 0.04 |

表 3-50　D-1-4-5 塔木兰沟组($J_2tm$)火山岩微量元素含量　单位:$\times10^{-6}$

| 序号 | 样品号 | La | Ce | Pr | Nd | Sm | Eu | Gd | Tb | Dy | Ho | Er | Tm | Yb | Lu | ΣREE | ΣLREE | ΣHREE | LREE/HREE | δEu |
|---|---|---|---|---|---|---|---|---|---|---|---|---|---|---|---|---|---|---|---|---|
| 1 | 2P6G44 | 19.50 | 42.60 | 5.33 | 22.10 | 4.28 | 1.44 | 4.53 | 0.60 | 3.39 | 0.63 | 1.83 | 0.24 | 1.60 | 0.23 | 177.43 | 149.88 | 13.25 | 11.31 | 0.88 |

### 4. 小牛群中侏罗世后碰撞型火山岩强过铝火山岩组合($J_2$)

在内蒙古东南部小牛群一带出露中侏罗统新民组($J_2x$),为河流相砂砾岩-粉砂岩-泥岩夹中酸火山岩建造,火山岩岩性为流纹岩、英安岩及其火山碎屑岩,无样品。而在锡林浩特火山-侵入岩带、林西-蘑菇气中侏罗世断陷盆地新民组($J_2x$)沉积岩地层中局部夹有酸性火山岩,图面未圈画出火山岩区,但其中有 4 个酸性火山岩样品(表 3-51～表 3-53),TAS 分类为流纹岩(图 3-97),碱-二氧化硅图解为亚碱性区(图 3-98),$K_2O$-$SiO_2$图解为高钾钙碱系列和低钾拉斑系列(图 3-99),稀土配分曲线显示轻稀土富集,有强烈分异的负铕异常(图 3-100),在 logτ-logσ 图解中为造山带火山岩(图 3-101),A-C-F 图解中样点位于壳源区(图 3-102),判断构造环境为后碰撞。

表 3-51　新民组($J_2x$)火山岩岩石化学组成　单位:%

| 序号 | 样品号 | $SiO_2$ | $TiO_2$ | $Al_2O_3$ | $Fe_2O_3$ | FeO | MnO | MgO | CaO | $Na_2O$ | $K_2O$ | $P_2O_5$ | LOS | Total | $Mg^{\#}$ | $FeO^*$ | A/CNK | σ | A.R | SI | DI |
|---|---|---|---|---|---|---|---|---|---|---|---|---|---|---|---|---|---|---|---|---|---|
| 1 | ⅤP8Gs70 | 75.52 | 0.14 | 13.53 | 0.36 | 1.62 | 0.03 | 0.60 | 0.44 | 6.48 | 0.17 | 0.04 | 0.62 | 99.55 | 0.38 | 1.94 | 1.16 | 1.36 | 2.82 | 6.50 | 91.13 |
| 2 | ⅤP8Gs75 | 76.50 | 0.19 | 12.81 | 0.63 | 1.14 | 0.02 | 0.23 | 0.36 | 3.22 | 3.76 | 0.03 | 0.94 | 99.83 | 0.23 | 1.71 | 1.29 | 1.45 | 3.26 | 2.56 | 92.25 |
| 3 | IGS1802 | 76.42 | 0.24 | 13.49 | 1.09 | 0.99 | 0.02 | 0.72 | 0.21 | 1.79 | 3.56 | 0.05 | 1.61 | 100.19 | 0.47 | 1.97 | 1.86 | 0.86 | 2.28 | 8.83 | 88.15 |
| 4 | IGS1804 | 80.69 | 0.16 | 10.82 | 0.74 | 0.90 | 0.07 | 0.31 | 0.25 | 0.27 | 4.20 | 0.05 | 1.30 | 99.76 | 0.31 | 1.57 | 2.00 | 0.53 | 2.35 | 4.83 | 90.27 |

表 3-52　新民组($J_2x$)火山岩稀土元素组成　单位:$\times10^{-6}$

| 序号 | 样品号 | La | Ce | Pr | Nd | Sm | Eu | Gd | Tb | Dy | Ho | Er | Tm | Yb | Lu | ΣREE | ΣLREE | ΣHREE | LREE/HREE | δEu |
|---|---|---|---|---|---|---|---|---|---|---|---|---|---|---|---|---|---|---|---|---|
| 1 | ⅤP8Gs70 | 52.15 | 115.3 | 13.8 | 55.04 | 11.68 | 0.06 | 9.9 | 1.34 | 8.58 | 1.68 | 4.16 | 0.57 | 3.69 | 0.66 | 292.86 | 247.98 | 30.58 | 8.11 | 0.02 |
| 2 | ⅤP8Gs75 | 65.41 | 136 | 15.84 | 62.25 | 11.51 | 0.07 | 9.05 | 1.39 | 8.38 | 1.73 | 4.81 | 0.74 | 4.98 | 0.94 | 350.42 | 291.1 | 32.02 | 9.09 | 0.02 |

表 3-53　新民组($J_2x$)火山岩微量元素含量　单位:$\times10^{-6}$

| 序号 | 样品号 | Sr | Rb | Ba | Hf | Zr | Ni | Co | V | Y | Sc | Rb/Sr | Zr/Hf |
|---|---|---|---|---|---|---|---|---|---|---|---|---|---|
| 1 | ⅤP8Gs70 | 76 | 26 | 30 | 10 | 217 | 10 |  | 5 | 40.43 | 2.75 | 0.342 | 21.7 |
| 2 | ⅤP8Gs75 | 53 | 117 | 200 | 10 | 424 | 7 |  | 5 | 43.84 | 2.7 | 2.208 | 42.4 |
| 3 | IGS1802 | 351 | 38 |  | 12 | 214 |  | 7 |  |  |  | 0.108 | 17.83 |

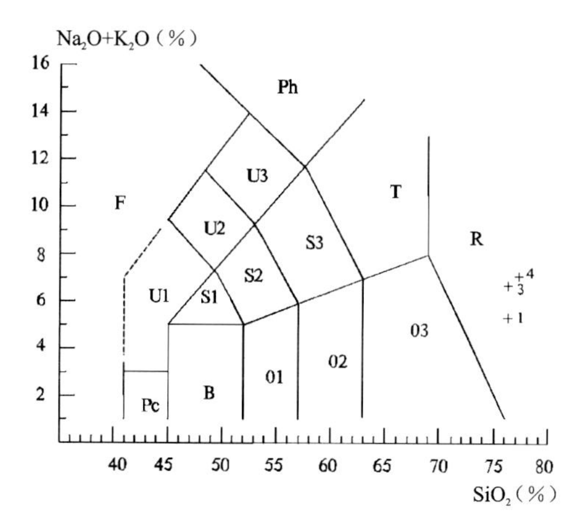


图 3-97　TAS 图解(据 Le Bas,1986)

F. 副长石岩;Pc. 苦橄玄武岩;B. 玄武岩;01. 玄武安山岩;02. 安山岩;03. 英安岩;S1. 粗面玄武岩;S2. 玄武粗安岩;S3. 粗安岩;T. 粗面岩、粗面英安岩;U1. 碧玄岩、碱玄岩;U2. 响岩质碱玄岩;U3. 碱玄质响岩;Ph. 响岩;R. 流纹岩

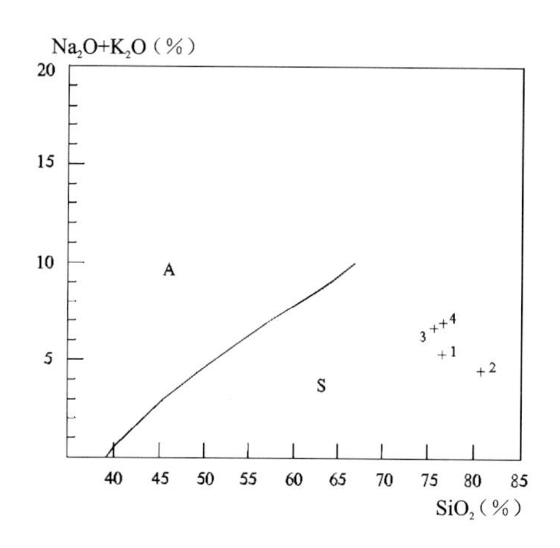


图 3-98　碱-二氧化硅图解(据 Irvine,1971)

A. 碱性区;S. 亚碱性区

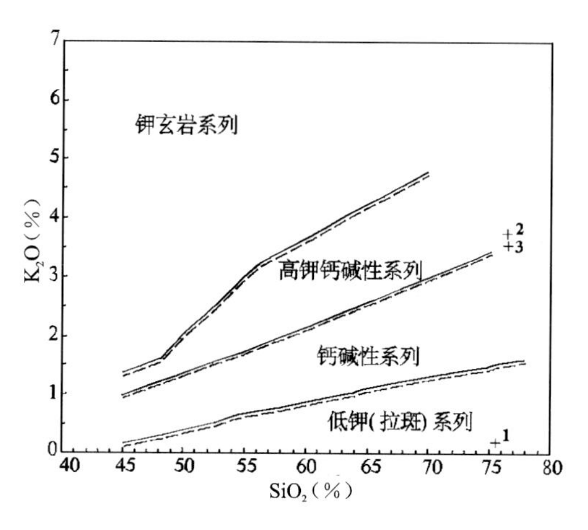


图 3-99　$K_2O$-$SiO_2$ 图解

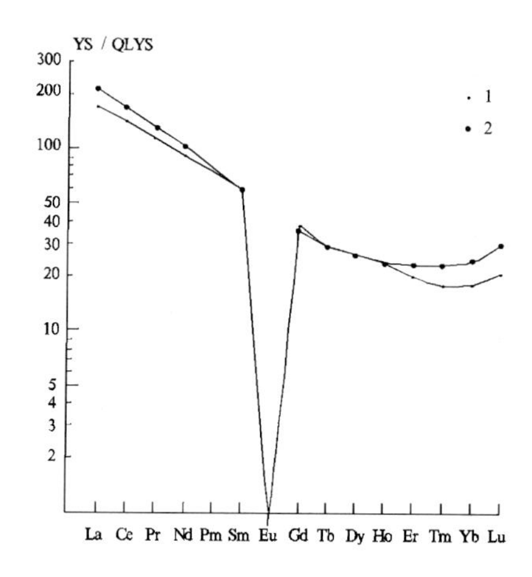


图 3-100　岩石稀土元素/球粒陨石标准化模式图(据 Coryell,1963)

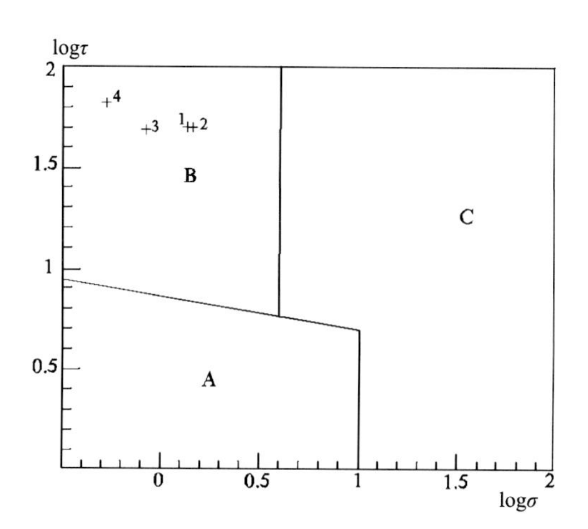


图 3-101　里特曼-戈蒂里图解(据 Rittmann,1973)

A. 非造山带火山岩;B. 造山带火山岩;C. A、B 区派生的碱性、偏碱性火山岩

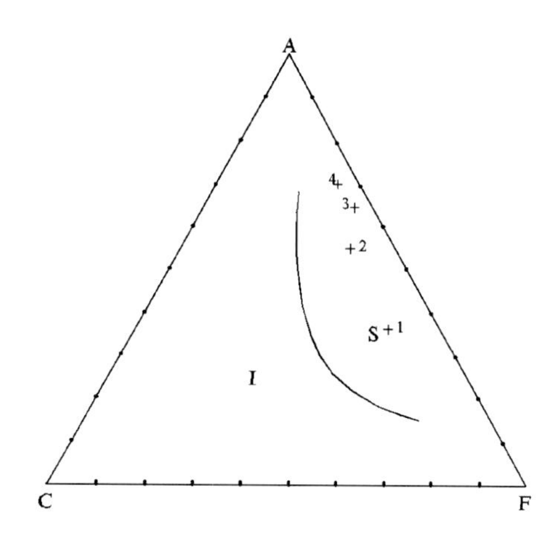


图 3-102　S 型、I 型花岗岩判别图解(据中田节也,1979)

I. I 型花岗岩;S. S 型花岗岩

## (二)晚侏罗世俯冲火山岩

内蒙古东部晚侏罗世俯冲火山岩广泛分布，地层包括上侏罗统满克头鄂博组($J_3mk$)、玛尼吐组($J_3mn$)和白音高老组($J_3b$)。3个组从下到上岩性表现为酸性火山岩-中性火山岩-酸性火山岩。它们岩石类型不同，岩石化学参数也有一定差别，但均以高钾钙碱系列为主，少量钾玄岩系列，判断构造环境的图解也很相似，为俯冲环境陆缘弧火山岩组合。

### 1.满克头鄂博组陆缘弧火山岩组合

(1)额尔古纳俯冲-碰撞型火山-侵入岩带内满克头鄂博组($J_3mk$)岩性为英安岩、流纹岩及其火山碎屑岩，厚度439m。根据区域地质调查样品岩石化学数据(表3-54～表3-56)分析，A/CNK平均值为1.13，δEu为0.54，显示为上地壳部分熔融成因，TAS分类为流纹岩(图3-103)，高钾钙碱系列为主，钾玄岩系列少量(图3-104)，Th/Yb-Ta/Yb图解为陆缘弧(图3-105)，里特曼-戈蒂里图解为造山带火山岩(图3-106)，依据岩石类型和岩石系列判别为陆缘弧火山岩组合。

**表3-54　额尔古纳满克头鄂博组($J_3mk$)火山岩岩石化学组成**　　单位：%

| 序号 | 样品号 | $SiO_2$ | $TiO_2$ | $Al_2O_3$ | $Fe_2O_3$ | FeO | MnO | MgO | CaO | $Na_2O$ | $K_2O$ | $P_2O_5$ | LOS | Total | $Mg^{\#}$ | $FeO^*$ | A/CNK | σ | A.R | SI | DI |
|---|---|---|---|---|---|---|---|---|---|---|---|---|---|---|---|---|---|---|---|---|---|
| 1 | ⅥGS2255-1 | 73.98 | 0.13 | 13.30 | 1.01 | 0.06 | 0.03 | 0.18 | 1.61 | 3.72 | 5.18 | 0.03 | 0.74 | 99.97 | 1.92 | 1.92 | 0.90 | 2.56 | 3.96 | 1.77 | 92.41 |
| 2 | ⅥP7GS10 | 69.36 | 0.30 | 14.70 | 1.94 | 0.76 | 0.08 | 0.49 | 1.21 | 3.62 | 5.72 | 0.12 | 1.23 | 99.53 | 2.18 | 2.18 | 1.02 | 3.31 | 3.84 | 3.91 | 89.17 |
| 3 | 3GS51 | 75.52 | 0.11 | 12.45 | 0.95 | 0.76 | 0.04 | 0.03 | 0.23 | 4.55 | 4.13 | 0.03 | 0.44 | 99.24 | 3.31 | 3.31 | 1.01 | 2.32 | 5.34 | 0.29 | 96.63 |
| 4 | 3P7GS1-20 | 77.00 | 0.19 | 11.66 | 1.42 | 0.62 | 0.04 | 0.37 | 0.09 | 1.53 | 5.38 | 0.10 | 1.82 | 100.22 | 2.57 | 2.57 | 1.36 | 1.40 | 3.86 | 3.97 | 92.97 |
| 5 | 2P13Tc4GS | 67.18 | 0.67 | 16.08 | 2.23 | 1.09 | 0.06 | 0.73 | 0.89 | 2.88 | 5.37 | 0.19 | 1.75 | 99.12 | 2.48 | 2.48 | 1.33 | 2.81 | 2.89 | 5.93 | 85.65 |
| 6 | 2GS6035-1 | 71.49 | 0.35 | 13.89 | 2.58 | 0.65 | 0.06 | 0.35 | 0.66 | 3.05 | 7.34 | 0.04 | 0.00 | 100.46 | 2.33 | 2.33 | 0.98 | 3.79 | 6.00 | 2.51 | 92.63 |
| 7 | 2GS7001-2 | 73.56 | 0.40 | 13.70 | 1.89 | 0.29 | 0.00 | 0.28 | 0.35 | 3.20 | 4.43 | 0.07 | 1.39 | 99.56 | 2.12 | 2.12 | 1.28 | 1.91 | 3.38 | 2.78 | 91.97 |

**表3-55　额尔古纳满克头鄂博组($J_3mk$)火山岩稀土元素组成**　　单位：$\times10^{-6}$

| 序号 | 样品号 | La | Ce | Pr | Nd | Sm | Eu | Gd | Tb | Dy | Ho | Er | Tm | Yb | Lu | ΣREE | ΣLREE | ΣHREE | LREE/HREE | δEu |
|---|---|---|---|---|---|---|---|---|---|---|---|---|---|---|---|---|---|---|---|---|
| 1 | P11-1 WLXT13 | 56.5 | 98.3 | 10.9 | 40.1 | 8.64 | 0.93 | 4.33 | 0.68 | 3.53 | 0.71 | 1.77 | 0.27 | 1.59 | 0.25 | 242.8 | 215.37 | 13.13 | 16.4 | 0.41 |
| 2 | P5W. XTTC6 | 34 | 58.1 | 7.44 | 35.3 | 6.2 | 1.88 | 4.56 | 0.73 | 4.4 | 0.8 | 2.12 | 0.29 | 1.72 | 0.19 | 185.03 | 142.92 | 14.81 | 9.65 | 1.04 |
| 3 | P5W. XTTC78 | 54.2 | 113 | 10.3 | 40.4 | 7.45 | 0.38 | 5.58 | 0.87 | 6.1 | 1.19 | 3.3 | 0.48 | 3.07 | 0.33 | 263.95 | 225.73 | 20.92 | 10.79 | 0.17 |

**表3-56　额尔古纳满克头鄂博组($J_3mk$)火山岩微量元素含量**　　单位：$\times10^{-6}$

| 序号 | 样品号 | Sr | Rb | Ba | Th | Ta | Nb | Hf | Zr | Cr | Ni | Co | V | U | Y | Cs | Sc | B | Li | Rb/Sr | U/Th | Zr/Hf |
|---|---|---|---|---|---|---|---|---|---|---|---|---|---|---|---|---|---|---|---|---|---|---|
| 1 | P11-1WLXT13 | 350 | 143 | 1660 | 8.3 | 2.4 | 17 | 8.3 | 300 | 34 | 4 | 60 | 31 | 3.6 | 14.3 | 4.98 | 3.6 | 5.2 | 40 | 0.41 | 0.43 | 36.14 |
| 2 | P5W.XTTC6 | 560 | 85.6 | 1220 | 4.3 | 1.4 | 8.9 | 4.3 | 140 | 36.2 | 8.7 | 34 | 100 | 12 | 16.3 | 5.78 | 12 | 7 | 14.5 | 0.15 | 2.79 | 32.56 |
| 3 | P5W.XTTC78 | 53 | 200 | 120 | 14 | 3.2 | 36 | 14 | 340 | 48.5 | 6.7 | 44 | 11 | 3.7 | 26.5 | 2.88 | 3.7 | 8 | 13.1 | 3.77 | 0.26 | 24.29 |

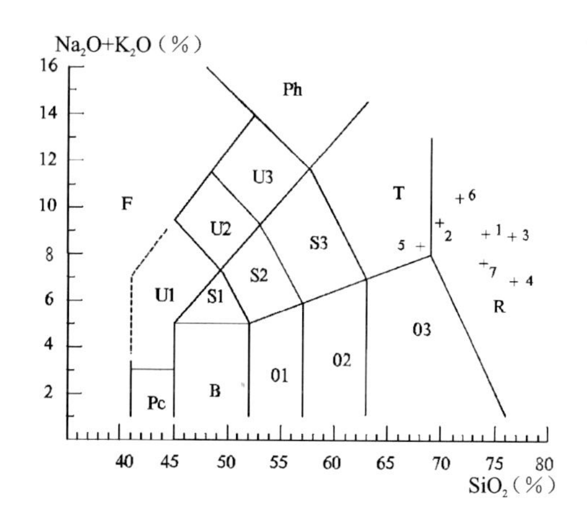


图 3-103 TAS 图解（据 Le Bas，1986）

F. 副长石岩；Pc. 苦橄玄武岩；B. 玄武岩；01. 玄武安山岩；02. 安山岩；03. 英安岩；S1. 粗面玄武岩；S2. 玄武粗安岩；S3. 粗安岩；T. 粗面岩、粗面英安岩；U1. 碧玄岩、碱玄岩；U2. 响岩质碱玄岩；U3. 碱玄质响岩；Ph. 响岩；R. 流纹岩

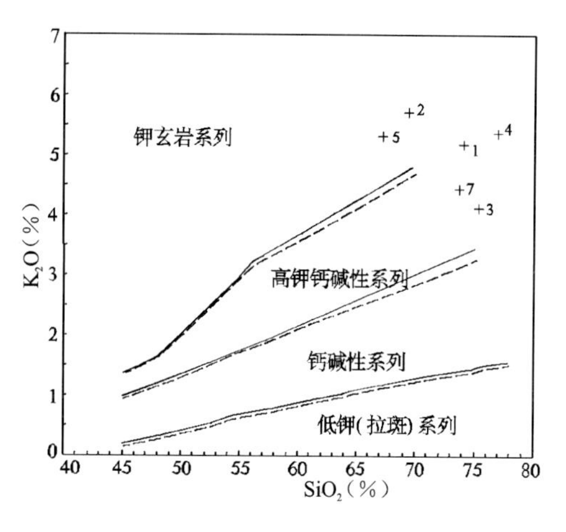


图 3-104 $K_2O$-$SiO_2$ 图解

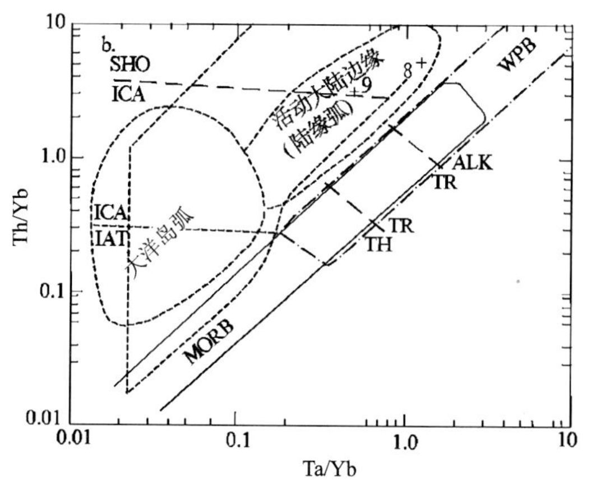


图 3-105 Th/Yb-Ta/Yb 图解

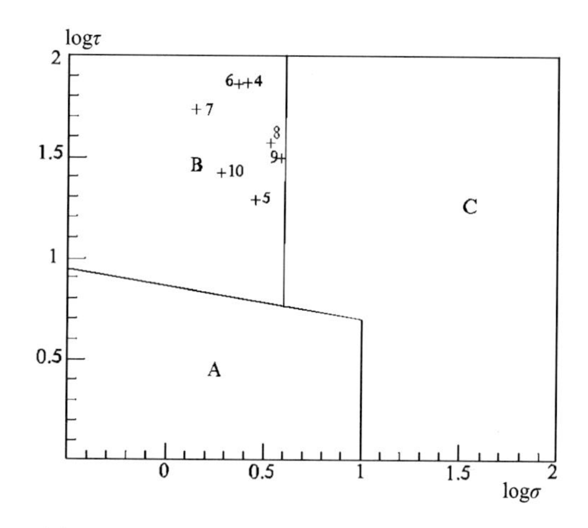


图 3-106 里特曼-戈蒂里图解（据 Rittmann，1973）

A. 非造山带火山岩；B. 造山带火山岩；C. A、B 区派生的碱性、偏碱性火山岩

（2）海拉尔-呼玛俯冲-碰撞型火山-侵入岩带内满克头鄂博组岩石类型主要为流纹岩和流纹质火山碎屑岩，少量英安岩、粗安岩。根据区域地质调查样品岩石化学数据（表 3-57～表 3-59）投图分析，TAS 分类为玄武粗安岩-粗安岩-粗面岩-流纹岩（图 3-107），大量的碱性—中基性火山岩的出现，可能有大量的玛尼吐组中基性火山岩没有分解出去；在硅-碱图解上为碱性—亚碱性（图 3-108）；在岩石系列 $K_2O$-$SiO_2$图解中以高钾钙碱系列为主，少量钾玄岩和钙碱性系列（图 3-109）；A/CNK 平均值为1.062，A-C-F 图解以 S 型花岗岩为主，少量 I 型花岗岩，可能显示以壳源为主的壳幔混合源（图 3-110），δEu 平均为0.622，也表明为上地壳部分熔融成因。里特曼-戈蒂里图解为造山带火山岩及派生的碱性、偏碱性火山岩（图 3-111），Th/Yb-Ta/Yb 图解为陆缘弧（图 3-112），依据岩石类型和岩石系列判别为陆缘弧火山岩组合。

**表 3-57 海拉尔-呼玛满克头鄂博组（$J_3mk$）火山岩岩石化学组成** 单位：%

| 序号 | 样品号 | $SiO_2$ | $TiO_2$ | $Al_2O_3$ | $Fe_2O_3$ | FeO | MnO | MgO | CaO | $Na_2O$ | $K_2O$ | $P_2O_5$ | LOS | Total | Mg# | FeO* | A/CNK | σ | A. R | SI | DI |
|---|---|---|---|---|---|---|---|---|---|---|---|---|---|---|---|---|---|---|---|---|---|
| 1 | P17-2LT2 | 58.34 | 1.11 | 16.37 | 5.85 | 1.79 | 0.07 | 2.83 | 5.62 | 4.01 | 2.11 | 0.52 | 1.6 | 100.22 | 0.55 | 7.05 | 0.86 | 2.44 | 1.77 | 17.1 | 59.01 |

**续表 3-57**

| 序号 | 样品号 | $SiO_2$ | $TiO_2$ | $Al_2O_3$ | $Fe_2O_3$ | FeO | MnO | MgO | CaO | $Na_2O$ | $K_2O$ | $P_2O_5$ | LOS | Total | $Mg^{\#}$ | $FeO^{*}$ | A/CNK | $\sigma$ | A.R | SI | DI |
|---|---|---|---|---|---|---|---|---|---|---|---|---|---|---|---|---|---|---|---|---|---|
| 2 | 2P13 TC11GS | 76.42 | 0.16 | 12.02 | 1.02 | 0.11 | 0.13 | 0.09 | 0.19 | 2.22 | 6.4 | 0.042 | 0.87 | 99.672 | 0.21 | 1.03 | 1.1 | 2.22 | 5.8 | 0.91 | 96.26 |
| 3 | 6GS5250 | 72.85 | 0.09 | 12.26 | 0.51 | 0.29 | 0.09 | 0.06 | 0.87 | 4.03 | 3.28 | 1.17 | 5.59 | 101.09 | 0.13 | 0.75 | 1.03 | 1.79 | 3.51 | 0.73 | 94.35 |
| 4 | C2AP13 GS26 | 56.64 | 0.88 | 17.12 | 2.46 | 4.56 | 0.07 | 2.61 | 4.96 | 3.31 | 2.74 | 0.39 | 3.58 | 99.32 | 0.46 | 6.77 | 0.99 | 2.68 | 1.75 | 16.7 | 57.85 |
| 5 | C2AP13 GS32 | 67.82 | 0.15 | 13.4 | 0.47 | 2.86 | 0.04 | 1.27 | 2.59 | 5.4 | 2.06 | 0.58 | 3.28 | 99.92 | 1 | 3.28 | 0.85 | 2.24 | 2.75 | 10.5 | 81.81 |
| 6 | C2AP25 TC37 | 76.36 | 0.2 | 12.86 | 0.8 | 0.68 | 0.02 | 0.21 | 0.31 | 3.1 | 4.97 | 0.05 | 0.74 | 100.3 | 0.27 | 1.4 | 1.16 | 1.95 | 4.16 | 2.15 | 94.36 |
| 7 | C2AP25 TC44 | 76.1 | 0.1 | 13.1 | 0.77 | 0.64 | 0.01 | 0.17 | 0.35 | 3.79 | 5.23 | 0.05 | 0.44 | 100.75 | 0.23 | 1.33 | 1.04 | 2.46 | 5.07 | 1.6 | 95.68 |
| 8 | C2AP25 TC56 | 59.2 | 1.2 | 16.3 | 3.43 | 3.48 | 0.08 | 3.25 | 4.77 | 4.92 | 3.06 | 0.05 | 0.76 | 100.5 | 0.55 | 6.56 | 0.82 | 3.93 | 2.22 | 17.9 | 65.18 |
| 9 | C2AP14-2GS26 | 52.58 | 0.67 | 19.54 | 1.98 | 3.16 | 0.04 | 2.43 | 7.41 | 3.58 | 2.45 | 0.35 | 4.84 | 99.03 | 0.52 | 4.94 | 0.89 | 3.8 | 1.58 | 17.9 | 51.14 |
| 10 | C2AP25 TC20 | 50.7 | 1.1 | 19.16 | 8.11 | 1.7 | 0.1 | 2.55 | 5.4 | 4.51 | 2.17 | 0.38 | 3.12 | 99 | 0.47 | 8.99 | 0.98 | 5.8 | 1.75 | 13.4 | 53.4 |
| 11 | C2AP25-1TC6 | 52.04 | 1.4 | 18.05 | 4.99 | 4.16 | 0.08 | 2.72 | 8.13 | 4.46 | 1.62 | 0.4 | 2.22 | 100.27 | 0.44 | 8.65 | 0.76 | 4.09 | 1.6 | 15.2 | 48.8 |
| 12 | C6EVP9 TC34 | 61.08 | 0.95 | 17.67 | 4.78 | 0.94 | 0.13 | 0.96 | 2.55 | 5.63 | 3.64 | 0.35 | 0.8 | 99.48 | 0.38 | 5.24 | 0.99 | 4.75 | 2.69 | 6.02 | 78.36 |
| 13 | C6EVP5 TC10 | 61.98 | 0.65 | 17.06 | 4.64 | 1.06 | 0.06 | 1.47 | 2.86 | 3.99 | 3.66 | 0.3 | 1.58 | 99.31 | 0.47 | 5.23 | 1.08 | 3.08 | 2.25 | 9.92 | 73.65 |
| 14 | C6EVP105 T10B3 | 57.92 | 1.2 | 15.45 | 4.48 | 3.12 | 0.1 | 3.07 | 5.39 | 4.86 | 2.35 | 0.4 | 2 | 100.34 | 0.53 | 7.15 | 0.76 | 3.48 | 2.06 | 17.2 | 62.93 |
| 15 | C6EVP15 TC20 | 78.2 | 0.18 | 11.3 | 0.8 | 0.68 | 0.02 | 0.13 | 0.55 | 3.15 | 4.65 | 0.02 | 0.32 | 100 | 0.18 | 1.4 | 1.01 | 1.73 | 4.85 | 1.38 | 95.06 |
| 16 | C6EVP15 35-1 | 75.02 | 0.25 | 13.08 | 1.11 | 0.92 | 0.02 | 0.27 | 0.32 | 4.21 | 3.69 | 0.05 | 0.56 | 99.5 | 0.27 | 1.92 | 1.13 | 1.95 | 3.87 | 2.65 | 93.71 |
| 17 | C6EVP9 TC6 | 75.84 | 0.1 | 12.73 | 0.55 | 0.5 | 0.03 | 0.17 | 0.65 | 3.16 | 4.9 | 0.02 | 0.96 | 99.61 | 0.29 | 0.99 | 1.09 | 1.98 | 4.03 | 1.83 | 93.91 |
| 18 | C6EVP13 TC0 | 82.88 | 0.11 | 9.76 | 1.45 | 0.92 | 0.03 | 0.29 | 0.26 | 0.1 | 3 | 0.13 | 1.28 | 100.21 | 0.25 | 2.22 | 2.46 | 0.24 | 1.9 | 5.03 | 89.24 |
| 19 | C6EVP13 TC44 | 75.64 | 0.17 | 12.97 | 0.94 | 1.19 | 0.02 | 0.33 | 0.32 | 3.37 | 4.46 | 0.1 | 0.74 | 100.25 | 0.26 | 2.04 | 1.19 | 1.88 | 3.87 | 3.21 | 92.88 |
| 20 | C6EVP4 TC62 | 67.22 | 0.48 | 15.88 | 1.22 | 2.52 | 0.07 | 1.1 | 1.43 | 4.34 | 3.44 | 0.12 | 1.26 | 99.08 | 0.39 | 3.62 | 1.17 | 2.5 | 2.63 | 8.72 | 81.93 |
| 21 | C6EVP4 TC80 | 70.32 | 0.42 | 15.11 | 1.58 | 0.86 | 0.09 | 0.36 | 0.35 | 4.95 | 4.46 | 0.1 | 0.4 | 99 | 0.3 | 2.28 | 1.11 | 3.24 | 4.11 | 2.95 | 92.92 |
| 22 | C6EVP18 TC6 | 72.12 | 0.33 | 13.98 | 2.23 | 0.99 | 0.07 | 0.39 | 0.42 | 5.22 | 4.6 | 0.12 | 0.5 | 100.97 | 0.27 | 2.99 | 0.98 | 3.31 | 5.29 | 2.9 | 93.8 |
| 23 | C6EVP32 T5B10 | 59.72 | 1.28 | 16.3 | 4.78 | 3.18 | 0.07 | 2.65 | 0.83 | 6.02 | 1.3 | 0.52 | 2.98 | 99.63 | 0.48 | 7.48 | 1.27 | 3.2 | 2.49 | 14.8 | 75.62 |
| 24 | C6EVP18 TC54 | 74.54 | 0.22 | 13.29 | 1.04 | 1.18 | 0.02 | 0.27 | 0.27 | 3.6 | 4.88 | 0.1 | 0.78 | 100.19 | 0.24 | 2.11 | 1.13 | 2.28 | 4.34 | 2.46 | 93.63 |
| 28 | P27GS77 | 72.8 | 0.2 | 12.17 | 1.45 | 0.32 | 0 | 0.43 | 0.39 | 4.43 | 2.35 | 0.2 | 4.16 | 98.9 | 0.48 | 1.62 | 1.16 | 1.54 | 3.35 | 4.79 | 93.27 |
| 29 | W19GS6503 | 70.94 | 0.43 | 13.05 | 0.37 | 0.93 | 0.1 | 0.61 | 0.68 | 3.81 | 5.1 | 0.225 | 1.5 | 97.745 | 0.5 | 1.26 | 1.01 | 2.84 | 4.7 | 5.64 | 93 |
| 30 | W19GS6540 | 75.78 | 0.11 | 11.49 | 0.67 | 1.6 | 0.03 | 0.24 | 0.48 | 1.26 | 8.04 | 0.025 | 0.97 | 100.69 | 0.19 | 2.2 | 0.99 | 2.64 | 7.97 | 2.03 | 93.84 |
| 31 | W19P5GS13 | 76.34 | 0.09 | 11.69 | 0.37 | 1.68 | 0.25 | 0.05 | 0.53 | 2.74 | 5.49 | 0.025 | 0.5 | 99.755 | 0.04 | 2.01 | 1.04 | 2.03 | 5.13 | 0.48 | 93.17 |
| 32 | W19GS 3609-2 | 73.06 | 0.2 | 12.58 | 1.2 | 0.89 | 0 | 0.61 | 0.64 | 5.5 | 1 | 0.07 | 5.06 | 100.81 | 0.44 | 1.97 | 1.11 | 1.41 | 2.93 | 6.63 | 91.21 |
| 33 | W19GS 321-1 | 77.92 | 0.2 | 11.03 | 0.58 | 1.19 | 0.03 | 0.05 | 0.6 | 2.3 | 5.6 | 0.1 | 0.34 | 99.94 | 1 | 1.71 | 1.01 | 1.79 | 5.24 | 0.51 | 94.32 |
| 34 | W1E75013 | 74.4 | 0.22 | 12.5 | 1.27 | 1.05 | 0.08 | 0 | 0.11 | 3.85 | 5.4 | 0.03 | 0.6 | 99.51 | 0 | 2.19 | 1.02 | 2.72 | 6.51 | 0 | 96.43 |

**续表 3-57**

| 序号 | 样品号 | $SiO_2$ | $TiO_2$ | $Al_2O_3$ | $Fe_2O_3$ | FeO | MnO | MgO | CaO | $Na_2O$ | $K_2O$ | $P_2O_5$ | LOS | Total | $Mg^{\#}$ | $FeO^*$ | A/CNK | σ | A.R | SI | DI |
|---|---|---|---|---|---|---|---|---|---|---|---|---|---|---|---|---|---|---|---|---|---|
| 35 | W1E62008 | 72.48 | 0.34 | 15.39 | 1.64 | 1.15 | 0.08 | 0.68 | 1.02 | 4.2 | 5.7 | 0.11 | 0.92 | 103.71 | 1 | 2.62 | 1.03 | 3.32 | 4.04 | 5.09 | 89.9 |
| 36 | W26GSP25 T10-D | 72.38 | 0.2 | 14.96 | 2.11 | 0.35 | 0.02 | 1.06 | 0.53 | 1.52 | 4.2 | 0.1 | 3.08 | 100.51 | 0.61 | 2.25 | 1.86 | 1.11 | 2.17 | 11.5 | 84.55 |
| 37 | C2AP13GS3 | 50.7 | 1.1 | 19.16 | 8.11 | 1.7 | 0.1 | 2.55 | 5.4 | 4.51 | 2.17 | 0.38 | 3.12 | 99 | 0.47 | 8.99 | 0.98 | 5.8 | 1.75 | 13.4 | 53.4 |
| 38 | C2AP14-1GS31 | 56.21 | 1.02 | 17.7 | 3.24 | 4.18 | 0.06 | 2.46 | 5.36 | 3.77 | 3.51 | 0.46 | 1.09 | 99.06 | 0.45 | 7.09 | 0.9 | 4.01 | 1.92 | 14.3 | 59.84 |
| 39 | C2AP14-1GS32 | 56.06 | 1.04 | 17.68 | 3.27 | 4.54 | 0.66 | 2.95 | 4.47 | 4.15 | 3.18 | 0.5 | 1.92 | 100.42 | 0.47 | 7.48 | 0.96 | 4.11 | 1.99 | 16.3 | 59.65 |
| 40 | C2AP14-2GS32 | 56.98 | 0.95 | 16.96 | 2.8 | 4.26 | 0.05 | 3 | 5.29 | 3.73 | 3.73 | 0.46 | 1.54 | 99.75 | 1 | 6.78 | 0.86 | 3.98 | 2.01 | 17.1 | 60.37 |
| 41 | C2AP21TC 16GS | 59.44 | 1.01 | 17.27 | 2.72 | 3.86 | 0.06 | 1.5 | 3.24 | 4.41 | 4.57 | 0.36 | 0.58 | 99.02 | 0.35 | 6.31 | 0.95 | 4.91 | 2.56 | 8.79 | 72.08 |
| 42 | C2AP21TC 26GS | 62.78 | 0.64 | 16.53 | 3.9 | 2.24 | 0.04 | 1.18 | 1.99 | 4.03 | 5.5 | 0.31 | 0.72 | 99.86 | 0.36 | 5.75 | 1.03 | 4.59 | 3.12 | 7 | 79.85 |
| 43 | C2AP21TC 38GS | 67.12 | 0.58 | 15.84 | 2.39 | 1.38 | 0.04 | 1.33 | 1.05 | 1.24 | 5.14 | 0.28 | 2.98 | 99.37 | 0.5 | 3.53 | 1.65 | 1.69 | 2.21 | 11.6 | 80.11 |
| 44 | C2AP21TC 52GS | 65.58 | 0.55 | 15.82 | 2.06 | 2.66 | 0.05 | 0.82 | 1.79 | 4.69 | 4.95 | 0.28 | 1.02 | 100.27 | 0.29 | 4.51 | 0.96 | 4.12 | 3.42 | 5.4 | 83.58 |
| 45 | C6EP43B55 | 62.3 | 0.8 | 17.15 | 4.14 | 0.7 | 0.54 | 0.07 | 3.07 | 5.48 | 1.99 | 0.2 | 3.9 | 100.34 | 0.06 | 4.42 | 1.02 | 2.89 | 2.17 | 0.57 | 76.74 |
| 46 | C6EP43B5 | 64.5 | 0.6 | 16.04 | 2.35 | 1.76 | 1.14 | 0.07 | 2.1 | 3.77 | 3.88 | 0.2 | 2.6 | 99.01 | 0.05 | 3.87 | 1.13 | 2.72 | 2.46 | 0.59 | 80 |
| 47 | C6EP024B6 | 73.78 | 0.3 | 13.38 | 1.09 | 1.38 | 0.47 | 0.06 | 0.68 | 3.56 | 4.03 | 0.05 | 1.44 | 100.22 | 0.04 | 2.36 | 1.17 | 1.87 | 3.35 | 0.59 | 90.37 |
| 48 | C6EP024 B36 | 50.82 | 0.85 | 15.58 | 3.85 | 2.76 | 0.05 | 2.91 | 7.87 | 3.21 | 3.01 | 0.38 | 7.96 | 99.25 | 0.55 | 6.22 | 0.68 | 4.95 | 1.72 | 18.5 | 52.28 |
| 49 | C6EP024-1B45 | 54.12 | 1.3 | 16.52 | 4.1 | 3.3 | 3.42 | 0.09 | 6.35 | 3.82 | 1.12 | 0.5 | 5.22 | 99.86 | 0.03 | 6.99 | 0.87 | 2.19 | 1.55 | 0.72 | 53.51 |
| 50 | C6EP024-1B49 | 55.58 | 1.4 | 16.23 | 4.66 | 3.14 | 2.22 | 0.1 | 5.97 | 3.86 | 2.66 | 0.5 | 4.46 | 100.78 | 0.03 | 7.33 | 0.81 | 3.38 | 1.83 | 0.69 | 60.58 |
| 51 | C6EVP TC32 | 70.7 | 0.3 | 15 | 1.61 | 0.62 | 0.02 | 0.26 | 0.65 | 3.65 | 5.44 | 0.05 | 1.08 | 99.38 | 0.25 | 2.07 | 1.14 | 2.98 | 3.77 | 2.25 | 91.52 |
| 52 | C6EVP4 TC35 | 64.86 | 0.75 | 16.51 | 2.89 | 1.6 | 0.11 | 1.08 | 1.48 | 5.47 | 2.99 | 0.25 | 1.22 | 99.21 | 1 | 4.2 | 1.11 | 3.27 | 2.78 | 7.7 | 82.79 |
| 53 | C6EVP10 TC8 | 77.52 | 0.2 | 11.92 | 0.63 | 0.28 | 0.03 | 0.35 | 0.51 | 2.13 | 5.14 | 0.09 | 1.52 | 100.32 | 0.54 | 0.85 | 1.19 | 1.53 | 3.82 | 4.1 | 93.61 |
| 54 | C6EB928 | 73.36 | 0.38 | 13.15 | 1.03 | 1.5 | 0.03 | 1.43 | 0.65 | 0.66 | 5.18 | 0.13 | 1.64 | 99.14 | 0.57 | 2.43 | 1.65 | 1.12 | 2.47 | 14.6 | 84.24 |
| 55 |  | 61.2 | 0.75 | 16.89 | 2.1 | 2.3 | 0.07 | 2.35 | 4.6 | 4.41 | 2.67 | 0.35 | 1.2 | 98.89 | 0.57 | 4.19 | 0.92 | 2.75 | 1.98 | 17 | 67.44 |
| 56 |  | 57.98 | 0.9 | 17.01 | 3.94 | 3.78 | 0.11 | 3.04 | 5.82 | 3.83 | 1.78 | 0.35 | 1.12 | 99.66 | 0.5 | 7.32 | 0.9 | 2.1 | 1.65 | 18.6 | 55.45 |
| 57 |  | 70.32 | 0.22 | 14.94 | 1.3 | 1.64 | 0.07 | 0.58 | 1.05 | 4.45 | 4.5 | 0.15 | 0.62 | 99.84 | 0.32 | 2.81 | 1.06 | 2.93 | 3.54 | 4.65 | 88.68 |
| 58 |  | 74.32 | 0.22 | 12.44 | 1.94 | 1.2 | 0.15 | 0.31 | 0.18 | 3.9 | 4.4 | 0.05 | 0.58 | 99.69 | 1 | 2.94 |  | 2.2 | 4.84 | 2.64 | 93.5 |
| 59 |  | 58.14 | 1.15 | 16.38 | 3.91 | 3.72 | 0.12 | 2.87 | 4.25 | 3.88 | 2.7 | 0.65 | 1.92 | 99.69 | 0.49 | 7.24 | 0.96 | 2.86 | 1.94 | 16.8 | 62.53 |
| 60 |  | 64.74 | 0.55 | 15.44 | 1.73 | 2.42 | 0.09 | 1.8 | 4.15 | 3.55 | 3.2 | 0.45 | 0.8 | 98.92 | 0.51 | 3.98 | 0.92 | 2.1 | 2.05 | 14.2 | 70.97 |
| 61 |  | 57.02 | 0.75 | 17.55 | 3.25 | 3.2 | 0.13 | 3.09 | 6.75 | 3.85 | 2.36 | 0.45 | 2.42 | 100.82 | 0.55 | 6.12 | 0.83 | 2.75 | 1.69 | 19.6 | 55.28 |
| 62 |  | 56.3 | 1.15 | 21.35 | 1.49 | 2.58 | 0.06 | 1.64 | 4.83 | 3.85 | 5.1 | 0.35 | 0.78 | 99.48 | 0.48 | 3.92 | 1.03 | 6.02 | 2.04 | 11.2 | 65.37 |
| 63 | M4GS4148 | 56.72 | 1.05 | 16.99 | 4.04 | 3.2 | 0.15 | 3.89 | 3.96 | 3.6 | 2.45 | 0.45 | 2.62 | 99.12 | 0.59 | 6.83 | 1.08 | 2.67 | 1.81 | 22.6 | 58.96 |
| 64 |  | 70.18 | 0.4 | 13.47 | 0.96 | 4.42 | 0.08 | 0.8 | 0.3 | 3.55 | 4.4 | 0.2 | 0.06 | 98.82 | 0.23 | 5.28 | 1.21 | 2.33 | 3.73 | 5.66 | 85.42 |

续表 3-57

| 序号 | 样品号 | $SiO_2$ | $TiO_2$ | $Al_2O_3$ | $Fe_2O_3$ | FeO | MnO | MgO | CaO | $Na_2O$ | $K_2O$ | $P_2O_5$ | LOS | Total | $Mg^{\#}$ | $FeO^{*}$ | A/CNK | σ | A.R | SI | DI |
|---|---|---|---|---|---|---|---|---|---|---|---|---|---|---|---|---|---|---|---|---|---|
| 65 | | 71.38 | 0.35 | 14.9 | 0.63 | 0.9 | 0.04 | 0.19 | 0.97 | 4.75 | 4.7 | 0.2 | 0.5 | 99.51 | 0.23 | 1.47 | 1.01 | 3.15 | 3.94 | 1.7 | 92.56 |
| 66 | | 61.66 | 0.85 | 18.55 | 3.14 | 1.7 | 0.08 | 2.15 | 0.48 | 3.1 | 3.75 | 0.45 | 3.62 | 99.53 | 0.56 | 4.52 | 1.84 | 2.51 | 2.12 | 15.5 | 77.04 |

表 3-58　海拉尔-呼玛满克头鄂博组($J_3mk$)火山岩稀土元素组成　　单位：$\times10^{-6}$

| 序号 | 样品号 | La | Ce | Pr | Nd | Sm | Eu | Gd | Tb | Dy | Ho | Er | Tm | Yb | Lu | ΣREE | ΣLREE | ΣHREE | LREE/HREE | δEu |
|---|---|---|---|---|---|---|---|---|---|---|---|---|---|---|---|---|---|---|---|---|
| 1 | P17-2LT2 | 49.8 | 83.4 | 8.45 | 41 | 7.01 | 1.73 | 4.72 | 0.73 | 3.97 | 0.73 | 1.6 | 0.24 | 1.33 | 0.16 | 204.87 | 191.39 | 13.48 | 14.2 | 0.87 |
| 2 | 2P13Tc11GS | 6.31 | 23.9 | 1.19 | 3.46 | 0.74 | 0.11 | 0.94 | 0.19 | 1.34 | 0.33 | 1.17 | 0.22 | 1.68 | 0.25 | 41.83 | 35.71 | 6.12 | 5.83 | 0.4 |
| 3 | 6GS5250 | 13.4 | 30.8 | 3.73 | 14.8 | 3.34 | 0.28 | 3.48 | 0.55 | 3.36 | 0.69 | 1.96 | 0.33 | 1.96 | 0.33 | 79.01 | 66.35 | 12.66 | 5.24 | 0.25 |
| 4 | C2AP13GS26 | 30.3 | 46.9 | 7.17 | 31.1 | 6.3 | 1.55 | 5.61 | 0.94 | 5.17 | 1.15 | 3.16 | 0.38 | 1.99 | 0.25 | 141.97 | 123.32 | 18.65 | 6.61 | 0.78 |
| 5 | C2AP13GS32 | 44.4 | 74 | 9.53 | 39.3 | 8.59 | 1.27 | 6.3 | 1.05 | 5.45 | 1.18 | 3.21 | 0.45 | 2.84 | 0.44 | 198.01 | 177.09 | 20.92 | 8.47 | 0.51 |
| 6 | C2AP25TC37 | 43.2 | 67.4 | 6.41 | 23.4 | 4.05 | 0.53 | 2.96 | 0.51 | 2.81 | 0.54 | 1.53 | 0.22 | 1.62 | 0.24 | 155.42 | 144.99 | 10.43 | 13.9 | 0.45 |
| 7 | C2AP25TC44 | 42.6 | 63.3 | 6.21 | 21.2 | 3.53 | 0.44 | 2.63 | 0.42 | 2.64 | 0.54 | 1.52 | 0.24 | 1.56 | 0.23 | 147.06 | 137.28 | 9.78 | 14.04 | 0.42 |
| 8 | C2AP25TC56 | 57.1 | 97.8 | 10.1 | 46.4 | 7.72 | 1.86 | 5.88 | 0.87 | 4.66 | 0.83 | 2.12 | 0.32 | 1.76 | 0.23 | 237.65 | 220.98 | 16.67 | 13.26 | 0.81 |
| 9 | C2AP14-2GS26 | 24.7 | 40.6 | 5.44 | 22.7 | 4.64 | 1.19 | 3.44 | 0.61 | 2.9 | 0.62 | 1.59 | 0.2 | 1.25 | 0.19 | 110.07 | 99.27 | 10.8 | 9.19 | 0.87 |
| 10 | C2AP25TC20 | 34.3 | 54.5 | 7.62 | 36.2 | 6.88 | 2.13 | 5.56 | 0.84 | 4.56 | 0.75 | 1.99 | 0.25 | 1.31 | 0.17 | 157.06 | 141.63 | 15.43 | 9.18 | 1.02 |
| 11 | C2AP25-1TC6 | 29 | 55.4 | 6.53 | 33.4 | 6.45 | 1.65 | 4.49 | 0.62 | 3.78 | 0.64 | 1.45 | 0.18 | 1.06 | 0.15 | 144.8 | 132.43 | 12.37 | 10.71 | 0.89 |
| 12 | C6EVP9TC34 | 64.6 | 108 | 12 | 51 | 9.65 | 2.05 | 5.86 | 0.92 | 4.91 | 0.87 | 2.48 | 0.36 | 2 | 0.27 | 264.97 | 247.3 | 17.67 | 14 | 0.77 |
| 13 | C6EVP5TC10 | 48.4 | 73.1 | 7.68 | 34.3 | 6.34 | 1.54 | 4.8 | 0.71 | 4.5 | 0.8 | 2.43 | 0.39 | 2.35 | 0.33 | 187.67 | 171.36 | 16.31 | 10.51 | 0.82 |
| 14 | C6EVP105LT10B3 | 37.8 | 65.2 | 7.71 | 33.4 | 6.19 | 1.67 | 4.82 | 0.81 | 4.01 | 0.73 | 1.97 | 0.28 | 1.59 | 0.22 | 166.4 | 151.97 | 14.43 | 10.53 | 0.9 |
| 15 | C6EVP15TC20 | 19.5 | 39.9 | 3.65 | 12.8 | 2.66 | 0.24 | 2.52 | 0.57 | 4.02 | 0.83 | 2.72 | 0.43 | 2.67 | 0.35 | 92.86 | 78.75 | 14.11 | 5.58 | 0.28 |
| 16 | C6EVP1535-1 | 29.1 | 47.4 | 6 | 22.1 | 4.53 | 0.64 | 4.98 | 0.88 | 5.49 | 1.17 | 3.58 | 0.5 | 3.18 | 0.42 | 129.97 | 109.77 | 20.2 | 5.43 | 0.41 |
| 17 | C6EVP9TC6 | 71.4 | 114 | 12.2 | 51.8 | 9.4 | 1.81 | 5.78 | 0.79 | 4.19 | 0.74 | 1.9 | 0.25 | 1.54 | 0.17 | 275.97 | 260.61 | 15.36 | 16.97 | 0.7 |
| 18 | C6EVP13TC0 | 50.4 | 65.5 | 6.3 | 19.3 | 3.66 | 0.27 | 2.22 | 0.37 | 2.32 | 0.44 | 1.44 | 0.17 | 1.07 | 0.17 | 153.63 | 145.43 | 8.2 | 17.74 | 0.27 |
| 19 | C6EVP13TC44 | 36.2 | 59.9 | 5.14 | 16.5 | 2.92 | 0.2 | 1.84 | 0.33 | 2.19 | 0.45 | 1.6 | 0.26 | 1.68 | 0.21 | 129.42 | 120.86 | 8.56 | 14.12 | 0.25 |
| 20 | C6EVP4TC62 | 43.2 | 64.6 | 6.06 | 25 | 4.63 | 1.06 | 3.65 | 0.62 | 3.52 | 0.65 | 1.97 | 0.3 | 1.89 | 0.28 | 157.43 | 144.55 | 12.88 | 11.22 | 0.76 |
| 21 | C6EVP4TC80 | 16.2 | 79.7 | 3.57 | 14.1 | 4.04 | 0.9 | 4.04 | 0.68 | 4.09 | 0.89 | 2.82 | 0.44 | 2.67 | 0.38 | 134.52 | 118.51 | 16.01 | 7.4 | 0.67 |
| 22 | C6EVP18TC6 | 60.4 | 103 | 11.5 | 46 | 8.97 | 0.91 | 5.51 | 0.91 | 5.47 | 0.98 | 3.09 | 0.44 | 2.57 | 0.31 | 250.06 | 230.78 | 19.28 | 11.97 | 0.37 |
| 23 | C6EVP32CT5B10 | 30.5 | 36.7 | 6.25 | 33.2 | 6.34 | 1.7 | 4.07 | 0.57 | 2.81 | 0.43 | 1.07 | 0.12 | 0.69 | 0.07 | 124.52 | 114.69 | 9.83 | 11.67 | 0.96 |
| 24 | C6EVP18TC54 | 20.3 | 40 | 4.39 | 17.7 | 3.33 | 0.5 | 2.54 | 0.47 | 3.74 | 0.76 | 2.46 | 0.36 | 2.22 | 0.28 | 99.05 | 86.22 | 12.83 | 6.72 | 0.51 |
| 25 | P10TC8 | 35.4 | 50.3 | 3.28 | 11.7 | 1.6 | 0.25 | 1.15 | 0.2 | 1.23 | 0.26 | 0.82 | 0.12 | 0.72 | 0.1 | 107.13 | 102.53 | 4.6 | 22.29 | 0.54 |
| 26 | B928 | 50.8 | 87.6 | 0.28 | 39.1 | 7.85 | 1.24 | 5.28 | 0.9 | 5.45 | 1 | 3.07 | 0.47 | 2.86 | 0.36 | 206.26 | 186.87 | 19.39 | 9.64 | 0.56 |
| 27 | M4P2XT24 | 59.9 | 107 | 12.8 | 47.5 | 9.06 | 1.94 | 6.09 | 0.86 | 4.85 | 0.84 | 2.36 | 0.36 | 2.1 | 0.34 | 256 | 238.2 | 17.8 | 13.38 | 0.75 |

**表 3-59　海拉尔-呼玛额尔古纳满克头鄂博组($J_3mk$)火山岩微量元素含量**　　单位：$\times10^{-6}$

| 序号 | 样品号 | Sr | Rb | Ba | Th | Ta | Nb | Hf | Zr | Cr | Ni | Co | U | B | V | Y | Cs | Sc | Ga | Li | Rb/Sr | Zr/Hf | U/Th |
|---|---|---|---|---|---|---|---|---|---|---|---|---|---|---|---|---|---|---|---|---|---|---|---|
| 1 | P17-2LT2 | 885 | 61.9 | 790 | 9.5 | 1.8 | 11 | 7.1 | 240 | 57.1 | 26.8 | 19.2 | 1.4 | 0.7 | 140 | 13.2 | 3.93 | 13 | 52 | 34.2 | 0.07 | 33.8 | 0.15 |
| 2 | 2P13TC11GS | 300.4 | 125.6 | 759.9 | 16.1 | 0 | 14.9 | 0 | 297.7 | 11.14 | 6.22 | 5.58 | 4.21 | 0 | 53.1 | 0 | 0 | 0 | 0 | 0 | 0.42 |  | 0.26 |
| 3 | 6GS5250 | 56.2 | 200.6 | 133 | 37.3 | 0 | 16.1 | 0 | 96.2 | 9.6 | 0.5 | 3 | 5.3 | 0 | 8.7 | 19.36 | 0 | 0 | 0 | 11.9 | 3.57 |  | 0.14 |
| 4 | C2AP13GS26 | 890 | 40.3 | 1220 | 7.1 | 0.69 | 11 | 7.9 | 330 | 18.1 | 2.1 | 15.4 | 1 | 9 | 150 | 19.8 | 3.38 | 16 | 32 | 55.5 | 0.05 | 41.77 | 0.14 |
| 5 | C2AP13GS32 | 560 | 48.5 | 1070 | 10 | 1.6 | 15 | 9.4 | 310 | 19.3 | 7.5 | 1.8 | 2.5 | 9 | 31 | 23.8 | 1.88 | 7.4 | 21 | 26.2 | 0.09 | 32.98 | 0.25 |
| 6 | C2AP25TC37 | 82 | 150 | 310 | 17.7 | 1.5 | 13 | 3.8 | 110 | 0 | 0.3 | 2 | 1.7 | 0 | 3.9 | 13 | 4.7 | 1.7 | 17 | 29.5 | 1.83 | 28.95 | 0.1 |
| 7 | C2AP25TC44 | 81 | 144 | 300 | 18.3 | 1.5 | 14 | 4 | 120 | 0 | 1.5 | 1.4 | 2.2 | 0 | 2.1 | 12.6 | 3.6 | 1.5 | 18 | 25.4 | 1.78 | 30 | 0.12 |
| 8 | C2AP25TC56 | 710 | 82.2 | 740 | 11.4 | 1.1 | 15 | 6.9 | 290 | 0 | 27.8 | 16.3 | 1 | 0 | 100 | 17.3 | 3.2 | 11 | 18 | 58 | 0.12 | 42.03 | 0.09 |
| 9 | C2AP14-2GS26 | 1500 | 74.2 | 780 | 7.7 | 0.72 | 7.2 | 2.9 | 130 | 33 | 10.3 | 8.9 | 1.5 | 13 | 120 | 10.9 | 6.48 | 10.7 | 30 | 50.8 | 0.05 | 44.83 | 0.19 |
| 10 | C2AP25TC20 | 870 | 80.4 | 580 | 5.1 | 1.6 | 7.8 | 4.1 | 160 | 0 | 18.4 | 18.5 | 1 | 0 | 290 | 18.1 | 16.3 | 14 | 21 | 80.8 | 0.09 | 39.02 | 0.2 |
| 11 | C2AP25-1TC6 | 0 | 0 | 0 | 6.3 | 1.6 | 9.6 | 6 | 210 | 0 | 0 | 0 | 2 | 0 | 0 | 13.4 | 0 | 0 | 0 | 0 |  | 35 | 0.32 |
| 12 | C6EVP9TC34 | 440 | 74.4 | 1100 | 12.6 | 1.1 | 10 | 4.4 | 190 | 23.3 | 8.9 | 10.6 | 1 | 6 | 0 | 18 | 3.2 | 8.7 | 45 | 29.3 | 0.17 | 43.18 | 0.08 |
| 13 | C6EVP5TC10 | 400 | 74.8 | 895 | 10.3 | 0.94 | 10 | 3.4 | 130 | 28.6 | 8.8 | 12.4 | 2 | 42 | 0 | 18.8 | 2.1 | 9 | 60 | 34.8 | 0.19 | 38.24 | 0.19 |
| 14 | C6EVP105LT10B3 | 950 | 55.1 | 890 | 8.6 | 0.84 | 8.8 | 5.2 | 210 | 41.9 | 14.3 | 21.6 | 1 | 2.1 | 0 | 15.5 | 3.7 | 17 | 34 | 18.2 | 0.06 | 40.38 | 0.12 |
| 15 | C6EVP15TC20 | 43 | 163 | 240 | 18 | 2.2 | 25 | 6.9 | 130 | 89.2 | 12.8 | 1.3 | 2.9 | 40 | 0 | 19.5 | 3.5 | 1.2 | 36 | 6.7 | 3.79 | 18.84 | 0.16 |
| 16 | C6EVP1535-1 | 85 | 152 | 380 | 16 | 1.6 | 18 | 14 | 450 | 89 | 8.8 | 2.1 | 3.7 | 16 | 0 | 25.7 | 4 | 4.9 | 43 | 9.3 | 1.79 | 32.14 | 0.23 |
| 17 | C6EVP9TC6 | 570 | 103 | 910 | 13.1 | 1.2 | 14 | 6.8 | 260 | 70.9 | 17.2 | 12 | 1.4 | 14 | 0 | 15.7 | 5.2 | 11 | 44 | 26.7 | 0.18 | 38.24 | 0.11 |
| 18 | C6EVP13TC0 | 48 | 146 | 150 | 22 | 0.63 | 14 | 4.5 | 86 | 9.36 | 7.2 | 0.2 | 5.7 | 3.4 | 2.4 | 11.6 | 8.98 | 1.4 | 29 | 5.85 | 3.04 | 19.11 | 0.26 |
| 19 | C6EVP13TC44 | 51 | 159 | 140 | 25 | 2.1 | 21 | 9.4 | 220 | 9.36 | 7.1 | 2 | 3.3 | 2.4 | 2 | 10.9 | 3.98 | 1.6 | 35 | 7.05 | 3.12 | 23.4 | 0.13 |
| 20 | C6EVP4TC62 | 330 | 87 | 710 | 10.8 | 1.4 | 11 | 6.4 | 205 | 117 | 9.5 | 4.4 | 1.4 | 25 | 0 | 15.1 | 5.4 | 6 | 48 | 18.4 | 0.26 | 32.03 | 0.13 |
| 21 | C6EVP4TC80 | 150 | 96.4 | 1140 | 15.4 | 1.6 | 16 | 11 | 370 | 73.4 | 8.8 | 3.5 | 1.4 | 11 | 0 | 18.7 | 2.6 | 4.1 | 37 | 7.7 | 0.64 | 33.64 | 0.09 |
| 22 | C6EVP18TC6 | 52 | 99.3 | 250 | 17 | 2.5 | 24 | 17 | 610 | 6.84 | 5.7 | 1.4 | 2.2 | 0.8 | 12 | 22.5 | 2.78 | 5.3 | 30 | 7.45 | 1.91 | 35.88 | 0.13 |
| 23 | C6EVP32CT5B10 | 490 | 35.6 | 400 | 11 | 1.5 | 5.8 | 5.6 | 160 | 58.8 | 34 | 23.8 | 1 | 1.6 | 150 | 8.74 | 2.58 | 6.7 | 44 | 62.7 | 0.07 | 28.57 | 0.09 |
| 24 | C6EVP18TC54 | 60 | 112 | 915 | 14 | 1.4 | 19 | 10 | 290 | 4.98 | 5 | 2 | 3.2 | 1 | 5.4 | 16.74 | 5.98 | 2.3 | 28 | 14.3 | 1.87 | 29 | 0.23 |
| 25 | P10TC8 | 95 | 169 | 370 | 22 | 1.8 | 12 | 6.5 | 110 | 23.4 | 8.4 | 1.5 | 2.8 | 2.8 | 4.6 | 6.33 | 11.1 | 1.5 | 60 | 41 | 1.78 | 16.92 | 0.13 |
| 26 | B928 | 69 | 277 | 870 | 15 | 1.5 | 19 | 8.5 | 250 | 137 | 21.4 | 3 | 5.1 | 7.6 | 15 | 21.2 | 16 | 5.7 | 23 | 25.5 | 4.01 | 29.41 | 0.34 |
| 27 | M4P2XT24 | 305 | 110 | 1675 | 0 | 0 | 0 | 0 | 0 | 250 | 10 | 7.2 | 0 | 3.7 | 0 | 21.8 | 0 | 0 | 0 | 42 | 0.36 |  |  |

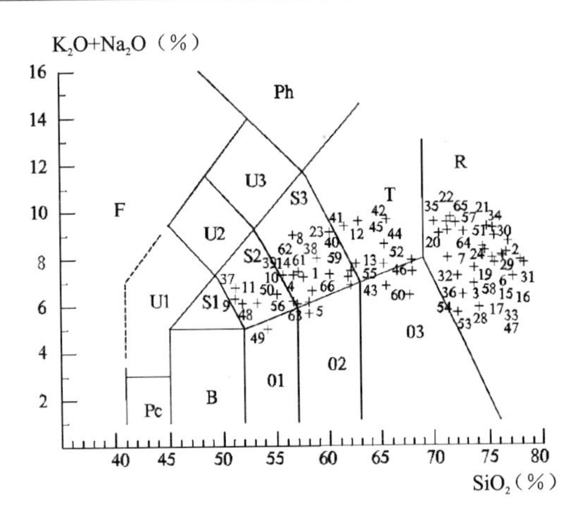


图 3-107　TAS 图解（据 Le Bas，1986）

F. 副长石岩；Pc. 苦橄玄武岩；B. 玄武岩；01. 玄武安山岩；02. 安山岩；03. 英安岩；S1. 粗面玄武岩；S2. 玄武粗安岩；S3. 粗安岩；T. 粗面岩、粗面英安岩；U1. 碧玄岩、碱玄岩；U2. 响岩质碱玄岩；U3. 碱玄质响岩；Ph. 响岩；R. 流纹岩

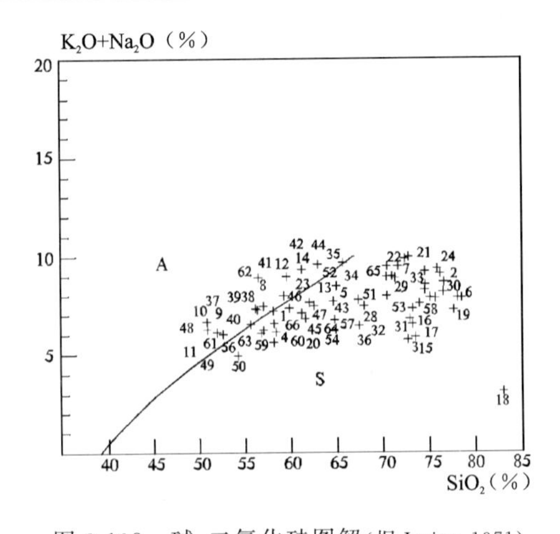


图 3-108　碱-二氧化硅图解（据 Irvine，1971）

A. 碱性区；S. 亚碱性区

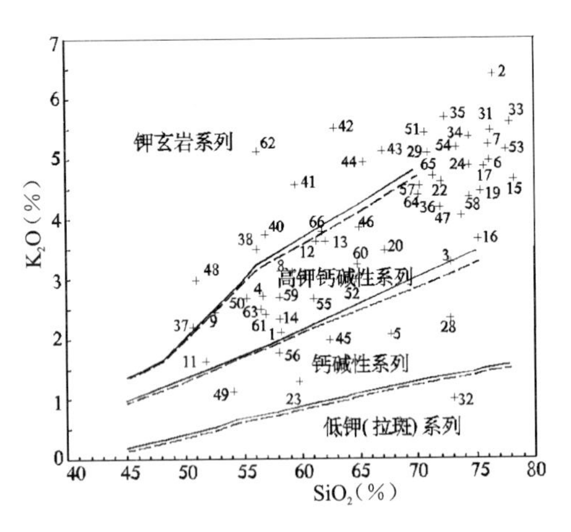


图 3-109　岩石系列 $K_2O$-$SiO_2$ 图解

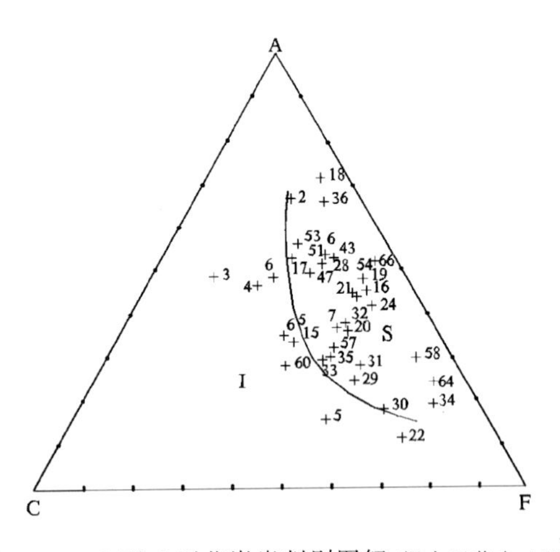


图 3-110　S 型、I 型花岗岩判别图解（据中田节也，1979）

I. I 型花岗岩；S. S 型花岗岩

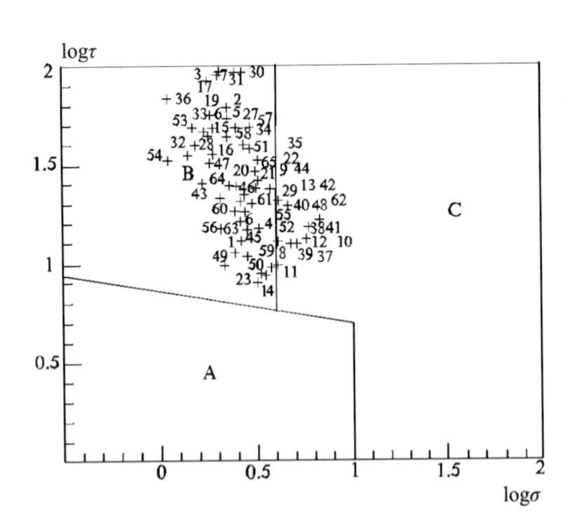


图 3-111　里特曼-戈蒂里图解（据 Rittmann，1973）

A. 非造山带火山岩；B. 造山带火山岩；C. A、B 区派生的碱性、偏碱性火山岩

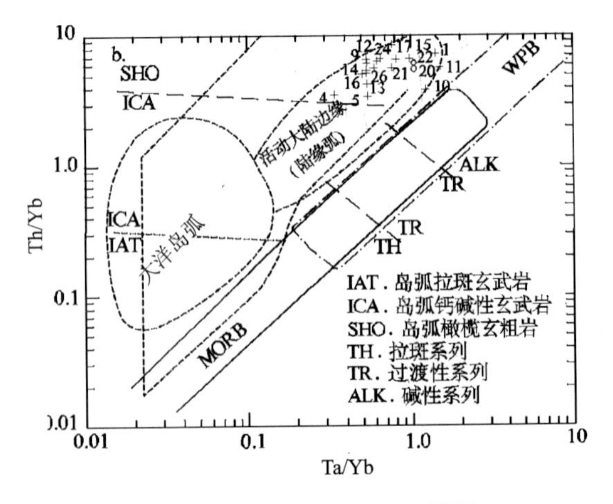


图 3-112　Th/Yb-Ta/Yb 图解

(3)东乌珠穆沁旗-多宝山俯冲-碰撞型火山-侵入岩带满克头鄂博组($J_3mk$)仍以流纹岩、流纹质火山碎屑岩为主，少量英安质火山岩。根据区域地质调查样品岩石化学数据(表3-60～表3-62)投图分析，TAS分类中为粗安岩-粗面岩-流纹岩(图3-113)，在碱-二氧化硅图解上为亚碱系列(图3-114)，在岩石系列$K_2O$-$SiO_2$图解中为高钾钙碱系列为主，少量钾玄岩系列(图3-115)，A/CNK平均值为1.18，在A-C-F图解中以S型主为，少量I型(图3-116)，δEu为0.635，表明其成因为上地壳部分熔融，以壳源为主，少量壳幔混合源，在里特曼-戈蒂里图解中为造山带火山岩(图3-117)，在Th/Yb-Ta/Yb图解中为陆缘弧(图3-118)，依据岩石类型和岩石系列判别为陆缘弧火山岩组合。

**表3-60 东乌珠穆沁旗-多宝山满克头鄂博组($J_3mk$)火山岩岩石化学组成** 单位：%

| 序号 | 样品号 | $SiO_2$ | $TiO_2$ | $Al_2O_3$ | $Fe_2O_3$ | FeO | MnO | MgO | CaO | $Na_2O$ | $K_2O$ | $P_2O_5$ | LOS | Total | $Mg^{\#}$ | $FeO^*$ | A/CNK | σ | A.R | SI | DI |
|---|---|---|---|---|---|---|---|---|---|---|---|---|---|---|---|---|---|---|---|---|---|
| 1 | 6P10GS50 | 76.59 | 0.13 | 12.14 | 2.17 | 0.38 | 0.06 | 0.11 | 0.42 | 2.47 | 4.65 | 0.03 | 0.66 | 99.81 | 0.15 | 2.33 | 1.24 | 1.51 | 3.62 | 1.12 | 91.67 |
| 2 | 6GS4135-1 | 70.84 | 0.47 | 14.79 | 2.29 | 0.60 | 0.04 | 0.11 | 0.45 | 4.63 | 3.69 | 0.10 | 1.26 | 99.27 | 0.13 | 2.66 | 1.19 | 2.49 | 3.40 | 0.97 | 90.26 |
| 3 | Ⅸ33 GS4012 | 72.22 | 0.41 | 14.11 | 1.35 | 0.10 | 0.05 | 0.33 | 0.92 | 4.57 | 4.74 | 0.08 | 1.13 | 100.01 | 0.49 | 1.31 | 0.99 | 2.97 | 4.26 | 2.98 | 91.00 |
| 4 | Ⅸ70LP1 GS54 | 72.85 | 0.22 | 13.57 | 0.88 | 0.31 | 0.03 | 0.67 | 1.41 | 1.81 | 4.78 | 0.03 | 3.65 | 100.21 | 0.64 | 1.10 | 1.27 | 1.45 | 2.57 | 7.93 | 86.47 |
| 5 | Ⅸ70P12 GS12C | 54.74 | 1.32 | 17.03 | 5.99 | 2.57 | 0.16 | 2.96 | 7.11 | 3.95 | 2.02 | 0.60 | 0.94 | 99.39 | 0.51 | 7.96 | 0.79 | 3.04 | 1.66 | 16.92 | 52.38 |
| 6 | Ⅸ70p12 gs31 | 70.66 | 0.30 | 14.97 | 1.73 | 0.41 | 0.06 | 0.97 | 1.02 | 3.85 | 4.70 | 0.03 | 1.63 | 100.33 | 0.60 | 1.97 | 1.13 | 2.64 | 3.30 | 8.32 | 88.03 |
| 7 | Ⅸ70GS 10159 | 62.42 | 0.72 | 17.24 | 3.15 | 0.88 | 0.08 | 1.40 | 3.84 | 3.71 | 3.80 | 0.24 | 1.70 | 99.18 | 0.54 | 3.71 | 1.01 | 2.90 | 2.11 | 10.82 | 71.87 |
| 8 | Ⅸ70P11 GS29 | 77.87 | 0.20 | 13.80 | 0.72 | 0.32 | 0.02 | 0.41 | 0.23 | 0.09 | 3.19 | 0.04 | 2.23 | 99.12 | 0.54 | 0.97 | 3.46 | 0.31 | 1.61 | 8.67 | 86.13 |
| 9 | Ⅸ70P11 GS36 | 67.68 | 0.43 | 15.49 | 1.67 | 1.65 | 0.10 | 1.27 | 1.18 | 4.52 | 3.43 | 0.20 | 1.91 | 99.53 | 0.50 | 3.15 | 1.17 | 2.56 | 2.82 | 10.13 | 84.34 |
| 10 | P34TC65 | 61.71 | 0.70 | 17.10 | 4.01 | 2.35 | 0.09 | 2.21 | 1.76 | 5.13 | 2.96 | 0.30 | 2.23 | 100.55 | 0.50 | 5.95 | 1.16 | 3.50 | 2.50 | 13.27 | 75.44 |
| 11 | P11LT3 | 79.42 | 0.10 | 11.35 | 0.25 | 0.54 | 0.02 | 0.14 | 0.24 | 0.96 | 5.67 | 0.05 | 0.58 | 99.32 | 0.23 | 0.76 | 1.41 | 1.21 | 3.67 | 1.85 | 93.88 |
| 12 | D1379B1 | 67.50 | 0.80 | 15.60 | 2.99 | 0.84 | 0.02 | 0.15 | 1.42 | 2.23 | 5.80 | 0.35 | 2.40 | 100.10 | 0.12 | 3.53 | 1.24 | 2.63 | 2.79 | 1.25 | 85.05 |
| 13 | D1379B2 | 69.18 | 0.60 | 14.37 | 2.74 | 1.10 | 0.04 | 0.18 | 1.29 | 1.34 | 7.40 | 0.30 | 2.04 | 100.58 | 0.12 | 3.56 | 1.14 | 2.92 | 3.53 | 1.41 | 87.06 |
| 14 | D1379B3 | 68.76 | 0.48 | 15.48 | 1.81 | 0.81 | 0.05 | 0.21 | 1.48 | 1.68 | 6.05 | 0.28 | 2.16 | 99.25 | 0.19 | 2.44 | 1.30 | 2.32 | 2.67 | 1.99 | 85.45 |
| 15 | D0043 | 85.68 | 0.10 | 7.86 | 0.50 | 0.52 | 0.03 | 0.23 | 0.36 | 0.20 | 3.64 | 0.01 | 1.64 | 100.77 | 0.38 | 0.97 | 1.60 | 0.35 | 2.75 | 4.52 | 93.32 |
| 16 | D1353 | 63.30 | 0.60 | 16.81 | 2.64 | 1.88 | 0.12 | 2.12 | 4.30 | 4.22 | 2.52 | 0.25 | 2.20 | 100.96 | 0.56 | 4.25 | 0.96 | 2.24 | 1.94 | 15.84 | 68.20 |
| 17 | 2GS2045 | 75.26 | 0.15 | 12.84 | 1.83 | 0.38 | 0.03 | 0.54 | 0.27 | 3.22 | 5.44 | 0.03 | 0.55 | 100.54 | 0.47 | 2.03 | 1.10 | 2.32 | 4.89 | 4.73 | 93.67 |
| 18 | Ⅸ70P13 GS20-1 | 75.43 | 0.17 | 13.33 | 0.93 | 0.14 | 0.06 | 0.13 | 0.46 | 4.17 | 3.38 | 0.03 | 0.92 | 99.15 | 0.29 | 0.98 | 1.18 | 1.76 | 3.42 | 1.49 | 94.00 |
| 19 | Ⅸ70P10 GS7 | 55.50 | 1.10 | 16.88 | 4.51 | 3.14 | 0.15 | 2.82 | 5.71 | 3.93 | 2.40 | 0.38 | 2.80 | 99.32 | 0.50 | 7.19 | 0.87 | 3.21 | 1.78 | 16.79 | 56.99 |
| 20 | 2GS2045 | 75.26 | 0.15 | 12.84 | 1.83 | 0.38 | 0.03 | 0.54 | 0.27 | 3.22 | 5.44 | 0.03 | 0.55 | 100.54 | 0.47 | 2.03 | 1.10 | 2.32 | 4.89 | 4.73 | 93.67 |
| 21 | P23TC5 | 70.57 | 0.30 | 15.08 | 1.63 | 1.21 | 0.07 | 0.58 | 1.11 | 4.01 | 4.11 | 0.10 | 1.04 | 99.81 | 0.35 | 2.68 | 1.15 | 2.39 | 3.01 | 5.03 | 87.53 |
| 22 | WE30191 | 61.94 | 0.60 | 16.49 | 1.71 | 4.40 | 0.08 | 1.54 | 4.10 | 4.05 | 3.10 | 0.33 | 1.08 | 99.42 | 0.35 | 5.94 | 0.95 | 2.70 | 2.06 | 10.41 | 67.54 |
| 23 | WE16240 | 68.22 | 0.30 | 14.99 | 1.49 | 2.17 | 0.08 | 0.91 | 1.89 | 4.56 | 4.48 | 0.18 | 0.46 | 99.73 | 0.38 | 3.51 | 0.94 | 3.24 | 3.31 | 6.69 | 84.45 |
| 24 | WP51E51H | 62.66 | 0.52 | 15.31 | 3.98 | 0.47 | 0.08 | 1.26 | 3.65 | 1.80 | 3.40 | 0.19 | 7.30 | 100.62 | 0.51 | 4.05 | 1.15 | 1.38 | 1.76 | 11.55 | 69.18 |

**续表 3-60**

| 序号 | 样品号 | $SiO_2$ | $TiO_2$ | $Al_2O_3$ | $Fe_2O_3$ | FeO | MnO | MgO | CaO | $Na_2O$ | $K_2O$ | $P_2O_5$ | LOS | Total | $Mg^{\#}$ | $FeO^*$ | A/CNK | σ | A. R | SI | DI |
|---|---|---|---|---|---|---|---|---|---|---|---|---|---|---|---|---|---|---|---|---|---|
| 25 | 4P15GS10 | 65.83 | 0.70 | 16.19 | 2.11 | 1.65 | 0.11 | 1.07 | 1.96 | 4.85 | 3.55 | 0.20 | 1.09 | 99.31 | 0.44 | 3.55 | 1.05 | 3.09 | 2.72 | 8.09 | 82.00 |
| 26 | WP57E2 | 71.64 | 0.06 | 12.68 | 0.49 | 0.46 | 0.02 | 0.15 | 0.56 | 4.70 | 3.40 | 0.23 | 5.14 | 99.53 | 0.32 | 0.90 | 1.02 | 2.29 | 4.15 | 1.63 | 95.57 |
| 27 | WE42537 | 75.58 | 0.10 | 12.39 | 0.78 | 2.27 | 0.12 | 0.06 | 0.48 | 4.20 | 4.00 | 0.04 | 0.06 | 100.08 | 0.03 | 2.97 | 1.03 | 2.06 | 4.51 | 0.53 | 92.36 |
| 28 | WE23487-1 | 75.38 | 0.10 | 11.77 | 2.48 | 1.55 | 0.02 | 0.08 | 0.32 | 3.55 | 4.45 | 0.08 | 0.32 | 100.10 | 0.05 | 3.78 | 1.05 | 1.98 | 4.91 | 0.66 | 93.12 |
| 29 | WE23643 | 58.92 | 0.80 | 19.49 | 2.70 | 3.33 | 0.12 | 2.37 | 4.91 | 4.85 | 1.35 | 0.45 | 1.68 | 100.97 | 0.49 | 5.76 | 1.06 | 2.41 | 1.68 | 16.23 | 60.94 |
| 30 | IP17GS16 | 76.32 | 0.25 | 12.84 | 0.97 | 0.84 | 0.08 | 0.31 | 0.75 | 5.14 | 1.68 | 0.03 | 1.55 | 100.76 | 0.32 | 1.71 | 1.11 | 1.40 | 3.01 | 3.47 | 91.94 |
| 31 | Ⅸ70p10GS1 | 72.49 | 0.24 | 14.30 | 1.36 | 0.32 | 0.10 | 0.26 | 0.38 | 4.64 | 4.18 | 0.06 | 0.92 | 99.25 | 0.33 | 1.54 | 1.11 | 2.64 | 4.01 | 2.42 | 93.90 |
| 32 | IP17GS16 | 76.32 | 0.25 | 12.84 | 0.97 | 0.84 | 0.08 | 0.31 | 0.75 | 5.14 | 1.68 | 0.03 | 1.55 | 100.76 | 0.32 | 1.71 | 1.11 | 1.40 | 3.01 | 3.47 | 91.94 |
| 33 | 区 3E-2488 | 76.86 | 0.10 | 12.13 | 0.53 | 0.61 | 0.03 | 0.29 | 0.15 | 3.63 | 4.87 | 0.03 | 0.21 | 99.43 | 0.4 | 1.09 | 1.04 | 2.13 | 5.50 | 2.92 | 96.42 |
| 34 | IP17GS16 | 76.32 | 0.25 | 12.84 | 0.97 | 0.84 | 0.08 | 0.31 | 0.75 | 5.14 | 1.68 | 0.03 | 1.55 | 100.76 | 0.32 | 1.71 | 1.11 | 1.40 | 3.01 | 3.47 | 91.94 |
| 35 | M4GS4219 | 63.66 | 0.85 | 16.48 | 3.26 | 1.64 | 0.16 | 0.76 | 3.19 | 4.05 | 2.55 | 0.45 | 1.84 | 98.89 | 0.32 | 4.57 | 1.09 | 2.11 | 2.01 | 6.20 | 74.55 |

**表 3-61 东乌珠穆沁旗-多宝山满克头鄂博组($J_3mk$)火山岩稀土元素组成**

单位：$\times10^{-6}$

| 序号 | 样品号 | La | Ce | Pr | Nd | Sm | Eu | Gd | Tb | Dy | Ho | Er | Tm | Yb | Lu | ΣREE | ΣLREE | ΣHREE | LREE/HREE | δEu |
|---|---|---|---|---|---|---|---|---|---|---|---|---|---|---|---|---|---|---|---|---|
| 1 | 6P10GS50 | 8.19 | 23.48 | 2.27 | 8.16 | 2.15 | 0.22 | 2.03 | 0.32 | 1.86 | 0.36 | 1.1 | 0.17 | 1.04 | 0.18 | 65.83 | 44.47 | 7.06 | 6.30 | 0.32 |
| 2 | 6GS4135-1 | 40.32 | 100.1 | 8.48 | 30.7 | 4.22 | 0.87 | 2.98 | 0.31 | 1.17 | 0.33 | 1.03 | 0.15 | 0.93 | 0.16 | 219.05 | 184.69 | 7.06 | 26.16 | 0.71 |
| 3 | Ⅸ33 GS4012 | 41.5 | 79.8 | 7.66 | 38.5 | 6.81 | 1.22 | 4.71 | 0.8 | 5.07 | 0.79 | 2.08 | 0.3 | 1.8 | 0.25 | 208.59 | 175.49 | 15.8 | 11.11 | 0.63 |
| 4 | Ⅸ70LP1 GS54 | 37.1 | 62.4 | 6.27 | 25.5 | 4.27 | 0.64 | 2.56 | 0.43 | 2.66 | 0.39 | 1.27 | 0.24 | 1.46 | 0.21 | 145.4 | 136.18 | 9.22 | 14.77 | 0.55 |
| 5 | Ⅸ70P12 GS12C | 37.6 | 71.4 | 8.45 | 40.4 | 7.65 | 1.98 | 6.27 | 1.01 | 5.49 | 1.04 | 3.01 | 0.46 | 2.49 | 0.35 | 187.6 | 167.48 | 20.12 | 8.32 | 0.85 |
| 6 | Ⅸ70P12 GS31 | 43.1 | 65.1 | 5.69 | 21.9 | 3.41 | 0.69 | 2.28 | 0.37 | 2.02 | 0.42 | 1.04 | 0.18 | 1.24 | 0.2 | 147.64 | 139.89 | 7.75 | 18.05 | 0.71 |
| 7 | Ⅸ70 GS10159 | 40.1 | 70.7 | 8.26 | 37.3 | 7 | 1.53 | 4.85 | 0.8 | 4.12 | 0.7 | 2.06 | 0.32 | 1.19 | 0.26 | 179.19 | 164.89 | 14.3 | 11.53 | 0.76 |
| 8 | Ⅸ70P11 GS29 | 18.3 | 28.9 | 2.21 | 8.32 | 1.86 | 0.24 | 1.29 | 0.23 | 1.6 | 0.35 | 1.04 | 0.16 | 1.19 | 0.18 | 65.87 | 59.83 | 6.04 | 9.91 | 0.45 |
| 9 | Ⅸ70P11 GS36 | 28.1 | 53.8 | 5.05 | 21.4 | 3.93 | 0.83 | 2.98 | 0.46 | 2.68 | 0.58 | 1.71 | 0.26 | 1.8 | 0.27 | 123.85 | 113.11 | 10.74 | 10.53 | 0.71 |
| 10 | P34TC65 | 29.2 | 58.2 | 6.4 | 26.9 | 5.47 | 1.29 | 4.99 | 0.66 | 3.97 | 0.71 | 2.17 | 0.32 | 2.28 | 0.36 | 142.92 | 127.46 | 15.46 | 8.24 | 0.74 |
| 11 | P11LT3 | 16.6 | 35.9 | 2.16 | 8.56 | 1.56 | 0.29 | 1.18 | 0.17 | 1.14 | 0.22 | 0.57 | 0.09 | 0.72 | 0.11 | 69.27 | 65.07 | 4.2 | 15.49 | 0.63 |
| 12 | D1379B1 | 31.8 | 59 | 7.23 | 30.1 | 5.91 | 1.35 | 5.23 | 0.87 | 4.53 | 0.86 | 2.5 | 0.37 | 2.51 | 0.39 | 152.65 | 135.39 | 17.26 | 7.84 | 0.73 |
| 13 | D1379B2 | 27.2 | 48.4 | 5.37 | 23.6 | 4.69 | 0.96 | 4.28 | 0.62 | 3.53 | 0.64 | 1.99 | 0.31 | 1.93 | 0.3 | 144.42 | 110.22 | 13.6 | 8.10 | 0.64 |
| 14 | D1379B3 | 26.9 | 49.9 | 5.33 | 22.9 | 4.8 | 1.03 | 3.75 | 0.59 | 3.17 | 0.69 | 1.85 | 0.28 | 1.82 | 0.29 | 141.4 | 110.86 | 12.44 | 8.91 | 0.72 |
| 15 | D0043 | 16.5 | 27.2 | 2.71 | 10.9 | 1.89 | 0.32 | 1.37 | 0.24 | 1.27 | 0.25 | 0.6 | 0.09 | 0.59 | 0.08 | 77.01 | 59.52 | 4.49 | 13.26 | 0.58 |
| 16 | D1353 | 28.2 | 48.5 | 4.78 | 23.9 | 4.7 | 1.21 | 3.26 | 0.53 | 2.69 | 0.56 | 1.27 | 0.23 | 1.25 | 0.17 | 133.85 | 111.29 | 9.96 | 11.17 | 0.90 |

续表 3-61

| 序号 | 样品号 | La | Ce | Pr | Nd | Sm | Eu | Gd | Tb | Dy | Ho | Er | Tm | Yb | Lu | ΣREE | ΣLREE | ΣHREE | LREE/HREE | δEu |
|---|---|---|---|---|---|---|---|---|---|---|---|---|---|---|---|---|---|---|---|---|
| 17 | 2GS2045 | 25.58 | 50 | 4 | 11.8 | 1.65 | 0.19 | 1.6 | 0.24 | 1.3 | 0.28 | 0.94 | 0.17 | 1.2 | 0.18 | 116.43 | 93.22 | 5.91 | 15.77 | 0.35 |
| 18 | Ⅸ70P13 GS20-1 | 21.2 | 39.1 | 3.67 | 13.1 | 2.18 | 0.31 | 1.63 | 0.26 | 1.46 | 0.26 | 1.23 | 0.17 | 1.32 | 0.21 | 106.5 | 79.56 | 6.54 | 12.17 | 0.48 |
| 19 | Ⅸ70P10 GS7 | 28.2 | 51.6 | 7.14 | 30.1 | 6.39 | 1.72 | 5.43 | 0.92 | 5.34 | 0.94 | 2.76 | 0.42 | 2.62 | 0.36 | 157.34 | 125.15 | 18.79 | 6.66 | 0.87 |
| 20 | 2GS2045 | 25.58 | 50 | 4 | 11.8 | 1.65 | 0.19 | 1.6 | 0.24 | 1.3 | 0.28 | 0.94 | 0.17 | 1.2 | 0.18 | 114.13 | 93.22 | 5.91 | 15.77 | 0.35 |

**表 3-62 东乌珠穆沁旗-多宝山满克头鄂博组($J_3mk$)火山岩微量元素含量** 单位：$\times 10^{-6}$

| 序号 | 样品号 | Sr | Rb | Ba | Th | Ta | Nb | Hf | Zr | Cr | Ni | Co | V | U | Y | Cs | Sc | Ga | B | Li | Rb/Sr | U/Th | Zr/Hf |
|---|---|---|---|---|---|---|---|---|---|---|---|---|---|---|---|---|---|---|---|---|---|---|---|
| 1 | 6P10GS50 | 64.70 | 75.50 | 387 | 18.60 | | 12.80 | | 309.10 | 19.40 | 3.70 | 2.80 | 25.20 | 2.51 | 10.26 | | | | | 23.30 | | 0.13 | |
| 2 | 6GS4135-1 | 46.10 | 78.70 | 428 | 17.50 | | 12.10 | | 310.60 | 17.00 | 1.00 | 4.50 | 19.70 | 4.24 | 9.24 | | | | | 13.10 | 1.17 | 0.24 | |
| 3 | Ⅸ33 GS4012 | | | | | | | | | | | | | | 17.90 | | | | | | 1.71 | | |
| 4 | Ⅸ70LP1 GS54 | 831.00 | 798.00 | 2980 | 10.50 | 0.97 | 10.60 | 4.06 | 132.00 | 3.80 | 5.00 | 5.00 | 9.36 | 1.83 | 9.52 | 7.00 | 3.02 | | | 8.20 | | 0.17 | 32.51 |
| 5 | Ⅸ70P12 GS12C | 911.00 | 40.70 | 885 | 13.30 | 0.56 | 11.20 | 5.79 | 219.00 | 71.80 | 24.80 | 24.80 | 189.00 | 1.39 | 29.20 | 4.40 | 21.70 | | 5.80 | 21.50 | 0.96 | 0.10 | 37.82 |
| 6 | Ⅸ70P12 GS31 | 311.00 | 99.90 | 1630 | 11.30 | 0.76 | 10.50 | 4.97 | 170.00 | 11.50 | 1.60 | 5.20 | 20.70 | 1.54 | 9.87 | 3.10 | 4.27 | | 9.34 | 18.90 | 0.04 | 0.14 | 34.21 |
| 7 | Ⅸ70 GS10159 | 979.00 | 81.50 | 1110 | 9.34 | 1.00 | 9.72 | 5.66 | 213.00 | 21.40 | 5.15 | 10.80 | 75.40 | 2.49 | 16.50 | 3.70 | 10.20 | | 4.81 | 23.20 | 0.32 | 0.27 | 37.63 |
| 8 | Ⅸ70P11 GS29 | 18.40 | 138.00 | 148 | | | 8.73 | 1.21 | 46.00 | 3.00 | 4.80 | 9.80 | 7.52 | | 7.95 | 9.75 | 2.39 | | 13.00 | 23.90 | 0.08 | | 38.02 |
| 9 | Ⅸ70P11 GS36 | 594.00 | 70.70 | 981 | | 1.10 | 9.30 | 3.23 | 101.00 | 33.00 | 18.20 | 11.20 | 33.30 | | 12.90 | 6.75 | 4.23 | | 2.73 | 25.90 | 7.50 | | 31.27 |
| 10 | P34 TC65 | 1 000.00 | 66.90 | 1070 | 6.52 | 0.50 | 8.02 | 5.63 | 205.00 | 16.40 | 11.60 | 25.50 | 150.00 | 1.82 | 18.20 | 3.75 | 13.20 | 20.80 | | | 0.12 | 0.28 | 36.41 |
| 11 | P11LT3 | 47.10 | 177.00 | 610 | 13.40 | 3.05 | 7.38 | 3.37 | 89.30 | 11.30 | 4.65 | 7.85 | 9.82 | 3.67 | 5.88 | | 0.61 | 15.20 | | | 0.07 | 0.27 | 26.50 |
| 12 | D1379B1 | 1 360.00 | 85.80 | 710 | 6.77 | 1.10 | 8.42 | 5.21 | 173.00 | 15.20 | 3.20 | 10.40 | 74.60 | 3.17 | 21.30 | 4.65 | 9.67 | 19.80 | | | 3.76 | 0.47 | 33.21 |
| 13 | D1379B2 | 931.00 | 139.00 | 945 | 8.49 | 0.71 | 9.06 | 4.18 | 147.00 | 1.50 | 4.05 | 18.90 | 63.10 | 3.30 | 17.70 | 4.95 | 8.17 | 17.80 | | | 0.06 | 0.39 | 35.17 |
| 14 | D1379B3 | 532.00 | 134.00 | 650 | 6.17 | 0.64 | 7.98 | 5.20 | 180.00 | 10.30 | 2.85 | 10.40 | 23.50 | 2.63 | 15.20 | 4.15 | 4.71 | 16.90 | | | 0.15 | 0.43 | 34.62 |
| 15 | D0043 | 59.80 | 109.00 | 550 | 3.97 | 0.50 | 5.16 | 3.15 | 92.30 | 1.00 | 5.65 | 3.80 | 3.52 | 1.82 | 5.05 | 11.30 | 1.54 | 9.85 | | | 0.25 | 0.46 | 29.30 |
| 16 | D1353 | 878.00 | 68.50 | 788 | 8.82 | | 7.53 | 4.07 | 128.00 | 2.50 | 11.50 | 13.20 | 77.50 | 3.38 | 10.60 | 5.35 | 7.29 | 22.40 | | | 1.82 | 0.38 | 31.45 |
| 17 | 2GS2045 | 101.00 | 131.20 | 175 | 25.40 | | 11.90 | | 137.90 | 23.20 | 3.70 | 4.30 | 2.20 | | 9.10 | | | | | 4.10 | 0.08 | | |
| 18 | Ⅸ70P13 GS20-1 | 93.50 | 92.60 | 722 | | 0.58 | 11.00 | 1.51 | 48.10 | 4.60 | 2.10 | 4.40 | 0.91 | | 7.83 | 3.35 | 2.86 | | 2.16 | 5.60 | 1.30 | | 31.85 |
| 19 | Ⅸ70P10 GS7 | 990.00 | 60.30 | 672 | | | 8.49 | 4.32 | 137.00 | 7.40 | 0.40 | 17.40 | 152.00 | | 22.30 | 5.95 | 20.20 | | 8.33 | 41.20 | 0.99 | | 31.71 |
| 20 | 2GS2045 | 101.00 | 131.20 | 175 | 25.40 | | 11.90 | | 137.90 | 23.20 | 3.70 | 4.30 | 2.20 | | 9.10 | | | | | 4.10 | 0.06 | | |

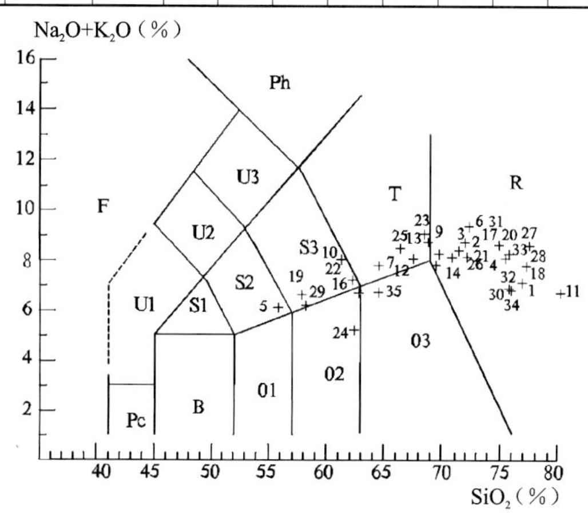


图 3-113 TAS 图解(据 Le Bas,1986)

F. 副长石岩；Pc. 苦橄玄武岩；B. 玄武岩；01. 玄武安山岩；02. 安山岩；03. 英安岩；S1. 粗面玄武岩；S2. 玄武粗安岩；S3. 粗安岩；T. 粗面岩、粗面英安岩；U1. 碧玄岩、碱玄岩；U2. 响岩质碱玄岩；U3. 碱玄质响岩；Ph. 响岩；R. 流纹岩

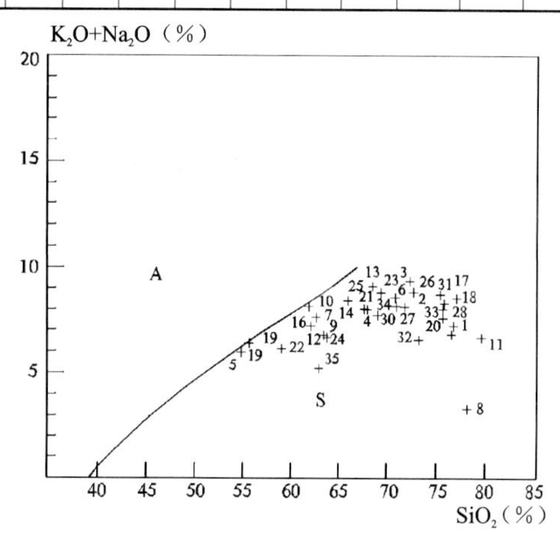


图 3-114 碱-二氧化硅图解(据 Irvine,1971)

A. 碱性区；S. 亚碱性区

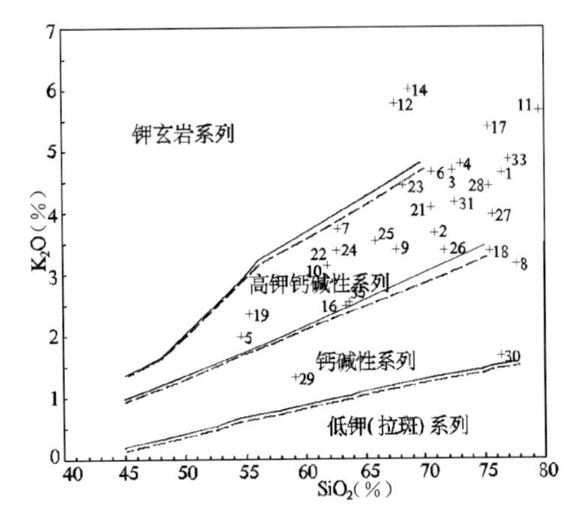


图 3-115　岩石系列 $K_2O$-$SiO_2$ 图解

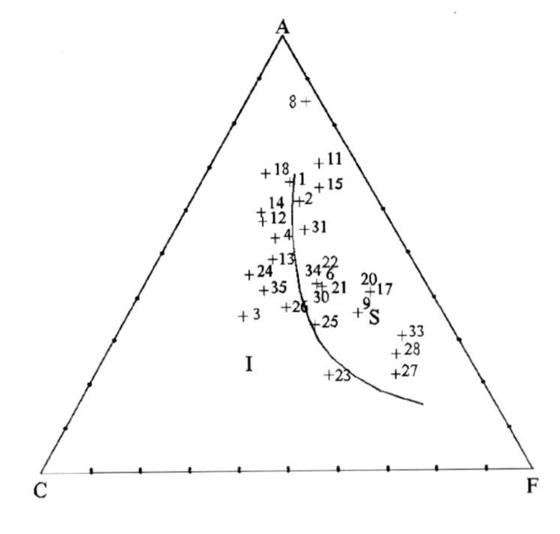


图 3-116　S 型、I 型花岗岩判别图解(据中田节也,1979)
I. I 型花岗岩;S. S 型花岗岩

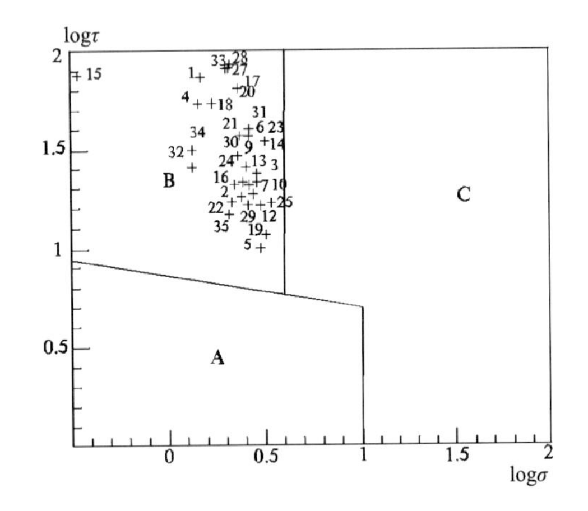


图 3-117　里特曼-戈蒂里图解(据 Rittmann,1973)
A. 非造山带火山岩;B. 造山带火山岩;
C. A、B 区派生的碱性、偏碱性火山岩

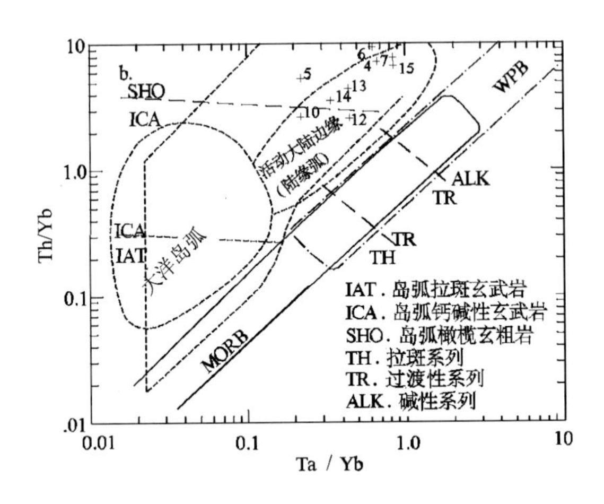


图 3-118　Th/Yb-Ta/Yb 图解

(4)锡林浩特俯冲-碰撞型火山-侵入岩带满克头鄂博组仍以流纹岩及其火山碎屑岩为主,少量中酸性火山岩。根据区域地质调查样品岩石化学数据(表 3-63～表 3-65)投图分析,TAS 分类绝大部分为流纹岩,个别为英安岩、粗安岩、粗面岩(图 3-119),在碱-二氧化硅图解上以高钾钙碱系列为主,钾玄岩系列少量(图 3-120),在 A-C-F 图解中以 S 型为主,少量 I 型(图 3-121),A/CNK 平均值为 1.09,δEu 为 0.533,表明以壳源为主的壳幔混合源,在里特曼-戈蒂里图解中为造山带火山岩(图 3-122),依据岩石类型和岩石系列判别为陆缘弧火山岩组合。

**表 3-63　锡林浩特满克头鄂博组($J_3mk$)火山岩岩石化学组成**　　单位:%

| 序号 | 样品号 | $SiO_2$ | $TiO_2$ | $Al_2O_3$ | $Fe_2O_3$ | FeO | MnO | MgO | CaO | $Na_2O$ | $K_2O$ | $P_2O_5$ | LOS | Total | $Mg^{\#}$ | $FeO^*$ | A/CNK | σ | A. R | SI | DI |
|---|---|---|---|---|---|---|---|---|---|---|---|---|---|---|---|---|---|---|---|---|---|
| 1 | ⅠP2GS1 | 68.75 | 0.35 | 14.55 | 1.72 | 1.42 | 0.09 | 1.48 | 0.93 | 4.35 | 4.36 | 0.12 | 1.39 | 99.51 | 0.55 | 2.97 | 1.08 | 2.95 | 3.57 | 11.10 | 86.31 |
| 2 | P25-28 | 76.00 | 0.26 | 12.44 | 0.84 | 1.00 | 0.02 | 0.02 | 0.28 | 3.90 | 4.33 | 0.05 | 0.58 | 99.72 | 0.00 | 1.76 | 1.07 | 2.05 | 4.67 | 0.20 | 95.32 |
| 3 | P25-24 | 76.59 | 0.15 | 11.43 | 0.71 | 2.69 | 0.03 | 0.09 | 0.24 | 3.64 | 4.44 | 0.04 | 0.00 | 100.05 | 0.05 | 3.33 | 1.02 | 1.94 | 5.50 | 0.78 | 93 |
| 4 | P25-20 | 73.50 | 0.23 | 13.02 | 0.95 | 1.98 | 0.10 | 0.17 | 0.39 | 4.10 | 4.88 | 0.04 | 0.30 | 99.66 | 0.11 | 2.83 | 1.02 | 2.64 | 5.05 | 1.41 | 92.91 |
| 5 | P26-33 | 77.26 | 0.10 | 12.02 | 0.47 | 1.28 | 0.03 | 0.33 | 0.29 | 2.68 | 4.55 | 0.02 | 0.77 | 99.80 | 0.28 | 1.70 | 1.23 | 1.53 | 3.85 | 3.54 | 92.82 |

续表 3-63

| 序号 | 样品号 | $SiO_2$ | $TiO_2$ | $Al_2O_3$ | $Fe_2O_3$ | FeO | MnO | MgO | CaO | $Na_2O$ | $K_2O$ | $P_2O_5$ | LOS | Total | $Mg^{\#}$ | $FeO^*$ | A/CNK | $\sigma$ | A.R | SI | DI |
|---|---|---|---|---|---|---|---|---|---|---|---|---|---|---|---|---|---|---|---|---|---|
| 6 | HGS609.4 | 71.68 | 0.27 | 14.83 | 1.34 | 0.69 | 0.06 | 0.69 | 0.79 | 3.1 | 5.18 | 0.09 | 1.76 | 100.48 | 0.5 | 1.89 | 1.22 | 2.39 | 3.26 | 6.27 | 89.19 |
| 7 | 5136-2 | 72.47 | 0.06 | 12.78 | 1.18 | 0.28 | 0.02 | 0.07 | 2.59 | 2.79 | 1.88 | 0 | 6.28 | 100.40 | 0.16 | 1.34 | 1.13 | 0.74 | 1.87 | 1.13 | 82.68 |
| 8 | 1-574 | 76.38 | 0.03 | 12.06 | 1.94 | 0.62 | 0.02 | 0.04 | 0.35 | 4.04 | 4.04 | 0.05 | 0.48 | 100.05 | 0.05 | 2.36 | 1.04 | 1.96 | 4.73 | 0.37 | 94.9 |
| 9 | 1-574b | 78.33 | 0.02 | 12.01 | 0.29 | 0.61 | 0.02 | 0.16 | 0.25 | 4.44 | 3.64 | 0.05 | 0.4 | 100.22 | 0.29 | 0.87 | 1.03 | 1.85 | 4.87 | 1.75 | 96.79 |
| 10 | 3-373-3 | 75.75 | 0.04 | 13.14 | 0.26 | 0.04 | 0.04 | 0.53 | 0.74 | 4 | 3.56 | 0.03 | 0.85 | 98.98 | 0.82 | 0.27 | 1.11 | 1.75 | 3.39 | 6.32 | 93.16 |
| 11 | 3-382 | 77.2 | 0.2 | 12.32 | 0.7 | 0.66 | 0.02 | 0.1 | 0.36 | 3.28 | 5 | 0.03 | 0.8 | 100.67 | 0.14 | 1.29 | 1.08 | 2 | 4.76 | 1.03 | 95.42 |
| 12 | Ⅲ-13 | 57.97 | 1.16 | 16.87 | 4.04 | 3.35 | 0.12 | 2.29 | 4.7 | 4.06 | 3.06 | 0.25 | 2.18 | 100.05 | 0.45 | 6.98 | 0.91 | 3.39 | 1.99 | 13.63 | 63.13 |
| 13 | 甲 21-2 | 74.82 | 0.15 | 13.16 | 1.41 | 0.67 | 0.01 | 0.06 | 0.62 | 3.58 | 4.64 | 0.07 | 0.99 | 100.18 | 0.06 | 1.94 | 1.09 | 2.12 | 3.96 | 0.58 | 93.3 |
| 14 | ⅠP3GS31 | 75.4 | 0.13 | 13.08 | 0.72 | 0.59 | 0.04 | 0.67 | 0 | 3.08 | 4.41 | 0.01 | 1.55 | 99.68 | 0.58 | 1.24 | 1.32 | 1.73 | 3.68 | 7.07 | 93.32 |
| 15 | ⅠP3GS21 | 71.19 | 0.35 | 14.14 | 1.2 | 1.5 | 0.07 | 0.67 | 0.86 | 3.4 | 4.84 | 0.07 | 1.39 | 99.68 | 0.38 | 2.58 | 1.15 | 2.41 | 3.44 | 5.77 | 88.53 |
| 16 | ⅠP3GS20 | 73.28 | 0.2 | 14.62 | 1 | 0.82 | 0.06 | 0.77 | 0.04 | 3.52 | 4.1 | 0.05 | 1.82 | 100.28 | 0.54 | 1.72 | 1.40 | 1.92 | 3.16 | 7.54 | 91.17 |
| 17 | ⅡP2GS36-1 | 78.33 | 0.2 | 10.7 | 0.86 | 0.45 | 0.03 | 0.14 | 0 | 2.25 | 5.34 | 0.05 | 1.23 | 99.58 | 0.22 | 1.22 | 1.13 | 1.63 | 5.88 | 1.55 | 96.73 |
| 18 | ⅡP2GS38 | 72.44 | 0.38 | 14.08 | 1.29 | 0.66 | 0.05 | 0.76 | 0.67 | 2.76 | 5.08 | 0.1 | 1.94 | 100.21 | 0.54 | 1.82 | 1.24 | 2.09 | 3.27 | 7.2 | 89.51 |
| 19 | ⅡP2GS54 | 73.34 | 0.24 | 14.05 | 0.99 | 0.48 | 0.01 | 0.74 | 0.52 | 4.02 | 4.64 | 0.02 | 1.44 | 100.49 | 0.59 | 1.37 | 1.12 | 2.47 | 3.93 | 6.81 | 92.33 |
| 20 | ⅢP25GS4 | 76.34 | 0.1 | 12.46 | 0.59 | 1.36 | 0.03 | 0.06 | 0.35 | 4.48 | 4.5 | 0.05 | 0.34 | 100.66 | 0.04 | 1.89 | 0.97 | 2.42 | 5.69 | 0.55 | 95.87 |
| 21 | ⅢP19GS25 | 72.56 | 0.32 | 13.91 | 1.13 | 1.05 | 0.06 | 0.69 | 0.38 | 5.47 | 3.46 | 0.04 | 0.83 | 99.90 | 0.44 | 2.07 | 1.03 | 2.7 | 4.33 | 5.85 | 93.11 |
| 22 | ⅢP13GS7 | 70.27 | 0.55 | 14.41 | 1.77 | 1.05 | 0.08 | 0.57 | 1.49 | 5.86 | 3.64 | 0.11 | 0.81 | 100.61 | 0.36 | 2.64 | 0.88 | 3.31 | 3.97 | 4.42 | 90.72 |
| 23 | ⅢP2944 | 65.54 | 0.6 | 16.05 | 2.32 | 2.45 | 0.1 | 0.82 | 2.33 | 4.57 | 4.07 | 0.19 | 1.69 | 100.73 | 0.3 | 4.54 | 0.99 | 3.31 | 2.77 | 5.76 | 80.39 |
| 24 | ⅢP30E16 | 65.05 | 0.69 | 15.53 | 2.61 | 1.55 | 0.08 | 0.68 | 2.34 | 4.18 | 4.75 | 0.14 | 2.81 | 100.41 | 0.32 | 3.9 | 0.96 | 3.62 | 3 | 4.94 | 82.31 |
| 25 | ⅢP18GS60 | 77.32 | 0.09 | 11.96 | 0.58 | 1.08 | 0.03 | 0.01 | 0.29 | 4.71 | 2.89 | 0.02 | 1.09 | 100.07 | 0 | 1.6 | 1.04 | 1.68 | 4.27 | 0.11 | 95.55 |
| 26 | ⅣP5GS23 | 65.09 | 0.72 | 16.38 | 4.31 | 1.47 | 0.08 | 1.36 | 0.48 | 1.94 | 3.83 | 0.31 | 4.11 | 100.08 | 0.43 | 5.34 | 1.99 | 1.51 | 2.04 | 10.53 | 78.28 |
| 27 | ⅣGS2148 | 59 | 0.4 | 17.59 | 2.93 | 3.11 | 0.11 | 2.17 | 5.9 | 4.1 | 2.72 | 0.24 | 1.23 | 99.50 | 0.48 | 5.74 | 0.87 | 2.91 | 1.82 | 14.44 | 61.29 |
| 28 | ⅣP11GS350 | 74.62 | 0.11 | 10.67 | 2.9 | 1.52 | 0.06 | 0.33 | 0.67 | 3.74 | 4.26 | 0.04 | 0.91 | 99.83 | 0.18 | 4.13 | 0.90 | 2.02 | 5.79 | 2.59 | 92.19 |
| 29 | ⅣP11GS42 | 72.76 | 0.2 | 13.48 | 1.24 | 0.78 | 0.02 | 0.09 | 0.67 | 4.48 | 4.86 | 0.06 | 1.97 | 100.61 | 0.1 | 1.89 | 0.97 | 2.93 | 4.88 | 0.79 | 94.62 |
| 30 | GS93a | 75.64 | 0.2 | 12.33 | 1.3 | 0.39 | 0.03 | 0.22 | 1.14 | 2.05 | 4.94 | 0.01 | 1.72 | 99.97 | 0.29 | 1.56 | 1.15 | 1.5 | 3.16 | 2.47 | 90.05 |
| 31 | 4073 20597 | 75.18 | 0.2 | 11.68 | 1.36 | 0.72 | 0.01 | 0.22 | 1.35 | 3.17 | 5.56 | 0.02 | 0.7 | 100.17 | 0.22 | 1.94 | 0.86 | 2.37 | 5.06 | 1.99 | 93.51 |
| 32 | GS96b | 72.22 | 0.2 | 13.49 | 1.52 | 0.66 | 0.01 | 0.07 | 0.83 | 4.5 | 5.83 | 0.02 | 0.3 | 99.65 | 0.1 | 2.03 | 0.88 | 3.65 | 6.18 | 0.56 | 94.83 |
| 33 | GS96a | 75.54 | 0.15 | 12.38 | 1.47 | 0.66 | 0.02 | 0.41 | 0.52 | 3.67 | 5.83 | 0.03 | 0.47 | 101.15 | 0.37 | 1.98 | 0.93 | 2.77 | 6.59 | 3.41 | 95.47 |

**表 3-64　锡林浩特满克头鄂博组($J_3mk$)火山岩稀土元素组成**

单位：$\times10^{-6}$

| 序号 | 样品号 | La | Ce | Pr | Nd | Sm | Eu | Gd | Tb | Dy | Ho | Er | Tm | Yb | Lu | ΣREE | ΣLREE | ΣHREE | LREE/HREE | δEu |
|---|---|---|---|---|---|---|---|---|---|---|---|---|---|---|---|---|---|---|---|---|
| 1 | Ⅰ P2GS1 | 28.74 | 60.56 | 6.47 | 26.18 | 4.86 | 0.76 | 4.39 | 0.62 | 3.12 | 0.68 | 1.9 | 0.28 | 1.93 | 0.2 | 154.99 | 127.57 | 13.12 | 9.72 | 0.49 |
| 2 | HCT609.3 | 23.86 | 55.35 | 9.12 | 23.16 | 4.48 | 0.74 | 3.12 | 0.76 | 2.88 | 1.6 | 2.28 | 0.36 | 2.1 | 0.22 | 157.33 | 116.71 | 13.32 | 8.76 | 0.57 |
| 3 | Xt424 | 50.11 | 91.14 | 10.12 | 44.17 | 8.21 | 1.6 | 7.53 | 1.12 | 5.68 | 1.16 | 3.3 | 0.47 | 2.77 | 0.43 | 245.11 | 205.35 | 22.46 | 9.14 | 0.61 |
| 4 | Ⅴ XT3472 | 52.29 | 90.98 | 8.98 | 35.36 | 5.92 | 0.8 | 4.4 | 0.62 | 2.62 | 0.48 | 1.46 | 0.16 | 1.12 | 0.17 | 205.36 | 194.33 | 11.03 | 17.62 | 0.46 |

**表-65　锡林浩特满克头鄂博组($J_3mk$)火山岩微量元素含量**

单位：$\times10^{-6}$

| 序号 | 样品号 | Sr | Rb | Ba | Nb | Hf | Zr | Cr | Ni | V | Y | Sc | Rb/Sr | Zr/Hf |
|---|---|---|---|---|---|---|---|---|---|---|---|---|---|---|
| 1 | HCT609.3 | 170 | 168 | 610 | | | | | 1.9 | | 14.9 | | 0.988 | |
| 2 | Xt424 | 35.19 | 103 | 385.1 | 15 | 14 | 353 | 43.42 | 5.26 | 6.28 | 25.14 | | 2.927 | 25.21 |
| 3 | Ⅴ XT3472 | 177 | 117 | 654 | | 15 | 253 | | | | 13.23 | 2.44 | 0.661 | 16.87 |

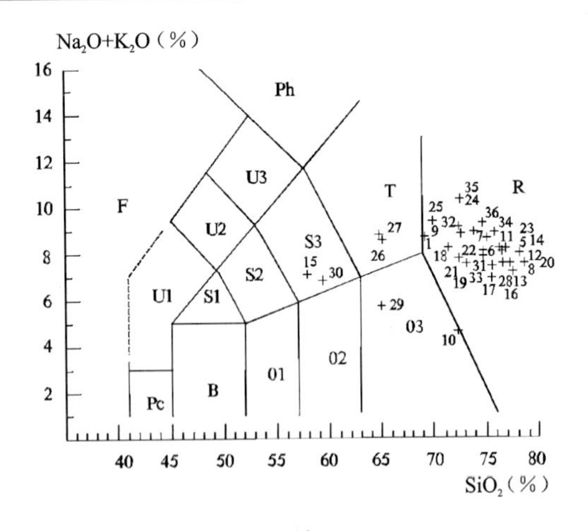


图 3-119　TAS 图解(据 Le Bas,1986)

F. 副长石岩；Pc. 苦橄玄武岩；B. 玄武岩；01. 玄武安山岩；02. 安山岩；03. 英安岩；S1. 粗面玄武岩；S2. 玄武粗安岩；S3. 粗安岩；T. 粗面岩、粗面英安岩；U1. 碧玄岩、碱玄岩；U2. 响岩质碱玄岩；U3. 碱玄质响岩；Ph. 响岩；R. 流纹岩

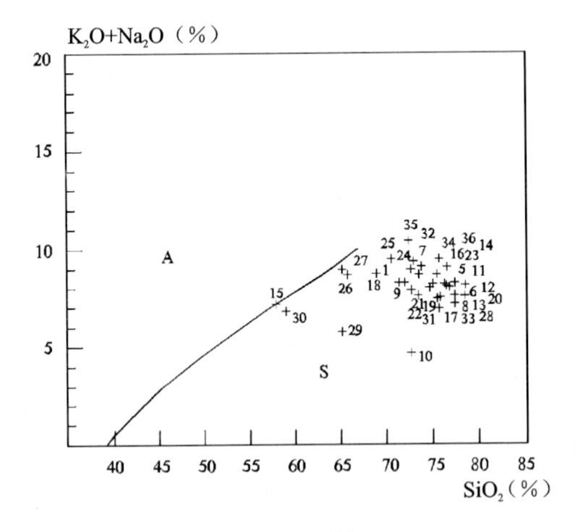


图 3-120　碱-二氧化硅图解(据 Irvine,1971)

A. 碱性区；S. 亚碱性区

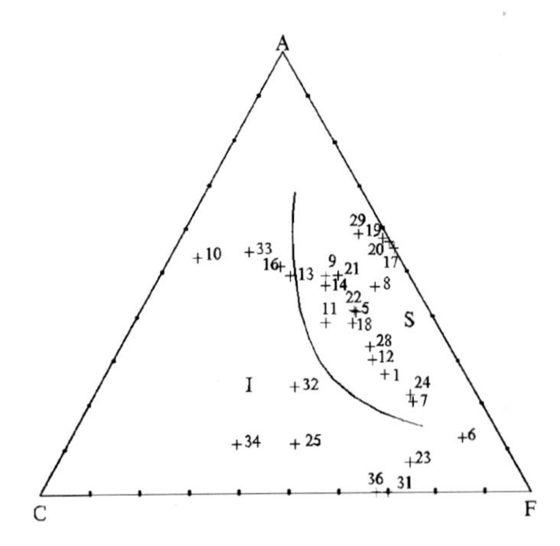


图 3-121　S 型、I 型花岗岩判别图解(据中田节也,1979)

I. I 型花岗岩；S. S 型花岗岩

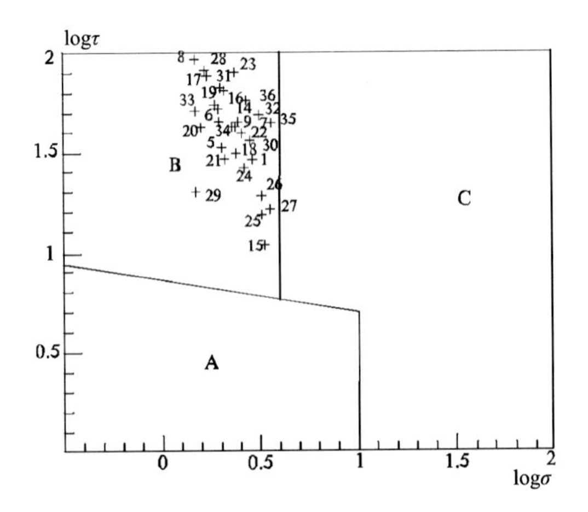


图 3-122　里特曼-戈蒂里图解(据 Rittmann,1973)

A. 非造山带火山岩；B. 造山带火山岩；C. A、B 区派生的碱性、偏碱性火山岩

(5)赤峰俯冲-碰撞型火山-侵入岩带满克头鄂博组岩石类型为英安质晶屑凝灰岩、流纹岩、流纹质熔结凝灰岩。根据区域地质调查样品岩石化学数据(表 3-66～表 3-68)分析，平均总碱达 9.125%，$K_2O/Na_2O$ 平均为 0.685，A/CNK 平均为 0.954，属壳幔混合源。

表 3-66 赤峰满克头鄂博组($J_3mk$)火山岩岩石化学组成 单位：%

| 序号 | 样品号 | $SiO_2$ | $TiO_2$ | $Al_2O_3$ | $Fe_2O_3$ | FeO | MnO | MgO | CaO | $Na_2O$ | $K_2O$ | $P_2O_5$ | LOS | Total | Mg# | FeO* | A/CNK | σ | A.R | SI | DI |
|---|---|---|---|---|---|---|---|---|---|---|---|---|---|---|---|---|---|---|---|---|---|
| 1 | HCTHW 662 | 75.69 | 0.21 | 11.67 | 1.04 | 0.9 | 0.09 | 0.26 | 0.83 | 3.62 | 5.23 | 0.02 | 0.60 | 100.16 | 0.24 | 1.83 | 0.88 | 2.40 | 5.85 | 2.35 | 93.73 |
| 2 | HCTHW 575 | 73.32 | 0.26 | 12.65 | 0.61 | 2.51 | 0.1 | 0.53 | 0.06 | 3.8 | 5.6 | 0.04 | 0.30 | 99.78 | 0.25 | 3.06 | 1.02 | 2.91 | 6.68 | 4.06 | 90.9 |

表 3-67 赤峰满克头鄂博组($J_3mk$)火山岩稀土元素组成 单位：$\times10^{-6}$

| 序号 | 样品号 | La | Ce | Pr | Nd | Sm | Eu | Gd | Tb | Dy | Ho | Er | Tm | Yb | Lu | ΣREE | ΣLREE | ΣHREE | LREE/HREE | δEu |
|---|---|---|---|---|---|---|---|---|---|---|---|---|---|---|---|---|---|---|---|---|
| 1 | HCTHW 662 | 34.76 | 90.82 | 9.23 | 39.1 | 9.41 | 2.61 | 8.77 | 1.47 | 9.6 | 1.83 | 5.18 | 0.78 | 5.28 | 0.69 | 233.83 | 185.93 | 33.60 | 5.53 | 0.86 |
| 2 | HCTHW 575 | 39 | 105.3 | 10.31 | 43.58 | 9.64 | 2.71 | 8.55 | 1.33 | 8.72 | 1.58 | 4.39 | 0.65 | 4.28 | 0.64 | 267.98 | 210.54 | 30.14 | 6.99 | 0.89 |

表 3-68 赤峰满克头鄂博组($J_3mk$)火山岩微量元素含量 单位：$\times10^{-6}$

| 序号 | 样品号 | Sr | Rb | Hf | Zr | Cr | Ni | Co | Rb/Sr | Zr/Hf |
|---|---|---|---|---|---|---|---|---|---|---|
| 1 | HCTHW662 | 58 | 182 | 8 | 297 | 2 | 2 | 1 | 3.14 | 37.13 |
| 2 | HCTHW575 | 33 | 178 | 8 | 286 | 3 | 4 | 2 | 5.39 | 35.75 |

(6)冀北俯冲-碰撞型火山-侵入岩带满克头鄂博组岩性为流纹岩、流纹质火山碎屑岩。根据区域地质调查样品岩石化学数据(表 3-69～表 3-71)分析，TAS 分类为流纹岩和粗面岩(图 3-123)，在碱-二氧化硅图解上为亚碱性(图 3-124)，在里特曼-戈蒂里图解中为造山带火山岩及派生的碱性、偏碱性火山岩(图 3-125)，稀土配分曲线显示轻稀土富集，负铕异常(图 3-126)，判别为陆缘弧火山岩组合。

表 3-69 冀北满克头鄂博组($J_3mk$)火山岩岩石化学组成 单位：%

| 序号 | 样品号 | $SiO_2$ | $TiO_2$ | $Al_2O_3$ | $Fe_2O_3$ | FeO | MnO | MgO | CaO | $Na_2O$ | $K_2O$ | $P_2O_5$ | LOS | Total | Mg# | FeO* | A/CNK | σ | A.R | SI | DI |
|---|---|---|---|---|---|---|---|---|---|---|---|---|---|---|---|---|---|---|---|---|---|
| 1 | GS1519 | 75.58 | 0.2 | 13.43 | 2.07 | 0.27 | 0.03 | 0.22 | 0.54 | 4.12 | 4.97 | 0.04 | 0.34 | 101.85 | 0.24 | 2.130 9 | 1.02 | 2.54 | 4.73 | 1.89 | 93.54 |
| 2 | Ⅱ P24GS20 | 78.86 | 0.1 | 11.47 | 0.38 | 0.46 | 0.022 | 0.07 | 0.26 | 5.64 | 1.28 | 0.02 | 0.13 | 98.702 | 0.20 | 0.801 6 | 1.02 | 1.34 | 3.88 | 0.89 | 95.43 |
| 3 | GS0143 | 67.06 | 0.5 | 15.7 | 1.48 | 1.77 | 0.09 | 1 | 0.99 | 5.56 | 5.36 | 0.16 | 1.02 | 100.67 | 0.43 | 3.100 5 | 0.93 | 4.96 | 4.79 | 6.59 | 87.64 |

表 3-70 冀北满克头鄂博组($J_3mk$)火山岩稀土元素组成 单位：$\times10^{-6}$

| 序号 | 样品号 | La | Ce | Pr | Nd | Sm | Eu | Gd | Tb | Dy | Ho | Er | Tm | Yb | Lu | ΣREE | ΣLREE | ΣHREE | LREE/HREE | δEu |
|---|---|---|---|---|---|---|---|---|---|---|---|---|---|---|---|---|---|---|---|---|
| 1 | GS1519 | 50.6 | 80 | 9.11 | 27.2 | 4.29 | 0.56 | 4.29 | 0.52 | 3.25 | 0.62 | 1.7 | 0.23 | 1.59 | 0.24 | 198.9 | 172.16 | 12.4 | 13.839 | 0.395 |
| 2 | Ⅱ P24 GS20 | 9.51 | 31 | 1.54 | 5.72 | 1.48 | 0.22 | 1.11 | 0.3 | 2.08 | 0.51 | 1.48 | 0.25 | 1.77 | 0.29 | 84.65 | 49.56 | 7.79 | 6.362 | 0.504 |
| 3 | GS0143 | 107.2 | 195 | 20.55 | 83.3 | 14.22 | 2.78 | 11.55 | 1.48 | 6.36 | 1.27 | 3.1 | 0.41 | 2.36 | 0.32 | 467.58 | 423.43 | 26.9 | 15.77 | 0.644 |

表 3-71 冀北满克头鄂博组($J_3mk$)火山岩微量元素含量 单位：$\times10^{-6}$

| 序号 | 样品号 | Sr | Rb | Ta | Nb | Hf | Zr | Cr | Ni | Co | V | Y | Sc | Rb/Sr | Zr/Hf |
|---|---|---|---|---|---|---|---|---|---|---|---|---|---|---|---|
| 1 | GS1519 | 140 | 183 | 10 | 20 | 14 | 249 |  | 5.00 | 5.00 | 28 | 16 | 2.29 | 1.307 1 | 17.79 |

续表 3-71

| 序号 | 样品号 | Sr | Rb | Ta | Nb | Hf | Zr | Cr | Ni | Co | V | Y | Sc | Rb/Sr | Zr/Hf |
|---|---|---|---|---|---|---|---|---|---|---|---|---|---|---|---|
| 2 | ⅡP24GS20 | 27 | 15 | 10 | 22 | 10 | 85 | | 5.00 | 5.00 | 5 | 15.7 | 1.16 | 0.555 6 | 8.5 |
| 3 | GS0143 | 119 | 115 | 10 | 14 | 18 | 441 | 36 | 5.00 | 5.00 | 41 | 25.2 | 4.28 | 0.966 4 | 24.5 |

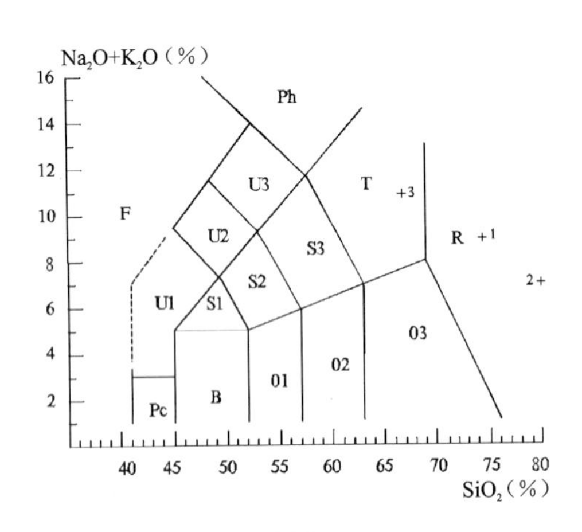


图 3-123 TAS 图解(据 Le Bas,1986)

F. 副长石岩;Pc. 苦橄玄武岩;B. 玄武岩;01. 玄武安山岩;02. 安山岩;03. 英安岩;S1. 粗面玄武岩;S2. 玄武粗安岩;S3. 粗安岩;T. 粗面岩、粗面英安岩;U1. 碧玄岩、碱玄岩;U2. 响岩质碱玄岩;U3. 碱玄质响岩;Ph. 响岩;R. 流纹岩

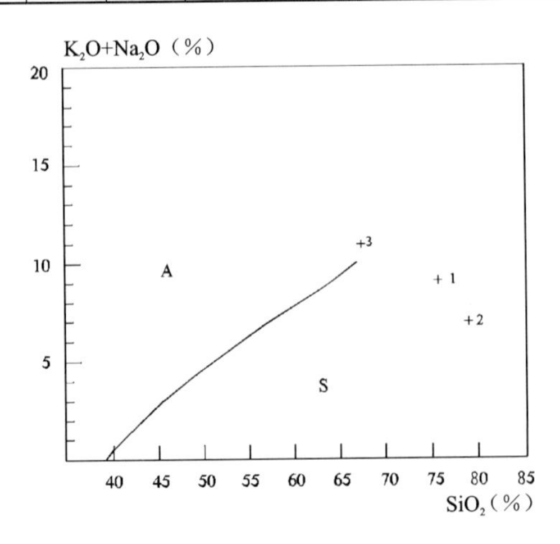


图 3-124 碱-二氧化硅图解(据 Irvine,1971)

A. 碱性区;S. 亚碱性区

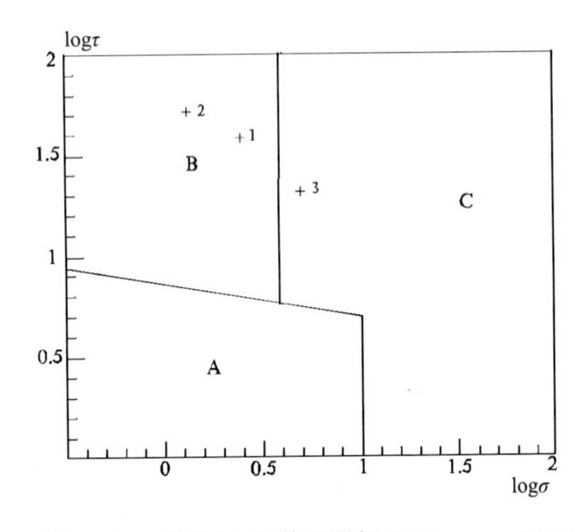


图 3-125 里特曼-戈蒂里图解(据 Rittmann,1973)

A. 非造山带火山岩;B. 造山带火山岩;C. A、B 区派生的碱性、偏碱性火山岩

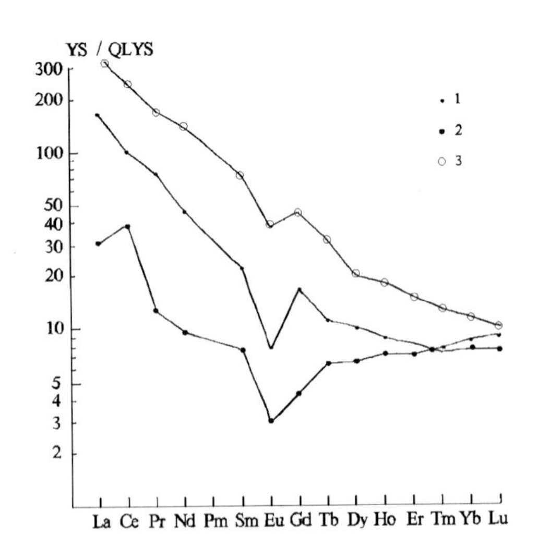


图 3-126 岩石稀土元素/球粒陨石标准化模式图(据 Coryell,1963)

### 2. 玛尼吐组($J_3mn$)陆缘弧火山岩组合

(1)额尔古纳俯冲-碰撞型火山-侵入岩带内玛尼吐组岩性为中基性火山角砾岩、安山岩、中酸性熔结凝灰岩、粗面岩。根据区域地质调查样品岩石化学数据(表 3-72、表 3-73)投图分析,TAS 分类为英安岩、粗面岩、流纹岩(图 3-127),在碱-二氧化硅图解上为碱性-亚碱性(图 3-128),在岩石系列 $K_2O$-$SiO_2$ 图解中为高钾钙碱系列-钾玄岩系列(图 3-129),在里特曼-戈蒂里图解中为造山带火山岩及派生的碱性、偏碱性火山岩(图 3-130),属壳幔混合源。据岩石类型、岩石系列、成因类型判别为陆缘弧火山岩组合。

**表 3-72　额尔古纳玛尼吐组($J_3mn$)火山岩岩石化学组成**

单位:%

| 序号 | 样品号 | $SiO_2$ | $TiO_2$ | $Al_2O_3$ | $Fe_2O_3$ | FeO | MnO | MgO | CaO | $Na_2O$ | $K_2O$ | $P_2O_5$ | LOS | Total | $Mg^{\#}$ | $FeO^*$ | A/CNK | σ | A. R | SI | DI |
|---|---|---|---|---|---|---|---|---|---|---|---|---|---|---|---|---|---|---|---|---|---|
| 1 | ⅠP2GS14 | 68.03 | 0.74 | 15.14 | 3.03 | 0.43 | 0.04 | 0.45 | 0.77 | 4.72 | 6.16 | 0.12 | 0.93 | 100.56 | 0.32 | 1.92 | 0.95 | 4.73 | 5.33 | 3.04 | 92 |
| 2 | ⅠP7GS8 | 69.47 | 0.49 | 14.47 | 2.27 | 0.38 | 0.12 | 0.55 | 0.10 | 5.52 | 5.28 | 0.02 | 1.20 | 99.87 | 0.44 | 2.18 | 0.97 | 4.41 | 6.73 | 3.93 | 94 |
| 3 | ⅠP7GS10 | 67.93 | 0.59 | 15.28 | 2.50 | 0.25 | 0.04 | 0.33 | 0.37 | 6.38 | 5.20 | 0.09 | 0.65 | 99.61 | 0.32 | 3.31 | 0.91 | 5.38 | 6.69 | 2.25 | 92.2 |
| 4 | ⅡP6GS14 | 63.40 | 0.90 | 16.69 | 3.30 | 1.17 | 0.11 | 0.93 | 2.55 | 5.38 | 4.60 | 0.33 | 0.92 | 100.28 | 0.4 | 2.57 | 0.91 | 4.88 | 3.16 | 6.05 | 82.3 |
| 5 | ⅡP6G11 | 63.93 | 0.94 | 16.63 | 2.83 | 1.59 | 0.10 | 1.14 | 2.60 | 5.26 | 4.63 | 0.33 | 0.71 | 100.69 | 0.42 | 2.48 | 0.91 | 4.67 | 3.12 | 7.38 | 81.7 |
| 6 | ⅡGS2149 | 64.46 | 0.94 | 16.55 | 3.40 | 0.72 | 0.08 | 0.42 | 2.45 | 4.10 | 4.87 | 0.30 | 1.38 | 99.67 | 0.26 | 2.33 | 1.00 | 3.75 | 2.79 | 3.11 | 81.8 |
| 7 | ⅡP7GS30a | 64.16 | 1.32 | 14.20 | 5.57 | 0.57 | 0.05 | 0.80 | 3.77 | 3.30 | 2.64 | 0.79 | 2.68 | 99.85 | 0.34 | 2.12 | 0.94 | 1.67 | 1.99 | 6.21 | 73 |
| 8 | 2P12GS54a | 63.70 | 0.76 | 16.99 | 2.26 | 1.93 | 0.09 | 1.38 | 3.00 | 4.47 | 4.50 | 0.20 | 0.62 | 99.90 | 0.46 | 2.7 | 0.97 | 3.89 | 2.63 | 9.49 | 77.4 |
| 9 | 2GS3107-1 | 66.72 | 0.65 | 15.97 | 2.21 | 2.58 | 0.10 | 1.04 | 1.78 | 4.13 | 3.06 | 0.15 | 0.06 | 98.45 | 0.35 | 3.88 | 1.2 | 2.18 | 2.36 | 7.99 | 79.4 |
| 10 | 2GS7029 | 65.17 | 0.80 | 16.40 | 3.24 | 1.90 | 0.09 | 1.38 | 0.88 | 3.84 | 3.88 | 0.28 | 0.11 | 97.97 | 0.44 | 10.1 | 1.35 | 2.69 | 2.62 | 9.69 | 81.5 |

**表 3-73　额尔古纳玛尼吐组($J_3mn$)火山岩稀土元素组成**

单位:$\times10^{-6}$

| 序号 | 样品号 | La | Ce | Pr | Nd | Sm | Eu | Gd | Tb | Dy | Ho | Er | Tm | Yb | ΣLREE | ΣHREE | δEu |
|---|---|---|---|---|---|---|---|---|---|---|---|---|---|---|---|---|---|
| 1 | 2P13XT29-5 | 45.80 | 87.40 | 11.50 | 40 | 7.35 | 2.00 | 6.40 | 0.94 | 4.71 | 0.82 | 2.41 | 0.29 | 1.96 | 194 | 18 | 0.87 |

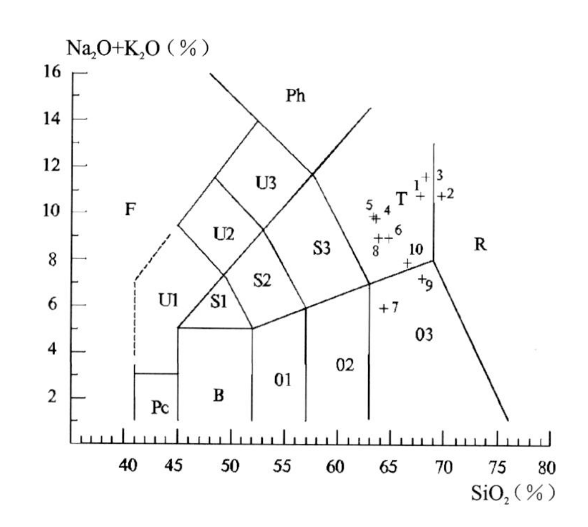


图 3-127　TAS 图解(据 Le Bas,1986)

F. 副长石岩;Pc. 苦橄玄武岩;B. 玄武岩;01. 玄武安山岩;02. 安山岩;03. 英安岩;S1. 粗面玄武岩;S2. 玄武粗安岩;S3. 粗安岩;T. 粗面岩、粗面英安岩;U1. 碧玄岩、碱玄岩;U2. 响岩质碱玄岩;U3. 碱玄质响岩;Ph. 响岩;R. 流纹岩

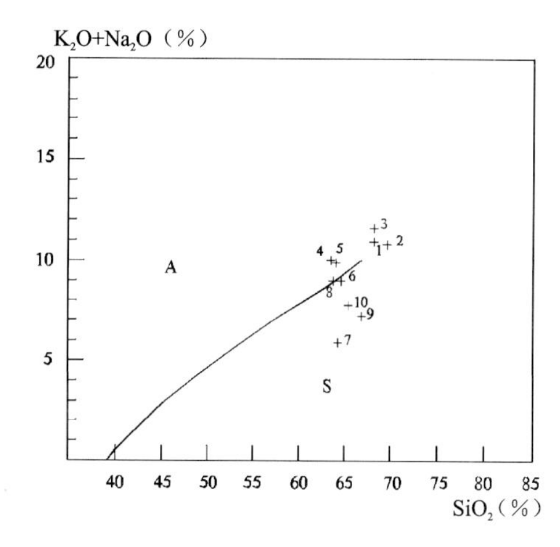


图 3-128　碱-二氧化硅图解(据 Irvine,1971)

A. 碱性区;S. 亚碱性区

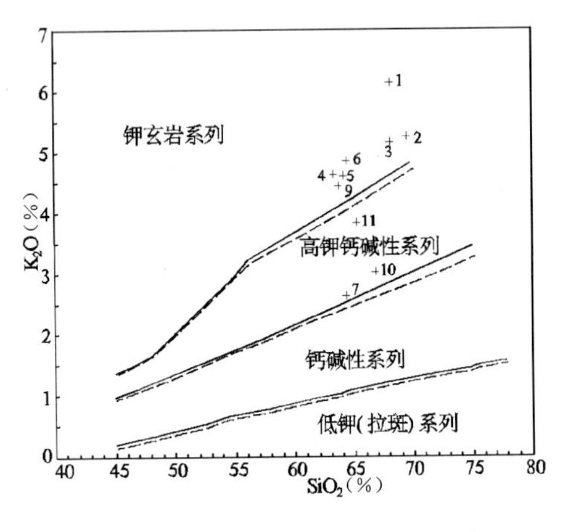


图 3-129　岩石系列 $K_2O$-$SiO_2$ 图解

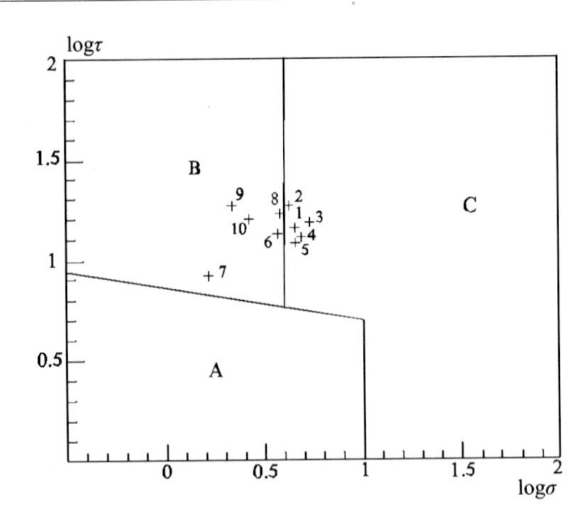


图 3-130　里特曼-戈蒂里图解(据 Rittmann,1973)

A. 非造山带火山岩;B. 造山带火山岩;

C. A、B 区派生的碱性、偏碱性火山岩

(2)海拉尔-呼玛俯冲-碰撞型火山-侵入岩带内玛尼吐组($J_3mn$)岩性为安山岩、英安岩及其火山碎屑岩。根据区域地质调查样品岩石化学数据(表 3-74～表 3-76)计算及投图分析,在 TAS 图解中为玄武粗安岩-粗安岩-粗面岩-流纹岩(图 3-131),在硅-碱图解上为碱性—亚碱性(图 3-132),在岩石系列 $K_2O$-$SiO_2$图解中为高钾钙碱系列-钾玄岩系列(图 3-133),在里特曼-戈蒂里图解上为造山带火山岩(图 3-134),稀土配分曲线显示轻稀土富集,有轻微的负铕异常(图 3-135),Th/Yb-Ta/Yb 图解为陆缘弧(图 3-136),壳幔混合源,判别构造环境为陆缘火山弧。

**表 3-74　海拉尔-呼玛玛尼吐组($J_3mn$)火山岩岩石化学组成**　　单位:%

| 序号 | 样品号 | $SiO_2$ | $TiO_2$ | $Al_2O_3$ | $Fe_2O_3$ | FeO | MnO | MgO | CaO | $Na_2O$ | $K_2O$ | $P_2O_5$ | LOS | Total | $Mg^{\#}$ | $FeO^*$ | A/CNK | σ | A. R | SI | DI |
|---|---|---|---|---|---|---|---|---|---|---|---|---|---|---|---|---|---|---|---|---|---|
| 1 | 2P13GS68 | 55.99 | 1.25 | 18.34 | 3.56 | 3.07 | 0.08 | 1.5 | 6.76 | 4.33 | 2.58 | 0.35 | 1.91 | 99.716 | 0.37 | 6.27 | 0.83 | 3.68 | 1.76 | 9.97 | 61.53 |
| 2 | C6EVP10 TC76 | 62.86 | 0.87 | 17.28 | 4.05 | 1.26 | 0.06 | 0.84 | 1.04 | 7.25 | 3.39 | 0.31 | 1.12 | 100.33 | 0.34 | 4.9 | 0.98 | 5.7 | 3.77 | 5 | 85.17 |
| 3 | C6EVP10 TC97 | 67.24 | 0.59 | 16.66 | 2.48 | 0.34 | 0.04 | 0.72 | 0.75 | 4.4 | 4.5 | 0.19 | 1.68 | 99.59 | 0.48 | 2.57 | 1.23 | 3.27 | 3.09 | 5.79 | 82.75 |
| 4 | C6EP23-1 TC22-1 | 53.84 | 1.31 | 15.96 | 5.97 | 2.29 | 0.11 | 2.56 | 5.99 | 3.32 | 3.03 | 0.7 | 3.94 | 99.02 | 0.5 | 7.66 | 0.81 | 3.72 | 1.81 | 14.9 | 64.23 |
| 7 | P27-1 GS100 | 67.14 | 0.4 | 15.68 | 2.24 | 2.12 | 0 | 0.27 | 0.93 | 4.23 | 5.17 | 0.13 | 0.9 | 99.21 | 0.14 | 4.13 | 1.1 | 3.66 | 3.61 | 1.92 | 87.62 |
| 8 | P27-1 GS90 | 74.02 | 0.1 | 13.12 | 0.7 | 1.98 | 0.08 | 0.12 | 0.25 | 3.95 | 5.05 | 0.03 | 0 | 99.4 | 0.09 | 2.61 | 1.06 | 2.61 | 5.12 | 1.02 | 93.53 |
| 9 | P27-1GS87 | 68.62 | 0.4 | 15.56 | 1.11 | 2.33 | 0.08 | 0.14 | 1.3 | 4.57 | 5.1 | 0.13 | 0 | 99.34 | 0.07 | 3.33 | 1.01 | 3.65 | 3.69 | 1.06 | 87.99 |
| 10 | W20GS1819 | 63.9 | 0.6 | 16.63 | 3.03 | 2.04 | 0.1 | 0.5 | 2.87 | 4.4 | 4.15 | 0.3 | 1.64 | 100.16 | 0.21 | 4.76 | 0.98 | 3.5 | 2.56 | 3.54 | 81.89 |
| 11 | GS10269 | 60.2 | 1.1 | 17.36 | 5.14 | 1.6 | 0.1 | 0.83 | 3.22 | 4.3 | 3.2 | 0.5 | 2.02 | 99.57 | 0.29 | 6.22 | 1.06 | 3.27 | 2.15 | 5.51 | 76.59 |
| 12 | GS4709 | 67.36 | 0.4 | 14.76 | 2.39 | 1.37 | 0.05 | 1.06 | 1.86 | 3.4 | 5.95 | 0.2 | 1.2 | 100 | 0.44 | 3.52 | 0.96 | 3.59 | 3.57 | 7.48 | 86.71 |
| 13 | W19GS3367 | 64.58 | 0.6 | 16.41 | 1.96 | 2.47 | 0.08 | 1.06 | 2.45 | 3.65 | 5.23 | 0.18 | 0.88 | 99.55 | 0.37 | 4.23 | 1.01 | 3.65 | 2.78 | 7.38 | 80.62 |
| 14 | W20GS1972 | 63.6 | 0.6 | 16.37 | 3.64 | 2.06 | 0.15 | 0.71 | 3.05 | 4.55 | 4.1 | 0.35 | 0.8 | 99.98 | 0.27 | 5.33 | 0.94 | 3.63 | 2.61 | 4.71 | 79.03 |
| 15 | 3GS203-1 | 56.5 | 1.13 | 15.84 | 6.73 | 0.93 | 0.14 | 3.49 | 4.63 | 4.9 | 2.8 | 0.47 | 2.72 | 100.28 | 0.63 | 6.98 | 0.81 | 4.39 | 2.21 | 18.5 | 67.78 |
| 16 | 3GS206 | 58.01 | 1.07 | 16.1 | 4.13 | 2.36 | 0.1 | 2.8 | 4.4 | 4.8 | 3 | 0.45 | 2.23 | 99.45 | 0.55 | 6.07 | 0.84 | 4.05 | 2.23 | 16.4 | 70.31 |
| 17 | 3P13GS2-1 | 53.72 | 1.4 | 17.49 | 4.18 | 3.86 | 4.18 | 2.75 | 7.46 | 4.25 | 1.5 | 0.4 | 3.75 | 104.94 | 0.47 | 7.62 | 0.79 | 3.08 | 1.6 | 16.6 | 51.78 |

**续表 3-74**

| 序号 | 样品号 | $SiO_2$ | $TiO_2$ | $Al_2O_3$ | $Fe_2O_3$ | FeO | MnO | MgO | CaO | $Na_2O$ | $K_2O$ | $P_2O_5$ | LOS | Total | $Mg^{\#}$ | $FeO^*$ | A/CNK | $\sigma$ | A.R | SI | DI |
|---|---|---|---|---|---|---|---|---|---|---|---|---|---|---|---|---|---|---|---|---|---|
| 18 | 3P13GS2-22 | 57.47 | 1.1 | 16.9 | 4.12 | 2.38 | 0.14 | 2.01 | 5.69 | 3.8 | 2.5 | 0.4 | 3.64 | 100.15 | 0.47 | 6.08 | 0.88 | 2.74 | 1.77 | 13.6 | 67.45 |
| 19 | W19P5 GS41-1 | 66.66 | 0.07 | 12.93 | 0.11 | 0.21 | 0.01 | 0.67 | 3.91 | 2.93 | 2.48 | 0.025 | 12.1 | 102.1 | 0.81 | 0.31 | 0.89 | 1.24 | 1.95 | 10.5 | 69.29 |
| 20 | W19P4 TC4-1GS | 69.22 | 0.38 | 14.69 | 1.57 | 2.1 | 0.1 | 0.47 | 1.14 | 4.14 | 5.62 | 0.175 | 0.12 | 99.725 | 0.24 | 3.51 | 0.98 | 3.63 | 4.22 | 3.38 | 88.83 |
| 21 | W19P4 TC6-1GS | 68.53 | 0.48 | 14.62 | 2.32 | 1.33 | 0.13 | 0.35 | 1.17 | 4.14 | 5.62 | 0.175 | 0.72 | 99.58 | 0.22 | 3.42 | 0.97 | 3.73 | 4.24 | 2.54 | 90.76 |
| 22 | W19GS1477 | 69.2 | 0.49 | 14.74 | 2.14 | 1.02 | 0.04 | 0.49 | 0.93 | 3.9 | 5.47 | 0.125 | 1.4 | 99.945 | 0.32 | 2.94 | 1.05 | 3.35 | 3.97 | 3.76 | 87.16 |
| 23 | W19GS 1735-2 | 64.1 | 0.6 | 16.25 | 3.64 | 1.25 | 0.14 | 1.26 | 2.73 | 3.9 | 4.8 | 0.2 | 1.48 | 100.35 | 0.45 | 4.52 | 0.98 | 3.59 | 2.69 | 8.48 | 80.51 |
| 24 | W19GS 6141a | 63.78 | 0.8 | 15.05 | 3.64 | 2.23 | 0.05 | 0.91 | 2.38 | 3.58 | 4.8 | 0.33 | 1 | 98.55 | 0.31 | 5.5 | 0.98 | 3.38 | 2.85 | 6 | 81.06 |
| 25 | W19GS 3024b | 69.16 | 0.1 | 13.99 | 1.21 | 0.95 | 0.03 | 0.76 | 1.05 | 3.15 | 4.85 | 0.04 | 4.94 | 100.23 | 0.48 | 2.04 | 1.13 | 2.45 | 3.27 | 6.96 | 77.6 |
| 26 | W19GS3051 | 67.88 | 0.64 | 15.49 | 2.02 | 1.95 | 0.04 | 0.93 | 1.05 | 4.6 | 4.45 | 0.21 | 1.16 | 100.42 | 0.37 | 3.77 | 1.09 | 3.29 | 3.42 | 6.67 | 85.09 |
| 27 | W19GS3340 | 54.84 | 1.3 | 14.47 | 3.2 | 4.48 | 0.14 | 2.77 | 5.96 | 3.48 | 3.45 | 0.48 | 4.9 | 99.47 | 0.46 | 7.36 | 0.71 | 4.06 | 2.03 | 15.9 | 63.07 |
| 28 | W19GS 3955-2 | 68 | 0.8 | 15.03 | 2.68 | 3.33 | 0 | 0 | 2.24 | 4.48 | 3.63 | 0.23 | 0.54 | 100.96 | 0 | 5.74 | 0.97 | 2.63 | 2.77 | 0 | 82.77 |
| 29 | W19GS 2514-1 | 53.4 | 1.7 | 19.29 | 7.77 | 0.2 | 0.35 | 1.46 | 5.68 | 2.6 | 2.5 | 0.87 | 4.8 | 100.62 | 0.43 | 7.19 | 1.11 | 2.5 | 1.51 | 10.1 | 57.01 |
| 30 | W19GS2515 | 65.1 | 0.7 | 16.01 | 2.01 | 2.47 | 0.1 | 0.86 | 2.38 | 4.85 | 4.35 | 0.2 | 0.52 | 99.55 | 0.31 | 4.28 | 0.95 | 3.83 | 3 | 5.91 | 82.08 |
| 31 | W19GS2520 | 67.42 | 0.8 | 15.37 | 2.94 | 1.52 | 0.08 | 0.5 | 0.77 | 4.6 | 5 | 0.25 | 1.26 | 100.51 | 0.24 | 4.16 | 1.07 | 3.77 | 3.94 | 3.43 | 85.31 |
| 32 | W19GS 2528-1 | 67.2 | 0 | 16.08 | 1.53 | 1.9 | 0.1 | 0.58 | 1.65 | 4.55 | 4.75 | 0.23 | 1 | 99.57 | 0.29 | 3.28 | 1.04 | 3.57 | 3.21 | 4.36 | 87.38 |
| 33 | W19GS 2529-3 | 67.28 | 0.8 | 15.26 | 3 | 1.18 | 0.13 | 1.01 | 0.7 | 4.25 | 4.8 | 0.3 | 1.74 | 100.45 | 1 | 3.88 | 1.14 | 3.37 | 3.62 | 7.09 | 80.92 |
| 34 | W1E60005 | 65.82 | 0.36 | 15.39 | 7.51 | 1.6 | 0.09 | 0.6 | 1.18 | 3.65 | 5.35 | 0.13 | 4.5 | 106.18 | 0.19 | 8.35 | 1.1 | 3.55 | 3.38 | 3.21 | 70.53 |
| 36 | W1E23086 | 70.56 | 0.3 | 14.03 | 1.53 | 1.32 | 0.08 | 0.71 | 1.54 | 4.1 | 4.05 | 0.1 | 1.46 | 99.78 | 0.4 | 2.7 | 1.01 | 2.41 | 3.2 | 6.06 | 87.28 |
| 37 | W1E23078 | 67.12 | 0.5 | 15.36 | 2.17 | 1.4 | 0.1 | 0.83 | 1.51 | 3.5 | 4.85 | 0.2 | 2.02 | 99.564 | 0.4 | 3.35 | 1.13 | 2.89 | 2.96 | 6.51 | 81.36 |
| 38 | WE23277 | 68.94 | 0.36 | 16.15 | 2.06 | 1.12 | 0.04 | 0.43 | 1.23 | 4.45 | 4.8 | 0.05 | 0.9 | 100.53 | 0.28 | 2.97 | 1.09 | 3.3 | 3.28 | 3.34 | 89.33 |
| 39 | WETC20278 | 62.76 | 0.48 | 17.6 | 2.94 | 0.77 | 1.1 | 1.59 | 1.51 | 2.05 | 4.75 | 0.06 | 6.12 | 101.73 | 0.59 | 3.41 | 1.57 | 2.34 | 2.1 | 13.1 | 67.73 |
| 40 | WE20082 | 65.44 | 0.34 | 15.41 | 1.08 | 2.66 | 0.1 | 1.13 | 2.24 | 4.5 | 5.3 | 0.05 | 1.8 | 100.05 | 1 | 3.63 | 0.89 | 4.28 | 3.5 | 7.7 | 84.66 |
| 41 | WE13126-1 | 66.14 | 0.44 | 15.55 | 0.4 | 3.96 | 0.05 | 1.54 | 0.95 | 5.65 | 3.2 | 0.1 | 1.4 | 99.38 | 0.4 | 4.32 | 1.08 | 3.38 | 3.31 | 10.4 | 80.26 |
| 42 | WE20071 | 69.66 | 0.52 | 15.96 | 0.47 | 1.42 | 0.01 | 0.68 | 0.95 | 3.95 | 4.7 | 0.02 | 2.22 | 100.56 | 0.43 | 1.84 | 1.2 | 2.81 | 3.09 | 6.06 | 82.22 |
| 43 | WE45013 | 69.4 | 0.38 | 15.07 | 1.78 | 0.79 | 0.02 | 0.18 | 1.12 | 3.75 | 6.6 | 0.08 | 0.54 | 99.71 | 0.16 | 2.39 | 0.98 | 4.06 | 4.54 | 1.37 | 92.35 |
| 44 | WE42202-1 | 70.02 | 0.26 | 15.07 | 1.12 | 1.12 | 0.05 | 0.5 | 0.25 | 4.45 | 5.25 | 0.05 | 0.56 | 98.7 | 0.35 | 2.13 | 1.12 | 3.48 | 4.45 | 4.02 | 91.25 |
| 45 | WE75116 | 69.76 | 0.36 | 14.25 | 2.72 | 0.7 | 0.04 | 0.81 | 0.49 | 4.15 | 4.4 | 0.08 | 1.56 | 99.32 | 0.44 | 3.15 | 1.14 | 2.73 | 3.76 | 6.34 | 84.33 |
| 46 | W26GSP 26Tc5 | 70.06 | 0.02 | 15.11 | 1.66 | 1.34 | 0.05 | 0.4 | 1.54 | 4.9 | 4.3 | 0.08 | 1.3 | 100.76 | 0.26 | 2.83 | 0.97 | 3.13 | 3.47 | 3.17 | 89.53 |
| 47 | WE42912 | 69.56 | 0.18 | 12.32 | 0.46 | 1.75 | 0.08 | 0.18 | 1.23 | 3.9 | 3.63 | 0.05 | 6.74 | 100.08 | 0.13 | 2.16 | 0.98 | 2.13 | 3.5 | 1.81 | 75.56 |
| 48 | W1E23073 | 67.01 | 0.5 | 16.51 | 1.64 | 1.4 | 0.02 | 0.1 | 1.68 | 3.9 | 5.05 | 0.2 | 1.06 | 99.068 | 0.07 | 2.87 | 1.1 | 3.34 | 2.94 | 0.81 | 88.18 |

表 3-75　海拉尔-呼玛玛尼吐组($J_3mn$)火山岩稀土元素组成　　单位:$\times10^{-6}$

| 序号 | 样品号 | La | Ce | Pr | Nd | Sm | Eu | Gd | Tb | Dy | Ho | Er | Tm | Yb | Lu | ΣREE | ΣLREE | ΣHREE | LREE/HREE | δEu |
|---|---|---|---|---|---|---|---|---|---|---|---|---|---|---|---|---|---|---|---|---|
| 1 | 2P13 GS68 | 34.5 | 66.1 | 9.49 | 33.2 | 6.38 | 1.71 | 6.78 | 0.91 | 5.2 | 1.02 | 2.95 | 0.43 | 2.78 | 0.45 | 171.9 | 151 | 20.52 | 7.38 | 0.79 |
| 2 | C6EVP 10TC76 | 46.3 | 95.2 | 7.96 | 36.4 | 6.2 | 1.05 | 4.04 | 0.56 | 3.67 | 0.62 | 1.73 | 0.22 | 1.59 | 0.2 | 205.7 | 193 | 12.63 | 15.29 | 0.6 |
| 3 | C6EVP 10TC97 | 55.1 | 102 | 9.89 | 48 | 8.13 | 1.84 | 5.3 | 0.9 | 5.25 | 0.98 | 2.67 | 0.4 | 2.19 | 0.28 | 242.9 | 225 | 17.97 | 12.52 | 0.81 |
| 4 | C6EVP 23-1T C22-1 | 48.1 | 87.8 | 8.9 | 46.7 | 7.55 | 1.96 | 5.48 | 0.85 | 4.07 | 0.67 | 1.74 | 0.24 | 1.35 | 0.19 | 215.6 | 201 | 14.59 | 13.78 | 0.89 |
| 5 | 6XT4049 | 0 | 58.7 | 7 | 28.9 | 6.36 | 1.92 | 6.46 | 0.86 | 4.66 | 0.9 | 2.47 | 0.34 | 2.02 | 0.34 | 120.9 | 103 | 18.05 | 5.7 | 0.91 |
| 6 | C2AP 25-1TC6 | 29 | 55.4 | 6.53 | 33.4 | 6.45 | 1.65 | 4.49 | 0.62 | 3.78 | 0.64 | 1.45 | 0.18 | 1.06 | 0.15 | 144.8 | 132 | 12.37 | 10.71 | 0.89 |

表 3-76　海拉尔-呼玛玛尼吐组($J_3mn$)火山岩微量元素含量　　单位:$\times10^{-6}$

| 序号 | 样品号 | Sr | Rb | Ba | Th | Ta | Nb | Hf | Zr | Cr | Ni | Co | U | B | V | Y | Cs | Sc | Ga | Li | Rb/Sr | Zr/Hf | U/Th |
|---|---|---|---|---|---|---|---|---|---|---|---|---|---|---|---|---|---|---|---|---|---|---|---|
| 1 | 2P13GS68 | 377.6 | 161.4 | 975.2 | 18.2 | | 14.9 | | 310 | 8.04 | 5.54 | 3.97 | 4.31 | | 43.4 | | | | | | 0.43 | | 0.24 |
| 2 | C6EVP10 TC76 | 640 | 74.3 | 1160 | 18 | 1.4 | 16 | 5.7 | 250 | 11.2 | 10.4 | 8.8 | 2.6 | 0.4 | 70 | 12.4 | 3.28 | 6.6 | 45 | 33 | 0.12 | 43.86 | 0.14 |
| 3 | C6EVP10 TC97 | 340 | 119 | 1530 | 14 | 2.3 | 13 | 13 | 400 | 5.52 | 5.5 | 1.5 | 2.4 | 0.7 | 23 | 19.1 | 29.3 | 5.2 | 87 | 24.5 | 0.35 | 30.77 | 0.17 |
| 4 | C6EVP23-1 TC22-1 | 1060 | 77.9 | 940 | 13 | 1.6 | 14 | 8.8 | 335 | 90.2 | 38.2 | 22.4 | 1.2 | 0.75 | 150 | 14.2 | 5.38 | 16 | 66 | 57.8 | 0.07 | 38.07 | 0.09 |
| 5 | 6XT4049 | 504.7 | 35.5 | 628 | 7.4 | | 10.1 | | 170.7 | 19 | 9.9 | 17 | 2.94 | | 125.5 | 23.46 | | | | 61.2 | 0.07 | | 0.40 |
| 6 | C2AP25-1 TC6 | | | | 6.3 | 1.6 | 9.6 | 6 | 210 | | | | | | | 13.4 | | | | | | 35.00 | 0.00 |

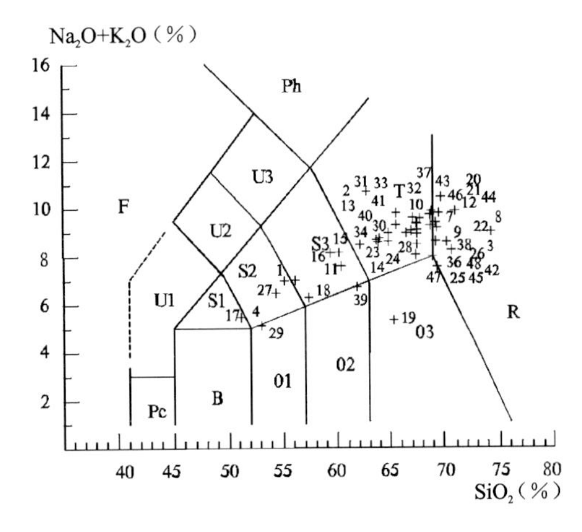


图 3-131　TAS 图解(据 Le Bas,1986)

F. 副长石岩;Pc. 苦橄玄武岩;B. 玄武岩;01. 玄武安山岩;02. 安山岩;03. 英安岩;S1. 粗面玄武岩;S2. 玄武粗安岩;S3. 粗安岩;T. 粗面岩、粗面英安岩;U1. 碧玄岩、碱玄岩;U2. 响岩质碱玄岩;U3. 碱玄质响岩;Ph. 响岩;R. 流纹岩

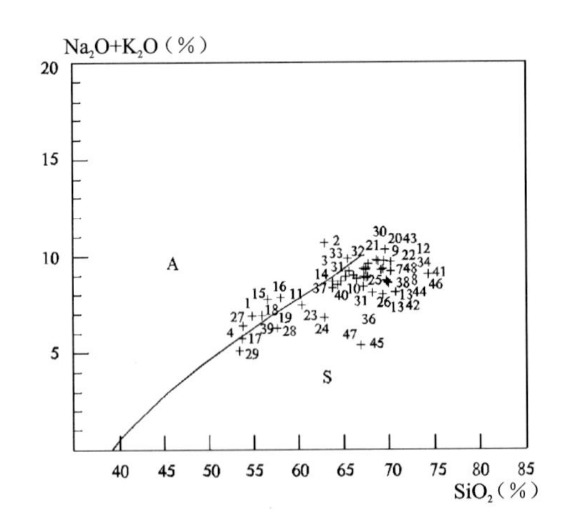


图 3-132　碱-二氧化硅图解(据 Irvine,1971)

A. 碱性区;S. 亚碱性区

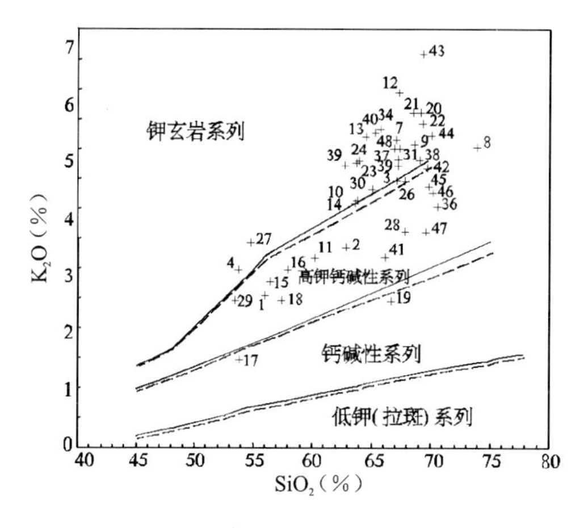


图 3-133　岩石系列 $K_2O$-$SiO_2$ 图解

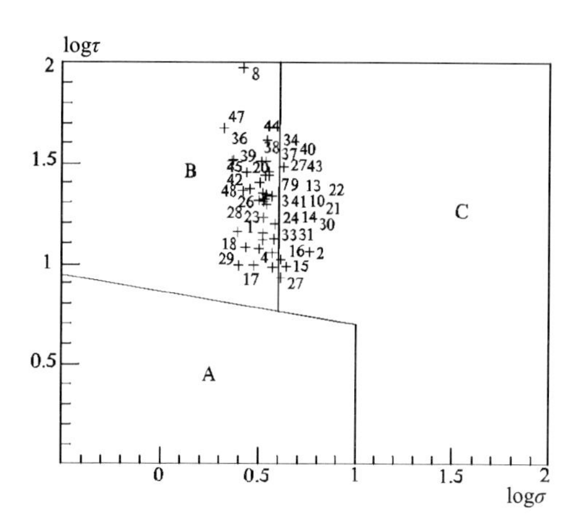


图 3-134　里特曼-戈蒂里图解(据 Rittmann,1973)
A. 非造山带火山岩;B. 造山带火山岩;
C. A、B 区派生的碱性、偏碱性火山岩

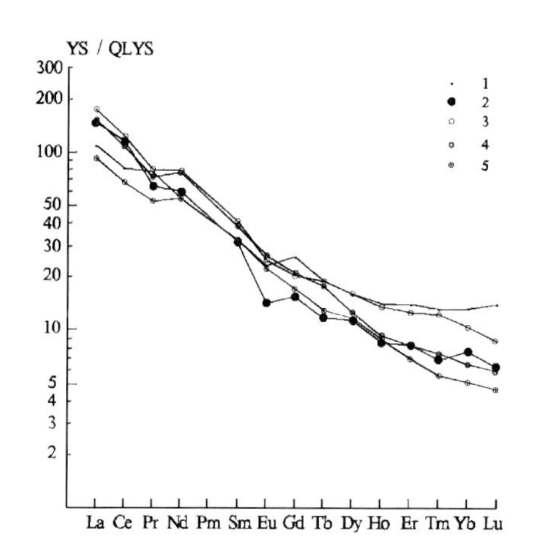


图 3-135　岩石稀土元素/球粒陨石标准化模式图
(据 Coryell,1963)

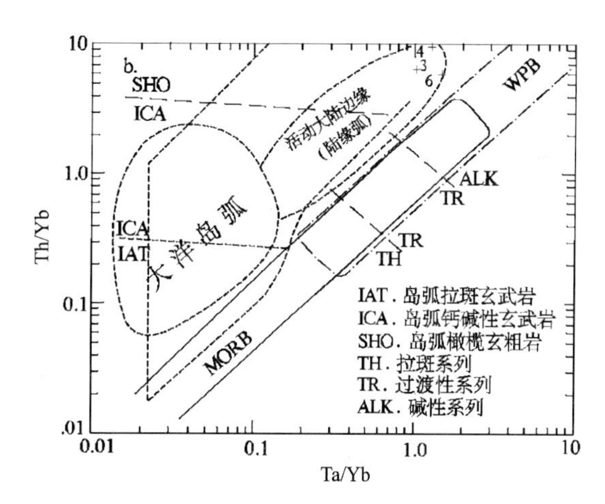


图 3-136　Th/Yb-Ta/Yb 图解

(3)东乌珠穆沁旗-多宝山俯冲-碰撞型火山-侵入岩带内玛尼吐组($J_3mn$)岩性为安山岩、英安岩、流纹岩及其火山碎屑岩。根据区域地质调查样品岩石化学数据(表 3-77～表 3-79)计算及投图分析,TAS 分类为玄武粗安岩-粗安岩-粗面岩-流纹岩(图 3-137),在硅-碱图解上为亚碱性(图 3-138),在岩石系列 $K_2O$-$SiO_2$ 图解中为高钾钙碱系列-钾玄岩系列(图 3-139),在 A-C-F 图解中以 S 型花岗岩为主,少量 I 型花岗岩,显示以壳源为主的壳幔混合源(图 3-140),在里特曼-戈蒂里图解上为造山带火山岩(图 3-141),$FeO^*$-$MgO$-$Al_2O_3$ 图解上为岛弧扩张中心火山岩(图 3-142),判别为陆缘弧火山岩组合。

**表 3-77　东乌珠穆沁旗-多宝山玛尼吐组($J_3mn$)火山岩岩石化学组成**　　单位:%

| 序号 | 样品号 | $SiO_2$ | $TiO_2$ | $Al_2O_3$ | $Fe_2O_3$ | FeO | MnO | MgO | CaO | $Na_2O$ | $K_2O$ | $P_2O_5$ | LOS | Total | $Mg^\#$ | $FeO^*$ | A/CNK | σ | A.R | SI | DI |
|---|---|---|---|---|---|---|---|---|---|---|---|---|---|---|---|---|---|---|---|---|---|
| 1 | 2P26GS5 | 66.06 | 0.49 | 15.95 | 2.33 | 1.36 | 0.10 | 0.70 | 2.91 | 3.92 | 4.43 | 0.18 | 0.90 | 99.33 | 0.34 | 3.45 | 0.96 | 3.02 | 2.59 | 5.49 | 79.35 |
| 2 | 6GS6103 | 67.54 | 0.66 | 16.86 | 2.99 | 0.31 | 0.13 | 1.03 | 1.40 | 3.50 | 5.06 | 0.19 | 0.32 | 99.99 | 0.55 | 3.00 | 1.22 | 2.99 | 2.76 | 7.99 | 82.23 |
| 3 | 6GS3179-1 | 77.26 | 0.17 | 12.01 | 1.22 | 0.30 | 0.04 | 0.13 | 0.52 | 2.70 | 3.86 | 0.04 | 1.04 | 99.29 | 0.21 | 1.40 | 1.26 | 1.26 | 3.20 | 1.58 | 90.89 |
| 4 | 6P13GS35 | 70.73 | 0.31 | 15.33 | 1.27 | 0.34 | 0.06 | 0.24 | 0.34 | 5.14 | 4.86 | 0.08 | 0.61 | 99.31 | 0.33 | 1.48 | 1.06 | 3.61 | 4.53 | 2.03 | 94.76 |
| 5 | 6P13GS16 | 62.27 | 0.76 | 17.28 | 3.45 | 1.15 | 0.11 | 1.46 | 3.67 | 4.06 | 3.99 | 0.30 | 1.51 | 100.01 | 0.50 | 4.25 | 0.98 | 3.36 | 2.25 | 10.35 | 72.62 |

**续表 3-77**

| 序号 | 样品号 | $SiO_2$ | $TiO_2$ | $Al_2O_3$ | $Fe_2O_3$ | FeO | MnO | MgO | CaO | $Na_2O$ | $K_2O$ | $P_2O_5$ | LOS | Total | $Mg^{\#}$ | $FeO^{*}$ | A/CNK | σ | A. R | SI | DI |
|---|---|---|---|---|---|---|---|---|---|---|---|---|---|---|---|---|---|---|---|---|---|
| 6 | 6GS3020 | 63.24 | 0.93 | 17.01 | 2.64 | 2.48 | 0.12 | 1.62 | 3.54 | 4.86 | 3.12 | 0.31 | 0.08 | 99.95 | 0.44 | 4.85 | 0.96 | 3.15 | 2.27 | 11.01 | 73.03 |
| 7 | D1235 | 60.25 | 0.70 | 18.38 | 3.20 | 2.35 | 0.07 | 1.92 | 3.30 | 5.10 | 2.56 | 0.29 | 2.17 | 100.29 | 0.48 | 5.23 | 1.07 | 3.40 | 2.09 | 12.69 | 70.35 |
| 8 | Ⅸ70P13 GS73 | 54.41 | 0.85 | 18.22 | 4.71 | 3.56 | 0.17 | 3.36 | 6.80 | 4.12 | 1.55 | 0.35 | 1.48 | 99.58 | 0.52 | 7.79 | 0.88 | 2.82 | 1.59 | 19.42 | 49.74 |
| 9 | 4P9GS1-4 | 73.51 | 0.39 | 13.61 | 0.57 | 2.24 | 0.04 | 1.19 | 1.24 | 0.35 | 4.00 | 0.10 | 2.09 | 99.33 | 0.46 | 2.75 | 1.90 | 0.62 | 1.83 | 14.25 | 79.32 |
| 10 | 4P9GS4-6 | 71.47 | 1.25 | 13.60 | 0.88 | 2.18 | 0.09 | 0.40 | 0.75 | 3.30 | 4.00 | 0.08 | 1.29 | 99.29 | 0.22 | 2.97 | 1.23 | 1.87 | 3.07 | 3.72 | 87.49 |
| 11 | WE54238 | 74.40 | 0.10 | 13.18 | 1.10 | 1.71 | 0.03 | 0.40 | 0.14 | 1.88 | 5.30 | 0.13 | 1.20 | 99.57 | 0.25 | 2.70 | 1.47 | 1.64 | 3.34 | 3.85 | 90.20 |
| 12 | WE54257 | 75.24 | 0.20 | 12.19 | 0.72 | 2.05 | 0.05 | 0.18 | 0.21 | 3.18 | 5.40 | 0.05 | 0.28 | 99.75 | 0.11 | 2.70 | 1.07 | 2.28 | 5.49 | 1.56 | 93.43 |
| 13 | WE54255 | 55.60 | 1.60 | 16.03 | 5.33 | 3.52 | 0.13 | 2.97 | 4.31 | 3.15 | 2.65 | 0.43 | 3.60 | 99.32 | 0.48 | 8.31 | 1.01 | 2.67 | 1.80 | 16.86 | 57.94 |
| 14 | WE30742 | 70.41 | 0.40 | 14.33 | 1.23 | 1.77 | 0.08 | 0.53 | 0.56 | 3.80 | 5.20 | 0.10 | 1.32 | 99.73 | 0.29 | 2.88 | 1.12 | 2.96 | 4.06 | 4.23 | 90.23 |
| 15 | WE30189 | 61.74 | 0.60 | 16.59 | 0.80 | 3.87 | 0.12 | 1.74 | 3.54 | 3.60 | 3.50 | 0.30 | 1.74 | 98.14 | 0.42 | 4.59 | 1.03 | 2.69 | 2.09 | 12.88 | 69.12 |
| 16 | WE29058 | 70.14 | 0.50 | 14.92 | 1.10 | 1.08 | 0.05 | 0.05 | 0.91 | 3.68 | 5.40 | 0.11 | 1.42 | 99.36 | 0.04 | 2.07 | 1.11 | 3.04 | 3.69 | 0.44 | 91.12 |
| 17 | WP51E68 | 71.88 | 0.14 | 12.18 | 1.10 | 0.27 | 0.04 | 0.10 | 2.03 | 2.10 | 4.30 | 0.05 | 6.54 | 100.73 | 0.16 | 1.26 | 1.03 | 1.42 | 2.64 | 1.27 | 86.90 |
| 18 | WP51E60 | 76.82 | 0.10 | 10.85 | 0.99 | 1.36 | 0.04 | 0.10 | 0.49 | 3.00 | 4.95 | 0.03 | 0.74 | 99.47 | 0.08 | 2.25 | 0.96 | 1.87 | 5.69 | 0.96 | 94.58 |
| 19 | IGS4285 | 60.30 | 0.80 | 18.65 | 2.38 | 2.48 | 0.12 | 1.42 | 4.95 | 4.84 | 2.72 | 0.26 | 0.84 | 99.76 | 0.42 | 4.62 | 0.94 | 3.30 | 1.94 | 10.26 | 67.19 |
| 20 | IGS4287 | 64.47 | 0.80 | 17.00 | 2.14 | 2.00 | 0.12 | 0.96 | 2.95 | 5.16 | 3.91 | 0.22 | 0.57 | 100.30 | 0.38 | 3.92 | 0.94 | 3.83 | 2.67 | 6.77 | 79.31 |
| 21 | 4P18GS8 | 71.81 | 0.40 | 13.67 | 0.95 | 1.63 | 0.06 | 0.38 | 1.16 | 3.10 | 5.80 | 0.10 | 0.93 | 99.99 | 0.24 | 2.48 | 1.01 | 2.75 | 4.00 | 3.20 | 89.40 |
| 22 | W26P27 Tc19.3 | 65.46 | 0.20 | 15.17 | 1.40 | 2.34 | 0.15 | 0.58 | 1.82 | 5.25 | 2.75 | 0.08 | 4.28 | 99.48 | 0.25 | 3.60 | 1.02 | 2.85 | 2.78 | 4.71 | 83.11 |

**表 3-78　东乌珠穆沁旗-多宝山玛尼吐组($J_3mn$)火山岩稀土元素组成**　　单位：$\times10^{-6}$

| 序号 | 样品号 | La | Ce | Pr | Nd | Sm | Eu | Gd | Tb | Dy | Ho | Er | Tm | Yb | Lu | ΣREE | ΣLREE | ΣHREE | LREE/HREE | δEu |
|---|---|---|---|---|---|---|---|---|---|---|---|---|---|---|---|---|---|---|---|---|
| 1 | 2P26GS5 | 42.43 | 67.40 | 7.70 | 26.70 | 4.43 | 1.22 | 3.90 | 0.59 | 3.20 | 0.63 | 1.97 | 0.33 | 2.28 | 0.35 | 177.43 | 149.88 | 13.25 | 11.31 | 0.88 |
| 2 | 6GS6103 |  | 92.66 | 9.95 | 36.72 | 7.08 | 1.51 | 6.28 | 0.78 | 4.04 | 0.75 | 2.10 | 0.29 | 1.70 | 0.27 | 191.43 | 147.92 | 16.21 | 9.13 | 0.68 |
| 3 | 6GS3179-1 |  | 53.95 | 5.86 | 18.56 | 3.36 | 0.39 | 3.26 | 0.43 | 2.53 | 0.51 | 1.51 | 0.23 | 1.46 | 0.24 | 109.59 | 82.12 | 10.17 | 8.07 | 0.36 |
| 4 | 6P13GS35 | 23.03 | 45.57 | 4.02 | 13.98 | 2.67 | 0.83 | 2.54 | 0.29 | 1.73 | 0.34 | 1.00 | 0.15 | 0.99 | 0.18 | 97.32 | 90.10 | 7.22 | 12.48 | 0.96 |
| 5 | 6P13GS16 | 35.21 | 66.27 | 7.95 | 30.46 | 5.93 | 1.68 | 5.49 | 0.70 | 3.79 | 0.76 | 2.17 | 0.31 | 1.96 | 0.31 | 162.99 | 147.50 | 15.49 | 9.52 | 0.89 |
| 6 | 6GS3020 | 24.08 | 58.68 | 6.34 | 25.18 | 4.71 | 1.68 | 4.53 | 0.60 | 3.37 | 0.67 | 1.97 | 0.27 | 1.55 | 0.25 | 133.88 | 120.67 | 13.21 | 9.13 | 1.10 |
| 7 | D1235 | 51.40 | 85.30 | 9.23 | 40.00 | 6.89 | 1.98 | 5.47 | 0.77 | 3.93 | 0.66 | 2.05 | 0.32 | 2.03 | 0.31 | 210.34 | 194.80 | 15.54 | 12.54 | 0.95 |

**表 3-79　东乌珠穆沁旗-多宝山玛尼吐组($J_3mn$)火山岩微量元素含量**　　单位：$\times10^{-6}$

| 序号 | 样品号 | Sr | Rb | Ba | Th | Ta | Nb | Hf | Zr | Cr | Ni | Co | V | U | Y | Cs | Sc | Ga | Li | Rb/Sr | U/Th | Zr/Hf |
|---|---|---|---|---|---|---|---|---|---|---|---|---|---|---|---|---|---|---|---|---|---|---|
| 1 | 2P26GS5 | 430.30 | 127.70 | 815.00 | 15.60 |  | 11.40 |  | 261.50 | 20.70 | 4.30 | 6.30 | 29.20 |  | 19.40 |  |  |  | 16.60 | 0.30 |  |  |
| 2 | 6GS6103 | 450.60 | 125.20 | 1 227.00 | 14.30 |  | 11.60 |  | 377.50 | 12.60 | 5.30 | 7.80 | 23.70 | 2.46 | 19.84 |  |  |  | 58.10 | 0.28 | 0.17 |  |

**续表 3-79**

| 序号 | 样品号 | Sr | Rb | Ba | Th | Ta | Nb | Hf | Zr | Cr | Ni | Co | V | U | Y | Cs | Sc | Ga | Li | Rb/Sr | U/Th | Zr/Hf |
|---|---|---|---|---|---|---|---|---|---|---|---|---|---|---|---|---|---|---|---|---|---|---|
| 3 | 6GS3179-1 | 82.60 | 115.20 | 260.00 | 18.30 |  | 12.00 |  | 125.80 | 13.90 | 2.30 | 3.50 | 12.80 | 2.97 | 14.32 |  |  |  | 11.50 | 1.39 | 0.16 |  |
| 4 | 6P13GS35 | 101.50 | 104.00 | 1 275.00 | 18.00 |  | 11.40 |  | 307.80 | 11.40 | 2.00 | 4.90 | 14.60 | 2.28 | 9.72 |  |  |  | 25.00 | 1.02 | 0.13 |  |
| 5 | 6P13GS16 | 794.00 | 85.00 | 949.00 | 9.10 |  | 8.40 |  | 209.70 | 25.10 | 8.70 | 13.00 | 77.80 | 1.41 | 21.44 |  |  |  | 13.10 | 0.11 | 0.15 |  |
| 6 | 6GS3020 | 613.10 | 70.00 | 1 173.00 | 10.70 |  | 9.70 |  | 214.20 | 21.60 | 10.80 | 11.30 | 74.90 | 1.56 | 17.91 |  |  |  | 22.00 | 0.11 | 0.15 |  |
| 7 | D1235 | 1 170.00 | 42.10 | 1 420.00 | 4.76 | 0.50 | 5.89 | 8.26 | 355.00 | 19.40 | 9.45 | 157.00 | 93.30 | 1.55 | 18.00 | 4.75 | 5.28 | 23.10 |  | 0.04 | 0.33 | 42.98 |
| 8 | Ⅸ70P13 GS73 | 824.00 | 32.40 | 635.00 |  | 0.73 | 5.14 | 2.28 | 68.20 | 9.30 | 1.60 | 22.70 | 123.00 |  |  | 5.25 | 15.40 |  | 25.40 | 0.04 |  | 29.91 |

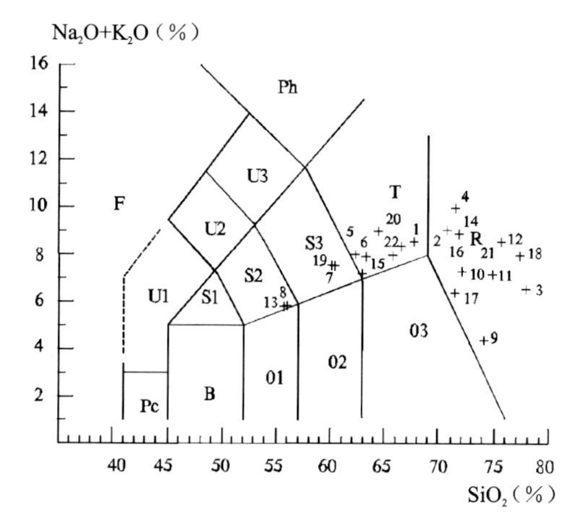


图 3-137　TAS 图解（据 Le Bas，1986）

F. 副长石岩；Pc. 苦橄玄武岩；B. 玄武岩；01. 玄武安山岩；02. 安山岩；03. 英安岩；S1. 粗面玄武岩；S2. 玄武粗安岩；S3. 粗安岩；T. 粗面岩、粗面英安岩；U1. 碧玄岩、碱玄岩；U2. 响岩质碱玄岩；U3. 碱玄质响岩；Ph. 响岩；R. 流纹岩

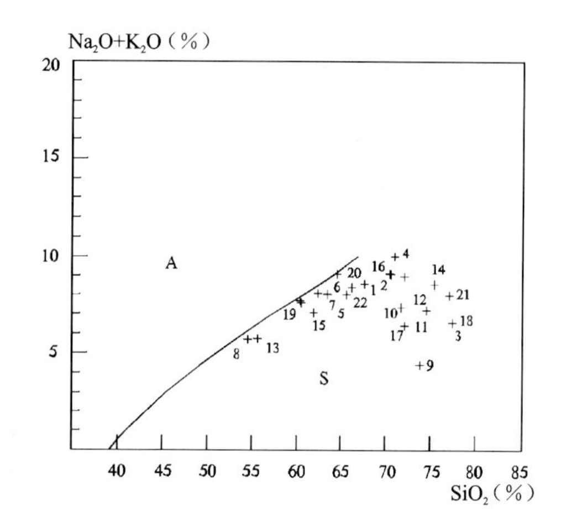


图 3-138　碱-二氧化硅图解（据 Irvine，1971）

A. 碱性区；S. 亚碱性区

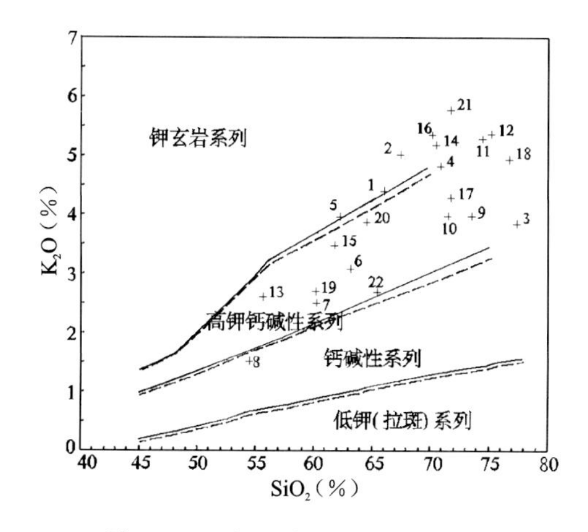


图 3-139　岩石系列 $K_2O$-$SiO_2$ 图解

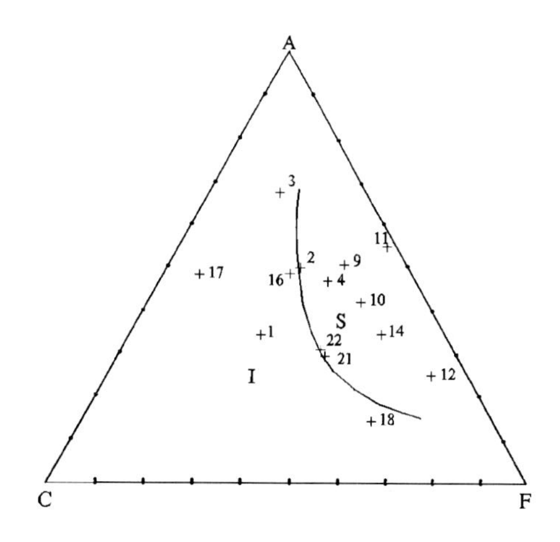


图 3-140　S 型、I 型花岗岩判别图解（据中田节也，1979）

I. I 型花岗岩；S. S 型花岗岩

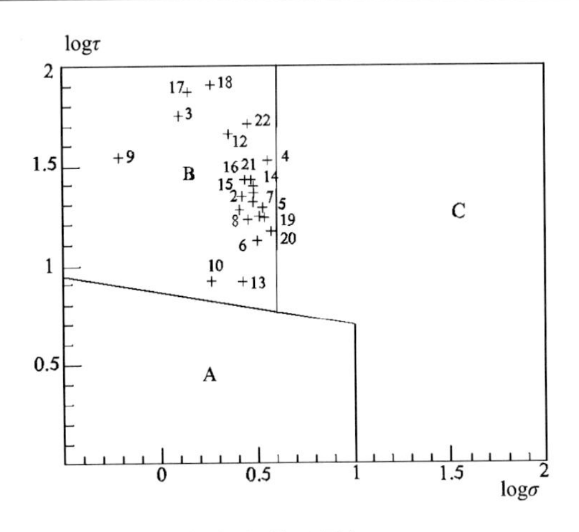


图 3-141　里特曼-戈蒂里图解(据 Rittmann,1973)
A. 非造山带火山岩;B. 造山带火山岩;
C. A、B 区派生的碱性、偏碱性火山岩

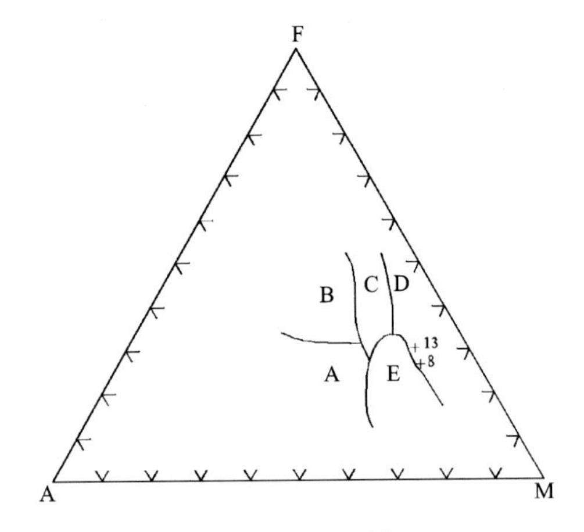


图 3-142　$FeO^{*}$-MgO-$Al_2O_3$ 图解(据 Pearce,1977)
A. 洋中脊火山岩;B. 洋岛火山岩;C. 大陆火山岩;
D. 岛弧扩张中心火山岩;E. 造山带火山岩

(4)锡林浩特俯冲-碰撞型火山-侵入岩带内玛尼吐组为辉石安山岩、角闪安山岩、安山岩、粗安岩、流纹质凝灰岩等。根据区域地质调查样品岩石化学数据(表 3-80～表 3-82)计算及投图分析,TAS 分类为玄武粗安岩-粗安岩、流纹岩,少部分为玄武安山岩-安山岩-英安岩-流纹岩(图 3-143),岩石为碱性—亚碱性系列,以亚碱性为主(图 3-144),亚碱性又以钙碱性为主,拉斑系列次之(图 3-145)。在 $K_2O$-$SiO_2$ 图解中为钙碱系列—高钾钙碱系列-钾玄岩系列(图 3-146),在里特曼-戈蒂里图解上为造山带火山岩(图 3-147),稀土配分曲线显示轻稀土富集,轻微负铕异常(图 3-148),在 Th/Yb-Ta/Yb 图解中为陆缘弧(图 3-149),在 A-F-M 图解中主要为岛弧扩张中心火山岩和造山带火山岩,个别投到洋中脊区域(图 3-150),综合判断为陆缘弧火山岩组合。

**表 3-80　锡林浩特玛尼吐组($J_3mn$)火山岩岩石化学组成**　　单位:%

| 序号 | 样品号 | $SiO_2$ | $TiO_2$ | $Al_2O_3$ | $Fe_2O_3$ | FeO | MnO | MgO | CaO | $Na_2O$ | $K_2O$ | $P_2O_5$ | LOS | Total | $Mg^{\#}$ | $FeO^{*}$ | A/CNK | σ | A. R | SI | DI |
|---|---|---|---|---|---|---|---|---|---|---|---|---|---|---|---|---|---|---|---|---|---|
| 1 | ⅠP2GS21 | 59.3 | 0.72 | 17.3 | 2.67 | 2.89 | 0.12 | 2.48 | 4.38 | 4.48 | 2.86 | 0.22 | 2.09 | 99.52 | 0.53 | 5.29 | 0.94 | 3.31 | 2.02 | 16.1 | 65.7 |
| 2 | ⅤGS4337-1 | 63 | 0.66 | 16.7 | 1.32 | 3.47 | 0.08 | 0.88 | 2.7 | 4.43 | 5.2 | 0.16 | 1 | 99.54 | 0.29 | 4.66 | 0.94 | 4.64 | 2.98 | 5.75 | 78.5 |
| 3 | GS383 | 57.9 | 1.04 | 16.2 | 5.23 | 3.02 | 0.13 | 1.6 | 4.1 | 4.4 | 2.85 | 0.61 | 2.49 | 99.59 | 0.36 | 7.72 | 0.91 | 3.53 | 2.11 | 9.36 | 66.7 |
| 4 | ZP3-1GS12 | 62.8 | 0.64 | 17.1 | 3.38 | 1.58 | 0.11 | 1.5 | 3.92 | 4.03 | 2.62 | 0.3 | 1.52 | 99.54 | 0.48 | 4.62 | 1.03 | 2.23 | 1.92 | 11.4 | 69.7 |
| 5 | ⅠGS2404 | 54.3 | 0.93 | 18.8 | 4.91 | 1.44 | 0.06 | 4.16 | 4.46 | 4.54 | 3.06 | 0.35 | 2.42 | 99.46 | 0.68 | 5.85 | 1 | 5.11 | 1.97 | 23 | 58.7 |
| 6 | ⅠGS4559 | 66.2 | 0.37 | 16.1 | 1.8 | 1.74 | 0.09 | 1.1 | 2.18 | 4.98 | 3.46 | 0.12 | 1.47 | 99.68 | 0.44 | 3.36 | 1.01 | 3.07 | 2.71 | 8.41 | 81.5 |
| 7 | ⅢGS147-1 | 63.1 | 0.46 | 16.3 | 1.9 | 3.65 | 0.14 | 1.88 | 3.16 | 5.36 | 2.98 | 0.31 | 1.15 | 100.5 | 0.43 | 5.36 | 0.92 | 3.45 | 2.5 | 11.9 | 73.6 |
| 8 | GS328a | 48.3 | 0.84 | 14.2 | 2.98 | 4.19 | 0.08 | 9.61 | 6.1 | 2.33 | 3.32 | 0.91 | 6.53 | 99.38 | 0.76 | 6.87 | 0.76 | 5.98 | 1.77 | 42.8 | 42.4 |
| 9 | GS332 | 58.8 | 1 | 17 | 3.2 | 3.47 | 0.1 | 2.13 | 3.01 | 4.46 | 3.01 | 0.61 | 2.25 | 98.96 | 0.45 | 6.35 | 1.05 | 3.54 | 2.2 | 13.1 | 70.2 |
| 13 | P23TC111 | 60.5 | 0.75 | 16.5 | 5.51 | 1.01 | 0.06 | 2.39 | 4.19 | 3.72 | 3.01 | 0.3 | 2.78 | 100.7 | 0.56 | 5.96 | 0.97 | 2.59 | 1.97 | 15.3 | 65.3 |
| 14 | P23TC214 | 64.8 | 0.7 | 16.6 | 1.52 | 3.2 | 0.06 | 1.38 | 2.67 | 5.33 | 3.23 | 0.25 | 1.12 | 100.9 | 0.39 | 4.57 | 0.97 | 3.36 | 2.6 | 9.41 | 77.1 |
| 15 | P23TC217 | 65.8 | 0.8 | 17.1 | 2.92 | 0.78 | 0.05 | 1.27 | 3.18 | 3.53 | 3.3 | 0.2 | 1.14 | 100 | 0.54 | 3.41 | 1.12 | 2.05 | 2.02 | 10.8 | 74.5 |
| 16 | ⅠGS3344 | 64.1 | 0.86 | 15.9 | 3.78 | 1.1 | 0.08 | 1.58 | 1.92 | 4.8 | 3.4 | 0.19 | 2.17 | 99.81 | 0.52 | 4.5 | 1.06 | 3.19 | 2.71 | 10.8 | 79.5 |

**续表 3-80**

| 序号 | 样品号 | $SiO_2$ | $TiO_2$ | $Al_2O_3$ | $Fe_2O_3$ | FeO | MnO | MgO | CaO | $Na_2O$ | $K_2O$ | $P_2O_5$ | LOS | Total | $Mg^{\#}$ | $FeO^*$ | A/CNK | $\sigma$ | A.R | SI | DI |
|---|---|---|---|---|---|---|---|---|---|---|---|---|---|---|---|---|---|---|---|---|---|
| 17 | ⅠP18GS33 | 61.9 | 2.78 | 16.7 | 3.36 | 1.71 | 0.08 | 2.36 | 2.79 | 4.75 | 2.75 | 0.22 | 2.51 | 101.9 | 0.58 | 4.73 | 1.05 | 2.98 | 2.25 | 15.8 | 71.8 |
| 18 | ⅠP14GS53 | 75.5 | 0.1 | 13 | 0.03 | 0.78 | 0.08 | 0.05 | 0.54 | 4.06 | 3.42 | 0.02 | 1.64 | 99.24 | 0.08 | 0.81 | 1.14 | 1.72 | 3.46 | 0.6 | 93.8 |
| 19 | HGS51-1 | 72.6 | 0.14 | 14 | 1.67 | 0.72 | 0.1 | 0.28 | 0.2 | 3.55 | 4.65 | 0.06 | 1.8 | 99.81 | 0.27 | 2.22 | 1.25 | 2.27 | 3.73 | 2.58 | 92.5 |
| 21 | P25-65 | 56.2 | 1.1 | 16.3 | 9.43 | 1.28 | 0.17 | 4.47 | 1.31 | 3.85 | 1.9 | 0.19 | 3.95 | 100.1 | 0.61 | 9.76 | 1.51 | 2.51 | 1.97 | 21.4 | 61.6 |
| 22 | P25-59 | 66.6 | 0.65 | 15.8 | 2.86 | 1.78 | 0.17 | 0.67 | 0.36 | 0.45 | 4.5 | 0.18 | 1.43 | 95.44 | 0.29 | 4.35 | 2.54 | 1.04 | 1.88 | 6.53 | 79.8 |
| 23 | P25-58 | 59.8 | 0.9 | 18.2 | 3.71 | 2.45 | 0.15 | 1.24 | 1.68 | 5.15 | 3.3 | 0.35 | 2.29 | 99.25 | 0.36 | 5.79 | 1.21 | 4.25 | 2.48 | 7.82 | 77.5 |
| 24 | P26-35 | 62.6 | 0.54 | 16.7 | 3.46 | 1.9 | 0.1 | 1.54 | 1.23 | 4.64 | 4.92 | 0.26 | 1.92 | 99.77 | 0.45 | 5.01 | 1.1 | 4.67 | 3.28 | 9.36 | 82.1 |
| 25 | P26-90 | 58.2 | 0.9 | 17.2 | 2.95 | 4.72 | 0.16 | 3.6 | 1.71 | 5.9 | 1.45 | 0.3 | 2.49 | 99.52 | 0.52 | 7.37 | 1.21 | 3.57 | 2.27 | 19.3 | 68.3 |
| 26 | HGS52-3 | 73.6 | 0.16 | 13.5 | 1.45 | 0.63 | 0.07 | 0 | 0.29 | 3.98 | 4.83 | 0.07 | 1.64 | 100.2 | 0 | 1.93 | 1.11 | 2.54 | 4.51 | 0 | 94.9 |
| 27 | 1583 | 61.8 | 0.8 | 15.7 | 1.82 | 3.17 | 0.08 | 4.59 | 4.03 | 3.98 | 2.04 | 0.24 | 3.13 | 101.4 | 0.68 | 4.81 | 0.97 | 1.93 | 1.88 | 29.4 | 61.4 |
| 28 | ⅤⅢ-82-1 | 64.3 | 0.56 | 16.2 | 3.44 | 0.69 | 0.08 | 1.54 | 3.35 | 3.68 | 4.04 | 0.1 | 1.95 | 99.97 | 0.56 | 3.78 | 0.98 | 2.8 | 2.3 | 11.5 | 74.3 |
| 29 | Ⅶ-94-1 | 76.8 | 0.1 | 12.8 | 0.85 | 0.56 | 0.05 | 0.24 | 0.17 | 2.8 | 4.64 | 0.03 | 0.9 | 99.88 | 0.32 | 1.32 | 1.29 | 1.64 | 3.7 | 2.64 | 94 |
| 30 | Ⅶ-102 | 74.9 | 0.1 | 13.1 | 1.04 | 0.74 | 0.04 | 0.3 | 0.08 | 3.54 | 4.8 | 0.02 | 0.95 | 99.66 | 0.3 | 1.67 | 1.18 | 2.18 | 4.44 | 2.88 | 94.8 |
| 31 | 8006 | 54.7 | 0.9 | 13.9 | 1.41 | 4.09 | 0.1 | 8.62 | 9.03 | 4.22 | 0.6 | 0.03 |  | 97.61 | 0.77 | 5.36 | 0.58 | 1.99 | 1.53 | 45.5 | 40.2 |
| 32 | 10050-7 | 39 | 0.04 | 1.64 | 7.7 | 1.6 | 0.13 | 36.5 | 0.76 | 1.9 | 0.27 | 0.08 |  | 89.63 | 0.93 | 8.52 | 0.33 | −1.2 | 19.9 | 76.1 | 7.79 |
| 33 | 10051-3 | 36 | 0 | 1.14 | 14.5 | 3.09 | 0.3 | 32.9 | 1.47 | 0.12 | 0.09 | 0.05 |  | 89.66 | 0.87 | 16.1 | 0.38 | 0 | 1.18 | 65 | 1.75 |
| 34 | P23TC33 | 60.1 | 0.6 | 17 | 2.84 | 3.26 | 0.09 | 2.24 | 5.1 | 4.38 | 1.83 | 0.3 | 1.58 | 99.31 | 0.48 | 5.81 | 0.92 | 2.26 | 1.78 | 15.4 | 62.6 |
| 35 | P23TC37 | 63.4 | 0.6 | 15.6 | 3.36 | 1.78 | 0.06 | 1.78 | 5.01 | 2.98 | 2.48 | 0.02 | 2.02 | 99.02 | 0.5 | 4.8 | 0.94 | 1.46 | 1.72 | 14.4 | 64.7 |
| 36 | P23TC39 | 60.2 | 0.6 | 16.8 | 3.41 | 2.82 | 0.08 | 2.28 | 4.51 | 3.89 | 2.45 | 0.3 | 1.9 | 99.19 | 0.5 | 5.89 | 0.97 | 2.34 | 1.85 | 15.4 | 63.8 |
| 37 | P23TC220 | 64.9 | 0.6 | 16.6 | 1.84 | 2.6 | 0.08 | 1.37 | 3.25 | 5.17 | 2.47 | 0.3 | 1.24 | 100.4 | 0.42 | 4.25 | 0.98 | 2.67 | 2.25 | 10.2 | 75.1 |
| 38 | P23TC221 | 61.8 | 0.6 | 16.2 | 3.39 | 2.3 | 0.07 | 2.03 | 4.76 | 3.44 | 2.47 | 0.16 | 1.96 | 99.12 | 0.5 | 5.35 | 0.95 | 1.86 | 1.79 | 14.9 | 64.2 |
| 39 | P23TC227 | 63.8 | 0.6 | 16.6 | 3.92 | 0.58 | 0.06 | 0.96 | 3.29 | 4.79 | 3.14 | 0.3 | 1.34 | 99.39 | 0.44 | 4.1 | 0.96 | 3.02 | 2.32 | 7.17 | 76.5 |
| 40 | ⅠP5GS21 | 51 | 0.77 | 16.9 | 2.93 | 2.71 | 0.06 | 1.9 | 2.73 | 5.25 | 3.17 | 0.38 | 2.13 | 89.87 | 0.46 | 5.34 | 0.98 | 8.87 | 2.51 | 11.9 | 72 |
| 41 | ⅠP4GS14 | 51.3 | 0.74 | 16.3 | 2.81 | 2.93 | 0.08 | 2.43 | 3.43 | 4.38 | 2.78 | 0.24 | 2.39 | 89.77 | 0.51 | 5.46 | 0.99 | 6.21 | 2.14 | 15.9 | 65.4 |
| 42 | ⅠP2GS22 | 58.9 | 0.55 | 17.3 | 2.66 | 2.59 | 0.09 | 2.01 | 3.13 | 5.02 | 3.45 | 0.21 | 3.58 | 99.47 | 0.49 | 4.98 | 0.97 | 4.5 | 2.42 | 12.8 | 72.4 |
| 43 | ⅡP6GS5 | 57 | 0.87 | 18.6 | 4 | 2.84 | 0.11 | 2.1 | 4.72 | 4.86 | 2.24 | 0.27 | 0.53 | 98.18 | 0.45 | 6.44 | 0.98 | 3.6 | 1.87 | 13.1 | 62.3 |
| 44 | ⅡP9GS6 | 63 | 0.95 | 16.4 | 2.43 | 2.21 | 0.18 | 0.95 | 2.65 | 7.55 | 0.57 | 0.32 | 2.96 | 100.1 | 0.35 | 4.39 | 0.91 | 3.3 | 2.49 | 6.93 | 80.2 |
| 45 | ⅡP3GS4 | 54.4 | 1.09 | 17.8 | 3.74 | 4.4 | 0.12 | 3.48 | 7.57 | 3.74 | 1.88 | 0.33 | 2.1 | 100.6 | 0.51 | 7.76 | 0.81 | 2.78 | 1.57 | 20.2 | 48.5 |
| 46 | ⅡP3GS6 | 60.6 | 0.87 | 17 | 4.89 | 1.2 | 0.07 | 2.93 | 2.22 | 5.61 | 3.23 | 0.1 | 0.71 | 99.42 | 0.62 | 5.6 | 1.01 | 4.45 | 2.7 | 16.4 | 73.8 |

续表 3-80

| 序号 | 样品号 | $SiO_2$ | $TiO_2$ | $Al_2O_3$ | $Fe_2O_3$ | FeO | MnO | MgO | CaO | $Na_2O$ | $K_2O$ | $P_2O_5$ | LOS | Total | Mg# | FeO* | A/CNK | σ | A.R | SI | DI |
|---|---|---|---|---|---|---|---|---|---|---|---|---|---|---|---|---|---|---|---|---|---|
| 47 | VGS5213 | 65.9 | 0.49 | 45.5 | 1.3 | 2.69 | 0.04 | 0.74 | 1.77 | 4.15 | 5.55 | 0.1 | 1.3 | 129.5 | 0.29 | 3.86 | 2.82 | 4.11 | 1.52 | 5.13 | 64.3 |
| 48 | VGS3303-2 | 68.3 | 0.39 | 15.8 | 0.61 | 3.38 | 0.05 | 1 | 2.03 | 4.4 | 3.78 | 0.13 | 0.75 | 100.7 | 0.33 | 3.93 | 1.05 | 2.64 | 2.69 | 7.59 | 80.1 |
| 49 | Ⅰ-50 | 67.7 | 0.3 | 15.5 | 2.54 | 0.88 | 0.08 | 1.15 | 1.94 | 3.88 | 4.94 | 0.09 | 1.5 | 100.6 | 0.52 | 3.16 | 1.01 | 3.14 | 3.04 | 8.59 | 83.1 |
| 50 | Ⅰ-44 | 61 | 0.8 | 16 | 2.67 | 2.59 | 0.08 | 3.91 | 3.96 | 3.34 | 3.74 | 0.13 | 1.7 | 99.86 | 0.65 | 4.99 | 0.95 | 2.79 | 2.1 | 24.1 | 64.3 |
| 51 | ⅢP7E16 | 72.5 | 0.37 | 13.4 | 1.64 | 0.63 | 0.01 | 0 | 0.64 | 4.54 | 5.16 | 0.08 | 0.76 | 99.67 | 0 | 2.1 | 0.94 | 3.19 | 5.51 | 0 | 95.5 |
| 52 | ⅢP7E12 | 68.7 | 0.38 | 13.2 | 1.26 | 0.87 | 0.08 | 0.07 | 2.38 | 4.54 | 2.5 | 0.04 | 5.73 | 99.68 | 0.09 | 2 | 0.91 | 1.93 | 2.66 | 0.76 | 86.6 |
| 53 | ⅢGS126 | 56.7 | 1.49 | 16.9 | 3.06 | 4 | 0.12 | 3.45 | 5.5 | 4.01 | 2.22 | 0.33 | 2.14 | 99.86 | 0.54 | 6.75 | 0.88 | 2.84 | 1.77 | 20.6 | 56.8 |
| 54 | ⅣGS3710 | 74.9 | 0.06 | 13 | 0.32 | 0.54 | 0.02 | 0.02 | 0.6 | 5.14 | 4.52 | 0.02 | 0.26 | 99.38 | 0 | 0.83 | 0.89 | 2.92 | 5.97 | 0.19 | 96.5 |
| 55 | ⅣP14GS31 | 76.4 | 0.09 | 11.8 | 0.62 | 0.99 | 0.02 | 0.19 | 0.24 | 1.04 | 7.24 | 0 | 1.07 | 99.71 | 0.22 | 1.55 | 1.18 | 2.05 | 5.36 | 1.88 | 94.1 |
| 56 | ⅣP13GS38 | 76.3 | 0.12 | 12.8 | 0.79 | 0.74 | 0.03 | 0.14 | 0.59 | 2.28 | 5.46 | 0.01 | 1.39 | 100.7 | 0.17 | 1.45 | 1.19 | 1.8 | 3.73 | 1.49 | 92.7 |
| 57 | ⅣP13GS32 | 76.3 | 0.08 | 12.8 | 0.71 | 0.6 | 0.03 | 0.03 | 0.47 | 1.01 | 5.78 | 0.01 | 1.55 | 99.36 | 0.08 | 1.24 | 1.47 | 1.38 | 3.1 | 0.37 | 91.8 |
| 58 | ⅣGS3245 | 68.1 | 0.33 | 16.2 | 1.51 | 1.56 | 0.08 | 0.41 | 1 | 4.62 | 5.54 | 0.06 | 1.1 | 100.5 | 0.25 | 2.92 | 1.04 | 4.11 | 3.91 | 3.01 | 89.3 |
| 59 | ⅣP12GS88 | 58 | 0.99 | 18.3 | 1.48 | 4.9 | 0.12 | 1.62 | 4.63 | 4.48 | 3.6 | 0.31 | 1.27 | 99.77 | 0.34 | 6.23 | 0.93 | 4.34 | 2.09 | 10.1 | 64.4 |
| 60 | ⅣP12GS32 | 72.9 | 0.22 | 12.5 | 1.14 | 1.77 | 0.04 | 0.57 | 0.48 | 3.9 | 5.5 | 0.06 | 0.43 | 99.52 | 0.31 | 2.79 | 0.95 | 2.96 | 6.24 | 4.43 | 93.2 |
| 61 | ⅣP12GS27 | 75 | 0.22 | 12.9 | 1.05 | 0.6 | 0.04 | 0.74 | 0.33 | 3.96 | 3.83 | 0.05 | 0.83 | 99.53 | 0.56 | 1.54 | 1.14 | 1.9 | 3.87 | 7.27 | 92.9 |
| 62 | ⅣP11GS170 | 69.7 | 0.36 | 14.7 | 1.23 | 2.15 | 0.06 | 0.03 | 1.46 | 4.06 | 5.84 | 0.1 | 0.8 | 100.5 | 0.03 | 3.26 | 0.94 | 3.67 | 4.17 | 0.23 | 89.3 |
| 63 | ⅣP11GS160 | 74.5 | 0.13 | 13.1 | 0.63 | 1.05 | 0.04 | 0.06 | 0.63 | 3.93 | 5.58 | 10.2 | 0.47 | 110.3 | 0.05 | 1.62 | 0.97 | 2.87 | 5.48 | 0.53 | 87.3 |
| 64 | ⅣP11GS121 | 64.1 | 0.64 | 17.1 | 2.86 | 2.48 | 0.08 | 0.03 | 0.95 | 5.64 | 4.19 | 0.43 | 1.96 | 100.5 | 0.02 | 5.05 | 1.11 | 4.58 | 3.39 | 0.2 | 87.6 |
| 65 | ⅣP11GS100 | 57.4 | 0.63 | 10.7 | 10.4 | 4.37 | 0.15 | 1.74 | 5.99 | 3.09 | 1.94 | 0.03 | 4.27 | 100.7 | 0.26 | 13.7 | 0.59 | 1.76 | 1.86 | 8.08 | 56.5 |
| 66 | HGSZJE150 | 67.9 | 0.36 | 16.2 | 2.41 | 0.39 | 0.07 | 0.29 | 0.85 | 5.5 | 5.53 | 0.82 | 1.77 | 102.1 | 0.27 | 2.56 | 0.98 | 4.89 | 4.66 | 2.05 | 93.2 |

表 3-81 锡林浩特玛尼吐组($J_3mn$)火山岩稀土元素组成

单位：$\times10^{-6}$

| 序号 | 样品号 | La | Ce | Pr | Nd | Sm | Eu | Gd | Tb | Dy | Ho | Er | Tm | Yb | Lu | ΣREE | ΣLREE | ΣHREE | LREE/HREE | δEu |
|---|---|---|---|---|---|---|---|---|---|---|---|---|---|---|---|---|---|---|---|---|
| 1 | ⅠP2GS21 | 23.08 | 51.23 | 5.28 | 26.49 | 5.89 | 1.44 | 4.96 | 0.78 | 3.77 | 0.74 | 2.14 | 0.29 | 1.84 | 0.17 | 142.4 | 113.41 | 14.69 | 7.72 | 0.79 |
| 2 | VGs4337-1 | 27.11 | 56.64 | 7.4 | 27.95 | 6 | 1.56 | 5.21 | 0.71 | 4.62 | 0.97 | 2.69 | 0.39 | 2.56 | 0.41 | 171.52 | 126.66 | 17.56 | 7.21 | 0.83 |
| 3 | GS383 | 40.45 | 71 | 8.57 | 44.28 | 8.06 | 2.69 | 8.55 | 1.35 | 6.44 | 1.3 | 3.73 | 0.55 | 3.58 | 0.53 | 218.38 | 175.05 | 26.03 | 6.72 | 0.98 |
| 4 | ZP3-1GS12 | 22.5 | 46.7 | 5.85 | 22.9 | 4.37 | 1.22 | 3.82 | 0.57 | 3.28 | 0.61 | 1.94 | 0.28 | 1.71 | 0.3 | 116.05 | 103.54 | 12.51 | 8.28 | 0.89 |
| 5 | ⅠGS2404 | 30.14 | 69.38 | 8.8 | 35.46 | 6.53 | 1.94 | 4.68 | 0.48 | 2.86 | 0.61 | 1.43 | 0.8 | 1.22 | 0.13 | 164.46 | 152.25 | 12.21 | 12.47 | 1.02 |
| 6 | ⅠGS4559 | 27.7 | 52.48 | 6.21 | 24.79 | 4.37 | 1.06 | 2.96 | 0.6 | 2.75 | 0.69 | 1.63 | 0.32 | 1.76 | 0.14 | 127.46 | 116.61 | 10.85 | 10.75 | 0.85 |
| 7 | ⅢGS147-1 | 28.64 | 62.82 | 6.88 | 31.46 | 6.34 | 1.71 | 5.25 | 0.68 | 3.74 | 0.78 | 2 | 0.3 | 2.05 | 0.28 | 152.93 | 137.85 | 15.08 | 9.14 | 0.88 |

**续表 3-81**

| 序号 | 样品号 | La | Ce | Pr | Nd | Sm | Eu | Gd | Tb | Dy | Ho | Er | Tm | Yb | Lu | ΣREE | ΣLREE | ΣHREE | LREE/HREE | δEu |
|---|---|---|---|---|---|---|---|---|---|---|---|---|---|---|---|---|---|---|---|---|
| 8 | GS328a | 14.02 | 34.65 | 42.33 | 17.94 | 4.22 | 1.27 | 4.03 | 0.56 | 3.19 | 0.62 | 1.68 | 0.26 | 1.67 | 0.26 | 126.70 | 114.43 | 12.27 | 9.33 | 0.93 |
| 9 | GS332 | 35.19 | 75.66 | 9.85 | 35.95 | 7.68 | 2.34 | 7.89 | 1.23 | 6.4 | 1.45 | 3.7 | 0.55 | 3.55 | 0.6 | 192.04 | 166.67 | 25.37 | 6.57 | 0.91 |
| 10 | HCT67-1 | 27.26 | 55.35 | 6.3 | 29.18 | 5 | 1.72 | 3.82 | 3.9 | 2.78 | 0.85 | 2.62 | 0.38 | 2.28 | 0.28 | 141.72 | 124.81 | 16.91 | 7.38 | 1.16 |
| 11 | HCT69 | 24.7 | 46.4 | 5.28 | 22.3 | 3.44 | 0.96 | 4.16 | 0.88 | 2 | 2.56 | 1.74 | 0.3 | 1.84 | 0.22 | 116.78 | 103.08 | 13.70 | 7.52 | 0.78 |
| 12 | Xt407 | 29.59 | 50.02 | 5.27 | 23.2 | 4.18 | 0.97 | 3.39 | 0.45 | 2.92 | 0.57 | 1.64 | 0.23 | 1.51 | 0.2 | 124.14 | 113.23 | 10.91 | 10.38 | 0.76 |
| 13 | P23TC111 | 22 | 39.9 | 5.38 | 24.9 | 4.98 | 1.4 | 4.5 | 0.68 | 3.8 | 0.72 | 1.98 | 0.3 | 1.78 | 0.27 | 133.19 | 98.56 | 14.03 | 7.02 | 0.89 |
| 14 | P23TC214 | 29.5 | 58.5 | 7.29 | 28.1 | 5.35 | 1.57 | 4.5 | 0.74 | 4.07 | 0.79 | 2.65 | 0.4 | 0.77 | 0.43 | 162.76 | 130.31 | 14.35 | 9.08 | 0.95 |
| 15 | P23TC217 | 32.4 | 64.7 | 7.57 | 32.4 | 6.53 | 1.79 | 4.87 | 0.8 | 4.7 | 0.99 | 2.83 | 0.47 | 3.04 | 0.48 | 176.57 | 145.39 | 18.18 | 8.00 | 0.93 |
| 16 | ⅠGS3344 | 36.01 | 81.07 | 10.21 | 42.47 | 8.34 | 1.76 | 7.23 | 1.01 | 6.06 | 1.33 | 3.34 | 0.55 | 3.26 | 0.37 | 215.61 | 179.86 | 23.15 | 7.77 | 0.68 |
| 17 | ⅠP18GS33 | 15.9 | 32.6 | 3.24 | 16.1 | 3.17 | 0.99 | 2.78 | 0.35 | 1.86 | 0.3 | 0.87 | 0.13 | 0.85 | 0.14 | 96.58 | 72.00 | 7.28 | 9.89 | 1.00 |
| 18 | ⅠP14GS53 | 18 | 42.3 | 3.02 | 13.8 | 2.44 | 0.13 | 1.53 | 0 | 1.85 | 0.37 | 1.11 | 0.18 | 1.27 | 0.73 | 107.13 | 79.69 | 7.04 | 11.32 | 0.19 |
| 19 | HGS51-1 | 19.94 | 39.07 | 4.5 | 20.6 | 3.28 | 0.44 | 2.44 | 0.76 | 2.26 | 0.56 | 1.74 | 0.26 | 1.84 | 0.22 | 111.31 | 87.83 | 10.08 | 8.71 | 0.46 |
| 20 | HCT53-2 | 20.44 | 42.33 | 5.28 | 21.46 | 3.28 | 0.44 | 2.08 | 0.76 | 2.1 | 0.56 | 1.74 | 0.28 | 1.76 | 0.22 | 117.73 | 93.23 | 9.50 | 9.81 | 0.48 |

**表 3-82 锡林浩特玛尼吐组($J_3mn$)火山岩微量元素含量** 单位：$\times 10^{-6}$

| 序号 | 样品号 | Sr | Rb | Ba | Th | Ta | Nb | Hf | Zr | Cr | Ni | Co | V | U | Y | Cs | Sc | Li | Rb/Sr | U/Th | Zr/Hf |
|---|---|---|---|---|---|---|---|---|---|---|---|---|---|---|---|---|---|---|---|---|---|
| 1 | ⅠP2GS21 | | | | | | | | | | | | | | 9.27 | | | | | | |
| 2 | VGs4337-1 | 312 | 89 | | | | | 27 | 690 | | 5 | 5 | | | 23.36 | | 14.75 | | 0.29 | | 25.56 |
| 3 | GS383 | 585.9 | 59 | 1111 | | | | | 221 | 17.7 | 5.46 | 8.33 | 90.77 | | 35.09 | | | | 0.10 | | |
| 4 | ZP3-1GS12 | 614.1 | 56.4 | 831 | 5 | | 8.3 | | 180.2 | 16.1 | 7 | 10.9 | 53.4 | | 17.5 | | | 22.5 | 0.09 | | |
| 5 | ⅠGS2404 | 1196 | 39 | 1800 | | 0.2 | 4 | 2.4 | 89 | 4.3 | 3.4 | 2.1 | 66 | | 31 | 0.8 | | 11 | 0.03 | | 37.08 |
| 6 | ⅠGS4559 | | | 1400 | | 0.3 | 6.8 | 2.6 | 107 | | | | 9.9 | | 15 | 4.2 | | 22 | | | 41.15 |
| 7 | ⅢGS147-1 | 450 | 89 | 550 | 6 | | | 5 | 170 | 3 | 1 | 8 | | 5 | 18.45 | 6.32 | | | 0.20 | 0.83 | 34.00 |
| 8 | GS328a | 626.7 | 52.43 | 902.8 | | | | 4.7 | 179.9 | 482.7 | 318.2 | 36.04 | 170.4 | | 14.14 | | | | 0.08 | | 38.27 |
| 9 | GS332 | 607 | 61.55 | 1129 | | | | 6.4 | 232.3 | 21.78 | 9.2 | 13.02 | 71.27 | | 34.22 | | | | 0.10 | | 36.29 |
| 10 | HCT67-1 | 380 | 55 | 1100 | | | | 4 | 333 | | 6 | 16 | | | 18.9 | | | | 0.14 | | 83.25 |
| 11 | HCT69 | 242 | 62 | 1100 | | | | 3 | 227 | | 3 | 2 | | | 12.6 | | | | 0.26 | | 75.67 |
| 12 | Xt407 | 465.2 | | | | | 8 | 13 | 133 | 69.26 | 9.38 | 10.52 | 89.06 | | 13.2 | | | | | | 10.23 |
| 13 | P23TC111 | 811 | 61.3 | 751 | 7.39 | 0.5 | 4.83 | 5.02 | 174 | 17.1 | 14.4 | | 124 | 2.02 | 17.5 | 8.05 | 11.9 | | 0.08 | 0.27 | 34.66 |
| 14 | P23TC214 | 735 | 67.3 | 1430 | 6.15 | 2.26 | 8.69 | 14.3 | 698 | 1 | 9.85 | | 13.5 | 2.5 | 19.8 | 5.85 | 5.41 | | 0.09 | 0.41 | 48.81 |
| 15 | P23TC217 | 704 | 72 | 1280 | 958 | 1.98 | 9.64 | 14.4 | 617 | 1 | 2.6 | | 19.4 | 209 | 20.9 | 3.15 | 5.72 | | 0.10 | 0.22 | 42.85 |
| 16 | ⅠGS3344 | 411 | 100 | 842.5 | | 0.4 | 7 | 4.1 | 136.5 | 13.6 | 4.4 | | 62 | | 19.5 | 1.8 | | 42 | 0.24 | | 33.29 |
| 17 | ⅠP18GS33 | 693 | 64 | | | | | 11 | 105 | | 7 | | | | | | | | 0.09 | | 9.55 |
| 18 | ⅠP14GS53 | 72 | 68 | 114 | | 0.4 | 7.6 | 2 | 48 | 6.9 | 2.3 | | 5.9 | | 8.2 | 1.2 | 2.24 | 23 | 0.94 | | 24.00 |
| 19 | HGS51-1 | 31 | 82 | 98 | | | | 2 | 167 | | 2 | | | | 13.38 | | | | 2.65 | | 83.50 |
| 20 | HCT53-2 | | | | | | | | | | | | | | 13.38 | | | | | | |

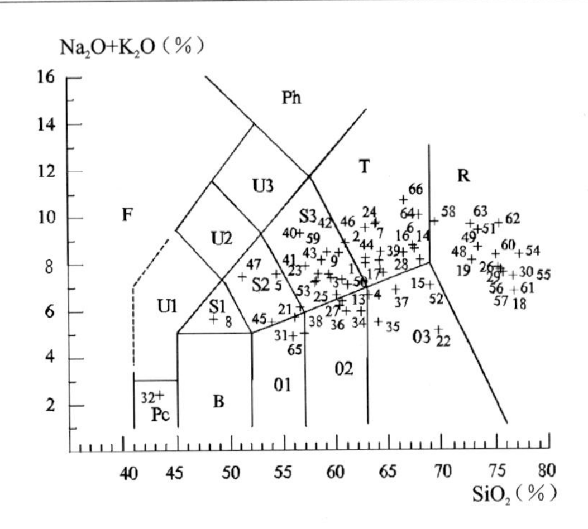


图 3-143 TAS 图解(据 Le Bas,1986)

F. 副长石岩;Pc. 苦橄玄武岩;B. 玄武岩;01. 玄武安山岩;02. 安山岩;03. 英安岩;S1. 粗面玄武岩;S2. 玄武粗安岩;S3. 粗安岩;T. 粗面岩、粗面英安岩;U1. 碧玄岩、碱玄岩;U2. 响岩质碱玄岩;U3. 碱玄质响岩;Ph. 响岩;R. 流纹岩

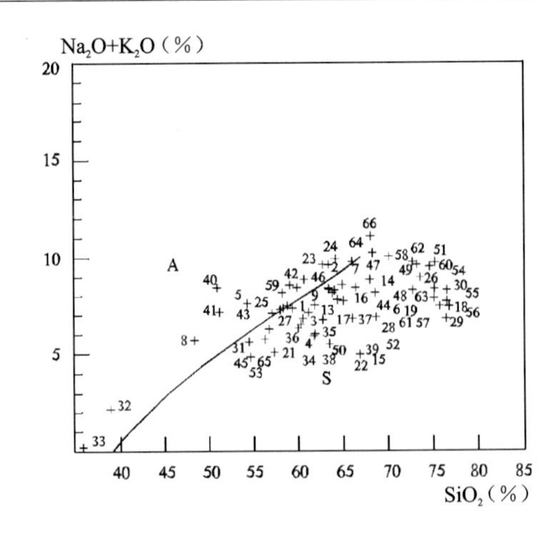


图 3-144 碱-二氧化硅图解(据 Irvine,1971)

A. 碱性区;S. 亚碱性区

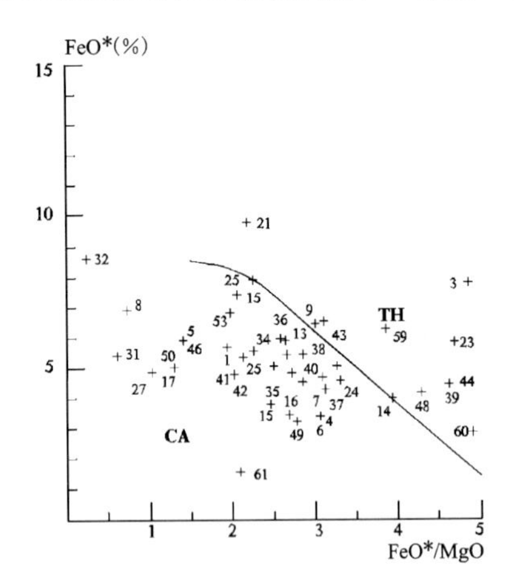


图 3-145 FeO* -FeO* /MgO 变异图(据 Myashiro,1974)

TH. 拉斑玄武岩系;CA. 钙碱性玄武岩系列

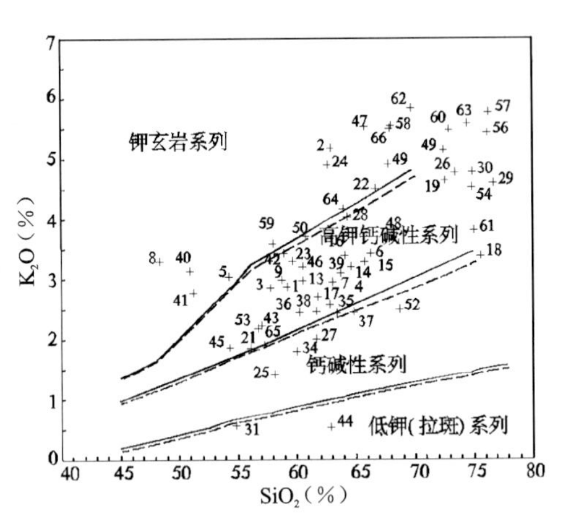


图 3-146 $K_2O$-$SiO_2$ 图解

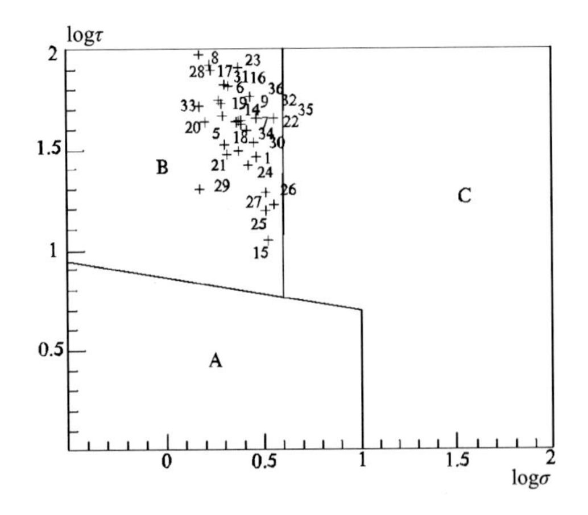


图 3-147 里特曼-戈蒂里图解(据 Rittmann,1973)

A. 非造山带火山岩;B. 造山带火山岩;C. A、B 区派生的碱性、偏碱性火山岩

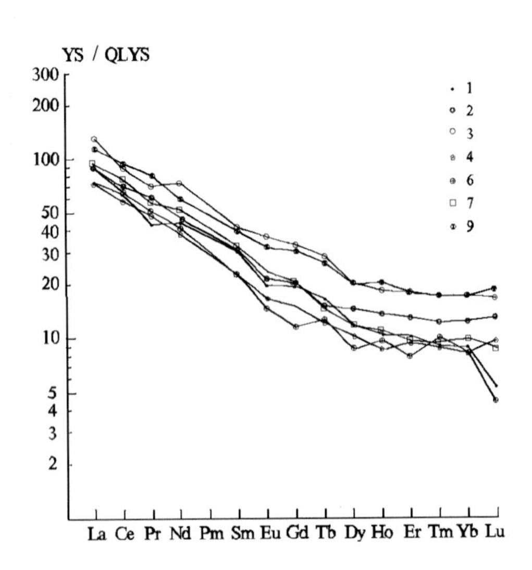


图 3-148 岩石稀土元素/球粒陨石标准化模式图(据 Coryell,1963)

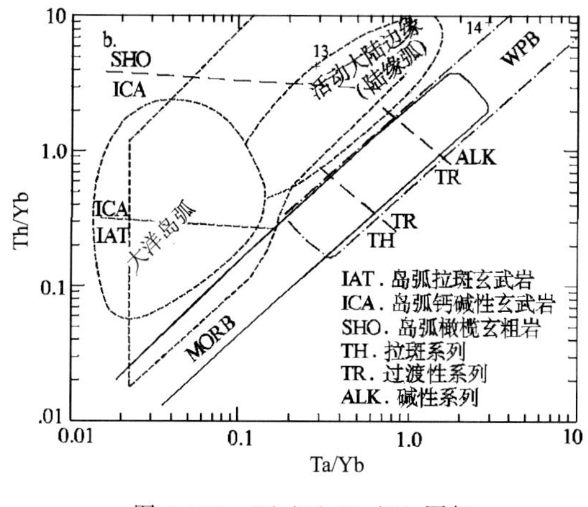


图 3-149 Th/Yb-Ta/Yb 图解

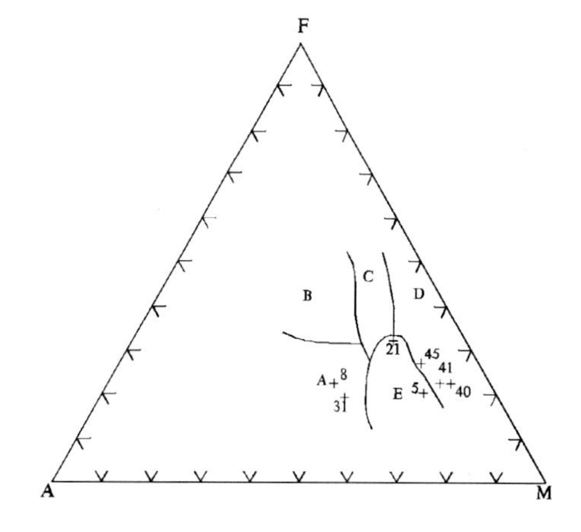


图 3-150 A-F-M 图解(据 Pearce,1977)

A. 洋中脊火山岩;B. 洋岛火山岩;C. 大陆火山岩;D. 岛弧扩张中心火山岩;E. 造山带火山岩

(5)赤峰俯冲-碰撞型火山-侵入岩带内玛尼吐组岩性为辉石安山岩、安山岩、英安岩及其火山碎屑岩。根据区域地质调查样品岩石化学数据(表 3-83～表 3-85)计算及投图分析,TAS 分类为粗面安山岩-粗安岩-粗面岩-流纹岩(图 3-151),在碱-二氧化硅图解上为亚碱性系列(图 3-152),在 $SiO_2$-$K_2O$ 图解上为高钾钙碱系列-钾玄岩系列(图 3-153),在 $\log\tau$-$\log\sigma$ 图解中为造山带火山岩(图 3-154),壳幔混合源,综合判断为陆缘弧火山岩组合。

**表 3-83 赤峰玛尼吐组($J_3mn$)火山岩岩石化学组成** 单位:%

| 序号 | 样品号 | $SiO_2$ | $TiO_2$ | $Al_2O_3$ | $Fe_2O_3$ | FeO | MnO | MgO | CaO | $Na_2O$ | $K_2O$ | $P_2O_5$ | LOS | Total | $Mg^{\#}$ | $FeO^*$ | A/CNK | $\sigma$ | A.R | SI | DI |
|---|---|---|---|---|---|---|---|---|---|---|---|---|---|---|---|---|---|---|---|---|---|
| 1 | XT623 | 63.36 | 0.7 | 16.18 | 3.36 | 0.52 | 0.06 | 1 | 2.32 | 4.03 | 3.58 | 0.23 | 4.11 | 99.45 | 0.49 | 3.54 | 1.1 | 2.84 | 2.4 | 8.01 | 79.1 |
| 2 | XTGs531 | 59.93 | 0.93 | 17.74 | 4.62 | 1.74 | 0.07 | 1.39 | 3.64 | 4.63 | 2.63 | 0.34 | 1.78 | 99.44 | 0.4 | 5.89 | 1.04 | 3.11 | 2.03 | 9.26 | 69.55 |
| 3 | Gs598 | 65.5 | 0.58 | 15.3 | 1.92 | 2.02 | 0.1 | 1.64 | 1.96 | 4.02 | 4.12 | 0.13 | 2.42 | 99.71 | 0.51 | 3.75 | 1.04 | 2.94 | 2.79 | 12 | 79.99 |
| 4 | HCTHW661 | 16.2 | 5.08 | 1.5 | 0.23 | 1.65 | 2.44 | 5.48 | 4.02 | 0.59 | 0 | 0 | 9.5 | 46.69 | 0.85 | 1.86 | 0.18 |  | 1.24 | 68.9 | 13.42 |
| 6 | HGS583E | 63.31 | 1.39 | 15.46 | 3.13 | 2.13 | 0.11 | 1.79 | 2.21 | 4.8 | 3.55 | 0.37 | 1.93 | 100.18 | 0.48 | 4.94 | 0.99 | 3.43 | 2.79 | 11.6 | 78.32 |
| 7 | GS602 | 56.2 | 1.15 | 14.88 | 5.9 | 1.86 | 0.1 | 3.61 | 5.59 | 3.91 | 3.56 | 0.6 | 3.1 | 100.46 | 0.48 | 7.16 | 0.99 | 4.23 | 2.15 | 19.2 | 61.26 |
| 8 | GS626 | 74.68 | 0.26 | 11.58 | 2.89 | 0.98 | 0.04 | 0.05 | 0.32 | 4.02 | 4.17 | 0.02 | 0.71 | 99.72 | 0.6 | 3.58 | 0.73 | 2.12 | 5.42 | 0.41 | 93.92 |
| 9 | GS627 | 56.32 | 1.37 | 16.09 | 5.12 | 2.81 | 0.08 | 2.58 | 6.81 | 3.72 | 2.11 | 0.42 | 2.36 | 99.79 | 0.03 | 7.41 | 0.99 | 2.55 | 1.68 | 15.8 | 55.57 |
| 10 | GS599 | 69.66 | 0.4 | 15.39 | 1.31 | 1.08 | 0.01 | 0.71 | 1.04 | 1.95 | 5.77 | 0.08 | 2.13 | 99.53 | 0.49 | 2.26 | 0.78 | 2.24 | 2.77 | 6.56 | 85.84 |
| 11 | GS623 | 63.36 | 0.7 | 16.18 | 3.36 | 0.52 | 0.06 | 1 | 2.32 | 4.03 | 3.58 | 0.23 | 4.11 | 99.45 | 0.45 | 3.54 | 1.36 | 2.84 | 2.4 | 8.01 | 79.1 |
| 12 | P109GS33 | 62.68 | 0.85 | 15.84 | 2.99 | 2.13 | 0.11 | 2.06 | 2.72 | 4.37 | 3.42 | 0.4 | 2.08 | 99.65 | 0.49 | 4.82 | 1.1 | 3.08 | 2.45 | 13.8 | 74.85 |
| 13 | GS597 | 77.4 | 0.13 | 10.82 | 0.62 | 0.87 | 0.11 | 0 | 1.24 | 1.64 | 6.47 | 0.02 | 1.02 | 100.34 | 0 | 1.43 | 0.91 | 1.91 | 5.11 | 0 | 93.4 |
| 14 | GS599a | 71.94 | 0.15 | 13.27 | 1.32 | 1.11 | 0.03 | 0 | 1.45 | 3.9 | 5.42 | 0.02 | 1.06 | 99.67 | 0 | 2.3 | 0.88 | 3 | 4.45 | 0 | 92.38 |

表 3-84　赤峰玛尼吐组($J_3mn$)火山岩稀土元素组成　　单位：$\times10^{-6}$

| 序号 | 样品号 | La | Ce | Pr | Nd | Sm | Eu | Gd | Tb | Dy | Ho | Er | Tm | Yb | Lu | ΣREE | ΣLREE | ΣHREE | LREE/HREE | δEu |
|---|---|---|---|---|---|---|---|---|---|---|---|---|---|---|---|---|---|---|---|---|
| 1 | XT623 | 37 | 60.91 | 6.2 | 30.37 | 4.57 | 1.15 | 2.7 | 0.45 | 2.7 | 0.48 | 1.33 | 0.17 | 1.11 | 0.15 | 149.29 | 140.2 | 9.09 | 15.42 | 0.92 |
| 2 | XTGs531 | 34.56 | 1.54 | 8.74 | 25.77 | 5.54 | 1.61 | 4.47 | 0.57 | 2.84 | 0.54 | 1.33 | 0.18 | 1.13 | 0.15 | 88.97 | 77.76 | 11.21 | 6.94 | 0.96 |
| 3 | Gs598 | 44.4 | 77.42 | 8.43 | 34.08 | 6.17 | 1.33 | 4.07 | 0.53 | 2.75 | 0.51 | 1.38 | 0.16 | 1.11 | 0 | 182.34 | 171.83 | 10.51 | 16.35 | 0.76 |
| 4 | HCTHW661 | 47.56 | 120.6 | 12.4 | 55.54 | 11.14 | 2.64 | 9.7 | 1.26 | 8.27 | 1.55 | 4.11 | 0.6 | 3.95 | 0.61 | 279.93 | 249.88 | 30.05 | 8.32 | 0.76 |
| 5 | HCTHW583E | 54.82 | 134.8 | 13.2 | 55.76 | 10.65 | 1.95 | 8.58 | 0.84 | 7.01 | 1.32 | 3.45 | 0.51 | 3.39 | 0.62 | 296.9 | 271.18 | 25.72 | 10.54 | 0.6 |

表 3-85　赤峰玛尼吐组($J_3mn$)火山岩微量元素含量　　单位：$\times10^{-6}$

| 序号 | 样品号 | Sr | Rb | Ba | Nb | Hf | Zr | Cr | Ni | Co | V | Y | Rb/Sr | Zr/Hf |
|---|---|---|---|---|---|---|---|---|---|---|---|---|---|---|
| 1 | XT623 | 302.8 | 106 | 829.9 | 9 | 15 | 231 | 17.09 | 8.09 | 8.74 | 66.27 | 12.27 | 0.35 | 15.40 |
| 2 | XTGs531 | 1078 | 37 | 893 | 0 | 0 | 0 | 0 | 0 | 11 | 0 | 13.33 | 0.03 | |
| 3 | Gs598 | 0 | 0 | 0 | 0 | 0 | 0 | 0 | 0 | 0 | 0 | 12.15 | | |
| 4 | HCTHW661 | 356 | 199 | 0 | 0 | 11 | 328 | 4 | 5 | 6 | 0 | | 0.56 | 29.82 |
| 5 | HCTHW583E | 376 | 91 | 0 | 0 | 14 | 476 | 7 | 5 | 9 | 0 | | 0.24 | 34.00 |

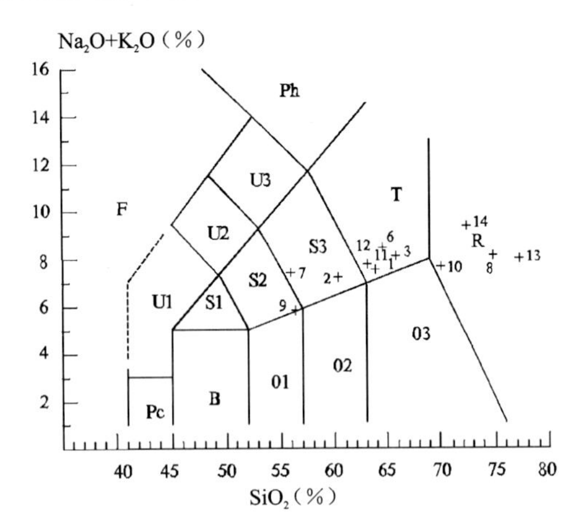


图 3-151　TAS 图解(据 Le Bas,1986)

F. 副长石岩；Pc. 苦橄玄武岩；B. 玄武岩；01. 玄武安山岩；02. 安山岩；03. 英安岩；S1. 粗面玄武岩；S2. 玄武粗安岩；S3. 粗安岩；T. 粗面岩、粗面英安岩；U1. 碧玄岩、碱玄岩；U2. 响岩质碱玄岩；U3. 碱玄质响岩；Ph. 响岩

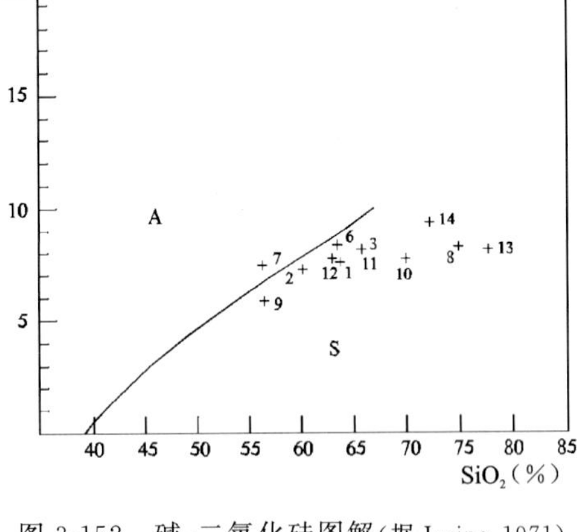


图 3-152　碱-二氧化硅图解(据 Irvine,1971)

A. 碱性区；S. 亚碱性区

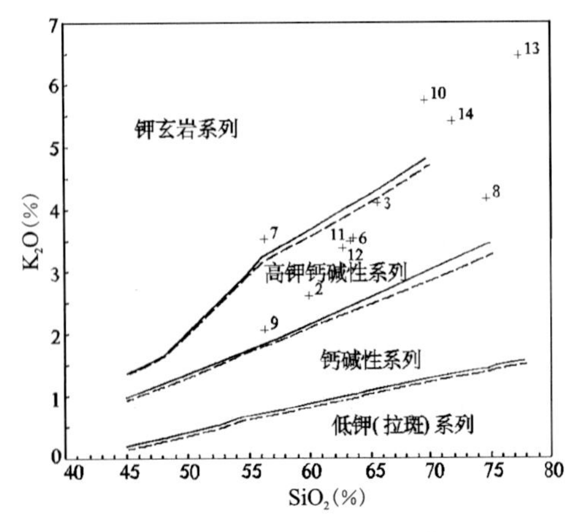


图 3-153　$K_2O-SiO_2$ 图解

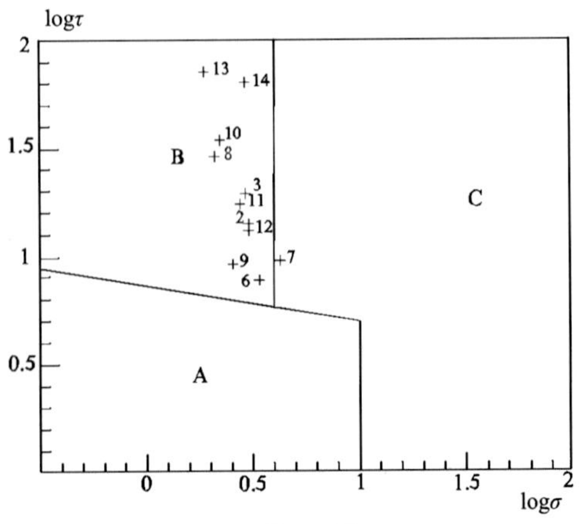


图 3-154　里特曼-戈蒂里图解(据 Rittmann,1973)

A. 非造山带火山岩；B. 造山带火山岩；C. A、B 区派生的碱性、偏碱性火山岩

(6)冀北俯冲-碰撞型火山-侵入岩带内玛尼吐组岩性为安山岩、粗面安山岩、英安质火碎屑岩，少量安山玄武岩、玄武岩。根据区域地质调查样品岩石化学数据(表 3-86～表 3-88)计算及投图分析，TAS 分类为碧玄岩、玄武粗安岩、粗安岩(图 3-155)，在碱-二氧化硅图解中投入碱性—亚碱性区(图 3-156)，在 $FeO^*-FeO^*/MgO$ 变异图上为拉斑玄武岩系(图 3-157)，在 $K_2O$-$SiO_2$图解中为高钾钙碱-钾玄岩系列(图 3-158)，表明幔源特征，且被大量壳源污染，为壳幔混合源。据岩石类型、系列、成因及有关图解，判断该火山岩组合为陆缘弧环境。

**表 3-86 冀北玛尼吐组($J_3mn$)火山岩岩石化学组成** 单位：%

| 序号 | 样品号 | $SiO_2$ | $TiO_2$ | $Al_2O_3$ | $Fe_2O_3$ | FeO | MnO | MgO | CaO | $Na_2O$ | $K_2O$ | $P_2O_5$ | LOS | Total | Mg# | FeO* | A/CNK | σ | A.R | SI | DI |
|---|---|---|---|---|---|---|---|---|---|---|---|---|---|---|---|---|---|---|---|---|---|
| 1 | GS0637 | 55.04 | 1 | 16.85 | 7.29 | 0.33 | 0.07 | 2.37 | 7 | 4 | 2.11 | 0.51 | 3.53 | 100.11 | 0.56 | 6.8837 | 0.78 | 3.1 | 1.69 | 14.72 | 54.43 |
| 2 | ⅡP22XT24 | 58.44 | 1.2 | 16.35 | 7.29 | 1.1 | 0.07 | 1.78 | 4.75 | 3.88 | 3.26 | 0.24 | 2.185 | 100.52 | 0.44 | 7.6537 | 0.87 | 3.3 | 2.02 | 10.28 | 62.20 |
| 3 | ⅡP51GS18 | 47.52 | 1.3 | 13.26 | 6.93 | 4.14 | 0.14 | 6.05 | 8.45 | 3.6 | 3.75 | 1.41 | 2.92 | 99.51 | 0.61 | 10.37 | 0.52 | 12 | 2.02 | 24.72 | 46.91 |

**表 3-87 冀北玛尼吐组($J_3mn$)火山岩稀土元素组成** 单位：$\times10^{-6}$

| 序号 | 样品号 | La | Ce | Pr | Nd | Sm | Eu | Gd | Tb | Dy | Ho | Er | Tm | Yb | Lu | ΣREE | ΣLREE | ΣHREE | LREE/HREE | δEu |
|---|---|---|---|---|---|---|---|---|---|---|---|---|---|---|---|---|---|---|---|---|
| 1 | GS0637 | 41.68 | 75 | 9.43 | 33.71 | 5.96 | 1.82 | 5.93 | 0.59 | 3.45 | 0.62 | 1.61 | 0.17 | 1.12 | 0.15 | 195.33 | 167.39 | 13.6 | 12.272 | 0.926 |
| 2 | ⅡP22XT24 | 46.54 | 82 | 9.52 | 35.32 | 7.21 | 1.89 | 5.09 | 0.73 | 3.28 | 0.60 | 1.51 | 0.22 | 1.32 | 0.2 | 222.74 | 182.49 | 13 | 14.092 | 0.908 |
| 3 | ⅡP51GS18 | 43.63 | 91 | 11.17 | 46.56 | 8.52 | 2.20 | 6 | 0.73 | 3.84 | 0.76 | 2.01 | 0.25 | 1.59 | 0.23 | 235.68 | 202.97 | 15.4 | 13.171 | 0.895 |

**表 3-88 冀北玛尼吐组($J_3mn$)火山岩微量元素含量** 单位：$\times10^{-6}$

| 序号 | 样品号 | Sr | Rb | Ta | Nb | Hf | Zr | Cr | Ni | Co | V | Y | Sc |
|---|---|---|---|---|---|---|---|---|---|---|---|---|---|
| 1 | GS0637 | 8.54 | 39 | 10 | 6 | 12 | 200 |  | 12 | 16 | 154 | 14.4 | 7.62 |
| 2 | ⅡP22XT24 | 984 | 43 | 10 | 5 | 15 | 193 |  | 5 | 13 | 121 | 16.7 | 9.3 |
| 3 | ⅡP51GS18 | 47 |  | 9 | 111 |  |  | 36 | 26 | 167 |  | 970 |  |

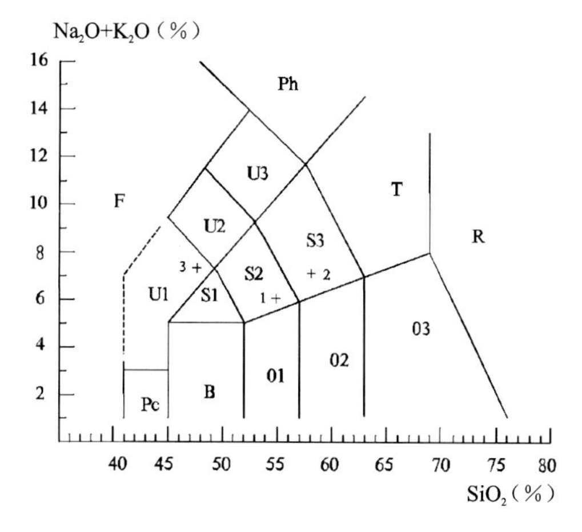


图 3-155 TAS 图解(据 Le Bas,1986)

F.副长石岩；Pc.苦橄玄武岩；B.玄武岩；01.玄武安山岩；02.安山岩；03.英安岩；S1.粗面玄武岩；S2.玄武粗安岩；S3.粗安岩；T.粗面岩、粗面英安岩；U1.碧玄岩、碱玄岩；U2.响岩质碱玄岩；U3.碱玄质响岩；Ph.响岩；R.流纹岩

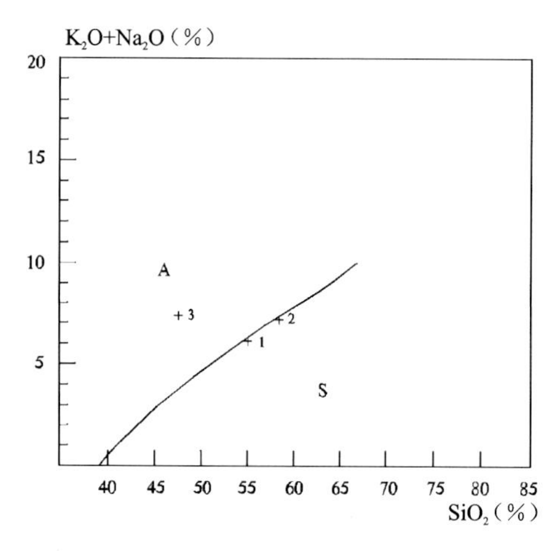


图 3-156 碱-二氧化硅图解(据 Irvine,1971)

A.碱性区；S.亚碱性区

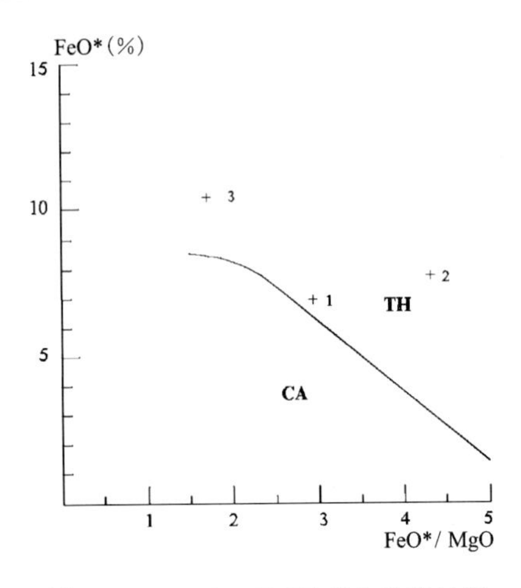


图 3-157　FeO*-FeO*/MgO 变异图

（据 Myashiro，1974）

TH. 拉斑玄武岩系；CA. 钙碱性玄武岩系列

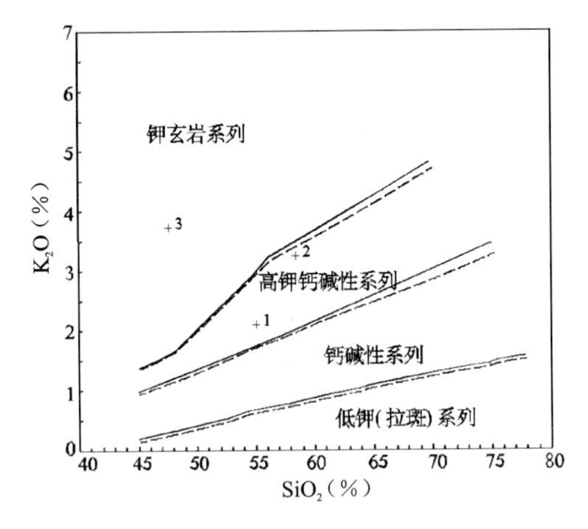


图 3-158　$K_2O$-$SiO_2$ 图解

### 3. 白音高老组($J_3b$)陆缘弧火山岩组合

白音高老组岩石化学样品 176 个，有关图解显示主要为高钾钙碱系列—钾玄岩系列，以 S 型为主，壳源，构造环境判别图解显示为造山带火山岩，个别向派生的偏碱性岩过渡，反映出的构造环境为具有大陆裂谷性质的陆缘弧。

(1)额尔古纳俯冲-碰撞型火山-侵入岩带内白音高老组岩性为流纹岩、流纹质凝灰岩、集块岩，少量中酸性火山岩。根据区域地质调查样品岩石化学数据(表 3-89～表 3-91)计算及投图分析，TAS 分类为流纹岩(图 3-159)，在 A-C-F 图解中为 S 型花岗岩(图 3-160)，成因类型为壳源。在硅-碱图解上为亚碱性(图 3-161)，在岩石系列 $K_2O$-$SiO_2$ 图解中主要为高钾钙碱性系列-钾玄岩系列(图 3-162)，稀土配分曲线显示轻稀土富集，负铕异常(图 3-163)，在里特曼-戈蒂里图解中为造山带火山岩(图 3-164)。

**表 3-89　额尔古纳白音高老组($J_3b$)火山岩岩石化学组成**　　单位：%

| 序号 | 样品号 | $SiO_2$ | $TiO_2$ | $Al_2O_3$ | $Fe_2O_3$ | FeO | MnO | MgO | CaO | $Na_2O$ | $K_2O$ | $P_2O_5$ | LOS | Total | $Mg^{\#}$ | $FeO^*$ | A/CNK | σ | A. R | SI | DI |
|---|---|---|---|---|---|---|---|---|---|---|---|---|---|---|---|---|---|---|---|---|---|
| 1 | 2P1TC 163GS 1 | 74.5 | 0.26 | 14 | 1.51 | 0.22 | 0.03 | 0.21 | 0.14 | 2.56 | 5.11 | 0.01 | 0.14 | 98.64 | 0.31 | 1.92 | 1.41 | 1.87 | 3.39 | 2.19 | 92.7 |
| 2 | 2P1TC 126GS | 75.2 | 0.3 | 13.9 | 1.02 | 0.32 | 0.02 | 0.11 | 0.14 | 0.24 | 6.88 | 0.02 | 0.26 | 98.43 | 0.24 | 2.18 | 1.73 | 1.57 | 3.05 | 1.28 | 91.4 |
| 3 | 2P12TC 46GS | 71.1 | 0.3 | 14.6 | 1.23 | 0.11 | 0.06 | 0.16 | 0.59 | 4.94 | 5.93 | 0.19 | 1.03 | 100.22 | 0.30 | 3.31 | 0.93 | 4.20 | 6.08 | 1.29 | 96.8 |
| 4 | 2P1TC 16GS 1 | 73.7 | 0.35 | 14 | 1.56 | 0.32 | 0.06 | 0.67 | 0.22 | 0.38 | 6.18 | 0.02 | 0.43 | 97.95 | 0.57 | 2.57 | 1.82 | 1.4 | 2.71 | 7.35 | 88.3 |
| 5 | 2P1TC 57GS 1 | 76.3 | 0.22 | 13.8 | 2.3 | 0.07 | 0.31 | 0.51 | 0.22 | 3.32 | 5.2 | 0.03 | 0.12 | 102.44 | 0.49 | 2.48 | 1.20 | 2.18 | 4.09 | 4.47 | 92.3 |
| 6 | 2GS3105-1 | 71.9 | 0.35 | 13.7 | 1.8 | 1.08 | 0.06 | 0.48 | 0.67 | 3.54 | 4.98 | 0.06 | 0.13 | 98.76 | 0.33 | 2.33 | 1.10 | 2.51 | 3.92 | 4.04 | 90.7 |
| 7 | ⅥXT1231-1 | 74.5 | 0.14 | 13 | 1.01 | 0.1 | 0.02 | 0.24 | 1.04 | 2.99 | 5.36 | 0.02 | 1.18 | 99.68 | 0.48 | 2.12 | 1.03 | 2.21 | 3.91 | 2.47 | 92.4 |
| 9 | ⅠP8GS9 | 76.1 | 0.18 | 10.3 | 0.92 | 0.22 | 0.01 | 0.19 | 1.39 | 6.35 | 1.94 | 0 | 2.11 | 99.78 | 0.37 | 3.88 | 0.68 | 2.07 | 5.83 | 1.98 | 91.5 |
| 10 | ⅠP8GS19 | 76.6 | 0.18 | 12.1 | 1.05 | 0.29 | 0.01 | 0.21 | 0.15 | 6.36 | 0.44 | 0.01 | 2.07 | 99.48 | 0.33 | 10.1 | 1.07 | 1.38 | 3.5 | 2.51 | 96.2 |
| 11 | 3P10GS6-1 | 75.2 | 0.13 | 12.7 | 1.35 | 0.85 | 0.07 | 0.13 | 0.17 | 4.9 | 3.75 | 0.08 | 0.8 | 100.08 | 0.14 | 3.18 | 1.02 | 2.33 | 5.13 | 1.18 | 96.1 |
| 12 | ⅠP21GS1 | 80 | 0.12 | 10.3 | 0.37 | 1.06 | 0.04 | 0.14 | 0.72 | 3.29 | 4.02 | 0.02 | 0.71 | 100.74 | 0.15 | 1.39 | 0.93 | 1.45 | 4.97 | 1.58 | 95.1 |
| 13 | ⅠP21GS3 | 73 | 0.25 | 12 | 0.91 | 0.2 | 0.03 | 0.33 | 2.3 | 4.3 | 4.62 | 0.02 | 1.89 | 99.79 | 0.49 | 1.02 | 0.74 | 2.66 | 4.32 | 3.19 | 92.6 |

**续表 3-89**

| 序号 | 样品号 | $SiO_2$ | $TiO_2$ | $Al_2O_3$ | $Fe_2O_3$ | FeO | MnO | MgO | CaO | $Na_2O$ | $K_2O$ | $P_2O_5$ | LOS | Total | $Mg^{\#}$ | $FeO^*$ | A/CNK | σ | A. R | SI | DI |
|---|---|---|---|---|---|---|---|---|---|---|---|---|---|---|---|---|---|---|---|---|---|
| 14 | Ⅰ P2GS17 | 65.1 | 0.83 | 15.7 | 3.29 | 1.1 | 0.06 | 0.93 | 2.4 | 4.32 | 5.18 | 0.28 | 1.21 | 100.38 | 0.4 | 4.06 | 0.92 | 4.09 | 3.2 | 6.28 | 82.5 |
| 15 | 2P1TC67GS1 | 72.7 | 0.26 | 14.1 | 2.2 | 0.72 | 0.04 | 0.31 | 0.56 | 3.61 | 5.61 | 0.02 | 0 | 100.18 | 0.26 | 2.7 | 1.08 | 2.86 | 4.38 | 2.49 | 92 |
| 16 | Ⅰ P10GS13 | 55.8 | 1.6 | 16.1 | 7.69 | 0.09 | 0.13 | 3.12 | 5.99 | 3.11 | 4.32 | 0.69 | 1.69 | 100.32 | 0.64 | 7 | 0.77 | 4.3 | 2.02 | 17 | 59.5 |

**表 3-90 额尔古纳白音高老组($J_3b$)火山岩稀土元素组成** 单位：$\times10^{-6}$

| 序号 | 样品号 | La | Ce | Pr | Nd | Sm | Eu | Gd | Tb | Dy | Ho | Er | Tm | Yb | Lu | ΣREE | ΣLREE | ΣHREE | LREE/HREE | δEu |
|---|---|---|---|---|---|---|---|---|---|---|---|---|---|---|---|---|---|---|---|---|
| 1 | 2P1TC 163GS 1 | 61.7 | 113 | 13.3 | 40.7 | 7.9 | 0.96 | 6.01 | 0.8 | 4.26 | 0.68 | 1.87 | 0.3 | 2.23 | 0.27 | 268.28 | 237.56 | 16.42 | 14.47 | 0.41 |
| 2 | 2P1TC 126GS | 37.4 | 71.6 | 6.82 | 30.6 | 5.16 | 0.65 | 4.37 | 0.61 | 3.46 | 0.7 | 1.92 | 0.28 | 1.99 | 0.25 | 193.11 | 152.23 | 13.58 | 11.21 | 0.41 |
| 3 | 2P12TC 46GS | 30.8 | 50.7 | 5.02 | 14.7 | 2.72 | 0.34 | 2.53 | 0.35 | 2.06 | 0.41 | 1.31 | 0.2 | 1.45 | 0.23 | 130.12 | 104.28 | 8.54 | 12.21 | 0.39 |
| 4 | 2P1TC 16GS 1 | 67.8 | 137 | 15.6 | 55 | 10.7 | 1.26 | 7.11 | 1.05 | 5 | 0.84 | 2.12 | 0.34 | 2.4 | 0.3 | 306.52 | 287.36 | 19.16 | 15.00 | 0.42 |
| 5 | 2P1TC 57GS 1 | 20.5 | 75.5 | 6.12 | 16.1 | 3.57 | 0.42 | 3.25 | 0.5 | 2.74 | 0.5 | 1.33 | 0.21 | 1.49 | 0.18 | 132.41 | 122.21 | 10.20 | 11.98 | 0.37 |
| 6 | 2GS3105-1 | 43.2 | 77.5 | 8.12 | 26.9 | 4.68 | 0.66 | 3.08 | 0.47 | 2.48 | 0.46 | 1.18 | 0.21 | 1.4 | 0.19 | 170.53 | 161.06 | 9.47 | 17.01 | 0.50 |
| 7 | Ⅵ XT1231-1 | 43.3 | 96.8 | 8.34 | 31.8 | 5.94 | 0.61 | 3.62 | 0.61 | 4.1 | 0.65 | 1.94 | 0.3 | 1.74 | 0.26 | 200.01 | 186.79 | 13.22 | 14.13 | 0.37 |
| 8 | 2P1TC 67XT1 | 37.9 | 71.2 | 6.67 | 25.1 | 4.33 | 0.61 | 3.87 | 0.55 | 3 | 0.56 | 1.64 | 0.31 | 2.21 | 0.28 | 158.23 | 145.81 | 12.42 | 11.74 | 0.45 |

**表 3-91 额尔古纳白音高老组($J_3b$)火山岩微量元素含量** 单位：$\times10^{-6}$

| 序号 | 样品号 | Sr | Rb | Ba | Th | Ta | Nb | Hf | Zr | Cr | Ni | Co | V | U | Y | Sc | Rb/Sr | U/Th | Zr/Hf |
|---|---|---|---|---|---|---|---|---|---|---|---|---|---|---|---|---|---|---|---|
| 1 | 2P1TC 126GS | 554.90 | 66.85 | 458.40 | 8.73 | 0.00 | 18.20 | 381.40 | | | 1.7900 | | 159.40 | 4.29 | | | 0.12 | 0.49 | |
| 2 | Ⅵ XT1231-1 | 50.00 | 258 | 190 | | 1.40 | 16.00 | 4.50 | 135.00 | 2.60 | 6.29 | 2.60 | 5.10 | | 18.50 | 3.30 | 5.16 | | 30.00 |

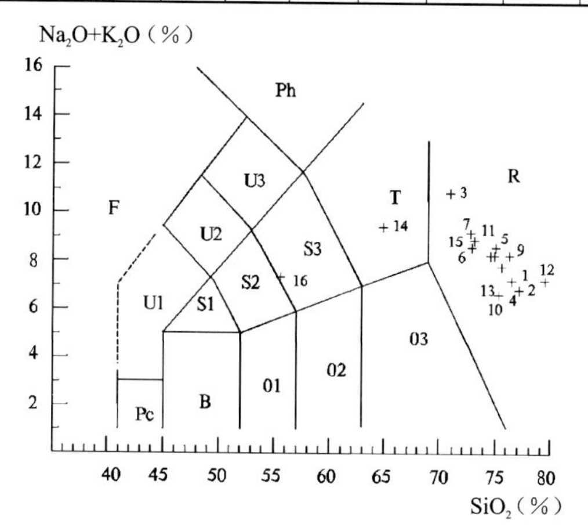


图 3-159 TAS 图解(据 Le Bas,1986)

F. 副长石岩；Pc. 苦橄玄武岩；B. 玄武岩；01. 玄武安山岩；02. 安山岩；03. 英安岩；S1. 粗面玄武岩；S2. 玄武粗安岩；S3. 粗安岩；T. 粗面岩、粗面英安岩；U1. 碧玄岩、碱玄岩；U2. 响岩质碱玄岩；U3. 碱玄质响岩；Ph. 响岩；R. 流纹岩

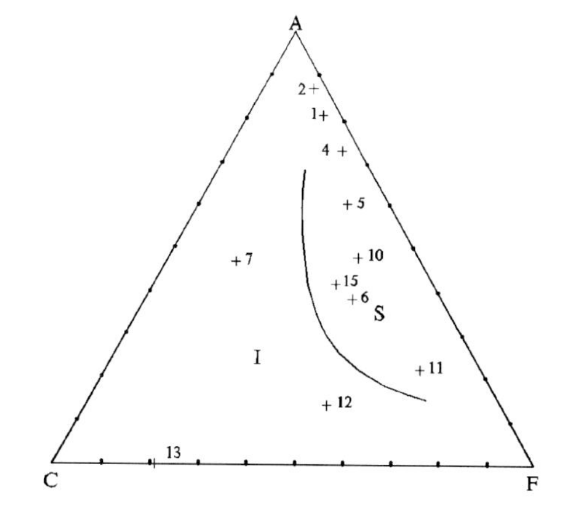


图 3-160 S 型、I 型花岗岩判别图解(据中田节也,1979)

I. I 型花岗岩；S. S 型花岗岩

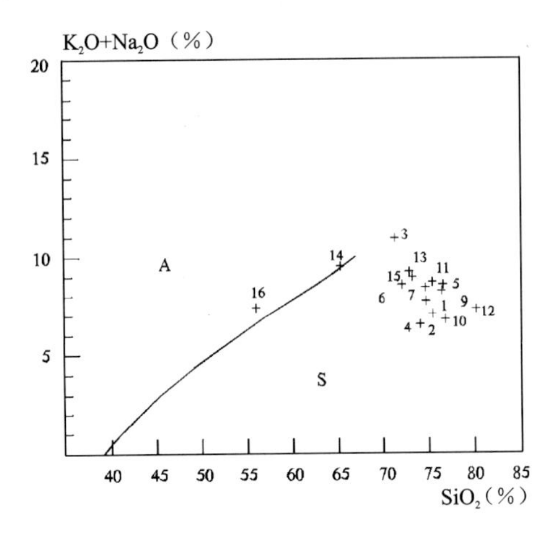


图 3-161 碱-二氧化硅图解(据 Irvine,1971)

A. 碱性区；S. 亚碱性区

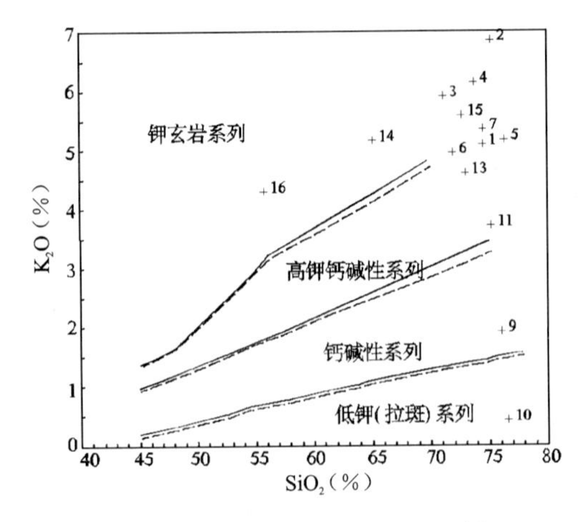


图 3-162 岩石系列 $K_2O$-$SiO_2$ 图解

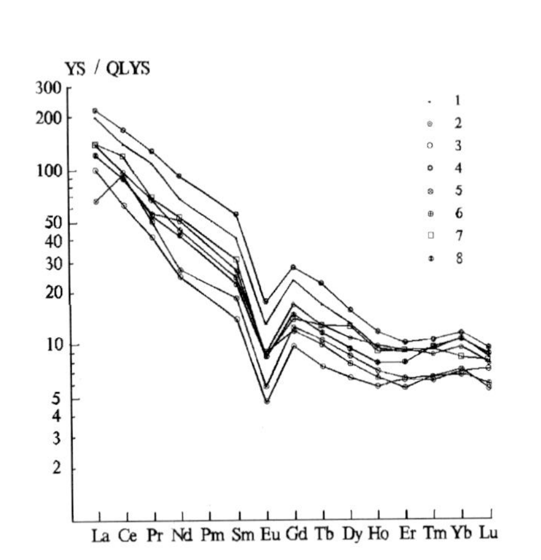


图 3-163 岩石稀土元素/球粒陨石标准化模式图

(据 Coryell,1963)

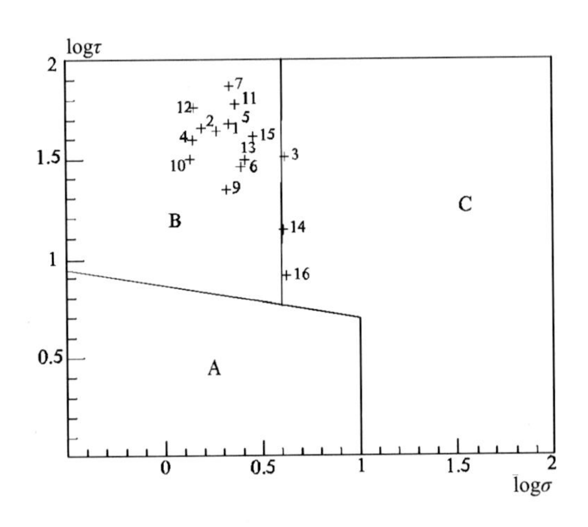


图 3-164 里特曼-戈蒂里图解(据 Rittmann,1973)

A. 非造山带火山岩；B. 造山带火山岩；

C. A、B 区派生的碱性、偏碱性火山岩

(2)海拉尔-呼玛俯冲-碰撞型火山-侵入岩带内白音高老组岩性为流纹岩及流纹质火碎屑岩。根据区域地质调查样品岩石化学数据(表 3-92～表 3-94)计算及投图分析，TAS 分类中少数为粗安岩、粗面岩，而绝大部分为流纹岩(图 3-165)，为高钾钙碱系列-钾玄岩系列(图 3-166)，在 A-C-F 图解中绝大部分为 S 型花岗岩(图 3-167)，成因类型为壳源。$R_1$-$R_2$ 图解样点大多落在造山晚期、非造山的及同碰撞期的区域(图 3-168)。

**表 3-92 海拉尔-呼玛白音高老组($J_3b$)火山岩岩石化学组成** 单位：%

| 序号 | 样品号 | $SiO_2$ | $TiO_2$ | $Al_2O_3$ | $Fe_2O_3$ | FeO | MnO | MgO | CaO | $Na_2O$ | $K_2O$ | $P_2O_5$ | LOS | Total | $Mg^{\#}$ | $FeO^*$ | A/CNK | σ | A. R | SI | DI |
|---|---|---|---|---|---|---|---|---|---|---|---|---|---|---|---|---|---|---|---|---|---|
| 1 | 6GS422 | 73.65 | 0.3 | 15.25 | 0.76 | 0.9 | 0.07 | 0.42 | 4.8 | 2.77 | 0.95 | 0.054 | 0.11 | 100.03 | 0.36 | 1.58 | 1.06 | 0.45 | 1.46 | 7.24 | 71.96 |
| 2 | 6PGS5063-2 | 76.3 | 0.22 | 13.18 | 0.27 | 0.14 | 0.01 | 0.24 | 0.41 | 2.04 | 5.61 | 0.03 | 1.53 | 99.984 | 0.61 | 0.38 | 1.29 | 1.76 | 3.58 | 2.89 | 93.68 |
| 3 | W20GS3421 | 66.86 | 0.8 | 15.12 | 2.97 | 2.37 | 0.1 | 4.72 | 0.6 | 4.72 | 6.12 | 0.23 | 0.26 | 104.87 | 0.7 | 5.04 | 0.97 | 4.92 | 5.44 | 22.6 | 80.36 |
| 4 | GS10604 | 72.62 | 0.45 | 13.39 | 1.75 | 1.3 | 0.03 | 0.4 | 0.7 | 3.9 | 3.83 | 0.1 | 1.16 | 99.63 | 0.26 | 2.87 | 1.13 | 2.02 | 3.43 | 3.58 | 90.27 |
| 5 | GS10216 | 73.6 | 0.1 | 11.71 | 0.54 | 0.59 | 0.03 | 0.3 | 2.38 | 2.3 | 2.15 | 0.03 | 5.86 | 99.59 |  | 1.08 |  | 0.65 | 1.92 | 5.1 | 83.71 |

**续表 3-92**

| 序号 | 样品号 | $SiO_2$ | $TiO_2$ | $Al_2O_3$ | $Fe_2O_3$ | FeO | MnO | MgO | CaO | $Na_2O$ | $K_2O$ | $P_2O_5$ | LOS | Total | $Mg^{\#}$ | $FeO^*$ | A/CNK | $\sigma$ | A.R | SI | DI |
|---|---|---|---|---|---|---|---|---|---|---|---|---|---|---|---|---|---|---|---|---|---|
| 6 | W19GS3188 | 71.02 | 0.2 | 14.31 | 1.07 | 1.38 | 0.08 | 0.01 | 1.96 | 3.15 | 4.33 | 0.1 | 2.6 | 100.21 | 0 | 2.34 | 1.06 | 2 | 2.7 | 0.1 | 85.83 |
| 7 | W19GS3196 | 71.42 | 0.2 | 14.51 | 0.78 | 2.81 | 0.1 | 0.38 | 0.98 | 3.73 | 5.55 | 0.08 | 0.28 | 100.82 | 0.17 | 3.51 | 1.04 | 3.03 | 3.99 | 2.87 | 87.93 |
| 8 | W19GS3226 | 72.68 | 0.3 | 13.77 | 0.97 | 2.37 | 0.14 | 0.58 | 0.88 | 3.38 | 4.85 | 0.05 | 4.42 | 104.39 | 0.27 | 3.24 | 1.11 | 2.28 | 3.56 | 4.77 | 87.63 |
| 9 | W19GS3375 | 72.12 | 0.3 | 14.21 | 0.84 | 1.85 | 0.08 | 0.43 | 0.98 | 4.03 | 4.73 | 0.1 | 0.4 | 100.07 | 0.27 | 2.61 | 1.05 | 2.64 | 3.72 | 3.62 | 89.39 |
| 10 | W20P24GS26 | 73.34 | 0.05 | 12.14 | 0.39 | 1.68 | 0.05 | 0.1 | 1.19 | 3.1 | 3.53 | 0.05 | 4 | 99.62 | 0.07 | 2.03 | 1.1 | 1.45 | 2.98 | 1.14 | 88.97 |
| 11 | 3GS14 | 66.67 | 0.61 | 14.55 | 3.18 | 2.92 | 0.1 | 0.7 | 2.12 | 4.31 | 4.34 | 0.25 | 2.02 | 101.77 | 0.22 | 5.78 | 0.93 | 3.16 | 3.16 | 4.53 | 81.85 |
| 12 | 3GS401 | 74.06 | 0.09 | 12.61 | 1.22 | 0.31 | 0.05 | 0.11 | 0.93 | 2.34 | 5.84 | 0.02 | 2 | 99.58 | 0.21 | 1.41 | 1.06 | 2.15 | 4.05 | 1.12 | 92.37 |
| 13 | W19GS1675 | 71.64 | 0.3 | 14.28 | 1.21 | 0.69 | 0.03 | 0.43 | 0.7 | 2.8 | 6.25 | 0.05 | 1.38 | 99.76 | 0.39 | 1.78 | 1.14 | 2.86 | 4.05 | 3.78 | 91.49 |
| 14 | W19GS1754 | 73.26 | 0.3 | 12.51 | 0.67 | 1.03 | 0.04 | 0.44 | 1.17 | 1.43 | 6.5 | 0.07 | 3.26 | 100.68 | 0.38 | 1.63 | 1.09 | 2.08 | 3.76 | 4.37 | 89.5 |
| 15 | W19GS3095 | 76.14 | 0.02 | 12.57 | 0.54 | 2 | 0.01 | 0.15 | 0.56 | 2.65 | 5.28 | 0.03 | 0.82 | 100.77 | 0.12 | 2.49 | 1.13 | 1.9 | 4.05 | 1.41 | 91.39 |
| 16 | W19GS3121 | 76.28 | 0 | 12.12 | 0.72 | 1.7 | 0 | 0.15 | 0.56 | 4.13 | 5.08 | 0.05 | 0.08 | 100.87 | 0.12 | 2.35 | 0.91 | 2.55 | 6.31 | 1.27 | 94.35 |
| 17 | W19GS3435 | 72.72 | 0.22 | 13.74 | 1.47 | 1.42 | 0.04 | 0.4 | 1.07 | 3.75 | 4.85 | 0.07 | 0.5 | 100.25 | 0.26 | 2.74 | 1.03 | 2.49 | 3.77 | 3.36 | 89.76 |
| 18 | W19GS3559 | 73.28 | 0.3 | 12.78 | 0.95 | 2.06 | 0 | 0 | 0.91 | 2.95 | 6 | 0.08 | 0.56 | 99.87 | 0 | 2.91 | 0.98 | 2.65 | 4.78 | 0 | 91.36 |
| 19 | W19GS 3659-2 | 71.24 | 0.1 | 12.45 | 0.49 | 1.9 | 0.1 | 0.03 | 0.74 | 3.67 | 4.72 | 0.03 | 4.68 | 100.15 | 0.03 | 2.34 | 1 | 2.49 | 4.5 | 0.28 | 91.99 |
| 20 | W19GS6104 | 72.14 | 0.4 | 13.97 | 1.01 | 1.87 | 0.02 | 0.58 | 0.39 | 2.55 | 6.15 | 0.23 | 0.68 | 99.99 | 0.31 | 2.78 | 1.21 | 2.6 | 4.07 | 4.77 | 90.37 |
| 21 | W1E23326 | 71.52 | 0.06 | 12.02 | 0.47 | 0.93 | 0.15 | 0.3 | 1.61 | 2.9 | 4.8 | 0.04 | 5.98 | 100.78 | 0.31 | 1.35 | 0.93 | 2.08 | 3.6 | 3.19 | 89.84 |
| 22 | W19P8GS6 | 75.32 | 0.1 | 12.7 | 0.57 | 0.95 | 0.05 | 0.15 | 0.62 | 3.4 | 5.41 | 0.025 | 0.6 | 99.895 | 0.19 | 1.46 | 1.02 | 2.4 | 4.91 | 1.43 | 94.21 |
| 23 | W19GS 6138-2 | 76.32 | 0.2 | 11.49 | 0.6 | 1.05 | 0.05 | 0.33 | 0.32 | 0.52 | 7.4 | 0.05 | 1 | 99.33 | 0.3 | 1.59 | 1.22 | 1.88 | 5.07 | 3.33 | 93.07 |
| 24 | W19GS 3235-2 | 69.7 | 0.4 | 15.17 | 1.26 | 2.83 | 0.1 | 0.48 | 0.91 | 5.28 | 4.05 | 0.15 | 0 | 100.33 | 0.21 | 3.96 | 1.03 | 3.26 | 3.76 | 3.45 | 87.9 |
| 25 | W20GS 1768-1 | 68.32 | 0.4 | 15.95 | 1.77 | 2.82 | 0.1 | 0.08 | 0.74 | 6.8 | 2.7 | 0.15 | 0.7 | 100.53 | 0.04 | 4.41 | 1.03 | 3.56 | 3.64 | 0.56 | 89.32 |
| 26 | W19GS 3114-2 | 71.96 | 0.11 | 13.9 | 1.17 | 1.02 | 0.02 | 0.5 | 1.61 | 2.83 | 4.98 | 0.05 | 2.08 | 100.23 | 0.37 | 2.07 | 1.06 | 2.11 | 3.03 | 4.76 | 87.02 |
| 27 | W19P6GS8 | 73.66 | 0 | 13.35 | 0.19 | 1.19 | 0 | 0 | 0.61 | 3.4 | 6.14 | 0 | 0 | 98.54 | 0 | 1.36 | 1 | 2.97 | 5.32 | 0 | 94.59 |
| 28 | W19GS2136 | 74.44 | 0.06 | 12.65 | 0.72 | 3.58 | 0.02 | 0 | 0.49 | 3.2 | 5.55 | 0.1 | 0.44 | 101.25 | 0 | 4.23 | 1.03 | 2.44 | 4.99 | 0 | 90.26 |
| 29 | W19GS2142 | 53.2 | 1 | 16.37 | 4.82 | 4.48 | 0.33 | 2.7 | 7.78 | 3.28 | 2.25 | 0.5 | 2.76 | 99.47 | 0.43 | 8.81 | 0.75 | 3 | 1.59 | 15.4 | 48.94 |
| 30 | W20GS6054a | 76.38 | 0.1 | 0.08 | 1.02 | 1.24 | 0.11 | 2.23 | 5.23 | 2.23 | 5.23 | 0.08 | 0.9 | 94.83 | 0.71 | 2.16 | 0.01 | 1.67 | −5.9 | 18.7 | 63.94 |
| 31 | W20GS3387b | 74.86 | 0.1 | 12.23 | 0.71 | 3.09 | 0.19 | 0.4 | 0.11 | 1.98 | 6.98 | 0.05 | 0.32 | 101.02 | 0.18 | 3.73 | 1.11 | 2.52 | 6.3 | 3.04 | 90.9 |
| 32 | W20GSP 14-41 | 69.9 | 0.5 | 15.1 | 1.64 | 1.32 | 0.05 | 0.15 | 0.84 | 4.15 | 5.8 | 0.2 | 1.14 | 100.79 | 0.13 | 2.79 | 1.03 | 3.68 | 4.32 | 1.15 | 91.67 |
| 33 | W20GS3125 | 60.44 | 1 | 17.09 | 3.69 | 2.26 | 0.18 | 0.5 | 0.21 | 5.36 | 2.96 | 0.18 | 1.62 | 95.49 | 1 | 5.58 | 1.39 | 3.97 | 2.85 | 3.39 | 84.58 |
| 34 | 3GS149 | 73.16 | 0.09 | 12.12 | 0.64 | 0.42 | 0.05 | 0.17 | 1.97 | 2.8 | 5.1 | 0.04 | 2.76 | 99.32 | 0.29 | 1 | 0.89 | 2.07 | 3.55 | 1.86 | 90.67 |
| 35 | WE75048 | 78.5 | 0.06 | 10.5 | 1.01 | 0.98 | 0.02 | 0.34 | 0.18 | 2.1 | 5.3 | 0.04 | 0.68 | 99.71 | 1 | 1.89 | 1.11 | 1.54 | 5.51 | 3.49 | 94.82 |

续表 3-92

| 序号 | 样品号 | $SiO_2$ | $TiO_2$ | $Al_2O_3$ | $Fe_2O_3$ | FeO | MnO | MgO | CaO | $Na_2O$ | $K_2O$ | $P_2O_5$ | LOS | Total | Mg# | FeO* | A/CNK | σ | A.R | SI | DI |
|---|---|---|---|---|---|---|---|---|---|---|---|---|---|---|---|---|---|---|---|---|---|
| 36 | WE20201 | 74.27 | 0.19 | 12.85 | 0.96 | 0.9 | 0.04 | 0.2 | 0.46 | 4 | 4.85 | 0.03 | 1.36 | 100.11 | 0.21 | 1.76 | 1.02 | 2.5 | 4.97 | 1.83 | 94.65 |
| 37 | WE75097-1 | 75.86 | 0.16 | 11.77 | 1 | 1.08 | 0.07 | 0.05 | 0.35 | 3.85 | 4.65 | 0.01 | 0.62 | 99.47 | 0.05 | 1.98 | 0.98 | 2.2 | 5.7 | 0.47 | 95.69 |
| 38 | WE60084 | 74.6 | 0.16 | 12.6 | 0.92 | 1.24 | 0.04 | 0.13 | 0.18 | 3.4 | 4.95 | 0.05 | 1.18 | 99.45 | 0.12 | 2.07 | 1.12 | 2.21 | 4.77 | 1.22 | 94.5 |
| 39 | W26GSP 27Tc17 | 71.28 | 0.2 | 14.41 | 1.68 | 0.79 | 0.05 | 0.3 | 1.37 | 4.18 | 4.75 | 0.05 | 1.24 | 100.3 | 0.25 | 2.3 | 1 | 2.82 | 3.61 | 2.56 | 89.6 |
| 40 | WE42905 | 72.52 | 0.3 | 13.73 | 1.03 | 1.32 | 0.1 | 0.3 | 0.7 | 3.23 | 5.15 | 0.08 | 1.52 | 99.98 | 1 | 2.25 | 1.13 | 2.38 | 3.77 | 2.72 | 90.89 |
| 41 | W1E23018 | 73.62 | 0.08 | 13.21 | 2.9 | 0.99 | 0.02 | 0.15 | 1.12 | 3.3 | 4.1 | 0.03 | 6.14 | 105.66 | 0.12 | 3.6 | 1.11 | 1.79 | 3.14 | 1.31 | 88.21 |
| 42 | 6P11GS27 | 70.22 | 0.35 | 15.66 | 1.35 | 0.55 | 0.06 | 0.3 | 0.72 | 4.87 | 4.25 | 0.079 | 0.77 | 99.185 | 0.34 | 1.76 | 1.12 | 3.06 | 3.51 | 2.68 | 91.58 |
| 43 | M4P5GS32 | 74.58 | 0.2 | 13.03 | 1.78 | 0.52 | 0.09 | 0.31 | 0.11 | 2.45 | 4.5 | 0.1 | 1.32 | 98.99 | 0.32 | 2.12 | 1.42 | 1.53 | 3.25 | 3.24 | 91.82 |
| 44 | M4P232 | 78.64 | 0.1 | 12.19 | 0.36 | 0.92 | 0.02 | 0.18 | 0.42 | 1.8 | 3.95 | 0.2 | 0.86 | 99.64 | 0.21 | 1.24 | 1.54 | 0.93 | 2.68 | 2.5 | 91.56 |
| 45 | M4GS3023 | 80.66 | 0.25 | 10.77 | 0.33 | 1.36 | 0.01 | 0.25 | 0.09 | 0.16 | 4.93 | 0.1 | 1.4 | 100.31 | 0.22 | 1.66 | 1.86 | 0.69 | 2.76 | 3.56 | 91.14 |
| 46 | M4GS3062 | 72.76 | 0.25 | 14.33 | 1.14 | 0.94 | 0.02 | 0.06 | 0.09 | 4.17 | 5.71 | 0.1 | 0.56 | 100.13 | 0.05 | 1.96 | 1.08 | 3.28 | 5.35 | 0.5 | 95.82 |
| 47 | M4GS3025 | 72.5 | 0.3 | 14.57 | 1.28 | 0.92 | 0.01 | 0.21 | 0.29 | 4.05 | 4.65 | 0.15 | 0.76 | 99.69 | 0.2 | 2.07 | 1.2 | 2.57 | 3.82 | 1.89 | 93.27 |
| 48 | M4P13GS52 | 74.16 | 0.45 | 13.43 | 1.24 | 1.9 | 0.02 | 1.1 | 0.34 | 0.22 | 5.28 | 0.2 | 1.78 | 100.12 | 0.45 | 3.01 | 2 | 0.97 | 2.33 | 11.3 | 84.53 |
| 49 | M4P13GS53 | 58.98 | 0.85 | 18.87 | 1.57 | 5.76 | 0.14 | 2.75 | 2.29 | 0.35 | 6.05 | 0.35 | 2.14 | 100.1 | 0.43 | 7.17 | 1.67 | 2.56 | 1.87 | 16.7 | 62.04 |
| 50 | M4P13GS56 | 65.1 | 0.9 | 15.41 | 1.34 | 4.16 | 0.04 | 3.18 | 1.1 | 1 | 4.05 | 0.35 | 3.6 | 100.23 | 0.55 | 5.36 | 1.91 | 1.15 | 1.88 | 23.2 | 70.1 |
| 51 | M4P13GS60 | 57.92 | 0.9 | 19.47 | 2.97 | 5.1 | 0.04 | 2.75 | 0.42 | 1.35 | 5.55 | 0.35 | 3.32 | 100.14 | 0.44 | 7.77 | 2.17 | 3.19 | 2.06 | 15.5 | 68.63 |
| 52 | M4P5GS15 | 79.38 | 0.2 | 10.78 | 1.3 | 0.58 | 0.05 | 0.31 | 0.29 | 1.25 | 4.75 | 0.15 | 0.98 | 100.02 | 1 | 1.75 | 1.41 | 0.99 | 3.37 | 3.79 | 92.59 |
| 53 | M4P5GS21 | 75.46 | 0.2 | 13.7 | 1.61 | 0.4 | 0.13 | 0.37 | 0.18 | 0.15 | 4.5 | 0.1 | 1.68 | 98.48 | 0.38 | 1.85 | 2.53 | 0.67 | 2.01 | 5.26 | 86.98 |
| 54 | M4P5GS25 | 77.46 | 0.2 | 12.82 | 0.98 | 0.69 | 0.02 | 0.34 | 0.22 | 0 | 4.88 | 0.2 | 1.9 | 99.71 | 0.34 | 1.57 | 2.25 | 0.69 | 2.2 | 4.93 | 88.83 |
| 55 | M4P5GS26 | 72.94 | 0.25 | 14.79 | 1.43 | 0.42 | 0.02 | 0.73 | 0.07 | 2.28 | 4.88 | 0.2 | 1.58 | 99.59 | 0.56 | 1.71 | 1.61 | 1.71 | 2.86 | 7.49 | 89.7 |
| 56 | M4P5GS28 | 77.6 | 0.18 | 12.05 | 1.3 | 0.68 | 0.01 | 0.21 | 0.18 | 0 | 5.5 | 0.1 | 1.44 | 99.25 | 0.24 | 1.85 | 1.93 | 0.87 | 2.63 | 2.73 | 90.36 |
| 57 | M4CTS332 | 74 | 0.25 | 14.39 | 0.8 | 0.74 | 0.04 | 0.38 | 0.18 | 3.58 | 5.12 | 0.1 | 1.28 | 100.86 | 0.38 | 1.46 | 1.23 | 2.44 | 3.96 | 3.58 | 93.69 |
| 58 | M4GS715-1 | 74.08 | 0.15 | 13.5 | 1.47 | 0.44 | 0.02 | 0.14 | 0.1 | 4.3 | 4.55 | 0.15 | 0.68 | 99.58 | 1 | 1.76 | 1.11 | 2.52 | 4.73 | 1.28 | 95.64 |
| 59 | M4GS3025 | 72.5 | 0.3 | 14.57 | 1.28 | 0.92 | 0.01 | 0.21 | 0.29 | 4.05 | 4.65 | 0.15 | 0.76 | 99.69 | 0.2 | 2.07 | 1.2 | 2.57 | 3.82 | 1.89 | 93.27 |
| 60 | M4GS4566 | 66.14 | 0.75 | 15.66 | 2.43 | 1.18 | 0.07 | 0.44 | 2.89 | 4.95 | 3.65 | 0.25 | 1.56 | 99.97 | 0.27 | 3.36 | 0.9 | 3.2 | 2.73 | 3.48 | 82.53 |
| 61 | M4GS4568 | 55.64 | 0.9 | 16.87 | 4.85 | 3.34 | 0.06 | 3.01 | 4.79 | 3.6 | 3.45 | 0.45 | 1.8 | 98.76 | 0.51 | 7.7 | 0.92 | 3.93 | 1.97 | 16.5 | 59.34 |

**表 3-93　海拉尔-呼玛白音高老组($J_3b$)火山岩稀土元素组成**　　单位：$\times10^{-6}$

| 序号 | 样品号 | La | Ce | Pr | Nd | Sm | Eu | Gd | Tb | Dy | Ho | Er | Tm | Yb | Lu | ΣREE | ΣLREE | ΣHREE | LREE/HREE | δEu |
|---|---|---|---|---|---|---|---|---|---|---|---|---|---|---|---|---|---|---|---|---|
| 1 | 6GS422 | 24.96 | 41.13 | 4.31 | 15 | 2.85 | 0.7 | 2.6 | 0.35 | 1.98 | 0.39 | 1.22 | 0.18 | 1.16 | 0.2 | 97.01 | 88.93 | 8.08 | 11.01 | 0.77 |

**续表 3-93**

| 序号 | 样品号 | La | Ce | Pr | Nd | Sm | Eu | Gd | Tb | Dy | Ho | Er | Tm | Yb | Lu | ΣREE | ΣLREE | ΣHREE | LREE/HREE | δEu |
|---|---|---|---|---|---|---|---|---|---|---|---|---|---|---|---|---|---|---|---|---|
| 2 | 6PGs5063-2 | 0 | 128 | 16.27 | 63.3 | 13.1 | 3.19 | 11.6 | 1.47 | 8.21 | 1.54 | 4.28 | 0.59 | 3.74 | 0.57 | 255.86 | 223.86 | 32 | 7 | 0.78 |
| 62 | M4P2XT32 | 29.3 | 53.5 | 5.78 | 12.8 | 2.28 | 0.46 | 1.68 | 0.23 | 1.24 | 0.3 | 0.84 | 0.16 | 1.04 | 0.11 | 109.72 | 104.12 | 5.6 | 18.59 | 0.69 |

**表 3-94 海拉尔-呼玛白音高老组($J_3b$)火山岩微量元素含量** 单位:$\times10^{-6}$

| 序号 | 样品号 | Sr | Rb | Ba | Th | Nb | Zr | Cr | Ni | Co | V | U | Y | Li | Rb/Sr | U/Th |
|---|---|---|---|---|---|---|---|---|---|---|---|---|---|---|---|---|
| 1 | 6GS422 | 2613.3 | 47.6 | 1523 | 4.4 | 4 | 166.1 | 13 | 4.7 | 3.2 | 19.6 | 4.48 | 10.92 | 22.9 | 0.02 | 1.02 |
| 2 | 6PGs5063-2 | | | | | | | | | | | | 40.60 | | | |
| 62 | M4P2XT32 | 290 | 132 | 130 | | | | 116 | 11 | 4.2 | | | 16.5 | 0.46 | | |

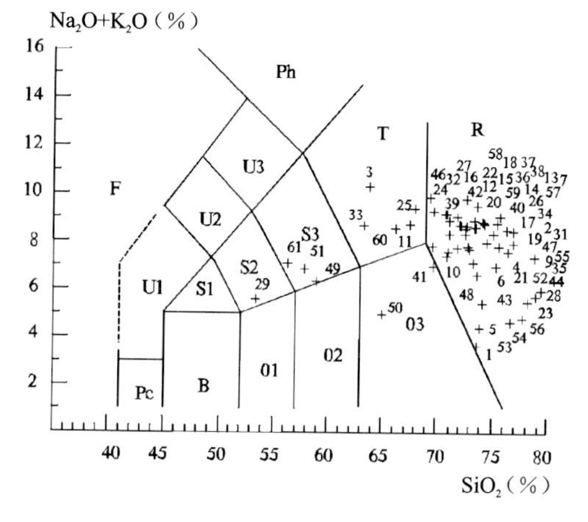


图 3-165 TAS 图解(据 Le Bas,1986)

F. 副长石岩;Pc. 苦橄玄武岩;B. 玄武岩;01. 玄武安山岩;02. 安山岩;03. 英安岩;S1. 粗面玄武岩;S2. 玄武粗安岩;S3. 粗安岩;T. 粗面岩、粗面英安岩;U1. 碧玄岩、碱玄岩;U2. 响岩质碱玄岩;U3. 碱玄质响岩;Ph. 响岩;R. 流纹岩

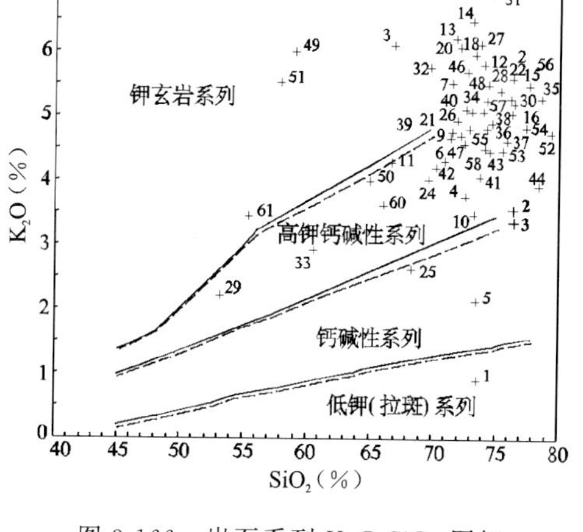


图 3-166 岩石系列 $K_2O$-$SiO_2$ 图解

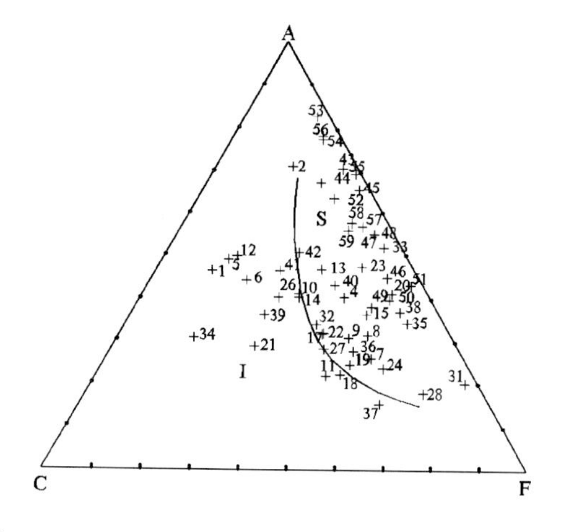


图 3-167 S 型、I 型花岗岩判别图解(据中田节也,1979)

I. I 型花岗岩;S. S 型花岗岩

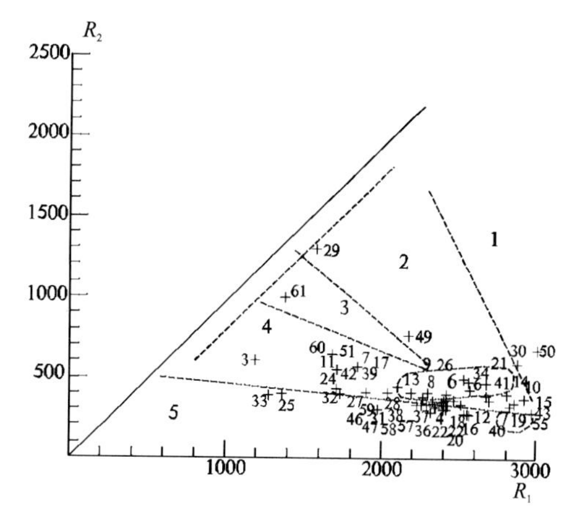


图 3-168 主要花岗岩类岩石组合的示意性图解

(据 Batchelor & Bowdden,1985)

1. 地幔分离;2. 板块碰撞前的;3. 碰撞后的抬升;4. 造山晚期的;5. 非造山的;6. 同碰撞期的;7. 造山期后的

(3)东乌珠穆沁旗-多宝山俯冲-碰撞火山-侵入岩带内白音高老组岩性以流纹岩及其流纹质火山碎屑岩为主,少量中酸性火山岩。根据区域地质调查样品岩石化学数据(表3-95～表3-97)计算及投图分析,TAS分类以流纹岩为主,少量粗面岩(图3-169),高钾钙碱系列(图3-170),在A-C-F图解中样点全部落入S型花岗岩区(图3-171),为强过铝壳源成因类型,在$R_1$-$R_2$图解中为造山晚期—非造山期(图3-172)。

**表3-95　东乌珠穆沁旗-多宝山白音高老组($J_3b$)火山岩岩石化学组成**　　单位:%

| 序号 | 样品号 | $SiO_2$ | $TiO_2$ | $Al_2O_3$ | $Fe_2O_3$ | FeO | MnO | MgO | CaO | $Na_2O$ | $K_2O$ | $P_2O_5$ | LOS | Total | $Mg^{\#}$ | $FeO^*$ | A/CNK | σ | A.R | SI | DI |
|---|---|---|---|---|---|---|---|---|---|---|---|---|---|---|---|---|---|---|---|---|---|
| 1 | 2P9G12 | 75.35 | 0.16 | 13.08 | 1.17 | 0.18 | 0.04 | 0.20 | 0.50 | 5.67 | 3.83 | 0.02 | 0.16 | 100.36 | 0.35 | 1.23 | 1.23 | 2.79 | 5.66 | 1.81 | 96.32 |
| 2 | WE29055-1 | 64.56 | 0.30 | 16.11 | 1.94 | 3.38 | 0.10 | 0.95 | 2.70 | 3.95 | 4.20 | 0.15 | 1.18 | 99.52 | 0.29 | 5.12 | 1.36 | 3.08 | 2.53 | 6.59 | 75.03 |
| 3 | WE30257 | 55.12 | 0.90 | 18.24 | 2.89 | 6.38 | 0.16 | 3.81 | 6.69 | 3.85 | 1.75 | 0.25 | 0.28 | 100.32 | 0.47 | 8.98 | 0.98 | 2.59 | 1.58 | 20.40 | 44.55 |
| 4 | WE23645 | 74.18 | 0.20 | 13.20 | 0.82 | 1.26 | 0.02 | 0.23 | 0.25 | 3.85 | 5.38 | 0.15 | 0.96 | 100.50 | 0.21 | 2.00 | 1.81 | 2.73 | 5.37 | 1.99 | 94.85 |
| 5 | WE23644 | 76.24 | 0.10 | 12.46 | 0.80 | 1.98 | 0.01 | 0.08 | 0.25 | 3.35 | 5.60 | 0.10 | 0.10 | 101.07 | 0.06 | 2.70 | 1.92 | 2.41 | 5.76 | 0.68 | 94.01 |
| 6 | 4P17Gs9 | 68.66 | 0.40 | 14.70 | 2.77 | 0.48 | 0.08 | 0.92 | 1.30 | 4.35 | 3.65 | 0.13 | 2.47 | 99.91 | 0.51 | 2.97 | 1.49 | 2.49 | 3.00 | 7.56 | 85.83 |
| 7 | 4P17Gs17-1 | 73.64 | 0.33 | 13.00 | 2.17 | 0.44 | 0.13 | 0.19 | 0.19 | 3.60 | 4.90 | 0.10 | 0.83 | 99.52 | 0.21 | 2.39 | 1.93 | 2.36 | 4.62 | 1.68 | 93.91 |
| 8 | WE30745 | 67.56 | 0.60 | 15.13 | 1.92 | 2.14 | 0.10 | 0.60 | 1.02 | 5.25 | 4.85 | 0.15 | 0.76 | 100.08 | 0.27 | 3.87 | 1.37 | 4.15 | 4.34 | 4.07 | 88.80 |
| 9 | WE29057-1 | 81.44 | 0.06 | 9.38 | 0.21 | 1.97 | 0.10 | 0.07 | 0.14 | 3.62 | 1.80 | 0.05 | 0.54 | 99.38 | 0.07 | 2.16 | 1.49 | 0.76 | 3.64 | 0.91 | 93.89 |
| 10 | P1-73 | 75.91 | 0.09 | 12.35 | 0.69 | 1.87 | 0.05 | 0.33 | 0.21 | 3.40 | 4.35 | 0.03 | 0.22 | 99.50 | 0.21 | 2.49 | 1.91 | 1.83 | 4.22 | 3.10 | 92.30 |
| 11 | P1-56 | 76.87 | 0.10 | 11.73 | 0.75 | 1.70 | 0.06 | 0.09 | 0.13 | 3.75 | 4.10 | 0.02 | 0.20 | 99.50 | 0.07 | 2.37 | 1.71 | 1.82 | 4.92 | 0.87 | 94.32 |
| 12 | P1-42 | 76.29 | 0.09 | 9.23 | 0.56 | 5.79 | 0.13 | 0.27 | 0.55 | 1.65 | 4.90 | 0.02 | 0.00 | 99.48 | 0.08 | 6.29 | 2.17 | 1.29 | 5.06 | 2.05 | 85.04 |
| 13 | P1-21 | 68.10 | 0.35 | 15.00 | 3.08 | 1.78 | 0.10 | 0.70 | 0.87 | 3.95 | 4.20 | 0.17 | 1.70 | 100.00 | 0.29 | 4.55 | 1.75 | 2.65 | 3.11 | 5.11 | 85.64 |
| 14 | Pl-12-1 | 69.29 | 0.42 | 15.35 | 1.85 | 1.68 | 0.10 | 0.48 | 0.81 | 3.90 | 5.10 | 0.07 |  | 99.05 | 0.26 | 3.34 | 1.84 | 3.08 | 3.51 | 3.69 | 88.34 |
| 15 | M4GS7388 | 59.98 | 0.20 | 14.34 | 1.30 | 0.62 | 0.02 | 0.06 | 0.24 | 0.75 | 3.25 | 0.25 | 17.70 | 98.71 | 0.06 | 1.79 | 7.32 | 0.94 | 1.76 | 1.00 | 84.17 |
| 16 | M4GS7173 | 69.90 | 0.50 | 15.55 | 1.74 | 1.00 | 0.02 | 0.42 | 0.29 | 3.20 | 4.80 | 0.25 | 2.02 | 99.69 | 0.30 | 2.56 | 2.48 | 2.38 | 3.04 | 3.76 | 89.71 |

**表3-96　东乌珠穆沁旗-多宝山白音高老组($J_3b$)火山岩稀土元素组成**　　单位:$\times10^{-6}$

| 序号 | 样品号 | La | Ce | Pr | Nd | Sm | Eu | Gd | Tb | Dy | Ho | Er | Tm | Yb | Lu | ΣREE | ΣLREE | ΣHREE | LREE/HREE | δEu |
|---|---|---|---|---|---|---|---|---|---|---|---|---|---|---|---|---|---|---|---|---|
| 1 | 2P9G12 | 12.5 | 24.4 | 3.94 | 15.3 | 3.15 | 0.27 | 2.76 | 0.39 | 2.63 | 0.43 | 1.32 | 0.23 | 1.53 | 0.24 | 83.39 | 59.56 | 9.53 | 6.25 | 0.27 |

**表3-97　东乌珠穆沁旗-多宝山白音高老组($J_3b$)火山岩微量元素含量**　　单位:$\times10^{-6}$

| 序号 | 样品号 | Rb | Ba | Nb | V | Cr | Co | Ni | Li | Y |
|---|---|---|---|---|---|---|---|---|---|---|
| 1 | 2P9G12 | 99.50 | 120.00 | 13.50 | 8.10 | 15.20 | 3.00 | 0.30 | 18.70 | 12.10 |

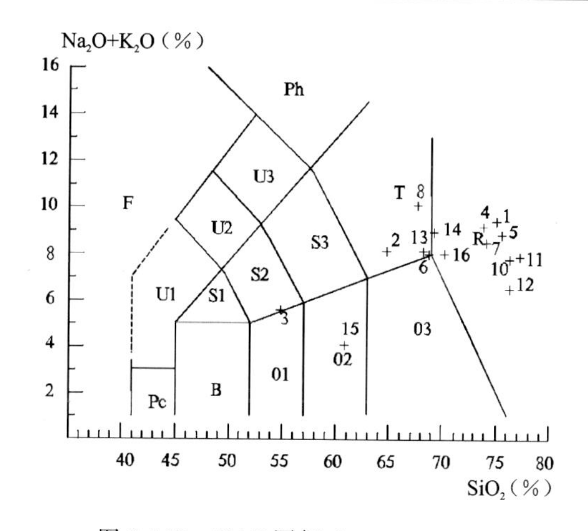


图 3-169　TAS 图解(据 Le Bas,1986)

F. 副长石岩;Pc. 苦橄玄武岩;B. 玄武岩;01. 玄武安山岩;02. 安山岩;03. 英安岩;S1. 粗面玄武岩;S2. 玄武粗安岩;S3. 粗安岩;T. 粗面岩、粗面英安岩;U1. 碧玄岩、碱玄岩;U2. 响岩质碱玄岩;U3. 碱玄质响岩;Ph. 响岩;R. 流纹岩

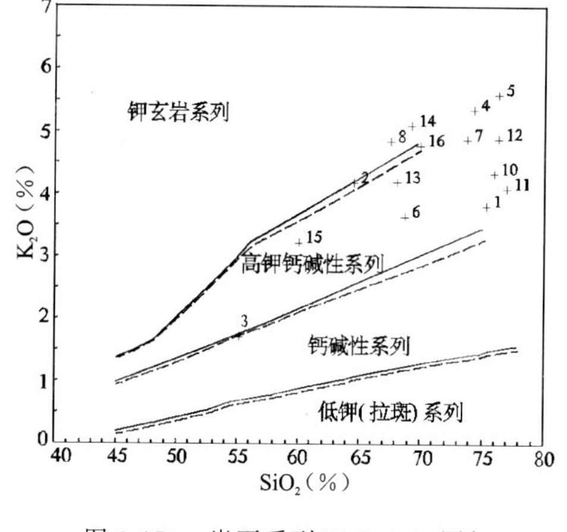


图 3-170　岩石系列 $K_2O$-$SiO_2$ 图解

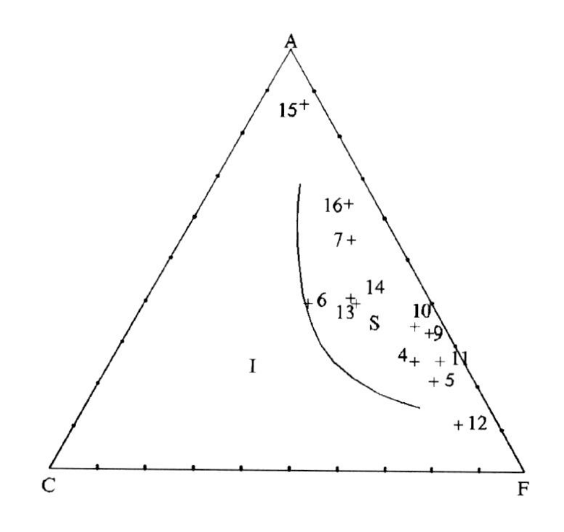


图 3-171　S 型、I 型花岗岩判别图解(据中田节也,1979)

I. I 型花岗岩;S. S 型花岗岩

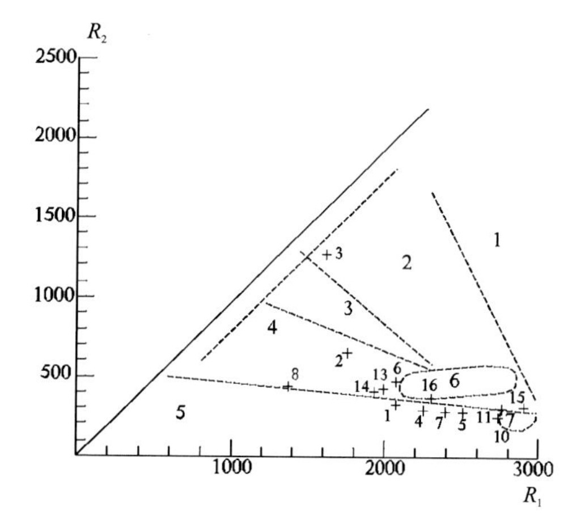


图 3-172　主要花岗岩类岩石组合的示意性图解

(据 Batchelor 等,1985)

1. 地幔分离;2. 板块碰撞前的;3. 碰撞后的抬升;4. 造山晚期的;5. 非造山的;6. 同碰撞期的;7. 造山期后的

(4)锡林浩特俯冲-碰撞火山-侵入岩带内白音高老组岩性以流纹岩及其流纹质火山碎屑岩为主,少量中酸性火山岩。根据区域地质调查样品岩石化学数据(表 3-98～表 3-100)计算及投图分析,在 TAS 分类中绝大多数为流纹岩(图 3-173),高钾钙碱系列-钾玄岩系列(图 3-174),在 A-C-F 图解中大部分为 S 型(图 3-175),δEu 为 0.406,成因类型以壳源为主的壳幔混合源,在 $R_1$-$R_2$ 图解中分布在为造山晚期、非造山及造山期后区域(图 3-176)。

表 3-98　锡林浩特白音高老组($J_3b$)火山岩岩石化学组成　　单位:%

| 序号 | 样品号 | $SiO_2$ | $TiO_2$ | $Al_2O_3$ | $Fe_2O_3$ | FeO | MnO | MgO | CaO | $Na_2O$ | $K_2O$ | $P_2O_5$ | LOS | Total | $Mg^{\#}$ | $FeO^*$ | A/CNK | σ | A. R | SI | DI |
|---|---|---|---|---|---|---|---|---|---|---|---|---|---|---|---|---|---|---|---|---|---|
| 1 | ZP3-1GS21 | 70.9 | 0.31 | 15.2 | 2.13 | 0.36 | 0.08 | 0.32 | 0.73 | 4.21 | 4.64 | 0.06 | 0.82 | 99.7 | 0.32 | 2.27 | 1.15 | 2.81 | 3.5 | 2.74 | 90.65 |
| 2 | V Gs4484 | 75.7 | 0.2 | 12.3 | 1.21 | 0.93 | 0.02 | 0.42 | 0.14 | 4.07 | 4.26 | 0.01 | 0.36 | 99.6 | 0.33 | 2.02 | 1.06 | 2.12 | 5.09 | 3.86 | 94.99 |
| 3 | V Gs1246-2 | 74.5 | 0.02 | 14.2 | 0.48 | 1.05 | 0.03 | 0.01 | 0.61 | 4.06 | 3.89 | 0.07 | 0.74 | 99.6 | 0 | 1.48 | 1.18 | 2.01 | 3.33 | 0.11 | 92.54 |

**续表 3-98**

| 序号 | 样品号 | $SiO_2$ | $TiO_2$ | $Al_2O_3$ | $Fe_2O_3$ | FeO | MnO | MgO | CaO | $Na_2O$ | $K_2O$ | $P_2O_5$ | LOS | Total | $Mg^{\#}$ | $FeO^*$ | A/CNK | σ | A. R | SI | DI |
|---|---|---|---|---|---|---|---|---|---|---|---|---|---|---|---|---|---|---|---|---|---|
| 4 | Ⅴ Gs26 | 74.4 | 0.13 | 13.2 | 0.55 | 2.19 | 0.02 | 0.1 | 0.98 | 2.74 | 4.83 | 0.05 | 1.04 | 100 | 0.06 | 2.68 | 1.15 | 1.83 | 3.31 | 0.96 | 88.82 |
| 5 | Ⅴ Gs3266-326 | 69.5 | 0.26 | 14.6 | 0.52 | 3.26 | 0.05 | 0.45 | 1.33 | 3.66 | 5.28 | 0.07 | 0.72 | 99.7 | 0.19 | 3.73 | 1.03 | 3.01 | 3.57 | 3.42 | 85.38 |
| 6 | Ⅴ Gs3212 | 76.6 | 0.07 | 12 | 0.77 | 0.87 | 0.01 | 0.08 | 0.38 | 3.75 | 4.93 | 0.02 | 0.7 | 100 | 0.11 | 1.56 | 0.98 | 2.24 | 5.64 | 0.77 | 96.03 |
| 7 | Ⅴ P13Gs17 | 76.3 | 0.06 | 12.1 | 0.86 | 1.17 | 0.02 | 0.05 | 0.35 | 3.51 | 4.52 | 0.02 | 0.99 | 99.9 | 0.05 | 1.94 | 1.07 | 1.94 | 4.61 | 0.49 | 94.55 |
| 8 | Ⅰ P2GS26 | 69.5 | 0.31 | 15.3 | 1.3 | 1.17 | 0.08 | 0.98 | 0.94 | 4.73 | 3.84 | 0.08 | 1.28 | 99.5 | 0.51 | 2.34 | 1.12 | 2.77 | 3.24 | 8.15 | 88 |
| 9 | Ⅴ Gs5303-1 | 76.8 | 0.07 | 12.6 | 0.78 | 0.66 | 0.01 | 0.01 | 0.63 | 3.54 | 4.76 | 0.02 | 0.58 | 100 | 0 | 1.36 | 1.03 | 2.04 | 4.4 | 0.1 | 94.72 |
| 10 | Ⅰ GS0713 | 73.7 | 0.21 | 13.3 | 0.92 | 0.8 | 0.04 | 0.65 | 0.4 | 3.7 | 3.35 | 0 | 2.7 | 99.7 | 0.49 | 1.63 | 1.26 | 1.62 | 3.13 | 6.9 | 91.15 |
| 11 | Ⅰ GS5557 | 74.2 | 0.13 | 14.3 | 1.4 | 0.57 | 0.07 | 0.26 | 0.21 | 3.73 | 3.11 | 0.44 | 1.89 | 100 | 0.27 | 1.83 | 1.44 | 1.5 | 2.78 | 2.87 | 91.28 |
| 12 | Ⅰ P16GS35 | 55.3 | 0.76 | 17.2 | 2.89 | 4.04 | 0.1 | 3.57 | 5.94 | 4.05 | 1.64 | 0.26 | 4.1 | 99.8 | 0.55 | 6.64 | 0.89 | 2.64 | 1.65 | 22.1 | 53.41 |
| 13 | Ⅲ GS32-1 | 73.9 | 0.13 | 13.2 | 0.85 | 1.66 | 0.05 | 0.07 | 0.12 | 4.87 | 4.88 | 0.04 | 0.49 | 100 | 0.07 | 2.42 | 0.97 | 3.08 | 6.51 | 0.57 | 95.43 |
| 14 | Ⅲ GS2042-1 | 64 | 0.68 | 16.2 | 3.65 | 1.16 | 0.12 | 1.09 | 2.22 | 5.58 | 4.5 | 0.2 | 0.12 | 99.6 | 0.42 | 4.44 | 0.89 | 4.83 | 3.42 | 6.82 | 83.41 |
| 15 | Ⅲ P15GS24 | 75.4 | 0.13 | 12.3 | 2.55 | 1.25 | 0.03 | 0.05 | 0.16 | 3.87 | 4.96 | 0.02 | 0.62 | 101 | 0.03 | 3.54 | 1.02 | 2.41 | 5.92 | 0.39 | 94.57 |
| 16 | Ⅴ Gs4143-1 | 76.9 | 0.09 | 11.7 | 0.45 | 0.96 | 0.04 | 0.3 | 0.83 | 2.85 | 5.46 | 0.04 | 0.77 | 100 | 0.31 | 1.36 | 0.96 | 2.04 | 4.97 | 2.99 | 93.68 |
| 17 | Ⅴ Gs4177a | 58.2 | 1.43 | 15.5 | 1.72 | 6.35 | 0.13 | 1.25 | 3.88 | 3.54 | 2.6 | 0.49 | 4.33 | 99.4 | 0.24 | 7.9 | 0.99 | 2.48 | 1.93 | 8.09 | 63.62 |
| 18 | Ⅴ Gs4177b | 76.3 | 0.08 | 11.7 | 0.64 | 0.96 | 0.03 | 0.56 | 0.47 | 3.56 | 4.6 | 0.02 | 0.69 | 99.5 | 0.46 | 1.54 | 1 | 2 | 5.11 | 5.43 | 94.03 |
| 19 | Ⅴ Gs2242 | 62.9 | 0.64 | 17.6 | 1.35 | 3.38 | 0.1 | 1.27 | 3.08 | 4.24 | 3.58 | 0.17 | 1.03 | 99.3 | 0.37 | 4.59 | 1.07 | 3.08 | 2.22 | 9.19 | 72.88 |
| 20 | Ⅴ Gs2244 | 57.4 | 0.86 | 16.7 | 1.57 | 6.11 | 0.12 | 2.56 | 5.84 | 3.85 | 1.94 | 0.54 | 1.55 | 99 | 0.41 | 7.52 | 0.88 | 2.33 | 1.69 | 16 | 54.82 |
| 21 | Ⅴ P6Gs116 | 7.94 | 0.19 | 13.1 | 0.69 | 0.75 | 0.04 | 0.2 | 0.73 | 2.95 | 6.79 | 0.02 | 0.89 | 34.3 | 0.27 | 1.37 | 0.96 | −2.7 | 5.79 | 1.76 | 108.9 |
| 22 | GS508 | 76.4 | 0.03 | 12 | 1.26 | 0.81 | 0.01 | 0.19 | 0.7 | 3.58 | 4.58 | 0 | 0.72 | 100 | 0.22 | 1.94 | 0.99 | 2 | 4.6 | 1.82 | 93.84 |
| 24 | Ⅰ P2GS25 | 68.3 | 0.3 | 15.3 | 1.57 | 1.17 | 0.08 | 1.14 | 1.29 | 4.12 | 5.46 | 0.08 | 1.39 | 100 | 0.53 | 2.58 | 1.02 | 3.62 | 3.75 | 8.47 | 87.16 |
| 25 | Ⅱ GS4741-1 | 80.8 | 0.2 | 10.4 | 0.56 | 0.6 | 0.02 | 0.71 | 0.26 | 0.36 | 4.5 | 0.03 | 1.9 | 100 | 0.61 | 1.1 | 1.73 | 0.63 | 2.68 | 10.6 | 90.88 |
| 26 | Ⅱ P9GS28 | 75.4 | 0.17 | 13.2 | 0.56 | 0.57 | 0.03 | 0.62 | 0.36 | 4.41 | 3.29 | 0.04 | 1.2 | 99.9 | 0.56 | 1.07 | 1.15 | 1.83 | 3.65 | 6.56 | 93.48 |
| 27 | Ⅱ P9GS13 | 75.7 | 0.13 | 12.4 | 1.18 | 0.65 | 0.03 | 0.37 | 0.57 | 2.76 | 5.64 | 0.03 | 1.06 | 101 | 0.37 | 1.71 | 1.06 | 2.16 | 4.67 | 3.49 | 93.38 |
| 28 | Ⅴ Gs3472 | 71 | 0.5 | 14.5 | 2.69 | 0.81 | 0.01 | 0.26 | 0.44 | 3.72 | 4.85 | 0.04 | 1.34 | 100 | 0.19 | 3.23 | 1.19 | 2.62 | 3.69 | 2.11 | 90.69 |
| 29 | Ⅴ Gs5328 | 64.1 | 0.44 | 16.5 | 2.73 | 1.71 | 0.03 | 0.81 | 1.77 | 4.94 | 5.2 | 0.12 | 1.99 | 100 | 0.34 | 4.16 | 0.96 | 4.87 | 3.51 | 5.26 | 84.55 |
| 30 | P25-79 | 73 | 0.17 | 12.6 | 1.24 | 4.33 | 0.11 | 0.37 | 0.03 | 3.88 | 4.75 | 0.03 | 0 | 100 | 0.12 | 5.44 | 1.09 | 2.49 | 5.32 | 2.54 | 89.03 |
| 31 | P25-70 | 72 | 0.15 | 14 | 1.15 | 3.06 | 0.11 | 0.27 | 0.61 | 1.05 | 6.68 | 0.02 | 0.66 | 99.8 | 0.12 | 4.09 | 1.39 | 2.06 | 3.24 | 2.21 | 85.68 |
| 32 | P25-67 | 76.1 | 0.13 | 12.3 | 0.7 | 2.65 | 0.06 | 0.22 | 0.24 | 3.65 | 3.7 | 0.02 | 0.08 | 99.8 | 0.11 | 3.28 | 1.19 | 1.63 | 3.83 | 2.01 | 90.96 |
| 33 | P26-106C | 71.9 | 0.25 | 13.4 | 1.29 | 3.59 | 0.05 | 0.22 | 0.32 | 3.7 | 4.6 | 0.1 | 0.25 | 99.6 | 0.08 | 4.75 | 1.14 | 2.38 | 4.09 | 1.64 | 88.73 |
| 34 | P26-110 | 68.6 | 0.3 | 14.9 | 1.13 | 3.67 | 0.09 | 0.53 | 0.39 | 4.1 | 5.35 | 0.03 | 0.22 | 99.4 | 0.18 | 4.69 | 1.13 | 3.49 | 4.21 | 3.59 | 87.31 |

续表 3-98

| 序号 | 样品号 | $SiO_2$ | $TiO_2$ | $Al_2O_3$ | $Fe_2O_3$ | FeO | MnO | MgO | CaO | $Na_2O$ | $K_2O$ | $P_2O_5$ | LOS | Total | $Mg^{\#}$ | $FeO^*$ | A/CNK | σ | A.R | SI | DI |
|---|---|---|---|---|---|---|---|---|---|---|---|---|---|---|---|---|---|---|---|---|---|
| 35 | HGS506-1 | 69.7 | 0.28 | 15.7 | 2.03 | 0.9 | 0.07 | 0.56 | 0.91 | 4.3 | 4.64 | 0.08 | 1.15 | 100 | 0.36 | 2.72 | 1.15 | 3 | 3.33 | 4.51 | 88.63 |
| 36 | 4-306C | 70.6 | 0.39 | 14.2 | 1.54 | 1.97 | 0.05 | 0.91 | 0.85 | 3.64 | 4.25 | 0.08 | 1.57 | 100 | 0.39 | 3.35 | 1.17 | 2.25 | 3.22 | 7.39 | 86.67 |
| 37 | 3-381-1 | 78.1 | 0.06 | 11.3 | 0.99 | 0.05 | 0.02 | 0.39 | 0.27 | 3.92 | 3.44 | 0.01 | 1.1 | 99.6 | 0.61 | 0.94 | 1.06 | 1.55 | 4.49 | 4.44 | 95.8 |
| 38 | 3-387 | 73 | 0.12 | 11.1 | 0.55 | 0.07 | 0.05 | 0.34 | 1.41 | 4.94 | 1.4 | 0 | 7.87 | 101 | 0.68 | 0.56 | 0.91 | 1.34 | 3.04 | 4.66 | 92.48 |
| 39 | Ⅺ-1 | 71 | 0.2 | 14.7 | 1.49 | 0.91 | 0.07 | 0.47 | 1.24 | 3.8 | 0.08 | 3.88 | 2.15 | 100 | 0.36 | 2.25 | 1.71 | 0.54 | 1.65 | 6.96 | 81.78 |
| 40 | 1-282 | 71.8 | 0.08 | 15 | 1.16 | 1.35 | 0.08 | 0.29 | 0.4 | 3.46 | 4.28 | 0.05 | 1.54 | 99.4 | 0.22 | 2.39 | 1.36 | 2.08 | 3.03 | 2.75 | 89.91 |
| 41 | Ⅲ-90 | 74.5 | 0.2 | 13.1 | 0.73 | 1 | 0.04 | 0.36 | 0 | 4.12 | 4.86 | 0.05 | 0.76 | 99.7 | 0.33 | 1.66 | 1.08 | 2.56 | 5.41 | 3.25 | 95.59 |
| 42 | Ⅲ-4 | 73 | 0.12 | 13.3 | 1.65 | 1 | 0.07 | 0.78 | 0.25 | 3.5 | 5.36 | 0.07 | 0.86 | 100 | 0.45 | 2.48 | 1.12 | 2.61 | 4.76 | 6.35 | 92.4 |
| 43 | Ⅳ-43 | 72.2 | 0.12 | 14.4 | 1.78 | 0.88 | 0.06 | 0.6 | 0.34 | 3.74 | 4.8 | 0.04 | 0.92 | 99.8 | 0.41 | 2.48 | 1.21 | 2.5 | 3.77 | 5.08 | 91.21 |
| 44 | Ⅰ-59 | 71.5 | 0.36 | 14 | 1.89 | 0.81 | 0.07 | 0.67 | 0.13 | 3.94 | 4.64 | 0.07 | 1.25 | 99.3 | 0.44 | 2.51 | 1.19 | 2.58 | 4.11 | 5.61 | 92.13 |
| 45 | P25-90 | 59.5 | 0.8 | 16.9 | 2.7 | 5.6 | 0.11 | 2.4 | 5.67 | 4.18 | 0.5 | 0.34 | 0.69 | 99.4 | 0.39 | 8.03 | 0.96 | 1.33 | 1.52 | 15.6 | 54.38 |
| 46 | Ⅺ-15 | 65.9 | 0.4 | 16 | 0.99 | 2.92 | 0.09 | 0.99 | 2.54 | 5 | 2.4 | 0.13 | 2.3 | 99.6 | 0.35 | 3.81 | 1.03 | 2.39 | 2.33 | 8.05 | 77.82 |
| 47 | Ⅲ P24GS68 | 75.1 | 0.17 | 12.9 | 0.88 | 1.01 | 0.07 | 0.66 | 0.08 | 4.65 | 4.7 | 0.01 | 0.44 | 101 | 0.45 | 1.8 | 1 | 2.72 | 6.18 | 5.55 | 95.42 |
| 48 | HGS69 | 72.7 | 2.31 | 14.1 | 1.32 | 0.45 | 0.06 | 0.29 | 0.5 | 5.01 | 4.17 | 0.09 | 1.05 | 102 | 0.35 | 1.64 | 1.04 | 2.83 | 4.36 | 2.58 | 92.46 |
| 49 | Ⅴ P5Gs61 | 72.7 | 0.22 | 13.6 | 1.07 | 1.47 | 0.03 | 0.36 | 0.68 | 4.08 | 5.4 | 0.03 | 0.71 | 100 | 0.26 | 2.43 | 0.99 | 3.03 | 4.97 | 2.91 | 92.59 |
| 50 | Ⅴ P5Gs13 | 76.5 | 0.18 | 11.7 | 0.91 | 0.9 | 0.03 | 0.1 | 0.76 | 2.63 | 5.3 | 0.03 | 1.4 | 101 | 0.1 | 1.72 | 1.03 | 1.88 | 4.47 | 1.02 | 93.37 |

**表 3-99　锡林浩特白音高老组($J_3b$)火山岩稀土元素组成**　单位：$\times10^{-6}$

| 序号 | 样品号 | La | Ce | Pr | Nd | Sm | Eu | Gd | Tb | Dy | Ho | Er | Tm | Yb | Lu | ΣREE | ΣLREE | ΣHREE | LREE/HREE | δEu |
|---|---|---|---|---|---|---|---|---|---|---|---|---|---|---|---|---|---|---|---|---|
| 1 | ZP3-1GS21 | 30.9 | 63.7 | 7.45 | 27.5 | 4.8 | 1.03 | 3.84 | 0.59 | 3.41 | 0.68 | 2.09 | 0.32 | 2.28 | 0.36 | 163.25 | 135.38 | 13.57 | 9.98 | 0.71 |
| 2 | Ⅴ Gs4484 | 59.61 | 107.4 | 11.91 | 48.43 | 8.67 | 0.3 | 6.39 | 1.1 | 5.84 | 1.07 | 2.97 | 0.41 | 2.45 | 0.38 | 284.23 | 236.32 | 20.61 | 11.47 | 0.12 |
| 3 | Ⅴ Gs1246-2 | 3.23 | 9.04 | 0.97 | 4.84 | 2.19 | 0.07 | 3.88 | 0.52 | 3.42 | 0.54 | 1.21 | 0.17 | 1.25 | 0.2 | 48.83 | 20.34 | 11.19 | 1.82 | 0.07 |
| 4 | Ⅴ Gs26 | 69.6 | 91.21 | 16.96 | 63 | 13.52 | 0.21 | 12.79 | 1.95 | 10.73 | 2.05 | 5.18 | 0.68 | 4.45 | 0.74 | 293.07 | 254.5 | 38.57 | 6.6 | 0.05 |
| 5 | Ⅴ Gs3266-326 | 43.98 | 87.49 | 11.2 | 39.87 | 8.41 | 0.66 | 6.73 | 1.02 | 6.36 | 1.18 | 3.49 | 0.46 | 3.06 | 0.47 | 214.38 | 191.61 | 22.77 | 8.42 | 0.26 |
| 6 | Ⅴ Gs3212 | 19.25 | 41.23 | 5.6 | 19.08 | 4.66 | 0.13 | 3.73 | 0.65 | 4.22 | 0.87 | 2.4 | 0.34 | 2.26 | 0.34 | 104.76 | 89.95 | 14.81 | 6.07 | 0.09 |
| 7 | Ⅴ P13Gs17 | 13.43 | 61.59 | 4.35 | 15.2 | 3.76 | 0.06 | 2.92 | 0.64 | 5.4 | 1.16 | 3.26 | 0.48 | 3.14 | 0.47 | 115.86 | 98.39 | 17.47 | 5.63 | 0.05 |
| 8 | Ⅰ P2GS26 | 26.59 | 58.44 | 5.91 | 23.23 | 4.4 | 0.66 | 4.02 | 0.55 | 2.89 | 0.64 | 1.79 | 0.25 | 1.86 | 0.17 | 131.4 | 119.23 | 12.17 | 9.8 | 0.47 |
| 9 | Ⅴ Gs5303-1 | 44.63 | 84.68 | 10.43 | 35.03 | 6.89 | 0 | 5.44 | 0.83 | 5.57 | 1.12 | 3.03 | 0.42 | 2.77 | 0.44 | 201.28 | 181.66 | 19.62 | 9.26 | 0 |
| 10 | Ⅰ GS0713 | 27.2 | 50.8 | 6.06 | 21.1 | 3.27 | 0.67 | 2.31 | 0.43 | 3.02 | 0.44 | 1.36 | 0.19 | 1.3 | 0.73 | 118.88 | 109.1 | 9.78 | 11.16 | 0.71 |
| 11 | Ⅰ GS5557 | 27.4 | 47.3 | 5.75 | 25.3 | 4.73 | 1.18 | 3.96 | 0.72 | 3.6 | 0.75 | 1.87 | 1.79 | 1.79 | 0.24 | 126.38 | 111.66 | 14.72 | 7.59 | 0.81 |

续表 3-99

| 序号 | 样品号 | La | Ce | Pr | Nd | Sm | Eu | Gd | Tb | Dy | Ho | Er | Tm | Yb | Lu | ΣREE | ΣLREE | ΣHREE | LREE/HREE | δEu |
|---|---|---|---|---|---|---|---|---|---|---|---|---|---|---|---|---|---|---|---|---|
| 12 | Ⅰ P16GS35 | 15.7 | 34.5 | 4.33 | 19.9 | 4.11 | 1.19 | 4.98 | 0.6 | 3.75 | 0.69 | 1.83 | 0.26 | 1.6 | 0.73 | 94.17 | 79.73 | 14.44 | 5.52 | 0.8 |
| 13 | Ⅲ GS32-1 | 46.12 | 87.74 | 9.82 | 42.03 | 7.6 | 2.57 | 6 | 1.08 | 5.18 | 1.13 | 2.87 | 0.43 | 2.98 | 0.28 | 236.43 | 195.88 | 19.95 | 9.82 | 1.13 |
| 14 | Ⅲ GS2042-1 | 44.59 | 91.7 | 9.99 | 44.59 | 8.48 | 1.89 | 6.91 | 1.06 | 4.5 | 1 | 2.34 | 0.36 | 2.24 | 0.27 | 238.02 | 201.24 | 18.68 | 10.77 | 0.73 |
| 15 | Ⅲ P15GS24 | 28.73 | 65.07 | 6.81 | 25.98 | 5.18 | 0.28 | 4.14 | 0.81 | 5.12 | 1.02 | 2.94 | 0.46 | 3.26 | 2.45 | 165.25 | 132.05 | 20.2 | 6.54 | 0.18 |
| 16 | Ⅴ Gs4143-1 | 14.46 | 35.62 | 4.9 | 24.33 | 8.68 | 0 | 9.67 | 1.8 | 11.75 | 2.5 | 6.05 | 0.83 | 5.16 | 0.56 | 138.91 | 87.99 | 38.32 | 2.3 | 0 |
| 17 | Ⅴ Gs4177a | 27.68 | 66.25 | 8.17 | 35.31 | 7.46 | 2.03 | 6.74 | 1.06 | 5.34 | 1.11 | 2.79 | 0.36 | 2.35 | 0.18 | 184.13 | 146.9 | 19.93 | 7.37 | 0.86 |
| 18 | Ⅴ Gs4177b | 30.85 | 73.86 | 8.13 | 34.96 | 8.03 | 0.06 | 7.15 | 1.28 | 7.3 | 1.52 | 3.84 | 0.54 | 3.46 | 0.31 | 201.69 | 155.89 | 25.4 | 6.14 | 0.02 |
| 19 | Ⅴ Gs2242 | 24.62 | 49.76 | 6.13 | 25.88 | 5.55 | 1.15 | 4.26 | 0.71 | 3.75 | 0.95 | 1.88 | 0.3 | 1.82 | 0.51 | 140.67 | 113.09 | 14.18 | 7.98 | 0.7 |
| 20 | Ⅴ Gs2244 | 27.11 | 61.21 | 7.95 | 34.99 | 7.55 | 1.85 | 7.34 | 1.04 | 5.29 | 1.06 | 2.53 | 0.36 | 2.32 | 0.42 | 176.02 | 140.66 | 20.36 | 6.91 | 0.75 |
| 21 | Ⅴ P6Gs116 | 40.77 | 74.45 | 9.91 | 41.44 | 8.96 | 0.31 | 7.75 | 1.34 | 7.55 | 1.62 | 4.2 | 0.61 | 4.14 | 0.43 | 221.78 | 175.84 | 27.64 | 6.36 | 0.11 |
| 22 | GS508 | 30.93 | 54.79 | 7.53 | 25.84 | 8.03 | 0.26 | 7.55 | 1.11 | 6.84 | 1.49 | 4.71 | 0.67 | 4.28 | 0.7 | 172.13 | 127.38 | 27.35 | 4.66 | 0.1 |
| 23 | Ⅲ P19Xt25 | 26.37 | 74.38 | 7.47 | 32.71 | 6.68 | 1.28 | 6.02 | 1 | 6.06 | 1.22 | 3.46 | 0.56 | 3.79 | 0.66 | 182.56 | 148.89 | 22.77 | 6.54 | 0.61 |

**表 3-100　锡林浩特白音高老组($J_3b$)火山岩微量元素含量**

单位：$\times 10^{-6}$

| 序号 | 样品号 | Sr | Rb | Ba | Th | Ta | Nb | Hf | Zr | Cr | Ni | Co | V | U | Y | Cs | Sc | Li | Rb/Sr | U/Th | Zr/Hf |
|---|---|---|---|---|---|---|---|---|---|---|---|---|---|---|---|---|---|---|---|---|---|
| 1 | ZP3-1GS21 | 33.2 | 116 | 1053 | 11.8 |  | 10.6 |  | 62 | 17.9 | 8 | 6.8 | 18.7 |  | 17.60 |  |  | 13 | 3.49 |  |  |
| 2 | Ⅴ Gs4484 | 14 | 192 |  |  |  |  | 16 | 207 |  |  |  |  |  | 28.64 |  | 1 |  | 13.7 |  | 12.9 |
| 3 | Ⅴ Gs1246-2 | 8 | 198 | 50 |  |  |  | 10 | 36 |  | 5 | 5 |  |  | 16.60 |  | 16.4 |  | 24.8 |  | 3.6 |
| 4 | Ⅴ Gs26 | 38 | 158 |  |  |  |  | 10 | 277 |  | 5 | 5 |  |  | 49.24 |  | 3.04 |  | 14 |  | 27.7 |
| 5 | Ⅴ Gs3266-326 | 125 | 147 |  |  |  |  | 20 | 529 |  | 5 | 5 |  |  | 30.51 |  | 6.38 |  | 17.5 |  | 26.5 |
| 6 | Ⅴ Gs3212 | 14 | 203 |  |  |  |  | 10 | 148 |  | 5 | 5 |  |  | 20.86 |  | 1.75 |  | 18.7 |  | 14.8 |
| 7 | Ⅴ P13Gs17 | 12 | 226 |  |  |  |  | 10 | 192 |  | 5 | 5 |  |  | 27.34 |  | 2.25 |  | 16.7 |  | 19.2 |
| 8 | Ⅰ P2GS26 |  |  |  |  |  |  |  |  |  |  |  |  |  | 15.66 |  |  |  | 17.7 |  |  |
| 9 | Ⅴ Gs5303-1 | 7 | 196 |  |  |  |  | 10 | 197 |  | 5 | 5 |  |  | 30.04 |  | 2.15 |  | 17.7 |  | 19.7 |
| 10 | Ⅰ GS0713 | 225 | 123 | 877 |  | 0.5 | 8.6 | 3.5 | 135 | 8.3 |  |  | 19 |  | 12.00 | 4.4 | 3.42 | 19 | 17.4 |  | 38.6 |
| 11 | Ⅰ GS5557 | 690 |  |  |  |  |  | 13 | 188 |  |  |  |  |  | 0.00 |  |  |  | 17.6 |  | 14.5 |
| 12 | Ⅰ P16GS35 | 818 | 30 | 718 |  | 0.2 | 5 | 18 | 7.3 | 35 | 19 |  | 173 |  | 13.00 | 3 |  | 33 | 17.6 |  | 0.41 |
| 13 | Ⅲ GS32-1 | 12 | 110 | 120 | 20 |  |  |  | 213 | 5 | 4 | 3 |  | 5 | 0.00 |  | 4.25 |  | 17.5 | 0.25 |  |
| 14 | Ⅲ GS2042-1 | 390 | 59 | 1540 | 9 |  |  | 10 | 428 | 5 | 6 | 7 |  |  | 0.00 |  | 8.45 |  | 17.5 | 0 | 42.8 |
| 15 | Ⅲ P15GS24 | 15 | 178 |  |  |  |  | 7 | 190 | 3 | 3 | 1 |  |  | 0.00 |  | 3.16 |  | 17.5 |  | 27.1 |

**续表 3-100**

| 序号 | 样品号 | Sr | Rb | Ba | Th | Ta | Nb | Hf | Zr | Cr | Ni | Co | V | U | Y | Cs | Sc | Li | Rb/Sr | U/Th | Zr/Hf |
|---|---|---|---|---|---|---|---|---|---|---|---|---|---|---|---|---|---|---|---|---|---|
| 16 | ⅤGs4143-1 | 40 | 324 | 174 | | | | 5 | 132 | | 5 | 5 | 5 | | 59.26 | | 2.71 | | 17.5 | | 26.4 |
| 17 | ⅤGs4177a | 539 | 96 | 844 | | | | 9 | 220 | | 5 | 17 | 144 | | 25.56 | | 12.7 | | 17.5 | | 24.4 |
| 18 | ⅤGs4177b | 28 | 192 | 40 | | | | 7 | 212 | | 5 | 5 | 5 | | 36.58 | | 1.17 | | 17.5 | | 30.3 |
| 19 | ⅤGs2242 | 353 | 97 | 1860 | | | | 11 | 408 | | 6 | 9 | 51 | | 18.71 | | 6.95 | | 17.5 | | 37.1 |
| 20 | ⅤGs2244 | 597 | 68 | 1039 | | | | 10 | 232 | | 7 | 13 | 183 | | 25.95 | | 12.4 | | 17.5 | | 23.2 |
| 21 | ⅤP6Gs116 | 33 | 217 | 284 | | | | 8 | 287 | | 5 | 5 | 7 | | 37.68 | | 3.73 | | 17.5 | | 35.9 |
| 22 | GS508 | 12.81 | 269 | 39.1 | | | | | 95 | 15.9 | 4.16 | | | | 43.88 | | 0 | 20.8 | 17.5 | | |
| 23 | ⅢP19Xt25 | 136 | 41 | | | | | 10 | 328 | 3 | 4 | 3 | | | | | 5.7 | | 17.5 | | 32.8 |

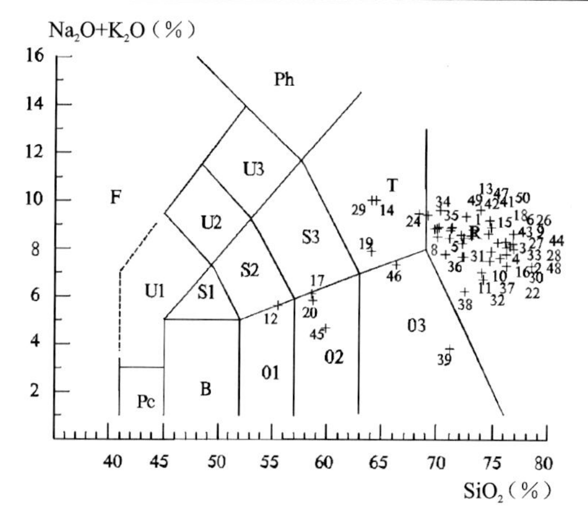


图 3-173 TAS 图解(据 Le Bas,1986)

F. 副长石岩;Pc. 苦橄玄武岩;B. 玄武岩;01. 玄武安山岩;02. 安山岩;03. 英安岩;S1. 粗面玄武岩;S2. 玄武粗安岩;S3. 粗安岩;T. 粗面岩、粗面英安岩;U1. 碧玄岩、碱玄岩;U2. 响岩质碱玄岩;U3. 碱玄质响岩;Ph. 响岩

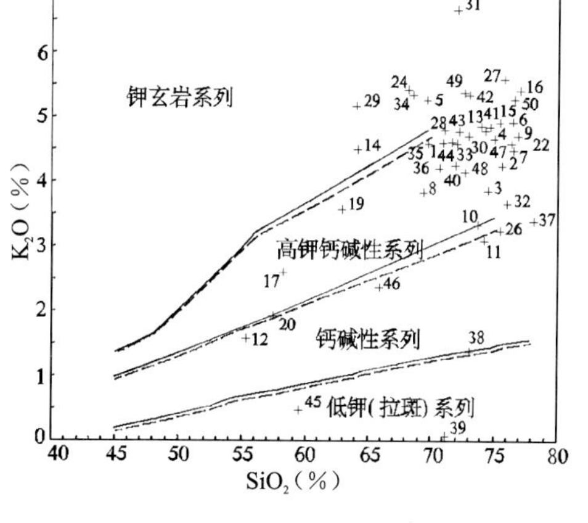


图 3-174 岩石系列 $K_2O$-$SiO_2$ 图解

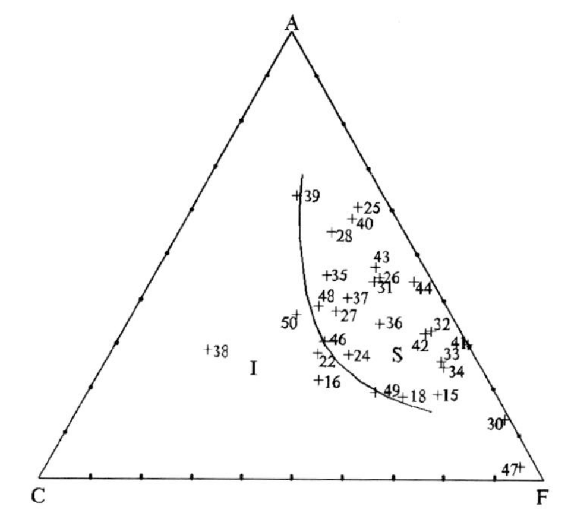


图 3-175 S型、I型花岗岩判别图解(据中田节也,1979)

I. I型花岗岩;S. S型花岗岩

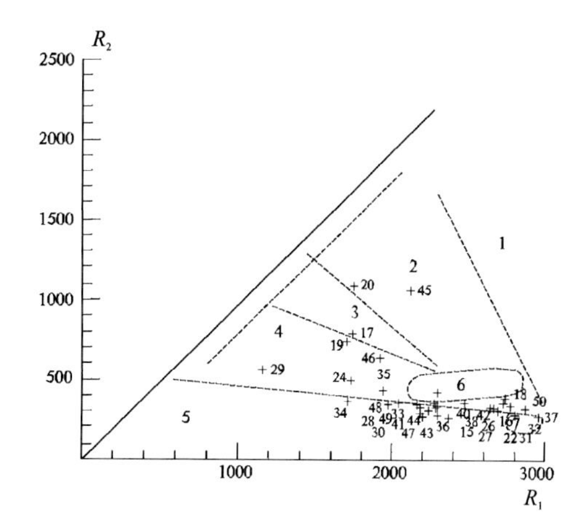


图 3-176 主要花岗岩类岩石组合的示意性图解(据 Batchelor 等,1985)

1. 地幔分离;2. 板块碰撞前的;3. 碰撞后的抬升;4. 造山晚期的;5. 非造山的;6. 同碰撞期的;7. 造山期后的

(5)赤峰俯冲-碰撞型火山-侵入岩带内白音高老组岩性为流纹岩、次流纹岩、酸性凝灰岩。根据区域地质调查样品岩石化学数据(表3-101～表3-103)计算及投图分析，TAS分类以流纹岩为主，少量玄武岩、粗面玄武岩、粗安岩、粗面岩(图3-177)，高钾钙碱系列(图3-178)，在A/CNK平均为1.27，在A-C-F图解中以S型花岗岩为主(图3-179)，成因类型以壳源为主，$R_1$-$R_2$图解多为非造山的(图3-180)。

**表3-101　赤峰白音高老组($J_3b$)火山岩岩石化学组成**

单位：%

| 序号 | 样品号 | $SiO_2$ | $TiO_2$ | $Al_2O_3$ | $Fe_2O_3$ | FeO | MnO | MgO | CaO | $Na_2O$ | $K_2O$ | $P_2O_5$ | LOS | Total | $Mg^{\#}$ | $FeO^{*}$ | A/CNK | σ | A.R | SI | DI |
|---|---|---|---|---|---|---|---|---|---|---|---|---|---|---|---|---|---|---|---|---|---|
| 1 | ⅡE3242 | 76.51 | 0.08 | 12.77 | 1.41 | 0.83 | 0.08 | 0.08 | 0.25 | 4.64 | 4.64 | 0.03 | 0.04 | 101.36 | 0.09 | 2.10 | 0.98 | 2.57 | 5.96 | 0.69 | 95.32 |
| 2 | ⅣGS3192 | 75.26 | 0.28 | 14.37 | 0.20 | 0.21 | 0.02 | 0.22 | 0.36 | 0.12 | 5.20 | 0.06 | 3.98 | 100.28 | 0.56 | 0.39 | 2.24 | 0.88 | 2.13 | 3.70 | 88.42 |
| 3 | ⅣGS4137 | 50.40 | 1.18 | 17.84 | 1.65 | 5.54 | 0.16 | 3.05 | 7.60 | 4.55 | 0.64 | 0.21 | 7.08 | 99.90 | 0.47 | 7.02 | 0.81 | 3.64 | 1.51 | 19.77 | 42.97 |
| 4 | ⅣGS4136 | 66.83 | 0.59 | 13.85 | 3.92 | 3.62 | 0.10 | 0.42 | 0.66 | 2.96 | 2.64 | 0.10 | 1.49 | 97.18 | 0.12 | 7.14 | 1.55 | 1.32 | 2.26 | 3.10 | 80.21 |
| 5 | ⅣGS789 | 48.48 | 1.44 | 16.35 | 3.19 | 5.33 | 0.16 | 2.85 | 10.83 | 3.10 | 1.50 | 0.41 | 5.42 | 99.06 | 0.44 | 8.20 | 0.62 | 3.86 | 1.41 | 17.85 | 38.94 |
| 6 | ⅣGS4129-1 | 56.15 | 1.08 | 16.93 | 3.62 | 3.81 | 0.08 | 3.08 | 4.68 | 4.95 | 3.31 | 0.58 | 1.08 | 99.35 | 0.51 | 7.06 | 0.84 | 5.19 | 2.24 | 16.41 | 64.26 |
| 7 | ⅣGS851 | 64.54 | 0.35 | 16.42 | 1.82 | 1.52 | 0.06 | 1.18 | 2.67 | 4.48 | 4.75 | 0.18 | 1.72 | 99.69 | 0.48 | 3.16 | 0.95 | 3.96 | 2.87 | 8.58 | 80.80 |
| 8 | ⅣGS3580 | 55.98 | 0.92 | 17.56 | 3.25 | 3.90 | 0.11 | 2.57 | 5.74 | 4.28 | 2.54 | 0.51 | 1.95 | 99.31 | 0.47 | 6.82 | 0.87 | 3.58 | 1.83 | 15.54 | 58.75 |
| 11 | Xt528 | 73.89 | 0.16 | 13.27 | 1.99 | 0.98 | 0.02 | 0.10 | 0.21 | 2.97 | 5.49 | 0.03 | 0.66 | 99.77 | 0.07 | 2.77 | 1.23 | 2.32 | 4.37 | 0.87 | 93.20 |
| 12 | Xt509 | 73.96 | 0.60 | 10.49 | 2.40 | 0.79 | 0.03 | 0.07 | 1.86 | 3.00 | 4.67 | 0.40 | 1.66 | 99.93 | 0.08 | 2.95 | 1.05 | 1.90 | 4.28 | 0.64 | 91.33 |
| 14 | P10Xt13 | 66.20 | 0.46 | 14.61 | 3.43 | 1.89 | 0.06 | 1.30 | 0.52 | 2.86 | 5.82 | 0.09 | 2.66 | 99.90 | 0.42 | 4.97 | 1.32 | 3.25 | 3.69 | 8.50 | 84.81 |
| 15 | HGS660 | 75.92 | 0.16 | 12.17 | 0.54 | 0.45 | 0.02 | 0.46 | 0.36 | 2.60 | 6.46 | 0.01 | 0.05 | 99.20 | 1.00 | 0.94 | 1.07 | 2.49 | 6.22 | 4.38 | 95.56 |
| 16 | P81GS65 | 77.86 | 0.14 | 11.47 | 1.39 | 1.06 | 0.02 | 0.05 | 0.12 | 2.01 | 5.22 | 0.01 | 0.74 | 100.09 | 0.04 | 2.31 | 1.29 | 1.50 | 4.32 | 0.51 | 94.05 |
| 17 | GS625 | 69.82 | 0.34 | 13.61 | 1.64 | 1.05 | 0.08 | 0.89 | 2.28 | 2.70 | 4.29 | 0.05 | 3.13 | 99.88 | 0.48 | 2.52 | 1.48 | 1.82 | 2.57 | 8.42 | 82.14 |
| 18 | GS630b | 74.76 | 0.17 | 12.68 | 1.03 | 0.78 | 0.03 | 0.00 | 0.57 | 3.18 | 6.34 | 0.00 | 0.90 | 100.44 | 0.00 | 1.71 | 1.05 | 2.85 | 6.10 | 0.00 | 95.69 |
| 19 | GS630a | 72.78 | 0.26 | 14.03 | 1.06 | 0.63 | 0.03 | 0.18 | 0.10 | 3.77 | 5.18 | 0.06 | 1.38 | 99.46 | 0.21 | 1.58 | 1.19 | 2.69 | 4.46 | 1.66 | 94.99 |

**表3-102　赤峰白音高老组($J_3b$)火山岩稀土元素组成**

单位：$\times10^{-6}$

| 序号 | 样品号 | La | Ce | Pr | Nd | Sm | Eu | Gd | Tb | Dy | Ho | Er | Tm | Yb | Lu | ΣREE | ΣLREE | ΣHREE | LREE/HREE | δEu |
|---|---|---|---|---|---|---|---|---|---|---|---|---|---|---|---|---|---|---|---|---|
| 9 | 2GS7073-1 | 39.18 | 70.2 | 8.62 | 33.88 | 5.31 | 1.47 | 3.57 | 0.45 | 2.81 | 0.5 | 1.43 | 0.2 | 1.34 | 0.18 | 183.44 | 158.66 | 10.48 | 15.14 | 0.98 |
| 10 | ⅥP13GS32 | 33.7 | 60.46 | 6.66 | 2.62 | 4.06 | 0.33 | 4.14 | 0.58 | 3.94 | 0.87 | 2.47 | 0.45 | 2.87 | 0.44 | 150.89 | 107.83 | 15.76 | 6.84 | 0.24 |
| 11 | Xt528 | 95.68 | 176.4 | 17.58 | 57.84 | 11.51 | 0.38 | 8.2 | 1.36 | 7.31 | 1.52 | 4.41 | 0.65 | 3.89 | 0.62 | 387.35 | 359.39 | 27.96 | 12.85 | 0.11 |
| 12 | Xt509 | 58.62 | 107.9 | 13.23 | 54.42 | 10.36 | 1.47 | 6.92 | 1.28 | 8.77 | 1.76 | 4.95 | 0.68 | 4.37 | 0.6 | 275.33 | 246 | 29.33 | 8.39 | 0.5 |
| 13 | Xt599a | 38.84 | 69.71 | 5.76 | 27.68 | 4.15 | 0.35 | 5 | 0.76 | 4.56 | 0.85 | 1.74 | 0.24 | 1.63 | 0.22 | 161.49 | 146.49 | 15 | 9.77 | 0.23 |
| 14 | P10Xt13 | 51.06 | 93.72 | 11.38 | 48.74 | 9.98 | 1.88 | 8.34 | 1.28 | 5.89 | 1.2 | 2.98 | 0.43 | 2.68 | 0.4 | 239.96 | 216.76 | 23.2 | 9.34 | 0.61 |

**表 3-103 赤峰白音高老组($J_3b$)火山岩微量元素含量** 单位：$\times 10^{-6}$

| 序号 | 样品号 | Sr | Rb | Ba | Nb | Hf | Zr | Cr | Ni | Co | V | Y | Rb/Sr | Zr/Hf |
|---|---|---|---|---|---|---|---|---|---|---|---|---|---|---|
| 9 | ⅣXt70 | 130.60 | 53.00 | 1241.00 |  | 412.00 | 167.00 | 40.05 | 15.39 | 18.41 | 36.80 | 13.24 | 0.41 | 0.41 |
| 10 | ⅣXt90 | 29.80 | 14.90 | 188.10 |  |  | 85.00 | 8.69 |  | 168.00 | 13.40 | 23.65 | 0.50 |  |
| 11 | Xt528 | 28 | 154 | 73 |  |  |  |  |  |  |  | 36.30 | 5.50 |  |
| 12 | Xt509 |  | 129 | 1181 |  | 16.00 | 452.00 |  | 4.52 |  |  | 72.20 |  | 28.25 |
| 13 | Xt599a | 81.54 | 244 | 390 | 19.00 | 15.00 | 261.00 | 10.92 |  | 2.91 | 12.73 | 15.90 | 2.99 | 17.40 |
| 14 | P10Xt13 | 113.4 | 160 | 1033 | 20.00 | 16.00 | 455.00 | 12.02 | 5.37 | 4.61 | 27.79 | 26.50 | 1.41 | 28.44 |

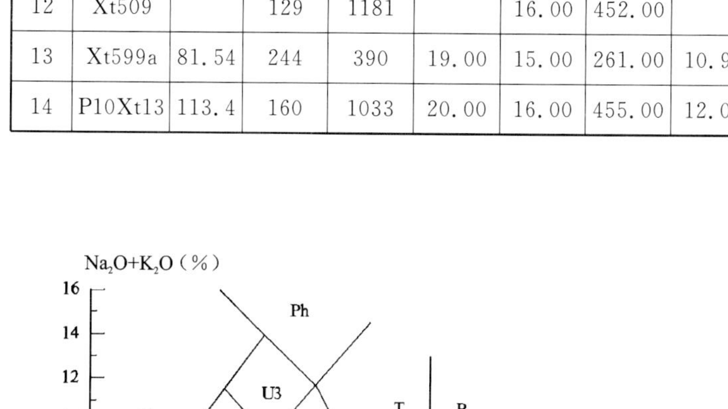

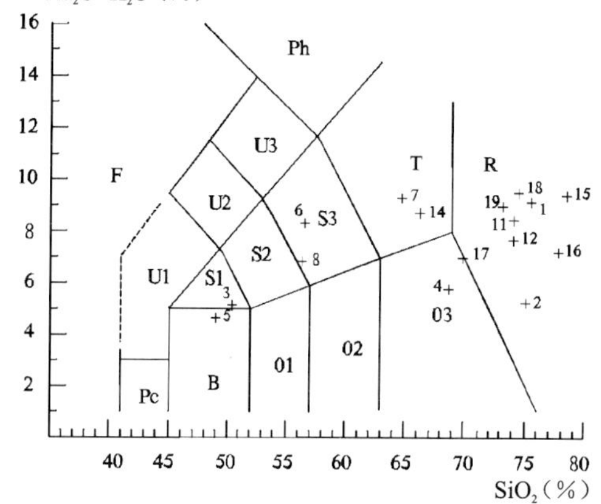


图 3-177 TAS 图解(据 Le Bas,1986)

F. 副长石岩；Pc. 苦橄玄武岩；B. 玄武岩；01. 玄武安山岩；02. 安山岩；03. 英安岩；S1. 粗面玄武岩；S2. 玄武粗安岩；S3. 粗安岩；T. 粗面岩、粗面英安岩；U1. 碧玄岩、碱玄岩；U2. 响岩质碱玄岩；U3. 碱玄质响岩；Ph. 响岩；R. 流纹岩

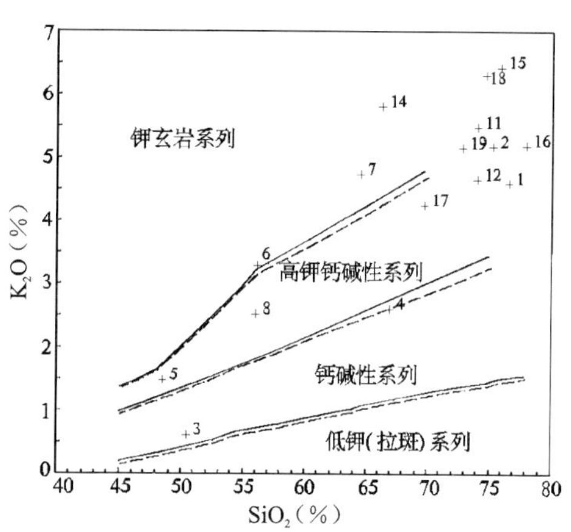


图 3-178 岩石系列 $K_2O$-$SiO_2$ 图解

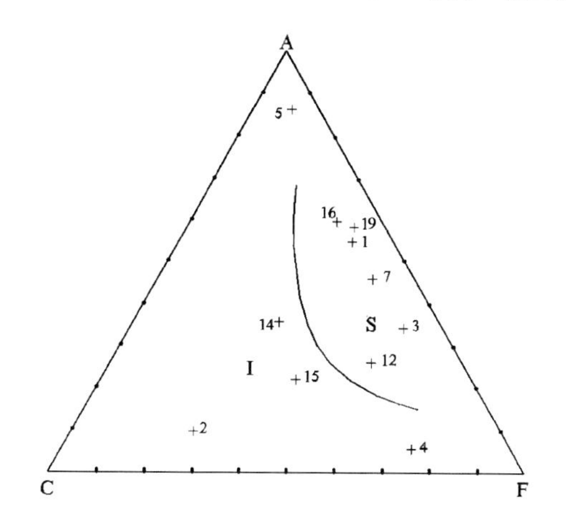


图 3-179 S 型、I 型花岗岩判别图解(据中田节也,1979)

I. I 型花岗岩；S. S 型花岗岩

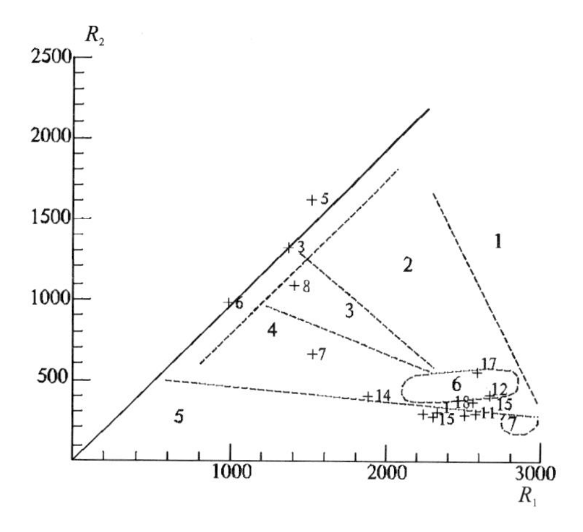


图 3-180 主要花岗岩类岩石组合的示意性图解(据 Batchelor 等,1985)

1. 地幔分离；2. 板块碰撞前的；3. 碰撞后的抬升；4. 造山晚期的；5. 非造山的；6. 同碰撞期的；7. 造山期后的

(6)冀北俯冲-碰撞型火山-侵入岩带内白音高老组岩性为流纹岩及其流纹质火山碎屑岩，岩石化学样品少(表 3-104)，代表岩性差。TAS 分类为安山岩(或粗安岩)、粗面岩(图 3-181)，高钾钙碱系列-钾玄岩系列(图 3-182)。

**表 3-104　冀北白音高老组($J_3b$)火山岩岩石化学组成**　　单位：%

| 序号 | 样品号 | $SiO_2$ | $TiO_2$ | $Al_2O_3$ | $Fe_2O_3$ | FeO | MnO | MgO | CaO | $Na_2O$ | $K_2O$ | $P_2O_5$ | LOS | Total | $Mg^{\#}$ | $FeO^*$ | A/CNK | σ | A.R | SI | DI |
|---|---|---|---|---|---|---|---|---|---|---|---|---|---|---|---|---|---|---|---|---|---|
| 1 | ⅣGS3193 | 61.02 | 0.82 | 16.40 | 2.65 | 2.45 | 0.12 | 2.07 | 2.34 | 6.24 | 3.02 | 0.41 | 3.1 | 100.64 | 0.51 | 4.83 | 0.92 | 4.76 | 2.95 | 12.60 | 77.80 |
| 2 | ⅣGS4126 | 57.90 | 1.21 | 17.45 | 3.10 | 3.84 | 0.08 | 2.79 | 5.49 | 3.90 | 2.16 | 0.37 | 1.48 | 99.77 | 0.50 | 6.63 | 0.93 | 2.46 | 1.72 | 17.67 | 56.42 |

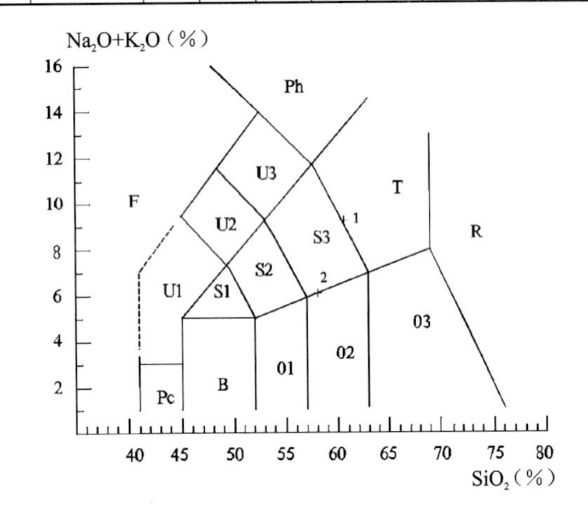


图 3-181　TAS 图解(据 Le Bas,1986)

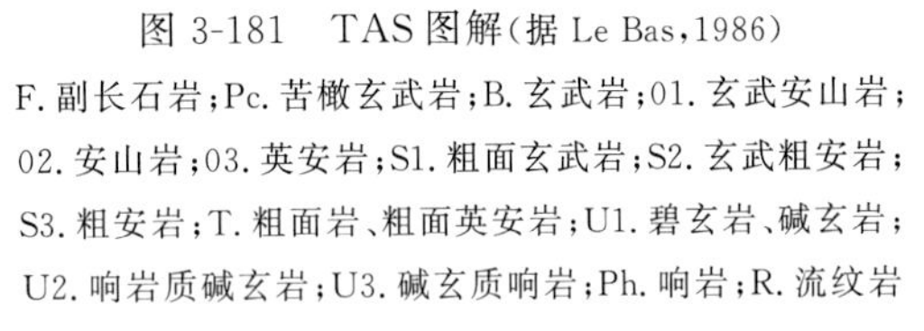
F.副长石岩；Pc.苦橄玄武岩；B.玄武岩；01.玄武安山岩；02.安山岩；03.英安岩；S1.粗面玄武岩；S2.玄武粗安岩；S3.粗安岩；T.粗面岩、粗面英安岩；U1.碧玄岩、碱玄岩；U2.响岩质碱玄岩；U3.碱玄质响岩；Ph.响岩；R.流纹岩

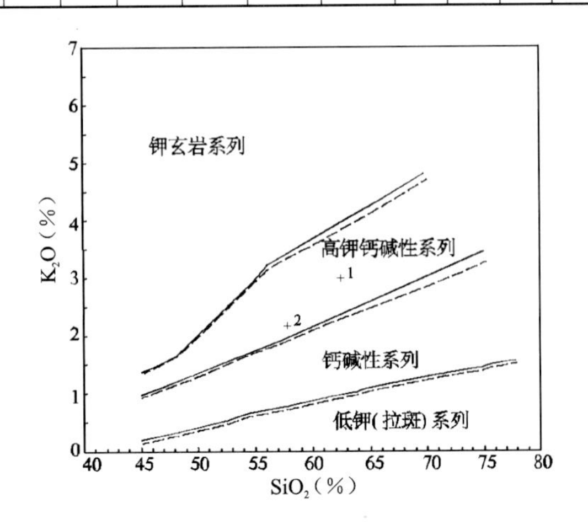


图 3-182　岩石系列 $K_2O$-$SiO_2$ 图解

## (三)早白垩世俯冲-大陆裂谷火山岩

早白垩世火山岩在内蒙古东部分布广泛，由大陆裂谷火山岩和俯冲火山岩构成。其中大陆裂谷火山岩主要为中基性火山岩，分布在大兴安岭之上查干楚鲁—阿龙山一带、罕乌拉—新天镇一带、罕达盖嘎查—苏格河一带[白音诺尔镇—宝石镇一带称为梅勒图组($K_1m$)，红彦镇一带称甘河组($K_1g$)、赤峰市—库伦旗一带和喀喇沁旗一带称义县组($K_1y$)]；俯冲火山岩由分布于川岭工区—卧牛河镇农场一带的龙江组($K_1l$)酸性火山岩组成。

### 1.梅勒图组($K_1m$)大陆裂谷火山岩组合

下白垩统梅勒图组在额尔古纳岛弧之上为玄武岩、安山玄武岩、安山火山角砾岩、英安岩、中性火山碎屑岩；在罕乌拉—根河市一带和新天镇一带为玄武安山岩、安山岩为主，少量英安岩；在罕达盖嘎查—苏格河乡一带为玄武岩、安山质火山角砾岩、安山玄武岩、英安岩、中性火山碎屑岩；在白音诺尔镇—宝石镇一带为玄武安山岩、安山岩、英安岩等。

根据岩石化学数据(表 3-105～表 3-107)进行计算和投图分析，在 TAS 分类中以玄武粗安岩、粗安岩、粗面岩为主，少量粗面玄武岩、玄武安山岩、安山岩、英安岩和流纹岩(图 3-183)，在硅-碱图解上为碱性和亚碱性(图 3-184)，在岩石系列 $K_2O$-$SiO_2$ 图解中主要为高钾钙碱性系列-钾玄岩系列(图 3-185)，稀土配分曲线显示轻稀土富集，略显示负铕异常(图 3-186)，在里特曼-戈蒂里图解中为造山带火山岩及其派生的碱性、偏碱性火山岩(图 3-187),在 $R_1$-$R_2$ 图解中样点大多落在板块碰撞前、碰撞后抬升及造山晚期区域(图 3-188),在 $FeO^*$-MgO-$Al_2O_3$ 图解中主要为岛弧扩张中心火山岩和造山带火山岩(图 3-189),在 $TiO_2$-$K_2O$-$P_2O_5$ 三角图解中为非大洋岩和钙-碱岩群(图 3-190)。综合判定为大陆伸展(陆内裂谷)火山岩。

**表 3-105 梅勒图组($K_1ml$)火山岩岩石化学组成**

单位:%

| 序号 | 样品号 | $SiO_2$ | $TiO_2$ | $Al_2O_3$ | $Fe_2O_3$ | FeO | MnO | MgO | CaO | $Na_2O$ | $K_2O$ | $P_2O_5$ | LOS | Total | $Mg^\#$ | $FeO^*$ | A/CNK | σ | A.R | SI | DI |
|---|---|---|---|---|---|---|---|---|---|---|---|---|---|---|---|---|---|---|---|---|---|
| 1 | P27LT80 | 50.80 | 1.40 | 17.80 | 4.59 | 5.40 | 0.11 | 6.42 | 6.24 | 3.32 | 1.16 | 0.40 | 1.48 | 99.12 | 0.61 | 9.53 | 0.99 | 2.57 | 1.46 | 30.73 | 38.39 |
| 2 | HGS13 | 53.06 | 0.98 | 16.62 | 3.48 | 5.00 | 0.16 | 5.26 | 7.18 | 3.10 | 2.63 | 0.26 | 2.44 | 100.17 | 0.59 | 8.13 | 0.79 | 3.26 | 1.63 | 27.02 | 45.21 |
| 3 | Ⅱ GS4052 | 64.25 | 0.62 | 16.08 | 2.43 | 0.79 | 0.08 | 0.93 | 3.43 | 3.70 | 3.05 | 0.17 | 4.98 | 100.51 | 0.48 | 2.97 | 1.03 | 2.14 | 2.06 | 8.53 | 75.2 |
| 4 | 11-78-2 | 61.82 | 0.62 | 16.00 | 1.77 | 4.25 | 0.13 | 1.35 | 2.97 | 3.96 | 5.24 | 0.20 | 0.37 | 98.68 | 0.32 | 5.84 | 0.91 | 4.5 | 2.88 | 8.15 | 74.78 |
| 5 | ⅩⅣ83-1 | 64.95 | 0.62 | 15.97 | 1.43 | 3.13 | 0.08 | 0.90 | 2.10 | 4.36 | 6.60 | 0.18 | 2.56 | 102.88 | 0.3 | 4.42 | 0.89 | 5.47 | 4.08 | 5.48 | 83.97 |
| 6 | ⅩⅣ-57 | 62.26 | 0.62 | 17.74 | 1.15 | 3.86 | 0.08 | 1.35 | 2.39 | 4.86 | 4.14 | 0.23 | 1.41 | 100.09 | 0.35 | 4.89 | 1.05 | 4.21 | 2.62 | 8.79 | 75.86 |
| 7 | ⅩⅣ-26 | 59.12 | 0.62 | 16.29 | 4.65 | 3.71 | 0.13 | 3.65 | 2.32 | 4.10 | 2.40 | 0.45 | 3.99 | 101.43 | 0.54 | 7.89 | 1.21 | 2.62 | 2.07 | 19.72 | 65.65 |
| 8 | ⅩⅣ-25 | 56.27 | 0.62 | 17.24 | 1.62 | 7.31 | 0.15 | 4.17 | 5.07 | 3.74 | 2.46 | 0.28 | 1.14 | 100.07 | 0.48 | 8.77 | 0.96 | 2.9 | 1.77 | 21.61 | 50.46 |
| 9 | Ⅴ-7 | 53.43 | 0.62 | 17.18 | 2.81 | 5.00 | 0.10 | 5.85 | 5.54 | 2.80 | 2.14 | 0.18 | 3.10 | 98.75 | 0.63 | 7.53 | 1.01 | 2.34 | 1.56 | 31.45 | 44.52 |
| 10 | Ⅴ-20 | 65.44 | 0.62 | 15.44 | 0.93 | 3.47 | 0.09 | 1.57 | 2.93 | 3.60 | 4.10 | 0.12 | 1.44 | 99.75 | 0.42 | 4.31 | 0.98 | 2.64 | 2.44 | 11.49 | 74.31 |
| 11 | Ⅴ-26 | 61.40 | 0.62 | 16.90 | 3.21 | 2.91 | 0.14 | 3.17 | 3.86 | 3.69 | 2.96 | 0.18 | 1.65 | 100.69 | 0.57 | 5.8 | 1.04 | 2.4 | 1.94 | 19.89 | 64.28 |
| 12 | HGS516 | 58.60 | 0.62 | 17.19 | 2.17 | 3.73 | 0.11 | 2.40 | 5.33 | 3.86 | 3.70 | 0.28 | 1.96 | 99.95 | 0.48 | 5.68 | 0.86 | 3.66 | 2.01 | 15.13 | 62.97 |
| 13 | P80Xt1 | 61.08 | 0.62 | 14.61 | 2.85 | 3.20 | 0.02 | 1.68 | 4.07 | 4.00 | 3.90 | 0.12 | 4.08 | 100.66 | 0.41 | 5.76 | 1.35 | 3.45 | 2.47 | 10.75 | 72.49 |
| 14 | P80Xt36 | 69.68 | 0.62 | 14.09 | 1.80 | 1.63 | 0.04 | 1.42 | 1.07 | 4.14 | 2.69 | 0.36 | 1.14 | 98.3 | 0.52 | 3.25 | 1.44 | 1.75 | 2.64 | 12.16 | 84.66 |
| 15 | 2P26G28 | 55.95 | 1.71 | 14.72 | 3.48 | 4.23 | 0.13 | 2.91 | 6.15 | 3.54 | 2.30 | 0.83 | 3.05 | 99 | 0.44 | 7.36 | 0.67 | 2.63 | 1.78 | 17.68 | 56.45 |
| 17 | 6P2GS20 | 58.2 | 1.58 | 15.5 | 3.52 | 3.69 | 0.2 | 2.95 | 5.16 | 3.5 | 3.16 | 0.93 | 1.64 | 100.03 | 0.51 | 6.85 | 1.69 | 2.92 | 1.95 | 17.54 | 61.73 |
| 18 | 6P2GS27-1 | 54.16 | 1.86 | 15.21 | 3.19 | 5.57 | 0.12 | 3.48 | 7.14 | 3.66 | 2.33 | 1.04 | 1.82 | 99.58 | 0.47 | 8.44 | 1.77 | 3.22 | 1.73 | 19.09 | 52.4 |
| 20 | WE45012 | 64.02 | 0.64 | 15.75 | 0.91 | 3.38 | 0.12 | 0.73 | 3.33 | 3.5 | 6.7 | 0.22 | 1.76 | 101.06 | 0.26 | 4.2 | 1.21 | 4.95 | 3.3 | 4.8 | 79.72 |
| 21 | P22GS66 | 51.42 | 1.6 | 16.41 | 2.9 | 5.6 | 0.04 | 4.74 | 6.13 | 3.25 | 2.05 | 0.83 | 4.34 | 99.31 | 0.56 | 8.21 | 2.18 | 3.34 | 1.61 | 25.57 | 46.53 |
| 22 | P50GS15 | 57.36 | 1.7 | 16.06 | 6.81 | 1.41 | 0.13 | 1.48 | 4.42 | 4.15 | 3.25 | 1.18 | 2.29 | 100.24 | 0.39 | 7.53 | 1.55 | 3.81 | 2.13 | 8.65 | 67.44 |
| 23 | P50GS23 | 56.56 | 1.84 | 16.49 | 8.96 | 1.92 | 0.18 | 2.31 | 0.54 | 4.08 | 2.5 | 0.95 | 1.86 | 98.19 | 0.42 | 9.98 | 1.74 | 3.19 | 2.26 | 11.68 | 70.21 |
| 24 | W19GS1656 | 57.18 | 0.87 | 17.06 | 3.33 | 4.18 | 0.15 | 2.82 | 6.06 | 3.81 | 3.27 | 0.35 | 0.71 | 99.79 | 0.48 | 7.17 | 1.74 | 3.54 | 1.88 | 16.2 | 58.41 |
| 25 | W20GS11899 | 53.84 | 1.4 | 16.96 | 7.85 | 1.98 | 0.2 | 2.77 | 5.82 | 3.63 | 1.5 | 0.5 | 3.18 | 99.63 | 0.49 | 9.04 | 2.21 | 2.43 | 1.58 | 15.62 | 51.08 |
| 26 | W19GS32 | 52.8 | 1.06 | 14.61 | 3.54 | 3.14 | 0.125 | 3.3 | 7.81 | 2.6 | 1.69 | 0.55 | 8 | 99.225 | 0.56 | 6.32 | 2.38 | 1.88 | 1.47 | 23.13 | 48.22 |
| 27 | W26GS 1646-1 | 59.8 | 0.84 | 16.58 | 4.02 | 2.84 | 0.125 | 2.07 | 4.69 | 4 | 3.51 | 0.35 | 1.32 | 100.15 | 0.45 | 6.45 | 1.6 | 3.36 | 2.09 | 12.59 | 66.09 |
| 28 | W19GS1055a | 64.48 | 0.8 | 16.7 | 1.65 | 2.53 | 0.02 | 0.5 | 2.17 | 4.1 | 5.15 | 0.35 | 1.18 | 99.63 | 0.21 | 4.01 | 1.36 | 3.98 | 2.92 | 3.59 | 82 |

续表 3-105

| 序号 | 样品号 | $SiO_2$ | $TiO_2$ | $Al_2O_3$ | $Fe_2O_3$ | FeO | MnO | MgO | CaO | $Na_2O$ | $K_2O$ | $P_2O_5$ | LOS | Total | $Mg^{\#}$ | $FeO^*$ | A/CNK | σ | A.R | SI | DI |
|---|---|---|---|---|---|---|---|---|---|---|---|---|---|---|---|---|---|---|---|---|---|
| 29 | W19GS1099 | 69.4 | 0.3 | 13.82 | 2.18 | 1.33 | 0.06 | 0.82 | 1.24 | 3.45 | 5.4 | 2.2 | 0.09 | 100.29 | 0.39 | 3.29 | 1.2 | 2.97 | 3.85 | 6.22 | 88.01 |
| 30 | W19GS3418b | 53.96 | 2.3 | 16.78 | 6.57 | 3.23 | 0.04 | 1.86 | 6.24 | 4 | 2.45 | 1.9 | 1.54 | 100.87 | 0.36 | 9.14 | 1.81 | 3.8 | 1.78 | 10.27 | 58.17 |
| 31 | W19GS1055b | 64.38 | 0.8 | 16.19 | 3.58 | 1.83 | 0.1 | 0.4 | 1.96 | 3.85 | 5.25 | 0.4 | 0.92 | 99.66 | 0.18 | 5.05 | 1.35 | 3.87 | 3.01 | 2.68 | 82.48 |
| 32 | 6GS3254 | 74.77 | 0.21 | 13.29 | 0.51 | 0.72 | 0.14 | 0.37 | 0.81 | 3.59 | 4.29 | 0.035 | 0.008 | 98.743 | 0.41 | 1.18 | 1.25 | 1.95 | 3.53 | 3.9 | 91.81 |
| 33 | W19GS2456 | 57.72 | 1.65 | 15.41 | 6.93 | 1.45 | 0.1 | 1.66 | 4.77 | 2.9 | 4.6 | 0.8 | 2.42 | 100.41 | 0.41 | 7.68 | 1.57 | 3.82 | 2.18 | 9.46 | 65.78 |
| 34 | W19GS58 | 59.3 | 1.35 | 16.52 | 6.52 | 1.25 | 0.1 | 1.06 | 4.56 | 3.7 | 3.55 | 0.55 | 1.4 | 99.86 | 0.33 | 7.11 | 1.65 | 3.22 | 2.05 | 6.59 | 67.15 |
| 35 | W20GS 3280-2 | 56.9 | 1.4 | 17.51 | 7.03 | 1.65 | 0.2 | 0.53 | 3.72 | 3.8 | 5.15 | 0.8 | 1.64 | 100.33 | 0.17 | 7.97 | 1.48 | 5.76 | 2.46 | 2.92 | 71.32 |
| 36 | W1E54018 | 56.32 | 1.52 | 14.59 | 2.34 | 6.39 | 0.15 | 3.53 | 4.94 | 3.05 | 3.1 | 2.85 | 3.5 | 102.28 | 0.46 | 8.49 | 1.74 | 2.84 | 1.92 | 19.17 | 60.33 |
| 37 | W19GS3211a | 52.34 | 1.2 | 18.55 | 2.1 | 4.97 | 0.08 | 3.93 | 7.15 | 3.72 | 1.15 | 0.48 | 4.86 | 100.53 | 0.55 | 6.86 | 2.53 | 2.54 | 1.47 | 24.76 | 44.53 |
| 38 | W20GS3612 | 49.4 | 1.2 | 18.57 | 5.95 | 4.76 | 0.15 | 4.64 | 6.03 | 5.5 | 0.95 | 0.35 | 3.24 | 100.74 | 0.54 | 10.11 | 1.84 | 6.5 | 1.71 | 21.28 | 51.03 |
| 39 | ⅥGS4242-3 | 48.15 | 1.16 | 15.55 | 4.75 | 3.26 | 0.1 | 4.83 | 10.57 | 2.74 | 0.94 | 0.26 | 7.43 | 99.74 | 0.63 | 7.53 | 0.63 | 2.63 | 1.33 | 29.24 | 33.53 |
| 40 | 2GS5007b | 52.24 | 1.75 | 15.64 | 6.92 | 2.76 | 0.14 | 3.31 | 6.55 | 2.92 | 3.6 | 0.98 | 0.81 | 97.62 | 0.52 | 8.98 | 0.76 | 4.6 | 1.83 | 16.97 | 52.91 |
| 41 | 2P4GS3 | 54.71 | 1.8 | 15.44 | 6.43 | 2.83 | 0.1 | 3.31 | 5.7 | 3.42 | 2.88 | 1.04 | 0.63 | 98.29 | 0.52 | 8.61 | 0.8 | 3.39 | 1.85 | 17.54 | 56.21 |
| 42 | 2GS5007b | 52.24 | 1.75 | 15.64 | 6.92 | 2.76 | 0.14 | 3.31 | 6.55 | 3.6 | 2.92 | 0.98 | 0.81 | 97.62 | 0.52 | 8.98 | 0.74 | 4.6 | 1.83 | 16.97 | 53.55 |

表 3-106　梅勒图组($K_1$*ml*)火山岩稀土元素组成　　单位：$\times10^{-6}$

| 序号 | 样品号 | La | Ce | Pr | Nd | Sm | Eu | Gd | Tb | Dy | Ho | Er | Tm | Yb | Lu | ΣREE | ΣLREE | ΣHREE | LREE/HREE | δEu |
|---|---|---|---|---|---|---|---|---|---|---|---|---|---|---|---|---|---|---|---|---|
| 1 | P27LT80 | 23.10 | 41.40 | 5.36 | 24.90 | 5.27 | 1.60 | 4.46 | 0.70 | 4.07 | 0.76 | 1.95 | 0.29 | 1.73 | 0.26 | 143.15 | 101.63 | 14.22 | 7.15 | 0.98 |
| 2 | HGS13 | 12.78 | 29.90 | 3.66 | 16.30 | 3.28 | 1.20 | 2.60 | 0.80 | 2.26 | 0.64 | 1.84 | 0.32 | 1.76 | 0.22 | 94.86 | 67.12 | 10.44 | 6.43 | 1.22 |
| 13 | P80Xt1 | 42.15 | 84.06 | 9.96 | 36.97 | 9.31 | 1.93 | 8.81 | 1.35 | 6.14 | 1.27 | 3.60 | 0.49 | 3.11 | 0.44 | 209.60 | 184.40 | 25.21 | 7.31 | 0.64 |
| 14 | P80Xt36 | 43.94 | 74.69 | 8.93 | 30.34 | 6.27 | 1.24 | 5.72 | 0.68 | 2.33 | 0.52 | 1.35 | 0.18 | 1.17 | 0.15 | 177.50 | 165.40 | 12.10 | 13.67 | 0.62 |
| 15 | 2P26G28 | 67 | 152 | 19 | 74.6 | 13.39 | 3.28 | 11.7 | 1.75 | 9.1 | 1.7 | 4.98 | 0.77 | 4.85 | 0.7 | 379.12 | 329.27 | 35.55 | 9.26 | 0.78 |
| 16 | 2XT3221-1 | 31.7 | 60.2 | 7.07 | 29.6 | 5.11 | 1.44 | 5.1 | 0.61 | 4.28 | 0.81 | 2.33 | 0.37 | 2.47 | 0.43 | 168.92 | 135.12 | 16.40 | 8.24 | 0.85 |
| 17 | 6P2GS20 | 66.5 | 127 | 16.8 | 69 | 13.5 | 2.95 | 12.2 | 1.49 | 8.32 | 1.56 | 4.45 | 0.61 | 3.89 | 0.58 | 328.85 | 295.75 | 33.1 | 8.94 | 0.69 |
| 18 | 6P2GS27-1 | 31 | 64.7 | 7.23 | 26.1 | 5.08 | 0.65 | 4.25 | 0.62 | 3.47 | 0.72 | 2.1 | 0.31 | 2.04 | 0.31 | 148.58 | 134.76 | 13.82 | 9.75 | 0.42 |
| 19 | 6P2XT3 | 68.8 | 155 | 19.3 | 74 | 14.3 | 2.82 | 12.3 | 1.49 | 7.98 | 1.53 | 4.15 | 0.57 | 3.39 | 0.49 | 366.12 | 334.22 | 31.9 | 10.48 | 0.64 |

表 3-107　梅勒图组($K_1$*ml*)火山岩微量元素含量　　单位：$\times10^{-6}$

| 序号 | 样品号 | Sr | Rb | Ba | Th | Nb | Hf | Zr | Cr | Ni | Co | V | U | Y | Sc | Li | Cs | Rb/Sr | U/Th | Zr/Hf |
|---|---|---|---|---|---|---|---|---|---|---|---|---|---|---|---|---|---|---|---|---|
| 1 | P27LT80 | 952 | 19.7 | 474 | 16.8 | 9.16 | 4.36 | 140 | 78.8 | 54.7 | 42.8 | 234 | 1.82 | 16.3 | 20.1 |  | 2.95 | 0.02 | 0.11 | 8.33 |
| 2 | HGS13 | 430 | 31 | 1000 |  |  | 1 | 143 |  | 7 |  |  |  | 14.18 |  |  |  | 0.07 |  |  |

**续表 3-107**

| 序号 | 样品号 | Sr | Rb | Ba | Th | Nb | Hf | Zr | Cr | Ni | Co | V | U | Y | Sc | Li | Cs | Rb/Sr | U/Th | Zr/Hf |
|---|---|---|---|---|---|---|---|---|---|---|---|---|---|---|---|---|---|---|---|---|
| 13 | P80Xt1 | 400.00 | 74.00 | 622.9 | | | 12.00 | 254.00 | 10.45 | | | | | 62.60 | | 26.77 | | 0.19 | | 21.17 |
| 14 | P80Xt36 | 293.00 | 62.00 | 69.80 | | | 14.00 | 225.00 | 20.00 | | | | | 13.50 | | 19.57 | | 0.31 | | 16.07 |
| 15 | 2P26G28 | 819.20 | 138.40 | 1196 | 9.30 | 138.40 | | 518.00 | 68.30 | 32.10 | 24.70 | 149.40 | 50.80 | | | | | 0.17 | | |
| 16 | 2XT3221-1 | 1 187.60 | 56.00 | 1596 | 10.80 | 8.40 | | 283.20 | 23.90 | 9.90 | 18.00 | 83.70 | 22.00 | | | 10.60 | | 0.05 | | |
| 17 | 6P2GS20 | | | | | | | | | | | | | | 39.48 | | | | | |
| 18 | 6P2GS27-1 | 979.2 | 43.7 | 1506 | 9.1 | 21.5 | | 451.1 | 76.7 | 31.5 | 20 | 167.2 | 0.6 | | 19.3 | | 15.7 | 0.04 | | 0.07 |
| 19 | 6P2XT3 | 564.7 | 55.8 | 1682 | 10.8 | 26.7 | | 539.3 | 80.8 | 36 | 20.2 | 193.4 | 0.9 | | 40 | | 29.9 | 0.10 | | 0.08 |

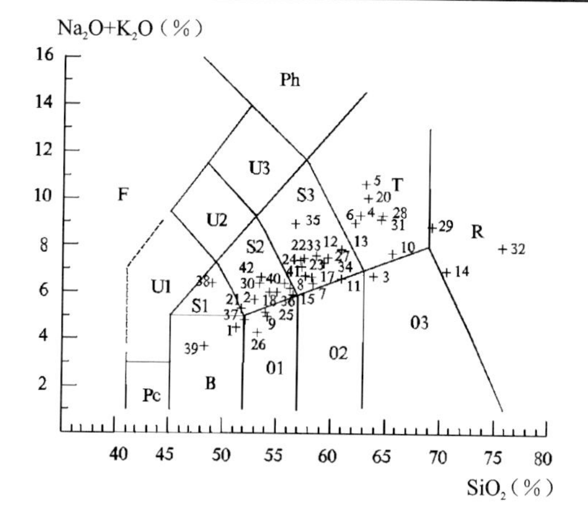


图 3-183 TAS 图解(据 Le Bas,1986)

F. 副长石岩;Pc. 苦橄玄武岩;B. 玄武岩;01. 玄武安山岩;02. 安山岩;03. 英安岩;S1. 粗面玄武岩;S2. 玄武粗安岩;S3. 粗安岩;T. 粗面岩、粗面英安岩;U1. 碧玄岩、碱玄岩;U2. 响岩质碱玄岩;U3. 碱玄质响岩;Ph. 响岩;R. 流纹岩

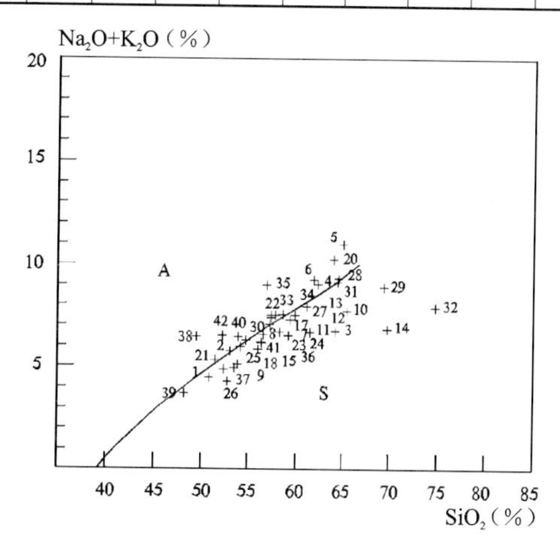


图 3-184 碱-二氧化硅图解(据 Irvine,1971)

A. 碱性区;S. 亚碱性区

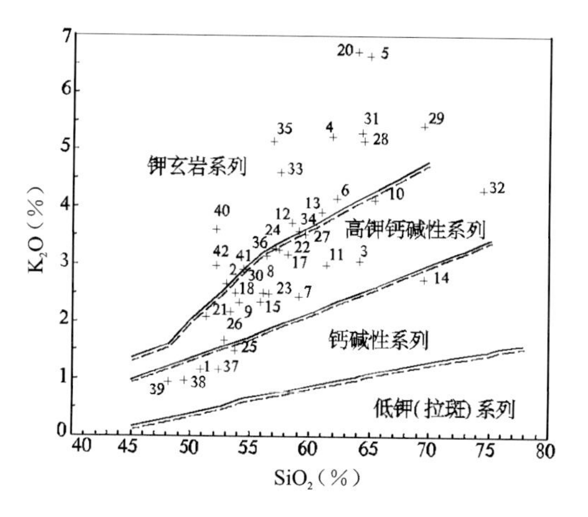


图 3-185 岩石系列 $K_2O$-$SiO_2$ 图解

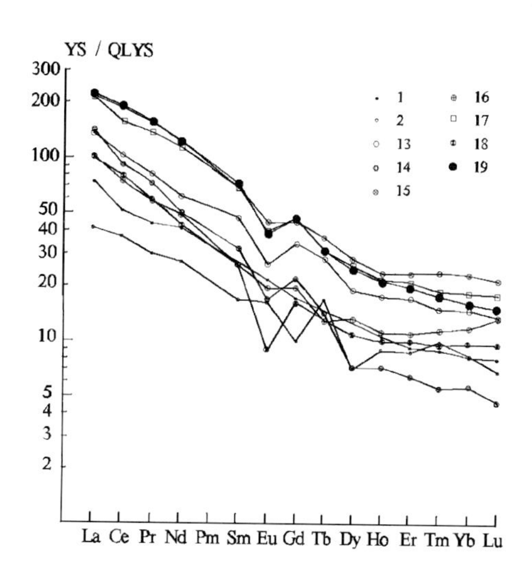


图 3-186 岩石稀土元素/球粒陨石标准化模式图

(据 Coryell,1963)

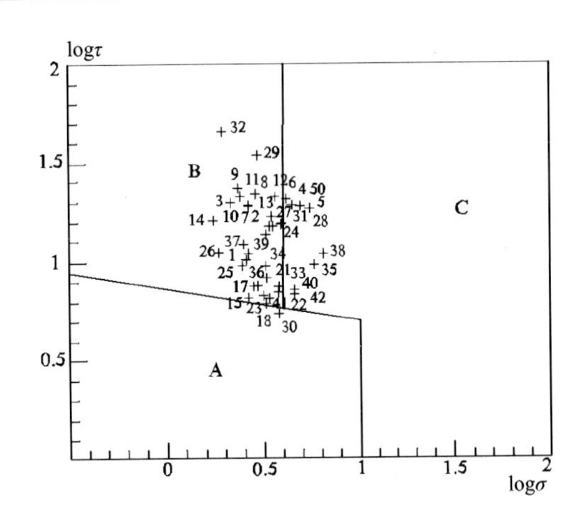


图 3-187　里特曼-戈蒂里图解(据 Rittmann,1973)
A. 非造山带火山岩;B. 造山带火山岩;
C. A、B 区派生的碱性、偏碱性火山岩

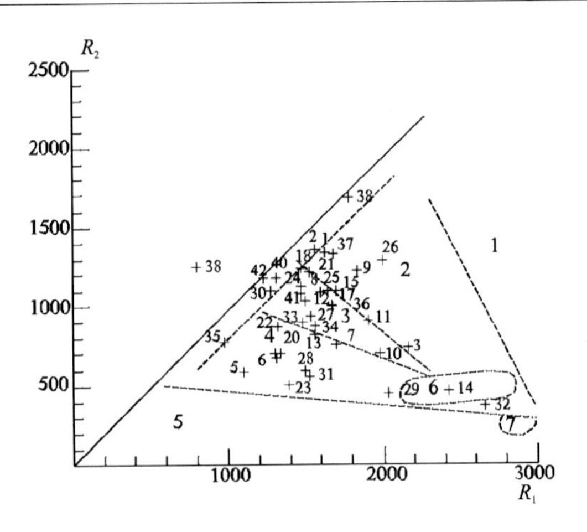


图 3-188　主要花岗岩类岩石组合的示意性图解
(据 Batchelor 等,1985)
1. 地幔分离;2. 板块碰撞前的;3. 碰撞后的抬升;
4. 造山晚期的;5. 非造山的;6. 同碰撞期的;7. 造山期后的

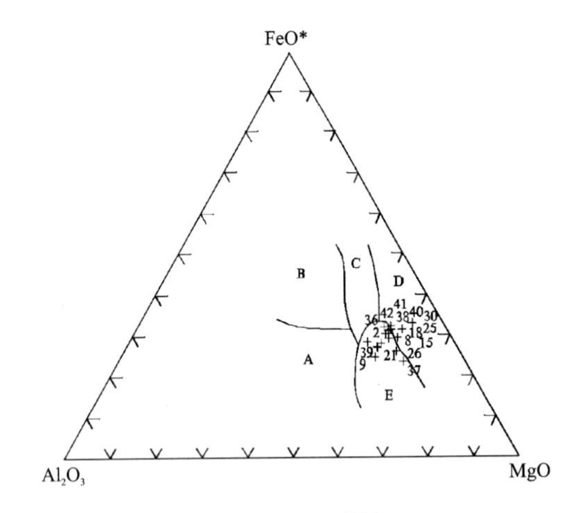


图 3-189　$FeO^*$-MgO-$Al_2O_3$ 图解(据 Pearce,1977)
A. 洋中脊火山岩;B. 洋岛火山岩;C. 大陆火山岩;
D. 岛弧扩张中心火山岩;E. 造山带火山岩

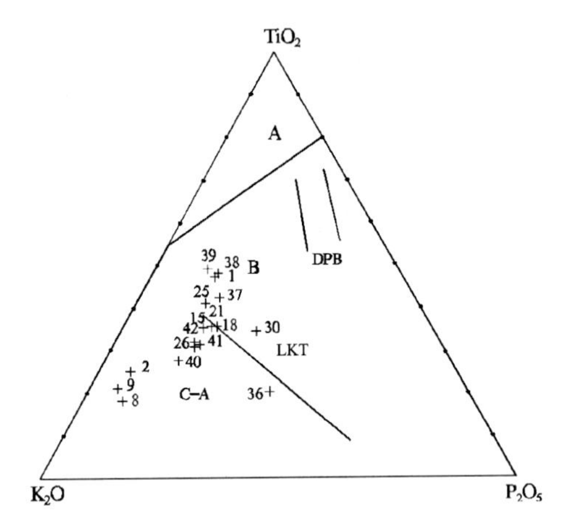


图 3-190　$TiO_2$-$K_2O$-$P_2O_5$ 三角图解
(据 Pearce 等,1973)
A. 大洋岩(狭义的);B. 非大洋岩;DPB. 洋底玄武岩;
LKT. 低钾拉斑玄武岩;C-A. 钙-碱岩群

## 2. 甘河组($K_1g$)大陆裂谷火山岩组合

在亚东镇—红彦镇一带出露下白垩统甘河组($K_1g$),岩性为玄武岩、英安质粗面岩,根据岩石化学数据(表 3-108～表 3-110)进行计算和投图分析,在 TAS 分类中以玄武粗安岩、粗安岩、粗面岩和流纹岩为主,少量玄武安山岩、英安岩(图 3-191),在 Hf-Th-Ta 图解中为板边岛弧玄武岩(破坏性板块边缘)及其分异产物(图 3-192),其他岩石化学和地球化学投图与梅勒图组($K_1m$)几乎一致,投图省略,综合判定为大陆伸展(陆内裂谷)火山岩。

表 3-108　甘河组($K_1g$)火山岩岩石化学组成　　单位:%

| 序号 | 样品号 | $SiO_2$ | $TiO_2$ | $Al_2O_3$ | $Fe_2O_3$ | FeO | MnO | MgO | CaO | $Na_2O$ | $K_2O$ | $P_2O_5$ | LOS | Total | $Mg^\#$ | $FeO^*$ | A/CNK | σ | A. R | SI | DI |
|---|---|---|---|---|---|---|---|---|---|---|---|---|---|---|---|---|---|---|---|---|---|
| 1 | P25LT10 | 72.58 | 0.40 | 13.65 | 1.10 | 1.26 | 0.02 | 0.36 | 1.10 | 4.00 | 5.05 | 0.10 | 0.90 | 100.52 | 0.19 | 2.25 | 1.03 | 2.77 | 4.18 | 3.06 | 89.73 |
| 2 | P25LT27 | 71.60 | 0.15 | 12.53 | 0.76 | 0.94 | 0.03 | 0.20 | 0.83 | 3.39 | 4.44 | 0.00 | 4.90 | 99.77 | 0.23 | 1.62 | 0.78 | 2.14 | 3.83 | 2.06 | 90.17 |
| 3 | P25LT17 | 70.36 | 0.40 | 15.72 | 2.30 | 0.42 | 0.04 | 0.50 | 0.80 | 4.29 | 4.80 | 0.05 | 1.02 | 100.70 | 0.10 | 2.49 | 1.06 | 3.02 | 3.45 | 4.06 | 89.53 |

**续表 3-108**

| 序号 | 样品号 | $SiO_2$ | $TiO_2$ | $Al_2O_3$ | $Fe_2O_3$ | FeO | MnO | MgO | CaO | $Na_2O$ | $K_2O$ | $P_2O_5$ | LOS | Total | $Mg^{\#}$ | $FeO^{*}$ | A/CNK | σ | A.R | SI | DI |
|---|---|---|---|---|---|---|---|---|---|---|---|---|---|---|---|---|---|---|---|---|---|
| 4 | P26TC24 | 53.48 | 1.60 | 15.93 | 4.90 | 5.38 | 0.13 | 4.26 | 8.01 | 3.60 | 1.88 | 0.60 | 1.20 | 100.97 | 0.04 | 9.79 | 1.05 | 2.87 | 1.59 | 21.28 | 45.86 |
| 5 | P6LT1 | 65.16 | 0.80 | 14.84 | 3.70 | 1.28 | 0.05 | 1.40 | 2.68 | 3.52 | 5.12 | 0.30 | 1.20 | 100.05 | 0.02 | 4.61 | 0.99 | 3.37 | 2.95 | 9.32 | 79.10 |
| 6 | P6LT25 | 68.76 | 0.50 | 15.75 | 2.51 | 1.00 | 0.03 | 0.36 | 1.32 | 4.49 | 5.06 | 0.15 | 0.76 | 100.69 | 0.12 | 3.26 | 1.12 | 3.54 | 3.54 | 2.68 | 88.08 |
| 7 | P6LT42 | 54.90 | 1.60 | 17.45 | 6.68 | 1.66 | 0.12 | 2.41 | 5.85 | 3.88 | 3.44 | 0.80 | 1.70 | 100.49 | 0.11 | 7.67 | 1.02 | 4.50 | 1.92 | 13.34 | 58.91 |
| 8 | P6LT72 | 66.12 | 0.40 | 16.61 | 3.48 | 0.78 | 0.02 | 0.37 | 1.14 | 4.52 | 5.76 | 0.10 | 0.94 | 100.24 | 0.17 | 3.91 | 1.01 | 4.57 | 3.75 | 2.48 | 87.69 |
| 9 | P32LT10 | 68.36 | 0.50 | 16.87 | 1.24 | 0.82 | 0.06 | 0.53 | 1.07 | 5.08 | 5.20 | 0.05 | 1.20 | 100.98 | 0.25 | 1.93 | 1.02 | 4.17 | 3.68 | 4.12 | 89.70 |
| 10 | P9LT85 | 60.10 | 1.20 | 15.86 | 2.55 | 2.66 | 0.09 | 2.79 | 5.70 | 3.99 | 2.91 | 0.45 | 1.14 | 99.44 | 0.14 | 4.95 | 1.00 | 2.78 | 1.94 | 18.72 | 63.90 |
| 11 | P9LT100 | 57.10 | 1.30 | 16.15 | 3.10 | 4.88 | 0.10 | 5.13 | 5.26 | 3.52 | 2.32 | 0.70 | 1.34 | 100.90 | 0.04 | 7.67 | 0.93 | 2.42 | 1.75 | 27.07 | 52.50 |
| 12 | Ⅸ70LP1 GS43 | 53.13 | 1.32 | 17.89 | 4.83 | 3.75 | 0.14 | 3.94 | 7.42 | 4.23 | 1.84 | 0.50 | 0.74 | 99.73 | 0.04 | 8.09 | 0.93 | 3.64 | 1.63 | 21.19 | 48.49 |
| 13 | Ⅸ33GS1028 | 69.02 | 0.53 | 14.48 | 2.93 | 0.25 | 0.08 | 0.58 | 1.27 | 4.15 | 4.42 | 0.13 | 1.69 | 99.52 | 0.04 | 2.88 | 0.93 | 2.82 | 3.39 | 4.70 | 87.79 |
| 14 | Ⅸ70P12 GS47-la | 56.00 | 0.94 | 18.77 | 9.02 | 0.02 | 0.66 | 1.50 | 4.78 | 2.51 | 2.41 | 0.43 | 3.28 | 100.32 | 0.04 | 8.13 | 0.93 | 1.86 | 1.53 | 9.70 | 55.65 |
| 15 | Ⅸ70P14 GS69 | 50.77 | 1.42 | 16.03 | 6.03 | 1.76 | 0.13 | 3.20 | 5.17 | 4.22 | 2.79 | 0.83 | 1.21 | 93.56 | 0.04 | 7.18 | 0.93 | 6.32 | 1.99 | 17.78 | 58.31 |
| 16 | Ⅸ70P14 GS12 | 56.41 | 1.42 | 16.03 | 6.03 | 1.76 | 0.13 | 3.20 | 5.17 | 4.22 | 2.79 | 0.83 | 1.21 | 99.20 | 0.04 | 7.18 | 0.93 | 3.66 | 1.99 | 17.78 | 60.92 |
| 17 | P31LT9 | 55.31 | 1.40 | 16.10 | 3.33 | 5.53 | 0.12 | 3.78 | 7.50 | 3.65 | 2.00 | 0.48 | 1.42 | 100.62 | 0.5 | 8.52 | 0.74 | 2.59 | 1.63 | 20.67 | 49.43 |
| 18 | C2AP25 TC76 | 55.5 | 1.2 | 16.81 | 6.49 | 2.12 | 0.11 | 3.67 | 4.57 | 5.04 | 2.47 | 0.4 | 2.06 | 100.44 | 0.58 | 7.95 | 1.54 | 4.51 | 2.08 | 18.54 | 60.43 |
| 19 | C6EVP23 TC111 | 56.78 | 0.96 | 18.61 | 3.87 | 2.48 | 0.11 | 1.81 | 5.71 | 4.37 | 1.96 | 0.58 | 1.78 | 99.02 | 0.44 |  | 1.99 | 2.91 | 1.7 | 12.49 | 59.63 |
| 20 | C2AP22 GSTC21 | 67.82 | 0.15 | 13.4 | 0.47 | 2.86 | 0.04 | 1.27 | 2.59 | 5.4 | 2.06 | 0.58 | 3.28 | 99.92 | 0.43 | 3.28 | 0.85 | 2.24 | 2.75 | 10.53 | 81.81 |
| 21 | C2AP22 GSTC38 | 54 | 1.27 | 16.67 | 4.43 | 3.28 | 0.05 | 2.64 | 4.39 | 3.69 | 2.96 | 0.62 | 5.78 | 99.78 | 0.48 | 7.26 | 0.96 | 4.02 | 1.92 | 15.53 | 60.67 |

**表 3-109　甘河组($K_1g$)火山岩稀土元素组成**　　单位：$\times 10^{-6}$

| 序号 | 样品号 | La | Ce | Pr | Nd | Sm | Eu | Gd | Tb | Dy | Ho | Er | Tm | Yb | Lu | ΣREE | ΣLREE | ΣHREE | LREE/HREE | δEu |
|---|---|---|---|---|---|---|---|---|---|---|---|---|---|---|---|---|---|---|---|---|
| 1 | P25LT10 | 34.9 | 58.7 | 6.23 | 26.6 | 4.91 | 0.75 | 3.09 | 0.51 | 3.34 | 0.63 | 1.96 | 0.3 | 1.9 | 0.29 | 171.41 | 132.09 | 12.02 | 10.99 | 0.55 |
| 2 | P25LT27 | 40.2 | 63.1 | 5.86 | 21.5 | 4.04 | 0.57 | 2.57 | 0.43 | 2.3 | 0.49 | 1.3 | 0.24 | 1.47 | 0.24 | 161.61 | 135.27 | 9.04 | 14.96 | 0.51 |
| 3 | P25LT17 | 50.1 | 85.3 | 9.29 | 37.2 | 6.54 | 1.27 | 4.49 | 0.78 | 4.36 | 0.83 | 2.45 | 0.4 | 2.55 | 0.39 | 205.95 | 189.70 | 16.25 | 11.67 | 0.68 |
| 4 | P26TC24 | 43 | 76.6 | 10.6 | 51.1 | 8.96 | 2.28 | 6.9 | 1.14 | 6.26 | 1.06 | 2.87 | 0.38 | 2.26 | 0.34 | 213.75 | 192.54 | 21.21 | 9.08 | 0.85 |
| 5 | P6LT1 | 40.4 | 68.8 | 8.57 | 36.1 | 71.8 | 1.2 | 4.63 | 0.63 | 4.26 | 0.74 | 1.94 | 0.28 | 1.76 | 0.28 | 241.39 | 226.87 | 14.52 | 15.62 | 0.08 |
| 6 | P6LT25 | 56.4 | 103 | 10.1 | 43.3 | 8.23 | 1.65 | 6.33 | 0.86 | 4.72 | 0.89 | 2.52 | 0.39 | 2.75 | 0.42 | 241.56 | 222.68 | 18.88 | 11.79 | 0.67 |
| 7 | P6LT42 | 59.8 | 99.6 | 13 | 64.5 | 11.5 | 2.57 | 8.89 | 1.33 | 8.31 | 1.5 | 4.2 | 0.54 | 3.1 | 0.46 | 279.30 | 250.97 | 28.33 | 8.86 | 0.75 |
| 8 | P6LT72 | 88.9 | 154 | 16 | 65.8 | 12.6 | 1.65 | 9.29 | 1.44 | 7.81 | 1.56 | 4.41 | 0.68 | 4.47 | 0.71 | 369.32 | 338.95 | 30.37 | 11.16 | 0.45 |
| 9 | P32LT10 | 63.9 | 107 | 12.2 | 53.7 | 8.83 | 1.14 | 6.14 | 1.01 | 6.59 | 1.25 | 3.7 | 0.56 | 3.26 | 0.47 | 269.75 | 246.77 | 22.98 | 10.74 | 0.45 |

续表 3-109

| 序号 | 样品号 | La | Ce | Pr | Nd | Sm | Eu | Gd | Tb | Dy | Ho | Er | Tm | Yb | Lu | ΣREE | ΣLREE | ΣHREE | LREE/HREE | δEu |
|---|---|---|---|---|---|---|---|---|---|---|---|---|---|---|---|---|---|---|---|---|
| 10 | P9LT85 | 40.2 | 68.7 | 8.67 | 38.7 | 7.27 | 1.55 | 5.16 | 0.78 | 4.87 | 0.87 | 2.36 | 0.31 | 1.87 | 0.29 | 181.60 | 165.09 | 16.51 | 10.00 | 0.74 |
| 11 | P9LT100 | 51.4 | 94.4 | 11.3 | 50.3 | 9.62 | 2.26 | 7.51 | 1.27 | 6.67 | 1.23 | 3.14 | 0.46 | 2.9 | 0.43 | 242.89 | 219.28 | 23.61 | 9.29 | 0.79 |
| 12 | Ⅸ70LP1 GS43 | 28.1 | 49.9 | 7.11 | 33.9 | 6.27 | 1.72 | 4.74 | 0.82 | 4.84 | 0.78 | 2.41 | 0.32 | 1.78 | 0.23 | 163.52 | 127.00 | 15.92 | 7.98 | 0.93 |
| 13 | Ⅸ33GS1028 | 45.9 | 86.6 | 10.7 | 39 | 7.52 | 1.16 | 4.57 | 0.78 | 4.51 | 0.92 | 2.6 | 0.4 | 2.38 | 0.36 | 225.50 | 190.88 | 16.52 | 11.55 | 0.56 |
| 14 | Ⅸ70P12 GS47-la | 25.7 | 49.8 | 5.71 | 27 | 5.5 | 1.47 | 4.65 | 0.79 | 3.8 | 0.74 | 1.99 | 0.3 | 1.77 | 0.26 | 142.48 | 115.18 | 14.30 | 8.05 | 0.87 |
| 15 | Ⅸ70P14 GS69 | 75.1 | 125 | 15.3 | 72.4 | 13.1 | 2.96 | 10 | 1.74 | 8.09 | 1.52 | 3.76 | 0.58 | 3.43 | 0.51 | 346.09 | 303.86 | 29.63 | 10.26 | 0.76 |
| 16 | Ⅸ70P14 GS12 | 13.5 | 23.7 | 3.02 | 13.9 | 3.25 | 1.17 | 3.43 | 0.61 | 3.26 | 0.66 | 1.96 | 3.3 | 1.72 | 0.25 | 91.03 | 58.54 | 15.19 | 3.85 | 1.06 |
| 17 | P31LT9 | 36.30 | 63.10 | 7.83 | 39.40 | 7.35 | 1.71 | 5.53 | 0.82 | 5.25 | 0.94 | 2.47 | 0.34 | 2.13 | 0.32 | 187.79 | 155.69 | 17.80 | 8.75 | 0.79 |
| 18 | C2AP25 TC76 | 42.7 | 74.3 | 8.97 | 40.3 | 7.17 | 1.89 | 6.06 | 1.02 | 5.55 | 0.91 | 2.5 | 0.32 | 1.86 | 0.23 | 193.78 | 175.33 | 18.45 | 9.5 | 0.85 |
| 19 | C6EVP23 TC111 | 26.8 | 48 | 5.64 | 28 | 5 | 1.63 | 4.45 | 0.71 | 4.45 | 0.8 | 2.27 | 0.28 | 1.91 | 0.25 | 130.19 | 115.07 | 15.12 | 7.61 | 1.04 |
| 20 | C2AP22GS TC21 | 69.3 | 135 | 12 | 58.2 | 9.29 | 1.83 | 5.44 | 0.94 | 4.76 | 0.89 | 2.54 | 0.32 | 1.95 | 0.22 | 316.98 | 285.62 | 17.06 | 16.74 | 0.73 |
| 21 | C2AP22GS TC38 | 67.4 | 110 | 11.2 | 52.8 | 7.24 | 1.64 | 4.38 | 0.72 | 3.84 | 0.63 | 1.77 | 0.25 | 1.34 | 0.17 | 290.68 | 250.28 | 13.1 | 19.11 | 0.83 |

表 3-110　甘河组($K_1g$)火山岩微量元素含量　　单位：$\times 10^{-6}$

| 序号 | 样品号 | Sr | Rb | Ba | Th | Ta | Nb | Hf | Zr | Cr | Ni | Co | V | U | Y | Sc | Cs | Rb/Sr | U/Th | Zr/Hf |
|---|---|---|---|---|---|---|---|---|---|---|---|---|---|---|---|---|---|---|---|---|
| 1 | P25LT10 | 146.00 | 140.0 | 898 | 10.90 | 1.37 | 14.90 | 5.94 | 183.00 | 19.20 | 6.75 | 1.90 | 13.90 | 3.44 | 13.40 | 3.30 | 3.25 | 0.96 | 0.32 | 30.81 |
| 2 | P25LT27 | 125.00 | 166.0 | 708 | 11.30 | 0.66 | 11.40 | 4.80 | 146.00 | 1.00 | 1.55 | 1.00 | 4.46 | 3.17 | 11.20 | 2.10 | 6.40 | 1.33 | 0.28 | 30.42 |
| 3 | P25LT17 | 273.00 | 115.0 | 1380 | 10.30 | 0.87 | 17.20 | 8.98 | 330.00 | 1.00 | 1.00 | 1.00 | 12.50 | 1.82 | 19.40 | 2.78 | 3.45 | 0.42 | 0.18 | 36.75 |
| 4 | P26TC24 | 990.00 | 40.60 | 876 | 10.20 | 1.22 | 14.30 | 6.57 | 244.00 | 70.80 | 46.40 | 34.80 | 249.00 | 1.88 | 21.60 | 18.90 | 4.35 | 0.04 | 0.18 | 37.14 |
| 5 | P6LT1 | 444.00 | 142.0 | 1110 | 10.10 | 0.75 | 16.70 | 8.02 | 31.80 |  | 11.00 | 18.30 | 99.40 | 3.17 | 14.80 | 7.14 | 4.25 | 0.32 | 0.31 | 3.97 |
| 6 | P6LT25 | 288.00 | 128.0 | 1260 | 10.30 | 1.17 | 18.00 | 9.23 | 355.00 | 16.30 | 4.45 | 8.20 | 19.40 | 2.63 | 22.80 | 3.66 | 4.35 | 0.44 | 0.26 | 38.46 |
| 7 | P6LT42 | 846.00 | 95.30 | 982 | 12.00 | 0.80 | 13.90 | 6.32 | 241.00 | 30.60 | 28.20 | 31.60 | 214.00 | 2.09 | 31.30 | 17.50 | 4.15 | 0.11 | 0.17 | 38.13 |
| 8 | P6LT72 | 92.30 | 110.0 | 633 | 8.23 | 2.19 | 32.50 | 15.40 | 679.00 | 15.30 | 3.25 | 7.20 | 7.75 | 1.55 | 40.20 | 6.33 | 4.05 | 1.19 | 0.19 | 44.09 |
| 9 | P32LT10 | 1321.00 | 150.0 | 639 | 13.50 | 0.59 | 19.30 | 8.73 | 312.00 | 10.20 | 8.35 | 6.60 | 9.58 | 2.36 | 25.30 | 3.75 | 4.25 | 0.11 | 0.17 | 35.74 |
| 10 | P9LT85 | 745.00 | 77.10 | 986 | 9.82 | 0.71 | 13.30 | 7.59 | 287.00 | 121.00 | 39.30 | 23.50 | 170.00 | 1.95 | 17.30 | 13.50 | 3.15 | 0.10 | 0.20 | 37.81 |
| 11 | P9LT100 | 744.00 | 60.00 | 897 | 10.10 | 1.23 | 14.30 | 8.32 | 300.00 | 151.00 | 43.70 | 29.20 | 157.00 | 1.55 | 26.20 | 15.60 | 3.15 | 0.08 | 0.15 | 36.06 |
| 12 | Ⅸ70LP1 GS43 | 957.00 | 34.40 | 840 | 3.86 |  | 9.15 | 5.43 | 204.00 | 37.20 | 15.10 | 25.20 | 206.00 | 1.68 | 17.50 | 23.90 | 2.00 | 0.04 | 0.44 | 37.57 |
| 14 | Ⅸ70P12 GS47-la | 786.00 | 46.50 | 724 | 3.26 | 1.01 | 7.12 | 4.28 | 148.00 | 82.30 | 69.70 | 24.10 | 153.00 | 1.54 | 17.50 | 18.80 | 2.10 | 0.06 | 0.47 | 34.58 |
| 15 | Ⅸ70P14 GS69 | 1 200.00 | 80.60 | 545 |  | 0.85 | 3.46 | 2.32 | 78.00 | 213.00 | 122.00 | 37.70 | 174.00 |  | 32.30 | 20.10 | 2.75 | 0.07 |  | 33.62 |
| 16 | Ⅸ70P14 GS12 | 667.00 | 58.10 | 923 |  | 0.86 | 15.30 | 6.00 | 230.00 | 64.90 | 20.40 | 17.60 | 138.00 |  | 16.20 | 14.00 | 3.15 | 0.09 |  | 38.33 |
| 17 | P31LT9 | 881 | 29.4 | 808 | 10.2 | 2.68 | 19.5 | 2.5 | 45.3 | 68.6 | 42 | 32 | 234 | 1.55 | 18.5 | 18.1 | 2.95 | 0.033 4 | 0.151 96 | 4.4412 |
| 18 | C2AP25 TC76 | 740 | 52.8 | 970 | 2.8 | 0.87 | 12 | 5.6 | 250 |  | 17.4 | 21.4 | 160 | 1.4 |  | 20.4 | 15.6 | 0.07 | 44.64 | 0.50 |

续表 3-110

| 序号 | 样品号 | Sr | Rb | Ba | Th | Ta | Nb | Hf | Zr | Cr | Ni | Co | V | U | Y | Sc | Cs | Rb/Sr | U/Th | Zr/Hf |
|---|---|---|---|---|---|---|---|---|---|---|---|---|---|---|---|---|---|---|---|---|
| 19 | C6EVP23 TC111 | 1020 | 54.4 | 910 | 9.6 | 1.2 | 8.4 | 6 | 180 | 7.2 | 1.8 | 10.5 | 92 | 1.5 | 48 | 16.9 | 17 | 0.05 | 30.00 | 0.16 |
| 20 | C2AP22 GSTC21 | 480 | 93.5 | 1115 | 12 | 1.6 | 17 | 5.4 | 250 | 17.2 | 4.8 | 4 | 14 | 1.6 | 18.8 | 4 | 10.6 | 0.194 8 | 0.133 33 | 46.296 |
| 21 | C2AP22 GSTC38 | 470 | 97.3 | 1340 | 12 | 2 | 19 | 9.3 | 340 | 20.6 | 5.6 | 0.5 | 14 | 1.4 | 14 | 4 | 4.28 | 0.207 | 0.116 67 | 36.559 |

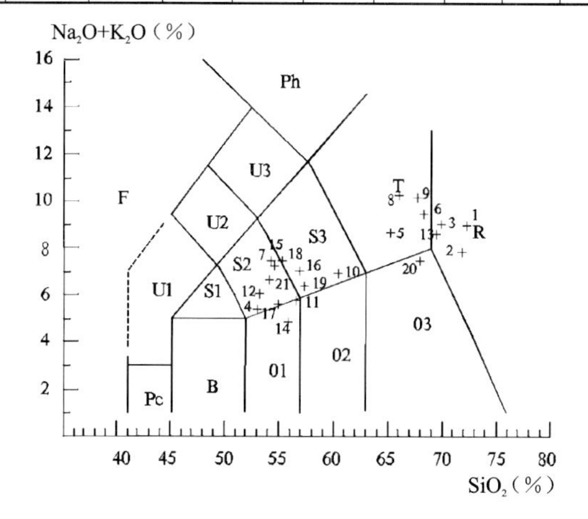


图 3-191 TAS 图解(据 Le Bas,1986)

F. 副长石岩;Pc. 苦橄玄武岩;B. 玄武岩;01. 玄武安山岩;02. 安山岩;03. 英安岩;S1. 粗面玄武岩;S2. 玄武粗安岩;S3. 粗安岩;T. 粗面岩、粗面英安岩;U1. 碧玄岩、碱玄岩;U2. 响岩质碱玄岩;U3. 碱玄质响岩;Ph. 响岩;R. 流纹岩

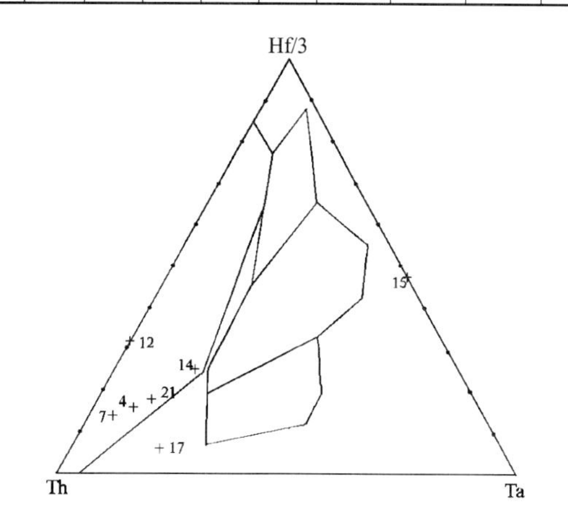


图 3-192 Hf-Th-Ta 图解

### 3. 龙江组($K_1l$)陆缘弧火山岩组合

龙江组($K_1l$)陆缘弧火山岩组合在川岭工区—卧牛河镇一带出露下白垩统龙江组($K_1l$),岩性以英安岩、流纹质火山碎屑岩为主,只有一个样品(表 3-111～表 3-113),野外定为含石英粗面安山岩,TAS 分类图解显示为流纹岩,地球化学显示为陆缘弧特征。该样品不具代表性,投图略。

表 3-111 龙江组($K_1l$)火山岩岩石化学组成 单位:%

| 序号 | 样品号 | $SiO_2$ | $TiO_2$ | $Al_2O_3$ | $Fe_2O_3$ | FeO | MnO | MgO | CaO | $Na_2O$ | $K_2O$ | $P_2O_5$ | LOS | Total | $Mg^{\#}$ | $FeO^*$ | A/CNK | σ | A.R | SI | DI |
|---|---|---|---|---|---|---|---|---|---|---|---|---|---|---|---|---|---|---|---|---|---|
| 1 | 2P1G70 | 71.86 | 0.26 | 14.53 | 1.33 | 1.03 | 0.08 | 0.47 | 0.57 | 4.51 | 4.11 | 0.09 | 0.83 | 99.67 | 0.04 | 2.23 | 0.93 | 2.57 | 3.66 | 4.10 | 91.51 |

表 3-112 龙江组($K_1l$)火山岩稀土元素组成 单位:$\times10^{-6}$

| 序号 | 样品号 | La | Ce | Pr | Nd | Sm | Eu | Gd | Tb | Dy | Ho | Er | Tm | Yb | Lu | ΣREE | ΣLREE | ΣHREE | LREE/HREE | δEu |
|---|---|---|---|---|---|---|---|---|---|---|---|---|---|---|---|---|---|---|---|---|
| 1 | 2P1G70 | 26.4 | 55.8 | 6.26 | 22.3 | 3.86 | 0.7 | 33.2 | 0.5 | 2.62 | 0.55 | 1.66 | 0.25 | 1.71 | 0.26 | 176.47 | 115.32 | 40.75 | 2.83 | 0.13 |

表 3-113 龙江组($K_1l$)火山岩微量元素含量 单位:$\times10^{-6}$

| 序号 | 样品号 | Sr | Rb | Ba | Th | Nb | Zr | Cr | Ni | Co | V | Y | Li | Rb/Sr | Zr/Hf |
|---|---|---|---|---|---|---|---|---|---|---|---|---|---|---|---|
| 18 | 2P1G70 | 271.80 | 99.00 | 1089 | 11.50 | 10.40 | 236.50 | 15.20 | 7.00 | 11.20 | 8.10 | 14.80 | 11.40 | 0.36 | 137.40 |

### 4. 义县组($K_1y$)大陆裂谷火山岩组合

下白垩统义县组($K_1y$)岩性为碱性玄武岩-流纹岩组合,在赤峰—库伦旗一带岩性为安山岩、玄武岩夹沉积岩;在喀喇沁旗—金厂沟梁一带岩性为玄武岩、安山岩、英安岩及其火山碎屑岩。

根据岩石化学数据(表 3-114～表 3-116)进行投图分析,TAS 分类以粗面岩为主,少量碧玄岩、玄武粗安岩、玄武安山岩、粗安岩、安山岩、英安岩和流纹岩(图 3-193);在碱-二氧化硅图解上以亚碱性为主,少量碱性(图 3-194),在岩石系列 $K_2O$-$SiO_2$图解中主要为高钾钙碱性系列-钾玄岩系列(图 3-195),稀土配分曲线显示轻稀土富集,略显示负铕异常(图 3-196),里特曼-戈蒂里图解为造山带火山岩及其派生的碱性、偏碱性火山岩(图 3-197),$R_1$-$R_2$图解样点大多落在板块碰撞前、碰撞后抬升、造山晚期区域(图 3-198)。综合判定为大陆伸展(陆内裂谷)火山岩。

**表 3-114　义县组($K_1y$)火山岩岩石化学组成**　　单位:%

| 序号 | 样品号 | $SiO_2$ | $TiO_2$ | $Al_2O_3$ | $Fe_2O_3$ | FeO | MnO | MgO | CaO | $Na_2O$ | $K_2O$ | $P_2O_5$ | LOS | Total | $Mg^{\#}$ | $FeO^*$ | A/CNK | σ | A.R | SI | DI |
|---|---|---|---|---|---|---|---|---|---|---|---|---|---|---|---|---|---|---|---|---|---|
| 1 | GS4574 | 67.34 | 0.43 | 15.11 | 3.23 | 0.81 | 0.07 | 0.69 | 1.96 | 4.06 | 4.6 | 0.28 | 1.46 | 100 | 0.37 | 3.71 | 0.99 | 3.08 | 3.06 | 5.15 | 85.47 |
| 2 | Ⅱ P46GS58 | 66.64 | 0.53 | 14.7 | 4.1 | 0.38 | 0.12 | 1 | 2.48 | 3.88 | 4.6 | 0.29 | 1.14 | 99.86 | 0.47 | 4.07 | 0.92 | 3.04 | 2.95 | 7.16 | 83.37 |
| 3 | Ⅱ P46GS26 | 67.86 | 0.43 | 14.95 | 2.27 | 0.93 | 0.07 | 1.3 | 2 | 3.91 | 5 | 0.21 | 0.92 | 99.85 | 0.56 | 2.97 | 0.97 | 3.19 | 3.22 | 9.69 | 85.41 |
| 4 | GS0551b | 63.84 | 0.66 | 15.19 | 5.12 | 0.15 | 0.07 | 1.08 | 3.5 | 4.12 | 4.07 | 0.54 | 1.38 | 99.72 | 0.47 | 4.75 | 0.87 | 3.22 | 2.56 | 7.43 | 79.21 |
| 5 | Ⅱ P51GS18 | 47.52 | 1.34 | 13.26 | 6.93 | 4.14 | 0.14 | 6.05 | 8.45 | 3.6 | 3.75 | 1.41 | 2.92 | 99.51 | 1 | 10.4 | 0.52 | 12 | 2.02 | 24.72 | 53 |
| 6 | GS4853 | 51.88 | 2.56 | 12.7 | 3.09 | 9.72 | 0.18 | 6.05 | 8.54 | 2.3 | 0.62 | 0.28 | 1.4 | 99.32 | 0.5 | 12.5 | 0.64 | 0.96 | 1.32 | 27.78 | 33.58 |
| 7 | Ⅱ P46GS26 | 67.44 | 0.46 | 14.77 | 2.81 | 1.05 | 0.05 | 1.15 | 2 | 3.88 | 5 | 0.22 | 0.91 | 99.74 | 0.48 | 3.58 | 0.95 | 3.23 | 3.25 | 8.28 | 85.16 |
| 8 | Ⅶ GS3570 | 56.68 | 0.91 | 17.24 | 6.81 | 0.48 | 0.17 | 1.4 | 3.34 | 5.18 | 4.32 | 0.77 | 3.13 | 100.4 | 0.43 | 6.6 | 0.89 | 6.6 | 2.71 | 7.7 | 71.43 |
| 9 | Ⅶ P3GS10 | 66.67 | 0.54 | 16.24 | 2.46 | 0.8 | 0.03 | 0.76 | 0.21 | 5.4 | 5.57 | 0.12 | 0.64 | 99.44 | 0.44 | 3.01 | 1.06 | 5.08 | 5 | 5.07 | 89.74 |
| 10 | Ⅶ P3GS34 | 52.92 | 1.26 | 15.2 | 3.37 | 3.98 | 0.11 | 6.61 | 5.07 | 3.9 | 3.13 | 0.59 | 4.52 | 100.7 | 0.69 | 7.01 | 0.8 | 4.98 | 2.06 | 31.49 | 53.96 |
| 11 | Ⅶ GS3570 | 56.68 | 0.91 | 17.24 | 6.81 | 0.48 | 0.17 | 1.4 | 3.34 | 5.18 | 4.32 | 0.77 | 3.13 | 100.4 | 0.43 | 6.6 | 0.89 | 6.6 | 2.71 | 7.7 | 71.43 |
| 12 | Ⅱ GS0754-1 | 63.84 | 0.6 | 15 | 2.68 | 1.6 | 0.06 | 1.67 | 2.8 | 5.12 | 2.6 | 0.29 | 3.57 | 99.83 | 0.52 | 4.01 | 0.91 | 2.86 | 2.53 | 12.22 | 73.71 |
| 13 | IP11xt5 | 62.40 | 0.62 | 14.88 | 2.09 | 2.62 | 0.08 | 2.20 | 4.03 | 2.80 | 3.72 | 0.22 | 3.46 | 99.12 | 0.54 | 4.50 | 1.74 | 2.19 | 2.05 | 16.38 | 67.85 |
| 14 | IP15xt21 | 67.84 | 0.35 | 14.66 | 2.14 | 1.01 | 0.03 | 1.27 | 1.93 | 3.28 | 4.19 | 0.17 | 2.47 | 99.34 | 0.55 | 2.93 | 1.48 | 2.25 | 2.64 | 10.68 | 80.58 |
| 15 | IP11xt12 | 73.86 | 0.10 | 12.82 | 1.95 | 0.19 | 0.01 | 0.17 | 0.48 | 2.25 | 5.22 | 0.01 | 2.48 | 99.54 | 0.22 | 1.94 | 1.38 | 1.81 | 3.56 | 1.74 | 90.07 |
| 16 | IG5166 | 57.90 | 1.33 | 17.27 | 7.91 | 1.72 | 0.07 | 1.33 | 1.86 | 6.28 | 1.12 | 0.45 | 2.73 | 99.97 | 0.32 | 8.83 | 1.50 | 3.68 | 2.26 | 7.24 | 72.87 |

**表 3-115　义县组($K_1y$)火山岩稀土元素组成**　　单位:$\times10^{-6}$

| 序号 | 样品号 | La | Ce | Pr | Nd | Sm | Eu | Gd | Tb | Dy | Ho | Er | Tm | Yb | Lu | ΣREE | ΣLREE | ΣHREE | LREE/HREE | δEu |
|---|---|---|---|---|---|---|---|---|---|---|---|---|---|---|---|---|---|---|---|---|
| 1 | GS4574 | 57 | 82 | 8.91 | 29.56 | 5.05 | 1.11 | 2.89 | 0.38 | 1.76 | 0.31 | 0.72 | 0.11 | 0.74 | 0.12 | 190.66 | 183.63 | 7.03 | 26.12 | 0.82 |
| 2 | Ⅱ P46GS58 | 55.58 | 85.44 | 9.19 | 29.48 | 5.35 | 1.15 | 3.36 | 0.43 | 2.27 | 0.45 | 1.12 | 0.16 | 1.02 | 0.14 | 195.14 | 186.19 | 8.95 | 20.8 | 0.77 |
| 4 | GS0551b | 69.61 | 109.1 | 12.73 | 39.64 | 5.62 | 1.52 | 4.86 | 0.56 | 3.11 | 0.49 | 1.47 | 0.16 | 1 | 0.15 | 250.02 | 238.22 | 11.8 | 20.19 | 0.87 |
| 5 | Ⅱ P51GS18 | 43.63 | 90.89 | 11.17 | 46.56 | 8.52 | 2.2 | 6 | 0.73 | 3.84 | 0.76 | 2.01 | 0.25 | 1.59 | 0.23 | 218.38 | 202.97 | 15.41 | 13.17 | 0.9 |
| 6 | GS4853 | 13.66 | 29.38 | 3.13 | 15.61 | 6.04 | 2.1 | 6.19 | 0.75 | 5.91 | 1.38 | 2.87 | 0.38 | 2.35 | 0.34 | 90.09 | 69.92 | 20.17 | 3.47 | 1.04 |
| 7 | Ⅱ P46GS26 | 58.55 | 92.98 | 9.31 | 30.92 | 5.54 | 1.02 | 3.05 | 0.43 | 2.21 | 0.36 | 1.1 | 0.16 | 1.02 | 0.16 | 206.81 | 198.32 | 8.49 | 23.36 | 0.69 |

续表 3-115

| 序号 | 样品号 | La | Ce | Pr | Nd | Sm | Eu | Gd | Tb | Dy | Ho | Er | Tm | Yb | Lu | ΣREE | ΣLREE | ΣHREE | LREE/HREE | δEu |
|---|---|---|---|---|---|---|---|---|---|---|---|---|---|---|---|---|---|---|---|---|
| 8 | ⅦGS3570 | 70.02 | 115.7 | 12.18 | 39.93 | 7.23 | 1.49 | 4.85 | 0.59 | 2.81 | 0.56 | 1.46 | 0.21 | 1.23 | 0.17 | 258.43 | 246.55 | 11.88 | 20.75 | 0.73 |
| 9 | ⅦP3GS10 | 73.96 | 127.4 | 12.09 | 49.54 | 7.33 | 1.95 | 6.78 | 0.84 | 4.15 | 0.85 | 2.38 | 0.31 | 1.92 | 0.28 | 289.78 | 272.27 | 17.51 | 15.55 | 0.83 |
| 10 | ⅦP3GS34 | 43.63 | 90.89 | 11.17 | 46.56 | 8.52 | 2.2 | 6 | 0.73 | 3.84 | 0.76 | 2.01 | 0.25 | 1.59 | 7.23 | 225.38 | 202.97 | 22.41 | 9.06 | 0.9 |
| 11 | ⅦGS3570 | 63.88 | 112.2 | 10.77 | 42.7 | 6.58 | 0.97 | 6.2 | 0.93 | 4.69 | 0.98 | 2.78 | 0.4 | 2.44 | 0.35 | 255.87 | 237.1 | 18.77 | 12.63 | 0.46 |
| 12 | ⅡGS0754-1 | 59.49 | 94.07 | 9.53 | 32.93 | 5.89 | 1.2 | 3.12 | 0.51 | 2.42 | 0.45 | 1.19 | 0.17 | 1.11 | 0.17 | 212.25 | 203.11 | 9.14 | 22.22 | 0.77 |
| 13 | IP11xt5 | 47.96 | 75.58 | 7.99 | 27.88 | 4.8 | 1.23 | 4.97 | 0.95 | 2.82 | 0.53 | 1.3 | 0.19 | 1.2 | 0.19 | 191.89 | 165.44 | 12.15 | 13.62 | 0.76 |
| 14 | IP15xt21 | 61.01 | 75.41 | 10.12 | 35.92 | 5.67 | 1.32 | 5.66 | 0.64 | 2.67 | 0.48 | 1.16 | 0.17 | 1.08 | 0.19 | 228.80 | 189.45 | 12.05 | 15.72 | 0.71 |
| 15 | IP11xt12 | 142.64 | 195.16 | 22.82 | 75.82 | 12.5 | 0.2 | 11.7 | 1.36 | 5.8 | 1.06 | 2.62 | 0.39 | 2.21 | 0.35 | 491.89 | 449.09 | 25.5 | 17.61 | 0.05 |

表 3-116 义县组($K_1y$)火山岩微量元素含量

单位:$\times10^{-6}$

| 序号 | 样品号 | Sr | Rb | Ba | Ta | Nb | Hf | Zr | Cr | Ni | Co | V | U | Y | Sc | Cs | Rb/Sr | Zr/Hf |
|---|---|---|---|---|---|---|---|---|---|---|---|---|---|---|---|---|---|---|
| 1 | GS4574 | 491 | 136 |  | 10 | 12 | 13 | 237 |  | 7 | 8 | 47 |  | 8.33 | 4.32 |  | 0.28 | 18.23 |
| 2 | ⅡP46GS58 | 128 |  |  | 13 | 107 |  |  |  |  |  |  |  | 402 |  |  |  |  |
| 4 | GS0551b | 512 | 133 |  | 10 | 9 | 13 | 256 |  | 7 | 10 | 57 |  | 12.1 | 3.2 |  | 0.26 | 19.69 |
| 5 | ⅡP51GS18 | 970 | 47 |  | 10 | 9 | 10 | 111 |  | 36 | 26 | 167 |  | 18.9 | 18.1 |  | 0.05 | 11.10 |
| 6 | GS4853 | 15 |  |  | 9 | 147 |  |  | 133 | 30 | 224 |  |  | 257 |  |  |  |  |
| 7 | ⅡP46GS26 | 147 |  |  | 9 | 244 |  | 12 | 6 | 7 | 39 |  |  | 401 |  |  |  |  |
| 8 | ⅦGS3570 | 127 | 1147 | 9 | 10 | 223 | 39.03 | 16 | 16.46 | 9.81 | 41.64 |  |  | 636 |  |  | 9.03 | 0.41 |
| 9 | ⅦP3GS10 |  | 1883 |  | 113 | 712 | 20.66 | 25 |  | 1.3 | 13.26 |  |  |  |  | 0.38 |  | 1.21 |
| 10 | ⅦP3GS34 | 47 |  |  | 9 | 111 |  |  | 36 | 26 | 167 |  |  | 970 |  |  |  |  |
| 11 | ⅦGS3570 |  | 559.8 |  |  | 259 | 16.64 |  | 6.63 | 4.11 | 36.43 |  |  |  |  |  |  |  |
| 12 | ⅡGS0754-1 | 133 |  |  | 9 | 256 |  | 13 | 7 | 10 | 51 |  |  | 512 |  |  |  |  |
| 13 | IP11xt5 | 473.00 | 117.00 | 799 |  | 16.00 |  | 192 | 37.00 | 26.00 | 13.00 | 80.00 | 12.53 |  |  |  | 0.25 |  |
| 14 | IP15xt21 | 357.00 | 147.00 | 897 |  | 15.00 |  | 183 | 28.00 | 21.00 | 7.00 | 46.00 | 12.29 |  |  |  | 0.41 |  |
| 15 | IP11xt12 | 17.00 | 244.00 | 64 |  | 41.00 |  | 300 |  |  |  |  | 23.8 |  |  |  | 14.35 |  |

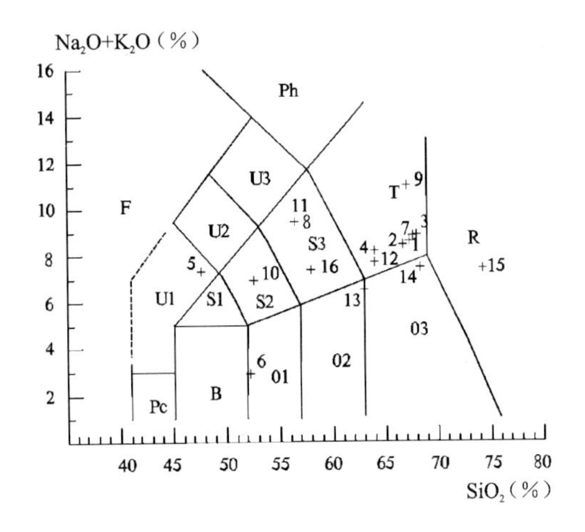


图 3-193　TAS 图解（据 Le Bas，1986）

F. 副长石岩；Pc. 苦橄玄武岩；B. 玄武岩；01. 玄武安山岩；02. 安山岩；03. 英安岩；S1. 粗面玄武岩；S2. 玄武粗安岩；S3. 粗安岩；T. 粗面岩、粗面英安岩；U1. 碧玄岩、碱玄岩；U2. 响岩质碱玄岩；U3. 碱玄质响岩；Ph. 响岩；R. 流纹岩

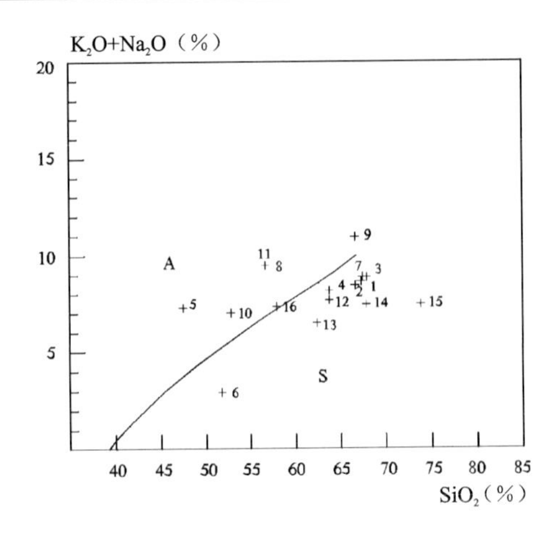


图 3-194　碱-二氧化硅图解（据 Irvine，1971）

A. 碱性区；S. 亚碱性区

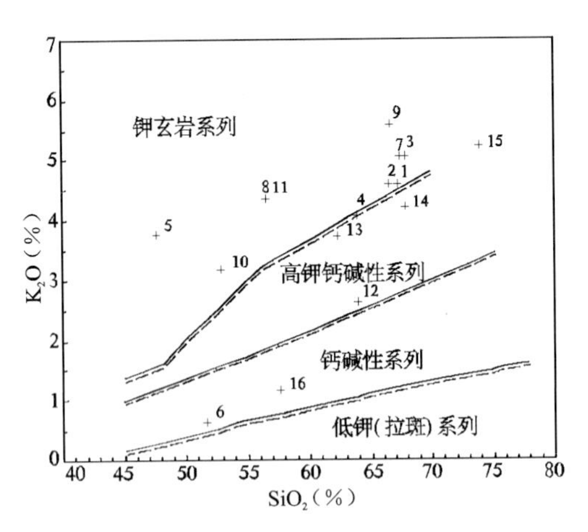


图 3-195　岩石系列 $K_2O$-$SiO_2$ 图解

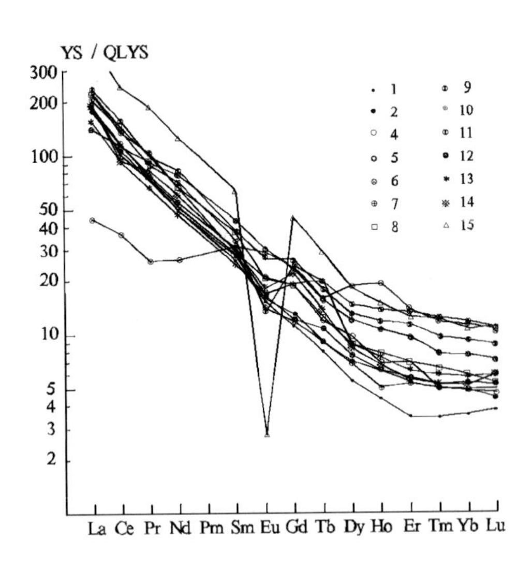


图 3-196　岩石稀土元素/球粒陨石标准化模式图（据 Coryell，1963）

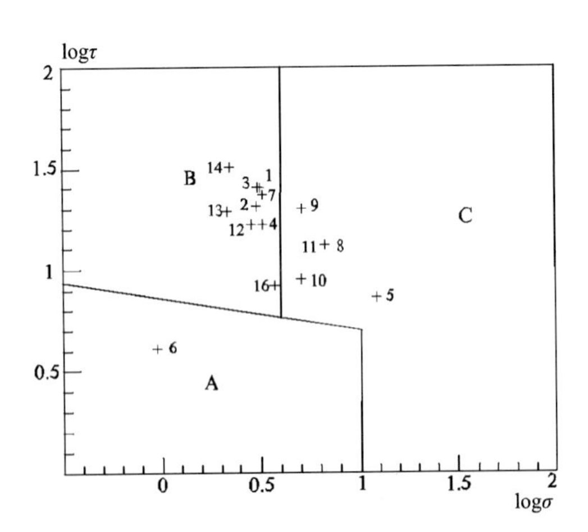


图 3-197　里特曼-戈蒂里图解（据 Rittmann，1973）

A. 非造山带火山岩；B. 造山带火山岩；C. A、B 区派生的碱性、偏碱性火山岩

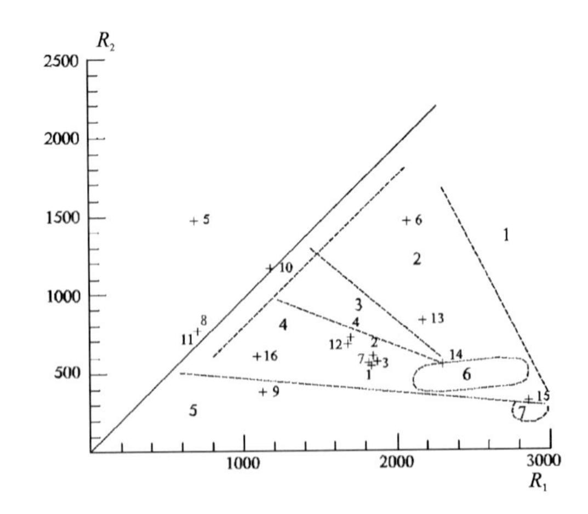


图 3-198　主要花岗岩类岩石组合的示意性图解（据 Batchelor 等，1985）

1. 地幔分离；2. 板块碰撞前的；3. 碰撞后的抬升；4. 造山晚期的；5. 非造山的；6. 同碰撞期的；7. 造山期后的

需要指出的是，所谓早白垩世中基性火山岩，同位素年龄都很低，梅勒图组 K-Ar 年龄为 95.2Ma，甘河组 K-Ar 年龄为 104～98.3Ma，义县组 K-Ar 年龄为(121±2.3)Ma 和(119.6±1.1)Ma，从年龄值来看，北部多小于 99.6Ma，划归晚白垩世更为合适。早白垩世也只能属末期，与侵入岩对比，可能与同处于伸展环境的晚白垩世末期(114Ma)的辉长岩、苏长岩、辉绿岩岩墙，以及晚白垩世(70.3Ma)碱性花岗岩相当。龙江组酸性火山岩可能与早白垩世侵入岩 TTG 或 GG 组合的陆缘弧相当。

### 5. 早白垩世金家窑子组($K_1jj$)陆内盆地组合

早白垩世金家窑子组火山岩主要分布在包头市固阳县九分子乡金家窑子村南和阴山地区。为玄武岩-火山角砾岩-流纹质凝灰岩组合，厚度大于 709m。属碱性岩石系列，壳源型岩浆。其大地构造相为陆内盆地相，断陷盆地亚相。

### 6. 早白垩世苏红图组($K_1s$)陆内盆地组合

早白垩世苏红图组火山岩主要分布在阿左旗乌力吉苏木苏红图村、沙拉呼勒斯、巴彦呼都格一带，为安山岩-碱玄岩-安山玄武岩夹砂砾岩组合，厚度大于 946.7m。属中高钾钙碱性岩石系列。前人在该组内获取 K-Ar 法同位素年龄值为 111～92Ma。其大地构造相为陆内盆地相，断陷盆地亚相。

### 7. 早白垩世白女羊盘组($K_1bn$)陆内盆地组合

早白垩世白女羊盘组火山岩主要分布在乌拉特中旗双胜美乡白女羊盘村附近及阴山地区。由于岩石组合和厚度都存在差异性，现分述如下。

(1)白音脑包-毕力格敖构造火山岩亚带内白女羊盘组，岩石组合为下部玄武岩-粗面玄武岩，厚度大于 336.2m；上部为安山岩-流纹质火山角砾岩-流纹岩-晶屑凝灰岩，厚度大于 649.5m(赋含珍珠岩、黑曜岩等非金属矿产)；下部为碱性岩石系列，幔源型岩浆。其大地构造相为陆内盆地相，断陷盆地亚相。

(2)武川县-兴和县构造火山岩亚带内白女羊盘组岩性为玄武岩-流纹质火山角砾岩-熔结流纹质晶屑凝灰岩-气孔状玄武岩组合，厚度大于 1324m，碱性岩石系列，壳源型岩浆。前人在该组内获取获取 K-Ar 法同位素年龄值为 112Ma。其大地构造相为陆内盆地相，断陷盆地亚相。该组的岩石化学特征如图 3-199～图 3-203 所示。

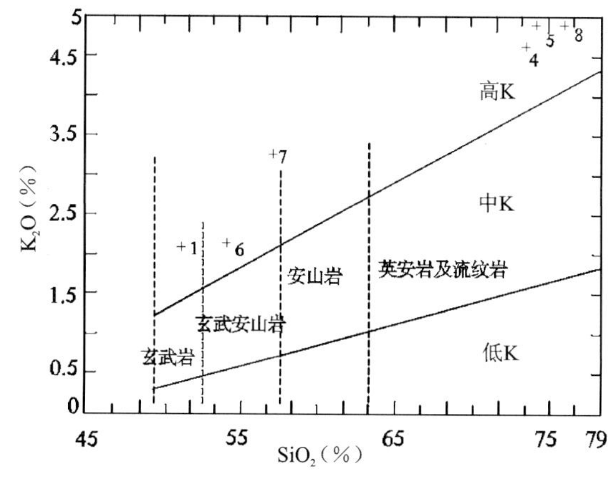


图 3-199　火山岩 $K_2O$-$SiO_2$ 图解

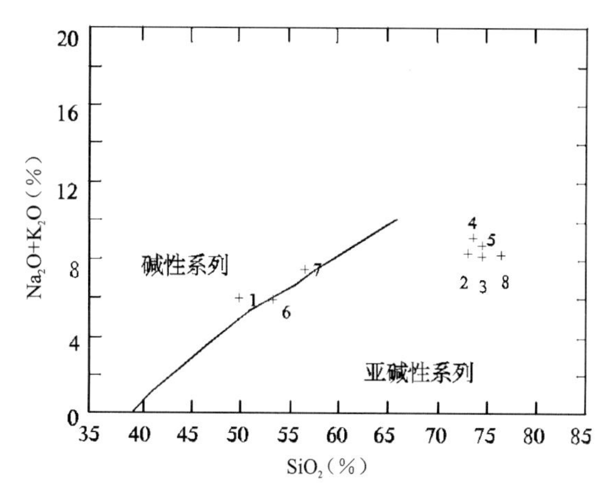


图 3-200　火山岩($Na_2O+K_2O$)-$SiO_2$ 图解

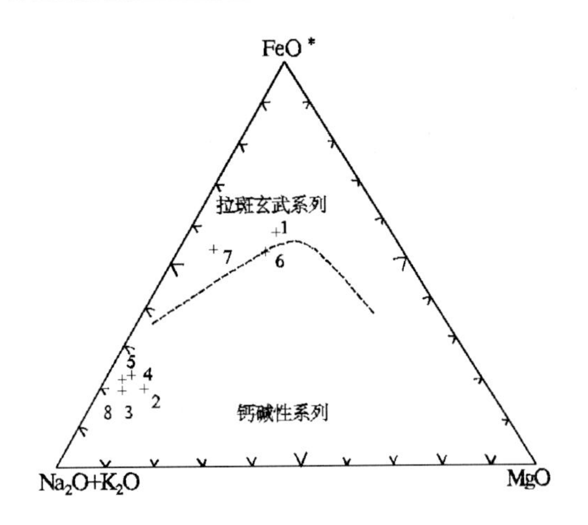


图 3-201 火山岩 FeO*-($Na_2O+K_2O$)-MgO 图解

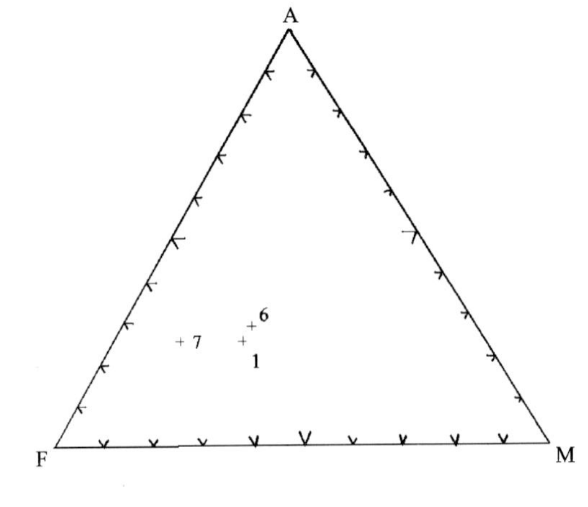


图 3-202 火山岩 A-F-M 图解

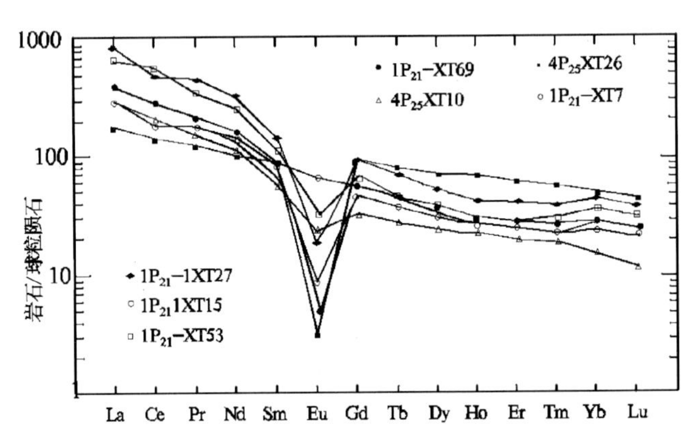


图 3-203 火山岩稀土元素配分模式曲线图

## (四)晚白垩世大陆伸展火山岩

查干诺尔-亚东晚白垩世大陆裂谷火山岩碱性玄武岩-流纹岩组合(双峰式火山岩)在晚白垩世划分出多希玄武岩($K_2d$)和孤山镇组($K_2g$)两个组,前者出露在查干诺尔一带,岩性为玄武岩(伊丁玄武岩)、玄武安山岩;后者出露在亚东镇一带,岩性为粗面岩、英安岩、流纹质晶屑凝灰岩、流纹岩,二者构成碱性玄武岩-流纹岩(双峰式火山岩)组合,其构造环境为大陆伸展,只在孤山镇组有英安岩和英安质粗面岩几个岩石化学样品,中基性岩没有样品(表 3-117～表 3-119),岩石化学命名英安岩为粗面岩,英安质粗面岩为流纹岩(图 3-204),碱-二氧化硅图解为碱性和亚碱性(图 3-205),在 $K_2O$-$SiO_2$ 图解中为高钾钙碱系列-钾玄岩系列(图 3-206),在 Th/Yb-Ta/Yb 图解中为活动大陆边缘(图 3-207),在 $R_1$-$R_2$ 图解中为造山晚期的(图 3-208),在 $\log\tau$-$\log\delta$ 图解中为造山带火山岩及其派生的碱性、偏碱性火山岩(图 3-209)。综合判别为大陆裂谷环境。

**表 3-117 晚白垩世($K_2$)火山岩岩石化学组成** 单位:%

| 序号 | 样品号 | $SiO_2$ | $TiO_2$ | $Al_2O_3$ | $Fe_2O_3$ | FeO | MnO | MgO | CaO | $Na_2O$ | $K_2O$ | $P_2O_5$ | LOS | Total | $Mg^{\#}$ | FeO* | A/CNK | σ | A.R | SI | DI |
|---|---|---|---|---|---|---|---|---|---|---|---|---|---|---|---|---|---|---|---|---|---|
| 1 | P9LT19 | 69.92 | 0.40 | 15.65 | 2.15 | 0.50 | 0.03 | 0.25 | 1.40 | 4.76 | 4.56 | 0.10 | 0.66 | 100.38 | 0.24 | 2.43 | 1.22 | 3.23 | 3.41 | 2.05 | 89.04 |
| 2 | P9LT23 | 69.34 | 0.40 | 15.36 | 2.55 | 0.80 | 0.02 | 0.31 | 0.72 | 4.30 | 4.75 | 0.10 | 0.72 | 99.37 | 0.24 | 3.09 | 1.27 | 3.11 | 3.57 | 2.44 | 89.75 |

续表 3-117

| 序号 | 样品号 | $SiO_2$ | $TiO_2$ | $Al_2O_3$ | $Fe_2O_3$ | FeO | MnO | MgO | CaO | $Na_2O$ | $K_2O$ | $P_2O_5$ | LOS | Total | $Mg^{\#}$ | $FeO^{*}$ | A/CNK | σ | A.R | SI | DI |
|---|---|---|---|---|---|---|---|---|---|---|---|---|---|---|---|---|---|---|---|---|---|
| 3 | P27LT37 | 63.73 | 0.60 | 16.05 | 5.16 | 0.74 | 0.06 | 0.51 | 1.91 | 4.77 | 4.33 | 0.25 | 1.16 | 99.27 | 0.25 | 5.38 | 1.28 | 3.99 | 3.05 | 3.29 | 82.3 |
| 4 | P27LT43 | 65.46 | 0.50 | 16.15 | 4.20 | 1.26 | 0.04 | 0.30 | 1.13 | 4.70 | 5.01 | 0.20 | 1.04 | 99.99 | 0.14 | 5.04 | 1.22 | 4.2 | 3.57 | 1.94 | 86.53 |
| 5 | P27LT67 | 69.13 | 0.30 | 15.27 | 2.92 | 0.53 | 0.02 | 0.21 | 1.17 | 4.58 | 5.19 | 0.05 | 0.99 | 100.36 | 0.18 | 3.16 | 1.16 | 3.65 | 3.93 | 1.56 | 89.78 |

表 3-118　晚白垩世($K_2$)火山岩稀土元素组成　单位：$\times 10^{-6}$

| 序号 | 样品号 | La | Ce | Pr | Nd | Sm | Eu | Gd | Tb | Dy | Ho | Er | Tm | Yb | Lu | ΣREE | ΣLREE | ΣHREE | LREE/HREE | δEu |
|---|---|---|---|---|---|---|---|---|---|---|---|---|---|---|---|---|---|---|---|---|
| 1 | P9LT19 | 42.30 | 69.50 | 8.27 | 35.00 | 6.83 | 1.30 | 4.60 | 0.76 | 4.64 | 0.89 | 2.65 | 0.39 | 2.46 | 0.40 | 179.99 | 163.20 | 16.79 | 9.72 | 0.67 |
| 2 | P9LT23 | 40.90 | 75.20 | 8.53 | 35.50 | 7.25 | 1.40 | 5.12 | 0.87 | 5.20 | 1.04 | 2.85 | 0.45 | 3.02 | 0.45 | 187.78 | 168.78 | 19.00 | 8.88 | 0.67 |
| 3 | P27LT37 | 53.9 | 84.7 | 12 | 54.7 | 10.2 | 3.05 | 7.98 | 1.22 | 7.54 | 1.41 | 3.87 | 0.6 | 3.64 | 0.54 | 259.65 | 218.55 | 26.8 | 8.15 | 1 |
| 4 | P27LT43 | 57.7 | 107 | 11.1 | 46.4 | 9.43 | 3.07 | 7.7 | 1.28 | 6.14 | 1.18 | 3.49 | 0.56 | 3.68 | 0.58 | 286.61 | 234.7 | 24.61 | 9.54 | 1.07 |
| 5 | P27LT67 | 77.7 | 129 | 15.8 | 67.7 | 12.2 | 1.38 | 8.63 | 1.42 | 8.25 | 1.62 | 4.59 | 0.7 | 4.33 | 0.61 | 351.23 | 303.78 | 30.15 | 10.08 | 0.39 |

表 3-119　晚白垩世($K_2$)火山岩微量元素含量　单位：$\times 10^{-6}$

| 序号 | 样品号 | Sr | Rb | Ba | Th | Ta | Nb | Hf | Zr | Cr | Ni | Co | V | U | Y | Sc | Cs | Ga | Rb/Sr | U/Th | Zr/Hf |
|---|---|---|---|---|---|---|---|---|---|---|---|---|---|---|---|---|---|---|---|---|---|
| 1 | P9LT19 | 287 | 124 | 1270 | 9.31 | 1.2 | 13.3 | 8.17 | 322 | 9.9 |  | 5.1 | 10.9 | 2.63 | 18.6 | 4.02 | 3.65 | 20 | 0.43 | 0.28 | 39.41 |
| 2 | P9LT23 | 271 | 121 | 1150 | 9.33 | 0.75 | 17.8 | 9.88 | 385 |  |  |  | 8.2 | 2.43 | 22.7 | 4.57 | 3.65 | 20.8 | 0.45 | 0.26 | 38.97 |
| 3 | P27LT37 | 518 | 116 | 1770 | 7.78 | 0.96 | 16.3 | 8.82 | 341 | 3.4 | 1 |  | 16.7 | 1.55 | 28.7 | 9.87 | 4.35 |  | 15.26 | 29.90 | 0.01 |
| 4 | P27LT43 | 325 | 116 | 2160 | 8.66 | 1.86 | 26.4 | 12.1 | 516 | 7.65 | 5.1 |  | 12.3 | 2.09 | 29.7 | 7.44 | 4.15 |  | 18.62 | 15.97 | 0.01 |
| 5 | P27LT67 | 44.3 | 135 | 476 | 11.5 | 1.35 | 35.1 | 12.9 | 478 | 1 | 5.45 |  | 5.67 | 3.04 | 31.9 | 6.97 | 3.35 |  | 3.53 | 23.63 |  |

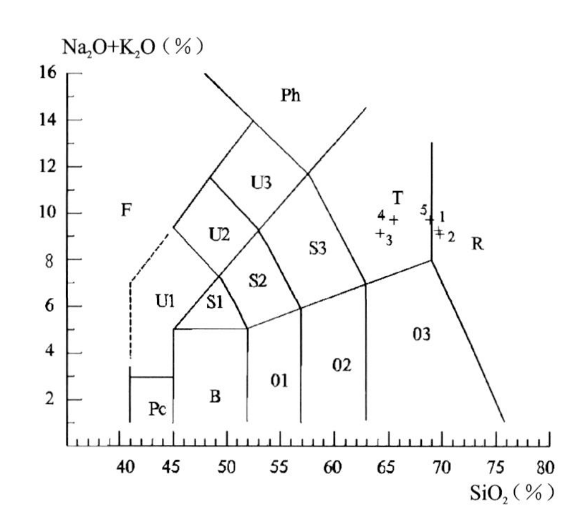


图 3-204　TAS 图解(据 Le Bas,1986)

F. 副长石岩；Pc. 苦橄玄武岩；B. 玄武岩；01. 玄武安山岩；02. 安山岩；03. 英安岩；S1. 粗面玄武岩；S2. 玄武粗安岩；S3. 粗安岩；T. 粗面岩、粗面英安岩；U1. 碧玄岩、碱玄岩；U2. 响岩质碱玄岩；U3. 碱玄质响岩；Ph. 响岩；R. 流纹岩

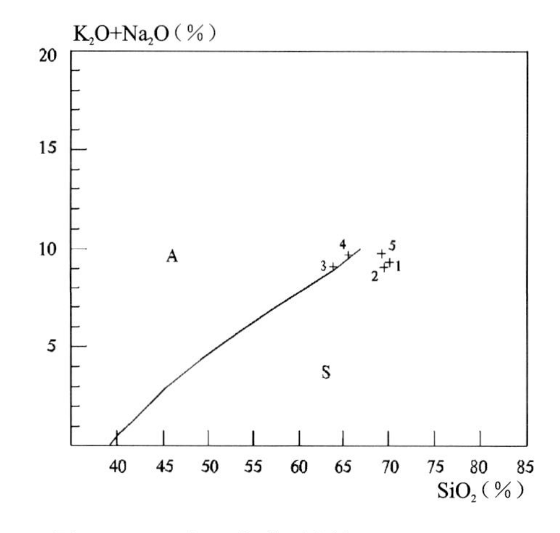


图 3-205　碱-二氧化硅图解(据 Irvine,1971)

A. 碱性区；S. 亚碱性区

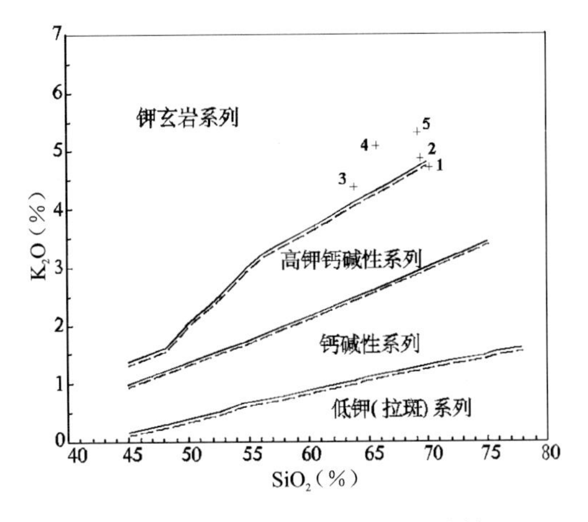


图 3-206　岩石系列 $K_2O-SiO_2$ 图解

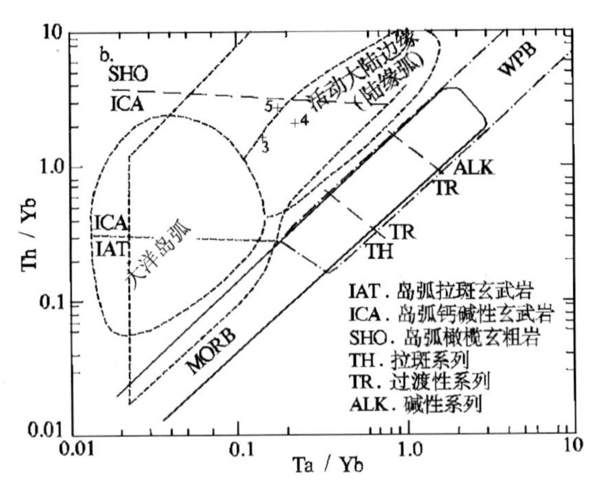


图 3-207　Th/Yb-Ta/Yb 图解

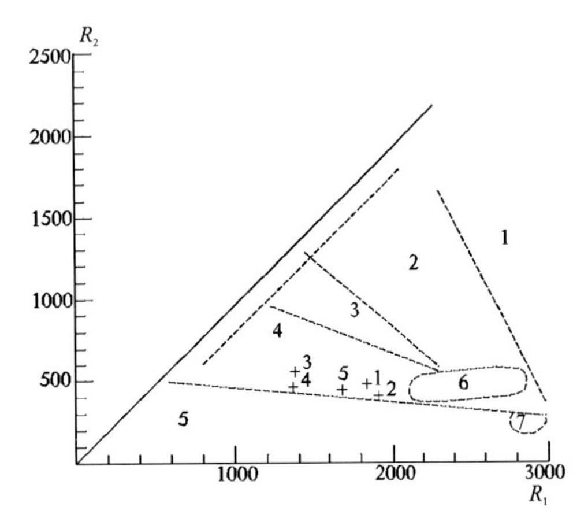


图 3-208　主要花岗岩类岩石组合的示意性图解

(据 Batchelor 等,1985)

1. 地幔分离;2. 板块碰撞前的;3. 碰撞后的抬升;

4. 造山晚期的;5. 非造山的;6. 同碰撞期的;7. 造山期后的

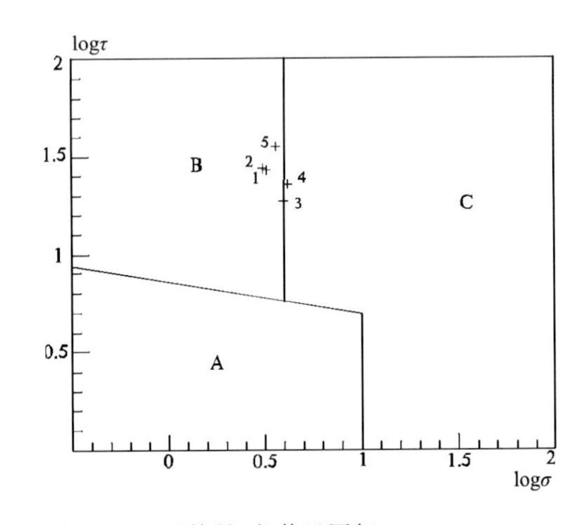


图 3-209　里特曼-戈蒂里图解(据 Rittmann,1973)

A. 非造山带火山岩;B. 造山带火山岩;

C. A、B 区派生的碱性、偏碱性火山岩

## (五)新生代稳定陆块火山岩

新生代有大量玄武岩分布,划分为 3 个组:灯笼河子-新生牧场中新世大陆裂谷火山岩为汉诺坝组($N_1h$),岩性为玄武岩、橄榄玄武岩;巴彦诺尔-宝格达山林场上新世大陆裂谷火山岩为五岔沟组($N_2wc$),岩性为橄榄玄武岩;柴河-诺敏晚更新世大陆裂谷火山岩为大黑沟($Qp_3d$)组,岩性为橄榄玄武岩。岩石化学、地球化学数据见表 3-120～表 3-122。

TAS 图解主要为玄武岩、粗面玄武岩、粗安岩、碧玄岩(图 3-210),碱-二氧化硅图解大多位于碱性区,少量位于亚碱性区(图 3-211),在 Ti-Zr 图解中为板内玄武岩(图 3-212),在大洋火山岩和大陆火山岩的判别图解中主要为大陆裂谷系玄武岩(图 3-213),在碱-二氧化硅图解中主要为稳定区碱性玄武岩和强碱性玄武岩(图 3-214),稀土配分曲线显示轻稀土富集(图 3-215)。

**表 3-120　新生代(Cz)火山岩岩石化学组成**　　单位:%

| 序号 | 样品号 | $SiO_2$ | $TiO_2$ | $Al_2O_3$ | $Fe_2O_3$ | FeO | MnO | MgO | CaO | $Na_2O$ | $K_2O$ | $P_2O_5$ | LOS | Total | $Mg^{\#}$ | $FeO^*$ | A/CNK | σ | A.R | SI | DI |
|---|---|---|---|---|---|---|---|---|---|---|---|---|---|---|---|---|---|---|---|---|---|
| 1 | Ⅸ70P21GS43 | 45.50 | 2.33 | 11.65 | 4.18 | 6.29 | 0.17 | 12.61 | 8.27 | 2.88 | 2.36 | 0.81 | 1.70 | 98.75 | 0.74 | 10.05 | 0.52 | 10.98 | 1.71 | 44.53 | 34.94 |

续表 3-120

| 序号 | 样品号 | $SiO_2$ | $TiO_2$ | $Al_2O_3$ | $Fe_2O_3$ | FeO | MnO | MgO | CaO | $Na_2O$ | $K_2O$ | $P_2O_5$ | LOS | Total | $Mg^{\#}$ | $FeO^{*}$ | A/CNK | $\delta$ | A.R | SI | DI |
|---|---|---|---|---|---|---|---|---|---|---|---|---|---|---|---|---|---|---|---|---|---|
| 2 | Ⅸ70P20GS1 | 46.45 | 2.70 | 11.89 | 6.45 | 4.31 | 0.15 | 10.98 | 8.77 | 3.79 | 3.20 | 0.75 | 1.13 | 100.57 | 0.74 | 10.11 | 0.47 | 14.16 | 2.02 | 38.22 | 39.75 |
| 3 | Ⅸ70P21GS19 | 45.62 | 2.08 | 11.34 | 8.17 | 2.10 | 0.17 | 13.25 | 8.13 | 3.18 | 2.84 | 0.75 | 1.23 | 98.86 | 0.81 | 9.44 | 0.49 | 13.83 | 1.90 | 44.85 | 35.57 |
| 4 | IGs4193 | 46.00 | 1.76 | 12.25 | 1.67 | 9.88 | 0.16 | 13.41 | 8.81 | 2.88 | 1.61 | 0.43 | 1.37 | 100.23 | 0.69 | 11.38 | 0.55 | 6.72 | 1.54 | 45.53 | 29.07 |
| 6 | ⅡP10-2GS22 | 56.30 | 1.67 | 15.22 | 4.77 | 2.00 | 0.08 | 1.70 | 4.97 | 4.33 | 3.73 | 1.42 | 3.57 | 99.76 | 0.43 | 6.29 | 0.75 | 4.88 | 2.33 | 10.28 | 69.56 |
| 7 | ⅡP14GS5 | 55.14 | 3.16 | 13.52 | 6.16 | 2.50 | 0.29 | 1.55 | 5.51 | 4.00 | 4.01 | 1.74 | 2.49 | 100.07 | 0.35 | 8.04 | 0.65 | 5.29 | 2.45 | 8.51 | 68.54 |
| 8 | ⅡP14GS6 | 54.33 | 2.27 | 14.54 | 8.17 | 0.83 | 0.14 | 1.01 | 4.97 | 4.50 | 3.07 | 1.52 | 4.19 | 99.54 | 0.30 | 8.17 | 0.73 | 5.06 | 2.27 | 5.75 | 68.41 |
| 9 | ⅡP14GS12 | 57.70 | 1.90 | 14.82 | 5.34 | 1.86 | 0.08 | 1.57 | 4.79 | 4.65 | 4.08 | 1.16 | 1.90 | 99.85 | 0.41 | 6.66 | 0.71 | 5.18 | 2.60 | 8.97 | 72.43 |
| 10 | ⅡP12GS7 | 56.90 | 1.01 | 14.18 | 1.02 | 7.78 | 0.13 | 5.80 | 7.54 | 3.52 | 0.61 | 0.14 | 1.03 | 99.66 | 0.56 | 8.70 | 0.71 | 1.23 | 1.47 | 30.97 | 41.49 |
| 11 | ⅡP16GS3 | 55.15 | 1.07 | 14.16 | 1.25 | 8.97 | 0.16 | 6.09 | 8.05 | 3.25 | 0.56 | 0.15 | 0.88 | 99.74 | 0.53 | 10.09 | 0.69 | 1.19 | 1.41 | 30.27 | 36.64 |
| 12 | ⅡP11GS4 | 56.02 | 1.51 | 15.20 | 2.30 | 6.53 | 0.13 | 5.67 | 6.35 | 4.24 | 0.51 | 0.78 | 1.42 | 100.66 | 0.58 | 8.60 | 0.80 | 1.73 | 1.57 | 29.45 | 46.40 |
| 13 | ⅣP4GS19 | 50.70 | 2.20 | 13.16 | 1.65 | 11.22 | 0.16 | 7.40 | 8.54 | 2.75 | 0.54 | 0.22 | 1.11 | 99.65 | 0.53 | 12.70 | 0.64 | 1.41 | 1.36 | 31.41 | 26.69 |
| 14 | Xt533 | 48.44 | 2.23 | 13.75 | 6.56 | 0.57 | 0.15 | 8.04 | 8.17 | 3.30 | 1.45 | 0.48 | 0.74 | 93.88 | 0.82 | 6.47 | 1.99 | 4.15 | 1.55 | 40.36 | 39.35 |
| 15 | GS600 | 48.60 | 2.50 | 15.84 | 1.41 | 8.68 | 0.14 | 7.99 | 8.35 | 3.48 | 1.84 | 0.55 | 0.97 | 100.35 | 0.61 | 9.95 | 2.04 | 5.05 | 1.56 | 34.15 | 38.79 |
| 16 | GS604 | 46.36 | 2.06 | 11.68 | 4.12 | 8.53 | 0.20 | 12.27 | 8.46 | 2.92 | 1.69 | 0.52 | 1.30 | 100.11 | 0.68 | 12.23 | 1.77 | 6.33 | 1.59 | 41.55 | 32.77 |
| 17 | GS603 | 46.86 | 2.58 | 13.30 | 4.36 | 8.47 | 0.20 | 9.43 | 8.32 | 3.16 | 1.92 | 0.62 | 0.94 | 100.16 | 0.62 | 12.39 | 1.83 | 6.69 | 1.61 | 34.49 | 36.81 |

注：序号 1～4 为上更新统大黑沟组（$Qp_3d$），6～12 为上新统五岔沟组（$N_2wc$）；13～17 为中新统汉诺坝组（$N_1h$）。

**表 3-121 新生代(Cz)火山岩稀土元素组成** 单位：$\times10^{-6}$

| 序号 | 样品号 | La | Ce | Pr | Nd | Sm | Eu | Gd | Tb | Dy | Ho | Er | Tm | Yb | Lu | ΣREE | ΣLREE | ΣHREE | LREE/HREE | δEu |
|---|---|---|---|---|---|---|---|---|---|---|---|---|---|---|---|---|---|---|---|---|
| 1 | Ⅸ70P21GS43 | 59.10 | 95 | 10.50 | 46.60 | 8.83 | 2.50 | 7.18 | 0.91 | 5.17 | 0.77 | 1.97 | 0.29 | 1.36 | 0.17 | 254.65 | 222.53 | 17.82 | 12.49 | 0.93 |
| 2 | Ⅸ70P20GS1 | 67.80 | 105 | 11.00 | 49.70 | 9.41 | 2.70 | 7.45 | 1.10 | 5.18 | 0.78 | 2.03 | 0.22 | 1.35 | 0.18 | 291.20 | 245.61 | 18.29 | 13.43 | 0.95 |
| 3 | Ⅸ70P21GS19 | 58.70 | 95.90 | 9.83 | 45.60 | 8.14 | 2.31 | 6.24 | 0.87 | 4.41 | 0.70 | 1.67 | 0.20 | 1.17 | 0.17 | 253.21 | 220.48 | 15.43 | 14.29 | 0.95 |
| 5 | Ⅸ70P10XT1 | 36.80 | 57.50 | 5.90 | 22.30 | 3.50 | 0.66 | 2.63 | 0.40 | 2.47 | 0.52 | 1.55 | 0.21 | 1.80 | 0.28 | 136.52 | 126.66 | 9.86 | 12.85 | 0.64 |
| 14 | XT533 | 52.4 | 71.97 | 7.44 | 19.59 | 4.43 | 0.7 | 4.16 | 0.36 | 1.84 | 0.47 | 1.42 | 0.22 | 1.59 | 0.2 | 166.79 | 156.53 | 10.26 | 15.26 | 0.49 |
| 18 | ⅣP28XT4 | 9.73 | 19.28 | 2.58 | 13.49 | 4.32 | 1.6 | 5.82 | 0.06 | 5.3 | 1.14 | 2.62 | 0.35 | 2.09 | 0.3 | 90.89 | 64.38 | 12.21 | 5.27 | 0.91 |

注：序号 1～3 为上更新统大黑沟组（$Qp_3d$），5 为上新统五岔沟组（$N_2wc$），14、18 为中新统汉诺坝组（$N_1h$）。

**表 3-122 新生代(Cz)火山岩微量元素含量** 单位：$\times10^{-6}$

| 序号 | 样品号 | Sr | Rb | Ba | Ta | Nb | Hf | Zr | Cr | Ni | Co | V | Y | Sc | Cs | B | Li | Rb/Sr | Zr/Hf |
|---|---|---|---|---|---|---|---|---|---|---|---|---|---|---|---|---|---|---|---|
| 1 | Ⅸ70P21GS43 | 973 | 47.1 | 1200 | 2 | 40.1 | 3.07 | 99.4 | 485 | 343 | 51.1 | 179 | 17.6 | 15.9 | 3.65 | 3.57 | 10.5 | 0.05 | 32.38 |
| 2 | Ⅸ70P20GS1 | 894 | 73.5 | 1400 | 1.77 | 44.9 | 2.96 | 94.5 | 290 | 192 | 43.8 | 198 | 17.5 | 16.7 | 4.25 | 2.32 | 8.8 | 0.08 | 31.93 |
| 3 | Ⅸ70P21GS19 | 1000 | 71.2 | 1200 | 3.03 | 54.5 | 4.72 | 156 | 459 | 379 | 51.2 | 154 | 15.3 | 16.4 | 3.95 | 15.10 | 8 | 0.07 | 33.05 |

续表 3-122

| 序号 | 样品号 | Sr | Rb | Ba | Ta | Nb | Hf | Zr | Cr | Ni | Co | V | Y | Sc | Cs | B | Li | Rb/Sr | Zr/Hf |
|---|---|---|---|---|---|---|---|---|---|---|---|---|---|---|---|---|---|---|---|
| 5 | Ⅸ70P10XT1 | 169 | 84.6 | 1185 | 1.32 | 11.4 | 5.47 | 183 | 6.95 | 2.6 | 5.35 | 5.81 | 11.9 | 2.7 | 4.15 | 5.99 | 21.9 | 0.50 | 33.46 |
| 14 | Xt533 | 103 | 22.6 | 403.4 | | | | 109 | 8.76 | | | | 13.5 | | | | | 0.22 | |
| 18 | ⅣP28Xt4 | 240 | 6 | 157 | | | | 135 | 160 | 140 | 48 | 191 | 24.96 | | | | 9.49 | 0.03 | |

注：序号 1～3 为上更新统大黑沟组（$Qp_3d$），5 为上新统五岔沟组（$N_2wc$），14、18 为中新统汉诺坝组（$N_1h$）。

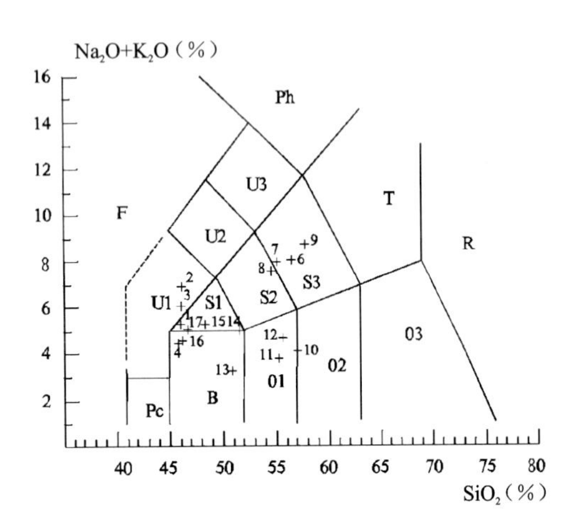


图 3-210　TAS 图解（据 Le Bas，1986）

F. 副长石岩；Pc. 苦橄玄武岩；B. 玄武岩；01. 玄武安山岩；02. 安山岩；03. 英安岩；S1. 粗面玄武岩；S2. 玄武粗安岩；S3. 粗安岩；T. 粗面岩、粗面英安岩；U1. 碧玄岩、碱玄岩；U2. 响岩质碱玄岩；U3. 碱玄质响岩；Ph. 响岩；R. 流纹岩

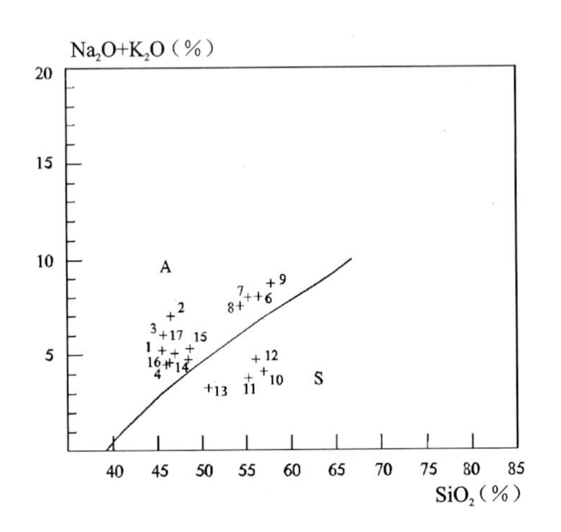


图 3-211　碱-二氧化硅图解（据 Irvine，1971）

A. 碱性区；S. 亚碱性区

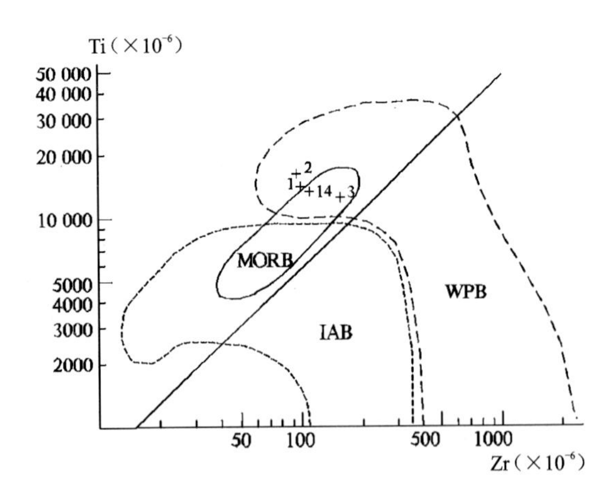


图 3-212　Ti-Zr 图解（据 Pearce，1980）

MORB. 洋中脊玄武岩；IAB. 岛弧玄武岩；WPB. 板内玄武岩

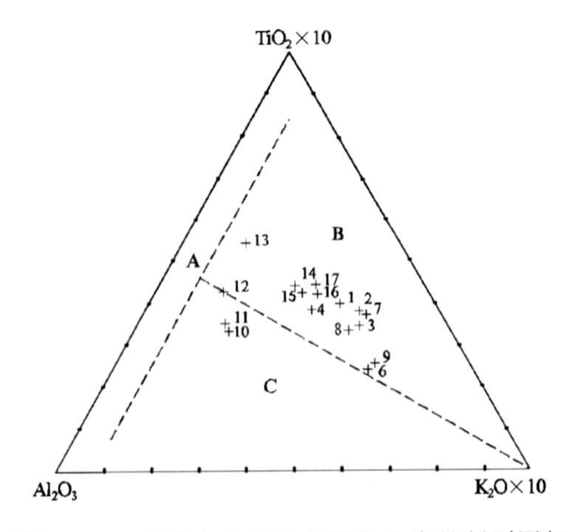


图 3-213　大洋火山岩和大陆火山岩的判别图解

（据赵崇贺，1989）

A. 大洋玄武岩区；B. 大陆裂谷型玄武岩、安山岩区；C. 岛弧造山带玄武岩、安山岩区

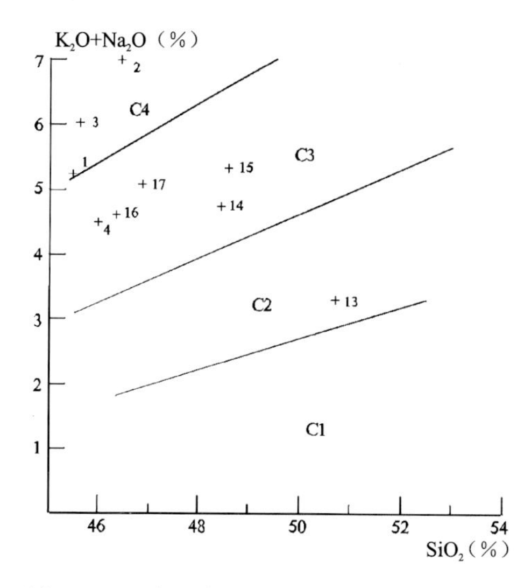


图 3-214 碱-二氧化硅图解(据牛来正夫,1975)
岛弧区:C1. 低钾拉斑玄武岩;C2. 高碱拉斑玄武岩;
稳定区:C3. 碱性玄武岩;C4. 强碱性玄武岩

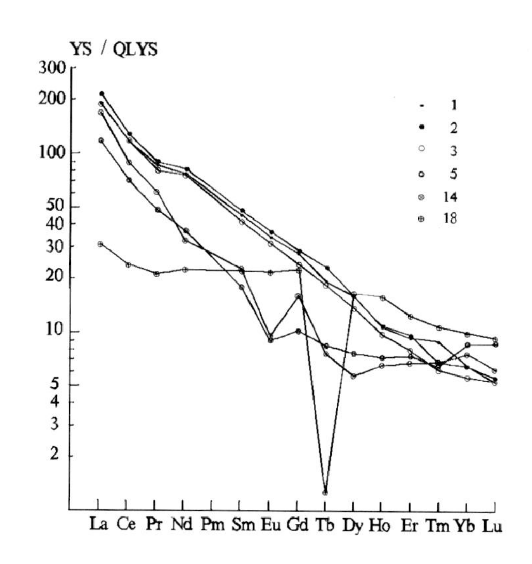


图 3-215 岩石稀土元素/球粒陨石标准化模式图
(据 Coryell,1963)

## (六)晚更新世阿巴嘎组稳定陆块火山岩组合

晚更新世阿巴嘎组稳定陆块火山岩组合主要分布在阿巴嘎旗、锡林浩特地区内。

晚更新世阿巴嘎组查干敖包-扎兰屯构造火山岩亚带内,岩石组合为橄榄玄武岩,厚度大于 145m,碱性玄武岩系列,幔源型岩浆,环境为稳定陆块。前人在该组内获取获取 K-Ar 法同位素年龄值为 3.12Ma。该组的岩石化学特征见图 3-216～图 3-220。

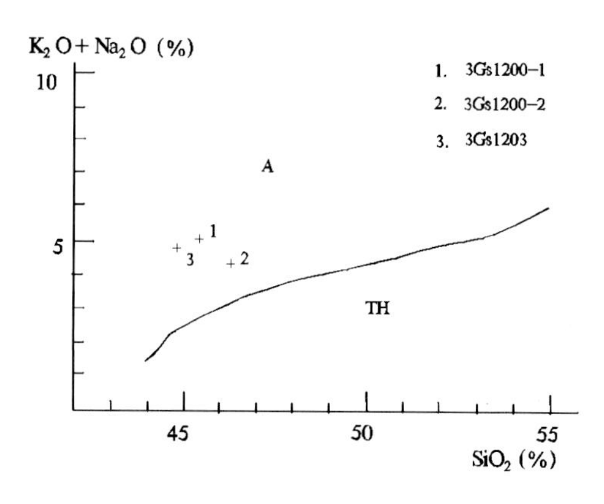


图 3-216 火山岩 $Na_2O+K_2O$-$SiO_2$ 图解
A. 碱性系列;TH. 拉斑系列

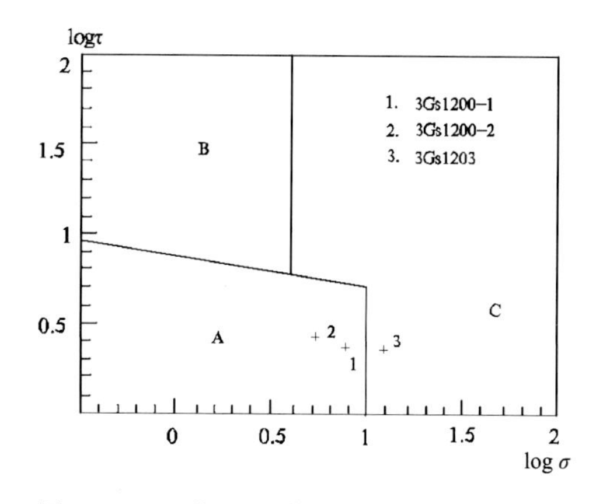


图 3-217 里特曼-戈蒂里图解(据 Rittmann,1973)
A. 非造山带火山岩;B. 造山带火山岩;
C. A、B 区派生的碱性、偏碱性火山岩

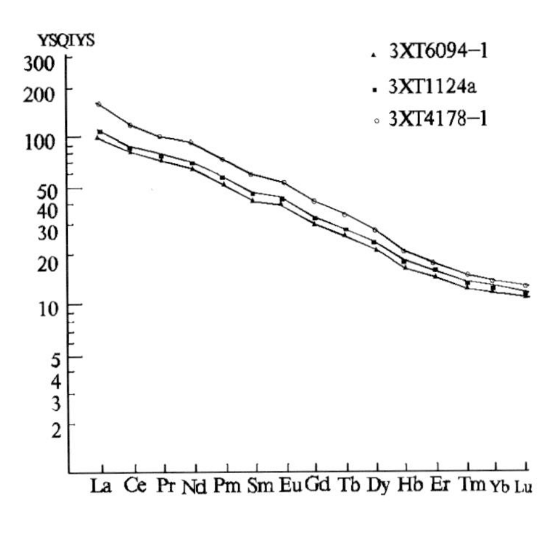


图 3-218　玄武岩稀土元素模式图

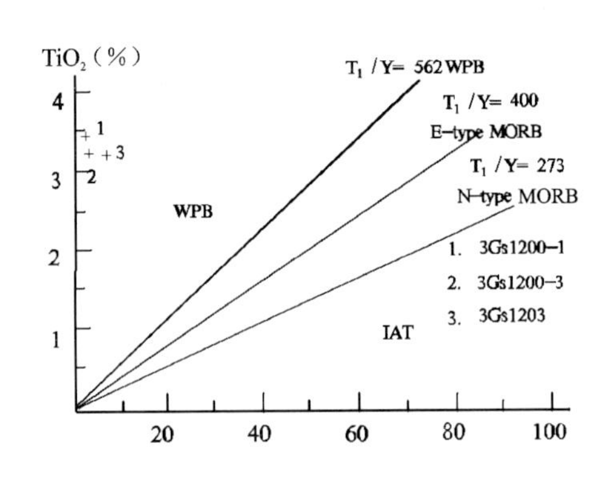


图 3-219　玄武岩 Y-Zi 图解

WPB. 板内玄武岩；E-type MORB. 异常型洋中脊玄武岩；N-type MORB. 正常型洋中脊玄武岩；IAT. 正常洋中脊玄武岩

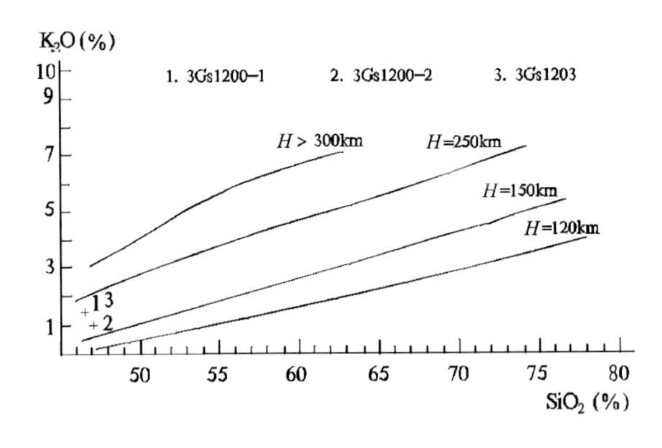


图 3-220　火山岩 $K_2O$-$SiO_2$ 图解

# 第四节　火山构造岩浆旋回与构造岩浆带

内蒙古自治区火山岩十分发育，在全面研究各时代火山岩岩石构造组合特征、大地构造环境、大地构造演化阶段及火山岩分布的基础上，按《全国矿产资源潜力评价技术要求》对区内的火山岩划分了不同级别的火山构造岩浆旋回和构造岩浆带。各旋回内构造岩石组合在第三节内已进行了全面阐述，在此不在赘述。本节只就构造岩浆旋回和构造带的划分列表描述。

## 一、火山构造岩浆旋回

火山构造岩浆旋回如表 3-123 所示。

表 3-123　内蒙古自治区火山构造岩浆旋回划分表

| 代 | 纪 | 世 | 旋回 | 亚旋回 | 阶段 | 环境 | 岩石构造组合及填图单元代号 |
|---|---|---|---|---|---|---|---|
| 新生代 | 第四纪 | 更新世 | 晚三叠世以来构造岩浆岩旋回 | 古近纪—第四纪构造岩浆岩亚旋回 | 稳定陆块 | 稳定陆块 | 大陆溢流玄武岩($Qp_3a$、$Qp_3d$) |
| | 新近纪 | 上新世 | | | | | 大陆溢流玄武岩($N_2w$) |
| | | 中新世 | | | | | 大陆溢流玄武岩($N_1h$) |
| 中生代 | 白垩纪 | 晚世 | | 晚三叠世—白垩纪构造岩浆岩亚旋回 | 大陆伸展 | 陆内裂谷 | 碱性玄武岩-流纹岩($K_2d$、$K_2g$) |
| | | 早世 | | | | | 玄武岩-英安岩-粗面岩-流纹岩($K_1m$) |
| | | | | | | | 碱性玄武岩-流纹岩($K_1y$) |
| | | | | | 陆内碰撞造山—后碰撞 | 陆缘弧 | 英安岩-粗面岩-流纹岩($K_1l$) |
| | 侏罗纪 | 晚世 | | | | | 陆缘弧火山岩组合($J_3mk$、$J_3mn$、$J_3b$) |
| | | 中世 | | | | | 陆缘弧火山岩组合($J_2tm$) |
| | | | | | | 后碰撞 | 强过铝火山岩组合($J_2x$) |
| | 三叠纪 | 早世 | 南华纪—中三叠世构造岩浆岩旋回 | 晚泥盆世—中三叠世构造岩浆岩亚旋回 | 洋俯冲 | 后碰撞 | 高钾和钾玄岩质火山岩组合($T_1ll$) |
| 古生代 | 二叠纪 | 晚世 | | | | 岩浆弧 | 陆缘弧火山岩组合($P_3f$) |
| | | 中世 | | | | | 玄武岩-安山岩-流纹岩组合($P_2ds$、$P_2j$、$P_2e$) |
| | | | | | | 残余海盆 | 英安岩-流纹岩组合($P_2ds$) |
| | | 早世 | | | | | 洋岛拉斑玄武岩组合($P_2ds$) |
| | 石炭纪 | 晚世 | | | | 陆缘弧 | 陆缘火山弧组合($P_1s$、$P_1d$) |
| | | 早世 | | | | | 玄武岩-安山岩-流纹岩组合、陆缘火山弧组合($C_2bl$、$C_2bb$) |
| | 泥盆纪 | 中晚世 | | | 大陆伸展 | 陆内裂谷 | 玄武岩-英安岩-粗面岩-流纹岩组合($C_1m$、$C_1b$) |
| | | | | | 洋俯冲 | 岛弧 | 玄武岩-安山岩-流纹岩组合($D_3t$、$D_3a$、$D_{2-3}d$) |
| | | 早中世 | | 南华纪—中三叠世构造岩浆岩亚旋回 | | | 玄武岩-安山岩组合($D_{1-2}n$、$D_{1-2}Q$) |
| | | | | | 大陆伸展 | 后造山 | 碱性玄武岩-流纹岩组合($S_2b$) |
| | 志留纪 | 中晚世 | | | 洋俯冲 | 岛弧 | 玄武岩-英安岩组合($S_{2-3}g$) |
| | 奥陶纪 | 中晚世 | | | | 岛弧 | 玄武岩-安山岩-英安岩-流纹岩组合($O_{2-3}X$) |
| | | 早中世 | | | | 岛弧 | 中基性火山岩组合($O_{1-2}b$、$O_{1-2}d$、$O_{1-2}h$) |
| 新元古代 | 震旦纪 | | | | | | 变质玄武岩-板岩-变质砂岩组合(Zd) |
| | 南华纪 | | | | | | 变质砂岩-千枚岩夹镁质火山岩组合(Nh) |

续表 3-123

| 代 | 纪 | 世 | 旋回 | 亚旋回 | 阶段 | 环境 | 岩石构造组合及填图单元代号 |
|---|---|---|---|---|---|---|---|
| 中元古代 | | | 前南华纪构造岩浆岩旋回 | | 洋俯冲 | 洋岛 | 变质火山岩蛇绿混杂岩组合($Pt_2w$) |
| | | | | | 伸展 | 裂谷 | 变质火山岩陆缘裂谷组合($Pt_2Z$、$Pt_2B$) |
| 古元古代 | | | | | 洋俯冲 | 弧后盆地 | 变质火山岩古弧盆系组合($Pt_1X$、$Pt_1B$) |
| | | | | | | 古岛弧 | 岛弧火山岩组合($Pt_1By$) |
| 新太古代 | | | | | | | 变质火山岩古岛弧组合($Ar_3S$) |
| 中太古代 | | | | | 稳定陆块 | 古陆核 | 变质火山岩古陆核组合($Ar_2J$、$Ar_2W$) |
| 古太古代 | | | | | | | 变质火山岩古陆核组合($Ar_1X$) |

## 二、火山构造岩浆岩带

### (一)内蒙古自治区前晚三叠世火山构造岩浆岩带

内蒙古自治区前晚三叠世火山构造岩浆岩带划分见表 3-124 及图 3-1 所示。

表 3-124　内蒙古自治区前晚三叠世火山构造岩浆岩带划分表

| 构造岩浆岩省 | 构造岩浆岩带 | 构造火山岩亚带 | | 构造火山岩段 |
|---|---|---|---|---|
| 天山-兴蒙构造岩浆岩省Ⅰ | 内蒙古-大兴安岭构造岩浆岩带Ⅰ-1 | 额尔古纳岛弧火山岩亚带Ⅰ-1-2 | | 新巴尔虎右旗-松岭区俯冲火山岩段($C_2$)Ⅰ-1-2-7 |
| | | | | 满州里-莫尔道嘎古岛弧火山岩段(Nh)Ⅰ-1-2-2 |
| | | 海拉尔弧后盆地火山岩亚相Ⅰ-1-3 | | 新巴尔虎右旗-松岭区俯冲火山岩段($C_2$)Ⅰ-1-3-10 |
| | | | | 罕乌拉-根河大陆裂谷火山岩段($C_1$)Ⅰ-1-3-8 |
| | | | | 罕乌拉-李增碰山岛弧火山岩段($D_{2-3}$)Ⅰ-1-3-6 |
| | | | | 海拉尔俯冲期火山岩段($O_{1-2}$)Ⅰ-1-3-3 |
| | | | | 伊敏河-李增碰山俯冲火山岩段($Pt_3$)Ⅰ-1-3-1 |
| | | 东乌珠穆沁旗-多宝山岛弧火山岩亚带Ⅰ-1-5 | 东部 | 门德沟-红彦镇后碰撞火山岩段($T_1$)Ⅰ-1-5-22 |
| | | | | 巴彦查干苏木-哈达阳岛弧火山岩段($P_2$)Ⅰ-1-5-17 |
| | | | | 伊尔施镇-甸南俯冲火山岩段($C_2$)Ⅰ-1-5-12 |
| | | | | 罕达盖-库伦沟岛弧火山岩段($O_{1-2}$)Ⅰ-1-5-5 |
| | | | | 罕达盖-西瓦尔图俯冲期火山岩段($Pt_3$)Ⅰ-1-5-1 |
| | | | 西部 | 二连浩特-沙尔敖瑞陆内盆地环境火山岩段($C_2$—$P_1$)Ⅰ-1-5-1 |
| | | | | 洪格日-额日敦敖包洋内弧环境火山岩段($C_2$—$P_1$)Ⅰ-1-5-2 |
| | | | | 阿德日音毛都-巴润吉格勒台弧前盆地环境火山岩段($D_3$)Ⅰ-1-5-3 |
| | | | | 乌义图音查干弧前盆地环境火山岩段($D_{2-3}$)Ⅰ-1-5-4 |
| | | | | 二连浩特市北-阿吉日噶图音敖包弧前盆地环境火山岩段($D_{1-2}$)Ⅰ-1-5-5 |
| | | | | 巴彦呼舒-嘎布塔盖洋内环境火山岩段($O_2$)Ⅰ-1-5-6 |
| | | | | 沃尔格斯特乌兰陶勒盖大洋俯冲环境火山岩段($D_{1-2}$)Ⅰ-1-5-7 |
| | | | | 绍日希嘎杜日博勒吉大洋俯冲环境火山岩段($O_{1-2}$)Ⅰ-1-5-8 |

续表 3-124

| 构造岩浆岩省 | 构造岩浆岩带 | 构造火山岩亚带 | | 构造火山岩段 |
|---|---|---|---|---|
| 天山-兴蒙构造岩浆岩省Ⅰ | | 二连-贺根山火山岩亚带Ⅰ-1-6 | 西部 | 陶格斯乌拉大洋俯冲环境火山岩段($P_3$)Ⅰ-1-6-1 |
| | | | | 二连浩特-敦达哈达大洋俯冲环境火山岩段($P_{1-2}$)Ⅰ-1-6-2 |
| | | | | 伊和道希-莫图昂格内大洋俯冲环境火山岩段($C_2$—$P_1$)Ⅰ-1-6-3 |
| | | | | 包恩巴图大洋俯冲环境火山岩段($C_2$)Ⅰ-1-6-4 |
| | | | | 果勒本阿且-浩勒巴勒吉大洋俯冲环境火山岩段($D_{2-3}$)Ⅰ-1-6-5 |
| | | | | 贺根山大洋俯冲环境火山岩段($D_{2-3}$)Ⅰ-1-6-6 |
| | | 锡林浩特火山岩亚带Ⅰ-1-7 | 东部 | 门德沟-红彦镇后碰撞火山岩段($T_1$)Ⅰ-1-7-9 |
| | | | | 巴彦查干苏木-哈达阳镇俯冲火山岩段($P_2$)Ⅰ-1-7-3 |
| | | | 西部 | 五十家子镇-巴音楚鲁大洋俯冲环境火山岩段($P_3$)Ⅰ-1-7-1 |
| | | | | 温多尔哈尔-宝日洪绍日大洋俯冲环境火山岩段($P_{1-2}$)Ⅰ-1-7-2 |
| | | | | 包乐陶勒盖-毛登希勒大洋俯冲环境火山岩段($C_2$)Ⅰ-1-7-3 |
| | | | | 查干诺尔碱矿-浩亚日陶勒盖大洋环境火山岩段($Pt_2$)Ⅰ-1-7-4 |
| | 索伦山-林西对接消减带火山岩带Ⅰ-7 | Ⅰ-7-2 | | 黄岗梁-扎鲁特旗洋俯冲火山岩段($P_2$)Ⅰ-7-2-3 |
| | | 索伦山火山岩亚带Ⅰ-7-4 | | 哈布塔盖-查干哈达庙大洋环境火山岩段($P_1$)Ⅰ-7-4-1 |
| | | | | 阿腾红格尔大洋环境火山岩段($P_1$)Ⅰ-7-4-2 |
| | | | | 阿腾红格尔-查干哈达庙大洋俯冲环境火山岩段($C_2$)Ⅰ-7-4-3 |
| | 包尔汉图-温都尔庙火山岩带Ⅰ-8 | 温都尔庙火山岩亚带Ⅰ-8-2 | 西部 | 温其格乌拉大洋俯冲环境火山岩段($P_{1-2}$)Ⅰ-8-2-1 |
| | | | | 黄花敖包大洋俯冲环境火山岩段($P_1$)Ⅰ-8-2-2 |
| | | | | 巴音敖包-加布斯乌拉大洋俯冲环境火山岩段($P_1$)Ⅰ-8-2-3 |
| | | | | 哈能-巴特敖包南大洋俯冲环境火山岩段($C_2$)Ⅰ-8-2-4 |
| | | | | 霍劳格-巴音敖包大洋俯冲环境火山岩段($S_2$)Ⅰ-8-2-5 |
| | | | | 包尔汉图大洋俯冲环境火山岩段($O_{1-2}$)Ⅰ-8-2-6 |
| | | | | 红旗牧场西南大洋俯冲环境火山岩段($O_{1-2}$)Ⅰ-8-2-7 |
| | | | | 巴腊特大洋俯冲环境火山岩段($Pt_2$)Ⅰ-8-2-8 |
| | | | 东部 | 广兴源-敖汉旗洋俯冲环境火山岩段($P_2$)Ⅰ-8-2-12 |
| | | | | 青龙山镇洋俯冲环境火山岩段($C_2$)Ⅰ-8-2-9 |
| | | | | 敖吉乡大陆裂谷火山岩段($C_1$末)Ⅰ-8-2-7 |
| | | | | 解放营子大陆裂谷火山岩段($S_2$)Ⅰ-8-2-4 |
| | | | | 解放营子洋俯冲火山岩段(O—$S_1$)Ⅰ-8-2-2 |
| | 额济那旗-北山构造岩浆岩带Ⅰ-9 | 圆包山构造火山岩亚带Ⅰ-9-1 | | 尖山大洋环境火山岩段($P_3$)Ⅰ-9-1-1 |
| | | | | 雅干大洋环境火山岩段($P_2$)Ⅰ-9-1-2 |
| | | | | 哈尔牙特乌拉大洋环境火山岩段($C_{1-2}$)Ⅰ-9-1-3 |
| | | | | 大红山-雅干大洋俯冲环境火山岩段($D_{1-2}$)Ⅰ-9-1-4 |
| | | | | 英姿山大洋俯冲环境火山岩段($S_{2-3}$)Ⅰ-9-1-5 |
| | | | | 红梁子山-哈勒泉吉大洋俯冲环境火山岩段($O_{2-3}$)Ⅰ-9-1-6 |
| | | 红石山构造火山岩亚带Ⅰ-9-2 | | 干劲山大洋俯冲环境火山岩段($P_2$)Ⅰ-9-2-1 |
| | | | | 甜水井-红旗山大洋俯冲环境火山岩段($C_1$)Ⅰ-9-2-2 |

**续表 3-124**

| 构造岩浆岩省 | 构造岩浆岩带 | 构造火山岩亚带 | 构造火山岩段 |
|---|---|---|---|
| 天山-兴蒙构造岩浆岩省Ⅰ | 额济那旗-北山构造岩浆岩带Ⅰ-9 | 明水构造火山岩亚带Ⅰ-9-3 | 白疙瘩大洋环境火山岩段($C_1$)Ⅰ-9-3-1 |
| | | 公婆泉构造火山岩亚带Ⅰ-9-4 | 石板井-小黄山大洋俯冲环境火山岩段($S_{2-3}$)Ⅰ-9-4-1 |
| | | | 横峦山-狼头山大洋俯冲环境火山岩段($O_{2-3}$)Ⅰ-9-4-2 |
| | | 珠斯楞海尔罕构造火山岩亚带Ⅰ-9-5 | 金塔-杭乌拉大洋俯冲环境火山岩段($P_2$)Ⅰ-9-5-1 |
| | | | 哈尔哈拉必如大洋俯冲环境火山岩段($C_2$)Ⅰ-9-5-2 |
| | | | 珠斯楞海尔罕大洋俯冲环境火山岩段($C_1$)Ⅰ-9-5-3 |
| | | 哈特布其构造火山岩亚带Ⅰ-9-6 | 苏红图后造山火山岩段($K_1$)Ⅰ-9-6-1 |
| | | | 包尔乌拉大洋俯冲环境火山岩段($P_3$)Ⅰ-9-6-2 |
| | | | 努尔盖大洋俯冲环境火山岩段($P_2$)Ⅰ-9-6-3 |
| | | | 前德门大洋俯冲环境火山岩段($P_{1-2}$)Ⅰ-9-6-4 |
| | | | 恩格尔乌拉-海力素大洋俯冲环境火山岩段($C_2$)Ⅰ-9-6-5 |
| | | | 夏德山大洋俯冲环境火山岩段($C_1$)Ⅰ-9-6-6 |
| | | 巴音戈壁构造火山岩亚带Ⅰ-9-7 | 阿布德仁太山-巴音戈壁苏木大洋俯冲环境火山岩段($C_2$)Ⅰ-9-7-1 |
| | | 恩格尔乌苏构造火山岩亚带Ⅰ-9-8 | 恩格尔乌苏大洋俯冲环境火山岩段($C_2$)Ⅰ-9-8-1 |
| 华北构造岩浆岩省Ⅱ | 狼山-阴山构造岩浆岩带Ⅱ-4 | 狼山-白云鄂博构造山火岩亚带Ⅱ-4-3 | 敦德呼都格-阿拉腾敖包苏木大洋俯冲环境火山岩段($P_1$)Ⅱ-4-3-1 |
| | | | 阿淖山大洋俯冲环境火山岩段($P_1$)Ⅱ-4-3-2 |
| | | | 大脑包大洋俯冲环境火山岩段($P_1$)Ⅱ-4-3-3 |
| | | | 乌加河镇-东德令山大洋俯冲环境火山岩段($P_1$)Ⅱ-4-3-4 |
| | 阿拉善构造岩浆岩带Ⅱ-4 | 迭布斯格-阿拉善右旗构造火山岩亚带Ⅱ-4-7 | 迭布斯格-黑疙瘩大洋俯冲环境火山岩段($P_1$)Ⅱ-4-7-1 |
| 塔里木构造岩浆岩省Ⅲ | 敦煌陆块北缘构造岩浆岩带Ⅲ-2 | 柳园构造山火岩亚带Ⅲ-2-1 | 白沟泉大洋环境火山岩段($P_3$)Ⅲ-2-1-1 |
| | | | 大白山-红石山大洋环境火山岩段($P_2$)Ⅲ-2-1-2 |
| | | | 白沟泉-白石山大洋环境火山岩段($C_1$)Ⅲ-2-1-3 |

## (二)内蒙古自治区晚三叠世以来构造岩浆岩带

内蒙古自治区晚三叠世以来构造岩浆岩带划分见表 3-125 及图 3-2 所示。

**表 3-125　晚三叠世以来火山构造岩浆岩带划分表**

| 构造岩浆岩省 | 构造岩浆岩带 | 构造火山岩亚带 | 构造火山岩段 |
|---|---|---|---|
| 晚三叠世以来中国东部构造岩浆岩省D | 大兴安岭构造岩浆岩带D-1 | 额尔古纳俯冲-碰撞型火山岩亚带D-1-2 | 巴彦诺尔大陆裂谷火山岩段($N_2$)D-1-2-15 |
| | | | 查干楚鲁-阿龙山大陆裂谷火山岩段($K_1$)D-1-2-9 |
| | | | 内蒙古东部陆缘弧火山岩段($J_3$)D-1-2-6 |
| | | | 克尔伦-满州里陆缘弧火山岩段($J_2$)D-1-2-2 |

**续表 3-125**

| 构造岩浆岩省 | 构造岩浆岩带 | 构造火山岩亚带 | | 构造火山岩段 |
|---|---|---|---|---|
| 晚三叠世以来中国东部构造岩浆岩省 D | 大兴安岭构造岩浆岩带 D-1 | 海拉尔-呼玛俯冲-碰撞型火山岩亚带 D-1-3 | | 罕乌拉-新天镇大陆裂谷火山岩段($K_1$)D-1-3-10 |
| | | | | 内蒙古东部陆缘弧火山岩段($J_3$)D-1-3-7 |
| | | | | 陈巴尔虎-根河陆缘弧火山岩段($J_2$)D-1-3-4 |
| 晚三叠世以来中国东部构造岩浆岩省 D | 大兴安岭构造岩浆岩带 D-1 | D-1-5 | | 查干诺尔-亚东大陆裂谷火山岩段($K_2$)D-1-5-4 |
| | | 东乌旗-多宝山俯冲-碰撞型火山岩亚带 D-1-4，西部Ⅴ-1-3 | 东部 | 柴河-诺敏大陆裂谷火山岩段($Qp_3$)D-1-4-21 |
| | | | | 查干诺尔-亚东镇大陆裂谷火山岩段($K_2$)D-1-4-18 |
| | | | | 川岭工区-卧牛河镇陆缘弧火山岩段($K_1$)D-1-4-12 |
| | | | | 罕达盖-红彦镇大陆裂谷火山岩段($K_1$)D-1-4-11 |
| | | | | 内蒙古东部陆缘弧火山岩段($J_3$)D-1-4-8 |
| | | | | 塔木兰沟陆缘弧火山岩段($J_2$)D-1-4-5 |
| | | | 西部 | 嘎布塔盖稳定陆块火山岩段($Qp_3$)Ⅴ-1-3-1 |
| | | | | 沙尔敖瑞-宝格达林场分场稳定陆块火山岩段($N_2$)Ⅴ-1-3-2 |
| | | | | 珠尔和乌和-格日敖包大洋俯冲环境火山岩段($K_1$)Ⅴ-1-3-3 |
| | | | | 巴彦乌拉-巴润青格勒台大洋俯冲环境火山岩段($J_3$)Ⅴ-1-3-4 |
| | | | | 苏吉哈尔-巴润希勒大洋俯冲环境火山岩段($J_3$)Ⅴ-1-3-5 |
| | | | | 东乌旗-宝格达山林场分场大洋俯冲环境火山岩段($J_3$)Ⅴ-1-3-6 |
| | | | | 朝伦和热木-布敦敖包特大洋俯冲环境火山岩段($J_2$)Ⅴ-1-3-7 |
| | | 锡林浩特俯冲-碰撞型火山岩亚带 D-1-7，西部Ⅴ-1-4、Ⅴ-1-5 | 东部 | 宝格达山林场大陆裂谷火山岩段($N_2$)D-1-7-19 |
| | | | | 新生牧场大陆裂谷火山岩段($N_1$)D-1-7-18 |
| | | | | 白音诺尔-宝石镇大陆裂谷火山岩段($K_1$)D-1-7-13 |
| | | | | 内蒙古东部陆缘弧火山岩段($J_3$)D-1-7-9 |
| | | | 西部 | 第和图音化-阿巴嘎敖包稳定陆块火山岩段($Qp_3$)Ⅴ-1-4-1 |
| | | | | 海布日根额和-高尧乌拉稳定陆块火山岩段($N_2$)Ⅴ-1-4-2 |
| | | | | 花敖包特大洋俯冲环境火山岩段($K_1$)Ⅴ-1-4-3 |
| | | | | 巴彦查干希热-那日森敖包图大洋俯冲环境火山岩段($J_3$)Ⅴ-1-4-4 |
| | | | | 阿尔善宝格拉-敖伦扫高图大洋俯冲环境火山岩段($J_3$)Ⅴ-1-4-5 |
| | | | | 陶古如敖瑞-敖伦扫高大洋俯冲环境火山岩段($J_3$)Ⅴ-1-4-6 |
| | | | 西部 | 巴音查干-阿巴嘎旗稳定陆块火山岩段($Qp_3$)Ⅴ-1-5-1 |
| | | | | 阿日哈必日嘎-阿钦大洋俯冲环境火山岩段($K_1$)Ⅴ-1-5-2 |
| | | | | 代托吉卡山大洋俯冲环境火山岩段($K_1$)Ⅴ-1-5-3 |
| | | | | 宝日温德尔-包日温都日大洋俯冲环境火山岩段($J_3$)Ⅴ-1-5-4 |
| | | | | 格吉格音乌拉-陶格斯乌拉大洋俯冲环境火山岩段($J_3$)Ⅴ-1-5-5 |
| | | | | 额尔登呼舒-格尔图大洋俯冲环境火山岩段($J_3$)Ⅴ-1-5-6 |
| | | | | 布拉嘎乌拉-达音布敦大洋俯冲环境火山岩段($J_2$)Ⅴ-1-5-7 |
| | | | | 石门子山-巴彦花镇大洋俯冲环境火山岩段($J_2$)Ⅴ-1-5-8 |

**续表 3-125**

| 构造岩浆岩省 | 构造岩浆岩带 | 构造火山岩亚带 | | 构造火山岩段 |
|---|---|---|---|---|
| 晚三叠世以来中国东部构造岩浆岩省 D | 赤峰-苏尼特右旗构造岩浆岩亚带 D-4 | 温都尔庙-赤峰俯冲-碰撞型火山岩亚带 D-4-1，西部Ⅴ-1-6 | 西部 | 大哈架子山稳定陆块火山岩段($N_1$)Ⅴ-1-6-1 |
| | | | | 西红花山大洋俯冲环境火山岩段($K_1$)Ⅴ-1-6-2 |
| | | | | 乌和尔必敖包-额日和音陶勒盖大洋俯冲环境火山岩段($J_3$)Ⅴ-1-6-3 |
| | | | | 镶黄旗-大哈达架子山大洋俯冲环境火山岩段($J_3$)Ⅴ-1-6-4 |
| | | | | 布敦敖包-家河牧场大洋俯冲环境火山岩段($J_3$)Ⅴ-1-6-5 |
| | | | 东部 | 灯笼河子大陆裂谷火山岩段($N_1$)D-4-1-11 |
| | | | | 赤峰-库伦旗大陆裂谷火山岩段($K_1$)D-4-1-7 |
| | | | | 内蒙古东部火山岩段($J_3$)D-4-1-3 |
| | 燕辽-太行山构造岩浆岩带Ⅴ-2、D-7 | 白音脑包-毕力格敖包构造火山岩亚带Ⅴ-2-1 | 西部 | 土牧尔台-乌拉特前旗稳定陆块火山岩段($N_1$)Ⅴ-2-1-1 |
| | | | | 格日楚鲁大洋俯冲环境火山岩段($K_1$)Ⅴ-2-1-2 |
| | | | | 格尔图大洋俯冲环境火山岩段($K_1$)Ⅴ-2-1-3 |
| | | | | 墨脑包-阿利堂脑包大洋俯冲环境火山岩段($J_3$)Ⅴ-2-1-4 |
| | | | | 圆包山大洋俯冲环境火山岩段($J_3$)Ⅴ-2-1-5 |
| | | | | 道朗山大洋俯冲环境火山岩段($J_3$)Ⅴ-2-1-6 |
| | | 四子王旗-罕乌拉构造火山岩亚带Ⅴ-2-2 | 西部 | 阿贵庙-大红山稳定陆块火山岩段($N_1$)Ⅴ-2-2-1 |
| | | | | 卧牛石山大洋俯冲环境火山岩段($K_1$)Ⅴ-2-2-2 |
| | | | | 武川县北大洋俯冲环境火山岩段($K_1$)Ⅴ-2-2-3 |
| | | | | 罕乌拉-太仆寺大洋俯冲环境火山岩段($J_3$)Ⅴ-2-2-4 |
| | | | | 伊和敖包干乌拉大洋俯冲环境火山岩段($J_3$)Ⅴ-2-2-5 |
| | | | | 乔家营子大敖包大洋俯冲环境火山岩段($J_3$)Ⅴ-2-2-6 |
| | | 武川县-兴和县构造火山岩亚带Ⅴ-2-3 | 西部 | 集宁-和林格尔稳定陆块火山岩段($N_1$)Ⅴ-2-3-1 |
| | | | | 明辛山大洋俯冲环境火山岩段($K_1$)Ⅴ-2-3-2 |
| | | | | 大王山大洋俯冲环境火山岩段($J_3$)Ⅴ-2-3-3 |
| | | | | 集宁大洋俯冲环境火山岩段($J_3$)Ⅴ-2-3-4 |
| | | 冀北火山岩亚带 D-7-2 | 东部 | 喀喇沁旗-金厂沟梁大陆裂谷火山岩段($K_1$)D-7-2-9 |
| | | | | 内蒙古东部陆缘弧火山岩段($J_3$)D-7-2-7 |
| | | | | 小牛群后碰撞火山岩段($J_2$)D-7-2-4 |

# 第五节　火山岩的形成、构造环境及其演化

内蒙古自治区内的火山岩在地质发展的各个时代中均有出露，对火山岩的形成、构造环境及其演化特征，按各个地质时代分别叙述如下。

## 一、太古宙变质火山岩的形成、构造环境及演化特征

### （一）古太古代变质火山岩的形成、构造环境及其演化特征

内蒙古自治区内最古老的变质岩系是分布在兴和县—集宁一线的古太古代的兴和（岩）群及自治区西部贺兰山区的迭布斯格（岩）群，其是由基性麻粒岩和酸性麻粒岩组成。

在古太古代的早期原始陆核形成，在经历了后期的造山运动，使初始陆核发生了断裂，幔源物质沿断裂上侵，形成了大规模的火山喷发活动和岩浆侵入活动，使兴和（岩）群普遍发生了强烈的混合岩化作用，早期以钠交代为主，而晚期则以钾交化为主。兴和（岩）群的原岩恢复表明该岩群的主体岩石为拉斑玄武岩，钙碱性火山岩、火山碎屑岩及含铁石英岩，属于基性—中酸性火山岩建造、铁硅质岩建造。

在古太古代的早期火山活动十分强烈，主要以基性火山岩浆的溢流为主，而随着时间的流逝火山活动逐渐变弱，此时的火山活动则以中酸性火山岩浆的喷发为主，火山岩的数量减少，而正常沉积碎屑岩的堆积逐渐增加，自下而上形成了火山喷发（喷溢）-正常碎屑岩的沉积。

### （二）中太古代变质火山岩的形成、构造环境及其演化特征

（1）中太古代早期的变质火山岩由集宁（岩）群和西部的贺兰山（岩）群组成。岩石以矽线石榴钾长片麻岩为主，混合岩化作用十分发育。原岩恢复为一套含碳质的黏土岩、泥质（或凝灰质）砂岩夹中基性和钙碱性火山岩及碳酸盐岩组合，属海相陆源富铝黏土岩建造、基性—中酸性火山岩建造及碳酸盐岩建造。集宁（岩）群、贺兰山（岩）群与兴和（岩）群的演化特征不同的是火山岩的碱性成分和正常碎屑物质增多，标志着此时地壳成熟度较高，当时已有了陆壳和洋壳的构造分异。

（2）中太古代晚期由于新的构造运动，又形成了新的变质岩系，其中包括了中部区的乌拉山（岩）群、西部区的雅布赖山（岩）群和东部赤峰地区的建平（岩）群。中太古代晚期，内蒙古的大部分地区处于准克拉通陆块的北缘。岩石组合为下部以角闪质片麻岩、斜长角闪片麻岩和斜长角闪岩为主，局部夹有超基性熔岩（科马提岩）；上部由石墨片麻岩、透辉大理岩、石英砂岩夹中基性火山岩组成。原岩恢复为基性—中基性火山岩、火山碎屑岩、含碳质砂泥质岩、碳酸盐岩和铁硅质岩，总体构成了中太古代晚期的完整火山喷发-沉积旋回。具典型绿岩建造特征。

在乌拉山构造运动的影响下，几个互不相连的初始陆核-岛链状硅镁质、硅铝质陆块，增生、扩大和“焊接”成了一个整体，奠定了华北陆块的雏形。

### （三）新太古代变质火山岩的形成、构造环境及演化特征

新太古代时期在陆块边缘已有古大洋的存在，由于大洋板块向陆壳之下俯冲、消减，在大陆靠海一侧形成了沟-弧-盆体系。展布于色尔腾山至太仆寺旗一带的色尔腾山岩群，中基性—中酸性火山岩、岛弧沉积和硅铁质岩建造就是这个时期的产物，并有碳酸岩组成弧后盆地沉积，同时还发育有俯冲岩浆杂岩英云闪长岩、石英闪长岩、二长花岗岩、花岗岩岩石构造组合。

#### 1. 新太古代色尔腾山（岩）群变质火山岩

新太古代色尔腾山（岩）群变质火山岩主要以分布在乌拉山—大青山一带的为代表。岩石以混合岩、混合质片麻岩、云母石英片岩、角闪斜长片岩、绿片岩为主，夹变粒岩及磁铁石英岩。原岩恢复为镁

铁质拉斑玄武岩系列，钙碱性火山熔岩夹数层超镁铁质熔岩、硅铁质岩；上部出现正常碎屑岩和碳酸盐岩沉积。自下而上构成了一个完整的喷发-沉积旋回。属海相基性—中基性—中酸性火山岩、火山碎屑岩建造及含铁建造。具有典型绿岩建造特征。其演化特征是早期以火山强烈的喷发活动为主，形成了中基性火山岩浆的喷溢和中酸性火山岩浆的喷发，而到了晚期火山活动逐渐减弱，开始接受正常碎屑岩的沉积。

**2. 新太古代二道凹群变质火山岩**

新太古代二道凹群变质火山岩主要分布在呼和浩特市以北的二道凹地区。岩石组合分为下部绢云绿泥片岩、角闪斜长片岩夹磁铁石英岩和片麻岩；中部云母石英片岩和透闪化、蛇纹石化大理岩；上部黑云石英片岩、绿帘角闪片岩、石英纳长片岩夹碳酸盐岩。属海相火山岩建造，夹复理石建造和碳酸盐岩建造。其演化特征为早期在构造运动的影响下以火山活动为主，但火山活动的强度较弱，主要以基性—中基性火山岩浆的喷溢为主，而晚期火山活动趋于静止，则以正常陆源碎屑岩沉积为主。

**3. 新太古代阿拉善岩群变质火山岩**

新太古代阿拉善岩群变质火山岩主要分布在西部阿拉善地区。岩石组合上部是典型的绿岩建造，下部岩石为超基性—基性火山岩，并有橄榄质科马提岩和玄武质科马提岩。基性火山岩是绿岩带的主体，属于拉斑玄武岩系列，以大洋拉斑玄武岩为主。上部岩石为正常碎屑沉积的泥页岩、镁质碳酸盐岩、石英砂岩和硅铁质岩。

## 二、元古宙变质火山岩的形成、构造环境及演化特征

### （一）古元古代变质火山岩的形成、构造环境及演化特征

由于古元古代在华北陆块区和天山-兴蒙造山系的构造发展各有不同，现分别加以叙述。

华北陆块区在经历了新太古代的洋、陆转换之后，迎来了古元古代的一段相对稳定的地质历史时期，在增生的大陆边缘沉积了一套巨厚的陆缘碎屑沉积建造，这时的火山活动相对较弱，仅在局部夹有少量的火山岩。该时期形成的变质火山岩有如下几种。

(1)古元古代宝音图岩群为一套高绿片岩相的变质岩系。原岩以一套海相碎屑岩沉积为主，夹少量中基性火山岩组合。经岩相学、岩石化学以及地球化学特征恢复原岩，透辉石岩-角闪石岩原岩为基性—超基性火山岩；而角闪片岩、阳起片岩及斜长变粒岩则为玄武岩。表明宝音图岩群以海相正常沉积碎屑岩为主，间有较弱的火山活动，形成了以超基性—基性火山岩浆的喷溢活动，而在晚期演化成中酸性火山岩浆的喷发活动。

(2)古元古代北山岩群变质火山岩原岩上部为正常海相碎屑岩沉积；中下部为碎屑岩-中酸性火山岩夹中基性火山岩及碳酸盐岩组合。其火山活动演化特征是以中酸性火山岩浆的喷溢为主，间有中基性火山岩浆的喷溢。

另外，分布在阴山山脉大青山地区的古元古代马家店组变质火山岩，原岩以正常沉积的碎屑岩为主，夹有安山质火山岩(据变质岩子课题组资料，2011)。

天山-兴蒙造山系在古元古代曾是一个超级大陆，即哥伦比亚超大陆，而造山系的大地构造演化是在中元古代超级大陆裂解以后才开始的。而这个时期目前只在东部的松岭一带有古元古代兴华渡口岩群变质火山岩存在。

### （二）中新元古代变质火山岩的形成、构造环境及演化特征

中新元古代时期，已形成的古老结晶基底岩系在华北陆块的北缘产生了近东西向和北东东向的陆缘裂谷。裂谷从西部的迭布斯格向东经狼山、渣尔泰山、白云鄂博、四子王旗，一直延伸至化德一带，东西长1000余千米。裂谷可分为南、北两支，南部裂谷西起迭布斯格，向东经狼山至渣尔泰山、固阳一带终结，由渣尔泰山群组成；北部裂谷由白云鄂博向东经四子王旗至化德县一带，由白云鄂博群组成。裂谷内沉积了一套巨厚的以碎屑岩、碳酸盐岩和碳质板岩为主的白云鄂博群和渣尔泰山群，有少量中酸性变质火山岩夹层。裂谷内尚有双峰式岩浆杂岩、层状基性侵入体和基性岩墙群（1760±2.5Ma，陆松年）侵入。裂谷内形成了白云鄂博群内的铁-铌-稀土矿产和渣尔泰山群内的铜多金属矿产。

（1）中元古代白云鄂博群尖山组变质火山岩，主要分布在达茂旗白云鄂博铁-铌-稀土矿区附近，岩性较复杂，有变辉绿岩、粗面岩、流纹质英安岩、流纹岩、石英岩、白云岩、黑云母岩、钠闪石-长石岩、钠辉石-长石岩、红柱石-云母角闪片岩及碳质绢云母板岩。在众多岩石里仅前4种岩石为火山岩。尖山组形成的早期由于受到构造运动的影响火山活动频繁，形成了以中基性火山岩浆的喷溢、中酸性火山岩浆的喷发、酸性火山岩的爆发为主的火山活动期，随着火山活动的日趋平静，在晚期时则以正常碎屑物沉积为主。

碱性粗面岩的分布面积较广，与矿化关系十分密切，白云鄂博铁矿的主矿区和东矿区附近铌、稀土、铁矿最富，而粗面岩的出露厚度最大；西矿区的矿体较贫，粗面岩的出露厚度相对较小。

（2）中元古代渣尔泰山群变质火山岩，主要分布在炭窑口—渣尔泰山—固阳县一带，是经历了区域动力变质作用改造形成的一套浅变质岩系。其原岩以正常沉积碎屑岩、碳酸盐岩夹基性火山岩为主，说明了当时的火山活动较弱，而且仅仅是以基性火山岩浆的喷溢为主。在渣尔泰山群的阿古鲁沟组内多见有铁、锰、金、铜、锌、硫铁矿、黏土矿等矿产。

（3）中元古代温都尔庙群（包括桑达来呼都格组和哈尔哈达组），主要分布在温都尔庙一带，原岩恢复为一套细碧角斑岩与超基性岩及硅质岩组成了大洋环境下的MORS型蛇绿岩组合，是在洋壳扩展增生阶段的产物。

大兴安岭弧盆系在中元古代是哥伦比亚超大陆裂解的产物，裂解后的大陆向北可能漂移到西伯利亚一带，被称为西伯利亚板块。

古元古代兴华渡口岩群变质火山岩，主要分布在黑龙江省呼玛县的兴华渡口、韩家园子、兴安桥和内蒙古鄂伦春自治旗的松岭及加格达奇等地。原岩主要为泥质、砂泥质碎屑岩夹中基性火山岩，含条带状磁铁石英岩及少量的碳酸盐岩。

到了新元古代时期，随着中亚-蒙古大洋板块向北俯冲消减，西伯利亚板块开始了离陆向洋增生的演化历史。大洋板块沿得尔布干断裂一带向北部额尔古纳一带俯冲消减，在其上盘形成了岛弧环境的佳疙瘩组安山岩、安山玄武岩、砂岩、板岩、结晶灰岩和弧背盆地环境的震旦系额尔古纳河组大理岩、碳质板岩、绿泥片岩的岩石组合。并有俯冲岩浆杂岩花岗闪长岩、花岗岩（GG）岩石构造组合侵入。在新元古代末期增生板块的边界可能已到达阿尔山至松岭一带。

震旦纪已演变为成熟岛弧，在海拉尔-呼玛弧后盆地边缘形成了大网子组变质玄武岩-板岩-变质砂岩组合，为一套浅海相陆源碎屑-火山沉积建造，其中火山岩为钙碱系列的中基性火山岩。

## 三、古生代火山岩的形成、构造环境及演化特征

内蒙古自治区内的古生代构造发展史主要是中亚-蒙古地块的发展史，但实际也是南、北陆块之间板块运动的发展、消亡的全过程。经历了两次大的构造旋回，即加里东旋回和海西旋回。每一次构造旋

回均使部分地块增生，导致了西伯利亚陆块和华北陆块向大洋方向增生陆壳对接，形成了统一的亚洲大陆。

由于两次构造旋回的影响，不但使沉积地层发生了一系列的褶皱，而且断裂构造也十分发育，为火山活动提供了通道和空间，岩浆沿着断裂的空隙上侵喷出地表。由于古生代古亚洲洋的存在，在这个时期的火山活动基本都属于海底火山喷发。晚石炭世—早二叠世宝力高庙组和晚二叠世的方山口组为陆相火山岩，是由于当时所处的构造环境的不同而形成的，说明了两大板块闭合的时间在各地区是不同的，造成了闭合时间上的差异性，但两板块最终闭合的时间是在二叠纪中晚期—中三叠世。

古生代的火山活动开始于早—中奥陶世，石炭纪火山活动达到高峰，到了二叠纪的中晚期逐渐结束了海相火山活动，此时的两板块已经处于闭合期，统一的亚洲大陆已形成，大洋消亡，因此二叠纪以后的火山活动为陆相火山活动。下面按古生代的各个时代分别描述其火山岩的特征，为方便叙述，将内蒙古自治区划分为西部区、中部区和东部区来分别描述各个时期的火山岩。

### （一）西部区古生代火山岩的形成、构造环境及其演化特征

西部区也称北山地区，是指宝音图隆起（宝音图岩浆弧）以西至甜水井一线的广大地域。在中加里东旋回的初期北山地区的稳定陆台开始以突变的方式分裂解体为陆缘活动带。在晚加里东旋回时北山地块以挤压为主要活动方式，在地块西部、下部为笔石页岩、粉砂岩、杂砂岩，向上逐渐过渡到玄武岩、流纹岩、板岩、灰岩等，总体由海相笔石页岩建造向岛弧型火山建造过渡；地块东部巴丹吉林一带，火山活动微弱，属于浅海相复理石建造。

加里东旋回以其强烈的多期次构造变形和褶皱叠加以及岩浆侵入活动完成了地壳的增厚、熟化和固结的演化过程，加里东旋回经历了拉张—收敛—平静3个发展阶段，最终以陆壳的增生和地块向洋迁移完成其演化。

在海西旋回的早期北山地块的北部中蒙边界一带发育了早泥盆世岛弧型海相火山岩建造，向东至巴丹吉林一带，火山活动骤减，地壳活动性减弱，泥盆系发育不全。

在中海西旋回北山地区为活动的大陆边缘，南部为浅海相陆棚相碎屑岩建造；北部为蛇绿岩建造和玄武岩-安山岩-流纹岩组合的岛弧型火山岩建造，为沟-弧体系产物。晚海西旋回的造山运动发生于早二叠世末期，使得北山地区的早二叠世菊石滩组与晚二叠世方山口组火山岩呈角度不整合接触（喷发不整合更为合适）。

#### 1. 奥陶纪火山岩的形成、构造环境及演化特征

在北山地区出露的火山岩为中奥陶世咸水湖组火山岩，其拉开了古生代火山活动的序幕。在洋内弧环境下形成的一套海相火山岩，岩石组合为安山玄武岩-安山岩-英安岩-流纹岩-火山碎屑岩夹泥岩。出露厚度1411～3217m。在局部地区显示了火山活动的早期为玄武岩-流纹岩组合，中晚期则是由中性岩→中酸性岩→酸性岩的正向演化趋势，但总体中奥陶世咸水湖组火山岩的演化还是为由基性岩向酸性岩过渡的正向演化趋势。从火山岩分布来看，中奥陶世咸水湖组火山岩的活动中心有由北向南迁移的趋势。由于缺少岩石化学资料，仅能根据同时期侵入岩的资料来判别其岩石系列为过铝质低钾拉斑系列。岩浆成因为壳幔混合型。

#### 2. 志留纪火山岩的形成、构造环境及演化特征

在古生代的构造背景下，到了志留纪的早期又开始了新一轮的火山活动，但火山活动较弱，火山岩分布面积零星，形成了早志留世圆包山组火山喷发-沉积和正常碎屑沉积岩组合。到了志留纪的中—晚期才开始了真正意义上的火山活动，形成了中—晚志留世公婆泉组火山岩。

中—晚志留世公婆泉组火山岩，岩石组合为海相安山岩-英安岩-英安质凝灰熔岩夹流纹质凝灰熔

岩和玄武岩，厚度655～2668m。由于缺少岩石化学资料，仅能根据同时期的侵入岩的资料来推断公婆泉组火山岩为偏铝质(中钾)钙碱性系列，壳幔混合源型岩浆，其构造环境为弧后盆地环境。从岩石分布情况分析，该组火山岩活动中心有从北向南迁移的趋势。岩石组合以中性—中酸性岩石为主，局部夹有流纹岩和玄武岩。

**3. 泥盆纪火山岩的形成、构造环境及其演化特征**

志留纪结束了加里东运动，泥盆纪开始了海西构造旋回的火山活动。因此在北山地区的早—中泥盆世雀儿山组火山岩的形成，揭开了海西期构造运动下火山活动的序幕。早—中泥盆世雀儿山组火山岩，岩石组合为海相安山岩-流纹岩-安山玄武岩-安山质角砾凝灰熔岩夹英安岩，厚度大于1288m。从岩石组合上来分析，火山岩的演化特征是早期由中性岩向酸性岩演化，而中晚期则变为由中基性岩→中性岩→中酸性岩演化，由于缺少岩石化学资料，仅能根据同时期侵入岩资料推断雀儿山组火山岩可能为偏铝质(中钾)钙碱性系列，岩浆为壳幔混合源型。其构造环境为弧背盆地。

**4. 石炭纪火山岩的形成、构造环境及演化特征**

北山地区的火山活动是在早—中奥陶世开始的，但火山活动相对规模较小，强度较弱，火山岩分布零星，而石炭纪的火山活动是古生代火山活动的一个高峰期，火山活动强度相对来说较大，分布面积较广，特别是晚石炭世本巴图组火山岩出露面积更大，由西向东都有分布，总体构造线方向为北东向或北北东向。

(1)早石炭世白山组火山岩，岩石组合为海相流纹岩-英安岩-安山岩-流纹质英安质凝灰岩夹砂岩及灰岩。在局部地区可见有少量的安山玄武岩，厚度1266～1971m。从岩石组合来分析，火山岩具有早期的酸性—中酸性岩向晚期的中性(或中基性岩)岩的逆向演化之趋势。由于缺少岩石化学资料，仅能从同时期侵入岩资料推断白山组火山岩可能为偏铝质(中钾)钙碱性系列，为壳幔混合源型岩浆，其构造环境为弧背盆地。

(2)晚石炭世本巴图组火山岩，岩石组合为安山岩-英安岩-英安质凝灰熔岩-英安质凝灰岩夹斜长流纹岩。但是出露在红石山蛇绿混杂岩带中的本巴图组火山岩的岩石组合为海相英安质、流纹质凝灰岩-英安山-长石质杂砂岩-粉砂岩-泥岩-碳酸盐岩等沉积岩组合(MORS型蛇绿岩组合)。厚度335.6～1671m。由于本巴图组火山岩分布在各个构造单元内，因此在岩石组合上存在差异性，出现了不同的岩石组合类型。由于缺少岩石化学资料，仅能根据同时期的侵入岩资料分析推断本巴图组火山岩为偏铝质(中钾)钙碱性系列，岩浆为壳幔混合源型。其构造环境为陆缘弧环境。

**5. 二叠纪火山岩的形成、构造环境及其演化特征**

北山地区古生代火山活动在石炭纪出现了一次活动的高峰，到了二叠纪火山活动又开始了第二个活动高峰期，这个期间在北山地区形成了早二叠世大红山组火山岩、中二叠世金塔组火山岩和晚二叠世方山口组火山岩及包尔乌拉中基性火山岩($P_3v$)。

(1)早二叠世大红山组火山岩，岩石组合为上部英安斑岩、下部流纹斑岩-英安斑岩夹英安质凝灰熔岩。厚度大于1307m。主要是由中酸性—酸性斑状火山熔岩及碎屑熔岩组成，说明了大红山组火山岩是在半封闭、半开放的环境下形成的，应属于侵出相和潜火山岩相。由于缺少岩石化学资料，其岩石系列仅能根据同期侵入岩的资料推断为钙碱性系列，为壳幔混合源型岩浆。其构造环境为陆内盆地。

(2)中二叠世金塔组火山岩，岩石组合为浅海相安山质、英安质、流纹质火山岩及火山碎屑岩(富铝)。在敦煌陆块中的金塔组火山岩的岩石组合为下部蚀变玄武岩-杏仁状安山岩夹砂岩及粉砂岩；中部为细粒杂砂岩-含砾粗粒杂砂岩-硅质灰岩；上部为流纹质凝灰熔岩-流纹质凝灰岩-流纹斑岩。从岩石组合上分析，金塔组火山岩的演化特征早期为中基性、中性火山熔岩的火山岩建造和砂岩-粉砂岩建造，厚1928m。在中期火山活动的间歇期，沉积了正常碎屑岩建造和砂岩-粉砂岩建造，厚1638m；而后火山活动又开始喷发形成了酸性火山熔岩和酸性火山碎屑岩建造的岩石组合，厚度大于2739m。金塔组火山岩由于出露在不同的构造单元内，有些地区仅出露了下部岩石，而缺失中部和上部的岩石。由于缺少岩石化学资料，仅能根据同时期侵入岩的资料分析判断金塔组火山岩为过铝质-高钾碱性岩系列，岩浆为壳幔混合源型。构造环境为陆缘裂谷。

(3)晚二叠世方山口组火山岩，岩石组合为西部玄武岩-杏仁状玄武岩；东部玄武岩-杏仁玄武岩-安山岩夹安山质凝灰岩、砂岩和泥岩，厚度大于1498m。由于缺少岩石化学资料，仅能根据同时期的侵入岩资料推测方山口组火山岩为拉斑玄武岩系列，岩浆为壳幔混合源型。构造环境为陆缘裂谷。与方山口组火山岩有关的矿产为玛瑙、铌、钽、钼、铅、锌、钾等。

(4)包尔乌拉中基性火山($P_3v$)，岩石组合为安山岩-玄武岩-安山质、英安质碎屑熔岩，厚度大于3 018.06m，从岩石组合上判断这套火山岩有逆向演化的趋势，组合特征为由中性岩、基性岩向中酸性碎屑熔岩的演化。缺少岩石化学资料，根据同期侵入岩资料推测为偏铝质中钾钙碱性岩系列，岩浆为壳幔混合源型。构造环境为洋内弧；纵观北山地区古生代火山岩，其演化特征主要有：①火山活动的中心均有由北向南迁移的趋势；②火山活动的早期是以基性—中性—中酸性岩浆的溢流和喷发开始，中期大多以中性—中酸性岩浆的喷溢为主，到了晚期以基性—中性岩浆的喷溢结束火山活动。

## (二)中部区古生代火山岩的形成、构造环境及其演化特征

中部是指宝音图隆起(宝音图岩浆弧)以东至霍林郭勒市一线的广大地域，它跨越了西伯利亚板块和华北板块。

内蒙古自治区中部区古生代的发展同样经历了加里东旋回和海西旋回。加里东早期旋回包括了寒武纪的全过程，其构造层由不同构造环境下的寒武系构成；可能还包括开始于新元古代的内蒙古中部-兴安海槽以拉张为构造背景的洋壳增生阶段，在这个时期，海槽南侧发育了大西洋式被动陆缘，华北板块可能为大陆或浅海平台以陡峭的大陆斜坡与加里东海槽相连，斜坡上沉积了半深海滞留环境下的黑色页岩建造，西伯利亚板块南侧则由新元古代岛弧逐渐演化为广阔的浅海陆棚区，其上堆积了类复理石建造和碳酸盐岩建造。这个时期没有火山活动。

中加里东旋回，包括了奥陶纪全过程，其构造层由形成于不同构造环境的奥陶系组成。在早加里东旋回之后，内蒙古中部-兴安海槽由拉张转为以水平侧向挤压为主的洋壳俯冲消减作用及由此而产生的岛弧型与弧后盆地型沉积和火山活动是本旋回构造的主要特征。

南部活动陆缘的构造格架显示了完整的沟-弧-盆体系。其中，弧岛型沉积分布在白乃庙、巴特敖包和西拉木伦河一带。白乃庙接近海沟，岛弧火山岩更趋发育，由一套浅变质绿片岩组成，原岩为海底火山喷发的基性—中酸性火山熔岩、凝灰岩及少量潜火山岩，巴特敖包地区的包尔汉图群，下部以正常碎屑沉积为主，上部为蚀变安山岩、玄武岩、凝灰岩等岛弧型钙碱性系列火山岩、火山碎屑岩建造，弧后盆地的沉积分布在岛弧带以南的华北板块的北缘。

晚加里东旋回包括志留纪全过程，这个时期由于构造应力均衡调整的结果，地壳活动的方式为整体下降或抬升的频繁振荡运动。晚加里东旋回造山运动主要发生在志留纪末，在白乃庙地区发生于中、晚志留世之间。综上所述，加里东旋回经历了拉张—收敛—平静3个发展阶段，最终以陆壳增生和地槽向洋迁移完成其演化。

加里东旋回之后，在西伯利亚板块和华北板块之间(包括增生部分)，仍发育着广阔的海西海槽，这一海槽经过海西多旋回构造运动和离陆向洋迁移，于早二叠世末期由西向东逐步封闭。因此，海西旋回是天山-兴蒙弧盆系的主旋回。它包括了泥盆纪和二叠纪的全过程。

在早海西旋回，内蒙古中部-兴安海槽又处于以拉张为主要活动方式的大洋扩展阶段，它表现在贺根山地区沉积了泥盆纪浅海相—深海相的火山岩建造、硅质岩建造，下部还发育有超基性和基性杂岩，构成较典型的蛇绿岩建造。海西中期，二连-贺根山海西海槽整体处在以挤压为主的构造背景中。中海

西构造层下部为砂岩、粉砂岩，粉砂质板岩，属浅海相类复理石建造；上部为杂砂岩、粉砂岩、硅泥质岩、玄武岩、安山岩、凝灰岩等岛弧型火山岩建造。

晚海西旋回仅发生在爱力格庙-锡林浩特中间地块南、北两侧的海域内，以南部索伦山-林西海槽规模较大，总体处在挤压应力体制中。

由于中海西旋回时期的拉张活动，此时的南部海槽仍为相当规模的洋盆。其深海部分隔绝了两岸生物的交流，使得南、北两侧生物群差异较大。早二叠世早期，海槽北缘下二叠统为酸性火山岩、火山碎屑岩，夹硅泥质板岩、生物碎屑灰岩，含冷水型生物和安格拉植物群，属岛弧型火山岩，火山碎屑岩建造。海西海槽是在早二叠末封闭的，海域基本消失，进入了以陆相磨拉石建造和残留海湾相、潟湖相泥页岩建造的盖层发展阶段。

以上是中部区古生代火山岩的形成及火山活动的构造背景，下面按时代分别叙述各时代火山岩的演化特征。

### 1. 早—中奥陶世多宝山组火山岩的形成、构造环境及演化特征

内蒙古中部区古生代火山活动是在早—中奥陶世拉开的序幕，形成了早—中奥陶世多宝山组火山岩。主要分布在东乌珠穆沁旗-多宝山岛弧内，岩石组合为蚀变辉石安山岩-轻碎裂蚀变安山岩-硅化黝帘石化玄武岩-黝帘石化玄武安山岩。总体的岩石主要为安山岩，在局部地区还可见有玄武岩-英安岩、流纹岩及细碧角斑岩组合。厚度大于 1 135.9m。

### 2. 泥盆纪火山岩演化特征

泥盆纪的火山活动开始于早期，至晚泥盆世末期火山活动逐渐减弱。

1)早—中泥盆世泥鳅河组火山岩

早—中泥盆世泥鳅河组火山岩主要分布在东乌珠穆沁旗-多宝山岛弧内。其火山岩多为夹层状产在泥鳅河组二段之中，岩石组合为粉砂岩-泥岩-砂岩夹玄武岩、安山岩，厚度 473～3899m。火山岩中出现较多的是中性熔岩，火山碎屑岩偏少。中酸性英安质的火山岩仅以夹层出现，偶见潜火山岩，多呈岩株状、脉状产出。主要岩石类型有绿帘石化安山岩、绿帘石化辉石安山岩、蚀变英安岩、辉石安山岩。火山碎屑岩极少，仅见碳酸盐化含角砾岩屑晶屑凝灰岩。

2)中—晚泥盆世塔尔巴格特组火山岩($D_{2-3}t$)

塔尔巴格特组火山岩主要分布在二连-贺根山蛇绿混杂岩带内，岩性为海相细砂岩-粉砂岩-硅质泥岩夹安山质火山碎屑岩，厚度为 239m，该火山岩仅为夹层产出，说明了在中—晚泥盆世时的火山活动较弱，仅有火山碎屑的大爆发，而未见到熔岩类的溢流。其构造环境应为大洋俯冲增生环境。

3)晚泥盆世安格尔音乌拉组火山岩

安格尔音乌拉组火山岩主要分布在东乌珠穆沁旗-多宝山岛弧内，岩石组合为海相砂岩-粉砂岩，局部夹有火山碎屑岩及浊积岩，并伴生有泥盆世的侵入岩 TTG 组合和花岗岩组合。出露厚度 200～3208m，从安格尔音乌拉组火山岩的岩石组合来看，晚泥盆世的火山活动是比较微弱的，和塔尔巴格特组火山岩有相同之处，仅是有火山碎屑岩呈夹层产于沉积岩之中，说明当时火山活动只有火山碎屑岩的喷溢或爆发，而无熔岩类的溢流，其构造环境为岛弧。由于缺少岩石化学资料，无法详细描述安格尔音乌拉组火山岩的岩石化学及地球化学特征。

### 3. 石炭纪—二叠纪火山岩的形成、构造环境及其演化特征

石炭纪—二叠纪是中部区古生代火山活动最强烈的时期，火山岩分布最广，石炭纪火山活动形成了晚石炭世本巴图组火山岩、晚石炭世—早二叠世格根敖包组火山岩及晚石炭世—早二叠世宝力高庙组火山岩。二叠纪的火山活动主要发生在早二叠世，形成了早二叠世大红山组火山岩、中二叠世额里图组火山岩、早二叠世苏吉组火山岩、早—中二叠世大石寨组火山岩。现仅以晚石炭世—早二叠世格根敖包

组、宝力高庙组及早二叠世的大红山组、苏吉组和早—中大石寨组火山岩进行描述。其余的火山岩仅做简单的叙述。

1)晚石炭世本巴图组火山岩

本巴图组火山岩从研究区的西部一直到东部的广大地域内都有出露，由于本巴图组火山岩在各个构造单元中的岩石组合各不相同，分叙如下。

(1)二连-贺根山蛇绿混杂岩带中的晚石炭世本巴图组火山岩，岩石组合为海相碳质凝碳质板岩-凝灰岩-杂砂岩。厚度大于5439m，出露的火山岩主要是火山喷发-沉积相的岩石，说明火山活动相对稳定，进入火山喷发物的沉积阶段。

(2)锡林浩特岩浆弧内的晚石炭世本巴图组火山岩，岩石组合为含蛇绿岩碎片的砂岩-粉砂岩-板岩-凝灰岩等沉积岩(SSZ型蛇绿岩组合)，厚度大于5439m。这段时期的火山活动较弱，仅见有火山碎屑岩出露，说明当时火山活动是以喷发为主，而缺少火山熔岩的溢流。

(3)索伦山蛇绿混杂岩带内的本巴图组火山岩，岩石组合为海相砂岩-粉砂岩-泥岩-火山碎屑岩-硅质岩-碳酸盐岩等沉积岩，厚度大于3891m。

(4)温都尔庙俯冲增生杂岩带内的本巴图组火山岩，岩石组合为浅海相凝灰质长石石英砂岩-粉砂岩-铁质板岩-玄武岩。在这个构造单元内出现了熔岩(基性)的喷溢活动，但火山活动的强度仍旧很微弱。

综上所述，不难看出在晚石炭世内蒙古中部区火山活动的强度还是比较弱的，总体均为火山碎屑岩的喷发-爆发为主，局部地区出现基性熔岩的溢流，由于缺少岩石化学资料，对火山岩的岩石化学及地球化学特征无法分析研究。总体上本巴图组火山岩为陆缘火山弧，局部为俯冲增生环境。

2)晚石炭世—早二叠世格根敖包组火山岩

格根敖包组火山岩主要分布在东乌珠穆沁旗-多宝山岛弧和二连-贺根山蛇绿混杂岩带内，为陆缘弧火山岩组合，在不同的构造单元内格根敖包组的岩石组合也存在着差异性，分别叙述各构造环境中格根敖包组的岩石组合特征。

(1)东乌珠穆沁旗-多宝山岛弧内的格根敖包组火山岩，岩石组合为钙碱系列的安山岩-英安岩-流纹岩及碎屑岩，厚度大于1943m。据Rb-Sr丰度值与地壳厚度关系图解，岩浆来源深度18km，可见岩浆来源较浅。

(2)二连-贺根山蛇绿混杂岩带内的格根敖包组火山岩，岩石组合为海相安山岩-英安岩-流纹岩夹碎屑岩，厚度大于1104m。

综上所述，内蒙古中部区古生代在晚石炭世—早二叠世时期火山活动是以中性熔岩的溢流和中酸性、酸性火山熔岩的喷溢为主，其构造环境为陆缘弧环境。

3)晚石炭世—早二叠世宝力高庙组火山岩

宝力高庙组火山岩主要分布在东乌珠穆沁旗-多宝山岛弧内，岩石组合为陆相安山岩-英安岩-流纹岩夹碎屑岩组合。厚度大于10 397m，宝力高庙组的一段为碎屑沉积岩，二段以火山岩为主，为一套陆相中性—中酸性—酸性火山熔岩及其火山岩碎屑岩，夹少量正常沉积碎屑岩。岩石呈北东向条带状展布，与区域构造线一致，受后期岩浆活动及构造作用的影响，均具不同程度的变质或变形。

宝力高庙组为钙碱系列的中性—中酸性—酸性火山岩，从中性至酸性，δEu值减小，铕负异常明显，表明从早到晚分馏作用增强。

4)早二叠世大红山组火山岩

早二叠世大红山组火山岩主要分布在色尔腾山-太仆寺旗古岩浆弧和狼山-白云鄂博裂谷内，岩石组合以安山岩为主，少量的英安岩、火山碎屑岩及潜火山岩。熔岩占火山岩总量的60%，火山碎屑岩约占火山岩总量的40%。潜火山岩包括潜闪长玢岩、潜安山岩、潜英安岩，主要分布在火山口附近，多呈超浅成的脉状、岩床状、岩瘤状产出，厚度大于1307m。

大红山组火山岩为钙碱系列，其固结指数(SI)下部相对较高、上部偏低，表明分离结晶程度低。在

哈克图解中可见 $SiO_2$、$K_2O$、$Na_2O$ 与分异指数(DI)为正相关，与 MgO、CaO 负相关。

5)中二叠世额里图组火山岩

额里图组火山岩主要分布在狼山-白云鄂博裂谷内，岩石组合为英安质熔结凝灰岩-安山岩夹粉砂岩，厚度 1123～3040m，为钙碱性系列岩石，属壳源型岩浆，构造环境为俯冲环境(陆缘弧)。

6)早二叠世苏吉组火山岩

苏吉组火山岩主要分布在狼山-白云鄂博裂谷内，岩石组合为安山岩-流纹岩-英安岩、流纹质晶屑凝灰岩。从岩石化学特征来看，苏吉组火山岩以酸性岩和中酸性岩为主。根据 $K_2O+Na_2O$ 的 $SiO_2$ 含量投图，除 12 号样品外其他样品投点均落入亚碱性岩区，因此可以确定苏吉组火山岩属亚碱性系列。固结指数(SI)显示苏吉组火山岩早期固结指数较高，而中晚期则偏低，说明了早期形成的岩石分离结晶程度偏低，分异较差，与原始母岩浆较为接近。而中晚期形成的岩石分离结晶程度较高，分异较好，岩浆由富镁向贫镁方向连续演化，局部跳跃，反映了岩浆自身活动的脉动过程。苏吉组火山岩的氧化率(OX)数值较大，中晚期数值相对较小，反映了火山活动由早期到晚期岩浆酸度变大，氧化程度降低，苏吉组火山岩早期铁镁指数(FM)、长英指数(FL)值较低，中晚期明显增高，表明随着岩浆的演化，镁组分降低，铁镁比值增大，碱质相对富集，岩浆分离程度增高。

不论是从岩石化学成分的变化规律上，还是从岩石化学指数特征上综合分析，早二叠世火山活动从始至终由中性经中酸性向酸性连续演化，其岩浆富 Si、Al，而贫 Mg、Ca，原始母岩浆为钙碱性岩浆，岩石属安山岩＋英安岩＋流纹岩组合。

7)早—中二叠世大石寨组火山岩

大石寨组火山岩主要分布在温都尔庙俯冲增生杂岩带内，岩石分布的地区较广，岩性组合上也存在较大的差异性，现以满都拉一带江岸二队的大石寨组火山岩中火山作用较为发育的大石寨组二段火山岩剖面来分析火山作用。出露厚度 139～1310m。

大石寨组二段火山岩的中下部由爆发相-溢流相-火山喷发沉积相(即火山碎屑岩、熔岩、火山碎屑沉积岩)和爆发相-沉积相(即火山碎屑岩-沉积岩)组成 9 个火山喷发-沉积韵律。爆发相主要以流纹质、英安质、角砾、玻屑、浆屑、晶屑熔结凝灰岩、角砾熔岩为主；溢流相以流纹岩、英安岩为主；火山喷发-沉积相以沉凝灰岩、沉角砾凝灰岩、凝灰质板岩为主；这种韵律从下往上熔岩所占比例逐渐减少，火山碎屑岩、正常沉积碎屑岩，特别是碳酸盐岩组分增多，说明火山作用由强变弱，生物碎屑灰岩一般被认为滨岸环境中所特有的，二段夹数层生物碎屑灰岩，说明其沉积环境为滨岸相火山弧喷发-沉积环境。

从岩石组合为钙碱性的安山岩、英安岩、流纹岩及火山碎屑岩为主，显示活动陆缘特征来看，并结合岩石化学特征，该火山岩为钙碱性活动陆缘火山岩，微量元素反映该火山岩为岛弧火山岩，稀土元素特征反映该火山岩为成熟岛弧火山岩系列，整体显示该火山岩为成熟岛弧火山岩，构造环境为活动陆缘。

## (三)东部区古生代火山岩的形成、构造环境及其演化特征

### 1. 奥陶纪—中泥盆世构造亚旋回的火山岩

奥陶纪—中泥盆世构造亚旋回经历了早期阶段(奥陶纪)大泽俯冲环境和晚期(志留纪—中泥盆世)后造山环境。

寒武纪没有火山岩的地质记录，直到早—中奥陶世，扎兰屯-多宝山处于岛弧环境，在罕达盖嘎查—库伦沟牧场出露由多宝山组($O_{1-2}d$)以拉斑系列为主的玄武岩、安山玄武岩、变质安山岩、变质安山质凝灰角砾岩和英安岩(TAS 分类)组成的玄武岩-安山岩-英安岩组合。在海拉尔弧后盆地出现较薄的多宝山组中基性火山岩组合。

在华北陆块区北缘奥陶纪—早志留世碳酸盐岩浊积岩内夹角闪片岩，可能是弧后盆地环境下的中基性火山岩变质产物。

中志留世处于后造山环境，在赤峰北部的八当山出现变流纹质凝灰岩、流纹岩。至此，显示南华纪—中泥盆世亚旋回结束。

南华纪—中泥盆世亚旋回仅见有早—中奥陶世和中志留世的火山岩，前者为拉斑系列的中基性火山岩，后者为酸性火山岩。值得指出的是，在赤峰市红山有具晶洞构造的晚志留世（Pb-Pb 模式年龄 480Ma，实为中志留世）后造山环境的碱性—钙碱性花岗岩组合，显示地球动力学背景为早期俯冲到晚期的松弛阶段。

#### 2. 中晚泥盆世—早石炭世亚旋回的火山岩

内蒙古东部未见晚志留世—中泥盆世火山活动记录，直到中—晚泥盆世大民山组（$D_{2-3}d$）出现，展示出新一轮火山构造活动的开始。

中上泥盆世—早石炭世洋陆转换期的火山岩主要为：中上泥盆统大民山组，为洋俯冲作用的产物，广泛分布于东乌珠穆沁旗-多宝山岛弧，由拉斑系列和钙碱系列的细碧岩、石英角斑岩、放射虫硅质岩和中酸性火山岩夹砂岩、灰岩构成，为岛弧环境下形成的玄武岩-安山岩-流纹岩组合。

在海拉尔-呼玛弧后盆地大民山组中的火山岩为流纹岩、晶屑凝灰岩、熔结凝灰岩，与上述岛弧内的火山岩的差别在于没有细碧岩、角斑岩和深海沉积的硅质岩，为弧后盆地火山岩组合。

早石炭世地球动力处于松弛阶段，在海拉尔-呼玛弧后盆地形成莫尔根河组（$C_1m$）安山岩、石英角斑岩、钠长粗面岩、角斑岩质凝灰岩夹砂岩、硅质岩，在 TAS 分类中为玄武岩、粗面玄武岩、安山岩、英安岩（缺酸性样品），岩石系列为碱性—亚碱性，为后造山环境形成的玄武岩-英安岩-粗面岩-流纹岩组合。

在温都尔庙陆缘弧下石炭统朝吐沟（$C_1ch$）为由玄武岩和流纹岩构成的裂谷型双峰式火山岩组合。

#### 3. 晚石炭世—中三叠世构造旋回的火山岩

晚石炭世—中三叠世构造旋回包括两个亚旋回，分别为晚石炭世—早二叠世亚旋回和中二叠世—中三叠世亚旋回。

（1）晚石炭世—早二叠世亚旋回中只出露晚石炭世火山岩，未见早二叠世火山岩。

内蒙古东部南、北两端出露较多晚石炭世火山岩，北部称宝力高庙组（$C_2b$），南部称青龙山火山岩。宝力高庙组为玄武岩、安山岩、英安岩、流纹岩以及中酸性火山碎屑岩，为洋陆碰撞形成的陆缘弧钙碱系列玄武岩-安山岩-流纹岩组合。青龙山火山岩为安山岩、安山质碎屑凝灰岩，为钙碱性陆缘火山岩组合。

（2）中二叠世—中三叠世亚旋回

内只见有中二叠世洋俯冲环境的火山岩和早三叠世后碰撞环境的火山岩。

二叠纪火山岩广泛分布于内蒙东部之中南部，为古亚洲洋向南、北两侧俯冲形成的火山岩组合，中部锡林浩特-乌兰浩特岩浆弧和林西残余海盆称大石寨组（$P_2ds$），南部温都尔庙（—赤峰）陆缘弧称额里图组（$P_2e$）。

锡林浩特岩浆弧内大石寨组为以钙碱系列为主的安山岩、英安岩、流纹岩及其凝灰岩组成的成熟岛弧安山岩-流纹岩组合。

温都尔庙陆缘弧内额里图组为碱性橄榄玄武岩、安山玄武岩、安山岩，英安质火山碎屑和流纹质碎屑凝灰岩，TAS 分类中为粗面玄武岩、玄武岩，个别样点为玄武粗面岩（样品代表性不全），为一般岛弧玄武岩-安山岩-流纹岩组合。

林西残余盆地内大石寨组分为上、下两个部分：下部为细碧-角斑岩，其岩性为玄武岩、细碧岩、角斑岩，为亚碱性，以拉斑系列为主的洋内弧拉斑玄武岩组合；上部为中酸性火山碎屑岩，岩石类型有安山岩、英安岩、流纹岩以及中酸性火山碎屑岩夹生物碎屑灰岩，为成熟岛弧英安岩-流纹岩组合。

二叠纪只见中二叠世火山岩，为大洋俯冲作用的产物，到中二叠世末或三叠纪初西伯利亚板块与华北板块在索伦山-西拉木伦结合带对接，到早三叠世出现哈达陶勒盖湖泊泥岩-粉砂岩夹火山岩组合，火山岩为安山岩及其碎屑岩和流纹岩，为后碰撞高钾和钾玄岩质火山岩组合。

区内未见中三叠世火山岩，即晚泥盆世—中三叠世亚旋回到早三叠世即宣告结束。

### 四、晚三叠世以来火山岩

区内未见晚三叠世和早侏罗世的火山岩活动记录，到中侏罗世又开始了大量的火山活动，中侏罗世火山岩南、北有所不同。

北部（额尔古纳、海拉尔、扎兰屯），在古太平洋板块向亚洲板块俯冲和古鄂霍茨克板块向额尔古纳岛弧俯冲的双重作用下，钙碱性壳幔混合源岩浆喷发，形成中侏罗统塔木兰沟组中基性火山岩，其岩性为玄武岩、安山岩、英安岩、粗安岩及其安山质火山碎屑岩。构成陆缘弧火山岩组合。TAS 分类别为玄武粗安岩-粗安岩-粗面岩组合。

南部华北陆块北部边缘中侏罗统为新民组（$J_2x$），在河流相砂砾岩-粉砂岩-泥岩内夹英安质熔结凝灰岩、英安岩、安山岩和酸性火山岩，酸性岩为高钾钙碱系列，强过铝火山岩组合，为后碰撞环境的产物。TAS 分类为流纹岩。

晚侏罗世—早白垩世早期仍处于陆内碰撞造山环境，受古鄂霍茨克板块和古太平洋板块的相对俯冲，在内蒙古东部造就了大规模的火山活动。在中侏罗世火山活动的基础上，到晚侏罗世，先是酸性火山岩爆发形成巨厚的以壳源为主的满克头鄂博组酸性火山碎屑岩和流纹岩，之后为玛尼吐组中性、中酸性火山碎屑岩及其熔喷发，到晚侏罗世末期又出现壳源酸性火山碎屑岩及其流纹岩构成的白音高老组。3 个组岩石类型有所不同，岩石化学参数也有一定差别，但都以高钾钙碱系列为主，少量钾玄岩系列，均为陆缘弧火山岩组合。TAS 分类中也表现得较为相似，以晚侏罗世火山岩最发育的海拉尔-呼玛俯冲-碰撞型火山-侵入岩亚带和锡林浩特俯冲-碰撞型火山-侵入岩亚带为例，前者 3 个组 TAS 分类为玄武粗安岩-粗安岩-粗面岩-流纹岩；后者满克头鄂博组和白音高老组以流纹岩占绝对优势的粗安岩-粗面岩-流纹岩组合，其中白音高老组还出现玄武安山岩、安山岩、英安岩。玛尼吐组为玄武粗安岩-粗安岩-粗面岩-流纹岩组合，还有相当多的玄武安山岩、安山岩、英安岩。东乌珠穆沁旗-多宝山火山岩亚带内 TAS 分类与海拉尔地区大体相同。由此可见，内蒙古东部以北晚侏罗世火山岩的碱度略高于以南同时代的火山岩。这与内蒙古地质志总结的内蒙古东部两亚带火山岩的碱度高于中亚带是一致的。

早白垩世早期，北部局部出现亚碱系列、壳幔混合源的龙江组中酸性英安质角砾熔结凝灰岩、酸性凝灰岩、粗面岩，为英安岩-粗面岩-流纹岩组合。为陆缘弧火山岩组合。

早白垩世末期或晚白垩世，内蒙古东部大规模造山活动基本结束，由俯冲-碰撞汇集环境转换为松弛伸展直至陆内裂谷环境，形成甘河组、梅勒图组、义县组，碱性—亚碱性系列的玄武岩-英安岩-粗面岩-流纹岩组合，碱性玄武岩-流纹岩组合，局部见有碧玄岩，以及晚白垩世孤山镇组合多希玄武岩、碱性玄武岩-流纹岩组合，为裂谷环境的双峰式火山岩组合。

进入到新生代，内蒙古东部已处于稳定陆块环境，广泛分布汉诺坝组（$N_1h$）、五岔沟组（$N_2wc$）、大黑沟组（$Qp_3d$）幔源碱性大陆溢流玄武岩。岩石系列以碱性为主，少量亚碱性，在判别大地构造环境的图解中、样点落在板内玄武岩区域或大陆裂谷型玄武岩区域。

## 第六节 火山岩岩石构造组合与矿产的关系

内蒙古自治区矿产资源丰富，与火山岩有关的矿产很多，不同时代的火山岩与矿产的关系列举如下。

## 一、不同时代的火山岩与成矿的关系

(1)中元古代白云鄂博群变质火山岩为陆缘裂谷火山岩组合，其岩性有变辉绿岩、粗面岩、流纹质英安岩、流纹岩、白云岩、黑云母岩、钠闪岩、长石岩、钠辉岩、长石岩、红柱石-黑云母角闪岩及碳质绢云母板岩。其中粗面岩与成矿密切，形成举世闻名的白云鄂博铁-铌-稀土特大型矿床。

(2)中元古代温都尔庙群桑根达来呼都格组变质火山岩，其岩性为绿泥绿帘石英片岩-绿泥绿帘阳起石片岩-石英岩夹基性火山熔岩、含铁石英岩，原岩恢复为拉斑玄武岩系列的细碧-角斑岩组合。赋存有铁矿床。

(3)早—中奥陶世白乃庙组，下部为中基性熔岩及其火山碎屑岩；上部为变质砂岩、千枚岩、绢云绿泥千枚岩夹灰岩透镜体，为火山-沉积岩系，其中赋存有白乃庙铜矿床。

(4)早—中奥陶世包尔汉图群为岛弧火山岩组合，下部为布龙山组硅质板岩夹安山岩、大理岩、变质砂岩；上部为哈拉组安山岩、凝灰岩夹杂砂岩。该群内中基性火山岩中赋存有黄铁矿型铜矿。

(5)大兴安岭黄岗梁—布敦花一带发现有多处大中型铜铅锌银铁锡矿床，这些矿床往往与中二叠世海相火山-沉积岩密切相关。许多地质学者认为发育有火山-沉积喷流型矿床。

(6)内蒙古自治区东乌珠穆沁旗小坝梁发育有中二叠世火山角砾岩及基性熔岩(细碧岩)，其内赋存有小坝梁式火山岩铜矿。

(7)内蒙古自治区东乌珠穆沁旗奥尤特乌拉发育有晚侏罗世玛尼吐组安山质火山碎屑岩，被潜流纹斑岩(石英斑岩)侵入则形成了奥尤特乌拉式火山热液型铜矿。

(8)早石炭世莫尔根河组玄武岩-英安岩-粗面岩-流纹岩组合内中基性—中酸性火山岩赋存海相火山岩型铁锌矿床，如谢尔塔拉海相火山岩型铁锌矿床，矿体呈似层状、透镜状赋存于石榴子石透辉岩中。

(9)中侏罗世塔木兰沟组陆缘弧火山岩组合内，有隐爆角砾岩型金矿，如五四牧场塔木兰沟组超浅成英安玢岩侵入体和粗安质隐爆角砾岩为金矿赋矿载体。

(10)中侏罗世新民组强过铝火山岩组合内有隐爆角砾岩金矿，如陈家杖子隐爆角砾岩型金矿，矿体赋存于新民组隐爆角砾岩及其后期次流纹斑岩内。

(11)中侏罗世塔木兰沟组陆缘火山岩组合的角闪安山岩内出现晚侏罗世火山通道相，次石英斑岩或石英粗面岩，沿北西向、北西西向、北东向及其交会部位的断裂破碎带内见围岩蚀变并形成次火山热液型铅锌矿床。三河式热液型铅锌矿即为典型实例。

(12)在得尔布干-呼伦湖深大断裂的西北侧，满洲里-新巴尔虎右旗北东向中生代火山隆起带中，广泛分布陆相塔木兰沟组中基性火山岩和万宝组沉积岩，当北西向、北北西向以及环状断裂发育地段，并伴有岩株、岩支、岩脉状产出的次闪长玢岩、长石斑岩、石英斑岩等次浅成侵入体时，常有石英岩化、碳酸盐化、绿泥石化，并形成甲乌拉式火山热液型铅锌矿床。

(13)晚侏罗世酸性火山岩内偶见有珍珠岩，酸性火山岩经低温热液蚀变后，形成膨润土、沸石，在雅吐形成名贵的巴林石(鸡血石)。

(14)早白垩世龙江组($K_1l$)陆缘弧火山岩组合，安山岩、流纹岩、流纹质角砾熔岩、英安岩中有爆破角砾岩筒火山机构，在爆破角砾岩筒及其周边和外围的环状、放射状断裂内发育有古利库式火山岩型金矿。

## 二、几处矿床实例

### (一)矿床实例1:内蒙古自治区东乌珠穆沁旗地区侏罗纪奥尤特乌拉式火山热液型铜矿

**1. 矿区大地构造环境特征**

奥尤特乌拉式铜矿位于内蒙古自治区东乌珠穆沁旗,赋存于东乌珠穆沁旗铜、银多金属成矿带内,也是我国北部地区最重要的银、铅、铁、钨、锡成矿集中的地区之一。该成矿带位于西伯利亚板块南缘,早古生代属于太平洋式活动陆缘,发育了沟-弧-盆体系,受蒙古洋板块不断地向北俯冲,导致陆核以弧形山系向南增生,其增生速率远大于中朝板块的陆缘。中奥陶世至晚志留世岛弧环境中有基性火山熔岩(细碧角斑岩)与复理石建造发育。晚古生代转为被动大陆边缘性质的冒地槽环境,泥盆纪形成巨厚类复理石沉积,为一套以正常沉积岩系夹火山喷发相的地层。晚石炭世西伯利亚板块与中朝板块沿查干敖包-阿荣旗深大断裂俯冲、碰撞,兴蒙海槽闭合,东乌珠穆沁旗早海西地槽返回。本区沿宝力格一带发生了较大规模的以陆相中性熔岩为主的喷发活动,伴随有海西期(中酸)酸性岩浆的侵入活动。到了中生代由于受环太平洋边缘构造活动的影响,转入了构造活动阶段,大陆裂谷活动自中晚侏罗世开始,区域构造发育在继承古生代基底构造的基础上,受北东向断裂差异性升降活动作用,形成以北东向为主的隆、坳相间的构造格局。受其控制,晚侏罗世发生了大规模的中、酸性火山喷发活动,火山旋回末期伴随花岗质岩浆强烈侵位,促成了本区燕山期金属成矿活动。

**2. 矿区地质构造特征**

矿区内的主要构造线为北东向,断裂及节理十分发育,比较发育的有两组:一组为北北东向;另一组为北西向。前者形成较早,后者则形成略晚一些,两组节理控制着矿化及矿体的分布。如在奥尤特乌拉一带则是火山活动后期的火山热液沿北西向断裂(节理)上侵形成的潜流纹斑岩(石英斑岩),其本身就是成矿母岩。但矿体主要是赋存于晚侏罗世玛尼吐组安山质晶屑凝灰岩、安山质岩屑晶屑凝灰岩,局部含有角砾,另外还见有安山岩及粗安岩。为活动大陆边缘弧环境火山岩组合。

**3. 矿产特征**

1)围岩蚀变

(1)电气石化:在矿区南部奥尤特地段,中酸性火山碎屑岩及凝灰岩中较为显著;北部奥尤特乌拉地段可见有电气石化闪长岩,使岩石呈蓝灰或灰蓝色。电气石呈柱状,多沿节理或裂隙分布;伴随电气石化,褐铁矿化也较显著。

(2)绿泥石化:主要分布在南部奥尤特地段,在中酸性火山碎屑岩中较多见,常与绢云母化伴生;在北部奥尤特乌拉地段的闪长岩中也有分布。

(3)硅化:是矿区内较普遍的一种蚀变,对岩性的选择性不强,在北部奥尤特乌拉地段局部蚀变较重者则使岩石发生次生石英岩化;南部奥尤特地段电气石化强的地方硅化也较强。

(4)褐铁矿化:在南部奥尤特地段的火山碎屑岩及凝灰岩中较发育;在北部奥尤特乌拉地段的潜流纹斑岩脉(石英斑岩脉)两侧往往也有出现。

2)矿化特征

南部奥尤特地段地表浅部(淋失带)矿化现象大多在安山质火山碎屑岩中,少数在流纹岩中。从铜量测量等值线图来看，矿化基本上与褐铁矿化范围相符。地表氧化风化淋失，加上古代开采（见有古代开采的旧矿坑27处），残留得不多了。通过浅井揭露在深1.5m左右发现较好的氧化矿体共25条，呈带状，一般长60～120m，宽1～3m，矿石矿物为蓝铜矿、孔雀石及少量的赤铜矿、黑铜矿，局部见有辉铜矿。经刻槽取样化验铜含量最高为11.77%，大部为1%～3%。

经钻探了解，矿化带垂直分带明显，地表至地下15m为地表氧化淋失带，10～30m为氧化富集带，30～50m为淋失带，50～55m为次生硫化富集带，55m往下为原生带。

在北部奥尤特乌拉地段，矿化现象见于潜流纹斑岩脉（石英斑岩脉）两侧褐铁矿化的原生硫化矿物，地表观察皆为淋失的硫化物残留空洞，偶尔可见孔雀石。在三角架（点）以东一带的酸性碎屑岩中，经钻探了解在31m厚的淋失带之下为次生富集带，其中发现矿体厚5m左右，但规模（长宽）不清。矿体内见有孔雀石及铅锌矿小细脉，一般铜平均含量在0.2%～0.4%之间，最高达0.85%。次生富集带之下为原生带，有铜但较贫。

从该矿床的矿化特征可以看出矿化主要分布在安山质火山碎屑岩中，而熔结中部却很少见。说明了岩石的密度小，孔隙大，便于热液的流动和沉淀成矿，反之不利于热液的流动和沉淀成矿。另外从矿床矿化特征可以看出氧化带含铜较富而原生带含铜较贫。说明了在风化淋滤过程中铜被再次富集而成为具有工业价值的铜矿床。

### （二）矿床实例2：内蒙古自治区东乌珠穆沁旗晚古生代小坝梁式火山岩型铜矿

#### 1. 矿区大地构造环境特征

小坝梁铜矿位于内蒙古自治区东乌珠穆沁旗，其大地构造位置位于天山-兴蒙造山系，西伯利亚古板块与华北古板块的拼合带（贺根山深断裂）的北侧附近。该地区在中石炭世—早二叠世基本上属于残留海的构造环境。但在早二叠世曾发生了较强的拉张作用。小坝梁铜矿即位于贺根山深断裂的北侧，矿区附近有早海西期超基性岩产出，而与小坝梁铜矿密切相关的细碧岩为洋壳物质重熔后沿断裂上侵喷发的产物。而白音乌拉与东乌珠穆沁旗碱性花岗岩带的产出就是早二叠世拉张构造环境存在的佐证。

#### 2. 矿区地质构造特征

矿区位于东乌珠穆沁旗复背斜的南东翼，区内中二叠世地层走向为东西向，倾向南，倾角60°～85°，具同斜向斜构造特征，向斜轴近东西向展布，核部为凝灰质粉砂岩，翼部为凝灰岩。两翼倾角为75°至近于直立。由地表钻孔资料可以看出凝灰岩与基性熔岩及火山角砾（集块）岩沿东西向呈互层状产出，在长达2km的范围内产状稳定，故推测它们为同一时代火山作用的产物。铜矿体主要赋存于火山角砾岩及基性岩中，表明了矿化明显受层位的控制，沿着东西向火山喷发通道在后期又有构造叠加，并在局部地区形成了构造角砾岩。另据钻孔揭露，火山角砾岩由西向东呈狭长带状分布，且西厚东薄，火山角砾（集块）岩也集中分布在矿区的西部，火山角砾（集块）岩属于爆发相的火山碎屑岩，它出露的位置距火山口不太远，说明了当时的火山喷发中心应在矿区的西部，故此矿区西部的火山活动以爆发为主，而矿区的东部则是以火山溢流为主，说明了火山活动由爆发至溢流的发展过程。

矿区内的层间断裂构造十分发育，产状与地层产状基本上一致，走向东西向，倾向南，倾角70°左右。矿体主要沿东西向断裂及层间破碎带分布，故此东西向断裂构造为矿区最主要的控矿构造。

上石炭统—下二叠统格根敖包组（$C_2$—$P_1g$）主要为一套火山熔岩-火山碎屑岩，上部以火山喷发-沉积相的黑色凝灰质粉砂岩，安山质岩屑晶屑凝灰岩沉积为主，夹有正常沉积碎屑岩及灰岩。下部为深灰色安山岩夹少量的火山角砾岩，分别为火山喷溢相和火山爆发相的产物。为陆缘火山弧环境的火山岩组合。

格根敖包组早期的火山活动是以喷溢为主间有强烈的火山爆发，到了火山活动的晚期火山活动相对平静，以溢流为主，火山喷发的碎屑物质得以沉积下来形成火山喷发-沉积相的一套火山碎屑沉积岩。火山喷发-沉积相的岩石及火山角砾岩的存在，为后期热液活动提供了良好的通道及沉淀成矿的空间。

**3. 矿产特征**

1）围岩蚀变

矿区围岩蚀变以绿泥石化为主，其次为硅化、绢云母化和滑石化；局部在地表可见有褐铁矿化和高岭土化。

矿区内共有8条蚀变带，主要产于基性杂岩中，地表呈平行带状分布，局部有分支复合现象。总体走向近东西向，倾向南，倾角在57°～87°之间，局部产状近于直立。东西两端倾向北，倾角在45°～85°之间。蚀变带断续延长达1850m，宽0.3～65m不等，与围岩界线不清，呈渐变过渡关系。矿区内目前已知矿体常被绿泥石化凝灰岩及细碧岩所环绕，绿泥石化和硅化强烈的地区，铜和金的品位较高。根据矿区岩石元素含量分析，硅化围岩含金$133.5\times10^{-6}$、铜$2000\times10^{-6}$，分别为地壳丰度的39倍和37倍，故此可以将凝灰岩、细碧岩的绿泥石化和硅化作为找矿的间接标志之一。

2）矿化特征

目前矿区已发现铜矿体34条，品位0.3%～15.3%，金矿体17条，品位一般为$3.7\times10^{-6}$；最高可达$12.7\times10^{-6}$。金矿体与铜矿体紧密伴生。各矿体在平面上主要呈透镜状或似层状断续分布在东西长2km，南北宽约200m的狭长地带内，矿体规模大小不等，延长数米至700m，延深数十米至200m，厚度一般几米到几十米。

原生铜矿因风化作用而被剥蚀，并受到氧化淋滤作用形成60m的氧化带。在铜矿体遭受到破坏的同时，伴生的非工业金逐渐富集成了工业金矿体，形成了小坝梁淋滤型金矿床。金矿石类型以角砾状氧化矿石及土状氧化矿石为主，块状或浸染状原生矿石次之。现已探明铜储量属小型规模；淋滤型金储量885kg。

### （三）矿床实例3：内蒙古自治区四子王旗地区西里庙式火山热液型锰矿

**1. 矿区大地构造环境特征**

西里庙锰矿位于内蒙古自治区四子王旗苏木尔登大队（西里庙）西南约3.5km处。其大地构造位置为天山-兴蒙造山系、大兴安岭弧盆系、锡林浩特岩浆弧、西里庙复式向斜褶皱的北西翼。锡林浩特岩浆弧出露于锡林浩特—蘑菇气一带，呈弧形北东向展布，其形成于早二叠世末期。在早二叠世俯冲带上盘出现拉张伸展活动，沉积有大石寨组岛弧玄武岩-安山岩-流纹岩组合。而中二叠世的侵入岩为TTG组合和钾玄岩质花岗岩组合（$P_2$），构造环境为大洋俯冲—同碰撞。

**2. 矿区地质构造特征**

西里庙锰矿位于西里庙复式向斜的北西翼，地层走向为北东向、南东倾，倾角一般为50°左右。矿区内的断层构造十分发育，在大石寨组二段底部砾岩中发育有一压性层间断层，呈北东向展布，倾向南东，与地层产状基本一致（在西里庙锰矿附近的流纹斑岩就是沿北东向断层上侵的，从空间上是受北东向断裂控制的）。该断层具有多次活动的特点，早期的断裂活动为锰矿的进一步富集提供了有利的条件，但是该断层的后期活动却是对矿体具有一定的破坏作用。另外矿区内发育一组近北西向的平推断层，它们将锰矿体错成了几个块段，其断层距一般为数十米到数百米。

**3. 矿产特征：**

1）矿体的形态、规模及矿化特征

锰矿化带赋存于中二叠世大石寨组二段底部砂砾岩或砾岩与厚层状大理岩接触部位。呈北东30°～40°方向展布，与地层产状基本上一致。从南到北断续出露，长度大于5000m。矿体沿走向和倾向膨缩现象明显，最厚可达3.6m，最薄处仅十几厘米。已圈定4个矿体。其中Ⅰ、Ⅱ号矿体规模较大，具有一定的远景。Ⅲ、Ⅳ号矿体分布于矿区的北东方向，分别由几个小矿体组成。下面着重描述Ⅰ、Ⅱ号矿体。

（1）Ⅰ号矿体：分布于矿区西南端，矿化带长1000m左右，已控制矿体长292m，平均厚度1.75m，中部厚约3.6m，向两端变为0.4～0.6m。倾向93°，倾角40°～60°。矿体的底板为变质砂岩、晶屑凝灰岩，顶板为大理岩，围岩蚀变为弱硅化。矿石自然类型有块状、网格状及蜂窝状锰矿石。隐晶结构、微晶结构，块状、网格状及蜂窝状构造。矿石矿物以硬锰矿为主，软锰矿、水锰矿次之，褐铁矿少量，其他组分为交代残留的硅质大理岩和砂砾岩等。锰含量一般为16%左右，最高为26%，最低为9%。铁含量一般为1.2%，最高为4.45%，最低0.7%。磷含量一般为0.05%，最高为0.08%，最低为0.01%。$SiO_2$含量低于20%。矿石中锰和铁的比值大于6～7，属锰矿石型。锰的品位沿走向较稳定，沿倾向变化较大，地表平均为17.77%，浅部为12.01%，磷含量沿走向和倾向变化都不大。

（2）Ⅱ号矿体：位于矿区中部。矿体呈层状及似层状产出，底板为石英斑岩（流纹斑岩）、变质晶屑凝灰岩，顶板为大理岩，因受北西向断裂的破坏，矿体分为南、北两个矿段。北矿段长450m，已控制矿体长193m，平均厚度2.14m，倾向150°，倾角36°。南矿段长400m，平均厚度2.88m，倾向105°，倾角40°。矿石类型和结构构造基本上与Ⅰ号矿体相同。锰含量最高为37%，一般为18.3%，最低为13.68%。铁含量一般为2.01%，最高为5.02%、最低为1%。磷一般为0.06%，最高为0.24%，最低为0.04%。$SiO_2$含量低于20%。矿石品位沿倾向有变贫的趋势。如地表平均品位为20.44%，向下变为15.94%。南段矿体地表贫（平均品位16.97%），而深部变富（平均品位22.88%）。磷的含量沿走向和倾向变化大不。

综上所述，与锰成因有关的岩石为中二叠世大石寨组二段和一段之间的侵蚀面，当二段砂砾岩沉积时其碎屑中就含有Mn元素，但不能成矿，而由于受到构造的影响使其层间断裂十分发育，而后期的火山热液沿层间断裂上侵，使得Mn元素进一步富集成矿。而从矿区西部发现的多处锰矿点都是产在石英斑岩附近或内部，说明了石英斑岩本身就是含矿母岩。因此说西里庙锰矿的成因主导作用应是火山热液活动。

### （四）矿床实例4：内蒙古自治区额济纳旗黑鹰山式火山沉积变质型铁矿

**1. 矿区大地构造特征**

黑鹰山铁矿位于内蒙古自治区额济纳旗黑鹰山地区，其大地构造位置为天山-兴蒙造山系，额济纳-北山弧盆系，圆包山（中蒙边境）岩浆弧，为陆缘裂谷环境。

**2. 矿产特征**

1）矿体形态、规模、产状及分布

在长3550m、宽800m范围内，依据矿体分布特征，分为5个矿段，大小矿体200个，盲矿体15个，共计215个矿体。矿体在空间上大致呈雁形排列，互不相连，形成各自独立的矿体，但在局部较集中，组成矿体群。矿体分支复合频繁，形态多变。多为扁豆状、透镜状或鸡窝状，赋存于凝灰岩和次生石英岩

(化)内,少量赋存在斜长斑岩中,矿体与围岩的界线不清,呈渐变过渡关系。矿体产状与围岩一致,一般走向为北西向,倾向北东或南西,倾角在50°～80°之间。其中以Ⅲ矿段规模最大,质量最好。矿体最长330m,一般长5～100m,最小长1m;最厚102m,一般厚为5～20m,平均厚18～60m。矿体最大延深341.44m,一般延深100～200m。盲矿体埋深在50～150m之间。矿区平均品位TFe为52.87%。

2)矿石结构构造

矿石的结构为自形—半自形细粒结构及等粒结构。矿石构造为致密块状构造、稠密浸染状构造及细脉状构造。

3)矿石矿物成分

金属矿物主要为磁铁矿、假象赤铁矿,其次为褐铁矿、黄铁矿、黄铜矿;脉石矿物为石英、磷灰石、方解石、萤石、绿泥石等。

4)矿物的生成顺序

磁铁矿→假象赤铁矿→黄铁矿→黄铜矿→石英→方解石、磷灰石→绿泥石、萤石。

5)围岩蚀变

围岩蚀变主要有绿泥石化、硅化、次生石英岩化及碳酸盐化。

### (五)矿床实例5:内蒙古自治区宁城县黑里河乡陈家杖子金矿

#### 1.矿区大地构造特征

陈家杖子金矿位于内蒙古自治区黑里河乡,其大地构造位置为华北陆块区,大青山-冀北古弧盆系,恒山-承德-建平古岩浆弧,属俯冲-碰撞环境。

#### 2.矿区地质构造特征

该矿床位于内蒙古自治区宁城县黑里河乡陈家杖子,处于隆化-黑里河-叶柏寿东西向断裂与红山-八里罕北东向大断裂的交会部位。

矿区内出露的地层有太古宙建平群角闪斜长片麻岩、变粒岩夹磁铁石英岩、黑云石英片岩及第四系松散沉积物。岩浆岩有燕山晚期中细粒黑云二长花岗岩、细粒黑云母花岗岩、细粒石英闪长岩及隐爆角砾岩,金矿主要赋存于隐爆角砾岩筒内。

矿区共有两个隐爆角砾岩筒:一是西山角砾岩筒;二是东山角砾岩筒。

西山角砾岩筒平面呈近椭圆形,剖面上呈筒状,上大下小的漏斗状,出露面积约1km²。角砾岩与围岩界线清楚,局部发育数米到数十米宽的超震碎带。角砾大小不一,大者10～20cm,小者0.5cm,斑岩类角砾较小,以棱角状为主。胶结物为灰粉、晶屑凝灰岩。

侵位于隐爆角砾岩中的潜(次)火山岩多呈岩脉或岩墙状。岩石化学特征表明,潜(次)火山岩与隐爆凝灰岩之间为同源岩浆的分异产物。潜(次)火山岩与面型蚀变和金矿化存在成因关系。

#### 3.矿产特征

围岩蚀变呈面型,具明显的分带性,以斑岩为中心,依次向外为硅化带→冰长石化带→碳酸盐化带→泥化带→绢云母化带→绢云母泥化带→绢云母化带,普遍含褐铁矿。

矿体严格受角砾岩筒控制,并且多次成矿,矿体形态、产状、矿石品位变化较大。总体来说,金矿体呈不规则带状产出,走向北东30°～40°,倾向以南东为主,倾角75°～85°。矿体与石英斑岩关系密切。石英斑岩上、下盘均有金矿体,上盘1号矿体长100m,已控制平均厚度6.41m,品位$3.53\times10^{-6}$。下盘4号矿体,已控制长200m,宽30～50m,平均品位$7.69\times10^{-6}$。2号矿体长近170m,平均宽5.5m,品位

1.13×$10^{-6}$。所有金矿体产于硅化带—冰长石化带内。目前已圈定的5个金矿体中只有5号矿体为隐伏矿体，出露标高为海拔820m。

矿石矿物成分：金属矿物以黄铁矿、闪锌矿、毒砂为主，其次为自然金、银金矿、胶状黄铁矿、白铁矿、褐铁矿、铜蓝。脉石矿物以铁白云石、冰长石、石英、绢云母为主，其次为绿泥石、地开石、重晶石、黏土矿物等。

上述5个矿床实例虽然矿种不同，所处的大地构造环境不同，但都有一些共同点，矿体主要都是赋存于火山碎屑岩、潜火山岩及隐爆角砾岩筒中，岩石的孔隙度大、密度小，矿区内的断裂构造和节理十分发育，为热液活动提供了流动及沉淀的空间，而且这些火山碎屑岩产出的部位均距火山口不远，有的甚至就产在火山通道内。故此寻找火山岩型矿床时应着重注意火山岩的岩性岩相特征、火山断裂构造特征及潜火山岩和侵出岩相的岩石是否发育，这些是火山活动成矿的先决条件。

# 第四章　侵入岩岩石构造组合

## 第一节　侵入岩时空分布

内蒙古自治区侵入岩非常发育，出露面积约占全区基岩面积的一半左右。总体上看，岩石类型发育齐全，既有基性岩、超基性岩，也有中性岩、酸性岩和碱性岩；既有深成—中深成相侵入岩，也有浅成—超浅成相侵入岩，还有变质深成侵入体。从成因类型看，既有幔源类型和壳源类型，也有壳幔混合源类型；从大地构造环境看，与板块构造运动相关的岩石类型、岩石建造、岩石组合都有出现。

全区侵入岩主要时空分布的概略统计表明，无论在时间上还是在空间上的分布状况都存在较大差异(表4-1)，这些差异表现出以下几个方面的特点：①全区侵入岩最发育的时段，一是中太古代—中元古代，二是晚古生代，三是中生代。中太古代主要表现为陆块区的变质深成侵入体，由各种片麻岩、麻粒岩及混合花岗岩构成，反映陆核形成时的岩浆活动的特征；新太古代—古元古代侵入岩主要分布在陆块区，表现为变质深成侵入体和中浅变质的侵入体，反映了古岩浆弧环境的岩浆活动特征；中元古代侵入岩分布在陆块区和造山系，表现为浅变质的侵入体，分别反映陆块区陆缘裂谷环境和造山系中岩浆弧构造环境的岩浆活动特征。晚古生代侵入岩主要分布在天山-兴蒙造山系，规模宏大，岩石类型发育齐全，突出反映了这一时期板块构造运动伴随的岩浆活动特征，是划分板块构造单元的极其重要的显著标志。中生代侵入岩主要分布在天山-兴蒙造山系的中部、东部地区，岩石类型以酸性岩、碱性岩为主，主要反映出太平洋构造域岩浆活动特征。②新元古代—早古生代侵入岩分布极少，仅在不同级别的大地构造单元不同时代有少量分布，反映这一时期地壳运动总体处于相对稳定时期，仅在局部地区有岩浆活动，代表这些地区当时板块构造运动的特殊活动环境。③基性—超基性岩分布一般面积较小，但是严格受到大地构造旋回和岩浆活动阶段的控制，或者反映大洋中脊环境，或者反映裂谷构造环境，或者构成蛇绿岩套成为板块汇聚运动的重要标志；碱性岩类的分布更为少见，局部限于新太古代、中元古代及中生代，代表各个岩浆旋回结束、地壳运动趋于稳定阶段的岩浆活动特点。中酸性岩类尤其是酸性岩类时空分布最广、规模最大，反映岩浆活动频繁，板块构造运动剧烈，从汇聚经俯冲到碰撞乃至造山阶段的岩浆活动特征，是研究工作的重点对象。

**表4-1　内蒙古自治区侵入岩主要类型时空分布表**

| 地质时代 | | 天山-兴蒙造山系 | 华北陆块区 | 塔里木陆块区 |
|---|---|---|---|---|
| 中生代 | 白垩纪 | 过碱性岩、碱性岩、酸性岩、酸碱性岩 | 过碱性岩、碱性岩、酸性岩 | 碱性岩 |
| | 侏罗纪 | 酸碱性岩、酸性岩、中性岩、基性岩 | 酸碱性岩、酸性岩 | 酸性岩 |
| | 三叠纪 | 碱性岩、酸碱性岩、酸性岩、基性岩、超基性岩 | 过碱性岩、碱性岩、酸碱性岩、酸性岩、中性岩、基性岩、超基性岩 | 酸性岩 |

续表 4-1

| 地质时代 | | 天山-兴蒙造山系 | 华北陆块区 | 塔里木陆块区 |
|---|---|---|---|---|
| 古生代 | 二叠纪 | 碱性岩、酸性岩、中性岩、基性岩、超基性岩 | 碱性岩、酸性岩、中性岩、基性岩 | 酸性岩、基性岩 |
| | 石炭纪 | 酸性岩、中性岩、基性岩、超基性岩 | 酸性岩、中性岩、基性岩 | 酸性岩 |
| | 泥盆纪 | 酸性岩、基性岩、超基性岩 | 酸性岩、基性岩 | |
| | 志留纪 | 酸性岩、中性岩 | 酸性岩、中性岩 | 酸性岩 |
| | 奥陶纪 | 酸性岩、中性岩、基性岩、超基性岩 | | 基性岩、超基性岩 |
| | 寒武纪 | 超基性岩 | 基性岩、超基性岩 | |
| 元古宙 | 新元古代 | 酸性岩、中性岩、基性岩 | 酸性岩 | |
| | 中元古代 | 酸性岩、基性岩、超基性岩、变质深成侵入体 | 碱性岩、酸性岩、中性岩、基性岩、超基性岩 | |
| | 古元古代 | 基性岩、超基性岩、变质深成侵入体 | 酸性岩、中性岩、基性岩、超基性岩 | |
| 太古宙 | 新太古代 | | 碱性岩、酸性岩、中性岩、变质深成侵入体 | 变质深成侵入体 |
| | 中太古代 | | 碱性岩、酸性岩、超基性岩、变质深成侵入体 | 变质深成侵入体 |

# 第二节　侵入岩岩石构造组合划分及其特征

## 一、侵入岩岩石构造组合的划分原则及工作方法

侵入岩岩石构造组合的划分工作是在全区 1∶25 万建造图编制的基础上，对全区侵入岩建造进行综合研究、合理归并完成的。侵入岩建造是指同一时代、同一侵入岩浆作用形成的单个侵入体。将同一个构造岩浆岩带内成分、结构、构造一致，所含包体形态、成分、数量基本相似，侵入时代基本相同的一个或一个以上的侵入体归并为一个侵入岩单元。根据不同侵入岩单元之间的接触关系，结合同位素年龄，确定其形成先后顺序，将空间上紧密共生，时间上近于同时，成因上和构造环境密切相关的侵入岩单元综合、归并上升为“侵入岩岩石组合”；进而根据技术要求中关于侵入岩（包括火山岩）板块构造环境的研判标准（包括岩石类型组成、地球化学特征等方面）开展侵入岩岩石构造组合的综合分析，确定岩石构造组合类型。岩石构造组合不仅要有明确的构造环境指示意义，同时也要有明确的空间含义。

由于构造-岩浆作用的复杂性，有时在同一构造环境中可产生多种侵入岩组合，在不同构造环境中也可以出现具有类似特点的侵入岩组合。因此，构造环境的判别，必须将侵入岩构造组合与火山的、沉积的、变质的等其他类型的岩石构造组合结合起来进行综合判别，才可以得到比较正确的认识。此外，还须注意到岩浆作用与构造作用在时间上的同步性和滞后性，以避免在综合研判工作中的误解。

侵入岩岩石构造组合的划分与研究工作，是在熟悉并掌握侵入岩岩石建造在全区时空分布情况的基础上进行的。首先，根据各类侵入岩建造野外地质产出状态、岩石学矿物学特征，以及岩石组合特征，初步识别它们形成的构造环境，划分岩石构造组合。然后，依据化学成分，以及其各类参数和相关图解进一步验证、分析与讨论大地构造环境背景，确认与修订岩石构造组合及其特征。最后，从侵入岩岩石构造组合及其构造环境的时空演化框架角度，重新审视和反复对比已确定的划分方案及其时空配置关

系，使之符合时间上的演化趋势及空间上的展布规律，以便保证岩石构造组合的厘订与时空演化框架之间的合理性及协调性。例如，造山带必须从同造山侵入岩组合演化为后造山侵入岩组合，同造山侵入岩组合必须从主造山侵入岩组合演化为晚造山侵入岩组合，与俯冲带相关的大陆边缘造山带的侵入岩组合必须符合远离俯冲带的极性表现等。

关于侵入岩岩石构造组合的表示方法目前还没有一个合理又适用的表示方案。技术要求是以花纹表示，那是指图面表示方法，而且随意性较大，不便于操作。这方面尚需作进一步努力。本书仅就文字表述方面作一些设定，以便交流。大部分岩石构造组合还是用汉字表示妥当。一些常见重要的组合可用代号表示，并定义如下。

(1)MORS 大洋中脊蛇绿岩组合。

(2)SSZ 俯冲环境蛇绿岩组合。

(3)TTG 英云闪长岩-奥长花岗岩-花岗闪长岩组合。

(4)$TTG_1$ 英云闪长岩-花岗闪长岩组合。

(5)$TTG_2$ 英云闪长岩-(奥长)花岗岩组合。

(6)HNA 高镁闪长岩组合。

(7)$G_1G_2$ 花岗闪长岩-花岗岩组合。

(8)$G_1$ 花岗闪长岩组合。

(9)$G_2$ 花岗岩组合。

## 二、侵入岩岩石构造组合划分及其特征

侵入岩岩石构造组合划分及其特征是本章的重点内容。其论述的逻辑顺序大体上有 3 种方案：一是先按空间顺序，即构造岩浆岩带在空间上的分布顺序，其次按时间顺序论述岩石构造组合划分及其特征；二是先按时间顺序排列，其次按空间顺序论述各个构造岩浆带同一时代的岩石构造组合及其特征；三是先按大地构造环境排序，其次论述各种构造环境中不同岩石构造组合特征及其时空分布特征。第三种方案是在前两种方案论述后的基础上，在充分熟悉和掌握全区侵入岩岩石构造组合划分特征及其时空分布特征之后的全面总结和高度概括，要求水平较高，工作难度较大，应是我们努力的方向。第二种方案按时间排序进行论述，岩石构造组合特征及其所反映的构造环境随地质时代变化特征明显，但是其空间变化规律不能突显，可以在构造岩浆旋回划分及构造环境演化工作中专门研究与应用。第一种方案优点甚多，最大的优点是构造岩浆岩带划分是与不同级别大地构造单元及大地构造相单元匹配的，岩石构造组合划分及其图件资料是作为大地构造(相)研究的实际资料，可以为全区地质构造系统研究工作提供最大方便。因此本书将采用这一方案进行以下论述，并以三级构造岩浆岩带(亚带)作为主线，分别依时代顺序讨论各个侵入岩岩石构造组合划分及其特征。全区侵入岩构造岩浆岩带的划分方案可参见本章第三节。

### (一)Ⅰ天山-兴蒙构造岩浆岩省岩石构造组合及其特征

Ⅰ-1 大兴安岭构造岩浆岩带

#### 1. Ⅰ-1-2 额尔古纳构造岩浆岩亚带岩石构造组合及其特征

本亚带位于内蒙古东北部额尔古纳河以东地区，东南部以得尔布干大断裂为界。其中分布 15 种岩石构造组合，由老到新分述如下。

1)新元古代俯冲型辉长岩-闪长岩组合

该组合分布于黄火地—满归镇地区,侵入于古元古代兴华渡口岩群和南华纪佳疙瘩组,并被后期侵入岩侵入。根据岩石化学分析数据(表 4-2～表 4-4)进行计算和投图分析,侵入岩主元素分类图解(图 4-1)显示有辉长岩、二长辉长岩、辉长闪长岩、闪长岩、石英二长闪长岩等岩类。岩石系列以中钾-高钾钙碱性系列为主(图 4-2、图 4-3)。在山德指数图解(图 4-4)和 Q-A-P 图解(图 4-5)中投入大陆弧区及其外围。在 $R_1$-$R_2$图解(图 4-6)中投入碰撞后抬升区。总体上显示为大洋俯冲阶段俯冲成熟后期产物。

**表 4-2　额尔古纳新元古代($Pt_3$)侵入岩岩石化学成分含量及主要参数表**　　单位:%

| 序号 | 样品号 | $SiO_2$ | $TiO_2$ | $Al_2O_3$ | $Fe_2O_3$ | FeO | MnO | MgO | CaO | $Na_2O$ | $K_2O$ | $P_2O_5$ | LOS | Total | $Mg^{\#}$ | $FeO^*$ | A/CNK | σ | A.R | SI | DI | Q |
|---|---|---|---|---|---|---|---|---|---|---|---|---|---|---|---|---|---|---|---|---|---|---|
| 1 | 2GS 3058-1 | 53.80 | 1.62 | 14.91 | 5.84 | 10.27 | 0.30 | 3.30 | 5.00 | 3.34 | 1.10 | 0.56 | 0.00 | 100.04 | 0.32 | 15.52 | 0.94 | 1.83 | 1.57 | 13.84 | 44.77 | 10.00 |
| 2 | 2P20 GS19-1 | 50.37 | 1.38 | 17.44 | 1.04 | 6.82 | 0.10 | 6.12 | 8.91 | 2.88 | 2.34 | 0.27 | 1.51 | 99.18 | 0.60 | 7.75 | 0.74 | 3.70 | 1.49 | 31.88 | 39.11 | 0 |
| 3 | 2P23 GS15-4 | 52.59 | 2.09 | 14.83 | 1.96 | 7.10 | 0.16 | 6.86 | 8.97 | 3.05 | 1.10 | 0.41 | 1.14 | 100.26 | 0.61 | 8.86 | 0.66 | 1.80 | 1.42 | 34.18 | 35.16 | 2.56 |
| 4 | 2GS 6097 | 52.83 | 1.45 | 17.42 | 4.65 | 5.82 | 0.18 | 3.53 | 6.80 | 3.68 | 1.54 | 0.40 | 0.15 | 98.45 | 0.45 | 10.00 | 0.87 | 2.77 | 1.55 | 18.37 | 45.51 | 4.53 |
| 5 | 2GS 7053-2 | 50.09 | 1.30 | 14.01 | 3.38 | 5.96 | 0.23 | 9.13 | 11.24 | 2.78 | 1.13 | 0.26 | 0.43 | 99.94 | 0.69 | 9.00 | 0.53 | 2.16 | 1.37 | 40.80 | 30.36 | 0 |
| 6 | 2P34 GS6-1 | 55.39 | 1.20 | 19.63 | 1.19 | 5.02 | 0.11 | 2.85 | 5.82 | 3.57 | 2.81 | 0.30 | 1.23 | 99.12 | 0.48 | 6.09 | 1.01 | 3.29 | 1.67 | 18.46 | 52.98 | 5.16 |
| 7 | 6GS 4026 | 54.30 | 1.63 | 18.09 | 2.38 | 4.51 | 0.15 | 1.65 | 5.53 | 4.60 | 5.10 | 0.48 | 0.00 | 98.42 | 0.35 | 6.65 | 0.78 | 8.33 | 2.39 | 9.05 | 66.67 | 0 |
| 8 | 4GS21 | 55.32 | 0.70 | 15.24 | 2.88 | 3.60 | 0.10 | 5.35 | 7.95 | 4.10 | 4.01 | 0.00 | 0.00 | 99.25 | 0.67 | 6.19 | 0.59 | 5.34 | 2.08 | 26.83 | 56.15 | 0 |
| 9 | C2AP35 | 62.98 | 0.38 | 17.36 | 1.65 | 3.71 | 0.06 | 0.30 | 1.67 | 5.30 | 6.89 | 0.13 |  | 100.43 | 0.10 | 5.19 | 0.90 | 7.44 | 4.56 | 1.68 | 85.97 | 0.78 |
| 10 | 2P20 GS48 | 60.95 | 0.74 | 16.35 | 0.63 | 5.87 | 0.09 | 0.73 | 2.78 | 3.35 | 6.86 | 0.14 | 0.65 | 99.14 | 0.17 | 6.44 | 0.90 | 5.81 | 3.29 | 4.19 | 75.16 | 5.22 |
| 11 | 2GS 8111-1 | 65.98 | 0.62 | 14.86 | 1.84 | 4.20 | 0.06 | 0.67 | 1.93 | 3.14 | 6.02 | 0.17 |  | 99.49 | 0.20 | 5.85 | 0.98 | 3.65 | 3.40 | 4.22 | 80.18 | 17.71 |
| 12 | 2GS 7045 | 58.61 | 0.65 | 18.44 | 2.94 | 3.77 | 0.06 | 0.88 | 3.08 | 3.89 | 5.68 | 0.18 | 1.38 | 99.56 | 0.24 | 6.41 | 1.02 | 5.87 | 2.60 | 5.13 | 73.05 | 5.33 |
| 13 | 2GS 8112-1 | 68.48 | 0.49 | 14.88 | 0.06 | 3.50 | 0.05 | 0.33 | 1.64 | 2.77 | 6.75 | 0.12 | 0.34 | 99.41 | 0.14 | 3.55 | 1.00 | 3.56 | 3.72 | 2.46 | 84.4 | 20.48 |
| 14 | 2GS 7079-1 | 67.01 | 0.38 | 15.94 | 2.84 | 1.33 | 0.16 | 0.69 | 2.22 | 3.72 | 4.47 | 0.10 | 0.13 | 98.99 | 0.33 | 3.88 | 1.06 | 2.79 | 2.64 | 5.29 | 80.61 | 21.99 |
| 15 | 2GS 4049 | 59.83 | 0.73 | 18.38 | 2.42 | 3.45 | 0.13 | 1.60 | 3.45 | 3.62 | 5.74 | 0.02 |  | 99.37 | 0.39 | 5.63 | 0.99 | 5.21 | 2.50 | 9.51 | 70.56 | 5.59 |
| 16 | 2P19 GS55-1 | 62.58 | 0.79 | 16.66 | 1.73 | 3.72 | 0.08 | 2.03 | 3.77 | 3.39 | 3.76 | 0.24 | 0.75 | 99.50 | 0.45 | 5.28 | 1.01 | 2.61 | 2.08 | 13.88 | 67.86 | 16.31 |
| 17 | 2GS 5015 | 69.78 | 0.38 | 14.49 | 1.30 | 2.26 | 0.04 | 0.43 | 1.52 | 3.06 | 5.97 | 0.10 | 0.05 | 99.38 | 0.22 | 3.43 | 1.02 | 3.04 | 3.59 | 3.30 | 86.12 | 24.53 |
| 18 | 2GS 4006 | 71.60 | 0.35 | 14.43 | 1.42 | 1.72 | 0.06 | 0.88 | 2.34 | 3.56 | 3.80 | 0.07 | 0.58 | 100.81 | 0.41 | 3.00 | 1.02 | 1.89 | 2.56 | 7.73 | 81.86 | 29.39 |
| 19 | C2AP 1GS57 | 76.54 | 0.20 | 11.01 | 1.44 | 1.84 | 0.01 | 0.19 | 0.61 | 3.14 | 4.39 | 0.02 | 0.12 | 99.51 | 0.13 | 3.13 | 0.99 | 1.69 | 4.68 | 1.73 | 92.16 | 39.33 |
| 20 | 2P23 GS11 | 70.71 | 0.44 | 14.15 | 0.04 | 2.90 | 0.03 | 0.59 | 0.97 | 2.67 | 5.87 | 0.07 | 0.88 | 99.32 | 0.27 | 2.94 | 1.14 | 2.63 | 3.60 | 4.89 | 86.48 | 28.29 |
| 21 | 2GS 7126 | 69.72 | 0.35 | 14.48 | 1.46 | 2.51 | 0.05 | 0.84 | 1.22 | 3.18 | 5.48 | 0.10 |  | 99.39 | 0.33 | 3.82 | 1.08 | 2.81 | 3.46 | 6.24 | 85.14 | 25.49 |
| 22 | 2P6 GS6-2 | 73.78 | 0.30 | 13.13 | 2.72 | 1.15 | 0.06 | 0.40 | 0.28 | 2.24 | 6.08 | 0.05 | 0.37 | 100.56 | 0.24 | 3.60 | 1.22 | 2.25 | 4.27 | 3.18 | 90.37 | 35.53 |
| 23 | 2P6 GS6-3 | 71.88 | 0.25 | 13.25 | 0.52 | 2.01 | 0.03 | 0.32 | 1.06 | 3.08 | 5.78 | 0.07 | 1.69 | 99.94 | 0.21 | 2.48 | 1.00 | 2.72 | 4.25 | 2.73 | 89.77 | 28.47 |
| 24 | 2GS 3012-1 | 76.84 | 0.05 | 12.32 | 1.43 | 0.29 | 0.02 | 0.28 | 0.45 | 3.84 | 4.44 | 0.02 | 0.48 | 100.46 | 0.37 | 1.58 | 1.03 | 2.03 | 4.69 | 2.72 | 94.57 | 35.79 |
| 25 | 4GS18 | 71.40 | 0.33 | 13.48 | 1.65 | 1.28 | 0.04 | 0.44 | 1.39 | 3.48 | 4.58 | 0.12 | 1.19 | 99.38 | 0.29 | 2.76 | 1.02 | 2.29 | 3.37 | 3.85 | 87.84 | 30.27 |

续表 4-2

| 序号 | 样品号 | $SiO_2$ | $TiO_2$ | $Al_2O_3$ | $Fe_2O_3$ | FeO | MnO | MgO | CaO | $Na_2O$ | $K_2O$ | $P_2O_5$ | LOS | Total | $Mg^{\#}$ | $FeO^*$ | A/CNK | σ | A.R | SI | DI | Q |
|---|---|---|---|---|---|---|---|---|---|---|---|---|---|---|---|---|---|---|---|---|---|---|
| 26 | 6P19 GS17 | 70.33 | 0.33 | 14.91 | 1.45 | 1.26 | 0.06 | 0.83 | 1.85 | 4.02 | 4.00 | 0.30 |  | 99.34 | 0.45 | 2.56 | 1.04 | 2.35 | 2.84 | 7.18 | 84.93 | 26.88 |
| 27 | 2GS 2047-1 | 70.64 | 0.36 | 14.09 | 2.05 | 1.87 | 0.05 | 0.64 | 1.00 | 3.36 | 5.76 | 0.07 |  | 99.89 | 0.30 | 3.71 | 1.04 | 3.01 | 4.06 | 4.68 | 87.97 | 25.42 |
| 28 | C2AP 35GS23 | 75.24 | 0.10 | 12.42 | 0.63 | 2.02 | 0.01 | 0.17 | 0.79 | 3.91 | 5.20 | 0.08 | 0.08 | 100.65 | 0.11 | 2.59 | 0.92 | 2.57 | 5.44 | 1.42 | 93.3 | 29.84 |
| 29 | C2AGS 3141 | 72.66 | 0.20 | 14.77 | 0.84 | 0.72 | 0.02 | 0.29 | 1.12 | 4.50 | 3.57 | 0.10 | 1.08 | 99.87 | 0.33 | 1.48 | 1.11 | 2.20 | 3.06 | 2.92 | 90.25 | 30.34 |
| 30 | 2P21 GS1-2 | 68.82 | 0.46 | 14.49 | 1.06 | 2.18 | 0.05 | 0.92 | 1.89 | 2.74 | 4.90 | 0.10 | 1.48 | 99.09 | 0.39 | 3.13 | 1.09 | 2.26 | 2.75 | 7.80 | 81.97 | 28.55 |
| 31 | 6P5 GS10 | 71.95 | 0.23 | 15.07 | 0.51 | 1.68 | 0.04 | 0.93 | 2.22 | 4.10 | 2.70 | 0.15 | 0.85 | 100.43 | 0.47 | 2.14 | 1.10 | 1.60 | 2.30 | 9.38 | 81.96 | 31.10 |
| 32 | 2GS 2081 | 69.96 | 0.45 | 14.49 | 4.00 | 0.57 | 0.04 | 0.52 | 3.32 | 3.74 | 2.82 | 0.09 |  | 100.00 | 0.30 | 4.17 | 0.95 | 1.60 | 2.17 | 4.46 | 77.4 | 28.98 |
| 33 | 2GS 3029-1 | 70.64 | 0.32 | 15.03 | 1.84 | 1.54 | 0.07 | 0.77 | 2.30 | 3.92 | 2.72 | 0.09 |  | 99.24 | 0.37 | 3.19 | 1.11 | 1.60 | 2.24 | 7.14 | 80.56 | 30.92 |
| 34 | 2GS 6-2 | 63.08 | 0.94 | 16.14 | 1.23 | 3.63 | 0.07 | 2.70 | 2.99 | 2.91 | 3.17 | 0.17 | 1.58 | 98.61 | 0.54 | 4.74 | 1.18 | 1.84 | 1.93 | 19.79 | 67.51 | 22.82 |
| 35 | 2GS 3020 | 60.56 | 0.92 | 17.82 | 3.32 | 3.20 | 0.09 | 1.83 | 3.56 | 3.76 | 3.04 | 0.33 | 0.00 | 98.43 | 0.41 | 6.18 | 1.12 | 2.63 | 1.93 | 12.08 | 66.87 | 16.25 |
| 36 | 2P6 GS10-1 | 62.82 | 1.50 | 14.25 | 1.92 | 6.82 | 0.14 | 1.64 | 3.45 | 3.30 | 3.78 | 0.40 | 0.00 | 100.02 | 0.28 | 8.55 | 0.90 | 2.53 | 2.33 | 9.39 | 67.07 | 16.82 |

**表 4-3 额尔古纳新元古代($Pt_3$)侵入岩稀土元素含量及主要参数** 单位:$\times10^{-6}$

| 序号 | 样品号 | La | Ce | Pr | Nd | Sm | Eu | Gd | Tb | Dy | Ho | Er | Tm | Yb | Lu | Y | ΣREE | ΣLREE | ΣHREE | LREE/HREE | δEu |
|---|---|---|---|---|---|---|---|---|---|---|---|---|---|---|---|---|---|---|---|---|---|
| 1 | 2GS 3058-1 | 31.86 | 70.45 | 9.43 | 36.68 | 8.51 | 2.55 | 8.70 | 1.49 | 8.29 | 1.65 | 3.84 | 0.60 | 3.88 | 0.53 | 21.57 | 210.03 | 159.48 | 28.98 | 5.50 | 0.90 |
| 2 | 2P20 GS19-1 | 44.56 | 82.89 | 9.52 | 36.49 | 7.58 | 1.89 | 5.74 | 0.82 | 3.94 | 0.56 | 1.24 | 0.14 | 0.74 | 0.09 | 30.02 | 226.22 | 182.93 | 13.27 | 13.79 | 0.84 |
| 3 | 2P23 GS15-4 | 22.91 | 53.65 | 6.79 | 27.39 | 6.68 | 1.94 | 6.81 | 1.11 | 6.84 | 1.41 | 3.47 | 0.52 | 3.31 | 0.47 | 41.61 | 184.91 | 119.36 | 23.94 | 4.99 | 0.87 |
| 4 | 2GS 6097 | 23.95 | 47.62 | 6.06 | 29.06 | 5.54 | 1.78 | 4.78 | 0.75 | 4.39 | 0.87 | 2.10 | 0.31 | 2.21 | 0.29 | 21.88 | 151.59 | 114.01 | 15.70 | 7.26 | 1.03 |
| 5 | 2GS 7053-2 | 9.92 | 21.78 | 2.88 | 15.07 | 3.87 | 1.04 | 3.22 | 0.50 | 2.89 | 0.50 | 1.53 | 0.21 | 1.39 | 0.18 | 15.64 | 80.62 | 54.56 | 10.42 | 5.24 | 0.88 |
| 6 | 2P34 GS6-1 | 28.20 | 57.99 | 7.00 | 30.64 | 6.38 | 1.71 | 5.63 | 0.88 | 4.83 | 0.91 | 2.33 | 0.35 | 2.28 | 0.31 |  | 210.03 | 159.48 | 28.98 | 5.50 | 0.90 |
| 9 | C2AP35 | 112.00 | 191.50 | 14.95 | 62.65 | 9.94 | 2.40 | 8.06 | 1.25 | 5.41 | 1.08 | 3.05 | 4.50 | 3.20 | 0.53 | 24.50 | 445.02 | 393.44 | 27.08 | 14.53 | 0.80 |
| 10 | 2P20 GS48 | 163.70 | 349.40 | 30.65 | 123.00 | 26.72 | 4.83 | 24.00 | 4.07 | 20.58 | 3.74 | 8.95 | 1.39 | 8.48 | 1.28 | 97.28 | 868.07 | 698.30 | 72.49 | 9.63 | 0.57 |
| 11 | 2GS 8111-1 | 65.59 | 138.20 | 16.78 | 77.93 | 17.51 | 2.12 | 13.90 | 2.10 | 11.90 | 2.17 | 5.35 | 0.82 | 5.92 | 0.80 | 56.04 | 417.13 | 318.13 | 42.96 | 7.41 | 0.40 |
| 12 | 2GS 7045 | 23.04 | 40.61 | 4.22 | 20.86 | 4.34 | 2.72 | 3.60 | 0.54 | 3.10 | 0.63 | 2.04 | 0.34 | 2.24 | 0.31 | 18.39 | 126.98 | 95.79 | 12.80 | 7.48 | 2.05 |
| 13 | 2GS 8112-1 | 94.67 | 223.70 | 22.30 | 72.90 | 11.53 | 2.23 | 11.47 | 1.76 | 9.96 | 1.91 | 4.46 | 0.70 | 4.19 | 0.62 | 52.27 | 514.67 | 427.33 | 35.07 | 12.19 | 0.59 |
| 14 | 2GS 7079-1 | 24.72 | 46.68 | 6.49 | 22.65 | 4.42 | 0.80 | 3.76 | 0.65 | 4.14 | 0.98 | 2.84 | 0.60 | 4.53 | 0.58 | 27.09 | 150.93 | 105.76 | 18.08 | 5.85 | 0.59 |
| 16 | 2P19 GS55-1 | 85.04 | 143.00 | 18.29 | 55.42 | 8.88 | 2.53 | 7.58 | 1.06 | 5.14 | 0.99 | 2.68 | 0.33 | 2.03 | 0.30 | 43.95 | 377.22 | 313.16 | 20.11 | 15.57 | 0.92 |
| 17 | 2GS 5015 | 97.72 | 182.75 | 21.57 | 73.56 | 11.04 | 1.41 | 7.91 | 1.10 | 5.06 | 0.84 | 2.24 | 0.32 | 2.16 | 0.28 | 25.38 | 433.34 | 388.05 | 19.91 | 19.49 | 0.44 |
| 18 | 2GS 4006 | 16.80 | 34.06 | 3.73 | 13.70 | 3.35 | 0.58 | 2.51 | 0.38 | 2.33 | 0.60 | 1.60 | 0.25 | 1.72 | 0.22 | 15.41 | 97.24 | 72.22 | 9.61 | 7.52 | 0.59 |
| 19 | C2AP 1GS57 | 70.70 | 131.00 | 15.00 | 54.10 | 13.00 | 0.29 | 9.61 | 1.70 | 11.30 | 2.58 | 7.57 | 0.97 | 5.48 | 0.80 | 51.00 | 375.10 | 284.09 | 40.01 | 7.10 | 0.08 |

续表 4-3

| 序号 | 样品号 | La | Ce | Pr | Nd | Sm | Eu | Gd | Tb | Dy | Ho | Er | Tm | Yb | Lu | Y | ΣREE | ΣLREE | ΣHREE | LREE/HREE | δEu |
|---|---|---|---|---|---|---|---|---|---|---|---|---|---|---|---|---|---|---|---|---|---|
| 20 | 2P23 GS11 | 92.72 | 189.90 | 21.09 | 87.10 | 17.95 | 1.50 | 18.45 | 3.51 | 18.92 | 3.96 | 9.27 | 1.28 | 7.97 | 1.09 | 102.89 | 577.60 | 410.26 | 64.45 | 6.37 | 0.25 |
| 21 | 2GS 7126 | 30.70 | 69.86 | 8.08 | 36.07 | 7.42 | 1.73 | 6.62 | 1.00 | 5.89 | 1.10 | 2.69 | 0.47 | 3.01 | 0.45 | 28.33 | 203.42 | 153.86 | 21.23 | 7.25 | 0.74 |
| 22 | 2P6 GS6-2 | 38.02 | 109.52 | 9.40 | 30.24 | 5.78 | 0.46 | 5.48 | 0.88 | 5.42 | 0.98 | 2.94 | 0.52 | 3.65 | 0.49 | 29.64 | 243.42 | 193.42 | 20.36 | 9.50 | 0.25 |
| 23 | 2P6 GS6-3 | 42.83 | 88.28 | 10.95 | 36.80 | 7.65 | 0.70 | 6.88 | 1.02 | 5.55 | 1.14 | 3.02 | 0.51 | 3.37 | 0.47 | 31.86 | 241.03 | 187.21 | 21.96 | 8.53 | 0.29 |
| 24 | 2GS 3012-1 | 2.24 | 4.79 | 0.57 | 2.69 | 1.24 | 0.08 | 1.96 | 0.45 | 3.73 | 0.98 | 3.90 | 0.76 | 5.23 | 0.75 | 26.88 | 56.25 | 11.61 | 17.76 | 0.65 | 0.16 |
| 30 | 2P21 GS1-2 | 58.80 | 107.30 | 11.65 | 43.23 | 8.05 | 1.53 | 7.64 | 1.29 | 7.12 | 1.40 | 4.03 | 0.61 | 4.34 | 0.67 | 49.70 | 307.36 | 230.56 | 27.10 | 8.51 | 0.59 |
| 32 | 2GS 2081 | 46.42 | 76.35 | 7.74 | 24.70 | 3.76 | 1.07 | 2.44 | 0.30 | 1.58 | 0.33 | 0.94 | 0.17 | 1.11 | 0.15 |  | 167.06 | 160.04 | 7.02 | 22.80 | 1.01 |
| 33 | 2GS 3029-1 | 24.71 | 46.33 | 5.76 | 20.50 | 3.86 | 0.58 | 3.12 | 0.49 | 2.89 | 0.68 | 1.99 | 0.32 | 2.27 | 0.27 | 18.96 | 132.73 | 101.74 | 12.03 | 8.46 | 0.50 |
| 34 | 2GS6-2 | 38.71 | 85.14 | 8.71 | 29.01 | 5.80 | 1.49 | 5.14 | 0.80 | 4.42 | 0.85 | 2.25 | 0.34 | 2.23 | 0.32 | 40.44 | 225.65 | 168.86 | 16.35 | 10.33 | 0.82 |
| 35 | 2GS 3020 | 34.18 | 67.54 | 7.42 | 36.65 | 6.70 | 1.60 | 5.10 | 0.75 | 3.90 | 0.68 | 1.92 | 0.30 | 2.04 | 0.26 | 22.48 | 191.52 | 154.09 | 14.95 | 10.31 | 0.81 |
| 36 | 2P6GS 10-1 | 30.05 | 62.00 | 6.87 | 33.17 | 5.80 | 1.18 | 5.06 | 0.72 | 3.58 | 0.72 | 2.21 | 0.36 | 2.36 | 0.34 | 21.57 | 175.99 | 139.07 | 15.35 | 9.06 | 0.65 |

**表 4-4　额尔古纳新元古代($Pt_3$)侵入岩微量元素含量**

单位:$\times10^{-6}$

| 序号 | 样品号 | Cs | Rb | Sr | Ba | Ga | Nb | Ta | Zr | Hf | Th | V | Cr | Co | Ni | B | Li | Sc |
|---|---|---|---|---|---|---|---|---|---|---|---|---|---|---|---|---|---|---|
| 1 | 2GS3058-1 |  |  |  |  |  |  |  |  |  |  |  |  |  |  |  |  |  |
| 2 | 2P20GS19-1 |  | 75.73 | 294.73 | 645.33 |  | 25.77 |  | 649.70 |  | 10.30 | 86.83 | 52.80 | 23.27 | 14.50 |  | 29.03 |  |
| 3 | 2P23GS15-4 |  | 33.65 | 320.40 | 315.50 |  | 12.20 |  | 124.20 |  | 7.35 |  | 268.65 | 210.70 | 27.15 |  | 15.30 |  |
| 4 | 2GS6097 |  | 111.64 | 361.54 | 831.56 |  | 13.14 |  | 218.07 |  | 12.99 | 115.03 | 100.29 | 20.36 | 17.40 |  | 39.48 |  |
| 5 | 2GS7053-2 |  | 170.20 | 256.53 | 358.25 |  | 14.08 |  | 184.20 |  | 18.08 | 87.30 | 154.48 | 26.38 | 34.58 |  | 34.65 |  |
| 9 | C2AP35 | 1.95 | 60.10 | 16 | 175 |  | 15 | 1.05 | 86 | 18.50 | 6.95 | 13.5 | 16.25 | 4.30 | 6.40 |  | 10.30 | 8.50 |
| 10 | 2P20GS48 |  | 175.20 | 197.80 | 1657.50 |  | 47.40 |  | 1 015.10 |  | 20.90 | 21.80 | 13.10 | 4.70 | 21.50 |  | 9.40 |  |
| 11 | 2GS8111-1 |  | 205.90 | 122.30 | 734.10 |  | 19.90 |  | 398.90 |  | 22.20 | 25.40 | 12.50 | 5.20 | 9.80 |  | 23.40 |  |
| 12 | 2GS7045 |  | 9 | 418.70 | 2125.30 |  | 14 |  | 853.67 |  | 8.83 | 32.50 | 6.70 | 4.47 | 7.70 |  | 15.40 |  |
| 16 | 2P19GS55-1 |  | 106.90 | 499.10 | 1029 |  | 11.50 |  | 319.30 |  | 14 | 66.80 | 15.20 | 10.60 | 5.80 |  | 59.90 |  |
| 17 | 2GS5015 |  | 229.30 | 104.30 | 547.40 |  | 16.14 |  | 208.30 |  | 24.36 | 24.97 | 6.98 | 4.83 | 4.85 |  | 27.67 |  |
| 18 | 2GS4006 |  | 189.80 | 215.20 | 665.60 |  | 17.62 |  | 189.30 |  | 21.92 | 23.34 | 7.40 | 4.60 | 3.08 |  | 27.02 |  |
| 19 | C2AP1GS57 | 3.08 | 224 | 24 | 135 | 3.80 | 16 | 2.10 | 23 | 9.80 | 41 | 7.60 | 20.60 | 2.40 | 6.20 |  | 7.45 | 3.80 |
| 32 | 2GS2081 |  | 197.4 | 288.2 | 1188 |  | 22 |  | 175.4 |  | 18.8 | 29.6 | 15.1 | 4.45 | 5.3 |  | 22 |  |

**续表 4-4**

| 序号 | 样品号 | Cs | Rb | Sr | Ba | Ga | Nb | Ta | Zr | Hf | Th | V | Cr | Co | Ni | B | Li | Sc |
|---|---|---|---|---|---|---|---|---|---|---|---|---|---|---|---|---|---|---|
| 34 | 2GS6-2 | | 114.60 | 812.60 | 959.00 | | 7.40 | | 220.50 | | 11.20 | 101.30 | 20.20 | 10.70 | 19.60 | | 30.50 | |
| 35 | 2GS3020 | | 141.53 | 413.40 | 670.13 | | 18.04 | | 294.11 | | 14.35 | 102.55 | 64.90 | 17.90 | 22.56 | | 34.66 | |
| 36 | 2P6GS10-1 | | 106.20 | 754.70 | 942.00 | | 15.50 | | 565.10 | | 7.80 | 110.00 | 30.40 | 14.00 | 15.90 | | 23.25 | |

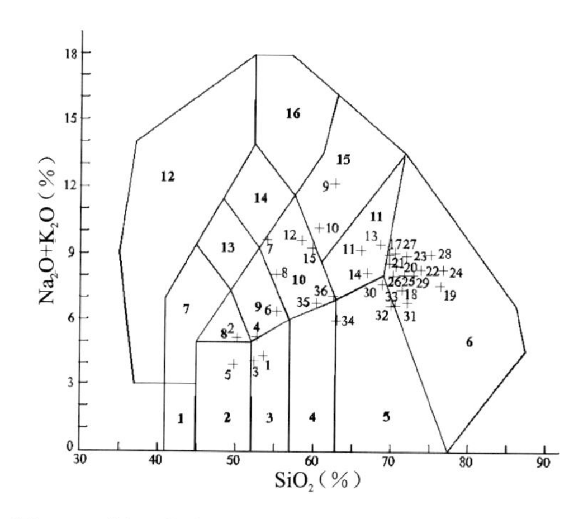


图 4-1　侵入岩主元素分类图解(据 Middlemost,1994)

1. 橄榄岩质花岗岩;2. 辉长岩;3. 辉长闪长岩;4. 闪长岩;5. 花岗闪长岩;6. 花岗岩;7. 似长石辉长岩;8. 二长辉长岩;9. 二长闪长岩;10. 二长岩;11. 石英二长岩;12. 似长石岩;13. 似长石二长闪长岩;14. 似长石二长正长岩;15. 正长岩;16. 似长石正长岩

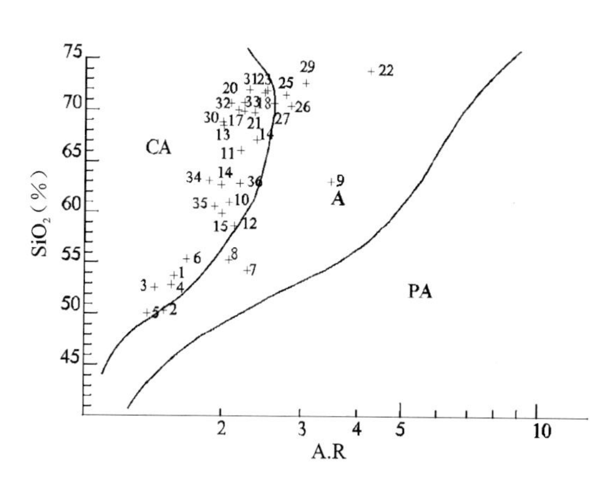


图 4-2　碱度率图解(据 Wright,1969)

CA. 钙碱性;A. 碱性;PA. 过碱性

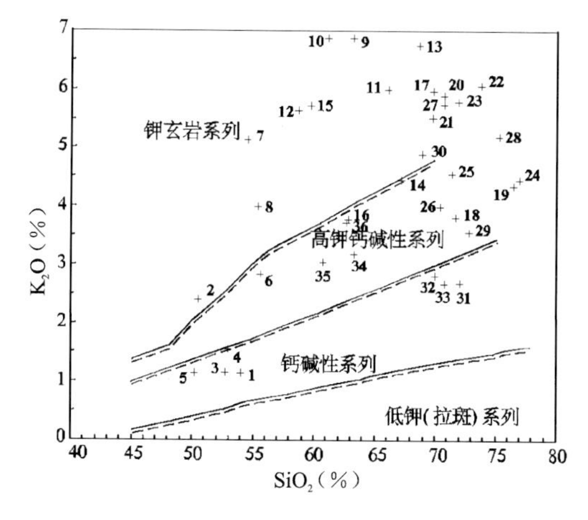


图 4-3　岩石系列 $K_2O$-$SiO_2$ 图解

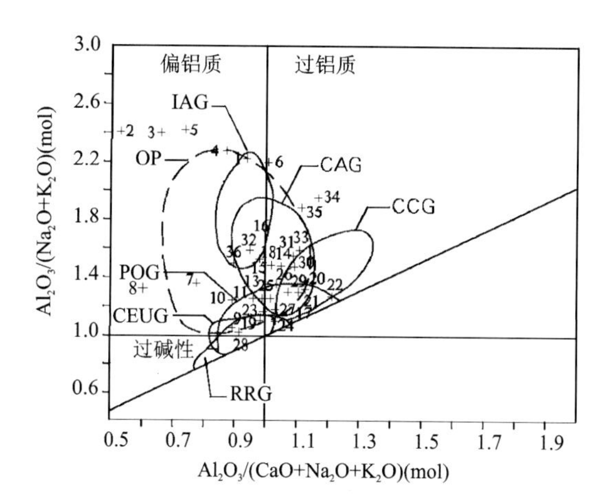


图 4-4　山德指数(Shamd's indel)图解

IAG. 岛弧;CAG. 大陆弧;CCG. 大陆碰撞;POG. 后造山;RRG. 裂谷系;CEUG. 大陆造陆隆升;OP. 大洋

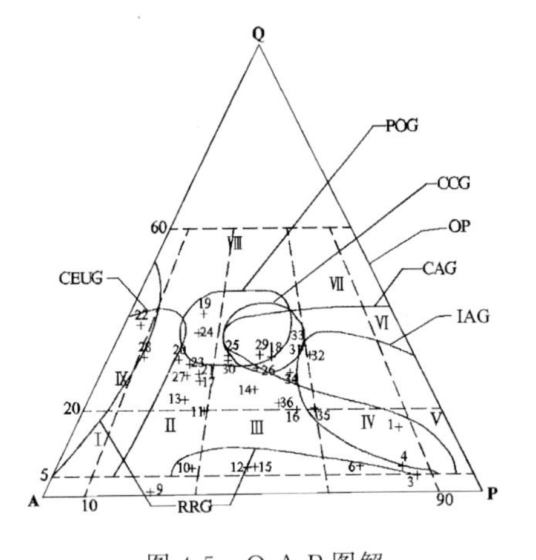


图 4-5　Q-A-P 图解

IAG. 岛弧；CAG. 大陆弧；CCG. 大陆碰撞；POG. 后造山；RRG. 裂谷系；CEUG. 大陆造陆隆升；OP. 大洋

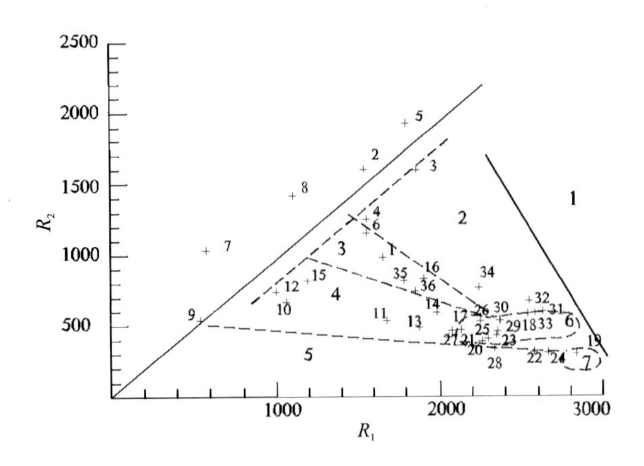


图 4-6　主要花岗岩类岩石组合的示意性图解

（据 Batchelor 等，1985）

1. 地幔分离；2. 板块碰撞前的；3. 碰撞后的抬升；4. 造山晚期的；5. 非造山的；6. 同碰撞期的；7. 造山期后的

2）新元古代俯冲型花岗闪长岩-花岗岩组合（$G_1G_2$）

该组合分布于黄火地—满归镇地区，侵入古元古代兴华渡口岩群和南华纪佳疙瘩组，被后期侵入岩浆侵入，包括花岗岩、花岗闪长岩、二长花岗岩、正长花岗岩建造。正长花岗岩 U-Pb 同位素年龄为（863±15）Ma 和（654±46）Ma。岩石内普遍含闪长质包体，且黑云母、角闪石、石英含量较高，为壳幔混合源成因。根据岩石化学数据（表 4-2～表 4-4）进行计算和投图分析，侵入岩主元素分类图解（图 4-1）显示有花岗岩、花岗闪长岩、二长岩、正长岩，均为钙碱性系列岩石，岩石系列为高钾钙碱性系列-钾玄岩系列（图 4-2、图 4-3）。在图 4-4、图 4-5 中主要投入大陆弧区，在图 4-6 中投入造山晚期区，在 An-Ab-Or 分类图解（图 4-7）中，主要投入 $G_1$ 区和 $G_2$ 区，在 Q-Ab-Or 图解（图 4-8）中显示钙碱性演化趋势。总体上反映为大洋俯冲期的产物。

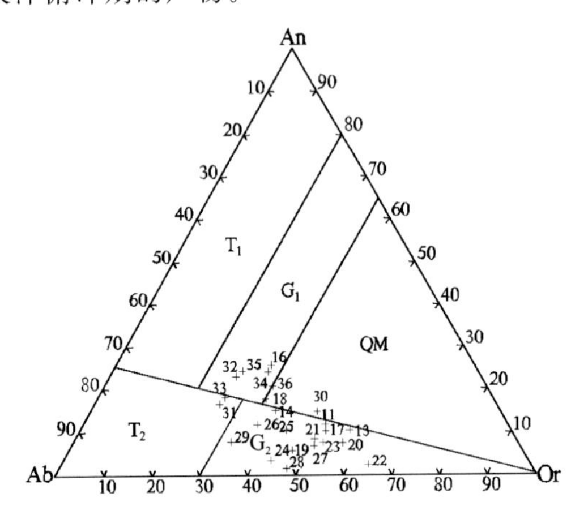


图 4-7　An-Ab-Or 分类图解（据 Johannes 等，1996）

$T_1$. 英云闪长岩；$T_2$. 奥长花岗岩；$G_1$. 花岗闪长岩；$G_2$. 花岗岩；QM. 石英二长岩

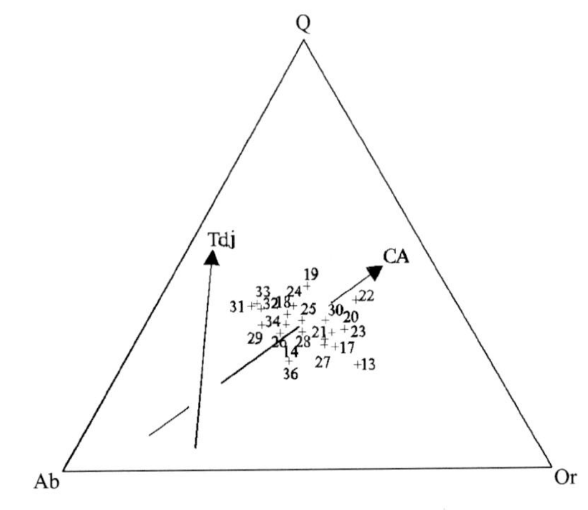


图 4-8　Q-Ab-Or 图解（据邓晋福，2004）

Tdj. 奥长花岗岩类演化趋势；CA. 钙碱性演化趋势

3）晚石炭世俯冲型 TTG 组合

该组合主要分布在阿龙山镇、八大关镇地区。呈规模较大的复式岩体产出，包括石英闪长岩、花岗闪长岩、二长花岗岩、正长花岗岩等建造，前两种建造 U-Pb 同位素年龄分别为 331Ma 和 312Ma。岩石内普遍具有闪长质包体，成因类型为壳幔混合源（图 4-9）。根据岩石化学数据（表 4-5～表 4-7）进行计算和投图分析，主元素分类图解分类为花岗岩和少量二长岩、石英二长岩（图 4-10）；在 $K_2O$-$SiO_2$ 图解中主要为高钾钙碱性系列(图 4-11),石英闪长岩、花岗闪长岩为钙碱性系列;在 An-Ab-Or 图解中为 $T_2$-$G_2$ 组合(图 4-12);在 Q-Ab-Or 图解中显示钙碱性溶化趋势(4-13);在 Rb-Yb+Nb 图解中多数样点落在火山弧花岗岩区,少量落在同碰撞花岗岩区(图 4-14);在山德指数图解中样点落在大陆弧、大陆碰撞和后造山花岗岩区交会部位(图 4-15);在 $R_1$-$R_2$ 图解中主要投点于造山晚期和同碰撞区(4-16)。综合研判,以上闪长岩-花岗闪长岩-花岗岩岩石组合形成的构造环境应为与造山作用有关的活动大陆边缘弧,正长花岗岩的出现显示出由挤压到松弛的转换环境。

**表 4-5　额尔古纳晚石炭世($C_2$)侵入岩岩石化学成分含量及主要参数**　　单位:%

| 序号 | 样品号 | $SiO_2$ | $TiO_2$ | $Al_2O_3$ | $Fe_2O_3$ | FeO | MnO | MgO | CaO | $Na_2O$ | $K_2O$ | $P_2O_5$ | LOS | Total | $Na_2O+K_2O$ | $K_2O/Na_2O$ | $Mg^{\#}$ | $FeO^*$ | A/CNK | σ | A.R | SI | DI |
|---|---|---|---|---|---|---|---|---|---|---|---|---|---|---|---|---|---|---|---|---|---|---|---|
| 1 | C2A598 | 68.22 | 0.35 | 15.75 | 1.35 | 3.14 | 0.06 | 1.04 | 2.52 | 5.06 | 2.99 | 0.10 | 0.24 | 100.82 | 8.05 | 0.59 | 0.34 | 3.01 | 0.97 | 2.21 | 3.30 | 1.06 | 85.77 |
| 2 | C2AP36 GS89 | 56.48 | 0.80 | 18.22 | 3.23 | 4.61 | 0.09 | 2.77 | 4.61 | 5.51 | 1.56 | 0.35 | 2.34 | 100.57 | 7.07 | 0.28 | 0.46 | 5.70 | 0.95 | 2.65 | 1.99 | 19.10 | 63.83 |
| 3 | C2AP2 GS23 | 71.47 | 0.38 | 13.37 | 1.56 | 1.95 | 0.03 | 0.33 | 0.67 | 4.70 | 4.77 | 0.01 | 0.41 | 99.65 | 9.47 | 1.01 | 0.18 | 5.39 | 0.94 | 1.77 | 1.84 | 18.49 | 66.60 |
| 4 | C2AP32 GS22 | 74.26 | 0.20 | 12.55 | 1.66 | 0.70 | 0.02 | 0.08 | 0.52 | 3.14 | 7.28 | 0.05 | 0.48 | 100.94 | 10.42 | 2.32 | 0.10 | 9.19 | 0.90 | 3.41 | 1.58 | 25.35 | 43.31 |
| 5 | C2AP31 GS16-10 | 72.96 | 0.20 | 13.94 | 0.96 | 1.68 | 0.02 | 0.25 | 1.08 | 4.69 | 4.88 | 0.05 | 0.26 | 100.97 | 9.57 | 1.04 | 0.17 | 13.93 | 0.93 | 3.53 | 1.49 | 21.63 | 36.26 |
| 6 | C2AP32 GS16 | 70.48 | 0.30 | 15.27 | 2.25 | 1.40 | 0.04 | 0.30 | 1.61 | 4.81 | 3.33 | 0.10 | 0.92 | 100.81 | 8.14 | 0.69 | 0.18 | 5.96 | 1.06 | 2.54 | 2.11 | 16.81 | 69.64 |
| 7 | C2AP31 GS84 | 71.08 | 0.25 | 14.36 | 1.40 | 3.01 | 0.05 | 0.33 | 1.51 | 4.61 | 3.84 | 0.10 | 0.22 | 100.76 | 8.45 | 0.83 | 0.14 | 13.34 | 0.99 | 15.45 | 1.37 | 27.96 | 31.18 |
| 8 | C2AP3 GS1 | 71.58 | 0.23 | 13.77 | 0.80 | 1.98 | 0.02 | 0.86 | 0.96 | 3.79 | 3.73 | 0.10 | 1.97 | 99.79 | 7.52 | 0.98 | 0.39 | 15.79 | 1.14 | 3.33 | 2.31 | 0.00 | 62.07 |
| 9 | 3GS 4049 | 72.52 | 0.27 | 13.68 | 1.16 | 0.76 | 0.07 | 0.51 | 1.45 | 3.41 | 4.90 | 0.14 | 1.61 | 100.48 | 8.31 | 1.44 | 0.43 | 9.82 | 1.01 | 4.52 | 3.01 | 0.73 | 74.12 |
| 10 | 6P5GS3 | 72.11 | 0.20 | 13.31 | 1.67 | 0.30 | 0.04 | 0.00 | 1.47 | 3.40 | 5.59 | 0.10 | 0.99 | 99.18 | 8.99 | 1.64 | 0.00 | 1.71 | 0.94 | 2.16 | 3.49 | 5.21 | 90.61 |
| 11 | 3GS235 | 75.46 | 0.16 | 12.40 | 0.94 | 0.87 | 0.09 | 0.22 | 0.50 | 3.21 | 5.06 | 0.16 | 0.36 | 99.43 | 8.27 | 1.58 | 0.22 | 1.55 | 1.06 | 2.46 | 3.32 | 4.41 | 89.91 |

**表 4-6　额尔古纳晚石炭世($C_2$)侵入岩稀土元素含量及主要参数**　　单位:$\times10^{-6}$

| 序号 | 样品号 | La | Ce | Pr | Nd | Sm | Eu | Gd | Tb | Dy | Ho | Er | Tm | Yb | Lu | ΣREE | ΣLREE | ΣHREE | LREE/HREE | δEu |
|---|---|---|---|---|---|---|---|---|---|---|---|---|---|---|---|---|---|---|---|---|
| 1 | C2A598 | 30.9 | 59.1 | 5 | 18.5 | 3.5 | 1 | 3.51 | 0.52 | 3.05 | 0.62 | 1.85 | 0.3 | 2.17 | 0.32 | 162.83 | 128.19 | 20.34 | 6.302 | 0.59 |
| 2 | C2AP36 GS89 | 36.9 | 57.2 | 4.9 | 23 | 4.7 | 1.3 | 5.17 | 0.67 | 3.52 | 0.61 | 1.55 | 0.24 | 1.46 | 0.23 | 127.74 | 88.02 | 12.42 | 7.087 | 0.52 |
| 3 | C2AP2 GS23 | 68.7 | 157 | 12 | 49.9 | 7.9 | 0.4 | 5.18 | 0.91 | 6.15 | 1.36 | 4.08 | 0.65 | 4.38 | 0.76 | 140.24 | 111.38 | 11.56 | 9.635 | 0.61 |
| 4 | C2AP32 GS22 | 81.3 | 186 | 11 | 37.6 | 5.9 | 0.7 | 3.31 | 0.54 | 2.08 | 0.39 | 1.22 | 0.18 | 1.31 | 0.19 | 144.36 | 121.56 | 22.8 | 5.332 | 0.89 |
| 5 | C2AP31 GS16-10 | 24.9 | 60.2 | 5.5 | 20.1 | 3.8 | 0.8 | 3.81 | 0.68 | 4.27 | 0.81 | 2.55 | 0.36 | 2.19 | 0.31 | 144.02 | 113.63 | 30.39 | 3.739 | 0.94 |
| 6 | C2AP32 GS16 | 21.6 | 49.5 | 3.7 | 13.4 | 2.7 | 0.6 | 2.31 | 0.41 | 2.8 | 0.61 | 1.77 | 0.24 | 1.5 | 0.18 | 133.07 | 120.98 | 12.09 | 10.01 | 0.76 |
| 7 | C2AP31 GS84 | 23.3 | 45.6 | 4.3 | 15.5 | 3 | 0.7 | 2.69 | 0.48 | 3.29 | 0.72 | 2.17 | 0.34 | 2.25 | 0.31 | 90.88 | 79.61 | 11.27 | 7.064 | 0.82 |
| 8 | C2AP3GS1 | 31.9 | 57.2 | 5.2 | 24.4 | 3.9 | 0.6 | 2.82 | 0.64 | 2.98 | 0.61 | 1.8 | 0.24 | 1.52 | 0.2 | 125.02 | 115.28 | 9.74 | 11.84 | 0.34 |

**表 4-7　额尔古纳晚石炭世($C_2$)侵入岩微量元素含量($\times10^{-6}$)及主要参数**　　单位:$\times10^{-6}$

| 序号 | 样品号 | Sr | Rb | Ba | Th | Ta | Nb | Hf | Zr | Cr | Ni | Co | V | U | Y | Cs | Sc | Ga | B | Li | Rb/Sr | U/Th |
|---|---|---|---|---|---|---|---|---|---|---|---|---|---|---|---|---|---|---|---|---|---|---|
| 1 | C2A598 | 340 | 84.2 | 1100 | 8 | 1 | 9.2 | 4.9 | 160 | 31.9 | 6 | 3.7 | 49 |  | 15.7 | 3 | 6.9 |  |  | 18.7 | 0.25 |  |
| 2 | C2AP36 GS89 | 865 | 60.3 | 440 | 5.9 | 1.8 | 16 | 5.4 | 220 | 19.1 | 8.2 | 15.5 | 160 |  | 13.9 | 8.9 | 15 |  |  | 36.3 | 0.07 |  |
| 3 | C2AP2 GS23 | 38 | 91.1 | 200 | 18 | 0.5 | 11 | 26 | 570 | 18.2 | 7.1 | 2 | 12 | 2.5 | 26.4 | 3.1 | 3.2 | 28 | 11 | 8.8 | 2.4 | 0.14 |

续表 4-7

| 序号 | 样品号 | Sr | Rb | Ba | Th | Ta | Nb | Hf | Zr | Cr | Ni | Co | V | U | Y | Cs | Sc | Ga | B | Li | Rb/Sr | U/Th |
|---|---|---|---|---|---|---|---|---|---|---|---|---|---|---|---|---|---|---|---|---|---|---|
| 4 | C2AP32 GS22 | 78 | 135 | 1410 | 12 | 0.5 | 4.6 | 7.1 | 270 | 22.1 | 4.6 | 1.6 | 3.1 |  | 8.34 | 4.3 | 6.7 |  |  | 5.4 | 1.73 |  |
| 5 | C2AP31 GS16-10 | 104 | 114 | 1335 | 12.3 | 0.84 | 9 | 6.2 | 210 | 40.5 | 5.2 | 2.1 | 14 |  | 18.9 | 2.3 | 4.6 |  |  | 7 | 1.1 |  |
| 6 | C2AP32 GS16 | 225 | 88.3 | 950 | 8.3 | 1.3 | 9.4 | 5.2 | 160 | 34.8 | 4.4 | 5.7 | 42 |  | 12.4 | 4.2 | 6.6 |  |  | 9.8 | 0.39 |  |
| 7 | C2AP31 GS84 | 170 | 123 | 840 | 11.2 | 0.99 | 10 | 4.1 | 110 | 50.2 | 6 | 3.9 | 27 |  | 16.7 | 4.3 | 4.7 |  |  | 34.9 | 0.72 |  |
| 8 | C2AP3GS1 | 320 | 107 | 1000 | 12 | 1.4 | 9.8 | 5.2 | 200 | 28.9 | 6 | 4.3 | 14 | 1.5 | 3.58 | 2.7 | 0.4 | 30 | 15 | 15 | 0.33 |  |

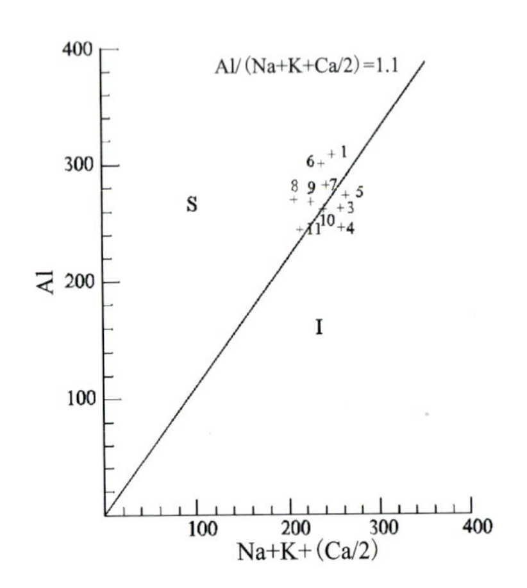


图 4-9　S 型、I 型花岗岩判别图解

I. I 型花岗岩；S. S 型花岗岩

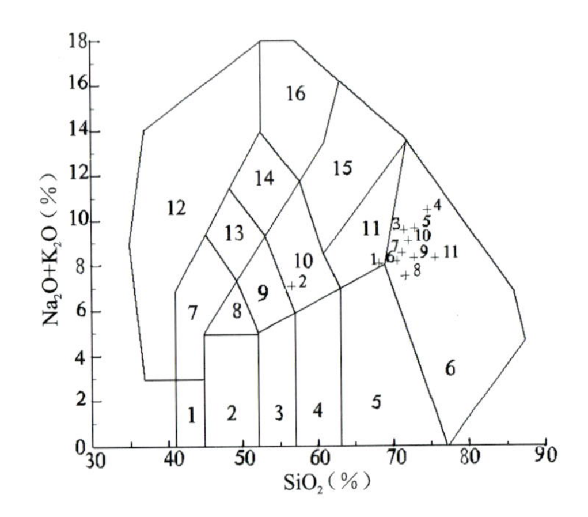


图 4-10　侵入岩主元素分类图解(据 Middlemost，1994)

1. 橄榄岩质花岗岩；2. 辉长岩；3. 辉长闪长岩；4. 闪长岩；5. 花岗闪长岩；6. 花岗岩；7. 似长石辉长岩；8. 二长辉长岩；9. 二长闪长岩；10. 二长岩；11. 石英二长岩；12. 似长石岩；13. 似长石二长闪长岩；14. 似长石二长正长岩；15. 正长岩；16. 似长石正长岩

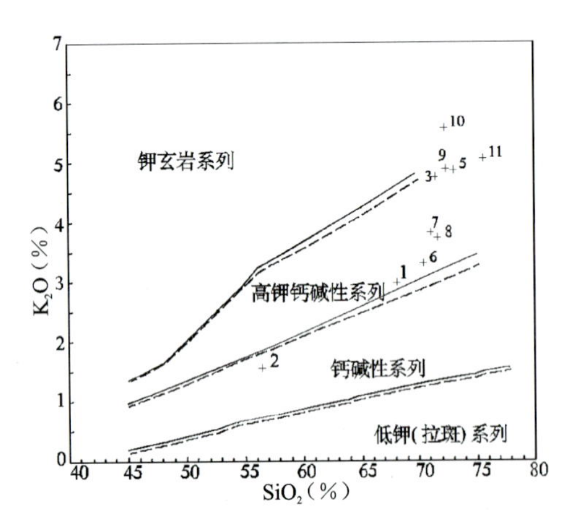


图 4-11　$K_2O$-$SiO_2$ 图解

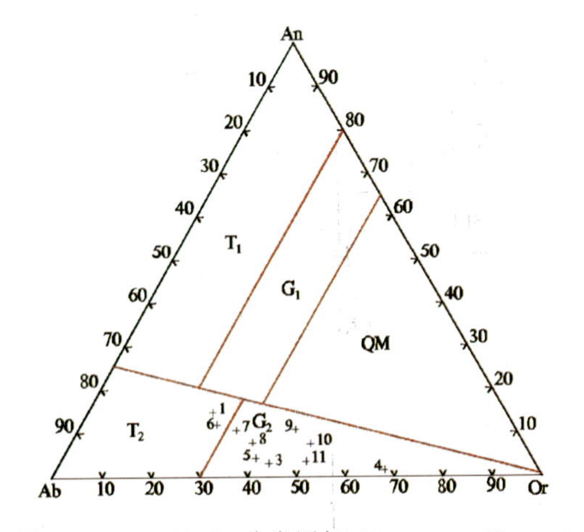


图 4-12　An-Ab-Or 分类图解(据 Johannes 等，1996)

$T_1$. 英云闪长岩；$T_2$. 奥长花岗岩；$G_1$. 花岗闪长岩；$G_2$. 花岗岩；QM. 石英二长岩

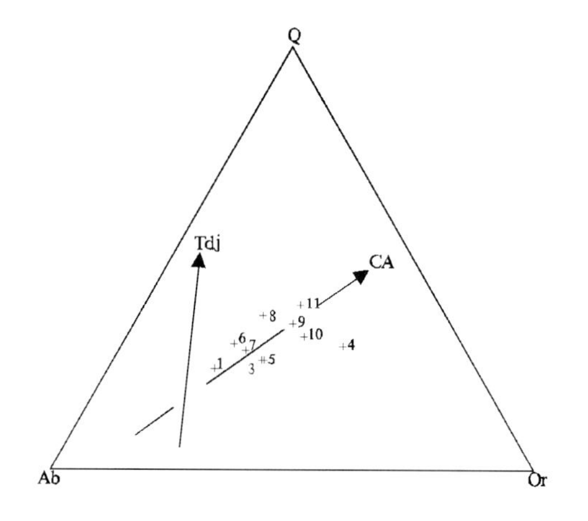


图 4-13　Q-Ab-Or 图解(据邓晋福,2004)

Tdj. 奥长花岗岩类演化趋势;CA. 钙碱性演化趋势

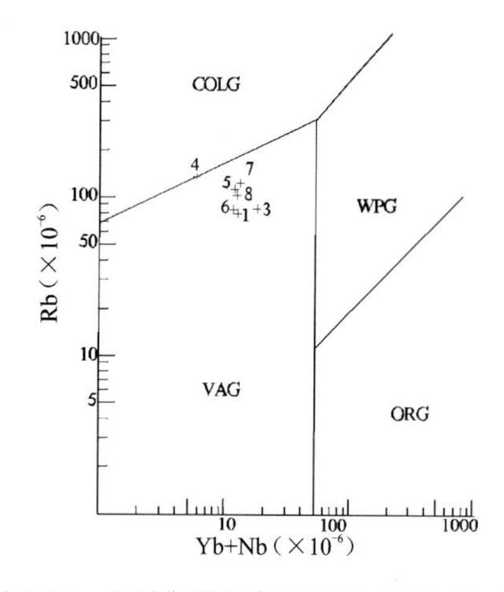


图 4-14　不同类型花岗岩的 Rb-Yb+Nb 图解

(据 Pearce,1984)

ORG. 洋脊花岗岩;WPG. 板内花岗岩;

VAG. 火山弧花岗岩;COLG. 同碰撞花岗岩

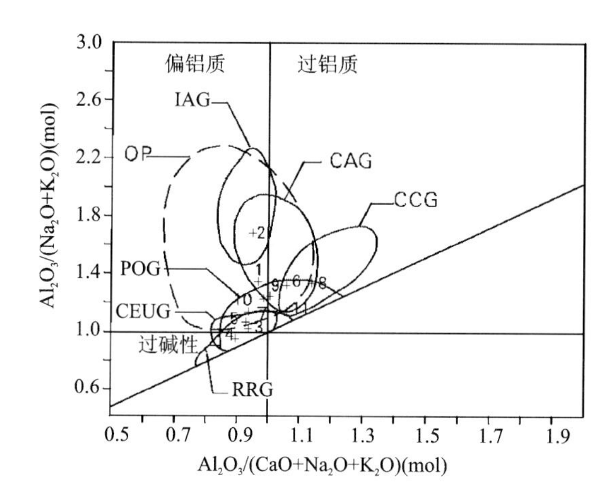


图 4-15　山德指数(Shamd's indel)花岗岩环境图解

IAG. 岛弧;CAG. 大陆弧;CCG. 大陆碰撞;POG. 后造山;

RRG. 裂谷系;CEUG. 大陆造陆隆升;OP. 大洋

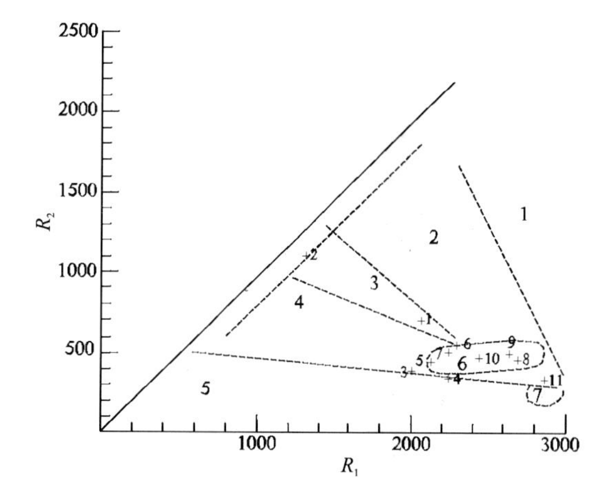


图 4-16　主要花岗岩类岩石组合的示意性图解

(据 Batchelor 等,1985)

1. 地幔分离;2. 板块碰撞前的;3. 碰撞后的抬升;

4. 造山晚期的;5. 非造山的;6. 同碰撞期的;7. 造山期后的

4)早二叠世后造山型碱性—钙碱性花岗岩组合

该组合仅见于太平林场一带,面积不足 10km²,侵入新元古代巨斑状中粒黑云钾长花岗岩,锆石 U-Pb 同位素年龄(286±6)Ma,由角闪二长岩建造构成,矿物成分为钠长石(35%)、钾长石(55%)、石英(5%)、角闪石(5%)、黑云母少量。根据岩石化学数据(表 4-8~表 4-10)和投图分析,总碱含量高,$K_2O+Na_2O=10.98\%$,CaO 和 $Al_2O_3$ 含量较低,为 A 型花岗岩。在碱-二氧化硅图解中位于碱性区(图 4-17),在 An-Ab-Or 图解中显示钾质系列(图 4-18)。岩石的轻稀土相对富集,稀土配分曲线左高右低,δEu 为 0.32,Eu 具中等负异常(图 4-19)。在 $R_1$-$R_2$ 图解中为造山晚期区(图 4-20),在 Q-A-P 图解中位于裂谷系区(图 4-21),在山德指数图解中位于后造山区(图 4-22)。岩石化学参数 A/NK>1、A/CNK<1,属次铝的 A 型花岗岩。综合分析结果为后造山构造环境。

**表 4-8　额尔古纳早二叠世($P_1$)后造山侵入岩岩石化学成分含量及主要参数**　　单位:%

| 序号 | 样品号 | $SiO_2$ | $TiO_2$ | $Al_2O_3$ | $Fe_2O_3$ | FeO | MnO | MgO | CaO | $Na_2O$ | $K_2O$ | $P_2O_5$ | LOS | Total | $Na_2O+K_2O$ | $K_2O/Na_2O$ | $Mg^\#$ | $FeO^*$ | A/CNK | σ | A. R | SI | DI |
|---|---|---|---|---|---|---|---|---|---|---|---|---|---|---|---|---|---|---|---|---|---|---|---|
| 1 | 2GS4001 | 62.60 | 0.42 | 17.36 | 1.90 | 3.52 | 0.20 | 0.27 | 1.99 | 3.76 | 7.22 | 0.06 | 0.27 | 99.57 | 10.98 | 1.92 | 0.10 | 5.23 | 0.98 | 6.15 | 3.62 | 1.62 | 81.64 |

**表 4-9　额尔古纳早二叠世($P_1$)后造山侵入岩稀土元素含量及主要参数**　　单位:$\times10^{-6}$

| 序号 | 样品号 | La | Ce | Pr | Nd | Sm | Eu | Gd | Tb | Dy | Ho | Er | Tm | Yb | Lu | ΣREE | ΣLREE | ΣHREE | LREE/HREE | δEu |
|---|---|---|---|---|---|---|---|---|---|---|---|---|---|---|---|---|---|---|---|---|
| 1 | 2GS4001 | 177.15 | 308.90 | 28.62 | 114.90 | 13.27 | 1.04 | 7.98 | 1.03 | 4.70 | 0.93 | 2.63 | 0.51 | 3.28 | 0.54 | 665.48 | 643.88 | 21.60 | 29.81 | 0.29 |

**表 4-10　额尔古纳早二叠世($P_1$)后造山侵入岩微量元素含量及主要参数**　　单位:$\times10^{-6}$

| 序号 | 样品号 | Sr | Rb | Ba | Th | Ta | Nb | Hf | Zr | Cr | Ni | Co | V | Y | Sc | Li | Rb/Sr | Zr/Hf |
|---|---|---|---|---|---|---|---|---|---|---|---|---|---|---|---|---|---|---|
| 1 | 2GS4001 | 44.30 | 95.20 | 280.00 | 8.10 |  | 13.00 |  | 845.20 | 2.10 | 4.80 | 6.50 | 1.90 | 24.82 |  | 12.70 | 2.15 |  |

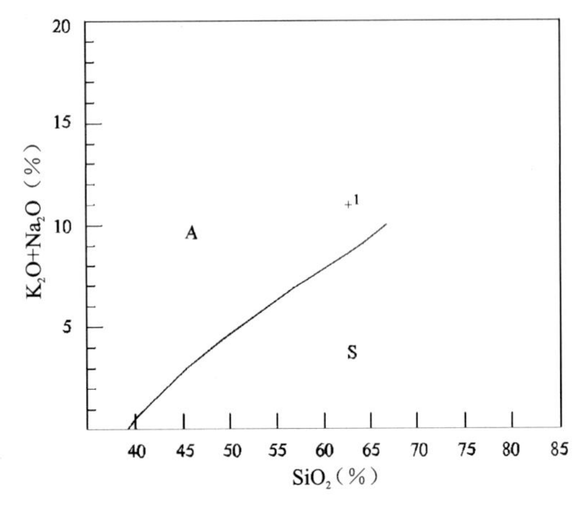


图 4-17　碱-二氧化硅图解(据 Irvine,1971)

A. 碱性;S. 亚碱性

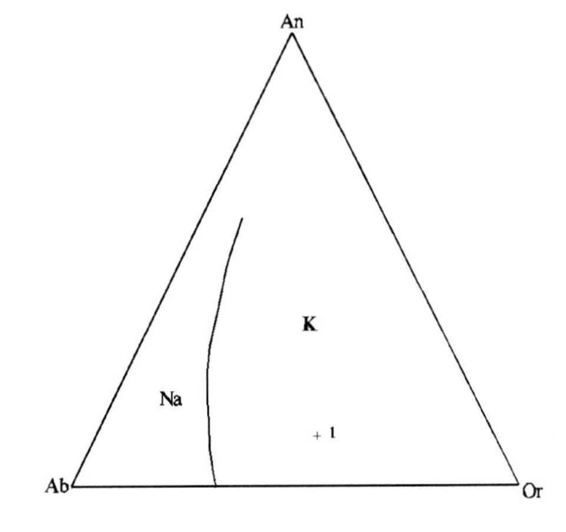


图 4-18　碱性岩 An-Ab-Or 图解

(据 Irvine,1971)

Na. 钠质系列火山岩;K. 钾质系列火山岩

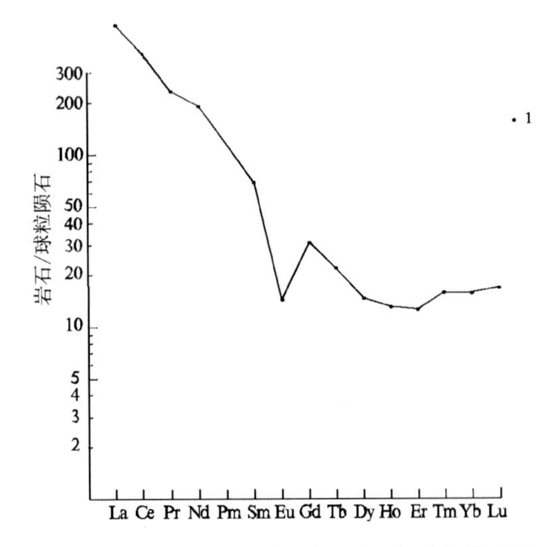


图 4-19　岩石稀土元素/球粒陨石标准化模式图

(据 Coryell,1963)

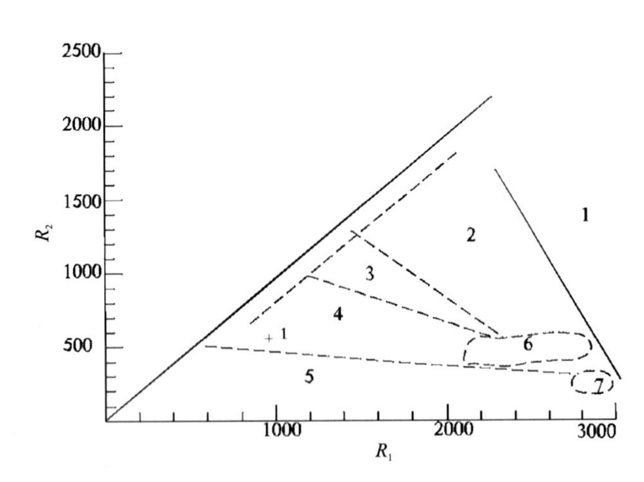


图 4-20　主要花岗岩类岩石组合的示意性图解

(据 Batchelor 等,1985)

1. 地幔分离;2. 板块碰撞前的;3. 碰撞后的抬升;4. 造山晚期的;5. 非造山的;6. 同碰撞期的;7. 造山期后的

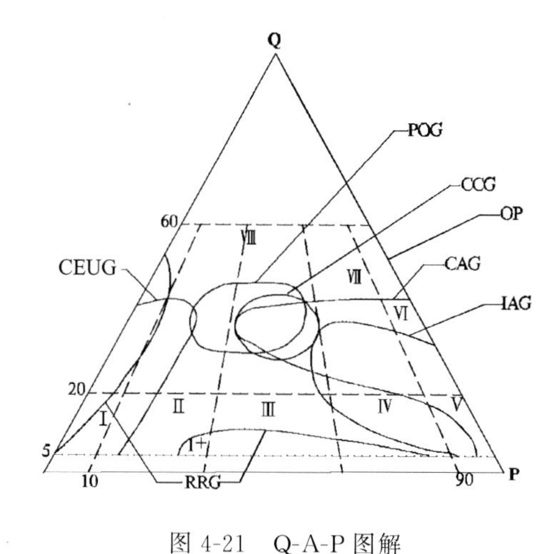


图 4-21　Q-A-P 图解

IAG. 岛弧；CAG. 大陆弧；CCG. 大陆碰撞；POG. 后造山；
RRG. 裂谷系；CEUG. 大陆造陆隆升；OP. 大洋

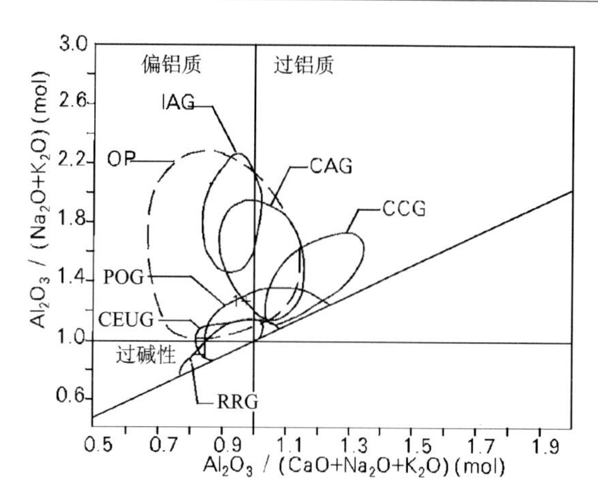


图 4-22　山德指数(Shamd's indel)图解

IAG. 岛弧；CAG. 大陆弧；CCG. 大陆碰撞；POG. 后造山；
RRG. 裂谷系；CEUG. 大陆造陆隆升；OP. 大洋

5) 中二叠世俯冲型 $G_1G_2$ 组合

该组合分布于查干楚鲁—地营子—奇乾乡地区，包括早期花岗闪长岩、晚期二长花岗岩和黑云母花岗岩建造。花岗闪长岩多以岩株形态零星出露，被同期二长花岗岩侵入，含闪长质包体。二长花岗岩和黑云母花岗岩分布广泛，多以岩基和岩株产出，被三叠纪侵入岩侵入，被中生代地层覆盖。二长花岗岩锆石 U-Pb 表面年龄为(259±8.6)Ma。根据岩石化学数据(表 4-11～表 4-13)分析和图解，在 $K_2O$-$SiO_2$ 图解中显示高钾钙碱系列—钾玄岩系列(图 4-23)，在碱度率图解中为钙碱性—碱性(图 4-24)，在 Al-Na+K+(Ca/2)图解中大部分为 S 型花岗岩，少数为 I 型花岗岩(图 4-25)，在 $K_2O$-$SiO_2$ 图解中绝大部分为高钾岩系(图 4-26)。岩石化学参数 A/CNK 在 0.9～1.17 之间，表现为次铝—过铝成分，应以壳源为主，壳幔混合源为次。二长花岗岩中标准矿物出现刚玉(>1%)，稀土配分曲线显示轻稀土相对富集，有明显的负 Eu 异常(图 4-27)，也显示 S 型花岗岩特征。在山德指数图解中样点位于大陆弧和后造山交会部位(图 4-28)，在 An-Ab-Or 图解中投于 $G_1$、$G_2$ 区(图 4-29)，在 Q-Ab-Or 图解中具钙碱性演化趋势(图 4-30)。综合研判大地构造环境为活动大陆边缘弧。

**表 4-11　额尔古纳中二叠世($P_2$)陆缘弧侵入岩岩石化学成分含量及主要参数**　　单位：%

| 序号 | 样品号 | $SiO_2$ | $TiO_2$ | $Al_2O_3$ | $Fe_2O_3$ | FeO | MnO | MgO | CaO | $Na_2O$ | $K_2O$ | $P_2O_5$ | LOS | Total | $Na_2O+K_2O$ | $K_2O/Na_2O$ | $Mg^{\#}$ | $FeO^*$ | A/CNK | $\sigma$ | A.R | SI | DI |
|---|---|---|---|---|---|---|---|---|---|---|---|---|---|---|---|---|---|---|---|---|---|---|---|
| 1 | ⅥP12GS61 | 73.38 | 0.17 | 13.44 | 1.99 | 0.06 | 0.07 | 0.20 | 0.42 | 3.32 | 5.18 | 0.02 | 1.08 | 99.33 | 8.50 | 1.56 | 0.25 | 1.52 | 0.92 | 2.38 | 5.27 | 2.26 | 95.09 |
| 2 | ⅥGS 1023-2 | 76.22 | 0.03 | 12.80 | 0.96 | 0.29 | 0.12 | 0.12 | 0.41 | 4.03 | 4.72 | 0.01 | 0.46 | 100.17 | 8.75 | 1.17 | 0.14 | 1.19 | 1.05 | 2.26 | 5.10 | 0.70 | 94.04 |
| 3 | ⅥGS 1022-1 | 71.58 | 0.22 | 14.20 | 1.13 | 1.70 | 0.10 | 0.71 | 1.40 | 4.29 | 3.57 | 0.08 | 0.92 | 99.90 | 7.86 | 0.83 | 0.35 | 1.15 | 1.06 | 2.51 | 4.52 | 2.99 | 92.02 |
| 4 | ⅥGS2015 | 72.54 | 0.20 | 14.43 | 1.12 | 0.94 | 0.09 | 0.32 | 0.58 | 4.08 | 4.76 | 0.05 | 0.97 | 100.08 | 8.84 | 1.17 | 0.25 | 1.72 | 1.02 | 2.41 | 4.11 | 1.77 | 93.25 |
| 6 | 2GS6158 | 72.84 | 0.20 | 14.49 | 0.80 | 1.21 | 0.06 | 0.34 | 1.40 | 3.66 | 3.78 | 0.08 | 1.04 | 99.90 | 7.44 | 1.03 | 0.29 | 1.77 | 0.96 | 3.02 | 5.33 | 2.29 | 94.09 |
| 7 | 2GS7126 | 69.72 | 0.35 | 14.48 | 1.46 | 2.51 | 0.05 | 0.84 | 1.22 | 3.18 | 5.48 | 0.10 | 0.00 | 99.39 | 8.66 | 1.72 | 0.10 | 1.88 | 0.94 | 2.91 | 4.61 | 0.79 | 93.01 |
| 8 | 2GS9048 | 73.62 | 0.10 | 14.56 | 1.12 | 0.68 | 0.02 | 0.29 | 1.34 | 3.58 | 3.82 | 0.07 | 0.40 | 99.60 | 7.40 | 1.07 | 0.37 | 1.65 | 0.95 | 3.48 | 4.94 | 4.31 | 92.44 |
| 9 | ⅥGS 2017-2 | 73.35 | 0.18 | 13.67 | 1.91 | 0.62 | 0.12 | 0.24 | 0.74 | 4.02 | 3.66 | 0.04 | 1.10 | 99.65 | 7.68 | 0.91 | 0.56 | 1.74 | 0.98 | 2.01 | 3.44 | 7.14 | 89.56 |
| 10 | 2GS5138 | 76.66 | 0.06 | 12.61 | 1.01 | 0.12 | 0.47 | 0.19 | 0.62 | 2.87 | 4.61 | 0.01 | 0.89 | 100.12 | 7.48 | 1.61 | 0.40 | 1.51 | 0.99 | 2.09 | 4.20 | 3.70 | 93.08 |
| 11 | 2GS5138 | 76.66 | 0.06 | 12.61 | 1.01 | 0.12 | 0.47 | 0.19 | 0.62 | 2.87 | 4.61 | 0.01 | 0.89 | 100.12 | 7.48 | 1.61 | 0.23 | 2.49 | 0.99 | 2.98 | 4.15 | 2.64 | 90.70 |
| 12 | ⅠP5GS8 | 75.54 | 0.12 | 12.44 | 0.47 | 1.10 | 0.03 | 0.24 | 0.48 | 5.46 | 3.34 | 0.07 | 0.71 | 100.00 | 8.80 | 0.61 | 0.35 | 3.04 | 1.01 | 2.39 | 2.60 | 6.37 | 81.21 |
| 13 | ⅠP5GS18 | 75.81 | 0.18 | 12.39 | 0.52 | 0.72 | 0.02 | 0.07 | 0.43 | 3.06 | 5.56 | 0.01 | 0.81 | 99.58 | 8.62 | 1.82 | 0.30 | 1.85 | 1.14 | 2.38 | 4.17 | 1.86 | 93.03 |

**续表 4-11**

| 序号 | 样品号 | $SiO_2$ | $TiO_2$ | $Al_2O_3$ | $Fe_2O_3$ | FeO | MnO | MgO | CaO | $Na_2O$ | $K_2O$ | $P_2O_5$ | LOS | Total | $Na_2O+K_2O$ | $K_2O/Na_2O$ | $Mg^{\#}$ | $FeO^{*}$ | A/CNK | σ | A.R | SI | DI |
|---|---|---|---|---|---|---|---|---|---|---|---|---|---|---|---|---|---|---|---|---|---|---|---|
| 14 | Ⅰ P5GS32 | 74.47 | 0.27 | 13.44 | 0.16 | 1.01 | 0.02 | 0.31 | 0.48 | 3.70 | 5.18 | 0.05 | 0.93 | 100.02 | 8.88 | 1.40 | 0.24 | 1.15 | 1.03 | 2.30 | 4.92 | 1.19 | 95.61 |
| 15 | 2P6GS11-3 | 75.64 | 0.15 | 12.32 | 1.64 | 1.22 | 0.05 | 0.20 | 0.30 | 3.50 | 4.86 | 0.02 | 0.09 | 99.99 | 8.36 | 1.39 | 0.37 | 2.72 | 1.05 | 2.16 | 3.03 | 6.23 | 86.49 |
| 16 | Ⅱ P5GS139 | 74.48 | 0.25 | 13.52 | 1.18 | 0.66 | 0.04 | 0.19 | 0.79 | 4.26 | 4.45 | 0.22 | 0.49 | 100.53 | 8.71 | 1.04 | 0.29 | 1.95 | 1.12 | 2.65 | 3.87 | 2.85 | 92.04 |
| 17 | Ⅱ P1GS115 | 73.76 | 0.30 | 13.35 | 0.98 | 0.89 | 0.04 | 0.27 | 0.74 | 3.86 | 5.78 | 0.10 | 0.49 | 100.56 | 9.64 | 1.50 | 0.27 | 1.93 | 1.15 | 1.86 | 2.76 | 3.47 | 87.50 |
| 18 | Ⅱ P1GS80 | 72.53 | 0.22 | 13.31 | 1.27 | 0.74 | 0.07 | 0.09 | 1.09 | 3.89 | 5.38 | 0.06 | 1.50 | 100.15 | 9.27 | 1.38 | 0.40 | 1.03 | 1.17 | 1.66 | 3.60 | 2.16 | 92.36 |
| 19 | I7094 | 71.09 | 0.28 | 14.03 | 0.07 | 1.59 | 0.04 | 0.52 | 0.86 | 4.65 | 5.23 | 1.52 | 0.77 | 100.65 | 9.88 | 1.12 | 0.40 | 1.03 | 1.17 | 1.66 | 3.60 | 2.16 | 92.36 |
| 20 | IGS2552a | 73.92 | 0.16 | 12.98 | 1.27 | 0.60 | 0.04 | 0.75 | 1.37 | 3.90 | 3.98 | 0.40 | 0.89 | 100.26 | 7.88 | 1.02 | 0.33 | 3.82 | 1.08 | 2.81 | 3.46 | 6.24 | 85.14 |
| 21 | Ⅱ P5GS43 | 75.70 | 0.19 | 12.67 | 1.13 | 0.49 | 0.01 | 0.38 | 0.77 | 4.07 | 4.20 | 0.04 | 0.90 | 100.55 | 8.27 | 1.03 | 0.31 | 1.69 | 1.16 | 1.79 | 2.74 | 3.06 | 88.19 |
| 22 | 6GS1009 | 71.48 | 0.18 | 14.10 | 1.11 | 1.49 | 0.08 | 0.32 | 0.97 | 4.32 | 4.90 | 0.08 | 1.55 | 100.58 | 9.22 | 1.13 | 0.23 | 2.34 | 1.15 | 1.94 | 3.28 | 2.30 | 90.48 |
| 23 | 4GS4 | 66.90 | 0.37 | 14.63 | 1.40 | 1.78 | 0.07 | 0.73 | 2.35 | 3.55 | 4.00 | 0.12 | 3.27 | 99.17 | 7.55 | 1.13 | 0.16 | 2.69 | 1.07 | 2.14 | 4.92 | 1.75 | 93.57 |
| 24 | 2GS 6068-1 | 75.45 | 0.10 | 13.30 | 1.53 | 0.65 | 0.05 | 0.28 | 1.00 | 3.50 | 4.46 | 0.02 | 0.26 | 100.60 | 7.96 | 1.27 | 0.28 | 2.03 | 1.07 | 1.95 | 3.51 | 2.69 | 90.66 |
| 25 | 2P10GS4 | 73.74 | 0.07 | 14.72 | 0.66 | 0.50 | 0.04 | 0.11 | 1.05 | 3.63 | 4.43 | 0.08 | 0.72 | 99.75 | 8.06 | 1.22 | 0.22 | 1.09 | 1.15 | 2.11 | 3.09 | 1.18 | 90.97 |
| 26 | Ⅱ P5GS4 | 65.14 | 0.66 | 15.88 | 2.20 | 2.45 | 0.10 | 1.43 | 3.51 | 3.54 | 3.48 | 0.13 | 2.09 | 100.61 | 7.02 | 0.98 | 0.43 | 4.43 | 0.99 | 2.23 | 2.14 | 10.92 | 72.42 |
| 27 | Ⅱ P5GS28 | 65.80 | 0.63 | 15.70 | 1.59 | 2.51 | 0.07 | 1.37 | 3.78 | 3.91 | 3.62 | 0.15 | 1.20 | 100.33 | 7.53 | 0.93 | 0.44 | 3.94 | 0.92 | 2.49 | 2.26 | 10.54 | 74.21 |
| 28 | 2GS6115 | 63.92 | 0.60 | 15.97 | 1.66 | 2.84 | 0.08 | 2.39 | 4.66 | 3.77 | 2.76 | 0.15 | 1.02 | 99.82 | 6.53 | 0.73 | 0.55 | 4.33 | 0.91 | 2.04 | 1.93 | 17.81 | 66.74 |

**表 4-12 额尔古纳中二叠世($P_2$)陆缘弧侵入岩稀土元素含量及主要参数** 单位:$\times10^{-6}$

| 序号 | 样品号 | La | Ce | Pr | Nd | Sm | Eu | Gd | Tb | Dy | Ho | Er | Tm | Yb | Lu | ΣREE | ΣLREE | ΣHREE | LREE/HREE | δEu |
|---|---|---|---|---|---|---|---|---|---|---|---|---|---|---|---|---|---|---|---|---|
| 1 | Ⅵ P12 GS61 | 33.20 | 118.00 | 6.67 | 29.00 | 7.40 | 0.47 | 9.98 | 1.82 | 12.20 | 2.36 | 8.34 | 1.26 | 7.16 | 1.04 | 253.20 | 194.74 | 44.16 | 4.41 | 0.17 |
| 2 | Ⅵ GS 1023-2 | 14.88 | 28.42 | 3.41 | 13.28 | 4.35 | 0.20 | 5.60 | 1.11 | 7.00 | 1.63 | 4.86 | 0.78 | 5.11 | 0.80 | 118.73 | 64.54 | 26.89 | 2.40 | 0.12 |
| 3 | Ⅵ GS 1022-1 | 49.67 | 86.60 | 8.34 | 26.29 | 5.25 | 0.91 | 4.59 | 0.74 | 3.48 | 0.77 | 2.28 | 0.34 | 2.10 | 0.33 | 208.99 | 177.06 | 14.63 | 12.10 | 0.55 |
| 4 | Ⅵ GS 2015 | 32.53 | 71.04 | 6.25 | 20.47 | 4.62 | 0.67 | 3.39 | 0.49 | 2.67 | 0.60 | 1.74 | 0.26 | 1.49 | 0.24 | 146.46 | 135.58 | 10.88 | 12.46 | 0.50 |
| 5 | Ⅵ Xt 1034-2 | 110.60 | 207.50 | 23.67 | 84.42 | 21.33 | 1.10 | 19.95 | 3.43 | 19.91 | 4.05 | 11.46 | 1.63 | 10.45 | 1.56 | 521.06 | 448.62 | 72.44 | 6.19 | 0.16 |
| 6 | 2GS 6158 | 58.63 | 103.40 | 10.53 | 39.55 | 5.83 | 1.54 | 4.68 | 0.65 | 3.16 | 0.50 | 1.20 | 0.17 | 1.05 | 0.16 | 231.05 | 219.48 | 11.57 | 18.97 | 0.87 |
| 7 | 2GS 7126 | 30.70 | 69.86 | 8.08 | 36.07 | 7.42 | 1.73 | 6.62 | 1.00 | 5.89 | 1.10 | 2.69 | 0.47 | 3.01 | 0.45 | 175.09 | 153.86 | 21.23 | 7.25 | 0.74 |
| 8 | 2GS 9048 | 8.73 | 15.20 | 1.77 | 8.94 | 1.81 | 1.11 | 1.68 | 0.28 | 1.73 | 0.40 | 1.24 | 0.18 | 1.46 | 0.15 | 44.68 | 37.56 | 7.12 | 5.28 | 1.92 |
| 9 | Ⅵ GS 2017-2 | 41.42 | 63.31 | 6.94 | 22.58 | 4.86 | 0.69 | 4.05 | 0.55 | 3.49 | 0.76 | 2.04 | 0.30 | 1.93 | 0.26 | 153.18 | 139.80 | 13.38 | 10.45 | 0.46 |
| 15 | 2P6GS 11-3 | 39.44 | 88.52 | 8.49 | 26.06 | 5.85 | 0.25 | 5.19 | 0.85 | 5.51 | 1.05 | 3.08 | 0.50 | 3.94 | 0.45 | 189.18 | 168.61 | 20.57 | 8.20 | 0.14 |

**表 4-13 额尔古纳中二叠世($P_2$)陆缘弧侵入岩微量元素含量及主要参数** 单位:$\times10^{-6}$

| 序号 | 样品号 | Sr | Rb | Ba | Th | Ta | Nb | Hf | Zr | Cr | Ni | Co | V | Y | Sc | Li | Rb/Sr | Zr/Hf |
|---|---|---|---|---|---|---|---|---|---|---|---|---|---|---|---|---|---|---|
| 1 | Ⅵ P12GS61 | 37 | 274.00 | 265.00 |  | 1.30 | 24.00 | 3.40 | 100.00 | 8.00 | 2.36 | 3.70 | 6.00 | 88.50 | 3.20 |  | 7.41 | 29.41 |
| 2 | Ⅵ GS1023-2 | 9 | 238.00 | 53.00 |  |  |  |  | 35.00 |  |  |  |  | 47.71 | 3.45 |  | 26.44 |  |
| 3 | Ⅵ GS1022-1 | 172 | 112.00 | 1105.00 |  |  |  | 11.00 | 146.00 |  |  |  | 9.00 | 20.85 | 2.45 |  | 0.65 | 13.27 |

续表 4-13

| 序号 | 样品号 | Sr | Rb | Ba | Th | Ta | Nb | Hf | Zr | Cr | Ni | Co | V | Y | Sc | Li | Rb/Sr | Zr/Hf |
|---|---|---|---|---|---|---|---|---|---|---|---|---|---|---|---|---|---|---|
| 4 | ⅥGS2015 | 219 | 174.00 | 880.00 | | | | 12.00 | 116.00 | | | | | 14.90 | 1.92 | | 0.79 | 9.67 |
| 5 | ⅥXt1034-2 | 59 | 268.00 | 286.00 | | | | 13.00 | 256.00 | | | | | 109.80 | 4.83 | | 4.54 | 19.69 |
| 6 | 2GS6158 | 319.4 | 102.20 | 1013.00 | 10.00 | | 11.30 | | 129.70 | 4.10 | 2.60 | 5.00 | 12.40 | 29.39 | | 55.70 | 0.32 | |
| 7 | 2GS7126 | | | | | | | | | | | | | 28.33 | | | | |
| 8 | 2GS9048 | 290.6 | 84.70 | 767.00 | 3.20 | | 4.50 | | 56.90 | 2.60 | 0.50 | 3.70 | 2.50 | 12.16 | | 9.60 | 0.29 | |
| 9 | ⅥGS2017-2 | 102 | 139.00 | 734.00 | | | | 11.00 | 134.00 | | | 6.00 | 9.00 | 20.20 | 1.62 | | 1.36 | 12.18 |
| 15 | 2P6GS11-3 | 85.91 | 247.00 | 330.10 | 32.81 | | 20.39 | | 193.50 | 6.33 | 4.49 | 4.76 | 10.98 | 30.75 | | 33.01 | 2.88 | |

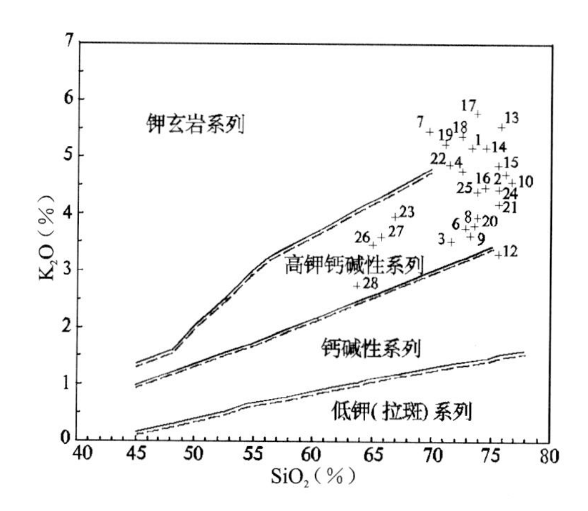


图 4-23 $K_2O$-$SiO_2$ 图解

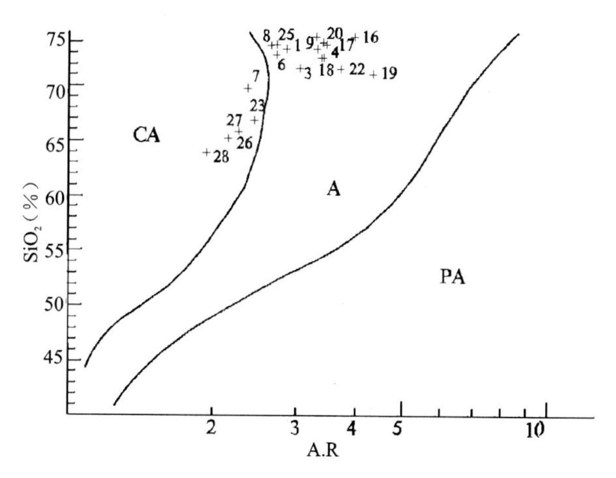


图 4-24 碱度率图解(据 Wright,1969)

CA. 钙碱性;A. 碱性;PA. 过碱性

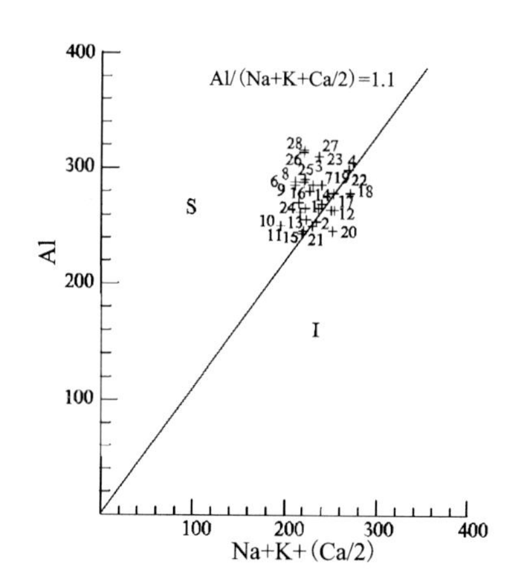


图 4-25 S 型、I 型花岗岩判别图解

I. I 型花岗岩;S. S 型花岗岩

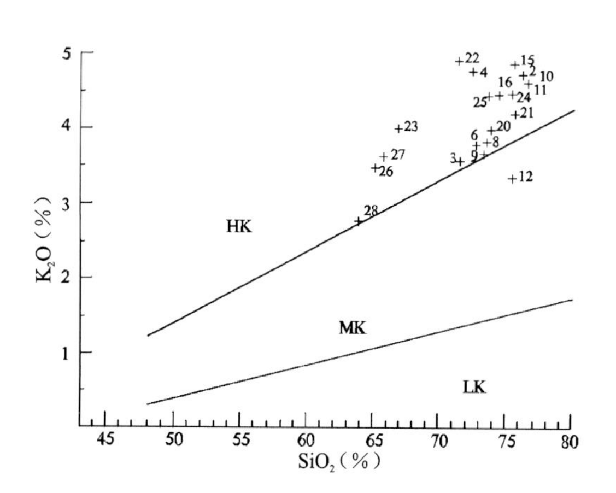


图 4-26 $K_2O$-$SiO_2$ 变异图(据 Le Maitre,1988)

HK. 高钾岩系;MK. 中钾岩系;LK. 低钾岩系

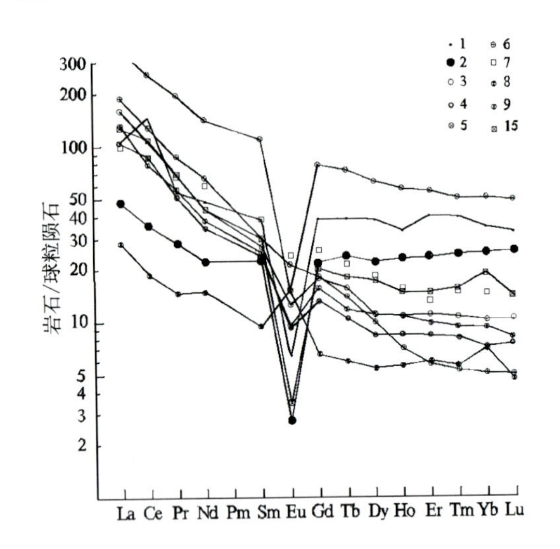


图 4-27　岩石稀土元素/球粒陨石标准化模式图
（据 Coryell,1963）

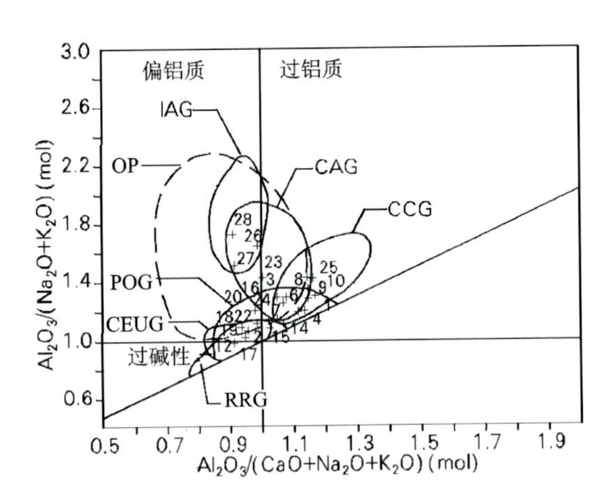


图 4-28　山德指数(Shamd′s indel)图解
IAG. 岛弧；CAG. 大陆弧；CCG. 大陆碰撞；POG. 后造山；
RRG. 裂谷系；CEUG. 大陆造陆隆升；OP. 大洋

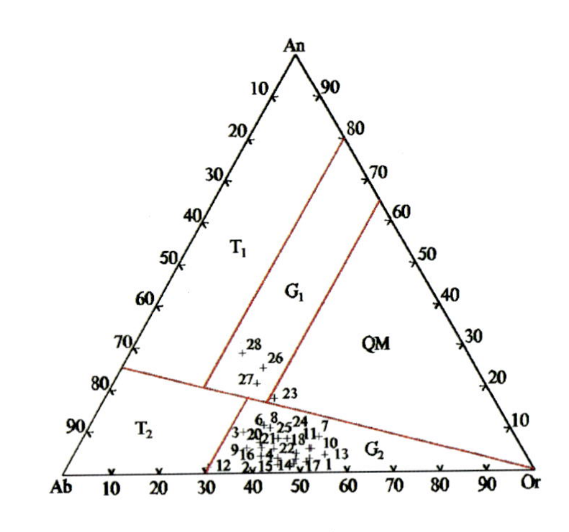


图 4-29　An-Ab-Or 分类图解(据 Johannes 等,1996)
$T_1$. 英云闪长岩；$T_2$. 奥长花岗岩；
$G_1$. 花岗闪长岩；$G_2$. 花岗岩；QM. 石英二长岩

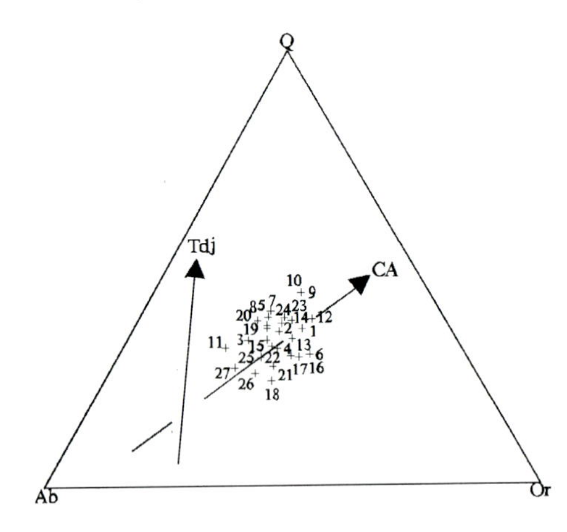


图 4-30　Q-Ab-Or 图解(据邓晋福,2004)
Tdj. 奥长花岗岩类演化趋势；CA. 钙碱性演化趋势

6)早三叠世碰撞型高钾和钾玄岩质花岗岩组合

该组合分布于奇乾乡地区，沿北东向乌玛-毛河断裂呈岩基或岩株产出，侵入二叠纪侵入岩，被侏罗系覆盖。包括含斑中细粒角闪黑云母花岗岩和似斑状中粒黑云母二长花岗岩建造，含定向排列的闪长质包体。成因类型为壳幔混合源。U-Pb 同位素年龄为(247±5)Ma。根据岩石化学数据(表 4-14～表 4-16)进行了计算和图解分析。岩石主要为高钾钙碱性系列(图 4-31)，在图 4-32 中位于 S 型花岗岩区，在图 4-33 中位于火山弧和同碰撞花岗岩区，在图 4-34 中位于大陆弧和大陆碰撞花岗岩区。综合研判为同碰撞或后碰撞构造环境的产物。

表 4-14　早三叠世($T_1$)奇乾碰撞型侵入岩岩石化学成分含量及主要参数　　单位：%

| 序号 | 样品号 | $SiO_2$ | $TiO_2$ | $Al_2O_3$ | $Fe_2O_3$ | FeO | MnO | MgO | CaO | $Na_2O$ | $K_2O$ | $P_2O_5$ | LOS | Total | $Na_2O+K_2O$ | $K_2O/Na_2O$ | $Mg^{\#}$ | $FeO^*$ | A/CNK | σ | A. R | SI | DI |
|---|---|---|---|---|---|---|---|---|---|---|---|---|---|---|---|---|---|---|---|---|---|---|---|
| 1 | 2GS8125-1 | 75.63 | 0.12 | 12.93 |  | 1.42 | 0.04 | 0.18 | 0.7 | 3.67 | 4.56 | 0.03 | 0.26 | 99.54 | 8.23 | 1.24 | 0.17 | 1.42 | 1.07 | 2.08 | 4.05 | 1.83 | 92.24 |
| 2 | 2GS5165 | 73.33 | 0.2 | 14.07 | 0.93 | 0.73 | 0.04 | 0.31 | 1.11 | 3.24 | 4.91 | 0.05 | 0.86 | 99.78 | 8.15 | 1.52 | 0.34 | 1.57 | 1.11 | 2.19 | 3.32 | 3.06 | 88.75 |
| 3 | 2P21GS29-2 | 69.17 | 0.5 | 15.41 | 0.83 | 1.5 | 0.02 | 0.81 | 2.92 | 3.61 | 3.99 | 0.13 | 1.02 | 99.91 | 7.60 | 1.11 | 0.44 | 2.25 | 0.99 | 2.21 | 2.42 | 7.54 | 78.53 |

续表 4-14

| 序号 | 样品号 | $SiO_2$ | $TiO_2$ | $Al_2O_3$ | $Fe_2O_3$ | FeO | MnO | MgO | CaO | $Na_2O$ | $K_2O$ | $P_2O_5$ | LOS | Total | $Na_2O+K_2O$ | $K_2O/Na_2O$ | $Mg^{\#}$ | $FeO^{*}$ | A/CNK | σ | A.R | SI | DI |
|---|---|---|---|---|---|---|---|---|---|---|---|---|---|---|---|---|---|---|---|---|---|---|---|
| 4 | 2GS1105a | 69.28 | 0.46 | 15.31 | 1.94 | 2.08 | 0.1 | 0.01 | 2.5 | 3.46 | 3.84 | 0.1 | 0.09 | 99.17 | 7.30 | 1.11 | 0.00 | 3.82 | 1.06 | 2.03 | 2.39 | 0.09 | 81.02 |
| 5 | 2GS8102a | 68.3 | 0.35 | 15.33 | 1.21 | 2.51 | 0.08 | 0.7 | 2.56 | 3.93 | 3.26 | 0.09 | 1.13 | 99.45 | 7.19 | 0.83 | 0.29 | 3.60 | 1.04 | 2.04 | 2.34 | 6.03 | 78.91 |
| 6 | 2GS6100 | 74.22 | 0.09 | 11.95 | 4.32 | 0.5 | 0.08 | 0.53 | 0.53 | 3.5 | 4.44 | 0.02 |  | 100.18 | 7.94 | 1.27 | 0.29 | 4.38 | 1.04 | 2.02 | 4.50 | 3.99 | 89.49 |
| 7 | 2GS7113-1 | 66.56 | 0.5 | 15.88 | 2.6 | 2.98 | 0.08 | 1.31 | 2.92 | 3.42 | 3.66 | 0.1 |  | 100.01 | 7.08 | 1.07 | 0.37 | 5.32 | 1.07 | 2.13 | 2.21 | 9.38 | 73.68 |
| 8 | 2GS8118 | 64.47 | 0.67 | 16 | 0.89 | 2.65 | 0.06 | 2.01 | 4.56 | 3.87 | 3.35 | 0.2 | 0.81 | 99.54 | 7.22 | 0.87 | 0.54 | 3.45 | 0.88 | 2.43 | 2.08 | 15.74 | 69.88 |
| 9 | 2GS8120-1 | 70.98 | 0.2 | 14.41 | 1.4 | 1.44 | 0.03 | 0.68 | 1.39 | 3.5 | 4.22 | 0.06 | 0.4 | 98.71 | 7.72 | 1.21 | 0.38 | 2.70 | 1.12 | 2.13 | 2.91 | 6.05 | 85.85 |
| 10 | 2P3GS3-6 | 71.9 | 0.25 | 14.33 | 1.17 | 1.87 | 0.05 | 0.72 | 1.45 | 3.46 | 4.48 | 0.1 | 0.31 | 100.09 | 7.94 | 1.29 | 0.36 | 2.92 | 1.08 | 2.18 | 3.03 | 6.15 | 85.51 |
| 11 | 2GS5049 | 61.16 | 0.82 | 17.09 | 3.3 | 3.06 | 0.11 | 1.79 | 3.71 | 3.88 | 3.9 | 0.28 |  | 99.10 | 7.78 | 1.01 | 0.42 | 6.03 | 0.99 | 3.33 | 2.20 | 11.24 | 68.74 |
| 12 | 2GS5089-1 | 69.38 | 0.32 | 15.33 | 2.63 | 1.68 | 0.06 | 0.41 | 1.03 | 3.66 | 4.89 | 0.06 |  | 99.45 | 8.55 | 1.34 | 0.21 | 4.04 | 1.16 | 2.77 | 3.19 | 3.09 | 86.09 |
| 13 | 2XT6173 | 66.65 | 0.81 | 14.57 | 0.53 | 3.54 | 0.08 | 2.01 | 4.1 | 2.89 | 3.76 | 0.18 | 0.54 | 99.66 | 6.65 | 1.30 | 0.49 | 4.02 | 0.89 | 1.87 | 2.11 | 15.79 | 70.00 |
| 16 | 6GS5028 | 52.28 | 2.1 | 16.76 | 7.69 | 1.63 | 0.73 | 3.92 | 1.54 | 1.25 | 6.5 | 0.3 | 4.8 | 99.50 | 7.75 | 5.20 | 0.59 | 8.54 | 1.41 | 6.47 | 2.47 | 18.68 | 62.35 |
| 17 | 2P28GS10 | 73.01 | 0.21 | 14.09 | 0.31 | 1.52 | 0.05 | 0.39 | 1.21 | 4.17 | 3.8 | 0.06 | 0.58 | 99.40 | 7.97 | 0.91 | 0.30 | 1.80 | 1.07 | 2.12 | 3.17 | 3.83 | 88.96 |
| 18 | 2GS7213 | 73.23 | 0.25 | 14.37 | 0.99 | 1.02 | 0.04 | 0.43 | 1.7 | 2.86 | 4.36 | 0.13 | 0.47 | 99.85 | 7.22 | 1.52 | 0.36 | 1.91 | 1.16 | 1.72 | 2.63 | 4.45 | 86.03 |

表 4-15 早三叠世($T_1$)奇乾碰撞型侵入岩稀土元素含量及主要参数 单位:$\times10^{-6}$

| 序号 | 样品号 | La | Ce | Pr | Nd | Sm | Eu | Gd | Tb | Dy | Ho | Er | Tm | Yb | Lu | ΣREE | ΣLREE | ΣHREE | LREE/HREE | δEu |
|---|---|---|---|---|---|---|---|---|---|---|---|---|---|---|---|---|---|---|---|---|
| 1 | 2GS 8125-1 | 37.4 | 52.6 | 4.6 | 16.93 | 3.27 | 0.35 | 3.39 | 0.67 | 4.08 | 0.93 | 2.55 | 0.44 | 3.17 | 0.47 | 145.15 | 115.15 | 15.70 | 7.33 | 0.32 |
| 2 | 2GS5165 | 30.02 | 42.4 | 3.94 | 13 | 2.17 | 0.6 | 1.56 | 0.22 | 1.03 | 0.16 | 0.41 | 0.06 | 0.38 | 0.06 | 123.31 | 92.13 | 3.88 | 23.74 | 0.95 |
| 3 | 2P21GS 29-2 | 40.09 | 79.13 | 7.96 | 29.38 | 4.78 | 1.45 | 3.96 | 0.51 | 2.29 | 0.36 | 0.8 | 0.11 | 0.71 | 0.09 | 188.92 | 162.79 | 8.83 | 18.44 | 0.99 |
| 5 | 2GS 8102a | 43.04 | 74.55 | 7.93 | 28.48 | 6.04 | 0.85 | 5.12 | 0.82 | 5.1 | 1.11 | 3.3 | 0.56 | 3.95 | 0.52 | 181.37 | 160.89 | 20.48 | 7.86 | 0.46 |
| 6 | 2GS 6100 | 11.07 | 22.91 | 2.52 | 9.67 | 2.16 | 0.16 | 2.52 | 0.55 | 4.26 | 0.9 | 2.62 | 0.46 | 3.21 | 0.43 | 63.44 | 48.49 | 14.95 | 3.24 | 0.21 |
| 7 | 2GS 7113-1 | 44.97 | 76.97 | 8.78 | 29.16 | 5.42 | 1.02 | 3.48 | 0.5 | 2.58 | 0.51 | 1.28 | 0.24 | 1.44 | 0.22 | 176.57 | 166.32 | 10.25 | 16.23 | 0.67 |
| 9 | 2GS 8120-1 | 36.56 | 70.25 | 7.69 | 27.93 | 5.4 | 0.81 | 3.64 | 0.5 | 2.42 | 0.42 | 0.88 | 0.15 | 0.98 | 0.13 | 157.76 | 148.64 | 9.12 | 16.30 | 0.53 |
| 10 | 2P3GS 3-6 | 37.65 | 78.6 | 8.88 | 31.28 | 5.87 | 0.95 | 4.68 | 0.65 | 3.12 | 0.49 | 1.38 | 0.23 | 1.48 | 0.2 | 175.46 | 163.23 | 12.23 | 13.35 | 0.54 |
| 12 | 2GS 5089-1 | 85.21 | 164.8 | 18.48 | 64.26 | 10.85 | 0.92 | 8.05 | 1.19 | 6.46 | 1.13 | 2.73 | 0.46 | 3.14 | 0.43 | 368.11 | 344.52 | 23.59 | 14.60 | 0.29 |
| 13 | 2XT 6173 | 59.58 | 135.9 | 13.44 | 53.16 | 9.13 | 1.81 | 7.66 | 1.18 | 6.4 | 1.11 | 2.7 | 0.39 | 2.56 | 0.34 | 295.36 | 273.02 | 22.34 | 12.22 | 0.64 |
| 14 | 2P28 XT10 | 26.72 | 84.93 | 5.4 | 19.72 | 3.32 | 0.47 | 3.3 | 0.52 | 2.87 | 0.63 | 1.78 | 0.28 | 2.03 | 0.3 | 152.27 | 140.56 | 11.71 | 12.00 | 0.43 |
| 15 | 2NP1 XT16 | 36.02 | 67.44 | 7.66 | 28.91 | 5.47 | 1.65 | 3.88 | 0.5 | 2.16 | 0.4 | 0.95 | 0.13 | 0.84 | 0.11 | 156.12 | 147.15 | 8.97 | 16.40 | 1.04 |
| 18 | 2GS 7213 | 36.23 | 66.16 | 7.08 | 26.62 | 4.51 | 1.15 | 3.37 | 0.41 | 1.82 | 0.32 | 0.73 | 0.08 | 0.5 | 0.07 | 169.65 | 141.75 | 7.30 | 19.42 | 0.87 |

表 4-16 早三叠世($T_1$)奇乾碰撞型侵入岩微量元素含量及主要参数 单位:$\times10^{-6}$

| 序号 | 样品号 | Sr | Rb | Ba | Th | Nb | Zr | Cr | Ni | Co | V | U | Y | Li | Sc | Li | Rb/Sr | Zr/Hf |
|---|---|---|---|---|---|---|---|---|---|---|---|---|---|---|---|---|---|---|
| 1 | 2GS8125-1 | 200.1 | 148.3 | 618.4 | 16.7 | 10.5 | 155.3 | 12.8 | 4.2 | 4.6 | 20.9 |  | 49.13 | 21.9 | 3.20 |  | 0.74 | 0.33 |
| 2 | 2GS5165 |  |  |  |  |  |  |  |  |  |  |  | 6.11 |  | 3.45 |  |  |  |

**续表 4-16**

| 序号 | 样品号 | Sr | Rb | Ba | Th | Nb | Zr | Cr | Ni | Co | V | U | Y | Li | Sc | Li | Rb/Sr | Zr/Hf |
|---|---|---|---|---|---|---|---|---|---|---|---|---|---|---|---|---|---|---|
| 3 | 2P21GS29-2 | | | | | | | | | | | | 17.48 | | 2.45 | | | |
| 5 | 2GS8102a | | | | | | | | | | | | 32.08 | | 1.92 | | | |
| 6 | 2GS6100 | | | | | | | | | | | | 25.57 | | 4.83 | | | |
| 7 | 2GS7113-1 | 163.2 | 147.5 | 1191.5 | 22.6 | 41.9 | 989.5 | 8.3 | 15.2 | 5 | 17.4 | | 14.01 | 7.5 | | 55.70 | 0.90 | 1.83 |
| 9 | 2GS8120-1 | | | | | | | | | | | | 11.49 | | | | | |
| 10 | 2P3GS3-6 | 319.8 | 140 | 841.3 | 12.22 | 11.99 | 171.3 | 12.89 | 4.69 | 5.17 | 25.59 | | 15.27 | 34.48 | | 9.60 | 0.44 | 0.36 |
| 12 | 2GS5089-1 | 387.9 | 119.9 | 845.5 | 12.13 | 12.18 | 202.4 | 9.2 | 4.73 | 6.08 | 31.28 | | 30.95 | 23.93 | 1.62 | | 0.31 | 0.51 |
| 13 | 2XT6173 | | | | | | | | | | | 56.25 | | | | 33.01 | | |
| 14 | 2P28XT10 | | | | | | | | | | | | 26.12 | | 2.91 | 32.77 | | |
| 15 | 2NP1XT16 | | | | | | | | | | | | 17.87 | | | 12.70 | | |
| 18 | 2GS7213 | | | | | | | | | | | | 16.1 | | | 12.70 | | |

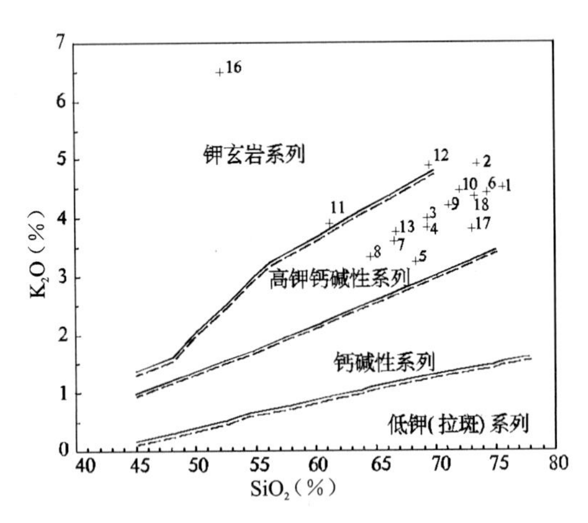


图 4-31　$K_2O$-$SiO_2$ 图解

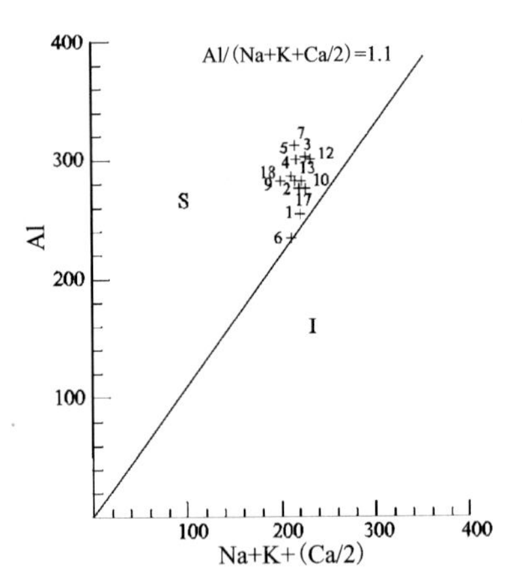


图 4-32　S 型、I 型花岗岩判别图解

I. I 型花岗岩；S. S 型花岗岩

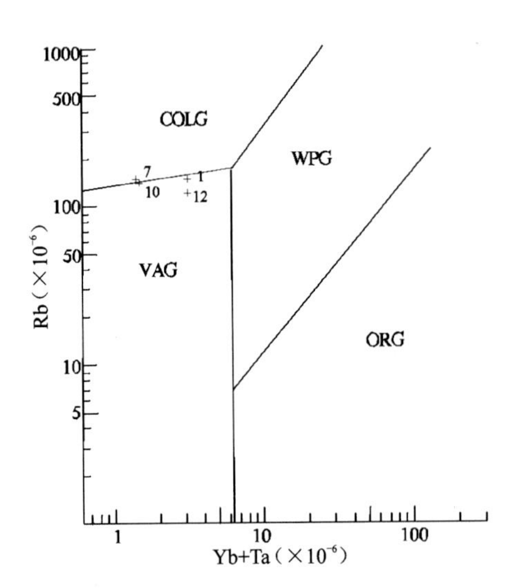


图 4-33　不同类型花岗岩的 Rb-Yb+Ta 图解

(据 Pearce，1984)

ORG. 洋脊花岗岩；WPG. 板内花岗岩；

VAG. 火山弧花岗岩；COLG. 同碰撞花岗岩

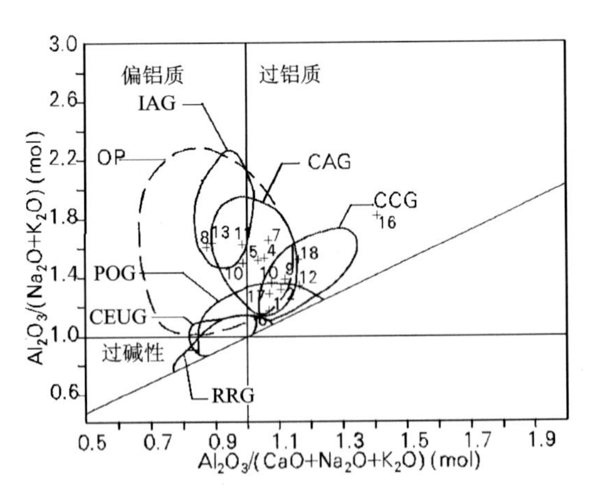


图 4-34　山德指数(Shamd′s indel)图解

IAG. 岛弧；CAG. 大陆弧；CCG. 大陆碰撞；POG. 后造山；

RRG. 裂谷系；CEUG. 大陆造陆隆升；OP. 大洋

7)早侏罗世后造山型碱性—钙碱性花岗岩组合

该组合分布于本亚带西北部八卡，沿北东向额尔古纳河断裂产出，侵入二叠纪花岗岩和三叠纪花岗闪长岩。U-Pb 同位素年龄(200±11.9)Ma。由黑云母二长花岗岩建造构成，具似斑状或含斑状构造及中细粒、中粒结构，不同结构的岩石之间呈环状或半环状套叠式形态产出，早期岩体发育边界平行的由暗色矿物组成的片麻岩条带。根据岩石化学数据(表 4-17～表 4-19)和图解分析，岩石系列为高钾钙碱系列(图 4-35)，$K_2O$ 含量高达 7.45%，参数 A/CNK<1.1，成因类型为壳幔混合源(图 4-36)，在山德指数图解中位于大陆弧和后造山区交会部位(图 4-37)，稀土配分曲线显示轻稀土相对富集，少量正 Eu 异常(图 4-38)。总体上判断为后造山构造环境。

表 4-17 早侏罗世($J_1$)八道卡大陆伸展侵入岩岩石化学成分含量及主要参数 单位:%

| 序号 | 样品号 | $SiO_2$ | $TiO_2$ | $Al_2O_3$ | $Fe_2O_3$ | FeO | MnO | MgO | CaO | $Na_2O$ | $K_2O$ | $P_2O_5$ | LOS | Total | $Na_2O+K_2O$ | $K_2O/Na_2O$ | $Mg^\#$ | $FeO^*$ | A/CNK | $\sigma$ | A.R | SI | DI |
|---|---|---|---|---|---|---|---|---|---|---|---|---|---|---|---|---|---|---|---|---|---|---|---|
| 1 | 2P19GS51-1 | 70.09 | 0.45 | 14.83 | 0.47 | 1.74 | 0.03 | 0.66 | 2.04 | 3.82 | 4.2 | 0.11 | 0.93 | 99.37 | 8.02 | 1.10 | 0.37 | 2.16 | 1.01 | 2.37 | 2.81 | 6.06 | 83.82 |
| 2 | 6GS54-1 | 74.86 | 0.3 | 12.75 | 1.54 | 1.55 | 0.04 | 0.12 | 0.37 | 3.55 | 5.2 | 0.3 | 0.9 | 101.48 | 8.75 | 1.46 | 0.09 | 2.93 | 1.05 | 2.40 | 5.00 | 1.00 | 91.70 |
| 3 | 2P23GSTc30 | 72.31 | 0.18 | 14.25 | 0.78 | 0.2 | 0.01 | 0.05 | 0.81 | 2.42 | 7.45 | 0.25 | 0.65 | 99.36 | 9.87 | 3.08 | 0.12 | 0.90 | 1.06 | 3.32 | 4.80 | 0.46 | 92.28 |

表 4-18 早侏罗世($J_1$)八道卡大陆伸展侵入岩稀土元素含量及主要参数 单位:$\times10^{-6}$

| 序号 | 样品号 | La | Ce | Pr | Nd | Sm | Eu | Gd | Tb | Dy | Ho | Er | Tm | Yb | Lu | ΣREE | ΣLREE | ΣHREE | LREE/HREE | δEu |
|---|---|---|---|---|---|---|---|---|---|---|---|---|---|---|---|---|---|---|---|---|
| 1 | 2P19GS51-1 | 32.01 | 64.26 | 6.47 | 24.39 | 3.87 | 1.45 | 2.85 | 0.37 | 1.56 | 0.3 | 0.76 | 0.08 | 0.54 | 0.07 |  | 132.45 | 6.53 | 20.28 | 1.28 |
| 2 | 2P19XT27 | 20 | 49.73 | 5.47 | 17.74 | 3.31 | 1.12 | 2.29 | 0.29 | 1.43 | 0.23 | 0.62 | 0.08 | 0.51 | 0.07 |  | 97.37 | 5.52 | 17.64 | 1.18 |
| 3 | 2P19XT16-2 | 17.19 | 41.76 | 5 | 16.87 | 2.97 | 0.87 | 2.25 | 0.31 | 1.48 | 0.26 | 0.67 | 0.09 | 0.53 | 0.08 |  | 84.66 | 5.67 | 14.93 | 0.99 |
| 4 | 2P19XT4-3 | 26.83 | 55.79 | 6.35 | 21.48 | 3.46 | 1 | 2.69 | 0.35 | 1.75 | 0.26 | 0.66 | 0.09 | 0.55 | 0.09 |  | 114.91 | 6.44 | 17.84 | 0.97 |

表 4-19 早侏罗世($J_1$)八道卡大陆伸展侵入岩微量元素含量及主要参数 单位:$\times10^{-6}$

| 序号 | 样品号 | Sr | Rb | Ba | Th | Nb | Zr | Cr | Ni | Co | V | Y | Sc | B | Li | Rb/Sr |
|---|---|---|---|---|---|---|---|---|---|---|---|---|---|---|---|---|
| 1 | 2P19GS51-1 | 516.3 | 139.9 | 1326 | 12.5 | 8.7 | 219.3 | 5.1 | 3.4 | 2.8 | 32.7 | 13.3 | 0.6 | 54.6 |  | 0.27 |
| 2 | 2P19XT27 | 378.4 | 129.7 | 951.6 | 15.4 | 8.4 | 142.1 | 5.4 | 2.4 | 2.8 | 12.3 | 11.2 |  |  | 33.4 | 0.34 |
| 3 | 2P19XT16-2 | 367.5 | 128.7 | 965.7 | 14.3 | 8.8 | 139.6 | 5.1 | 2.5 | 2.3 | 13.4 | 11.1 |  |  | 36.4 | 0.35 |
| 4 | 2P19XT4-3 | 275.7 | 58.6 | 767 | 13.3 | 9.9 | 117.6 | 4.9 | 2.5 | 1.9 | 9.9 | 11.9 |  |  | 47.9 | 0.21 |

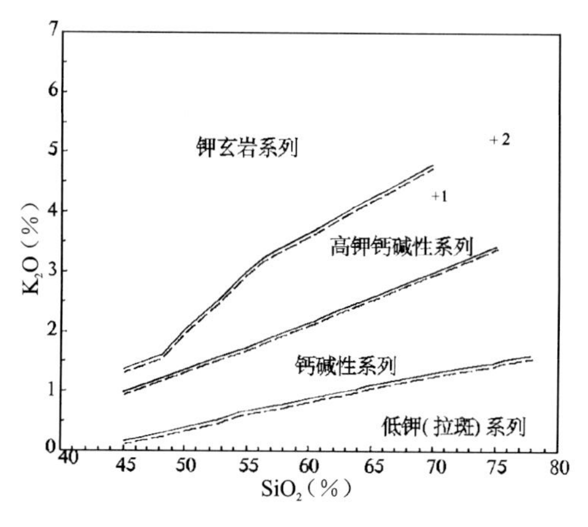


图 4-35 岩石系列 $K_2O$-$SiO_2$ 图解

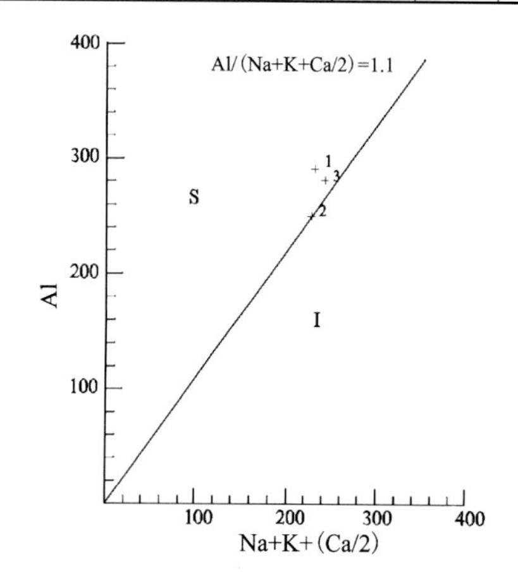


图 4-36 S 型、I 型花岗岩判别图解

I. I 型花岗岩；S. S 型花岗岩

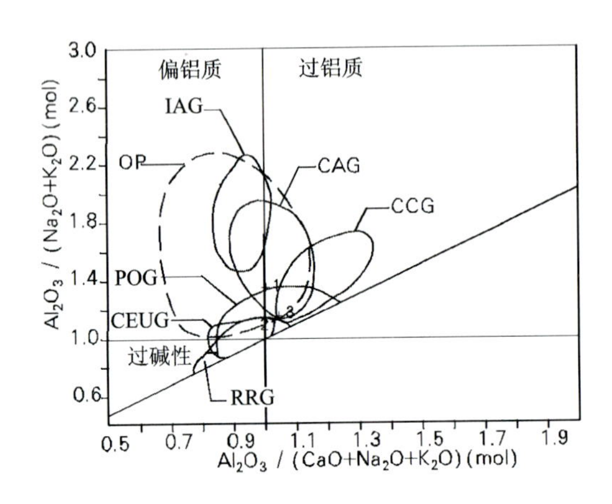


图 4-37　山德指数(Shamd's indel)花岗岩环境图解

IAG. 岛弧;CAG. 大陆弧;CCG. 大陆碰撞;POG. 后造山;RRG. 裂谷系;CEUG. 大陆造陆隆升;OP. 大洋

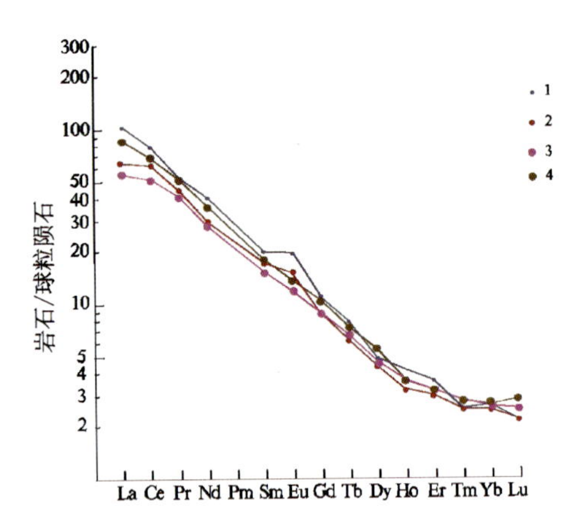


图 4-38　岩石稀土元素/球粒陨石标准化模式图

(据 Coryell,1963)

8)中侏罗世碰撞型辉长岩-闪长岩-花岗岩组合

该组合零星分布于本亚带北部黄火地—阿龙山镇地区,侵入于石炭纪花岗岩,被上侏罗统满克头鄂博组覆盖。由辉长岩、微细粒—细粒—中细粒闪长岩、中粒二长花岗岩建造组成,后两者呈相互过渡、相互穿插、相互包裹状态产出,U-Pb 同位素年龄分别为 167Ma 和 164Ma。根据岩石化学数据(表 4-20～表 4-22)进行计算和投图,在图 4-39、图 4-40 中,中基性岩为碱性、拉斑和钙碱性系列,酸性岩为高钾钙碱性系列。在图 4-41 中位于 $G_2$ 区,在图 4-42 中位于岛弧和大陆弧区。基性岩视为幔源成因,中性岩含大量角闪石视为混合源,酸性岩与之共生,总体视为壳幔混合源。综合研判构造环境为碰撞型(后碰撞)活动大陆边缘弧。

**表 4-20　中侏罗世($J_2$)黄火地陆缘弧侵入岩岩石化学成分含量及主要参数**　　单位:%

| 序号 | 样品号 | $SiO_2$ | $TiO_2$ | $Al_2O_3$ | $Fe_2O_3$ | FeO | MnO | MgO | CaO | $Na_2O$ | $K_2O$ | $P_2O_5$ | LOS | Total | $Na_2O$ +$K_2O$ | $K_2O$/ $Na_2O$ | $Mg^{\#}$ | $FeO^*$ | A/CNK | σ | A. R | SI | DI |
|---|---|---|---|---|---|---|---|---|---|---|---|---|---|---|---|---|---|---|---|---|---|---|---|
| 1 | P11GS1 | 49.80 | 1.21 | 19.10 | 3.92 | 6.89 | 0.10 | 4.32 | 5.56 | 4.33 | 1.76 | 0.48 | 2.48 | 99.95 | 6.09 | 0.41 | 0.29 | 10.41 | 0.99 | 5.45 | 1.66 | 20.36 | 48.26 |
| 2 | P11GS32 | 57.20 | 0.93 | 17.90 | 2.97 | 4.25 | 0.08 | 2.76 | 4.88 | 4.83 | 1.89 | 0.43 | 1.66 | 99.83 | 8.27 | 1.13 | 0.29 | 6.92 | 0.95 | 3.18 | 1.84 | 16.53 | 59.72 |
| 3 | P11GS53 | 74.30 | 0.29 | 13.20 | 0.90 | 1.38 | 0.03 | 0.43 | 1.15 | 3.75 | 4.63 | 0.01 | 0.18 | 99.84 | 8.58 | 1.18 | 0.16 | 2.19 | 0.98 | 2.24 | 3.81 | 3.88 | 90.12 |
| 4 | C2AP10 GS91 | 46.20 | 3.02 | 11.97 | 3.40 | 10.32 | 0.16 | 3.17 | 7.78 | 3.19 | 2.14 | 1.30 | 6.46 | 99.84 | 8.64 | 1.20 | 0.19 | 13.38 | 0.55 | 8.88 | 1.74 | 14.27 | 43.23 |
| 5 | IP17—E5 | 68.28 | 0.42 | 15.47 | 3.71 | 2.09 |  | 0.80 | 1.95 | 4.00 | 3.82 |  |  | 99.84 | 8.53 | 1.18 | 1.00 | 5.43 | 1.08 | 2.42 | 2.63 | 5.55 | 79.71 |

**表 4-21　中侏罗世($J_2$)黄火地陆缘弧侵入岩稀土元素含量及主要参数**　　单位:$\times10^{-6}$

| 序号 | 样品号 | La | Ce | Pr | Nd | Sm | Eu | Gd | Tb | Dy | Ho | Er | Tm | Yb | Lu | ∑REE | ∑LREE | ∑HREE | LREE/ HREE | δEu |
|---|---|---|---|---|---|---|---|---|---|---|---|---|---|---|---|---|---|---|---|---|
| 1 | P11GS1 | 30.3 | 56 | 8.53 | 40.8 | 8.91 | 1.98 | 7.09 | 1.68 | 6.5 | 1.35 | 3.78 | 0.48 | 2.74 | 0.4 | 170.54 | 146.52 | 24.02 | 6.10 | 0.74 |
| 2 | P11GS32 | 33.3 | 61 | 9.57 | 45 | 9.48 | 1.79 | 8.07 | 1.47 | 7.7 | 1.59 | 4.33 | 0.55 | 2.99 | 0.46 | 187.30 | 160.14 | 27.16 | 5.90 | 0.61 |
| 3 | P11GS53 | 32.9 | 53 | 6.49 | 24.7 | 5.34 | 0.6 | 3.62 | 0.62 | 3.9 | 0.87 | 2.44 | 0.34 | 2.09 | 0.32 | 137.23 | 123.03 | 14.20 | 8.66 | 0.39 |
| 4 | C2AP10 GS91 | 48.5 | 92.6 | 12.1 | 49 | 11.7 | 2.96 | 9.23 | 1.54 | 7.78 | 1.56 | 4.31 | 0.56 | 3.24 | 0.53 | 245.61 | 216.86 | 28.75 | 7.54 | 0.84 |

**表 4-22　中侏罗世($J_2$)黄火地陆缘弧侵入岩微量元素含量及主要参数**　　单位:$\times10^{-6}$

| 序号 | 样品号 | Sr | Rb | Ba | Th | Ta | Nb | Hf | Zr | Cr | Ni | Co | V | U | Y | Sc | Ga | B | Li | Rb/Sr | U/Th | Zr/Hf |
|---|---|---|---|---|---|---|---|---|---|---|---|---|---|---|---|---|---|---|---|---|---|---|
| 1 | P11GS1 | 1290.00 | 49.00 | 880 | 5.90 | 1.60 | 16.00 | 6.20 | 280 | 11.40 | 10.90 | 25.60 | 200.00 | 0.9 | 26 | 22 | 27 |  | 43.4 | 0.04 | 0.15 | 45.16 |

续表 4-22

| 序号 | 样品号 | Sr | Rb | Ba | Th | Ta | Nb | Hf | Zr | Cr | Ni | Co | V | U | Y | Sc | Ga | B | Li | Rb/Sr | U/Th | Zr/Hf |
|---|---|---|---|---|---|---|---|---|---|---|---|---|---|---|---|---|---|---|---|---|---|---|
| 2 | P11GS32 | 870.00 | 60.00 | 650 | 10.00 | 1.50 | 18.00 | 10.00 | 390 | 34.10 | 5.40 | 15.20 | 130.00 | 2.3 | 31 | 17 | 35 | 4.6 | 38.6 | 0.07 | 0.23 | 39.00 |
| 3 | P11GS53 | 290.00 | 136.00 | 905 | 19.00 | 2.60 | 18.00 | 5.20 | 190 | 33.70 | 7.70 | 1.40 | 10.00 | 2.8 | 18 | 3.8 | 31 | 8.3 | 9.15 | 0.47 | 0.15 | 36.54 |
| 4 | C2AP10 GS91 | 355.00 | 67.20 | 955 | 10.00 | 2.20 | 27.00 | 8.40 | 330 | 17.90 | 1.90 | 25.20 | 265.00 | 1.3 | 34.4 | 30 | 20 | 11 | 15.6 | 0.19 | 0.13 | 39.29 |

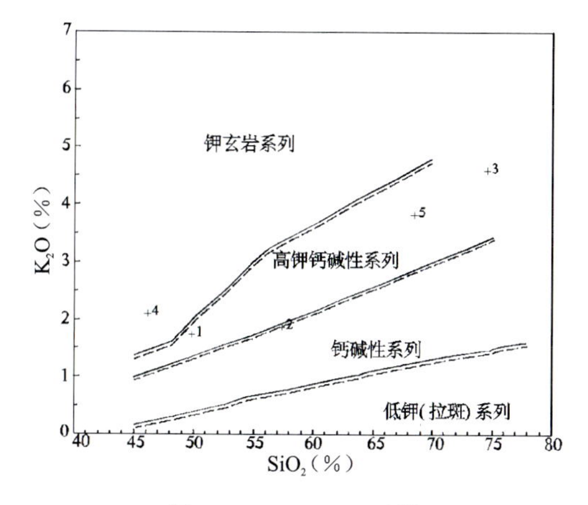


图 4-39　$K_2O$-$SiO_2$ 图解

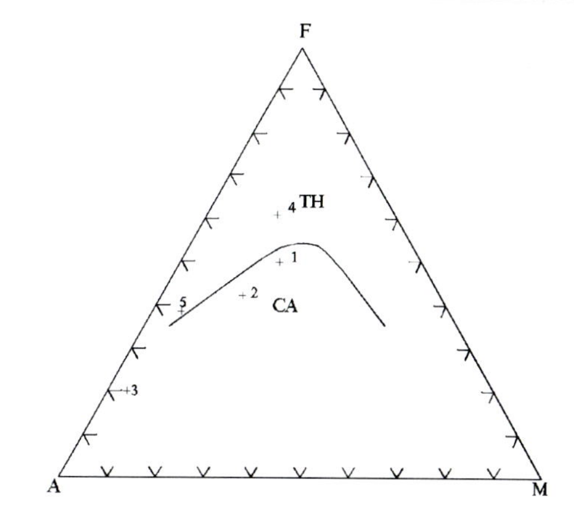


图 4-40　区分拉斑玄武岩和钙碱性玄武岩图解

(据 Irvine,1971)

TH. 拉斑玄武岩套；CA. 钙-碱性岩套

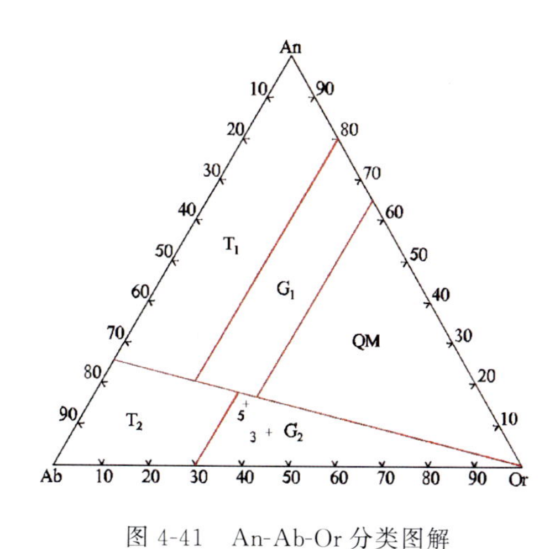


图 4-41　An-Ab-Or 分类图解

(据 Johannes 等,1996)

$T_1$. 英云闪长岩；$T_2$. 奥长花岗岩；

$G_1$. 花岗闪长岩；$G_2$. 花岗岩；QM. 石英二长岩

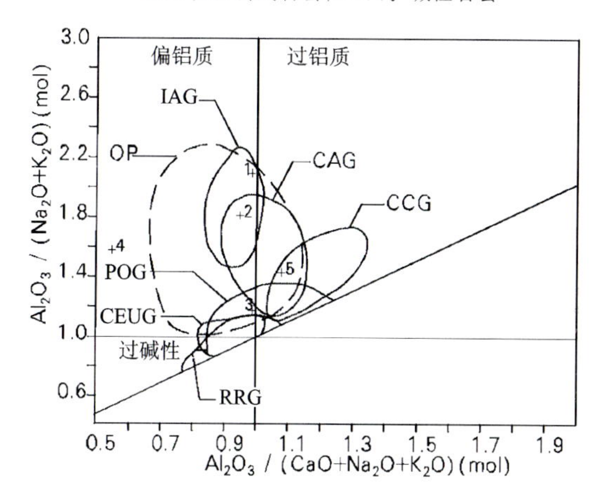


图 4-42　山德指数(Shamd's indel)花岗岩环境图解

IAG. 岛弧；CAG. 大陆弧；CCG. 大陆碰撞；POG. 后造山；RRG. 裂谷系；CEUG. 大陆造陆隆升；OP. 大洋

9)中侏罗世碰撞型高钾和钾玄质花岗岩组合

该组合分布于满洲里—万年青林场地区，呈北东向展布于额尔古纳河东侧，包括二长花岗岩、正长花岗岩及花岗斑岩建造。二长花岗岩出露于达特马河一带，被上侏罗统满克鄂博组不整合覆盖，全岩 K-Ar 年龄为 118Ma 和 112Ma。正长花岗岩呈巨大岩基产于大岭等地，侵入于中侏罗统塔木兰沟组，被满克头鄂博组覆盖，K-Ar 同位素年龄为(194.26±6.7)Ma 和(142.81±5.72)Ma。

根据岩石化学分析资料(表 4-23～表 4-25)进行了计算和投图。在图 4-43 中为高钾钙碱性系列—钾玄岩系列。$K_2O+Na_2O$ 含量高达 11.4%，一般为 7%～9%。在图 4-44 中位于 S 区与 I 区交界处，多偏 S 区，而指数 A/CNK<1.1，应为壳幔混合源。二长花岗岩多含白云母，应为壳源。在图 4-45 中多位于同碰撞区，在图 4-46 中位于火山弧和同碰撞花岗岩区交界处。综合研判应为后碰撞构造环境。

表 4-23　中侏罗世($J_2$)满洲里-万年青林场后碰撞侵入岩岩石化学成分含量及主要参数　单位：%

| 序号 | 样品号 | $SiO_2$ | $TiO_2$ | $Al_2O_3$ | $Fe_2O_3$ | FeO | MnO | MgO | CaO | $Na_2O$ | $K_2O$ | $P_2O_5$ | LOS | Total | $Na_2O+K_2O$ | $K_2O/Na_2O$ | $Mg^{\#}$ | $FeO^{*}$ | A/CNK | σ | A.R | SI | DI |
|---|---|---|---|---|---|---|---|---|---|---|---|---|---|---|---|---|---|---|---|---|---|---|---|
| 1 | 2GS7073-1 | 50.63 | 0.92 | 16.50 | 3.31 | 6.18 | 0.16 | 7.26 | 10.30 | 2.98 | 0.97 | 0.16 | 0.39 | 99.76 | 3.95 | 0.33 | 0.44 | 9.16 | 0.67 | 2.04 | 1.35 | 35.07 | 28.12 |
| 2 | Ⅰ P1GS46 | 69.97 | 0.41 | 15.16 | 1.18 | 1.56 | 0.08 | 0.62 | 2.30 | 3.92 | 3.80 | 0.11 | 0.72 | 99.83 | 7.72 | 0.97 | 0.19 | 2.62 | 1.03 | 2.21 | 2.59 | 5.60 | 81.55 |
| 3 | Ⅰ GS444 | 71.29 | 0.58 | 12.69 | 1.07 | 0.69 | 0.07 | 0.50 | 1.57 | 4.25 | 5.88 | 0.43 | 0.77 | 99.79 | 10.13 | 1.38 | 0.23 | 1.65 | 0.78 | 3.63 | 5.91 | 4.04 | 90.99 |
| 4 | 6P21-1 GS13 | 73.63 | 0.13 | 13.35 | 0.71 | 1.39 | 0.06 | 0.23 | 0.92 | 3.88 | 4.20 | 0.05 | 0.99 | 99.54 | 8.08 | 1.08 | 0.10 | 2.03 | 1.06 | 2.13 | 3.61 | 2.21 | 90.86 |
| 5 | 6P21 GS5-1 | 77.55 | 0.08 | 11.81 | 1.48 | 0.62 | 0.02 | 0.09 | 0.16 | 3.70 | 4.40 | 0.05 | 0.50 | 100.46 | 8.10 | 1.19 | 0.04 | 1.95 | 1.05 | 1.90 | 5.19 | 0.87 | 95.55 |
| 6 | 3P16 GS5-1 | 74.78 | 0.28 | 11.84 | 1.02 | 1.61 | 0.07 | 0.05 | 0.48 | 4.01 | 4.05 | 0.10 | 1.49 | 99.78 | 8.06 | 1.01 | 0.02 | 2.53 | 0.99 | 2.04 | 4.78 | 0.47 | 93.70 |
| 7 | ⅥGS 2082-1 | 75.16 | 0.12 | 12.64 | 1.36 | 0.54 | 0.11 | 0.24 | 0.25 | 3.61 | 4.63 | 0.01 | 0.76 | 99.43 | 8.24 | 1.28 | 0.12 | 1.76 | 1.12 | 2.11 | 4.54 | 2.31 | 94.16 |
| 8 | ⅥP13 GS32 | 71.39 | 0.14 | 14.42 | 1.37 | 0.60 | 0.03 | 0.22 | 1.02 | 3.26 | 6.28 | 0.04 | 0.68 | 99.45 | 9.54 | 1.93 | 0.11 | 1.83 | 1.02 | 3.21 | 4.23 | 1.88 | 91.26 |
| 9 | ⅥGS 2111-1 | 73.82 | 0.10 | 13.85 | 0.58 | 0.65 | 0.08 | 0.24 | 1.23 | 3.86 | 4.82 | 0.04 | 0.49 | 99.76 | 8.68 | 1.25 | 0.17 | 1.17 | 1.01 | 2.44 | 3.71 | 2.36 | 91.44 |
| 10 | ⅥGS 1107 | 74.94 | 0.10 | 13.60 | 0.67 | 0.10 | 0.01 | 0.23 | 0.95 | 3.69 | 4.96 | 0.05 | 0.74 | 100.04 | 8.65 | 1.34 | 0.25 | 0.70 | 1.02 | 2.34 | 3.93 | 2.38 | 93.16 |
| 11 | 6GS 2040 | 62.48 | 0.20 | 18.50 | 2.09 | 0.87 | 0.21 | 0.43 | 1.61 | 5.50 | 5.90 | 0.19 | 2.41 | 100.39 | 11.40 | 1.07 | 0.14 | 2.75 | 1.00 | 6.67 | 3.62 | 2.91 | 86.78 |
| 12 | ⅥGS 1136-1 | 73.89 | 0.17 | 13.14 | 0.75 | 0.80 | 0.08 | 0.06 | 1.48 | 3.72 | 4.96 | 0.04 | 0.57 | 99.66 | 8.68 | 1.33 | 0.04 | 1.47 | 0.93 | 2.44 | 3.92 | 0.58 | 91.92 |

表 4-24　中侏罗世($J_2$)满洲里-万年青林场后碰撞侵入岩稀土元素含量及主要参数　单位：$\times10^{-6}$

| 序号 | 样品号 | La | Ce | Pr | Nd | Sm | Eu | Gd | Tb | Dy | Ho | Er | Tm | Yb | Lu | ΣREE | ΣLREE | ΣHREE | LREE/HREE | δEu |
|---|---|---|---|---|---|---|---|---|---|---|---|---|---|---|---|---|---|---|---|---|
| 1 | 2GS 7073-1 | 13.25 | 24.59 | 3.71 | 17.71 | 3.94 | 1.18 | 3.91 | 0.58 | 3.11 | 0.63 | 1.73 | 0.26 | 1.77 | 0.22 | 90.89 | 64.38 | 12.21 | 5.27 | 0.91 |
| 8 | ⅥP13 GS32 | 29.4 | 71.9 | 5.56 | 21.3 | 3.64 | 0.65 | 2.12 | 0.39 | 2.05 | 0.33 | 0.91 | 0.13 | 0.75 | 0.11 | 166.54 | 132.45 | 6.79 | 19.51 | 0.66 |
| 9 | ⅥGS 2111-1 | 22.79 | 41.64 | 4.35 | 15.21 | 3.85 | 0.92 | 3.66 | 0.62 | 3.85 | 0.84 | 2.38 | 0.35 | 2.32 | 0.38 | 120.46 | 88.76 | 14.40 | 6.16 | 0.74 |
| 12 | ⅥGS 1136-1 | 36.65 | 66.23 | 7.84 | 29.36 | 7.49 | 0.77 | 6.85 | 0.95 | 5.3 | 1.04 | 2.76 | 0.42 | 2.33 | 0.37 | 168.36 | 148.34 | 20.02 | 7.41 | 0.32 |
| 13 | ⅥXt 2083-1 | 30.51 | 49.53 | 7.44 | 27.98 | 7.48 | 0.68 | 7.44 | 1.31 | 7.32 | 1.6 | 4.85 | 0.77 | 5.07 | 0.78 | 152.76 | 123.62 | 29.14 | 4.24 | 0.28 |
| 14 | ⅥXt 1107 | 13 | 29.1 | 3.73 | 18.3 | 5.01 | 0.24 | 4.76 | 0.97 | 7.77 | 1.73 | 5.06 | 0.69 | 4.34 | 0.52 | 95.22 | 69.38 | 25.84 | 2.68 | 0.15 |

表 4-25　中侏罗世($J_2$)满洲里-万年青林场后碰撞侵入岩微量元素含量及主要参数　单位：$\times10^{-6}$

| 序号 | 样品号 | Sr | Rb | Ba | Th | Ta | Nb | Hf | Zr | Cr | Ni | Co | V | Y | Sc | Ga | Li | Rb/Sr | U/Th | Zr/Hf |
|---|---|---|---|---|---|---|---|---|---|---|---|---|---|---|---|---|---|---|---|---|
| 1 | 2GS7073-1 | 351.40 | 42.30 | 436 | 5.80 | 0.00 | 5.20 |  | 110 | 267.20 | 54.60 | 28.90 | 150.50 | 18.32 |  |  | 15.4 | 0.12 |  |  |
| 8 | ⅥP13GS32 | 125.00 | 144.00 | 840 |  | 0.76 | 3.40 | 3.10 | 110 | 10.00 | 1.90 | 4.40 | 4.00 | 9.51 | 3.4 |  |  | 1.15 |  | 35.48 |
| 9 | ⅥGS2111-1 | 153.00 | 145.00 | 863 |  |  |  |  | 31 |  |  |  |  |  | 1.53 |  |  | 0.95 |  |  |
| 12 | ⅥGS1136-1 | 103.00 | 161.00 | 325 |  |  |  |  | 111 |  |  |  |  | 27.66 | 4.39 |  |  | 1.56 |  |  |
| 13 | ⅥXt2083-1 | 33.00 | 228.00 | 267 |  |  |  | 10.00 | 102 |  |  |  |  | 42.35 | 2.8 |  |  | 6.91 |  | 10.20 |
| 14 | ⅥXt1107 | 13.00 | 244.00 | 95 |  | 1.40 | 23.00 | 1.50 | 43 | 3.00 | 2.36 | 1.80 |  | 41.6 | 3 |  | 18.77 |  |  | 28.67 |

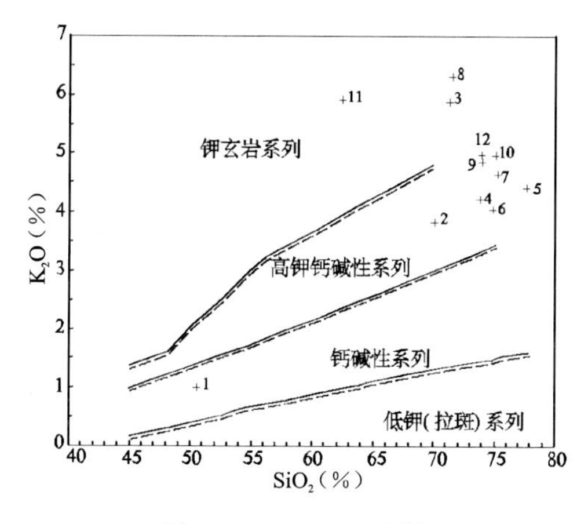


图 4-43 $K_2O$-$SiO_2$图解

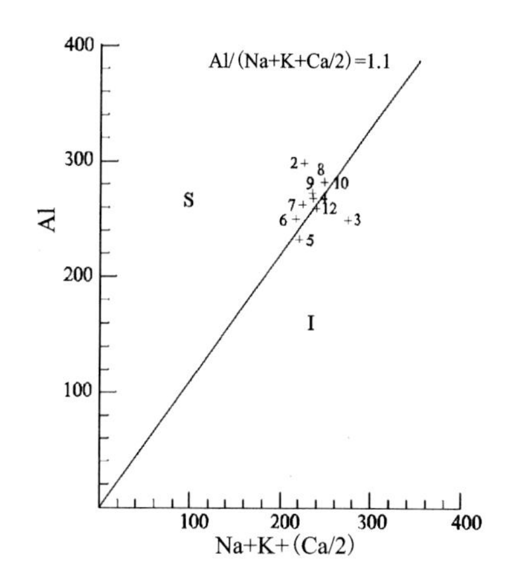


图 4-44 S 型、I 型花岗岩判别图解

I. I 型花岗岩；S. S 型花岗岩

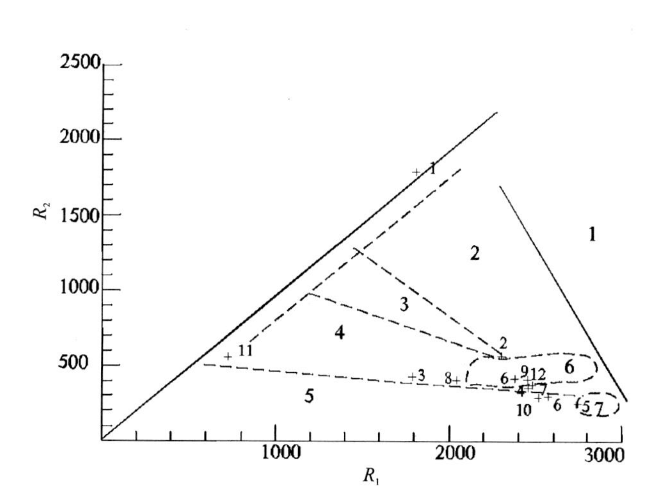


图 4-45 主要花岗岩类岩石组合的示意性图解

（据 Batchelor 等，1985）

1. 地幔分离；2. 板块碰撞前的；3. 碰撞后的抬升；4. 造山晚期的；5. 非造山的；6. 同碰撞期的；7. 造山期后的

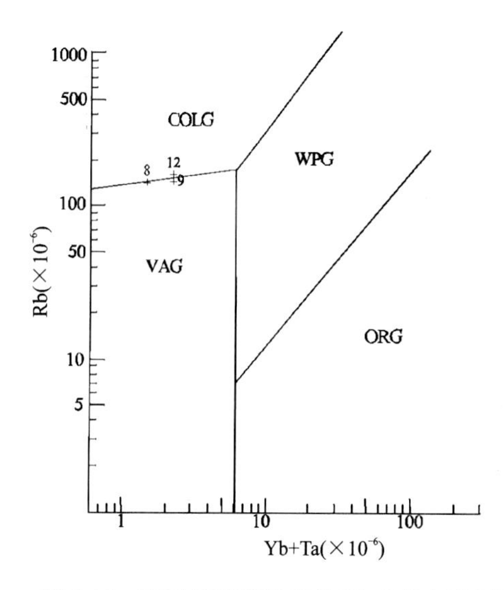


图 4-46 不同类型花岗岩的 Rb-(Yb＋Ta)图解

（据 Pearce，1984）

ORG. 洋脊花岗岩；WPG. 板内花岗岩；VAG. 火山弧花岗岩；COLG. 同碰撞花岗岩

10)晚侏罗世俯冲型闪长岩-花岗闪长岩组合

该组合分布于八大关—上护林地区，包括闪长岩、花岗闪长岩建造。闪长岩呈岩株状侵入满克头鄂博组($J_3mk$)，花岗闪长岩呈岩基状北东向分布，侵入塔木兰沟组($J_3tm$)，与铜钼矿关系密切。花岗闪长岩一个岩石化学样品(表 4-26)为钙碱性系列(图 4-47)。岩石普遍含角闪岩，应为壳幔混合源。在Q-A-P图解落入裂谷系边部。经综合分析归为俯冲型活动大陆边缘弧构造环境。

**表 4-26 晚侏罗世($J_3$)八大关陆缘弧侵入岩岩石化学成分含量及主要参数** 单位：%

| 序号 | 样品号 | $SiO_2$ | $TiO_2$ | $Al_2O_3$ | $Fe_2O_3$ | FeO | MnO | MgO | CaO | $Na_2O$ | $K_2O$ | $P_2O_5$ | LOS | Total | $Na_2O+K_2O$ | $K_2O/Na_2O$ | $Mg^{\#}$ | $FeO^{*}$ | A/CNK | $\sigma$ | A.R | SI | DI |
|---|---|---|---|---|---|---|---|---|---|---|---|---|---|---|---|---|---|---|---|---|---|---|---|
| 1 | 3P16GS3-2 | 65.48 | 0.45 | 16.35 | 1.06 | 1.93 | 0.07 | 1.13 | 2.59 | 3.66 | 5.43 | 0.15 | 1.66 | 99.96 | 9.09 | 1.48 | 0.46 | 2.88 | 0.98 | 3.68 | 2.85 | 8.55 | 80.03 |

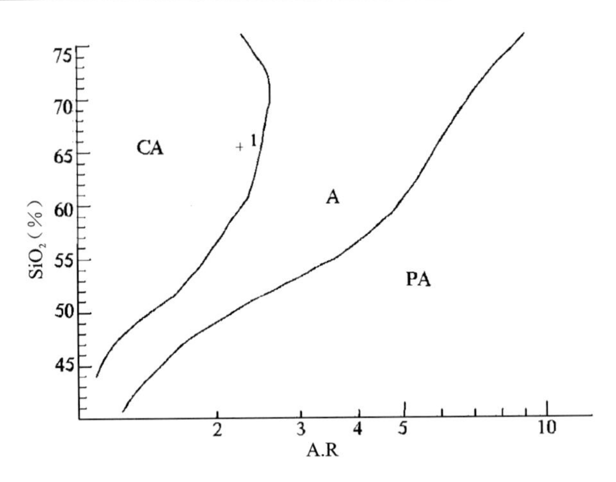


图 4-47　碱度率图解(据 Wright,1969)

CA. 钙碱性;A. 碱性;PA. 过碱性

11)晚侏罗世碰撞型高钾和钾玄质花岗岩组合

该组合分布于新巴尔虎右旗及莫尔道嘎镇两个地区,多呈岩株或脉状侵入体产出,由二长花岗岩、正长花岗岩、正长斑岩及花岗斑岩建造构成,侵入于上侏罗统火山岩,被下白垩统大磨拐河组覆盖。其中二长花岗岩 K-Ar 同位素年龄为 138.29Ma,多与上侏罗统火山岩伴生。

根据岩石化学数据(表 4-27～表 4-29)进行了计算和投图分析。在图 4-48 中多为高钾钙碱性系列,少量为钾玄岩系列。在图 4-49 中多为碱性系列。在图 4-50 中样点多落在Ⅰ型花岗岩岩区,二长花岗岩落在 S 型花岗岩区。图 4-51 中多在后造山区,并且 $Al_2O_3/(CaO+Na_2O+K_2O)$ 为 0.9～1.1,个别样品为 1.2～1.5,应主要为壳幔混合源,个别样品为壳源强过铝花岗岩岩类。在图 4-52 中样点主要落入大陆造陆隆升区,少数位于大陆弧、大陆碰撞、后造山三者重叠区。在图 4-53 中样点落在造山晚期与非造山期的交界附近。综合以上特征,判断为后碰撞构造环境。

**表 4-27　晚侏罗世($J_3$)新巴尔虎右旗-莫尔道嘎镇后碰撞侵入岩岩石化学成分含量及主要参数**　　单位:%

| 序号 | 样品号 | $SiO_2$ | $TiO_2$ | $Al_2O_3$ | $Fe_2O_3$ | FeO | MnO | MgO | CaO | $Na_2O$ | $K_2O$ | $P_2O_5$ | LOS | Total | $Na_2O+K_2O$ | $K_2O/Na_2O$ | $Mg^{\#}$ | $FeO^*$ | A/CNK | σ | A.R | SI | DI |
|---|---|---|---|---|---|---|---|---|---|---|---|---|---|---|---|---|---|---|---|---|---|---|---|
| 1 | 2GS3025-1 | 72.32 | 0.20 | 14.48 | 2.95 | 0.72 | 0.02 | 0.48 | 0.17 | 3.22 | 3.58 | 0.07 | 1.41 | 99.62 | 6.80 | 1.11 | 0.31 | 3.37 | 1.53 | 1.58 | 2.73 | 4.38 | 86.80 |
| 2 | 2GS3031-1 | 72.88 | 0.30 | 13.80 | 1.95 | 1.29 | 0.05 | 0.56 | 0.15 | 3.72 | 3.76 | 0.05 | 0.52 | 99.03 | 7.48 | 1.01 | 0.33 | 3.04 | 1.31 | 1.87 | 3.31 | 4.96 | 88.25 |
| 3 | ⅡGS4850-1 | 75.70 | 0.14 | 11.60 | 1.52 | 0.39 | 0.03 | 0.15 | 0.14 | 3.15 | 5.45 | 0.34 | 0.75 | 99.36 | 8.60 | 1.73 | 0.22 | 1.76 | 1.03 | 2.26 | 6.48 | 1.41 | 93.29 |
| 4 | Ⅱ GS3313a | 66.95 | 0.60 | 15.46 | 2.70 | 0.78 | 0.11 | 0.58 | 1.63 | 5.38 | 3.88 | 0.19 | 1.25 | 99.51 | 9.26 | 0.72 | 0.35 | 3.21 | 0.97 | 3.58 | 3.37 | 4.35 | 86.53 |
| 5 | ⅡGS4179-1 | 73.61 | 0.21 | 14.45 | 1.01 | 0.42 | 0.03 | 0.12 | 0.63 | 5.10 | 4.49 | 0.05 | 0.21 | 100.33 | 9.59 | 0.88 | 0.21 | 1.33 | 1.01 | 3.00 | 4.49 | 1.08 | 94.61 |
| 6 | Ⅱ GS5258a | 74.38 | 0.18 | 13.41 | 1.09 | 0.56 | 0.03 | 0.24 | 0.93 | 4.13 | 4.72 | 0.04 | 0.99 | 100.70 | 8.85 | 1.14 | 0.30 | 1.54 | 0.99 | 2.50 | 4.22 | 2.23 | 92.88 |
| 7 | Ⅱ P1GS6 | 74.14 | 0.23 | 13.47 | 1.21 | 0.59 | 0.01 | 0.01 | 0.43 | 4.18 | 5.13 | 0.03 | 0.76 | 100.19 | 9.31 | 1.23 |  | 1.68 | 1.02 | 2.78 | 5.06 | 0.09 | 95.23 |
| 8 | Ⅱ P1GS14 | 72.52 | 0.22 | 13.28 | 1.16 | 0.56 | 0.01 | 0.09 | 0.59 | 4.25 | 5.27 | 0.03 | 1.89 | 99.87 | 9.52 | 1.24 | 0.12 | 1.60 | 0.96 | 3.07 | 5.38 | 0.79 | 95.24 |
| 9 | Ⅱ P1GS26 | 74.69 | 0.05 | 12.78 | 0.50 | 0.69 | 0.02 | 0.45 | 0.38 | 4.13 | 5.10 | 0.01 | 0.71 | 99.51 | 9.23 | 1.23 | 0.46 | 1.14 | 0.98 | 2.69 | 5.70 | 4.14 | 95.61 |
| 10 | Ⅱ P1GS32 | 74.70 | 0.07 | 13.09 | 0.31 | 0.59 | 0.04 | 0.25 | 0.39 | 4.21 | 5.43 | 0.04 | 0.84 | 99.96 | 9.64 | 1.29 | 0.38 | 0.87 | 0.96 | 2.93 | 6.02 | 2.32 | 96.60 |
| 11 | Ⅱ GS3398a | 78.37 | 0.12 | 10.54 | 0.58 | 0.38 | 0.02 | 0.05 | 0.66 | 3.20 | 4.60 | 0.01 | 1.21 | 99.74 | 7.80 | 1.44 | 0.10 | 0.90 | 0.91 | 1.72 | 5.59 | 0.57 | 96.58 |
| 12 | 3P16GS3-2 | 65.48 | 0.45 | 16.35 | 1.06 | 1.93 | 0.07 | 1.13 | 2.59 | 3.66 | 5.43 | 0.15 | 1.66 | 99.96 | 9.09 | 1.48 | 0.46 | 2.88 | 0.98 | 3.68 | 2.85 | 8.55 | 80.03 |
| 13 | 2GS2023-1 | 66.28 | 0.40 | 16.65 | 1.83 | 1.74 | 0.06 | 0.13 | 0.08 | 5.58 | 5.58 | 0.18 | 0.24 | 98.75 | 11.16 | 1.00 | 0.08 | 3.39 | 1.09 | 5.35 | 5.01 | 0.87 | 93.34 |

表 4-28 晚侏罗世($J_3$)新巴尔虎右旗-莫尔道嘎镇后碰撞侵入岩稀土元素含量及主要参数 单位:$\times10^{-6}$

| 序号 | 样品号 | La | Ce | Pr | Nd | Sm | Eu | Gd | Tb | Dy | Ho | Er | Tm | Yb | Lu | ΣREE | ΣLREE | ΣHREE | LREE/HREE | δEu |
|---|---|---|---|---|---|---|---|---|---|---|---|---|---|---|---|---|---|---|---|---|
| 1 | 2GS 3025-1 | 51.99 | 107.54 | 12.34 | 41.5 | 7.49 | 0.97 | 4.8 | 0.58 | 3.06 | 0.4 | 0.96 | 0.15 | 1.03 | 0.13 | 73.41 | 62.30 | 11.11 | 5.61 | 0.46 |

表 4-29 晚侏罗世($J_3$)新巴尔虎右旗-莫尔道嘎镇后碰撞侵入岩微量元素含量及主要参数 单位:$\times10^{-6}$

| 序号 | 样品号 | Sr | Rb | Ba | Th | Nb | Zr | Cr | Ni | Co | V | Y | Cs | Rb/Sr |
|---|---|---|---|---|---|---|---|---|---|---|---|---|---|---|
| 1 | 2GS3025-1 | 132.85 | 177.89 | 535.45 | 20.06 | 13.28 | 123.89 | 5.77 | 3.85 | 3.53 | 19.92 | 13.16 | 100.3 | 1.34 |
| 2 | 2GS3031-1 | | | | | | | | | | | | 99.57 | |
| 13 | 2GS2023-1 | 371 | 119.2 | 679 | 12.8 | 11.6 | 194.6 | 111.4 | 66.1 | 11.5 | 110.6 | | 99.36 | 0.32 |

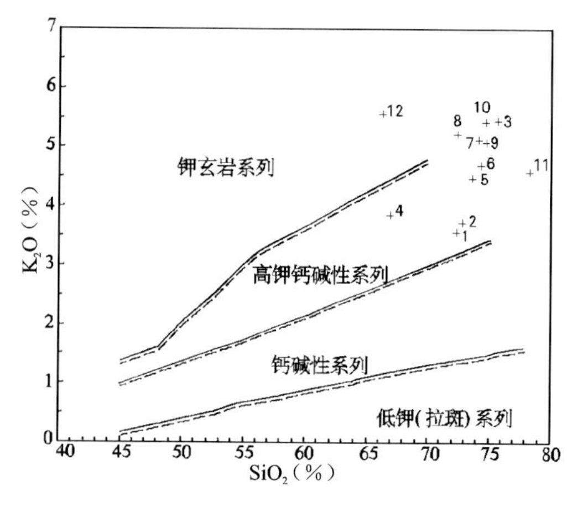


图 4-48 $K_2O$-$SiO_2$ 图解

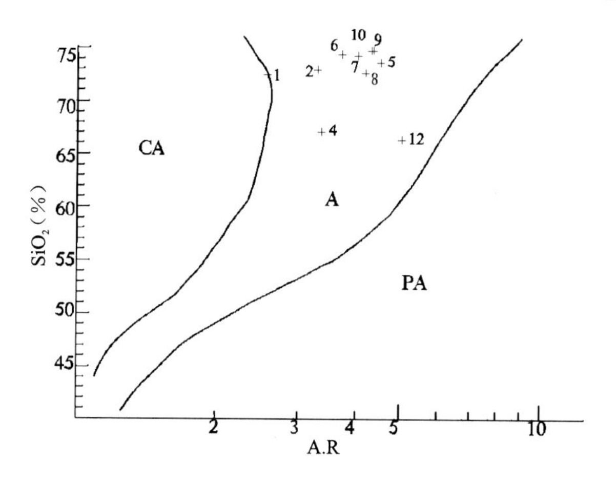


图 4-49 碱度率图解(据 Wright,1969)

CA. 钙碱性;A. 碱性;PA. 过碱性

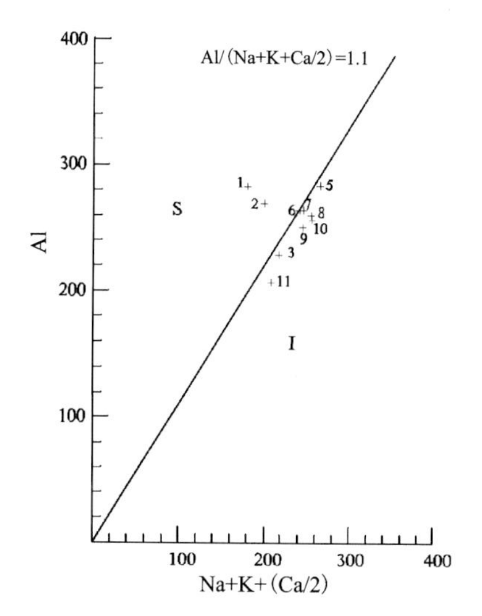


图 4-50 S 型、I 型花岗岩判别图解

I. I 型花岗岩;S. S 型花岗岩

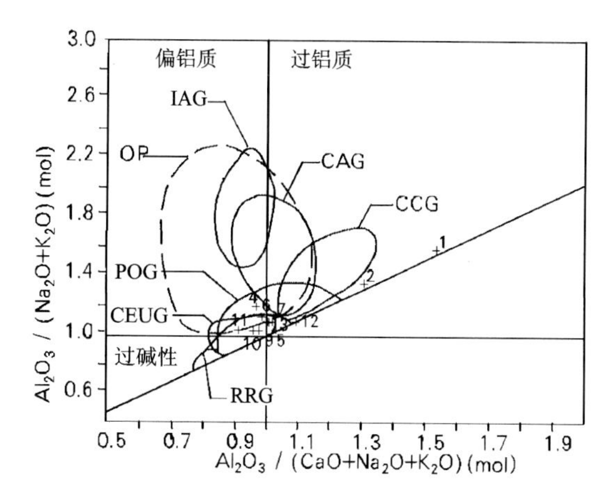


图 4-51 山德指数(Shamd's indel)图解

IAG. 岛弧;CAG. 大陆弧;CCG. 大陆碰撞;POG. 后造山;RRG. 裂谷系;CEUG. 大陆造陆隆升;OP. 大洋

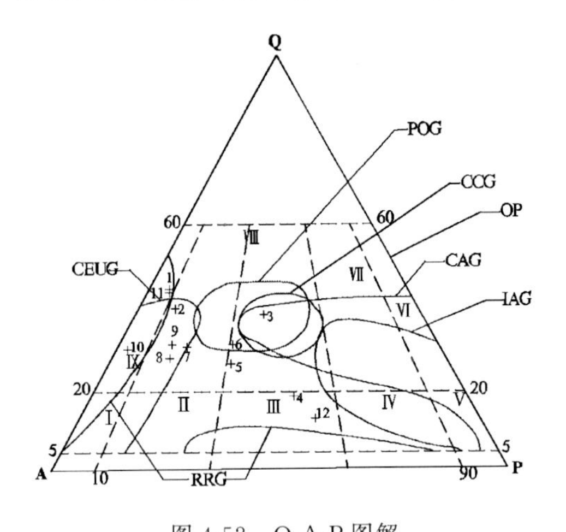


图 4-52　Q-A-P 图解

IAG. 岛弧；CAG. 大陆弧；CCG. 大陆碰撞；POG. 后造山；
RRG. 裂谷系；CEUG. 大陆造陆隆升；OP. 大洋

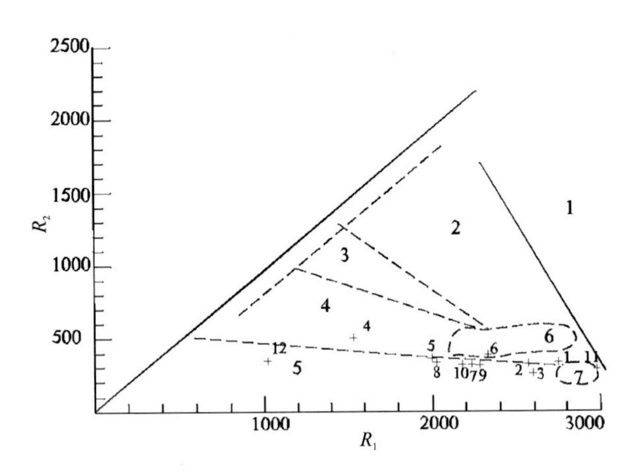


图 4-53　主要花岗岩类岩石组合的示意性图解

（据 Batchelor 等，1985）

1. 地幔分离；2. 板块碰撞前的；3. 碰撞后的抬升；
4. 造山晚期的；5. 非造山的；6. 同碰撞期的；7. 造山期后的

12）早白垩世俯冲型 TTG 组合

该组合分布于莫尔道嘎镇地区，岩石类型有角闪闪长岩、石英闪长岩、闪长玢岩、花岗闪长岩及奥长花岗岩。侵入于上侏罗统白音高老组，被新近系中新统呼查山组（$N_1hc$）覆盖。K-Ar 同位素年龄为 122Ma。根据岩石化学数据（表 4-30）进行了计算和投图分析，岩石为高钾钙碱系列（图 4-54）。岩石内普遍含角闪岩，成因类型应为壳幔混合源。在图 4-55、图 4-56 中为大陆弧花岗岩，在图 4-57 中位于 $G_1$ 区、$G_2$ 区。综合判断构造环境为俯冲型活动大陆边缘弧。

**表 4-30　早白垩世（$K_1$）莫尔道嘎陆缘弧侵入岩岩石化学成分含量及主要参数**　　单位：%

| 序号 | 样品号 | $SiO_2$ | $TiO_2$ | $Al_2O_3$ | $Fe_2O_3$ | FeO | MnO | MgO | CaO | $Na_2O$ | $K_2O$ | $P_2O_5$ | LOS | Total | $Na_2O+K_2O$ | $K_2O/Na_2O$ | $Mg^{\#}$ | $FeO^*$ | A/CNK | σ | A. R | SI | DI |
|---|---|---|---|---|---|---|---|---|---|---|---|---|---|---|---|---|---|---|---|---|---|---|---|
| 1 | 2P3GS12-1 | 63.46 | 0.72 | 17.12 | 1.34 | 2.95 | 0.06 | 1.77 | 3.34 | 3.85 | 3.02 | 0.18 | 1.61 | 99.42 | 6.87 | 0.78 | 0.48 | 48.19 | 1.09 | 2.31 | 2.01 | 13.69 | 70.73 |
| 2 | 2GS6-2 | 63.08 | 0.94 | 16.14 | 1.23 | 3.63 | 0.07 | 2.70 | 2.99 | 2.91 | 3.17 | 0.17 | 1.78 | 98.81 | 6.08 | 1.09 | 0.54 | 58.19 | 1.18 | 1.84 | 1.93 | 19.79 | 67.51 |
| 3 | Ⅰ GS4489 | 66.37 | 0.52 | 14.63 | 2.23 | 0.93 | 0.10 | 0.75 | 2.05 | 6.05 | 4.05 | 0.16 | 1.48 | 99.32 | 10.10 | 0.67 | 0.43 | 25.59 | 0.80 | 4.36 | 4.07 | 5.35 | 89.12 |

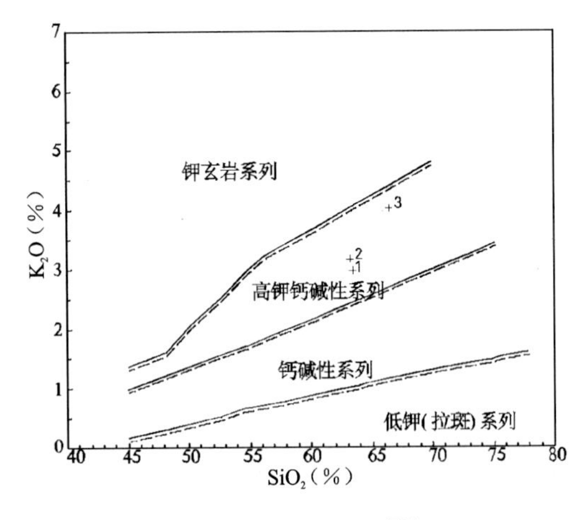


图 4-54　$K_2O$-$SiO_2$ 图解

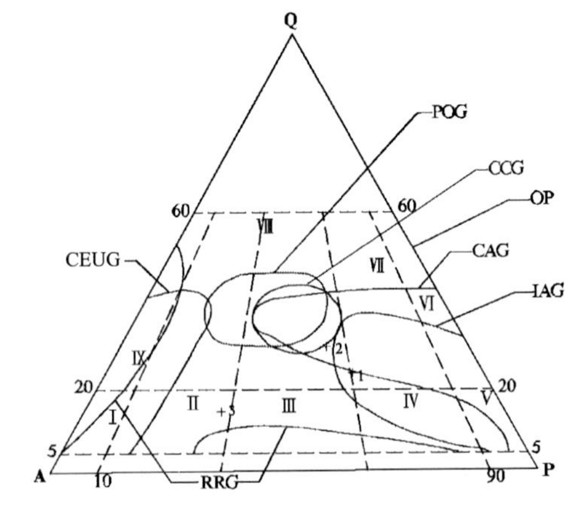


图 4-55　Q-A-P 图解

IAG. 岛弧；CAG. 大陆弧；CCG. 大陆碰撞；POG. 后造山；
RRG. 裂谷系；CEUG. 大陆造陆隆升；OP. 大洋

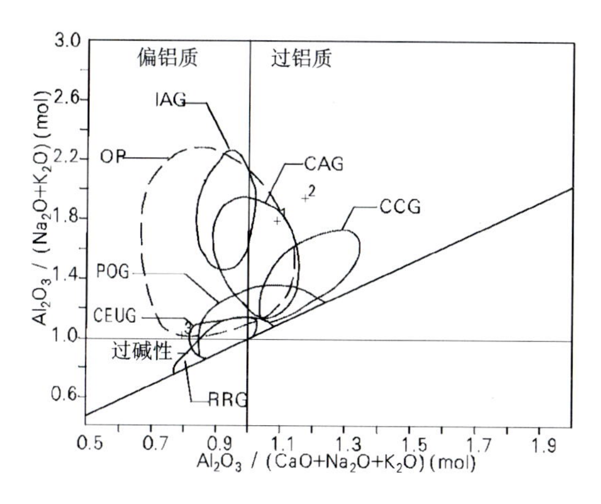


图 4-56　主要花岗岩类岩石组合的示意性图解
(据 Batchelor 等,1985)
1.地幔分离;2.板块碰撞前的;3.碰撞后的抬升;
4.造山晚期的;5.非造山的;6.同碰撞期的;7.造山期后的

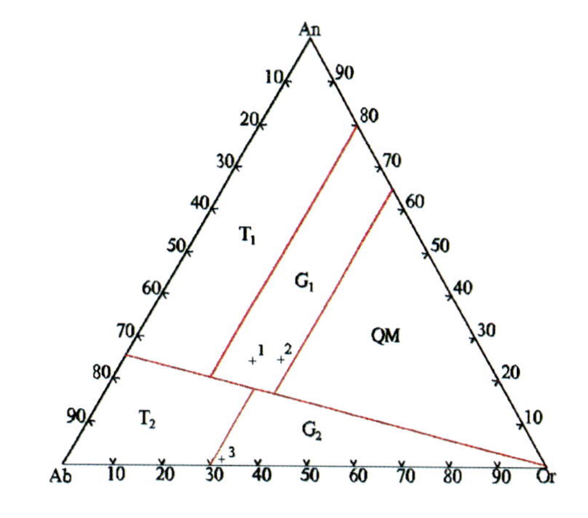


图 4-57　An-Ab-Or 分类图解(据 Johannes 等,1996)
$T_1$.英云闪长岩;$T_2$.奥长花岗岩;
$G_1$.花岗闪长岩;$G_2$.花岗岩;QM.石英二长岩

13)早白垩世后造山型碱性—钙碱性花岗岩组合

该组合零星分布于全亚带,多为岩株和岩脉产出,岩石类型为黑云母花岗岩、石英二长岩、正长花岗岩、石英正长岩、碱长正长岩。根据岩石化学数据(表 4-31)进行了计算和投图分析。多数为碱性岩,少数为钙碱性岩(图 4-58);在图 4-59 中,多为高钾钙碱性系列,少数为钾玄岩系列;在图 4-60 中,以过铝的S型花岗岩为主;在图 4-61 中多在 A 型区,应为铝质 A 型花岗岩;在图 4-62 中主要为后造山花岗岩;在图 4-63 中主要位于造山晚期和同碰撞期的花岗岩区。综合分析判定为后造山构造环境。

**表 4-31　早白垩世($K_1$)额尔古纳后造山侵入岩岩石化学成分含量及主要参数**　　单位:%

| 序号 | 样品号 | $SiO_2$ | $TiO_2$ | $Al_2O_3$ | $Fe_2O_3$ | FeO | MnO | MgO | CaO | $Na_2O$ | $K_2O$ | $P_2O_5$ | LOS | Total | $Na_2O+K_2O$ | $K_2O/Na_2O$ | Mg# | FeO* | A/CNK | σ | A.R | SI | DI |
|---|---|---|---|---|---|---|---|---|---|---|---|---|---|---|---|---|---|---|---|---|---|---|---|
| 1 | 2GS4001 | 62.60 | 0.42 | 17.36 | 1.90 | 3.52 | 0.20 | 0.27 | 1.99 | 3.76 | 7.22 | 0.06 | 0.00 | 99.30 | 10.98 | 1.92 | 0.10 | 59.79 | 0.98 | 6.15 | 3.62 | 1.62 | 81.19 |
| 2 | ⅡGS 4381-1 | 64.53 | 0.63 | 15.40 | 1.73 | 1.64 | 0.11 | 1.14 | 1.72 | 4.20 | 6.28 | 0.29 | 2.38 | 100.05 | 10.48 | 1.50 | 0.46 | 32.89 | 0.91 | 5.10 | 4.16 | 7.61 | 84.41 |
| 3 | 3P16-1 GS2-1 | 73.46 | 0.25 | 13.56 | 0.90 | 1.24 | 0.07 | 0.21 | 1.31 | 3.96 | 4.23 | 0.33 | 1.19 | 100.71 | 8.19 | 1.07 | 0.18 | 22.39 | 1.01 | 2.20 | 3.45 | 1.99 | 88.55 |
| 4 | 3P16 GS2-3 | 73.76 | 0.22 | 13.06 | 1.07 | 0.67 | 0.05 | 0.19 | 1.30 | 3.31 | 4.95 | 0.15 | 2.13 | 100.86 | 8.26 | 1.50 | 0.25 | 15.29 | 0.99 | 2.22 | 3.71 | 1.86 | 90.93 |
| 5 | 3GS56 | 72.28 | 0.19 | 13.98 | 1.33 | 1.14 | 0.05 | 0.28 | 1.23 | 3.60 | 4.78 | 0.18 | 0.41 | 99.45 | 8.38 | 1.33 | 0.23 | 23.19 | 1.05 | 2.40 | 3.45 | 2.52 | 89.34 |
| 6 | ⅠP16GS16 | 65.74 | 0.98 | 16.96 | 2.28 | 0.98 | 0.07 | 1.31 | 0.40 | 5.16 | 4.18 | 0.28 | 0.95 | 99.29 | 9.34 | 0.81 | 0.55 | 26.59 | 1.24 | 3.84 | 3.33 | 9.42 | 87.36 |
| 7 | ⅠP16GS15 | 62.96 | 1.31 | 17.25 | 2.36 | 1.68 | 0.11 | 1.64 | 2.21 | 5.44 | 3.68 | 0.31 | 0.79 | 99.74 | 9.12 | 0.68 | 0.53 | 36.49 | 1.02 | 4.17 | 2.76 | 11.08 | 79.29 |
| 8 | 6GS300 | 67.65 | 0.60 | 15.94 | 1.88 | 0.71 | 0.05 | 0.40 | 1.64 | 4.70 | 5.75 | 0.15 | 0.63 | 100.10 | 10.45 | 1.22 | 0.32 | 20.79 | 0.94 | 4.43 | 3.93 | 2.98 | 88.99 |
| 9 | ⅠP1GS22 | 76.05 | 0.19 | 13.36 | 0.40 | 0.29 | 0.01 | 0.35 | 1.15 | 4.25 | 3.95 | 0.05 | 0.56 | 100.61 | 8.20 | 0.93 | 0.57 | 6.70 | 0.99 | 2.03 | 3.60 | 3.79 | 92.49 |
| 10 | ⅠP1GS46 | 69.97 | 0.41 | 15.16 | 1.18 | 1.56 | 0.08 | 0.62 | 2.30 | 3.92 | 3.80 | 0.11 | 0.72 | 99.83 | 7.72 | 0.97 | 0.35 | 28.29 | 1.03 | 2.21 | 2.59 | 5.60 | 82.64 |
| 11 | ⅠP1GS49 | 74.10 | 0.14 | 13.16 | 0.73 | 0.89 | 0.03 | 0.18 | 1.12 | 3.94 | 4.42 | 0.03 | 0.56 | 99.30 | 8.36 | 1.12 | 0.20 | 16.50 | 0.98 | 2.25 | 3.82 | 1.77 | 91.82 |
| 12 | ⅠGS444 | 71.29 | 0.58 | 12.69 | 1.07 | 0.69 | 0.07 | 0.50 | 1.57 | 4.25 | 5.88 | 0.43 | 0.77 | 99.79 | 10.13 | 1.38 | 0.42 | 16.29 | 0.78 | 3.63 | 5.91 | 4.04 | 91.02 |
| 13 | ⅠGS3498 | 73.96 | 0.14 | 13.28 | 0.66 | 0.57 | 0.05 | 0.21 | 1.05 | 3.99 | 5.48 | 0.53 | 0.44 | 100.36 | 9.47 | 1.37 | 0.30 | 11.60 | 0.92 | 2.90 | 4.90 | 1.92 | 94.71 |
| 14 | P33-1GS23 | 76.08 | 0.04 | 12.53 | 0.44 | 1.04 | 0.02 | 0.12 | 0.68 | 4.8 | 4.56 | 0.01 | 0.12 | 100.44 | 9.36 | 0.95 | 0.15 | 16.70 | 0.90 | 2.65 | 5.86 | 1.09 | 95.06 |

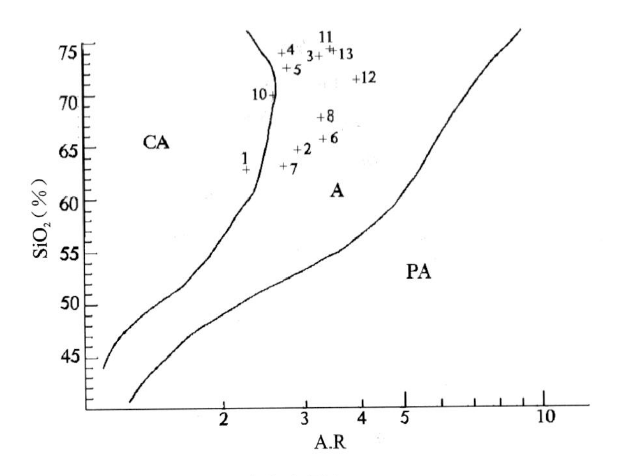


图 4-58　碱度率图解(据 Wright,1969)

CA. 钙碱性;A. 碱性;PA. 过碱性

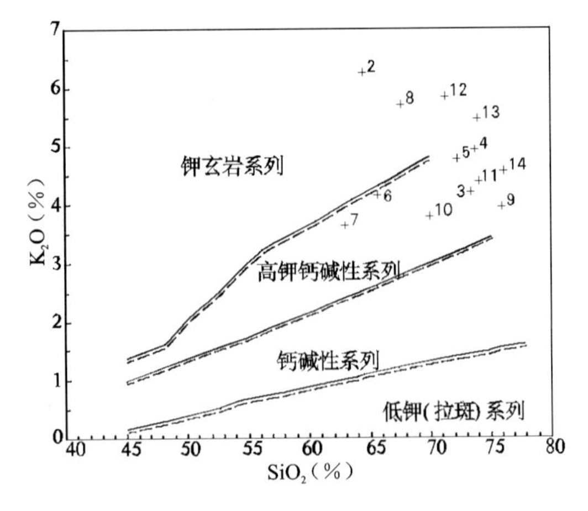


图 4-59　$K_2O$-$SiO_2$图解

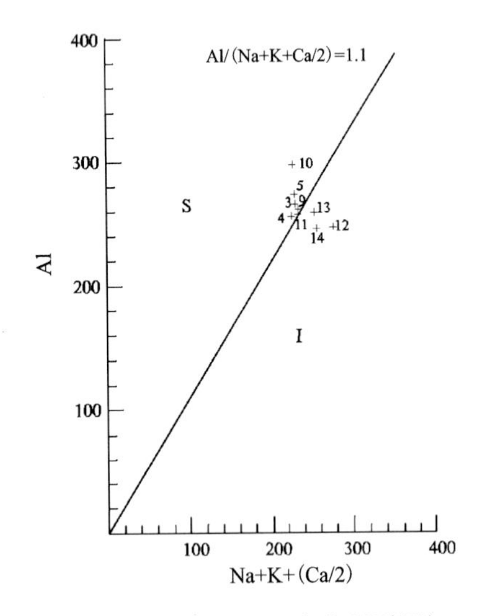


图 4-60　S 型、I 型花岗岩判别图解

I. I 型花岗岩;S. S 型花岗岩

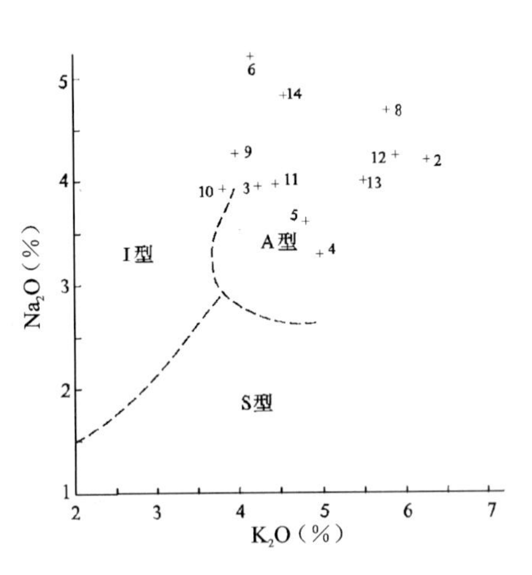


图 4-61　$Na_2O$-$K_2O$ 图解

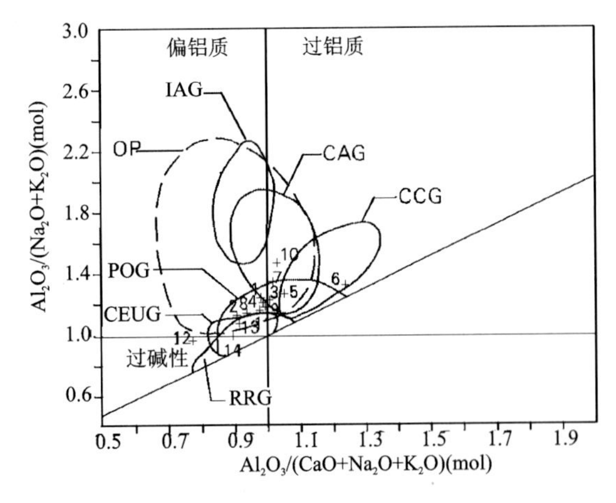


图 4-62　山德指数(Shamd's indel)图解

IAG. 岛弧;CAG. 大陆弧;CCG. 大陆碰撞;POG. 后造山;

RRG. 裂谷系;CEUG. 大陆造陆隆升;OP. 大洋

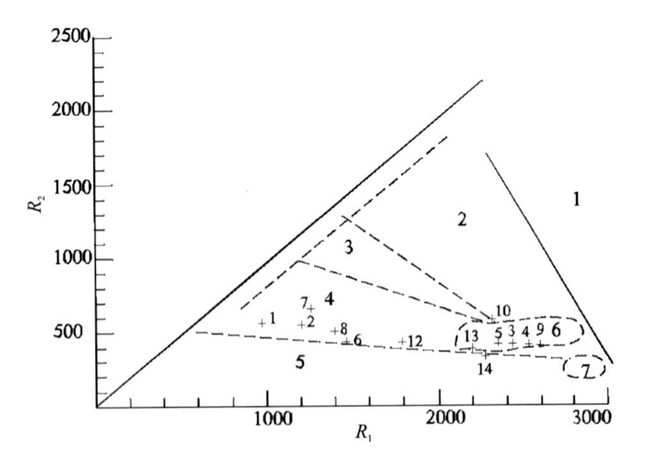


图 4-63　主要花岗岩类岩石组合的示意性图解

(据 Batchelor 等,1985)

1. 地幔分离;2. 板块碰撞前的;3. 碰撞后的抬升;

4. 造山晚期的;5. 非造山的;6. 同碰撞期的;7. 造山期后的

14)早白垩世大陆伸展(裂谷)型双峰式岩墙群组合

该组合分布于恩和俄罗斯民族乡一带,呈小岩体、岩瘤或岩脉产出,北西向展布,向东南延入海拉尔-呼玛及东乌珠穆沁旗-多宝山构造岩浆亚带。主要岩石类型包括辉长岩、苏长岩及花岗质脉岩,侵入上侏罗统火山岩,K-Ar同位素年龄为114Ma。辉长岩与下白垩统梅勒图组中基性火山岩为同源异相产物,根据标准矿物命名,辉长岩为单斜辉石苏长岩,紫苏辉石含量达21.46%,大量角闪石和辉石的出现,表明为幔源成因。1∶25万区域地质调查报告用Nb/Y-Zr/$P_2O_5$图解,样点落在碱性玄武岩区,用Ti/100-Zr-3Y图解,样点投于板内玄武岩区,用Q-A-P图解投点于裂谷系区内。结论是陆内裂谷构造环境。

15)晚白垩世大陆伸展型碱性花岗岩组合

该组合出露于西乌珠尔苏木一带,呈岩株状侵入上侏罗统火山岩内。碱性花岗岩中碱性长石含量65%~75%,钠闪石2%~10%。根据一个样品的岩石化学分析和图解,碱度率图解为碱性,A/CNK值为0.99,在$SiO_2$-$K_2O$图解中为高钾钙碱性系列,在Al-[Na+K+(Ca/2)]图解中位于Ⅰ型花岗岩区,在$R_1$-$R_2$图解中落入非造山区。综合研判属于陆内裂谷构造环境。

### 2. I-1-3 海拉尔-呼玛构造岩浆岩亚带岩石构造组合及其特征

本亚带发育泥盆纪至白垩纪侵入岩,由老到新构成15个岩石构造组合。

1)罕乌拉俯冲型TTG组合($D_3$)

该组合分布于罕乌拉以北地区,由石英闪长岩、花岗闪长岩、奥长花岗岩和少量英云闪长岩、闪长岩组成,多呈岩株、岩基产出。侵入中上泥盆统大民山组,与石炭纪地层呈断层接触,被石炭纪花岗岩侵入。石英闪长岩U-Pb同位素年龄为(395±9.4)Ma,其形成时代为晚泥盆世。

根据岩石化学数据(表4-32~表4-34)进行了计算和投图。在主元素分类图解中分类为花岗闪长岩、花岗岩、石英二长岩和闪长岩(图4-64)。虽然在图4-65中位于S区,但A/CNK值大部分小于1.1,且岩石内普遍含角闪石和闪长质包体,其成因类型仍判别为壳幔混合源。在山德指数图解中位于大陆弧与大陆碰撞花岗岩区及其重叠区域(图4-66),稀土配分曲线显示轻稀土富集,铕轻微亏损(图4-67),An-Ab-Or图解为$T_1$-$T_2$-$G_1$-$G_2$组合(图4-68),Q-Ab-Or图解反映为钙碱性及奥长花岗岩类演化趋势(图4-69)。综合判断为陆缘弧构造环境。

表4-32 晚泥盆世($D_3$)中酸性侵入岩岩石化学成分含量及主要参数 单位:%

| 序号 | 样品号 | $SiO_2$ | $TiO_2$ | $Al_2O_3$ | $Fe_2O_3$ | FeO | MnO | MgO | CaO | $Na_2O$ | $K_2O$ | $P_2O_5$ | LOS | Total | $Na_2O+K_2O$ | $K_2O/Na_2O$ | $Mg^{\#}$ | $FeO^*$ | A/CNK | σ | A.R | SI | DI |
|---|---|---|---|---|---|---|---|---|---|---|---|---|---|---|---|---|---|---|---|---|---|---|---|
| 1 | E42898 | 68.56 | 0.4 | 14.88 | 1.1 | 3.38 | 0.08 | 1.59 | 0.64 | 4.55 | 3.23 | 0.18 | 1.1 | 99.69 | 7.78 | 0.71 | 0.42 | 4.37 | 1.24 | 2.37 | 3.01 | 11.48 | 83.08 |
| 2 | E36434 | 67.14 | 0.65 | 15.04 | 1.25 | 3.35 | 0.15 | 1.36 | 2.8 | 3.7 | 3.8 | 0.28 | 0.46 | 99.98 | 7.5 | 1.03 | 0.39 | 4.47 | 0.99 | 2.33 | 2.45 | 10.1 | 75.99 |
| 3 | GS3450 | 69.54 | 0.31 | 14.48 | 1.16 | 2.58 | 0.06 | 1.36 | 1.44 | 3.92 | 4.15 | 0.13 | 1.01 | 100.1 | 8.07 | 1.06 | 0.45 | 3.62 | 1.07 | 2.45 | 3.06 | 10.33 | 82.99 |
| 4 | GS3677 | 63.8 | 0.6 | 16.24 | 1.55 | 3.46 | 0.08 | 2.07 | 3.29 | 4.43 | 3.9 | 0.43 | 0.3 | 100.2 | 8.33 | 0.88 | 0.47 | 4.85 | 0.93 | 3.34 | 2.49 | 13.43 | 73.03 |
| 5 | P9E62 | 75.64 | 0.14 | 12.86 | 1.67 | 1.37 | 0.1 | 0.51 | 0.44 | 4.46 | 1.24 | 0.04 | 1.8 | 100.3 | 5.7 | 0.28 | 1 | 2.87 | 1.35 | 1 | 2.5 | 5.51 | 88.78 |
| 6 | P9E7 | 77.8 | 0.32 | 12.16 | 0.99 | 1.29 | 0.03 | 0.35 | 0.62 | 4.4 | 0.92 | 0.03 | 1.24 | 100.2 | 5.32 | 0.21 | 0.28 | 2.18 | 1.29 | 0.81 | 2.43 | 4.4 | 89.97 |
| 7 | P9E14 | 76.98 | 0.2 | 12.76 | 1.97 | 1.02 | 0.03 | 0.33 | 0.32 | 2.83 | 2.18 | 0.03 | 1.4 | 100.1 | 5.01 | 0.77 | 0.24 | 2.79 | 1.67 | 0.74 | 2.24 | 3.96 | 88.21 |
| 8 | GS3114 | 67.26 | 0.4 | 16.21 | 1.4 | 2.78 | 0.08 | 1.24 | 1.89 | 4.58 | 2.74 | 0.17 | 1.48 | 100.2 | 7.32 | 0.6 | 0.4 | 4.04 | 1.16 | 2.21 | 2.36 | 9.73 | 79.09 |
| 9 | GS3153 | 65.62 | 0.7 | 15.26 | 2.15 | 2.28 | 0.1 | 1.32 | 2.76 | 4.61 | 4.16 | 0.25 | 0.45 | 99.66 | 8.77 | 0.9 | 0.43 | 4.21 | 0.90 | 3.4 | 2.9 | 9.09 | 79.89 |
| 10 | E51321 | 61.96 | 0.5 | 14.75 | 1.5 | 4.35 | 1.13 | 5.17 | 3.75 | 3.79 | 2.27 | 0.15 | 0.66 | 99.98 | 6.06 | 0.6 | 0.65 | 5.7 | 0.95 | 1.94 | 1.97 | 30.27 | 58.38 |
| 11 | 6P18GS15 | 65.72 | 0.5 | 15.67 | 2.29 | 3.39 | 0.09 | 1.91 | 4.45 | 3.57 | 0.81 | 0.11 | 1.11 | 99.62 | 4.38 | 0.23 | 0.44 | 5.45 | 1.05 | 0.84 | 1.56 | 15.96 | 63.68 |
| 12 | E54243 | 68.02 | 0.4 | 14.7 | 0.75 | 4.15 | 0.15 | 0.93 | 1.51 | 4.15 | 4.05 | 0.25 | 0.44 | 99.50 | 8.20 | 0.98 | 0.27 | 4.82 | 1.05 | 2.69 | 3.05 | 6.63 | 81.26 |

续表 4-32

| 序号 | 样品号 | $SiO_2$ | $TiO_2$ | $Al_2O_3$ | $Fe_2O_3$ | FeO | MnO | MgO | CaO | $Na_2O$ | $K_2O$ | $P_2O_5$ | LOS | Total | $Na_2O+K_2O$ | $K_2O/Na_2O$ | $Mg^{\#}$ | $FeO^{*}$ | A/CNK | σ | A.R | SI | DI |
|---|---|---|---|---|---|---|---|---|---|---|---|---|---|---|---|---|---|---|---|---|---|---|---|
| 13 | E139150 | 62.34 | 1 | 16.4 | 2.67 | 3.54 | 0.13 | 1.92 | 3.79 | 3.7 | 2.5 | 0.38 | 1.04 | 99.41 | 6.20 | 0.68 | 0.43 | 5.94 | 1.04 | 1.99 | 1.89 | 13.40 | 66.91 |
| 14 | 2GS0116 | 72.81 | 0.28 | 13.87 | 0.8 | 0.69 | 0.43 | 0.43 | 1 | 3.78 | 4.8 | 0.08 | 1.1 | 100.07 | 8.58 | 1.27 | 0.43 | 1.41 | 1.05 | 2.47 | 3.73 | 4.1 | 90.63 |
| 15 | 14002…13039 十个样平均值 | 72.88 | 0.22 | 14.77 | 0.74 | 1.06 | 0.061 | 0.4 | 1.34 | 4.24 | 3.56 | 0.09 |  | 99.36 | 7.80 | 0.84 | 0.34 | 1.73 | 1.12 | 2.04 | 2.88 | 4.00 | 88.36 |
| 16 | 14004…15069 八个样平均值 | 67.86 | 0.61 | 15.78 | 1.58 | 1.97 | 0.073 | 1.31 | 2.19 | 4.35 | 2.77 | 0.28 |  | 98.77 | 7.12 | 0.64 | 0.48 | 3.39 | 1.12 | 2.04 | 2.31 | 10.93 | 79.5 |

**表 4-33　晚泥盆世($D_3$)中酸性侵入岩稀土元素含量及主要参数**　　单位：$\times 10^{-6}$

| 序号 | 样品号 | La | Ce | Pr | Nd | Sm | Eu | Gd | Tb | Dy | Ho | Er | Tm | Yb | Lu | ΣREE | ΣLREE | ΣHREE | LREE/HREE | δEu |
|---|---|---|---|---|---|---|---|---|---|---|---|---|---|---|---|---|---|---|---|---|
| 11 | 6P18GS15 | 16.6 | 31.8 | 4.7 | 18.95 | 4.16 | 1.02 | 4.5 | 0.7 | 4.1 | 0.9 | 2.7 | 0.39 | 2.26 | 0.38 | 107.5 | 77.23 | 15.93 | 4.848 | 0.717 |
| 14 | 2GS0116 | 43 | 61 | 7 | 23 | 3.81 | 0.67 | 3.5 | 0.51 | 2.6 | 0.5 | 1.49 | 0.25 | 1.64 | 0.25 | 149.2 | 138.5 | 10.74 | 12.89 | 0.552 |

**表 4-34　晚泥盆世($D_3$)中酸性侵入岩微量元素含量及主要参数**　　单位：$\times 10^{-6}$

| 序号 | 样品号 | Sr | Rb | Ba | Th | Nb | Zr | Cr | Ni | Co | V | U | Y | Li | Rb/Sr | U/Th |
|---|---|---|---|---|---|---|---|---|---|---|---|---|---|---|---|---|
| 11 | 6P18GS15 | 301.6 | 25.6 | 199 | 5.9 | 7.5 | 107.2 | 23.5 | 8.3 | 23 | 103.4 | 0.72 | 23.4 | 22 | 0.085 | 0.122 |
| 14 | 2GS0116 | 135.2 | 157.4 | 457.2 | 26.4 | 13.2 | 235 | 20.3 | 2.1 |  | 8.2 |  | 15.3 | 8.9 | 1.164 | 0 |

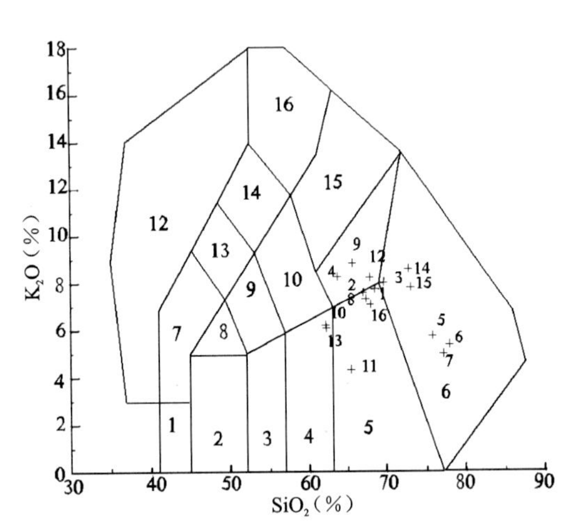


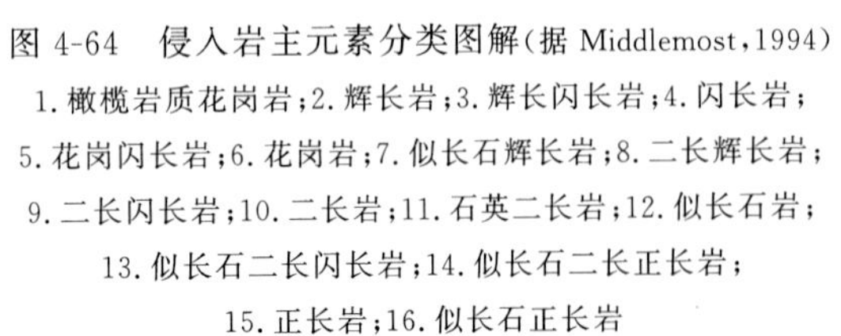

图 4-64　侵入岩主元素分类图解(据 Middlemost,1994)

1.橄榄岩质花岗岩;2.辉长岩;3.辉长闪长岩;4.闪长岩;5.花岗闪长岩;6.花岗岩;7.似长石辉长岩;8.二长辉长岩;9.二长闪长岩;10.二长岩;11.石英二长岩;12.似长石岩;13.似长石二长闪长岩;14.似长石二长正长岩;15.正长岩;16.似长石正长岩

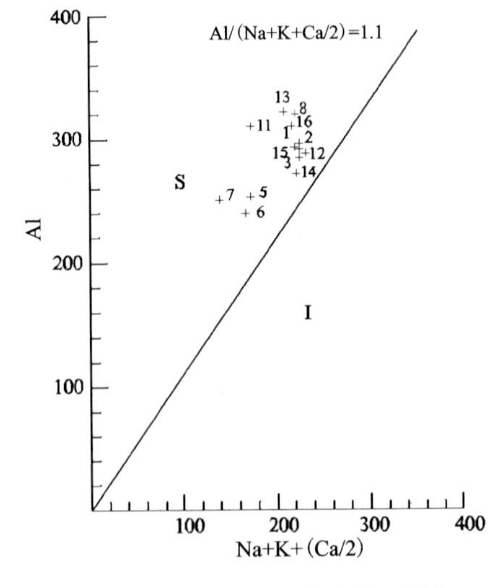


图 4-65　S 型、I 型花岗岩判别图解

I. I 型花岗岩;S. S 型花岗岩

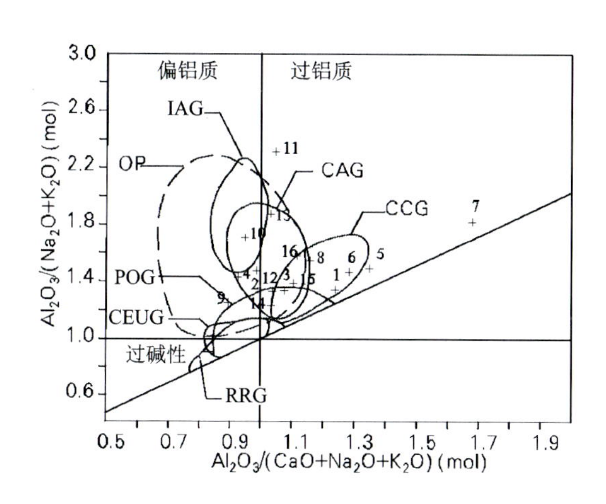


图 4-66 山德指数(Shamd's indel)图解

IAG. 岛弧;CAG. 大陆弧;CCG. 大陆碰撞;POG. 后造山;RRG. 裂谷系;CEUG. 大陆造陆隆升;OP. 大洋

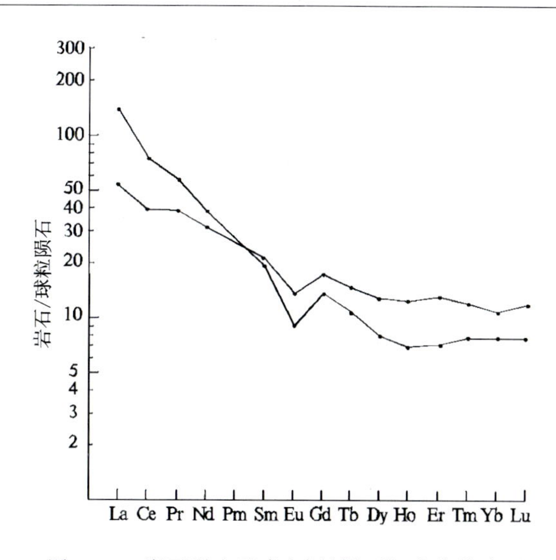


图 4-67 岩石稀土元素/球粒陨石标准化模式图

(据 Coryell,1963)

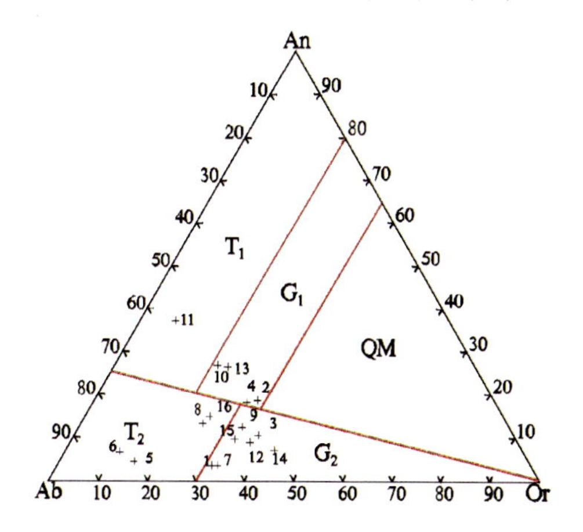


图 4-68 An-Ab-Or 分类图解(据 Johannes 等,1996)

$T_1$. 英云闪长岩;$T_2$. 奥长花岗岩;

$G_1$. 花岗闪长岩;$G_2$. 花岗岩;QM. 石英二长岩

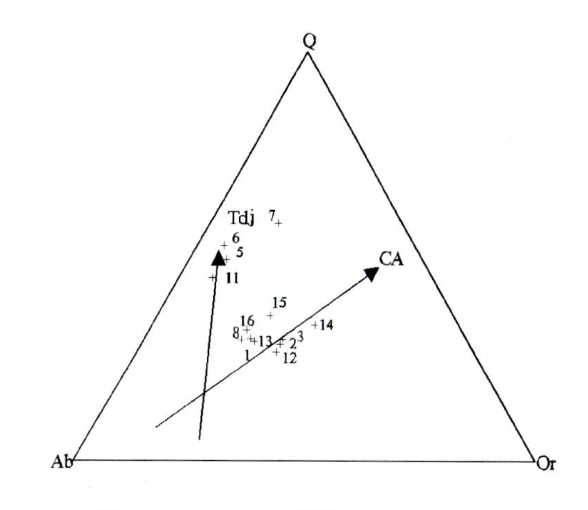


图 4-69 Q-Ab-Or 图解(据邓晋福,2004)

Tdj. 奥长花岗岩类演化趋势;CA. 钙碱性演化

2)凤云山、八一牧场裂谷型辉长岩-辉绿玢岩组合($D_3$)

该组合出露于凤云山及其东南部,八一牧场也可见及,总体呈北西向展布。该组合由辉长岩、辉绿玢岩岩墙建造构成,侵入于奥陶系哈拉哈河组、裸河组,晚泥盆世石英闪长岩和中上泥盆统大民山组,K-Ar 同位素年龄为 354Ma。

根据岩石化学数据(表 4-35~表 4-37)进行计算和投图分析,在图 4-70 中主要位于拉斑玄武岩系列区,M/MF 值为 0.64,接近玄武质原生岩浆的下限 0.65,稀土配分曲线平直(图 4-71),显示地幔特征,岩石成因类型应为幔源;在图 4-72 中位于 IAG+CAG+CCG 区与 RRG+CEUG 区的交会部位,在图 4-73 中位于 A—P 线附近。综合研判应为碰撞后裂谷环境形成的辉长岩-辉绿玢岩组合。

**表 4-35 晚泥盆世($D_3$)基性侵入岩岩石化学成分含量及主要参数** 单位:%

| 序号 | 样品号 | $SiO_2$ | $TiO_2$ | $Al_2O_3$ | $Fe_2O_3$ | FeO | MnO | MgO | CaO | $Na_2O$ | $K_2O$ | $P_2O_5$ | LOS | Total | $Na_2O+K_2O$ | $K_2O/Na_2O$ | $Mg^{\#}$ | $FeO^*$ | A/CNK | σ | A.R | SI | DI |
|---|---|---|---|---|---|---|---|---|---|---|---|---|---|---|---|---|---|---|---|---|---|---|---|
| 1 | GS3216 | 44.59 | 1.91 | 14.6 | 5.9 | 8.98 | 0.21 | 8.41 | 9.72 | 2.34 | 0.44 | 0.2 | 1.63 | 98.88 | 2.78 | 0.19 | 0.57 | 14.28 | 3.33 | 4.86 | 1.26 | 32.26 | 23.08 |
| 2 | GS3355-2 | 49.48 | 0.43 | 16.9 | 1.7 | 7.02 | 0.18 | 8.96 | 11.2 | 2.24 | 0.53 | 0.1 | 1.09 | 99.86 | 2.77 | 0.24 | 0.67 | 8.55 | 3.95 | 1.18 | 1.22 | 43.81 | 22.36 |

续表 4-35

| 序号 | 样品号 | $SiO_2$ | $TiO_2$ | $Al_2O_3$ | $Fe_2O_3$ | FeO | MnO | MgO | CaO | $Na_2O$ | $K_2O$ | $P_2O_5$ | LOS | Total | $Na_2O+K_2O$ | $K_2O/Na_2O$ | $Mg^\#$ | $FeO^*$ | A/CNK | σ | A.R | SI | DI |
|---|---|---|---|---|---|---|---|---|---|---|---|---|---|---|---|---|---|---|---|---|---|---|---|
| 3 | 4P20GS10 | 48.7 | 0.9 | 16.3 | 2.9 | 6.15 | 0.15 | 7.44 | 9.42 | 3.25 | 0.05 | 0.2 |  | 95.42 | 3.30 | 0.02 | 0.64 | 8.76 | 0.72 | 1.91 | 1.29 | 37.59 | 29.14 |
| 4 | 4P20GS11 | 48.83 | 0.97 | 16.3 | 2.25 | 6.85 | 0.16 | 8.09 | 7.19 | 3.25 | 0.9 | 0.2 |  | 94.91 | 4.15 | 0.28 | 0.65 | 8.87 | 0.84 | 2.95 | 1.43 | 37.91 | 34.58 |
| 5 | 2GS2125-2 | 48.95 | 1.2 | 17.9 | 1.22 | 8.23 | 0.2 | 8.07 | 10.2 | 2.41 | 0.49 | 0.2 | 1.03 | 99.98 | 2.90 | 0.20 | 0.62 | 9.327 | 0.78 | 1.41 | 1.23 | 39.52 | 23.54 |

表 4-36　晚泥盆世($D_3$)基性侵入岩稀土元素含量及主要参数　　单位：$\times10^{-6}$

| 序号 | 样品号 | La | Ce | Pr | Nd | Sm | Eu | Gd | Tb | Dy | Ho | Er | Tm | Yb | Lu | ΣREE | ΣLREE | ΣHREE | LREE/HREE | δEu |
|---|---|---|---|---|---|---|---|---|---|---|---|---|---|---|---|---|---|---|---|---|
| 5 | 2GS 2125-2 | 4.1 | 10.9 | 1.66 | 7.9 | 2.49 | 0.95 | 3.11 | 0.56 | 3.46 | 0.76 | 2.12 | 0.28 | 1.83 | 0.249 | 40.4 | 28 | 12.4 | 2.263 | 1.04 |

表 4-37　晚泥盆世($D_3$)基性侵入岩微量元素含量及主要参数　　单位：$\times10^{-6}$

| 序号 | 样品号 | Sr | Rb | Ba | Th | Nb | Zr | Cr | Ni | Co | V | U | Y | Li | Rb/Sr | U/Th |
|---|---|---|---|---|---|---|---|---|---|---|---|---|---|---|---|---|
| 5 | 2GS2125-2 | 254 | 14.8 | 59 | 5.1 | 4.9 | 69.9 | 319 | 284 | 30.5 | 209 |  | 18.5 | 28.8 | 0.0582 | 0 |

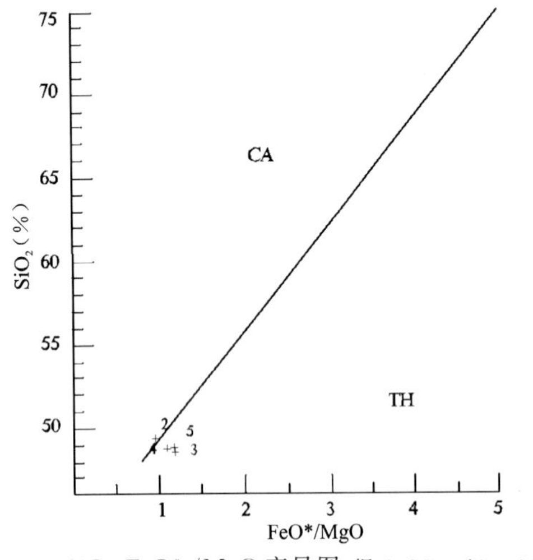


图 4-70　$SiO_2$-$FeO^*$/MgO 变异图(据 A. Miyashiro,1974)
TH. 拉斑玄武岩系；CA. 钙碱性玄武岩系

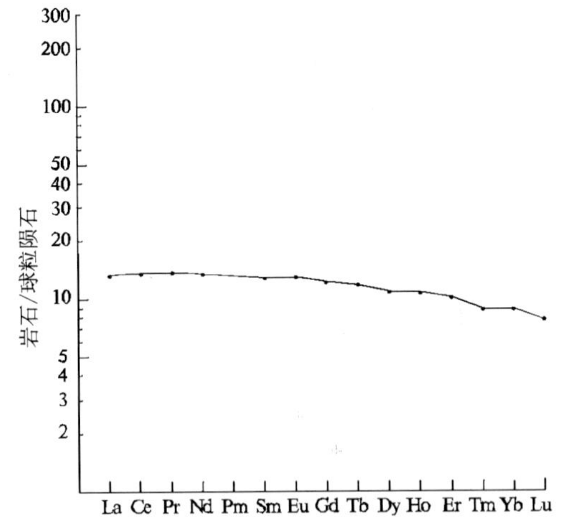


图 4-71　岩石稀土元素/球粒陨石标准化模式图
(据 Coryell,1963)

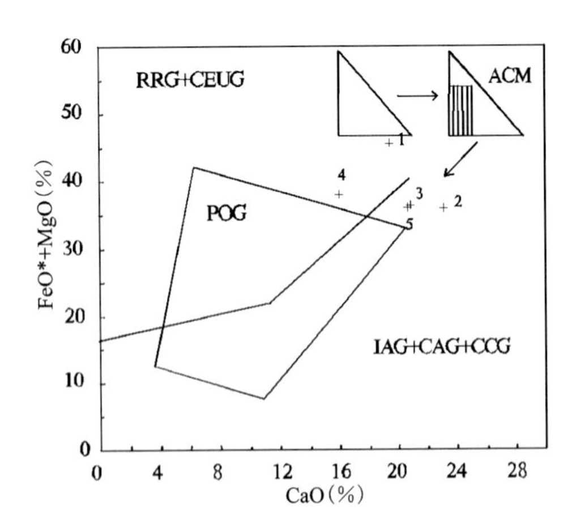


图 4-72　A($Al_2O_3$-$Na_2O$-$K_2O$)-CaO-($FeO^*$+MgO)
三元系判别图解
IAG. 岛弧；CAG. 大陆弧；CCG. 大陆碰撞；
POG. 后造山；RRG. 裂谷系；CEUG. 大陆造陆隆升

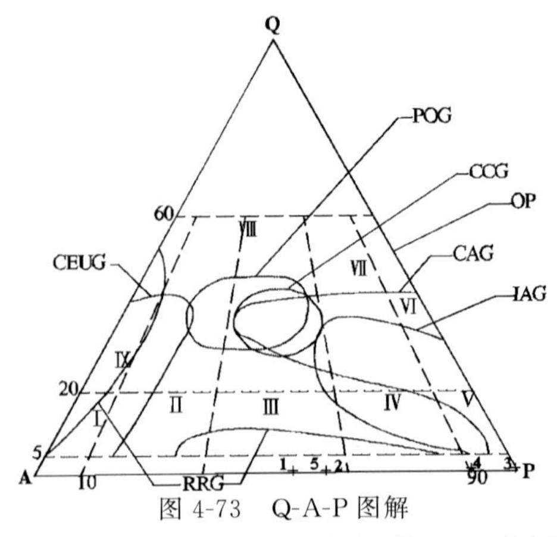


图 4-73　Q-A-P 图解
IAG. 岛弧；CAG. 大陆弧；CCG. 大陆碰撞；POG. 后造山；
RRG. 裂谷系；CEUG. 大陆造陆隆升；OP. 大洋

3)哈达图、李增碰山碰撞型高钾钙碱性侵入岩组合($C_2$)

该组合主要分布于哈达图及李增碰山地区,在兴滨林场也有出露。主要岩石类型包括石英闪长岩、黑云角闪石英二长闪长岩、花岗闪长岩及黑云母二长花岗岩,多呈岩株、岩基产出,或构成套叠式复式岩体。岩体内普遍有随机分布的闪长岩质包体,侵入下石炭统红水泉组、泥盆系大民山组和泥盆纪侵入岩,被上侏罗统火山岩覆盖,石英闪长岩与二长花岗岩 U-Pb 同位素年龄分别为 310.3Ma 和 303.5Ma。据此确定该组合形成于晚石炭世。

根据岩石化学数据(表 4-38～表 4-40)进行了计算和投图分析,侵入岩主元素分类图解分类为花岗岩和少量花岗闪长岩、石英二长岩和闪长岩(图 4-74);在 $K_2O$-$SiO_2$ 图解中位于高钾钙碱系列区,个别位于钾玄岩系列区(图 4-75),在山德指数图解中位于大陆弧、大陆碰撞、后造山花岗岩区交会部位(图 4-76),岩体内普遍含闪长质包体,显示为幔源成因。在 Rb-Yb+Ta 图解中位于火山弧和同碰撞花岗岩区(图 4-77),在 An-Ab-Or 图解中大多样点位于 $G_2$ 区,少量位于 $G_1$ 区,个别位于 $T_2$ 区(4-75),在 Q-Ab-Or 图解中具钙碱性演化趋势(图 4-79)。综合岩石学、矿物学及岩石化学特征确定为碰撞环境下形成的高钾钙碱性侵入岩组合。

**表 4-38　海拉尔-呼玛晚石炭世($C_2$)侵入岩岩石化学成分含量及主要参数**　单位:%

| 序号 | 样品号 | $SiO_2$ | $TiO_2$ | $Al_2O_3$ | $Fe_2O_3$ | FeO | MnO | MgO | CaO | $Na_2O$ | $K_2O$ | $P_2O_5$ | LOS | Total | $Na_2O+K_2O$ | $K_2O/Na_2O$ | $Mg^{\#}$ | $FeO^*$ | A/CNK | σ | A.R | SI | DI |
|---|---|---|---|---|---|---|---|---|---|---|---|---|---|---|---|---|---|---|---|---|---|---|---|
| 1 | 6GS7127a | 72.4 | 0.33 | 14.14 | 1.95 | 0.74 | 0.071 | 0.65 | 0.57 | 4.5 | 4.06 | 0.1 | 0.56 | 100.07 | 8.56 | 0.9 | 0.43 | 2.49 | 1.1 | 2.49 | 3.78 | 5.46 | 90.84 |
| 2 | 6P15GS27 | 76.08 | 0.24 | 12.45 | 1.17 | 0.22 | 0.02 | 0.13 | 0.25 | 3.98 | 5.54 | 0.02 | 0.38 | 100.48 | 9.52 | 1.39 | 0.24 | 1.27 | 0.96 | 2.74 | 6.99 | 1.18 | 97.09 |
| 3 | C2AP8GS24 | 76.34 | 0.2 | 10.78 | 1.13 | 2.34 | 0.01 | 0.49 | 0.66 | 2.25 | 4.64 | 0.07 | 0.54 | 99.45 | 6.89 | 2.06 | 0.23 | 3.36 | 1.09 | 1.42 | 4.03 | 4.52 | 89.59 |
| 4 | 6P15GS20 | 75.75 | 0.19 | 12.55 | 0.88 | 0.39 | 0.015 | 0.12 | 0.33 | 4.13 | 5.57 | 0.02 | 0.28 | 100.23 | 9.7 | 1.35 | 0.22 | 1.18 | 0.93 | 2.87 | 7.1 | 1.08 | 96.45 |
| 5 | 6P15GS130 | 59.51 | 0.87 | 13.56 | 0.83 | 4.88 | 0.094 | 7.02 | 5.17 | 3.17 | 2.25 | 0.21 | 2.09 | 99.65 | 5.42 | 0.71 | 1 | 5.63 | 0.8 | 1.78 | 1.81 | 38.7 | 51.45 |
| 6 | 6GS7130 | 72.24 | 0.37 | 14.1 | 1.25 | 0.8 | 0.056 | 0.48 | 1.62 | 3.98 | 3.98 | 0.12 | 0.74 | 99.74 | 7.96 | 1 | 0.4 | 1.92 | 1.02 | 2.17 | 3.05 | 4.58 | 87.77 |
| 7 | 6P15GS79 | 66.13 | 0.75 | 15.48 | 2.21 | 1.82 | 0.069 | 1.01 | 2.32 | 4.85 | 4.72 | 0.19 | 0.8 | 100.35 | 9.57 | 0.97 | 0.4 | 3.81 | 0.9 | 3.96 | 3.33 | 6.91 | 83.57 |
| 8 | 6P15GS122 | 73.59 | 0.29 | 13.02 | 1.35 | 0.64 | 0.041 | 0.6 | 1 | 4.03 | 5.21 | 0.05 | 0.48 | 100.3 | 9.24 | 1.29 | 0.48 | 1.85 | 0.93 | 2.79 | 4.87 | 5.07 | 92.68 |
| 9 | W3GS10210 | 74.36 | 0.19 | 13.44 | 0.8 | 1.01 | 0.04 | 0.18 | 0.42 | 3.51 | 4.73 | 0.05 | 0.7 | 99.43 | 8.24 | 1.35 | 0.18 | 1.73 | 1.16 | 2.17 | 3.93 | 1.76 | 93.21 |
| 10 | W3P42GS1 | 75.38 | 0.13 | 12.7 | 0.41 | 1.02 | 0.025 | 0.22 | 0.5 | 4 | 4.95 | 0.05 | 0.23 | 99.62 | 8.95 | 1.24 | 0.23 | 1.39 | 0.98 | 2.47 | 5.21 | 2.08 | 94.99 |
| 11 | 3GS118 | 70.11 | 0.34 | 14.11 | 1.6 | 2.18 | 0.1 | 0.83 | 1.78 | 4.08 | 3.5 | 0.12 | 0.9 | 99.65 | 7.58 | 0.86 | 0.35 | 3.62 | 1.02 | 2.12 | 2.82 | 6.81 | 83.47 |
| 12 | GS1664 | 70.02 | 0.46 | 13.65 | 1.45 | 2.18 | 0.05 | 0.77 | 2.29 | 4.18 | 3.65 | 0.1 | 0.72 | 99.52 | 7.83 | 0.87 | 0.33 | 3.48 | 0.91 | 2.27 | 2.93 | 6.3 | 83.58 |
| 13 | GS1301 | 73.6 | 0.31 | 13.12 | 1.26 | 1.21 | 0.02 | 0.23 | 0.93 | 3.47 | 4.09 | 0.05 | 1.17 | 99.46 | 7.56 | 1.18 | 0.2 | 2.34 | 1.11 | 1.87 | 3.33 | 2.24 | 90.14 |
| 14 | GS3130-2 | 70.08 | 0.2 | 15.61 | 0.59 | 3.03 | 0 | 0.6 | 1.05 | 5.15 | 3.1 | 0.15 | 0.94 | 100.5 | 8.25 | 0.6 | 0.25 | 3.56 | 1.13 | 2.51 | 2.96 | 4.81 | 85.65 |
| 15 | W3GS10101 | 65.94 | 0.6 | 15.68 | 1.9 | 2.9 | 0.05 | 1.66 | 2.94 | 3.5 | 3.6 | 0.2 | 0.4 | 99.37 | 7.1 | 1.03 | 0.45 | 4.61 | 1.05 | 2.2 | 2.23 | 12.2 | 73.94 |
| 16 | W3GS10690 | 64.06 | 0.5 | 15.03 | 1.52 | 3.92 | 0.15 | 1.73 | 2.89 | 3.7 | 3.77 | 0.15 | 2.8 | 100.22 | 7.47 | 1.02 | 0.4 | 5.29 | 0.97 | 2.65 | 2.43 | 11.8 | 72.79 |
| 17 | 3GS34 | 68.06 | 0.36 | 15.01 | 1.62 | 2.23 | 0.08 | 1.61 | 3.01 | 4.16 | 2.92 | 0.13 | 0.36 | 99.55 | 7.08 | 0.7 | 0.5 | 3.69 | 0.97 | 2 | 2.29 | 12.8 | 76.32 |
| 18 | 6GS3063 | 76.73 | 0.07 | 12.32 | 0.29 | 0.48 | 0.01 | 0.25 | 0.73 | 3.5 | 4.2 | 0.08 | 0.49 | 99.15 | 7.7 | 1.2 | 0.41 | 0.74 | 1.06 | 1.76 | 3.88 | 2.87 | 94.04 |

**表 4-39　海拉尔-呼玛晚石炭世($C_2$)侵入岩稀土元素含量及主要参数**　单位:$\times10^{-6}$

| 序号 | 样品号 | La | Ce | Pr | Nd | Sm | Eu | Gd | Tb | Dy | Ho | Er | Tm | Yb | Lu | ΣREE | ΣLREE | ΣHREE | LREE/HREE | δEu |
|---|---|---|---|---|---|---|---|---|---|---|---|---|---|---|---|---|---|---|---|---|
| 1 | 6GS7127a | 25.6 | 60.3 | 6.6 | 23.26 | 4.07 | 0.96 | 3.6 | 0.5 | 2.8 | 0.6 | 1.8 | 0.27 | 1.82 | 0.31 | 132.49 | 120.79 | 11.7 | 10.32 | 0.75 |
| 2 | 6P15GS27 | 18.6 | 40.5 | 3.4 | 9.75 | 1.55 | 0.22 | 1.2 | 0.2 | 1.2 | 0.3 | 0.9 | 0.16 | 1.17 | 0.21 | 79.36 | 74.02 | 5.34 | 13.86 | 0.48 |

续表 4-39

| 序号 | 样品号 | La | Ce | Pr | Nd | Sm | Eu | Gd | Tb | Dy | Ho | Er | Tm | Yb | Lu | ΣREE | ΣLREE | ΣHREE | LREE/HREE | δEu |
|---|---|---|---|---|---|---|---|---|---|---|---|---|---|---|---|---|---|---|---|---|
| 4 | 6P15 GS20 | 48.5 | 90.5 | 8.2 | 24.3 | 4.36 | 0.48 | 4 | 0.6 | 4 | 0.8 | 2.4 | 0.39 | 2.54 | 0.4 | 191.47 | 176.34 | 15.1 | 11.65 | 0.35 |
| 5 | 6P15 GS130 | 21 | 46.5 | 5.9 | 23 | 4.88 | 1.18 | 4.4 | 0.6 | 3.5 | 0.7 | 2.1 | 0.3 | 1.97 | 0.29 | 116.39 | 102.46 | 13.9 | 7.36 | 0.76 |
| 6 | 6GS 7130 | 22.5 | 51.3 | 4.7 | 17.11 | 2.98 | 0.89 | 2.7 | 0.3 | 1.5 | 0.3 | 0.8 | 0.12 | 0.74 | 0.12 | 106.06 | 99.48 | 6.58 | 15.12 | 0.94 |
| 7 | 6P15 GS79 | 43.8 | 89.3 | 10 | 35.8 | 6.91 | 1.49 | 5.7 | 0.7 | 4 | 0.8 | 2 | 0.3 | 1.87 | 0.27 | 203.24 | 187.6 | 15.6 | 11.99 | 0.71 |
| 8 | 6P15 GS122 | 40.5 | 82.6 | 9.2 | 30.2 | 5.69 | 0.87 | 5 | 0.7 | 4.2 | 0.9 | 2.5 | 0.39 | 2.48 | 0.38 | 185.61 | 169.06 | 16.6 | 10.22 | 0.49 |

表 4-40　海拉尔-呼玛晚石炭世($C_2$)侵入岩微量元素含量及主要参数　　单位：$\times10^{-6}$

| 序号 | 样品号 | Rb | Sr | Ba | Th | Nb | Zr | Cr | Ni | Co | V | Y | Li | Rb/Sr |
|---|---|---|---|---|---|---|---|---|---|---|---|---|---|---|
| 1 | 6GS7127a | 128.1 | 176.1 | 629 | 18.6 | 11.7 | 154.9 | 13.5 | 4.2 | 5.1 | 17.4 | 15.4 | 9.9 | 0.73 |
| 2 | 6P15GS27 | 192.4 | 20.1 | 74 | 34.3 | 18.7 | 177 | 5.7 | 2.3 | 2.1 | 9.2 | 7 | 5.58 | 9.57 |
| 3 | C2AP8GS24 | | | | | | | | | | | 88.9 | | |
| 5 | 6P15GS130 | 78.5 | 549.7 | 369 | 9 | 10.6 | 132.4 | 199.2 | 132 | 28 | 132 | 19.1 | 31.3 | 0.14 |
| 6 | 6GS7130 | 104 | 497.4 | 692 | 12.2 | 6.5 | 116.3 | 12.6 | 6.5 | 5 | 22.1 | 8.46 | 13.3 | 0.21 |
| 7 | 6P15GS79 | 191.3 | 420.9 | 802 | 24.9 | 13.2 | 331.2 | 9.6 | 7.7 | 4.9 | 71.9 | 20.1 | 14.4 | 0.45 |
| 8 | 6P15GS122 | 143.5 | 119.4 | 415 | 20.1 | 15.5 | 167.5 | 11.2 | 4.7 | 3.4 | 21 | 23.7 | 10.1 | 1.20 |

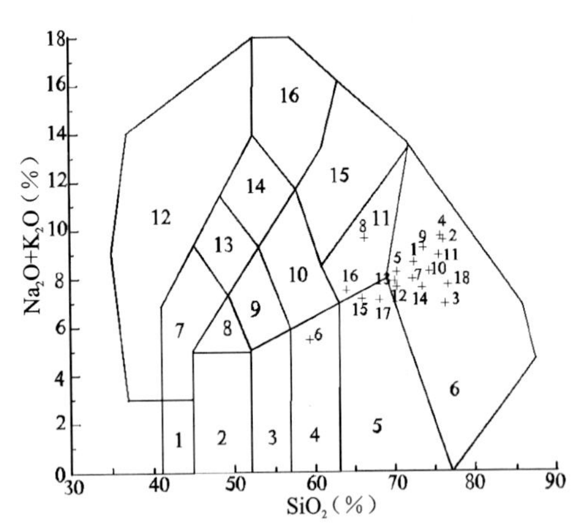


图 4-74　侵入岩主元素分类图解(据 Middlemost,1994)

1. 橄榄岩质花岗岩；2. 辉长岩；3. 辉长闪长岩；4. 闪长岩；5. 花岗闪长岩；6. 花岗岩；7. 似长石辉长岩；8. 二长辉长岩；9. 二长闪长岩；10. 二长岩；11. 石英二长岩；12. 似长石岩；13. 似长石二长闪长岩；14. 似长石二长正长岩；15. 正长岩；16. 似长石正长岩

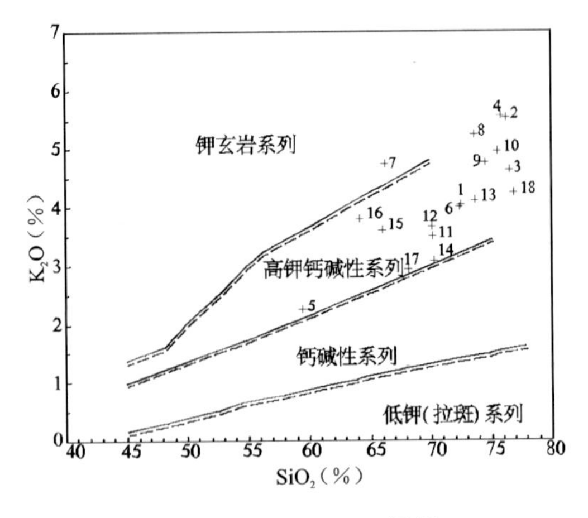


图 4-75　$K_2O$-$SiO_2$图解

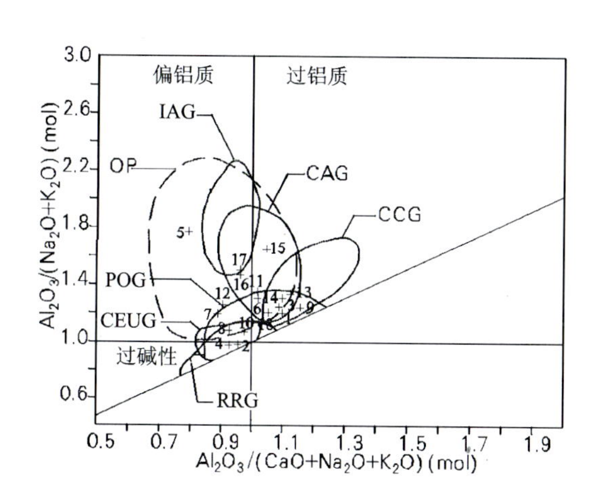


图 4-76　山德指数(Shamd's indel)花岗岩环境图解

IAG. 岛弧；CAG. 大陆弧；CCG. 大陆碰撞；POG. 后造山；RRG. 裂谷系；CEUG. 大陆造陆隆升；OP. 大洋

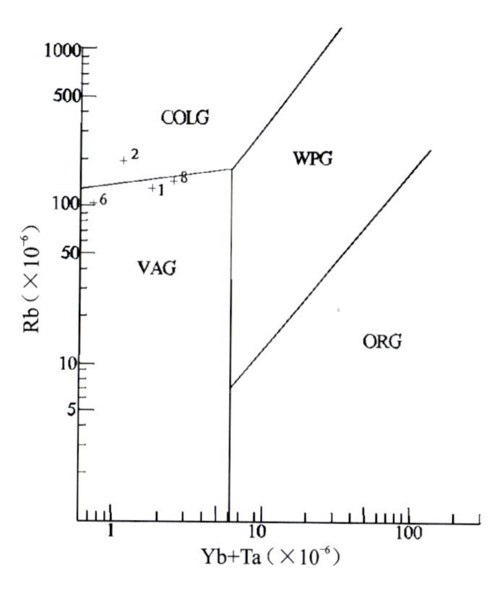


图 4-77　不同类型花岗岩的 Rb-Yb+Ta 图解

(据 Pearce，1984)

ORG. 洋脊花岗岩；WPG. 板内花岗岩；VAG. 火山弧花岗岩；COLG. 同碰撞花岗岩

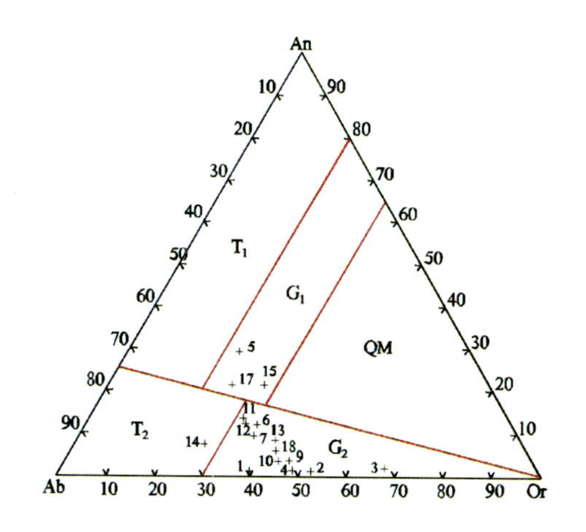


图 4-78　An-Ab-Or 分类图解(据 Johannes 等，1996)

$T_1$. 英云闪长岩；$T_2$. 奥长花岗岩；$G_1$. 花岗闪长岩；$G_2$. 花岗岩；QM. 石英二长岩

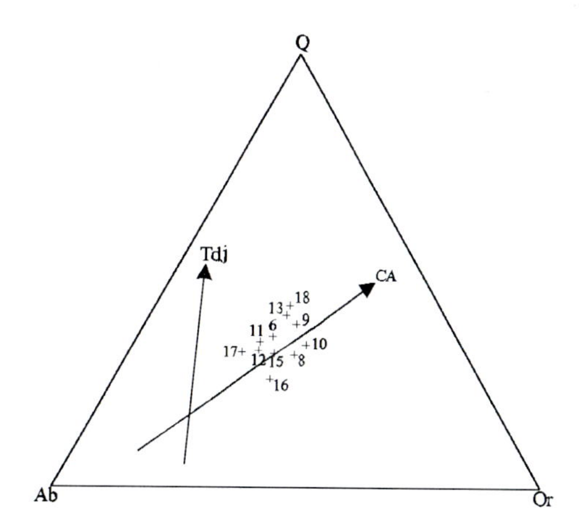


图 4-79　Q-Ab-Or 图解(据邓晋福，2004)

Tdj. 奥长花岗岩类演化趋势；CA. 钙碱性演化趋势

4)小乌尔其汉林场后造山型过碱性—钙碱性花岗岩组合($P_1$)

该组合分布于小乌尔其汉林场及其西南地区，向东南进入红花尔基、东乌珠穆沁旗-多宝山构造岩浆岩亚带苏格河地区。小乌尔其汉林场地区出露正长花岗岩，苏格河地区出露白岗质花岗岩，均呈岩基和岩株产出，并侵入晚石炭世花岗闪长岩和二长花岗岩。据白岗质花岗岩 K-Ar 同位素年龄为289.4Ma，将其侵入时代由晚石炭世修正为早二叠世。

据苏格河地区岩石化学资料(表 4-41～表 4-43)进行了计算和投图分析，在 $K_2O$-$SiO_2$ 图解中，大部分样点为高钾钙碱系列，个别为钾玄岩系列(图 4-80)，在 Al-(Na+K+Ca/2)图解中样点多落在 S 区与 I 区分界部位略偏 S 区一侧(图 4-81)，而且 A/CNK 值一般在 1.34～1.52 之间，最大为 1.61，远大于 1.10，表明其成因类型以壳源为主，并有较多幔源物质混入。在碱度率图解中样点落在碱性区(图 4-82)，在 $R_1$-$R_2$ 图解中主要位于非造山区及其与造山晚期区的分界部位，少数位于同碰撞区和造山期后区(图 4-83)。在图 4-84 中均位于后造山区。综合分析应为后造山环境中形成的过碱性—钙碱性花岗岩组合。

表 4-41　苏格河早二叠世($P_1$)后造山侵入岩岩石化学成分含量及主要参数

单位:%

| 序号 | 样品号 | $SiO_2$ | $TiO_2$ | $Al_2O_3$ | $Fe_2O_3$ | FeO | MnO | MgO | CaO | $Na_2O$ | $K_2O$ | $P_2O_5$ | LOS | Total | $Na_2O+K_2O$ | $K_2O/Na_2O$ | $Mg^{\#}$ | $FeO^{*}$ | A/CNK | σ | A.R | SI | DI |
|---|---|---|---|---|---|---|---|---|---|---|---|---|---|---|---|---|---|---|---|---|---|---|---|
| 1 | 6P18GS44 | 73.59 | 0.27 | 13.64 | 1.52 | 0.27 | 0.05 | 0.32 | 0.39 | 4.28 | 4.3 | 0.07 | 0.42 | 99.13 | 8.58 | 1.00 | 0.16 | 1.64 | 1.52 | 2.41 | 4.15 | 2.99 | 93.74 |
| 2 | 6P17GS42 | 75.35 | 0.18 | 13.12 | 1.33 | 0.4 | 0.08 | 0.24 | 0.23 | 4.47 | 4.1 | 0.05 | 0.27 | 99.81 | 8.57 | 0.92 | 0.13 | 1.60 | 1.49 | 2.27 | 4.59 | 2.28 | 95.1 |
| 3 | 6GS1029a | 76.05 | 0.17 | 12.62 | 0.81 | 0.41 | 0.05 | 0.05 | 0.68 | 3.94 | 4.3 | 0.04 | 0.26 | 99.38 | 8.24 | 1.09 | 0.04 | 1.14 | 1.41 | 2.05 | 4.26 | 0.53 | 94.63 |
| 4 | 6GS5154 | 75.61 | 0.17 | 12.9 | 1.23 | 0.23 | 0.06 | 0.08 | 0.28 | 4.24 | 4.36 | 0.03 | 0.57 | 99.75 | 8.60 | 1.03 | 0.06 | 1.34 | 1.45 | 2.27 | 4.76 | 0.79 | 95.8 |
| 5 | 6GS7045 | 76.93 | 0.21 | 12.52 | 1.1 | 0.34 | 0.02 | 0.23 | 0.37 | 3.22 | 4.17 | 0.05 | 0.31 | 99.46 | 7.39 | 1.30 | 0.15 | 1.33 | 1.61 | 1.61 | 3.69 | 2.54 | 93.7 |
| 6 | 6GS3224 | 76.94 | 0.18 | 12.14 | 1.06 | 0.3 | 0.06 | 0.05 | 0.3 | 3.93 | 4.01 | 0.03 | 0.48 | 99.48 | 7.94 | 1.02 | 0.04 | 1.25 | 1.47 | 1.86 | 4.53 | 0.53 | 95.76 |
| 7 | 6P20GS30 | 76.24 | 0.16 | 12.8 | 0.72 | 0.38 | 0.03 | 0.13 | 0.28 | 3.82 | 4.72 | 0.03 | 0.82 | 100.13 | 8.54 | 1.24 | 0.11 | 1.03 | 1.45 | 2.19 | 4.76 | 1.33 | 95.96 |
| 8 | 6GS3225-1 | 76.81 | 0.13 | 12.61 | 0.95 | 0.23 | 0.03 | 0.1 | 0.51 | 3.45 | 4.64 | 0.03 | 0.12 | 99.61 | 8.09 | 1.34 | 0.08 | 1.08 | 1.47 | 1.94 | 4.22 | 1.07 | 94.72 |
| 9 | E16225 | 73.36 | 0.1 | 13.51 | 0.76 | 1.42 | 0.1 | 0.09 | 0.35 | 4.55 | 4.9 | 0.01 | 0.34 | 99.49 | 9.45 | 1.08 | 0.04 | 2.1 | 1.38 | 2.94 | 5.29 | 0.77 | 94.64 |
| 10 | P50E1 | 76 | 0.1 | 12.6 | 1.18 | 1.19 | 0.02 | 0.03 | 0.32 | 4.1 | 4.35 | 0.08 | 0.4 | 100.37 | 8.45 | 1.06 | 0.01 | 2.25 | 1.44 | 2.16 | 4.78 | 0.28 | 94.87 |
| 11 | P50E6 | 76.2 | 0.1 | 12.09 | 1 | 1.35 | 0.02 | 0.08 | 0.39 | 3.4 | 5.2 | 0.08 | 0.48 | 100.39 | 8.60 | 1.53 | 0.03 | 2.25 | 1.34 | 2.23 | 5.43 | 0.73 | 94.69 |
| 12 | E51280 | 73.42 | 0.3 | 13.09 | 1.58 | 1.37 | 0.04 | 0.35 | 1.12 | 4.15 | 4.4 | 0.08 | 0.22 | 100.12 | 8.55 | 1.06 | 0.11 | 2.79 | 1.35 | 2.4 | 4.02 | 2.95 | 90.58 |
| 13 | P43E5 | 76.68 | 0.2 | 12.2 | 1.08 | 1.1 | 0.05 | 0.01 | 0.35 | 4.05 | 4.25 | 0.05 | 0.4 | 100.42 | 8.30 | 1.05 | 0 | 2.07 | 1.41 | 2.05 | 4.91 | 0.1 | 95.13 |
| 14 | P43E21 | 71.86 | 0.1 | 14.5 | 0.78 | 1.19 | 0.02 | 0.35 | 1.19 | 3.35 | 5.45 | 0.15 | 0.96 | 99.90 | 8.80 | 1.63 | 0.16 | 1.89 | 1.45 | 2.68 | 3.55 | 3.15 | 89.73 |
| 15 | P62-1E2 | 76.72 | 0.2 | 11.43 | 0.27 | 1.84 | 0.01 | 0.38 | 0.49 | 3.37 | 4.42 | 0.05 | 0.4 | 99.58 | 7.79 | 1.31 | 0.15 | 2.08 | 1.38 | 1.8 | 4.77 | 3.7 | 92.83 |

表 4-42　苏格河早二叠世($P_1$)后造山侵入岩稀土元素含量及主要参数

单位:$\times 10^{-6}$

| 序号 | 样品号 | La | Ce | Pr | Nd | Sm | Eu | Gd | Tb | Dy | Ho | Er | Tm | Yb | Lu | ΣREE | ΣLREE | ΣHREE | LREE/HREE | δEu |
|---|---|---|---|---|---|---|---|---|---|---|---|---|---|---|---|---|---|---|---|---|
| 1 | 6P18GS44 | 9.1 | 49.6 | 1.7 | 5.34 | 1.02 | 0.28 | 1.1 | 0.2 | 1 | 0.2 | 0.8 | 0.13 | 0.84 | 0.15 | 85.76 | 67.04 | 4.42 | 15.17 | 0.80 |
| 2 | 6P17GS42 | 18.2 | 47.2 | 4.8 | 17.65 | 3.89 | 0.57 | 4.1 | 0.7 | 4.1 | 0.9 | 2.9 | 0.46 | 2.85 | 0.49 | 136.11 | 92.31 | 16.50 | 5.59 | 0.43 |
| 3 | 6GS1029a | 9.1 | 30.2 | 1.7 | 5.51 | 0.92 | 0.13 | 0.9 | 0.1 | 0.08 | 0.2 | 0.5 | 0.08 | 0.6 | 0.1 | 67.42 | 47.56 | 2.56 | 18.58 | 0.43 |
| 5 | 6GS7045 | 8.8 | 26 | 2.1 | 8.09 | 1.74 | 0.49 | 1.8 | 0.3 | 2.2 | 0.5 | 1.5 | 0.23 | 1.5 | 0.26 | 55.51 | 47.22 | 8.29 | 5.70 | 0.84 |
| 8 | 6GS3225-1 | 12.1 | 18.2 | 1 | 2.36 | 0.28 | 0.07 | 0.3 | 0 | 0.02 | 0 | 0.1 | 0.02 | 0.15 | 0.03 | 34.63 | 34.01 | 0.62 | 54.85 | 0.73 |

表 4-43　苏格河早二叠世($P_1$)后造山侵入岩微量元素含量及主要参数

单位:$\times 10^{-6}$

| 序号 | 样品号 | Sr | Rb | Ba | Th | Nb | Zr | Cr | Ni | Co | V | Y | Li | Rb/Sr |
|---|---|---|---|---|---|---|---|---|---|---|---|---|---|---|
| 1 | 6P18GS44 | 88.5 | 132.7 | 241 | 19.2 | 12 | 98.4 | 17.8 | 5.2 | 4.3 | 25 | 6.4 | 5.9 | 1.50 |
| 2 | 6P17GS42 | 66.1 | 114.7 | 317 | 18.6 | 15.8 | 152.2 | 10.5 | 1 | 4.9 | 10.3 | 24.8 | 3.4 | 1.74 |
| 3 | 6GS1029a | 110 | 118 | 224 | 24.6 | 13.1 | 107.1 | 7.3 | 4.7 | 2.6 | 11 | 4.8 | 28.2 | 1.07 |
| 4 | 6GS5154 | 33.7 | 183.6 | 118 | 23.7 | 20.8 | 216.6 | 10.8 | 2 | 3.5 | 11 |  | 7.4 | 5.45 |
| 5 | 6GS7045 | 62.7 | 105.3 | 1.6 | 15.8 | 7.6 | 146 | 14.6 | 3.6 | 6.8 | 18 | 13.1 | 14.2 | 1.68 |
| 6 | 6GS3224 | 53.9 | 160.9 | 353 | 22.8 | 16.5 | 204.2 | 7.9 | 4.3 | 6.1 | 6.1 |  | 5.7 | 2.99 |
| 7 | 6P20GS30 | 71.4 | 193.1 | 173 | 42.9 | 14.2 | 134 | 8.9 | 2.7 | 4.1 | 4.8 |  | 5 | 2.70 |
| 8 | 6GS3225-1 | 78.8 | 201.3 | 108 | 26.9 | 10.3 | 94.8 | 11.9 | 5.7 | 3.9 | 8.6 | 1.2 | 11.4 | 2.55 |

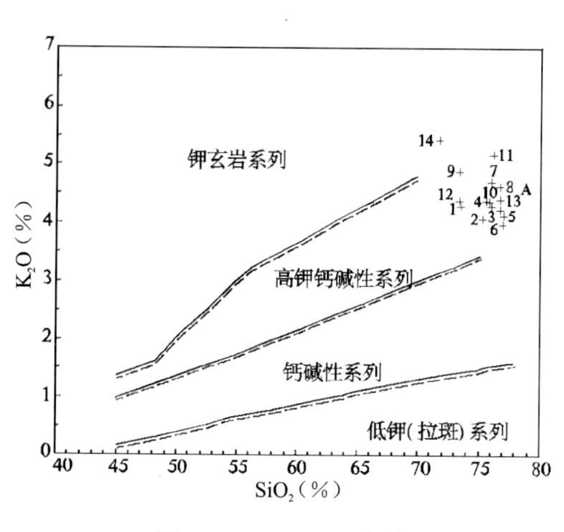


图 4-80　$K_2O$-$SiO_2$ 图解

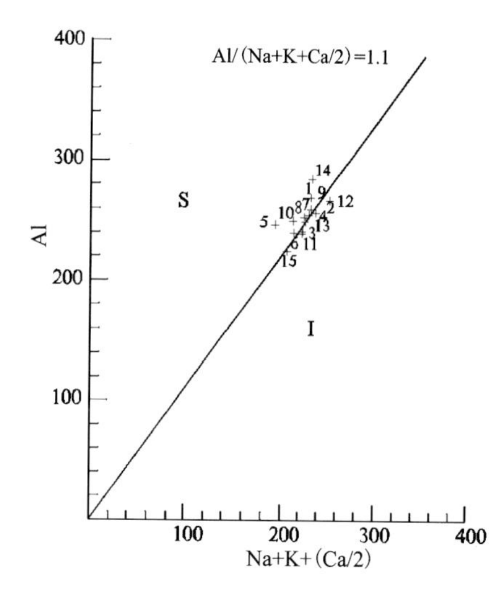


图 4-81　S 型、I 型花岗岩判别图解

I. I 型花岗岩；S. S 型花岗岩

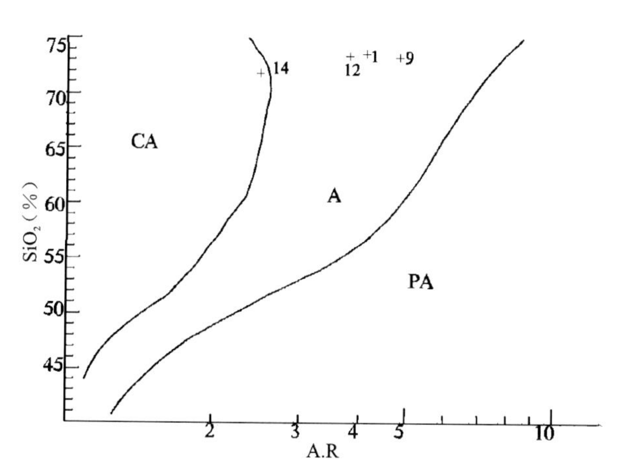


图 4-82　碱度率图解(据 Wright，1969)

CA. 钙碱性；A. 碱性；PA. 过碱性

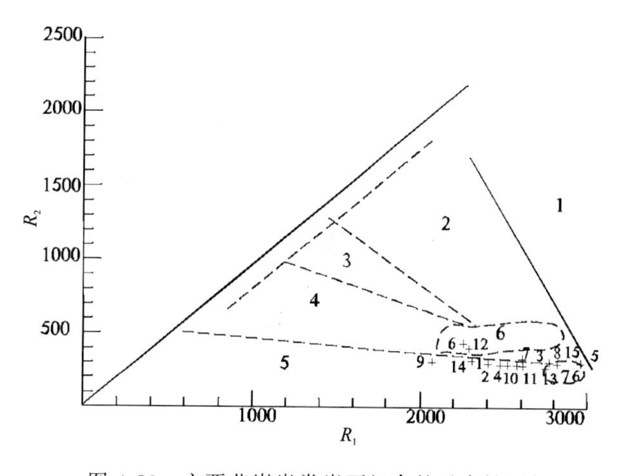


图 4-83　主要花岗岩类岩石组合的示意性图解

(据 Batchelor 等，1985)

1. 地幔分离；2. 板块碰撞前的；3. 碰撞后的抬升；

4. 造山晚期的；5. 非造山的；6. 同碰撞期的；7. 造山期后的

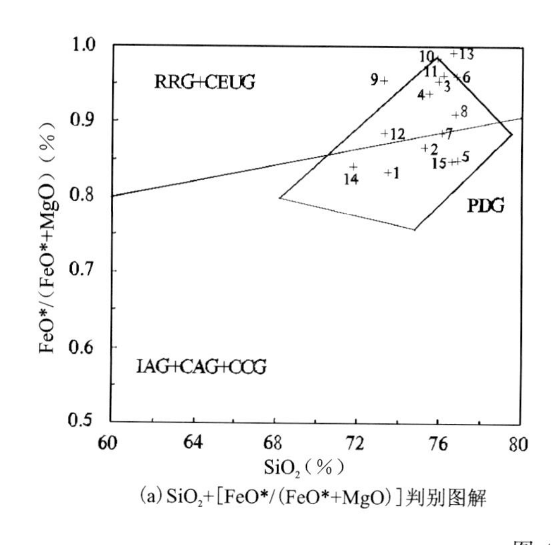


(a) $SiO_2$+[FeO*/(FeO*+MgO)]判别图解

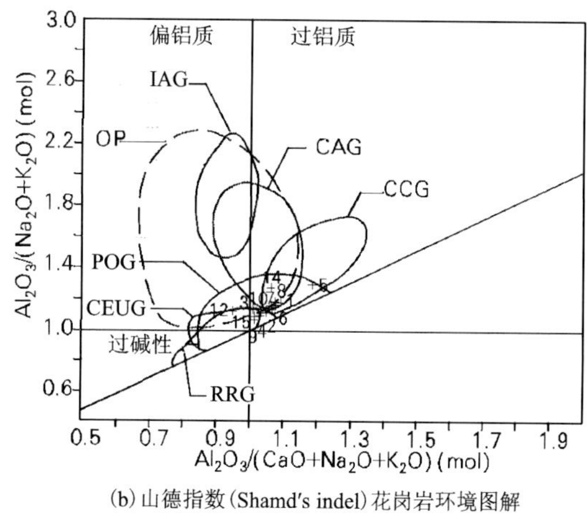


(b) 山德指数(Shamd's indel)花岗岩环境图解

图 4-84　系列图解

IAG. 岛弧；CAG. 大陆弧；CCG. 大陆碰撞；POG. 后造山；

RRG. 裂谷系；CEUG. 大陆造陆隆升；OP. 大洋

5)松岭区俯冲型 TTG 组合($P_2$)

该组合分布在松岭地区,岩石类型有闪长岩、石英闪长岩、石英二长闪长岩、奥长花岗岩、花岗闪长岩及花岗岩。多呈小岩株产出,闪长岩 K-Ar 同位素年龄为 183.1Ma。此外在东乌珠穆沁旗-多宝山构造岩浆岩亚带的扎赉河农场—巴林镇一带,出露有同类岩石,其中石英闪长岩 K-Ar 同位素年龄为 252Ma;在锡林浩特构造岩浆岩亚带的孟恩陶力盖—巴达尔湖农场地区也出露有相同岩类,其中奥长花岗岩 K-Ar 同位素年龄为 215.3Ma 和 281.1Ma。该侵入岩组合侵入上石炭统—下二叠统宝力高庙组、中二叠统哲斯组或下中二叠统大石寨组,被晚三叠世花岗岩侵入,被上侏罗统火山岩覆盖。其时代确定为中二叠世。

根据岩石化学数据(表 4-44～表 4-46)进行了计算和投图分析。在 $K_2O$-$SiO_2$ 变异图中为高钾钙碱系列和中钾钙碱性系列(图 4-85(a));在碱度率图解中以钙碱性为主,少量碱性;在 Al-(Na+K+Ca/2)图解中为 S 型花岗岩(图 4-85(b));稀土配分曲线显示轻稀土相对富集和略有负铕异常(图 4-86);在山德指数图解中样点位于岛弧和大陆弧区(图 4-87)。在 An-Ab-Or 图解中投于 $T_1$-$T_2$-$G_1$-$G_2$ 区(图 4-88),在 Q-Ab-Or 图解中位于钙碱性演化趋势和奥长花岗岩演化趋势之间(图 4-89)。综合判别大地构造环境为岛弧。

**表 4-44　中二叠世($P_2$)孟恩陶力盖-松岭区 TTG 侵入岩岩石化学成分含量及主要参数**　　单位:%

| 序号 | 样品号 | $SiO_2$ | $TiO_2$ | $Al_2O_3$ | $Fe_2O_3$ | FeO | MnO | MgO | CaO | $Na_2O$ | $K_2O$ | $P_2O_5$ | LOS | Total | $Na_2O+K_2O$ | $K_2O/Na_2O$ | $Mg^{\#}$ | $FeO^*$ | A/CNK | σ | A.R | SI | DI |
|---|---|---|---|---|---|---|---|---|---|---|---|---|---|---|---|---|---|---|---|---|---|---|---|
| 1 | M4P26 GS17 | 69.76 | 0.55 | 14.44 | 1.28 | 2.07 | 0.06 | 1.2 | 1.8 | 4.45 | 3 | 0.25 | 0.68 | 99.54 | 7.45 | 0.67 | 0.45 | 3.22 | 1.04 | 2.07 | 2.7 | 10 | 82.89 |
| 2 | 4014a | 73.68 | 0.1 | 14.65 | 0.64 | 0.63 | 0.05 | 1.13 | 1.47 | 4.55 | 3.53 | 0.1 | 0.4 | 100.9 | 8.08 | 0.78 | 0.69 | 1.21 | 1.06 | 2.13 | 3.01 | 10.78 | 87.73 |
| 3 | 10659 | 70.44 | 0.6 | 14.71 | 1.82 | 1.7 | 0.03 | 1.11 | 0.96 | 4.3 | 3.6 | 0.25 | 0.92 | 100.4 | 7.9 | 0.84 | 0.45 | 3.34 | 1.16 | 2.27 | 3.03 | 8.86 | 86.13 |
| 4 | Ⅸ22GS 9002 | 65.52 | 0.72 | 14.81 | 2.41 | 2.83 | 0.1 | 2.35 | 3.54 | 4.05 | 2.71 | 0.3 | 0.62 | 99.96 | 6.76 | 0.67 | 0.52 | 5 | 0.92 | 2.03 | 2.17 | 16.38 | 71.1 |
| 5 | M4P26 GS9 | 60.1 | 1.1 | 15.17 | 2.54 | 4.56 | 0.13 | 3.92 | 4.37 | 3.35 | 1.6 | 0.3 | 2.8 | 99.94 | 4.95 | 0.48 | 1 | 6.84 | 1.00 | 1.43 | 1.68 | 24.55 | 57.36 |
| 6 | Ⅸ22GS 2262 | 64.06 | 0.72 | 15.19 | 2.82 | 2.88 | 0.05 | 2.13 | 2.08 | 3.32 | 5.14 | 0.15 | 1.36 | 99.9 | 8.46 | 1.55 | 0.49 | 5.42 | 1.02 | 3.4 | 2.92 | 13.08 | 76.33 |
| 7 | M4GS 10661 | 64.24 | 0.85 | 16.12 | 3.06 | 2.6 | 0.08 | 1.04 | 1.25 | 4.1 | 2.95 | 0.35 | 2.56 | 99.2 | 7.05 | 0.72 | 0.33 | 5.35 | 1.33 | 2.34 | 2.37 | 7.56 | 79.41 |
| 8 | 3195 | 64.28 | 0.1 | 15.45 | 2.64 | 2.3 | 0.075 | 2.43 | 3.5 | 4.08 | 3.76 | 0.25 | 0.57 | 99.44 | 7.84 | 0.92 | 0.56 | 4.67 | 0.90 | 2.89 | 2.41 | 15.98 | 72.5 |
| 9 | 3194 | 71.04 | 0.13 | 15.81 | 0.77 | 1.33 | 0.05 | 0.51 | 2.41 | 5.29 | 2.59 | 0.07 | 0.38 | 100.4 | 7.88 | 0.49 | 0.36 | 2.02 | 1.00 | 2.21 | 2.52 | 4.86 | 83.93 |
| 10 | 3133 | 59.52 | 0.95 | 16.55 | 2.26 | 3.77 | 0.088 | 3.61 | 5.3 | 4.26 | 2.78 | 0.29 | 0.42 | 99.8 | 7.04 | 0.65 | 0.58 | 5.8 | 0.84 | 3 | 1.95 | 21.64 | 60.79 |
| 11 | 530 | 61.51 | 0.92 | 15.26 | 2.72 | 3.26 | 0.1 | 3.05 | 4.48 | 3.55 | 3.1 | 0.31 | 0.91 | 99.17 | 6.65 | 0.87 | 0.56 | 5.71 | 0.88 | 2.39 | 2.02 | 19.45 | 64.52 |
| 12 | Ⅸ70P57 GS49 | 64.56 | 0.49 | 17.51 | 2.07 | 0.95 | 0.05 | 0.8 | 2.07 | 6.03 | 2.39 | 0.17 | 1.11 | 98.20 | 8.42 | 0.40 | 0.45 | 2.81 | 1.08 | 3.29 | 2.51 | 6.54 | 82.26 |
| 13 | 4174 | 62.3 | 0.58 | 16.78 | 1.74 | 3.56 | 0.14 | 2.44 | 3.86 | 4.35 | 2.75 | 0.23 | 0.74 | 99.47 | 7.10 | 0.63 | 0.50 | 5.12 | 0.98 | 2.61 | 2.05 | 16.44 | 67.12 |
| 14 | 4172 | 62.26 | 0.58 | 16.16 | 1.58 | 4.01 | 0.14 | 2.2 | 4.56 | 4.2 | 2.25 | 0.23 | 1.28 | 99.45 | 6.45 | 0.54 | 0.46 | 5.43 | 0.91 | 2.16 | 1.90 | 15.45 | 64.94 |
| 15 | 1006 | 63.04 | 0.5 | 16.62 | 1.61 | 3.21 | 0.09 | 2.17 | 3.51 | 4.16 | 3.49 | 0.15 | 1.54 | 100.09 | 7.65 | 0.84 | 0.5 | 4.66 | 0.98 | 2.92 | 2.23 | 14.82 | 70.24 |
| 16 | 3610 | 69.56 | 0.38 | 15 | 1.45 | 2.24 | 0.2 | 1.03 | 2.19 | 4.9 | 1.86 | 0.28 | 0.7 | 99.79 | 6.76 | 0.38 | 0.40 | 3.54 | 1.07 | 1.72 | 2.30 | 8.97 | 80.47 |
| 17 | Ⅸ70P14 GS84a | 65.29 | 0.6 | 16.06 | 3.03 | 1.02 | 0.09 | 1.25 | 2.06 | 4.7 | 3.24 | 0.25 | 1.57 | 99.16 | 7.94 | 0.69 | 0.50 | 3.74 | 1.07 | 2.83 | 2.56 | 9.44 | 80.12 |
| 18 | Ⅸ70P14 GS109 | 64.47 | 0.56 | 17.7 | 1.72 | 1.6 | 0.13 | 1.13 | 1.56 | 6.33 | 3.02 | 0.25 | 1.48 | 99.95 | 9.35 | 0.48 | 0.47 | 3.15 | 1.07 | 4.07 | 2.89 | 8.19 | 83.93 |
| 19 | M4GS 7052 | 66.16 | 0.75 | 14.52 | 2.25 | 2.8 | 0.08 | 1.8 | 2.61 | 3.3 | 2.7 | 0.35 | 1.54 | 98.86 | 6.00 | 0.82 | 0.47 | 4.82 | 1.10 | 1.55 | 2.08 | 14.01 | 73.88 |
| 20 | Ⅸ33GS 5314 | 56.26 | 0.94 | 17.83 | 2.71 | 4.02 | 0.1 | 4.54 | 4.73 | 4.05 | 2.03 | 0.4 | 2.18 | 99.79 | 6.08 | 0.50 | 0.61 | 6.46 | 1.02 | 2.79 | 1.74 | 26.17 | 54.8 |
| 21 | 3065 | 69.6 | 0.76 | 17.12 | 2.62 | 3.51 | 0.06 | 3.14 | 4.86 | 4.63 | 2.85 | 0.41 |  | 109.56 | 7.48 | 0.62 | 0.55 | 5.87 | 0.88 | 2.1 | 2.03 | 18.75 | 66.87 |
| 22 | 6GS 3185 | 67.84 | 0.55 | 15.31 | 1.75 | 1.48 | 0.052 | 1.38 | 2.03 | 4.37 | 3.92 | 0.17 | 0.59 | 99.44 | 8.29 | 0.90 | 0.52 | 3.05 | 1.01 | 2.77 | 2.83 | 10.7 | 82.05 |
| 23 | 3064a | 56.72 | 1 | 17.48 | 3.14 | 4.37 | 0.16 | 3.36 | 5.84 | 4.55 | 2.34 | 0.4 | 1.12 | 100.48 | 6.89 | 0.51 | 0.51 | 7.19 | 0.85 | 3.46 | 1.84 | 18.92 | 56.86 |

**续表 4-44**

| 序号 | 样品号 | $SiO_2$ | $TiO_2$ | $Al_2O_3$ | $Fe_2O_3$ | FeO | MnO | MgO | CaO | $Na_2O$ | $K_2O$ | $P_2O_5$ | LOS | Total | $Na_2O+K_2O$ | $K_2O/Na_2O$ | $Mg^{\#}$ | $FeO^*$ | A/CNK | σ | A.R | SI | DI |
|---|---|---|---|---|---|---|---|---|---|---|---|---|---|---|---|---|---|---|---|---|---|---|---|
| 24 | Ⅸ3E 4143b | 49.6 | 1.62 | 16.48 | 4.18 | 5.15 | 0.1 | 7.92 | 8.33 | 3.75 | 1.3 | 0.28 | 1.24 | 99.95 | 5.05 | 0.35 | 0.67 | 8.91 | 0.72 | 3.86 | 1.51 | 35.52 | 39.97 |
| 25 | Ⅸ3E 4146a | 56.46 | 0.88 | 18.27 | 3.36 | 3.53 | 0.13 | 3.11 | 5.88 | 4.75 | 1.6 | 0.34 | 1.14 | 99.45 | 6.35 | 0.34 | 1 | 6.55 | 0.90 | 3 | 1.71 | 19.02 | 55.76 |
| 26 | Ⅰ6344 | 67 | 0.57 | 15.4 | 1.54 | 2.42 | 0.06 | 1.96 | 3.31 | 4.39 | 2.6 | 1.12 | 0.46 | 100.83 | 6.99 | 0.59 | 0.53 | 3.80 | 0.96 | 2.04 | 2.19 | 15.18 | 75.19 |
| 27 | ⅢP14 GS567 | 68.19 | 0.39 | 16.6 | 1.17 | 1.34 | 0.03 | 2.1 | 2.19 | 5.14 | 2.08 | 0.1 | 1.25 | 100.58 | 7.22 | 0.40 | 0.67 | 2.39 | 1.13 | 2.07 | 2.25 | 17.75 | 77.44 |
| 28 | 6803 | 70.1 | 0.36 | 18.13 | 0.09 | 0.36 | 0.01 | 0.09 | 0.48 | 8.84 | 0.41 | 0.28 |  | 99.15 | 9.25 | 0.05 | 0.25 | 0.44 | 1.14 | 3.16 | 2.98 | 0.92 | 91.99 |
| 29 | ⅢGS 155b | 65.16 | 0.62 | 16.33 | 1.08 | 2.63 | 0.04 | 2.2 | 3.89 | 5.05 | 2.24 | 0.19 | 0.93 | 100.36 | 7.29 | 0.44 | 0.56 | 3.60 | 0.92 | 2.40 | 2.13 | 16.67 | 71.69 |
| 30 | ⅢGS 155-1 | 66.5 | 0.53 | 16.42 | 1.15 | 2.39 | 0.05 | 1.84 | 3.59 | 4.74 | 2.11 | 0.15 | 0.89 | 100.36 | 6.85 | 0.45 | 0.54 | 3.42 | 0.99 | 2.00 | 2.04 | 15.04 | 72.43 |
| 31 | 2300 A | 75.8 | 0.06 | 13.47 | 0.38 | 0.7 | 0.05 | 0.22 | 0.53 | 4.52 | 3.56 | 0.1 | 0.79 | 100.18 | 8.08 | 0.79 | 0.30 | 1.04 | 1.10 | 1.99 | 3.73 | 2.35 | 94.02 |
| 32 | E-6-1? | 75.86 | 0.02 | 13.38 | 0.31 | 0.58 | 0.03 | 0.44 | 0.46 | 4.27 | 3.83 | 0.13 | 0.64 | 99.95 | 8.10 | 0.90 | 0.53 | 0.86 | 1.11 | 2.00 | 3.82 | 4.67 | 93.92 |
| 33 | E3 | 75.46 | 0.15 | 12.69 | 0.52 | 1.37 | 0.03 | 0.85 | 2.83 | 4.07 | 2.14 | 0.12 | 0.2 | 100.43 | 6.21 | 0.53 | 0.49 | 1.84 | 0.89 | 1.19 | 2.33 | 9.50 | 83.27 |
| 34 | 3-492 | 58.56 | 1.1 | 16.11 | 3.3 | 5.17 | 0.12 | 2.87 | 5.44 | 4.3 | 2.64 | 0.35 | 0.28 | 100.24 | 6.94 | 0.61 | 0.44 | 8.14 | 0.81 | 3.10 | 1.95 | 15.70 | 59.73 |
| 35 | 2683470 | 43.16 | 2.2 | 17.4 | 7.63 | 7.89 | 0.14 | 6.15 | 9.32 | 3.29 | 0.74 | 1.1 |  | 99.02 | 4.03 | 0.22 | 0.50 | 14.75 | 0.75 | 101.51 | 1.36 | 23.93 | 30.65 |
| 36 | 6286a | 46.62 | 0.32 | 9.07 | 5.31 | 7.75 | 0.18 | 17.62 | 9.25 | 1.06 | 0.32 | 0.23 |  | 97.73 | 1.38 | 0.30 | 0.76 | 12.52 | 0.48 | 0.53 | 1.16 | 54.96 | 11.13 |

注:1～11 为松岭区一带(Ⅰ-1-3-14)岩石样品;12～25 为扎敦河农场—巴林镇一带(Ⅰ-1-5-19)岩石样品;26～36 为孟恩陶力盖—巴达尔湖农场一带(Ⅰ-1-7-5)岩石样品。

**表 4-45　中二叠世($P_2$)孟恩陶力盖—松岭区 TTG 侵入岩稀土元素含量及主要参数**　单位:$\times10^{-6}$

| 序号 | 样品号 | La | Ce | Pr | Nd | Sm | Eu | Gd | Tb | Dy | Ho | Er | Tm | Yb | Lu | ΣREE | ΣLREE | ΣHREE | LREE/HREE | δEu |
|---|---|---|---|---|---|---|---|---|---|---|---|---|---|---|---|---|---|---|---|---|
| 1 | M4P26 GS17 | 92.2 | 185 | 18.2 | 57 | 11.9 | 1.37 | 4.79 | 0.62 | 2.65 | 0.39 | 0.89 | 0.14 | 0.57 | 0.09 | 375.81 | 365.67 | 10.14 | 36.06 | 0.47 |
| 4 | Ⅸ22GS 9002 | 42.7 | 88.4 | 10.9 | 37.5 | 7.79 | 1.21 | 4.67 | 0.85 | 4.05 | 0.78 | 2.22 | 0.34 | 2.09 | 0.32 | 203.82 | 188.5 | 15.32 | 12.3 | 0.57 |
| 5 | M4P26 GS9 | 44.4 | 96.2 | 12.1 | 56.6 | 11.2 | 1.89 | 7.73 | 1.39 | 8.08 | 1.43 | 4.2 | 0.66 | 4.1 | 0.59 | 250.57 | 222.39 | 28.18 | 7.89 | 0.59 |
| 6 | Ⅸ22GS 2262 | 94 | 160 | 18.3 | 78 | 14 | 3.3 | 9 | 1.27 | 8 | 1.51 | 4.3 | 0.65 | 3.5 | 0.48 | 396.31 | 367.6 | 28.71 | 12.8 | 0.84 |
| 12 | Ⅸ70P57 GS49 | 29.5 | 53 | 5.82 | 25 | 4.42 | 0.81 | 3.31 | 0.5 | 2.52 | 0.42 | 1.2 | 0.18 | 1 | 0.15 | 142.13 | 118.55 | 9.28 | 12.77 | 0.62 |
| 18 | Ⅸ70P14 GS109 | 32.7 | 56.8 | 5.02 | 20.9 | 3.73 | 0.81 | 2.46 | 0.34 | 1.60 | 0.26 | 0.74 | 0.11 | 0.67 | 0.12 |  |  |  |  | 0.99 |
| 22 | 6GS3185 | 27.8 | 64.6 | 6.8 | 24.8 | 4.42 | 1 | 4 | 0.50 | 2.50 | 0.50 | 1.30 | 0.21 | 1.27 | 0.21 |  |  |  |  | 1.03 |
| 26 | Ⅰ6344 | 20.69 | 41.58 | 4.66 | 18.78 | 3.59 | 1.05 | 2.99 | 0.32 | 1.86 | 0.4 | 0.99 | 0.15 | 0.87 | 0.1 | 112.33 | 90.35 | 7.68 | 11.76 | 0.95 |
| 27 | ⅢP14 GS567 | 17.91 | 35.26 | 3.76 | 16.1 | 3.01 | 0.75 | 2.23 | 0.3 | 1.3 | 0.29 | 0.55 | 0.1 | 0.49 | 0.1 | 109.45 | 76.79 | 5.36 | 14.33 | 0.85 |

注:1、4、5、6 为松岭区一带(Ⅰ-1-3-14)岩石样品;12、18、22 为扎敦河农场—巴林镇一带(Ⅰ-1-5-19)岩石样品;26、27 为孟恩陶力盖—巴达尔湖农场一带(Ⅰ-1-7-5)岩石样品。

**表 4-46　中二叠世($P_2$)孟恩陶力盖-松岭区 TTG 侵入岩微量元素含量及主要参数**　单位:$\times10^{-6}$

| 序号 | 样品号 | Sr | Rb | Ba | Th | Ta | Nb | Hf | Zr | Cr | Ni | Co | V | U | Y | Cs | Sc | B | Li | Rb/Sr | U/Th | Zr/Hf |
|---|---|---|---|---|---|---|---|---|---|---|---|---|---|---|---|---|---|---|---|---|---|---|
| 1 | M4P26GS17 | 380 | 64 | 600 | 21.7 | 0.8 | 7.1 | 8 | 295 | 75 | 0 | 4 | 160 |  | 6.95 | 1.9 |  |  | 22 | 0.1684 |  | 36.875 |
| 4 | Ⅸ22GS9002 |  |  |  |  |  |  |  |  |  |  |  |  |  | 19.5 |  |  |  |  |  |  |  |
| 5 | M4P26GS9 | 650 | 52 | 1700 | 6.8 | 1.6 | 14.8 | 7.2 | 285 | 224 | 18 | 17 | 50 |  | 31.8 | 1.6 |  |  | 24 | 0.08 |  | 39.583 |

续表 4-46

| 序号 | 样品号 | Sr | Rb | Ba | Th | Ta | Nb | Hf | Zr | Cr | Ni | Co | V | U | Y | Cs | Sc | B | Li | Rb/Sr | U/Th | Zr/Hf |
|---|---|---|---|---|---|---|---|---|---|---|---|---|---|---|---|---|---|---|---|---|---|---|
| 6 | Ⅸ22GS2262 | | | | | | | | | | | | | | 33 | | | | | | | |
| 12 | Ⅸ70P57GS49 | 752 | 39.7 | 683 | 9.93 | 0.5 | 8.26 | 5.76 | 205 | 15.8 | 6.2 | 12.3 | 41.4 | 1.67 | 9.69 | 3.15 | 5.45 | 3.85 | 12.8 | 0.05 | 0.17 | 35.59 |
| 22 | 6GS3185 | 579.1 | 131.2 | 751 | 51.9 | 0 | 8.5 | 0 | 177.9 | 5.7 | 0 | 13.2 | 22.8 | | 13.1 | 0 | 2.22 | 32.5 | 0 | 0.23 | | |
| 26 | Ⅰ6344 | 685.00 | 75.00 | 890.00 | | 0.20 | 3.90 | 10.00 | 114.00 | 9.70 | 16.00 | 12.00 | 44.00 | | 9.07 | 2.00 | | | 36.00 | 0.11 | | 11.40 |
| 27 | ⅢP14GS567 | 540.00 | 22.00 | 650.00 | 5.00 | | | 6.00 | 150.00 | 5.00 | 11.00 | 7.00 | | 5.00 | 5.60 | 4.04 | | | | 0.04 | 1.00 | 25.00 |

注：1、4、5、6 为松岭区一带（Ⅰ-1-3-14）岩石样品；12、18、22 为扎敦河农场—巴林镇一带（Ⅰ-1-5-19）岩石样品；26、27 为孟恩陶力盖—巴达尔湖农场一带（Ⅰ-1-7-5）岩石样品。

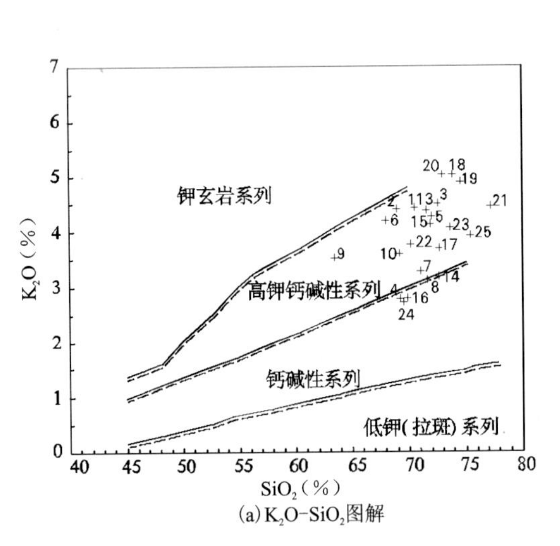


(a) $K_2O$-$SiO_2$图解

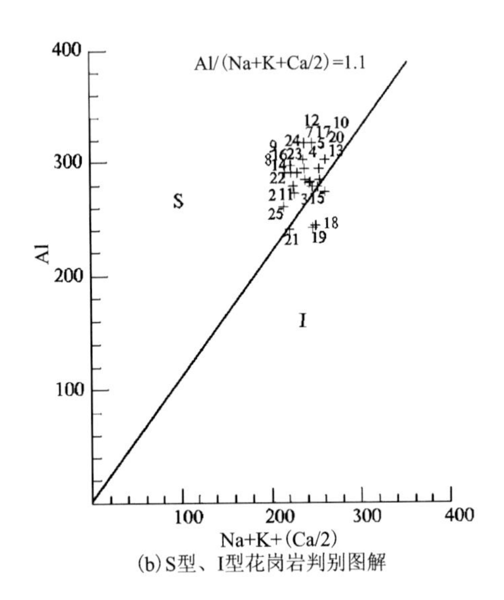


(b) S型、I型花岗岩判别图解

图 4-85　系列图解

I. I 型花岗岩；S. S 型花岗岩

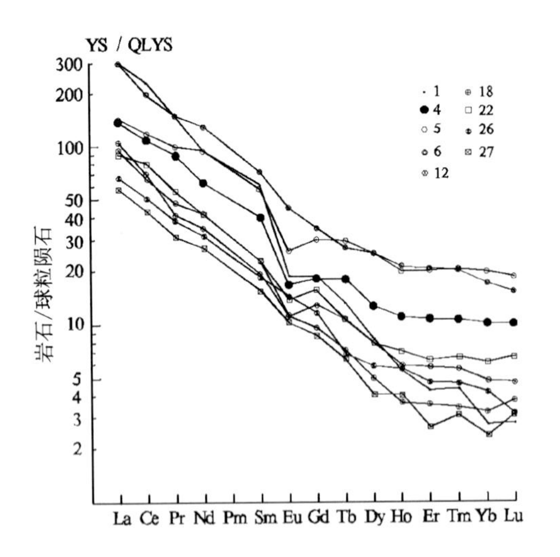


图 4-86　岩石稀土元素/球粒陨石标准化模式图

（据 Coryell，1963）

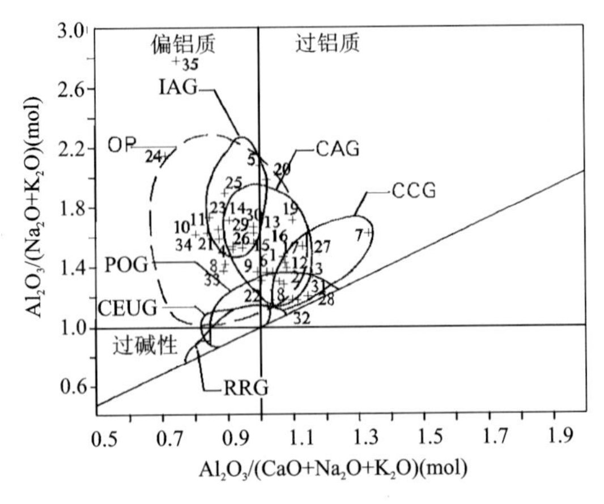


图 4-87　山德指数(Shamd′s indel)图解

IAG. 岛弧；CAG. 大陆弧；CCG. 大陆碰撞；POG. 后造山；RRG. 裂谷系；CEUG. 大陆造陆隆升；OP. 大洋

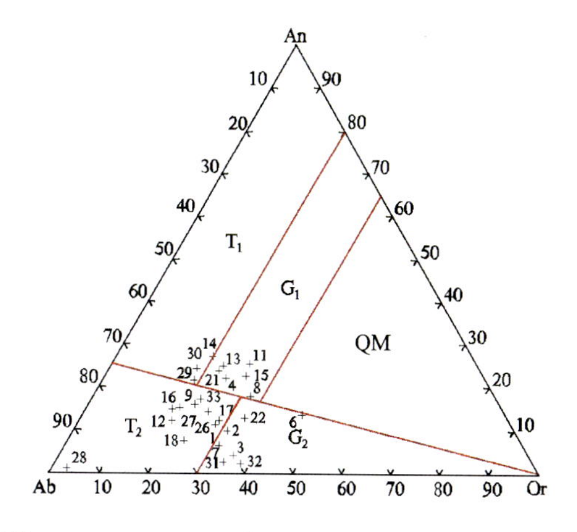


图 4-88　An-Ab-Or 分类图解(据 Johannes 等,1996)
$T_1$.英云闪长岩;$T_2$.奥长花岗岩;
$G_1$.花岗闪长岩;$G_2$.花岗岩;QM.石英二长岩

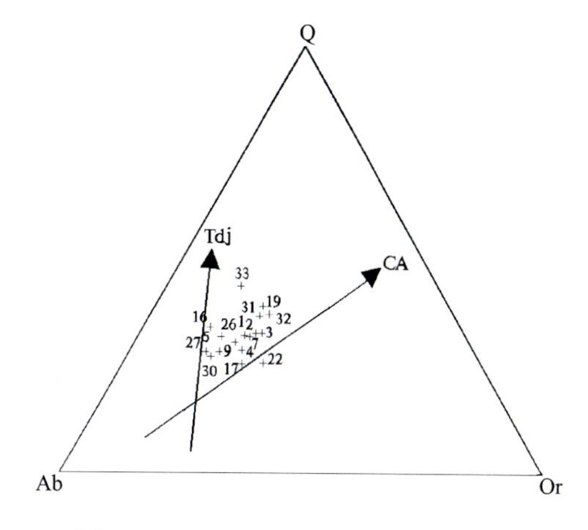


图 4-89　Q-Ab-Or 图解(据邓晋福,2004)
Tdj.奥长花岗岩类演化趋势;CA.钙碱性演化趋势

6)松岭区后碰撞高钾钙碱性花岗岩组合($T_2$)

该组合出露于本亚带东北部松岭区,岩石类型有黑云母花岗岩、二长花岗岩等。呈巨大岩基产出,侵入上石炭统宝力高庙组,被中生代火山岩覆盖,黑云母花岗岩 K-Ar 同位素年龄为 242Ma,Pb-Pb 同位素年龄为 225Ma,区外二长花岗岩同位素年龄为 249Ma。确定该组合侵入时代为中三叠世。

根据岩石化学数据(表 4-47～表 4-49)进行了计算和投图分析。在 $K_2O$-$SiO_2$ 图解中为高钾钙碱系列(图 4-90);在 Al-(Na+K+Ca/2)图解中位于 S 区与 I 区分界线两侧,以 S 区居多(图 4-91),岩石内含角闪石包体,A/CNK 大部分小于 1.1,判断岩石成因类型为壳幔混合源;在 Q-A-P 图解(图 4-92)和山德指数图解(图 4-93)中均位于 CCG 区和 POG 区及其外围。综合判断该组合为高钾钙碱性花岗岩组合,形成于后碰撞构造环境。

表 4-47　中三叠世($T_2$)松岭区碰撞型侵入岩岩石化学成分含量及主要参数　　单位:%

| 序号 | 样品号 | $SiO_2$ | $TiO_2$ | $Al_2O_3$ | $Fe_2O_3$ | FeO | MnO | MgO | CaO | $Na_2O$ | $K_2O$ | $P_2O_5$ | LOS | Total | $Na_2O+K_2O$ | $K_2O/Na_2O$ | $Mg^{\#}$ | $FeO^*$ | A/CNK | σ | A.R | SI | DI |
|---|---|---|---|---|---|---|---|---|---|---|---|---|---|---|---|---|---|---|---|---|---|---|---|
| 1 | 2P23GS11 | 70.53 | 0.37 | 14.32 | 1.56 | 0.90 | 0.09 | 0.60 | 1.07 | 4.36 | 4.45 | 0.11 | 0.73 | 99.09 | 8.81 | 1.02 | 0.10 | 2.30 | 0.98 | 2.82 | 3.68 | 5.05 | 89.52 |
| 2 | Ⅸ33GS1028 | 69.02 | 0.53 | 14.48 | 2.93 | 0.25 | 0.08 | 0.58 | 1.27 | 4.15 | 4.42 | 0.13 | 1.69 | 99.53 | 8.57 | 1.07 | 0.46 | 2.88 | 0.91 | 2.82 | 3.39 | 4.70 | 87.5 |
| 3 | 2057 | 72.62 | 0.16 | 13.95 | 0.64 | 1.27 | 0.06 | 0.58 | 1.17 | 4.8 | 4.52 | 0.11 | 0.4 | 100.28 | 9.32 | 0.94 | 0.18 | 1.85 | 1.01 | 2.93 | 4.21 | 4.91 | 91.43 |
| 4 | 2311 | 69.36 | 0.38 | 14.83 | 1.6 | 1.49 | 0.05 | 1.17 | 2.69 | 4.5 | 2.81 | 0.2 | 0.74 | 99.82 | 7.31 | 0.62 | 0.25 | 2.93 | 0.99 | 2.03 | 2.43 | 10.1 | 80.22 |
| 5 | 2514 | 72.1 | 0.2 | 14.44 | 1.18 | 0.67 | 0.05 | 0.52 | 1.1 | 4.84 | 4.28 | 0.52 | 0.08 | 99.98 | 9.12 | 0.88 | 0.23 | 1.73 | 1.05 | 2.86 | 3.84 | 4.53 | 91.92 |
| 6 | 2331 | 68.04 | 0.22 | 16.94 | 0.95 | 1.23 | 0.1 | 0.34 | 0.67 | 6.7 | 4.22 | 0.1 | 0.18 | 99.69 | 10.92 | 0.63 | 0.55 | 2.08 | 1.24 | 4.76 | 4.26 | 2.53 | 92.75 |
| 7 | 5036 | 71.06 | 0.3 | 15.37 | 1.24 | 0.81 | 0.03 | 0.85 | 2.07 | 5.35 | 3.3 | 0.17 | 0.16 | 100.71 | 8.65 | 0.62 | 0.53 | 1.92 | 1.02 | 2.67 | 2.97 | 7.36 | 86.28 |
| 8 | 28 | 71.72 | 0.2 | 15.35 | 0.92 | 0.94 | 0.05 | 0.47 | 1.85 | 4.76 | 3.14 | 0.13 | 0.56 | 100.09 | 7.90 | 0.66 | 0.32 | 1.77 | 0.94 | 2.17 | 2.7 | 4.59 | 86.53 |
| 9 | M4GS1228 | 63.52 | 0.65 | 15.09 | 1.2 | 1.85 | 0.05 | 0.45 | 1.97 | 4 | 3.55 | 0.75 | 6.32 | 99.40 | 7.55 | 0.89 | 0.57 | 2.93 | 0.99 | 2.78 | 2.59 | 4.07 | 83.87 |
| 10 | M4GS7085 | 69.22 | 0.3 | 16.06 | 1.59 | 1.12 | 0.02 | 0.76 | 1.16 | 4.95 | 3.6 | 0.25 | 1.26 | 100.29 | 8.55 | 0.73 | 0.35 | 2.55 | 1.03 | 2.79 | 2.97 | 6.32 | 87.24 |
| 11 | M4GS7113 | 71.6 | 0.25 | 14.22 | 2.15 | 0.98 | 0.08 | 0.4 | 0.58 | 4.75 | 4.4 | 0.18 | 0.5 | 100.09 | 9.15 | 0.93 | 0.2 | 2.91 | 0.98 | 2.93 | 4.24 | 3.15 | 91.79 |
| 12 | M4GS3336 | 69.22 | 0.3 | 16.06 | 1.59 | 1.12 | 0.02 | 0.76 | 1.16 | 4.95 | 3.6 | 0.25 | 1.26 | 100.29 | 8.55 | 0.73 | 0.42 | 2.55 | 0.78 | 2.79 | 2.97 | 6.32 | 87.24 |
| 13 | M4GS10723 | 71.6 | 0.25 | 14.22 | 2.15 | 0.98 | 0.08 | 0.4 | 0.58 | 4.75 | 4.4 | 0.18 | 0.5 | 100.09 | 9.15 | 0.93 | 0.3 | 2.91 | 0.92 | 2.93 | 4.24 | 3.15 | 91.79 |
| 14 | M4P28GS8 | 72.64 | 0.3 | 14.14 | 1.75 | 0.94 | 0.07 | 0.6 | 1.56 | 4.45 | 3.21 | 0.15 | 0.84 | 100.65 | 7.66 | 0.72 | 0.15 | 2.51 | 0.90 | 1.98 | 2.91 | 5.48 | 86.88 |
| 15 | M4P28GS2 | 71.98 | 0.3 | 13.87 | 1.74 | 0.88 | 0.04 | 0.6 | 1.08 | 4.05 | 4.15 | 0.15 | 0.42 | 99.26 | 8.20 | 1.02 |  | 2.44 |  | 2.32 | 3.43 | 5.25 | 89.1 |

续表 4-47

| 序号 | 样品号 | $SiO_2$ | $TiO_2$ | $Al_2O_3$ | $Fe_2O_3$ | FeO | MnO | MgO | CaO | $Na_2O$ | $K_2O$ | $P_2O_5$ | LOS | Total | $Na_2O$ $+K_2O$ | $K_2O$/ $Na_2O$ | $Mg^{\#}$ | $FeO^{*}$ | A/CNK | σ | A.R | SI | DI |
|---|---|---|---|---|---|---|---|---|---|---|---|---|---|---|---|---|---|---|---|---|---|---|---|
| 16 | M4P27GS16 | 69.86 | 0.45 | 14.76 | 1.81 | 1.12 | 0.04 | 1.2 | 1.8 | 4.35 | 2.8 | 0.2 | 1.6 | 99.99 | 7.15 | 0.64 | 0.48 | 2.75 | 1.09 | 1.9 | 2.52 | 10.6 | 82.88 |
| 17 | 19054 | 72.68 | 0.2 | 15.01 | 0.78 | 0.72 | 0.03 | 0.53 | 1.58 | 5.01 | 3.71 | 0.07 |  | 100.32 | 8.72 | 0.74 | 0.54 | 1.42 | 1.18 | 2.56 | 3.22 | 4.93 | 89.13 |
| 18 | 14215 | 73.88 | 0.34 | 12.47 | 1.36 | 0.74 | 0.04 | 0.28 | 0.42 | 4.25 | 5.06 | 0.08 |  | 98.92 | 9.31 | 1.19 | 0.43 | 1.96 | 0.80 | 2.81 | 6.2 | 2.4 | 95.69 |
| 19 | 23 | 74.64 | 0.2 | 12.3 | 0.57 | 1.15 | 0.08 | 0.36 | 0.88 | 4.23 | 4.93 | 0.06 | 0.14 | 99.54 | 9.16 | 1.17 | 1 | 1.66 | 0.99 | 2.65 | 5.56 | 3.2 | 94.6 |
| 20 | 252 | 73.16 | 0.1 | 14.4 | 0.5 | 0.99 | 0.1 | 0.57 | 1.19 | 3.91 | 5.04 | 0.08 | 0.1 | 100.14 | 8.95 | 1.29 | 1 | 1.44 | 1.12 | 2.66 | 3.7 | 5.18 | 90.12 |
| 21 | 2115 | 77.08 | 0.1 | 12.2 | 0.68 | 0.54 | 0.05 | 0.28 | 0.36 | 3.81 | 4.48 | 0.12 | 0.5 | 100.20 | 8.29 | 1.18 | 1 | 1.15 | 1.06 | 2.02 | 4.88 | 2.86 | 95.64 |
| 22 | 1011 | 70.24 | 0.38 | 14.25 | 1.27 | 1.47 | 0.06 | 0.77 | 2.21 | 4.5 | 3.78 | 0.16 | 0.5 | 99.59 | 8.28 | 0.84 | 1 | 2.61 | 1.03 | 2.52 | 3.02 | 6.53 | 85.34 |
| 23 | 751 | 73.72 | 0.04 | 14.94 | 0.55 | 0.87 | 0.01 | 0.38 | 0.7 | 4.5 | 4.09 | 0.13 | 0.3 | 100.23 | 8.59 | 0.91 |  | 1.36 |  | 2.4 | 3.44 | 3.66 | 92 |
| 24 | 182 | 69.56 | 0.28 | 16.11 | 0.66 | 1.33 | 0.08 | 0.58 | 2.31 | 4.95 | 2.75 | 0.28 | 0.86 | 99.75 | 7.70 | 0.56 |  | 1.92 |  | 2.23 | 2.44 | 5.65 | 83.56 |
| 25 | M4GS7069 | 75.52 | 0.10 | 13.29 | 0.80 | 0.66 | 0.02 | 0.28 | 0.48 | 3.90 | 3.95 | 0.15 | 0.4200 | 99.57 | 7.85 | 1.01 | 1 | 1.38 | 0.91 | 1.89 | 3.65 | 2.92 | 93.5 |

**表 4-48　中三叠世($T_2$)松岭区碰撞型侵入岩稀土元素含量及主要参数**　　单位：$\times 10^{-6}$

| 序号 | 样品号 | La | Ce | Pr | Nd | Sm | Eu | Gd | Tb | Dy | Ho | Er | Tm | Yb | Lu | ΣREE | ΣLREE | ΣHREE | LREE/HREE | δEu |
|---|---|---|---|---|---|---|---|---|---|---|---|---|---|---|---|---|---|---|---|---|
| 1 | 2P23 GS11 | 41.50 | 68.80 | 7.11 | 26.00 | 4.18 | 0.83 | 3.81 | 0.41 | 2.97 | 0.55 | 1.65 | 0.26 | 1.93 | 0.31 | 14.3 | 0 | 0 |  | 0.625 |
| 2 | Ⅸ33GS 1028 | 45.9 | 86.6 | 10.7 | 39 | 7.52 | 1.16 | 4.57 | 0.78 | 4.51 | 0.92 | 2.6 | 0.4 | 2.38 | 0.36 | 234.7 | 190.9 | 16.52 | 11.55 | 0.562 |
| 15 | M4P28 GS2 | 48.6 | 89.7 | 9.67 | 36.4 | 6.62 | 0.76 | 3.16 | 0.45 | 1.89 | 0.31 | 0.68 | 0.09 | 0.49 | 0.08 | 211.9 | 191.8 | 7.15 | 26.82 | 0.448 |
| 26 | M4P28 XT24-2 | 79.90 | 173.00 | 13.10 | 59.20 | 12.90 | 0.80 | 5.92 | 1.06 | 6.04 | 1.14 | 2.85 | 0.41 | 2.20 | 0.30 | 19 | 0 | 0 |  | 0.245 |

**表 4-49　中三叠世($T_2$)松岭区碰撞型侵入岩微量元素含量及主要参数**　　单位：$\times 10^{-6}$

| 序号 | 样品号 | Sr | Rb | Ba | Th | Ta | Nb | Hf | Zr | Cr | Ni | Co | V | U | Y | Cs | B | Li | Rb/Sr |
|---|---|---|---|---|---|---|---|---|---|---|---|---|---|---|---|---|---|---|---|
| 1 | 2P23GS11 | 143.00 | 135.10 | 585.00 | 24.70 | 0.00 | 12.20 | 0.00 | 160.10 | 12.70 | 1.8000 | 6.5000 | 21.50 | 0.00 | 15.00 | 0.00 | 0.00 | 2.00 | 0.94 |
| 15 | M4P28GS2 | 1900 | 157 | 84 | 16.6 | 1.6 | 12.9 | 1.6 | 258 | 129 | 4 | 4 | 15 | 4.4 | 6.5 | 2.2 | 3.4 | 13.7 | 0.08 |
| 26 | M4P28 XT24-2 | 0.00 | 0.00 | 0.00 | 0.00 | 0.00 | 0.00 | 0.00 | 0.00 | 0.00 | 0.00 | 0.00 | 0.00 | 0.00 | 20.00 | 0.00 | 0.00 | 0.00 |  |

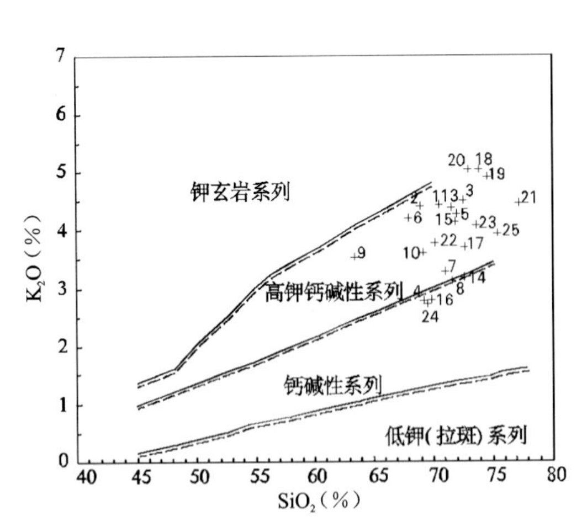


图 4-90　$K_2O$-$SiO_2$ 图解

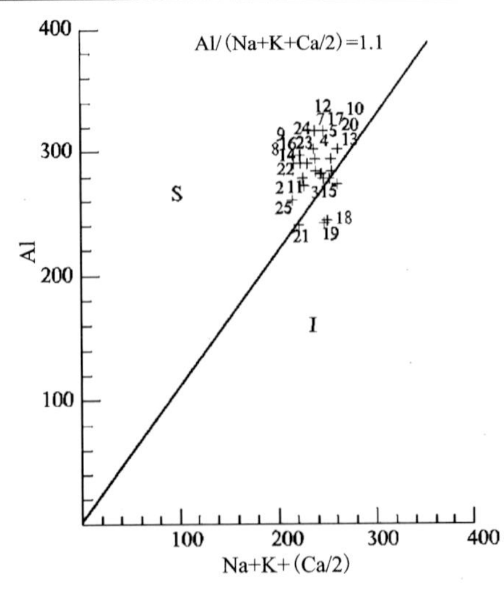


图 4-91　S 型、I 型花岗岩判别图解

I. I 型花岗岩；S. S 型花岗岩

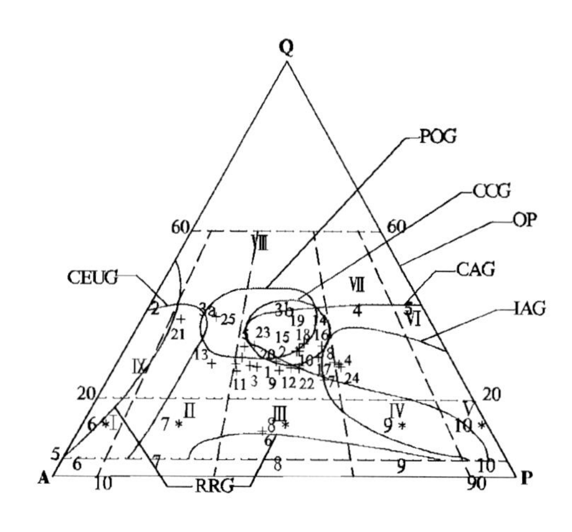


图 4-92 Q-A-P 图解

IAG. 岛弧;CAG. 大陆弧;CCG. 大陆碰撞;POG. 后造山;
RRG. 裂谷系;CEUG. 大陆造陆隆升;OP. 大洋

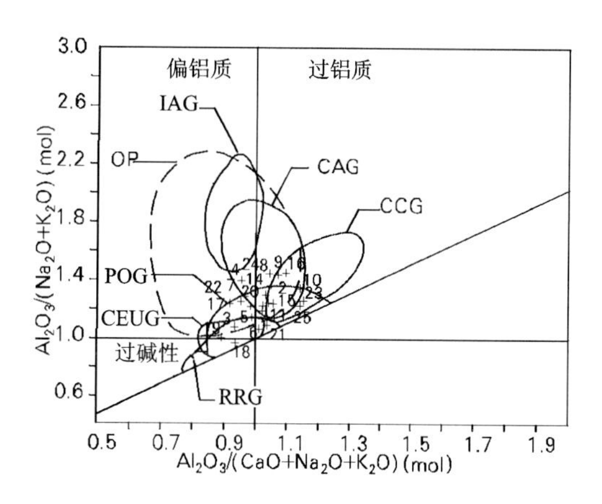


图 4-93 山德指数(Shamd's indel)图解

IAG. 岛弧;CAG. 大陆弧;CCG. 大陆碰撞;POG. 后造山;
RRG. 裂谷系;CEUG. 大陆造陆隆升;OP. 大洋

7)松岭区后造山型过碱性—钙碱性花岗岩组合($T_3$)

该组合出露于本亚带东北部松岭区,在东乌珠穆沁旗-多宝山亚带罕达盖、红彦镇及锡林浩特亚带蘑菇气镇地区也有分布,主要岩石类型为正长花岗岩。另有少量花岗岩、二长花岗岩和碱性花岗岩,U-Pb 同位素年龄为 211Ma、208Ma 和 224Ma。该组合岩体呈岩基、岩株产出,侵入最新地层为下三叠统老龙头组,被中、上侏罗统覆盖。其时代确定为晚三叠世。

根据岩石化学数据(表 4-50)进行了计算和投图分析。岩石系列主要为高钾钙碱系列(图 4-94),在碱度率图解中为碱性(图 4-95),在 Al-(Na+K+Ca/2)图解中位于 S 区与 I 区分界线两侧(图 4-96),在 $Na_2O$-$K_2O$ 图解中位于 A 型区(图 4-97),成因类型为壳幔混合源铝质 A 型花岗岩,在 Q-A-P 图解(图 4-98)和山德指数图解(图 4-99)中均与后造山花岗岩有关,岩石具文象结构和晶洞构造,并有铜、铀、钍矿化。综合判断该组合为形成于后造山构造环境中的过碱性—钙碱性花岗岩组合。

**表 4-50 晚三叠世($T_3$)罕达盖-松岭区后造山侵入岩岩石化学成分含量及主要参数** 单位:%

| 序号 | 样品号 | $SiO_2$ | $TiO_2$ | $Al_2O_3$ | $Fe_2O_3$ | FeO | MnO | MgO | CaO | $Na_2O$ | $K_2O$ | $P_2O_5$ | LOS | Total | $Na_2O+K_2O$ | $K_2O/Na_2O$ | $Mg^{\#}$ | $FeO^*$ | A/CNK | $\sigma$ | A.R | SI | DI |
|---|---|---|---|---|---|---|---|---|---|---|---|---|---|---|---|---|---|---|---|---|---|---|---|
| 1 | IGS6370 | 71.6 | 0.23 | 14.3 | 1.21 | 0.94 | 0.08 | 0.61 | 1.54 | 3.68 | 4.8 | 0.1 | 0.76 | 99.82 | 8.48 | 1.30 | 0.43 | 2.03 | 1.02 | 2.51 | 3.32 | 5.43 | 87.8 |
| 2 | 4P24GS3-1 | 72.3 | 0.25 | 14.5 | 1.02 | 1 | 0.06 | 0.24 | 0.92 | 4.1 | 4.3 | 0.15 | 0.77 | 99.53 | 8.40 | 1.05 | 0.24 | 1.92 | 1.11 | 2.41 | 3.41 | 2.25 | 90.9 |
| 3 | IGS4325 | 75.8 | 0.08 | 12.8 | 0.45 | 0.54 | 0.06 | 0.48 | 0.05 | 4.44 | 4.82 | 0.02 | 0.48 | 100.03 | 9.26 | 1.09 | 0.53 | 0.94 | 1.02 | 2.62 | 6.12 | 4.47 | 97 |
| 4 | 4179 | 68.1 | 0.48 | 15.2 | 1.62 | 1.93 | 0.13 | 0.81 | 1.79 | 4.55 | 5.5 | 0.25 | 0.18 | 100.45 | 10.05 | 1.21 | 0.36 | 3.39 | 0.91 | 4.03 | 3.92 | 5.62 | 86.8 |
| 5 | 3533 | 77.6 | 0.13 | 11.3 | 1.4 | 0.67 | 0.03 | 0.17 | 0.6 | 2.61 | 5.02 | 0.03 | 0.6 | 100.15 | 7.63 | 1.92 | 0.19 | 1.93 | 1.05 | 1.68 | 4.57 | 1.72 | 93.5 |
| 6 | 4180 | 73 | 0.14 | 13.5 | 1.08 | 2.34 | 0.08 | 0.37 | 0.8 | 4.1 | 4.9 | 0.08 | 0.06 | 100.51 | 9.00 | 1.20 | 0.19 | 3.31 | 1.01 | 2.70 | 4.38 | 2.89 | 90.1 |
| 7 | 3315 1 | 76.1 | 0.04 | 12.4 | 0.2 | 1.13 | 0.01 | 0.38 | 0.41 | 3.34 | 5.39 | 0.05 | 0.32 | 99.75 | 8.73 | 1.61 | 0.35 | 1.31 | 1.03 | 2.30 | 5.30 | 3.64 | 94.6 |
| 8 | 3316 | 73.3 | 0.04 | 13.5 | 0.73 | 1.54 | 0.04 | 0.55 | 0.88 | 4 | 4.85 | 0.1 | 0.34 | 99.90 | 8.85 | 1.21 | 0.35 | 2.2 | 1.01 | 2.58 | 4.18 | 4.71 | 90.9 |
| 9 | 20016-1 | 74.2 | 0.2 | 14.4 | 1.15 | 0.76 | 0.04 | 0.41 | 0.77 | 4.05 | 4.3 | 0.08 |  | 100.32 | 8.35 | 1.06 | 0.37 | 1.79 | 1.13 | 2.24 | 3.45 | 3.84 | 91.1 |

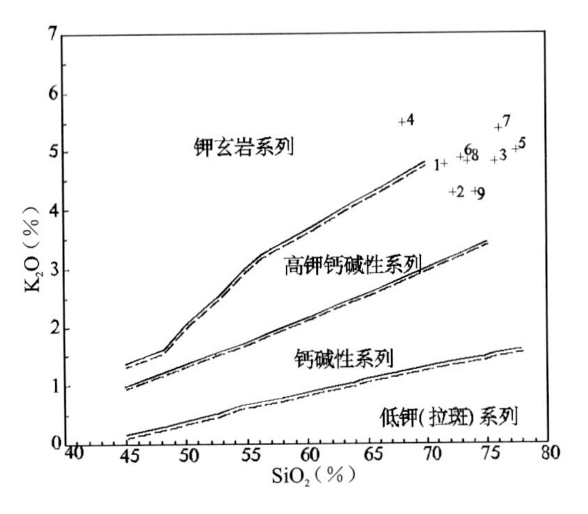


图 4-94　$K_2O$-$SiO_2$ 图解

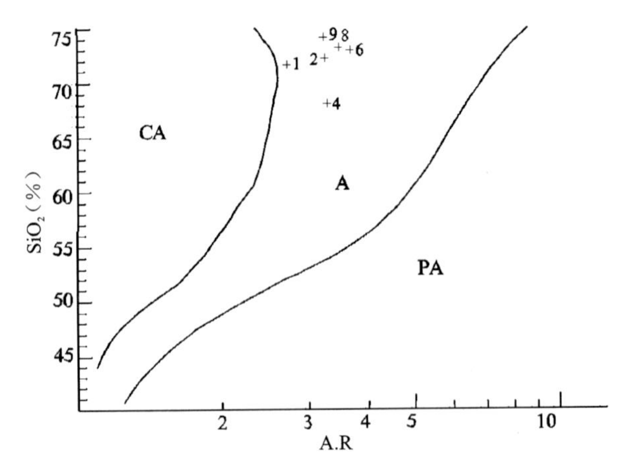


图 4-95　碱度率图解(据 Wright,1969)

CA. 钙碱性;A. 碱性;PA. 过碱性

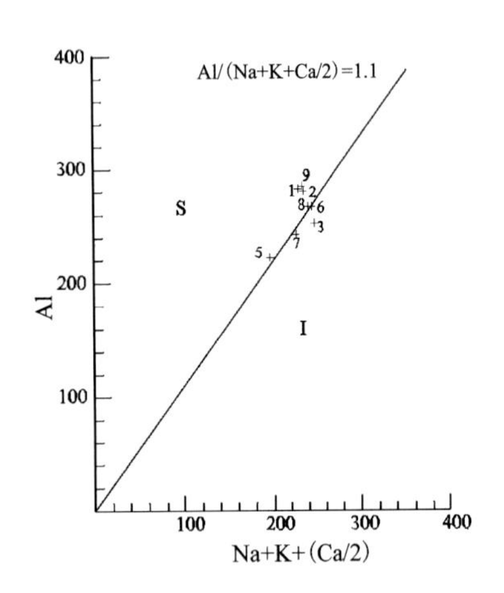


图 4-96　S 型、I 型花岗岩判别图解

I. I 型花岗岩;S. S 型花岗岩

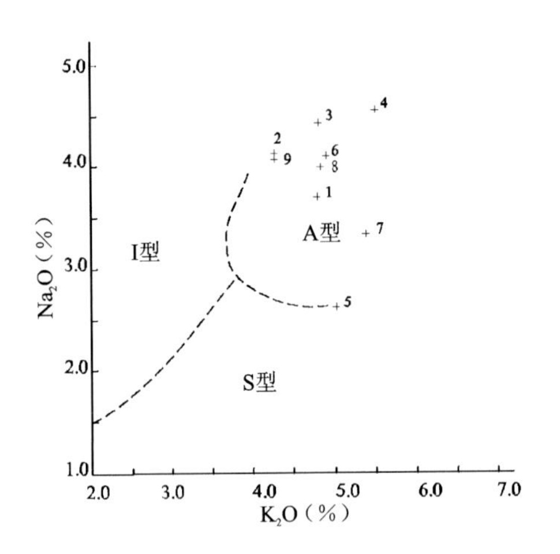


图 4-97　$Na_2O$-$K_2O$ 图解

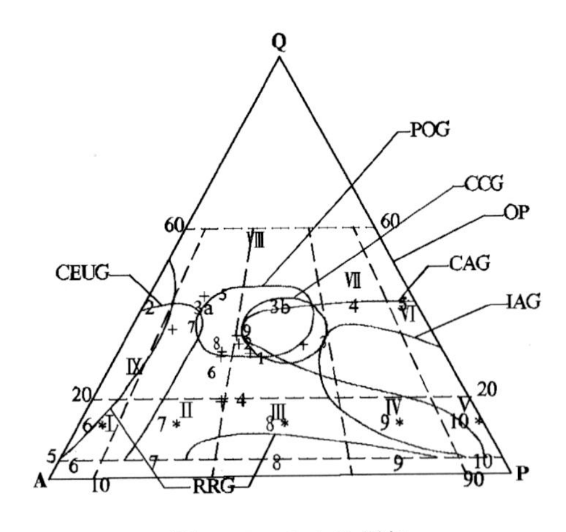


图 4-98　Q-A-P 图解

IAG. 岛弧;CAG. 大陆弧;CCG. 大陆碰撞;POG. 后造山;

RRG. 裂谷系;CEUG. 大陆造陆隆升;OP. 大洋

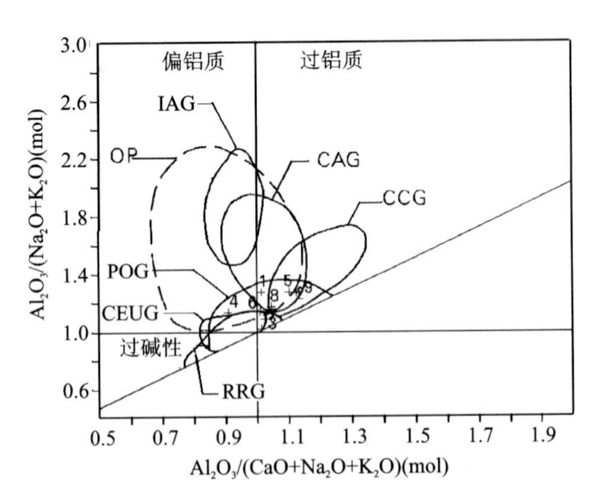


图 4-99　山德指数(Shamd's indel)图解

IAG. 岛弧;CAG. 大陆弧;CCG. 大陆碰撞;POG. 后造山;

RRG. 裂谷系;CEUG. 大陆造陆隆升;OP. 大洋

8)库都尔镇-库中后造山型碱性—钙碱性花岗岩组合($J_1$)

该组合分布于库都尔镇、马布拉及库中地区，呈岩株状侵入下石炭统莫尔根河组，被上侏罗统火山岩覆盖。U-Pb 同位素年龄为 182Ma 和 199Ma，其时代确定为早侏罗世。岩石类型有二长花岗岩、正长花岗岩和碱性花岗岩、石英二长岩。

根据岩石化学数据(表 4-51～表 4-53)进行了计算和投图分析。岩石系列为高钾钙碱系列(图 4-100)；A/CNK 为 0.96～1.1，岩石成因类型为壳幔混合源(图 4-101)。在 $Al_2O_3$-$SiO_2$图解和山德指数图解(图 4-102)中样点主要落在后造山及其邻区。综合分析应为后造山环境下形成的过碱性—钙碱性花岗岩组合。

表 4-51　早侏罗世($J_1$)库都尔镇-库中侵入岩岩石化学成分含量及主要参数　单位:%

| 序号 | 样品号 | $SiO_2$ | $TiO_2$ | $Al_2O_3$ | $Fe_2O_3$ | FeO | MnO | MgO | CaO | $Na_2O$ | $K_2O$ | $P_2O_5$ | LOS | Total | $Na_2O+K_2O$ | $K_2O/Na_2O$ | $Mg^{\#}$ | $FeO^*$ | A/CNK | σ | A.R | SI | DI |
|---|---|---|---|---|---|---|---|---|---|---|---|---|---|---|---|---|---|---|---|---|---|---|---|
| 1 | P17-1LT15 | 71.52 | 0.23 | 13.36 | 1.1 | 1.44 | 0.03 | 0.17 | 0.59 | 5.13 | 4.2 | 0.47 | 0.92 | 99.16 | 9.33 | 0.82 | 0.13 | 2.43 | 0.94 | 3.05 | 5.04 | 1.41 | 90.05 |
| 2 | P12TC4 | 72.94 | 0.26 | 13.2 | 1.34 | 1.58 | 0.02 | 0.3 | 0.58 | 3.37 | 5.28 | 0.09 | 1 | 99.96 | 8.65 | 1.57 | 0.19 | 2.78 | 1.08 | 2.5 | 4.37 | 2.53 | 91.99 |
| 3 | P17TC43 | 74.28 | 0.24 | 13.05 | 1.11 | 1.02 | 0.03 | 0.17 | 0.36 | 4.63 | 4.22 | 0.11 | 0.32 | 99.54 | 8.85 | 0.91 | 1 | 2.02 | 1.02 | 2.5 | 4.88 | 1.52 | 92.36 |
| 4 | P12TC9 | 75.24 | 0.21 | 12.75 | 1.04 | 1.08 | 0.01 | 0.42 | 0.54 | 2.88 | 5.49 | 0.07 | 0.96 | 100.7 | 8.37 | 1.91 | 0.32 | 2.01 | 1.1 | 2.17 | 4.4 | 3.85 | 93.12 |
| 5 | P17TC32 | 74.62 | 0.26 | 12.8 | 1.2 | 1.82 | 0.01 | 0.42 | 0.68 | 3.59 | 4.4 | 0.12 | 0.12 | 100 | 7.99 | 1.23 | 0.24 | 2.9 | 1.08 | 2.02 | 3.91 | 3.67 | 91.03 |
| 6 | P17TC28 | 75.7 | 0.22 | 12.58 | 1.25 | 0.8 | 0.01 | 0.34 | 0.69 | 3.61 | 4.04 | 0.08 | 0.56 | 99.88 | 7.65 | 1.12 | 0.31 | 1.92 | 1.09 | 1.79 | 3.72 | 3.39 | 93.12 |
| 7 | P14TC3 | 74.84 | 0.1 | 12.61 | 1.83 | 0.82 | 0.03 | 0.42 | 0.35 | 4.23 | 4.97 | 0.02 | 0.32 | 100.5 | 9.2 | 1.17 | 0.32 | 2.47 | 0.98 | 2.66 | 5.89 | 3.42 | 91.15 |
| 8 | P14TC5 | 74.08 | 0.24 | 12.36 | 2.13 | 1.7 | 0.09 | 0.46 | 0.44 | 4.21 | 4.75 | 0.04 | 0.14 | 100.6 | 8.96 | 1.13 | 0.24 | 3.61 | 0.96 | 2.58 | 5.67 | 3.47 | 88.76 |
| 9 | P20LT10 | 71.2 | 0.08 | 13.83 | 2.21 | 2 | 0.11 | 0.59 | 0.46 | 5.11 | 4.66 | 0.07 | 0.16 | 100.5 | 9.77 | 0.91 | 0.27 | 3.99 | 0.98 | 3.38 | 5.32 | 4.05 | 86.75 |
| 10 | M4P23GS51 | 72.38 | 0.2 | 13.93 | 0.91 | 1.48 | 0.04 | 0.76 | 1.59 | 4 | 4.2 | 0.15 | 0.36 | 100 | 8.2 | 1.05 | 0.42 | 2.3 | 0.99 | 2.29 | 3.24 | 6.7 | 88.17 |
| 11 | P6TC34 | 72.96 | 0.26 | 13.19 | 1.06 | 1.34 | 0.02 | 0.6 | 1.51 | 3.63 | 4.16 | 0.11 | 1.58 | 100.4 | 7.79 | 1.15 | 0.37 | 2.29 | 0.99 | 2.03 | 3.25 | 5.56 | 89.31 |
| 12 | P33LT 3T9 均值 | 71.23 | 0.35 | 14.13 | 1.31 | 1.6 | 0.05 | 0.54 | 1.15 | 4.39 | 4.26 | 0.14 | 0.65 | 99.8 | 8.65 | 0.97 | 0.31 | 2.78 | 1.01 | 2.65 | 3.61 | 4.46 | 88.92 |
| 13 | P34TC14 | 74.64 | 0.1 | 13.66 | 1.08 | 0.96 | 0.05 | 0.33 | 0.36 | 3.62 | 4.28 | 0.05 | 0.72 | 99.85 | 7.9 | 1.18 | 0.29 | 1.93 | 1.23 | 1.97 | 3.58 | 3.21 | 94.37 |
| 14 | M4GS6027 | 65.38 | 0.6 | 14.45 | 2.58 | 2.27 | 0.03 | 1.45 | 3.08 | 3.85 | 3.9 | 0.4 | 1.84 | 99.83 | 7.75 | 1.01 | 0.44 | 4.59 | 0.9 | 2.68 | 2.58 | 10.3 | 80.54 |
| 15 | P11TC62 | 68.22 | 0.47 | 15.04 | 2.44 | 2.04 | 0.14 | 1.46 | 2.03 | 4.38 | 3.82 | 0.16 | 0.8 | 101 | 8.2 | 0.87 | 0.46 | 4.23 | 1 | 2.67 | 2.85 | 10.3 | 82.35 |

表 4-52　早侏罗世($J_1$)库都尔镇-库中侵入岩稀土元素含量及主要参数　单位:$\times 10^{-6}$

| 序号 | 样品号 | La | Ce | Pr | Nd | Sm | Eu | Gd | Tb | Dy | Ho | Er | Tm | Yb | Lu | ΣREE | ΣLREE | ΣHREE | LREE/HREE | δEu |
|---|---|---|---|---|---|---|---|---|---|---|---|---|---|---|---|---|---|---|---|---|
| 1 | P17-1 LT15 | 0 | 128 | 16.27 | 63.3 | 13.1 | 3.19 | 11.6 | 1.47 | 8.21 | 1.54 | 4.28 | 0.59 | 3.74 | 0.57 | 255.86 | 223.86 | 32 | 7 | 0.78 |
| 3 | P17 TC43 | 25.1 | 49 | 4.01 | 16 | 2.73 | 0.35 | 1.83 | 0.32 | 2.03 | 0.4 | 1.29 | 0.2 | 1.3 | 0.18 | 104.74 | 97.19 | 7.55 | 12.87 | 0.45 |
| 4 | P12 TC9 | 35.3 | 50.9 | 5.62 | 22.3 | 3.49 | 0.35 | 2.33 | 0.43 | 3.06 | 0.67 | 2 | 0.31 | 2.15 | 0.31 | 129.22 | 117.96 | 11.26 | 10.48 | 0.35 |
| 5 | P17 TC32 | 33.2 | 60.4 | 5.23 | 22.8 | 3.79 | 0.48 | 2.58 | 0.39 | 2.64 | 0.49 | 1.48 | 0.23 | 1.46 | 0.21 | 135.38 | 125.9 | 9.48 | 13.28 | 0.44 |
| 6 | P17 TC28 | 28.4 | 46.5 | 3.52 | 14.7 | 2.34 | 0.35 | 1.76 | 0.3 | 1.92 | 0.39 | 1.24 | 0.19 | 1.12 | 0.17 | 102.9 | 95.81 | 7.09 | 13.51 | 0.51 |
| 8 | P14 TC5 | 63.7 | 117 | 9.93 | 38.5 | 7.36 | 0.79 | 5.24 | 0.85 | 5.32 | 1.05 | 3.59 | 0.59 | 4.22 | 0.63 | 258.77 | 237.28 | 21.49 | 11.04 | 0.37 |
| 9 | P20 LT10 | 35.2 | 84.6 | 6.05 | 23.9 | 4.45 | 0.63 | 3.35 | 0.51 | 3.48 | 0.69 | 2.12 | 0.35 | 2.14 | 0.31 | 167.78 | 154.83 | 12.95 | 11.96 | 0.48 |
| 10 | M4P23 GS51 | 39.1 | 82.3 | 7.46 | 26.6 | 5.33 | 0.68 | 2.63 | 0.42 | 2.47 | 0.48 | 1.29 | 0.23 | 1.44 | 0.25 | 170.68 | 161.47 | 9.21 | 17.53 | 0.49 |
| 11 | P6TC34 | 50.2 | 88.9 | 7.76 | 31.5 | 5.24 | 0.58 | 3.35 | 0.51 | 3.29 | 0.58 | 1.89 | 0.29 | 2.1 | 0.3 | 196.49 | 184.18 | 12.31 | 14.96 | 0.4 |

续表 4-52

| 序号 | 样品号 | La | Ce | Pr | Nd | Sm | Eu | Gd | Tb | Dy | Ho | Er | Tm | Yb | Lu | ΣREE | ΣLREE | ΣHREE | LREE/HREE | δEu |
|---|---|---|---|---|---|---|---|---|---|---|---|---|---|---|---|---|---|---|---|---|
| 12 | P33LT3T9 均值 | 31.7 | 62.8 | 5.2 | 20 | 3.08 | 0.35 | 2.27 | 0.39 | 2.45 | 0.46 | 1.46 | 0.25 | 1.71 | 0.25 | 132.37 | 123.13 | 9.24 | 13.33 | 0.39 |
| 13 | P34 TC14 | 46.5 | 84 | 6.59 | 25.1 | 4.5 | 0.56 | 3.9 | 0.57 | 3.39 | 0.68 | 2.02 | 0.33 | 2.33 | 0.33 | 180.8 | 167.25 | 13.55 | 12.34 | 0.4 |
| 15 | P11 TC62 | 94.2 | 66.6 | 43 | 35.6 | 18 | 10.9 | 10.5 | 8.27 | 6.77 | 5.07 | 4.75 | 4.76 | 4.82 | 4.13 | 317.37 | 268.3 | 49.07 | 5.47 | 2.23 |

表 4-53　早侏罗世($J_1$)库都尔镇-库中侵入岩微量元素含量及主要参数　　单位：$\times10^{-6}$

| 序号 | 样品号 | Sr | Rb | Ba | Th | Ta | Nb | Hf | Zr | Cr | Ni | Co | V | Y | Cs | Sc | Ga | Li | Rb/Sr | Zr/Hf |
|---|---|---|---|---|---|---|---|---|---|---|---|---|---|---|---|---|---|---|---|---|
| 1 | P17-1 LT15 | 0.0 | 0.0 | 0.00 | 0.00 | 0.00 | 0.00 | 0.00 | 0.00 | 0.00 | 0.00 | 0.00 | 0.00 | 34.20 | 0.00 | 0.00 | 0.00 | 0.00 | | |
| 2 | P12TC4 | | | | | | | | | | | | | 57.40 | | | | | | |
| 3 | P17TC43 | 59.0 | 169.0 | 310.00 | 22.00 | 1.80 | 36.00 | 17.80 | 400.00 | 11.28 | 11.60 | 3.60 | 13.40 | 0.00 | 8.56 | 2.60 | 116.00 | 11.90 | 2.86 | 22.47 |
| 4 | P12TC9 | 58.0 | 187.0 | 280.00 | 22.00 | 2.60 | 50.00 | 22.00 | 640.00 | 56.00 | 13.20 | 5.80 | 14.60 | 25.80 | 9.96 | 6.40 | 126.00 | 20.20 | 3.22 | 29.09 |
| 5 | P17TC32 | 115.0 | 172.0 | 350.00 | 23.00 | 1.40 | 32.00 | 16.20 | 400.00 | 46.00 | 11.00 | 3.60 | 26.00 | 22.20 | 8.56 | 3.00 | 72.00 | 22.20 | 1.50 | 24.69 |
| 6 | P17TC28 | 64.0 | 209.0 | 220.00 | 32.00 | 2.20 | 46.00 | 18.00 | 320.00 | 42.00 | 17.80 | 5.60 | 19.40 | 18.76 | 9.96 | 4.20 | 160.00 | 16.90 | 3.27 | 17.78 |
| 8 | P14TC3 | | | | | | | | | | | | | 38.00 | | | | | | |
| 9 | P14TC5 | 31.0 | 191.0 | 270.00 | 26.00 | 2.10 | 68.00 | 52.00 | 1500.00 | 256.00 | 22.20 | 12.20 | 0.00 | 52.20 | 7.40 | 11.40 | 106.00 | 24.20 | 6.16 | 28.85 |
| 10 | P20LT10 | 91.0 | 130.0 | 930.00 | 15.00 | 1.20 | 34.00 | 20.00 | 720.00 | 190.00 | 20.00 | 5.40 | 0.00 | 30.20 | 5.80 | 8.00 | 120.00 | 9.20 | 1.43 | 36.00 |
| 11 | M4P23 GS51 | 370.0 | 169.0 | 560.00 | 23.20 | 1.60 | 31.40 | | 300.00 | 232.00 | 10.00 | 10.40 | 80.00 | 21.20 | | | | | 0.46 | |
| 12 | P6TC34 | 130.0 | 169.0 | 650.00 | 21.00 | 0.80 | 19.60 | 18.60 | 500.00 | 50.60 | 12.00 | 4.40 | 22.00 | 27.20 | 7.56 | 6.00 | 108.00 | 338 | 1.30 | 26.88 |
| 13 | P33LT 3T9 均值 | 64.0 | 193.0 | 210.00 | 28.00 | 2.30 | 44.00 | 15.80 | 320.00 | 6.00 | 5.40 | 4.40 | 14.80 | 24.00 | 9.76 | 3.20 | 96.00 | 44.40 | 3.02 | 20.25 |
| 15 | P34TC14 | 50.0 | 162.0 | 380.00 | 16.00 | 1.70 | 32.00 | 8.80 | 260.00 | 84.40 | 7.20 | 0.00 | 0.00 | 33.60 | 9.40 | 3.80 | 36.00 | 12.80 | 3.24 | 29.55 |
| 15 | P11TC62 | 870.0 | 107.0 | 1070.00 | 14.00 | 0.80 | 18.40 | 10.20 | 340.00 | 125.00 | 26.20 | 16.00 | 0.00 | | 11.4 | 10.60 | 100.00 | 42.80 | 0.12 | 33.33 |

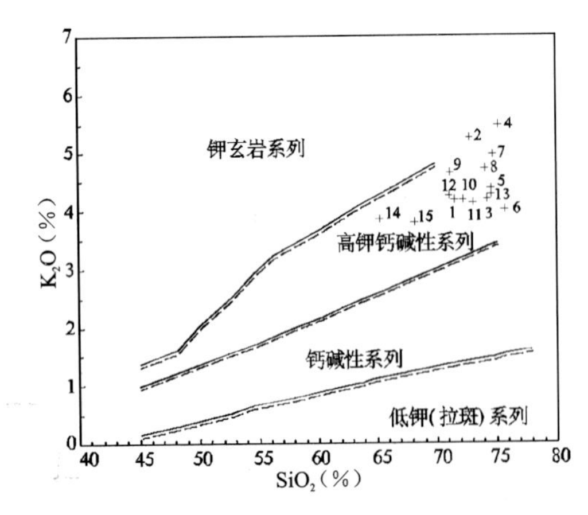


图 4-100　岩石系列 $K_2O$-$SiO_2$ 图解

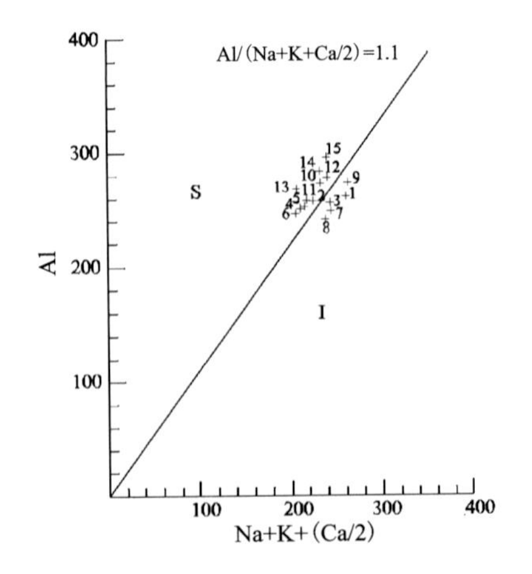


图 4-101　S 型、I 型花岗岩判别图解

I. I 型花岗岩；S. S 型花岗岩

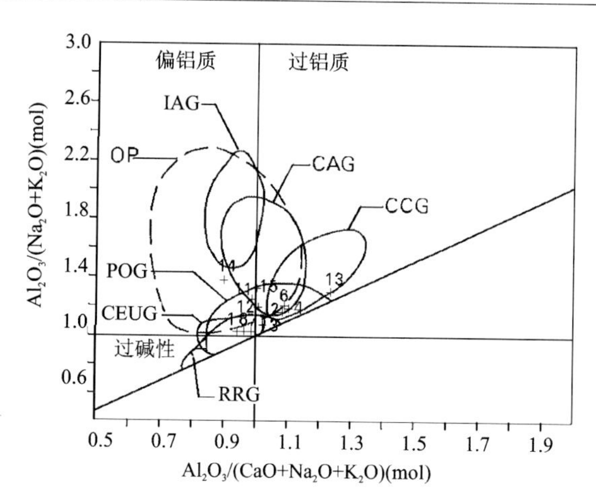


图 4-102 山德指数(Shamd's indel)花岗岩环境图解

IAG. 岛弧;CAG. 大陆弧;CCG. 大陆碰撞;POG. 后造山;

RRG. 裂谷系;CEUG. 大陆造陆隆升;OP. 大洋

9)鄂伦春自治旗岛弧型 $\upsilon$-$\delta$+HMA+TTG 组合($J_1$)

该组合分布于本亚带鄂伦春自治旗地区,在东乌珠穆沁旗-多宝山亚带的复兴镇和阿荣旗地区也有分布。岩石类型有角闪辉长岩、闪长岩、二长闪长岩、石英二长闪长岩、石英二长岩及花岗闪长岩。该组合侵入下石炭统红水泉组和上二叠统林西组,被上侏罗统火山岩覆盖。在额尔古纳左旗地区石英二长岩被正长花岗岩超动侵入,后者 U-Pb 同位素年龄为 199Ma,在阿荣旗石英二长闪长岩 U-Pb 同位素年龄为 187Ma,因而确定其时代为早侏罗世。

根据岩石化学数据(表 4-54~表 4-56)进行了计算和投图分析。岩石系列为中钾—高钾钙碱系列(图 4-103),在 $Na_2O$-$K_2O$ 图解中位于 I 型区(图 4-104),成因类型为壳幔混合源,在 $R_1$-$R_2$ 图解中主要位于 3 区,其次为 2 区(图 4-105)。在 Rb-Yb+Ta 图中位于火山弧花岗岩区(图 4-106)。在山德指数图解中主要位于岛弧和大陆弧区,部分位于大洋和大陆碰撞区(图 4-107)。在 Q-A-P 图解中主要位于岛弧区,部分位于大陆弧和大陆碰撞区(图 4-108)。在 An-Ab-Or 图解中,多数样点位于 $G_1$ 区,少量样点位于 $T_1$、$T_2$ 和 $G_2$ 区(图 4-109)。在 Q-Ab-Or 图解中位于两种演化趋势之间。

从岩石化学组成来看(表 4-54),1 号和 2 号样品具有高镁闪长岩特征;$SiO_2$ 含量分别为 58.80%和 50.22%;MgO 含量分别为 6.87%. 和 7.39%,均大于 5.70%;$TiO_2$ 含量分别为 1.50%和 3.50%,均大于 0.60%;Mg 值分别为 0.60 和 0.61。可以确定为高镁闪长岩组合。

从以上特点可以将鄂伦春自治旗至复兴镇地区的岩石构造组合总结为以闪长岩+TTG 为主的辉长岩-闪长岩+高镁闪长岩+TTG 组合,并且形成于成熟的岛弧环境。

**表 4-54 早侏罗世($J_1$)鄂伦春-复兴镇侵入岩岩石化学成分含量及主要参数**

单位:%

| 序号 | 样品号 | $SiO_2$ | $TiO_2$ | $Al_2O_3$ | $Fe_2O_3$ | FeO | MnO | MgO | CaO | $Na_2O$ | $K_2O$ | $P_2O_5$ | LOS | Total | $Na_2O+K_2O$ | $K_2O/Na_2O$ | $Mg^{\#}$ | $FeO^*$ | A/CNK | $\sigma$ | A. R | SI | DI |
|---|---|---|---|---|---|---|---|---|---|---|---|---|---|---|---|---|---|---|---|---|---|---|---|
| 1 | M4P15GS6 | 58.8 | 1.05 | 16.45 | 1.41 | 7.66 | 0.25 | 6.87 | 8.24 | 3.1 | 1.05 | 0.2 | 2.98 | 108.1 | 4.15 | 0.34 | 0.6 | 8.93 | 0.77 | 1.09 | 1.4 | 34.2 | 36.65 |
| 2 | M4P15 GS61 | 50.22 | 3.5 | 14.35 | 2.86 | 7.08 | 0.17 | 7.39 | 7.05 | 3.4 | 1.02 | 0.15 | 2.58 | 99.77 | 4.42 | 0.3 | 0.61 | 9.65 | 0.73 | 2.71 | 1.52 | 33.98 | 35 |
| 3 | P36TC17 | 58.16 | 1.06 | 16.11 | 3.47 | 3.66 | 0.14 | 3.33 | 5.03 | 4.57 | 2.5 | 0.39 | 1.32 | 99.74 | 7.07 | 0.55 | 0.54 | 6.78 | 0.83 | 3.3 | 2 | 19 | 65.3 |
| 4 | M4GS1129 | 59.16 | 0.8 | 17.16 | 2.94 | 3.48 | 0.09 | 2.98 | 4.77 | 4 | 2.1 | 0.45 | 1.17 | 99.1 | 6.1 | 0.53 | 0.54 | 6.12 | 0.98 | 2.3 | 1.77 | 19.23 | 64.7 |
| 5 | PM17LT15 | 60.94 | 0.88 | 16.35 | 2.52 | 3.62 | 0.06 | 3.14 | 4.06 | 4.2 | 3.01 | 0.25 | 1.4 | 100.43 | 7.21 | 0.72 | 0.55 | 5.89 | 1.60 | 2.90 | 2.09 | 19.04 | 65.16 |
| 6 | PM7B83 | 62.8 | 0.86 | 14.79 | 2.19 | 3.5 | 0.08 | 2.96 | 3.88 | 3.81 | 3.37 | 0.17 | 1.52 | 99.93 | 7.18 | 0.88 | 0.54 | 5.47 | 1.49 | 2.60 | 2.25 | 18.70 | 68.26 |
| 7 | PM7B35 | 59.44 | 0.9 | 16.24 | 2.32 | 4.14 | 0.1 | 3.8 | 4.81 | 4.1 | 2.54 | 0.2 | 1.7 | 100.29 | 6.64 | 0.62 | 0.57 | 6.23 | 1.71 | 2.68 | 1.92 | 22.49 | 59.92 |
| 8 | $B1030B_2$ | 61.58 | 1 | 16.09 | 2.54 | 3.6 | 0.06 | 3.16 | 3.58 | 3.95 | 3.05 | 0.25 | 1.38 | 100.24 | 7.00 | 0.77 | 0.55 | 5.88 | 1.65 | 2.64 | 2.1 | 19.39 | 66.06 |

续表 4-54

| 序号 | 样品号 | $SiO_2$ | $TiO_2$ | $Al_2O_3$ | $Fe_2O_3$ | FeO | MnO | MgO | CaO | $Na_2O$ | $K_2O$ | $P_2O_5$ | LOS | Total | $Na_2O+K_2O$ | $K_2O/Na_2O$ | $Mg^{\#}$ | $FeO^{*}$ | A/CNK | σ | A.R | SI | DI |
|---|---|---|---|---|---|---|---|---|---|---|---|---|---|---|---|---|---|---|---|---|---|---|---|
| 9 | PM11LT43 | 72.32 | 0.35 | 14.2 | 2.53 | 0.56 | 0.02 | 0.42 | 0.44 | 4.6 | 3.35 | 0.1 | 1.5 | 100.39 | 7.95 | 0.73 | 0.31 | 2.83 | 1.26 | 2.16 | 3.38 | 3.66 | 90.67 |
| 10 | PM17LT30 | 60.34 | 0.8 | 16.28 | 3.3 | 3.46 | 0.07 | 2.98 | 3.68 | 4.23 | 2.64 | 0.3 | 1.48 | 99.56 | 6.87 | 0.62 | 0.53 | 6.43 | 1.67 | 2.72 | 2.05 | 17.94 | 65.05 |
| 11 | D0506 | 66.6 | 0.6 | 16.51 | 1.76 | 2.5 | 0.1 | 1.42 | 3.05 | 4.4 | 2.53 | 0.2 | 1.1 | 100.77 | 6.93 | 0.58 | 0.44 | 4.08 | 1.65 | 2.03 | 2.10 | 11.26 | 74.6 |
| 12 | PM2LT8 | 70.78 | 0.4 | 14.59 | 1.55 | 2.92 | 0.26 | 0.88 | 1.41 | 3.26 | 2.25 | 0.2 | 1.28 | 99.78 | 5.51 | 0.69 | 0.31 | 4.31 | 1.86 | 1.09 | 2.05 | 8.103 | 79.74 |
| 13 | PM2LT36 | 69.92 | 0.4 | 15.69 | 1.01 | 2.82 | 0.12 | 0.72 | 1.17 | 4.21 | 3.31 | 0.2 | 1 | 100.57 | 7.52 | 0.79 | 0.29 | 3.73 | 1.50 | 2.1 | 2.61 | 5.965 | 83.52 |

表 4-55　早侏罗世($J_1$)鄂伦春-复兴镇侵入岩稀土元素含量及主要参数

单位：$\times10^{-6}$

| 序号 | 样品号 | La | Ce | Pr | Nd | Sm | Eu | Gd | Tb | Dy | Ho | Er | Tm | Yb | Lu | ΣREE | ΣLREE | ΣHREE | LREE/HREE | δEu |
|---|---|---|---|---|---|---|---|---|---|---|---|---|---|---|---|---|---|---|---|---|
| 1 | M4P15GS6 | 8.14 | 15.1 | 2.34 | 9.06 | 2.25 | 1.39 | 2.21 | 0.39 | 2.29 | 0.45 | 1.1 | 0.17 | 1.03 | 0.16 | 46.08 | 38.28 | 7.8 | 4.91 | 1.88 |
| 2 | M4P15GS61 | 13 | 24 | 3.3 | 14.6 | 3.08 | 1.8 | 3.34 | 0.53 | 3.55 | 0.71 | 1.93 | 0.25 | 1.46 | 0.21 | 71.76 | 59.78 | 11.98 | 4.99 | 1.71 |
| 3 | P36TC17 | 126 | 88.4 | 64.1 | 53.1 | 28.2 | 21.2 | 18.9 | 16 | 13.9 | 12.4 | 12.2 | 11.3 | 10.04 | 10.01 | 485.75 | 381 | 104.75 | 3.64 | 2.65 |
| 5 | PM17LT15 | 27.1 | 57.4 | 6.05 | 28.5 | 5.98 | 1.31 | 4.93 | 0.7 | 3.81 | 0.69 | 1.89 | 0.3 | 1.85 | 0.27 | 155.08 | 126.34 | 14.44 | 8.75 | 0.72 |
| 6 | $PM_7B83$ | 29.2 | 58.6 | 7.39 | 29.1 | 6.18 | 1.19 | 5.14 | 0.83 | 5.13 | 0.96 | 2.68 | 0.43 | 2.44 | 0.38 | 176.95 | 131.66 | 17.99 | 7.32 | 0.63 |
| 7 | $PM_7B35$ | 25.8 | 49 | 6.03 | 25.4 | 5.49 | 1.4 | 4.87 | 0.71 | 4.45 | 0.81 | 2.39 | 0.33 | 2.15 | 0.3 | 146.43 | 113.12 | 16.01 | 7.07 | 0.81 |
| 8 | $B1030B_2$ | 26.3 | 49.2 | 6.36 | 26.1 | 5.41 | 1.35 | 4.68 | 0.63 | 4.19 | 0.7 | 1.95 | 0.3 | 1.76 | 0.28 | 129.21 | 114.72 | 14.49 | 7.92 | 0.80 |
| 9 | $PM_{11}LT43$ | 23.1 | 35.4 | 4.2 | 16.5 | 3.21 | 0.63 | 2.18 | 0.34 | 1.92 | 0.35 | 1.01 | 0.16 | 1.1 | 0.16 | 90.26 | 83.04 | 7.22 | 11.50 | 0.69 |
| 10 | PM17LT30 | 28.4 | 51.3 | 6.26 | 29 | 5.9 | 1.14 | 3.91 | 0.58 | 3.66 | 0.64 | 1.72 | 0.26 | 1.43 | 0.18 | 134.38 | 122.00 | 12.38 | 9.85 | 0.68 |
| 11 | D0506 | 33.8 | 61.6 | 7.24 | 30.4 | 6.08 | 1.49 | 5.23 | 0.88 | 5.32 | 1.36 | 3.1 | 0.48 | 3.09 | 0.44 | 160.51 | 140.61 | 19.90 | 7.07 | 0.79 |

表 4-56　早侏罗世($J_1$)鄂伦春-复兴镇侵入岩微量元素含量及主要参数

单位：$\times10^{-6}$

| 序号 | 样品号 | Sr | Rb | Ba | Th | Ta | Nb | Hf | Zr | Cr | Ni | Co | V |  | Y | Cs | Sc | Ga | Li | Rb/Sr | Zr/Hf |
|---|---|---|---|---|---|---|---|---|---|---|---|---|---|---|---|---|---|---|---|---|---|
| 1 | M4P15GS6 | 210.00 | 50.00 | 92.00 | 3.20 | 0.80 | 15.20 | 0.00 | 100.00 | 428.00 | 142.00 | 79.20 | 320.00 |  | 18.12 | 0.00 | 0.00 | 0.00 | 0.00 | 0.24 |  |
| 2 | M4P15GS61 | 285.00 | 48.00 | 110.00 | 3.50 | 1.20 | 17.00 | 0.00 | 112.00 | 296.00 | 80.00 | 69.60 | 340.00 |  | 27.40 | 0.00 | 0.00 | 0.00 | 0.00 | 0.17 |  |
| 3 | P36TC17 | 860.00 | 97.70 | 1010.00 | 11.00 | 1.00 | 34.00 | 14.40 | 580.00 | 258.00 | 78.80 | 37.40 | 0.00 |  |  | 17.40 | 32.00 | 120.00 | 32.40 | 0.11 | 40.28 |
| 5 | PM17LT15 | 721 | 82.7 | 676 | 12.8 |  | 7.59 | 12.8 | 188 | 72.4 | 30.6 | 21.3 | 132 | 2.36 | 17.4 |  |  |  |  | 0.11 | 14.69 |
| 6 | $PM_7B83$ | 392 | 111 | 487 | 15.7 |  | 8.94 | 15.7 | 219 | 79 | 22.2 | 21.8 | 118 | 3.67 | 20.6 |  |  |  |  | 0.28 | 13.95 |
| 7 | $PM_7B35$ | 643 | 79 | 542 | 12 |  | 6.98 | 12 | 142 | 82.5 | 31.1 | 19.9 | 158 | 3.33 | 19.5 |  |  |  |  | 0.12 | 11.83 |
| 8 | $B1030B_2$ | 628 | 82.4 | 706 | 12.5 |  | 7.34 | 12.5 | 240 | 75.7 | 25.2 | 21.5 | 144 | 3.33 | 15.4 |  |  |  |  | 0.13 | 19.20 |
| 9 | $PM_{11}LT43$ | 235 | 103 | 613 | 18.9 |  | 7.07 | 18.9 | 138 | 18.3 | 3.1 | 12 | 33.9 | 6.33 | 8.57 |  |  |  |  | 0.44 | 7.30 |
| 10 | PM17LT30 | 756 | 96.3 | 641 | 11.1 |  | 9.96 | 11.1 | 120 | 80.5 | 24 | 27.9 | 162 | 2.36 | 12.9 |  |  |  |  | 0.13 | 10.81 |
| 11 | D0506 | 420 | 65.7 | 633 | 12.6 |  | 9.49 | 12.6 | 158 | 16.4 | 4.35 | 14.6 | 60.3 | 3.5 | 23.6 |  |  |  |  | 0.16 | 12.54 |

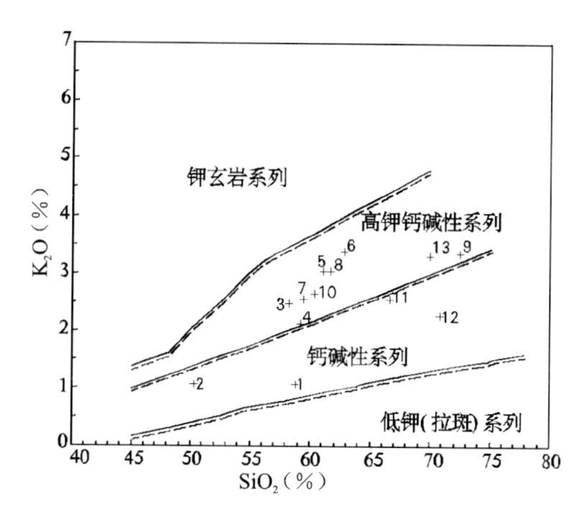


图 4-103 岩石系列 $K_2O$-$SiO_2$ 图解

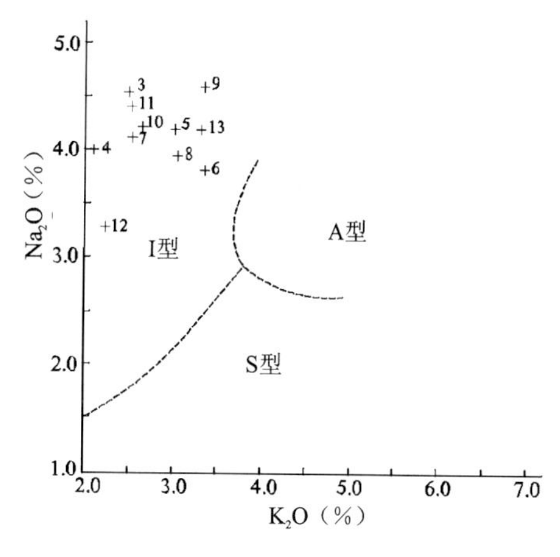


图 4-104 $Na_2O$-$K_2O$ 图解

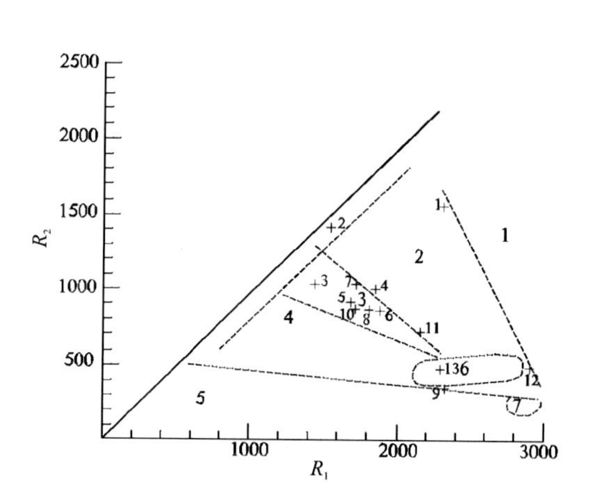


图 4-105 主要花岗岩类岩石组合的示意性图解

(据 Batchelor 等,1985)

1. 地幔分离;2. 板块碰撞前的;3. 碰撞后的抬升;4. 造山晚期的;5. 非造山的;6. 同碰撞期的;7. 造山期后的

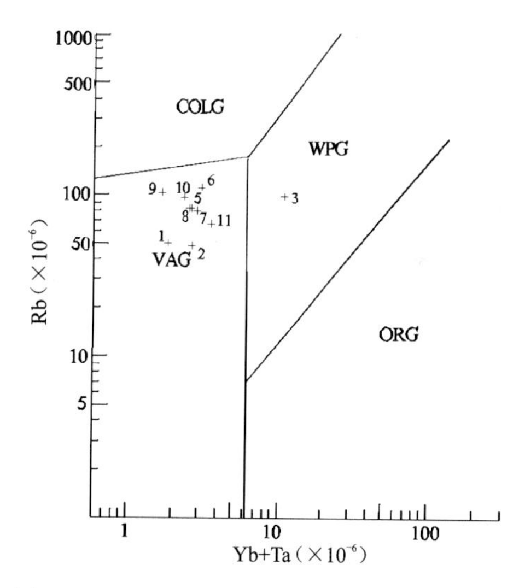


图 4-106 不同类型花岗岩的 Rb-Yb+Ta 图解

(据 Pearce,1984)

ORG. 洋脊花岗岩;WPG. 板内花岗岩;VAG. 火山弧花岗岩;COLG. 同碰撞花岗岩

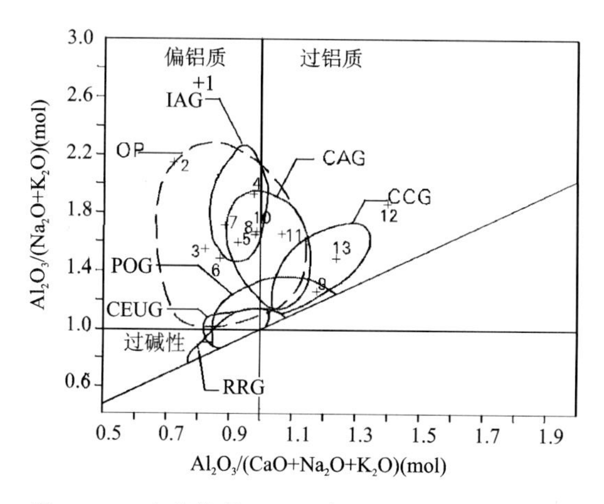


图 4-107 山德指数(Shamd′s indel)花岗岩环境图解

IAG. 岛弧;CAG. 大陆弧;CCG. 大陆碰撞;POG. 后造山;RRG. 裂谷系;CEUG. 大陆造陆隆升;OP. 大洋

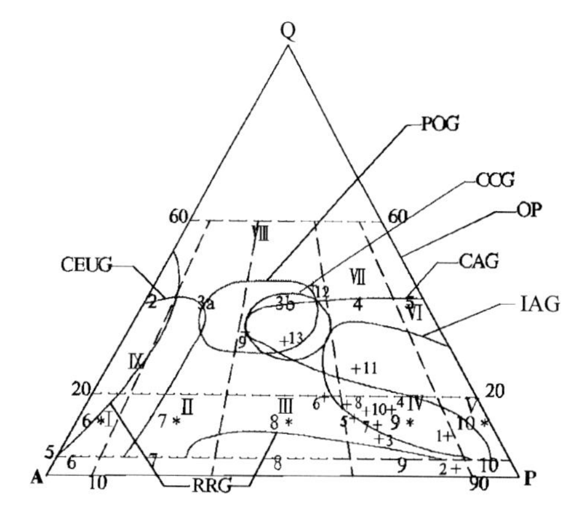


图 4-108 Q-A-P 图解

IAG. 岛弧;CAG. 大陆弧;CCG. 大陆碰撞;POG. 后造山;RRG. 裂谷系;CEUG. 大陆造陆隆升;OP. 大洋

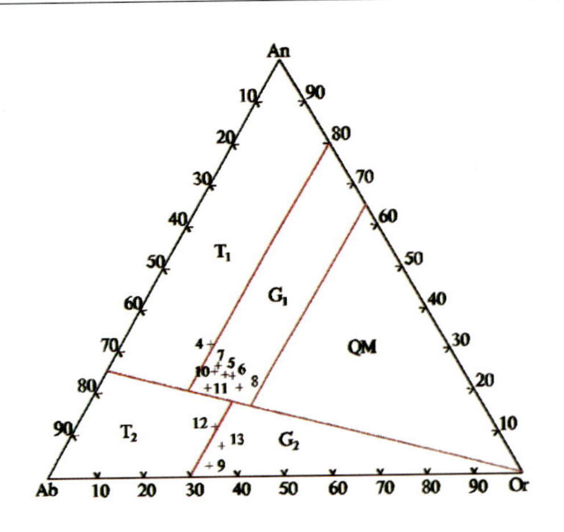


图 4-109　An-Ab-Or 分类图解(据 Johannes 等,1996)

$T_1$.英云闪长岩;$T_2$.奥长花岗岩;

$G_1$.花岗闪长岩;$G_2$.花岗岩;QM.石英二长岩

10)阿尔山诺尔、伊山林场后碰撞高钾钙碱性花岗岩组合($J_2$)

该组合分布于阿尔山诺尔苏木、马布拉—伊山林场地区,岩石类型有二长花岗岩和正长花岗岩,并被晚侏罗世火山岩覆盖。其时代为中侏罗世。

根据岩石化学数据(表 4-57～表 4-59)进行了计算和投图分析。在 $SiO_2$-$K_2O$ 图解中为高钾钙碱系列(图 4-110),在 Rb-Yb+Ta 图解中 4 个样点位于同碰撞区,2 个样点位于火山弧区,1 个样点位于洋脊区(图 4-111)。在山德指数图解中位于大陆弧、大陆碰撞和后造山 3 区重叠部位(图 4-112)。在 Al-(Na+K+Ca/2)图解中多数位于 S 区,少数位于 I 区(图 4-113),视为壳源混合成因类型。总体上属于富硅、过铝、高钾、贫钙的浅色 S 型花岗岩类,形成于后碰撞构造环境中的高钾钙碱性花岗岩组合。

**表 4-57　中侏罗世($J_2$)阿尔山诺尔-伊山林场后碰撞侵入岩岩石化学成分含量及主要参数**　单位:%

| 序号 | 样品号 | $SiO_2$ | $TiO_2$ | $Al_2O_3$ | $Fe_2O_3$ | FeO | MnO | MgO | CaO | $Na_2O$ | $K_2O$ | $P_2O_5$ | LOS | Total | $Na_2O+K_2O$ | $K_2O/Na_2O$ | $Mg^\#$ | $FeO^*$ | A/CNK | σ | A.R | SI | DI |
|---|---|---|---|---|---|---|---|---|---|---|---|---|---|---|---|---|---|---|---|---|---|---|---|
| 1 | M4GS860 | 77.09 | 0.15 | 12.47 | 0.49 | 0.64 | 0.06 | 0.01 | 0.36 | 4.1 | 3.8 | 0.1 | 0.12 | 99.39 | 7.90 | 0.93 | 0.00 | 1.08 | 1.09 | 1.83 | 4.20 | 0.11 | 95.75 |
| 2 | M4P27 GS32 | 74.96 | 0.25 | 13.65 | 0.84 | 1.02 | 0.06 | 0.17 | 0.48 | 4.3 | 4.05 | 0.15 | 0.44 | 100.37 | 8.35 | 0.94 | 0.18 | 1.78 | 1.11 | 2.18 | 3.89 | 1.64 | 93.57 |
| 3 | M4P27 GS67 | 74.6 | 0.1 | 13.36 | 0.44 | 1.22 | 0.02 | 0.01 | 0.74 | 4.87 | 4.3 | 0.1 | 0.14 | 99.90 | 9.17 | 0.88 | 0.00 | 1.62 | 0.95 | 2.66 | 4.72 | 0.09 | 94.79 |
| 4 | 3172 | 76.17 | 0.2 | 12.45 | 0.64 | 1.01 | 0.03 | 0.13 | 0.51 | 3.7 | 4.4 | 0.08 | 0.58 | 99.90 | 8.10 | 1.19 | 0.15 | 1.59 | 1.05 | 1.98 | 4.333 | 1.316 | 94.22 |
| 5 | 3173 | 77.42 | 0.15 | 11.83 | 0.15 | 0.93 | 0.01 | 0.19 | 0.21 | 3.15 | 4.9 | 0.02 | 0.53 | 99.49 | 8.05 | 1.56 | 0.26 | 1.06 | 1.08 | 1.88 | 5.035 | 2.039 | 95.65 |
| 6 | 3179 | 80.98 | 0.08 | 10.41 | 0 | 0.64 | 0.01 | 0.04 | 0.12 | 3.45 | 4.1 | 0.04 | 0.2 | 100.07 | 7.55 | 1.19 | 0.1 | 0.64 | 1 | 1.5 | 6.067 | 0.486 | 98.08 |
| 7 | M4P23 GS66-2 | 74.68 | 0.25 | 13.67 | 1.3 | 0.72 | 0.04 | 0.1 | 0.27 | 3.6 | 5.05 | 0.07 | 0.8 | 100.55 | 8.65 | 1.4 | 1 | 1.89 | 1.2 | 2.36 | 4.27 | 0.93 | 94.09 |
| 8 | M4P23 GS39 | 76.52 | 0.1 | 13 | 0.86 | 0.78 | 0.05 | 0.04 | 0.3 | 4.2 | 4 | 0.05 | 0.55 | 100.45 | 8.2 | 0.95 | 0.06 | 1.55 | 1.15 | 2.01 | 4.22 | 0.4 | 95.09 |
| 9 | P12TC70 | 70.21 | 0.4 | 14.97 | 1.72 | 1.42 | 0.28 | 0.55 | 0.37 | 4.61 | 3.84 | 0.16 | 1.08 | 99.61 | 8.45 | 0.83 | 0.32 | 2.97 | 1.28 | 2.62 | 3.45 | 4.53 | 89.78 |
| 10 | P12TC19 TC32 均值 | 69.52 | 0.47 | 13.95 | 1.72 | 1.91 | 0.06 | 0.77 | 1.79 | 4.34 | 3.88 | 0.16 | 1.29 | 99.86 | 8.22 | 0.89 | 0.34 | 3.46 | 1.23 | 2.55 | 3.19 | 6.1 | 85.19 |
| 11 | P16 TC55 | 70.18 | 0.44 | 13.81 | 1.89 | 2.36 | 0.07 | 1.1 | 1.46 | 4.2 | 4.25 | 0.1 | 0.3 | 100.16 | 8.45 | 1.01 | 0.38 | 4.06 | 1.19 | 2.63 | 3.48 | 7.97 | 84.85 |
| 12 | M4P23 GS1 | 76.06 | 0.3 | 12.29 | 1.06 | 0.76 | 0.02 | 0.01 | 0.09 | 4.25 | 4 | 0.2 | 0.52 | 99.56 | 8.25 | 0.94 | 0 | 1.71 | 1.09 | 2.06 | 5 | 0.1 | 96.28 |

**表 4-58　中侏罗世($J_2$)阿尔山诺尔-伊山林场后碰撞侵入岩稀土元素含量及主要参数**　单位:$\times10^{-6}$

| 序号 | 样品号 | La | Ce | Pr | Nd | Sm | Eu | Gd | Tb | Dy | Ho | Er | Tm | Yb | Lu | ΣREE | ΣLREE | ΣHREE | LREE/HREE | δEu |
|---|---|---|---|---|---|---|---|---|---|---|---|---|---|---|---|---|---|---|---|---|
| 1 | M4GS 860 | 21.9 | 41.5 | 4.71 | 19.4 | 3.29 | 0.27 | 1.68 | 0.2 | 1.17 | 0.21 | 0.42 | 0.05 | 0.26 | 0.04 | 95.10 | 91.07 | 4.03 | 22.60 | 0.31 |

续表 4-58

| 序号 | 样品号 | La | Ce | Pr | Nd | Sm | Eu | Gd | Tb | Dy | Ho | Er | Tm | Yb | Lu | ΣREE | ΣLREE | ΣHREE | LREE/HREE | δEu |
|---|---|---|---|---|---|---|---|---|---|---|---|---|---|---|---|---|---|---|---|---|
| 2 | M4P27GS32 | 32.3 | 50.2 | 6.15 | 24.4 | 4.63 | 0.49 | 2.66 | 0.42 | 2.44 | 0.41 | 1.18 | 0.18 | 1.09 | 0.17 | 126.72 | 118.17 | 8.55 | 13.82 | 0.39 |
| 7 | M4P23GS66-2 | 19.6 | 79.2 | 2.45 | 7.88 | 2.28 | 0.35 | 1.08 | 0.2 | 1.4 | 0.3 | 0.9 | 0.14 | 0.83 | 0.135 | 116.75 | 111.76 | 4.99 | 22.42 | 0.6 |
| 8 | M4P23GS39 | 41.2 | 69.4 | 5.68 | 17.7 | 3.43 | 0.31 | 1.52 | 0.24 | 1.55 | 0.34 | 0.95 | 0.21 | 1.64 | 0.27 | 144.44 | 137.72 | 6.72 | 20.49 | 0.36 |
| 9 | P12TC70 | 32.2 | 84.1 | 5.98 | 25.4 | 4.68 | 0.8 | 3.51 | 0.6 | 3.58 | 0.67 | 1.87 | 0.29 | 1.48 | 0.24 | 165.4 | 153.16 | 12.24 | 12.51 | 0.58 |
| 10 | P12TC19TC32均值 | 43.4 | 81.3 | 7.89 | 37.7 | 6.62 | 1.3 | 4.7 | 0.73 | 4.61 | 8.85 | 2.4 | 0.36 | 2.08 | 0.26 | 202.2 | 178.21 | 23.99 | 7.43 | 0.68 |
| 11 | P16TC55 | 64.4 | 113 | 11.4 | 45.6 | 8.93 | 1.04 | 5.94 | 1.02 | 6.11 | 1.23 | 3.65 | 0.56 | 3.31 | 0.42 | 266.61 | 244.37 | 22.24 | 10.99 | 0.41 |

**表 4-59　中侏罗世($J_2$)阿尔山诺尔-伊山林场后碰撞侵入岩微量元素含量及主要参数**　　单位：$\times10^{-6}$

| 序号 | 样品号 | Sr | Rb | Ba | Th | Ta | Nb | Hf | Zr | Cr | Ni | Co | V | U | Y | Cs | Sc | B | Li | Rb/Sr | U/Th | Zr/Hf |
|---|---|---|---|---|---|---|---|---|---|---|---|---|---|---|---|---|---|---|---|---|---|---|
| 1 | M4GS860 | 380 | 151 | 1585 | 11 | 1.2 | 14 | 3.9 | 88 | 64 | 1 | 1 | 139 | 2.4 | 3.5 | 3.2 |  | 3.8 | 48 | 0.40 | 0.22 | 22.56 |
| 2 | M4P27GS32 | 1700 | 109 | 68 | 12 | 1.6 | 13 | 5 | 160 | 79 | 2 | 0 | 13 | 3.5 | 8.3 | 1.6 |  | 3.3 | 6.2 | 0.06 | 0.30 | 32.00 |
| 7 | M4P23GS66-2 | 105 | 168 | 365 | 9.7 | 1.8 | 15.8 |  | 142 | 138 | 14 | 2.7 | 23 | 4.9 | 6.7 | 0 |  |  |  | 1.6 | 0.51 |  |
| 8 | M4P23GS39 | 87 | 229 | 235 | 98.3 | 2 | 25.2 |  | 112 | 105 | 6 | 0 | 8.2 | 2.8 | 8.21 | 0 |  |  |  | 2.63 | 0.03 |  |
| 9 | P12TC70 | 120 | 117 | 710 | 19 | 2.2 | 18 | 5.8 | 220 | 6.84 | 6.2 | 2 | 11 | 2.7 | 13.4 | 5.18 | 3.6 | 44 | 10.6 | 0.98 | 0.14 | 37.93 |
| 10 | P12TC19TC32 均值 | 310 | 101 | 650 | 16 | 118 | 16 | 9.3 | 305 | 6.36 | 4.7 | 4.1 | 28 | 3.3 | 17.2 | 3.63 | 6 | 84 | 15.1 | 0.33 | 0.21 | 32.8 |
| 11 | P16TC55 | 270 | 240 | 630 | 31 | 2.6 | 20 | 9.9 | 260 | 109 | 13.7 | 2.8 | 0 |  | 26.1 | 7.9 | 5.3 | 44 | 15.2 | 0.89 | 0 | 26.26 |

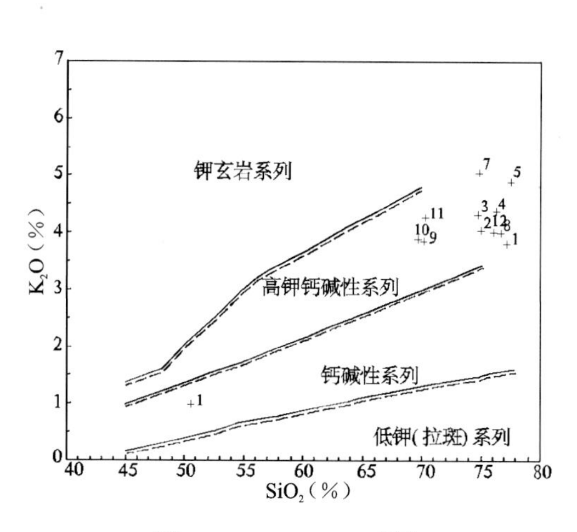


图 4-110　$K_2O$-$SiO_2$图解

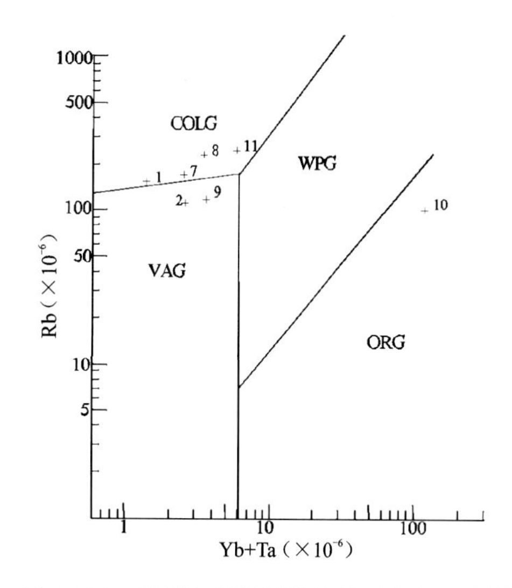


图 4-111　不同类型花岗岩的 Rb-Yb+Ta 图解

(据 Pearce，1984)

ORG. 洋脊花岗岩；WPG. 板内花岗岩；

VAG. 火山弧花岗岩；COLG. 同碰撞花岗岩

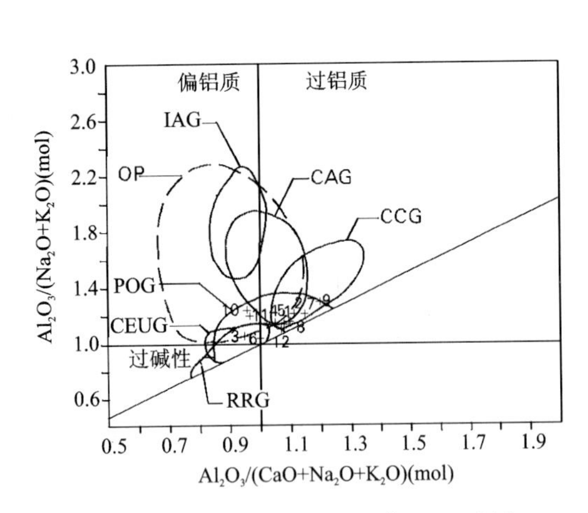


图 4-112　山德指数(Shamd's indel)图解

IAG. 岛弧;CAG. 大陆弧;CCG. 大陆碰撞;POG. 后造山;RRG. 裂谷系;CEUG. 大陆造陆隆升;OP. 大洋

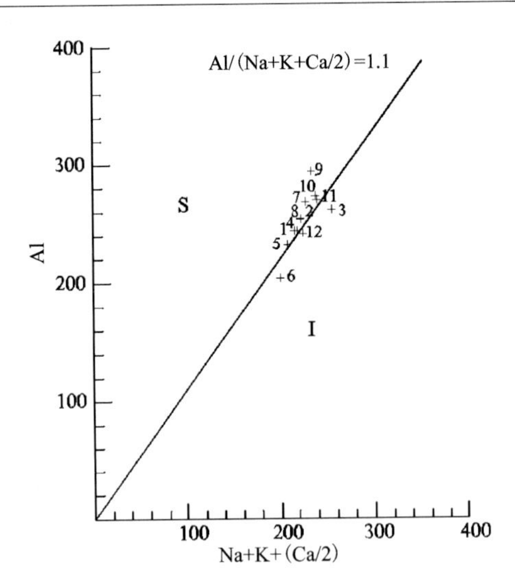


图 4-113　S 型、I 型花岗岩判别图解

I. I 型花岗岩;S. S 型花岗岩

11)恩和嘎查-哈达林场俯冲型 $G_2$ 花岗岩组合($J_3$)

该组合分布于恩和嘎查-哈达林场地区,侵入上侏罗统玛尼吐组,同位素年龄为 140.6Ma,时代为晚侏罗世。

根据 1∶25 万区域地质调查资料,岩石类型为花岗岩、闪长岩和石英闪长岩。根据岩石化学资料(表 4-60)进行了计算和投图分析。在侵入岩主元素分类图解中为花岗岩。在 $K_2O$-$SiO_2$ 图解中为钾玄岩系列(图 4-114)。在 $Na_2O$-$K_2O$ 图解中 2 个样点位于 A 型区,1 个样点位于 I 型区(图 4-115)。判断成因类型为壳幔混合源。在山德指数图解中位于大陆弧区界外(图 116)。在 An-Ab-Or 图解中为 $G_2$ 花岗岩区(图 4-117)。综合判断为活动大陆边缘弧环境下形成的 $G_2$ 花岗岩组合。

**表 4-60　晚侏罗世($J_3$)恩和哈达-哈达林场陆缘弧侵入岩岩石化学成分含量及主要参数**　　单位:%

| 序号 | 样品号 | $SiO_2$ | $TiO_2$ | $Al_2O_3$ | $Fe_2O_3$ | FeO | MnO | MgO | CaO | $Na_2O$ | $K_2O$ | $P_2O_5$ | LOS | Total | $Na_2O+K_2O$ | $K_2O/Na_2O$ | $Mg^{\#}$ | $FeO^*$ | A/CNK | σ | A.R | SI | DI |
|---|---|---|---|---|---|---|---|---|---|---|---|---|---|---|---|---|---|---|---|---|---|---|---|
| 1 | W3P61 GS31 | 68.02 | 0.41 | 15.09 | 1.56 | 1.46 | 0.06 | 0.88 | 1.68 | 4.38 | 4.93 | 0.15 | 1.22 | 99.84 | 9.31 | 1.13 | 0.43 | 2.86 | 0.97 | 3.46 | 3.50 | 6.66 | 86.17 |
| 2 | W3GS1399 | 64.74 | 0.68 | 16.29 | 2.18 | 1.87 | 0.08 | 1.32 | 2.60 | 4.96 | 4.17 | 0.25 | 0.76 | 99.90 | 9.13 | 0.84 | 0.46 | 3.83 | 0.94 | 3.83 | 2.87 | 9.10 | 80.10 |
| 3 | 3GS113 | 63.69 | 1.32 | 14.29 | 5.04 | 0.73 | 0.09 | 0.42 | 2.32 | 3.88 | 4.55 | 0.36 | 2.90 | 99.59 | 8.43 | 1.17 | 0.21 | 5.26 | 0.92 | 3.43 | 3.06 | 2.87 | 81.28 |

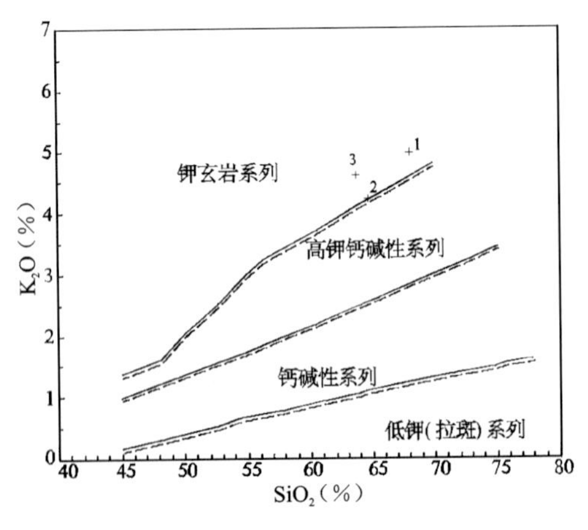


图 4-114　$K_2O$-$SiO_2$ 图解

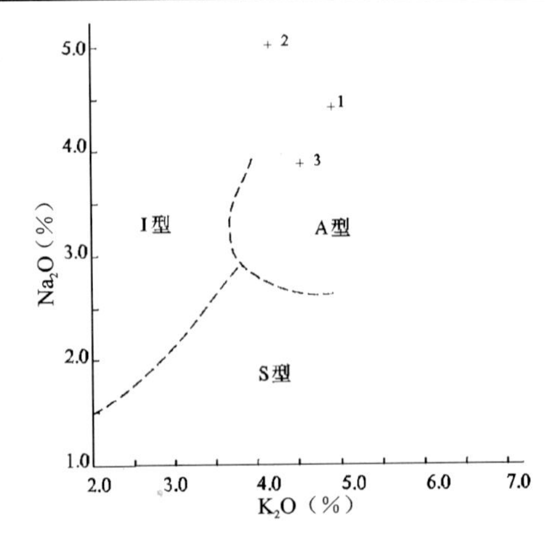


图 4-115　$Na_2O$-$K_2O$ 图解

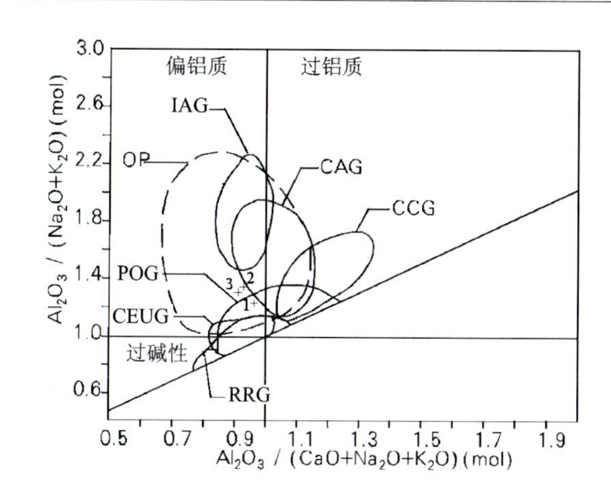


图 4-116　山德指数(Shamd's indel)花岗岩环境图解
IAG. 岛弧；CAG. 大陆弧；CCG. 大陆碰撞；POG. 后造山；
RRG. 裂谷系；CEUG. 大陆造陆隆升；OP. 大洋

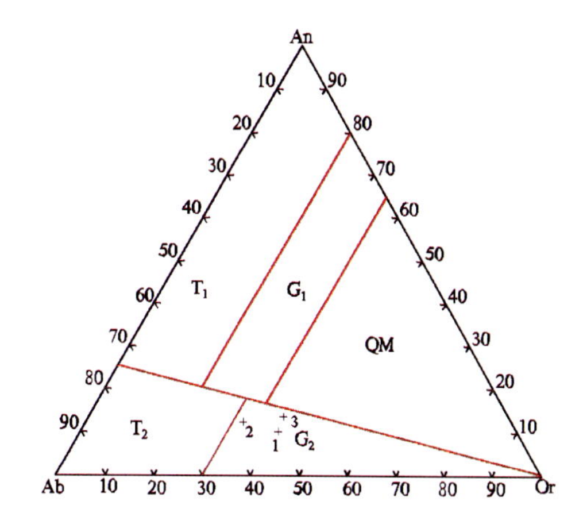


图 4-117　An-Ab-Or 分类图解(据 Johannes 等，1996)
$T_1$. 英云闪长岩；$T_2$. 奥长花岗岩；
$G_1$. 花岗闪长岩；$G_2$. 花岗岩；QM. 石英二长岩

12)库都尔镇后碰撞型高钾和钾玄质花岗岩组合($J_3$)

该组合零星分布于库都尔镇—哈达林场及其以北地区，以二长花岗岩、正长花岗岩为主，还有少量石英二长岩。侵入上侏罗统满克头鄂博组，同位素年龄为 140.6Ma 和 146.9Ma。时代确定为晚侏罗世。

根据岩石化学数据(表 4-61～表 4-63)进行计算和投图分析。在 $K_2O$-$SiO_2$ 图解中为高钾钙碱系列-钾玄岩系列(图 4-118)，在碱度率图解中全部为碱性(图 4-119)，在 Al-(Na+K+Ca/2)图解中位于 S 型区与 I 型区分界线处(图 4-120)，A/CNK 值均小于 1.1，判断成因类型为壳幔混合源。在 $Na_2O$-$K_2O$图解中位于 A 型区(图 4-121)，在 $R_1$-$R_2$ 图解中位于造山晚期区和非造山区(图 4-122)，在山德指数图解中位于 POG 区和 CEUG 区(图 4-123)。综合判断为后碰撞环境形成的高钾和钾玄质花岗岩组合.

**表 4-61　晚侏罗世($J_3$)库都尔后碰撞侵入岩岩石化学成分含量及主要参数**　　单位：%

| 序号 | 样品号 | $SiO_2$ | $TiO_2$ | $Al_2O_3$ | $Fe_2O_3$ | FeO | MnO | MgO | CaO | $Na_2O$ | $K_2O$ | $P_2O_5$ | LOS | Total | $Na_2O+K_2O$ | $K_2O/Na_2O$ | $Mg^{\#}$ | $FeO^*$ | A/CNK | σ | A.R | SI | DI |
|---|---|---|---|---|---|---|---|---|---|---|---|---|---|---|---|---|---|---|---|---|---|---|---|
| 1 | 6P16TC33GS | 72.29 | 0.28 | 14.00 | 1.27 | 0.75 | 0.09 | 0.47 | 0.99 | 4.41 | 5.33 | 0.06 | 0.58 | 100.52 | 9.74 | 1.21 | 0.41 | 1.89 | 0.94 | 3.24 | 4.71 | 3.84 | 92.57 |
| 2 | W3P622GS37 | 73.38 | 0.18 | 13.16 | 0.85 | 1.21 | 0.08 | 0.15 | 0.43 | 3.81 | 5.84 | 0.05 | 0.22 | 99.36 | 9.65 | 1.53 | 0.16 | 1.97 | 0.98 | 3.07 | 5.90 | 1.26 | 94.86 |
| 3 | W3P62GS16 | 73.00 | 0.18 | 13.62 | 1.19 | 1.44 | 0.10 | 0.08 | 0.80 | 4.10 | 4.74 | 0.05 | 0.19 | 99.49 | 8.84 | 1.16 | 0.07 | 2.51 | 1.03 | 2.60 | 4.17 | 0.69 | 91.96 |
| 4 | Ⅱ GS3430 | 75.16 | 0.18 | 12.11 | 1.08 | 0.36 | 0.03 | 0.07 | 0.29 | 4.40 | 5.44 | 0.01 | 0.83 | 99.96 | 9.84 | 1.24 | 0.15 | 1.33 | 0.89 | 3.01 | 8.69 | 0.62 | 95.08 |
| 5 | GS3419 | 74.89 | 0.17 | 12.49 | 0.62 | 0.62 | 0.03 | 0.14 | 0.32 | 4.05 | 5.25 | 0.02 | 0.62 | 99.22 | 9.30 | 1.30 | 1.00 | 1.18 | 0.96 | 2.71 | 6.30 | 1.31 | 97.10 |

**表 4-62　晚侏罗世($J_3$)库都尔后后碰撞侵入岩稀土元素含量及主要参数**　　单位：$\times10^{-6}$

| 序号 | 样品号 | La | Ce | Pr | Nd | Sm | Eu | Gd | Tb | Dy | Ho | Er | Tm | Yb | Lu | ΣREE | ΣLREE | ΣHREE | LREE/HREE | δEu |
|---|---|---|---|---|---|---|---|---|---|---|---|---|---|---|---|---|---|---|---|---|
| 1 | 6P16TC33GS | 35.4 | 73 | 8.2 | 28.1 | 5.23 | 0.91 | 4.6 | 0.6 | 3.6 | 0.7 | 2 | 0.31 | 1.93 | 0.29 | 164.87 | 150.84 | 14.03 | 10.75 | 0.56 |

**表 4-63　晚侏罗世($J_3$)库都尔后后碰撞侵入岩微量元素含量及主要参数**　　单位：$\times10^{-6}$

| 序号 | 样品号 | Sr | Rb | Ba | Th | Ta | Nb | Hf | Zr | Cr | Ni | Co | V | U | Y | Cs | Sc | Ga | Li | Rb/Sr | U/Th |
|---|---|---|---|---|---|---|---|---|---|---|---|---|---|---|---|---|---|---|---|---|---|
| 1 | 6P16TC33GS | 101.7 | 153.6 | 515.0 | 21.7 | 0.0 | 15.3 | 0.0 | 207.9 | 8.7 | 4.5 | 2.4 | 11.9 | 1.2 | 19.4 | | | | 19.20 | 1.51 | 0.06 |

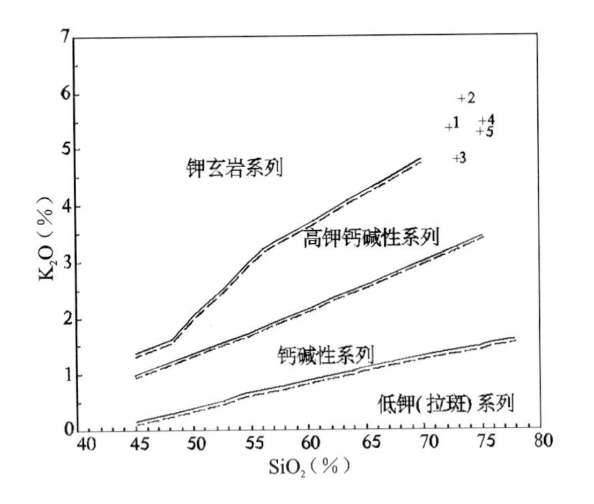


图 4-118　$K_2O$-$SiO_2$ 图解

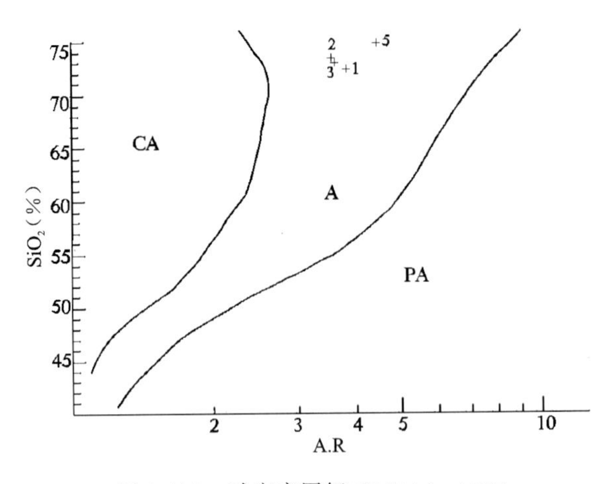


图 4-119　碱度率图解(据 Wright,1969)

CA. 钙碱性;A. 碱性;PA. 过碱性

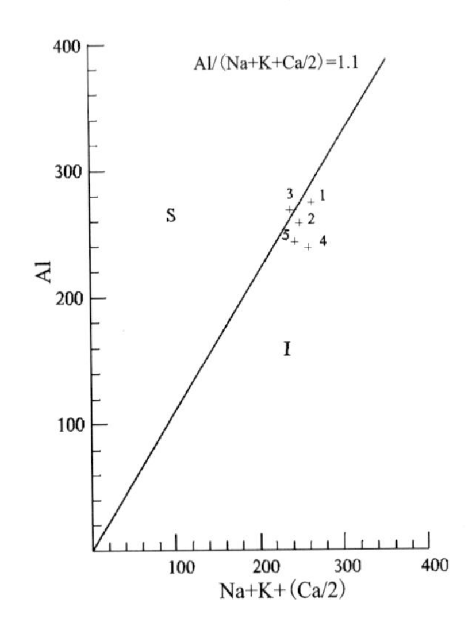


图 4-120　S 型、I 型花岗岩判别图解

I. I 型花岗岩;S. S 型花岗岩

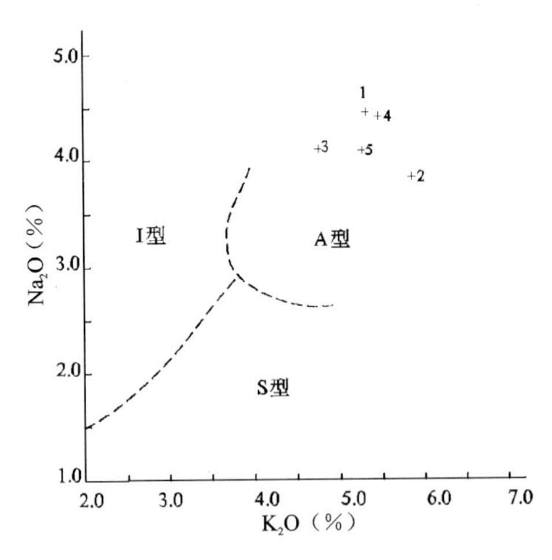


图 4-121　$Na_2O$-$K_2O$ 图解

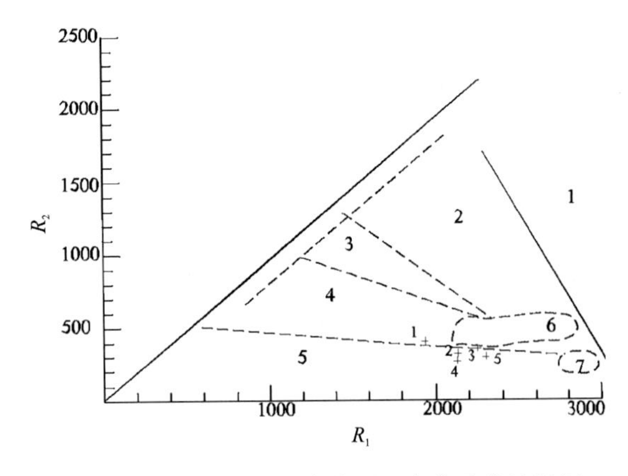


图 4-122　主要花岗岩类岩石组合的示意性图解

(据 Batchelor 等,1985)

1. 地幔分离;2. 板块碰撞前的;3. 碰撞后的抬升;4. 造山晚期的;5. 非造山的;6. 同碰撞期的;7. 造山期后的

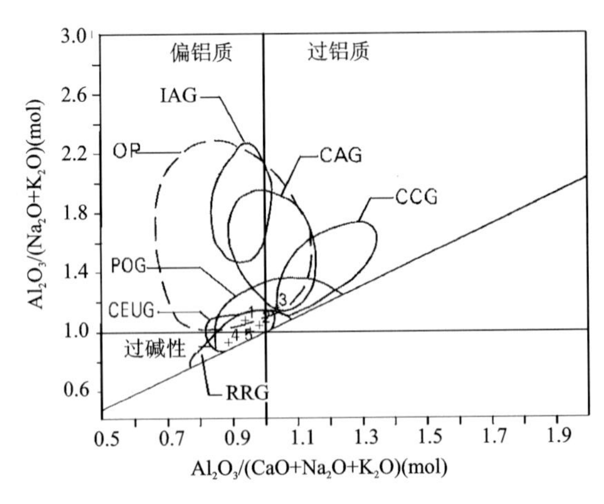


图 4-123　山德指数(Shamd′s indel)花岗岩环境图解

IAG. 岛弧;CAG. 大陆弧;CCG. 大陆碰撞;POG. 后造山;RRG. 裂谷系;CEUG. 大陆造陆隆升;OP. 大洋

13)三道梁碰撞型强过铝花岗岩组合($K_1$)

该组合出露于本亚带南部三道梁一带,由奥长花岗岩构成。岩石呈灰白色,花岗岩结构,矿物组成为斜长石75%、石英20%、黑云母5%,并含少量白云母。K-Ar同位素年龄为142Ma,U-Pb同位素年龄为123Ma,时代定为早白垩世。缺少岩石化学资料。其成因类型应为壳源。初步确定为碰撞环境下形成的强过铝花岗岩组合。

14)海拉尔-呼玛后造山碱性—钙碱性花岗岩组合($K_1$)

该组合零星分布于整个亚带。多为岩株和岩脉产出。包括正长花岗岩、碱长花岗岩(白岗岩)、正长岩及花岗斑岩,侵入于上侏罗统火山岩,时代为早白垩世。

根据岩石化学数据(表4-64～表4-66)进行了计算和投图分析。在碱度图解中,多数为碱性,少数为钙碱性(图4-124)。在$K_2O$-$SiO_2$图解中,碱长花岗岩(白岗岩)和石英正长岩为钾玄岩系列,其他为高钾钙碱系列(图4-125)。在Al-(Na+K+Ca/2)图解中,大部分样点位于S区,少部分位于I区(图4-126),而在$Na_2O$-$K_2O$图解中则落在I型区和A型区(图4-127),判别成因类型为壳幔混合源铝质A型花岗岩。在山德指数图解中位于后造山区、大陆碰撞区和大陆弧区(图4-128),在$R_1$-$R_2$图解中主要投点于造山晚期、非造山的和同碰撞区(图4-129)。综合判别为后造山构造环境形成的碱性—钙碱性花岗岩组合。

表4-64　早白垩世($K_1$)海拉尔-呼玛后造山侵入岩岩石化学成分含量及主要参数　单位:%

| 序号 | 样品号 | $SiO_2$ | $TiO_2$ | $Al_2O_3$ | $Fe_2O_3$ | FeO | MnO | MgO | CaO | $Na_2O$ | $K_2O$ | $P_2O_5$ | LOS | Total | $Na_2O+K_2O$ | $K_2O/Na_2O$ | $Mg^{\#}$ | $FeO^*$ | A/CNK | σ | A.R | SI | DI |
|---|---|---|---|---|---|---|---|---|---|---|---|---|---|---|---|---|---|---|---|---|---|---|---|
| 1 | M4P31LT2GS | 71.78 | 0.25 | 14.29 | 1.46 | 1.83 | 0.03 | 0.73 | 0.87 | 4.25 | 4.33 | 0.25 | 0.72 | 100.79 | 8.58 | 1.02 | 0.35 | 3.14 | 1.07 | 2.56 | 3.61 | 5.79 | 88.91 |
| 2 | M4P31LT3GS | 76.08 | 0.05 | 13.09 | 0.72 | 0.78 | 0.02 | 0.31 | 0.58 | 4 | 4.75 | 0.2 | 0.22 | 100.8 | 8.75 | 1.19 | 0.34 | 1.43 | 1.02 | 2.31 | 4.56 | 2.94 | 94.5 |
| 3 | M4P30LT7GS | 76.3 | 0.2 | 11.74 | 1.41 | 1.04 | 0.04 | 0.63 | 0.58 | 3.78 | 3.55 | 0.35 | 0.72 | 100.34 | 7.33 | 0.94 | 0.42 | 2.31 | 1.06 | 1.61 | 3.94 | 6.05 | 92.27 |
| 4 | M4P30LT8GS | 75.52 | 0.05 | 13.13 | 0.35 | 0.66 | 0.04 | 0.42 | 0.25 | 4.05 | 4.33 | 0.2 | 0.1 | 99.1 | 8.38 | 1.07 | 0.48 | 0.97 | 1.12 | 2.16 | 4.35 | 4.28 | 95.17 |
| 5 | M4P30LT1GS | 74.37 | 0.2 | 11.49 | 1.01 | 0.25 | 0.04 | 0.6 | 0.58 | 3.8 | 4 | 0.5 | 2.76 | 99.6 | 7.8 | 1.05 | 1 | 1.16 | 1 | 1.94 | 4.65 | 6.21 | 94.65 |
| 6 | M4P30LT2GS | 75.24 | 0.28 | 12.81 | 1.21 | 1.37 | 0.05 | 0.58 | 0.8 | 4 | 3.55 | 0.43 | 0.54 | 100.86 | 7.55 | 0.89 | 0.35 | 2.46 | 1.08 | 1.77 | 3.49 | 5.42 | 90.96 |
| 7 | M4P30TC3 | 74.52 | 0.2 | 13.36 | 1.04 | 0.96 | 0.06 | 0.37 | 0.4 | 4.25 | 4.1 | 0.3 | 0.62 | 100.18 | 8.35 | 0.96 | 0.32 | 1.89 | 1.09 | 2.21 | 4.09 | 3.45 | 93.72 |
| 8 | M4P30TC7GS | 62.26 | 0.2 | 14.49 | 1.24 | 0.98 | 0.07 | 0.42 | 0.55 | 4.75 | 3.85 | 0.25 | 10.1 | 99.14 | 8.6 | 0.81 | 0.32 | 2.09 | 1.11 | 3.84 | 3.67 | 3.74 | 91.19 |
| 9 | M4P25GS38 | 60.08 | 1.1 | 15.97 | 4.45 | 3.44 | 0.12 | 2.5 | 3.23 | 4.52 | 2.6 | 0.55 | 2.1 | 100.66 | 7.12 | 0.58 | 0.46 | 7.44 | 0.99 | 2.97 | 2.18 | 14.3 | 67.49 |
| 10 | M4P24GS58 | 75.14 | 0.3 | 12.77 | 0.09 | 1 | 0.07 | 0.45 | 0.27 | 4.4 | 4.3 | 0.07 | 0.24 | 99.1 | 8.7 | 0.98 | 0.42 | 1.08 | 1.02 | 2.36 | 5.01 | 4.39 | 95.12 |
| 11 | M4GS4683 | 76.74 | 0.05 | 12.34 | 0.57 | 0.8 | 0.02 | 0.05 | 0.37 | 4.08 | 4.3 | 0.1 | 0.44 | 99.86 | 8.38 | 1.05 | 0.06 | 1.31 | 1.02 | 2.08 | 4.87 | 0.51 | 96.03 |
| 12 | M4P30TC8GS | 72.68 | 0.1 | 14.39 | 1.38 | 0.9 | 0.04 | 0.5 | 0.29 | 4.5 | 4.5 | 0.25 | 1 | 100.53 | 9 | 1 | 0.36 | 2.14 | 1.12 | 2.73 | 4.17 | 4.24 | 93.15 |
| 13 | M4GS1014 | 71.1 | 0.4 | 14.91 | 1.38 | 1.16 | 0.08 | 0.8 | 0.39 | 4 | 4.6 | 0.2 | 0.98 | 100 | 8.6 | 1.15 | 0.45 | 2.4 | 1.21 | 2.63 | 3.57 | 6.7 | 90.25 |
| 14 | M4P25GS5 | 65.12 | 0.9 | 15.36 | 2.14 | 2.62 | 0.09 | 1.83 | 2.32 | 4.2 | 3.2 | 0.42 | 1.32 | 99.52 | 7.4 | 0.76 | 0.49 | 4.54 | 1.06 | 2.48 | 2.44 | 13.1 | 76.85 |
| 15 | M4P25GS3 | 67.78 | 0.55 | 16.03 | 2.31 | 1.54 | 0.08 | 0.98 | 0.59 | 4.78 | 4.05 | 0.05 | 1.4 | 100.14 | 8.83 | 0.85 | 0.42 | 3.62 | 1.2 | 3.15 | 3.27 | 7.17 | 86.73 |
| 16 | M4P25GS24 | 63.22 | 1.05 | 15.49 | 3.39 | 2.48 | 0.1 | 2.15 | 1.35 | 4.06 | 2.85 | 0.35 | 2.2 | 98.69 | 6.91 | 0.7 | 0.5 | 5.53 | 1.27 | 2.36 | 2.39 | 14.4 | 76.27 |
| 17 | P17E11 | 74.84 | 0.12 | 12.7 | 0.87 | 0.46 | 0.02 | 0.2 | 0.35 | 4.35 | 5.02 | 0.2 | 0.72 | 99.85 | 9.37 | 1.15 | 0.32 | 1.24 | 0.97 | 2.76 | 6.09 | 1.83 | 96.97 |
| 18 | P17E12 | 73.96 | 0.14 | 13.17 | 0.97 | 1.08 | 0.03 | 0.2 | 0.35 | 4.6 | 5.01 | 0.15 | 0.52 | 100.18 | 9.61 | 1.09 | 0.2 | 1.95 | 0.97 | 2.98 | 5.92 | 1.69 | 95.87 |
| 19 | M4GS1115 | 74.1 | 0.3 | 12.84 | 1.49 | 1.24 | 0.06 | 0.37 | 0.02 | 4 | 3.8 | 0.25 | 0.8 | 99.27 | 7.8 | 0.95 | 0.26 | 2.58 | 1.2 | 1.96 | 4.08 | 3.39 | 92.87 |
| 20 | M4P24GS33 | 68.14 | 0.5 | 15.05 | 0.69 | 2.56 | 0.14 | 1.2 | 1.5 | 4.35 | 3.65 | 0.15 | 1.74 | 99.67 | 8 | 0.84 | 0.43 | 3.18 | 1.09 | 2.55 | 2.87 | 9.64 | 82.76 |
| 21 | M4GS1192 | 68.86 | 0.45 | 15.54 | 2.22 | 1.35 | 0.06 | 0.52 | 1.87 | 4 | 3.3 | 0.45 | 0.6 | 99.22 | 7.3 | 0.83 | 0.29 | 3.35 | 1.14 | 2.06 | 2.44 | 4.57 | 83.19 |
| 22 | 3145 | 67.8 | 0.33 | 16.47 | 1.21 | 1.43 | 0.07 | 1.09 | 0.07 | 5.41 | 3.93 | 0.175 | 1.63 | 99.615 | 9.34 | 0.73 | 0.5 | 2.52 | 1.25 | 3.52 | 3.59 | 8.34 | 89.93 |

**续表 4-64**

| 序号 | 样品号 | $SiO_2$ | $TiO_2$ | $Al_2O_3$ | $Fe_2O_3$ | FeO | MnO | MgO | CaO | $Na_2O$ | $K_2O$ | $P_2O_5$ | LOS | Total | $Na_2O+K_2O$ | $K_2O/Na_2O$ | $Mg^{\#}$ | $FeO^{*}$ | A/CNK | σ | A.R | SI | DI |
|---|---|---|---|---|---|---|---|---|---|---|---|---|---|---|---|---|---|---|---|---|---|---|---|
| 23 | GS2531 | 70.42 | 0.35 | 14.8 | 1.77 | 2.14 | 0.04 | 0.4 | 0.5 | 4.3 | 4.06 | 0.15 | 0.83 | 99.76 | 8.36 | 0.94 | 0.2 | 3.73 | 1.2 | 2.55 | 3.41 | 3.16 | 89.06 |
| 24 | GS1846 | 68.72 | 0.44 | 15.61 | 2.53 | 0.98 | 0.13 | 0.57 | 0.48 | 4 | 3.91 | 0.18 | 2.06 | 99.61 | 7.91 | 0.98 | 0.33 | 3.25 | 1.32 | 2.43 | 2.93 | 4.75 | 87.5 |
| 25 | 6GS3179-1 | 77.26 | 0.17 | 12.01 | 1.22 | 0.3 | 0.04 | 0.13 | 0.52 | 2.7 | 3.86 | 0.036 | 1.3 | 99.546 | 6.56 | 1.43 | 0.21 | 1.4 | 1.26 | 1.26 | 3.2 | 1.58 | 92.53 |
| 26 | 6GS6045 | 78.86 | 0.17 | 11.69 | 0.64 | 0.15 | 0.01 | 0.05 | 0.15 | 3.38 | 4.23 | 0.019 | 0.42 | 99.773 | 7.61 | 1.25 | 0.15 | 0.73 | 1.12 | 1.61 | 4.6 | 0.59 | 96.83 |
| 27 | 6GS5028 | 52.28 | 2.1 | 16.76 | 7.69 | 1.63 | 0.73 | 3.92 | 1.54 | 1.25 | 6.5 | 0.3 | 4.8 | 99.5 | 7.75 | 5.2 | 0.59 | 8.54 | 1.41 | 6.47 | 2.47 | 18.7 | 62.35 |
| 28 | 6GS232 | 77.35 | 0.07 | 12.18 | 0.68 | 0.53 | 0.04 | 0.1 | 0.28 | 4.05 | 4.15 | 0.2 | 0.43 | 100.06 | 8.2 | 1.02 | 0.16 | 1.14 | 1.04 | 1.96 | 4.85 | 1.05 | 96.58 |
| 29 | M4P20 GS13 | 63.74 | 0.5 | 15.18 | 2.42 | 2.7 | 0.09 | 2.84 | 3.17 | 4 | 3.6 | 0.38 | 1.38 | 100 | 7.6 | 0.9 | 0.58 | 4.88 | 0.93 | 2.78 | 2.41 | 18.3 | 71.64 |
| 30 | M4P20 GS36 | 68.44 | 0.35 | 15.5 | 1.46 | 1.74 | 0.06 | 0.76 | 1.15 | 4.3 | 4.8 | 0.25 | 1.42 | 100.23 | 9.1 | 1.12 | 0.37 | 3.05 | 1.08 | 3.26 | 3.41 | 5.82 | 87.26 |
| 31 | GS 3484-2 | 72.24 | 0.25 | 14.26 | 1.2 | 1.62 | 0.08 | 0.27 | 0.39 | 4.82 | 4.02 | 0.09 | 0.74 | 99.98 | 8.84 | 0.83 | 0.19 | 2.7 | 1.09 | 2.67 | 4.04 | 2.26 | 92.3 |
| 32 | P34GS10 | 72.04 | 0.3 | 14.18 | 1.35 | 0.82 | 0.04 | 0.2 | 0.73 | 4.75 | 5.91 | 0.08 | 0.48 | 100.88 | 10.66 | 1.24 | 0.22 | 2.03 | 0.91 | 3.91 | 6.02 | 1.53 | 95.19 |
| 33 | P34GS2-1 | 71.06 | 0.3 | 14.02 | 1.24 | 1.94 | 0.05 | 0.14 | 0.6 | 4.7 | 5.89 | 0.01 | 0.34 | 100.29 | 10.59 | 1.25 | 1 | 3.05 | 0.92 | 4 | 6.26 | 1.01 | 93.6 |
| 34 | 531 | 74.29 | 0.13 | 13.67 | 0.9 | 0.67 | 0.03 | 0.36 | 0.68 | 3.46 | 4.72 | 0.045 | 0.41 | 99.36 | 8.18 | 1.36 | 0.38 | 1.48 | 1.14 | 2.14 | 3.65 | 3.56 | 92.02 |
| 35 | P33-1GS23 | 76.08 | 0.04 | 12.53 | 0.44 | 1.04 | 0.02 | 0.12 | 0.68 | 4.8 | 4.56 | 0.01 | 0.12 | 100.44 | 9.36 | 0.95 | 1 | 1.44 | 0.9 | 2.65 | 5.86 | 1.09 | 95.06 |
| 36 | P7TC7 17 12 均值 | 67.46 | 0.34 | 15.97 | 2.02 | 1.92 | 0.04 | 0.75 | 0.65 | 4.24 | 5.25 | 0.13 | 0.67 | 99.44 | 9.49 | 1.24 | 0.33 | 3.74 | 1.15 | 3.68 | 3.66 | 5.29 | 87.8 |
| 37 | 2252 | 76.34 | 0.12 | 12.67 | 0.6 | 0.87 | 0.03 | 0.32 | 0.5 | 4.14 | 4.62 | 0.038 | 0.1 | 100.34 | 8.76 | 1.12 | 0.34 | 1.41 | 0.99 | 2.3 | 4.97 | 3.03 | 94.81 |
| 38 | 468 | 77.1 | 0.15 | 12.66 | 0.69 | 0.64 | 0.06 | 0.29 | 0.34 | 4.01 | 4.88 | 0.05 | 0.05 | 100.92 | 8.89 | 1.22 | 0.36 | 1.26 | 1.01 | 2.32 | 5.33 | 2.76 | 95.75 |
| 39 | 3203 | 72.6 | 0.19 | 15.18 | 0.68 | 1.08 | 0.04 | 0.34 | 1.98 | 4.23 | 3.22 | 0.088 | 0.48 | 100.11 | 7.45 | 0.76 | 0.3 | 1.69 | 1.09 | 1.88 | 2.53 | 3.56 | 85.78 |
| 40 | M4P25 GS18 | 64.64 | 0.75 | 16.1 | 2.78 | 2.26 | 0.05 | 1.95 | 1.19 | 5.5 | 2.96 | 0.35 | 1.62 | 100.15 | 8.46 | 0.54 | 1 | 4.76 | 1.12 | 3.31 | 2.92 | 12.6 | 81.2 |
| 41 | P34GS55 | 69.62 | 0.3 | 14.44 | 1 | 3.13 | 0.06 | 0.22 | 0.86 | 4.87 | 6.11 | 0.08 | 0.15 | 100.84 | 10.98 | 1.25 | 0.09 | 4.03 | 0.89 | 4.53 | 6.08 | 1.44 | 90.55 |
| 42 | P34GS68 | 64.64 | 0.5 | 16.03 | 1.98 | 2.42 | 0.07 | 0.91 | 2.1 | 4.88 | 5.55 | 0.2 | 0.88 | 100.16 | 10.43 | 1.14 | 0.34 | 4.2 | 0.9 | 5.03 | 3.71 | 5.78 | 84.25 |
| 43 | W3P42 GS31 | 44.18 | 6.25 | 12.39 | 7.25 | 10.4 | 0.35 | 7.42 | 8.42 | 2.05 | 0.55 | 0.13 | 0.84 | 100.22 | 2.6 | 0.27 | 0.5 | 16.91 | 0.65 | 5.73 | 1.29 | 26.8 | 21.45 |
| 44 | 6GS3032 | 68.83 | 0.45 | 15.49 | 0.96 | 1.92 | 0.04 | 1.46 | 2.15 | 4.13 | 3.55 | 0.13 | 0.98 | 100.09 | 7.68 | 0.86 | 0.53 | 1.78 | 1.06 | 2.28 | 2.54 | 12.2 | 80.51 |

**表 4-65　早白垩世($K_1$)海拉尔-呼玛后造山侵入岩稀土元素含量及主要参数**　　单位:$\times 10^{-6}$

| 序号 | 样品号 | La | Ce | Pr | Nd | Sm | Eu | Gd | Tb | Dy | Ho | Er | Tm | Yb | Lu | ΣREE | ΣLREE | ΣHREE | LREE/HREE | δEu |
|---|---|---|---|---|---|---|---|---|---|---|---|---|---|---|---|---|---|---|---|---|
| 1 | M4P31 LT2GS | 36.4 | 45 | 4.93 | 18 | 2.81 | 0.6 | 1.46 | 0.3 | 1.35 | 0.27 | 0.76 | 0.12 | 0.98 | 0.16 | 113.19 | 107.79 | 5.4 | 19.96 | 0.81 |
| 3 | M4P30 LT7GS | 25.7 | 51 | 5.07 | 19 | 3.75 | 0.49 | 2.61 | 0.42 | 2.72 | 0.62 | 1.67 | 0.23 | 1.95 | 0.34 | 115.62 | 105.06 | 10.56 | 9.95 | 0.45 |
| 4 | M4P30 LT8GS | 18.4 | 34.6 | 3.76 | 14.1 | 2.74 | 0.42 | 2.33 | 0.31 | 1.81 | 0.37 | 0.99 | 0.15 | 1.03 | 0.17 | 81.23 | 74.07 | 7.16 | 10.34 | 0.5 |
| 5 | M4P30 LT1GS | 22.1 | 42.4 | 4.37 | 16.6 | 3.31 | 0.47 | 2.43 | 0.39 | 2.58 | 0.06 | 1.61 | 0.25 | 1.76 | 0.33 | 98.69 | 89.28 | 9.41 | 9.49 | 0.49 |
| 7 | M4P30 TC3 | 23.6 | 48.2 | 5.18 | 18.2 | 3.51 | 0.49 | 2.51 | 0.4 | 2.39 | 0.61 | 1.4 | 0.25 | 1.71 | 0.25 | 108.7 | 99.18 | 9.52 | 10.42 | 0.48 |
| 8 | M4P30 TC7GS | 19.9 | 94.9 | 3.83 | 16.8 | 3.19 | 0.49 | 2.05 | 0.38 | 2.61 | 0.56 | 1.58 | 0.27 | 2.09 | 0.33 | 148.92 | 139.05 | 9.87 | 14.09 | 0.55 |
| 9 | M4P25 GS38 | 54.4 | 128 | 12.6 | 49.6 | 9.99 | 2.15 | 6.64 | 1.17 | 6.16 | 1.08 | 2.66 | 0.43 | 2.2 | 0.34 | 277.42 | 256.74 | 20.68 | 12.41 | 0.76 |
| 10 | M4P24 GS58 | 36.4 | 84.6 | 8.29 | 33.6 | 5.29 | 0.42 | 4 | 0.57 | 4.1 | 0.88 | 2.46 | 0.31 | 1.87 | 0.3 | 183.09 | 168.6 | 14.49 | 11.64 | 0.27 |
| 20 | M4P24 GS33 | 32 | 76.9 | 6.65 | 26.6 | 4.05 | 0.68 | 3.41 | 0.54 | 2.86 | 0.53 | 1.76 | 0.27 | 1.65 | 0.26 | 158.16 | 146.88 | 11.28 | 13.02 | 0.55 |

续表 4-65

| 序号 | 样品号 | La | Ce | Pr | Nd | Sm | Eu | Gd | Tb | Dy | Ho | Er | Tm | Yb | Lu | ΣREE | ΣLREE | ΣHREE | LREE/HREE | δEu |
|---|---|---|---|---|---|---|---|---|---|---|---|---|---|---|---|---|---|---|---|---|
| 25 | 6GS 3179-1 | 26.3 | 54 | 5.7 | 18.6 | 3.36 | 0.39 | 3.3 | 0.4 | 2.5 | 0.5 | 1.5 | 0.23 | 1.46 | 0.24 | 118.44 | 108.31 | 10.13 | 10.69 | 0.35 |
| 26 | 6GS 6045 | 6.7 | 27.4 | 1.7 | 6.02 | 1.01 | 0.05 | 0.9 | 0.1 | 0.6 | 0.1 | 0.4 | 0.06 | 0.42 | 0.07 | 45.53 | 42.88 | 2.65 | 16.18 | 0.16 |
| 29 | M4P20 GS13 | 35.9 | 71.6 | 9.56 | 32.4 | 5.9 | 1.18 | 4.45 | 0.8 | 4.03 | 0.76 | 1.73 | 0.25 | 1.75 | 0.3 | 170.57 | 156.5 | 14.07 | 11.12 | 0.68 |
| 30 | M4P20 GS36 | 38.9 | 72.3 | 7.75 | 26 | 5.47 | 1.13 | 3.35 | 0.68 | 3.48 | 0.66 | 1.59 | 0.22 | 1.62 | 0.25 | 163.35 | 151.5 | 11.85 | 12.78 | 0.75 |
| 32 | P34GS10 | 33.9 | 77 | 6 | 21 | 3.9 | 0.5 | 3.1 | 0.44 | 2.65 | 0.6 | 1.7 | 0.3 | 1.9 | 0.3 | 153.29 | 142.3 | 10.99 | 12.95 | 0.43 |
| 35 | P33-1 GS23 | 17.3 | 33 | 4.1 | 16 | 3.3 | 0.3 | 3 | 0.55 | 3.88 | 0.8 | 2.3 | 0.4 | 2.4 | 0.3 | 87.63 | 74 | 13.63 | 5.43 | 0.29 |
| 40 | M4P25 GS18 | 65.5 | 1.5 | 13.6 | 53.1 | 9.74 | 2.08 | 6.31 | 0.95 | 5.02 | 1 | 2.57 | 0.39 | 2.1 | 0.33 | 164.19 | 145.52 | 18.67 | 7.79 | 0.76 |
| 41 | P34 GS55 | 42.2 | 82 | 6.9 | 26 | 5.6 | 1.1 | 4.8 | 0.63 | 3.8 | 0.8 | 2.3 | 0.4 | 2.4 | 0.4 | 179.33 | 163.8 | 15.53 | 10.55 | 0.63 |
| 42 | P34 GS68 | 39.4 | 84 | 6.5 | 25 | 5.2 | 1.1 | 4.5 | 0.6 | 3.52 | 0.7 | 2.1 | 0.3 | 2.1 | 0.3 | 175.32 | 161.2 | 14.12 | 11.42 | 0.68 |

表 4-66　早白垩世($K_1$)海拉尔-呼玛后造山侵入岩微量元素含量及主要参数　单位：$\times10^{-6}$

| 序号 | 样品号 | Sr | Rb | Ba | Th | Ta | Nb | Hf | Zr | Cr | Ni | Co | V | U | Y | Cs | Sc | Ga | Li | Rb/Sr | Zr/Hf | U/Th |
|---|---|---|---|---|---|---|---|---|---|---|---|---|---|---|---|---|---|---|---|---|---|---|
| 1 | M4P31LT2GS | 298.7 | 119.5 | 482.5 | 21.98 | 10 | 10 |  | 158 | 205.1 | 5.96 | 3.76 | 26.32 | 5 | 8.39 |  |  |  |  | 0.4 |  | 0.23 |
| 2 | M4P31LT3GS |  |  |  |  |  |  |  |  |  |  |  |  |  | 3.77 |  |  |  |  |  |  |  |
| 3 | M4P30LT7GS | 91.47 |  | 277.7 | 15.2 | 10 | 18 |  | 86 | 193 | 4 | 1.63 | 12 | 5 | 17.71 |  |  |  |  | 0 |  | 0.33 |
| 4 | M4P30LT8GS | 65.94 | 106 | 360.8 | 7.38 | 10 | 10 |  | 45 | 123.71 | 4 | 1 | 8.73 | 5 | 10.26 |  |  |  |  | 1.61 |  | 0.68 |
| 5 | M4P30LT1GS | 96.35 | 109 | 327.5 | 10.37 | 10 | 17 |  | 79 | 186.9 | 5.17 | 1.81 | 9.8 | 5 | 16.57 |  |  |  |  | 1.13 |  | 0.48 |
| 6 | M4P30LT2GS |  |  |  |  |  |  |  |  |  |  |  |  |  | 17.16 |  |  |  |  |  |  |  |
| 7 | M4P30TC3 | 82.67 | 122 | 339.4 | 15.27 | 10 | 19 |  | 118 | 161.3 | 4.64 | 340 | 14.12 | 5 | 15.23 |  |  |  |  | 1.48 |  | 0.33 |
| 8 | M4P30TC7GS | 104.6 | 1.4 | 415.5 | 14.85 | 10 | 22 |  | 176 | 160.8 | 4.38 | 2.2 | 14.67 | 5 | 14.46 |  |  |  |  | 0.01 |  | 0.34 |
| 9 | M4P25GS38 | 850 | 62 | 1130 | 7.6 | 1.2 | 10.2 | 0 | 182 | 96 | 5 | 11 | 130 | 1.4 | 29 | 0 | 0 | 0 | 0 | 0.07 |  | 0.18 |
| 10 | M4P24GS58 | 20 | 116 | 250 | 12.3 | 1.2 | 15.1 |  | 259 | 129 | 5 | 2 | 15 | 2.3 | 32.2 |  |  |  |  | 5.8 |  | 0.19 |
| 20 | M4P24GS33 | 285 | 98 | 900 | 10.2 | 1.2 | 11.6 |  | 174 | 126 | 2 | 2.3 | 26 | 2.2 | 23.8 |  |  |  |  | 0.34 |  | 0.22 |
| 25 | 6GS3179-1 | 82.6 | 115.2 | 260 | 18.3 | 0 | 12 | 0 | 125.8 | 13.9 | 2.3 | 3.5 | 12.8 | 2.97 | 14.3 | 0 | 0 | 0 | 11.5 | 1.39 |  | 0.16 |
| 26 | 6GS6045 | 21.8 | 139.8 | 59 | 23.4 | 0 | 18.8 | 0 | 286.3 | 17.9 | 2.8 | 5.4 | 10 | 3.08 | 3.5 | 0 | 0 | 0 | 2.9 | 6.41 |  | 0.13 |
| 29 | M4P20GS13 | 428.7 | 144 | 681.4 | 0 | 0 | 9 | 0 | 278 | 28.12 | 14.03 | 10.19 | 89.93 | 0 | 17.13 | 0 | 7.97 | 19.03 | 33.45 | 0.34 |  |  |
| 30 | M4P20GS36 | 111.7 | 160 | 760.5 | 0 | 0 | 13 | 0 | 353 | 0 | 0 | 1.09 | 17.81 | 0 |  | 0 | 3.92 | 15.56 | 16.31 | 1.43 |  |  |
| 32 | P34GS10 | 130 | 246 | 300 | 19 | 1.4 | 21 | 10 | 300 | 32 | 6 | 1.4 | 9.4 | 0 | 13 | 5.1 | 3.6 | 0 | 17 | 1.89 | 30 | 0 |
| 35 | P33-1GS23 | 26 | 138 | 670 | 11 | 1.6 | 15 | 5 | 140 | 19 | 10 | 118 | 1 |  | 19 | 5.3 | 4.2 |  | 28 | 5.31 | 28 | 0 |
| 40 | M4P25GS18 | 610 | 70 | 1200 | 6.6 | 1.2 | 9.7 | 0 | 252 | 98 | 10 | 6.9 | 78 | 1.1 | 20.4 | 0 | 0 | 0 | 0 | 0.11 |  | 0.17 |
| 41 | P34GS55 | 450 | 156 | 990 | 12 | 1.4 | 15 | 7.6 | 270 | 42 | 5 | 5.6 | 52 | 0 | 19 | 4.3 | 6 | 0 | 22 | 0.35 | 35.53 | 0 |
| 42 | P34GS68 | 510 | 166 | 1060 | 12 | 1.4 | 14 | 9.5 | 320 | 40.9 | 7.7 | 6.4 | 51 | 0 | 17 | 5 | 6.4 | 0 | 24 | 0.33 | 33.68 | 0 |

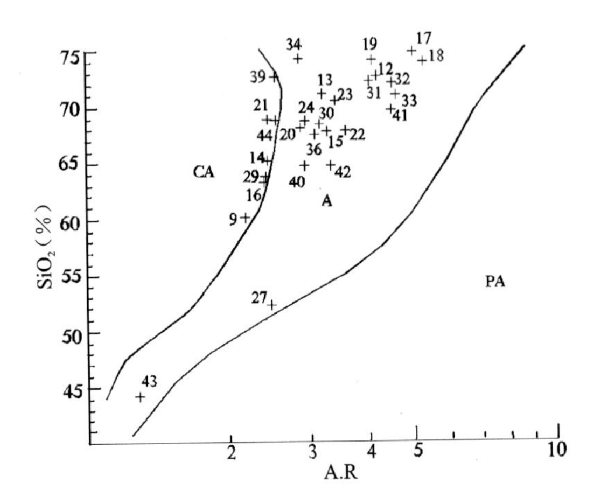


图 4-124　碱度率图解(据 Wright,1969)

CA. 钙碱性;A. 碱性;PA. 过碱性

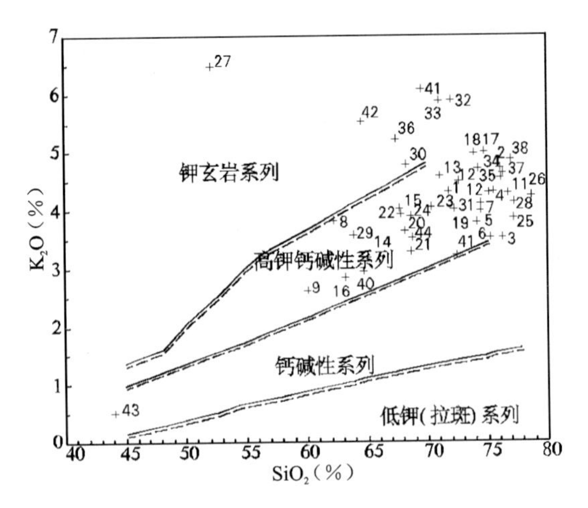


图 4-125　$K_2O$-$SiO_2$ 图解

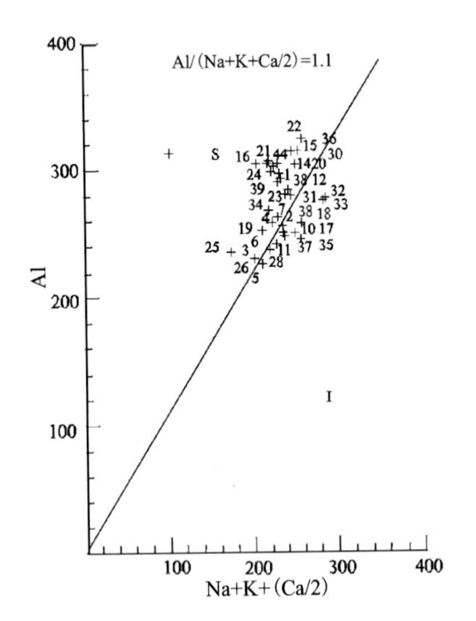


图 4-126　S 型、I 型花岗岩判别图解

I. I 型花岗岩;S. S 型花岗岩

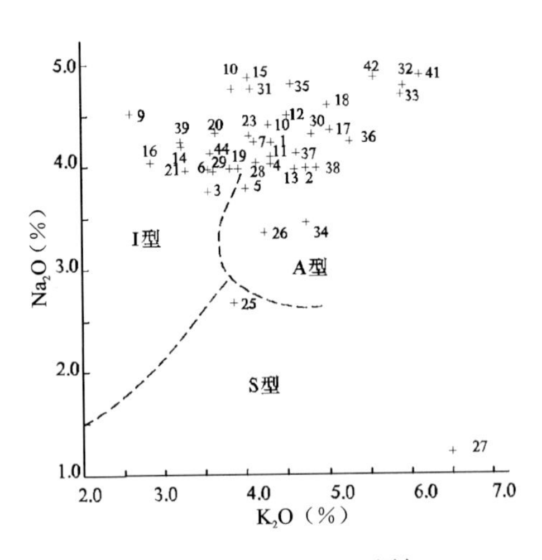


图 4-127　$Na_2O$-$K_2O$ 图解

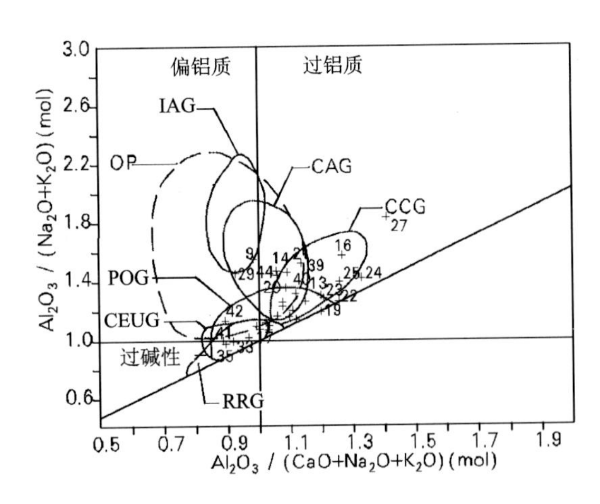


图 4-128　山德指数(Shamd′s indel)图解

IAG. 岛弧;CAG. 大陆弧;CCG. 大陆碰撞;POG. 后造山;

RRG. 裂谷系;CEUG. 大陆造陆隆升;OP. 大洋

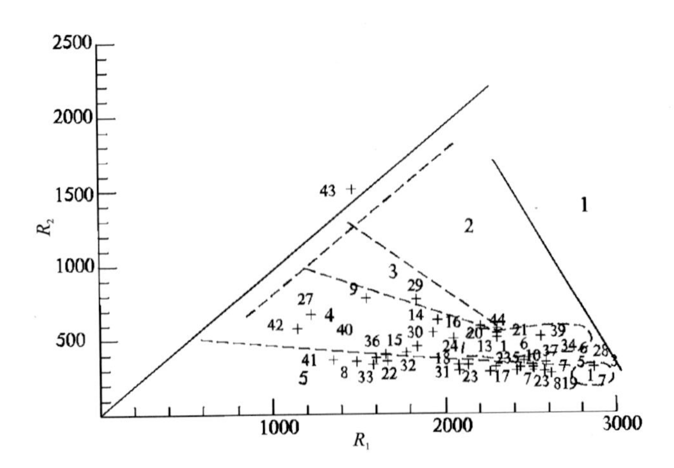


图 4-129　主要花岗岩类岩石组合的示意性图解

(据 Batchelor 等,1985)

1. 地幔分离;2. 板块碰撞前的;3. 碰撞后的抬升;

4. 造山晚期的;5. 非造山的;6. 同碰撞期的;7. 造山期后的

15)库都尔镇大陆伸展环境双峰式岩墙群组合($K_1$)

该组合出露于库都尔镇地区。向西延至额尔古纳构造岩浆岩亚带俄罗斯民族乡地区,向东延至东乌珠穆沁旗-多宝山亚带库如奇地区。多呈小岩瘤或岩脉产出。总体呈北西向展布。包体辉长岩、苏长岩及花岗岩岩脉等岩类。侵入上侏罗统火山岩,并有 K-Ar 同位素年龄为 114Ma。辉长岩与下白垩统梅勒图组中基性火山岩为同源异相产物,确定其时代为早白垩世。根据标准矿物命名,辉长岩为单斜辉石苏长岩,紫苏辉石含量达 21.46%,并含大量角闪石,其成因类型应为幔源。1∶25 万区域地质调查报告用 Nb/Y-Zr/$P_2O_5$图解投图,样点落在碱性玄武岩区;用 Ti/100-Zr/3Y 图解投图,样点位于板内玄武岩区;用 Q-A-P 图解投图,样点位于裂谷系区内。结论是陆内裂谷构造环境形成的大陆伸展型双峰式岩墙群组合。

### 3. I-1-4 红花尔基构造岩浆岩亚带岩石构造组合及其特征

本亚带分布于红花尔基地区,面积较小。出露晚泥盆世和早二叠世侵入岩,由老到新构成 2 个岩石构造组合。

1)红花尔基俯冲型 TTG 组合($D_3$)

该组合分布于红花尔基地区。此外在海拉尔-呼玛亚带罕乌拉北部地区和东乌珠穆沁旗-多宝山亚带的苏格河、中央站林场地区也有分布。由石英闪长岩、花岗闪长岩、奥长花岗岩和少量英云闪长岩、闪长岩组成,多呈岩株、岩基产出。侵入中上泥盆统大民山组,与石炭系呈断层接触,被石炭纪花岗岩侵入。石英闪长岩 U-Pb 同位素年龄为(395±9.4)Ma,其形成时代为晚泥盆世。根据岩石化学数据(表 4-32～表 4-34)及投图分析(图 4-64～图 4-69),综合判别为活动大陆边缘构造环境形成的 TTG 组合。

2)红花尔基后造山型过碱性—钙碱性花岗岩组合($P_1$)

该组合分布于红花尔基地区,并向南北分别延至相邻亚带的苏格河及小乌尔其汉林场地区,包括白岗质花岗岩和正长花岗岩,呈岩基或岩株状产出,侵入晚石炭世早期花岗闪长岩和二长花岗岩。据白岗质花岗岩 K-Ar 同位素年龄为 289.4Ma,将其时代由晚石炭世改划为早二叠世。

据苏格河地区岩石化学资料(表 4-41～表 4-43)及投图分析(图 4-80～图 4-85)判别为后造山环境中形成的过碱性—钙碱性花岗岩组合。

### 4. I-1-5 东乌珠穆沁旗-多宝山构造岩浆岩亚带岩石构造组合及其特征

本亚带侵入岩分布面积大,西部从二连浩特市北部起,向东北经东乌珠穆沁旗、阿尔山市、诺敏镇至黑龙江省多宝山镇一带,东西跨度 1300 多千米,南北宽 100～200km。发育元古宙、古生代、中生代侵入岩。由老到新形成 27 个岩石构造组合。

1)大北沟林场古岛弧变质辉长岩-闪长岩组合($Pt_1$)

该组合出露于大北沟林长场一带,由变质中—细粒堆晶角闪辉长岩和变质中粗粒辉长闪长岩组成,时代为古元古代。经过了中压低绿片岩相—低角闪岩相区域动力热流变质作用。初步判定为古岛弧环境形成的变质辉长岩-闪长岩组合。

2)大北沟林场裂谷型变质超基性岩组合($Pt_2$)

该组合出露于大北沟林场一带,由蛇纹岩和科马提岩构成,时代为中元古代,经过了中压低绿片岩相—高绿片岩相区域低温动力变质作用。初步判定为裂谷环境形成的变质超基性岩组合。

3)甸南俯冲型 $G_2$ 组合($Pt_3$)

该组合仅出露于甸南、哈达阳镇两处,由石英二长闪长岩、斜长花岗岩和二长花岗岩组成。侵入于古元古代兴华渡口岩群和南华纪变质岩系,石英二长闪长岩 U-Pb 同位素年龄为(1048±443)Ma,时代为新元古代。

根据岩石化学数据(表 4-67～表 4-69)进行计算和投图,Q-A-P 图解为正长花岗岩、二长花岗岩和花岗闪长岩(图 4-130),主元素分类图解为花岗岩(图 4-131),$K_2O$-$SiO_2$图解为高钾钙碱系列、中钾钙碱性系列和钾玄岩系列(图 4-132),在 Al-(Na+K+Ca/2)图解中位于 S 型花岗岩区(图 4-133),在碱-硅图解中位于亚碱性区(图 1-134),在 $SiO_2$-$Al_2O_3$图解中位于 IAG-CAG-CCG 区(图 1-135)即岛弧+大陆弧+大陆碰撞区,在 An-Ab-Or 图解中位于 $T_2$、$G_2$区(图 4-136),在 Q-Ab-Or 图解中显示钙碱性演化趋势(图 4-137),综合判断应为陆缘弧环境形成的花岗岩($G_2$)组合。

**表 4-67　东乌珠穆沁旗-多宝山新元古代($Pt_3$)侵入岩岩石化学成分含量及主要参数**　　单位:%

| 序号 | 样品号 | $SiO_2$ | $TiO_2$ | $Al_2O_3$ | $Fe_2O_3$ | FeO | MnO | MgO | CaO | $Na_2O$ | $K_2O$ | $P_2O_5$ | LOS | Total | $Na_2O+K_2O$ | $K_2O/Na_2O$ | $Mg^{\#}$ | $FeO^*$ | A/CNK | σ | A.R | SI | DI |
|---|---|---|---|---|---|---|---|---|---|---|---|---|---|---|---|---|---|---|---|---|---|---|---|
| 1 | 2P12GS1 | 72.2 | 0.39 | 14.88 | 1.89 | 0.97 | 0.05 | 0.76 | 1.86 | 3.61 | 1.36 | 0.12 | 1.22 | 99.3 | 4.97 | 0.38 | 0.43 | 2.67 | 1.39 | 0.85 | 1.84 | 8.85 | 80.6 |
| 2 | IX22P53 GS26 | 70.2 | 0.07 | 16.61 | 0.28 | 0.97 | 0.08 | 0.16 | 0.68 | 3.69 | 5.27 | 1.1 | 1.11 | 100 | 8.96 | 1.43 | 0.2 | 1.22 | 1.27 | 2.95 | 3.15 | 1.54 | 90.8 |
| 3 | IX22P7 GS24 | 71.6 | 0.1 | 15.55 | 0.82 | 0.84 | 0.13 | 0.24 | 0.68 | 3.69 | 4.14 | 0.13 | 1.64 | 99.5 | 7.83 | 1.12 | 0.27 | 1.58 | 1.32 | 2.15 | 2.86 | 2.47 | 89.9 |
| 4 | IX22P7 GS34 | 73.5 | 0.03 | 14.71 | 0.42 | 0.85 | 0.18 | 0.32 | 0.45 | 3.47 | 4.22 | 0.08 | 0.94 | 99.2 | 7.69 | 1.22 | 0.35 | 1.23 | 1.32 | 1.94 | 3.06 | 3.45 | 91.2 |

**表 4-68　东乌珠穆沁旗-多宝山新元古代($Pt_3$)侵入岩稀土元素含量及主要参数**　　单位:$\times10^{-6}$

| 序号 | 样品号 | La | Ce | Pr | Nd | Sm | Eu | Gd | Tb | Dy | Ho | Er | Tm | Yb | Lu | ΣREE | ΣLREE | ΣHREE | LREE/HREE | δEu |
|---|---|---|---|---|---|---|---|---|---|---|---|---|---|---|---|---|---|---|---|---|
| 1 | 2P12GS1 | 27.6 | 52.4 | 5.64 | 24.1 | 3.71 | 0.92 | 3.8 | 0.44 | 3.05 | 0.61 | 1.8 | 0.29 | 2.16 | 0.32 | 141.14 | 114.37 | 12.47 | 9.17 | 0.74 |
| 2 | IX22P53 GS26 | 14.3 | 23.9 | 3.03 | 12.3 | 3.04 | 0.56 | 2.63 | 0.5 | 3.55 | 0.78 | 2.19 | 0.34 | 2.03 | 0.31 | 96.76 | 57.13 | 12.33 | 4.63 | 0.59 |

**表 4-69　东乌珠穆沁旗-多宝山新元古代($Pt_3$)侵入岩微量元素含量及主要参数**　　单位:$\times10^{-6}$

| 序号 | 样品号 | Sr | Rb | Ba | Th | Nb | Hf | Zr | Cr | Ni | Co | V | Y | Li | Rb/Sr | Zr/Hf |
|---|---|---|---|---|---|---|---|---|---|---|---|---|---|---|---|---|
| 1 | 2P12GS1 | 358.20 | 115.50 | 725.00 | 16.60 | 9.50 | 16.60 | 221.80 | 16.70 | 4.30 | 9.00 | 34.80 | 19.8 | 2.60 | 0.32 | 13.36 |
| 2 | IX22P53 GS26 | | | | | | | | | | | | 20.40 | | | |

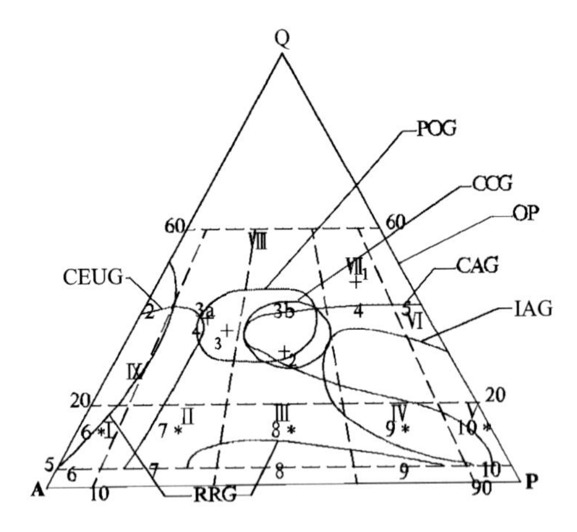


图 4-130　深成岩 Q-P-A 图解

IAG. 岛弧;CAG. 大陆弧;CCG. 大陆碰撞;POG. 后造山;RRG. 裂谷系;CEUG. 大陆造陆隆升;OP. 大洋

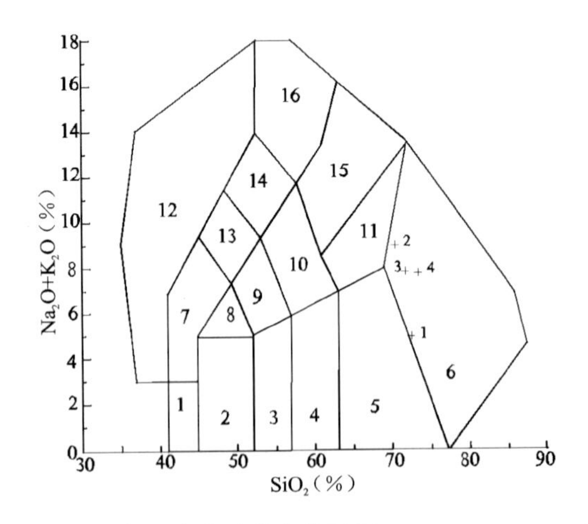


图 4-131　侵入岩主元素分类图解(据 Middlemost,1994)

1. 橄榄岩质花岗岩;2. 辉长岩;3. 辉长闪长岩;4. 闪长岩,5. 花岗闪长岩;6. 花岗岩;7. 似长石辉长岩;8. 二长辉长岩;9. 二长闪长岩;10. 二长岩,11. 石英二长岩;12. 似长石岩;13. 似长石二长闪长岩;14. 似长石二长正长岩;15. 正长岩;16. 似长石正长岩

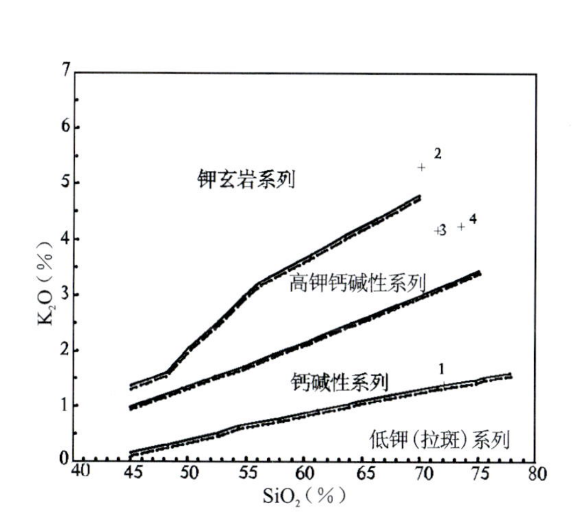


图 4-132　岩石系列 $K_2O-SiO_2$ 图解

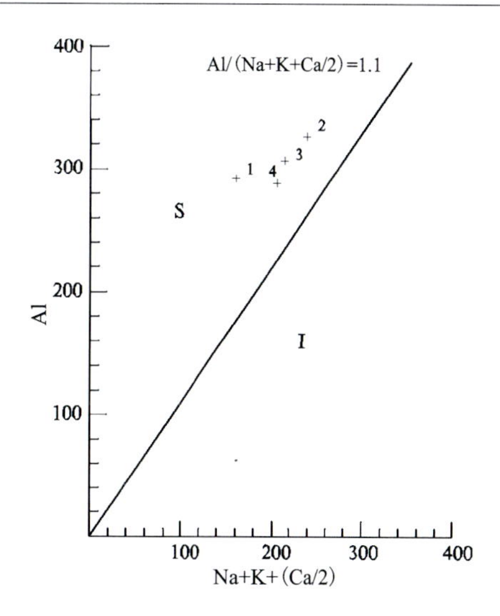


图 4-133　S 型、I 型花岗岩判别图解

I. I 型花岗岩；S. S 型花岗岩

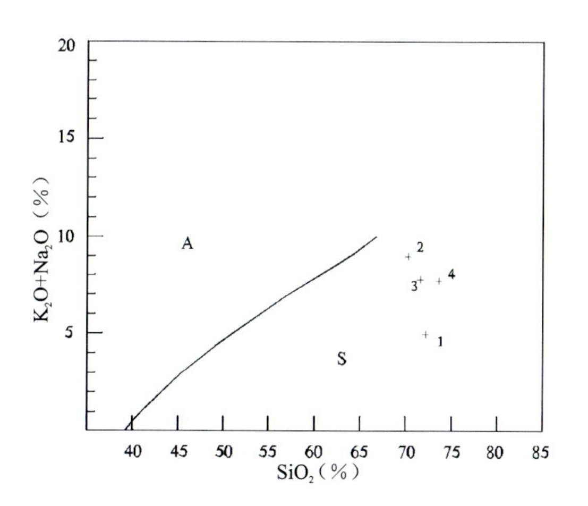


图 4-134　碱-二氧化硅图解(据 Irvine,1971)

A. 碱性区；S. 亚碱性区

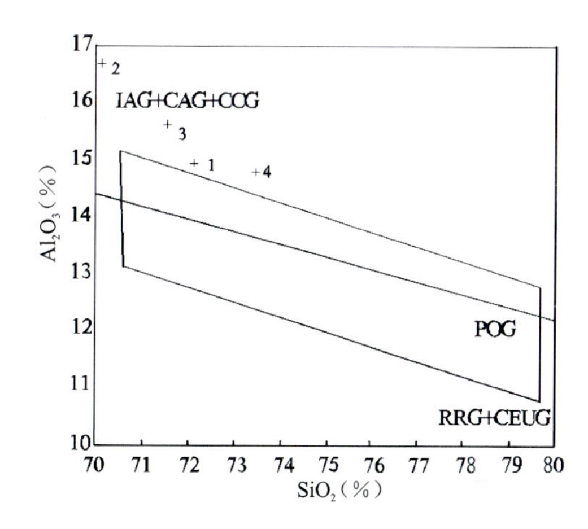


图 4-135　$SiO_2-Al_2O_3$ 判别图解

IAG. 岛弧，CAG. 大陆弧，CCG. 大陆碰撞，POG. 后造山，RRG. 裂谷系，CEUG. 大陆造陆隆升

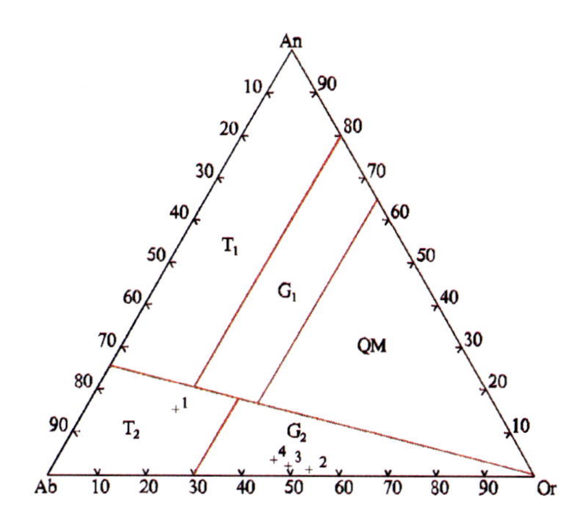


图 4-136　An-Ab-Or 分类图解

(据 Johannes 等,1996)

$T_1$. 英云闪长岩；$T_2$. 奥长花岗岩；

$G_1$. 花岗闪长岩；$G_2$. 花岗岩；QM. 石英二长岩

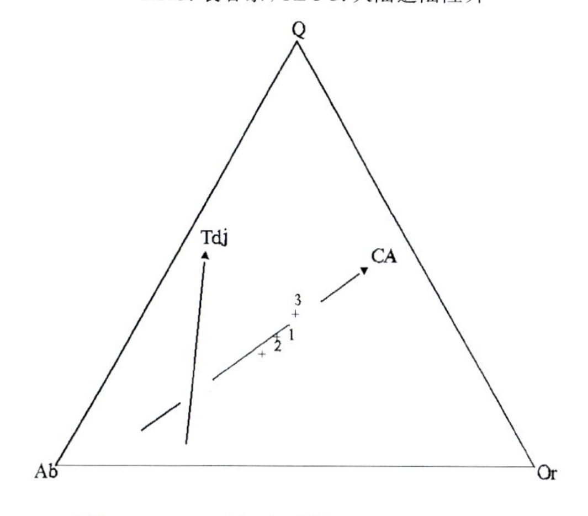


图 4-137　Q-Ab-Or 图解(据邓晋福,2004)

Tdj. 奥长花岗岩类演化趋势；CA. 钙碱性演化趋势

4）罕达盖、诺敏镇俯冲型 $G_1G_2$ 组合（$O_2$）

该组合分布于罕达盖嘎查、诺敏镇和东乌珠穆沁旗新庙 3 个地区，多呈岩株、岩脉状产出。岩石类型有石英闪长岩、花岗闪长岩、二长花岗岩、正长花岗岩及斜长花岗斑岩。它们分别侵入新元古代倭勒根群和奥陶系，被晚泥盆世辉绿玢岩和早石炭世角闪辉长岩侵入。已有的同位素年龄有：诺敏镇地区二长花岗岩 3 颗锆石测出 9 个年龄值位于 1412～214Ma 之间；花岗闪长岩和二长花岗岩 U-Pb 同位素年龄为 500Ma 和 594Ma。过去的 1∶25 万区域地质调查工作确定时代不同，阿荣旗幅和诺敏镇幅划为早寒武世，阿尔山幅划为晚志留世，时代依据均不定。本次工作考虑到本亚带奥陶纪岛弧火山岩为优势相，应有同期侵入岩与之伴生才合理，故将该组合侵入时代均修正为中奥陶世。

根据岩石化学数据（表 4-70～表 4-72）进行了分析和投图，A/CNK 值为 0.93～1.54，平均 1.11，介于 1.05～1.15 之间，应为壳幔混合源成因。在 $K_2O$-$SiO_2$ 图解中为高钾钙碱系列（图 4-138）；在碱—硅图解中位于亚碱性区（图 4-139），在 Q-A-P 图解和山德指数图解（图 4-140）中位于岛弧和大陆弧区，在主元素分类图中图解分为花岗岩、花岗闪长岩、石英二长岩和二长闪长岩（图 4-141），在 An-Ab-Or 图解中位于 $G_1$、$G_2$ 区（图 4-142），在 Q-Ab-Or 图解中显示钙碱性演化趋势（图 4-143）。综合分析确定为 $G_1$、$G_2$ 组合，形成于陆缘弧构造环境。

表 4-70　中奥陶世（$O_2$）侵入岩岩石化学成分含量及主要参数　　单位：%

| 序号 | 样品号 | $SiO_2$ | $TiO_2$ | $Al_2O_3$ | $Fe_2O_3$ | FeO | MnO | MgO | CaO | $Na_2O$ | $K_2O$ | $P_2O_5$ | LOS | Total | $Na_2O+K_2O$ | $K_2O/Na_2O$ | $Mg^{\#}$ | $FeO^*$ | A/CNK | $\sigma$ | A.R | SI | DI |
|---|---|---|---|---|---|---|---|---|---|---|---|---|---|---|---|---|---|---|---|---|---|---|---|
| 1 | Ⅸ70P 52GS8 | 65.9 | 0.6 | 15.3 | 2.53 | 1.53 | 0.11 | 1.37 | 3.24 | 4.03 | 2.73 | 0.21 | 1.06 | 98.61 | 6.76 | 0.68 | 0.49 | 3.8 | 0.99 | 2.00 | 2.15 | 11.24 | 74.7 |
| 2 | PM4 LT106 | 73.5 | 0.05 | 14.2 | 0.78 | 2.16 | 0.08 | 0.22 | 0.65 | 4.46 | 3.48 | 0.05 | 0.3 | 99.89 | 7.94 | 0.78 | 0.13 | 2.9 | 1.15 | 2.07 | 3.31 | 1.98 | 89.8 |
| 4 | Ⅸ70P 5GS17 | 73 | 0.21 | 14.2 | 1.61 | 0.81 | 0.06 | 0.54 | 0.45 | 2.22 | 4.3 | 0.05 | 1.6 | 99.05 | 6.52 | 1.94 | 0.39 | 2.3 | 1.54 | 1.42 | 2.6 | 5.7 | 87.8 |
| 7 | M4P27 GS114 | 53 | 1.3 | 18.9 | 5.05 | 2.88 | 0.09 | 3.83 | 6.22 | 4.25 | 1.49 | 0.45 | 2.46 | 99.92 | 5.74 | 0.35 | 0.58 | 7.4 | 0.94 | 3.29 | 1.59 | 21.89 | 48.8 |
| 8 | 4P26GS1-1 | 63 | 0.65 | 15.5 | 2.12 | 2.86 | 0.08 | 3.36 | 3.49 | 4.45 | 2.8 | 0.3 | 1.85 | 100.52 | 7.25 | 0.63 | 0.62 | 4.8 | 0.93 | 2.62 | 2.23 | 21.55 | 68.9 |

表 4-71　中奥陶世（$O_2$）侵入岩稀土元素含量及主要参数　　单位：$\times10^{-6}$

| 序号 | 样品号 | La | Ce | Pr | Nd | Sm | Eu | Gd | Tb | Dy | Ho | Er | Tm | Yb | Lu | ΣREE | ΣLREE | ΣHREE | LREE/HREE | δEu |
|---|---|---|---|---|---|---|---|---|---|---|---|---|---|---|---|---|---|---|---|---|
| 1 | Ⅸ70P 52GS8 | 28.8 | 51.8 | 6.17 | 23.5 | 5.01 | 0.97 | 3.91 | 0.68 | 4.22 | 0.87 | 2.51 | 0.38 | 2.49 | 0.39 | 146.00 | 116.25 | 15.45 | 7.52 | 0.65 |
| 2 | PM4 LT106 | 17 | 31 | 5.52 | 18.3 | 5.93 | 0.19 | 5.68 | 1.27 | 9.94 | 1.92 | 6.16 | 1.03 | 6.61 | 0.85 | 138.70 | 77.94 | 33.46 | 2.33 | 0.10 |
| 5 | Ⅸ70P 51XT29 | 36.8 | 61.9 | 8.84 | 40.6 | 7.99 | 2.28 | 6.59 | 0.94 | 5.57 | 1.05 | 2.63 | 0.42 | 2.32 | 0.35 | 178.28 | 158.41 | 19.87 | 7.97 | 0.93 |
| 6 | M4P27 XT119 | 28.30 | 50.20 | 7.27 | 32.00 | 5.95 | 1.44 | 3.11 | 0.36 | 1.75 | 0.22 | 0.55 | 0.07 | 0.29 | 0.04 |  |  |  |  | 0.92 |
| 7 | M4P27 GS114 | 28.3 | 50.2 | 7.27 | 32 | 5.95 | 1.44 | 3.11 | 0.36 | 1.75 | 0.22 | 0.55 | 0.07 | 0.29 | 0.04 | 131.55 | 125.16 | 6.39 | 19.59 | 0.92 |

表 4-72　中奥陶世（$O_2$）侵入岩微量元素含量及主要参数　　单位：$\times10^{-6}$

| 序号 | 样品号 | Sr | Rb | Ba | Th | Ta | Nb | Hf | Zr | Cr | Ni | Co | V | U | Y | Li | Rb/Sr | U/Th | Zr/Hf |
|---|---|---|---|---|---|---|---|---|---|---|---|---|---|---|---|---|---|---|---|
| 1 | Ⅸ70P 52GS8 | 448 | 54.2 | 801 | 9.13 | 0.62 | 10.3 | 3.22 | 117 | 4.7 | 2.4 | 13.8 | 65 | 2.13 | 19.3 | 27.2 | 0.12 | 0.23 | 36.34 |
| 2 | PM4 LT106 | 31.8 | 212 | 57.6 | 12.7 | 2.71 | 22.8 | 1.9 | 47 | 24.4 | 7.7 | 15.4 | 4.56 | 3.31 | 45.3 |  | 6.67 | 0.26 | 24.74 |
| 3 | Ⅸ70P5 WF31 | 28.1 | 170 | 275 | 13.1 | 1.56 | 31.8 | 7.38 | 208 | 6.3 | 2.8 | 11.5 | 4.27 | 1.87 |  | 14.7 | 6.05 | 0.14 | 28.18 |
| 4 | Ⅸ70P 5GS17 | 81.9 | 134 | 387 | 16.5 | 1.53 | 31.1 | 4.99 | 131 | 25 | 10.8 | 8.5 | 11.9 | 2.84 |  | 12.8 | 1.64 | 0.17 | 26.25 |

续表 4-72

| 序号 | 样品号 | Sr | Rb | Ba | Th | Ta | Nb | Hf | Zr | Cr | Ni | Co | V | U | Y | Li | Rb/Sr | U/Th | Zr/Hf |
|---|---|---|---|---|---|---|---|---|---|---|---|---|---|---|---|---|---|---|---|
| 5 | Ⅸ70P 51XT29 | 835 | 42.8 | 436 | 2.67 | 0.86 | 6.22 | 2.37 | 83.6 | 178 | 86.1 | 35.2 | 194 | 1.87 | 21.8 | 34.5 | 0.05 | 0.70 | 35.27 |
| 6 | M4P27 XT119 | 360.00 | 32.00 | 740.00 | 2.60 | 0.80 | 7.20 | 4.00 | 148.00 | 99.00 | 4.00 | 20.00 | 130.00 | 1.14 | 0.00 | 10.90 | 0.09 | 0.44 | 37.00 |
| 7 | M4P27 GS114 | 360 | 32 | 740 | 2.6 | 0.8 | 7.2 | 4 | 148 | 99 | 4 | 20 | 130 | 1.14 | 4.81 | 10.9 | 0.09 | 0.44 | 37.00 |

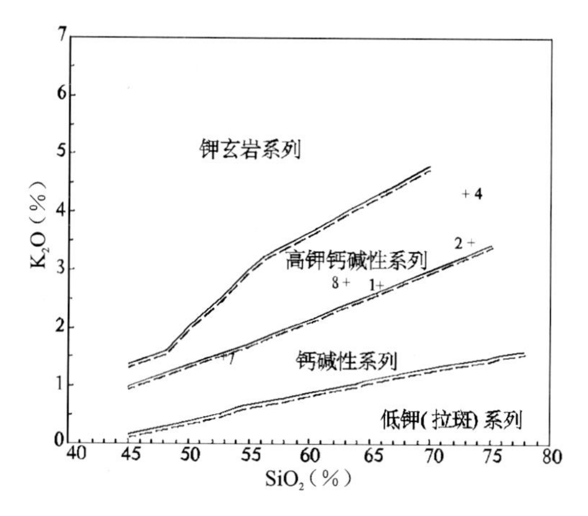


图 4-138 岩石系列 $K_2O$-$SiO_2$ 图解

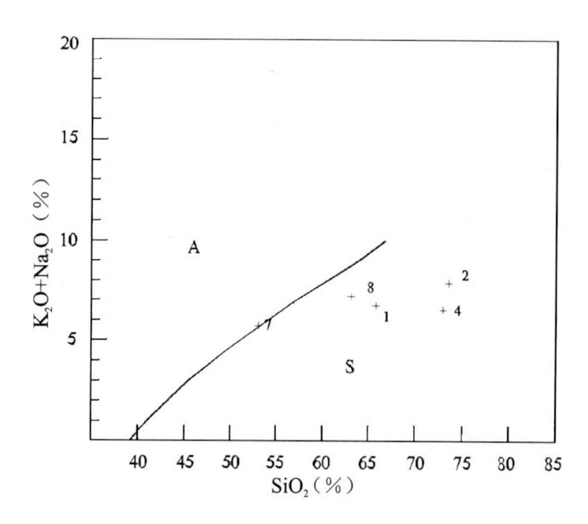


图 4-139 碱-二氧化硅图解(据 Irvine,1971)
A. 碱性区;S. 亚碱性区

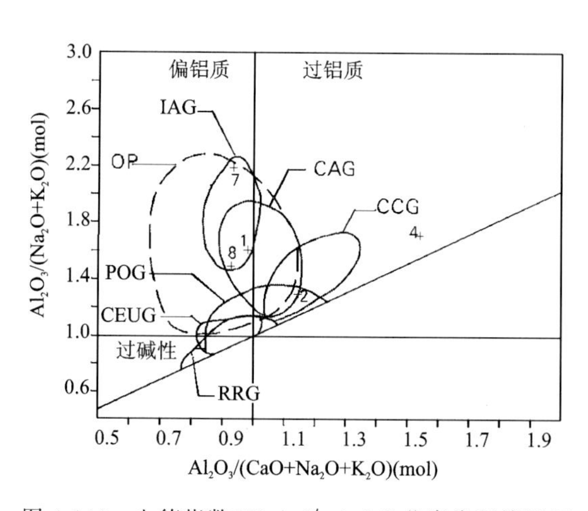


图 4-140 山德指数(Shamd's indel)花岗岩环境图解
IAG. 岛弧;CAG. 大陆弧;CCG. 大陆碰撞;POG. 后造山;
RRG. 裂谷系;CEUG. 大陆造陆隆升;OP. 大洋

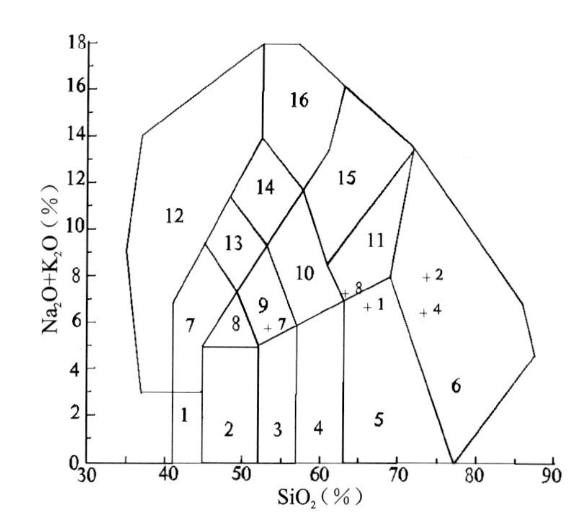


图 4-141 侵入岩主元素分类图解(据 Middlemost,1994)
1. 橄榄岩质花岗岩;2. 辉长岩;3. 辉长闪长岩;4. 闪长岩;
5. 花岗闪长岩;6. 花岗岩;7. 似长石辉长岩;8. 二长辉长岩;
9. 二长闪长岩;10. 二长岩;11. 石英二长岩;12. 似长石岩;
13. 似长石二长闪长岩;14. 似长石二长正长岩;
15. 正长岩;16. 似长石正长岩

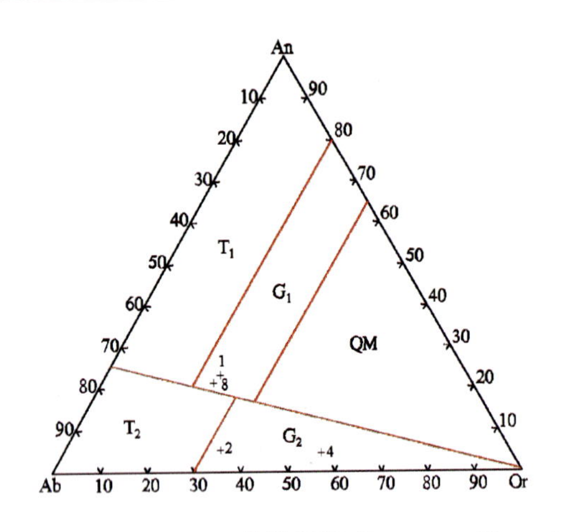


图 4-142　An-Ab-Or 分类图解(据 Johannes 等,1996)
$T_1$. 英云闪长岩;$T_2$. 奥长花岗岩;
$G_1$. 花岗闪长岩;$G_2$. 花岗岩;QM. 石英二长岩

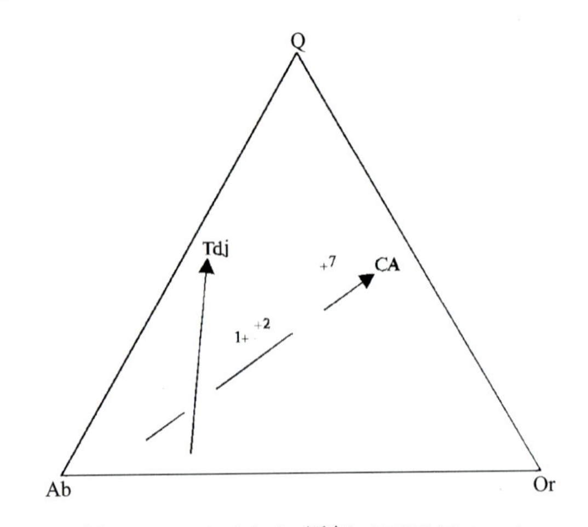


图 4-143　Q-Ab-Or 图解(据邓晋福,2004)
Tdj. 奥长花岗岩类演化趋势;CA. 钙碱性演化趋势

5)德勒乌拉、苏格河俯冲型 TTG 组合($D_3$)

该组合分布于本亚带西部的德勒乌拉地区和东部的苏格河、中央站林场地区。岩石类型有石英闪长岩、花岗闪长岩、奥长花岗岩及少量闪长岩、英云闪长岩。英云闪长岩仅见于小乌尔其汉和吉尔嘎朗图苏木格日敖包一带,多呈岩株和岩基产出。侵入中上泥盆统大民山组,与石炭系为断层接触,被石炭纪花岗岩侵入。石英闪长岩 U-Pb 同位素年龄为(395±9.4)Ma。确定其时代为晚泥盆世。

根据岩石化学数据(表 4-73～表 4-75)进行了计算和投图分析。主元素分类图解分类为闪长岩、花岗闪长岩、石英二长岩和花岗岩(图 4-144),虽然在 Al-(Na+K+Ca/2)图解中位于 S 区(图 4-145),但 A/CNK 多半小于 1.1,岩石内普遍含闪长质包体,其成因类型仍属壳幔混合源。在山德指数图解中位于大陆弧和大陆碰撞花岗岩区(图 4-146),稀土配分曲线显示轻稀土富集,铕轻微亏损(图 4-147),在 An-Ab-Or 图解中多数位于 $G_2$ 区,部分位于 $T_2$ 区和 $G_1$ 区,个别位于 $T_1$ 区(图 4-148)。在 Q-Ab-Or 图解中显示钙碱性演化趋势和奥长花岗岩演化趋势(图 4-149)。总体特征应属于活动大陆边缘弧环境中的 TTG 组合。

表 4-73　晚泥盆世($D_3$)中酸性侵入岩岩石化学成分含量及主要参数　　单位:%

| 序号 | 样品号 | $SiO_2$ | $TiO_2$ | $Al_2O_3$ | $Fe_2O_3$ | FeO | MnO | MgO | CaO | $Na_2O$ | $K_2O$ | $P_2O_5$ | LOS | Total | $Na_2O+K_2O$ | $K_2O/Na_2O$ | $Mg^{\#}$ | $FeO^*$ | A/CNK | σ | A.R | SI | DI |
|---|---|---|---|---|---|---|---|---|---|---|---|---|---|---|---|---|---|---|---|---|---|---|---|
| 1 | E42898 | 68.56 | 0.4 | 14.88 | 1.1 | 3.38 | 0.08 | 1.59 | 0.64 | 4.55 | 3.23 | 0.18 | 1.1 | 99.69 | 7.78 | 0.71 | 0.42 | 4.37 | 1.24 | 2.37 | 3.01 | 11.48 | 83.08 |
| 2 | E36434 | 67.14 | 0.65 | 15.04 | 1.25 | 3.35 | 0.15 | 1.36 | 2.8 | 3.7 | 3.8 | 0.28 | 0.46 | 99.98 | 7.5 | 1.03 | 0.39 | 4.47 | 0.99 | 2.33 | 2.45 | 10.1 | 75.99 |
| 3 | GS3450 | 69.54 | 0.31 | 14.48 | 1.16 | 2.58 | 0.06 | 1.36 | 1.44 | 3.92 | 4.15 | 0.13 | 1.01 | 100.1 | 8.07 | 1.06 | 0.45 | 3.62 | 1.07 | 2.45 | 3.06 | 10.33 | 82.99 |
| 4 | GS3677 | 63.8 | 0.6 | 16.24 | 1.55 | 3.46 | 0.08 | 2.07 | 3.29 | 4.43 | 3.9 | 0.43 | 0.3 | 100.2 | 8.33 | 0.88 | 0.47 | 4.85 | 0.93 | 3.34 | 2.49 | 13.43 | 73.03 |
| 5 | P9E62 | 75.64 | 0.14 | 12.86 | 1.67 | 1.37 | 0.1 | 0.51 | 0.44 | 4.46 | 1.24 | 0.04 | 1.8 | 100.3 | 5.7 | 0.28 | 1 | 2.87 | 1.35 | 1 | 2.5 | 5.51 | 88.78 |
| 6 | P9E7 | 77.8 | 0.32 | 12.16 | 0.99 | 1.29 | 0.03 | 0.35 | 0.62 | 4.4 | 0.92 | 0.03 | 1.24 | 100.2 | 5.32 | 0.21 | 0.28 | 2.18 | 1.29 | 0.81 | 2.43 | 4.4 | 89.97 |
| 7 | P9E14 | 76.98 | 0.2 | 12.76 | 1.97 | 1.02 | 0.03 | 0.33 | 0.32 | 2.83 | 2.18 | 0.03 | 1.4 | 100.1 | 5.01 | 0.77 | 0.24 | 2.79 | 1.67 | 0.74 | 2.24 | 3.96 | 88.21 |
| 8 | GS3114 | 67.26 | 0.4 | 16.21 | 1.4 | 2.78 | 0.08 | 1.24 | 1.89 | 4.58 | 2.74 | 0.17 | 1.48 | 100.2 | 7.32 | 0.6 | 0.4 | 4.04 | 1.16 | 2.21 | 2.36 | 9.73 | 79.09 |
| 9 | GS3153 | 65.62 | 0.7 | 15.26 | 2.15 | 2.28 | 0.1 | 1.32 | 2.76 | 4.61 | 4.16 | 0.25 | 0.45 | 99.66 | 8.77 | 0.9 | 0.43 | 4.21 | 0.90 | 3.4 | 2.9 | 9.09 | 79.89 |
| 10 | E51321 | 61.96 | 0.5 | 14.75 | 1.5 | 4.35 | 1.13 | 5.17 | 3.75 | 3.79 | 2.27 | 0.15 | 0.66 | 99.98 | 6.06 | 0.6 | 0.65 | 5.7 | 0.95 | 1.94 | 1.97 | 30.27 | 58.38 |
| 11 | 6P18GS15 | 65.72 | 0.5 | 15.67 | 2.29 | 3.39 | 0.09 | 1.91 | 4.45 | 3.57 | 0.81 | 0.11 | 1.11 | 99.62 | 4.38 | 0.23 | 0.44 | 5.45 | 1.05 | 0.84 | 1.56 | 15.96 | 63.68 |
| 12 | E54243 | 68.02 | 0.4 | 14.7 | 0.75 | 4.15 | 0.15 | 0.93 | 1.51 | 4.15 | 4.05 | 0.25 | 0.44 | 99.50 | 8.20 | 0.98 | 0.27 | 4.82 | 1.05 | 2.69 | 3.05 | 6.63 | 81.26 |

续表 4-73

| 序号 | 样品号 | $SiO_2$ | $TiO_2$ | $Al_2O_3$ | $Fe_2O_3$ | FeO | MnO | MgO | CaO | $Na_2O$ | $K_2O$ | $P_2O_5$ | LOS | Total | $Na_2O+K_2O$ | $K_2O/Na_2O$ | $Mg^{\#}$ | $FeO^{*}$ | A/CNK | σ | A.R | SI | DI |
|---|---|---|---|---|---|---|---|---|---|---|---|---|---|---|---|---|---|---|---|---|---|---|---|
| 13 | E139150 | 62.34 | 1 | 16.4 | 2.67 | 3.54 | 0.13 | 1.92 | 3.79 | 3.7 | 2.5 | 0.38 | 1.04 | 99.41 | 6.20 | 0.68 | 0.43 | 5.94 | 1.04 | 1.99 | 1.89 | 13.40 | 66.91 |
| 14 | 2GS0116 | 72.81 | 0.28 | 13.87 | 0.8 | 0.69 | 0.43 | 0.43 | 1 | 3.78 | 4.8 | 0.08 | 1.1 | 100.07 | 8.58 | 1.27 | 0.43 | 1.41 | 1.05 | 2.47 | 3.73 | 4.1 | 90.63 |
| 15 | 14002…13039 十个样平均值 | 72.88 | 0.22 | 14.77 | 0.74 | 1.06 | 0.061 | 0.4 | 1.34 | 4.24 | 3.56 | 0.09 |  | 99.36 | 7.80 | 0.84 | 0.34 | 1.73 | 1.12 | 2.04 | 2.88 | 4.00 | 88.36 |
| 16 | 14004…15069 八个样平均值 | 67.86 | 0.61 | 15.78 | 1.58 | 1.97 | 0.073 | 1.31 | 2.19 | 4.35 | 2.77 | 0.28 |  | 98.77 | 7.12 | 0.64 | 0.48 | 3.39 | 1.12 | 2.04 | 2.31 | 10.93 | 79.5 |

表 4-74 晚泥盆世($D_3$)中酸性侵入岩稀土元素含量及主要参数 单位:$\times10^{-6}$

| 序号 | 样品号 | La | Ce | Pr | Nd | Sm | Eu | Gd | Tb | Dy | Ho | Er | Tm | Yb | Lu | ΣREE | ΣLREE | ΣHREE | LREE/HREE | δEu |
|---|---|---|---|---|---|---|---|---|---|---|---|---|---|---|---|---|---|---|---|---|
| 11 | 6P18GS15 | 16.6 | 31.8 | 4.7 | 18.95 | 4.16 | 1.02 | 4.5 | 0.7 | 4.1 | 0.9 | 2.7 | 0.39 | 2.26 | 0.38 | 107.5 | 77.23 | 15.93 | 4.848 | 0.717 |
| 14 | 2GS0116 | 43 | 61 | 7 | 23 | 3.81 | 0.67 | 3.5 | 0.51 | 2.6 | 0.5 | 1.49 | 0.25 | 1.64 | 0.25 | 149.2 | 138.5 | 10.74 | 12.89 | 0.552 |

表 4-75 晚泥盆世($D_3$)中酸性侵入岩微量元素含量及主要参数 单位:$\times10^{-6}$

| 序号 | 样品号 | Sr | Rb | Ba | Th | Nb | Zr | Cr | Ni | Co | V | U | Y | Li | Rb/Sr | U/Th |
|---|---|---|---|---|---|---|---|---|---|---|---|---|---|---|---|---|
| 11 | 6P18GS15 | 301.6 | 25.6 | 199 | 5.9 | 7.5 | 107.2 | 23.5 | 8.3 | 23 | 103.4 | 0.72 | 23.4 | 22 | 0.085 | 0.122 |
| 14 | 2GS0116 | 135.2 | 157.4 | 457.2 | 26.4 | 13.2 | 235 | 20.3 | 2.1 |  | 8.2 |  | 15.3 | 8.9 | 1.164 | 0 |

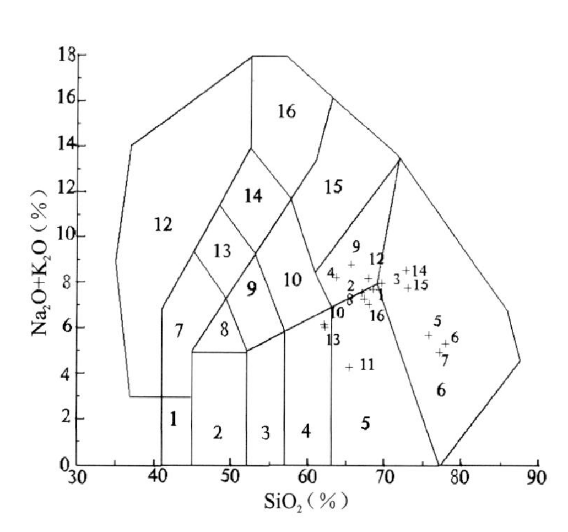


图 4-144 侵入岩主元素分类图解(据 Middlemost,1994)

1.橄榄岩质花岗岩;2.辉长岩;3.辉长闪长岩;4.闪长岩;5.花岗闪长岩;6.花岗岩;7.似长石辉长岩;8.二长辉长岩;9.二长闪长岩;10.二长岩;11.石英二长岩;12.似长石岩;13.似长石二长闪长岩;14.似长石二长正长岩;15.正长岩;16.似长石正长岩

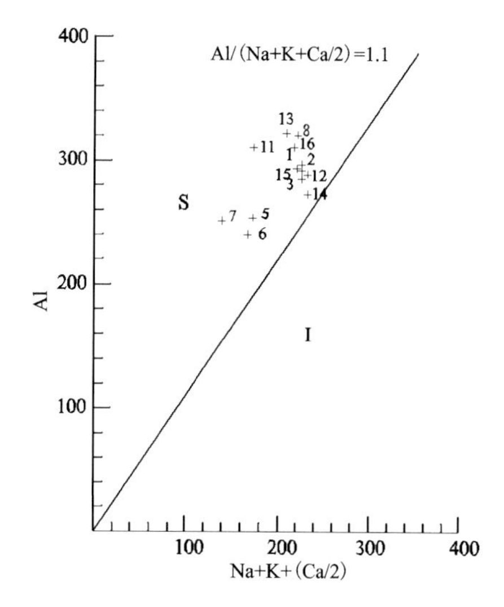


图 4-145 S型、I型花岗岩判别图解

I.I型花岗岩;S.S型花岗岩

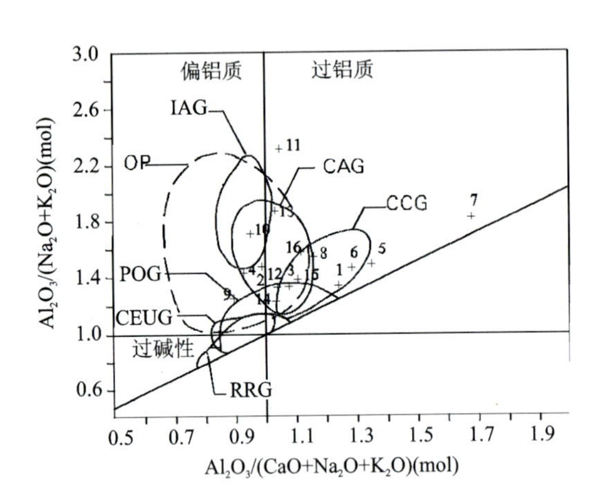


图 4-146　山德指数(Shamd's indel)图解

IAG. 岛弧;CAG. 大陆弧;CCG. 大陆碰撞;POG. 后造山;RRG. 裂谷系;CEUG. 大陆造陆隆升;OP. 大洋

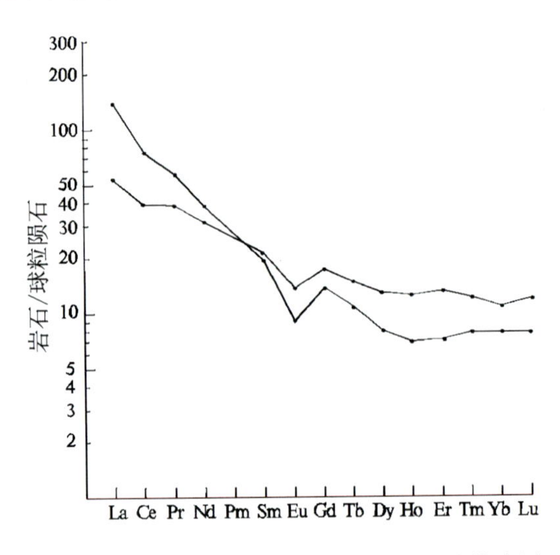


图 4-147　岩石稀土元素/球粒陨石标准化模式图
(据 Coryell,1963)

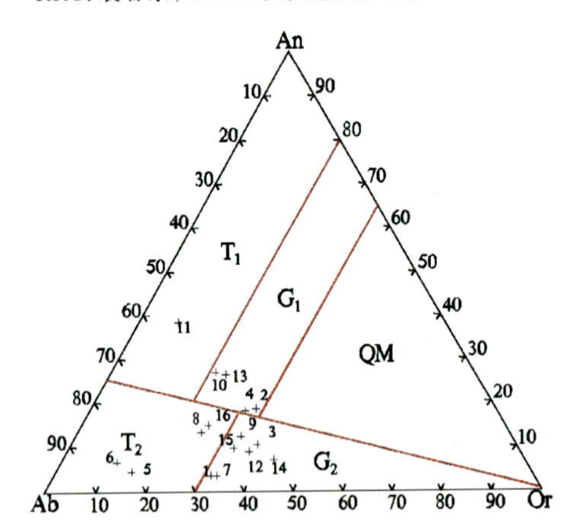


图 4-148　An-Ab-Or 分类图解(据 Johannes 等,1996)
$T_1$. 英云闪长岩;$T_2$. 奥长花岗岩;
$G_1$. 花岗闪长岩;$G_2$. 花岗岩;QM. 石英二长岩

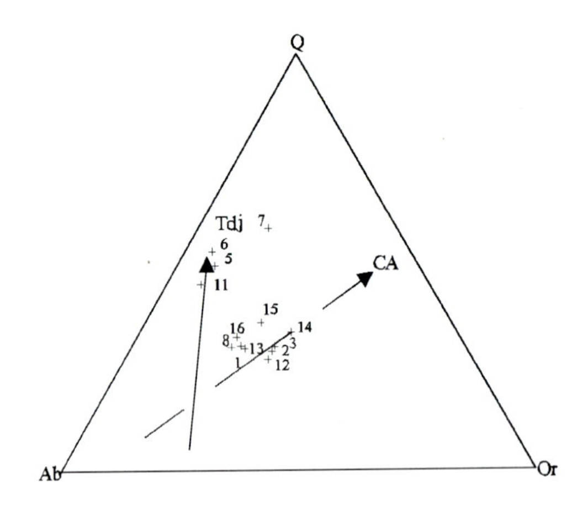


图 4-149　Q-Ab-Or 图解(据邓晋福,2004)
Tdj. 奥长花岗岩类演化趋势;CA. 钙碱性演化趋势

6)耳场子沟裂谷型辉长岩-辉绿玢岩组合($D_3$)

该组合出露于耳场子沟一带。在海拉尔-呼玛亚带的凤云山、八一牧场也有出露。总体呈北西向展布,由辉长岩和辉绿玢岩岩脉构成。侵入于奥陶系哈拉哈河组、裸河组,晚泥盆世石英闪长岩和中上泥盆统大民山组。K-Ar 同位素年龄为 354Ma。侵入时代为晚泥盆世。根据岩石化学数据(表 4-35～表 4-37)及投图分析(图 4-70～图 4-73)应为碰撞后裂谷环境形成的辉长岩-辉绿玢岩组合。

7)查干敖包、达翰尔民族乡后造山过碱性—钙碱性花岗岩组合($C_1$)

该组合分布于本亚带西部苏吉哈尔、查干敖包地区和东部达斡尔民族乡及柳屯村地区。西部地区岩石类型有黑云母花岗岩、花岗闪长岩、似斑状花岗岩和二长花岗岩;东部地区有石英闪长岩、黑云母碱长花岗岩,后者在局部过渡为正长花岗岩,并有单矿物锆石 U-Pb 年龄为 331Ma。确定其时代为早石炭世。

根据东部地区 3 个样品的岩石化学数据(表 4-76～表 4-78)进行了计算和投图分析。在碱度率图解中显示为碱性(图 4-150),在 $K_2O$-$SiO_2$ 图解中显示为高钾钙碱系列(图 4-151)。Sr 初始比值为 0.703 05～0.705 40,$\varepsilon_{Nd}$为 0.672 6～2.057 7,表明属幔源成因。在 Rb-(Yb+Ta)图解中位于板内花岗岩区和火山弧花岗岩区(图 4-152),在 $R_1$-$R_2$图解中位于非造山区(图 4-153),稀土配分曲线显示轻稀土富集和负铕异常(图 4-154),在图 4-155 中位于 POG 后造山区。综合分析与判断应为后造山环境的过碱性—钙碱性花岗岩组合。

表 4-76 早石炭世($C_1$)侵入岩岩石化学成分含量及主要参数

单位:%

| 序号 | 样品号 | $SiO_2$ | $TiO_2$ | $Al_2O_3$ | $Fe_2O_3$ | FeO | MnO | MgO | CaO | $Na_2O$ | $K_2O$ | $P_2O_5$ | LOS | Total | $Na_2O+K_2O$ | $K_2O/Na_2O$ | $Mg^{\#}$ | $FeO^*$ | A/CNK | σ | A.R | SI | DI |
|---|---|---|---|---|---|---|---|---|---|---|---|---|---|---|---|---|---|---|---|---|---|---|---|
| 1 | B1161 | 71.62 | 0.4 | 14.54 | 2.1 | 0.92 | 0.04 | 0.22 | 0.51 | 4.21 | 4.75 | 0.1 | 0.48 | 99.89 | 8.96 | 1.13 | 0.17 | 2.81 | 1.54 | 2.81 | 3.94 | 1.80 | 90.96 |
| 2 | PM16 TC299 | 70.86 | 0.5 | 14.48 | 2.22 | 0.98 | 0.06 | 0.3 | 0.72 | 4.75 | 4.53 | 0.05 | 0.7 | 100.15 | 9.28 | 0.95 | 0.21 | 2.98 | 1.45 | 3.09 | 4.14 | 2.35 | 89.80 |
| 3 | PM16 LT315 | 76.78 | 0.15 | 11.51 | 0.73 | 0.8 | 0.01 | 0.11 | 0.51 | 3.98 | 5.1 | 0.05 | 0.5 | 100.23 | 9.08 | 1.28 | 0.16 | 1.46 | 1.20 | 2.44 | 7.18 | 1.03 | 94.89 |

表 4-77 早石炭世($C_1$)侵入岩稀土元素含量及主要参数

单位:$\times10^{-6}$

| 序号 | 样品号 | La | Ce | Pr | Nd | Sm | Eu | Gd | Tb | Dy | Ho | Er | Tm | Yb | Lu | ΣREE | ΣLREE | ΣHREE | LREE/HREE | δEu |
|---|---|---|---|---|---|---|---|---|---|---|---|---|---|---|---|---|---|---|---|---|
| 1 | B1161 | 85.4 | 151 | 16.4 | 63.9 | 13.1 | 1.84 | 9.67 | 1.66 | 10.2 | 2.07 | 5.69 | 0.86 | 5.76 | 0.92 | 382.77 | 331.64 | 36.83 | 9.00 | 0.48 |
| 2 | PM16 TC299 | 76.7 | 142 | 17.7 | 73.8 | 14 | 2.12 | 11.4 | 2.03 | 11.8 | 2.28 | 6.16 | 0.96 | 5.86 | 0.81 | 394.92 | 326.32 | 41.30 | 7.90 | 0.50 |
| 3 | PM16 LT315 | 56 | 121 | 10.8 | 38.3 | 8.26 | 0.56 | 5.42 | 0.98 | 6.01 | 1.11 | 3.02 | 0.47 | 3.46 | 0.43 | 273.12 | 234.92 | 20.90 | 11.24 | 0.24 |

表 4-78 早石炭世($C_1$)侵入岩微量元素含量及主要参数

单位:$\times10^{-6}$

| 序号 | 样品号 | Sr | Rb | Ba | Th | Ta | Nb | Hf | Zr | Cr | Ni | Co | V | Y | Sc | Ga | Rb/Sr | Zr/Hf |
|---|---|---|---|---|---|---|---|---|---|---|---|---|---|---|---|---|---|---|
| 1 | B1161 | 96.9 | 97.9 | 587 | 18.7 | 1.68 | 27 | 11.2 | 401 | 8.3 | 1 | 11.5 | 14.2 | 44.8 | 5.21 | 22.7 | 1.01 | 35.80 |
| 2 | PM16TC299 | 90.5 | 91.5 | 775 | 17.1 | 1.33 | 29 | 12.4 | 508 | 13.5 | 1.45 | 5.95 | 15.8 | 45.9 | 7.63 | 21.1 | 1.01 | 40.97 |
| 3 | PM16LT315 | 31.2 | 112 | 99.6 | 17.5 | 0.58 | 17.2 | 4.33 | 122 | 16 | 1 | 10.5 | 4.08 | 25.2 | 1.94 | 17.1 | 3.59 | 28.18 |

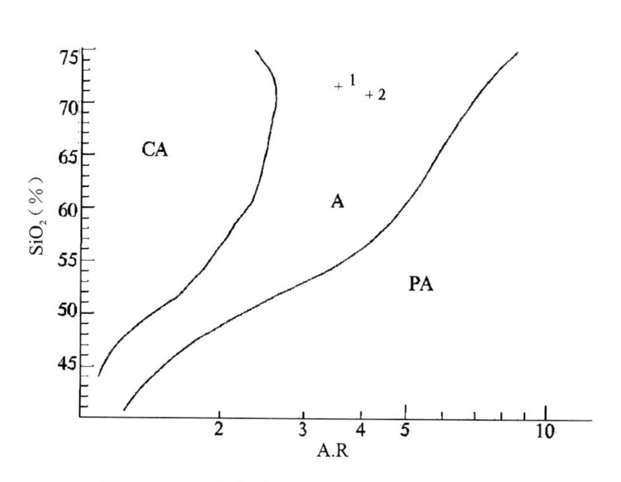


图 4-150 碱度率图解(J. B. Wright,1969)

CA. 钙碱性;A. 碱性;PA. 过碱性

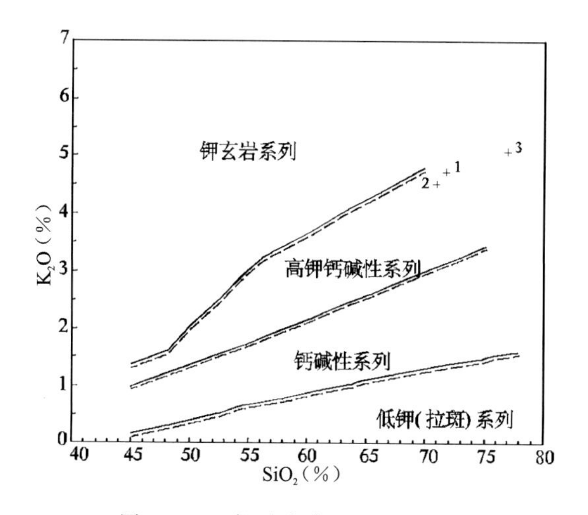


图 4-151 岩石系列 $K_2O$-$SiO_2$图解

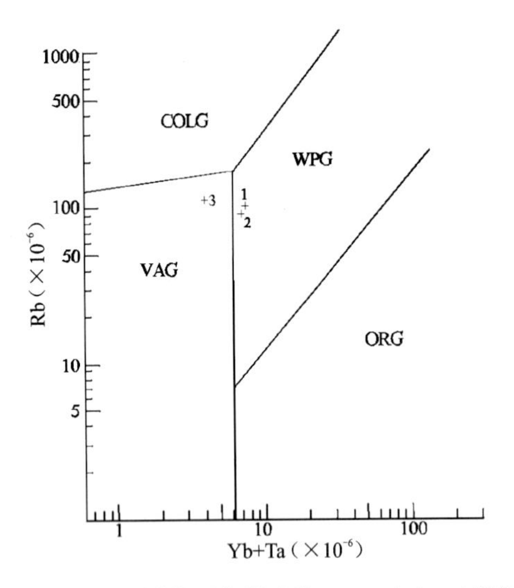


图 4-152　不同类型花岗岩的 Rb-(Yb+Ta)图解

(据 Pearce,1984)

ORG. 洋脊花岗岩;WPG. 板内花岗岩;

VAG. 火山弧花岗岩;COLG. 同碰撞花岗岩

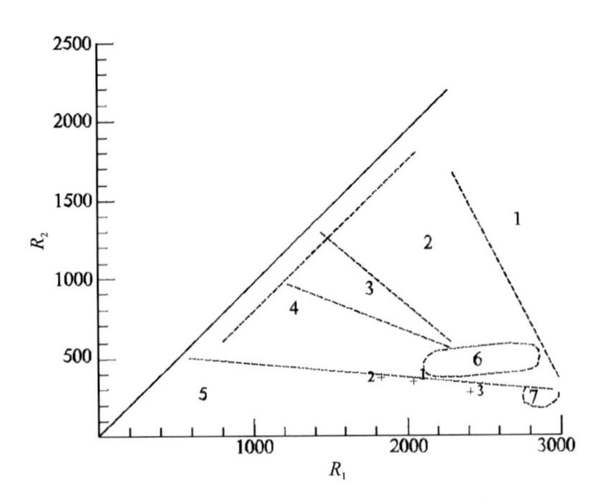


图 4-153　主要花岗岩类岩石组合的示意性图解

(据 Batchelor 等,1985)

1. 地幔分离;2. 板块碰撞前的;3. 碰撞后的抬升;

4. 造山晚期的;5. 非造山的;6. 同碰撞期的;7. 造山期后的

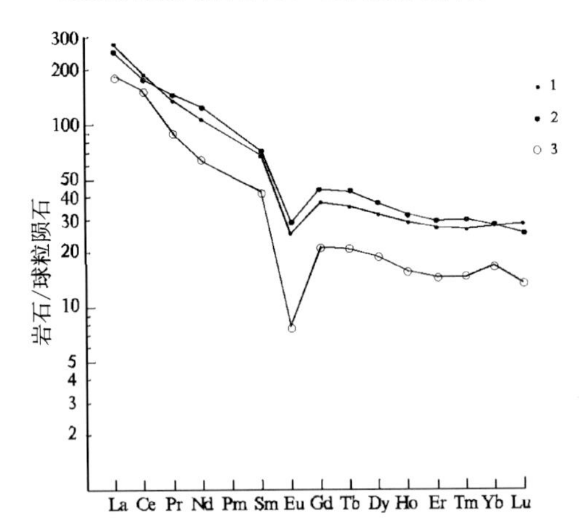


图 4-154　岩石稀土元素/球粒陨石标准化模式图

(据 Coryell,1963)

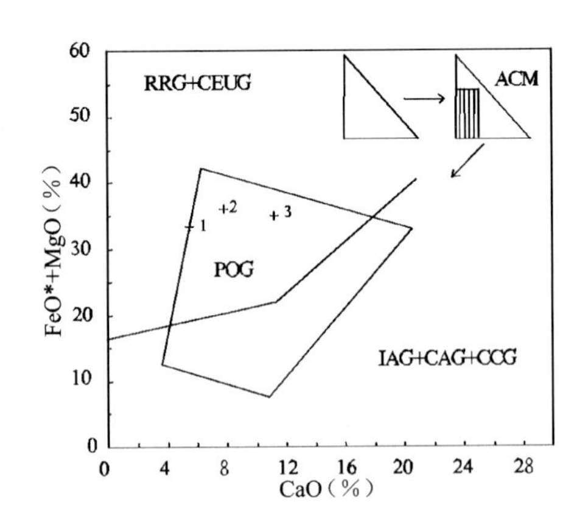


图 4-155　A($Al_2O_3$-$Na_2O$-$K_2O$)-CaO-$FeO^*$+MgO 三元系判别图解

IAG. 岛弧,CAG. 大陆弧,CCG. 大陆碰撞,POG. 后造山,

RRG. 裂谷系,CEUG. 大陆造陆隆升

8)格日敖包、耳场子沟俯冲型 $G_1G_2$组合($C_2$)

该组合分布于西部格日敖包-巴彦哈拉特地区和东部罕达盖—耳场子沟地区,呈北东方向展布,呈岩株或岩基状产出。西部地区主要岩石类型为花岗岩、二长花岗岩、石英正长岩、石英二长闪长岩和闪长岩,花岗岩 U-Pb 同位素年龄为 238Ma,二长花岗岩为 298.3Ma。东部地区岩石类型有石英闪长岩、石英二长闪长岩、花岗闪长岩、二长花岗岩和黑云母花岗岩。总体时代确定为晚石炭世。

根据东部地区岩石化学数据(表 4-79～表 4-81)进行了计算和投图分析,主元素分类图解分类为花岗岩、石英二长岩、花岗闪长岩,另有一个闪长岩、一个辉长岩(图 4-156),$K_2O$-$SiO_2$图解中显示为高钾钙碱系列(图 4-157)。在 Al-(Na+K+Ca/2)图解中绝大部分为 S 型花岗岩(图 4-158),应为壳幔混合源成因类型。在山德指数图解中大部分样点位于大陆弧、大陆碰撞和后造山花岗岩岩区,少部分位于岛弧及大洋花岗岩区(图 4-159)。在 Rb-(Yb+Ta)图解中位于火山弧花岗岩区(图 4-160)。在 Rb-Y 图解中位于火山弧+同碰撞花岗岩区(图 4-161)。在 An-Ab-Or 图解中大部分位于 $G_2$区,少部分位于 $G_1$区和 $T_2$区(图 4-162)。在 Q-Ab-Or 图解中呈明显的钙碱性演化趋势(图 4-163)。对东部和西部晚石炭世侵入岩进行宏观和微观特征的综合分析判断，认为属于俯冲环境（活动大陆边缘弧）形成的花岗闪长-岩花岗岩（$G_1$、$G_2$）组合。

**表 4-79 东乌珠穆沁旗-多宝山晚石炭世（$C_2$）TTG 侵入岩岩石化学成分含量及主要参数** 单位：%

| 序号 | 样品号 | $SiO_2$ | $TiO_2$ | $Al_2O_3$ | $Fe_2O_3$ | FeO | MnO | MgO | CaO | $Na_2O$ | $K_2O$ | $P_2O_5$ | LOS | Total | $Na_2O+K_2O$ | $K_2O/Na_2O$ | $Mg^{\#}$ | $FeO^*$ | A/CNK | σ | A.R | SI | DI |
|---|---|---|---|---|---|---|---|---|---|---|---|---|---|---|---|---|---|---|---|---|---|---|---|
| 1 | 6GS7127a | 72.40 | 0.33 | 14.14 | 1.95 | 0.74 | 0.07 | 0.65 | 0.57 | 4.50 | 4.06 | 0.10 | 0.56 | 100.07 | 8.56 | 0.90 | 0.43 | 2.49 | 1.10 | 2.49 | 3.78 | 5.46 | 90.84 |
| 2 | 4P21GS1 | 72.62 | 0.25 | 13.82 | 1.15 | 1.11 | 0.07 | 0.22 | 0.91 | 4.25 | 4.25 | 0.15 | 0.78 | 99.58 | 8.50 | 1.00 | 0.19 | 2.14 | 1.05 | 2.44 | 3.73 | 2.00 | 91.48 |
| 3 | 4P21GS2 | 72.23 | 0.23 | 14.07 | 1.16 | 1.13 | 0.07 | 0.43 | 0.91 | 4.4 | 4.15 | 0.15 | 0.54 | 99.47 | 8.55 | 0.94 | 0.33 | 2.17 | 1.05 | 2.50 | 3.66 | 3.82 | 90.82 |
| 4 | 2GS2010 | 71.72 | 0.26 | 14.66 | 0.98 | 0.88 | 0.05 | 0.48 | 0.74 | 4.8 | 4.1 | 0.12 | 0.63 | 99.42 | 8.90 | 0.85 | 0.41 | 1.76 | 1.07 | 2.76 | 3.74 | 4.27 | 91.79 |
| 5 | 2GS0131 | 71.55 | 0.33 | 14.48 | 1.38 | 0.84 | 0.06 | 0.49 | 1.05 | 4.47 | 4.15 | 0.1 | 0.5 | 99.40 | 8.62 | 0.93 | 0.37 | 2.08 | 1.05 | 2.60 | 3.49 | 4.32 | 89.95 |
| 6 | IGS4358 | 75.90 | 0.14 | 12.72 | 0.56 | 0.63 | 0.01 | 0.24 | 0.47 | 4.82 | 3.56 | 0.01 | 0.37 | 99.43 | 8.38 | 0.74 | 0.32 | 1.13 | 1.01 | 2.13 | 4.48 | 2.45 | 95.4 |
| 7 | IP27GS1 | 77.84 | 0.05 | 12.09 | 0.53 | 0.6 | 0.01 | 0.32 | 0.1 | 3.6 | 4.74 | 0.02 | 0.83 | 100.73 | 8.34 | 1.32 | 0.43 | 1.08 | 1.08 | 2.00 | 5.33 | 3.27 | 96.42 |
| 8 | IGS4395 | 76.98 | 0.1 | 12.63 | 0.45 | 0.6 | 0.03 | 0.02 | 0.2 | 4.36 | 4.62 | 0.01 | 0.21 | 100.21 | 8.98 | 1.06 | 0 | 1 | 1.01 | 2.37 | 5.66 | 0.2 | 97.42 |
| 9 | 4P25GS13 | 72.10 | 0.35 | 13.02 | 1.08 | 1.73 | 0.08 | 0.12 | 0.48 | 3.5 | 6 | 0.1 | 0.93 | 99.49 | 9.50 | 1.71 | 0.09 | 2.7 | 0.99 | 3.1 | 5.75 | 0.97 | 93.43 |
| 10 | 4GS6004 | 76.32 | 0.09 | 11.87 | 0.58 | 1.33 | 0.02 | 0.18 | 0.44 | 3.14 | 4.68 | 0.1 | 2.09 | 100.84 | 7.82 | 1.49 | 0.15 | 1.85 | 1.06 | 1.84 | 4.48 | 1.82 | 93.78 |
| 11 | E57044 | 71.10 | 0.2 | 14.3 | 1.47 | 2.1 | 0.08 | 0.45 | 1.19 | 4.5 | 4.25 | 0.18 | 0.3 | 100.12 | 8.75 | 0.94 | 0.23 | 3.42 | 1.01 | 2.72 | 3.6 | 3.52 | 88.18 |
| 12 | E57076 | 73.14 | 0.4 | 12.55 | 1.27 | 1.92 | 0.01 | 0.76 | 0.93 | 3.05 | 4.45 | 0.15 | 1.28 | 99.91 | 7.50 | 1.46 | 0.36 | 3.06 | 1.09 | 1.87 | 3.51 | 6.64 | 88.14 |
| 13 | IX22P 52GS1 | 68.34 | 0.29 | 16.61 | 0.96 | 0.99 | 0.05 | 0.73 | 1.74 | 5.28 | 3.23 | 0.1 | 0.8 | 99.12 | 8.51 | 0.61 | 0.48 | 1.85 | 1.09 | 2.86 | 2.73 | 6.52 | 85.57 |
| 14 | IX22P 52GS44 | 65.48 | 0.19 | 15.24 | 1.8 | 3.73 | 0.08 | 0.45 | 1.18 | 4.78 | 3.46 | 0.03 | 2.68 | 99.10 | 8.24 | 0.72 | 0.15 | 5.35 | 1.10 | 3.02 | 3.01 | 3.16 | 82.82 |
| 15 | 6P18GS8 | 63.29 | 1.09 | 15.75 | 2.01 | 2.92 | 0.09 | 1.94 | 3.38 | 3.89 | 3.43 | 0.29 | 0.98 | 99.06 | 7.32 | 0.88 | 0.48 | 4.73 | 0.97 | 2.64 | 2.24 | 13.7 | 71.85 |
| 16 | E13915a | 62.34 | 1.00 | 16.40 | 2.67 | 3.54 | 0.13 | 1.92 | 3.79 | 3.70 | 2.50 | 0.38 | 1.04 | 99.41 | 6.20 | 0.68 | 0.43 | 5.94 | 1.04 | 1.99 | 1.89 | 13.4 | 66.91 |
| 17 | 6P20GS52 | 67.44 | 0.84 | 15.49 | 0.99 | 2.29 | 0.1 | 1.54 | 2.44 | 4.51 | 3.22 | 0.15 | 0.85 | 99.86 | 7.73 | 0.71 | 0.5 | 3.18 | 1.01 | 2.44 | 2.52 | 12.3 | 78.75 |
| 18 | E54243 | 68.02 | 0.40 | 14.70 | 0.75 | 4.15 | 0.15 | 0.93 | 1.51 | 4.15 | 4.05 | 0.25 | 0.44 | 99.50 | 8.20 | 0.98 | 0.27 | 4.82 | 1.05 | 2.69 | 3.05 | 6.63 | 81.26 |
| 19 | IX22GS 6135-1 | 66.32 | 0.49 | 16.43 | 2.01 | 1.67 | 0.06 | 1.04 | 1.93 | 5.05 | 3.38 | 0.3 | 0.89 | 99.57 | 8.43 | 0.67 | 0.43 | 3.48 | 1.07 | 3.05 | 2.7 | 7.91 | 82.27 |
| 20 | 6GS1031b | 68.60 | 0.49 | 15.34 | 1.54 | 1.35 | 0.08 | 0.82 | 2.01 | 4.69 | 3.72 | 0.18 | 0.58 | 99.40 | 8.41 | 0.79 | 0.42 | 2.73 | 0.99 | 2.76 | 2.88 | 6.77 | 84.24 |
| 21 | IX22 GS5233 | 74.54 | 0.06 | 13.86 | 0.6 | 0.77 | 0.03 | 0.19 | 0.86 | 3.55 | 4.81 | 0.13 | 0.61 | 100.01 | 8.36 | 1.35 | 0.26 | 1.31 | 1.11 | 2.22 | 3.63 | 1.92 | 92.35 |
| 22 | IGS235 | 65.36 | 0.16 | 15.73 | 1.49 | 2.62 | 0.08 | 2.11 | 3.28 | 4.72 | 2.93 | 0.18 | 1.55 | 100.21 | 7.65 | 0.62 | 0.54 | 3.96 | 0.93 | 2.62 | 2.35 | 15.2 | 74.13 |
| 23 | IP14GS1 | 65.26 | 0.56 | 15.53 | 1.24 | 2.56 | 0.07 | 1.58 | 3.7 | 4.51 | 3.34 | 0.19 | 2.09 | 100.63 | 7.85 | 0.74 | 0.47 | 3.67 | 0.87 | 2.77 | 2.38 | 11.9 | 75.23 |
| 24 | IGS246-1 | 63.96 | 0.46 | 13.95 | 1.39 | 2.25 | 0.08 | 1.99 | 4.01 | 4.3 | 3.14 | 0.18 | 4.05 | 99.76 | 7.44 | 0.73 | 0.56 | 3.5 | 0.79 | 2.64 | 2.41 | 15.2 | 74.96 |
| 25 | 6GS3175 | 63.51 | 0.85 | 16.46 | 2.79 | 1.86 | 0.09 | 1.75 | 3.17 | 4.31 | 3.49 | 0.24 | 0.77 | 99.29 | 7.80 | 0.81 | 0.51 | 4.37 | 0.98 | 2.97 | 2.32 | 12.3 | 73.74 |
| 26 | IX22P 51GS2 | 48.52 | 2.88 | 15.08 | 5.73 | 7.83 | 0.2 | 6.77 | 5.63 | 2.69 | 0.82 | 0.25 | 3.13 | 99.53 | 3.51 | 0.30 | 0.54 | 12.98 | 0.97 | 2.23 | 1.41 | 28.4 | 32.69 |
| 27 | IX22D 51GS53 | 65.48 | 0.68 | 15.24 | 1.8 | 3.73 | 0.1 | 1.34 | 2.42 | 4.16 | 3.29 | 0.3 | 0.81 | 99.35 | 7.45 | 0.79 | 0.35 | 5.35 | 1.03 | 2.47 | 2.46 | 9.36 | 76.09 |
| 28 | 2P13GS3 | 63.64 | 0.75 | 16.17 | 2.04 | 2.33 | 0.08 | 2.18 | 3.54 | 4.19 | 3.38 | 0.22 | 0.96 | 99.48 | 7.57 | 0.81 | 0.55 | 4.16 | 0.95 | 2.78 | 2.25 | 15.4 | 71.9 |

**表 4-80 东乌珠穆沁旗-多宝山晚石炭世（$C_2$）TTG 侵入岩稀土元素含量及主要参数** 单位：$\times 10^{-6}$

| 序号 | 样品号 | La | Ce | Pr | Nd | Sm | Eu | Gd | Tb | Dy | Ho | Er | Tm | Yb | Lu | ΣREE | ΣLREE | ΣHREE | LREE/HREE | δEu |
|---|---|---|---|---|---|---|---|---|---|---|---|---|---|---|---|---|---|---|---|---|
| 1 | 6GS7127a | 25.6 | 60.3 | 6.6 | 23.26 | 4.07 | 0.96 | 3.6 | 0.5 | 2.8 | 0.6 | 1.8 | 0.27 | 1.82 | 0.31 | 14.30 | 0.00 | 0.00 |  | 0.75 |
| 4 | 2GS2010 | 26.6 | 52.8 | 5.68 | 19.6 | 3.16 | 0.625 | 2.64 | 0.35 | 1.92 | 0.336 | 1.09 | 0.166 | 1.15 | 0.187 | 116.30 | 108.47 | 7.84 | 13.84 | 0.64 |

续表 4-80

| 序号 | 样品号 | La | Ce | Pr | Nd | Sm | Eu | Gd | Tb | Dy | Ho | Er | Tm | Yb | Lu | ΣREE | ΣLREE | ΣHREE | LREE/HREE | δEu |
|---|---|---|---|---|---|---|---|---|---|---|---|---|---|---|---|---|---|---|---|---|
| 5 | 2GS0131 | 24.8 | 52.4 | 5.11 | 15.7 | 2.8 | 0.477 | 2.27 | 0.326 | 1.9 | 0.373 | 1.12 | 0.164 | 1.22 | 0.181 | 108.84 | 101.29 | 7.55 | 13.41 | 0.56 |
| 7 | IP27GS1 | 13.09 | 43.88 | 4.28 | 19.11 | 5.37 | 0.06 | 5.57 | 0.98 | 7.18 | 1.62 | 4.85 | 0.73 | 4.98 | 0.55 | 112.25 | 85.79 | 26.46 | 3.24 | 0.03 |
| 13 | IX22P 52GS1 | 16.2 | 26.1 | 3.11 | 12.1 | 2.38 | 0.38 | 1.66 | 0.3 | 1.89 | 0.39 | 1.02 | 0.15 | 0.93 | 0.14 | 87.35 | 60.27 | 6.48 | 9.3 | 0.56 |
| 14 | IX22P 52GS44 | 25.5 | 35.6 | 4.77 | 21.8 | 3.95 | 0.78 | 2.61 | 0.45 | 2.44 | 0.47 | 1.18 | 0.17 | 1.16 | 0.16 | 119.14 | 92.4 | 8.64 | 10.69 | 0.7 |
| 15 | 6P18GS8 | 29.5 | 70.3 | 7.8 | 29.87 | 5.89 | 1.57 | 5.6 | 0.8 | 4.3 | 0.9 | 2.5 | 0.34 | 2.05 | 0.32 | 174.74 | 144.93 | 16.81 | 8.62 | 0.82 |
| 19 | IX22GS 6135-1 | 34.3 | 58.2 | 8.16 | 30 | 5.16 | 0.91 | 9.61 | 9.68 | 6.77 | 5.3 | 4.63 | 4.51 | 4.42 | 4.13 | 199.18 | 136.73 | 49.05 | 2.79 | 0.39 |
| 20 | 6GS1031b | 36.1 | 70.3 | 7.3 | 26.07 | 4.23 | 1.17 | 3.8 | 0.5 | 2.4 | 0.5 | 1.3 | 0.18 | 1 | 0.17 | 170.02 | 145.17 | 9.85 | 14.74 | 0.88 |
| 25 | 6GS3175 | 35.1 | 73.1 | 8 | 30.93 | 5.71 | 1.41 | 5 | 0.6 | 3.3 | 0.6 | 1.17 | 0.25 | 1.48 | 0.23 | 185.88 | 154.25 | 12.63 | 12.21 | 0.79 |
| 26 | IX22P 51GS2 | 18.8 | 33 | 4.58 | 22.3 | 4.57 | 1.58 | 4.23 | 0.75 | 4.91 | 0.86 | 2.34 | 0.33 | 1.94 | 0.3 | 119.49 | 84.83 | 15.66 | 5.42 | 1.08 |
| 27 | IX22D 51GS53 | 53.6 | 102 | 12.4 | 51.4 | 11 | 1.65 | 8.77 | 1.53 | 10.3 | 1.72 | 5 | 0.68 | 4.1 | 0.65 | 283.8 | 232.05 | 32.75 | 7.09 | 0.5 |
| 28 | 2P13GS3 | 29 | 57.3 | 6.46 | 27.8 | 4.46 | 1.27 | 3.99 | 0.43 | 2.78 | 0.49 | 1.27 | 0.2 | 1.28 | 0.2 | 153.93 | 126.29 | 10.64 | 11.87 | 0.9 |

**表 4-81　东乌珠穆沁旗-多宝山晚石炭世($C_2$)TTG 侵入岩微量元素含量及主要参数**　　单位：$\times10^{-6}$

| 序号 | 样品号 | Sr | Rb | Ba | Th | Nb | Zr | Cr | Ni | Co | V | U | Y | SC | Li | Rb/Sr | U/Th | Zr/Hf |
|---|---|---|---|---|---|---|---|---|---|---|---|---|---|---|---|---|---|---|
| 1 | 6GS7127a | 176.10 | 128.10 | 629.00 | 18.60 | 11.70 | 154.90 | 13.50 | 4.2000 | 5.1000 | 17.40 | 1.94 | 15.40 | 0.00 | 9.90 | 0.73 | 0.10 | 8.33 |
| 4 | 2GS2010 | 324.4 | 104.4 | 523 | 16.1 | 9 | 141.1 | 13.7 | 6.3 | 9.3 | 27.9 |  | 9.74 |  | 18.9 | 0.32 | 0.00 | 8.76 |
| 5 | 2GS0131 | 210.4 | 149.9 | 332 | 22.6 | 21.6 | 225.7 | 13.2 | 4.7 | 9.1 | 26.6 |  | 10.1 |  | 21.8 | 0.71 | 0.00 | 9.99 |
| 7 | IP27GS1 |  |  |  |  |  |  |  |  |  |  |  | 38.8 | 3.18 |  |  |  |  |
| 13 | IX22P 52GS1 |  |  |  |  |  |  |  |  |  |  |  | 10.9 |  |  |  |  |  |
| 14 | IX22P 52GS44 |  |  |  |  |  |  |  |  |  |  |  | 11.4 |  |  |  |  |  |
| 15 | 6P18GS8 | 459.6 | 101.8 | 473 | 15.7 | 15.4 | 314.6 | 32.6 | 27.5 | 17.6 | 98.6 | 1.69 | 22.1 |  | 28.4 | 0.22 | 0.11 | 20.04 |
| 17 | 6P20GS52 | 555.6 | 85.4 | 716 | 8.4 | 7.8 | 132 | 25.2 | 7.9 | 8.5 | 12.9 | 2.25 |  |  | 24.1 | 0.15 | 0.27 | 15.71 |
| 19 | IX22GS 6135-1 |  |  |  |  |  |  |  |  |  |  |  | 6.1 |  |  |  |  |  |
| 20 | 6GS1031b | 450.2 | 109.5 | 906 | 15.7 | 8.8 | 172.6 | 11 | 6.9 | 10.8 | 33.3 | 1.73 | 12.4 |  | 22 | 0.24 | 0.11 | 10.99 |
| 25 | 6GS3175 | 763.4 | 74.8 | 801 | 8.8 | 8.6 | 218.4 | 18.6 | 14.7 | 19.8 | 104.2 | 1.25 | 16.3 |  | 21.8 | 0.10 | 0.14 | 24.82 |
| 26 | IX22P 51GS2 |  |  |  |  |  |  |  |  |  |  |  | 19.9 |  |  |  |  |  |
| 27 | IX22D 51GS53 |  |  |  |  |  |  |  |  |  |  |  | 44 |  |  |  |  |  |
| 28 | 2P13GS3 | 714.3 | 81.2 | 867 | 6.1 | 7.6 | 153.6 | 36.3 | 18.7 | 27 | 72.5 |  | 13.3 |  | 0.88 | 0.11 | 0.00 | 25.18 |

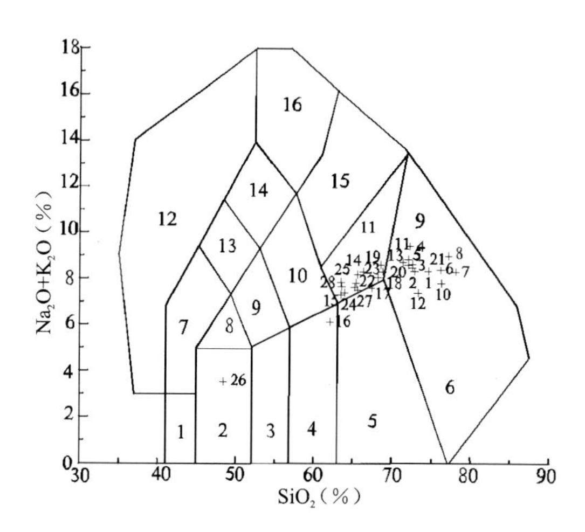


图 4-156 侵入岩主元素分类图解(据 Middlemost,1994)

1. 橄榄岩质花岗岩;2. 辉长岩;3. 辉长闪长岩;4. 闪长岩;5. 花岗闪长岩;6. 花岗岩;7. 似长石辉长岩;8. 二长辉长岩;9. 二长闪长岩;10. 二长岩;11. 石英二长岩;12. 似长石岩;13. 似长石二长闪长岩;14. 似长石二长正长岩;15. 正长岩;16. 似长石正长岩

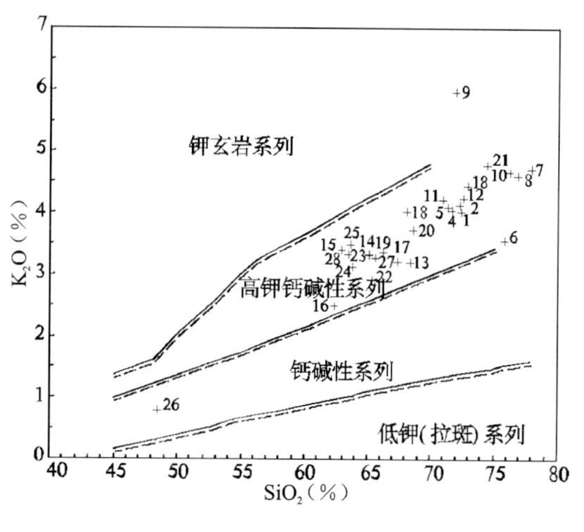


图 4-157 $K_2O$-$SiO_2$ 图解

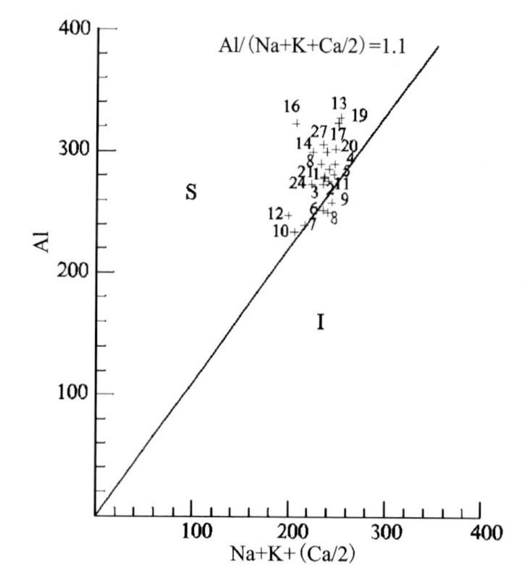


图 4-158 S 型、I 型花岗岩判别图解

I. I 型花岗岩;S. S 型花岗岩

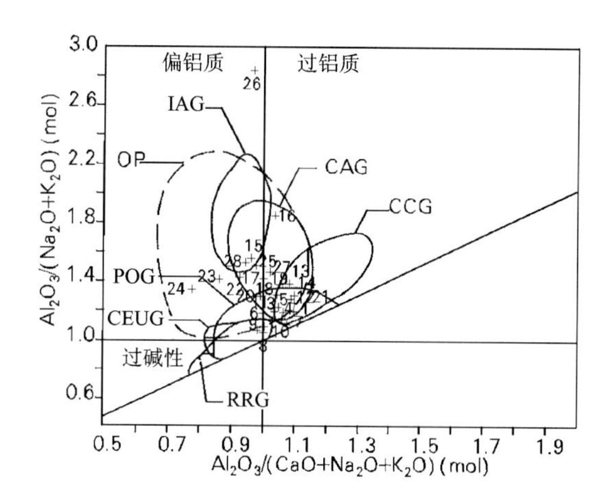


图 4-159 山德指数(Shamd's indel)花岗岩环境图解

IAG. 岛弧;CAG. 大陆弧;CCG. 大陆碰撞;POG. 后造山;RRG. 裂谷系;CEUG. 大陆造陆隆升;OP. 大洋

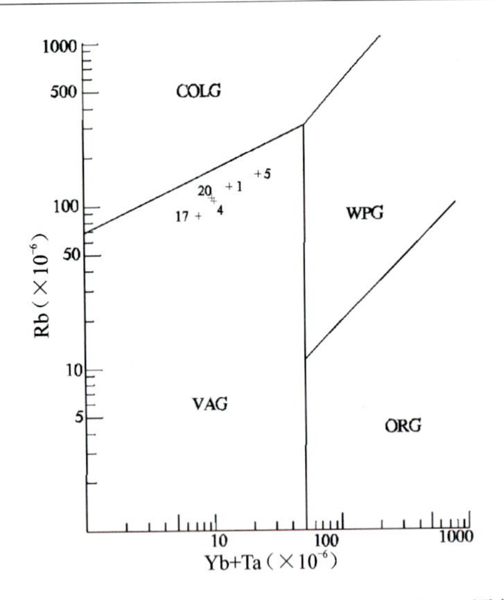


图 4-160　不同类型花岗岩的 Rb-(Yb+Ta)图解
（据 Pearce，1984）
ORG. 洋脊花岗岩；WPG. 板内花岗岩；
VAG. 火山弧花岗岩；COLG. 同碰撞花岗岩

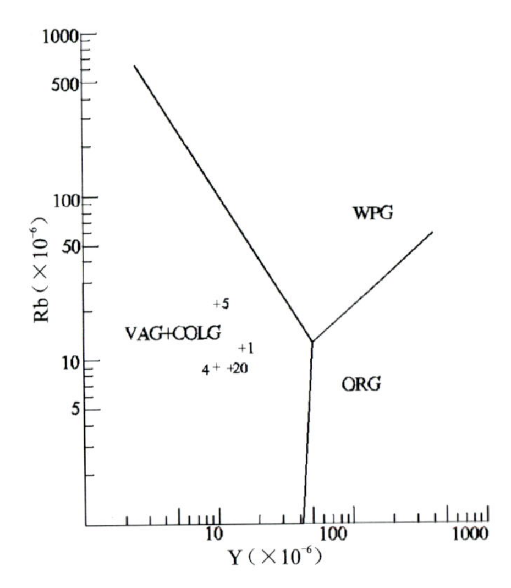


图 4-161　不同类型花岗岩的 Rb-Y 图解
（据 Pearce，1984）
ORG. 洋脊花岗岩；WPG. 板内花岗岩；
VAG. 火山弧花岗岩；COLG. 同碰撞花岗岩

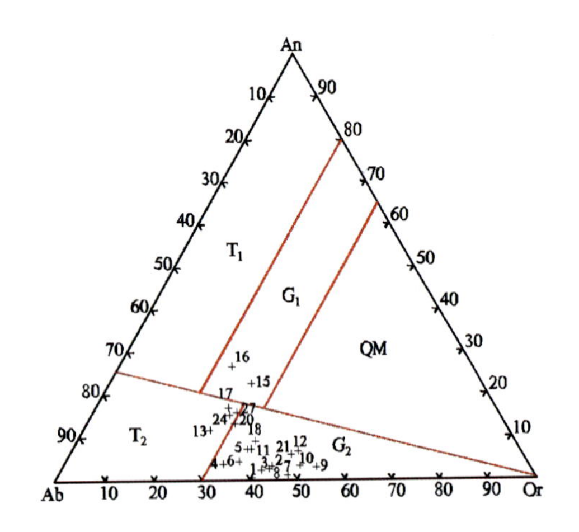


图 4-162　An-Ab-Or 分类图解（据 Johannes 等，1996）
$T_1$. 英云闪长岩；$T_2$. 奥长花岗岩；
$G_1$. 花岗闪长岩；$G_2$. 花岗岩；QM. 石英二长岩

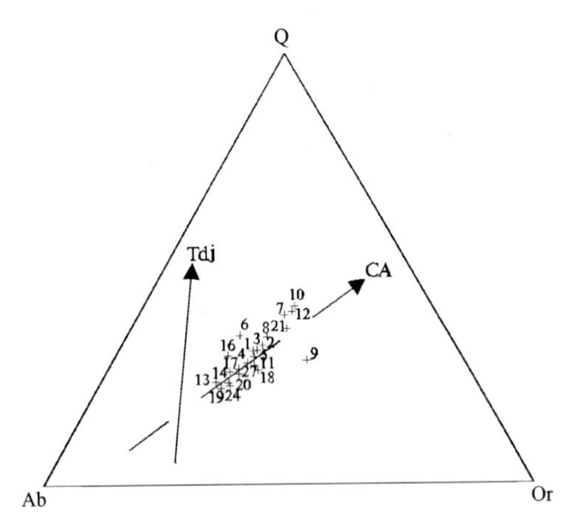


图 4-163　Q-Ab-Or 图解（据邓晋福，2004）
Tdj. 奥长花岗岩类演化趋势；CA. 钙碱性演化趋势

9）亚东镇同碰撞强过铝花岗岩组合（$C_2$）

该组合仅出露于 1∶25 万阿荣旗幅亚东镇地区，呈岩株状产出，岩石类型有二云母二长花岗岩、白云母二长花岗岩，侵入下中泥盆统泥鳅河组，被二叠纪花岗岩侵入。其时代确定为晚石炭世。

根据岩石化学数据（表 4-82～表 4-84）进行了计算和投图分析，主元素分类图解分类为花岗岩，$K_2O$-$SiO_2$图解为高钾钙碱系列（图 4-164）。在山德指数图解中位于大陆碰撞与后造山花岗岩区重叠部位（图 4-165）。A/CNK 值多数大于 1.1，并出现特征矿物白云母和石榴石，应为壳源成因强过铝花岗岩类。经综合分析判断为同碰撞环境形成的强过铝花岗岩组合。

表 4-82　东乌珠穆沁旗-多宝山晚石炭世（$C_2$）同碰撞侵入岩岩石化学成分含量及主要参数　单位：%

| 序号 | 样品号 | $SiO_2$ | $TiO_2$ | $Al_2O_3$ | $Fe_2O_3$ | FeO | MnO | MgO | CaO | $Na_2O$ | $K_2O$ | $P_2O_5$ | LOS | Total | $Na_2O+K_2O$ | $K_2O/Na_2O$ | $Mg^{\#}$ | $FeO^{*}$ | A/CNK | $\sigma$ | A. R | SI | DI |
|---|---|---|---|---|---|---|---|---|---|---|---|---|---|---|---|---|---|---|---|---|---|---|---|
| 1 | D1150 | 75.14 | 0.15 | 13.39 | 0.87 | 0.64 | 0.11 | 0.1 | 0.44 | 4.08 | 4.16 | 0.05 | 0.96 | 100.09 | 8.24 | 1.02 | 0.13 | 1.42 | 1.11 | 2.11 | 3.95 | 1.02 | 94.08 |
| 2 | D1152 | 76.34 | 0.1 | 12.74 | 0.34 | 0.8 | 0.01 | 0.23 | 0.4 | 3.57 | 4.38 | 0.02 | 0.84 | 99.77 | 7.95 | 1.23 | 0.32 | 1.11 | 1.13 | 1.90 | 4.06 | 2.47 | 94.29 |

续表 4-82

| 序号 | 样品号 | $SiO_2$ | $TiO_2$ | $Al_2O_3$ | $Fe_2O_3$ | FeO | MnO | MgO | CaO | $Na_2O$ | $K_2O$ | $P_2O_5$ | LOS | Total | $Na_2O+K_2O$ | $K_2O/Na_2O$ | $Mg^{\#}$ | $FeO^*$ | A/CNK | σ | A.R | SI | DI |
|---|---|---|---|---|---|---|---|---|---|---|---|---|---|---|---|---|---|---|---|---|---|---|---|
| 3 | PM10LT5 | 73.98 | 0.05 | 13.88 | 0.71 | 1.92 | 0.05 | 0.28 | 0.61 | 3.62 | 4.61 | 0.1 | 0.26 | 100.07 | 8.23 | 1.27 | 0.19 | 2.56 | 1.15 | 2.19 | 3.63 | 2.51 | 90.55 |
| 4 | PM10LT70 | 74.04 | 0.2 | 13.59 | 0.58 | 1.57 | 0.03 | 0.3 | 0.74 | 4.08 | 4.02 | 0.08 | 0.35 | 99.58 | 8.10 | 0.99 | 0.21 | 2.09 | 1.09 | 2.11 | 3.6 | 2.84 | 91.13 |

**表 4-83 东乌珠穆沁旗-多宝山晚石炭世($C_2$)同碰撞侵入岩稀土元素含量及主要参数** 单位:$\times10^{-6}$

| 序号 | 样品号 | La | Ce | Pr | Nd | Sm | Eu | Gd | Tb | Dy | Ho | Er | Tm | Yb | Lu | ΣREE | ΣLREE | ΣHREE | LREE/HREE | δEu |
|---|---|---|---|---|---|---|---|---|---|---|---|---|---|---|---|---|---|---|---|---|
| 1 | D1150 | 12.1 | 26.2 | 1.98 | 7.79 | 1.59 | 0.31 | 1.29 | 0.23 | 1.91 | 0.36 | 1.17 | 0.18 | 1.25 | 0.2 | 70.86 | 49.97 | 6.59 | 7.58 | 0.64 |
| 2 | D1152 | 11.7 | 21.6 | 2.03 | 8.03 | 1.61 | 0.32 | 1.38 | 0.25 | 1.86 | 0.35 | 1.14 | 0.18 | 1.33 | 0.18 | 79.26 | 45.29 | 6.67 | 6.79 | 0.64 |
| 3 | PM10 LT5 | 6.77 | 11.6 | 1.68 | 5.45 | 1.71 | 0.1 | 1.3 | 0.28 | 2.15 | 0.39 | 1.15 | 0.19 | 1.34 | 0.15 | 51.56 | 27.31 | 6.95 | 3.93 | 0.2 |
| 4 | PM10 LT70 | 19 | 34.4 | 3.67 | 14.1 | 3.13 | 0.5 | 2.68 | 0.45 | 2.5 | 0.38 | 1.41 | 0.22 | 1.5 | 0.21 | 84.15 | 74.8 | 9.35 | 8 | 0.52 |

**表 4-84 东乌珠穆沁旗-多宝山晚石炭世($C_2$)同碰撞侵入岩微量元素含量及主要参数** 单位:$\times10^{-6}$

| 序号 | 样品号 | Sr | Rb | Ba | Th | Ta | Nb | Hf | Zr | Cr | Ni | Co | V | U | Y | Cs | Sc | Ga | Rb/Sr | U/Th | Zr/Hf |
|---|---|---|---|---|---|---|---|---|---|---|---|---|---|---|---|---|---|---|---|---|---|
| 1 | D1150 | 46.3 | 160 | 732 | 13.6 | 0.75 | 11.7 | 3.08 | 72.4 | 10.4 | 6.25 | 11.9 | 3.82 | 3.67 | 8.94 |  | 1.9 | 13.7 | 3.46 | 0.27 | 23.51 |
| 2 | D1152 | 38.4 | 141 | 711 | 12.7 | 0.52 | 9.15 | 1.43 | 48.5 | 8.9 | 3.95 | 18.7 | 5.42 | 6 | 9.33 |  | 2.38 | 16.1 | 3.67 | 0.47 | 33.92 |
| 3 | PM10LT5 | 30 | 225 | 146 | 8.8 | 0.5 | 5.53 | 3.47 | 108 | 1 | 7.35 | 15.5 | 6.08 | 2.5 | 8.22 | 5.55 | 8.31 | 23.1 | 7.50 | 0.28 | 31.12 |
| 4 | PM10LT70 | 194 | 117 | 6.99 | 5.49 | 0.81 | 9.73 | 3.86 | 117 | 1 | 8.05 | 9.9 | 10.3 | 2.63 | 13 | 6.45 | 2.4 | 18.6 | 0.60 | 0.48 | 30.31 |

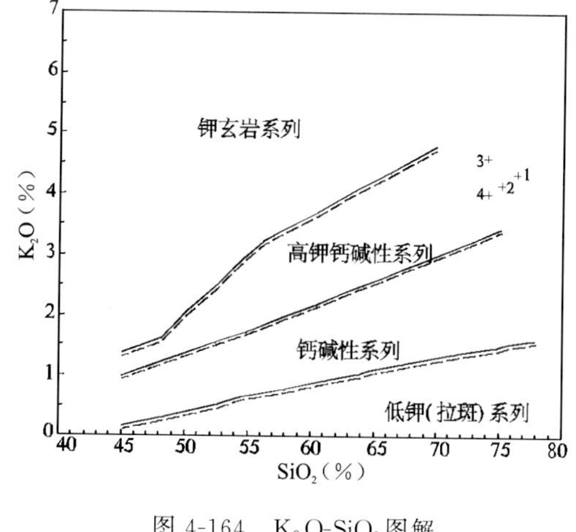


图 4-164 $K_2O$-$SiO_2$ 图解

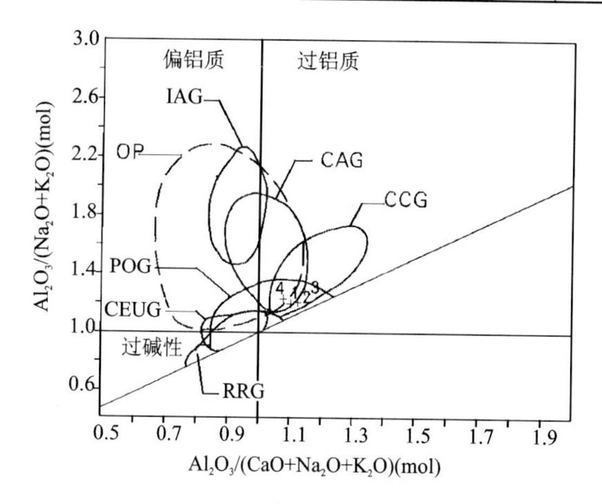


图 4-165 山德指数(Shamd′s indel)花岗岩环境图解

IAG. 岛弧;CAG. 大陆弧;CCG. 大陆碰撞;POG. 后造山;RRG. 裂谷系;CEUG. 大陆造陆隆升;OP. 大洋

10)塔日根敖包-嘎布俯冲型 $G_1G_2$ 组合($P_1$)

该组合分布在东乌珠穆沁旗塔日根敖包—嘎布盖特地区,呈岩株、岩基状产出。岩石类型有花岗岩、碱长花岗岩、黑云母二长花岗岩、似斑状二长花岗岩、花岗闪长岩、石英二长闪长岩、石英闪长岩和角闪苏长岩。U-Pb 同位素年龄有:黑云母二长花岗岩为 272.8Ma,似斑状二长花岗岩为 258.2Ma,石英二长闪长岩为 280.9Ma 和 302.7Ma。侵入时代应为早二叠世。在似斑状二长花岗岩和花岗闪长岩中常见捕虏体与析离体。岩石系列多为钾质碱性系列和高钾钙碱性系列。综合判断为俯冲环境形成的 $G_1G_2$ 组合。

11)苏格河后造山过碱性—钙碱性花岗岩组合($P_1$)

该组合分布于苏格河地区,并向北延至红花尔基亚带红花尔基地区及海拉尔-呼玛亚带小乌尔其汉林场地区。苏格河地区出露白岗质花岗岩，K-Ar 同位素年龄为 289.4Ma，小乌尔其汉林场地区出露正长花岗岩。均呈岩基或岩株产出，侵入晚石炭世花岗闪长岩和二长花岗岩。以前对此组合划分为晚石炭世，本次工作修正为早二叠世。根据岩石化学分析资料（表 4-41～表 4-43）进行了投图分析（图 4-80～图 4-85）。综合分析应为后造山环境中形成的过碱性—钙碱性花岗岩组合。

12）扎赉河农场-巴林镇俯冲型花岗闪长岩（$G_1$）组合（$P_2$）

该组合主要分布于东部扎赉河农场—诺敏镇—阿荣旗—巴林镇地区，向南西在金红沟林场也有分布。主要岩石类型有闪长岩、石英闪长岩、石英二长闪长岩及花岗闪长岩。石英闪长岩 K-Ar 同位素年龄为 252Ma。根据岩石化学分析资料（表 4-44～表 4-46）中的 12～25 号样品进行了计算和图解分析（图 4-84～图 4-89），综合判断为俯冲环境中形成的花岗闪长岩-闪长岩（$G_1$）组合。

13）阿荣旗-诺敏镇同碰撞高钾和钾玄质花岗岩组合（$P_2$）

该组合分布于阿荣旗巴林镇及其北部的诺敏镇地区，呈巨大岩基产出。岩石类型有黑云母二长花岗岩、白云母二长花岗岩、正长花岗岩及碱长花岗岩。碱长花岗岩具晶洞构造，U-Pb 同位素年龄为 268Ma 和（274±1）Ma。该组合侵入于志留系卧都河组和泥盆系泥鳅河组，被侏罗纪火山岩覆盖，确定其时代为中二叠世。

根据岩石化学数据（表 4-85～表 4-87）进行了计算和投图分析。二长花岗岩为高钾钙碱系列（图 4-166），局部含椭圆形闪长质包体，在岩体边部含白云母 1%～2%，A/CNK 值大于 1 或略小于 1。标准矿物出现刚玉，有少量原生白云母，副矿物中含磁铁矿，具 I 型和 S 型花岗岩双重特征（图 4-167），Sr 初始比值为 0.704 628～0.708 466，为 A 型花岗岩特征。正长花岗岩具晶洞构造，含晚期结晶的白云母，磁铁矿含量较高，属于高钾钙碱系列，在 Al-（Na+K+Ca/2）图解中样点多落在 I 型区（4-167），具壳幔混合源特征。碱长花岗岩出露面积少，呈近圆形岩瘤状，含有白云母，属钾玄岩系列。Sr 初始比值为 0.705 27，显示幔源特征。二长花岗岩、正长花岗岩、碱长花岗岩稀土配分曲线相似，表明它们是同源岩浆演化的产物，有明显的负铕异常，重稀土相对富集（图 4-168）。痕量元素洋脊花岗岩标准化曲线具有与同碰撞花岗岩几乎一致的特征。在 Rb-Yb+Ta 图解中位于火山弧和同碰撞花岗岩区（图 4-169），在 $R_1$-$R_2$ 图解中样点落于造山晚期区、非造山区和同碰撞期花岗岩区（图 4-170），在山德指数图解中位于后造山区、大陆碰撞区和大陆弧区（图 4-171）。综合以上分析进行判断，应为同碰撞（或后碰撞）构造环境形成的高钾和钾玄质花岗岩组合。

**表 4-85　中二叠世（$P_2$）阿荣旗-诺敏镇同碰撞侵入岩岩石化学成分含量及主要参数**　　单位：%

| 序号 | 样品号 | $SiO_2$ | $TiO_2$ | $Al_2O_3$ | $Fe_2O_3$ | FeO | MnO | MgO | CaO | $Na_2O$ | $K_2O$ | $P_2O_5$ | LOS | Total | $Na_2O+K_2O$ | $K_2O/Na_2O$ | $Mg^{\#}$ | $FeO^*$ | A/CNK | σ | A.R | SI | DI |
|---|---|---|---|---|---|---|---|---|---|---|---|---|---|---|---|---|---|---|---|---|---|---|---|
| 1 | c | 68 | 0.45 | 15.9 | 1.67 | 0.36 | 0.02 | 0.2 | 0.35 | 4.02 | 6.31 | 0.1 | 1.78 | 99.19 | 10.33 | 1.57 | 0.26 | 1.86 | 1.13 | 4.27 | 4.47 | 1.59 | 93.4 |
| 2 | D1217 | 73.9 | 0.2 | 13.1 | 1.72 | 1.44 | 0.03 | 0.46 | 1.27 | 4.53 | 3.6 | 0.05 | 0.56 | 100.90 | 8.13 | 0.79 | 0.27 | 2.99 | 0.96 | 2.14 | 3.59 | 3.91 | 89.3 |
| 3 | D1218 | 74.8 | 0.2 | 12.9 | 1.21 | 0.66 | 0.06 | 0.19 | 0.57 | 4.5 | 4.08 | 0.05 | 0.34 | 99.58 | 8.58 | 0.91 | 0.24 | 1.75 | 1.00 | 2.31 | 4.52 | 1.79 | 94.2 |
| 4 | Ⅸ70P 54GS18 | 66.4 | 0.31 | 15.3 | 4.47 | 0.74 | 0.03 | 0.36 | 0.26 | 4.74 | 5.35 | 0.08 | 1.27 | 99.33 | 10.09 | 1.13 | 0.2 | 4.76 | 1.09 | 4.34 | 4.7 | 2.3 | 90.2 |
| 5 | Ⅸ70P 51GS49 | 70 | 0.52 | 14 | 2.69 | 0.73 | 0.12 | 0.3 | 0.18 | 5.26 | 5.19 | 0.06 | 0.72 | 99.77 | 10.45 | 0.99 | 0.22 | 3.15 | 0.96 | 4.04 | 6.63 | 2.12 | 93.4 |
| 6 | Ⅸ70P 52GS91 | 75.4 | 0.31 | 11.2 | 2.83 | 0.77 | 0.06 | 0.18 | 0.27 | 3.75 | 4.4 | 0.04 | 0.62 | 99.86 | 8.15 | 1.17 | 0.13 | 3.31 | 0.97 | 2.05 | 5.87 | 1.51 | 93.8 |
| 7 | Ⅸ70P 53-1GS5 | 72.2 | 0.22 | 14.7 | 0.81 | 0.63 | 0.07 | 0.2 | 0.53 | 5.06 | 5.19 | 0.04 | 0.52 | 100.08 | 10.25 | 1.03 | 0.27 | 1.36 | 0.99 | 3.60 | 5.16 | 1.68 | 95.4 |
| 8 | D2086 | 75.8 | 0.15 | 12.8 | 0.75 | 0.78 | 0.03 | 0.1 | 0.57 | 4.49 | 4.67 | 0.05 | 0.26 | 100.45 | 9.16 | 1.04 | 0.11 | 1.45 | 0.95 | 2.56 | 5.37 | 0.93 | 96.1 |
| 9 | D2089 | 75.8 | 0.1 | 12.8 | 0.62 | 0.96 | 0.04 | 0.28 | 0.61 | 4.24 | 4.39 | 0.02 | 0.22 | 100.12 | 8.63 | 1.04 | 0.3 | 1.52 | 1.00 | 2.27 | 4.6 | 2.67 | 94.1 |
| 10 | PM16TC98 | 75.5 | 0.05 | 13.1 | 0.08 | 0.76 | 0.02 | 0.18 | 0.55 | 4.06 | 5.13 | 0.01 | 0.38 | 99.82 | 9.19 | 1.26 | 0.25 | 0.83 | 0.98 | 2.6 | 5.14 | 1.76 | 95.6 |
| 11 | PM16 LT111 | 70.6 | 0.35 | 14.8 | 1.16 | 1.52 | 0.04 | 0.5 | 1.93 | 4.32 | 3.36 | 0.2 | 0.46 | 99.26 | 7.68 | 0.78 | 0.31 | 2.56 | 1.04 | 2.14 | 2.69 | 4.6 | 85.1 |
| 12 | D1611 | 71.5 | 0.25 | 14.3 | 0.94 | 1.16 | 0.04 | 0.49 | 1.65 | 4.64 | 3.94 | 0.1 | 0.1 | 99.11 | 8.58 | 0.85 | 0.36 | 2.01 | 0.97 | 2.59 | 3.32 | 4.39 | 88.6 |

续表 4-85

| 序号 | 样品号 | $SiO_2$ | $TiO_2$ | $Al_2O_3$ | $Fe_2O_3$ | FeO | MnO | MgO | CaO | $Na_2O$ | $K_2O$ | $P_2O_5$ | LOS | Total | $Na_2O+K_2O$ | $K_2O/Na_2O$ | $Mg^{\#}$ | $FeO^*$ | A/CNK | $\sigma$ | A. R. | SI | DI |
|---|---|---|---|---|---|---|---|---|---|---|---|---|---|---|---|---|---|---|---|---|---|---|---|
| 13 | D1364 | 67.5 | 0.5 | 15.3 | 1.65 | 3.2 | 0.05 | 1.23 | 2.07 | 4.49 | 3.15 | 0.2 | 0.32 | 99.67 | 7.64 | 0.70 | 0.36 | 4.68 | 1.06 | 2.38 | 2.58 | 8.97 | 79.1 |
| 14 | PM24 TC159 | 74.4 | 0.25 | 13.6 | 0.72 | 1.33 | 0.03 | 0.33 | 0.5 | 4.01 | 4.19 | 0.08 | 0.52 | 99.93 | 8.20 | 1.04 | 0.25 | 1.98 | 1.13 | 2.14 | 3.8 | 3.12 | 92.3 |
| 15 | PM5 LT124a | 70.5 | 0.25 | 13.7 | 1.12 | 3.1 | 0.05 | 0.62 | 1.41 | 4.31 | 3.9 | 0.1 | 0 | 99.03 | 8.21 | 0.90 | 0.23 | 4.11 | 0.99 | 2.45 | 3.39 | 4.75 | 85.2 |
| 16 | 6GS1025 | 76.7 | 0.15 | 12.4 | 0.88 | 0.49 | 0.04 | 0.27 | 0.61 | 3.66 | 4.12 | 0.06 | 0.3 | 99.73 | 7.78 | 1.13 | 0.36 | 1.28 | 1.07 | 1.8 | 3.95 | 2.87 | 93.7 |
| 17 | 2P23GS11 | 70.5 | 0.37 | 14.3 | 1.56 | 0.9 | 0.09 | 0.6 | 1.07 | 4.36 | 4.45 | 0.11 | 0.73 | 99.09 | 8.81 | 1.02 | 0.41 | 2.3 | 1.03 | 2.82 | 3.68 | 5.05 | 89.5 |
| 18 | D1311 | 73.2 | 0.15 | 12.6 | 1.48 | 1.76 | 0.02 | 0.66 | 2.04 | 4 | 4.09 | 0.05 | 0.84 | 100.90 | 8.09 | 1.02 | 0.33 | 3.09 | 0.86 | 2.17 | 3.47 | 5.5 | 87.4 |
| 19 | PM5LT142 | 72.3 | 0.4 | 14.1 | 1.16 | 1.78 | 0.01 | 0.75 | 1.9 | 4.15 | 3.69 | 0.1 | 0.52 | 100.79 | 7.84 | 0.89 | 1 | 2.82 | 0.99 | 2.1 | 2.93 | 6.5 | 85.1 |
| 20 | PM5LT205 | 71.6 | 0.45 | 14.1 | 1.46 | 1.67 | 0.04 | 0.64 | 0.7 | 4.33 | 3.89 | 0.2 | 0.73 | 99.71 | 8.22 | 0.90 | 1 | 2.98 | 1.12 | 2.37 | 3.52 | 5.34 | 89.6 |
| 21 | D2032 | 73.7 | 0.2 | 13.6 | 0.8 | 1.3 | 0.02 | 0.21 | 0.5 | 3.94 | 4.9 | 0.1 | 0.58 | 99.82 | 8.84 | 1.24 | 1 | 2.02 | 1.06 | 2.55 | 4.35 | 1.88 | 93.2 |
| 22 | Ⅸ33GS 6175 | 73.5 | 0.22 | 13 | 0.05 | 1.27 | 0.05 | 0.45 | 0.51 | 3.69 | 5.06 | 0.05 | 1.38 | 99.19 | 8.75 | 1.37 | 1 | 1.31 | 1.03 | 2.51 | 4.71 | 4.28 | 93.3 |

表 4-86 中二叠世($P_2$)阿荣旗-诺敏镇同碰撞侵入岩稀土元素含量及主要参数 单位：$\times10^{-6}$

| 序号 | 样品号 | La | Ce | Pr | Nd | Sm | Eu | Gd | Tb | Dy | Ho | Er | Tm | Yb | Lu | ΣREE | ΣLREE | ΣHREE | LREE/HREE | δEu |
|---|---|---|---|---|---|---|---|---|---|---|---|---|---|---|---|---|---|---|---|---|
| 2 | D1217 | 26.1 | 39.9 | 3.95 | 17.8 | 2.98 | 0.43 | 1.99 | 0.34 | 2.17 | 0.38 | 1.11 | 0.17 | 1.12 | 0.16 | 125.90 | 91.16 | 7.44 | 12.25 | 0.51 |
| 3 | D1218 | 19.2 | 32.9 | 3.78 | 15.7 | 2.97 | 0.38 | 1.97 | 0.34 | 2.11 | 0.39 | 1.22 | 0.18 | 1.11 | 0.16 | 99.71 | 74.93 | 7.48 | 10.02 | 0.45 |
| 4 | Ⅸ70P 54GS18 | 52.4 | 111 | 12.2 | 40.2 | 9 | 0.55 | 8.36 | 1.9 | 14.5 | 3.16 | 9.66 | 1.35 | 8.15 | 1.12 | 273.55 | 225.35 | 48.20 | 4.68 | 0.19 |
| 5 | Ⅸ70P 51GS49 | 43.9 | 111 | 10 | 36.7 | 8.33 | 0.85 | 7.32 | 1.36 | 9.57 | 2.03 | 6.63 | 1.04 | 6.63 | 1.03 | 246.39 | 210.78 | 35.61 | 5.92 | 0.33 |
| 6 | Ⅸ70P 52GS91 | 32.1 | 116 | 8.63 | 28.9 | 8.11 | 0.71 | 7.51 | 1.36 | 10 | 2.14 | 7.08 | 1.07 | 7.58 | 1.26 | 232.45 | 194.45 | 38.00 | 5.12 | 0.27 |
| 7 | Ⅸ70P 53-1GS5 | 32 | 76.2 | 5.96 | 20.8 | 4.13 | 0.39 | 2.92 | 0.45 | 3.01 | 0.55 | 1.69 | 0.3 | 1.88 | 0.3 | 150.58 | 139.48 | 11.10 | 12.57 | 0.33 |
| 8 | D2086 | 20.4 | 49.7 | 2.82 | 9.45 | 1.95 | 0.29 | 1.9 | 0.28 | 1.31 | 0.26 | 0.78 | 0.12 | 1.02 | 0.14 | 90.42 | 84.61 | 5.81 | 14.56 | 0.46 |
| 9 | D2089 | 30.1 | 48.2 | 4.42 | 15.6 | 2.66 | 0.4 | 1.9 | 0.28 | 1.71 | 0.34 | 1.1 | 0.2 | 1.2 | 0.17 | 108.28 | 101.38 | 6.90 | 14.69 | 0.52 |
| 10 | PM16 TC98 | 11.9 | 23.6 | 2.39 | 10.4 | 2.22 | 0.28 | 1.7 | 0.28 | 1.73 | 0.35 | 0.97 | 0.15 | 1.14 | 0.18 | 57.29 | 50.79 | 6.50 | 7.81 | 0.42 |
| 11 | PM16 LT111 | 30.2 | 52.1 | 5.41 | 22.2 | 3.53 | 0.89 | 2.55 | 0.34 | 1.9 | 0.31 | 0.94 | 0.15 | 1.01 | 0.15 | 121.68 | 114.33 | 7.35 | 15.56 | 0.87 |
| 12 | D1611 | 33.5 | 54.1 | 6.26 | 24.3 | 4.83 | 0.81 | 3.49 | 0.55 | 3.33 | 0.57 | 1.66 | 0.26 | 1.46 | 0.24 | 135.36 | 123.80 | 11.56 | 10.71 | 0.58 |
| 13 | D1364 | 26.9 | 45.2 | 4.85 | 22.6 | 3.76 | 0.86 | 2.36 | 0.37 | 1.83 | 0.35 | 0.82 | 0.13 | 0.71 | 0.01 | 131.35 | 104.17 | 6.58 | 15.83 | 0.82 |
| 14 | PM24 TC159 | 39.6 | 49.5 | 6.32 | 29.3 | 4.56 | 0.67 | 3.02 | 0.51 | 3.19 | 0.54 | 1.44 | 0.22 | 1.27 | 0.17 | 158.41 | 129.95 | 10.36 | 12.54 | 0.52 |
| 15 | PM5 LT124a | 33.8 | 51.1 | 4.12 | 18.3 | 2.79 | 0.54 | 2.02 | 0.34 | 1.98 | 0.29 | 0.95 | 0.15 | 0.87 | 0.13 | 130.38 | 110.65 | 6.73 | 16.44 | 0.66 |
| 16 | 6GS1025 | 28.1 | 60.1 | 6.20 | 20.4 | 3.67 | 0.42 | 3.60 | 0.60 | 3.50 | 0.80 | 2.40 | 0.38 | 2.27 | 0.40 | 12.60 | 0.00 | 0.00 |  | 0.35 |
| 17 | 2P23GS11 | 41.5 | 68.8 | 7.11 | 26 | 4.18 | 0.83 | 3.81 | 0.41 | 2.97 | 0.55 | 1.65 | 0.26 | 1.93 | 0.31 | 177.61 | 148.42 | 11.89 | 12.48 | 0.62 |
| 18 | D1311 | 20.6 | 52.8 | 3 | 12.5 | 2.05 | 0.31 | 1.34 | 0.25 | 1.65 | 0.35 | 0.98 | 0.18 | 1.09 | 0.17 | 117.67 | 91.26 | 6.01 | 15.18 | 0.54 |
| 19 | PM5 LT142 | 26.1 | 36.5 | 3.38 | 13.9 | 2.36 | 0.52 | 1.48 | 0.23 | 1.2 | 0.18 | 0.67 | 0.1 | 0.55 | 0.08 | 100.65 | 82.76 | 4.49 | 18.43 | 0.79 |
| 20 | PM5 LT205 | 37.1 | 67.9 | 6.95 | 26.8 | 4.83 | 0.84 | 3.09 | 0.47 | 2.6 | 0.49 | 1.36 | 0.23 | 1.43 | 0.21 | 169.30 | 144.42 | 9.88 | 14.62 | 0.62 |

**续表 4-86**

| 序号 | 样品号 | La | Ce | Pr | Nd | Sm | Eu | Gd | Tb | Dy | Ho | Er | Tm | Yb | Lu | ΣREE | ΣLREE | ΣHREE | LREE/HREE | δEu |
|---|---|---|---|---|---|---|---|---|---|---|---|---|---|---|---|---|---|---|---|---|
| 21 | D2032 | 13.5 | 24.3 | 2.32 | 9.35 | 1.81 | 0.35 | 1.34 | 0.23 | 1.5 | 0.31 | 0.8 | 0.15 | 0.9 | 0.12 | 75.28 | 51.63 | 5.35 | 9.65 | 0.66 |
| 22 | Ⅸ33GS6175 | 25.5 | 59.7 | 4.18 | 15.7 | 3.54 | 0.62 | 1.80 | 0.31 | 1.97 | 0.35 | 0.85 | 0.14 | 0.90 | 0.13 | 17.40 | 0.00 | 0.00 |  | 0.67 |
| 23 | Ⅸ70P50XT72 | 36.1 | 58.1 | 7.37 | 31.4 | 5.77 | 1.12 | 4.27 | 0.57 | 3.31 | 0.51 | 1.46 | 0.22 | 1.36 | 0.20 | 10.90 | 0.00 | 0.00 |  | 0.66 |
| 24 | Ⅸ33XT2000 | 18.60 | 41.00 | 3.88 | 17.50 | 3.89 | 0.56 | 2.80 | 0.60 | 3.94 | 0.74 | 2.04 | 0.29 | 1.80 | 0.27 | 13.00 | 0.00 | 0.00 |  | 0.50 |

**表 4-87　中二叠世($P_2$)阿荣旗-诺敏镇同碰撞侵入岩微量元素含量及主要参数**　　单位：$\times10^{-6}$

| 序号 | 样品号 | Sr | Rb | Ba | Th | Ta | Nb | Hf | Zr | Cr | Ni | Co | V | U | Y | Cs | Sc | B | Li | Rb/Sr | U/Th | Zr/Hf |
|---|---|---|---|---|---|---|---|---|---|---|---|---|---|---|---|---|---|---|---|---|---|---|
| 2 | D1217 | 32.8 | 99 | 790 | 5.72 | 0.68 | 10.4 | 4.63 | 135 | 1 | 15.3 | 6.55 | 6.86 | 1.82 | 9.77 | 4.05 | 2.05 |  |  | 3.02 | 0.32 | 29.16 |
| 3 | D1218 | 66.7 | 83.2 | 751 | 4.63 | 0.5 | 8.3 | 2.78 | 78.7 | 3.4 | 8.55 | 12.7 | 4.53 | 1.55 | 8.41 | 2.75 | 1.86 |  |  | 1.25 | 0.33 | 28.31 |
| 4 | Ⅸ70P54GS18 | 122 | 92 | 533 | 17.3 | 2.42 | 31.1 | 18.9 | 662 | 10.7 | 4.8 | 7.2 | 16.4 | 2.23 | 68.7 | 5.54 | 3.49 | 11.3 | 7.7 | 0.75 | 0.13 | 35.03 |
| 5 | Ⅸ70P51GS49 | 35 | 79.7 | 161 | 9.91 | 1.3 | 24.3 | 9.89 | 390 | 4.6 | 5 | 18.3 | 25.8 | 2.13 | 45 | 3.05 | 6.04 | 4.75 | 29 | 2.28 | 0.21 | 39.43 |
| 6 | Ⅸ70P52GS91 | 42.7 | 98.3 | 162 | 12.2 | 0.56 | 16.3 | 3.73 | 146 | 8 | 3.4 | 23.6 | 21.4 | 2.5 | 46.8 | 3.15 | 8.29 | 3.19 | 7.5 | 2.30 | 0.20 | 39.14 |
| 7 | Ⅸ70P53-1GS5 | 63.6 | 164 | 235 | 34.7 | 0.9 | 14 | 4.23 | 115 | 9 | 3.1 | 13.9 | 3.84 | 2.67 | 13.7 | 4.45 | 1.91 | 2.57 | 6.8 | 2.58 | 0.08 | 27.19 |
| 8 | D2086 | 43.3 | 117 | 310 | 13.6 | 0.57 | 9.46 | 3.54 | 91.3 | 7 | 1.75 | 12.6 | 4.16 | 3.84 | 6.06 |  | 1.46 |  |  | 2.70 | 0.28 | 25.79 |
| 9 | D2089 | 62 | 134 | 342 | 15.9 | 0.65 | 11 | 4.76 | 127 | 9.5 | 3.05 | 19 | 5.85 | 4.66 | 8.71 |  | 1.98 |  |  | 2.16 | 0.29 | 26.68 |
| 10 | PM16TC98 | 31.2 | 124 | 42.8 | 14.4 | 0.5 | 5.28 | 1.58 | 37 | 9.4 | 1.95 | 16.2 | 5.52 | 3 | 8.66 |  | 1.19 |  |  | 3.97 | 0.21 | 23.42 |
| 11 | PM16LT111 | 478 | 78.2 | 896 | 12.1 | 0.5 | 6.49 | 2.98 | 105 | 11.9 | 3.75 | 9.65 | 25.2 | 4 | 8.29 |  | 1.76 |  |  | 0.16 | 0.33 | 35.23 |
| 12 | D1611 | 358 | 88 | 931 | 12.1 | 0.86 | 9.47 | 3.83 | 112 | 10.7 | 1 | 13.8 | 17.1 | 2.67 | 13.9 |  | 2.61 |  |  | 0.25 | 0.22 | 29.24 |
| 13 | D1364 | 930 | 80.3 | 909 | 5.02 | 0.5 | 8.76 | 5.67 | 185 | 35.4 | 6.55 | 17.8 | 53.1 | 1.28 | 6.32 | 2.75 | 2.72 |  |  | 0.09 | 0.25 | 32.63 |
| 14 | PM24TC159 | 185 | 112 | 692 | 13 | 0.84 | 10 | 4.29 | 124 | 3.9 | 5.4 | 52.2 | 9.54 | 1.82 | 14.2 | 5.95 | 2.58 |  |  | 0.61 | 0.14 | 28.90 |
| 15 | PM5LT124a | 445 | 121 | 716 | 9.35 | 0.5 | 7.27 | 2.38 | 67.5 | 23.6 | 6.75 | 12.3 | 21.7 | 1.68 | 9.11 | 4.25 | 2.36 |  |  | 0.27 | 0.18 | 28.36 |
| 16 | 6GS1025 | 81.3 | 123 | 246 | 17.6 | 0.00 | 10.7 | 0.00 | 121 | 21.2 | 1.7 | 4.6 | 10.1 | 1.91 | 22.7 | 0.00 | 0.00 | 0.00 | 11.10 | 1.51 | 0.11 | 0.00 |
| 17 | 2P23GS11 | 143 | 135 | 585 | 24.7 |  | 12.2 |  | 160.1 | 12.7 | 1.8 | 6.5 | 21.5 |  | 15 |  |  |  | 2 | 0.94 | 0.00 | 0.00 |
| 18 | D1311 | 117 | 163 | 641 | 14.2 | 0.5 | 6.36 | 2.09 | 68.6 | 1.6 | 15.4 | 12.7 | 6.6 | 1.55 | 7.14 | 5.45 | 1.62 |  |  | 1.39 | 0.11 | 32.82 |
| 19 | PM5LT142 | 376 | 140 | 717 | 15.1 | 1.57 | 9.59 | 4.69 | 146 | 7.5 | 11 | 9.6 | 20.3 | 2.36 | 4.51 | 7.35 | 2.91 |  |  | 0.37 | 0.16 | 31.13 |
| 20 | PM5LT205 | 433 | 86.2 | 734 | 9.76 | 0.94 | 12.4 | 5.37 | 159 | 1 | 5.75 | 8.3 | 34.5 | 2.63 | 12.1 | 2.65 | 3.29 |  |  | 0.20 | 0.27 | 29.61 |
| 21 | D2032 | 211 | 133 | 781 | 6.42 | 0.81 | 11.1 | 3.63 | 103 | 1 | 10.1 | 1 | 9 | 3.71 | 6.44 | 3.45 | 2.1 |  |  | 0.63 | 0.58 | 28.37 |
| 22 | Ⅸ33GS6175 | 0.00 | 0.00 | 0.00 | 0.00 | 0.00 | 0.00 | 0.00 | 0.00 | 0.00 | 0 | 0 | 0.00 | 0.00 | 8.87 | 0.00 | 0.00 | 0.00 | 0.00 | 0.00 | 0.00 | 0.00 |
| 23 | Ⅸ70P50XT72 | 627 | 67.50 | 966 | 7.65 | 0.86 | 10.5 | 4.16 | 125 | 4.20 | 7.4 | 21.9 | 34.2 | 1.86 | 12.8 | 4.45 | 5.25 | 9.04 | 23 | 0.11 | 0.24 | 30.05 |
| 24 | Ⅸ33XT2000 | 0.00 | 0.00 | 0.00 | 0.00 | 0.00 | 0.00 | 0.00 | 0.00 | 0.00 | 0 | 0 | 0.00 | 0.00 | 17.5 | 0.00 | 0.00 | 0.00 | 0.00 | 0.00 | 0.00 | 0.00 |

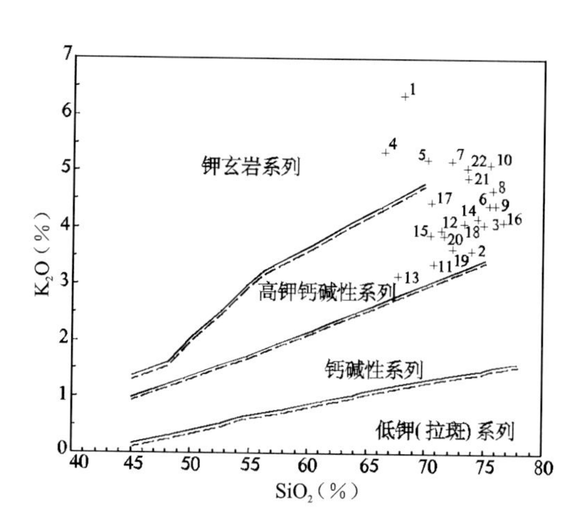


图 4-166　$K_2O$-$SiO_2$ 图解

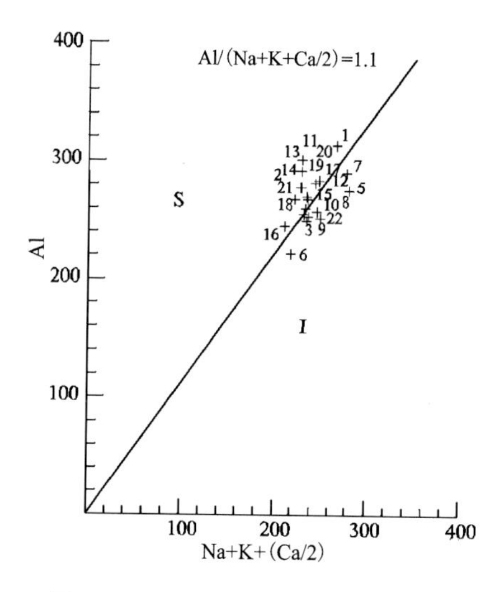


图 4-167　S 型、I 型花岗岩判别图解

I. I 型花岗岩；S. S 型花岗岩

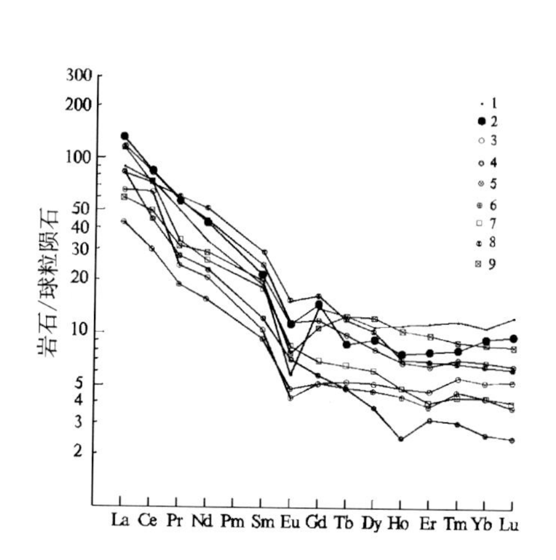


图 4-168　岩石稀土元素/球粒陨石标准化模式图

（据 Coryell，1963）

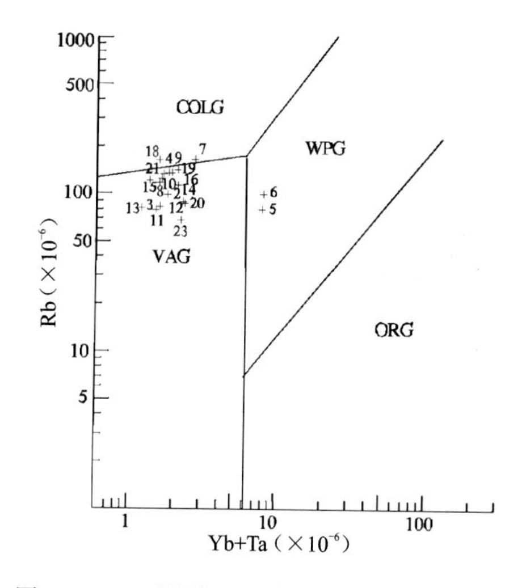


图 4-169　不同类型花岗岩的 Rb-Yb+Ta 图解

（据 Pearce，1984）

ORG. 洋脊花岗岩；WPG. 板内花岗岩；

VAG. 火山弧花岗岩；COLG. 同碰撞花岗岩

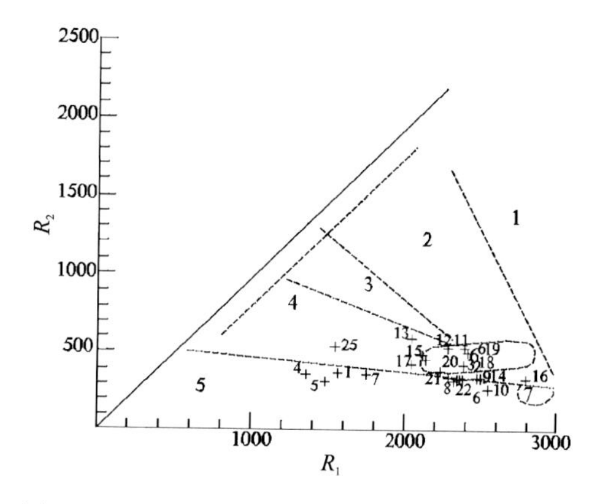


图 4-170　主要花岗岩类岩石组合的示意性图解

（据 Batchelor 等，1985）

1. 地幔分离；2. 板块碰撞前的；3. 碰撞后的抬升；

4. 造山晚期的；5. 非造山的；6. 同碰撞期的；7. 造山期后的

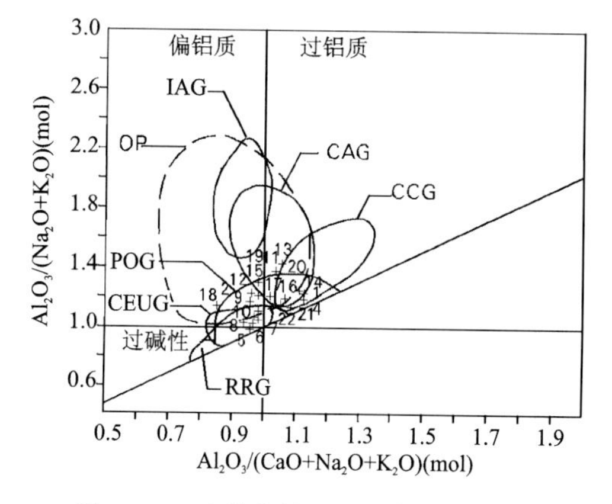


图 4-171　山德指数(Shamd's indel)图解

IAG. 岛弧；CAG. 大陆弧；CCG. 大陆碰撞；POG. 后造山；

RRG. 裂谷系；CEUG. 大陆造陆隆升；OP. 大洋

14)东乌珠穆沁旗后造山碱性—钙碱性花岗岩组合($T_2$)

该组合分布于东乌珠穆沁旗架斯图乌拉巴彦敖包一带。岩石类型为中粒花岗岩、粗粒碱长花岗岩。花岗岩 U-Pb 同位素年龄为 250Ma。该组合侵入下石炭统—上二叠统宝力高庙组和早二叠世二长花岗岩。其时代确定为中二叠世。碱长花岗岩中有围岩捕虏体,应为壳幔混合源成因。岩石系列为过铝质碱性、高钾钙碱性系列,综合判断为后造山环境形成的碱性—钙碱性花岗岩组合。

15)罕达盖、红彦镇后造山碱性—钙碱性花岗岩组合($T_3$)

该组合分布于本亚带罕达盖嘎查及红彦镇两个地区。此外,在海拉尔-呼玛亚带的松岭区及锡林浩特亚带的蘑菇气镇地区也有分布。岩石类型以正长花岗岩为主,另有少量花岗岩、二长花岗岩和碱性花岗岩,U-Pb 同位素年龄分别为 211Ma、208Ma 和 224Ma。该组合呈岩基、岩株状产出,侵入最新地层为下三叠统老龙头组,被中、上侏罗统覆盖,其时代确定为晚三叠世。根据岩石化学数据(表 4-50)和图解(图 4-94～图 4-99)分析,综合判断为后造山环境形成的碱性—钙碱性花岗岩组合。

16)阿荣旗大陆伸展型碱性花岗岩组合($J_{1-2}$)

该组合分布于本亚带西部那仁乌拉地区和东部阿荣旗—亚东镇地区。岩石类型为碱性花岗岩,呈岩株状产出,被中生代火山岩覆盖,侵入时代西部为早中侏罗世,东部为早侏罗世。

根据东部地区岩石化学数据(表 4-88～表 4-90)进行了计算和投图分析。在 $K_2O$-$SiO_2$ 图解中位于高钾钙碱性系列区(图 4-172)。在 $Na_2O$-$K_2O$ 图解中位于 A 型区(图 4-173),在碱度率图解中位于碱性区(图 4-174),为 A 型花岗岩,在 Rb-(Yb+Ta)图解中位于板内花岗岩区(图 4-175),在 Q-A-P 图解中位于大陆造陆隆升花岗岩区(图 4-176),在山德指数图解中位于后造山和裂谷系花岗岩区(图 4-177)。综合以上分析判定为大陆伸展环境下形成的碱性花岗岩组合。

**表 4-88　早侏罗世($J_1$)阿荣旗大陆伸展侵入岩岩石化学成分含量及主要参数**　　单位:%

| 序号 | 样品号 | $SiO_2$ | $TiO_2$ | $Al_2O_3$ | $Fe_2O_3$ | FeO | MnO | MgO | CaO | $Na_2O$ | $K_2O$ | $P_2O_5$ | LOS | Total | $Na_2O+K_2O$ | $K_2O/Na_2O$ | $Mg^{\#}$ | $FeO^*$ | A/CNK | $\sigma$ | A.R | SI | DI |
|---|---|---|---|---|---|---|---|---|---|---|---|---|---|---|---|---|---|---|---|---|---|---|---|
| 1 | $PM_7B1$ | 74.4 | 0.2 | 13.4 | 1.39 | 0.76 | 0.02 | 0.28 | 0.51 | 3.98 | 4.91 | 0.05 | 0.18 | 100.08 | 8.89 | 1.23 | 0.27 | 2.01 | 1.048 | 2.51 | 4.57 | 2.473 | 93.6 |
| 2 | PM7B6 | 74.3 | 0.2 | 13.1 | 0.89 | 1.34 | 0.02 | 0.31 | 0.48 | 3.94 | 5.16 | 0.02 | 0.38 | 100.05 | 9.10 | 1.31 | 0.25 | 2.14 | 1.00 | 2.65 | 5.11 | 2.663 | 93.7 |

**表 4-89　早侏罗世($J_1$)阿荣旗大陆伸展侵入岩稀土元素含量及主要参数**　　单位:$\times10^{-6}$

| 序号 | 样品号 | La | Ce | Pr | Nd | Sm | Eu | Gd | Tb | Dy | Ho | Er | Tm | Yb | Lu | ΣREE | ΣLREE | ΣHREE | LREE/HREE | δEu |
|---|---|---|---|---|---|---|---|---|---|---|---|---|---|---|---|---|---|---|---|---|
| 1 | $PM_7B1$ | 24.9 | 82.4 | 6.16 | 20.4 | 5.02 | 0.3 | 4.97 | 1.09 | 7.83 | 1.58 | 5.01 | 0.81 | 5.56 | 0.83 | 166.86 | 139.18 | 27.68 | 5.03 | 0.18 |
| 2 | PM7B6 | 37.6 | 80.6 | 7.95 | 28.5 | 6.48 | 0.34 | 6.1 | 1.14 | 8.07 | 1.72 | 5.16 | 0.85 | 5.7 | 0.76 | 190.97 | 161.47 | 29.50 | 5.47 | 0.16 |

**表 4-90　早侏罗世($J_1$)阿荣旗大陆伸展侵入岩微量元素含量及主要参数**　　单位:$\times10^{-6}$

| 序号 | 样品号 | Sr | Rb | Ba | Th | Nb | Hf | Zr | Cr | Ni | Co | V | U | Y | Rb/Sr | U/Th | Zr/Hf |
|---|---|---|---|---|---|---|---|---|---|---|---|---|---|---|---|---|---|
| 1 | $PM_7B1$ | 48.8 | 148 | 196 | 17.2 | 17.8 | 17.2 | 193 | 27.6 | 33.5 | 13.4 | 11.2 | 3.4 | 36.8 | 3.03 | 0.20 | 11.22 |
| 2 | PM7B6 | 54.2 | 133 | 179 | 18.9 | 18.4 | 18.9 | 176 | 9.4 | 1.95 | 12.9 | 4.29 | 5.33 | 40 | 2.45 | 0.28 | 9.31 |

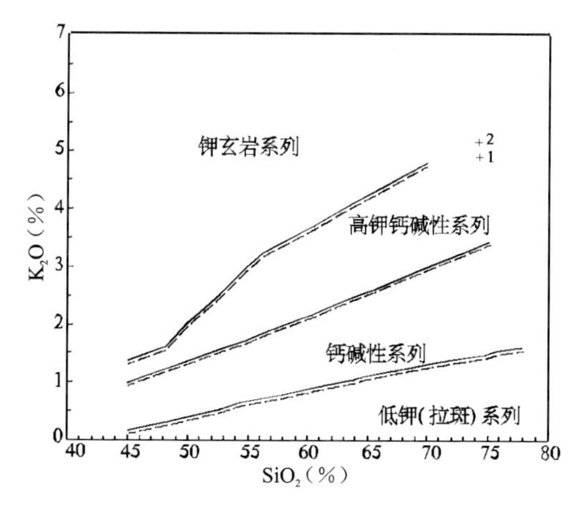


图 4-172 岩石系列 $K_2O$-$SiO_2$ 图解

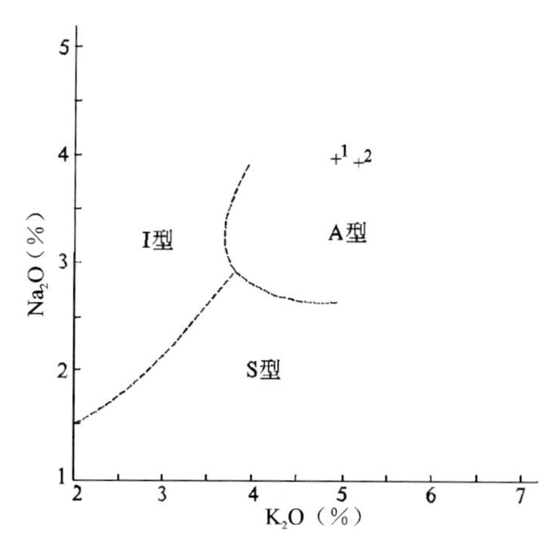


图 4-173 $Na_2O$-$K_2O$ 图解

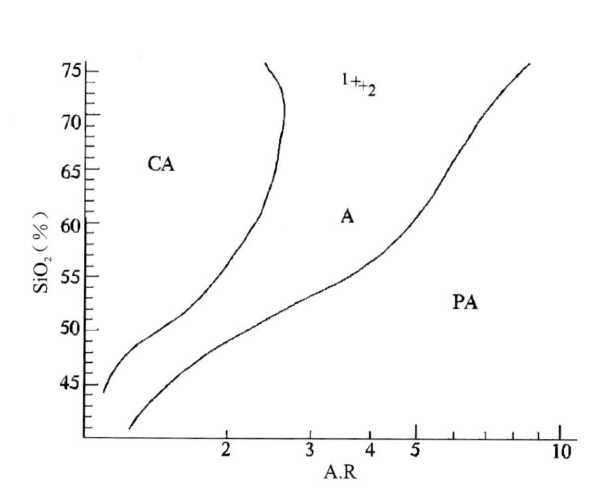


图 4-174 碱度率图解(据 Wright,1969)

CA. 钙碱性;A. 碱性;PA. 过碱性

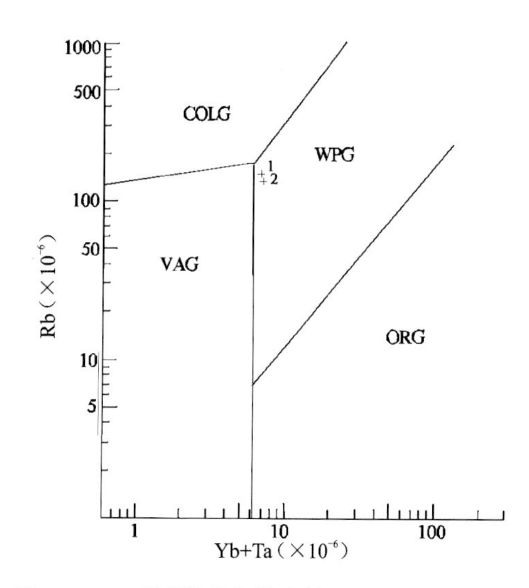


图 4-175 不同类型花岗岩的 Rb-(Yb+Ta)图解

(据 Pearce,1984)

ORG. 洋脊花岗岩;WPG. 板内花岗岩;

VAG. 火山弧花岗岩;COLG. 同碰撞花岗岩

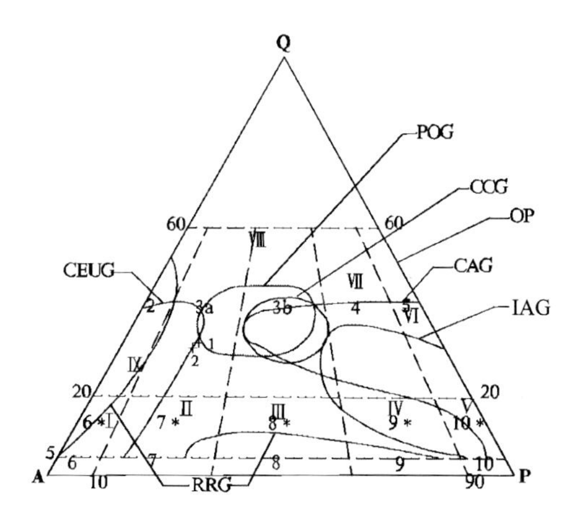


图 4-176 Q-A-P 图解

IAG. 岛弧;CAG. 大陆弧;CCG. 大陆碰撞;POG. 后造山;

RRG. 裂谷系;CEUG. 大陆造陆隆升;OP. 大洋

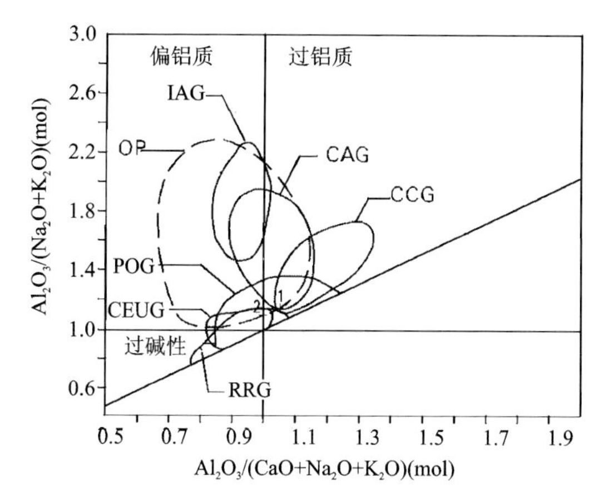


图 4-177 山德指数(Shamd's indel)花岗岩环境图解

IAG. 岛弧;CAG. 大陆弧;CCG. 大陆碰撞;POG. 后造山;

RRG. 裂谷系;CEUG. 大陆造陆隆升;OP. 大洋

17)复兴镇-腾克牧场岛弧型 $\nu$—$\delta$+HMA+TTG 组合($J_1$)

该组合分布于本亚带东部复兴镇—亚东镇—腾克牧场地区,此外在海拉尔-呼玛亚带鄂伦春自治旗地区也有分布。岩石类型有角闪辉长岩、闪长岩、二长闪长岩、石英二长闪长岩、石英二长岩及花岗闪长岩。该组合侵入下石炭统红水泉组和上二叠统林西组,被上侏罗统火山岩覆盖。在额尔古纳左旗地区,石英二长岩被正长花岗岩超动侵入,后者 U-Pb 同位素年龄为 199Ma。在复兴镇地区石英二长闪长岩 U-Pb 同位素年龄为 187Ma。因而确定其时代为早侏罗世。

根据岩石化学数据(表 4-54~表 4-56)进行了计算和投图分析(图 4-103~图 4-109)。将复兴镇地区及鄂伦春自治旗地区早侏罗世的岩石构造组合总结为成熟岛弧环境形成的以闪长岩+TTG 为主的辉长岩-闪长岩组合+高镁闪长岩组合+TTG 组合(参见海拉尔-呼玛亚带早侏罗世鄂伦春自治旗岛弧型组合部分的论述)。

18)蘑菇气镇俯冲型 $G_1G_2$ 组合($J_1$)

该组合分布于蘑菇气镇地区,此外在索伦山-林西亚带白音诺尔镇、天山镇也有分布。岩石类型有花岗闪长岩、二长花岗岩、花岗岩和石英斑岩。侵入二叠系,被上侏罗统火山岩覆盖。U-Pb 同位素年龄有 203Ma、197.2~194Ma、198.7~195.6Ma、201~193Ma,其时代确定为早侏罗世。

根据岩石化学数据(表 4-91~表 4-93)进行了计算和投图分析。岩石系列为高钾钙碱系列(图 4-178),岩石内含有闪长质包体,其成因类型应为壳幔混合源。在 Q-A-P 图解中位于大陆弧、后造山、大陆隆升花岗岩区(图 4-179),在山德指数图解中位于大陆弧、岛弧、大陆碰撞花岗岩区(图 4-180),在 $SiO_2$-[$FeO^*$/($FeO^*$+MgO)]三元系判别图解中主要位于 IAG+CAG+CCG 区(图 4-181),在 An-Ab-Or 图解中位于 $G_2$ 和 $G_1$ 区(图 4-182),在 Q-Ab-Or 图解中显示钙碱性演化趋势(图 4-183)。综合以上分析判断为活动大陆边缘弧构造环境中形成的花岗闪长岩-花岗岩 $G_1$、$G_2$ 组合。

**表 4-91　早侏罗世($J_1$)蘑菇气-白音诺尔镇陆缘弧侵入岩岩石化学成分含量及主要参数**　单位:%

| 序号 | 样品号 | $SiO_2$ | $TiO_2$ | $Al_2O_3$ | $Fe_2O_3$ | FeO | MnO | MgO | CaO | $Na_2O$ | $K_2O$ | $P_2O_5$ | LOS | Total | $Na_2O+K_2O$ | $K_2O/Na_2O$ | $Mg^\#$ | $FeO^*$ | A/CNK | $\sigma$ | A.R | SI | DI |
|---|---|---|---|---|---|---|---|---|---|---|---|---|---|---|---|---|---|---|---|---|---|---|---|
| 1 | HGS421 | 59.3 | 1.03 | 16.71 | 1.63 | 4.7 | 0.11 | 2.44 | 5.33 | 3.74 | 3.7 | 0.26 | 0.77 | 99.75 | 7.44 | 0.99 | 0.45 | 6.17 | 0.85 | 3.39 | 2.02 | 15.05 | 60.92 |
| 2 | ⅢP14GS23 | 65.2 | 0.59 | 15.8 | 0.57 | 2.84 | 0.06 | 1.64 | 4.06 | 4.01 | 4.11 | 0.07 | 0.86 | 99.79 | 8.12 | 1.02 | 0.48 | 3.35 | 0.86 | 2.97 | 2.38 | 12.45 | 71.76 |
| 3 | ⅢP12GS40 | 75.8 | 0.14 | 12.96 | 0.25 | 1.58 | 0.02 | 0.72 | 0.1 | 3.79 | 4.02 | 0.04 | 0.48 | 99.90 | 7.81 | 1.06 | 0.43 | 1.80 | 1.20 | 1.86 | 3.98 | 6.95 | 89.73 |
| 4 | ⅢP12GS63 | 73.9 | 0.23 | 13.64 | 0.9 | 1.44 | 0.03 | 0.68 | 0.15 | 3.58 | 4.5 | 0.04 | 0.83 | 99.88 | 8.08 | 1.26 | 0.40 | 2.25 | 1.23 | 2.12 | 3.83 | 6.13 | 91.55 |
| 5 | ⅤGS4032-1 | 72.3 | 0.36 | 13.98 | 0.58 | 1.6 | 0.06 | 0.84 | 1.73 | 3.95 | 3.52 | 0.04 | 0.64 | 99.55 | 7.47 | 0.89 | 0.45 | 2.12 | 1.04 | 1.91 | 2.81 | 8.01 | 85.03 |
| 6 | ⅢGS3040 | 75.2 | 0.16 | 12.62 | 0.53 | 1.05 | 0.04 | 0.32 | 0.55 | 3.6 | 4.71 | 0.07 | 0.85 | 99.71 | 8.31 | 1.31 | 0.31 | 1.53 | 1.05 | 2.14 | 4.42 | 3.13 | 93.47 |
| 7 | ⅢGS3079 | 76.6 | 0.05 | 11.71 | 0.24 | 1.11 | 0.03 | 0.36 | 0.57 | 3.59 | 4.6 | 0.04 | 0.5 | 99.44 | 8.19 | 1.28 | 0.35 | 1.33 | 0.98 | 1.99 | 5.00 | 3.64 | 94.23 |
| 8 | IGS9728 | 66.1 | 0.48 | 16.36 | 1.76 | 2.98 | 0.09 | 1.45 | 2.87 | 3.86 | 3.15 | 0.2 | 0.2 | 99.50 | 7.01 | 0.82 | 0.41 | 4.56 | 1.10 | 2.13 | 2.15 | 10.98 | 73.9 |
| 9 | ⅢP1E72 | 88.1 | 0.19 | 5.7 | 1.68 | 0.86 | 0.016 | 0.64 | 0.34 | 0.26 | 1.65 | 0.05 | 1.18 | 100.63 | 1.91 | 6.35 | 0.42 | 2.37 | 2.00 | 0.08 | 1.92 | 12.57 | 90.14 |
| 10 | ⅢE8022 | 74.6 | 0.25 | 12.24 | 3.43 | 0.78 | 0.039 | 1.35 | 0.01 | 0.28 | 2.96 | 0.02 | 3.27 | 99.21 | 3.24 | 10.57 | 0.52 | 3.86 | 3.33 | 0.33 | 1.72 | 15.34 | 81.19 |

**表 4-92　早侏罗世($J_1$)蘑菇气-白音诺尔镇陆缘弧侵入岩稀土元素含量及主要参数**　单位:$\times10^{-6}$

| 序号 | 样品号 | La | Ce | Pr | Nd | Sm | Eu | Gd | Tb | Dy | Ho | Er | Tm | Yb | Lu | ΣREE | ΣLREE | ΣHREE | LREE/HREE | δEu |
|---|---|---|---|---|---|---|---|---|---|---|---|---|---|---|---|---|---|---|---|---|
| 1 | HGS421 | 19.6 | 42.33 | 7.26 | 16.3 | 4.14 | 0.54 | 2.6 | 0.46 | 2.36 | 0.62 | 1.84 | 0.36 | 1.76 | 0.24 | 127.71 | 90.17 | 10.24 | 8.81 | 0.47 |
| 2 | ⅢP14 GS23 | 29.2 | 78.9 | 9.44 | 40.9 | 8.85 | 1.55 | 7.53 | 1.18 | 6.54 | 1.29 | 3.64 | 0.51 | 3.53 | 0.64 | 211.00 | 168.84 | 24.86 | 6.79 | 0.57 |
| 3 | ⅢP12 GS40 | 17.43 | 45.96 | 6.99 | 27.07 | 9.33 | 0.36 | 10.44 | 1.84 | 13.1 | 2.7 | 7 | 0.98 | 5.58 | 0.72 | 149.45 | 107.14 | 42.31 | 2.53 | 0.11 |
| 4 | ⅢP12 GS63 | 44.26 | 115.68 | 12.53 | 45.13 | 10 | 0.48 | 8.46 | 1.29 | 10.5 | 2.33 | 6.32 | 0.93 | 6.25 | 1.11 | 265.22 | 228.08 | 37.14 | 6.14 | 0.16 |

续表 4-92

| 序号 | 样品号 | La | Ce | Pr | Nd | Sm | Eu | Gd | Tb | Dy | Ho | Er | Tm | Yb | Lu | ΣREE | ΣLREE | ΣHREE | LREE/HREE | δEu |
|---|---|---|---|---|---|---|---|---|---|---|---|---|---|---|---|---|---|---|---|---|
| 5 | ⅤGS 4032-1 | 27.45 | 65.88 | 6.79 | 25.45 | 5.81 | 0.69 | 4.49 | 0.66 | 4.52 | 1.06 | 3 | 0.55 | 2.9 | 0.71 | 149.96 | 132.07 | 17.89 | 7.38 | 0.40 |

表 4-93 早侏罗世($J_1$)蘑菇气-白音诺尔镇陆缘弧侵入岩微量元素含量及主要参数 单位：$\times10^{-6}$

| 序号 | 样品号 | Sr | Rb | Ba | Nb | Hf | Zr | Cr | Ni | Co | Y | Cs | Ga | Rb/Sr | Zr/Hf |
|---|---|---|---|---|---|---|---|---|---|---|---|---|---|---|---|
| 1 | HGS421 | 515.00 | 91.00 | 560.00 | | | | | 9.80 | 6.80 | 13.38 | | | 0.18 | |
| 2 | ⅢP14 GS23 | 259.00 | 169.00 | 569.00 | 11.00 | 13.00 | 344.00 | 30.00 | 5.00 | | | 30.00 | 19.00 | 0.65 | 26.46 |
| 3 | ⅢP12 GS40 | 43.00 | 235.00 | 167.00 | 13.00 | 10.00 | 112.00 | 9.00 | 5.00 | | | 30.00 | 26.00 | 5.47 | 11.20 |
| 4 | ⅢP12 GS63 | 54.00 | 198.00 | 268.00 | 15.00 | 10.00 | 238.00 | 13.00 | 5.00 | | | 30.00 | 26.00 | 3.67 | 23.80 |
| 5 | ⅤGS 4032-1 | 177.00 | 175.00 | 354.00 | | 10.00 | 164.00 | | 5.00 | 7.00 | | | | 0.99 | 16.40 |

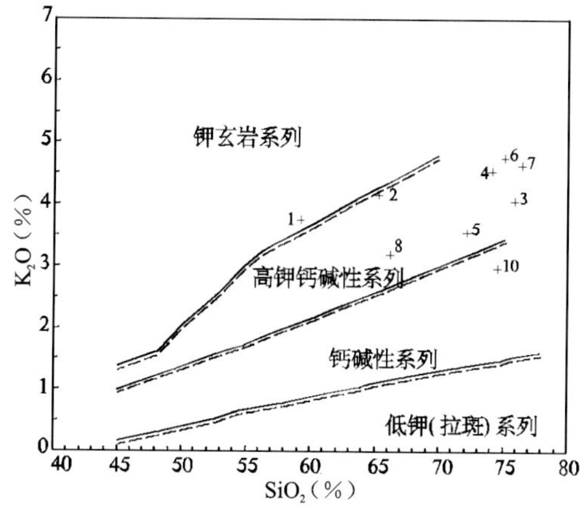


图 4-178 岩石系列 $K_2O$-$SiO_2$ 图解

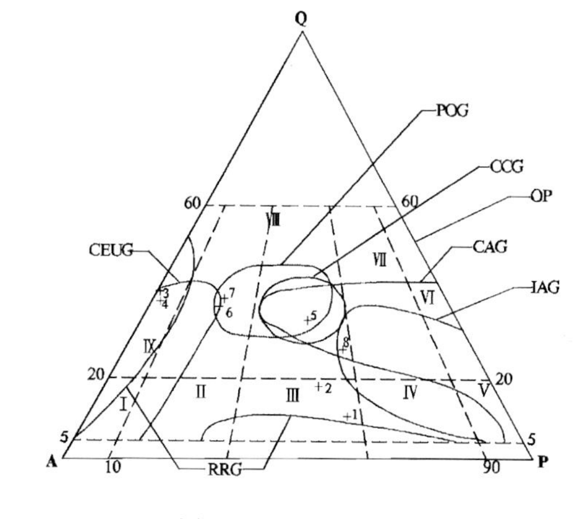


图 4-179 Q-A-P 图解

IAG. 岛弧；CAG. 大陆弧；CCG. 大陆碰撞；POG. 后造山；RRG. 裂谷系；CEUG. 大陆造陆隆升；OP. 大洋

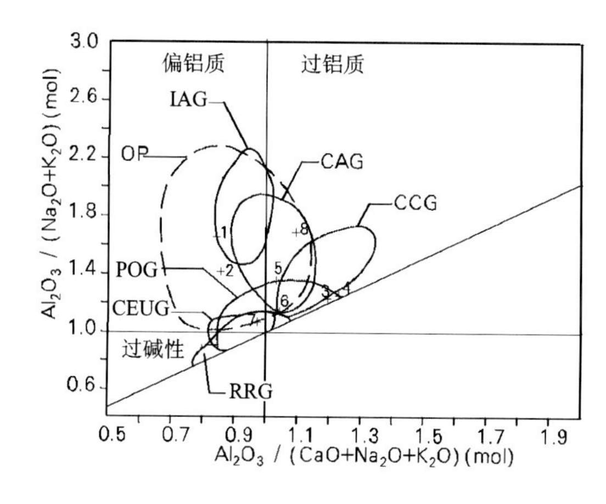


图 4-180 山德指数(Shamd′s indel)花岗岩环境图解

IAG. 岛弧；CAG. 大陆弧；CCG. 大陆碰撞；POG. 后造山；RRG. 裂谷系；CEUG. 大陆造陆隆升；OP. 大洋

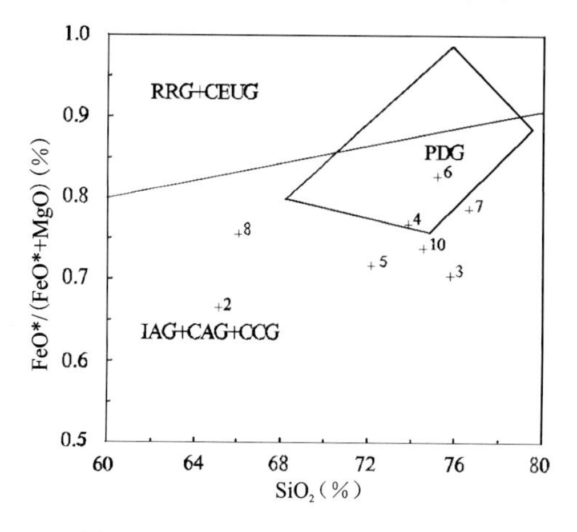


图 4-181 $SiO_2$-$FeO^*/(FeO^*+MgO)$ 三元系判别图解

IAG. 岛弧；CAG. 大陆弧；CCG. 大陆碰撞；POG. 后造山；RRG. 裂谷系；CEUG. 大陆造陆隆升

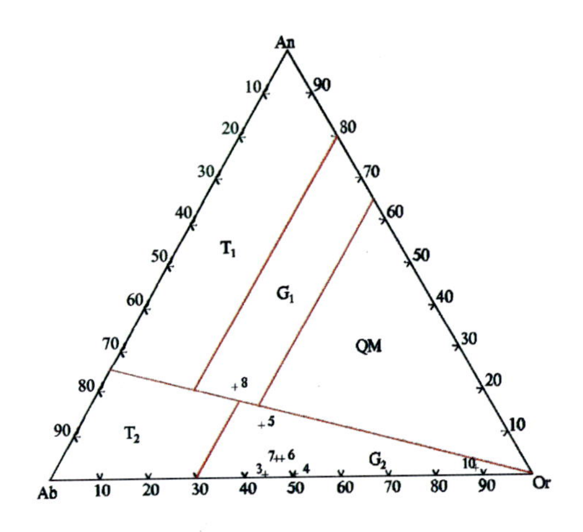


图 4-182　An-Ab-Or 分类图解(据 Johannes 等,1996)

$T_1$.英云闪长岩;$T_2$.奥长花岗岩;

$G_1$.花岗闪长岩;$G_2$.花岗岩;QM.石英二长岩

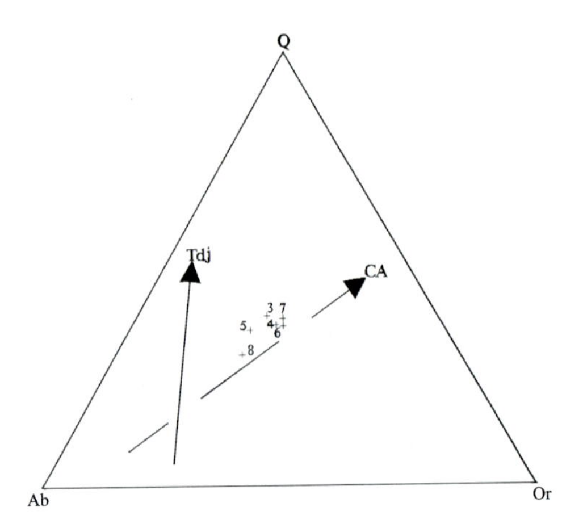


图 4-183　Q-Ab-Or 图解(据邓晋福,2004)

Tdj.奥长花岗岩类演化趋势;CA.钙碱性演化趋势

19)阿尔山、诺敏镇俯冲型花岗岩($G_2$)组合($J_2$)

该组合分布于阿尔山、诺敏镇两个地区。岩石类型有闪长岩、花岗闪长岩,均呈岩株状产出,后者U-Pb 同位素年龄为 165Ma。时代为中侏罗世。

根据岩石化学数据(表 4-94～表 4-96)进行了计算和投图分析。岩石系列为中钾及高钾钙碱性系列(图 4-184),岩石成因类型为壳幔混合源。在 Q-A-P 图中位于岛弧区和大陆弧区边部(图 4-185)。在 An-Ab-Or 图解中位于 $T_2$ 区(4-186)。综合判断应为活动大陆边缘环境形成的花岗岩($G_2$)组合。

表 4-94　中侏罗世($J_2$)阿尔山-乃漫河村陆缘弧侵入岩岩石化学成分含量及主要参数　单位:%

| 序号 | 样品号 | $SiO_2$ | $TiO_2$ | $Al_2O_3$ | $Fe_2O_3$ | FeO | MnO | MgO | CaO | $Na_2O$ | $K_2O$ | $P_2O_5$ | LOS | Total | $Na_2O+K_2O$ | $K_2O/Na_2O$ | $Mg^{\#}$ | $FeO^*$ | A/CNK | σ | A.R | SI | DI |
|---|---|---|---|---|---|---|---|---|---|---|---|---|---|---|---|---|---|---|---|---|---|---|---|
| 1 | Ⅸ70P54GS42 | 62.89 | 0.61 | 18.43 | 3.05 | 0.81 | 0.08 | 1.02 | 1.32 | 4.84 | 2.97 | 0.09 | 1.21 | 97.32 | 7.81 | 0.61 | 0.47 | 3.55 | 1.35 | 3.07 | 2.31 | 8.04 | 80.25 |
| 2 | X-3627 | 57.5 | 1.37 | 16.78 | 1.07 | 5.62 | 0.12 | 2.43 | 7.19 | 3.76 | 2.1 | 0.36 | 1.44 | 99.74 | 5.86 | 0.56 | 0.42 | 6.58 | 0.78 | 2.37 | 1.65 | 16.22 | 53.64 |
| 3 | 3064-1-1 | 69.22 | 1.9 | 1.9 | 1.94 | 6.58 | 0.16 | 3.23 | 6.02 | 4.1 | 2.6 | 0.44 | 1.82 | 99.91 | 6.70 | 0.63 | 0.44 | 8.32 | 0.09 | 1.71 | 11.98 | 17.51 | 52.32 |
| 4 | 3291 | 66.38 | 0.53 | 15.60 | 0.94 | 3.80 | 0.25 | 1.10 | 2.38 | 5.18 | 2.00 | 0.18 | 1.15 | 99.49 | 7.18 | 0.39 | 0.32 | 4.65 | 1.04 | 2.2 | 2.33 | 8.449 | 76.65 |

表 4-95　中侏罗世($J_2$)阿尔山-乃漫河村陆缘弧侵入岩稀土元素含量及主要参数　单位:$\times10^{-6}$

| 序号 | 样品号 | La | Ce | Pr | Nd | Sm | Eu | Gd | Tb | Dy | Ho | Er | Tm | Yb | Lu | ΣREE | ΣLREE | ΣHREE | LREE/HREE | δEu |
|---|---|---|---|---|---|---|---|---|---|---|---|---|---|---|---|---|---|---|---|---|
| 1 | Ⅸ70P54GS42 | 42.3 | 73.7 | 8.72 | 36.3 | 7.23 | 1.33 | 5.12 | 0.8 | 4.24 | 0.76 | 2.27 | 0.35 | 2.2 | 0.33 | 199.95 | 169.58 | 16.07 | 10.55 | 0.64 |

表 4-96　中侏罗世($J_2$)阿尔山-乃漫河村陆缘弧侵入岩微量元素含量及主要参数　单位:$\times10^{-6}$

| 序号 | 样品号 | Sr | Rb | Ba | Th | Ta | Nb | Hf | Zr | Cr | Ni | Co | V | U | Y | Cs | Sc | B | Li | Rb/Sr | U/Th | Zr/Hf |
|---|---|---|---|---|---|---|---|---|---|---|---|---|---|---|---|---|---|---|---|---|---|---|
| 1 | Ⅸ70P54GS42 | 489 | 81 | 648 | 11 | 0.6 | 13 | 6.7 | 219 | 29 | 12 | 15 | 50 | 1.7 | 17 | 6.5 | 7.4 | 7.2 | 30 | 0.17 | 0.15 | 32.93 |

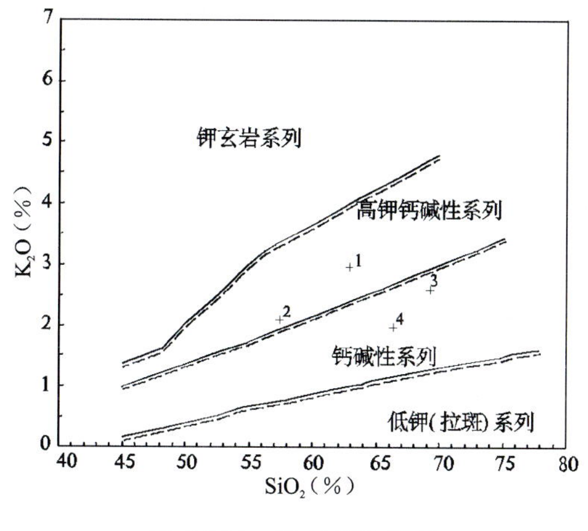


图 4-184 $K_2O$-$SiO_2$ 图解

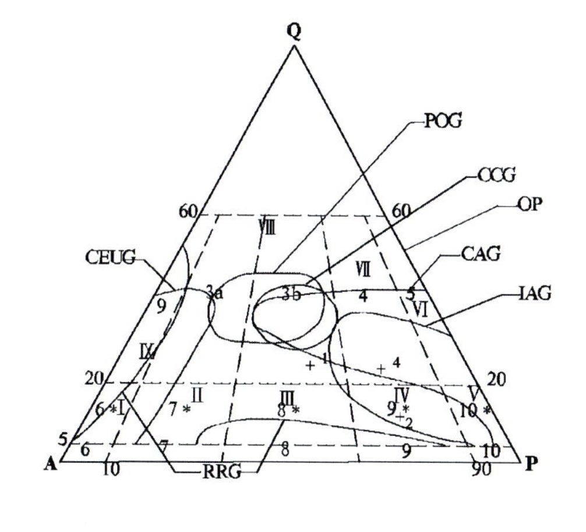


图 4-185 Q-A-P 图解

IAG. 岛弧;CAG. 大陆弧;CCG. 大陆碰撞;POG. 后造山;RRG. 裂谷系;CEUG. 大陆造陆隆升;OP. 大洋

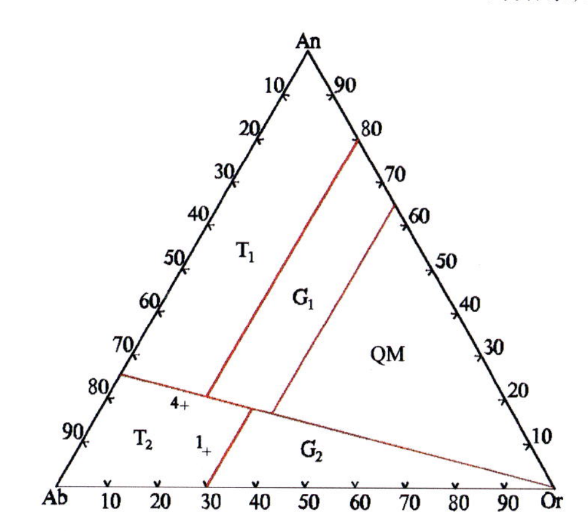


图 4-186 An-Ab-Or 分类图解(据 Johannes 等,1996)

$T_1$. 英云闪长岩;$T_2$. 奥长花岗岩;$G_1$. 花岗闪长岩;$G_2$. 花岗岩;QM. 石英二长岩

20)南兴安后碰撞高钾钙碱性花岗岩组合($J_2$)

该组合出露于南兴安一带,此外在索伦山-林西亚带的白音镐、阿鲁科尔沁旗等地有分布。岩石类型有角闪黑云母二长花岗岩、黑云母二长花岗岩及花岗岩等,呈岩株状侵入上二叠统林西组,被上侏罗统火山岩覆盖。K-Ar 同位素年龄为 157.3Ma 和 158.4Ma。其时代为中侏罗世。

根据岩石化学数据(表 4-97~表 4-99)进行了计算和投图分析。在 $SiO_2$-$K_2O$ 图解中以高钾钙碱系列为主,少量钾玄岩系列(图 4-187),岩石中含角闪石或闪长质包体,A/CNK 值多小于 1.1,成因类型为壳幔混合源。在 Q-A-P 图解和山德指数图解中位于大陆弧、大洋碰撞、后造山花岗岩区(图 4-188)。综合判断为后碰撞环境形成的高钾钙碱性花岗岩组合。

**表 4-97 中侏罗世($J_2$)白音镐-南兴安后碰撞侵入岩岩石化学成分含量及主要参数** 单位:%

| 序号 | 样品号 | $SiO_2$ | $TiO_2$ | $Al_2O_3$ | $Fe_2O_3$ | FeO | MnO | MgO | CaO | $Na_2O$ | $K_2O$ | $P_2O_5$ | LOS | Total | $Na_2O+K_2O$ | $K_2O/Na_2O$ | $Mg^{\#}$ | $FeO^*$ | A/CNK | $\sigma$ | A.R | SI | DI |
|---|---|---|---|---|---|---|---|---|---|---|---|---|---|---|---|---|---|---|---|---|---|---|---|
| 1 | P5 剖面 | 72.4 | 0.3 | 13.39 | 0.87 | 2.13 | 0.08 | 0.56 | 1.29 | 4.28 | 3.64 | 0.1 | 1.02 | 100.06 | 7.92 | 1.18 | 0.29 | 2.91 | 1.00 | 2.13 | 3.34 | 4.88 | 87.53 |
| 3 | Ⅲ p5e113 | 69.45 | 0.43 | 14.42 | 1.02 | 1.73 | 0.16 | 0.81 | 1.47 | 3.9 | 4.26 | 0.09 | 1.95 | 99.691 | 8.16 | 0.92 | 0.40 | 2.65 | 1.05 | 2.52 | 3.11 | 6.91 | 85.6 |
| 4 | Ⅲ P2t56 | 71.67 | 0.31 | 14.2 | 1.06 | 1.08 | 0.01 | 0.85 | 1.3 | 4.06 | 3.97 | 0.07 | 0.9 | 99.488 | 8.03 | 1.02 | 0.50 | 2.03 | 1.06 | 2.25 | 3.15 | 7.71 | 87.69 |
| 5 | Ⅱ E44 | 71.64 | 0.25 | 14.77 | 0.72 | 1.03 | 0.04 | 0.32 | 1.91 | 4.1 | 3.6 | 0.09 | 1 | 99.47 | 7.70 | 1.14 | 0.30 | 1.68 | 1.05 | 2.07 | 2.71 | 3.28 | 86.56 |

续表 4-97

| 序号 | 样品号 | $SiO_2$ | $TiO_2$ | $Al_2O_3$ | $Fe_2O_3$ | FeO | MnO | MgO | CaO | $Na_2O$ | $K_2O$ | $P_2O_5$ | LOS | Total | $Na_2O+K_2O$ | $K_2O/Na_2O$ | $Mg^\#$ | $FeO^*$ | A/CNK | σ | A. R | SI | DI |
|---|---|---|---|---|---|---|---|---|---|---|---|---|---|---|---|---|---|---|---|---|---|---|---|
| 6 | Ⅱ E1208 | 75.32 | 0.12 | 13.5 | 0.01 | 0.59 | 0.02 | 0.16 | 0.43 | 3.76 | 4.88 | 0.02 |  | 98.81 | 8.64 | 0.77 | 0.33 | 0.60 | 1.09 | 2.31 | 4.27 | 1.70 | 95.04 |
| 7 | P5 剖面 | 70.91 | 0.35 | 13.79 | 1.19 | 2.6 | 0.07 | 0.81 | 1.12 | 3.85 | 2.98 | 0.08 | 1.62 | 99.37 | 6.83 | 1.29 | 0.32 | 3.67 | 1.18 | 1.67 | 2.69 | 7.09 | 84.3 |
| 8 | 3172 | 76.17 | 0.20 | 12.45 | 0.64 | 1.01 | 0.03 | 0.13 | 0.51 | 3.70 | 4.40 | 0.08 | 0.58 | 99.90 | 8.10 | 1.19 | 0.49 | 1.59 | 0.99 | 1.98 | 4.33 | 1.32 | 94.13 |
| 9 | 3173 | 77.42 | 0.15 | 11.83 | 0.15 | 0.93 | 0.01 | 0.19 | 0.21 | 3.15 | 4.90 | 0.02 | 0.53 | 99.49 | 8.05 | 1.56 | 0.20 | 1.06 | 1.09 | 1.88 | 5.04 | 2.04 | 95.46 |
| 10 | 3179 | 80.98 | 0.08 | 10.41 |  | 0.64 | 0.01 | 0.04 | 0.12 | 3.45 | 4.10 | 0.04 | 0.20 | 100.07 | 7.55 | 1.19 | 0.22 | 0.64 | 0.96 | 1.50 | 6.07 | 0.49 | 97.89 |
| 11 | Ⅱ E44 | 71.64 | 0.25 | 14.77 | 0.72 | 1.03 | 0.04 | 0.32 | 1.91 | 4.10 | 3.60 | 0.09 |  | 98.47 | 7.70 | 0.88 | 0.13 | 1.68 | 0.97 | 2.07 | 2.71 | 3.28 | 86.50 |
| 12 | Ⅲ p2t56 | 71.67 | 0.31 | 14.20 | 1.06 | 1.08 | 0.01 | 0.85 | 1.30 | 4.06 | 3.97 | 0.07 | 0.90 | 99.49 | 8.03 | 0.98 | 0.27 | 2.03 | 0.99 | 2.25 | 3.15 | 7.71 | 87.69 |

表 4-98　中侏罗世($J_2$)白音镐-南兴安后碰撞侵入岩稀土元素含量及主要参数　单位:$\times10^{-6}$

| 序号 | 样品号 | La | Ce | Pr | Nd | Sm | Eu | Gd | Tb | Dy | Ho | Er | Tm | Yb | Lu | ΣREE | ΣLREE | ΣHREE | LREE/HREE | δEu |
|---|---|---|---|---|---|---|---|---|---|---|---|---|---|---|---|---|---|---|---|---|
| 1 | P5 剖面 | 24.15 | 66.33 | 6.63 | 25.75 | 5.48 | 1.09 | 5.83 | 0.99 | 6.83 | 1.35 | 4.05 | 0.69 | 4.29 | 0.64 | 166.70 | 129.43 | 24.67 | 5.25 | 0.59 |
| 2 | IXT5298 | 25.81 | 60.42 | 6.12 | 23.44 | 4.58 | 0.16 | 4.17 | 0.57 | 3.66 | 0.82 | 2.34 | 0.36 | 2.50 | 0.27 | 149.52 | 120.53 | 14.69 | 8.20 | 0.11 |

表 4-99　中侏罗世($J_2$)白音镐-南兴安后碰撞侵入岩微量元素含量及主要参数　单位:$\times10^{-6}$

| 序号 | 样品号 | Sr | Rb | Ba | Th | Ta | Nb | Hf | Zr | Cr | Ni | Co | V | U | Y | Cs | Sc | Li | Rb/Sr | U/Th | Zr/Hf |
|---|---|---|---|---|---|---|---|---|---|---|---|---|---|---|---|---|---|---|---|---|---|
| 1 | P5 剖面 | 99.01 | 75.94 | 711.38 | 10.89 | 1.94 | 13.32 | 4.29 | 22.63 | 9.77 | 2.25 | 1.81 | 4.93 | 1.99 | 34.32 | 1.79 | 8.46 | 29.80 | 0.77 | 0.18 | 5.28 |
| 2 | IXT5298 |  |  |  |  |  |  |  |  |  |  |  |  |  | 20.28 |  | 1.94 |  |  |  | 5.28 |

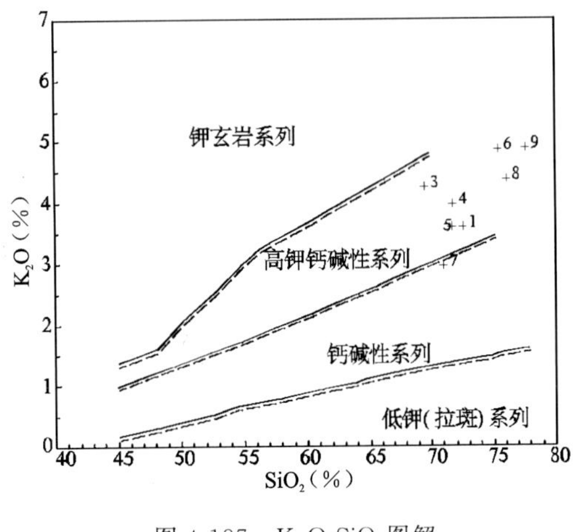


图 4-187　$K_2O$-$SiO_2$图解

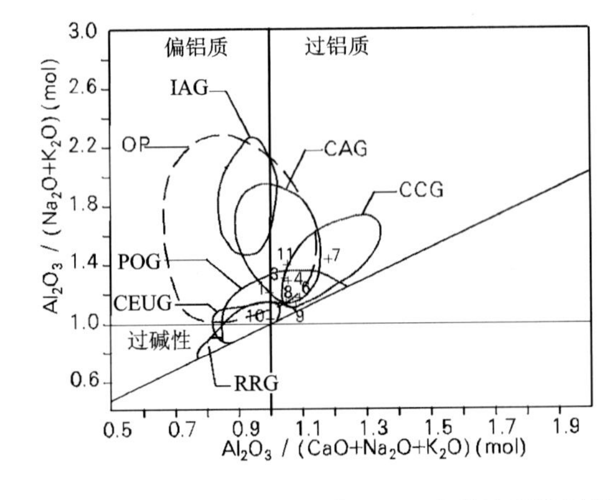


图 4-188　山德指数(Shamd′s indel)花岗岩环境图解

IAG. 岛弧;CAG. 大陆弧;CCG. 大陆碰撞;POG. 后造山;RRG. 裂谷系;CEUG. 大陆造陆隆升;OP. 大洋

21)柴河镇-巴林镇俯冲型 $G_1$ 组合($J_3$)

该组合分布于柴河镇-济沁河林场-巴林镇地区。岩石类型有闪长岩、石英闪长岩、石英二长闪长岩、石英闪长玢岩、花岗闪长岩和石英二长岩。呈岩基、岩株状产出,侵入晚侏罗世火山岩。时代为晚侏罗世。

根据岩石化学数据(表 4-100～表 4-102)进行了计算和投图分析。岩石系列以高钾钙碱性系列为主,少量钾玄岩系列(图 4-189)。在 $Na_2O$-$K_2O$ 图解中位于 I 型区(图 4-190),成因类型为壳幔混合源。在 An-Ab-Or 图解中位于 $G_2$ 区(图 4-191),在 Q-Ab-Or 图解中显示钙碱性演化趋势(4-192)。综合分析判断应为活动大陆边缘弧环境形成的闪长岩-花岗闪长岩($G_1$)组合。

**表 4-100　晚侏罗世($J_3$)柴河镇-巴林镇陆缘弧侵入岩岩石化学成分含量及主要参数**　单位:%

| 序号 | 样品号 | $SiO_2$ | $TiO_2$ | $Al_2O_3$ | $Fe_2O_3$ | FeO | MnO | MgO | CaO | $Na_2O$ | $K_2O$ | $P_2O_5$ | LOS | Total | $Na_2O+K_2O$ | $K_2O/Na_2O$ | $Mg^{\#}$ | $FeO^*$ | A/CNK | σ | A.R | SI | DI |
|---|---|---|---|---|---|---|---|---|---|---|---|---|---|---|---|---|---|---|---|---|---|---|---|
| 1 | 2GS0083 | 71.39 | 0.36 | 14.84 | 1.23 | 1.21 | 0.05 | 0.92 | 1.19 | 4.11 | 3.8 | 0.14 | 0.45 | 99.69 | 7.91 | 0.92 | 0.49 | 2.32 | 1.15 | 2.20 | 2.95 | 8.16 | 86.84 |
| 2 | 6GS5094 | 68.02 | 0.46 | 16.28 | 1.78 | 0.67 | 0.1 | 0.44 | 1.04 | 5.12 | 5.1 | 0.12 | 0.54 | 99.67 | 10.22 | 1.00 | 0.37 | 2.27 | 1.03 | 4.17 | 3.88 | 3.36 | 90.2 |
| 3 | IGS5271 | 56.66 | 1.09 | 16.6 | 2.79 | 4.12 | 0.21 | 2.05 | 6.74 | 4.93 | 2.22 | 0.39 | 2.53 | 100.33 | 7.15 | 0.45 | 0.41 | 6.63 | 0.73 | 3.74 | 1.88 | 12.7 | 60.58 |
| 4 | 241 | 72.82 | 0.29 | 13.00 | 1.28 | 0.97 | 0.09 | 0.26 | 1.36 | 4.35 | 4.40 | 0.09 | 0.71 | 99.62 | 8.75 | 1.01 | 0.22 | 2.12 | 0.90 | 2.57 | 4.12 | 2.31 | 91.7 |

**表 4-101　晚侏罗世($J_3$)柴河镇-巴林镇陆缘弧侵入岩稀土元素含量及主要参数**　单位:$\times10^{-6}$

| 序号 | 样品号 | La | Ce | Pr | Nd | Sm | Eu | Gd | Tb | Dy | Ho | Er | Tm | Yb | Lu | ΣREE | ΣLREE | ΣHREE | LREE/HREE | δEu |
|---|---|---|---|---|---|---|---|---|---|---|---|---|---|---|---|---|---|---|---|---|
| 1 | 2GS0083 | 20.70 | 42.20 | 4.81 | 17.30 | 3.02 | 0.63 | 2.34 | 0.34 | 1.95 | 0.37 | 1.04 | 0.18 | 1.42 | 0.21 | 96.50 | 88.66 | 7.85 | 11.30 | 0.69 |
| 2 | 6GS5094 | 67.00 | 122.00 | 14.80 | 57.40 | 8.98 | 2.51 | 7.36 | 0.92 | 4.71 | 0.84 | 2.27 | 0.30 | 2.60 | 0.29 | 291.98 | 272.69 | 19.29 | 14.14 | 0.92 |
| 3 | IGS5271 | 28.66 | 64.98 | 7.29 | 31.55 | 6.30 | 1.61 | 5.79 | 0.76 | 3.70 | 0.74 | 1.80 | 0.24 | 1.41 | 0.10 | 154.93 | 140.39 | 14.54 | 9.66 | 0.80 |

**表 4-102　晚侏罗世($J_3$)柴河镇-巴林镇陆缘弧侵入岩微量元素含量及主要参数**　单位:$\times10^{-6}$

| 序号 | 样品号 | Sr | Rb | Ba | Th | Nb | Zr | Cr | Ni | Co | V | U | Y | Li | Rb/Sr | U/Th | Zr/Hf |
|---|---|---|---|---|---|---|---|---|---|---|---|---|---|---|---|---|---|
| 1 | 2GS0083 | 468.5 | 114.4 | 644 | 13.8 | 9.2 | 122.4 | 18.8 | 8.5 | 10.5 | 26.3 |  | 10.3 | 31.2 | 0.24 | 0.00 | 8.87 |
| 2 | 6GS5094 | 230.3 | 111.9 | 2532 | 22.6 | 9.7 | 503 | 15.6 | 5.9 | 5.5 | 20.8 | 2.7 | 21.4 | 13.3 | 0.49 | 0.12 | 22.26 |
| 3 | IGS5271 |  |  |  |  |  |  |  |  |  |  |  | 16.6 |  |  |  |  |

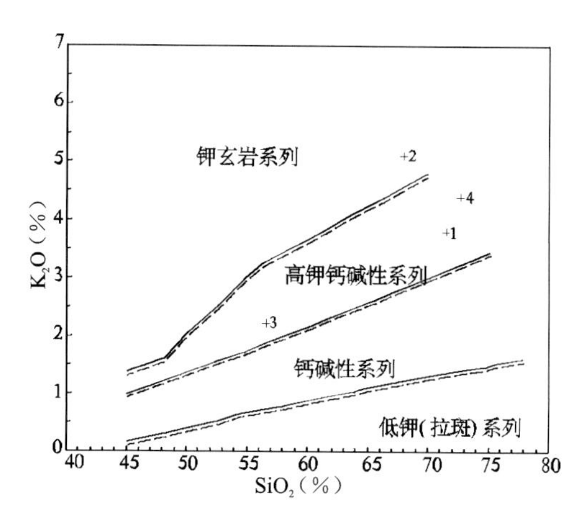


图 4-189　$K_2O$-$SiO_2$图解

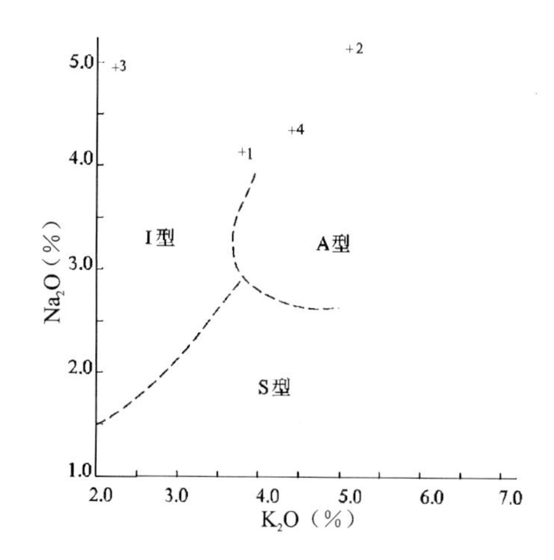


图 4-190　$Na_2O$-$K_2O$图解

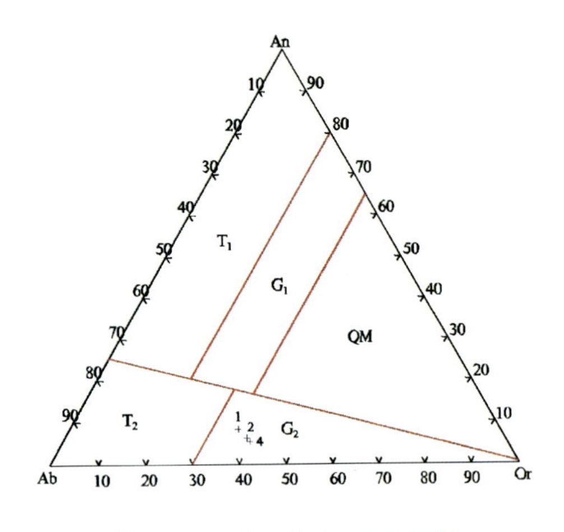


图 4-191　An-Ab-Or 分类图解

（据 Johannes 等，1996）

$T_1$. 英云闪长岩；$T_2$. 奥长花岗岩；

$G_1$. 花岗闪长岩；$G_2$. 花岗岩；QM. 石英二长岩

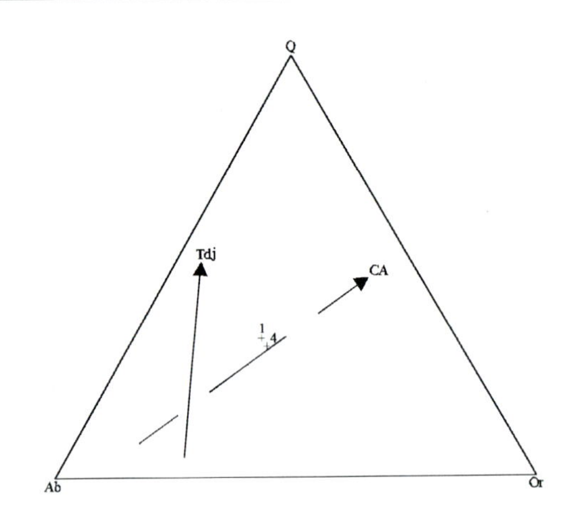


图 4-192　Q-Ab-Or 图解（据邓晋福，2004）

Tdj. 奥长花岗岩类演化趋势；CA. 钙碱性演化趋势

22）兴安林场、索伦山牧场俯冲型δ＋TTG 组合（$J_3$）

该组合分布于兴安林场地区和索伦山牧场地区，在锡林浩特亚带的宝石镇地区也有分布。岩石类型以石英闪长岩、花岗闪长岩为主，另外有辉石闪长岩、闪长岩、辉石石英闪长岩、英云闪长岩、石英二长闪长岩、闪长玢岩、奥长花岗岩和二长岩等。侵入最新地层为上侏罗统满克头鄂博组和玛尼吐组。花岗闪长岩 U-Pb 同位素年龄为 150Ma 和 138Ma。其时代确定为晚侏罗世。闪长岩中赋存银铜矿，花岗闪长岩具铁矿化。

根据岩石化学数据（表 4-103、表 4-104）进行了计算和投图分析。在 $K_2O$-$SiO_2$ 图解中（图 4-193）以高钾钙碱性系列为主，少量为中钾钙碱系列和钾玄岩系列。岩石内多见辉石、角闪石，其成因类型为壳幔混合源。其岩石特征及岩石化学特征与巴巴林的含角闪石钙碱性花岗岩类相当。在 Q-A-P 图解中样点位于大陆弧区外侧与裂谷系花岗岩区外侧之间（图 4-194）。在山德指数图解中样点位于大洋花岗岩区及岛弧、大陆弧、大陆碰撞花岗岩区（图 4-195）。在 $R_1$-$R_2$ 图解中样点位于 2、3、4 区（图 4-196）。在 An-Ab-Or 图解中位于 $T_1$、$T_2$、$G_1$、$G_2$ 区（图 4-197）。在 Q-Ab-Or 图解中显示钙碱性演化趋势（图 4-198）。综合以上分析判断为活动大陆边缘环境形成的闪长岩＋英云闪长岩-奥长花岗岩-花岗闪长岩（TTG）组合。

**表 4-103　晚侏罗世（$J_3$）兴安林场-宝石镇陆缘弧侵入岩岩石化学成分含量及主要参数**　　单位：%

| 序号 | 样品号 | $SiO_2$ | $TiO_2$ | $Al_2O_3$ | $Fe_2O_3$ | FeO | MnO | MgO | CaO | $Na_2O$ | $K_2O$ | $P_2O_5$ | LOS | Total | $Na_2O+K_2O$ | $K_2O/Na_2O$ | $Mg^{\#}$ | $FeO^*$ | A/CNK | σ | A.R | SI | DI |
|---|---|---|---|---|---|---|---|---|---|---|---|---|---|---|---|---|---|---|---|---|---|---|---|
| 1 | IGS2282 | 69.66 | 0.40 | 14.18 | 0.97 | 1.47 | 0.08 | 2.61 | 0.44 | 5.25 | 4.25 | 0.13 | 0.68 | 100.12 | 9.50 | 0.81 | 0.72 | 2.34 | 1.01 | 3.39 | 4.71 | 17.94 | 87.8 |
| 2 | IGS4179 | 67.70 | 0.56 | 14.66 | 1.75 | 2.07 | 0.14 | 0.87 | 2.14 | 5.30 | 3.90 | 0.19 | 0.77 | 100.05 | 9.20 | 0.74 | 0.36 | 3.64 | 0.87 | 3.43 | 3.42 | 6.26 | 85.3 |
| 3 | A21 | 69.33 | 0.40 | 14.86 | 1.98 | 1.45 | 0.07 | 1.90 | 1.68 | 4.14 | 4.16 | 0.10 | 0.80 | 100.87 | 8.30 | 1.00 | 0.60 | 3.23 | 1.04 | 2.62 | 3.01 | 13.94 | 82.1 |
| 4 | 3-147 | 67.13 | 0.50 | 15.70 | 2.16 | 1.36 | 0.09 | 2.02 | 1.20 | 4.56 | 3.50 | 0.15 | 1.42 | 99.79 | 8.06 | 0.77 | 0.61 | 3.30 | 1.17 | 2.69 | 2.82 | 14.85 | 82 |
| 5 | 3-153 | 68.68 | 0.44 | 14.56 | 1.97 | 2.03 | 0.07 | 0.78 | 2.93 | 4.12 | 3.92 | 0.28 | 0.84 | 100.62 | 8.04 | 0.95 | 0.33 | 3.80 | 0.89 | 2.52 | 2.70 | 6.08 | 81.1 |
| 6 | 10207 | 62.32 | 0.76 | 15.95 | 2.42 | 3.72 | 0.06 | 2.36 | 4.80 | 4.32 | 2.32 | 0.45 | 0.00 | 99.48 | 6.64 | 0.54 | 0.47 | 5.90 | 0.86 | 2.28 | 1.94 | 15.59 | 65.5 |
| 7 | 8472 | 63.60 | 0.80 | 16.00 | 2.40 | 2.56 | 0.10 | 2.09 | 4.28 | 4.77 | 2.35 | 0.33 | 0.00 | 99.28 | 7.12 | 0.49 | 0.51 | 4.72 | 0.88 | 2.46 | 2.08 | 14.75 | 70 |
| 8 | 2811 | 62.73 | 0.55 | 16.14 | 1.99 | 2.93 | 0.10 | 0.72 | 5.58 | 3.38 | 3.64 | 0.23 | 2.64 | 100.63 | 7.02 | 1.08 | 0.26 | 4.72 | 0.81 | 2.50 | 1.96 | 5.69 | 68.6 |
| 9 | I GS0136 | 57.42 | 0.84 | 17.38 | 2.63 | 4.67 | 0.11 | 4.82 | 3.27 | 2.60 | 4.46 | 0.26 | 1.62 | 100.08 | 7.06 | 1.72 | 0.60 | 7.03 | 1.16 | 3.46 | 2.04 | 25.13 | 58.7 |
| 10 | D3 | 52.44 | 1.85 | 17.17 | 5.17 | 4.93 | 0.13 | 4.08 | 7.12 | 4.12 | 2.14 | 0.40 | 0.44 | 99.99 | 6.26 | 0.52 | 0.51 | 9.58 | 0.78 | 4.15 | 1.69 | 19.96 | 47.8 |

续表 4-103

| 序号 | 样品号 | $SiO_2$ | $TiO_2$ | $Al_2O_3$ | $Fe_2O_3$ | FeO | MnO | MgO | CaO | $Na_2O$ | $K_2O$ | $P_2O_5$ | LOS | Total | $Na_2O+K_2O$ | $K_2O/Na_2O$ | $Mg^{\#}$ | $FeO^{*}$ | A/CNK | σ | A. R | SI | DI |
|---|---|---|---|---|---|---|---|---|---|---|---|---|---|---|---|---|---|---|---|---|---|---|---|
| 11 | C39-2-10 | 53.92 | 0.22 | 19.65 | 5.75 | 4.36 | 0.11 | 3.96 | 5.49 | 3.42 | 2.12 | 0.15 | 1.52 | 100.67 | 5.54 | 0.62 | 0.51 | 9.53 | 1.10 | 2.81 | 1.57 | 20.19 | 46.7 |
| 12 | K-4-K | 54.70 | 0.90 | 16.35 | 1.47 | 6.02 | 0.13 | 7.00 | 6.72 | 4.12 | 1.73 | 0.20 | 1.24 | 100.58 | 5.85 | 0.42 | 0.65 | 7.34 | 0.78 | 2.93 | 1.68 | 34.41 | 45.4 |
| 13 | 3529 | 62.22 | 0.80 | 15.39 | 2.51 | 3.64 | 0.09 | 2.11 | 4.02 | 4.20 | 3.16 | 0.25 | 0.98 | 99.37 | 7.36 | 0.75 | 0.44 | 5.90 | 0.87 | 2.82 | 2.22 | 13.51 | 69.4 |
| 14 | 5个样平均值 | 68.81 | 0.52 | 15.30 | 1.24 | 1.20 | 0.05 | 1.20 | 1.91 | 4.90 | 3.05 | 0.15 | 1.26 | 99.59 | 7.95 | 0.62 | 0.55 | 2.31 | 1.03 | 2.45 | 2.72 | 10.35 | 83.7 |
| 15 | 2069 | 70.8 | 0.32 | 15.07 | 0.6 | 1.47 | 0.03 | 0.83 | 2.24 | 4.57 | 3.47 | 0.1 | 0.57 | 100.07 | 8.04 | 0.76 | 0.47 | 2.01 | 0.98 | 2.33 | 2.73 | 7.59 | 84 |
| 16 | IGS5211 | 73.12 | 0.19 | 13.57 | 0.65 | 2.17 | 0.08 | 0.39 | 1.19 | 4.3 | 4.15 | 0.05 | 0.79 | 100.65 | 8.45 | 0.97 | 0.23 | 2.75 | 0.99 | 2.37 | 3.68 | 3.34 | 88.8 |
| 17 | IGS5109 | 72.7 | 0.29 | 13.93 | 1.4 | 1.64 | 0.04 | 0.79 | 0.3 | 4.6 | 3.64 | 0.09 | 0.74 | 100.16 | 8.24 | 0.79 | 0.39 | 2.9 | 1.16 | 2.29 | 3.75 | 6.55 | 90.7 |

表 4-104 晚侏罗世($J_3$)兴安林场-宝石镇陆缘弧侵入岩稀土元素含量及主要参数 单位：$\times 10^{-6}$

| 序号 | 样品号 | La | Ce | Pr | Nd | Sm | Eu | Gd | Tb | Dy | Ho | Er | Tm | Yb | Lu | ΣREE | ΣLREE | ΣHREE | LREE/HREE | δEu |
|---|---|---|---|---|---|---|---|---|---|---|---|---|---|---|---|---|---|---|---|---|
| 1 | IGS2282 | 35.89 | 89.89 | 8.7 | 35.77 | 6.8 | 0.9 | 6.33 | 0.82 | 4.56 | 1 | 2.7 | 0.39 | 2.58 | 0.19 | 210.81 | 177.94 | 18.57 | 9.58 | 0.42 |
| 2 | IGS4179 | 26.47 | 69.05 | 6.5 | 27.98 | 5.9 | 1.1 | 5.42 | 0.73 | 3.84 | 0.77 | 1.92 | 0.24 | 1.62 | 0.17 | 179.03 | 137.02 | 14.71 | 9.31 | 0.59 |

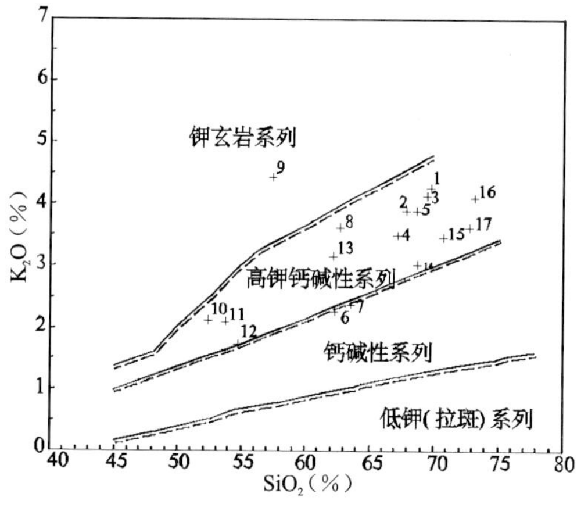


图 4-193 $K_2O$-$SiO_2$ 图解

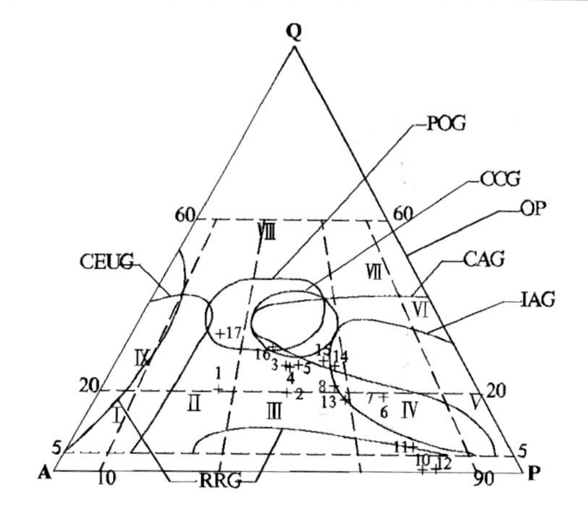


图 4-194 Q-A-P 图解

IAG. 岛弧；CAG. 大陆弧；CCG. 大陆碰撞；POG. 后造山；RRG. 裂谷系；CEUG. 大陆造陆隆升；OP. 大洋

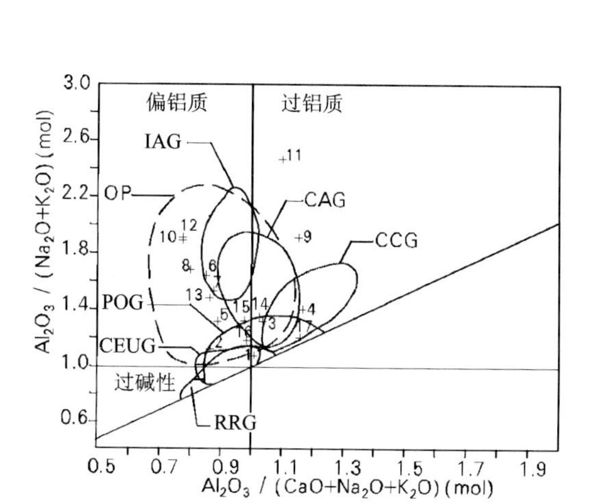


图 4-195 山德指数(Shamd's indel)花岗岩环境图解

IAG. 岛弧；CAG. 大陆弧；CCG. 大陆碰撞；POG. 后造山；RRG. 裂谷系；CEUG. 大陆造陆隆升；OP. 大洋

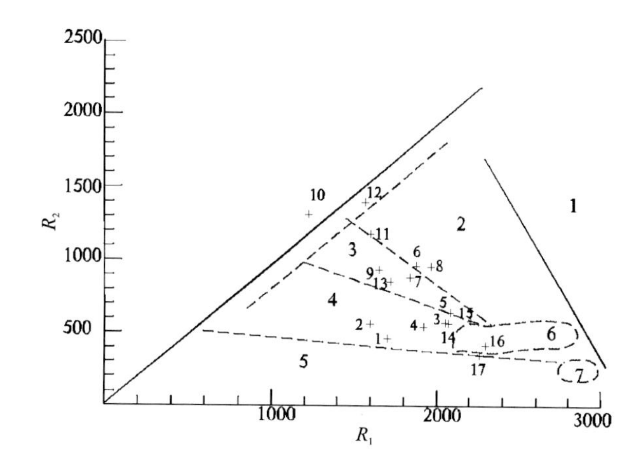


图 4-196 主要花岗岩类岩石组合的示意性图解

(据 Batchelor 等，1985)

1. 地幔分离；2. 板块碰撞前的；3. 碰撞后的抬升；4. 造山晚期的；5. 非造山的；6. 同碰撞期的；7. 造山期后的

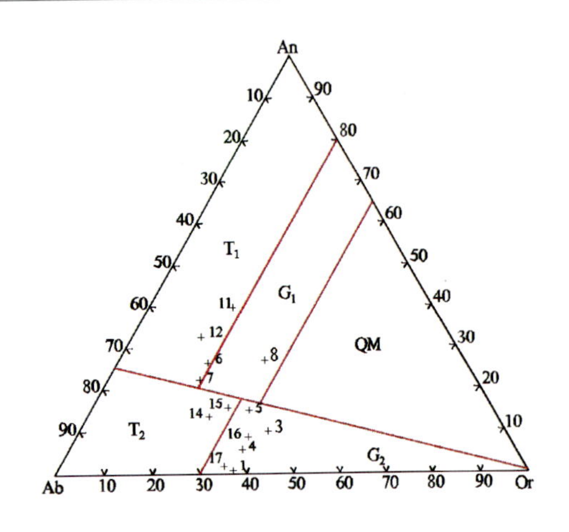


图 4-197　An-Ab-Or 分类图解(据 Johannes 等,1996)
$T_1$. 英云闪长岩;$T_2$. 奥长花岗岩;
$G_1$. 花岗闪长岩;$G_2$. 花岗岩;QM. 石英二长岩

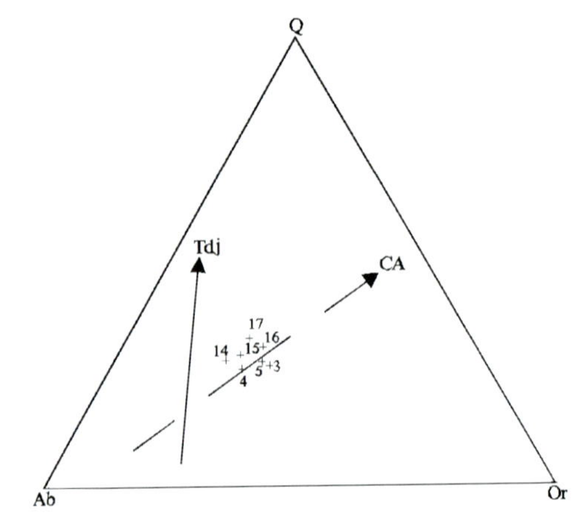


图 4-198　Q-Ab-Or 图解(据邓晋福,2004)
Tdj. 奥长花岗岩类演化趋势;CA. 钙碱性演化趋势

23)罕达盖、库伦沟林场后碰撞高钾钙碱性花岗岩组合($J_3$)

该组合分布于中部的东乌珠穆沁旗—额仁高壁地区及东部的罕达盖地区巴林镇—库伦沟林场地区。呈岩基、岩株状产出。岩石类型以花岗岩、黑云母花岗岩、二长花岗岩为主,少量正长花岗岩、碱长花岗岩和斜长花岗斑岩等,U-Pb 同位素年龄为 146.9Ma、150Ma 和 154Ma。侵入最新地层为上侏罗统火山岩,时代确定为晚侏罗世。中部东乌珠穆沁旗地区黑云母花岗岩边部赋存朝不楞中型矽卡岩型铁矿。

根据东部地区岩石化学数据(表 4-105～表 4-107)进行了计算和投图分析。在 $K_2O$-$SiO_2$ 图解中显示高钾钙碱性系列(图 4-199)。在 $Na_2O$-$K_2O$ 图解中位于 I 型- A 型区(图 4-200)。A/CNK 值多小于 1.1,成因类型为壳幔混合源。在 $R_1$-$R_2$ 图解中位于同碰撞区及其周围边缘(图 4-201)。在 Rb-Yb+Ta 图解中位于火山弧与同碰撞花岗岩区交界处(图 4-202)。综合判断为后碰撞环境的高钾钙碱性花岗岩组合。

**表 4-105　晚侏罗世($J_3$)罕达盖-库伦沟林场后碰撞侵入岩岩石化学成分含量及主要参数**　　单位:%

| 序号 | 样品号 | $SiO_2$ | $TiO_2$ | $Al_2O_3$ | $Fe_2O_3$ | FeO | MnO | MgO | CaO | $Na_2O$ | $K_2O$ | $P_2O_5$ | LOS | Total | $Na_2O$ $+K_2O$ | $K_2O$/ $Na_2O$ | $Mg^{\#}$ | $FeO^*$ | A/CNK | σ | A.R | SI | DI |
|---|---|---|---|---|---|---|---|---|---|---|---|---|---|---|---|---|---|---|---|---|---|---|---|
| 1 | 2P24GS10 | 76.37 | 0.17 | 12.08 | 1.4 | 0.28 | 0.05 | 0.28 | 0.72 | 3.65 | 4.6 | 0.02 | 0.42 | 100.04 | 8.25 | 1.26 | 0.37 | 1.54 | 0.98 | 2.04 | 4.63 | 2.74 | 93.86 |
| 2 | 4GS2080 | 75.43 | 0.16 | 12.64 | 0.89 | 0.73 | 0.02 | 0.03 | 0.6 | 3.46 | 5.18 | 0.15 | 0.59 | 99.88 | 8.64 | 1.50 | 0.06 | 1.53 | 1.02 | 2.30 | 4.76 | 0.29 | 94.82 |
| 3 | 6GS2132-1 | 68.5 | 0.48 | 15.02 | 2.41 | 0.65 | 0.12 | 0.7 | 2.1 | 4.41 | 3.78 | 0.14 | 1.2 | 99.51 | 8.19 | 0.86 | 0.43 | 2.82 | 0.99 | 2.63 | 2.83 | 5.86 | 83.8 |
| 4 | 2GS4122 | 74.34 | 0.25 | 13.38 | 1.05 | 0.57 | 0.05 | 0.32 | 0.94 | 4.2 | 4.09 | 0.07 | 0.52 | 99.78 | 8.29 | 0.97 | 0.36 | 1.51 | 1.02 | 2.19 | 3.75 | 3.13 | 92.1 |

**表 4-106　晚侏罗世($J_3$)罕达盖-库伦沟林场后碰撞侵入岩稀土元素含量及主要参数**　　单位:$\times10^{-6}$

| 序号 | 样品号 | La | Ce | Pr | Nd | Sm | Eu | Gd | Tb | Dy | Ho | Er | Tm | Yb | Lu | ΣREE | ΣLREE | ΣHREE | LREE/HREE | δEu |
|---|---|---|---|---|---|---|---|---|---|---|---|---|---|---|---|---|---|---|---|---|
| 1 | 2P24GS10 | 33.90 | 70.40 | 7.42 | 28.70 | 4.56 | 0.31 | 4.09 | 0.56 | 3.95 | 0.78 | 2.30 | 0.35 | 2.46 | 0.37 | 187.45 | 145.29 | 14.86 | 9.78 | 0.22 |
| 3 | 6GS2132-1 | 40.30 | 73.90 | 8.96 | 35.10 | 6.18 | 1.36 | 5.73 | 0.75 | 4.21 | 0.86 | 2.56 | 0.38 | 2.54 | 0.38 | 183.21 | 165.80 | 17.41 | 9.52 | 0.69 |
| 4 | 2GS4122 | 21.50 | 44.10 | 4.82 | 17.10 | 3.21 | 0.55 | 2.63 | 0.42 | 2.45 | 0.48 | 1.51 | 0.23 | 1.63 | 0.23 | 100.87 | 91.28 | 9.58 | 9.53 | 0.57 |

表 4-107 晚侏罗世($J_3$)罕达盖-库伦沟林场后碰撞侵入岩微量元素含量及主要参数 单位:$\times10^{-6}$

| 序号 | 样品号 | Sr | Rb | Ba | Th | Nb | Zr | Cr | Ni | Co | V | U | Y | Li | Rb/Sr | U/Th | Zr/Hf |
|---|---|---|---|---|---|---|---|---|---|---|---|---|---|---|---|---|---|
| 1 | 2P24 GS10 | 68.8 | 126.8 | 205 | 21.2 | 14.1 | 210.5 | 13.4 | 0.1 | 3 | 5.7 | | 19.4 | 0.72 | 1.84 | 0.00 | 9.93 |
| 3 | 6GS 2132-1 | 343.7 | 105.7 | 639 | 20.7 | 12.3 | 241 | 16.2 | 7.5 | 8 | 52.3 | 4.1 | 24 | 13.8 | 0.31 | 0.20 | 11.64 |
| 4 | 2GS4122 | 157.6 | 152.8 | 393 | 17.2 | 14 | 138.5 | 10.9 | 4.7 | 5.9 | 15.9 | | 13.5 | 15.1 | 0.97 | 0.00 | 8.05 |

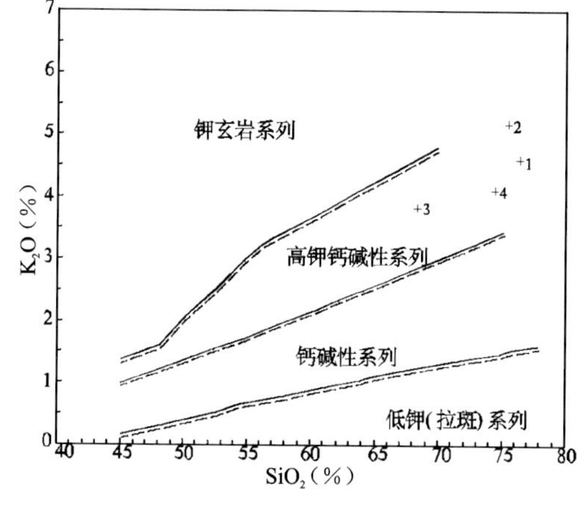


图 4-199 $K_2O$-$SiO_2$ 图解

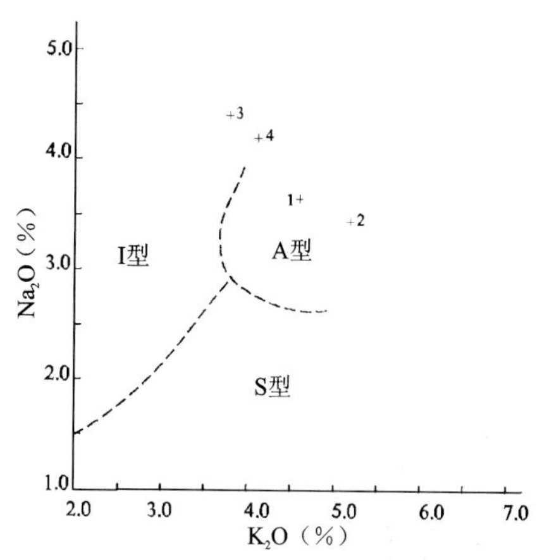


图 4-200 $Na_2O$-$K_2O$ 图解

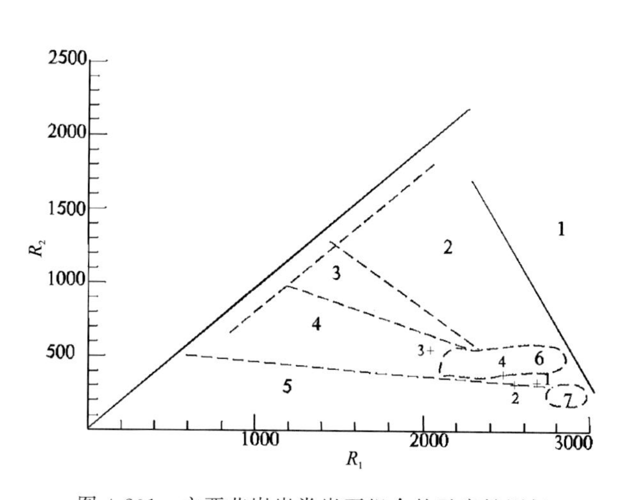


图 4-201 主要花岗岩类岩石组合的示意性图解

(据 Batchelor 等,1985)

1.地幔分离;2.板块碰撞前的;3.碰撞后的抬升;4.造山晚期的;5.非造山的;6.同碰撞期的;7.造山期后的

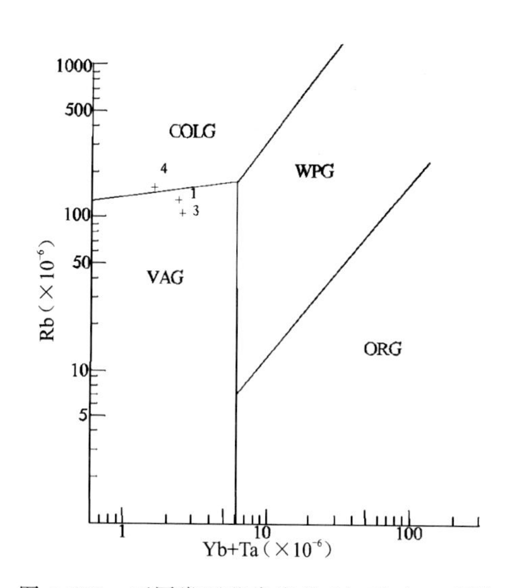


图 4-202 不同类型花岗岩的 Rb-Yb+Ta 图解

(据 Pearce,1984)

ORG.洋脊花岗岩;WPG.板内花岗岩;VAG.火山弧花岗岩;COLG.同碰撞花岗岩

24)巴林镇、古里林场俯冲型 TTG 组合($K_1$)

该组合零星分布于本亚带西北部巴林镇地区、古里林场地区。岩石类型有闪长岩、石英闪长岩、石英二长闪长岩和花岗闪长岩。多以岩株产出。侵入上侏罗统火山岩。时代为早白垩世。

根据岩石化学数据(表 4-108～表 4-110)进行了计算和投图分析。在 $K_2O$-$SiO_2$ 图解中为高钾钙碱性系列(图4-203),在 $Na_2O$-$K_2O$ 图解中位于Ⅰ型区(图4-204),且岩体多含角闪石和闪长质包体,其成因类型为壳幔混合源。在山德指数图解中位于大陆弧花岗岩区及其外围(图4-205)。在An-Ab-Or图解中(图4-206),多数位于 $G_2$ 区,少量位于 $T_2$ 区和 $T_1$ 区。综合判断为活动边缘环境的TTG组合。

**表4-108　早白垩世($K_1$)巴林镇-新天镇陆缘弧侵入岩岩石化学成分含量及主要参数**　单位:%

| 序号 | 样品号 | $SiO_2$ | $TiO_2$ | $Al_2O_3$ | $Fe_2O_3$ | FeO | MnO | MgO | CaO | $Na_2O$ | $K_2O$ | $P_2O_5$ | LOS | Total | $Na_2O+K_2O$ | $K_2O/Na_2O$ | $Mg^{\#}$ | $FeO^*$ | A/CNK | σ | A.R | SI | DI |
|---|---|---|---|---|---|---|---|---|---|---|---|---|---|---|---|---|---|---|---|---|---|---|---|
| 1 | Ⅸ70P53GS36 | 64.64 | 0.7 | 15.46 | 2.2 | 2.51 | 0.1 | 2.12 | 3.24 | 4.61 | 3.26 | 0.27 | 0.83 | 99.94 | 7.87 | 0.71 | 0.53 | 4.49 | 0.91 | 2.86 | 2.45 | 14.42 | 75.6 |
| 2 | 2P15GS1-7 | 67.77 | 0.48 | 15.73 | 1.98 | 1.35 | 0.07 | 1 | 1.95 | 4.01 | 3.97 | 0.18 | 1.04 | 99.53 | 7.98 | 0.99 | 0.46 | 3.13 | 1.08 | 2.57 | 2.65 | 8.12 | 84.08 |
| 3 | 6P21GS15 | 62.88 | 0.57 | 14.79 | 5.85 | 1.7 | 0.33 | 1.7 | 2.59 | 4.14 | 3.73 | 0.18 | 0.27 | 98.73 | 7.87 | 0.9 | 0.42 | 6.96 | 0.95 | 3.12 | 2.66 | 9.93 | 73.78 |
| 4 | 2P16GS75 | 58.72 | 0.97 | 16.98 | 3.04 | 3.5 | 0.1 | 3.18 | 5.51 | 4.06 | 2.24 | 0.27 | 1.11 | 99.68 | 6.3 | 0.55 | 0.54 | 6.23 | 0.89 | 2.52 | 1.78 | 19.85 | 59.83 |
| 5 | 14392 | 53.58 | 1.34 | 16.22 | 2.96 | 4.74 | 0.09 | 6.01 | 5.98 | 4.45 | 2.09 | 0.9 |  | 98.36 | 6.54 | 0.47 | 1 | 7.4 | 0.79 | 4.04 | 1.84 | 29.68 | 50.84 |
| 6 | 6P12GS168 | 57.09 | 1.01 | 17.22 | 3.03 | 4.06 | 0.13 | 3.51 | 6.22 | 4.34 | 2.23 | 0.28 | 0.3 | 99.42 | 6.57 | 0.51 | 0.54 | 6.78 | 0.82 | 3.06 | 1.78 | 20.44 | 56.02 |
| 7 | 763 | 60.58 | 0.8 | 17.12 | 4.75 | 0.89 | 0.1 | 2.42 | 2.25 | 4.5 | 4.09 | 0.3 | 2.28 | 100.1 | 8.59 | 0.91 | 0.61 | 5.16 | 1.08 | 4.2 | 2.59 | 14.53 | 73.38 |
| 8 | 2205 | 68.22 | 0.24 | 15.97 | 0.48 | 1.64 | 0.1 | 0.64 | 2.35 | 4.85 | 3.9 | 0.18 | 0.84 | 99.41 | 8.75 | 0.8 | 0.38 | 2.07 | 0.98 | 3.04 | 2.83 | 5.56 | 85.38 |
| 9 | 765 | 68.48 | 0.5 | 15 | 1.27 | 1.77 | 0.03 | 1.24 | 1.81 | 5.05 | 3.26 | 0.2 | 0.78 | 99.39 | 8.31 | 0.65 | 0.49 | 2.91 | 0.99 | 2.71 | 2.96 | 9.85 | 85.46 |

**表4-109　早白垩世($K_1$)巴林镇-新天镇陆缘弧侵入岩稀土元素含量及主要参数**　单位:$\times10^{-6}$

| 序号 | 样品号 | La | Ce | Pr | Nd | Sm | Eu | Gd | Tb | Dy | Ho | Er | Tm | Yb | Lu | ΣREE | ΣLREE | ΣHREE | LREE/HREE | δEu |
|---|---|---|---|---|---|---|---|---|---|---|---|---|---|---|---|---|---|---|---|---|
| 1 | Ⅸ70P53GS36 | 36.4 | 65.6 | 7.16 | 29.9 | 5.17 | 1.1 | 4.06 | 0.57 | 3.59 | 0.67 | 1.9 | 0.3 | 1.84 | 0.3 | 158.56 | 145.33 | 13.23 | 10.98 | 0.71 |
| 2 | 2P15GS1-7 | 38.1 | 73.5 | 7.21 | 28.4 | 4.17 | 1.04 | 4.07 | 0.44 | 3.21 | 0.54 | 1.8 | 0.27 | 1.98 | 0.28 | 165.01 | 152.42 | 12.59 | 12.11 | 0.76 |
| 3 | 6P21GS15 | 37.9 | 72.9 | 8.16 | 31 | 5.17 | 1.17 | 4.83 | 0.58 | 3.39 | 0.63 | 1.93 | 0.25 | 1.71 | 0.25 | 169.87 | 156.3 | 13.57 | 11.52 | 0.7 |
| 4 | 2P16GS75 | 33 | 57 | 7.2 | 29.1 | 5.56 | 1.59 | 4.8 | 0.78 | 4.3 | 0.79 | 2.3 | 0.36 | 2.4 | 0.34 | 149.52 | 133.45 | 16.07 | 8.3 | 0.92 |
| 6 | 6P12GS168 | 28.4 | 54.4 | 7.16 | 29.2 | 5.58 | 1.48 | 5.6 | 0.66 | 3.8 | 0.68 | 2 | 0.27 | 1.7 | 2.28 | 143.21 | 126.22 | 16.99 | 7.43 | 0.8 |

**表4-110　早白垩世($K_1$)巴林镇-新天镇陆缘弧侵入岩微量元素含量及主要参数**　单位:$\times10^{-6}$

| 序号 | 样品号 | Sr | Rb | Ba | Th | Ta | Nb | Hf | Zr | Cr | Ni | Co | V | U | Y | Cs | Sc | Li | Rb/Sr | Zr/Hf | U/Th |
|---|---|---|---|---|---|---|---|---|---|---|---|---|---|---|---|---|---|---|---|---|---|
| 1 | Ⅸ70P53GS36 | 551 | 80.1 | 902 | 9.38 | 0.52 | 7.59 | 2.33 | 76.9 | 20.2 | 10.3 | 22.7 | 81.9 | 2.33 | 15.3 | 5.65 | 7.82 | 35.7 | 0.15 | 33 | 0.25 |
| 2 | 2P15GS1-7 | 497 | 126.2 | 764 | 17.4 |  | 10.6 |  | 176.3 | 11.5 | 5.9 | 14 | 47.2 |  | 16.3 |  |  | 0.56 | 0.25 |  | 0 |
| 3 | 6P21GS15 | 531.1 | 133.1 | 740 | 21.1 |  | 10.2 |  | 233 | 16.8 | 10.1 | 12.4 | 91.9 | 4.5 | 17.1 |  |  | 26.7 | 0.25 |  | 0.21 |
| 4 | 2P16GS75 | 673.2 | 71.8 | 694.9 | 11.9 |  | 7.8 |  | 102.2 | 60.5 | 24.9 |  | 110.6 |  | 23.7 |  |  | 20.5 | 0.11 |  | 0 |
| 6 | 6P12GS168 | 928.5 | 68.2 | 783 | 5.6 | 0 | 7.3 | 0 | 177 | 34.6 | 22.8 | 17.9 | 133.5 | 1.6 | 17.5 | 0 | 0 | 17.6 | 0.07 |  | 0.29 |

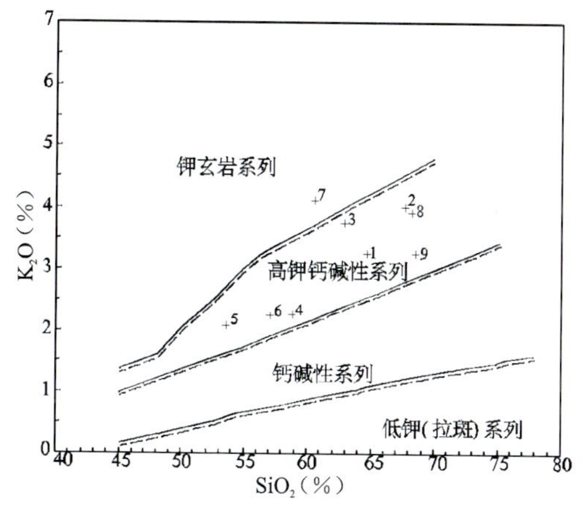


图 4-203　$K_2O$-$SiO_2$ 图解

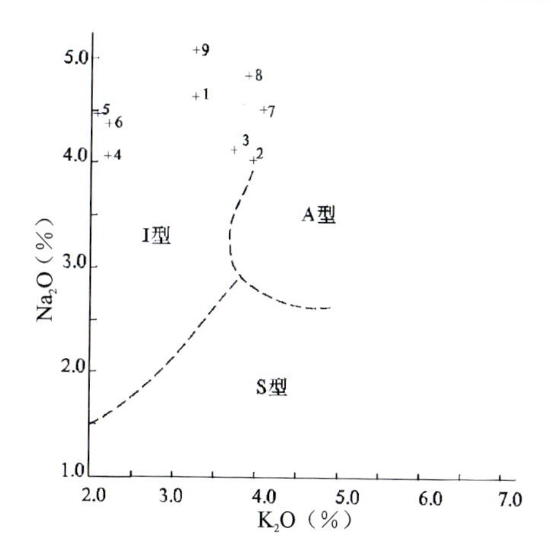


图 4-204　$Na_2O$-$K_2O$ 图解

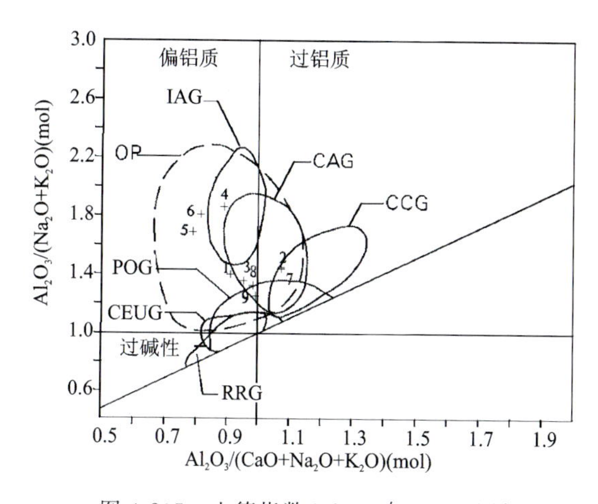


图 4-205　山德指数(Shamd's indel)图解

IAG. 岛弧；CAG. 大陆弧；CCG. 大陆碰撞；POG. 后造山；

RRG. 裂谷系；CEUG. 大陆造陆隆升；OP. 大洋

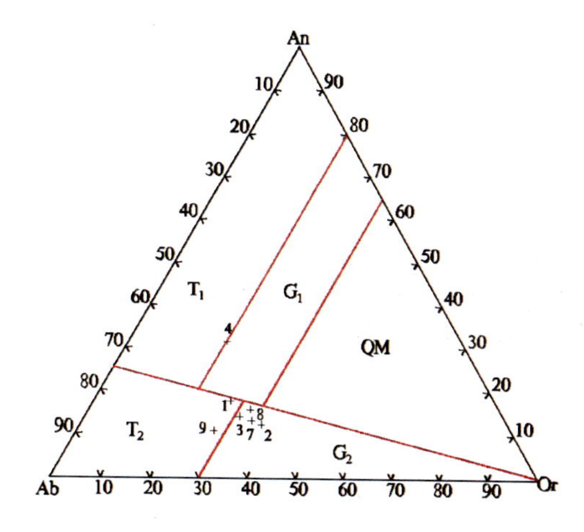


图 4-206　An-Ab-Or 分类图解(据 Johannes 等,1996)

$T_1$. 英云闪长岩；$T_2$. 奥长花岗岩；

$G_1$. 花岗闪长岩；$G_2$. 花岗岩；QM. 石英二长岩

25)罕达盖-古里林场后造山碱性—钙碱性花岗岩组合($K_1$)

该组合广泛分布于罕达盖嘎查—古里林场地区。多为岩株、岩脉状产出,个别呈岩基状产出。岩石类型有晶洞花岗岩、正长花岗岩、碱长花岗岩、石英正长岩、石英二长斑岩、二长斑岩、正长斑岩、花岗斑岩,侵入上侏罗统火山岩,同位素年龄多在 130～103Ma 之间。时代确定为早白垩世。

根据岩石化学数据(表 4-111～表 4-113)进行了计算和投图分析。在碱度率图解中以碱性为主,少量钙碱性岩(图 4-207)。在岩石系列图解中主要为高钾钙碱性系列,少数为钾玄岩系列和中钾钙碱性系列(图 4-208)。在 Al-(Na+K+Ca/2)图解中样点位于 S 型与 I 型花岗岩区,S 型居多(图 4-209);在 $Na_2O$-$K_2O$ 图解中位于 I 型区和 A 型区,A 型区居多(图 4-210),而且 A/CNK 值多数在 0.95～1.1 之间,成因类型总体为壳幔混合源之铝质 A 型花岗岩类。在山德指数图解中,碱长花岗岩、正长花岗岩及石英正长岩位于后造山区(图 4-211),在 $Al_2O_3$-$SiO_2$ 图解中几乎全部位于后造山花岗岩类区(图 4-212)。综合以上分析,判断为后造山环境形成的碱性—钙碱性花岗岩组合。

**表 4-111　早白垩世($K_1$)东乌珠穆沁旗-多宝山后造山侵入岩岩石化学成分含量及主要参数**　单位:%

| 序号 | 样品号 | $SiO_2$ | $TiO_2$ | $Al_2O_3$ | $Fe_2O_3$ | FeO | MnO | MgO | CaO | $Na_2O$ | $K_2O$ | $P_2O_5$ | LOS | Total | $Na_2O+K_2O$ | $K_2O/Na_2O$ | $Mg^{\#}$ | $FeO^*$ | A/CNK | σ | A. R | SI | DI |
|---|---|---|---|---|---|---|---|---|---|---|---|---|---|---|---|---|---|---|---|---|---|---|---|
| 1 | M4P30 LT8GS | 71.5 | 0.05 | 13.1 | 0.35 | 0.66 | 0.04 | 0.42 | 0.25 | 4.05 | 4.33 | 0.2 | 0.1 | 95.05 | 8.38 | 1.07 | 0.48 | 0.97 | 1.12 | 2.16 | 4.35 | 4.28 | 95.17 |
| 2 | 2GS0319 | 76.2 | 0.19 | 12.5 | 1.27 | 0.14 | 0.08 | 0.32 | 0.41 | 4.11 | 4 | 0.04 | 0.7 | 99.94 | 8.11 | 0.97 | 0.47 | 1.28 | 1.06 | 1.98 | 4.41 | 3.25 | 94.67 |

**续表 4-111**

| 序号 | 样品号 | $SiO_2$ | $TiO_2$ | $Al_2O_3$ | $Fe_2O_3$ | FeO | MnO | MgO | CaO | $Na_2O$ | $K_2O$ | $P_2O_5$ | LOS | Total | $Na_2O+K_2O$ | $K_2O/Na_2O$ | $Mg^{\#}$ | $FeO^{*}$ | A/CNK | σ | A.R | SI | DI |
|---|---|---|---|---|---|---|---|---|---|---|---|---|---|---|---|---|---|---|---|---|---|---|---|
| 3 | 43161 | 74.8 | 0.18 | 13.4 | 0.95 | 0.31 | 0.06 | 0.15 | 0.52 | 4.32 | 4.68 | 0.04 | 0.32 | 99.76 | 9.00 | 1.08 | 0.30 | 1.16 | 1.02 | 2.55 | 4.65 | 1.44 | 95.11 |
| 4 | IGS5299 | 72.3 | 0.25 | 14.1 | 0.95 | 0.95 | 0.09 | 0.93 | 0.42 | 4.95 | 4.82 | 0.08 | 0.7 | 100.5 | 9.77 | 0.97 | 0.56 | 1.80 | 1.00 | 3.26 | 5.11 | 7.38 | 93.18 |
| 5 | M4P30 LT7GS | 76.3 | 0.2 | 11.7 | 1.41 | 1.04 | 0.04 | 0.63 | 0.58 | 3.78 | 3.55 | 0.35 | 0.72 | 100.3 | 7.33 | 0.94 | 0.42 | 2.31 | 1.06 | 1.61 | 3.94 | 6.05 | 92.27 |
| 6 | 2GS2307 | 70.2 | 0.46 | 14.4 | 1.79 | 1.04 | 0.09 | 0.57 | 0.84 | 5.02 | 5.11 | 0.14 | 1.16 | 100.7 | 10.13 | 1.02 | 0.37 | 2.65 | 0.94 | 3.78 | 5.00 | 4.21 | 92.28 |
| 7 | 2GS4227 | 72.5 | 0.3 | 14 | 1.8 | 0.4 | 0.04 | 0.53 | 0.86 | 4.12 | 4.59 | 0.09 | 0.85 | 100.1 | 8.71 | 1.11 | 0.45 | 2.02 | 1.05 | 2.57 | 3.84 | 4.63 | 91.00 |
| 8 | GS4222 | 71.8 | 0.3 | 14.6 | 1.46 | 0.67 | 0.1 | 0.33 | 0.49 | 5.07 | 4.59 | 0.07 | 0.58 | 100 | 9.66 | 0.91 | 0.32 | 1.98 | 1.02 | 3.24 | 4.55 | 2.72 | 93.60 |
| 9 | PM24TC16 | 67.2 | 0.5 | 15.8 | 2.11 | 1.65 | 0.07 | 0.89 | 2.48 | 4.89 | 3.02 | 0.2 | 1.32 | 100.1 | 7.91 | 0.62 | 0.39 | 3.55 | 1.00 | 2.59 | 2.53 | 7.09 | 80.55 |
| 10 | D1290 | 67.2 | 0.6 | 15.5 | 1.92 | 1.8 | 0.05 | 0.65 | 2.46 | 4.36 | 4.32 | 0.15 | 0.96 | 99.97 | 8.68 | 0.99 | 0.31 | 3.53 | 0.95 | 3.12 | 2.86 | 4.98 | 82.36 |
| 11 | 6GS6045 | 78.9 | 0.17 | 11.7 | 0.64 | 0.15 | 0.01 | 0.05 | 0.15 | 3.38 | 4.23 | 0.02 | 0.42 | 99.77 | 7.61 | 1.25 | 0.15 | 0.73 | 1.12 | 1.61 | 4.60 | 0.59 | 96.83 |
| 12 | 2P24GS1-1 | 66 | 0.45 | 16.3 | 2.29 | 1.26 | 0.07 | 0.49 | 0.97 | 3.88 | 8 | 0.06 | 0.43 | 100.2 | 11.88 | 2.06 | 0.28 | 3.32 | 0.97 | 6.14 | 5.43 | 3.08 | 90.45 |
| 14 | M4P30 TC7GS | 62.3 | 0.2 | 14.5 | 1.24 | 0.98 | 0.07 | 0.42 | 0.55 | 4.75 | 3.85 | 0.25 | 0.88 | 89.94 | 8.60 | 0.81 | 0.32 | 2.09 | 1.11 | 3.84 | 3.67 | 3.74 | 91.19 |
| 15 | M4P30TC3 | 74.5 | 0.2 | 13.4 | 1.04 | 0.96 | 0.06 | 0.37 | 0.4 | 4.25 | 4.1 | 0.3 | 0.62 | 100.2 | 8.35 | 0.96 | 0.32 | 1.89 | 1.09 | 2.21 | 4.09 | 3.45 | 93.72 |
| 16 | M4P30 LT2GS | 75.2 | 0.28 | 12.8 | 1.21 | 1.37 | 0.05 | 0.58 | 0.8 | 4 | 3.55 | 0.43 | 0.54 | 100.9 | 7.55 | 0.89 | 0.35 | 2.46 | 1.08 | 1.77 | 3.49 | 5.42 | 90.96 |
| 17 | M4P30 LT1GS | 74.4 | 0.2 | 11.5 | 1.01 | 0.25 | 0.04 | 0.6 | 0.58 | 3.8 | 4 | 0.5 | 0.76 | 97.6 | 7.80 | 1.05 | 0.64 | 1.16 | 1.00 | 1.94 | 4.65 | 6.21 | 94.65 |
| 18 | M4P29 GS23 | 76.4 | 0.15 | 12.1 | 0.86 | 0.84 | 0.02 | 0.52 | 0.24 | 3.55 | 4.3 | 0.1 | 0.36 | 99.43 | 7.85 | 1.21 | 0.44 | 1.61 | 1.10 | 1.84 | 4.54 | 5.16 | 94.27 |
| 19 | M4P29 GS27 | 71 | 0.4 | 14.2 | 1.08 | 1.18 | 0.03 | 1.04 | 1.2 | 4.4 | 3.48 | 0.15 | 1.68 | 99.91 | 7.88 | 0.79 | 0.54 | 2.15 | 1.09 | 2.21 | 3.09 | 9.30 | 87.40 |
| 20 | 2GS2305 | 66.4 | 0.53 | 17.3 | 1.57 | 1.26 | 0.09 | 0.84 | 1.63 | 4.24 | 4.82 | 0.12 | 0.4 | 99.25 | 9.06 | 1.14 | 0.44 | 2.67 | 1.15 | 3.50 | 2.83 | 6.60 | 83.83 |
| 21 | M4P29GS2 | 70.6 | 0.45 | 13.7 | 1.98 | 1.5 | 0.06 | 1.12 | 1.32 | 3.92 | 3.8 | 0.2 | 0.74 | 99.39 | 7.72 | 0.97 | 0.47 | 3.28 | 1.06 | 2.16 | 3.12 | 9.09 | 85.41 |
| 23 | IX22GS 8010 | 63.5 | 0.63 | 17 | 2.79 | 1.34 | 0.05 | 1.45 | 3.46 | 4.86 | 2.9 | 0.25 | 1.15 | 99.38 | 7.76 | 0.60 | 0.51 | 3.85 | 0.98 | 2.94 | 2.22 | 10.87 | 74.05 |
| 24 | IGS1295 | 75.5 | 0.16 | 12.7 | 0.48 | 0.81 | 0.09 | 0.51 | 0.14 | 4.34 | 4.69 | 0.08 | 0.49 | 99.89 | 9.03 | 1.08 | 0.49 | 1.24 | 1.02 | 2.51 | 5.80 | 4.71 | 95.99 |
| 25 | X-3626 | 78 | 0.18 | 10.8 | 0.1 | 2.32 | 0.1 | 0.16 | 0.39 | 3.02 | 4.66 | 0.02 | 0.1 | 99.91 | 7.68 | 1.54 | 0.11 | 2.41 | 1.01 | 1.68 | 5.34 | 1.56 | 93.03 |
| 26 | 3034 | 77.3 | 0.15 | 11.8 | 0.58 | 0.48 | 0.09 | 0.32 | 0.15 | 3.6 | 4.5 | 0.02 | 0.45 | 99.5 | 8.10 | 1.25 | 0.43 | 1.00 | 1.06 | 1.91 | 5.18 | 3.38 | 96.15 |
| 27 | 3052 | 77.7 | 0.13 | 11.5 | 0.64 | 0.79 | 0.02 | 0.02 | 0.18 | 3.7 | 4.3 | 0.04 | 0.99 | 100.1 | 8.00 | 1.16 | 0.00 | 1.37 | 1.04 | 1.84 | 5.31 | 0.21 | 96.72 |
| 28 | 3054 | 77.3 | 0.19 | 11.9 | 0.8 | 0.61 | 0.01 | 0.04 | 0.12 | 3.55 | 4.8 | 0.04 | 0.41 | 99.77 | 8.35 | 1.35 | 0.07 | 1.33 | 1.05 | 2.03 | 5.60 | 0.41 | 96.92 |
| 29 | 3057 | 77.9 | 0.16 | 11.5 | 0.68 | 0.7 | 0.01 | 0.04 | 0.18 | 3.7 | 4.3 | 0.02 | 0.5 | 99.59 | 8.00 | 1.16 | 0.07 | 1.31 | 1.03 | 1.84 | 5.41 | 0.42 | 96.82 |
| 30 | 3059 | 77.6 | 0.25 | 11.6 | 0.43 | 0.82 | 0.02 | 0.09 | 0.12 | 3.7 | 4.7 | 0.02 | 0.36 | 99.77 | 8.40 | 1.27 | 0.13 | 1.21 | 1.02 | 2.04 | 6.03 | 0.92 | 97.10 |
| 31 | 3060 | 81.2 | 0.14 | 9.36 | 0.59 | 0.86 | 0.03 | 0.09 | 0.15 | 2.75 | 4.5 | 0.04 | 0.53 | 100.2 | 7.25 | 1.64 | 0.11 | 1.39 | 0.97 | 1.38 | 7.42 | 1.02 | 97.31 |
| 32 | 3581 | 76.6 | 0.15 | 11.5 | 1.31 | 0.57 | 0.09 | 0.24 | 0.15 | 4 | 4.86 | 0.07 | 0.43 | 100 | 8.86 | 1.22 | 0.28 | 1.75 | 0.94 | 2.33 | 7.31 | 2.19 | 95.46 |
| 33 | 2123 | 73.6 | 0.28 | 14 | 0.54 | 1.48 | 0.1 | 0.7 | 0.97 | 5 | 3.86 | 0.1 | 0.08 | 100.7 | 8.86 | 0.77 | 0.42 | 1.97 | 0.99 | 2.57 | 3.91 | 6.04 | 90.58 |
| 34 | IGS9923 | 71.7 | 0.28 | 14.8 | 1.31 | 1.24 | 0.09 | 0.48 | 1.09 | 3.64 | 4.06 | 0.11 | 0.46 | 99.3 | 7.70 | 1.12 | 0.33 | 2.42 | 1.21 | 2.07 | 2.87 | 4.47 | 87.45 |
| 35 | IGS3175 | 75.2 | 0.21 | 12.8 | 0.69 | 0.72 | 0.05 | 0.05 | 0.5 | 4.15 | 5.04 | 0.01 | 0.44 | 99.85 | 9.19 | 1.21 | 0.07 | 1.34 | 0.96 | 2.62 | 5.50 | 0.47 | 96.14 |
| 36 | 3507 | 75.9 | 0.24 | 13 | 0.33 | 0.96 | 0.1 | 0.19 | 0.49 | 4.63 | 4.37 | 0.06 | 0.06 | 100.3 | 9.00 | 0.94 | 0.25 | 1.26 | 0.98 | 2.46 | 5.04 | 1.81 | 95.35 |
| 37 | 2178 | 73.8 | 0.14 | 13.7 | 0.64 | 1.17 | 0.1 | 0.41 | 0.8 | 4.3 | 4.1 | 0.1 | 0.04 | 99.31 | 8.40 | 0.95 | 0.34 | 1.75 | 1.06 | 2.29 | 3.77 | 3.86 | 91.66 |
| 38 | 4GS223 | 70.7 | 0.48 | 13.8 | 1.49 | 1.07 | 0.07 | 0.58 | 1.57 | 3.7 | 3.83 | 0.1 | 1.91 | 99.3 | 7.53 | 1.04 | 0.38 | 2.41 | 1.05 | 2.04 | 2.93 | 5.44 | 86.36 |
| 39 | E43161 | 68.1 | 0.56 | 15.2 | 1.9 | 1.12 | 0.08 | 0.25 | 0.27 | 4.71 | 6.89 | 0.1 | 0.67 | 99.8 | 11.60 | 1.46 | 0.18 | 2.83 | 0.97 | 5.37 | 7.01 | 1.68 | 94.94 |

续表 4-111

| 序号 | 样品号 | $SiO_2$ | $TiO_2$ | $Al_2O_3$ | $Fe_2O_3$ | FeO | MnO | MgO | CaO | $Na_2O$ | $K_2O$ | $P_2O_5$ | LOS | Total | $Na_2O+K_2O$ | $K_2O/Na_2O$ | $Mg^{\#}$ | $FeO^*$ | A/CNK | σ | A.R | SI | DI |
|---|---|---|---|---|---|---|---|---|---|---|---|---|---|---|---|---|---|---|---|---|---|---|---|
| 40 | 4GS3142 | 68.5 | 0.55 | 14.4 | 2 | 2.15 | 0.06 | 1.06 | 0.81 | 3.35 | 4.8 | 0.1 | 1.71 | 99.45 | 8.15 | 1.43 | 0.38 | 3.95 | 1.18 | 2.61 | 3.32 | 7.93 | 85.41 |
| 41 | 3087a | 69.3 | 0.5 | 15.3 | 2.95 | 0.3 | 0.05 | 0.78 | 1.73 | 4.63 | 4.09 | 0.14 | 0.44 | 100.3 | 8.72 | 0.88 | 0.48 | 2.95 | 1.01 | 2.89 | 3.09 | 6.12 | 85.38 |
| 42 | M4GS4683 | 76.7 | 0.05 | 12.3 | 0.57 | 0.8 | 0.02 | 0.05 | 0.37 | 4.08 | 4.3 | 0.1 | 0.44 | 99.86 | 8.38 | 1.05 | 0.06 | 1.31 | 1.02 | 2.08 | 4.87 | 0.51 | 96.03 |
| 43 | M4P31 LT3GS | 76.1 | 0.05 | 13.1 | 0.72 | 0.78 | 0.02 | 0.31 | 0.58 | 4 | 4.75 | 0.2 | 0.22 | 100.8 | 8.75 | 1.19 | 0.34 | 1.43 | 1.02 | 2.31 | 4.56 | 2.94 | 94.50 |
| 44 | M4P30 TC8GS | 72.7 | 0.1 | 14.4 | 1.38 | 0.9 | 0.04 | 0.5 | 0.29 | 4.5 | 4.5 | 0.25 | 1 | 100.5 | 9.00 | 1.00 | 0.36 | 2.14 | 1.12 | 2.73 | 4.17 | 4.24 | 93.15 |
| 45 | M4P31 LT2GS | 71.8 | 0.25 | 14.3 | 1.46 | 1.83 | 0.03 | 0.73 | 0.87 | 4.25 | 4.33 | 0.25 | 0.72 | 100.8 | 8.58 | 1.02 | 0.35 | 3.14 | 1.07 | 2.56 | 3.61 | 5.79 | 88.91 |
| 46 | M4P29 GS16 | 68.8 | 0.45 | 16 | 1.57 | 1.4 | 0.04 | 0.96 | 1.95 | 5.16 | 2.33 | 0.25 | 0.52 | 99.43 | 7.49 | 0.45 | 0.46 | 2.81 | 1.10 | 2.17 | 2.43 | 8.41 | 82.72 |
| 47 | 4P24GS1-1 | 76.5 | 0.08 | 12.8 | 0.62 | 0.82 | 0.2 | 0.13 | 0.45 | 4.1 | 3.8 | 0.15 | 0.56 | 100.2 | 7.90 | 0.93 | 0.17 | 1.38 | 1.10 | 1.86 | 3.96 | 1.37 | 94.30 |

表 4-112 早白垩世($K_1$)东乌珠穆沁旗-多宝山后造山侵入岩稀土元素含量及主要参数 单位:$\times10^{-6}$

| 序号 | 样品号 | La | Ce | Pr | Nd | Sm | Eu | Gd | Tb | Dy | Ho | Er | Tm | Yb | Lu | ΣREE | ΣLREE | ΣHREE | LREE/HREE | δEu |
|---|---|---|---|---|---|---|---|---|---|---|---|---|---|---|---|---|---|---|---|---|
| 1 | M4P30 LT8GS | 18.41 | 34.6 | 3.76 | 14.14 | 2.74 | 0.42 | 2.33 | 0.31 | 1.81 | 0.37 | 0.99 | 0.15 | 1.03 | 0.17 | 95.53 | 74.07 | 7.16 | 10.34 | 0.5 |
| 2 | 2GS0319 | 21.4 | 54.5 | 3.8 | 11.8 | 2.11 | 0.29 | 2 | 0.36 | 2.44 | 0.53 | 1.77 | 0.31 | 2.35 | 0.39 | 131.4 | 93.9 | 10.15 | 9.25 | 0.43 |
| 3 | 43161 | 26.7 | 57.7 | 6.76 | 23.3 | 4.22 | 0.36 | 3.63 | 0.55 | 3.22 | 0.63 | 1.93 | 0.27 | 1.93 | 0.29 | 148.8 | 119 | 12.45 | 9.56 | 0.27 |
| 4 | IGS5299 | 32.74 | 72.2 | 6.9 | 26.9 | 5.22 | 0.57 | 4.43 | 0.47 | 2.92 | 0.58 | 1.97 | 0.28 | 1.81 | 0.16 | 157.2 | 144.5 | 12.62 | 11.45 | 0.35 |
| 5 | M4P30 LT7GS | 25.72 | 51.04 | 5.07 | 18.99 | 3.75 | 0.49 | 2.61 | 0.42 | 2.72 | 0.62 | 1.67 | 0.23 | 1.95 | 0.34 | 115.6 | 105.1 | 10.56 | 9.95 | 0.45 |
| 6 | 2GS2307 | 68.7 | 124 | 13.8 | 56.9 | 8.2 | 1.94 | 7.72 | 0.85 | 5.26 | 0.87 | 2.5 | 0.35 | 2.27 | 0.32 | 293.7 | 273.5 | 20.14 | 13.58 | 0.73 |
| 7 | 2GS4227 | 33.7 | 62.9 | 6.61 | 23.3 | 3.47 | 0.59 | 2.93 | 0.34 | 2.18 | 0.41 | 1.12 | 0.22 | 1.5 | 0.24 | 139.5 | 130.6 | 8.94 | 14.61 | 0.55 |
| 8 | GS4222 | 24.2 | 78 | 5.84 | 22.7 | 3.49 | 0.61 | 2.71 | 0.34 | 2.55 | 0.47 | 1.58 | 0.28 | 2.15 | 0.32 | 145.2 | 134.8 | 10.4 | 12.97 | 0.59 |
| 9 | PM24 TC16 | 33.9 | 52.9 | 6.05 | 25.7 | 4.33 | 0.96 | 2.89 | 0.42 | 2.56 | 0.49 | 1.26 | 0.23 | 1.21 | 0.15 | 133.1 | 123.8 | 9.21 | 13.45 | 0.78 |
| 10 | D1290 | 38.7 | 70.4 | 6.65 | 34.4 | 5.89 | 1.04 | 3.89 | 0.62 | 4.04 | 0.69 | 2.08 | 0.32 | 1.96 | 0.25 | 170.9 | 157.1 | 13.85 | 11.34 | 0.63 |
| 11 | 6GS6045 | 6.7 | 27.4 | 1.7 | 6.02 | 1.01 | 0.05 | 0.9 | 0.1 | 0.6 | 0.1 | 0.4 | 0.06 | 0.42 | 0.07 | 45.53 | 42.88 | 2.65 | 16.18 | 0.16 |
| 12 | 2P24 GS1-1 | 153 | 295 | 33.2 | 130 | 17.1 | 1.04 | 13.2 | 1.15 | 6.75 | 1.06 | 2.6 | 0.36 | 2.39 | 0.39 | 657.2 | 629.3 | 27.9 | 22.56 | 0.2 |
| 13 | IXT5298 | 25.81 | 60.42 | 6.12 | 23.44 | 4.58 | 0.16 | 4.17 | 0.57 | 3.66 | 0.82 | 2.34 | 0.36 | 2.5 | 0.27 | 155.8 | 120.5 | 14.69 | 8.2 | 0.11 |
| 14 | M4P30 TC7GS | 19.85 | 94.86 | 3.83 | 16.83 | 3.19 | 0.49 | 2.05 | 0.38 | 2.61 | 0.56 | 1.58 | 0.27 | 2.09 | 0.33 | 167 | 139.1 | 9.87 | 14.09 | 0.55 |
| 15 | M4P30 TC3 | 23.63 | 48.21 | 5.18 | 18.16 | 3.51 | 0.49 | 2.51 | 0.4 | 2.39 | 0.61 | 1.4 | 0.25 | 1.71 | 0.25 | 121.7 | 99.18 | 9.52 | 10.42 | 0.48 |
| 16 | M4P30 LT2GS | 28.68 | 66.96 | 6.07 | 24.03 | 4.44 | 0.6 | 3.07 | 0.44 | 2.85 | 0.63 | 1.72 | 0.27 | 1.88 | 0.34 | 154.6 | 130.8 | 11.2 | 11.68 | 0.47 |
| 17 | M4P30 LT1GS | 22.12 | 42.44 | 4.37 | 16.57 | 3.31 | 0.47 | 2.43 | 0.39 | 2.58 | 0.06 | 1.61 | 0.25 | 1.76 | 0.33 | 116 | 89.28 | 9.41 | 9.49 | 0.49 |
| 18 | M4P29 GS23 | 47.4 | 80.6 | 9.18 | 32.8 | 5.86 | 0.35 | 2.74 | 0.38 | 1.86 | 0.3 | 0.8 | 0.12 | 0.69 | 0.1 | 203.6 | 176.2 | 6.99 | 25.21 | 0.23 |
| 19 | M4P29 GS27 | 32.4 | 50.4 | 6.16 | 26 | 3.99 | 0.71 | 1.94 | 0.26 | 1.31 | 0.23 | 0.54 | 0.07 | 0.41 | 0.06 | 137.9 | 119.7 | 4.82 | 24.83 | 0.69 |
| 20 | 2GS2305 | 48 | 98.8 | 10.8 | 44.6 | 7.86 | 1.22 | 7.95 | 0.96 | 7.03 | 1.32 | 3.76 | 0.62 | 4.16 | 0.6 | 252.7 | 211.3 | 26.4 | 8 | 0.47 |
| 21 | M4P29 GS2 | 66.9 | 1.4 | 13.7 | 48.6 | 9.8 | 1.13 | 4.96 | 0.72 | 3.36 | 0.61 | 1.49 | 0.2 | 1.22 | 0.2 | 172.6 | 141.5 | 12.76 | 11.09 | 0.44 |

**续表 4-112**

| 序号 | 样品号 | La | Ce | Pr | Nd | Sm | Eu | Gd | Tb | Dy | Ho | Er | Tm | Yb | Lu | ΣREE | ΣLREE | ΣHREE | LREE/HREE | δEu |
|---|---|---|---|---|---|---|---|---|---|---|---|---|---|---|---|---|---|---|---|---|
| 22 | M4P29 XT2 | 66.9 | 1.4 | 13.7 | 48.6 | 9.8 | 1.13 | 4.96 | 0.72 | 3.36 | 0.61 | 1.49 | 0.2 | 1.22 | 0.2 | 171.7 | 141.5 | 12.76 | 11.09 | 0.44 |
| 23 | IX22GS 8010 | 34 | 63 | 6.8 | 27 | 4.4 | 0.74 | 2.3 | 0.4 | 2.1 | 0.44 | 0.99 | 0.1 | 0.92 | 0.14 | 154.2 | 135.9 | 7.39 | 18.4 | 0.64 |

**表 4-113　早白垩世($K_1$)东乌珠穆沁旗-多宝山后造山侵入岩微量元素含量及主要参数**　单位:$\times 10^{-6}$

| 序号 | 样品号 | Sr | Rb | Ba | Th | Ta | Nb | Hf | Zr | Cr | Ni | Co | V | Y | Cs | Sc | Ga | Li | U | Rb/Sr | Zr/Hf | U/Th |
|---|---|---|---|---|---|---|---|---|---|---|---|---|---|---|---|---|---|---|---|---|---|---|
| 1 | M4P30 LT8GS | 65.94 | 106 | 360.8 | 7.38 |  | 10 |  | 45 | 123.7 | 0 | 0 | 8.73 | 10.26 |  |  |  |  |  | 1.608 |  |  |
| 2 | 2GS0319 | 57.1 | 126.6 | 215 | 17.9 |  | 14.6 |  | 119.8 | 19 | 0.8 | 4.2 | 9.3 | 18.6 |  |  |  | 7.2 |  | 2.217 |  |  |
| 3 | 43161 | 31.5 | 163.3 | 122 | 20.2 |  | 16.3 |  | 165.3 | 18.2 | 3.9 | 4.3 | 10.3 | 18.3 |  |  |  | 12.4 |  | 5.184 |  |  |
| 4 | IGS5299 |  |  |  |  |  |  |  |  |  |  |  |  | 17.56 |  | 2.54 |  |  |  |  |  |  |
| 5 | M4P30 LT7GS | 91.47 |  | 277.7 | 15.2 |  | 18 |  | 86 | 193 | 0 | 1.63 | 12 | 17.71 |  |  |  |  |  | 0 |  |  |
| 6 | 2GS2307 | 354.1 | 115.7 | 1782 | 13.4 |  | 10.7 |  | 458 | 18.1 | 7.5 | 6 | 32.8 | 26.2 |  |  |  | 2 |  | 0.327 |  |  |
| 7 | 2GS4227 | 257.6 | 151.8 | 597 | 25.9 |  | 13 |  | 156.3 | 14.3 | 5 | 7 | 33.5 | 10.9 |  |  |  | 0.56 |  | 0.589 |  |  |
| 8 | GS4222 | 126.8 | 141.7 | 602 | 25.6 |  | 14.3 |  | 234 | 15.2 | 4.8 | 3 | 16.3 | 11.7 |  |  |  | 2.32 |  | 1.118 |  |  |
| 9 | PM24TC16 | 596 | 75.5 | 1200 | 4.67 | 1.46 | 17.4 | 3.92 | 131 | 1 | 4.05 | 6.3 | 39.8 | 9.45 | 2.85 | 2.91 | 19.5 |  | 1.82 | 0.127 | 33.42 | 0.39 |
| 10 | D1290 | 438 | 119 | 1340 | 8.61 | 0.5 | 9.38 | 5.71 | 194 | 30.2 | 12.1 | 9 | 24.9 | 19 | 4.85 | 5.19 | 18.8 |  | 1.95 | 0.272 | 33.98 | 0.226 |
| 11 | 6GS6045 | 21.8 | 139.8 | 59 | 23.4 |  | 18.8 |  | 286.3 | 17.9 | 2.8 | 5.4 | 10 | 3.5 |  |  |  | 2.9 | 3.08 | 6.413 |  | 0.132 |
| 12 | 2P24GS1-1 | 215.9 | 121.3 | 416 | 10.7 |  | 11.1 |  | 615.4 | 9.9 | 8.3 | 3.5 | 14.1 | 22.8 |  |  |  | 4.08 |  | 0.562 |  |  |
| 13 | IXT5298 |  |  |  |  |  |  |  |  |  |  |  |  | 20.28 |  | 1.94 |  |  |  |  |  |  |
| 14 | M4P30 TC7GS | 104.6 | 1.4 | 415.5 | 14.85 |  | 22 |  | 176 | 160.8 | 4.38 | 2.2 | 14.67 | 14.46 |  |  |  |  |  | 0.013 |  |  |
| 15 | M4P30TC3 | 82.67 | 122 | 339.4 | 15.27 |  | 19 |  | 118 | 161.3 | 4.64 | 340 | 14.12 | 15.23 |  |  |  |  |  | 1.476 |  |  |
| 16 | M4P30 LT2GS | 76.99 | 101 | 413.9 | 7.89 |  | 19 |  | 119 | 99 | 4.77 | 2.3 | 13.26 | 17.16 |  |  |  |  |  | 1.312 |  |  |
| 17 | M4P30 LT1GS | 96.35 | 109 | 327.5 | 10.37 |  | 17 |  | 79 | 186.9 | 5.17 | 1.81 | 9.8 | 16.57 |  |  |  |  |  | 1.131 |  |  |
| 18 | M4P29GS23 | 98 | 206 | 64 | 8.1 | 1.6 | 15.4 | 6.4 | 15.9 | 107 | 0 | 3 | 185 | 6.64 | 2 |  |  | 20.2 | 5.68 | 2.102 | 2.484 | 0.701 |
| 19 | M4P29GS27 | 80 | 105 | 260 | 6.6 | 0.8 | 7.2 | 4.2 | 143 | 80 | 4 | 4 | 220 | 4.78 | 1.8 |  |  | 30.6 | 1.46 | 1.313 | 34.05 | 0.221 |
| 20 | 2GS2305 | 235.6 | 157.2 | 374 | 29.9 |  | 26.4 |  | 297.1 | 14.7 | 2.6 | 7 | 43.3 | 35.5 |  |  |  | 1.84 |  | 0.667 |  |  |
| 21 | M4P29GS2 | 210 | 137 | 58 | 11.8 | 1.2 | 13.2 | 10.8 | 430 | 134 | 6 | 5 | 152 | 10.5 | 1.6 |  |  | 18.7 | 2.44 | 0.652 | 39.81 | 0.207 |
| 22 | M4P29XT2 | 210 | 137 | 58 | 11.8 | 1.2 | 13.2 | 10.8 | 430 | 134 | 6 | 5 | 152 | 0 | 1.6 |  |  | 18.7 | 2.44 | 0.652 | 39.81 | 0.207 |
| 23 | IX22GS8010 |  |  |  |  |  |  |  |  |  |  |  |  | 9.3 |  |  |  |  |  |  |  |  |

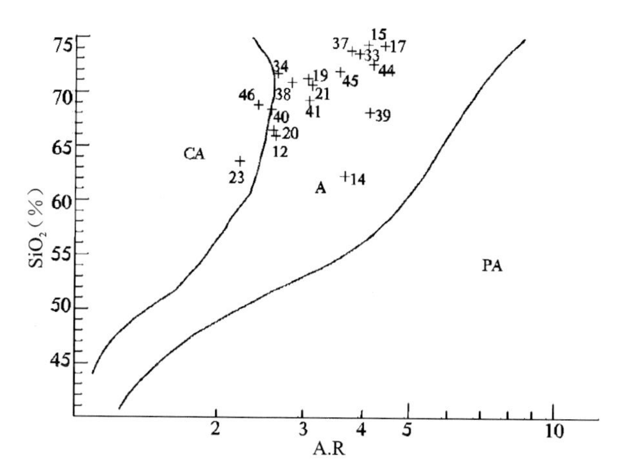

图 4-207 碱度率图解（据 Wright，1969）
CA. 钙碱性；A. 碱性；PA. 过碱性

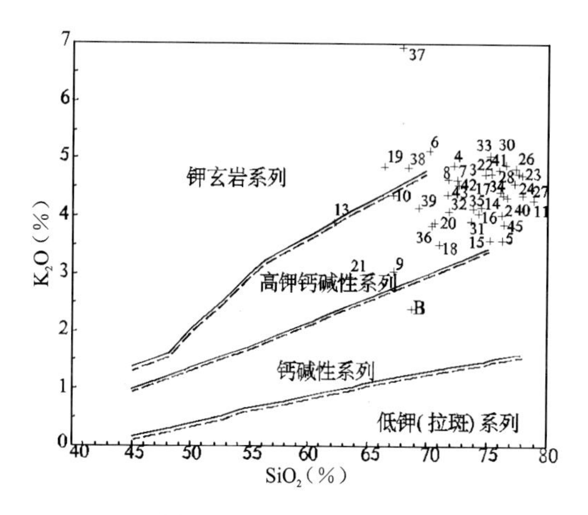

图 4-208 $K_2O$-$SiO_2$ 图解

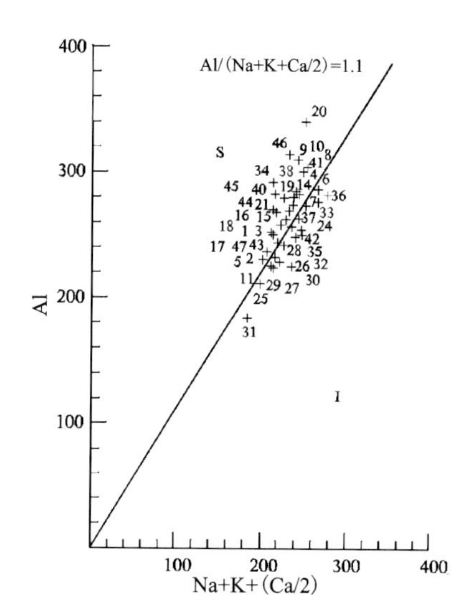

图 4-209 S 型、I 型花岗岩判别图解
I. I 型花岗岩；S. S 型花岗岩

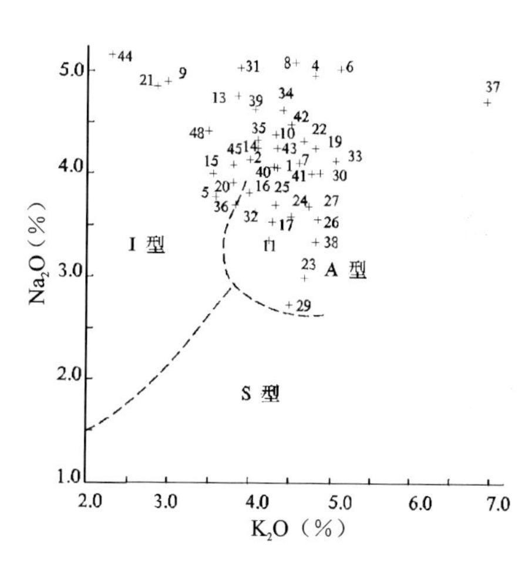

图 4-210 $Na_2O$-$K_2O$ 图解

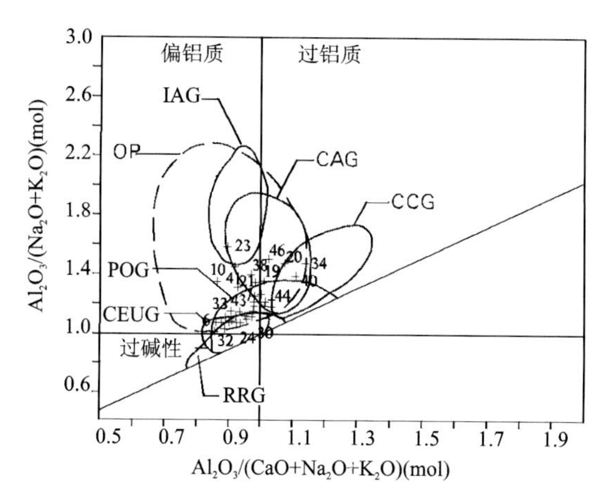

图 4-211 山德指数（Shamd′s indel）图解
IAG. 岛弧；CAG. 大陆弧；CCG. 大陆碰撞；POG. 后造山；
RRG. 裂谷系；CEUG. 大陆造陆隆升；OP. 大洋

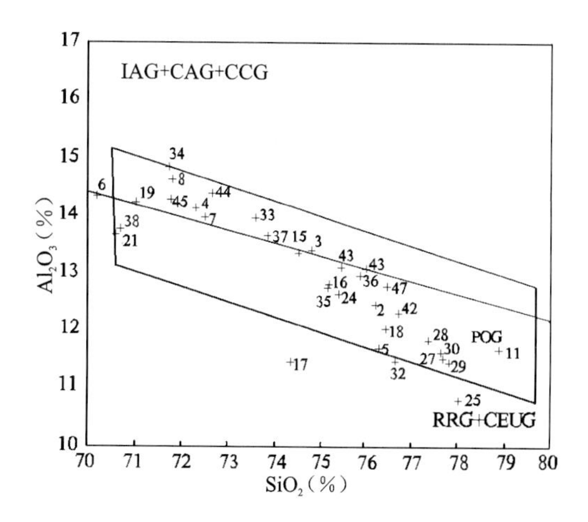

图 4-212 $Al_2O_3$-$SiO_2$ 花岗岩类图解
IAG. 岛弧；CGA. 大陆弧；CCG. 大陆碰撞；POG. 后造山；
RRG. 裂谷系；CEUG. 大陆造陆隆升

26)库如奇乡大陆伸展型双峰式岩墙组合($K_1$)

该组合带分布于库如奇乡及诺敏镇地区,并且向北延伸,经过海拉尔-呼玛亚带延至额尔古纳亚带的俄罗斯民族乡地区。主要岩石类型包括辉长岩、苏长岩及花岗质岩脉。多呈小岩体、岩瘤或岩脉产出。侵入上侏罗统火山岩,并有K-Ar同位素年龄为114Ma。辉长岩与下白垩统梅勒图组中基性火山岩为同源异相的产物。其时代确定为早白垩世。根据标准矿物命名,辉长岩为单斜辉石苏长岩,紫苏辉石含量达21.46%。大量角闪石和辉石的出现,表明为幔源成因。1∶25万区域地质调查报告用Nb/Y-Zr/$P_2O_5$图解,样点落在碱性玄武岩区,用Ti/100-Zr/3Y图解,样点投于板内玄武岩区。用Q-A-P图解投点位于裂谷系区内,结论是陆内裂谷构造环境。故判断为大陆裂谷环境形成的双峰式岩墙组合。

27)大北沟林场大陆伸展型过碱性—碱性花岗岩组合($K_2$)

该组合出露于大北沟林场地区。岩石类型有花岗斑岩和钠闪花岗岩。花岗斑岩侵入于下白垩统龙江组和梅勒图组。钠闪花岗岩分布于北东向狭长复式地堑内,侵入下三叠统老龙头组,岩体内已有稀有稀土矿点和化探异常,有较好的找矿前景。其中钠闪石K-Ar同位素年龄为70.3Ma。岩石具晶洞构造和文象结构,含钠闪石5%~7%,偶见霓石,属于碱性系列、幔源过碱性花岗岩类。判断分析为晚白垩世陆内裂谷环境形成的碱性—过碱性花岗岩组合。

#### 5.Ⅰ-1-6 二连-贺根山构造岩浆岩亚带岩石构造组合及其特征

本亚带发育泥盆纪、二叠纪、三叠纪和侏罗纪侵入岩,由老到新构成4个侵入岩岩石构造组合。

1)贺根山SSZ型蛇绿岩组合($D_{2-3}$)

该组合分布于贺根山地区。岩石类型包括变质橄榄岩、蛇纹岩,堆晶辉长岩及角闪辉长岩,辉绿岩及辉绿玢岩,以及英云闪长岩。变质橄榄岩K-Ar同位素年龄为280Ma、285Ma和346Ma,堆晶辉长岩及辉绿岩K-Ar同位素年龄为295Ma。与围岩关系均呈断层接触。其时代确定大致为中晚泥盆世。岩石系列为低钾拉斑系列或钠质碱性低钾拉斑系列。上述岩石类型自下而上构成了比较完整的蛇绿岩剖面:下部为变质橄榄岩,中部为堆晶辉长岩,上部为辉绿岩、辉绿玢岩组成的基性岩墙群。并且同时出现了由英云闪长岩组成的TTG组合。综合判断为俯冲环境中形成的SSZ型蛇绿岩组合。

2)阿敦楚鲁俯冲型$\upsilon+\delta$+TTG组合($P_1$)

该组合广泛分布于阿敦楚鲁地区。岩石类型包括石英二长闪长岩、石英闪长岩、花岗闪长岩、英云闪长岩、二长花岗岩及花岗岩。侵入时代为早二叠世。根据岩石化学资料进行了计算和投图分析。在主元素分类图解中分类为辉长闪长岩、闪长岩、花岗闪长岩、花岗岩及少量二长辉长岩、二长闪长岩、石英二长岩(图4-213)。在$Na_2O$-$K_2O$图解中,主要为亚碱性系列,少量碱性系列(图4-214)。在$K_2O$-$SiO_2$图解中为中钾—高钾钙碱性系列及低钾拉班系列(图4-215)。在$R_1$-$R_2$图解中样点分散于6个区(图4-216)。在An-Ab-Or图解中多数样点位于英云闪长岩区,少量位于奥长花岗岩区、花岗闪长岩区及石英二长岩区(图4-217)。总体上为壳幔混合源成因类型。综合判断为俯冲环境形成的辉长岩+闪长岩+TTG组合。

3)阿敦楚鲁俯冲型$G_1$组合($T_2$)

该组合零星分布于阿敦楚鲁地区,岩石类型为花岗闪长岩,属于中钾钙碱性系列,时代为中三叠世(本岩体时代可能有问题)。初步判断为俯冲环境的花岗闪长岩($G_1$)组合。

4)昆都冷大陆伸展型碱性花岗岩组合($J_3$)

该组合零星分布于本亚带东部昆都冷地区。岩性为肉红色中粒文象花岗斑岩,呈小岩株产出。时代为晚侏罗世。岩石系列为钾质碱性系列,属壳源成因类型。初步判定为大陆伸展环境的碱性花岗岩组合。

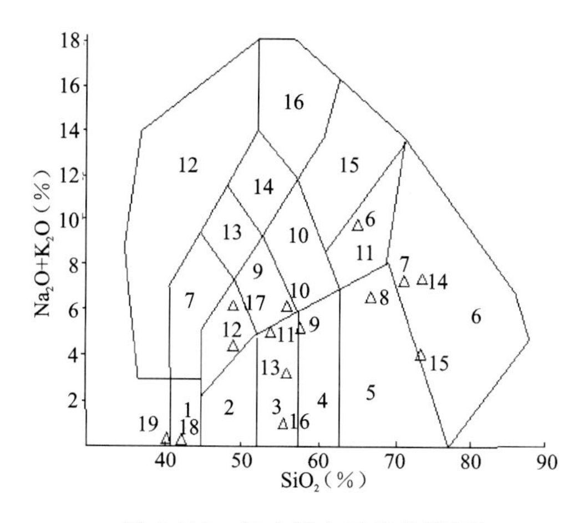


图 4-213 侵入岩主元素分类图解

1.橄榄岩质花岗岩;2.辉长岩;3.辉长闪长岩;4.闪长岩;5.花岗闪长岩;6.花岗岩;7.似长石辉长岩;8.二长辉长岩;9.二长闪长岩;10.二长岩;11.石英二长岩;12.似长石岩;13.似长石二长闪长岩;14.似长石二长正长岩;15.正长岩;16.似长石正长岩

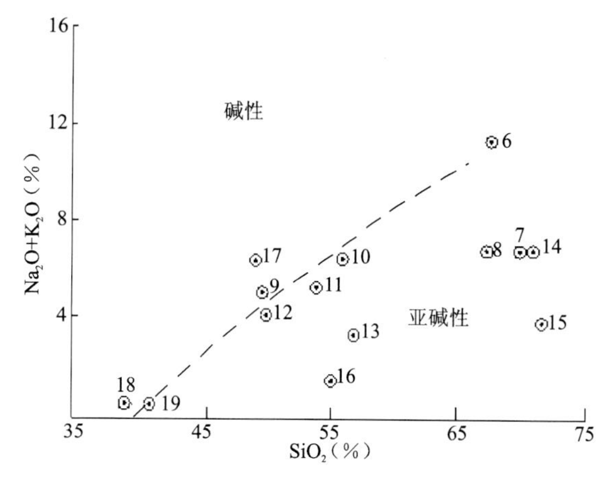


图 4-214 碱-硅图解

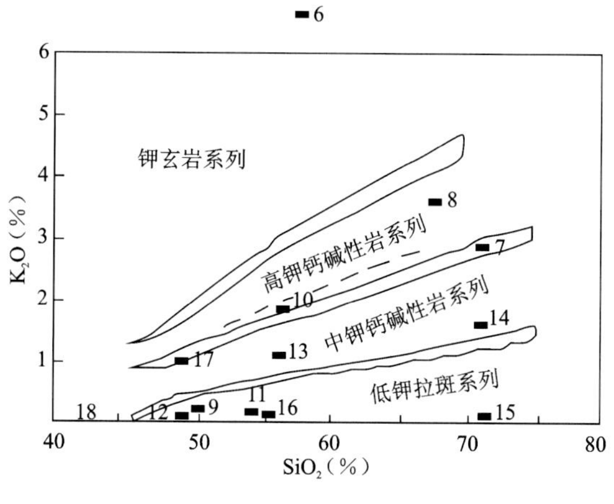


图 4-215 岩石系列图解

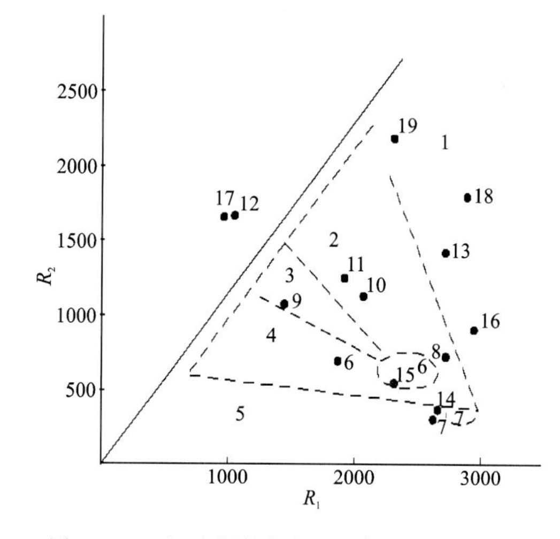


图 4-216 主要花岗岩岩石组合的示意性图解

1.地幔分离;2.板块碰撞前的;3.碰撞后的抬升;4.造山晚期的;5.非造山的;6.同碰撞期的;7.造山期后的

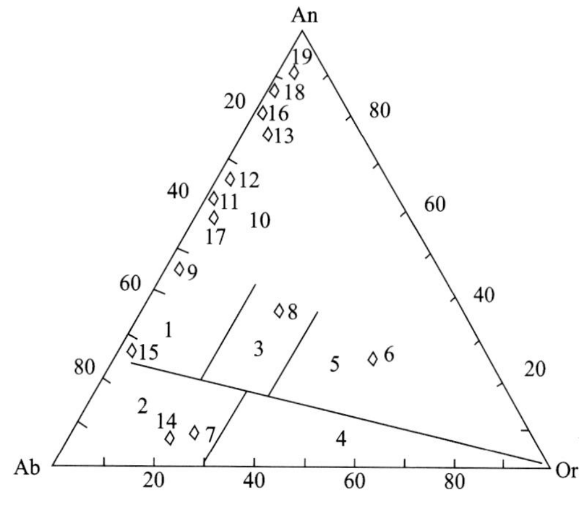


图 4-217 An-Ab-Or 分类图解

1.英云闪长岩;2.奥长花岗岩;3.花岗闪长岩;4.花岗岩;5.石英二长岩

**6. I-1-7 锡林浩特构造岩浆岩亚带岩石构造组合及其特征**

本亚带分布有元古代、古生代及中生代侵入岩，其中晚古生代及中生代侵入岩比较发育。由老到新构成 26 个岩石构造组合。

1)巴润萨拉 SSZ 型蛇绿岩组合($Pt_2$)

该组合主要分布于苏尼特左旗巴润萨拉地区，向东零星分布。出零面积较小，一般不足 $1km^2$，个别 $1\sim2km^2$。由变质橄榄岩-辉石橄榄岩、斜长角闪岩、变质角闪石岩、蛇纹岩、变质辉绿岩及斜长花岗岩等侵入岩建造构成。超基性岩 Sm-Nd 同位素年龄为 1770Ma。其时代为中元古代。岩石系列为拉斑玄武岩系列。空间上与中元古界温都尔庙群高压低温蓝闪绿片岩相系的岩石构造组合紧密共生，共同构成温都尔庙蛇绿混杂岩的北带。初步确定为俯冲环境形成的 SSZ 型蛇绿岩组合。

2)沙金贵仁俯冲型 TTG 组合(O—S)

该组合分布于沙金贵仁地区。岩石类型有奥陶纪英云闪长岩(U-Pb 同位素年龄为 466.8Ma 和 314.6Ma)和志留纪二云母花岗闪长岩，均属中钾钙碱性系列及壳幔混合源成因类型。初步判定为俯冲环境形成的英云闪长岩-花岗闪长岩(TTG)组合。

3)巴彦高勒俯冲型 TTG 组合(S—D)

该组合分布于巴彦高勒地区。岩石类型有志留纪—泥盆纪闪长岩、石英闪长岩(U-Pb 同位素年龄为 378Ma 和 418Ma)、英云闪长岩(U-Pb 同位素年龄为 414Ma)、糜棱岩化花岗闪长岩和早泥盆世中粒英云闪长岩、辉绿岩(U-Pb 同位素年龄为 398Ma)。侵入时代确定为志留纪—泥盆纪。岩石系列为中钾—高钾钙碱性系列和过铝高钾钙碱性系列。成因类型属于壳幔混合源。初步分析为俯冲环境形成的 TTG 组合。

4)达赖雀尔吉 SSZ 型蛇绿岩组合($C_2$)

该组合零星分布于本亚带西南部。岩石类型为辉石橄榄岩、蚀变辉石岩。时代为晚石炭世。岩石系列为钾质拉斑玄武岩系列，属幔源成因类型。初步判定为俯冲环境的 SSZ 型蛇绿岩组合。

5)达赖雀尔吉俯冲型$\sigma$+TTG 组合($C_2$)

该组合分布于本亚带西南部达赖雀尔吉地区。岩石类型有中细粒闪长岩、石英闪长岩、英云闪长岩及花岗岩。侵入时代为晚石炭世。岩石系列：闪长岩属钾质拉斑玄武岩系列，石英闪长岩与英云闪长岩属高钾钙碱性系列，花岗岩属中钾钙碱性系列，均为壳幔混合源成因类型。初步判定为俯冲环境形成的闪长岩+TTG 组合。

6)乌力吉图俯冲型 TTG 组合($P_1$)

该组合集中分布于乌力吉图一带。岩石类型包括中粒二长花岗岩、似斑状中粒花岗闪长岩、石英二长闪长岩、英云闪长岩、似斑状黑云母二长花岗岩、中粗粒二长花岗岩、中粗粒花岗岩，侵入时代为早二叠世。岩石系列以中钾钙碱性系列为主，少数为钾质碱性系列和高钾钙碱性—钾质碱性系列。成因类型为壳幔混合源。初步判断为俯冲环境形成的 TTG 组合。

7)查干努尔俯冲型 $G_1G_2$组合($P_2$)

该组合主要分布在查干努尔地区。岩石类型有闪长岩、石英二长闪长岩、似斑状花岗闪长岩、花岗闪长岩、花岗闪长斑岩、似斑状黑云二长花岗岩、二长花岗岩及花岗岩。其中以花岗闪长岩及花岗岩类为主。综合岩体间的侵入关系，确定该组合侵入时代为中二叠世。岩石系列：闪长岩、二长闪长岩为低钾拉斑玄武岩系列，似斑状花岗闪长岩及似斑状黑云二长花岗岩为钾质碱性系列，花岗闪长岩及花岗闪长斑岩为过铝质钾玄岩系列-钠质碱性系列，二长花岗岩及花岗岩为过铝质钾质碱性系列。岩石成因类型：闪长岩、二长闪长岩为壳幔混合源，其他岩类为壳源成因。初步判断应属于俯冲环境形成的花岗闪长岩-花岗岩($G_1G_2$)组合。

8)孟恩陶力盖俯冲型$\upsilon$-$\delta$+TTG 组合($P_2$)

该组合分布于本亚带东部孟恩陶力盖及巴达尔湖两个地区。并且在海拉-呼玛亚带松岭区及东乌珠穆沁旗-多宝山亚带的扎敦河农场—巴林镇地区也有分布。岩石类型有辉长岩、闪长岩、石英闪长岩、奥长花岗岩及花岗闪长岩。该组合侵入上石炭统—下二叠统宝力高庙组、中二叠统哲斯组或下中二叠统大石寨组，被晚三叠世花岗岩侵入，或被上侏罗统火山岩覆盖。其中石英闪长岩 K-Ar 同位素年龄为 252Ma，闪长岩 K-Ar 同位素年龄为 183.1Ma，奥长花岗岩同位素年龄为 215.3Ma 和 281.1Ma。侵入时代确定为中二叠世。

根据岩石化学数据表(表 4-44～表 4-46)中的 26～36 号样品进行了图解分析(图 4-84～图 4-89)，综合判断为俯冲环境形成的辉长岩-闪长岩+英云闪长岩-花岗闪长岩-花岗岩组合。

9)艾根乌苏碰撞型高钾和钾玄质花岗岩组合($P_2$)

该组合主要分布于本亚带东部的艾根乌苏地区。岩石类型为正长花岗岩、黑云母花岗岩。1∶25 万乌兰浩特幅的正长花岗岩，具片麻状构造，钾长石含量 40%～50%，斜长石 25%，白云母 0～10%；扎鲁特旗幅的黑云母花岗岩钾长石含量远大于斜长石，也为正长花岗岩；科右中旗的正长花岗岩黑云母含量很低。它们侵入下中二叠统大石寨组，被侏罗纪火山岩覆盖，时代确定为中二叠世。

对岩石化学资料(表 4-114～表 4-116)进行了计算和投图分析。在 $K_2O$-$SiO_2$ 图解中以高钾钙碱性系列为主，少数为钾玄岩系列(图 4-218)；在 Al/(Na+K+Ca/2)图解中位于 S 型区和 I 型区(图 4-219)，A/CNK 值一般小于 1.1，少数大于 1.1，成因类型属壳幔混合源和壳源。岩石类型相当于巴巴林的富钾钙碱性花岗岩。在山德指数图解中位于大陆碰撞及后造山区(图 4-220)，在 Rb-(Yb+Ta)图解中位于火山弧和同碰撞花岗岩区(图 4-221)。综合以上分析，可以判断为同碰撞环境的高钾和钾玄质花岗岩组合。

**表 4-114　中二叠世($P_2$)艾根乌苏同碰撞侵入岩岩石化学成分含量及主要参数**　单位：%

| 序号 | 样品号 | $SiO_2$ | $TiO_2$ | $Al_2O_3$ | $Fe_2O_3$ | FeO | MnO | MgO | CaO | $Na_2O$ | $K_2O$ | $P_2O_5$ | LOS | Total | $Na_2O+K_2O$ | $K_2O/Na_2O$ | $Mg^{\#}$ | $FeO^*$ | A/CNK | $\sigma$ | A.R | SI | DI |
|---|---|---|---|---|---|---|---|---|---|---|---|---|---|---|---|---|---|---|---|---|---|---|---|
| 1 | PM4LT2B2 | 75.19 | 0.1 | 12.53 | 0.89 | 1.21 | 0.02 | 0.29 | 0.7 | 4.35 | 4.09 | 0.05 | 0.12 | 99.54 | 8.44 | 0.94 | 0.24 | 2.01 | 0.98 | 2.21 | 4.52 | 2.68 | 93.46 |
| 2 | PM4LT159 | 76.02 | 0.1 | 11.53 | 0.29 | 1.56 | 0.01 | 0.26 | 0.94 | 3.83 | 4.41 | 0.1 | 0.5 | 99.55 | 8.24 | 1.15 | 0.20 | 1.82 | 0.9 | 2.06 | 4.90 | 2.51 | 93.57 |
| 3 | PM33LT30 | 74.7 | 0.3 | 13.56 | 0.3 | 2.44 | 0.05 | 0.32 | 1.03 | 3.71 | 3.74 | 0.05 | 0.28 | 100.48 | 7.45 | 1.01 | 0.18 | 2.71 | 1.13 | 1.75 | 3.09 | 3.04 | 87.84 |
| 4 | D1599-2 | 71.74 | 0.42 | 14.8 | 0.95 | 1.57 | 0.02 | 0.22 | 0.56 | 4.15 | 5.04 | 0.12 | 0.78 | 100.37 | 9.19 | 1.21 | 0.15 | 2.42 | 1.11 | 2.94 | 3.98 | 1.84 | 91.75 |
| 5 | D0095 | 76.78 | 0.1 | 11.09 | 0.31 | 1.77 | 0.02 | 0.19 | 0.36 | 3.86 | 3.87 | 0.05 | 0.8 | 99.20 | 7.73 | 1.00 | 0.16 | 2.05 | 1.00 | 1.77 | 5.16 | 1.90 | 94.33 |
| 6 | D2127 | 76.82 | 0.02 | 12.1 | 1.16 | 0.76 | 0.01 | 0.16 | 0.25 | 4.06 | 4.67 | 0.02 | 0.4 | 100.43 | 8.73 | 1.15 | 0.19 | 1.80 | 0.99 | 2.25 | 5.82 | 1.48 | 96.33 |
| 7 | PM33LT55 | 75.22 | 0.1 | 13.45 | 0.51 | 1.44 | 0.02 | 0.13 | 1.1 | 3.48 | 4.54 | 0.05 | 0.52 | 100.56 | 8.02 | 1.30 | 0.12 | 1.90 | 1.06 | 2.00 | 3.46 | 1.29 | 90.48 |
| 8 | C4 | 75.63 | 0.10 | 12.44 | 1.11 | 0.73 | 0.03 | 0.68 | 0.27 | 3.90 | 4.14 | 0.05 | 1.12 | 100.20 | 8.04 | 1.06 | 0.51 | 1.73 | 1.09 | 1.98 | 4.44 | 6.44 | 93.75 |
| 9 | C5 | 75.92 | 0.10 | 12.43 | 0.99 | 0.80 | 0.02 | 0.48 | 0.47 | 3.60 | 4.20 | 0.05 | 0.93 | 99.99 | 7.80 | 1.17 | 0.42 | 1.69 | 1.10 | 1.85 | 4.06 | 4.77 | 93.25 |
| 10 | C19-1 | 76.89 | 0.15 | 12.01 | 0.70 | 0.78 | 0.03 | 0.10 | 0.29 | 3.94 | 4.35 | 0.03 | 0.88 | 100.15 | 8.29 | 1.10 | 0.12 | 1.41 | 1.03 | 2.03 | 5.13 | 1.01 | 96.08 |
| 11 | 3-373-1-1 | 77.82 | 0.10 | 11.99 | 1.11 | 0.07 | 0.02 | 0.10 | 0.40 | 3.38 | 4.48 | 0.03 | 0.65 | 100.15 | 7.86 | 1.33 | 0.22 | 1.07 | 1.07 | 1.77 | 4.47 | 1.09 | 95.59 |
| 12 | VE1 | 74.13 | 0.19 | 13.53 | 2.37 | 1.36 |  | 0.76 | 0.34 | 1.55 | 5.99 |  |  | 100.22 | 7.54 | 3.86 | 0.37 | 3.49 | 1.40 | 1.83 | 3.38 | 6.32 | 88.18 |
| 13 | VE4571 | 74.32 | 0.05 | 14.37 | 0.95 |  |  | 0.08 | 0.86 | 4.08 | 4.86 |  |  | 99.57 | 8.94 | 1.19 | 0.27 | 0.85 | 1.06 | 2.55 | 3.84 | 0.80 | 93.63 |

表 4-115　中二叠世($P_2$)艾根乌苏同碰撞侵入岩稀土元素含量及主要参数　　单位:$\times10^{-6}$

| 序号 | 样品号 | La | Ce | Pr | Nd | Sm | Eu | Gd | Tb | Dy | Ho | Er | Tm | Yb | Lu | ΣREE | ΣLREE | ΣHREE | LREE/HREE | δEu |
|---|---|---|---|---|---|---|---|---|---|---|---|---|---|---|---|---|---|---|---|---|
| 1 | PM4LT2B2 | 20.00 | 32.30 | 3.29 | 12.30 | 2.49 | 0.27 | 1.90 | 0.34 | 2.38 | 0.48 | 1.59 | 0.24 | 1.83 | 0.29 | 94.00 | 70.65 | 9.05 | 7.81 | 0.37 |
| 2 | PM4LT159 | 22.10 | 40.80 | 3.83 | 16.10 | 3.02 | 0.34 | 2.17 | 0.37 | 3.07 | 0.52 | 1.60 | 0.26 | 1.56 | 0.20 | 123.24 | 86.19 | 9.75 | 8.84 | 0.39 |
| 3 | PM33LT30 | 28.60 | 47.80 | 4.10 | 20.20 | 3.12 | 0.56 | 3.04 | 0.51 | 3.49 | 0.68 | 2.02 | 0.32 | 2.14 | 0.34 | 134.22 | 104.38 | 12.54 | 8.32 | 0.55 |
| 4 | D1599-2 | 51.80 | 88.20 | 11.40 | 47.90 | 8.97 | 1.29 | 6.89 | 1.14 | 6.60 | 1.24 | 3.67 | 0.56 | 3.59 | 0.52 | 233.77 | 209.56 | 24.21 | 8.66 | 0.48 |
| 5 | D0095 | 5.44 | 24.70 | 2.31 | 6.33 | 2.60 | 0.08 | 2.89 | 0.79 | 5.89 | 1.25 | 4.34 | 0.68 | 4.77 | 0.67 | 62.74 | 41.46 | 21.28 | 1.95 | 0.09 |
| 6 | D2127 | 17.80 | 47.00 | 4.06 | 14.20 | 3.54 | 0.36 | 3.55 | 0.85 | 6.30 | 1.38 | 4.45 | 0.70 | 5.07 | 0.66 | 109.92 | 86.96 | 22.96 | 3.79 | 0.31 |
| 7 | PM33LT55 | 23.30 | 40.50 | 4.90 | 18.80 | 4.16 | 0.27 | 3.33 | 0.69 | 4.80 | 0.96 | 3.28 | 0.51 | 3.50 | 0.50 | 109.50 | 91.93 | 17.57 | 5.23 | 0.21 |

表 4-116　中二叠世($P_2$)艾根乌苏同碰撞侵入岩微量元素含量及主要参数　　单位:$\times10^{-6}$

| 序号 | 样品号 | Sr | Rb | Ba | Th | Ta | Nb | Hf | Zr | Cr | Ni | Co | V | U | Y | Cs | Sc | Ga | Rb/Sr | U/Th | Zr/Hf |
|---|---|---|---|---|---|---|---|---|---|---|---|---|---|---|---|---|---|---|---|---|---|
| 1 | PM4LT2B2 | 44.80 | 180.00 | 216.00 | 14.30 | 0.92 | 12.50 | 3.01 | 72.60 | 0.40 | 5.75 | 10.80 | 6.51 | 2.63 | 10.90 | 4.45 | 2.16 | 18.00 | 4.02 | 0.18 | 24.12 |
| 2 | PM4LT159 | 75.10 | 139.00 | 395.00 | 11.00 | 0.98 | 15.20 | 3.56 | 99.20 | 28.70 | 11.90 | 11.20 | 6.02 | 2.90 | 15.50 | 5.85 | 3.17 | 16.60 | 1.85 | 0.26 | 27.87 |
| 3 | PM33LT30 | 148.00 | 106.00 | 762.00 | 8.90 | 1.08 | 8.51 | 4.84 | 144.00 | 25.70 | 10.40 | 10.70 | 10.70 | 1.96 | 17.20 | 6.55 | 3.94 | 16.40 | 0.72 | 0.22 | 29.75 |
| 4 | D1599-2 | 119.00 | 84.30 | 741.00 | 11.80 | 1.10 | 22.70 | 8.34 | 322.00 | 13.80 | 14.30 | 6.90 | 12.90 | 2.09 | 29.30 | 4.30 | 4.78 | 20.20 | 0.71 | 0.18 | 38.61 |
| 5 | D0095 | 13.00 | 237.00 | 80.80 | 18.00 | 1.92 | 22.00 | 4.04 | 84.30 | 57.30 | 9.55 | 6.20 | 4.03 | 2.63 | 28.60 | 7.45 | 2.29 | 17.20 | 18.23 | 0.15 | 20.87 |
| 6 | D2127 | 14.90 | 185.00 | 382.00 | 18.40 | 1.81 | 16.90 | 8.03 | 205.00 | 11.40 | 2.75 | 10.80 | 4.75 | 5.16 | 28.90 | 0.00 | 1.20 | 21.30 | 12.42 | 0.28 | 25.53 |
| 7 | PM33LT55 | 27.00 | 172.00 | 298.00 | 13.10 | 1.31 | 9.55 | 1.74 | 53.80 | 2.75 | 4.90 | 11.60 | 2.44 | 2.09 | 22.80 | 6.95 | 3.05 | 15.50 | 6.37 | 0.16 | 30.92 |

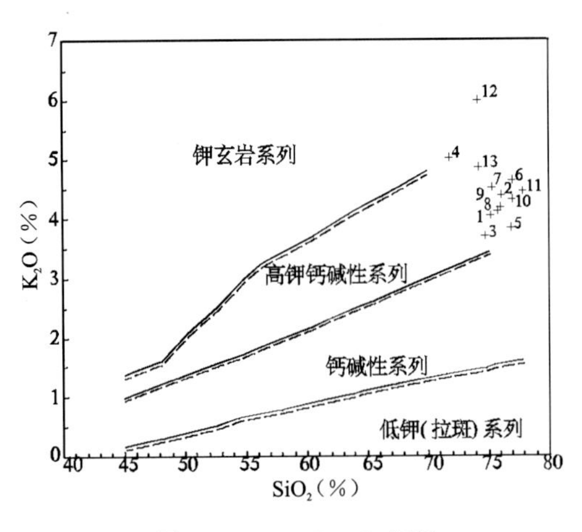


图 4-218　$K_2O$-$SiO_2$图解

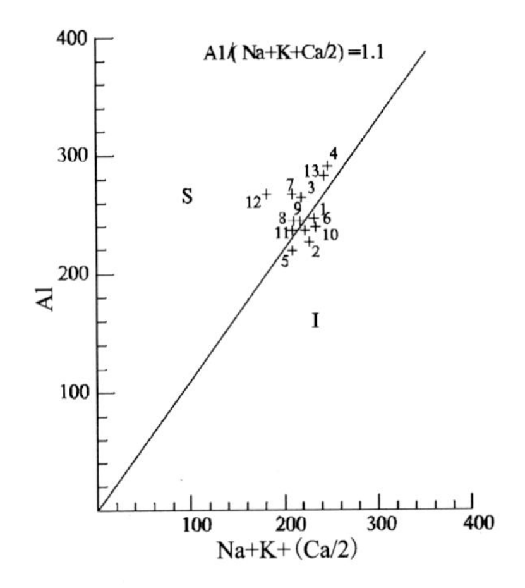


图 4-219　S 型、I 型花岗岩判别图解

I. I 型花岗岩;S. S 型花岗岩

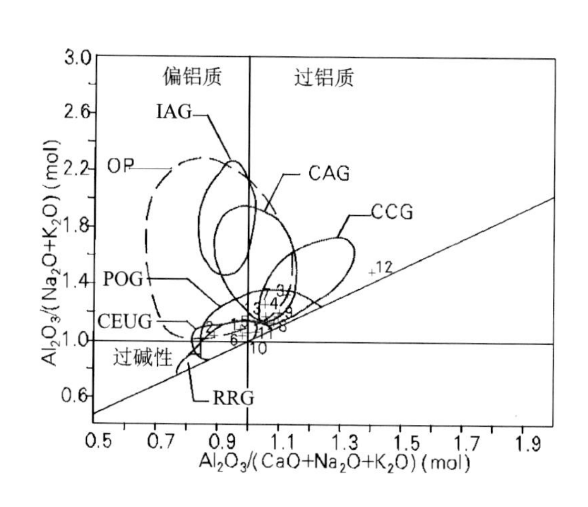


图 4-220 山德指数(Shamd's indel)图解

IAG. 岛弧;CAG. 大陆弧;CCG. 大陆碰撞;POG. 后造山;RRG. 裂谷系;CEUG. 大陆造陆隆升;OP. 大洋

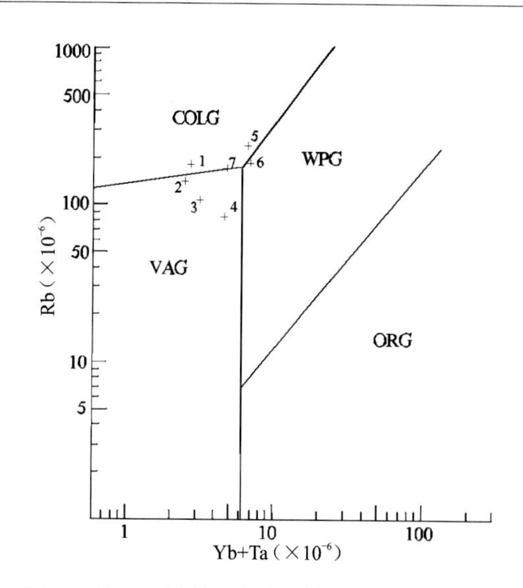


图 4-221 不同类型花岗岩的 Rb-Yb+Ta 图解

(据 Pearce,1984)

ORG. 洋脊花岗岩;WPG. 板内花岗岩;VAG. 火山弧花岗岩;COLG. 同碰撞花岗岩

10)巴彦查干苏木碰撞型强过铝花岗岩组合($P_2$)

该组合出露于本亚带东部的巴彦查干苏木莫斯托山地区。时代为中二叠世。岩石类型为二长花岗岩、二云母二长花岗、白云母二长花岗岩,均为含白云母的壳源 S 型淡色花岗岩类。明显属于同碰撞环境的强过铝花岗岩组合。

11)乌兰浩特-蘑菇气碰撞型高钾钙碱性花岗岩组合($P_3$)

该组合集中分布在 1:25 万乌兰浩特、索伦和蘑菇气镇。多以岩基、岩株状产出。岩石类型以花岗岩、二长花岗岩、黑云母花岗岩为主,也有少量闪长岩。一些岩类具铜、铁、锡矿化。该组合侵入中二叠统大石寨组和上二叠统林西组,被侏罗纪火山岩覆盖,也被晚三叠世正长花岗岩和早侏罗世花岗闪长岩侵入,结合 U-Pb 同位素年龄 265Ma 考虑,确定其侵入时代为晚二叠世。

根据岩石化学资料(表 4-117~表 4-119)进行了计算和图解分析。岩石系列主要为高钾钙碱性系列(图 4-222)。用 Al/(Na+K+Ca/2)图解判别成因类型为 S 型花岗岩(图 4-223),岩石特征相当于巴巴林的富钾钙碱性花岗岩类。岩石组成有角闪石,应属壳幔混合源成因类型。在 $SiO_2$-[$FeO^*$/($FeO^*$+MgO)]三元系判别图解中主要位于 IAG+CAG+CCG 区(图 4-224)。在山德指数图解中位于大陆碰撞和大陆弧花岗岩区(图 4-225)。综合分析与判断应属于碰撞环境形成的高钾钙碱性花岗岩组合。

表 4-117 晚二叠世($P_3$)乌兰浩特-蘑菇气碰撞型侵入岩岩石化学成分含量及主要参数 单位:%

| 序号 | 样品号 | $SiO_2$ | $TiO_2$ | $Al_2O_3$ | $Fe_2O_3$ | FeO | MnO | MgO | CaO | $Na_2O$ | $K_2O$ | $P_2O_5$ | LOS | Total | $Na_2O+K_2O$ | $K_2O/Na_2O$ | $Mg^{\#}$ | $FeO^*$ | A/CNK | σ | A.R | SI | DI |
|---|---|---|---|---|---|---|---|---|---|---|---|---|---|---|---|---|---|---|---|---|---|---|---|
| 1 | Ⅰ4378 | 67.9 | 0.35 | 14.8 | 1.15 | 2.32 | 0.08 | 1.62 | 1.87 | 4.03 | 3.77 | 0.16 | 1.51 | 99.56 | 7.80 | 0.94 | 0.01 | 3.35 | 1.05 | 2.44 | 2.76 | 12.57 | 80.29 |
| 2 | IGS8588 | 73.14 | 0.3 | 13.84 | 1.09 | 0.09 | 0.04 | 0.67 | 1.74 | 4.19 | 3.2 | 0.18 |  | 98.48 | 7.39 | 0.76 | 0.01 | 1.07 | 1.02 | 1.81 | 2.80 | 7.25 | 86.05 |
| 3 | IGS9165 | 71.64 | 0.3 | 13.84 | 1.15 | 1.72 | 0.08 | 0.96 | 1.36 | 4.43 | 3.4 | 0.23 |  | 99.11 | 7.83 | 0.77 | 0.01 | 2.75 | 1.04 | 2.14 | 3.12 | 8.23 | 86.59 |
| 4 | IGS6182 | 71.38 | 0.24 | 13.8 | 1.51 | 1.81 | 0.06 | 1.01 | 1.4 | 3.72 | 4.44 | 0.15 |  | 99.52 | 8.16 | 1.19 | 0.01 | 3.17 | 1.02 | 2.35 | 3.32 | 8.09 | 85.80 |
| 5 | ⅣP8-E16 | 76.94 | 0.08 | 12.94 | 0.48 | 0.96 | 0.03 | 0.08 | 0.2 | 3.58 | 4.45 | 0.1 | 0.46 | 100.30 | 8.03 | 1.24 | 0.00 | 1.39 | 1.17 | 1.90 | 4.14 | 0.84 | 94.88 |
| 6 | ⅣP8-E21 | 77.26 | 0.01 | 13.15 | 0.3 | 0.67 | 0.03 | 0.1 | 0.16 | 3.49 | 4.04 | 0.01 | 0.61 | 99.83 | 7.53 | 1.16 | 0.00 | 0.94 | 1.26 | 1.66 | 3.61 | 1.16 | 94.60 |
| 7 | ⅤP17E65 | 69.01 | 0.39 | 15.89 | 3.15 |  |  | 0.98 | 2.31 | 4.72 | 3.52 |  |  | 99.97 | 8.24 | 0.75 | 0.00 | 2.83 | 1.01 | 2.61 | 2.65 | 7.92 | 81.83 |
| 8 | ⅤP17E38-1 | 67.44 | 0.53 | 16.54 | 3.6 |  |  | 0.91 | 3.2 | 4.98 | 2.26 |  |  | 99.46 | 7.24 | 0.45 | 0.00 | 3.24 | 1.01 | 2.14 | 2.16 | 7.74 | 76.91 |

续表 4-117

| 序号 | 样品号 | $SiO_2$ | $TiO_2$ | $Al_2O_3$ | $Fe_2O_3$ | FeO | MnO | MgO | CaO | $Na_2O$ | $K_2O$ | $P_2O_5$ | LOS | Total | $Na_2O+K_2O$ | $K_2O/Na_2O$ | $Mg^{\#}$ | $FeO^*$ | A/CNK | σ | A.R | SI | DI |
|---|---|---|---|---|---|---|---|---|---|---|---|---|---|---|---|---|---|---|---|---|---|---|---|
| 9 | ⅤP17E14 | 68.82 | 0.63 | 14.94 | 3.9 | | | 1.15 | 2.23 | 4.17 | 3.73 | | | 99.57 | 7.90 | 0.89 | 0.00 | 3.51 | 1 | 2.42 | 2.70 | 8.88 | 80.92 |
| 10 | Ⅴ2194 | 74.34 | 0.12 | 14.54 | 1.5 | | | 0.31 | 0.81 | 4.04 | 3.75 | | | 99.41 | 7.79 | 0.93 | 0.00 | 1.35 | 1.2 | 1.94 | 3.06 | 3.23 | 90.76 |
| 11 | IGS2275 | 71.6 | 0.33 | 14.15 | 0.09 | 1.53 | 0.08 | 0.58 | 1.85 | 3.75 | 3.35 | 0.12 | 1.15 | 98.58 | 7.10 | 0.89 | 0.01 | 1.61 | 1.07 | 1.76 | 2.60 | 6.24 | 85.07 |
| 12 | IG3176 | 66.44 | 0.57 | 15.1 | 1.68 | 1.98 | 0.09 | 1.42 | 2.55 | 5.12 | 3.56 | 0.19 | 1.82 | 100.52 | 8.68 | 0.70 | 0.01 | 3.49 | 0.89 | 3.21 | 2.94 | 10.32 | 81.54 |
| 13 | ⅤGS 3303-2 | 68.32 | 0.39 | 15.84 | 0.61 | 3.38 | 0.05 | 1 | 2.03 | 4.4 | 3.78 | 0.13 | 0.75 | 99.52 | 7.81 | 0.89 | 0.01 | 3.93 | 1.05 | 2.64 | 2.69 | 7.59 | 80.06 |

**表 4-118　晚二叠世($P_3$)乌兰浩特-蘑菇气碰撞型侵入岩稀土元素含量及主要参数**　　单位：$\times10^{-6}$

| 序号 | 样品号 | La | Ce | Pr | Nd | Sm | Eu | Gd | Tb | Dy | Ho | Er | Tm | Yb | Lu | ΣREE | ΣLREE | ΣHREE | LREE/HREE | δEu |
|---|---|---|---|---|---|---|---|---|---|---|---|---|---|---|---|---|---|---|---|---|
| 1 | Ⅰ4378 | 23.00 | 48.10 | 5.09 | 24.10 | 4.74 | 0.93 | 3.98 | 0.75 | 4.15 | 0.89 | 2.47 | 0.37 | 2.57 | 0.34 | 135.78 | 105.96 | 15.52 | 6.83 | 0.64 |

**表 4-119　晚二叠世($P_3$)乌兰浩特-蘑菇气碰撞型侵入岩微量元素含量及主要参数**　　单位：$\times10^{-6}$

| 序号 | 样品号 | Sr | Rb | Hf | Zr | Ni | Sc | Y | Rb/Sr | Zr/Hf |
|---|---|---|---|---|---|---|---|---|---|---|
| 1 | Ⅰ4378 | 203.00 | 57.00 | 11.00 | 223.00 | 6.00 | 5.11 | 22.80 | 0.28 | 20.27 |

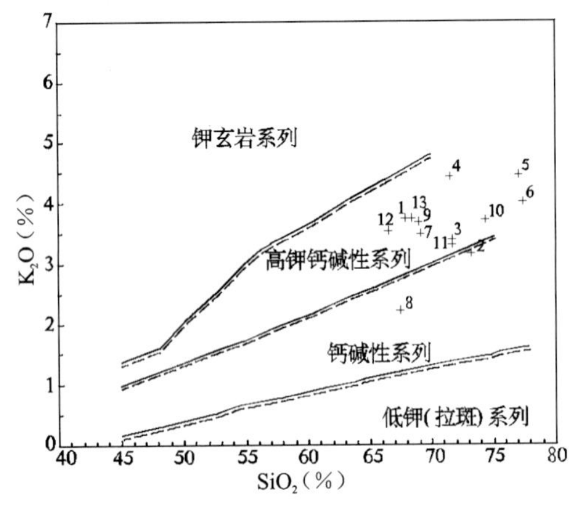


图 4-222　$K_2O$-$SiO_2$ 图解

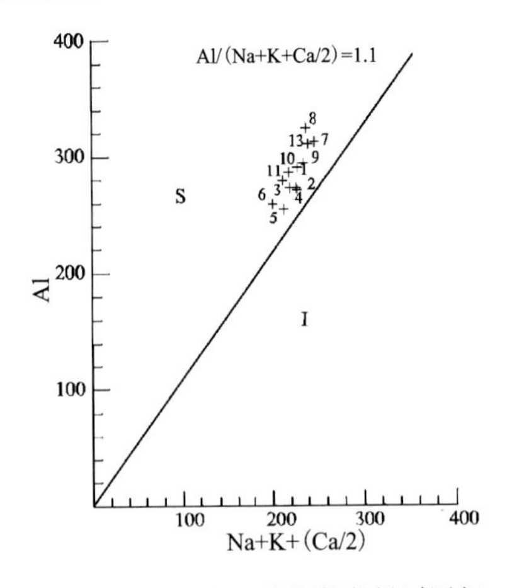


图 4-223　S 型、I 型花岗岩判别图解

I. I 型花岗岩；S. S 型花岗岩

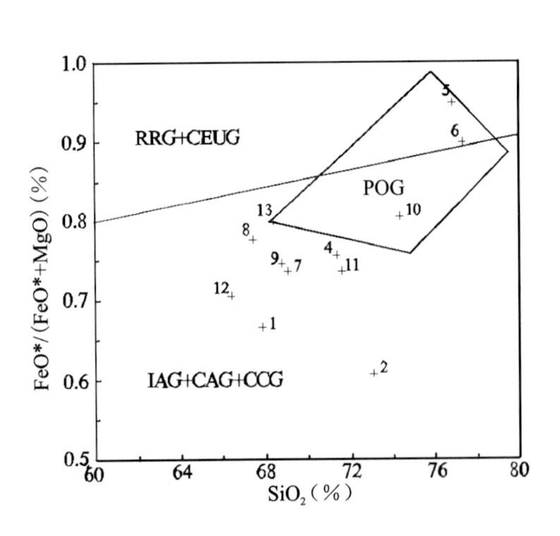


图 4-224　$SiO_2$-[$FeO^*$/($FeO^*$+MgO)]三元系判别图解

IAG. 岛弧；CAG. 大陆弧；CCG. 大陆碰撞；POG. 后造山；RRG. 裂谷系；CEUG. 大陆造陆隆升

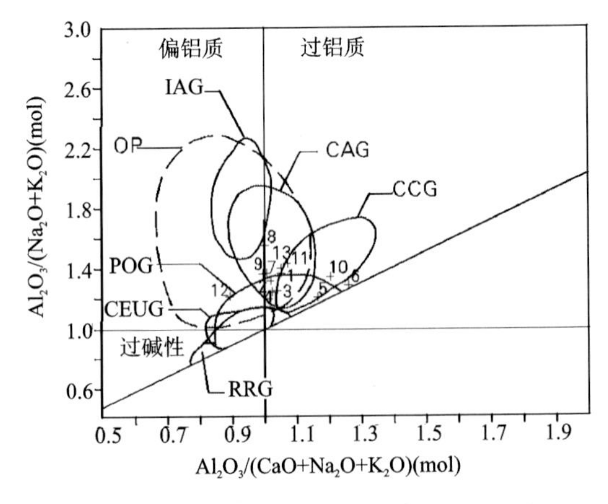


图 4-225　山德指数(Shamd's indel)图解

IAG. 岛弧；CAG. 大陆弧；CCG. 大陆碰撞；POG. 后造山；RRG. 裂谷系；CEUG. 大陆造陆隆升；OP. 大洋

12)查干努润俯冲型 SSZ 蛇绿岩组合($P_3$)

该组合分布于查干努润及锡林浩特地区。岩石类型有蛇纹石化橄榄岩、暗色辉长岩及角闪辉长岩。时代为晚二叠世。岩石系列分别属于中钾—高钾钙碱性系列和低钾碱性系列,均属幔源成因类型。初步判断为俯冲环境的 SSZ 型蛇绿岩组合。

13)查干努润俯冲型 TTG 组合($P_3$)

该组合分布于查干努润及锡林浩特地区。岩石类型包括闪长岩、(似斑状)石英闪长岩、(似斑状)英云闪长岩、(似斑状)花岗闪长岩、(似斑状)二长花岗岩及花岗岩。侵入时代为晚二叠世。岩石系列以偏铝质—过铝质中钾—高钾钙碱性系列为主,偏铝质或钾质碱性系列为次。岩石成因类型以壳幔混合源为主,仅花岗岩及二长花岗岩为壳源成因。初步判断应属于活动陆源环境形成的英云闪长岩-花岗闪长岩-花岗岩(TTG)岩石构造组合。

14)敦德乌苏-白音宝力道碰撞型强过铝花岗岩组合(T)

该组合分布于本亚带西部敦德乌苏—白音宝力道地区。岩石类型有花岗闪长岩、二云母二长花岗岩、黑云母二长花岗岩、白云母二长花岗岩、二云母花岗岩及花岗岩。二云母二长花岗岩 U-Pb 同位素年龄为 252Ma,白云母二长花岗岩 K-Ar 同位素年龄为 192Ma、199.4Ma 和 213Ma。确定的侵入时代为三叠纪。岩石系列以高钾钙碱性系列为主,另外白云母二长花岗岩为过铝质钾质碱性系列,花岗岩为偏铝质钾玄岩系列。岩石成因类型除花岗闪长岩为壳幔混合源外,其他均为壳源成因。作为构造环境判别标志,白云母和二云母的普遍出现使我们比较容易地作出判断,应当属于碰撞环境形成的强过铝花岗岩组合类型。

15)蘑菇气后造山过碱性—钙碱性花岗岩组合($T_3$)

该组合分布于本亚带东部蘑菇气镇地区,并且在海拉尔-呼玛亚带的松岭区及东乌珠穆沁旗-多宝山亚带的罕达盖嘎查地区也有分布。岩石类型以正长花岗岩为主,另有少量花岗岩、二长花岗岩和碱性花岗岩。多呈岩基、岩株产出。侵入最新地层为下三叠统老龙头组,被中、上侏罗统覆盖。结合 U-Pb 同位素年龄 211Ma、208Ma 和 224Ma 资料,确定其时代为晚三叠世。根据岩石化学数据(表 4-50)进行了投图分析(图 4-94~图 4-99),综合判断为后造山构造环境形成的过碱性—钙碱性花岗岩组合。

16)罕乌拉苏木稳定陆块(?)环境中基性—超基性杂岩组合($T_2$)

该组合分布于本亚带东部的罕乌拉苏木一带。在南邻索伦山-林西岩带的三棱山一带也有分布。均呈小岩株状侵入中二叠统哲斯组,北东向展布,Rb-Sr 同位素年龄为 228Ma 和(229±2.5)Ma。时代确定为晚三叠世。岩石类型以闪长岩为主,次有橄榄岩、辉长岩、辉长辉绿岩、角闪闪长岩、辉石闪长岩、辉石石英闪长岩、石英二长闪长岩。

根据岩石化学数据(表 4-120~表 4-122)进行了计算和投图分析。侵入岩主元素分类图解分类为似长石辉长岩、辉长岩、辉长闪长岩、二长闪长岩、闪长岩、二长岩和石英二长岩(图 4-226)。在 $K_2O$-$SiO_2$ 图解中为中钾钙碱性系列、高钾钙碱性系列及钾玄岩系列(图 4-227),在 $K_2O$-$Na_2O$ 图解中为钾质与钠质系列(图 4-228),应为幔源和壳幔混合源成因类型。在 Q-A-P 图解中位于岛弧和裂谷系花岗岩区(图 4-229)。在三元系判别图解中分散于 IAG+CAG+CCG 区、RRG+CEUG 区及 POG 区(图 4-230)。在 $R_1$-$R_2$ 图解中位于板块碰撞前、碰撞后抬升区(图 4-231)。综合以上分析,判断为稳定陆块(?)环境层状中基性—超基性杂岩组合。

**表 4-120 晚三叠世($T_3$)三棱山稳定陆块侵入岩岩石化学成分含量及主要参数** 单位:%

| 序号 | 样品号 | $SiO_2$ | $TiO_2$ | $Al_2O_3$ | $Fe_2O_3$ | FeO | MnO | MgO | CaO | $Na_2O$ | $K_2O$ | $P_2O_5$ | LOS | Total | $Na_2O+K_2O$ | $K_2O/Na_2O$ | $Mg^{\#}$ | $FeO^*$ | A/CNK | $\sigma$ | A.R | SI | DI |
|---|---|---|---|---|---|---|---|---|---|---|---|---|---|---|---|---|---|---|---|---|---|---|---|
| 1 | 444 | 53.70 | 0.70 | 16.70 | 1.82 | 5.33 | 0.14 | 7.16 | 7.04 | 3.96 | 2.04 | 0.14 | 0.83 | 99.56 | 6.00 | 1.94 | 0.68 | 6.97 | 0.77 | 3.36 | 1.68 | 35.25 | 41.23 |
| 2 | 448 | 60.20 | 1.00 | 16.28 | 1.50 | 4.85 | 0.08 | 4.00 | 3.66 | 4.47 | 2.74 | 0.20 | 0.54 | 99.52 | 7.21 | 1.63 | 0.57 | 6.20 | 0.96 | 3.02 | 2.13 | 22.78 | 60.78 |
| 3 | 448a 449 | 68.90 | 0.40 | 14.11 | 1.11 | 2.34 | 0.13 | 1.49 | 1.80 | 4.42 | 4.50 | 0.09 | 1.32 | 100.61 | 8.92 | 0.98 | 0.48 | 3.34 | 0.91 | 3.07 | 3.55 | 10.75 | 83.97 |
| 4 | ⅢP5E37 | 58.64 | 1.00 | 16.86 | 0.60 | 4.79 | 0.08 | 4.55 | 4.10 | 4.10 | 4.04 | 0.45 | 1.13 | 100.34 | 8.14 | 1.01 | 0.62 | 5.33 | 0.91 | 4.24 | 2.27 | 25.17 | 61.24 |

**续表 4-120**

| 序号 | 样品号 | $SiO_2$ | $TiO_2$ | $Al_2O_3$ | $Fe_2O_3$ | FeO | MnO | MgO | CaO | $Na_2O$ | $K_2O$ | $P_2O_5$ | LOS | Total | $Na_2O+K_2O$ | $K_2O/Na_2O$ | $Mg^{\#}$ | $FeO^{*}$ | A/CNK | σ | A.R | SI | DI |
|---|---|---|---|---|---|---|---|---|---|---|---|---|---|---|---|---|---|---|---|---|---|---|---|
| 5 | ⅢP5E44 | 59.13 | 0.86 | 15.03 | 1.41 | 4.00 | 0.08 | 5.88 | 4.13 | 3.67 | 4.00 | 0.03 | 1.53 | 99.75 | 7.67 | 0.92 | 0.69 | 5.27 | 0.84 | 3.65 | 2.34 | 31.01 | 60.06 |
| 6 | ⅢP5E12-1 | 52.73 | 1.24 | 15.76 | 0.13 | 6.41 | 0.13 | 7.96 | 6.49 | 3.50 | 1.23 | 0.36 | 4.68 | 100.62 | 4.73 | 2.85 | 0.69 | 6.53 | 0.84 | 2.30 | 1.54 | 41.39 | 38.42 |
| 7 | ⅢP5E18-3 | 53.29 | 1.07 | 13.75 | 0.60 | 6.49 | 0.16 | 7.64 | 7.34 | 2.87 | 3.57 | 0.83 | 1.58 | 99.19 | 6.44 | 0.80 | 0.67 | 7.03 | 0.63 | 4.03 | 1.88 | 36.09 | 46.46 |
| 8 | 1535 | 56.42 | 1.16 | 15.92 | 2.50 | 4.19 | 0.11 | 4.98 | 6.81 | 3.64 | 1.88 | 0.33 | 0.22 | 98.16 | 5.52 | 0.52 | 0.63 | 6.44 | 0.78 | 2.27 | 1.64 | 28.97 | 50.19 |
| 9 | 654 | 52.25 | 1.15 | 17.28 | 3.60 | 4.67 | 0.14 | 6.03 | 7.89 | 3.66 | 1.16 | 0.26 | 0.46 | 98.55 | 4.82 | 0.32 | 0.64 | 7.91 | 0.80 | 2.51 | 1.47 | 31.54 | 39.37 |
| 10 | ⅢE8129 等3个点均值 | 57.15 | 1.04 | 17.19 | 2.67 | 3.45 | 0.14 | 3.51 | 6.12 | 4.16 | 1.38 | 0.36 | 2.37 | 99.55 | 5.54 | 3.01 | 0.58 | 5.85 | 0.88 | 2.17 | 1.62 | 23.14 | 54.29 |
| 11 | ⅣGS3123-1 | 51.4 | 4.8 | 12.87 | 3.91 | 10.3 | 0.2 | 6.14 | 3.53 | 3.09 | 1.08 | 0.16 | 2.5 | 99.93 | 4.17 | 0.35 | 0.48 | 13.77 | 1.02 | 2.07 | 1.68 | 25.09 | 42.85 |
| 12 | ⅣGS3211-1 | 44.15 | 7.8 | 12.88 | 1.74 | 12.8 | 0.24 | 5.33 | 7.9 | 2.81 | 0.42 | 0.04 | 2.83 | 98.91 | 3.23 | 0.15 | 0.41 | 14.33 | 0.66 | 9.07 | 1.37 | 23.1 | 28.21 |
| 13 | ⅣGS3227 | 58.51 | 1.14 | 15.11 | 6.58 | 4.87 | 0.2 | 0.99 | 3.45 | 3.44 | 3.17 | 0.24 | 2.82 | 100.52 | 6.61 | 0.92 | 0.19 | 10.79 | 0.97 | 2.82 | 2.11 | 5.197 | 64.27 |

**表 4-121　晚三叠世($T_3$)三棱山稳定陆块侵入岩稀土元素含量及主要参数**　　单位:$\times10^{-6}$

| 序号 | 样品号 | La | Ce | Pr | Nd | Sm | Eu | Gd | Tb | Dy | Ho | Er | Tm | Yb | Lu | ΣREE | ΣLREE | ΣHREE | LREE/HREE | δEu |
|---|---|---|---|---|---|---|---|---|---|---|---|---|---|---|---|---|---|---|---|---|
| 1 | 444 | 22.75 | 43.85 | 5.21 | 25.14 | 4.66 | 1.71 | 4.56 | 0.24 | 3.43 | 0.70 | 1.89 | 0.29 | 1.75 | 0.28 | 143.76 | 103.32 | 13.14 | 7.86 | 1.12 |
| 2 | 448 | 30.24 | 55.21 | 6.81 | 28.65 | 5.05 | 1.50 | 4.70 | 0.79 | 3.24 | 0.57 | 1.75 | 0.22 | 1.54 | 0.20 | 157.77 | 127.46 | 13.01 | 9.80 | 0.93 |
| 8 | 1535 | 25.00 | 52.30 |  | 28.10 | 6.72 | 2.62 | 6.14 | 0.86 |  | 1.04 |  | 0.38 | 2.18 | 0.30 | 125.64 | 114.74 | 10.90 | 10.53 | 1.23 |
| 9 | 654 | 15.70 | 30.70 |  | 19.20 | 4.48 | 2.55 | 3.56 | 0.54 |  | 0.73 |  | 0.29 | 1.70 | 0.22 | 79.67 | 72.63 | 7.04 | 10.32 | 1.89 |

**表 4-122　晚三叠世($T_3$)三棱山稳定陆块侵入岩微量元素含量及主要参数**　　单位:$\times10^{-6}$

| 序号 | 样品号 | Sr | Rb | Ba | Th | Ta | Hf | Zr | Cr | Ni | Co | V | U | Y | Cs | Sc | Li | Rb/Sr | U/Th | Zr/Hf |
|---|---|---|---|---|---|---|---|---|---|---|---|---|---|---|---|---|---|---|---|---|
| 1 | 444 | 17.31 | 46.20 | 49.50 | 523.70 | 4.31 | 8.00 | 111.00 | 7.00 | 8.00 | 5.00 |  |  | 4.43 | 3.26 |  | 10.13 | 10.58 |  | 0.06 |
| 2 | 448 | 15.76 | 776.00 | 90.00 | 638.60 | 12.50 | 149.00 | 5.00 |  | 60.78 | 16.13 | 13.85 | 192.60 |  | 6.95 |  | 22.67 | 7.10 |  | 0.00 |
| 8 | 1535 | 634.00 | 55.00 | 4.52 | 7.25 | 0.85 | 78.50 | 58.00 | 7.00 | 34.39 | 10.57 | 13.85 | 192.60 | 4.43 | 5.11 |  |  | 0.09 | 26.57 | 0.74 |
| 9 | 654 | 868.00 | 20.00 | 427.00 | 1.59 | 0.40 | 3.63 | 107.00 | 105.00 | 34.00 | 69.00 |  | 0.55 | 0.55 | 1.42 | 16.90 |  | 0.02 | 0.35 | 29.48 |

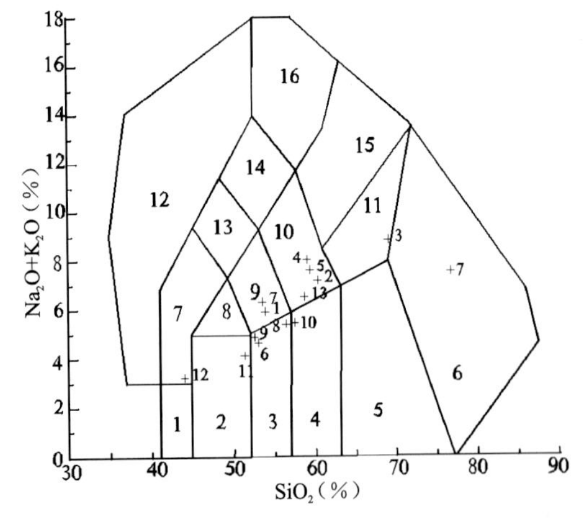


图 4-226　侵入岩主元素分类图解(据 Middlemost,1994)

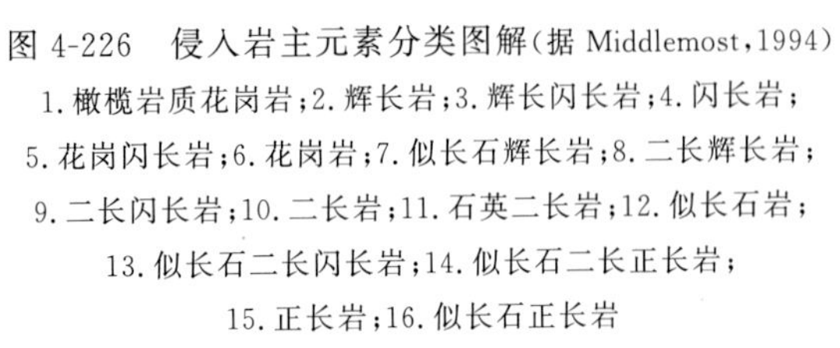
1.橄榄岩质花岗岩;2.辉长岩;3.辉长闪长岩;4.闪长岩;
5.花岗闪长岩;6.花岗岩;7.似长石辉长岩;8.二长辉长岩;
9.二长闪长岩;10.二长岩;11.石英二长岩;12.似长石岩;
13.似长石二长闪长岩;14.似长石二长正长岩;
15.正长岩;16.似长石正长岩

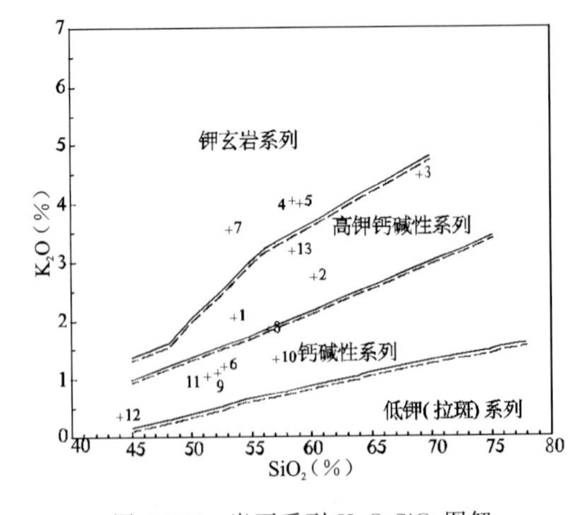


图 4-227　岩石系列 $K_2O$-$SiO_2$ 图解

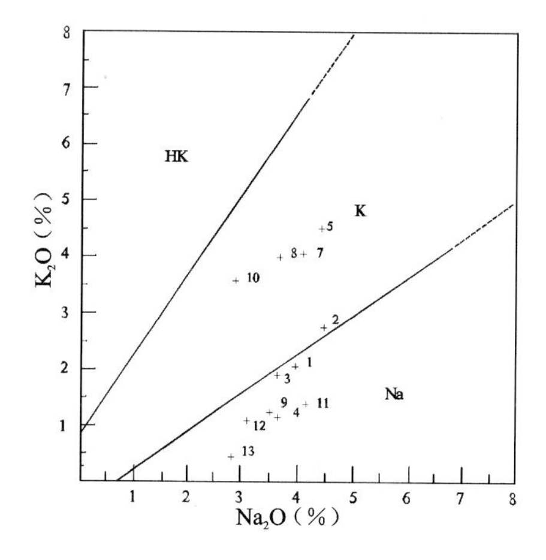


图 4-228　玄武岩钾质钠质系列划分图解

HK. 高钾类型；K. 钾质类型；Na. 钠质类型

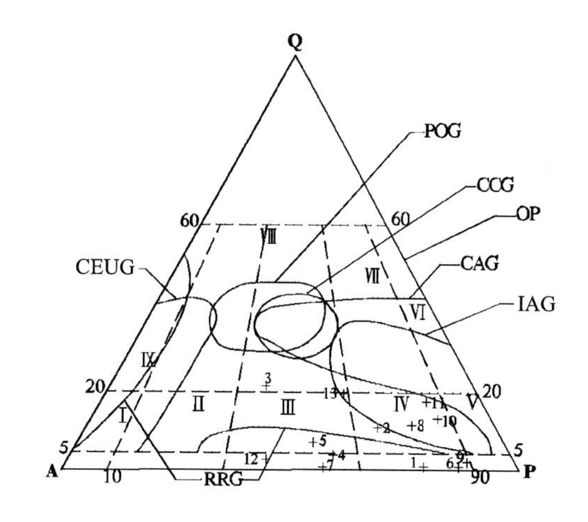


图 4-229　Q-A-P 图解

IAG. 岛弧；CAG. 大陆弧；CCG. 大陆碰撞；POG. 后造山；RRG. 裂谷系；CEUG. 大陆造陆隆升；OP. 大洋

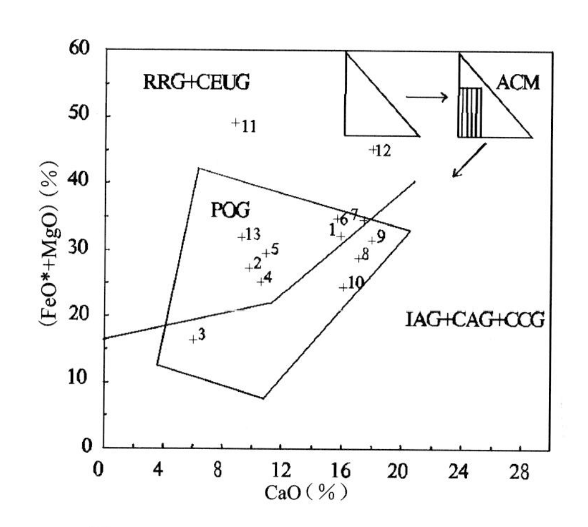


图 4-230　A($Al_2O_3$-$Na_2O$-$K_2O$)-CaO-[($FeO^*$ +MgO)]三元系判别图解

IAG. 岛弧；CAG. 大陆弧；CCG. 大陆碰撞；POG. 后造山；RRG. 裂谷系；CEUG. 大陆造陆隆升

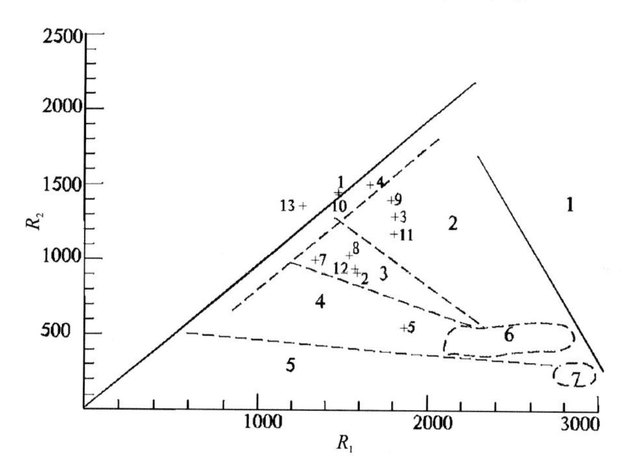


图 4-231　主要花岗岩类岩石组合的示意性图解

(据 Batchelor 等，1985)

1. 地幔分离；2. 板块碰撞前的；3. 碰撞后的抬升；4. 造山晚期的；5. 非造山的；6. 同碰撞期的；7. 造山期后的

17）敦德乌苏俯冲环境 SSZ 型蛇绿岩组合($T_3$)

该组合出露于本亚带西部敦德乌苏一带。岩石类型有超基性岩、角闪辉长岩、辉长岩、辉长辉绿岩及闪长岩。闪长岩 U-Pb 同位素年龄为 217Ma，侵入时代确定为晚三叠世。岩石系列为钾质钙碱性—碱性系列。成因类型为幔源和壳幔混合源。初步判断为俯冲环境形成的 SSZ 型蛇绿岩组合。

18）白音布拉格-三龙山碰撞型高钾钙碱性侵入岩组合($T_3$)

该组合分布于本亚带西部白音布拉格—三龙山—敦德乌苏地区。多呈小岩株产出。岩石类型有石英二长闪长岩[Rb-Sr 年龄为(229±2.5)Ma]、角闪黑云花岗闪长岩(U-Pb 同位素年龄为 271Ma，K-Ar 同位素年龄为 236Ma)、似斑状(黑云母)二长花岗岩(U-Pb 同位素年龄为 223Ma)及黑云母二长花岗岩(U-Pb 同位素年龄为 186Ma，K-Ar 同位素年龄为 202Ma)。侵入时代确定为晚三叠世。岩石系列主要为高钾钙碱性系列，似斑状二长花岗岩为钾质碱性系列。总体上属于壳幔混合源成因类型。初步判断为碰撞环境形成的高钾钙碱性侵入岩组合。

19）浩热图-乌兰哈达碰撞型强过铝花岗岩组合($J_1$)

该组合分布于本亚带西部浩热图—乌兰哈达地区。岩石类型有辉长岩、石英闪长岩、黑云母二长花岗岩、白云母花岗岩及花岗岩。除辉长岩、石英闪长岩没有同位素年化资料外，其他岩类均有。6 个 U-

Pb 同位素年龄集中在 201～193Ma 之间，1 个 K-Ar 同位素年龄为 193Ma。时代依据充分，确定为中侏罗世。岩石系列全部为高钾钙碱性系列。成因类型为壳幔混合源。综合判断为碰撞环境形成的强过铝花岗岩组合。

20）呼和陶勒盖大陆伸展型碱性花岗岩组合（$J_2$）

该组合分布于本亚带西部乌兰哈达至呼和陶勒盖地区。岩石类型为中粗粒似斑状花岗岩、中粗粒花岗岩及二长花岗岩。侵入时代为中侏罗世。岩石系列为偏铝质—过铝质钾质碱性系列，成因类型为壳幔混合源。初步判断为大陆伸展环境形成的碱性花岗岩组合。

21）哈日哈达-乌兰哈达后造山过碱性—钙碱性花岗岩组合（$J_3$）

该组合集中分布于本亚带西部哈日哈达—乌兰哈达地区及毛登地区。岩石类型有黑云母花岗岩、花岗闪长岩、（似斑状）二长花岗岩、黑云母正长花岗岩、二长花岗斑岩、石英斑岩及花岗斑岩。时代为晚侏罗世。岩石系列分别属于过铝质钾质碱性系列和中钾钙碱性—钠质碱性系列。总体上为壳幔混合源成因类型。初步判断为后造山环境的碱性—钙碱性花岗岩组合。

22）兴安林场-宝石镇陆缘弧环境 HMA＋TTG 组合（$J_3$）

该组合分布于兴安林场地区、索伦牧场—德发林场地区及宝石镇地区。岩石类型以石英闪长岩、花岗闪长岩为主，另有少量辉石闪长岩、闪长岩、辉石石英闪长岩、英云闪长岩、石英二长闪长岩、闪长玢岩、奥长花岗岩、二长岩等。侵入最新地层上侏罗统满克头鄂博组和玛尼吐组。花岗闪长岩 U-Pb 同位素年龄为 150Ma 和 138Ma。侵入时代确定为晚侏罗世。其中闪长岩中赋存银铜矿，花岗闪长岩具铁矿化。

根据岩石化学数据（表 4-123、表 4-124）进行了计算和投图分析。岩石系列以高钾钙性系列为主，少量钾玄岩系列（图 4-232）。岩石内多见辉石、角闪石，岩石成因类型为壳幔混合源。岩石总体特征与巴巴林的含角闪石的钙碱性花岗岩相当。在 Q-A-P 图解中样点主要位于大陆弧区外侧，少数位于岛弧区内及裂谷系区（图 4-233）。在山德指数图解中主要位于大洋区，部分位于大陆弧区、岛弧区及大陆碰撞区（图 4-234）。在 $R_1$-$R_2$ 图解中主要位于造山晚期区和碰撞后抬升区，部分位于板块碰撞前区及同碰撞期区（图 4-235）。在 An-Ab-Or 图解中位于 $T_1$、$T_2$、$G_1$、$G_2$ 区（图 4-236）。在 Q-Ab-Or 图解中具有钙碱性演化趋势（图 4-237）。表 4-123 中 12 号样品 MgO 含量为 7.00%，$SiO_2$ 为 54.70%，$TiO_2$ 为 0.90%，Mg 值为 0.65，符合高镁闪长岩的化学成分标准。通过以上分析，判断为陆缘弧环境形成的高镁闪长岩＋TTG 组合。

**表 4-123　晚侏罗世（$J_3$）兴安林场-宝石镇陆缘弧侵入岩岩石化学成分含量及主要参数**　单位：%

| 序号 | 样品号 | $SiO_2$ | $TiO_2$ | $Al_2O_3$ | $Fe_2O_3$ | FeO | MnO | MgO | CaO | $Na_2O$ | $K_2O$ | $P_2O_5$ | LOS | Total | $Na_2O+K_2O$ | $K_2O/Na_2O$ | $Mg^{\#}$ | $FeO^*$ | A/CNK | σ | A.R | SI | DI |
|---|---|---|---|---|---|---|---|---|---|---|---|---|---|---|---|---|---|---|---|---|---|---|---|
| 1 | IGS2282 | 69.66 | 0.40 | 14.18 | 0.97 | 1.47 | 0.08 | 2.61 | 0.44 | 5.25 | 4.25 | 0.13 | 0.68 | 100.12 | 9.50 | 0.81 | 0.72 | 2.34 | 1.01 | 3.39 | 4.71 | 17.94 | 87.8 |
| 2 | IGS4179 | 67.70 | 0.56 | 14.66 | 1.75 | 2.07 | 0.14 | 0.87 | 2.14 | 5.30 | 3.90 | 0.19 | 0.77 | 100.05 | 9.20 | 0.74 | 0.36 | 3.64 | 0.87 | 3.43 | 3.42 | 6.26 | 85.3 |
| 3 | A21 | 69.33 | 0.40 | 14.86 | 1.98 | 1.45 | 0.07 | 1.90 | 1.68 | 4.14 | 4.16 | 0.10 | 0.80 | 100.87 | 8.30 | 1.00 | 0.60 | 3.23 | 1.04 | 2.62 | 3.01 | 13.94 | 82.1 |
| 4 | 3-147 | 67.13 | 0.50 | 15.70 | 2.16 | 1.36 | 0.09 | 2.02 | 1.20 | 4.56 | 3.50 | 0.15 | 1.42 | 99.79 | 8.06 | 0.77 | 0.61 | 3.30 | 1.17 | 2.69 | 2.82 | 14.85 | 82 |
| 5 | 3-153 | 68.68 | 0.44 | 14.56 | 1.97 | 2.03 | 0.07 | 0.78 | 2.93 | 4.12 | 3.92 | 0.28 | 0.84 | 100.62 | 8.04 | 0.95 | 0.33 | 3.80 | 0.89 | 2.52 | 2.70 | 6.08 | 81.1 |
| 6 | 10207 | 62.32 | 0.76 | 15.95 | 2.42 | 3.72 | 0.06 | 2.36 | 4.80 | 4.32 | 2.32 | 0.45 | 0.00 | 99.48 | 6.64 | 0.54 | 0.47 | 5.90 | 0.86 | 2.28 | 1.94 | 15.59 | 65.5 |
| 7 | 8472 | 63.60 | 0.80 | 16.00 | 2.40 | 2.56 | 0.10 | 2.09 | 4.28 | 4.77 | 2.35 | 0.33 | 0.00 | 99.28 | 7.12 | 0.49 | 0.51 | 4.72 | 0.88 | 2.46 | 2.08 | 14.75 | 70 |
| 8 | 2811 | 62.73 | 0.55 | 16.14 | 1.99 | 2.93 | 0.10 | 0.72 | 5.58 | 3.38 | 3.64 | 0.23 | 2.64 | 100.63 | 7.02 | 1.08 | 0.26 | 4.72 | 0.81 | 2.50 | 1.96 | 5.69 | 68.6 |
| 9 | I GS0136 | 57.42 | 0.84 | 17.38 | 2.63 | 4.67 | 0.11 | 4.82 | 3.27 | 2.60 | 4.46 | 0.26 | 1.62 | 100.08 | 7.06 | 1.72 | 0.60 | 7.03 | 1.16 | 3.46 | 2.04 | 25.13 | 58.7 |
| 10 | D3 | 52.44 | 1.85 | 17.17 | 5.17 | 4.93 | 0.13 | 4.08 | 7.12 | 4.12 | 2.14 | 0.40 | 0.44 | 99.99 | 6.26 | 0.52 | 0.51 | 9.58 | 0.78 | 4.15 | 1.69 | 19.96 | 47.8 |

续表 4-123

| 序号 | 样品号 | $SiO_2$ | $TiO_2$ | $Al_2O_3$ | $Fe_2O_3$ | FeO | MnO | MgO | CaO | $Na_2O$ | $K_2O$ | $P_2O_5$ | LOS | Total | $Na_2O+K_2O$ | $K_2O/Na_2O$ | $Mg^{\#}$ | $FeO^{*}$ | A/CNK | σ | A. R | SI | DI |
|---|---|---|---|---|---|---|---|---|---|---|---|---|---|---|---|---|---|---|---|---|---|---|---|
| 11 | C39-2-10 | 53.92 | 0.22 | 19.65 | 5.75 | 4.36 | 0.11 | 3.96 | 5.49 | 3.42 | 2.12 | 0.15 | 1.52 | 100.67 | 5.54 | 0.62 | 0.51 | 9.53 | 1.10 | 2.81 | 1.57 | 20.19 | 46.7 |
| 12 | K-4-K | 54.70 | 0.90 | 16.35 | 1.47 | 6.02 | 0.13 | 7.00 | 6.72 | 4.12 | 1.73 | 0.20 | 1.24 | 100.58 | 5.85 | 0.42 | 0.65 | 7.34 | 0.78 | 2.93 | 1.68 | 34.41 | 45.4 |
| 13 | 3529 | 62.22 | 0.80 | 15.39 | 2.51 | 3.64 | 0.09 | 2.11 | 4.02 | 4.20 | 3.16 | 0.25 | 0.98 | 99.37 | 7.36 | 0.75 | 0.44 | 5.90 | 0.87 | 2.82 | 2.22 | 13.51 | 69.4 |
| 14 | 5个样平均值 | 68.81 | 0.52 | 15.30 | 1.24 | 1.20 | 0.05 | 1.20 | 1.91 | 4.90 | 3.05 | 0.15 | 1.26 | 99.59 | 7.95 | 0.62 | 0.55 | 2.31 | 1.03 | 2.45 | 2.72 | 10.35 | 83.7 |
| 15 | 2069 | 70.8 | 0.32 | 15.07 | 0.6 | 1.47 | 0.03 | 0.83 | 2.24 | 4.57 | 3.47 | 0.1 | 0.57 | 100.07 | 8.04 | 0.76 | 0.47 | 2.01 | 0.98 | 2.33 | 2.73 | 7.59 | 84 |
| 16 | IGS5211 | 73.12 | 0.19 | 13.57 | 0.65 | 2.17 | 0.08 | 0.39 | 1.19 | 4.3 | 4.15 | 0.05 | 0.79 | 100.65 | 8.45 | 0.97 | 0.23 | 2.75 | 0.99 | 2.37 | 3.68 | 3.34 | 88.8 |
| 17 | IGS5109 | 72.7 | 0.29 | 13.93 | 1.4 | 1.64 | 0.04 | 0.79 | 0.3 | 4.6 | 3.64 | 0.09 | 0.74 | 100.16 | 8.24 | 0.79 | 0.39 | 2.9 | 1.16 | 2.29 | 3.75 | 6.55 | 90.7 |

表 4-124　晚侏罗世($J_3$)兴安林场-宝石镇陆缘弧侵入岩稀土元素含量及主要参数　单位：$\times10^{-6}$

| 序号 | 样品号 | La | Ce | Pr | Nd | Sm | Eu | Gd | Tb | Dy | Ho | Er | Tm | Yb | Lu | ΣREE | ΣLREE | ΣHREE | LREE/HREE | δEu |
|---|---|---|---|---|---|---|---|---|---|---|---|---|---|---|---|---|---|---|---|---|
| 1 | IGS2282 | 35.89 | 89.89 | 8.7 | 35.77 | 6.8 | 0.9 | 6.33 | 0.82 | 4.56 | 1 | 2.7 | 0.39 | 2.58 | 0.19 | 210.81 | 177.94 | 18.57 | 9.58 | 0.42 |
| 2 | IGS4179 | 26.47 | 69.05 | 6.5 | 27.98 | 5.9 | 1.1 | 5.42 | 0.73 | 3.84 | 0.77 | 1.92 | 0.24 | 1.62 | 0.17 | 179.03 | 137.02 | 14.71 | 9.31 | 0.59 |

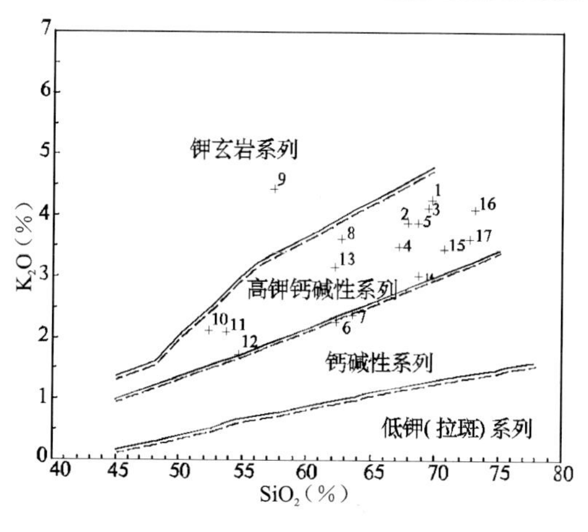


图 4-232　$K_2O$-$SiO_2$ 图解

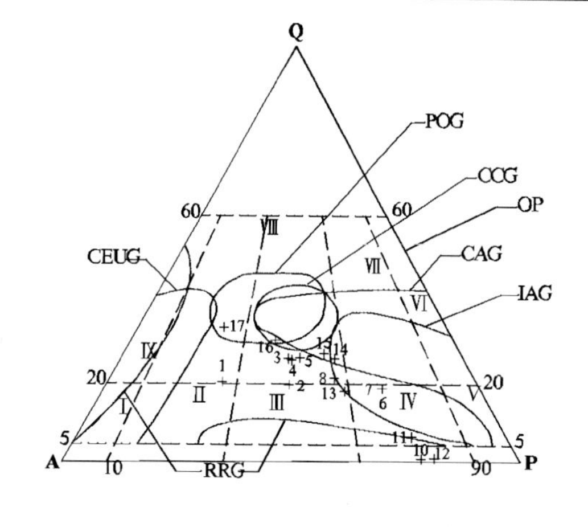


图 4-233　Q-A-P 图解

IAG. 岛弧；CAG. 大陆弧；CCG. 大陆碰撞；POG. 后造山；RRG. 裂谷系；CEUG. 大陆造陆隆升；OP. 大洋

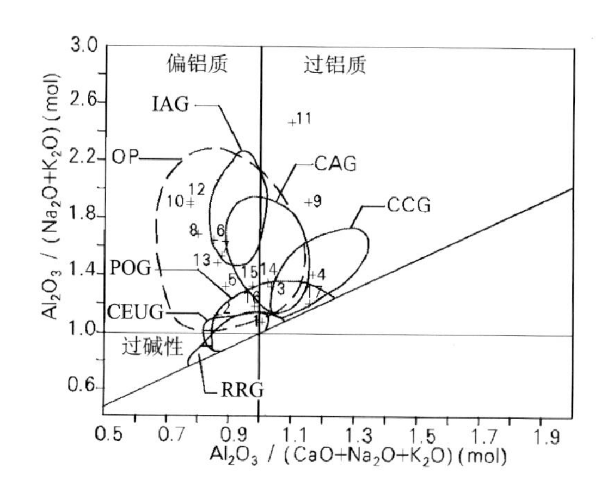


图 4-234　山德指数(Shamd's indel)花岗岩环境图解

IAG. 岛弧；CAG. 大陆弧；CCG. 大陆碰撞；POG. 后造山；RRG. 裂谷系；CEUG. 大陆造陆隆升；OP. 大洋

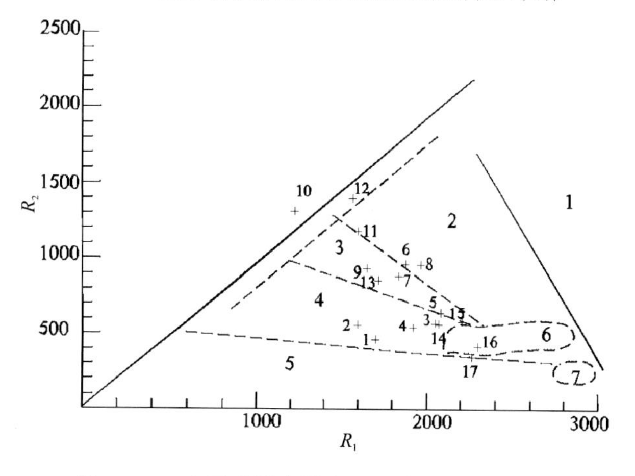


图 4-235　主要花岗岩类岩石组合的示意性图解

(据 Batchelor 等，1985)

1. 地幔分离；2. 板块碰撞前的；3. 碰撞后的抬升；4. 造山晚期的；5. 非造山的；6. 同碰撞期的；7. 造山期后的

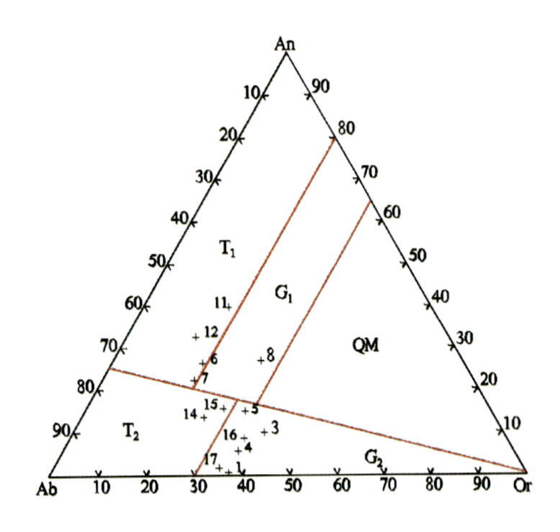


图 4-236　An-Ab-Or 分类图解(据 Johannes 等,1996)

$T_1$. 英云闪长岩;$T_2$. 奥长花岗岩;

$G_1$. 花岗闪长岩;$G_2$. 花岗岩;QM. 石英二长岩

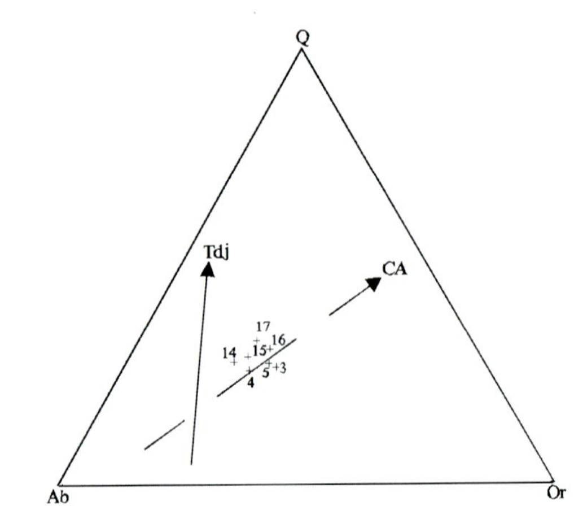


图 4-237　Q-Ab-Or 图解(据邓晋福,2004)

Tdj. 奥长花岗岩类演化趋势;CA. 钙碱性演化趋势

23)宝石镇-蘑菇气镇后碰撞高钾钙碱性花岗岩组合($J_3$)

该组合分布范围较大,从北东部蘑菇气镇经德发林场至宝石镇都有分布,并向南西延至索伦山-林西岩浆岩带的黄岗梁林场地区。该组以二长花岗岩、黑云母花岗岩及花岗岩为主,有较少正长花岗岩、花岗斑岩及流纹斑岩。多呈岩基、岩株或岩脉产出。侵入最新地层为上侏罗统火山岩。二长花岗岩 U-Pb 同位素年龄为 156~143Ma,正长花岗岩 U-Pb 同位素年龄为 141.9Ma,K-Ar 同位素年龄为 143Ma,侵入时代确定为晚侏罗世。其中二长花岗岩有水晶矿,黑云母花岗岩有铜、钨、铁矿化,正长花岗岩外接触带赋存大型铁锡多金属矿床。

根据岩石化学数据(表 4-125、表 4-126)进行了计算和投图分析。在 $K_2O$-$SiO_2$ 图解中以高钾钙碱性系列为主,少数为钾玄岩系列(图 4-238)。A/CNK 值在 0.9~1.2 之间,其成因类型应为壳源和壳幔混合源。岩石学及化学特征与巴巴林的富钾钙碱性花岗岩相当。在 Q-A-P 图解(图 4-239)和山德指数图解(图 4-240)中位于大陆碰撞、后造山、大陆隆升花岗岩区。稀土配分曲线具明显负铕异常(图 4-241)。在稀土元素和其他大离子亲石元素图解中,曲线形态与同碰撞花岗岩相似。综合相关特征判断为后碰撞环境形成的高钾钙碱性花岗岩组合。

**表 4-125　晚侏罗世($J_3$)黄岗梁-蘑菇气后碰撞侵入岩岩石化学成分含量及主要参数**　　单位:%

| 序号 | 样品号 | $SiO_2$ | $TiO_2$ | $Al_2O_3$ | $Fe_2O_3$ | FeO | MnO | MgO | CaO | $Na_2O$ | $K_2O$ | $P_2O_5$ | LOS | Total | $Na_2O+K_2O$ | $K_2O/Na_2O$ | $Mg^{\#}$ | $FeO^*$ | A/CNK | σ | A.R | SI | DI |
|---|---|---|---|---|---|---|---|---|---|---|---|---|---|---|---|---|---|---|---|---|---|---|---|
| 1 | HGS406 | 73.89 | 0.23 | 13.18 | 1.24 | 0.85 | 0.04 | 0.47 | 0.39 | 2.56 | 6.04 | 0.07 | 1.22 | 100.18 | 8.60 | 2.36 | 0.38 | 1.96 | 1.15 | 2.39 | 4.46 | 4.21 | 92.48 |
| 2 | A22 | 75.52 | 0.10 | 12.63 | 1.38 | 0.55 | 0.02 | 0.38 | 0.20 | 3.84 | 4.90 | 0.05 | 0.60 | 100.17 | 8.74 | 1.28 | 0.36 | 1.79 | 1.05 | 2.35 | 5.27 | 3.44 | 95.06 |
| 3 | B18 | 77.84 | 0.10 | 12.15 | 0.92 | 0.61 | 0.02 | 0.28 | 0.33 | 3.38 | 4.42 | 0.04 | 0.44 | 100.53 | 7.80 | 1.31 | 0.34 | 1.44 | 1.10 | 1.75 | 4.33 | 2.91 | 94.54 |
| 4 | 1329 | 75.91 | 0.10 | 13.43 | 1.26 | 0.80 | 0.03 | 0.29 | 0.44 | 3.29 | 4.16 | 0.04 | 0.70 | 100.45 | 7.45 | 1.26 | 0.28 | 1.93 | 1.26 | 1.69 | 3.32 | 2.96 | 91.72 |
| 5 | AⅣ-30 | 75.27 | 0.05 | 14.06 | 0.45 | 0.93 | 0.04 | 0.01 | 0.31 | 4.60 | 3.98 | 0.02 | 0.73 | 100.45 | 8.58 | 0.87 | 0.00 | 1.33 | 1.13 | 2.28 | 3.96 | 0.10 | 94.76 |
| 6 | 6262 | 69.12 | 0.50 | 14.79 | 2.58 | 1.71 | 0.09 | 0.75 | 1.62 | 3.88 | 3.63 | 0.16 |  | 98.83 | 7.51 | 0.94 | 0.33 | 4.03 | 1.11 | 2.16 | 2.69 | 5.98 | 82.83 |
| 7 | ⅠGS0144 | 70.14 | 0.22 | 13.98 | 0.53 | 3.05 | 0.07 | 1.24 | 0.65 | 4.64 | 4.58 |  | 0.45 | 99.55 | 9.22 | 0.99 | 0.41 | 3.53 | 1.01 | 3.13 | 4.41 | 8.83 | 87.25 |
| 8 | ⅠGS3027 | 72.25 | 0.23 | 14.09 | 1.12 | 1.37 | 0.04 | 1.11 | 0.33 | 4.70 | 4.13 | 0.07 | 0.90 | 100.34 | 8.83 | 0.88 | 0.53 | 2.38 | 1.10 | 2.67 | 4.16 | 8.93 | 91.03 |
| 9 | ⅣP10-E7 | 72.34 | 0.27 | 12.46 | 1.44 | 1.35 | 0.12 | 0.47 | 1.14 | 4.39 | 4.99 | 0.10 | 0.80 | 99.87 | 9.38 | 1.14 | 0.31 | 2.64 | 0.85 | 3.00 | 5.45 | 3.72 | 92.11 |
| 10 | ⅣP10-E7 | 73.18 | 0.70 | 13.22 | 1.43 | 1.76 | 0.10 | 0.19 | 0.50 | 4.19 | 4.75 | 0.10 | 0.26 | 100.38 | 8.94 | 1.13 | 0.13 | 3.05 | 1.02 | 2.65 | 4.74 | 1.54 | 92.48 |
| 11 | IGS6061 | 72.35 | 0.29 | 13.81 | 1.00 | 1.83 | 0.05 | 0.45 | 0.00 | 4.50 | 4.62 | 0.09 | 0.38 | 99.37 | 9.12 | 1.03 | 0.27 | 2.73 | 1.11 | 2.83 | 4.89 | 3.63 | 93.17 |

续表 4-125

| 序号 | 样品号 | $SiO_2$ | $TiO_2$ | $Al_2O_3$ | $Fe_2O_3$ | FeO | MnO | MgO | CaO | $Na_2O$ | $K_2O$ | $P_2O_5$ | LOS | Total | $Na_2O+K_2O$ | $K_2O/Na_2O$ | $Mg^{\#}$ | $FeO^*$ | A/CNK | σ | A.R | SI | DI |
|---|---|---|---|---|---|---|---|---|---|---|---|---|---|---|---|---|---|---|---|---|---|---|---|
| 12 | IGS5211 | 73.12 | 0.19 | 13.57 | 0.65 | 2.17 | 0.08 | 0.39 | 1.19 | 4.30 | 4.15 | 0.05 | 0.79 | 100.65 | 8.45 | 0.97 | 0.23 | 2.75 | 0.99 | 2.37 | 3.68 | 3.34 | 88.80 |
| 13 | IGS5109 | 72.70 | 0.29 | 13.93 | 1.40 | 1.64 | 0.04 | 0.79 | 0.30 | 4.60 | 3.64 | 0.09 | 0.74 | 100.16 | 8.24 | 0.79 | 0.39 | 2.90 | 1.16 | 2.29 | 3.75 | 6.55 | 90.74 |
| 14 | ⅤGS1246-2 | 74.48 | 0.02 | 14.16 | 0.48 | 1.05 | 0.03 | 0.01 | 0.61 | 4.06 | 3.89 | 0.07 | 0.74 | | 7.95 | 0.96 | | 1.48 | 1.18 | 2.01 | 3.33 | 0.11 | 92.54 |

表 4-126 晚侏罗世($J_3$)黄岗梁-蘑菇气后碰撞侵入岩稀土元素含量及主要参数 单位：$\times10^{-6}$

| 序号 | 样品号 | La | Ce | Pr | Nd | Sm | Eu | Gd | Tb | Dy | Ho | Er | Tm | Yb | Lu | ΣREE | ΣLREE | ΣHREE | LREE/HREE | δEu |
|---|---|---|---|---|---|---|---|---|---|---|---|---|---|---|---|---|---|---|---|---|
| 1 | HGS406 | 11.93 | 26.05 | 5.3 | 8.58 | 2.9 | 0.4 | 1.48 | 0.8 | 0.88 | 0.34 | 0.96 | 0.3 | 0.58 | 0.12 | 77.96 | 55.20 | 5.46 | 10.11 | 0.52 |
| 11 | IGS6061 | 29.3 | 72.26 | 6.9 | 27.91 | 5.3 | 0.9 | 4.99 | 0.73 | 3.81 | 0.84 | 2.48 | 0.4 | 2.57 | 0.29 | 158.60 | 142.49 | 16.11 | 8.84 | 0.51 |

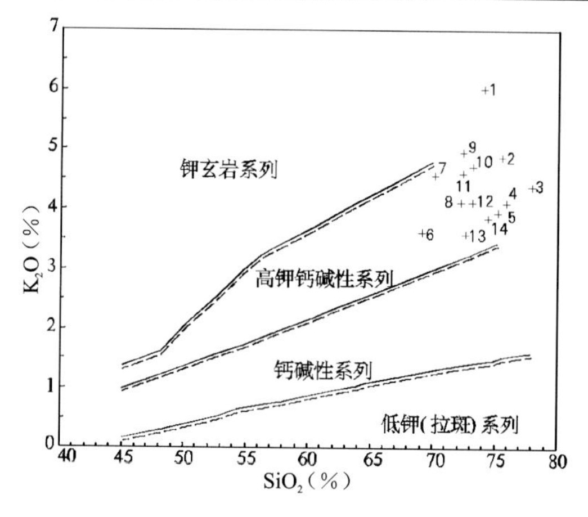


图 4-238 $K_2O$-$SiO_2$图解

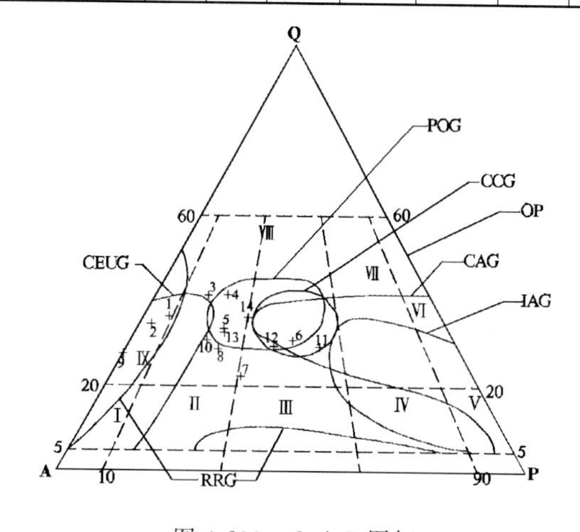


图 4-239 Q-A-P 图解

IAG. 岛弧；CAG. 大陆弧；CCG. 大陆碰撞；POG. 后造山；RRG. 裂谷系；CEUG. 大陆造陆隆升；OP. 大洋

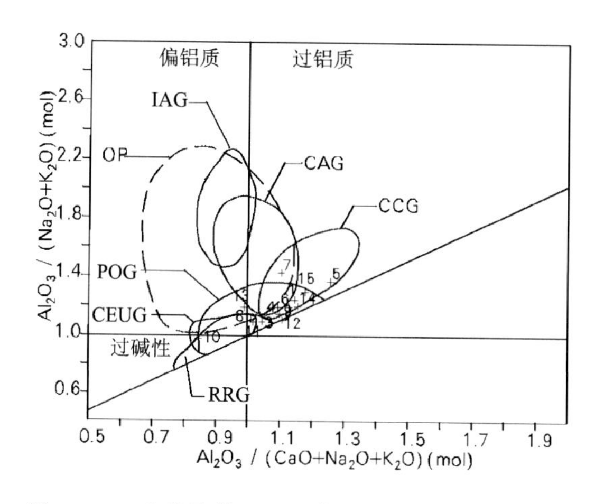


图 4-240 山德指数(Shamd's indel)花岗岩环境图解

IAG. 岛弧；CAG. 大陆弧；CCG. 大陆碰撞；POG. 后造山；RRG. 裂谷系；CEUG. 大陆造陆隆升；OP. 大洋

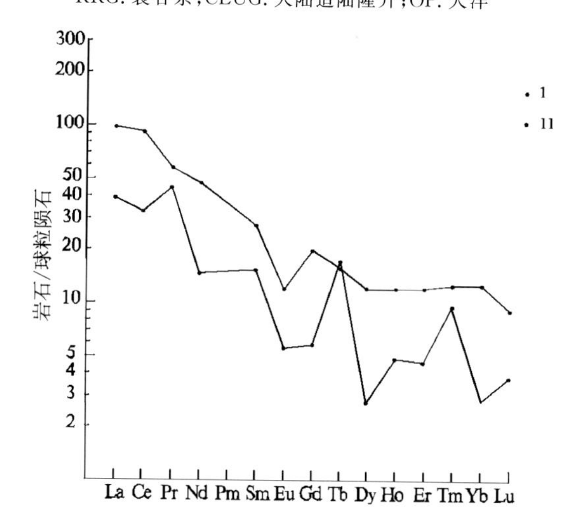


图 4-241 岩石稀土元素/球粒陨石标准化模式图

(据 Coryell,1963)

24)代王山-乌拉音敖包后造山过碱性—钙碱性花岗岩组合($K_1$)

该组合分布于本亚带西部代王山—乌兰呼舒—乌拉音敖包地区。岩石类型包括闪长岩、闪长玢岩、角闪黑云花岗闪长岩(K-Ar 同位素年龄为 93.9Ma、132.7Ma)、似斑状(黑云母)二长花岗岩(U-Pb 同位素年龄为 122Ma、138.4Ma)、不等粒黑云二长花岗岩(K-Ar 同位素年龄为 138Ma)、中粗粒二长花岗岩

(U-Pb 同位素年龄为 132Ma，赋存辉钼矿、水晶矿)、黑云母花岗岩、黑云正长花岗岩、中粗粒碱长花岗岩、碱长花岗斑岩、石英二长斑岩(K-Ar 同位素年龄为 128.5Ma)、中粗粒花岗岩、花岗斑岩((K-Ar 同位素年龄为 114Ma、135Ma)及中粗粒霓辉正长岩(U-Pb 同位素年龄为 127Ma)。侵入时代确定为早白垩世。岩石系列分属高钾钙碱性系列和钾质碱性系列。岩石成因类型为壳源或壳幔混合源。初步判定为后造山环境之过碱性—钙碱性花岗岩组合。

25)锡林浩特-乌兰浩特后造山碱性—钙碱性花岗岩组合($K_1$)

该组合广泛分布于本亚带中部及东部地区，呈岩基、岩株或岩脉状产出，沿北东—北北东方向展布。岩石类型以正长花岗岩、黑云母花岗岩、花岗岩、花岗斑岩为主，少量二长花岗岩、石英二长岩、石英正长岩及二长岩。侵入最新地层为下白垩统梅勒图组，U-Pb 同位素年龄为 117～105Ma，K-Ar 同位素年龄为 138～110.5Ma。侵入时代确定为早白垩世。其中黑云母花岗岩赋存水晶矿，正长花岗岩与铜钼铁矿关系密切。

根据岩石化学资料(表 4-127～表 4-129)进行了计算和投图分析。岩石系列主要为高钾钙碱性系列，少数为钾玄岩系列(图 4-242)，在碱度率图解中以碱性岩为主，少量钙碱性岩(图 4-243)。A/CNK 值大部分在 0.1～1.1 之间，少数大于 1.1，显示以壳幔混合源为主，少数为壳源成因类型。在 Q-A-P 图解中样点主要位于后造山，大陆隆升、大陆碰撞及其外围区域(图 4-244)。在山德指数图解中主要位于后造山、大陆碰撞、大陆弧区(图 4-245)。总体上与巴巴林的高钾钙碱性花岗岩相当。综合判断为后造山环境的碱性—钙碱性花岗岩组合。

**表 4-127 早白垩世($K_1$)锡林浩特后造山侵入岩岩石化学成分含量及主要参数**　单位：%

| 序号 | 样品号 | $SiO_2$ | $TiO_2$ | $Al_2O_3$ | $Fe_2O_3$ | FeO | MnO | MgO | CaO | $Na_2O$ | $K_2O$ | $P_2O_5$ | LOS | Total | $Na_2O+K_2O$ | $K_2O/Na_2O$ | $Mg^\#$ | $FeO^*$ | A/CNK | σ | A.R | SI | DI |
|---|---|---|---|---|---|---|---|---|---|---|---|---|---|---|---|---|---|---|---|---|---|---|---|
| 1 | ⅤGS4337-1 | 67.12 | 0.21 | 15.71 | 1.34 | 2.26 | 0.03 | 0.54 | 1.48 | 4.48 | 5.44 | 0.06 | 0.75 | 99.42 | 9.92 | 1.21 | 0.25 | 3.46 | 0.99 | 4.08 | 3.73 | 3.84 | 85.97 |
| 2 | 3050 | 77.88 | 0.15 | 11.63 | 0.63 | 0.70 | 0.01 | 0.06 | 0.06 | 3.50 | 4.60 | 0.02 | 0.39 | 99.63 | 8.10 | 1.31 | 0.07 | 1.27 | 1.08 | 1.88 | 5.51 | 0.63 | 95.00 |
| 3 | 3052 | 77.71 | 0.13 | 11.53 | 0.64 | 0.79 | 0.02 | 0.02 | 0.18 | 3.70 | 4.30 | 0.04 | 0.99 | 100.05 | 8.00 | 1.16 | 0.00 | 1.37 | 1.04 | 1.84 | 5.31 | 0.21 | 94.15 |
| 4 | 3054 | 77.34 | 0.19 | 11.86 | 0.80 | 0.61 | 0.01 | 0.04 | 0.12 | 3.55 | 4.80 | 0.04 | 0.41 | 99.77 | 8.35 | 1.35 | 0.07 | 1.33 | 1.05 | 2.03 | 5.60 | 0.41 | 96.84 |
| 5 | 3057 | 77.85 | 0.16 | 11.45 | 0.68 | 0.70 | 0.01 | 0.04 | 0.18 | 3.70 | 4.30 | 0.02 | 0.50 | 99.59 | 8.00 | 1.16 | 0.07 | 1.31 | 1.03 | 1.84 | 5.41 | 0.42 | 96.63 |
| 6 | 3059 | 77.64 | 0.25 | 11.62 | 0.43 | 0.82 | 0.02 | 0.09 | 0.12 | 3.70 | 4.70 | 0.02 | 0.36 | 99.77 | 8.40 | 1.27 | 0.13 | 1.21 | 1.02 | 2.04 | 6.03 | 0.92 | 97.01 |
| 7 | 3060 | 81.15 | 0.14 | 9.36 | 0.59 | 0.86 | 0.03 | 0.09 | 0.15 | 2.75 | 4.50 | 0.04 | 0.53 | 100.19 | 7.25 | 1.64 | 0.11 | 1.39 | 0.97 | 1.38 | 7.42 | 1.02 | 97.23 |
| 8 | 3413 | 74.25 | 0.20 | 13.24 | 1.08 | 0.89 | 0.08 | 0.18 | 0.16 | 4.52 | 4.75 | 0.07 | 0.45 | 99.87 | 9.27 | 1.05 | 0.18 | 1.86 | 1.03 | 2.75 | 5.49 | 1.58 | 95.65 |
| 9 | 3581 | 76.64 | 0.15 | 11.52 | 1.31 | 0.57 | 0.09 | 0.24 | 0.15 | 4.00 | 4.86 | 0.07 | 0.43 | 100.03 | 8.86 | 1.22 | 0.28 | 1.75 | 0.94 | 2.33 | 7.31 | 2.19 | 95.39 |
| 10 | 3729 | 56.51 | 0.80 | 18.32 | 3.96 | 4.10 | 0.08 | 3.88 | 4.41 | 4.38 | 2.44 | 0.29 |  | 99.17 | 6.82 | 0.56 | 0.55 | 7.66 | 1.02 | 3.44 | 1.86 | 20.68 | 56.78 |
| 11 | 5126 | 71.38 | 0.30 | 14.35 | 1.20 | 1.22 | 0.08 | 0.90 | 0.75 | 4.88 | 4.22 | 0.11 |  | 99.39 | 9.10 | 0.86 | 0.48 | 2.30 | 1.03 | 2.92 | 4.03 | 7.25 | 90.36 |
| 12 | 5127 | 71.44 | 0.18 | 14.50 | 1.29 | 0.74 | 0.11 | 0.59 | 0.55 | 4.90 | 5.56 | 0.06 |  | 99.92 | 10.46 | 1.13 | 0.47 | 1.90 | 0.96 | 3.85 | 5.56 | 4.51 | 94.03 |
| 13 | 7507 | 74.00 | 0.10 | 13.65 | 1.00 | 1.19 | 0.06 | 0.72 | 1.00 | 4.32 | 4.05 | 0.05 |  | 100.14 | 8.37 | 0.94 | 0.45 | 2.09 | 1.02 | 2.26 | 3.67 | 6.38 | 90.06 |
| 14 | 9183.00 | 73.28 | 0.06 | 14.99 | 0.83 | 0.98 | 0.04 | 0.29 | 0.60 | 3.68 | 4.16 | 0.08 |  | 98.99 | 7.84 | 1.13 | 0.27 | 1.73 | 1.29 | 2.03 | 3.02 | 2.92 | 90.59 |
| 15 | ⅠGS3084 | 74.26 | 0.15 | 12.95 | 0.60 | 1.23 | 0.08 | 1.06 | 0.69 | 4.12 | 3.80 | 0.06 | 0.41 | 99.41 | 7.92 | 0.92 | 0.56 | 1.77 | 1.08 | 2.01 | 3.77 | 9.81 | 90.32 |
| 16 | ⅠGS4380 | 74.40 | 0.19 | 13.20 | 0.90 | 0.92 | 0.06 | 0.71 | 0.64 | 4.13 | 4.28 | 0.05 | 0.46 | 99.94 | 8.41 | 1.04 | 0.49 | 1.73 | 1.05 | 2.25 | 4.10 | 6.49 | 92.03 |
| 17 | ⅡGS1344 | 67.34 | 0.43 | 15.79 | 1.65 | 2.47 | 0.08 | 1.71 | 1.14 | 4.56 | 4.02 | 0.10 | 0.43 | 99.72 | 8.58 | 0.88 | 0.49 | 3.95 | 1.13 | 3.02 | 3.06 | 11.87 | 82.46 |
| 18 | ⅡGS376 | 65.65 | 0.62 | 16.26 | 2.09 | 2.77 | 0.08 | 1.24 | 1.82 | 5.16 | 3.57 | 0.18 | 0.57 | 100.01 | 8.73 | 0.69 | 0.38 | 4.65 | 1.04 | 3.36 | 2.87 | 8.36 | 80.82 |
| 19 | ⅡGS382 | 76.94 | 0.10 | 11.93 | 0.53 | 0.68 | 0.01 | 0.37 | 0.08 | 3.94 | 4.98 | 0.02 | 1.05 | 100.63 | 8.92 | 1.26 | 0.43 | 1.16 | 0.99 | 2.34 | 6.77 | 3.52 | 97.19 |
| 20 | ⅡGS5105 | 76.73 | 0.19 | 11.96 | 1.22 | 0.68 | 0.15 | 0.26 | 0.37 | 3.92 | 3.59 | 0.03 | 0.36 | 99.46 | 7.51 | 0.92 | 0.27 | 1.78 | 1.08 | 1.67 | 4.12 | 2.69 | 93.82 |

续表 4-127

| 序号 | 样品号 | $SiO_2$ | $TiO_2$ | $Al_2O_3$ | $Fe_2O_3$ | FeO | MnO | MgO | CaO | $Na_2O$ | $K_2O$ | $P_2O_5$ | LOS | Total | $Na_2O+K_2O$ | $K_2O/Na_2O$ | $Mg^{\#}$ | $FeO^{*}$ | A/CNK | σ | A. R | SI | DI |
|---|---|---|---|---|---|---|---|---|---|---|---|---|---|---|---|---|---|---|---|---|---|---|---|
| 21 | Ⅱ GS5110 | 74.44 | 0.29 | 13.18 | 1.20 | 0.71 | 0.10 | 0.55 | 0.55 | 4.40 | 4.01 | 0.03 | 0.37 | 99.83 | 8.41 | 0.91 | 0.45 | 1.79 | 1.04 | 2.25 | 4.16 | 5.06 | 92.67 |
| 22 | Ⅱ GS5137 | 71.76 | 0.33 | 13.72 | 1.04 | 1.77 | 0.08 | 1.01 | 1.00 | 4.40 | 4.40 | 0.13 | 0.70 | 100.34 | 8.80 | 1.00 | 0.44 | 2.70 | 0.99 | 2.69 | 3.97 | 8.00 | 88.7 |
| 23 | Ⅱ P5GS12 | 73.46 | 0.24 | 14.78 | 0.08 | 1.35 | 0.06 | 0.01 | 1.70 | 3.26 | 4.84 | 0.06 | 0.72 | 100.56 | 8.10 | 1.48 | 0 | 1.42 | 1.08 | 2.15 | 2.93 | 0.10 | 87.85 |
| 24 | Ⅱ P5GS20 | 73.27 | 0.21 | 13.46 | 0.98 | 1.60 | 0.09 | 0.02 | 0.72 | 4.12 | 4.60 | 0.07 | 0.75 | 99.89 | 8.72 | 1.12 | 0 | 2.48 | 1.03 | 2.51 | 4.19 | 0.18 | 92.27 |
| 25 | Ⅱ P7GS42 | 76.42 | 0.14 | 13.09 | 0.42 | 0.78 | 0.01 | 0.43 | 0.05 | 4.34 | 3.56 | 0.03 | 1.06 | 100.33 | 7.90 | 0.82 | 0.45 | 1.16 | 1.17 | 1.87 | 4.02 | 4.51 | 94.94 |
| 26 | 3-488 | 65.95 | 0.30 | 16.21 | 3.07 | 1.66 | 0.03 | 0.05 | 2.03 | 4.26 | 6.06 | 0.18 | 0.53 | 100.33 | 10.32 | 1.42 | 0.02 | 4.42 | 0.94 | 4.64 | 3.61 | 0.33 | 85.68 |
| 27 | 3-491 | 72.29 | 0.10 | 14.08 | 1.50 | 1.18 | 0.08 | 0.76 | 0.58 | 3.56 | 5.04 | 0.03 | 0.55 | 99.75 | 8.60 | 1.42 | 0.44 | 2.53 | 1.14 | 2.53 | 3.84 | 6.31 | 89.94 |
| 28 | Ⅲ GS4171 | 71.86 | 0.29 | 14.56 | 1.06 | 1.23 | 0.02 | 0.72 | 2.16 | 3.82 | 3.17 | 0.08 | 0.38 | 99.35 | 6.99 | 0.83 | 0.44 | 2.18 | 1.06 | 1.69 | 2.44 | 7.20 | 83.42 |
| 29 | 3-500 | 65.28 | 0.80 | 15.81 | 1.82 | 2.32 | 0.08 | 1.75 | 1.76 | 4.40 | 3.78 | 0.20 | 1.45 | 99.45 | 8.18 | 0.86 | 0.51 | 3.96 | 1.09 | 3.00 | 2.74 | 12.44 | 79.84 |
| 30 | Ⅲ GS232 | 76.26 | 0.05 | 12.52 | 0.72 | 1.03 | 0.11 | 0.08 | 0.66 | 4.08 | 4.46 | 0.03 |  | 100.00 | 8.54 | 1.09 | 0.1 | 1.68 | 0.98 | 2.19 | 4.68 | 0.77 | 94.33 |
| 31 | Ⅲ P11E44 | 72.07 | 0.27 | 14.31 | 1.14 | 1.05 | 0.02 | 0.70 | 1.56 | 4.29 | 3.99 | 0.08 | 0.51 | 99.99 | 8.28 | 0.93 | 0.44 | 2.07 | 1.01 | 2.36 | 3.18 | 6.27 | 87.61 |
| 32 | Ⅲ P2GS49 | 73.88 | 0.26 | 13.02 | 0.64 | 1.17 | 0.03 | 0.76 | 1.52 | 3.28 | 4.58 | 0.07 | 0.60 | 99.81 | 7.86 | 1.40 | 0.49 | 1.75 | 0.99 | 2.00 | 3.35 | 7.29 | 88.03 |
| 33 | Ⅲ P9E12 | 71.16 | 0.76 | 14.11 | 1.03 | 1.90 | 0.07 | 0.58 | 1.84 | 4.31 | 3.85 | 0.11 |  | 99.72 | 8.16 | 0.89 | 0.31 | 2.83 | 0.96 | 2.36 | 3.09 | 4.97 | 85.77 |
| 34 | Ⅲ P9E54 | 72.89 | 0.30 | 13.90 | 0.11 | 2.18 | 0.04 | 0.14 | 1.14 | 5.30 | 3.25 | 0.09 |  | 99.34 | 8.55 | 0.61 | 0.09 | 2.28 | 0.96 | 2.45 | 3.63 | 1.28 | 90.39 |
| 35 | Ⅳ E6829 | 73.43 | 0.25 | 14.74 | 1.70 |  |  | 0.75 | 0.82 | 3.28 | 4.12 |  |  | 99.09 | 7.40 | 1.26 | 0.66 | 1.53 | 1.29 | 1.80 | 2.81 | 7.61 | 88.41 |
| 36 | Ⅳ E6836 | 73.30 | 0.25 | 14.71 | 2.18 |  |  | 0.66 | 0.45 | 3.29 | 4.24 |  |  | 99.08 | 7.53 | 1.29 | 0.56 | 1.96 | 1.36 | 1.87 | 2.97 | 6.36 | 89.38 |
| 37 | Ⅳ GS3307 | 70.70 | 0.48 | 14.55 | 0.99 | 1.60 | 0.03 | 0.66 | 1.20 | 4.32 | 5.16 | 0.07 | 0.43 | 100.19 | 9.48 | 1.19 | 0.37 | 2.49 | 0.98 | 3.24 | 4.02 | 5.18 | 89.2 |
| 38 | Ⅴ GS1233-1 | 75.68 | 0.10 | 12.52 | 0.83 | 1.05 | 0.02 | 0.01 | 0.53 | 4.11 | 4.50 | 0.09 | 0.58 | 100.02 | 8.61 | 1.09 | 0 | 1.80 | 1.00 | 2.27 | 4.88 | 0.10 | 95.04 |
| 39 | 7992a | 65.04 | 0.40 | 15.73 | 3.69 | 2.72 | 0.09 | 1.52 | 1.59 | 4.32 | 3.76 | 0.16 |  | 99.02 | 8.08 | 0.87 | 0.39 | 6.04 | 1.12 | 2.96 | 2.75 | 9.49 | 78.24 |
| 40 | IGS3175 | 75.22 | 0.21 | 12.77 | 0.69 | 0.72 | 0.05 | 0.05 | 0.50 | 4.15 | 5.04 | 0.01 | 0.44 | 99.85 | 9.19 | 1.21 | 0.07 | 1.34 | 0.96 | 2.62 | 5.50 | 0.47 | 96.14 |
| 41 | IGS6172 | 75.52 | 0.04 | 13.02 | 0.95 | 0.53 | 0.05 | 0.52 | 0.28 | 3.72 | 4.62 | 0.10 | 0.72 | 100.07 | 8.34 | 1.24 | 0.51 | 1.38 | 1.12 | 2.14 | 4.36 | 5.03 | 94.12 |
| 42 | W | 74.41 | 0.10 | 13.23 | 1.03 | 0.69 | 0.04 | 0.41 | 0.56 | 3.79 | 4.76 | 0.05 | 0.73 | 99.80 | 8.55 | 1.26 | 0.39 | 1.62 | 1.07 | 2.33 | 4.26 | 3.84 | 93.16 |
| 43 | 甲 15 | 77.53 | 0.05 | 11.95 | 0.85 | 0.57 | 0.03 | 0.08 | 0.14 | 3.71 | 4.52 | 0.01 | 0.48 | 99.92 | 8.23 | 1.22 | 0.14 | 1.33 | 1.06 | 1.96 | 5.26 | 0.82 | 96.56 |
| 44 | Ⅴ GS4261-1 | 75.30 | 0.09 | 11.26 | 0.64 | 1.53 | 0.02 | 0.06 | 0.64 | 4.10 | 4.29 | 0.04 | 0.62 | 98.59 | 8.39 | 1.05 | 0.04 | 2.11 | 0.89 | 2.18 | 5.78 | 0.56 | 94.71 |
| 45 | 甲 21-2 | 74.82 | 0.15 | 13.16 | 1.41 | 0.67 | 0.01 | 0.06 | 0.62 | 3.58 | 4.64 | 0.07 | 0.99 | 100.18 | 8.22 | 1.30 | 0.06 | 1.94 | 1.09 | 2.12 | 3.96 | 0.58 | 93.07 |
| 46 | 甲 26 | 75.80 | 0.06 | 12.04 | 1.41 | 0.68 | 0.05 | 0.02 | 0.19 | 3.58 | 4.68 | 0.06 | 0.70 | 99.27 | 8.26 | 1.31 | 0 | 1.95 | 1.06 | 2.08 | 5.16 | 0.19 | 95.6 |
| 47 | 甲 40-1 | 75.45 | 0.06 | 12.03 | 1.57 | 0.71 | 0.04 | 0.04 | 0.28 | 3.58 | 4.68 | 0.08 | 0.69 | 99.21 | 8.26 | 1.31 | 0.05 | 2.12 | 1.04 | 2.10 | 5.08 | 0.38 | 95.09 |
| 48 | 甲 43-3 | 66.88 | 0.35 | 15.95 | 1.51 | 2.44 | 0.09 | 0.45 | 1.43 | 4.72 | 4.42 | 0.26 | 1.28 | 99.78 | 9.14 | 0.94 | 0.21 | 3.80 | 1.05 | 3.50 | 3.22 | 3.32 | 85.57 |
| 49 | 甲 55 | 74.80 | 0.12 | 12.87 | 1.27 | 0.81 | 0.05 | 0.02 | 0.49 | 3.40 | 5.00 | 0.05 | 0.95 | 99.83 | 8.40 | 1.47 | 0 | 1.95 | 1.08 | 2.22 | 4.39 | 0.19 | 93.83 |
| 50 | 甲 55-2 | 69.73 | 0.23 | 14.70 | 1.44 | 1.45 | 0.06 | 0.41 | 1.87 | 4.65 | 3.72 | 0.18 | 1.70 | 100.14 | 8.37 | 0.80 | 0.26 | 2.74 | 0.98 | 2.62 | 3.04 | 3.51 | 86.34 |
| 51 | 甲 6 | 76.75 | 0.10 | 12.35 | 1.64 | 0.36 | 0.06 | 0.01 | 0.75 | 3.30 | 4.80 | 0.05 | 0.71 | 100.88 | 8.10 | 1.45 | 0 | 1.83 | 1.03 | 1.94 | 4.24 | 0.10 | 93.4 |
| 52 | 甲 61 | 76.00 | 0.06 | 12.97 | 0.84 | 0.57 | 0.03 | 0.01 | 0.42 | 3.18 | 4.96 | 0.01 | 1.05 | 100.10 | 8.14 | 1.56 | 0 | 1.33 | 1.14 | 2.01 | 4.10 | 0.10 | 94.4 |
| 53 | 甲 7 | 73.64 | 0.14 | 13.14 | 1.66 | 0.83 | 0.06 | 0.10 | 0.85 | 3.74 | 4.80 | 0.08 | 0.59 | 99.63 | 8.54 | 1.28 | 0.09 | 2.32 | 1.02 | 2.38 | 4.13 | 0.90 | 92.12 |
| 54 | 甲 70 | 76.03 | 0.08 | 12.11 | 1.32 | 0.87 | 0.03 | 0.01 | 0.32 | 3.90 | 4.53 | 0.08 | 0.48 | 99.76 | 8.43 | 1.16 | 0 | 2.06 | 1.02 | 2.15 | 5.22 | 0.09 | 95.48 |

**表 4-128　早白垩世($K_1$)锡林浩特后造山侵入岩稀土元素含量及主要参数**　　单位:$\times 10^{-6}$

| 序号 | 样品号 | La | Ce | Pr | Nd | Sm | Eu | Gd | Tb | Dy | Ho | Er | Tm | Yb | Lu | ΣREE | ΣLREE | ΣHREE | LREE/HREE | δEu |
|---|---|---|---|---|---|---|---|---|---|---|---|---|---|---|---|---|---|---|---|---|
| 1 | ⅤGS4337-1 | 23.47 | 57.16 | 6.88 | 26.9 | 5.15 | 1.52 | 4.51 | 0.66 | 3.36 | 0.66 | 1.9 | 0.27 | 1.72 | 0.24 | 148.68 | 121.06 | 13.32 | 9.09 | 0.94 |
| 15 | ⅠGS3084 | 16.52 | 34.85 | 3.45 | 12.8 | 2.31 | 0.33 | 1.39 | 0.3 | 1.69 | 0.34 | 1.08 | 0.18 | 1.22 | 0.1 | 103.83 | 70.23 | 6.30 | 11.15 | 0.52 |
| 16 | ⅠGS4380 | 21.5 | 46.4 | 4.14 | 17.6 | 3.15 | 0.45 | 2.29 | 0.38 | 2.6 | 0.49 | 1.46 | 0.22 | 1.67 | 0.28 | 119.93 | 93.24 | 9.39 | 9.93 | 0.49 |
| 28 | ⅢGS4171 | 25.32 | 49.81 | 4.82 | 17 | 3.11 | 0.63 | 2.25 | 0.32 | 1.68 | 0.35 | 0.83 | 0.13 | 0.9 | 0.22 | 107.38 | 100.70 | 6.68 | 15.07 | 0.70 |
| 38 | ⅤGS1233-1 | 49.5 | 86.4 | 10 | 46 | 8.86 | 10.06 | 6.91 | 1.22 | 8.19 | 1.75 | 5.04 | 0.84 | 5.61 | 0.34 | 240.72 | 210.82 | 29.90 | 7.05 | 3.80 |
| 44 | ⅤGS4261-1 | 32.3 | 73.3 | 7.73 | 34.7 | 7.2 | 7.2 | 6.4 | 1.06 | 7.27 | 1.58 | 4.52 | 0.68 | 4.62 | 0.63 | 189.19 | 162.43 | 26.76 | 6.07 | 3.18 |

**表 4-129　早白垩世($K_1$)锡林浩特后造山侵入岩微量元素含量及主要参数**　　单位:$\times 10^{-6}$

| 序号 | 样品号 | Sr | Rb | Ba | Th | Ta | Nb | Hf | Zr | Cr | Ni | Co | V | U | Y | Cs | Sc | Ga | Li | Rb/Sr | U/Th | Zr/Hf |
|---|---|---|---|---|---|---|---|---|---|---|---|---|---|---|---|---|---|---|---|---|---|---|
| 1 | ⅤGS 4337-1 | 712.00 | 7.75 | 171 | 7.87 | 0.44 | 10.45 | 0.84 | 15.94 | 172.98 | 42.54 | 38.86 | 108.86 | 2.26 | 17.51 | 4.32 | 17.43 | | | 0.01 | 0.29 | 18.98 |
| 15 | ⅠGS 3084 | 68.00 | 120.00 | 366 | | 0.40 | 9.10 | 10.00 | 107.00 | 3.30 | 8.00 | 5.00 | 8.20 | | 9.72 | 2.80 | | 19.00 | 3.90 | 1.76 | | 10.70 |
| 16 | ⅠGS 4380 | 217.00 | 128.00 | | | | | 10.00 | 128.00 | | 5.00 | 5.00 | | | 14.90 | | 3.19 | | | 0.59 | | 12.80 |
| 28 | ⅢGS 4171 | 338.00 | 143.00 | 489 | | | | 1.00 | 113.00 | | 5.00 | 10.00 | 25.00 | | 8.72 | | 1.83 | 17.00 | | 0.42 | | 113 |
| 38 | ⅤGS 1233-1 | 8.00 | 156.00 | 49 | | | | 11.00 | 227.00 | | 6.00 | 5.00 | | | 45.50 | | | | | 19.50 | | 20.64 |
| 44 | ⅤGS 4261-1 | 11.00 | 163.00 | 30 | | | | 10.00 | 201.00 | | 5.00 | 5.00 | | | 40.00 | | | | | 14.82 | | 20.10 |

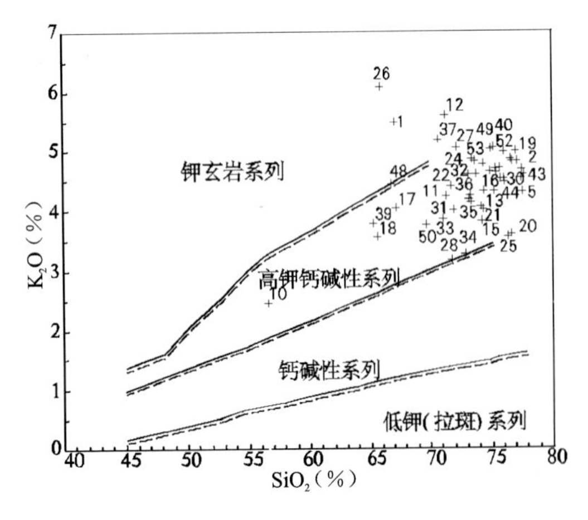


图 4-242　$K_2O$-$SiO_2$图解

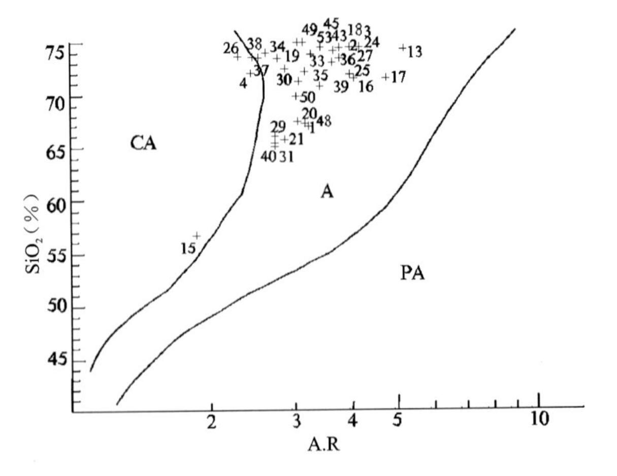


图 4-243　碱度率图解(据 Wright,1969)

CA. 钙碱性;A. 碱性;PA. 过碱性

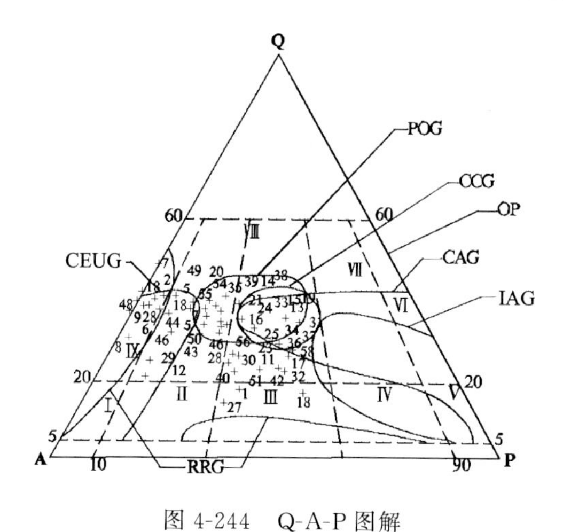


图 4-244 Q-A-P 图解

IAG. 岛弧;CAG. 大陆弧;CCG. 大陆碰撞;POG. 后造山;RRG. 裂谷系;CEUG. 大陆造陆隆升;OP. 大洋

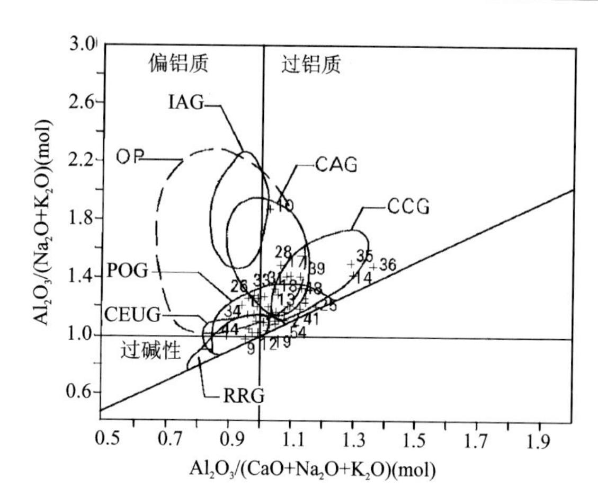


图 4-245 山德指数(Shamd's indel)图解

IAG. 岛弧;CAG. 大陆弧;CCG. 大陆碰撞;POG. 后造山;RRG. 裂谷系;CEUG. 大陆造陆隆升;OP. 大洋

26)罕乌拉苏木大陆伸展型双峰式岩墙群($K_1$)

该岩墙群分布于 1:25 万昆都幅北部罕乌拉苏木地区。岩石类型为辉绿岩。以岩瘤或岩脉产出。时代为早白垩世。该组合可与北西向分布于额尔古纳亚带、海拉尔-呼玛亚带、东乌珠穆沁旗-多宝山亚带的俄罗斯民族乡—库如奇乡地区的陆内裂谷环境形成的双峰式岩墙组合对比。后者岩石类型由辉长岩、苏长岩及花岗岩脉组成;K-Ar 同位素年龄为 114Ma,并侵入上侏罗统火山岩;辉长岩与下白垩统梅勒图组的基性火山岩为同源异相产物。经过相关图解分析综合判别为陆内裂谷环境。

### 7. I-7 索伦山-林西构造岩浆岩带岩石构造组合及其特征

本岩带侵入岩分布于西部索伦山地区、东部西拉木伦河地区,发育古生代、中生代侵入岩,由老到新构成 12 个岩石构造组合。

1)杏树洼 SSZ 型蛇绿岩组合(C—$P_1$)

该组合分布于本岩带东部柯单山亚带,见于柯单山、小苇塘、杏树洼和双胜牧场等地。岩石类型有橄榄岩、蛇纹岩、辉石岩、辉长岩及辉绿岩。U-Pb 同位素年龄为 344.6Ma,时代确定为石炭纪—早二叠世。岩石系列为拉斑玄武岩系列,幔源成因类型,初步判断为俯冲型环境形成的 SSZ 型蛇绿岩组合。

2)索伦山 SSZ 型蛇绿岩组合($P_1$)

该组合分布于本亚带西部索伦山—查干哈达地区。岩石类型包括蛇纹岩、斜辉橄榄岩、辉长岩、角闪辉长岩及辉绿岩。时代为早二叠世。岩石系列为钙碱性系列,壳幔成因类型。与下二叠统火山岩、硅质岩、板岩一起构成蛇绿混杂岩,初步判定为俯冲环境形成的蛇绿岩组合。

3)哎力亥乌苏俯冲型 $G_1G_2$ 组合($P_1$)

该组合分布于哎力亥乌苏—索伦山地区,主要岩石类型有石英闪长岩、花岗闪长岩及二长花岗岩。时代为早二叠世。岩石系列为过铝质钾质碱性系列,壳幔混合源成因类型。初步判断为俯冲环境形成的花岗闪长岩-花岗岩($G_1G_2$)组合。

4)达青牧场-扎鲁特旗 SSZ 型蛇绿岩组合($P_1$)

该组合分布于扎鲁特旗亚带,见于达青牧场、阿他山、新生牧场和乌兰吐等地。岩石类型有蛇纹岩、蛇纹石化橄榄岩、纯橄榄岩、辉石橄榄岩、二辉石岩、辉长岩、斜长角闪岩及角闪斜长片岩。纯橄榄岩中赋存铬铁矿。侵入时代为早二叠世晚期。岩石系列为低钾拉斑玄武岩系列,幔源成因类型。初步判定为俯冲环境的 SSZ 型蛇绿岩组合。

5)阿鲁科尔沁旗俯冲型 $G_1$ 组合($P_2$)

该组合分布于扎鲁特旗—阿鲁科尔沁旗一带。岩石类型有闪长岩、石英闪长岩、花岗岩及二长花岗岩。时代为中二叠世。岩石系列为钙碱性系列，壳幔混合成因类型。初步判断为俯冲环境形成的闪长岩-花岗岩($G_1$)组合。

6)三棱山稳定陆块环境中基性—超基性杂岩组合($T_3$)

该组合分布于本亚带东部三棱山一带，并在锡林浩特亚带罕乌拉苏木也有出露。岩石类型以闪长岩为主，计有橄榄岩、辉长岩、辉长辉绿岩、角闪闪长岩、辉石闪长岩、辉石石英闪长岩及石英二长闪长岩。多呈小岩株产出，侵入中二叠统哲斯组，北东向展布，Rb-Sr 同位素年龄为 228Ma 和(229±2.5)Ma。侵入时代确定为晚三叠世。

根据岩石化学资料(表 4-120～表 4-122)及投图分析(图 4-226～图 4-231)，判定为稳定陆块环境层状中基性—超基性杂岩组合。

7)巴林右旗、白彦温都尔苏木俯冲型 $G_1G_2$ 组合($T_3$)

该组合分布于东部巴林右旗地区和白彦温都尔苏木—白音诺尔镇—沙湖同地区。岩石类型有花岗闪长岩、黑云母二长花岗岩及奥长花岗岩。多呈岩基、岩株状产出。侵入上二叠统林西组，被侏罗纪火山岩覆盖，U-Pb 同位素年龄为 217Ma、236Ma 和 239Ma。侵入时代确定为晚三叠世。

根据岩石化学数据(表 4-130～表 4-132)进行了计算和投图分析。岩石系列为中钾—高钾钙碱系列(图 4-246)。成因类型为壳源和壳幔混合源(图 4-247)。在山德指数图解中主要位于大陆弧、大陆碰撞花岗岩区(图 4-248)。在 $R_1$-$R_2$ 图解中主要位于板块碰撞前、同碰撞期、碰撞后抬升和造山晚期区(图 4-249)。在 An-Ab-Or 图解中位于 $T_1$、$T_2$、$G_1$、$G_2$ 区(图 4-250)，在 Q-Ab-Or 图解中显示主要为钙碱性演化趋势(图 4-251)。综合以上分析判断为俯冲构造环境形成的 TTG 组合。

**表 4-130　晚三叠世($T_3$)巴林右旗-巴彦温都尔陆缘弧侵入岩岩石化学成分含量及主要参数**　单位：%

| 序号 | 样品号 | $SiO_2$ | $TiO_2$ | $Al_2O_3$ | $Fe_2O_3$ | FeO | MnO | MgO | CaO | $Na_2O$ | $K_2O$ | $P_2O_5$ | LOS | Total | $Na_2O+K_2O$ | $K_2O/Na_2O$ | $Mg^{\#}$ | $FeO^*$ | A/CNK | σ | A.R | SI | DI |
|---|---|---|---|---|---|---|---|---|---|---|---|---|---|---|---|---|---|---|---|---|---|---|---|
| 1 | 191 | 67.15 | 0.48 | 14.93 | 1.91 | 2.48 | 0.07 | 1.56 | 2.58 | 4.34 | 3.66 | 0.16 | 0.64 | 99.96 | 8.00 | 0.84 | 0.46 | 4.20 | 0.94 | 2.65 | 2.68 | 11.18 | 78.56 |
| 2 | 91a | 67.16 | 0.66 | 15.52 | 0.48 | 2.63 | 0.05 | 1.62 | 2.91 | 4.40 | 3.23 | 0.14 | 0.73 | 99.53 | 7.63 | 0.73 | 0.50 | 3.06 | 0.97 | 2.41 | 2.41 | 13.11 | 76.61 |
| 3 | ⅤP10GS29 | 71.70 | 0.34 | 14.43 | 0.40 | 1.56 | 0.02 | 0.68 | 1.18 | 3.83 | 4.52 | 0.10 | 1.09 | 99.85 | 8.35 | 1.18 | 0.41 | 1.92 | 1.08 | 2.43 | 3.30 | 6.19 | 88.08 |
| 4 | ⅣGS3302 | 65.76 | 0.73 | 15.49 | 0.82 | 3.46 | 0.09 | 1.92 | 2.43 | 4.44 | 4.02 | 0.14 | 0.14 | 99.44 | 8.46 | 0.91 | 0.48 | 4.20 | 0.96 | 3.14 | 2.79 | 13.10 | 76.70 |
| 5 | ⅤP10GS39 | 71.08 | 0.35 | 14.44 | 0.30 | 1.92 | 0.03 | 0.78 | 2.00 | 4.04 | 4.08 | 0.11 | 0.66 | 99.79 | 8.12 | 1.01 | 0.40 | 2.19 | 0.99 | 2.35 | 2.95 | 7.01 | 84.47 |
| 6 | ⅢP13GS23 | 70.86 | 0.38 | 14.71 | 0.35 | 2.28 | 0.05 | 1.34 | 0.96 | 3.72 | 3.38 | 0.13 | 1.30 | 99.46 | 7.10 | 0.91 | 0.49 | 2.59 | 1.27 | 1.81 | 2.66 | 12.10 | 83.98 |
| 7 | ⅤP10GS44 | 76.20 | 0.10 | 12.33 | 0.30 | 1.14 | 0.04 | 0.02 | 0.84 | 3.62 | 4.91 | 0.02 | 0.46 | 99.98 | 8.53 | 1.36 | 0.00 | 1.41 | 0.97 | 2.19 | 4.68 | 0.20 | 93.99 |
| 8 | ⅢGS1029-1 | 71.32 | 0.38 | 14.23 | 0.22 | 2.07 | 0.03 | 1.34 | 0.98 | 4.04 | 3.88 | 0.11 | 1.32 | 99.92 | 7.92 | 0.96 | 0.52 | 2.27 | 1.14 | 2.21 | 3.17 | 11.60 | 85.94 |
| 9 | IGS6370 | 71.62 | 0.23 | 14.25 | 1.21 | 0.94 | 0.08 | 0.61 | 1.54 | 3.68 | 4.8 | 0.1 | 0.76 | 99.82 | 8.48 | 1.30 | 0.43 | 2.03 | 1.02 | 2.51 | 3.32 | 5.43 | 87.74 |
| 10 | ⅢE9230 等 5 个点均值 | 65.07 | 0.52 | 14.36 | 3.23 | 2.24 | 0.18 | 1.46 | 3.30 | 3.59 | 2.05 | 0.10 | 3.53 | 99.62 | 5.64 | 1.75 | 0.42 | 5.14 | 1.01 | 1.44 | 1.94 | 11.61 | 70.92 |
| 11 | ⅢP14GS32 | 70.38 | 0.29 | 15.71 | 1.31 | 0.98 | 0.03 | 0.94 | 2.89 | 4.78 | 2.58 | 0.12 | 0.48 | 100.49 | 7.36 | 1.85 | 0.52 | 2.16 | 0.99 | 1.98 | 2.31 | 8.88 | 80.26 |
| 12 | ⅢGS155-1 | 66.50 | 0.53 | 16.42 | 1.15 | 2.39 | 0.05 | 1.84 | 3.59 | 4.74 | 2.11 | 0.15 | 0.89 | 100.36 | 6.85 | 2.25 | 0.54 | 3.42 | 0.99 | 2.00 | 2.04 | 15.04 | 72.43 |
| 13 | ⅢGS155b | 65.16 | 0.62 | 16.33 | 1.08 | 2.63 | 0.04 | 2.20 | 3.89 | 5.05 | 2.24 | 0.19 | 0.93 | 100.36 | 7.29 | 2.25 | 0.56 | 3.60 | 0.92 | 2.40 | 2.13 | 16.67 | 71.69 |
| 14 | ⅢP14GS567 | 68.19 | 0.39 | 16.60 | 1.17 | 1.34 | 0.03 | 2.10 | 2.19 | 5.14 | 2.08 | 0.10 | 1.25 | 100.58 | 7.22 | 2.47 | 0.67 | 2.39 | 1.13 | 2.07 | 2.25 | 17.75 | 78.46 |

**表 4-131　晚三叠世($T_3$)巴林右旗-巴彦温都尔陆缘弧侵入岩稀土元素含量及主要参数**　单位：$\times10^{-6}$

| 序号 | 样品号 | La | Ce | Pr | Nd | Sm | Eu | Gd | Tb | Dy | Ho | Er | Tm | Yb | Lu | ΣREE | ΣLREE | ΣHREE | LREE/HREE | δEu |
|---|---|---|---|---|---|---|---|---|---|---|---|---|---|---|---|---|---|---|---|---|
| 1 | 191 | 38.05 | 71.37 | 7.90 | 28.23 | 5.37 | 1.18 | 4.49 | 0.64 | 3.98 | 0.81 | 2.16 | 0.33 | 2.12 | 0.54 | 181.47 | 152.10 | 15.07 | 10.09 | 0.72 |
| 2 | 91a | 43.40 | 78.80 |  | 33.40 | 6.18 | 2.21 | 5.77 | 0.86 |  | 0.86 |  | 0.28 | 1.39 | 0.19 | 200.64 | 163.99 | 9.35 | 17.54 | 1.11 |

续表 4-131

| 序号 | 样品号 | La | Ce | Pr | Nd | Sm | Eu | Gd | Tb | Dy | Ho | Er | Tm | Yb | Lu | ΣREE | ΣLREE | ΣHREE | LREE/HREE | δEu |
|---|---|---|---|---|---|---|---|---|---|---|---|---|---|---|---|---|---|---|---|---|
| 3 | ⅤP10 GS29 | 63.00 | 130.00 | 10.10 | 42.00 | 5.70 | 0.11 | 2.38 | 0.46 | 3.28 | 0.64 | 1.82 | 0.27 | 1.68 | 0.14 | 278.88 | 250.91 | 10.67 | 23.52 | 0.08 |
| 6 | ⅢP13 GS23 | 35.53 | 72.84 | 9.53 | 33.30 | 7.49 | 0.63 | 5.60 | 0.69 | 4.70 | 1.05 | 2.30 | 0.34 | 2.05 | 0.32 | 176.37 | 159.32 | 17.05 | 9.34 | 0.29 |
| 11 | ⅢP14 GS32 | 10.15 | 27.08 | 2.40 | 9.49 | 1.83 | 0.45 | 1.41 | 0.19 | 1.09 | 0.17 | 0.49 | 0.10 | 0.43 | 0.10 | 69.68 | 51.40 | 3.98 | 12.91 | 0.83 |
| 14 | ⅢP14 XT67 | 17.91 | 35.26 | 3.76 | 16.10 | 3.01 | 0.75 | 2.23 | 0.30 | 1.30 | 0.29 | 0.55 | | 0.49 | | 81.95 | 76.79 | 5.16 | 14.88 | 0.85 |

表 4-132 晚三叠世($T_3$)巴林右旗-巴彦温都尔陆缘弧侵入岩微量元素含量及主要参数 单位：$\times 10^{-6}$

| 序号 | 样品号 | Sr | Rb | Ba | Th | Ta | Nb | Hf | Zr | Cr | Ni | Co | V | U | Y | Cs | Sc | Ga | Li | Rb/Sr | U/Th | Zr/Hf |
|---|---|---|---|---|---|---|---|---|---|---|---|---|---|---|---|---|---|---|---|---|---|---|
| 1 | 191 | 406.53 | 113.15 | 537.31 | 17.69 | 5.63 | 9.98 | 7.02 | 170.57 | 26.34 | 7.37 | 13.35 | 88.37 | 7.12 | 20.05 | 5.00 | 18.86 | | 34.4 | 0.28 | 0.40 | 24.30 |
| 2 | 91a | 355.00 | 130.00 | 529.00 | 15.20 | 0.77 | | 7.33 | 256.00 | 180.00 | 15.00 | 7.50 | | 3.31 | 2.00 | 5.43 | 8.50 | | | 0.37 | 0.22 | 34.92 |
| 3 | ⅤP10 GS29 | 28.00 | 117.00 | 184.00 | | | | 11.00 | 244.00 | | 5.00 | 5.00 | | | 14.90 | | 4.34 | | | 4.18 | | 22.18 |
| 6 | ⅢP13 GS23 | 122.00 | 191.00 | 392.00 | | | 12.00 | 10.00 | 169.00 | | | | | | | 30.00 | | 23 | | 1.57 | | 16.90 |
| 11 | ⅢP14 GS32 | 562.00 | 51.00 | | | | | | | | | | | | | | | | | | | |
| 14 | ⅢP14 XT67 | 540.00 | 22.00 | 650.00 | 5.00 | | | 192.00 | 6.00 | | 68.24 | 17.10 | 14.74 | 154.70 | | | 7.80 | | | 0.01 | | |

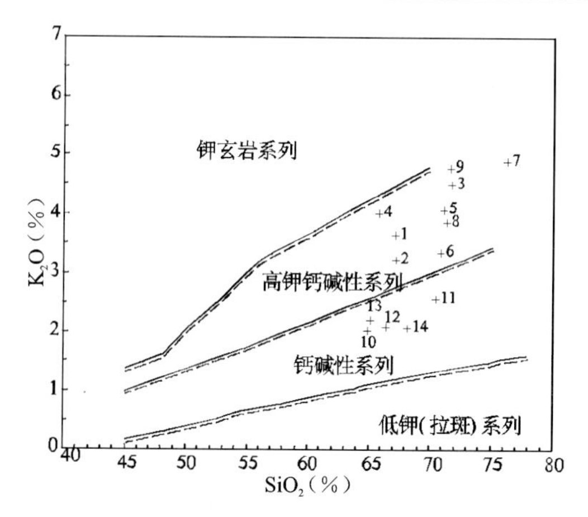


图 4-246 岩石系列 $K_2O$-$SiO_2$ 图解

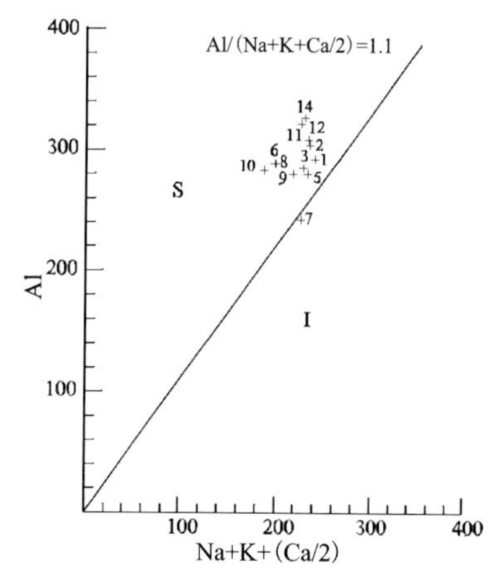


图 4-247 S 型、I 型花岗岩判别图解

I. I 型花岗岩；S. S 型花岗岩

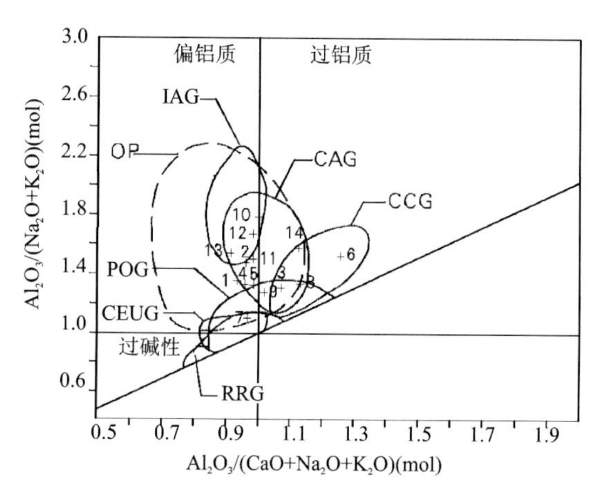


图 4-248 山德指数(Shamd's indel)花岗岩环境图解

IAG. 岛弧；CAG. 大陆弧；CCG. 大陆碰撞；POG. 后造山；RRG. 裂谷系；CEUG. 大陆造陆隆升；OP. 大洋

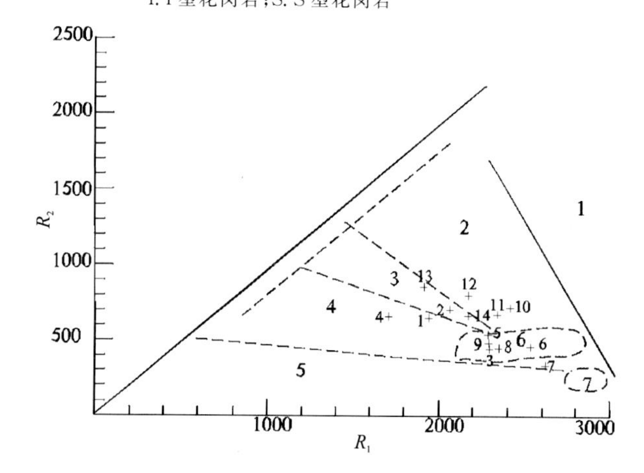


图 4-249 主要花岗岩类岩石组合的示意性图解

(据 Batchelor 等，1985)

1. 地幔分离；2. 板块碰撞前的；3. 碰撞后的抬升；4. 造山晚期的；5. 非造山的；6. 同碰撞期的；7. 造山期后的

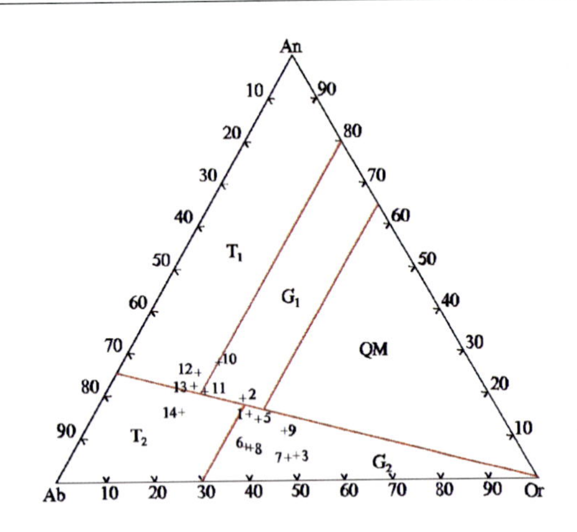


图 4-250　An-Ab-Or 分类图解(据 Johannes 等,1996)

$T_1$.英云闪长岩;$T_2$.奥长花岗岩;

$G_1$.花岗闪长岩;$G_2$.花岗岩;QM.石英二长岩

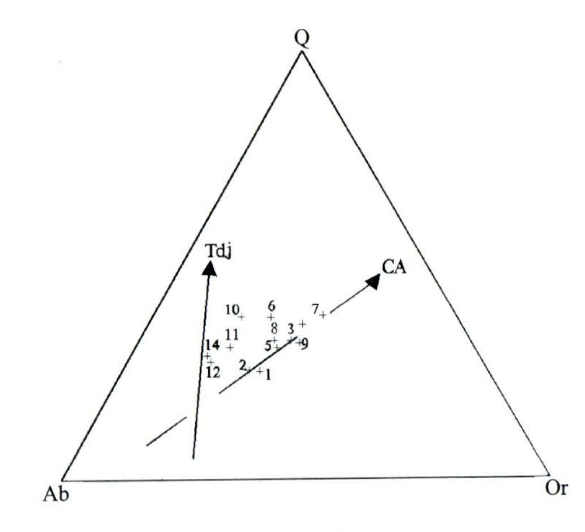


图 4-251　Q-Ab-Or 图解(据邓晋福,2004)

Tdj.奥长花岗岩类演化趋势;CA.钙碱性演化趋势

8)白音诺尔镇、天山镇俯冲型 $G_1G_2$ 组合($J_1$)

该组合分布于白音诺尔镇和天山镇两个地区。在东乌珠穆沁旗-多宝山亚带蘑菇气镇地区也有分布。主要岩石类型有花岗闪长岩、二长花岗岩、花岗岩、石英斑岩。侵入二叠系,被上侏罗统火山岩覆盖。U-Pb 同位素年龄在不同地区分别为 203Ma、197.2～194Ma、198.7～195.6Ma 和 201～193Ma。其时代确定为早侏罗世。

根据岩石化学数据(表 4-91～表 4-93)和有关图解分析(图 4-178～图 4-183)综合判断为俯冲环境形成的花岗闪长岩-花岗岩($G_1G_2$)组合。

9)毛宝力格乡俯冲型 $G_1G_2$ 组合($J_2$)

该组合分布于巴林右旗毛宝力格乡-开鲁县地区。岩石类型为闪长岩、石英闪长岩及石英二长岩,呈岩株状侵入中侏罗统新民组,被上侏罗统火山岩覆盖。K-Ar 同位素年龄为 150Ma 和 157Ma。时代为中侏罗世。岩石中多含辉石、角闪石,应为壳幔混合源成因类型。

根据岩石化学数据(表 4-133～表 4-135)进行了计算和投图分析。岩石系列为高钾钙碱性系列(图 4-252),在 Al/(Na+K+Ca/2)图解中位于 S 型花岗岩区(图 4-253),应为壳源成因类型。在 Q-A-P 图解(图 4-254)中位于大陆弧区外侧和岛弧区,在山德指数图解中主要位于大陆弧花岗岩区及其外侧(图 4-255)。在 An-Ab-Or 图解中主要位于 $G_2$ 区,少量位于 $G_1$ 区和 $T_2$ 区(图 4-256)。在 Q-Ab-Or 图解中显示为钙碱性演化趋势(图 4-257)。综合分析判断为俯冲环境形成的花岗闪长岩-花岗岩($G_1G_2$)组合。

**表 4-133　中侏罗世($J_2$)毛宝力格乡陆缘弧侵入岩岩石化学成分含量及主要参数**　　单位:%

| 序号 | 样品号 | $SiO_2$ | $TiO_2$ | $Al_2O_3$ | $Fe_2O_3$ | FeO | MnO | MgO | CaO | $Na_2O$ | $K_2O$ | $P_2O_5$ | LOS | Total | $Na_2O+K_2O$ | $K_2O/Na_2O$ | $Mg^{\#}$ | $FeO^{*}$ | A/CNK | σ | A.R | SI | DI |
|---|---|---|---|---|---|---|---|---|---|---|---|---|---|---|---|---|---|---|---|---|---|---|---|
| 1 | ⅢGS3057 | 67.89 | 0.58 | 15.01 | 1.22 | 2.46 | 0.07 | 1.22 | 2.62 | 4.14 | 4.15 | 0.16 | 0.63 | 100.15 | 8.29 | 1.00 | 0.42 | 3.56 | 0.93 | 2.76 | 2.78 | 9.25 | 80.06 |
| 2 | ⅢGS3059 | 67.74 | 0.6 | 14.96 | 1.13 | 2.75 | 0.08 | 1.35 | 2.73 | 4.16 | 4.12 | 0.16 | 0.8 | 100.58 | 8.28 | 1.01 | 0.43 | 3.77 | 0.92 | 2.77 | 2.76 | 9.99 | 79.14 |
| 3 | ⅢGS2199-1 | 63.02 | 0.55 | 15.7 | 1.08 | 3.95 | 0.09 | 1.97 | 3.31 | 4.55 | 4.21 | 0.19 | 0.96 | 99.58 | 8.76 | 1.08 | 0.44 | 4.92 | 0.87 | 3.83 | 2.71 | 12.50 | 73.91 |
| 4 | ⅢGS3060 | 68.6 | 0.53 | 15.04 | 0.8 | 2.8 | 0.07 | 1.42 | 2.49 | 3.94 | 4.26 | 0.12 | 0.48 | 100.55 | 8.20 | 0.92 | 0.45 | 3.52 | 0.97 | 2.63 | 2.76 | 10.74 | 79.2 |
| 5 | ⅢGS3061 | 67.87 | 0.57 | 14.94 | 0.67 | 3.08 | 0.08 | 1.69 | 2.75 | 3.97 | 4.18 | 0.13 | 0.67 | 100.6 | 8.15 | 0.95 | 0.47 | 3.68 | 0.94 | 2.67 | 2.71 | 12.44 | 77.6 |
| 6 | ⅢE6 | 65.63 | 0.92 | 15.76 | 2.26 | 1.53 | 0.23 | 1.49 | 3.54 | 3.94 | 3.46 | 0.36 | 1.4 | 100.52 | 7.40 | 1.14 | 0.52 | 3.56 | 0.95 | 2.42 | 2.24 | 11.75 | 74.49 |
| 7 | ⅢGS3060 | 68.6 | 0.53 | 15.04 | 0.8 | 2.8 | 0.07 | 1.42 | 2.49 | 3.94 | 4.26 | 0.12 | 0.48 | 100.55 | 8.20 | 0.92 | 0.45 | 3.52 | 0.97 | 2.63 | 2.76 | 10.74 | 79.2 |
| 8 | ⅢGS3060 | 67.87 | 0.57 | 14.94 | 0.67 | 3.08 | 0.08 | 1.69 | 2.75 | 3.97 | 4.18 | 0.13 | 0.97 | 100.9 | 8.15 | 0.95 | 0.47 | 3.68 | 0.94 | 2.67 | 2.71 | 12.44 | 77.6 |

续表 4-133

| 序号 | 样品号 | $SiO_2$ | $TiO_2$ | $Al_2O_3$ | $Fe_2O_3$ | FeO | MnO | MgO | CaO | $Na_2O$ | $K_2O$ | $P_2O_5$ | LOS | Total | $Na_2O+K_2O$ | $K_2O/Na_2O$ | $Mg^{\#}$ | $FeO^{*}$ | A/CNK | σ | A.R | SI | DI |
|---|---|---|---|---|---|---|---|---|---|---|---|---|---|---|---|---|---|---|---|---|---|---|---|
| 9 | ⅢE355-1 | 67.76 | 0.5 | 15.05 | 3.8 | 2.34 | 0.07 | 1.07 | 2.85 | 3.98 | 3.73 | 0.14 | 0.2 | 101.49 | 7.71 | 1.07 | 0.33 | 5.76 | 0.95 | 2.40 | 2.51 | 7.17 | 76.55 |
| 10 | 3291 | 66.38 | 0.53 | 15.60 | 0.94 | 3.80 | 0.25 | 1.10 | 2.38 | 5.18 | 2.00 | 0.18 | 1.15 | 99.49 | 7.18 | 0.39 | 0.28 | 4.65 | 0.88 | 2.20 | 2.33 | 8.45 | 76.54 |
| 11 | X-3627 | 57.50 | 1.37 | 16.78 | 1.07 | 5.62 | 0.12 | 2.43 | 7.19 | 3.76 | 2.10 | 0.36 | 1.44 | 99.74 | 5.86 | 0.56 | 0.38 | 6.58 | 0.92 | 2.37 | 1.65 | 16.22 | 53.53 |

表 4-134 中侏罗世($J_2$)毛宝力格乡陆缘弧侵入岩稀土元素含量及主要参数 单位：$\times10^{-6}$

| 序号 | 样品号 | La | Ce | Pr | Nd | Sm | Eu | Gd | Tb | Dy | Ho | Er | Tm | Yb | Lu | ΣREE | ΣLREE | ΣHREE | LREE/HREE | δEu |
|---|---|---|---|---|---|---|---|---|---|---|---|---|---|---|---|---|---|---|---|---|
| 1 | ⅢGS3057 | 31.56 | 78.28 | 7.35 | 30.75 | 5.98 | 0.93 | 5.05 | 0.83 | 6.46 | 0.91 | 2.59 | 0.41 | 2.86 | 0.49 | 191.75 | 154.85 | 19.60 | 7.90 | 0.50 |
| 2 | ⅢGS3059 | 34.92 | 84.90 | 8.06 | 33.07 | 6.34 | 0.92 | 5.29 | 0.60 | 4.85 | 0.93 | 2.62 | 0.40 | 2.78 | 0.50 | 206.58 | 168.21 | 17.97 | 9.36 | 0.47 |

表 4-135 中侏罗世($J_2$)毛宝力格乡陆缘弧侵入岩微量元素含量及主要参数 单位：$\times10^{-6}$

| 序号 | 样品号 | Sr | Rb | Hf | Zr | Cr | Ni | Co | Y | Cs | Rb/Sr | Zr/Hf |
|---|---|---|---|---|---|---|---|---|---|---|---|---|
| 1 | ⅢGS3057 | 341.00 | 150.00 | 9.00 | 267.00 | 9.00 | 8.00 | 8.00 | 25.40 | 7.89 | 0.44 | 29.67 |
| 2 | ⅢGS3059 | 325.00 | 137.00 | 9.00 | 268.00 | 11.00 | 7.00 | 8.00 | 25.39 | 7.69 | 0.42 | 29.78 |

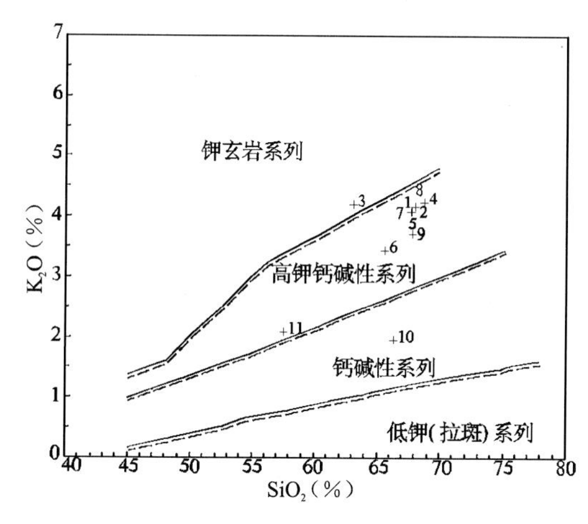


图 4-252 $K_2O$-$SiO_2$ 图解

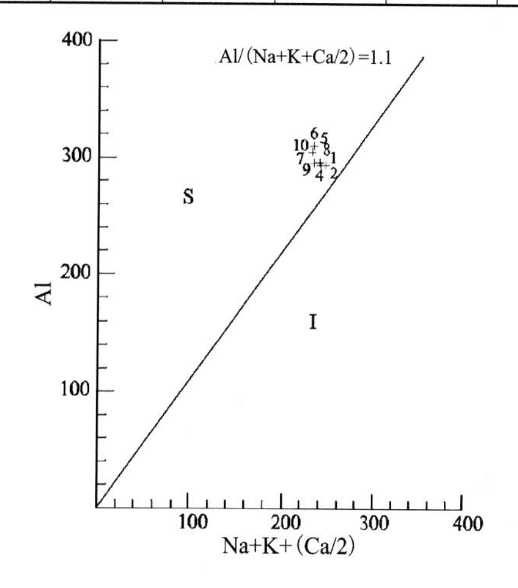


图 4-253 S型、I型花岗岩判别图解

I. I型花岗岩；S. S型花岗岩

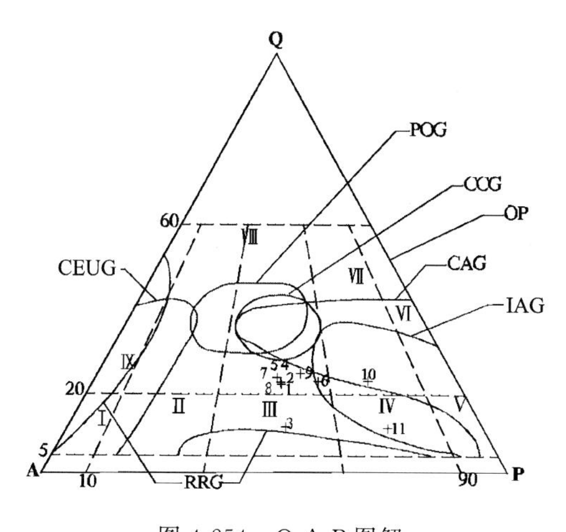


图 4-254 Q-A-P 图解

IAG. 岛弧；CAG. 大陆弧；CCG. 大陆碰撞；POG. 后造山；RRG. 裂谷系；CEUG. 大陆造陆隆升；OP. 大洋

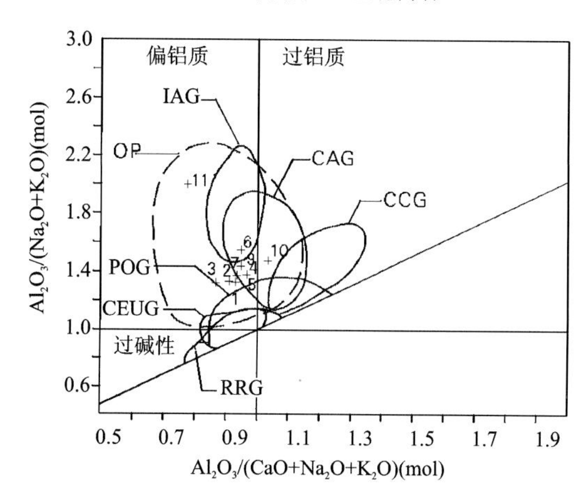


图 4-255 山德指数(Shamd's indel)图解

IAG. 岛弧；CAG. 大陆弧；CCG. 大陆碰撞；POG. 后造山；RRG. 裂谷系；CEUG. 大陆造陆隆升；OP. 大洋

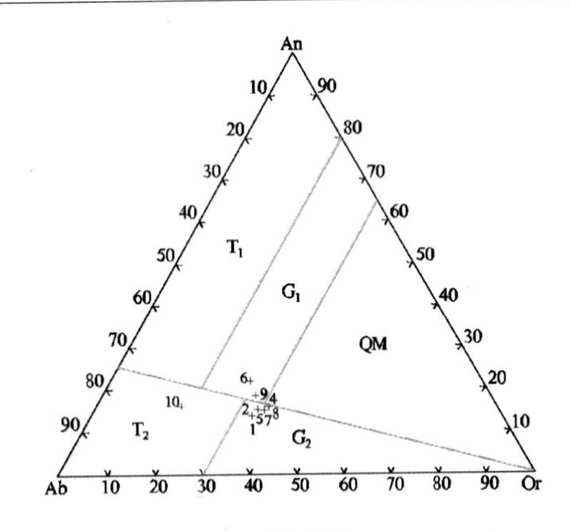


图 4-256　An-Ab-Or 分类图解(据 Johannes 等,1996)
$T_1$.英云闪长岩;$T_2$.奥长花岗岩;
$G_1$.花岗闪长岩;$G_2$.花岗岩;QM.石英二长岩

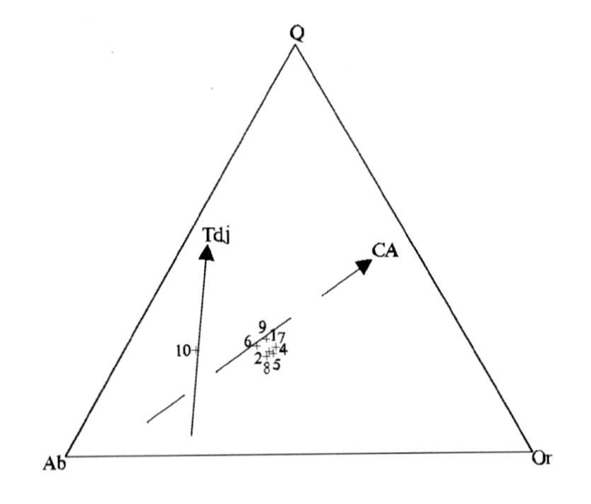


图 4-257　Q-Ab-Or 图解(据邓晋福,2004)
Tdj.奥长花岗岩类演化趋势;CA.钙碱性演化趋势

10)白音镐、阿鲁科尔沁旗后碰撞高钾钙碱性花岗岩组合($J_2$)

该组合分布于本亚带东部白音镐地区及阿鲁科尔沁旗地区,在东乌珠穆沁旗-多宝山亚带南兴安地区也有分布。岩石类型有角闪黑云二长花岗岩、黑云二长花岗岩、花岗岩等。多呈岩株状产出,侵入上二叠统林西组,被上侏罗统火山岩覆盖,K-Ar 同位素年龄为 157.3Ma 和 158.4Ma。侵入时代确定为中侏罗世。

根据岩石化学资料(表 4-97～表 4-99)及投图分析(图 4-187、图 4-188)。综合判断为后碰撞环境形成的高钾钙碱性花岗岩组合。

11)黄岗梁后碰撞高钾钙碱性花岗岩组合($J_3$)

该组合分布于黄岗梁林场及其东北地区,并延伸至锡林浩特亚带宝石镇—蘑菇气镇地区。岩石类型以二长花岗岩、黑云母花岗岩、花岗岩为主,另有正长花岗岩、花岗斑岩及流纹斑岩。多呈岩基、岩株或岩脉状侵入体产出。侵入上侏罗统火山岩。二长花岗岩 U-Pb 同位素年龄为 156～143Ma,正长花岗岩 U-Pb 同位素年龄为 141.9Ma,K-Ar 同位素年龄为 143Ma。侵入时代确定为晚侏罗世。其中二长花岗岩含水晶矿,黑云母花岗岩有铜、钨、铁矿化,正长花岗岩外接触带有大型铁锡多金属矿床。

根据岩石化学数据(表 4-125、表 4-126)进行的投图分析(图 4-238～图 4-241)。综合判断为后碰撞环境形成的高钾钙碱性花岗岩组合。

12)四方城乡、嘎亥图镇俯冲型 $\delta+G_2$ 组合($K_1$)

该组合分布于本亚带东部四方城乡、嘎亥图镇、宝力召苏木等地。在东乌珠穆沁旗-多宝山亚带的杨树沟林场地区、巴林镇地区、左林林场地区及海拉尔-呼玛亚带的新天镇—白桦乡地区也有分布。岩石类型有闪长岩、辉石石英闪长岩、石英二长闪长岩、闪长玢岩、花岗闪长岩、花岗闪长玢岩及斜长花岗岩。多以零星分布的小岩株产出,侵入下白垩统梅勒图组中基性火山岩。获得 U-Pb 同位素年龄为 125.5Ma,K-Ar 同位素年龄为 132.7Ma 和 114Ma。侵入时代确定为早白垩世。其中斜长花岗岩中有铜钼矿化。

根据岩石化学数据(表 4-136～表 4-138)进行了计算和投图分析。岩石系列主要为高钾钙碱性系列,少量为钾玄岩系列(图 4-258)。岩石中多含辉石和角闪石,A/CNK 值在 0.9～1.1 之间,其成因类型应为壳幔混合源。岩石学及化学成分特征与巴巴林的含角闪石钙碱性花岗岩类相当。在山德指数图解中位于大陆弧花岗岩区及其外侧(图 4-259),在 An-Ab-Or 图解中位于 $T_2$、$G_2$ 区(图 4-260),在 Q-Ab-Or 图解中显示主要为钙碱性演化趋势(图 4-261)。经综合分析应为闪长岩+花岗岩($\delta+G_2$)组合。

表 4-136 早白垩世($K_1$)四方城-杨树沟陆缘弧侵入岩岩石化学成分含量及主要参数 单位:%

| 序号 | 样品号 | $SiO_2$ | $TiO_2$ | $Al_2O_3$ | $Fe_2O_3$ | FeO | MnO | MgO | CaO | $Na_2O$ | $K_2O$ | $P_2O_5$ | LOS | Total | $Na_2O+K_2O$ | $K_2O/Na_2O$ | Mg# | FeO* | A/CNK | σ | A.R | SI | DI |
|---|---|---|---|---|---|---|---|---|---|---|---|---|---|---|---|---|---|---|---|---|---|---|---|
| 1 | ⅢP4E4 | 65.46 | 0.62 | 15.53 | 2.33 | 1.84 | 0.08 | 1.49 | 2.13 | 4.08 | 4.38 | 0.16 | 1.98 | 100.08 | 8.46 | 0.93 | 0.48 | 3.93 | 1.01 | 3.19 | 2.84 | 10.55 | 79.81 |
| 2 | ⅢP4E34 | 67.32 | 0.55 | 14.89 | 0.73 | 2.87 | 0.01 | 1.50 | 1.90 | 3.56 | 4.92 | 0.15 | 1.33 | 99.73 | 8.48 | 0.72 | 0.45 | 3.53 | 1.02 | 2.96 | 3.04 | 11.05 | 80.67 |
| 3 | ⅢGS147-1 | 63.14 | 0.46 | 16.33 | 1.90 | 3.65 | 0.14 | 1.88 | 3.16 | 5.36 | 2.98 | 0.31 | 1.15 | 100.46 | 8.34 | 1.80 | 0.43 | 5.36 | 0.92 | 3.45 | 2.50 | 11.92 | 73.64 |
| 4 | 375 | 66.52 | 0.53 | 14.94 | 1.70 | 2.60 | 0.05 | 2.89 | 0.76 | 4.79 | 3.88 | 0.19 | 0.98 | 99.83 | 8.67 | 1.23 | 0.61 | 4.13 | 1.11 | 3.20 | 3.47 | 18.22 | 81.63 |
| 5 | 3-384 | 64.28 | 0.80 | 16.20 | 2.71 | 2.26 | 0.11 | 0.73 | 3.92 | 4.87 | 3.06 | 0.13 | 1.24 | 100.31 | 7.93 | 0.63 | 0.28 | 4.70 | 0.88 | 2.96 | 2.30 | 5.36 | 74.09 |
| 6 | 5132b | 67.42 | 0.56 | 15.02 | 1.64 | 2.22 | 0.11 | 0.99 | 2.35 | 5.00 | 3.52 | 0.18 | 1.09 | 100.10 | 8.52 | 0.70 | 0.38 | 3.69 | 0.92 | 2.97 | 2.93 | 7.40 | 80.58 |
| 7 | 6-429 | 65.06 | 0.70 | 16.05 | 2.94 | 1.59 | 0.11 | 1.46 | 1.58 | 5.50 | 4.00 | 0.18 | 0.12 | 99.29 | 9.50 | 0.73 | 0.49 | 4.23 | 0.99 | 4.09 | 3.34 | 9.43 | 81.19 |
| 8 | 3-497 | 69.59 | 0.60 | 14.48 | 2.10 | 1.44 | 0.08 | 0.57 | 0.22 | 4.72 | 4.72 | 0.08 | 1.11 | 99.71 | 9.44 | 1.00 | 0.31 | 3.33 | 1.09 | 3.35 | 4.59 | 4.21 | 91.64 |
| 9 | 3-498-1 | 70.35 | 0.64 | 14.50 | 1.72 | 1.66 | 0.08 | 0.01 | 0.85 | 4.60 | 4.62 | 0.10 | 1.30 | 100.43 | 9.22 | 1.00 | 0 | 3.21 | 1.03 | 3.11 | 4.01 | 0.08 | 90.94 |
| 10 | ⅢE8021等9个点的均值 | 74.04 | 0.31 | 12.21 | 1.35 | 1.66 | 0.06 | 0.47 | 1.76 | 4.94 | 0.82 | 0.05 | 1.33 | 99.00 | 5.76 | 6.02 | 0.28 | 2.87 | 1.00 | 1.07 | 2.40 | 5.09 | 85.61 |

表 4-137 早白垩世($K_1$)四方城-杨树沟陆缘弧侵入岩稀土元素含量及主要参数 单位:$\times10^{-6}$

| 序号 | 样品号 | La | Ce | Pr | Nd | Sm | Eu | Gd | Tb | Dy | Ho | Er | Tm | Yb | Lu | ΣREE | ΣLREE | ΣHREE | LREE/HREE | δEu |
|---|---|---|---|---|---|---|---|---|---|---|---|---|---|---|---|---|---|---|---|---|
| 3 | ⅢGS 147-1 | 28.64 | 62.82 | 6.88 | 31.46 | 6.34 | 1.71 | 5.25 | 0.68 | 3.74 | 0.78 | 2.00 | 0.30 | 2.05 | 0.28 | 152.93 | 137.85 | 15.08 | 9.14 | 0.88 |
| 4 | 375 | 46.80 | 91.47 | 10.19 | 37.74 | 6.37 | 0.36 | 5.18 | 0.90 | 5.58 | 1.10 | 2.90 | 0.42 | 2.69 | 0.40 | 212.10 | 192.93 | 19.17 | 10.06 | 0.19 |

表 4-138 早白垩世($K_1$)四方城-杨树沟陆缘弧侵入岩微量元素含量及主要参数 单位:$\times10^{-6}$

| 序号 | 样品号 | Sr | Rb | Ba | Th | Ta | Nb | Hf | Zr | Cr | Ni | Co | V | U | Y | Cs | Sc | Li | Rb/Sr | U/Th | Zr/Hf |
|---|---|---|---|---|---|---|---|---|---|---|---|---|---|---|---|---|---|---|---|---|---|
| 3 | ⅢGS 147-1 | 450.00 | 89.00 | 550.00 | 6.00 | | | 5.00 | 170.00 | 3.00 | 1.00 | 8.00 | | 5.00 | 18.45 | 6.32 | | | 0.20 | 0.83 | 34.00 |
| 4 | 375 | 221.00 | 180.00 | 525.50 | 18.14 | 10.00 | 10.00 | 10.00 | | 56.80 | 8.00 | 7.69 | 69.18 | 5.00 | 26.69 | 10.40 | 2.98 | 60.55 | 0.81 | 0.28 | |

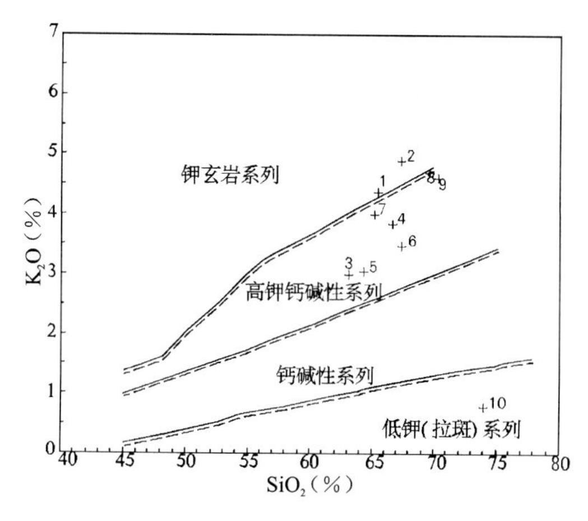


图 4-258 $K_2O$-$SiO_2$ 图解

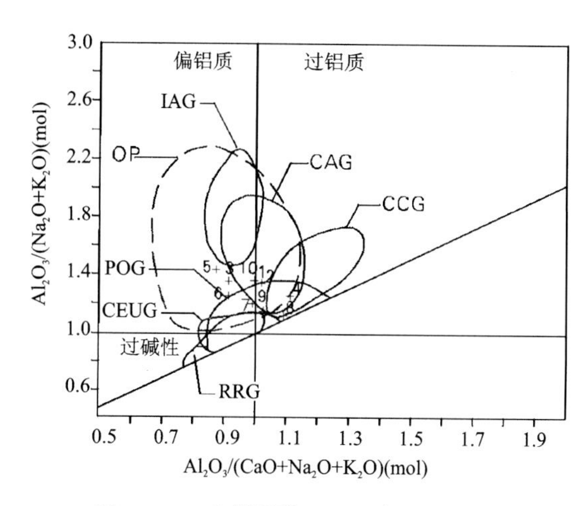


图 4-259 山德指数(Shamd's indel)图解

IAG. 岛弧;CAG. 大陆弧;CCG. 大陆碰撞;POG. 后造山;RRG. 裂谷系;CEUG. 大陆造陆隆升;OP. 大洋

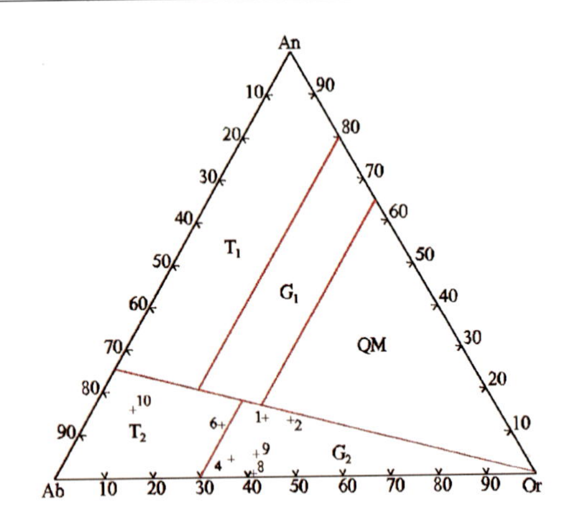


图 4-260　An-Ab-Or 分类图解(据 Johannes 等,1996)

$T_1$. 英云闪长岩;$T_2$. 奥长花岗岩;$G_1$. 花岗闪长岩;

$G_2$. 花岗岩;QM. 石英二长岩

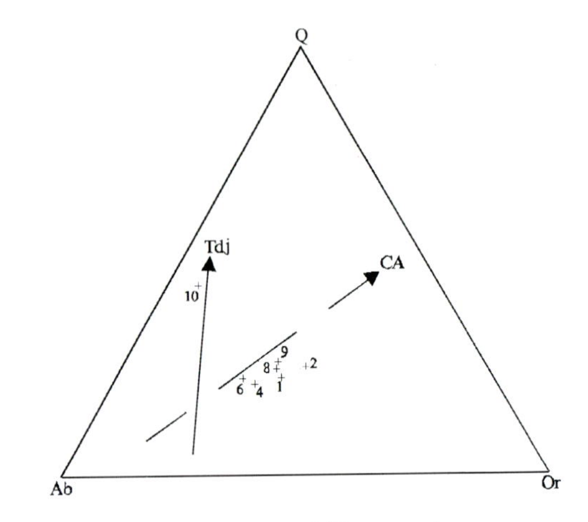


图 4-261　Q-Ab-Or 图解(据邓晋福,2004)

Tdj. 奥长花岗岩类演化趋势;CA. 钙碱性演化趋势

## 8. I-8 宝音图-温都尔庙构造岩浆岩带岩石构造组合及其特征

1)I-8-2 温都尔庙构造岩浆岩亚带岩石构造组合及其特征

本亚带发育元古宙、古生代及中生代侵入岩,岩石类型齐全。由老到新构成 20 个侵入岩岩石构造组合。

(1)车根达来俯冲型 SSZ 型蛇绿岩组合($Pt_1$)。

该组合分布于达茂旗车根达来一带。多为零星出露的小岩块。岩石类型为蛇纹岩石化超基性岩及辉长岩。U-Pb 同位素年龄为 2013Ma,时代为古元古代。岩石系列为低钾拉斑玄武岩系列,幔源成因类型。初步判断为 SSZ 型蛇绿岩组合。

(2)双井店乡古岛弧英云闪长质-花岗质片麻岩(TTG)组合($Pt_1$)。

该组合分布于东部巴林右旗双井店乡地区。岩石类型有东沟黑云斜长片麻岩、房框子沟花岗片麻岩、下海苏沟细粒花岗片麻岩。属于中压高角闪岩相中高温区域变质作用的产物。原岩为英云闪长岩-花岗岩。初步判断为古岛弧环境形成的英云闪长质-花岗质片麻岩(TTG)组合,并与同期变质表壳岩-双井片岩片麻岩系一起构成古弧盆系构造体系。

(3)五艺台大洋中脊环境 MORS 型蛇绿岩组合($Pt_2$)。

该组合分布于本亚带西部哈能、图林凯、五艺台等地。岩石类型包括纯橄榄岩、辉石橄榄岩、滑石蛇纹岩、辉长岩、角闪辉长岩、斜长角闪岩、辉绿玢岩、大洋斜长花岗岩及英云闪长岩。英云闪长岩暗色矿物含量小于 10%,也应为洋斜花岗岩,其 U-Pb 同位素年龄为 1442Ma,大洋斜长花岗岩 U-Pb 同位素年龄为 1979Ma、1806Ma 和 1 659.9Ma,辉长岩 Sm-Nb 同位素年龄为 1642Ma。形成时代确定为中元古代,其中基性、超基性岩类属拉斑玄武岩系列,幔源成因;大洋斜长花岗岩属过铝质中钾钙碱性系列,壳幔混合源成因。初步判断为大洋中脊扩张环境形成的由变质橄榄岩-辉长岩-辉绿岩岩墙-洋斜花岗岩组合成的 MORS 型蛇绿岩组合。

(4)下勒哈达大洋扩张环境基性—超基性岩组合(∈)。

该组合分布于西部下勒哈达一带。岩石类型以透辉岩、二辉岩为主,另有少量橄榄岩、辉长岩及角闪岩。辉长岩普遍阳起石化和透闪石化。形成时代为寒武纪。根据时空分布及岩石特征初步判断为大洋中脊扩张环境形成的基性—超基性岩组合。

(5)下勒哈达俯冲型 $\delta$+TTG 组合(O)。

该组合广泛分布于西部下勒哈达等地。岩石类型有闪长岩、石英闪长岩、英云闪长岩、花岗闪长岩及二长花岗岩。其中 U-Pb 同位素年龄分别为:闪长岩 469Ma,石英闪长岩 473Ma 和 493Ma,英云闪长岩 345Ma、447Ma、456Ma 和 552Ma。其时代确定为奥陶纪。岩石系列为偏铝质—过铝质中钾—高钾钙碱性系列。成因类型为壳幔源混合源。初步判断为俯冲环境形成的闪长岩+TTG 组合。

(6)赤峰市后造山过碱性—钙碱性花岗岩组合($S_3$)。

该组合分布于赤峰市的山嘴子、红山及英金河北岸。岩石类型以二长花岗岩、正长花岗岩为主。呈小岩株状产出,被侏罗纪火山岩覆盖。二长花岗岩锆石 U-Pb 同位素年龄为 462.9Ma,3 个钾长石 Pb-Pb 同位素年龄为 517.8～403Ma,侵入时代确定为晚志留世。

根据岩石化学数据(表 4-139～表 4-141)进行了计算和投图分析。根据标准矿物命名,正长花岗岩为白岗岩,二长花岗岩为正长花岗岩,属碱过饱和及铝过饱和岩类,但在划分岩石系列的图解中仍为高钾钙碱系列(图 4-262),在 Al-(Na+K+Ca/2)图解中位于 I 型花岗岩区(图 4-263),稀土配分曲线显示轻稀土富集和负铕异常(图 4-264)。在山德指数图解中位于后造山、裂谷系和大陆造陆隆升三区重叠部位(图 4-265)。根据岩石具晶洞构造、文象结构及其内充填石英晶簇和白云母集合体等特征,综合判别为后造山环境形成的过碱性—钙碱性花岗岩组合。

**表 4-139 晚志留世($S_3$)侵入岩岩石化学成分含量及主要参数**

单位:%

| 序号 | 样品号 | $SiO_2$ | $TiO_2$ | $Al_2O_3$ | $Fe_2O_3$ | FeO | MnO | MgO | CaO | $Na_2O$ | $K_2O$ | $P_2O_5$ | LOS | Total | $Na_2O+K_2O$ | $K_2O/Na_2O$ | $Mg^{\#}$ | $FeO^*$ | A/CNK | σ | A.R | SI | DI |
|---|---|---|---|---|---|---|---|---|---|---|---|---|---|---|---|---|---|---|---|---|---|---|---|
| 1 | ⅣGS788 | 74.87 | 0.15 | 11.56 | 1.59 | 0.87 | 0.06 | 0.17 | 0.11 | 5.12 | 4.35 | 0.02 | 0.76 | 99.63 | 9.47 | 0.85 | 0.16 | 2.3 | 0.86 | 2.81 | 9.61 | 1.4 | 92.44 |
| 2 | ⅣGS504 | 76.79 | 0.12 | 11.44 | 2.15 | 0.41 | 0.03 | 0 | 0.12 | 4 | 5 | 0.04 | 0.59 | 100.69 | 9 | 1.25 | 0 | 2.34 | 0.93 | 2.4 | 8.03 | 0 | 94.65 |

**表 4-140 晚志留世($S_3$)侵入岩稀土元素含量及主要参数**

单位:$\times10^{-6}$

| 序号 | 样品号 | La | Ce | Pr | Nd | Sm | Eu | Gd | Tb | Dy | Ho | Er | Tm | Yb | Lu | ΣREE | ΣLREE | ΣHREE | LREE/HREE | δEu |
|---|---|---|---|---|---|---|---|---|---|---|---|---|---|---|---|---|---|---|---|---|
| 1 | ⅣGS788 | 67.58 | 131.4 | 14.03 | 54.5 | 10.2 | 0.49 | 8.9 | 1.1 | 5.8 | 1.12 | 2.76 | 0.43 | 2.22 | 0.26 | 300.81 | 278.22 | 22.59 | 12.32 | 0.15 |
| 2 | ⅣGS504 | 32.1 | 103.9 | 7.18 | 28.55 | 6.3 | 0.21 | 6.88 | 0.99 | 6.81 | 1.46 | 3.94 | 0.67 | 3.74 | 0.39 | 203.14 | 178.26 | 24.88 | 7.16 | 0.1 |

**表 4-141 晚志留世($S_3$)侵入岩微量元素含量及主要参数**

单位:$\times10^{-6}$

| 序号 | 样品号 | Sr | Rb | Ba | Hf | Zr | Cr | Y | Sc | Rb/Sr | Zr/Hf |
|---|---|---|---|---|---|---|---|---|---|---|---|
| 1 | ⅣGS788 | 18 | 104 | 62 | 8 | 276 | 22 | 22.91 | 1.43 | 5.78 | 34.5 |
| 2 | ⅣGS504 | 25 | 143 | 0 | 7 | 236 | 20 | 32.12 | 2.03 | 5.72 | 33.71 |

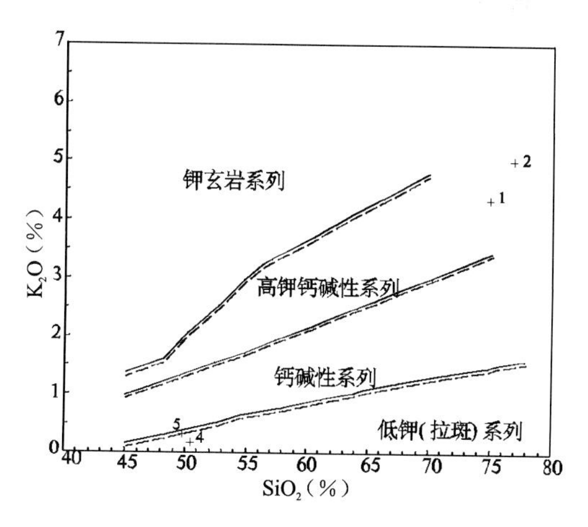


图 4-262 岩石系列 $K_2O$-$SiO_2$ 图解

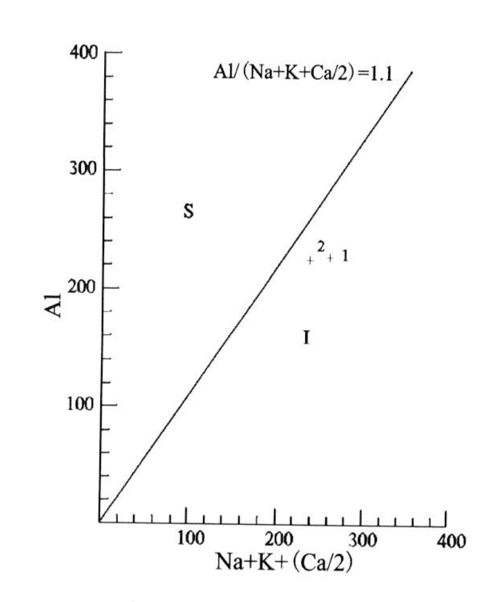


图 4-263 S 型、I 型花岗岩判别图解

I. I 型花岗岩;S. S 型花岗岩

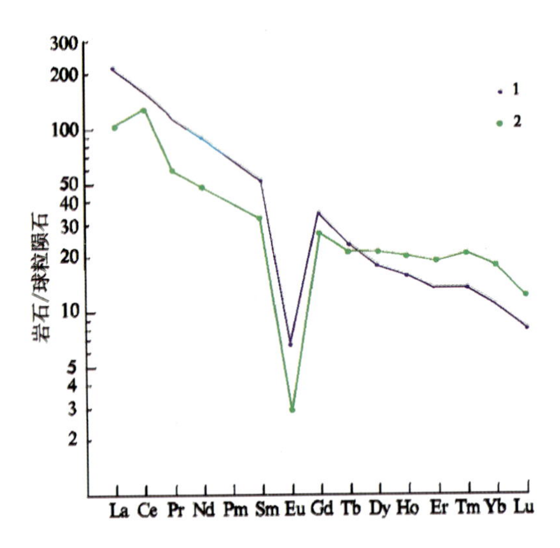


图 4-264　岩石稀土元素/球粒陨石标准化模式图
(据 Coryell,1963)

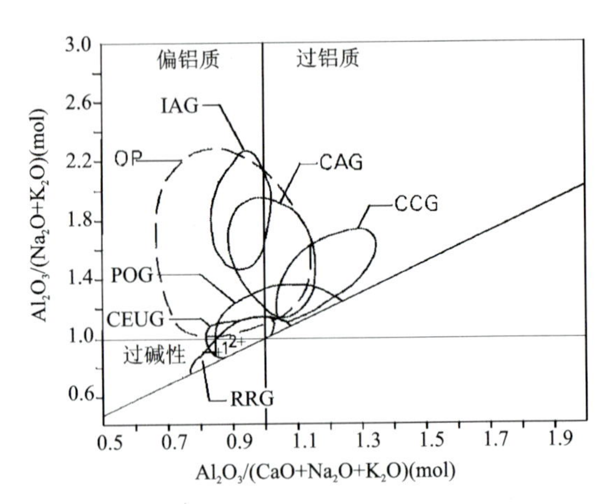


图 4-265　山德指数(Shamd's indel)花岗岩环境图解
IAG. 岛弧;CAG. 大陆弧;CCG. 大陆碰撞;POG. 后造山;
RRG. 裂谷系;CEUG. 大陆造陆隆升;OP. 大洋

(7)西尼乌苏俯冲型 $G_1$ 组合($S_4$)。

该组合仅出露于西部西尼乌苏一带,岩石类型为花岗闪长斑岩,Sm-Nd 同位素年龄为 440Ma。确定的侵入时代为顶志留世。岩石系列为偏铝质高钾钙碱性系列。成因类型为壳幔混合源。初步判断为俯冲环境形成的花岗闪长岩($G_1$)组合。

(8)哈沙图-呼绍图后造山碱性—钙碱性侵入岩组合(D)。

该组合零散地分布于达茂旗艾布盖河两岸的哈沙图—呼绍图地区。岩石类型有碱长花岗岩、闪长岩、石英闪长岩。U-Pb 同位素年龄分别为 397Ma、369.5Ma 和 369Ma。侵入时代确定分别为早泥盆世和晚泥盆世。岩石系列分别为过铝质钾质碱性系列、过铝质高钾钙碱性系列、过铝质中钾钙碱性系列。成因类型分别属于壳幔和壳幔混合源。初步判断为后造山碱性—钙碱性侵入岩组合。

(9)朱日和-下哈达图俯冲型 TTG 组合(C)。

该组合分布于朱日和—下哈达图一带。岩石类型有英云闪长岩、花岗闪长岩和二长花岗岩。花岗闪长岩 U-Pb 同位素年龄为 327Ma。侵入时代为石炭纪。岩石系列为过铝质中钾钙碱性系列,壳幔混合源成因类型。初步判断为俯冲环境形成的英云闪长岩-花岗闪长岩-二长花岗岩(TTG)组合。

(10)额尔登陶勒盖俯冲型 TTG 组合(P)。

该组合分布于西部额尔登陶勒盖等地。岩石类型有石英闪长岩、闪长玢岩、英云闪长岩及花岗闪长岩,时代为二叠纪,闪长玢岩为低钾拉斑玄武岩系列,其他岩类为中钾钙碱性系列。成因类型为壳幔混合源。初步判断为俯冲环境形成的 TTG 组合。

(11)额尔登陶勒盖后造山碱性—钙碱性花岗岩组合($P_2$)。

该组合出露于西部额尔登陶勒盖一带。岩石类型有花岗岩、二长花岗岩及正长花岗岩。后者 U-Pb 同位素年龄为 230Ma、251Ma、260Ma 及 289Ma。其时代确定为中二叠世。岩石系列为偏铝质—过铝质钾质碱性系列(正长花岗岩)。成因类型为壳源。初步判断为后造山环境形成的碱性—钙碱性花岗岩组合。

(12)广兴源乡-库伦旗俯冲型 $\delta$+TTG 组合($P_2$)。

该组合分布于亚带东部广兴源乡及赤峰市—库伦旗白音花苏木的大片地区。广兴源乡的岩石类型有石英闪长岩、英云闪长岩、花岗闪长岩、二长花岗岩、正长花岗岩,侵入中二叠统于家北沟组,被上二叠统铁营子组不整合覆盖。花岗闪长岩 SHRIMP U-Pb 同位素年龄为(263±2.5)Ma(江小均,2011)。赤峰市—白音花地区的岩石类型有角闪闪长岩、辉石闪长岩、石英闪长岩、奥长花岗岩、花岗闪长岩、二长花岗岩、黑云母花岗岩、辉绿岩，侵入中二叠统额里图组。花岗闪长岩 U-Pb 同位素年龄为 218Ma，黑云母花岗岩 U-Pb 同位素年龄为 252Ma 和 275Ma。两个地区侵入时代依据充分，确定为中二叠世。

根据岩石化学数据(表 4-142～表 4-144)进行了计算和投图分析。岩石系列以高钾钙碱系列为主，少量中钾钙碱性系列和钾玄岩系列(图 4-266)。A/CNK 值多小于 1.1，中性岩内含大量角闪石，成因类型为壳幔混合源。在山德指数图解中，多数样点位于大陆弧区，少量位于大陆碰撞区和大洋区(图 4-267)。在 An-Ab-Or 图解中主要位于 $G_2$ 区，少部分位于 $T_1$ 区、$G_1$ 区及 QM 区(图 4-268)。在 Q-Ab-Or 图解中显示为钙碱性演化趋势(图 4-269)。综合以上分析，判断为俯冲环境形成的闪长岩＋TTG 组合。

**表 4-142　中二叠世($P_2$)广兴源-库伦旗陆缘弧侵入岩岩石化学成分含量及主要参数**　单位：%

| 序号 | 样品号 | $SiO_2$ | $TiO_2$ | $Al_2O_3$ | $Fe_2O_3$ | FeO | MnO | MgO | CaO | $Na_2O$ | $K_2O$ | $P_2O_5$ | LOS | Total | $Na_2O+K_2O$ | $K_2O/Na_2O$ | $Mg^{\#}$ | $FeO^{*}$ | A/CNK | σ | A.R | SI | DI |
|---|---|---|---|---|---|---|---|---|---|---|---|---|---|---|---|---|---|---|---|---|---|---|---|
| 1 | 518 | 71.79 | 0.18 | 14.00 | 2.25 | 0.99 | 0.01 | 0.12 | 0.91 | 4.51 | 3.46 | 0.05 | 1.17 | 99.44 | 7.97 | 0.77 | 0.10 | 3.01 | 1.09 | 2.21 | 3.30 | 1.06 | 85.77 |
| 2 | 517 | 59.80 | 0.56 | 16.35 | 3.41 | 2.63 | 0.03 | 3.00 | 3.86 | 4.43 | 2.24 | 0.14 | 3.75 | 100.20 | 6.67 | 0.51 | 0.57 | 5.70 | 0.98 | 2.65 | 1.99 | 19.10 | 63.83 |
| 3 | 514 | 62.96 | 0.48 | 15.99 | 2.10 | 3.50 | 0.01 | 2.62 | 4.18 | 3.83 | 2.12 | 0.13 | 1.72 | 99.64 | 5.95 | 0.55 | 0.52 | 5.39 | 0.98 | 1.77 | 1.84 | 18.49 | 66.60 |
| 4 | IGS4075 | 52.19 | 1.49 | 16.50 | 3.42 | 6.12 | 0.18 | 5.14 | 8.28 | 3.88 | 1.72 | 0.27 | 0.06 | 99.25 | 5.60 | 0.44 | 0.55 | 9.19 | 0.71 | 3.41 | 1.58 | 25.35 | 43.31 |
| 5 | IGS2137 | 48.54 | 2.61 | 13.66 | 2.66 | 11.54 | 0.18 | 5.14 | 8.98 | 3.88 | 0.54 | 0.48 | 1.06 | 99.27 | 4.42 | 0.14 | 0.42 | 13.93 | 0.59 | 3.53 | 1.49 | 21.63 | 36.26 |
| 6 | 609 | 62.09 | 0.60 | 15.25 | 3.87 | 2.48 | 0.08 | 2.69 | 4.27 | 4.36 | 2.60 | 0.30 | 1.80 | 100.39 | 6.96 | 0.60 | 0.54 | 5.96 | 0.86 | 2.54 | 2.11 | 16.81 | 69.64 |
| 7 | FS1498 | 44.01 | 2.68 | 18.06 | 6.87 | 7.16 | 0.08 | 6.98 | 7.08 | 2.95 | 1.00 | 0.33 | 2.03 | 99.23 | 3.95 | 0.34 | 0.56 | 13.34 | 0.96 | 15.45 | 1.37 | 27.96 | 31.18 |
| 8 | FP5S11 | 56.34 | 1.02 | 12.56 | 7.71 | 8.86 | 0.47 | 0.00 | 4.24 | 3.10 | 3.56 | 0.11 | 1.37 | 99.34 | 6.66 | 1.15 | 0.00 | 15.79 | 0.75 | 3.33 | 2.31 | 0.00 | 62.07 |
| 9 | FS1682 | 60.62 | 0.72 | 14.02 | 3.74 | 6.46 | 0.30 | 0.14 | 3.79 | 4.30 | 4.62 | 0.10 | 1.08 | 99.89 | 8.92 | 1.07 | 0.03 | 9.82 | 0.74 | 4.52 | 3.01 | 0.73 | 74.12 |
| 10 | ⅡE P15-109 | 74.29 | 0.13 | 14.13 | 0.75 | 1.04 | 0.02 | 0.55 | 0.68 | 3.50 | 4.72 | 0.02 |  | 99.83 | 8.22 | 1.35 | 0.43 | 1.71 | 1.18 | 2.16 | 3.49 | 5.21 | 90.61 |
| 11 | ⅡE1758* | 72.62 | 0.16 | 14.89 | 1.02 | 0.63 | 0.09 | 0.47 | 1.00 | 4.19 | 4.35 | 0.01 |  | 99.43 | 8.54 | 1.04 | 0.45 | 1.55 | 1.11 | 2.46 | 3.32 | 4.41 | 89.91 |
| 12 | ⅠE615-1 | 70.69 | 0.13 | 15.80 | 1.14 | 0.30 | 0.01 | 0.16 | 2.72 | 4.19 | 2.02 | 0.03 | 2.74 | 99.93 | 6.21 | 0.48 | 0.28 | 1.32 | 1.12 | 1.39 | 2.01 | 2.05 | 83.09 |
| 13 | ⅡE3241 | 60.43 | 0.82 | 15.15 | 4.98 | 3.22 | 0.08 | 2.11 | 3.80 | 4.65 | 3.98 | 0.28 | 0.38 | 99.88 | 8.63 | 0.86 | 0.42 | 7.70 | 0.81 | 4.27 | 2.67 | 11.14 | 71.22 |
| 14 | ⅡE285-1 | 64.06 | 0.69 | 15.70 | 1.90 | 4.86 | 0.05 | 1.02 | 3.01 | 3.98 | 4.25 | 0.11 |  | 99.63 | 8.23 | 1.07 | 0.24 | 6.57 | 0.94 | 3.22 | 2.57 | 6.37 | 73.57 |
| 15 | ⅡE281 | 66.68 | 0.43 | 15.35 | 1.86 | 4.94 | 0.07 | 0.21 | 3.06 | 3.75 | 4.13 | 0.13 |  | 100.62 | 7.88 | 1.10 | 0.06 | 6.61 | 0.94 | 2.62 | 2.50 | 1.41 | 75.39 |
| 16 | ⅡE1924 | 70.97 | 0.25 | 15.52 | 0.96 | 1.27 | 0.10 | 0.49 | 1.66 | 4.06 | 3.94 | 0.06 |  | 99.28 | 8.00 | 0.97 | 0.34 | 2.13 | 1.10 | 2.29 | 2.74 | 4.57 | 85.80 |
| 17 | ⅡE1926 | 73.36 | 0.20 | 14.35 | 0.82 | 0.95 | 0.10 | 0.51 | 1.10 | 4.10 | 4.60 | 0.03 |  | 100.12 | 8.70 | 1.12 | 0.43 | 1.69 | 1.04 | 2.49 | 3.58 | 4.64 | 90.23 |
| 18 | 565 | 51.80 | 1.19 | 17.68 | 3.74 | 4.82 | 3.80 | 0.15 | 8.25 | 3.30 | 1.68 | 0.33 |  | 96.74 | 4.98 | 0.51 | 0.04 | 8.18 | 0.79 | 2.82 | 1.48 | 1.10 | 44.84 |
| 19 |  | 76.10 | 0.22 | 12.60 | 0.70 | 0.72 | 0.07 | 0.14 | 0.43 | 3.54 | 4.66 | 0.02 |  | 99.20 | 8.20 | 1.32 | 0.18 | 1.35 | 1.09 | 2.03 | 4.40 | 1.43 | 94.57 |
| 20 | IGS2069-2 | 74.27 | 0.16 | 13.19 | 0.89 | 0.84 | 0.03 | 0.34 | 0.82 | 3.73 | 4.07 | 0.04 | 0.69 | 99.07 | 7.80 | 1.09 | 0.32 | 1.64 | 1.09 | 1.95 | 3.51 | 3.44 | 92.24 |
| 21 | ⅠP18GS10 | 72.94 | 0.16 | 13.73 | 0.75 | 0.93 | 0.07 | 0.41 | 0.97 | 4.03 | 4.64 | 0.06 | 0.52 | 99.21 | 8.67 | 1.15 | 0.36 | 1.60 | 1.03 | 2.51 | 3.88 | 3.81 | 92.46 |
| 22 | ⅡE P5-47 | 75.50 | 0.05 | 13.20 | 0.70 | 1.46 | 0.01 | 0.75 | 0.63 | 3.88 | 4.04 | 0.02 |  | 100.24 | 7.92 | 1.04 | 0.45 | 2.09 | 1.10 | 1.93 | 3.68 | 6.93 | 90.61 |
| 23 | IGS1078-2 | 76.42 | 0.04 | 12.18 | 0.75 | 1.04 | 0.02 | 0.10 | 0.29 | 3.55 | 4.62 | 0.02 | 0.70 | 99.73 | 8.17 | 1.30 | 0.10 | 1.71 | 1.07 | 2.00 | 4.80 | 0.99 | 93.13 |
| 24 | IGS3104 | 71.67 | 0.25 | 13.93 | 1.65 | 1.09 | 0.04 | 0.43 | 0.90 | 3.76 | 4.88 | 0.07 | 0.65 | 99.32 | 8.64 | 1.30 | 0.31 | 2.57 | 1.06 | 2.60 | 3.79 | 3.64 | 91.16 |

**表 4-143　中二叠世($P_2$)广兴源-库伦旗陆缘弧侵入岩稀土元素含量及主要参数**　单位：$\times10^{-6}$

| 序号 | 样品号 | La | Ce | Pr | Nd | Sm | Eu | Gd | Tb | Dy | Ho | Er | Tm | Yb | Lu | ΣREE | ΣLREE | ΣHREE | LREE/HREE | δEu |
|---|---|---|---|---|---|---|---|---|---|---|---|---|---|---|---|---|---|---|---|---|
| 1 | 518 | 24.78 | 72.04 | 6 | 18.51 | 5.8 | 1.1 | 5.06 | 0.74 | 5.3 | 1.16 | 3.64 | 0.52 | 3.46 | 0.46 | 162.83 | 128.19 | 20.34 | 6.302 | 0.59 |
| 2 | 517 | 18.8 | 42.37 | 4.7 | 16.92 | 4.5 | 0.8 | 4.36 | 0.55 | 2.94 | 0.64 | 1.82 | 0.26 | 1.6 | 0.25 | 127.74 | 88.02 | 12.42 | 7.087 | 0.52 |

**续表 4-143**

| 序号 | 样品号 | La | Ce | Pr | Nd | Sm | Eu | Gd | Tb | Dy | Ho | Er | Tm | Yb | Lu | ΣREE | ΣLREE | ΣHREE | LREE/HREE | δEu |
|---|---|---|---|---|---|---|---|---|---|---|---|---|---|---|---|---|---|---|---|---|
| 3 | 514 | 29.06 | 51.05 | 5.7 | 20.06 | 4.7 | 0.9 | 3.91 | 0.57 | 2.82 | 0.58 | 1.75 | 0.24 | 1.48 | 0.21 | 140.24 | 111.38 | 11.56 | 9.635 | 0.61 |
| 4 | IGS4075 | 23.5 | 55.4 | 5.9 | 28.9 | 6.1 | 1.8 | 5.68 | 0.98 | 6.22 | 1.7 | 3.79 | 0.55 | 3.35 | 0.53 | 144.36 | 121.56 | 22.8 | 5.332 | 0.89 |
| 5 | IGS2137 | 22.69 | 45.27 | 6.3 | 29.06 | 7.7 | 2.7 | 9.61 | 1.56 | 8.59 | 1.61 | 4.1 | 0.65 | 3.71 | 0.56 | 144.02 | 113.63 | 30.39 | 3.739 | 0.94 |
| 6 | 609 | 31.49 | 53.65 | 5.6 | 24.31 | 4.8 | 1.2 | 4.41 | 0.44 | 2.8 | 0.62 | 1.75 | 0.25 | 1.6 | 0.22 | 133.07 | 120.98 | 12.09 | 10.01 | 0.76 |
| 18 | 565 | 18.36 | 34.95 | 4.3 | 16.77 | 4.2 | 1.1 | 3.83 | 0.61 | 2.69 | 0.6 | 1.64 | 0.24 | 1.44 | 0.22 | 90.88 | 79.61 | 11.27 | 7.064 | 0.82 |
| 20 | IGS 2069-2 | 32.3 | 74.2 | 6.1 | 26.3 | 5.1 | 0.8 | 3.39 | 0.69 | 4.12 | 0.78 | 2.26 | 0.35 | 2.2 | 0.35 | 159.01 | 144.87 | 14.14 | 10.25 | 0.58 |
| 21 | I P18GS10 | | | 11 | 36.29 | 6.4 | 0.9 | 6.84 | 0.87 | 4.06 | 0.72 | 1.8 | 0.26 | 1.63 | 0.26 | 70.71 | 54.27 | 16.44 | 3.301 | 0.41 |
| 23 | IGS 1078-2 | 32.5 | 74.4 | 7.9 | 38.9 | 4.1 | 0.8 | 3.91 | 1.83 | 12.6 | 2.67 | 7.22 | 1.11 | 6.5 | 1.1 | 216.22 | 158.68 | 36.94 | 4.296 | 0.63 |
| 24 | IGS3104 | 50 | 93.4 | 9.4 | 40.5 | 11 | 0.9 | 8.38 | 1.47 | 10.1 | 5.94 | 5.53 | 0.83 | 4.94 | 0.81 | 260.73 | 204.63 | 38 | 5.385 | 0.28 |

**表 4-144 中二叠世($P_2$)广兴源-库伦旗陆缘弧侵入岩微量元素含量及主要参数** 单位:$\times 10^{-6}$

| 序号 | 样品号 | Sr | Rb | Ba | Nb | Hf | Zr | Cr | Ni | Co | V | Y | Cs | Li | Rb/Sr | Zr/Hf |
|---|---|---|---|---|---|---|---|---|---|---|---|---|---|---|---|---|
| 1 | 518 | 82.00 | 112.00 | 485.10 | | 12.00 | 246.00 | 12.06 | 4.00 | | | 30.05 | 30.00 | 5.76 | 1.37 | 20.50 |
| 2 | 517 | 678.00 | 61.00 | 436.90 | | 11.00 | 113.00 | 12.53 | 16.10 | | | 17.14 | 30.00 | 50.37 | 0.09 | 10.27 |
| 3 | 514 | 607.00 | 69.00 | 354.50 | | 11.00 | 130.00 | 12.65 | 9.63 | | | 16.86 | 30.00 | 27.15 | 0.11 | 11.82 |
| 4 | IGS4075 | 300.00 | 76.00 | 240.00 | 13.00 | 4.40 | 170.00 | 184.00 | 32.20 | 28.60 | 170.00 | 30.20 | | | 0.25 | 38.64 |
| 5 | IGS2137 | 425.00 | 18.00 | 172.00 | 15.00 | 10.00 | 190.00 | 38.00 | 5.00 | 40.00 | 315.00 | 37.80 | | | 0.04 | 19.00 |
| 6 | 609 | 842.55 | 57.00 | 680.50 | 3.50 | 14.50 | 114.00 | 55.00 | 25.18 | 10.10 | 110.88 | 16.56 | 15.00 | | 0.07 | 7.86 |
| 18 | 565 | 767.00 | 33.00 | 358.00 | | 10.00 | 72.00 | | 19.63 | | | | | 28.54 | 0.04 | 7.20 |
| 20 | IGS 2069-2 | 100.00 | 137.00 | 570.00 | 24.00 | 5.10 | 180.00 | 5.00 | 9.43 | 5.60 | 18.00 | 20.50 | | | 1.37 | 35.29 |
| 21 | I P18GS10 | 141.00 | 209.00 | 492.00 | 26.00 | 10.00 | 138.00 | 5.00 | 5.00 | 5.00 | 14.00 | 18.34 | | | 1.48 | 13.80 |
| 23 | IGS 1078-2 | 27.00 | 172.00 | 94.00 | 39.00 | 5.10 | 130.00 | 0.00 | 0.00 | 1.50 | 2.00 | 56.70 | | | 6.37 | 25.49 |
| 24 | IGS3104 | 110.00 | 147.00 | 450.00 | 42.00 | 10.00 | 3.15 | 8.00 | 3.14 | 4.90 | 20.00 | 43.10 | | | 1.34 | 0.32 |

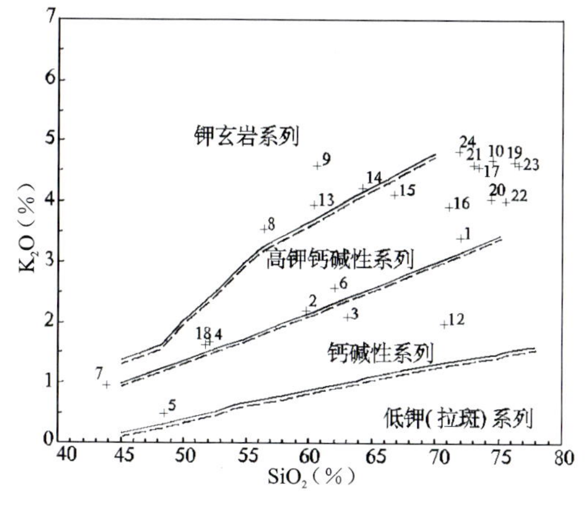


图 4-266　$K_2O$-$SiO_2$图解

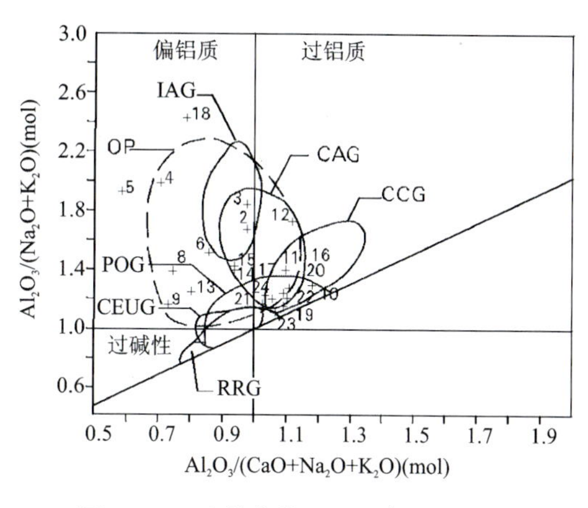


图 4-267　山德指数(Shamd's indel)图解

IAG. 岛弧;CAG. 大陆弧;CCG. 大陆碰撞;POG. 后造山;RRG. 裂谷系;CEUG. 大陆造陆隆升;OP. 大洋

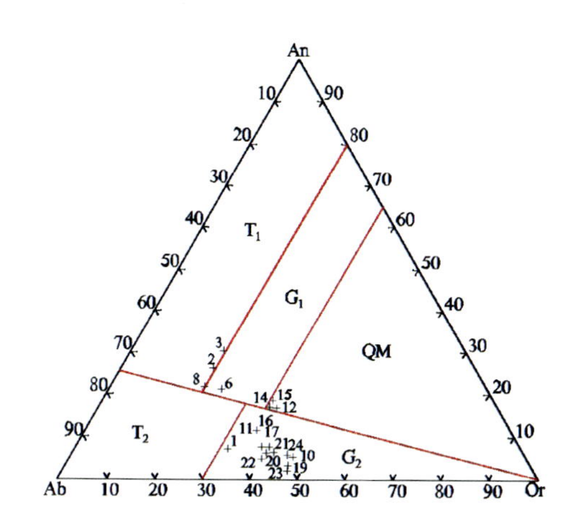


图 4-268　An-Ab-Or 分类图解(据 Johannes 等,1996)

$T_1$. 英云闪长岩;$T_2$. 奥长花岗岩;
$G_1$. 花岗闪长岩;$G_2$. 花岗岩;QM. 石英二长岩

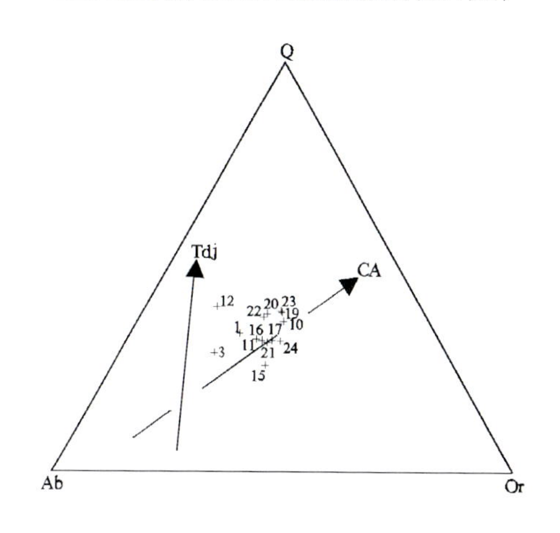


图 4-269　Q-Ab-Or 图解(据邓晋福,2004)

Tdj. 奥长花岗岩类演化趋势;CA. 钙碱性演化趋势

(13)通希浩镜碰撞型高钾钙碱性花岗岩组合($P_3$)。

该组合出露于西部通希浩镜一带。岩石类型有黑云母花岗岩、花岗斑岩及二长花岗岩。黑云母花岗岩 Rb-Sr 同位素年龄为(256±7)Ma。时代为晚二叠世,岩石系列为高钾钙碱性系列,壳源成因类型。初步判断为碰撞环境形成的高钾钙碱性花岗岩组合。

(14)模洽次博勒卓俯冲型 $\delta$+TTG 组合($T_1$)。

该组合分布于西部模洽次博勒卓一带。岩石类型有闪长岩、石英闪长岩、英云闪长岩及二长花岗岩。时代为早三叠世。岩石系列分别属于偏铝质—过铝质中钾—高钾钙碱性系列和低钾拉斑玄武岩系列,壳幔混合源成因类型。初步判断为俯冲环境的闪长岩+TTG 组合。

(15)双井店乡南同碰撞强过铝花岗岩组合($T_2$)。

该组合分布于双井店乡南部西拉木伦河两岸。岩石类型有黑云母二长花岗岩、二云母二长花岗岩及白云母二长花岗岩,1∶5 万和 1∶25 万区域地质调查曾划为早二叠世,后来据黑云母二长花岗岩锆石 U-Pb 同位素年龄为 263.1Ma 改为中二叠世。2006 年,李锦轶等在西拉木伦河北岸双井子村测得二云母花岗岩锆石 SHRIMP U-Pb 同位素年龄为(229.2±2.7)Ma 和 237Ma,故其时代确定为中三叠世,更接近成岩年龄。

根据岩石化学数据(表 4-145～表 4-147)进行了计算和投图分析。岩石系列为高钾钙碱性系列

(图 4-270)岩石化学成分富 $SiO_2$、$Al_2O_3$、$K_2O$,岩石中出现白云母、黑云母标志性矿物,属于过铝质壳源淡色花岗岩类。在 Rb-Yb+Nb 图解中(图 4-271)和 Rb-Yb+Ta 图解(4-272)中均位于同碰撞花岗岩区。在山德指数图解中位于大陆碰撞花岗岩和后造山花岗岩区(图 4-273)。综合以上分析,判断为同碰撞构造环境形成的强过铝花岗岩组合。

**表 4-145　中三叠世($T_2$)双井店乡同碰撞型侵入岩岩石化学成分含量及主要参数**　单位:%

| 序号 | 样品号 | $SiO_2$ | $TiO_2$ | $Al_2O_3$ | $Fe_2O_3$ | FeO | MnO | MgO | CaO | $Na_2O$ | $K_2O$ | $P_2O_5$ | LOS | Total | $Na_2O+K_2O$ | $K_2O/Na_2O$ | $Mg^{\#}$ | $FeO^*$ | A/CNK | σ | A.R | SI | DI |
|---|---|---|---|---|---|---|---|---|---|---|---|---|---|---|---|---|---|---|---|---|---|---|---|
| 1 | 无号 | 71.65 | 0.13 | 14.59 | 0.39 | 1.71 | 0.04 | 0.29 | 1.55 | 4.15 | 5.17 | 0.04 | 0.82 | 100.53 | 9.32 | 1.25 | 0.21 | 2.06 | 0.95 | 3.03 | 3.73 | 2.48 | 90.29 |
| 2 | 637 | 74.84 | 0.06 | 13.78 | 0.56 | 0.52 | 0.03 | 0.18 | 0.38 | 4.56 | 4.46 | 0.08 | 0.48 | 99.93 | 9.02 | 0.98 | 0.27 | 1.02 | 1.05 | 2.56 | 4.51 | 1.75 | 94.76 |
| 3 | P101 剖面 | 74.62 | 0.07 | 13.70 | 0.07 | 1.11 | 0.08 | 0.23 | 0.54 | 3.34 | 5.19 | 0.02 | 0.69 | 99.66 | 8.53 | 1.55 | 0.29 | 1.17 | 1.13 | 2.30 | 3.99 | 2.31 | 92.25 |

**表 4-146　中三叠世($T_2$)双井店乡同碰撞型侵入岩稀土元素含量及主要参数**　单位:$\times10^{-6}$

| 序号 | 样品号 | La | Ce | Pr | Nd | Sm | Eu | Gd | Tb | Dy | Ho | Er | Tm | Yb | Lu | ΣREE | ΣLREE | ΣHREE | LREE/HREE | δEu |
|---|---|---|---|---|---|---|---|---|---|---|---|---|---|---|---|---|---|---|---|---|
| 1 | 无号 | 32.3 | 54.71 | 5.7 | 19.98 | 2.3 | 0.3 | 3.34 | 0.48 | 2.46 | 0.49 | 1.39 | 0.18 | 1.22 | 0.18 | 125.02 | 115.28 | 9.74 | 11.84 | 0.34 |
| 2 | 637 | 21.5 | 35.1 | 3.6 | 12.44 | 2.6 | 0.4 | 2.36 | 0.34 | 2.09 | 0.41 | 1.14 | 0.17 | 1.12 | 0.17 | 83.41 | 75.61 | 7.8 | 9.694 | 0.45 |
| 3 | P101 剖面 | 9.69 | 17.37 | 1.7 | 6.6 | 1.6 | 0.6 | 1.47 | 0.3 | 0.09 | 0.19 | 0.53 | 0.1 | 0.5 | 0.1 | 40.8 | 37.52 | 3.28 | 11.44 | 1.11 |

**表 4-147　中三叠世($T_2$)双井店乡同碰撞型侵入岩微量元素含量及主要参数**　单位:$\times10^{-6}$

| 序号 | 样品号 | Sr | Rb | Ba | Th | Nb | Hf | Zr | Cr | Ni | Co | V | Y | Cs | Rb/Sr | Zr/Hf |
|---|---|---|---|---|---|---|---|---|---|---|---|---|---|---|---|---|
| 1 | 无号 | 31.85 | 253.50 | 279.50 | 28.65 | 12.50 | 10.00 | 88.50 | 15.91 | 4.77 | 3.00 | 9.38 | 12.45 | 6.10 | 7.96 | 8.85 |
| 2 | 637 | 64.50 | 288.50 | 286.18 | 13.04 | 17.50 | 10.00 | 35.50 | 9.57 | 4.00 | 1.00 | 13.18 | 12.57 | 19.15 | 4.47 | 3.55 |
| 3 | P101 剖面 | 218.85 | 103.00 | 885.85 | 3.43 | 2.00 | 10.00 | 8.00 | 14.24 | 5.20 | 2.07 | 6.60 | 5.20 | 16.65 | 0.47 | 0.80 |

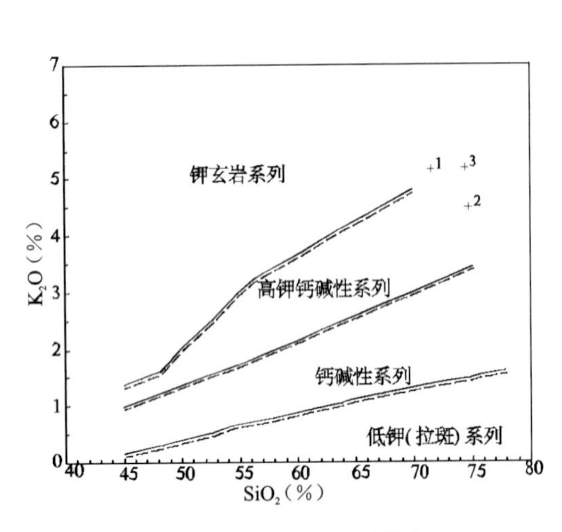


图 4-270　$K_2O$-$SiO_2$ 图解

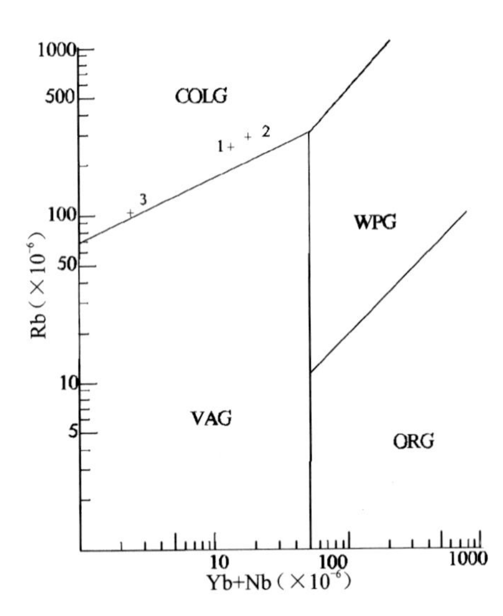


图 4-271　不同类型花岗岩的 Rb-(Yb+Nb)图解

(据 Pearce,1984)

ORG. 洋脊花岗岩;WPG. 板内花岗岩;

VAG. 火山弧花岗岩;COLG. 同碰撞花岗岩

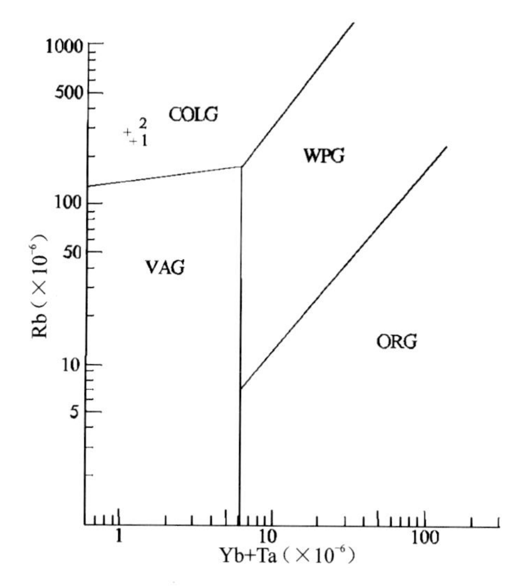


图 4-272 不同类型花岗岩的 Rb-(Yb+Ta)图解

(据 Pearce,1984)

ORG. 洋脊花岗岩;WPG. 板内花岗岩;

VAG. 火山弧花岗岩;COLG. 同碰撞花岗岩

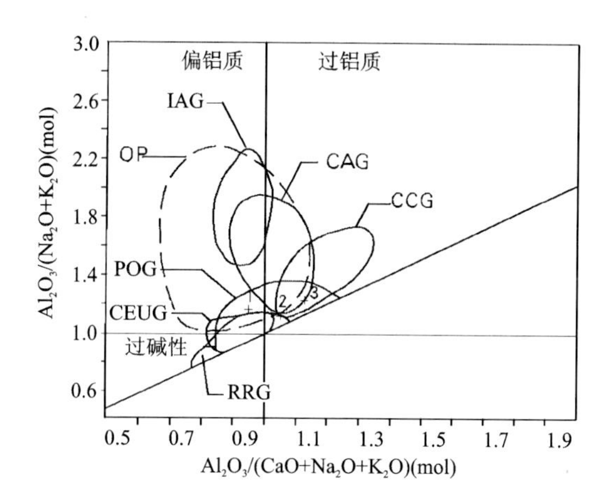


图 4-273 山德指数(Shamd's indel)图解

IAG. 岛弧;CAG. 大陆弧;CCG. 大陆碰撞;POG. 后造山;

RRG. 裂谷系;CEUG. 大陆造陆隆升;OP. 大洋

(16)库伦旗后碰撞型高钾和钾玄质花岗岩组合($J_2$)。

该组合分布于 1:25 万奈曼旗和阜新内。岩石类型为中细粒似斑状黑云母二长花岗岩,侵入上志留统晒乌苏组,被白垩系覆盖,U-Pb 同位素年龄为 178Ma,其时代确定为中侏罗世。其岩石学、矿物学特征可以同阿鲁科沁旗和白音镐地区花岗岩对比。故判断为后碰撞环境型的高钾和钾玄质花岗岩组合。

(17)红山子乡俯冲型 $G_1$ 组合($J_3$)。

该组合分布于东部地区 1:25 万西老俯幅内,岩石类型为花岗闪长岩。呈小岩株产出。侵入古生代地层。时代为晚侏罗世。岩体内多有闪长石,并有浸染状钼矿化,属壳幔混合成因类型。根据一个岩石化学样品分析并投图,岩石系列为高钾钙碱性系列,在 Q-A-P 图解中位于岛弧和大陆弧花岗岩区。综合判断为俯冲环境的花岗闪长岩($G_1$)组合。

(18)天盛号乡-新镇镇后碰撞高钾和钾玄质花岗岩组合($J_3$)。

该组合广泛分布于天盛号乡—赤峰—新镇镇的广大地区。岩石类型以黑云母花岗岩、二长花岗岩、正长花岗岩为主,后期有闪长玢岩贯入。多以岩基状产出,侵入上侏罗统火山岩。K-Ar 同位素年龄为 143Ma 和 154Ma,U-Pb 同位素年龄为 156Ma,时代确定为晚侏罗世。二长花岗岩外接触带赋存热液型铅锌矿床。

根据岩石化学数据(表 4-148~表 4-150)进行了计算和投图分析。岩石系列以高钾钙碱性系列为主,少量钾玄岩系列(图 4-274)在 Al-(Na+K+Ca/2)图解中样点位于 I 型花岗岩区,个别位于 S 型花岗岩区(图 4-275)。在 $Na_2O$-$K_2O$ 图解中主要位于 A 型区,少量位于 I 型区(图 4-276)。A/CNK 值均小于 1.1,其成因类型为壳幔混合源。在 Rb-(Yb+Nb)图解中位于 COLG 区和 VAG 区(图 4-277),COLG 区本项目定义为后碰撞花岗岩。在 Q-A-P 图解中样点位于大陆弧、大陆碰撞、后造山及大陆隆升区,比较分散(图 4-278)。在山德指数图解中主要位于后造山区及其外围,个别位于大陆碰撞区(图 4-279),总体上岩石学、矿物学及岩石化学特征与巴巴林的富钾钙碱性花岗岩大致相当,故判断为后碰撞环境的高钾和钾玄质花岗岩组合。

**表 4-148 晚侏罗世($J_3$)天盛号-新镇镇后碰撞侵入岩岩石化学成分含量及主要参数** 单位:%

| 序号 | 样品号 | $SiO_2$ | $TiO_2$ | $Al_2O_3$ | $Fe_2O_3$ | FeO | MnO | MgO | CaO | $Na_2O$ | $K_2O$ | $P_2O_5$ | LOS | Total | $Na_2O$ +$K_2O$ | $K_2O$/ $Na_2O$ | $Mg^{\#}$ | $FeO^{*}$ | A/CNK | σ | A.R | SI | DI |
|---|---|---|---|---|---|---|---|---|---|---|---|---|---|---|---|---|---|---|---|---|---|---|---|
| 1 | 538 | 74.34 | 0.2 | 12.91 | 0.79 | 1.68 | 0.03 |  | 1 | 4.23 | 5.06 | 0.04 | 0.29 | 100.6 | 9.29 | 1.2 |  | 2.39 | 0.91 | 2.75 | 5.02 |  | 93.52 |

续表 4-148

| 序号 | 样品号 | $SiO_2$ | $TiO_2$ | $Al_2O_3$ | $Fe_2O_3$ | FeO | MnO | MgO | CaO | $Na_2O$ | $K_2O$ | $P_2O_5$ | LOS | Total | $Na_2O+K_2O$ | $K_2O/Na_2O$ | $Mg^{\#}$ | $FeO^*$ | A/CNK | σ | A.R | SI | DI |
|---|---|---|---|---|---|---|---|---|---|---|---|---|---|---|---|---|---|---|---|---|---|---|---|
| 2 | 574 | 75.66 | 0.11 | 12.49 | 0.54 | 1.59 | 0.05 | | 1.04 | 3.92 | 4.7 | 0.04 | 0.38 | 100.5 | 8.62 | 1.2 | | 2.08 | 0.92 | 2.28 | 4.51 | | 92.98 |
| 3 | Ⅰ E863 | 76.31 | 0.06 | 12.62 | 0.85 | 0.53 | 0.01 | 0.04 | 0.64 | 4.15 | 4.32 | 0.02 | 0.51 | 100.1 | 8.47 | 1.04 | 1 | 1.29 | 1 | 2.15 | 4.54 | 0.4 | 95.03 |
| 4 | Ⅰ E1352-1 | 71.7 | 1.17 | 13.43 | 2.8 | 0.31 | 0.01 | | 0.97 | 4.63 | 4.63 | 0.01 | 0.73 | 100.4 | 9.26 | 1 | | 2.83 | 0.94 | 2.99 | 4.6 | | 92.52 |
| 5 | AP12GS9 | 70.84 | 0.43 | 11.34 | 2.71 | 1.68 | 0.03 | 0.81 | 1.73 | 3.33 | 4.96 | 0.03 | 1.51 | 99.4 | 8.29 | 1.49 | 0.34 | 4.12 | 0.8 | 2.47 | 4.47 | 6 | 87.67 |
| 6 | AP12GS34 | 70.28 | 0.58 | 11.92 | 3.3 | 1.89 | 0.03 | 0.7 | 2.25 | 4.29 | 3.46 | 0.28 | 0.54 | 99.52 | 7.75 | 0.81 | 0.27 | 4.86 | 0.8 | 2.2 | 3.41 | 5.13 | 84.95 |
| 7 | Ⅱ E904-1 | 69.35 | 0.34 | 15.76 | 1.44 | 1.29 | 0.104 | 0.91 | 1.86 | 4.5 | 3.63 | 0.071 | 0 | 99.25 | 8.13 | 0.81 | 0.47 | 2.58 | 1.07 | 2.51 | 2.71 | 7.73 | 83.69 |

表 4-149　晚侏罗世($J_3$)天盛号-新镇镇后碰撞侵入岩稀土元素含量及主要参数　　单位：$\times10^{-6}$

| 序号 | 样品号 | La | Ce | Pr | Nd | Sm | Eu | Gd | Tb | Dy | Ho | Er | Tm | Yb | Lu | ΣREE | ΣLREE | ΣHREE | LREE/HREE | δEu |
|---|---|---|---|---|---|---|---|---|---|---|---|---|---|---|---|---|---|---|---|---|
| 1 | 538 | 45.89 | 75.33 | 8.2 | 24.65 | 5.4 | 0.82 | 4.72 | 0.76 | 2.51 | 0.57 | 1.69 | 0.25 | 1.71 | 0.22 | 172.72 | 160.29 | 12.43 | 12.9 | 0.49 |
| 2 | 574 | 60.74 | 105.9 | 10.6 | 41.75 | 6.37 | 0.7 | 4.05 | 0.65 | 2.96 | 0.6 | 1.65 | 0.22 | 1.38 | 0.2 | 237.72 | 226.01 | 11.71 | 19.3 | 0.39 |
| 5 | AP12GS9 | 42.6 | 66 | 6.9 | 21.4 | 3.7 | 0.69 | 3.5 | 0.54 | 3.46 | 0.72 | 2.18 | 0.41 | 3 | 0.53 | 155.63 | 141.29 | 14.34 | 9.85 | 0.58 |
| 6 | AP12GS34 | 35.1 | 53 | 6.8 | 23.9 | 3.8 | 0.92 | 3.1 | 0.4 | 1.91 | 0.32 | 0.85 | 0.12 | 0.8 | 0.12 | 131.14 | 123.52 | 7.62 | 16.21 | 0.8 |

表 4-150　晚侏罗世($J_3$)天盛号-新镇镇后碰撞侵入岩微量元素含量及主要参数　　单位：$\times10^{-6}$

| 序号 | 样品号 | Sr | Rb | Ba | Nb | Th | Hf | Zr | Cr | Ni | Co | V | Y | Cs | Ga | Li | Rb/Sr | Zr/Hf |
|---|---|---|---|---|---|---|---|---|---|---|---|---|---|---|---|---|---|---|
| 1 | 538 | 16.66 | 144 | 167 | | 486.6 | 143 | | 10 | 10.53 | 4.62 | | | | 10.53 | 20.69 | 8.64 | |
| 2 | 574 | 14.82 | 95 | 227 | | 396.9 | 81 | | 10 | | 5.54 | | | | 9.5 | 48.97 | 6.41 | |
| 5 | AP12GS9 | 219 | 252 | 395 | 28 | | 5.3 | 146 | 2.3 | 3.5 | 3.1 | 15.8 | 23 | 4.5 | | | | 27.55 |
| 6 | AP12GS34 | 528 | 118 | 412 | 13 | | 8.3 | 207 | 5 | 6.8 | 5.6 | 33.2 | 9.6 | 4.2 | | | | 24.94 |

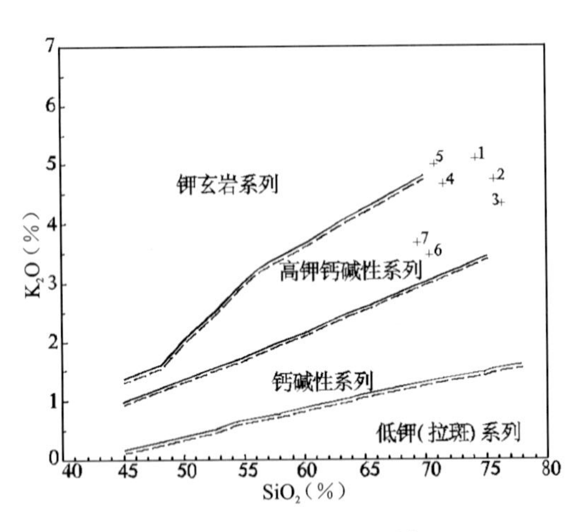


图 4-274　$K_2O$-$SiO_2$图解

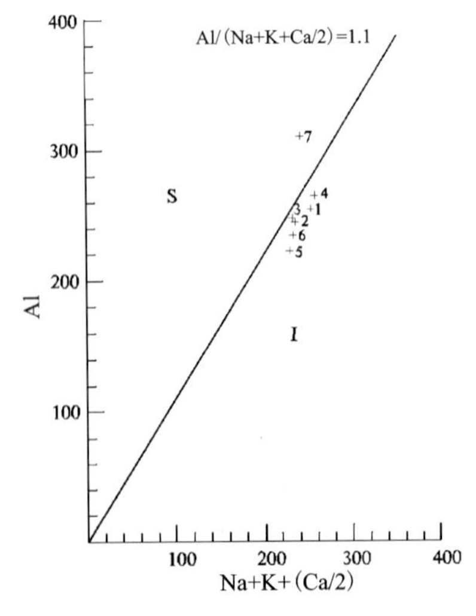


图 4-275　S型、I型花岗岩判别图解

I. I型花岗岩；S. S型花岗岩

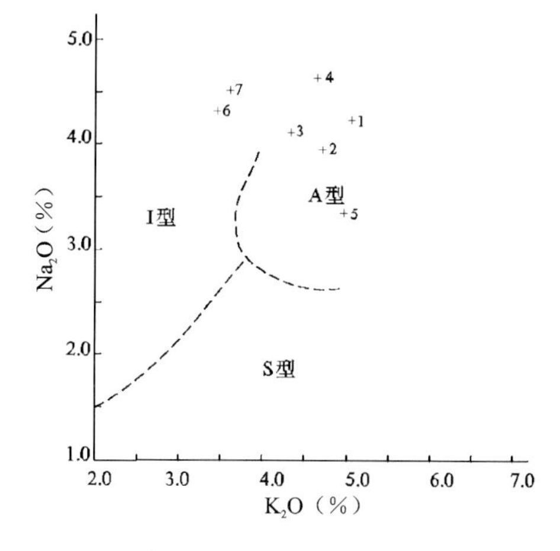


图 4-276　$Na_2O$-$K_2O$ 图解

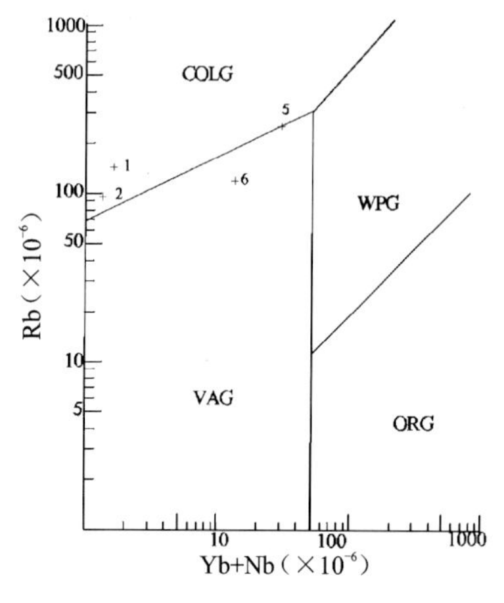


图 4-277　不同类型花岗岩的 Rb-(Yb＋Nb)图解

（据 Pearce，1984）

ORG. 洋脊花岗岩；WPG. 板内花岗岩；

VAG. 火山弧花岗岩；COLG. 同碰撞花岗岩

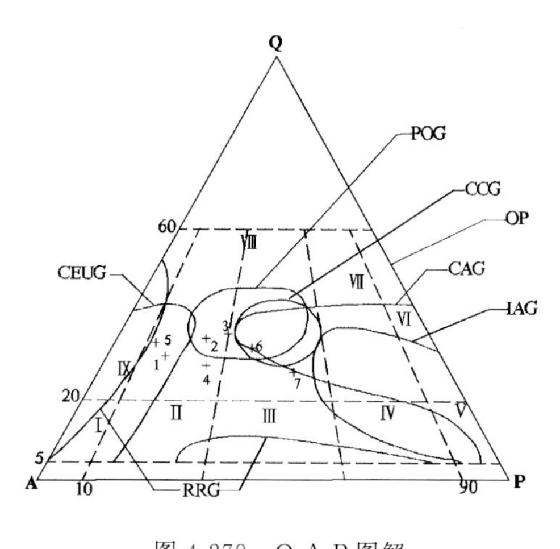


图 4-278　Q-A-P 图解

IAG. 岛弧；CAG. 大陆弧；CCG. 大陆碰撞；POG. 后造山；

RRG. 裂谷系；CEUG. 大陆造陆隆升；OP. 大洋

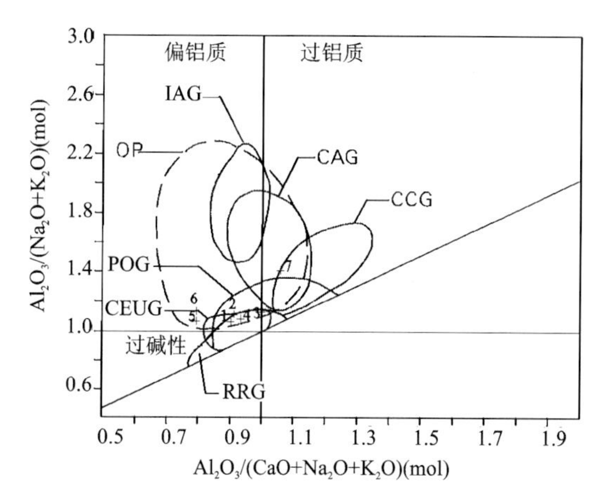


图 4-279　主要花岗岩类岩石组合的示意性图解

（据 Batchelor 等，1985）

1. 地幔分离；2. 板块碰撞前的；3. 碰撞后的抬升；4. 造山晚期的；

5. 非造山的；6. 同碰撞期的；7. 造山期后的

(19)赤峰市后造山碱性—钙碱性花岗岩组合($J_3$)。

该组合广泛分布于赤峰市地区。岩石类型以正长花岗岩、黑云母花岗岩、花岗斑岩为主，少量碱长花岗岩及流纹斑岩。侵入侏罗纪火山岩，U-Pb 同位素年龄为 109Ma 和 121Ma。侵入时代确定为早白垩世。

根据岩石化学数据(表 4-151～表 4-153)进行了计算和投图分析。岩石系列以高钾钙碱系列为主，少量钾玄岩系列(图 4-280)。在碱度率图解中为碱性岩(图 4-281)。在 Al-(Na＋K＋Ca/2)图解中大部分样点位于 I 型区，少量位于 S 型区(图 4-282)。在 $Na_2O$-$K_2O$ 图解中主要位于 A 型区(图 4-283)，且 A/CNK 值多半小于 1.1，个别大于 1.1，成因类型以壳幔混合源为主。在山德指数图解中主要位于后造山区，少数位于大陆隆升区(图 4-284)。在 $Al_2O_3$-$SiO_2$ 图解中主要位于后造山区(图 4-285)。总体上岩石矿物学及岩石化学特征与巴巴林的富钾钙碱性花岗岩大体相当，综合判断为后造山环境之碱性—钙碱性花岗岩组合。

**表 4-151　早白垩世($K_1$)赤峰后造山侵入岩岩石化学成分含量及主要参数**　单位:%

| 序号 | 样品号 | $SiO_2$ | $TiO_2$ | $Al_2O_3$ | $Fe_2O_3$ | FeO | MnO | MgO | CaO | $Na_2O$ | $K_2O$ | $P_2O_5$ | LOS | Total | $Na_2O+K_2O$ | $K_2O/Na_2O$ | $Mg^{\#}$ | $FeO^*$ | A/CNK | σ | A.R | SI | DI |
|---|---|---|---|---|---|---|---|---|---|---|---|---|---|---|---|---|---|---|---|---|---|---|---|
| 1 | AP13GS19 | 71.72 | 0.35 | 10.68 | 2.73 | 1.68 | 0.04 | 0.81 | 1.65 | 3.45 | 4.69 | 0.05 | 1.72 | 99.57 | 8.14 | 1.36 | 0.34 | 4.13 | 0.78 | 2.31 | 4.89 | 6.06 | 88.34 |
| 2 | AP11GS4 | 66.88 | 1.13 | 11.38 | 3.96 | 2.19 | 0.06 | 1.02 | 1.5 | 4.47 | 5.45 | 0.1 | 1.28 | 99.42 | 9.92 | 1.22 | 0.32 | 5.75 | 0.71 | 4.12 | 7.7 | 5.97 | 79.46 |
| 3 | AP11GS23 | 76.32 | 0.1 | 12.92 | 1.22 | 0.34 | 0.03 | 0.22 | 0.68 | 3.76 | 3.46 | 0.1 | 0.4 | 99.55 | 7.22 | 0.92 | 0.29 | 1.44 | 1.15 | 1.56 | 3.26 | 2.44 | 92.39 |
| 4 | ⅡE P15-26 | 76.46 | 0.11 | 12.53 | 0.72 | 1.1 | 0.048 | 0.12 | 0.42 | 3.75 | 4.38 | 0.01 | 0 | 99.65 | 8.13 | 1.17 | 0.13 | 1.75 | 1.08 | 1.98 | 4.37 | 1.19 | 94.17 |
| 5 | AP13GS9 | 72.16 | 0.11 | 12.96 | 1.97 | 0.93 | 0.06 | 0.32 | 0.9 | 4.32 | 5 | 0.07 | 0.71 | 99.51 | 9.32 | 1.16 | 1 | 2.7 | 0.91 | 2.98 | 5.11 | 2.55 | 92.89 |

**表 4-152　早白垩世($K_1$)赤峰后造山侵入岩稀土元素含量及主要参数**　单位:$\times10^{-6}$

| 序号 | 样品号 | La | Ce | Pr | Nd | Sm | Eu | Gd | Tb | Dy | Ho | Er | Tm | Yb | Lu | ΣREE | ΣLREE | ΣHREE | LREE/HREE | δEu |
|---|---|---|---|---|---|---|---|---|---|---|---|---|---|---|---|---|---|---|---|---|
| 1 | AP13GS19 | 13.4 | 44 | 3.2 | 10.3 | 2.4 | 0.17 | 3 | 0.76 | 6.2 | 1.59 | 5.57 | 1.1 | 8.3 | 1.45 | 101.44 | 73.47 | 27.97 | 2.63 | 0.19 |
| 2 | AP11GS4 | 37.7 | 60 | 6.8 | 22.2 | 3.8 | 0.74 | 3.5 | 0.54 | 3.52 | 0.72 | 2.31 | 0.42 | 3.1 | 0.54 | 145.89 | 131.24 | 14.65 | 8.96 | 0.61 |
| 3 | AP11GS23 | 98.9 | 224 | 23.7 | 82.5 | 18.3 | 1.46 | 17.1 | 2.9 | 18.2 | 3.56 | 10 | 1.58 | 9.8 | 1.44 | 513.5 | 448.86 | 64.64 | 6.94 | 0.25 |
| 4 | ⅡE P15-26 | 5.9 | 27 | 1.3 | 4.1 | 0.9 | 0.1 | 1.1 | 0.26 | 2.06 | 0.52 | 1.77 | 0.37 | 2.7 | 0.45 | 48.53 | 39.3 | 9.23 | 4.26 | 0.31 |

**表 4-153　早白垩世($K_1$)赤峰后造山侵入岩微量元素含量及主要参数**　单位:$\times10^{-6}$

| 序号 | 样品号 | Sr | Rb | Ba | Nb | Hf | Zr | Cr | Ni | Co | V | Y | Cs | Rb/Sr | Zr/Hf |
|---|---|---|---|---|---|---|---|---|---|---|---|---|---|---|---|
| 1 | AP13GS19 | 241 | 260 | 429 | 96 | 5.2 | 102 | 2.1 | 3.2 | 1.4 | 2.8 | 56.1 | 4.3 | 1.08 | 19.62 |
| 2 | AP11GS4 | 131 | 202 | 410 | 26 | 4.9 | 132 | 1.4 | 3.4 | 3 | 17.4 | 22.8 | 7.6 | 1.54 | 26.94 |
| 3 | AP11GS23 | 11 | 224 | 16 | 78 | 10.2 | 302 | 5.8 | 3.1 | 2.6 | 21.9 | 92.9 | 2.4 | 20.36 | 29.61 |
| 5 | AP13GS9 | 22 | 441 | 35 |  |  |  |  |  |  |  | 10.3 | 20.05 |  |  |

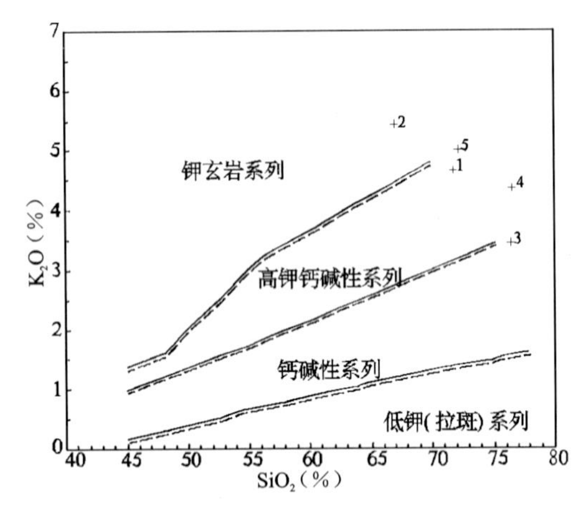


图 4-280　$K_2O$-$SiO_2$ 图解

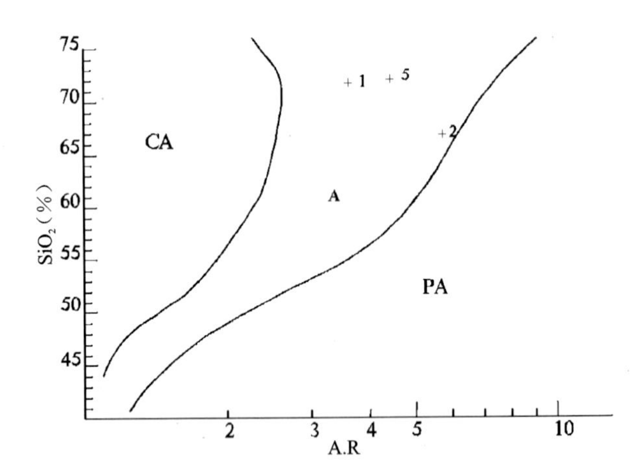


图 4-281　碱度率图解(据 Wright,1969)

CA. 钙碱性;A. 碱性;PA. 过碱性

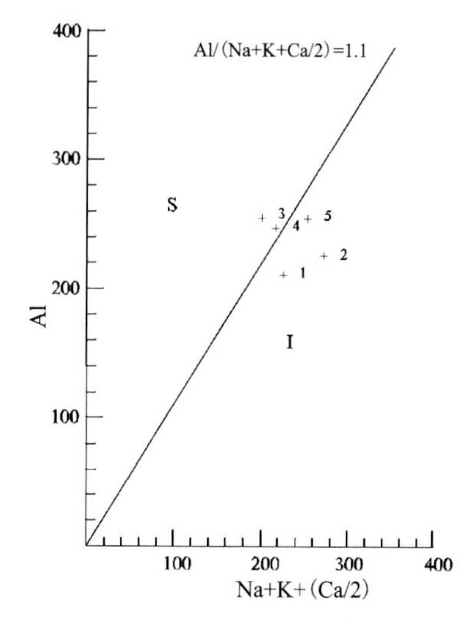


图 4-282 S 型、I 型花岗岩判别图解

I. I 型花岗岩；S. S 型花岗岩

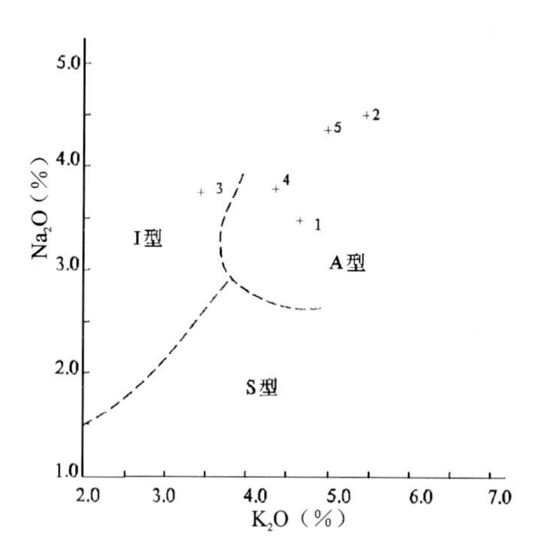


图 4-283 $Na_2O$-$K_2O$ 图解

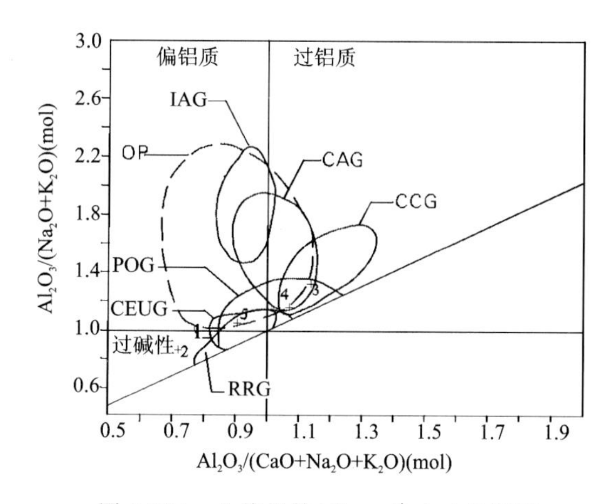


图 4-284 山德指数（Shamd's indel）图解

IAG. 岛弧；CAG. 大陆弧；CCG. 大陆碰撞；POG. 后造山；RRG. 裂谷系；CEUG. 大陆造陆隆升；OP. 大洋

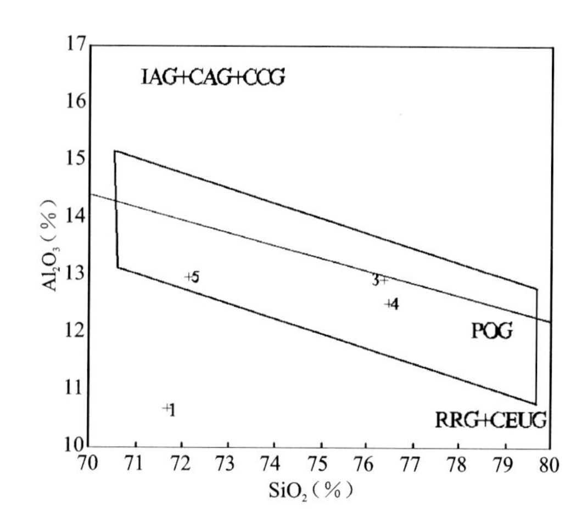


图 4-285 $Al_2O_3$-$SiO_2$ 花岗岩类图解

LGA. 岛弧；CGA. 大陆弧；CCG. 大陆碰撞；PDG. 后造山；RRG. 与裂谷有关的；CEUG. 与大陆造陆抬升有关的

（20）大黑山后造山碱性—钙碱性花岗岩组合（$K_1$）。

该组合集中分布于西部大黑山一带。岩石类型以花岗斑岩为主，另有石英正长斑岩，石英二长斑岩，黑云母花岗斑岩、黑云角闪花岗斑岩，石英闪长玢岩及二长斑岩。花岗斑岩 K-Ar 同位素年龄为 137Ma。侵入时代确定为早白垩世。岩石系列除石英闪长岩、二长斑岩为偏铝质高钾钙碱性系列外，其余均为偏铝质碱性系列。岩石成因类型主要为壳源。初步判断为后造山环境形成的碱性—钙碱性花岗岩组合。

2）I-8-3 宝音图构造岩浆岩亚带岩石构造组合及其特征

本亚带发育元古宙、古生代及中生代三叠纪侵入岩，由老到新构成 7 个岩石构造组合。

（1）宝音图苏木变质超基性岩组合（$Pt_2$）。

该组合零星见于宝音图地区，由黄褐色蛇纹石化超基性岩石组成，时代为中元古代，幔源成因类型。形成的大地构造环境有待进一步研究。

（2）宝音图苏木俯冲型 TTG 组合（$Pt_2$）。

该组合分布于宝音图苏木—巴润特花山一带。岩石类型包括变质深成侵入体和变质侵入体。变质深成侵入体为变质钾长花岗质片麻岩，时代为中元古代。由黑云母钾长片麻岩-黑云二长片麻岩-片麻状钾长花岗岩变质建造构成，原岩为过铝钾质碱性岩-钾长花岗岩组合。经过了中压低绿片岩相-低角闪岩相变质作用。变质侵入体由浅变质的中细粒英云闪长岩和中粒片麻状花岗岩组成，英云闪长岩U-Pb同位素年龄为(1453±4)Ma。岩石系列：英云闪长岩为壳幔混合源偏铝质中钾钙碱性系列，片麻状花岗岩为壳源过铝质钾质钙碱性系列。时代均为中元古代。初步判断为俯冲环境的TTG组合。其中变质深成侵入体可能形成于相对深部的挤压环境。

(3)乌拉特后旗俯冲型变质闪长岩TTG组合($Pt_3$)。

该组合分布于乌拉特后旗西部山区。岩石类型有中细粒片麻状闪长岩和片理化闪长岩。U-Pb同位素年龄为805Ma。时代为新元古代。岩石系列为偏铝质中钾钙碱性系列，壳幔混合源成因类型。经受过绿片岩相区域低温动力变质作用。初步判断为俯冲环境形成的变质闪长岩组合。

(4)乌拉特后旗俯冲型$G_2$组合(S)。

该组合分布于乌拉特后旗地区。由闪长岩及花岗岩组成。花岗岩K-Ar同位素年龄为412Ma，侵入时代确定为志留纪。岩石系列：闪长岩为过铝质高钾钙碱性系列，花岗岩为低钾拉斑玄武岩系列。二者同为壳幔混合源成因类型。初步判定为俯冲环境形成的闪长岩-花岗岩($G_2$)组合。

(5)乌力吉镇俯冲型$\upsilon$+TTG组合(C)。

该组合广泛分布于本亚带内，以乌力吉镇地区出露最好。岩石类型有花岗闪长岩、斜长花岗岩、黑云母二长花岗岩及次闪石化辉长岩，斜长花岗岩K-Ar同位素年龄为324Ma，二长花岗岩K-Ar同位素年龄为289Ma。侵入时代确定为石炭纪。除黑云母二长花岗岩为过铝质钾质碱性系列壳源成因外，其他均为偏铝质-过铝质中钾-高钾钙碱性系列和壳幔混合成因类型。斜长花岗岩的出现多数情况可以视为英云闪长岩。据此初步判断为俯冲环境形成的辉长岩+TTG组合。

(6)海力素东俯冲型$G_1$组合(P)。

该组合分布于海力素东部地区。岩石类型为石英闪长岩及花岗闪长岩。侵入时代为二叠纪。岩石系列为偏铝质-过铝质中钾-高钾钙碱性系列，壳幔混合成因类型。初步判定为俯冲环境形成的闪长岩-花岗闪长岩($G_1$)组合。

(7)查干呼舒庙大陆伸展型碱性花岗岩组合(T)。

该组合广泛分布于本亚带中部和南部，岩石类型为黑云母二长花岗岩。K-Ar同位素年龄有189Ma和222Ma。侵入时代确定为三叠纪。岩石系列为过铝质钾质碱性系列，壳源成因类型。初步判定为大陆伸展环境形成的碱性花岗岩组合。

### 9. Ⅰ-9 额济纳旗-北山构造岩浆岩带岩石构造组合及其特征

1) Ⅰ-9-1 圆包山构造岩浆岩亚带岩石构造组合及其特征

该组合亚带侵入岩位于内蒙古西部，沿中蒙边界分布，西起圆包山，东至狐狸山，包括以下7个构造岩石组合。

(1)志留纪俯冲型$TTG_1$组合(S)。

该组合分布于红石山一带，由中粗粒英云闪长岩-花岗闪长岩建造构成。岩石矿物及岩石化学特征属于过铝质低钾拉斑玄武岩系列和壳幔混合源成因，归属深成岩浆岩相俯冲岩浆杂岩亚相。晚石炭世侵入岩分布广泛，岩石类型发育齐全。从基性岩到酸性岩均有出露，并构成不同岩石构造组合。

(2)晚石炭世俯冲型辉长岩-SSZ蛇绿岩组合($C_2$)。

该组合由中粗粒橄榄辉长岩-角闪辉长岩和辉石角闪辉长岩建造构成，分别属于偏铝质中钾钙碱性系列和过铝质低钾拉斑玄武岩系列，同属壳幔混合源成因类型。初步判断环境为深成岩浆岩相俯冲岩浆杂岩亚相形成的辉长岩-高镁闪长岩组合。

(3)晚石炭世俯冲型高镁闪长岩组合($C_2$)。

该组合由角闪辉长岩、闪长岩-石英闪长岩建造构成，属壳幔混合源成因，构造环境为与俯冲作用有关的岛弧环境。

(4)晚石炭世俯冲型 $TTG_1$ 组合($C_2$)。

该组合包括中细粒英云闪长岩、中粗粒似斑状花岗闪长岩、石英闪长岩及闪长玢岩等建造。其中英云闪长岩 K-Ar 同位素年龄为 306Ma,花岗闪长岩和石英闪长岩 K-Ar 同位素年龄为 289.9Ma。酸性岩类岩石系列为偏铝质中钾钙碱性系列。总体上成因类型为壳幔混合源,大地构造环境为深成岩浆岩相俯冲岩浆杂岩亚相。

(5)晚石炭世俯冲型 $G_1G_2$ 组合($C_2$)。

该组合由较少的花岗闪长岩建造及较多的似斑状二长花岗岩建造构成,K-Ar 同位素年龄为 271Ma,具铁及多金属矿化。矿物学及岩石化学特征表明属于偏铝质中钾钙碱性系列和壳幔混合源成因,构造环境判断为深成岩浆岩相俯冲岩浆杂岩亚相。

(6)中二叠世俯冲型辉长岩-闪长岩-花岗闪长岩组合($P_2$)。

该组合主要分布于红石山一带,由中粒橄榄辉长岩、中粒闪长岩及粗粒石英闪长岩、花岗闪长岩建造构成。岩石化学及矿物学特征显示为偏铝质中钾钙碱性系列和壳幔混合源成因类型,构造环境为深成岩浆岩相俯冲岩浆杂岩亚相。

(7)中二叠世晚期俯冲型英云闪长岩-花岗岩组合($P_2$)。

该组合分布于黑红山—巴格洪吉尔地区,由英云闪长岩、闪长岩、二长花岗岩、正长花岗岩等建造构成。前两种建造属于偏铝质中钾钙碱性系列岩石和壳幔混合源成因,后两种建造属于偏铝质—过铝质钾质碱性系列岩石和壳源成因。判断构造环境形成于俯冲型大陆活动边缘。

2)Ⅰ-9-2 黑鹰山-甜水井构造岩浆岩亚带岩石构造组合及其特征

该组合亚带分布有元古宙、古生代和中生代的基性岩、超基性岩,中性岩、酸性岩以及碱性岩类,由老到新构成以下 10 个岩石构造组合。

(1)中元古代俯冲型 SSZ 蛇绿岩组合($Pt_2$)。

该组合仅出露于都热乌拉西侧,面积数平方千米。由岩性单一的辉长岩建造构成。岩石具有堆晶结构,属于偏铝质中钾钙碱性系列和幔源成因类型,应为 SSZ 型蛇绿岩的组成部分。初步分析该组合形成于俯冲带构造环境。

(2)志留纪俯冲型 TTG 组合(S)。

该组合零星分布于进素土海—红柳峡地区。由中粗粒片麻岩状英云闪长岩、石英闪长岩、花岗闪长岩、片麻状二长花岗岩建造构成。花岗闪长岩 K-Ar 同位素年龄为 361.9Ma。岩石属偏铝质高钾钙碱性系列,壳幔混合源成因类型。构造环境为俯冲型活动陆缘。

(3)晚石炭世俯冲型 SSZ 型蛇绿岩组合($C_2$)。

该组合零星分布于百合山一带。由辉长岩-角闪辉长岩、辉石角闪橄榄岩建造构成,岩石属拉斑玄武岩系列,幔源成因类型。大地构造环境判断为俯冲型活动大陆边缘。

(4)晚石炭世俯冲型 TTG 组合($C_2$)。

该组合广泛分布于白梁—莲勃山地区。该组合包括闪长岩-石英闪长岩建造、石英二长闪长岩建造、英云闪长岩建造、花岗闪长岩-英云闪长岩建造、似斑状花岗岩建造及似斑状二长花岗岩建造。英云闪长岩、花岗闪长岩、二长花岗岩 K-Ar 同位素年龄分别为 360Ma、290Ma 和 271Ma。根据矿物组成特征分析,上述建造属壳幔混合源成因。根据岩石化学分析资料进行了计算和图解分析(图 4-286～图 4-290),上述组合岩石属于偏铝质—过铝质高钾钙碱性系列,壳幔混合源成因。形成于俯冲型活动陆源构造环境。

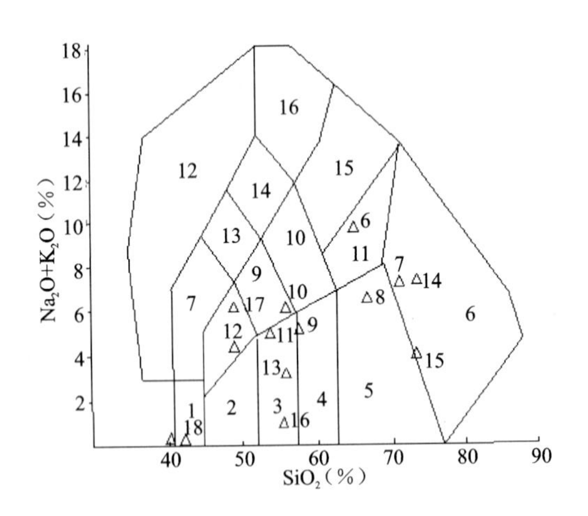


图 4-286　侵入岩主元素分类图解

1.橄榄岩质花岗岩;2.辉长岩;3.辉长闪长岩;4.闪长岩;5.花岗闪长岩;6.花岗岩;7.似长石辉长岩;8.二长辉长岩;9.二长闪长岩;10.二长岩;11.石英二长岩;12.似长石岩;13.似长石二长闪长岩;14.似长石二长正长岩;15.正长岩;16.似长石正长岩

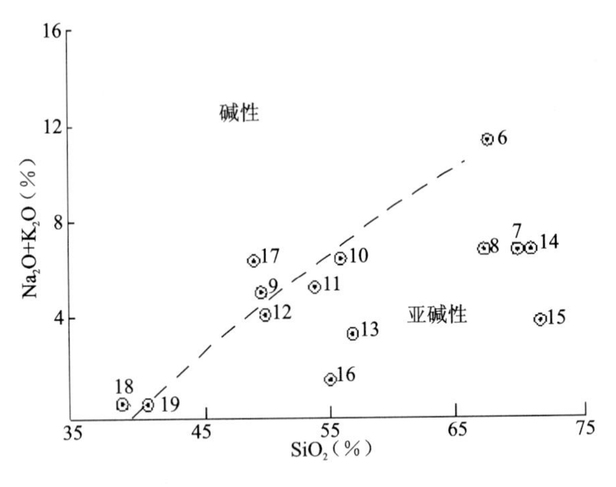


图 4-287　碱-硅图解

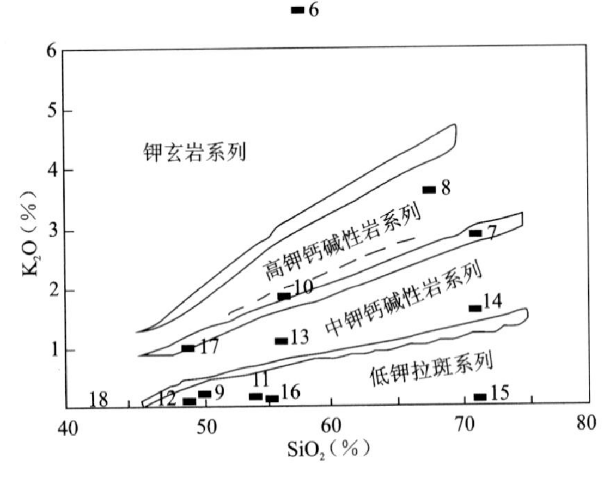


图 4-288　岩石系列图解

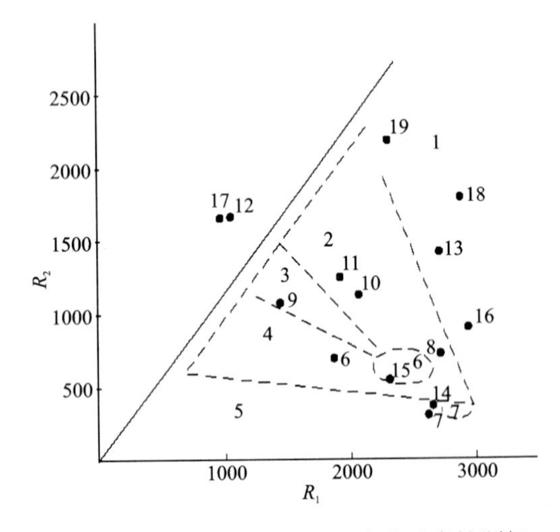


图 4-289　主要花岗岩岩石组合的示意性题解

1.地幔分离;2.板块碰撞前的;3.碰撞后的抬升;4.造山晚期的;5.非造山的;6.同碰撞期的;7.造山期后的

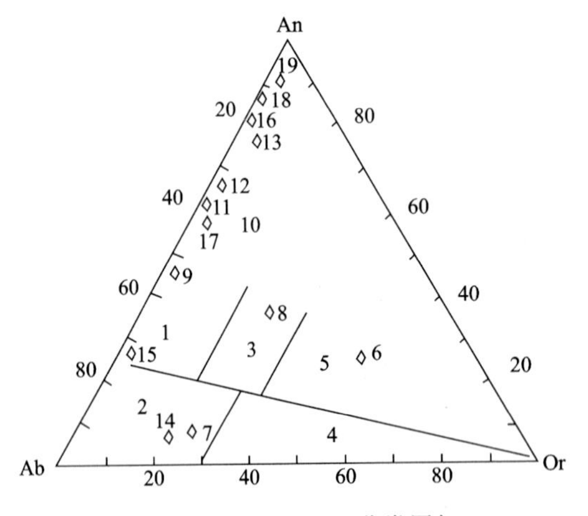


图 4-290　An-Ab-Or 分类图解

1.英云闪长岩;2.奥长花岗岩;3.花岗闪长岩;4.花岗岩;5.石英二长岩

(5)中二叠世洋岛碱性玄武质辉长岩组合($P_2$)。

该组合零星分布于白梁—黑红山地区。由蚀变辉长岩-中粒辉石角闪辉长岩建造构成。岩石属于偏铝—过铝质中钾碱性系列,幔源成因类型,判断构造环境为洋岛。

(6)中二叠世俯冲型TTG组合($P_2$)。

该组合广泛分布于白梁—黑红山地区。由闪长岩-石英闪长岩、粗粒花岗闪长岩、中粗粒二长花岗岩及花岗岩等建造构成,岩石属于偏铝质—过铝质中高钾钙碱性—碱性系列,壳幔混合源成因。初步判断构造环境为俯冲型活动陆缘。

(7)晚二叠世碰撞型钾质和超钾侵入岩组合($P_3$)。

该组合分布于辉森乌拉—切刀一带。由粗粒角闪正长岩、中粗粒英云闪长岩及中粗粒二长花岗岩建造构成,二长花岗岩K-Ar同位素年龄为163Ma。岩石属于偏铝质—过铝质中钾—高钾钙碱性系列和钾质碱性系列,壳幔混合源成因。判断形成环境为后碰撞。

(8)晚三叠世碰撞型中钾钙碱性花岗岩组合($T_3$)。

该组合分布于红石门地区。由中粗粒花岗岩(正长花岗岩)、中粗粒二长花岗岩建造构成。岩石属于过铝质中钾钙碱性系列,壳源成因类型和后碰撞构造环境。

(9)早侏罗世大陆伸展型碱性花岗岩组合($J_1$)。

该组合分布于该亚带东部伊利格闯吉地区。由中粗粒石英二长岩、中粗粒黑云母二长花岗岩建造及少量花岗闪长岩组成。岩石属于偏铝质—过铝质钾质碱性系列、壳源成因类型。由于缺少钙碱性系列岩石,故判断为大陆伸展构造环境条件下形成的碱性花岗岩组合。

(10)早白垩世大陆伸展型碱性花岗岩组合($K_1$)。

该组合分布于本亚带中部三个井地区。由粗粒花岗岩建造构成,有银、钼、铷、铯矿化。岩石属于偏铝质(钾质)碱性系列,壳源成因类型。由于缺乏钙碱性系列岩石,故判断该组合形成于大陆伸展构造环境。

3)Ⅰ-9-3 公婆泉构造岩浆岩亚带岩石构造组合及其特征

该组合亚带南部与塔里木构造岩浆岩省相邻,出露古生代、中生代中酸性及基性、超基性侵入岩,由老到新构成以下8个岩石构造组合。

(1)奥陶纪俯冲型SSZ型蛇绿岩组合(O)。

该组合分布于尖山、白云山、小黄山及月牙山等地,由辉长岩-角闪辉长岩、辉绿岩、蛇纹岩、角闪石岩建造构成。岩石属于偏铝质—过铝质低钾拉斑玄武岩系列,幔源成因类型。形成于俯冲构造环境。

(2)奥陶纪俯冲型英云闪长岩组合(O)。

该组合分布于黑条山一带,由岩性单一的中粗粒英云闪长岩建造构成。岩石属于过铝质低钾拉斑玄武岩系列,壳幔混合源成因类型,形成于俯冲构造环境。

(3)志留纪俯冲型TTG组合(S)。

该组合出露于东部大王山、月牙山及望旭山等地。由中粗粒二云二长花岗岩、似斑状花岗岩及英云闪长岩建造构成。二长花岗岩K-Ar同位素年龄为362.1Ma。岩石属于含角闪石的钙碱性系列花岗岩类,壳幔混合源成因。形成于俯冲构造环境。

(4)晚石炭世俯冲型TTG组合($C_2$)。

该组合分布于石板井—东七一山地区。由英云闪长岩、花岗闪长岩、闪长岩-石英闪长岩建造构成,具铁、铌、铜矿化。岩石属于偏铝质—过铝质中高钾钙碱性系列、壳幔混合源成因类型。形成于俯冲构造环境。

(5)中二叠世俯冲型$G_1G_2$组合($P_2$)。

该组合零散见于尖山一带。由中粗粒似斑状花岗闪长岩、粗粒黑云母花岗岩建造构成。岩石分别属于过铝质中钾钙碱性系列和偏铝质钾质碱性系列,同属壳幔混合源成因类型。形成于俯冲构造环境。

(6)晚二叠世大陆伸展型双峰式侵入岩组合($P_3$)。

该组合分布于本亚带西部野马营—马鬃山地区。由辉绿岩、中粗粒二长花岗岩建造构造。岩石为壳源和幔源成因组成的过铝质钾质碱性岩系列，缺少钙碱性系列岩石。判断该组合形成于裂谷构造环境。

(7)晚三叠世碰撞型高钾和超钾质侵入岩组合($T_3$)。

该组合位于本亚带东部梭梭井一带。由中粗粒二长花岗岩、似斑状花岗岩及正长花岗岩建造构成。似斑状花岗岩 K-Ar 同位素年龄为 205.8Ma。岩石属过铝质高钾钙碱性系列，壳幔混合源成因，形成于后碰撞构造环境。

(8)晚侏罗世—早白垩世大陆伸展型碱性花岗岩组合($J_3$—$K_1$)。

该组合零星分布于旱山、东七一山等地。包括中粗粒似斑状花岗岩($\pi\gamma J_3$)、粗粒花岗岩($\gamma K_1$)建造。岩石属于偏铝质钾质碱性系列，壳源成因。由于缺少钙碱性系列岩石，判断该组合形成于大陆伸展构造环境。

4)Ⅰ-9-6 哈特布其构造岩浆岩亚带岩石构造组合及其特征

该组合亚带侵入岩分布于阿拉善右旗—乌拉特后旗地区，覆盖严重，露头零散。包括中元古代、古生代、中生代的基性岩、中性岩和酸性岩类。由老到新构成以下 9 个岩石构造组合。

(1)中元古代洋岛型拉斑玄武质辉长岩组合($Pt_2$)。

该组合出露于毕级尔台—陶来地区。由中粗粒变质角闪辉长岩建造组成。岩石属于偏铝质低钾拉斑系列，幔源成因类型。初步分析该组合形成于洋岛构造环境。

(2)中元古代俯冲型 $TTG_1$ 组合($Pt_2$)。

该组合出露于本亚带西南部阿右旗地区。由中粗粒似斑状英云闪长岩建造构成。成因类型为壳幔混合源，可能形成于俯冲型活动陆缘构造环境。

(3)志留纪俯冲型 TTG 组合(S)。

该组合零星分布于索日图地区，多以小岩株产出。由石英闪长岩、英云闪长岩、花岗闪长岩及二长花岗岩建造组成，后两者 K-Ar 同位素年龄分别为 219.8Ma、196Ma 及 264Ma。岩石为过铝质中钾—高钾钙碱性系列，壳幔混合源成因，形成于俯冲型活动陆缘构造环境。

(4)晚石炭世碰撞型高钾和超钾侵入岩组合($C_2$)。

该组合集中分布于阿左旗乌力吉镇西北部。包括蛇纹石化橄榄岩、角闪辉长岩建造。岩石属于中钾—高钾钙碱性系列，幔源成因，形成于碰撞型活动陆缘构造环境。

(5)晚石炭世俯冲型 TTG 组合($C_2$)。

该组合分布于呼和诺尔公—笋布尔马拉地区。由英云闪长岩、花岗闪长岩、石英二长岩、闪长岩等建造构成。石英二长岩 K-Ar 同位素年龄为 312Ma。岩石属于偏铝质中钾或高钾钙碱性系列，壳源混合源成因。形成于俯冲型活动陆缘构造环境。

(6)中二叠世俯冲型 TTG 组合($P_2$)。

该组合分布于包尔乌拉—巴润特格地区，包括石英二长闪长岩、英云闪长岩、花岗闪长岩、二长花岗岩及花岗岩建造。花岗闪长岩 K-Ar 同位素年龄为 263Ma。岩石属偏铝质中钾—高钾钙碱性系列，壳幔混合源成因，形成于俯冲型活动陆缘构造环境。

(7)中三叠世碰撞型钾质和钾玄质花岗岩组合($T_2$)。

该组合分布于乌力吉山根一带，由花岗闪长岩、二长花岗岩、花岗岩建造组成。二长花岗岩 K-Ar 同位素年龄为 242Ma。岩石属偏铝—过铝质高钾碱性系列，壳源成因。形成于后碰撞活动陆缘构造环境。

(8)晚三叠世碰撞型强过铝花岗岩组合($T_3$)。

该组合分布于银根—新井地区。由中细粒白云母二长花岗岩、中粗粒二长花岗岩、粗粒花岗岩建造组成。岩石中以含白云母为特征，属于过铝质钾质碱性系列，壳源成因，形成于后碰撞构造环境。

(9)早白垩世后造山过碱性—钙碱性花岗岩组合($K_1$)。

该组合分布于西南部腰山—沙枣泉地区。由中粗粒花岗岩(正长花岗岩)、中粗粒二长花岗岩及似斑状黑云母二长花岗岩建造组成,后者 K-Ar 同位素年龄为 115.8Ma。岩石属于过铝质碱性—钙碱性系列,壳源成因,形成于后造山构造环境。

5)Ⅰ-9-7 巴音戈壁构造岩浆岩亚带岩石构造组合及其特征

该组合亚带侵入岩零星出露中元古代、晚古生代和中三叠世的中酸性岩及基性、超基性岩类。由老到新包括 5 个岩石构造组合。

(1)中元古代俯冲型高镁闪长岩组合($Pt_2$)。

该组合出露于本亚带西南脑包扣布—干旧热陶勒盖地区。由中粗粒石英闪长岩及少量闪长岩组成。岩石属于偏铝质中钾钙碱性系列,壳幔混合源成因类型。初步判断为高镁闪长岩组合,形成于俯冲型活动陆缘环境。尚需进一步研究确定。

(2)晚石炭世俯冲型 SSZ 型蛇绿岩组合($C_2$)。

该组合出露于阿布德仁太。由灰绿色中粗粒斜辉辉橄岩、橄榄岩组成。岩石属于过铝质中钾—高钾钙碱性系列,幔源成因。形成于俯冲型活动陆缘构造环境。

(3)中—晚二叠世俯冲型 $G_2$组合($P_{2-3}$)。

该组合出露于阿拉格林台乌拉一带。由似斑状二长花岗岩建造构成。岩石属于偏铝质—过铝质中—高钾钙碱性系列,壳源成因。形成于俯冲型活动陆缘环境。

(4)中三叠世碰撞型中基性岩组合($T_2$)。

该组合出露于 1486m 高地,面积数平方千米。由蚀变辉长辉绿岩、角闪闪长岩建造组成。壳幔混合源成因。初步分析,形成于碰撞构造环境,尚需作进一步研究确定。

(5)中三叠世碰撞型 $G_2$组合($T_2$)。

该组合出露于 1486m 高地一带,面积较小,由似斑状二长花岗岩、花岗斑岩建造构成。岩石属于过铝质中钾钙碱性系列,壳源成因。初步分析,形成于后碰撞构造环境。

6)Ⅰ-9-8 恩格尔乌苏构造岩浆岩亚带岩石构造组合及其特征

该组合亚带侵入岩分布于阿左旗北部恩格尔乌苏地区。包括中元古代、晚古生代和中生代的各类岩石。多为小岩株状和岩墙产出。由老到新计有以下 6 个岩石构造组合。

(1)中元古代大洋型 MORS 型蛇绿岩组合($Pt_2$)。

该组合出露于恩格尔乌苏东部,地表显示为黄褐色超基性岩风化壳。应为幔源成因。根据经验推断应为大洋环境下形成的蛇绿岩组合。

(2)晚石炭世俯冲型 SSZ 型蛇绿岩组合($C_2$)。

该组合分布于乌尔特一带。包括变质超基性岩(风化壳)、纤闪石化辉长岩-角闪辉长岩、辉绿玢岩建造。岩石属于偏铝质—过铝质中钾—高钾钙碱性系列,幔源及壳幔混合源成因。形成于俯冲型活动陆缘环境。

(3)晚石炭世俯冲型 $G_2$组合($C_2$)。

该组合集中分布于乌尔特附近。由似斑状黑云母花岗岩、二长花岗岩建造组成。岩石分别属于过铝质高钾钙碱性系列和过铝质高钾碱性系列,均为壳源成因。形成于俯冲型活动陆缘构造环境。

(4)中二叠世俯冲型 TTG 组合($P_2$)。

该组合仅出露于海尔旱附近,呈小岩株集中分布。由英云闪长岩、花岗闪长岩和二长花岗岩建造组成。岩石属于偏铝质—过铝质中高钾钙碱性系列,壳幔混合源成因。形成于俯冲型活动陆缘构造环境。

(5)晚三叠世后碰撞钾质和超钾质侵入岩组合($T_3$)。

该组合分布于东部巴格毛德一带,呈小岩株状产出。由似斑状花岗闪长岩、二长花岗岩和碱长花岗岩建造组成,后者 K-Ar 同位素年龄为 210Ma。岩石属于过铝质钾质碱性系列和过铝质高钾钙碱性系列,壳源成因,形成于后碰撞构造环境。

(6)早白垩世碰撞型高钾钙碱性侵入岩组合($K_1$)。

该组合分布于呼和拉洛海地带。由似斑状黑云母二长花岗岩、碱长花岗岩组成。后者K-Ar同位素年龄为127Ma。岩石属于过铝质中高钾钙碱性系列，壳源成因，形成于后碰撞构造环境。

## (二)Ⅱ华北构造岩浆岩省岩石构造组合及其特征

### 1. Ⅱ-2-5晋冀构造岩浆岩带吕梁亚带岩石构造组合及其特征

该组合吕梁亚带跨内蒙古清水河县东部地区，发育中太古代变质侵入岩，面积约$6km^2$，构成了中太古代陆核型变质石榴花岗岩岩石构造组合。包括变质石榴花岗岩建造和片麻状似斑状石榴二长花岗岩建造。经受了中低压高角闪岩相-麻粒岩相区域中高温变质作用及混合岩化作用，岩石中交代结构普遍发育。原岩为原地—半原地花岗岩及二长花岗岩。形成于陆核构造环境。

### 2. Ⅱ-3-1冀北构造岩浆岩带恒山-承德-建平亚带岩石构造组合及其特征

该组合亚带在内蒙地域系指赤峰市南部地区，发育有新太古代、中元古代、晚古生代及中生代侵入岩，由老到新构成15个岩石构造组合。

1)四道沟-楼子店古岩浆弧变质深成侵入岩TTG组合($Ar_3$)

该组合近南北向分布于喀喇沁旗四道沟乡—楼子店乡地区。包括喇嘛洞混合花岗岩、吉旺营子角闪质片麻岩-斜长角闪岩、方家窝铺花岗闪长质片麻岩-花岗质片麻岩、牛家营子眼球状花岗质片麻岩、朝阳沟条纹眼球状花岗岩质花岗质片麻岩、邱家沟条纹状花岗质片麻岩及水泉沟角闪质片麻岩-角闪石岩7种变质岩建造。其中牛家营子片麻岩锆石U-Pb同位素年龄为2579Ma。同期头道营子地区建平岩群黑云斜长片麻岩锆石U-Pb同位素年龄为2446Ma。据此确定地质时代为新太古代。经原岩恢复及变质作用研究，该组合是由英云闪长岩-花岗闪长岩-黑云母花岗岩，经过中压高角闪岩相压域中高温变质作用形成的。综合分析判定为俯冲环境形成的英云闪长质-花岗闪长质-花岗质片麻岩(TTG)岩石构造组合。

2)喀喇沁旗俯冲型G1G2组合($Pt_1$)

该组合分布于喀喇沁旗小五家乡和樟子店乡。由低绿片岩相糜棱岩化花岗闪长岩、黑云二长花岗岩构成。前者锆石U-Pb同位素年龄为1825Ma，侵入时代为古元古代。初步判断为俯冲环境形成的花岗闪长岩-花岗岩($G_1G_2$)组合。

3)头道营子稳定陆块型基性—超基性杂岩组合($Pt_2$)

该组合分布于宁城县头道营子一带。岩石类型有角闪岩、角闪辉石岩、滑石化金云母蛇纹岩、黑云角闪辉长岩、橄榄角闪辉长岩、辉长辉绿岩。侵入新太古代建平岩群，时代为中元古代。成因类型为幔源。岩石系列判别：在$SiO_2$-$Na_2O+K_2O$图解中为碱性系列，在A-F-M图解中为拉斑玄武岩系列和钙碱性系列。初步判断为稳定陆块环境形成的层状基性—超基性杂岩组合。

4)莲花山后造山型碱性—钙碱性花岗岩组合($Pt_2$)

该组合分布于宁城县莲花山一带。岩石类型为糜棱岩化中粒似斑状黑云母二长花岗岩，U-Pb同位素年龄为1627Ma，时代为中元古代。根据岩石化学资料并投图分析，岩石系列为高钾钙碱性和钾玄岩系列，壳幔混合源成因类型。$Na_2O$-$K_2O$图解为A型花岗岩，Rb-Yb+Nb图解为后碰撞花岗岩，Rb-Yb+Ta图解为板内花岗岩，Q-A-P图解为后造山花岗岩。综合分析判断为后造山环境形成的碱性—钙碱性花岗岩组合。

5)八里罕后造山型碱性—钙碱性花岗岩组合($P_1$)

该组合东西向分布于赤峰市南部八里罕镇地区。岩石类型为黑云母二长花岗岩，呈岩基状侵入于新太古代变质岩，U-Pb同位素年龄为(284.8±1.2)Ma，时代属早二叠世。根据岩石化学资料(表4-154～

表 4-156)进行了计算和投图分析。岩石系列为高钾钙碱性系列和钾玄岩系列(图 4-291)。岩石含闪长质包体,A/CNK 值小于 1.1,应为壳幔混合源。在 Al-(Na+K+Ca/2)图解中 3 个样点位于 I 型花岗岩区,1 个样点位于 S 型花岗岩区(图 4-292)。在山德指数图解中,3 个样点位于后造山区,1 个样点位于大陆弧区(图 4-293)。在 $R_1$-$R_2$图解中位于造山晚期和非造山区(图 4-294)。总体上岩石特征大致相当于巴巴林的富钾钙碱性花岗岩。综合判断为后造山环境形成的碱性—钙碱性花岗岩组合。

**表 4-154　八里罕早二叠世($P_1$)后造山侵入岩岩石化学成分含量及主要参数**　　单位:%

| 序号 | 样品号 | $SiO_2$ | $TiO_2$ | $Al_2O_3$ | $Fe_2O_3$ | FeO | MnO | MgO | CaO | $Na_2O$ | $K_2O$ | $P_2O_5$ | LOS | Total | $Na_2O+K_2O$ | $K_2O/Na_2O$ | $Mg^{\#}$ | $FeO^*$ | A/CNK | σ | A.R | SI | DI |
|---|---|---|---|---|---|---|---|---|---|---|---|---|---|---|---|---|---|---|---|---|---|---|---|
| 1 | 4108 | 71.12 | 0.25 | 14.6 | 1.06 | 1.65 | 0.03 | 0.3 | 1.78 | 4.52 | 4.86 | 0.08 | 0.36 | 100.61 | 9.38 | 1.08 | 0.19 | 2.6 | 0.91 | 3.13 | 3.68 | 2.42 | 88.96 |
| 2 | ⅦP13-17 | 74.86 | 0.1 | 12.3 | 0.71 | 1.23 | 0.02 | 0.18 | 1.26 | 3.02 | 5.31 | 0.02 | 0.35 | 99.36 | 8.33 | 1.76 | 0.16 | 1.87 | 0.95 | 2.18 | 4.19 | 1.72 | 91.83 |
| 3 | ⅡGS0407b | 67.56 | 0.45 | 14.85 | 3.17 | 0.63 | 0.02 | 0.69 | 2.4 | 3.65 | 4.37 | 0.2 | 1.86 | 99.85 | 8.02 | 1.2 | 0.39 | 3.48 | 0.99 | 2.62 | 2.74 | 5.52 | 84.09 |
| 4 | ⅡGS1018 | 75.02 | 0.17 | 12.56 | 0.06 | 1.95 | 0.01 | 0.25 | 0.5 | 3.17 | 5.86 | 0.06 | 0.71 | 100.32 | 9.03 | 1.85 | 0.18 | 2 | 1.01 | 2.55 | 5.48 | 2.21 | 92.04 |

**表 4-155　八里罕早二叠世($P_1$)后造山侵入岩稀土元素含量及主要参数**　　单位:$\times10^{-6}$

| 序号 | 样品号 | La | Ce | Pr | Nd | Sm | Eu | Gd | Tb | Dy | Ho | Er | Tm | Yb | Lu | ΣREE | ΣLREE | ΣHREE | LREE/HREE | δEu |
|---|---|---|---|---|---|---|---|---|---|---|---|---|---|---|---|---|---|---|---|---|
| 1 | 4108 | 25.76 | 46.34 | 4.31 | 17.13 | 3.16 | 0.58 | 3.19 | 0.56 | 2.61 | 0.5 | 1.31 | 0.17 | 0.09 | 0.15 | 105.86 | 97.28 | 8.58 | 11.34 | 0.55 |
| 2 | ⅦP13-17 | 34.62 | 52.29 | 4.27 | 14.87 | 2.61 | 0.54 | 1.32 | 0.3 | 1.27 | 0.24 | 0.69 | 0.1 | 0.62 | 0.1 | 113.84 | 109.2 | 4.64 | 23.53 | 0.8 |
| 3 | ⅡGS0407b | 34.49 | 71.37 | 8.83 | 30.71 | 5.59 | 1.14 | 5.06 | 0.54 | 2.97 | 0.59 | 1.72 | 0.21 | 1.42 | 0.18 | 164.82 | 152.13 | 12.69 | 11.99 | 0.64 |
| 4 | ⅡGS1018 | 35.44 | 64.04 | 6.93 | 22.45 | 3.9 | 0.71 | 2.26 | 0.39 | 1.58 | 0.33 | 0.8 | 0.11 | 0.71 | 0.01 | 139.66 | 133.47 | 6.19 | 21.56 | 0.67 |

**表 4-156　八里罕早二叠世($P_1$)后造山侵入岩微量元素含量及主要参数**　　单位:$\times10^{-6}$

| 序号 | 样品号 | Sr | Rb | Ba | Th | Nb | Hf | Zr | Cr | Ni | Co | U | V | Cs | Rb/Sr | Zr/Hf | U/Th |
|---|---|---|---|---|---|---|---|---|---|---|---|---|---|---|---|---|---|
| 1 | 4108 | 293.8 | 146 | 752.7 | 8.79 | 12 | 10 | 86 | 16.61 | 4 | 0.1 | 5 | 4.52 | 0.34 | 0.50 | 8.60 | 0.57 |
| 2 | ⅦP13-17 | 184.2 | 182 | 626.8 | 13.87 | 17 | 10 | 92 | 15.14 | 4.57 | 0.1 | 5 | 1.5 | 0.33 | 0.99 | 9.20 | 0.36 |
| 3 | ⅡGS0407b | 14.09 | 245 | 129 |  | 10 | 265 | 8 | 13 |  | 5 | 61 | 5 |  | 17.39 | 0.03 |  |
| 4 | ⅡGS1018 | 7.18 | 212 | 115 |  | 10 | 55 | 17 | 16 |  | 5 | 8 | 5 |  | 29.53 | 0.31 |  |

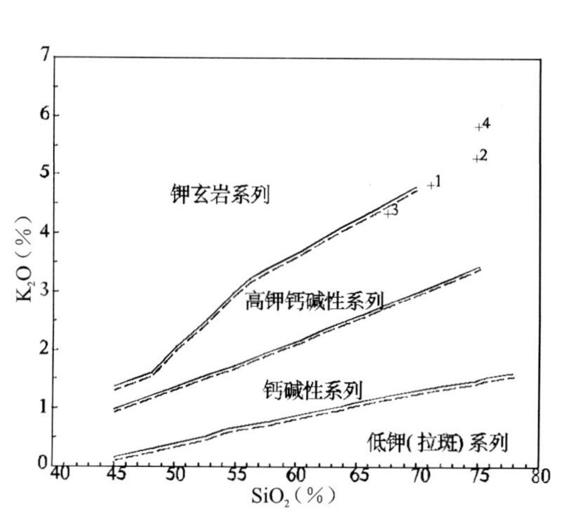


图 4-291　$K_2O$-$SiO_2$图解

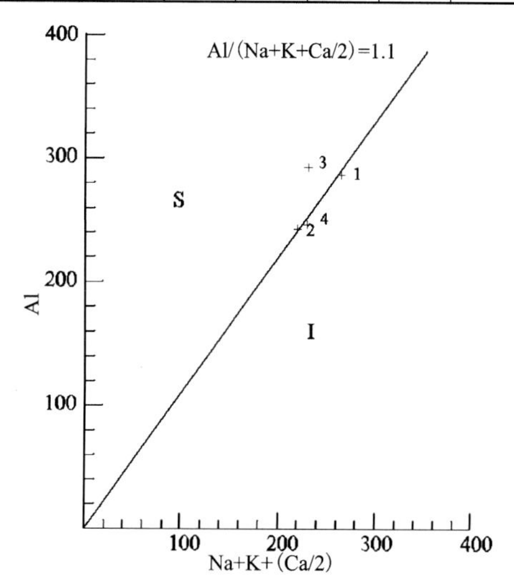


图 4-292　S 型、I 型花岗岩判别图解

I. I 型花岗岩;S. S 型花岗岩

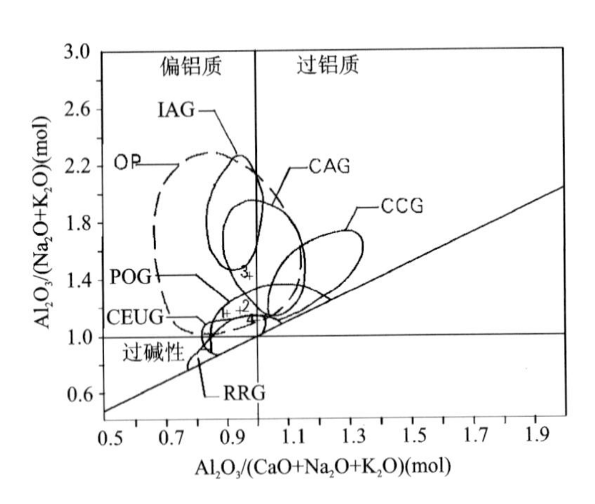


图 4-293　山德指数(Shamd's indel)花岗岩环境图解

IAG. 岛弧；CAG. 大陆弧；CCG. 大陆碰撞；POG. 后造山；RRG. 裂谷系；CEUG. 大陆造陆隆升；OP. 大洋

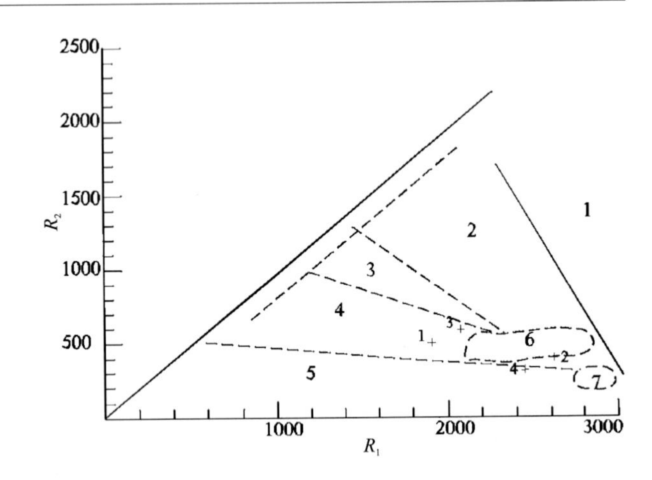


图 4-294　主要花岗岩类岩石组合的示意性图解

(据 Batchelor 等，1985)

1. 地幔分离；2. 板块碰撞前的；3. 碰撞后的抬升；4. 造山晚期的；5. 非造山的；6. 同碰撞期的；7. 造山期后的

6）美林-四家子碰撞型高钾钙碱性花岗岩组合($P_2$)

该组合分布于赤峰南部美林乡和四家子镇两个地区。岩石类型有黑云母二长花岗岩、正长花岗岩。呈南北向分布、岩基状产出。侵入新太古代变质岩和早二叠世花岗岩，被中生代火山岩覆盖。U-Pb 同位素年龄为 275Ma 和 247.7Ma，侵入时代确定为中二叠世。

根据岩石化学资料(表 4-157～表 4-159)进行了计算和投图分析。岩石系列为高钾钙碱性系列(图 4-295)。A/CNK 值多数小于 1.1，少数大于 1.1，正长花岗岩含有闪长质包体，成因类型归为壳幔混合源。在 Rb-Yb+Ta 图解中位于同碰撞和火山弧花岗岩区(图 4-296)。在 Q-A-P 图解中位于大陆碰撞区、大陆弧区、后造山区及其外围(图 4-297)。在山德指数图解中位于大陆碰撞区及后造山区(图 4-298)。在 $SiO_2$-[$FeO^*$/($FeO^*$+MgO)]三元系判别图解中主要位于 IAG+CAG+CCG 区，少数位于 POG 区(图 4-299)。在 $R_1$-$R_2$ 图解中主要位于同碰撞区和造山晚期区(图 4-300)。综合以上分析判定为同碰撞高钾钙碱性花岗岩组合。

**表 4-157　中二叠世($P_2$)美林-四家子同碰撞侵入岩岩石化学成分含量及主要参数**　　单位：%

| 序号 | 样品号 | $SiO_2$ | $TiO_2$ | $Al_2O_3$ | $Fe_2O_3$ | FeO | MnO | MgO | CaO | $Na_2O$ | $K_2O$ | $P_2O_5$ | LOS | Total | $Na_2O$+$K_2O$ | $K_2O$/$Na_2O$ | $Mg^{\#}$ | $FeO^*$ | A/CNK | σ | A.R | SI | DI |
|---|---|---|---|---|---|---|---|---|---|---|---|---|---|---|---|---|---|---|---|---|---|---|---|
| 1 | ⅦP5-36 | 75.64 | 0.15 | 12.91 | 0.44 | 1.08 | 0.05 | 0.56 | 0.62 | 3.33 | 5.41 | 0.04 | 0.52 | 100.75 | 8.74 | 1.62 | 0.44 | 1.48 | 1.04 | 2.34 | 4.65 | 5.18 | 93.23 |
| 2 | 4110 | 69.82 | 0.44 | 14.47 | 1.11 | 2.23 | 0.06 | 1 | 1.53 | 3.89 | 4.79 | 0.13 | 0.65 | 100.12 | 8.68 | 1.23 | 0.4 | 3.23 | 1.01 | 2.81 | 3.37 | 7.68 | 86.19 |
| 3 | ⅡP32GS29 | 76.13 | 0.15 | 12.75 | 0.34 | 1.5 | 0.01 | 0.23 | 0.39 | 3.34 | 4.73 | 0.03 | 0.02 | 99.62 | 8.07 | 1.42 | 0.21 | 1.81 | 1.13 | 1.97 | 4.18 | 2.27 | 93.11 |
| 4 | ⅡE P15-10 | 74.29 | 0.13 | 14.13 | 0.75 | 1.04 | 0.02 | 0.55 | 0.68 | 3.5 | 4.72 | 0.02 |  | 99.831 | 8.22 | 1.35 | 0.43 | 1.71 | 1.18 | 2.16 | 3.49 | 5.21 | 90.81 |
| 5 | ⅡE1758a | 72.62 | 0.16 | 14.89 | 1.02 | 0.63 | 0.09 | 0.47 | 1 | 4.19 | 4.35 | 0.013 |  | 99.431 | 8.54 | 1.04 | 0.45 | 1.55 | 1.11 | 2.46 | 3.32 | 4.41 | 90.1 |
| 6 | ⅡE 1883 | 66.34 | 0.46 | 16.27 | 1.69 | 2.4 | 0.17 | 1.09 | 2.23 | 6.72 | 4.19 | 0.13 | 0.44 | 101.69 | 10.9 | 0.62 | 0.39 | 3.92 | 0.83 | 5.1 | 3.87 | 6.77 | 86.2 |
| 7 | IEP5-47 | 75.5 | 0.05 | 13.2 | 0.7 | 1.46 | 0.01 | 0.75 | 0.03 | 3.88 | 4.04 | 0.02 |  | 99.642 | 7.92 | 1.04 | 0.45 | 2.09 | 1.21 | 1.93 | 3.98 | 6.93 | 92.45 |
| 8 | ⅡE1924 | 70.97 | 0.25 | 15.52 | 0.96 | 1.27 | 0.1 | 0.49 | 1.66 | 4.06 | 3.94 | 0.055 |  | 99.276 | 8 | 0.97 | 0.34 | 2.13 | 1.1 | 2.29 | 2.74 | 4.57 | 85.8 |
| 9 | ⅡE1926 | 73.36 | 0.2 | 14.35 | 0.82 | 0.95 | 0.1 | 0.51 | 1.1 | 4.1 | 4.6 | 0.033 |  | 100.12 | 8.7 | 1.12 | 0.43 | 1.69 | 1.04 | 2.49 | 3.58 | 4.64 | 90.23 |

**表 4-159　中二叠世($P_2$)美林-四家子同碰撞侵入岩稀土元素含量及主要参数**　单位：$\times10^{-6}$

| 序号 | 样品号 | La | Ce | Pr | Nd | Sm | Eu | Gd | Tb | Dy | Ho | Er | Tm | Yb | Lu | ΣREE | ΣLREE | ΣHREE | LREE/HREE | δEu |
|---|---|---|---|---|---|---|---|---|---|---|---|---|---|---|---|---|---|---|---|---|
| 1 | Ⅶ P5-36 | 28.17 | 83.41 | 5.64 | 22.18 | 4.28 | 0.52 | 4.25 | 0.73 | 4.01 | 0.82 | 2.47 | 0.34 | 2.27 | 0.32 | 159.41 | 144.2 | 15.21 | 9.48 | 0.37 |
| 2 | 4110 | 65.52 | 115.8 | 11.78 | 44.98 | 7.11 | 1.24 | 5 | 0.69 | 2.81 | 0.57 | 1.46 | 0.21 | 1.47 | 0.19 | 258.83 | 246.43 | 12.4 | 19.87 | 0.61 |
| 3 | Ⅱ P32GS29 | 38.95 | 67.34 | 6 | 18.33 | 3.42 | 0.43 | 1.97 | 0.3 | 1.43 | 0.26 | 0.58 | 0.1 | 0.85 | 0.17 | 140.13 | 134.47 | 5.66 | 23.76 | 0.47 |

**表 4-159　中二叠世($P_2$)美林-四家子同碰撞侵入岩微量元素含量及主要参数**　单位：$\times10^{-6}$

| 序号 | 样品号 | Sr | Rb | Ba | Th | Nb | Hf | Zr | Cr | Ni | Co | U | V | Cs | Rb/Sr | Zr/Hf | U/Th |
|---|---|---|---|---|---|---|---|---|---|---|---|---|---|---|---|---|---|
| 1 | Ⅶ P5-36 | 90.35 | 185 | 308.9 | 42.54 | 20 | 15 | 128 | 12.65 | 5.32 | 1.14 | 5 | 5.17 | 0.25 | 2.05 | 8.53 | 0.12 |
| 2 | 4110 | 435.5 | 178 | 1108 | 20.94 | 22 | 17 | 308 | 13.18 | 5.2 | 3.06 | 5 | 28.49 | 2.87 | 0.41 | 18.12 | 0.24 |
| 3 | Ⅱ P32GS29 | 8.29 | 22 | 76 |  | 10 | 81 | 13 | 10 |  | 5 | 5 | 5 |  | 2.65 | 0.16 |  |

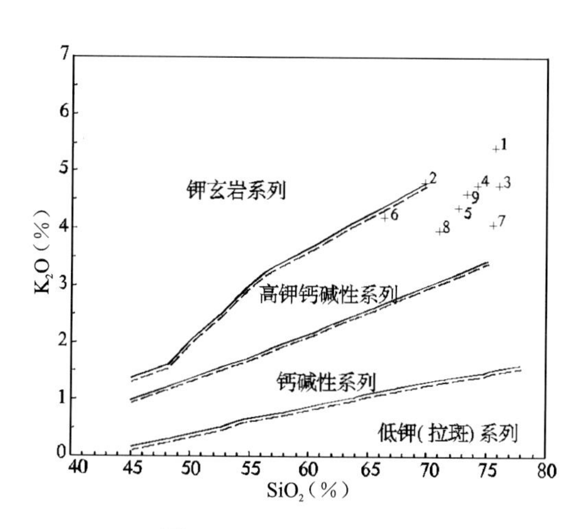


图 4-295　$K_2O$-$SiO_2$ 图解

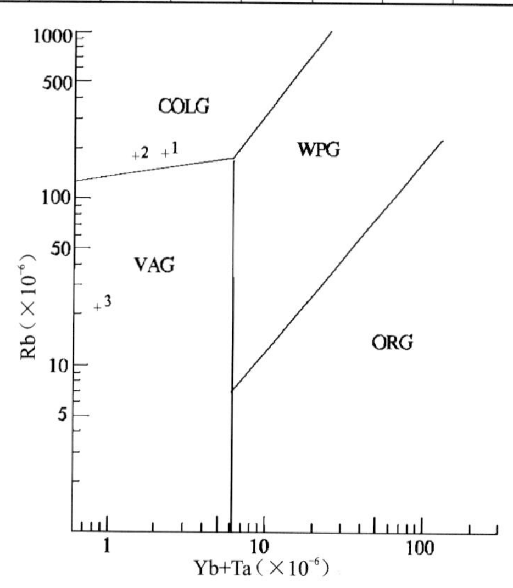


图 4-296　不同类型花岗岩的 Rb-Yb+Ta 图解

(据 Pearce,1984)

ORG. 洋脊花岗岩；WPG. 板内花岗岩；

VAG. 火山弧花岗岩；COLG. 同碰撞花岗岩

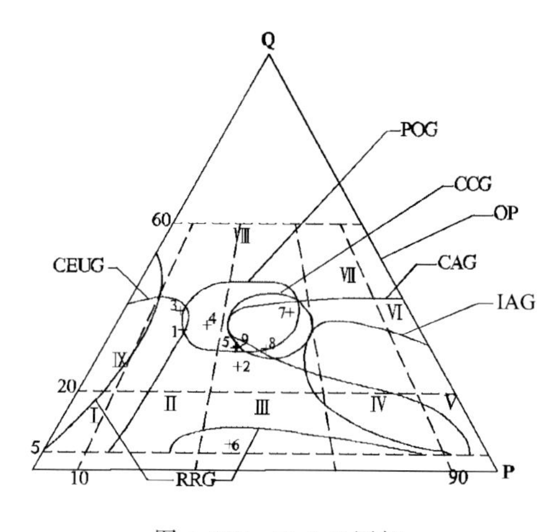


图 4-297　Q-A-P 图解

IAG. 岛弧；CAG. 大陆弧；CCG. 大陆碰撞；POG. 后造山；

RRG. 裂谷系；CEUG. 大陆造陆隆升；OP. 大洋

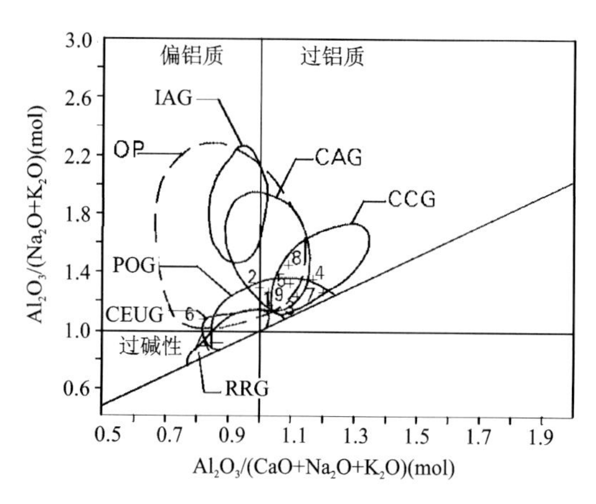


图 4-298　山德指数(Shamd's indel)图解

IAG. 岛弧；CAG. 大陆弧；CCG. 大陆碰撞；POG. 后造山；

RRG. 裂谷系；CEUG. 大陆造陆隆升；OP. 大洋

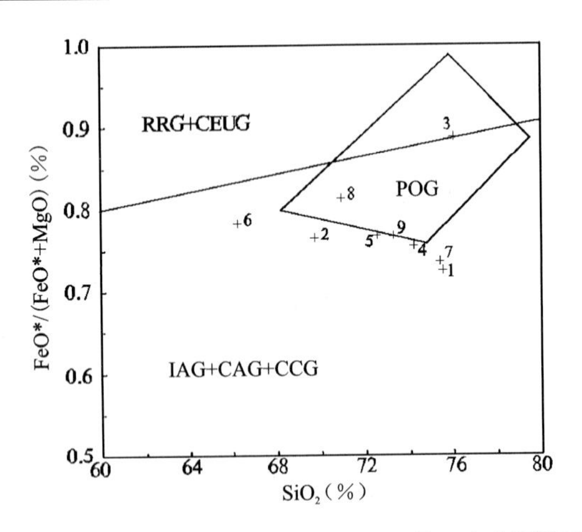


图 4-299　$SiO_2$-[$FeO^*$/($FeO^*$ +MgO)]三元系判别图解

IAG. 岛弧；CAG. 大陆弧；CCG. 大陆碰撞；

POG. 后造山；RRG. 裂谷系；CEUG. 大陆造陆隆升

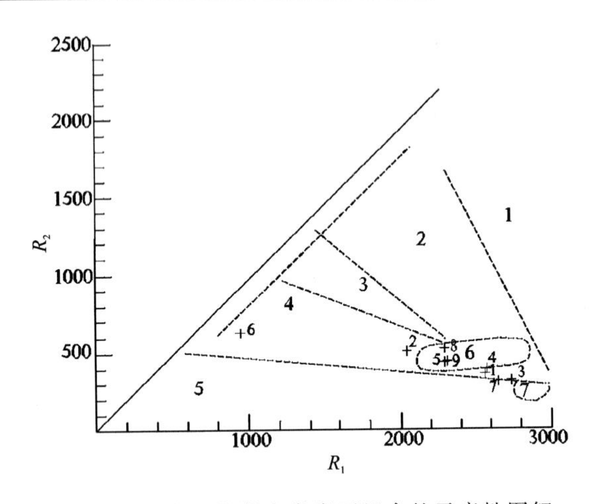


图 4-300　主要花岗岩类岩石组合的示意性图解

(据 Batchelor 等，1985)

1. 地幔分离；2. 板块碰撞前的；3. 碰撞后的抬升；4. 造山晚期的；5. 非造山的；6. 同碰撞期的；7. 造山期后的

7)弧山子乡、金厂沟梁镇碰撞型高钾和钾玄质花岗岩组合($P_3$)

该组合分布于赤峰市弧山子乡车户沟和金厂沟梁镇两地。岩石类型有花岗岩、花岗斑岩及正长斑岩。其中花岗斑岩与正长斑岩为铜钼矿的成矿母岩和赋存围岩。褚少雄等测试辉钼矿 Re-Os 等时线年龄为(257.5±2.5)Ma，黄铜矿 Rb-Sr 等时线年龄为(256±7)Ma。据此将侵入时代由原来的三叠纪修正为晚二叠世。初步判断该组合为碰撞环境形成的高钾和钾玄质花岗岩组合。

8)八里罕-小五家碰撞型高钾和钾玄质花岗岩组合($T_1$)

该组合分布于赤峰市南部八里罕—小五家地区。岩石类型为糜棱岩化黑云母二长花岗岩，U-Pb 同位素年龄为 236.8Ma，时代确定为早三叠世。根据岩石化学资料(表 4-160～表 4-162)进行了计算和投图分析。岩石系列主要为高钾钙碱性系列，少数为钾玄岩系列(图 4-301)。A/CNK 值小于 1.1，岩石含闪长质包体，成因类型应为壳幔混合源。在 $R_1$-$R_2$ 图解中样点集中于同碰撞区(图 4-302)。在 Rb-(Yb+Ta)图解中位于板内花岗岩区(图 4-303)。在山德指数图解中位于大陆弧、大陆碰撞、后造山三区重叠部位(图 4-304)。综合分析判别为碰撞环境形成的高钾钙碱性和钾玄质花岗岩组合。

**表 4-160　早三叠世($T_1$)八里罕-小五家碰撞型侵入岩岩石化学成分含量及主要参数**　　单位：%

| 序号 | 样品号 | $SiO_2$ | $TiO_2$ | $Al_2O_3$ | $Fe_2O_3$ | FeO | MnO | MgO | CaO | $Na_2O$ | $K_2O$ | $P_2O_5$ | LOS | Total | $Na_2O+K_2O$ | $K_2O/Na_2O$ | $Mg^\#$ | $FeO^*$ | A/CNK | σ | A.R | SI | DI |
|---|---|---|---|---|---|---|---|---|---|---|---|---|---|---|---|---|---|---|---|---|---|---|---|
| 1 | 1134 | 70.69 | 0.37 | 13.84 | 0.83 | 2.45 | 0.06 | 0.56 | 1.42 | 4.18 | 4.44 | 0.28 | 0.76 | 99.88 | 8.62 | 1.06 | 0.27 | 3.2 | 0.98 | 2.68 | 3.6 | 4.49 | 87.16 |
| 2 | 3083 | 69.76 | 0.34 | 14.74 | 1.2 | 1.9 | 0.03 | 0.9 | 1.67 | 4.26 | 4.18 | 0.12 | 0.81 | 99.91 | 8.44 | 0.98 | 0.4 | 2.98 | 1.01 | 2.66 | 3.12 | 7.23 | 85.01 |
| 3 | ⅣP3E16 | 75.62 | 0.06 | 12.56 | 0.39 | 1.08 | 0.04 | 1.97 | 0.52 | 3.9 | 3.9 |  |  | 100.04 | 7.8 | 1 | 0.74 | 1.43 | 1.09 | 1.87 | 3.95 | 17.5 | 89.23 |
| 4 | 4116 | 72.7 | 0.16 | 13.91 | 1.01 | 1.38 | 0.15 | 0.91 | 1.31 | 3.81 | 4.46 | 0.06 | 0.08 | 99.94 | 8.27 | 1.17 | 0.49 | 2.29 | 1.04 | 2.3 | 3.38 | 7.87 | 87.4 |
| 5 | ⅣP11ES74 | 73.8 | 0.16 | 13.32 | 1.47 | 1.11 | 0.04 | 0.38 | 0.91 | 3.51 | 4.66 | 0.07 | 0.49 | 99.92 | 8.17 | 1.33 | 0.28 | 2.43 | 1.07 | 2.17 | 3.7 | 3.41 | 90.39 |
| 6 | ⅣP11GS20 | 72.77 | 0.18 | 13.9 | 1.46 | 1.08 | 0.03 | 0.62 | 0.88 | 3.22 | 5.66 | 0.08 | 0.67 | 100.55 | 8.88 | 1.76 | 0.39 | 2.39 | 1.06 | 2.65 | 4.01 | 5.15 | 90.09 |

**表 4-161　早三叠世($T_1$)八里罕-小五家碰撞型侵入岩稀土元素含量及主要参数**　　单位：$\times10^{-6}$

| 序号 | 样品号 | La | Ce | Pr | Nd | Sm | Eu | Gd | Tb | Dy | Ho | Er | Tm | Yb | Lu | ΣREE | ΣLREE | ΣHREE | LREE/HREE | δEu |
|---|---|---|---|---|---|---|---|---|---|---|---|---|---|---|---|---|---|---|---|---|
| 1 | 1134 | 74.3 | 139 | 13.3 | 49 | 8.41 | 1.07 | 7.19 | 1.05 | 5.39 | 1.3 | 3.65 | 0.51 | 3.32 | 0.47 | 307.51 | 284.63 | 22.88 | 12.44 | 0.41 |
| 2 | 3083 | 58.7 | 95.4 | 8.6 | 31.6 | 3.75 | 0.73 | 3.36 | 0.4 | 1.57 | 0.32 | 0.94 | 0.12 | 0.76 | 0.1 | 206.31 | 198.74 | 7.57 | 26.25 | 0.62 |

续表 4-161

| 序号 | 样品号 | La | Ce | Pr | Nd | Sm | Eu | Gd | Tb | Dy | Ho | Er | Tm | Yb | Lu | ΣREE | ΣLREE | ΣHREE | LREE/HREE | δEu |
|---|---|---|---|---|---|---|---|---|---|---|---|---|---|---|---|---|---|---|---|---|
| 4 | 4116 | 63.4 | 98.2 | 10.2 | 35.8 | 5.45 | 0.79 | 3.23 | 0.5 | 1.49 | 0.28 | 0.73 | 0.1 | 0.62 | 0.1 | 220.94 | 213.89 | 7.05 | 30.34 | 0.53 |

表 4-162 早三叠世($T_1$)八里罕-小五家碰撞型侵入岩微量元素含量及主要参数 单位：$\times10^{-6}$

| 序号 | 样品号 | Sr | Rb | Ba | Th | Ta | Nb | Hf | Zr | Cr | Ni | Co | V | U | Cs | Rb/Sr | Zr/Hf | U/Th |
|---|---|---|---|---|---|---|---|---|---|---|---|---|---|---|---|---|---|---|
| 1 | 1134 | 176.6 | 179 | 603.9 | 29.11 | 10 | 21 | 14 | 356 | 13.26 | 4.81 | 3.52 | 22.86 | 5 | 10.57 | 1.01 | 25.43 | 0.17 |
| 2 | 3083 | 238.9 | 150 | 1182 | 29.38 | 10 | 8 | 10 | 224 | 17.02 | 4.26 | 2.9 | 17.18 | 5 | 0.21 | 0.63 | 22.40 | 0.17 |
| 4 | 4116 | 434.4 | 148 | 1183 | 20.51 | 10 | 9 | 14 | 166 | 14.24 | 5.78 | 4.45 | 27.33 | 5 | 1.04 | 0.34 | 11.86 | 0.24 |

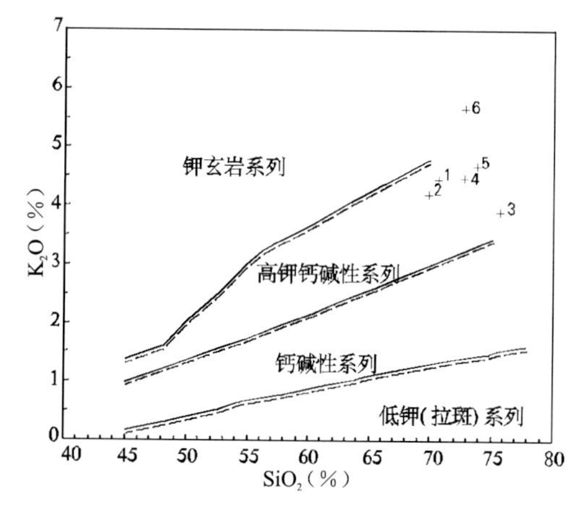


图 4-301 $K_2O$-$SiO_2$图解

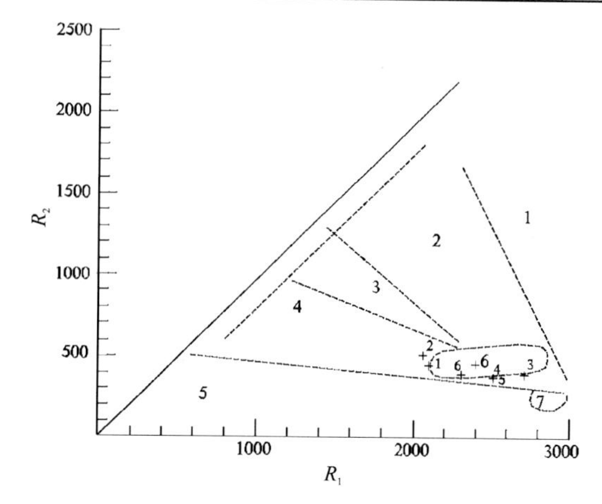


图 4-302 主要花岗岩类岩石组合的示意性图解

(据 Batchelor 等，1985)

1. 地幔分离；2. 板块碰撞前的；3. 碰撞后的抬升；4. 造山晚期的；5. 非造山的；6. 同碰撞期的；7. 造山期后的

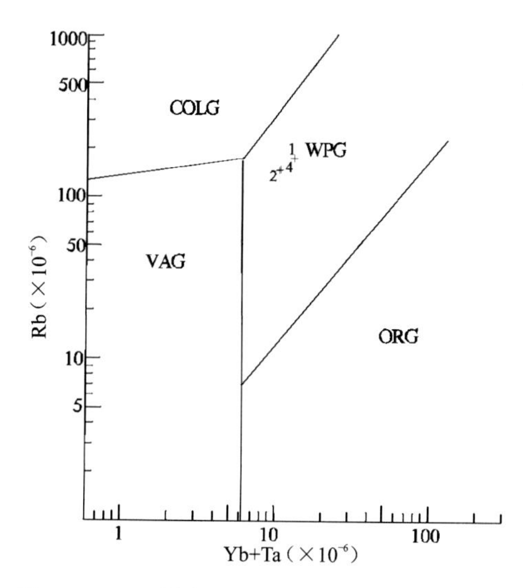


图 4-303 不同类型花岗岩的 Rb-Yb+Ta 图解

(据 Pearce，1984)

ORG. 洋脊花岗岩，WPG. 板内花岗岩；VAG. 火山弧花岗岩；COLG. 同碰撞花岗岩

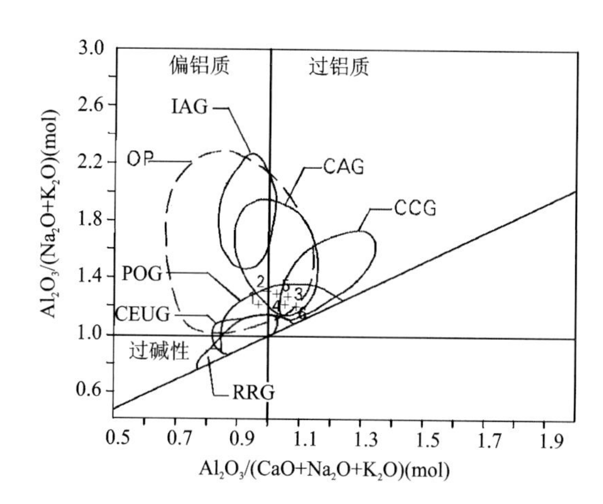


图 4-304 山德指数(Shamd's indel)图解

IAG. 岛弧；CAG. 大陆弧；CCG. 大陆碰撞；POG. 后造山；RRG. 裂谷系；CEUG. 大陆造陆隆升；OP. 大洋

9)四道沟乡-喀喇沁旗碰撞型高钾和钾玄质花岗岩组合($T_2$)

该组合分布于四道沟乡—喀喇沁旗地区,北东向展布。岩石类型主要为黑云母二长花岗岩。时代为中三叠世。根据岩石化学资料(表4-163～表165)进行了计算和投图分析。岩石系列为高钾钙碱性系列和钾玄岩系列(图4-305)。在Al-(Na+K+Ca/2)图解中多数样点位于S型花岗岩区,个别位于I型花岗岩区(图4-306),A/CNK值小于1.1。岩石成因类型为壳幔混合源。在Rb-(Yb+Ta)图解(图4-307)中,多数样点位于同碰撞花岗岩区(本项目定义为后碰撞),个别位于板内花岗岩区。在微量元素原始地幔标准化蛛网图中显示为同碰撞环境之特征(图4-308)。综合判断为碰撞环境形成的高钾和钾玄质花岗岩组合。

**表4-163 中三叠世($T_2$)四道沟-喀喇沁后碰撞侵入岩岩石化学成分含量及主要参数**

单位:%

| 序号 | 样品号 | $SiO_2$ | $TiO_2$ | $Al_2O_3$ | $Fe_2O_3$ | FeO | MnO | MgO | CaO | $Na_2O$ | $K_2O$ | $P_2O_5$ | LOS | Total | $Na_2O+K_2O$ | $K_2O/Na_2O$ | $Mg^{\#}$ | $FeO^*$ | A/CNK | σ | A.R | SI | DI |
|---|---|---|---|---|---|---|---|---|---|---|---|---|---|---|---|---|---|---|---|---|---|---|---|
| 1 | Ⅱ P1-3 | 71.6 | 0.26 | 12.3 | 2.12 | 1.4 | 0.08 | 0.5 | 0.98 | 3.65 | 5.68 | 0.15 | 1.56 | 100.27 | 9.33 | 1.56 | 0.28 | 3.31 | 0.89 | 3.05 | 5.68 | 3.75 | 91.83 |
| 2 | 6102 | 71.3 | 0.28 | 13.9 | 0.89 | 1.77 | 0.05 | 0.7 | 1.26 | 3.88 | 4.17 | 0.15 | 0.8 | 99.18 | 8.05 | 1.07 | 0.36 | 2.57 | 1.05 | 2.29 | 3.26 | 6.13 | 87.38 |
| 3 | 4115 | 71.7 | 0.3 | 14 | 0.78 | 1.78 | 0.04 | 0.59 | 1.41 | 3.96 | 4.77 | 0.07 | 0.62 | 100.00 | 8.73 | 1.20 | 0.34 | 2.48 | 0.98 | 2.65 | 3.63 | 4.97 | 88.02 |
| 4 | Ⅶ P6-61 | 71.8 | 0.25 | 14 | 0.56 | 1.83 | 0.04 | 0.68 | 1.45 | 3.75 | 5.22 | 0.09 | 0.65 | 100.29 | 8.97 | 1.39 | 0.37 | 2.33 | 0.96 | 2.79 | 3.78 | 5.65 | 88.04 |
| 5 | Ⅱ GS4046 | 72.7 | 0.2 | 14 | 0.12 | 2.01 | 0.03 | 0.33 | 0.88 | 3.85 | 5.33 | 0.08 | 1.02 | 100.61 | 9.18 | 1.38 | 0.22 | 2.12 | 1.02 | 2.84 | 4.20 | 2.84 | 90.71 |
| 6 | Ⅱ GS4326 | 71.5 | 0.52 | 13.6 | 1.43 | 1.41 | 0.03 | 0.45 | 1.23 | 3.69 | 4.68 | 0.11 | 0.87 | 99.56 | 8.37 | 1.27 | 0.28 | 2.7 | 1.01 | 2.45 | 3.59 | 3.86 | 88.8 |

**表4-164 中三叠世($T_2$)四道沟-喀喇沁后碰撞侵入岩稀土元素含量及主要参数**

单位:$\times10^{-6}$

| 序号 | 样品号 | La | Ce | Pr | Nd | Sm | Eu | Gd | Tb | Dy | Ho | Er | Tm | Yb | Lu | ΣREE | ΣLREE | ΣHREE | LREE/HREE | δEu |
|---|---|---|---|---|---|---|---|---|---|---|---|---|---|---|---|---|---|---|---|---|
| 1 | Ⅱ P1-3 | 89.89 | 162.3 | 15.22 | 48.18 | 7.34 | 0.67 | 6.53 | 0.8 | 3.88 | 0.79 | 2.15 | 0.28 | 1.72 | 0.23 | 357.23 | 323.55 | 16.38 | 19.75 | 0.29 |
| 2 | 6102 | 45.97 | 76.8 | 7.16 | 26.43 | 4.78 | 0.59 | 2.7 | 0.3 | 2.01 | 0.31 | 0.83 | 0.1 | 0.76 | 0.1 | 168.84 | 161.73 | 7.11 | 22.75 | 0.46 |
| 3 | 4115 | 43.4 | 73.83 | 7.19 | 27.71 | 5.28 | 0.8 | 4 | 0.65 | 2.52 | 0.5 | 1.12 | 0.18 | 0.81 | 0.1 | 168.09 | 158.21 | 9.88 | 16.01 | 0.51 |
| 4 | Ⅶ P6-61 | 43.4 | 73.83 | 7.19 | 27.71 | 5.28 | 0.68 | 4 | 0.65 | 2.52 | 0.5 | 1.12 | 0.18 | 0.81 | 0.1 | 167.97 | 158.09 | 9.88 | 16.00 | 0.44 |
| 5 | Ⅱ GS4046 | 19.52 | 47.77 | 3.66 | 13.16 | 2.88 | 0.5 | 2.8 | 0.46 | 2.18 | 0.45 | 1.18 | 1.13 | 0.15 | 11.27 | 107.11 | 87.49 | 19.62 | 4.46 | 0.53 |
| 6 | Ⅱ GS4326 | 54.23 | 100.2 | 10.13 | 38.11 | 6.16 | 0.91 | 5.41 | 0.65 | 2.68 | 0.59 | 1.49 | 0.22 | 1.29 | 0.21 | 222.28 | 209.74 | 12.54 | 16.73 | 0.47 |

**表4-165 中三叠世($T_2$)四道沟-喀喇沁后碰撞侵入岩微量元素含量及主要参数**

单位:$\times10^{-6}$

| 序号 | 样品号 | Sr | Rb | Ba | Th | Nb | Hf | Zr | Cr | Ni | Co | V | U | Y | Cs | Sc | Rb/Sr | U/Th | Zr/Hf |
|---|---|---|---|---|---|---|---|---|---|---|---|---|---|---|---|---|---|---|---|
| 1 | Ⅱ P1-3 | 210 | 154 | | | 21 | 18 | 338 | | 5 | 5 | 42 | | 17.45 | | | 0.73 | | 18.78 |
| 2 | 6102 | 208.3 | 248 | 665.2 | | | 10 | 128 | 13.6 | 38.16 | 1.57 | 10.9 | | 8.6 | | 1.64 | 1.19 | | 12.80 |
| 3 | 4115 | 347.1 | 204 | 1378 | 24.55 | 11 | 17 | 157 | 10.36 | 5.32 | 3.4 | 13.91 | 5 | | 0.23 | | 0.59 | 0.20 | 9.24 |
| 4 | Ⅶ P6-61 | 347.1 | 204 | 1378 | 24.55 | 11 | 17 | 157 | 10.36 | 5.32 | 3.4 | 13.91 | 5 | | 0.23 | | 0.59 | 0.20 | 9.24 |
| 5 | Ⅱ GS4046 | 11.27 | 212 | 318 | | 10 | 123 | 22 | 17 | | 5 | 5 | 14 | | | | 18.81 | | 0.18 |
| 6 | Ⅱ GS4326 | 12.25 | 235 | 114 | | 10 | 251 | 24 | 16 | | 5 | 5 | 36 | | | | 19.18 | | 0.10 |

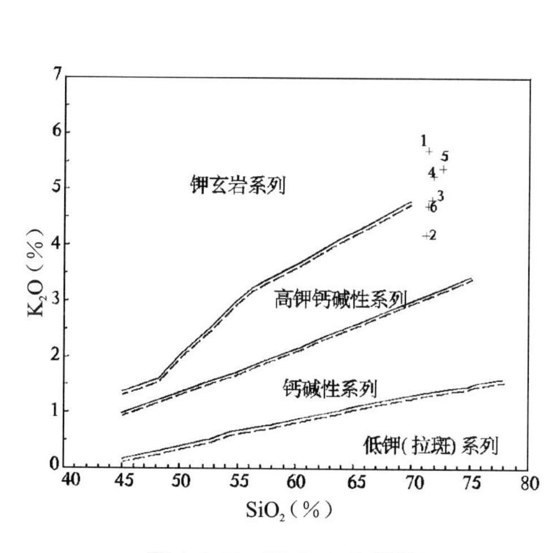


图 4-305　$K_2O$-$SiO_2$图解

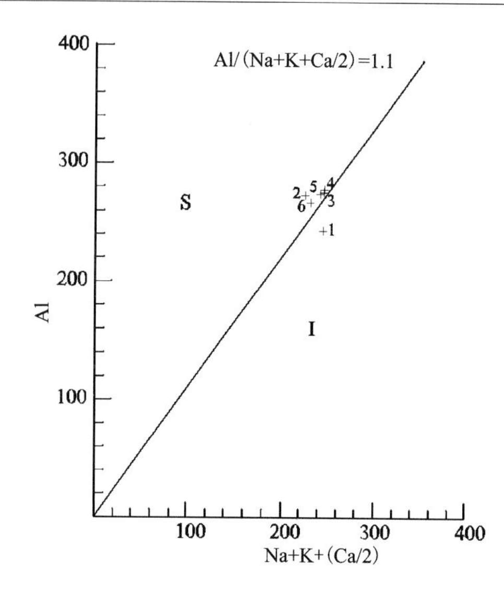


图 4-306　S 型、I 型花岗岩判别图解

I. I 型花岗岩；S. S 型花岗岩

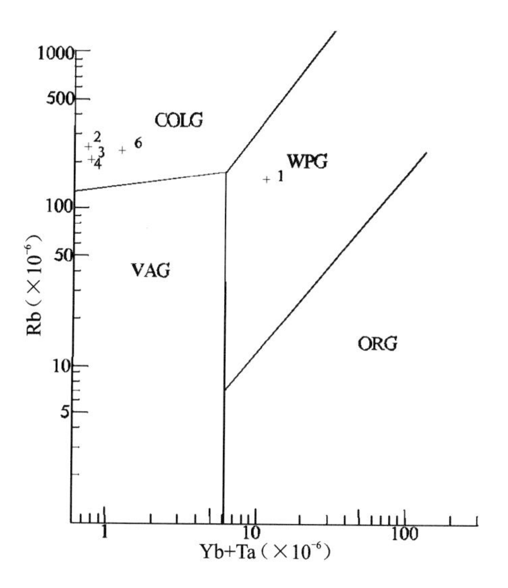


图 4-307　不同类型花岗岩的 Rb-Yb＋Ta 图解

(据 Pearce，1984)

ORG. 洋脊花岗岩；WPG. 板内花岗岩；

VAG. 火山弧花岗岩；COLG. 同碰撞花岗岩

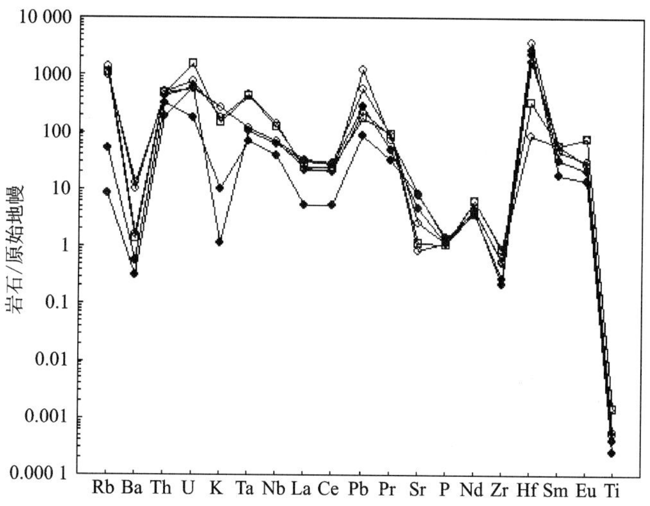

图 4-308　微量元素原始地幔标准化蛛网图

10）高桥村后造山碱性—钙碱性花岗岩组合($T_3$)

该组合分布于赤峰市南部高桥村地区。岩石类型为黑云母二长花岗岩和黑云母花岗岩，呈岩基和岩珠状产出，普遍含闪长质包体。U-Pb 同位素年龄为 218.3Ma，时代确定为晚三叠世。黑云母花岗岩与萤石矿、铌钽矿关系密切。

根据岩石化学资料(表 4-166～表 4-168)进行了计算和投图分析。在碱度率图解中为碱性(图 4-309)。在 Al/(Na＋K＋Ca/2)图解中样点位于 S 区与 I 区分界线上(图 4-310)，在 $Na_2O$-$K_2O$ 图解中位于 A 型区(图 4-311)，A/CNK 值均小于 1.1，其成因类型应为壳幔混合源。在山德指数图解中位于后造山花岗岩区(图 4-312)。总体上岩石、矿物及岩石化学特征与巴巴林的富钾钙碱性花岗岩相当。综合分析后判断为后造山环境之碱性—钙碱性花岗岩组合。

表 4-166　晚三叠世($T_3$)高桥村后造山侵入岩岩石化学成分含量及主要参数　　单位:%

| 序号 | 样品号 | $SiO_2$ | $TiO_2$ | $Al_2O_3$ | $Fe_2O_3$ | FeO | MnO | MgO | CaO | $Na_2O$ | $K_2O$ | $P_2O_5$ | LOS | Total | $Na_2O+K_2O$ | $K_2O/Na_2O$ | $Mg^{\#}$ | $FeO^*$ | A/CNK | σ | A.R | SI | DI |
|---|---|---|---|---|---|---|---|---|---|---|---|---|---|---|---|---|---|---|---|---|---|---|---|
| 1 | ⅦP2-11 | 73.5 | 0.16 | 13.5 | 0.3 | 1.65 | 0.02 | 0.32 | 1.1 | 3.72 | 5.34 | 0.06 | 0.66 | 100.32 | 9.06 | 1.44 | 0.24 | 1.92 | 0.96 | 2.69 | 4.28 | 2.82 | 91.11 |
| 2 | 3010 | 73.1 | 0.18 | 13.6 | 0.82 | 1.44 | 0.03 | 0.32 | 0.77 | 3.76 | 5.33 | 0.07 | 0.88 | 100.22 | 9.09 | 1.42 | 0.25 | 2.18 | 1.01 | 2.75 | 4.47 | 2.74 | 92 |

表 4-167　晚三叠世($T_3$)高桥村后造山侵入岩稀土元素含量及主要参数　　单位:$\times10^{-6}$

| 序号 | 样品号 | La | Ce | Pr | Nd | Sm | Eu | Gd | Tb | Dy | Ho | Er | Tm | Yb | Lu | ΣREE | ΣLREE | ΣHREE | LREE/HREE | δEu |
|---|---|---|---|---|---|---|---|---|---|---|---|---|---|---|---|---|---|---|---|---|
| 1 | ⅦP2-11 | 70.99 | 118.6 | 10.97 | 40.89 | 5.64 | 0.65 | 4.9 | 0.71 | 2.48 | 0.53 | 1.33 | 0.16 | 1.03 | 0.1 | 273.28 | 247.74 | 11.24 | 22.04 | 0.37 |
| 2 | 3010 | 74.19 | 119.9 | 10.68 | 38.81 | 4.04 | 0.65 | 3.28 | 0.4 | 1.23 | 0.25 | 0.8 | 0.1 | 0.62 | 0.1 | 282.35 | 248.27 | 6.78 | 36.62 | 0.53 |

表 4-168　晚三叠世($T_3$)高桥村后造山侵入岩微量元素含量及主要参数　　单位:$\times10^{-6}$

| 序号 | 样品号 | Sr | Rb | Ba | Th | Nb | Hf | Zr | Cr | Ni | Co | V | U | Y | Cs | Sc | Rb/Sr | U/Th | Zr/Hf |
|---|---|---|---|---|---|---|---|---|---|---|---|---|---|---|---|---|---|---|---|
| 1 | ⅦP2-11 | 234.5 | 250 | 788.3 | 46.91 | 17 | 10 | 164 | 16.6 | 5.6 | 1.8 | 13.67 | 5 |  | 1.1 |  | 1.07 | 0.11 | 16.40 |
| 2 | 3010 | 166.4 | 268 | 467.5 | 33.5 | 21 | 10 | 152 | 17 | 5.2 | 1.9 | 12.1 | 5 |  | 0.98 |  | 1.61 | 0.15 | 15.20 |

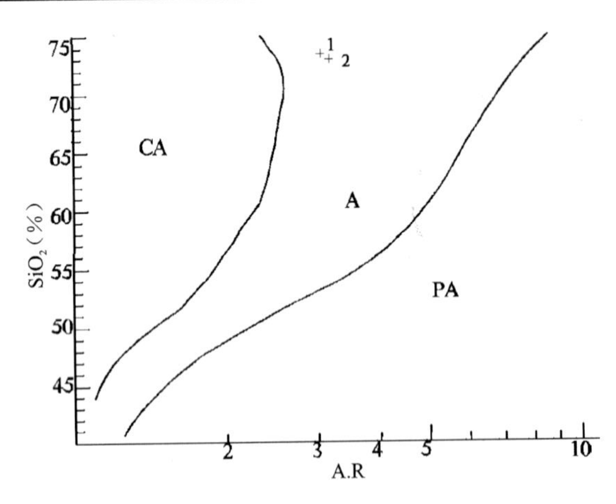


图 4-309　碱度率图解(据 Wright,1969)

CA. 钙碱性;A. 碱性;PA. 过碱性

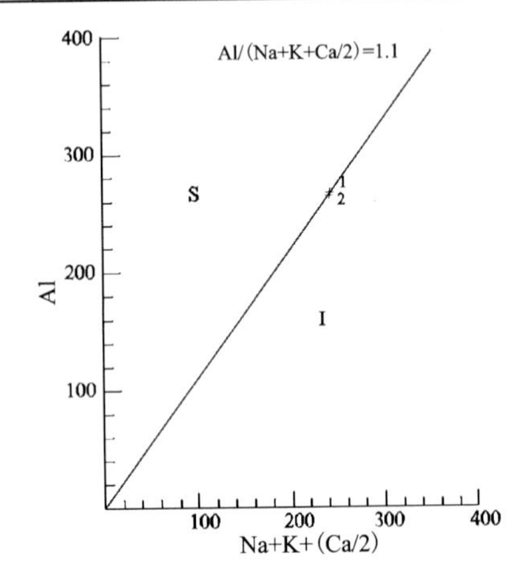


图 4-310　S 型、I 型花岗岩判别图解

I. I 型花岗岩;S. S 型花岗岩

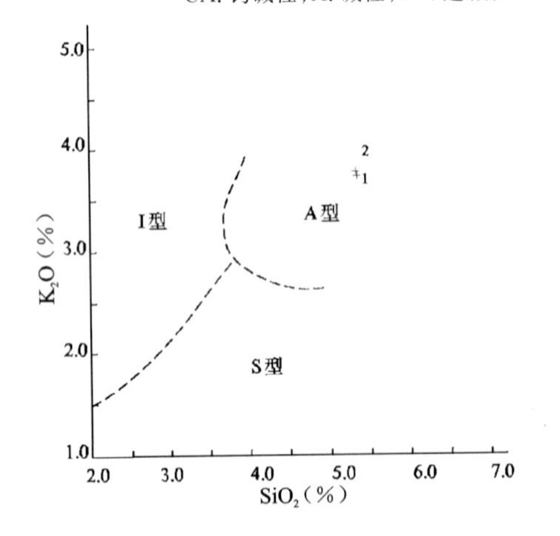


图 4-311　$Na_2O$-$K_2O$ 图解

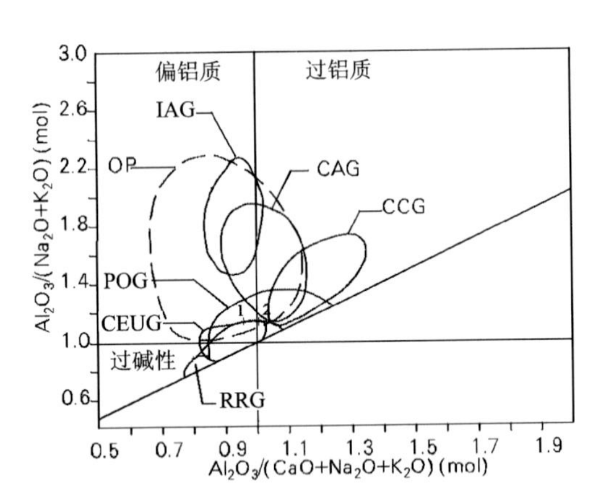


图 4-312　山德指数(Shamd's indel)图解

IAG. 岛弧;CAG. 大陆弧;CCG. 大陆碰撞;POG. 后造山;RRG. 裂谷系;CEUG. 大陆造陆隆升;OP. 大洋

11)山神庙子、十家村稳定陆块型基性—超基性杂岩组合($T_3$)

该组合分布于赤峰市南部山神庙子、十家村、田家营子等地。岩石类型有橄榄辉石岩、辉长岩、苏长岩、斜长岩、角闪闪长岩、石英二长闪长岩等。在田家营子基性岩具明显的层状特征。基性、超基性岩多为小于 $1km^2$ 的岩块产于石英二长闪长岩中,Rb-Sr 同位素年龄为 228Ma,石英二长闪长岩 K-Ar 同位素年龄为 218.5Ma。角闪闪长岩沿北东向断裂分布,矿物成分平均含量为斜长石 42%,角闪石 55%,橄榄石 1%,另有少量辉石和黑云母。副矿物为磁铁矿+钛铁矿+榍石+磷灰石型。确定的侵入时代为晚三叠世。

根据岩石化学资料(表 4-169～表 4-171)进行了计算和投图分析。在碱度率图解中为钙碱性岩和碱性岩(图 4-313)。在稀土元素球粒陨石标准化模式图中显示稀土元素分异程度低,呈铕平坦型(图 4-314)。岩石成因类型为幔源,岩石系列为钙碱性系列和拉斑玄武岩系列,总体特征与林西岩带三棱山地区相似,故综合判断为稳定陆块环境的层状基性—超基性杂岩组合。

表 4-169　晚三叠世($T_3$)山神庙子-十家村稳定陆块侵入岩岩石化学成分含量及主要参数　单位:%

| 序号 | 样品号 | $SiO_2$ | $TiO_2$ | $Al_2O_3$ | $Fe_2O_3$ | FeO | MnO | MgO | CaO | $Na_2O$ | $K_2O$ | $P_2O_5$ | LOS | Total | $Na_2O+K_2O$ | $K_2O/Na_2O$ | $Mg^{\#}$ | $FeO^*$ | A/CNK | σ | A.R | SI | DI |
|---|---|---|---|---|---|---|---|---|---|---|---|---|---|---|---|---|---|---|---|---|---|---|---|
| 1 | ⅡGS1385 | 64.2 | 0.65 | 15.7 | 0.26 | 3.65 | 0.06 | 2.75 | 4.09 | 4.04 | 3.52 | 0.24 | 0.67 | 99.81 | 7.56 | 0.87 | 0.56 | 3.88 | 0.88 | 2.7 | 2.24 | 19.3 | 69.04 |
| 2 | 1224 | 50.4 | 2.14 | 15.6 | 2.59 | 7.81 | 0.1 | 5.57 | 6.69 | 4.21 | 2.73 | 0.64 | 1.64 | 100.07 | 6.94 | 0.65 | 0.53 | 10.1 | 0.71 | 6.51 | 1.91 | 24.3 | 50.78 |
| 3 | (据邵济安资料) | 51.1 | 0.48 | 20.9 | 1.28 | 2.03 | 0.06 | 5.35 | 13.1 | 2.55 | 0.46 | 0.05 | 2.29 | 99.65 | 3.01 | 0.18 | 0.79 | 3.18 | 0.73 | 1.12 | 1.19 | 45.8 | 26.72 |

表 4-170　晚三叠世($T_3$)山神庙子-十家村稳定陆块侵入岩稀土元素含量及主要参数　单位:$\times10^{-6}$

| 序号 | 样品号 | La | Ce | Pr | Nd | Sm | Eu | Gd | Tb | Dy | Ho | Er | Tm | Yb | Lu | ΣREE | ΣLREE | ΣHREE | LREE/HREE | δEu |
|---|---|---|---|---|---|---|---|---|---|---|---|---|---|---|---|---|---|---|---|---|
| 1 | ⅡGS1385 | 38.04 | 65.07 | 7.1 | 27.68 | 4.8 | 1.26 | 3.8 | 0.48 | 2.41 | 0.48 | 1.17 | 0.16 | 1.02 | 0.13 | 153.60 | 143.95 | 9.65 | 14.92 | 0.87 |
| 2 | 1224 | 37.8 | 67.66 | 7.8 | 33.36 | 7.44 | 2.15 | 6.91 | 1 | 5.77 | 1.14 | 3 | 0.4 | 2.69 | 0.4 | 177.52 | 156.21 | 21.31 | 7.33 | 0.90 |
| 3 | (据邵济安资料) | 8.33 | 15.1 |  | 9.52 | 2.34 | 0.99 | 2.68 | 0.44 |  |  |  |  | 0.95 | 0.13 | 40.48 | 36.28 | 4.20 | 8.64 | 1.21 |

表 4-171　晚三叠世($T_3$)山神庙子-十家村稳定陆块侵入岩微量元素含量及主要参数　单位:$\times10^{-6}$

| 序号 | 样品号 | Sr | Rb | Ba | Th | Nb | Hf | Zr | Cr | Ni | Co | V | U | Y | Cs | Sc | Rb/Sr | U/Th | Zr/Hf |
|---|---|---|---|---|---|---|---|---|---|---|---|---|---|---|---|---|---|---|---|
| 1 | ⅡGS1385 | 10.89 | 621 | 124 |  | 10 | 315 | 10 | 20 |  | 34 | 12 | 86 |  |  |  | 57.02 |  | 0.03 |
| 2 | 1224 | 498.8 | 43 | 507 |  |  | 10 | 327 | 68.2 | 34.22 | 26.66 | 248.5 |  | 28.01 |  | 14.83 | 0.09 |  | 32.70 |
| 3 | (据邵济安资料) |  | 2210 | 3 |  |  | 83 | 3 |  |  | 141 | 33 | 12 |  |  |  |  |  | 0.04 |

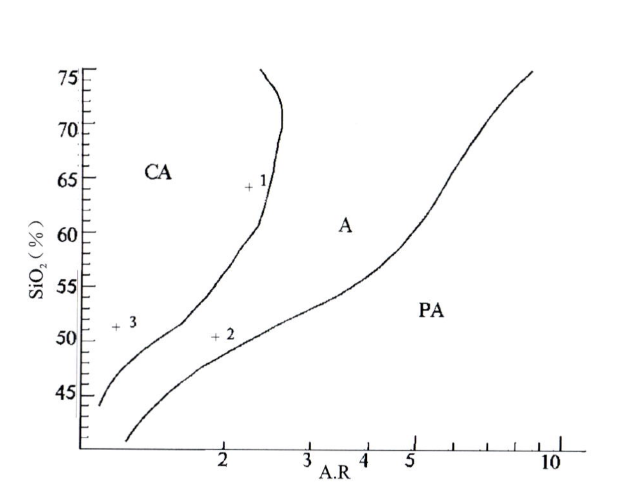


图 4-313　碱度率图解(据 Wright,1969)
CA. 钙碱性;A. 碱性;PA. 过碱性

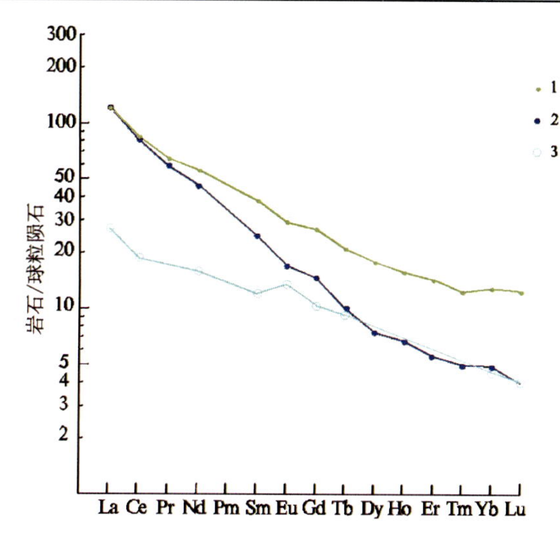


图 4-314　岩石稀土元素/球粒陨石标准化模式图
(据 Coryell,1963)

12）四道沟乡、楼子店乡后造山型碱性—钙碱性花岗岩组合($J_1$)

该组合分布于赤峰市南部四道沟乡、楼子店乡两个地区。岩石类型为似斑状中粒黑云二长花岗岩及黑云母花岗岩。呈岩基、岩株状产出，侵入古生代地层，U-Pb 同位素年龄为 208.1Ma，时代确定为早侏罗世。岩石普遍有闪长质包体。黑云母花岗岩与萤石矿和铌钽矿关系密切。

根据岩石化学资料(表 4-172～表 4-174)进行了计算和投图分析。岩石系列为高钾钙碱性系列和钾玄岩系列(图 4-315)，在碱度率图解中为碱性(图 4-316)，在 $Na_2O$-$K_2O$ 图解中位于 A 型区(图 4-317)，在 Al-(Na+K+Ca/2)图解中位于 S 区与 I 区分界线处(图 4-318)，A/CNK 值均小于 1.1，成因类型为壳幔混合源。在山德指数图解中位于后造山花岗岩区(图 4-319)，在 $R_1$-$R_2$ 图解中位于造山晚期花岗岩区(图 4-320)。总体上岩石矿物及化学特征与巴巴林的富钾钙碱性花岗岩相当，综合判断为后造山环境形成的碱性—钙碱性花岗岩组合。

**表 4-172　早侏罗世($J_1$)四道沟乡-楼子店村大陆伸展侵入岩岩石化学成分含量及主要参数**　单位：%

| 序号 | 样品号 | $SiO_2$ | $TiO_2$ | $Al_2O_3$ | $Fe_2O_3$ | FeO | MnO | MgO | CaO | $Na_2O$ | $K_2O$ | $P_2O_5$ | LOS | Total | $Na_2O+K_2O$ | $K_2O/Na_2O$ | $Mg^{\#}$ | $FeO^*$ | A/CNK | σ | A.R | SI | DI |
|---|---|---|---|---|---|---|---|---|---|---|---|---|---|---|---|---|---|---|---|---|---|---|---|
| 1 | 228 | 70.12 | 0.23 | 14.85 | 0.73 | 2.07 | 0.06 | 0.7 | 0.57 | 4.95 | 5.34 | 0.08 | 0.69 | 100.39 | 10.29 | 1.08 | 0.34 | 2.73 | 0.99 | 3.9 | 5.01 | 5.08 | 91.23 |
| 2 | 1254 | 71.7 | 0.3 | 14.18 | 0.76 | 1.8 | 0.06 | 0.04 | 1.35 | 4.53 | 4.68 | 0.08 | 0.5 | 99.98 | 9.21 | 1.03 | 0.03 | 2.48 | 0.95 | 2.96 | 3.91 | 0.34 | 90.48 |
| 3 | ⅡGS1234 | 67.67 | 0.42 | 14.96 | 3.52 | 0.57 | 0.07 | 0.22 | 2.2 | 4.19 | 4.5 | 0.29 | 0.69 | 99.3 | 8.69 | 1.07 | 0.15 | 3.73 | 0.95 | 3.06 | 3.05 | 1.69 | 84.46 |

**表 4-173　早侏罗世($J_1$)四道沟乡-楼子店村大陆伸展侵入岩稀土元素含量及主要参数**　单位：$\times10^{-6}$

| 序号 | 样品号 | La | Ce | Pr | Nd | Sm | Eu | Gd | Tb | Dy | Ho | Er | Tm | Yb | Lu | ΣREE | ΣLREE | ΣHREE | LREE/HREE | δEu |
|---|---|---|---|---|---|---|---|---|---|---|---|---|---|---|---|---|---|---|---|---|
| 1 | 228 | 78.8 | 139 | 12.4 | 46.4 | 6.59 | 0.73 | 6.12 | 1 | 5.28 | 1.15 | 3.14 | 0.45 | 2.84 | 0.4 | 304.68 | 284.3 | 20.38 | 13.95 | 0.35 |
| 2 | 1254 | 60.1 | 99.9 | 10.4 | 40.6 | 7.11 | 0.95 | 5.76 | 0.9 | 4.1 | 0.84 | 2.18 | 0.3 | 1.96 | 0.27 | 235.28 | 218.97 | 16.31 | 13.43 | 0.44 |
| 3 | ⅡGS1234 | 51.9 | 83.8 | 10.3 | 33.7 | 5.85 | 1.18 | 6.02 | 0.82 | 4.63 | 0.96 | 2.54 | 0.32 | 2.14 | 0.28 | 204.47 | 186.76 | 17.71 | 10.55 | 0.6 |

**表 4-174　早侏罗世($J_1$)四道沟乡-楼子店村大陆伸展侵入岩微量元素含量及主要参数**　单位：$\times10^{-6}$

| 序号 | 样品号 | Sr | Rb | Ba | Th | Nb | Hf | Zr | Cr | Ni | Co | U | V | Y | Cs | Sc | Rb/Sr | Zr/Hf | U/Th |
|---|---|---|---|---|---|---|---|---|---|---|---|---|---|---|---|---|---|---|---|
| 1 | 228 | 68.66 | 155 | 573.4 | | | 10 | 374 | 11.6 | 4.2 | 1.35 | | 7.75 | 27.09 | | 3.98 | 2.26 | 37.40 | |
| 2 | 1254 | 93.89 | 142 | 640.8 | 12.31 | 20 | 15 | 279 | 5.25 | 4.75 | 2.19 | 5 | 5.02 | | 1.7 | | 1.51 | 18.60 | 0.41 |
| 3 | ⅡGS1234 | 23.26 | 252 | 113 | | 10 | 319 | 14 | 13 | | 5 | 50 | 5 | | | | 10.83 | 0.04 | |

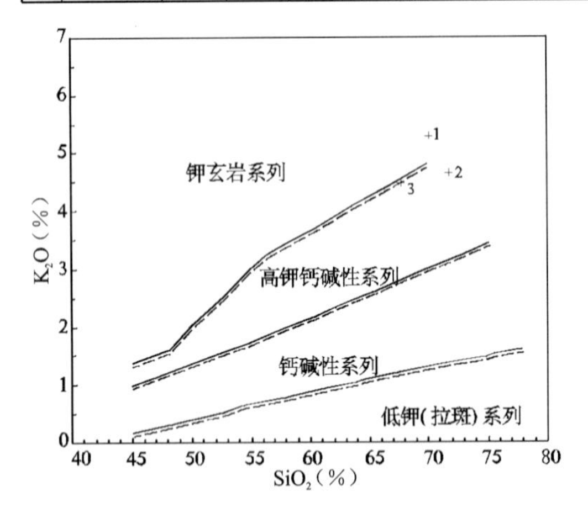


图 4-315　岩石系列 $K_2O$-$SiO_2$ 图解

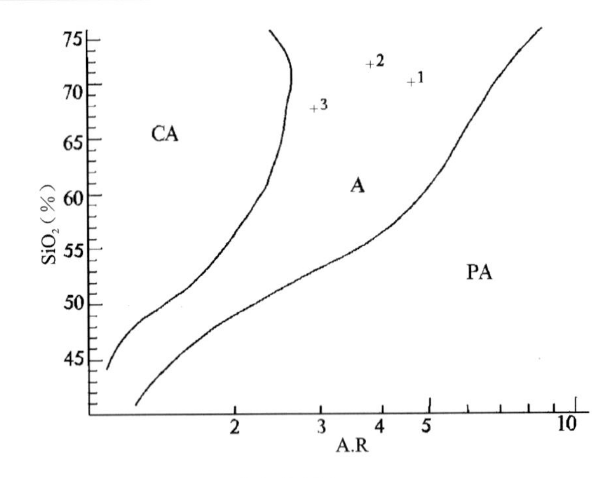


图 4-316　碱度率图解(据 Wright,1969)

CA. 钙碱性；A. 碱性；PA. 过碱性

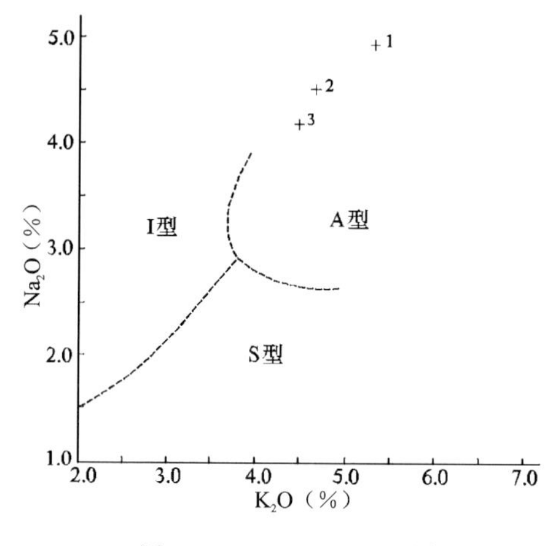


图 4-317　$Na_2O$-$K_2O$ 图解

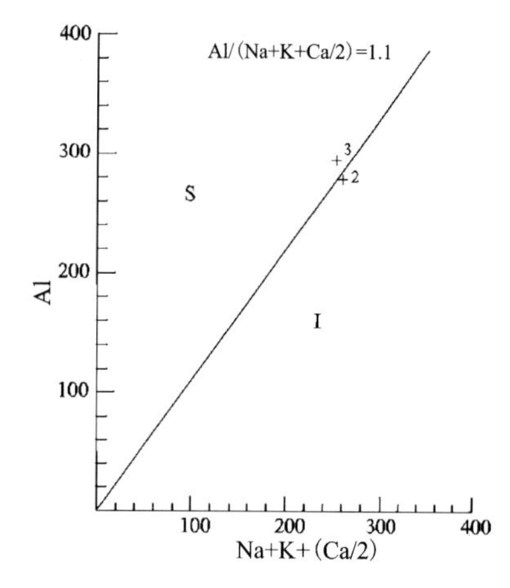


图 4-318　S 型、I 型花岗岩判别图解

I. I 型花岗岩；S. S 型花岗岩

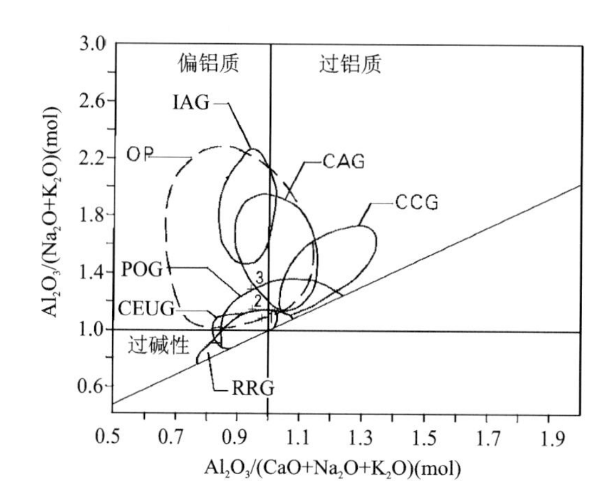


图 4-319　山德指数(Shamd's indel)花岗岩环境图解

IAG. 岛弧；CAG. 大陆弧；CCG. 大陆碰撞；POG. 后造山；RRG. 裂谷系；CEUG. 大陆造陆隆升；OP. 大洋

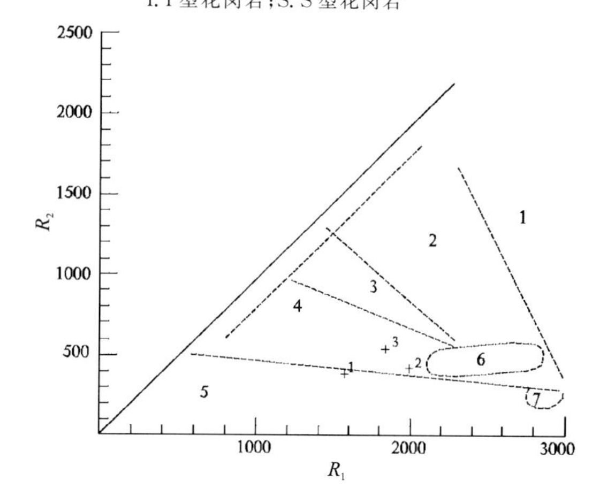


图 4-320　主要花岗岩类岩石组合的示意性图解

(据 Batchelor 等，1985)

1. 地幔分离；2. 板块碰撞前的；3. 碰撞后的抬升；4. 造山晚期的；5. 非造山的；6. 同碰撞期的；7. 造山期后的

13) 四道沟乡-喀喇沁旗碰撞型高钾和钾玄质花岗岩组合($J_2$)

该组合分布于喀喇沁旗—四道沟乡地区。岩石类型为黑云母二长花岗岩。时代为中侏罗世。根据岩石化学资料(表 175～表 4-177)进行了计算和投图分析。在 $Si_2O$-$K_2O$ 图解中为高钾钙碱性系列和钾玄岩系列(图 4-321)。在 Al-(Na+K+Ca/2)图解中样点位于 S 型与 I 型花岗岩区分界线部位(图 4-322)，在 $Na_2O$-$K_2O$ 图解中位于 A 型花岗岩区(图 4-323)，A/CNK 值均小于 1.1，成因类型应为壳幔混合源。在山德指数图解中位于后造山花岗岩区及其与大陆弧、大陆碰撞、大陆隆升花岗岩区的重叠部位(图 4-324)。综合分析判断为碰撞环境形成的高钾和钾玄质花岗岩组合。

**表 4-175　中侏罗世($J_2$)四道沟乡后碰撞侵入岩岩石化学成分含量及主要参数**　单位：%

| 序号 | 样品号 | $SiO_2$ | $TiO_2$ | $Al_2O_3$ | $Fe_2O_3$ | FeO | MnO | MgO | CaO | $Na_2O$ | $K_2O$ | $P_2O_5$ | LOS | Total | $Na_2O+K_2O$ | $K_2O/Na_2O$ | $Mg^{\#}$ | $FeO^{*}$ | A/CNK | σ | A. R | SI | DI |
|---|---|---|---|---|---|---|---|---|---|---|---|---|---|---|---|---|---|---|---|---|---|---|---|
| 1 | Ⅶ P5-62 | 76.04 | 0.1 | 12.9 | 0.33 | 0.99 | 0.06 | 0.01 | 0.78 | 3.66 | 4.36 | 0.02 | 0.2 | 99.45 | 8.02 | 1.19 | 0 | 1.29 | 1.07 | 1.95 | 3.83 | 0.11 | 93.19 |
| 2 | Ⅳ P14-31 | 76.22 | 0.08 | 12.28 | 0.71 | 0.82 | 0.02 | 0.01 | 0.56 | 4.28 | 4.45 | 0 | 0.08 | 99.51 | 8.73 | 1.04 | 0 | 1.46 | 0.95 | 2.29 | 5.25 | 0.1 | 96.11 |
| 3 | Ⅳ P17-16 | 70.34 | 0.16 | 15.06 | 0.7 | 2.04 | 0.04 | 0.66 | 0.85 | 4.8 | 5.44 | 0.04 | 0.23 | 100.36 | 10.24 | 1.13 | 0.34 | 2.67 | 0.99 | 3.84 | 4.61 | 4.84 | 90.3 |
| 4 | 1092 | 71.22 | 0.22 | 13.83 | 0.74 | 1.62 | 0.04 | 0.52 | 1.58 | 4 | 4.96 | 0.08 | 0.55 | 99.36 | 8.96 | 1.24 | 0.32 | 2.29 | 0.93 | 2.84 | 3.78 | 4.39 | 88.77 |
| 5 | Ⅳ P2-17 | 79.68 | 0.22 | 9.98 | 0.74 | 1.03 | 0.04 | 0.14 | 0.14 | 3.09 | 4.25 | | | 99.31 | 7.34 | 1.38 | 0.14 | 1.7 | 1.01 | 1.47 | 6.28 | 1.51 | 96.41 |

续表 4-175

| 序号 | 样品号 | $SiO_2$ | $TiO_2$ | $Al_2O_3$ | $Fe_2O_3$ | FeO | MnO | MgO | CaO | $Na_2O$ | $K_2O$ | $P_2O_5$ | LOS | Total | $Na_2O+K_2O$ | $K_2O/Na_2O$ | $Mg^{\#}$ | $FeO^{*}$ | A/CNK | σ | A.R | SI | DI |
|---|---|---|---|---|---|---|---|---|---|---|---|---|---|---|---|---|---|---|---|---|---|---|---|
| 6 | Ⅱ P3GS39 | 73.2 | 0.2 | 13.27 | 0.87 | 2.1 | 0.03 | 0.07 | 0.88 | 4.04 | 4.62 | 0.06 | 0.54 | 99.88 | 8.66 | 1.14 | 0.06 | 2.88 | 1 | 2.48 | 4.15 | 0.6 | 90.98 |
| 7 | Ⅱ P8GS43 | 73.5 | 0.15 | 13.69 | 0.62 | 1.23 | 0.01 | 0.31 | 0.73 | 3.51 | 4.98 | 0.05 | 0.58 | 99.36 | 8.49 | 1.42 | 0.28 | 1.79 | 1.09 | 2.36 | 3.86 | 2.91 | 91.7 |

**表 4-176 中侏罗世($J_2$)四道沟乡后碰撞侵入岩稀土元素含量及主要参数** 单位：$\times10^{-6}$

| 序号 | 样品号 | La | Ce | Pr | Nd | Sm | Eu | Gd | Tb | Dy | Ho | Er | Tm | Yb | Lu | ΣREE | ΣLREE | ΣHREE | LREE/HREE | δEu |
|---|---|---|---|---|---|---|---|---|---|---|---|---|---|---|---|---|---|---|---|---|
| 1 | Ⅶ P5-62 | 38 | 70 | 6.59 | 23.5 | 4.31 | 0.44 | 3.75 | 0.56 | 3.17 | 0.65 | 1.93 | 0.26 | 1.81 | 0.19 | 155.18 | 142.86 | 12.32 | 11.6 | 0.33 |
| 2 | Ⅳ P14-31 | 59 | 101 | 9.61 | 35.7 | 6.16 | 0.41 | 4.7 | 0.65 | 4.11 | 0.89 | 2.39 | 0.33 | 0.36 | 0.3 | 225.84 | 212.11 | 13.73 | 15.45 | 0.22 |
| 3 | Ⅳ P17-16 | 47.1 | 86.2 | 8.39 | 30.6 | 6.34 | 0.75 | 4.35 | 0.79 | 4.59 | 0.93 | 2.71 | 0.42 | 3.01 | 0.44 | 196.58 | 179.34 | 17.24 | 10.4 | 0.41 |
| 4 | 1092 | 64.6 | 117 | 11.1 | 44.4 | 7.6 | 1.11 | 5.57 | 0.8 | 4.26 | 0.91 | 2.34 | 0.34 | 2.22 | 0.03 | 261.89 | 245.42 | 16.47 | 14.9 | 0.5 |
| 6 | Ⅱ P3GS39 | 78.6 | 154 | 14.9 | 55.4 | 9.87 | 0.89 | 6.91 | 1.08 | 5.64 | 1.17 | 3.16 | 0.45 | 2.97 | 0.4 | 335.28 | 313.5 | 21.78 | 14.39 | 0.31 |
| 7 | Ⅱ P8GS43 | 36.4 | 80.1 | 6.91 | 24.1 | 4.67 | 0.73 | 3.59 | 0.57 | 3.67 | 0.71 | 2.09 | 0.3 | 1.98 | 0.28 | 166.11 | 152.92 | 13.19 | 11.59 | 0.53 |

**表 4-177 中侏罗世($J_2$)四道沟乡后碰撞侵入岩微量元素含量及主要参数** 单位：$\times10^{-6}$

| 序号 | 样品号 | Sr | Rb | Ba | Th | Nb | Hf | Zr | Cr | Ni | Co | U | V | Y | Cs | Sc | Rb/Sr | Zr/Hf | U/Th |
|---|---|---|---|---|---|---|---|---|---|---|---|---|---|---|---|---|---|---|---|
| 1 | Ⅶ P5-62 | 116.1 | 327 | 349.5 | 40.46 | 26 | 15 | 145 | 9.26 | 4 | 1.24 | 5 | 4.86 |  | 3.02 |  | 2.82 | 9.67 | 0.12 |
| 2 | Ⅳ P14-31 | 50.4 | 171 | 221.3 |  |  | 10 | 175 | 8.45 | 4 | 1 |  | 2.91 | 21.71 |  | 1.72 | 3.39 | 17.50 |  |
| 3 | Ⅳ P17-16 | 13.8 | 138 | 426 |  |  | 10 | 259 | 8.28 | 4 | 1 |  | 4.51 | 26.38 |  | 1.64 | 10.00 | 25.90 |  |
| 4 | 1092 | 483.6 | 140 | 476.2 | 3.68 | 7 | 13 | 164 | 8.74 | 4.07 | 5.23 | 5 | 15.5 |  | 30 |  | 0.29 | 12.62 | 1.36 |
| 6 | Ⅱ P3GS39 | 25.49 | 105 | 180 |  | 10 | 417 | 26 | 19 |  | 5 | 20 | 5 |  |  |  | 4.12 | 0.06 |  |
| 7 | Ⅱ P8GS43 | 17 | 201 | 281 |  | 10 | 128 | 26 | 16 |  | 5 | 18 | 5 |  |  |  | 11.82 | 0.20 |  |

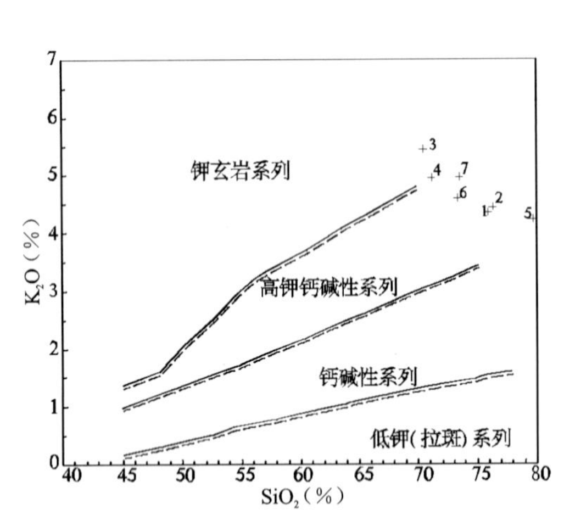


图 4-321 $K_2O$-$SiO_2$ 图解

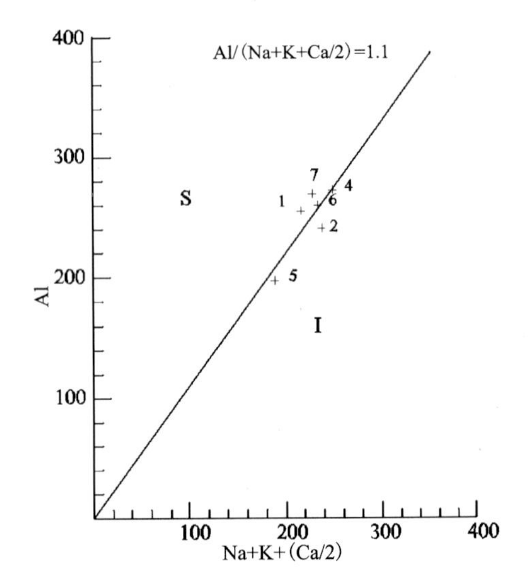


图 4-322 S型、I型花岗岩判别图解

I. I型花岗岩；S. S型花岗岩

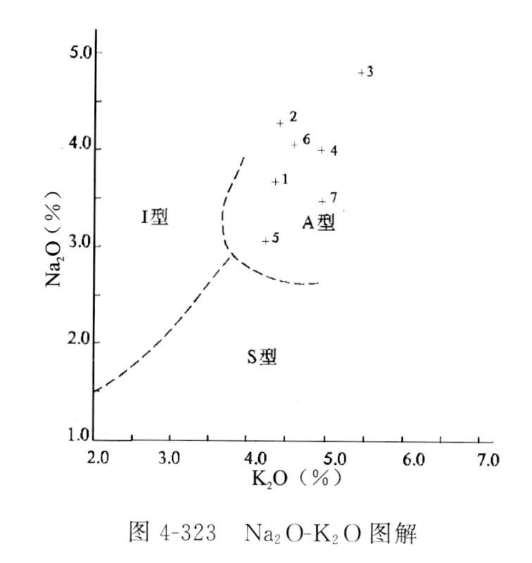


图 4-323 $Na_2O$-$K_2O$ 图解

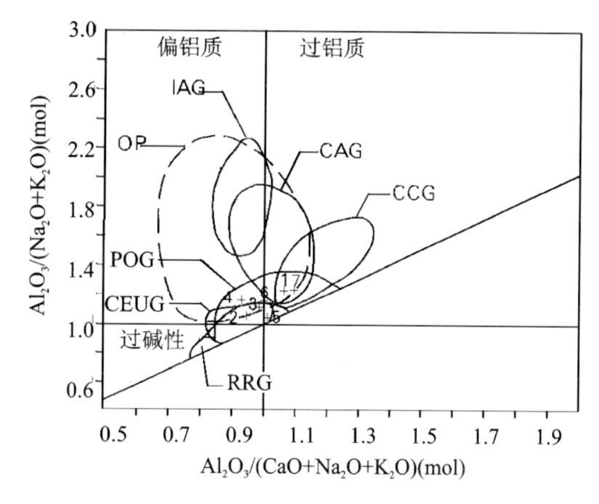


图 4-324 山德指数(Shamd's indel)花岗岩环境图解

IAG. 岛弧；CAG. 大陆弧；CCG. 大陆碰撞；POG. 后造山；RRG. 裂谷系；CEUG. 大陆造陆隆升；OP. 大洋

14)金厂沟梁镇俯冲型 $G_1$ 组合($J_3$)

该组合出露于敖汉旗金厂沟梁镇一带。岩石类型为石英闪长岩、花岗闪长岩。呈不规则小岩株状侵入新太古代变质岩中，时代为晚侏罗世。石英闪长岩中角闪石和黑云母含量达10%～20%，属壳幔混合源成因类型。缺少岩石化学资料。经与区域对比研究判断为俯冲环境形成的闪长岩-花岗闪长岩($G_1$)组合。

15)四道沟乡、林家营子后造山型碱性—钙碱性花岗岩组合($K_1$)

该组合分布于喀喇沁旗南部四道沟乡、林家营子等地。呈北西向短轴岩基状、岩株状产出。岩石类型以黑云母二长花岗岩为主，少量正长花岗岩、碱长花岗岩及石英二长岩。碱长花岗岩钾长石含量57%，斜长石12%，An=4。过去1∶5万区域地质调查命名为黑云母花岗岩，本次工作修正为碱长花岗岩。该组合U-Pb同位素年龄为132.8Ma，K-Ar同位素年龄为109Ma，其时代确定为早白垩世。

根据岩石化学资料(表4-178～表4-180)进行了计算和投图分析。岩石系列为高钾钙碱性系列和钾玄岩系列(图4-325)。在 $Na_2O$-$K_2O$ 图解中样点位于I型区(图4-326)，岩石中含大量闪长质包体，A/CNK值小于1.1，应为壳幔混合源成因类型。在山德指数图解中为后造山花岗岩(图4-327)，在 $Al_2O_3$-$SiO_2$ 图解中也为后造山花岗岩(图4-328)。综合分析判断为后造山环境形成的碱性—钙碱性花岗岩组合。

**表 4-178 早白垩世($K_1$)冀北后造山侵入岩岩石化学成分含量及主要参数** 单位：%

| 序号 | 样品号 | $SiO_2$ | $TiO_2$ | $Al_2O_3$ | $Fe_2O_3$ | FeO | MnO | MgO | CaO | $Na_2O$ | $K_2O$ | $P_2O_5$ | LOS | Total | $Na_2O+K_2O$ | $K_2O/Na_2O$ | $Mg^{\#}$ | $FeO^*$ | A/CNK | σ | A.R | SI | DI |
|---|---|---|---|---|---|---|---|---|---|---|---|---|---|---|---|---|---|---|---|---|---|---|---|
| 1 | 206 | 69.8 | 0.26 | 14.7 | 1.49 | 1.86 | 0.04 | 1.01 | 0.88 | 3.99 | 5.54 | 0.14 | 0.75 | 100.46 | 9.53 | 1.39 | 0.42 | 3.2 | 1.04 | 3.39 | 4.15 | 7.27 | 88.31 |
| 2 | ⅣP15-77 | 66.12 | 0.48 | 15.98 | 1.41 | 2.22 | 0.05 | 1.8 | 2.42 | 3.68 | 4.92 | 0.23 | 0.5 | 99.81 | 8.6 | 1.34 | 0.54 | 3.49 | 1.02 | 3.2 | 2.76 | 12.8 | 78.42 |
| 3 | ⅣP7-189 | 74.02 | 0.35 | 12.82 | 0.49 | 1.08 | 0.04 | 0.25 | 1.44 | 3.63 | 4.65 | 0.02 | 0.77 | 99.56 | 8.28 | 1.28 | 0.25 | 1.52 | 0.94 | 2.21 | 3.77 | 2.48 | 90.96 |
| 4 | ⅡP6GS55 | 74.5 | 0.25 | 12.3 | 0.48 | 2.06 | 0.04 | 0.2 | 1.06 | 3.51 | 4.17 | 0.04 | 0.79 | 99.4 | 7.68 | 1.19 | 0.14 | 2.49 | 1.01 | 1.87 | 3.7 | 1.92 | 89.87 |
| 5 | ⅡGS0141 | 73.35 | 0.18 | 12.84 | 0.14 | 2.3 | 0.03 | 0.2 | 1.13 | 3.99 | 5.32 | 0.07 | 0.44 | 99.99 | 9.31 | 1.33 | 1 | 2.43 | 0.90 | 2.86 | 5 | 1.67 | 91.91 |

**表 4-179 早白垩世($K_1$)冀北后造山侵入岩稀土元素含量及主要参数** 单位：$\times10^{-6}$

| 序号 | 样品号 | La | Ce | Pr | Nd | Sm | Eu | Gd | Tb | Dy | Ho | Er | Tm | Yb | Lu | ΣREE | ΣLREE | ΣHREE | LREE/HREE | δEu |
|---|---|---|---|---|---|---|---|---|---|---|---|---|---|---|---|---|---|---|---|---|
| 1 | 206 | 36.9 | 67.7 | 6.42 | 25.8 | 4 | 0.92 | 2.64 | 0.43 | 2.42 | 0.42 | 1.72 | 0.18 | 1.2 | 0.19 | 150.94 | 141.74 | 9.2 | 15.41 | 0.82 |

续表 4-179

| 序号 | 样品号 | La | Ce | Pr | Nd | Sm | Eu | Gd | Tb | Dy | Ho | Er | Tm | Yb | Lu | ΣREE | ΣLREE | ΣHREE | LREE/HREE | δEu |
|---|---|---|---|---|---|---|---|---|---|---|---|---|---|---|---|---|---|---|---|---|
| 2 | ⅣP15-77 | 47.54 | 83.34 | 9.22 | 32.74 | 5.05 | 1.1 | 4.78 | 0.54 | 3.18 | 0.68 | 1.78 | 0.25 | 1.59 | 0.23 | 192.02 | 178.99 | 13.03 | 13.74 | 0.67 |
| 3 | ⅣP7-189 | 50.79 | 74.94 | 6.98 | 23.88 | 3.79 | 0.59 | 3.02 | 0.36 | 2.02 | 0.43 | 1.16 | 0.18 | 1.2 | 0.15 | 169.49 | 160.97 | 8.52 | 18.89 | 0.52 |
| 4 | ⅡP6GS55 | 114.8 | 202.6 | 21.15 | 75.42 | 12.31 | 0.7 | 8.24 | 1.19 | 5.64 | 1.1 | 2.98 | 0.44 | 2.47 | 0.37 | 449.41 | 426.98 | 22.43 | 19.04 | 0.2 |
| 5 | ⅡGS0141 | 104.3 | 170 | 17.24 | 60.44 | 9.62 | 1.05 | 7.11 | 1.04 | 5.12 | 1.12 | 2.99 | 0.42 | 2.71 | 0.4 | 383.56 | 362.65 | 20.91 | 17.34 | 0.37 |

表 4-180　早白垩世($K_1$)冀北后造山侵入岩微量元素含量及主要参数　　单位：$\times10^{-6}$

| 序号 | 样品号 | Sr | Rb | Ba | Th | Nb | Hf | Zr | Cr | Ni | Co | U | V | Y | Cs | Sc | Rb/Sr | Zr/Hf | U/Th |
|---|---|---|---|---|---|---|---|---|---|---|---|---|---|---|---|---|---|---|---|
| 1 | 206 | 588 | 192 | 858.7 | | | 13 | 208 | 2.3 | 19 | 12 | | 48.48 | 12.2 | | 5.67 | 0.33 | 16.00 | |
| 2 | ⅣP15-77 | 6.2 | 175 | 807.5 | | | 10 | 312 | 72.27 | 25.3 | 10.7 | | 86.6 | 15.6 | | 9.24 | 28.23 | 31.20 | |
| 3 | ⅣP7-189 | 133.6 | 227 | 316.8 | 29.87 | 13 | 15 | 105 | 8.11 | 4 | 1.36 | 5 | 11.3 | | 0.41 | | 1.70 | 7.00 | 0.17 |
| 4 | ⅡP6GS55 | 23.45 | 64 | 177 | | 10 | 283 | 23 | 16 | | 5 | 14 | 5 | | | | 2.73 | 0.08 | |
| 5 | ⅡGS0141 | 25.09 | 112 | 174 | | 10 | 248 | 17 | 15 | | 5 | 16 | 5 | | | | 4.46 | 0.07 | |

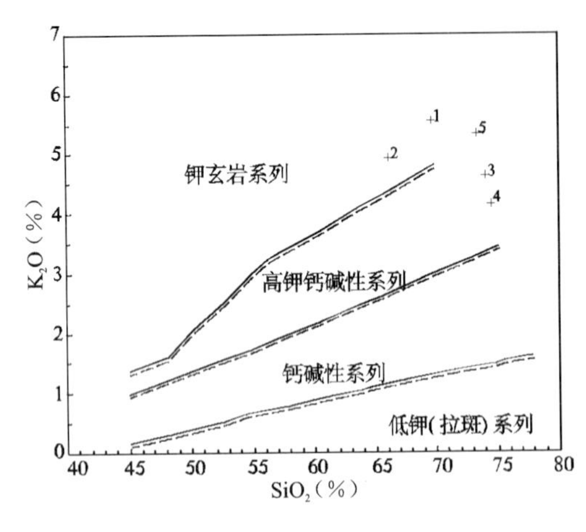


图 4-325　$K_2O$-$SiO_2$ 图解

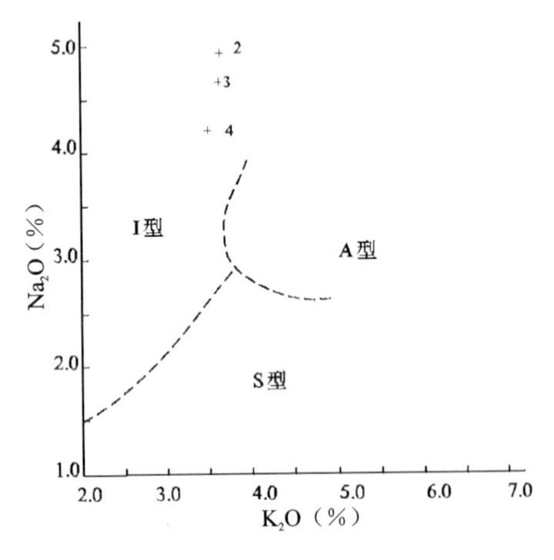


图 4-326　$Na_2O$-$K_2O$ 图解

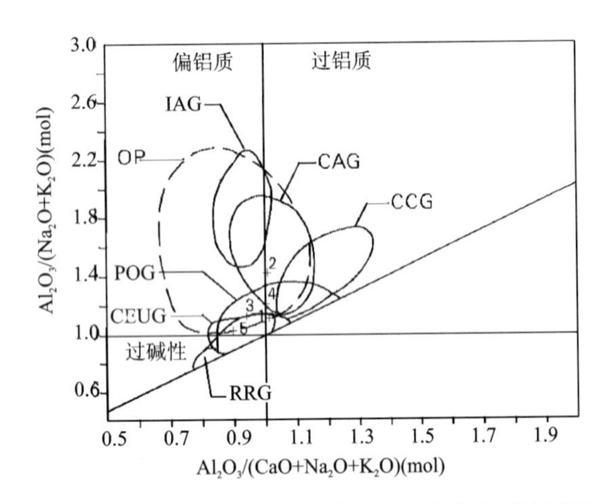


图 4-327　山德指数(Shamd's indel)花岗岩环境图解

IAG. 岛弧；CAG. 大陆弧；CCG. 大陆碰撞；POG. 后造山；RRG. 裂谷系；CEUG. 大陆造陆隆升；OP. 大洋

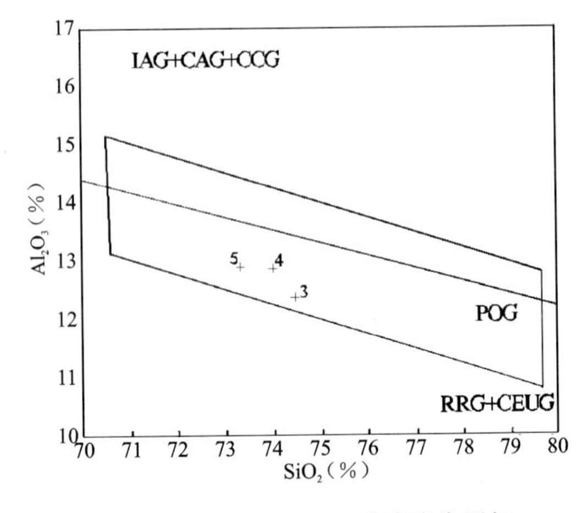


图 4-328　$Al_2O_3$—$SiO_2$ 花岗岩类图解

LGA. 岛弧；CGA. 大陆弧；CCG. 大陆碰撞；PDG. 后造山；RRG. 与裂谷有关的；CEUG. 与大陆造陆抬升有关的

### 3. Ⅱ-4 狼山-阴山构造岩浆岩带岩石构造组合及其特征

1）Ⅱ-4-1 固阳-兴和构造岩浆岩亚带岩石构造组合及其特征

本亚带发育太古宙、元古宙、晚古生代及中生代侵入岩。其中中太古代发育变质深成侵入体，由中低压高角闪岩相-麻粒岩相区域中高温变质作用形成的麻粒岩、片麻岩及混合花岗岩等中深变质岩类组成，共同构成陆核构造环境的岩石构造组合。自新太古代起，按照板块构造观点及要求，总结不同时代的岩石构造组合特点，并探讨所形成的大地构造环境。经过初步研究与总结，本亚带共有 18 个岩石构造组合，由老到新分述如下。

（1）蛮汉山陆核型基性麻粒岩组合（$Ar_2$）。

该组合出露出于凉城县北部蛮汉山区。由紫苏斜长麻粒岩-二辉麻粒岩-紫苏斜长片麻岩变质岩建造构成，原岩主要为苏长岩等基性岩类。综合判断为陆核环境形成的基性麻粒岩组合。

（2）包头-旗下营陆核型 TTG 质紫苏片麻岩组合（$Ar_2$）。

该组合包括 4 个变质岩建造：①山和原沟紫苏黑云花岗质-紫苏黑云花岗闪长质片麻岩建造，原岩为花岗闪长岩-花岗岩组合，出露于包头地区山和原沟和大庙等地；②毕气沟角闪紫苏花岗闪长质-角闪二辉花岗闪长质片麻岩变质建造，原岩为花岗闪长岩-花岗岩组合，出露于乌拉山北侧毕气沟等地；③狼牙山紫苏英云闪长质-紫苏斜长花岗质-紫苏花岗闪长质片麻岩变质建造，原岩为英云闪长岩-花岗闪长岩组合，分布于大青山北部狼牙山等地；④紫苏长英质麻粒岩-角闪钾长片麻岩变质建造，原岩为花岗岩，分布于旗下营南部山区。综合判断为陆核环境形成的 TTG 质紫苏片麻岩组合。

（3）东坡村-东灯炉素陆核型混合花岗岩组合（$Ar_2$）。

该组合分布于武川县东坡村东部，呼和浩特市北部及旗下营北部东灯炉素村地区。包括 2 个变质岩建造：①紫苏混合花岗岩-角闪混合花岗岩-黑云石榴混合花岗岩变质岩建造，其矿物成分随共生的表壳岩变化而变化，原岩为不同类型的深熔花岗岩；②黑云角闪混合片麻岩-黑云钾长混合片麻岩-含紫苏角闪钾长混合片麻岩变质岩建造，原岩为深熔花岗岩组合。综合判断为陆核环境形成的混合花岗岩组合。

（4）包头-兴和陆核型 TTG 质片麻岩组合（$Ar_2$）。

该组合包括 3 个变质岩建造：①村空山石英闪长质-钾长花岗岩片麻岩-二长（钾长）花岗质片麻岩变质建造，原岩为英云闪长岩-花岗岩组合，分布于固阳县东部村空山等地；②昆都仑闪长质片麻岩-石英闪长质片麻岩-花岗闪长质片麻岩变质岩建造，原岩为英云闪长岩-花岗闪长岩组合，分布于包头市昆都仑区北部、土默特右旗北部、武川县西南部及察右中旗西南部等地；③大王山透辉斜长片麻岩-辉石斜长片麻岩-含紫苏透辉纹长片麻岩变质岩建造，原岩为英云闪长岩-花岗岩组合，分布于兴和县南部大王山地区。综合判断为陆核环境之英云闪长质-花岗闪长质-花岗质片麻岩（TTG）组合。

（5）包头市陆核型花岗质片麻岩（$G_2$）组合（$Ar_2$）。

该组合包括 2 个变质岩建造：①立甲子眼球状黑云钾长花岗质片麻岩-眼球状黑云角闪二长花岗质片麻岩变质岩建造，原岩为亚碱性钾质花岗岩-高钾花岗岩组合。出露于包头市西北、东北及东部地区；②陶来沟黑云花岗质片麻岩-黑云钾长花岗质片麻岩变质岩建造，原岩为花岗岩-钾长花岗岩组合，出露于固阳县公盖明南陶来沟地区。综合判断为陆核环境形成的花岗质片麻岩（$G_2$）组合。

（6）包头市陆核型变质基性岩墙群（$Ar_2$）。

该群分布于包头市东北部，侵入于山和原沟片麻岩中，产状为东西向岩墙状，宽度数十米，长度数千米。由（二辉）斜长角闪岩-石榴角闪二辉麻粒岩-变质辉绿辉长岩变质建造构成，原岩为基性侵入岩类。综合判断为陆核环境形成的变质基性岩墙组合。

（7）南营子-兰家沟陆核型变质基性—超基性岩组合（$Ar_2$）。

该组合主要分布于南营子—兰家沟地区。此外在包头市北部集宁市西部及卓资县东南部也有出露。岩石类型有辉石斜长角闪岩、变质中粗粒橄榄辉石岩、变质（角闪）辉长岩、变质中粗粒碱性辉长岩。

产于包头市北部叶百沟的辉石斜长角闪岩侵入乌拉山岩群，Sm-Nd 等时线年龄为(2822±2)Ma，其时代确定为中太古代。岩石系列为过铝质中钾钙碱性—碱性系列，幔源成因类型。初步确定为陆核构造环境形成的基性—超基性岩组合。

(8)隆盛庄-亚麻士陆核型 TTG 组合($Ar_2$)。

该组合分布于丰镇县隆盛庄—亚麻士一带。岩石类型有变质英云闪长岩、变质中粗粒石英闪长岩及黑云母花岗岩。岩石系列为过铝质中高钾钙碱性系列。初步判断为陆核环境之 TTG 组合。

(9)蛮汉山-丰镇县陆核型花岗岩组合($Ar_2$)。

该组合广泛分布于蛮汉山、和林县、卓资县、凉城县及丰镇县等地区。岩石类型有片麻状似斑状石榴二长花岗岩、片麻状石榴花岗岩、变质黑云二长花岗岩及变质中粗粒碱长花岗岩。岩石系列为偏铝质—过铝质中钾—高钾钙碱性系列，少数为偏铝质碱性系列。初步判断为陆核环境形成的花岗岩组合。

(10)固阳县-武川县岛弧型 HMA+TTG 组合($Ar_3$)。

该组合分布于固阳县东部—武川县南部地区。岩石类型有片麻状闪长岩、片麻状石英闪长岩、变质花岗闪长岩、变质英云闪长岩及变质花岗岩。均经受了中压低绿片岩相-低角闪岩相区域动力热流变质作用。据张维杰等(2000)及简平等(2005)对固阳地区闪长岩-角闪花岗岩的调查与研究认为，闪长岩、石英闪长岩应为高镁闪长岩，特征是富 MgO(MgO=2.46%～9.11%)，富 $Al_2O_3$($Al_2O_3$=14.5%～18.1%)，且富 Cr 和 Ni，并取得了锆石 SHRIMP U-Pb 年龄，高镁闪长岩为(2556±14)Ma，角闪花岗岩为(2520±9)Ma，属新太古代晚期。这一发现可以佐证内蒙古中部地区在新太古代开始了板块构造运动，并可以综合判断为古岛弧环境形成的高镁闪长岩+TTG 组合。

(11)尖草沟大陆伸展型碱性正长岩组合($Ar_3$)。

该组合仅出露在尖草沟一带。岩石类型为中粗粒黑云母透辉碱长正长岩。岩石系列为偏铝质钾质碱性系列，壳源成因。初步判断为大陆伸展环境形成的碱性正长岩组合。

(12)大青山俯冲型 TTG 组合($Pt_1$)。

该组合分布于呼和浩特—旗下营以北的大青山地区。岩石类型有变质闪长岩、含金变质石英闪长岩、含金变质英云闪长岩、变质花岗闪长岩及变质二长花岗岩。时代为古元古代，岩石系列为钙碱性系列，壳幔混合源成因类型。初步判断为俯冲环境形成的英云闪长岩-花岗闪长岩-花岗岩(TTG)组合。

(13)沙德盖、二道洼大陆伸展型碱性花岗岩组合($Pt_2$)。

该组合分布于包头北部沙德盖地区及呼和浩特市北二道洼地区。岩石类型有含金片麻状黑云母花岗岩、含金铜铅锌变质二长花岗岩、变质碱长(正长)花岗岩。后者 U-Pb 同位素年龄为 1898Ma，时代确定为中元古代。岩石系列为偏铝质—过铝质碱性系列或偏铝质钾玄岩系列，壳幔混合源或壳源成因类型。初步判断为大陆伸展环境形成的碱性花岗岩组合。

(14)查干敖包-秦家沟俯冲型 TTG 组合(P)。

该组合分布于查干敖包—秦家沟地区。岩石类型有闪长岩、花岗闪长岩、英云闪长岩、二长花岗岩及似斑状石英二长岩。后者 U-Pb 同位素年龄为 261Ma，其时代确定为二叠纪。岩石系列为高钾钙碱性系列，壳幔混合源成因类型。初步判断为俯冲环境形成的英云闪长岩-花岗闪长岩-花岗岩(TTG)组合。

(15)大桦背大陆伸展型碱性花岗岩组合(T)。

该组合分布于乌拉山桦背、查汗敖包等地。岩石类型有花岗岩、二长花岗岩及似斑状二长花岗岩。三者 U-Pb 同位素年龄分别为 224.4Ma、225～224Ma 和 243Ma，其时代确定为三叠纪。岩石系列分别为过铝质高钾碱性系列、偏铝质钾质碱性系列和钾质碱性系列，均为壳源成因类型。初步判定为大陆伸展环境形成的碱性花岗岩组合。

(16)大桦背东后造山型碱性—钙碱性花岗岩组合($T_3$)。

该组合零星分布于乌拉山大桦背以东地区，岩石类型及其特征为中粗粒黑云母二长花岗岩，钙碱性系列；中粗粒花岗岩、二长花岗岩为过铝质钾质碱性系列，U-Pb 同位素年龄为 211.2Ma；中粗粒霓辉石正长岩为偏铝质—过铝质钾质碱性系列，Rb-Sr 同位素年龄为 197.7Ma。成因类型为壳幔混合源，时代确定为晚三叠世。综合判断为后造山环境之碱性—钙碱性花岗岩组合。

(17)油娄山后造山碱性—钙碱性花岗岩组合($J_3$)。

该组合分布于油娄山地区。主要岩石类型有细粒石英闪长岩、似斑状二长花岗岩、似斑状花岗岩、花岗闪长岩及石英斑岩。时代为晚侏罗世。岩石系列石英闪长岩为钙碱性系列，其余为过铝质钾质碱性系列，壳幔混合源成因类型。初步判别为后造山环境之碱性—钙碱性花岗岩组合。

(18)和林格尔县东大陆伸展型过碱性花岗岩组合($K_2$)。

该组合出露于和林格尔县东部，面积仅数平方千米。岩石类型为肉红色霓辉石正长斑岩，属过碱性岩石系列，壳源成因类型。时代为晚白垩世。明显地属于大陆伸展环境形成的过碱性花岗岩组合。

2)Ⅱ-4-2 色尔腾山-太仆寺旗构造岩岩浆岩亚带岩石构造组合及其特征

本亚带发育太古宙、元古宙、晚古生代及中生代侵入岩，由老到新构成 15 个岩石构造组合。

(1)色尔腾山陆核型花岗质片麻岩组合($Ar_2$)。

该组合分布于本亚带西部营盘湾镇西侧色尔腾山南麓，由陶来沟黑云花岗质片麻岩-黑云钾长花岗质片麻岩变质建造构成。时代为中太古代。显示出中低压高角闪岩相系区域中高温变质作用特征。原岩为花岗岩-钾长花岗岩组合，初步判定为陆核环境之花岗质片麻岩组合。

(2)闪电河古俯冲型花岗闪长质-二长花岗质片麻岩($G_1G_2$)组合($Ar_3$)。

该组合分布于本亚带东部闪电河两岸，由二长花岗片麻岩和眼球状二长片麻岩变质建造构成。时代为新太古代。显示出中低压低绿片岩相-低角闪岩相系区域动力热流变质作用特征。原岩为二长花岗岩-花岗闪长岩组合。初步判断为古俯冲环境形成的花岗闪长质-二长花岗质片麻岩($G_1G_2$)组合。

(3)闪电河俯冲环境 SSZ 型蛇绿岩组合($Ar_3$)。

该组合分布于东部闪电河西岸，营盘坎子山及六合村等地。岩石类型有变质斜长角闪辉石岩、透辉石岩、透辉角闪石岩、变质辉绿岩。原岩为基性—超基性岩组合。呈岩瘤或岩脉状产出。时代为新太古代。岩石系列为低钾拉斑玄武岩系列，幔源成因类型。初步判断为俯冲环境形成的 SSZ 型蛇绿岩组合。

(4)固阳县-察右中旗俯冲型 $\delta$+TTG 组合($Ar_3$)。

该组合广泛分布于固阳县、三合明、察右中旗、察右后旗、四子王旗等地区。岩石类型包括片麻状闪长岩、片麻状石英闪长岩、片麻状英云闪长岩、片麻状黑云母花岗岩及糜棱岩化含金二长花岗岩。多呈岩基、岩株状产出。片麻状石英闪长岩 U-Pb 同位素年龄为 2494Ma，片麻状英云闪长岩 U-Pb 同位素年龄为 2529Ma，时代确定为新太古代。岩石系列为偏铝质—过铝质中钾—高钾钙碱性系列，成因类型为壳幔混合源。初步判断为俯冲环境形成的闪长岩＋英云闪长岩-花岗岩(TTG)组合。

(5)色尔腾山-召河俯冲型$\upsilon$+$\delta$+TTG 组合($Pt_1$)。

该组合分布于色尔腾山色灯沟—召河庙的广大地区。岩石类型有角闪辉长岩、片麻状闪长岩、紫苏二长闪长岩、变质石英闪长岩、片麻状英云闪长岩、花岗闪长岩。多呈岩基状、岩株状产出。U-Pb 同位素年龄，片麻状闪长岩为 2197Ma，变质石英闪长岩为 2201Ma 及 2274Ma，紫苏二长闪长岩为 1811Ma，片麻状英云闪长岩为 1982Ma 和 2261Ma，花岗闪长岩为 2284Ma。侵入时代确定为古元古代。岩石系列为偏铝质—过铝质中高钾钙碱性系列，成因类型为壳幔混合源。初步判断为俯冲环境形成的辉长($\upsilon$)＋闪长岩石($\delta$)＋英云闪长岩-花岗闪长岩(TTG)组合。

(6)色灯沟-石片沟大陆伸展型碱性花岗岩组合($Pt_1$)。

该组合分布于色灯沟—石片沟地区。岩石类有中粒花岗岩、黑云二长花岗岩、似斑状角闪二长花岗岩、石英正长岩、正长岩、紫苏石英二长岩。多呈岩株状产出。U-Pb 同位素年龄多在 2284～1820Ma 之间，少数为 2422Ma，其时代为古元古代。岩石系列为偏铝质—过铝质钾质碱性系列，角闪二长花岗岩为偏铝质钾玄岩系列，缺少钙碱性系列岩石。岩石成因类型以壳源为主，综合判断为大陆伸展型碱性花岗岩组合。

(7)白召沟俯冲型 TTG 组合($Pt_2$)。

该组合分布于色尔腾山白召沟等地。岩石类型有英云闪长岩、黑云母花岗岩、黑云母二长花岗岩及二长花岗岩。多呈岩株状产出。岩石系列为过铝质中钾—高钾钙碱性系列,壳幔混合源成因类型。初步判断为俯冲环境形成的英云闪长岩-花岗岩(TTG)组合。

(8)大照山-毛事沟大陆伸展型双峰式侵入岩组合($Pt_2$)。

该组合广泛分布于大照山—毛事沟地区。岩石类型有变质辉长岩、变质辉绿岩、变质辉长辉绿岩、变质花岗岩、黑云母花岗岩、黑云母二长花岗岩、似斑状二长花岗岩、碱长花岗岩及碱长石英正长岩。U-Pb 同位素年龄多在 1929～1648Ma 之间,时代为中元古代。岩石系列为过铝质钾质碱性系列,只有辉长岩为偏铝质拉斑玄武岩系列。成因类型:酸性岩为壳源,基性岩为壳幔混合源。缺少中性岩类。初步判断为大陆伸展裂谷环境形成的双峰式侵入岩组合。

(9)乌兰乌素后造山型碱性—钙碱性侵入岩组合(C)。

该组合分布于乌兰乌素一带。岩石类型有闪长岩、石英闪长岩、花岗岩、(似斑状)二长花岗岩、(角闪)石英二长岩及角闪正长岩。U-Pb 同位素年龄为 330～286Ma。时代确定为石炭纪。岩石系列:闪长岩类为偏铝质中钾钙碱性系列,角闪正长岩为偏铝质钾玄岩系列,其他岩类为过铝质钾质碱性系列。成因类型为壳幔混合源。初步判断为后造山环境之碱性—钙碱性侵入岩组合。

(10)哈拉哈少-牛场湾俯冲型$\upsilon$＋TTG 组合($P_1$)。

该组合分布于哈拉哈少—牛场湾地区。岩石类型有苏长岩、英云闪长岩、似斑状花岗闪长岩、似斑状二长花岗岩、石英二长花岗岩。U-Pb 同位素年龄,花岗闪长岩为 264.6Ma,石英二长花岗岩为 280Ma。其时代确定为早二叠世。岩石系列为偏铝—过铝质高钾钙碱性系列。岩石成因类型为壳幔混合源。初步判断为俯冲环境形成的苏长岩($\upsilon$)＋英云闪长岩-花岗闪长岩-花岗岩(TTG)组合。

(11)哈拉哈少-牛场湾大陆伸展型碱性花岗岩组合($P_2$)。

该组合零星分布于哈拉哈少、牛场湾等地。岩石类型有花岗岩、(似斑状)二长花岗岩及石英二长岩。U-Pb 同位素年龄在 261～243Ma 之间。其时代确定为中二叠世。岩石系列为高钾或钾质碱性系列,壳源成因类型。初步判断为大陆伸展环境形成的碱性花岗岩组合。

(12)德日斯太碰撞强过铝花岗岩组合($T_1$)。

该组合出露于德日斯太一带。岩石类型为二长花岗岩、黑云母二长花岗岩。时代为早三叠世。岩石系列为过铝质钾质碱性系列,壳源成因类型。初步判断为碰撞环境形成的强过铝花岗岩组合。

(13)德日斯太—李三沟碰撞型 $G_1G_2$ 组合($T_3$)。

该组合分布于德日斯太—李三沟地区。岩石类型有中粗粒花岗岩、二长花岗岩及花岗闪长岩。U-Pb 同位素年龄分别为 211Ma、210.7Ma 及 228Ma,其时代确定为晚三叠世。岩石系列为过铝质钾质碱性系列,壳幔混合源成因类型。初步确定为碰撞环境之花岗闪长岩-花岗岩($G_1G_2$)组合。

(14)骆驼山大陆伸展型碱性花岗岩组合(J)。

该组合出露于骆驼山、黄花窝铺等地。岩石类型有中粗粒花岗岩及中粗粒碱长花岗岩。U-Pb 同位素年龄为 160Ma 和 162Ma,K-Ar 同位素年龄为 174.8Ma。其时代确定为侏罗纪。岩石系列为钾质—高钾碱性系列和过铝质高钾碱性系列,壳源成因类型。初步判断为大陆伸展环境形成的碱性花岗岩组合。

(15)神水梁大陆伸展型碱性花岗岩组合($K_1$)。

该组合仅出露在神水梁一带,面积十几平方千米。岩石类型为中细粒二长花岗岩。K-Ar 同位素年龄为 116.9Ma,U-Pb 同位素年龄为 126.8Ma。其时代确定为早白垩世。岩石系列属偏铝质钾质—高钾碱性系列,壳源成因类型,初步判断为大陆伸展环境形成的碱性花岗岩组合。

3)Ⅱ-4-3 狼山-白云鄂博构造岩浆岩亚带岩石构造组合及其特征

本亚带呈弧形狭长带状分布于内蒙古中西部,西起阿拉善右旗,向东经雅布赖山、迭布斯格山、狼山南部、乌拉特后旗南部、乌拉特中旗、白云鄂博、四子王旗、察右后旗到太仆寺旗北部,东西长约 1500km。

广泛发育太古代—中生代不同类型的侵入岩，由老到新构成24个侵入岩石构造组合。

(1)波罗斯坦庙陆核型英云闪长质-花岗闪长质片麻岩(TTG)组合($Ar_2$)。

该组合分布于西部波罗斯坦庙地区。相当于1∶20万区域地质调查中的阿拉善群下部的波罗斯坦庙组及其以北的哈乌拉组。根据近年来的新资料(耿元生等，2006)，从原阿拉善群中单独划出为变质深成侵入体，经区域对比分析，时代置于中太古代。该组合由黑云斜长片麻岩-角闪斜长片麻岩-黑云二长片麻岩变质建造构成。岩石具石榴石片麻岩、斜长角闪岩及变粒岩等包体。原岩为英云闪长岩-花岗闪长岩组合。初步判断为陆核环境之英云闪长质-花岗闪长质片麻岩(TTG)组合。

(2)巴彦毛德陆核型闪长质-石英二长质混合花岗岩组合($Ar_2$)。

该组合分布于西部迭布斯格山、哈乌拉山及阿德日根别立等地。与中太古代波罗斯庙片麻岩及雅布赖山岩群呈渐变过渡或侵入关系，时代确定为中太古代。该组合由斜长混合花岗岩-钾长变斑混合花岗岩变质建造构成，其中兼有石英闪长岩、混合紫苏闪长岩及混合石英二长岩。原岩为闪长岩-石英二长岩组合。初步确定为陆核环境形成的闪长质-石英二长质混合花岗岩组合。

(3)毕级尔台-大布苏山-乌力吉图古俯冲型闪长质片麻岩+TTG质片麻岩变质深成侵入岩组合($Ar_3$)。

该组合分布于西部毕级尔台—大布苏山—乌力吉图地区。包括新太古代3个变质岩建造：①黑云角闪钾长片麻岩变质建造，原岩为闪长岩，空间上沿查布日格山—达克图苏木—巴拉哈乌拉山一线呈北东向断续出露；②黑云斜长片麻岩-角闪斜长片麻岩-花岗片麻岩变质建造，原岩为英云闪长岩-花岗闪长岩-奥长花岗岩组合，分布于毕级尔台—大布苏山地区及其东部的苟寇温都尔山—乌力吉图镇地区；③(石榴)钾长花岗片麻岩-黑云(二长)钾长花岗片麻岩变质建造，原岩为钾长花岗岩，仅出露于额尔格铁苦一处。共同经历了中压高角闪岩相区域中高温变质作用。经初步分析确定为古俯冲环境形成的闪长质片麻岩($\delta$)+英云闪长质-花岗闪长质-奥长花岗质片麻岩(TTG)组合。

(4)乌兰哈达-龙西圪旦俯冲型$\upsilon+\delta+$TTG组合($Ar_3$)。

该组合广泛分布于本亚带中部乌兰哈达—书记沟—查干敖包—龙西圪旦地区。岩石类型有斜长角闪岩、角闪斜长片麻岩、片麻状闪长岩、片麻状石英闪长岩、变质英云闪长岩、变质花岗闪长岩、片麻状花岗岩及二长花岗岩、斜长花岗岩。U-Pb同位素年龄为2580～2420Ma，时代为新太古代。岩石系列为偏铝质—过铝质中钾—高钾钙碱性系列，仅二长花岗岩为过铝质钾质碱性系列。成因类型为壳幔混合源。初步判断为俯冲环境形成的基性岩($\upsilon$)+($\delta$)+英云闪长岩-花岗闪长岩-花岗岩(TTG)组合。

(5)徐磨房俯冲型TTG组合($Pt_1$)。

该组合分布于中部徐磨房一带。岩石类型为中粗粒片麻状英云闪长岩。时代属古元古代。岩石系列为过铝质中高钾钙碱性系列，壳幔混合源成因类型。初步判断为俯冲环境之英云闪长岩(TTG)组合。

(6)达嘎-柳叉沟大陆伸展型碱性花岗岩组合($Pt_1$)。

该组合分布于本亚带中部达嘎—柳叉沟地区。岩石类型有中粒花岗岩、似斑状碱长花岗岩。U-Pb同位素年龄为1853Ma和2422Ma。时代确定为古元古代。岩石系列分别为过铝质钾质碱性系列和过铝质钾玄系列。成因类型为壳幔混合源。初步判断为大陆伸展环境之碱性花岗岩组合。

(7)阿德日根别立-白云常合山裂谷型基性—超基性岩组合($Pt_2$)。

该组合分布于本亚带中西部阿德日根别立—白云常合山地区。岩石类型有橄榄岩、苦橄岩、辉石橄榄岩、蛇纹岩、白云岩、角闪石岩、角闪辉石岩、变质辉长岩、变质辉绿岩。后者U-Pb同位素年龄为(1871±31)Ma。时代确定为中元古代。与铜铌矿关系密切。岩石系列以低钾拉斑玄武岩系列为主，少有中钾钙碱性系列。成因类型为幔源。初步判断为裂谷环境之基性—超基性岩组合。

(8)阿德日根别立-白音布拉沟后造山型碱性—钙碱性侵入岩组合($Pt_2$)。

该组合分布于中西部阿德日根别立、白云常合山、白音布拉沟等地。岩石类型有闪长岩、石英闪长岩、蚀变花岗岩、蚀变似斑状二长花岗岩。蚀变花岗岩U-Pb同位素年龄为1648Ma，时代确定为中元古代。具氟、锑及非金属矿化。岩石系列为偏铝质—过铝质钾质—高钾钙碱性系列和过铝质碱性系列。成因类型为壳幔混合源和壳源。初步判断为大陆伸展环境碱性—钙碱性闪长岩-花岗岩组合。

(9)巴音宝力格俯冲型 TTG 组合($Pt_3$)。

该组合分布于乌拉特后旗巴音宝力格镇等地。岩石类型有英云闪长岩、二长花岗岩。时代为新元古代。岩石系列为钾质碱性—中钾钙碱性系列。壳幔混合源成因类型。初步判断为俯冲环境形成的英云闪长岩-花岗岩(TTG)组合。

(10)呼都呼都格—额尔格铁吉俯冲型 $\delta$+TTG 组合(S)。

该组合分布于本亚带西南部呼都呼都格—额尔格铁吉地区。岩石类型有闪长岩、似斑状花岗闪长岩、英云闪长岩及二长花岗岩。时代为志留纪。岩石系列为过铝质钾质钙碱性系列和偏铝质—过铝质碱性系列。成因类型为壳幔混合源。初步判断为俯冲环境之闪长岩+英云闪长岩-花岗闪长岩-花岗岩(TTG)组合。

(11)董大沟-巴拉根乌拉后造山型碱性—钙碱性侵入岩组合($C_1$)。

该组合分布于本亚带西部董大沟—巴拉根乌拉地区。岩石类型有辉长岩、石英闪长岩及二长花岗岩。后者 U-Pb 同位素年龄为 322Ma,时代确定为早石炭世。岩石系列为中钾钙碱系列和偏铝质钾质碱性系列。成因类型分属壳幔混合源和壳源。初步判断为后造山环境之碱性—钙碱性侵入岩组合。

(12)珠力格太俯冲型$\upsilon$+$\delta$+TTG 组合($C_2$)。

该组合分布于本亚带西部珠力格太、巴拉嘎斯太河地区。岩石类型以(似斑状)英云闪长岩、花岗闪长岩为主,并有少量(角闪)辉长岩、闪长岩、石英闪长岩、似斑状黑云母二长花岗岩、二长花岗岩及花岗岩。U-Pb 同位素年龄,闪长岩为 302Ma 和 346Ma,黑云母二长花岗岩为 380Ma 和 239Ma,时代确定为晚石炭世。岩石系列主要为偏铝质—过铝质钾质—中钾钙碱性系列,只有花岗岩为过铝质钾质碱性系列。成因类型为壳幔混合源。初步分析判断为俯冲环境形成的辉长岩($\upsilon$)+闪长岩($\delta$)+英云闪长岩-花岗闪长岩-花岗岩(TTG)组合。

(13)黄花圪洞-巴音哈太俯冲型 $\delta$+TTG 组合(P)。

该组合分布于本亚带东部黄花圪洞—巴音哈太地区。岩石类型有闪长岩、石英闪长岩、闪长玢岩、英云闪长岩、花岗闪长岩、似斑状花岗岩。时代为二叠纪。岩石系列为偏铝质中钾—高钾钙碱性系列。壳幔混合源成因类型。初步判断为俯冲环境形成的闪长岩($\delta$)+英云闪长岩-花岗闪长岩-花岗岩(TTG)组合。

(14)黄花圪洞-巴音哈太后造山型过碱性—钙碱性花岗岩组合(P)。

该组合分布于本亚带东部黄花圪洞—巴音哈太地区。岩石类型有花岗岩、似斑状花岗岩、黑云母花岗岩、二云母花岗岩、黑云母二长花岗岩、二长花岗岩、石英二长岩、白云石英二长岩及碱长花岗岩、霓辉正长岩。时代为二叠纪。岩石系列主要为偏铝质—过铝质钾质—高钾碱性—过碱性系列,只有似斑状花岗岩为过铝质高钾钙碱性系列。初步分析判断为后造山环境之过碱性—钙碱性花岗岩组合。

(15)扎木呼都格-恒义和俯冲型$\upsilon$+$\delta$+TTG 组合($P_2$)。

该组合分布广泛,以扎木呼都格、恒义和、哈布其勒高勒等地出露较多。岩石类型以英云闪长岩、似斑状花岗闪长岩、黑云母花岗岩、(似斑状)二长花岗岩为主,兼有少量苏长岩、闪长岩、似斑状石英二长闪长岩。似斑状花岗闪长岩 U-Pb 同位素年龄为 264.4Ma,黑云母花岗岩为 275.5Ma。时代确定为中二叠世。岩石系列以偏铝质—过铝质中钾—高钾钙碱性系列为主,黑云母花岗岩及二长花岗岩为过铝质钾质碱性系列。成因类型为壳幔混合源。初步分析判断为俯冲环境之苏长岩($\upsilon$)+闪长岩($\delta$)+英云闪长岩-花岗闪长岩-花岗岩(TTG)组合。

(16)乌兰伊日-白音敖包俯冲型$\upsilon$+$\delta$+TTG 组合($P_2$)。

该组合分布于乌兰伊日、白音敖包—查干敖包、大黑沙头—五福堂及窝地等地区。岩石类型有角闪辉长岩、石英闪长岩、(似斑状)花岗闪长岩、英云闪长岩、似斑状黑云母花岗岩、花岗岩、似斑状二长花岗岩、(黑云母)二长花岗岩及碱长花岗岩。U-Pb 同位素年龄为 275~243Ma,其时代确定为中二叠世。

岩石系列主要为高钾钙碱性系列，辉长岩为拉斑玄武岩系列，二长花岗岩为钾质碱性系列，碱长花岗岩为钾玄岩系列。成因类型为壳幔混合源。综合判断为俯冲环境之辉长岩($\upsilon$)＋闪长岩($\delta$)＋英云闪长岩-花岗闪长岩-花岗岩(TTG)组合。

(17)石家营子后造山型碱性—钙碱性侵入岩组合($P_3$)。

该组合分布于本亚带中西部石家营子等地。岩石类型有闪长岩、花岗闪长岩、花岗岩、似斑状黑云母花岗岩及(似斑状)二长花岗岩。时代为晚二叠世。岩石系列为过铝质高钾钙碱性系列和过铝质钾质碱性系列，成因类型为壳幔混合源。初步判断为后造山环境之碱性—钙碱性侵入岩组合。

(18)哈日陶勒盖大陆伸展型碱性花岗岩组合($T_1$)。

该组合分布于哈日陶勒盖等地。岩石类型有似斑状花岗岩、二长花岗岩及花岗斑岩。似斑状花岗岩K-Ar同位素年龄为240Ma，其时代确定为早二叠世。岩石系列为偏铝质—过铝质钾质碱性系列，壳源成因类型。初步确定为大陆伸展环境形成的碱性花岗岩组合。

(19)额尔登温德尔后造山型碱性—钙碱性花岗岩组合($T_2$)。

该组合主要分布于额尔登温德尔地区。岩石类型有中粗粒共花岗岩、(似斑状)二长花岗岩、花岗斑岩及碱性花岗岩。二长花岗岩K-Ar同位素年龄为216～188Ma，其时代确定为中三叠世。岩石系列主要为过铝质钾质碱性系列，少数为过铝质中钾—高钾钙碱性系列。成因类型为壳源。初步判断为后造山环境之碱性—钙碱性花岗岩组合。

(20)乌梁斯太-大红山碰撞型强过铝花岗岩组合($T_3$)。

该组合集中分布于乌梁斯太—大红山地区。岩石类型有中粗粒花岗闪长岩、花岗岩、似斑状花岗岩、似斑状黑云母花岗岩、中细粒白云母花岗岩、中粗粒二云母花岗岩、(似斑状)二长花岗岩、(似斑状)黑云母二长花岗岩、石榴白云二长花岗岩、白云母二长花岗岩。U-Pb同位素年龄集中于227～208Ma之间，少数为175.5Ma、237Ma和256Ma。其时代确定为晚三叠世。岩石系列大部分为过铝质钾质碱性系列，少部分为偏铝质—过铝质高钾钙碱性系列。成因类型以壳源为主，也有壳幔混合源。根据白云母、黑云母及石榴子石等典型矿物的广泛出现，可以明显地判断为碰撞环境形成的强过铝花岗岩组合。

(21)乌兰德岭大陆伸展型过碱性—碱性正长岩组合($T_3$)。

该组合分布于中部乌兰德岭地区。岩石类型为中粗粒石英正长岩、粗粒含霓辉石钠闪石正长岩。时代为晚三叠世。岩石系列为偏铝质钾质碱性系列，幔源成因类型。根据碱性矿物霓辉石、钠闪石的出现，可以明确地判断为陆内裂谷环境形成的过碱性—碱性正长岩组合。

(22)阿拉善敖包苏木大陆伸展型碱性花岗岩组合($J_2$)。

该组合分布于阿拉善敖包苏木一带。岩石类型有中粗粒花岗岩、碱长花岗岩、中粗粒石英正长岩。K-Ar同位素年龄为185Ma和126.4Ma，其时代确定为中侏罗世。岩石系列为偏铝质高钾碱性系列，壳幔混合源成因类型。初步判断为大陆伸展型碱性花岗岩组合。

(23)新社村大陆伸展型碱性花岗岩组合($J_3$)。

该组合分布于本亚带东部新社村地区。岩石类型有中粗粒花岗岩、中粗粒二长花岗岩、黑云母二长花岗岩、似斑状二长花岗岩、花岗闪长岩、碱长花岗岩及花岗斑岩。U-Pb同位素年龄为126.3Ma，K-Ar同位素年龄为143.1Ma。其时代确定为晚侏罗世。岩石系列属于过铝质钾质碱性系列，壳源成因类型。初步分析判断为大陆伸展环境之碱性花岗岩组合。

(24)二龙山后造山型碱性—钙碱性二长岩-正长岩组合($K_1$)。

该组合分布于本亚带东部二龙山地区。岩石类型为石英二长岩、二长斑岩、石英正长斑岩。后者K-Ar同位素年龄为128.8Ma，其时代确定为早白垩世。岩石系列分别属于偏铝质高钾钙碱性系列和碱性系列。壳源成因类型。初步分析判断为后造山环境形成的碱性—钙碱性二长岩-正长岩组合。

### 4. Ⅱ-5 鄂尔多斯构造岩浆岩带岩石构造组合及其特征

1)Ⅱ-5-1 鄂尔多斯构造岩浆岩亚带岩石构造组合及其特征

本亚带仅出露晚白垩世侵入岩,位于呼和浩特市清水河县西北地区。岩石类型为黑色方沸石碱煌岩。属于过碱性岩石系列,壳源成因类型。初步判定为大陆伸展环境形成的过碱性碱煌岩组合。

2)Ⅱ-5-2 贺兰山构造岩浆岩亚带岩石构造组合及其特征

本亚带发育中太古代及中元古代侵入岩,岩石类型各异,构成3个岩石构造组合。

(1)贺兰山陆核型混合花岗岩组合($Ar_2$)。

该组合分布于贺兰山北部察克勒山地区。时代为中太古代。由混合花岗岩、混合钾长花岗岩、混合二长花岗岩变质建造组成,与中太古代千里山群哈布其盖岩组榴云片麻岩、变粒岩、浅粒岩呈混合交代接触关系,并有围岩残留体。是由原岩为碎屑岩-砂泥质岩类经中低压高角闪长相-麻粒岩相区域中高温变质作用及混合化作用、花岗岩化作用的产物。经初步分析归属为陆核环境形成的混合花岗岩组合。

(2)小松山大陆伸展型碱性超基性岩-正长岩组合($Pt_2$)。

该组合分布于小松山、阿马乌苏两地。小松山出露斜辉橄榄岩、二辉橄榄岩。阿马乌苏出露中细粒碱长正长岩,K-Ar同位素年龄为1741Ma。其时代确定为中元古代。岩石系列分别为碱性系列和钠质碱性系列,成因类型为幔源,初步判断为大陆伸展环境形成的碱性超基性岩-正长岩组合。

(3)敖包梁俯冲型TTG组合($Pt_2$)。

该组合分布于敖包梁及小松山地区。岩石类型为中粗粒英云闪长岩及花岗岩。时代为中元古代。岩石系列分属中钾碱性系列和高钾碱性系列。初步判断为俯冲环境形成的英云闪长岩-花岗岩(TTG)组合。

### 5. Ⅱ-7 阿拉善构造岩浆岩带岩石构造组合及其特征

1)Ⅱ-7-1 迭布斯格构造岩浆岩亚带岩石构造组合及其特征

本亚带侵入岩比较发育,从太古代至中生代均有分布。由老到新构成9个岩石构造组合。

(1)迭布斯格山-哈乌拉山陆核型混合花岗岩组合($Ar_2$)。

该组合集中分布于迭布斯格山—哈乌拉山地区。时代为中太古代。由斜长混合花岗岩、钾长变质斑混合花岗岩变质建造构成,其中有石英闪长岩、混合紫苏闪长岩、混合石英二长岩。原岩为闪长岩-二长岩组合。变质作用特征为中低压高角闪岩相-麻粒岩相区域中高温变质。经初步分析归属陆核环境形成的混合花岗岩组合。

(2)希勒图洋岛拉斑环境碱性玄武质-拉斑玄武质辉长岩组合($Pt_1$)。

该组合分布于希勒图一带。岩石类型有橄榄辉长岩、橄榄角闪辉长岩及闪长岩。K-Ar同位素年龄分别为1895Ma及1056Ma,其时代确定为古元古代。辉长岩类岩石系列为中钾钙碱性系列、碱性系列及低钾拉斑玄武岩系列。总体上属于壳幔混合成因类型。初步分析归属于洋岛环境形成的碱性玄武质-拉斑玄武质辉长岩组合。

(3)哈马拉-库和额热格裂谷型辉长岩-闪长岩组合($Pt_2$)。

该组合零星分布于哈马拉—库和额热格地区,多呈小岩株产出。岩石类型有橄榄辉长岩、角闪辉长岩、粗粒辉长岩、中粒苏长岩及中粒闪长岩、中粗粒石英闪长岩。时代属中元古代,岩石系列分属偏铝质中钾钙碱性系列、偏铝质钠质或钾质碱性系列及低钾拉斑玄武岩系列。成因类型为壳幔混合源。初步判断为裂谷环境形成的辉长岩-闪长岩组合。

(4)五连泉山俯冲型 TTG 组合(S)。

该组合分布于五连泉山、布弧图等地。岩石类型有英云闪长岩、花岗闪长岩、(似斑状)二长花岗岩、黑云母二长花岗岩。时代为志留纪。岩石系列主要为中钾—高钾钙碱性系列,部分二长花岗岩为钾质碱性碱性系列。成因类型为壳幔混合源。初步判断为俯冲环境形成的英云闪长岩-花岗闪长岩-花岗岩(TTG)组合。

(5)德来纪俯冲型 $G_1G_2$ 组合($D_3$)。

该组合分布于德来纪一带,出露面积小且零散。时代为晚泥盆世。岩石类型有似斑状花岗闪长岩、(黑云母)二长花岗岩。岩石系列分别为高钾钙碱性系列和钾质碱性系列。壳幔混合源成因类型,初步判断为俯冲环境形成的花岗闪长岩-花岗岩($G_1G_2$)组合。

(6)韩家井俯冲型 $G_2$ 组合($C_2$—$P_1$)。

该组合分布于迭布斯格山及韩家井,两地相距较远。岩石类型包括出露于迭布斯格山晚石炭世的石英闪长岩,出露于韩家井早二叠世的似斑状花岗岩。岩石系列为高钾钙碱性系列和钾质碱性系列。成因类型为壳幔混合源。初步判断为俯冲环境之闪长岩-花岗岩($G_2$)组合。

(7)独青山-都兰布尔俯冲型 $G_1G_2$ 组合($P_2$)。

该组合分布于独青山—都兰布尔地区。岩石类型有石英闪长岩、花岗闪长岩、(黑云母)二长花岗岩及花岗岩。花岗岩 K-Ar 同位素年龄为 265Ma,时代确定为中二叠世。岩石系列为中钾钙碱性系列和钾质碱性系列。初步判断为俯冲环境的花岗闪长岩-花岗岩($G_1G_2$)组合。

(8)克拉乌珠尔碰撞型高钾和超钾质侵入岩组合($P_3$)。

该组合广泛分布于克拉乌珠尔等地。岩石类型有花岗岩、似斑状花岗岩、二长花岗岩、似斑状二长花岗岩。后者 K-Ar 同位素年龄为 247Ma,时代确定为晚二叠世。岩石系列为高钾钙碱性系列和钾质—高钾质碱性系列。壳源成因类型。初步判断为后碰撞环境形成的高钾和超钾质花岗岩组合。

(9)额吉乌拉大陆伸展型碱性—过碱性花岗岩组合($T_2$)。

该组合分布于额吉乌拉等地。呈小岩株状产出。时代为中三叠世。岩石类型有花岗岩、二长花岗岩、黑云母二长花岗岩及石英正长岩。岩石系列为钾质—高钾质碱性系列。壳源成因类型。初步判断为大陆伸展环境形成的碱性—过碱性花岗岩组合。

2)Ⅱ-7-2 *龙首山构造岩浆岩亚带岩石构造组合及其特征*

本亚带发育中元古代及古生代侵入岩,受大地构造控制呈北西向分布。由老到新构成 5 个侵入岩岩石构造组合。

(1)大井俯冲型 TTG 组合($Pt_2$)。

该组合分布于阿拉善右旗大井地区,面积约 $8km^2$。岩石类型单一,为英云闪长岩。时代为中元古代。岩石系列属中钾钙碱性系列。壳幔混合源成因类型。初步判断为俯冲环境形成的英云闪长岩(TTG)组合。

(2)道木头沟大洋环境 MORS 型蛇绿岩组合(∈)。

该组合分布于阿拉善右旗道木头沟一带,呈小岩株状产出。时代为寒武纪。由橄榄岩、辉长岩组成。岩石系列为低钾拉斑玄武岩系列,幔源成因类型。初步判断为大洋环境 MORS 型蛇绿岩组合。尚需进一步研究确定。

(3)坡拉麻顶俯冲型 $G_1G_2$ 组合(S)。

该组合集中分布于坡拉麻顶一带,时代为志留纪。岩石类型有似斑状花岗闪长岩、中粗粒花岗岩。岩石系列为钾质碱性系列。壳幔混合源成因类型。初步判断为俯冲环境形成的花岗闪长岩-花岗岩

($G_1G_2$)组合。

(4)桃花拉山俯冲型 $G_2$ 组合($C_2$)。

该组合分布于阿拉善右旗桃花拉山地区,时代为晚石炭世。岩石类型只有似斑状花岗岩。属于高钾钙碱性岩石系列,壳源成因类型。初步判断为俯冲环境形成的花岗岩($G_2$)组合。

(5)大车场后造山型碱性—钙碱性花岗岩组合($P_2$)。

该组合集中分布于大车场地区,呈岩株状产出,时代为中二叠世,岩石类型有似斑状二长花岗岩、二长花岗岩及石英正长岩。成因类型为壳源。推测判断为后造山环境之碱性—钙碱性花岗岩组合,尚需进一步研究。

## (三)Ⅲ塔里木构造岩浆岩省岩石构造组合及其特征

Ⅲ-2-1 敦煌构造岩浆岩带柳园亚带岩石构造组合及其特征。本亚带位于额济纳旗西南部地区,发育有太古宙、古生代及中生代侵入岩,由老到新构成 9 个侵入岩岩石构造组合。

### 1. 五道明水陆核型英云闪长质片麻岩(TTG)组合($Ar_{2-3}$)

该组合分布于五道明水地区,时代为中—新太古代。由角闪岩相区域中高温度变质作用形成的变质深成侵入体构成,包括黑云母斜长花岗质片麻岩、角闪斜长花岗岩质片麻岩及斜长花岗质片麻岩变质岩建造。原岩为英云闪长岩。初步判断为陆核环境形成的英云闪长质片麻岩(TTG)组合。

### 2. 白泉沟洋岛拉斑玄武质辉长岩组合(O)

该组合分布于白泉沟一带。时代属奥陶纪。主要为粗粒角闪辉长岩,另有少量石英辉长岩及闪长岩。岩石系列为偏铝质—过铝质低钾拉斑玄武岩系列,幔源成因类型。初步判断为大洋环境洋岛拉斑玄武质辉长岩组合。

### 3. 龙峰山俯冲型 TTG 组合(S)

该组合主要分布在龙峰山地区。时代为志留纪。岩石类型有粗粒英云闪长岩、中粗粒似斑状黑云母二长花岗岩。岩石系列为过铝质高钾钙碱性系列,壳幔混合源成因类型,初步判断为俯冲环境形成的英云闪长岩-花岗闪长岩(TTG)组合

### 4. 三道明水俯冲型 $G_1$ 组合($C_2$)

该组合出露于三道明水南边,时代为晚石炭世,由中粒花岗闪长岩构成,具铌和铁矿化。岩石系列为过铝质中高钾钙碱性系列,壳幔混合源成因类型,初步判断为俯冲环境的花岗闪长岩($G_1$)组合。

### 5. 东三洋井-三道明水 $\upsilon+\delta+$TTG 组合($P_2$)

该组合分布广泛,主要见于东三洋井—三道明水地区。时代属中二叠世。岩石类型较多,包括中粗粒蚀变辉长岩、石英闪长岩、闪长玢岩、英云闪长岩、花岗闪长岩、黑云母花岗岩、似斑状黑云母花岗岩、黑云母二长花岗岩、似斑状黑云母二长花岗岩及石英二长岩。其中似斑状二长花岗岩具钼矿化。岩石系列为偏铝质—过铝质高钾钙碱性系列和偏铝质—过铝质钾质碱性系列。成因类型为壳幔混合源及壳源。初步判断为俯冲环境的辉长岩($\upsilon$)+闪长岩($\delta$)+英云闪长岩-花岗闪长岩-花岗岩(TTG)组合。

**6. 野马营-西沙婆泉后造山双峰式侵入岩组合($P_3$)**

该组合分布于野马营—西沙婆泉地区,时代为晚二叠世。岩石类型有中粗粒二长花岗岩和辉绿岩。二长花岗岩岩石系列为过铝质钾质系列,壳源成因;辉绿岩为幔源成因。总体上构成后造山环境形成的双峰式侵入岩组合。

**7. 王许黑山大陆伸展型碱性花岗岩组合($T_3$)**

该组合分布于本亚带南部王许黑山地区,为石英类型为中粗粒黑云母二长花岗岩,K-Ar 同位素年龄为 205.8Ma,时代为晚三叠世。岩石系列属于过铝质钾质碱性系列。成因类型为壳源。初步判断为大陆伸展环境的碱性花岗岩组合。

**8. 红柳大泉碰撞型高钾钙碱性花岗岩组合($J_2$)**

该组合分布于红柳大泉南侧,面积约 $3km^2$。石英类型为粗粒花岗闪长岩,时代为中侏罗世。属于偏铝质高钾钙碱性岩石系列,壳幔混合成因类型。初步判断为碰撞环境形成的高钾钙碱性花岗岩组合。

**9. 炮台山碰撞型强过铝花岗岩组合($K_1$)**

该组合分布于炮台山一带,面积最大一处为 $11km^2$。岩石类型为中粗粒白云母二长花岗岩,K-Ar 同位素年龄为 116.2Ma,时代为早白垩世。属于过铝质钾质碱性岩石系列和壳源成因类型。根据特征矿物白云母的出现,初步判断为碰撞环境之强过铝花岗岩组合。

## 第三节 构造岩浆旋回与构造岩浆岩带

### 一、侵入岩构造岩浆旋回

#### (一)侵入岩构造岩浆旋回划分原则与依据

划分构造岩浆旋回的原则是依据侵入岩浆作用的动力学过程,即由伸展到挤压一个连续的动力学过程中所发生的侵入岩浆作用划为一个旋回,在一个侵入岩浆旋回中处于同一个动力学条件下的侵入作用划归为一个阶段,同一个阶段中由于侵入岩浆活动强度不同形成的岩石组合等特点不同,则可划分为一个期或几个期,一个构造侵入岩浆期中的一次侵入过程或几个相关联的侵入过程可以划分为次一级的侵入岩浆活动。

#### (二)侵入岩构造岩浆旋回划分方案

根据内蒙古岩浆岩在地质历史各阶段的发育情况和岩浆演化特征分析,结合全国构造岩浆旋回划分方案,在天山-兴蒙造山系和华北陆块区共划分出 3 个旋回、3 个亚旋回、10 个阶段、23 个构造岩浆活动期(表 4-181)。在塔里木陆块区分出 2 个旋回、3 个亚旋回、6 个侵入期(表 4-182)。

**表 4-181　内蒙古天山-兴蒙造山系和华北陆块区构造岩浆旋回划分表**

| 代 | 纪 | 世 | 旋回 | 亚旋回 | 阶段 | 期 | 岩石构造组合 |  | 构造环境 |  |
|---|---|---|---|---|---|---|---|---|---|---|
|  |  |  |  |  |  |  | 造山系 | 陆块区 | 造山系 | 陆块区 |
| 中生代 | 白垩纪 | 晚白垩世 | 晚三叠世—第四纪构造岩浆旋回 | 晚三叠世—白垩纪亚旋回 | 第三阶段 | 晚白垩世侵入活动期 | 碱性花岗岩组合 | 过铝钙碱性花岗岩组合 | 大陆伸展 | 伸展 |
|  |  | 早白垩世 |  |  | 第二阶段 | 早白垩世侵入活动期 | 双峰式岩墙群组合、碱性—钙碱性花岗岩组合、强过铝花岗岩组合、TTG 组合 | 碱性花岗岩组合、碱性—钙碱性花岗岩组合 | 裂谷<br>后造山<br>碰撞<br>俯冲 | 伸展<br>后造山 |
|  | 侏罗纪 | 晚侏罗世 |  |  |  | 晚侏罗世侵入活动期 | 碱性—钙碱性花岗岩组合、高钾和钾玄质花岗岩组合、闪长岩-花岗闪长岩组合、$G_2$组合、$\delta$+TTG 组合、TTG+HMA 组合 | 碱性—钙碱性花岗岩组合、$G_1G_2$组合、碱性花岗岩组合 | 后造山<br>后碰撞<br>俯冲 | 后造山<br>俯冲<br>伸展 |
|  |  | 中侏罗世 |  |  | 第一阶段 | 中侏罗世侵入活动期 | 碱性花岗岩组合、$G_1G_2$组合、花岗岩组合、高钾和钾玄质花岗岩组合、高钾钙碱性花岗岩组合、$\upsilon$-$\delta$-$\gamma$ 组合 | 高钾和钾玄质花岗岩组合 | 大陆伸展<br>俯冲<br>碰撞 | 后碰撞 |
|  |  | 早侏罗世 |  |  |  | 早侏罗世侵入活动期 | 碱性花岗岩组合、高钾和钾玄质花岗岩组合、高钾钙碱性花岗岩组合、碱性—钙碱性花岗岩组合、花岗岩组合、$G_1G_2$组合、$\upsilon$+$\delta$+HMA+TTG 组合 | 碱性—钙碱性花岗岩组合 | 伸展<br>碰撞<br>后造山<br>俯冲<br>岛弧 | 后造山 |
|  | 三叠纪 | 晚三叠世 |  |  |  | 晚三叠世侵入活动期 | 过碱性—钙碱性花岗岩组合、中基性—超基性组合、$G_1G_2$组合、高钾—超钾花岗岩组合、中钾钙碱性花岗岩组合、钾质超钾质花岗岩组合 | 过碱性—钙碱性花岗岩组合、碱性—钙碱性花岗岩组合、$G_1G_2$组合、基性—超基性岩组合 | 后造山<br>稳定陆块<br>俯冲<br>后碰撞 | 伸展<br>后造山<br>后碰撞<br>后造山 |
|  |  | 中三叠世 | 南华纪—中三叠世构造岩浆旋回 | 晚泥盆世—中三叠世亚旋回 | 第三阶段 | 中三叠世侵入活动期 | $G_1$组合、中基性岩组合、$G_2$组合、钾质钾玄岩质花岗岩组合、强过铝花岗岩组合、高钾钙碱性花岗岩组合 | 碱性—钙碱性花岗岩组合 | 俯冲<br>碰撞 | 后造山 |
|  |  | 早三叠世 |  |  |  | 早三叠世侵入活动期 | 高钾—钾玄质花岗岩组合 | 强过铝花岗岩组合、高钾钙碱性花岗岩组合 | 后碰撞环境 | 后碰撞 |

**续表 4-181**

<table>
<tr><th rowspan="2">代</th><th rowspan="2">纪</th><th rowspan="2">世</th><th rowspan="2">旋回</th><th rowspan="2">亚旋回</th><th rowspan="2">阶段</th><th rowspan="2">期</th><th colspan="2">岩石构造组合</th><th colspan="2">构造环境</th></tr>
<tr><th>造山系</th><th>陆块区</th><th>造山系</th><th>陆块区</th></tr>
<tr><td rowspan="10">古生代</td><td rowspan="3">二叠纪</td><td>晚二叠世</td><td rowspan="10">南华纪—中三叠世构造岩浆岩旋回</td><td rowspan="5">晚泥盆世—中三叠世亚旋回</td><td rowspan="2">第三阶段</td><td>晚二叠世侵入活动期</td><td>双峰式侵入岩组合、<br>高钾钙碱性花岗岩组合、<br>钾质超钾质花岗岩组合、<br>TTG 组合、SSZ 型蛇绿岩组合</td><td>碱性—钙碱性花岗岩组合、<br>钾质超钾质花岗岩组合</td><td>伸展<br>碰撞<br>俯冲</td><td>后造山<br>碰撞</td></tr>
<tr><td>中二叠世</td><td>中二叠世侵入活动</td><td>碱性—钙碱性花岗岩组合、<br>高钾钙碱性花岗岩组合、<br>强过铝花岗岩组合、<br>高钾和钾玄岩质组合、<br>TTG 组合、<br>花岗闪长岩-花岗岩组合、<br>碱性玄武质辉长岩组合、<br>$G_2$ 组合、$\delta$+TTG 组合、<br>$G_1$ 组合</td><td>碱性—钙碱性花岗岩组合、<br>碱性花岗岩组合、<br>高钾钙碱性花岗岩组合、<br>$G_1G_2$ 组合</td><td>后造山<br>碰撞<br>俯冲</td><td>后造山<br>俯冲<br>俯冲<br>俯冲</td></tr>
<tr><td>早二叠世</td><td rowspan="3">第二阶段</td><td>早二叠世侵入活动期</td><td>碱性—钙碱性花岗岩组合、<br>过碱性—钙碱性花岗岩组合、<br>$G_1G_2$ 组合、$\upsilon$+$\delta$+TTG 组合、<br>SSZ 型蛇绿岩组合、$G_1$ 组合</td><td>碱性—钙碱性花岗岩组合、<br>$G_2$ 组合、<br>$\upsilon$+TTG 组合</td><td>后造山<br>俯冲</td><td>后造山<br>俯冲<br>俯冲</td></tr>
<tr><td rowspan="2">石炭纪</td><td>晚石炭世</td><td>晚石炭世侵入活动期</td><td>强过铝花岗岩组合、<br>高钾—钙碱性花岗岩组合、<br>TTG 组合、$G_2$ 组合、<br>高钾—超钾质花岗岩组合、<br>SSZ 型蛇绿岩组合、<br>HMA 组合、$\delta$+TTG 组合、<br>$G_1G_2$ 组合</td><td>$G_2$ 组合、<br>$\upsilon$+$\delta$+TTG 组合</td><td>碰撞<br>俯冲</td><td>俯冲</td></tr>
<tr><td>早石炭世</td><td>早石炭世侵入活动期</td><td>过碱性—组合钙碱性<br>花岗岩组合</td><td>碱性—钙碱性花岗岩组合</td><td>后造山</td><td>后造山</td></tr>
<tr><td rowspan="2">泥盆纪</td><td>中晚泥盆世</td><td rowspan="5">中泥盆世—南华纪亚旋回</td><td>第一阶段</td><td>中晚泥盆世侵入活动期</td><td>碱性—钙碱性花岗岩组合、<br>辉长-辉绿玢岩组合、<br>TTG 组合、SSZ 型蛇绿岩组合</td><td>$G_1G_2$ 组合</td><td>后造山<br>裂谷<br>俯冲</td><td>俯冲</td></tr>
<tr><td>早泥盆世</td><td rowspan="4">第二阶段</td><td>早泥盆世侵入活动期</td><td>TTG 组合</td><td></td><td>俯冲</td><td></td></tr>
<tr><td>志留纪</td><td></td><td>志留纪侵入活动期</td><td>过碱性—组合钙碱性<br>花岗岩组合、<br>TTG 组合、$G_1$ 组合、$G_2$ 组合</td><td>TTG 组合、<br>$G_1G_2$ 组合、<br>$\delta$+TTG 组合</td><td>后造山<br>俯冲</td><td>俯冲</td></tr>
<tr><td>奥陶纪</td><td></td><td>奥陶纪侵入活动期</td><td>英云闪长岩组合、TTG 组合、<br>SSZ 型蛇绿岩组合、<br>$\delta$+TTG 组合</td><td></td><td>俯冲</td><td></td></tr>
<tr><td>寒武纪</td><td></td><td>寒武纪侵入活动期</td><td>基性—超基性花岗岩组合</td><td>MORS 型蛇绿组合</td><td>大洋扩张</td><td>大洋扩张</td></tr>
</table>

**续表 4-181**

| 代 | 纪 | 世 | 旋回 | 亚旋回 | 阶段 | 期 | 岩石构造组合 | | 构造环境 | |
|---|---|---|---|---|---|---|---|---|---|---|
| | | | | | | | 造山系 | 陆块区 | 造山系 | 陆块区 |
| 新元古代 | | | | 中泥盆世—南华纪亚旋回 | 第一阶段 | 新元古代侵入活动期 | $G_2$组合、<br>花岗闪长岩-花岗岩组合、<br>辉长岩-闪长岩组合 | $TTG_1$组合 | 俯冲 | 俯冲 |
| 中元古代 | | | 前南华纪构造岩浆旋回 | | | 中元古代侵入活动期 | 变质超基性岩组合、<br>变质闪长岩组合、<br>TTG、组合、<br>SSZ蛇绿岩组合、<br>HMA组合、<br>拉斑玄武质辉长岩组合、<br>TTG组合、<br>MORS蛇绿岩组合 | TTG、组合、<br>基性—超基性岩组合、<br>双峰式侵入岩组合、<br>碱性花岗岩组合 | 裂谷<br>俯冲<br>大洋、<br>洋中脊 | 裂谷 |
| 古元古代 | | | | | | 古元古代侵入活动期 | 英云闪长质-花岗闪长质(TTG)组合、<br>SSZ蛇绿岩组合 | 碱性花岗岩组合、<br>TTG组合、$G_1G_2$组合、<br>碱性—拉斑玄武质辉长岩组合 | 古岛弧<br>俯冲 | 活动大陆边缘 |
| 新太古代 | | | | | | 新太古代侵入活动期 | | HMA组合、SSZ蛇绿岩组合、<br>英云闪长-花岗闪长-<br>花岗质片麻岩(TTG)组合 | | 活动大陆边缘 |
| 中太古代 | | | | | | 中太古代侵入活动期 | | 混合花岗岩组合、<br>花岗质片麻岩组合、<br>TTG质片麻岩组合、<br>变质基性—超基性岩组合、<br>基性麻粒岩组合 | | 陆核 |

**表 4-182　内蒙古塔里木陆块构造岩浆旋回划分表**

| 代 | 纪 | 世 | 旋回 | 回旋亚 | 期 | 岩石构造组合 | 构造环境 |
|---|---|---|---|---|---|---|---|
| 中生代 | 白垩纪 | 早白垩世 | 晚三叠世—第四纪构造岩浆旋回 | 晚三叠世—白垩纪亚旋回 | 早白垩纪侵入活动期 | 强过铝花岗岩组合 | 碰撞 |
| | 侏罗纪 | 中侏罗世 | | | 中侏罗纪侵入活动期 | 高钾—钙碱性花岗岩组合 | 碰撞 |
| | 三叠纪 | 晚三叠世 | | | 晚三叠纪侵入活动期 | 碱性花岗岩 | 大陆伸展 |

续表 4-182

| 代 | 纪 | 世 | 旋回 | 回旋亚 | 期 | 岩石构造组合 | 构造环境 |
|---|---|---|---|---|---|---|---|
| 古生代 | 二叠纪 | 晚二叠世 | 南华纪—中三叠世构造岩浆旋回 | 晚泥盆世—中三叠世亚旋回 | 晚二叠世侵入活动期 | 双峰式侵入岩组合 | 后造山 |
| | | 中二叠世 | | | 中二叠世侵入活动期 | $\upsilon+\delta+$TTG 组合 | 俯冲 |
| | 志留纪—奥陶纪 | | | 南华纪—中泥盆世亚旋回 | 志留纪—奥陶纪侵入活动期 | 英云闪长岩-花岗岩闪长岩(TTG)组合、拉斑玄武质辉长岩组合 | 俯冲<br>洋岛 |
| 太古宙 | 前南华纪 | | 前南华纪构造岩浆旋回 | | | 英云闪长质片麻岩组合 | 陆核 |

## (三)各侵入岩构造岩浆旋回基本特征概述

### 1. 前南华纪构造岩浆旋回

由于资料不充分,前南华纪构造岩浆旋回没有划分出亚旋回。在构造岩浆旋回的基础上,根据侵入构造岩浆活动的强度不同,形成的岩石组合等特点不同,直接划分出 4 个侵入岩浆(活动)期:中太古代侵入(活动)期、新太古代侵入(活动)期、古元古代侵入(活动)期和中元古代侵入(活动)期。

1)中太古代侵入(活动)期

该侵入岩浆岩(活动)期主要发生在华北陆块区的北缘。

燕山夭折裂谷内,吕梁碳酸盐岩台地见少量的活动记录,侵入(活动)次数达到 2 次。第一次侵入活动以基性、超基性镁铁质含量较高幔源的原始岩浆侵入为主,包括少量的中酸性经过改造的各类花岗质岩浆。原始岩浆岩石有灰绿色中粗粒橄榄辉石岩、灰黑色中粗粒角闪辉长岩、辉长岩和绿黑色中粗粒碱性辉长岩。岩石系列属过铝质中钾钙碱性系列,属俯冲环境杂岩。

第二次侵入(活动),主要分布在隆盛庄—南营子一带。分布面积零星,相对来说比较集中。岩性主要是中酸性花岗质岩类,包括浅黄色中粗粒榴石花岗岩、肉红色、浅黄色中粗粒碱长花岗岩、二长花岗岩、黑云母花岗岩、黑云母二长花岗岩,灰绿色中粗粒石英闪长岩及英云闪长岩等。黑云母花岗岩 U-Pb 同位素年龄为 2360Ma,岩石系列属偏铝质—过铝质中钾—高钾钙碱性系列的壳幔混合源。

2)新太古代侵入(活动)期

新太古代侵入(活动)期,同样存在着两次有记录的侵入活动。第一次侵入活动主要发生在乌拉特前旗六合营村一带。岩性以深灰色—灰绿色的基性岩为主,少量的中酸性侵入岩,包括透辉石岩、含透辉石角闪石岩及少量的角闪石岩。成因为幔源，岩石系列属偏铝质高钾—低钾拉斑系列。新太古代侵入活动与中太古代侵入岩浆活动相比，显然有减弱的趋势。

第二次侵入活动主要为中酸性花岗质岩石的侵入活动。据岩石组合来看，第一次与第二次的侵入活动间隔时间不会太长。中酸性岩包括中粗粒花岗闪长岩、英云闪长岩、二长花岗岩、花岗岩等，岩石成因类型为壳幔混合源，过铝质钾质碱性—钙碱性系列。

3)古元古代侵入(活动)期

古元古代侵入活动期，在造山系与陆块区差异明显，造山系仅一次侵入活动，发生在达茂旗北东东根达莱一带，岩性单一，为绿色—灰绿色超基性(蛇纹岩)岩、辉长岩。

陆块区侵入活动一共发生了3次。其中基性、超基性为最早一次的侵入活动；第二次为中基性闪长岩类和片麻状石英闪长岩，构成最强的一次侵入活动；第三次是以中酸性侵入岩为主侵入活动，岩性包括英云闪长岩、黑云母正长岩、似斑状石英正长岩。

3次侵入活动均集中在陆块区北缘，沿色尔腾山—固阳，到呼和浩特市以北猴山一带，近东西向展布，呈岩株、岩枝零星分布。

侵入活动除第二次外，其余两次都比较弱，整体来看古元古代的侵入活动不是很发育。

4)中元古代侵入(活动)期

中元古代是本区岩浆活动最为强烈的一期，不论是陆块区还是造山带，都显得异常活跃。从构造来看，中元古代西伯利亚板块向华北陆块俯冲，在华北板块北缘产生大量的活动空间，使TTG岩石组合在陆缘弧近海沟一侧大量分布。岩浆的侵入活动，在造山带发生了3次，在陆块区至少发生4次。从岩性上看，造山系和陆块区两侧的岩石组合基本上很相似，都是以中酸性岩为主，少量的基性、超基性岩。陆块区第四次侵入活动，见有碱性花岗岩分布。

### 2. 南华纪—中三叠世构造岩浆旋回

南华纪—中三叠世构造岩浆旋回，包括了两个亚旋回：南华纪—中泥盆世亚旋回、晚泥盆世—中三叠世亚旋回。

1)南华纪—中泥盆世亚旋回

南华纪—中泥盆世亚旋回又划分出5期岩浆活动期，包括新元古代活动期、寒武纪活动期、奥陶纪活动期、志留纪活动期和早中泥盆世活动期。

(1)新元古代侵入活动期。新元古代正是超大陆裂解活动期，也是弧后盆地和被动陆缘发育期，侵入岩浆活动比较弱，但是在局部或者构造活动部位，新元古代的侵入活动还是比较强烈的。如额尔古纳岛弧在黄火地一带，分布大量的闪长岩、石英闪长岩、石英二长闪长岩、花岗岩、二长花岗岩及辉长岩，构成了辉长岩-闪长岩组合，另有少量石英正长岩、黑云母正长岩、角闪正长岩构造了$G_1G_2$组合。它们侵入古元古代兴华渡口岩群和南华纪佳疙瘩组。

内蒙古中部新元古代侵入岩，出露得极少，仅在乌拉特前旗巴音宝力格镇一带见少量分布，其余地区零星分布。岩性为中粒的二长花岗岩和英云闪长岩，是否是俯冲环境的产物，因资料不足，尚难确定。

(2)寒武纪侵入活动期。寒武纪岩浆侵入活动在内蒙古中部和东部没有发生，仅在内蒙古西部龙首山基底杂岩带内零星出露辉长岩、辉石橄榄岩，岩石组合为SSZ组合，幔源残片。

(3)奥陶纪侵入活动期。奥陶纪侵入活动期，基本上延续了寒武纪相对稳定的构造环境，没有发生大的、强烈的侵入活动，达茂旗以北、艾不盖河两侧是中—晚奥陶世主要的分布区，出露岩性为闪长岩、石英闪长岩，分布最广的是英云闪长岩。锡林浩特以东有2处奥陶纪侵入岩分布，岩性为石英闪长岩和英云闪长岩。

奥陶纪侵入岩分布最广的是东部诺敏镇和罕达盖嘎查一带，岩性包括花岗闪长岩、石英闪长岩、二长花岗岩等，花岗闪长岩U-Pb同位素年龄为500Ma，岩石普遍糜棱岩化，为高钾钙碱系列，岩石组合$G_1G_2$，环境为活动的陆边缘弧。

(4)志留纪—早泥盆世侵入活动期。志留纪—早、中泥盆世有两期岩浆活动。志留纪到早泥盆世的侵入岩多出露于内蒙古中西部的黑鹰山、公婆泉及阿右旗一带，岩性以中酸性花岗质岩石为主，有少量的辉长岩、角闪辉长岩和蛇纹岩等。陆块区顶志留纪侵入岩出露有限，但很集中，岩性为花岗岩和似斑状花岗闪长岩。

内蒙古东部缺失早中泥盆世的侵入活动。在赤峰市西南见顶志留纪侵入岩，岩性以二长花岗岩和正长花岗岩为主，呈小岩株分布于山嘴子、赤峰红山一带。

2)晚泥盆世—中三叠世亚旋回

该亚旋回根据划分原则，分出8期侵入活动期。

晚泥盆世—中三叠世亚旋回，是地球发展史中最为活跃的时期，在这个发展过程中，有大量的侵入岩活动，尤其是造山带中，侵入活动更为发育。在造山带中划分出3次重要的活动期。

(1)早石炭世侵入活动期。早石炭世侵入活动，多表现在扎兰屯—多宝山一带，其他地方见零星分布。根据岩石构造组合判断，出露在内蒙古中部地区的中酸性侵入岩，包括花岗岩、二长花岗岩、花岗闪长岩、碱性花岗岩和碱长花岗岩，属$G_1G_2$花岗岩组合和钾质、超钾质花岗岩组合。推测在蒙古国内存在着向南俯冲的环境，所以二连—东乌珠穆沁旗一带见有大量的早石炭世侵入岩，显示了陆缘弧的生成环境。

(2)晚石炭世侵入活动期。晚石炭世侵入岩浆活动达到高潮，不论在造山带还是陆块区，该活动期内均有3次活动期，造山带内的活动范围远高于陆块区。

造山带中，中酸性侵入岩多分布于天山-兴蒙构造岩浆岩带两端，陆块区中部则是晚石炭世侵入岩集中分布区。

造山带、陆块区内各自的3次侵入活动，差别不大，第一次侵入活动为基性—超基性辉长岩、角闪辉长岩和辉石角闪辉长岩及少量的中粒辉石角闪橄榄岩等。成因类型为幔源，岩石系列为拉斑玄武岩系列。

第二次侵入活动则为中性的闪长岩类，岩性有石英闪长岩、闪长岩、石英二长闪长岩等。此类岩石出露并不太多，但可以明显地显示，只要有闪长岩出露的地方，很有可能就代表着俯冲环境的存在。

第三次侵入活动规模大，侵入时间长，出露岩性多，几乎包括所有的花岗岩类，有花岗岩、二长花岗岩、黑云母花岗岩、碱长花岗岩、正长花岗岩、英云闪长岩、花岗闪长岩和石英二长岩等。岩石多以偏铝质碱性—钙碱性为主，岩石组合为一套非常有代表性的TTG组合，局部地方是$G_1G_2$组合。

(3)二叠纪侵入活动期。二叠纪侵入活动期划分为早、中、晚3期，每期又划分出不同的活动次数。早二叠世，正是内蒙古中东部板块汇聚的高峰期，陆缘弧上发育大量的中酸性侵入岩组合，以TTG组合为代表。

造山系中的侵入活动由弱到强，从基性、超基性岩的侵入活动到最后碱性花岗岩、正长花岗岩，最强的一次活动为中酸性侵入岩浆活动，岩石构造组合以TTG组合为主，少量的$G_1G_2$组合。

中二叠世侵入活动范围进一步扩大，可以说内蒙古各构造岩浆带内均有分布，其规模越来越大，多数岩体呈岩基分布，少数呈岩株出露。造山系、陆块区内的岩性无大的变化，不同的是造山系内的岩体分布相对陆块区来说比较零散，而陆块区内的岩体分布集中，排列也较有规律，大多近东西向排列。

晚二叠世侵入活动，在造山带中活动范围趋于减少，活动强度也开始减弱，岩性仍以中酸性为主，少量的中基性、超基性岩和蛇绿岩等。陆块区的环境变化较大，由俯冲环境变为碰撞环境，岩性由中酸性的TTG组合变为二长花岗岩、花岗岩、似斑状花岗岩和似斑状二长花岗岩及少量的花岗闪长岩。与俯冲环境相比，岩浆活动明显减弱。

(4)早中三叠世侵入活动期。三叠纪的侵入活动，由于构造环境出现大的变化，俯冲环境变为碰撞—后碰撞环境，侵入岩浆活动也随之发生改变，侵入活动次数减少，造山带中2次，陆块区内仅有1次岩浆活动。早三叠世由中酸性TTG组合的岩石，逐渐成为了花岗岩、二长花岗岩、黑云母二长花岗岩，造山带中见有花岗闪长岩和少量石英闪长岩。

中三叠世侵入活动延续早三叠世的岩浆活动，活动强度开始加强，代表碰撞环境的二长花岗岩中，最有代表性的是白云母二长花岗岩的出现，标志陆内块体之间的继续会聚方式是部分增厚机制，除此之外，有黑云母二长花岗岩、似斑状花岗岩、黑云母花岗岩，造山带中还有花岗闪长岩。碱性花岗岩在南、北两侧开始出现，但数量很少，零星分布。

**3.晚三叠世—第四纪构造岩浆旋回**

该旋回中仅划分出一个亚旋回，晚三叠世—白垩纪亚旋回，由老到新又划分出6个侵入活动期，包括晚三叠世，侏罗纪早、中、晚三期，白垩纪两期，早晚白垩世侵入活动各有1次，其他侵入活动期都经历了2～4次的侵入活动。

(1)晚三叠世侵入活动期，主要表现在内蒙古中西部。西部主要分布在额济纳旗黑鹰山一带。中东部主要分布于陆块区北缘、乌拉特中旗以东、达茂旗以北和巴林右旗一带，造山系侵入活动发生4次，陆块区3次。岩体呈岩株、岩枝零星分布。岩性多以二长花岗岩、似斑状二长花岗岩、二云母花岗岩和少量花岗闪长岩。巴林右旗一带岩性略有不同，为石英二长岩闪长岩、花岗闪长岩、角闪闪长岩和少量的辉长岩、辉绿岩、粗粒橄榄岩。

从岩石组合来看，内蒙古中西部与中东部晚三叠世侵入活动强度相同，但环境不同。

(2)侏罗纪侵入活动期包括早、中、晚3期。内蒙古中西部早、中侏罗世侵入活动较弱，内蒙古中、东部晚侏罗世岩浆活动最为集中，强度和活动范围都远远大于早、中侏罗世。从岩性分布就可看出岩浆活动强度，从基性到中酸性，从辉长岩到花岗岩、石英二长岩、石英闪长岩、花岗斑岩和碱性花岗岩应有尽有。岩浆活动达到4次，活动最为频繁的是一期岩浆活动。

(3)白垩纪侵入活动期分为两期，早白垩世和晚白垩世各一期，早白垩世活动期又分4次侵入活动，晚白垩世仅有1次。

早白垩世岩浆活动在内蒙古东部，表现得非常活跃，出露范围广，几乎每一处都有早白垩世的岩体分布，出露岩性从基性、中酸性到碱性均有。内蒙古中西部也有大面积的出露，造山带主要在黑鹰山一带和陆块区北缘呼包二市以北。

晚白垩世侵入岩分布范围非常有限，只在中东见有零星出露，岩性也简单，主要是碱长花岗岩和花岗斑岩。

**4.塔里木构造岩浆旋回**

塔里木陆块区构造岩浆旋回，只划分出3个亚旋回、5个活动期，每期又分为1次或者2次侵入活动，只有中二叠世有3次侵入活动。

1)南华纪—中泥盆世亚旋回

奥陶纪—志留纪侵入活动期，岩浆活动非常弱，出露的侵入岩只能用极少来形容。奥陶纪角闪辉长岩、辉长岩只在三道明水以南白沟泉和月牙山一带有分布，其他地方没有出露。志留纪英云闪长岩和似斑状二长花岗岩，各自只有一处。期、次划分只是根据岩性划分的。

2)晚泥盆—中三叠世亚旋回

中二叠世侵入活动共发生3次，基性辉长岩为第一次侵入活动的产物，只分布在白沟泉一带。中基性、中酸性岩石代表的第二次和第三次侵入活动，是塔里木陆块区内最重要的一期侵入活动。岩体分布零散，走向以北西为主，少量走向沿东西向，岩性包括黑云母花岗岩、似斑状黑云母花岗岩、石英二长岩、花岗闪长岩、英云闪长岩、石英闪长岩、闪长玢岩等。代表了中二叠世俯冲环境TTG组合。

晚二叠世侵入活动发生变化，由俯冲环境岩浆组合变为同碰撞环境组合。出露代表性岩石为二长花岗岩和少量的辉绿玢岩，岩浆活动趋于减弱。

3)晚三叠世—白垩纪亚旋回

晚三叠世—中侏罗世—早白垩世侵入活动期，共3期，各期均有1次侵入活动。晚三叠世黑云母二长花岗岩分布于南图边接近甘肃省的大红山。中侏罗世花岗闪长岩分布于红柳大泉一带，早白垩世二长花岗岩分布于三道明水以东。根据以上 3 次侵入活动来看，中生代以来，塔里木陆块岩浆岩的侵入活动，规模小，活动弱，也反映了塔里木陆块区长期以来处于较为稳定的环境中。

## 二、侵入岩构造岩浆岩带

### （一）侵入岩构造岩浆岩带划分原则与依据

（1）依据岩石构造组合特征及其时空分布规律。
（2）结合内蒙古大地构造分区。
（3）参照全国大地构造单元划分方案。
（4）研究工作重点为侵入岩浆岩段和岩石构造组合。

### （二）侵入岩构造岩浆岩带划分方案

按上述构造岩浆带的划分原则，本次共划分出 3 个构造岩浆岩省、10 个构造岩浆岩带、27 个构造岩浆岩亚带和 226 个构造岩浆岩段（表 4-183 和图 4-329），其中优势侵入岩段 46 个。

表 4-183 内蒙古自治区侵入岩构造岩浆岩段划分表

| 编号 | 构造岩浆岩带 | 岩石构造组合 |
| --- | --- | --- |
| Ⅰ | 天山-兴蒙构造岩浆岩省 | |
| Ⅰ-1 | 大兴安岭弧盆系构造岩浆岩带 | |
| Ⅰ-1-2 | 额尔古纳岛弧构造岩浆岩亚带（$Pt_3$） | |
| | 西乌珠尔苏木大陆伸展型侵入岩段（$K_2$） | 碱性花岗岩组合 |
| | 俄罗斯民族乡大陆裂谷型侵入岩段（$K_1$） | 双峰式岩墙群组合 |
| | 内蒙东部莫尔道嘎后造山侵入岩段（$K_1$） | 碱性—钙碱性花岗岩组合 |
| | 莫尔道嘎俯冲型侵入岩段（$K_1$） | TTG 组合 |
| 2 | 莫尔道嘎后碰撞侵入岩段（$J_3$） | 高钾和钾玄岩质花岗岩组合 |
| 3 | 八大关俯冲型侵入岩段（$J_3$） | 闪长岩-花岗闪长岩组合 |
| 4 | 阿尔山诺尔-伊山林场后碰撞侵入岩段（$J_2$） | 高钾和钾玄岩质花岗岩组合、辉长岩-闪长岩-花岗岩组合 |
| 5 | 八卡后造山型侵入岩段（$J_1$） | 碱性—钙碱性花岗岩组合 |
| 6 | 奇乾乡碰撞型侵入岩段（$T_1$） | 高钾—钾玄岩质花岗岩组合 |
| 7 | 查干楚鲁-奇乾俯冲侵入岩段（$P_2$） | 花岗闪长岩-花岗岩组合 |
| 8 | 太平林场后造山侵入岩段（$P_1$） | 碱性—钙碱性花岗岩组合 |
| 9 | 哈达图苏木俯冲侵入岩段（$C_2$） | TTG 组合 |
| 10 | 黄火地俯冲侵入岩段（$Pt_3$） | 花岗闪长岩-花岗岩组合、辉长岩-闪长岩组合 |
| Ⅰ-1-3 | 海拉尔-呼玛弧后盆地构造岩浆岩亚带（$D_3$） | |
| | 库都尔镇大陆伸展型伸展岩段（$K_1$） | 双峰式岩墙群组合 |

续表 4-183

| 编号 | 构造岩浆岩带 | 岩石构造组合 |
| --- | --- | --- |
| | 海拉尔-呼玛后造山侵入岩段($K_1$) | 碱性—钙碱性花岗岩组合 |
| | 三道梁后碰撞侵入岩段($K_1$) | 强过铝花岗岩组合 |
| 2 | 库都尔后碰撞侵入岩段($J_3$) | 高钾和钾玄岩质花岗岩组合 |
| 3 | 恩和嘎查-哈达林场俯冲侵入岩段($J_3$) | $G_2$组合 |
| 4 | 阿尔诺尔苏木后碰撞侵入岩段($J_2$) | 高钾钙碱性花岗岩组合 |
| 5 | 鄂伦春自治旗岛弧型侵入岩段($J_1$) | 辉长岩＋闪长岩＋高镁闪长岩＋TTG 组合 |
| 6 | 库都尔-库中后造山侵入岩段($J_1$) | 碱性—钙碱性花岗岩组合 |
| 7 | 松山岭区后造山型侵入岩段($T_3$) | 过碱性—钙碱性花岗岩组合 |
| 8 | 松山岭区后碰撞侵入岩段($T_2$) | 高钾钙碱性花岗岩组合 |
| 9 | 松山岭俯冲侵入岩段($P_2$) | TTG 组合 |
| 10 | 小乌尔其汉林场后造山侵入岩段($P_1$) | 过碱性—钙碱性花岗岩组合 |
| 11 | 哈达图李增碰山碰撞型侵入岩段($C_2$) | 高钾钙碱性花岗岩组合 |
| 12 | 风云山八一牧场裂谷型侵入岩段($D_3$) | 辉长岩-辉绿玢岩组合 |
| 13 | 罕乌拉俯冲型侵入岩段($D_3$) | TTG 组合 |
| Ⅰ-1-4 | 红花尔基弧陆碰撞带构造岩浆岩亚带($D_3$、$C_1$) | |
| 1 | 红花尔基后造山侵入岩段($P_1$) | 过碱性—钙碱性花岗岩组合 |
| 2 | 红花尔基俯冲侵入岩段($D_3$) | TTG 组合 |
| Ⅰ-1-5 | 东乌珠穆沁旗-多宝山岛弧构造岩浆岩亚带(O、$C_2$) | |
| | 大北沟林场大陆伸展型($K_2$) | 过碱性—钙碱性花岗岩组合 |
| | 库如旗乡大陆伸展型($K_1$) | 双峰式岩墙群组合 |
| | 罕达盖-故里林场后造山型($K_1$) | 碱性—钙碱性花岗岩组合 |
| | 巴林镇、故里林场俯冲型($K_1$) | TTG 组合 |
| 2 | 罕达盖-库伦沟林场后碰撞型侵入岩段($J_3$) | 高钾钙碱性花岗岩组合 |
| 3 | 柴河镇-巴林镇、兴安林场、<br>索伦山牧场俯冲型侵入岩段($J_3$) | $G_1$组合、$\delta$＋TTG 组合 |
| 4 | 南兴安岭后碰撞型侵入岩段($J_2$) | 高钾钙碱性花岗岩组合 |
| 5 | 阿尔山、诺敏镇俯冲型侵入岩段($J_2$) | 花岗岩组合 |
| 6 | 蘑菇气镇俯冲型侵入岩段($J_1$) | $G_1G_2$组合 |
| 7 | 复兴镇-腾克牧场岛弧型侵入岩段($J_1$) | $\upsilon$-$\delta$＋高镁闪长岩＋TTG 组合 |
| 8 | 阿荣旗大陆伸展型侵入岩段($J_{1-2}$) | 碱性花岗岩组合 |
| 9 | 东乌珠穆沁旗、罕达盖、红颜镇后造山侵入岩段($T_{2-3}$) | 碱性—钙碱性花岗岩组合 |
| 10 | 阿荣旗-诺敏镇同碰撞侵入岩段($P_2$) | 高钾和钾玄岩质花岗岩组合 |
| 11 | 扎来河农场-巴林镇俯冲型($P_2$) | $G_1$组合 |
| 12 | 苏格河后造山侵入岩段($P_1$) | 过碱性—钙碱性花岗岩组合 |
| 13 | 塔日根敖包-嘎布盖特俯冲侵入岩段($P_1$) | $G_1G_2$组合 |
| 14 | 亚东镇同碰撞型侵入岩段($C_2$) | 强过铝花岗岩组合 |
| 15 | 格日敖包、耳场子沟俯冲型侵入岩段($C_2$) | $G_1G_2$组合 |

续表 4-183

| 编号 | 构造岩浆岩带 | 岩石构造组合 |
| --- | --- | --- |
| 16 | 查干敖包、达斡尔民族乡后造山型侵入岩段($C_1$) | 过碱性—钙碱性花岗岩组合 |
| 17 | 耳场子裂谷型侵入岩段($D_3$) | 辉长岩-辉绿玢岩组合 |
| 18 | 德勒乌拉、苏格河俯冲侵入岩段($D_3$) | TTG 组合 |
| 19 | 诺敏镇、罕达盖俯冲侵入岩段($O_2$) | $G_1G_2$组合 |
| 20 | 甸南俯冲型侵入岩段($Pt_3$) | $G_2$组合 |
| 21 | 大北沟林场裂谷型侵入岩段($Pt_2$) | 变质超基性岩组合 |
| 22 | 大北沟林场古岛弧型侵入岩段($Pt_1$) | 变质辉长岩-闪长岩组合 |
| Ⅰ-1-6 | 二连-贺根山蛇绿混杂岩亚带(D) | |
| 1 | 昆都冷大陆伸展型侵入岩段($J_3$) | 碱性花岗岩组合 |
| 2 | 阿敦楚鲁俯冲型侵入岩段($T_2$) | $G_1$组合 |
| 3 | 阿敦楚鲁俯冲型侵入岩段($P_1$) | $G_1G_2$组合、$\upsilon+\delta+$TTG 组合 |
| 4 | 贺根山蛇绿混杂岩段($D_{2-3}$) | SSZ 型蛇绿岩组合 |
| Ⅰ-1-7 | 锡林浩特岩浆弧构造岩浆岩亚带($Pz_2$) | |
| | 罕乌拉大陆伸展型侵入岩段($K_1$) | 双峰式岩墙群组合 |
| | 锡林浩特-乌兰浩特、<br>代王山-乌拉音敖包后造山型侵入岩段($K_1$) | 碱性—钙碱性花岗岩组合、<br>过碱性—钙碱性花岗岩组合 |
| 2 | 宝石镇-蘑菇气镇后碰撞型侵入岩段($J_3$) | 高钾钙碱性花岗岩组合 |
| 3 | 兴安林场、宝石镇岛弧型侵入岩段($J_3$) | TTG 组合+高镁闪长岩组合 |
| 4 | 哈日哈达嘎-乌兰哈达后造山侵入岩段($J_3$) | 过碱性—钙碱性花岗岩组合 |
| 5 | 呼和陶勒盖大陆伸展型侵入岩段($J_2$) | 碱性花岗岩组合 |
| 6 | 浩热图-乌兰哈达、<br>白音布拉格-三龙山碰撞型侵入岩段($T_3$—$J_1$) | 强过铝花岗岩组合、高钾钙碱性花岗岩组合 |
| 7 | 敦德乌苏俯冲型侵入岩段($T_3$) | SSZ 型蛇绿岩组合 |
| 8 | 蘑菇气镇后造山型侵入岩段($T_3$) | 过碱性—钙碱性花岗岩组合 |
| 9 | 敦德乌苏-白音宝力道碰撞侵入岩段(T) | 强过铝花岗岩组合 |
| 10 | 查干努润俯冲侵入岩段($P_3$) | TTG 组合、SSZ 型蛇绿岩组合 |
| 11 | 乌兰浩特-蘑菇气镇、巴音查干苏木、<br>艾根乌苏碰撞侵入岩段($P_2$—$P_3$) | 高钾钙碱性花岗岩组合、<br>强过铝花岗岩组合、高钾和钾玄质花岗岩组合 |
| 12 | 孟恩陶勒盖、查干诺尔、乌力吉图俯冲侵入岩段($P_1$—$P_2$) | $G_1G_2$组合、$\upsilon+\delta+$TTG 组合、TTG 组合 |
| 13 | 达赖雀尔吉俯冲侵入岩段($C_2$) | $\delta+$TTG 组合、SSZ 型蛇绿岩组合 |
| 14 | 巴彦高勒俯冲侵入岩段(S—D) | TTG 组合 |
| 15 | 沙金贵仁俯冲侵入岩段(O—S) | TTG 组合 |
| 16 | 巴润萨拉俯冲型侵入岩段($Pt_2$) | SSZ 型蛇绿岩组合 |
| Ⅰ-7 | 索伦山-林西结合带构造岩浆岩带($Pz_2$) | |
| 1 | 四方城乡嘎亥图俯冲型侵入岩段($K_1$) | $\delta+$G 组合 |
| 2 | 白音镐、阿鲁科尔沁、黄岗梁后碰撞型侵入岩段($J_{2+3}$) | 高钾钙碱性花岗岩组合 |
| 3 | 白音诺尔镇、天山镇、毛宝力格乡俯冲型侵入岩段($J_{1+2}$) | $G_1G_2$组合 |

续表 4-183

| 编号 | 构造岩浆岩带 | 岩石构造组合 |
|---|---|---|
| 4 | 巴林右旗、白颜温都尔俯冲侵入岩段($T_3$) | $G_1G_2$组合 |
| 5 | 三林山稳定陆块型侵入岩段($T_3$) | 中基性—超基性杂岩组合 |
| 6 | 阿鲁科尔沁旗俯冲型侵入岩段($P_2$) | $G_1$组合 |
| 7 | 索伦山、艾力亥乌苏、<br>达青牧场-扎鲁特旗俯冲侵入岩段($P_1$) | SSZ 型蛇绿岩组合、$G_1G_2$组合 |
| 8 | 杏树洼俯冲型侵入岩段(C—P) | SSZ 型蛇绿岩组合 |
| Ⅰ-8 | 宝音图-温都尔庙弧盆系构造岩浆岩带 | |
| Ⅰ-8-2 | 温都尔庙俯冲增生杂岩构造岩浆岩亚带($Pt_2$) | |
| 1 | 赤峰市后造山侵入岩段($J_3$、$K_1$) | 碱性—钙碱性花岗岩组合 |
| 2 | 天盛号-新镇镇后碰撞侵入岩段($J_3$) | 高钾和钾玄岩花岗岩组合 |
| 3 | 红山子乡俯冲侵入岩段($J_3$) | $G_1$组合 |
| 4 | 库伦旗后碰撞侵入岩段($J_2$) | 高钾和钾玄质花岗岩组合 |
| 5 | 双井店乡南同碰撞侵入岩段($T_2$) | 强过铝花岗岩组合 |
| 6 | 模治次博勒卓俯冲型侵入岩段($T_1$) | $\delta$+TTG 组合 |
| 7 | 通希浩镜碰撞侵入岩段($P_3$) | 高钾钙碱性花岗岩组合 |
| 8 | 广兴源乡-库伦旗俯冲型侵入岩段($P_2$) | $\delta$+TTG 组合 |
| 9 | 额尔登陶勒盖后造山侵入岩段($P_2$) | 碱性—钙碱性花岗岩组合 |
| 10 | 额尔登陶勒盖俯冲侵入岩段(P) | TTG 组合 |
| 11 | 朱日和-下哈图俯冲侵入岩段(C) | TTG 组合 |
| 12 | 哈沙图-呼绍图后造山侵入岩段(D) | 碱性—钙碱性花岗岩组合 |
| 13 | 西尼乌苏俯冲侵入岩段($S_4$) | $G_1$组合 |
| 14 | 赤峰市后造山侵入岩段($S_3$) | 过碱性—钙碱性花岗岩组合 |
| 15 | 下勒哈达俯冲侵入岩段(O) | $\delta$+TTG 组合 |
| 16 | 下勒哈达大洋扩张型侵入岩段(∈) | 基性—超基性岩组合 |
| 17 | 五艺台大洋中脊环境侵入岩段($Pt_2$) | MORS 蛇绿岩组合 |
| 18 | 双井店乡古岛弧型侵入岩段($Pt_1$) | 英云闪长质-花岗质片麻岩(TTG)组合 |
| 19 | 东根达莱俯冲侵入岩段($Pt_1$) | SSZ 蛇绿岩组合 |
| Ⅰ-8-3 | 宝音图岩浆弧构造岩浆岩亚带($Pz_2$) | |
| 1 | 查干呼舒庙大陆伸展侵入岩段(T) | 碱性花岗岩组合 |
| 2 | 海力素东俯冲侵入岩段(P) | $G_1$组合 |
| 3 | 乌力吉镇俯冲侵入岩段(C) | $\upsilon$+TTG 组合 |
| 4 | 乌拉特后旗俯冲侵入岩段(S) | $G_2$组合 |
| 5 | 宝音图苏木东、乌拉特后旗俯冲侵入岩段($Pt_{2+3}$) | TTG 组合、变质闪长岩 TTG 组合 |
| Ⅰ-9 | 额济纳旗-北山弧盆系构造岩浆带 | |
| Ⅰ-9-1 | 圆包山(中蒙边界)岩浆弧构造岩浆岩亚带(O、D) | |
| 1 | 黑红山-巴格洪吉尔俯冲侵入岩段($P_2$) | $G_2$花岗岩组合 |
| 2 | 青山-红石山俯冲侵入岩段($C_2$) | TTG 组合、$G_1G_2$组合、高镁闪长岩组合、<br>SSZ 蛇绿岩组合 |

续表 4-183

| 编号 | 构造岩浆岩带 | 岩石构造组合 |
| --- | --- | --- |
| 3 | 红石山俯冲型侵入岩段(S) | TTG 组合 |
| Ⅰ-9-2 | 黑鹰山-甜水井岩浆弧构造岩浆岩亚带(C) | |
| 1 | 三个井大陆伸展型侵入岩段($K_1$) | 碱性花岗岩组合 |
| 2 | 伊利格闾吉大陆伸展型侵入岩段($J_1$、J) | 碱性花岗岩组合 |
| 3 | 红石门后碰撞侵入岩段($T_3$) | 中钾钙碱性花岗岩组合 |
| 4 | 辉森乌拉后碰撞侵入岩段($P_3$) | 钾质超钾质侵入岩组合 |
| 5 | 白梁-黑红山俯冲侵入岩段($P_2$) | TTG 组合、碱性玄武质辉长岩组合 |
| 6 | 白梁-逢勃山俯冲侵入岩段($C_2$) | TTG 组合、SSZ 型蛇绿岩组合 |
| 7 | 进素土海-红柳峡俯冲侵入岩段(S) | TTG 组合 |
| 8 | 都热乌拉俯冲侵入岩段($Pt_2$) | SSZ 型蛇绿岩组合 |
| Ⅰ-9-3 | 公婆泉岩浆弧构造岩浆岩亚带(O、S) | |
| 1 | 旱山-七一山大陆伸展型侵入岩段($J_3$、$K_1$) | 碱性花岗岩组合 |
| 2 | 梭梭井后碰撞侵入岩段($T_3$) | 高钾质—超钾质花岗岩组合 |
| 3 | 野马营大陆伸展侵入岩段($P_3$) | 双峰式侵入岩组合 |
| 4 | 尖山俯冲侵入岩段($P_2$) | 花岗闪长岩-花岗岩组合 |
| 5 | 石板井-东七一山俯冲侵入岩段($C_2$) | TTG 组合 |
| 6 | 大王山俯冲侵入岩段(S) | TTG 组合 |
| 7 | 黑条山-月牙山俯冲侵入岩段(O) | 云英闪长岩组合、SSZ 型蛇绿岩组合、 |
| Ⅰ-9-6 | 哈特布其岩浆弧构造岩浆岩亚带(C) | |
| 1 | 腰泉-沙枣泉后造山侵入岩段($K_1$) | 过碱性—钙碱性花岗岩组合 |
| 2 | 银根-新井后碰撞侵入岩段($T_3$) | 强过铝花岗岩组合 |
| 3 | 乌力吉山根后碰撞侵入岩段($T_2$) | 钾质、钾玄质花岗岩组合 |
| 4 | 包尔乌拉-巴润特格俯冲侵入岩段($P_2$) | TTG 组合 |
| 5 | 呼和诺尔-笋布尔乌拉俯冲侵入岩段($C_2$) | TTG 组合、高钾—超钾质花岗岩组合 |
| 6 | 索日图俯冲侵入岩段(S) | TTG 组合 |
| 7 | 高家窑-陶来洋岛型侵入岩段($Pt_2$) | 拉斑玄武质辉长岩组合、TTG 组合 |
| Ⅰ-9-7 | 巴音戈壁弧后盆地构造岩浆岩亚带(C) | |
| 1 | 1486 标高后碰撞侵入岩段($T_2$) | $G_2$ 组合、中基性岩组合 |
| 2 | 阿拉格林台乌拉西俯冲侵入岩段($P_2$、$P_3$) | $G_2$ 组合 |
| 3 | 阿布德仁太山俯冲型侵入岩段($C_2$) | SSZ 型蛇绿岩组合 |
| 4 | 脑岗扣布-干旧热陶勒盖俯冲侵入岩段($Pt_2$) | 高镁闪长岩组合 |
| Ⅰ-9-8 | 恩格尔乌苏蛇绿混杂岩构造岩浆岩亚带(C) | |
| 1 | 呼和托洛海碰撞侵入岩段($K_1$) | 高钾钙碱性花岗岩组合 |
| 2 | 巴格毛德后碰撞侵入岩段($T_3$) | 钾质、超钾质侵入岩组合 |
| 3 | 海尔罕俯冲侵入岩段($P_2$) | TTG 组合 |
| 4 | 乌尔特俯冲型侵入岩段($C_2$) | $G_2$ 组合、SSZ 型蛇绿岩组合 |
| 5 | 踏斑陶勒盖大洋环境侵入岩段($Pt_2$) | MORS 型蛇绿岩组合 |

续表 4-183

| 编号 | 构造岩浆岩带 | 岩石构造组合 |
| --- | --- | --- |
| Ⅱ | 华北构造岩浆岩省 | |
| Ⅱ-2 | 晋冀陆块构造岩浆岩带 | |
| Ⅱ-2-5 | 吕梁碳酸盐岩台地构造岩浆岩亚带($Pz_1$) | |
| 1 | 清水河东陆核侵入岩段($Ar_2$) | 变质榴石花岗岩组合 |
| Ⅱ-3 | 冀北古弧盆系构造岩浆岩带 | |
| Ⅱ-3-1 | 恒山-承德-建平古岩浆弧构造岩浆岩亚带($Ar_3$、$Pt_1$) | |
| 1 | 四道沟乡-林家营子后造山侵入岩段($K_1$) | 碱性—钙碱性花岗岩组合 |
| 2 | 金厂沟梁俯冲型侵入岩段($J_3$) | $G_1$组合 |
| 3 | 四道沟乡-喀喇沁旗碰撞型侵入岩段($J_2$) | 高钾和钾玄岩质花岗岩组合 |
| 4 | 四道沟乡-楼子店后造山侵入岩段($J_1$) | 碱性—钙碱性花岗岩组合 |
| 5 | 山神庙、十家村稳定陆块型侵入岩段($T_3$) | 基性—超基性杂岩组合 |
| 6 | 高桥村后造山侵入岩段($T_3$) | 碱性—钙碱性花岗岩组合 |
| 7 | 美林-四家子、孤山子、金厂沟梁、八里罕-小五家、<br>四道沟乡-喀喇沁旗碰撞型侵入岩段($P_2+P_3+T_1+T_2$) | 高钾和钾玄岩质花岗岩组合<br>高钾—钙碱性花岗岩组合 |
| 8 | 八里罕后造山侵入岩段($P_1$) | 碱性—钙碱性花岗岩组合 |
| 9 | 莲花山后造山侵入岩段($Pt_2$) | 碱性—钙碱性花岗岩组合 |
| 10 | 头道营子稳定陆块侵入岩段($Pt_2$) | 层状基性—超基性岩组合 |
| 11 | 喀喇沁旗俯冲型侵入岩段($Pt_1$) | $G_1G_2$组合 |
| 12 | 四道沟乡-楼子店古岩浆弧侵入岩段($Ar_3$) | 英云闪长质-花岗闪长质-花岗质片麻岩(TTG)组合 |
| Ⅱ-4 | 狼山-阴山(大陆边缘弧岩浆弧)构造岩浆岩带 | |
| Ⅱ-4-1 | 固阳-兴和陆核构造岩浆岩亚带($Ar_3$) | |
| 1 | 和林格尔东大陆伸展侵入岩段($K_2$) | 过碱性花岗岩组合 |
| 2 | 油篓山后造山侵入岩段($J_3$) | 碱性—钙碱性花岗岩组合 |
| 3 | 大桦背山东后造山侵入岩段($T_3$) | 碱性—钙碱性花岗岩组合 |
| 4 | 大桦背大陆伸展侵入岩段(T) | 碱性花岗岩组合 |
| 5 | 查汉敖包-秦家沟俯冲侵入岩段(P) | TTG 组合 |
| 6 | 沙德盖、二道洼大陆伸展型侵入岩段($Pt_2$) | 碱性花岗岩组合 |
| 7 | 大青山俯冲型侵入岩段($Pt_1$) | TTG 组合 |
| 8 | 尖草沟大陆伸展侵入岩段($Ar_3$) | 碱性花岗岩组合 |
| 9 | 固阳-武川岛弧型侵入岩段($Ar_3$) | HMA+TTG 组合 |
| 10 | 包头市、东坡村、蛮汉山、旗下营、<br>兴和、丰镇、隆庄陆核型侵入岩段($Ar_2$) | 基性麻粒岩组合、TTG 质紫苏片麻岩组合、<br>混合花岗岩组合、TTG 质片麻岩组合、<br>花岗质片麻岩组合、变质基性岩墙群组合、<br>TTG 组合、花岗岩组合、变质基性超基性岩组合 |
| Ⅱ-4-2 | 色尔腾山-太仆寺旗古岩浆弧构造岩浆岩亚带($Ar_3$—$Pt_1$) | |
| 1 | 神水梁大陆伸展侵入岩段($K_1$) | 碱性花岗岩组合 |
| 2 | 骆驼山大陆伸展侵入岩段(J) | 碱性花岗岩组合 |
| 3 | 李二沟-德日斯太碰撞侵入岩段($T_3$) | $G_1G_2$组合 |

续表 4-183

| 编号 | 构造岩浆岩带 | 岩石构造组合 |
| --- | --- | --- |
| 4 | 德日斯台碰撞侵入岩段($T_1$) | 强过铝花岗岩组合 |
| 5 | 哈拉哈少-牛场湾大陆伸展侵入岩段($P_2$) | 碱性花岗岩组合 |
| 6 | 哈拉哈少-牛场湾俯冲侵入岩段($P_1$) | $\upsilon$+TTG 组合 |
| 7 | 乌兰乌素后造山侵入岩段(C) | 碱性—钙碱性花岗岩组合 |
| 8 | 大照山-毛事沟大陆伸展侵入岩段($Pt_2$) | 双峰式侵入岩组合 |
| 9 | 白召沟俯冲侵入岩段($Pt_2$) | TTG 组合 |
| 10 | 色灯沟-石片沟大陆伸展侵入岩段($Pt_1$) | 碱性花岗岩组合 |
| 11 | 色尔腾山-召河俯冲侵入岩段($Pt_1$) | $\upsilon$+$\delta$+TTG 组合 |
| 12 | 闪电河、固阳-察右中旗俯冲侵入岩段($Ar_3$) | 花岗闪长质-二长花岗质片麻岩 $G_1G_2$组合、SSZ 型蛇绿岩组合、$\delta$+TTG 组合、花岗质片麻岩组合 |
| 13 | 色尔腾山陆核型侵入岩段($Ar_2$) | 花岗质片麻岩组合 |
| Ⅱ-4-3 | 狼山-白云鄂博裂谷构造岩浆岩亚带($Pt_2$) | |
| 1 | 二龙山后造山侵入岩段($K_1$) | 碱性—钙碱性二长岩-正长岩组合 |
| 2 | 阿拉善敖包苏木、新社村大陆伸展侵入岩段($J_{2+3}$) | 碱性花岗岩组合 |
| 3 | 乌兰德岭大陆伸展侵入岩段($T_3$) | 过碱性—钙碱性正长岩组合 |
| 4 | 乌梁斯太-大红山碰撞型侵入岩段($T_3$) | 碱性—过碱性花岗岩组合 |
| 5 | 额尔登温德尔后造山侵入岩段($T_2$) | 碱性—钙碱性花岗岩组合 |
| 6 | 哈日陶勒盖大陆伸展侵入岩段($T_1$) | 碱性花岗岩组合 |
| 7 | 石家营子后造山侵入岩段($P_3$) | 碱性—钙碱性花岗岩组合 |
| 8 | 扎木呼都格-恒义和、乌兰伊日-白音脑包俯冲侵入岩段($P_{1+2}$) | TTG 组合、$\upsilon$+$\delta$+TTG 组合 |
| 9 | 黄花圪洞-巴音哈太后造山侵入岩段(P) | 过碱性—钙碱性正长岩组合 |
| 10 | 黄花圪洞-巴音哈太俯冲型侵入岩段(P) | $\delta$+TTG 组合 |
| 11 | 珠力格太俯冲型侵入岩段($C_2$) | $\upsilon$+$\delta$+TTG 组合 |
| 12 | 董大沟-巴拉根乌拉后造山侵入岩段($C_1$) | 碱性—钙碱性正长岩组合 |
| 13 | 呼德呼都格-额尔格铁吉俯冲型侵入岩段(S) | $\delta$+TTG 组合 |
| 14 | 巴音宝力格镇俯冲型侵入岩段($Pt_3$) | TTG 组合 |
| 15 | 阿德日根别立-白音布拉沟后造山侵入岩段($Pt_2$) | 碱性—钙碱性花岗岩组合 |
| 16 | 白云常合山-阿德日根别立裂谷侵入岩段($Pt_2$) | 基性—超基性岩组合 |
| 17 | 达嘎-柳叉沟大陆伸展型侵入岩段($Pt_1$) | 碱性花岗岩组合 |
| 18 | 徐磨房俯冲型侵入岩段($Pt_1$) | TTG 组合 |
| 19 | 毕级尔台-大布苏山-乌力吉图、乌兰哈达-龙西圪旦古俯冲型侵入岩段($Ar_3$) | $\delta$+TTG 组合、$\upsilon$+$\delta$+TTG 组合 |
| 20 | 菠萝斯坦庙、巴彦毛德古陆核型侵入岩段($Ar_2$) | 英云闪长质-花岗闪长质片麻岩组合(TTG)、闪长质-石英二长质混合花岗岩组合(TTG) |
| Ⅱ-5 | 鄂尔多斯陆块构造岩浆岩带 | |

续表 4-183

| 编号 | 构造岩浆岩带 | 岩石构造组合 |
|---|---|---|
| Ⅱ-5-1 | 鄂尔多斯盆地构造岩浆岩亚带(Mz) | |
| 1 | 清水河北大陆伸展侵入岩段($K_2$) | 过碱性—碱煌岩组合 |
| Ⅱ-5-2 | 贺兰山夭折裂谷构造岩浆岩亚带($Pt_2$) | |
| 1 | 敖包梁俯冲侵入岩段($Pt_2$) | TTG 组合 |
| 2 | 小松山大陆伸展侵入岩段($Pt_2$) | 超基性岩-正长岩组合 |
| 3 | 贺兰山陆核侵入岩段($Ar_2$) | 混合花岗岩组合 |
| Ⅱ-7 | 阿拉善构造岩浆岩带 | |
| Ⅱ-7-1 | 迭布斯格岩浆弧构造岩浆岩亚带($Pz_2$) | |
| 1 | 额级乌拉大陆伸展侵入岩段($T_2$) | 碱性—钙碱性花岗岩组合 |
| 2 | 克拉乌拉尔后碰撞侵入岩段($P_3$) | 钾质和超钾质侵入岩组合 |
| 3 | 独青山-都兰布尔俯冲侵入岩段($P_2$) | $G_1G_2$组合 |
| 4 | 韩家井俯冲侵入岩段($C_2$—$P_1$) | $G_2$花岗岩组合 |
| 5 | 得来纪俯冲侵入岩段($D_3$) | $G_1G_2$组合 |
| 6 | 五连泉山俯冲侵入岩段(S) | TTG 组合 |
| 7 | 哈马拉-库和额热格裂谷侵入岩段($Pt_2$) | 辉长岩-闪长岩组合 |
| 8 | 希勒图洋岛拉斑侵入岩段($Pt_1$) | 碱性拉斑玄武质辉长岩组合 |
| 9 | 迭布斯格山-哈乌拉山陆核侵入岩段($Ar_2$) | 混合花岗岩组合 |
| Ⅱ-7-2 | 龙首山基底杂岩构造岩浆岩亚带($Ar_3$、$Pt_1$) | |
| 1 | 大车场后造山侵入岩段($P_2$) | 碱性—钙碱性花岗岩组合 |
| 2 | 桃花山俯冲侵入岩段($C_2$) | $G_2$花岗岩组合 |
| 3 | 坡拉麻顶俯冲侵入岩段(S) | $G_1G_2$组合 |
| 4 | 道木头沟大洋侵入岩段(∈) | MORS 型蛇绿岩组合 |
| 5 | 大井俯冲侵入岩段($Pt_2$) | TTG 组合 |
| Ⅲ | 塔里木构造岩浆岩省 | |
| Ⅲ-2 | 敦煌陆块构造岩浆岩带 | |
| Ⅲ-2-1 | 柳园裂谷构造岩浆岩亚带(C、P) | |
| 1 | 炮台山碰撞型侵入岩段($K_1$) | 强过铝花岗岩组合 |
| 2 | 红柳大泉碰撞型侵入岩段($J_2$) | 高钾—钙碱性花岗岩组合 |
| 3 | 王许黑山大陆伸展侵入岩段($T_3$) | 碱性花岗岩组合 |
| 4 | 野马营-西沙婆泉后造山侵入岩段($P_3$) | 双峰式侵入岩组合 |
| 5 | 东三洋井-三道明水俯冲侵入岩段($P_2$) | $\upsilon+\delta+$TTG 组合 |
| 6 | 三道明水俯冲入岩段($C_2$) | $G_1$组合 |
| 7 | 龙峰山俯冲侵入岩段(S) | 英云闪长岩-花岗闪长岩(TTG)组合 |
| 8 | 白泉沟洋岛型侵入岩段(O) | 拉斑玄武质辉长岩组合 |
| 9 | 五道明水陆核型侵入岩段($Ar_{2-3}$) | 英云闪长片麻岩(TTG)组合 |

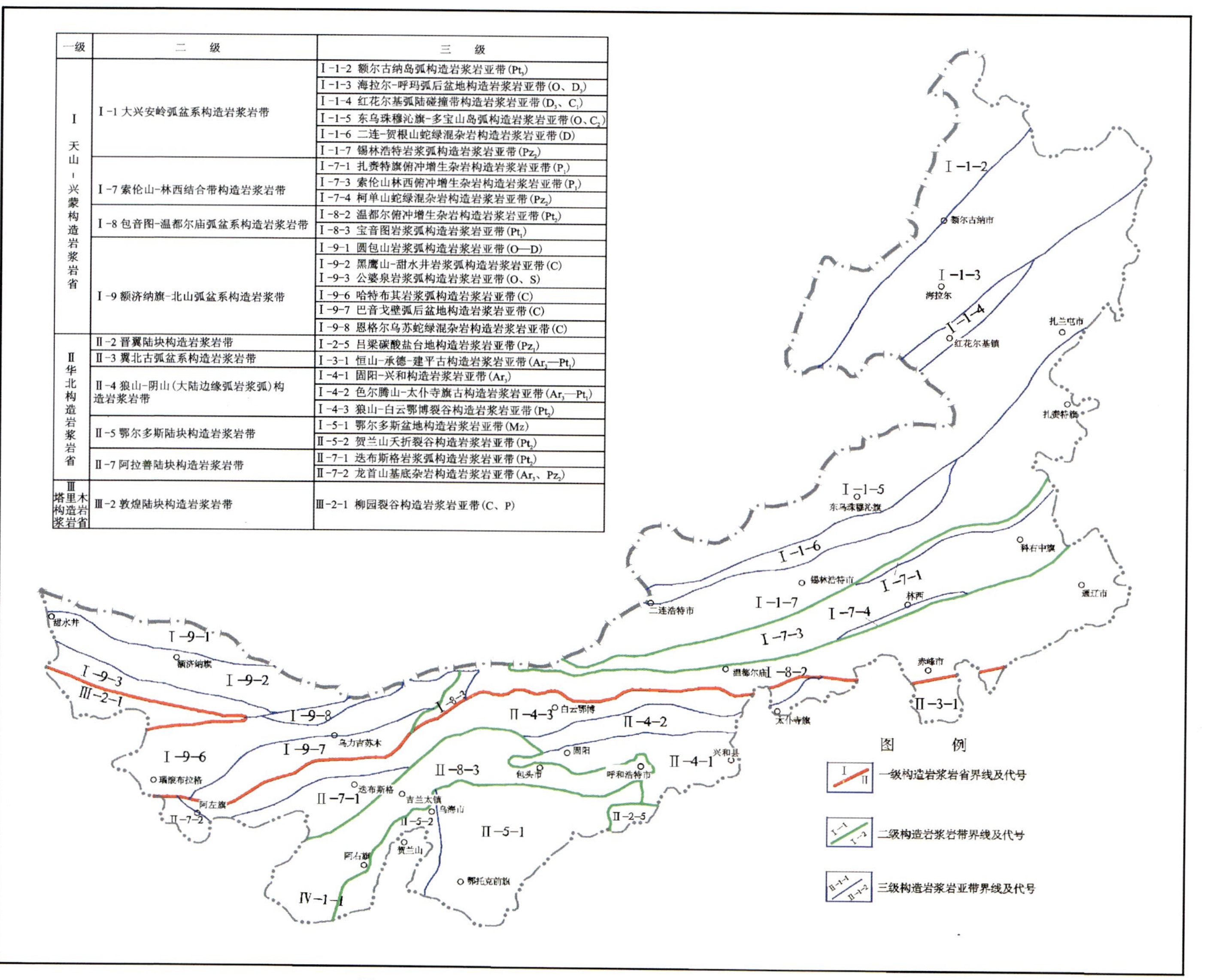


| 一级 | 二 级 | 三 级 |
|---|---|---|
| Ⅰ 天山-兴蒙构造岩浆岩省 | Ⅰ-1 大兴安岭弧盆系构造岩浆岩带 | Ⅰ-1-2 额尔古纳岛弧构造岩浆岩亚带($Pt_3$) |
| | | Ⅰ-1-3 海拉尔-呼玛弧后盆地构造岩浆岩亚带(O、$D_3$) |
| | | Ⅰ-1-4 红花尔基弧陆碰撞带构造岩浆岩亚带($D_3$、$C_1$) |
| | | Ⅰ-1-5 东乌珠穆沁旗-多宝山岛弧构造岩浆岩亚带(O、$C_2$) |
| | | Ⅰ-1-6 二连-贺根山蛇绿混杂岩构造岩浆岩亚带(D) |
| | | Ⅰ-1-7 锡林浩特岩浆弧构造岩浆岩亚带($Pz_2$) |
| | Ⅰ-7 索伦山-林西结合带构造岩浆岩带 | Ⅰ-7-1 扎赉特旗俯冲增生杂岩构造岩浆岩亚带($P_1$) |
| | | Ⅰ-7-3 索伦山林西俯冲增生杂岩构造岩浆岩亚带($P_1$) |
| | | Ⅰ-7-4 柯单山蛇绿混杂岩构造岩浆岩亚带($Pz_2$) |
| | Ⅰ-8 包音图-温都尔庙弧盆系构造岩浆岩带 | Ⅰ-8-2 温都尔俯冲增生杂岩构造岩浆岩亚带($Pt_2$) |
| | | Ⅰ-8-3 宝音图岩浆弧构造岩浆岩亚带($Pt_1$) |
| | Ⅰ-9 额济纳旗-北山弧盆系构造岩浆带 | Ⅰ-9-1 圆包山岩浆弧构造岩浆岩亚带(O—D) |
| | | Ⅰ-9-2 黑鹰山-甜水井岩浆弧构造岩浆岩亚带(C)<br>Ⅰ-9-3 公婆泉岩浆弧构造岩浆岩亚带(O、S) |
| | | Ⅰ-9-6 哈特布其岩浆弧构造岩浆岩亚带(C) |
| | | Ⅰ-9-7 巴音戈壁弧后盆地构造岩浆岩亚带(C) |
| | | Ⅰ-9-8 恩格尔乌苏蛇绿混杂岩构造岩浆岩亚带(C) |
| Ⅱ 华北构造岩浆岩省 | Ⅱ-2 晋冀陆块构造岩浆岩带 | Ⅰ-2-5 吕梁碳酸盐台地构造岩浆岩亚带($Pz_1$) |
| | Ⅱ-3 冀北古弧盆系构造岩浆岩带 | Ⅰ-3-1 恒山-承德-建平古构造岩浆岩亚带($Ar_3$—$Pt_1$) |
| | Ⅱ-4 狼山-阴山(大陆边缘弧岩浆弧)构造岩浆岩带 | Ⅰ-4-1 固阳-兴和构造岩浆岩亚带($Ar_3$) |
| | | Ⅰ-4-2 色尔腾山-太仆寺旗古构造岩浆岩亚带($Ar_3$—$Pt_1$) |
| | | Ⅰ-4-3 狼山-白云鄂博裂谷构造岩浆岩亚带($Pt_2$) |
| | Ⅱ-5 鄂尔多斯陆块构造岩浆岩带 | Ⅰ-5-1 鄂尔多斯盆地构造岩浆岩亚带(Mz) |
| | | Ⅱ-5-2 贺兰山夭折裂谷构造岩浆岩亚带($Pt_2$) |
| | Ⅱ-7 阿拉善陆块构造岩浆岩带 | Ⅱ-7-1 迭布斯格岩浆弧构造岩浆岩亚带($Pt_2$) |
| | | Ⅱ-7-2 龙首山基底杂岩构造岩浆岩亚带($Ar_3$、$Pz_2$) |
| Ⅲ 塔里木构造岩浆岩省 | Ⅲ-2 敦煌陆块构造岩浆岩带 | Ⅲ-2-1 柳园裂谷构造岩浆岩亚带(C、P) |

图 4-329 内蒙古自治区侵入岩构造岩浆岩带划分示意图

## (三)各侵入岩构造岩浆岩带基本特征概述

### Ⅰ天山-兴蒙构造岩浆岩省

#### 1. Ⅰ-1 大兴安岭弧盆系构造岩浆岩带

该构造岩浆岩带位于内蒙古中东部,位于二连—锡林浩特、扎兰屯、海拉尔一带。根据不同的演化阶段和不同的构造环境,又分为6个亚带。

1)Ⅰ-1-2 额尔古纳岛弧构造岩浆岩亚带($Pt_3$)

该构造岩浆岩亚带位于内蒙古自治区最北端,北北东向展布,北西侧以额尔古纳河为界与俄罗斯接壤,南东以得尔布干断裂为界。本亚带划分为13个侵入岩段。其中新元古代各侵入岩段为本亚带之优势侵入岩段。

(1)黄火地俯冲侵入岩段($Pt_3$):新元古代侵入岩主要分布在额尔古纳岛弧的北部黄火地附近,岩性包括基性辉长岩和中酸性闪长岩、石英闪长岩、石英二长闪长岩,构成辉长岩-闪长岩组合。酸性岩有花岗岩、花岗闪长岩、二长花岗岩、正长花岗岩,另有少量石英正长岩、黑云母正长岩、角闪正长岩,为$G_1G_2$组合。中基性—酸性侵入岩显示出洋俯冲演化过程,前者为俯冲期产物,后者为俯冲成熟后期产物。

(2)哈达图苏木俯冲侵入岩段($C_2$):晚石炭世($C_2$)侵入岩主要分布于阿龙山、八大关一带。

阿龙山中酸性侵入岩呈规模较大的复式岩体出露,岩性包括似斑状二长花岗岩、中粗粒二长花岗岩、花岗闪长岩、石英闪长岩和正长花岗岩。岩石构造组合为闪长岩+花岗闪长岩+花岗岩组合,属活动的大陆边缘弧,与俯冲作用有关。

(3)太平林场后造山侵入岩段($P_1$):该岩段分布在太平林场一带,面积约10$km^2$,为由角闪二长岩构成的碱性—钙碱性花岗岩组合,属后造山环境。

(4)查干楚鲁-奇乾乡俯冲侵入岩段($P_2$):中二叠世侵入岩,分布于奇乾乡、地营子和构造岩浆岩带的西南端查干楚鲁一带,侵入体沿北东走向分布,多为岩基、岩株产出。岩性主要为花岗闪长岩、二长花岗岩、花岗岩,为$G_1G_2$组合。构造环境为活动大陆边缘弧。

(5)奇乾乡碰撞型侵入岩段($T_1$):该岩段分布在奇乾乡一带,为由早三叠世角闪黑云花岗岩和黑云二长花岗岩构成的高钾—钾玄岩质花岗岩组合,属碰撞环境。

(6)八卡后造山侵入岩段($J_1$):该岩段分布于本亚带西北部八卡一带,由黑云二长花岗岩建造构成。岩石为高钾钙碱性系列,壳幔混合成因,为碱性—钙碱性花岗岩组合,形成环境为后造山。

(7)阿尔山诺尔-伊山林场后碰撞侵入岩段($J_2$):中侏罗世($J_2$)侵入岩,分布于营火地、地营子和八大关一带,岩体多呈岩株,沿构造线方向分布,闪长岩、二长花岗岩和辉长岩为钾质—钾玄质花岗岩组合,由二长花岗岩、正长花岗岩以及花岗斑岩构成高钾—钾玄岩质花岗岩组合。大地构造环境为碰撞型。

(8)八大关俯冲型侵入岩段($J_3$):该岩段分布在八大关—上护林地区,由闪长岩、花岗闪长岩建造构成的闪长岩-花岗闪长岩组合,属钙碱性系列壳幔混合型成因,俯冲型环境。

(9)莫尔道嘎后碰撞侵入岩段($J_3$):该岩段晚侏罗世($J_3$)侵入岩,主要分布在八大关莫尔道嘎和新巴尔虎右旗,岩体多以岩株产出。近北东向分布,岩性简单,为闪长岩、花岗闪长岩,为壳幔混合源,大地构造环境为活动大陆边缘弧。

(10)早白世各侵入岩段($K_1$):该岩段早白垩世侵入岩主要分布于莫尔道嘎镇、俄罗斯名族乡、西乌珠尔一带,有角闪闪长岩、石英闪长岩、花岗闪长岩及奥长花岗岩组成的俯冲型TTG组合,黑云花岗岩、石英二长岩、正长花岗岩、石英正长岩、碱长正长岩组成的后造山型碱性—钙碱性花岗岩组合,辉长岩、苏长岩及花岗质脉岩构成的大陆裂谷型双峰岩墙群组合,碱性花岗岩建造构造的大陆伸展型碱性花岗岩组合。

2)Ⅰ-1-3 海拉尔-呼玛弧后盆地构造岩浆岩亚带($D_3$)

海拉尔-呼玛弧后盆地位于得尔布干断裂以南、扎兰屯-多宝山岛弧构造岩浆岩亚带以北,沿北东走向,从新巴尔虎左旗,经海拉尔市—库都尔镇,直到松岭区附近。

弧后盆地的侵入活动强度明显地低于岩浆弧内,晚古生代侵入岩和中生代侵入岩是最为重要的侵入岩。本亚带共划分13个侵入岩段,泥盆纪各侵入岩段为优势侵入岩段。

(1)罕乌拉俯冲侵入岩段($D_3$):晚泥盆世的侵入岩分布面积有限,主要集中在罕乌拉一带,出露岩性有石英闪长岩、花岗闪长岩、奥长花岗岩、少量闪长岩和英云闪长岩,为TTG组合。构造环境为岛弧构造环境。

(2)风云山八一牧场裂谷型侵入岩段($D_3$):该岩段分布于风云山八一牧场一带,由辉长岩、辉绿玢岩岩墙建造构成辉长岩-辉绿玢岩组合。大地构造环境为碰撞后裂谷环境。

(3)哈达图李增碰山碰撞型侵入岩段($C_2$):晚石炭世侵入岩集中分布于哈达图苏木和李增碰山一带,构成了晚石炭世俯冲期岩浆杂岩$G_1G_2$组合。

哈达图出露岩石类型主要有石英闪长岩、黑云母角闪石英二长闪长岩、花岗闪长岩、黑云母二长花岗岩。岩体多呈岩株、岩基状或套叠式复式岩体。成因类型为壳幔混合源型。大地构造环境为陆缘弧环境。

(4)小乌尔奇汉林场后造山侵入岩段($P_1$):该岩段分布在小乌尔奇汉林场及其西南地区,由正长花岗岩和白岗质花岗岩构成过碱性—钙碱性花岗岩组合。大地构造环境为后造山环境。

(5)松岭俯冲侵入岩段($P_2$):中二叠世侵入岩在弧后盆地中分布有限,集中分布于构造岩浆岩带东段松岭区一带。岩石类型有闪长岩、石英闪长岩、石英二长闪长岩、奥长花岗岩、花岗闪长岩、花岗岩。成因类型为壳幔混合源。岩石构造组合为TTG组合。大地构造环境为俯冲环境。

(6)松岭区后碰撞侵入岩段($T_2$):中三叠世侵入岩,属后碰撞型侵入岩,分布范围也都集中在构造岩浆岩带的东段松岭区一带,岩石类型有黑云母花岗岩、二长花岗岩等,呈大岩基状。岩石成因类型为壳幔混合源,为高钾钙碱性花岗岩组合。大地构造环境为后碰撞环境。

(7)松岭区后造山侵入岩段($T_3$):该岩段主要分布在松岭地区,由正长花岗岩、花岗岩、二长花岗岩、碱性花岗岩构成过碱性—钙碱性花岗岩组合,形成环境为后造山环境。

(8)库都尔-库中后造山侵入岩段($J_1$):该岩段分布在库都尔、马布拉及库中地区,由二长花岗岩、正长花岗岩、碱性花岗岩及石英二长岩构成碱性—钙碱性花岗岩组合。大地构造环境属后造山环境。

(9)鄂伦春自治旗岛弧型侵入岩段($J_1$):该岩段主要分布在鄂伦春自治旗地区,由辉长岩、闪长岩、二长闪长岩、石英二长闪长岩、石英二长岩及花岗闪长岩构成辉长岩-闪长岩+高镁闪长岩+TTG组合。大地构造环境为成熟岛弧型环境。

(10)阿尔诺尔苏木后碰撞型侵入岩段($J_2$):中侏罗世侵入岩集中分布于阿尔诺尔苏木和马布拉一带。岩石类型有二长花岗岩、正长花岗岩,为高钾碱性—钙碱性花岗岩组合。成因类型为壳幔混合源型。大地构造环境为后碰撞环境。

(11)恩和嘎查-哈达林场俯冲型侵入岩段($J_3$):该岩段分布在恩和嘎查-哈达林场一带,由花岗闪长岩和石英闪长岩构成$G_2$组合。大地构造环境为俯冲环境。

(12)库都尔后碰撞侵入岩段($J_3$):晚侏罗世侵入岩为后碰撞岩浆杂岩,高钾和钾玄岩质花岗岩组合。岩石类型包括二长花岗岩、正长花岗岩,为混合源-壳源。大地构造环境为后碰撞环境。

(13)早白垩世各侵入岩段($K_1$):早白垩世侵入岩在海拉尔盆地中主要出露于盆地中东部塔布亥地区,岩体呈北东向岩基产出,早白垩世侵入岩包括如下三类岩石构造组合:三道梁碰撞型强过铝花岗岩组合由奥长花岗岩构成;海拉尔-呼玛后造山型碱性—钙碱性花岗岩组合,由正长花岗岩、碱长花岗岩构成;库都尔镇大陆伸展型双峰式岩墙群组合,由辉长岩、苏长岩、花岗岩等岩脉构成。

3）Ⅰ-1-4 红花尔基弧陆碰撞带构造岩浆岩亚带

红花尔基弧陆碰撞带位于额尔古纳岛弧和扎兰屯-多宝山岛弧之间的红花尔基地区，只出露晚泥盆世、早二叠世侵入岩。本亚带共划分出2个侵入岩段，其中晚泥盆世侵入岩段为本亚带之优势侵入岩段。

（1）红花尔基俯冲侵入岩段（$D_3$）：晚泥盆世的中酸性侵入岩，多分布于红花尔基、苏格河及罕乌拉一带，多呈岩株、岩基产出，岩性包括石英闪长岩、花岗闪长岩、奥长花岗岩和少量的闪长岩、英云闪长岩，为TTG组合。大地构造环境为俯冲环境。

（2）红花尔基后造山侵入岩段（$P_1$）：该岩段主要分布在红花尔基地区，在苏格河和小乌尔汗林场地区也有出露。岩性为正长花岗岩、白岗质花岗岩，呈岩基、岩株产出，为后造山环境中形成的过碱性—钙碱性花岗岩组合。

4）Ⅰ-1-5 东乌珠穆沁旗-多宝山岛弧构造岩浆岩亚带（O、$C_2$）

东乌珠穆沁旗-多宝山岛弧构造岩浆岩亚带，位于内蒙古东乌珠穆沁旗至黑龙江省西部多宝山一带，北东向展布，宽100～200km。该岩浆弧发育岛弧型火山岩与火山弧花岗岩，分别在奥陶纪、中晚泥盆世和晚石炭世表现为岛弧性质。本亚带共划分出25个侵入岩段，其中奥陶纪和石炭纪各侵入岩段为本亚带之优势侵入岩段。

（1）大北沟林场古岛弧型侵入岩段（$Pt_1$）：该岩段分布在大北沟林场一带。由变质堆晶角闪辉长岩和变质辉长闪长岩组成变质辉长岩-闪长岩组合。大地构造环境为古岛弧环境。

（2）大北沟林场裂谷型侵入岩段（$Pt_2$）：由蛇纹岩和科马提岩组成变质超基性岩组合。大地构造环境为中元古代裂谷环境。

（3）甸南俯冲型侵入岩段（$Pt_3$）：该岩段分布在甸南和哈达阳镇两侧。由石英二长闪长岩、斜长花岗岩、二长花岗岩构成$G_2$组合。大地构造环境为晚元古代俯冲环境。

（4）诺敏镇、罕达盖俯冲侵入岩段（$O_2$）：中奥陶世侵入岩主要分布在诺敏镇和罕达盖嘎查一带，东乌珠穆沁旗新庙也有石英闪长岩分布。岩性包括石英闪长岩、花岗闪长岩、二长花岗岩、钾长花岗斑岩，岩石普遍糜棱岩化，为高钾钙碱性系列。花岗闪长岩为壳幔混合源，二长花岗岩为壳源型。岩石组合为$G_1G_2$组合。大地构造环境为陆缘弧环境。

（5）德勒乌拉、苏格河俯冲侵入岩段（$D_3$）：该岩段分布在本亚带西部德勒乌拉和东部苏格河及中央站林场地区。岩性主要有石英闪长岩、花岗闪长岩、奥长花岗岩和少量闪长岩、英云闪长岩。岩体多呈岩板、岩基产出。岩石组合为$T_1G_1G_2$组合。大地构造环境为俯冲构造环境。

（6）耳场子沟裂谷型侵入岩段（$D_3$）：该岩段分布在耳场子沟地区，由辉长岩、辉绿玢岩构成辉长岩-辉绿玢岩组合，大地构造环境为裂谷环境。

（7）达斡尔民族乡、查干敖包后造山侵入岩段（$C_1$）：该岩段分布在本亚带西部的苏吉哈尔、查干脑包和东部达斡尔民族乡一带。岩石组合类型为过碱性—钙碱性花岗岩组合。岩性包括黑云母花岗岩、花岗闪长岩、似斑状花岗岩、二长花岗岩。大地构造环境为后造山环境。

（8）格日敖包、耳场子沟俯冲侵入岩段（$C_2$）：该岩段主要分布于西部的格日脑包—巴彦哈拉特和东部的罕达盖—耳场子沟一带。岩体分布都为北东向，呈岩株或岩基产出。西段岩石组合类型为花岗岩组合，岩性包括花岗岩、二长花岗岩、石英正长岩、石英二长闪长岩和闪长岩。岩石系列属钾质碱性—高钾钙碱性系列，成因类型为壳幔混合源。东段罕达盖-耳场子沟晚石炭侵入岩，该岩石组合为闪长岩-花岗岩组合，由石英闪长岩、石英二长闪长岩、花岗闪长岩、二长花岗岩、黑云母花岗岩等构成，以高钾钙碱性系列为主，壳幔混合源。岩石组合为$G_1G_2$组合。大地构造环境为俯冲环境。

（9）亚东镇同碰撞侵入岩段（$C_2$）：该岩段主要分布在阿荣旗亚东镇地区。由二云母二长花岗岩和白云母二长花岗岩构成强过铝花岗岩组合。大地构造环境为同碰撞环境。

（10）塔日根敖包-嘎布盖特俯冲侵入岩段（$P_1$）：早二叠世侵入岩集中分布在东乌珠穆沁旗塔日根敖包一带，走向多为北北东向，呈岩株、岩基分布。岩石类型为花岗岩、碱长花岗岩、黑云母二长花岗岩、似斑状二长花岗岩、花岗闪长岩、石英二长闪长岩、石英闪长岩和角闪苏长岩。岩石构造组合为 $G_1G_2$ 组合。大地构造环境为俯冲环境。

(11)苏格河后造山侵入岩段($P_1$):该岩段主要分布在苏格河—红花尔基以及小乌尔汗林场地区。由白岗质花岗岩和正长花岗岩构成过碱性—钙碱性花岗岩组合。大地构造环境为后造山环境。

(12)扎赉河农场-巴林镇俯冲侵入岩段($P_2$):该岩段主要分布在扎赉河农场—诺敏镇—阿荣旗—巴林镇地区。由闪长岩、石英闪长岩、石英二长岩及花岗闪长岩构成 $G_1$ 组合。大地构造环境为俯冲环境。

(13)阿荣旗-诺敏同碰撞侵入岩段($P_2$):中二叠世侵入岩集中分布在阿荣旗-诺敏镇一带,多数呈巨大的岩基产出,呈北东向分布。岩石类型有黑云母二长花岗岩、白云母二长花岗岩、正长花岗岩、碱长花岗岩。岩石组合为高钾、钾玄岩质花岗岩组合。大地构造环境为同碰撞构造环境。

(14)东乌珠穆沁旗、罕达盖、红颜镇后造山侵入岩段($T_2+T_3$):中三叠世侵入岩仅分布在东乌珠穆沁旗架斯图乌拉巴彦敖包一带,呈岩株、岩基状北东向分布。岩石类型比较简单,为灰黄色中粒花岗岩和灰白色粗粒碱长花岗岩,为碱性—钙碱性花岗岩组合。晚三叠世侵入岩分布在扎兰屯-多宝山构造岩浆岩亚带东段罕达盖—蘑菇气镇一带,呈岩基、岩株产出,岩石类型以正长花岗岩占绝对优势,另有少量花岗岩、二长花岗岩和碱长花岗岩,也为碱性—钙碱性花岗岩组合。岩石成因类型均为壳幔混合源。大地构造环境均为后造山环境。

(15)阿荣旗大陆伸展型侵入岩段($J_{1-2}$):早中侏罗世侵入岩零星分布在西部那仁乌拉以及阿荣旗亚东镇地区,为大陆伸展构造环境形成的碱性花岗岩组合。

(16)复兴镇-腾克牧场岛弧型侵入岩段($J_1$):该岩段主要分布在本亚带复兴镇—亚东镇—腾克牧场地区。由角闪辉长岩、闪长岩、二长闪长岩、石英二长闪长岩、石英二长岩和花岗闪长岩构成$\upsilon$-$\delta$+TTG+HMA 组合。大地构造环境为成熟岛弧环境。

(17)蘑菇气镇俯冲侵入岩段($J_1$):该岩段主要分布在蘑菇气镇地区。由花岗闪长岩、二长花岗岩、花岗岩和石英斑岩构成活动大陆边缘弧环境中的 $G_1G_2$组合。

(18)阿尔山、诺敏镇俯冲侵入岩段($J_2$):该岩段主要分布在阿尔山、诺敏镇两地区。由闪长岩、花岗闪长岩构成花岗岩组合。大地构造环境为活动大陆边缘弧环境。

(19)南兴安后碰撞侵入岩段($J_2$):中侏罗世侵入岩主要分布于南兴安一带,岩体多呈岩株产出,岩石类型为角闪黑云母二长花岗岩、花岗岩等,为花岗岩组合。成因类型为壳幔混合源。大地构造环境为后碰撞构造环境。:(20)柴河镇-巴林镇、兴安林场、索伦牧场俯冲侵入岩段($J_3$)

该岩段分布在柴河镇—巴林镇地区,由闪长岩、石英闪长岩、石英二长闪长岩、石英闪长玢岩、花岗闪长岩构成 $G_1$ 组合。另有分布在兴安林场、索伦牧场地区的以石英闪长岩和花岗闪长岩为主构成 $\delta$+TTG 组合,两者大地构造环境均为俯冲环境。

(21)罕达盖-库伦沟林场后碰撞侵入岩段($J_3$):晚侏罗世侵入岩主要集中在中段东乌珠穆沁旗—额仁高壁和巴林镇—库伦沟林场一带,岩石类型以花岗岩、黑云母花岗岩、二长花岗岩为主,少量的正长花岗岩和碱长花岗岩。岩石组合为高钾钙碱性花岗岩组合。成因类型为壳幔混合源。大地构造环境为后碰撞构造环境。

(22)巴林镇、古里林场俯冲侵入岩段($K_1$):该岩段主要分布在巴林镇、古里林场地区。由闪长岩、石英闪长岩、石英二长闪长岩和花岗闪长岩构成 TTG 组合。大地构造环境为活动陆缘俯冲环境。

(23)罕达盖-古里林场后造山侵入岩段($K_1$):该岩段主要分布在罕达盖—古里林场地区。由花岗岩、正长花岗岩、碱长花岗岩、石英正长岩、石英二长斑岩、二长斑岩、正长斑岩、花岗斑岩构成碱性—钙碱性花岗岩组合。大地构造环境为后造山环境。

(24)库如奇乡大陆伸展型侵入岩段($K_1$):该岩段主要分布在库如奇乡和诺敏镇地区。由辉长岩、苏长岩及花岗岩脉构成大陆裂谷环境中形成的双峰式岩墙组合。

(25)大北沟林场大陆伸展型侵入岩段($K_2$):该岩段主要分布在大北沟林场地区。由花岗斑岩、钠闪花岗岩构成过碱性—碱性花岗岩组合。大地构造环境为陆内裂谷环境。

5)Ⅰ-1-6 二连-贺根山蛇绿混杂岩亚带($Pz_2$)

二连-贺根山蛇绿混杂岩出露于东乌珠穆沁旗-多宝山岛弧和锡林浩特岩浆弧之间,北东向展布。带内岩石经历了较强烈的构造变动,岩石破碎,多具糜棱岩化。本亚带共划分出4个侵入岩段,其中泥盆纪各侵入岩段为本亚带之优势侵入岩段。

(1)贺根山蛇绿混杂岩段($D_{2-3}$):该岩段主要分布在贺根山地区。由变质橄榄岩、蛇纹岩、堆晶辉长岩及角闪辉长岩、辉绿岩、辉绿玢岩和英云闪长岩等构成SSZ型蛇绿岩组合。大地构造环境为俯冲环境。

(2)阿敦楚鲁俯冲侵入岩段($P_1$):该岩段主要分布在阿敦楚鲁地区,出露岩性多,是本区最重要的一次岩浆活动,岩性包括花岗岩、二长花岗岩、英云闪长岩、花岗闪长岩、石英二长闪长岩和闪长岩。岩石成因类型为壳幔混合源。大地构造环境为俯冲环境。岩石构造组合为$\upsilon+\delta+$TTG组合。

(3)阿敦楚鲁俯冲侵入岩段($T_2$):该岩段主要分布在阿敦楚鲁地区。由花岗闪长岩等构成$G_1$组合。大地构造环境为俯冲环境。

(4)昆都冷大陆伸展型侵入岩段($J_3$):晚侏罗世侵入岩主要分布在本亚带东端,呈小岩株零散分布,岩性仅有一种,为肉红色中粗粒文象花岗斑岩。岩石系列为钾质碱性系列,岩石成因类型为壳源。大地构造环境为大陆伸展环境。岩石构造组合为碱性花岗岩组合。

6)Ⅰ-1-7 锡林浩特岩浆弧构造岩浆岩亚带($Pz_2$)

该构造岩浆岩亚带分布于西起二连浩特经锡林浩特直到乌兰浩特。侵入岩出露时代大多为晚古生代的中酸性花岗岩类。本亚带共划分出17个侵入岩段,其中晚古生代各侵入岩段为本亚带之优势侵入岩段。

(1)巴润萨拉俯冲型侵入岩段($Pt_2$):中元古代基性、超基性小岩块沿着构造岩浆岩亚带由西向东断断续续分布,只有在苏尼特右旗巴润萨拉地区成群出现。由变质橄榄岩、辉石橄榄岩、斜长角闪岩、变质角闪石岩、蛇纹岩、变质辉绿岩、斜长花岗岩构成SSZ型蛇绿岩组合,成因类型为幔源。大地构造环境为俯冲环境。岩石构造组合为超基性岩—基性岩组合。

(2)沙金贵仁俯冲侵入岩段(O—S):该岩段出露在沙金贵仁地区,奥陶纪为英云闪长岩,志留纪为云母花岗闪长岩。岩石成因类型为壳幔混合源。大地构造环境为俯冲环境。岩石构造组合为英云闪长岩-花岗闪长岩($TTG_1$)组合。

(3)巴彦高勒俯冲侵入岩段(S—D):该岩段只在巴彦高勒一带见有出露,岩性简单,为志留纪—泥盆纪的中粒英云闪长岩、闪长岩、花岗闪长岩、辉绿岩。岩石成因类型为壳幔混合源。大地构造环境为俯冲环境。岩石构造组合为英云闪长岩-花岗闪长岩($TTG_1$)组合。

(4)达赖雀尔吉俯冲侵入岩段($C_2$):该岩段分布在锡林浩特岩浆弧构造岩浆岩亚带西南端,中酸性英云闪长岩、石英闪长岩仅在一两处岩体分布。基性、超基性辉石橄榄岩,蚀变辉石岩分布更少。岩石系列前者属高钾钙碱性拉斑系列,属壳幔混合源;后者为钾质拉斑玄武系列,属幔源类型。大地构造环境为俯冲环境。岩石构造组合为$\delta+$TTG组合和SSZ型蛇绿岩组合。

(5)孟恩陶勒盖、查干诺尔、乌力吉图俯冲侵入岩段($P_{1-2}$):该岩段主要分布在孟恩陶勒盖、查干诺尔、乌力吉图地区。本岩段含如下3个岩石组合:由早二叠世的花岗岩、二长花岗岩、英云闪长岩、石英二长闪长岩、花岗闪长岩构成的TTG组合,由中二叠世花岗岩、二长花岗岩、花岗闪长岩构成的$G_1G_2$组合,由中二叠世辉长岩、闪长岩、石英闪长岩、奥长花岗岩、花岗闪长岩构成的$\upsilon$-$\delta+$TTG组合。大地构造环境为俯冲环境。

(6)巴彦查干苏木、艾根乌苏和乌兰浩特-蘑菇气镇碰撞型侵入岩段($P_{2-3}$):该岩段主要分布在巴彦查干苏木、艾根乌苏和乌兰浩特—蘑菇气镇地区。本岩段含如下3个岩石组合:由中二叠世正长花岗岩、黑云母花岗岩构成的高钾、碱玄质花岗岩组合,由中二叠世二长花岗岩、二云二长花岗岩、白云二长花岗岩构成的强过铝花岗岩组合。由晚二叠世花岗岩、二长花岗岩、黑云母花岗岩构成的高钾钙碱性花岗岩组合。大地构造环境为碰撞环境。

(7)查干努润俯冲侵入岩段($P_3$):该岩段晚二叠世侵入岩分布较广,不仅分布在查干努润一带,锡林浩特南东方向也分布有数量较多的晚二叠世侵入岩。岩性出露比较齐全,中酸性—基性、超基性均有分布,包括花岗岩、二长花岗岩、花岗闪长岩、英云闪长岩、石英闪长岩、角闪辉长岩、暗色辉长岩和蛇纹石化橄榄岩等。大地构造环境可能为俯冲环境。

岩石构造组合包括:酸性岩为英云闪长岩-花岗闪长岩,$TTG_1$组合;基性、超基性岩为SSZ型蛇绿岩组合。

(8)敦德乌苏-白音宝力道碰撞侵入岩段(T):该岩体分布在敦德乌苏—白音宝力地区,呈岩基出露。岩性以强过铝质的花岗岩为主,包括花岗岩、白云母二长花岗岩、二云母花岗岩、黑云母二长花岗岩、二云二长花岗岩和花岗闪长岩。大地构造环境为后碰撞环境。岩石构造组合为强过铝质花岗岩组合。

(9)蘑菇气镇后造山侵入岩段($T_3$):该岩段主要分布在本亚带东部。由正长花岗岩、花岗岩、二长花岗岩和碱长花岗岩建造构成过碱性—钙碱性花岗岩组合。大地构造环境为后造山环境。

(10)敦德乌苏俯冲型侵入岩段($T_3$):该岩段主要分布在本亚带西部敦德乌苏和东部罕乌拉一带。由超基性岩、角闪辉长辉岩、辉长岩、辉长辉绿岩及闪长岩构成SSZ型蛇绿岩组合。大地构造环境为俯冲环境。

(11)浩热图-乌兰哈达、白音布拉格-三龙山碰撞侵入岩($T_3+J_1$):晚三叠世侵入岩分布零散,个体规模都很小,呈小岩株出露。岩性包括黑云母二长花岗岩、石英二长闪长岩、黑云母花岗闪长岩构成的高钾钙碱性花岗岩组合。早侏罗世侵入岩主要分布在浩热图—乌兰哈达一带。由辉长岩、石英闪长岩、黑云母二长岩、白云母花岗岩及花岗岩构成的强过铝质花岗岩组合。大地构造环境为碰撞环境。

(12)呼和陶勒盖大陆伸展型侵入岩段($J_2$):该岩段中侏罗世侵入岩分布在乌兰哈以东,呈一字排开,出露岩性包括中粗粒花岗岩、二长花岗岩、中粗粒似斑状花岗岩。大地构造环境为大陆伸展环境。岩石构造组合为碱性花岗岩组合。

(13)哈日哈达嘎-乌兰哈达后造山侵入岩段($J_3$):该岩段晚侏罗世侵入岩分布广且集中,主要分布在哈日哈达嘎—乌兰哈达一带。岩性中细粒花岗斑岩、黄褐色石英斑岩、黑云母正长花岗岩、二长花岗岩、浅肉红色花岗闪长岩、黑云母花岗岩。大地构造环境为后造山环境。岩石构造组合为过碱性—钙碱性花岗岩组合。

(14)兴安林场、宝石镇岛弧型侵入岩段($J_3$):该岩段主要分布在兴安林场、索伦山牧场—德发林场及宝石镇地区。以石英闪长岩、花岗闪长岩为主,另有少量辉石闪长岩、闪长岩、辉石石英闪长岩、英云闪长、石英二长闪长岩、奥长花岗岩、二长岩等,为高镁闪长岩+TTG组合。大地构造环境为岛弧环境。

(15)宝石镇-蘑菇气镇后碰撞侵入岩段($J_3$):该岩段主要分布在宝石镇—蘑菇气镇、黄岗梁林场地区。由二长花岗岩、黑云花岗岩、花岗岩、正长花岗岩、花岗斑岩、流纹斑岩构成高钾钙碱性花岗岩组合。大地构造环境为后碰撞环境。

(16)代王山-乌拉音敖包和锡林浩特-乌兰浩特后造山侵入岩段($K_1$):该岩段主要分布在锡林浩特—乌兰浩特和代王山—乌拉音敖包地区。岩石构造组合为由闪长岩、闪长玢岩、黑云花岗闪长岩、似斑状二长花岗岩、二长花岗岩、黑云母花岗岩、黑云正长花岗岩、碱长花岗岩、石英二长斑岩、花岗岩、花岗斑岩等构成的过碱性—钙碱性花岗岩组合和由正长花岗岩、黑云母花岗岩、花岗岩、花岗斑岩等为主构成的碱性—钙碱性组合。大地构造环境为后造山环境。

(17)罕乌拉伸展型侵入岩段($K_1$):该岩段主要分布在罕乌拉苏木地区,为由辉绿岩构成的双峰式岩墙群组合。大地构造环境为大陆伸展环境。

### 2. Ⅰ-7 索伦山-林西结合带构造岩浆岩带($Pz_2$)

该带呈细带状,西段西起乌拉特中旗索伦山,东至达茂旗查干哈庙,东西长约200km,宽约10km。中段大部分为第四系覆盖,仅在集二线查干诺尔地区有少量的侵入岩分布。东段西拉木伦河以北,克什克腾旗、林西、巴林右旗到阿鲁科尔沁旗一带，由于基础资料地理要素不完全，故所划分的岩石构造组合类型未进行亚带归属。本亚带共划分出 8 个侵入岩段，其中晚古生代各侵入岩段为本亚带之优势侵入岩段。

(1)四方城乡、嘎亥图俯冲型侵入岩段($K_1$)：该岩段主要分布在本带东部四方城乡、嘎亥图镇、宝力召苏木等地区。岩石类型有闪长岩、辉石石英闪长岩、石英二长闪长岩、闪长玢岩、花岗闪长岩、花岗闪长玢岩及斜长花岗岩。岩石构造组合类型为 $\delta$+TTG 组合。大地构造环境为俯冲环境。

(2)白音镐、阿鲁科尔沁、黄岗梁后碰撞型侵入岩段($J_{2+3}$)：该岩段主要分布在白音镐、阿鲁科尔沁旗以及黄岗梁林场等地区。岩石构造组合类型有由中侏罗世角闪黑云二长花岗岩、黑云二长花岗岩等构成的高钾钙碱性花岗岩组合和由晚侏罗世二长花岗岩、黑云花岗岩、花岗岩及正长花岗岩、花岗斑岩等构成的高钾钙碱性花岗岩组合。大地构造环境为后碰撞环境。

(3)白音诺尔镇、天山镇、毛宝力格乡俯冲型侵入岩段($J_{1+2}$)：该岩段主要分布在白音诺尔镇、天山镇以及毛宝力格乡等地区。岩石构造组合类型有由早侏罗世花岗闪长岩、二长花岗岩、花岗岩及石英斑岩等构成的 $G_1G_2$ 组合和由中侏罗世闪长岩、石英闪长岩及石英二长岩构成的 $G_1G_2$ 组合。大地构造环境为俯冲环境。

(4)巴林右旗、白颜温都尔苏木俯冲侵入岩段($T_3$)：该岩段主要分布在巴林右旗和白颜温都尔镇—白音诺尔镇—沙胡同地区。岩石构造组合类型为由花岗闪长岩、黑云二长花岗岩及奥长花岗岩构成的 $G_1G_2$ 组合，大地构造环境为俯冲环境。

(5)三林山稳定陆块型侵入岩段($T_3$)：该岩段主要分布在本带东部三林山一带。岩石构造组合为由橄榄岩、辉长岩、辉长辉绿岩、角闪闪长岩、辉石闪长岩、辉石石英闪长岩及石英二长闪长岩构成的中基性—超基性杂岩组合。大地构造环境为稳定陆块环境。

(6)阿鲁科尔沁旗俯冲型侵入岩段($P_2$)：该岩段主要分布在扎鲁特旗—阿鲁科尔沁旗一带。岩石构造组合为由闪长岩、石英闪长岩、花岗岩及二长花岗岩构成俯冲环境中的 $G_1$ 组合。

(7)索伦山、艾力亥乌苏、达青牧场-扎鲁特旗俯冲侵入岩段($P_1$)：该岩段主要分布在索伦山、艾力亥乌苏、达青牧场—扎鲁特旗一带。岩石组合类型有由火山岩、硅质岩、板岩构成的 SSZ 型蛇绿混杂岩组合，由石英闪长岩、花岗闪长岩及二长花岗岩构成的 $G_1G_2$ 组合以及由蛇纹岩、蛇纹石化橄榄岩、纯橄榄岩、辉石橄榄岩、二辉辉石岩、辉长岩、斜长角闪岩等构成的 SSZ 型蛇绿岩组合。大地构造环境为俯冲环境。

(8)杏树洼俯冲型侵入岩段(C—$P_1$)：该岩段主要分布在本带东部的柯单山一带。岩石构造组合类型为由橄榄岩、蛇纹岩、辉石岩、辉长岩及辉绿岩等构成的 SSZ 型蛇绿岩组合。大地构造环境为俯冲环境。

### 3. Ⅰ-8 宝音图-温都尔庙弧盆系构造岩浆岩带

该带西起索伦山过温都尔庙直到巴林左旗，平行于乌拉特后旗-化德-赤峰深大断裂。出露时代有古生代和中生代，岩性多为中酸性花岗岩和少量碱长岩类。

1) Ⅰ-8-2 温都尔庙俯冲增生杂岩构造岩浆岩亚带($Pt_2$)

本亚带共划分出 19 个侵入岩段，其中中元古代各侵入岩段为本亚带之优势侵入岩段。

(1)东根达来俯冲侵入岩段($Pt_1$)：古元古代侵入岩在本段的分布极少，主要分布在达茂旗北东方向东根达来一带，呈零星的小岩株分布。岩性为绿色超基性(蛇纹岩)辉绿色辉长岩。大地构造环境为俯冲环境。岩石构造组合为 SSZ 型蛇绿岩组合。

(2)双井店乡古岛弧型侵入岩段($Pt_1$)：该岩段分布在巴林右旗双井店乡地区。岩石构造组合类型为由黑云斜长片麻岩、花岗片麻岩等构成的 TTG 组合。大地构造环境为古岛弧环境。

(3)五艺台大洋中脊环境侵入岩段($Pt_2$)：该岩段主要分布在图林凯—五艺台附近，西部哈能有零星分布。岩性包括两部分：浅色酸性岩类为大洋斜长花岗岩、英云闪长岩；基性、超基性岩包括灰绿色辉绿玢岩、黑绿色斜长角闪辉长岩、角闪辉长岩、灰绿色纯橄榄岩、辉石橄榄岩和滑石蛇纹岩。基性—超基性岩为拉斑玄武系列，幔源成因。大地构造环境为大洋中脊环境。岩石构造组合为 MORS 型蛇绿岩型。

(4)下勒哈达大洋扩张型侵入岩段(∈)：该岩段分布在本带西部下勒哈达地区。岩石类型组合为由透辉岩和二辉岩构成的基性—超基性岩组合。大地构造环境为大洋扩张环境。

(5)下勒哈达俯冲型侵入岩段(O)：该岩段内奥陶纪侵入岩体，从西到东出露的比较齐全，从中酸性岩到基性岩、超基性岩均有出露。岩性有英云闪长岩、花岗闪长岩、闪长岩、二长花岗岩、石英闪长岩和绢云蛇纹岩，酸性岩属偏铝质—过铝质中钾—高钾钙碱性系列，为壳幔混合源。大地构造环境为俯冲环境。岩石构造组合为 $\delta$+TTG 组合。

(6)赤峰市后造山侵入岩段($S_3$)：该岩段主要分布在赤峰市山嘴子、红山及英金河地区。岩石组合类型为由二长花岗岩和正长花岗岩构成的过碱性—钙碱性花岗岩组合。大地构造环境为后造山环境。

(7)西尼乌苏俯冲侵入岩段($S_4$)：该岩段仅在西尼乌苏一带见到少量露头。岩性为花岗闪长斑岩。大地构造环境为俯冲环境。岩石构造组合为 $G_1$ 组合。

(8)哈沙图-呼绍图后造山侵入岩段(D)：该岩段零散分布在达茂旗艾布盖河两侧，岩性有碱长花岗岩、闪长岩、石英闪长岩。碱长花岗岩为壳源，其他的为壳幔混合源。大地构造环境为后造山环境。岩石构造组合为碱性—钙碱性花岗岩组合。

(9)朱日和-下哈图俯冲侵入岩段(C)：该岩段主要分布在朱日和-下哈图一带。岩性为英云闪长岩、花岗闪长岩和二长花岗岩，属过铝质钾质-中钾钙碱性系列。岩石成因类型为壳幔混合源。大地构造环境为俯冲环境。岩石构造组合为 TTG 组合。

(10)额尔登陶勒盖俯冲侵入岩段(P)：该岩段分布在本带西部额尔登陶勒盖一带。二叠纪侵入岩岩性为花岗闪长岩、英云闪长岩、闪长玢岩、石英闪长岩。大地构造环境为俯冲环境。岩石构造组为 TTG 组合。

(11)额尔登陶勒盖后造山侵入岩段($P_2$)：该岩段分布在本带西部额尔登陶勒盖地区。岩石组合类型为由二长花岗岩、花岗闪长岩、花岗岩构成的碱性—钙碱性花岗岩组合。大地构造环境为后造山环境。

(12)广兴源乡-库伦旗俯冲型侵入侵入岩段($P_2$)：该岩段分布在本带东部广兴源乡—库伦旗白音花苏木一带。岩石构造组合为由石英闪长岩、英云闪长岩、花岗闪长岩、二长花岗岩、正长花岗岩以及由角闪闪长岩、辉石闪长岩、石英闪长岩、奥长花岗岩、花岗闪长岩、二长花岗岩、黑云母花岗岩等构成的俯冲环境形成的 $\delta$ +TTG 组合。

(13)通希浩镜碰撞型侵入岩段($P_3$)：该岩段侵入岩出露非常有限。岩性单一，仅有晚二叠世二长花岗岩。成因类型为壳幔混合源。大地构造环境为碰撞环境。岩石构造组合为高钾钙碱性花岗岩组合。

(14)模洽次博勒卓俯冲型侵入岩段($T_1$)：早三叠世侵入岩出露也很有限，出露地点也仅限模哈次博勒卓附近。岩性有二长花岗岩、英云闪长岩、石英闪长岩和闪长岩，岩石系列为偏铝质—过铝质中钾—高钾钙碱性系列，壳幔混合源。大地构造环境为俯冲环境。岩石构造组合为 $\delta$ +TTG 组合。

(15)双井店乡南同碰撞侵入岩段($T_2$)：该岩段分布在双井店乡南西拉木伦河两岸。岩石构造组合为由黑云二长花岗岩、二云二长花岗岩、白云二长花岗岩等构成同碰撞环境形成的强过铝质花岗岩组合。

(16)库伦旗后碰撞侵入岩段($J_2$)：该岩段分布在 1∶25 万奈曼旗幅和阜新幅地区。岩石组合为高钾和钾玄岩质花岗岩组合，岩石类型为黑云母二长花岗岩。大地构造环境为后碰撞环境。

(17)红山子乡俯冲侵入岩段($J_3$)：该岩段分布在本带东部地区。呈小岩株状零星分布，岩石类型也较简单，仅有花岗闪长岩一类，高钾钙碱系列，壳幔混合源 $G_1$ 组合。大地构造环境为俯冲环境。

(18)天盛号乡-新镇镇后碰撞侵入岩段($J_3$)：该岩段主要分布在新镇镇—天盛号乡一带，呈岩株、岩基状，岩石类型以黑云母花岗岩、二长花岗岩、正长花岗岩为主，为高钾和钾玄岩质花岗岩组合。大地构造环境为后碰撞环境。

(19)赤峰市、大黑山后造山侵入岩段($J_3+K_1$):该岩段分布在本带东部赤峰市和西部大黑山地区。岩石构造组合为由晚侏罗世正长花岗岩、黑云花岗岩、花岗斑岩以及早白垩世石英正长斑岩、石英二长斑岩、黑云花岗斑岩、花岗闪长斑岩等构成的后造山环境形成的碱性—钙碱性花岗岩组合。

2)Ⅰ-8-3 宝音图岩浆弧构造岩浆岩亚带($Pt_2$)

该亚带位于乌拉特后旗以东,近南北向呈"S"形分布,侵入岩时代为中元古代、新元古代、晚古生代,其中晚古生代石炭纪的侵入岩分布最广,单个岩体也最大,岩性以中酸性花岗岩居多,但也有少量的基性辉长岩、次闪石化辉长岩。本亚带共划分出5个侵入岩段,其中晚古生代各侵入岩段为本亚带之优势侵入岩段。

(1)宝音图苏木东、乌拉特后旗俯冲侵入岩段($Pt_{2+3}$):该岩段主要分布在宝音图苏木东及乌拉特后旗西部地区。岩石构造组合类型为由中元古代黑云钾长片麻岩、黑云二长片麻岩和由新元古代片麻状闪长岩、片理化闪长岩构成的俯冲环境形成的TTG组合。另外,宝音图苏木地区为由中元古代蛇纹石化超基性岩构成的变质超基性岩组合。

(2)乌拉特后旗俯冲侵入岩段(S):古生代志留纪侵入岩主要分布在乌拉特后旗地区。出露的岩性为花岗岩和闪长岩。大地构造环境为俯冲环境。岩石构造组合为$G_2$组合。

(3)乌力吉镇俯冲侵入岩段(C):古生代石炭纪是宝音图构造岩浆岩亚带内分布最广、岩性出露最全的一个地质时代。出露岩性不仅有酸性花岗岩类,而且还有基性岩类。岩性有花岗闪长岩、石英闪长岩、二长花岗岩和次闪石化辉长岩。大地构造环境为俯冲环境。岩石构造组合为$\upsilon$+TTG组合。

(4)海力素东俯冲侵入岩段(P):二叠纪出露岩性和石炭纪出露的岩性大致相当,主要是花岗闪长岩和石英闪长岩。大地构造环境同样为俯冲环境。岩石构造组合为$G_1$组合。

(5)查干呼舒庙大陆伸展侵入岩段(T):三叠纪侵入岩分布比较广,分布在本岩浆构造亚带的中段和中南段。出露岩性较单一,仅有黑云母二长花岗岩,岩石系列为过铝质钾质碱性系列。成因类型为壳源。大地构造环境为大陆伸展环境。岩石构造组合为碱性花岗岩组合。

#### 4. Ⅰ-9 额济纳旗-北山弧盆系构造岩浆岩带

该带包括范围很广,为阿拉善右旗-化德-赤峰深大断裂以北、乌拉特后旗以西的广大区域。根据构造环境,在二级构造岩浆岩带的基础上进一步细分为6个岩浆岩亚带。

1)Ⅰ-9-1 圆包山(中蒙边界)岩浆弧构造岩浆岩亚带(C—P)

该亚带在圆包山一带,沿中蒙边界分布,西起内蒙自治区、甘肃省的交界处,向东直到大小狐狸山。侵入时代为晚古生代石炭纪、二叠纪。出露岩性多为中酸性花岗岩类,少量的基性岩类。本亚带共划分出3个侵入岩段,其中志留纪侵入岩段为本亚带之优势侵入岩段。

(1)红石山俯冲型侵入岩段(S):由志留纪英云闪长岩和花岗闪长岩构成TTG组合,低钾拉斑玄武岩系列,壳幔混合型成因,形成环境为俯冲环境。

(2)青山-红石山俯冲侵入岩段($C_2$):晚石炭世侵入岩活动强烈,分布广。岩石类型齐全,从中酸性到基性均有分布。酸性岩类包括似斑状二长花岗岩、似斑状花岗闪长岩、中粗粒花岗闪长岩、浅灰色中细粒英云闪长岩、中粗粒石英闪长岩、闪长玢岩。基性岩类包括角闪辉长岩、灰黑色中粗粒橄榄辉长岩、浅灰绿色辉石角闪辉长岩。酸性花岗岩类岩石系列为偏铝质中钾钙碱性系列,基性岩为偏铝质高钾钙碱性系列—过铝质低钾拉斑玄武系列。岩石成因类型为壳幔混合源。大地构造环境为俯冲环境。岩石构造组合为花岗闪长岩-花岗岩$G_1G_2$组合、英云闪长岩-花岗闪长岩$TTG_1$组合、高镁闪长岩组合、SSZ型蛇绿岩组合。

(3)黑红山-巴格洪吉尔俯冲侵入岩段($P_2$):该岩段属中二叠世,出露岩性以中粗粒正长花岗岩、浅肉色中粒二长岩为主,少量的花岗斑岩。岩石系列属偏铝质—过铝质钾质碱性系列。岩石成因类型为壳源成因。大地构造环境为俯冲环境。岩石构造组合为花岗岩$G_2$组合。

2)Ⅰ-9-2 黑鹰山-甜水井岩浆弧构造岩浆岩亚带(C—P)

该亚带分布在黑鹰山—甜水井一带,此带是北山地区侵入岩最为集中的一个带。侵入时代有元古宙、古生代和中生代,出露岩性包括中酸性、基性和超基性侵入岩。基性、超基性岩分布面积小,出露零散。本亚带共划分出8个侵入岩段,其中石炭纪各侵入岩段为本亚带之优势侵入岩段。

(1)都热乌拉俯冲侵入岩段($Pt_2$):中元古代岩浆活动比较弱,基性侵入岩少之又少,都热乌拉西部仅出露了一处灰黑色—灰绿色辉长岩,几平方千米,岩性单一,岩石为偏铝质中钾钙碱性系列,幔源成因。大地构造环境为俯冲环境。岩石构造组合为SSZ型蛇绿岩组合。

(2)进素土海-红柳峡俯冲侵入岩段(S):志留纪侵入岩分布零散,沿构造带由西向东仅见有3处分布,岩性也较简单,为浅灰色中粗粒片麻状英云闪长岩、石英闪长岩、花岗闪长岩、灰白色—浅红色片麻状二长花岗岩。岩石系列属过铝质中高钾钙碱性系列。岩石成因类型为壳幔混合源。大地构造环境为俯冲环境。岩石构造组合为英云闪长岩-花岗闪长岩(TTG)组合。

(3)白梁-蓬勃山俯冲侵入岩段($C_2$):该俯冲侵入活动为内蒙古中西部最重要的一次俯冲活动。从出露的岩性来看,白梁—逢勃山一带,岩石从中酸性到基性、超基性均有分布,构成了北山地区侵入岩主体。中酸性岩包括英云闪长岩、花岗闪长岩、石英二长岩、石英闪长岩和闪长岩。

基性、超基性岩分布零散,出露面积小,尤其是超基性岩仅在百合山一带零星分布。岩性有灰绿色中粒辉长岩、角闪辉长岩、黑色中粒辉石角闪橄榄岩。

岩石系列为中酸性岩为偏铝质—过铝质高钾钙碱性系列。岩石成因类型为壳幔混合源。基性、超基性岩为拉斑玄武岩系列。

岩石构造组合为英云闪长岩-花岗闪长岩($TTG_1$)组合。基性—超基性岩构成了俯冲上盘仰冲SSZ型蛇绿岩构造组合。

(4)白梁-黑红山俯冲侵入岩段($P_2$):中二叠世侵入岩岩性由中酸性到基性均有分布。中酸性岩为中细粒花岗岩、肉红色中粗粒二长花岗岩、花岗闪长岩、灰绿色中粒石英闪长岩。岩石构造组合为英云闪长岩-花岗闪长岩($TTG_1$)组合。大地构造环境为俯冲环境。另有零星中二叠世蚀变辉长岩、角闪辉长岩出露构成洋岛型碱性玄武质辉长岩组合。

(5)辉森乌拉后碰撞侵入岩段($P_3$):晚二叠世侵入岩多分布在辉森乌拉一带,岩性包括灰白色中粒二长花岗岩和浅灰绿色粗粒角闪正长岩。岩石系列属偏铝质—过铝质中钾—高钾钙碱性系列。岩石成因类型为壳源。大地构造环境为后碰撞环境。岩石构造组合为钾质和超钾质侵入岩组合。

(6)红石门后碰撞侵入岩段($T_3$):红石门一带出露岩性仅有黄褐色—肉红色中粗粒花岗岩(正长花岗岩)和浅黄色中粗粒二长岩花岗岩。岩石系列属过铝质钾质—中钾钙碱性系列。成因类型为壳源。大地构造环境为后碰撞环境。岩石构造组合为钾质和超钾质花岗岩组合。

(7)伊利格闯吉大陆伸展型侵入岩段($J_1$):该岩段位于黑鹰山-甜水井岩浆弧构造岩浆岩亚带东段,该段出露的岩性有中粗粒二长花岗岩、黑云母二长花岗岩、石英二长岩和少量花岗闪长岩、花岗岩。岩石系列属偏铝质—过铝质钾质碱性系列,为碱性花岗岩组合。成因类型为壳幔混合源。大地构造环境为大陆伸展环境。

(8)三个井大陆伸展型侵入岩段($K_1$):三个井后造山侵入岩段位于黑鹰山-甜水井岩浆弧构造岩浆岩亚段中部,出露岩性单一,仅有肉红色粗粒花岗岩,岩石系列属偏铝质(钾质)碱性系列,为碱性花岗岩组合。成因类型为壳源。大地构造环境为大陆伸展环境。

3)Ⅰ-9-3 公婆泉岩浆弧构造岩浆岩亚带(O—S)

该带北与黑鹰山-甜水井岩浆弧构造岩浆岩亚带平行,南与塔里木陆块区呈断层接触。侵入岩时代为早古生代奥陶纪、志留纪,晚古生代晚石炭世和中、晚二叠世,中生代晚三叠世、晚侏罗世和早白垩世。岩性为中酸性花岗岩和基性辉长岩、蛇纹岩、角闪石岩、辉绿岩。本亚带共划分出7个侵入岩段,其中奥陶纪和志留纪各侵入岩段为本亚带之优势侵入岩段。

(1)黑条山-月牙山俯冲侵入岩段(O):该岩段位于公婆泉岩浆弧构造岩浆岩亚带东段,东七一山萤石矿西侧，出露岩性有中粗粒英云闪长岩、中粗粒辉长岩、粗粒角闪辉长岩、蛇纹岩和少量辉绿岩。英云闪长岩岩石系列属过铝质低钾拉斑玄武系列。基性—超基性岩岩石系列则属于偏铝质—过铝质低钾拉斑玄武岩系列。大地构造环境为俯冲环境。岩石构造组合为 $TTG_1$ 组合及 SSZ 型蛇绿岩组合。

(2)大王山俯冲侵入岩段(S)：该岩段位于公婆泉岩浆弧构造岩浆岩亚带东段，出露岩性为浅肉红色中粗粒二云母二长花岗岩、似斑状花岗岩、花岗岩和少量的英云闪长岩。花岗岩成因类型为壳幔混合源。大地构造环境为俯冲环境。岩石构造组合为 $TTG_1$ 组合。

(3)石板井-东七一山俯冲侵入岩段($C_2$)：该岩段位于构造岩浆岩亚带北部，岩石的自然组合有花岗闪长岩、英云闪长岩、石英闪长岩、闪长岩。岩石系列属偏铝质—过铝质中钾—高钾钙碱性系列。花岗岩成因类型属壳幔混合源，富钾钙碱性岩类。大地构造环境为俯冲环境。岩石构造组合为 $G_1G_2$ 组合。

(4)尖山俯冲侵入岩段($P_2$)：该岩段中二叠世侵入岩多分布于尖山附近，出露面积不大，比较零散。主要岩性有浅肉红色中粗粒二长花岗岩、中粗粒似斑状花岗闪长岩、暗绿色辉绿岩。岩石系列属偏铝质—过铝质中钾—高钾碱性—钙碱性系列。成因类型为壳幔混合源。大地构造环境为俯冲环境。岩石构造组合为花岗闪长岩-花岗岩($G_1G_2$)组合。

(5)野马营大陆伸展侵入岩段($P_3$)：野马营侵入岩位于构造岩浆岩亚带的西端马鬃山乡境内。出露岩性主要有浅肉红色中粗粒二长花岗岩、暗绿色辉绿岩。大地构造环境为大陆伸展环境。岩石构造组合为双峰式侵入岩组合。

(6)梭梭井后碰撞侵入岩段($T_3$)：该岩段位于公婆泉岩浆弧构造岩浆岩亚带东端，该段出露岩性简单，有中粗粒似斑状花岗岩、花岗岩和浅黄褐色中粗粒二长花岗岩。岩石系列属过铝质高钾钙碱性系列。成因类型为壳源。大地构造环境为后碰撞环境。岩石构造组合为钾质—超钾质侵入岩组合。

(7)旱山-七一山大陆伸展型侵入岩段($J_3$—$K_1$)：该侵入岩段零星分布于旱山—七一山一带，由中粗粒似斑状花岗岩($J_3\pi\gamma$)和粗粒花岗岩($K_1\gamma$)构成，岩石系列为偏铝质钾质碱性系列。岩石成因类型为壳源。形成环境为大陆伸展环境。岩石构造组合为碱性花岗岩组合。

4)Ⅰ-9-6 哈特布其岩浆弧构造岩浆岩亚带

该亚带主要分布在阿拉善右旗境内，呈北东向展布。覆盖较广，露头零散。侵入岩时代包括中元古代、早古生代和晚古生代，中生代有中、晚三叠世和早白垩世。岩性主要是中酸性花岗岩、二长花岗岩、花岗闪长岩及英云闪长岩、石英闪长岩，基性岩有辉长岩、角闪辉长岩等。本亚带共划分出 7 个侵入岩段，其中石炭纪侵入岩段为本亚带之优势侵入岩段。

(1)高家窑-陶来俯冲侵入岩段($Pt_2$)：该岩段位于哈特布其构造岩浆岩亚带西南端阿左旗境内。出露岩性主要有暗灰色中粗粒似斑状英云闪长岩和辉绿色中粗粒角闪辉长岩。岩石系列属偏铝质低钾拉斑系列。成因类型分为两种类型，英云闪长岩为壳幔混合源，辉长岩为幔源。大地构造环境为俯冲环境。岩石构造组合：中粗粒似斑状英云闪长岩属俯冲环境的 $TTG_1$ 组合；变质角闪辉长岩则属拉斑玄武质辉长岩组合。

(2)索日图俯冲侵入岩段(S)：该岩段位于哈特布其构造岩浆岩亚带西南端阿左旗境内。岩体多为小岩株，零散分布。岩性主要有二长花岗岩、花岗闪长岩、英云闪长岩和石英闪长岩。岩石多为偏铝质—过铝质中钾钙碱性系列。岩石成因类型为壳幔混合源。大地构造环境为俯冲环境。岩石构造组合为英云闪长岩-花岗闪长岩为($TTG_1$)组合。志留纪俯冲环境，被认为是局部小规模的一次俯冲活动，它只出现在内蒙古西部，中部地区则很少见到志留纪侵入岩。

(3)呼和诺尔-笋布尔乌拉俯冲侵入岩段($C_2$)：该岩段位于阿左旗乌力吉镇西北，岩体分布相对集中，多呈北东向分布。岩性从中酸性到基性、超基性均有出露，中酸性岩包括英云闪长岩、花岗闪长岩、石英二长闪长岩、石英闪长岩，基性岩有角闪辉长岩，超基性岩有蛇纹石化橄榄岩。中酸性岩石系列属偏铝—过铝、中钾—高钾钙碱性系列。中酸性岩石成因类型为壳幔混合源；基性岩、超基性岩为幔源。大地构造环境为俯冲环境。岩石构造组合比较典型的为英云闪长岩-花岗闪长岩($TTG_1$)组合。

另外乌力吉镇一带有蛇纹石化橄榄岩和角闪辉长岩建造构成的高钾和超钾质侵入岩组合，成因为幔源，大地构造环境为陆缘俯冲环境。

晚石炭世—早二叠世俯冲活动是内蒙古中西部地区最为重要的一次构造活动，它展示了两大陆块的汇聚、碰撞和大洋的消失。

(4)包尔乌拉-巴润特格俯冲侵入岩段($P_2$)：岩性以酸性岩为主，有花岗岩、二长花岗岩、似斑状花岗岩、花岗闪长岩、英云闪长岩和石英二长闪长岩。岩石系列为偏铝质钾质—高钾碱性—钙碱性系列。岩石成因类型为壳幔混合源。大地构造环境为俯冲环境。岩石构造组合为英云闪长岩-花岗闪长岩$TTG_1$组合。

(5)乌力吉山根后碰撞侵入岩段($T_2$)：该岩段与晚石炭世、中二叠世俯冲侵入岩段沿东西方向平行排列，俯冲侵入岩段在北，后碰撞侵入岩段在南。出露的岩性有花岗岩、二长花岗岩、花岗闪长岩。岩石系列为偏铝—过铝质钾质—高钾质碱性系列。大地构造环境为后碰撞环境。岩石构造组合为钾质和超钾质侵入岩组合。

(6)银根-新井后碰撞侵入岩段($T_3$)：晚三叠世所出露的岩性有粗粒花岗岩、浅红色中粗粒二长花岗和含白云母中细粒二长花岗岩。岩石系列为过铝质钾质碱性系列。岩石成因类型为壳源成因。大地构造环境为后碰撞环境。岩石中以含白云母为特征。岩石构造组合为强过铝质花岗岩组合。

(7)腰泉-沙枣泉后造山侵入岩段($K_1$)：该岩段位于哈特布其构造岩浆岩亚带西南端阿右旗境内。出露岩性包括中粗粒花岗岩(正长花岗岩)、肉红色中粗粒二长花岗岩和似斑状黑云母二长花岗岩。岩石系列为过铝质钾质碱性—钾质钙碱性系列。岩石成因类型为壳源。大地构造环境为后造山环境。岩石构造组合为过碱性—钙碱性花岗岩组合。

5)Ⅰ-9-7 巴音戈壁弧后盆地构造岩浆岩亚带(C)

该亚带北界与哈特布其岩浆弧构造岩浆岩亚带平行，南界为深大断裂的西端。侵入岩时代为中元古代、晚古生代和中生代中三叠世。岩性有二长花岗岩、石英闪长岩、闪长岩等中酸性岩，基性岩、超基性岩有辉长岩、角闪辉长岩、斜辉辉橄岩和橄榄岩。由于覆盖较广，岩石露头差，岩体零散。本亚带共划分出 4 个侵入岩段，其中石炭纪各侵入岩段为本亚带之优势侵入岩段。

(1)脑岗扣布-干旧热陶勒盖俯冲侵入岩段($Pt_2$)：该岩段分布在巴音戈壁弧后盆地构造岩浆岩亚带西端，出露岩性为暗灰色—浅灰色中粗粒石英闪长岩，少量闪长岩。岩石系列属偏铝质中钾钙碱性系列。岩石成因类型为壳幔混合源。大地构造环境为俯冲环境。岩石构造组合为高镁闪长岩组合。

(2)阿布德仁太山俯冲型侵入岩段($C_2$)：该岩段分布在巴音戈壁弧后盆地岩浆岩构造亚带西端一带，实际仅有一处超基性岩体出露，其他处覆盖严重。岩性为辉绿色中粗粒斜辉辉橄岩、橄榄岩。岩性系列属过铝质中钾钙碱性—高钾钙碱性系列。岩石成因类型为幔源。大地构造环境为蛇绿混杂岩带。岩石构造组合为 SSZ 型蛇绿岩组合。

(3)阿拉格林台乌拉西俯冲侵入岩段($P_2$、$P_3$)：该岩段出露的规模不仅小，而且零散。似斑状二长花岗岩是该处唯一可见的侵入岩岩体。岩体系列属过铝质中钾钙碱性—高钾钙碱性系列。岩石成因类型为壳幔混合源。岩石组合为花岗岩组合。大地构造环境为俯冲环境。

(4)1486 标高后碰撞侵入岩段($T_2$)：该岩段内出露的岩体规模不但小，而且零散。大个的岩体也不过几平方千米，小的不足 $1km^2$。出露的岩性从中酸性—基性均有分布，包括花岗斑岩、似斑状二长花岗岩、蚀变辉长辉绿岩、角闪辉长岩。酸性岩类岩石系列为过铝质中钾钙碱性系列；基性岩石资料不足。岩石成因类型为壳源。大地构造环境为后碰撞环境。岩石构造组合分别为中基性岩组合和花岗岩组合。

6)Ⅰ-9-8 恩格尔乌苏蛇绿混杂岩构造岩浆岩亚带($Pt_2$)

该亚带主要分布于阿拉善左旗北部，北界与中蒙边界平行。东与包尔汉图-温都尔庙构造岩浆岩带相邻。侵入岩时代有中元古代、晚古生代和中生代。岩性包括中酸性花岗岩、花岗闪长岩、英云闪长岩、二长花岗岩等。基性岩、超基性岩有角闪辉长岩、辉长岩、纤闪石化辉长岩及超基性岩风化壳。岩体呈小岩株或岩墙沿构造线零散分布。本亚带共划分出 5 个侵入岩段，其中石炭纪各侵入岩段为本亚带之优势侵入岩段。

(1)踏斑陶勒盖大洋环境侵入岩段($Pt_2$):该岩段位于恩格尔乌苏东段,出露岩性比较单一,地表只有黄褐色超基性岩风化壳,与超基性岩有关的其他岩性没有发现。超基性岩风化壳实际资料缺失,根据野外经验推断,物质来源为幔源,大地构造环境为蛇绿混杂岩环境。岩石构造组合为MORS型蛇绿岩组合。

(2)乌尔特俯冲型侵入岩段($C_2$):该岩段位于阿左旗境内北部,与哈特布其构造岩浆岩亚带近于平行,北东端与温都尔庙俯冲增生杂岩构造岩浆岩亚带相接。晚石炭世出露的岩性有酸性岩、基性岩和超基性岩。二长花岗岩、似斑状黑云花岗岩分布集中,呈岩基出露;基性岩、超基性岩有辉绿玢岩、角闪辉长岩、纤闪石化辉长岩及超基性岩风化壳,呈小岩株或岩墙沿构造零散分布。岩石系列:酸性花岗岩为过铝质高钾碱性—钙碱系列;基性岩、超基性岩为偏铝质中钾钙碱性系列。成因类型为壳幔混合源及幔源。大地构造环境为俯冲环境。岩石构造组合为SSZ型蛇绿岩组合和$G_2$组合。

(3)海尔罕俯冲侵入岩段($P_2$):该岩段仅分布在海尔旱附近,出露岩性有英云闪长岩、花岗闪长岩和二长花岗岩。这些岩体规模都很小,呈小岩株集中分布。岩石系列属偏铝质—过铝质中钾—高钾钙碱性系列。成因类型为壳幔混合源。大地构造环境为俯冲环境。岩石构造组合为英云闪长岩-花岗闪长岩 $TTG_1$组合。

(4)巴格毛德后碰撞侵入岩段($T_3$):巴格毛德晚三叠世侵入岩,呈小岩株零散地分布在恩格尔乌苏蛇绿混杂岩构造岩浆岩亚带东端。岩性为酸性花岗岩类,有肉红色碱长花岗岩、二长花岗岩和肉红色似斑状花岗闪长岩。岩石系列为过铝质钾质—碱性—高钾钙碱性系列。岩石成因类型为壳源。大地构造环境为后碰撞环境。岩石构造组合为钾质和超钾质侵入岩组合。

(5)呼和托洛海后造山侵入岩段($K_1$):该岩段为恩格乌苏蛇绿混杂岩构造岩浆岩亚带中唯一的一处早白垩世侵入岩。岩性有肉红色碱长花岗岩和似斑状黑云母二长花岗岩。岩石系列为过铝质中钾—高钾钙碱性系列。岩石成因类型为壳源。大地构造环境为后造山环境。岩石构造组合为高钾—钙碱性花岗岩组合。

### Ⅱ 华北构造岩浆岩省

该构造岩浆岩省又分为4个构造岩浆岩带。

#### 1. Ⅱ-2 晋冀陆块构造岩浆岩带

该带分布在内蒙古自治区和山西省交界的清水河县境内,出露的侵入岩仅有一处,为中太古代代似斑状二长花岗岩。

Ⅱ-2-5 吕梁碳酸盐岩台地构造岩浆岩亚带($Pt_1$)

该亚带仅有一处岩体分布,面积6～7km$^2$,时代为中太古代,岩性为变质榴石花岗岩和片麻状中粗粒似斑状榴石二长花岗岩。该亚带在内蒙古自治区内划分出1个侵入岩段。

清水河东陆核侵入岩段($Ar_2$):该岩段分布在清水河东部。岩性包括榴石花岗岩和片麻状中粗粒似斑状榴石二长花岗岩。大地构造环境为陆核环境。岩石构造组合为变质榴石花岗岩组合。

#### 2. Ⅱ-3 冀北古弧盆系构造岩浆岩带

冀北古弧盆系位于华北陆块区中东部,属燕辽地块北缘,西接阴山地块,东邻辽吉地块,行政区划属赤峰市管辖,包括喀喇沁旗、宁城县和敖汉旗一部分。侵入岩出露时代有中元古代、古生代和中生代,岩性从中酸性岩到基性岩、超基性岩均有分布。

Ⅱ-3-1 恒山-承德-建平古岩浆弧构造岩浆岩亚带

该亚带位于燕辽地块北缘,内蒙古自治区和河北省两地犬牙交错地带,内蒙古自治区只占其中一小部分。侵入岩集中在喀喇沁旗一带,岩体呈岩枝、岩基沿北东方向展布,宁域和敖汉旗侵入岩分布较少,而且零散。本亚带共划分出12个侵入岩段，其中新太古代和古元古代各侵入岩段为本亚带之优势侵入岩段。

(1)四道沟乡-楼子店古岩浆弧侵入岩段($Ar_3$)：该岩段分布于喀喇沁旗四道沟乡—楼子店地区。岩石构造组合为由角闪质片麻岩、花岗闪长质片麻岩、花岗质片麻岩等构成的变质深成侵入岩(TTG)组合。大地构造环境为古岩浆弧环境。

(2)喀喇沁旗俯冲型侵入岩段($Pt_1$)：该岩段分布在喀喇沁旗小五家乡和樟子店乡地区。由糜棱岩化花岗闪长岩、黑云二长花岗岩构成俯冲环境形成的$G_1G_2$组合。

(3)头道营子稳定陆块侵入岩段($Pt_2$)：该岩段分布在宁城县头道营子一带。由角闪岩、角闪辉石岩、蛇纹岩、角闪辉长岩、辉长辉绿岩等构成稳定陆块环境中形成的基性—超基性杂岩组合。

(4)莲花山后造山侵入岩段($Pt_2$)：该岩段分布在宁城县莲花山一带。岩石类型为糜棱岩化黑云母二长花岗岩，岩石系列为高钾钙碱性系列。岩石成因类型为壳幔混合源。岩石构造组合为层状基性—超基性杂岩组合。大地构造环境为后造山环境。

(5)八里罕后造山侵入岩段($P_1$)：该岩段主要分布在赤峰市南部八里罕地区，岩性为黑云母二长花岗岩，呈岩基侵入太古宙变质岩系中，为高钾钙碱系列和钾玄岩系列，壳幔混合源。岩石构造组合为后造山环境形成的碱性—钙碱性花岗岩组合。

(6)美林-四家子、孤山子、金厂沟梁、八里罕-小五家乡、四道沟-喀喇沁旗碰撞型侵入岩段($P_2+P_3+T_1+T_2$)

该岩段主要分布在赤峰市南部美林乡、四家子、孤山子、金厂沟梁、八里罕、小五家乡、四道沟乡、喀喇沁旗一带。岩石构造组合为由中二叠世黑云二长花岗岩、正长花岗岩构成碰撞环境中形成的高钾钙碱性花岗岩组合，或由晚二叠世花岗岩、花岗斑岩、正长斑岩或由早、中三叠世黑云二长花岗岩构成碰撞环境中形成的高钾和钾玄岩质花岗岩组合。

(7)高桥村后造山侵入岩段($T_3$)：该岩段主要分布在赤峰市南部高桥村地区。岩石构造组合为由黑云二长花岗岩和黑云花岗岩构成后造山环境中形成的碱性—钙碱性花岗岩组合。

(8)山神庙、十家村稳定陆块侵入岩段($T_3$)：该岩段主要分布在山神庙—十家村一带，岩石类型包括角闪闪长岩、辉长岩、橄榄辉石岩、苏长岩、石英二长闪长岩、斜长岩等。局部有明显的层状特征。岩石成因类型为幔源。岩石系列为钙碱性和拉斑系列。构造环境为稳定陆块。岩石构造组合为层状基性—超基性杂岩组合。

(9)四道沟乡、楼子店后造山侵入岩段($J_1$)：该岩段分布在赤峰市南部四道沟乡、楼子店乡地区。岩石构造组合为由黑云二长花岗岩和黑云花岗岩构成后造山环境中形成的碱性—钙碱性花岗岩组合。

(10)四道沟乡-喀喇沁旗碰撞型侵入岩段($J_2$)：该岩段分布在四道沟乡—喀喇沁旗一带。岩石构造组合为由黑云二长花岗岩构成碰撞环境中形成的高钾和钾玄岩质花岗岩组合。

(11)金厂沟梁俯冲型侵入岩段($J_3$)：该岩段主要分布在金厂沟梁地区。岩石构造组合为由石英闪长岩、花岗闪长岩构成的俯冲型闪长岩-花岗闪长岩组合。

(12)四道沟乡-林家营子后造山侵入岩段($K_1$)：该岩段主要分布在喀喇沁旗南部四道沟乡和林家营子地区。岩石构造组合为由黑云二长花岗岩为主，少量正长花岗岩、碱长花岗岩及石英二长岩构成的碱性—钙碱性花岗岩组合。大地构造环境为后造山环境。

### 3. Ⅱ-4 狼山-阴山陆块构造岩浆岩带

阿拉善右旗高家窑-化德-赤峰深大断裂中段以南，狼山—白云鄂博—兴和、凉城一带，是前寒武纪变质基底岩系最为集中的地段。

1)Ⅱ-4-1 固阳-兴和陆核构造岩浆岩亚带($Ar_{1-2}$)

该亚带分布于呼和浩特、包头二市以北，大青山乌拉山及呼和浩特市以南凉城一带。侵入岩出露时代有中太古代、新太古代、中元古代、二叠纪、三叠纪和晚侏罗世。岩性包括碱长花岗岩、花岗岩、二长花岗岩、英云闪长岩和花岗闪长岩；基性岩有碱性辉长岩、角闪辉长岩、辉长岩和橄榄辉石岩。

前寒武纪变质基底岩系比较发育，也比较集中，是构成固阳-兴和陆核的基础。本亚带共划分出10个侵入岩段，其中新太古代各侵入岩段为本亚带之优势侵入岩段。

(1)包头市、东坡村、蛮汉山、旗下营、兴和县、丰镇市、隆庄镇陆核型侵入岩段($Ar_2$)：该岩段主要分布在包头市—兴和县—丰镇市等地区。岩石构造组合类型分别为由紫苏斜长麻粒岩、二辉斜长麻粒岩等构成的基性麻粒岩组合，由紫苏黑云花岗质片麻岩、紫苏黑云花岗闪长质片麻岩构成的花岗质片麻岩组合，由紫苏混合花岗岩、角闪混合花岗岩、榴石混合花岗岩构成的混合花岗岩组合以及由变质基性岩墙群组成的变质基性岩墙群组合，由变质辉长岩、橄榄辉石岩等构成的变质基性—超基性岩组合和由变质英云闪长岩、变质石英闪长岩、黑云母花岗岩等构成的TTG组合。大地构造环境为陆核环境。

(2)固阳-武川古岛弧侵入岩段($Ar_3$)：该岩段主要分布在固阳县以东—武川县南部地区。岩石构造组合类型为由片麻状闪长岩、片麻状石英闪长岩、变质石英闪长岩、变质花岗闪长岩、变质英云闪长岩等构成的HMA＋TTG组合。大地构造环境为古岛弧环境。

(3)尖草沟大陆伸展型侵入岩段($Ar_3$)：新太古代侵入岩——褐红色中粗粒黑云母透辉碱长正长岩，仅在尖草沟一带出露，岩石系列为偏铝质钾质碱性系列。岩石成因类型为壳源成因。大地构造环境为大陆伸展环境。岩石构造组合为碱性正长岩组合。

(4)大青山俯冲型侵入岩段($Pt_1$)：该岩段主要分布在呼和浩特市—旗下营以北大青山地区。岩石构造组合为由变质闪长岩、变质石英闪长岩、变质英云闪长岩、变质花岗岩闪长岩和变质二长花岗岩构成俯冲环境中形成的TTG组合。

(5)沙德盖、二道洼大陆伸展侵入岩段($Pt_2$)：中元古代侵入岩多分布在哈德门沟以北沙德盖及呼和浩特市北二道哇地区，面积不大，零散分布。岩性有片麻状黑云花岗、变质二长花岗岩、变质碱长花岗岩等。岩石系列为偏铝质—过铝质钾质碱性系列或偏铝质钾玄岩系列。岩石成因类型为壳幔混合源。大地构造环境为大陆伸展环境。岩石构造组合为碱性花岗岩组合。

(6)查汉敖包-秦家沟俯冲侵入岩段(P)：二叠纪侵入岩主要分布在查汉敖包—秦家沟一带，岩体出露呈东西排列，规模不大，岩性包括英云闪长岩、二长花岗岩、花岗闪长岩和闪长岩。岩石系列为高钾钙碱性系列。大地构造环境为俯冲环境。岩石构造组合为英云闪长岩-花岗闪长岩-花岗岩(TTG)组合。

(7)大桦背大陆伸展侵入岩段(T)：三叠纪侵入岩——大桦背岩体，只分布在构造岩浆岩亚带西端乌拉山大桦背地区。大桦背岩体岩性为中粗粒二长花岗岩及花岗岩，偏铝质钾质碱性系列。岩石成因类型为壳源。大地构造环境为大陆伸展环境。岩石构造组合为碱性花岗岩组合。

(8)大桦背山东后造山侵入岩段($T_3$)：晚三叠世侵入岩在大桦背山以东零星分布，岩性有中粗粒黑云二长花岗岩、中粗粒花岗岩、二长花岗岩等。岩石系列属偏铝—过铝钾质碱性系列。岩石成因类型为壳幔混合源。大地构造环境为后造山环境。岩石构造组合为碱性—钙碱性花岗岩组合。

(9)油篓山后造山侵入岩段($J_3$)：晚侏罗世侵入岩主要分布在油篓山地区，出露面积小，而且零散，主要岩性包括灰白色石英斑岩、肉红色似斑状花岗岩、花岗闪长岩、肉红色似斑状二长花岗岩、肉红色细粒石英闪长岩。岩石系列为石英闪长岩钙碱性系列和过铝质钾质碱性系列。岩石成因类型为壳幔混合源。大地构造环境为后造山环境。岩石构造组合为碱性—钙碱性花岗岩组合。

(10)和林格尔东大陆伸展侵入岩段($K_2$)：该岩段分布在和林格尔县境内。岩性为肉红色霓辉正长斑岩。岩石系列属过碱性系列。岩石成因类型为壳源。大地构造环境为大陆伸展环境。岩石构造组合为过碱性花岗岩组合。

2)Ⅱ-4-2 色尔腾山-太仆寺旗古岩浆弧构造岩浆岩亚带($Ar_3$—$Pt_1$)

该亚带位于固阳-兴和陆核北侧，与狼山-白云鄂博裂谷亚带相邻。侵入岩出露时代有新太古代，古、中元古代，晚古生代和中生代。岩性包括中酸性花岗岩类和基性、超基性辉长岩、含斜长角闪辉长岩、含斜长辉石角闪石岩等。本亚带共划分出13个侵入岩段，其中新太古代和早元古代各侵入岩段为本亚带之优势侵入岩段。

(1)色尔腾山陆核型侵入岩段($Ar_2$):该岩段主要分布在色尔腾山南麓。岩石构造组合为由黑云花岗质片麻岩、黑云钾长花岗质片麻岩构成的花岗质片麻岩组合。大地构造环境为陆核环境。

(2)闪电河、固阳-察右中旗俯冲型侵入岩段($Ar_3$):该岩段分布在闪电河岸、固阳县、察右中旗、察右后旗及四子王地区。岩石构造类型分别为由二长花岗片麻岩和二长片麻岩构成的花岗闪长质-二长花岗质片麻岩($G_1G_2$)组合,由变质斜长辉石岩、透辉石岩、透辉闪石岩构成的SSZ型蛇绿岩组合,由片麻状闪长岩、片麻状石英闪长岩、片麻状英云闪长岩、片麻状黑云花岗岩及糜棱岩化二长花岗岩构成的$\delta$+TTG组合。大地构造环境为俯冲环境。

(3)色尔腾山-召河俯冲侵入岩段($Pt_1$):古元古代侵入岩沿构造岩浆岩亚带从西向东断断续续均有分布,主要分布在色尔腾山—召河、色灯沟一带。岩性包括花岗闪长岩、片麻状英云闪长岩、紫苏二长闪长岩、变质石英闪长岩片、麻状闪长岩、角闪辉长岩、花岗闪长岩。大地构造环境为俯冲环境。岩石构造组合为$\upsilon+\delta+$TTG组合。

(4)色灯沟-石片沟大陆伸展型侵入岩段($Pt_1$):该岩段主要分布在色灯沟—片石沟地区。构造岩石组合为由花岗岩、黑云二长花岗岩、角闪二长花岗岩、石英正长岩和紫苏石英二长岩构成的大陆伸展型碱性花岗岩组合。

(5)白召沟俯冲侵入岩段($Pt_2$):该岩段主要分布在色尔腾山白召沟地区。岩石类型有英云闪长岩、黑云花岗岩、黑云二长花岗岩及二长花岗岩。岩石系列属过铝质中钾钙碱性系列。岩石成因类型为壳幔混合源。大地构造环境为俯冲环境。岩石构造组合为英云闪长岩-花岗岩(TTG)组合。

(6)大照山-毛事沟大陆伸展型侵入岩段($Pt_2$):该岩段分布在大照山-毛事沟地区。岩石类型有中粗粒碱长花岗岩、碱长石英正长岩、蚀变花岗岩、中粗粒二长花岗岩、似斑状二长花岗岩、灰绿色变质辉绿岩、辉长辉绿岩、绿色变质辉长岩。大地构造环境为大陆伸展环境。岩石构造组合为双峰式侵入岩组合。

(7)乌拉乌苏后造山侵入岩段(C):该岩段分布在乌拉乌苏一带。由闪长岩、石英闪长岩、花岗岩、二长花岗岩、石英二长岩及角闪正长岩组成后造山环境中形成的碱性—钙碱性花岗岩组合。

(8)哈拉哈少-牛场湾俯冲侵入岩段($P_1$):该岩段分布在哈拉哈少-牛场湾地区。由二长花岗岩、石英二长岩、英云闪长岩、似斑状花岗闪长岩、石英二长闪长岩、苏长岩构成俯冲环境中形成的$\upsilon+$TTG组合。

(9)哈拉哈少-牛场湾大陆伸展型侵入岩段($P_2$):该岩段分布在哈拉哈少—牛场湾等地。岩石构造组合类型为由花岗岩、二长花岗岩及石英二长岩构成大陆伸展型环境中形成的碱性花岗岩组合。

(10)德日斯台碰撞型侵入岩段($T_1$):该岩段只在德日斯台一带见有出露。岩性有二长花岗岩和黑云母二长花岗岩。岩石系列为过铝质钾质碱性系列。岩石成因类型为壳源。大地构造环境为碰撞环境。岩石构造组合为强过铝质花岗岩组合。

(11)李二沟-德日斯台碰撞侵入岩段($T_3$):晚三叠纪侵入岩出露在李二沟—德日斯台一带。岩性有中粗粒花岗岩、肉红色—黄色粗粒二长花岗岩、花岗闪长岩。岩石系列为过铝质钾质碱性系列。岩石成因类型为壳幔混合源。大地构造环境为碰撞环境。岩石构造组合为$G_1G_2$组合。

(12)骆驼山大陆伸展型侵入岩段(J):该岩段主要分布在骆驼山、黄花窝铺一带。岩性有中粗粒花岗岩、中粗粒碱长花岗岩。岩石系列为钾质—高钾质碱性系列。岩石成因类型为壳源。大地构造环境为大陆伸展环境。岩石构造组合为碱性花岗岩组合。

(13)神水梁大陆伸展型侵入岩段($K_1$):早白垩世侵入岩只出现在神水梁一带。出露面积十几平方千米。岩性单一,灰褐色、肉红色中细粒二长花岗岩,偏铝质钾质—高钾质碱性系列。岩石成因类型为壳源。大地构造环境为大陆伸展环境。岩石构造组合为碱性花岗岩组合。

3)Ⅱ-4-3狼山-白云鄂博裂谷构造岩浆岩亚带($Pt_2$)

该亚带平行于阿拉善右旗高家窑-化德-赤峰大断裂,南与色尔腾山-太仆寺旗古岩浆弧构造岩浆岩亚带相邻。侵入岩出露时代有新太古代、元古宙、晚古生代和中生代,出露岩性以中酸性花岗岩类为主,包括花岗岩、二长花岗岩、碱长花岗岩、英云闪长岩、花岗闪长岩、石英闪长岩等。基性岩、超基性岩包括辉绿玢岩、辉长岩、橄榄岩等。本亚带共划分出20个侵入岩段，其中中元古代各侵入岩段为本亚带之优势侵入岩段。

(1)菠萝斯坦庙、巴彦毛德古陆核型侵入岩段($Ar_2$)：该岩段分布在本亚带西部菠萝斯坦庙、迭布斯格山、哈乌拉山及阿德日根别立地区。岩石构造类型分别为由黑云斜长片麻岩、角闪斜长片麻岩、黑云二长片麻岩构成的英云闪长质-花岗质片麻岩(TTG)组合和由斜长混合花岗岩、钾长变斑混合花岗岩构成的闪长质-石英二长质混合花岗岩组合。大地构造环境为古陆核环境。

(2)毕级尔台-大布苏山、乌兰哈达-龙西疙瘩古俯冲侵入岩段($Ar_3$)：该岩段分布在本亚带西部毕级尔台—大布苏山—乌力吉图和中部乌兰哈达—书记沟—查干脑包—龙西疙瘩地区。岩石构成组合类型分别为由黑云角闪斜长片麻岩、黑云斜长片麻岩、花岗片麻岩构成的$\delta$+TTG组合和由斜长角闪岩、角闪斜长片麻岩、片麻状闪长岩、片麻状石英闪长岩、变质英云闪长岩、变质花岗闪长岩、片麻状花岗岩、二长花岗岩和斜长花岗岩构成的$\upsilon+\delta+$TTG组合。大地构造环境为古俯冲环境。

(3)徐磨房俯冲侵入岩段($Pt_1$)：古元古代侵入岩分布在本亚带中部徐磨房地区。岩性为中粗粒片麻状英云闪长岩。岩石系列为过铝质高钾钙碱性系列。大地构造环境为俯冲环境。岩石构造组合为英云闪长岩(TTG)组合。

(4)达嘎-柳叉沟大陆伸展型侵入岩段($Pt_1$)：该岩段分布于亚带中部达嘎—柳叉沟地区。由中粒花岗岩、似斑状碱长花岗岩构成大陆伸展环境中形成的碱性花岗岩组合。

(5)白云常合山-阿德日根别立裂谷侵入岩段($Pt_2$)：该岩段分布在亚带中西部白云常合山—阿德日根别立地区。出露岩性有变质辉绿玢岩、辉长岩、粗粒角闪石岩和蛇纹岩、橄榄岩及白云岩。岩石系列为低钾拉斑系列、中钾钙碱性系列。岩石成因类型为幔源。大地构造环境为裂谷环境。岩石构造组合为基性—超基性岩组合。

(6)阿德日根别立-白音布拉沟后造山型侵入岩段($Pt_2$)：该岩段分布在中西部阿德日根别立、白云长合山及白音布拉沟地区。由闪长岩、石英闪长岩、蚀变花岗岩、蚀变似斑状二长花岗岩等构成后造山环境中形成的碱性—钙碱性闪长岩-花岗岩组合。

(7)巴音宝力格镇俯冲侵入岩段($Pt_3$)：该岩段集中分布在乌拉特后旗巴音宝力格镇一带，出露岩性有二长花岗岩和英云闪长岩。岩石系列属钾质碱性—中钾钙碱性系列。岩石成因类型为壳幔混合源。大地构造环境为俯冲环境。岩石构造组合为英云闪长岩-花岗岩(TTG)组合。

(8)呼德呼都格-额尔格铁吉俯冲侵入岩段(S)：志留纪侵入岩主要分布在狼山-白云鄂博裂谷构造岩浆岩亚带西南端，分布面积相对来说比较大，也比较集中。岩性以酸性花岗岩类为主，其岩石类型为英云闪长岩、二长花岗岩、似斑状花岗闪长岩和闪长岩。岩石系列以过铝质钾质碱性系列为主。岩石成因类型为壳幔混合源。大地构造环境为俯冲环境。岩石构造组合为$\delta$+英云闪长岩-花岗闪长岩-花岗岩(TTG)组合。

(9)董大沟-巴拉根乌拉后造山侵入岩段($C_1$)：该岩段主要分布在狼山-白云鄂博裂谷构造岩浆岩亚带西段，出露岩性有二长花岗岩、辉长岩、石英闪长岩。岩石系列为偏铝质钾质—中钾碱性—钙碱性系列。成因类型：二长花岗岩为壳源；其他为壳幔混合源。大地构造环境为后造山环境。岩石构造组合为碱性—钙碱性侵入组合。

(10)珠力格太俯冲侵入岩段($C_2$)：该岩段主要分布在亚带西段珠力格太、巴拉嘎斯太河地区。出露岩性以英云闪长岩、花岗闪长岩为主，并有少量石英闪长岩、闪长岩、二长花岗岩、角闪辉长岩和辉长岩。岩石系列为偏铝—过铝质钾质—中钾钙碱性系列。大地构造环境为俯冲环境。岩石构造组合为辉长岩+闪长岩+英云闪长岩-花岗闪长岩-花岗岩(TTG)组合。

(11)黄花圪洞-巴音哈太俯冲侵入岩段(P)：该岩段分布在亚带东端黄花圪洞—巴音哈太一带。出露岩性主要是花岗闪长岩、石英闪长岩、云英闪长岩及闪长岩等。岩石成因类型为壳幔混合源。大地构造环境为俯冲环境。岩石构造组合为闪长岩+英云闪长岩-花岗闪长岩-花岗岩(TTG)组合

(12)黄花圪洞-巴音哈太后造山侵入岩段(P):该岩段分布在亚带东部黄花圪洞—巴音哈太一带。岩石构造组合类型为由花岗岩、似斑状花岗岩、黑云母花岗岩、二云母花岗岩、二长花岗岩、黑云二长花岗岩、石英二长岩、碱长花岗岩、霓辉正长岩等构成的后造山环境中形成的过碱性—钙碱性花岗岩组合。

(13)扎木呼都格-恒义和、乌兰伊日-白云脑包俯冲型侵入岩段($P_{1+2}$):该岩段分布在扎木呼都格-恒义和、乌兰伊日-白云脑包地区。岩石构造组合分别为由英云闪长岩、花岗闪长岩、黑云母花岗岩、二长花岗岩、苏长岩、闪长岩、石英二长闪长岩等构成的$\upsilon+\delta+$TTG组合和由角闪辉长岩、石英闪长岩、花岗闪长岩、英云闪长岩、似斑状黑云母花岗岩、花岗岩、二长花岗岩、碱长花岗岩等构成的$\upsilon+\delta+$TTG组合。大地构造环境为俯冲环境。

(14)石家营子后造山侵入岩段($P_3$):该岩段分布于岩浆岩构造亚带的中西部石家营子地区。出露岩性有花岗岩、二长花岗岩、二云母花岗岩、花岗闪长岩、闪长岩。岩石系列为过铝质高钾钙碱性—偏铝质钾质碱性系列。岩石成因类型为壳源、壳幔混合源。大地构造环境为后造山环境。岩石构造组合为碱性—钙碱性侵入岩组合。

(15)哈日陶勒盖大陆伸展侵入岩段($T_1$):该岩段分布在哈日陶勒盖地区。岩性有花岗斑岩、似斑状花岗岩、二长花岗岩。岩石系列为偏铝质—过铝质钾质碱性系列。岩石成因类型为壳源。大地构造环境为大陆伸展环境。岩石构造组合为碱性花岗岩组合。

(16)额尔登温德尔后造山侵入岩段($T_2$):中三叠世侵入岩主要分布在额尔登温德尔一带,出露岩性有二长花岗岩、花岗岩、花岗斑岩及碱长花岗岩。岩石系列为过铝质中钾—高钾钙碱性系列。岩石成因类型为壳源。大地构造环境为后造山环境。岩石构造组合为碱性—钙碱性花岗岩组合。

(17)乌梁斯太-大红山碰撞型侵入岩段($T_3$):晚三叠世侵入岩集中出露在乌梁斯太—大红山一带,出露的岩性有粗粒花岗岩、中细粒白云母二长花岗岩、中粗粒二云母花岗岩、中粗粒二长花岗岩、花岗闪长岩、似斑状黑云母二长花岗岩、中细粒白云母二长花岗岩等。岩石成因类型为壳幔混合源和壳源。大地构造环境为后碰撞环境。岩石构造组合为强过铝花岗岩组合。

(18)乌兰德岭大陆伸展侵入岩段($T_3$):该岩段出露在乌兰德岭附近。岩性有粗粒含霓辉钠闪正长岩、灰黄色中粗粒石英正长岩。岩石系列为偏铝质(钾质)碱性系列。岩石成因类型为幔源。大地构造环境为大陆伸展环境。岩石构造组合为过碱性—碱性正长岩组合。

(19)阿拉善敖包苏木、新社村大陆伸展侵入岩段($J_{2+3}$):该岩段分布在本亚带东段新社村、阿拉善敖包苏木地区。岩石构造组合为由中侏罗世花岗岩、碱长花岗岩、石英正长岩或由晚侏罗世花岗岩、二长花岗岩、黑云二长花岗岩、似斑状二长花岗岩、花岗闪长岩、碱长花岗岩及花岗斑岩等构成的大陆伸展环境中形成的碱性花岗岩组合。

(20)二龙山后造山侵入岩段($K_1$):早白垩世侵入岩分布在构造岩浆岩亚带东端,出露岩性有灰褐色石英正长斑岩、灰紫色石英二长斑岩和灰紫色二长斑岩。岩石系列偏铝质高钾钙碱性—碱性系列。岩石成因类型为壳源。大地构造环境为后造山环境。岩石构造组合为碱性—钙碱性二长岩-正长岩组合。

#### 4. Ⅱ-5 鄂尔多斯陆块构造岩浆岩带

该带分布于鄂尔多斯、乌海一带,包括两个三级构造岩浆亚带,即鄂尔多斯盆地构造岩浆岩亚带和贺兰山夭折裂谷构造岩浆亚带。

1)Ⅱ-5-1 鄂尔多斯盆地构造岩浆岩亚带(Mz)

该亚带分布在鄂尔多斯市所辖地区,西与贺兰山夭折裂谷相邻,南、东均与山西省相接。本亚带在自治区内只划分出1个侵入岩段,该段为东亚带之优势侵入岩段。

清水河北大陆伸展侵入岩段($K_2$):该岩段分布在清水河县西北地区,岩性为黑色方沸碱煌岩,属过碱性系列,岩石成因类型为壳源。大地构造环境为大陆伸展环境。岩石构造组合为过碱性—碱煌岩组合。

2)Ⅱ-5-2 贺兰山夭折裂谷构造岩浆岩亚带($Pt_2$)

该亚带近南北向分布于乌海市一带，西邻吉兰泰-包头断陷盆地，东与鄂尔多斯盆地相邻。南与山西省相接。侵入岩时代为中太古代和中元古代，岩性为中细粒碱长正长岩、暗红色花岗岩、英云闪长岩和斜辉橄榄岩、二辉橄榄岩等超基性岩。本亚带在内蒙古自治区内只划分出3个侵入岩段。

(1)贺兰山陆核型侵入岩段($Ar_2$)：该岩段分布在贺兰山北部察克勒山地区。由混合花岗岩、混合钾长花岗岩及混合二长花岗岩构成陆核型混合花岗岩组合。

(2)小松山大陆伸展侵入岩段($Pt_2$)：该岩段分布在小松山、阿玛乌苏两地。出露的岩性有碱性正长岩、暗灰绿色斜辉橄榄岩、二辉橄榄岩。岩石系列为碱性系列和钠质碱性系列。岩石成因类型为幔源。大地构造环境为大陆伸展环境。岩石构造组合为碱性超基性岩—正长岩组合。

(3)敖包梁俯冲侵入岩段($Pt_2$)：该岩段分布在小松山、敖包梁地区。岩性也仅有灰色、浅灰色中粗粒英云闪长岩及花岗岩。岩石系列属中钾和高钾碱性系列。岩石成因类型为壳幔混合源。大地构造环境为俯冲环境。岩石构造组合为英云闪长岩-花岗岩(TTG)组合。

**5. Ⅱ-7 阿拉善陆块构造岩浆岩带**

该岩带位于阿拉善右旗，迭布斯格、龙首山一带，西北紧邻阿拉善右旗高家窑-化德-赤峰大断裂，东南与吉兰泰-包头断陷盆地相接，南与甘肃省民勤县相邻，总体走向为北东向。

1)Ⅱ-7-1 迭布斯格岩浆弧构造岩浆岩亚带($Pz_2$)

该亚带沿阿拉善右旗、迭布斯格呈北东向展布，西北与大断裂平行，南东与吉兰泰-包头断陷盆地相接，西南一部分与龙首山基底杂岩构造岩浆岩亚带相邻，一部分与甘肃省民勤县相接。本亚带共划分出9个侵入岩段，其中晚古生代各侵入岩段为本亚带之优势侵入岩段。

(1)迭布斯格山-罕乌拉山陆核型侵入岩段($Ar_2$)：该岩段分布在迭布斯格山、罕乌拉山地区。为由斜长混合花岗岩、钾长混合花岗岩、混合紫苏闪长岩、混合石英二长岩等构成的陆核环境中形成的混合花岗岩组合。

(2)希勒图洋岛型侵入岩段($Pt_1$)：该岩段分布在希勒图一带。岩性有暗绿色闪长岩、暗绿色—灰黑色橄榄辉长岩、浅绿暗绿橄榄角闪辉长岩。岩石系列属中钾钙碱及碱性系列和低钾拉斑玄武岩系列。岩石成因类型为同属壳幔混合源。大地构造环境为洋岛环境。岩石构造组合为碱性玄武质-拉斑玄武质辉长岩组合。

(3)哈马拉-库和额热格裂谷侵入岩段($Pt_2$)：中元古代侵入岩零散地分布在哈乌拉—库和额热格一带，岩性包括暗灰色中粗粒石英闪长岩，灰绿色、暗灰色中粒闪长岩，灰绿色—深灰绿色辉绿岩，暗灰绿色角闪辉长岩，深灰绿色中粒苏长岩，粗粒辉长岩，橄榄辉长岩和次闪斜辉长岩。岩石系列也具多样性：闪长岩类属偏铝质中钾—高钾钙碱性系列；基性岩类属偏铝质钾质—中钾碱性—钙碱性系列；另外辉长岩类为低钾拉斑系列。岩石成因类型为壳幔混合源。大地构造环境为裂谷环境。岩石构造组合为辉长岩-闪长岩组合。

(4)五连泉山俯冲侵入岩段(S)：该岩段主要分布在五连泉山和布呼图一带。岩性包括黑云母二长花岗岩、似斑状二长花岗岩、二长花岗岩、花岗闪长岩、英云闪长岩。岩石系列具多样性。岩石成因类型为壳幔混合源。大地构造环境为俯冲环境。岩石构造组合为英云闪长岩-花岗闪长岩-花岗岩(TTG)组合。

(5)得来纪俯冲侵入岩段($D_3$)：该岩段分布在得来纪一带。岩性包括黑云母二长花岗岩、二长花岗岩、似斑状花岗闪长岩。岩石成因类型为壳幔混合源。大地构造环境为俯冲环境。岩石构造组合为花岗闪长岩-花岗岩($G_1G_2$)组合。

(6)韩家井俯冲侵入岩段($C_2$—$P_1$):该岩段出露在迭布斯格山和韩家井地区,为晚石炭世石英闪长岩和早二叠世似斑状花岗岩。二者均为钾长碱性系列—高钾钙碱性系列。岩石成因类型为壳幔混合源。大地构造环境为俯冲环境。岩石构造组合为花岗岩 $G_2$组合。

(7)独青山-都兰布尔俯冲侵入岩段($P_2$):该岩段分布在独青山、都兰布尔一带。岩性包括花岗岩、二长花岗岩、黑云母二长花岗岩、花岗闪长岩、石英闪长岩。岩石系列有钾质碱性—中钾钙碱性系列。大地构造环境为俯冲环境。岩石构造组合为花岗闪长岩-花岗岩($G_1G_2$)组合。

(8)克拉乌珠尔碰撞侵入岩段($P_3$):该岩段主要分布在克拉乌珠尔一带。岩性包括花岗岩、似斑状花岗岩、似斑状二长花岗岩、二长花岗岩。岩石系列有偏铝质钾质—高钾质碱性—钙碱性系列。岩石成因类型为壳源。大地构造环境为碰撞环境。岩石构造组合为高钾和超钾质侵入岩组合。

(9)额级乌拉大陆伸展侵入岩段($T_2$):中三叠世侵入岩主要分布在额级乌拉一带。岩性包括花岗岩、黑云母二长花岗岩、二长花岗岩和石英正长岩。岩石系列属钾质高钾质碱性系列。岩石成因类型为壳源。大地构造环境为大陆伸展环境。岩石构造组合为碱性—过碱性花岗岩组合。

2)Ⅱ-7-2 *龙首山基底杂岩构造岩浆岩亚带*($Ar_3$、$Pt_1$)

该亚带位于阿拉善右旗以南,龙首山位于内蒙古的西南端,东、南、西三面与甘肃省相接,只有北东方向与迭布斯格岩浆弧相邻。侵入岩分布多受构造控制,走向为北西向。本亚带共划分出 5 个侵入岩段,

(1)大井俯冲侵入岩段($Pt_2$):中元古代侵入岩出露在大井附近,岩性单一,为英云闪长岩。岩石系列属中钾钙碱性系列。岩石成因类型为壳幔混合源。大地构造环境为俯冲环境。岩石构造组合为英云闪长岩(TTG)组合。

(2)道木头沟大洋型侵入岩段(∈):寒武纪侵入岩主要分布在道木头沟一带。岩性包括橄榄岩、辉橄岩。岩石系列为低钾拉斑系列。岩石成因类型为幔源。大地构造环境为大洋环境。岩石构造组合为MORS 型蛇绿岩组合。

(3)坡拉麻顶俯冲侵入岩段(S):志留纪侵入岩主要分布在坡拉麻顶一带。岩性有中粗粒花岗岩、似斑状花岗闪长岩。岩石系列属钾质碱性系列。岩石成因类型为壳幔混合源。大地构造环境为俯冲环境。岩石构造组合为花岗闪长岩-花岗岩($G_1G_2$)组合。

(4)桃花山俯冲侵入岩段($C_2$):晚石炭世侵入岩分布在桃花山一带。岩石类型为似斑状花岗岩。岩石系列属高钾钙碱性系列。岩石成因类型为壳源。大地构造环境为俯冲环境。岩石构造组合为花岗岩($G_2$)组合。

(5)大车场后造山侵入岩段($P_2$):中二叠世侵入岩集中分布在大车场一带,出露岩性为二长花岗岩和似斑状二长花岗岩及石英正长岩。岩石成因类型为壳源。大地构造环境为后造山环境。岩石构造组合为碱性—钙碱性花岗岩($G_2$)组合。

## Ⅲ塔里木构造岩浆岩省

该构造岩浆岩省分布于内蒙古最西南端,西部、南部均与甘肃省相接,北部与相邻的天山-兴蒙构造岩浆岩省相邻,南东为一条走向北东的走滑断裂。

### 1. Ⅲ-2 敦煌陆块构造岩浆岩带

Ⅲ-2-1 *柳园裂谷构造岩浆岩亚带*(C—P)

出露岩性有英云闪长岩、花岗闪长岩、二长花岗岩、石英二长岩、闪长岩、白云母二长花岗岩等。基性岩仅有辉长岩、暗绿色角闪辉长岩和蚀变的辉长岩。本亚带共划分出 9 个侵入岩段,其中石炭纪和二叠纪各侵入岩段为本亚带之优势侵入岩段。

(1)五道明水陆核型侵入岩段($Ar_{2-3}$):该岩段分布在五道明水地区。为由黑云斜长花岗质片麻岩、角闪斜长花岗质片麻岩和斜长花岗质片麻岩构成的陆核环境中形成的英云闪长质片麻岩(TTG)组合。

(2)白泉沟洋岛型侵入岩段(O):奥陶纪侵入岩只出露在白泉沟附近,岩性为暗绿色粗粒角闪辉长岩,少量石英辉长岩和闪长岩。岩石系列属偏铝质—过铝质低钾拉斑玄武系列。岩石成因类型为幔源。大地构造环境为洋岛环境。岩石构造组合为拉斑玄武质辉长岩组合。

(3)龙峰山俯冲侵入岩段(S):该岩段分布在龙峰山地区。为由中粗粒英云闪长岩和似斑状黑云母二长花岗岩构成的俯冲环境中形成的英云闪长岩-花岗闪长岩(TTG)组合。

(4)三道明水俯冲侵入岩段($C_2$):该岩段分布在三道明水地区。岩石构造组合类型为由花岗闪长岩构成的花岗闪长岩组合。大地构造环境为俯冲环境。

(5)东三洋井-三道明水俯冲侵入岩段($P_2$):该岩段分布在东三洋井-三道明水地区。岩性包括肉红色粗粒黑云母花岗岩、似斑状黑云母花岗岩、黑云母二长花岗岩、灰白色粗粒石英二长岩、中粗粒英云闪长岩、石英闪长岩、灰白色闪长玢岩、灰绿色中粗粒蚀变辉长岩。大地构造环境为俯冲环境。岩石构造组合为$\upsilon+\delta+$TTG组合。

(6)野马营-西沙婆泉后造山侵入岩段($P_3$):该岩段分布在野马营—西沙婆泉地区。岩性包括浅肉红色中粗粒二长花岗岩、暗绿色辉绿岩。岩石成因类型为壳源和幔源。大地构造环境为后造山环境。岩石构造组合为双峰式侵入岩组合。

(7)王许黑山大陆伸展侵入岩段($T_3$):晚三叠世侵入岩出露于自治区南部边界王许黑山一带。岩性有灰白色—红褐色中粗粒黑云母二长花岗岩。岩石系列为过铝质钾质碱性系列。岩石成因类型为壳源。大地构造环境为大陆伸展环境。岩石构造组合为碱性花岗岩组合。

(8)红柳大泉碰撞侵入岩段($J_2$):中侏罗世侵入岩仅分布在红柳大泉一带。岩性为灰白色粗粒花岗闪长岩。岩石系列为偏铝质高钾钙碱性系列。岩石成因类型为壳幔混合源。大地构造环境为碰撞环境。岩石构造组合为高钾—钙碱性花岗岩组合。

(9)炮台山碰撞侵入岩段($K_1$):早白垩世侵入岩主要分布在炮台山一带,岩性为肉红色中粗白云母二长花岗岩。岩石系列为过铝质—钾质碱性系列。岩石成因类型为壳源。大地构造环境为碰撞环境。岩石构造组合为强过铝质花岗岩组合。

## 第四节　侵入岩形成构造环境及演化

大地构造研究成果认为:内蒙古自治区南部为华北陆块区北缘,北部为天山-兴蒙造山系东段。前者经历了前中太古代陆核形成→新太古代—古元古代洋陆转换、增生、碰撞、汇聚形成较稳定陆块,之后中元古代产生碰撞后的裂谷事件,进而经过碎屑岩“补齐填平”进入陆架碳酸盐岩台地,形成了现今的华北陆块区,同时也形成了具有陆块区演化特征的华北构造岩浆岩省;后者由洋陆转换中的弧盆系和卷入的基底残块组成,经历了古生代多岛弧盆系中俯冲、消减、弧-弧、弧-陆、陆-陆碰撞造山,形成了现今天山-兴蒙造山系的面貌,同时也形成了具有造山系演化特征的天山-兴蒙构造岩浆岩省。另外,索伦山-温都尔庙-西拉木伦结合带证明了古亚洲洋的存在,古亚洲洋经过自新元古代发生—古生代发展、消亡的演化过程,形成了独特的地质构造和构造岩浆岩带。

侵入岩和火山岩、沉积岩以及变质岩一样,都是地质构造发展的产物。不同的大地构造环境、不同的发展阶段有不同的侵入岩及其组合特征。

现有的侵入岩时空分布特征表明:不同的构造岩浆岩省、构造岩浆岩带、构造岩浆岩亚带以及不同的发展阶段都有不同的构造环境,因而有不同的侵入岩岩石构造组合及其演化趋势。

## 一、天山-兴蒙造山系构造岩浆岩省

本构造岩浆岩省包含有4类不同的大地构造环境，即东北部的大兴安岭弧盆系和西部的额济纳旗-北山弧盆系以及位于两者之间的索伦山-西拉木伦结合带和包尔汉图-温都尔庙弧盆系。

### （一）大兴安岭弧盆系

本弧盆系自北而南依次为额尔古纳岛弧、海拉尔-呼玛弧后盆地、红花尔基弧陆碰撞带、东乌珠穆沁旗-多宝山岛弧、二连-贺根山结合带、锡林浩特岩浆弧6个不同的构造环境。

#### 1. 额尔古纳岛弧环境中形成的侵入岩岩石构造组合及其演化

该环境中从新元古代开始，经石炭纪、二叠纪到早三叠世，经历了俯冲、碰撞到后造山的演化过程，先后形成了辉长岩-闪长岩组合和花岗闪长岩-花岗岩组合→TTG组合→高钾和钾玄岩质花岗岩组合→碱性—钙碱性花岗岩组合的演化特征，后又叠加了中三叠世到白垩纪俯冲、碰撞、后造山以及大陆伸展环境中形成的各类岩石构造组合。

#### 2. 海拉尔-呼玛弧后盆地环境中形成的侵入岩岩石构造组合及其演化

该构造环境下自晚泥盆世开始，经石炭纪、二叠纪到中晚三叠世，经历了俯冲、消减、碰撞再俯冲、消减碰撞和后造山的演化过程，先后形成了TTG组合→辉长岩-辉绿玢岩组合→高钾钙碱性花岗岩组合→TTG组合→高钾钙碱性花岗岩组合的演化特征，之后又叠加了晚三叠世、侏罗纪和白垩纪俯冲碰撞后造山以及大陆伸展环境中形成的各类岩石构造组合。

#### 3. 红花尔基弧陆碰撞带环境中形成的侵入岩岩石构造组合及其演化

本构造环境中自晚泥盆世开始，到二叠纪经历了俯冲和碰撞的演化过程，先后形成了TTG组合→过碱性—钙碱性花岗岩组合的演化特征。

#### 4. 东乌珠穆沁旗-多宝山岛弧环境中形成的侵入岩岩石构造组合及其演化

该构造环境中自古元古代开始，经中新元古代到中二叠世经历了俯冲、拉伸、再俯冲、拉伸以及再俯冲、碰撞和后造山的演化过程。同时形成了变质辉长岩-闪长组合→变质超基性岩组合→$G_1G_2$组合和TTG组合→辉长岩-辉绿玢岩组合→$G_1G_2$组合→强过铝花岗岩组合→$G_1G_2$组合→高钾和钾玄岩质花岗岩组合的演化趋势，之后又叠加了晚三叠世、侏罗纪和白垩纪俯冲碰撞后造山以及大陆伸展环境形成的各类岩石构造组合。

#### 5. 二连-贺根山对接带环境中形成的侵入岩岩石构造组合及其演化

本结合带为西伯利亚板块与锡林浩特微地块之间的结合带。该结合带从中泥盆世开始经二叠纪到中三叠世经历了裂解、俯冲、陆陆碰撞的演化过程，同时形成了SSZ型蛇绿岩组合→$G_1G_2$组合和$\upsilon+\delta+$TTG组合→$G_1$组合的演化趋势，之后又叠加了晚侏罗世大陆伸展环境中形成的碱性花岗岩组合。

#### 6. 锡林浩特岩浆弧构造环境中形成的侵入岩岩石构造组合及其演化

该环境中自中元古代开始，经奥陶纪、志留纪、泥盆纪、石炭纪到晚二叠世，经历了俯冲碰撞、再俯冲碰撞的演化过程，同时形成了SSZ型蛇绿岩组合、TTG组合、$\delta+$TTG组合和$\upsilon+\delta+$TTG组合→高钾钙碱性花岗岩组合和高钾钾玄岩质花岗岩组合的演化趋势，后又叠加了晚三叠世及侏罗纪、白垩纪俯冲碰撞后造山以及大陆伸展环境中形成的各类岩石构造组合。

### (二)索伦山-西拉木伦结合带

该结合带为华北板块与西伯利亚板块的结合带。

该结合带从石炭纪开始，到二叠纪经历了从俯冲到稳定陆块发展过程，同时形成了 SSZ 型蛇绿岩组合→$G_1G_2$组合和 SSZ 组合→$G_1$组合的演化特征，之后又叠加了晚三叠世及侏罗纪、白垩纪俯冲碰撞环境中形成的各类岩石构造组合。

### (三)宝音图-温都尔庙弧盆系

该弧盆系构造环境由东向西依次为温都尔庙俯冲增生杂岩带和宝音图岩浆弧。

#### 1. 温都尔庙俯冲增生杂岩带环境下侵入岩岩石构造组合及其演化

本俯冲带在古元古代开始，经寒武纪、奥陶纪、志留纪、泥盆纪、石炭纪到晚二叠世，经历了俯冲、大洋扩张俯冲碰撞和后造山的演化过程，同时形成了 MORS 型蛇绿岩组合和 TTG 组合→MORS 型蛇绿岩组合和基性、超基性岩组合→TTG 组合→碱性—钙碱性花岗岩组合演化特征，后又在其上叠加了中生代俯冲碰撞后造山环境中形成的各类岩石构造组合。

#### 2. 宝音图岩浆弧环境下形成的侵入岩岩石构造组合及其演化

本岩浆弧自中元古代开始，经新元古代、志留纪、石炭纪到二叠纪，经历了俯冲和碰撞的演化过程，同时形成了 TTG 组合和变质闪长岩 TTG 组合→$G_2$组合→$\delta$+TTG 组合→$G_1$组合的演化特征，之后又叠加了三叠纪大陆伸展环境中的碱性花岗岩组合。

### (四)额济纳旗-北山弧盆系

本弧盆系包括 6 个大地构造环境，自北而南依次为圆包山(中蒙边界)岩浆弧、黑鹰山-甜水井岩浆弧、公婆泉岩浆弧、恩格尔乌苏蛇绿混杂岩带、哈特布其岩浆弧和巴音戈壁弧后盆地。

#### 1. 圆包山岩浆弧环境中形成的侵入岩岩石构造组合及其演化

本岩浆弧从志留纪开始，经石炭纪到中二叠世经历了俯冲环境的演化过程，同时形成了 TTG 组合→SSZ 型蛇绿岩组合和高镁闪长岩组合和 $G_1G_2$组合→$G_2$组合演化特征。

#### 2. 黑鹰山-甜水井岩浆弧环境中形成的侵入岩岩石构造组合及其演化

本岩浆弧自中元古代开始，经志留纪、石炭纪到中二叠世经历了俯冲碰撞的演化过程，同时形成了 SSZ 型蛇绿岩组合→TTG 组合→SSZ 型蛇绿岩组合和 TTG 组合→碱性玄武质辉长岩组合和 TTG 组合演化趋势，之后叠加了晚二叠世以来的俯冲后碰撞以及大陆伸展型相应的岩石构造组合。

#### 3. 公婆泉岩浆弧环境中形成的侵入岩岩石构造组合及其演化

本岩浆弧自奥陶纪开始经志留纪、石炭纪到中二叠世，经历了俯冲、伸展、碰撞演化过程，同时形成了 SSZ 型蛇绿岩组合→TTG 组合→$G_1G_2$组合演化特征，后又叠加了晚二叠世以来大陆伸展与后碰撞环境中形成的相应的组合。

**4. 哈特布其岩浆弧环境中形成的侵入岩岩石构造组合及其演化**

本岩浆弧自中元古代开始经志留纪、石炭纪到中二叠世，经历了俯冲、碰撞等演化过程，同时形成了拉斑玄武质辉长岩组合和 TTG 组合→钾质超钾质侵入岩组合和 TTG 组合，之后又叠加了三叠纪及白垩纪相应的各类岩石组合。

**5. 巴音戈壁弧后盆地环境中形成的侵入岩岩石构造组合及其演化**

本弧后盆地自中元古代开始经石炭纪到二叠纪经历了俯冲、碰撞的演化过程，同时形成了高镁闪长岩组合→SSZ 型蛇绿岩组合→$G_2$组合→钾质中基性岩组合和 $G_2$组合的演化特征，之后又叠加了三叠纪 $G_2$组合和中基性岩组合。

**6. 恩格尔乌苏蛇绿混杂岩带环境中形成的侵入岩岩石构造组合及其演化**

本蛇绿混杂岩带自中元古代开始经石炭纪到二叠纪经历了大洋、俯冲和碰撞的演化过程，同时形成了 MORS 型蛇绿岩组合→SSZ 型蛇绿岩组合和 $G_2$组合→TTG 组合的演化特征，之后叠加了三叠纪和白垩纪碰撞环境中形成的钾质超钾质侵入岩组合及高钾—钙碱性花岗岩组合。

## 二、华北陆块区构造岩浆岩省

本构造岩浆岩省包括 5 类大地构造环境，即清水河一带的晋冀陆块、赤峰一带的冀北古弧盆系、狼山-阴山大陆边缘弧岩浆弧、鄂尔多斯陆块和阿拉善陆块。

### （一）晋冀陆块

本陆块主要部分位于山西省、河北省，在清水河东部只占吕梁碳酸盐岩台地构造岩浆岩亚带的一小部分。本亚带在内蒙古自治区内只有中太古代由变质榴石花岗岩和片麻状花岗岩构成变质榴石花岗岩组合。

### （二）冀北古弧盆系

本古弧盆系主要部分在河北省，内蒙古自治区内只跨恒山-承德-建平古岩浆弧构造岩浆岩亚带的一部分。

该古岩浆弧构造岩浆岩亚带从新太古代到古元古代经历了俯冲、碰撞和陆缘增生等演化过程，同时形成了英云闪长质-花岗闪长质-花岗质片麻岩（TTG）组合→$G_1G_2$组合的演化趋势，后又叠加了中元古代、二叠纪、三叠纪、侏罗纪、白垩纪碰撞、稳定陆块、俯冲和后造山环境中形成的各类岩石构造组合。

### （三）狼山-阴山大陆边缘弧岩浆弧

本边缘弧岩浆弧包括固阳-兴和陆核、色尔腾山-太仆寺旗古岩浆弧和狼山-白云鄂博裂谷三大构造环境。

**1. 固阳-兴和陆核环境中形成的侵入岩岩石构造组合及其演化**

本陆核自中太古代经新太古代到古元古代经历了俯冲、碰撞等陆核形成和陆缘增生等演化过程，同时形成了基性麻粒岩组合和花岗质片麻岩组合以及变质超基性岩组合等→HMA＋TTG 组合的演化特征，之后又叠加了中元古代、二叠纪以及中生代伸展、俯冲和后造山环境中形成的各类岩石构造组合。

**2. 色尔腾山-太仆寺旗古岩浆弧环境中形成的侵入岩岩石构造组合及其演化**

本古岩浆弧自新太古代至古元古代经历了陆核形成、俯冲、碰撞和陆缘增生等演化过程，同时形成了花岗质片麻岩组合→SSZ 型蛇绿岩组合和花岗闪长质-二长花岗质片麻岩组合以及$\delta$＋TTG 组合等→$\upsilon$＋$\delta$＋TTG 组合的演化趋势，之后叠加了中元古代、晚古生代和中生代的俯冲、裂谷、碰撞和后造山环境中形成的各类岩石构造组合。

**3. 狼山-白云鄂博裂谷环境中形成的侵入岩岩石构造组合及其演化**

本裂谷变质基底中的侵入岩组合为陆核、俯冲和碰撞环境的英云闪长质-花岗闪长质片麻岩组合和混合花岗岩组合以及碱性花岗岩组合。在此基础上本裂谷在中元古代经历了拉伸、俯冲、碰撞形成了基性—超基性岩组合→碱性—钙碱性花岗岩组合的演化特征，之后又叠加了新元古代、晚古生代和中生代俯冲、碰撞、大陆伸展和后造山环境中形成的各类岩石构造组合。

（四）鄂尔多斯陆块

本陆块环境包括鄂尔多斯沉降盆地和贺兰山夭折裂谷两大构造环境。

**1. 鄂尔多斯盆地环境中形成的侵入岩岩石构造组合及其演化**

本盆地内只出露白垩纪大陆伸展环境中形成的过碱性—钙碱性花岗岩组合。

**2. 贺兰山夭折裂谷环境中形成的侵入岩岩石构造组合及其演化**

该夭折裂谷在本自治区内只有一小部分。夭折裂谷基底为中太古代混合花岗岩组合，并有中元古代大陆伸展环境中形成的碱性超基性岩-正长岩组合和俯冲环境中的 TTG 组合。

（五）阿拉善陆块

本陆块包括迭布斯格岩浆弧和龙首山基底杂岩带两大构造环境。

**1. 迭布斯格岩浆弧环境中形成的侵入岩岩石构造组合及其演化**

本岩浆弧从中太古代到古元古代具有由陆核形成经俯冲、碰撞到陆缘增生的演化特征，并形成了混合花岗岩组合→碱性拉斑玄武质辉长岩组合的演化趋势，之后又叠加了中元古代、古生代拉伸、裂解、俯冲和碰撞的演化过程，形成了辉长岩-闪长岩组合→TTG 组合→$G_1G_2$组合→钾质超钾质侵入岩组合的演化趋势，最后又叠加了三叠纪伸展环境中形成的碱性—钙碱性花岗岩组合。

**2. 龙首山基底杂岩环境中形成的侵入岩岩石构造组合及其演化**

本基底杂岩带内未见前中元古代侵入岩出露，只有后期叠加的中元古代、寒武纪、志留纪、石炭纪和二叠纪俯冲和后造山环境中形成的 TTG 组合→MORS 型蛇绿岩组合→$G_1G_2$组合→$G_2$花岗岩组合→碱性—钙碱性花岗岩组合演化趋势。

### 三、塔里木陆块区构造岩浆岩省

该陆块区大部分在邻省，内蒙古自治区内只跨柳园裂谷一部分。未见前中元古代侵入岩，只见后期叠加的古生代裂谷环境和中生代伸展、碰撞环境中形成的相关侵入岩组合。

## 第五节　侵入岩岩石构造组合与矿产关系

侵入岩岩石构造组合与矿产都是地质构造发展历史的产物。不同的大地构造环境、不同的构造部位以及不同的构造发展阶段，所形成的侵入岩岩石构造组合不同。不同的侵入岩岩石构造组合往往有不同的矿产种类、不同的矿产成因类型以及不同的矿产组合。因而矿产特别是内生矿产与侵入岩岩石构造组合往往具有密不可分的成因联系。

内蒙古自治区地域辽阔，侵入岩发育而且分布广泛，但一般研究程度较低，岩石构造组合划分也较粗略。虽然矿产资源丰富，但是其在成因方面研究程度较低。所以关于侵入岩岩石构造组合与矿产的关系方面研究程度相对也较低。由于前面所划分的若干种侵入岩岩石构造组合类型中并不是所有组合类型都与矿产有关，有的岩石组合类型虽然可能与某种矿产有关，但无奈资料缺乏，故本节只能选择重要且有资料者予以介绍。

### 一、钾质—超钾质花岗岩组合与乌拉山热液型金矿

该组合类型分布广泛，在华北构造岩浆岩省和天山-兴蒙构造岩浆岩省以及塔里木构造岩浆岩省均有分布。形成时代主要为三叠纪，其次为二叠纪。形成环境为后碰撞环境。该组合类型与成矿关系以乌拉山大桦背地区为例予以简要说明。

大桦背地区钾质—超钾质花岗岩组合分布于固阳-兴和陆核构造岩浆岩亚带之乌拉山大桦背地区。该组合由中粗粒二长花岗岩及少量的碱长花岗岩构成。该组合类型对哈达门沟大型金矿、乌拉山大型金矿以及乌拉山-桌子山金矿化带的形成至关重要。

现有资料显示，上述两大型金矿含金钾化石英脉和矿化蚀变带产在处于三叠纪二长花岗岩外接触带的乌拉山岩群哈达门沟岩组内。其成矿地质构造要素有三：一是太古宙乌拉山岩群哈达门沟岩组片麻岩类特别是含角闪质的片麻岩类即是含矿围岩，也是金矿初始矿源层；二是乌拉山山前东西向大断裂（该断裂活动时间长，其特征是先逆后正）及其与之大角度相交断裂的交会地段为矿液的运移通道和富集场所；三是钾质-超钾质花岗岩组合中的中粗粒二长花岗岩除为成矿提供部分金元素外，还为初始矿源层内金元素的活化、迁移和富集提供了必要条件。

### 二、SSZ 型蛇绿岩组合与索伦山岩浆型铬矿

该组合类型主要分布在二连-贺根山和索伦山-西拉木伦两个结合带内。形成环境属俯冲环境，形成时代为元古宙和晚古生代（D、P）。其与成矿作用关系以索伦山地区为例。

该组合分布在索伦山地区中蒙边境地带，断续构成长 200 余千米的基性—超基性岩带。岩体均呈

小岩株状，与围岩接触关系为断层接触，显示其为构造堆积体。岩体形成时代为早二叠世，形成环境为俯冲环境。该组合由蛇纹石化纯橄榄岩、斜辉辉橄岩、二辉橄榄岩及未分超基性岩构成。岩浆分异作用尚好。铬铁矿主要产于蛇纹石化纯橄榄岩带内，极少产于斜辉橄岩内。显然铬铁矿与超基性岩为同源、同成因、同期形成的共生体。

## 三、高钾—钙碱性花岗岩组合与朝不楞大型铁铜矿和黄岗梁大型铁锡矿

该类组合主要分布于内蒙古东部，其余零星分布在中西部，其形成时代以晚侏罗世为主，少数为二叠纪或早白垩世。形成大地构造环境多样。

### 1. 分布在东乌珠穆沁旗-多宝山亚带内的高钾—钙碱性花岗岩组合与朝不楞大型铁铜矿

本组合由黑云钾长石英斑岩、花岗斑岩、正长斑岩、黑云母花岗岩、似斑状黑云母花岗岩、二长花岗岩构成。形成环境为碰撞环境。形成时代为晚侏罗世。含矿矽卡岩形成于上述组合中的似斑状黑云母花岗岩与泥盆系塔尔巴格特组的接触带上。显示其成矿地质构造要素有二：一是提供含矿热液的似斑状黑云母花岗岩必要成矿条件之一；二是塔尔巴格特组的石英角斑质凝灰岩、硅质石英角斑岩建造和长英质砂岩泥岩建造为含矿矽卡岩形成的又一个必要条件。

### 2. 分布在索伦山-林西构造岩浆岩亚带内的高钾—钙碱性花岗岩组合与黄岗梁大型铁锡矿

该组合由花岗斑岩、正长花岗岩、二长花岗岩、花岗闪长岩和黑云母花岗岩等构成。形成时代为晚侏罗世，形成环境为碰撞环境。本组合与黄岗梁大型铁锡矿成矿作用关系密切。现有资料显示，含矿矽卡岩形成于晚侏罗世正长花岗岩和黑云母花岗岩与二叠系大石寨组和哲斯组接触带上。成矿地质构造要素有三：一是上述岩石构造组合中提供了含矿热液的正长花岗岩和黑云母花岗岩这一必要条件；二是大石寨组火山岩火山碎屑岩夹碳酸盐岩建造和哲斯组的碳酸盐岩建造为矽卡岩化提供了又一个必要条件；三是北东向断裂构造为正长花岗岩和黑云母花岗岩等的就位提供了充分空间。

## 四、碱性—钙碱性花岗岩组合与金厂沟梁大型脉状金矿

该组合在东乌珠穆沁旗-多宝山岛弧构造岩浆岩亚带和恒山-承德-建平古岩浆弧构造岩浆岩亚带均有出露。形成环境为后造山环境，形成时代为早白垩世。

分布在恒山-承德-建平古岩浆弧构造岩浆岩亚带内的本组合类型由花岗斑岩、黑云母花岗岩、正长花岗岩、碱长花岗岩、黑云二长花岗岩和石英二长花岗岩等构成。岩体一般多呈小岩株状、岩枝状或不规则状。现有资料显示，含金石英脉均产于上述组合中的花岗斑岩与建平岩群的内外接触带上。成矿地质构造要素有三：一是该组合中的花岗斑岩等除为金矿提供部分含矿热液外，同时还为建平岩群中初始矿源层中的金元素活化、迁移提供条件；二是建平岩群中的初始矿源层的活化；三是构造裂隙或断裂为花岗斑岩的就位以及含矿热液的运移和富集提供了充分的空间。

## 五、高钾—钾玄岩质花岗岩组合与三河式热液脉状铅锌矿

该组合类型分布较广，主要有额尔古纳岛弧构造岩浆岩亚带、海拉尔-呼玛弧后盆地构造岩浆岩亚带、东乌珠穆沁旗-多宝山岛弧构造岩浆亚带、温都尔庙俯冲增生杂岩构造岩浆岩亚带和索伦山-林西构

造岩浆岩亚带等。

分布在额尔古纳岛弧构造岩浆岩亚带内的高钾—钾玄岩质花岗岩组合与三河式热液麦庄铅锌矿关系密切。高钾—钾玄岩质花岗岩组合由正长花岗岩和黑云二长花岗岩等构成。形成时代为晚侏罗世，形成环境为后碰撞环境。现有资料显示，上述组合中的正长花岗岩侵入于上石炭统红水泉组长石砂岩泥岩建造和中侏罗统塔木兰沟组中性—中基性火山岩及火山碎屑岩建造中。含铅锌石英脉和含铅锌破碎带或产于岩体内，或产于围岩裂隙中。其成矿地质构造要素有二：一是上述岩石构造组合中的正长花岗岩为成矿作用提供了物质来源，是成矿的必要条件；二是得尔布干大断裂带及其次级断裂或裂隙为正长花岗岩就位和含矿热液运移以及矿脉的富集提供了空间，是成矿作用的充分条件。

## 六、碱性花岗岩组合与七一山热液型钨矿

该组合分布在公婆泉岩浆弧、黑鹰山-甜水井岩浆弧、额尔古纳岛弧等构造岩浆岩亚带内。形成时代为侏罗纪—白垩纪。形成环境为大陆伸展环境。

分布在公婆泉岩浆弧构造岩浆岩亚带内的碱性花岗岩组合由早白垩世二长花岗岩、花岗岩和钠长石花岗岩等构成。岩体呈小岩株、岩枝或不规则脉状产出。侵入志留系公婆泉组和圆包山组；前者为中性火山岩-建造，后者为碎屑岩-碳酸盐岩建造。现有资料显示，含钨矿脉产于上述组合中的花岗岩内或其周围的地层内。其成矿要素有二：一是上述岩石构造组合中的花岗岩为成矿作用提供矿液来源；二是该地区的北东向和北西向两组裂隙以及复杂的网状裂隙为含钨矿脉提供了丰富的富集空间。

## 七、$G_1G_2$和 TTG 岩石构造组合与白乃庙大中型金铜矿

此种类型的岩石构造组合在黑鹰山-甜水井岩浆弧构造岩浆岩亚带、哈特布其岩浆弧构造岩浆岩亚带、温都尔庙俯冲增生杂岩构造岩浆岩亚带、锡林浩特岩浆弧构造岩浆亚带、海拉尔-呼玛弧后盆地构造岩浆岩亚带、东乌珠穆沁旗-多宝山岛弧构造岩浆岩亚带等均有出露。

分布在温都尔庙俯冲增生杂岩构造岩浆岩亚带内的 $G_1G_2$ 和 TTG 组合形成时代分别为志留纪、石炭纪和二叠纪。其中志留纪为由花岗闪长斑岩和花岗岩组成的 $G_1$、$G_2$岩石构造组合；石炭纪为由英云闪长岩、花岗闪长岩和二长花岗岩组成的 $TTG_1$组合；二叠纪为由英云闪长岩、石英闪长岩、闪长玢岩和花岗闪长岩组成的 $TTG_1$ 组合。形成环境为俯冲环境。现有资料显示，白乃庙金铜矿成矿作用复杂多期(至少有 3 期)。其成矿地质构造要素有三：一是白乃庙群中片理化中基性火山岩建造为初始的矿源层；二是上述岩石构造组合中的花岗闪长岩($S\gamma\delta$)、花岗闪长斑岩($C\gamma\delta\pi$ 在本矿区内未出露)以及石英闪长岩($P\delta o$)3 次岩浆侵入富集作用在适当的构造条件下堆积成矿；三是此地处于索伦山-西拉木伦结合带内，地质构造复杂，富集空间丰富多样。

## 八、TTG 岩石构造组合与乌珠尔嘎顺矽卡岩型铁矿

本组合分布于黑鹰山-甜水井岩浆弧构造岩浆岩亚带。形成时代为晚石炭世，形成环境为俯冲环境。该组合由英云闪长岩、似斑状花岗闪长岩、黑云母花岗岩和二长花岗岩组成。本组合中的似斑状花岗闪长岩侵入咸水湖组安山岩-安山质凝灰熔岩-流纹质凝灰岩夹玄武岩英安岩建造，在局部接触带形成含铁矽卡岩。显然，其成矿地质构造要素有二：一是似斑状花岗闪长岩为其成矿的矿液来源；二是咸水湖组内的凝灰岩为其形成矽卡岩矿的另一个必要条件。

## 九、花岗岩组合($G_2$)与小狐狸山钼矿

本组合分布于圆包山(中蒙边界)岩浆弧构造岩浆岩亚带内。形成时代为早二叠世,形成环境为俯冲环境。本组合由中粗粒花岗岩、中细粒花岗岩和中粗粒似斑状花岗岩组成。现有资料显示,上述组合中的中粗粒似斑状花岗岩侵入奥陶系罗雅楚山组($O_{1-2}l$)、咸水湖组($O_{2-3}x$)和石炭系绿条山组($C_1l$)以及前中二叠世侵入岩。钼矿体呈浸染状或块状产于中粗粒似斑状花岗岩体内。显然该中粗粒似斑状花岗岩为钼矿的成矿母岩,是钼矿成矿作用的必要条件,而本地段的近东西向构造挤压带可能为岩体就位提供了条件。

## 十、基性—超基性岩岩石构造组合与小南山铜镍矿

本组合主要分布于陆块或地块构造带内,主要有狼山-白云鄂博裂谷、锡林浩特岩浆弧、温都尔庙俯冲增生杂岩带、固阳-兴和陆核、横山-承德-建平古岩浆弧等构造岩浆亚带。形成环境多样,时代各异。

分布在狼山-白云鄂博裂谷构造岩浆亚带内由变质辉长岩、辉绿玢岩、蛇纹岩和橄榄岩等构成的基性—超基性岩组合形成时代为中元古代,形成环境为大陆裂谷环境。该组合中的辉长岩与小南山铜镍矿关系密切。现有资料显示,铜镍矿体呈透镜状或脉状主要产于辉长岩体内,少数产于辉长岩体与白云鄂博群哈拉霍圪特组泥岩-碳酸盐岩建造接触带上。故其成矿地质构造要素有三:一是辉长岩体是铜镍的载体,是成矿的必要条件;二是与裂谷环境发生、发展密切相关的近东西向深大断裂构造是辉长岩体的定位空间,是成矿充分条件之一;三是哈拉霍圪特组泥岩-碳酸盐岩建造是有利的成矿围岩,是成矿的又一充分条件。

# 第五章　变质岩岩石构造组合

## 第一节　概　述

内蒙古自治区地域辽阔，东西长 2400km，南北宽 1700km，面积 $118\times10^4km^2$，约为全国面积的1/8。全区变质岩系十分发育，各个地质时代、各个大地构造单元都有不同岩石类型、不同变质程度、不同规模的变质岩系分布。

20 世纪 50 年代以前，少数先辈们做过一些变质岩专业方面的路线地质调查工作。50 年代，开展了 1∶100 万区域地质调查。60 年代以后，陆续开展并完成的 267 幅 1∶20 万区域地质调查图件基本上覆盖了全区面积，系统全面地建立了包括变质地层在内的地层层序和岩石填图单位，成为全区唯一一套系统的、完整的基础地质资料，大部分图幅区域地质调查报告都有变质岩章节内容，对变质岩石进行了分类描述。80 年代，在"全国变质岩编图与研究"项目的指导下进行的"内蒙古区域变质作用及其有关矿产的研究"项目以及稍后进行的《内蒙古自治区区域地质志》编号工作，对全区变质地层及其变质作用和有关矿产进行了初步全面的系统总结。同期陆续进行的 1∶5 万区域地质调查对部分地区变质岩进行了深入研究，取得了丰富的地质资料。同时，区外一些大专院校、科研机构的地质工作者先后在一些地段进行了重点调查与研究，补充了变质岩专业内容，提高了研究程度。20 世纪初先后开展的 1∶25 万区域地质调查，特别是《包头幅》的工作，进一步提高了变质岩专业方面的研究水平。从全区来看，变质岩专业研究程度很不平衡，内蒙古中南部地区研究程度较高，西部和北部研究程度较低；前寒武系研究程度较高，后寒武系研究程度较低；1∶5 万和 1∶25 万区域地质调查工作地区与科研专题工作地段研究程度较高，其他大部分地区研究程度较低。和全国相比，内蒙古变质岩研究程度也是相对较低的。

本次矿产资源潜力评价成矿地质背景研究项目是在全国统一领导下，在前人工作的基础上，以板块构造理论为指导，以覆盖全区的 1∶20 万区域地质调查为基础资料，以 1∶5 万和 1∶25 万区域地质调查及科研专题成果为主要补充资料，以大比例尺矿产普查为辅助参考资料，以变质岩建造和变质岩岩石构造组合研究内容为重点，进行了系统的编图与研究工作。先后编制或参与编制并完成了内蒙古 1∶25 万实际材料图、1∶25 万建造构造图、大比例尺矿产预测区变质岩建造构造图以及 1∶50 万大地构造相工作底图、变质岩岩石构造组合图，为成矿预测及矿产资源潜力评价和成矿规律研究提供了区域地质背景资料，为大地构造研究工作提供了基础专业图件。本书是对已完成的编图成果进行的综合研究和全面总结，期望能进一步提高变质岩专业研究水平和基础地质工作研究程度，更好地与大地构造研究相结合，与成矿规律研究相联系。

# 第二节 变质岩时空分布及变质单元划分

## 一、变质地质单元划分

按照变质地质单元的划分原则，根据变质作用类型特征、变质作用时代及空间分布地理论位置，参照大地构造单元划分方案划分3个级别的变质地质单元。一级变质单元基本名称为变质域，是由不同变质期和不同变质作用类型的变质岩系按照一定规律组成的地区，与一级大地构造单元基本对应，其名称由“一级大地构造单元地理名称加变质域”组成。二级变质单元基本名称为变质区，是由同一变质域内类似变质作用过程和不同变质作用类型的变质岩系组成的地区，与二级大地构造单元基本对应，其名称由“二级大地构造单元地理名称加主要变质时代加变质区”组成。三级变质单元基本名称为变质地带，是指在同一变质区内，由同一变质期及同一变质作用类型的变质岩系组成的地区，与三级大地构造单元基本对应，其名称由“三级大地构造单元地理名称加主要变质时代加变质地带”组成。

根据上述变质单元划分原则，确定内蒙古变质地质单元划分方案如下。

Ⅰ天山-兴蒙变质域

Ⅰ-1 大兴安岭变质区（$Pt_3$—Pz）

Ⅰ-1-2 额尔古纳变质地带（$Pt_3$）

Ⅰ-1-3 海拉尔-呼玛变质地带（O—C）

Ⅰ-1-4 东乌珠穆沁旗-多宝山变质地带（O—C）

Ⅰ-1-5 二连-贺根山变质地带（D）

Ⅰ-1-6 锡林浩特-乌兰浩特变质地带（$Pz_2$）

Ⅰ-2 松辽盆地（K）

Ⅰ-2-1 松辽断陷盆地（K）

Ⅰ-7 索伦山-林西变质区（$Pz_2$）

Ⅰ-7-1 索伦山变质地带（$Pz_2$）

Ⅰ-7-2 林西变质地带（$Pz_2$）

Ⅰ-7-3 桑根达来断陷盆地（Mz）

Ⅰ-7-4 苏尼特右旗坳陷盆地（Cz）

Ⅰ-8 宝音图-温都尔庙-库伦旗变质区（Pt—Pz）

Ⅰ-8-1 宝音图变质地带（Pt）

Ⅰ-8-2 温都尔庙-库伦旗变质地带（Pt—Pz）

Ⅰ-9 额济纳旗-北山变质区（Pz）

Ⅰ-9-1 圆包山变质地带（O—D）

Ⅰ-9-2 红石山变质地带（C—P）

Ⅰ-9-3 明水变质地带（C）

Ⅰ-9-4 公婆泉变质地带（O—S）

Ⅰ-9-5 恩格尔乌苏变质地带（C）

Ⅰ-9-6 哈特布其变质地带（$Pz_2$）

Ⅰ-9-7 巴音戈壁变质地带（C）

Ⅰ-9-8 巴丹吉林坳陷盆地（Cz）

Ⅰ-18 海拉尔盆地(K)

Ⅰ-18-1 海拉尔断陷盆地(K)

Ⅱ华北变质域

Ⅱ-2 晋冀变质区($Ar_2$—$Pt_2$)

Ⅱ-2-5 吕梁变质地带($Ar_2$)

Ⅱ-3 晋北-冀北变质区($Ar_3$—$Pt_2$)

Ⅱ-3-1 恒山-承德-建平变质地带($Ar_2$—$Pt_2$)

Ⅱ-4 狼山-阴山变质区($Ar_2$—$Pt_2$)

Ⅱ-4-1 固阳-兴和变质地带($Ar_2$)

Ⅱ-4-2 色尔腾山-太仆寺旗变质地带($Ar_3$)

Ⅱ-4-3 狼山-白云鄂博变质地带($Pt_2$)

Ⅱ-5 鄂尔多斯变质区($Ar_2$—$Pz_1$)

Ⅱ-5-1 鄂尔多斯盆地(Mz)

Ⅱ-5-2 贺兰山变质地带($Ar_2$—$Pz_1$)

Ⅱ-7 阿拉善变质区($Ar_2$—$Pt_3$)

Ⅱ-7-1 迭布斯格-阿拉善右旗变质地带($Ar_2$—$Pt_2$)

Ⅱ-7-2 龙首山变质地带($Ar_3$—$Pt_3$)

Ⅱ-8 吉兰泰-包头盆地(Cz)

Ⅱ-8-3 吉兰泰-包头断陷盆地(Cz)

Ⅲ塔里木变质域

Ⅲ-2 敦煌变质区($Ar_2$—Pz)

Ⅲ-2-1 柳园变质地带(C—P)

Ⅳ秦祁昆变质域

Ⅳ-1 北祁连变质区(Pz)

Ⅳ-1-1 走廊变质地带($Pz_1$)

## 二、变质岩时空分布

内蒙古变质岩非常发育。从太古宙到显生宙、从造山系到陆块区均有不同类型、不同规模、不同变质程度的变质岩系分布。陆块区主要分布在中高级变质表壳岩和变质深成侵入体,造山系主要分布在中低级变质岩和变质侵入体。以下列述各个变质地质单元变质岩石地层单位与变质侵入体的物质组成及时空分布特征(表5-1～表5-3)。

### (一)天山-兴蒙变质域变质岩时空分布

天山-兴蒙变质域位于中国北疆,可分为西、中、东3部分,内蒙古境内属于中、东两部分。中部系指额济纳旗-北山变质区,东部系指内蒙北部及大兴安岭地区,包括宝音图-温都尔庙-库伦旗、索伦山-林西及大兴安岭3个变质区。

#### 1.额济纳旗-北山变质区

该变质区前中元古界变质地层有中—新太古界($Ar_{2-3}gn$)、北山岩群($Pt_1Bs.$)、宝音图岩群($Pt_1B.$)

和色尔腾山岩群柳树沟岩组($Ar_3l.$)。中—新太古界和北山岩群是将前人资料的北山岩群($Pt_1$)细分的两个岩石地层单位。前者主要为深变质的片麻岩系,后者主要包括中级变质的片岩岩系。中—新太古界主要出露在圆包山变质地带的红果尔山、红石山变质地带的都热乌拉、明水变质地带的旱山、哈特布其变质地带的索日图、野马泉等地。北山岩群分布位置与中—新太古界基本相同,但是面积较大,尤其是在明水变质地带旱山以西地区、哈特布其变质地带索日图以北地区、野马泉北部及东部地区均有广泛出露。宝音图岩群和色尔腾山岩群分别出露在哈特布其变质地带东部的海力素和巴格毛都一带,面积均不大。同期变质侵入体有片麻状英云闪长岩($Pt_1\gamma\delta o$),出露在明水变质地带风雷山西南部。前中元古界构成了额济纳旗-北山弧盆系的变质基底。

中—新元古界分布有古硐井群($Pt_2G$)、圆藻山群($Pt_{2-3}Y$)和墩子沟群($Pt_2D$)。古硐井群由变质砂岩、板岩、千枚岩组成,圆藻山群由结晶灰岩、大理岩、板岩组成,二者空间分布近同,主要见于红石山变质地带东部的珠斯楞-切刀-杭乌拉-呼仁乌珠尔-带和公婆泉变质地带西部三道明水地区。墩子沟群组由变质砂岩、千枚岩、大理岩组成,仅见于哈特布其变质地带西南部努尔盖东边。同期变质侵入体有变质辉长岩($\nu Pt_2$)、变质角闪辉长岩($\delta\nu Pt_2$)及片麻状英云闪长岩($\pi\gamma\delta o Pt_2$)。变质辉长岩出露于红石山变质地带东部切刀山北侧,变质角闪辉长岩、片麻状英云闪长岩位于哈特布其变质地带,分别见于索日图东侧和努尔盖南侧。它们侵入于古—中太古界或北山岩群中。

古生代变质岩石地层广泛分布于整个变质区,主要由浅变质的变质砂岩、板岩、千枚岩、结晶灰岩、变质火山岩及未变质的碎屑岩、灰岩、火山岩、火山碎屑岩组成不同的岩石构造组合、不同的岩石地层单位。变质区西部圆包山、红石山、明水、公婆泉4个变质地带变质岩石地层出露齐全,包括下古生界双鹰山组($\in_1 s$)、西双鹰山组($\in_2$—$O_1$)$x$、罗雅楚山组($O_{1-2}l$)、咸水湖组($O_{2-3}x$)、白云山组($O_{2-3}by$、$O_3by$)、班定陶勒盖组($O_3$—$S_1$)$b$、圆包山组($S_1y$)、碎石山组($S_{2-3}ss$)、公婆泉组($S_{2-3}g$)和上古生界依克乌苏组($D_{1-2}y$)、绿条山组($C_{1-2}l$)、本巴图组($C_2bb$)、金塔组($P_2j$)、双堡塘组($P_2\hat{s}b$)、方山口组($P_3f$)。变质区东部恩格尔乌苏、哈特布其、巴音戈壁3个变质地带仅出露上古生界本巴图组($C_2bb$)、阿木山组($C_2a$)和大石寨组($P_{1-2}ds$)。

古生代变质侵入体分布于公婆泉、恩格尔乌苏和哈特布其变质地带。公婆泉变质地带奥陶纪变质蛇绿岩非常发育,尤其尖山、石板井、横峦山、小黄山及月牙山出露较多,大多数呈构造岩块产出。变质蛇绿岩组成包括变质的超基性岩、辉长岩、角闪辉长岩及英云闪长岩。恩格尔乌苏变质地带石炭纪变质蛇绿岩($\Sigma C_2$)出露于恩格尔乌苏北侧,以小型构造包体产于本巴图组中,共同构成蛇绿混杂岩。蛇绿岩由超基性岩和辉绿玢岩组成,超基性岩表现为蛇纹岩、硅质碳酸盐质岩组成的风化壳。哈特布其变质地带志留纪片麻状石英闪长岩($\delta os$)分布于呼和浩诺尔公山,由片麻状石英闪长岩和少量闪长岩组成,与中—新太古界($Ar_{2-3}gn$)呈侵入关系或构造接触。

### 2. 宝音图-温都尔庙-库伦旗变质区

区内最老的变质表壳岩为古元古界宝音图群($Pt_1B.$),分布于宝音图和温都尔庙-库伦旗变质地带。宝音图变质地带的宝音图群分布于乌拉特后旗—巴润花山,呈北北东向带状展布,温都尔庙-库伦旗变质地带西部的宝音图群分布于温其根乌兰山地区、艾不盖河两岸和包日阿勒盖庙南等地。上述地点分布的宝音图群主要由含十字蓝晶石榴云英片岩、石英岩夹绿片岩(或角闪片岩)及磁铁石英岩组成。温都尔庙-库伦旗变质地带东部的宝音图群称双井片岩,分布于巴林右旗双井店乡地区和翁牛特旗地区,由含十字蓝晶石榴云英片岩、角闪片岩、黑云斜长片麻岩夹大理岩组成,较西部宝音图群基性火山岩增多且变质程度加深。古元古代变质深成侵入体由东沟细粒花岗片麻岩($Pt_1Dgn$)、房框子沟花岗片麻岩($Pt_1Fgn$)、下海苏沟黑云斜长片麻岩($Pt_1Xgn$)组成,仅分布于温都尔庙-库伦旗变质地带东部巴林右旗双井店乡地区,侵入于双井片岩。东沟片麻岩Sm-Nd等时线年龄为2473Ma为变质时代提供了依据。

中元古代变质岩石地层有温都尔庙群桑达来呼都格组($Pt_2s$)、哈尔哈达组($Pt_2h$),主要分布在温都尔庙变质地带西部的温其根乌兰山地区和中部的温都尔庙地区。上部哈尔哈达组由含蓝闪石硬柱石的云母石英片岩、绿泥石英片岩夹含铁石英岩组成，下部桑达来呼都格组由含蓝闪石的绿片岩、变质安山岩夹含铁石英岩组成。温都尔庙西侧白乃庙一带出露的白乃庙组与桑达来呼都格组十分相似，其中的绿片岩锆石 U-Pb 谐和年龄为(1 130.513±16.012)Ma，属于中元古代，故套改为温都尔庙群。中—新元古代变质侵入体包括变质蛇绿岩、黑云钾长花岗质片麻岩、片麻状闪长岩。变质蛇绿岩分布在温都尔庙-库伦旗变质地带西部的温其根乌兰山地区及中部的图林凯地区，在艾石盖河西北也有少量出露。蛇绿岩套组成有斜长角闪岩($\psi o Pt_2$)、橄榄岩($\Sigma Pt_2$)、辉绿玢岩($\beta\mu Pt_2$)及斜长花岗岩($\gamma o Pt_2$)。黑云钾长花岗质片麻岩($\gamma Pt_2$)、片麻状闪长岩($\delta Pt_3$)分布在宝音图变质地带包音图苏木—巴润特花山一线，呈北东向展布，先后侵入于宝音图岩群。片麻状闪长岩岩性单一，具片麻状或片理构造；黑云钾长花岗质片麻岩岩性复杂，包括黑云钾长片麻岩、黑云二长片麻岩、黑云钾长变粒岩及片麻状钾长花岗岩。

古生界变质岩石地层只分布在温都尔庙-库伦旗变质地带，包括寒武纪的锦山组($\in_3 j$)，奥陶纪的包尔汗图群哈拉组($O_{1-2}h$)、布龙山组($O_{1-2}b$)、乌宾敖包组($O_{1-2}w$)、奥陶系—志留系(O—$S_1$)，志留纪的徐尼乌苏组($S_2 sn$)、晒乌苏组($S_2 s$)及八当山火山岩($b\upsilon$)，志留纪—泥盆纪的西别河组($S_3$—$D_1$)$x$，泥盆纪的前头沟组($D_1 q$)，石炭纪的朝吐沟组($C_1 \hat{c}$)、阿木山组($C_2 a$)、本巴图组($C_2 bb$)、酒局子组($C_2 jj$)、石嘴子组($C_2 s$)、白家店组($C_2 bj$)及青龙山火山岩($q\alpha$)，二叠纪的额里图组($P_2 e$)、三面井组($P_1 sm$)、于家北沟组($P_2 y$)及铁营子组($P_3 t$)。古生代变质地层主要由浅变质岩石组成，包括变质砂岩、板岩、千枚岩、灰岩、变质火山岩及变质火山沉积岩，少量云母石英片岩见于徐尼乌苏组及朝吐沟组中。未命名的地层单位奥陶系—志留系(O—$S_1$)则由中级变质的石榴斜长黑云片岩、云母石英片岩夹斜长角闪片岩组成，其原岩为碎屑岩、基性火山岩，分布于翁牛特旗解放营子乡东部。古生代变质侵入体有寒武纪变质基性、超基性岩($\in\Sigma$)，由变橄榄二辉岩、角闪岩、变辉长岩组成，出露于翁牛特旗四分地—朝阳沟一带。

### 3. 索伦山-林西变质区

本区出露古生代变质地层有志留纪—泥盆纪的西河组($S_3$—$D_1$)$x$，石炭纪的阿木山组($C_2 a$)、本巴图组($C_2 bb$)，二叠纪的包格特组($P_2 b$)、哲斯组($P_2 \hat{z}s$)、大石寨组($P_2 ds$)及林西组($P_3 l$)，完全由浅变质的变质砂岩、板岩、千枚岩、结晶灰岩、变质火山岩夹有未变质的碎屑岩，分布于西部索伦山、东部林西变质地带。古生代变质侵入体有早二叠世索伦山蛇绿岩和石炭纪—二叠纪杏树洼蛇绿岩。索伦山蛇绿岩分布于索伦山变质地带，由变质的橄榄岩-辉长岩($\Sigma P_1$)、角闪辉长岩($\delta\upsilon P_1$)及辉绿岩($\beta\mu P_1$)组成，并与下二叠统玄武岩-安山岩-细碧角斑岩($\beta P_1$、$\upsilon P_1$)、板岩-硅质岩-凝灰岩($s\upsilon P_1$、$smP_1$)组成蛇绿混杂岩。同位素年龄有单颗粒锆石 U-Pb 年龄(285±11)Ma、(280±11)Ma，全岩 Rb-Sr 等时线年龄(291±7)Ma。杏树洼蛇绿岩(O$\psi$m$C_1$—P)分布于林西变质地带，由变质橄榄岩-辉石岩组成，并与玄武岩、硅质岩构成蛇绿混杂岩。

### 4. 大兴安岭变质区

本变质区跨越内蒙古中部及北部，范围较大，包括 5 个变质地带(表 5-2)。前中元古代变质表壳岩包括新太古代—古元古代锡林郭勒变质杂岩($XM_c$)、古元古代宝音图岩群($Pt_1 B.$)及兴华渡口岩群($Pt_1 X.$)。

锡林郭勒变质杂岩分布于锡林浩特-乌兰浩特变质地带的苏尼特左旗—锡林浩特市—毛仁达巴—伊和格勒一带，由东西向转北东向断续延伸 550km。大致可分为 5 种岩石组合。第一种为混合岩-混合片麻岩组合($XM_c^m$)，分布于苏尼特左旗东南；第二种为黑云角闪片麻岩-混合岩组合($XM_c^g$)，分布于苏尼特左旗、朱日和山、锡林浩特市及毛仁达巴等地；第三种为石英片岩组合($XM_c^s$)，分布于锡林浩特市及伊和格勒地区；第四种为石英岩夹片岩组合，仅见于苏尼特左旗东南；第五种为黑云斜长角闪岩组合($XM_c^a$)，仅出露于毛仁达巴，原岩为基性侵入岩，与第二种黑云角闪片麻岩-混合岩组合共生。宝音图岩群($Pt_1 B.$)分布于二连-贺根山变质地带西部二连浩特市北部，出露面积较小，东西向展布，岩性为石榴云母石英片岩。兴华渡口岩群($Pt_1 X.$)分布于锡林浩特-乌兰浩特变质地带东部的扎兰屯南部，东乌珠穆沁旗-多宝山变质地带东北部的扎兰屯市北边、大北沟林场、腾克牧场、哈达阳镇等地,海拉尔-呼玛变质地带的八一牧场—风云山地区,松岭区及其东北地区,额尔古纳变质地带的莫尔道嘎镇-河西林场地区,阿利亚金厂南、北地区,出露面积较大。岩石组成比较复杂,包括各类片岩、斜长角闪岩、变粒岩、浅粒岩、石英岩、大理岩、片麻岩、混合岩及混合花岗岩,实际上相当于一套变质杂岩。古元古代变质侵入体包括分布于东乌珠穆沁旗-多宝山变质地带东北部大北沟林场一带的变质角闪辉长岩-辉长闪长岩($\psi o\upsilon Pt_1$),海拉尔-呼玛变质地带的混合花岗岩($MrPt_1$)及额尔古纳变质地带莫尔道嘎镇-河西林场地区的凤水山片麻岩。变质角闪辉长岩-辉长闪长岩组合为层状基性侵入岩,已获得锆石 U-Pb 谐和年龄(2096±36)Ma。凤水山片麻岩由黑云斜长片麻岩、花岗闪长质片麻岩、二云钾长片麻岩组成变质深成侵入体。

中元古代变质地层是温都尔庙群桑达来呼都格组($Pt_2s$)和哈尔哈达组($Pt_2h$)。呈东西向带状展布于锡林浩特-乌兰浩特变质地带西部的额尔登呼舒山、包尔陶勒盖山、阿萨日山、浑边乌苏等地,零星见于二连-贺根山变质地带的贺根山西南及东北侧。下部桑达来呼都格组由阳起片岩、钠长片岩、角闪片岩磁铁石英岩组成,上部哈尔哈达组为含蓝闪石的石英片岩、变质砂岩夹磁铁石英岩组合。中元古代变质侵入体有变质基性、超基性岩,分布于锡林浩特-乌兰浩特变质地带包尔陶勒盖—阿萨日—浑边乌苏一带的岩体由变超基性岩($\Sigma Pt_2$)和辉绿岩($\beta\mu Pt_2$)组成,呈大小不等的岩块产于温都尔庙群中。零星见于东乌珠穆沁旗-多宝山变质地带东部大北沟林场的岩体为蛇纹岩($\psi\omega Pt_2$),并伴有超基性喷出岩科马提岩($\chi\omega Pt_2$)。

新元古代变质地层包括艾勒格庙组($Pt_3a$)、南华系佳疙瘩组($Nhj$)、震旦系额尔古纳河组($Ze$)、吉祥沟组($Zj$)和大网子组($Zd$)。艾勒格庙组分布于锡林浩特-乌兰浩特变质地带西部艾勒格庙地区,由石英片岩、石英岩、变质砂岩、大理岩组成。佳疙瘩组分布在内蒙古东北部 3 个变质地带,各地带的岩石组合特征表现不同,在东乌珠穆沁旗-多宝山变质地带的全胜林场西部为黑云石英片岩、斜长角闪片岩及变质砂岩夹变质砾岩、硅质岩、变质玄武岩组合,在海拉尔-呼玛变质地带的李增碰山、查干诺尔嘎查等地和额尔古纳变质地带的额尔古纳河东岸及呼伦湖西岸为变质砂岩、千枚岩、板岩夹变质安山岩和结晶灰岩组合。额尔古纳河组在东乌珠穆沁旗-多宝山变质地带全胜林场地区为绿泥石英片岩、二云石英片岩和大理岩组合,在海拉尔-呼玛变质地带为绿泥石英片岩、变粒岩、千枚岩夹变质砂岩组合,在额尔古纳变质地带的额尔古纳河东岸、呼伦湖西岸及阿龙山镇等地则表现为大理岩、结晶灰岩、板岩夹砂岩组合。吉祥沟组和大网子组分布在东乌珠穆沁旗-多宝山变质地带及海拉尔-呼玛变质地带鄂伦春自治旗地区。吉祥沟组岩石组合为变质砂砾岩、板岩、结晶岩,大网子组岩石组合为变英安质碎屑岩、变质砂岩、板岩。新元古代变质侵入体分布在两个变质地带。东乌珠穆沁旗-多宝山变质地带见有变质二长花岗岩($\eta\gamma Pt_3$)、斜长花岗岩($\gamma o Pt_3$),额尔古纳变质地带则大面积出露多种变质侵入体,包括变质中基性岩($\upsilon$-$\delta Pt_3$)、变质闪长岩($\delta Pt_3$)、变质石英闪长岩($\delta o Pt_3$)、变质石英二长闪长岩($\delta\eta o Pt_3$)、变质花岗岩($\gamma Pt_3$)、变质花岗闪长岩($\gamma\delta Pt_3$)、变质黑云二长花岗岩($\eta\gamma\beta Pt_3$)、变质二长花岗岩($\eta\gamma Pt_3$)、变质黑云正长岩($\xi\beta Pt_3$)及变质黑云正长花岗岩($\xi\gamma\beta Pt_3$)。

古生代变质岩分布于本变质区的 5 个变质地带,其中早古生代仅出露于东北部东乌珠穆沁旗-多宝山、海拉尔-呼玛和额尔古纳 3 个变质地带。变质岩石单位时空分布状况请参考表 5-2 及附图 5。这些变质岩石单位均由浅变质与未变质的碎屑岩、碳酸盐岩、火山岩、火山沉积岩及侵入岩组成,并以不同比例构成众多的变质岩建造和变质岩石组合。具有特殊意义的地质体有两种:①泥盆纪贺根山蛇绿岩,分布于二连-贺根山变质地带,以贺根山地区出露广泛,面积较大。此外在西部二连浩特市东北部及东部的巴拉嘎日郭勒、高日罕郭勒、花敖包特山、霍林郭勒市地区也有小面积出露,总体呈北东向或北东东向展布。该蛇绿岩包括变质橄榄岩-蛇绿岩($\Sigma D$)、变质辉长辉绿岩($\upsilon D$)、变质角闪辉长岩($\delta\upsilon D$)、变质橄榄岩($\Sigma D_{2-3}$)、变质辉长岩($\upsilon D_{2-3}$)、变质辉绿(玢)岩(岩墙)($\beta\mu D_{2-3}$)等变质岩建造,连同中—晚泥盆世硅质岩-玄武岩($Si+\beta$)$D_{2-3}$、硅质岩($SiD_{2-3}$)及变质玄武岩($\beta D_{2-3}$)等变质岩建造一起共同构成贺根山蛇绿岩套;②晚石炭世蓝闪片岩(gls)与混杂堆积(smlg),分布于东乌珠穆沁旗-多宝山变质地带的红花尔基镇东侧，蓝闪片岩组合包括钠长蓝闪片岩、绿帘片岩和绿泥石英片岩，混杂堆积由奥陶系、下泥盆统和下石炭统巨型石块组成。

## (二)华北变质域变质岩时空分布

华北变质域由西向东包括阿拉善变质区、鄂尔多斯变质区、狼山-阴山变质区、晋冀变质区及晋北-冀北变质区。

### 1.阿拉善变质区

本变质区包括迭布斯格-阿拉善右旗变质地带和龙首山变质地带。前中元古界出露雅布赖山岩群和阿拉善岩群。这两个岩群是根据1∶20万区域地质调查资料及20世纪初1∶5万区域地质调查和科研专题成果综合分析重新套改厘订的。将分布于雅布赖山-迭布斯格山、巴彦乌拉山等地的原阿拉善群德尔和通特组中—下部和哈乌拉组的片麻岩-混合岩系，重新命名为中太古界雅布赖山岩群($Ar_2Y.$)，且与阴山地区乌拉山岩群对比。将原阿拉善群上部铁库木乌拉组、布达尔干组及德尔和通组上部的片岩岩系套改并延用新太古界阿拉善岩群($Ar_3A.$)，并与阴山地区色尔腾山岩群对比。上述划分方案已经获得全国与省级评审验收通过。雅布赖山岩群分布于迭布斯格-阿拉善右旗变质地带，在迭布斯格山、雅布赖山、巴彦乌拉山、阿拉善右旗出露面积较大，其他地区零星见及，由各类片麻岩、混合岩、变粒岩及大理岩组成。阿拉善岩群分布于迭布斯格-阿拉善变质地带的哈乌拉山、雅布赖山、阿拉善右旗等地及龙首山变质地带的呼龙陶勒盖山，由各类云母石英片岩、角闪片岩、变粒岩及大理岩组成。前中元古代变质侵入体有中太古代巴彦毛德混合花岗岩、古元古代变质角闪辉石岩及变质闪长岩。巴彦毛德混合花岗岩($Br^mAr_2$)，由斜长混合花岗岩、钾长变斑混合花岗岩及混合紫苏闪长岩等组成，集中分布于迭布斯格-阿拉善右旗变质地带的迭布斯格山、哈乌拉山地区。古元古代角闪辉石岩($\delta\psi o\phi Pt_1$)由橄榄角闪辉石岩、角闪辉长岩组成，与岩性单一的变质闪长岩($\delta Pt_1$)都分布于迭布斯格-阿拉善右旗变质地带的巴彦乌拉山中部，出露面积很少。

中—新元古代变质地层有墩子沟组和烧火筒沟组，都分布在龙首山变质地带旧庙西南山区，呈北西向展布。中古元界墩子沟组($Pt_2d$)由砂岩、砾岩及灰岩组成；震旦系烧火筒沟组($Z\hat{s}$)由冰碛砾岩、灰岩夹千枚岩组成。中元古代变质侵入体有变质基性岩、变质闪长岩($\delta Pt_3$)、片麻状似斑状英云闪长岩($\pi\gamma\delta o Pt_2$)、片麻状英云闪长岩($\gamma\delta o Pt_2$)及片麻状二长花岗岩($\eta\gamma\beta Pt_2$)。片麻状英云闪长岩出露在龙首山变质地带呼龙陶勒盖山西边，岩性单一。其余4种岩体都分布在迭布斯格-阿拉善右旗变质地带，主要出露在雅布赖山、阿拉善右旗巴彦乌拉山西部。变质闪长岩、片麻状似斑状英云闪长岩及片麻状二长花岗岩岩性单一。变质基本性岩岩性复杂，由次闪石化辉长岩($\upsilon Pt_2$)、变质苏长岩($\upsilon o Pt_2$)及变质辉绿岩($\beta\mu Pt_2$)组成。

### 2.鄂尔多斯变质区

该区包括贺兰山一个变质地带。前中元古代变质地层有中太古界千里山岩群和古元古界赵池沟岩组。千里山岩群分布在千里山地区及贺兰山北部，自下而上划分为3个岩组。察干廓勒岩组($Ar_2C.$)由片麻岩、石英岩、大理岩夹磁铁石英岩组成，千里沟岩组($Ar_2q._g$)由含石墨的片麻岩、大理岩组成；哈布其盖岩组由均质混合岩($Ar_2h.$ m)及孔兹岩系($Ar_2h.$ s)组成。赵池沟岩组($Pt_1\check{z}.$)分布在贺兰山中部的赵池沟一地，面积不大，由变粒岩、二云石英片岩组成。变质侵入体为中太古代混合花岗岩($Ar_2r._m$)，由混合钾长花岗岩、混合二长花岗岩组成。

中—新元古代变质地层有王全口组($Pt_{2-3}w$)、西勒图组($Pt_{2-3}x$)及震旦系正目观组($Z_{\check{z}}$)。王全口组分布在贺兰山北部和中部以及千里山北端，均呈小面积出露，主要由硅质或白云质灰岩组成；西勒图组主要分布在千里山地区，贺兰山中部也有小面积出露，主要由石英岩及石英砂岩组成；正目观组分布于贺兰山中部的敖包梁山，出露面积较小，平行不整合于王全口组之上，由砂质板岩、冰碛砾岩组成。

古生代变质地层有奥陶系米钵山组($O_{1-2}mb$)，分布于贺兰山中部敖包梁山西侧，南北向展布，由灰岩、砂岩及板岩组成。

**3. 狼山-阴山变质区**

该变质区包括狼山-白云鄂博变质地带(以下简称狼白变质地带)、色尔腾山-太仆寺旗变质地带(以下简称色太变质地带)及固阳-兴和变质地带(以下简称固兴变质地带)。由于狼山-白云鄂博变质地带地跨阿拉善、狼山及阴山地区，北东向转近东西向延伸700余千米，为了与相邻变质地带时空对比研究的方便，相关图表编制将该变质地带分为东部和西部两部分，分界位置大致在狼山东侧东经108°线，西部称狼山-白云鄂博变质地带西部(以下简称狼白变质地带西部)，东部称狼山-白云鄂博变质地带东部(以下简称狼白变质地带东部)。

前中元古代变质地层自下而上、自西向东分别有古太古界兴和岩群($Ar_1X.$)，中太古界雅布赖山岩群($Ar_2Y.$)、迭布斯格岩群($Ar_2D.$)、乌拉山岩群($Ar_2W.$)及集宁岩群($Ar_2J.$)，新太古界阿拉善岩群($Ar_3A.$)、色尔腾山岩群($Ar_3S.$)及二道洼岩群($Ar_3E.$)，古元古界宝音图岩群($Pt_1B.$)和马家店岩群($Pt_1M.$)。

古太古界兴和岩群分布于固兴变质地带，大面积出露于兴和县南部，小面积出露于包头市东部、呼和浩特市西北部等地，主要由基性麻粒岩夹磁铁石英岩($Ar_1X^1.$)和酸性麻粒岩夹磁铁石英岩($Ar_1X^2.$)组成。获得有单矿物透辉石Sm-Nd等时线年龄(3740±39)Ma(石家庄经济学院，1999)、角闪斜长片麻岩锆石U-Pb表面年龄(3049±1.4)Ma(内蒙古第一区域地质调查队，2001)。

中太古界雅赖山岩群是本次工作套改命名的，在狼白变质地带西部阿拉格林台乌拉及阿德日振别立等地出露，由混合岩、片麻岩及变粒岩组成。迭布斯格岩群分布在狼白变质地带西部迭布斯格村一带，由黑云角闪片麻岩、透辉石片麻岩、透辉大理岩夹紫苏麻粒岩及磁铁石英岩组成，赋存中小型铁矿12处，与乌拉山岩群基本可以对比，特点是变质钙硅酸盐岩成分含量普遍和成矿性较好。为反映地方特色，保留地方名称，升级命名为岩群。其中曾获得同位素全岩Rb-Sr等时线年龄为3 108.3Ma和3218Ma(杨振德等，1988)。中太古界乌拉山岩群分布于狼山-阴山变质区的3个变质地带，主要出露于狼山、乌拉山、大青山及乌拉特中旗地区。乌拉山岩群划分为两个岩组，下部哈达门沟岩组($Ar_2h.$)主要为各类片麻岩，包括中基性片麻岩、中酸性片麻岩、透辉石片麻岩、硅线榴石片麻岩，并夹斜长角闪岩、磁铁石英岩及麻粒岩，空间分布较广；上部桃儿湾岩组($Ar_2t.$)主要为大理岩，兼有石英岩、变粒岩，空间分布相对较少，分布于固兴变质地带，在桃儿湾、大青山、旗下营及察哈尔右翼中旗等地有小面积出露。乌拉山岩群中已获得的同位素年龄有：侵入该岩群叶百沟斜长角闪岩全岩Sm-Nd等时线年龄为(2822±2)Ma(吉林大学，2001)，孔兹岩系中Sm-Nd等时线年龄2910Ma、2940Ma、3080Ma及3240Ma(万渝生等，2000)等。中太古界集宁岩群主要分布于固兴变质地带的呼和浩特市、卓资县、和林格尔县、凉城县、集宁市及兴和县，在色太变质地带的太仆寺旗、闪电河西岸也有出露，总体呈东西向转北东向展布，下部由石墨夕线榴石片麻岩夹变粒岩、石英岩、大理岩组成孔兹兹岩系；上部为蛇纹石大理岩、白云质大理岩夹夕线榴石片麻岩、变粒岩。色太变质地带的集宁岩群略有不同，总体由榴云变粒岩、透闪大理岩夹石墨夕线榴石片麻岩构成。

新太古界阿拉善岩群分布于狼白变质地带西部的阿拉腾敖包苏木及阿德日振别立两地，由十字石榴云英片岩、变粒岩和大理岩组成。色尔腾山岩群分布于狼白变质地带东部的渣尔泰山北侧、白云鄂博市-达茂旗地区，色太变质地带的色尔腾山—固阳—三合明—四子王旗—察右中旗沿线，固兴变质地带的固阳县南东东侧。包括下部东五分子岩组($Ar_3d.$)、中部柳树沟岩组($Ar_3l.$)和上部点力素泰岩组($Ar_3dl.$)。东五子分岩组由角闪斜长片岩、斜长角闪片岩、透辉变粒岩夹磁铁石英岩及磁铁斜长片岩组成；柳树沟岩组组成复杂，包括云英片岩、角闪质片岩、绿色片岩夹变粒岩及磁铁石英岩；点力素泰岩组主要为大理岩，夹有变粒岩、十字片岩、磁铁石英岩。色尔腾山岩群的同位素年龄有：黑云角闪斜长岩Sm-Nd等时线年龄2526Ma(内蒙古地质调查院，1997)，东五分子岩组锆石U-Pb法年龄2493Ma，柳树沟岩组 Sm-Nd 法年龄 2870Ma(沈阳地质矿产研究所,1997),侵入色尔腾山岩群的石哈河岩体锆石 U-Pb 法年龄 2500Ma(内蒙古地质调查院,1997)等。二道洼岩群只分布在固兴变质地带呼和浩特市北侧二道洼地区,呈北东向展布,由含十字蓝晶云英片岩、石英斜长片岩、大理岩夹绿色片岩及变粒岩组成。

古元古界宝音图岩群($Pt_1B.$)分布于狼白变质地带西部呼和温都尔镇西南侧,呈北东向带状展布,由蓝晶十字云英片岩、石榴云英片岩、石英岩夹角闪片岩、大理岩组成。马家店岩群($Pt_1M.$)分布在固兴变质地带的大青山地区,主要出露在美岱召和马家店两地,由石英岩、板岩、大理岩、变质砂岩、结晶灰岩组成。

前中元古代变质侵入体,在 3 个变质地带都有不同程度的发育。狼白变质地带西部分布有中太古代和新太古代变质深成侵入体。中太古代波罗斯坦庙片麻岩($Ar_2MBgn^T$)出露在波罗坦庙一地,呈北东向大面积展布,由英云闪长质-花岗闪长质片麻岩组成,相当于原 1∶20 万区域地质调查资料的波罗斯坦庙组及其以北的哈乌拉组,此次工作根据耿元生等(2006)的意见套改为变质深成侵入体。中太古代巴彦毛德混合花岗岩($Ar_2B\gamma^m$)是根据 1∶20 万资料海西期混合花岗岩套改的,由斜长混合花岗岩、钾长变斑混合花岗岩组成,仅出露在阿德日根别立,沿波罗斯坦庙片麻岩西北侧分布,二者呈渐变过渡关系;新太古代闪长质片麻岩($\delta Ar_3$),岩性为黑云角闪斜长片麻岩,原岩为闪长岩,沿查布浩日格山—达格图苏木—巴拉哈乌拉山北东向断续出露;新太古代花岗闪长质片麻岩($\gamma\delta Ar_3$)岩性为黑云斜长片麻岩,原岩为花岗闪长岩,分布于苟寇温都尔山至乌力吉图镇,连续性好;毕级尔台片麻岩($Ar_3Bgn$)由黑云斜长片麻岩、角闪斜长片麻岩组成,原岩为花岗闪长岩,出露于毕级尔台;大苏苏山片麻岩($Ar_3Dgn^T$),由英云闪长质-花岗闪长质-奥长花岗质片麻岩组成,出露于大布苏山南、北端;乃木毛道片麻岩($Ar_3Ngn$),岩性为钾长(二长)花岗质片麻岩,出露于额尔格铁苦一处。

狼白变质地带东部变质侵入体有新太古代闪长质片麻岩($\delta Ar_3$)、变质英云闪长岩($\gamma\delta o Ar_3$)和古元古代变质英云闪长岩($\gamma\delta o Ar_3$)。新太古代闪长质片麻岩由片麻状闪长岩-闪长质片麻岩组成,原岩为闪长岩,出露于巴拉乌拉山,为狼白变质地带西部的延续部分。新太古代变质英云闪长岩由片麻状英云闪长岩组成,分布于乌克忽洞以西。古元古代变质英云闪长岩,岩性为片麻状英云闪长岩,出露于百灵庙镇。

色太变质地带变质侵入体多见于新太古代及古元古代,少见于中太古代。中太古代陶来沟片麻岩岩性为花岗质片麻岩,出露于色尔腾山西南端营盘湾镇西侧。新太古代变质深成侵入体有二长片麻岩($Ar_3gn^m$)、二长花岗片麻岩($Ar_3gn^g$)和变质基性岩墙(群)($Ar_3Mbd$),前二者岩性单一,后者由变质斜长角闪辉石岩-变质辉绿岩组成,三者共同出露于东部闪电河两侧。新太古代变质侵入体包括斜长角闪岩($\psi o Ar_3$)、片麻状闪长岩($\delta Ar_3$)、片麻状石英闪长岩($\delta o Ar_3$)、片麻状英云闪长岩($\gamma\delta o Ar_3$)、片麻状黑云母花岗岩($\gamma Ar_3$)以及变质二长花岗岩($\eta\gamma Ar_3$),沿固阳县—三合明—四子王旗—察右中旗—察右后旗一线都有分布,尤其是片麻状英云闪长岩呈大面积出露,而斜长角闪岩仅呈脉状见于东部营盘坝子山。古元古代变质侵入体包括变质闪长岩($\delta Pt_1$)、变质石英闪长岩($\delta o Pt_1$)、变质英云闪长岩($\gamma\delta o Pt_1$)及变质二长花岗岩($\eta\gamma Pt_1$),集中分布于固阳以西的色尔腾山区。

固兴变质地带变质侵入体从中太古代—古元古代都有分布,尤以中太古代变质深成侵入体出露广泛。中太古代变质深成侵入体有 13 类。紫苏斜长麻粒岩($Ar_2gnl^n$),由紫苏斜长麻粒岩-二辉麻粒岩-紫苏斜长片麻岩组成,原岩为苏长岩,出露于凉城县北蛮汉山区;紫苏长英质麻粒岩($Ar_2gnl^f$),由紫苏长英质麻粒岩-角闪钾长片麻岩组成,原岩为花岗岩,出露于旗下营南山;狼牙山片麻岩($Ar_2Lgn$),由紫苏英云闪长质-紫苏斜长花岗质-紫苏花岗闪长质片麻岩组成,原岩为英云闪长岩-花岗闪长岩,出露于大青山北侧的狼牙山;毕气沟片麻岩($Ar_2Bgn$),由角闪紫苏花岗闪长质-角闪二辉花岗闪长质片麻岩组成,原岩为花岗闪长岩、花岗岩,出露于乌拉山北侧的毕气沟一带;山和原沟片麻岩($Ar_2Sgn$),由紫苏黑云花岗质-花岗闪长质片麻岩组成,原岩为花岗岩-花岗闪长岩,出露于包头市山和原沟、大庙等地;东灯炉素混合花岗岩($Ar_2D\gamma^m$),由混合花岗岩-混合片麻岩组成,原岩为深熔花岗岩,出露于旗下营北部东灯炉素山区；紫混合花岗岩($Ar_2r^m$)，由含紫苏辉石、角闪石、黑云母、石榴石不同类型的混合花岗岩组成，原岩为深熔花岗岩，出露于武川县东坡镇东侧等地；英云闪长质片麻岩($Ar_2gn$)，由透辉斜长片麻岩-辉石角闪斜长片麻岩-含紫苏透辉纹长片麻岩组成，原岩为英云闪长岩-花岗岩，出露于东部兴和县南部的大王山西南侧；昆都仑片麻岩($Ar_2Kgn^T$)，由闪长质-石英闪长质-花岗闪长质片麻岩组成，原岩为英云闪长岩-花岗闪长岩，出露于包头市昆都仑区北、土默特右旗北、武川县西南及察右中旗西南等地；村空山片麻岩($Ar_2Cgn^t$)，由石英闪长质-斜长花岗质-二长花岗质片麻岩组成，原岩为英云闪长岩-花岗闪长岩，出露于固阳县东部的村空山及其以东地段；立甲子片麻岩($Ar_2Lgn^a$)，由眼球状钾长花岗质-二长花岗质片麻岩组成，原岩为亚碱性钾质花岗岩-高钾花岗岩，出露于包头市西北、东北及东部山区；陶来沟片麻岩($Ar_2Tgn^b$)，由花岗质-钾长花岗质片麻岩组成，原岩为花岗岩，出露于固阳县公益明南侧陶来沟地段；变质基性岩墙(群)($Ar_2Mbd$)，由斜长角闪岩-二辉麻粒岩-变质辉绿辉长岩组成，原岩为基性岩，侵入于包头市东北部山和原沟片麻岩中，近东西向展布。中太古代变质侵入体有变质角闪辉长岩($\nu Ar_2$)、变质石榴花岗岩($\gamma Ar_2$)、片麻状似斑状石榴二长花岗岩($\eta\gamma Ar_2$)、变质碱性辉长岩($\chi\upsilon Ar_2$)及变质碱长花岗岩($\chi\rho\gamma Ar_2$)五类。主要分布在东部蛮汉山区及集宁市、丰镇市、兴和县等地，其中以变质石榴花岗岩、片麻状似斑状石榴二长花岗岩分布广泛，其他四类均呈小面积出露。

新太古代变质侵入体有片麻状闪长岩($\delta Ar_3$)、片麻状石英闪长岩($\delta o Ar_3$)、变质英云闪长岩($\gamma\delta o Ar_3$)，岩性较为单一，分别出露在武川县南侧、固阳县东侧及武川县西侧。

古元古代变质侵入体包括变质闪长岩($\delta Pt_1$)、片麻状石英闪长岩($\delta o Pt_1$)、变质花岗闪长岩($\gamma\delta Pt_1$)、变质英云闪长岩($\gamma\delta o Pt_1$)及片麻状二长花岗岩($\eta\gamma Pt_1$)。集中分布于呼和浩特市—旗下营以北的大青山区，侵入于新太古界二道洼岩群、古元古界马家店群或更老地质体。

中—新元古代变质地层有白云鄂博群、渣尔泰山群及震旦系腮林忽洞组、什那干组。白云鄂博群分布在狼白变质地带东部，包括长城系都拉哈拉组($Chd$)、尖山组($Chj$)，蓟县系哈拉霍圪特组($Jxh$)、比鲁特组($Jxb$)，青白口系白音布拉格组($Qbb$)、忽吉尔图组($Qbh$)共6个组，呈东西向广泛分布于乌拉特中旗-白云鄂博-四子王旗北-土牧尔台镇-化德县-太仆寺旗的整个变质地带，由变质(含砾)砂岩、板岩、千枚岩、结晶灰岩及少量角闪片岩、绿泥石英片岩、云母石英片岩、石英岩等不同岩石类型组成不同的变质岩建造和变质岩石组合。尖山组上部获得有独居石、磷灰石Th-Pb法结晶年龄1680～1590Ma，下部获得有锆石U-Pb法年龄1800～1700Ma。渣尔泰山群包括长城系书记沟组($Ch\hat{s}$)、增隆昌组($Chz$)，蓟县系阿古鲁沟组($Jxa$)，青白口系刘鸿湾组($Qbl$)共4个组。书记沟组由砂岩、变质砂岩夹变质砾岩、各种片岩、板岩组成，增隆昌组由结晶灰岩、白云岩、板岩夹变质砂岩、千枚岩、云英片岩等组成。这两个组分布于狼白变质地带、色太变质地带和固兴变质地带。阿古鲁沟组由变质砂岩、板岩、灰岩、千枚岩夹白云岩、片岩等组成，分布于狼白变质地带及色太变质地带。刘鸿湾组由变质(含砾)长石石英砂岩、云英片岩夹大理岩组成，只出露于狼白变质地带东部刘鸿湾及乌加河镇北。震旦系腮林忽洞组由白云岩、白云质灰岩、变质含砾砂岩组成，出露于狼白变质地带东部白云鄂博南的腮林忽洞。震旦系什那干组由硅质灰岩夹硅质页岩、黏土岩组成，出露于色太变质地带大佘太镇、察右后旗等地。

中—新元古代变质侵入体分布在3个变质地带。狼白变质地带西部出露有变质橄榄岩($\sigma Pt_2$)、变质斜辉橄榄岩-橄榄二辉岩($\upsilon\sigma Pt_2$)、角闪辉石岩($\psi o\psi Pt_2$)及变质辉绿岩($\beta\mu Pt_2$)，零星见于巴音诺尔公、阿德日根别立、阿木乌苏乌拉、迭布斯格村、呼和温都尔镇等地；狼白变质地带东部出露有变质超基性岩($\Sigma Pt_2$)、片麻状斜长角闪岩($\psi o Pt_2$)、变质辉绿岩($\beta\mu Pt_2$)、变质花岗岩($\gamma Pt_2$)、片麻状巨斑状黑云二长花岗岩($\pi\eta\gamma Pt_2$)，见于乌拉特中旗西北、刘鸿湾西、格日楚鲁东、乌克忽洞西南以及化德县东南等地；色太变质地带出露有变质辉长岩($\nu Pt_2$)，仅见于大佘太镇东北；固兴变质地带出露变质二长花岗岩($\eta\gamma Pt_2$)、片麻状黑云母花岗岩($\gamma\beta Pt_2$)及变质碱长花岗岩($\chi\rho\gamma Pt_2$)，分布于呼和浩特市北二道洼地区及卓资县西侧。

古生代变质地层有奥陶系五道湾组($O_{1-2}w$)，石炭系拴马桩组($C_2sm$)，二叠系大红山组($P_1d$)、三面井组($P_1sm$)及额里图组($P_2e$)。五道湾组岩性为结晶灰岩夹板岩、大理岩，出露于狼白变质地带东部土牧尔台镇南。拴马桩组岩性为碳质页岩、粉砂岩、长石石英砂岩夹板岩及煤层，分布于固兴变质地带武川县东部。大红山组分布在狼白变质地带，西部岩性为变质砂砾岩夹砾岩及灰岩，东部岩性为变质砾岩、变质砂岩、板岩、安山质火山岩夹煤层。三面井组与额里图组分布于狼白变质地带东部，分别出露于土牧尔台镇东南及化德县太仆寺旗的北部，三面井组岩性为变质杂砂岩、板岩夹灰岩，额里图组由安山玢岩、凝灰岩、杂砂岩夹板岩组成。

**4. 晋冀变质区**

晋冀变质区吕梁变质地带，位于清水河县。变质地层为中太古界集宁岩群下部（$Ar_2J_\cdot^1$），由含堇青石石墨夕线榴石片麻岩夹变粒岩、大理岩、麻粒岩及斜长角闪岩组成，变质侵入体为中粗粒似斑状二长花岗岩（$\pi\eta\gamma Ar_2$）。

**5. 晋北-冀北变质区**

该变质区恒山-承德-建平变质地带（以下简称建平变质地带）的内蒙古部分位于宁城县、喀喇沁旗南部及敖汉旗-库伦旗南部。新太古代变质地层为建平岩群和伙家沟表壳岩。建平岩群包括3个岩组，一岩组（$Ar_3J_\cdot^1$）出露在打虎石村、四家子镇，岩性组合为二辉麻粒岩、黑云角闪片麻岩、变粒岩、斜长角闪岩、混合岩夹磁铁石英岩及片岩，相当于1∶5万区域地质调查头道营子幅鞍山群的长青组，1∶20万区域地质调查建平幅、朝阳幅、阜新幅的建平群小塔子沟组；二岩组（$Ar_3J_\cdot^2$）出露于孤山子乡、美林乡、八里罕镇、水泉镇、巴音花苏木等地，岩性组合为片麻岩、变粒岩、斜长角闪岩、大理岩夹片岩、混合岩，相当于1∶5万区域地质调查头道营子幅的鞍山群热水组，1∶20万区域地质调查建平幅、朝阳幅、阜新幅的建平群大营子组及赤峰幅的前震旦系下部岩组。头道营子幅黑云斜长片麻岩中锆石U-Pb法年龄为2446Ma；三岩组（$Ar_3J_\cdot^3$）仅出露于西部王府乡及东部宝国吐乡，岩性组合为大理岩夹片麻岩及片岩。伙家沟表壳岩（$Ar_3hb$）由云英片岩、片麻岩、变粒岩、斜长角闪岩夹大理岩等多种中深变质岩组成。新太古代变质深成侵入体呈南北向集中分布于樟子店乡—四道沟乡，包括喇嘛洞混合花岗岩（$LmAr_3$）、吉旺营子黑云角闪片麻岩-斜长角闪岩（$JgnAr_3$）、方家窝铺花岗闪长质-花岗质片麻岩（$FgnAr_3$）、牛家营子眼球状花岗片麻岩（$NgnAr_3$）、朝阳沟条纹眼球状花岗片麻岩（$CgnAr_3$）、邱家沟条纹状花岗片麻岩（$QgnAr_3$）及水泉沟黑云角闪片麻岩-角闪石岩（$SgnAr_3$）。

古元古代明安山群和变质侵入体分布于四喀喇沁旗大牛群—明安山—敖汉旗哈蟆梁一带，呈北东向展布。明安山群一岩组（$Pt_1Ma_\cdot^1$）为千枚状片岩、石英千枚岩和变质砂砾岩组合，二岩组（$Pt_1Ma_\cdot^2$）为结晶灰岩、大理岩组合，三岩组（$Pt_1Ma_\cdot^3$）为石英千枚岩、石英岩、结晶灰岩夹大理岩组合。变质侵入体包括糜棱岩化花岗闪长岩（$\gamma\delta Pt_1$）及糜棱岩化黑云二长花岗岩（$\eta\gamma\beta Pt_1$），花岗闪长岩侵入明安山群，锆石U-Pb一致线年龄为1825Ma。

中元古界长城系及变质侵入体分布于打虎石村地区。长城系以“地堑”或断层关系产于建平群一岩组中，自下而上包括4个组。常州沟组（$Chc$）为含蓝线石石英岩夹绢云母片岩组合，串岭沟组（$Chcl$）为板岩、石英岩夹赤铁矿层组合，大红峪组（$Chd$）为板岩夹结晶灰岩组合，高于庄组（$Chg$）为变质砂岩夹板岩、大理岩组合。变质侵入体包括由角闪岩、辉石岩和蛇纹岩组成的变质超基性岩（$\Sigma Pt_2$）、变质辉长岩（$\nu Pt_2$），以及变质黑云二长花岗岩（$\eta\gamma\beta Pt_2$）。

## （三）塔里木变质域变质岩时空分布

塔里木变质域的内蒙古部分位于额济纳旗南部红柳大泉地区，与甘肃省相邻，属于敦煌变质区柳园变质地带。前中元古代变质地层有中—新太古界（$Ar_{2-3}gn$）及北山岩群（$Pt_1Bs.$），出露于五道明水。中—新太古界由变粒岩、片麻岩、斜长角闪岩、大理岩夹石英岩组成；北山岩群则为含磁铁矿云英片岩、变粒岩、石英岩组合。中—新太古代变深成侵入体为英云闪长质片麻岩($Ar_{2-3}gn^{T}$),侵入于中—新太古界。

中—新元古代变质地层有中元古界古硐井群($Pt_2G$)、中—新元古界圆藻山群($Pt_{2-3}Y$)。古硐井群由砂岩、变质砂岩、板岩、千枚岩夹灰岩组成;圆藻山群由灰岩、白云岩、大理岩、粉细砂岩、板岩夹碧玉岩组成。古硐井群分布在包尔乌拉山—湖西新村十号,北西向展布,构成复背斜轴部,圆藻山群分布在古硐井群北东侧和南西侧,构成复背斜两翼,南西侧向西北延伸远至白石山和白沟泉,复背斜向东南倾伏,倾伏端在东南方狼心山。

古生代变质地层有石炭系红柳园组($C_1hl$)、绿条山组($C_{1-2}l$)、芨芨台子组($C_2j$),二叠系金塔组($P_2j$)。红柳园组岩性为灰岩、砂岩夹砾岩、页岩及板岩,出露于红柳大泉—梧桐沟一带;绿条山组岩性为砂岩、板岩、结晶灰岩夹流纹岩,出露于白石山西边和南边;芨芨台子组岩性为厚层灰岩夹角砾状灰岩,仅见于南部太白山;金塔组由片理化流纹质火山岩、蚀变玄武岩、安山岩、杂砂岩夹粉砂岩组成,分布于南部梧桐沟、五道明、卧虎山3个地段。

#### (四)秦祁昆变质域变质岩时空分布

本变质域位于内蒙古自治区阿拉善左旗南部双黑山—通湖山—背锅子梁地区,与甘肃、宁夏接壤,属于北祁连变质区走廊变质地带,分布有古生代变质地层寒武系香山组($\in_3x$)、奥陶系米钵山组($O_{1-2}mb$)和石炭系臭牛沟组($C_1\hat{c}$)。香山组由变质砂岩、板岩、千枚岩、灰岩夹硅质岩、白云岩组成,赋存元山子镍矿;米钵山组由砂岩、变质砂岩、板岩夹灰岩组成;臭牛沟组岩性为结晶灰岩、砂岩夹板岩、页岩及煤层。

## 第三节　变质岩岩石构造组合划分及其特征

### 一、基本概念、划分原则及表示方法

岩石构造组合是岩石建造概念的最高级层次。岩石建造及其划分是本次成矿地质背景研究工作的基本内容,建造构造图是系列编图工作的核心内容,也是编制大地构造相专题底图和成矿预测区专题底图的"实际材料图"。本次使用的岩石建造含义具有由低级到高级3个层次概念并划分为岩性或岩石组合、岩石建造和岩石构造组合3类。岩性或岩石组合,指一种或几种岩石的自然组合,一般在地质填图中具有可识别性和可填图性,对其划分取决于填图精度,并对应于成岩或控岩构造;岩石建造是表征形成环境的岩石组合,是成矿地质背景研究中建造构造图及其地质构造专题底图的基本编图单元,对应于区域构造;岩石构造组合是表征大地构造环境的岩石建造组合,是大地构造相图的基本编图单元,对应于大地构造。

变质岩区的岩石建造即变质岩岩石建造的研究与编图也是本次工作的主要内容。变质岩石建造除了广义的岩石建造含义及分类外,还具有自身分级与分类特点。根据成矿地质背景研究技术要求,按照变质作用类型、岩石大类和变质岩石组合由高到低依次划分3个级别的变质岩建造。一级变质岩建造按变质作用类型划分为区域变质岩建造、接触热变质岩建造、构造变质岩建造、混合变质岩建造及其他变质岩建造5种类型;二级变质岩建造是上述5种类型按岩石大类进一步划分的,区域变质岩建造进一步划分为轻微变质岩类、板岩类、千枚岩类、片岩类、副片麻岩类、正片麻岩类、长英质粒岩类、斜长角闪岩类、麻粒岩类、大理岩类、榴辉岩类等变质岩建造;三级变质岩建造是指在同一期变质作用下形成的,

具有相对一致的地质体结构类型的一种或几种岩石组合，它可以是一种单一的岩性组合，也可以是两种或多种岩石的组合，还可以是以一种或两种岩性为主夹有其他岩性的薄层或透镜体构成的岩石组合。三级变质岩建造是建造构造图上表示的基本编图单元，是本次成矿地质背景研究和成矿预测工作需要确立的最重要的基本地质单元，是与成矿预测类型密切相关的赋存矿床的载体，也是研究与划分变质岩石构造组合、大地构造相和大地构造分区的物质基础。各种变质岩建造的分级和分类见表5-4。

变质岩建造的划分原则，一是要正确区分变质表壳岩和变质侵入体，在建造构造图上和变质建造综合柱状图上一起表示；二是变质岩建造一般是(岩)组级单位的进一步细分，不同的岩类、不同变质程度的岩石(组合)原则上应予分开；三是按变质作用类型、岩石大类和岩石组合依次划分3个级别的变质岩建造，建造构造图及变质岩建造综合柱状图上表示的应是第三级别的变质岩建造；四是变质岩建造划分尺度应适当，一般以原岩建造为基础结合变质作用类型进行划分，原岩建造不同而变质作用类型相同时，应划分为不同的变质岩建造。

表5-4 变质岩建造的分级和分类

<table>
<tr><th>一级变质岩建造</th><th>二级变质岩建造</th><th>三级变质岩建造</th></tr>
<tr><td rowspan="11">由区域变质作用形成的区域变质岩大类</td><td>轻微变质岩类</td><td rowspan="19">同一期变质作用下形成的相对一致的地质体结构类型的一种岩石或几种岩石组合。可以是一种单一的岩性，可以是两种或多种岩石组合，也可以是以一种或两种岩性为主，夹有其他岩性的薄层或透镜体的岩石组合</td></tr>
<tr><td>板岩类</td></tr>
<tr><td>千枚岩类</td></tr>
<tr><td>片岩类</td></tr>
<tr><td>副片麻岩类</td></tr>
<tr><td>正片麻岩类</td></tr>
<tr><td>长英质粒岩类</td></tr>
<tr><td>斜长角闪岩类</td></tr>
<tr><td>麻粒岩类</td></tr>
<tr><td>榴辉岩类</td></tr>
<tr><td>大理岩类</td></tr>
<tr><td rowspan="4">由接触变质作用形成的接触热变质岩大类</td><td>角岩类</td></tr>
<tr><td>矽卡岩类</td></tr>
<tr><td>变沉积岩类</td></tr>
<tr><td>变火山岩类</td></tr>
<tr><td rowspan="2">由动力变质作用形成的构造岩大类</td><td>碎裂岩类</td></tr>
<tr><td>糜棱岩类</td></tr>
<tr><td>由混合岩化作用形成的混合岩大类</td><td>混合岩类</td></tr>
<tr><td>由其他变质作用形成的其他变质岩大类</td><td>其他变质岩类</td></tr>
</table>

变质岩建造的命名，一级和二级变质岩建造按上述划分方案确定出所属大类和类即可，不用再单独命名。三级变质岩建造命名采用以下原则。

(1)由一种岩性组成的变质岩建造，直接用“岩石名称＋建造”命名。

(2)由两种岩性互层组成的变质岩建造，用“岩石名称 1 -岩石名称 2＋建造”命名；由一种岩性为主夹另一种岩性组成的变质岩建造，用“岩石名称 1 夹岩石名称 2＋建造”命名。

(3)由 3 种及 3 种以上岩性组成的变质岩建造分 3 种情况：①由 3 种及 3 种以上岩性互层组成的变质岩建造，取前 3 种主要岩石名称，用“岩石名称 1 -岩石名称 2 -岩石名称 3＋建造”命名；②由两种岩性为主夹另一种岩性组成的变质岩建造，用“岩石名称 1 -岩石名称 2 夹岩石名称 3＋建造”命名；③由一种岩性为主夹另外两种岩性组成的变质岩建造，用“岩石名称 1 夹岩石名称 2 -岩石名称 3＋建造”命名，变质岩建造的命名最多取前 3 种主要岩石名称。

(4)变质深成侵入岩建造按岩性划分并命名，各类片麻岩代号按国标规定表示；低级变质侵入岩建造划分与命名按照侵入岩的规定，用“变质-侵入体岩石名称”命名。侵入岩建造是指独立侵入体，具有独立的岩性结构特征，可以根据接触关系圈定划分的单个侵入体。

变质岩岩石构造组合是指同一时代、同一变质相和特定大地构造环境中形成的一套变质岩建造组合，可以包括多个同类变质岩建造。变质岩岩石构造组合的划分是对变质岩建造的归纳与综合，是将相同形成时代、相同变质时代、相同构造环境中形成的一组变质岩建造归纳上升为变质岩岩石构造组合，并进一步研究每一个变质岩岩石构造组合类型的原岩建造组合、变质相(系)及所属的大地构造相。变质岩石构造组合是最低级别的大地构造相单元，反映了大地构造“亚相”的地质背景，是编制 1∶50 万大地构造相变质岩区专题底图最基本的编图单位。变质岩石构造组合大地构造环境的确定除前新太古代组合及蓝闪片岩、榴辉岩、高压麻粒岩等少数特殊类型外，其他均应借鉴沉积岩、火山岩和侵入岩岩石构造组合大地构造相的鉴别标志。变质区大地构造相的主要鉴别标志见表 5-5。

**表 5-5　变质岩区大地构造相主要鉴别标志**

<table>
<tr><th>相系</th><th>大相</th><th>相</th><th>亚相</th><th>主要特征</th></tr>
<tr><td rowspan="5">造山系相系</td><td rowspan="3">结合带大相</td><td>2)陆壳残片相</td><td>(5)基底残块亚相</td><td>结合带中存在的古老的和变质、变形的基底岩系。岩石组合复杂，变质程度差异较大，多遭受多期变质作用改造。构造变形十分复杂，受多期构造变形叠加和置换</td></tr>
<tr><td rowspan="2">5)高压—超高压变质相</td><td>(9)高压变质亚相</td><td>岩石圈板块俯冲造山过程中形成的以蓝片岩相、高压麻粒岩和高压榴辉岩变质岩石组合为代表的高压变质岩带</td></tr>
<tr><td>(10)超高压变质亚相</td><td>以出现超高压变质矿物如柯石英、金刚石等榴辉岩为代表的超高压变质带</td></tr>
<tr><td>弧盆系大相</td><td colspan="3">低级变质岩区相与亚相划分需充分参考沉积岩、火山岩和侵入岩的鉴别标志，高级变质岩区划归相应的高压—超高压或其他构造相</td></tr>
<tr><td>地块大相</td><td colspan="3">相与亚相划分参照陆块划分</td></tr>
</table>

续表 5-5

| 相系 | 大相 | 相 | 亚相 | 主要特征 |
|---|---|---|---|---|
| 陆块区相系 | 陆块大相 | 12)变质基底杂岩相 | (24)古太古代陆核亚相 | 变质基底中时代大于32亿年的一套岩石构造组合，是地球上保留下来的最古老的一部分大陆地壳 |
| | | | (25)中太古代陆核亚相 | 变质基底中时代介于32亿～28亿年的一套岩石构造组合，是地球上保留下来的较古老的一部分大陆地壳 |
| | | | (26)太古宙(未分)陆核亚相 | 变质基底中时代大于25亿年的一套岩石构造组合，是地球上保留下来的古老的一部分大陆地壳 |
| | | 13)古弧盆系相 | (27)古岩浆弧亚相 | 主要以TTG岩石组合为代表的古岩浆弧带，可参考显生宙岩浆弧鉴别标志 |
| | | | (28)古岛弧亚相 | 与古洋盆俯冲形成的有关表壳岩组合，以绿片岩-角闪岩相为主的火山沉积岩系 |
| | | | (29)古弧后盆地亚相 | 岛弧向大陆方向一侧形成的盆地，显示与伸展有关的火山沉积序列，变质相以绿片岩-低角闪岩相为主 |
| | | | (30)古弧间盆地亚相 | 岛弧与岛弧之间的盆地，以低级变质和强变形为特色。扬子陆块区东南缘可能存在此类亚相 |
| | | 14)古裂谷相 | | 古老变质之上形成的裂谷盆地，已变质、变形，鉴别标志可参照显生宙裂谷。但由于形成时代老，后期改造强烈，相标志不如显生宙裂谷明显 |

注：表中编号同技术要求表8-6。

变质岩岩石构造组合的命名格式，一般由最多3种变质岩建造主要岩石类型组成，即“变质岩建造主要岩石类型1-变质岩建造主要岩石类型2-变质岩建造主要岩石类型3”，并按3种岩石类型之间的互层或夹层关系正确表示；对于变质深成侵入体也采用上述命名方法，但应注意其形成的构造环境、原岩特点和成因联系；浅变质的沉积岩、火山岩及侵入岩应参考相应岩类岩石构造组合的命名方法进行合理命名。

变质岩岩石构造组合类型的表示方法，在大地构造相变质岩区专题工作底图主图上，用花纹表示，用代号表示填图单位时代和名称，同时叠加变质相(系)的颜色，花纹和颜色均从《全国矿产资源潜力评价》项目提供的系统库中选择表示；在变质地质事件演化综合柱状图上，除表示变质岩岩石构造组合类型外，还用文字表示出变质岩岩石构造组合名称及其包含的变质岩建造类型与含矿性等特征。

## 二、变质岩岩石构造组合划分及其特征

在编制1∶25万建造构造图的基础上，对分布在各个时代、各个变质地质单元的变质岩建造进行了全面分析与综合研究，将相同形成时代、相同变质时代、相同构造环境下形成的一组变质岩建造，归并上升为一个变质岩岩石构造组合。全区共划分出190个变质岩岩石构造组合。这些岩石构造组合包括变质表壳岩组合、变质侵入岩组合及变质深成侵入岩组合三大类。其中变质表壳岩组合比较复杂，可以进一步分为两类，一类组合完全由变质岩类组成，分布于元古宙—太古宙，主体分布在陆块区；另一类变质表壳岩组合是由浅变质岩类同沉积岩、火山岩及火山-沉积岩等未变质岩类组成的复合类型，主要分布在古生代的造山系。以下按变质时代、变质地质单元及变质岩岩石单位对变质岩石构造组合加以系统

论述，内容包括变质岩岩石构造组合类型与时空分布，包括变质岩建造与原岩建造、变质作用类型与变质相系及其大地构造相归属。

## （一）前寒武纪变质岩岩石构造组合划分及其特征

前寒武纪变质岩在内蒙古全区占有重要地位，不仅广泛分布于陆块区，也多见于造山系，大多数变质地质单元都有出露，而且以中高级变质岩系的特色为世人所关注。

### 1. 古太古代变质岩岩石构造组合划分及其特征

古太古代兴和岩群变质岩岩群（$Ar_1X.$）是内蒙古自治区最古老的变质岩系，相当于内蒙古区域地质志（内蒙古地质矿产局，1991）的始太古界下集宁群。分布于固阳-兴和变质地带，大面积出露于兴和县南部，小面积出露于包头市东部、呼和浩特市西北部等地，岩石类型有麻粒岩、片麻岩、斜长角闪岩夹磁铁石英岩。矿物共生组合研究表明属于区域中高温变质作用类型中压麻粒岩相系。包头幅1∶25万区域地质调查（吉林大学地质调查院，2004）曾将其划分为中色麻粒岩组和浅色麻粒岩组。浑源窑幅和店子村幅1∶5万区域地质调查（石家庄经济学院，2001）曾将其划分为葛胡窑组和马厂组，并从中色角闪二辉斜长麻粒岩中首次获得单矿物透辉石Sm-Nd等时线年龄为（3740±39）Ma。本次编图根据变质岩岩石类型组合、变质岩建造及大构造环境特征将兴和岩群划分为两个变质岩岩石构造组合，一起归属于变质基底杂岩相古太古代表壳岩陆核亚相。

（1）兴和岩群变质基底杂岩相古太古代表壳岩陆核亚相基性麻粒岩夹磁铁石英岩组合（$Ar_1X^1.$）。其中包括角闪二辉麻粒岩-黑云紫苏斜长麻粒岩变质建造，角闪二辉斜长麻粒岩-紫苏黑云斜长麻粒岩夹紫苏二长麻粒岩、二辉磁铁石英岩、斜长角闪岩变质岩建造，紫苏斜长麻粒岩-黑云角闪斜长片麻岩夹含铁石英岩变质岩建造。其原岩为中基性火山岩夹中酸性火山岩、硅铁质岩组合。赋存葛胡窑沉积变质型铁矿。

（2）兴和岩群变质基底杂岩相古太古代表壳岩陆核亚相酸性麻粒岩夹磁铁石英岩组合（$Ar_1X^2.$）。其中包括辉石二长片麻岩夹角闪紫苏麻粒岩、紫苏花岗质麻粒岩夹二辉麻粒岩及磁铁石英岩、紫苏长英质麻粒岩-紫苏斜长麻粒岩夹含铁石英岩3个变质岩建造，其原岩为中酸性火山岩夹中基性火山岩、碎屑岩及硅铁质岩，赋存壕赖沟中型铁矿及马厂小型铁矿。

### 2. 中太古代变质岩岩石构造组合划分及其特征

中太古代变质岩系非常发育，以高级变质岩为主体，广泛分布于华北变质域。包括乌拉山岩群、迭布斯格岩群、雅布赖山岩群、千里山岩群、集宁岩群等变质表壳岩，以及同期变质侵入体。

1）中太古代变质表壳岩岩石构造组合划分及其特征

（1）乌拉山岩群变质岩岩石构造组合划分及其特征。乌拉山岩群主要分布于狼山-阴山变质区的固阳-兴和变质地带，其余两个变质地带也有少量分布，主要出露于狼山、乌拉山、大青山及乌拉特中旗地区，包括两个岩组，下部哈达门沟岩组（$Ar_2h.$）主要为各类片麻岩夹斜长角闪岩、磁铁石英岩及麻粒岩，空间分布较广；上部桃儿湾岩组（$Ar_2t.$）主要为大理岩及石英岩、变粒岩，空间分布相对较少，多见于桃儿湾、大青山、旗下营、察右中旗、集宁等地。已有的研究表明，乌拉山岩群变质作用特征属于区域中高温变质作用类型中低压高角闪岩相-麻粒岩相系。已有的同位素年龄多数集中于26亿～24亿年之间，少数较大年龄有侵入乌拉山岩群的叶百沟斜长角闪岩全岩Sm-Nd等时线年龄为（2822±2）Ma（吉林大学，2001），孔兹岩系中Sm-Nd等时线年龄为（2910～3240）Ma（万渝生，2000）。乌拉山岩群共划分出7个变质岩岩石构造组合。①乌拉山岩群哈达门沟岩组为变质基底杂岩相中太古代变质表壳岩陆核亚相黑云角闪长石片麻岩-斜长角闪岩夹磁铁石英岩组合（$Ar_2h^h.$），包括黑云角闪长石片麻岩-含辉斜长角闪岩夹辉石磁铁石英岩、磁铁斜长角闪岩变质建造；黑云角闪斜长片麻岩-变粒岩夹磁铁石英岩、斜长角闪岩变质建造;黑云角闪斜长片麻岩-黑云二长片麻岩-混合岩夹含辉片麻岩、磁铁石英岩、大理岩变质建造;角闪斜长片麻岩-变粒岩夹磁铁石英岩变质建造。原岩建造为钙碱性中基性火山岩夹中酸性火山岩、碎屑岩、碳酸盐岩及硅铁质岩组合,其中赋存贾格尔庙等数十处沉积变质型铁矿点。②乌拉山岩群哈达门沟岩组为变质基底杂岩相中太古代变质表壳岩陆核亚相黑云角闪斜长片麻岩-透辉变粒岩夹磁铁石英岩组合($Ar_2h.^{h}$),主要分布于狼山-白云鄂博变质地带西部狼山地区,包括透辉变粒岩-硅线二云石英片岩夹磁铁石英岩、大理岩变质建造;角闪斜长片麻岩-微斜透辉变粒岩夹含铁石英岩、白云石英片岩变质建造;黑云角闪斜长片麻岩-混合岩夹磁铁石英岩变质建造;角闪斜长片麻岩-长英粒状岩夹磁铁石英岩变质建造。原岩建造为中基性火山岩-碎屑岩夹硅铁质岩、钙硅酸盐岩、碳酸盐岩组合。特点是碎屑岩、钙硅酸盐岩成分较高,以及变质相系为中压高角闪岩相。③乌拉山岩群哈达门沟岩组为变质基底杂岩相中太古代变质表壳岩陆核亚相黑云角闪长英片麻岩-黑云长石片麻岩组合($Ar_2h.^{f}$),仅分布于固阳-兴和变质地带,由黑云角闪长英片麻岩-黑云长石片麻岩夹黑云角闪斜长片麻岩、角闪二长片麻岩、斜长角闪岩变质建造构成,原岩建造为中酸性火山碎屑沉积岩夹中基性火山岩组合。④乌拉山岩群哈达门沟岩组为变质基底杂岩相中太古代变质表壳岩陆核亚相石墨榴云片麻岩组合($Ar_2h.^{s}$),仅分布于固阳-兴和变质地带包头北部地区,由含石墨夕线堇青榴云片麻岩夹石英岩、斜长角闪岩变质建造组成,原岩建造为含碳富铝砂泥质岩组合,赋存庙沟石墨矿。⑤乌拉山岩群哈达门沟岩组为变质基底杂岩相中太古代变质表壳岩陆核亚相透辉片麻岩-透辉石岩组合($Ar_2h.^{d}$),仅分布于固阳-兴和变质地带大青山西部地区,由透辉长石片麻岩-透辉长石岩-长石透辉石岩夹透辉大理岩变质建造组成,原岩建造为钙泥质岩-钙质碎屑岩夹泥灰岩组合。⑥乌拉山岩群桃儿湾岩组为变质基底杂岩相中太古代变质表壳岩陆核亚相厚层大理岩组合($Ar_2t.^{m}$),分布于固阳-兴和变质地带的桃儿湾、大青山、旗下营、察右中旗、集宁等地,由橄榄(透辉、方柱、石墨)大理岩夹榴云片麻岩、石英岩变质建造组成,原岩建造为碳酸盐岩夹砂泥质岩组合。⑦乌拉山岩群桃儿湾岩组为变质基底杂岩相中太古代变质表壳岩陆核亚相石英岩-变粒岩组合,仅出露于固阳-兴和变质地带的旗下营及其以北地区,由含夕线石英岩-变粒岩-浅粒岩夹石英片岩、斜长片岩、大理岩变质建造组成,原岩建造为长石石英砂岩-黏土质杂砂岩夹碳酸盐岩组合。

(2)迭布斯格岩群变质岩岩石构造组合划分及其特征。迭布斯格岩群($Ar_2D.$)分布于狼山-白云鄂博变质地带西部阿拉善左旗迭布斯格地区,由黑云角闪片麻岩、透辉片麻岩、透辉大理岩夹紫苏麻粒岩及磁铁石英岩组成,属于区域中高温变质作用类型中压高角闪岩相-麻粒岩相系,其中赋存中型铁矿 2 处、小型铁矿及矿点 10 处。与乌拉山岩群基本可以对比,其特点是变质钙硅酸盐岩成分普遍较高和成矿性较好。为反映地方特色,保留了地方名称,并从原阿拉善群中分解出来升组为群,称迭布斯格岩群,时代置于中太古代。其中曾获得全岩 Rb-Sr 等时线年龄为 3 108.3Ma(1997)和 3218Ma(杨振德,潘行适等,1988)。需要指出的是,该地区变质岩系及其同位素年代原研究有了新的进展,初步的锆石 SHRIMPU-Pb 法年龄数据为 2750~2690Ma、2690~2400Ma、2000~1900Ma 表明迭布斯格岩群形成于 27 亿年左右,属于新太古代,并在新太古代和古元古代末期发生了强烈变质作用(耿元生等,2006,2007)。对比后,应予高度关注,并在今后全区前寒武纪变质地质工作中综合考虑,合理应用。迭布斯格岩群包括变质基底杂岩相变质表壳岩陆核亚相的 4 个岩石构造组合。①黑云角闪斜长片麻岩-黑云角闪混合岩夹磁铁石英岩岩石构造组合($Ar_2D.^{1}$)。赋存铁矿点多处及刚玉矿点 1 处。原岩建造为中基性火山岩夹钙硅酸盐岩、碳酸盐岩及硅铁质岩组合。②透辉角闪斜长片麻岩-透辉大理岩夹磁铁紫苏斜长片麻岩、透辉磁铁石英岩岩石构造组合($Ar_2D.^{2}$)。赋存迭布斯格、哈拉陶勒盖中型铁矿。原岩建造为中基性火山岩-钙硅酸盐岩夹碎屑岩、硅铁质岩组合。③石墨榴云角闪斜长片麻岩-紫苏透辉斜长片麻岩-透辉大理岩夹紫苏麻粒岩岩石构造组合($Ar_2D.^{3}$)。赋存石墨矿。原岩建造为中基性火山沉积岩-钙硅酸盐岩组合。④黑云角闪斜长片麻岩夹磁铁石英岩岩石构造组合($Ar_2D.^{4}$)。赋存铁矿点多处。原岩建造为中基性火山岩夹泥质碳酸盐岩、硅铁质岩组合。

(3)雅布赖山岩群变质岩岩石构造组合划分及其特征。雅布赖山岩群是根据 1∶20 万、1∶5 万区域地质调查及有关科研专题资料重新厘定的,分布于狼山-白云鄂博变质地带西部的阿拉格林台乌拉及阿德日振别立地区和迭布斯格-阿拉善右旗变质地带的迭布斯格山、雅布赖山、巴彦乌拉山、阿拉善右旗等地，由片麻岩、变粒岩、混合岩组成，属于区域中高温变质作用类型中压高角闪岩相系，相当于1∶20万区域地质调查资料阿拉善群德尔和通特组中—下部和部分地带的哈乌拉组，大体相当于《内蒙古区域地质志》(内蒙古地矿局，1991)的下阿拉善群下部的下部，相当于《内蒙古区域变质作用及其有关矿产的研究》的中阿拉善群，并且与阴山地区乌拉山岩群对比，时代置于中太古代。

雅布赖山岩群($Ar_2Y.$)，在狼山-白云鄂博变质地带西部的变质岩岩石构造组合确定为变质基底杂岩相中太古代表壳岩陆核亚相黑云角闪片麻岩-变粒岩-均质混合岩夹斜长角闪岩组合，包括黑云斜长片麻岩-二云二长片麻岩-钾长变粒岩变质建造($Ar_2Y^3.$)、混合质黑云角闪片麻岩-条痕状混合岩夹石墨变粒岩变质建造($Ar_2Y^2.$)，角闪黑云均质混合岩变质建造($Ar_2Y^1.$)，其原岩建造分别为碎屑岩-中酸性火山岩夹碳酸盐岩组合，中基性火山岩夹碎屑岩、中酸性火山岩组合，火山岩夹碎屑岩组合。雅布赖山岩群在迭布斯格-阿拉善右旗变质地带的变质岩岩石构造组合确定为变质基底杂岩相中太古代变质表壳岩陆核亚相混合岩-黑云角闪片麻岩-大理岩组合，包括混合质黑云角闪片麻岩-混合质浅粒岩-混合岩变质建造($Ar_2Y^1.$)，黑云角闪片麻岩-黑云角闪变粒岩夹斜长角闪岩变质建造($Ar_2Y^2.$)，中厚层白云石大理岩夹石英岩变质建造($Ar_2Y^3.$)，其原岩建造分别为中酸性—中基性火山岩夹碎屑岩、碳酸盐岩组合，中基性—中酸性火山岩夹钙硅酸盐岩组合，富镁碳酸盐岩夹碎屑岩组合。

需要指出的是，近年来在雅布赖山岩群中或相似的变质地体中获得了一些同位素年龄数据，在今后工作中应进一步综合研究，合理确定其形成时代和变质时代。这些年龄数据有：①采于巴彦乌拉山中段条带状黑云角闪片麻岩中岩浆型锆石SHRIMP法年龄为(2271±8)Ma，(2264±3)Ma，认为代表原岩形成于古元古代(耿元生等，2006)；②采于巴彦乌拉山南段变形强烈的白云母长英片岩锆石SHRIMP年龄数据有4组：一组为(2501±4.4)Ma、(2511±12)Ma，二组加权平均年龄为(1174±49)Ma，三组为(446±10)Ma，四组为(281±10)Ma，分别代表原岩形成时代，古元古代末期、早古生代及晚古生代变质事件(耿元生，2006)；③采于巴彦乌拉山南段黑云斜长片麻岩(花岗闪长质片麻岩)锆石TIMS法U-Pb不一致线上交点年龄为(2082±22)Ma，认为原岩形成于古元古代(李俊杰等，2004)；④采于巴彦乌拉山中段北部的片麻状花岗岩锆石U-Pb SHRIMP法岩浆锆石核部加权平均年龄为(2323±20)Ma，幔部加权平均年龄为(1923±28)Ma，锆石变质增生边加权平均年龄为(1856±12)Ma，认为2323±Ma代表花岗岩形成年龄，后二者代表变质年龄，并认为上述李俊杰等获得的(2082±22)Ma可能为岩浆锆石和变质锆石的混合年龄(董春艳等，2007)。

(4)千里山岩群变质岩岩石构造组合划分及其特征。千里山岩群分布于贺兰山北段及千里山地区，包括1∶20万区域地质调查中的宗别立群和千里山群，自下而上划分为察干郭勒岩组、千里沟岩组及哈布其盖岩组。由角闪质片麻岩、夕线榴石片麻岩、石墨片麻岩、石墨大理岩及混合岩组成，属于区域中高温变质作用类型中低压高角闪岩相-麻粒岩相系，大体上与乌拉山岩群可以对比，时代置于中太古代。其变质岩岩石构造组合划分如下。①千里山岩群察干郭勒岩组为变质基底杂岩相中太古代表壳岩陆核亚相黑云角闪片麻岩-石英岩-透辉大理岩夹斜长角闪岩、角闪紫苏辉石岩、磁铁石英岩组合($Ar_2c^h.$)，原岩建造为中基性火山岩-碎屑岩-碳酸盐岩夹硅铁质岩组合，赋存千里山中型铁矿。②千里山岩群千里沟岩组为变质基底杂岩相中太古代变质表壳岩陆核亚相含石墨片麻岩-含石墨大理岩夹含石墨变粒岩组合($Ar_2q^g.$)，原岩建造为含碳泥砂质岩-碳酸盐岩组合。③千里山岩群哈布其盖岩组为变质基底杂岩相中太古代变质表壳岩陆核亚相均质混合岩夹夕线榴石片麻岩、变粒岩组合($Ar_2h^m.$)，原岩建造为富铝黏土岩夹砂岩组合。④千里山岩群哈布其盖岩组为变质基底杂岩相中太古代变质表壳岩陆核亚相孔兹岩系组合($Ar_2h^s.$)，由混合岩化夕线榴石石墨片麻岩-夕线榴石变粒岩夹夕线堇青黑云斜长片麻岩、石英岩变质建造构成，原岩建造为含碳富铝黏土岩夹砂岩组合。

千里山岩群过去曾作过夕线榴石片麻岩Rb-Sr年龄为(2056±81.8)Ma(宁夏区域地质调查队，1982，石嘴山幅1∶20万区域地质调查报告)、(1 833.85±0.186)Ma(闫月华，1981)，近年来又在贺兰山北段对石榴云母二长片麻岩作了锆石 U-Pb SHRIMP 法年龄，9 个碎屑锆石分析点加权平均值为(1978±17)Ma(董春艳，2007)，认为孔兹岩系形成于古元古代，变质作用发生在古元古代晚期，并且在鄂尔多斯和阴山陆块之间存在一条长达 1200km 以上的古元古代孔兹岩带。看来需要对千里山岩群乃至阴山地区的乌拉山岩群、集宁岩群中的孔兹岩系作进一步深入研究和综合分析。

(5)集宁岩群变质岩岩石构造组合划分及其特征。集宁岩群主要分布于固阳-兴和变质地带的呼和浩特市、卓资县、凉城县、和林格尔县、集宁市及兴和县，并从和林格尔县向南延入吕梁变质地带，在色尔腾山-太仆寺旗变质地带的太仆寺旗、闪电河西岸也有出露，总体呈东西向转北东向展布，分布面积达 $3\times10^4$ $km^2$。岩性为由石墨夕线榴石片麻岩、大理岩、石英岩等组成的孔兹岩系，属于区域中高温变质作用中低压高角闪岩相-麻粒岩相系。可确定为集宁岩群变质基底杂岩相中太古代变质表壳岩陆核亚相孔兹岩系岩石构造组合，其中包括石墨夕线榴石片麻岩-夕线董青石榴片麻岩夹变粒岩、大理岩、麻粒岩变质建造($Ar_2J^1_.$)，蛇纹石白云石大理岩夹片麻岩、变粒岩变质建造($Ar_2J^2_.$)，榴石变粒岩-透闪大理岩变质建造($Ar_2J^1_.$)，后者仅分布在太仆寺旗地区。原岩建造分别为含碳富铝黏土岩-黏土质杂砂岩-黏土质长石砂岩组合，富镁碳酸盐岩夹碎屑岩、黏土质岩组合，杂砂岩-碳质黏土岩夹富铝黏土岩、碳酸盐岩组合。集宁岩群中赋存兴和县店子村黄土窑大型石墨矿。

本次工作所划分的集宁岩群大体相当于内蒙古区域地质志的古太古界集宁群。其中的同位素年龄数据以 K-Ar 法居多，Rb-Sr 法较少，年龄值大致分布在 2070～1880Ma 和 2650～2400Ma 两个区间，被解释为两次后期变质热力事件。遵照内蒙古地质界的传统权威认识，本次编图工作仍将集宁岩群暂置于中太古代，不排除近年来一些区外科研院所根据新的同位素年代学研究方法取得新的年代资料，将集宁岩群置于古元古代的新认识。这些新资料有：①采于兴和县黄土窑石墨矿夕线榴石片麻岩锆石激光探针等离子质谱(LA-ICPMS)法碎屑锆石表面年龄为(2288±59)Ma，变质锆石位于谐和线上年龄为(1894±59)Ma，分别代表孔兹岩沉积年龄和变质年龄(吴昌华等，2006)；②采于包头哈达门沟石墨矿石榴长石石英岩、采于包白铁路桃儿湾车站南夕线榴石片麻岩、采于包头-固阳公路忽鸡沟东窑子湾含榴长石石英岩 3 个样品的锆石 U-Pb LA-ICPMS 法碎屑铁路石最大不谐和年龄分别为为(2275±53)Ma、(2215±110)Ma、(2251±43)Ma，谐和年龄在 2.2～2.0Ga 之间，近谐和的变质年龄加权平均值分别为(1801±42)Ma、(1814±36)Ma、(1821±36)Ma。上述结果解释为孔兹岩系是在古元古代 2.2～2.0Ga 之间形成的沉积岩，并在 1.81Ga 发生了高级变质(吴昌华等，2006)。

2)中太古代变质侵入岩岩石构造组合划分及其特征

(1)变质深成侵入岩石构造组合划分及其特征。该组合广泛分布于固阳-兴和变质地带，在迭布斯格—阿右旗变质地带、贺兰山变质地带、狼山-白云鄂博变质地带、色尔腾山-太仆寺旗变质地带也有出露，常与中太古代变质表壳岩共生，且有表壳岩大小不等的包体。变质作用特征显示为区域中高温变质作用类型中低压高角闪岩相-麻粒岩相系，原岩均为不同类型的侵入岩。已划分确定出以下一些变质岩岩石构造组合类型。①变质基底杂岩相中太古代变质深成侵入体陆核亚相紫苏斜长麻粒岩组合，由紫苏斜长麻粒岩-二辉麻粒岩-紫苏斜长片麻岩变质建造构成，原岩主要为苏长岩等基性岩类，出露于凉城县北部蛮汉山区。②变质基底杂岩相中太古代变质深成侵入体陆核亚相紫苏花岗质片麻岩组合。包括 4 个变质岩建造：紫苏长英质麻粒岩-角闪钾长片麻岩变质建造($Ar_2gnl^f$)，原岩为花岗岩，出露于旗下营南山；狼牙山片麻岩，紫苏英云闪长质-紫苏斜长花岗质-紫苏花岗闪长质片麻岩变质建造($Ar_2lgn$)，原岩为英云闪长岩-花岗闪长岩组合，分布于大青山北侧的狼牙山等地；毕气沟片麻岩，角闪紫苏花岗闪长质-角闪二辉花岗闪长质片麻岩变质建造($Ar_2Bgn$)，原岩为花岗闪长岩-花岗岩组合，出露于乌拉山北侧的毕气沟一带；山和原沟片麻岩，紫苏黑云花岗质-紫苏黑云花岗闪长质片麻岩变质建造($Ar_2Sgn$)，原岩为花岗岩-花岗闪长岩组合，出露于包头市东边的山和原沟、北边的大庙等地。③变质基底杂岩相中太古代陆核亚相混合花岗岩组合。包括 4 个变质岩建造：东灯炉素混合花岗岩，黑云角闪混合片麻岩-黑云钾长混合片麻岩-含紫苏角闪钾长混合片麻岩变质建造($Ar_2Dr^m$)，原岩为深熔花岗岩，出露于旗下营北部东灯炉素山区；紫苏混合花岗岩-角闪混合花岗岩-黑云石榴混合花岗岩变质建造($Ar_2r^m$)，其矿物成分随着共生的表壳岩变化而变化，原岩为深熔花岗岩，零星见于武川县东坡村东侧及呼和浩特市北部地带；巴彦德斜长混合花岗岩-钾长变斑混合花岗变质建造($Ar_2Br^m$)，其中兼有石英闪长岩、混合紫苏闪长岩、混合石英二长岩，原岩为石英二长岩-石英闪长岩-紫苏闪长岩组合，集中分布于迭布斯格-阿右旗变质地带迭布斯格山、哈乌拉山区及狼山-白云鄂博变质地带西部的阿德日根别立，与波罗斯坦庙片麻岩及雅布赖山岩群呈渐变过渡或侵入关系；混合花岗岩-混合钾长花岗岩-混合二长花岗岩变质建造($Ar_2r^m$)，与千里山岩群哈布其盖岩组榴云片麻岩、变粒岩、浅粒岩呈混合交代接触关系，并具有围岩残留体。原岩为碎屑岩-砂泥质岩组合，分布于贺兰山北部察克勒山地区。④变质基底杂岩相中太古代变质深成侵入体陆核亚相英云闪长质-花岗闪长质片麻岩组合。包括4个变质岩建造：透辉斜长片麻岩-辉石斜长片麻岩-含紫苏透辉纹长片麻岩变质建造($Ar_2gn$)，原岩为英云闪长岩-花岗岩组合(TTG)。分布于固阳-兴和变质地带东部兴和县南部的大王山西南侧；昆都仑片麻岩，闪长质片麻岩-石英闪长质片麻岩-花岗闪长质片麻岩变质建造($Ar_2Kgn^t$)，原岩为英云闪长岩-花岗闪长岩(TTG)组合，出露于包头市昆都仑区北、土默特右旗北、武川县西南及察右中旗西南等地；村空山片麻岩，石英闪长质-钾长花岗质片麻岩-二长(钾长)花岗质片麻变质建造($Ar_2Cgn^t$)，原岩为英云闪长岩-花岗闪长岩组合(TTG)，出露于固阳县东部的村空山及其东地段；波罗斯坦庙片麻岩，黑云斜长片麻岩-角闪斜长片麻岩-黑云二长片麻岩变质建造($Ar_2Bgn^t$)，具石榴片麻岩、斜长角闪岩、变粒岩等包体，原岩为英云闪长岩-花岗闪长岩组合(TTG)，出露于狼山-白云鄂博变质地带西部的波罗斯坦庙地区，呈北东向带状展布。该片麻岩是根据近年来的新资料(耿元生等，2006)从原阿拉善群中单独划出的，经过区域对比分析，时代置于中太古代，相当于1：20万区域地质调查中的阿拉善群下部的波罗斯坦庙组及其以北的哈乌拉组。⑤变质基底杂岩相中太古代变质深成侵入体陆核亚相花岗质片麻岩组合。包括2个变质岩建造：立甲子片麻岩，眼球状黑云钾长花岗质片麻岩-眼球状黑云角闪二长花岗质片麻岩变质建造($Ar_2Lgn^a$)，原岩为亚碱性钾质花岗岩-高钾花岗岩组合，出露于包头市西北、东北及东部山区；陶来沟片麻岩，黑云花岗质片麻岩-黑云钾长花岗质片麻岩变质建造($Ar_2Tgn^b$)，原岩为花岗岩，出露于固阳-兴和变质地带固阳县公益明南边陶来沟地区及狼山-白云鄂博变质地带东部营盘湾镇西侧。⑥变质基底杂岩相中太古代变质深成侵入体陆核亚相变质基性岩墙组合。由(二辉)斜长角闪岩-石榴角闪二辉麻粒岩-变质辉绿辉长岩变质建造构成，原岩为基性岩类，出露于包头市东北部，并侵入于山和原沟片麻岩中。

(2)变质侵入体岩石构造组合划分及其特征。该组合主要分布于固阳-兴和变质地带东部区，并向南延伸至吕梁变质地带，以变质石榴花岗岩为主，并呈大面积分布，另有变质辉长岩和碱性花岗岩零星出露。它们的产出多与集宁岩群紧密共生，其变质作用类型也属于区域中高温变质中低压高角闪岩相-麻粒岩相。主要的变质岩岩石构造组合划分如下。①变质基底杂岩相中太古代变质侵入体陆核亚相变质角闪辉长岩组合，原岩为角闪辉长岩，仅见于集宁市西侧和卓资县东南，面积均较小。②变质基底杂岩相中太古代变质侵入体陆核亚相变质石榴花岗岩组合。由变质石榴花岗岩变质建造($\gamma Ar_2$)和片麻状似斑状石榴二长花岗岩变质建造($\pi\eta\gamma Ar_2$)组成，与混合岩化作用有关的交代结构普遍发育，原岩为花岗岩和二长花岗岩。空间分布与集宁岩群相同，并与之多呈交代接触渐变过渡关系，主要出露在蛮汉山区及集宁市、丰镇市、兴和县等地。③变质基底杂岩相中太古代变质侵入体陆核亚相变碱性辉长岩组合。岩性单一，组合简单，全由碱性辉长岩构成，其矿物成分主要为斜长石和霓辉石，原岩为碱性辉长岩。小面积出露于和林格尔县南部浑河东南边。④变质基底杂岩相中太古代变质侵入体陆核亚相变质碱长花岗岩组合。变质碱长花岗岩具变余花岗结构、片麻状或块状构造，由钾长石、斜长石、石榴石组成，原岩为碱长花岗岩。空间上分布于卓资县南部和集宁市西部地区。

### 3. 中—新太古代变质岩岩石构造组合划分及其特征

中—新太古代变质岩分布于天山-兴蒙变质域额济纳旗-北山变质区以及塔里木变质域郭煌变质

区。经过对该地区全部1∶20万图幅的查阅分析和1∶25万建造构造图的编制，将1∶20万区域地质调查所划分的前震旦系，后来《内蒙古区域地质志》所称的北山群加以细化分解，把其中深变质的片麻岩系单独划分出来称为中—新太古界和变质深成侵入体，把其中中级变质的片岩岩系保留原名称，称为北山岩群。中—新太古界及变质深成侵入体缺少同位素年代资料，仅根据区域对比分析置于中—新太古代，北山岩群的时代保留《内蒙古区域地质志》早元古代的观点，现置于古元古代。下面对中—新太古代变质岩岩石构造组合分别加以论述。

(1)变质基底杂岩相高级变质杂岩残块亚相片麻岩组合($Ar_{2-3}gn$)。出露于圆包山变质地带的洪果尔山区。由于缺少野外原始资料，只能根据区域地质情况进行推测、分析。

(2)变质基底杂岩相高级变质杂岩残块亚相白云石大理岩夹片麻岩、变粒岩组合($Ar_{2-3}m$)。原岩为富镁碳酸盐岩夹火山岩，赋存大型白云岩矿床。分布于红石山变质地带的都热乌拉。

(3)变质基底杂岩相高级变质杂岩残块亚相变粒岩-石英岩-斜长角闪混合岩夹磁铁石英片岩组合($Ar_{2-3}gn^1$)，赋存“681”及旱山铁矿点，原岩为碎屑岩-中基性火山岩夹中酸性火山岩及硅铁质岩组合，分布于明水变质地带旱山地区。

(4)变质基底杂岩相高级变质杂岩残块亚相黑云角闪片麻岩-黑云斜长混合岩夹大理岩组合($Ar_{2-3}gn^2$)，由黑云斜长片麻岩-黑云斜长混合岩夹大理岩变质建造和黑云角闪片麻岩-黑云斜长混合岩夹大理岩变质建造组成，原岩建造分别为中酸性火山岩-碎屑岩夹碳酸盐岩组合、中基性火山岩夹碎屑岩及碳酸盐岩组合。分布于明水及公婆泉变质地带的旱山地区。

(5)变质基底杂岩相高级变质杂岩残块亚相二云长石片麻岩-黑云角闪片麻岩组合($Ar_{2-3}gn^1$)。其中包括二云二长片麻岩夹斜长片麻岩变质建造，二云钾长片麻岩-斜长角闪岩变质建造，黑云二长片麻岩-黑云角闪片麻岩变质建造，角闪黑云片麻岩夹二长片麻岩、斜长角闪岩变质建造。原岩建造为中酸性—中基性火山岩夹碎屑岩的不同组合。分布于哈特布其变质地带的索日图、野马泉等地。

(6)变质基底杂岩相高级变质杂岩残块亚相石榴二长浅粒岩-二长变粒岩夹石榴二云片麻岩组合($Ar_{2-3}gn^2$)。原岩为酸性火山岩夹碎屑岩组合。分布于哈特布其变质地带的呼和诺尔公山区。

(7)变质基底杂岩相中—新太古代变质表壳岩陆核亚相黑云斜长变粒岩-黑云角闪片麻岩-斜长角闪岩夹大理岩组合($Ar_{2-3}gn$)。原岩为中酸性—中基性火山岩夹碎屑岩、碳酸盐岩组合。分布于塔里木变质域敦煌变质区柳园变质地带的五道明水一地。

(8)变质基底杂岩相中—新太古代变质深成侵入体陆核亚相黑云斜长花岗质-角闪斜长花岗质-斜长花岗质片麻岩组合($Ar_{2-3}gn^T$)。原岩为英云闪长岩。分布于柳园变质地带五道明水，与组合(7)共生产出。

#### 4. 新太古代变质岩岩石构造组合划分及其特征

新太古代变质岩主要分布在华北变质域狼山-阴山变质区、阿拉善变质区、晋北冀北变质区及天山-兴蒙变质域额济纳旗-北山变质区。主要的变质岩岩石单位包括变质表壳岩、阿拉善岩群、色尔腾山岩群、二道洼岩群、建平岩群、伙家沟表壳岩以及规模不等的变质侵入体。

1)新太古代变质表壳岩岩石构造组合划分及其特征

(1)阿拉善岩群变质岩岩石构造组合划分及其特征。本次工作所称阿拉善岩群是将1∶20万区域地质调查阿拉善群上部铁库木乌拉组、布达尔干组及德尔和通特组上部的片岩系套改并沿用为新太古界阿拉善岩群，分布于迭布斯格-阿拉善右旗变质地带、龙道山变质地带及狼山-白云鄂博变质地带西部。不同变质地带岩石组合特征及含矿性略有差异。①狼山-白云鄂博变质地带西部的阿拉善岩群分布于阿拉腾敖包苏木及阿德日振别两地，变质作用特征属于区域动力热流变质作用类型中低压低绿片岩相-低角闪岩相系，共划分3个变质岩岩石构造组合。

古弧盆相弧后盆地亚相云母石英片岩-斜长角闪片岩-变粒岩组合($Ar_3A_1^1$)。包括两个变质岩建造：云母石英片岩-斜长角闪片岩-二长变粒岩夹石英岩变质建造；石英岩-透辉变粒岩-含红柱石云英片岩夹石墨大理岩变质建造。原岩为碎屑岩-中基性火山岩夹碳酸盐岩组合。

古弧盆相弧后盆地亚相十字石榴云英片岩-变粒岩-浅粒岩组合($Ar_3A_\cdot^2$),原岩为石英砂岩-砂质泥岩-中酸性火山岩组合。

古弧盆相弧后盆地亚相大理岩-云英片岩夹石英岩组合($Ar_3A_\cdot^3$)。包括云英片岩-含堇青石大理岩夹角闪片岩变质建造、透闪透辉大理岩-白云石大理岩夹石英岩变质建造。原岩为碎屑岩-灰岩-白云岩夹基性火山岩、碎屑岩组合。

②迭布斯格-阿右旗变质地带的阿拉善岩群分布于哈乌拉山、雅布赖山及阿右旗等地,变质作用特征属于区域动力热液变质作用类型中压高绿片岩相-低角闪岩相系,共划分4个变质岩岩石构造组合。

古弧盆相岛弧亚相云母石英片岩-石英斜长片岩-石英角闪片岩-混合质黑云变粒岩组合($Ar_3A_\cdot^1$)。包括黑云石英片岩-云英斜长片岩-云英角闪片岩夹斜长角闪岩、大理岩变质建造和混合质黑云变粒岩夹石英岩、透辉石片岩变质建造。原岩为中酸性—中基性火山岩夹碎屑岩、碳酸盐岩及钙硅酸盐岩。

古弧盆相弧后地亚相云母石英片岩-变粒岩-浅粒岩组合($Ar_3A_\cdot^2$)。包括云母石英片岩-黑云斜长变粒岩-浅粒岩夹角闪片岩变质建造,石英岩-浅粒岩夹石英片岩、含铁石英岩变质建造,以及石英岩-透辉变粒岩-云英片岩夹斜长角闪岩、大理岩变质建造。原岩为碎屑岩夹中基性火山岩、碳酸盐岩组合。

古弧盆相弧后盆地亚相蓝晶十字榴云片岩-石榴云英片岩夹大理岩、角闪片岩组合($Ar_3A_\cdot^3$),原岩为泥砂质岩夹碳酸盐岩、中基性火山岩组合。

古弧盆相弧后盆地亚相白云石大理岩组合($Ar_3A_\cdot^4$)。原岩为富镁碳酸盐岩。

③龙首山变质地带的阿拉善岩群分布于呼龙陶勒盖山地区,变质作用特征为区域动力热流变质中压高绿片岩相-低角闪岩相系,共划分3个变质岩岩石构造组合。

古弧盆相弧后盆地亚相云母石英片岩-斜长浅粒岩-石英岩组合($Ar_3A_\cdot^1$)。包括下部的斜长浅粒岩-石英岩变质建造和上部的二云石英片岩-绢云母石英片岩-黑云石英片岩夹石英岩变质建造。原岩为碎屑岩-中酸性火山岩组合。

古弧盆相弧后盆地亚相蓝晶十字榴云片岩-石榴云英片岩夹大理岩组合($Ar_3A_\cdot^2$)。包括2个变质岩建造:含蓝晶十字榴云片岩-石榴云英片岩夹大理岩、白云岩、角闪片岩变质建造,其中赋存桃花拉山大型稀有稀土矿床;含蓝晶十字石榴云英片岩-石英岩-大理岩夹石墨二云母片岩、角闪片岩变质建造。它们的原岩建造为黏土岩-碎屑岩夹富镁碳酸盐岩、泥灰岩及中基性火山岩组合。

古弧盆相弧后盆地亚相绿泥云母石英片岩-绿帘黑云片岩夹大理岩组合($Ar_3A_\cdot^3$),原岩为碎屑岩夹碳酸盐岩、中基性火山岩组合。

(2)色尔腾山岩群变质岩岩石构造组合划分及其特征。色尔腾山岩群主要分布在色尔腾山-太仆寺旗变质地带,在狼山-白云鄂博变质地带东部、固阳-兴和变质地带以及哈特布其变质地带也有少量出露。包括下部东五分子岩组、中部柳树沟岩组和上部点力素泰岩组,分别相当于1994年色尔腾山地区1∶5万区域地质调查的陈三沟组与东五分子组、柳树沟组与北召沟组及点力素泰组。时代置于新太古代。其中的同位素年龄有:黑云角闪斜长岩Sm-Nd等时线年龄为2526Ma(内蒙古地质调查院,1997),东五分子岩组锆石U-Pb法年龄为2493Ma、柳树沟岩组Sm-Nd法年龄为2870Ma(沈阳地质矿产研究所,1997),侵入于色尔腾山岩群的石哈河岩体锆石U-Pb法年龄2500Ma(内蒙古地质调查院,1997)。

①色尔腾山-太仆寺旗变质地带的色尔腾山岩群分布于色尔腾山—固阳县—三合明—四子王旗—察右中旗地区,变质作用特征为区域动力热流变质作用类型中低压低绿片岩相-低角闪岩相系,划分为3个变质岩岩石构造组合。

东五分子岩组古弧盆相岛弧亚相黑云角闪斜长片岩-斜长角闪片岩-阳起片岩夹磁铁石英岩组合($Ar_3d.$)。其中赋存三合明大型铁矿、东五分子、公益明中型铁矿。包括:黑云斜长片岩夹角闪磁铁石英岩、大理岩变质建造;黑云角闪斜长片岩-斜长角闪岩夹角闪磁铁石英岩、磁铁斜长片岩变质建造;阳起片岩-钠长片岩-角闪片岩夹斜长角闪岩、磁铁石英岩变质建造;斜长角闪岩-斜长片岩-阳起片岩夹变粒岩、大理岩变质建造。原岩建造为碱性玄武岩-玄武安山岩组合,双峰式火山岩夹硅铁质岩、碎屑岩、碳酸盐岩组合。

柳树沟岩组古弧盆相岛弧亚相云英片岩-斜长角闪片岩-绿片岩夹磁铁石英岩组合($Ar_3l.$)。其中赋存变质热液型十八顷壕中型金矿、新地沟小型金矿及许多沉积变质型铁矿点。包括的变质建造有:斜长角闪片岩-二云斜长片岩-黑云石英片岩变质建造;二云石英片岩-绢云母石英片岩夹黑云石英片岩、石榴云英片岩变质建造;黑云斜长片岩-角闪斜长片岩夹变粒岩、石英岩变质建造;二云斜长片岩-云母片岩夹大理岩变质建造;云母石英片岩-黑云角闪斜长片岩-斜长角闪片岩-石墨变粒岩夹斜长角闪岩、浅粒岩变质建造;云母石英片岩-角闪片岩-阳起片岩夹大理岩、斜长角闪岩变质建造;绿片岩夹大理岩、磁铁石英岩变质建造。原岩建造为钙碱性-拉斑玄武岩系列的中基性、中酸性火山岩-砂泥质岩夹硅铁质岩、碳酸盐岩组合。

点力素泰岩组古弧盆相弧后盆地亚相大理岩夹磁铁石英岩组合($Ar_3dl.$)。包括大理岩夹透辉石岩、变粒岩变质建造及大理岩夹变粒岩、磁铁石英岩、十字云母片岩变质建造。原岩建造为碳酸盐岩夹砂泥质岩、硅铁质岩组合。

②狼山-白云鄂博变质地带东部的色尔腾山岩群包括东五分子岩组和柳树沟岩组,分布于渣尔泰山北侧及白云鄂博—达茂旗地区。变质作用特征为区域动力热流变质作用类型中压高绿片岩相-低角闪岩相系。变质岩岩石构造组合分别如下。

东五分子岩组古弧盆相岛弧亚相黑云角闪斜长片岩-斜长岩夹角闪磁铁石英岩组合($Ar_3d.$)。包括黑云角闪斜长片岩-斜长角闪岩-角闪磁铁石英岩珍大理岩变质建造,黑云斜长片岩-角闪斜长片岩夹变粒岩、石英岩变质建造。原岩建造为中基性—中酸性火山岩夹碎屑岩、硅铁质岩及碳酸盐岩组合。

柳树沟岩组古弧盆相岛弧亚相云母石英片岩-黑云角闪斜长片岩夹变粒岩组合($Ar_3L.$)。包括斜长角闪片岩-黑云石英片岩变质建造、二云石英片岩-绢云石英片岩变质建造、黑云斜长片岩-角闪斜长片岩变质建造、云母石英片岩-黑云角闪斜长片岩-斜长变粒岩变质建造。原岩建造为碎屑岩-中酸性—中基性火山岩的不同组合。

③固阳-兴和变质地带的色尔腾山岩群包括东五分子岩组和点力素泰岩组。出露于固阳县东部,面积较小。变质作用特征是区域动力热流变质作用类型中低压低绿岩相-低角闪岩相系。变质岩岩石构造组合分别如下。

东五分子岩组古弧盆相岛弧亚相黑云角闪斜长片岩-斜长角闪岩夹磁铁斜长片岩组合($Ar_3d.$)。由黑云角闪斜长片岩-黑云长英片岩夹斜长角闪岩、黑云磁铁斜长片岩变质建造和斜长角闪岩-黑云斜长片岩夹阳起片岩变质建造组成。原岩为碱性火山岩-玄武安山岩组合及双峰式火山岩夹硅质铁质岩组合。

点力素泰岩组古弧盆相弧后盆地亚相大理岩夹石英岩、黑云石英片岩组合($Ar_3dl.$)。原岩建造为碳酸盐岩夹碎屑岩组合。

哈特布其变质地带的色尔腾山岩群出露在东部巴格毛都一带,相当于1∶20万区域地质调查所划的宝音图岩群,仅出露柳树沟岩组。变质作用特征为区域动力热流变质作用中压高绿片岩相-低角闪岩相系。变质岩岩石构造组合为古弧盆相岛弧亚相黑云角闪片岩-黑云斜长片岩-黑云石英片岩组合($Ar_3L.$)。原岩为中基性—中酸性火山岩-碎屑岩组合。

(3)二道洼岩群变质岩岩石构造组合划分及其特征。二道洼岩群分布在固阳-兴和变质地带,仅出露在呼和浩特市北部二道洼及其以东地区,呈北东向展布。变质作用特点为区域动力热流变质作用中压低绿片岩相-低角闪岩相系。变质岩石构造组合为古弧盆相弧后盆地亚相十字蓝晶榴云片岩-黑云斜长片岩-大理岩夹阳起片岩组合($Ar_3E.$)。包括:①变质砾岩夹变粒岩、石英片岩变质建造;②斜长石英片岩-石榴云英片岩-十字蓝晶石榴云英片岩夹石英岩变质建造;③十字蓝晶石榴云英片岩-石英斜长片岩-大理岩变质建造;④角闪黑云二长片岩-黑云斜长片岩-绿帘阳起片岩夹变粒岩变质建造;⑤大理岩夹云英片岩、石英岩变质建造。原岩建造为碎屑岩-碳酸盐岩夹火山岩组合。赋存二道洼金矿点多处。

(4)建平岩群变质岩岩石构造组合划分及其特征。建平岩群分布于晋北-冀北变质区恒山-承德-建平变质地带的宁城县、喀喇沁旗南部及敖汉旗—库伦旗南部地区，其中的3个岩组分别属于3个变质岩岩石构造组合。

建平岩群一岩组古弧盆相岛弧亚相二辉麻粒岩-黑云角闪片麻岩-变粒岩夹磁铁石英岩组合（$Ar_3J^1_.$）。出露于打虎石村和四家子镇。包括紫苏透辉斜长麻粒岩-黑云角闪片麻岩夹磁铁石英岩变质岩建造，黑云角闪变粒岩-斜长角闪岩变质岩建造，角闪片岩-长英片岩变质岩建造及混合岩变质建造。是中基性—中酸性火山岩夹硅铁质岩经过区域中高温变质作用中压麻粒岩相变质的产物。

建平岩群二岩组古弧盆相弧间盆地亚相黑云角闪片麻岩-变粒岩-斜长角闪岩夹大理岩组合（$Ar_2J^2_.$）。分布于孤山子乡、美林乡、八里罕镇、水泉镇、巴音苏木等地。包括黑云角闪片麻岩-斜长角闪岩夹角闪片岩变质建造，黑云角闪变粒岩夹长英片岩、混合岩变质建造，夕线榴云片岩-橄榄大理岩变质建造。是中基性火山岩-黏土岩-镁质碳酸盐岩经过区域中高温变质作用中压高角闪岩相变质的产物。

建平岩群三岩组古弧盆相弧后盆地亚相大理岩夹片麻岩组合（$Ar_3J^3_.$）。出露于西部王府乡及东部宝国吐乡。包括大理岩夹石英岩、角闪黑云片麻岩变质建造，大理岩夹石英云母片岩变质建造。是碳酸盐岩夹碎屑岩经过中压高角闪岩相变质的产物。

（5）伙家沟表壳岩变岩石构造组合划分及其特征。伙家沟表壳岩仅出露于恒山-承德-建平变质地带的伙家沟地区。是由中基性火山岩-碎屑岩夹碳酸盐岩经过中压高角闪岩相变质作用形成的古弧盆相弧间盆地亚相黑云角闪片麻岩-黑云角闪变粒岩-斜长角闪岩夹云英片岩及大理岩组合（$Ar_3hb.$）。包括黑云角闪片麻岩-斜长角闪岩变质建造，黑云角闪变粒岩夹长英片岩变质建造，含榴二云石英片岩-角闪片岩夹大理岩变质建造。

2）新太古代变质侵入体岩石构造组合划分及其特征

新太古代变质侵入体分布于华北变质域狼山-阴山变质区的狼白变质地带、色尔腾山-太仆寺旗变质地带、固阳-兴和变质地带以及晋北-冀北变质区建平变质地带。

（1）狼山-白云鄂博变质地带西部变质深成侵入体。该侵入体有3个变质岩石构造组合，共同经历了中压高角闪岩相系的区域中高温变质作用。①古弧盆相岩浆弧亚相新太古代闪长质片麻岩组合（$\delta Ar_3$）。由黑云角闪钾长片麻变质建造组成，原岩为闪长岩，空间上沿查布浩日格山—达格图苏木—巴拉哈乌拉山北东向断续出露。②古弧盆相岩浆弧亚相新太古代英云闪长质-花岗闪长质-花岗质片麻岩组合。包括：原岩为花岗闪长岩形成的黑云斜长片麻岩变质建造（$\gamma\delta Ar_3$），分布于苟寇温都尔山—乌力吉图镇，连续性好；原岩为花岗闪长岩，形成的毕级尔台黑云斜长片麻岩-角闪斜长片麻岩变质建造（$Ar_3Bgn$），出露于毕级尔台；原岩为英云闪长岩-奥长花岗岩形成的大布苏山英云闪长质-花岗闪长质-奥长花岗质片麻岩变质建造（$Ar_3Dgn^T$），出露于大布苏山南、北端。③古弧盆相岩浆弧亚相新太古代乃木毛道钾长花岗岩质片麻岩组合（$Ar_3Ngn$）。由（石榴）钾长花岗质片麻岩-黑云（二长）钾长花岗质片麻岩变质建造组成，原岩为花岗岩，仅出露于额尔格铁苦一处。

狼山-白云鄂博变质地带东部变质侵入岩岩石构造组合有2个：古弧盆相岩浆弧亚相新太古代片麻状闪长岩-闪长质片麻岩组合（$\delta Ar_3$），由片麻状闪长岩-角闪斜长片麻岩变质建造构成，原岩为闪长岩组合，由中压高角闪岩相区域中高温变质作用形成。出露于巴拉乌拉山地区。古弧盆相岩浆弧亚相新太古代片麻状英云闪长岩组合（$\gamma\delta o Ar_3$）。原岩为英云闪长岩，属于中低压低绿片岩相-低角闪岩相系区域动力热流变质作用的产物。分布于乌克忽洞及其以西地区。

（2）色尔腾山-太仆寺旗变质地带的变质侵入体。该侵入体有6个变质岩岩石构造组合，共同经历了中低压低绿片岩相-低角闪岩相系的区域动力热流变质作用。①古弧盆相岩浆弧亚相新太古代变质深成侵入岩二长花岗片麻岩-二长片麻岩组合。由二长花岗片麻岩变质建造（$Ar_3gn^g$）和眼球状二长片麻岩变质建造（$Ar_2gn^m$）组成，原岩为二长花岗岩和花岗闪长岩。分布于东部闪电河两岸。②古弧盆相岩浆弧亚相新太古代变质基性岩墙（群）（$Ar_3Mbd$），由变质斜长角闪辉石岩-变质辉绿岩建造组成，呈脉状产出于集宁岩群中。出露于东部闪电河西岸。③古弧盆相岩浆弧亚相新太古代斜长角闪岩组合

($\psi o Ar_3$),原岩为角闪石岩,出露于东部营盘坝子山。④古弧盆相岩浆弧亚相新太古代片麻状闪长岩-片麻状石英闪长岩组合($\delta Ar_3$、$\gamma\delta o Ar_3$),原岩为闪长岩-石英闪长岩组合,分布于固阳县、三合明、察右中旗地区。⑤古弧盆相岩浆弧亚相新太古代片麻状英云闪长岩组合($\gamma\delta o Ar_3$)。原岩为英云闪长岩。广泛分布于固阳县—三合明—四子王旗地区。⑥古弧盆相岩浆弧亚相新太古代变质花岗岩组合。由片麻状黑云母花岗岩变质建造($\gamma Ar_3$)、糜棱岩化二长花岗岩变质含金建造($\eta\gamma Ar_3$)组成。分布于察右中旗—察右后旗地区。

(3)固阳-兴和变质地带变质侵入岩岩石构造组合。该岩石构造组合有2个,属于中压低绿片岩相-低角闪岩相系区域动力热流变质作用的产物。①古弧盆相岩浆弧亚相新太古代变质闪长岩组合。由片麻状闪长岩变质建造($\delta Ar_3$)和片麻状石英闪长岩变质建造($\delta o Ar_3$)组成,原岩为闪长岩-石英闪长岩组合。分布于固阳县东侧及武川县南侧。②古弧盆相岩浆弧亚相新太古代变质英云闪长岩组合($\gamma\delta o Ar_3$),原岩为英云闪长岩。出露于武川县西侧。

(4)建平变质地带新太古代变质深成侵入体。该侵入体有2个变质岩石构造组合,共同经历了中压高角闪岩相的区域中高温变质作用。呈南北向展布于樟子店乡—四道沟组。①喇嘛洞古岩浆弧相岩浆内弧亚相混合花岗岩组合($LmAr_3$)。其中残留团块状、阴影状变质表壳岩。②古岩浆弧相岩浆外弧亚相英云闪长质-花岗闪长质-花岗质片麻岩(TTG)组合。由吉旺营子角闪片麻岩-斜长角闪岩变质建造($JgnAr_3$)、方家窝铺花岗闪长质片麻岩-花岗片麻岩变质建造($FgnAr_3$)、牛家营子眼球状花岗片麻岩变质建造($NgnAr_3$)、朝阳沟条纹状眼球状花岗片麻岩变质建造($CgnAr_3$)、邱家沟条纹状花岗片麻岩变质建造($QgnAr_3$)及水泉沟角闪片麻岩-角闪石岩变质建造($SgnAr_3$)组成。原岩为英云闪长岩-花岗闪长岩-黑云母花岗岩建造组合。

#### 5.新太古代—古元古代变质岩岩石构造组合划分及其特征

新太古代—古元古代变质岩系指锡林郭勒变质杂岩($XM_c$),分布于天山-兴蒙变质域大兴安岭变质区锡林浩特-乌兰浩特变质地带的苏尼特左旗—锡林浩特市—西乌朱穆沁旗南毛仁达巴—霍林郭勒市南伊和格勒一带,由东西向转北东向断续出露550km,在《内蒙古区域地质志》(1991)等文献中都划归宝音图岩群,本次编图工作经考查核实认为同宝音图建群标准地点在岩石面貌、变质程度及变质作用特征等方面存在较大差异,所以重新启用锡林郭勒变质杂岩名称。其时代置于新太古代—古元古代。其中已有黑云斜长片麻岩、黑云变粒岩 Rb-Sr 全岩等时线年龄为(1 708.9±20.1)Ma,花岗岩中片麻岩、混合岩包体锆石 U-Pb 法年龄为1 933.4Ma[中国地质大学(北京),内蒙古区域地质调查队,1996]等同位素年数据。近年来对该杂岩又取得了一些同位素年代新资料:①采于锡林浩特市东南20km处黑云斜长片麻岩岩浆锆石 U-Pb SHRIMP 法年龄为(437±3)Ma、含石榴石花岗岩岩浆锆石年龄为(316±3)Ma,认为杂岩形成于古生代(施光海等,2003);②采于西乌珠穆沁旗南部拜仁达坝黑云斜长变粒岩、黑云母花岗片麻岩岩浆锆石 U-Pb SHRIMP 法年龄分别为(406±7)Ma、(382±2)Ma,认为前者代表变粒岩原岩形成年龄的下限,后者代表变粒岩变质时代及贺根山缝合带内一次主要碰撞造山作用(薛怀民等,2009)。

锡林郭勒变质杂岩的组成是复杂的,其中包括不同形成时代不同变质时代形成的多种地质块体,还需要做更加深入更加广泛的研究工作,把各种地质块体正确恢复历史原位,建立各自的正式填图单位,最后取消变质杂岩这一研究程度不高的非正式填图单位。上述同位素年龄新资料及地质新认识将为今后对该杂岩的深入调查和综合研究工作起到良好的示范作用。

本次编图将锡林郭勒杂岩划分为5个变质岩岩石构造组合,下部2个组合属于中低压高角闪岩相系的区域中高温变质作用产物,上部3个组合属于中低压高绿片岩相-低角闪岩相系的区域动力热流变质作用产物。

(1)变质基底杂岩相中高级变质杂岩亚相均质混合岩组合($XM_c^m$)。由条带状钾长(二长)混合岩-混合钾长片麻岩夹变粒岩、斜长角闪岩变质建造组成,原岩为碎屑岩夹基性火山岩组合,出露于苏尼特左旗东南部。

(2)变质基底杂岩相中高级变质杂岩亚相黑云角闪斜长片麻岩-花岗质片麻岩-混合岩组合($XM_c^g$)。包括花岗质片麻岩-黑云斜长片麻岩夹混合片麻岩变质建造，黑云长石片麻岩-变粒岩夹斜长角闪岩、大理岩变质建造，黑云角闪斜长片麻岩-条带状混合岩夹云英片岩、浅粒岩变质建造，黑云角闪斜长片麻岩夹斜长角闪岩、黑云堇青片麻岩、变粒岩变质建造。原岩为中酸性—中基性火山岩夹碎屑岩、碳酸盐岩组合。分布于苏尼特左旗、珠日和山、锡林浩特市及毛仁达巴等地。

(3)变质基底杂岩相中高级变质杂岩亚相黑云石英片岩-二云石英片岩夹绿泥石英片岩组合($XM_c^s$)。包括黑云石英片岩-二云石英片岩夹绿泥石英片岩变质建造，石榴(堇青)云英片岩-黑云变粒岩-混合质片麻岩变质建造。原岩为碎屑岩夹火山岩组合。分布于锡林浩特市及伊和格勒地区。

(4)变质基底杂岩相中高级变质杂岩亚相石英岩夹云母片岩、大理岩组合($XM_c^q$)。原岩为碎屑岩夹碳酸盐岩。仅出露于苏尼特左旗东南部。

(5)变质基底杂岩相中高级变质杂岩亚相变质侵入岩黑云斜长角闪岩组合($XM_c^a$)。原岩为基性侵入岩，侵入于组合(2)中，出露于毛仁达巴。

### 6. 古元古代变质岩岩石构造组合划分及其特征

1)古元古代变质表壳岩岩石构造组合划分及其特征

古元古代变质表壳岩包括分布于天山-兴蒙变质域、塔里木变质域的北山岩群、宝音图岩群、兴华渡口岩群、双井片岩和分布于华北变质域的赵池沟岩组、马家店群、明安山群。

(1)北山岩群变质岩岩石构造组合划分及其特征。北山岩群分布于额济纳旗-北山变质区的5个变质地带和敦煌变质区柳园变质地带。其变质作用特征属于中压低绿片岩相—高绿片岩相或中压低绿片岩相-低角闪岩相的区域动力热流变质作用，在不同变质地带的岩石构造组合及含矿性略有差异。圆包山变质地带的北山岩群岩石构造组合为古弧盆相岛弧亚相黑云石英片岩-斜长角闪岩夹二云母片岩组合($Pt_1Bs.$)，由黑云石英片岩夹二云母片岩、角闪片岩变质建造和斜长角闪岩变质建造构成，原岩建造为中基性火山岩夹碎屑岩组合。出露于伊坑乌苏南部。

红石山变质地带北山岩群岩石构造组合为古弧盆相岛弧亚相黑云变粒岩-黑云二长片岩夹石榴石石英片岩、大理岩组合($Pt_1Bs.$)。原岩建造为中酸性火山岩夹碎屑岩、碳酸盐岩组合。分布于东部都热乌拉地区。

明水变质地带北山岩群岩石构成组合有3个，广泛分布于白疙瘩山—甜水井地区。①古弧盆相岛弧亚相磁铁云母石英片岩-角闪斜长变粒岩组合($Pt_1Bs^1.$)。包括黑云石英片岩夹大理岩、条带状混合岩变质建造，磁铁黑云石英片岩-角闪斜长变粒岩-二云石英片岩变质建造，赋存饮水井铁矿点。原岩建造分别为中酸性火山岩夹碳酸盐岩组合，中酸性—中基性火山岩夹硅铁质岩、碳酸盐岩组合。②古弧盆相弧后盆地亚相云母石英片岩-石英岩组合($Pt_1Bs^2.$)。由绢云母石英片岩-黑云石英片岩-石英岩变质建造，绿泥石英片岩-斜长角闪片岩夹片麻岩、大理岩变质建造构成。原岩建造为碎屑岩-中酸性火山岩夹中基性火山岩及碳酸盐岩组合。③古弧盆相弧后盆地亚相大理岩组合($Pt_1Bs^3.$)，由石墨大理岩-碎屑大理岩-条带状大理岩夹石英岩变质建造和石墨大理岩-白云质大理岩-硅化大理岩夹混合岩变质建造构成。原岩为泥砂质碳酸盐岩-富镁碳酸盐岩组合。

公婆泉变质地带北山岩群出露于石板井东部和西部，变质岩岩石构造组合为古弧盆相岛弧亚相磁铁云母石英片岩-角闪斜长变粒岩组合($Pt_1Bs^1.$)。变质建造及原岩特与明水变质地带北山岩群组合①相同。

哈特布其变质地带北山岩群大面积出露于南部金洞子山—野马泉—努尔盖地区及中部包尔乌拉地区，包括3个变质岩石构造组合。①古弧盆相岛弧亚相黑云石英片岩-斜长角闪岩夹磁铁石英岩组合($Pt_1Bs^1.$)。包括：黑云石英片岩-斜长角闪岩夹磁铁石英岩变质建造，赋存三个井铁矿点；黑云石英片岩-石英岩夹角闪片岩变质建造；黑云石英片岩-斜长角闪岩夹榴云石英片岩变质建造。原岩建造为中酸性—中基性火山岩夹碎屑岩、铁硅质岩组合。②古弧盆相弧后盆地亚相十字云英片岩-斜长角闪片岩夹黑云二长片麻岩组合($\mathrm{Pt_1}Bs^2.$)。原岩为碎屑岩-中基性火山岩夹中酸性火山岩组合。③古弧盆相弧后盆地亚相大理岩夹碳质板岩组合($\mathrm{Pt_1}Bs^3.$)。原岩为碳酸盐岩夹碳质泥岩组合。

柳园变质地带北山岩群出露于南部五道明水地区，包括 2 个变质岩岩石构造组合。①古弧盆相岛弧亚相含磁铁云母石英片岩-黑云透闪变粒岩-二云石英岩组合($\mathrm{Pt_1}Bs^1.$)。原岩建造为中酸性火山岩-碎屑岩夹中基性火山岩、镁质碳酸盐岩及硅铁质岩组合。赋存 2 个铁矿点。②古弧盆相弧后盆地亚相(石榴、电气)云母石英片岩-含长石石英岩夹透闪石片岩组合($\mathrm{Pt_1}Bs^2.$)。原岩建造为砂泥质碎屑岩夹基性火山岩组合。

(2)宝音图岩群变质岩岩石构造组合划分及其特征。宝音图岩群分布于天山-兴蒙变质域的哈特布其、宝音图、温都尔庙-库伦旗、二连-贺根山变质地带以及华北变质域狼山-白云鄂博变质地带西部。总体上是在被动陆缘环境下经受了中压低绿片岩相-低角闪岩相或中压低绿片岩相—高绿片岩相的区域动力热流变质作用形成的陆棚碎屑岩的变质岩岩石构造组合。其特征在各个变质地带略有差异。

哈特布其变质地带的宝音图岩群出露在东部海力素南侧。变质岩石构造组合为被动陆缘相陆棚碎屑岩亚相石英岩-十字蓝晶二云石英片岩夹黑云石英片岩组合($\mathrm{Pt_1}B.$)。原岩建造为石英砂岩-长石石英砂岩-泥岩夹凝灰岩组合。

宝音图变质地带的宝音图岩群，广泛出露于乌拉特后旗—巴润花山地区，呈北东向带状展布。变质岩石构造为被动陆缘相陆棚碎屑岩亚相十字蓝晶石榴云英片岩-石英岩夹绿片岩、磁铁石英岩组合($\mathrm{Pt_1}B.$)。包括十字蓝晶石榴云英片岩夹绿片岩变质建造，石英岩-石榴二云石英片岩夹大理岩变质建造，石英岩夹石英片岩、磁铁石英岩变质建造。赋存沃博尔毛德铁矿点。原岩建造为泥砂质岩夹中基性火山岩、碳酸盐岩、含铁硅质岩组合。

温都尔庙-库伦旗变质地带的宝音图岩群分布在西部温其根乌兰山地区及艾不盖河两岸，中部包日阿勒盖庙南侧也有出露。岩石构造为十字蓝晶石榴云英片岩-石英岩夹角闪片岩、磁铁石英岩组合($\mathrm{Pt_1}B.$)。包括十字蓝晶石榴云英片岩夹角闪片岩变质建造，石英岩-石榴云英片岩夹磁铁石英岩变质建造，石英岩-蓝晶石榴二云石英片岩-大理岩变质建造，黑云斜长片岩-十字石榴云英片岩夹斜长角闪岩、变粒岩变质建造。原岩建造为泥砂质岩夹中基性、中酸性火山岩、碳酸盐岩、含铁硅质岩组合。

二连-贺根山变质地带的宝音图岩群分布于西部二连浩特市北部，东西向展布，面积较小。岩石构造为被动陆缘相陆棚碎屑岩亚相石榴云母石英片岩组合($\mathrm{Pt_1}B.$)。由黑云石英片岩-石榴二云石英片岩变质建造构成，原岩为泥砂质碎屑岩。

狼山-白云鄂博变质地带西部的宝音图岩群分布于狼山南段呼和温都尔镇南部，呈北东向带状展布。岩石构造为被动陆缘相陆棚碎屑岩亚相蓝晶十字石榴云英片岩-石榴石英岩夹磁铁斜长角闪(片)岩、大理岩组合($\mathrm{Pt_1}B.$)。原岩建造为砂泥质岩夹基性火山岩、碳酸盐岩组合。

(3)赵池沟岩组变质岩岩石构造组合划分及其特征。赵池沟岩组出露在贺兰山变质地带贺兰山中段的赵池沟，面积不大。岩石构造为被动陆缘相陆棚碎屑岩亚相二云变粒岩-石墨变粒岩-二云石英片岩组合($\mathrm{Pt_1}\hat{z}.$)。原岩为碳质砂岩-砂泥质碎屑岩。经受了中压低绿片岩相—高绿片岩相的变质作用。

(4)马家店群变质岩岩石构造组合划分及其特征。马家店群分布在固阳-兴和变质地带大青山地区，多见于美岱召、马家店等地。经过了低绿片岩相-高绿片岩相区域低温动力变质作用形成了古弧盆相弧后盆地亚相板岩-石英岩-大理岩组合($\mathrm{Pt_1}M.$)。其中包括大理岩夹绢云母石英片岩、砂质板岩-凝灰质板岩夹千枚岩、变粒岩-石英岩、白云岩-结晶灰岩夹片岩、变质砂岩-板岩-变安山岩 5 个变质岩建造。原岩为砂岩、砂泥质岩、碳酸盐岩夹安山质火山岩组合。

(5)兴华渡口岩群变质岩岩石构造组合划分及其特征。兴华渡口岩群($\mathrm{Pt_1}X.$)分布于天山-兴蒙变质域大兴安岭变质区的锡林浩特-乌兰浩特、东乌珠穆沁旗-多宝山、海拉尔-呼玛及额尔古纳 4 个变质地带，在古岛弧环境中经受了中低压低绿片岩相-低角闪岩相的区域动力热流变质作用，在不同变质地带形成了不同的岩石构造组合。

兴华渡口岩群古弧盆相岛弧亚相斜长石英片岩-绿泥石英片岩-混合岩组合($Pt_1X.$)。原岩为碎屑岩-火山岩组合。分布于锡林浩特-乌兰浩特变质地带扎兰屯市南部。

兴华渡口岩群古弧盆相岛弧亚相绿泥长石石英片岩-绢云母石英片岩-混合岩夹角闪片岩组合($Pt_1X.$)。分布于东乌珠穆沁旗-多宝山变质地带东部扎兰屯市北部、大北沟林场、腾克牧场、哈达阳镇等地。包括绿泥斜长石英片岩-绿泥石英片岩变质建造、黑云长石石英片岩-绢云母石英片岩夹磁铁绿泥石英片岩变质建造、绿泥石英片岩-绿泥斜长角闪片岩变质建造,条纹状条带状混合岩变质建造。原岩为中基性火山岩夹碎屑岩组合。

兴华渡口岩群古弧盆相岛弧亚相黑云角闪片麻岩-黑云角闪变粒岩-云母(角闪、阳起)片岩夹磁铁石英岩组合($Pt_1X.$)。分布于海拉尔-呼玛变质地带的八一牧场—风云山地区、松岭区及其东北部。包括黑云角闪片麻岩-斜长角闪岩夹磁铁石英岩变质建造,黑云角闪变粒岩-浅粒岩-石英岩变质建造,十字云英片岩-堇青黑云片岩变质建造,斜长阳起片岩-斜长角闪片岩夹磁铁阳起片岩变质建造,角闪片岩-绿泥长英片岩-石英片岩夹大理岩、透辉石变质建造,黑云角闪片麻岩-混合岩变质建造。原岩为中基性火山岩-碎屑岩夹碳酸盐岩、含铁硅质岩组合。

兴华渡口岩群古弧盆相岛弧亚相黑云角闪变粒岩-含夕线黑云片麻岩-斜长角闪(片)岩-红柱石榴二云片岩夹大理岩组合($Pt_1X.$)。分布于额尔古纳变质地带的莫尔道嘎镇—河西林场地区、阿利亚金厂南、北地区。包括黑云变粒岩-角闪变粒岩变质建造,含夕线黑云片麻岩-红柱石榴二云片岩变质建造,斜长角闪片岩-绿帘阳起片岩-透辉角闪片岩变质建造,石英岩-透闪大理岩变质建造。原岩为碎屑岩-中基性火山岩夹碳酸盐岩组合。

(6)双井片岩变质岩岩石构造组合划分及其特征。双井片岩分布于温都尔庙-库伦旗变质地带东部巴林右旗双井店乡和翁牛特旗地区。在中压低绿片岩相-低角闪岩相区域动力热流变质作用下形成了双井古弧盆相弧间盆地亚相含十字蓝晶石榴云英片岩-斜长角闪片麻岩夹黑云斜长片麻岩岩石构造组合($Pt_1By.$)。其中包括二云石英片岩-含十字蓝晶石榴二云片岩夹大理岩变质建造,斜长角闪片岩-黑云斜长片麻岩变质建造。原岩为碎屑岩-基性火山夹碳酸盐岩组合。

(7)明安山岩群变质岩岩石构造组合划分及其特征。明安山群分布于晋北-冀北变质区建平变质地带的喀喇沁旗大牛群—明安山—敖汉旗蛤蟆梁一带,呈北东向展布。经过低绿片岩相—高绿片岩相区域低温动力变质作用后形成了明安山群古弧盆相弧间盆地亚相云母石英千枚岩-千枚状片岩-大理岩组合($Pt_1Ma.$)。其中包括云英千枚岩-含砾石英岩-结晶灰岩夹大理岩变质建造($Pt_1Ma^3.$),结晶灰岩-大理岩变质建造($Pt_1Ma^2.$),石榴二长云英千枚状片岩-变质砂砾岩-绢云母石英千枚岩变质建造($Pt_1Ma^1.$)。原岩为泥砂质岩-碳酸盐岩组合。

2)古元古代变质侵入岩岩石构造组合划分及其特征

古元古代变质侵入岩分布于华北变质域及天山-兴蒙变质域的部分变质地带。

(1)固阳-兴和变质地带和色尔腾山-太仆寺旗变质地带古元古代变质侵入岩分布于呼和浩特市-旗下营以北的大青山区以及固阳县以西的色尔腾山区,主要有3种组合类型,共同经受了低绿片岩相-高绿片岩岩相的区域低温动力变质作用。①深成岩浆岩相俯冲岩浆杂岩亚相古元古代变质闪长岩组合。由变质闪长岩建造($\delta Pt_1$)和变质石英闪长岩含金建造($\delta o Pt_1$)组成。②深成岩浆岩相俯冲岩浆杂岩亚相古元古代变质英云闪长岩-花岗闪长岩组合。由变质英云闪长岩含金建造($\gamma\delta o Pt_1$)和变质花岗闪长岩建造($\gamma\delta Pt_1$)组成。③深成岩浆岩相俯冲岩浆杂岩亚相古元古代变质二长花岗岩组合($\eta\gamma Pt_1$)。

(2)狼山-白云鄂博变质地带东部古元古代变质侵入岩出露于达茂旗百灵庙镇。岩石构造为深成岩浆岩相俯冲岩浆杂岩亚相古元古代片麻状英云闪长岩组合($\gamma\delta o Pt_1$),是经过中压高绿片岩相-低角闪岩相区域动力热流变质作用的产物。原岩为英云闪长岩。

(3)迭布斯格-阿拉善右旗变质地带古元古代变质侵入岩出露于巴彦乌拉山中部,面积很小,是裂谷环境下区域低温动力变质作用形成的。包括2个岩石构造组合:①裂谷岩浆岩相裂谷岩浆杂岩亚相古元古代变质基性超基性岩组合($\sigma\psi o\psi Pt_1$)。由变质橄榄角闪辉石岩-变质角闪辉长岩建造构成。②裂谷岩浆岩相裂谷岩浆杂岩亚相变质闪长岩组合($\delta Pt_1$)。建造组成单一。

(4)晋北-冀北变质区建平变质地带古元古代变质侵入岩分布于喀喇沁旗小五家乡和樟子店乡。其岩石构造组合为古弧盆相岩浆弧亚相变质花岗闪长岩-二长花岗岩组合。由糜棱岩化花岗闪长岩建造($\gamma\delta Pt_1$)和糜棱岩化黑云二长花岗岩建造($\eta\gamma\beta Pt_1$)组成。属于低绿片岩相区域低温动力变质作用的产物。

(5)额济纳旗-北山变质区明水变质地带的古元古代变质侵入岩分布在风雷山西南。与北山岩群一起经过了中压低绿片岩相—高绿片岩相的区域动力热流变质作用,形成了古弧盆相古岩浆弧亚相片麻状英云闪长岩组合($\gamma\delta o Pt_1$)。由片麻状不等粒英云闪长岩建造和中粗粒英云闪长岩建造构成。

(6)温都尔庙-库伦旗变质地带古元古代变质侵入岩分布在东部巴林右旗双井店乡。变质岩岩石构造为古弧盆相古岩浆弧亚相英云闪长质-花岗质片麻岩组合。由东沟黑云斜长片麻岩($Dgn Pt_1$)建造、房框子沟花岗片麻岩($Fgn Pt_1$)建造和下海苏沟细粒花岗片麻岩($Xgn Pt_1$)建造构成。原岩为英云闪长岩-钙碱性酸性侵入岩组合。属于中压高角闪岩相中高温区域变质作用的产物。

(7)东乌珠穆沁旗-多宝山变质地带古元古代变质侵入岩分布于东北部大北沟林场一带。岩石构造为古弧盆相岛弧亚相变质堆晶辉长岩组合($\psi o \psi Pt_1$)。由变质中粗粒辉长闪长岩、变质中粒角闪辉长岩、变质细粒角闪辉长岩组成。属于中低压低绿片岩相-低角闪岩相区域动力热流变质作用的产物。

(8)海拉尔-呼玛变质地带古元古代变质侵入岩岩石构造为古弧盆相古岩浆弧亚相混合花岗岩组合($M\gamma Pt_1$)。与兴华渡口岩群共生,属于中低压低绿片岩相-低角闪岩相区域动力热流变质作用的产物。

(9)额尔古纳变质地带古元古代变质深成侵入岩凤水山片麻岩分布于莫尔道嘎镇—河西林场地区。岩石构造为凤水山相古岩浆弧亚相花岗闪长质-花岗质片麻岩组合($Fgn Pt_1$)。由黑云斜长片麻岩建造、花岗闪长质片麻岩建造、二云钾长片麻岩建造组成。原岩为钙碱性系列中酸性侵入岩。属于中压高角闪岩相区域中高温变质作用的产物。

### 7. 中—新元古代变质岩岩石构造组合划分及其特征

中—新元古代变质岩比较广泛地分布于天山-兴蒙变质域、塔里木变质域及华北变质域。现以三级变质地质单元为单位,由西向东、自北而南分述各个变质区及变质地带的岩石填图单位及其变质岩岩石构造组合。

1)红石山变质地带变质岩岩石构造组合划分及其特征

该带出露了中元古代古硐井群($Pt_2G$)、变质辉长岩($\upsilon Pt_2$),中—新元古界圆藻山群($Pt_{2-3}Y$)。分布于东部珠斯楞—切刀—杭乌拉—呼仁乌珠尔一带,均经过了绿片岩相变质,分属于不同的大地构造相和亚相。

(1)古硐井群为陆缘相陆棚碎屑岩亚相变质砂岩-石英岩-千枚岩组合($Pt_2G$)。由变质砂岩-石英岩-千枚岩夹大理岩、硅质岩变质建造构成,原岩建造为砂岩-粉砂岩-泥岩夹灰岩、硅质岩组合。

(2)裂谷岩浆岩相裂谷岩浆杂岩亚相中元古代变质辉长岩组合($\upsilon Pt_2$)。由变质辉长岩-斜长角闪岩建造构成,原岩为辉长岩。

(3)圆藻山群碳酸盐岩台地相台地亚相硅质板岩-硅质灰岩-硅质大理岩组合($Pt_{2-3}Y$)。包括大理岩夹硅质岩变质建造,硅质板岩-白云岩夹硅质岩变质建造,硅质灰岩-硅质大理岩-硅质板岩夹硅质岩、石英岩变质建造。原岩建造为硅质泥岩-硅质灰岩-硅质白云岩夹硅质岩、砂岩组合。

2)公婆泉变质地带变质岩岩石构造组合划分及其特征

该带出露中元古界古硐井群、中—新元古界圆藻山群,分布于西部三道明水地区,也经过了绿片岩相变质。与红石山变质地带相比,大地构造相背景相同,变质岩建造构成有差异。

(1)古硐井群被动陆缘相陆棚碎屑岩亚相粉砂质板岩-硅质板岩-千枚岩组合($Pt_2G$)。原岩建造为粉砂质泥岩-硅质泥岩夹灰岩、石英砂岩组合。

(2)圆藻山群碳酸盐岩台地相台地亚相结晶灰岩-大理岩-粉砂质板岩组合($Pt_{2-3}Y$)。包括灰岩-大理岩-硅质白云岩夹板岩变质建造,细晶大理岩-白云质大理岩变质建造、大理岩-结晶灰岩夹碧玉岩、板岩变质建造,粉砂岩-粉砂质板岩-细砂岩夹板岩变质建造。原岩建造为灰岩-白云岩-粉细砂岩-泥岩夹硅质岩组合。

3)柳园变质地带变质岩岩石构造组合划分及其特征

古硐井群与圆藻山群广泛分布于整个变质地带,并经受了绿片岩相变质作用。

(1)古硐井群被动陆缘相陆棚碎屑岩亚相变质细砂岩-变质粉砂岩-粉砂质板岩组合($Pt_2G$)。包括长石石英细砂岩-变质粉砂岩-粉砂质板岩变质建造,粉砂质板岩-硅质板岩-千枚岩夹灰岩变质建造,变质长石石英细砂岩变质建造,变质粉砂岩-粉砂质板岩变质建造。

(2)圆藻山群碳酸盐岩台地相台地亚相结晶灰岩-大理岩-粉砂质板岩组合。变质建造和原岩建造组合与北邻的公婆泉变质地带完全相同。

4)哈特布其变质地带变质岩岩石构造组合划分及其特征

该带出露中元古界墩子沟组及中元古代变质侵入体。前者分布在西南部努尔盖东侧,后者见于索日图东边和努尔盖南侧。经过绿片岩相区域低温动力变质作用形成3个变质岩石构造组合。

(1)墩子沟组被动陆缘相陆棚碎屑岩亚相绢云母千枚岩-大理岩-变质砂岩组合($Pt_2d$)。包括石英绢云母千枚岩夹砂质板岩、大理岩、变质砂岩-千枚状板岩3个变质建造。原岩为砂岩-泥岩-灰岩的不同组合。

(2)裂谷岩浆岩相裂谷岩浆杂岩亚相中元古代变质角闪辉长岩组合($\delta\upsilon Pt_2$),原岩为角闪辉长岩。

(3)裂谷岩浆岩相裂谷岩浆杂岩亚相中元古代变质英云闪长岩组合($\pi\gamma\delta o Pt_2$)。由中粗粒似斑状片麻状英云闪长岩建造组成。原岩为英云闪长岩。

5)宝音图变质地带变质岩岩石构造组合划分及其特征

中—新元古代变质侵入体分布于包音图苏木—巴润特花山一线,北东向展布,先后侵入于宝音图岩群。划分为2个岩石构造组合。

(1)深成岩浆岩相俯冲岩浆杂岩亚相中元古代变质钾长花岗质片麻岩组合($\gamma Pt_2$)。由黑云钾长片麻岩-黑云二长片麻岩-片麻状钾长花岗岩变质建造组成。原岩建造为过铝钾质碱性岩-钾长花岗岩。变质作用特征为中压低绿片岩相-低角闪岩相。

(2)深成岩浆岩相俯冲岩浆杂岩亚相新元古代变质闪长岩组合($\delta Pt_3$)。由中细粒片麻状闪长岩-片理化闪长岩变质建造组成。原岩为低铝中钾钙碱性闪长岩。经受过绿片岩相区域低温动力变质作用。

6)温都尔庙-库伦旗变质地带变质岩岩石构造组合划分及其特征

该带出露中元古代变质岩,包括温都尔庙群及温都尔庙蛇绿岩套,分布于西部温其根乌兰山和中部温都尔庙地区。显示高压变质作用高压中温(硬柱石-蓝闪石组合)蓝片岩相系特征。温都尔庙群包括下部桑达来呼都格组[锆石U-Pb谐和年龄为(1 130.513±16.012)Ma]和上部哈尔哈达组,连同蛇绿岩套共划分了3个变质岩石构造组合,分别代表蛇绿混杂岩相的3个亚相环境。

(1)桑达来呼都格组蛇绿混杂岩相洋内弧亚相绿片岩-变质安山岩夹含铁石英岩组合($Pt_2S$)。由钠长石英片岩-蓝闪绿帘绿泥片岩-变质安山岩夹含铁石英岩、变质砂岩变质建造组成,原岩建造为细碧角斑岩-含铁硅质岩-安山岩夹碎屑岩、碳酸盐岩组合。赋存中、小型矿床各1处。

(2)哈尔哈达组蛇绿混杂岩相远洋沉积亚相二云石英片岩-(蓝闪、硬柱)绿泥石英片岩夹含铁石英岩组合($Pt_2h$)。由云母石英片岩-(含硬柱石、黑硬绿泥石)绿泥石英片岩夹蓝闪石片岩、蓝闪石英岩及含铁石英岩变质建造构成。原岩建造为细碎屑岩、含铁硅质岩夹中基性火山岩组成。赋存小型矿床及矿点各1处。

(3)蛇绿混杂岩相蛇绿岩亚相中元古代变质MORS型蛇绿岩组合。由斜长角闪岩变质建造($\psi o Pt_2$)、橄榄岩变质建造($\Sigma Pt_2$)、辉绿玢岩岩墙($\beta\mu Pt_2$)、斜长花岗岩变质建造($\gamma o Pt_2$)等组成。原岩建造为斜长花岗岩-辉绿玢岩-辉长岩-橄榄岩组合。

7)锡林浩特-乌兰浩特变质地带变质岩岩石构造组合划分及其特征

该变质地带出露中元古代温都尔庙群和蛇绿岩套,以及新元古界艾勒格庙组。温都尔庙群与蛇绿岩套分布于额尔登呼舒山—包尔陶勒盖山—阿萨日山—浑边乌苏一带,呈近东西向带状展布。显示高压变质作用高压低温(蓝闪石-绿帘石组合)蓝闪绿片岩相系特征,共划分3个变质岩石构造组合。

(1)温都尔庙群桑达来呼都格组蛇绿混杂岩相洋内弧亚相绿帘阳起片岩-绿泥钠长片岩-绿帘角闪片岩夹磁铁石英岩组合($Pt_2s$)。包括绿帘阳起片岩-绿泥钠长片岩-阳起钠长片岩夹磁铁石英岩、变安山岩、大理岩变质建造;绿泥云英片岩-钠长绿帘绿泥片岩-绿帘角闪片岩-绿帘角闪岩夹(磁铁)石英岩变质建造。原岩建造为细碧角斑岩夹碎屑岩、含铁硅质岩、灰岩、安山岩组合。

(2)温都尔庙群哈尔哈达组蛇绿混杂岩相远洋沉积亚相二云石英片岩-(蓝闪、绿帘)绿泥石英片岩-变质砂岩夹磁铁石英岩组合($Pt_2h$)。包括:①变质砂岩夹绿帘石英片岩、绿泥斜长片岩、变质凝灰岩变质建造;②石英岩-绢云母石英片岩-绿泥石英片岩-角闪片岩夹含铁石英岩变质建造;③绢云母石英片岩-绿泥石英片岩夹蓝闪绿帘绿泥片岩及多层磁铁石英岩变质建造;④云母石英片岩夹浅粒岩、磁铁石英岩变质建造;⑤云母石英片岩-浅粒岩-绿泥石英片岩夹长石石英砂岩、石榴磁铁石英岩变质建造。原岩建造为碎屑岩-基性火山岩夹硅铁质岩组合。

(3)蛇绿混杂岩相蛇绿岩亚相中元古代MORS型变质蛇绿岩组合。由变质橄榄岩-辉石橄榄岩变质建造($\Sigma Pt_2$)、斜长角闪岩建造($\varphi o Pt_2$)、变质辉绿岩建造($\beta\mu Pt_2$)及斜长花岗岩建造($\gamma o Pt_2$)组成。原岩为基性—超基性岩-斜长花岗岩组合。

新元古界艾勒格庙组出露于二连浩特市西南艾勒格庙地区,原岩为砂岩-泥岩-灰岩组合,经低绿片岩相—高绿片岩相的区域低温动力变质作用,形成了弧后盆地相近陆弧后盆地亚相绢云母石英片岩-石英岩-大理岩组合($Pt_3a$)。包括绢云母石英片岩-石英岩-大理岩变质建造和绢云母石英片岩-结晶灰岩-变质砂岩夹板岩变质建造。

8)二连-贺根山变质地带变质岩岩石构造组合划分及其特征

中—新元古代变质岩在该带只有中元古界温都尔庙群哈尔哈达组,零星见于贺根山西南及东北侧,面积很小。变质作用特征为高压低温蓝片岩相系,目前还未发现高压变质特征矿物。区域构造分析认为可能为外来岩块。最后确定其岩石构造为哈尔哈达组陆壳残片相外来岩块亚相绢云母石英片岩-绿泥石英片岩夹含铁石英岩组合($Pt_2h$)。包括绢云母石英片岩-绿泥石英片岩-角闪片岩夹含铁石英岩变质建造和石英片岩-绿泥千枚岩夹角闪片岩、含铁石英岩变质建造。原岩为碎屑岩-基性火山岩夹含铁硅质岩组合。

9)东乌珠穆沁旗-多宝山变质地带变质岩岩石构造组合划分及其特征

本变质带中—新元古代变质岩包括中压低绿片岩相—高绿片岩相变质的南华系佳疙瘩组,震旦系额尔古纳河组、大网子组、吉祥沟组和低绿片岩相变质的中—新元古代变质侵入岩。形成6个变质岩石构造组合。

(1)佳疙瘩组岛弧相火山弧亚相黑云石英片岩-斜长角闪片岩-变质砂(砾)岩组合($Nhj$)。分布于东北部全胜林场地区。包括黑云石英片岩-斜长角闪片岩变质建造、变质砾岩-变质砂岩变质建造、变质玄武岩-硅质岩变质建造。原岩为基性火山岩-碎屑岩组合。

(2)额尔古纳河组岛弧相弧间裂谷盆地亚相绿泥石英片岩-二云石英片岩-大理岩组合($Ze$)。分布于全胜林场一带。原岩为基性火山岩、碎屑岩、碳酸盐岩组合。

(3)吉祥沟组岛弧相弧背盆地亚相变质砂岩-板岩-结晶灰岩组合($Zj$)。原岩为砂岩、砂砾岩、泥岩、灰岩组合。

(4)大网子组岛弧相火山弧亚相变英安质火山岩-变质砂岩-板岩组合($Zd$)。原岩为英安质火山碎屑岩、石英砂岩、泥质岩组合。

(5)中元古代裂谷岩浆岩相裂谷岩浆杂岩亚相变质超基性岩组合。出露于大北沟林场。包括蛇纹岩建造($\varphi\omega Pt_2$)、超基性喷出岩科马提岩建造($\chi\omega Pt_2$)。

(6)新元古代深成岩浆岩相俯冲岩浆杂岩亚相变质英云闪长岩-二长岗岩组合。分布于东部柳屯村等地。包括变质英云闪长岩建造($\gamma o Pt_3$)、变质二长花岗岩建造($\eta\gamma Pt_3$)。

10)海拉尔-呼玛变质地带变质岩石构造组合划分及其特征

本变质地带新元古代变质岩分布有低绿片岩相变质的震旦系吉祥沟组、大网子组及南华系佳疙瘩组和绿片岩相变质的震旦系额尔古纳河组。形成4个变质岩石构造组合。

(1)佳疙瘩组岛弧相弧背盆地亚相变质砂岩-千枚岩-板岩夹变质安山岩组合(Nh*j*)。原岩为碎屑岩夹安山岩。分布于李增碰山、查干诺尔嘎查等地。

(2)额尔古纳河组岛弧相弧间裂谷盆地亚相绿泥石英片岩-变粒岩-千枚岩夹变质粉砂岩组合(Z*e*)。包括绿泥石英片岩-变粒岩变质建造及千枚岩-变质粉砂岩变质建造。原岩为基性火山岩、碎屑岩组合。

(3)吉祥沟组岛弧相弧背盆地亚相变质砂砾岩-板岩-结晶灰岩组合(Z*j*)。原岩为碎屑岩、灰岩组合。分布于鄂伦春自治旗地区。

(4)大网子组岛弧相火山弧亚相变英安质凝灰岩-变质砂岩-板岩组合(Z*d*)。原岩为英安质凝灰岩、砂屑岩组合。分布于鄂伦春自治旗。

11)额尔古纳变质地带变质岩岩石构造组合划分及其特征

本变质地带新元古代变质岩包括南华系佳疙瘩组、震旦系额尔古纳河组及新元古代变质侵入岩。均属低绿片岩相区域低温动力变质作用的产物。形成7个变质岩岩石构造组合。

(1)佳疙瘩组岛弧相弧背盆地亚相变质砂岩-千枚岩-板岩夹变质安山岩组合(Nh*j*)。包括绢云母千枚岩-板岩夹结晶灰岩变质建造及变质长石石英砂岩夹变质安山岩变质建造。原岩为碎屑岩夹安山岩、灰岩组合。分布在额尔古纳河东岸及呼伦湖西岸。

(2)额尔古纳河组岛弧相弧背盆地亚相大理岩-结晶灰岩-板岩组合(Z*e*)。包括白云质大理岩-硅质大理岩变质建造及结晶灰岩-粉砂质板岩夹长石石英砂岩变质建造。原岩为白云质灰岩、硅质灰岩、泥砂质岩组合。分布于额尔古纳河东岸、呼伦湖西岸及阿龙山镇等地。

(3)新元古代岛弧相同碰撞岩浆杂岩亚相中基性变质杂岩组合($\nu\delta Pt_3$)。由变质辉长岩、变质辉长闪长岩、片麻状中细粒石英闪长岩变质建造构成。原岩为辉长岩、闪长岩、石英闪长岩组合。

(4)新元古代岛弧相同碰撞岩浆杂岩亚相变质闪长岩组合。由变质闪长岩($\delta Pt_3$)及片麻状石英闪长岩($\delta o Pt_3$)变质建造构成。原岩为闪长岩、黑云石英闪长岩组合。

(5)新元古代岛弧相同碰撞岩浆杂岩亚相变质花岗闪长岩-花岗岩组合。由片麻状似斑状花岗闪长岩($\gamma\delta Pt_3$)、花岗岩($\gamma Pt_3$)变质建造构成。原岩为花岗闪长岩、花岗岩组合。

(6)新元古代岛弧相同碰撞岩浆杂岩亚相变质二长花岗岩组合。由变质斑状黑云母二长花岗岩($\eta\gamma\beta Pt_3$)、二长花岗岩($\eta\gamma Pt_3$)变质建造构成。原岩为二长花岗岩。

(7)新元古代岛弧相后造山岩浆杂岩亚相变质正长花岗岩-变质正长岩组合。由巨斑状黑云母正长花岗岩($\xi\gamma\beta Pt_3$)、黑云母正长岩($\xi\beta Pt_3$)变质建造构成。原岩为正长花岗岩、正长岩组合。

12)迭布斯格-阿拉善右旗变质地带变质岩岩石构造组合划分及其特征

经过绿片岩相变质的中元古代变质侵入岩分布在雅布赖山、阿拉善右旗及巴彦乌拉山西部。根据岩石建造特征及区域构造背景划分出4个岩石构造组合。

(1)深成岩浆岩相俯冲岩浆杂岩亚相中元古代变质基性岩组合。由变质辉长岩建造($\upsilon Pt_2$)、变质苏长岩建造($\upsilon o Pt_2$)、变质辉绿岩建造($\beta\mu Pt_2$)构成。原岩为辉长岩-苏长岩-辉绿岩组合。

(2)深成岩浆岩相俯冲岩浆杂岩亚相中元古代变质闪长岩组合。由变质中粒闪长岩建造($\delta Pt_2$)构成。原岩为闪长岩。

(3)深成岩浆岩相俯冲岩浆杂岩亚相中元古代变质英云闪长岩组合。由中粗粒似斑状片麻状英云闪长岩建造($\pi\gamma\delta o Pt_2$)构成。原岩为英云闪长岩。

(4)深成岩浆岩相俯冲岩浆杂岩亚相中元古代变质二长花岗岩组合。由中细粒片麻状黑云二长花岗岩建造($\eta\gamma\beta Pt_2$)构成。原岩为二长花岗岩。

13)龙首山变质地带变质岩岩石构造组成划分及其特征

中元古界墩子沟组、震旦系烧火筒沟组及中元古代变质侵入体分别出露在旧庙西南及呼龙陶勒盖西部。在不同的构造环境中经受了绿片岩相变质作用,形成了3个变质岩石构造组合。

(1)墩子沟组被动陆缘相陆棚碎屑岩亚相硅质灰岩-长石石英砂岩-砾岩夹赤铁矿透镜体组合($Pt_2d$)。原岩组合比较清楚。

(2)烧火筒沟组陆表海盆地相碎屑岩陆表海亚相冰碛砾岩-灰岩夹千枚岩组合($Z\hat{s}$)。变质建造为冰碛砾岩-板状薄层灰岩夹绢云母千枚岩。原岩为冰碛砾岩、薄层灰岩夹粉砂质钙质泥岩组合。

(3)中元古代深成岩浆岩相俯冲岩浆杂岩亚相片麻状英云闪长岩组合($\gamma\delta o Pt_2$)。原岩为英云闪长岩。

14)贺兰山变质地带变质岩岩石构造组合划分及其特征

中—新元古代变质岩有王全口组、西勒图组及震旦系正目观组。王全口组分布在贺兰山中部和北部以及千里山北端,均呈小面积出露;西勒图组主要分布在千里山地区,贺兰山中部也有出露。正目观组仅见于贺兰山中段阿拉善左旗敖包梁山西侧正目观村。三者均经过低绿片岩相变质,岩石构造组合分别如下。

(1)王全口组碳酸盐岩台地相台地亚相硅质白云岩-白云质灰岩夹砂岩、砂质板岩组合($Pt_{2-3}w$)。包括硅质白云岩-白云质灰岩夹砂岩变质建造、白云岩夹砂质板岩变质建造。原岩为白云岩-白云质灰岩夹砂岩、砂质泥岩组合。

(2)西勒图组被动陆缘相陆棚碎屑岩亚相石英岩-石英砂岩夹页岩组合($Pt_{2-3}x$)。包括石英岩夹石英砂岩变质建造、石英砂岩-石英岩夹海绿石砂岩变质建造、石英砂岩夹页岩变质建造。原岩建造为石英砂岩夹海绿石砂岩、页岩组合。

(3)正目观组被动陆缘相陆棚碎屑岩亚相冰碛砾岩-砂质板岩组合($Z\hat{z}$)。包括砂质板岩-粉砂质板岩变质建造和冰碛砾岩沉积建造。原岩为冰积碛砾岩、砂质泥岩组合。

15)狼山-白云鄂博变质地带西部变质岩岩石构造组合划分及其特征

中—新元古界渣尔泰山群长城系书记沟组、增隆昌组,蓟县系阿古鲁沟组广泛分布于西部区,在巴彦诺尔公、呼和温都尔镇、乌拉特后旗、巴音宝力格镇、乌加河等地面积较大。中元古代变质侵入体出露面积很小,零星见于巴彦诺尔公、网木乌苏乌拉、哈拉陶勒盖等地。它们共同经过低绿片岩或低绿片岩相—高绿片岩相的区域低温动力变质作用,形成了裂谷环境中的岩石构造组合。

(1)书记沟组陆缘裂谷相裂谷边缘亚相变质砂岩-石英岩夹云英片岩组合($Ch\hat{s}$)。包括变质砂岩-变质砾岩-石英岩夹云英片岩、绿泥石片岩变质建造,变质砂岩-石英岩夹浅粒岩、板岩、阳起片岩变质建造,石英岩-黑云石英片岩-红柱石片岩变质建造,变质砂岩-云英片岩-石英岩夹变粒岩、砾岩变质建造。原岩建造为砂岩-砾岩夹泥岩、砾岩变质建造。原岩建造为砂岩-砾岩夹泥岩、基性火山岩组合。

(2)增隆昌组陆缘裂谷相裂谷中心亚相结晶灰岩-白云岩夹板岩组合($Ch\hat{z}$)。包括结晶灰岩-绢云母石英千枚岩变质建造,白云岩-结晶灰岩-泥灰岩夹板岩变质建造,微粒灰岩-变质砂岩-板岩变质建造,微晶灰岩夹石英岩、板岩变质建造。原岩建造为灰岩-白云质灰岩-白云岩夹泥灰岩、泥岩、砂岩组合。

(3)阿古鲁沟组陆缘裂谷相裂谷中心亚相变质砂岩-板岩-结晶灰岩-云英片岩组合($Jxa$)。包括:①板岩-千枚岩-变质砂岩变质建造;②板岩-结晶灰岩夹石英岩变质建造;③云英片岩-千枚岩-变质砂岩-板岩变质建造;④结晶灰岩-白云岩-变质砂岩-板岩夹含金砾岩、阳起石岩变质建造;⑤变质砂岩-板岩-泥灰岩夹白云岩、绿泥石片岩变质建造。原岩建造为砂岩-泥岩-灰岩-白云岩夹砾岩、基性火山岩组合。赋存铁、锰、金、铜、铅、锌、硫铁矿、黏土矿等多种矿产。

(4)裂谷岩浆岩相裂谷岩浆杂岩亚相中元古代变质基性、超基性岩组合。包括蛇纹石化橄榄岩-角闪橄榄岩建造($\sigma Pt_2$)、变质斜辉橄榄岩-橄榄二辉岩建造($\upsilon\sigma Pt_2$)、变质角闪辉石岩建造($\psi o\phi Pt_2$)、变辉绿岩建造($\beta\mu Pt_2$)。原岩为基性、超基性岩组合。

16)狼山-白云鄂博变质地带东部变质岩岩石构造组合划分及其特征

本变质地带出露中—新元古界白云鄂博群、渣尔泰山群，震旦系腮林忽洞组及中元古代变质侵入体。白云鄂博群自下而上包括长城系都拉哈拉组、尖山组，蓟县系哈拉霍圪特组、比鲁特组，青白口系白音布拉格组、忽吉尔图组。呈东西向广泛分布于乌拉特中旗—白云鄂博—四子王旗—土牧尔台镇—化德县—太仆寺旗地区。普遍经受了低绿片岩相—高绿片岩相的区域低温动力变质作用。尖山组上部获得独居石、磷灰石 Th-Pb 法结晶年龄为 1680～1590Ma，下部获得锆石 U-Pb 年龄为 1800～1700Ma。白云鄂博群显示了陆缘裂谷构造特征，各组变质岩岩石构造组合确定如下。

(1)都拉哈拉组陆缘裂谷相裂谷边缘亚相变质含砾长石石英砂岩-石英岩组合(Ch*d*)。包括变质含砾长石石英砂岩-变质石英砂岩-变质砾岩变质建造，变质长石石英砂岩-变质含砾石英砂岩夹板岩变质建造，变质含砾长石石英砂岩-变质石英砂岩-石英岩夹粉砂岩、板岩变质建造，变质含砾砂岩-石英岩夹云母石英片岩、千枚岩变质建造，变质石英砂岩夹白云岩、砂砾岩变质建造。原岩建造为含砾长石石英砂岩-含砾石英砂岩夹砾岩、粉砂岩、泥岩及白云岩组合。

(2)尖山组陆缘裂谷相裂谷中心亚相板岩-变质长石石英砂岩-云母石英片岩组合(Ch*j*)。包括变质长石石英砂岩-红柱石碳质板岩夹大理岩、泥晶灰岩变质建造，粉砂质板岩-千枚状板岩-变质长石石英砂岩变质建造，板岩-变质砂岩-石英岩变质建造，千枚岩-云母石英片岩-含榴石英岩变质建造。原岩建造为长石石英砂岩-石英砂岩-碳质粉砂质泥岩夹泥灰岩、灰岩组合。赋存铁、铌、稀土、金、磷灰石等多种矿产。

(3)哈拉霍圪特组陆缘裂谷相裂谷中心亚相变质长石石英砂岩-板岩-结晶灰岩组合(Jx*h*)。包括变质长石石英砂岩-变质石英砂岩-硅质灰岩变质建造，变质石英砂岩-泥晶灰岩夹砂砾岩、白云岩变质建造，变质长石石英砂岩-变质粉砂岩-结晶灰岩夹板岩变质建造，变质石英砂岩-砂质板岩夹结晶灰岩、白云岩变质建造，变质石英砂岩-二云石英片岩-板岩夹石英岩、大理岩变质建造。原岩建造为长石石英砂岩-石英砂岩-粉砂岩-粉砂质泥岩-泥晶灰岩夹砂砾岩、杂砂岩、白云岩组合。

(4)比鲁特组陆缘裂谷相裂谷中心亚相含堇青石板岩-含红柱石千枚岩夹绿泥石英片岩组合(Jx*b*)。包括：①绿泥石英片岩-千枚岩-板岩变质建造；②粉砂质板岩-碳质板岩-变质石英砂岩变质建造；③堇青绢云母板岩-碳质粉砂质板岩-红柱绢云母千枚岩夹变质砂岩变质建造；④硅质砂质板岩-千枚状板岩夹变质砂岩变质建造；⑤砂质板岩-石英岩夹砂岩、含铁石英岩变质建造；⑥千枚岩夹板岩、变质石英砂岩变质建造。原岩建造为石英砂岩-粉砂质碳质硅质泥岩夹基性火山岩、硅铁质岩组合。赋存金、铀等矿产。

(5)白音布拉格组陆缘裂谷相裂谷边缘亚相变质长石石英砂岩-板岩-云母石英片岩组合(Qb*b*)。包括粉砂质板岩-变质长石石英砂岩变质建造、石英岩-变质石英砂岩-千枚岩夹泥灰岩变质建造、变质长石石英砂岩-石榴红柱二云石英片岩变质建造、板岩-千枚岩-石英岩-变质粉砂岩变质建造、石英岩-二云石英片岩-变质粉砂岩变质建造。原岩建造为长石石英砂岩-石英砂岩-粉砂岩-粉砂质泥岩夹泥灰岩组合。

(6)忽吉尔图组陆缘裂谷相裂谷中心亚相变质砂岩-角闪片岩-结晶灰岩组合(Qb*h*)。包括：①粉砂岩-泥岩-绢云母板岩夹灰岩变质建造；②阳起绿帘黝帘石岩-阳起石角岩夹硅质岩变质建造；③结晶灰岩-大理岩变质建造；④变质砂岩-角闪片岩-绢云母石英片岩-生物灰岩变质建造；⑤变质石英砂岩-角闪岩-结晶灰岩变质建造；⑥绿帘次闪石岩夹变质砂岩、石英岩变质建造；⑦变质细砂岩-石英透辉岩-透辉透闪岩-云母石英片岩夹石英岩、大理岩变质建造。原岩建造为砂岩-粉砂岩-泥岩-灰岩-基性火山岩-钙硅酸盐岩组合。

渣尔泰山群自下而上包括长城系书记沟组、增隆昌组，蓟县系阿古鲁沟组，青白口系刘鸿湾组。分布于渣尔泰山—东德岭山—温更镇地区。与白云鄂博群类似，具有低绿片岩相—高绿片岩相变质和陆缘裂谷构造特征。各组岩石构造组合划分如下。①书记沟组陆缘裂谷相裂谷边缘亚相变质石英砂岩-变质石英砾岩夹石英岩组合(Ch*ŝ*)。包括石英岩-变质(含砾)石英砂岩夹变质细砾岩、砂质板岩变质建造，变质石英砾岩-含砾石英片岩变质建造。原岩为砾岩-含砾石英砂岩夹砂质泥岩组合。②增隆昌组陆缘裂谷相裂谷中心亚相结晶灰岩-板岩-粉砂岩组合(Chẑ)。包括结晶灰岩夹云英片岩变质建造、粉砂岩-板岩夹灰岩变质建造、结晶灰岩-白云岩夹板岩变质建造、板岩夹灰岩变质建造。原岩建造为灰岩、白云岩-粉砂质碳质泥岩-粉砂岩组合。③阿古鲁沟组陆缘裂谷相裂谷中心亚相板岩-结晶灰岩-千枚岩组合(Jx*a*)。包括碳质板岩夹变质石英砂岩、结晶灰岩变质建造，粉砂质板岩夹碳质板岩变质建造，粉砂质板岩-碳质板岩变质建造，内碎屑灰岩-灰岩角砾岩-亮晶灰岩变质建造，千枚岩-板岩-变质细砂岩夹灰岩变质建造。原岩建造为碳质粉砂质泥岩-灰岩、白云质灰岩夹石英砂岩、细砂岩组合。赋存铜、铅、锌、锰、硫铁矿等多种矿产。④刘鸿湾组陆缘裂谷相裂谷边缘亚相变质长石石英砂岩-变质含砾石英砂岩-云母石英片岩组合(Qb*l*)。原岩建造为长石石英砂岩-含砾砂岩夹砂砾岩、灰岩组合。

震旦系腮林忽洞组仅见于白云鄂博南腮林忽洞村。经低绿片岩相区域低温动力变质作用形成了腮林忽洞组陆表海盆地相碳酸盐岩陆表海亚相白云岩-白云质灰岩-变质含砾石英砂岩岩石构造组合(Z*s*)。其中包括变质中粗粒含砾石英砂岩变质建造和白云岩-白云质灰岩夹安山质凝灰岩沉积建造。原岩为含砾石英砂岩、白云岩、灰岩夹安山质凝灰岩组合。

中元古代变质侵入岩出露于乌拉特中旗西北、刘鸿湾西、格日楚鲁东、乌克忽洞西南及化德县东南等地。与白云鄂博群、渣尔泰山群一起经过低绿片岩相—高绿片岩相变质，同属裂谷构造环境产物。主要变质岩岩石构造组合有2个。

①裂谷岩浆岩相裂谷岩浆杂岩亚相中元古代变质基性、超基性岩组合。由变质橄榄岩建造($\Sigma Pt_2$)、片麻状斜长角闪岩建造($\omega o Pt_2$)、变质辉绿岩建造($\beta\mu Pt_2$)构成，原岩为橄榄岩-辉长岩-辉绿岩组合。②裂谷岩浆岩相裂谷岩浆杂岩亚相变质花岗岩组合。由变质粗粒花岗岩建造($\gamma Pt_2$)和片麻状巨斑状黑云二长花岗岩建造($\pi\eta\gamma Pt_2$)构成。原岩为花岗岩-二长花岗岩组合。

17)包尔腾山-太仆寺旗变质地带变质岩岩石构造组合划分及其特征

本变质地带出露中—新元古界渣尔泰山群长城系书记沟组、增隆昌组，蓟县系阿古鲁沟组，震旦系什那干组及中元古代变质侵入体。分布于包尔腾山、固阳县及其东北地区，其变质作用及构造环境特征与狼山-白云鄂博变质地带基本相同，而变质岩岩石构造组合的建造构成略有差异。

(1)书记沟组陆缘裂谷相裂谷边缘亚相变质含砾石英砂岩-变质石英砾岩-含砾石英片岩组合(Chŝ)。包括变质石英砾岩-含砾石英片岩变质建造，石英岩-变质石英细砂岩-含砾石英砂岩夹变质细砾岩、砂质板岩变质建造。原岩建造为石英砾岩-石英砂岩-含砾石英砂岩夹长石石英砂岩、砂质泥岩组合。

(2)增隆昌组陆缘裂谷相裂谷中心亚相结晶灰岩-板岩夹白云岩组合(Chẑ)。包括结晶灰岩-板岩变质建造，粉砂质板岩-碳质板岩夹结晶灰岩变质建造，结晶灰岩夹云英片岩变质建造，粉砂质板岩夹灰岩变质建造，结晶灰岩-钙质板岩夹白云岩、变质砂岩变质建造。原岩建造为灰岩(白云岩)-粉砂质碳质泥岩夹砂岩组合。

(3)阿古鲁沟组陆缘裂谷相裂谷中心亚相板岩-灰岩组合(Jx*a*)。包括碳质板岩夹结晶灰岩、变质砂岩变质建造，粉砂质板岩夹碳质板岩变质建造，内碎屑灰岩-白云质灰岩角砾岩-亮晶灰岩变质建造，石英千枚岩-粉砂质板岩-变质长石石英细砂岩夹硅质灰岩变质建造。原岩建造为碳质硅质粉砂质泥岩、灰岩夹长石石英细砂岩组合。赋存铜、铅、锌、锰、硫铁矿等矿产。

(4)震旦系什那干组陆表海盆地相碳酸盐岩陆表海亚相硅质灰岩夹硅质页岩组合(Zŝ)。由硅质灰岩、条带状灰岩夹粉砂质黏土岩、硅质页岩及石英岩变质建造构成。原岩为硅质灰岩夹硅质粉砂质黏土岩、石英砂岩组合，为低绿片岩相变质的产物，分布于乌拉特前旗大佘太镇西北部和察右后旗东南部。

(5)中元古代裂谷岩浆岩相裂谷岩浆杂岩亚相变质辉长岩组合($\upsilon Pt_2$)。由低绿片岩相片状-弱片麻状辉长岩变质建造构成。出露于色尔腾山西部。

18)固阳-兴和变质地带变质岩岩石构造组合划分及其特征

中元古代变质岩在本地带分布较少。渣尔泰山群书记沟组、增隆昌组仅见于固阳县东部，中元古代变质侵入体仅限于呼和浩特市北部二道洼地区及卓资县西侧，是裂谷环境中低绿片岩相变质作用的产物。共划分为4个变质岩石构造组合。

(1)书记沟组陆缘裂谷相裂谷边缘亚相长石石英砂岩夹粉砂质板岩、千枚岩组合(Chŝ)。原岩为石英砂岩-长石石英砂岩夹砂质泥岩组合。

(2)增隆昌组陆缘谷相裂谷中心亚相白云岩-泥灰岩-粉砂岩组合(Chẑ)。包括白云岩-泥灰岩和细砂岩-粉砂岩沉积岩建造。

(3)裂谷岩浆岩相裂谷岩浆杂岩亚相中元古代变质花岗岩组合。由片麻状黑云母花岗岩含金建造($\gamma\beta Pt_2$)和变质二长花岗岩含铜、铅、锌、金建造($\eta\gamma Pt_2$)构成。原岩为黑云母花岗岩-二长花岗岩组合。

(4)裂谷岩浆岩相裂谷岩浆杂岩亚相中元古代变质碱长花岗岩组合($\chi\rho\gamma Pt_2$)。建造组成单一，原岩为正长花岗岩。

19)恒山-承德-建平变质地带变质岩岩石构造组合划分及其特征

本变质地带中元古代长城系及变质侵入体出露于打虎石村地区，为裂谷环境中区域低温动力变质作用低—高绿片岩相及低绿片岩相的产物，形成了3个岩石构造组合。

(1)长城系陆内裂谷相裂谷边缘亚相变质砂岩-板岩-石英岩夹大理岩组合。自下而上包括常州沟组含蓝线石石英岩夹绢云母片岩变质建造(Ch*c*)、串岭沟组粉砂质板岩-钙质板岩夹赤铁矿层变质建造(Ch*cl*)、大红峪组粉砂质板岩-钙质板岩夹结晶灰岩变质建造(Ch*d*)及高于庄组变质长石石英砂岩夹硅质板岩、白云质大理岩变质建造(Ch*g*)。原岩为砂岩、泥岩夹灰岩、白云质灰岩组合。

(2)中元古代裂谷岩浆岩相裂谷岩浆杂岩亚相变质基性、超基性岩组合。包括角闪石岩-角闪辉石岩-滑石金云母蛇纹岩变质建造($\Sigma Pt_2$)、变质黑云角闪辉长岩-辉绿辉长岩-橄榄角闪辉岩变质建造($\upsilon Pt_2$)。原岩为基性岩、超基性岩组合。

(3)中元古代裂谷岩浆岩相裂谷岩浆杂岩亚相变质黑云二长花岗岩组合。原岩为二长花岗岩。

### (二)古生代变质岩岩石构造组合划分及其特征

古生代变质岩广泛分布于天山-兴蒙变质域，华北变质域、塔里木变质域及秦祁昆变质域出露较少。古生代变质岩主要是低级变质的浅变质岩类，极少岩石单位涉及中级变质岩类。古生代变质岩岩石构造组合主要参照沉积岩和岩浆岩岩石构造组合类型划分并确定。所划分与确定的岩石构造组合类型、特征及其时空分布已清楚明了地表示到附图5-1、附图5-2、附图5-3中，可以查阅参考。现就一些具有特殊地质意义的岩石构造组合表述如下。

(1)公婆泉奥陶纪蛇绿混杂岩相蛇绿岩亚相变质SSZ型蛇绿岩组合。分布于额济纳旗-北山变质区公婆泉变质地带的尖山、石板井、横峦山、小黄山及月牙山等地。包括低绿片岩相变质的变质基性、超基性岩建造，变质辉长岩-辉绿岩建造，变质辉长岩-闪长岩建造及英云闪长岩建造。原岩为偏铝质—过铝质低钾拉斑系列的橄榄岩、角闪石岩、辉石岩、辉长岩、辉绿岩、闪长岩及过铝质低钾拉斑系列的英云闪长岩组合。

(2)恩格尔乌苏晚石炭世蛇绿混杂岩相变质MORS型蛇绿岩组合($\Sigma C_2$)。分布于恩格尔乌苏变质地带。由低绿片岩相变质的蛇蚊岩-硅质碳酸盐质岩变质建造组成。原岩为拉斑系列的超基性岩组合。变质蛇绿岩以岩块形式产于下述的本巴图组中，一起构成蛇绿混杂岩。

(3)恩格尔乌苏上石炭统本巴图组一段蛇绿混杂岩相远洋沉积亚相变质砂岩-千枚岩夹硅质岩组合($C_2bb^1$)。分布于恩格尔乌苏变质地带。由低绿片岩相变质的变质砂岩-绢云母石英千枚岩夹硅质岩、大理岩变质建造构成。原岩为砂岩、粉砂岩、黏土岩夹硅质岩、灰岩组合。

(4)恩格尔乌苏上石炭统本巴图组二段蛇绿混杂岩相洋内弧亚相变英安质流纹质火山岩-变质玄武岩夹变质砂岩组合($C_2bb^2$)。分布于恩格尔乌苏变质地带，由葡萄石-绿纤石相变质的变英安流纹质火山岩-葡萄石化玄武岩夹变质砂岩变质建造构成。原岩为英安流纹质火山岩、玄武岩夹砂岩、砾岩及灰岩组合。

(5)索伦山下二叠统蛇绿混杂岩相蛇绿岩亚相变质 MORS 型蛇绿岩组合。分布于索伦山变质地带,包括低绿片岩相变质的蛇纹岩-变质斜辉橄榄岩-辉长岩变质建造($\Sigma P_1$)、角闪辉长岩建造($\delta\upsilon P_1$)、变质辉绿岩建造($\beta\mu P_1$)。原岩为橄榄岩、辉长岩及辉绿岩组合。同后述下二叠统一起构成蛇绿混杂岩。

(6)索伦山下二叠统蛇绿混杂岩相洋内弧亚相变质玄武岩-安山岩-细碧角斑岩组合。分布于索伦山变质地带,包括低绿片岩相变质的枕状玄武岩-细碧角斑岩-变质安山岩夹硅质岩、板岩变质建造($P_1\beta$),安山岩-英安岩夹英安质凝灰岩、凝灰质板岩变质建造($P_1\upsilon$)。原岩建造分别为中基性火山岩夹硅泥质岩组合,中酸性火山岩及其凝灰岩组合。

(7)索伦山下二叠统蛇绿混杂岩相远洋沉积亚相板岩-硅质岩-凝灰岩组合。分布于索伦山变质地带,包括低绿片岩相变质的硅质岩-泥质硅质岩-硅质泥岩建造($P_1 sv$)、板岩-硅质岩-凝灰岩夹变质砂岩变质建造($P_1 sm$)。原岩建造分别为含放射虫硅质岩、泥质岩组合,硅质岩、泥岩、凝灰岩夹杂砂岩组合。

(8)杏树洼石炭纪—二叠纪蛇绿混杂岩相蛇绿岩亚相变质橄榄岩-变质辉石岩-玄武岩组合($o\psi mC_1$—P)。分布于林西变质地带杏树洼地区,由变质橄榄岩、变质辉石岩、变质玄武岩、硅质岩数种变质建造构成,原岩包括超基性岩、玄武岩及硅质岩。该组合可能包括四级、五级大地构造单元不同构造环境中的物质组成,尚需进一步细化变质岩建造、合理归纳变质岩岩石构造组合厘定大地构造亚相归属。

(9)贺根山泥盆纪蛇绿混杂岩相蛇绿岩亚相变质 MORS 型蛇绿岩组合。分布于二连-贺根山变质地带的二连浩特市、贺根山、巴拉嘎日郭勒、高日罕郭勒、花敖包特山、霍林郭勒市等地,包括低绿片岩相变质的蛇纹石化橄榄岩-蛇纹岩-阳起石岩建造($\Sigma D$)、辉长辉绿岩-辉长岩建造($\upsilon D$)、角闪辉长岩建造($\delta\upsilon D$)、橄榄岩-蛇纹岩建造($\Sigma D_{2-3}$)、变质辉长岩-角闪辉长岩建造($\upsilon D_{2-3}$)及变质辉绿岩-辉绿玢岩建造($\beta\mu D_{2-3}$)。原岩为不同类型的橄榄岩、纯橄榄岩、辉长岩及辉绿岩组合,并与下文中—上泥盆统一起组成蛇绿混杂岩。

(10)贺根山中—上泥盆统蛇绿混杂岩相远洋沉积亚相硅质岩-玄武岩组合。分布于二连-贺根山变质地带。包括低绿片岩相的变质玄武岩建造($\beta D_{2-3}$)、硅质岩-硅泥质岩-碧玉岩建造($SiD_{2-3}$)及硅质岩-玄武岩建造[$(Si+\beta)D_{2-3}$]。原岩组合面貌清晰。

(11)红花尔基石炭纪高压—超高压变质相高压变质亚相蓝闪片岩组合($gls$)。分布于东乌珠穆沁旗-多宝山变质地带红花尔基镇东部。由高压低温蓝片岩相高压变质作用形成的钠长蓝闪片岩-绿帘片岩-绿泥石英片岩变质建造构成。原岩为火山岩夹泥质岩组合。

(12)红花尔基石炭纪高压—超高压变质相高压变质亚相混杂堆积组合。分布于东乌珠穆沁旗-多宝山变质地带红花尔基镇东侧。由不同时代的浅变质岩系巨型岩块构成,包括多宝山组($O_{1-2}d$)、裸河组($O_{2-3}lh$)、泥鳅河组($D_{1-2}n$)、大民山组($D_{2-3}d$)、莫尔根河组($C_1 m$)、红水泉组($C_1 h$)及晚泥盆世斜长花岗岩($\gamma o D_3$)。

# 第四节　变质相(相系)及变质时代

## 一、划分原则及表示方法

变质相是在一定温度和压力范围内,不同成分的原岩经变质作用后形成的一套矿物共生组合,它们在时间和空间上重复出现并紧密伴生。每一个矿物共生组合与岩石化学成分之间有着固定的对应关系。根据形成时温度和压力条件的不同,可将所有的变质矿物共生组合划分为若干变质相。不同的变质相往往以特征矿物组合或相当的特征性岩石来命名。变质相的划分主要依据不同化学成分变质岩的矿物共生组合、特征变质矿物的出现或消失、特定的变质反应及实验资料以及变质温度和压力条件。

变质相系是在一个变质地区内反映温度和压力之间变化特征的一系列变质相。在PT图上可以用一条或一组曲线表示，并有相应的一套矿物共生组合的变化系列。依据特征矿物组合和地热梯度的变化范围把变质相系划分为低压型、中压型、高压型3种基本类型以及它们之间的过渡类型。3种基本类型特征如下。

(1)低压型(红柱石-夕线石型)，特征是变质泥质岩中出现红柱石和堇青石，铁铝榴石很少，地热梯度大于25℃/km。

(2)中压型(蓝晶石-夕线石型)，特征是变质泥质岩中出现蓝晶石、十字石和铁铝榴石，地热梯度为16～25℃/km。

(3)高压型(蓝闪石-硬柱石型)，特征是变质硬砂岩和变质基性岩中出现硬玉、硬柱石和蓝闪石，地热梯度为7～16℃/km。

在本次编图工作中对变质相及变质相系的划分采用全国汇总组(2010)提出的新的建议方案(表5-6)。该方案是在董申保(1986)等主编的第一代中国变质地质图编制与研究资料基础上，结合沈其韩等正在进行的第二代中国变质地质图编制原则与方法的意见修编而成的。新方案将蓝片岩相作为一个独立的变质相单独划分出来，按压力和温度条件划分为高压-低温型及高压-中温型变质相系；并增加了榴辉岩相及相系，按压力和温度条件划分为高压-低温型及超高压-中温型变质相系。

变质时代是地壳中已经存在的岩石由于区域热流和应力发生变化而遭受变质作用改造的时代，既包括在一个大地构造演化旋回中变质作用发生、发展及终了的全过程，也包括与变质作用有关的混合岩化作用和花岗岩化作用。变质作用时代是以变质作用结束时期进行厘定的，多数情况下与该区构造运动相一致。确定变质作时代的标志有区域不整合、变质作用类型及同位素年龄数据。

(1)两套变质岩系之间存在明显的区域不整合，上覆岩系底部砾岩中有下伏变质岩系的变质砾石，而且变质作用类型有明显差异。

(2)相邻变质岩系之间虽然未见明显不整合，但是主要变质作用类型截然不同，而且分界线也比较清楚。

(3)有准确可靠的同位素年龄数据足以说明变质岩系所属的变质作用时代，并与相关地质资料吻合。

变质期、变质相系及变质时代的表示方法按照编图技术要求执行。变质相及变质相系用颜色表示，颜色代码从电脑系统库中选取。变质作用时代用技术要求中规定的代号表示，结合本次编图工作实际资料情况厘定的变质作用时代表示方案如表5-7所示。

**表5-6　变质相及变质相系划分**

| 变质相 | 变质相系 | 常见的矿物及矿物组合 | 备注 |
| --- | --- | --- | --- |
| 亚绿片岩相 | 浊沸石相 | 浊沸石 | $T=180 \sim 250$℃，$P<0.4$GPa |
| | 葡萄石-绿纤石相 | 葡萄石＋绿纤石 | $T=250 \sim 350$℃，$P=0.2 \sim 0.5$GPa |
| 绿片岩相 | 低绿片岩相/低压及中压相系 | 绢云母、绿泥石、绿帘石、黝帘石、钠长石、锰铝榴石 | $T=350 \sim 450$℃，$P=0.3 \sim 0.8$GPa |
| | 高绿片岩相/低压及中压相系 | 铁铝榴石、普通角闪石＋绿帘石 | $T=450 \sim 560$℃，$P=0.4 \sim 1.0$GPa |
| 绿帘角闪岩相 | 中—低压型 | 铁铝榴石、普通角闪石、绿帘石、阳起石、钠长石 | $T=450 \sim 560$℃，$P=0.4 \sim 1.0$GPa |

续表 5-6

| 变质相 | 变质相系 | 常见的矿物及矿物组合 | 备注 |
|---|---|---|---|
| 角闪岩相 | 低压型/十字—红柱石(堇青石)组合 | 十字石、红柱石、堇青石、普通角闪石(黄绿色)、石榴子石、斜长石 | |
| | 中压型/十字石—蓝晶石组合 | 十字石、蓝晶石、石榴子石、普通角闪石(蓝绿色) | 高于泥质岩饱和水固相线开始深熔条件 |
| | 低—中压型(未分) | 夕线石、钾长石、硅灰石、普通角闪石(蓝绿色—棕黄色)、蓝晶石 | |
| 麻粒岩相 | 中—低压型 | 斜方辉石、单斜辉石、夕线石、钾长石、斜长石、富铁黑云母、普通角闪石、堇青石 | 存在广泛的深熔脉体，$T$=700～900℃，$P$=0.3～1.0GPa |
| | 高压型 | 夕线石、钾长石(条纹)、斜方辉石、蓝晶石、斜长石 | |
| | 超高温型 | 夕线石、钾长石、富锌尖晶石、假蓝宝石、大隅石、石英 | 广泛深熔，$T$>900℃ |
| 蓝片岩相 | 高压低温型(蓝闪石-绿帘石组合) | 青铝闪石、绿帘石、阳起石、钠长石、冻蓝闪石、黑硬绿泥石、蓝闪石 | $T$=200～450℃，$P$=0.8～2.0GPa |
| | 高压中温型(硬柱石-蓝闪石组合) | 蓝闪石、硬柱石、绿帘石、硬绿泥石、钠长石、多硅白云母 | $T$=450～550℃，$P$=0.6～2.0GPa |
| 榴辉岩相 | 高压—低温型 | 镁铝榴石、硬柱石、蓝闪石、多硅白云母、石英、钠云母、绿辉石 | $T$=450～600℃，$P$>1.5GPa |
| | 超高压—中温型 | 绿辉石、镁铝榴石、蓝晶石、多硅白云母、柯石英、金刚石、文石 | 广泛深熔 $T$=600～700℃，$P$>1.5GPa |

**表 5-7　变质作用时代表示方案**

| 变质作用期次 | 代号 | 变质峰期(Ma) | 变质时代范围(Ma) |
|---|---|---|---|
| 海西期 | V | 250～350 | 230～370 |
| 加里东期 | C | 420～540 | 400～540 |
| 新元古期 | $P\in_{E}$ | 700～900 | 600～1000 |
| 中—新元古期 | $P\in_{D-E}$ | 700～1400 | 600～1600 |
| 中元古期 | $P\in_{D}$ | 1000～1400 | 1000～1600 |
| 古元古期 | $P\in_{C}$ | 1800～2000 | 1800～2300 |
| 新太古期 | $P\in_{B}$ | 2500～2600 | 2500～2700 |
| 古—中太古期 | $P\in_{A}$ | >2800 | >2800 |

## 二、变质相(相系)及变质时代

通过内蒙古自治区全区 1：25 万实际材料图和建造构造图的编制并结合前人资料进行总结与分析，按照技术要求的划分原则，将全区变质岩的变质作用时代划分为古—中太古期、新太古期、古元古期、中元古期、中—新元古期、新元古期、加里东期及海西期共 8 期(表 5-7)。将全区变质岩变质相(相系)总结为 17 种类型。

(1)葡萄石-绿纤石相;
(2)低绿片岩相;
(3)绿片岩相;
(4)低绿片岩相—高绿片岩相;
(5)中压低绿片岩相—高绿片岩相;
(6)中低压低绿片岩相-低角闪岩相;
(7)中压低绿片岩相-低角闪岩相;
(8)中低压高绿片岩相-低角闪岩相;
(9)中压高绿片岩相-低角闪岩相;
(10)角闪岩相;
(11)中低压高角闪岩相;
(12)中压高角闪岩相;
(13)中低压高角闪岩相—麻粒岩相;
(14)中压高角闪岩相—麻粒岩相;
(15)中压麻粒岩相;
(16)高压低温蓝片岩相;
(17)高压中温蓝片岩相。

同时,将它们分别归属埋深变质作用、区域低温动力变质作用、区域动力热流变质作用、区域中高温变质作用及高压—超高压变质作用5种类型。变质相和变质相系的时空分布情况如表5-8所示。下面按变质作用的时代由老到新分别讨论各个变质单元各个变质岩石单位的变质相和相系特征。变质岩石单位的时空分布具体位置及变质岩建造组成内容可参考第二节与第三节及相关附图。

### (一)古—中太古期变质相(相系)及变质时代

本期变质作用涉及狼山-阴山、阿拉善、鄂尔多斯和晋冀4个变质区,包括的变质地体有兴和岩群、乌拉山岩群、迭布斯格岩群、雅布赖山岩群、集宁岩群、千里山岩群及同期变质侵入体。总体变质作用特征属于区域中高温变质类型。

#### 1.兴和岩群区域变质作用

兴和岩群分布于狼山-阴山变质区固阳-兴和变质地带,分别出露于兴和县南部和包头—呼和浩特市地区。兴和县南部地区主要岩石组成为二辉辉石型麻粒岩夹片麻岩及磁铁石英岩。主要矿物共生组合包括:

Hy+Di+Hb+Pl
Hy+Di+Bit+Qz
Hy+Di+Hb+Qz
Alm+Pl+Pe+Qz
Gr+Pl+Bit+Qz

已有的研究资料表明,峰期变质作用对二辉辉石矿物计算温度为888~957℃,压力为0.99~1.12GPa,推测地热梯度为(21~25)℃/km,属于中压麻粒岩相。

包头—呼和浩特地区的主要岩石组成为二辉麻粒岩、花岗质麻粒岩、辉石片麻岩夹斜长角闪岩及磁铁石英岩,主要矿物共生矿合包括:

Hy+Di+Pl+Pyr
Hy+Di+Pl±Hb±Bi

Hy＋Pl＋Hb＋Qz

Hy＋Hb＋Pl＋Kf±Bit＋Qz

Hy＋Pl＋Kf＋Qz

Hy＋Di＋Pl＋Kf＋Qz

Hy＋Cpx＋Pl±Hb

Hy＋Cpx＋Pl＋Gr±Hb

Hy＋Pl＋Gr＋Bit＋Qz

CPx＋Pl＋Qz±Hb±Pe

测试估算的温度为870～1085℃，压力为1.1GPa，归属中压麻粒岩相。研究分析的变质作用 *P-T-t* 轨迹为近等压降温逆时针方向演进过程。

兴和岩群在兴和地区已有透辉石Sm-Nd等时线年龄为(3740±39)Ma、基性麻粒岩Sm-Na全岩等时线年龄为2879Ma的年代信息。并把变质改造过程划分为前麻粒岩相阶段、麻粒岩相峰期阶段、后麻粒岩相早期变形阶段、混合岩化阶段、晚期变形阶段及钾质交代6个阶段。发现前麻粒岩相阶段的早期矿物组合残留在峰期阶段的矿物组合中，其温压条件分别为650～680℃和0.76～0.84GPa，估计的变质时限不晚于中太古代。

包头地区1：25万区域地质调查成果把中太古代变质深成岩分为深熔片麻岩和变质深成侵入岩两类，认为深熔片麻岩早于变质深成侵入岩，它们在区域分布上与兴和岩群、乌拉山岩群相一致，在形成时代和地质作用演化方面也具有一定的相关性和延续性。叶百沟变质基性岩Sm-Nd同位素年龄为(2822±2)Ma反映岩浆形成年龄，深熔片麻岩的变质年龄应早于这个时代。总之，这一地区兴和岩群及变质深成侵入岩的变质时代应为中太古代，归属古—中太古代变质期。

### 2. 乌拉山岩群区域变质作用

乌拉山岩群分布于狼山-阴山变质区的3个变质地带，包括下部哈达门沟岩组和上部的桃儿湾岩组。哈达门沟岩组自下而上划分为黑云角闪片麻岩、长英片麻岩、夕线榴石片麻岩和透辉片麻岩4个岩石构造组合，桃儿湾组包括大理岩和石英岩岩石构造组合。各个组合的变质矿物共生组合如下。

*1)黑云角闪片麻岩及长英片麻岩岩石组合的矿物共生组合*

Hb＋Pl＋Bit

Cpx＋Hb＋Pl

Hb＋Pl＋Gr±Qz

Hb＋Pl＋Pe±Qz

Bit＋Pl＋Pe＋Qz

Hb＋Pl＋Qz

Bit＋Hb＋Pl＋Qz±Pe

*2)夕线榴石片麻岩岩石组合的矿物共生组合*

常见组合

Gr＋Bit＋Pl±Pe＋Qz

Sil＋Gr＋Bit＋Pl±Pe＋Qz

Sit＋Cord＋Gr＋Bit＋Pe±Pl＋Qz

Cord＋Gr＋Bit＋Pl＋Qz

Bit＋Sil＋Qz

Gr＋Hy＋Qz±Pl

少见组合

假蓝宝石＋Spi＋Sil＋Gr＋Pl

Gr+Spi+Cord+Bit+Pe

Hy+Sil+Cord+Gr+Bit+Pl+Qz

3)透辉片麻岩岩石组合的矿物共生组合

Di+Pl±Hb±Qz

Di+Pl+Pe+Qz

Di+Pe±Hb±Pl

4)大理岩岩石组合的矿物共生组合

Spn+Di+Ol+Cal±Gpn+Qz

Gro+Wl+Scp+Di+Cal+Qz

Ol+Do±Phl±Oz

5)石英岩岩石组合的矿物共生组合

Sil+Gr+Bit+Kf+Pl+Qz

Mic+Pl+Bit+Qz

Pl+Bit+Qz

Sil+Bit+Qz

综合已有的区域地质调查和有关研究表明,乌拉山岩群变质岩形成的温度在650~919℃之间,压力在0.72~0.94GPa之间,与之有关的变质深成侵入体变质温度与压力有两组数据,一组包括陶来沟片麻岩、平方沟片麻岩、立甲子片麻岩、村空山片麻岩、昆都仑片麻岩、钾长花岗质片麻岩等岩体变质温度为610~675℃,压力为0.87~0.90GPa;另一组包括山和原沟片麻岩、毕气沟片麻岩、狼牙山片麻岩、紫苏花岗质麻粒岩、紫苏长英质麻粒岩、紫苏混合花岗岩、昆都仑片麻岩、叶百沟变质基性岩等岩体变质温度为680~937℃,压力为0.72~1.10GPa。它们的变质作用 *P-T-t* 轨迹为近等温降压顺时针方向演进。乌拉山岩群变质作用属于中低压高角闪岩相-麻粒岩相,有关变质深成侵入体为中压高角闪岩相或中压麻粒岩相,同属区域中高温度变质作用类型。

**3.迭布斯格岩群区域变质作用**

该群分布于狼山-阴山变质区狼山-白云鄂博变质地带西部迭布斯格村一带。共划分4个变质岩岩石构造组合,各自的矿物共生组合如下。

1)黑云角闪片麻岩-黑云角闪混合岩夹磁铁石英岩变质岩组合

Bit+Hb+Pl+Qz

Bit+Hb+Pl+Kf+Qz

Hb+Di+Pl+Qz+Mt

Bit+Di+Pl+Gr+Qz

Cal+Di+Qz

Qz+Gr+Mt

Mu+Cord+Kf+Qz

2)透辉角闪片麻岩-透辉大理岩夹透辉磁铁石英岩组合

Hb+Di+Pl+Qz+Mt

Bit+Pl+Qz+Gr±Sil

Hy+Pl+Qz+Mt

Cal+Di+Qz

Qz+Di±Hb±Gr+Mt

3)黑云角闪片麻岩-紫苏透辉片麻岩-透辉大理岩组合

Bit+Hb+Pl±Gph

Hy＋Di＋Pl＋Qz

Hy＋Hb＋Di＋Pl＋Qz

Hy＋Hb＋Pl＋Qz

Cal＋Di＋Qz＋Scp＋Mic

Di＋Hb＋Pl

Qz＋Hy＋Gr＋Mt

4)黑云角闪片麻岩夹磁铁石英岩组合

Bit＋Pl＋Qz

Bit＋Hb＋Pl＋Qz

Hb＋Pl＋Qz＋Di

Cal＋Di＋Qz＋Mic

Qz＋Di＋Hb＋Mt

根据沈其韩等(2004)对该群中斜长角闪岩的研究,确定形成的温度为782～795℃,压力为0.5～0.6GPa,属于区域中高温度变质作用中压高角闪岩相-麻粒岩相。

#### 4.雅布赖山岩群区域变质作用

该群分布于阿拉善变质区迭布斯格-阿拉善右旗变质地带和狼山-阴山变质区狼山-白云鄂博变质地带西部雅布赖山及巴彦乌拉山地区。主要变质岩岩石类型有各种片麻岩、变粒岩、浅粒岩、斜长角闪岩、大理岩及混合岩。主要矿物共生组合如下。

Pl＋Hb＋Qz

Pl＋Bit＋Qz

Pl＋Hb＋Bit＋Qz

Pl＋Hb＋Gr±Cpx±Bit＋Qz

Pl＋Hb＋Di＋Gph＋Qz

Pl＋Kf＋Mu＋Qz

Pl＋Kf＋Bit＋Mu＋Qz

Pl＋Bit＋Mu＋Gr＋Qz

Pl＋Bit＋Qz±Gr

Pl＋Hb＋Bit＋Mic＋Qz

Pl＋Hb＋Mic＋Qz

Ads＋Mic＋Bit＋Gr＋Qz

Ads＋Hb＋Bit＋Qz

Pl＋Mic＋Bit＋Qz

Cal＋Do＋Di＋Qz

Pe＋Dg＋Bit＋Qz

沈其韩等(2004)对巴彦乌拉山地区斜长角闪岩的研究表明,其变质温度为739℃,变质压力为0.5GPa,从岩相学和矿物组合分析,属于中压(偏低)高角闪岩相区域中高温变质作用类型。

#### 5.集宁岩群区域变质作用

集宁岩群大面积分布于狼山-阴山变质区固阳-兴和变质地带、色尔腾山-太仆寺旗变质地带,并延续至晋冀变质区吕梁变质地带。可以划分为3种变质岩岩石构造组合,各自矿物共生组合如下。

1)石墨夕线榴石片麻岩夹大理岩组合

Gph＋Sil＋Gr＋Bit＋Kf＋Qz

Cord＋Gr＋Bit＋Sil＋Kf＋Pl＋Qz

Sil＋Gr＋Kf＋Pl＋Qz

Pl＋Kf＋Gr＋Bit＋Qz

Sil＋Gr＋Pl＋Qz

Kf＋Bit＋Cord＋Qz

Hy＋Pl＋Bit＋Qz

Scp＋Di＋Cal＋Kf＋Qz

Sil＋Di＋Gr＋Qz

Sil＋Kf＋Qz

Hy＋Gr＋Pl＋Qz

2)石榴变粒岩-大理岩组合

Sil＋Gr＋Kf＋Qz

Di＋Cal＋Pl＋Qz

3)大理岩夹片麻岩组合

Cal＋Do

Cal＋Ol

Di＋Sep＋Cal＋Kf

Cal＋Di＋Ol＋Pl

根据1∶5万区域地质调查工作的研究认为，该群变质岩形成的温度为700～900℃，压力为0.8～0.97GPa，结合矿物共生组合分析，应属于中低压高角闪岩相-麻粒岩相区域中高温变质作用类型。

### 6. 千里山岩群区域变质作用

该群分布于狼山-阴山变质区贺兰山变质地带的贺兰山北部及千里山地区，自下而上包括察干郭勒岩组、千里沟岩组及哈布其盖岩组。岩石构造组合及矿物共生组分别如下。

1)察干郭勒岩组黑云角闪片麻岩-石英岩-大理岩组合

Bit＋Hb＋Pl＋Qz

Scp＋Hb＋Pl＋Qz

Qz＋Pl＋Bit＋Di＋Hb

Qz＋Mt＋Gr＋Hb

Mt＋Di＋Pl＋Bit＋Gr

Cal＋Di＋Pl＋Qz

Hy＋Hb＋Phl＋Pl

2)千里沟岩组石墨片麻岩-石墨大理岩夹变粒岩组合

Bit＋Pl＋Qz＋Gph±Kf

Cal＋Di＋Pl＋Qz＋Gph

Gr＋Bit＋Pl＋Qz

Cal＋Sep＋Mu

3)哈布其盖岩组夕线榴云片麻岩-夕线榴云变粒岩-浅粒岩组合与混合岩组合

Sil＋Gr＋Bit＋Pl＋Qz

Sil＋Gr＋Bit＋Pl＋Kf＋Qz

Sil＋Cord＋Bit＋Pl＋Qz

Sil＋Ad＋Gr＋Bit＋Pl＋Kf＋Qz

Di＋Pl＋Bit＋Qz±Gph

Bit+Pl+Kf+Qz

Bit+Pl+Gr+Mu+Sil+Qz

Pl+Kf+Qz+Mu

根据闫月华(1981)对千里山岩群变质岩岩石学的研究,其形成温度为700~800℃,压力为0.55~0.65GPa。矿物共生组合出现堇青石表明压力较低,所以将其划归为区域中高温变质作用类型,中低压高角闪岩相-麻粒岩相系。

## (二)新太古期变质相(相系)及变质时代

新太古期变质作用发生在额济纳旗-北山变质区、阿拉善变质区、狼山-阴山变质区、晋北-冀北变质区以及敦煌变质区,涉及的变质地体有中—新太古界、阿拉善岩群、色尔腾山岩群、二道洼岩群、建平岩群、伙家沟表壳岩及同期变质侵入体。总体上以区域动力热流变质作用为主,兼有区域中高温变质作用类型。

### 1.中—新太古界区域变质作用

中—新太古界分布于额济纳旗-北山变质区的圆包山、红石山、明水、公婆泉、哈特布其变质地带及敦煌变质区柳园变质地带。主要岩石类型包括片麻岩、混合岩、斜长角闪岩、变粒岩、浅粒岩、石英岩及大理岩,主要矿物共生组合如下。

Bit+Hb+Pl+Qz

Bit+Pl+Qz

Bit+Pl+Kf+Alm+Qz

Bit+Pl+Kf+Qz

Bit+Pl+Qz+Ap

Bit+Mu+Kf+Pl+Qz

Bit+Hb+Pl+Kf+Qz

Ser+Pl+Kf+Mt

Hb+Pl+Qz+Gr+Spn

Bit+Pl+Hb+Qz+Gr+Spn

Hb+Pl+Qz

Bit+Mu+Pl+Kf+Qz+Spn

Bit+Mu+Pl+Qz

Bit+Pl+Qz+Spn

Bit+Pl+Mu+Qz

Hb+Pl+Qz+Ap

Di+Tl+Pl

Gr+Bit+Mu+Pl+Qz

Bit+Gr+Pl+Qz+Ap

Do+Cal+Scp

Do+Cal+Sep+Di

Do+Cal+Qz

中—新太古界是本次编图从过去北山岩群中单独划分出来的填图单元,缺乏变质作用方面的研究资料,其温压条件没有数据,只能根据区域对比及变质岩专业工作经验判断可能属于中压高角闪岩相区域中高温变质作用类型。

**2. 阿拉善岩群区域变质作用**

该群分布于阿拉善变质区及狼山-阴山变质区狼山-白云鄂博变质地带西部。两个变质单元的岩石组合及变质作用特征略有差异，总体属于区域动力热流变质作用类型。

阿拉善变质区两个变质地带的阿拉善岩群变质岩岩石类型有蓝晶十字片岩、石榴云英片岩、斜长角闪片岩、斜长角闪岩、变粒岩、浅粒岩、石英岩及大理岩，主要矿物共生组合如下。

Ky＋St＋Gr＋Mu＋Pl＋Qz

St＋Gph＋Bit＋Mu＋Pl＋Qz

St±Ky＋Hb＋Pl＋Qz

Bit＋Pl＋Qz

Chl＋Ser＋Alm＋Pl＋Qz

Ep＋Bit＋Pl＝Qz

Bit＋Hb＋Pl＋Qz

Bit＋Mu＋Gr＋Pl＋Qz

Gr＋Hb＋Pl＋Qz

Cal＋Do＋Di＋Qz

Cal＋Phl＋Gph＋Mt

Cal＋Di＋Tl＋Ol

根据以上矿物共生组合及其相关变质反应确定为高绿片岩相-低角闪岩相与中压相系。

狼山-白云鄂博变质地带西部乌力吉-图克木地区阿拉善岩群变质岩岩石类型与阿拉善变质区大致类同，区别是未出现蓝晶石矿物，主要的矿物共生组合如下。

St＋Gr＋Mu＋Qz±Bit

St＋Gr＋And＋Qz＋Mu

Cord＋Qz＋Bit＋Mu＋Pl

St＋Gr＋Qz＋Mu＋Bit＋Pl

Gr＋Qz＋Bit±Chl

Hb＋Pl±Bit＋Qz

Pl＋Kf＋Mu＋Qz

Tr＋Do＋Cal

Phl＋Cal＋Do

Di＋Tr＋Ep＋Zo＋Cal

Mu＋Bit＋Pl＋Ad＋Gph

Bit＋Di＋Pl＋Qz

沈其韩等(2004)对该地区阿拉善岩群斜长角闪岩的矿物组成特征及变质温压条件进行了研究，变质温度为743℃，压力为0.45GPa，认为属于中高温(偏低)区域动力热流变质作用。巴彦诺尔公地区4幅1∶5万区域地质调查资料(2001年)将阿拉善岩群对比并划分为色尔腾山岩群，其变质温压资料为556～628℃，0.5～0.65GPa。经综合研究分析认为乌力吉-图克木地区阿拉善岩群变质作用特征属于中低压低绿片岩相-低角闪岩相的区域动力热流变质作用类型，与阿拉善变质区的阿拉善岩群有压力偏低、温度偏高的明显差异。

**3. 色尔腾山岩群区域变质作用**

色尔腾山岩群主要分布于狼山-阴山变质区的色尔腾山-太仆寺旗变质地带，在狼山-白云鄂博变质地带东部和固阳-兴和变质地带只有小面积出露。自下而上划分为东五分子岩组、柳树沟岩组及点力素泰岩组。主要岩石类型有黑云角闪斜长片岩、角闪片岩、斜长角闪岩、阳起片岩、绿泥石英片岩、绿泥绿帘片岩、绿泥长英片岩、绿帘钠长片岩、石榴云英片岩及大理岩。主要矿物共生组合如下。

变泥砂质岩

St+Bit+Mu+Qz

Ser+Mu+Qz±Gr

Ser+Chl+Qz

Chl+Mu+Qz

Bit+Mu+Alm+Qz

Bit+Mu+Alm+Pl+Qz

Bit+Mu±Chl±Gr

Mu+Sil+Pl+Qz

Ab+Bit+Ms+Alm+Qz

Ads+Bit+Ms+Alm

Cord+Alm+Bit+Ms+Qz

变基性岩

Hb+Alm+Ep+Pl+Qz

Hb+Ep+Pl+Qz

Act+Ep+Qz±Pl

Ep+Chl+Qz±Act

Act+Ep+Chl+Ab+Qz

Hb+Bit+Pl+Qz

Pl+Ep+Hb+Bit±Qz

Bit+Hb+Ab±Qz

变钙质岩

Cal+Do+Tl+Gph

Cal+Do+Phl

Ho+Dl+Cal+Tl

Sep+Phl+Di+Cal

Ol+Cal

色尔腾山地区1∶5万区域地质调查资料显示，该岩群变质温度为450～600℃，压力为0.3～0.8GPa。1∶25万白云鄂博幅区域地质调查资料显示该群变质温度为400～570℃，压力在0.5～0.8GPa之间。经综合分析认为色尔腾山岩群的变质温度应为400～600℃，压力应为0.5～0.8GPa，应属于中低压低绿片岩相-低角闪岩相区域动力热流变质作用类型。

#### 4.二道洼岩群区域变质作用

该岩群仅分布于狼山-阴山变质区固阳-兴和变质地带，出露于呼和浩特市北部、四子王旗南部、察右中旗西部。主要岩石类型有变质砾岩、十字蓝晶云母片岩、石榴云英片岩、角闪黑云片岩、钠长阳起片岩及大理岩等。主要矿物共生组合如下。

变泥质岩

St+Ky+Bit+Alm+Mu+Pl

St+Bit+Alm+Pl+Qz

St+Bit+Mu+Alm+Qz

St+Sil+Kf+Bit+Alm+Pl+Qz

Sil+Bit+Alm+Pl+Qz

Ser+Pl+Am+Qz

ALm+Ad+Bit+Mu+Qz

Alm+Bit+Pl+Chl+Qz

Bit+Ep+Pl+Qz

Bit+Chl+Kf+Pl+Qz

变基性岩

Act+Ep+Ab+Cal

Act+Chl+Ab+Bit+Qz

Act+Ep+Zo

Hb+Pl+Chl+Qz

Hb+Og+Bit+Qz

呼和浩特市地区1∶5万区域地质调查对二道洼岩群变质作用进行了全面研究。分别划分出了低绿片岩相—高绿片岩相-低角闪岩相的变基性岩及变泥质岩的矿物递增变质带。测试分析了各变质相的温压条件:低绿片岩相的温压数据为370～500℃和0.2～0.8GPa,高绿片岩相的温压数据为500～560℃和0.2～0.5GPa,低角闪岩相的温压数据为500～675℃和0.33～1.05GPa,估算的地热梯度为(18～25)℃/km。经综合分析可以认为,二道洼岩群变质温度应为400～670℃,压力应为0.5～0.8GPa,具有明显的多相递增变质带,总体属于中压低绿片岩相-低角闪岩相的区域动力变质作用类型。

**5. 建平岩群与伙家沟表壳区域变质作用**

建平岩群与伙家沟表壳岩分布于晋北-冀北变质区恒山-承德-建平变质地带的喀喇沁旗—宁城县及敖汉旗南部。二者岩石组成主要包括黑云角闪片麻岩、变粒岩、云英片岩、斜长角闪岩、麻粒岩、混合岩夹磁铁石英岩。它们的矿物共生组合如下。

Di+Hb+Pl±Gr

Sil+Gr+Mu+Bit+Qz

Mt+Qz±Hb+Bit

Bit+Or+Pl+Qz

Hy+Di+Pl

Do+Cal±Qz

据此分析它们的变质作用特征应属于中压高角闪岩相-麻粒岩相区域中高温变质作用类型。其中的黑云斜长片麻岩锆石U-Pb年龄为2446Ma,侵入建平岩群牛家营子片麻岩变质侵入体锆石U-Pb年龄为2579Ma,综合判断其变质时代为新太古代。

### (三)古元古期变质相(相系)及变质时代

古元古期变质岩分布广泛,除秦祁昆变质域外都有分布。包括的变质地体有北山岩群、宝音图岩群、锡林郭勒变质杂岩、兴华渡口岩群、赵池沟岩组、马家店群及明安山群。变质作用以区域动力热流变质为主,兼有区域低温动力变质作用类型。

**1. 北山岩群区域变质作用**

北山岩群分布于额济纳旗-北山变质区圆包山、红石山、明水、公婆泉、哈特布其变质地带及敦煌变质区柳园变质地带,与新太古期新—中太古界分布情况完全一致。变质作用总体特征为区域动力热流变质作用类型。按照变质相与相系特征分为两种情况讨论。

(1)中压低绿片岩相—高绿片岩相变质岩出露于圆包山、红石山、明水、公婆泉、柳园5个变质地带，它们的岩石组合包括云母石英片岩、角闪片岩、斜长角闪岩、变粒岩、石英岩及大理岩，主要矿物共生组合如下。

Bit+Pl+Qz+Mt

Ser+Chl+Ep+Bit+Qz

Bit+Mu+Pl+Qz

Hb+Pl+Qz+Bit+Gr

Hb+Ep+Pl+Qz

Bit+Mic+Pl+Qz

Bit+Pl+Kf+Qz

Bit+Mu+Qz+Gr

Do+Cal+Scp

Do+Cal+Qz

Cal+Qz+Gph

额济纳旗-北山变质区分布的北山岩群普遍缺少变质岩温压数据研究资料。主要根据矿物共生组合特征、典型矿物的出现与消失以及实验证明的变质反应条件来判断变质温压条件。据此认为上述5个变质地带分布的北山岩群的变质温度大致为350～550℃，压力大致为0.2～0.7GPa。应属中压低绿片岩相—高绿片岩相。

(2)中压低绿片岩相-低角闪岩相变质岩出露于哈特布其变质地带的哈尔扎盖地区，主要岩石组合为十字云母片岩、石榴云英片岩、斜长角闪片岩、大理岩夹变粒岩、石英岩。主要矿物共生组合如下。

Chl+Ser+Mu+Bit+Pl+Qz

St+Mu+Bit+Qz

Bit+Mu+Pl±Ky+Qz

Gr+Sil+Pl+Qz

Gr+Mu+Bit+Pl+Qz

Bit+Pl+Kf+Qz

Hb+Pl+Kf+Qz

Bit+Hb+Pl+Kf+Qz

Bit+Pl+Qz

Hb+Pl+Ap+Qz

Gr+Bit+Pl+Qz

上述矿物共生组合情况，特别是出现十字石和蓝晶石以及相关实验变质反应资料表明，哈特布其变质地带分布的北山岩群应属中压低绿片岩相—低角闪岩相区域动力热流变质作用类型。

**2.宝音图岩群区域变质作用**

宝音图岩群主要分布于天山-兴蒙变质域宝音图-温都尔庙-库伦旗变质区宝音图变质地带、温都尔庙-库伦旗变质地带(包括东部双井店出露的双井片岩)。额济纳旗-北山变质区哈特布其变质地带、大兴安岭变质区二连-贺根山变质地带、狼山-阴山变质区狼山-白云鄂博变质地带西部也有少量出露，主要变质岩岩石组合为蓝晶十字石榴云母片岩、石榴云母石英片岩、千枚岩、石英岩夹角闪片岩、阳起片岩、绿泥片岩、变质砂岩、结晶灰岩及大理岩。以乌拉特后旗和三道桥地区1∶20万区域地质调查资料研究程度较高，划分了变质带、变质期及相系。现参照内蒙古自治区全区变质岩专题研究(1988)成果予以总结。

(1)低绿片岩相变质岩以片岩和千枚岩为主，包括石墨绢云母片岩、绢云母石英片岩、阳起片岩、绿泥千枚岩、绢云母千枚岩、绢云母石英千枚岩。变泥质岩典型矿物共生组合 Ser＋Qz、Ser＋Chl＋Qz、Ser＋Bit＋Qz、Ser＋Chl＋Bit＋Qz 属于黑云母带，变基性岩中出现的阳起石单矿物组合属于阳起石带。

(2)高绿片岩相变泥质岩包括白云母石英片岩、二云母片岩、石榴黑云斜长片岩、绿帘绢云母石英片岩，典型矿物共生组合 Ms＋Bit＋Ep、Ms＋Gr＋Qz、Bit＋Pl＋Gr＋Qz、Ms＋Bit＋Gr＋Qz 属于铁铝榴石带；变基性岩包括角闪片岩、斜长角闪片岩、绿帘角闪片岩等，典型矿物共生组合 Hb(蓝绿色)＋Og、Hb(蓝绿色)＋Ep＋Og＋Qz 属于奥长石-角闪石带。

(3)低角闪岩相以变泥质片岩为主，包括蓝晶十字二云片岩、石榴蓝晶二云片岩、蓝晶石榴白云母片岩、十字石榴二云片岩、含十字二云石英片岩、含十字石榴黑云片岩及含十字石榴白云母片岩，典型矿物组合如下。

St＋Ms＋Gr＋Qz

St＋Bit＋Ms＋Qz

St＋Bit＋Gr＋Qz

Ky＋Ms＋Bit＋Gr＋Qz

St＋Ky＋Bit＋Ms＋Qz＋Gr

属于十字石-蓝晶石带。变基性岩斜长角闪岩的矿物共生组合 Hb(黄绿色)＋Pl＋Qz 属于斜长石-角闪石带。

综上所述，宝音图岩群的变质相系是由低绿片岩相—高绿片岩相-低角闪岩相组成的，相应的变质带在变泥质岩中明显地表现为黑云母带-铁铝榴石带-十字石-蓝晶石带的递增变质带。特征矿物十字石、蓝晶石及铁铝榴石的普遍出现，表明变质作用属于中压变质相系(蓝晶石-十字石型)。

根据实验证明的变质反应推测低绿片岩相形成的温压条件是 430～470℃和 0.1～0.7GPa，低绿片岩相与高绿片岩相临界反应温压条件是 500℃和大于 0.4GPa，高绿片岩相与低角闪岩相临界反应温压条件是 510～580℃和 0.2～0.7GPa，而蓝晶石和铁铝榴石与十字石共生时，其压力大致介于 0.60～0.65 GPa 之间，因此宝音图岩群变质岩形成的温压条件可总结为湿度条件 430～580℃，压力条件为0.60～0.65GPa，相当地温梯度为(20～25)℃/km。总之宝音图岩群变质岩应属于中压低绿片岩相-低角闪岩相区域动力热流变质作用的产物。

### 3. 锡林郭勒变质杂岩区域变质作用

锡林郭勒变质杂岩分布于大兴安岭变质区锡林浩特-乌兰浩特变质地带东部苏尼特左旗—霍林郭勒市地区。包括下部高级变质岩与上部中级变质岩组合，高级变质岩的岩石类型有黑云角闪斜长片麻岩、花岗质片麻岩、混合岩夹变粒岩、浅粒岩、斜长角闪岩。主要矿物共生组合如下。

Gr＋Sil＋Bit＋Hb＋Mic＋Og＋Qz

Bit＋Pl＋Kf＋Mu＋Qz

Bit＋Pl＋Gr＋Qz

Bit＋Cord＋Ads＋Mu＋Qz

Bit＋Ads＋Gr＋Qz

Bit＋Hb＋Ads＋Qz

Hb＋Ads＋Aug＋Qz

Mic＋Ab＋Qz

中级变质岩的岩石组合为黑云石英片岩、二云石英片岩、石英岩夹绿泥石英片岩、石榴(堇青)云英片岩及大理岩。主要矿物共生组合如下。

Bit＋Pl＋Kf＋Mu＋Qz

Bit＋Mu＋Pl＋Qz

Bit＋Ads＋Qz

Bit＋Pl＋Chl＋Gr＋Mu＋Qz

Bit＋Cord＋Mu＋Pl＋Qz

Bit＋Mu＋Ol＋Qz

Chl＋Url＋Ads

Chl＋Act＋Ab＋Qz±Cal

苏左旗地区1：5万区域地质调查资料[中国地质大学(北京)1996]，将该套杂岩划分到古元古代，并获得有全岩Rb-S等时线年龄为1 708.9Ma，经矿物组合对比分析认为其变质温压条件为中高温(550～650℃)、中压型(0.4～0.8GPa)角闪岩相变质相系。

西乌珠穆沁旗旗幅1：25万区域地质调查资料(沈阳地质矿产研究所，2008)将该套杂岩划归下古生界，经取样测试分析研究认为，经过了早古生代绿片岩相-低角闪岩相和晚古生代绿片岩相变质作用，变质温压条件为550～600℃和0.3～0.8GPa。

赵光等(2002)对锡林浩特、西乌旗、巴林右旗等地分布的锡林郭勒杂岩岩石学及变质作用进行了研究，把代表性矿物共生组合简化为斜长石＋角闪石＋石英＋黑云母及斜长石＋微斜长石＋黑云母，分别代表基性岩及长英质岩类角闪岩相的特征矿物组合，确认变质程度达角闪岩相，经样品测试计算分析得到温压数据为540～560℃和0.5～0.6GPa。

以上3项研究工作观点，除了对地质时代有分歧外，对变质作用分析还是比较接近的。综合各家观点并兼顾锡林浩特-乌兰浩特变质地带总体情况认为，锡林郭勒变质杂岩的高级变质杂岩应属于中低压高角闪岩相区域中高温变质作用类型，中级变质杂岩应属于中低压高绿片岩相-低角闪岩相区域动力热流变质的产物。既然是变质杂岩，应该对不同地质块体分别对待。

#### 4. 兴华渡口岩群区域变质作用

兴华渡口岩群分布于天山-兴蒙变质域大兴安岭变质区锡林浩特-乌兰浩特变质地带、东乌珠穆沁旗-多宝山变质地带、海拉尔-呼玛变质地带及额尔古纳变质地带。变质岩岩石组合包括绢云母石英片岩-绿泥石英片岩组合、变粒岩-浅粒岩-石英岩组合及斜长角闪岩-含夕线黑云母片麻岩-镁质大理岩组合等。变质矿物共生组合如下。

Di＋Hb＋P1

St＋Bit＋Qz

Sil＋Mu＋Bit＋Qz

Cord＋Bit＋Qz

Chl＋Act＋Qz

Hb＋Pl＋Qz

Bit＋Pl＋＋Qz

Hb＋Bit＋Pl＋Qz

Bit＋Or＋Pl＋Qz

内蒙古自治区变质岩专题研究(1988)根据特征变质矿物的出现与分布，把扎兰屯-加格达奇地区的兴华渡口岩群划分出由低绿片岩相—高绿片岩相-低角闪岩相的递增变质相带。低绿片岩相由黑云母带组成，特征变质矿物有阳起石、绿泥石、绢云母、黑云母；高绿片岩相由铁铝榴石带与斜长石-角闪石带组成，特征变质矿物有铁铝榴石、斜长石和角闪石等；低角闪岩相由十字石-堇青石带与斜长石-角闪石-单斜辉石带组成，特征变质矿物有十字石、堇青石、透辉石、普通辉石等。目前还缺乏变质温压条件资料。但从总体上看可以把兴华渡口岩群变质岩确定为中低压低绿片岩相-低角闪岩相区域动力热流变质作用类型还是恰当的。

此外，加格达奇幅1：25万区域地质调查工作获得兴华渡口岩群Sm-Nd等时线年龄为1729Ma及侵入该群变质角闪辉长岩U-Pb年龄2096Ma等资料，论证该群变质时代是古元古代。

### 5. 马家店群区域变质作用

马家店群分布于狼山-阴山变质区固阳-兴和变质地带，出露于呼和浩特市北马家店和土默特右旗美岱召地区。马家店地区的变质岩石组合为砂质板岩-凝灰质板岩夹千枚岩、变质砂岩、砾岩和大理岩夹绢云母石英片岩。主要矿物共生组合如下。

Ser＋Chl＋Ep

Ser＋Bit＋Ab＋Qz

Ser＋Ab＋Qz

Ser＋Cal

Ser＋Cht＋Qz

Ser＋Chl＋Cal＋Qz

Ser＋Cal＋Bit

Ser＋Cht＋Chl＋Ab＋Qz

Ser＋Chl＋Cal＋Ab＋Qz

美岱召地区变质岩岩石组合为变粒岩夹石英岩、石英岩夹变粒岩。主要矿物共生组合如下。

Mu＋Bit＋Chl＋Qz

Url＋Ep＋Bit＋Qz

Url＋Ep＋Cal＋Qz

从上述变质矿物共生组合与特征变质矿物雏晶黑云母、绢云母、绿泥石、硬绿泥石、钠长石的广泛分布以及相关变质反应进行综合分析与估算，变质温度应该为 300～400℃，变质压力小于 0.2GPa，应属于低绿片岩相—高绿片岩相区域低温动力变质作用类型。

### 6. 赵池沟岩组区域变质作用

赵池沟岩组分布在鄂尔多斯变质区贺兰山变质地带。变质岩岩石组合为二云变粒岩、石墨白云斜长变粒岩、二云石英片岩夹浅粒岩、白云绿泥片岩。变质矿物共生组合如下。

Bit＋Mu＋Pl＋Qz

Bit＋Ser＋Qz

Bit＋Ser＋Pl＋Qz

Mu＋Pl＋Qz＋Gph

Mu＋Chl＋Qz

本组缺乏变质作用方面的研究资料。从岩石组合及矿物共生组合来看，估计属于中压低绿片岩相—高绿片岩相区域动力热流变质作用类型。

### 7. 明安山群区域变质作用

明安山群分布于华北变质域晋北-冀北变质区恒山-承德-建平变质地带。岩石组合为云母石英千枚岩-含石榴二云千枚状片岩-大理岩-结晶灰岩。矿物共生组合如下。

Gr＋Bit＋Mu＋Qz

Bit＋Mu＋Cal＋Qz

Ser＋Chl＋Qz

Cal＋Do＋Qz

经综合分析认为应属于低绿片岩相—高绿片岩相区域低温动力变质作用的产物。另外，侵入于明安山群并与之一起变质变形的古元古代糜棱岩化花岗闪长岩锆石 U-Pb 年龄为 1825Ma，说明明安山群变质时代属于古元古期。

## (四)中元古期变质相(相系)及变质时代

中元古期变质岩分布于天山-兴蒙变质域与华北变质域,包括的变质地体有墩子沟组、长城系及温都尔庙群。各变质地体变质作用特征明显不同。

### 1. 墩子沟组区域变质作用

墩子沟组分布于阿拉善变质区龙首山变质地带及额济纳旗变质区哈特布其变质地带。龙首山变质地带的岩石组合为硅质灰岩、长石石英岩、砾岩夹赤铁矿透镜体;哈特布其变质地带的岩石组合为绢云母千枚岩、大理岩、变质砂岩。总体变质程度较浅,笼统划分为绿片岩相区域低温动力变质作用类型。有待今后补充变质作用方面的资料。

### 2. 长城系区域变质作用

长城系分布于恒山-承德-建平变质地带,由下而上包括常州沟组、串岭沟组、大红峪组及高于庄组。常州沟组岩石组合为含蓝线石石英岩夹绢云母片岩,串岭沟组岩石组合为粉砂质板岩、钙质板岩夹磁铁矿层,大红峪组岩石组合为粉砂质板岩、钙质板岩夹结晶灰岩,高于庄组岩石组合为变质长石石英砂岩夹硅质碳质板岩、白云石大理岩。代表性的矿物共生组合分别为 Qz+Du+Me、Ser+Chl+Qz、Ser+Qz+Cal、Cal+Do+Qz。长城系缺乏变质作用方面资料,初步确定属于低绿岩相—高绿片岩相区域低温动力变质作用类型。

### 3. 温都尔庙群区域变质作用

温都尔庙群分布于宝音图-温都尔庙-库伦旗变质区温都尔庙-库伦旗变质地带西部,习惯称为南带。大兴安岭变质区锡林浩特-乌兰浩特变质地带西部及二连-贺根山变质地带,习惯称为北带。南带温都尔庙群出露在索伦山西部边境线一带及温都尔庙地区,下部桑达来呼都格组岩石组合为绿泥磁铁石英片岩、方解绿泥绿帘片岩、钠长石英片岩、蓝闪绿泥片岩、变质安山岩夹千枚岩、透闪片岩、含铁硅质岩及含铁石英岩。变质矿物共生组合如下。

Chl+Ser+Qz+Mt

Cal+Chl+Ep+Ab

Cal+Chl+Ab+Qz

Gl+Ep+Chl+Qz

Chl+Qz+Mt

Act+Chl+Ep+Qz

上部哈尔哈达组岩石组合为云母石英片岩、(含硬柱石黑硬绿泥石)绿泥石英片岩夹绿泥石片岩、蓝闪石片岩、蓝闪石英岩及含铁石英岩。变质矿物共生组合如下。

Ser+Bit+Qz

Ser+Chl+Qz

Ser+Qz+Mt

Law+Sti+Chl+Qz

Gl+Ep+Chl+Ab+Qz

据前人研究资料(镶黄旗幅 1∶20 万区域地质调查资料,1976;唐克东等,1982、1983;胡骁,1983;颜竹筠等,1984;内蒙古地矿局,1988 等)综合分析认为南带温都尔庙群的矿物共生组合中出现了蓝闪石-硬柱石组合,其变质温压环境应为 450~550℃,0.6~2.0GPa,应属于高压中温蓝片岩相高压变质作用类型。

北带温都尔庙群出露于苏尼特左旗-锡林浩特南部地区。下部桑达来呼都格组岩石组合为绿帘阳起片岩、绿泥钠长片岩、绿泥绢云母石英片岩、绿帘绿泥片岩、绿帘角闪片岩夹磁铁石英岩、变安山岩；上部哈尔哈达组岩石组合为变质砂岩、云母石英片岩、石英岩、绿泥石英片岩、角闪片岩夹蓝闪绿帘绿泥片岩、绢云母斜长片岩、磁铁石英岩。桑达来呼都格组变质矿物共生组合如下。

Chl＋Ep＋Act＋Qz＋Mt

Chl＋Ab＋Qz

Ep＋Act＋Ab＋Zo

Chl＋Ep＋Pl＋Qz

Ep＋Hb＋Chl＋Pl＋Qz

哈尔哈达组变质矿物共生组合如下。

Bit＋Ser＋Qz

Pl＋Qz＋Ser＋Chl

Chl＋Ser＋Qz＋Ap

Gl＋Ep＋Chl＋Ab

Chl＋Ser＋Qz＋Mt

Ep＋Bit＋Qz＋Mt

据前人研究资料综合分析认为北带温都尔庙群的矿物共生组合中出现了蓝闪石-绿帘石组合，其变质温压环境应为200～450℃，0.8～2.0GPa，应属于高压低温蓝片岩相高压变作用类型。

### （五）中—新元古期变质相（相系）及变质时代

本期变质岩分布于天山-兴蒙变质域、华北变质域及塔里木变质域，包括的变质地体有圆藻山群、古硐井群、王全口组、西勒图组、白云鄂博群、渣尔泰山群。总体变质作用特征为绿片岩相区域低温动力变质作用类。

#### 1. 圆藻山群与古硐井群区域变质作用

这两个群分布于额济纳旗-北山变质区红石山变质地带、公婆泉变质地带和敦煌变质区柳园变质地带。圆藻山群的岩石组合为大理岩、结晶灰岩、硅质白云岩、硅质粉砂质板岩夹粉砂岩、硅质岩；古硐井群的岩石组合为变质砂岩、石英岩、板岩、千枚岩夹灰岩、硅质岩。从岩石面貌及岩石组成情况看，变质程度较浅，笼统划为绿片岩相变质类型。

#### 2. 王全口组与西勒图组区域变质作用

二者分布于鄂尔多斯变质区贺兰山变质地带。王全口组岩石组合为硅质白云岩、白云质灰岩夹砂岩、砂质板岩，西勒图组岩石组合为石英岩、石英砂岩夹海绿石砂岩、页岩。它们的岩石组成以沉积岩为主，变质变形均弱，应属于低绿片岩相变质的产物。

#### 3. 白云鄂博群与渣尔泰山群区域变质作用

二者主要分布于华北变质域狼山-阴山变质区。白云鄂博群出露于狼山-白云鄂博变质地带东部，自上而下包括6个组。它们的岩石类型及其组合分别如下。

（1）忽吉尔图组：变质砂岩、结晶灰岩夹角闪（片）岩、绢云母石英片岩、绿帘石岩、阳起石角岩、绿帘次闪石岩、透辉透闪石岩、石英岩、大理岩。

（2）白音布拉布组：变质长石石英砂岩、石英岩、千枚岩、板岩、含石榴红柱云母石英片岩夹泥灰岩。

（3）比鲁特组：含堇青石绢云母板岩、含红柱石绢云母千枚岩、变质砂岩夹绿泥石英片岩、石英岩、含铁石英岩。

（4）哈拉霍圪特组：变质砂岩、砂质板岩、结晶灰岩夹砂砾岩、白云岩、大理岩、石英岩。

（5）尖山组：变质砂岩、含红柱石板岩、千枚岩、云母石英片岩、含石榴石英岩夹大理岩泥晶灰岩。

（6）都拉哈拉组：变质砾岩、变质含砾砂岩夹云母石英片岩、板岩、千枚岩、白云岩。

渣尔泰山群主要分布于狼山-白云鄂博变质地带，在色尔腾山-太仆寺旗变质地带和固阳-兴和变质地带也有出露。自上而下包括4个组，各自岩石类型及其组合如下。

（1）刘鸿湾组：变质长石石英砂岩夹云母石英片岩、砂砾岩、大理岩。

（2）阿古鲁沟组：粉砂质碳质板岩、结晶灰岩、千枚岩夹变质砂岩、云英片岩、绿泥石片岩、石英岩、大理岩。

（3）增隆昌组：结晶灰岩、白云岩、板岩、粉砂岩夹云母石英片岩。

（4）书记沟组：变质石英砂岩、变质石英砾岩、石英岩夹砂质板岩、含砾石英片岩。

上述两群主要岩石类型及其组合基本相同，均以变质砂岩、板岩、结晶灰岩为主要成分。差别在于白云鄂博群变质基性岩成分较多以及沉积律变化较快导致分组也较多，渣尔泰山群变基性岩成分很少且沉积韵律明显而分组较少。总体来看，二者同处于相同的变质单元，变质作用特征是相同的。主要的矿物共生组合如下。

变泥质岩

Ser+Chl+Qz

Ser+Bit+Qz

Ser+Ad+Qz

Bit+Ser+Ad+Qz

Ser+Chl+Bit+Qz

Gr+Ad+Mu+Ser+Qz

Ser+Cord+Qz

变基性岩

Act+Ep+Chl

Act+Ep+Qz+Ab

Act+Chl+Ab+Qz

Ep+Zo+Tr+Qz

Hb+Pl+Qz

Di+Tl+Chl

上述矿物组合应属于低绿片岩相—高绿片岩相，堇青石、红柱石的出现表明变质压力较低。目前还缺乏变质作用专业研究资料，特别是变质温压数据，只能笼统归属于低绿片岩相—高绿片岩区域低温动力变质作用类型。

### （六）新元古期变质相（相系）及变质时代

新元古期变质岩分布于天山-兴蒙变质域和华北变质域。包括的变质地体有艾勒格庙组、佳疙瘩组、额尔古纳河组、大网子组、吉祥沟组、烧火筒沟组、正目观组、腮林忽洞组及什那干组。

#### 1.艾勒格庙组区域变质作用

该组分布于大兴安岭变质区锡林浩特-乌兰浩特变质地带西部艾勒格庙地区。主要岩石类型有绢云母石英片岩、绢云母硅质板岩、变质石英砂岩、石英岩夹含石墨大理岩、结晶灰岩。代表性矿物共生组合为Ser+Qz、Cal+Cph。初步确定为低绿片岩相—高绿片岩相区域低温动力变质作用类型。

### 2. 佳疙瘩组、额尔古纳河组、吉祥沟组、大网子组区域变质作用

此4个组分布于大兴安岭变质区东乌珠穆沁旗-多宝山变质地带东部、海拉尔-呼玛变质地带及额尔古纳变质地带。它们的岩石组合分别如下。

(1)佳疙瘩组:在东乌珠穆沁旗-多宝山变质地带为绢云黑云石英片岩、斜长角闪片岩、变质砂(砾)岩夹硅质岩、变质玄武岩;在海拉尔-呼玛变质地带和额尔古纳变质地带为绢云母千枚岩、碳质板岩、变质长石石英砂岩夹变质安山岩、结晶灰岩。

(2)额尔古纳河组:在东乌珠穆沁旗-多宝山变质地带和海拉尔-呼玛变质地带为绿泥石英片岩、二云石英片岩、变粒岩、千枚岩夹大理岩、变质砂岩;在额尔古纳变质地带为大理岩、结晶灰岩、粉砂质板岩夹长石石英砂岩。

(3)吉祥沟组:变质砂砾岩、变质砂岩、板岩、结晶灰岩。

(4)大网子组:变英安质凝灰岩、变质砂岩、板岩。

4个组的主要矿物共生组合如下。

Hb+Pl+Qz

Ser+Chl+Ep+Qz

Mu+Bit+Qz

Ser+Chl+Qz

Cal+Do+Qz

初步分析认为,可能属于低绿岩相—高绿片岩相区域低温动力变质作用类型。

### 3. 烧火筒沟组、正目观组、腮林忽洞组、什那干组区域变质作用

此4个组分布于华北变质域的不同次级单元,烧火筒沟组出露于阿拉善变质区龙首山变质地带,正目观组出露于鄂尔多斯变质区贺兰山变质地带,腮林忽洞组与什那干组分别出露于狼山-阴山变质区的狼山-白云鄂博变质地带和色尔腾山-太仆寺旗变质地带。它们的岩石类型及其组合分别如下。

(1)烧火筒沟组:冰碛砾岩、板状灰岩夹粉砂质钙质绢云母千枚岩。

(2)正目观组:冰碛砾岩、砂质板岩。

(3)腮林忽洞组:白云岩、白云质灰岩、变质含砾石英砂岩夹安山质凝灰岩。

(4)什那干组:硅质灰岩、条带状灰岩夹硅质页岩、粉砂质黏土岩、石英岩。

尽管4个组分布于不同变质单元,形成于不同的构造环境和沉积环境,但它们的变质作用特征却是相同的,明显地属于低绿片岩相区域低温动力变质作用类型。

## (七)加里东期变质相(相系)及变质时代

加里东期变质岩主要分布于天山-兴蒙变质域额济纳旗-北山变质区、宝音图-温都尔庙-库伦旗变质区、大兴安岭变质区及秦祁昆变质域北祁连变质区,华北变质域出露较少。该期变质岩的区域变质作用资料匮乏,一般的区域地质调查与科研资料很少涉及。只能根据有限的资料予以粗略分析与类比。从全区来看,该期变质岩是由未变质的各类沉积岩、各类岩浆岩与浅变质的同类岩石构成的复杂组合。浅变质岩石类型包括变质砂岩、变质砾岩、板岩、千枚岩、变泥岩、结晶灰岩及各类轻微变质火山岩。特征变质矿物主要有绢云母、绿泥石、绿帘石、黝帘石、黑云母(或雏晶)、钠长石、阳起石等。代表性矿物共生组合如下。

变泥质岩

Bit+Ser+Chl

Bit+Mu+Ep+Qz

Bit+Mu+Chl+Ab+Qz

变基性岩

Chl+Act+Ep+Qz

Chl+Zo+Ser

Chl+Ep+Ser

Chl+Act+Zo+Qz

Chl+Ep+Ab+Cal+Qz

明显地属于低绿片岩相或者初级低绿片岩相-板岩-千枚岩级变质。少数地区出现高绿片岩相变质矿物时,则笼统划为绿片岩相。总之,加里东期变质作用归属于低绿片岩相或绿片岩相区域低温动力变质作用类型是合适的。

### (八)海西期变质相(相系)及变质时代

本期变质岩主要分布于天山-兴蒙变质域额济纳旗-北山变质区、索伦山-林西变质区、大兴安岭变质区、秦祁昆变质域、塔里木变质域。在华北变质域狼山-阴山变质区也有少量出露。主要变质岩石类型及其组合情况与加里东期变质岩类同,经过资料分析也基本属于低绿片岩相区域低温动力变质作用类型。现将两个特殊类型分别讨论。

#### 1. 恩格尔乌苏上石炭统本巴图组火山岩

该组火山岩是指分布于额济纳旗-北山变质区恩格尔乌苏变质地带恩格尔乌苏地区的本巴图组二段。其岩石类型及组合为变英安质火山岩、变流纹质火山岩、变质玄武岩夹变质砂岩、变质砾岩、片岩和大理岩。根据王廷印等(1994)的研究,变质玄武岩具强烈葡萄石化现象,葡萄石占玄武岩组成的40%。玄武岩的矿物共生组合为Pre+Cpx+Chl+Ads,应划归葡萄石-绿纤石相埋深变质作用类型。温压资料尚缺,实验资料显示为250~350℃和0.2~0.5GPa。本巴图组二段形成于洋内弧环境,与本巴图组一段远洋沉积环境下低绿片岩相变质砂岩-千枚岩夹硅质岩组合、同期MORS蛇绿岩组合一起构成恩格尔乌苏蛇绿混杂岩相。

#### 2. 红花尔基上石炭统蓝闪片岩

该岩分布于大兴安岭变质区东乌珠穆沁旗-多宝山变质地带东北部红花尔基地区提勒果洛古古塔—维纳河林场一带。岩石组合为钠长蓝闪片岩-绿帘石片岩-绿泥石英片岩。代表性矿物共生组合为Gl+Ep+Ab+Qz、Gl+Chl+Ab+Qz,没有出现硬柱石,应属于蓝闪石-绿帘石型高压低温蓝片岩相高压变质作用类型。并与同一地区出现的由奥陶系—下石炭统变质岩系巨型岩块组成的混杂堆积一起构成高压变质带。

## 第五节 区域变质作用、大地构造环境及其演化

### 一、区域变质作用类型及其时空分布

内蒙古区域变质作用从太古代到古生代、从陆块区到造山系均有不同程度发育。表现为区域中高温变质作用、区域动力热流变质作用、区域低温动力变质作用、埋深变质作用和高压变质作用5种类型

以及所包括的17种变质相或变质相系。隶属关系如下。

### 1.区域中高温度质作用

(1)中压麻粒岩相。
(2)中压高角闪岩相-麻粒岩相。
(3)中低压高角闪岩相-麻粒岩相。
(4)中压高角闪岩相。
(5)中低压高角闪岩相。
(6)角闪岩相。

### 2.区域动力热流变质作用

(1)中压高绿片岩相-低角闪岩相。
(2)中低压高绿片岩相-低角闪岩相。
(3)中压低绿片岩相-低角闪岩相。
(4)中低压低绿片岩相-低角闪岩相。
(5)中压低绿片岩相—高绿片岩相。

### 3.区域低温动力变质作用

(1)低绿片岩相—高绿片岩相。
(2)绿片岩相。
(3)低绿片岩相。

### 4.高压变质作用

(1)高压低温蓝片岩相。
(2)高压中温蓝片岩相。

### 5.埋深变质作用

葡萄石-绿纤石相。

总体来看,前3种变质作用类型发育广泛,后2种分布局限。从时间上看,古—中太古变质期主要是区域中高温变质作用,新太古期和古元古期以区域动力热流变质作用为主,中—新元古期、加里东期及海西期则以区域低温动力变质作用为主要类型,在中元古期及海西期局部地区则发育高压变质作用和埋深变质作用。随着地质时代由老到新的发展,有从区域中高温变质向着区域动力热流变质到区域低温动力变质乃至埋深变质及高压变质的演化趋势,以及变质温度降低和变质应力增加的演化趋势。从空间上看,区域中高温变质作用主要发育在华北陆块区,形成基底杂岩相陆核亚相,其次发育在天山-兴蒙造山系,形成基底杂岩残块亚相;区域动力热流变质作用在陆块区和造山系都有广泛发育,形成新太古代及古元古代的古弧盆相;区域低温动力变质作用主要发育在造山系,形成多弧盆系大相,其次发育在陆块区,主要形成不同时代的沉积盖层;埋深变质及高压变质作用均发育在天山-兴蒙造山系,形成结合带大相蛇绿混杂岩相及高压—超高压变质相。

## 二、区域变质作用、大地构造环境及其演化

本次成矿地质背景研究工作是在全国矿产资源潜力评价总项目指导下进行的,与以往区域地质矿

产研究有很大不同。一是以大陆动力学理论和板块构造学说为指导研究大陆块体离散、会聚、碰撞、造山等动力学过程及机制，以大地构造相作为大陆动力学研究的具体形式，并提出了大地构造相包括相系、大相、相、亚相、岩石构造组合5个级别的划分方案及其鉴别标志。二是明确了地质作用的综合产物是地质建造与地质构造的概念，要求在进行建造构造研究和编图工作中分别按3个层次进行研究和表达。建造的3个层次是岩性或岩石组合、岩石建造和岩石构造组合；3个构造层次是成岩(控岩)构造、区域构造及大地构造。岩石构造组合相当于第五级大地构造相。三是在上述理论指导和技术要求下编制了全区1∶25万建造构造图、1∶50万岩石构造组合图、大地构造图以及各种矿产的大比例尺预测区建造构造图。同以往工作最大的不同点是以地质作用综合产物为物质基础进行地质矿产研究，使研究工作更具科学性和说服力。

区域变质作用是地质营力作用的一种，在中深变质岩区，变质作用特征明显，研究工作相对容易些，在浅变质岩区要涉及沉积作用、岩浆作用等多种地质作用，变质作用特征表现很不明显，需要对多种地质作用进行综合研究，工作难度较大，这方面主要参照其他专业研究的观点进行综合分析。

经过全区建造构造图和岩石构造组合图的编制以及综合研究工作，总结了变质作用、构造环境及其演化方面的一些初步认识，划分了大地构造演化阶段，编制了变质岩岩石构造组合与大地构造相演化时空结构图(附图5-4～附图5-6)。下面按变质地质单元及大地构造演化阶段分别论述。

### (一)天山-兴蒙变质域演化阶段划分及特征

#### 1.额济纳旗-北山变质区

1)圆包山变质地带

(1)前中元古代构造旋回基底形成阶段产生了变质基底杂岩相高级变质杂岩亚相，由区域中高温变质作用角闪岩相中—新太古界片麻岩岩石构造组合构成；汇聚重组阶段古多岛弧盆期产生了古弧盆相岛弧亚相，由区域动力热流变质作用中压低绿片岩相—高绿片岩相古元古界北山岩群黑云石英片岩-斜长角闪岩夹二云母片岩岩石组合构造组合构成。

(2)古生代构造旋回早期裂解离散阶段产生了被动陆缘相陆棚碎屑岩亚相，由中下奥陶统罗雅楚山组低绿片岩相板岩-千枚岩-粉砂岩岩石构造组合构成；汇聚重组阶段多岛弧盆期产生了洋内弧相火山弧亚相中—上奥陶统咸水湖组低绿片岩相流纹质凝灰岩-变安山质火山岩-玄武岩岩石构造组合，弧背盆地亚相上奥陶统白云山组低绿片岩相砂岩-粉砂岩夹千枚状板岩岩石构造组合，弧前盆地相弧前陆坡盆地亚相志留系圆包山组、碎石山组低绿片岩相杂砂岩-粉砂岩-粉砂质板岩岩石构造组合，岛弧相弧背盆地亚相中下泥盆统依克乌苏组低绿片岩相砂岩-粉砂岩-板岩岩石构造组合。晚期裂解离散阶段陆间盆地期产生了陆缘裂谷相裂谷边缘亚相石炭系绿条山组低绿片岩相板岩-千枚岩-粉砂岩岩石构造组合。

2)红石山变质地带

(1)前中元古代构造旋回。基底形成阶段产生了变质基底杂岩相高级变质杂岩亚相，由区域中高温变质作用角闪岩相中—新太古界白云石大理岩夹黑云角闪片麻岩岩石构造组合构成。汇聚重组阶段古多岛弧盆期产生了古弧盆相岛弧亚相，由区域动力热流变质作用中压低绿片岩相—高绿片岩相古元古界北山岩群黑云变粒岩-黑云二长片岩夹石榴石英片岩岩石构造组合构成。

(2)中元古代—古生代构造旋回。裂解离散阶段早期裂谷期产生了陆表海盆地相碎屑岩陆表海亚相中元古界古硐井群绿片岩相变质砂岩-石英岩-千枚岩组合，以及裂谷岩浆弧相裂谷岩浆杂岩亚相绿片岩相中元古代变质辉长岩组合。陆间盆地期产生了碳酸盐岩台地相台地亚相，由中—新元古界圆藻山群绿片岩相岩石构造组合及寒武系—奥陶系西双鹰山组低绿片岩相岩石构造组合构成。被动陆缘期产生了被动陆缘相陆棚碎屑岩亚相，由奥陶系—志留系班定陶勒盖组低绿片岩相岩石构造组合构成。

晚期裂谷期产生了陆缘裂谷相裂谷边缘亚相和裂谷中心亚相，分别由低绿片岩相石炭系绿条山组和本巴图组岩石构造组合构成。汇聚重组阶段多岛弧盆期产生了被动陆缘相陆棚碎屑岩亚相和陆缘弧相火山弧亚相，分别由低绿片岩相中二叠统双堡塘组和金塔组岩石构造组合构成。

3)明水变质地带

(1)前中元古代构造旋回。基底形成阶段产生了变质基底杂岩相高级变质杂岩亚相，由区域中高温变质作用角闪岩相中—新太古界变粒岩-石英岩-混合岩夹磁铁石英片岩及黑云角闪片麻岩-混合岩岩石构造组合构成。汇聚重组阶段古多岛弧盆期产生了区域动力热流变质作用中压低绿片岩相—高绿片岩相变质的古元古界北山岩群古弧盆相岛弧亚相磁铁云母石英片岩-角闪斜长变粒岩岩石构造组合，弧后盆地亚相云母石英片岩-石英岩、大理岩岩石构造组合及古元古代变质英云闪长岩组合构成。

(2)古生代构造旋回。裂解离散阶段裂谷期产生了陆缘裂谷相裂谷边缘亚相，由石炭系绿条山组低绿片岩相长石石英砂岩-粉砂质板岩-绿泥绢云母千枚岩岩石构造组合构成。

4)公婆泉变质地带

(1)前中元古代构造旋回。基底形成阶段产生了变质基底杂岩相高级变质杂岩亚相，由区域中高温变质作用角闪岩相中—新太古界黑云斜长片麻岩-黑云斜长混合岩岩石构造组合构成。汇聚重组阶段古多岛弧盆期产生了古弧盆相岛弧亚相，由古元古界北山岩群区域动力热流变质作用中压低绿片岩—高绿片岩相磁铁云母石英片岩-角闪斜长变粒岩岩石构造组合构成。

(2)中元古代—早寒武世构造旋回。裂解离散阶段裂谷期产生了陆表海盆地相碎屑岩陆表海亚相，由中元古界古硐井群绿片岩相板岩-千枚岩岩石构造组合构成。陆间盆地期产生了碳酸盐岩台地相台地亚相，由中—新元古界圆藻山群绿片岩相结晶灰岩-大理岩-板岩岩石构造组合构成。被动陆缘期产生了被动陆缘相陆棚碎屑岩亚相，由下寒武统双鹰山组变质粉砂岩-长石杂砂岩-黑色页岩岩石构造组合构成。

(3)奥陶纪—二叠纪构造旋回。汇聚重组阶段多岛弧盆期产生了奥陶纪岛弧相火山弧亚相、弧背盆地亚相，分别由咸水湖组、白云山组低绿片岩相岩石构造组合构成；奥陶纪低绿片岩相蛇绿混杂岩相蛇绿岩亚相；志留纪岛弧相火山弧亚相和弧背盆地亚相，分别由公婆泉组和圆包山组、碎石山组低绿片岩相岩石构造组合构成；二叠纪陆缘弧相火山弧亚相，由方山口组低绿片岩相岩石构造组合构成。

5)恩格尔乌苏变质地带

古生代构造旋回汇聚重组阶段陆缘碰撞期，产生了晚石炭世蛇绿混杂岩相 3 个亚相：远洋沉积亚相由本巴图组一段低绿片岩相变质砂岩-千枚岩夹硅质岩组合构成，洋内弧亚相由本巴图组二段葡萄石—绿纤石相变英安流纹质火山岩-变质玄武岩夹变质砂岩组合构成，蛇绿岩亚相由低绿片岩相变质蛇绿岩组合构成。

6)哈特布其变质地带

(1)前中元古代构造旋回。基底形成阶段产生了变质基底杂岩相高级变质杂岩亚相，由中—新太古界区域中高温变质作用角闪岩相二云二长片麻岩-二云斜长片麻岩-黑云角闪斜长片麻岩岩石构造组合构成。汇聚重组阶段古弧盆期产生了古弧盆相岛弧亚相和弧后盆地亚相，岛弧亚相由新太古界色尔腾山岩群柳树沟岩组区域动力热流变质作用中压高绿片岩相-低角闪岩相黑云角闪片岩-黑云斜长片岩-黑云石英片岩岩石构造组合及古元古界北山岩群区域动力热流变质中压低绿片岩相-低角闪岩相黑云石英片岩-斜长角闪岩夹磁铁石英岩岩石构造组合构成；弧后盆地亚相由古元古界北山岩群中压低绿片岩相-低角闪岩相十字云英片岩-斜长角闪岩夹黑云二长片麻岩、厚层大理岩夹碳质板岩岩石构造组合及古元古界宝音图岩群中压低绿片岩相-低角闪岩相石英岩-十字蓝晶二云石英片岩岩石构造组合构成。

(2)中元古代构造旋回。裂解离散阶段裂谷期，产生了被动陆缘相陆棚碎屑岩亚相和裂谷岩浆岩相裂谷岩浆杂岩亚相，前者由中元古界墩子沟组绿片岩相绢云母千枚岩-大理岩-变质砂岩岩石构造组合构成，后者由中元古代绿片岩相变质角闪辉长岩、变质英云闪长岩岩石构造组合构成。

(3)古生代构造旋回。汇聚重组阶段多岛弧盆期，产生了深成岩浆杂岩相和陆缘弧相。深成岩浆杂岩相俯冲岩浆杂岩亚相由志留纪绿片岩相变质石英闪长岩组合构成。陆缘弧相包括低绿片岩相变质的3个亚相，火山弧亚相由上石炭统本巴图组二段绿片岩相安山流纹质火山岩夹变质砂岩、结晶灰岩岩石构造组合和中下二叠统大石寨组低绿片岩相安山流纹质凝灰岩-凝灰质杂砂岩夹变质砂岩岩石构造组合构成；弧内盆地亚相由本巴图组一段绿片岩相变质砂岩-千枚岩-板岩岩石构造组合构成；弧背盆地亚相由上石炭统阿木山组低绿片岩相灰岩夹砂岩、板岩岩石构造组合构成。

7)巴音戈壁变质地带

古生代构造旋回汇聚重组阶段多岛弧盆期产生了弧后盆地相近弧弧后盆地亚相和近陆弧后盆地亚相。前者由上石炭统本巴图组二段低绿片岩相中酸性火山碎屑岩夹凝灰质砂岩岩石构造组合构成；后者由本巴图组一段低绿片岩相变质砂岩-粉砂岩-砾岩岩石构造组合及上石炭统阿木山组低绿片岩相灰岩夹大理岩岩石构造组合构成。

**2.宝音图-温都尔庙-库伦旗变质区**

1)宝音图变质地带

(1)前中元古代构造旋回。裂解离散阶段被动陆缘期产生了被动陆缘相陆棚碎屑岩亚相，由古元古界宝音图岩群中压低绿片岩相-低角闪岩相十字蓝晶石榴云英片岩-石英岩夹绿片岩、含铁石英岩岩石构造组合构成。

(2)中—新元古代构造旋回。汇聚重组阶段多岛弧盆期，产生了深成岩浆杂岩相俯冲岩浆杂岩亚相，由中压低绿片岩相-低角闪岩相中元古代黑云钾长花岗质片麻岩及新元古代绿片岩相片麻状闪长岩岩石构造组合构成。

2)温都尔庙-库伦旗变质地带

(1)前中元古代构造旋回。裂解离散阶段被动陆缘期产生了被动陆缘相陆棚碎屑岩亚相，由古元古界宝音图岩群中压低绿片岩相-低角闪岩相十字蓝晶石榴云英片岩-石英岩夹含铁石英岩岩石构造组合构成。汇聚重组阶段多岛弧盆期产生了古弧盆相弧间盆地亚相和古岩浆弧亚相，弧间盆地亚相由双井片岩中压绿片岩相-低角闪岩相含十字蓝晶云英片岩-斜长角闪片岩-黑云斜长片麻岩夹大理岩岩石构成，古岩浆弧亚相由古元古代下海苏沟片麻岩、房筐子沟片麻岩、东沟片麻岩中压高角闪岩相花岗质-英云闪长质片麻岩岩石构造组合构成。

(2)中元古代构造旋回。汇聚重组阶段陆缘碰撞期产生了中元古代高压中温蓝片岩相变质的蛇绿混杂岩相3个亚相。蛇绿岩亚相由温都尔庙变质SSZ型蛇绿岩岩石构造组合构成；洋内弧亚相由温都尔庙群桑达来呼都格组绿片岩-变质安山岩夹含铁石英岩岩石构造组合构成；远洋沉积亚相由温都尔庙群哈尔哈达组二云石英片岩-(蓝闪、硬柱)绿泥石英片岩夹含铁石英岩岩石构造组合构成。

(3)古生代构造旋回。早期裂解离散阶段裂谷期产生了寒武纪低绿片岩相变质的陆内裂谷相裂谷边缘亚相和裂谷岩浆杂岩亚相。前者由上寒武统锦山组千枚状板岩-变质砂岩夹结晶灰岩岩石构造组合构成；后者由寒武纪变基性、超基性岩构成。

早期汇聚阶段多岛弧盆期产生了奥陶纪—志留纪岛弧相4个亚相。弧背盆地亚相由中—下奥陶统乌宾敖包组低绿片岩相变质砂岩-板岩-千枚岩-结晶灰岩岩石构造组合构成；弧内盆地亚相由中—下奥陶统包尔汗图群布龙山组低绿片岩相安山质凝灰岩-变质砂岩-板岩岩石构造组合构成；火山弧亚相由包尔汗图群哈拉组低绿片岩相变质玄武岩-变质安山岩夹板岩岩石构造组合构成；弧间盆地亚相由奥陶系—下志留统绿片岩相斜长黑云片岩-云英片岩夹角闪片岩岩石构造组合构成。

中期裂解离散阶段被动陆缘期产生了中志留世被动陆缘相2个亚相：陆棚碎屑岩亚相由徐尼乌苏组绿片岩相变质砂岩-千枚岩-云母石英片岩岩石构造组合构成；碳酸盐岩台地亚相由晒乌苏组低绿片岩相结晶灰岩夹钙质板岩岩石构造组合构成。陆间盆地期产生了低绿片岩相变质的陆内裂谷相2个亚相：裂谷中心亚相由中志留世八当山火山岩变质流纹岩-凝灰岩夹板岩岩石构造组合构成；裂谷边缘亚相由上志留统—下泥盆统西别河组变质砂岩-板岩-生物灰岩及下泥盆统前冲头沟组变质硬砂岩-板岩夹结晶灰岩岩石构造组合构成。

中期汇聚阶段多岛弧盆期产生了石炭纪低绿片岩相变质的陆缘弧相3个亚相：弧间裂谷盆地亚相由下石炭统朝吐沟组绢云母片岩-变质玄武安山岩夹结晶灰岩岩石构造组合构成；弧背盆地亚相由中石炭统白家店组结晶灰岩夹板岩及石咀子组板岩-变质砂岩夹结晶灰岩岩石构造组合构成；火山弧亚相由中石炭世青龙山火山岩变安山岩夹安山质凝灰岩、集块岩岩石构造组合构成。

晚期裂解离散阶段被动陆缘期产生了中石炭世—早二叠世低绿片岩相变质的被动缘相2个亚相：陆棚碎屑岩亚相由上石炭统酒局子组变质砂岩-板岩-灰岩夹煤层、本巴图组变质砂岩-变质凝灰岩-结晶灰岩及下二叠统三面井组杂砂岩-灰岩夹板岩3个岩石构造组合构成；碳酸盐岩台地亚相由上石炭统阿木山组生物碎屑灰岩-硅质岩-板岩岩石构造组合构成。

晚期汇聚阶段陆缘碰撞期产生了早—中二叠世低绿片岩相陆缘弧相2个亚相：火山弧亚相由中—下二叠统额里图组安山质火山岩-英安质凝灰岩-杂砂岩岩石构造组合构成；弧北盆地亚相由中二叠统于家北沟组变质砂岩-变质砂砾岩夹变质凝灰岩岩石构造组合构成。陆内发展阶段陆内盆地期产生了晚二叠世低绿片岩相变质的陆内盆地相坳陷盆地亚相，由铁营子组变质砂岩-变质沉凝灰岩岩石构造组合构成。

**3. 索伦山-林西变质区**

1）索伦山变质地带

古生代构造旋回。汇聚重组阶段陆缘碰撞期产生了低绿片岩相变质的俯冲增生杂岩相有蛇绿岩碎片的浊积岩亚相和蛇绿混杂岩相蛇绿岩亚相、洋内弧亚相及远洋沉积亚相。蛇绿岩碎片的浊积岩亚相由上石炭统本巴图组杂砂岩-砂岩-板岩岩石构造组合构成。蛇绿岩亚相由早二叠世索伦山变质SSZ型蛇绿岩构成，洋内弧亚相由下二叠统玄武岩-安山岩-细碧角斑岩岩石构造组合构成，远洋沉积亚相由下二叠统板岩-硅质岩-凝灰岩岩石构造组合构成。

陆内发展阶段陆表海盆地期产生了被动陆缘相陆棚碎屑岩亚相，由中二叠统包特格组低绿片岩相变质砂岩-板岩-千枚岩岩石构造组合构成。

2）林西变质地带

古生代构造旋回。晚志留世—中二叠世汇聚重组阶段陆缘碰撞期产生了低绿片岩相变质的俯冲增生杂岩相、蛇绿混杂岩相及陆缘弧相。俯冲增生杂岩相包括2个亚相：有蛇绿岩碎片浊积岩亚相由西别河组($S_3$—$D_1$)$x$变质砂岩-板岩-变安山岩-变英安岩岩石构造组合构成；洋岛-海山增生亚相由阿木山组($C_2a$)结晶灰岩夹砂岩岩石构造组合构成。蛇绿混杂岩相由杏树洼蛇绿混杂岩($o\psi m C_1$—P)构成，其中的变橄榄石-辉石岩、玄武岩、硅质岩岩石构造组合分别隶属于蛇绿岩亚相、洋内弧亚相及远洋沉积亚相。陆缘弧相弧背盆地亚相、火山弧亚相分别由大石寨组($P_2ds$)一段板岩-千枚岩、二段细碧岩-流纹岩-板岩岩石构造组合构成。

中二叠世裂解离散阶段被动陆缘期产生了被动陆缘相陆棚碎屑岩亚相、外陆棚亚相，分别由哲斯组($P_2zs$)一段变质砂岩-粉砂质板岩、二段结晶灰岩-大理岩岩石构造组合构成。

晚二叠世陆内发展阶段陆内盆地期产生了陆内盆地相坳陷盆地亚相，由林西组板岩-变质砂岩岩石构造组合构成。

**4. 大兴安岭变质区**

1）锡林浩特-乌兰浩特变质地带

(1)前中元古代构造旋回。新太古代—古元古代基底形成阶段产生了变质基底杂岩相中高级变质杂岩亚相，由锡林郭勒变质杂岩($XM_c$)中低压高角闪岩相变质的均质混合岩、黑云角闪片麻岩-花岗质片麻岩-混合岩岩石构造组合及中低压高绿片岩相-低角闪岩相变质的黑云石英片岩-二云石英片岩夹绿泥石英片岩岩石构造组合、石英岩夹二云母片岩岩石构造组合及变质基性侵入岩岩石构造组合构成。

古元古代汇聚重组阶段多岛弧盆期产生了古弧盆相岛弧亚相，由古元古界兴华渡口岩群中低压低绿片岩相-低角闪岩相变质的绿泥斜长石英片岩-绿泥石英片岩-混合岩岩石构造组合构成。

(2)中—新元古代构造旋回。中—新元古代汇聚重组阶段多岛弧盆期产生了中元古代蛇绿混杂岩相和新元古代弧后盆地相。蛇绿混杂岩相包括高压低温蓝片岩相变质的3个亚相:蛇绿岩亚相由变质SSZ型蛇绿岩岩石构造组合构成，洋内弧亚相由温都尔庙群桑达来呼都格组绿帘阳起片岩-绿泥钠长片岩-绿帘角闪片岩夹磁铁石英岩岩石构造组合构成，远洋沉积亚相由温都尔庙群哈尔哈达组二云石英片岩-蓝闪绿帘绿泥石英片岩-变质砂岩夹磁铁石英岩岩石构造组合构成。弧后盆地相近陆弧后盆地亚相由新太古界艾勒格庙组低绿片岩相—高绿片岩相变质的绢云母石英片岩-石英岩-大理岩岩石构造组合构成。

(3)古生代构造旋回。晚泥盆世—早石炭世裂解离散阶段被动陆缘期产生了被动陆缘相陆棚碎屑岩亚相，由色日巴彦敖包组($D_3$—$C_1$)$s$低绿片岩相变质的变质砂岩-长石砂岩-粉砂岩岩石构造组合构成。

晚石炭世汇聚重组阶段陆缘碰撞期，产生了低绿片岩相变质的俯冲增生杂岩相有蛇绿岩碎片的浊积岩亚相和洋岛-海山增生亚相，分别由本巴图组安山岩-长石石英砂岩-板岩、阿木山组灰岩夹板岩岩石构造组合构成。

早二叠世裂解离散阶段被动陆缘期产生了被动陆缘相外陆棚亚相，由寿山沟组低绿片岩相变质的板岩-粉砂岩-硅质岩岩石构造组合构成。

早二叠世—中二叠世汇聚重组阶段多岛弧盆期，产生了陆缘弧相火山弧亚相和弧背盆地亚相，分别由大石寨组低绿片岩相变质的流纹岩-英安岩-安山岩、细碧岩-变安山岩-板岩岩石构造组合和板岩-千枚岩岩石构造组合构成。

中二叠世裂解离散阶段被动陆缘期产生了被动陆缘相低绿片岩相变质的2个亚相:陆棚碎屑岩亚相由包特格组砾岩-砂岩-板岩、哲斯组变质砂岩-板岩-生物灰岩岩石构造组合构成;外陆棚亚相由哲斯组结晶灰岩-大理岩岩石构造组合构成。

晚二叠世陆内发展阶段陆内盆地期产生了陆内盆地相坳陷盆地亚相，由林西组低绿片岩相变质的砂岩-板岩-凝灰岩岩石构造组合构成。

2)二连-贺根山变质地带

(1)前中元古代构造旋回。古元古代汇聚重组阶段陆缘碰撞期产生了陆壳残片相外来岩块亚相，由古元古界宝音图岩群中压低绿片岩相—高绿片岩相变质的石榴云母石英片岩岩石构造组合构成。

(2)中元古代构造旋回。中元古代汇聚重组阶段多岛弧盆期产生了陆壳残片相外来岩块亚相，由中元古界温都尔庙群哈尔哈达组高压低温蓝片岩相变质的绢云母石英片岩-绿泥石英片岩夹含铁石英岩岩石构造组合构成。

(3)古生代构造旋回。泥盆纪—中二叠世汇聚重组阶段陆缘碰撞期产生了低绿片岩相变质的蛇绿混杂岩相、俯冲增生杂岩相、陆缘弧相及被动陆缘相。蛇绿混杂岩相蛇绿岩亚相和远洋沉积亚相分别由贺根山泥盆纪变质MORS型蛇绿岩和中—上泥盆统硅质岩-玄武岩岩石构造组合构成。俯冲增生杂岩相有蛇绿岩碎片的浊积岩亚相由上石炭统本巴图组砂岩-安山岩夹板岩岩石构造组合构成。陆缘弧相火山弧亚相由上石炭统—下二叠统格根敖包组流纹质火山岩夹硅质板岩及中—下二叠统大石寨组细碧岩-安山岩-流纹岩夹板岩岩石构造组合构成。被动陆缘相陆棚碎屑岩亚相由中二叠统哲期组砂岩-砾岩-变泥岩岩石构造组合构成。

晚二叠世陆内发展阶段陆内盆地期产生了陆内盆地相坳陷盆地亚相，由林西组粉砂质板岩-凝灰岩夹安山岩岩石构造组合构成。

3)东乌珠穆沁旗-多宝山变质地带

(1)前中元古代构造旋回。古元古代汇聚重组阶段多岛弧盆期产生了古弧盆相岛弧亚相和岩浆弧亚相，分别由中低压低绿片岩相-低角闪岩相变质的古元古界兴华渡口岩群绿泥长石石英片岩-绢云母石英片岩-混合岩夹斜长角闪片岩及古元古代变质角闪辉长岩岩石构造组合构成。

(2)中元古代构造旋回。中元古代裂解离散阶段裂谷期产生了裂谷岩浆岩相裂谷岩浆杂岩亚相，由中元古代低绿片岩相变质的变质超基性侵入岩——科马提岩岩石构造组合构成。

(3)新元古代中期—古生代构造旋回。南华纪—震旦纪汇聚重组阶段多岛弧盆期产生了岛弧相和深成岩浆岩相。岛弧相包括中压低绿片岩相—高绿片岩相变质的3个亚相：火山弧亚相由南华系佳疙瘩组黑云石英片岩-斜长角闪片岩-变质砂岩夹硅质岩及震旦系大网子组变英安质火山碎屑岩-变质砂岩-板岩岩石构造组合构成；弧背盆地亚相由震旦系吉祥沟组变质砂砾岩-变质砂岩-板岩夹结晶灰岩岩石构造组合构成；弧间裂谷盆地亚相由震旦系额尔古纳河组二云石英片岩-绿泥石英片岩-大理岩岩石构造组合构成。深成岩浆岩相俯冲岩浆杂岩亚相由新元古代变质二长花岗岩-变质英云闪长岩岩石构造组合构成。

寒武纪—奥陶纪汇聚重组阶段多岛弧盆期产生了低绿片岩相变质的岛弧相和弧后盆地相。岛弧相火山弧亚相由中—下奥陶统多宝山组细碧角斑岩-变钙碱性火山岩夹变质砂岩、灰岩岩石构造组合构成。岛弧相弧背盆地亚相由中—上奥陶统裸河组变质砂岩-凝灰质板岩-硅质岩、变质砂岩-板岩夹灰岩、结晶灰岩夹板岩3个岩石构造组合构成。弧后盆地相近陆弧后盆地亚相由下寒武统苏中组结晶灰岩夹板岩、下奥陶统哈拉哈河组板岩-变质砂岩-结晶灰岩、中—下奥陶统乌宾敖包组变质砂岩-千枚岩-板岩、铜山组变质砂岩-板岩4个岩石构造组合构成。弧后盆地相近弧弧后盆地亚相由中—下奥陶统巴彦呼舒组变质砂岩-变玄武安山岩夹板岩、中奥陶统大伊希康河组变质砂岩-板岩夹杂砂岩岩石构造组合构成。

志留纪裂解离散阶段被动陆缘期产生了低绿片岩相变质的被动陆缘相陆棚碎屑岩亚相，由下志留统黄花沟组板岩-变质砂岩、中志留统八十里小河组变质杂砂岩-变质砂砾岩-变质粉细砂岩、中—上志留统卧都河组变质砂岩-板岩夹凝灰岩岩石构造组合构成。

泥盆纪汇聚重组阶段多岛弧盆期形成了低绿片岩相变质的弧前盆地相和岛弧相。弧前盆地相包括2个亚相：弧前构造高地亚相由中—下泥盆统乌奴耳礁灰岩(Wrl)生物碎屑灰岩-粉砂岩岩石构造组合构成；弧前陆坡盆地亚相由中—下泥盆统泥鳅河组变质砂岩-变质砾岩夹板岩、板岩-硅质岩夹生物灰岩、变质砂岩-板岩-凝灰岩岩石构造组合及中—上泥盆统塔尔巴格特组、上泥盆统安格尔音乌拉组变质砂岩-板岩-凝灰岩岩石构造组合构成。岛弧相火山弧亚相由中—上泥盆统大民山组细碧角斑岩-变质钙碱性火山岩夹硅质岩岩石构造组合构成。

晚泥盆世裂解离散阶段被动陆缘期产生了裂谷岩浆岩相裂谷岩浆杂岩亚相低绿片岩相变质的晚泥盆世基性超基性岩石构造组合。

晚石炭世—中二叠世汇聚重组阶段陆缘碰撞期产生了低绿片岩相变质的弧前盆地相、陆缘弧相、蛇绿混杂岩相、被动陆缘相和高压—超高压变质相。弧前盆地相弧前陆坡盆地亚相由上石炭统新伊根河组板岩-变质砂岩夹酸性火山岩、格根敖包组变质砂岩夹砾岩岩石构造组合构成。陆缘弧相包括2个亚相：弧间裂谷盆地亚相由上石炭统—下二叠统宝力高庙组变质砂岩-板岩夹安山质凝灰岩岩石构造组合构成；火山弧亚相由宝力高庙组中酸性火山岩夹变质砂岩、板岩及上二叠统大石寨组变质安山岩-变质流纹岩夹大理岩岩石构造组合构成。蛇绿混杂岩相蛇绿岩亚相由早二叠世变质基性、超基性岩石构造组合构成。被动陆缘相陆棚碎屑岩亚相由上二叠统哲斯组板岩-变质砂岩岩石构造组合构成。高压—超高压变质相高压变质亚相由石炭系红花尔基蓝闪片岩钠长蓝闪片岩-绿帘片岩-绿泥石英片岩岩石构造组合及混杂堆积构成。

晚二叠世陆内发展阶段陆内盆地期形成了陆内盆地相坳陷盆地亚相，由上二叠统林西组板岩-变质砂岩岩石构造组合构成。

4)海拉尔-呼玛变质地带

(1)前中元古代构造旋回。古元古代汇聚重组阶段多岛弧盆期产生了古弧盆相古岛弧亚相和古岩浆弧亚相，分别由中低压低绿片岩相-低角闪岩相变质的古元古界兴华渡口岩群黑云角闪片麻岩-黑云角闪变粒岩-云母(角闪、阳起)片岩夹磁铁石英岩岩石构造组合和古元古代混合花岗岩岩石构造组合构成。

(2)新元古代中期—古生代构造旋回。南华纪—泥盆纪汇聚重组阶段多岛弧盆期产生了岛弧相和弧后盆地相。岛弧相包括3个亚相：弧背盆地亚相由低绿片岩相变质的南华系佳疙瘩组变质砂岩-千枚岩-板岩夹变质安山岩、震旦系吉祥沟组变质砂砾岩-板岩-结晶灰岩和中—上奥陶统裸河组变质粉细砂岩-板岩夹生物灰岩岩石构造组合构成；弧间裂谷盆地亚相由震旦系额尔古纳河组绿片岩相变质的绿泥石英片岩-变粒岩-千枚岩夹变质粉砂岩岩石构造组合构成；火山弧亚相由低绿片岩相变质的震旦系大网子组变英安质凝灰岩-变质砂岩-板岩和中—下奥陶统多宝山组变质玄武岩-变质安山岩-变质粉砂岩岩石构造组合构成。弧后盆地相包括近陆弧后盆地亚相和弧后裂谷盆地亚相，分别由低绿片岩相变质的中—下泥盆统泥鳅河组变质砂岩-板岩夹灰岩岩石构造组合和中—上泥盆统大民山组细碧角斑岩夹硅质岩、变质砂岩岩石构造组合构成。

晚泥盆世裂解离散阶段裂谷期产生了裂谷岩浆岩相裂谷岩浆杂岩亚相，由晚泥盆世变质辉长岩岩石构造组合构成。

石炭纪汇聚重组阶段多岛弧盆期产生了弧后盆地相和陆缘弧相。弧后盆地相包括低绿片岩相变质的近陆弧后盆地亚相和弧后裂谷盆地亚相，分别由下石炭统红水泉组变质粉细砂岩-板岩夹灰岩、上石炭统新伊根河组板岩夹硅质岩、灰岩岩石构造组合和下石炭统莫尔根河组细碧角斑岩-变玄武岩-变流纹质凝灰岩夹灰岩岩石构造组合构成。陆缘弧相火山弧亚相，由上石炭统宝力高庙组绿片岩相变质的片理化流纹岩-英安岩夹绢云母石英片岩岩石构造组合构成。

5)额尔古纳变质地带

(1)前中元古代构造旋回。古元古代汇聚重组阶段多岛弧盆期形成了古弧盆相岛弧亚相和岩浆弧亚相，分别由古元古界兴华渡口岩群中低压低绿片岩相—低角闪岩相变质的黑云角闪变粒岩-片麻岩-斜长角闪(片)岩-红柱榴云片岩夹大理岩岩石构造组合和古元古代中压高角闪岩相变质的凤水山片麻岩-花岗闪长质—花岗质片麻岩岩石构造组合构成。

(2)新元古代—古生代构造旋回。新元古代—古生代汇聚重组阶段包括2个构造期。新元古代陆缘碰撞期形成了岛弧相低绿片岩相变质的3个亚相：弧背盆地亚相由南华系佳疙瘩组变质砂岩-千枚岩-板岩夹变质安山岩岩石构造组合和震旦系额尔古纳河组大理岩-结晶灰岩-板岩岩石构造组合构成；同碰撞岩浆杂岩亚相由新元古代变质辉长岩-变质闪长岩、变质花岗闪长岩-变质二长花岗岩岩石构造组合构成；后造山岩浆杂岩亚相由新元古代变质正长花岗岩-变质正长岩岩石构造组合构成。古生代多岛弧盆期形成了弧后盆地相和陆缘弧相，均为低绿片岩相变质。弧后盆地相弧后裂谷盆地亚相包括中—下奥陶统乌宾敖包组、上志留统卧都河组粉砂质板岩-变质砂岩岩石构造组合和下石炭统红水泉组变质砂岩-粉砂质板岩-生物碎屑灰岩岩石构造组合。陆缘弧相火山弧亚相由上石炭统宝力高庙组变安山岩-变凝灰质砂岩-千枚岩岩石构造组合构成。

### (二)华北变质域演化阶段划分及特征

#### 1.阿拉善变质区

1)迭布斯格-阿拉善右旗变质地带

(1)前新太古代构造亚旋回。中太古代陆核形成阶段形成了变质基底杂岩相中太古代陆核亚相，由中压高角闪岩相变质的中太古界雅布赖山岩群混合质黑云角闪片麻岩-混合质浅粒岩-混合岩、黑云角闪片麻岩-黑云角闪变粒岩夹斜长角闪岩、大理岩夹石英岩岩石构造组合和中压高角闪岩相—麻粒岩相变质的巴彦毛德混合花岗岩岩石构造组合构成。

(2)新太古代构造亚旋回。地壳生长再造阶段多岛弧盆期形成了古弧盆相岛弧亚相和弧后盆地亚相，分别由中压高绿片岩相-低角闪岩相变质的新太古界阿拉善岩群云母石英片岩-石英斜长片岩-石英角闪片岩-混合质黑云变粒岩岩石构造组合和阿拉善岩群云英片岩-变粒岩-浅粒岩、蓝晶十字石榴云母片岩-石榴云英片岩夹大理岩及大理岩岩石构造组合构成。

(3)古元古代构造亚旋回。裂解离散阶段裂谷期产生了裂谷岩浆岩相裂谷岩浆杂岩亚相，由古元古代绿片岩相变质的变质基性、超基性岩、变质闪长岩岩石构造组合构成。

(4)中元古代构造亚旋回。汇聚聚合阶段陆缘碰撞期产生了深成岩浆杂岩相俯冲岩浆杂岩亚相，由中元古代绿片岩相变质的变质基性岩、变质闪长岩-变质英云闪长岩-变质二长花岗岩岩石构造组合构成。

2)龙首山变质地带

(1)新太古代构造亚旋回。新太古代地壳生长再造阶段多岛弧盆期形成了古弧盆相弧后盆地亚相，由新太古界阿拉善岩群中压高绿片岩相-低角闪岩相变质的云英片岩-斜长浅粒岩-石英岩、蓝晶十字榴云片岩-榴云石英片岩夹大理岩、云英片岩-绿帘黑云片岩夹大理岩 3 个岩石构造组合构成。

(2)中—新元古代构造旋回。中—新元古代沉积盖层发育阶段分为两期。中元古代裂谷构造期形成被动陆缘相和裂谷岩浆岩相。被动陆缘相陆棚碎屑岩亚相由中元古界墩子沟组绿片岩相变质的硅质灰岩-长石石英砂岩-砾岩夹赤铁矿透镜体岩石构造组合构成，裂谷岩浆岩相裂谷岩浆杂岩亚相由中元古代绿片岩相变质的片麻状英云闪长岩岩石构造组合构成。震旦纪盆地收缩期形成的陆表海盆地相碎屑岩陆表海亚相，由震旦系烧火筒沟组绿片岩相变质的冰碛砾岩-灰岩夹千枚岩岩石构造组合构成。

### 2. 鄂尔多斯变质区

贺兰山变质地带

(1)前新太古代构造亚旋回。中太古代陆核形成阶段形成了变质基底杂岩相中太古代陆核亚相，由中低压高角闪岩相-麻粒岩相变质的中太古界千里山岩群察干廓勒组黑云角闪片麻岩-石英岩-透辉大理岩夹磁铁石英岩、千里沟组石墨片麻岩-大理岩夹变粒岩、哈布其盖组均质混合岩、孔兹岩 4 个岩石构造组合及中太古代混合(钾长、二长)花岗岩岩石构造组合构成。

(2)古元古代构造亚旋回。古元古代裂解离散阶段被动陆缘期形成了被动陆缘相陆棚碎屑岩亚相，由古元古界赵池沟岩群中压低绿片岩相—高绿片岩相变质的二云变粒岩-石墨变粒岩-二云石英片岩岩石构造组合构成。

(3)中—新元古代构造旋回。中—新元古代沉积盖层发育阶段盆地沉降期形成了被动陆缘相陆棚碎屑岩亚相和碳酸盐岩台地相台地亚相，分别由低绿片岩相变质的中—新元古界西勒图组石英岩-石英砂岩夹页岩岩石构造组合和王全口组硅质白云岩-白云质灰岩夹砂质板岩岩石构造组合构成。盆地收缩期形成的被动陆缘相陆棚碎屑岩亚相由震旦系正目观组低绿片岩相砂质板岩-冰碛砾岩岩石构造组合构成。

(4)古生代构造旋回。奥陶纪裂谷构造阶段裂谷期形成了夭折裂谷相裂谷边缘亚相，由中—下奥陶统米钵山组低绿片岩相泥质灰岩-长石砂岩-粉砂质板岩岩石构造组合构成。

### 3. 狼山-阴山变质区

1)狼山-白云鄂博变质地带西部

(1)前新太古代构造亚旋回。中太古代陆核形成阶段形成了变质基底杂岩相 2 个亚相。一是变质表壳岩陆核亚相，包括：①中太古界迭布斯格岩群中压高角闪岩相—麻粒岩相变质的黑云角闪片麻岩-黑云角闪混合岩夹磁铁石英岩、透辉角闪片麻岩-透辉大理岩夹透辉磁铁石英岩、黑云角闪片麻岩-紫苏透辉片麻岩-透辉大理岩、黑云角闪片麻岩夹磁铁石英岩 4 个岩石构造组合；②中太古界雅布赖山岩群中压高角闪岩相变质的均质混合岩、混合质黑云角闪片麻岩-混合岩夹斜长角闪岩、黑云斜长片麻岩-二云二长片麻岩-钾长变粒岩 3 个岩石构造组合；③中太古界乌拉山岩群哈达门沟岩组中压高角闪岩相-麻粒岩相变质的黑云角闪片麻岩-斜长角闪岩夹磁铁片麻岩、黑云斜长片麻岩-石墨透辉片麻岩-石墨变粒岩 2 个岩石构造组合。二是变质深成侵入体陆核亚相，包括中太古代中压高角闪岩相—麻粒岩相变质的巴彦毛德斜长混合花岗岩-钾长混合花岗岩岩石构造组合和波罗斯坦庙中压高角闪岩相变质的英云闪长质—花岗质片麻岩岩石构造组合。

(2)新太古代构造亚旋回。新太古代地壳生长再造阶段多岛弧盆期形成了古弧盆相弧后盆地亚相和岩浆弧亚相。弧后盆地亚相由新太古界阿拉善岩群中低压低绿片岩相—低角闪岩相变质的云英片岩-斜长角闪岩-变粒岩、十字榴云石英片岩-变粒岩-浅粒岩、大理岩-云英片岩夹石英岩岩石构造组合构成。岩浆弧亚相由新太古代中压高角闪岩相变质的闪长质片麻岩、大布苏山-毕级尔台英云闪长质-花岗闪长质-花岗质片麻岩及乃木毛道钾长花岗质片麻岩岩石构造组合构成。

(3)古元古代构造亚旋回。古元古代裂解离散阶段被动陆缘期形成了被动陆缘相陆棚碎屑岩亚相，由古元古界宝音图岩群中压低绿片岩相-低角闪岩相变质的蓝晶十字石榴云英片岩-石榴石英岩岩石构造组合构成。

(4)中元古代构造亚旋回。中元古代裂谷构造阶段裂谷期形成了陆缘裂谷相和裂谷岩浆岩相。陆缘裂谷相裂谷边缘亚相和裂谷中心亚相分别由中元古界渣尔泰山群书记沟组低绿片岩相—高绿片岩相变质砂岩-石英岩夹云英片岩岩石构造组合和增隆昌组低绿片岩相结晶灰岩-白云岩夹板岩岩石构造组合、阿古鲁沟组低绿片岩相变质砂岩-板岩-结晶灰岩岩石构造组合构成。裂谷岩浆岩相裂谷岩浆杂岩亚相由中元古代低绿片岩相变质基性、超基性岩岩石构造组合构成。

(5)古生代构造旋回。二叠纪活动陆缘阶段形成了陆缘弧相弧背盆地亚相，由下二叠统大红山组低绿片岩相变质砂砾岩夹砾岩岩石构造组合构成。

2)狼山-白云鄂博变质地带东部

(1)前新太古代构造亚旋回。中太古代陆核形成阶段形成了变质基底杂岩相陆核亚相，由中太古界乌拉山岩群中压高角闪岩相变质的黑云角闪片麻岩-透辉变粒岩夹磁铁石英岩岩石构造组合构成。

(2)新太古代构造亚旋回。新太古代地壳生长再造阶段多岛弧盆期形成了古弧盆相岛弧亚相和岩浆弧亚相，岛弧亚相由新太古界色尔腾山岩群中压高绿片岩相-低角闪岩相变质的东五分子岩组黑云角闪斜长片岩-斜长角闪岩夹角闪磁铁石英岩、柳树沟岩组云母石英片岩-黑云角闪斜长片岩夹变粒岩岩石构造组合构成。岩浆弧亚相由新太古代中压高角闪岩相变质的片麻状闪长岩-闪长质片麻岩岩石构造组合构成。

(3)古元古代构造亚旋回。古元古代汇聚聚合阶段陆缘碰撞期形成了深成岩浆杂岩相俯冲岩浆杂岩亚相古元古代中压高绿片岩相-低角闪岩相片麻状英云闪长岩岩石构造组合。

(4)中元古代—奥陶纪构造旋回。中元古代—青白口纪裂谷构造阶段裂谷期形成了陆缘裂谷相和裂谷岩浆岩相。陆缘裂谷相由中元古界—青白口系低绿片岩相—高绿片岩相变质的白云鄂博群和渣尔泰山群组成。白云鄂博群陆缘裂谷相包括裂谷边缘亚相和裂谷中心亚相。裂谷边缘亚相由都拉哈拉组变质含砾砂岩-石英岩、白音布拉格组变质砂岩-板岩-云母石英片岩岩石构造组合构成；裂谷中心亚相由尖山组板岩-变质砂岩-云母石英片岩、哈拉霍圪特组变质砂岩-板岩-结晶灰岩、比鲁特组板岩-千枚岩夹绿泥石英片岩及忽吉尔图组变质砂岩-角闪片岩-结晶灰岩 4 个岩石构造组合构成。渣尔泰山群陆缘裂谷相也包括裂谷边缘亚相和裂谷中心亚相。裂谷边缘亚相由书记沟组变质砂岩-变质砾岩夹石英岩、刘鸿湾组变质砂岩-变质砾岩-云母石英片岩岩石构造组合构成；裂谷中心亚相由增隆昌组结晶灰岩-板岩-粉砂岩、阿古鲁沟组板岩-结晶灰岩-千枚岩岩石构造组合构成。裂谷岩浆岩相裂谷岩浆杂岩亚相由中元古代低绿片岩相变质基性、超基性岩和变质(二长)花岗岩岩石构造组合构成。

震旦纪—奥陶纪沉积盖层发育阶段盆地沉降期形成了陆表海盆地相碳酸盐岩陆表海亚相，由低绿片岩相变质的震旦系腮林忽洞组白云岩-白云质灰岩-变质含砾砂岩、中—下奥陶统五道湾组结晶灰岩夹硅质板岩岩石构造组合构成。

（5）晚古生代构造亚旋回。二叠纪活动陆缘阶段形成了陆缘弧相弧背盆地亚相和火山弧亚相。分别由下二叠统大红山组变质砾岩-变质砂岩-凝灰岩-板岩、三面井组变质杂砂岩-板岩夹灰岩岩石构造组合和下二叠统额里图组安山玢岩-凝灰岩-杂砂岩岩石构造组合构成。

3）色尔腾山-太仆寺旗变质地带

（1）前新太古代构造亚旋回。中太古代陆核形成阶段形成了变质基底杂岩相陆核亚相，由中太古界中低压高角闪岩相-麻粒岩相变质的集宁岩群榴云变粒岩-透闪大理岩、乌拉山岩群哈达门沟岩组黑云角闪片麻岩-斜长角闪岩夹磁铁石英岩岩石构造组合和中太古代花岗质片麻岩岩石构造组合构成。

（2）新太古代构造亚旋回。新太古代地壳生长再造阶段多岛弧盆期形成了古弧盆相中低压低绿片岩相-低角闪岩相变质的3个亚相。岛弧亚相由新太古界色尔腾山岩群东五分子岩组黑云角闪斜长片岩-斜长角闪片岩-阳起片岩夹磁铁石英岩、柳树沟岩组云英片岩-斜长角闪片岩-绿片岩夹磁铁石英岩岩石构造组合构成；弧后盆地亚相由点力素泰岩组大理岩夹磁铁石英岩岩石构造组合构成。岩浆弧亚相由新太古代二长（花岗）片麻岩、变基性岩（墙）、斜长角闪岩、片麻状（石英）闪长岩、片麻状英云闪长岩及变质（二长）花岗岩6个变质岩石构造组合构成。

（3）古元古代构造亚旋回。古元古代汇聚聚合阶段产生了深成岩浆岩相俯冲岩浆杂岩亚相，由古元古代低绿片岩相—高绿片岩相变质（石英）闪长岩、变质英云闪长岩、变质二长花岗岩岩石构造组合构成。

（4）中—新元古代构造旋回。中元古代裂谷构造阶段裂谷期形成了陆缘裂谷相和裂谷岩浆岩相。陆缘裂谷相由中元古界—青白口系渣尔泰山群低绿片岩相—高绿片岩相变质岩组成。其中裂谷边缘亚相由书记沟组变质含砾砂岩-变质砾岩-含砾石英片岩岩石构造组合构成，裂谷中心亚相由增隆昌组结晶灰岩-板岩夹白云岩、阿古鲁沟组板岩-灰岩岩石构造组合构成。裂谷岩浆岩相裂谷岩浆杂岩亚相由中元古代低绿片岩相变质辉长岩岩石构造组合构成。

震旦纪沉积盖层发育阶段盆地沉降期形成了陆表海盆地相碳酸盐岩陆表海亚相，由震旦系什那干组低绿片岩相硅质灰岩夹硅质页岩岩石构造组合构成。

4）固阳-兴和变质地带

（1）前新太古代构造亚旋回。中太古代陆核形成阶段形成了变质基底杂岩相变质表壳岩陆核亚相、变质深成侵入体陆核亚相和变质侵入体陆核亚相。变质表壳岩陆核亚相由古太古界兴和岩群中压麻粒岩相中太古界集宁岩群、乌拉山岩群中低压高角闪岩相—麻粒岩相的变质岩组成，包括兴和岩群基性麻粒岩夹磁铁石英岩、酸性麻粒岩夹磁铁石英岩岩石构造组合，集宁岩群孔兹岩、大理岩岩石构造组合，乌拉山岩群哈达门沟岩组黑云角闪片麻岩-斜长角闪岩夹磁铁石英岩、黑云角闪长英片麻岩-黑云长石片麻岩、石墨夕线榴云片麻岩、透辉片麻岩-透辉石岩岩石构造组合，桃儿湾岩组大理岩、石英岩-变粒岩岩石构造组合。变质深成侵入体陆核亚相由中太古代中低压高角闪岩相—麻粒岩相变质的紫苏斜长麻粒岩、紫苏花岗质片麻岩、混合花岗岩、英云闪长质-花岗闪长质片麻岩、花岗质片麻岩、变质基性岩（墙）6种岩石构造组合构成。变质侵入体陆核亚相由中太古代中低压高角闪岩相变质角闪辉长岩、变质石榴（二长）花岗岩、变质碱性辉长岩、变质碱长花岗岩4种岩石构造组合构成。

（2）新太古代构造亚旋回。新太古代地壳生长再造阶段多岛弧盆期形成了古弧盆相，包括由新太古界色尔腾山岩群中低压低绿片岩相—低角闪岩相和二道洼岩群、新太古代变质侵入体中压低绿片岩相—低角闪岩相变质岩组成的3个亚相。岛弧亚相由色尔腾山岩群东五分子岩组黑云角闪斜长片岩-斜长角闪岩夹磁铁斜长片岩岩石构造组合构成。弧后盆地亚相由色尔腾山岩群点力素泰岩组大理岩夹石英岩岩石构造组合、二道洼岩群十字蓝晶榴云片岩-黑云斜长片岩-大理岩夹阳起片岩岩石构造组合构成。岩浆弧亚相由新太古代变质（石英）闪长岩、变质英云闪长岩岩石构造组合构成。

（3）古元古代构造亚旋回。古元古代汇聚聚合阶段陆缘碰撞期形成了古弧盆相弧后盆地亚相和深成岩浆岩相俯冲岩浆杂岩亚相。分别由古元古界马家店群低绿片岩相—高绿片岩相变质的板岩-石英岩-大理岩岩石构造组合和古元古代变质(石英)闪长岩、变质英云闪长岩-花岗闪长岩、变质二长花岗岩岩石构造组合构成。

(4)中元古代构造亚旋回。中元古代裂谷构造阶段裂谷期形成了陆缘裂谷相裂谷边缘亚相和裂谷岩浆岩相裂谷岩浆杂岩亚相。裂谷边缘亚相由中元古界渣尔泰山岩群低绿片岩变质的书记沟组长石石英砂岩夹粉砂质板岩、增隆昌组白云岩-泥灰岩-粉砂岩岩石构造组合构成。裂谷岩浆杂岩亚相由中元古代低绿片岩相变质黑云(二长)花岗岩、变质碱长花岗岩岩石构造组合构成。

(5)古生代构造旋回。石炭纪沉积盖层发育阶段盆地收缩期形成了陆表海盆地相碎屑岩陆表海亚相,由上石炭统拴马桩组低绿片岩相变质的碳质页岩-粉砂岩-含砾砂岩夹板岩岩石构造组合构成。

#### 4. 晋冀变质区

吕梁变质地带

前新太古代构造亚旋回陆核形成阶段形成了变质基底杂岩相陆核亚相,由中太古界集宁岩群中低压高角闪岩相-麻粒岩相孔兹岩岩石构造组合与中太古代变质二长花岗岩岩石构造组合构成。

#### 5. 晋北-冀北变质区

恒山-承德-建平变质地带

(1)新太古代构造亚旋回。新太古代地壳生长再造阶段多岛弧盆期形成了古弧盆相和古岩浆弧相。古弧盆相包括由新太古界建平岩群一岩组中压麻粒岩相,二岩组、三岩组及伙家沟表壳岩中压高角闪岩相变质岩组成的3个亚相。岛弧亚相由建平岩群一岩组二辉麻粒岩-黑云角闪片麻岩-变粒岩夹磁铁石英岩岩石构造组合构成;弧间盆地亚相由建平岩群二岩组及伙家沟表壳岩黑云角闪片麻岩-变粒岩-斜长角闪岩夹片岩、大理岩石构造组合构成;弧后盆地亚相由建平岩群三岩组大理岩夹片麻岩、片岩岩石构造组合构成。古岩浆弧相由新太古代中压高角闪岩相变质深成侵入体组成2个亚相,岩浆外弧亚相由吉旺营子片麻岩、方安窝铺片麻岩、牛家营子片麻岩、朝阳沟片麻岩、邱家沟片麻岩、水泉沟片麻岩组成的英云闪长质-花岗闪长质-花岗质片麻岩岩石构造组合(TTG)构成,岩浆内弧亚相由喇嘛洞混合花岗岩岩石构造组合构成。

(2)古元古代构造亚旋回。古元古代汇聚聚合阶段多岛弧盆期形成了古弧盆相弧间盆地亚相和岩浆弧亚相。分别由低绿片岩相—高绿片岩相变质的古元古界明安山群云母石英千枚岩-千枚状片岩-大理岩岩石构造组合和古元古代变质花岗闪岩、变质黑云二长花岗岩岩石构造组合构成。

(3)中元古代构造亚旋回。中元古代裂谷构造阶段裂谷期形成了陆内裂谷相和裂谷岩浆岩相。陆内裂谷相裂谷边缘亚相由长城系常州沟组、串岭沟组、大红峪组、高于庄组低绿片岩相—高绿片岩相变质砂岩-板岩-石英岩夹大理岩岩石构造组合构成。裂谷岩浆岩相裂谷岩浆杂岩亚相由中元古代低绿片岩相变质基性超基性岩、变质黑云二长花岗岩岩石构造组合构成。

### (三)塔里木变质域演化阶段划分及特征

敦煌变质区柳园变质地带

(1)中—新太古代构造亚旋回。中—新太古代陆核形成阶段形成了基底杂岩相陆核亚相,由中—新太古界区域中高温变质作用角闪岩相变质的黑云斜长变粒岩-黑云角闪片麻岩-斜长角闪岩和中—新太古代英云闪长质片麻岩岩石构造组合构成。

(2)古元古代构造亚旋回。古元古代汇聚聚合阶段多岛弧盆期形成了古弧盆相岛弧亚相和弧间盆地亚相,分别由古元古界北山岩群中压低绿片岩相—高绿片岩相变质的含磁铁矿云母石英片岩-变粒岩-石英岩、二云石英片岩-石英岩夹透闪石片岩岩石构造组合构成。

(3)中—新元古代构造旋回。中—新元古代沉积盖层发育阶段盆地沉降期形成了陆表海盆地相碎屑岩陆表海亚相和碳酸盐岩台地相台地亚相，分别由中元古界古硐井群低绿片岩相变质粉细砂岩-粉砂质板岩岩石构造组合和中—新元古界圆藻山群绿片岩相结晶灰岩-大理岩-粉砂质板岩岩石构造组合构成。

(4)古生代构造旋回。石炭纪—二叠纪裂谷构造阶段裂谷期形成了陆缘裂谷相。裂谷边缘亚相由低绿片岩相变质的下石炭统红柳园组结晶灰岩-砂岩夹板岩、石炭系绿条山组长石石英砂岩-粉砂质板岩-结晶灰岩、上石炭统芨芨台子组结晶灰岩3个岩石构造组合构成。裂谷中心亚相由上二叠统金塔组低绿片岩相流纹质凝灰岩-杂砂岩-蚀变玄武岩岩石构造组合构成。

### (四)秦祁昆变质域演化阶段划分及特征

北祁连变质区走廊变质地带

古生代构造旋回。寒武纪—奥陶纪汇聚重组阶段多岛弧盆期形成了与弧后盆地相近的陆弧后盆地亚相，由低绿片岩相变质的中寒武统香山组变质砂岩-千枚状板岩-灰岩、中—下奥陶统米钵山组变质长石石英砂岩-板岩夹灰岩岩石构造组合构成。

石炭纪陆内发展阶段形成了陆表海盆地相海陆交互相陆表海亚相，由下石炭统臭牛沟组低绿片岩相变质的结晶灰岩-砂岩夹板岩岩石构造组合构成。

## 第六节　变质岩岩石构造组合与成矿关系

内蒙古自治区地域辽阔，跨越不同变质地质单元，矿产资源非常丰富。主要变质型矿产包括铁、锰、金、稀土、铜、铅、锌、硫铁矿、大理岩、白云岩、石墨等矿种。本节对前寒武纪特别是前寒武纪早期主要变质型矿产的时空分布、含矿岩石构造组合及其大构造环境予以简要总结。在此基础上对重点矿种铁、锰、金、稀土矿进行含矿建造及预测要素方面的分析与探讨。

### 一、变质型矿产的时空分布

前寒武纪主要变质型矿产的成矿时代，大致可以划分为中太古代、新太古代、古元古代和中—新元古代4个时期。中太古代主要形成铁、金、石墨、大理岩及白云岩矿，新太古代主要形成铁、金、稀土及大理岩矿，古元古代以铁、金及大理岩为主，中—新元古代则以铁、锰、铜、铅、锌、金、硫铁矿为主。从空间上看，华北变质域矿产丰富，包括了上述各种矿种，主要成矿时代为中太古代、新太古代及中—新元古代；天山-兴蒙变质域及塔里木变质域仅有铁、大理岩、白云岩少数矿种形成于中太古代、古元古代及中—新元古代。从大地构造环境方面看，大部分矿产主要形成于华北陆块区相系陆块大相变质基底杂岩相中太古代陆核亚相、新太古代古弧盆相及中—新元古代裂谷相，少部分矿产形成于天山-兴蒙造山系相系地块大相中—新太古代变质基底杂岩相中高级变质杂岩亚相、古元古代古弧盆相、中—新元古界结合带大相蛇绿混杂岩相及弧盆系大相岛弧相、弧后盆地相。

### 二、变质岩岩石构造组合与成矿关系

不同的矿产形成于不同的地质时代、不同的变质单元、不同大地构造环境中的不同岩石构造组合，

同一种矿产也有时空分布特征、大地构造环境及岩石构造组合诸方面的重大差异。下面对前寒武纪主要变质矿产的含矿岩石构造组合、时空分布、构造环境特征予以总结，并试图探讨一些矿产的成矿规律。

### （一）变质岩岩石构造组合与沉积变质铁矿的关系

沉积变质铁矿发育于4个成矿时代和不同的变质地质单元，赋存于不同大地构造相的岩石构造组合中。

#### 1. 中太古代含铁变质岩岩石构造组合

(1)华北变质域鄂尔多斯变质区贺兰山变质地带，沉积变质型铁矿形成于中太古界千里山岩群察干郭勒岩组黑云角闪斜长片麻岩-石英岩-透辉大理岩夹磁铁石英岩岩石构造组合中，赋存千里山中型铁矿，属于变质基底杂岩相中太古代陆核亚相。

(2)华北变质域狼山-阴山变质区狼山-白云鄂博变质地带西部迭布斯格岩群黑云角闪斜长片麻岩夹磁铁石英岩、透辉角闪斜长片麻岩-透辉大理岩夹透辉磁铁石英岩、黑云角闪斜长片麻岩-黑云角闪混合岩夹磁铁石英岩3个变质岩岩石构造组合，赋存迭布斯格沉积变质铁矿中型铁矿2处、小型铁矿及铁矿点10处，属于变质基底杂岩相中太古代陆核亚相。

(3)狼山-白云鄂博变质地带西部乌拉山岩群哈达门沟岩组黑云角闪片麻岩-斜长角闪岩夹含铁片麻岩岩石构造组合，属于变质基底杂岩相中太古代陆核亚相。

(4)狼山-白云鄂博变质地带东部乌拉山岩群哈达门沟岩组黑云角闪斜长片麻岩-透辉变粒岩夹磁铁石英岩岩石构造组合，赋存铁矿点多处，属于变质基底杂岩相中太古代陆核亚相。

(5)色尔腾山-太仆寺旗变质地带乌拉山岩群哈达门沟岩组黑云角闪长石片麻岩-斜长角闪岩夹磁铁石英岩岩石构造组合，属于变质基底杂岩相中太古代陆核亚相。

(6)固阳-兴和变质地带乌拉山岩群哈达门沟岩组黑云角闪长石片麻岩-斜长角闪岩夹磁铁石英岩岩石构造组合，赋存贾格尔庙等20多处铁矿点，属于变质基底杂岩相中太古代陆核亚相。

(7)固阳-兴和变质地带兴和岩群基性麻粒岩夹磁铁石英岩岩石构造组合，赋存壕赖沟中型铁矿；酸性麻粒岩夹磁铁石英岩岩石构造组合，赋存马厂小型铁矿，均属于变质基底杂岩相古太古代陆核亚相。

#### 2. 新太古代含铁变质岩岩石构造组合

(1)中—新太古界变粒岩-石英岩-斜长角闪质混合岩夹磁铁绢云母石英片岩岩石构造组合，分布于天山-兴蒙变质域额济纳旗-北山变质区明水变质地带，属于变质基底杂岩相高级变质杂岩亚相，赋存“681”及旱山南铁矿点。

(2)华北变质域狼山-阴山变质区狼山-白云鄂博变质地带东部色尔腾山岩群东五分子岩组黑云角闪斜长片岩-斜长角闪岩夹角闪磁铁石英岩岩石构造组合，属于古弧盆相岛弧亚相。

(3)狼山-阴山变质区色尔腾山-太仆寺旗变质地带色尔腾山岩群包括3个含矿岩石构造组合：①东五分子岩组黑云角闪斜长片岩-斜长角闪片岩-阳起片岩夹磁铁石英岩，赋存三合明大型铁矿、东五分子及公益明中型铁矿、小型铁矿及铁矿点多处；属于古弧盆相岛弧亚相；②柳树沟岩组云英片岩-斜长角闪片岩-绿色片岩夹磁铁石英岩岩石构造组合，赋存铁矿点多处，属于古弧盆相岛弧亚相；③点力素泰岩组大理岩夹磁铁石英岩岩石构造组合，赋存铁矿点多处，属于古弧盆相弧后盆地亚相。

(4)狼山-阴山变质区固阳-兴和变质地带色尔腾山岩群东五分子岩组黑云角闪斜长片岩-斜长角闪岩夹磁铁斜长片岩岩石构造组合，属于古弧盆相岛弧亚相。

(5)晋北-冀北变质区恒山-承德-建平变质地带建平岩群一岩组二辉麻粒岩-黑云角闪片麻岩-变粒岩夹磁铁石英岩岩石构造组合，赋存黄金梁等小型铁矿10处，石门等铁矿点12处，属于古弧盆相岛弧亚相。

### 3. 古元古代含铁变质岩岩石构造组合

(1)天山-兴蒙变质域额济纳旗-北山变质区明水变质地带北山岩群云母石英片岩-角闪斜长变粒岩夹磁铁黑云石英片岩岩石构造组合,赋存饮水井铁矿点,属于古弧盆相岛弧亚相。

(2)哈特布其变质地带北山岩群黑云石英片岩-斜长角闪岩夹磁铁石英岩岩石构造组合,赋存3个井铁矿点,属于古弧盆相岛弧亚相。

(3)宝音图-温都尔庙-库伦旗变质区宝音图变质地带宝音图岩群含十字蓝晶石榴云英片岩-石英岩夹绿片岩、磁铁石英岩岩石构造组合,赋存沃博尔毛德铁矿点,属于被动陆缘相陆棚碎屑岩亚相。

(4)温都尔庙-库伦旗变质地带宝音图岩群含十字蓝晶石榴云英片岩-石英岩夹绿片岩、磁铁石英岩岩石构造组合,赋存车根达来铁矿点(出露4层总宽度为119m),属于古弧盆相弧间盆地亚相。

(5)大兴安岭变质区海拉尔-呼玛变质地带兴华渡口岩群黑云角闪片麻岩-黑云角闪变粒岩-云母(角闪、阳起)片岩夹磁铁石英岩岩石构造组合,属于古弧盆相岛弧亚相。

(6)塔里木变质域敦煌变质区柳园变质地带北山岩群含磁铁矿云母石英片岩-黑云(透闪)变粒岩-二云母石英岩岩石构造组合,赋存2个铁矿点,属于古弧盆相岛弧亚相。

### 4. 中—新元古代含铁变质岩岩石构造组合

(1)宝音图-温都尔庙-库伦旗变质区温都尔庙-库伦旗变质地带温都尔庙群桑达来呼都格组绿片岩-变质安山岩夹含铁石英岩岩石构造组合,赋存温都尔庙中型铁矿、图林凯小型铁矿,属于蛇绿混杂岩相洋内弧亚相;温都尔庙群哈尔哈达组二云石英片岩(蓝闪、硬柱)绿泥石英片岩夹含铁石英岩岩石构造组合,赋存哈尔哈达小型铁矿及矿点,属于蛇绿混杂岩相远洋沉积亚相。

(2)大兴安岭变质区锡林浩特-乌兰浩特变质地带温都尔庙群桑达来呼都格组绿帘阳起片岩-绿泥钠长片岩-绿帘角闪片岩夹磁铁石英岩岩石构造组合,属于蛇绿混杂岩相洋内弧亚相;温都尔庙群哈尔哈达组二云石英片岩-(蓝闪)绿帘绿泥石英片岩-变质砂岩夹磁铁石英岩岩石构造组合,属于蛇绿混杂岩相远洋沉积亚相。

(3)大兴安岭变质区二连-贺根山变质地带温都尔庙群哈尔哈达组绢云母石英片岩-绿泥石英片岩夹含铁石英岩岩石构造组合,属于陆壳残片相外来岩块亚相。

(4)狼山-阴山变质区狼山-白云鄂博变质地带西部渣尔泰山群增隆昌组结晶灰岩-白云岩夹板岩含铁岩石构造组合,阿古鲁沟组变质砂岩-板岩-结晶灰岩含铁、锰、金、多金属岩石构造组合,两组合属于陆缘裂谷相裂谷中心亚相。

(5)狼山-白云鄂博变质地带东部白云鄂博群尖山组板岩-变质砂岩-云母石英片岩含铁、金、稀土岩石构造组合,赋存白云鄂博大型铁矿和特大型稀土矿床,属于陆缘裂谷相裂谷中心亚相。

### 5. 小结

从以上含铁变质岩岩石构造组合诸方面的特征,可以得出一些规律性认识。

(1)含铁变质岩岩石构造组合主要形成于中太古代和新太古代,其次是中—新元古代和古元古代。

(2)空间上主要分布在华北变质域狼山-阴山变质区、鄂尔多斯变质区及晋北-冀北变质区,其次是天山-兴蒙变质域、塔里木变质域的次级变质单元。

(3)含铁变质岩岩石构造组合赋存的地质单位,依其资源潜力大小排序,第一组为色尔腾山岩群、迭布斯格岩群、千里山岩群;第二组为乌拉山岩群、兴和岩群、建平岩群、白云鄂博群、温都尔庙群;第三组为中—新太古界、北山岩群、宝音图岩群、兴华渡口岩群及渣尔泰山群。

(4)含铁变质岩岩石构造组合形成的大地构造环境主要是新太古代古弧盆相岛弧亚相,古、中太古代变质基底杂岩相陆核亚相,其次是中元古代陆缘裂谷相、裂谷中心亚相、蛇绿泥杂岩相洋内弧亚相和远洋沉积亚相,其三是中—新太古代变质基底杂相高级变质杂岩亚相,古元古代古弧盆相岛弧亚相、弧间盆地亚相和被动陆缘相陆棚碎屑岩亚相。

（5）与成矿关系密切的主要含铁变质岩岩石构造组合类型分别隶属于古、中太古代变质基底杂岩相陆核亚相和新太古代古弧盆相岛弧亚相，具体包括以下13种。①新太古代色尔腾山岩群东五分子岩组古弧盆相岛弧亚相黑云角闪斜长片岩-斜长角闪岩夹角闪磁铁石英岩岩石构造组合。②新太古代色尔腾山岩群东五分子岩组古弧盆相岛弧亚相黑云角闪斜长片岩-斜长角闪片岩-阳起片岩夹磁铁石英岩岩石构造组合。③新太古代色尔腾山岩群东五分子岩组古弧盆相岛弧亚相黑云角闪斜长片岩-斜长角闪岩夹磁铁斜长片岩岩石构造组合。④新太古代色尔腾山岩群柳树沟岩组古弧盆相岛弧亚相云英片岩-斜长角闪片岩-绿色片岩夹磁铁石英岩岩石构造组合。⑤中太古代迭布斯格岩群变质基底杂岩相陆核亚相透辉角闪斜长片麻岩-透辉大理岩夹透辉磁铁石英岩岩石构造组合。⑥中太古代迭布斯格岩群变质基底杂岩相陆核亚相黑云角闪斜长片麻岩夹磁铁石英岩岩石构造组合。⑦中太古代迭布斯格岩群变质基底杂岩相陆核亚相黑云角闪斜长片麻岩-黑云角闪混合岩夹磁铁石英岩岩石构造组合。⑧中太古代千里山岩群察干廓勒岩组变质基底杂岩相陆核亚相黑云角闪斜长片麻岩-石英岩-透辉大理岩夹磁铁石英岩岩石构造组合。⑨中太古代乌拉山岩群哈达门沟岩组变质基底杂岩相陆核亚相黑云角闪片麻岩-斜长角闪岩夹含铁片麻岩岩石构造组合。⑩中太古代乌拉山岩群哈达门沟岩组变质基底杂岩相陆核亚相黑云角闪斜长片麻岩-透辉变粒岩夹磁铁石英岩岩石构造组合。⑪中太古代乌拉山岩群哈达门沟岩组变质基底杂岩相陆核亚相黑云角闪长石片麻岩-斜长角闪岩夹磁铁石英岩岩石构造组合。⑫古太古代兴和岩群变质基底杂岩相陆核亚相基性麻粒岩夹磁铁石英岩岩石构造组合。⑬古太古代兴和岩群变质基底杂岩相陆核亚相酸性麻粒岩夹磁铁石英岩岩石构造组合。

通过对全区前寒武纪含铁岩石构造组合特征、时空分布特点及其形成的大地构造环境的简要总结和取得的一些规律性认识，可以对沉积变质型铁矿提出具有矿产资源潜力的3个地区，供有关人员和部门参考。

1）色尔腾山-三合明地区

本区位于华北陆块区狼山-阴山陆块色尔腾山-太仆寺旗古岩浆弧三级构造单元。新太古界色尔腾山岩群东五分子岩组、柳树沟岩组形成于古弧盆系岛弧环境中，其岩石构造组合（详见前文）的原岩以中基性火山岩为主，兼有中酸性火山岩夹硅质岩，同期变质侵入体非常发育；同期或后期韧性剪切变形带密集，形成北西西向或北西向规模宏大的韧性剪切变形区带，中低压低绿片岩相-低角闪岩相的区域动力热流变质作用明显，后期断裂构造纵横交错。所有这些地质要素的综合作用为成矿物质来源、运行通道及其富集场所提供了充分条件。本区已发现的铁矿产地有20多处，包括三合明大型矿床1处、东五分子及公益明中型矿床2处。目前应当是全区最具潜力的地区。

2）迭布斯格地区

本区位于阿拉善左旗迭布斯格村地区，属于华北陆块区狼山-阴山陆块狼山-白云鄂博裂谷西部，中太古界迭布斯格岩群3种含铁变质岩岩石构造组合（详见上文）构成了变质基底杂岩相陆核亚相。经过了中压高角闪岩相-麻粒岩相变质作用形成的岩石构造组合别具特色：一是各类岩石中透辉石成分含量较高，分布普遍；二是含石英假砾的透辉岩夹层较多；三是透辉角闪片麻岩-透辉大理岩夹透辉磁铁石英岩岩石构造组合与成矿关系最为密切，赋存铁矿产地最多；四是原岩建造由中基性火山岩、碎屑岩、钙硅酸盐岩及碳酸盐岩等比例不等、成分复杂的岩类组成。在迭布斯格地区面积不大（约250km$^2$）的范围内密集分布12处铁矿产地（包括中型矿床2处，小型矿床5处）实属罕见。

迭布斯格地区位于阿拉善陆块、狼山-阴山陆块和吉兰泰-包头断陷盆地3个构造单元交会部位，断裂构造极为发育。东部发育北东向断裂带，西部有两组对冲式逆冲断裂带，北部东西向断裂带又叠加了北西向和北东向断裂。在断裂带之间形成集中成矿区域。总体上构成复式背斜构造叠加了后期多组多期断裂构造带的复杂图案。正是这些不同性质不同规模的构造作用才促使众多矿产地形成。

另外，迭布斯格南部新生界覆盖区有1：20万航磁异常多处，其中在阿拉善左旗锡林高勒乡于咀陶村验征钻孔384～667m见矿5层，含矿岩系156m。所以除了扩大迭布斯格本区资源远景外，还有望在南部覆盖区找到隐伏矿床。

3)千里山地区

本区位于千里山北部察干郭勒一带，属鄂托克旗和乌海市管辖。千里山铁矿见矿范围约150km²，南北向分布8处铁矿，1处为中型富矿，7处为矿点。含矿岩系为中太古界千里山岩群察干郭勒岩组变质基底杂岩相陆核亚相黑云角闪斜长片麻岩-石英岩-透辉大理岩夹磁铁石英岩岩石构造组合，经历了中低压高角闪岩相-麻粒岩相区域中高温变质作用。原岩建造由中基性火山岩、碎屑岩夹硅铁质岩及碳酸盐岩组成。

本区属于鄂尔多斯陆块贺兰山夭折裂谷三级构造单元，东邻鄂尔多斯盆地(陆核)，西邻吉兰泰-包头断陷盆地。千里山岩群基本构造形态为短轴复式背斜构造，叠加了后期南北向、北西向和北东向3组断裂。背形构造轮廓在南、北、东3个方向已经显现，西边被新生界覆盖。所以矿区有可能向西扩展规模。

### (二)变质岩石构造组合与沉积变质锰矿的关系

已发现的沉积变质锰矿形成于中—新元古代和古生代奥陶纪，分布在华北变质域狼山-阴山变质区和天山-兴蒙变质域宝音图-温都尔庙-库伦旗变质区，赋存于不同大地构造相的岩石构造组合中。

#### 1.中—新元古代含锰变质岩岩石构造组合

这一时代的沉积变质锰矿产于渣尔泰山群蓟县系阿古鲁沟组中，分布在狼山-阴山变质区的3个变质地带。

(1)狼山-白云鄂博变质地带西部渣尔泰山群阿古鲁沟组变质砂岩-板岩-结晶灰岩-云英片岩含锰、铁、金、多金属岩石构造组合，赋存巴彦西博山、伊和布鲁格锰铁矿化点，形成于陆缘裂谷相裂谷中心亚相构造环境。

(2)狼山-白云鄂博变质地带东部渣尔泰山群阿古鲁沟组板岩-结晶灰岩-千枚岩含锰、多金属岩石构造组合，属于陆缘裂谷相裂谷中心亚相构造环境。

(3)色尔腾山-太仆寺旗变质地带渣尔泰山群阿古鲁沟组板岩-灰岩含锰、铁、多金属岩石构造组合，形成于陆缘裂谷相裂谷中心亚相构造环境。在乌拉特前旗乔二沟地区赋存乔二沟中型锰矿、红壕小型铁锰矿、六大股铁锰矿点、东九分子锰矿化点。

根据乌拉特前旗乔二沟地区沉积变质锰矿预测区变质岩建造构造图(1∶10万,2011)的编制，可以总结5条成矿预测要素。

1)含矿目的层及含矿变质岩建造

将含矿目的层阿古鲁沟组岩石构造组合细化为7个变质岩建造，确定其中3个为含锰、铁变质岩建造。

(1)粉砂质碳质板岩夹绢云母千枚岩、结晶灰岩含铁锰变质岩建造，赋存红壕铁锰小型矿床和六大股铁锰矿点。

红壕矿区有大小不等矿体100多个，总体呈东西向分布，构成南北宽100～600m、东西长2600m的帚状分布含矿带，向西收敛变窄，向东发散变宽。矿体产于厚层粉砂质碳质板岩、千枚岩中，多数呈透镜状、豆荚状产出，少数呈层状、似层状产生，与围岩整合接触，界线清楚。矿体长度10～147m，一般为20～40m,矿体厚度变化在0.25～1.15m之间，多数为0.3～0.6m。矿石矿物主要有硬锰矿、软锰矿、磁铁矿、赤铁矿，锰的品位为10.08%～34.47%，平均品位为21.16%；铁的品位为5.41%～30.97%，平均品位为16.57%。根据矿石类型已求得锰矿储量38 419t，为小型—富锰矿床。

六大股铁锰矿点有6个矿体，呈似层状、透镜状产于板岩和结晶灰岩之间或者原层白云质结晶灰岩中，产状313°∠70°。矿体分布长度150m，平均厚度7.5m。矿石矿物主要为硬锰矿、软锰矿，其次为黑锰矿、褐铁矿。锰含量10%～22%，铁含量11.39%，已求得储量$11.46\times10^4$t。

(2)千枚状碳质砂质板岩含锰变质岩建造。分布于书记沟一带，建造底部有锰矿化，碳质成分较高。1∶5万区域地质调查岩相分析工作认为，形成于温暖潮湿条件下半封闭的浅水海湾相沉积环境，沉降中心就在书记沟。

(3)碳质板岩-粉砂质板岩-硅质板岩含锰变质岩建造，赋存乔二沟、东九分子锰矿。乔二沟锰矿赋存于粉砂质板岩中，顶底板均为粉砂质板岩，与围岩产状一致，但接触界线不清，矿体边界是依据化学分析样品圈定的。矿体呈层状、似层状产出，严格受地层控制。3个矿体呈北西-南东向"一"字形排列。倾向北东，倾角51°～81°，长度分别为1863m、526m、344m，总长2706m。矿体厚度在地表为2.4～18.7m，在深部为2.93～25.3m，由地表到深部明显变厚。矿石矿物主要为硬锰矿，少量软锰矿及褐铁矿。矿石品位在地表为6.02%～12.27%，在深部为6.19%～19.94%，由地表到深部明显增高。已求得资源储量$1\ 180.15\times10^4$t，为中型锰矿。

东九分子锰矿也赋存于粉质板岩中。岩层倾向北北东，呈倒转向斜构造。矿层长4000m，厚10m，分数层断续出露。矿石以软锰矿和硬锰矿为主。特点是矿化面积大，品位低，一般为3.6%，少数大于10%。

2)褶皱构造

乔二沟矿区地层呈北东东倾斜的倒转向斜构造，倾角50°～80°。红壕矿区位于白音布拉沟背斜南翼，近东西走向，背斜核部被加里东期辉长辉绿岩侵入。应注意在褶皱构造延伸方向及对称翼的相应层位中找矿，有目的地扩大找矿范围。

3)断裂构造

与成矿有关的断裂构造大致可分两类。一类是成矿期后断裂，对矿层具有破坏作用。如红壕锰矿，成矿期后产生的北东向或北西向断裂常使东西向矿层发生错动和位移。另一类是成矿期前断裂构造，为成矿作用提供了空间，成为矿构造。如六大股锰矿，明显受到NE25°方向平推断层及其断层破碎带控制，形成了可供地方开采的小而富的矿点。

4)矿体属性

矿体属性在这里指矿体空间分布形态、矿体厚度、矿石品位及其空间变化方向等特征。

红壕锰矿矿体数量众多，总体呈现向西收敛变窄、向东发散变宽、东西长达2600m的帚状成矿带，而且锰矿品位向东趋于增高，提示向东部地区加强找矿工作更有希望。古地理环境分析也认为，矿区东部距离古海岸线较远，海水相对较深，因而有可能找到隐伏的还原条件下形成的大型菱锰矿或水锰矿等原生矿体。

乔二沟锰矿矿体的厚度由地表向深部变厚，矿石品位由地表向深部增高。这种厚度和品位的变化方向—深部(大于斜深64～124m)，就是找矿和采矿的方向和位置。

5)关注新的找矿标志

本预测区验收过程中，有关专家提出两条意见，一是对此类低级变质的沉积变质的矿床，仍要参考沉积矿床预测类型要求去做；二是沉积锰矿多与海底喷气作用有关，往往与Fe-Mn-Si组分共生。今后应注意岩相古地理分析和野外找矿标志的确定，特别是与海底喷气作用有关的新的找矿标志的认定。

## 2.奥陶纪含锰变质岩岩石构造组合

奥陶纪沉积变质锰矿赋存在中—下奥陶统乌宾敖包组变质砂岩-黑云母板岩-千枚岩-结晶灰岩含锰岩石构造组合中，分布于天山-兴蒙变质域温都尔庙-库伦旗变质地带，形成于被动陆缘相陆棚碎屑岩亚相构造环境中。已发现乌拉特中旗东加干小型锰矿1处。

根据东加干锰矿详查地质报告(内蒙古一〇五地质队，1987)和桑根达来地区1∶20万区域地质调查报告(内蒙古第一区域地质调查队，1980)以及巴音查干幅(本项目，2008)、桑根达来幅(本项目，2009)1∶25万建造构造图资料编制的东加干地区沉积变质型锰矿预测区变质建造构造图(1∶10万，2011)，对预测区乌宾敖乌组细分为4个变质岩建造，确定2个为含锰变质建造。①绢云母千枚岩-变质砂岩夹白云质结晶灰岩含锰变质岩建造，赋存东加干锰矿。除东加干外，主要分布在预测区西部巴音查干西南地区。东加干锰矿矿体与围岩产状一致，整合接触，界线清楚。矿层底板为绢云母千枚岩，顶板为薄层状白云质结晶灰岩。结晶灰岩呈浅棕色—紫褐色，层位稳定，分布连续，是良好的找矿标志，但厚度变化大，最厚处4m，最薄处几厘米，向东变薄尖灭。灰岩厚度与矿层关系甚为密切，灰岩厚处，矿层也厚，灰岩变薄，矿层也薄，灰岩尖灭，矿层消失。矿区内3个矿体由西向东分布，地表长度分别为180m、50m、50m，向南东倾，延深36～80m。矿体厚度分别为1.03～2.42m、0.2～0.8m、0.4m。矿石矿物主要为软锰矿、硬锰矿，少量褐铁矿。已探明C+D级储量$2.75\times10^4$t，为小型锰矿。②结晶灰岩-碎屑灰岩-泥灰岩含锰建造，主要分布在预测区西部。在东加干矿区表现为中厚层白云质结晶灰岩夹千枚岩组合，发现在断层破碎带中有多处淋滤型矿体，规模均不大，品位除个别达20%外，多数不达工业要求。

一个有趣的现象是，东加干锰矿一带只有小面积含矿建造出露，大面积含矿建造却位于预测区西部70多千米以外的巴音查干西南地区。究其原因，可能是构造变动产生的东西向位移造成的。在东加干矿区内也见到一条断距不清的平移断层将矿体及含矿建造错断的现象。所以本预测区断裂构造是非常重要的预测要素。另外就是加强岩相古地理研究和寻找与海底喷气作用有关的找矿标志。

中—下奥陶统乌宾敖包组岩石构造组合，除温都尔庙-库伦旗变质地带外，还在大兴安岭变质区2个变质地带有出露，目前还未发现锰矿产地，它们形成的大地构造环境也有所不同。这里提及，仅为今后找锰工作提供参考。①东乌珠穆沁旗-多宝山变质地带乌宾敖包组弧后盆地相近陆弧后盆地亚相变质砂岩-千枚岩-板岩岩石构造组合。②额尔古纳变质地带乌宾敖包组弧后盆地相弧后裂谷盆地亚相粉砂质板岩-变质粉砂岩-变质砂岩岩石构造组合。

总之，目前沉积变质锰矿已发现得很少，主要形成于色尔腾山-太仆寺旗变质地带、狼山-白云鄂博变质地带中—新元古代渣尔泰山群阿古鲁沟组陆缘裂谷相裂谷中心亚相板岩-灰岩、板岩-结晶灰岩-千枚岩、变质砂岩-板岩-结晶灰岩-云英片岩等含锰及多金属岩石构造组合中，其次是温都尔庙-库伦旗变质地带西部中—下奥陶统乌宾敖包组被动陆缘相陆棚碎屑岩亚相变质砂岩-板岩-千枚岩-结晶灰岩含锰岩石构造组合。今后应继续加强渣尔泰山群分布的两个变质地带，特别是色尔腾山、渣尔泰山、狼山和巴音诺尔公4个地区的找锰工作，并注意上文提到的预测要素研究与分析。奥陶系乌宾敖包组分布的地区可作为后备工作基地。

### （三）变质岩岩石构造组合与变质热液型金矿的关系

与变质作用有关的金矿形成于中太古代、新太古代、古元古代和中—新元古代4个时期；主要分布于华北变质域狼山-阴山变质区及晋北-冀北变质区，其次是大兴安岭变质区。含金变质岩石构造组合在不同形成时代、不同大地构造环境有明显差异。

#### 1. 中太古代含金变质岩岩石构造组合

乌拉山岩群哈达门沟岩组黑云角闪长石片麻岩-斜长角闪岩夹磁铁石英岩含金变质岩岩石构造组合，分布于固阳-兴和变质地带，形成于变质基底杂岩相陆核亚相构造环境。赋存哈达门沟大型金矿、东伙房及巨金山小型金矿等。其成因类型属于包括变质作用在内的复合内生型矿床。

#### 2. 新太古代含金变质岩岩石构造组合

(1)色尔腾山岩群柳树沟岩组云英片岩-斜长角闪岩-绿色片岩夹磁铁石英岩含金变质岩岩石构造组合，分布于色尔腾山-太仆寺旗变质地带，形成于古弧盆地相岛弧亚相构造环境，赋存固阳县十八顷壕中型金矿及明安乡二兰沟等金矿点8处，察右中旗新地沟小型金矿及草垛山等金矿点4处。

(2)二道洼岩群十字蓝晶榴云片岩-黑云斜长片岩-大理岩夹阳起片岩含金变质岩岩石构造组合，分布于固阳-兴和变质地带二道洼地区，形成于古弧盆相弧后盆地亚相构造环境，赋存大东沟等6处金矿点。

(3)建平岩群一岩组二辉麻粒岩-黑云角闪斜长片麻岩-变粒岩夹磁铁石英岩含金变质岩岩石构造组合，分布于恒山-承德-建平变质地带，形成于古弧盆相岛弧亚相构造环境，赋存金厂沟梁大型金矿床。

(4)建平岩群二岩组黑云角闪片麻岩-斜长角闪岩-变粒岩-大理岩含金变质岩岩石构造组合，分布于恒山-承德-建平变质地带，形成于古弧盆相弧间盆地亚相构造环境，赋存红花沟大型金矿床。

(5)建平岩群三岩组大理岩夹片麻岩、片岩含金变质岩岩石构造组合，分布于恒山-承德-建平变质地带，形成于古弧盆相弧后盆地亚相构造环境，赋存柴火栏子等金矿床。

(6)新太古代变质黑云母花岗岩-二长花岗岩含金变质岩岩石构造组合，分布于色尔腾山-太仆寺旗变质地带察右中旗地区，形成于古弧盆相岩浆弧亚相构造环境。已发现小井沟、八号村、九号村矿点3处。

### 3. 古元古代含金变质岩岩石构造组合

(1)兴华渡口岩群黑云角闪变粒岩-黑云斜长片麻岩-斜长角闪(片)岩-红柱榴云片岩含金变质岩岩石构造组合，分布于大兴安岭变质区额尔古纳变质地带，形成于古弧盆相岛弧亚相构造环境。

(2)古元古代变质石英闪长岩-英云闪长岩-花岗闪长岩-二长花岗岩含金变质岩岩石构造组合。形成于深成岩浆岩相俯冲岩浆杂岩亚相构造环境，分布于色尔腾山-太仆寺旗变质地带乌拉特前旗-固阳县地区及固阳-兴和变质地带二道洼东部地区，两个变质地带已发现金矿点分别为13处和2处。

### 4. 中—新元古代含金变质岩岩石构造组合

(1)渣尔泰山群阿古鲁沟组变质砂岩-板岩-结晶灰岩-云英片岩含金铁锰多金属变质岩岩石构造组合，分布于狼山-白云鄂博变质地带西部，形成于陆缘裂谷相裂谷中心亚相构造环境。

(2)白云鄂博群比鲁特组堇青石板岩-红柱石千枚岩夹绿泥石英片岩含金铀变质岩岩石构造组合，分布于狼山-白云鄂博变质地带东部，形成于陆缘裂谷相裂谷中心亚相构造环境，赋存赛音乌素中型金矿。

(3)白云鄂博群尖山组变质砂岩-板岩-云母石英片岩含金铁稀土变质岩岩石构造组合，分布于狼山-白云鄂博变质地带东部，形成于陆缘裂谷相裂谷中心亚相构造环境。

(4)中元古代变质黑云母花岗岩-变质二长花岗岩含金铜铅锌变质岩岩石构造组合，分布于固阳-兴和变质地带二道洼地区，形成于深成岩浆岩相裂谷岩浆杂岩亚相构造环境。

(5)南华纪佳疙瘩组变质砂岩-千枚岩-板岩夹变质安山岩含金变质岩岩石构造组合，分布于额尔古纳变质地带，形成于岛弧相弧背盆地亚相构造环境。已发现金矿产地多处。

(6)新元古代变质二长花岗岩含金变质岩岩石构造组合，分布于额尔古纳变质地带，形成于岛弧相同碰撞岩浆杂岩亚相构造环境。已发现金矿产地多处。

### 5. 小结

以上含金变质岩岩石构造组合是根据很不完全的原生金矿资料和地质背景研究成果进行综合分析提出的。不难看出，内蒙古自治区金矿潜力巨大。总结含金变质岩岩石构造组合发育情况，具有以下几个方面特征和规律。

(1)时代分布广。从太古宙到元古宙的各个成矿时代都有不同程度发育，尤其中太古代、新太古代及中—新元古代更突出。

(2)集中华北变质域。在空间上含金变质岩岩石构造组合比较集中地分布于华北变质域狼山-阴山变质区固阳-兴和、色尔腾山-太仆寺旗、狼山-白云鄂博3个变质地带和晋北-冀北变质区恒山-承德-建平变质地带。在天山-兴蒙变质域大兴安岭变质区额尔古纳变质地带也有分布。

(3)构造环境优。含金变质岩岩石构造组合形成的大地构造环境主要是中太古代陆核，新太古代及古元古代古岛弧、古弧后盆地、古弧间盆地、古岩浆弧以及中—新元古代陆缘裂谷构造环境。

(4)组合类型全。中太古代陆核环境下主要由中基性火山岩经区域中高温变质作用形成的角闪质片麻岩-斜长角闪岩含金变质岩岩石构造组合类型；新太古代—古元古代古弧盆环境中主要为中基性火山岩，其次为碎屑岩夹火山岩、碳酸盐岩及中酸性侵入岩类经区域动力热流变质作用或区域中高温变质作用形成的古岛弧型、古弧后盆地型、古弧间盆地型及古岩浆弧型角闪片岩-绿片岩、榴云片岩-黑云斜长片岩-大理岩、中基性麻粒岩-角闪片麻岩-变粒岩、角闪片麻岩-变粒岩-大理岩、大理岩夹片麻岩及变质中酸性侵入岩等含金变质岩岩石构造组合类型；中—新元古代在陆缘裂谷环境中主要为砂泥质岩夹灰岩、火山岩及花岗岩经区域低温动力变质作用形成裂谷中心型及裂谷岩浆岩型，由变质砂岩、板岩、千枚岩、结晶岩、云英片岩及变质花岗岩组成的含金岩石构造组合类型，在岛弧环境中主要为砂泥质岩夹安山岩及花岗岩经区域低温动力变质作用形成的弧背盆地型及同碰撞岩浆杂岩型含金变质岩岩石构造组合类型。

(5)变质地体多。与含金变质岩岩石构造组合密切相关的变质地体主要包括中太古代乌拉山岩群哈达门沟岩组，新太古代色尔腾山岩群柳树沟岩组、二道洼岩群、建平岩群3个岩组及变质酸性侵入体，古元古代兴华渡口岩群及变质中酸性侵入体，中—新元古代渣尔泰山岩群阿古鲁沟组，白云鄂博群比鲁特组、尖山组，佳疙瘩组及变质酸性侵入体。

(6)规模矿床多。据不完全统计，规模以上矿床有哈达门沟、红花沟、金厂沟梁、十八顷壕、赛音乌素、东风、热水、安家营子、莲花山、柴火栏子等10多处，规模以下矿床矿点及矿化点星罗棋布，不计其数。

### (四)变质岩岩石构造组合与沉积变质稀有稀土矿的关系

沉积变质稀有稀土矿及其含矿岩石构造组合分布于华北变质域阿拉善变质区和狼山-阴山变质区，分别形成于新太古代和中—新元古代的不同大地构造环境。

#### 1.新太古代含矿变质岩岩石构造组合

阿拉善岩群蓝晶十字榴云片岩-石榴云英片岩夹大理岩含稀有稀土变质岩岩石构造组合，分布于阿拉善变质区龙首山变质地带阿拉善右旗西南桃花拉山地区，形成于古弧盆相弧后盆地亚相构造环境，赋存桃花拉山大型稀有稀土矿床。

阿拉善右旗桃花拉山地区沉积变质型稀有稀土矿预测区变质建造图(1∶10万，本项目，2011)，对新太古代阿拉善岩群含矿变质岩岩石构造组合及其矿床特征进行了研究，将该组合细化为4个变质岩建造，其中2个为含矿建造。成矿特征如下。

*1)云母石英片岩-条带状大理岩含矿变质岩建造*

含矿建造由二云石英片岩、黑云石英片岩、绢云母石英片岩夹大理岩、角闪片岩、石英岩组成。底部为石英岩与片岩互层，顶部为条带状大理岩夹黑云方解片岩、方解黑云片岩及绢云母石英片岩。顶部条带状大理岩、方解黑云片岩、黑云方解片岩均为含矿岩石，呈层状、似层状及透镜状产出，层位稳定，构成走向北西至北西西向、倾向南西、倾角60°～70°、长度11km的大型成矿带。成矿带中矿体总长7千米多。划分为东、西2个矿区，东矿区8个矿体，西矿区12个矿体。单个矿体长度35～840m，多数为200～500m。矿体厚度0.5～24.17m，多数7～12m，平均厚度6.6m。矿体与围岩界线清楚，顶底板一般为大理岩，少数为花岗质混合岩。

矿石自然类型分为大理岩型和方解黑云片岩型，呈互层状或互为夹层状产出，共生关系密切。有益组分和有用矿物种类基本相同，仅含量不同。大理岩型含易解石、磷灰石较多，片岩型含钛铁金红石较多，大理岩型较片岩型富含Nb、P、Mn而贫Ti。

有用矿物有10种，主要为铌铁矿、钛铁金红石、锆石、独居石、磷灰石、褐帘石、易解石，其次有磷钇矿、褐钇铌矿、铌钙矿。

有益组分为$Nb_2O_5$、$Ti_2O_3$、$P_2O_5$。在不同矿石类型中其赋存状态不同。一是呈独立矿物：$Nb_2O_5$呈铌铁矿、钛铁金红石、易解石等矿物存在，$Ti_2O_3$呈独居石、易解石、褐帘石等矿物存在，$P_2O_5$则以磷灰石、独居石等矿物存在；二是呈分散状态以类质同象形式加入其他副矿物和脉石矿物中。大理岩型矿石中$Nb_2O_5$呈独立矿物存在的占46%～78%，$Ti_2O_3$占33%～42.9%，$P_2O_5$占30%～38%。总体上确定为以Nb为主的稀有元素矿床，以Sr族元素为主的稀土元素是主要伴生组分，次要伴生组分为$P_2O_5$。矿物组合简单，成分含量稳定，可以综合利用。

2)斑状混合岩夹花岗质混合岩含矿变质岩建造

含矿岩石主要为斑状混合岩，其次有眼球状混合岩、条带状混合岩、角闪黑云混合岩、闪长质混合岩及花岗质混合岩。花岗质混合岩在少数地段赋存有矿体。斑状混合岩与斑状混合岩化黑云石英片岩分布于矿区南部，面积最大。角闪黑云混合岩分布在东矿区南侧。闪长质混合岩和花岗质混合岩分布于西矿区南侧。

混合岩化作用以钾、钠等碱质渗透交代为主，个别地段交代程度很深，原岩面貌全非。与混合岩化作用有关的矿体表现为混合岩脉体交代矿体或呈脉状切割矿体，并产生混合岩化交代的热液蚀变现象。重要的蚀变有黑云母化、白云母化、钠长石化、黄铁矿化、黄铜矿化。黑云母化主要见于大理岩型及方解黑云片岩型矿石中，可以使$Nb_2O_5$含量由0.001%提高到0.024%；钠长石化发生在靠近花岗质混合岩地段，并使$Nb_2O_5$含量稍有提高。总的看来，混合岩化交代现象均为变质成矿后改造作用，对矿体总的化学成分改变不大，对有用组分具有均匀化作用。局部地段可以由混合岩化作用形成的碱质溶液溶解有用组分交代、充填围岩而形成交代型小矿体。

另外，断裂构造和放射性伽马测量也应作为成矿预测要素，它们与成矿关系十分密切。预测区发育4组断裂，应力场分析归结为北西向和北东向两个体系。北西向断裂对矿体破坏作用较大，使矿体发生有规律的错开或沿走向方向产生构造变形或尖灭现象。北东向断裂使地层和矿带发生顺时针方向扭转，产生“S”形弯曲，矿带中的无矿地段均处于“S”形弯曲的最大拐弯处。

预测区1：1万放射性测量和少数矿体1：2000的详查结果表明：铀钍矿化与稀有元素矿化层位完全吻合，铀钍和铌磷元素之间具有同步消长关系，用辐射仪确定的矿化边界可靠；稀土和稀有元素在成矿作用过程中具有共同演化趋势，它们在区域变质作用下发生重结晶而成矿，在区域混合岩化作用下产生交代现象并进一步富集。所以，利用它们这种共生与演化特点，使用放射性伽马测量方法进行找矿并圈定矿体边界是非常有效的。

以上讨论的仅是阿拉善岩群分布于龙首山变质地带已发现大型矿床的一个变质岩岩石构造组合类型。阿拉善岩群中其他与之形成构造环境相同，原岩建造及变质作用特征相近的岩石构造组合类型也应予以关注，它们都是在古弧盆相弧后盆地亚相构造环境中由碎屑岩、中基性火山岩、碳酸盐岩组成的原岩经受了中压或中低压低绿片岩相-低角闪岩相区域动力热流变质作用形成的。这些岩石构造组合包括以下几个方向。

(1)阿拉善岩群云母石英片岩-绿帘黑云母片岩夹大理岩岩石构造组合，分布于龙首山变质地带。

(2)阿拉善岩群云母石英片岩-变粒岩-浅粒岩岩石构造组合，分布于迭布斯格-阿拉善右旗变质地带。

(3)阿拉善岩群蓝晶十字榴云片岩-石榴云英片岩夹大理岩岩石构造组合，分布于迭布斯格-阿拉善旗变质地带。

(4)阿拉善岩群中厚层白云石大理岩岩石构造组合，分布于迭布斯格-阿拉善右旗变质地带。

(5)阿拉善岩群云母石英片岩-斜长角闪片岩-变粒岩岩石构造组合，分布于狼山-白云鄂博变质地带西部。

(6)阿拉善岩群大理岩-云英片岩夹石英岩岩石构造组合，分布于狼山-白云鄂博变质地带西部。

**2. 中—新元古代含矿变质岩岩石构造组合**

白云鄂博群尖山组板岩-变质砂岩-云母石英片岩含稀有稀土铁金变质岩岩石构造组合，分布于狼山-白云鄂博变质地带白云鄂博地区，形成于陆缘裂谷相裂谷中心亚相构造环境，赋存白云鄂博特大型稀有稀土矿床。其成矿特征请参阅本书第二章及相关文献。

## （五）变质岩岩石构造组合与多金属及硫铁矿变质矿产的关系

与沉积变质作用有关的铜铅锌多金属矿和硫铁矿及其含矿岩石构造组合分布于狼山-阴山变质区3个变质地带及大兴安岭变质区温都尔庙-库伦旗变质地带，形成于中—新元古代，主要的含矿变质岩岩石构造组合包括以下几个方面。

（1）温都尔庙群桑达来呼都格组高压中温蓝片岩相绿色片岩-变质安山岩夹铁石英岩含铜变质岩岩石构造组合，分布于温都尔庙-库伦旗变质地带白乃庙地区，形成于蛇绿混杂岩相洋内弧亚相构造环境，赋存白乃庙铜矿。

（2）渣尔泰山群阿古鲁沟组绿片岩相变质砂岩-板岩-结晶灰岩-云英片岩含多金属硫铁矿变质岩岩石构造组合，分布于狼山-白云鄂博变质地带西部，形成于陆缘裂谷相裂谷中心亚相构造环境，赋存霍各乞、炭窑口、东升庙等矿床。

（3）渣尔泰山群阿古鲁沟组低绿片岩相板岩-结晶灰岩-千枚岩含铜铅锌硫铁矿变质岩岩石构造组合，分布于狼山-白云鄂博变质地带东部，形成于陆缘裂谷相裂谷中心亚相构造环境。

（4）渣尔泰山群阿古鲁沟组低绿片岩相板岩-灰岩夹变质砂岩、千枚岩含铜铅锌硫铁矿变质岩岩石构造组合，分布于色尔腾山-太仆寺旗变质地带西部，形成于陆缘裂谷相裂谷中心亚相构造环境，赋存甲生盘等矿床。

（5）中元古代变质二长花岗岩-黑云母花岗岩含铜铅锌金变质岩岩石构造组合，分布于固阳-兴和变质地带，形成于裂谷岩浆岩相裂谷岩浆岩亚相构造环境。

## （六）变质岩岩石构造组合与沉积变质石墨矿的关系

沉积变质石墨矿及其岩石构造组合分布于华北变质域狼山-阴山变质区和鄂尔多斯变质区，形成于中太古代变质基底杂岩相陆核构造环境。主要的含矿变质岩岩石构造组合包括以下几个方面。

（1）迭布斯格岩群中压高角闪岩相-麻粒岩相石墨榴云角闪斜长片麻岩-紫苏透辉斜长片麻岩-透辉大理岩含石墨变质岩岩石构造组合，分布于狼山-白云鄂博变质地带西部，赋存查汗木胡鲁石墨矿。

（2）雅布赖山岩群中压高角闪岩相黑云角闪混合片麻岩-混合岩夹斜长角闪岩、石墨变粒岩含矿变质岩岩石构造组合，分布于狼山-白云鄂博变质地带西部。

（3）乌拉山岩群哈达门沟岩组中压高角闪岩相-麻粒岩相黑云斜长片麻岩-石墨透辉片麻岩-石墨变粒岩含矿变质岩岩石构造组合，分布于狼山-白云鄂博变质地带西部。

（4）千里山岩群千里沟岩组中低压高角闪岩相-麻粒岩相石墨片麻岩-石墨大理岩夹石墨变粒岩含矿变质岩岩石构造组合，分布于贺兰山变质地带中北部。

（5）乌拉山岩群哈达门沟岩组中低压高角闪岩相-麻粒岩相石墨榴云片麻岩含矿变质岩岩石构造组合，分布于固阳-兴和变质地带，赋存庙沟、什报气石墨矿。

（6）集宁岩群中低压高角闪岩相-麻粒岩相石墨榴云变粒岩-透闪大理岩含石墨变质岩岩石构造组合，分布于色尔腾山-太仆寺旗变质地带东部。

（7）集宁岩群中低压高角闪岩相-麻粒岩相孔兹岩系含石墨变质岩岩石构造组合，分布于固阳-兴和变质地带，赋存黄土窑大型石墨矿。

### (七)变质岩岩石构造组合与大理岩、白云岩变质矿产的关系

大理岩与白云岩变质矿产分布十分广泛,尤其是大理岩,但是进行过普查与勘探工作的大理岩变质矿产很少。与变质作用有关的大理岩、白云岩矿产及其变质岩岩石构造组合主要分布于华北变质域各变质单元,其他变质单元也有分布。主要成矿时代为中太古代和新太古代,其次为古元古代和中—新元古代。现选择重要的含矿变质岩岩石构造组合列述于后。

#### 1. 中太古代含矿变质岩岩石构造组合

(1)雅布赖山岩群中压高角闪岩相白云石大理岩夹石英岩含矿变质岩岩石构造组合,分布于迭布斯格-阿拉右旗变质地带,形成于变质基底杂岩相陆核亚相构造环境。

(2)集宁岩群中低压高角闪岩相-麻粒岩相厚层白云石大理岩夹片麻岩含矿变质岩岩石构造组合,分布于固阳-兴和变质地带,形成于变质基底杂岩相陆核亚相构造环境。

(3)乌拉山岩群桃儿湾岩组中低压高角闪岩相-麻粒岩相厚层大理岩夹石英岩含矿变质岩岩石构造组合,分布于固阳-兴和变质地带,形成于变质基底杂岩相陆核亚相构造环境。

#### 2. 新太古代含矿变质岩岩石构造组合

(1)中—新太古界角闪岩相白云石大理岩夹黑云角闪斜长片麻岩含白云岩矿变质岩岩石构造组合,分布于额济纳旗-北山变质区红石山变质地带,形成于变质基底杂岩相高级变质杂岩亚相构造环境,赋存亚干大型白云岩矿床。

(2)阿拉善岩群中低压低绿片岩相-低角闪岩相大理岩-云英片岩夹石英岩含矿变质岩岩石构造组合,分布于狼山-白云鄂博变质地带西部,形成于古弧盆相弧后盆地亚相构造环境。

(3)阿拉善岩群中压高绿片岩相-低角闪岩相中厚层状白云石大理岩含矿变质岩岩石构造组合,分布于迭布斯格-阿拉善右旗变质地带,形成于古弧盆相弧后盆地亚相构造环境。

(4)色尔腾山岩群点力素泰岩组中低压低绿片岩相-低角闪岩相大理岩夹(磁铁)石英岩含矿变质岩岩石构造组合,分布于色尔腾山-太仆寺旗变质地带及固阳-兴和变质地带,形成于古弧盆相弧后盆地亚相构造环境。

(5)二道洼岩群中压低绿片岩相-低角闪岩相十字蓝晶榴云岩-黑云斜长片岩-大理岩夹阳起片岩含矿岩石构造组合,分布于固阳-兴和变质地带,形成于古弧盆相弧后盆地亚相构造环境。赋存呼和浩特市哈拉沁大理岩矿床。

(6)建平岩群二岩组中压高角闪岩相黑云角闪片麻岩-变粒岩-斜长角闪岩-大理岩含矿变质岩岩石构造组合,形成于古弧盆相弧间盆地亚相构造环境,分布于恒山-承德-建平变质地带。

(7)建平岩群三岩组中压高角闪岩相大理岩夹片麻岩、片岩含矿变质岩岩石构造组合,分布于恒山-承德-建平变质地带,形成于古弧盆相弧后盆地亚相构造环境。

#### 3. 古元古代含矿变质岩岩石构造组合

(1)北山岩群中压低绿片岩相—高绿片岩相大理岩-白云质大理岩含矿变质岩岩石构造组合,分布于额济纳旗-北山变质区明水变质地带,形成于古弧盆相弧后盆地亚相构造环境。

(2)北山岩群中压低绿片岩相-低角岩相厚层大理岩夹板岩含矿变质岩岩石构造组合,分布于哈特布其变质地带,形成于古弧盆相弧后盆地亚相构造环境。

(3)兴华渡口岩群中低压低绿片岩相-低角闪岩相黑云角闪变粒岩-含夕线片麻岩-红柱石榴二云片岩夹大理岩含矿变质岩岩石构造组合,分布于额尔古纳变质地带,形成于古弧盆相岛弧亚相构造环境。

(4)马家店群低绿片岩相—高绿片岩相板岩-石英岩-大理岩含矿变质岩岩石构造组合,分布于固阳-

兴和变质地带，形成于古弧盆相弧后盆地亚相构造环境。

(5)明安山群低绿片岩相—高绿片岩相云母石英千枚岩-千枚状片岩-大理岩含矿变质岩岩石构造组合，分布于恒山-承德-建平变质地带，形成于古弧盆相弧间盆地亚相构造环境。

**4. 中—新元古代含矿变质岩岩石构造组合**

(1)圆藻山群绿片岩相硅质板岩-硅质灰岩-大理岩-白云岩含矿变质岩岩石构造组合，分布于红石山变质地带，形成于碳酸盐岩台地相台地亚相构造环境。

(2)圆藻山群绿片岩相结晶灰岩-大理岩-粉砂质板岩含矿变质岩岩石构造组合，分布于公婆泉变质地带及柳园变质地带，形成于碳酸盐岩台地相台地亚相构造环境。

(3)墩子沟组绿片岩相绢云母千枚岩-大理岩-变质砂岩含矿变质岩岩石构造组合，分布于哈特布其变质地带，形成于被动陆缘相陆棚碎屑岩亚相构造环境。

(4)艾勒格庙组低绿片岩相—高绿片岩相绢云母石英片岩-石英岩-大理岩含矿变质岩岩石构造组合，分布于锡林浩特-乌兰浩特变质地带西部，形成于弧后盆地相近陆弧后盆地亚相构造环境。

(5)额尔古纳河组低绿片岩相大理岩-结晶灰岩-板岩含矿岩石构造组合，分布于额尔古纳变质地带，形成于岛弧相弧背盆地亚相构造环境。

(6)王全口组低绿片岩相硅质白云岩-白云质灰岩夹砂质板岩含矿变质岩岩石构造组合，分布于贺兰山变质地带，形成于碳酸盐岩台地相台地亚相构造环境。

(7)腮林忽洞组低绿片岩相白云岩-白云质灰岩-变质含砾石英砂岩含矿变质岩岩石构造组合，分布于狼山-白云鄂博变质地带东部，形成于陆表海盆地相碳酸盐岩陆表海亚相构造环境。

(8)增隆昌组低绿片岩相白云岩-泥灰岩-粉砂岩含矿变质岩岩石构造组合，分布于固阳-兴和变质地带，形成于陆缘裂谷相裂谷中心亚相构造环境。

### (八)变质岩石构造组合与刚玉、蓝晶石、石榴石变质矿产的关系

3种变质矿产分别形成于中太古代、新太古代和古元古代，分布于不同变质单元。主要的含矿变质岩岩石构造组合如下。

(1)迭布斯格岩群中压高角闪岩相—麻粒岩相黑云角闪斜长片麻岩-黑云角闪混合岩夹磁铁石英岩含刚玉变质岩岩石构造组合，分布于狼山-白云鄂博变质地带西部，形成于变质基底杂岩相陆核亚相构造环境，已发现哈拉陶勒盖刚玉矿化点。

(2)雅布赖山岩群中压高角闪岩相黑云角闪混合片麻岩-混合岩夹斜长角闪岩含刚玉尖晶石变质岩岩石构造组合，分布于狼山-白云鄂博变质地带西部，形成于变质基底杂岩相陆核亚相构造环境。

(3)阿拉善岩群中低压低绿片岩相-低角闪岩相十字石榴云英片岩-变粒岩-浅粒岩含石榴石变质岩岩石构造组合，分布于狼山-白云鄂博变质地带西部，形成于古弧盆相弧后盆地亚相构造环境。

(4)阿拉善岩群中压高绿片岩相-低角闪岩相蓝晶十字石榴云母片岩-石榴云母石英片岩夹大理岩含蓝晶石石榴变质岩岩石构造组合，分布于迭布斯格-阿拉善右旗变质地带及龙首山变质地带，形成于古弧盆相弧后盆地亚相构造环境。

(5)二道洼岩群中压绿片岩相-低角闪岩相十字蓝晶榴云片岩-黑云斜长片岩-大理岩夹阳起片岩含蓝晶石石榴变质岩岩石构造组合，分布于固阳-兴和变质地带，形成于古弧盆相弧后盆地亚相构造环境。

(6)宝音图岩群中压高绿片岩相-低角闪岩相石英岩-十字蓝晶榴云石英片岩含蓝晶石榴变质岩岩石构造组合，分布于哈特布其变质地带东部，形成于古弧盆相弧后盆地亚相构造环境。

(7)宝音图岩群中压低绿片岩相-低角闪岩相含十字蓝晶石榴云英片岩-石英岩夹绿片岩、含铁石英岩含蓝晶石榴变质岩岩石构造组合，分布于宝音图变质地带及温都尔庙-库伦旗变质地带西部，形成于被动陆缘相陆棚碎屑岩亚相构造环境。在温都尔庙-库伦旗变质地带西部达茂旗哈拉呼都格已发现蓝

晶石矿点。

(8)宝音图岩群双井片岩中压低绿片岩相-低角闪岩相含十字蓝晶石榴云英片岩-斜长角闪片岩夹片麻岩含蓝晶石榴岩石构造组合,分布于温都尔庙-库伦旗变质地带东部,形成于古弧盆相弧间盆地亚相构造环境。

## 第七节　变质岩有关问题讨论

本次全国矿产资源潜力评价成矿地质背景研究项目是以全新的视觉和观念,以板块构造理论为指导,采用大地构造相分析方法和全新的技术流程,通过编制实际材料图-建造构造图-岩石构造组合图-大地构造(相)图以及成矿预测专题底图完成。其成效显著,成果新颖,是对过去区域地质图的实际应用和发展,是对成矿地质背景研究工作的自主创新。正因为创新,难免存在一些问题。现就变质岩专题在编图与综合研究工作中遇到的主要问题进行简要讨论。

### 一、变质地体划分与同位素年代资料应用问题

#### 1.变质地体划分问题

这里主要指经过了中高级变质作用的变质地层和变质深成侵入体,尤其是对区域中高温变质作用形成的变质地体划分年代归属存在较大分歧。一种观点,也是传统观点认为变质地体划分主要立足于野外地质观察及岩矿鉴定资料,依据变质岩建造、原岩建造、矿物成分及化学成分组成、变质作用、变形作用等方面特征,特别是不同地体间相互接触关系、时空分布的构造格局,参考同位素年代学、生物地层学、物探、化探、遥感等资料进行综合分析研究,予以合理划分。另一种观点强调同位素年代学资料的重要性,认为缺少化石记录的前寒武纪地质研究中同位素年代学占有举足轻重的地位。在Rb-Sr、Sm-Nd等测年法中因难以满足同位素地质年代学研究基本原则而困惑数十年后,近年来应运而生的单晶锆石U-Pb测年法,如热电离质谱TIMS法、高灵敏度离子探针SHRIMP法、等离子体质谱-激光探针LA-ICPMS法具有较高的可信度,应予以足够重视和大胆应用。目前已在秦祁昆、华北等地有较多的应用,并取得了一些新的研究成果。内蒙古也有一些年代新方法测试资料,应予以考虑和应用。并且认为地质时代相同、变质程度不同的地体可以用所处不同地壳深度的构造环境来解释。本书是按照第一种观点,也是内蒙古权威性观点进行工作的。第二种观点认为已划分的古太古界兴和岩群、中太古界乌拉山岩群、迭布斯格岩群均属新太古界;第二种观点将已划分的中太古界雅布赖山岩群和新太古界阿拉善岩群分别划归古元古界巴彦乌拉山组与古元古界或中元古界阿拉善岩群;第二种观点将已划分的新太古界—古元古界的锡林郭勒变质杂岩划归古生界,等等。

变质地体划分问题是基础地质研究的基础也是成矿地质背景研究工作的首要问题,必须花大力气妥善解决。以上两种观点各有一定道理,如何能把两种认识有机地结合起来,并用板块构造现论统一认识进行成矿地质背景后续研究,是今后工作的当务之急。

#### 2.同位素年代资料应用问题

到目前为止,内蒙古前寒武纪同位素测年资料估计有300多件。其中20世纪50年代至60年代以K-Ar法为主,约占量比近半数;70年代以后陆续采用了U-Pb、Rb-Sr、Sm-Nd等所谓新方法,应用结果

也不令人满意；上述第二种观点认为可信度较高的新方法单晶锆石 U-Pb 测年法至 21 世纪初才在内蒙古开始启用，而且由于价格昂贵，未能广泛采用。其可信程度，还未得到经受过数十年困惑的广大地质工作者尤其是有关权威人士了解和认同。在这种情况下，本次工作只能采用上述第一种观点——内蒙古地学界普遍认可、权威人士也认可的观点进行全区性大面积地系统编与研究工作。对于 21 世纪初采用新方法取得的新资料进行了不完全的收集和统计（表 5-9），供今后工作者参考与应用。应该相信，只要同位素测年新方法可信度高、准确性高，一定会得到地质界的认可与广泛应用，中高级变质岩系的地质时代问题一定会得到合理解决。

面对 300 多件同位素测年资料，让人困惑的是，哪些资料、哪些方法可以用，哪些不可以用。同位素地质年代研究工作是一项非常复杂、技术要求极其严格的系统工程，地质意义的解释也应慎之又慎，非科研院所地质工作者很难了解和掌握。建议组织同位素地质年代学研究专家和有关人员对已经取得的同位素年代资料进行一次全面检查、评述和清理工作，并公布于众或出版专著，告知地质界合理选择应用，少走弯路。

**表 5-9 单晶锆石 U-Pb 测年新方法资料统计表**

| 序号 | 测试对象（原资料称谓） | 样品产地 | 测试方法 | 测试年龄（Ma） | 地质解释 | 资料来源 |
|---|---|---|---|---|---|---|
| 1 | 乌拉山岩群石榴长石石英岩 | 包头哈达门沟石墨厂 | LA-ICPMS 法 | 2275±53 | 沉积年龄 | 吴昌华等，2006 |
| 2 | 乌拉山岩群夕线石榴片麻岩 | 包—白铁路桃儿湾站南 | LA-ICPMS 法 | 2215±110 | 沉积年龄 | 吴昌华等，2006 |
| 3 | 乌拉山岩群含榴长石石英岩 | 包—固公路忽鸡沟东窑子湾 | LA-ICPMS 法 | 2251±43 | 沉积年龄 | 吴昌华等，2006 |
| 4 | 乌拉山岩群石榴长石石英岩 | 包头哈达门沟石墨厂 | LA-ICPMS 法 | 1801±42 | 变质年龄 | 吴昌华等，2006 |
| 5 | 乌拉山岩群夕线石榴片麻岩 | 包—白铁路桃儿湾站南 | LA-ICPMS 法 | 1814±36 | 变质年龄 | 吴昌华等，2006 |
| 6 | 乌拉山岩群含榴长石石英岩 | 包—固公路忽鸡沟东窑子湾 | LA-ICPMS 法 | 1821±36 | 变质年龄 | 吴昌华等，2006 |
| 7 | 乌拉山岩群中透辉大理岩-壳源碳酸岩 | 包头市东部前店-毛忽洞地区 | SHRIMP 法 | (1948±4)～(1930±13) | 原岩形成年龄、古元古代晚期 | 董春艳等，2004 |
| 8 | 乌拉山岩群中透辉大理岩-壳源碳酸岩 | 包头市东部前店-毛忽洞地区 | SHRIMP 法 | (1902±28)～(1893±8) | 变质年龄、壳源碳酸岩为深熔作用产物 | 董春艳等，2004 |
| 9 | 山和原沟片麻岩（钾质花岗岩） | 包—固公路大庙北里程碑 21.5km 处 | LA-ICPMS 法 | 2407±12 | 新太古代岩浆结晶年龄 | 吴昌华等，2006 |
| 10 | 集宁岩群夕线榴石片麻岩 | 兴和县黄土窑石墨矿落官窑村北 | LA-ICPMS 法 | 2288±50 | 沉积年龄 | 吴昌华等，2006 |
| 11 | 集宁岩群夕线榴石片麻岩 | 兴和县黄土窑石墨矿落官窑村北 | LA-ICPMS 法 | 1894±59 | 变质年龄 | 吴昌华等，2006 |
| 12 | 迭布斯格岩群下部透辉角闪斜长片麻岩 | 阿拉善左旗哈拉陶勒盖 | SHRIMP 法 | 2750～2690 | 新太古代原岩形成年龄 | 耿元生等，2007 |
| 13 | 迭布斯格岩群下部透辉角闪斜长片麻岩 | 阿拉善左旗哈拉陶勒盖 | SHRIMP 法 | 2690～2400 | 新太古代变质年龄 | 耿元生等，2007 |
| 14 | 迭布斯格岩群下部透辉角闪斜长片麻岩 | 阿拉善左旗哈拉陶勒盖 | SHRIMP 法 | 2000～1900 | 古元古代末期变质年龄 | 耿元生等，2007 |

续表 5-9

| 序号 | 测试对象（原资料称谓） | 样品产地 | 测试方法 | 测试年龄（Ma） | 地质解释 | 资料来源 |
|---|---|---|---|---|---|---|
| 15 | 雅布赖山岩群（巴彦乌拉山岩组）条带状黑云角闪片麻岩 | 巴彦乌拉山中段、阿左旗到阿右旗公路北侧 | SHRIMP 法 | （2271±8）～（2264±3） | 原岩形成年龄 | 耿元生等，2007 |
| 16 | 雅布赖山岩群（巴彦乌拉山岩组）白云母长英片岩 | 巴彦乌拉山南段、和屯盐池西北部 | SHRIMP 法 | （2501±4.4）～（2511±12） | 原岩酸性火山岩形成年龄 | 耿元生等，2007 |
| 17 | 雅布赖山岩群（巴彦乌拉山岩组）白云母长英片岩 | 巴彦乌拉山南段，和屯盐池西北部 | SHRIMP 法 | 1774±49 | 变质年龄 | 耿元生等，2007 |
| 18 | 雅布赖山岩群（巴彦乌拉山岩组）白云母长英片岩 | 巴彦乌拉山南段、和屯盐池西北部 | SHRIMP 法 | 446±10 | 早古生代变质热事件年龄 | 耿元生等，2007 |
| 19 | 雅布赖山岩群（巴彦乌拉山岩组）白云母长英片岩 | 巴彦乌拉山南段、和屯盐池西北部 | SHRIMP 法 | 281±10 | 晚古生代变质热事件年龄 | 耿元生等，2007 |
| 20 | 雅布赖山岩群（阿拉善岩群哈乌拉组）黑云斜长片麻岩 | 巴彦乌拉山南段、苏海图南南东 10km 处 | TIMS 法 | 2082±22 | 原岩形成年龄 | 李俊杰等，2004 |
| 21 | 雅布赖山岩群（片麻状花岗岩） | 位于李俊杰等 2004 年样品北东约 30km 处 | SHRIMP 法 | 2323±20 | 花岗岩形成年龄 | 董春艳等，2007 |
| 22 | 雅布赖山岩群（片麻状花岗岩） | 位于李俊杰等 2004 年样品北东约 30km 处 | SHRIMP 法 | （1923±28）～（1856±12） | 两期变质年龄 | 董春艳等，2007 |
| 23 | 菠萝斯坦庙片麻岩黑云花岗片麻岩 | 阿拉善左旗哈拉陶勒盖 | 逐层蒸发法 | 1818±19 | 原岩结晶年龄 | 沈其韩等，2005 |
| 24 | 菠萝斯坦庙片麻岩黑云斜长片麻岩 | 阿拉善左旗哈拉陶勒盖 | SHRIMP 法 | 1839±18 | 原岩结晶年龄 | 沈其韩等，2005 |
| 25 | 阿拉善岩群下部含榴二云石英片岩 | 阿拉善右旗阿拉坦敖包苏木南部查干都贵 | SHRIMP 法 | 1107～1635 | 中元古代原岩形成年龄 | 耿元生等，2007 |
| 26 | 阿拉善岩群上部二云斜长石英片岩 | 阿拉善右旗海布勒格 | SHRIMP 法 | 1617±28 | 中元古代原岩形成年龄 | 耿元生等，2007 |
| 27 | 阿拉善岩群上部二云斜长石英片岩 | 阿拉善右旗海布勒格 | SHRIMP 法 | （266±2.7）～（482±3.5） | 古生代两期构造变质热事件 | 耿元生等，2007 |
| 28 | 大布苏山片麻岩眼球状黑云二长花岗质片麻岩 | 阿拉善右旗阿拉腾敖包乡大布苏山一带 | 逐层蒸发法并经离子探针验证 | （928±7）～（1077±11）平均 971 | 同碰撞花岗岩形成年龄 | 耿元生等，2007 |
| 29 | 雅布赖山岩群（阿拉善岩群）中的条带状花岗质片麻岩 | 阿拉善右旗阿拉腾敖包乡可克托勒盖一带 | 逐层蒸发法并经离子探针验证 | （814±56）～（872±4）平均 848 | 同碰撞花岗岩形成年龄 | 耿元生等，2007 |
| 30 | 千里山岩群（贺兰山岩群）石榴云母二长片麻岩 | 贺兰山地区 | SHRIMP 法 | 1978±17 | 沉积年龄下限。变质时代为古元古代晚期（1.95～1.85Ga） | 董春艳等，2007 |

续表 5-9

| 序号 | 测试对象（原资料称谓） | 样品产地 | 测试方法 | 测试年龄（Ma） | 地质解释 | 资料来源 |
|---|---|---|---|---|---|---|
| 31 | 新太古代变质闪长岩，样品为高镁闪长岩，并称为赞岐岩 | 固阳县席麻塔-仁太和、大老虎店-新建地区 | SHRIMP 法 | 2556±14 | 原岩形成年龄上限，但接近形成年龄 | 简平等，2005 |
| 32 | 新太古代变质英云闪长岩。样品为角闪花岗岩 | 固阳县席麻塔-仁太和、大老虎店-新建地区 | SHRIMP 法 | 2520±9 | 原岩形成年龄上限 | 简平等，2005 |
| 33 | 锡林郭勒变质杂岩黑云斜长片麻岩 | 锡林浩特市东南约 20km | SHRIMP 法 | 437±3 | 岩浆锆石年龄，代表杂岩形成时代下限 | 施光海等，2003 |
| 34 | 锡林郭勒变质杂岩未变形的石榴石花岗岩 | 锡林浩特市东南约 20km | SHRIMP 法 | 316±3 | 石榴花岗岩形成年龄，代表杂岩形成年龄上限 | 施光海等，2003 |
| 35 | 锡林郭勒变质杂岩黑云斜长变粒岩 | 西乌旗南部巴音高勒地区拜仁达坝矿东区坑道中 | SHRIMP 法 | 407±7 | 源区花岗岩形成年龄，变粒岩原岩形成年龄略小 | 薛怀民等，2009 |
| 36 | 锡林郭勒变质杂岩黑云斜长变粒岩 | 西乌旗南部巴音高勒地区拜仁达坝矿东区坑道中 | SHRIMP 法 | 337±6 | 变粒岩变质变形年龄 | 薛怀民等，2009 |
| 37 | 锡林郭勒变质杂岩黑云母花岗片麻岩 | 西乌旗南部巴音高勒地区维拉斯托矿区西侧 | SHRIMP 法 | 382±2 | 原岩黑云母花岗岩侵位年龄 | 薛怀民等，2009 |
| 38 | 锡林郭勒变质杂岩黑云母花岗片麻岩 | 西乌旗南部巴音高勒地区维拉斯托矿区西侧 | SHRIMP 法 | 342±4 | 黑云母花岗片麻岩变质变形年龄 | 薛怀民等，2009 |
| 39 | 兴华渡口岩群帘石化斜长角闪片岩 | 黑龙江省呼玛县韩家园子东南约 10km 处 | SHRIMP 法 | (547±46)～(816±27) | 中基性火山岩形成年龄新元古代—寒武纪 | 苗来成等，2007 |
| 40 | 兴华渡口岩群黑云斜长透辉角闪片岩 | 黑龙江省新林镇东北约 20km 处 | SHRIMP 法 | 506±10 | 中基性火山岩形成年龄新元古代—寒武纪 | 苗来成等，2007 |

## 二、变质岩区大地构造相划分问题

大地构造相研究与划分是贯穿本次工作始终的核心问题。要求以板块构造理论为指导，研究不同大地构造环境中的物质组成特点。通过对岩性或岩石组合的划分确定成岩构造环境，对岩石建造的划分确定区域构造环境，对岩石构造组合的划分确定大地构造环境，并分别编制建造构造图、岩石构造组合图及大地构造(相)图。其中关键问题是对大地构造相分析与划分标志的理解与掌握程度。这方面的工作还有待深化和提高。存在的问题是：成矿地质背景研究技术要求中总结的有关变质岩专题方面(如变质变形作用特征和类型)的大地构造相划分标志太少。技术要求指出："各类岩石构造组合大地构造环境的确定除少量特殊类型外，如蓝片岩、高压麻粒岩、榴辉岩及前新太古代组合外，其他均应充分借鉴沉积岩、火山岩和侵入岩岩石构造组合大地构造相的鉴别标志"。"借鉴"是可以的，但重要的还是缺少变质作用、变形作用特点及其与大地构造环境的关系方面的变质岩专业本身的直接鉴别标志。变质作用过程是与构造作用、构造环境密切相关的动态演变过程。变质作用的发生严格受控于大地构造环境。

不同的大地构造环境及不同级别的大地构造单元会产生不同类型、不同级别的变质岩建造特征，表现出不同的变质作用类型、变质相系、变质相、变质带特征。反过来，可以从这些特征出发去研究与总结它们与大地构造环境的关系以及大地构造相的划分与鉴别标志。从本次工作成果来看似乎存在这样一些特点，陆核亚相表现为区域中高温变质作用类型，古弧盆相表现为区域动力热流变质作用类型，显生宙大多表现为区域低温动力变质作用类型。但这远远不够，还须配合大地构造相的划分方案去研究与总结三大相系，4 个大相、28 个相、46 个亚相的变质岩专业方面的鉴别标志。这方面的任务很重，需要变质地质各界的共同努力，将变质岩岩石学研究上升扩展为真正的变质地质学研究。

## 三、变质岩岩石构造组合的划分与表示方法问题

### 1. 变质岩岩石构造组合的划分问题

变质岩建造及变质岩岩石构造组合的划分是整个编图研究工作的主要内容，也是编制成矿预测图和大地构造(相)图的实际材料。这方面的工作还须进一步深化、提高、归纳与综合。变质岩建造划分如果用于成矿预测图编制还显得粗略，尚需根据相关资料进行细化；如果用于岩石构造组合图的编制，似显过繁，尚需进一步归纳与综合。岩石构造组合的划分主要用于大地构造(相)图的编制，目前全区共划分出 190 多个大地构造(相)图，也显得过多，还需根据大地构造相的划分标志进行升华与归纳，使之成为合适的五级大地构造相单元。关键问题是对编制变质岩建造及变质岩岩石构造组合的含义理解不够，对它们的划分标准把握不准。

### 2. 变质岩岩石构造组合的表示方法问题

变质岩岩石构造组合的表示方法包括汉语名称和图面表示两个方面。汉语名称是用最多 3 种变质岩建造的主要岩石类型的汉语名称连接组成的。为了表述变质岩岩石构造组合的完整含义，建议在前边再加上四级大地构造相单元的术语，如陆核亚相、古岛弧亚相、古弧后盆地亚相等，以便体现五级大地构造相单元岩石构造组合的构造环境背景。

变质岩岩石构造组合的图面表示，目前仅以花纹表示有些欠妥。既不便于语言表述，也不方便书面表述语应用。而且花纹图案是从未经认真审核，编著只是简单汇总，不具备任何地质意义及规律的系统库中选取的，随意性较强，可读性很差。最为简单、明快、直观且便于应用的表示方法还是以代号加花纹表示为好。代号表示可用填图单位代号加注角标的方法，花纹表示一定要依据一套经过认真编辑的花纹方案合理选取。新的花纹方案应该具有便于操作、方便读图、地质意义明确等优点，并且标绘图面后能够具有揭示某些地质作用特征及其演化规律的功能。

此次成矿地质背景研究工作是一项自主创新工作，岩石构造组合图是一部分，其表示方法尤其是花纹表示方法也必须相应创新，才能充分显示研究成果。建议安排专人进行专题研究，创编出一套较好的适用的表示方案，提供给后续工作人员使用。

# 第六章　大型变形构造

## 第一节　大型变形构造类型划分及主要特征

该区一级大地构造单元主要为天山-兴蒙造山系和华北陆块区。仅在西部和西南有面积不大的塔里木陆块区和秦祁昆造山系。

大型变形构造是指具有区域规模和构造意义、强变形低变质构造带及与构造相关的沉积盆地。目前,较普遍认同的大型变形构造有7种:逆掩推覆构造、逆冲叠瓦构造、逆冲走滑构造、大型逆冲断裂构造、大型拆离构造、与构造相关的沉积盆地。该区未见逆冲叠瓦构造和地堑-地垒构造。

## 第二节　大型变形构造的主要特征

### 一、逆冲走滑构造(表6-1)

#### 1.巴彦锡勒牧场北逆冲走滑构造(韧性)

该构造位于天山-兴蒙造山系锡林浩特岩浆弧内,呈北东东向展布,长92km,宽5.5km。构造带内有古元古界宝音图群片岩,中下二叠统大石寨组火山岩、砂岩和泥岩,上二叠统林西组砂岩和粉砂岩,泥盆纪闪长岩和花岗闪长岩。在构造带西部,部分大石寨组已成糜棱岩,而另一部分大石寨组仅见密集劈理。糜棱面理倾向170°,倾角35°,在构造带内中侏罗世花岗岩侵入林西组,三叠纪花岗岩侵入宝音图群,但这些中生代岩体没有参与变形,所以构造带形成时间应在二叠纪末期。

表6-1　逆冲走滑构造一览表(韧性—脆性—韧脆性)

| 名称 | 代号 | 类型 | 规模 | 形成时代 |
|---|---|---|---|---|
| 巴彦锡勒牧场北逆冲走滑构造(韧性) | BYNR | 挤压 | 长92km<br>宽5.5km | 二叠纪末期 |
| 额尔登山头南逆冲走滑构造(韧性) | EENR | 挤压 | 长60km<br>宽2～4km | 三叠纪 |
| 乌兰哈达西南逆冲走滑构造(韧性) | WLNR | 挤压 | 长25km<br>宽3.5km | 二叠纪 |
| 苏尼特左旗东南逆冲韧性剪切带 | SNNR | 挤压 | 长817km<br>宽1～2.5km | 二叠纪 |

续表 6-1

| 名称 | 代号 | 类型 | 规模 | 形成时代 |
|---|---|---|---|---|
| 查干诺尔碱矿南逆冲走滑构造(韧性) | CGNR | 先压后张 | 长 24km<br>宽 1.5km | 石炭纪末期 |
| 查干呼舒北逆冲走滑构造(韧性) | CHNR | 挤压 | 长 11km<br>宽 1～5km | 元古宙末期 |
| 巴特敖包北逆冲走滑构造(韧性) | BTNR | 挤压 | 长 18km<br>宽 1～2.5km | 奥陶纪 |
| 阿敦楚鲁逆冲走滑构造(韧性) | ADNR | 挤压 | 长 76km<br>宽 11～22km | 二叠纪 |
| 达尔罕茂明安联合旗东南逆冲走滑构造(韧性) | DENR | 挤压 | 长 40km<br>宽 2～5km | 三叠纪 |
| 书记沟北逆冲走滑构造(韧性) | SJNR | 挤压 | 长 27km<br>宽 3.4km | 元古宙末期 |
| 格日楚鲁-乌克忽洞逆冲走滑构造(韧性) | GRNR | 先压后张 | 长 230km<br>宽 2～18km | 三叠纪末期 |
| 黄石崖逆冲走滑构造(韧性) | HSNR | 挤压 | 长 63km<br>宽 3～20km | 侏罗纪末期 |
| 敖包嘎日根逆冲走滑构造(韧性) | AEZR | 压性 | 长 60km<br>宽 2～8km | 侏罗纪末期 |
| 双山北逆冲走滑构造(脆韧性) | SSNR | 先压后张 | 长 65km<br>宽 2～16km | 二叠纪末期 |
| 阿尔善宝力格东南逆冲走滑构造(韧性) | AENR | 挤压 | 长 38km<br>宽 5～18km | 二叠纪 |
| 宝力达乌拉-古德尔和艾日格乌拉逆冲走滑构造(韧性) | BGNR | 挤压 | 长 104km<br>宽 2～7km | 二叠纪 |
| 伊和和热逆冲走滑构造(韧性) | YHNR | 挤压 | 长 30km<br>宽 3～8km | 二叠纪 |
| 1153 高地南逆冲走滑构造(韧性) | 1153NR | 挤压 | 长 21km<br>宽 2～7km | 石炭纪末期 |
| 巴彦乌拉东北逆冲走滑构造(韧性) | BYNR | 挤压 | 长 77km<br>宽 5～12km | 二叠纪 |
| 呼格日其格西逆冲走滑构造(韧性) | HGNR | 挤压 | 长 50km<br>宽 3～12km | 二叠纪 |
| 巴腊特逆冲走滑构造(脆韧性) | BLNR | 先压后张 | 长 60km<br>宽 5～15km | 三叠纪末期 |
| 苟寇温都尔逆冲走滑构造(脆韧性) | GKNR | 先压后张 | 长 65km<br>宽 4～13km | 三叠纪末期 |
| 莫格特逆冲走滑构造(韧性) | YGNR | 挤压 | 长 78km<br>宽 8～15km | 白垩纪 |
| 笄布尔乌拉-巴润特格逆冲走滑构造(脆韧性) | SBNR | 先压后张 | 长 125km<br>宽 3～5km | 二叠纪末期 |
| 冲击逆冲走滑构造(韧性) | CJNR | 挤压 | 长 70km<br>宽 1.5～4km | 三叠纪末期 |
| 黄山-葫芦山逆冲走滑构造(韧性) | HHNR | 挤压 | 长 108km<br>宽 15～23km | 二叠纪末期 |
| 尖山-石板井逆冲走滑构造(韧性) | JSNR | 挤压 | 长 88km<br>宽 4～25km | 二叠纪末期 |

**2. 额尔登山头南逆冲走滑构造(韧性)**

该构造位于天山-兴蒙造山系锡林浩特岩浆弧内，呈近东西向展布，长60km，宽2～4km。构造带内有温都尔庙群桑达来呼都格组石英片岩、石英岩、含铁石英岩、中酸性熔岩，志留纪—泥盆纪英云闪长岩，二叠纪—三叠纪英云闪长岩，二叠纪二长花岗岩。构造带中部为强变形域，宽度2～2.5km，而两侧岩石仅见劈理化，为弱变形域。糜棱面理产状倾向170°～180°，倾角35°左右。构造带影响最新地质体为二叠纪—三叠纪二云母花岗岩，而附近白垩纪花岗岩未受影响，所以形成时代应为三叠纪。

**3. 乌兰哈达西南逆冲走滑构造(韧性)和苏尼特左旗东南逆冲走滑构造(韧性)**

该构造位于天山-兴蒙造山系锡林浩特岩浆弧内，呈北东向展布，长分别为25km和17km，宽分别为3.5km和2.5km。剪切带中中元古界温都尔庙群桑达来呼都格组、中下二叠统大石寨组、志留纪—泥盆纪英云闪长岩已糜棱岩化。两个剪切带产状相同，糜棱面理倾向135°，倾角35°。两个剪切带相距8km，中间露头不佳，所以分别表示两个剪切带。形成时代为二叠纪。

**4. 查干诺尔碱矿南逆冲走滑构造(脆韧性)**

该构造位于天山-兴蒙造山系锡林浩特岩浆弧内，呈北东东向展布，长24km，宽1.5km。查干诺尔碱矿南逆冲构造带中上石炭统本巴图组安山岩和砂泥岩，局部糜棱岩化和碎裂岩化，地层层理可见，走向160°，而糜棱面(或碎裂岩)劈理走向110°。参与变形地质体为上石炭统本巴图组和石炭纪岩体，所以形成时代为石炭纪。

**5. 查干呼舒北逆冲走滑构造(韧性)**

该构造位于天山-兴蒙造山系、大兴安岭弧盆系、锡林浩特岩浆弧内，呈北东东向展布，长11km，宽1～5km。构造带中部为强变形域，有花岗质糜棱岩、长英质糜棱岩、黑云母角闪斜长糜棱岩。糜棱面理十分发育，重结晶作用明显，具强变形域特征。糜棱岩由碎斑和基质组成，碎斑多由斜长石和角闪石组成，含量达25%以上。由斜长石构成的残斑多呈眼球状、透镜状，粒径2～3.5mm，部分残斑形成“σ”形拖尾构造，长英质矿物被韧性拉长。同时在强变形域内，虽然均为糜棱岩，也具强弱不同的分带性，较弱的糜棱岩碎斑粗大，较强的糜棱岩碎斑少而细，这种粗细相间的糜棱岩表明在形成过程中剪切应力作用不均一。糜棱岩中糜棱面理和线理均发育，糜棱面理倾向145°左右，倾角40°。剪切带两侧为弱变形域，变形组构以面理构造为主，线理构造由角闪石、石英等矿物的定向拉伸组成，石英、长石发育波状消光，角闪石表现为显微破裂。未变形岩石中的矿物多呈半自形状，角闪石已退变为绿泥石。弱变形域中糜棱面理倾向南南东。变形带中新太古代英云闪长岩和中元古代的辉绿岩已形成糜棱岩，局部糜棱岩化和片理化，所以形成时代为元古宙末比较合适。

**6. 巴特敖包北逆冲走滑构造(韧性)**

该构造位于天山-兴蒙造山系、包尔汗图—温都尔庙弧盆系相系、温都尔庙俯冲增生杂岩带中，呈近东西向展布，长18km，宽1～2.5km。构造带东、西两端被新生代地层覆盖，总体产状倾向160°～170°，倾角40°～60°，线理很发育，倾伏角产状为200°～210°，∠20°～∠36°，为典型的S-L构造岩。

构造带发育在古元古界宝音图群和奥陶纪英云闪长岩中，变形在岩石中极为清楚，新生面理、线理各种矿物的变形组构和显微构造均能见到，糜棱岩带中普遍发育构造石香肠、书斜构造以及顺层牵引褶皱等，均显示剪切方向为右旋型。

在微观特征中，主要由细眼球状、条带状花岗质糜棱岩和闪长质糜棱岩组成。具糜棱结构、显微鳞片微粒变晶结构，眼球状、细纹状定向构造。矿物成分为斜长石、石英、少量黑云母、绢云母、绿泥石等。岩石中的碎斑(眼球体)为斜长石和钾长石，含量10%～15%，常与两侧拖尾构成“δ”形碎斑系。构造带中糜棱面理、矿物拉伸线理极为发育。线理由条带状、拔丝状石英、长石、白云母、绢云母、黑云母等晶体和集合体定向排列而成，长石斑晶变形明显，多呈细粒状重结晶，部分呈眼球状残斑。剪切带中变质作用明显为动力变质作用，在时空上构成一线型变质带，从整个韧性剪切带来看，具明显的分带性，从两侧边部到中心依次可分为糜棱岩化带（弱变形岩带）和糜棱岩带（强变形岩带），二者无明显界线，呈渐变过渡。弱变形带宽度较窄，几米至几十米。强变形带表现为岩石矿物的细粒化。韧性剪切带矿物变形显著，长石细粒化，石英呈拔丝状，局部具动态重结晶。剪切带中形成的绿泥石、白云母等，构成退变质带。在弱变形带内，主要由糜棱岩化石英闪长岩、变质砂岩组成，糜棱面理稀疏，原岩特征明显，地表多为块状岩石。碎斑含量高达30%～40%，石英压扁拉长成透镜状、条带状，糜棱面理产状与强变形带相同，矿物拉伸线理比较发育，侧伏角产状160°∠65°。在宏观上碎斑以长石为主，石英少量。剪切带的运动学特征从宏观到微观都比较明显，具指向意义的构造有"σ"形碎斑系、"多米诺骨牌"构造、顺层掩卧褶皱的构造，均显示运动方向为右旋斜冲。剪切带影响最老地质体为下元古界宝音图群，最新地质体为中晚奥陶世石英闪长岩和英云闪长岩，推测其形成时代为奥陶纪末期。

### 7. 阿敦楚鲁逆冲走滑构造（韧性）

该构造位于天山-兴蒙造山系、大兴安岭弧盆系、锡林浩特岩浆弧内，呈北东向展布，长76km，宽11～22km。构造带内地质体主要有新元古界艾勒格庙组的灰白色大理岩、结晶灰岩、绢云母石英片岩、变质石英粉砂岩、板岩等。中下二叠统大石寨组灰色、灰白色、灰紫色流纹质晶屑凝灰岩、流纹岩、流纹质熔结晶屑凝灰岩、英安质晶屑凝灰岩及英安岩、灰褐色绢云绿泥碳质板岩、绢云绿泥碳质斑点板岩及石英粉砂岩、泥盆纪英云闪长岩、石英闪长岩、二叠纪二长花岗岩、似斑状花岗闪长岩等。

（1）弱变形域：指分布于强变形带之间的未变形或弱变形岩石，后者指发生了糜棱岩化的岩石，强弱变形带之间呈过渡关系。变形组构以面状构造为主，线理构造由角闪石、石英等矿物的定向拉伸表现出来。石英波状消光发育，角闪石表现为显微碎裂。未变形岩石中矿物多呈半自形状，角闪石等多退变为绿泥石，具片麻状构造。弱变形或出露的宽度不等，但总体宽度大于强变形域。弱变形域中糜棱面理及片麻理的总体产状南倾，局部有北倾，倾角40°左右。

（2）强变形带：由糜棱岩组成，最发育地段在剪切带中段，出露宽度约百米，由花岗质糜棱岩、石英闪长质糜棱岩组成。糜棱面理十分发育，重结晶作用明显，岩石具强烈的变形特征。各类糜棱岩主要由碎斑和基质组成，碎斑多为斜长石、钾长石，含量25%左右。由斜长石组成的残斑多呈眼球状、透镜状，粒径在2～3.5mm之间。部分残斑形成"σ"形拖尾构造，双晶弯曲，波状消光。辉石多被纤闪石交代呈假象，呈大小不等的眼球体，两端发育由纤闪石形成的拖尾构造。基质主要由长英质、角闪石、辉石等构成，矿物粒径0.3～1mm。具波状消光及带状消光，不规则粒状镶嵌的集合体，平行片理定向分布，长英质矿物均被韧性拉长。

强变形带中，虽然均为糜棱岩，也具强弱不同的分带性，较弱的糜棱岩碎斑粗大，最大可达1cm，含量30%～40%；强糜棱岩中碎斑少而细，粒径在0.3～1mm之间，含量在20%以下。但粗细碎斑的拖尾均指示岩石发生右旋剪切，这种粗细相间产生的糜棱岩表明在变形过程中遭受剪切应力作用的不均一性。

（3）剪切带的运动学特征：透入性面理主要为糜棱面理，总体走向北东，倾向多为150°～170°。糜棱面理由条带状石英、重结晶糜棱岩、绿泥石、新生的黑云母等组成。在$XZ$面上表现为互相平行的纹理构造及片柱状矿物优选定向排列成不连续的面状构造。这组糜棱面理总体产状与区域上片麻理产状基本一致。

线理构造主要分4种。①矿物生长线理，由黑云母等片状矿物限制性生长而成，在阳起糜棱片岩中最为明显，产状220°∠35°；②矿物拉伸线理，一般在糜棱岩化灰岩中最为明显，倾角60°～80°，倾向以南东为主；③杆状线理多出现在变形较弱的剪切带中，主要发育在厚度大的灰岩中，线理呈密集平行排列，与褶皱的枢纽平行；④皱纹线理发育在弱变形带中，主要见于糜棱岩化片岩中，由一系列细小的褶皱枢组平行排列而成。

(4)韧性剪切带的显微组构特征：韧性剪切带主要由一系列的糜棱岩类岩石组成，糜棱岩中普遍发育各类碎斑，由斜长石、石英等组成。这些碎斑在韧性变形同时发生旋转位移、变形弯曲、分离拉张，为研究剪切带的运动等特征和动力学机制提供了可靠的证据。

a. 石英变形在剪切带中主要以碎斑、重结晶的集合体的构造形式出现。粒径为 0.1～0.5mm，集合体及细眼球体宽度为 0.5～0.8mm。碎斑多为不规则状，部分为透镜状，沿碎斑多被糜棱质的绿帘石、黑云母等环绕，并在两端形成不对称的拖尾构造。碎斑和基质均具强烈波状消光特征，碎斑长短轴之比为(3～6)：1，重结晶的石英集合体可见分叉尖灭，呈现出矩形边结构。细眼球体构造多表现为微粒状或单晶石英的定向集中。微粒石英一般为不规则状，粒径为 0.1～0.5mm，微粒石英相互镶嵌形成定向分布的条带，其走向与糜棱面理平行或具小的夹角。

b. 长石的变形在韧性剪切带中是构成碎斑的主要成分，多呈眼球状、透镜状以及“σ”形碎斑镶嵌于糜棱面理中，长轴与糜棱面理平行。构造眼球体的斜长石碎斑，多见黝帘石化，眼球体粒径为 0.4～2mm 不等。重结晶的斜长石具双晶，其双晶纹有明显的弯曲变形或错位滑动，表明岩石在韧性变形的同时，伴随着应力状态的脆性变形，导致部分碎斑形成挤压裂隙并迫使碎斑的取向更趋近于与剪切带面理一致。

c. 褶皱构造在剪切带内以片理为运动面，在强烈的韧性剪切作用下，发生强烈的褶曲变形以至发生面理置换，使褶曲表现为鞘褶皱、顺层掩卧小褶皱、无根钩状褶皱。鞘褶皱主要分布于强变形带中，规模较小，褶皱的扁平面平行于糜棱面理，顺其扁平面发育拉伸线理，表现为片岩中的石英定向拉伸，与褶皱枢纽平行。顺层掩卧褶皱发育在强韧性变形带中，由绢云母石英糜棱片岩及大理岩夹层褶曲变形而成。即形成一系列褶皱轴面平行的小褶皱，显示了左旋剪切特征。无根钩状褶皱是由于岩石硬度的不同，再加上强弱变形的差异，面理置换程度的不同，残存于褶皱带内的褶皱呈现钩状体，即为无根钩状褶皱。实际上残存于剪切带内的一些褶皱转折端和翼部，其形态多为“S”形和“M”形，其中“S”形的变形相对较强，面理置换较完全，分布于强度变形域中，而“M”形面状构造置换相对较弱，基本保持早期面理特征。

d. 韧性剪切带形成的时间及运动方向，因韧性剪切带穿切的岩石中下二叠统大石寨组、泥盆纪英云闪长岩、石英闪长岩、早二叠世二长花岗岩，被早白垩世似斑状黑云母二长花岗岩侵入，所以其形成时代约为侏罗纪末期。根据大量眼球状碎斑的拖尾构造及旋转压力影响指向特征，该韧性剪切带呈左行斜落型剪切。①“σ”旋转碎斑系在剪切带内硬度较高的石英岩夹层或岩体中的长石、石英等矿物，在剪切旋转作用下，形成具有单斜对称结晶尾的碎斑，反映碎斑在旋转变形过程中，结晶尾的旋转速率大于碎斑本身，同时也指示了运动方向为左旋剪切。②“多米诺骨牌”构造多见于强度变形带中。在绢云母石英糜棱片岩中，斜长石在剪切应力作用下多数发生破碎而形成碎斑。碎斑多沿晶体裂隙发生破裂滑动，构成倾斜方向一致的掀斜构造，并指示了左旋运动特征。

#### 8. 达尔罕茂明安联合旗东南逆冲走滑构造(韧性)

该构造位于华北陆块、狼山-阴山陆块、狼山-白云鄂博裂谷中，呈北北东向展布，长 40km，宽 2～5km。剪切带内参与变形的地质体为新太古代英云闪长岩和晚三叠世二长花岗岩，变形特征见格日楚鲁-乌克忽洞逆冲走滑构造东段走滑构造(脆韧性)。

#### 9. 格日楚鲁-乌克忽洞逆冲走滑构造(脆韧性)

该构造位于华北陆块区、狼山-阴山陆块、狼山-白云鄂博裂谷中，分东、西两段，东段呈近东西向，西段呈北西向，总长 230km，宽 2～18km。

东段剪切带发育在色尔腾山岩群片岩、大理岩，新太古代英云闪长岩、石英闪长岩、中元古代花岗岩，晚三叠世二长花岗岩中，这些岩石已成黑云石英糜棱片岩、糜棱岩化大理岩、石英岩、片麻状英云闪长岩，与白云鄂博群尖山组呈断层接触。糜棱面理倾向一般在 35°～15°之间，倾角 30°～35°，拉伸线理产状 350°～360°，∠20°～∠40°，显示运动学方向向北西斜落。剪切带具明显的分带性，可划分为若干个强变形带和弱变形带，在平面图中强弱变形带相间排列，宽窄不一，具连续渐变之特点。

强变形带主要由绢云母石英糜棱片岩、阳起糜棱片岩、石英闪长质糜棱岩组成。岩石具糜棱结构、鳞片变晶结构，片状构造。岩石中主要矿物为长石、石英，其次为绢云母、黑云母、绿泥石、阳起石等。岩石均发生强烈糜棱岩化，糜棱面理密集，片理多被改造成毫米级的糜棱面理。石英明显被压扁拉长呈拔丝状，岩层可见顺层掩卧小褶曲、石英挤压透镜体、石香肠构造、"σ"形旋转碎斑系、拖尾状眼球状长英质脉体。

弱变形带岩石类型为糜棱岩化大理岩、糜棱岩化石英岩、糜棱岩化变质砂岩等。岩石具变晶结构，层状和块状构造。主要矿物有方解石、白云石、石英等。岩石发生弱糜棱岩化，糜棱面理稀疏，一般密度为 1～2 条/cm，岩层中小褶曲发育，并可见石英岩夹层被拉断成条带状或透镜状。

在剪切变形过程中，剪切带中形成的主要构造形迹为线理构造和褶皱构造。

1)线理构造

(1)矿物生长线理由黑云母、夕线石等片柱状矿物限制性生长而成，在阳起糜棱片岩中最为明显，多数线理产状为 220°∠35°。

(2)矿物拉伸线理一般在糜棱岩化石英岩中较为明显，倾角较陡，多在 60°～80°之间，倾向南东和北西。

(3)杆状线理多出现在变形较弱和厚度较大的石英岩中，线理呈密集平行排列，与褶皱枢纽平行。

(4)皱纹线理发育在弱变形带中，主要见于糜棱岩化片岩中，由一系列细小的褶皱枢纽平行排列而成。

2)褶皱构造

该构造分布于剪切带内，以片理为运动面在强烈的韧性剪切作用下，发生强烈的褶曲变形以至发生面理置换。

(1)鞘褶皱主要分布于强韧性变形中，规模较小，褶皱的扁平面平行于糜棱面理，顺扁平面发育拉伸线理，表现为片岩中的石英拉伸，与褶皱的枢纽平行。

(2)顺层掩卧褶皱在强变形带中，由绢云母石英糜棱片岩及大理岩夹层褶曲变形而成。即形成一系列褶皱轴面相互平行的小褶皱，显示了左旋剪切特征。

(3)无根钩状褶皱，由于岩石能干度的不同，再加上强弱变形的差异，面理置换程度的不同，使残存于褶皱带内的褶皱呈现钩状体，即无根钩状褶皱。实际上残存于剪切带内的一些褶皱转折端和翼部，形态多为"S"形和"M"形，其中"S"形的变形相对较强，面理置换较完整，分布于强变形域中，而"M"形面状构造置换较弱，基本保持早期面理特征。

3)剪切带的运动学标志

运动学特征较为明显，发育各种具有指向意义的构造。

(1)"σ"形旋转碎斑系，在剪切旋转作用下，剪切带内硬度较高的石英岩夹层或岩体中的长石、石英等矿物，形成具有单斜对称结晶尾的碎斑，反映碎斑在旋转过程中，结晶尾的旋转速率大于碎斑本身，同时也指示了运动方向为左旋剪切。

(2)"多米诺骨牌"构造多见于强变形带中。在绢云母石英糜棱片岩中，斜长石在剪切应力作用下多数发生破碎并形成碎斑。碎斑多沿晶体裂隙发生破裂滑动，构成与倾斜方向一致的掀斜式构造，并指示了左旋运动特征。

西段韧性剪切带发育在中太古界乌拉山岩群、中元古代辉长岩、中元古界白云鄂博群、二叠纪黑云母二长花岗岩、晚三叠世似斑状黑云母花岗岩中。与东段剪切带不同，上述岩石未形成糜棱岩，为糜棱岩化岩石和碎裂岩，原岩结构基本保留，与剪切带走向一致的断裂比较发育。

格日楚鲁-乌克忽洞逆冲走滑构造的形成时代，根据参与变形的地质体，最新为晚三叠世侵入岩，所以剪切带的形成时代为三叠纪末期。

**10. 书记沟北逆冲走滑构造(韧性)**

该构造位于华北陆块相系、狼山-阴山陆块、狼山-白云鄂博裂谷内,呈北西向展布,长 27km,宽 3.4km。剪切带发育在渣尔泰山群与新太古代英云闪长岩接触带附近,二者糜棱面理产状一致,接触面总体北倾。渣尔泰山群 A 形褶皱,石香肠构造发育;新太古代英云闪长岩在接触带附近发育白云母糜棱片岩,岩石主要由白云母、石英组成,含少量黑云母、绿泥石、方解石和绿帘石。密集的白云母定向分布构成 C 面理,白云母与石英的延长方向与 C 面理有小角度斜交,构成 S 面理,恢复在定向标本上其运动方向为由南西向北东;书记沟组石英岩、变质石英砂岩强烈韧性剪切变形,表现为顺层剪切滑动和层内褶叠构造。变余粉砂状石英显著压扁拉长,局部形成右旋拉张空洞,石英充填。剪切滑动面上发育 A 线理,线理产状 15°∠30°,与糜棱面理产状一致。黄铁矿颗粒被强烈定向拉长,局部地段书记沟组石英岩呈大型平卧褶皱,向下平卧褶皱规模变小并逐渐发育为韧性剪切变形,其指示的运动学方向为上盘向北滑落。增隆昌组局部发育薄层、纹层状白云石糜棱岩,较厚层的白云质灰岩内可见层内褶叠层构造和层间柔流褶皱。

剪切带中变形的最新地质体为中元古代地层和岩体,所以该剪切带形成时代为元古宙末期。

**11. 黄石崖逆冲走滑构造(韧性)**

该构造位于华北陆块区、狼山-阴山陆块、固阳-兴和陆核内,呈北东向展布,长 63km,宽 3～20km。剪切带内变形的地质体为古太古界兴和岩群、中太古界乌拉山岩群、中太古代变质深成体、上侏罗统大青山组。该剪切带变形较弱,仅在剪切带的西南古太古界的兴和岩群中见糜棱岩带,其余均为糜棱岩化带。剪切带内断裂构造发育,以逆断层为主,走向与剪切带走向一致。

剪切带中变形的最新地质体为上侏罗统大青山组,所以其形成时代为侏罗纪末期。

**12. 伊和和热逆冲走滑构造(韧性)**

该构造位于天山-兴蒙造山系、索伦山-西拉木伦结合带内,呈北东东向展布,长 30km,宽 3～8km。剪切带中变形地质体为泥盆纪超基性岩、中下二叠统大石寨组和中二叠统哲斯组。韧性剪切带中间部分为强变形域,而两侧变形较弱,再向两侧为劈理化。强变形带中大石寨组中砂岩、火山岩已变成糜棱岩,原岩结构构造及矿物成分已无法辨认;而弱变形带岩石仅为糜棱岩化,再往两侧(特别是南侧),岩石劈理化、片理化。剪切带总体产状,倾向 330°～10°,倾角 40°左右。参与变形的最新地质体为中二叠统哲斯组,所以其形成时代为二叠纪。

**13. 宝格达乌拉-古德尔和艾日格乌拉逆冲走滑构造(韧性)**

该构造位于天山-兴蒙造山系、大兴安岭弧盆系、锡林浩特岩浆弧内,呈北东东向展布,长 104km,宽 2～7km。该剪切带变形地质体中下二叠统大石寨组均遭受了透入性韧性剪切变形,岩石普遍片理化和糜棱岩化(剪切带两端已形成糜棱岩或糜棱岩化岩石,而中间部位的岩石则片理化)。构造面理走向为北东东向,倾角较陡,而倾向南南东和北北西均存在。大石寨组中流纹岩变形显著,糜棱面理和拉伸线理极为发育,呈片状产出,具旋转碎斑结构,眼球状构造,拉伸线理产状与糜棱面理一致,其运动学方向为逆冲式韧性剪切带。形成时代为二叠纪。

**14. 双山北逆冲走滑构造(脆韧性)**

该构造位于天山-兴蒙造山系、大兴安岭弧盆系、锡林浩特岩浆弧内。呈北东向展布,长 65km,宽 2～16km。该剪切带分两个变形域,西北部发生在锡林浩特杂岩中的为较强变形域。该域中片岩、片麻岩及基性岩体强烈糜棱岩化,形成密集的条带、条纹和不规则的疙瘩、密集的肠状褶曲和层间同斜褶曲,面理十分发育,倾向北西和北东皆有,倾角 30°～60°。东南部发生在上石炭统阿木山组和中下二叠统大石寨组为较弱变形域。该变形域中岩石片理化、碎裂岩化发育，局部存在弱糜棱岩化。从整个变形带来看，断裂构造十分发育，断层走向与剪切带走向一致。该剪切带以逆冲挤压为主，后期局部有走滑运动。剪切带中参与变形的最新地质体为中下二叠统大石寨组，所以形成时代为二叠纪。

**15. 阿尔善宝力格东南逆冲走滑构造(韧性)**

该构造位于天山-兴蒙造山系、大兴安山岭弧盆系、锡林浩特岩浆弧内，呈北东向展布，长38km，宽5～18km。该剪切带发育在下二叠统寿山沟组中，在强烈的挤压作用下，形成糜棱岩带、碎裂岩带和片理化带。岩石具糜棱结构和碎裂结构，矿物被压碎、压扁呈透镜体、眼球状，具缩颈现象，长石双晶纹变形，石英波状消光，动力变形最强烈地段见千糜岩。剪切带中糜棱面理发育，倾向北西、北东皆有，倾角35°～45°。参与变形地质体为下二叠统寿山沟组，所以剪切带的形成时代应为二叠纪。

**16. 敖包嘎日根逆冲走滑构造(韧性)**

该构造位于天山-兴蒙造山系、大兴安岭弧盆系、二连-贺根山蛇绿混杂岩内，剪切带西南端呈北北东向展布，而东北端呈北东东向展布，长60km，宽2～8km。剪切带中变形的地质体为中下二叠统大石寨组、中二叠统哲斯组、晚三叠世花岗闪长岩和黑云母二长花岗岩、上侏罗统满克头鄂博组。

剪切带西南端，中下二叠统大石寨组、中二叠统哲斯组、晚三叠世花岗闪长岩，岩石强烈糜棱岩化，糜棱面理倾向北西，倾角35°～45°。

剪切带东北端，晚三叠世黑云母二长花岗岩已成糜棱岩(仅局部保留原岩面貌)，糜棱面理倾向北北西，倾角35°～40°。

剪切带两端为强变形带，而中间为弱变形带，仅见上侏罗统满克头鄂博组岩石片理化，片理走向与剪切带展布方向一致。

**17. 呼格日其格西逆冲走滑构造(韧性)**

该构造位于天山-兴蒙造山系、大兴安岭弧盆系、扎兰屯-多宝山岛弧内，呈北东向展布，长50km，宽3～12km。

1)剪切带的宏观特征

该剪切带内地质体为早二叠世黑云二长花岗岩，岩石受到强烈挤压作用，普遍发生破碎，片理化，糜棱岩化，为典型的S-L构造岩。反映剪切应变的岩石类型主要为初糜棱岩(属糜棱岩化岩)、糜棱岩和超糜棱岩。初糜棱岩碎斑含量为50%，糜棱岩碎斑含量为20%～30%，超糜棱岩碎斑含量为10%～15%。运动学特征主要表现为面理、线理及旋转构造等特征，多形成一些石香肠构造、"书斜"式构造、A形褶皱、"σ"形碎斑系等，剪切方向均显示为斜落左旋型。

(1)面理构造。剪切带的面理主要包括糜棱面理Sc、剪切带内面理Ss和其他面状构造。糜棱面理主要由条带状重结晶石英、糜棱质、各种蚀变岩石、新生黑云母及绢云母等组成。在$XY$面上表现为各种矿物的定向分布，$XZ$面上构成相互平行的密集纹理构造，片柱状矿物优选定向排列而成的不连续面状构造。这些面理构造有的为新生面理，有的则是先存面理经改造而形成的。其性质主要为流劈理，次为片理。

(2)线理构造。剪切带中线理较发育，主要表现为拉伸线理和矿物生长线理。其中矿物生长线理由新的针状、柱状矿物长轴定向而成，它是利用已存空间的劈理等在应力作用下，沿最大应力方向结晶或重结晶生长而成，故其最大延伸方向平行$X$轴。矿物的拉伸线理是由长石、石英定向拉伸或这些矿物定向重结晶排列而成。

(3)旋转构造。石香肠构造：它们是由糜棱岩中硬度很强的花岗质脉体，由于垂直于脉体的构造作用挤压，软弱的糜棱质被压扁并向两侧作逆性流动，花岗质脉体引起拉伸而发生断裂并位移形成不规则状石香肠构造。

“书斜”式构造：剪切带中的碎斑、眼球体、透镜体主要为长石，这些嵌于糜棱岩面理中的碎斑大多发生了滑动位移，局部形成“书斜”式构造，显示碎斑在剪切过程中所产生的变形效应。这种现象表明在韧性变形的同时，局部仍伴有脆性变形的发生。“σ”碎斑系：在剪切应力作用下，大多数矿物碎裂粒化，均发生矿物细化作用，被研碎粒化的长英质糜棱质与片状矿物一起绕过碎斑定向排列，部分长石呈眼球状碎斑散布于基质中，与两侧拖尾构造呈“σ”形不对称碎斑系，显示斜落左旋剪切的特点。A 形褶皱：剪切带中高应变变形与局部应变的不均一性，形成特殊的“a”形褶皱。在 *XZ* 面上表现为平卧褶皱，在 *YZ* 面上呈同心圆状。随着剪切应变增高，轴面产状逐渐平行于糜棱面理。

（4）韧性剪切带的分带特征。该剪切带按岩石的变质变形程度，构造岩石组合及 Sc 与 Ss 夹角的大小，可分为强变形带和弱变形带两部分。强变形带岩石类型主要为花岗质超级糜棱岩、花岗质糜棱岩等。长英质矿物明显被拉长，均平行于 *X* 轴，与主应力方向近于垂直。糜棱面理 Sc 与剪切带内面理 Ss 之间夹角一般为 15°～25°，部分达 30°左右。C 面理是剪切带中最发育的一种面理，它代表了韧性剪切带的主剪面理，与韧性剪切带的方向保持一致。S 面理的表现形式主要为串珠状排列的石英等矿物以及透镜体的扁平面等。它是属于流劈理性质的一种面状构造。构成弱变形带的岩石类型主要为初糜棱岩或糜棱岩化岩石。岩石变形强度较小，岩石中碎斑含量较少，多保留岩石原来的结构构造。糜棱面理 SC 与剪切带内面理 SS 夹角较大，一般为 45°～55°，部分达到 60°以上。

剪切带有明显的分带现象，但二者宽度在不同的位置没有严格的均匀分段，是过渡和相对的，没有严格的界线。

2）韧性剪切带的显微构造特征及其运动学标志

剪切带中显微构造特征表现为粒内应变构造发育，主要有动态重结晶的多晶石英条带、单晶石英条带、边缘粒化及亚颗粒、显微断裂构造及显微不对称旋转“σ”形碎斑系等。

（1）动态重结晶的多晶石英条带。这种条带是由许多石英动态重结晶颗粒排列而成的，有单列和多列之分，相互平行和近于平行，单个晶粒呈长条状和矩形，而且长轴相互平行。动态重结晶多晶石英条带是由主剪切动态重结晶作用以及构造变质分异与分凝作用形成的。

（2）单晶石英条带。单晶石英条带表现为被拉长的变形晶体，其长宽比多在 10∶1。这种拉长的石英单晶一般具较弱的波状消光，之所以能保持一样的光学性质，是由于经过强烈的滑移，但晶轴仍保持平行，消光带与剪切方向夹角在 35°左右，这种现象在宏观上也特别发育。

（3）波状消光。石英表现最为明显，消光影多呈带状或不规则状掠过石英颗粒，其次还有扇状和块状等。波状消光产生的原因，主要是晶粒内各个消光之间的光学性质在方位上存在轻微的偏差，与初期应变增量过程中所产生的自由位错或位错的密度有关。

（4）边缘粒化及亚颗粒。变形矿物包括长石和石英斑晶和眼球体，边缘多呈齿状，周缘布满了微细粒长石和石英，碎斑边清晰，多构成独立核心。个别石英碎斑其内部由若干粒石英亚颗粒组成，之间界线不规则，相互嵌接在一起，消光位不一致，可能为动态重结晶的产物。碎斑石英亚颗粒化反映了糜棱岩变形机制中晶体受力产生韧性变形的过渡阶段。

（5）显微断裂构造。韧性剪切带虽然以韧性变形为主，但也存在脆性变形的断裂构造。只不过是规模微小而已。长石碎斑是最易发生脆性破裂的矿物之一。它主要表现为脆性破裂形成的各种微细裂隙，多数被限定在单晶和碎斑中，将双晶错断等。

3）韧性剪切带的形成环境

剪切带发生在中—中深构造层次中，变形岩石以韧性变形形成的糜棱岩为主，亦有少量的脆性碎裂岩。早期经历构造破裂—中期韧性变形—晚期片理化的 3 个阶段，其构造部位显示了正常地热梯度下地壳构造层次的特点。参与变形均为二叠纪岩体，所以形成时代为二叠纪。

## 18.1153 高地逆冲走滑构造（韧性）

该构造位于天山-兴蒙造山系、大兴安岭弧盆系、扎兰屯-多宝山岛弧内，呈北东向展布，长 21km，宽

2～7km。剪切带中中下泥盆统泥鳅河组灰岩、凝灰岩、砂岩及石炭纪花岗岩普遍糜棱岩化，花岗岩中的长石、石英、绢云母、白云母等矿物呈线带状分布，形成花岗质糜棱岩和糜棱化花岗岩。依据参与变形的最新地质体为石炭纪花岗岩，因此剪切带的形成时代为石炭纪。

**19. 巴彦乌拉东北逆冲走滑构造（韧性）**

该构造位于天山-兴蒙造山系、大兴安岭弧盆系、扎兰屯-多宝山岛弧内，呈北东向展布，长77km，宽5～12km。剪切带内上石炭统—下二叠统宝力高庙组砂岩及石炭纪二长花岗岩强烈糜棱岩化，局部已成糜棱岩，变形较弱地段片理化发育，片理面上有绿泥石和绢云母等新生矿物。剪切带中有眼球状构造，石英具波状消光，长石双晶扭曲变形。该剪切带在构造晚期有脆性活动，形成碎裂岩和构造角砾岩。宝力高庙组参与变形，所以形成时代为二叠纪。

**20. 巴腊特逆冲走滑构造（脆韧性）**

该构造位于天山-兴蒙造山系、包尔罕图-温都尔庙弧盆系、温都尔庙俯冲增生杂岩带内，呈北东东向展布，长60km，宽5～15km。剪切带南部为脆韧性变形，即弱变形带。中奥陶统乌宾敖包组砂岩、粉砂岩、泥岩，上志留统—下泥盆统西别河组砂岩、砾岩，奥陶纪石英闪长岩、超基性岩等岩石，部分糜棱岩化，但大部分形成碎裂岩和角砾岩，岩石片理化普遍较发育。剪切带中参与变形的最新地质体为三叠纪石英闪长岩，所以剪切带的形成时代应为三叠纪。

**21. 苟寇温都尔逆冲走滑构造（脆韧性）**

该构造位于华北陆块区、狼山-阴山陆块、狼山-白云鄂博裂谷内，呈北东向展布，长65km，宽4～13km。剪切带的东南部为韧性变形带，即强变形带。新太古代的花岗闪长岩，石炭纪的花岗闪长岩，这些岩石已强烈糜棱岩化，局部成糜棱岩；剪切带西北部为弱变形带，新太古代的花岗闪长岩已碎裂岩化和角砾岩化；在强弱变形过渡带中，新太古代的花岗闪长岩糜棱岩化和角砾岩化均发育。另外，在剪切带中逆冲断裂发育，断层走向与剪切带展布方向一致，且倾向相反，剪切带东南部断层倾向北西，而西北部断层倾向东南。参与变形的最新地质体为三叠纪二长花岗岩，所以剪切带的形成时代为三叠纪。

**22. 莫格特逆冲走滑构造（韧性）**

该构造位于天山-兴蒙造山系、额济纳旗-北山弧盆系、哈特布其岩浆弧内，呈北东向展布，长78km，宽8～15km。剪切带西北地区为强变形带，色尔腾山岩群柳树沟组片岩、石英岩，上石炭统本巴图组砂岩、灰岩、安山岩，石炭纪二长花岗岩强烈糜棱岩化，局部已成糜棱岩。剪切带的东南地区的上石炭统本巴图组和石炭纪的二长花岗岩岩石多成片理化（下白垩统苏红图组岩石局部也见片理化），明显变形较弱。在剪切带的东南地区，发育走向为北东向的逆冲断层。参与变形的最新地质体为下白垩统苏红图组，所以剪切带的形成时代应为白垩纪。

**23. 笋布尔乌拉-巴润特格逆冲走滑构造（脆韧性）**

该构造位于天山-兴蒙造山系、额济纳旗-天山弧盆系、哈特布其岩浆弧内，近东西向展布，长125km，宽3～5km。剪切带中部为强变形带，上石炭统本巴图组砂岩、安山岩，晚石炭世石英闪长岩、辉绿岩，中二叠世花岗岩、花岗闪长岩等岩石强烈糜棱岩化；而强变形带两侧，岩石片理化发育。参与变形的最新地质体为中二叠世岩体，所以剪切带的形成时代为二叠纪末期。

**24. 冲击逆冲走滑构造（韧性）**

该构造位于天山-兴蒙造山系、额济纳旗-北山弧盆系、巴音戈弧后盆地内，近东西向展布，长70km，宽1.5～4km。剪切带中部为强变形带，上石炭统本巴图组砂岩、安山岩，中二叠世似斑状二长花岗岩，中三叠世辉绿岩等岩石强烈糜棱岩化，局部形成糜棱岩。而两侧岩石劈理较发育。参与变形最新地质体为中三叠世辉绿岩，所以剪切带的形成时代为三叠纪。

**25. 尖山-石板井逆冲走滑构造(韧性)**

该构造位于天山-兴蒙造山系、额济纳旗-北山弧盆系、公婆泉岛弧内，近东西向展布，长88km，宽4～25km。剪切带西北部和西南部的中上志留统公婆泉组砂岩、安山岩、英安岩等岩石糜棱岩化，局部形成糜棱岩。剪切带内其他地区的公婆泉组岩石、下元古界北山岩群的岩石、奥陶纪超阶级基性岩和基性岩、晚石炭世英云闪长岩和花岗闪长岩、中二叠世黑云母花岗岩和似斑状花岗闪长岩多见片理化，变形较弱。片理倾向北东，倾角30°～60°。参与变形的最新地质体为中二叠世黑云母花岗岩，所以剪切带的形成时代为二叠纪。

**26. 黄山-葫芦山逆冲走滑构造(韧性)**

该构造位于天山-兴蒙造山系、额济纳旗-北山弧盆系、公婆泉岛弧内，呈北东东向展布，长108km，宽12～23km。剪切带中大部分地区被下白垩统赤金堡组覆盖，在剪切带西部地区的中上志留统公婆泉组砂岩、安山岩强烈糜棱岩化，为强变形带。而中元古界古硐井群、中上元古界圆藻山群、中寒武统—下奥陶统西双鹰山组、奥陶纪超基性岩、志留纪英云闪长岩、晚二叠世辉绿岩等岩石仅见片理化，为弱变形带。片理倾向北东向，倾角40°～50°。参与变形的最新地质体为晚二叠世辉绿岩，所以剪切带的形成时代为二叠纪。

## 二、逆冲断裂构造(表6-2)

表6-2 逆冲断裂构造一览表

| 名称 | 代号 | 类型 | 规模 | 形成时代 |
|---|---|---|---|---|
| 白云鄂博大型逆冲断裂构造 | BYND | 挤压 | 长120km<br>宽10～18km | 中元古代 |
| 德勒乌拉-哈日额日格努如逆冲断裂构造 | DLND | 挤压为主<br>后期拉张 | 长128km<br>宽8～15km | 二叠纪末期 |
| 花敖包特-格日敖包逆冲断裂构造 | HAND | 挤压为主<br>后期拉张 | 长190km<br>宽12～35km | 二叠纪末期 |
| 哈珠南山-红旗山逆冲断裂构造 | HZND | 挤压 | 长125km<br>宽10～45km | 三叠纪末期 |
| 红梁子-小狐狸山逆冲断裂构造带 | XHND | 挤压 | 长133km<br>宽13～40km | 二叠纪末期 |
| 大红山-百合山逆冲断裂构造 | DHND | 挤压 | 长87km<br>宽7～36km | 二叠纪末期 |
| 虎背山-白沟泉Ⅰ级深大逆冲断裂构造 | HBND | 挤压 | 长200km<br>宽8～18km | 奥陶纪 |
| 网木乌苏乌拉-查布浩日格逆冲断裂构造 | WMND | 挤压为主<br>后期拉张 | 长154km<br>宽5～18km | 二叠纪—<br>三叠纪 |
| 辉森乌拉-乌登汉逆冲断裂构造 | HBND | 挤压 | 长98km<br>宽20～70km | 二叠纪—<br>三叠纪 |
| 杭乌拉-索日图逆冲断裂构造 | HWND | 挤压 | 长170km<br>宽13～38km | 白垩纪末期 |

续表 6-2

| 名称 | 代号 | 类型 | 规模 | 形成时代 |
| --- | --- | --- | --- | --- |
| 乌力吉图镇-阿拉格林召乌拉Ⅰ级深大逆冲断裂构造 | WAND | 挤压 | 长 180km<br>宽 9～13km | 中元古代 |
| 海勃湾-贺兰山大型逆冲断裂构造 | HHND | 挤压 | 长 220km<br>宽 20～70km | 中新元古代 |

区内逆冲断裂构造共 12 个。其分布位置，一是在板块边缘，二是在基底隆起带中。在前人资料中，没有专门提及"逆冲断裂构造"的概念及研究内容。所以，在本次编图中，仅据 1：25 万、1：20 万、1：5 万区域地质调查资料经综合分析研究，划分"逆冲断裂构造"和讨论"逆冲断裂构造"的特征。

**1. 白云鄂博大型逆冲断裂构造**

该构造位于天山-兴蒙造山系与华北陆块区之间，走向近东西，长 120km，宽 10～18km。基底为中太古界乌拉山岩群、新太古代变质深成体和下元古界宝音图群。盖层为中元古界白云鄂博群及古生代和中生代地层。基底断裂构造发育，岩石强烈片理化，甚至糜棱岩化；盖层中虽然断裂构造也比较发育，但同基底相比，变形程度明显较弱。

**2. 乌力吉图镇-阿拉格林召乌拉Ⅰ级深大逆冲断裂构造**

该构造位于天山-兴蒙造山系与华北陆块区之间，东段呈北东向，西段呈近东西向，长 180km，宽9～13km。北侧（天山-兴蒙造山系）东部下元古界宝音图群为造山带基底，片岩、石英岩等强烈糜棱岩化、碎裂岩化、片理化，片理走向北东，倾角 50°左右。宝音图群中断层发育，走向北东的断层密集分布且相互平行。而北侧多数地区被中生代地层覆盖，盖层也有断层，其数量和规模均不同于基底。该断裂构造南侧为华北陆块区，据《1：20 万 K-48-24、29、34 幅》区域地质调查资料显示，中太古界乌拉山岩群和雅布赖山岩群的片麻岩，大理岩，上太古界的阿拉善岩群，古元古界宝音图群的片岩、片麻岩，新太古代的变质深成体，下元古界的片岩、石英岩等，它们是断裂构造带中的基底，断层发育，岩石碎裂，节理密集，一系列近于平行且规模不等的断层广泛分布。岩层中褶皱发育，多为倒转褶皱。中元古界渣尔泰山群及中生代地层为盖层。盖层中断层比较发育，规模不大，断层走向变化较大，走向从北西—北北东—北东—北东东均有，倾向多为北西和南东，以逆冲断层为主，倾角 40°左右。

**3. 虎背山-白沟泉Ⅰ级深大逆冲断裂构造**

该构造位于天山-兴蒙造山系与塔里木陆块区之间，呈南东东向展布，长 200km，宽 8～18km。北侧（天山-兴蒙造山系，公婆泉岛弧）为中寒武统—下奥陶统西双鹰山组、下寒武统双鹰山组、中下奥陶统罗雅楚山组、下白垩统赤金堡组及奥陶纪超基性岩和晚石炭世的花岗闪长岩等。这些地质体中断裂构造比较发育，以逆冲断层为主，且呈弧形、椭圆形等，倾角在 40°左右。南侧（塔里木陆块区，柳园裂谷）盖层为中新元古界圆藻山群、下白垩统赤金堡组和奥陶纪辉长岩和志留纪的英云闪长岩等。据《1：20 万 K-47-22、K-47-28 幅》区域地质调查资料，该区断层发育，但一般规模较小，多为逆断层，走向多变，倾角 40°左右。基底构造形迹特征尚不清楚。

**4. 哈珠南山-红旗山逆冲断裂构造**

该构造位于天山-兴蒙造山系、额济纳旗-北山弧盆系、红石山蛇绿混杂岩和明水岩浆弧内，近东西向展布，长 125km，宽 10～45km。

下元古界北山岩群为断裂构造的基底。断裂发育，断裂的规模大小不一，使北山岩群中的大理岩、片岩、石英岩普遍碎裂岩化。主断裂附近规模较小的断裂相互平行，岩石变形以碎裂和片理化为主。

该断裂构造中，中下泥盆统雀儿山组、石炭系白山组和绿条山组、中二叠统双堡塘组和金塔组为盖层。其变形特征为断裂构造十分发育，特别是规模小的断裂。该断裂走向变化很大，几乎各个方向都有，倾角一般在40°左右。

**5. 红梁子-小狐狸山逆冲断裂构造、大红山-百合山逆冲断裂构造**

两个断裂位于天山-兴蒙造山系、额济纳旗-北山弧盆系、圆包山岩浆弧和红石山蛇绿混杂岩内，长、宽分别为133km、87km和13～40km、7～36km。

在二叠纪时，圆包山岩浆弧（红梁子-小狐狸山断裂构造带）向南运动，而红石山蛇绿混杂岩带（大红山-百合山断裂构造带）向北运动，弧盆系内的碰撞挤压，形成该逆冲断裂构造。

据《1：20万K-47-(15)(16)(17)》区域地质调查资料，构造带中中下奥陶统罗雅楚山组、中上奥陶统咸水湖组、上奥陶统白云山组、下志留统圆包山组、中上志留统公婆泉组、石炭系白山组和绿条山组及二叠纪岩体等，断裂构造相当发育。这些断裂走向变化很大，为正北向、北东向、北东东向、南东向、南南东向等，断裂性质以逆冲为主，也有走滑和正滑。断裂倾角在30°～50°之间。

**6. 网木乌苏乌拉-查布浩日格逆冲断裂构造**

该构造位于华北陆块区、狼山-阴山陆块、狼山-白云鄂博裂谷内，呈北东向展布，长154km，宽5～18km。

断裂构造在华北陆块一侧，基底为古太古界迭布斯格岩群片麻岩、大理岩、磁铁石英岩、麻粒岩，中太古界乌拉山岩群片麻岩、大理岩，古元古界宝音图群片岩、石英岩等，这些地质体中断裂发育，一些规模较小的断层相互平行，断层使基底岩石普遍碎裂岩化、片理化。盖层主要为中元古界渣尔泰山群变质砂岩、砂砾岩、大理岩、板岩等。盖层中断层也比较发育，但没有明显的方向性，走向北东、北东东、南东都有，并且多为逆冲断层，少数为走滑断层，走向为北西向。各类地质体之间多为断层接触，断层倾角30°～40°左右。

**7. 杭乌拉-索日图逆冲断裂构造**

该构造位于天山-兴蒙造山系、额济纳旗-北山弧盆系、红石山蛇绿混杂岩、恩格尔乌苏蛇绿混杂岩及哈特布其岩浆弧内，呈北东向展布，长170km，宽13～38km。

该断裂构造基底为中新太古代变质深成体片麻岩、混合岩和下元古界宝音图群片岩、石英岩等。基底中断裂构造发育。在索日图一带，发育一系列走向北西逆断层，使中新太古代变质深成体碎裂，形成碎裂岩和断层角砾岩及发育两组节理。盖层为中寒武统—下奥陶统西双鹰山组、上石炭统本巴图组、中二叠统哲斯组和金塔组、下白垩统巴音戈壁组。盖层中断裂也比较发育，基底和盖层多为断层接触。盖层中断层没有明显的构造方向，特别是规模较小的断层，走向几乎各个方向都有。断层性质以逆冲为主，断层倾角25°～45°。

**8. 辉森乌拉-乌登汉逆冲断裂构造**

该构造位于天山-兴蒙造山系、额济纳旗-北山弧盆系、圆包山岩浆弧和红石山蛇绿混杂岩带内，近东西向展布，长98km，宽20～70km。

该断裂构造在雅干以南为红石山蛇绿混杂岩带，雅干以北为圆包山岩浆弧，在石炭纪末期，红石山蛇绿混杂岩带和圆包山岩浆弧已形成，到二叠纪时，造山带内陆-陆碰撞是形成该逆冲断裂构造的主要原因。

断裂构造中断层非常发育，断层没有明显的构造方向，走向北东、东西、南西、南北均有，断层性质以逆冲为主，亦有走滑和正滑，断层倾角20°～45°。

### 9. 德勒乌拉-哈日额日格努如逆冲断裂构造和花敖包特-格日敖包逆冲断裂构造

两个断裂构造均位于天山-兴蒙造山系、大兴安岭弧盆系、扎兰屯-多宝山岛弧内，长分别为128km和190km，宽分别为8～15km和12～35km。构造带南缘为二连-贺根山蛇绿混杂岩带。两个构造特征相同，据《L-50-(25)、L-50-(26)、L-50-(27)、L-50-(31)、L-49-(36)幅》区域地质调查资料，在中下奥陶统铜山组、乌宾敖包组，中奥陶统巴彦呼舒组，中下泥盆统泥鳅河组，上石炭统—下二叠统宝力高庙组及泥盆纪，二叠纪岩体中，断裂构造相当发育。按走向可以分为两组，一组为北东向，另一组为近东西向。北东向断裂规模较大，长十几千米至几十千米，性质以逆断层为主，少部分为正断层和平推断层；近东西向断裂一般规模较小，但数量多，其性质以逆断层为主。虽然中生代地质体亦有断裂存在，总观区域构造演化特征，两个逆冲断裂构造带形成时代应为二叠纪末期。

### 10. 海勃湾-贺兰山大型逆冲断裂构造

该构造位于华北陆块区、鄂尔多斯陆块贺兰山夭拆裂谷内，长220km，宽20～70km。

构造带内基底为中太古代变质深成体，中太古界千里山岩群片麻岩、混合岩和中太古界雅布赖山岩群斜长角闪片麻岩、大理岩等。盖层为中上元古界王全口组和西勒图组白云岩和石英砂岩，古生界寒武系、奥陶系、泥盆系、石炭系—二叠系的碎屑岩和灰岩、中生界三叠系—白垩系碎屑岩和煤层。构造带内基底断裂构造发育，走向以北东向为主，亦有北西向和北北东向，岩石强烈变形，断裂性质以逆冲为主。盖层中断裂构造发育，走向以北西向为主，断裂性质逆冲、走滑、正滑均有分布。

## 三、逆掩推覆构造(表6-3)

### 1. 青龙坝-凤凰山逆掩推覆构造

表6-3 逆掩推覆构造一览表

| 名称 | 代号 | 类型 | 规模 | 形成时代 |
|---|---|---|---|---|
| 南天门北逆掩推覆构造 | NTNT | 挤压 | 长28km<br>宽6km | 侏罗纪 |
| 金銮山-大青山逆掩推覆构造 | JLNT | 挤压 | 长125km<br>宽6km | 侏罗纪 |
| 大佘太镇-色尔腾山逆掩推覆构造 | DSNT | 挤压 | 长65km<br>宽2～10km | 侏罗纪 |
| 青龙坝-凤凰山逆掩推覆构造 | QLNT | 挤压 | 长100km<br>宽10～23km | 侏罗纪 |
| 1372高地逆掩推覆构造 | 1372NT | 挤压 | 长38km<br>宽2～8km | 二叠纪末期 |
| 达格图苏木南逆掩推覆构造 | DGNT | 挤压 | 长45km<br>宽11km | 侏罗纪 |
| 满都拉逆掩推覆构造 | MDNT | 挤压 | 长110km<br>宽7～40km | 二叠纪末期 |

该构造位于华北陆块区，狼山-阴山陆块，固阳-兴和陆核内，呈东西向展布，长100km，宽10～23km，是一个发生在东西向中生代盆地南、北两侧边缘的对冲式推覆构造。北侧逆冲断层带由一条主逆冲断层组成，即新太古界色尔腾山岩群东五分子组，新太古代英云闪长岩二长花岗岩、石英闪长岩由

北向南逆冲推覆在原地系统上元古界什那干群和上石炭统拴马桩组之上，而什那干群又推覆到拴马桩组之上。在青龙坝一带的外来系统（上推覆体）新太古代的英云闪长岩及二长花岗岩均已强烈糜棱岩化。南侧分东、西、中三段。西段主逆冲断层分叉，形成由南向北叠瓦式逆冲之势，新元古代闪长岩和中元古代碱长花岗岩被推覆到上石炭统拴马桩组之上，而上石炭统拴马桩组被推覆到上二叠统脑包沟组之上，中元古代二长花岗岩被推覆到中下侏罗统五当沟组之上。中段主逆断层西倾，中太古界乌拉山岩群和古元古代二长花岗岩被推覆到上二叠统—下三叠统老窝铺组和中下侏罗统五当沟组之上。东段主逆冲断层倾向向南，外来系统（上推覆体）中太古界乌拉山岩群推覆到上二叠统—下三叠统老窝铺组和中下侏罗统五当沟组之上，上二叠统—下三叠统老窝铺组被推覆到中下侏罗统五当沟组之上。东段主逆冲断层北，有一南东倾逆冲断层，中下侏罗统五当沟组推覆到上侏罗统白音高老组之上。在该逆掩推覆构造中，飞来峰发育，并在厂汉脑包北形成构造窗（渣尔泰山群出露于古元古代侵入体之下）。从构造窗的位置到推覆体前峰距离推算，推覆构造运移距离至少在 8.5km 以上。

该推覆构造中原地系统最新地层为中下侏罗统五当沟组，所以推覆构造应发生在侏罗纪。

**2. 金銮殿-大青山逆掩推覆构造**

该构造位于华北陆块相系，狼山-阴山陆块大相，固阳-兴和陆核内，呈北东东向展布，长 125km，宽 3～25km。该推覆构造是本区最主要、最复杂的大型变形构造之一。按地段分述其特征如下。

1）武川-蘑菇窑子段

该段主逆冲断层总体为“S”形，倾角 10°～25°，近东西向展布，倾向南东和北东。外来系统为中太古界乌拉山岩群大理岩、片麻岩和新太古代闪长岩，古元古界马家店群大理岩、变粒岩分别向北西、南西、北东被推覆到中下侏罗统五当沟组和上侏罗统大青山组之上。在猫兔沟见一面积约 0.3$km^2$ 的构造窗，据构造窗距前锋带的距离推算，推覆距离至少在 8km 以上。

2）蘑菇窑子-平顶山段

该段主逆冲断层呈北西向展布，断层倾角 5°～15°。原地系统为上二叠统脑包沟组和上侏罗统大青山组。在二叠纪和侏罗纪沉积盆地的西缘上二叠统脑包沟组与乌拉山岩群呈清楚的角度不整合接触，上侏罗统大青山组又不整合在脑包沟组之上。在盆地的东侧，有一逆冲断层向北西和南西方向将古元古界马家店群推覆到上二叠统脑包沟组和上侏罗统大青山组之上。在德胜沟见有两处下元古界马家店群大理岩飞来峰，前锋带附近断层两侧岩石被挤压破碎和片理化。上推覆体大理岩擦痕发育，下盘岩石多形成断层泥和构造透镜体。

3）平顶山-金銮殿

该段是由一条主逆冲断层所控制的推覆构造。前峰带由平顶山向北西绕金銮殿展转向西南，总体呈港湾状。主逆冲断层产状平缓，呈波状起伏，倾角 10°～25°，有近水平的，断层倾向南东和南西，因波状起伏，倾向也随之变化。原地系统为中罗侏统长汉沟组和上侏罗统大青山组。外来系统为中太古界集宁岩群麻粒岩、中太古界乌拉山岩群片麻岩、大理岩。它们呈薄板状由南向北推覆到长汉沟组和大青山组之上，在韭菜尖山可见飞来峰。

4）金銮殿-2353 高地段

该段由一条主逆冲断层控制的北西西向逆掩推覆构造，断层长约 50km，倾角 15°～20°。原地系统为中侏罗统长汉沟组，上侏罗统大青山组，外来系统为中太古界乌拉山岩群片麻岩、大理岩和中太古代变质深成体。晚三叠世的二长花岗岩推覆到大青山组之上，中太古代变质深成体片麻岩、混合岩推覆到乌拉山岩群之上，乌拉山岩群又推覆到晚石炭世二长花岗岩之上。断层附近岩石片理化和角砾岩化。

5）土默特左旗-1445 高地段

该段由两条大主逆冲断层所控制大型推覆构造。北西向一条长约 90km，走向近东西，总体倾向向南，倾角 10°～30°。外来系统为中太古代变质深成体花岗质片麻岩，中二叠统杂怀组和石叶湾组砂岩和砾岩，上二叠统脑包沟组石英砂岩、砾岩，古元古代似斑状二长花岗岩被推覆到原地系统中侏罗统长汉沟组和上侏罗统大青山组之上。南面一条长约98km，总体走向近东西，断层在大青山由西向北凸起，总体倾向向南，凸起两侧倾向向东或向西，倾角10°～30°。外来系统为中太古代变质深成体花岗质片麻岩，中太古界乌拉山岩群片麻岩和大理岩及中奥陶统二哈公组和山黑拉组中上寒武统老孤山组推覆到中太古代变质深成体、上石炭统拴马桩组、下三叠统老窝铺组之上。

金銮山-大青山逆掩推覆构造原地系统最新地质体为上侏罗统大青山组，所以推覆构造形成时代定为侏罗纪。

**3. 大佘太镇-色尔腾山逆掩推覆构造**

该构造位于华北陆块区，狼山-阴山陆块，色尔腾山-太仆寺旗古岩浆弧内，呈东西向展布，长65km，宽2～10km。北侧有一条主逆冲断层，断层面北倾，倾角10°～30°，呈波浪起伏。外来系统为中太古界乌拉山岩群、新太古界色尔腾山岩群和古元古代英云闪长岩和石英闪长岩、新太古代闪长岩和中下寒武统老孤山组。原地系统上石炭统拴马桩组、下二叠统大红山组和中下侏罗统五当沟组。上推覆体由北向南逆冲推覆，形成许多飞来峰和构造窗。在营盘湾镇北，新太古代石英闪长岩被推覆到五当沟组之上，飞来峰形成孤立的山包。

在主逆冲断层北侧，尚发育一系列铲形逆冲断层，形成由北向南叠瓦状逆冲推覆构造景观。此外，北侧岩石强烈糜棱岩化，形成东西走向的韧性剪切带。

该推覆构造的原地系统最新地质体为中下侏罗统五当沟组，所以形成时代为侏罗纪。

**4. 南天门北逆掩推覆构造**

该构造位于华北陆块区，狼山-阴山陆块，固阳-兴和陆核内，呈北东东向展布，长28km，宽6km。主逆冲断层呈弧形，倾向向南，倾角10°～30°。原地系统为中下侏罗统五当沟组，外来系统为中太古界集宁岩群。集宁岩群的片麻岩、大理岩被推覆到五当沟组之上，经风化剥蚀，形成多个构造窗。在主逆冲断层南侧，有规模较大、倾向向南的逆冲断层，断层附近岩石糜棱岩化。

原地系统为中下侏罗统五当沟组，所以形成时代为侏罗纪。

上述4个逆掩推覆构造同处内蒙古大青山地区，大地构造环境相同，所以其形成动力学机制也基本相同。

这4个推覆构造位于华北陆块北缘。南邻鄂尔多斯地块，北邻中元古代狼山-白云鄂博台缘坳陷，再往北为天山-兴蒙造山系。本区逆掩推覆构造发生在中生代，整个中国大陆正受着印度板块和西伯利亚板块从南、北两个方向挤压的强烈影响时期。印度板块向北挤压，其作用通过扬子板块向北传递，刚性的鄂尔多斯地块正是传递这一作用的最佳载体。西伯利亚板块与华北板块虽在古生代末已对接碰撞，但仍存在向南持续运动挤压。两个挤压应力汇聚于华北板块北缘，必然控制中生代以来该区的构造发展历史。这一地区的逆掩推覆构造就是该区各类构造形迹的一部分。

**5. 满都拉逆掩推覆构造**

该构造位于天山-兴蒙造山系，大兴安岭弧盆系（锡林浩特岩浆弧）和索伦山-西拉木伦结合带（索伦山蛇绿混杂岩带）结合部位，总体方向呈北东向展布，长100km，宽17～40km。主逆冲断层在满都拉苏木南，总体走向近东西，局部呈弧形，长度为80km，倾向以向南为主，局部见南东和南西，倾角变化很大，在20°～40°之间。原地系统为中二叠统包特格组砂岩、砂砾岩、生物碎屑泥晶灰岩，外来系统为下二叠统硅质岩、中酸性火山岩和基性火山岩，被推覆到中二叠统包特格组之上。主逆冲断层中部被下白垩统白彦花组所覆盖，东端被古新世沉积物覆盖，西端延至蒙古国。在主逆冲断层南侧，有一系列逆冲断层，断层倾向与主逆冲断层相反，这些断层使上石炭统本巴图组发育一系列近东西向展布的强片理化带、构造破碎带、糜棱岩化等。在主逆冲断层西部，早二叠世火山岩被推覆到中二叠统包特格组之上形成飞来峰。

在查干哈达庙北25km处有一呈东西走向的逆冲断层，长约13km，断层面产状350°∠35°。断层东侧被古近系覆盖，西侧被上白垩统二连组覆盖。断层上盘为中下二叠统大石寨组火山岩，下盘为中二叠统哲斯组砂岩、灰岩。大石寨组被推覆到哲斯组之上。

在距上述推覆构造北23km处又有一逆冲断层，呈东西向展布，长约13km，产状355°∠35°。断层东部被古近系覆盖，西部延至蒙古国。断层两盘均为中下二叠统大石寨组。

该推覆构造最新地质体为中二叠统哲斯组，又被上白垩统二连组不整合覆盖，所以形成时代应在二叠纪末期。

二叠纪末期，随着古亚洲洋的消失，西伯利亚板块与华北板块对接，使本区的造山机制由俯冲转化为碰撞。区域上存在一期明显的陆内造山事件，其运动方式是以大规模的水平运动为主。在强大的造山应力作用下，形成该对冲型推覆构造。

**6. 达格图苏木南逆掩推覆构造**

该构造位于华北陆块区，狼山-阴山陆块，狼山-白云鄂博裂谷内，呈北东向展布，长45km，宽11km。主逆冲断层呈弧形，总体方向为北东向，长37km，断层产状330°∠30°。原地系统为中侏罗统长汉沟组砂岩、砾岩，外来系统为中元古界渣尔泰山群书记沟组变质砂岩、片岩，阿古鲁沟组板岩、千枚岩。外来系统中元古界渣尔泰山群书记沟组、阿古鲁沟组被推覆到中侏罗统长汉沟组之上。在主逆断层北，有一条北东向正断层，断层附近为一宽10km的脆性断裂带，岩石成碎裂岩和构造角砾岩。参与脆性断裂的岩石为二叠纪的二长花岗岩和石英闪长岩。推覆构造中原地系统为中侏罗统长汉沟组，所以推覆构造的形成时代为侏罗纪。

关于推覆构造的动力学机制。在二叠纪末，西伯利亚板块与华北板块对接，俯冲虽已结束，而碰撞造山仍在继续，并一直延续到中生代。这一地区存在明显的陆内造山事件，其运动方式以水平运动为主，该推覆构造是这一地区强大陆内造山作用的产物。

**7. 1372 高地逆掩推覆构造**

该构造位于天山-兴蒙造山系，大兴安岭弧盆系，扎兰屯-多宝山岛弧内，呈北东向展布，长38km，宽2～8km。主逆冲断层呈蛇曲状，倾向以北西为主，个别为北东，倾角20°～30°。外来系统为早石炭世二长花岗岩，原地系统为上石炭统—下二叠统宝力高庙组砂岩，砾岩及火山岩，外来系统为早石炭世二长花岗岩向南东推覆到宝力高庙组砂岩、砾岩和火山岩之上。

原地系统为宝力高庙组，所以推覆构造的形成时代为二叠纪。

其动力学机制应与古亚洲洋在晚古生代向华北陆块俯冲并在二叠纪末碰撞对接有关。

## 四、拆离断层

**1. 呼和浩特市北拆离断层（表6-4）**

表6-4　拆离断层一览表

| 名称 | 代号 | 类型 | 规模 | 形成时代 |
|---|---|---|---|---|
| 固阳县北拆离断层 | GYCL | 伸展 | 长52km<br>宽5～8km | 白垩纪 |
| 增隆昌南拆离断层 | ZLCL | 伸展 | 长50km<br>宽2～7km | 白垩纪 |

续表 6-4

| 名称 | 代号 | 类型 | 规模 | 形成时代 |
|---|---|---|---|---|
| 武川县西南拆离断层 | WCCL | 伸展 | 长 50km<br>宽 2～7km | 白垩纪 |
| 毕克齐镇北拆离断层 | BKCL | 伸展 | 长 35km<br>宽 1～7km | 白垩纪 |
| 呼和浩特北拆离断层 | HHCL | 伸展 | 长 95km<br>宽 5～22km | 白垩纪 |
| 都热乌拉(亚干)拆离断层 | DRCL | 伸展 | 长 52km<br>宽 2～20km | 白垩纪 |

该构造位于华北陆块区，狼山-阴山陆块，固阳-兴和陆核内，呈东西向展布，由多条拆离断层组成，长 95km，宽 5～22km，是我区规模最大、研究程度最高的拆离断层。以大水泉圪旦为界，分东、西两段叙述拆离断层的特征。

1）东段

该段有两条拆离断层，一条在凤凰山南，呈"S"形，长 28km，倾向南西、南，倾角 10°～15°。上盘为下白垩统李三沟组红色粗碎屑岩，使得原始近水平的地层发生掀斜，而上盘中的中太古界乌拉山岩群中的片麻岩、大理岩碎裂岩化明显。下盘为中太古界乌拉山岩群片麻岩、混合岩和上太古界东五分子组角闪石片岩和石英岩。岩石硅化，呈角砾状产出，致密坚硬，未见面理。另一条在旗下营镇北，呈弧形，长 12km，倾向南东、南、南西。上盘为下白垩统固阳组的砂岩、砾岩和泥岩，发育高角度正断层。下盘为中太古界乌拉山岩群片麻岩、大理岩，上太古界东五分子组角闪片岩、石英岩。下盘岩石受北部推覆构造的影响，岩石强烈片理化，局部糜棱岩化。

2）西段

该段为呼和浩特北拆离断层发育极其完整的地段。核部杂岩主要由中太古代—古元古代结晶基底及中生代岩体构成。结晶基底包括中太古界乌拉山岩群石榴斜长片麻岩和黑云斜长片麻岩，新太古界二道凹群石榴二长片岩和大理岩，古元古界马家店群砂质千枚岩，古元古代的英云闪长岩及二长花岗岩，中侏罗世花岗岩，早白垩世二长花岗岩。上述地质体组成拆离断层的下盘。而未糜棱岩化的结晶岩和中生代的盖层岩石构成上盘，它们主要是古元古代的岩体和下白垩统的砂岩夹砾岩，上盘只发育脆性断裂。上下盘被拆离断层分割。核杂岩上盘下白垩统砾岩中发育小规模的剪切面，砾石剪裂并表现出张性特点。核杂岩南、北两翼发育典型的拆离系，时空上表现出多重拆离的特点。核杂岩南部发育大型拆离断层，为呼和浩特北拆离断层的主拆离系；北翼，拆离断层呈分叉状并已发生褶皱，为主拆离断层的分支断层，下拆离断层较老，仅在核杂岩演化早期活动拆离系自下而上由五部分构成。

糜棱岩带：包括糜棱状片麻岩、花岗质糜棱岩、绢云母质千糜岩及具流动构造大理岩。糜棱状片麻岩中暗色条带与浅色条带相间排列，发育宏观糜棱面理、线理、"SC"面理、不对称眼球、不对称褶皱以及暗色条带的不对称布丁。糜棱岩中面理和线理产状与拆离断层及其擦痕的产状协调一致，表明它们为同一构造作用的产物。面理产状平缓，北翼倾向北、北西，平均产状为 319°∠26°，南翼倾向南西、南、南东，平均产状为 171°∠21°。

（绿泥石化）角砾岩带：与多数拆离断层下盘的绿泥石化角砾岩相同，分布在下盘 30～50m 范围内，南翼主拆离断层之下仍有分布，北翼主要见于小井乡一带。角砾岩带成分与下盘的糜棱岩成分相同。在绢云母质糜棱岩地区，出现绿泥石退变矿物，在缺乏暗色矿物的花岗质糜棱岩地段，也出现绿泥石。

微角砾岩-假熔岩带：微角砾岩紧邻拆离断层面之下呈板状产出，厚 20～100cm 不等，为灰白色或砖红色燧石状岩石，宏观上可见大小不等、不同时代的超碎裂角砾。假熔岩仅见于油房营西，出现在拆离断层下盘 1m 的范围内，呈脉状平行或横切角砾岩中的剪切组构。

拆离断层面：变质核杂岩南、北两翼大部分地段拆离面出露良好，总体呈波瓦状，局部断面平整；南翼断层面南倾，控制了大青山南坡的地貌形态，拆离断层面及其面上擦痕与糜棱岩中面理和线理相似的产状特点，北翼平均产状为 319°∠26°，南翼产状为 171°∠21°，擦痕总体产状为 151°∠24°。

断层泥：变质核杂岩南翼主拆离断层面之上断层泥相当发育，北翼断层泥不甚发育。断层泥多呈灰绿色、黄绿色及褐色相间的彩色条带，一般厚 1～20m 不等，前坝底村西北断层泥厚达 20m，而红山口村西拆离断层面上断层泥仅 2mm。

该拆离断层系及其上盘存有丰富的宏观和微观运动学标志。这些标志显现拆离断层发生了褶皱，与上盘一致的自北西向南东的剪切运动方向。核杂岩南翼主拆离断层表现为正断层性质，而北翼褶皱了的拆离断层系尽管面理和线理倾向北西，但各类运动学标志仍然反映了上盘向南、南东运动。主要运动学标志如下。

(1)不对称褶皱：在太古宇和元古宇的片麻岩和大理岩中发育大量不对称褶皱，以及核杂岩上部糜棱岩中发育大量不对称褶皱，均表示上盘向南和南东运动。

(2)不对称布丁、不对称眼球及 SC 组构：这些运动学标志显示自北西向南东的剪切指向。在喀喇沁北片麻岩中暗色条带拉分为不对称布丁，布丁的错位显示出向 140°方向的伸展剪切；红山口拆离断层下盘大理岩中出现 SC 组构，反映向南的剪切。

(3)显微组构：核杂岩拆离系糜棱岩中显微构造，如旋转碎斑系、石英条带中的斜交面理以及 SC 组构，表现出统一的自北西向南东的剪切运动。在大窑子村北糜棱状花岗岩 *XZ* 薄片中见到旋转碎斑与石英条带斜交面理均反映向 140°方向的剪切。

(4)同向伸展褶劈理：核杂岩拆离系中大量伸展褶劈理的出现证明了平行于面理的伸展，局部伸展褶劈理已扩展为低角度正断层。核杂岩南翼、喀喇沁、红山口等地 C′产状与拆离断层产状一致，而陡于糜棱面理产状；北翼后坝底、小井乡等地 C′产状缓于糜棱面理，这也表明北翼断层发生了旋转剪切指向反映的不是逆冲，而是伸展拆离，形成时代为白垩纪。

(5)钉头痕：主要见于南翼主拆离断层面上，指示上盘向南东的运动。

(6)上盘地层：拆离地层上盘白垩纪地层发生剪切变形，如多米诺式块体旋转、脆性正断层及砾石的错断等，反映出原北西向南东的剪切。关于呼和浩特北拆离断层的动力学机制和形成时代问题，从讨论逆掩推覆构造中可以看出，该拆离断层处于大青山地区晚侏罗世北西方向逆冲的大型推覆体之上，自北西向南东的不对称伸展与前期推覆位移方向相反。晚侏罗世的逆冲推覆引起地壳增厚，地壳增温和深部部分熔融可能引起了构造塌陷和变质核岩的形成。核杂岩下盘在向南东伸展拆离的同时伴有与其正交的侧向伸展，岩浆的侵位可能引起了核杂岩的上升和侧向伸展。部分学者认为，伸展褶劈理一旦形成，便构成了韧性剪切带中的薄弱面，有利于应变集中而进一步扩展为低角度正断层，这为低角度正断层的形成提供了一种有效机制。进入白垩纪后，构造体制发生了根本性的变化，由收缩转为伸展。主要是由于地幔上涌(火山喷发、岩浆侵入)，山脉降升，形成伸展型盆地(下白垩统李三沟组)。

**2. 都热乌拉(亚干)拆离断层**

该断层位于天山-兴蒙造山系，额济纳旗-北山弧盆系，红石山蛇绿混杂岩带内，呈北东向展布，向北东延至蒙古国境内，中国国内长 52km，宽 2～20km。

本区地质工作者未对都热乌拉拆离断层做过野外调查。1997 年郑亚东等报道了该区有一高度伸展区。1996 年中蒙考察队(郑亚东)对该区进行详细的野外调查和报道，仅根据此资料叙述该拆离断层的特征。

(1)拆离断层：下盘岩石为绿片岩相糜棱岩和超糜棱岩—角闪岩相的片麻岩、石英岩及岩体。上盘为浅变质古生界中二叠统双堡塘组和下白垩统巴音戈壁组。拆离带上糜棱面理构成一些宽缓开阔的褶皱，向南南西或南南东缓倾，拉伸线理近由水平向南南东倾伏，剪切指向为南南东。

(2)变质核：变质核的结晶岩包括混合岩、片麻岩、石英岩、片岩及大理岩和同运动、后运动的岩体，通常沿片理有脉岩侵入。岩体向外渐变为眼球状片麻岩，或部分侵入导致重熔成混合岩。面理向南南东缓倾，石英、云母和长石构成的拉伸线理稳定的向南南东近水平产出，长石"σ"和"δ"形碎斑表明上方向南南东剪切。

(3)脆性断层：从上盘沉积岩和拆离断层以北的同伸展沉积角砾岩测得断层滑动数据，断层倾向北西和南东(倾角30°～50°)，计算主应力方向表明变形与近水平的南南东向伸展有关。

关于该拆离断层的形成时代，郑亚东等做了大量同位素年龄测试工作(155～128Ma)，认为其形成时代应在白垩纪。

### 3. 毕克齐镇北拆离断层

该断层位于华北陆块区，狼山-阴山陆块，固阳-兴和陆核内，呈东西向展布，长35km，宽1～7km。主拆离断层呈弧形，长30km，倾向160°～190°，倾角15°～25°。上盘为下白垩统李三沟组和固阳组。下盘为古太古界兴和岩群、中太古界乌拉山岩群、古元古界马家店群。

### 4. 武川县西南拆离断层

该断层位于华北陆块区，狼山-阴山陆块，固阳-兴和陆核内，呈北东东向展布，长53km，宽3～5km。主拆离断层走向北东东，长48km，倾向北西，倾角20°～30°。上盘为下白垩统李三沟组、中太古界乌拉山岩群、中太古代变质深成体、中二叠世二长花岗岩。下盘为中太古界乌拉山岩群。

毕克齐镇北拆离断层和武川县西南拆离断层的动力学机制是相同的，它们分别处在本区最大的逆掩推覆构造——金銮殿-大青山逆掩推覆构造的南、北两侧，在侏罗纪时因推覆构造引起地壳增厚，地壳升温和深部部分熔融可能造成岩浆侵位，引起核杂岩上升和侧向扩展，即收缩转为伸展。

两拆离断层上盘均为下白垩统李三沟组，所以形成时代应为白垩纪。

### 5. 固阳县北拆离断层

该断层位于华北陆块区，狼山-阴山陆块，色尔腾山-太仆寺旗岩浆弧内，总体呈北东东向展布，长52km，宽5～8km。主拆离断层呈弧形(弧顶向南)，长40km。倾向南西和南东，倾角15°～30°。上盘为中元古界渣尔泰山群阿古鲁沟组、增隆昌组和书记沟组，下白垩统固阳组及二叠纪英云闪长岩。下盘为中元古界渣尔泰山群增隆昌组和书记沟组，新太古代英云闪长岩和闪长岩、二叠纪闪长岩，下盘岩石强烈糜棱岩化。

### 6. 增隆昌南拆离断层

该断层位于华北陆块区，狼山-阴山陆块大相，色尔腾山-太仆寺旗岩浆弧内。呈东西向展布，长50km，宽2～7km。主拆离断层，呈东西向，长30km，在主拆离断层西有两条长5～7km的拆离断层。主拆离断层的上盘为中元古界渣尔泰山群增隆昌组，古元古代英云闪长岩、石英闪长岩，下白垩统固阳组。下盘为新太古界色尔腾山岩群、中元古代英云闪长岩。

固阳县北拆离断层和增隆昌南拆离断层的动力学机制是相同的。两者同在大佘太镇-色尔腾山逆掩推覆构造北侧，在侏罗纪时，推覆构造使地壳增厚、升温及部分熔融和岩浆侵位等，到白垩纪时，这种作用使地壳抬升，形成伸展作用。此外，两个拆离断层周边固阳盆地，与伸展作用有关。

其形成时代为白垩纪。

## 五、与大型变形构造相关的沉积盆地(表 6-5)

表 6-5　与大型变形构造相关的沉积盆地

| 名称 | 代码 | 类型 | 规模 | 形成时代 |
|---|---|---|---|---|
| 吉兰泰-包头断陷盆地 | JL-BTDX | 伸展 | 长 900km<br>宽 40～120km | 古新世末期 |
| 阿勒德仁图拉分盆地 | ABLF | 剪切 | 长 65km<br>宽 5～174km | 三叠纪末期 |
| 巴润朱日和音<br>毛都拉分盆地 | BRLF | 剪切 | 长 60km<br>宽 15～130km | 早侏罗世早期 |
| 霍林郭勒拉分盆地 | HLLF | 剪切 | 长 67km<br>宽 6～170km | 早白垩世早期 |

### 1. 吉兰泰-包头断陷盆地

该盆地位于华北陆块区与天山-兴蒙造山系，东段呈东西向展布，西段呈南西向展布，总长度900km，宽 40～120km，盆地内地表为第四系砂土、砾石。盆地北缘为一向南倾的正断层，倾角 50°，在包头西乌拉山前可见清晰的断面山。盆地从始新世初开始下陷，这主要是鄂尔多斯陆块整体向南东方向拉张造成的。在吉兰泰—包头一带形成东西向—南西向地堑式箕状断陷盆地。渐新世时，在断陷盆地中广布湖相沉积，局部有深湖相沉积。中新世时下陷更加强烈，而附近地区部分湖盆已渐萎缩。上新世时，在南阿拉善地区—萨拉乌苏一带，形成红色岩建造，这一时期多为独立的小型湖盆。综观吉兰泰-包头盆地，在临河一带渐新世—上新世其沉积总厚度为 2214～4722m。全新世时盆地继续接受沉积，沉积物为砂土、砾石。

### 2. 巴润朱日和音毛都拉分盆地

该盆地位于天山-兴蒙造山系，大兴安岭弧盆系，扎兰屯-多宝山岛弧内，呈北东向展布，长 60km，宽 4～13km。

盆地两侧(长边)为走滑断层，形成于三叠纪末期。沉积物为下侏罗统红旗组、中侏罗统万宝组、下白垩统白彦花组；基底为中下奥陶统铜山组和上泥盆统安格尔音乌拉组。下侏罗统红旗组和下白垩统白彦花组为含煤建造。

### 3. 阿勃德仁图拉分盆地

该盆地位于天山-兴蒙造山系，大兴安岭弧盆系，扎兰屯-多宝山岛弧内，呈北北东向展布，长 65km，宽 5～17km。盆地两侧(长边)为走滑断层，形成于三叠纪末期。盆地内沉积物为下侏罗统红旗组，基底为二叠纪花岗岩。下侏罗统红旗组为含煤建造。

### 4. 霍林郭勒拉分盆地

该盆地位于天山-兴蒙造山系，大兴安岭弧盆系，二连-贺根山蛇绿混杂岩带内，呈北东向展布，长 67km，宽 6～17km。盆地两侧(长边)为走滑断层，形成于侏罗纪末期。盆地内沉积物下白垩统白彦花组，基底为中下二叠统大石寨组、上侏罗统玛尼吐组和白音高老组。下白垩统白彦花组为含煤建造。

## 六、大型韧性变形带

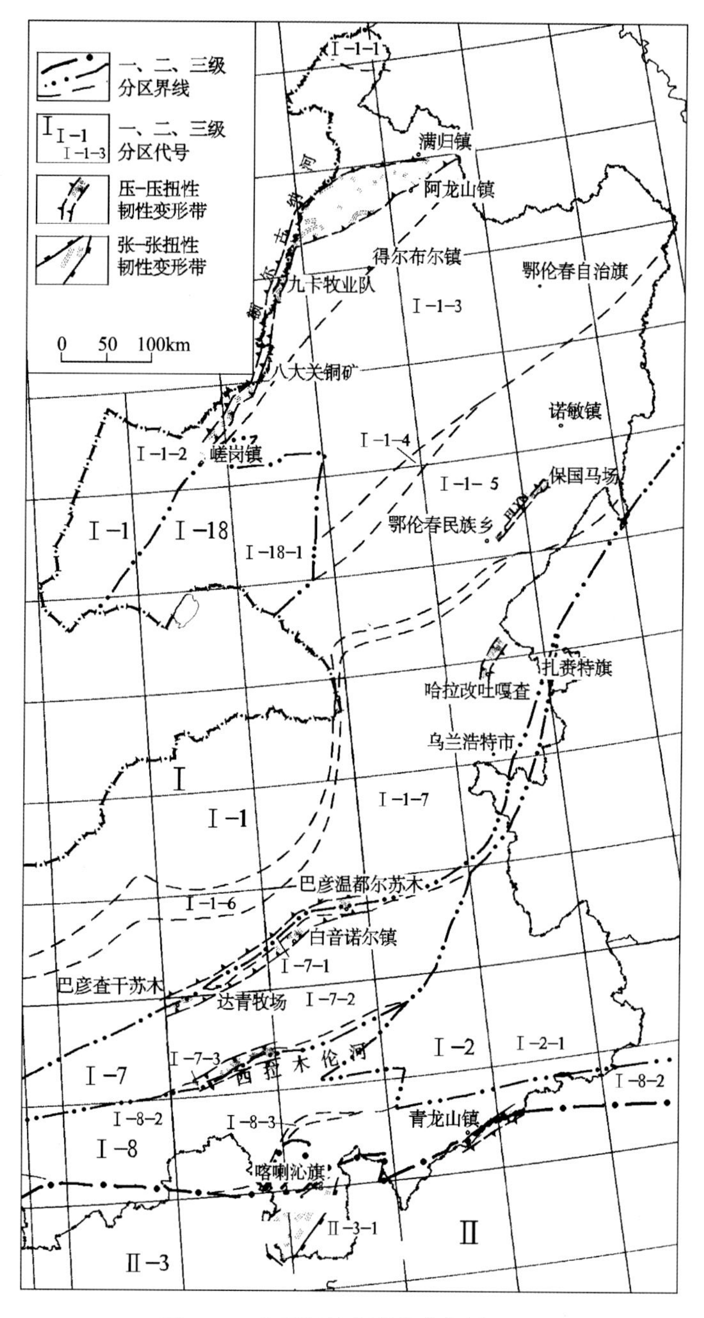

图 6-51 大型韧性变形带分布图

大型韧性变形带一般形成在地壳深处(一般大于 15km)构造薄弱带,受应力作用岩石发生韧性变形的地带。

工作区韧性变形带发育很多,由于一些规模较小,或者野外资料收集的不系统、不完整而无法利用。根据 1∶5 万和 1∶20万区域地质调查资料,恢复具有一定规模的大型韧性变形带有 3 条,分别为额尔古纳河-阿龙山北东向韧性变形域、达青牧场北东东向韧性变形带、西拉木伦近东西向韧性变形带(图 6-51)。

### (一)额尔古纳河-阿龙山北东向韧性变形域(EENC)

该韧性变形域位于额尔古纳河东岸,南从嵯岗镇向北东经八大关铜矿—九卡牧业队—太平林场—黄火地到阿龙山一带,宽 5~50km,长度大于 500km,宏观上呈不规则透镜网状,呈北东东向展布。其内由数条韧性变形带组成,走向主要为北东东(或近东西)、北东、北北东和北西西几组,除北西走向之外,倾向以北、北西、北西西为主,少量向南东倾。带内变形的地质体最新为新元古代,有新元古代正长花岗岩、黑云母花岗岩和南华系佳疙瘩组区域浅变质岩系及古元古代兴华渡口岩群片岩类和正副片麻岩类等,岩石韧性变形强烈,形成大量糜棱岩化岩石、糜棱岩、超糜棱岩等,带内具明显的强弱分带性,发育眼球状构造等。糜棱面理构造普遍发育,并发育具指向意义的变形组构。

根据 1∶5 万区域地质调查资料综合分析,几个方向的韧性变形带并不属于同一个构造应力场,①近东西向挤压造成北北东向或北东向韧性剪切带的性质为右行逆冲活动;②北西—南东向挤压造成北东东向韧性剪切带右行斜冲,和北西西向韧性剪切带右行走滑。上述几组方向的韧性剪切带,切割的最新地质体为新元古代黑云母正长花岗岩,被中二叠世花岗岩所侵蚀,时代推测至新元古代末期。

### （二）达青牧场韧性变形带（DQYN）

在达青牧场-扎赉特旗俯冲带上断续出露韧性变形带。变形带走向从西向东由北东东转向近东西，与俯冲带走向一致。糜棱面理走向北东—北东东，倾向以北北西—北为主，少量向南，倾角多陡立。变形带宽100～800m，长度大于200km。参与变形的地质体包括下二叠统寿山沟组砂板岩，中二叠统大石寨组砂板岩夹中酸性火山岩，晚三叠世黑云母二长花岗岩（锆石U-Pb年龄为235Ma）、花岗闪长岩（锆石U-Pb年龄为217Ma）和早侏罗世黑云母正长花岗岩（锆石U-Pb年龄为136Ma、141Ma）等。主体反映出压扁特征（1∶5万区域地质调查资料对该韧性变形带研究不规范，性质多矛盾，结论无法利用）。

### （三）西拉木伦北东东向韧性变形带（XLYN）

该带分布于西拉木伦河北岸，总体呈北东东向展布，宽度大于5km，长度大于80km。变形岩石为中二叠统哲斯组砾岩、砂砾岩夹砂岩。

韧性变形总体表现为从北向南、从无到有、由弱到强，糜棱面理走向由北东到北东东到近东西。倾向南北摆动，以向南东—南南东—南为多，倾角多陡立（大于50°），个别较缓（30°～50°），在倾向南东—南的糜棱面理上发育拉伸线理，倾伏向北东东—东，倾伏角平缓（小于30°，多为5°～20°），根据不对称眼球状构造等指向构造等判断，该变形带为略南倾的右行压扭韧性变形带。

根据韧性变形的强度和变形类型从北到南可划分为3个带，分别称弱韧性变形带、韧性右行走滑带和韧性压扁带。

弱韧性变形带从北到南韧性变形逐渐增强，强干岩层及砾石基本不见韧性变形，而较软岩层及砾石则发生较弱的塑性变形，如灰岩砾石呈弱压扁、弱拉长的椭球状。压扁面陡立，走向60°～70°，与地层层面斜交，倾向主体为南东—南南东东，拉伸线理水平到东倾，倾伏角一般小于15°。

韧性右行走滑带宽1～2km，岩石具弱压扁、强拉长特征，发育明显的近水平拉伸线理和较弱的糜棱面理。可见灰岩砾石，成为收缩型椭球体状或两头尖灭的“杆状”，并发育明显的右行眼球状构造。

韧性压扁带宽1.2～2km，发育在变形带最南部，岩石呈弱拉长的片状，发育较强的糜棱面理，拉伸线理较弱，灰岩等较软岩性砾石被压成“鱼片状”。

在韧性变形带内经显微构造分析表明：岩石受动力变质作用影响，组成岩石的砂屑、砾屑及矿物，受不同程度的压扁作用影响，呈细条状、扁片状，有的被基质环绕呈眼球状、透镜状，岩石明显碎裂，普遍细粒化，岩石中的矿物定向明显，可见核幔构造、石英波状消光及动力重结晶现象，发育对称和不对称眼球状构造，“多米诺骨牌”构造及SC面理构造等，由此反映出的性质以右行压扭为主。

## 七、大型脆性断裂带

内蒙古自治区东部地表基岩露头绝大多数为中新生代地质体，中生代特别是侏罗纪—白垩纪时已经为陆壳刚性体，当地壳发生应力变化时，极易发生剪裂角小于45°的张剪性断裂。造成大量追踪张性断裂带，或岩浆沿张剪性断裂侵位。

内蒙古自治区东部主要发育4组共轭大型张剪性断裂，分别为侏罗纪—早白垩世早期近东西向和北东向共轭张剪性断裂带、早白垩世晚期近东西向和北西向共轭张剪性断裂带、晚白垩世北北东向和北东东向共轭张剪性断裂带和新生代北西向和北北东向共轭张剪性断裂带(图6-52)。

其中规模较大者有如下3条。

### 1. 得尔布干北东向断裂带

得尔布干断裂带位于巴彦诺尔嘎查—阿龙山一带，总体为北东向，呈近东西向和北东向追踪张状延伸，长度大于600km，向南西至蒙古国、向北东延至黑龙江省，构成了三级大地构造单元分区界线，其北西侧为额尔古纳岛弧，南东侧为海拉尔-呼玛弧后盆地。

得尔布干断裂带是早白垩世(130～110Ma)伸展构造变形产物。其控制北东向大兴安岭隆起和中生代海拉尔-拉布达林-根河等火山沉积盆地的发育格局，以及中生代以来的地壳演化与成矿类型(郑常青等，2009)。根据1∶250万重力异常研究，得尔布干断裂表现为北东向延伸的重力场分界线，具有向南东倾斜、切割深度至下地壳的特征。得尔布干断裂带的构造属性不是地块之间和不同时期造山带之间的拼接带，而是在晚侏罗世—早白垩世切割至下地壳北东向延伸的大型伸展变形带，也是晚中生代隆起区与根河-拉不大林-海拉尔盆地之间的控盆边界断裂带(孙晓猛，郑常青等，2011)。

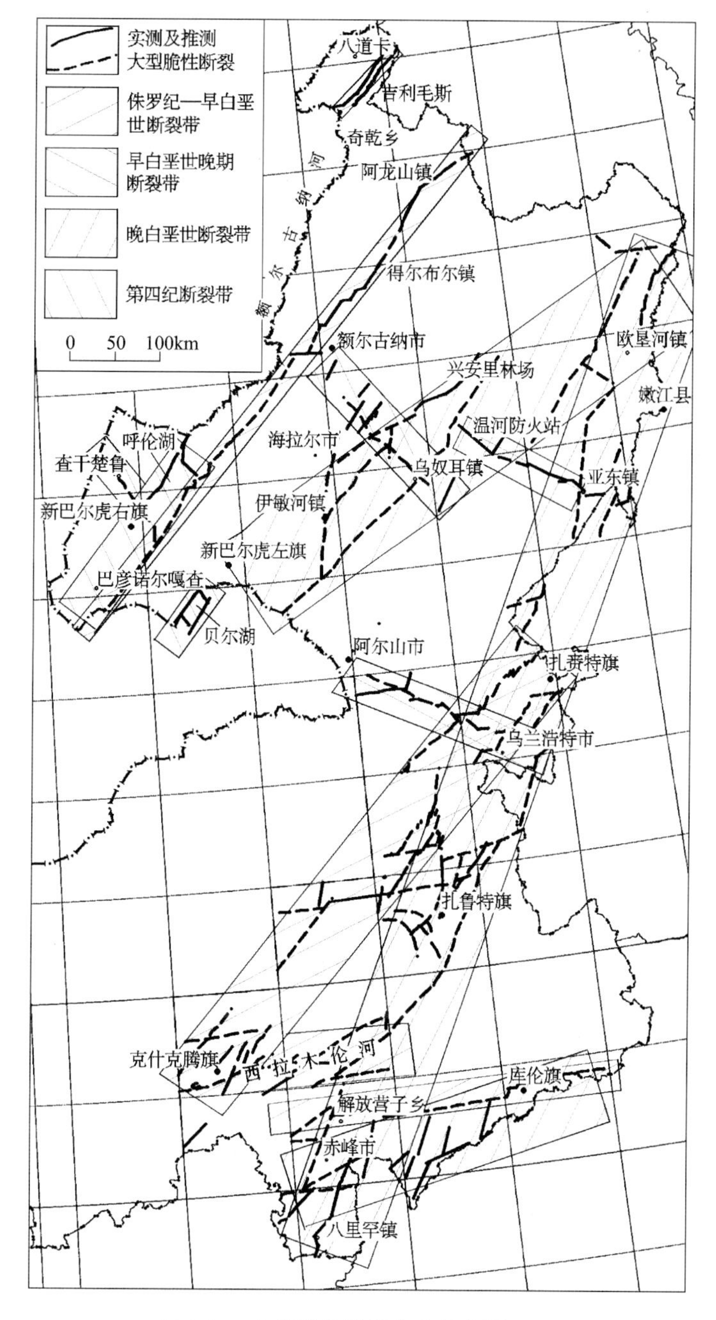


图6-52 大型脆性断裂构造展布图

### 2. 克什克腾旗-扎赉特旗北东向断裂带

该带位于克什克腾旗天盛号乡—扎赉特旗一带，走向北东，宽近80km，长度大于500km，由大量近东西向和北东向追踪张状或菱块状断裂构成，卫星照片上该两组断裂规模较大且明显。该带以大量的晚侏罗世—早白垩世岩浆沿该两组断裂侵位为主要特点，岩浆岩有俯冲期TTG组合岩浆杂岩、后碰撞高钾和钾玄质花岗岩组合，岩性为花岗岩、二长花岗岩、正长花岗岩、花岗闪长岩、闪长岩、英云闪长岩、奥长花岗岩、二长岩等。岩体呈岩基、岩株、岩枝以及岩脉状产出，岩体主体延伸方向为北东向，侵入边界明显受近东西向断裂和北东向断裂控制。另外，晚侏罗世次火山岩也多为近东西向和北东向展布。

### 3. 八里罕-嫩江北北东向断裂带

八里罕-嫩江北北东向断裂带宽近100km，长度大于1000km，倾向主体为南东东，倾角陡立。其前期经历了早三叠世左行张扭性韧性变形活动——在喀喇沁断隆之上形成了韧性隆滑构造；另外韩国卿等(2009)在断裂带中南段吉林省白城市岭下地区发现韧性剪切带，认为八里罕-嫩江断裂带曾经历左旋走滑变形阶段，走滑时间为早白垩世中期(134～113Ma)。

该断裂带发生大规模脆性活动时间为晚白垩世，由大量的断续相间、追踪张状或菱块状的北北东向断裂和北东东向断裂组合构成。其在南面八里罕—喀喇沁旗一带形成了喀喇沁断隆和平庄断陷盆地，在中间大部分地段形成了松辽断陷盆地西北界。

1)喀喇沁断隆北西缘北东东向断层特征

该断层主要为上白垩统与前白垩纪地质体(包括中侏罗统)之界线，断层切割了早白垩世晚期花岗岩体，走向从南西到北东由40°渐变为60°，倾向北西，倾角50°～70°，破碎带宽10～100m。断层内发育构造角砾岩和断层泥。断层北东部上盘孙家湾组的拖曳现象反映出正断层性质，南西部断面上发育擦痕线理，侧伏向南西，侧伏角60°，运动性质为左行-正斜滑断层，反映出断层的北东部相对南西部垂向运动分量较大。

2)喀喇沁断隆南东缘北北东向断层特征

喀喇沁断隆南东缘为八里罕断层，其中断层的北东段走向10°～30°，倾向120°，倾角40°～50°，宽20～100m，断层上盘为上白垩统孙家湾组紫红色砾岩，断层内发育构造角砾岩和断层泥，成分由下盘岩石破碎而成，断面上发育擦痕，侧伏向南西，侧伏角65°，运动性质为右行-正斜滑断层。该运动性质与断隆北西缘北东段断层运动性质配套分析，二者为同一区域构造应力场的产物，即北东40°左右到南西220°左右方向挤压，北西-南东向拉张。

## 八、物探解译隐伏大断裂

### 1. 索伦山-西拉木伦物探解译隐伏大断裂

该断裂位于天山-兴蒙造山系，索伦山-西拉木伦结合带内，总体走向北东东，在额尔登敖包南被北东向走滑断层错开，断距10km左右，总长度1080km。该断裂是由重力和磁法两种物探测量所得异常而确定的，且两种方法所得结果基本吻合。断裂西段在索伦山敖包一带，广泛分布$\Sigma P_1$、$\beta P_1$、$\beta\mu P_1$、$\delta o P_1$，具有明显的俯冲带特征，断裂东段多为二叠纪和中生代地层和岩体及第四系，断裂与古亚洲洋向华北陆块俯冲的结合带基本一致，断裂的构造演化历史非常复杂，活动时间很长。

### 2. 二连-贺根山物探解译隐伏大断裂

该断裂位于天山-兴蒙造山系，大兴安岭弧盆系内。重力异常和磁异常显示大断裂的存在。西段走向为东西向，东段走向为北东向，总长度为720km。在西段的包尔陶勒盖和花陶勒盖之间，泥盆纪超基性岩沿断裂两侧呈带状分布，断裂部分地段被新生界覆盖。该隐伏大断裂的位置与古亚洲洋向西伯利亚陆块俯冲的结合带基本一致。断裂的形成时代为奥陶纪，演化历史较复杂。

### 3. 乌兰陶勒盖-嘎格其查干物探解译隐伏大断裂

该断裂位于天山-兴蒙造山系，额济纳旗-北山弧盆系，红石山蛇绿混杂岩带和恩格尔乌苏蛇绿混杂岩带内，走向北东东，长175km。重力异常和磁异常显示大断裂的存在。断裂东段有上白垩统乌兰苏海组和下白垩统巴音戈壁组分布，中段有上石炭统本巴图组分布，西段被第四系覆盖。推测两个蛇绿混杂岩带结合部位(隐伏大断裂的位置)为一深大断裂。形成时代为石炭纪—二叠纪。

## 第三节　大型变形构造的形成、构造环境及其演化

地壳上各种构造类型均是地质构造发展历史的产物,即地质发展历史不同构造阶段不同构造环境的地质记录之一。构造环境不同,构造体制不同,形成的构造类型就不同。在古元古代末期,之前形成的众多的小陆块,小洋盆经过洋陆、陆陆、弧陆等俯冲、碰撞造山作用,最后形成较大规模的华北陆块区,此时地壳处于收缩期(即收缩构造体制)。中元古代地壳由收缩向伸展构造体制转化,在华北陆块北缘、西缘等形成了一系列的陆缘裂谷和被动陆缘盆地,至此形成了白云鄂博和渣尔泰山等裂陷盆地。古生代,随着伸展构造体制的加强和向收缩体制的转化,在西伯利亚板块和华北板块之间经历了古亚洲洋的形成、发展和消亡过程,由于古亚洲洋的双向俯冲形成较多的弧盆构造。中生代早期,随着上述众多弧盆系向造山系的转化,内蒙古古大陆形成,此时地壳构造体制以挤压-走滑构造体制为主。由于受到滨太平洋向西俯冲的影响,在内蒙古东部形成了规模巨大的大兴安岭中南段的火山-侵入岩浆构造带。新生代,在太平洋板块,印度板块和西伯利亚板块的共同挤压下,则形成了众多的陆内盆山构造。

由于后期构造作用对前期形成的各类构造形式的改造、破坏和掩埋。古生代之前的各类构造特征已难鉴别,如今能够确定的多为古生代及其以后形成的各类大型变形构造。

从前面有关各类大型变形构造的分布特征可以看出,在固阳-包头、武川-呼和浩特市之间各类大型变形构造形式均较发育,如金銮殿-大青山逆掩推覆构造、大佘太镇-色尔腾山逆掩推覆构造、呼和浩特北拆离断层、毕克旗北拆离断层等。该地区大地构造背景为华北陆块区,狼山-阴山陆块,固阳-兴和陆核。北邻狼山-白云鄂博裂谷,南邻鄂尔多斯地块。

众所周知,该地区的逆掩推覆构造和大型拆离断层构造形成的力学性质完全相反,前者是由近南北向挤压作用形成,后者是由近南北向伸展作用所致。且两者形成时代不同,前者为侏罗纪,后者为白垩纪。究其原因,应是与中生代大地构造环境及其变化有关。区域资料显示,在中生代整个中国大陆正受着印度板块、西伯利亚板块两个板块南、北两个方向的挤压,致使南、北两个方向的挤压力集中于华北板块北缘,因而该地区形成了众多的大规模逆掩推覆构造,显然该种变形构造是收缩构造体制下陆内造山作用的产物之一。随着大规模的逆掩推覆构造的发生,该地区的地壳不断增厚,引起地壳升温和深部部分熔融,岩浆入侵,陆核杂岩上升和侧向扩展,到白垩纪时期该地区由收缩构造体制转化为伸展构造体制,至此形成上述众多的大型拆离断层。

## 第四节　大型变形构造与成矿关系

矿床或者矿化是区域地质构造发展历史的产物,是与大地构造环境密切相关的。如太古宙—古元古代陆块形成过程中形成的花岗岩-绿岩带内赋存条带状铁矿和金矿;中元古代在陆块边缘裂陷槽或裂谷带内形成的与基性—中酸性海相火山岩有关的铁、铜、铅、锌、金、硫矿以及与白云岩有关的铁、铌、稀土等矿;在古生代古亚洲洋发生、发育、消亡的过程中,不同的构造环境内有不同的成矿作用:洋盆拉张构造环境中形成与洋壳有关的超基性岩型铬铁矿,在沟—弧—盆环境中形成的与海相基性—中酸性火山岩有关的硫铁、铜、铁锌等矿,在碰撞造山环境内形成的与中酸性岩浆侵入有关的斑岩型、热液型、接触交代型铁锰、钼、铜、铅、锌、锡、铍等矿;中生代,内蒙古中东部受滨太平洋活动大陆边缘的影响,在东部形成了大兴安岭火山-侵入岩浆构造带,同时形成了与中酸性火山-侵入岩有关的铁、铜、铅、锌、锡、钨、钼、银、金等矿;新生代,在稳定的大陆内形成了与蒸发岩有关的盐、碱、石膏、芒硝等矿产。

具体到某一大型变形构造与矿产的关系则要具体情况具体分析。有的大型变形构造通过控制构造盆地间接控制矿产(如沉积矿产),有的大型变形构造为含矿建造提供运移通道和堆积场所(如岩浆岩矿产和热液型矿产),还有的大型变形构造则是对较早形成的矿产起破坏作用。

## 一、乌拉山山前大断裂带

该断裂带形成时间早,活动时间长,先是逆断层后为正断层,它既控制了有利于金矿成矿的围岩——乌拉山岩群的空间分布,同时还为与成矿有关的大华背岩体的就位及含矿热液运移通道和沉淀场所提供了方便。

## 二、武川-酒馆-下湿壕逆冲走滑(脆性-韧性)北东东向断裂带

该断裂带是酒馆、后石花等众多中小型蚀变岩型和石英脉型金矿带的赋存场所。

## 三、克什克腾旗-扎赉特旗北东向断裂带

该断裂带由大量追踪张裂状或菱块状断裂构成。断裂带为大量的中生代中酸性火山岩、侵入岩、次火山岩浆的运移和就位提供了充分条件,因而有众多的大中型与上述岩浆岩、火山岩有关的铁、锡、铜、铅、锌等矿产形成。

## 四、海勃湾千里山南北向逆冲大断裂带

该断裂带与该地区众多的热液型铅、锌矿成矿带的关系主要表现为对其有利成矿围岩的分布的控制作用,当然也有可能为含矿热液提供通道和沉积场所。

## 五、狼山北段东麓的北东向逆冲大断裂带

该断裂带与该地区的层控大中型铁、铜、铅、锌、硫等成矿带的关系主要表现为对含矿建造空间分布的控制作用,当然对上述矿床也具有破坏作用。

## 六、与大型变形构造有关的沉积盆地

### 1.新生代沉积盆地

吉兰泰-包头断陷盆地是走滑断裂构造作用的产物,是内蒙古自治区内众多新生代沉积盆地中重要者之一。该盆地有区内重要的新生代天然碱、盐、芒硝和石膏等矿产。

## 2. 中生代沉积盆地

区内发育有众多的中生代大型沉积盆地，其类型主要为坳陷盆地和断陷盆地，并产有众多的大型中型煤矿。

1)海拉尔盆地

该盆地内下白垩统大磨拐河组($K_1d$)和伊敏组($K_1ym$)均赋存含煤建造。如宝日希勒和伊敏两个大型煤矿，即产于上述两个含煤建造中。

2)白彦花盆地

该盆地内下白垩统白彦花组($K_1b$)赋存含煤建造。如白彦花和霍林河两个大型煤矿，即产自上述含煤建造中。

3)固阳盆地

该盆地内中下侏罗统五当沟组($J_{1-2}w$)和下白垩统固阳组($K_1g$)均赋存含煤建造。如五当沟和固阳两个大中型煤矿，即产自上述两个含煤建造中。

4)九佛堂盆地

该盆地内下白垩统九佛堂组($K_1jf$)和阜新组($K_1f$)均赋存可采煤层。如阜新煤矿即产自上述含煤建造中。

5)二连盆地

该盆地内上白垩统二连组($K_2e$)除赋存可采煤层外，该组内还赋含可采铀矿。

6)鄂尔多斯盆地

该盆地内中下侏罗统延安组($J_{1-2}y$)赋存可采煤层和可采铀矿，同时直罗组($J_2\hat{z}$)和安定组($J_2a$)内还有盐类矿产。

7)阿拉善盆地

该盆地内中侏罗统龙凤山组($J_2l$)也具可采煤层。

# 第七章　大地构造相与大地构造分区

## 第一节　大地构造相类型划分

根据全国重要矿产资源潜力评价技术要求及标准，内蒙古自治区大地构造相划分为：造山系相系、陆块区相系和造山-裂谷相系三大相系。相系之下又划分大相、相和亚相等Ⅰ、Ⅱ、Ⅲ、Ⅳ级构造相单元，Ⅰ～Ⅳ级大地构造相单元划分见表7-1。

**表7-1　内蒙古自治区大地构造相类型划分表**

| 相系 | 大相 | 相 | 亚相 |
|---|---|---|---|
| 天山-兴蒙造山系相系 | 大兴安岭弧盆系大相 | 陆内裂谷相 | 陆内裂谷相（$Qp_3$、$N_2wc$、$N_1h$） |
| | | 陆内盆地相 | 坳陷盆地亚相（$\in_{1-3}$、$N_2b$、$N_1t$、$K_2e$、$P_3l$） |
| | | | 断陷盆地亚相（$K_1b$） |
| | | | 走滑拉分盆地亚相（$J_1$、$J_2wb$、$J_3t$） |
| | | 陆相火山弧 | 火山弧亚相（$J_3b$、$J_3mn$、$J_3mk$、$J_2tm$、$K_1m$、$K_1lj$） |
| | | 陆缘弧相 | 火山弧亚相[$P_{1-2}ds$、$(C_2—P_1)g$、$(C_2—P_1)bl^2$、$(C_2—P_1)bl$] |
| | | | 弧间裂谷盆地亚相[$(C_2—P_1)bl$] |
| | | 被动陆缘相 | 有蛇绿岩碎片的浊积岩亚相[$P_2zs$、$S_2w$、$P_1ss$、$(D_3—C_1)s$、$P_2b^{1-2}$] |
| | | 俯冲增生杂岩相 | 陆棚碎屑岩亚相（$C_2bb$、$D_{2-3}t$） |
| | | 蛇绿混杂岩相 | 洋岛-海山亚相（$C_2a$） |
| | | | 蛇绿岩亚相（$\Sigma$、$\nu$、$\beta\mu$、$\gamma\delta o$、$\delta\mu$） |
| | | | 远洋沉积亚相[$(\beta+si)D_{2-3}$、$Pt_2h$] |
| | | | 洋内弧亚相（$Pt_2s$） |
| | | 陆壳残片相 | 外来岩块亚相（$Pt_2h$、$Pt_1B$） |
| | | 弧前盆地相 | 弧前陆坡盆地亚相（$Cn$、$D_{2-3}t$、$D_3a$） |
| | | 岛弧相 | 火山弧亚相（$O_2d$、$O_{1-2}d$） |
| | | | 弧背盆地亚相（$O_{2-3}lh$） |
| | | | 近弧盆地亚相（$O_{1-2}t$、$O_1t$、$O_{1-2}b$、$O_2b$、$O_{1-2}w$） |
| | | 弧后前陆盆地相 | 隆后盆地亚相[$(S_3—D_1)x$] |
| | | 弧后盆地相 | 近陆弧后盆地亚相（$Pt_3a$） |

**续表 7-1**

| 相系 | 大相 | 相 | 亚相 |
|---|---|---|---|
| 天山-兴蒙造山系相系 | 大兴安岭弧盆系大相 | 高压、超高压变质相 | 高压变质亚相($Pt_2h$) |
| | | 古弧盆相 | 古弧后盆地亚相($Pt_1B$) |
| | | 变质基底杂岩相 | 高级变质杂岩亚相($XM$) |
| | | 深成岩浆岩相 | 俯冲岩浆杂岩亚相 |
| | | | 后碰撞岩浆杂岩亚相 |
| | | | 后造山岩浆杂岩亚相 |
| 天山-兴蒙造山系相系 | 索伦山-西拉木伦结合带大相 | 陆内盆地相 | 坳陷盆地亚相($K_2e$) |
| | | | 断陷盆地亚相($K_1b$、$J_2x$) |
| | | 被动陆缘相 | 陆棚碎屑岩亚相($P_2b$) |
| | | 蛇绿混杂岩相 | 远洋沉积亚相($P_1sm$、$P_1ss$) |
| | | | 洋内弧亚相($\nu P_1$、$\beta P_1$) |
| | | | 蛇绿岩亚相($\Sigma$、$\delta\nu$、$\beta\mu P_1$) |
| | | 俯冲增生杂岩相 | 有蛇绿岩碎片的浊积岩亚相($C_2bb$) |
| | | 深成岩浆岩相 | 俯冲岩浆杂岩亚相($\gamma\delta$、$\delta o$、$\eta\gamma$) |
| | 包尔汗图-温都尔庙弧盆系大相 | 陆内盆地相 | 坳陷盆地亚相($N_2b$、$N_1t$、$E_2a$、$K_2e$、$K_2w$) |
| | | | 断陷盆地亚相($K_1b$、$K_1g$、$K_1ls$、$J_3d$) |
| | | 陆内裂谷相 | 陆内裂谷相($N_1h$) |
| | | 陆相火山弧相 | 火山弧亚相($K_1y$、$J_3b$、$J_3mn$、$J_3mk$) |
| | | 陆缘弧相 | 火山弧亚相($P_1e$、$P_{1-2}ds$、$C_2bb$) |
| | | 被动陆缘相 | 陆棚碎屑岩亚相[$P_1sm$、$C_2jj$、($S_3$—$D_1$)$x$、$C_2bb$、$Pt_1B$] |
| | | | 碳酸盐岩台地亚相($C_2a$) |
| | | 岛弧相 | 火山弧亚相($O_{1-2}h$、$O_{1-2}b^n$) |
| | | | 弧间盆地亚相($O_{1-2}bl$) |
| | | 高压、超高压变质相 | 高压变质亚相($Pt_2h$) |
| | | 蛇绿混杂岩相 | 远洋沉积亚相($Pt_2h$) |
| | | | 洋内弧亚相($Pt_2s$) |
| | | 古弧盆相 | 古弧后盆地亚相($Pt_1B$) |
| | | 深成岩浆岩相 | 俯冲岩浆杂岩亚相 |
| 天山-兴蒙造山系相系 | 额济纳旗-北山弧盆系大相 | 陆内盆地相 | 坳陷盆地亚相($E_2s$、$N_2k$、$K_2w$、$K_1c$、$K_1by$) |
| | | | 断陷盆地亚相($J_2l$、$T_3sh$) |
| | | 陆缘弧相 | 火山弧亚相($P_{1-2}ds$、$P_2j$、$P_2f$、$C_1b^{1-2}$、$P_3\nu$、$C_2bb$) |
| | | | 弧背盆地亚相($P_3h$、$P_2zs$、$P_2sh$、$C_2a$) |
| | | | 弧背盆地亚相($C_1l^{1-2}$) |
| | | | 弧间裂谷盆地亚相($C_1l$) |

**续表 7-1**

| 相系 | 大相 | 相 | 亚相 |
|---|---|---|---|
| 天山-兴蒙造山系相系 | 额济纳旗-北山弧盆系大相 | 蛇绿混杂岩相 | 蛇绿岩亚相($\Sigma$、$\varphi\varphi o\nu$、$\nu$、$\Sigma$、$\beta\mu$、$\delta\nu$) |
| | | | 远洋沉积亚相($C_1 l^{1-4}$、$C_2 bb$) |
| | | 俯冲增生杂岩相 | 有蛇绿岩碎片的浊积岩亚相($C_2 bb$) |
| | | 弧后盆地相 | 近弧弧后盆地亚相($C_2 bb$) |
| | | | 近陆弧后盆地亚相($C_2 a$) |
| | | 岛弧相 | 火山弧亚相($D_{1-2} q$、$O_{2-3} y$、$S_{2-3} g$) |
| | | | 弧内盆地亚相($D_{1-2} y$) |
| | | | 弧背盆地亚相($D_3 by$、$S_{1-2} y$、$O_{2-3} by$、$S_{2-3} ss$) |
| | | 弧前盆地相 | 弧前陆坡盆地亚相($S_{2-3} ss$、$S_1 y$) |
| | | 被动陆缘相 | 陆棚碎屑岩亚相<br>[$D_2 wt$、$D_3 x$、($\in_2$—$O_1$)$x$、$S_2 ss$、$S_3 y$、$O_{1-2} l$、$\in_1 S$、$O_{2-3} by$、$Pt_1 G$、$Pt_2 a$] |
| | | | 外陆棚亚相[$D_{1-2} y$、($O_3$—$S_1$)$b$] |
| | | 碳酸盐岩台地相 | 台地亚相[($\in_2$—$O_1$)$x$、$Pt_{2-3} Y$] |
| | | 古弧盆相 | 古岛弧亚相($Pt_1 Bs$) |
| | | 变质基底杂岩相 | 高级变质基底杂岩亚相($Ar_{2-3} g^n$、$Ar_{2-3} r^m$) |
| | | 深成岩浆岩相 | 俯冲岩浆杂岩亚相 |
| | | | 后碰撞岩浆杂岩亚相 |
| | | | 后造山岩浆杂岩亚相 |
| | | 裂谷岩浆岩相 | 裂谷岩浆杂岩亚相 |
| 华北陆块区相系 | 晋冀陆块大相 | 碳酸盐岩台地相 | 开阔台地亚相($\in_{1-2} m$、$O_{1-2} m$) |
| | | | 局限台地亚相[($\in_{2-}$ —$O_1$)$s$] |
| | | 陆表海盆地相 | 海陆交互陆表海亚相[$C_2 b$、($C_2$—$P_1$)$t$、$P_1 s$、$P_{1-2} sh$、$P_3 sj$] |
| | | 基底杂岩相 | 中太古代陆核亚相($\pi\eta\gamma Ar_2$、$Ar_2 j$) |
| | 狼山-阴山陆块大相 | 陆内盆地相 | 坳陷盆地亚相($N_1 g$、$Eh$) |
| | | | 断陷盆地亚相<br>[$K_1 g$、$K_1 ls$、$K_1 z$、$K_1 y$、$K_1 jj$、$K_2 e$、$K_1 bn$、$J_3 d$、$J_2 c$、$J_{1-2} w$、<br>$J_2 d$、$J_2 w$、($P_3$—$T_1$)$lw$、$P_3 n$、$J_3 b$、$J_3 t$、$J_3 d$、$J_3 s$、$P_2 sy$、$P_2 z$] |
| | | 陆内裂谷相 | 陆内裂谷相($N_1 h$、$T_1 m$) |
| | | 陆相火山弧相 | 火山弧亚相($J_3 b$、$J_3 mn$、$J_3 mk$) |
| | | 陆缘弧相 | 火山弧亚相($P_1 \nu$、$P_1 s$、$P_1 d$) |
| | | 陆表海盆地相 | 海陆交互陆表海亚相($C_2 sm$) |
| | | | 碳酸盐岩陆表海亚相($O_2 e$、$O_1 s$、$O_3 d$、$O_{2-3} wl$、$\in_{2-3} l$、$Zs$、$\in_{1-2} Sm$) |
| | | | 碎屑岩陆表海亚相($\in_{1-2} Sm$) |
| | | 陆缘裂谷相 | 裂谷中心亚相(Q b$b$、Q b$l$、J$b$、J$a$、J$h$、Ch$j$、ChZ) |
| | | | 裂谷边缘亚相(Q b$l$、Ch$d$、chs) |

续表 7-1

| 相系 | 大相 | 相 | 亚相 |
|---|---|---|---|
| 华北陆块区相系 | 狼山-阴山陆块大相 | 被动陆缘相 | 陆棚碎屑岩亚相($Pt_1B$、$Pt_1M$) |
| | | 古弧盆相 | 古岛弧亚相($Ar_3l$、$Ar_3d$) |
| | | | 弧后盆地亚相($Ar_3dl$) |
| | | 变质基底杂岩相 | 中太古代陆核亚相($Ar_2h$、$Ar_2j$) |
| | | | 古太古代陆核亚相($Ar_1x$) |
| | | 深成岩浆岩相 | 俯冲岩浆杂岩亚相 |
| | | | 后碰撞岩浆杂岩亚相 |
| | | | 后造山岩浆杂岩亚相 |
| | | 裂谷岩浆岩相 | 裂谷岩浆杂岩亚相 |
| | 叠加裂陷盆地大相 | 陆内盆地相 | 断陷盆地相($K_1jc$、$K_1mg$、$E_2w$、$E_3q$、$E_3l$、$N_2w$、$N_1w$、$N_2k$) |
| | 鄂尔多斯陆块大相 | 陆内盆地相 | 坳陷盆地亚相 ($N_2wl$、$N_1b$、$E_3q$、$E_3l$、$K_1l$、$K_1h$、$K_1lh$、$K_1jc$、$K_1ds$、$J_1j$、$J_1f$、$J_1ya$、$J_2z$、$J_2a$、$J_2l$、$J_3s$、$T_1l$、$T_1h$、$T_2e$、$T_3yc$、$T_{1-2}ed$、$T_3sh$) |
| | | | 断陷盆地亚相($K_1mg$) |
| | | 陆表海盆地相 | 海陆交互陆表海亚相[$C_2b$、$(C_2—P_1)t$、$P_1s$、$P_{1-2}sh$、$P_3sj$、$\in_{1-2}m$] |
| | | | 碎屑岩陆表海亚相($\in_{1-2}m$) |
| | | 夭折裂谷相 | 裂谷边缘亚相($O_{1-2}mb$、$O_2k$、$O_2w$、$O_2l$、$\in_{1-3}$、$\in_{1-2}m$) |
| | | 碳酸盐岩台地相 | 台地亚相[$O_{1-2}m$、$\in_3g$、$\in_3c$、$\in_3z$、$(\in_2—O_1)s$、$Pt_{2-3}w$] |
| | | 被动陆缘相 | 陆棚碎屑岩亚相($Zz$、$Pt_{2-3}y$、$Pt_2z$) |
| | | 基底杂岩相 | 中太古代陆核亚相($Ar_2h$、$Ar_2c$、$\chi\xi o$、$Ar_2\gamma^m$) |
| | | 裂谷岩浆岩相 | 裂谷岩浆杂岩亚相 |
| | 阿拉善陆块大相 | 陆内盆地相 | 坳陷盆地亚相($N_2k$、$N_1hl$、$E_3q$、$E_2s$) |
| | | | 断陷盆地亚相($K_2w$、$K_2j$、$K_1mg$、$J_3s$、$J_2l$) |
| | | 陆缘弧相 | 火山弧亚相($P_1d$) |
| | | 陆表海盆地相 | 碎屑岩陆表海亚相($C_1c$、$Zs$) |
| | | | 碳酸盐岩陆表海亚相($Zc$) |
| | | 被动陆缘相 | 陆棚碎屑岩亚相($Pt_2d$) |
| | | 古弧盆相 | 古弧后盆地亚相($Ar_3A$) |
| | | 深成岩浆岩相 | 后碰撞岩浆杂岩亚相 |
| | | | 俯冲岩浆杂岩亚相 |
| | | 裂谷岩浆岩相 | 裂谷岩浆杂岩亚相 |

续表 7-1

| 相系 | 大相 | 相 | 亚相 |
|---|---|---|---|
| 塔里木陆块区相系 | 敦煌陆块大相 | 陆内盆地相 | 坳陷盆地亚相($N_2k$、$K_1e$) |
| | | | 断陷盆地亚相($J_2l$、$J_1j$、$T_{1-2}ed$) |
| | | 陆内裂谷相 | 裂谷中心亚相($P_3j$、$P_2j$、$C_{1-2}b$) |
| | | | 裂谷边缘亚相($P_2sb$、$C_{1-2}l$、$C_1hl$) |
| | | 被动陆缘相 | 陆棚碎屑岩亚相($\in_1s$、$Pt_2G$) |
| | | 碳酸盐岩台地相 | 台地亚相($Pt_{2-3}Y$) |
| | | 古弧盆地 | 弧间盆地亚相($Pt_2$、$Bs^2$) |
| | | | 岛弧亚相($Pt_2$、$Bs^1$) |
| | | 变质基底杂岩相 | 高级变质杂岩亚相($Ar_{2-3}gn$) |
| | | 深成岩浆岩相 | 后造山岩浆杂岩亚相 |
| | | | 后碰撞岩浆杂岩亚相 |
| | | | 俯冲岩浆杂岩亚相 |
| | | 裂谷岩浆岩相 | 裂谷岩浆杂岩亚相 |
| 秦祁昆造山系相系 | 北祁连弧盆系大相 | 陆内盆地相 | 坳陷盆地亚相($N_2k$、$K_1hl$、$E_3q$、$J_3s$、$T_2l$、$T_3j$、$T_3yc$、$T_1h$、$T_1l$、$P_2yg$、$P_1dh$) |
| | | | 断陷盆地亚相($K_1mg$、$D_1l$、$D_2s$) |
| | | 陆表海盆地相 | 海陆交互陆表海亚相[($C_2$—$P_1$)$t$、$C_2y$、$C_1c$] |
| | | | 碳酸盐岩陆表海亚相($C_1q$) |
| | | 弧后盆地相 | 近陆弧后盆地亚相($O_{1-2}mb$、$\in_2z$、$\in_2x$) |

# 第二节　大地构造分区

## 一、大地构造分区原则

中国大陆地壳组成和结构的最基本特征是由一系列不同时期多岛弧盆系转化为造山系的构造域围限华北、扬子、塔里木三大陆块，中国东部在中生代以来，深部软流层上涌，区域岩石圈拆沉去根，引发地壳伸展形成叠加造山裂谷构造系统。基于上述特征划分出中国的大地构造环境主要由陆块区、造山系和中国东部造山-裂谷系，为一级构造单元。

### 1.造山系构造单元划分

造山系是造山带的集成，是在大陆边缘受控于大洋岩石圈俯冲制约形成的前锋弧及其之后的一系列岛弧、火山弧、裂离地块和相应的弧后洋盆、弧间盆地或边缘海盆地，又经洋盆萎缩消减，弧-弧、弧-陆碰撞造山作用，多岛弧盆系转化形成的复杂构造域，整体表现为大陆岩石圈之间的时空域中特定的组成、结构、空间展布和时间演化特征的构造系统。可进一步划出二级、三级及序次更低的构造单元。

(1)根据多岛弧盆系组成的造山系中区域地质发展过程总体特征和优势大地构造相时空结构，以结合带、弧盆系和夹持于其间的地块作为二级构造单元，构成造山带构造单元划分的基本骨架。

(2)在洋陆构造体制转换过程形成的结合带和弧盆系中划出三级构造单元:俯冲增生杂岩带、蛇绿混杂岩带(弧-弧碰撞带、弧-陆碰撞带)、洋内岛弧带或洋岛、岩浆弧、弧后盆地、弧前盆地等,裂离地块划出:陆缘弧、前陆和弧后前陆盆地等,以及走滑拉分盆地、陆缘裂陷盆地或裂谷盆地基底逆推带等。

(3)根据关键地质事件的性质、特点、序列、时代和空间分布特征,特别要重视对各构造区带的时间、空间、事件的差异进行构造单元划分;依据区域地球物理场特征对已进行构造分区的单元及其边界进行再厘定。

### 2. 陆块区构造单元的划分

陆块区经历长期和复杂的演化过程,具基底和巨厚盖层连续稳定的单元,作为一级构造单元,由前新太古代形成的硅铝质大陆壳地质体称为陆核。陆核形成过程中,地壳的垂向增生占有重要地位,表现为一系列古老穹隆构造的存在。

新太古代至古元古代是继古老陆核形成后,已出现洋陆的分异和陆块漂移,形成俯冲和碰撞带,是地壳增生和再造的最重要时期。因此,可勾画出相当于年轻造山带中的一些大地构造相和地质单元,如岩浆弧、弧后盆地、前陆盆地、裂谷。

中元古代是华北陆块(克拉通)形成期,新元古代是扬子、塔里木等陆块形成期。除叠加的构造-岩浆岩带外,盖层主要按地层形成的构造背景及大地构造优势相划分不同的构造单元(盆地类型)。

(1)依据陆块区不同演化阶段不同基底和盖层的岩石建造组合,可划分为陆块作为二级构造单元。

(2)华北陆块区新太古代—古元古代的地质记录以及扬子、塔里木陆块区中元古代—新元古代地质记录,保存该时期基底陆壳物质的组成、物质来源和形成环境,特别是以侵入岩构成的岩浆弧为标志:TTG 和 DMG 组合,以及表壳岩的火山-沉积记录、岩石组合、地球化学、热事件等特征,可将基底划分出古岩浆弧、古裂谷等三级构造单元。

(3)大尺度范围盖层细结构依据关键地质事件形成的大地构造相及沉积盆地的性质、类型、序列、时代和空间分布特征划分,如将被动陆缘盆地、陆表海盆地、碳酸岩台地、裂谷、各种内陆盆地等作为三级构造单元。

### 3. 晚三叠世以来内蒙古东部大地构造单元划分

发生于中三叠世末的构造运动全然改变了中国的大地构造格局。大致以贺兰山—六盘山—右江为界,以东为叠加造山-裂谷系构造格局,西部则以昆仑—阿尼玛卿山系为界,北部(中国西北部)为陆内盆山构造格局,南部(中国西南部),或者称西藏—三江地区,仍然是多岛弧盆系构造格局。这一大地构造格局的形成,受控于古亚洲构造域、特提斯构造域和滨太平洋构造域大陆动力学相互作用的结果。

中国东部在晚三叠世—早白垩世形成交叉叠加在早期构造形迹之上的陆内造山带、构造岩浆岩带和火山盆地,伴随着相应内生金属矿产的生成。晚白垩世末新生代初喜马拉雅特提斯洋消亡,印度-亚欧大陆碰撞使青藏高原岩石圈急剧增厚,其结果迫使软流圈地幔向东运移,并受阻于下插的西太平洋板块而上涌,上涌的软流圈地幔,使中国东部大陆岩石圈拆沉、岩浆底侵、地壳减薄和裂谷作用发育。而西太平洋板块俯冲所产生的弧后扩展,则导致了弧后裂谷盆地的形成,自北向南有鄂霍茨克海、日本海和中国南海。中国东部新生代岩浆作用、裂谷盆地、断陷盆地及新生的弧盆系同样控制着内生金属矿产资源、油气和可燃冰的生成。

### 4. 大地构造单元分类分级

在大地构造单元划分方案中,一级构造单元的陆块区(稳定大陆)对应于陆块区相系;对接带对应于对接消减带相系;造山系(洋-陆转换带或活动大陆边缘)对应于多岛弧盆相系;二级构造单元的结合带、弧盆系、地块,分别对应于结合带大相、弧盆系大相和地块大相;三级构造单元的俯冲增生杂岩带、蛇绿混杂岩带、洋内岛弧或洋岛、岛弧或陆缘弧、弧后盆地、弧间盆地、弧前盆地、弧后前陆盆地、走滑拉分盆地、陆缘裂陷盆地或裂谷盆地等，分别与各大地构造相(亚相)相一致。

**5. 大地构造单元命名**

一级大地构造单元：大区域地理名称＋一级构造属性名词(相当于大地构造相的相系)，如秦祁昆造山系。

二级大地构造单元：区域地理名称＋二级构造属性名词(相当于大地构造相的大相)，如祁连弧盆系。

三级大地构造单元：地理名称＋三级构造属性名词(相当于大地构造相的相)＋(地质时代)，如走廊弧后盆地(O—S)。

四级大地构造单元：地理名称＋四级构造属性名词(相当于大地构造相的亚相)＋(地质时代)，如贺兰山蛇绿岩($D_{2+3}$)。

## 二、大地构造单元定义(摘录于《成矿地质背景研究工作技术要求》)

**1. 结合带**

结合带指由大洋或弧后洋盆的洋壳俯冲消减，弧-弧、弧-陆、陆-陆碰撞形成的不同时代、不同构造环境、不同变质程度和不同变形样式的各类岩石组成的岩石组合体及构造地层。通常由洋壳残片、洋岛-海山、远洋沉积物、俯冲增生杂岩及外来岩块等组成。

**2. 蛇绿混杂岩**

蛇绿混杂岩指被肢解的洋壳残片，主要由远洋沉积物、洋壳残块和地幔岩组成。

**3. 残余盆地**

残余盆地是在洋陆转换时期，位于结合带靠陆一侧并与前陆盆地同步发育的以浊积岩建造为主的盆地。

**4. 高压—超高压变质**

高压—超高压变质指洋壳/陆壳深俯冲至壳幔过渡带，或至地幔深处形成的以蓝片岩、榴辉岩等为代表的高压—超高压变质岩带。

**5. 弧盆系**

弧盆系指位于洋陆过渡地带由大洋岩石圈俯冲而形成的大地构造相组合体，由一系列岛弧、弧前、弧后、弧间盆地以及地块等组成，具有特定时空结构演化并通常构成造山带主体。

**6. 弧前盆地**

弧前盆地指位于岛弧与俯冲带过渡地带内的盆地，基底一般为陆壳或过渡壳，有的是因俯冲增生而圈闭的残留洋壳，或直接跨覆在岩浆弧和俯冲杂岩、残留洋壳之上。

**7. 岩浆弧**

岩浆弧指位于洋陆过渡地带由大洋岩石圈俯冲而形成的火山-侵入-沉积岩组成的弧形上隆高地，通常呈弧形岛链状，规模可达几十米、几百米或上千千米。主要由拉斑玄武质-钙碱性火山岩和深成岩及其相关的火山-沉积岩组成。按构造背景分类，主要有陆缘上形成的陆缘火山弧、大洋岩石圈俯冲形成的前锋弧及弧后扩张近陆一侧的残余弧。根据岛弧基底的类型，可分为以陆壳为基底的陆基弧、以增生楔为基底的增生弧及以洋壳为基底的洋内弧。

岩浆弧相包括火山弧（岛弧/陆缘弧）、弧间裂谷盆地、弧背（弧内）盆地、俯冲岩浆杂岩、同碰撞岩浆杂岩和后碰撞岩浆杂岩6个亚相。

### 8. 弧后盆地

弧后盆地指发育在大陆和大洋过渡带以陆壳或过渡型地壳为基底的火山弧凹侧的边缘海盆地，通常用岛弧裂离后的裂谷作用和弧后扩张来解释弧后盆地的成因，并以裂离的细条块与大陆主体分隔。更多的边缘海盆地具洋壳的基底，其上为硅泥质岩或沉积岩。发育的最初阶段，弧后盆地的底部陆壳拉伸变薄，随着海底扩张洋壳在盆地的底部深处就位。进一步拉张拓宽，弧后盆地即转为弧后洋盆。

### 9. 弧后前陆盆地

普遍的认识是前陆盆地是指位于造山带与毗邻的克拉通（陆块）之间的沉积盆地陆块边缘俯冲作用的牵引力、上叠陆块仰冲作用的冲断负荷力或者岩石圈挠曲形成前陆盆地（Allen & Homewood，1986；刘和甫，1995）。根据前陆盆地所处的大地构造位置、本身的结构组成特征、对时空分布变化规律，通常分为两类：周缘前陆盆地和弧后前陆盆地。

### 10. 陆块（地块）

陆块是地壳上相对稳定的地区，具有古老的刚性变质岩基底，多指由前寒武纪变质基底和沉积盖层所构成的大陆块体。陆块具有厚度较大、密度较小、深插软流圈的岩石圈（大陆根），其出露范围可达数十万至数百万平方千米。结构完整的陆块具有双层结构，即上部为未经变质、变形或极少经受强烈变质、变形的海相或陆相的沉积盖层，下部为强烈变形和变质的前寒武纪变质基底，基底与盖层之间有一个清晰可见的角度不整合界面。双层结构不完整或规模较小、已卷入造山带的陆块则称之为地块，其规模通常小于数十万平方千米。

### 11. 变质基底杂岩（陆核）

变质基底中时代大于28亿年（前新太古代）的一套岩石构造组合，是地球上保留下来的最古老的一部分大陆地壳。

### 12. 古弧盆

古弧盆指发育在陆块区基底岩系中的古老的弧盆系，其岩石组合同显生宙弧盆系相类似，但经历了不同程度的区域变质作用。

### 13. 古裂谷

古裂谷指发育在陆块区基底岩系中的古老的裂谷，其岩石组合大致类似显生宙裂谷，同样以发育双峰式岩浆组合为特征，只是经历了中级或中级以上区域变质作用。

### 14. 被动陆缘

被动陆缘指显生宙期间洋陆演化阶段沉积在陆块边缘和陆块内部的海相沉积环境下形成的岩石组合，岩石类型主要为陆源碎屑和/或碳酸盐岩，一般不含有火山物质。根据沉积环境和岩石组合，可以进一步划分为陆棚亚相、外陆棚亚相、陆缘斜坡亚相。

**15. 陆表海盆地**

陆表海盆地为覆盖在陆块内部变质基底之上的陆表浅海或海陆交替沉积环境。

**16. 碳酸盐岩台地**

碳酸盐岩台地与被动陆缘的沉积序列、盆地性质的转换特征可以反馈大洋扩张→俯冲萎缩期多岛弧盆系形成→弧-弧、弧-陆或陆-陆碰撞的全过程。

**17. 陆内裂谷(初始裂谷)**

陆内裂谷是大陆内部由大断裂限定的张性谷地。通常宽几十千米。长从几十米到上千米，均属扩张结构环境。裂谷类型有简单地堑、半地堑和复合地堑系。

**18. 陆缘裂谷**

陆缘裂谷主要产出于被动陆缘，是大陆块边缘陆壳的张裂阶段产物，为被动大陆边缘发育的前身。通常表现为窄而长的向海洋方向的一系列正断层，属张性构造环境。沉积组分变化大，可有重力流的巨厚堆积，或浅海陆架沉积和海源碳酸盐岩似层状、透镜状，沿裂谷边缘断续分布。

**19. 夭折裂谷**

夭折裂谷指横切陆壳边缘，具有凹形湾并延伸到陆块内部很深的窄狭海槽。与陆缘边界线高角度相交深入陆内一定范围的三叉裂谷的一支，多数情况下另外两支演化成开阔的洋盆，其中的充填物以高角度不整合覆盖在陆块的基底杂岩亚相之上，主要由陆源碎屑沉积岩和碳酸盐岩组成。一般来说，下部以陆源碎屑沉积岩为主，其中夹有少量富碱或双峰式火山岩，区域上可以有同时代的侵入岩，中部可以含有大量碳酸盐岩，上部以陆缘碎屑岩为主。

**20. 断陷盆地**

断陷盆地指造山带或陆块内拉张型的山间盆地，有一套陆相或海相浅—深水沉积相组合。

**21. 坳陷盆地**

坳陷盆地指造山带或陆块区内大范围坳陷下沉并有沉积物堆积的山间盆地，沉积厚度变化大，沉积厚度最大处位于盆地中心部位，盆地中心部位常出现低能还原环境。

**22. 走滑拉分盆地**

走滑断层作用产生的盆地，总称为走滑拉分盆地。按盆地与断裂的关系及力学性质大致可分为雁列张性、纵向松弛和走滑拉分 3 种盆地类型(徐嘉炜，1995)。走滑拉分盆地是指由走滑断层系中转换拉张作用形成的断陷盆地，形似菱形，走滑拉分盆地的规模大者长逾数百千米、宽数十千米，小者长数百米、宽仅数十米，长宽比一般为 3∶1。

## 三、大地构造分区方案

根据以上划分原则、方案、定义，将内蒙古地区划分为Ⅰ级构造单元 4 个，即天山-兴蒙造山系、秦祁昆造山系、华北陆块区、塔里木陆块区。其中将天山-兴蒙造山系又进一步分为5个Ⅱ级构造单元：大兴安岭弧盆系、松辽地块索伦山-西拉木伦结合带、包尔汗图-温都尔庙弧盆系和额济纳旗-北山弧盆系。华北陆块区又进一步分为5个Ⅱ级构造单元：晋冀陆块、狼山-阴山陆块、鄂尔多斯陆块、阿拉善陆块、冀北古弧盆系。塔里木陆块和秦祁昆造山系，区大相内仅见其一隅。又将全区进一步划分Ⅲ级构造单元38个，Ⅳ级构造单元397个。内蒙古大地构造单元划分如图7-1所示。

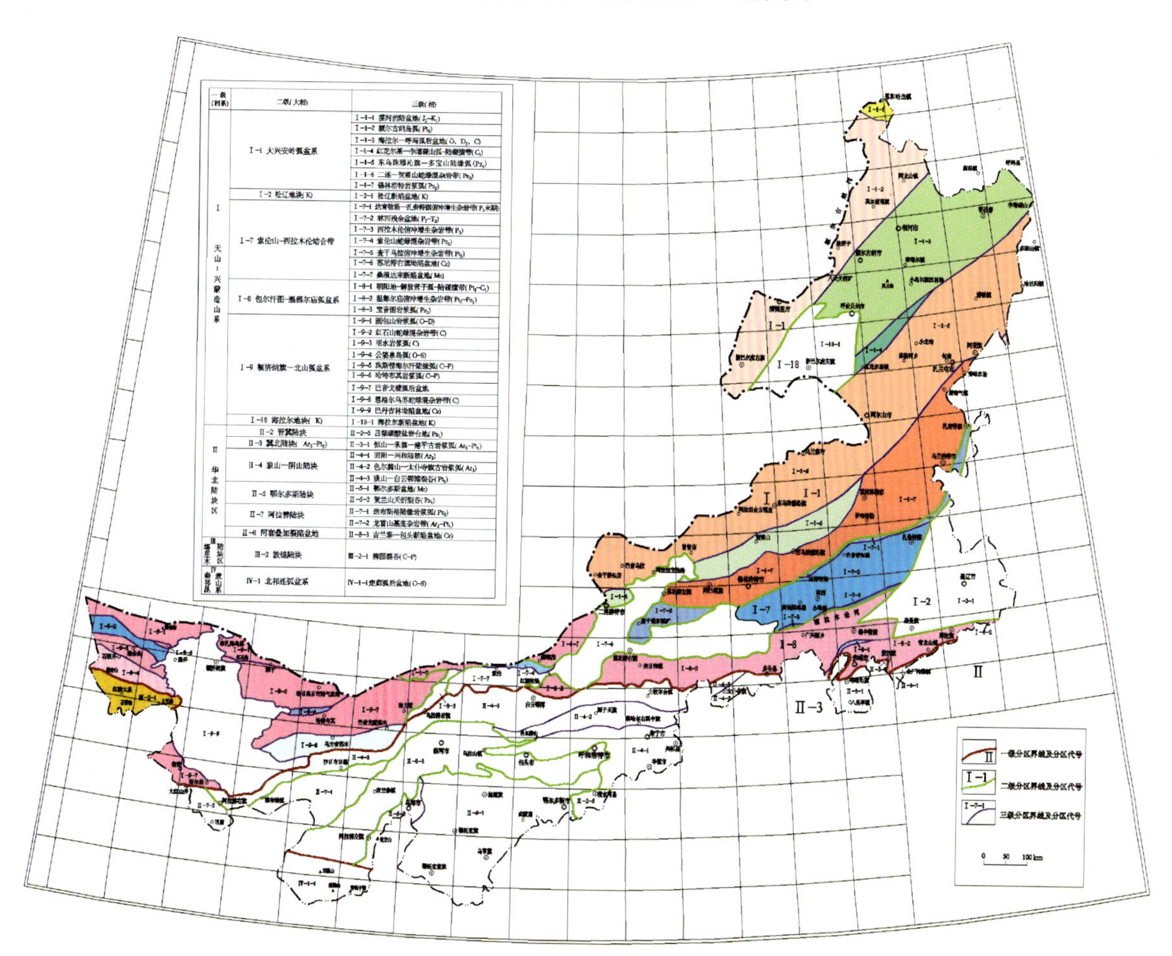


图7-1 内蒙古自治区大地构造分区图

## Ⅰ天山-兴蒙造山系

### Ⅰ-1 大兴安岭弧盆系

#### 1-1-1 漠河前陆盆地($J_2$—$K_1$)

#### 1-1-2 额尔古纳岛弧($Pt_3$)

Ⅰ-1-2-1 满洲里-莫尔道嘎火山弧($Pt_3$)

Ⅰ-1-2-3 黄火地俯冲期岩浆杂岩($Pt_3$)

Ⅰ-1-2-4 地营子碎屑岩陆表海($O_{1-2}$)

Ⅰ-1-2-5 五卡陆内裂谷($S_3$)

Ⅰ-1-2-6 地营子-满归镇陆内裂谷($C_1$)

Ⅰ-1-2-7 新巴尔虎右旗-松岭区俯冲火山岩($C_2$)

Ⅰ-1-2-8 阿龙山俯冲期岩浆杂岩($C_2$)

Ⅰ-1-2-9 嵯岗镇-下护林同碰撞岩浆杂岩($C_2$)

Ⅰ-1-2-10 太平林场后造山岩浆杂岩($P_1$)

Ⅰ-1-2-11 查干楚鲁-奇乾俯冲期岩浆杂岩($P_2$)

Ⅰ-1-2-12 奇乾后碰撞岩浆杂岩($T_1$)

**Ⅰ-1-3 海拉尔-呼玛弧后盆地(O、$D_3$、C)**

Ⅰ-1-3-1 伊敏河-李增碰山火山弧($Pt_3$)

Ⅰ-1-3-2 伊敏河-李增碰山弧背盆地($Pt_3$)

Ⅰ-1-3-3 海拉尔俯冲火山岩(O)

Ⅰ-1-3-4 海拉尔-呼玛弧后盆地(O)

Ⅰ-1-3-5 风云山-李增碰山陆内裂谷(S—$D_2$)

Ⅰ-1-3-6 罕乌拉-李增碰山俯冲火山岩、弧后盆地($D_{2-3}$)

Ⅰ-1-3-7 八一牧场-耳场子沟碰撞后裂谷岩浆杂岩($D_3$)

Ⅰ-1-3-8 罕乌拉-根河大陆裂谷火山岩($C_1$)

Ⅰ-1-3-9 罕乌拉-根河市陆内裂谷($C_1$)

Ⅰ-1-3-10 新巴尔虎右旗-松岭区俯冲火山岩($C_2$)

Ⅰ-1-3-11 哈达图-吉峰林场海陆交互陆表海($C_2$)

Ⅰ-1-3-12 哈达图-李增碰山俯冲期岩浆杂岩($C_2$)

Ⅰ-1-3-13 巴彦查干苏木-新天镇弧背盆地($P_2$)

Ⅰ-1-3-14 孟恩套勒盖-松岭区大洋俯冲岩浆杂岩($P_2$)

Ⅰ-1-3-15 松岭区后碰撞岩浆杂岩($T_2$)

**Ⅰ-1-4 红花尔基-李增碰山弧陆碰撞带($C_1$)**

Ⅰ-1-4-1 红花尔基-乌奴耳俯冲增生杂岩($C_1$末期)

**Ⅰ-1-5 东乌珠穆沁旗-多宝山陆缘弧($Pz_2$)**

Ⅰ-1-5-1 沃尔格斯特罕达盖火山弧($O_{1-2}$)

Ⅰ-1-5-2 宝格达山林场分场陆内裂谷($N_2$)

Ⅰ-1-5-3 巴润希勒-乌兰察布坳陷盆地($N_2$)

Ⅰ-1-5-4 巴彦呼舒近陆弧后盆地($O_{1-2}$、$O_2$)

Ⅰ-1-5-5 伊和乌拉西北罕达盖、库林沟弧背盆地($O_{2-3}$)

Ⅰ-1-5-6 格日敖包东北陆棚碎屑岩($S_3$)

Ⅰ-1-5-7 罕布音布敦断陷盆地($K_1$)

Ⅰ-1-5-8 东乌珠穆沁旗南俯冲岩浆杂岩盆地($K_1$)

Ⅰ-1-5-9 罕吉乌拉-巴彦敖包弧前陆坡(D)

Ⅰ-1-5-10 阿勃德仁图俯冲岩浆杂岩($J_3$)

Ⅰ-1-5-11 朝伦和热木陆相火山弧($J_2$)

Ⅰ-1-5-12 恩格日乌苏走滑拉分盆地($J_{1-2}$)

Ⅰ-1-5-13 那然乌拉后造山岩浆杂岩($J_{1-2}$)

Ⅰ-1-5-14 宾巴拉查干后造山岩浆杂岩(T)

Ⅰ-1-5-15 查干敖包-哈达特瑞火山弧($C_2$—$P_1$)

Ⅰ-1-5-16 阿吉日嘎图音敖包弧间裂谷盆地($C_2$—$P_1$)

Ⅰ-1-5-17 哈达特敖瑞后造山岩浆杂岩($C_2$—$P_1$)

Ⅰ-1-5-18 呼格日格后碰撞岩浆杂岩($P_1$)

Ⅰ-1-5-19 阿拉坦宝拉格西南俯冲岩浆杂($P_1$)

Ⅰ-1-5-20 台乌苏俯冲岩浆杂(C)

Ⅰ-1-5-21 格日敖包西北俯冲岩浆杂($D_3$)

Ⅰ-1-5-22 罕达盖-西瓦尔图火山弧($Pt_3$)

Ⅰ-1-5-23 罕达盖-西瓦尔图弧背盆地($Pt_3$)

Ⅰ-1-5-24 甸南-李增碰山俯冲期岩浆杂岩($Pt_3$)

Ⅰ-1-5-25 伊尔施镇碳酸盐岩陆表海($\in_1$)

Ⅰ-1-5-26 罕达盖-库伦沟火山弧(O)

Ⅰ-1-5-27 罕达盖-库伦沟弧背盆地(O)

Ⅰ-1-5-28 罕达盖-诺敏镇俯冲期岩浆杂岩($O_2$)

Ⅰ-1-5-29 伊尔施镇-诺敏镇陆内裂谷(S—$D_2$)

Ⅰ-1-5-30 巴林镇火山弧、弧背盆地($D_{2-3}$)

Ⅰ-1-5-31 苏格河-中央站林场俯冲期岩浆杂岩($D_3$)

Ⅰ-1-5-32 达斡尔-柳屯后造山岩浆杂岩($C_1$)

Ⅰ-1-5-33 伊尔施镇-甸南火山弧($C_2$)

Ⅰ-1-5-34 甸南周缘前陆盆地楔顶($C_2$)

Ⅰ-1-5-35 罕达盖-耳场子沟俯冲期岩浆杂岩($_{C2}$)

Ⅰ-1-5-36 亚东镇同碰撞岩浆杂岩($C_2$)

Ⅰ-1-5-37 小乌尔其汉-苏格河后造山岩浆杂岩($P_1$)

Ⅰ-1-5-38 巴彦查干苏木-哈达阳镇火山弧($P_2$)

Ⅰ-1-5-39 巴彦查干苏木-新天镇弧背盆地($P_2$)

Ⅰ-1-5-40 孟恩套勒盖-松岭区大洋俯冲岩浆杂岩($P_2$)

Ⅰ-1-5-41 阿荣旗-诺敏镇同碰撞岩浆杂岩($P_2$)

Ⅰ-1-5-42 罕山林场-红彦镇弧盖层($P_3$—$T_1$)

Ⅰ-1-5-43 门德沟-红彦镇后碰撞火山岩($T_1$)

**Ⅰ-1-6 二连-贺根山蛇绿混杂岩带($Pz_2$)**

Ⅰ-1-6-1 二连浩特外来岩块($Pt_1$)

Ⅰ-1-6-2 高尧乌拉陆内裂谷($N_2$)

Ⅰ-1-6-3 巴嘎乌拉坳陷盆地($N_2$)

Ⅰ-1-6-4 二连浩特蛇绿岩碎片浊积岩($C_2$)

Ⅰ-1-6-5 善达音浩来坳陷盆地($K_1$)

Ⅰ-1-6-6 贺根山外来岩块($Pt_2$)

Ⅰ-1-6-7 霍林郭勒市陆相火山弧($K_1$)

Ⅰ-1-6-8 巴音胡硕镇陆相火山弧($J_3$)

Ⅰ-1-6-9 诺尔音布敦西南俯冲岩浆杂岩($J_3$)

Ⅰ-1-6-10 贺根山蛇绿岩($D_{2-3}$)

Ⅰ-1-6-11 贺根山远洋沉积($D_{2-3}$)

Ⅰ-1-6-12 贺根山蛇绿岩碎片浊积岩($D_{2-3}$)

Ⅰ-1-6-13 贺根山陆棚碎屑岩盆地($P_2$)

Ⅰ-1-6-14 花敖包特火山弧($P_{1-2}$)

Ⅰ-1-6-15 贺根山火山弧($C_2$—$P_1$)

Ⅰ-1-6-16 巴拉嘎日郭勒俯冲岩浆杂($P_1$)

Ⅰ-1-6-17 阿尔山-扎兰屯俯冲增生杂岩($Pt_3$、$\in$末期、$D_2$晚期、$C_1$末期)

**Ⅰ-1-7 锡林浩特岩浆弧($Pz_2$)**

Ⅰ-1-7-1 阿巴嘎旗陆内裂谷($Qp_3$)

Ⅰ-1-7-2 双山变质杂岩($XM_C$)

Ⅰ-1-7-3 二连浩特西南坳陷盆地($K_2$)

Ⅰ-1-7-4 阿日哈必日嘎陆相火山弧($K_1$)

Ⅰ-1-7-5 小罕山俯冲岩浆岩($K_1$)

Ⅰ-1-7-6 巴彦花镇陆内裂谷($J_{2-3}$)

Ⅰ-1-7-7 毛德图哈布俯冲岩浆岩($J_{1-3}$)

Ⅰ-1-7-8 白音布拉格后造山岩浆杂岩($T_3$)

Ⅰ-1-7-9 鄂勒温都山坳陷盆地($P_3$)

Ⅰ-1-7-10 满都拉陆棚碎屑岩盆地($P_2$)

Ⅰ-1-7-11 锡林浩特俯冲岩浆杂岩($P_3$)

Ⅰ-1-7-12 西乌珠穆沁旗外陆棚碎屑岩盆地($P_1$)

Ⅰ-1-7-13 五十家子镇俯冲岩浆杂岩($P_1$)

Ⅰ-1-7-14 苏尼特左旗隆后盆地($S_3$—$D_1$)

Ⅰ-1-7-15 哈达哈布塔盖俯冲岩浆杂岩(O)

Ⅰ-1-7-16 温都尔哈尔北近陆弧后盆地($Pt_2$)

Ⅰ-1-7-17 南兴安周缘前陆盆地前渊($C_2$)

Ⅰ-1-7-18 白音诺尔碎屑岩陆表海($P_1$)

Ⅰ-1-7-19 巴彦查干苏木-哈达阳镇火山弧($P_2$)

Ⅰ-1-7-20 巴彦查干苏木-新天镇陆棚碎屑岩盆地($P_2$)

Ⅰ-1-7-21 孟恩套勒盖-松岭区大洋俯冲岩浆杂岩($P_2$)

Ⅰ-1-7-22 巴彦查干苏木-艾根乌苏同碰撞岩浆杂岩($P_2$)

Ⅰ-1-7-23 罕山林场-红彦镇弧盖层($P_3$—$T_1$)

Ⅰ-1-7-24 乌兰浩特-蘑菇气后碰撞岩浆杂岩($P_3$)

Ⅰ-1-1-7-25 门德沟-红彦镇后碰撞火山岩($T_1$)

**Ⅰ-7 索伦山-西拉木伦结合带**

**Ⅰ-7-1 达青牧场-扎赉特旗俯冲增生杂岩带($P_1$末期)**

Ⅰ-7-1-1 达青牧场-乌兰吐俯冲增生杂岩($P_1$末期)

**Ⅰ-7-2 林西残余盆地($P_2$—$T_2$)**

Ⅰ-7-2-1 宝力召周缘前陆盆地($C_1$)

Ⅰ-7-2-2 香山碎屑岩陆表海($P_1$)

Ⅰ-7-2-3 黄岗梁-扎鲁特旗俯冲火山岩($P_2$)

Ⅰ-7-2-4 黄岗梁-扎鲁特旗残余海盆($P_2$)

Ⅰ-7-2-5 林西残余盆地($P_3$)

**Ⅰ-7-3 西拉木伦俯冲增生杂岩带($P_1$末期)**

Ⅰ-7-3-1 柯单山-双胜牧场俯冲增生杂岩($P_1$末期)

**Ⅰ-7-4 索伦山蛇绿混杂岩带($Pz_2$)**

Ⅰ-7-4-1 索伦山陆棚碎屑岩盆地($P_2$)

Ⅰ-7-4-2 索伦山远洋沉积($P_1$)

Ⅰ-7-4-3 索伦山蛇绿岩($P_1$)

Ⅰ-7-4-4 索伦山蛇绿岩碎片浊积岩($C_2$)

Ⅰ-7-4-5 索伦山洋内弧($P_1$)

Ⅰ-7-4-6 索伦山俯冲岩浆杂岩($P_1$)

**Ⅰ-7-5 查干乌拉俯冲增生杂岩带($Pt_2$)**

Ⅰ-7-5-1 乌兰诺尔坳陷盆地($N_1$)

Ⅰ-7-5-2 额化坳陷盆地($N_2$)

Ⅰ-7-5-3 苏尼特左旗蛇绿岩($Pt_2$)

Ⅰ-7-5-4 塔陶勒盖断陷盆地($K_1$)

Ⅰ-7-5-5 包日温都勒古弧后盆地($Pt_1$)

Ⅰ-7-5-6 苏尼特左旗后碰撞岩浆杂岩(T)

Ⅰ-7-5-7 毛登希勒火山弧($P_{1-2}$)

Ⅰ-7-5-8 查干诺尔碱矿洋岛-海山($C_2$)

Ⅰ-7-5-9 查干诺尔碱矿有蛇绿岩碎片浊积岩($C_2$)

Ⅰ-7-5-10 查干诺尔蛇绿岩($C_2$)

Ⅰ-7-5-11 双山俯冲岩浆杂岩($C_2$)

Ⅰ-7-5-12 苏尼特左旗陆棚碎屑岩盆地($D_3-C_1$)

Ⅰ-7-5-13 苏尼特左旗俯冲岩浆杂岩(D—S)

Ⅰ-7-5-14 苏尼特左旗高压变质带($Pt_2$)

Ⅰ-7-5-15 苏尼特左旗远洋沉积($Pt_2$)

Ⅰ-7-5-16 苏尼特左旗洋内弧($Pt_2$)

**Ⅰ-7-6 苏尼特右旗坳陷盆地(Cz)**

**Ⅰ-7-7 桑根达来断陷盆地(Mz)**

**Ⅰ-8 包尔汗图-温都尔庙弧盆系**

**Ⅰ-8-1 朝阳地-解放营子弧-陆碰撞带($Pt_3$—$C_1$末期)**

**Ⅰ-8-2 温都尔庙俯冲增生杂岩带($Pt_2$—$Pz_1$)**

Ⅰ-8-2-1 温都尔庙陆棚碎屑岩盆地($S_2$)

Ⅰ-8-2-2 包尔汗图火山弧($O_{1-2}$)

Ⅰ-8-2-3 温都尔庙高压变质带($Pt_2$)

Ⅰ-8-2-4 温都尔庙远洋沉积($Pt_2$)

Ⅰ-8-2-5 温都尔庙洋内弧($Pt_2$)

Ⅰ-8-2-6 温都尔庙蛇绿岩($Pt_2$)

Ⅰ-8-2-7 阿德嘎哈沙图苏木古弧后盆地($Pt_1$)

Ⅰ-8-2-8 骆驼山俯冲岩浆杂岩($K_1$)

Ⅰ-8-2-9 巴特敖包陆棚碎屑岩盆地($S_3$—$D_1$)

Ⅰ-8-2-10 正蓝旗陆相火山弧($J_3$)

Ⅰ-8-2-11 额日和音陶勒盖俯冲岩浆杂岩($J_3$)

Ⅰ-8-2-12 温都尔庙陆棚碎屑岩盆地($C_2$)

Ⅰ-8-2-13 巴特敖包碳酸盐岩台地($C_2$)

Ⅰ-8-2-14 温都尔庙陆棚碎屑岩盆地($P_1$)

Ⅰ-8-2-15 温都尔庙俯冲岩浆杂岩(P)

Ⅰ-8-2-16 温都尔庙火山弧($P_1$)

Ⅰ-8-2-17 萨拉后碰撞岩浆杂岩(T)

Ⅰ-8-2-18 哈能弧前增生楔($O_{1-2}$)

Ⅰ-8-2-19 哈能蛇绿岩(O)

Ⅰ-8-2-20 巴腊特洋内弧、远洋沉积($Pt_2$)

Ⅰ-8-2-21 巴腊特东北陆棚碎屑岩盆地($S_3$—$D_1$)

Ⅰ-8-2-22 温其根乌拉陆棚碎屑岩盆地($Pt_1$)

Ⅰ-8-2-23 萝卜起沟碳酸盐岩陆表海($\in_3$)

Ⅰ-8-2-24 解放营子火山弧(O—$S_1$)

Ⅰ-8-2-25 解放营子弧背盆地(O—$S_1$)

Ⅰ-8-2-26 解放营子大陆裂谷火山岩($S_2$)

Ⅰ-8-2-27 东石灰窑-长里沟村陆内裂谷(S—$D_1$)

Ⅰ-8-2-28 赤峰后造山岩浆杂岩($S_3$)

Ⅰ-8-2-29 敖吉乡大陆裂谷火山岩($C_1$)

Ⅰ-8-2-30 敖吉乡陆缘裂谷($C_1$)

Ⅰ-8-2-31 青龙山镇俯冲火山岩($C_2$)

Ⅰ-8-2-32 倪家杖子-库伦旗周缘前陆隆后盆地($C_2$)

Ⅰ-8-2-33 八盖梁-春玉河陆缘裂谷($P_1$)

Ⅰ-8-2-34 广兴源-敖汉旗火山弧($P_2$)

Ⅰ-8-2-35 广兴源-敖汉旗弧背盆地($P_2$)

Ⅰ-8-2-36 广兴源-白音花俯冲期岩浆杂岩($P_2$)

Ⅰ-8-2-37 天盛号弧盖层($P_3$)

Ⅰ-8-2-38 双井店同碰撞岩浆杂岩($T_2$)

**Ⅰ-8-3 宝音图岩浆弧($Pz_2$)**

Ⅰ-8-3-1 巴润花北陆

Ⅰ-8-3-2 巴润花俯冲岩浆杂岩盆地($Pt_3$)

Ⅰ-8-3-3 乌力吉图镇俯冲岩浆杂岩(C)

Ⅰ-8-3-4 查干呼舒庙后碰撞岩浆杂岩(T)

Ⅰ-8-3-5 宝音图苏木东陆棚碎屑岩盆地($Pt_1$)

Ⅰ-8-3-6 乌拉特后旗西俯冲岩浆杂岩(P)

Ⅰ-8-3-7 乌拉特后旗北坳陷盆地($K_1$)

**Ⅰ-2 松辽地块(K)**

**Ⅰ-2-1 松辽断陷盆地(K)**

**Ⅰ-18 海拉尔地块(K)**

**Ⅰ-18-1 海拉尔断陷盆地(K)**

**Ⅰ-9 额济纳旗-北山弧盆系**

**Ⅰ-9-1 圆包山岩浆弧(O—D)**

Ⅰ-9-1-1 准扎海乌苏坳陷盆地(K)

Ⅰ-9-1-2 红梁子西陆棚碎屑岩盆地($O_{1-2}$)

Ⅰ-9-1-3 伊坑乌苏南古岛弧($Pt_1$)

Ⅰ-9-1-4 尖山北火山弧($P_3$)

Ⅰ-9-1-5 克克陶勒盖西北基底残块($Ar_{2-3}$)

Ⅰ-9-1-6 黑鹰山俯冲岩浆杂岩($P_2$)

Ⅰ-9-1-7 木河下日火山弧($C_{1-2}$)

Ⅰ-9-1-8 青山弧内盆地($C_{1-2}$)

Ⅰ-9-1-9 乌珠尔嘎顺北俯冲岩浆杂岩($C_2$)
Ⅰ-9-1-10 英姿山蛇绿岩($C_2$)
Ⅰ-9-1-11 大狐狸山北弧背盆地($D_{1-2}$)
Ⅰ-9-1-12 大红山火山弧($D_{1-2}$)
Ⅰ-9-1-13 大狐狸山弧前陆坡盆地(S)
Ⅰ-9-1-14 圆包山东北火山弧($S_{2-3}$)
Ⅰ-9-1-15 六驼山北弧背盆地($O_3$)
Ⅰ-9-1-16 乌珠尔嘎顺火山弧($O_{2-3}$)
Ⅰ-9-1-17 干劲山陆棚碎屑岩盆地($P_2$)

**Ⅰ-9-2 红石山蛇绿混杂岩带(C)**

Ⅰ-9-2-1 红旗山南后碰撞岩浆杂岩($T_3$)
Ⅰ-9-2-2 百合山火山弧($C_{1-2}$)
Ⅰ-9-2-3 北大山远洋沉积($C_{1-2}$)
Ⅰ-9-2-4 红旗山北俯冲岩浆杂岩($C_2$)
Ⅰ-9-2-5 红旗山东蛇绿岩($C_2$)
Ⅰ-9-2-6 黑鹰山俯冲岩浆杂岩($C_2$—$P_2$)

**Ⅰ-9-3 明水岩浆弧(C)**

Ⅰ-9-3-1 白疙瘩古岛弧($Pt_1$)
Ⅰ-9-3-2 白疙瘩东北俯冲岩浆杂岩(S)
Ⅰ-9-3-3 风雷山后造山岩浆杂岩($K_1$)
Ⅰ-9-3-4 白石头山俯冲岩浆杂岩($C_2$)
Ⅰ-9-3-5 旱山北后造山岩浆杂岩(J)
Ⅰ-9-3-6 旱山陆核($Ar_{2-3}$)
Ⅰ-9-3-7 甜水井南弧内盆地($C_{1-2}$)
Ⅰ-9-3-8 白疙瘩东俯冲岩浆杂岩($P_2$)

**Ⅰ-9-4 公婆泉岛弧(O—S)**

Ⅰ-9-4-1 石板井东南俯冲岩浆杂岩($P_2$)
Ⅰ-9-4-2 葫芦山坳陷盆地($K_1$)
Ⅰ-9-4-3 萤石矿后造山岩浆杂岩($K_1$)
Ⅰ-9-4-4 东镜山西北古岛弧($Pt_1$)
Ⅰ-9-4-5 狼头山东南后碰撞岩浆杂岩($T_3$)
Ⅰ-9-4-6 尖山俯冲岩浆杂岩($C_2$)
Ⅰ-9-4-7 小黄山南火山弧(S)
Ⅰ-9-4-8 白云山弧背盆地($S_{2-3}$)
Ⅰ-9-4-9 三道明水碎屑岩陆表海($Pt_1$)
Ⅰ-9-4-10 狼头山东南俯冲岩浆杂岩(S)
Ⅰ-9-4-11 洗肠井火山弧($O_{2-3}$)
Ⅰ-9-4-12 洗肠井北弧背盆地($O_3$)
Ⅰ-9-4-13 小黄山西俯冲岩浆杂岩(O)
Ⅰ-9-4-14 月牙山蛇绿岩(O)
Ⅰ-9-4-15 儿驼山西南陆棚碎屑岩盆地($O_{1-2}$)
Ⅰ-9-4-16 月牙山东南陆棚碎屑岩盆地(∈、$O_1$)

Ⅰ-9-4-17 小美山后造山岩浆杂岩(J)

Ⅰ-9-4-18 红山头碳酸盐岩台地($Pt_{2-3}$)

**Ⅰ-9-5 珠斯楞海尔汗陆缘弧(C—P)**

Ⅰ-9-5-1 雅干陆棚碎屑岩盆地($P_2$)

Ⅰ-9-5-2 哈尔苏海弧背盆地($P_3$)

Ⅰ-9-5-3 哈达贺休火山弧($P_{2-3}$)

Ⅰ-9-5-4 西日贵北后造山岩浆杂岩($\eta\gamma J_1$)

Ⅰ-9-5-5 辉森乌拉东俯冲岩浆杂岩($C_2$、$P_2$)

Ⅰ-9-5-6 黑石山弧内沉积盆地($C_{1-2}$)

Ⅰ-9-5-7 珠斯楞海尔汗南火山弧($C_{1-2}b$)

Ⅰ-9-5-8 珠斯楞海尔汗陆棚碎屑岩盆地($Pt_{2-3}$、$\in_2$—$O_1$、$O_{2-3}$、S、$D_{1-2}$)

Ⅰ-9-5-9 塔拉哈尔必如坳陷盆地(K)

Ⅰ-9-5-10 都热乌拉西俯冲岩浆杂岩(S)

Ⅰ-9-5-11 切刀陆棚碎屑岩盆地($S_1$)

Ⅰ-9-5-12 都热乌拉古岛弧($Pt_1$)

Ⅰ-9-5-13 呼人乌珠尔碳酸盐岩台地($Pt_{2-3}$)

**Ⅰ-9-6 哈特布其岩浆弧(C—P)**

Ⅰ-9-6-1 1366 高地后造山岩浆杂岩(K)

Ⅰ-9-6-2 金洞子古岛弧($Pt_1$)

Ⅰ-9-6-3 慕少梁南俯冲岩浆杂岩($C_2$)

Ⅰ-9-6-4 俭青坳陷盆地($K_1$)

Ⅰ-9-6-5 俭青东火山弧($C_{1-2}$)

Ⅰ-9-6-6 1748 高地俯冲岩浆杂岩($C_2$)

Ⅰ-9-6-7 野马泉俯冲岩浆杂岩($P_2$)

Ⅰ-9-6-8 夏得山火山弧($C_{1-2}$)

Ⅰ-9-6-9 陶勒盖俯冲岩浆杂岩($C_2$)

Ⅰ-9-6-10 包尔乌拉古岛弧($Pt_1$)

Ⅰ-9-6-11 呼和诺尔俯冲岩浆杂岩($P_2$)

Ⅰ-9-6-12 杭嘎啦架子西后碰撞岩浆杂岩($T_2$)

Ⅰ-9-6-13 恩格尔乌苏南火山弧($C_2$)

Ⅰ-9-6-14 笋布尔乌拉北俯冲岩浆杂岩($C_2$)

Ⅰ-9-6-15 1199 高地坳陷盆地($K_1$)

Ⅰ-9-6-16 陶勒盖陆内裂谷火山岩盆地($K_1$)

Ⅰ-9-6-17 呼伦托敖包后造山岩浆杂岩($K_1$)

Ⅰ-9-6-18 勒斯尚德俯冲岩浆杂岩($C_2$)

Ⅰ-9-6-19 英格特俯冲岩浆杂岩($C_2$)

Ⅰ-9-6-20 乌力吉坳陷盆地($K_2$)

Ⅰ-9-6-21 海力素南火山弧($C_2$、$P_{1-2}$)

Ⅰ-9-6-22 1272 高地南古岛弧($Pt_1$)

Ⅰ-9-6-23 索日图南火山弧($P_3$)

Ⅰ-9-6-24 索日图北中太古代陆核($Ar_{2-3}$)

**Ⅰ-9-7 巴音戈壁弧后盆地**

Ⅰ-9-7-1 哈日博日格坳陷盆地($K_1$)

Ⅰ-9-7-2 新尼乌苏坳陷盆地($K_2$)

Ⅰ-9-7-3 冲击俯冲岩浆杂岩($P_2$)

Ⅰ-9-7-4 1541 高地俯冲岩浆杂岩($P_3$)

Ⅰ-9-7-5 阿布德仁太山火山弧($C_2$)

Ⅰ-9-7-6 阿布德仁太山南蛇绿岩(C)

Ⅰ-9-7-7 巴音戈壁苏木北火山弧($C_2$)

Ⅰ-9-7-8 巴彦图克木俯冲岩浆杂岩($P_2$)

**Ⅰ-9-8 恩格尔乌苏蛇绿混杂岩带(C)**

Ⅰ-9-8-1 海尔罕有蛇绿岩碎片浊积岩($C_2$)

Ⅰ-9-8-2 恩格尔乌苏蛇绿岩($C_2$)

Ⅰ-9-8-3 苏红图陆内裂谷火山岩盆地($K_1$)

**Ⅰ-9-9 巴丹吉林坳陷盆地(Cz)**

**Ⅱ 华北陆块区**

**Ⅱ-2 晋冀陆块**

**Ⅱ-2-5 吕梁碳酸盐岩台地($Pz_1$)**

Ⅱ-2-5-1 1303 高地坳陷盆地($N_2$)

Ⅱ-2-5-2 1356 高地海陆交互相表海($C_2$—P)

Ⅱ-2-5-3 清水河陆表海盆地碳酸盐岩台地(∈—$O_2$)

Ⅱ-2-5-4 清水河东北中太古陆核($Ar_2$)

**Ⅱ-3 冀北陆块($Ar_3$—$Pt_2$)**

**Ⅱ-3-1 恒山-承德-建平古岩浆弧($Ar_3$—$Pt_1$)**

Ⅱ-3-1-1 打虎石村-四家子镇陆核(Ar)

Ⅱ-3-1-2 建平-阜新古岛弧($Ar_3$)

Ⅱ-3-1-3 山神庙子村-楼子店乡古岩浆弧($Ar_3$)

Ⅱ-3-1-4 小五家古弧间盆地($Pt_1$)

Ⅱ-3-1-5 十家村古岩浆弧($Pt_1$)

Ⅱ-3-1-6 打虎石村古裂谷($Pt_2$)

Ⅱ-3-1-7 农科队村稳定陆块变质岩浆杂岩($Pt_2$)

Ⅱ-3-1-8 苏家营子后造山变质岩浆杂岩($Pt_2$)

Ⅱ-3-1-9 八里罕后造山岩浆杂岩($P_1$)

Ⅱ-3-1-10 美林-四家子同碰撞岩浆杂岩($P_2$)

Ⅱ-3-1-11 孤山子-金厂沟梁后碰撞岩浆杂岩($P_3$)

Ⅱ-3-1-12 八里罕后碰撞岩浆杂岩($T_1$)

Ⅱ-3-1-13 四道沟后碰撞岩浆杂岩($T_2$)

**Ⅱ-4 狼山-阴山陆块**

**Ⅱ-4-1 固阳-兴和陆核($Ar_{1-2}$)**

Ⅱ-4-1-1 乌拉特前旗-兴和县中太古代陆核($Ar_2$)

Ⅱ-4-1-2 集宁市陆内裂谷($N_1$)

Ⅱ-4-1-3 大王山古太古代陆核($Ar_1$)

Ⅱ-4-1-4 武川县东俯冲岩浆杂岩($Pt_1$)

Ⅱ-4-1-5 武川县断陷盆地($K_1$)

Ⅱ-4-1-6 美岱召镇陆棚碎屑岩盆地($Pt_1$)

Ⅱ-4-1-7 大桦背山北裂谷岩浆杂岩($Pt_2$)

Ⅱ-4-1-8 武川县东北碳酸盐岩陆表海(Z)

Ⅱ-4-1-9 大青山北断陷盆地($J_{1-2}$)

Ⅱ-4-1-10 大青山碳酸盐岩陆表海($O_{1-2}$)

Ⅱ-4-1-11 大青山北俯冲岩浆杂岩(C)

Ⅱ-4-1-12 隆圣庄镇西北海陆交互陆表海($C_2$)

Ⅱ-4-1-13 美岱召镇西后造山岩浆杂岩($T_3$)

Ⅱ-4-1-14 大桦背山后碰撞岩浆杂岩(T)

Ⅱ-4-1-15 大青山断陷盆地($P_{2-3}$)

Ⅱ-4-1-16 旗下营北火山弧($P_1$)

Ⅱ-4-1-17 平顶山俯冲岩浆杂岩(P)

Ⅱ-4-1-18 凉城县西南后造山岩浆杂岩($K_2$)

**Ⅱ-4-2 色尔腾山-太仆寺旗古岩浆弧($Ar_3$)**

Ⅱ-4-2-1 固阳县中太古代陆核($Ar_2$)

Ⅱ-4-2-2 色尔腾山西裂谷岩浆杂岩($Pt_2$)

Ⅱ-4-2-3 固阳县断陷盆地($K_1$)

Ⅱ-4-2-4 固阳-四子王旗俯冲岩浆杂岩($Ar_3$)

Ⅱ-4-2-5 伊和敖包干乌拉俯冲岩浆杂岩(K)

Ⅱ-4-2-6 四子王旗北古岛弧($Ar_3$)

Ⅱ-4-2-7 脑包山西俯冲岩浆杂岩($Pt_1$)

Ⅱ-4-2-8 色尔腾山裂谷边缘(Ch)

Ⅱ-4-2-9 固阳县西北裂谷中心(Jx)

Ⅱ-4-2-10 大佘太镇北碳酸盐岩陆表海(Z)

Ⅱ-4-2-11 南阳沟山-玉青庙后碰撞岩浆杂岩(T)

Ⅱ-4-2-12 四子王旗西俯冲岩浆杂岩($P_2$)

Ⅱ-4-2-13 卧牛石山东南俯冲岩浆杂岩($D_2$)

**Ⅱ-4-3 狼山-白云鄂博裂谷($Pt_2$)**

Ⅱ-4-3-1 伊和陶勒盖俯冲岩浆杂岩($P_2$)

Ⅱ-4-3-2 网木乌拉太古代陆核($Ar_{2-3}$)

Ⅱ-4-3-3 阿拉善右旗东南古岛弧后盆地($Ar_3$)

Ⅱ-4-3-4 阿拉善右旗北俯冲岩浆杂岩(S)

Ⅱ-4-3-5 哈日诺尔坳陷盆地($K_1$)

Ⅱ-4-3-6 雅布赖西后碰撞岩浆杂岩(T)

Ⅱ-4-3-7 雅布赖北裂谷边缘(Ch)

Ⅱ-4-3-8 达格图苏木南俯冲岩浆杂岩($Ar_3$)

Ⅱ-4-3-9 渣尔泰山裂谷中心(Ch、Jx)

Ⅱ-4-3-10 呼和温多尔镇西南陆棚碎屑岩盆地($Pt_1$)

Ⅱ-4-3-11 达尔罕茂明安联合旗北后造山岩浆杂岩($T_3$)

Ⅱ-4-3-12 呼德呼都格东后碰撞岩浆杂岩($P_3$)

Ⅱ-4-3-13 布尔哈斯台俯冲岩浆杂岩($C_2$)

Ⅱ-4-3-14 巴音宝力格镇北裂谷岩浆杂岩($Pt_2$)

Ⅱ-4-3-15 呼和温都尔镇西南后造山岩浆杂岩(J)

Ⅱ-4-3-16 达格图苏木走滑拉分盆地($K_1$)

Ⅱ-4-3-17 温根北俯冲岩浆杂岩(P)

Ⅱ-4-3-18 乌加河北断陷盆地($J_{1-2}$)

Ⅱ-4-3-19 白云鄂博北火山弧($P_1$)

Ⅱ-4-3-20 西斗铺镇古岛弧($Ar_3$)

Ⅱ-4-3-21 独石敖包裂谷边缘(Qb)

Ⅱ-4-3-22 文公山裂谷边缘(Ch)

Ⅱ-4-3-23 旗杆山碳酸盐岩陆表海($O_{1-2}$)

Ⅱ-4-3-24 商都县东北俯冲岩浆杂岩($J_3$)

Ⅱ-4-3-25 道郎山西南裂谷中心(Qb)

Ⅱ-4-3-26 乌拉特中旗陆内裂谷($N_1$)

Ⅱ-4-3-27 艾不盖河断陷盆地($K_1$)

**Ⅱ-5 鄂尔多斯陆块**

**Ⅱ-5-1 鄂尔多斯盆地(Mz)**

Ⅱ-5-1-1 鄂托克旗白垩纪坳陷盆地($K_1$)

Ⅱ-5-1-2 东胜市东侏罗纪坳陷盆地(J)

Ⅱ-5-1-3 准格尔旗三叠纪坳陷盆地(T)

Ⅱ-5-1-4 喇嘛湾镇后造山岩浆杂岩($K_2$)

**Ⅱ-5-2 贺兰山夭折裂谷($Pz_1$)**

Ⅱ-5-2-1 1563高地碳酸盐岩台地($\in—O_1$)

Ⅱ-5-2-2 1563高地西陆棚碎屑岩盆地($Pt_{2-3}$)

Ⅱ-5-2-3 车站村东裂谷岩浆杂岩($Pt_2$)

Ⅱ-5-2-4 阿马脑苏山碳酸盐岩台地($O_{1-2}$)

Ⅱ-5-2-5 桌子山中太古代陆核($Ar_2$)

Ⅱ-5-2-6 乌海市海陆交互相陆表海($C_2—P_3$)

Ⅱ-5-2-7 公乌苏煤矿夭折裂谷边缘($\in—O_2$)

Ⅱ-5-2-8 乌海市西海陆交互相陆表海($C_2—P_1$)

Ⅱ-5-2-9 察克勒北夭折裂谷边缘($\in—O_1$)

Ⅱ-5-2-10 察克勒中太古代陆核($Ar_2$)

Ⅱ-5-2-11 呼噜斯太镇海陆交互相陆表海(P)

Ⅱ-5-2-12 小松山西碳酸盐岩台地($O_{1-2}$)

Ⅱ-5-2-13 贺兰山坳陷盆地($T—J_3$)

Ⅱ-5-2-14 贺兰山南夭折裂谷边缘($\in—O_2$)

Ⅱ-5-2-15 敖包梁北裂谷岩浆杂岩($Pt_2$)

Ⅱ-5-2-16 阿拉善左旗断陷盆地($K_1$)

Ⅱ-5-2-17 敖包梁西碳酸盐岩台地($Pt_{2-3}$)

Ⅱ-5-2-18 黑沟脑夭折裂谷边缘($\in_2—O_2$)

**Ⅱ-7 阿拉善陆块**

**Ⅱ-7-1 迭布斯格陆缘岩浆弧($Pz_2$)**

Ⅱ-7-1-1 迭布斯格中太古代陆核($Ar_2$)

Ⅱ-7-1-2 巴音乌拉山中太古代陆核($Ar_2$)

Ⅱ-7-1-3 迭布斯格西后碰撞岩浆杂岩($T_2$)

Ⅱ-7-1-4 包尔温多尔西火山弧($P_1$)

Ⅱ-7-1-5 布呼图后碰撞岩浆杂岩($P_3$)

Ⅱ-7-1-6 敦德呼都格南后碰撞岩浆杂岩($T_2$)

Ⅱ-7-1-7 敦德呼都格坳陷盆地($K_2$)

Ⅱ-7-1-8 黑疙瘩俯冲岩浆杂岩($P_2$)

Ⅱ-7-1-9 黑疙瘩东火山弧($P_1$)

Ⅱ-7-1-10 哈儿根陶勒盖断陷盆地($K_1$)

Ⅱ-7-1-11 沙尔陶勒盖西俯冲岩浆杂岩($S—D_3$)

Ⅱ-7-1-12 蒙斯布尔都苏木坳陷盆地($\in_3$)

Ⅱ-7-1-13 马莲泉山俯冲岩浆杂岩($N_2$)

Ⅱ-7-1-14 磨山子坳陷盆地($N_2$)

**Ⅱ-7-2 龙首山基底杂岩带($Ar_2—Pt_1$)**

Ⅱ-7-2-1 大红山井陆棚碎屑岩($Pt_2$)

Ⅱ-7-2-2 2391 高地古弧后盆地($Ar_3$)

Ⅱ-7-2-3 2391 高地南俯冲岩浆杂岩(S)

Ⅱ-7-2-4 五个鄂梁子碎屑岩陆表海(Z)

Ⅱ-7-2-5 五个鄂梁子裂谷岩浆杂岩($\in$)

Ⅱ-7-2-6 阿拉善右旗南断陷盆地($J_2$)

Ⅱ-7-2-7 旧庙断陷盆地($K_1$)

**Ⅱ-8 叠加裂陷盆地**

**Ⅱ-8-3 吉兰泰-包头断陷盆地(Cz)**

**Ⅲ 塔里木陆块区**

**Ⅲ-2 敦煌陆块**

**Ⅲ-2-1 柳园裂谷(C—P)**

Ⅲ-2-1-1 五道明水东陆核($Ar_{2-3}$)

Ⅲ-2-1-2 红柳大泉坳陷盆地($K_1$)

Ⅲ-2-1-3 五道明水东后造山岩浆杂岩($K_1$)

Ⅲ-2-1-4 石膏山断陷盆地($J_{1-2}$)

Ⅲ-2-1-5 红柳大泉南后造山岩浆杂岩($J_2$)

Ⅲ-2-1-6 五道明水南古岛弧($Pt_1$)

Ⅲ-2-1-7 湖西新村十号碎屑岩陆表海($Pt_1$)

Ⅲ-2-1-8 大白山东碰撞岩浆杂岩($T_3$)

Ⅲ-2-1-9 卧虎山西北裂谷中心($P_2$)

Ⅲ-2-1-10 白石山裂谷边缘($P_2$)

Ⅲ-2-1-11 白沟泉东南裂谷岩浆杂岩($P_2$)

Ⅲ-2-1-12 白沟泉北裂谷中心($C_{1-2}$)

Ⅲ-2-1-13 大白山裂谷边缘($C_{1-2}$)

Ⅲ-2-1-14 大王山西南俯冲岩浆杂岩(O—S)

Ⅲ-2-1-15 大王山碳酸盐岩台地($Pt_{2-3}$)

Ⅳ 秦祁昆造山系

Ⅳ-1 北祁连弧盆系

Ⅳ-1-1 走廊弧后盆地(O—S)

Ⅳ-1-1-1 双黑山近陆弧后盆地($\in_2$—$O_2$)

Ⅳ-1-1-2 双黑山南坳陷盆地($N_2$)

Ⅳ-1-1-3 1723 高地坳陷盆地(T)

Ⅳ-1-1-4 1723 高地南碳酸盐岩陆表海($C_1$)

Ⅳ-1-1-5 背锅子海陆交互相陆表海($C_2$—$P_1$)

Ⅳ-1-1-6 通湖山断陷盆地($C_2$)

Ⅳ-1-1-7 1577 高地坳陷盆地(J)

根据内蒙古大地构造的实际情况，又划分出内蒙古东部晚三叠世以来大地构造单元，构造单元划分如下(图 7-2)。

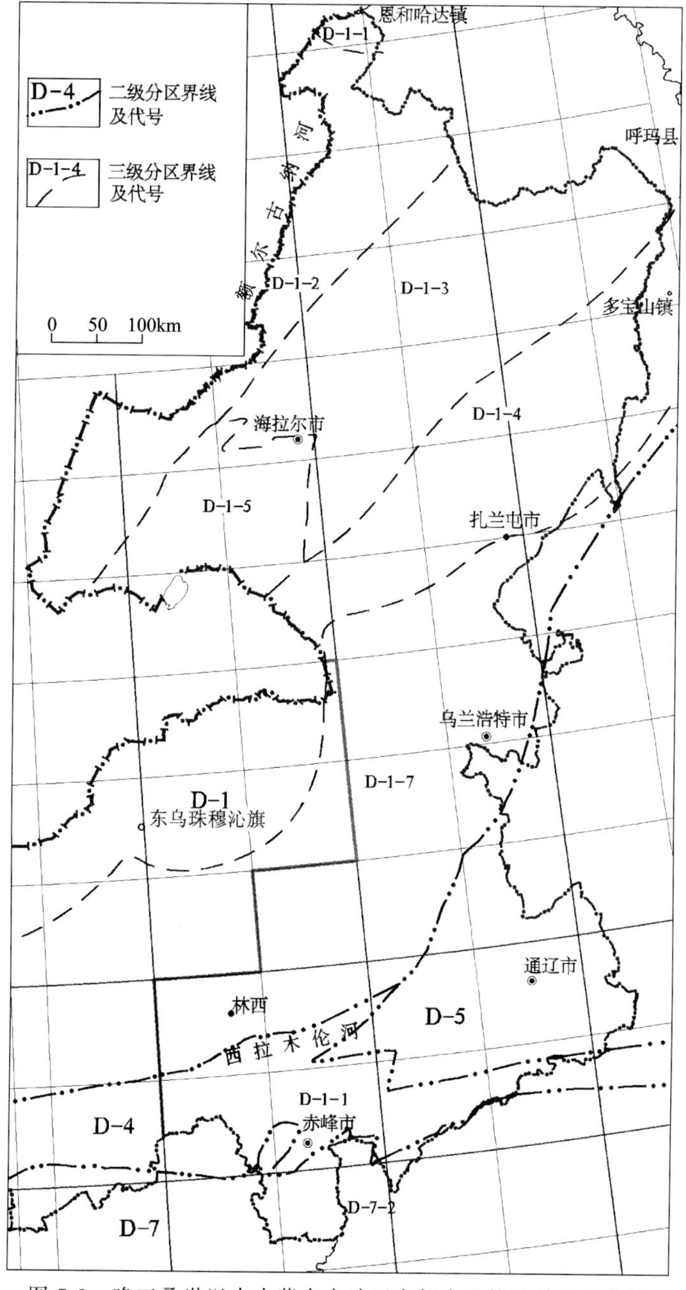

图 7-2　晚三叠世以来内蒙古自治区东部大地构造单元划分图

**D 晚三叠世以来内蒙古东部造山-裂谷系($T_3$—Q)**

**D-1 大兴安岭岩浆弧($T_3$—Q)**

**D-1-1 漠河前陆盆地($J_3$—$K_1$)**

D-1-1-1 恩和哈达周缘前陆楔顶盆地($J_2$)

D-1-1-2 八道卡压陷盆地($K_1$)

**D-1-2 额尔古纳俯冲-碰撞型火山-侵入岩带(J—K)**

D-1-2-1 八道卡大陆伸展岩浆杂岩($J_1$)

D-1-2-2 克尔伦-满洲里俯冲火山岩($J_2$)

D-1-2-3 新巴尔虎右旗-奇乾无火山岩断陷盆地($J_2$)

D-1-2-4 黄火地俯冲期岩浆杂岩($J_2$)

D-1-2-5 满洲里-万年青牧场后碰撞岩浆杂岩($J_2$)

D-1-2-6 内蒙古东部俯冲火山岩($J_3$)

D-1-2-7 八大关俯冲期岩浆杂岩($J_3$)

D-1-2-8 新巴尔虎右旗-莫尔道嘎后碰撞岩浆杂岩($J_3$)

D-1-2-9 查干楚鲁-阿龙山大陆裂谷火山岩($K_1$)

D-1-2-10 克尔伦苏木-满洲里无火山岩断陷盆地($K_1$)

D-1-2-11 三道梁-莫尔道嘎俯冲期岩浆杂岩($K_1$)

D-1-2-12 内蒙古东部后造山岩浆杂岩($K_1$)

D-1-2-13 西乌珠尔苏木陆内裂谷岩浆杂岩($K_2$)

D-1-2-14 克尔伦苏木坳陷盆地($N_1$)

D-1-2-15 巴彦诺尔-宝格达山林场大陆裂谷火山岩($N_2$)

**D-1-3 海拉尔-呼玛俯冲-碰撞型侵入-火山岩带(J—K)**

D-1-3-1 罕达盖-松岭区后造山岩浆杂岩($T_3$)

D-1-3-2 库都尔镇-库中大陆伸展岩浆杂岩($J_1$)

D-1-3-3 鄂伦春自治旗-复兴镇俯冲期岩浆杂岩($J_1$)

D-1-3-4 陈巴尔虎-根河俯冲火山岩($J_2$)

D-1-3-5 乌奴耳镇无火山岩断陷盆地($J_2$)

D-1-3-6 伊山林场后碰撞岩浆杂岩($J_2$)

D-1-3-7 内蒙古东部俯冲火山岩($J_3$)

D-1-3-8 恩和嘎查-哈达林场俯冲期岩浆杂岩($J_3$)

D-1-3-9 库都尔后碰撞岩浆杂岩($J_3$)

D-1-3-10 罕乌拉-新天镇大陆裂谷火山岩($K_1$)

D-1-3-11 哈达图苏木无火山岩断陷盆地($K_1$)

D-1-3-12 四方城乡-新天镇俯冲期岩浆杂岩($K_1$)

D-1-3-13 内蒙古东部后造山岩浆杂岩($K_1$)

D-1-3-14 俄罗斯民族乡-库如奇乡陆内裂谷岩浆杂岩($K_1$)

**D-1-4 东乌珠穆沁旗-多宝山俯冲-碰撞型火山-侵入岩带(J—K)**

D-1-4-1 罕达盖-松岭区后造山岩浆杂岩($T_3$)

D-1-4-2 柴河镇无火山岩断陷盆地($J_1$)

D-1-4-3 阿荣旗-亚东镇大陆伸展岩浆杂岩($J_1$)

D-1-4-4 鄂伦春自治旗-复兴镇俯冲期岩浆杂岩($J_1$)

D-1-4-5 塔木兰沟俯冲火山岩($J_2$)

D-1-4-6 苏格河-库伦沟林场无火山岩断陷盆地($J_2$)

D-1-4-7 阿尔山-诺敏镇俯冲期岩浆杂岩($J_2$)
D-1-4-8 内蒙古东部俯冲火山岩($J_3$)
D-1-4-9 柴河镇-巴林镇俯冲期岩浆杂岩($J_3$)
D-1-4-10 罕达盖-库伦沟林场后碰撞岩浆杂岩($J_3$)
D-1-4-11 罕达盖-红彦镇大陆裂谷火山岩($K_1$)
D-1-4-12 川岭工区-卧牛河镇俯冲火山岩($K_1$)
D-1-4-13 达金林场火山-沉积断陷盆地($K_1$)
D-1-4-14 红彦镇坳陷盆地($K_1$)
D-1-4-15 四方城乡-新天镇俯冲期岩浆杂岩($K_1$)
D-1-4-16 内蒙古东部后造山岩浆杂岩($K_1$)
D-1-4-17 俄罗斯民族乡-库如奇乡陆内裂谷岩浆杂岩($K_1$)
D-1-4-18 查干诺尔大陆裂谷火山岩($K_2$)
D-1-4-19 大北沟林场陆内裂谷岩浆杂岩($K_2$)
D-1-4-20 欧肯河坳陷盆地($N_2$)
D-1-4-21 柴河-诺敏大陆裂谷火山岩($Qp_3$)

**D-1-5 海拉尔断陷盆地($K_1$)**

D-1-5-1 阿尔山诺尔后碰撞岩浆杂岩($J_2$)
D-1-5-2 伊敏河镇坳陷盆地($K_1$)
D-1-5-3 三道梁-莫尔道嘎俯冲期岩浆杂岩($K_1$)
D-1-5-4 亚东大陆裂谷火山岩($K_2$)
D-1-5-5 伊敏河镇压陷盆地($K_2$)
D-1-5-6 新巴尔虎左旗坳陷盆地($N_1$)

**D-1-6 锡林浩特俯冲-碰撞型火山-侵入岩带(J—K)**

D-1-6-1 蘑菇气后造山岩浆杂岩($T_3$)
D-1-6-2 三棱山稳定陆块岩浆杂岩($T_3$)
D-1-6-3 巴林右旗-巴彦温都尔俯冲期岩浆杂岩($T_3$)
D-1-6-4 西萨拉-突泉县无火山岩断陷盆地($J_1$)
D-1-6-5 巴彦诺尔-蘑菇气俯冲期岩浆杂岩($J_1$)
D-1-6-6 林西-蘑菇气火山-沉积断陷盆地($J_2$)
D-1-6-7 白音镐-南兴安后碰撞岩浆杂岩($J_2$)
D-1-6-8 毛宝力格乡俯冲期岩浆杂岩($J_2$)
D-1-6-9 内蒙古东部俯冲火山岩($J_3$)
D-1-6-10 黄岗梁-林西县无火山岩断陷盆地($J_3$)
D-1-6-11 兴安林场-宝石镇俯冲期岩浆杂岩($J_3$)
D-1-6-12 黄岗梁-蘑菇气后碰撞岩浆杂岩($J_3$)
D-1-6-13 白音诺尔-宝石镇大陆裂谷火山岩($K_1$)
D-1-6-14 白音昆地无火山岩断陷盆地($K_1$)
D-1-6-15 四方城乡-新天镇俯冲期岩浆杂岩 $K_1$)
D-1-6-16 内蒙古东部后造山岩浆杂岩($K_1$)
D-1-6-17 罕乌拉苏木陆内裂谷岩浆杂岩($K_1$)
D-1-6-18 灯笼河子-新生牧场大陆裂谷火山岩($N_1$)
D-1-6-19 巴彦诺尔-宝格达山林场大陆裂谷火山岩($N_2$)

**D-4 赤峰-苏尼特右旗岩浆弧**

**D-4-1 赤峰俯冲-碰撞型火山-侵入岩带(J—K)**

D-4-1-1 天盛号火山-沉积断陷盆地($J_3$)

D-4-1-2 库伦旗后碰撞岩浆杂岩($J_3$)

D-4-1-3 内蒙古东部俯冲火山岩($J_3$)

D-4-1-4 天盛号-水泉乡火山-沉积断陷盆地($J_3$)

D-4-1-5 红山子乡俯冲期岩浆杂岩($J_3$)

D-4-1-6 天盛号-新镇镇后碰撞岩浆杂岩($J_3$)

D-4-1-7 赤峰市-库伦旗大陆裂谷火山岩($K_1$)

D-4-1-8 大庙镇-赤峰市无火山岩断陷盆地($K_1$)

D-4-1-9 内蒙古东部后造山岩浆杂岩($K_1$)

D-4-1-10 宝国吐乡无火山岩断陷盆地($K_2$)

D-4-1-11 灯笼河子-新生牧场大陆裂谷火山岩($N_1$)

**D-5 松辽裂谷盆地(K)**

**D-5-1 松辽断陷盆地(K)**

D-5-1-1 扎赉特旗无火山岩断陷盆地($N_2$)

**D-7 冀北-燕辽-太行岩浆弧**

**D-7-2 冀北俯冲-碰撞型火山-侵入岩带(J—K)**

D-7-2-1 高桥村后造山岩浆杂岩($T_3$)

D-7-2-2 山神庙子-十家村稳定陆块岩浆杂岩($T_3$)

D-7-2-3 四道沟-楼子店大陆伸展岩浆杂岩($J_1$)

D-7-2-4 小牛群后碰撞火山岩($J_2$)

D-7-2-5 喀喇沁旗火山-沉积断陷盆地($J_2$)

D-7-2-6 四道沟乡后碰撞岩浆杂岩($J_2$)

D-7-2-7 内蒙古东部俯冲火山岩($J_3$)

D-7-2-8 金厂沟梁俯冲期岩浆杂岩($J_3$)

D-7-2-9 喀喇沁旗-金厂沟梁大陆裂谷火山岩($K_1$)

D-7-2-10 平庄镇-大黑山林场无火山岩断陷盆地($K_1$)

D-7-2-11 内蒙古东部后造山岩浆杂岩($K_1$)

D-7-2-12 八里罕-平庄镇无火山岩断陷盆地($K_2$)

## 第三节　大地构造相特征

以下按照天山-兴蒙造山系、华北陆块区、塔里木陆块区、秦祁昆造山系顺序叙述。

### 一、天山-兴蒙造山系(Ⅰ)

天山-兴蒙造山系记载了古亚洲洋在新元古代—中三叠世发生、发展、演化、消亡的历史过程，在陆壳拉开成洋、挤压俯冲成沟弧、碰撞成陆的多次演化过程中，造就了结合带、岩浆弧及其相关盆地的发展演化(还残留了大小不一的基底地块区)。

### (一)大兴安岭弧盆系(Ⅰ-1)

大兴安岭弧盆系北起额尔古纳岛弧,南至锡林浩特岩浆弧,宽500～700km,北东向展布,为北古亚洲洋在新元古代—中三叠世演化形成的弧盆体系,从北到南有额尔古纳岛弧、海拉尔-呼玛弧后盆地、红花尔基-李增碰山弧陆碰撞带、东乌珠穆沁旗-多宝山岛弧、二连-贺根山蛇绿混杂岩带和锡林浩特岩浆弧,另外中生代还叠加有漠河前陆盆地(Ⅰ-1-1)和海拉尔断陷盆地。

#### 1.额尔古纳岛弧(Ⅰ-1-2)

额尔古纳岛弧位于中国东北的北端,北东向展布,北西与俄罗斯接壤,南东界以得尔布干断裂带为界与海拉尔-呼玛弧后盆地相邻。其以发育新元古代大洋俯冲环境地质体为特征,沉积了南华系佳疙瘩组(Nh*j*)岛弧环境碎屑岩-中基性火山岩组合、震旦系额尔古纳河组(*Ze*)弧背盆地亚相碎屑岩-碳酸盐岩组合;侵入了岛弧环境辉长岩-GG组合。额尔古纳岛弧在寒武纪之后,由于海拉尔-呼玛弧后盆地的出现,远离了二连-贺根山蛇绿混杂岩带。除中二叠世外,古生代大地构造相主要以陆壳性质体现。在岛弧中出露前南华纪基底地块,包括古元古代岛弧兴华渡口岩群($Pt_1X$)绿片岩-(云母)石英片岩-大理岩组合和凤水山石英二长质-花岗质片麻岩组合($FgnPt_1$)。早二叠世末期,由于达青牧场-扎赉特旗俯冲带大规模的俯冲事件,致使远离俯冲带500～600km的额尔古纳岛弧之中侵入了陆缘弧环境GG组合。另外,侏罗纪—早白垩世大洋俯冲-后碰撞-后造山环境岩浆侵入比较频繁。

南华纪佳疙瘩组(Nh*j*)火山-沉积岩呈北东向遍布于额尔古纳岛弧。岩性为半深海浊积岩夹变质安山岩、安山玄武岩及少量流纹质火山碎屑岩,火山岩为岛弧环境中形成的拉斑系列-钙碱系列玄武岩-安山岩-流纹岩组合。

震旦系额尔古纳河组(*Ze*)属弧背盆地环境的碳酸盐岩浊积岩组合。该组上部为灰色、灰黄色大理岩、白云质大理岩、结晶灰岩、碳质板岩夹千枚状绢云母板岩、绢云绿泥片岩,产*Leiesphaeridia* sp.、*Synsphaeridium switjasium* Kirjanov微体化石;中部为浅灰色、灰黄色板岩、碳质粉砂质板岩、细粉砂岩夹结晶灰岩,以水平及平行层理为主,多呈薄层互层出现;下部以灰白色、灰黄色块状大理岩、白云石大理岩为主,与佳疙瘩组(Nh*j*)呈断层接触。

在额尔古纳岛弧北部,新元古代侵入了中基性和酸性侵入岩。中基性岩有辉长岩、闪长岩、石英二长闪长岩、石英闪长岩、花岗闪长岩和奥长花岗岩,为亚碱性系列;酸性岩有二长花岗岩、正长花岗岩、黑云母花岗岩、正长岩,剔除石英含量小于10%的辉长岩、闪长岩后,中基性岩在An-Ab-Or图解中为$G_1$—QM组合,酸性岩在主元素分类图解中为花岗闪长岩、花岗岩。总体构成花岗闪长岩-花岗岩(GG)组合。

在额尔古纳右旗台吉沟一带,沉积有下—中奥陶统乌宾敖包组($O_{1-2}w$)陆表海砂泥岩夹砾岩组合,呈北西西向分布,岩性由一套灰色、灰绿色绢云母板岩、千枚状板岩夹砂砾岩、灰岩透镜体组成。

在额尔古纳右旗五卡沟一带,沉积有陆内裂谷上志留统卧都河组($S_3w$)滨浅海砂岩-粉砂岩-泥岩组合。岩性为杂色砾岩、长石砂岩、细粉砂岩、粉砂质板岩、板岩等,呈近南北向条带状分布,为向上变细变厚型及变细变薄型的旋回性基本层序。

早石炭纪为陆内裂谷环境。在额尔古纳右旗红水泉一带沉积有下石炭统红水泉组($C_1h$)滨浅海砂岩-粉砂岩-泥岩组合,岩性为灰黄色、灰绿色砂砾岩,石英砂岩,细粉砂岩,粉砂质板岩,生物碎屑灰岩,及莫尔根河组火山岩等。自下而上由3个由粗变细的沉积旋回组成,可见水平层理、平行层理、交错层理及斜层理,为向上变细再变粗的基本层序。不整合于额尔古纳河组(*Ze*)及乌宾敖包组($O_{1-2}w$)之上。

晚石炭世沉积了上石炭统宝力高庙组($C_2b$)安山岩、酸性凝灰岩、变质砂岩、砾岩、千枚岩,为弧后盆地和火山弧环境。同期侵入了由晚石炭世石英闪长岩、花岗闪长岩、二长花岗岩、正长花岗岩组成的GG组合,为以高钾钙碱性系列为主的俯冲期陆缘弧岩浆杂岩。

嵯岗镇—下护林一带，侵入了由晚石炭世黑云母花岗岩、正长花岗岩构成的高钾和钾玄质花岗岩组合，黑云母花岗岩内石榴子石含量达3%，属同碰撞强过铝花岗岩组合。

在额尔古纳岛弧中南部出露由中二叠世花岗闪长岩、二长花岗岩、黑云母花岗岩组成的GG组合，属高钾钙碱系列，为俯冲期陆缘弧岩浆杂岩。

在额尔古纳岛弧北部恩和哈达，由早三叠世黑云母二长花岗岩、花岗闪长岩组成高钾和碱玄岩质花岗岩组合，为后碰撞岩浆杂岩。

该构造单元可划分为12个四级构造单元。

**2.海拉尔-呼玛弧后盆地(Ⅰ-1-3)**

海拉尔-呼玛弧后盆地位于额尔古纳岛弧与东乌珠穆沁旗-多宝山岛弧之间，呈北东向展布，宽130～200km。其初始裂开于中元古代，南华纪—震旦纪时期，额尔古纳岛弧与东乌珠穆沁旗-多宝山岛弧还紧挨在一起，且后者岛弧还要窄得多。在新元古代晚期—寒武纪逐渐裂开，在海拉尔-呼玛弧后盆地内于吉峰林场、环宇、环二库、稀顶山等地北东向分布有蛇绿混杂岩。吉峰林场有变质橄榄质科马提岩、蛇纹岩、直闪石岩、变质玄武岩，成岩时代为中元古代，呈构造岩片产于上石炭统新依根河组内。环宇、环二库的蛇纹岩其原岩为具交代残余结构的变质橄榄岩，成岩时代为中元古代，可能也呈构造岩片，产于震旦系吉祥沟组内。稀顶山为纤维变晶结构的蛇纹岩、辉长岩，产于奥陶系多宝山组，成岩时代不明，与围岩关系有待研究。吉峰林场-稀顶山超基性岩形成于中元古代洋中脊裂谷，到晚石炭世或早二叠世呈构造岩片侵位于围岩中，构成地幔楔。

在海拉尔-呼玛弧后盆地东南部出露岛弧环境的震旦系大网子组($Zd$)变玄武岩-板岩-变质砂岩组合，为钙碱性系列成熟岛弧火山岩。

在额尔古纳河市上库力乡南出露弧背盆地环境的震旦系额尔古纳河组($Ze$)碳酸盐岩浊积岩组合，岩性为大理岩、石英岩、云母石英片岩、钠长石英片岩等。在松岭区壮志林场右乌鲁卡河中游两侧出露震旦系倭勒根群大网子组($Zd$)火山碎屑浊积岩组合，岩性为变质英安质玻屑凝灰岩、变火山灰凝灰岩、砂岩、板岩，含藻类化石。鄂伦春旗嘎仙、西陵梯、环宇等地的震旦系倭勒根群吉祥沟组($Zj$)岩性为变质粗砂岩、砂岩、板岩、大理岩、二云石英片岩等，属较深水海盆砂泥岩组合。鄂伦春旗古利库河北、那都里河西的南华系佳疙瘩组($Nhj$)岩性为一套二云片岩、斜长片岩、石英片岩、变粒岩、大理岩等，属较深水海盆砂泥岩组合。鄂温克旗胡山一带的南华系佳疙瘩组($Nhj$)主要岩性为黑云母石英片岩、黑云母片岩、绿泥石英片岩、斜长角闪片岩、阳起片岩等，露头零星，属火山碎屑浊积岩组合。本区发育有下寒武统苏中组($\in_1 sz$)浅海相碳酸盐岩夹细碎屑岩沉积。

寒武纪末期大洋俯冲后致使其在奥陶纪转化为弧后盆地环境(对应东乌珠穆沁旗-多宝山岛弧)，沉积有多宝山组($O_{1-2}d$)弧后盆地环境基性—中酸性火山岩、细碧角斑岩夹砂岩、板岩、灰岩组合。弧后盆地裸河组($O_{2-3}lh$)为滨浅海粉砂质、泥质板岩与黄褐色长石石英砂岩互层，微晶灰岩夹板岩、石英砂岩组合；在鄂伦春旗南阳河上游出露大伊希康河组($O_{1-2}dy$)浊积岩(砂板岩)-滑混岩组合，岩性为细砂岩、长石砂岩、粉砂岩、绿泥板岩与含砾杂砂岩交替出现。在鄂伦春旗南阳河中游两岸出露下奥陶统黄斑脊山组($O_1h$)浊积岩(砂板岩)-滑混岩组合，岩性为钙质粉砂岩、含砾长石砂岩、砂(杂)质石英砂岩、杂砂岩夹绢云母片岩。

志留纪—中泥盆世为陆内裂谷浅海环境，在鄂伦春旗罕诺河以南一带(李增碰山)的卧都河组($S_3w$)为滨浅海砂岩-粉砂岩-泥岩组合，岩性以中粗粒—中细粒石英砂岩为主夹长石岩屑石英砂岩；八十里小河组($S_2b$)以粗粒、中细粒岩屑砂岩为主夹板岩、石英砂岩；黄花沟组($S_1h$)为含粉砂绿泥绢云母片岩、粉砂质板岩、细粉砂岩夹含砾砂岩。沉积有下—中泥盆统泥鳅河组($D_{1-2}n$)钙质粉砂质板岩、结晶灰岩、放射虫硅泥质岩、砾岩、含砾长石砂岩、粉砂质板岩及灰岩透镜体组合。中—晚泥盆世为弧后盆地环境(对应东乌珠穆沁旗-多宝山岛弧)，沉积有中—上泥盆统大民山组($D_{2-3}d$)弧后盆地含砾粗砂岩、凝灰砂岩、泥岩、沉凝灰岩、流纹质晶屑凝灰岩组合，并有岛弧TTG岩浆岩组合侵入；在根河市吉峰林场一带出露中—上泥盆统大民山组($D_{2-3}d$)火山碎屑浊积岩组合，岩性为含砾粗砂岩、凝灰砂岩、泥岩、沉凝灰岩、流纹质晶屑凝灰岩等。产微体化石 *Leiosphaeridia* sp.、*Cymaitiogalea* sp.、*Prototracheites* sp.、*Hindeoclella* sp.。在鄂伦春旗罕诺河北岸(李增碰山)一带上部为砂岩夹板岩、片理化中基性火山岩；下部为板岩夹硅质岩(薄片鉴定可能含放射虫)，岩相变化大。在伊敏苏木东崩浑廷乌拉一带出露大民山组($D_{2-3}d$)半深海放射虫-硅质骨针岩组合，岩性为灰绿色灰岩、变泥岩、硅泥岩、含放射虫硅质岩，灰岩中产化石 *Stringophyllum* sp.，在红花尔基哈斯罕一带为中基性火山岩、酸性火山岩、杂砂岩、细砂岩、泥灰岩、灰岩、细碧岩、含铁硅质岩、硅泥岩、含放射虫凝灰质硅质岩。产化石 *Cymenia* sp.、*Tvochophyllumo* sp.。属半深海放射虫-硅质骨针岩组合。在扎敦河两岸下部以石英角斑岩质砾岩为主夹凝灰质砂岩、生物碎屑灰岩；中部为钙硅质砂岩、砂质灰岩、生物碎屑灰岩；上部为细碧角斑岩夹砂岩、灰岩、含铁硅质岩、含放射虫凝灰岩、中酸性火山岩。产化石 *Cyrtospirfer* sp.、*Naliukinella* sp.。

中—上泥盆统大民山组($D_{2-3}d$)火山岩由石英角斑岩、细碧岩、放射虫硅质岩、中酸性火山岩等组成，构成玄武岩-安山岩-流纹岩组合，为亚碱性系列岛弧火山岩。

早石炭世又一次大幅度拉开伸展，沉积有莫尔根河组($C_1m$)板内裂谷环境粗安岩、钠长粗面岩、安山岩、安山质岩屑晶屑凝灰岩、石英角斑岩组合和红水泉组($C_1h$)临滨砂砾岩、石英砂岩、长石石英砂岩、细粉砂岩、粉砂质板岩、生物碎屑灰岩；在哈达图出露有弧后盆地宝力格庙组流纹岩、安山岩。经早石炭世末期挤压碰撞，于晚石炭世基本成陆，沉积有新依根河组($C_2x$)海陆交互陆表海环境砾岩与粉砂岩互层夹黑色泥质岩组合，并有GG岩浆岩组合侵入；早二叠世有后造山碱性—过碱性花岗岩侵入；中二叠世有弧背盆地哲斯组砾岩、砂岩、粉砂岩、板岩夹大理岩组合。同期有闪长岩、奥长花岗岩、花岗闪长岩等TTG岩石构造组合。中三叠世有后碰撞岩浆杂岩侵入。侏罗纪—白垩纪有后造山-后碰撞-大洋俯冲环境岩浆岩侵入。

本构造单元可进一步划分为15个四级构造单元。

### 3. 红花尔基-李增碰山弧陆碰撞带(Ⅰ-1-4)

红花尔基-李增碰山弧陆碰撞带位于海拉尔-呼玛弧后盆地与东乌珠穆沁旗-多宝山岛弧之间，北东向展布，为三级大地构造单元分界线。该带西南部在红花尔基—乌奴耳一带出露早石炭世($C_1$)高压变质岩-俯冲增生杂岩(Ⅰ-1-4-1)，呈南西宽、北东窄，并逐渐尖灭，最宽处15～20km，长度大于150km，再向北东被中新生代侵入岩、火山岩和沉积岩覆盖，呈一楔形带。该楔形带从南东到北西由3个条带构成：南带为蓝闪石带、中间为冻蓝闪石带、北带为混杂堆积带。混杂堆积由多个时代地质体($O_{1-2}d$、$O_{2-3}l$、$D_{1-2}n$、$D_{2-3}d$、$D_3\gamma o$、$C_1m$、$C_1h$等)混杂在一起组成构造混杂岩，反映出俯冲碰撞时间应在早石炭世之后。由于该带北西侧在早石炭世为海洋，而在晚石炭世及以后皆已成陆，似无俯冲带迹象，因此推断向南东俯冲碰撞的时间为早石炭世末期。

### 4. 东乌珠穆沁旗-多宝山陆岛弧($Pz_2$)(Ⅰ-1-5)

东乌珠穆沁旗-多宝山陆岛弧分布于二连浩特以北的红格尔苏木、东乌珠穆沁旗、扎兰屯和黑龙江省多宝山一带。西段北部与蒙古国接壤，南部与二连-贺根山蛇绿混杂岩带毗邻，向东延入黑龙江省。

这是一个以奥陶纪和泥盆纪岛弧为优势构造相的构造单元。

南华纪到震旦纪由岛弧性质的佳疙瘩组、额尔古纳河组和大网子组岩石组合组成。

南华系佳疙瘩组半深海浊积岩组合内夹有变质安山岩、安山玄武岩及少量流纹质火山碎屑岩，为岛弧环境形成的拉斑系列-钙碱性系列玄武岩-安山岩-流纹岩组合。

在新巴尔虎左旗东南罕达盖林场东、鄂温克旗伊敏河上游全场林场及扎兰屯市周围出露南华系佳疙瘩组(Nhj)火山碎屑浊积岩组合，岩性为绢云石英片岩、黑云石英片岩、斜长角闪片岩、绿泥石英片岩、绢云母石英片岩、斜长次闪片岩等。

额尔古纳河组(Ze)碳酸盐岩浊积岩组合，岩性为条带状大理岩、绢云母石英片岩夹各种角砾岩和硅质大理岩透镜体；阿荣旗大网子组岩性为变质砂岩、板岩、石英片岩、千枚岩、变酸性熔岩、变火山灰凝灰岩等，为弧背沉积环境。

新元古代石英二长闪长岩、奥长花岗岩、二长（正长）花岗岩等，属钙碱—高钾钙碱—钾玄岩系列，主元素分类图解中为花岗闪长岩-花岗岩，在 An-Ab-Or 图解中为 $T_2-G_2$，为大洋俯冲陆缘弧环境中形成的 TTG 组合。

下寒武统苏中组（$\in_1 sz$）为被动陆缘灰岩组合，岩性为一套灰色蜂窝状灰岩，厚层状灰岩夹黑色薄层状板岩，产 *Ajaciacyathus* sp.、*Ethmophyllum hinganense* 等古杯化石。

奥陶纪，二连-贺根山洋即存在大洋板块向北部俯冲消减的地质记录。俯冲作用在红格尔苏木至东乌珠穆沁旗、罕达盖、红花尔基一带形成岛弧、弧后盆地和弧背盆地的构造环境。岛弧为早中奥陶世多宝山组浅海相以安山岩为主的玄武岩、英安岩、流纹岩、细碧角斑岩、中酸性岩屑晶屑凝灰岩、熔结凝灰岩组合，夹有变质砂岩、泥质粉砂岩、结晶灰岩、板岩、含放射虫硅质岩等。

弧后盆地由早中奥陶世特尔巴格特组、乌宾敖包组、巴彦呼舒组和哈拉哈河组组成，特尔巴格特组为海相变质石英砂岩、变质粉砂岩、粉砂质板岩岩石组合；乌宾敖包组为海相粉砂质板岩、粉砂岩、粉砂质泥岩、长石石英砂岩岩石组合；巴彦呼舒组为浅海相长石石英砂岩、粉砂岩、泥岩岩石组合，哈拉哈河组为变质石英砂岩、粉砂质板岩、千枚状板岩、凝灰质板岩夹结晶灰岩岩石组合。

弧背盆地为中—上奥陶统裸河组，在苏呼河北出露海相长石石英砂岩、石英砂岩、灰岩夹板岩岩石组合，在乌奴耳扎敦河林场出露的裸河组（$O_{2-3}lh$）岩性为泥质粉砂岩、粉砂岩、粉砂质板岩、绢云母板岩、生物碎屑灰岩等，韵律明显，构成多旋回层，每旋回层粗粒级较薄，细粒级较厚，纵向、横向变化不大，底栖动物繁盛，门类较多，以珊瑚 *Sibiriotites* sp. 为主。下—中奥陶统为大伊希康河组海相杂砂岩组合。同期发育有花岗闪长岩、二长花岗岩、石英闪长岩（TTG）岩石构造组合。

志留纪为相对稳定的被动陆缘滨浅海盆地。盆地内沉积了卧都河组砾岩、石英砂岩、粉砂岩、泥岩、生物碎屑灰岩等岩石组合，产有图瓦贝动物群。

泥盆纪本区发育岛弧、弧前陆坡构造环境，岛弧由中—上泥盆地统大民山组构成，岩性为安山岩、英安岩、细碧岩、放射虫硅质岩、砂岩和粉砂岩。弧前陆坡盆地，沉积一套长石石英细砂岩、砂岩、粉砂岩、硅质岩、硅质板岩、生物碎屑灰岩等夹火山碎屑岩等浊积岩岩石组合，具滑塌构造，以泥鳅河组为代表。同期发育一套俯冲岩浆杂岩（TTG）岩石构造组合。

晚石炭纪至早二叠世，由于二连-贺根山大洋板块向北俯冲，本区自西向东发育了一套陆缘火山弧和弧间裂谷盆地沉积，即宝力高庙组（$C_2$—$P_1$）。火山弧为海陆交互相钙碱性安山岩、安山质凝灰岩、英安岩、英安质凝灰岩、流纹岩、流纹质凝灰岩岩石组合，弧间裂谷盆地内沉积了砂砾岩、长石石英砂岩、粉砂岩、泥岩岩石组合。早石炭世发育了一套花岗闪长岩、花岗岩和少量英云闪长岩岩石构造组合（具有 TTG 岩石构造组合特点）。晚石炭世则发育俯冲岩浆杂岩（TTG）岩石构造组合。在宝力高庙组之南尚发育有晚石炭世—早二叠世的海相火山弧地层，即格根敖包组，其下部为安山岩、英安岩、火山角砾岩、安山质凝灰岩，上部为砾岩、杂砂岩、凝灰岩岩石组合，属岛弧火山岩近海沟一侧的产物。

值得提及的是，本带在东部地区（大致在阿尔金山以东），石炭纪—二叠纪侵入岩的发育与西部有所不同。表现为：在达斡尔民族乡和柳屯出露早石炭世碱长花岗岩、正长花岗岩，为高钾钙碱性系列—碱性系列，为后造山环境的碱性—钙碱性花岗岩组合。在罕达盖嘎查—耳场子沟一带，出露大量的晚石炭世 TTG 组合，岩性为石英二长闪长岩、石英闪长岩、花岗闪长岩、二长花岗岩、奥长花岗岩等，属钙碱性系列，为俯冲期陆缘弧岩浆杂岩。在亚东镇一带出露由晚石炭世二云母二长花岗岩、白云母二长花岗岩组成的强过铝花岗岩组合，属高钾钙碱性系列，为同碰撞岩浆杂岩。

在小乌尔其汉—苏格河一带，出露大量的早二叠世后造山碱性—钙碱性花岗岩组合，岩性主要为正长花岗岩（包括白岗质花岗岩），属高钾钙碱性系列、钾玄岩系列、碱性系列等。孟恩套勒盖—松岭区发育中二叠世俯冲期岩浆杂岩 TTG 岩石构造组合。在阿荣旗—诺敏镇一带零星出露中二叠世同碰撞高钾和碱玄岩质花岗岩组合，岩性为黑云母二长花岗岩、白云母二长花岗岩、正长花岗岩、碱长花岗岩等。

地球化学显示岩浆弧和同碰撞特征。

早二叠世早期为俯冲岩浆杂岩($G_1G_2$)岩石构造组合。早二叠世中期为后碰撞岩浆杂岩岩石构造组合,晚期则为后造山碱性花岗岩岩石构造组合。

中生代受古太平洋板块向中国东部大陆之下俯冲的影响,本区进入造山-裂谷大地构造阶段,广泛发育侏罗纪—早白垩世陆相火山喷发活动和少量侵入岩。

该构造单元划分出43个四级构造单元。

**5. 二连-贺根山蛇绿混杂岩带($Pz_2$)(Ⅰ-1-6)**

二连-贺根山蛇绿混杂岩带位于扎兰屯-多宝山陆缘弧之南,锡林浩特岩浆弧之北。西起二连浩特,向东经贺根山呈北东向展布,是一个历经元古宙、早古生代离散、汇聚,并在早二叠世早期闭合的大洋。有人认为是中亚-蒙古大洋。闭合后,该蛇绿混杂岩带是西伯利亚板块与华北板块对接碰撞的位置所在。

在阿尔山安全车站一带出露俯冲增生杂岩,包括蛇纹石化斜方辉橄岩、下寒武统苏中组灰岩建造、中—上奥陶统裸河组砂泥岩-灰岩建造、下—中泥盆统泥鳅河组等,它们之间皆为断层接触,且内部岩石破碎。在扎兰屯市韩家地出露变质斜辉橄榄岩,呈北东向赋存于下二叠统高家窝棚组($P_1g$)[本次编图厘定为中二叠世大石寨组($P_2ds$)]酸性熔岩构造破碎带中,岩石强烈蚀变,大部分变为蛇纹岩,见交代变余橄榄石残晶。

在二连北东出露有俯冲增生杂岩,杂岩的基质为上石炭统本巴图组浊积岩,其内混杂有较多的泥盆纪蛇绿岩碎片,即超基性岩、辉长岩、硅质岩等。

在贺根山一带内出露有泥盆纪俯冲增生杂岩、远洋沉积、蛇绿岩岩块,是迄今为止在内蒙古自治区蛇绿岩研究比较详细的地区之一。蛇绿岩由下而上可以分为变质橄榄岩、堆晶岩、基性岩墙群、硅质岩、放射虫碧玉岩等远洋沉积。其中碧玉岩中的放射虫由王乃文鉴定,时代为晚泥盆世。20世纪70年代对纯橄榄岩、斜方辉橄岩进行的同位素年龄测试(K-Ar)为:1个样品为430Ma、2个样品为346Ma、1个样品为380Ma,基本都落在中—晚泥盆世范围内。大洋闭合后,西伯利亚板块与锡林浩特岩浆弧碰撞对接,形成蛇绿岩混杂岩带,也可称为结合带。

这里需要提及的是对该构造分区性质,潘桂棠等存在不同的认识,他们认为该带形成的动力学机制与南部索伦山-西拉木伦大洋板块向北俯冲有关,二连-贺根山蛇绿混杂岩带是弧后盆地性质的小洋盆。其理由是:二连-贺根山蛇绿混杂岩带以南锡林浩特岩浆弧上发育有以奥陶纪英云闪长岩为主的TTG岩石构造组合,在其北部的东乌珠穆沁旗-多宝山岛弧上发育由下—中奥陶统乌宾敖包组、巴彦呼舒组、特尔巴格特组组成的弧后盆地沉积,故认为二连-贺根山蛇绿混杂岩带是弧后盆地进一步扩张的再生洋盆的产物。

本三级构造单元进一步划分为17个四级构造单元。

**6. 锡林浩特岩浆弧($Pz_2$)(Ⅰ-1-7)**

锡林浩特岩浆弧位于二连-贺根山蛇绿混杂岩带之南,是一个在中元古代从华北陆块分裂出去的古老地块,称锡林浩特地块。其间扩展为具有一定规模的再生洋盆,暂称为索伦山-西拉木伦洋。这是一个以大石寨组火山岩陆缘弧为优势构造相的构造单元。

中新元古代,再生洋板块向北部地块之下俯冲,形成中新元古代温都尔庙群的俯冲增生杂岩拼贴于地块之上。

奥陶纪—志留纪—泥盆纪,洋壳继续向北部俯冲,形成同期俯冲岩浆杂岩(TTG)岩石构造组合,但规模不大。

志留纪—泥盆纪发育有弧后前陆盆地长石砂岩、碳酸盐岩组合。

石炭纪—二叠纪早期,洋壳向北的俯冲消减作用加快,在地块之上形成石炭纪俯冲岩浆杂岩

(TTG)岩石构造组合和蛇绿混杂岩。二叠纪早中期,广泛发育以大石寨组海相钙碱性陆缘火山岩、安山岩、安山质晶屑凝灰岩、流纹岩、英安岩、硅质岩、砂板岩为主的岩石组合及英云闪长岩、花岗岩、二长花岗岩、石英闪长岩等(TTG)俯冲岩浆杂岩岩石构造组合,构成本单元的优势构造相。中二叠统哲斯组为陆棚碎屑岩沉积,晚二叠世林西组为坳陷盆地砂页岩沉积。在锡林浩特岩浆弧东南尚出露有同碰撞二长花岗岩、二云二长花岗岩、白云二长花岗岩岩石构造组合,时代为中二叠世—晚二叠世。三叠纪发育后碰撞岩浆杂岩和后造山岩浆杂岩。

邓晋福等认为该单元二叠纪俯冲岩浆杂岩(TTG)岩石构造组合与其北部贺根山、东乌珠穆沁旗一带的同期 $G_1G_2$ 俯冲岩浆杂岩组合可以由南向北组成一个侵入岩的俯冲极性。即该期侵入岩的形成可能与索伦山-西拉木伦洋板块向北部俯冲作用有关,由此可以推测,二叠纪时期,二连-贺根山洋基本消失,东乌珠穆沁旗岛弧与锡林浩特岩浆弧已连成一个整体。

中生代本区受东部造山-裂谷系的影响,从晚侏罗世至早白垩世,本区发育陆相火山弧和俯冲岩浆杂岩。陆相火山弧具代表性的有中侏罗统塔木兰沟组,上侏罗统满克头鄂博组、玛尼吐组、白音高老组和下白垩统义县组、梅勒图组。塔木兰沟组为玄武岩组合;满克头鄂博组为流纹岩、安山岩、流纹质安山岩、凝灰岩岩石组合;玛尼吐组为安山岩、玄武质安山岩、粗面安山岩、英安质、安山质凝灰岩岩石组合;白音高老组为流纹岩、流纹质凝灰岩岩石组合。义县组为安山岩、集块岩、凝灰岩岩石组合(含热河动物群化石),梅勒图组为黑云母安山岩组合。同期发育伸入陆内的俯冲岩浆杂岩($G_1G_2$)岩石构造组合。新生代为陆内断陷盆地河湖相砂砾岩、砂岩和陆内裂谷碱性玄武岩岩石组合。

本三级构造单元进一步划分出 25 个四级构造单元。

## (二)索伦山-西拉木伦结合带(Ⅰ-7)

### 1.达青牧场-扎赉特旗俯冲增生杂岩带(Ⅰ-7-1)

达青牧场-扎赉特旗俯冲增生杂岩带呈向南东凸出的连续弧形展布,宽度一般小于 20km,根据其北侧中二叠世侵入岩和火山岩反映出的岛弧性质,判定该带为早二叠世末期古亚洲洋向北俯冲增生带,由于受中新生代地质体侵入和覆盖的影响,地表残留的俯冲增生痕迹已经很少,但在达青牧场、阿他山、新生牧场和乌兰吐仍然可见断续出露的俯冲增生形成的蛇绿岩-蛇绿构造混杂岩。该俯冲带及两侧近 80km 范围内出露几十个中—大型铜铅锌银多金属矿床,与该俯冲带存在相关性。

该三级构造单元可划分出 1 个四级构造带即:达青牧场-乌兰吐早二叠世末期俯冲增生杂岩。

在达青牧场一带出露蛇绿构造混杂岩带,呈北东东向展布,宽度大于 500m,长度大于 30km,由不同岩石混杂在一起,岩性由深灰—灰绿色的砂板岩、紫色硅质岩、墨绿色玄武岩、灰色变质凝灰岩、礁灰岩等组成,其中砂板岩被强烈构造片理化,灰岩块体呈大小不一的构造透镜体夹在片理化岩石之中,在构造片理化岩石之中发育平行片理的石棉脉体,反映出存在高镁超基性岩。挤压片理主体产状向北西倾,倾角舒缓波状,陡缓不一,在片理化面上发育强烈的擦痕阶步,擦痕线理倾伏向约 300°,反映出发育北西-南东向逆冲作用。

阿他山超基性岩为二辉岩、蛇纹石化橄榄岩,产于中二叠世大石寨组($P_2ds$)内。乌兰吐超基性岩核心部位为蛇纹石化纯橄榄岩,向外依次为辉石橄榄岩(多变为透闪石岩)、辉长岩和斜长角闪岩。在纯橄榄岩内有致密块状、浸染状铬铁矿。

新生牧场超基性岩有蛇纹岩、蛇纹石化辉石岩、蛇纹石化橄榄岩、蚀变辉绿岩,含铬铁矿。

乌兰吐超基性岩呈残留体出露。岩体水平分带明显,核心部分为条带状纯橄榄岩,向外依次为辉石橄榄岩(多变为透闪片岩)、辉长岩、斜长角闪岩、角闪斜长片岩。其中辉石橄榄岩分布最广。纯橄榄岩内有致密块状和浸染状铬铁矿。该超基性岩“侵入于中二叠统哲斯组($P_2zs$)砂板岩”没有阐明充分证据,由于受当时认识的限制,不排除构造侵位的可能。

**2. 林西残余盆地(Ⅰ-7-2)**

林西残余盆地介于两条俯冲带之间，呈北东东向展布，宽 50～120km。中二叠世沉积有大石寨组($P_2d$)拉张的残余海盆环境(洋中脊-初级陆壳熔融)火山岩组合、哲斯组($P_2zs$)残余盆地(滨浅海-海陆交互-河流相)环境碎屑岩夹碳酸盐岩组合，晚二叠世沉积有林西组残余盆地(河流-三角洲(滨湖)-浅湖-深湖)复成分砂砾岩、长石砂岩、粉砂岩、板岩、粉砂质板岩等，晚三叠世侵入稳定陆块层状基性—超基性杂岩组合和陆缘弧 TTG 组合。

在扎鲁特旗香山镇一带出露下二叠统寿山沟组($P_1ss$)陆表海砂泥岩组合，岩性为砂岩、粉砂岩、板岩互层夹泥灰岩，含植物碎片。

林西残余海盆内中二叠世大石寨组($P_2ds$)，下部为玄武岩、细碧岩、角斑岩，为拉斑玄武岩组合，且在盆地中心地带断续出露枕状玄武岩；上部为安山岩、英安岩、流纹岩及中酸性火山碎屑岩，为英安岩-流纹岩组合。火山岩为亚碱性系列，岩石化学显示洋中脊玄武岩特征。

中二叠统哲斯组($P_2zs$)由半深海浊积岩(砂砾岩)组合、海岸沙丘-后滨砂岩组合和台地潮坪-局限台地碳酸盐岩组合所构成。

在残余盆地南缘林西县赵家湾一带哲斯组为磨拉石建造。岩性下部为杂砂岩夹砾岩，中部为长石砂岩、粉砂岩、粉砂质板岩，上部为砾岩、砂砾岩、含砾长石岩屑砂岩夹板岩，产腕足 *Spiriferella* sp.、*Cancrinella* sp.，珊瑚 *Metriophyllum*? sp.、*Assevculinia* sp.，双壳 *Deltopecten* sp.、*Nucuclata* sp.，苔藓虫 *Polypora* sp. 等。属残余海盆斜坡扇半深海浊积岩(砂砾岩)组合。

残余盆地近中心地带——克什克腾旗—林西—巴林右旗—巴林左旗—阿鲁科尔沁旗—扎鲁特旗一带，哲斯组为具有韵律层理的复理石建造。岩性为长石砂岩、长石杂砂岩、粉砂质板岩等，产腕足 *Yakovleula baiyinensis*、*Waagenoconcha purdoni*、*Chonetes uariolatus*，腹足 *Loxonema* sp.、双壳 *Aviculopeeten* sp.、苔藓虫 *Dyscvitella* sp. 等化石，属海岸沙丘-后滨砂岩组合。

在林西县—扎鲁特旗一带呈北东向分布有上二叠统林西县组($P_3l$)湖泊水下扇砂砾岩组合、湖泊三角洲砂砾岩组合和湖泊砂岩-粉砂岩组合。地层下部层位含咸水双壳类化石，中上部地层产淡水动植物化石，反映出残余盆地由海盆淡化演变而来。

林西地区该地层发育较齐全完整，自下而上可分为四段：一段为紫红色复成分砂砾岩夹长石砂岩、粉砂岩，含植物化石 *Paracalamites* sp.、*Eichwaldia* sp.、*Pecoteris* sp.，属水下扇砂砾岩组合；二段为长石砂岩、粉砂岩、粉砂质板岩夹砾岩，产植物化石 *Paracalamites* sp.，属湖泊三角洲砂砾岩组合；三段为长石砂岩、粉砂岩、粉砂质板岩，产丰富的动物化石 *Palaenodonta*、*Palaeomutela* 及植物化石 *Paracalamites*，属湖泊砂岩-粉砂岩组合；四段以粉砂质板岩、板岩为主夹少量粉砂岩，属湖泊泥岩-粉砂岩组合。

在巴林右旗幸福之路—巴林左旗碧流台一带亦有小范围水下扇砂砾岩组合分布，而大面积则是以长石砂岩、粉砂岩、杂砂岩夹板岩为主的湖泊砂岩-粉砂岩组合，产淡水双壳类化石。

在扎鲁特旗陶海营子一带下部以页岩为主夹细砂岩，上部为细砂岩与粉砂岩互层，产淡水双壳类化石。

本三级构造单元进一步划分出 5 个构造单元。

**3. 西拉木伦俯冲增生杂岩带(Ⅰ-7-3)**

西拉木伦俯冲增生杂岩带位于索伦山-林西残余盆地(Ⅰ-7)南缘，呈北东东向展布，宽度小于 20km，其南侧出露的中二叠世岛弧火山岩和 TTG 侵入岩反映出其在早二叠世末期存在古亚洲洋向南俯冲活动，并且形成了含蛇绿岩俯冲增生杂岩带。带内断续出露蛇绿构造混杂岩。

俯冲增生杂岩分别出露于柯单山一带、小苇塘一带和双胜牧场一带，为含蛇绿岩碎块的构造混杂岩。其岩性有橄榄岩、斜辉橄榄岩、蛇纹岩、辉石岩、辉长岩、辉绿岩、蚀变玄武岩(细碧岩)、枕状玄武岩、硅质岩等，夹豆荚状铬铁矿。蛇绿岩残片呈条块、岩块、角砾及透镜状产于西别河组($S_3$—$D_1x$)或上石炭统阿木山组($C_2a$)灰岩、砂板岩内，皆呈断层接触。砂板岩强烈片理化，灰岩呈透镜状、块状分布其中。

#### 4. 索伦山蛇绿混杂岩带($Pz_2$)(Ⅰ-7-4)

索伦山蛇绿混杂岩带位于锡林浩特岩浆弧和温都尔庙俯冲增生杂岩带之间。西起索伦山，向东覆盖于苏尼特右旗坳陷盆地之下。再向东，则为西拉木伦俯冲增生杂岩带。本带又可分为索伦山蛇绿岩和俯冲增生杂岩带。

1)蛇绿岩

蛇绿岩主要出露于索伦山中蒙边境线巴音查干—索伦山—巴彦敖包一带。蛇绿岩由变质橄榄岩(地幔岩)、堆晶杂岩、基性岩墙群、枕状熔岩和远洋沉积物组合。属MORS型大洋中脊蛇绿岩，具有相对完整的蛇绿岩套“三位一体”的组合层序。超基性岩主要为变质橄榄岩，多呈坚硬的硅质网格状风化壳产出，局部可见较新鲜的露头。岩石风化面多为褐红色、灰绿色，几乎全部蛇纹石化，主要由蛇纹岩组成。较新鲜的变质橄榄岩为蛇纹石化斜辉橄榄岩和二辉橄榄岩，块状构造。矿物成分主要为橄榄石和辉石，产有铬铁矿。堆晶杂岩由橄榄辉长岩和细粒辉长岩等组成，有的与变质橄榄岩呈层状产出。辉长岩本身的斜长石、辉石也各自相对集中，似层状、条带状构造，并具蛇纹石化葡萄石。

基性岩墙群主要为辉绿岩和辉绿玢岩，呈碎片状混杂于远洋沉积的硅泥质岩中。

枕状熔岩为灰绿色、灰黑色玄武岩、安山质玄武岩、细碧角斑岩。具大小不等的枕状构造，其间夹有硅质岩、凝灰岩、板岩等沉积。岩石化学和地球化学特征表明该玄武岩为洋底拉斑玄武岩(MORB)。

远洋沉积物由硅质岩、硅质泥岩、粉砂质板岩、凝灰岩、凝灰质板岩岩石组合构成，硅质岩中含有放射虫，经王玉净鉴形成定时代为二叠纪。说明索伦山蛇绿岩形成于二叠纪洋壳拉张环境，此时伴有向北的俯冲消减。此前曾根据同位素年龄将该蛇绿岩置于泥盆纪(1∶25万区域地质调查)。

2)俯冲增生杂岩带

俯冲增生杂岩带主要指出露于索伦山蛇绿岩带以南忽舍—希勃一带的上石炭统本巴图组($C_2bb$)。该组主要为长石岩屑砂岩、火山岩、板岩、灰岩岩石组合，岩石的物质成分成熟度低且十分破碎。岩层中断续分布有构造侵位的细碧岩、角斑岩、硅质岩、超基性岩等岩块，岩块大小不等，总体显示出属于有蛇绿岩碎片的浊积岩特征，说明在晚石炭世本区已有洋壳向北俯冲消减的地质记录。

本三级构造单元划分出6个四级构造单元。

#### 5. 查干乌拉俯冲增生杂岩带(Ⅰ-7-5)

该带位于苏尼特右旗以北和苏尼特左旗以南，北部与锡林浩特岩浆弧为邻。

该带是一个以温都尔庙群蛇绿岩和俯冲增生杂岩为主的优势构造相单元。

俯冲增生杂岩是中元古代末期，索伦山-西拉木伦洋板块向北部锡林浩特岩浆弧之下俯冲消减、拼贴增生于锡林浩特岩浆弧之上的构造单元。主要由温都尔庙群桑达莱呼都格组洋内弧深海相绿帘绿泥石英片岩、绿帘绿泥阳起片岩、高镁安山岩、含铁硅质岩和哈尔哈达组远洋沉积绿泥绢云母石英片岩、绢云母石英片岩、含铁硅质岩岩石组合构成。蛇绿混杂岩为超基性岩、玄武岩和辉绿岩岩石组合。在哈尔哈达组内有高压变质蓝闪片岩出露。

晚志留纪—早泥盆世，该带所在区域为弧后前陆盆地环境，沉积有浅海相长石石英砂岩及碳酸盐岩岩石组合。同期发育有俯冲岩浆杂岩(TTG)岩石构造组合。该岩浆杂岩时代跨度较大，但依据不够充分。

在中元古代温都尔庙群俯冲增生杂岩带以南，尚发育有含石炭纪蛇绿岩碎片的俯冲增生杂岩，由上石炭统本巴图组含蛇绿岩碎片的砂岩、粉砂岩、板岩、凝灰岩等浊积岩构成。蛇绿岩碎片为石炭纪超基性岩。同期有俯冲岩浆杂岩侵入。该杂岩代表了索伦山-西拉木伦洋在石炭纪大洋板块向北部俯冲增生的物质记录。

本带有二叠纪大石寨组中基性火山岩叠加不整合于其上，说明二叠纪该时期处于陆缘火山弧环境。本三级构造单元划分出16个四级构造单元。

**6. 苏尼特右旗叠加坳陷盆地(Cz)(Ⅰ-7-6)**

苏尼特右旗叠加坳陷盆地位于苏尼特右旗一带，盆地呈近东西向展布。苏尼特右旗以西是内蒙古古近纪沉积层序发育最全的地区。自下而上可分为古新统脑木根组，始新统—渐新统乌拉戈楚组、阿山头组、伊尔丁曼哈组、沙拉木伦组、呼尔井组，中新统通古尔组，上新统宝格达乌拉组，为一套湖相砂岩、粉砂岩、泥岩沉积组合，含丰富的哺乳动物化石，最大厚度400余米。苏尼特右旗以东主要是新近纪沉积，大部分为现代沙漠所覆盖。据物探资料，沉降最深可达2000m。

**7. 桑根达莱叠加断陷盆地(Mz)(Ⅰ-7-7)**

桑根达莱叠加断陷盆地位于宝音图隆起以东，索伦山以南。盆地基底为古元古界宝音图群中浅变质岩系和下二叠统。盆地内主要沉积下白垩统白彦花组含煤岩系。上白垩统二连组红色碎屑岩遍布整个盆地，沉积厚度东薄西厚，东部厚度大于88m，西部厚度在百米以上。盆地为北断南超型箕状盆地。

## (三)包尔汗图-温都尔庙弧盆系(Ⅰ-8)

包尔汗图-温都尔庙弧盆系位于索伦山-西拉木伦结合带以南、华北陆块区和宝音图岩浆弧以北。这是一个经历索伦山-西拉木伦洋从中元古代、奥陶纪、二叠纪长期向南俯冲增生的杂岩构造带。它包括朝阳地-翁牛特旗弧陆碰撞带、温都尔庙俯冲增生杂岩带和宝音图岩浆弧3个单元。

**1. 朝阳地-翁牛特旗弧陆碰撞带(Ⅰ-8-1)**

朝阳地-翁牛特旗弧陆碰撞带位于华北陆块区北侧，呈向北凸出的弧形近东西—北东东向展布，其向西可能与温都尔庙俯冲带相连，为古亚洲洋在新元古代—早石炭世末期向南的俯冲带。该俯冲带与贺根山-扎兰屯俯冲带一南一北遥相呼应，在研究上有一定的可比性。

该俯冲带及俯冲造成的地质建造和构造形迹已经残留很少，难以恢复及确定其活动时代，根据其南侧出露有山湾子陆源火山弧(O—$S_1$?)和青龙山镇晚石炭世俯冲火山岩，推测至少在寒武纪末期和早石炭世末期发生过俯冲活动；而在朝阳地出露的超基性岩长轴方向与围岩新太古界建平群片麻理产状一致，反映出新太古代之后的俯冲挤压特征。

在翁牛特旗解放营子乡一带出露辉橄岩、透辉岩、二辉岩、辉长岩、绿泥石化角闪岩、蛇纹石阳起石透闪石岩、角闪岩、蛇纹岩等，多为小岩体成群分布。在赤峰西南侧朝阳地乡温珠沟(河北省内)出露有黑色蛇纹石化次闪石化辉橄岩。

**2. 温都尔庙俯冲增生杂岩带($Pz_2$)(Ⅰ-8-2)**

温都尔庙俯冲增生杂岩带可分为西段和东段两部分来叙述。

1)西段(正蓝旗以西)

该段西起于白音查干，向东经包尔汗图、白乃庙、温都尔庙、正镶白旗、正蓝旗一带。

中、新元古代，大洋板块向南俯冲形成温都尔庙群俯冲增生楔，由温都尔庙群蛇绿岩、洋内弧和远洋沉积物堆积而成，并有蓝闪片岩高压变质带。

(1)蛇绿岩。蛇绿岩中基性—超基性岩出露于白音查干、温都尔庙一带。白音查干蛇绿岩由黄绿色、浅绿色滑石化蛇纹岩、绿帘绿泥石英片岩、绿泥片岩等枕状熔岩和蚀变辉长岩基性岩墙群组成。温都尔庙地区蛇绿岩出露于武艺台和图林凯一带，由蛇纹石化纯橄榄岩、蛇纹石化辉石橄榄岩组成；基性岩有斜长角闪岩、斜长花岗岩。据1∶5万区域地质调查1995年测定，图林凯超基性岩Sm-Nd同位素年龄为1642±224Na，斜长角闪岩锆石U-Pb法年龄(表面年龄)为1 974.6Na，斜长花岗岩锆石U-Pb年龄(表面年龄)为1 906.0Ma。以上年龄均由核工业地质分析测试研究中心测定。

(2)洋内弧。洋内弧由温都尔庙群桑达来呼都格组钠长绿帘绿泥片岩、绿泥石英片岩、透闪石阳起片岩、硅质岩、磁铁化安山岩、大理岩等岩石组合构成。原岩为枕状拉斑玄武岩、安山岩、铁硅质岩。在绿帘绿泥片岩中(变质安山岩)，获得锆石U-Pb法同位素年龄值为1 799.9Ma(1∶5万区域地质调查)。

(3)远洋沉积。远洋沉积由哈尔哈达组深海相二云母石英片岩、绿泥石英片岩、绿帘绿泥片岩、硅质岩、磁铁石英岩岩石组合组成。硅质岩中产放射虫化石。

(4)高压变质蓝闪石片岩带。高压变质带蓝闪石片岩产在哈尔哈达组绿泥石英片岩中。据颜竹筠、唐克东等研究，蓝闪石片岩中的矿物共生组合为：变泥岩-硅质岩中出现蓝闪石+多硅白云母+黑绿泥石+钠长石+石英、蓝闪石+迪尔石+铁滑石的组合，在变质基性岩中出现硬柱石+文石+绿泥石+方解石+钠长石+石英、硬柱石+绿泥石+方解石+钠长石+石英、硬柱石+绿帘石+绿泥石+榍石组合。蓝闪石、硬柱石、文石、多硅白云母等矿物出现，说明蓝闪石片岩属典型的高压相系。

有关温都尔庙群时代问题，目前尚存在两种认识：一种认识体现在全国1∶250万大地构造图说明书中，该报告援引唐克东(1992)在蓝闪片石岩获得的$^{40}Ar-^{39}Ar$年龄为446±16Ma，DeJong等(2006)报道的为453～449Ma；李承东等(2011)在变质安山岩中获得469.5±21Ma的锆石U-Pb年龄，故认为温都尔庙群是奥陶纪—志留纪期间形成的。另一种认为温都尔庙群时代为中元古代的理由是：①同位素年龄支持中元古代；②在内蒙古所有古生代地层中都有化石依据，唯独温都尔庙群至今尚未发现有化石资料的报道，本次工作采用后一种观点，但不排除有前一种的可能性。

奥陶纪，洋壳继续向南俯冲，在包尔汗图至白乃庙一带，形成奥陶纪火山岛弧和弧后盆地。火山岛弧为早—中奥陶世包尔汗图群哈拉组玄武岩、安山岩、安山质凝灰岩等外弧岩石组合和同期分布在白乃庙一带的白乃庙组钙碱性系列火山岩和碳酸盐岩浊积岩组合，并以含有铜、金而闻名。弧后盆地为包尔汗图群布龙山组砂岩、硅质板岩、凝灰岩等岩石组合，含笔石化石。奥陶纪的洋壳俯冲消减作用，除形成上述岛弧火山岩以外，还形成一套俯冲岩浆杂岩(TTG)岩石构造组合。

奥陶纪俯冲增生活动结束以后，志留纪至石炭纪，本带为相对稳定的被动陆缘环境，次一级环境为陆棚碎屑岩沉积盆地和碳酸盐岩台地。包括中志留统徐尼乌苏组浅海相砂砾岩、砂岩、粉砂岩、泥岩、碳酸盐岩组合，上志留统至下泥盆统西别河组浅海相长石石英砂岩、杂砂岩、粉砂岩、板岩、碳酸盐岩组合，含有丰富的动物化石。同期发育有过铝质碱性后碰撞岩石构造组合。

晚泥盆世至早石炭世，北部大洋板块向南部发生短暂的俯冲，在包尔汗图一带形成俯冲岩浆杂岩(TTG)岩石构造组合。

上石炭统为陆棚碎屑岩盆地本巴图组浅海相砂岩、粉砂岩、泥岩岩石组合，以及陆相碎屑岩酒局子组。上石炭统阿本山组为碳酸盐岩岩石组合。

二叠纪是大洋板块向南俯冲消减速度加快的时期。在本带及其南部陆块区边缘，俯冲作用形成侵入岩的俯冲极性，即由北向南分别为TTG、$G_1G_2$、$G_2$，分带性明显。同期形成的陆缘火山岩主要以中二叠统额里图组中基性火山岩为代表。在其南部的陆块区之上也有同期火山岩出露。

三叠纪本区进入后碰撞和后造山构造阶段。

中生代本区进入了中国东部造山-裂谷活动阶段，侏罗纪—早白垩世形成有大量的中性、酸性陆相火山岩岩石组合。新生代陆内裂谷碱性玄武岩大面积溢出。

2)东段(正蓝旗以东)

本段主要分布在西拉木伦河以南朝阳地—翁牛特旗一带

在喀喇沁旗小牛群乡萝卜起沟一带出露上寒武统锦山组($\in_3 j$)，为陆表海陆源碎屑-灰岩组合，岩性为含粉砂绢云母板岩、钙质板岩、钙质长石石英砂岩、细粉砂岩、结晶灰岩、大理岩。产腕足化石 *Huenella* sp.、*Billingsella* cf.、*Liaoningensis* su、*Eoorthis aff. lnnarsoni*(*Kayser*)。

奥陶纪—中志留世为岛弧环境，沉积了奥陶纪—中志留世灰色大理岩、石英片岩夹角闪片岩，以及八当山火山岩，岩性为变质流纹岩、流纹质凝灰岩。

晚志留世—早泥盆世为被动陆缘环境，沉积了一套以西别河组大理岩、结晶灰岩、生物碎屑灰岩为主夹板岩、细粉砂岩的岩石组合。在敖汉旗前坤头沟一带出露有下泥盆统前坤头沟组杂砂岩、千枚状板岩、板岩夹灰岩、基性火山岩组合。在翁牛特旗北晒勿苏一带出露有中志留统晒勿苏组滨浅海结晶灰岩、礁灰岩、砂板岩岩石组合。

晚志留世发育二长花岗岩、正长花岗岩为碱性—钙碱性岩石构造组合，为后造山构造环境。

石炭纪本区为陆缘火山弧环境，出露有下石炭统朝吐沟组玄武安山岩、安山岩、中酸性熔岩、酸性凝灰岩夹结晶灰岩、绢云母片岩岩石组合和晚石炭世青龙山火山岩，岩性为蚀变安山岩、安山质碎屑凝灰岩岩石组合。

石炭纪晚期为周缘前陆隆后盆地环境。沉积上石炭统酒局子组湖相泥岩、粉砂岩夹煤岩石组合，石嘴子组浅海相砾岩、砂砾岩、砂岩、粉砂岩、板岩夹结晶灰岩岩石组合和白家店组滨浅海相碳酸盐岩岩石组合。

二叠纪早期，本区为被动陆缘环境，出露有下二叠统三面井组砂砾岩、石英砂岩、粉砂岩夹板岩、灰岩。中二叠世北部大洋板块向南俯冲作用，产生了陆缘弧性质的额里图组玄武岩、安山玄武岩、安山岩、英安质火山碎屑岩岩石组合。并有弧背沉积环境的于家北沟组水下扇砾岩、含砾岩屑砂岩、粉砂岩、粉砂质板岩、酸性凝灰岩等岩石组合。

中二叠世发育俯冲岩浆杂岩，岩性为英云闪长岩、奥长花岗岩、花岗闪长岩、二长花岗岩、闪长岩等(TTG)岩石构造组合。

晚三叠世铁营子组为弧盖层沉积，岩性为湖泊三角洲巨砾岩、砂砾岩、砂岩、粉砂岩夹层凝灰岩岩石组合，含有华夏植物化石。

中三叠世发育强过铝质黑云母二长花岗岩、二云母二长花岗岩、白云母二长花岗岩等同碰撞岩浆杂岩岩石构造组合。SHRIMP U-Pb 同位素年龄为(229.2±2.7)Ma 和 237Ma。

本三级构造单元划分出 38 个四级构造单元。

### 3. 宝音图岩浆弧($Pz_2$)(Ⅰ-8-3)

宝音图岩浆弧位于弧盆系的西部狼山西段以北地区，其北部与温都尔庙俯冲增生杂岩带相邻，两侧被北东向断裂所截，主要出露基底岩系古元古界宝音图群，宝音图群为一套中浅变质岩系。由下而上可分为 3 个变质建造组合。第一组合为块状石英岩、片状二云石英岩、石榴绢云母石英片岩组合。第二组合为十字石石榴白云石英片岩、电气石石榴白云片岩、十字石石榴绢云母片岩、角闪变粒岩、石榴阳起片岩岩石组合。第三组合为大理岩、石英岩、石榴蓝晶二云片岩、二云斜长片岩岩石组合。总之，该群主要为浅海相陆缘碎屑岩夹有少量火山岩或火山碎屑岩的地层，总体属于较稳定的浅海环境，具有被动陆缘性质，但也不排除具有弧后盆地性质的构造环境。

中元古代发育俯冲岩浆杂岩(TTG)组合。石炭纪—二叠纪本区发育大量的俯冲型花岗闪长岩、二长花岗岩、斜长花岗岩、辉长岩等 $G_1G_2$ 岩石组合。三叠纪为过铝质高钾钙碱性、碱性后碰撞岩石构造组合(含石榴子石、白云母)。

本三级构造单元划分出 7 个四级构造单元。

### 4. 额济纳旗-北山弧盆系(Ⅰ-9)

1)圆包山(中蒙边界)岩浆弧(O—D)(Ⅰ-9-1)

圆包山岩浆弧位于额济纳旗西部圆包山一带，北部与蒙古国接壤，南与红石山蛇绿混杂岩带毗邻。向西进入甘肃省内，向东延入蒙古国。这是一个从奥陶纪到泥盆纪长期发育的岛弧和弧内、弧前陆坡盆地等构造环境的构造单元。推测俯冲带位于蒙古国境内。奥陶纪岛弧火山岩为咸水湖组玄武岩、安山岩、英安岩、流纹岩夹硅质岩等岩石组合；志留纪岛弧火山岩为中—上志留统公婆泉组安山岩、英安岩、流纹岩等成熟岛弧岩石组合；弧前陆坡盆地为中—上志留统碎石山组浅—半深海相砂岩、粉砂岩、粉砂质泥岩夹硅质岩岩石组合。泥盆纪岛弧火山岩为雀儿山组安山玄武岩、安山岩、流纹岩、安山岩、凝灰熔岩岩石组合。

石炭纪为陆缘火山弧和弧内盆地沉积环境。火山弧(白山组)为安山岩、英安岩、流纹岩、流纹质、英安质凝灰岩岩石组合。弧内盆地(绿条山组)为长石砂岩、粉砂岩、粉砂质泥岩夹灰岩岩石组合。同期发育有俯冲岩浆杂岩(TTG)岩石构造组合。还出现有蛇绿岩组合的超基性岩、辉长岩、角闪辉长岩等。

二叠纪仍为陆缘弧环境，发育有中二叠统金塔组英安岩、流纹岩、大理岩岩石组合和俯冲型靠海一侧的 TTG 岩石构造组合。晚二叠世出现陆相火山岩。早侏罗世本区出现伸展构造环境，局部见有后造山岩浆杂岩。

本三级构造单元可进一步划分出 17 个四级构造单元。

2)红石山蛇绿混杂岩带(C)(Ⅰ-9-2)

红石山蛇绿混杂岩带位于圆包山岩浆弧之南和明水岩浆弧之北，向西延入甘肃省内，向东被巴丹吉林新生代坳陷盆地掩盖。

这是一个在前石炭纪陆缘弧增生陆壳之上经拉张、裂陷形成的新生洋盆。向西在红石山见有石炭纪超基性岩、辉长岩等蛇绿岩出露，伴有半深海相粉砂岩、粉砂质泥岩、硅质岩等石炭系绿条山组沉积。火山岩则为陆缘性质的石炭系白山组安山岩、英安岩、流纹岩等岩石组合，火山岩不具备洋内弧火山岩特点。推测拉张裂陷作用在西部甘肃省内明显，形成具有一定规模的洋盆。向东进入内蒙古内，洋盆规模逐渐变小，表现为弧间裂谷盆地特点(红海式裂谷)。

石炭纪—二叠纪本区发育俯冲岩浆杂岩($TTG_1$)岩石构造组合。三叠纪发育后碰撞岩浆杂岩。

本构造单元可进一步划分出 6 个四级构造单元。

3)明水岩浆弧(C)(Ⅰ-9-3)

明水岩浆弧位于红石山蛇绿混杂岩带之南和公婆泉岛弧之北，向西进入甘肃省内，向东被巴丹吉林新生代坳陷盆地掩盖，是一个以中新太古代高级变质杂岩和古元古代古岛弧为基底的构造单元。推测是在奥陶纪从塔里木陆块分裂出来的地块。志留纪有俯冲岩浆杂岩侵入，可能与南部公婆泉岛弧的再生洋盆地俯冲消减有关。石炭纪为陆缘弧环境，由白山组和绿条山组构成的陆缘火山弧和弧内盆地碎屑岩沉积组成。白山组为海相流纹岩、流纹质凝灰岩、凝灰熔岩夹安山岩组合，绿条山组为滨—浅海相石英砂岩、粉砂岩泥岩、灰岩组合。同期伴有石炭纪、二叠纪俯冲岩浆杂岩($TTG_1$)岩石构造组合。其形成的动力学机制可能与北部洋壳(在蒙古国境内)向南俯冲有关。

侏罗纪至早白垩世为后造山岩浆杂岩侵入的伸展构造环境。

本构造单元可进一步划分出 8 个四级构造单元。

4)公婆泉岛弧(O—S)(Ⅰ-9-4)

公婆泉岛弧位于明水岩浆弧之南和塔里木陆块区之北，向西进入甘肃省内，向东被巴丹吉林新生代坳陷盆地掩盖，是一个从塔里木陆块于中奥陶世拉伸裂开的再生洋盆发育起来的构造单元。

再生洋盆的边缘地带，出露有中元古代至早中奥陶世被动陆缘性质的陆棚碎屑岩和碳酸盐岩台地的岩石组合。中元古界古硐井群为滨海相石英砂岩、粉砂岩、硅泥质板岩岩石组合；中、新元古界圆藻山群浅海相碎屑碳酸盐岩、白云质碳酸盐岩夹硅质岩岩石组合；下寒武统双鹰山组为浅海相砂岩、粉砂岩、页岩、灰岩岩石组合；中寒武统至下奥陶统西双鹰山组为浅—半深海相石英砂岩、碳酸盐岩、硅质岩岩石组合；中下奥陶统罗雅楚山组为半深海相石英砂岩、白云岩、硅质岩、碧玉岩岩石组合。

中奥陶世至志留纪，再生洋盆内发育有中—上奥陶统锡林柯博组玄武岩、安山岩、英安岩、碧玉岩的火山弧岩石组合和白云山组浅海相长石石英砂岩、杂砂岩、粉砂岩、灰岩的弧背沉积的岩石组合，并形成 SSZ 型蛇绿混杂岩。志留纪，随着洋盆的不断扩展，伴有洋壳向两侧俯冲消减，形成中—上志留统公婆泉组以安山岩为主的玄武岩、英安岩、大理岩火山弧岩石组合，同期有半深海相的碳酸盐岩、石英砂岩、硅质岩等弧内沉积的岩石组合，以下—中志留统圆包山组和中—上志留统碎石山组为代表。晚志留世洋盆封闭。

石炭纪本区发育俯冲岩浆杂岩岩石构造组合(TTG)。其形成的动力学机制可能与北部大洋板块向南部增生陆壳之下持续俯冲有关。

二叠纪发育俯冲岩浆杂岩 $G_1G_2$ 岩石构造组合,该岩石构造组合与其北部的圆包山岩浆弧、红石山蛇绿混杂岩带、明水岩浆弧内的 TTG 岩石构造组合可以构成由北向南的俯冲极性。

三叠纪发育后碰撞岩浆杂岩岩石构造组合,为过铝质高钾钙碱性花岗岩、二长花岗岩岩石组合。

侏罗纪至白垩纪发育后造山岩浆杂岩岩石构造组合。

本构造单元进一步划分出 18 个四级构造单元。

5)珠斯楞海尔罕陆缘弧($Pz_2$)(Ⅰ-9-5)

珠斯楞海尔罕陆缘弧位于圆包山岩浆弧之南,其南部以阿尔金走滑断裂为界与恩格尔乌苏蛇绿混杂岩带相邻。

这是一个发育在中元古代至泥盆纪稳定的被动陆缘之上的以石炭纪—二叠纪为陆缘弧优势构造相的构造单元。

该单元东北角出露有中、新太古代高级变质杂岩,岩性为蛇纹石化白云母大理岩、黑云角闪斜长片麻岩、变粒岩岩石组合。出露有古元古代古岛弧北山岩群,岩性为黑云角闪斜长片麻岩、变粒岩岩石组合。中元古代至泥盆纪,本区进入相对稳定的被动陆缘的构造环境。中元古界古硐井群为浅海相石英砂岩、粉砂岩、泥岩岩石组合;中—新元古界圆藻山群为局限台地硅质岩、板岩、硅质白云岩岩石组合;中寒武统至下奥陶统西双鹰山组为台地碳酸盐岩、白云岩、硅质岩岩石组合;中—上奥陶统白云山组为陆棚碎屑岩滨—浅海砾岩、砂岩、粉砂岩、泥岩岩石组合;上奥陶统至下志留统为班定陶勒盖组外陆棚半深海相泥岩、硅质泥岩、硅质岩岩石组合;下志留统圆包山组、上志留统碎石山组为陆棚碎屑岩浅海相砂岩、粉砂岩、泥岩岩石组合;下—中泥盆统伊克乌苏组不整合在志留系之上,为外陆棚半深海相泥质、粉砂质碳酸盐岩、硅质岩岩石组合;中—上泥盆统卧驼山组、西屏山组为陆棚碎屑长石石英砂岩、砂砾岩、礁碳酸盐岩岩石组合。

石炭纪本区进入活动陆缘阶段,发育石炭纪和二叠纪的陆缘火山弧和俯冲岩浆杂岩(TTG)岩石构造组合。石炭纪陆缘火山弧为石炭系白山组海相流纹岩、英安岩、安山岩、流纹质、英安质凝灰岩岩石组合;同期弧内沉积为绿条山组和本巴图组浅海相长石石英砂岩、粉砂岩、泥岩、灰岩岩石组合。下二叠统双堡塘组为陆棚碎屑砂岩、粉砂岩、泥岩岩石组合。陆缘火山弧为中二叠统金塔组海相英安质凝灰岩、砂岩、粉砂岩、泥岩岩石组合;上二叠统哈尔苏海组为弧背沉积砂砾岩、砂岩、粉砂质泥岩岩石组合,标志着本区陆缘火山活动的结束。

三叠纪以后,本区发育陆内断陷盆地和少量后碰撞、后造山构造岩浆侵入活动。

本三级构造单元可进一步划分出 13 个四级构造单元。

6)恩格尔乌苏蛇绿混杂岩带(C)(Ⅰ-9-8)

恩格尔乌苏蛇绿混杂岩带位于珠斯楞海尔罕陆缘弧之南,南与哈特布其岩浆弧相邻。

它被认为是华北板块与塔里木板块之间恩格尔乌苏封闭洋盆碰撞对接带上的蛇绿混杂岩带。据王廷印等研究,带内具有层序较全的"三位一体"的蛇绿岩组合。底部为变质橄榄岩(地幔岩),向上依次为堆晶岩、基性岩墙群、枕状熔岩和远洋沉积变质橄榄岩,其次为块状海绵状硅质碳酸盐岩等岩石组成的硅化型风化壳;堆晶岩由灰绿色细粒角闪辉长岩组成,具强烈的绿帘石化、绢云母化、方解石化、高岭土化。顶部见有斜长花岗岩;基性岩墙群为次玄武岩、辉绿岩、辉绿玢岩;枕状熔岩为拉斑玄武岩、橄榄玄武岩、安山玄武岩;远洋沉积为硅质岩、硅质碧玉岩、细碧角斑岩、锰结核等。它们以构造岩片状侵位于上石炭统以本巴图组($C_2bb$)为基质的沉积地层中。

带内尚发育有二叠纪俯冲岩浆杂岩(TTG)岩石构造组合。该带向东、西两侧被第四纪坳陷盆地掩盖,其展布方向不明。向东与宝音图岩浆弧以大断裂相接。

该带可进一步划分出 3 个四级构造单元。

7)哈特布其岩浆弧(C—P)(Ⅰ-9-6)

哈特布其岩浆弧位于恩格尔乌苏蛇绿混杂岩带之南和巴音戈壁弧后盆地之北,向西被巴丹吉林新生代坳陷盆地掩盖。

它是从华北陆块裂离出来的构造单元,其分裂的动力学机制可能与恩格尔乌苏洋向南俯冲作用有关,是一个以晚古生代陆缘弧为优势构造相的构造单元。

该岩浆弧基底为中太古代陆核、新太古代和古元古代岛弧片麻岩、片岩。中元古代,在西部地区发育有中元古界墩子沟群被动陆缘的碎屑岩、碳酸盐岩岩石组合和双峰式裂谷岩浆杂岩。志留纪发育有俯冲岩浆杂岩(TTG)岩石构造组合。

石炭纪,由于恩格尔乌苏大洋板块向南俯冲,在岩浆弧之上形成陆缘火山弧本巴图组和弧内盆地阿木山组沉积,并伴有俯冲岩浆杂岩(TTG)岩石构造组合。二叠纪向南的俯冲作用,在岩浆弧之上形成下—中二叠统大石寨组火山岩、金塔组火山岩岩石组合。弧内盆地沉积为哲斯组与双堡塘组的浅海相碎屑岩岩石组合。

三叠纪为后碰撞岩浆杂岩。白垩纪则为陆内裂谷碱性玄武岩、安山岩、英安岩夹砂页岩组合和后造山岩浆杂岩。中新生代主要为盆山构造体制占主导地位。早白垩世尚发育有陆内火山的喷发盆地苏红图组火山岩。

8)巴音戈壁弧后盆地(C)(Ⅰ-9-7)

巴音戈壁弧后盆地位于哈特布其岩浆弧之南和华北陆块区阴山-白云鄂博裂谷之北。

这是一个由哈特布其岩浆弧在石炭纪与华北陆块裂离扩张后形成的弧后盆地,具有边缘海盆性质的构造单元。其底部已具有洋壳性质,发育蛇绿岩和硅质泥岩组合。盆地内可分为近陆弧后盆地和近弧弧后盆地。近陆弧后盆地沉积有生物屑碳酸盐岩夹火山碎屑岩岩石组合($C_2a$),近弧弧后盆地沉积有火山碎屑浊积岩岩石组合($C_2bb$)。同时发育有超基性岩、基性岩、硅质岩、碧玉岩等初始洋壳性质的蛇绿岩组合。

二叠纪尚未发现沉积记录,只发育有俯冲岩浆杂岩($G_1G_2$)岩石构造组合。三叠纪为过铝质中高钾钙碱性、钾质碱性后碰撞岩浆杂岩。中生代断陷盆地十分发育,因此本单元的许多地质记录大部分已被掩盖,只能见其冰山一角了。

该带进一步划分出8个四级构造单元。

9)巴丹吉林叠加坳陷盆地(Cz)(Ⅰ-9-9)

巴丹吉林叠加坳陷盆地位于额济纳旗以南、合黎山以北的广大地区。盆地南部是著名的巴丹吉林沙漠,流动沙丘占整个沙漠面积的80%。盆地北部为戈壁和现代湖泊。据钻探资料证实,坳陷盆地是在晚古生代基底上发育起来的新生代坳陷,盆地内上白垩统、古近系和新近系不甚发育。第四系为中更新统松散的多成因红色砂砾层、粉砂和黏土,往往直接不整合在下白垩统之上。中更新世晚期,气候曾一度温湿,形成河湖相黏土、亚黏土和砂砾层,堆积厚度为244~300m。晚更新世洪水泛滥,在前山形成洪积倾斜平原,盆地中心堆积了粉砂和黏土,厚10~100m。全新世气候干旱,风沙成行,逐渐形成了盆地南部一望无际的巴丹吉林沙漠。

## 二、华北陆块区

华北陆块区是古元古代末最终拼接形成的早前寒武纪克拉通,与传统地质构造所指的华北地台范围大致相似。在内蒙古范围内主要包括晋冀陆块、冀北古岛弧盆系、狼山-阴山陆块、鄂尔多斯陆块、阿拉善陆块5个部分。

## (一)晋冀陆块(Ⅱ-2)

吕梁碳酸盐岩台($Pz_1$)(Ⅱ-2-5)地位于鄂尔多斯盆地之东清水河县一带,台地大部分在山西内,内蒙古范围内仅占其一隅。

这是华北陆块区地质构造最为稳定的地区。本区出露的寒武系和奥陶系直接不整合于古老中太古代陆核之上。地层产状基本水平。中太古代陆核由集宁岩群富铝变质表壳岩——紫苏麻粒岩和中太古代似斑状二长花岗岩构成。下—中寒武统馒头组为碎屑岩陆表海沉积,为浅海相砾岩、石英砂岩、粉砂岩页岩组合;中寒武统张夏组为开阔碳酸盐岩台地砾屑碳酸盐岩夹泥灰岩组合。上寒武统—下中奥陶统三山子组、马家沟组为白云质碳酸盐岩、白云岩沉积等局限台地构造环境。晚奥陶世至早石炭世为本区水平抬升阶段,缺失该阶段的沉积记录。至晚石炭世又沉降接受晚石炭世至二叠纪太原组和山西组的海陆交互相陆表海碎屑岩、铝土质页岩、煤等沉积。底部赋存有丰富的铁矿资源。

本构造单元可划分出4个四级构造单元。

## (二)冀北陆块(Ⅱ-3)

### 1.恒山-承德-建平古岩浆弧($Ar_3$—$Pt_1$)(Ⅱ-3-1)

新太古界建平岩群一段($Ar_3J^1_.$)出露在打虎石村—四家子镇一带,为麻粒岩-紫苏斜长变粒岩-磁铁石英岩组合,岩性为紫苏透辉斜长麻粒岩、黑云角闪斜长片麻岩、角闪变粒岩、黑云变粒岩、透辉斜长角闪岩、磁铁石英岩、斜长角闪片岩、长英片岩、眼球状或条纹状混合岩。而该区大部分新太古界为建平岩群二段($Ar_3J^2_.$)古陆缘弧环境斜长角闪岩-变粒岩-大理岩组合,岩性为夕线石榴二云片岩、镁橄榄大理岩、角闪变粒岩、黑云变粒岩、长英片岩、斜长角闪片岩、黑云斜长角闪片麻岩、斜长角闪岩、条纹或条带状混合岩。建平岩群三段($Ar_3J^3_.$)出露较少,为蛇纹石化大理岩夹石英岩、角闪黑云斜长片麻岩。恢复原岩为弧间浅海陆棚基性火山岩-黏土岩-镁质碳酸盐岩建造,被新太古代古陆缘弧环境英云闪长岩-花岗闪长岩-二长花岗岩(类TTG)组合侵入。

古元古界明安山岩群($Pt_1Ma.$)分布在喀喇沁旗—四德堂村一带,呈北东东向展布,为绿片岩-(云母)石英片岩-大理岩组合,岩性下部为二云长英千枚状片岩、绢云母石英千枚岩、千枚状变质砂砾岩;中部为条带状结晶灰岩、大理岩、条带状碳质大理岩和钙硅角岩;上部为绿泥绢云母石英千枚岩、含砾石英岩、条带状结晶灰岩和大理岩。原岩为古弧间盆地环境砂泥质岩-碳酸盐岩建造,经受了区域低绿片岩相—高绿片岩相热动力变质作用,属低—中压区域变质相系。古元古代侵入岩主要为古岩浆弧环境(变质)花岗闪长岩-花岗岩(GG)组合。

中元古界长城系分布在宁城县打虎石村一带,呈东西向以断层为边界的"地堑"断续分布,为古裂谷环境云母片岩-石英岩-大理岩组合($Pt_2$)。包括常州沟组(Ch*c*)灰白色石英岩夹石灰岩、绢云母片麻岩;串岭沟组(Ch*ch*)粉砂质板岩、石英粉砂岩夹鲕状赤铁矿层;大红峪组(Ch*d*)粉砂质板岩、含粉砂钙质板岩、绢云母石英片岩夹结晶灰岩和高于庄组(Chg)变质长石石英砂岩夹硅质板岩、板岩、铁钙质碳质板岩、条带状硅质白云石大理岩。中元古代侵入岩有出露在农科队村一带的稳定陆块-陆内裂谷环境层状基性—超基性杂岩组合、在八里罕一带出露的后造山碱性—钙碱性花岗岩组合。

陆块区在晚古生代—中生代被大量岩浆侵入。其中,早二叠世侵入后造山碱性—钙碱性花岗岩组合;中二叠世由北到南侵入TTG组合和同碰撞高钾-钾玄质花岗岩组合;晚二叠世—中三叠世侵入后碰撞高钾-钾玄质花岗岩组合;晚三叠世—早侏罗世侵入后造山-陆内裂谷碱性—钙碱性花岗岩组合和层状基性—超基性杂岩组合;早侏罗世侵入后碰撞高钾-钾玄质花岗岩组合;晚侏罗世侵入后碰撞高钾-钾玄质花岗岩组合和陆缘弧石英闪长岩-花岗闪长岩组合;早白垩世侵入后造山钙碱性—碱性花岗岩组合。

火山-沉积岩主要为中侏罗统新民组($J_2x$)火山洼地河湖相流纹质玻屑岩屑凝灰岩、流纹质角砾凝灰岩、沉火山角砾岩、长石砂岩、凝灰质细粉砂岩、砾岩夹碳质泥岩、灰岩及煤层组合;上侏罗统为土城子组($J_3t$)凝灰角砾岩、凝灰质钙质岩屑砂岩、细砂岩夹含砾粗砂岩、泥灰岩透镜体组合,满克头鄂博组($J_3mk$)火山弧高钾和钾玄岩质酸性火山岩组合,玛尼吐组($J_3mn$)陆缘弧中性火山岩组合和白音高老组($J_3b$)火山弧高钾-钾玄岩质酸性火山岩组合;下白垩统为义县组($K_1y$)陆内裂谷碱性玄武岩-流纹岩组合,九佛堂组($K_1jf$)咸—淡水湖相粗砂岩、砾岩、凝灰质砂岩、页岩夹凝灰砾岩含油页岩石膏和阜新组($K_1f$)淡水湖相长石砂岩、石英砂岩、细粉砂岩、泥岩、碳质泥岩、页岩夹煤层组合。

本构造单元可进一步划分出 13 个四级构造单元。

### (三)狼山-阴山陆块(大陆边缘岩浆弧)(Ⅱ-4)

这一构造单元曾被黄汲清教授等命名为内蒙古地轴。其北部以深断裂与天山-兴蒙造山系接壤,南部以狼山-乌拉山-大青山山前大断裂为界与吉兰太-包头断陷盆地相邻。陆块内由古—中太古代陆核、新元古代岩浆弧、中新元古代狼山-白云鄂博裂谷构成。裂谷在《中国大地构造及其演化》(黄汲清教授指导任纪舜等编写)一文中被认为是华北地台的第一套盖层。

该单元在石炭纪—二叠纪由于受北部索伦山-西拉木伦洋板块向南俯冲的影响,由稳定状态进入了大陆边缘活动状态。在陆块之上,产生大规模的构造岩浆侵入和中酸性火山岩喷发,使原来的构造格局发生了重大的变化。

#### 1. 固阳-兴和陆核($Ar_1$—$Ar_2$)(Ⅱ-4-1)

固阳-兴和陆核位于包头以北的乌拉山至呼和浩特以北的大青山和兴和一带,北与色尔腾山-太仆寺旗岩浆弧毗邻。该单元的变质基底(亦称陆核)由古太古界兴和岩群、中太古界集宁岩群和乌拉山岩群构成。兴和岩群分布在兴和县和固阳附近,为一套紫苏(斜长、钾长)花岗质麻粒岩、紫苏混合片麻岩、二辉麻粒岩、斜长角闪岩、磁铁石英岩(BIF)建造组合,同时伴有辉石片麻岩、二辉斜长片麻岩等变质深成侵入体组合。

集宁岩群主要出露在集宁至凉城一带,为一套富铝片麻岩、斜长角闪岩、黑云斜长麻粒岩、含石墨片麻岩、白云大理岩建造组合,属于孔兹岩系。

乌拉山岩群出露在乌拉山、大青山一带,为一套富钙铝片麻岩、黑云角闪片麻岩、石墨片麻岩、大理岩、石英岩、磁铁石英岩(BIF)等变质表壳岩的建造组合(孔兹岩系)。富铝片麻岩中富含石榴子石、夕线石、堇青石等矿物。

中太古代,本区还发育有英云闪长岩、苏长岩、紫苏长英质片麻岩、紫苏片麻岩、花岗质片麻岩等钾质碱性、中高钾钙碱性变质深成侵入体(TTG)。

陆核之上发育有新太古代色尔腾山群($Ar_3S.$)古岛弧和俯冲岩浆杂岩岩石构造组合。古元古代为相对稳定的被动陆缘碎屑岩沉积($Pt_1M.$)。

中元古代,本区发育同位素年龄为(1769±2.5)Ma(陆松年,2004)的基性岩墙群,代表了华北陆块上的一次重要裂解事件。震旦纪—奥陶纪为陆表海碳酸盐岩岩石组合。石炭纪为海陆交互相含煤建造组合。构造环境与华北地区基本一致。

二叠纪本区进入构造活动时期,产生了大红山组中酸性火山喷发和断陷盆地,并有大量俯冲岩浆杂岩和后碰撞岩浆杂岩侵入。

中新生代,受中国东部大陆边缘活动的影响,侏罗纪有中酸性火山岩喷发($J_3mk$、$J_3mn$、$J_3b$)和晚白垩世后造山碱性花岗岩活动。新生代有大陆溢流玄武岩,(汉诺坝组,$N_1h$)的大面积喷溢活动。

值得一提的是,吴昌华、孙敏等研究表明,乌拉山—集宁一带的孔兹岩锆石已有 TIMS 年龄

1.85Ga,LA-ICP-MS测试变质锆石年龄为1.8Ga,两种方法在确定孔兹岩的变质年龄上差别不大。对于孔兹岩的碎屑锆石LA-ICP-MS获得的谐和年龄值为2.2～2.0Ga,反映沉积时代不是一个时间点,而是一时间段,因为沉积年龄由最年轻的碎屑锆石年龄限定,所有孔兹岩的沉积年龄均大于或等于2.0Ga,即它不是太古宙而是古元古代的沉积岩。并进一步认为,作为华北克拉通变质基底组成之一的孔兹岩的时代不是太古宙,不但宣告华北一统太古宙克拉通的传统概念必须修正,而且暗示新的基底构造模型出现势在必然,提出华北陆台是吕梁运动碰撞拼合大陆的构造模型(吴昌华 1998;zhao et al,2001,2003;王惠初等,2005)。

本构造单元可进一步划分出18个四级构造单元。

### 2.色尔腾山-太仆寺旗古岩浆弧($Ar_3$)(Ⅱ-4-2)

色尔腾山-太仆寺旗古岩浆弧位于固阳-兴和陆核之北和狼山-白云鄂博裂谷之南,西起色尔腾山一带,向东延至太仆寺旗与河北省相接。

本单元主要出露新太古代色尔腾山岩群及其同时代的侵入岩(TTG)。其构造环境为岛弧和弧后盆地。岛弧由新太古代色尔腾山群东五分子组($Ar_3d$)和柳树沟组($Ar_3l$)组成。东五分子组为一套黑云角闪斜长片岩、斜长角闪岩、磁铁石英岩组合,是本区的重要含铁层位。曾被认为是一套花岗-绿岩带,与金矿关系密切,著名的十八顷壕金矿就产在该带内。柳树沟组主要为一套角闪黑云石英片岩、二云石英片麻岩、绢云母石英片岩、黑云绿泥钠长片岩、斜长片岩、糜棱岩化黑云绿泥绿帘钠长片岩、阳起片岩、变粒岩等岩石组合。弧后盆地为点力素太组石英岩、变粒岩、大理岩组合。原岩为中基性火山岩、中酸性火山岩夹碎屑岩组合。

同期侵入岩为俯冲型英云闪长岩、石英闪长岩、闪长岩、花岗岩、二长花岗岩组合,属于TTG岩石构造组合。

受中、新元古代狼山-白云鄂博裂谷影响,本单元内部有中元古代双峰式侵入岩和基性岩墙群侵入。

震旦纪—奥陶纪,与华北地台同步沉积了一套稳定的陆表海盆地岩石组合。震旦系什那干群为碳酸盐岩陆表海环境,沉积了浅海相硅质条带碳酸盐岩、硅质砂岩组合;下—中寒武系统称色麻沟组,为碎屑岩陆表海盆地浅海相砂页岩组合;中—上寒武统老弧山组为碳酸盐岩陆表海盆地浅海相泥质、砾屑碳酸盐岩组合;奥陶系发育比较完整,下奥陶统山黑拉组为生物泥晶碳酸盐岩组合;中奥陶统二哈公组为白云质碳酸盐岩组合;上奥陶统乌兰胡洞组是华北陆块区内唯一的晚奥陶世岩石地层,分布于乌拉特前旗佘太镇附近,为碳酸盐岩陆表海生物泥晶碳酸盐岩组合。

二叠纪,本区同样进入了大陆边缘活动阶段,有大规模的俯冲型花岗岩浆(TTG)侵入和二叠纪大红山组($P_1d$)中酸性火山喷发活动。

本构造单元可划分出13个四级构造单元。

### 3.狼山-白云鄂博裂谷($Pt_{2-3}$)(Ⅱ-4-3)

狼山-白云鄂博裂谷位于狼山-阴山陆块北部边缘,与天山-兴蒙造山系以深断裂相接,西起阿拉善右旗,向东经乌拉特后旗、白云鄂博、四子王旗、化德县,止于正镶白旗一带。

这是一个发育在华北陆块古老结晶基底岩系之上的陆缘裂谷带,由白云鄂博群和渣尔泰山群构成。以白云鄂博群为代表的裂谷,起于白云鄂博一带,向东止于正镶白旗;以渣尔泰山群为代表的裂谷,西起于阿拉善右旗,向东止于固阳一带。

白云鄂博群裂谷可以分为裂谷中心和裂谷边缘两个四级构造单元。裂谷中心由长城系尖山岩组、蓟县系哈拉霍圪特组、必鲁特组、青白口系呼儿尔图岩组组成,裂谷边缘由长城系都拉哈拉岩组、青白口系白音布拉格岩组组成。

渣尔泰山群裂谷也可以分为裂谷中心和裂谷边缘两个四级构造单元。裂谷中心由长城系增隆昌组和蓟县系阿古鲁沟组组成,裂谷边缘由长城系书记沟组和青白口系刘鸿湾组组成。

裂谷中心一般由细碎屑岩、碳质页岩、碳酸盐岩和少量火山岩岩石组合构成，裂谷边缘则为砂砾岩、粉砂岩等岩石组合。渣尔泰山群裂谷中心部位往往是硫多金属矿产聚集的场所，白云鄂博群因赋存有大型的铁铌、稀土矿而闻名于世。同期有双峰式侵入岩、双峰式岩墙群和白云石碳酸岩侵入。

震旦纪至早中奥陶世为碳酸盐岩陆表海盆地沉积。晚奥陶世至早石炭世，整体抬升，缺失沉积。二叠纪以后，进入大陆边缘活动阶段，有大量的石炭纪至二叠纪俯冲岩浆杂岩侵入和二叠纪中酸性火山岩喷发活动，如下二叠统苏计火山岩和大红山组火山岩。

中生代，受中国东部造山-裂谷系影响，有陆相火山喷发活动，如上侏罗统满克头鄂博组、玛尼吐组、白音高老组火山岩和下白垩统白女羊盆组火山岩、金家窑子组火山岩等。同期还发育有成煤断陷盆地。

本三级构造单元可进一步划分出 27 个四级构造单元。

### (四)鄂尔多斯陆块(Ⅱ-5)

该陆块包括两个三级构造单元，即鄂尔多斯盆地(Mz)和贺兰山夭折裂谷(∈—O)。

#### 1. 鄂尔多斯盆地(Mz)(Ⅱ-5-1)

鄂尔多斯盆地位于呼和浩特、包头以南，其北部边缘以阶梯状断裂与吉兰泰-包头断陷盆地相接，西部为贺兰山夭折裂谷，南部分别与宁夏、陕西、山西等省(自治区)接壤。

该单元是一个基底硬化程度很高、构造比较稳定的陆块。受三叠纪以来中国东部造山-裂谷系的影响，本区持续地沉降，形成了三叠纪至早白垩世的坳陷盆地。

三叠纪沉积有下三叠统刘家沟组、和尚沟组河湖相砂岩、粉砂岩、泥岩岩石组合；中三叠统二马营组长石石英砂岩、泥岩组合；上三叠统延长组砂砾岩、泥岩组合；下侏罗统富县组、延安组，中侏罗统直罗组、安定组砂岩、粉砂岩、泥岩夹煤和油页岩组合；下白垩统主要为河流相砂砾岩、长石石英砂岩、粉砂岩、泥岩岩石组合；其上不整合覆盖有上新统乌兰图克组砂砾岩、泥岩。

该构造带进一步划分出 4 个四级构造单元。

#### 2. 贺兰山夭折裂谷($Pz_1$)(Ⅱ-5-2)

贺兰山夭折裂谷位于鄂尔多斯陆块最西部，传统构造地质学曾命名为鄂尔多斯西缘坳陷，是华北陆块内古生代明显大幅度沉降地带。

这是一个受北祁连弧盆系活动的影响，使本区产生了南北向坳拉谷性质的裂陷盆地的构造单元。盆地内沉积地层厚度南厚北薄、沉积物粒度南细北粗，反映出早古生代本区随着坳拉谷盆地的发生发展，海水由南向北逐渐推进的特点。

本单元是在中太古代陆核基底和古中元古代裂谷的基础上发育而来。古太古代陆核由哈布其组、千里沟组、察干郭勒组孔兹岩系和混合花岗岩构成。古元古代为赵池沟群陆棚碎屑岩海相石英砂岩、长石石英砂岩组合。中新元古代为西勒图组、王全口组陆棚碎屑岩盆地和碳酸盐岩台地砂页岩、白云质碳酸盐岩组合。同期发育有双峰式侵入岩组合。其上不整合覆盖有震旦系正目观组冰碛砾岩、泥岩组合。

早古生代，本区南部出露的寒武系香山群，在内蒙古范围内仅见有香山群三、四岩段。三岩段为砾岩、变质长石石英砂岩、板岩、灰岩、白云质灰岩岩石组合。四岩段为板岩、变质长石石英砂岩、硅质岩、灰岩等岩石组合。两段总厚度可达 4448 余米，为夭折裂谷边缘碎屑岩、碳酸盐岩岩石组合。向北在贺兰山和桌子山一带，下一中寒武统为馒头组，为裂谷边缘的浅海石英砂岩、海绿石石英砂岩、磷质-钙质石英砂岩等岩石组合。中寒武统张夏组为开阔台地碳酸盐岩、泥岩组合。上寒武统崮山组、长山组为开阔台地碳酸盐岩组合。上寒武统至下奥陶统为三山子组，系局限台地镁质碳酸盐岩、泥质条带碳酸盐岩组合。寒武系厚度 2761m。下一中奥陶统米钵山组为裂谷边缘浅海长石石英砂岩、粉砂岩、泥岩组合。同期异相的马家沟组为局限台地碳酸盐岩、白云质碳酸盐岩组合。中奥陶统克里摩里组、乌拉力克组、拉什仲组亦为裂谷边缘滨海砂岩、泥页岩、碳酸盐岩组合。奥陶系总厚度 2256～3463m。

由上述可知，受夭折裂谷的影响，裂谷内早古生代地层的沉积厚度为 5000 余米，远远大于华北地台本部的同期沉积厚度。

上石炭统—下二叠统太原组为海陆交互相陆表海盆地的砂岩、粉砂岩、页岩、含煤碎屑岩组合。二叠系山西组、石盒子组、孙家沟组为海陆交互相陆表海盆地的石英砂岩、粉砂岩、泥岩组合。三叠纪—侏罗纪，受中国东部裂谷-造山作用的影响，三叠系发育坳陷盆地河湖相碎屑岩组合。侏罗系为河湖相砂岩含煤碎屑岩组合和裂谷性质过碱性花岗岩岩石构造组合。白垩纪为陆内断陷盆地砂砾岩、粉砂岩、泥岩组合。总之，晚古生代，本单元进入与华北陆块本部同步发展阶段，结束了夭折裂谷的地质历史。

本构造单元可划分出 18 个四级构造单元。

### （五）阿拉善陆块（Ⅱ-7）

阿拉善陆块包括迭布斯格陆缘岩浆弧和龙首山基底杂岩带两个三级构造单元。

#### 1. 迭布斯格陆缘岩浆弧（$Pz_2$）（Ⅱ-7-1）

迭布斯格陆缘岩浆弧位于阿拉善陆块北部，北与狼山-白云鄂博裂谷相接，东部被吉兰泰-包头断陷盆地掩盖，西部与龙首山基底杂岩带毗邻。

本单元出露变质基底岩系，由中太古界雅布赖山岩群、迭部斯格岩群、变质侵入体构成的中太古代陆核和由新太古代阿拉善岩群构成的古弧后盆地变质地层组成。中太古代陆核雅布赖山岩群为角闪斜长片麻岩、黑云钾质片麻岩、斜长角闪岩组合。迭布斯格岩群为一套角闪斜长片麻岩、透辉大理岩、磁铁石英岩岩石组合。变质侵入体为英云闪长质片麻岩、混合花岗岩（TTG）岩石构造组合。

新太古代阿拉善岩群为弧后盆地沉积环境。下部为浅海相石英岩、浅粒岩、黑云变粒岩、阳起片岩、含铁石英岩岩石组合。上部为浅海相二云石英片岩、石英岩、变粒岩、浅粒岩夹镁质碳酸盐岩组合。中元古代发育有俯冲岩浆杂岩中高钾钙碱性、钾质碱性、部分低钾拉斑系列岩石构造组合。

古元古代有少量裂谷型层状基性—超基性杂岩岩石构造组合出露。志留纪本区出露有俯冲岩浆杂岩岩石构造组合（TTG）。泥盆纪发育高钾质碱性—钙碱性俯冲岩浆杂岩花岗闪长岩，二长花岗岩、花岗岩等（$G_1G_2$）岩石构造组合。

石炭纪晚期至二叠纪是本区构造最活跃的阶段。可能是受北部天山-兴蒙造山系洋壳向南俯冲的影响，在本区发育大量早—中二叠世俯冲岩浆杂岩（$G_1G_2$）岩石构造组合，并有同期大红山组中酸性火山喷发。晚二叠世为后碰撞岩浆杂岩岩石构造组合。由此可以看出，阿拉善陆块北缘与华北陆块北缘在晚古生代时期，同时受到了大陆边缘活动阶段的影响。

三叠纪，本区进入了后碰撞的造山阶段。发育有二长花岗岩、花岗岩、石英正长岩岩石构造组合。侏罗纪—白垩纪转入了盆山构造体系的演化历史，形成断陷盆地河湖相砂砾岩、粉砂岩、泥岩组合，并有含煤、含油页岩碎屑岩组合，如中侏罗统龙凤山组（$J_2l$）。

本构造单元进一步细分为 14 个四级构造单元。

#### 2. 龙首山基底杂岩带（$Ar_2$—$Pt_1$）（Ⅱ-7-2）

龙首山基底杂岩带位于迭布斯格陆缘岩浆弧以西，西南部与甘肃省相接。

本区出露变质基底岩系为新太古代弧后盆地阿拉善岩群石榴云母石英片岩、蓝晶十字石榴云母片岩、绿泥绢云母石英片岩、斜长角闪片岩、含稀有稀土矿碳酸盐岩组合。其上不整合覆盖有中元古代被动陆缘陆棚碎屑岩盆地的浅海相砾岩、长石石英砂岩、千枚岩、板岩、硅质碳酸盐岩组合的墩子沟岩群（$Pt_2D.$）。震旦系草大板组、烧火筒沟组为陆表海碳酸盐岩、碎屑岩和冰碛砾岩、粉砂岩、千枚岩沉积。两者均为盖层性质沉积。

岩浆活动以中元古代俯冲岩浆杂岩英云闪长岩为代表。

寒武纪发育有裂谷性质的层状基性—超基性杂岩，志留纪为高钾质碱性俯冲岩浆杂岩($G_1G_2$)岩石构造组合。推测与南部北祁连弧盆系的洋壳向北俯冲有关。下石炭统为碎屑岩陆表海盆地石英砂岩、灰岩组合。中生代本区进入盆山构造体系阶段，形成侏罗纪—白垩纪中型断陷盆地。盆地内为河湖相砂砾岩、粉砂岩、黏土质页岩、含煤碎屑岩组合。

本构造单元进一步细分为7个四级构造单元。

### (六)叠加裂陷盆地(Ⅱ-8)

#### 1.吉兰泰-包头断陷盆地(Cz)(Ⅱ-8-3)

吉兰泰-包头断陷盆地位于狼山-阴山山前大断裂与鄂尔多斯盆地之间，向西可延至吉兰泰以南。

据物探资料，本区在重力图上显示为重力低，南、北两侧异常变化程度明显。据地震和钻探证实，盆地在早白垩世和新生代强烈坳陷，在山前大断裂南侧下陷幅度最大，可达万米。由于北部大断裂对南部的垂向拉张，促使盆地南缘产生一系列东西向断裂，致使盆地呈阶梯状下降，从而形成北深南浅的箕状盆地。沉积物由南向北从河流相过渡到滨、浅湖相乃至半深湖相。再向北，则由半深湖相直接过渡到浅湖相乃至山麓相。在吉兰泰一带，经钻孔证实，断陷盆地基底岩系为阿拉善岩群，上覆白垩系、新生界，说明盆地形成于白垩纪，但主要下降期是新生代。在吉兰泰盐湖附近，新生界厚度达2000～3000m。由此可见，本区受中国东部造山-裂谷系改造是十分明显的(图7-3)。

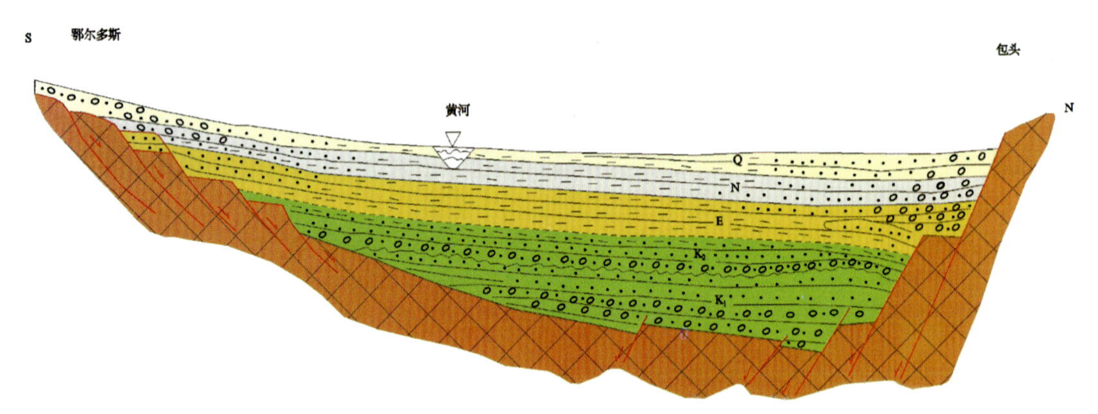


图7-3　吉兰泰-包头叠加断陷盆地相模式示意图

## 三、塔里木陆块区(Ⅲ)

塔里木陆块主体是相当于晋宁(1000～850Ma)造山事件时转化为相对稳定的陆块。但在内蒙古范围内(额济纳旗湖西新村以西)，该陆块的基底固结得更早一些。在古元古代末期中条运动转化为稳定地块。从中元古代开始转为盖层性质的沉积，有与华北陆块相似的地质历史。

### (一)敦煌陆块(Ⅲ-2)

#### 1.柳园裂谷(C—P)(Ⅲ-2-1)

柳园裂谷位于公婆泉岛弧之南，向南进入甘肃省内。该单元大部分在甘肃省，本区仅占其一隅。

本区出露变质基底岩系为中、新太古代高级变质的表壳岩($Ar_{2-3}gn^T$)、变质深成体($Ar_{2-3}gn^t$)和古元古代北山岩群云母石英片岩、黑云变粒岩、磁铁石英岩组合。中新元古代至寒武纪为稳定的被动陆缘陆棚碎屑岩和碳酸盐岩台地环境，属于敦煌陆块盖层性质的沉积。

该裂谷为陆内裂谷，据甘肃省资料，裂谷发育有泥盆系，但内蒙古范围内无此地质记录，仅石炭纪和二叠纪发育有裂谷中心的双峰式火山岩（玄武岩和流纹岩），裂谷边缘则有浅海相的石英岩、粉砂岩、页岩、碳酸盐岩组合。

三叠纪以后，本区进入盆山构造体系。三叠纪发育断陷盆地和后碰撞岩浆杂岩的侵入活动。侏罗纪、白垩纪为后造山岩浆杂岩侵入的板内伸展构造环境。

本构造单元可进一步划分出15个四级构造单元。

## 四、秦祁昆造山系（Ⅳ）

该造山系在内蒙古仅占北祁连弧盆系中的走廊弧后盆地的一小部分，且大部分又被腾格里沙漠所掩盖。

### （一）北祁连弧盆系（Ⅳ-1）

#### 1. 走廊弧后盆地（O—S）（Ⅳ-1-1）

走廊弧后盆地位于北祁连弧盆系北部，其北部与华北陆块、阿拉善陆块接壤。

本区中寒武统香山群、张夏组和下—中奥陶统米钵山组为近陆弧后盆地沉积环境。中寒武统为浅—半深海相的硅质泥岩、硅质岩和硅质碳酸盐岩组合；下—中奥陶统为滨浅海相石英砂岩、长石砂岩、泥岩组合，厚度较大。

泥盆纪，本区结束弧后盆地发展历史，进入陆内或海陆交互相沉积环境。泥盆系石峡沟组、老君山组为断陷盆地冲积扇-河湖相砾岩、砂砾岩、砂岩、粉砂岩组合。石炭系—下二叠统为海陆交互相砂岩、页岩、含煤碎屑岩组合。中二叠统至下白垩统，均为坳陷盆地河流相-湖泊相砂砾岩、长石石英砂岩、粉砂岩、泥岩组合。下侏罗统为含煤碎屑岩组合。

新生代多为山前坳陷盆地沉积的冲洪积扇和湖泊三角洲等粗碎屑岩沉积组合，可细分出7个四级构造单元。

## 五、晚三叠世以来内蒙古东部造山-裂谷系大地构造单元特征

晚三叠世以来内蒙古东部造山-裂谷系叠加于天山-兴蒙造山系之上，由于地质发展具有继承性，因此将二级和三级大地构造相分区的界线基本沿用古生代天山-兴蒙造山系形成的分区界线，划分了4个二级大相区、9个三级相区。但从侏罗纪—白垩纪火山的喷发、岩浆的侵入到断陷裂谷盆地的发育等大地构造属性和规律性的展布来看（图7-4），已经基本上与古生代大地构造分区界线关联不大。实际上从中二叠世岩浆弧的展布来看，在早二叠世末期古亚洲洋东部就已经打破了三级大地构造相分区界线的限制，反映出喇叭口状的东部古亚洲洋在后退，逐渐消失的过程是从古到新、从西向东，北西边界由近东西到北东向再到北北东向发展，最终近东西向的古亚洲洋完全消失，转化到北北东向展布的古太平洋板块演化体系之中。即在早二叠世古亚洲洋板块与古太平洋板块相连，早二叠世末期的俯冲活动已经有古太平洋板块的共同参与。

### (一)大兴安岭岩浆弧特征

大兴安岭岩浆弧是指位于西拉木伦河以北、松辽盆地以西的广大区域。以晚三叠世以来特别是中侏罗世—早白垩世剧烈的岩浆活动造成巨量的火山岩喷发和岩浆侵入为特征,经晚侏罗世—白垩纪隆升形成了北北东走向、横亘中国东北的大兴安岭。

大兴安岭岩浆弧包括 6 个三级大地构造单元。

#### 1. 漠河前陆盆地(D-1-1)

漠河前陆盆地位于大兴安岭弧盆系最北端,主体分布在黑龙江省,内蒙古区域内出露面积相对较小,沉积物主要为中侏罗统新民组($J_2x$)冲积扇-辫状河环境碎屑岩。

1)恩和哈达中侏罗世周缘前陆楔顶盆地(D-1-1-1)

在额尔古纳市恩和哈达镇一带出露万宝组($J_2wb$)河流砂砾岩-粉砂岩-泥岩组合,岩性上部为卵石粗砾岩、长石砂岩夹粗砂岩,下部为中粗粒长石岩屑砂岩夹粗砂岩,产植物化石。

2)八道卡早白垩世($K_1$)压陷盆地(D-1-1-2)

该构造单元主要发育冲积扇砾岩组合和水下扇砂砾岩组合,在额尔古纳市恩和哈达镇八道卡一带出露大磨拐河组($K_1d$)冲积扇砾岩组合和水下扇砂砾岩组合,岩性下部为中—细砾岩、长石岩屑砂岩、凝灰细粉砂岩、泥岩;上部为厚层状卵石中粗粒砂岩夹粗粒岩屑砂岩,含植物化石。

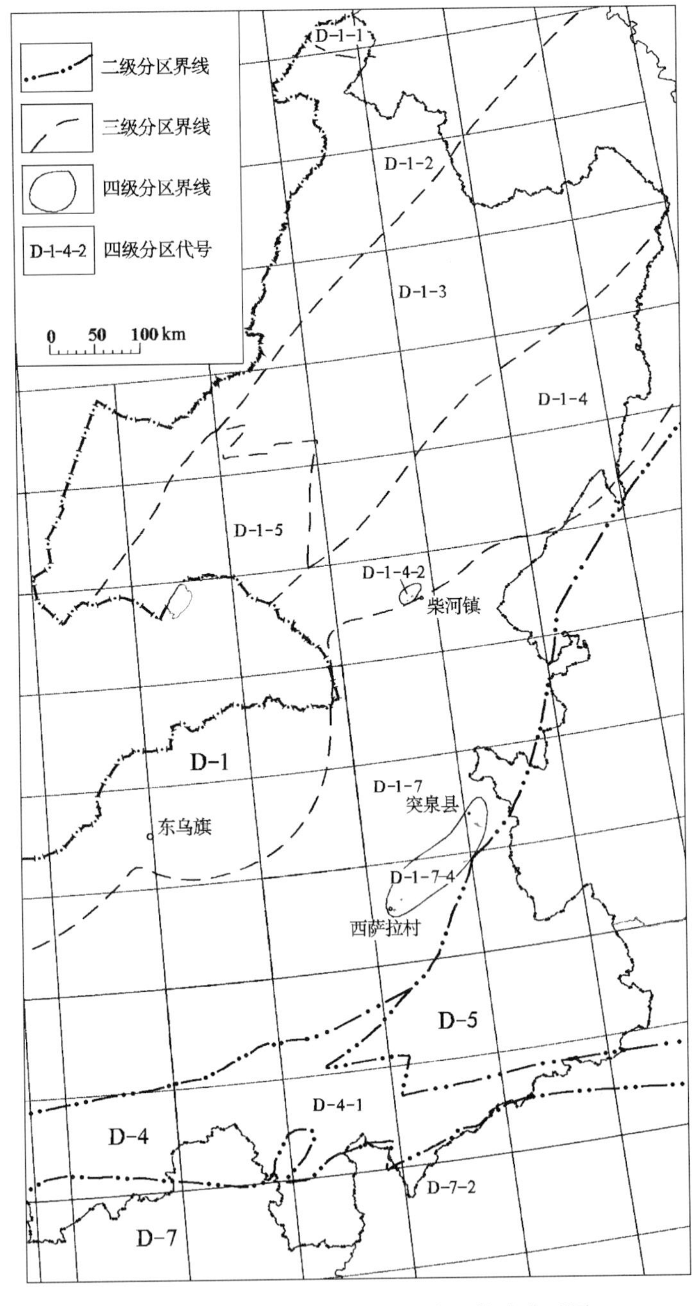

图 7-4　内蒙古东部晚三叠世以来大地构造分区图

#### 2. 额尔古纳俯冲-碰撞型火山-侵入岩带(D-1-2)

额尔古纳俯冲-碰撞型火山-侵入岩带叠加在额尔古纳岛弧之上,以晚三叠世以来,特别是中侏罗世—早白垩世俯冲-碰撞型岩浆活动造成巨量的火山岩喷发和岩浆侵入为特征。

1)八道卡早侏罗世($J_1$)后造山岩浆杂岩(D-1-2-1)

在额尔古纳岛弧北部边陲,出露早侏罗世黑云母二长花岗岩,为高钾钙碱性系列,个别样品 $K_2O$ 高达 7.5%,岩石化学显示后造山环境。

2)克尔伦-满洲里中侏罗世($J_2$)俯冲火山岩(D-1-2-2)

在大兴安岭北部出露中侏罗统塔木兰沟组($J_2tm$)玄武岩、安山岩、英安岩、粗安岩和安山质火山碎屑岩等中基性火山岩,为碱性和亚碱性系列,岩石化学和地球化学均显示陆缘弧火山岩、造山带火山岩及其派生的偏碱性火山岩特点,为陆缘火山弧组合。

3)新巴尔虎右旗-奇乾中侏罗世($J_2$)无火山岩断陷盆地(D-1-2-3)

在额尔古纳岛弧之上零星断续出露万宝组($J_2wb$)河流砂砾岩-粉砂岩-泥岩组合。岩性为砾岩、含砾-巨粒杂砂岩、中粗粒杂砂岩、长石岩屑砂岩、含砾凝灰砂岩、粉砂岩、泥岩、泥灰岩等,产植物化石。

4)黄火地中侏罗世($J_2$)俯冲期岩浆杂岩(D-1-2-4)

在额尔古纳北部出露中侏罗世辉长岩、闪长岩、二长花岗岩,在An-Ab-Or图解上为$G_2$,高钾钙碱性系列,岩石化学、地球化学显示破坏性板块边缘,为活动大陆边缘弧构造环境。

5)满洲里-万年青林场中侏罗世($J_2$)后碰撞岩浆杂岩(D-1-2-5)

在八大关牧场—万年青一带出露中侏罗世高钾和碱玄岩质花岗岩组合,岩性为二长花岗岩、二云母二长花岗岩、正长花岗岩和花岗斑岩等。岩石化学、地球化学显示大陆碰撞特征。

6)内蒙古东部晚侏罗世($J_3$)俯冲火山岩(D-1-2-6)

在内蒙古东部大兴安岭出露大量晚侏罗世火山岩,包括满克头鄂博组($J_3mk$)酸性火山岩、玛尼吐组($J_3mn$)以中性为主的火山岩、白音高老组($J_3b$)酸性火山岩。它们的岩石类型虽不同,但均属高钾钙碱性系列和钾玄岩系列,为高钾和钾玄岩质火山岩组合。岩石化学、地球化学判别构造环境的图解结果也相同。据岩石类型和岩石系列并结合判别构造环境的图解判别为俯冲环境陆缘弧火山岩。

7)八大关牧场晚侏罗世($J_3$)俯冲期岩浆杂岩(D-1-2-7)

在八大关、上护林一带零星出露晚侏罗世花岗闪长岩和少量闪长玢岩,属钙碱性系列壳幔混合源,为俯冲期陆缘弧岩浆杂岩。

8)新巴尔虎右旗-莫尔道嘎晚侏罗世($J_3$)后碰撞岩浆杂岩(D-1-2-8)

在新巴尔虎右旗—莫尔道嘎一带出露晚侏罗世二长花岗岩、正长花岗岩、正长斑岩、花岗斑岩等,属高钾钙碱性系列和钾玄岩系列,为高钾和碱玄岩质花岗岩组合,岩石化学显示大陆碰撞-后造山特征。

9)查干楚鲁-阿龙山早白垩世($K_1$)陆内裂谷火山岩(D-1-2-9)

在额尔古纳岛弧之上出露下白垩统梅勒图组玄武岩、安山玄武岩、安山火山角砾岩、英安岩等中性火山碎屑岩,据TAS分类以玄武粗安岩为主,是碱性玄武岩-粗面岩组合的成员,碱性—亚碱性系列,为大陆伸展(陆内裂谷)火山岩。

10)克尔伦苏木-满洲里早白垩世($K_1$)无火山岩断陷盆地(D-1-2-10)

在克尔伦苏木—满洲里一带出露大磨拐河组($K_1d$)河湖相含煤碎屑岩组合,岩性下部为砂砾岩段;中部为含煤砂岩、泥岩段,以碳质泥岩,含碳质粉砂岩、细砂岩及煤层;上部为砂砾岩夹粉砂岩、泥岩,含植物、淡水双壳、狼鳍鱼、东方叶肢介等。

11)三道梁-莫尔道嘎镇早白垩世($K_1$)俯冲期岩浆杂岩(D-1-2-11)

在莫尔道嘎一带出露早白垩世GG花岗岩组合,岩性为角闪闪长岩、石英闪长岩、石英闪长玢岩、花岗闪长岩等,属钙碱性系列,在An-Ab-Or图解上为$G_1G_2$组合,岩石化学显示大陆弧特征。

12)内蒙古东部早白垩世($K_1$)后造山(板内伸展)岩浆杂岩(D-1-2-12)

散布于内蒙古东部的早白垩世碱性花岗岩和钙碱性花岗岩组合,岩性为黑云母花岗岩、石英二长岩、石英碱长正长岩、花岗斑岩、正长斑岩、石英正长岩等,属碱性和钙碱性系列,岩石化学显示后造山环境。

13)西乌珠尔苏木晚白垩世($K_2$)陆内裂谷(D-1-2-13)

在海拉尔幅西乌珠尔苏木出露晚白垩世钠闪花岗岩,为碱性系列,岩石化学显示大陆裂谷或大陆隆升环境。

14)克尔伦苏木中新世($N_1$)坳陷盆地(D-1-2-14)

在新巴尔虎右旗克尔伦苏木一带出露呼查山组($N_1hc$)河流砂砾岩-粉砂岩-泥岩组合，岩性为砾岩、砂岩、粉砂岩、泥岩等，泥岩中含铁、锰质结核，成岩程度低，呈半(微)胶结状态，产状近水平，含孢粉及植物碎片。

15)巴彦诺尔-宝格达山林场上新世($N_2$)大陆裂谷火山岩(D-1-2-15)

在巴彦诺尔—阿龙山—突泉县一带的上新世五岔沟橄榄玄武岩，不同图解分别显示为碱性系列、拉斑系列、钾玄岩系列，为非造山环境的碱性—偏碱性大陆溢流玄武岩组合。

### 3.海拉尔-呼玛俯冲—碰撞型侵入-火山岩带(D-1-3)

海拉尔-呼玛俯冲—碰撞型侵入-火山岩带叠加在海拉尔-呼玛弧后盆地之上，以晚三叠世以来，特别是中侏罗世—早白垩世俯冲—碰撞型岩浆活动造成巨量的火山岩喷发和岩浆侵入为特征。

1)罕达盖—松岭区($T_3$)后造山岩浆杂岩(D-1-3-1)

在松岭区一带出露有晚三叠世碱性—钙碱性花岗岩组合，岩性为正长花岗岩和少量二长花岗岩、花岗岩、碱长花岗岩等，属碱性和高钾钙碱性系列、钾玄岩系列，岩石化学显示后造山构造环境。

2)库都尔镇—库中早侏罗世($J_1$)大陆伸展岩浆杂岩(D-1-3-2)

在库都尔镇—库中一带出露早侏罗世碱性—钙碱性花岗岩组合，岩性为正长花岗岩、碱长花岗岩、二长花岗岩、石英二长岩等，属碱性和钙碱性系列，岩石化学显示大陆伸展-大陆隆升特征。

3)鄂伦春自治旗—复兴镇早侏罗世($J_1$)俯冲期岩浆杂岩(D-1-3-3)

在鄂伦春自治旗一带出露早侏罗世辉长岩-闪长岩＋TTG组合，岩性为角闪辉长岩、石英二长闪长岩、二长闪长岩、花岗闪长岩等，属钙碱性系列，在An-Ab-Or图解中为$T_1$-$G_1$组合。岩石化学显示大陆弧特征。

4)陈巴尔虎—根河中侏罗世($J_2$)俯冲火山岩(D-1-3-4)

在陈巴尔虎—根河一带广泛出露中侏罗统塔木兰沟组($J_2tm$)，岩石类型有玄武岩、橄榄玄武岩、安山玄武岩、粗安岩等，TAS分类以玄武粗安岩、粗安岩为主，属钙碱性—亚碱性系列，以拉斑玄武岩系列为主，壳幔混合源，为陆缘弧火山岩。

5)乌奴耳镇中侏罗世($J_2$)无火山岩断陷盆地(D-1-3-5)

在乌奴耳镇以北出露万宝组($J_2wb$)河流砂砾岩-粉砂岩-泥岩组合，岩性为砾岩、砂砾岩、长石砂岩、细砂岩、泥岩等，含植物化石。

6)伊山林场中侏罗世($J_2$)后碰撞岩浆杂岩(D-1-3-6)

在海拉尔弧盆地苏木一带和马步拉—伊山林场一带出露中侏罗世高钾和碱玄岩质花岗岩组合，岩性为二长花岗岩、正长花岗岩，岩石化学显示大陆碰撞、后造山环境，地球化学显示火山弧和后碰撞环境。

7)内蒙古东部晚侏罗世($J_3$)俯冲火山岩(D-1-3-7)

内蒙古东部广泛分布晚侏罗世火山岩，在海拉尔-呼玛俯冲—碰撞型火山-侵入岩带内有满克头鄂博组($J_3mk$)流纹岩及其流纹质火山碎屑岩，含少量英安岩、粗安岩；玛尼吐组($J_3mn$)安山岩、英安岩及其火山碎屑岩；白音高老组($J_3b$)流纹岩及其火山碎屑岩。它们之间岩石类型有所不同，岩石化学参数也有一定差别，但都属高钾钙碱性系列-钾玄岩系列，在TAS分类中$J_3b$岩性较单一，为流纹岩，$J_3mk$、$J_3mn$均为玄武粗安岩、粗安岩、粗面岩、流纹岩。在判别构造环境的图解中也有相似性，但不同的图解得出不同的结论。从岩石类型和岩石系列分析为俯冲火山岩。

8)恩和嘎查—哈达林场晚侏罗世($J_3$)俯冲期岩浆杂岩(D-1-3-8)

在恩和嘎查—哈达林场一带出露晚侏罗世的石英闪长岩、花岗闪长岩，主元素图解为石英二长岩-花岗岩，属钙碱性系列，在An-Ab-Or图解上为$G_2$组合，岩石化学显示大陆弧特征。

9)库都尔镇晚侏罗世($J_3$)后碰撞岩浆杂岩(D-1-3-9)

在库都尔镇一带出露晚侏罗世高钾和碱玄岩质花岗岩组合,岩性为二长花岗岩、正长花岗岩、石英二长斑岩等,属高钾钙碱性系列和钙玄岩系列,岩石化学显示后造山和大陆隆升特征,地球化学显示火山弧和同(后)碰撞特征。

10)罕乌拉—新天镇早白垩世($K_1$)大陆裂谷火山岩(D-1-3-10)

在罕乌拉—根河市一带和新天镇一带出露早白垩世梅勒图组($K_1m$)碱性玄武岩-流纹岩组合,岩性以玄武安山岩、安山岩为主,含少量英安岩,TAS分类为粗面玄武岩、玄武粗安岩、粗安岩、粗面岩、流纹岩,属碱性—亚碱性、拉斑系列-钙碱性系列,幔源,为大陆裂谷构造环境。

11)哈达图苏木早白垩世($K_1$)无火山岩断陷盆地(D-1-3-11)

在哈达图苏木地区出露大磨拐河组($K_1d$)河湖相含煤碎屑岩组合,岩性为砂砾岩、粗砂岩、细粉砂岩、泥岩夹煤层及菱铁矿组合,含双壳及植物化石,并有大量鱼化石碎片。

12)四方城乡—新天镇早白垩世($K_1$)俯冲期岩浆杂岩(D-1-3-12)

该早白垩世俯冲期岩浆杂岩呈北北东向断续出露达1000多千米。在白桦乡—新天镇一带出露岩性为闪长岩、石英闪长岩、闪长玢岩、花岗闪长岩等,属钙碱性系列,在An-Ab-Or图解中为$T_1$-$T_2$-$G_1G_2$组合,地球化学显示大陆弧特征。

13)内蒙古东部早白垩世($K_1$)后造山岩浆杂岩(D-1-3-13)

该岩浆杂岩出露范围广,个体小,为碱性—钙碱性花岗岩组合,岩性为早白垩世黑云母花岗岩、花岗斑岩,属后造山环境。

14)俄罗斯民族乡—库如奇乡早白垩世($K_1$)陆内裂谷岩浆杂岩(D-13-14)

早白垩世辉长岩与酸性脉岩组成双峰脉岩组合。辉长岩为碱性,在Q-A-P图解中样点投入裂谷区。

#### 4.东乌珠穆沁旗-多宝山俯冲—碰撞型火山-侵入岩带(D-1-4)

东乌珠穆沁旗-多宝山俯冲—碰撞型火山-侵入岩带叠加在东乌珠穆沁旗-多宝山岛弧之上,以晚三叠世以来,特别是中侏罗世—早白垩世俯冲—碰撞型岩浆活动造成巨量的火山岩喷发和岩浆侵入为特征。

1)罕达盖嘎查—松岭区晚三叠世($T_3$)后造山岩浆杂岩(D-1-4-1)

在罕达盖一带和红彦镇一带出露晚三叠世碱性—钙碱性花岗岩组合,岩性为正长花岗岩和少量二长花岗岩、花岗岩、碱长花岗岩等,属碱性和高钾钙碱性系列、钾玄岩系列,岩石化学显示后造山构造环境。

2)柴河镇早侏罗世($J_1$)无火山岩断陷盆地(D-1-4-2)

在柴河镇出露红旗组($J_1h$)河流相砂砾岩-粉砂岩-泥岩组合,岩性为砾岩、长石石英细杂砂岩、含砾粗杂砂岩、粉砂岩夹板岩,含植物化石。

3)阿荣旗—亚东镇一带早侏罗世($J_1$)大陆伸展岩浆杂岩(D-1-4-3)

在阿荣旗—亚东镇一带出露早侏罗世碱长花岗岩,碱度率图解显示为碱性,岩石化学特征显示后造山-大陆隆升环境,地球化学特征显示火山弧和板内花岗岩。

4)鄂伦春自治旗—复兴镇早侏罗世($J_1$)俯冲期岩浆杂岩(D-1-4-4)

在复兴镇—腾克牧场一带出露早侏罗世钙碱性系列辉长岩-闪长岩+TTG组合,岩性为辉长岩、闪长岩、石英二长闪长岩、花岗闪长岩,在An-Ab-Or图解中为$T_2$-$G_1G_2$组合,岩石化学特征显示大陆弧特点,地球化学特征显示活动大陆边缘和火山弧环境。

5)塔木兰沟中侏罗世($J_2$)俯冲火山岩(D-1-4-5)

在塔木兰沟一带出露中侏罗统塔木兰沟组($J_2tm$),岩性为玄武岩、玄武安山岩、安山岩、辉绿岩等,

TAS分类为玄武岩、粗面玄武岩、玄武粗安岩，碱性—亚碱性，以拉斑系列为主，壳幔混合源，为陆缘弧火山岩。

6)苏格河—库林沟林场中侏罗世($J_2$)无火山岩断陷盆地(D-1-4-6)

在苏格河一带出露万宝组($J_2wb$)河湖相含煤碎屑组合，岩性为砾岩、杂砂质砾岩、杂砂岩、细粉砂岩夹泥岩及煤，产植物化石。在甸南和库林沟林场一带出露万宝组($J_2wb$)河流相砂砾岩-粉砂岩、泥岩组合，岩性为砾岩、含砾粗砂岩、长石砂岩、泥质粉砂岩，含孢粉。

7)阿尔山—诺敏镇中侏罗世($J_2$)俯冲期岩浆杂岩(D-1-4-7)

在阿尔山市南和诺敏镇北东出露中侏罗世闪长岩、石英闪长岩和花岗闪长岩，钙碱性系列，在An-Ab-Or图解中为$T_1$-$T_2$组合，岩石化学资料显示大陆弧花岗岩特征。

8)内蒙古东部晚侏罗世($J_3$)俯冲火山岩(D-1-4-8)

在苏格河—多宝山一带出露大量的晚侏罗世火山岩，为满克头鄂博组($J_3mk$)流纹岩、流纹质火山碎屑岩和少量英安质火山岩，玛尼吐组($J_3mn$)安山岩、英安岩及其火山碎屑岩，白音高老组($J_3b$)流纹岩及其火山碎屑岩。它们之间据实际矿物命名岩石类型有所不同，岩石化学参数也有差别，但都属高钾钙碱性系列和钾玄岩系列。在TAS分类图解中满克头鄂博组和玛尼吐组均为玄武粗安岩、粗安岩、粗面岩、流纹岩，白音高老组岩性较为单一，为流纹岩。判别构造环境的图解也具相似性，但不同图解得出不同的结论，从岩石类型和岩石系列分析为俯冲期火山岩。

9)柴河镇—巴林镇晚侏罗世($J_3$)俯冲期岩浆杂岩(D-4-1-9)

在柴河镇—巴林镇一带出露晚侏罗世石英闪长岩、石英二长闪长岩、石英闪长玢岩、花岗闪长岩等，钙碱性系列，在An-Ab-Or图解中为$T_1$-$T_2$-$G_2$组合。岩石化学特征显示大陆弧花岗岩特征。

10)罕达盖—库伦沟晚侏罗世($J_3$)后碰撞岩浆杂岩(D-4-1-10)

在罕达盖嘎查一带和库伦沟林场一带出露晚侏罗世高钾和碱玄岩质花岗岩组合，岩性为二长花岗岩、正长花岗岩、花岗岩、碱长花岗岩、石英二长斑岩、花岗斑岩等，岩石化学资料显示大陆弧-同(后)碰撞-后造山特点。

11)罕达盖—红彦镇早白垩世($K_1$)大陆裂谷火山岩(D-1-4-11)

在罕达盖嘎查—苏格河乡一带出露下白垩统梅勒图组($K_1m$)玄武岩、安山火山角砾岩、安山玄武岩、英安岩、中性火山碎屑岩，属亚碱性系列，据TAS分类为玄武粗安岩，是碱性玄武岩-粗面岩组合成员，据岩石组合判断为大陆裂谷环境。

在亚东镇—红彦镇一带出露下白垩统甘河组($K_1g$)玄武岩、玄武安山岩、安山岩、英安质粗面岩，属碱性—亚碱性系列，据TAS分类为玄武岩-英安岩-粗面岩组合，据岩石构造组合判断为大陆裂谷环境。

12)川岭工区—卧牛河镇早白垩世($K_1$)俯冲期火山岩(D-1-4-12)

在川岭工区—卧牛河镇一带出露下白垩统龙江组($K_1l$)，岩性以英安岩、流纹质火山碎屑岩为主，地球化学特征显示陆缘弧特征。

13)达金林场早白垩世($K_1$)火山—沉积断陷盆地(D-1-4-13)

在达金林场一带出露大磨拐河组($K_1d$)河湖相含煤碎屑岩组合，岩性为砾岩、砂岩、粉砂岩、泥岩夹中酸性火山岩、油页岩及煤层，产植物化石。

14)红彦镇早白垩世($K_1$)坳陷盆地(D-1-4-14)

在红彦镇一带出露伊敏组($K_1ym$)湖泊三角洲砂砾岩组合，岩性为泥质砂砾岩、泥质粉砂岩、泥页岩。地表出露差，产状平缓。

15)四方城乡—新天镇早白垩世($K_1$)俯冲期岩浆杂岩(D-1-4-15)

在巴林镇—古里林场出露早白垩世闪长岩、石英闪长岩、闪长玢岩、花岗闪长岩，钙碱性系列，在An-Ab-Or图解中为$T_1$-$T_2$-$G_2$组合，地球化学特征显示大陆弧特征。

16)内蒙古东部早白垩世($K_1$)后造山岩浆杂岩(D-1-4-16)

遍布于内蒙古东部的早白垩世正长花岗岩、碱长花岗岩、晶洞花岗岩、石英正长岩、石英二长岩、二长斑岩、正长斑岩、花岗斑岩，为碱性—钙碱性花岗岩组合，属碱性—高钾钙碱性系列，岩石化学特征显示后造山环境。

17)俄罗斯民族乡—库如奇乡早白垩世($K_1$)陆内裂谷岩浆杂岩(D-1-4-17)

该岩浆杂岩为分布于大兴安岭北部的辉长岩、酸性脉岩构成双峰式侵入岩组合，辉长岩为拉斑系列，岩石化学特征显示与裂谷有关，地球化学特征显示板内环境。

18)亚东镇晚白垩世($K_2$)大陆裂谷火山岩(D-1-4-18)

在查干诺尔一带出露晚白垩世多希组($K_2d$)碱性玄武岩和亚东镇出露孤山镇组($K_2g$)酸性火山岩构成双峰式火山岩组合，为大陆裂谷构造环境。

19)大北沟林场晚白垩世($K_2$)陆内裂谷岩浆杂岩(D-1-4-19)

在碾子山一带出露钠闪花岗岩，大北沟为花岗斑岩，钠闪花岗岩为碱性花岗岩，岩石化学特征显示大陆裂谷或后造山环境。

20)欧肯河镇中新世($N_1$)坳陷盆地(D-1-4-20)

该坳陷盆地主要由河流相砂砾岩-粉砂岩-泥岩组合构成。

在莫力达瓦旗欧肯河镇一带出露呼查山组($N_1hc$)砾岩、砂砾岩、砂岩、粉砂质泥岩等，岩石弱固结，产状近水平。

21)柴河镇—诺敏镇晚更新世($Qp_3$)大陆裂谷火山岩(D-1-4-21)

在柴河镇—诺敏镇一带出露大黑沟组($Qp_3d$)橄榄玄武岩、碱性玄武岩，为大陆溢流玄武岩。

**5. 海拉尔断陷盆地(D-1-5)**

海拉尔断陷盆地为侏罗纪—白垩纪断陷活动形成的盆地，早期(侏罗纪—早白垩世)断陷边界为近东西和北东向，晚期(晚白垩世)边界为北东东和北北东向。

1)阿尔山诺尔中侏罗世($J_2$)后碰撞岩浆杂岩(D-1-5-1)

在海拉尔弧盆地苏木一带和马步拉—伊山林场一带出露中侏罗世高钾和碱性玄岩质花岗岩组合，岩性为二长花岗岩、正长花岗岩，岩石化学特征显示大陆碰撞、后造山环境，地球化学特征显示火山弧和后碰撞环境。

2)伊敏河镇早白垩世($K_1$)坳陷盆地(D-1-5-2)

在海拉尔市南伊敏煤田矿区出露伊敏组($K_1ym$)河湖相含煤碎屑岩组合，岩性为泥岩、粉砂岩、细砂岩、砾岩互层，含17个煤层，产植物化石。

3)三道梁—莫尔道嘎早白垩世($K_1$)俯冲期岩浆杂岩(D-1-5-3)

在辉河幅三道梁出露早白垩世斜长花岗岩，与莫尔道嘎镇陆缘弧TTG组合共同组成俯冲期岩浆杂岩。

4)查干诺尔—亚东镇晚白垩世($K_2$)大陆裂谷火山岩(D-1-5-4)

在查干诺尔一带出露晚白垩世多希组($K_2d$)碱性玄武岩和亚东镇出露孤山镇组($K_2g$)酸性火山岩构成双峰式火山岩组合，为大陆裂谷构造环境。

5)伊敏河镇晚白垩世($K_2$)压陷盆地(D-1-5-5)

在海拉尔市南孟根楚鲁苏木—伊敏煤矿一带出露二连组($K_2e$)河流相砂砾岩-粉砂岩-泥岩组合，岩性为砾岩、岩屑砂岩、砂岩、泥质粉砂岩、含粉砂质泥灰岩、泥岩等，含孢粉，平行不整合于伊敏组($K_1ym$)之上。

6)新巴尔虎左旗中新世($N_1$)坳陷盆地(D-1-5-6)

在新巴尔虎左旗一带出露呼查山组($N_1hc$)河流相砂砾岩-粉砂岩-泥岩组合，岩性为砾岩、砂岩、粉砂岩、泥岩等，泥岩中含铁锰质结核，产状近水平，呈半(微)胶结的疏松状态。

### 6. 锡林浩特俯冲-碰撞型火山-侵入岩带(D-1-7)

锡林浩特俯冲-碰撞型火山-侵入岩带叠加在锡林浩特岩浆弧之上，以自晚三叠世以来，特别是中侏罗世—早白垩世俯冲-碰撞型岩浆活动造成巨量的火山岩喷发和岩浆侵入为特征。

1)蘑菇气晚三叠世($T_3$)后造山岩浆杂岩(D-1-7-1)

在蘑菇气一带出露晚三叠世碱性—钙碱性花岗岩组合，岩性为具文象结构、晶洞构造的正长花岗岩，属碱性和高钾钙碱性系列，岩石化学特征显示后造山-大陆隆升环境。

2)三棱山晚三叠世($T_3$)稳定陆块岩浆杂岩(D-1-7-2)

在罕乌拉苏木和三棱山一带出露晚三叠世层状基性—超基性杂岩组合，岩性为橄榄岩、辉长岩、辉长辉绿岩、角闪闪长岩、辉石闪长岩、辉石石英闪长岩、石英二长闪长岩等，属碱性和亚碱性系列，岩石化学资料显示与裂谷有关的花岗岩、岛弧花岗岩。

3)巴林右旗—巴彦温都苏木晚三叠世($T_3$)俯冲期岩浆杂岩(D-1-7-3)

在巴林右旗一带和沙胡同—巴彦温都尔苏木一带出露晚三叠世奥长花岗岩、花岗闪长岩、二长花岗岩，属高钾钙碱性系列，在An-Ab-Or图解中为$T_1$-$T_2$-$G_1G_2$组合，岩石化学资料显示大陆边缘、大陆碰撞环境。

4)西萨拉—突泉县早侏罗世($J_1$)无火山岩断陷盆地(D-1-1-4)

在扎鲁特旗西萨拉—突泉县一带出露红旗组($J_1h$)河湖相含煤碎屑岩组合，岩性上部为长石砂岩、粉砂岩、页岩、碳质页岩夹多层煤；中部为粉砂岩、页岩互层；下部为砂砾岩、砂岩、粉砂岩、泥岩夹多层煤，产淡水双壳及植物化石。

5)巴彦诺尔—蘑菇气早侏罗世($J_1$)俯冲期岩浆杂岩(D-1-7-5)

在巴彦诺尔—天山镇一带出露早侏罗世花岗闪长岩、二长花岗岩、花岗岩、石英斑岩等，在An-Ab-Or图解中为$G_1G_2$组合，岩石化学资料显示大陆弧-后造山隆升特征。

6)林西—磨菇气中侏罗世($J_2$)火山-沉积断陷盆地(D-1-7-6)

在克什克腾旗黄岗梁林场一带出露新民组($J_2x$)河流相砂砾岩-粉砂岩-泥岩组合，岩性为砾岩、杂砂岩、长石砂岩夹细砂岩、中酸性凝灰岩。产双壳及植物化石，不整合于哲斯组($P_2zs$)之上。巴林左旗白音乌拉苏木石棚沟一带出露新民组($J_2x$)河流相砂砾岩-粉砂岩-泥岩组合，岩性为凝灰砂砾岩、杂砂岩、粉砂岩、沉凝灰岩、流纹质含角砾凝灰岩夹泥灰岩透镜体，产植物化石。阿鲁科尔沁旗新民镇一带、巴林左旗富山屯一带及扎鲁特旗西沙拉一带出露新民组($J_2x$)河湖相含煤碎屑岩组合，岩性上、下部为酸性凝灰熔岩、玻屑凝灰岩、凝灰岩夹凝灰砂岩、煤层、煤线；中部为粉砂岩、页岩、泥灰岩、酸性玻屑凝灰岩夹煤层，产双壳、叶肢介、植物化石。巴林左旗半拉石槽一带出露新民组($J_2x$)河湖相含煤碎屑岩组合，岩性为凝灰砂砾岩、砂岩、酸性熔岩、角砾熔岩、岩屑晶屑凝灰岩、凝灰角砾岩夹碳质页岩及煤层，产双壳、叶肢介、植物化石。

在扎鲁特旗联合屯一带出露万宝组($J_2wb$)河湖相含煤碎屑岩组合，岩性为砾岩、长石砂岩、粉砂岩、页岩夹煤层，含植物化石。突泉县长春岭一带出露万宝组($J_2wb$)河湖相含煤碎屑岩组合，岩性上部为酸性含角砾岩屑、玻屑凝灰岩、玻屑凝灰岩夹凝灰砂岩及煤线，中部为杂砂岩、砂砾岩，下部为细砂岩、粉砂岩、泥岩夹煤线。产双壳及植物化石。扎赉特旗新林镇一带出露万宝组($J_2wb$)河流相砂砾岩-粉砂岩-泥岩组合，岩性为砾岩、砂砾岩、杂砂岩、长石砂岩、粉砂岩、板(泥)岩夹流纹质凝灰熔岩。布特哈旗蘑菇气乡一带出露万宝组($J_2wb$)河湖相含煤碎屑岩组合，岩性为砾岩、砂砾岩、泥质细砂岩、粉砂岩、凝灰质泥岩夹流纹质凝灰岩及薄煤层，含植物化石。

7)白音镐—南兴安中侏罗世($J_2$)后碰撞岩浆杂岩(D-1-7-7)

在白音镐和南兴安等地出露中侏罗世黑云母二长花岗岩、花岗岩，为高钾和钾玄岩质花岗岩，岩石化学资料显示大陆弧-大陆碰撞构造环境。

8)毛宝力格乡中侏罗世($J_2$)俯冲期岩浆杂岩(D-1-7-8)

在毛宝力格乡一带出露中侏罗世闪长岩、石英闪长岩、石英二长岩,属高钾钙碱性系列,在An-Ab-Or图解中为$T_1$-$T_2$-$G_1G_2$组合,岩石化学资料显示大陆弧环境。

9)内蒙古东部晚侏罗世($J_3$)俯冲期火山岩(D-1-7-10)

晚侏罗世火山岩分3个组:满克头鄂博组以流纹岩及其火山碎屑岩为主,含少量中酸性火山岩,TAS分类大部为流纹岩,个别英安岩、粗安岩、粗面岩,以高钾钙碱性系列为主,少量钾玄岩系列;玛尼吐组为辉石安山岩、角闪安山岩、安山岩、流纹质凝灰岩,TAS分类为玄武粗安岩、粗安岩、流纹岩,少量玄武安山岩、安山岩、英安岩,以钙碱性系列为主,少量拉斑系列,也有高钾钙碱性和钾玄岩系列;白音高老组为流纹岩、流纹质火山碎屑岩,少量中酸性火山岩,TAS分类为流纹岩,高钾钙碱性系列-钾玄岩系列。3个组岩石类型不同,岩石化学参数也有差别,但岩石系列、TAS分类中大致相同,判别构造环境的图解中也较相似。

10)黄岗梁—林西县晚侏罗世($J_3$)无火山岩断陷盆地(D-1-7-10)

在黄岗梁—林西县一带出露上侏罗统土城子组($J_3t$),于黄岗梁林场大麻沟一带为河流相砂砾岩-粉砂岩-泥岩组合,岩性为紫色铁质粉砂岩、凝灰质粉砂岩、细砂岩、砂岩、角砾岩。克什克腾旗白音镐一带为水下扇砂砾岩组合,岩性为暗紫色复成分角砾岩、砂砾岩夹粉砂质泥岩。青山林场一带为河流相砂砾岩-粉砂岩-泥岩组合,岩性为紫色砾岩、中细粒岩屑砂岩、粉砂岩、砂质泥(板)岩,产植物化石。林西县康家营一带上部为河流相砂砾岩-粉砂岩-泥岩组合。岩性为紫色凝灰质砾岩、砂砾岩、细砂岩互层,下部为灰紫色凝灰质细砂岩、沉凝灰岩夹凝灰质砂砾岩。

11)兴安林场—宝石镇晚侏罗世($J_3$)俯冲期岩浆杂岩(D-1-7-11)

在兴安林场、德发林场和宝石镇等地出露晚侏罗世石英闪长岩、花岗闪长岩和少量闪长岩、闪长玢岩,为高钾钙碱性系列,在An-Ab-Or图解中为$T_1$-$T_2$-$G_1G_2$组合,岩石化学资料显示大陆弧构造环境。

12)黄岗梁—蘑菇气镇晚侏罗世($J_3$)后碰撞岩浆杂岩(D-1-7-12)

在锡林浩特火山-侵入岩亚带内广泛分布晚侏罗世高钾和碱玄岩质花岗岩组合,岩性为二长花岗岩、黑云母花岗岩和少量正长花岗岩、斜长花岗岩、花岗斑岩、流纹斑岩等,以高钾钙碱性系列为主,少量钾玄系列,岩石化学资料显示大陆弧-大陆碰撞-后造山环境。

13)白音诺尔—宝石镇早白垩世($K_1$)大陆裂谷火山岩(D-1-7-13)

在白音诺尔—宝石镇一带出露下白垩统梅勒图组碱性玄武岩-流纹岩组合,岩性为玄武安山岩、安山岩、英安岩等,TAS分类为粗安岩、流纹岩,属亚碱性系列,为大陆裂谷火山岩。

14)白音昆地早白垩世($K_1$)无火山岩断陷盆地(D-1-7-14)

在白音昆地一带出露大磨拐河组($K_1d$),据煤田普查资料显示,下部为砂岩、砾岩夹泥岩,上部为砂岩、粉砂岩、泥岩,含20余层薄煤层,厚达千米,产植物化石。

15)四方城乡—新天镇早白垩世($K_1$)俯冲期岩浆杂岩(D-1-7-15)

在四方城乡、宝力召苏木、嘎亥图镇和杨树沟林场等地出露早白垩世闪长岩、闪长玢岩、石英二长闪长岩、辉石闪长岩、斜长花岗岩、花岗闪长岩,属钙碱性系列,在An-Ab-Or图解上为$T_2$-$G_2$组合,构成TTG组合,岩石化学资料显示大陆弧环境。

16)内蒙古东部早白垩世($K_1$)后造山岩浆杂岩(D-1-7-16)

在该火山-侵入岩亚带内分布有早白垩世正长花岗岩、花岗岩、二长花岗岩、花岗斑岩、石英二长斑岩、石英正长岩、流纹岩、碱性花岗岩等,为碱性和高钾钙碱性系列、钾玄岩系列,为碱性—钙碱性花岗岩组合,岩石化学资料显示大陆碰撞-后造山-大陆隆升环境。

17)罕乌拉苏木早白垩世($K_1$)陆内裂谷岩浆杂岩(D-1-7-17)

在罕乌拉一带出露有早白垩世辉绿玢岩、玄武玢岩和酸性脉岩,为双峰式岩墙群。

18)灯笼河子—新生牧场中新世($N_1$)大陆裂谷火山岩(D-1-7-18)

在新生牧场出露中新世汉诺坝组($N_1h$)玄武岩、橄榄玄武岩(TAS中显示为粗面玄武岩),为大陆溢流玄武岩，地球化学资料显示板内玄武岩特征。

19）巴彦诺尔—宝格达山上新世（$N_2$）大陆裂谷火山岩（D-1-7-19）

在宝格达山林场一带出露上新世五岔沟组（$N_2w$）橄榄玄武岩、安山玄武岩，为亚碱性系列大陆溢流玄武岩，稳定陆块构造环境。

## （二）赤峰-苏尼特右旗岩浆弧特征（D-4）

赤峰-苏尼特右旗岩浆弧位于西拉木伦河以南、华北陆块区以北的区域。以晚三叠世以来特别是中侏罗世—早白垩世剧烈的岩浆活动造成巨量的火山岩喷发和岩浆侵入为特征。

赤峰-苏尼特右旗岩浆弧包括1个三级大地构造单元，即赤峰俯冲-碰撞型火山-侵入岩带（D-4-1）。

### 赤峰俯冲-碰撞型火山-侵入岩带（D-4-1）

赤峰俯冲-碰撞型火山-侵入岩带叠加在温都尔庙岩浆弧之上，以自晚三叠世以来，特别是中侏罗世—早白垩世俯冲-碰撞型岩浆活动造成巨量的火山岩喷发和岩浆侵入为特征。

1）天盛号中侏罗世（$J_2$）火山-沉积断陷盆地（D-4-1-1）

在天盛号乡一带出露新民组（$J_2x$）河流相砂砾岩-粉砂岩-泥岩夹火山岩组合和河湖相含煤碎屑岩组合。河流相砂砾岩-粉砂岩-泥岩夹火山岩组合岩性为凝灰质砾岩、细砂岩、粉砂岩、细粒岩屑砂岩、含砾沉凝灰岩，含大量植物根系、茎干化石。河湖相含煤碎屑岩组合岩性为砾岩、砂砾岩夹杂砂岩、粉砂岩、泥岩、沉角砾凝灰岩，局部含碳质页岩及煤线。

2）库伦旗中侏罗世（$J_2$）后碰撞岩浆杂岩（D-4-1-2）

在库伦旗出露中侏罗世高钾和钾玄岩质花岗岩，岩性为黑云母二长花岗岩、石英二长岩等，高钾钙碱性系列和钾玄岩系列，岩石化学资料显示大陆碰撞环境。

3）内蒙古东部晚侏罗世（$J_3$）俯冲火山岩（D-4-1-3）

该俯冲火山岩为遍布赤峰地区的上侏罗统满克头鄂博组（$J_3mk$）酸性火山岩、玛尼吐组（$J_3mn$）以中性为主的火山岩和白音高老组（$J_3b$）酸性火山岩。岩石类型虽有差别，但岩石化学、地球化学特征基本相同，均为高钾钙碱性系列和钾玄岩系列，构成高钾和钾玄岩质火山岩组合。根据岩石构造组合并结合岩石化学、地球化学判别构造环境的图解，判别为俯冲期火山岩。

4）天盛号—水泉乡晚侏罗世（$J_3$）火山-沉积断陷盆地（D-4-1-4）

在天盛号乡、楼子店乡和水泉乡等地出露土城子组（$J_3t$）河流相砂砾岩-粉砂岩-泥岩夹火山岩组合，岩性为灰紫色凝灰砾岩、砂岩夹泥质粉砂岩、酸性凝灰岩等，含植物化石碎片。

5）红山子乡晚侏罗世（$J_3$）俯冲期岩浆杂岩（D-4-1-5）

在克什克腾旗红山子乡出露晚侏罗世闪长岩、石英闪长岩、花岗闪长岩等，为高钾钙碱性系列，岩石化学资料显示岛弧-大陆弧特征。

6）天盛号乡—新镇镇晚侏罗世（$J_3$）后碰撞岩浆杂岩（D-4-1-6）

在天盛号乡—新镇镇一带出露晚侏罗世高钾和碱玄岩质花岗岩组合，岩性为黑云母花岗岩、二长花岗岩、正长花岗岩，属高钾钙碱性系列和钾玄岩系列，岩石化学资料显示后造山环境，地球化学资料显示后碰撞环境。

7）赤峰—库伦旗早白垩世（$K_1$）大陆裂谷火山岩（D-4-1-7）

在赤峰—库伦旗一带出露下白垩统义县组（$K_1y$）碱性玄武岩-流纹岩组合，岩性为安山岩、玄武岩夹沉积岩，为大陆裂谷火山岩。

8）大庙镇—赤峰早白垩世（$K_1$）无火山岩断陷盆地（D-4-1-8）

在大庙镇一带出露九佛堂组（$K_1jf$）湖泊相砂岩-粉砂岩组合，岩性为凝灰质砂岩、页岩夹凝灰砾岩、油页岩、石膏及凝灰岩薄层，含鱼、叶肢介、拟蜉蝣、介形虫、植物等化石。翁牛特旗套苏沟一带出露九佛堂组($K_1jf$)湖泊相砂岩-粉砂岩组合，岩性为凝灰砂砾岩、砂岩、页岩，含叶肢介及植物化石。初头朗镇双河营子及当铺地乡白脸山一带出露九佛堂组($K_1jf$)湖泊相砂岩-粉砂岩组合，岩性为凝灰砂砾岩、砂岩、页岩夹沉凝灰岩、酸性晶屑凝灰岩薄层，含植物化石。三眼井—元宝山区一带出露九佛堂组($K_1jf$)湖泊相砂岩-粉砂岩组合，岩性下部以砾岩、砂砾岩、泥岩为主夹细砂岩、沉凝灰岩，上部为岩屑长石杂砂岩、钙质粉砂质泥岩夹砂砾岩，含丰富爬行类、鱼、双壳、腹足、昆虫类、叶肢介及植物化石。而此带内的阜新组($K_1f$)则为河湖相含煤碎屑岩组合，岩性为长石砂岩、石英砂岩、细粉砂岩、泥岩、碳质泥岩、页岩及可采煤数层，含介形虫、双壳及植物化石。

9)内蒙古东部早白垩世($K_1$)后造山岩浆杂岩(D-4-1-9)

在赤峰火山-侵入岩带内出露早白垩世碱性—钙碱性花岗岩组合，岩性为黑云母花岗岩、正长花岗岩、碱长花岗岩、花岗斑岩、流纹斑岩等，为碱性和高钾钙碱性系列，岩石化学资料显示后造山-大陆隆升环境，地球化学资料显示火山弧和板内环境。

10)宝国吐晚白垩世($K_2$)无火山岩断陷盆地(D-4-1-10)

在敖汉旗宝国吐乡一带出露孙家湾组($K_2sj$)冲积扇砾岩组合，岩性为紫色、紫灰色半胶结的砾岩，砂砾岩局部夹泥岩。

11)灯笼河子中新世($N_1$)大陆裂谷火山岩(D-4-1-11)

在克什克腾旗灯笼河子牧场—赤峰一带出露中新世汉诺坝组($N_1h$)玄武岩、橄榄玄武岩(TAS显示为粗面玄武岩)台地，为大陆溢流玄武岩，地球化学资料显示板内玄武岩特征，为稳定陆块中大陆裂谷火山岩。

### (三)松辽裂谷盆地特征(D-5)

松辽裂谷盆地为中生代断陷裂谷形成的盆地，主要沉积了白垩系—第四系，白垩系被第四系覆盖。

#### 1. 松辽断陷盆地(D-5-1)

松辽断陷盆地为侏罗纪—白垩纪断陷活动形成的盆地，早期(侏罗纪—早白垩世)断陷边界为近东西和北东向，晚期(晚白垩世)边界为北东东和北北东向。

#### 2. 扎赉特旗上新世($N_2$)无火山岩断陷盆地(D-5-1-1)

在松辽裂谷盆地西缘扎赉特—乌兰浩特一带出露泰康组($N_2tk$)河流相砂砾岩-粉砂岩-泥岩组合，岩性为砂砾岩夹泥质粉砂岩、泥岩，胶结疏松，产状平缓。

### (四)冀北-燕辽-太行岩浆弧特征(D-7)

冀北-燕辽-太行岩浆弧叠加于华北陆块区之上，以晚三叠世以来特别是中侏罗世—早白垩世剧烈的岩浆活动造成巨量的火山岩喷发和岩浆侵入为特征，经晚侏罗世—白垩纪张扭性断裂活动形成了北东走向的断陷盆地。

#### 冀北俯冲-碰撞型火山-侵入岩带(D-7-2)

1)高桥村晚三叠世($T_3$)后造山岩浆杂岩(D-7-2-1)

在高桥村一带出露晚三叠世碱性—钙碱性花岗岩组合，岩性为黑云母二长花岗岩、黑云母花岗岩。岩石系列为碱性和高钾钙碱性、钾玄岩，岩石化学资料显示大陆碰撞-后造山环境。

2)山神庙子—十家村晚三叠世($T_3$)稳定陆块岩浆杂岩(D-7-2-2)

在山神庙子—十家村一带出露层状基性—超基性杂岩组合,岩性为晚三叠世橄榄辉石岩、辉长岩、苏长岩和石英二长闪长岩,具层状特征。岩石系列为碱性和亚碱性,岩石化学资料显示构造环境与裂谷有关。

3)四道沟—楼子店早侏罗世($J_1$)后造山岩浆杂岩(D-7-2-3)

在四道沟—楼子店一带出露早侏罗世碱性—钙碱性花岗岩组合,岩性为似斑状含闪长质包体的黑云二长花岗岩。岩石系列为碱性、高钾钙碱性、钾玄岩,岩石化学资料显示后造山环境,地球化学资料显示后碰撞环境。

4)小牛群中侏罗世($J_2$)后碰撞火山岩(D-7-2-4)

在喀喇沁旗小牛群一带出露中侏罗统新民组($J_2x$)强过铝质火山岩组合,岩性下部为河流相沉积岩;上部为中酸性火山岩,属高钾钙碱性系列,构造环境为后碰撞。

5)喀喇沁旗中侏罗世($J_2$)火山-沉积断陷盆地(D-7-2-5)

在喀喇沁旗龙山乡—小牛群乡一带出露新民组($J_2x$),岩性下部为中酸性熔结凝灰岩夹安山岩、英安岩、凝灰砂砾岩,上部则为砂砾岩、砂岩、泥质粉砂岩夹酸性熔结凝灰岩、安山岩及可采煤层,含植物化石。在松山区碾房乡—猴头沟乡一带出露河湖相含煤碎屑岩组合,岩性为砾岩、砂岩、页岩夹无烟煤,产植物及双壳化石。

6)四道沟中侏罗世($J_2$)后碰撞岩浆杂岩(D-7-2-6)

在四道沟一带出露中侏罗世高钾和碱玄岩质花岗岩组合,岩性为黑云二长花岗岩,在山德指数图解中为大陆碰撞-后造山范围,判断构造环境为后碰撞。

7)内蒙古东部晚侏罗世($J_3$)俯冲火山岩(D-7-2-7)

地层岩性为上侏罗统满克头鄂博组($J_3mk$)酸性火山岩、玛尼吐组($J_3mn$)以中性为主的火山岩和白音高老组($J_3b$)酸性火山岩。岩石类型虽有差别,但岩石化学、地球化学特征基本相同,均为高钾钙碱性系列和钾玄岩系列,构成高钾和钾玄岩质火山岩组合。根据岩石构造组合并结合岩石化学、地球化学判别构造环境的图解,判别为俯冲期火山岩。

8)金厂沟梁镇晚侏罗世($J_3$)俯冲期岩浆杂岩(D-7-2-8)

在金厂沟梁镇一带出露晚侏罗世石英闪长岩,露头很少,无岩石化学资料。与区域对比,判别为陆缘弧环境。

9)喀喇沁旗—金厂沟梁早白垩世($K_1$)大陆裂谷火山岩(D-7-2-9)

在喀喇沁旗—金厂沟梁一带出露上白垩统义县组($K_1y$)碱性玄武岩-流纹岩组合,岩性为玄武岩、安山岩、英安岩及其火山碎屑岩,为大陆裂谷火山岩。

10)平庄镇—大黑山林场早白垩世($K_1$)无火山岩断陷盆地(D-7-2-10)

在喀喇沁旗西桥乡(五家镇)—元宝山区平社镇一带出露阜新组($K_1f$)河湖相含煤碎屑岩组合,岩性为复成分砾岩、岩屑长石砂岩、粉砂质泥岩夹多层可采煤层,含植物、双壳等化石。其下部层位出露九佛堂组($K_1jf$)湖泊相砂岩-粉砂岩组合,岩性为砾岩、砂砾岩、岩屑砂岩、钙质粉砂质泥岩、页岩,含鱼、双壳、昆虫、叶肢介及植物化石。在宁城县三座店—奈曼旗杨树沟一带出露九佛堂组($K_1jf$)湖泊相砂岩-粉砂岩组合,岩性为砂砾岩、岩屑长石砂岩、细砂岩、粉砂岩、泥岩夹油页岩。

11)内蒙古东部早白垩世($K_1$)后造山岩浆杂岩(D-7-2-11)

该带内出露早白垩世碱性—钙碱性花岗岩组合,岩性为黑云母花岗岩、正长花岗岩、碱长花岗岩、花岗斑岩、流纹斑岩等。岩石系列为碱性和高钾钙碱性,岩石化学资料显示后造山-大陆隆升环境,地球化学资料显示火山弧和板内环境。

12)八里罕—平庄镇晚白垩世($K_2$)无火山岩断陷盆地(D-7-2-12)

在八里罕—平庄镇一带出露孙家湾组($K_2sj$)河流相砂砾岩-粉砂岩-泥岩组合,岩性为紫红色复成分砂砾岩、杂砂岩、泥质粉砂岩、泥岩。

# 第四节　大地构造阶段划分及其演化

## 一、大地构造阶段划分

### （一）大地构造阶段划分的思路与原则

**1. 把握中国大地构造时空结构组成特征及全球构造背景**

大陆的裂解增生与重组是大陆岩石圈构造演化的主要形式之一。已有资料表明，在地质历史上，经历了多次的大陆岩石圈的裂解与重组，使得在地质历史上，出现了多个超大陆。超大陆的裂解，形成新的洋陆格局。这些裂解的古超级大陆的块体，经过了离散和汇聚的演化过程，重新组合在一起，构成新的超大陆。新的构造旋回构造运动形成了现今我们见到的地壳中的构造现象，我们研究大陆的地质历史或重建形成过程，首先就要恢复这些大陆形成演化的裂解与重组的构造旋回（潘桂棠，2012）。

中国大陆的形成演化与全球大陆形成演化，基本上具有不同态的同步性。因而，把中国大陆地质研究置于全球构造演化的框架之中，把各省区（陆块、造山带）大地构造研究置于罗迪尼亚超大陆裂解形成古亚洲洋和原特提斯洋乃至太平洋构造域，以及亚洲大陆形成演化的框架之中，从宏观上把握中国及省区陆块、造山带的地质构造研究，进而可以为高水平研究成果的获得奠定基础。

**2. 遵循将今论古的现实主义比较构造地质学研究的原则**

首先需要了解现今正在进行的地质过程及主要特征，并作为研究的对比标准，重建已经消失的古老地质过程。例如，我们知道现今的板块之间互相作用的裂谷、俯冲带和碰撞带等特征，也了解现今的大洋内部和大陆内部的地质现象，以此作为对比研究的准则，恢复过去的地质过程。

**3. 尽可能准确地反映组成中国陆区的地质体及构造背景**

无论是从资源评价，还是探讨地质历史的角度来看，反映构成现今中国地壳结构、组成的成因类型和构造背景都是必要的。从构造演化的角度来看，中国陆区地壳结构组成或成因类型，可以分成陆壳基底和上叠盖层或沉积盆地的陆块（地块）。随着地质科学研究的深入、资料的积累，发现前寒武纪地质与显生宙地质存在很大的相似性。前寒武纪地质记录中，存在着与显生宙类似的大陆裂解与重组的岩石组合，以及变质变形特征，与洋壳消减、消亡的结合带和活动陆缘的弧盆系等。

### （二）内蒙古大地构造阶段划分

根据全国大地构造演化阶段划分和内蒙古实际资料，将内蒙古大地构造演化阶段划分为：①太古宙—古元古代（18Ga 年以前）华北陆块形成阶段；②中元古代—南华纪大陆裂解-多岛弧盆系形成阶段；③震旦纪—二叠纪陆块区盖层和造山带多岛弧盆系离散、汇聚、碰撞造山阶段；④三叠纪—早、中侏罗世陆内盆地演化阶段；⑤晚侏罗世—早白垩世陆相火山弧阶段；⑥晚白垩世—第四纪陆内盆地和陆内裂谷发育阶段。

## 二、大地构造演化基本特征

内蒙古地域辽阔，地质构造复杂多样。既有中国最古老的陆块区，又有造山带从离散、汇聚、碰撞、造山等开合的漫长而复杂的演化历史。根据内蒙古地质构造的实际情况，可将内蒙古大地构造演化分为陆块区大地构造演化和造山带弧盆系大地构造演化两部分论述。

### （一）华北陆块区大地构造演化

#### 1. 太古宙—古元古代(18Ga 年前)

1）古太古代初始陆核形成阶段

目前已知内蒙古地域内出露最古老的变质基底岩系为古太古代兴和岩群。岩性为紫苏斜长麻粒岩、紫苏黑云斜长麻粒岩、辉石斜长片麻岩、斜长角闪岩、混合花岗岩、磁铁石英岩等，是一套层状特征不明显的暗色岩系。据原岩恢复，其原岩组合为拉斑玄武岩、钙碱性火山岩及其火山碎屑岩。由此可知，古太古代时期，尚未具有成熟度较高的地壳出现。兴和岩群是上地幔部分熔融上涌冷凝形成片麻岩穹隆式的初始陆壳。该陆核在内蒙古已有相当的规模，东从兴和县开始，向西可断续延伸扩展至包头、固阳一带。向南向东可延至山西、河北省境内。

2）中太古代初始陆核增生阶段

中太古代，洋、陆格局泾渭已经分明，但是否存在洋壳向陆壳之下俯冲的板块活动机制尚难以定论。从集宁岩群的夕线石榴片麻岩、夕线石榴长石石英岩、浅粒岩、大理岩的互层出现孔兹岩系，说明当时已有成熟度较高的陆源碎屑岩从大陆剥蚀搬运到海洋中沉积了，属于被动陆缘性质的构造环境。

分布于内蒙古中西部乌拉山、狼山、雅布赖山一带的中太古代乌拉山岩群、迭布斯格岩群和贺兰山地区的哈布其盖组、察干郭勒组则是一套夕线石榴片麻岩、黑云角闪斜长片麻岩、浅粒岩、变粒岩、大理岩等中基性火山岩、火山碎屑岩、正常碎屑沉积岩，表明中太古代陆源碎屑沉积和火山岩的沉积范围已相当广泛。初始陆核已得到很大规模的快速增生扩大。

值得一提的是，上述乌拉山岩群、集宁岩群、哈布其盖组、察干郭勒组，近年来 SHRIMP 锆石 U－Pb 精确定年，认为这套孔兹岩系形成于古元古代，而不是以往认为的太古宙（吴昌华，2006，2007；董春艳，2007），这一认识突破了以往以地质体变质作用深浅判定地质时代新老的传统观念。同时也改写了华北克拉通古老陆块（陆核）形成的演化历史。

3）新太古代洋陆转换、陆壳快速增生阶段

前已述及，由于古中太古界构成的大陆已具相当规模，从兴和向西可延至包头、固阳、雅布赖山一带，从兴和向东可扩展到喀喇沁旗、金厂沟梁一带。这一时期是华北陆块区陆壳快速增生的时期。新太古代时期，在陆块的边缘已有古大洋的存在，由于大洋板块向陆壳之下俯冲、消减，在大陆靠海的一侧产生沟、弧、盆体系，展布于色尔腾山至太仆寺旗一带的色尔腾山岩群中基性、中酸性火山岩、岛弧沉积和硅铁质 BIF 建造就是这一时期的产物，并有碳酸盐岩组成的弧后盆地沉积。同时还发育有俯冲岩浆杂岩岩性为英云闪长岩、石英闪长岩、二长花岗岩、花岗岩岩石。色尔腾山岩群及侵入岩组成的增生陆壳向北可扩展到白云鄂博一带，向西在龙首山、迭布斯格一带的增生陆壳，主要是岛弧和弧后盆地沉积。由阿拉善岩群的蓝晶十字石榴云母片岩、黑云石英片岩、二云母石英片岩、黑云石英角闪片岩、碳酸盐岩、变粒岩、含铁石英岩岩石组合组成。

4）古元古代被动陆缘阶段

经过新太古代洋、陆转换之后，华北陆块古元古代经历了一段相对稳定的地质历史时期，在增生的大陆边缘沉积了一套巨厚的陆缘碎屑沉积建造。即古元古代宝音图群石英岩、十字蓝晶石榴云母片岩、大理岩和阿拉善陆块之上的墩子沟组砂板岩、碳酸盐岩等。仅局部见有少量火山岩夹层。

### 2. 中元古代—新元古代

1)中新元古代裂解-陆缘裂谷阶段

进入中新元古代，在已经形成的古老结晶基底岩系之上华北陆块的北缘，产生了近东西向和北东东向的陆缘裂谷。裂谷从西部迭布斯格，向东经狼山、渣尔泰山、白云鄂博、四子王旗，一直延伸至化德一带，东西长1000余千米。裂谷可分为南、北两支，南部裂谷由渣尔泰山群组成，西起迭布斯格，向东经狼山至渣尔泰山、固阳一带终结；北支由白云鄂博起，向东经四子王旗至化德县一带，由白云鄂博群组成。裂谷内沉积了一套巨厚的以碎屑岩、碳酸盐岩和碳质板岩为主的白云鄂博群和渣尔泰山群，有少量中酸性变质火山岩夹层。裂谷内尚有双峰式裂谷岩浆杂岩、层状基性侵入体和基性岩墙群(1760±2.5Ma，陆松年)。裂谷内形成了白云鄂博群内的铁铌稀土矿和渣尔泰山群内的铜多金属矿产。

在贺兰山一带，有中元古代西勒图组石英砂岩、王全口组白云质灰岩和新元古代正目关组冰碛层沉积岩组合，呈南北向展布，它们也应属于同期裂谷盆地的沉积环境，与近东西向展布的狼山-白云鄂博裂谷呈三叉裂谷式的一支出现。

### 3. 寒武纪—二叠纪陆块区盖层阶段

1)古生代陆表海盖层沉积阶段

内蒙古范围内由于中新生代坳陷盆地的掩盖，古生代地层的沉积仅出露在鄂尔多斯坳陷盆地的周缘一带，如清水河、阴山、桌子山、贺兰山一带。这一时期的沉积代表了华北陆块区最稳定的沉积环境。

寒武纪—中奥陶世为碎屑岩陆表海和碳酸盐岩陆表海沉积。阴山地区还有晚奥陶世乌兰胡洞组碳酸盐岩陆表海沉积记录。晚奥陶世—早石炭世，本区与华北地台本部一起，处于整体水平抬升隆起阶段，缺失晚奥陶世、志留纪、泥盆纪和早石炭世的沉积。

晚石炭世，本区又沉降接受了晚石炭世、二叠纪的海陆交互相陆表海沉积。晚石炭世本溪组直接平行不整合盖在中奥陶统之上。在清水河一带沉积了本溪组黏土岩、泥岩、泥灰岩；晚石炭世—早二叠世太原组为湖相黏土岩、铝土质页岩、含煤碎屑岩；下二叠统山西组为湖相砂砾岩、粉砂岩、黏土质页岩，下中二叠世石盒子组为湖相砂岩、粉砂岩、黏土质页岩；上二叠统孙家沟组为湖相石英砂岩、粉砂岩、泥岩。在贺兰山一带，沉积了海陆交互相太原组砂岩、粉砂岩、页岩、含煤碎屑岩，下二叠统山西组为滨浅海-三角洲石英砂岩、粉砂岩、泥岩；下中二叠世石盒子组、孙家沟组为河流相砂岩。在阴山一带，晚石炭世沉积称为拴马桩组，为湖泊相含煤碎屑岩建造组合。二叠纪出现火山岩喷发活动，即进入华北陆块北缘大陆边缘活动带范畴。

2)石炭纪—二叠纪陆块区北部大陆边缘活动阶段

石炭纪、二叠纪时期，由于受北部天山-兴蒙造山带中大洋板块向南俯冲的影响，狼山-阴山陆块和阿拉善陆块进入活动的构造时期，陆块之上发育了大量的石炭纪、二叠纪俯冲岩浆杂岩(TTG)，局部见有中酸性火山岩喷发，如下二叠统苏吉火山岩、大红山组火山岩。我们暂称之为华北陆块北部大陆边缘活动带($Pz_2$)。

### 4. 三叠纪—白垩纪陆内盆地演化阶段

中生代，本区受中国东部造山-裂谷活动带的影响，在鄂尔多斯形成了大型坳陷盆地。盆地内沉积了三叠纪河湖相砂页岩，侏罗纪河湖相砂页岩、油页岩和含煤碎屑岩，白垩纪河流相砂砾岩、砂岩、泥岩。盆地内蕴藏着丰富的煤、油气资源。

而与鄂尔多斯坳陷盆地毗邻的狼山-阴山地区，则经历了隆起→伸展→挤压→伸展4个阶段的构造演化。三叠纪本区上升隆起，基本缺失三叠纪沉积。早侏罗世—中侏罗世是阴山地区伸展构造环境下的断陷盆地成煤时期。晚侏罗世，本区经历了强烈的近南北挤压，形成了狼山—阴山一带近东西向展布的逆冲推覆构造。造成了古老变质岩片逆冲推覆在早中侏罗世成矿盆地之上的构造景观。白垩纪则为挤压压力结束后的伸展、走滑活动阶段。在阴山地区，形成大小不等的白垩纪断陷或走滑拉分盆地。呼和浩特市北部的变质核杂岩也是这一时期伸展构造的具体表现。

**5. 新生代盆岭构造体系、陆内裂谷演化阶段**

受太平洋板块向中国大陆之下的俯冲、挤压和印度板块的向北挤压，包括华北陆块在内的整个内蒙古均经历着盆岭构造体系和陆内裂谷构造演化，如松辽盆地—大兴安岭—海拉尔至二连盆地的北东向的盆岭体系。阴山山脉—河套断陷盆地以及银根地区的近东西向山脉与盆地的构造格局，都展示了该时期构造特点。展布于内蒙古西部桌子山、贺兰山西缘的高角度挤压逆推带也是受太平洋板块与印度板块双重作用的结果，造成南北向盆岭体系的构造格局。陆内裂谷主要有中新世汉诺坝组玄武岩，上新世五叉沟组玄武岩和更新世阿巴嘎组玄武岩等陆内溢流相玄武岩组合。

## （二）天山-兴蒙造山系大地构造演化

从天山-兴蒙造山系中分布着若干早前寒武纪陆块的实际资料来看，推测古元古代时期，可能存在一个规模较大的联合古陆。近年来，国际上对大陆地质研究的一个突出进展是，识别出地球历史上存在着几个超级大陆的形成和演化，其中得到多数地质学家认同的有在古元古代形成，在中元古代早期裂解的哥伦比亚超级大陆。

基于这种认识，我们初步认为，古元古代，天山-兴蒙造山系曾是一个超级大陆，造山系的大地构造演化是在中元古代超级大陆裂解以后进行的。

**1. 大兴安岭弧盆系大地构造演化**

1）中元古代，大陆裂解离散—中亚-蒙古大洋、多岛弧盆地形成阶段

如前所述，中元古代是哥伦比亚超级大陆裂解的时期，裂解后的大陆向北可能漂移到西伯利亚一带，被称为西伯利亚板块。西伯利亚板块与华北板块之间相隔着浩瀚的大洋，这个大洋被称为中亚-蒙古大洋。大洋内残留着大小不等的微板块，也可称为地块，包括阿龙山地块、松岭地块、凤云山地块、伊和格勒地块。锡林浩特地块就是其中规模较大的地块之一。

2）新元古代，大洋消减，大陆增生阶段

随着中亚-蒙古大洋板块向北俯冲消减，西伯利亚板块便开始了离陆向洋增生的演化历史。新元古代，大洋板块沿着得尔布干断裂一带向北部额尔古纳一带俯冲消减，在其上盘形成了岛弧环境的佳疙瘩组安山岩、安山玄武岩、砂岩、板岩、结晶灰岩和弧背盆地环境的震旦系额尔古纳河组大理岩、碳质板岩、绿泥片岩岩石组合。并有俯冲岩浆杂岩花岗闪长岩、花岗岩（GG）岩石构造组合侵入。此后又经过漫长的地质历史时期演化，至新元古代末，增生板块的边界可能已达到阿尔山至松岭一带。寒武纪、奥陶纪、志留纪本区已为稳定环境下的被动陆缘性质的陆棚碎屑岩沉积。

3）古生代离散、汇聚、碰撞造山演化阶段

寒武纪中亚-蒙古大洋拉伸扩展，阿尔山—阿荣旗一带的北部，即增生的西伯利亚板块已为被动陆缘，其上沉积了稳定环境的苏中组碎屑岩和碳酸盐岩。

奥陶纪为俯冲汇聚阶段，俯冲带向南退至二连-贺根山一带。大洋板块向北部俯冲，在红格尔至东乌珠穆沁旗阿尔山、多宝山一带，形成了奥陶纪岛弧型火山岩及弧后盆地、弧背盆地的碎屑岩沉积，如多宝山组、乌宾敖包组、哈拉哈河组和裸河组（图7-5）。

泥盆纪中亚-蒙古大洋继续扩展拉伸形成新的洋壳。同时洋壳继续向北部西伯利亚增生大陆板块之下俯冲，即伸展与汇聚并存。俯冲作用在北部大陆边缘形成弧前陆坡盆地沉积，主要为由下—中泥盆

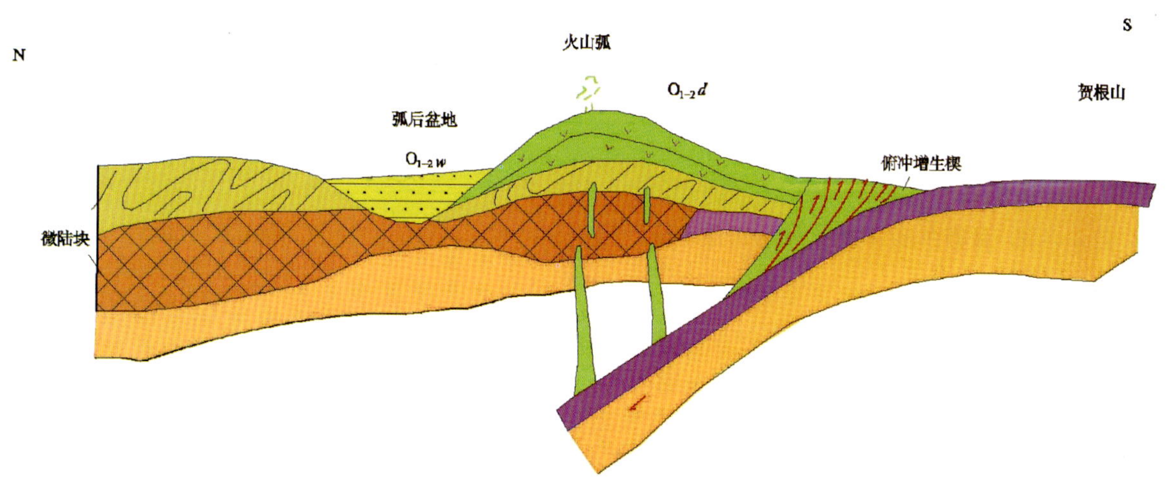


图 7-5　奥陶纪扎兰屯-多宝山岛弧相模式图

统泥鳅河组、中—上泥盆统特尔巴格特组、上泥盆统安格尔音乌拉组组成的半深海相-滨浅海相的陆源碎屑岩、硅质岩、泥岩夹火山岩的浊积岩沉积，并发育有滑塌构造。岛弧在东部大民山一带出露，为大民山组海相中基性—酸性火山岩、火山碎屑岩、灰岩、硅质岩。硅质岩中含放射虫。晚期有俯冲岩浆杂岩(TTG)岩石构造组合侵入。

晚石炭世—早二叠世，本区进入了活动陆缘弧发展的高峰期。大洋板块向北俯冲的汇聚作用加快。在西起红格尔，向东至东乌珠穆沁旗和扎兰屯一带，发育一套活动陆缘性质的陆相钙碱性安山岩、英安岩、流纹岩岩石构造组合及其弧间裂谷盆地碎屑岩沉积，即靠陆一侧的宝力高庙组和靠海一侧的海相格根敖包组。同期活动陆缘之上发育了俯冲岩浆杂岩($G_1G_2$)岩石构造组合(图 7-6)。

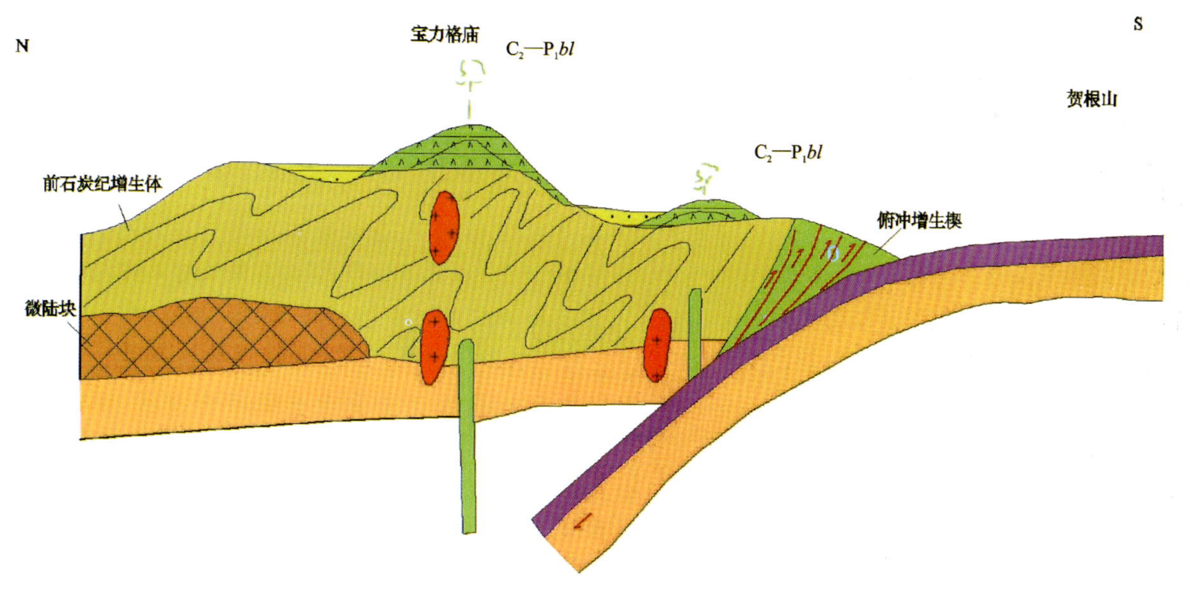


图 7-6　晚石炭世—早二叠世陆缘弧相模式图

早二叠世中期，本区发育了过铝质钾质碱性、高钾钙碱性后碰撞岩石构造组合。早二叠世晚期，则发育了钾质碱性花岗岩等后造山岩石构造组合，标志着中亚-蒙古大洋长期的洋陆转化的发展历史结束。此后大兴安岭弧盆系则进入陆内演化和造山-裂谷发展阶段。

4)中新生代，中国东部造山-裂谷系发展阶段

侏罗纪—早白垩世，受中国东部造山-裂谷系的影响，本区产生了大规模的陆相火山喷发活动，形成

大面积的中基性—酸性火山岩喷发活动，如中侏罗统塔木兰沟组，上侏罗统满克头鄂博组、玛尼吐组、白音高老组，下白垩统梅勒图组等。并伴随着俯冲型岩浆杂岩侵入和丰富的多金属矿产生成。晚白垩世发育陆内裂谷环境和后造山过碱性花岗岩组合。

新生代主要为坳陷盆地的发展阶段。上新统则有陆内裂谷五叉沟组拉斑玄武岩、安山岩和更新统阿巴嘎组碱性拉斑玄武岩大面积溢出。

**2. 包尔汗图-温都尔庙弧盆系大地构造演化**

1)中元古代陆块裂解离散、洋盆扩张构造阶段

中元古代是华北陆块裂解的重要时期。在华北陆块北部，沿着现一级构造单元界线(即原槽台断裂)有一陆块裂解后向北漂移，在裂解陆块与华北陆块之间形成一个有一定规模的洋盆，该洋盆我们暂称为索伦山-西拉木伦洋。其洋壳就是中新元古代温都尔庙群“三位一体”的蛇绿岩套组合。向北漂移的陆块我们暂称为锡林浩特地块。该陆块向西在艾里格庙一带延入蒙古国，与蒙古国托托高山古老陆块相接。

2)中元古代晚期—古生代汇聚、洋陆转换的构造阶段

大约在中元古代末期，新生大洋板块由扩展开始转为大洋板块双向俯冲消减作用，向北俯冲消减于锡林浩特地块之下，形成了苏尼特右旗一带的温都尔庙群增生杂岩，并有高压变质蓝闪石片岩带产生。大洋板块向南俯冲消减于华北陆块之下，在温都尔庙、图林凯一带留下了大洋板块俯冲的遗迹，即温都尔庙群远洋沉积、洋内弧沉积和蛇绿混杂岩堆积，它们增生拼贴在华北陆块之上，也伴有高压变质的蓝闪石片岩形成。俯冲作用还在华北陆块之上形成少量的俯冲岩浆杂岩(英云闪长岩)侵入。

奥陶纪，大洋板块继续向南俯冲。俯冲作用在西起白音查干、包尔汗图、白乃庙一带形成岛弧火山岩和弧后盆地等沉积，即包尔汗图群哈拉组和白乃庙组等中基性火山岩和布龙山组弧后盆地沉积，伴有中奥陶世英云闪长岩、石英闪长岩和花岗闪长岩(TTG)侵入。同期大洋板块向北部地块之下俯冲的地质记录甚少，仅有奥陶纪的英云闪长岩出露。时代依据不足。

志留纪至泥盆纪，大洋板块向南侧的俯冲作用基本停止。南部增生陆壳之上沉积了被动陆缘性质的碎屑岩、碳酸盐岩，即中志留统徐尼乌苏组、晒勿苏组，上志留统—下泥盆统西别河组和下泥盆统前坤头沟组。岩浆岩为后碰撞过铝质花岗岩。向北部锡林浩特地块之下俯冲形成俯冲岩浆杂岩(TTG)岩石构造组合侵入。该岩浆岩时代跨度较大，依据不充分。

石炭纪—二叠纪，大洋板块向南、北两侧的俯冲作用逐渐加强，二叠纪达到顶峰。石炭纪向南俯冲作用导致华北陆块上发育有俯冲岩浆杂岩(TTG)岩石构造组合，东部地区发育有陆缘弧环境的下石炭统朝吐沟组火山岩和上石炭统青龙山组火山岩。向北部锡林浩特地块俯冲作用，形成晚石炭世的有蛇绿岩碎片的浊积岩拼贴在新生陆块之上，即本巴图组浊积岩。二叠纪向北俯冲则形成大面积的钙碱性中基性火山岩喷发，即广泛出露的下—中二叠统大石寨组火山岩。伴有俯冲岩浆杂岩(TTG)岩石构造组合入侵。向南俯冲，在华北陆块北缘形成大量二叠纪俯冲岩浆杂岩 TTG 组合和 $G_1G_2$ 组合，表现出由北向南俯冲极性的特点。并有陆相火山岩喷发，如下二叠统苏吉组火山岩和大红山组火山岩，以及温都尔庙俯冲增生杂岩带之上的额里图组中基性火山岩喷发。

二叠纪晚期，锡林浩特地块与华北陆块增生带碰撞对接，索伦山-西拉木伦洋封闭，包尔汗图-温都尔庙弧盆系结束其演化历史。

3)三叠纪后碰撞—后造山伸展阶段

三叠纪早期本区进入了后碰撞的造山阶段，有过铝质后碰撞岩浆杂岩的入侵。三叠纪末期则为碰撞后伸展环境，有后造山岩浆杂岩形成。值得提及的是据施光海等(2004)研究，在锡林浩特市南发育有晶洞 A 型花岗岩，高精度 SHRIMP 锆石 U-Pb 测年结果显示，该岩体侵位年龄为 276±2Ma，属造山后伸展事件的产物，揭示了索伦山-西拉木伦洋已于 276±2Ma 即二叠纪末期以前封闭。分析认为，本区出现三叠纪后碰撞岩浆杂岩和后造山岩浆杂岩年龄与高精度 SHRIMP 方法测年资料有矛盾可能是由

于同位素测年方法不同而造成的。

4)中、新生代中国东部造山-裂谷带发展阶段

早中侏罗世，本区仍为伸展构造环境，形成诸多断陷盆地，并发育有河湖相含煤建造。晚侏罗世受中国东部造山-裂谷带的影响，在本区的东部一带有大量的陆相火山岩喷发，形成一套酸性—中性—酸性旋回的火山岩和火山碎屑岩沉积。

新生代坳陷盆地发育，并有大陆溢流橄榄玄武岩大面积喷溢，在锡林浩特一带一望无际的火山平台和星罗棋布的火山口形成颇为壮观的火山岩地貌景观。

### 3.额济纳旗-北山弧盆系大地构造演化

1)奥陶纪—泥盆纪，汇聚、洋陆转换、碰撞构造阶段

奥陶纪—泥盆纪，由于蒙古国境内的大洋板块向南俯冲消减作用，在中蒙边界百合山、圆包山、红果尔山一带形成奥陶纪岛弧火山岩咸水湖组和弧背盆地沉积白云山组，在志留纪形成弧前陆坡沉积圆包山组和岛弧火山岩公婆泉组、弧内盆地沉积碎石山组，在泥盆纪形成岛弧火山岩雀儿山组和弧内盆地沉积依克乌苏组。长期的俯冲作用导致北山地区的陆壳大面积向北增生。

奥陶纪中期，由于圆包山一带岛弧的发生发展及其产生的弧后扩张作用，在塔里木陆块北部边缘沿三道明水至洗肠井一带发生裂解，裂解陆块(明水地块)向北漂移，在塔里木陆块与明水地块之间形成一定规模的洋盆(相当于弧后扩张盆地)，暂称为横恋山-东七一山洋，洋盆之内有SSZ型低钾拉斑系列的蛇绿岩和半深海相的砂岩、硅质岩、碧玉岩等，显示新生洋壳成分的岩石组合。

当横恋山-东七一山洋盆拉张到一定的规模，随着拉张作用的继续，伴有洋壳对洋壳的俯冲消减作用。俯冲作用导致奥陶系洗肠井组岛弧火山岩、白云山组弧背盆地沉积以及志留系公婆泉组岛弧火山岩和碎石山组弧背盆地沉积，在明水地块之上形成俯冲岩浆杂岩(英云闪长岩)入侵。志留纪末期俯冲作用结束，横恋山-东七一山洋封闭，实现了弧-弧碰撞，结束了洋陆转换的演化历史。

2)石炭纪，汇聚、离散、再生洋盆形成阶段

石炭纪，北部大洋板块(蒙古国境内)向南部增生陆块(中国内蒙古境内)之下继续俯冲消减，在圆包山至明水一带的陆壳之上，发育着安第斯型陆缘弧构造环境，陆缘弧上有石炭系白山组火山岩和绿条山组弧内盆地碎屑沉积。同时，沿着红石山至黑鹰山、红旗山一带，在南北向拉张作用下，产生近东西向裂谷(属于陆缘弧间裂谷)。裂谷进一步发展，形成具有一定规模的洋盆(红石山洋盆)，并有基性、超基性岩洋壳形成和半深海远洋粉砂岩、泥岩和硅质岩沉积，但尚未出露具有完整的代表洋壳的蛇绿岩套组合。

晚石炭世，从圆包山到公婆泉一带，随着北部洋壳向南的俯冲消减作用，产生强烈的构造岩浆侵入活动，并表现出俯冲极性特点。即公婆泉以北为TTG岩石构造组合，以南则为$G_1G_2$岩石构造组合。从俯冲极性的特点可以推断，洋壳俯冲的位置在圆包山以北的蒙古国境内。石炭纪末红石山再生洋盆闭合，形成红石山蛇绿混杂岩带。

3)二叠纪—三叠纪，汇聚、陆陆碰撞阶段

二叠纪，北部洋壳板块的俯冲作用仍在继续。在圆包山岩浆弧和红石山蛇绿岩混杂岩带上形成二叠纪陆缘弧火山岩和弧背盆地沉积，并有俯冲岩浆杂岩构造岩石组合侵入。二叠纪末期北部大洋封闭，俯冲作用结束。晚三叠世为后碰撞岩浆杂岩发育期。

4)侏罗纪—新生代，盆山构造演化阶段

该阶段为陆内盆地发育阶段，盆地内为河湖相碎屑岩和含煤碎屑岩沉积。侵入岩为伸展环境的后造山岩浆杂岩。

### (三)塔里木陆块区大地构造演化

**1. 中、新太古代—古元古代陆核形成阶段**

在区内出露最古老的陆核为中新太古代变质岩系片麻岩、变粒岩、石英岩、大理岩和英云闪长质片麻岩以及古元古代弧盆系北山群岛弧型角闪斜长片麻岩、角闪石英岩和弧后盆地长石石英岩、二云石英岩等岩石组合,构成了早前寒武纪陆核变质基底岩系。

**2. 中元古代至早奥陶世被动陆缘盖层阶段**

中元古代本区进入了相对稳定的构造环境。在塔里木陆块变质基底杂岩系之上,不整合沉积有盖层性质的中元古代陆棚碎屑岩、砂泥岩、硅质岩组合的古硐井群,其上整合沉积有中新元古代浅海相碳酸盐岩组合的圆藻山群和早寒武世浅海相砂页岩、碳酸盐岩组合的双鹰山组。

本区缺少中奥陶世至泥盆统的沉积记录,仅有奥陶纪和志留纪侵入构造岩浆活动,其动力学机制可能与横恋山-东七一山洋盆向南俯冲作用有关。

**3. 晚古生代陆内裂谷发育阶段**

石炭纪—二叠纪,由于深部地幔物质的上涌,地壳伸展变薄,本区进入了陆内裂谷阶段,形成裂谷中心的石炭系白山组火山岩、中二叠统金塔组火山岩和裂谷边缘的石炭系绿条山组和下二叠统双堡塘组浅海相陆源碎屑砾岩、石英砂岩、页岩组合。

**4. 中生代—新生代盆山构造演化阶段**

该期本区陆内盆地发育,盆地内形成河湖相碎屑岩和含煤碎屑岩组合,三叠纪晚期为后碰撞岩浆杂岩和后造山岩浆杂岩入侵时期。地貌上总体显示出盆地和山脉相间分布的构造格局。

### (四)秦祁昆造山系大地构造演化

内蒙古仅占造山系北祁连弧盆系弧后盆地靠近华北陆块区部分。中寒武世弧后盆地沉积了香山群和张夏组半深海相的硅质泥岩、硅质碳酸盐岩、硅质岩和石英砂岩。早、中奥陶世仍为弧后盆地环境,沉积了米钵山组浅海相石英砂岩、长石砂岩、泥岩等近陆碎屑岩。厚度近万米。志留纪处于弧后盆地消亡时期,内蒙古范围内缺失同期沉积记录。泥盆纪石峡沟组、老君山组为断陷盆地的砾岩、砂砾岩、砂岩、粉砂岩等磨拉石建造的巨厚沉积,标志着北祁连弧盆系发展历史的结束。

石炭纪本区进入了华北陆块区同步发展阶段。石炭纪为碳酸盐岩陆表海和海陆交互相陆表海发展阶段;晚二叠世—中生代,则为陆内盆地发展阶段,为河湖相砂砾岩、砂岩、粉砂岩、泥岩、含煤碎屑岩建造组合;新生代为湖泊三角洲和冲洪积砂砾岩、砂岩组合。

## 三、内蒙古自治区东部大地构造演化特征

本节以多旋回构造观探讨内蒙古东部大地构造演化特征,以此弥补上述对内蒙古自治区大地构造演化认识的欠缺和不足。

大地构造演化即指大陆块体离散、汇聚、碰撞、造山的大陆动力学过程,其具有阶段性和周期性特点,由一个超级大陆裂解、离散、汇聚、形成新的超级大陆地质过程称为一个大地构造演化巨旋回,每个

巨旋回可能包含一个或多个旋回。旋回是一个较大规模阶段性造山概念，近似相当于原来所说的加里东旋回或海西旋回等，但是时间界限和意义已经完全不同，其亦可以包括一个或几个亚旋回。亚旋回是指从大洋俯冲开始到后造山结束而形成阶段性的相对稳定的洋陆体系的过程。亚旋回包含大洋俯冲、同碰撞(造山)、后碰撞、后造山(板内伸展)、大陆伸展(陆内裂谷)、稳定陆块等阶段，由于不同地区保留的地质信息不同，每一个亚旋回可以出现一个或多个阶段。

### (一)大地构造演化阶段划分

内蒙古东部经历了3个大地构造演化巨旋回，即前南华纪古陆壳形成，南华纪—中三叠世古亚洲洋的发生、发展、消亡成陆，晚三叠世以来古太平洋俯冲造成中国东部造山-裂谷系的发展(图7-7)。

(1)前南华纪巨旋回经历了新太古代早期(或中太古代?)华北陆壳的形成、新太古代—古元古代古弧盆系的发展、中元古代后造山-稳定陆块-大陆裂谷形成等阶段。

(2)南华纪—中三叠世巨旋回分为南华纪—早石炭世和晚石炭世—中三叠世两个旋回。

南华纪—早石炭世旋回包括南华纪—寒武纪、奥陶纪—中泥盆世和晚泥盆世—早石炭世3个亚旋回。经历了南华纪—早石炭世旋回之后，贺根山-扎兰屯俯冲带已经基本完成了历史使命，在其北西完成了造陆过程，古亚洲洋范围后退至贺根山-扎兰屯俯冲带与华北陆块区北缘之间的区域。

晚石炭世—中三叠世旋回包括晚石炭世—早二叠世和中二叠世—中三叠世2个亚旋回。其中，晚石炭世—早二叠世亚旋回时期古亚洲洋再次扩张变宽，据古地磁资料(李鹏武，2006)，该期古亚洲洋最宽(图7-8)；早二叠世末期古亚洲洋向两侧俯冲、大洋收缩，中二叠世—中三叠世亚旋回完成了古亚洲洋的完全造陆。

(3)晚三叠世以来巨旋回由晚三叠世—白垩纪旋回和古近纪—第四纪旋回构成。

### (二)大地构造演化特征

#### 1. 前南华纪巨旋回

前南华纪为古陆壳形成时期。

(1)新太古代早期(?)为陆核性质变质岩，出露建平岩群一岩组($Ar_3J^1.$)麻粒岩-紫苏斜长变粒岩-磁铁石英岩组合。由于变质程度高和研究程度较低，没有恢复其形成时的大地构造属性。

(2)新太古代中晚期—中元古代构成一个构造亚旋回，其中早期阶段(新太古代—古元古代)为大洋俯冲环境，晚期阶段(中元古代)为后造山(板内裂谷)环境。

新太古代($Ar_3$)中晚期为大洋俯冲陆缘弧环境，发育古陆缘弧亚相建平岩群二岩组($Ar_3J^2.$)斜长角闪岩-含夕线黑云母片麻岩-镁质大理岩构造组合、建平岩群三岩组($Ar_3J^3.$)厚层大理岩构造组合和伙家沟表壳岩($Ar_2hj$)斜长角闪岩-含夕线黑云片麻岩-镁质大理岩构造组合，并侵入有古陆缘弧英云闪长岩-花岗闪长岩-二长花岗岩(类TTG)组合。

古元古代($Pt_1$)为大洋俯冲环境，北部发育兴华渡口岩群($Pt_1X.$)岛弧-弧间盆地绿片岩-(云母)石英片岩-大理岩组合、岛弧变质深成侵入体石英闪长岩-花岗质片麻岩组合；中部发育双井古陆壳残片相基底残块亚相古元古代宝音图群($Pt_1B.$)或双井片岩(变质表壳岩)、东沟片麻岩($DgnPt_1$)、房框子沟片麻岩($FgnPt_1$)和下海苏沟片麻岩($XgnPt_1$)。南部发育明安山岩群($Pt_1Ma.$)古弧间盆地绿片岩-(云母)石英片岩-大理岩组合，古岩浆弧(变质)花岗闪长岩-花岗岩(GG)组合。

中元古代($Pt_2$)为后造山-裂谷环境，南部发育长城系古裂谷云母片岩-石英岩-大理岩组合、稳定陆块层状基性—超基性杂岩组合、后造山碱性—钙碱性花岗岩组合，北部大兴安岭弧盆系小北沟地块之中发育后造山花岗岩。

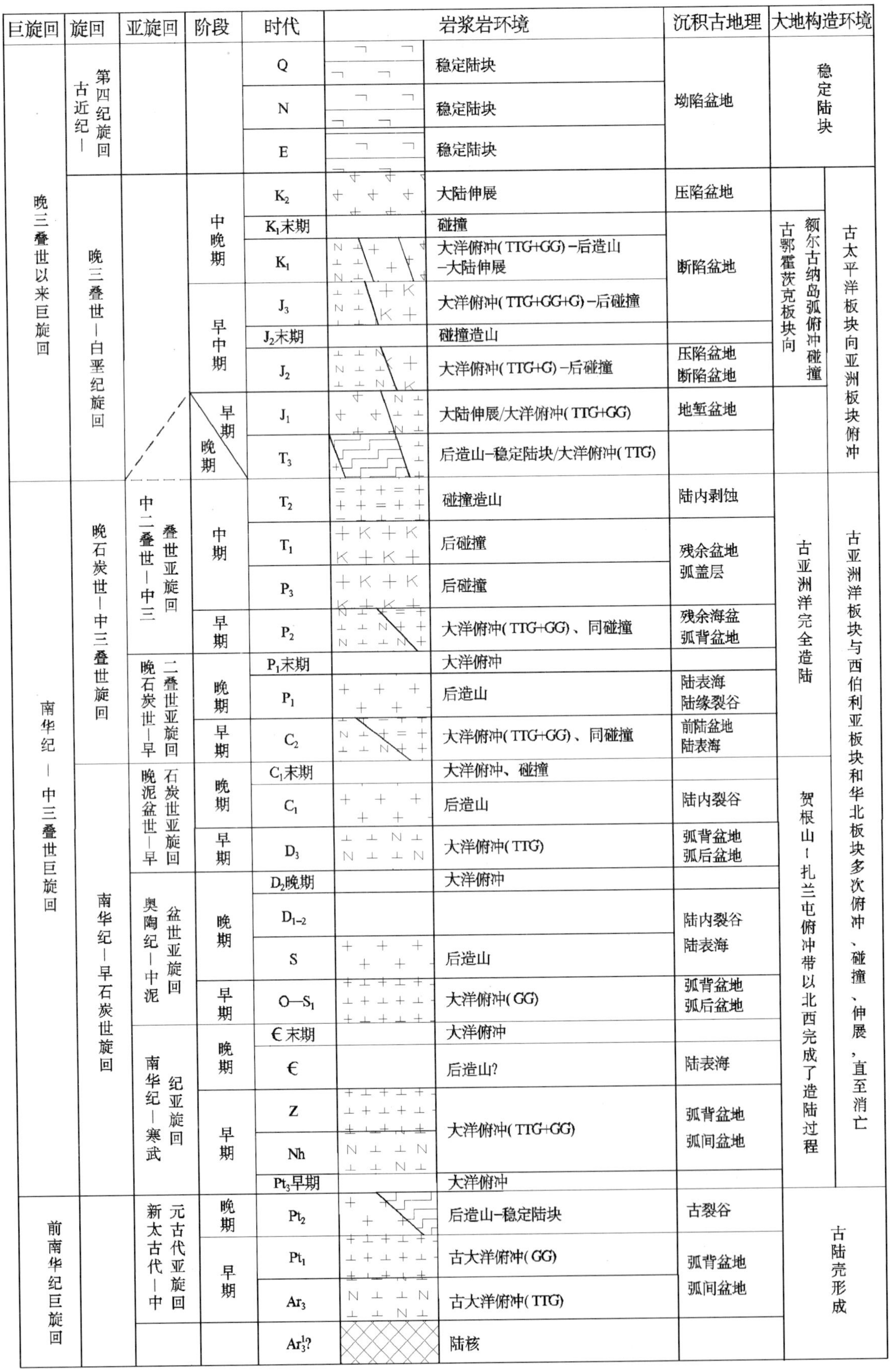

| 巨旋回 | 旋回 | 亚旋回 | 阶段 | 时代 | 岩浆岩环境 | 沉积古地理 | 大地构造环境 | |
|---|---|---|---|---|---|---|---|---|
| 晚三叠世以来巨旋回 | 古近纪—第四纪旋回 | | | Q | 稳定陆块 | 坳陷盆地 | 稳定陆块 | |
| | | | | N | 稳定陆块 | | | |
| | | | | E | 稳定陆块 | | | |
| | 晚三叠世—白垩纪旋回 | | 中晚期 | $K_2$ | 大陆伸展 | 压陷盆地 | 古鄂霍茨克板块向额尔古纳岛弧俯冲碰撞 | 古太平洋板块向亚洲板块俯冲 |
| | | | | $K_1$末期 | 碰撞 | 断陷盆地 | | |
| | | | | $K_1$ | 大洋俯冲(TTG+GG)–后造山–大陆伸展 | | | |
| | | | 早中期 | $J_3$ | 大洋俯冲(TTG+GG+G)–后碰撞 | | | |
| | | | | $J_2$末期 | 碰撞造山 | | | |
| | | | | $J_2$ | 大洋俯冲(TTG+G)–后碰撞 | 压陷盆地<br>断陷盆地 | | |
| | | | 早期 | $J_1$ | 大陆伸展/大洋俯冲(TTG+GG) | 地堑盆地 | | |
| | | | 晚期 | $T_3$ | 后造山–稳定陆块/大洋俯冲(TTG) | | | |
| 南华纪—中三叠世巨旋回 | 晚石炭世—中三叠世旋回 | 中二叠世—中三叠世亚旋回 | 中期 | $T_2$ | 碰撞造山 | 陆内剥蚀 | 古亚洲洋完全造陆 | 古亚洲洋板块与西伯利亚板块和华北板块多次俯冲、碰撞、伸展，直至消亡 |
| | | | | $T_1$ | 后碰撞 | 残余盆地<br>弧盖层 | | |
| | | | | $P_3$ | 后碰撞 | | | |
| | | | 早期 | $P_2$ | 大洋俯冲(TTG+GG)、同碰撞 | 残余海盆<br>弧背盆地 | | |
| | | 晚石炭世—早二叠世亚旋回 | 晚期 | $P_1$末期 | 大洋俯冲 | | | |
| | | | | $P_1$ | 后造山 | 陆表海<br>陆缘裂谷 | | |
| | | | 早期 | $C_2$ | 大洋俯冲(TTG+GG)、同碰撞 | 前陆盆地<br>陆表海 | | |
| | 南华纪—早石炭世旋回 | 晚泥盆世—早石炭世亚旋回 | 晚期 | $C_1$末期 | 大洋俯冲、碰撞 | | 贺根山—扎兰屯俯冲带以北西完成了造陆过程 | |
| | | | | $C_1$ | 后造山 | 陆内裂谷 | | |
| | | | 早期 | $D_3$ | 大洋俯冲(TTG) | 弧背盆地<br>弧后盆地 | | |
| | | 奥陶纪—中泥盆世亚旋回 | 晚期 | $D_2$晚期 | 大洋俯冲 | | | |
| | | | | $D_{1-2}$ | | 陆内裂谷<br>陆表海 | | |
| | | | | S | 后造山 | | | |
| | | | 早期 | O—$S_1$ | 大洋俯冲(GG) | 弧背盆地<br>弧后盆地 | | |
| | | 南华纪—寒武纪亚旋回 | 晚期 | €末期 | 大洋俯冲 | | | |
| | | | | € | 后造山? | 陆表海 | | |
| | | | 早期 | Z | 大洋俯冲(TTG+GG) | 弧背盆地<br>弧间盆地 | | |
| | | | | Nh | | | | |
| | | | | $Pt_3$早期 | 大洋俯冲 | | | |
| 前南华纪巨旋回 | | 新太古代—中元古代亚旋回 | 晚期 | $Pt_2$ | 后造山–稳定陆块 | 古裂谷 | 古陆壳形成 | |
| | | | 早期 | $Pt_1$ | 古大洋俯冲(GG) | 弧背盆地<br>弧间盆地 | | |
| | | | | $Ar_3$ | 古大洋俯冲(TTG) | | | |
| | | | | $Ar_3^1$? | 陆核 | | | |

图 7-7　内蒙古东部大地构造旋回演化柱状示意图

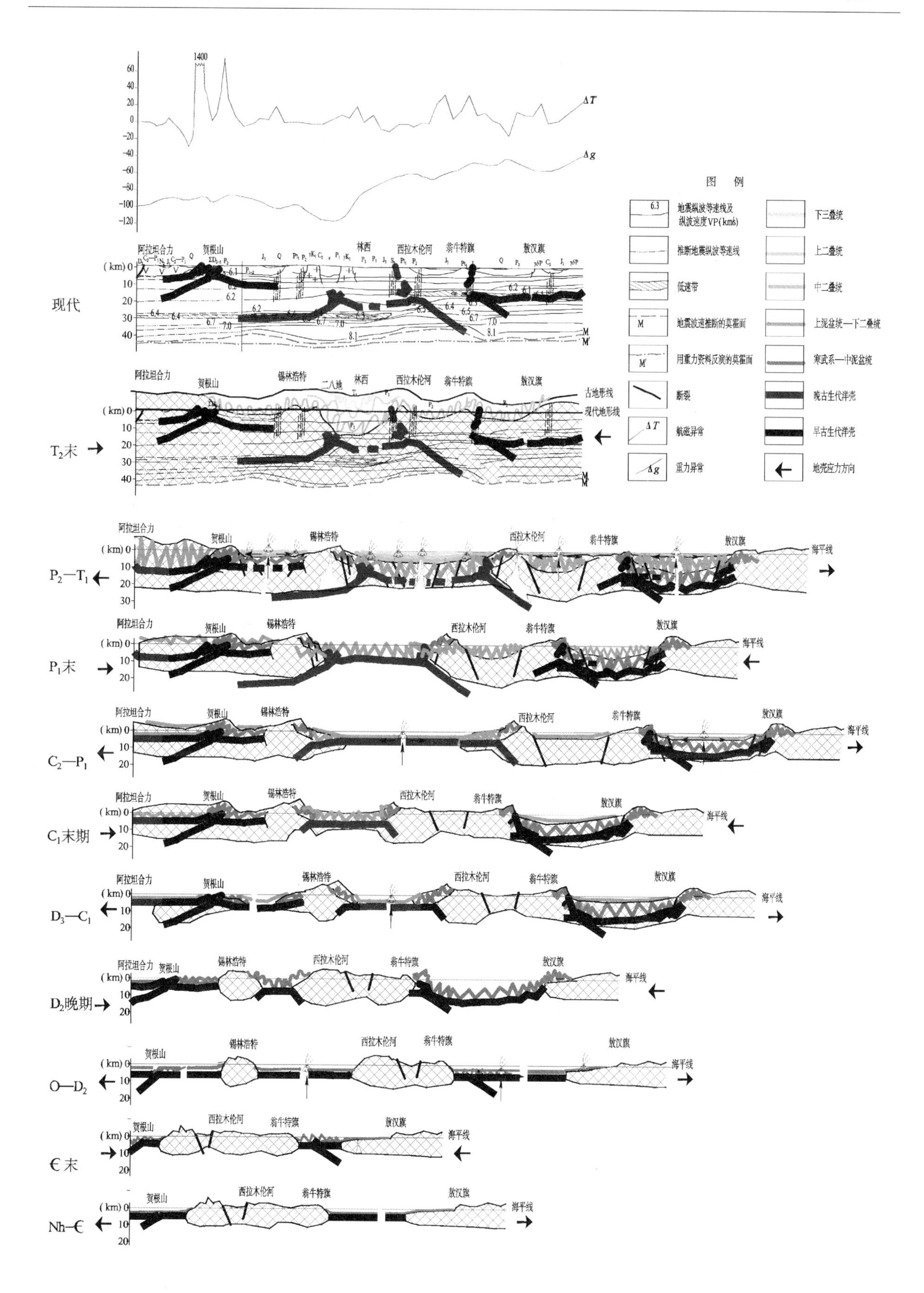


图 7-8　阿拉坦合力—敖汉旗综合地球物理剖面及古亚洲洋演化示意图

**2. 南华纪—中三叠世巨旋回**

南华纪—中三叠世巨旋回为古亚洲洋的发生、发展、消亡演化成陆时期，包括南华纪—早石炭世旋回和晚石炭世—中三叠世旋回。

1)南华纪—早石炭世旋回特征

南华纪—早石炭世旋回包括3个亚旋回，分别为南华纪—寒武纪亚旋回、奥陶纪—中泥盆世亚旋回和晚泥盆世—早石炭世亚旋回。

(1)南华纪—寒武纪亚旋回特征。

南华纪—寒武纪亚旋回经历了早期阶段(新元古代)古大洋俯冲环境和晚期阶段(寒武纪)后造山(?)环境。①在贺根山-扎兰屯俯冲带以北南华纪发育弧背盆地加格达组($Nhj$)海相碎屑岩、碳酸盐岩夹岛弧环境中基性火山岩建造；震旦纪发育吉祥沟组($Zj$)、大网子组($Zd$)和额尔古纳河组($Ze$)弧背盆地滨浅海相陆源碎屑岩-碳酸盐岩-岛弧环境火山沉积建造。新元古代侵入了岛弧环境辉长岩+GG组合和TTG组合。②寒武纪为板内伸展环境(?)，发育了下寒武统苏中组($\in_1sz$)浅海相碳酸盐岩夹细碎屑岩建造、上寒武统锦山组($\in_3j$)陆源-滨浅海相泥岩-碳酸盐岩建造。

(2)奥陶纪—中泥盆世亚旋回特征。

奥陶纪—中泥盆世亚旋回经历了早期阶段(奥陶纪)大洋俯冲环境和晚期阶段(志留纪—中泥盆世)后造山环境。①奥陶纪发育弧背盆地-弧后盆地-陆表海沉积岩建造组合，有下奥陶统哈拉哈河组($O_1hl$)临滨-远滨相石英砂岩、碎屑岩夹碳酸盐岩建造，乌宾敖包组($O_{1-2}w$)弧背盆地环境滨浅海相碎屑岩建造、多宝山组($O_{1-2}d$)岛弧性质基性—中酸性火山岩夹砂岩、板岩、灰岩组合；中上奥陶统裸河组($O_{2-3}lh$)滨浅海相碎屑岩建造，中奥陶世($O_2$)侵入岛弧-陆缘弧环境GG组合花岗岩。②志留纪—中泥盆世($S—D_2$)发育陆内裂谷沉积岩建造组合，有下志留统黄花沟组滨-浅海相碎屑岩建造；中志留统八十里小河组滨海相碎屑岩建造及晒勿苏组($S_2s$)滨浅海相碳酸岩石生物礁沉积；上志留统卧都河组($S_3w$)滨浅海相碎屑岩建造；上志留统—下泥盆统西别河组($S_3D_1x$)碳酸盐岩陆表海碎屑岩-碳酸盐岩沉积；下泥盆统前坤头沟组($D_1q$)陆表海相陆源碎屑-碳酸盐岩建造和下—中泥盆统泥鳅河组($D_{1-2}n$)滨海-浅海相钙质粉砂质板岩夹结晶灰岩、放射虫硅泥质岩组合。火山岩有中志留世八当山火山岩($b\nu$)后造山碱性玄武岩-流纹岩组合。侵入岩有晚志留世后造山过碱性—钙碱性花岗岩组合。

(3)中晚泥盆世—早石炭世亚旋回特征。

中晚泥盆世—早石炭世亚旋回经历了早期阶段(中晚泥盆世)大洋俯冲环境和晚期阶段(早石炭世)后造山环境。①中晚泥盆世发育弧背-弧后盆地环境大民山组($D_{2-3}d$)海相中基性火山岩、酸性火山岩、杂砂岩、细粉砂岩、泥岩、灰岩、细碧岩及硅质岩组合。晚泥盆世侵入岛弧环境TTG组合和碰撞后裂谷环境辉长岩+辉绿玢岩(基性岩墙群)组合。②早石炭世为陆内裂谷-陆缘裂谷环境，沉积了下石炭统莫尔根河组($C_1m$)粗安岩、钠长粗面岩、安山岩、安山质岩屑晶屑凝灰岩组合，红水泉组($C_1h$)临滨相砾岩、石英砂岩、长石石英砂岩、细粉砂岩、粉砂质板岩、生物碎屑灰岩组合，朝吐沟组($C_1c$)绢云母片岩、中基性熔岩及酸性凝灰岩夹结晶灰岩透镜体组合。莫尔根河组($C_1m$)火山岩为后造山玄武岩-英安岩-粗面岩-流纹岩组合，朝吐沟组($C_1c$)火山岩为后造山双峰式火山岩组合。侵入岩为后造山过碱性—钙碱性花岗岩组合。

2)晚石炭世—中三叠世旋回特征

晚石炭世—中三叠世构造旋回包括两个亚旋回，分别为晚石炭世—早二叠世亚旋回和中二叠世—中三叠世(或早侏罗世)亚旋回。

(1)晚石炭世—早二叠世亚旋回。

晚石炭世—早二叠世亚旋回经历了早期阶段(晚石炭世)大洋俯冲-同碰撞环境和晚期阶段(早二叠世)后造山环境。该时期古亚洲洋处于扩张期，新洋壳不断生成。①晚石炭世($C_2$)为周缘前陆盆地-弧背盆地-弧后盆地环境，沉积有上石炭统宝力高庙组($C_2bl$)陆缘弧亚相片理化流纹岩、英安岩夹岩屑晶屑凝灰岩、石英片岩夹黄铁矿层建造，新依根河组($C_2x$)海陆交互陆表海-前三角洲相砾岩与粉砂岩互层夹泥质岩建造，格根敖包组($C_2g$)周缘前陆盆地陆源碎屑滨海相湖汐通道亚相岩屑砂岩、细砂岩夹砾岩建造，阿木山组($C_2a$)和本巴图组($C_2bb$)前陆隆起滨浅海相碳酸盐岩夹碎屑岩建造，酒局子组($C_2jj$)、石咀子组($C_2s$)及白家店组($C_2bj$)隆后湖泊三角洲-临滨-浅海相碎屑岩-碳酸盐岩建造。火山岩有宝力高庙组陆缘弧玄武岩-安山岩-流纹岩组合、宝力高庙组弧后盆地火山岩组合、青龙山火山岩陆缘弧火山岩组合。侵入岩有岛弧高镁闪长岩(洋内弧)组合、陆缘弧 TTG-GG 组合、同碰撞强过铝质花岗岩组合、同碰撞高钾和碱玄岩质花岗岩组合。②早二叠世陆缘裂谷-陆表海环境，沉积有寿山沟组($P_1ss$)临滨-远滨相碎屑岩建造、三面井组($P_1sm$)河口湾相碎屑岩建造。无火山岩。侵入岩为后造山碱性—过碱性—钙碱性花岗岩组合。

(2)中二叠世—中三叠世(早侏罗世)亚旋回。

该亚旋回严格意义上来讲，应为中二叠世—早侏罗世亚旋回，其包括早期(中二叠世)大洋俯冲-同碰撞阶段、中期(晚二叠世—中三叠世)后碰撞阶段以及晚期(晚三叠世—早侏罗世)后造山-陆内裂谷阶段，即到中三叠世末，尽管古亚洲洋已经演化成陆，古太平洋板块俯冲活动已经开始，但是自早二叠世末期大洋俯冲造成的亚旋回还未结束，其影响一直延续到早侏罗世。①早二叠世末期，古亚洲洋剧烈收缩，并分别向北和向南两侧俯冲、碰撞、褶皱造山。中二叠世为大洋俯冲后期，构造应力回返，地壳开始松弛，盆地下陷沉积，裂隙式火山喷发，岩浆上侵。该阶段沉积有大石寨组($P_2d$)岛弧玄武岩-安山岩-流纹岩组合夹弧背盆地碎屑岩建造、大石寨组($P_2d$)残余海盆环境火山岩夹碎屑岩建造、哲斯组($P_2zs$)弧背盆地环境碎屑岩夹碳酸盐岩建造、哲斯组($P_2zs$)滨浅海-海陆交互-河流相碎屑岩-碳酸盐岩建造、额里图组($P_2e$)岛弧火山岩建造、于家北沟组($P_2y$)滨海-海陆交互相碎屑岩建造。侵入岩有 TTG 组合、GG 组合、TTG+GG 组合和同碰撞高钾-钾玄质花岗岩组合。②晚二叠世—中三叠世，弧背盆地和残余盆地继续收缩，海水逐渐退去变为逐渐消亡的内陆湖，火山活动已经很弱，仰冲盘上仍然有岩浆侵入。该阶段相继沉积有上二叠统林西组($P_3l$)海陆交互-淡水湖盆-河流相碎屑岩建造、下三叠统老龙头组($T_1ll$)淡水湖相碎屑岩建造、哈达陶勒盖组($T_1hd$)高钾-钾玄质火山岩夹淡水湖相碎屑岩建造。侵入了同碰撞强过铝质花岗岩组合、高钾和碱玄岩质花岗岩组合，反映出碰撞环境。同碰撞强过铝质花岗岩组合的侵入，反映出在中三叠世发生了碰撞造山事件，造成了中二叠世—下三叠统发生强烈褶皱，以及形成韧性变形带。③晚三叠世—早侏罗世，侵入了过碱性-钙碱性花岗岩组合和层状基性—超基性杂岩组合，反映出后造山-陆内裂谷环境，代表一个造山亚旋回的结束。

**3. 晚三叠世以来巨旋回**

晚三叠世开始由于古太平洋板块向古亚洲板块俯冲而进入了中国东部造山裂谷系巨旋回，包括晚三叠世—白垩纪旋回和古近纪—第四纪旋回。

1)晚三叠世—白垩纪构造旋回特征

晚三叠世—白垩纪构造旋回只有一个亚旋回，包括早期(晚三叠世—早侏罗世)大洋俯冲(陆缘弧)阶段、早中期(中—晚侏罗世)陆缘弧-后碰撞阶段、中晚期(白垩纪)陆缘弧-大陆伸展阶段。

(1)早期——晚三叠世—早侏罗世大洋俯冲阶段。

晚三叠世没有沉积岩，岩浆岩(除侵入了后造山过碱性—钙碱性花岗岩组合和裂谷层状基性—超基性杂岩组合外)侵入有陆缘弧 TTG 组合。

早侏罗世开始出现少量断陷盆地，沉积有红旗组($J_1h$)、北票组($J_1b$)淡水湖相含煤碎屑岩建造，岩浆岩(除侵入了后造山过碱性—钙碱性花岗岩组合外)侵入有陆缘弧 GG 组合。该阶段侵入岩反映出大洋俯冲环境从早到晚由 TTG 到 GG 的演化规律。

(2)早中期——中—晚侏罗世大洋俯冲-后碰撞阶段。

中侏罗世发育大量的断陷盆地，盆地边缘多为近东西—北东向断裂，盆地群分布在平庄镇—翁牛特旗—扎赉特旗—库伦沟林场—莫尔道嘎镇以西，宏观上呈弧形或弯曲的弓形分布，沉积有中侏罗统万宝组($J_2wb$)和新民组($J_2x$)河湖相碎屑岩、火山碎屑岩夹煤层建造，其中出露在最北端恩和哈达镇一带的新民组($J_2x$)为前陆盆地楔顶冲积扇-辫状河环境碎屑岩建造。火山开始在南、北两侧(主要是北侧)喷发,出露有塔木兰沟组($J_2tm$)陆缘弧火山岩组合、新民组($J_2x$)后碰撞强过铝质火山岩组合。岩浆广泛侵入,有陆缘弧环境TTG组合、后碰撞环境高钾-钾玄质花岗岩组合。

晚侏罗世,内蒙古东部开始全面强烈的火山喷发,纯粹的沉积岩很少,一般位于火山岩盆地的底部、夹层或火山口中。火山岩地层包括满克头鄂博组($J_3mk$)、玛尼吐组($J_3mn$)和白音高老组($J_3b$),3个组从下到上岩性表现为酸性火山岩—中性火山岩—酸性火山岩,它们岩石类型不同,岩石化学参数也有一定差别,但均以高钾钙碱性系列为主,含少量钾玄岩系列,判断构造环境为俯冲环境陆缘弧火山岩组合。侵入岩为陆缘弧-后碰撞环境,出露有辉长岩+GG组合、TTG组合以及后碰撞高钾和碱玄岩质花岗岩组合。

(3)中晚期——白垩纪大洋俯冲-后造山-大陆伸展阶段。

早白垩世发育大规模的裂谷断陷盆地,包括松辽盆地、海拉尔盆地及大量小型盆地,沉积有伊敏组($K_1ym$)、大磨拐河组($K_1d$)、九佛堂组($K_1jf$)和阜新组($K_1f$)河湖相碎屑岩夹煤层建造。火山岩有陆内裂谷环境的甘河组($K_1g$)玄武岩-英安岩-粗面岩-流纹岩组合、梅勒图组($K_1m$)碱性玄武岩-粗面岩组合和义县组($K_1y$)碱性玄武岩-流纹岩组合,以及陆缘弧环境的龙江组($K_1l$)酸性火山岩组合。早白垩世侵入岩包括陆缘弧环境TTG组合、GG组合,后造山环境碱性花岗岩—钙碱性花岗岩组合,以及陆内裂谷环境双峰式岩墙群组合。

晚白垩世断陷盆地沉积地层主要发育在海拉尔盆地、松辽盆地及松辽盆地南侧,其中松辽盆地地表被第四系覆盖,海拉尔盆地出露二连组($K_2e$)曲流河相碎屑岩沉积,松辽盆地南侧八里罕镇—宝国吐乡一带出露孙家湾组($K_2sj$)河流-湖泊-冲积扇相碎屑岩建造。晚白垩世侵入岩只在西乌珠尔苏木—大北沟林场一带出露大陆伸展碱性花岗岩组合,再者,遍布全区的岩脉很大部分为晚白垩世侵入。

2)古近纪—第四纪旋回特征

古近纪—第四纪旋回为稳定陆块环境,除零星分布的一些沉降盆地外,主要出露大陆溢流玄武岩。新生代沉积岩包括中新统呼查山组($N_1hc$)、老梁底组($N_1l$)陆内盆地沉积岩建造组合;上新统泰康组($N_2tk$)陆内盆地沉积岩建造组合;上更新统($Qp_3$)冰水堆积物、河湖沉积物、风积黄土;全新统松散堆积物等。火山岩皆为稳定陆块大陆溢流玄武岩,包括中新统汉诺坝组($N_1h$)橄榄玄武岩、上更新统五叉沟组($N_2wc$)橄榄玄武岩和下更新统大黑沟($Qp_3d$)组橄榄玄武岩。

## 第五节　大地构造相与成矿关系

内蒙古矿产资源丰富,其中能源矿产煤、石油、天然气、油页岩等是本区的最大优势矿产。稀有、稀土金属矿产总储量居世界第一位。黑色金属矿产铁矿、铬铁矿、锰矿、钛矿也比较丰富。铁矿分布广,成因类型多。如白云鄂博式铁矿、温都尔庙式铁矿、鞍山式铁矿、山西式铁矿、宣龙式铁矿。有色金属矿产有铜、铅、锌、钨、锡、钼、铋等,也占有重要地位。如狼山-渣尔泰山铜多金属矿产在华北地区储量较大,品位较富。贵金属金、银等在内蒙古储量居全国第八位。非金属矿产在内蒙古种类多,资源潜力大。如萤石矿储量居全国第三位。硫铁矿、白云岩、灰岩、盐类、石膏等矿产也储量可观。

内蒙古丰富的矿产资源和复杂多样的构造单元,为探讨大地构造相与矿产的关系提供了良好的条件。

### 一、华北陆块区矿产

#### 1.固阳-兴和陆核区矿产

该单元的主要矿产为铁、金、磷、石墨等。铁矿主要产于包头—集宁一带的古—中太古代兴和岩群、乌拉山岩群的麻粒岩、片麻岩中，为层状磁铁矿(BIF 型)，与陆核形成和陆壳增生过程中的含火山岩建造有关。

金矿在本区极为丰富，有著名的产于乌拉山岩群中的哈达门沟金矿、哈业胡洞金矿，卓资县集宁岩群中的金矿。含金矿围岩为中太古代乌拉山岩群斜长角闪岩、黑云角闪岩、斜长变粒岩、黑云二长片麻岩。

石墨矿赋存在中太古代集宁岩群夕线石榴片麻岩中，是我国三大鳞片石墨产区之一。如兴和县黄土窑石墨矿。另外还有产于乌拉山岩群中土默特左旗什报气石墨矿、武川县庙沟石墨矿等均具有一定的规模，属沉积变质型石墨矿床。

**2. 色尔腾山-太仆寺旗古岩浆弧矿产**

该构造单元矿产有铁、金等。铁主要产于狼山-阴山陆块中的岩浆弧色尔腾山岩群角闪片岩中的含铁建造，如三合明铁矿、公益明铁矿。三合明铁矿矿区出露地层为色尔腾山岩群东五分子岩组绿泥斜长片麻岩、白云绿泥斜长片麻岩、角闪斜长片麻岩、斜长角闪岩、透闪片岩、云母片岩夹厚层条带状磁铁矿，条带状磁铁矿夹磁铁透闪片岩、石英岩扁豆体是矿体的主要赋存层位。铁矿石由磁铁矿和石英、角闪石组成，矿石具条纹条带状构造，属鞍山式沉积变质型铁矿。

金矿产于古岛弧色尔腾山岩群绿片岩中，属花岗-绿岩型金矿。如十八顷壕金矿。金矿矿区出露地层有色尔腾山岩群角闪斜长片岩、斜长角闪岩、黑云斜长片麻岩和糜棱片岩、千糜岩等。出露的侵入岩有新太古代黑云母闪长岩、片麻状英云闪长岩、中元古代英云闪长岩、二长花岗岩。金矿床主要受近东西向构造带和地层控制，矿体和围岩界线不清，多赋存于千糜岩化黑云斜长片岩、闪长岩、混合岩、黑云斜长片麻岩、钾长花岗岩中，矿体形态呈脉状、分枝状和不规则状。类似的金矿类型在察右中旗新地沟一带也有产出。

**3. 狼山-白云鄂博裂谷有关矿产**

该构造单元矿产有铁、铜、铅、锌、硫、铌、稀土、钨、岩金、磷、萤石等。矿产多数产于白云鄂博群、渣尔泰山群中。

铁-铌稀土矿产于白云鄂博群尖山组中，如翁根山铁矿、白云鄂博铁-铌稀土矿。

白云鄂博铁-铌稀土矿产于尖山组白云岩与板岩中。白云鄂博铁矿共圈定有大小矿体 70 余个。迄今累计探明各级储量 12.5 亿 t，为大型铁矿床，铌稀土矿规模属于世界级。

产于渣尔泰山群的矿产有东升庙、炭窑口、甲生盘大型硫铅锌多金属矿，山片沟硫锌矿及霍各气大型铜铅锌多金属矿。它们的成因类型属于喷气沉积变质层控矿床。与阿古鲁沟组含矿碳质板岩建造有关。

其他如赛乌苏金矿、朱拉扎嘎金矿、布龙图磷矿、钨矿、锰矿均与白云鄂博群、渣尔泰山群有关。其中朱拉扎嘎金矿和布龙图磷矿比较有名。

朱拉扎嘎金产于渣尔泰山群阿古鲁沟组变质粉砂岩、砂岩、硅泥质板岩中。含砂岩石具弱硅化、绿帘石化、绿泥石化、绢云母化、碳酸岩化。成因类型属热水喷流沉积-热液叠加改造复合型。

布龙图磷矿产于白云鄂博地区白云鄂博群尖山组砂质板岩、石英砂岩中，矿石类型以石榴铁闪磷灰岩和砂质板岩型磷灰岩为主，少量铁质磷灰岩和碳泥质磷灰岩。

**4. 陆表海有关的矿产**

该单元的主要矿产有铁、铝土矿、硫、镍、钼、铅锌、磷等。如产于乌海代蓝塔拉中寒武统铅锌矿、镇木关地区下寒武统磷矿、榆树湾硫铁矿和铝土矿。此外，还有乌达煤矿，为陆表海沼泽含煤碎屑岩组合。

## 二、天山-兴蒙造山系矿产

造山系具有漫长的地质历史的演化，经历了离散→汇聚→碰撞→造山开合的洋陆转化过程，形成了一系列与沉积事件、火山事件、侵入事件有密切关系的赋存在不同构造环境中的有用矿产。

### 1.岛弧和陆缘弧有关的矿产

东乌珠穆沁旗至扎兰屯一带，奥陶纪为一岛弧环境，形成与奥陶纪岛弧火山岩有关的查干敖包矽卡岩型铁矿。

查干敖包铁矿产于下—中奥陶统多宝山组与晚侏罗世黑云母正长花岗岩接触带靠多宝山组一侧硅灰石矽卡岩、辉石矽卡岩、生物碎屑岩、石榴子石矽卡岩和硅化泥灰岩中。

在泥盆纪形成弧前陆坡环境中矽卡岩型大型朝布楞铁多金属矿、阿尔哈达一带形成陆缘弧宝力高庙组的热液型铅锌银矿床、准苏吉花铜钼矿、小坝梁金铜矿、吉林宝力格银矿。朝布楞铁多金属铁矿产于下—中泥盆统塔尔巴格特组砂岩、凝灰岩、板岩夹灰岩组合与侏罗纪黑云母花岗岩接触带上，为矽卡岩型铁多金属矿床。与铁矿相伴生的金属矿有锌、铜、铋、硫、铅、钨、锡、金、银、镓、铟、镉、砷共13种金属矿产。阿尔哈达铅锌矿形成于由二叠纪细粒石英闪长岩侵入上石炭统—下二叠统宝力高庙组片理化泥灰岩、凝灰质板岩、岩屑晶屑凝灰岩的接触带内，在赋矿围岩中产生矽卡岩化、褐铁矿化、绿帘石化。矿石中见孔雀石化褐铁矿和蓝铜矿。准苏吉花铜钼矿产于上石炭统—下二叠统宝力高庙组凝灰质砂岩、凝灰质粉砂岩、变质长石石英砂岩、堇青石泥板岩与侏罗纪黑云母花岗岩、钾长花岗岩接触部位。内接触带花岗岩呈挤压、碎裂、糜棱岩化。围岩发生褐铁矿化、绿泥石化、角岩化等蚀变。

小坝梁金铜矿产于上石炭统—下二叠统格根敖包组凝灰质砂岩、粉砂岩与石炭纪正长斑岩接触带内。围岩蚀变有绿泥石化、次生石英岩化、硅化、绢云母化和滑石化。地表出露有褐铁矿化及高岭土化。

此外，在锡林浩特岩浆弧中，侏罗纪石英二长岩、正长花岗岩与下—中二叠统大石寨组火山岩接触交代形成浩布高大型矽卡岩型铜铅锌矿、二道营子中型铅锌矿、花脑包特铅锌矿、毛登锡铜矿等。毛登铜锡矿产于下—中二叠统大石寨组流纹岩、变质砂岩与侏罗纪花岗斑岩的内外接触带中。接触带的围岩具角岩化、硅化和绿泥石化。伴生有益元素为锌、钼、钨、银，属中温热液型矿床。其成因可能与水下热液喷流成矿作用有关。

四子王旗苏莫查干脑包特大萤石矿也位于锡林浩特岩浆弧中，与大石寨组陆缘火山弧有关，萤石赋存在下—中二叠统大石寨组流纹斑岩、绢云绿泥板岩、碳质斑点板岩、大理岩中，矿体严格受层位控制，属热液交代层状矿床。其他如四子王旗敖包吐萤石矿，也具有相似的成矿特征。在额济纳旗西部的黑鹰山铁矿赋存于石炭纪陆缘弧白山组凝灰岩及次生石英岩中。矿体走向300°～320°，倾向北东，倾角50°～80°，与地层产状基本一致。

著名的白乃庙大型铜钼金矿床，即产在奥陶纪白乃庙组由绿泥阳起斜长片岩、绿泥斜长片岩组成的岛弧火山岩和变质花岗闪长斑岩中。

另外，翁牛特旗梧桐花一带铅锌矿床与温都尔庙-翁牛特旗早古生代俯冲带具有一定的相关性，亦存在火山-沉积喷流型成因的可能性。

在此基础上，后期(主要为早白垩世晚期—晚白垩世)在封闭条件下(巨厚的晚侏罗世火山岩封盖)岩浆热液活动(交代作用、矽卡岩化等)，硫化矿物再次叠加富集，形成新的脉状、浸染状等矿体。

### 2.结合带中矿产资源

在二连-贺根山蛇绿混杂岩带中，赋存有贺根乌拉超基性岩中的中型铬铁矿和风化壳型镍矿。在索伦山蛇绿混杂岩带中形成小型铬铁矿、菱镁矿。查干哈达庙本巴图组中形成中小型铜矿、哈达呼硕铜镍矿等矿产。上述矿产均与基性、超基性岩有关。另外，索伦山-西拉木伦结合带内温都尔庙产有温都尔庙群洋内弧火山岩和远洋沉积铁矿，矿层赋存在温都尔庙群桑根达来呼都格火山岩和哈尔哈达组硅铁质岩中，为绿泥石英片岩-含铁石英岩建造。

### 3.与深成岩浆岩有关的矿产

造山系中的岩浆活动很发育，不同环境中形成不同侵入岩浆构造组合，赋存了众多的矿产。

出露于东乌珠穆沁旗沙麦苏木满都拉嘎查一带与侏罗纪黑云母花岗岩有成因联系的云英岩型、石英脉型钨矿，二连北达来庙白垩纪乌兰德勒斑岩型隐伏钼矿，锡林浩特岩浆弧中奥陶纪英云闪长岩拜仁达坝铅锌银矿均与深成岩浆岩有关。分布在林西道伦大坝的中型铜矿，即产于被动陆缘下二叠统寿山沟组砂质板岩、粉砂岩、灰岩与二叠纪二长花岗岩接触带中。额济纳旗流沙山铜矿产于石炭纪英云闪长岩中。东七一山钨锡钼矿与侏罗纪黑云母花岗岩、花岗斑岩关系密切。矿体产在圆包山组、公婆泉组与花岗岩的外接触带上，呈环状产于角岩化砂岩、安山岩、矽卡岩及变质砂岩中，少数产在花岗岩体边部。近几年发现的小狐狸山钼矿与晚石炭世闪长玢岩、石英闪长岩等俯冲岩浆岩有密切的关系。

东七一山萤石矿、太仆寺旗白石头洼钨矿及阿拉善右旗卡休他他铁矿均与侵入体有关。

东七一山萤石矿区出露中—上志留统碎石山组中酸性火山岩，白垩纪花岗岩沿中酸性火山岩内成矿前期断裂构造侵入。该断裂是重要的导矿和储矿构造。

太仆寺旗白石头洼钨矿区周围有白云鄂博群呼吉尔图组石英片岩、大理岩和晚二叠世斜长花岗岩、二长花岗岩出露。与钨矿关系密切的是花岗岩体。含钨石英脉呈平行带状分布于呼吉尔图组片岩中，矿石类型有黑钨矿石英脉型、硫化物黑钨矿石英脉型和硫化物石英脉型。矿床成因类型为高温热液石英脉型黑钨矿床。

阿拉善右旗卡休他他铁矿产于石炭纪辉长岩与震旦纪黑云母石英千枚岩、大理岩的接触带上，形成矽卡岩型铁矿。

### 4.与俯冲带相关的矿床

大兴安岭黄岗梁—布敦花一带的中、大型铜铅锌银铁锡等多金属矿床的分布与达青牧场-扎赉特旗板块俯冲带一致(宽 50～80km，长大于 500km 范围内)，而矿床往往与二叠纪海相火山-沉积岩有着难以回避的关系。许多地质学者认为发育火山-沉积喷流型矿床，如白音诺尔铅锌矿主成矿期为二叠纪，为沉积喷流型矿床(曾庆栋等，2007)；内蒙古大井锡多金属矿床，在“二叠纪沉积盆地演化过程中可能曾经有重要的水下热液沉积喷流成矿作用发生”(王长明等)；驼峰山硫铁矿为海相火山岩型，与下—中二叠统大石寨组火山岩直接相关(张泰等，2002)。

从大地构造相演化分析，在早二叠世末期，达青牧场-扎赉特旗俯冲带发生俯冲碰撞之后，在中晚二叠世，地壳应力回返松弛，俯冲带两侧海盆再次拉张沉降，造成俯冲带及其两侧为海相火山岩喷发和碎屑岩沉积，同时存在沿着俯冲带及两侧发育火山—沉积喷流的可能性。那么，也就可能形成喷流型初级矿产。

白音诺尔大型铅锌银矿产于陆棚碎屑岩下二叠统哲斯组板岩与花岗岩的破碎带或闪长玢岩与大理岩接触中，并伴有镉、锡、钨、硫等有益元素组分。

### 5.与早白垩世晚期应力回返相关的矿床

内蒙古东部晚侏罗世—早白垩世中期，古太平洋板块继续向北西方向古亚洲板块之下俯冲，上盘陆壳沿俯冲方向回返松弛，造成内蒙古东部岩浆活动剧烈。火山喷发形成了范围广大(遍及整个内蒙古东部)、厚度达几百米到几千米的火山岩；岩浆侵入形成了星罗棋布的、大小不一的岩体。根据区域地质调查资料，无论是火山沿断裂及断裂交会部位的喷发，还是岩浆沿断裂的被动侵位(以及相应的断裂构造运动学分析)，主体皆受控于近东西向与北东向共轭张剪性断裂，反映出的区域构造应力场为北东-南西向挤压、北西-南东向拉张。该时期开放式的岩浆活动一般不具备封闭的成矿条件，难以形成交代热液型矿床。

早白垩世晚期，地壳应力回返，区域主压应力方向变为北西-南东向(间接反映出古太平洋板块俯冲结束，发生了与古亚洲板块碰撞)，由此形成了大量的近东西向(或北西向)与北北西向共轭张剪性断裂。该次活动事件造成了北西向断裂的强烈发育和近东西向断裂的右行张扭性复活，此时岩浆沿断裂上侵活动已经大为减弱，多呈岩株、岩枝、岩脉等产出，但大兴安岭一带大部分铜铅锌银多金属矿床往往受这些小岩体或岩脉以及该方向断裂控制，说明该期具有优越的成矿条件，主要原因有：①碰撞后造成岩浆-气液沿断裂上侵，带来流体和热源；②断裂和气液发育在古生代喷流型原始矿层等之中或附近，硫和金属矿源丰富；③应力回返形成的断裂控矿和容矿空间大多产在晚侏罗世—早白垩世火山岩之下，很大一部分穿不透火山岩盖层，因而形成密闭空间，易于热液交代性矿床的形成和富集。而现在实际已经发现的热液型多金属矿床大多位于晚侏罗世—早白垩世火山岩盆地的边部，应为火山岩被风化剥蚀后的现象。由此可以指导在晚侏罗世—早白垩世火山岩之下寻找隐伏多金属矿床。

**6. 中、新生代裂陷断陷盆地中的矿产**

中、新生代盆地中赋存有丰富的煤、盐、石膏、芒硝、天然碱、石油和天然气等矿产。煤矿资源主要产于中生代盆地中。大型煤田主要有鄂尔多斯坳陷盆地中的准格尔煤田、东胜煤田、乌海市桌子山煤田等和内蒙古北部中生代盆地中的西乌旗巴彦花煤田、吉林郭勒煤田、锡林浩特市巴音宝力格煤田和胜利煤田、霍林郭勒市霍林河煤田、鄂温克旗伊敏煤田、大雁煤田、东乌珠穆沁旗额合宝力格煤田、满洲里市扎赉诺尔煤田等。其他中小型煤矿星罗棋布。

准格尔煤田位于伊盟准格尔旗东部，含煤地层为上石炭统太原组和下二叠统山西组，含煤岩系平均厚133.75m。含有单层煤达31层，可采煤17层，含煤系数24%。该煤田储量巨大(并伴生有耐火黏土、溶剂灰岩、黄铁矿等矿产和分散元素锗、镓等)，是内蒙古的重要能源基地，也是我国重点建设的全国五大露天煤矿之一。

东胜煤田主要含煤地层为中侏罗统延安组、直罗组。含煤岩系厚133.28～279.18m，平均厚206.56m，其中延安组地层共含煤10～27层，最多可达30层，有23个可采煤层。该煤田的煤变质程度低，为特低灰—低灰、特低硫—低硫、特低磷—低磷、发热较高的不粘结优质煤。

霍林郭勒市霍林河煤田产于白垩系巴彦花组中。煤田含煤地层分上、下两个煤段，下含煤段含煤26层，有可采煤层8～13层，每层平均厚30余米，最厚可超过100m。煤种为褐煤。上含煤段含煤20余层，工业价值不大。截至1992年底，累计探明储量为131亿t。

盐、石膏、芒硝、天然碱主要产于新生代断陷盆地和叠加在中生代盆地之上的新生代盆地中。如阿拉善右旗吉兰泰盐湖盐矿、阿拉善右旗雅布赖盐湖盐矿、东乌珠穆沁旗额吉淖尔盐矿、鄂托克旗苏级石膏矿、杭锦旗代庆石膏矿、四子王旗乃麻代石膏矿、鄂托克旗石膏矿、达拉特旗芒硝矿、杭锦旗盐海子芒硝矿、新巴尔虎旗巴杨查岗芒硝矿、苏尼特右旗察干里门诺尔碱矿等。以吉兰泰-包头叠加断陷盆地中的吉兰泰盐矿为例。吉兰泰盐湖为现代陆相化学沉积，形成了固液相并存的湖盐矿床。固相为湖盐、无水芒硝、石膏、铝硅酸盐矿物等。盐湖矿层直接裸露地表，产状水平，呈一连续的层状。一般厚3～4m，最大厚度为5.94m。液相为盐层晶间卤水和盐层底部承压卤水，累计湖盐储量8 255.4万t。

# 第八章　结束语

成矿地质背景研究是全国矿产资源潜力评价的一项重要工作内容。在全国范围内开展此项工作，系统而详尽地收集、利用、研究、提高全部区域性地质资料，编制 1∶25 万实际材料图，1∶25 万建造构造图，25 个矿种的预测工作区地质构造专题底图和 1∶50 万大地构造相图。内蒙古成矿地质背景研究工作按照全国矿产资源潜力评价成矿地质背景研究技术要求和技术操作流程，组织了内蒙古地质矿产勘查院和内蒙古第十地质矿产勘查开发研究院近 50 名专业人员，历时 6 年，完成数千份各类比例尺的地质图件。

其间经历了对该项目工作的不断学习认识和改进，也经受了人员变动的考验，最终顺利完成了此项任务。在这一庞大的系统工程实施过程中，我们获得了一些认识和体会，也还存在一些重要地质问题需要说明。

## 一、主要结论和认识

全国矿产资源潜力评价成矿地质背景研究技术要求明确地指出，成矿地质背景研究是开展全国矿产资源潜力评价的基础性工作，也是实施矿产资源预测的关键性技术环节。它的任务是研究地质背景与成矿的关系，分析矿产形成的地质环境，运用新理论和新方法，编制成矿地质背景研究专题图件，为成矿预测和成矿规律研究提供成矿地质背景资料和认识。

内蒙古自治区成矿地质背景研究遵循上述原则和要求开展研究工作。本次成矿地质背景研究工作有如下几个特点。

### 1. 以实际材料为依据

分析整理了全部 1∶20 万、1∶5 万区域地质调查资料，各类研究成果和区域综合资料，阅读、筛选了各图幅的地质路线、地质剖面、岩石矿物、岩石化学、地球化学、同位素测年、古生物化石等资料，分别编制 1∶25 万成矿地质背景研究实际材料图。这项工作涉及面之广，研究程度之深，达到了去粗取精、去伪存真的效果。在编制实际材料图的过程中形成的各类实际资料是历年来内蒙古自治区各类工作中最有用的资料集成，为我们接下来建造构造分析研究检索出了充实资料。

我们认识到这是全面、深入利用区域地质资料和科研成果资料最为系统的一项工作。以新理论、新方法和新观点为基础对前人资料进行了一次系统的排查和汇总。无论是本次工作还是对以后的调查研究工作都是大有用途的，至少是在检索资料的过程中会避免走很多的弯路。

### 2. 以建造划分为基础

以建造划分为基础是本次建造构造图编图的核心，其特点是指与一定构造环境相联系的岩石组合，既不同于岩石的自然组合，又不同于大地构造环境下的岩石组合。建造的划分条件规定了这样一些条件：岩性、岩相、变质程度一致；内部结构相近或一致；界线明显；具一定的规模和分布范围。在编图的过程中，分别研究沉积岩建造、火山岩建造、侵入岩建造和变质岩建造的地质作用特点，充分考虑了地质实体与地质作用的有机联系。从沉积地层建造的划分来看，有的组可能就是一个建造，但大多数组则由几种建造组成，侵入岩、变质岩和火山岩的建造划分也是这样。当地质作用表现为有规律的一致性时，就形成一种建造，当地质作用发生变化时，可能形成另一种建造。这种研究方法改变了原来只列述岩性，而无地质作用规律可寻的感知阶段，提高了理性认识的高度，可以更好地揭示了地质作用的变化和规律。最终在1∶25万建造构造图上表达的内容不是岩性，而是建造。与之相关的内容以沉积岩建造综合柱状图、侵入岩建造综合柱状图、火山岩建造综合柱状图、变质岩建造综合柱状图和大型变形构造特征等反映出来。本项工作是成矿地质背景研究中最成功、最实用的亮点。

**3. 以编制建造构造图为核心**

编制1∶25万建造构造图是成矿地质背景研究的核心。建造构造图突出了地质作用、构造环境和与矿产的关系。正图中表达的是建造而非岩性，特别强调了构造形态和含矿建造的表达。进一步划分了构造岩浆岩带、火山构造及变质带等，这些都极大地丰富了图面内容。值得一提的是图外廓新编的沉积岩建造综合柱状图、侵入岩建造综合柱状图、火山岩建造综合柱状图、变质岩建造综合柱状图和大型变形构造特征表，都是全国各专业组，经过长期反复研究、推敲而确定的统一格式，它们所表达的内容几乎涵盖了图幅范围内所有地质问题研究资料，如沉积岩建造综合柱状图包括地层区划、年代地层、岩石地层、沉积岩建造、岩石组合、含矿性、岩性、化石、同位素测年资料、沉积相、沉积亚相和大地构造环境等内容。侵入岩建造综合柱状图包括构造岩浆岩带的划分、侵入体时代、侵入岩建造、同位素测年资料、侵位深度、剥蚀深度、包体特征、含矿性、岩石系列、岩石成因类型、岩石构造组合及大地构造环境。变质岩建造综合柱状图包括变质地质单元、地质时代、岩石填图单位、变质岩建造类型、变质岩石组合、原岩建造类型、含矿性、变质矿物组合、变质作用类型、变质相带、变质相系、变质温压条件、变质时代和大地构造环境等内容。火山岩建造综合柱状图包括构造岩浆岩带的划分、地质时代、岩石地层单位名称、岩石组合、岩相、岩性、厚度、含矿性、火山喷发旋回、火山构造、同位素测年资料、岩石系列、岩石成因类型及大地构造环境。大型变形构造特征表包括大型变形构造的名称、代号、类型、规模、产状、组合形式、运动方式、力学性质、形成时代、活动期次、大地构造环境等。除此之外、根据各幅建造构造图的具体地质特征的不同、还附了一些柱状剖面对比图、火山构造图解、侵入岩判别图解、变质地质略图等。最大限度地反映该图幅的地质特征。

按要求，建造构造图还融入了综合物探、化探、遥感解译、区域地质等研究成果，以及专著和重要文献的有关资料。上述资料的综合利用，都经过了评估、分析、综合研究才得以合理有效使用。

建造构造图编制完成后，提供矿产预测和矿产规律研究、大地构造图编图、地质矿产调查等生产科研多部门、多领域使用，由于资料翔实、观点新颖、研究程度较高、表达方式先进、内容丰富等特点，受到使用者普遍好评，特别是附图和附表中大量的地质信息和综合性成果。

2010年12月中国地质调查局地质调查技术标准"基岩区区域地质调查规范(1∶50 000)"征求意见稿已经广泛地吸取了本项目的研究内容和成果，调查内容中普遍要求编制同比例尺或更大比例尺的建造构造图或各专业性图件。成矿地质背景图替代原矿产图，明确了成矿地质背景图以地质图(构造建造图)为编稿原图，可以说，本项目的主要研究内容和成果以规范的形式运用在往后的地质调查中，将对区域地质调查的内容和质量起到变革性的作用。

**4. 研究内容以成矿地质构造要素为核心**

全国矿产资源潜力评价总体技术思路认为，成矿作用是地质作用的组成部分，各种矿产是产于一定地质背景的特殊地质体，受地质构造环境制约和各种地质因素的控制。成矿地质背景研究就是要分析控制矿产形成与分布的地质构造环境，研究控矿地质因素及其成矿的岩石建造与构造的形成和分布特征。成矿地质构造要素的分析与研究则为该工作的核心内容。根据矿产预测的需要提出的成矿地质构造要素综合分类方案，划分为沉积岩建造/沉积作用、构造岩相古地理、第四纪河湖、第四纪沉积类型与地貌、火山建造/火山作用、火山岩相/火山构造、岩浆建造/岩浆作用、侵入岩浆构造、变质岩建造/变质作用、变质变形构造、大型变形构造、大地构造位置、大地构造演化阶段共 13 个一级预测要素及其分解后的 328 项二级预测要素，构成了成矿地质背景研究以成矿地质构造要素为核心的研究内容。这一研究内容的具体化和细化，为研究工作的深入起到了关键作用。由此而形成的数以万计的大量表、图是本项研究工作获得的最珍贵、最基础的资料。它不仅支持着建造构造图、大地构造图和矿产预测专题地质构造底图的编制，还将长久地为地质调查与研究服务。

**5. 关于大地构造图**

本项工作中使用了大地构造相概念及分析方法开展成矿地质背景研究。本次使用大地构造相的定义是：反映陆块区和造山系(带)形成演变过程中，在特定演化阶段，特定大地构造环境中，形成的一套岩石构造组合，是表达大陆岩石圈板块经历离散、聚合、碰撞、造山等动力学和地质构造作用过程而形成的综合产物。技术要求还提出了具体的三大相系、四大相、28 相、46 亚相的划分方案及其鉴别标志。

工作过程中重新学习和理解了相关的一些术语的含义，如大陆动力学、大地构造相、构造的 3 个层次、建造的 3 个层次等，明确了大地构造图编图的原则和内容。

大地构造图编图是在 1∶25 万建造构造图的基础上按省级行政区划范围编制成 1∶50 万比例尺建造构造图。所以 1∶25 万建造构造图是 1∶50 万大地构造相图的“实际材料图”，而非 1∶20 万地质图。编图底图为由 1∶25 万建造构造图缩编形成的 1∶50 万建造构造图。缩编并非简单地缩小比例尺，而是经过调整地理坐标，确定中央经线，简化水系、居民地及其他地物标志等，对 1∶25 万建造构造图中的地质单元作相应的归并，包括连图、地质界线、断层的取舍，以及删除不具指相意义的小地质体和部分第四系。

大地构造图的基本编图单位是岩石构造组合。所以岩石构造组合的划分成为大地构造编图的最基本、最关键性工作。岩石构造组合又是在岩石建造的基础上进行的。为了做好这项工作，按技术要求，分别开展了沉积岩、火山岩、侵入岩、变质岩、大型变形构造 5 个专业的专题研究，形成大地构造专题工作底图(沉积、火山、侵入、变质、大型变形构造五要素图)。开展了综合地质构造研究，分析大地构造演化阶段，除编制大地构造图主图外，经大地构造相分析，编制了大地构造相时空结构图。所以本次大地构造图编图是从原始资料开始，经过岩石建造、岩石构造组合划分，到大地构造相分析，编制成最后的大地构造图。从全国来说，技术要求是统一的；从各省区来说，编图的操作流程反映出工作扎实，资料基础可靠，最后形成的图件是可信的。

**6. 关于成矿地质要素**

矿产资源潜力评价的主要任务是对全国主要矿种的潜在资源量进行评价，成矿地质背景研究是实施矿产规律研究和矿产预测的一项基础性工作及重要技术途径。最大限度地分析地质构造的成矿信息，成矿地质要素的分析和研究尤为重要。研究和掌握了典型矿床的成矿地质要素后，采取类比法，将地质条件和成矿条件相近或相同的地域，通过分析含矿建造和控矿构造因素，研究地质作用与成矿的关系，为实施矿产预测提供地质构造专题工作底图，最终完成矿产资源量的评价。在这一过程中，判断与成矿有关的地质构造要素成为核心内容。这就是我们所说的成矿地质要素。

成矿地质要素往往是比较复杂的，从赋矿实体来说可能是某种或某几种岩石，但大多数与地质构造作用相关。在分析成矿地质要素时，一定要客观、全面。我们在编制预测工作区地质构造专题底图时遇到这样的问题，预测要素把握不准，预测区的划定就会出现问题，有时只认定了某种岩体或地层体，对构造环境把握不准，使预测工作区的划定往往偏大或偏小。如果成矿地质背景要素出现偏差，将直接导致错误的结论。特别是作为矿产预测的专题图件的编制者，在分析含矿建造时，成矿地质要素的正确与否决定了编图的实用效果，最终将影响矿产资源量的评价。

**7. 预测工作区地质构造专题底图**

全国对25个矿种的潜在资源量进行了评价工作，内蒙古自治区涉及20个矿种，计170多个预测工作区，每个预测区都编制了专题底图。根据矿种及预测方法类型的不同，编制了构造岩相古地理图、沉积建造构造图、火山岩性岩相构造图、变质岩建造构造图、侵入岩浆构造图和建造构造图。

编制预测工作区地质构造专题底图是成矿预测的主要技术途径，预测范围确定是否合理，预测要素的确定准确与否，地质构造研究程度的高低等都决定着专题底图的质量。

首先要收集预测区及其周边地区的区域地质、矿产地质、物探、化探、遥感、科研成果等资料，全面分析矿产的成因类型及控矿要素，以此划定预测区范围，确定成矿地质要素。这一点很关键、很重要，是编制预测工作区地质构造专题底图的先决条件。我们在工作中遇到过地质构造要素不清、预测范围不准的情况，编图中走过弯路，甚至无法为预测工作提供准确的地质背景信息。

全面而深入地掌握预测工作的所有地质资料后，对岩石建造进行详细的划分，在原1∶25万建造构造图的基础上进行细化，最主要的是区分出含矿建造及其分布、构造形态。根据不同的矿种，综合研究控矿的各种要素，全面地表达在图上。

为了增加图件的信息量，可以在图外附一些典型矿床地质图、剖面对比图、钻孔柱状图等图件，帮助使用者更好地理解和利用图件。

在一些掩盖比较严重的地段，尽量利用物探、化探、遥感推断解译资料，特别是隐伏岩体和隐伏构造。

**8. 空间数据库**

成矿地质背景研究所形成的成果图件包括1∶25万实际材料图、1∶25万建造构造图、1∶50万大地构造图及各种比例尺预测工作区地质构造专题底图等都要建立空间数据库。我们按要求全程应用GIS技术，按照成矿地质背景数据模型规定的图件图层划分和统一的数据格式，填制数据表及数据项各项内容，建立了各类图件的空间数据库，做到了“一图一库”。

建库过程中有几个突出的问题影响了数据库的真实性和准确性。

计算机中下属词名称和代码不全，致使录入时找不到相应的代码，只好以相似或相近名称代替，如花岗细晶岩、花岗伟晶岩在计算机的岩性代码一栏中找不到，只能用花岗斑岩来替代，这样原来岩性的真实性就打了折扣。由于这种情况比较普遍，因而形成的数据库所反映的原图内容的准确性就差了。

数据项中的内容，有的设计不合理，如构造项下走向一栏是具体数字要求，如断层、褶皱轴向要求标明走向，实际上，大多数断层、褶皱轴的走向是波动的、弯曲的，很难以一具体数值来描述，如果改为方位更好，如北东、北北东、南西西等。对地层、火山岩、变质岩的地质单元的岩性来说，往往是很复杂的，但只能填主要的3种岩性。但是，某些地质单元的主要特征和区别是某种特殊岩性或夹层，按现在的规定填制数据表，往往无法判断地质单元的区别。这种情况直接影响到了数据库的正确性和实用性。

总之，数据库如何建立，如何才能客观、准确地表达图件中的地质信息，尚待改进和完善。

## 二、重要地质问题讨论

**1. 大地构造分区**

内蒙古自治区地处中国北方，东西跨度约2400余千米。成矿地质背景研究技术要求对我国大地构造分区有一个推荐方案，其中内蒙古自治区占据了天山-兴蒙造山系、华北陆块区、塔里木陆块区和秦祁昆造山系4个一级构造单元。该方案中，阿拉善陆块置于华北陆块区。而2012年新编《中国大地构造图及说明书(1∶250万)》,将阿拉善陆块归入塔里木陆块区。我们根据内蒙古自治区大地构造边界的性质、大地构造相环境的岩石构造组合以及相邻构造单元的构造关系,采用了技术要求的推荐方案。

根据大地构造单元研究,研究区应位于西伯利亚板块、华北板块和塔里木板块的结合部位。以往有学者认为的内蒙古西部哈萨克斯坦板块未引入,归入西伯利亚板块。

**2. 板块界线问题**

西伯利亚板块和华北板块的结合带,有两种认识,一种认识是二连浩特-贺根山蛇绿混杂岩带;另一种认识是索伦山-西拉木伦蛇绿混杂岩带。本次研究我们采纳了后一种意见。但是,二连浩特-贺根山蛇绿混杂岩带和索伦山-西拉木伦蛇绿混杂岩带之间广阔的锡林浩特中间地块的基底杂岩特征更多地接近于华北地块的特征,因此我们认为这一中间地带的归属有待进一步研究。

西伯利亚板块与塔里木板块的界线主要在中国新疆地区,延入内蒙古地区的界线为恩格尔乌苏蛇绿混杂岩带。新编《中国大地构造图及说明书(1∶250万)》将阿拉善陆块纳入塔里木板块,其界线为贺兰山和阿拉善陆块之间的大断裂,这一观点还需进一步研究。

**3. 乌拉山岩群和集宁岩群**

乌拉山岩群和集宁岩群一直被当作太古宇构造岩石地层单位使用,虽然各时期不同地质工作者认识和划分有别,但总体把集宁岩群置于乌拉山岩群之下。20世纪90年代,变质岩地区1∶5万填图方案的推广,对原乌拉山岩群和集宁岩群进行解体研究,从中区分出大量变质深成侵入体。1∶5万区域地质调查的开展,对乌拉山岩群和集宁岩群的关系、时代及变质作用等都提出了一些看法。

乌拉山岩群是由片麻岩系和大理岩组合构成,而片麻岩系可以分为角闪斜长片麻岩类和斜长片麻岩-榴云片麻岩(石英岩、变粒岩)-大理岩组合。集宁岩群公认为一套孔兹岩系,即黑云斜长片麻岩、夕线榴石片麻岩、石英岩、大理岩组合。单从岩性上看,集宁岩群似乎与乌拉山岩群的中上部相当,从地域分布上看,乌拉山岩群分布在狼山至察右后旗一线,而集宁岩群则分布在呼和浩特至兴和一带,一南一北,接触最多的地段在旗下营—卓资县一带。20世纪90年代曾在旗下营地区布置了8个1∶5万区域地质调查图幅,欲了解集宁岩群与乌拉山岩群二者的关系,但最终没有明确的结论。本项目成矿地质背景研究中,因为乌拉山岩群的下部角闪斜长片麻岩中含磁铁石英岩矿层,集宁岩群有石墨矿而受到特别重视,进行了系统的变质岩建造和变质岩岩石构造组合分析,形成了乌拉山岩群和集宁岩群可能为同一岩石构造单位的认识,集宁岩群相当于乌拉山岩群的中上部层位。

乌拉山岩群和集宁岩群的时代问题,参考国际地学界认为太古宙没有孔兹岩系,而乌拉山岩群和集宁岩群相关的同位素测年资料,大部分小于25亿年,所以提出乌拉山岩群和集宁岩群可能为古元古代的产物。处理这样的问题,应当把内蒙古地区全部变质岩系统一考虑为好,如果将集宁岩群的时代放在古元古代,那么新太古界色尔腾山岩群、二道洼岩群等区域变质程度较轻的地层单位如何处理?原划为古元古代的宝音图岩群、阿拉善岩群、北山岩群和兴华渡口岩群等片岩系地层单位,与之相关的侵入岩又做何对待?考虑到诸多因素,本次研究工作遵循了内蒙古大多数地质工作者的认识,仍然将乌拉山岩群和集宁岩群的时代置于中太古代。

**4. 色尔腾山岩群、二道洼岩群、宝音图岩群的有关问题**

色尔腾山岩群、二道洼岩群和宝音图岩群都是片岩和大理岩组合,以前都置于古元古代。20世纪90年代将色尔腾山岩群细分为5个岩组(后合并为东五分子岩组、柳树沟岩组和点力素泰岩组),其时代改为新太古代,并得到大多数人的承认和引用。但是,与色尔腾山岩群岩石组合相当,变质程度相近的二道洼岩群和宝音图岩群没有得到关注,这给地层对比、时空演化、变质作用研究和变质地质单元的划分造成很多困难。希望这一问题在今后的工作中能够得到解决。

**5. 温都尔庙群**

温都尔庙群因赋存温都尔庙型铁矿受世人关注。最初时代归属早—中泥盆世，后期工作者将其时代归属早古生代、寒武纪和中元古代等多种认识，20 世纪 90 年代北京大学在苏尼特左旗一带的温都尔庙群中工作时，获取的数个 15 亿年左右的同位素测年资料，由此定为中元古代，并被广泛地推广引用。近年来 SHRIMP 同位素测年方法的运用，在温都尔庙群及相关的地质体中测出了古生代的同位素年龄资料，重新提出温都尔庙群的时代为早古生代，值得重视。如果将温都尔庙群厘定为早古生代，那么与它共处同一地质构造单元中的其他古生代地层，变质程度明显不协调，也应该引起注意。

**6. 白云鄂博群和渣尔泰山群**

白云鄂博群和渣尔泰山群作为内蒙古中部地区中新元古代北、南两个陆缘裂谷的产物而进行对比研究。但是白云鄂博群的时代仍有不同意见，有人认为是早古生代。

白云鄂博群西起白云鄂博，向东延至正蓝旗、多伦县一带，但是岩性和变质程度有较大的差别。以察右后旗为界，西部为泥板岩，东部为片岩、石英岩。是否为同一地层单位有待研究。

渣尔泰山群向西延伸跨过狼山弧后到达巴彦诺尔公、乌力吉一带，如果阿拉善地块划归塔里木陆块区，狼山以西的该套地层若还称渣尔泰山群是否合理?

还有一个时限问题，白云鄂博群和渣尔泰山群的时代被归属为长城纪—蓟县纪—青白口纪，即 18 亿年～8 亿年，在长达 10 亿年的时间里只有海平面升降造成的平行不整合而无其他构造运动，是否符合地壳发展的规律?

**7. 石炭系—二叠系划分问题**

内蒙古石炭纪—二叠纪处于地质发展的重要时段，这一时期正是西伯利亚板块和华北板块碰撞拼合的时期，两大板块的地层发育各具特色又兼融合，岩浆活动非常剧烈。所形成的地质构造现象非常丰富。以往的研究中，沉积地层的划分众说纷纭，全区建立了几十个组级地层单位，有岩石地层单位、生物地层单位、年代地层单位等，后经岩石地层单位清理，将一些同物异名、一物多名的地层单位进行了归并和整理，形成目前使用的地层层序。但是，随着国际地层年代表的修订，将石炭纪由三分改为二分，二叠纪由二分改为三分，石炭纪和二叠纪界线的变动导致原石炭纪和二叠纪地层单位的时代归属出现多解的状态，造成地层对比、构造发展演化等多方面研究的困难。急需从构造古地理环境、岩石组合、古生物化石等方面进行综合研究，提出内蒙古石炭纪—二叠纪岩石地层划分方案和地层格架，供地质工作者使用。

**8. 侏罗纪火山岩**

内蒙古中东部地区侏罗纪火山岩相当发育，尤其晚侏罗世火山岩构成大兴安岭主体。内蒙古、黑龙江、吉林、辽宁、河北在不同时期建立了众多的火山岩岩石地层单位。20 世纪 90 年代全国岩石地层单位清理时，将内蒙古晚侏罗世陆相火山岩统一为满克头鄂博组、玛尼吐组和白音高老组，废弃了其他火山岩地层名称。这给火山岩地层对比研究带来了很大的便利。但是，由于陆相火山岩的岩性和岩相变化极大，过度的统一，使不同地区火山岩的特殊性表达不够，不利于构造岩浆岩带的划分和火山构造的研究。

晚侏罗世火山岩，最近数年同位素测年资料主要集中在 100～150Ma 之间，加之古生物化石研究的进展，相邻省区和本区一些地层工作者已经将大部分晚侏罗世火山岩修正为早白垩世。本次工作中虽未变动，但这一趋势恐怕在所难免。希望从事火山岩研究和火山构造研究的学者注意这一倾向。

**9. 侵入岩**

全区侵入岩很发育。由于地处内蒙古高原，地势平缓，草原、沙漠、丘陵、戈壁占据了大部分地表，有基岩显露的地方，但露头不佳，重要的地质现象往往被掩盖，无法取得资料，给侵入岩的划分和研究造成极大困难。侵入岩的主要实际资料源于20世纪60—80年代的1∶20万区域地质调查工作，受到时代的限制和工作任务的压力，侵入岩的调查研究工作是粗放的。主要存在以下几个方面的问题：一是接触关系往往被覆盖，使侵入岩体的划分和时代研究很困难；二是岩体解体不够，大多数岩体为复式岩体或大型岩基，包括了多期次的岩体；三是岩石化学和地球化学资料不但数量少，而且精度也不高，代表性较差；四是同位素测年资料少，测年数据的可靠性、代表性差；五是综合研究资料少，除地质志进行过一次系统的研究之外，无其他全区性综合研究资料。上述情况造成内蒙古侵入岩总体研究程度较差。这与内蒙古地处我国北方重要大地构造位置很不相称。所以构造岩浆岩带的划分与研究、岩浆岩的时空演化特征、岩浆岩与构造、岩浆岩与矿产的关系都存在很多问题。

集内蒙古自治区参与该项工作的地质技术人员的辛勤劳动，给大家提供一份内蒙古成矿地质背景研究报告，希望能从中检索出有用的资料，服务于内蒙古的地质事业和社会经济发展的需要。在此感谢全国矿产资源潜力评价项目组的领导和专家给予的支持和指导，感谢内蒙古自治区矿产资源潜力评价的组织者和全部参与本项目的工作者！

# 主要参考文献


陈建强,周洪瑞,王训练.沉积学及古地理学教程[M].北京:地质出版社,2004.

邓晋福,肖庆辉,苏尚国,等.火成岩组合与构造环境讨论[J].高校地质学报,2007,13(3):392-402.

地球科学大辞典编委会.地球科学大辞典(地球科学)[M].北京:地质出版社,2006.

董申保,沈其韩,孙大中.1:400万中国变质地质图[M].北京:地质出版社,1986.

董申保,沈其韩.中国变质地质图编制与研究讨论文集.第一集[M].北京:地质出版社,1987.

耿元生,王新社,沈其韩,等.内蒙古阿拉善地区前寒武纪变质基底阿拉善群的再厘定[J].中国地质,2006,33(1):138-145.

何镜宇.沉积岩和沉积相模式及建造[M].北京:地质出版社,1987.

侯贵廷,李江海,刘玉琳,等.华北克拉通古元古代末的伸展事件:拗拉谷与岩墙群[J].自然科学通报,2005,15(11):1366-1373.

李春昱,等.亚洲大地构造图说明书[M].北京:地质出版社,1982.

李春昱.中国板块构造的轮廓[J].中国地质科学院院报,1980,2(2):11-22.

李思田,解习农,王华,等.沉积盆地分析基础与应用[M].北京:高等教育出版社,2004.

刘宝珺,曾永学.岩相古地理基础和工作方法[M].北京:地质出版社,1985.

孟祥化.沉积岩建造及其共生矿产分析[M].北京:地质出版社,1979.

内蒙古地质局.内蒙古自治区区域地质志[M].北京:地质出版社,1991.

内蒙古地质局.内蒙古自治区岩石地层[M].武汉:中国地质大学出版社,1996.

潘桂棠,肖庆辉,陆松年,等.大地构造相的定义、划分、特征及其鉴别标志[J].地质通报,2008,27(10):1613-1637.

潘桂棠,王立全,尹福光,等.从多岛弧盆系研究实践看板块构造登陆的魅力[J].地质通报,2004,23(9-10):933-939.

潘桂棠,肖庆辉,陆松年,等.中国大地构造单元划分[J].中国地质,2009,36(1):1-28.

全国地层委员会.中国地层指南及中国地层指南说明书[M].北京:地质出版社,2001.

全国地层委员会.中国区域年代地层地质年代表说明书[M].北京:地质出版社,2002.

任纪舜,姜春发,张正坤,等.中国大地构造及其演化[M].北京:科学出版社,1980.

沈其韩.早前寒武纪变质地层学研究的回顾与思考[J].岩石矿物学杂志,2002,21(4):305-316.

王鸿祯,史晓颖,王训练,等.中国层序地层研究[M].广州:科技出版社,2000.

王忠,朱洪森.大兴安岭中南段中生代火山岩特征及演化[J].中国区域地质,1999(4):351-358.

夏林圻.造山带火山岩研究[J].岩石矿物学杂志,2001,20(3):225-232.

肖庆辉,邱瑞照,邓晋福.中国花岗岩与大陆地壳生长方式初步研究[J].中国地质,2005,32(3):343-352.

张秋生,刘连登.矿源与成矿[M].北京:地质出版社,1982.

赵国龙,杨桂林,等.大兴安岭中南部中生代火山岩[M].北京:科技出版社,1989.

中国地质调查局发展研究中心.成矿地质背景研究技术要求[M].北京:地质出版社,2009.